그루버의

현대제조공학 제 7 판

Fundamentals of Modern Manufacturing

Materials, Processes, and Systems

Fundamentals of Modern Manufacturing

Materials, Processes, and Systems / Seventh Edition

by Groover

Fundamentals of Modern Manufacturing
Materials, Processes, and Systems

그루버의

현대제조공학

제 7 판

Mikell P. Groover 지음
김석민 · 김병창 · 김재웅 · 김종민 · 김현철
노상도 · 왕덕현 · 윤문철 · 이건상 · 이종항 공역

WILEY

도서출판 홍릉

역자소개

김석민 중앙대학교 기계공학부 교수

김병창 경남대학교 기계공학부 교수

김재웅 영남대학교 기계공학부 교수

김종민 중앙대학교 기계공학부 교수

김현철 국립공주대학교 미래자동차공학과 교수

노상도 성균관대학교 시스템경영공학과 교수

왕덕현 경남대학교 기계공학부 교수

윤문철 부경대학교 기계설계공학과 교수

이건상 국민대학교 기계공학부 교수

이종항 한국공학대학교 기계공학과 교수

그루버의

현대제조공학 제7판

인 쇄: 2024년 7월 2일 초판 1쇄
발 행: 2024년 7월 10일 초판 1쇄

역 자: 김석민 · 김병창 · 김재웅 · 김종민 · 김현철
노상도 · 왕덕현 · 윤문철 · 이건상 · 이종항
발행인: 송 준
발행처: 도서출판 홍릉
주 소: 01093 서울시 강북구 인수봉로 50길 10
등 록: 1976년 10월 21일 제5-66호

전 화: 02-999-2274~5, 903-7037
팩 스: 02-905-6729
e-mail: hongpub@hongpub.co.kr
http://www.hongpub.co.kr
ISBN: 979-11-5600-190-4(93550)

정 가: 45,000원

낙장 및 파본은 구입처나 본사에서 교환하여 드립니다.

역자 서문

제조공학 또는 생산공학/기계공작법이라 불리는 분야는 기계/메카트로닉스/산업/생산 등의 공학분야를 전공하기 위해 가장 필수적인 학분분야로 제품의 제조 단계에서 필요한 재료, 공정, 시스템에 대한 특성을 다루고 있다.

제조공학을 다루는 다양한 서적 중 Mikell P. Groover가 저술한 『Fundamentals of Mordern Manufacturing』은 제조공학의 기본적인 개념부터 최근 반도체 기술, 신소재 기술 등에 이르기까지 전반적인 내용을 체계적으로 다루고 있다. 본 교재의 명칭에서 '현대'라는 용어는 전통적인 제조공정뿐 아니라 최근에 산업계에서 활용되는 제조공정을 다루고 있다는 의미를 가진다. 또한 본 교재는 다른 교재에 비하여 정량적인 내용을 다루고 있으며, 여기서 '정량적'이라는 용어는 생산제조에 관련된 메커니즘을 과학적 혹은 공학적인 수식과 연계하여 본문의 예제와 복습문제에 다루었다는 것을 의미한다.

이 책의 원서는 모두 36장으로 구성되어 있고, 본 교재도 원서의 내용에 따라 충실하게 번역되어 있다. 그러나 교재의 내용이 너무 방대하여 한 학기에 이를 소화하기에는 많은 무리가 있을 것으로 예상된다. 따라서 공학 분야에 따라 학습내용이 다르겠지만, 한 학기 분량에 맞추어 학습한다면 주요 제조공정에 국한하여 학습하는 것도 가능할 것이다. 참고로 현재 출간된 제조/생산 공학 혹은 기계공작법 관련 서적과 달리 본 책에 추가된 내용은 반도체 공정, 고분자와 복합재료 등의 신소재 공정, 적층제조 기술 등에 관련된 공정과 시스템 등이다. 특히 7판에서는 최근에 관심을 받고 있는 다양한 신규 공정뿐 아니라, 주요 공정에서 공정속도 및 공정 단가를 산출할 수 있는 경제성에 대한 내용이 추가되었다.

이 책에서는 편집 체계를 원서와 동일하게 하여 원서의 취지를 살릴 수 있도록 하였으며, 또한 번역 과정에서 원저자의 참뜻이 그대로 전달되도록 하고, 초심자들이 쉽게 이해할 수 있도록 노력하였다. 아울러 전문용어를 알기 쉬운 용어로 번역하고, 문장도 최대한 쉽게 설명할 수 있도록 번역에 신중을 가하였으나, 번역과정에서 약간의 오류가 있을 수 있으므로 독자들의 넓은 아량을 부탁드리며, 이러한 오류는 지속적으로 보완할 것을 약속드린다.

끝으로 이 책을 번역하면서 여러 면에서 수고를 많이 하신 도서출판 홍릉 임직원 여러분께 감사의 뜻을 전하며, 아무쪼록 이 책이 독자들이 제조공학을 이해하는데 좋은 길잡이가 되기를 기원한다.

2024년 6월

옮긴이 일동

서문

본『현대 제조공학』은 기계공학, 산업공학, 생산공학 관련 학과의 3, 4학년 학생들이 제조 공학을 한 학기 혹은 두 학기에 걸쳐 학습할 수 있도록 저술되었다. 또한 본 교재는 공업 재료에 대한 부분을 담고 있어, 재료의 가공 분야를 강조하는 재료공학 과목에서 사용될 수 있다. 아울러 관련 분야의 기술 교육 프로그램에도 사용될 수 있다. 본 교재에 수록된 내용의 대부분(약 65%)은 제조 공정에 관한 내용이나, 공업 재료와 생산 시스템에 대한 전반적인 내용도 포함하고 있다. 재료, 공정 및 시스템은 현대 제조 공정을 구성하는 기본 요소이며, 본 교재에서는 각각의 요소를 광범위하게 다루고 있다.

교재의 저술 방향

본 교재의 이전 판을 포함하여 본 개정판에서도 저자는 '현대적'이고 '정량적'인 제조 공정을 다루고자 하였다. '현대적'이라는 것은 본 교재가 (1) 기본 공업 재료(금속, 세라믹, 폴리머, 복합재)에 대해 균형 있게 다루고 있으며, (2) 오랫동안 사용되고 개선된 전통적인 제조 공정뿐 아니라 최근 개발된 제조 공정을 포함하고 있으며, (3) 전자 소자의 제조 공정에 대해 포괄적으로 소개하고 있음을 의미한다. 제조 공학과 관련된 타 교재의 경우 최근 수십 년 동안 그 응용과 가공 공정이 비약적으로 발전한 비금속 공업 재료에 대한 소개보다는 금속 재료와 이의 가공 공정에 대해 강조하고 있으며, 최근 십 년간 상업적 중요성 및 관련 산업이 비약적으로 발전하고 있는 전자 소자의 제조 공정에 대해 충분한 설명이 포함되어 있지 않다.

'정량적'이라는 것은 본 교재에서 제조 과정의 과학성을 강조하면서, 다른 교재에 비해 수학적 모델과 정량적인 연습문제(각 장의 끝)를 더 많이 제공하고 있다는 것을 의미한다. 특히 일부 공정에 대해서는 정량적인 해석을 처음 시도한 교재라 할 수 있다.

교재의 구성

본 교재의 1장에서는 제조 공정에 대한 전반적인 개요를 제공한다. 제조의 개념을 설명하고 재료, 공정, 제조 시스템에 대해 간략히 소개한다. 마지막 장에서는 제조 경제학을 소개하며, 나머지 36장은 총 10개의 Part로 나뉘어 구성되었다. 'Part 1 제조란 무엇인가'는 재료 및 제품의 중요한 특성을 설명하는 총 5개의 장으로 구성되어 있다.

다음으로 제품의 가공 공정을 (1) 응고 공정, (2) 입자 공정, (3) 금속 성형 공정, (4) 재료제거 공정의 4가지 범주로 나누어 설명한다. Part 2는 5개의 장으로 구성되어 있으며 금속 주조, 유리성형, 플라스틱 가공 공정을 포함하는 응고 공정을 설명한다. Part 3는 금속과 세라믹의 입자 공정을 2개의 장에 걸쳐 소개한다. Part 4에서는 압연, 단조, 압출, 금속 박판 가공의 금속 성형 공정을 다룬다. 최종적으로 Part 5에서는 재료 제거 공정을 다룬다. 4개의 장에 걸쳐 절삭 가공에 대해 설명하고, 2개의 장에 걸쳐 연삭 공정(관련 연마가공)과 특수 가공 공정에 대해 설명한다.

Part 6는 금속의 열처리 공정 및 세척, 전기 도금, 증착 공정 및 코팅(페인팅) 등의 작업을 포함하는 표면 공정 작업에 대한 2개의 장으로 구성되어 있다.

접합과 조립 과정은 용접, 경납접, 연납접, 접착제 접합 및 기계적 조립에 관한 3개의 장으로 구성되어 있는 Part 7에서 검토된다.

이전의 분류법에 포함되지 않는 적층제조공정, 반도체 공정, 전자 조립, 마이크로/나노 제조 기술과 같은 독특한 공정은 총 5개의 장으로 구성된 Part 8 특수 가공 및 조립 공정에서 다룬다.

Part 9에서는 제조 시스템에 대해 설명한다. 두 개의 장에 걸쳐 수치제어와 산업용 로봇과 같은 자동화 기술에 대해 소개하고 자동화 기술이 생산라인과 셀방식 제조, 유연 생산 시스템과 같은 제조 시스템에 접목되는지 설명한다. Part 10에서는 공정계획, 생산 계획 및 관리, 린 생산, 품질 관리와 검사와 같은 제조 지원 시스템을 설명한다.

7판에서 개선된 내용

본 7판의 구성은 6판과 거의 동일하지만 몇 가지 새로운 주제가 추가되었고 일부 내용이 개정되었다. 7판에서 새롭게 추가되거나 개정된 내용은 다음과 같다.

전체 (책 전체에 영향을 미치는 개정 사항)

- 완전한 SI 버전의 새로운 예제 문제, 복습 문제 및 챕터 마지막에 있는 연습문제가 개정되었다.
- 역사적 고찰이 다시 책에 추가되었다. 이전 판에서 웹 사이트에서 조회할 수 있도록 했던 대신 이제 본문에 포함되었다.

챕터별 (개별 챕터의 중요한 개정)

- 1장 제조의 개요: 1.5절(제조 경제학)에서 배치(batch) 생산에 대한 확장된 내용이 포함되었다.
- 2장 재료의 특성: 2.3절(결정 구조)에 회복, 재결정 및 입자 성장에 대한 내용이 추가되었다.
- 3장 재료의 기계적 성질: 경도에 대한 내용이 강화되었다.
- 4장 재료의 물리적 성질: 물리적 성질에 관한 표 4.1과 4.2가 업데이트되고 확장되었다.
- 6장 치수, 표면 및 측정: 6.4절(표면 측정)에 표면 측정 기술에 대한 내용이 추가되었다.

- 7장 주조의 기초: 주물사의 유형 및 구성요소, 주물사의 특성에 대한 세부절이 추가되었다.
- 8장 금속 주조 공정: 8.1절(사형 주조)에서 패턴 여유에 대한 내용이 추가되었다.
- 9장 유리 성형: 9.2.2절(평면유리 및 관유리 성형)에서 퓨전 인발 공정에 대한 내용이 추가되었고, 9.3.1절(열처리)에서 이온교환공정에 대한 대한 내용이 추가되었다.
- 10장 플라스틱 가공 공정: 10.2.4절에 압출 공정의 경제성에 관한 내용이 추가되고, 10.6절 사출성형이 개정되었고, 10.6.4절 사출성형 공정의 경제성 내용이 추가되었다.
- 12장 분말 야금: 분말야 야금 공정의 경제성에 대한 세부절이 추가되었다.
- 16장 박판 금속 가공: 연속 프레스 라인 시스템에 대한 신규 내용이 16.4절(박판 프레스 가공의 장비 및 경제성)에 추가되었고, 박판 금속 프레스 공정의 경제성에 관한 내용이 16.4.3절에 추가되었다.
- 18장 절삭 공정과 공작 기계: CNC 가공 센터에 대한 내용이 개정되고 업데이트되었다.
- 20장 절삭 가공의 경제성과 제품 설계 시 고려 사항: 20.3절(절삭 가공의 경제성)이 가공에서의 배치 생산을 고려한 내용으로 확장되었다.
- 22장 특수가공과 열적 절삭공정: 22.5절(하이브리드 가공 시스템)이 추가되었다.
- 23장 금속의 열처리: 23.2절(탄소강의 마르텐사이트 조직 형성)이 개정되었다.
- 27장 기계적 조립: 27.7절(제조 및 조립성 감안 설계 안내서)가 신설되었다.
- 28장 적층제조: 28.2절(적층제조 기술)이 완전히 개정되고 ASTM F2792 및 ISO/ASTM 52900 표준과 일관성 있도록 업데이트되었으며, 28.5절(첨가 제조의 파일 형식)이 추가되었다.
- 34장 통합 제조 시스템: 34.6절(유연 제조 시스템)이 최근 FMS 기술 및 응용의 발전을 반영하도록 개정 및 업데이트되었다.
- 35장 공정 계획과 생산 관리: 새로운 35.6절(민첩 생산)이 추가되었다.

강의 지원 자료

다음은 자신의 강의에 본책을 교재로 채택한 강사들을 위한 지원 자료이다.

- 모든 장에 대한 파워포인트 강의자료가 강사의 수업 강의를 위해 제공되며, 강사는 학생에게 강의 자료를 제공할지 여부를 결정할 수 있다.
- 모든 복습 문제 및 연습 문제에 대한 답변 및/또는 해결책이 포함된 솔루션 메뉴얼은 이 책을 채택한 강사들에게 온라인으로 제공된다.
- 강사들이 필요에 따라 숙제 및/또는 퀴즈로 사용할 수 있는 추가 연습 문제도 제공된다. 이 추가 연습 문제에는 답변 및 해결책이 포함된 복습 문제, 연습 문제 및 객관식 문제가 포함된다.

본 책 『Fundamentals of Modern Manufacturing』의 지원 자료에 대한 자세한 내용은 www.

wiley.com에서 확인이 가능하다. 이 자료는 제품 페이지의 '관련 자료' 링크를 통해 이용할 수 있으며, 본 교재가 해당 강의의 주교재로 채택되었음을 확인하는 증거가 필요하다. 개별적인 질문이나 의견은 Mikell.Groover@Lehigh.edu 또는 mpg0@Lehigh.edu로 직접 문의하기 바란다.

감사의 글

본 책은 과거 6판까지 출판되었으며, 개정판은 항상 이전판보다 개선되었다고 믿고 있습니다. 금번 7판 역시 연속적인 개선의 결실이라고 생각합니다. 이러한 개선은 다음과 같은 많은 사람들의 노력에 기반합니다. (1) 출판사가 실시한 설문 조사에 참여한 사람들, (2) 이 책의 기술 리뷰어로 활동한 사람들, (3) 텍스트의 오류를 식별한 사람들, 그리고 (4) 자신의 의견과 제안을 저에게 전달한 사람들입니다. 아래와 같이 본 책의 개선에 기여하신 모든 분들게 감사의 인사를 드립니다. 명단은 성을 기준으로 알파벳순으로 정리하였으며, 의도치 않은 누락에 대해서 미리 사과드립니다.

Iftikhar Ahmad(George Mason University), John T. Berry(Mississippi State University), J. T. Black(Auburn University), David Bourell(University of Texas at Austin), Richard Budihas(Voltaic LLC), David Che(Geneva College), Paul Cotnoir(Worcester Polytechnic Institute), John Coulter(Lehigh University), Robert E. Eppich(American Foundryman's Society), Gayle Ermer(Calvin College), Osama Eyeda(Virginia Polytechnic Institute and State University), Wolter Fabricky(Virginia Polytechnic Institute and State University), Jack Feng(formerly of Bradley University and now at Caterpillar, Inc.), Keith Gardiner(Lehigh University), Jay R. Geddes(San Jose State University), Shivan Haran(Arkansas State University), R. Heikes(Georgia Institute of Technology), Andrew Herzing(Lehigh University), Yong Huang(Clemson University), Ralph Jaccodine(Lehigh University), Marian Kennedy(Clemson University), Aram Khachatourians(California State University, Northridge), Kurt Lesker IV(former student and now president of his family's company), Steven Liang(Georgia Institute of Technology), Harlan MacDowell(Michigan State University), Wojciech Misiolek(Lehigh University), Barbara Mizdail(Pennsylvania State University—Berks campus), Joe Mize(Oklahoma State University), Amy Moll,(Boise State University), Colin Moodie(Purdue University), Victor Okhuysen(California State Polytechnic University, Pomona), Nicholas Odrey(Lehigh University), Michael Philpott(University of Illinois at Champaign-Urbana), Corrado Poli(University of Massachusetts at Amherst), Chell Roberts(Arizona State University), Anil Saigal(Tufts University), Huseyin Sarper(Colorado State University-Pueblo), G. Sathyanarayanan(Lehigh University), Rajiv Shivpuri(Ohio State University), Larry Smith(St. Clair College, Windsor, Ontario), Malur Srinivasan(Texas A&M University), Brent Strong(Brigham Young University), James B. Taylor(North Carolina State University), Yonglai Tian(George Mason University), Gregory L. Tonkay(Lehigh University),

Joel Troxler(Montana State University), Ampere A. Tseng(Arizona State University), Chester VanTyne(Colorado School of Mines), Robert Voigt(Pennsylvania State University), Daniel Waldorf(California State Polytechnic University, San Luis Obispo), Jim Waterman(former student and now Program Manager, Army ManTech Program; and Adjunct Professor, Rowan University), Charles White(GMI Engineering and Management Institute), Marvin White(Lehigh University), and Parviz Yavari(California State University, Long Beach).

또한, 그동안 지속적으로 본 현대제조공학 책을 출판해 오고 있는 John Wiley & Sons 출판사에게 감사의 인사를 전하고 싶습니다. 저는 지난 20년 동안 Wiley의 훌륭한 전문가들과 함께 일할 기회를 가졌으며, 금번 제7판에 참여한 Don Fowley(편집 총괄자); Jennifer Brady(편집자); Judy Howarth(콘텐츠 활성화 관리자); 그리고 Mathangi Balasubramanian(제작 편집자)와 Spi-Global 소속 훌륭한 편집자들께 감사의 인사를 전합니다. 또한 본 프로젝트 초반에 저와 함께 일한 프리랜서 편집자인 Shannon Corliss 에게도 감사의 인사를 전합니다.

마지막으로, 이전 판들과 이번 판에 기여한 Lehigh 대학교의 동료에게 감사의 인사를 전합니다. University 대학 Department of Mechanical Engineering and Mechanics의 David Angstadt, George E. Kane Manufacturing Technology Laboratory의 실험 기술자인 Ed Force II, 지금은 은퇴하였지만 Fairchild/Martindale 도서관의 선임 공학 사서였던 Sharon Siegler, 그리고 제 아내이자 이전 Lehigh 대학교 동료인 Marcia Groover 에게 감사의 인사를 전합니다. 저는 제조업에서 컴퓨터가 어떻게 사용되는지에 관한 교재를 쓰는 저자이지만, 제 컴퓨터를 수리해야 할 때에는 그녀를 부르곤 합니다.

저자 소개

Mikell P. Groover는 Lehigh 대학교 산업 및 시스템 공학 명예 교수로, 44년 동안 교육과 연구를 진행했다. 그는 Lehigh 대학교에서 1961년 Arts and Science 학사학위와 1962년 기계공학 학사학위, 1996년 산업공학 석사학위 및 1969년 박사학위를 받았다. 그는 Lehigh 대학교 대학원에 입학하기 전 몇 년 동안 산업체의 제조 엔지니어로 근무한 경험이 있다. 그의 교육 및 연구 분야는 제조 공정, 생산 시스템, 자동화, 원료 처리, 시설 계획 및 작업 시스템 등이다. 그는 Lehigh 대학교에서 여러 차례 교육상을 받았으며, 또한 1995년에는 Institute of Industrial Engineers로부터 Albert G. Holzman 우수 교육자상, 2001년에는 Society of Manufacturing Engineers로부터 SME 교육상을 받았다. 그는 아래 나열된 것처럼 75편 이상의 기술 논문과 저서를 출판하였다. 그의 책은 프랑스어, 독일어, 스페인어, 포르투갈어, 러시아어, 일본어, 한국어, 중국어로 번역되어 전 세계적으로 사용되고 있다. 현대제조공학 1판은 1996년 IIE Joint Publishers Award와 Society of Manufacturing Engineers로부터 M. Eugene Merchant 제조 교과서 상을 받았다. Groover 박사는 Institute of Industrial Engineers(IIE)와 Society of Manufacturing Engineers(SME)의 회원 및 펠로우이다.

저자가 저술한 타 교재

Automation, Production Systems, and Computer-Aided Manufacturing, Prentice Hall, 1980.

CAD/CAM: Computer-Aided Design and Manufacturing, Prentice Hall, 1984(co-authored with E. W. Zimmers, Jr.).

Industrial Robotics: Technology, Programming, and Applications, McGraw-Hill Book Company, 1986(co-authored with M. Weiss, R. Nagel, and N. Odrey).

Automation, Production Systems, and Computer Integrated Manufacturing, Prentice Hall, 1987.

Fundamentals of Modern Manufacturing: Materials, Processes, and Systems, originally published by Prentice Hall in 1996, and subsequently published by John Wiley & Sons, Inc., 1999.

Automation, Production Systems, and Computer Integrated Manufacturing, Second Edition, Prentice Hall, 2001.

Fundamentals of Modern Manufacturing: Materials, Processes, and Systems, Second Edition, John Wiley & Sons, Inc., 2002.

Fundamentals of Modern Manufacturing: Materials, Processes, and Systems, Third Edition, John Wiley & Sons, Inc., 2007.

Work Systems and the Methods, Measurement, and Management of Work, Pearson Prentice Hall, 2007.

Automation, Production Systems, and Computer Integrated Manufacturing, Third Edition, Pearson Education, Inc., 2008.

Fundamentals of Modern Manufacturing: Materials, Processes, and Systems, Fourth Edition, John Wiley & Sons, Inc., 2010.

Introduction to Manufacturing Processes, John Wiley & Sons, Inc., 2012.

Fundamentals of Modern Manufacturing: Materials, Processes, and Systems, Fifth Edition, John Wiley & Sons, Inc., 2013.

Automation, Production Systems, and Computer Integrated Manufacturing, Fourth Edition, Pearson Education, Inc., 2015.

Fundamentals of Modern Manufacturing: Materials, Processes, and Systems, Sixth Edition, John Wiley & Sons, Inc., 2016.

History of the Department of Industrial and Systems Engineering at Lehigh University, 1924–2010, Lehigh Preserve, Lehigh University, 2017.

Automation, Production Systems, and Computer Integrated Manufacturing, Fifth Edition, Pearson Education, Inc., 2019.

차례

Chapter 1

제조의 개요 1

1.1 제조란 무엇인가? 2
1.2 제조용 재료 9
1.3 제조과정 12
1.4 생산시스템 20
1.5 제조경제학 24
참고문헌 32
복습문제 32
연습문제 33

Part 1

재료 특성과 제품 속성

Chapter 2

재료의 특성 37

2.1 원자 구조와 원소 37
2.2 원자간·분자간 결합 40
2.3 결정 구조 42
2.4 비결정 구조 49
2.5 공업용 재료 51
참고문헌 52
복습문제 52

Chapter 3

재료의 기계적 성질 55

3.1 응력변형률 관계 55
3.2 경도 71
3.3 온도의 영향 75
3.4 유체 특성 77
3.5 중합체의 점탄성 거동 80
참고문헌 82
복습문제 83
연습문제 84

Chapter 4

재료의 물리적 성질 87

4.1 체적 및 용융 특성 87
4.2 열 특성 91
4.3 질량 확산 93
4.4 전기적 성질 95
4.5 전기화학 공정 97
참고문헌 99
복습문제 99
연습문제 100

Chapter 5

공업 재료 103

5.1 금속과 합금 103
5.2 세라믹 118
5.3 중합체 127
5.4 복합재 136

참고문헌 141
복습문제 142

Chapter 6
치수, 표면 및 측정 145

6.1 치수, 공차 및 관련 속성 146
6.2 측정기기 및 게이지 148
6.3 표면 156
6.4 표면 측정 161
참고문헌 165
복습문제 166

Part 2
응고 공정

Chapter 7
주조의 기초 169

7.1 주조기술 개요 171
7.2 가열과 용탕주입 175
7.3 응고와 냉각 180
참고문헌 187
복습문제 188
연습문제 188

Chapter 8
금속 주조 공정 191

8.1 사형 주조 192
8.2 기타 소모성 주형 주조공정 196
8.3 영구 주형 주조 공정 202
8.4 주조 작업 212
8.5 주조품 품질 216
8.6 주조성과 주조 경제성 218
8.7 제품 설계 시 고려사항 224
참고문헌 226
복습문제 226
연습문제 227

Chapter 9
유리성형 231

9.1 원재료 준비 및 용융 232
9.2 유리성형 공정 232
9.3 열처리 및 마감 공정 239
9.4 제품 설계 시 고려사항 240
참고문헌 241
복습문제 241

Chapter 10
플라스틱 가공 공정 243

10.1 고분자 멜트의 특성 245
10.2 압출 247
10.3 플라스틱 박판 및 필름의 제조 261
10.4 섬유 및 필라멘트 제조(스피닝) 264
10.5 코팅 공정 265
10.6 사출 성형 266
10.7 압축 성형과 트랜스퍼 몰딩 281
10.8 블로우 몰딩과 회전 몰딩 284
10.9 열 성형 289
10.10 플라스틱 주조 293
10.11 고분자폼 공정 및 성형 294
10.12 제품 설계 시 고려 사항 296
참고문헌 298
복습문제 299
연습문제 300

Chapter 11
고분자 기지 복합 재료와 고무의 성형 공정 305

11.1 PMC 공정의 개요 306
11.2 개방 금형 공정 310
11.3 밀폐 금형 공정 314
11.4 기타 PMC 성형 공정 317
11.5 고무 공정과 성형 322
11.6 타이어, 기타 고무 제품 제조 328
참고문헌 332
복습문제 333

Part 3
금속과 세라믹의 입자 공정

Chapter 12
분말 야금 337

12.1 공업용 분말 소재의 특성 340
12.2 금속 분말의 제조 344
12.3 압축 및 소결 공정 346
12.4 압축/소결 공정의 대체 공정 353
12.5 분말 야금 재료 및 경제성 356
12.6 제품 설계 시 고려 사항 360
참고문헌 363
복습문제 363
연습문제 364

Chapter 13
세라믹과 서멧 공정 367

13.1 전통 세라믹 공정 368
13.2 뉴 세라믹 공정 375
13.3 서멧 공정 379
13.4 제품 설계 시 고려 사항 381
참고문헌 381
복습문제 382

Part 4
금속 성형 및 박판 금속 공정

Chapter 14
금속 성형의 기초 385

14.1 금속 성형의 개요 385
14.2 금속 성형에서의 재료거동 387
14.3 금속 성형에서의 온도 390
14.4 변형률 속도 민감도 391
14.5 금속 성형에서의 마찰과 윤활 394
참고문헌 394
복습문제 395
연습문제 396

Chapter 15
용적변형 공정 397

15.1 압연 398
15.2 단조 409
15.3 압출 426
15.4 선재와 봉재 인발 437
참고문헌 444
복습문제 445
연습문제 446

Chapter 16
박판 금속 가공 451

16.1 절단 공정 452

16.2 굽힘 공정 459
16.3 드로잉 465
16.4 박판 프레스 가공의 장비 및 경제성 472
16.5 기타 박판 금속 성형 공정 483
16.6 프레스를 사용하지 않는 박판 금속 공정 486
16.7 튜브 소재의 굽힘 492
참고문헌 493
복습문제 495
연습문제 496

Part 5

재료 제거 공정

Chapter 17

절삭 가공의 이론 501

17.1 절삭 가공 기술의 개요 503
17.2 금속 가공에서의 칩 형성 이론 507
17.3 절삭력과 Merchant 식 511
17.4 절삭 동력과 에너지 517
17.5 절삭 온도 519
참고문헌 521
복습문제 522
연습문제 522

Chapter 18

절삭 공정과 공작 기계 525

18.1 절삭 가공과 부품 형상 525
18.2 선삭과 관련 공정 529
18.3 드릴링과 관련 공정 539
18.4 밀링 544
18.5 머시닝 센터와 터닝 센터 552
18.6 기타 절삭 가공 공정들 555
18.7 특수 형상을 가공하기 위한 절삭 가공 공정들 560
18.8 고속 가공 567
참고문헌 569
복습문제 570
연습문제 571

Chapter 19

절삭 공구 기술 575

19.1 공구 수명 575
19.2 공구 재료 582
19.3 공구 형상 591
19.4 절삭유 602
참고문헌 605
복습문제 605
연습문제 607

Chapter 20

절삭 가공의 경제성과 제품 설계 시 고려 사항 609

20.1 절삭성 609
20.2 공차와 표면 정도 611
20.3 절삭 가공의 경제성 616
20.4 제품 설계 시 고려사항 624
참고문헌 626
복습문제 627
연습문제 627

Chapter 21

연삭과 기타 연마 공정 631

21.1 연삭 632
21.2 기타 연마 공정 650
참고문헌 653

복습문제 654
연습문제 655

Chapter 22
특수가공과 열적 절삭공정 657

22.1 기계적 에너지 공정 658
22.2 전기화학 공정 662
22.3 열에너지 공정 667
22.4 화학가공 677
22.5 하이브리드 가공시스템 683
22.6 특수가공 적용 시 고려사항 685
참고문헌 688
복습문제 689
연습문제 690

Part 6
성질 향상과 표면 공정

Chapter 23
금속의 열처리 695

23.1 풀림 695
23.2 탄소강의 마르텐사이트 조직 형성 696
23.3 석출경화 701
23.4 표면경화 702
23.5 열처리 방법과 장비 703
참고문헌 706
복습문제 706

Chapter 24
표면처리공정 709

24.1 산업 청정 공정 710
24.2 확산법과 이온주입법 714
24.3 도금과 관련된 공정들 716
24.4 변환코팅 721
24.5 증착공정 722
24.6 유기코팅 728
24.7 법랑 에나멜링과 그 밖의 세라믹 코팅 731
24.8 열적 그리고 기계적 코팅 공정 732
참고문헌 733
복습문제 734
연습문제 735

Part 7
접합과 조립 공정

Chapter 25
용접 기초와 용접 공정 739

25.1 용접기술의 개요 741
25.2 용접 접합부 744
25.3 용접의 물리학 747
25.4 융합-용접 접합부의 특성 751
25.5 아크용접 753
25.6 저항용접 764
25.7 산소연료가스용접 772
25.8 기타 용접 공정 775
25.9 고상용접 779
25.10 용접품질 786
25.11 용접성과 용접 경제성 790
25.12 용접에서 설계 고려사항 794
참고문헌 795
복습문제 795
연습문제 797

Chapter 26
경납접, 연납접 및 접착제 접합 801

26.1 경납접 801
26.2 연납접 807
26.3 접착제 접합 812
참고문헌 817
복습문제 818

Chapter 27
기계적 조립 821

27.1 나사 체결구 822
27.2 리벳과 아일릿 829
27.3 간섭 박음에 의한 조립법 830
27.4 기타 기계적 체결 방법 834
27.5 몰딩 삽입구와 복합 체결구 836
27.6 조립성 감안 설계 838
27.7 제조 및 조립성 감안 설계 안내서 840
참고문헌 840
복습문제 841
연습문제 842

Part 8
특수가공 및 조립 공정

Chapter 28
적층제조 845

28.1 적층제조의 기초 847
28.2 적층제조 기술 849
28.3 생산 주기 및 원가 분석 859
28.4 적층제조 기술의 응용 864
28.5 적층제조의 파일 형식 866
참고문헌 867
복습문제 868
연습문제 869

Chapter 29
집적회로 공정 871

29.1 IC 공정 개요 873
29.2 실리콘 공정 877
29.3 리소그래피 882
29.4 적층 공정 887
29.5 IC 공정 단계의 통합 894
29.6 IC 패키징 895
29.7 IC 공정 수율 901
참고문헌 903
복습문제 904
연습문제 905

Chapter 30
전자 조립과 패키징 907

30.1 전자 패키징 907
30.2 인쇄 회로 기판 909
30.3 인쇄 회로 기판 조립 919
30.4 전기 커넥터 기술 926
참고문헌 930
복습문제 931

Chapter 31
마이크로 제조 기술 933

31.1 마이크로 시스템 제품 934
31.2 마이크로 제조 공정 937
참고문헌 946
복습문제 946

Chapter 32
나노제조 기술 949

32.1 나노기술 제품과 응용 950
32.2 나노과학 입문 955
32.3 나노 제조공정 958
참고문헌 965
복습문제 966

Part 9
제조 시스템

Chapter 33
제조 시스템을 위한 자동화 기술 971

33.1 자동화 기초 972
33.2 자동화를 위한 하드웨어 975
33.3 수치 제어 979
33.4 산업용 로봇 공학 993
참고문헌 999
복습문제 999
연습문제 1001

Chapter 34
통합 제조 시스템 1003

34.1 자재 취급 1003
34.2 생산 라인의 기초 1004
34.3 수동 조립 라인 1007
34.4 자동 생산 라인 1012
34.5 셀형 제조 1017
34.6 유연 제조 시스템 1021
34.7 컴퓨터 통합 제조 1026
참고문헌 1028
복습문제 1028
연습문제 1029

Part 10
제조 시스템

Chapter 35
공정 계획과 생산 관리 1033

35.1 공정 계획 1034
35.2 기타 제조 엔지니어링 기능 1042
35.3 생산 계획과 관리 1046
35.4 적시 생산 시스템 1054
35.5 린 생산 1057
35.6 민첩 제조 1061
참고문헌 1062
복습문제 1063

Chapter 36
품질 관리와 검사 1065

36.1 제품 품질 1065
36.2 공정 능력과 공차 1066
36.3 통계적 공정 관리 1068
36.4 제조의 품질 프로그램 1073
36.5 검사의 원리 1078
36.6 현대 검사 기술 1080
참고문헌 1087
복습문제 1087
연습문제 1088

찾아보기 1091

CHAPTER **1**

제조의 개요

1.1 제조란 무엇인가?
- 1.1.1 제조의 정의
- 1.1.2 제조산업과 제품
- 1.1.3 제조능력

1.2 제조용 재료
- 1.2.1 금속
- 1.2.2 세라믹
- 1.2.3 고분자화합물
- 1.2.4 복합재료

1.3 제조과정
- 1.3.1 가공공정
- 1.3.2 조립공정
- 1.3.3 생산기계와 공구류

1.4 생산시스템
- 1.4.1 생산설비
- 1.4.2 제조지원시스템

1.5 제조경제학
- 1.5.1 생산주기 분석
- 1.5.2 제조비용 모델

물건을 만든다는 것은 선사시대 이래로 인간 문명화의 핵심 활동이었다. 오늘날 *제조(manufacturing)*라는 용어는 이러한 활동을 지칭하는데 사용된다. 기술적이고 경제적인 이유 때문에 제조는 미국뿐 아니라 대부분의 선진국 및 개발도상국의 복지에 중요한 역할을 하고 있다. ***기술(technology)***이란 사회와 그 구성원들이 필요로 하거나 원하는 것들을 제공하기 위해 과학을 응용하는 것이라 정의할 수 있다. 기술은 우리 일상생활의 많은 면에서 직·간접적으로 영향을 미치고 있다. 표 1.1에 열거한 제품들을 보면 우리의 삶을 더 풍요롭게 해 주는 다양한 기술들을 내포하고 있음을 알 수 있다. 그러면 이들 제품들의 공통점은 무엇일까? 우선 이들 모두 제조되었다(manufactured)는 것이다. 만일 제조될 수 없었다면 이런 기술적인 경이로움도 존재할 수 없을 것이다. 제조는 기술을 가능하게 만들어 주는 필수적인 요소이다.

경제적 측면에서 제조는 한 나라의 부를 창출하는 중요한 수단이다. 미국의 연간 국내총생산(GDP)의 약 12%를 제조업이 담당하고 있다. 농토, 광물, 원유 등의 천연자원도 역시 부를 창출한다. 미국에서 농업, 광업 및 이와 유사한 산업은 GDP의 5% 미만(농업만을 보면 약 1% 정도)을 차지한다. 건설이나 공익사업은 약 5% 정도이다. 나머지는 서비스 산업으로서 소매업, 교통, 금융, 통신, 교육, 행정 조직 등이 이에 속하며 미국 GDP의 75% 이상을 담당한다. 정부(연방, 주, 지역)만으로도 제조업 이상의 GDP를 담당하지만, 정부의 서비스는 부를 창출하지 못한다. 현대의 국제 경제 속에서 어떤 나라가 막강한 경제력을 가지면서 국민에게 높은 생활수준을 제공하기 위해서는, 반드시

표 1.1 거의 모든 사람에게 영향을 미치는 다양한 기술이 적용된 제품들

운동화	Fax 기계	일체형 플라스틱 의자
현금지급기	GPS(Global positioning system)	스캐너
식기 세척기	휴대용 전자계산기(Handheld electronic calculator)	개인용 컴퓨터(PC)
자동차	고밀도 PC 디스켓(High density PC diskette)	복사기
볼펜	가정용 보안시스템	음료캔(Pull-tab beverage cans)
캠코더	하이브리드 자동차(Hybrid gas-electric automobile)	전자식 손목시계(Quartz crystal wrist watch)
휴대폰	산업용 로봇	제초기(Self-propelled mulching lawnmower)
CD	잉크젯 컬러 프린터	스마트폰
CD 플레이어	노트북 컴퓨터	초음속 비행기
소형형광등(compact fluorescent light bulb)	LED(light-emitting diode) 램프	태블릿 PC
콘택트렌즈	LED TV	복합재료 테니스라켓
디지털 카메라	의료 진단용 MRI 기계	비디오 게임
DVD	의약품	세탁기와 건조기
DVD 플레이어	전자렌지	
전자책 리더(E-book reader)		

견고한 제조업 기반(또는 중요한 천연자원)을 가지고 있어야만 한다.

1장에서는 제조에 관련된 몇 가지 일반적인 주제를 다루게 된다. 제조란 무엇인가? 산업 속에서 제조업은 어떻게 구성되어 있는가? 제조가 수행되는 데에 필요한 재료, 과정, 그리고 시스템이란 무엇인가?

1.1 제조란 무엇인가?

영어 단어 ***manufacture***의 어원은 ***manus***(hand)와 ***factus***(make)라는 두 개의 라틴어 단어이며, 그 조합은 '손으로 만든다(make by hand)'라는 뜻을 가지고 있다. 처음 이 단어가 만들어진 것은 수세기 전[1)]인데, 그 당시에 사용된 수작업을 정확하게 묘사하고 있다. 현대에 와서 제조는 자동화되고 컴퓨터에 의해 제어되는 기계에 의해 수행되는 경우가 대부분이다(역사적 고찰 1.1 참조).

1) 명사로서 단어 manufacture가 영어로 처음 나타난 것은 AD 1567년경이며, 동사로서는 AD 1683년경이다.

역사적 고찰 1.1 제조의 역사

제조의 역사는 다음과 같이 크게 두 주제로 나눌 수 있다. (1) 물건 제작을 위한 재료와 공정의 발견과 발명, (2) 생산시스템의 개발. 그런데 재료와 공정의 역사가 시스템의 역사보다 수 천년 앞선다. 주조, 단조, 연삭 등의 몇몇 공정은 6,000년 이상의 역사를 가진다. 초창기의 도구와 무기의 제작은 대부분 수작업으로 이루어졌다. 고대 로마인들은 공장이라 불릴 만한 곳을 가지고 있어서 무기, 장신구, 도자기, 유리 및 그 시대에 필요한 물품 등을 생산했으나, 그 공정은 수작업에 크게 의존하였다.

여기서는 제조의 시스템 측면에 대해 언급하고자 하며, 재료와 공정에 대해서는 역사적 고찰 1.2에서 다루고자 한다. ***제조시스템***이란 보다 효율적인 생산이 이루어지게 하기 위해 사람과 기계를 조직하고 운영하는 방법을 의미한다. 몇 가지 역사적인 사건과 발견들이 현대적인 제조시스템 개발에 큰 영향을 미쳤다.

가장 중요한 발견은 ***분업***의 원리였는데, 이는 전체 작업을 개별 업무로 나누어 각 작업자들을 한 업무만의 전문가로 만드는 것이다. 수 세기 동안 실행되어 왔던 이 원리의 경제학적인 중요성을 최초로 설명한 책이 경제학자 Adam Smith(1723~1790)의 ***국부론***이다.

산업혁명(대략 1760~1830)은 여러 면에서 생산에 주요한 영향을 끼쳤다. 그것의 특징은 농업과 수공업에 기반을 둔 경제를, 산업과 제조에 기초하는 경제로 변화시킨 것이라 할 수 있다. 이 변화는 영국에서부터 시작되었는데 일련의 기계들이 발명되었고, 증기기관이 수력, 풍력, 동물의 힘을 대체하였다. 이러한 발전으로 인해 영국의 산업이 다른 나라보다 우월성을 갖게 되었고, 신기술들의 국외 유출을 제한하게 되었다. 그러나 산업혁명은 결국 다른 유럽국가와 미국으로 퍼져나갔다. 제조의 발전에 크게 기여를 한 세 가지 발명품은 다음과 같다. (1) 새로운 산업용 동력발생 기술인 ***Watt의 증기기관***, (2) 1775년경 John Wilkinson의 보링머신으로부터 출발한 ***공작기계***(역사적 고찰 18.1.), (3) 섬유산업의 생산성을 극대화시킨 ***방적기, 동력 직조기***, (4) 분업의 원리에 기초하여 대량의 작업자를 조직하는 새로운 방법인 ***공장시스템***.

영국에서 산업혁명을 주도하는 동안, 하나의 중요한 개념이 미국에서 만들어졌다. 이것은 Eli Whitney(1765~1825)가 제안하고, 다른 사람들에 의해 그 중요성이 인정받은 ***호환가능 부품(interchangeable parts)*** 제조의 개념이다 [3]. 1797년 Whitney는 미국 정부와 10,000정의 머스켓 총(musket)을 공급하는 계약을 협상하고 있었다. 그 당시 총을 만드는 전통적인 방법은 각각의 총에 맞추어 부품들을 제작한 후 손으로 연마하여 박아 끼워 맞추는 것이었다. 따라서 총 하나하나는 각자 고유한 것이 되었고, 제조시간이 상당히 오래 걸렸다. Whitney는 조립할 때 갈고 박아서 끼워 맞출 필요가 없을 정도로 충분히 정확하게 부품을 만들 수 있을 것이라 믿었다. 그의 코네티컷(Connecticut) 공장에서 몇 년간의 개발 과정을 거친 후에 1801년 워싱턴에서 그의 원리를 시연해 보였다. Thomas Jefferson과 같은 정부 관리들 앞에서 10정의 머스켓 총을 위한 부품들을 늘어놓고, 무작위로 부품을 집어 소총 조립을 실시했다. 연마하거나 맞추어 박는 동작 없이 조립된 모든 총들이 제대로 작동하였다. 이러한 성공의 비밀은 그의 작업장에서 개발한 전용기계, 고정구, 그리고 게이지에 있었다. 호환가능부품 제조의 개념이 실효성을 갖기 위해서 그 후 몇 년 간의 개발 과정을 거쳐야 했지만, 제조 방법에 있어서 하나의 혁명을 일으켰다. 즉, 그 후에 올 대량생산의 전제조건이 되었다. 호환가능 부품의 생산은 미국에 기원을 두고 있으므로 ***미국 제조시스템(American System of manufacture)***이라 알려지게 되었다.

1800년대 중후반 들어 철도, 증기선 및 기타 기계류의 사용이 많아지면서 철과 강의 수요가 증가되었고, 이런 수요를 맞추기 위하여 새로운 철강 생산방법들이 개발되었다(역사적 고찰 5.1). 또한 이 기간 동안 재봉틀, 자전거, 자동차 등을 포함하는 몇 가지 소비재가 개발되었다. 이런 제품의 막대한 수요를 채우기 위해서는 보다 효율적인 생산 방법이 요구되었다. 일부 역사학자들은 이 기간 동안의 발전을 ***제 2차 산업혁명***으로 구분하기도 하는데, 다음과 같이 제조시스템에 끼친 특징을 가지고 있다. (1) 대량생산, (2) 과학적 관리운동, (3) 조립 라인, (4) 전력 사용 공장.

1800년대 후반, 증가하는 생산 작업자의 활동을 계획하고 관리하기 위하여 ***과학적 관리운동***이 미국에서 전개되고 있었다. 이 운동은 Frederick W. Taylor(1856~1915), Frank Gilbreath(1868~1924)와 그의 부인 Lilian (1878~1972) 등에 의하여 주도되었다. 과학적 관리의 몇 가지 특징은 다음과 같다[1]. (1) 주어진 작업을 수행하는 최적의 방법을 찾는 것을 목표로 하는 ***동작연구***, (2) 작업 표준을 설정하기 위한 ***시간연구***, (3) 산업 ***표준***의 광범위한 사용, (4) 노동 ***성과급제도***, (5) 공장운영에서 데이터 수집, 기록관리, 원가회계의 사용.

Henry Ford(1863~1947)는 1913년 미시간에 있는 그의 자동차 공장(Highland Park)에 ***조립라인***을 도입하였다. 조립라인을 통해 복잡한 소비재 제품의 대량생산이 가능하게 되었다. 조립라인 방법을 사용하여 Ford는 Model T 자동차를 $500의 적은 가격으로 팔 수 있었고, 미국 국민의 다수가 차를 소유하는 것이 가능하게 되었다.

1881년 뉴욕시에 최초의 발전소가 건설되었고, 곧이어 전기 모터가 공장의 기계 운전용 동력원으로 보편화되었다. 모터는 증기기관 보다 훨씬 편리한 동력전달 시스템이었다. 증기기관의 동력을 각 기계에 분배하기 위해서는 머리위로 지나다니는 벨트가 필요하였기 때문이다. 1920년경에 와서는 미국의 주동력원으로 전력이 증기력을 압도하였다. 20세기는 이전 세기들을 모두 합친 것보다 더 많은 기술적 진전이 이루어진 때였다. 이러한 여러 가지 발전들이 생산의 ***자동화***라는 결과를 가져왔다.

1.1.1 제조의 정의

현대적 맥락의 연구 분야로서 제조는 기술적 측면과 경제적 측면의 두 가지로 나누어볼 수 있다. 기술적인 측면에서, ***제조(manufacturing)***란 부품이나 제품을 만들기 위해서 원재료의 형상, 특성 및 외관을 바꾸기 위해 물리적이고 화학적인 공정을 적용하는 것으로 정의된다. 또한 제조에는 제품을 구성하는 여러 부품을 조립하여 제품을 만드는 것도 포함된다. 제조를 수행하는 공정은 그림 1.1(a)에서 보는 바와 같이 기계, 공구, 동력 및 노동력의 조합을 필요로 한다. 제조는 거의 항상 일련의 공정을 통하여 수행된다. 각 공정을 통해서 소재는 원하는 최종상태에 가까워진다.

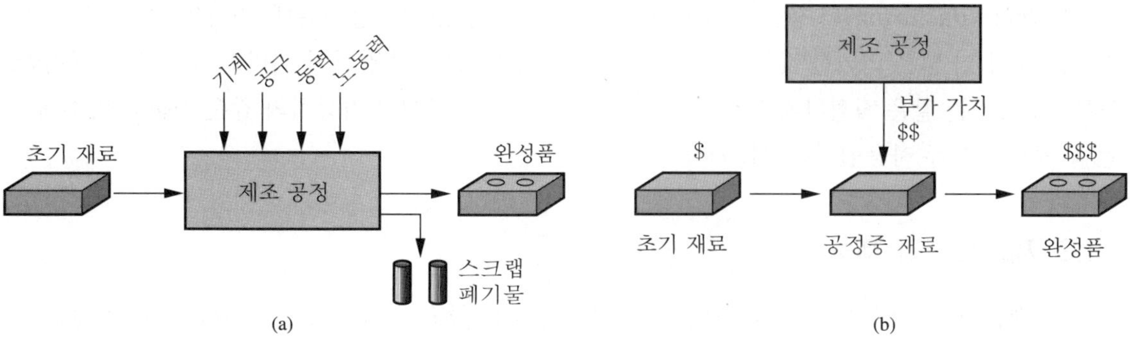

그림 1.1 제조를 정의하는 두 가지 방법. (a) 기술적인 측면의 공정, (b) 경제적 측면의 공정.

경제적인 측면에서 ***제조***란 그림 1.1(b)와 같이 가공공정과 조립공정을 통해 재료가 더 큰 가치를 갖도록 변환시키는 것으로 정의된다. 중요한 사항은 재료의 외형이나 성질을 바꾸거나 다른 재료와 결합시켜 *가치를 증가(add value)*시킨다는 것이다. 원재료는 제조공정을 거치면서 더욱 더 가치 있는 상태로 만들어진다. 철광석이 강철로, 모래가 유리로, 석유가 정제되어 플라스틱으로 바뀌면 가치가 증가한다. 그리고 플라스틱이 성형되어 복잡한 형상을 가진 의자로 변환되면 가치는 훨씬 더 증가된다.

그림 1.2에서는 제품(왼쪽)과 제품의 순환부 몸체를 만드는 초기 공작물(오른쪽)을 나타내고 있다. 초기 공작물은 티타늄 빌릿(billet)이며, 제품은 몸체의 오른쪽으로부터 돌출된 갈고리에 조립된 탄소 웨이퍼로 구성되어 있다. 이 제품은 수천달러 가격의 인공심장 밸브이며, 그것이 필요한 환자에게는 충분한 가치가 있는 것이다. 이에 더하여 그것을 이식하는 외과의사는 수천달러의 추가 비용을 청구하는데, 이를 '이식 비용'이라고 한다. 티타늄 빌릿의 가격은 제품 판매가의 작은 일부일 뿐이다. 그 지름은 약 25 mm이다. 그 몸체는 초기 빌릿으로부터 기계가공(1.3.1절, 재료제거공정)되어 만들어진다. 기계가공 시간은 대략 1시간이다. 이 가공공정에 의해 주어진 부가가치를 생각해보라. 또한 그림 1.1(a)에 나타낸 것과 같이 가공공정에서 발생한 폐기물도 생각해보라; 완성된 몸체는 초기 공작물 질량의 5%에 불과하다(티타늄 칩은 재활용될 수 있더라도).

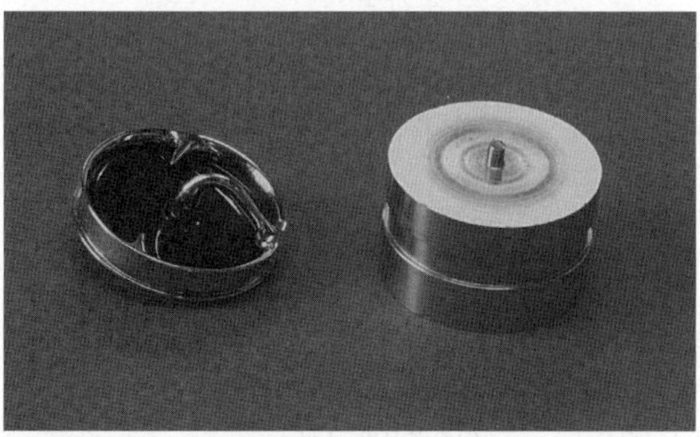

Courtesy George E. Kane Manufacturing Technology Laboratory, Lehigh University

그림 1.2 기계식 심장 밸브(왼쪽)와 밸브의 순환부 몸체를 만드는 티타늄 재료(오른쪽).

*제조(manufacturing)*와 *생산(production)*의 두 용어는 종종 혼용되는데, 저자의 견해로는 생산이 제조보다 더 넓은 의미를 갖는다고 본다. 예를 들어 우리는 '원유 생산'이라고 표현할 수 있지만, '원유 제조'라는 말은 적절하지 못한 듯하다. 하지만 금속 부품이나 자동차와 같은 제품의 범주에서는 두 용어가 모두 사용될 수 있다.

1.1.2 제조산업과 제품

제조는 제품을 고객에게 판매하는 기업에 의해 수행되는 중요한 상업적 활동이다. 기업의 제조 유형은 그 기업에서 만드는 제품의 종류에 의해 결정된다.

제조산업

산업은 상품을 생산하거나 서비스를 제공하는 기업과 조직으로 구성된다. 산업은 1차, 2차 및 3차 산업으로 구분된다. ***1차 산업***에는 농작물을 경작하고 천연자원을 채취하는 농업과 광업이 포함된다. ***2차 산업***은 1차 산업의 산출물을 소비재와 자본재로 변환시키는 산업이다. 따라서 제조는 이런 산업의 주요 활동인데, 건설업과 에너지산업도 여기에 포함된다. ***3차 산업***은 경제의 서비스 분야를 구성한다. 이들 세 가지 영역에 속하는 구체적인 산업이 표 1.2에 열거되어 있다.

본서는 제조와 관련된 회사를 포함하는, 표 1.2의 2차 산업에 초점을 맞추고 있다. 그러나 표 1.2 작성에 사용된 국제표준 산업분류(International Standard Industrial Classification, ISIC)에는 여기서 다루지 않은 생산기술(예를 들어 음료, 화학 및 식품가공)이 포함되어 있다. 본서에서의 제조는 볼트와 너트로부터 컴퓨터와 군용 무기에 이르는 *하드웨어(hardware)*의 생산을 의미한다. 플라스틱과 세라믹 제품은 포함되지만 의류, 제지, 의약품, 에너지, 출판 및 목재 등은 제외하였다.

생산 제품

산업체에서 만들어지는 최종 제품은 소비재와 자본재의 두 가지로 구분될 수 있다: 소비재와 자본

표 1.2 1차, 2차 및 3차 산업에 속하는 특정 산업들

1차 산업	2차 산업		3차 산업(서비스)	
농업	항공	식품 가공	은행	보험
임업	의류	유리와 세라믹	통신	법률
어업	자동차	중공업	교육	부동산
축산업	기초 금속	제지	엔터테인먼트	수리와 유지보수
채석업	음료	정유	재무서비스	음식점
광업	건축자재	약품	행정	소매
석유업	화학	플라스틱(성형)	건강과 의료	관광
	컴퓨터	에너지	호텔	운송
	건설	출판	정보	도매
	가전제품	방직		
	전자	타이어와 고무		
	장비	목재와 가구		
	가공된 금속류			

재. ***소비재(Consumer goods)***란 자동차, PC, TV, 타이어 및 테니스 라켓 등과 같이 소비자가 직접 구매하는 제품을 의미한다. ***자본재(Capital goods)***란 상품을 생산하고 서비스를 제공하기 위해서 어떤 다른 회사가 구매하는 제품을 의미한다. 자본재의 예로는 비행기, 컴퓨터, 통신장비, 의료기구, 트럭과 버스, 철도차량, 공작기계 및 건설장비 등을 들 수 있다. 이러한 자본재의 대부분은 서비스 기업이 구매한다. 서론에서 언급한 바와 같이 미국의 국내총생산(GDP) 중 12%는 제조업이, 75%는 서비스업이 담당하고 있다. 그러나 서비스 부문이 구매하는 제조된 자본재는 서비스 부문의 활동을 가능하게 하는 것이다. 자본재 없이 서비스 부문은 기능하지 않는다.

최종제품에 더하여, 최종제품을 만드는 기업에서 필요로 하는 재료, 부품, 공구 및 공급품도 제조되는 제품에 속한다. 강철 판재, 봉재, 스탬핑 제품, 절삭부품, 플라스틱 사출품과 압출품, 절삭공구, 금형, 주형 및 윤활제 등이 이러한 예가 된다. 따라서 제조산업은 최종 소비자가 직접 접촉하지 않는, 다양한 영역과 계층의 중간 공급자를 가지는 복잡한 하부구조로 구성되어 있다.

본서에서는 *이산형 품목(discrete items)*을 다루게 된다. 즉 *연속공정(continuous processes)*을 통해 생산되는 품목이 아닌, 개별 부품이나 조립품이 이에 해당된다. 금속 스탬핑 제품은 이산형 품목이지만, 스탬핑 제품을 만드는 판재 코일은 (거의) 연속형이다. 대부분의 이산형 부품은 압출품이나 전기와이어와 같은 연속형 혹은 반연속형 제품을 이용하여 제조된다. 즉 거의 연속된 길이를 갖는 긴 소재로부터 적당한 크기로 잘라 사용하게 된다. 원유 정제 공정은 연속공정의 더 좋은 예이다.

생산수량과 제품다양성

공장에서 만들어지는 제품들의 수량은 그 공장 내의 작업자, 설비, 공정을 조직하는 방법에 매우 중요한 영향을 준다. 연간 생산수량은 세 범주로 구분해 볼 수 있다. (1) 연간 1에서 100 단위 사이의 ***소량*** 생산, (2) 연간 100에서 10,000 단위 사이의 ***중량*** 생산, (3) 연간 10,000에서 수백만 단위 이상의 ***대량*** 생산. 이 범주의 경계는 다소 임의적(저자의 판단)이어서, 제품의 종류에 따라 경계선이 바뀔 수 있다.

생산수량이란 어떤 특정한 제품 유형에 대해 연간 생산하는 제품 단위수를 의미한다. 어떤 공장에서 서로 다른 다양한 제품 각각에 대해 소량 혹은 중량 생산할 수 있고, 또 다른 어떤 공장에서는 단지 하나의 제품에 대해 대량 생산하는 데에 전문화되어 있을 수도 있다. 생산수량과 구별되는 또 다른 척도로서 제품다양성이 있다. 제품다양성은 공장 내에서 생산되는 서로 다른 제품 설계 혹은 유형을 의미한다. 서로 다른 제품은 다른 형상과 치수를 가지며 다른 기능을 수행하고, 다른 시장을 겨냥하고 있으며, 구성 부품수가 다를 것이다. 연간 만들어지는 서로 다른 제품 유형의 개수를 셀 수 있는데, 이 수가 크다는 것은 제품다양성이 크다는 것을 의미한다.

일반적으로 제품다양성과 생산수량 사이에는 반비례의 관계가 있다. 만일 한 공장의 제품다양성이 크다면 생산수량은 적을 것이고, 반대로 생산수량이 많으면 제품다양성은 그리 크지 않을 것이다(그림 1.3). 제조업체들은 그림 1.3의 굵은 두 대각선 사이의 어느 특정 위치를 차지하여 전문화할 수 있도록 두 파라미터를 설정하려는 경향이 있다.

위에서 제품다양성을 하나의 정량적 파라미터(공장이나 회사에서 생산되는 서로 다른 제품 유형

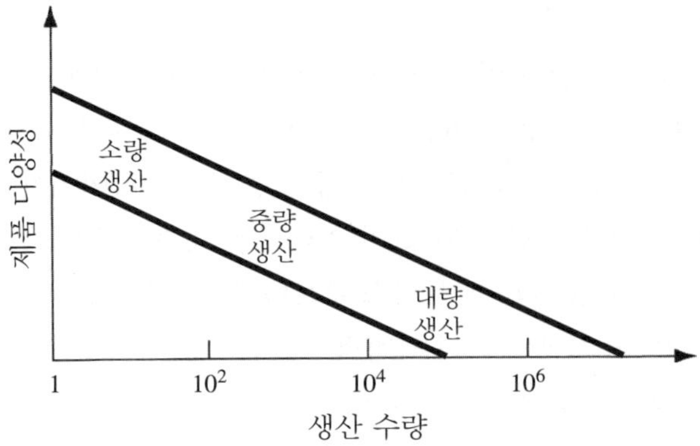

그림 1.3 이산형 제품 생산에서 제품다양성과 생산수량 사이의 관계.

의 수)로 설명했지만, 사실 생산수량만큼 정량적이지는 못하다. 그 이유는 얼마나 설계가 다른가 하는 문제는 단지 서로 다른 설계의 수에 의해서만 정해지는 것은 아니기 때문이다. 자동차와 에어컨 사이의 차이점은 에어컨과 히트펌프 사이의 차이점보다 훨씬 더 크다고 할 수 있다. 그리고 한 제품 유형 내에서도 모델 별로 차이가 있을 것이다.

자동차 산업을 예로 들어 제품 차이의 정도가 작을 수도 혹은 클 수도 있음을 설명하겠다. 보통 미국의 자동차회사에서는 같은 조립공장에서 차체 형태나 설계 특징은 실제로 동일하면서도 다른 이름을 갖는 두세 개 승용차 차종을 만들어 낸다. 같은 회사의 다른 지역 공장에서는 큰 트럭을 만든다. 제품다양성의 이러한 차이를 기술하기 위해 연(soft)과 경(hard)이라는 수준을 사용할 수 있다. ***제품의 연다양성(soft product variety)***은 동일한 생산라인에서 나오는 승용차 모델들과 같이 제품들 간에 단지 작은 차이점만 있는 경우를 말한다. 조립 제품의 경우 연다양성은 모델 간 공통 부품이 많다는 특징을 가지고 있다. ***제품의 경다양성(hard product variety)***은 제품이 근본적으로 다르고 공통 부품이 거의 없는 경우이다. 승용차와 트럭의 차이는 경다양성의 예라고 할 수 있다.

1.1.3 제조능력

제조공장은 *공정(process)*과 *시스템(system)*(및 인력)으로 구성되는데, 이 공정과 시스템은 주어진 ***재료***를 어느 특정한 제한된 정도로 변형시켜 가치가 증가된 제품으로 만들도록 설계되어 있다. 이러한 세 가지 요소, 즉 재료, 공정 및 시스템이 현대적 제조의 주요 주제를 구성한다. 이 구성 요소들은 서로 강한 상호의존성을 갖고 있다. 제조에 관련된 업체가 모든 것을 할 수는 없다. 어떤 특정한 일만을 맡아 그 일을 잘 수행해야만 한다. ***제조능력(manufacturing capability)***이란 제조업체와 그 공장이 갖고 있는 기술적이고 물리적인 능력과 한계성의 범위를 의미한다. 제조능력의 세 가지 측면은 다음과 같다: (1) 기술적 공정능력, (2) 제품의 물리적 크기와 무게, 그리고 (3) 생산용량.

기술적 공정능력(Technological Processing Capability)

어떤 공장(혹은 회사)의 기술적 공정능력이란 그곳에서 활용 가능한 제조공정을 의미한다. 어떤 공장은 절삭가공 공정을 수행하고, 어떤 곳은 압연공정을 통해 강철 판재를 만들고, 또 다른 곳은 자동차를 조립한다. 절삭가공 공장에서는 압연을 할 수 없고, 압연 공장에서 자동차 조립은 불가능하다. 이렇게 공장들을 구분짓는 근본적인 특징은 그곳에서 수행할 수 있는 공정이다. 기술적 공정능력은 재료와 많은 관련이 있다. 즉 공정마다 적합한 재료가 다르다는 것이다. 어떤 특정한 공정들에 전문화된 공장은 역시 다루는 재료에 있어서도 전문화되어 있다. 기술적 공정능력은 물리적 공정뿐만 아니라 그 공정 기술자의 전문성도 포함한다. 각 회사는 그들만의 기술적 공정능력에 적합한 제품을 설계하고 제조하는데 관심을 집중하여야만 한다.

제품의 물리적 제한성(Physical Product Limitations)

제조능력의 두 번째 측면은 ***물리적 제품***에 의해 결정된다. 정해진 공정을 수행하는 공장은 수용할 수 있는 제품의 크기와 무게에 제한을 받는다. 크고 무거운 제품은 움직이기가 힘들어서 이를 위해 요구되는 부하 용량을 가진 크레인이 필요하다. 작은 부품이나 제품을 대량으로 만들 경우에는 컨베이어나 다른 장치를 통해 이들을 움직일 수 있다. 제품의 크기와 무게의 한계는 생산 장비의 물리적 용량에 따라 결정된다. 생산기계는 다양한 크기로 공급되는데, 큰 기계는 큰 제품을 생산하기 위해 사용되어야 한다. 생산 장비와 자재취급 장치는 제품의 특정한 크기와 무게 범위에 적합하도록 계획되어야 한다.

생산용량(Production Capacity)

공장 제조능력에 대한 세 번째 제한요소는 주어진 기간(예: 월 또는 년) 동안 생산 가능한 수량이다. 이러한 수량제한을 ***공장용량(plant capacity)*** 또는 ***생산용량(production capacity)***이라고 부르는데, 가정된 운전조건 하에서 공장이 달성할 수 있는 최대 생산속도로 정의된다. 운전조건이란 공장 내의 주당 교대 수, 교대 당 시간, 직접노동 인력수준(direct labor manning level) 등이 포함된다. 이런 요소들이 제조공장의 입력으로 작용하고, 이 입력 하에서 공장이 생산하는 출력이 얼마나 되는가 하는 것이 생산용량이다.

공장용량은 일반적으로 생산 단위수로 평가된다. 예를 들어 제강공장의 연간 생산 강철 톤수, 최종 조립공장에서 생산되는 자동차 대수 등이 그것이다. 이런 경우 생산품에 동질성이 있어야 하는데, 만일 동질성이 없다면 다른 평가척도가 사용되어야 한다. 예를 들어 다양한 품목을 가공하는 기계가공 공장에서는 가용 노동시간 같은 것이 생산용량이 된다.

재료, 공정 및 시스템이 제조의 기본 구성요소가 되며, 본서의 세 가지 주제영역도 이것을 따른다. 여기서는 이 주제들에 대한 개요를 살펴본다.

1.2 제조용 재료

대부분의 공업용 재료(materials)는 다음의 세 범주로 구분된다: (1) 금속, (2) 세라믹, 그리고 (3) 고분자화합물. 이들의 화학조성과 기계적, 물리적 특성이 모두 다르기 때문에 이 차이점이 각 재료를 다루는 제조공정에 영향을 미치게 된다. 그 외에 (4) ***복합재료***가 있는데, 이는 세 가지 기본 재료의

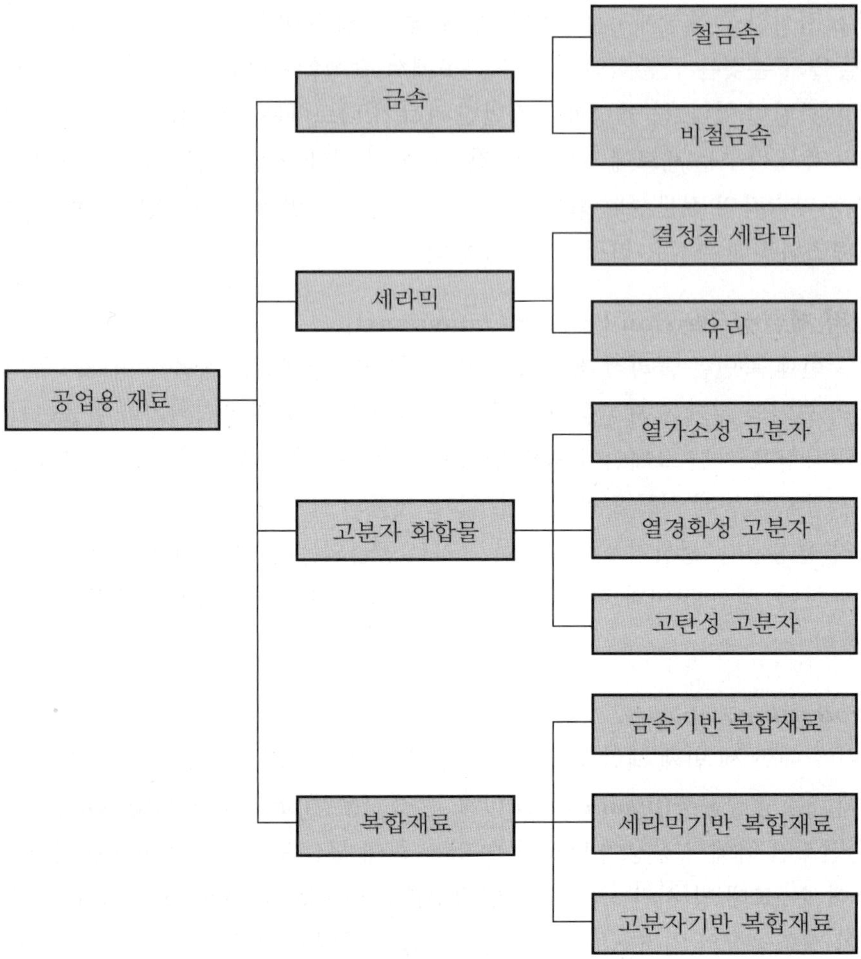

그림 1.4 공업용 재료의 분류.

비균질적 혼합물이다. 이상의 네 가지 재료 그룹의 분류를 그림 1.4에 나타냈다. 이 절에서는 이들 재료에 대해 간단히 소개하고, 5장에서 보다 상세히 다루게 된다.

1.2.1 금속

제조에 사용되는 금속은 보통 ***합금(alloy)***의 형태인데, 이것은 둘 이상의 원소가 합쳐진 것이고 적어도 한 원소는 금속이다. 금속과 합금은 두 가지 기본 그룹으로 나누어진다: (1) 철금속, 그리고 (2) 비철금속.

철금속

철금속은 철을 기초재료로 갖는 금속이며, 여기에는 강철과 주철이 포함된다. 철금속은 전 세계 금속 양의 3/4 이상을 차지하는, 상업적으로 가장 중요한 금속이다. 순수한 철은 상업적인 용도로는 제한을 받지만, 탄소와 합금이 되었을 때는 어느 다른 금속보다 많은 용도와 상업적 가치를 가지게 된다. 철과 탄소의 합금은 강철과 주철을 형성한다.

강철(steel)은 0.02~2.11%의 탄소를 함유하는 철-탄소 합금으로 정의되며, 철금속 그룹 중에서 가장 중요한 범주에 속한다. 강철에는 흔히 다른 원소도 포함되는데 망간, 크롬, 니켈, 몰리브덴 등을 첨가하여 금속의 특성을 향상시킨다. 강철은 건설(교량, I빔, 못), 교통(트럭, 철도 및 철도차량) 및 소비재(자동차, 가전제품) 등 다양한 영역에서 사용된다.

주철(cast iron)은 주조(주로 사형주조)에 사용되며, 철과 탄소(2~4%)의 합금인데, 규소 또한 포함(0.5~3%)되어 있다. 주물이 원하는 특성을 위하여 다른 원소들도 흔히 첨가된다. 주철에는 몇 가지 종류가 있는데, 회주철이 가장 흔한 유형이며, 내연기관 엔진의 블록과 헤드에 사용된다.

비철금속

비철금속은 철이 아닌 금속 원소와 이들의 합금이다. 거의 모든 경우에 순수한 금속보다는 합금의 형태가 상업적으로 가치가 있다. 중요한 비철금속은 알루미늄, 구리, 금, 마그네슘, 니켈, 은, 주석, 티타늄, 아연 및 기타 금속과 그 합금이다.

1.2.2 세라믹

세라믹(ceramics)은 금속(혹은 준금속)과 비금속 원소를 포함하는 화합물로 정의된다. 대표적인 비금속은 산소, 질소 및 탄소다. 세라믹에는 다양한 전통적 재료와 현대적 재료가 포함된다. 수천 년 전부터 사용되어온 전통적인 세라믹에는 *점토*(Clay: 벽돌, 타일, 도기 등에 사용되는, 수분을 함유하는 알루미늄규산염과 기타 광물질의 혼합물), *실리카*(Silica, SiO_2: 거의 모든 유리 제품의 원료인 규산염), 연마제로 사용되는 두 가지 재료인 *알루미나*(Alumina, Al_2O_3)와 *탄화규소*(Silicon carbide, SiC) 등이 포함된다. 현대적 세라믹도 역시 알루미나와 같은 위의 재료들을 포함하는데, 현대적인 공정기술을 통해 특성을 향상시킨 것이다. 더 최근의 세라믹으로는 탄화물과 질화물이 있다. *탄화물*(Carbide)은 절삭공구 재료로 널리 사용되는 탄화텅스텐(tungsten carbide, WC)이나 탄화티타늄(titanium carbide, TiC) 등과 같은 금속 카바이드(metal carbide)다. *질화물*(nitride)은 절삭공구나 연삭용 연마제로 사용되는 질화티타늄(titanium nitride, TiN)이나 질화붕소(boron nitride, BN)와 같은 금속과 준금속 나이트라이드(semimetal nitride)이다.

제조공정의 목적에 따라 세라믹은 (1) 결정질 세라믹과 (2) 유리로 나누어지는데, 이들에게는 서로 다른 제조방법이 적용된다. 결정질 세라믹은 분말을 다양한 방법으로 성형한 후 소결과정(입자 간의 결합력을 얻기 위해 용융점 이하까지 가열)을 거친다. 유리 세라믹(즉, 유리)은 녹여서 일정한 틀에 넣은 후 전통적인 방법인 바람을 불어 넣는 등의 방법으로 성형된다.

1.2.3 고분자화합물

고분자화합물(polymer)은 *단위체(mers)*라는 반복되는 구조 단위로 형성된 화합물이다. 이때 단위체의 원자는 전자를 공유하여 매우 큰 분자를 형성한다. 고분자화합물은 보통 탄소와 하나 또는 그 이상의 원소(수소, 질소, 산소 및 염소)로 구성된다. 고분자화합물은 세 가지로 분류된다: (1) 열가소성 고분자(thermoplastic polymers), (2) 열경화성 고분자(thermosetting polymers), 그리고 (3)

고탄성 고분자(elastomers).

열가소성 고분자(thermoplastic polymers)는 여러 번의 가열 및 냉각 사이클을 거쳐도 분자구조가 크게 변하지 않는 폴리머인데, 폴리에틸렌, 폴리스티렌, PVC(polyvinylchloride) 및 나일론 등이 이에 해당된다. ***열경화성 고분자(thermosetting polymers)***는 가열상태에서 냉각되면 화학적인 변화를 통해 견고한 구조로 바뀌는(cure) 폴리머인데 페놀, 아미노 수지 및 에폭시 등이 이에 해당된다. 열경화성이란 이름에도 불구하고 이중 몇몇 재료는 가열과는 다른 메커니즘에 의해 경화된다. ***고탄성 고분자(elastomers)***는 상당히 큰 탄성 거동을 나타내는 폴리머다. 천연고무, 네오프렌(neoprene), 실리콘(silicone) 및 폴리우레탄(polyurethane) 등이 여기에 속한다.

1.2.4 복합재료

복합재료는 독립된 재료 그룹을 구성하는 것이 아니고, 위의 세 가지 기본 재료가 혼합된 재료이다. ***복합재료(composites)***란 둘 또는 그 이상의 상으로 구성되는 재료를 말하는데, 이 상들은 각각 따로 만들어진 후 원래의 특성보다 더 우월한 특성을 얻기 위해 결합된 것이다. 여기서 ***상(phase)***이란 균질한 재료의 집합을 의미하는데, 예를 들어 고체 금속에서 동일한 단위정(unit cell) 구조를 갖는 결정립의 집합과 같은 것이다. 일반적으로 복합재료는 하나의 상을 갖는 입자 또는 섬유가 ***모재(matrix)***라 불리는 두 번째 상에 섞여 들어간 구조를 갖는다.

복합재료는 자연에서도 얻을 수 있으며(예: 나무), 인공적으로 생산할 수도 있다. 여기서는 인공적으로 합성된 것이 더 관심의 대상인데, 섬유강화 플라스틱(fiber-reinforced plastic)은 고분자 모재에 유리 섬유가 포함된 것이며, 에폭시케블라(epoxy-Kevlar)는 고분자 섬유가 다른 고분자 모재에 들어간 것이며, 금속 모재 속의 세라믹은 코발트 결합재에 텅스텐카바이드를 넣어 초경합금(cemented carbide)으로 만든 것이다.

각 복합재료의 성질은 구성요소의 종류, 구성요소의 물리적 형상, 최종재료를 형성하기 위해 결합된 방식에 따라 달라진다. 경량이면서 고강도인 복합재료는 비행기 부품, 자동차 몸체, 보트 선체, 테니스 라켓, 낚싯대 등에 사용된다. 초경합금(cemented carbide) 절삭공구와 같은 복합재료는 고온에서도 강하고 단단한 성질을 유지할 수 있다.

1.3 제조과정

제조과정(manufacturing process)은 초기공작물에 물리적 그리고/또는 화학적 변화를 가하여 재료의 가치를 증가시키려는 의도로 계획된 과정이다. 제조과정은 보통 ***단위공정(unit operation)***으로 수행되는데, 이 단위공정은 초기공작물을 최종 제품으로 변환하는데 필요한 일련의 단계 중에서 하나의 단계를 의미한다. 제조공정(manufacturing operations)은 두 가지 기본 유형으로 나눌 수 있다: (1) 가공공정, 그리고 (2) 조립공정.

가공공정(processing operations)은 공작물을 하나의 완성된 상태로부터 최종 제품에 더 가까

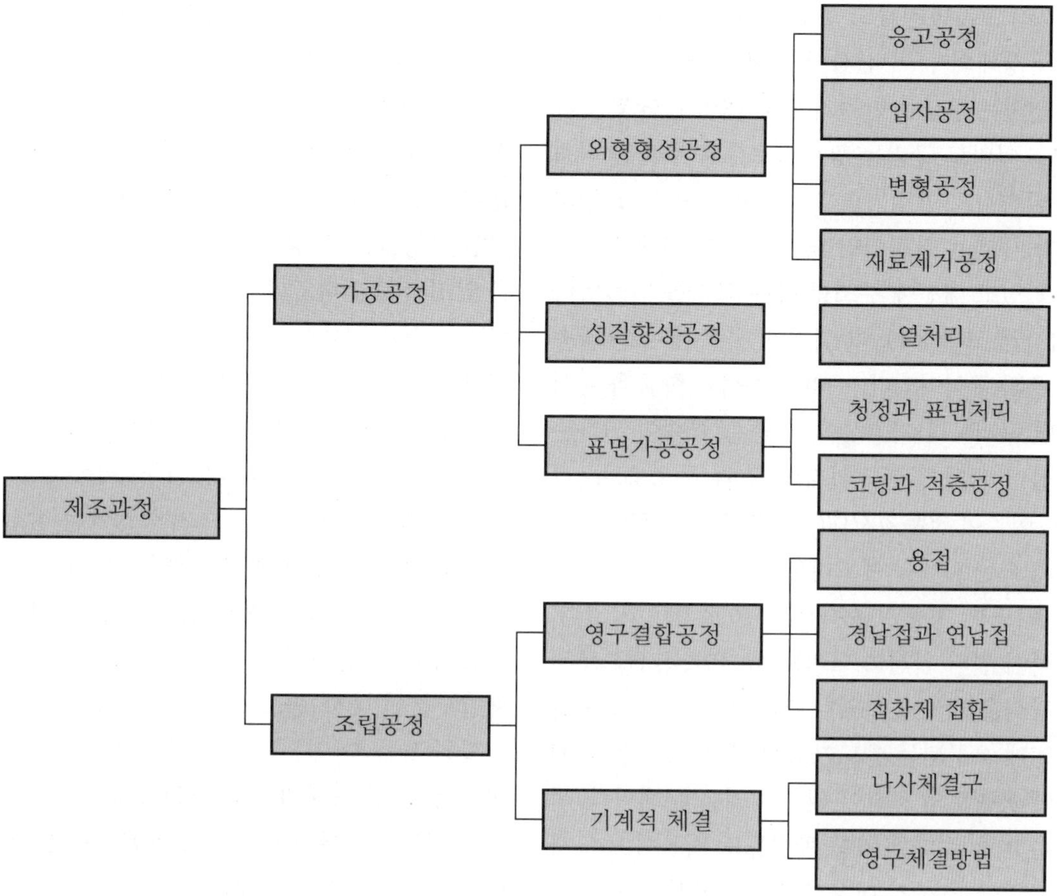

그림 1.5 제조과정의 분류.

워진, 보다 발전된 상태로 변화시킨다. 이때 초기 재료의 형상, 성질, 외관을 바꾸어 가치를 증가시키게 된다. 일반적으로 가공공정은 이산형 부품에 대해 이루어지나, 특정 가공공정은 조립품에 대해서도 적용될 수 있다(예: 점 용접된 차체에 대한 도색작업). ***조립공정(assembly operations)***에서는 둘 이상의 부품을 결합하여, 조립품, 반조립품 또는 결합공정과 관련된 다른 용어로 불리는 새로운 개체(예: 용접된 조립품을 ***weldment***로 부름)를 생성한다. 제조공정의 분류를 그림 1.5에 나타내었으며, 고대로부터 현대에 이르기까지 사용되는 기본 공정들을 역사적 고찰 1.2에서 소개하고 있다.

역사적 고찰 1.2 재료와 제조과정

현대적 제조기술을 형성하는 대부분의 역사적 발전은 불과 지난 몇 세기 전에 이루어진 것들이다(역사적 고찰 1.1). 그러나 몇 가지 기본적 제조공정들은 그 역사가 신석기시대(기원전 8000~3000년)까지 거슬러 올라간다. 이 시대에 목재 조각과 ***목공***, 토기의 성형과 ***굽기***, 돌의 ***연마***, ***방적***과 ***직조*** 그리고 의류 ***염색*** 등이 개발되었다.

야금술과 금속가공 기술 또한 신석기 시대에 메소포타미아와 지중해 연안에서 시작되었고, 유럽과 아시아로 전파되었는데, 또한 여기서도 독자적으로 발전하고 있었다. 일찍이 비교적 순수한 상태의 금이 선사시대 사람들에게 발견되어 원하는 형상을 만들기 위해 해머로 ***단조***를 하였다. 아마도 구리는 광석으로부터 추출된 최초의 금속이고 공정기술로는 ***제련*** 과정이 요구되었다. 구리는 가공경화 되기 때문에 쉽게 단조할 수 없었고 대신에 ***주조***를 통해 모양을 만들었다(역사적 고찰 7.1). 이 기간에 사용된 다른 금속은 은과 주석이었다. 구리는 주석과 합금을 형성하면 구리보다 가공성이 더 좋은 금속이 된다는 사실이 이때 발견되었다(단조와 주조 모두 가능). 이것이 ***청동기시대***(기원전 3500~1500년)라는 중요한 시대를 예고하였다.

철 또한 청동기 시대에 최초로 제련되었다. 운석이 철의 원천이 되기도 했지만, 한편으로는 철광석을 캐기도 하였다. 철광석을 금속으로 만드는데 요구되는 온도가 구리보다 매우 높기 때문에 용광로의 조작이 훨씬 어려운 문제였다. 똑같은 이유로 다른 가공 방법들도 적용하기가 까다로웠다. 초창기 대장장이들은 어떤 철(탄소를 소량 함유하고 있는)은 충분히 ***가열***한 후 ***담금질***(quenching)하면 매우 단단해진다는 것을 알게 되었다. 이런 방법으로 칼과 무기의 날을 매우 예리하게 연삭하는 것이 가능했지만, 한편으로는 금속의 취성이 커지게 만드는 단점이 있었다. 인성은 저온으로 재가열하면 증가시킬 수 있었는데, 이 과정이 ***뜨임***(tempering)이다. 여기서 언급된 사항들은 바로 강철의 ***열처리*** 공정이다. 강철의 우수한 특성으로 인하여 많은 영역(무기, 농기구, 기계장치)에서 청동을 대체하게 되었다. 이 기간은 후에 ***철기시대***(기원전 1000년경 시작)로 명명되었다. 19세기로 접어들면서 강철에 대한 수요가 상당히 증가하였고, 보다 현대적인 강철 제조기술이 개발되었다(역사적 고찰 5.1).

공작기계 기술은 산업혁명 시기에 나타나기 시작하였다. 1770년부터 1850년 사이에 ***보링***, ***선삭***, ***드릴링***, ***밀링***, ***형삭***, ***평삭*** 등 대부분의 전통적인 ***재료제거공정***(절삭가공)을 위한 공작기계들이 개발되었다(역사적 고찰 18.1). 많은 개별적인 공정들은 각 공작기계의 탄생보다 몇 세기를 앞서서 출현하였다. 예를 들어 (목재의) 드릴링과 절단은 고대에서부터 시작되었고 (목재의) 선삭은 그리스도의 시기에 출현하였다.

조립 방법들은 고대 문명에서 배, 무기, 도구, 농기구, 기계류, 전차, 수레, 가구, 의복 등을 만들기 위해서 사용되었다. 초기 공정에는 삼실과 밧줄의 ***묶기***, ***리벳팅***, ***못질***, ***납땜*** 등이 포함된다. 대략 2000년 전에 ***단접***과 ***접착제 접합*** 방법이 개발되었다. 현대의 조립에서 흔히 볼 수 있는 체결부품인 나사, 볼트, 너트는 필요한 나사산을 정확히 깎을 수 있는 공작기계가 개발되어야 출현할 수 있었다(예: 1800년 Maudsley의 나사가공 선반). 1900년경이 되서야 ***용융 용접법***이 조립 방법으로 개발되기 시작하였다(역사적 고찰 25.1).

천연고무는 제조용으로 사용된 최초의 고분자 화합물(폴리머)이었다(목재는 폴리머 복합재료라서 제외한다면). ***가황***(vulcanization)공정은 Charles Goodyear가 1839년에 발견한 공정인데, 고무를 유용한 공업용 재료로 만들었다(역사적 고찰 5.2). 그 후 개발된 폴리머 재료는 질산셀룰로오스(1870년), 베이크라이트(1900년), PVC(1927년), 폴리에틸렌(1932년), 나일론(1930년대 말)과 같은 플라스틱이었다(역사적 고찰 5.1). 플라스틱 재료를 위한 공정 방법으로 ***사출성형***(금속주조 공정의 하나인 다이캐스팅에 기초함)과 기타 성형방법들이 개발되었다.

전자제품들은 소형화라는 특별한 제조방법이 필요했다. 기술이 발전됨에 따라 더욱 더 많은 전자소자들을 작은 면적 안에 넣을 수 있게 되었다. 어떤 경우에는 한 면의 길이가 단지 12 mm밖에 안 되는 반도체 칩 안에 수백만 개의 트랜지스터를 형성하였다. 전자부품의 제조 및 패키징(packaging) 기술은 대략 1960년경으로 거슬러 올라간다(역사적 고찰 29.1, 30.1, 30.2).

1.3.1 가공공정

가공공정(processing operations)은 원자재의 가치를 높이기 위해 에너지를 사용하여 공작물의 형상, 물리적 특성 또는 외관을 바꾸는 것이다. 에너지의 형태는 기계적, 열적, 전기적 및 화학적 에너지인데, 이때 에너지는 기계와 공구를 이용하여 제어된 상태 하에서 적용된다. 인간의 에너지도 필요하지만, 작업자는 일반적으로 기계를 조종하고, 공정을 감독하고, 공정의 각 사이클 전후에서 부품을 장착·탈착하는 일을 한다. 가공공정의 일반적인 모델이 그림 1.1(a)에 나타나 있다. 원자재가 공정에 투입되고, 기계와 공구에 에너지가 공급되어 원자재를 변형시킨 후 완성된 부품이 공정을 빠져나가게 된다. 대부분의 가공공정에서는 폐기물이나 스크랩이 남게 되는데, 절삭공정에서 재료의 제거와 같이 자연적인 것이 있는 반면에 간혹 발생하는 불량품의 형태일 경우도 있다. 이 중의 어떤 경우이든지 폐기물을 줄이는 것이 제조공정의 중요한 목표 중의 하나이다.

초기자재를 최종 형태로 변환시키기 위해서는 보통 두 가지 이상의 공정이 필요하다. 공정들은 설계 명세에 정의된 형상과 조건을 달성하기 위하여 특정한 순서대로 수행된다.

가공공정은 다음의 세 가지 범주로 분류된다: (1) 외형형성공정, (2) 성질향상공정, (3) 표면가공공정.

외형형성공정(shaping operations)은 다양한 방법으로 초기 자재의 기하학적 형상을 바꾸어 주는 것으로 주조, 단조, 절삭가공 등이 전형적인 예이다. ***성질향상공정(property- enhancing operations)***은 형상변화 없이 물리적 특성을 향상시켜 재료의 가치를 증가시키는 공정이다. 가장 대표적인 공정이 열처리이다. ***표면가공공정(surface processing operations)***은 공작물 외부 표면의 청정, 처리, 코팅, 적층 등을 하는 공정이다. 코팅의 일반적인 예는 도금과 도장이다. 외형형성공정은 이 책의 Part III부터 Part VI에서 다루며, 이 공정의 주된 네 가지 부류는 그림 1.5에 나타나 있다. 성질향상공정과 표면가공공정은 Part VII에서 다루게 된다.

외형형성공정

대부분의 외형형성공정에서는 공작물의 기하학적 형상 변화를 위해 열, 기계적 힘, 또는 이 두 가지의 조합을 적용시킨다. 외형형성공정을 분류하는 여러 가지 방법이 있으나 이 책에서는 초기 재료의 상태에 따라 네 가지로 분류한다. (1) ***응고공정(solidification processes)***에서는 초기 재료가 가열된 *액체* 혹은 *반유동체*이고, 이것을 냉각시켜 부품의 기하학적 형상을 만든다; (2) ***입자공정(particulate processing)***에서는 초기 재료인 ***분말***을 성형한 후 가열시켜 원하는 기하학적 형상을 만든다; (3) ***변형공정(deformation processes)***에서는 초기 소재가 ***연성 고체***(보통 금속)이며, 이것을 변형시켜 부품의 형상을 부여한다; (4) ***재료제거공정(material removal processes)***에서는 ***고체***

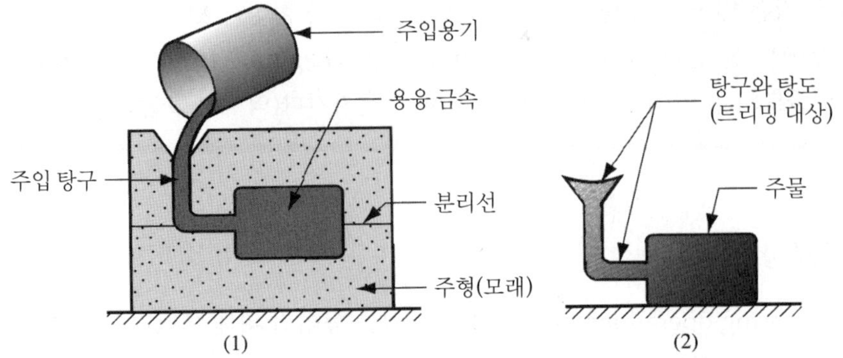

그림 1.6 주조와 성형 공정은 공작물 재료를 가열하여 유체 또는 반유동체 상태로 만들어 시작함. (1) 주형 공동에 유체를 주입, (2) 응고 후 고체 주물을 주형으로부터 제거.

(연성 또는 취성)인 초기 소재의 일부를 제거하여 원하는 기하학적 형상을 만든다.

첫 번째 부류인 ***응고공정***에서는 초기 재료를 충분히 가열하여 유체 혹은 높은 소성 상태(반유동체)로 만든다. 금속, 유리, 플라스틱 등 거의 모든 재료가 이 방법으로 처리될 수 있다. 액체 또는 반유동체 형태로 재료가 변환되면, 주형 공동(cavity) 속으로 붓거나 강제로 밀어 넣은 후 응고시켜서 공동 내부와 동일한 형상의 외형을 만들게 된다. 이런 방법의 공정은 금속의 경우 *주조(casting)*로, 플라스틱의 경우 *성형(몰딩, molding)*으로 불린다. 그림 1.6은 이 유형의 외형형성공정을 나타낸 것이다. 그림 8.6은 주조 알루미늄 엔진헤드를 보여주며, 그림 10.20에서는 플라스틱 성형품들을 보여주고 있다.

입자공정에서는 초기 재료가 금속이나 세라믹 분말이다. 이 두 재료는 완전히 다른 종류이지만, 이들의 성형공정은 거의 비슷하다. 분말야금(powder metallurgy)의 공통적인 기술은 그림 1.7에서와 같이 분말을 금형 공동 속에서 고압으로 누르는 가압(pressing)과정과 개별 입자들을 하나로 결합시키는 소결(sintering)과정이다. 분말야금에 의해 생산된 부품들의 예가 그림 12.1에 나와 있다.

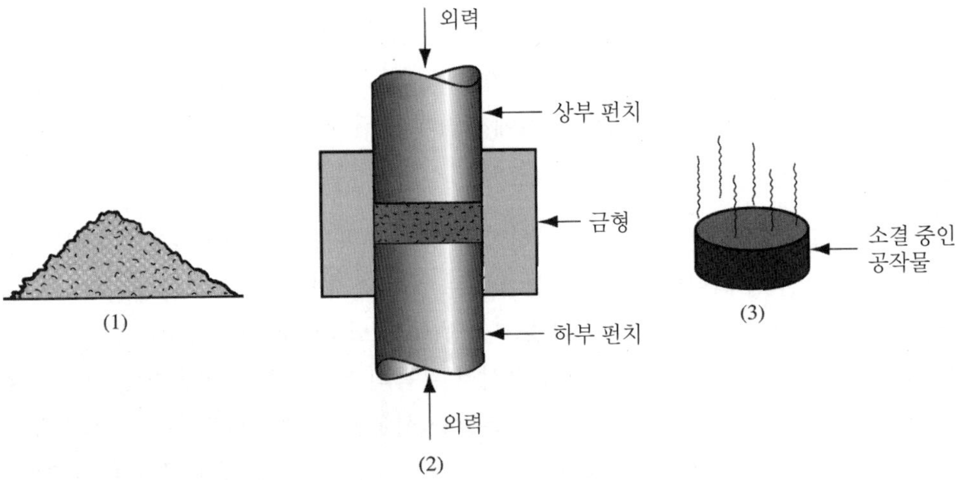

그림 1.7 입자공정. (1) 초기 재료 분말, (2) 가압, (3) 소결.

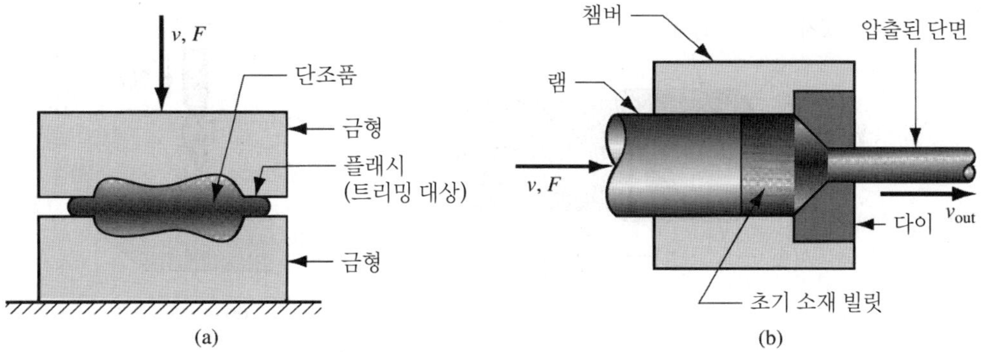

그림 1.8 일반적인 변형공정. (a) ***단조***에서는 한 쌍의 절반 금형이 재료를 압착하여 금형 공동의 형상으로 재료를 변형시킴. (b) ***압출***에서는 빌릿(소재)을 다이구멍을 통과하도록 밀어 넣어 다이구멍 단면형상으로 변형시킴.

변형공정에서는 소재에 항복강도 이상의 힘을 작용시켜 형상을 만들게 된다. 이런 방법이 적용될 수 있는 재료는 변형 중에 파단이 일어나지 않을 만큼 충분한 연성을 가지고 있어야 한다. 연성을 증가시키기 위해(또는 다른 이유에서), 성형에 앞서서 재료를 용융점 이하의 온도까지 가열하는 경우가 많다. 변형공정은 금속성형과 매우 밀접한 관계를 가지며, 그림 1.8에 나타낸 *단조(forging)*와 *압출(extrusion)*과 같은 공정을 포함한다. 그림 15.18에서는 드롭햄머를 이용한 단조작업을 보여주고 있다.

또한 변형공정의 부류에는 ***판재가공(sheet metalworking)***이 포함되는데, 여기서는 금속판재의 초기 블랭크(blank) 또는 스트립(strip)에 굽힘, 성형 또는 전단공정을 수행한다. 그림 16.30에 나타낸 금속판재 부품을 스탬핑(stamping)이라 부르는데, 그 이유는 스탬핑 프레스(stamping press)를 이용해 만들어지기 때문이다.

재료제거공정은 공작물로부터 불필요한 재료를 제거함으로써 원하는 형상으로 만들어 가는 공정이다. 이 부류에서 가장 중요한 공정은 그림 1.9에 나타낸 *절삭(machining)*공정이며, 여기에는 *선삭(turning)*, *드릴링(drilling)* 및 *밀링(milling)*이 포함된다. 이러한 절삭공정은 대부분 금속 재료에 적용되며, 그 때문에 공작물 재료보다 더 단단하고 강한 절삭공구가 사용되어야 한다. 이 책의 표지에서는 드릴링 공정을 보여주고 있다.

연삭(grinding) 또한 이 영역에 속하는 일반적인 재료제거공정이다. 그 밖의 재료제거공정으로는 레이저빔, 전자빔, 화학적 부식, 전기방전, 전기화학적 에너지 등을 이용하여 재료를 제거하는 *특수가공(nontraditional processes)*이 있다.

초기 소재를 그 다음 단계의 형상으로 변환시킬 때 폐기물과 스크랩을 최소화하는 것이 바람직하다. 외형형성공정에 속하는 어느 특정 공정들을, 재료보존 측면에서 다른 공정보다 더욱 효율적이다. 재료제거공정(예: 절삭)의 작업형태를 보면 작업 특성상 재료를 낭비하는 경향이 있다. 주조와 몰딩 공정에서는 초기 재료의 거의 100%를 최종 제품으로 변환시킨다. 이와 같이 소재의 거의 대부분이 최종제품으로 변환되어서, 최종형상을 만들기 위한 부가적인 절삭공정이 필요 없는 제조

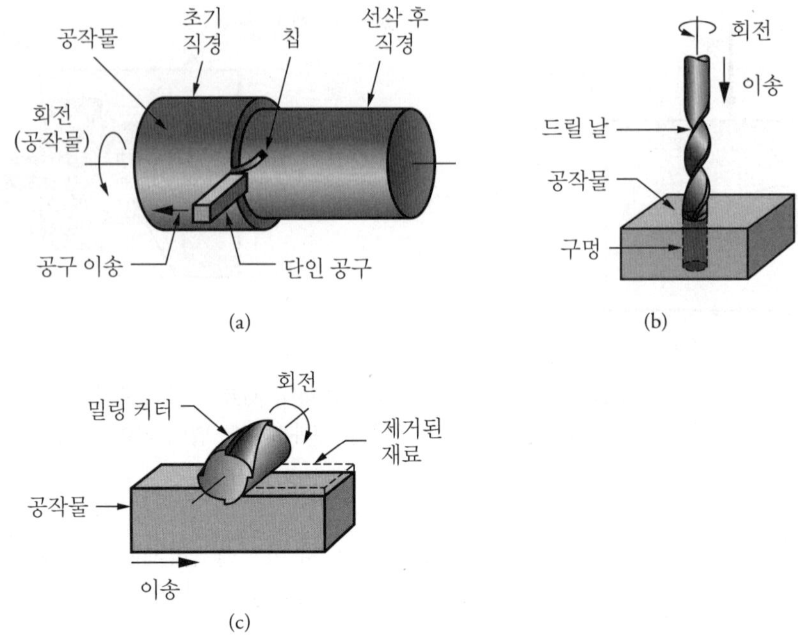

그림 1.9 일반적인 절삭공정. (a) ***선삭***에서는 회전하는 공작물의 직경을 줄이기 위해 단인공구가 재료를 제거함. (b) ***드릴링***에서는 원형 구멍을 내기 위해 회전하는 드릴날이 공작물 속으로 이송됨. (c) ***밀링***에서는 공작물이 여러 개의 날을 가진 회전하는 공구 밑으로 이송되어 지나감.

공정을 *순형상공정(net shape processes)*이라 한다. 최종형상을 얻기 위해서 최소한의 절삭이 요구되는 공정을 *근사 순형상공정(near net shape processes)*이라 부른다.

성질향상공정

가공공정에서 두 번째로 많은 유형은 공작물 재료의 기계적 또는 물리적 특성을 향상시키는 것이다. 이러한 공정은 일부 의도하지 않은 몇 가지 경우를 제외하고는, 부품의 외형을 변화시키지는 않는다. 성질향상공정 중 가장 중요한 공정은 *열처리(heat treatment)*인데, 금속과 유리에 대한 다양한 풀림 공정과 강도 향상 공정들이 이에 속한다. 분말 금속의 *소결(sintering)* 또한 압축된 분말로 이루어진 부품의 강도를 증가시키는 열처리 공정이라고 할 수 있다. 이에 해당하는 공정을 세라믹에서는 *소성(燒成, firing)*이라 한다.

표면가공공정

여기에는 (1) 청정, (2) 표면처리, (3) 코팅과 박막적층공정 등이 포함된다. ***청정(cleaning)***은 화학적 혹은 기계적 방법을 통해 부품의 표면으로부터 오물과 기름 등을 제거하는 공정이다. ***표면처리(surface treatment)***에는 샷피닝(shot peening) 및 샌드블라스팅(sand blasting)과 같은 기계적인 작업과 확산 및 이온주입과 같은 물리적인 공정이 있다. ***코팅(coating)***과 ***박막적층공정(thin film deposition)***은 부품의 외부 표면에 어떤 재료를 덧씌우는 것이다. 일반적인 코팅공정으로 ***전기도금***, 알루미늄의 *양극처리*(산화피막), 유기질 *코팅*(*도장*이라 부름), 법랑도포 등이 있다. 박막적층공정에는 다양한 물질의 극도로 얇은 막을 형성하는 *물리적 증착법(physical vapor deposition)*과 *화학적 증착법(chemical vapor deposition)*이 포함된다.

1.3.2 조립공정

제조공정의 두 번째 기본 공정은 ***조립(assembly)***인데, 이것은 두 개 이상의 분리된 부품을 결합하여 하나의 새로운 개체로 만드는 공정이다. 새로운 개체의 구성부품들은 영구적 또는 반영구적으로 연결되어 있다. 영구결합공정에는 *용접(welding)*, *경납접(brazing)*, *연납접(soldering)* 및 *접착법(adhesive bonding)*이 있다. 이때 부품들 사이에는 쉽게 분리할 수 없는 결합부가 발생한다. 특정한 ***기계적 조립 방법***에서는 둘 이상의 부품을 손쉽게 분해할 수 있도록 체결한다. 나사, 볼트 및 기타 ***나사 체결구***들이 이 범주에 속하는 중요한 전통적인 방법들이다. 이들보다 좀 더 영구적인 기계적 조립 기술에는 *리벳*, *가압박음(press fitting)* 및 *팽창박음(expansion fits)*이 있다. 결합과 조립공정은 Part 8에서 다룬다.

1.3.3 생산기계와 공구류

제조공정은 기계와 공구류(그리고 사람)를 이용하여 수행된다. 생산에 기계가 본격적으로 활용된 것은 산업혁명 때부터이다. 이 시기에 금속절삭용 기계가 개발되어 널리 사용되기 시작하였다. 이런 기계를 ***공작기계(machine tool)***로 부르는데, 이전에 사람 손으로 하던 절삭공구의 조작을 동력으로 대체한 것이다. 현대적인 공작기계의 정의는 동력이 수력이나 증기가 아닌 전기라는 점과 정밀도와 자동화 수준이 상당히 높아졌다는 점을 제외하고는 과거의 것과 동일하다. 공작기계는 모든 생산기계 중에서 가장 다용도로 사용할 수 있다. 즉 소비재 부품뿐만 아니라 다른 생산기계를 구성하는 부품까지도 만들 수 있다. 역사적 관점이나 다른 기계류로 재탄생된다는 관점 모두에서 공작기계는 모든 기계의 어머니라고 할 만하다.

다른 생산기계로는 스탬핑 공정을 위한 *프레스*, 단조를 위한 *단조해머*, 금속판재의 압연을 위한 *압연기*, 용접을 위한 *용접기*, PCB기판(printed circuit boards)에 전자부품을 조립하는 *배치기계(placement machines)* 등이 있다. 각 장비의 이름은 보통 공정의 이름에서 따오는 것이 대부분이다.

생산기계는 범용 또는 특수 목적용(전용)이 될 수 있다. *범용장비(general purpose equipment)*는 다양한 작업에 대해서 유연성과 적응성이 좋고, 도입하고자 하는 어느 회사에서도 손쉽게 구매할 수 있다. *전용장비(special purpose equipment)*는 어떤 특정한 부품이나 제품을 대량으로 만들 수 있게 설계된 것이다. 대량생산이 경제성을 얻기 위해서는 고효율성과 사이클타임의 단축을 보장하는 전용장비가 바람직하다. 이것이 전용장비를 사용하는 유일한 이유는 아니고, 단지 주된 이유일 뿐이다. 전용장비를 사용하는 다른 이유로는 어떤 공정이 매우 특수하여 상업적으로 시장에 나온 장비가 없는 경우이다. 고유한 특정 공정이 필요한 일부 회사에서는 자신의 특수 목적을 위한 전용 기계를 개발하기도 한다.

생산 기계는 보통 *공구류(tooling)*를 필요로 하는데, 이것이 각 장비를 특정한 부품이나 제품의

표 1.3 다양한 공정에서 사용되는 생산 기계와 공구류

공정	기계	특수 공구류(기능)
주조	다양한 유형의 주조 장비(8장 참조)	주형(용융금속을 위한 공동)
성형(몰딩)	성형기(몰딩 머신)	금형(고온 폴리머를 위한 공동)
압연	압연기	롤(소재 두께의 감소)
단조	단조 해머 또는 프레스	금형(소재 변형을 위한 압착)
압출	프레스	압출다이(소재 단면적의 감소)
스탬핑	프레스	금형(전단, 박판성형)
절삭	공작기계	절삭공구(재료 제거)
		고정구(공작물 고정)
		지그(공작물 고정 및 공구 안내)
연삭	연삭기	연삭숫돌 (재료 제거)
용접	용접기	전극(재료 융합)
		고정구(용접 중 공작물 고정)

제조에 맞추어 주는 역할을 한다. 대부분의 경우 공구류는 특히 부품 혹은 제품의 배치형태에 따라 설계되어야 한다. 범용장비에서는 공구류가 쉽게 교환되도록 계획된다. 즉 각 부품 유형에 따른 공구류가 기계에 장착되어 생산이 시작되고, 다음 부품 유형을 처리할 때까지 그 공구류가 유지된다. 전용장비에서는 공구류가 기계와 통합되어 설계된다. 전용기계는 주로 대량생산을 위해서 사용되기 때문에 마모된 공구류 구성부품의 교체나 수리할 경우를 제외하고는 공구류는 거의 바뀌지 않는다.

공구류의 유형은 제조공정에 따라 분류된다. 표 1.3은 다양한 공정에 사용되는 특수 공구류의 예를 나타낸 것이다. 자세한 내용은 이들 공정을 설명하는 각 장에서 다루게 된다.

1.4 생산시스템

제조업체가 효율적으로 운영되기 위해서는 생산을 효율적으로 수행할 수 있는 시스템을 갖추고 있어야만 한다. *생산시스템(production systems)*은 인간, 장비 및 작업순서로 구성되는데, 이것들은 업체의 제조공정을 구성하는 재료와 공정들의 조합에 적합하도록 설계된 것이다. 생산시스템은 다음의 두 영역으로 구분된다(그림 1.10)[2]. (1) 생산설비, (2) 제조지원시스템. *생산설비(production facilities)*는 공장, 물리적인 장비 및 그 장비들의 배치를 의미한다. *제조지원시스템(manufacturing support systems)*은 업체가 생산을 관리하고, 기술적 문제와 물류 문제를 해결하는 데에 사용되는 작업순서를 의미한다. 이때 발생하는 문제는 주로 자재주문, 공장 내 공작물 운반,

2) 이 그림은 본서에서 다루는 주요 주제를 나타내기도 한다.

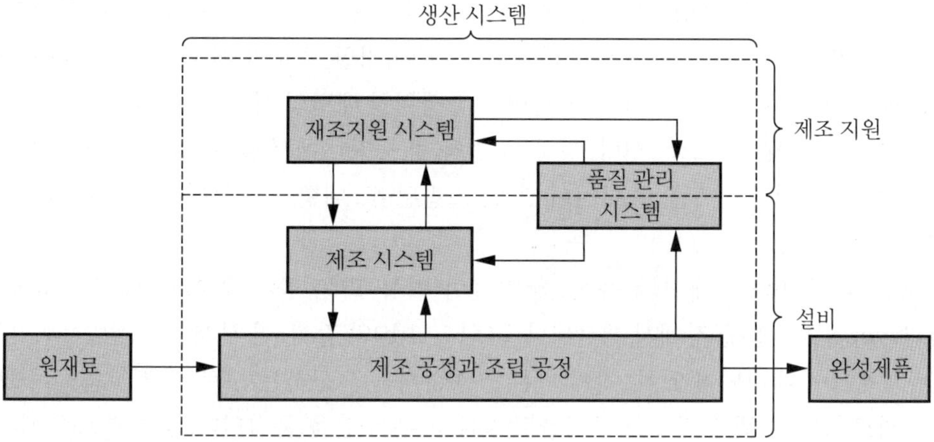

그림 1.10 본서에서 다루는 생산시스템 모델과 주요 주제의 개관.

제품 품질관리에서 맞닥뜨리게 되는 것들이다. 생산설비와 제조지원시스템의 두 영역 모두 인간을 포함하는데, 인간이 이들 시스템을 작동시킨다. 일반적으로 직접노동인력은 제조장비를 조작하는 일을, 전문인력은 제조지원의 업무를 책임지고 수행한다.

1.4.1 생산설비

생산설비는 공장과 공장 내의 생산장비, 자재취급장비 및 기타 장비로 구성된다. 장비는 현재 만들어지고 있는 부품들 그리고/또는 조립품들과 물리적으로 직접 접촉한다. 설비에는 또한 장비들이 공장 내에서 배열되는 방식인 *공장배치(plant layout)*도 포함된다. 장비들은 보통 *제조시스템(manufacturing systems)*이라고 불리는 논리적 그룹들로 조직되는데, 그것의 예로는 자동 생산라인이나 가공셀(machine cell)을 들 수 있으며, 가공셀은 하나의 산업용 로봇과 두 대의 공작기계로 구성된다.

제조업체들은 가장 효율적인 방법으로 특정한 목표를 달성할 수 있게 제조시스템을 설계하고, 공장을 구성한다. 여러 해의 시간이 지남에 따라, 제품다양성과 생산수량의 조합(1.1.2절)이 주어진 상황에서, 어떤 종류의 생산설비가 제조에 가장 적합하게 구성된 것인지를 깨닫게 되었다. 세 종류의 연간 생산수량 범위에 따라 요구되는 설비는 서로 다르다.

소량생산

연간 1~100 단위 정도를 생산하는 소량생산의 경우, 여기에 맞는 생산설비 유형을 기술하기 위하여 *job shop(개별생산 작업장)*이라는 용어가 종종 사용된다. job shop에서는 특별히 주문된 제품을 소량으로 만든다. 제품은 우주캡슐, 비행기 시제품 및 전용기계와 같이 복잡한 경우가 많다. 주로 범용기계가 사용되며, 노동인력의 기술숙련도는 매우 높다.

job shop은 다양한 제품(경다양성)을 취급할 수 있도록 최대 유연성을 고려하여 설계되어야 한다. 만약 제품이 크고 무거워서 공장 내에서 자유로운 이동이 불가능한 경우에는, 한 지점에서 제조나 조립의 모든 작업을 수행한다. 제품이 기계가 설치된 위치로 이동하는 것이 아니라, 작업자와 장비가 제품의 위치로 모여들게 이동하는 것이다. 이러한 유형의 배치를 *고정위치 배치(fixed-position layout)*이라 한다(그림 1.11(a)). 완벽한 고정위치 배치의 상황은, 전체 생산이 진행되는 동안 제품이 단일 위치에 머무르는 선박, 항공기, 기차 및 중장비에서 볼 수 있다. 실제 현장에서 이들 제품은 각각의 위치에서 큰 모듈로 나뉘어 가공/조립된 후, 대형 크레인을 이용하여 완제품으로 조립되는 방식을 따른다.

대형 제품을 구성하는 개별 부품은, 장비들이 기능 또는 종류에 따라 배열된 ***공정별 배치(process layout)***를 갖는 공장에서 생산된다. 그림 1.11(b)와 같이, 한 부서에는 선반들이, 다른 부서에는 밀링기계들이 배치되어 있다. 각기 다른 공정순서를 요구하는 서로 다른 부품들이 보통 배치(batch) 단위로, 공정수행에 필요한 특정한 순서대로 부서 간을 움직인다. 공정별 배치에서는 유연성이 특징인데, 서로 다른 부품 구성에 따라 발생하는 매우 다양한 공정 순서에 맞출 수 있다. 이런 배치의 단점으로는 부품을 생산하는 기계와 생산 방법이 높은 효율성에 맞추어 설계되지 못한다는 점이다.

중량생산

연간 100~10,000 단위를 생산하는 중량생산일 경우, 제품의 다양성에 따라 두 가지 유형의 설비로 구분할 수 있다. 제품의 경다양성이 있는 경우, 일반적인 접근방법은 ***배치생산(batch production)***이다. 한 종류의 제품이 배치단위로 생산이 되다가 이것이 끝나면 다음 제품의 배치를 생산하기 위해서 제조장비가 교체된다. 기계의 생산 속도가 어느 한 제품에 대한 수요의 속도보다 클 경우에는, 여러 제품들이 동일한 기계를 공유할 수 있다. 생산 대상물을 전환하는 데에는 공구류와 기계의 셋

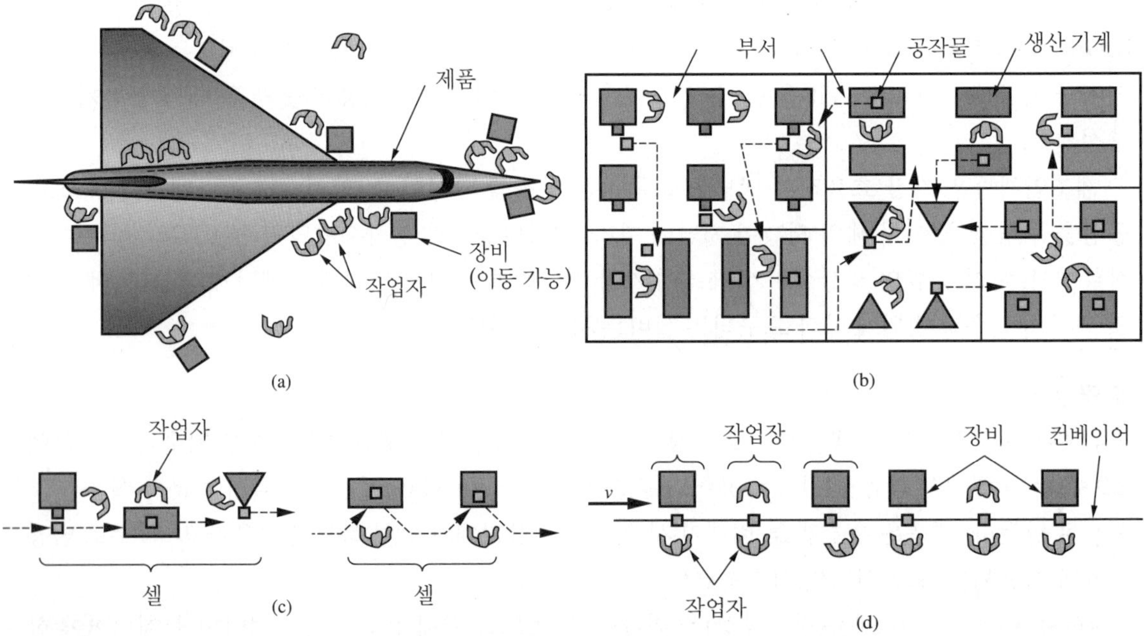

그림 1.11 다양한 유형의 공장 배치. (a) 고정위치 배치, (b) 공정별 배치, (c) 셀형 배치, (d) 제품별 배치.

업을 바꾸어 주는 데 필요한 시간이 소모된다. 이 셋업시간은 생산시간의 손실이며, 배치생산의 단점이다. 배치생산이 보통 적용되는 상황은 재고비축생산(make-to-stock)인데, 이것은 수요에 의해 점진적으로 소진되는 재고를 채워 주는 생산을 의미한다. 장비들은 그림 1.11(b)와 같은 공정별 배치에 따라 배열된다.

제품 연다양성의 경우에는 중량생산을 위한 다른 대안이 가능하다. 이 경우 어느 한 제품 스타일과 그 다음 스타일 사이에 심각한 전환이 필요하지 않다. 셋업으로 인한 심각한 시간손실 없이 유사한 제품 그룹을 동일한 장비에서 생산할 수 있도록 제조시스템을 구성하는 것이 가능하다. 상이한 부품이나 제품들의 가공 또는 조립은 셀에서 수행될 수 있는데, 셀은 몇 개의 작업장 또는 몇 대의 기계로 구성된다. ***셀형 생산(cellular manufacturing)***이 이런 유형의 생산을 일컫는 용어이다. 각 셀은 제한된 다양성을 가진 부품들의 구성을 수용하도록 설계된다. 즉, 하나의 셀은 *그룹테크놀러지(Group Technology, GT)*의 원리에 따르는, 정해진 유사한 부품 집단의 생산에 특화되어 있다(34.5절). 이런 배치를 그림 1.11(c)과 같이 ***셀형 배치(cellular layout)***라 한다.

대량생산

연간 10,000에서 수백만 단위의 제품을 생산하는 것을 *대량생산(mass production)*이라 한다. 이런 상황의 특징은 어떤 제품에 대해 높은 수요가 있고, 제조시스템이 그 단일 제품의 생산에 전념한다는 것이다. 대량생산을 다량생산과 흐름라인생산의 두 가지로 분류할 수 있다. ***다량생산(quantity production)***은 단일 장비에서 이루어지는 단일 부품의 대량생산을 말한다. 이를 위해 보통 특수한 공구류(예: 금형과 자재취급장치)가 장착된 표준기계들(예: 스탬핑프레스)을 사용되며, 오직 한 종류의 부품생산에만 전념한다. 다량생산에 사용되는 전형적인 배치 형태는 공정별 배치와 셀형 배치이다.

흐름라인생산(flow line production)은 순차적으로 배열된 다수의 장비 혹은 작업장을 가지며, 공작물이 순서에 따라 물리적으로 이동하여 제품을 완성하는 방식이다. 작업장과 장비는 효율을 최대화하는 방향으로 한 제품만을 위해 특정하게 설계된다. 이런 배치를 *제품별 배치(product layout)*라 하는데, 그림 1.11(d)와 같이 작업장이 하나의 긴 라인을 따라 배열되거나, 일련의 부분적 라인을 연결하여 구성되기도 한다. 공작물은 보통 기계화된 컨베이어에 의해 작업장 사이를 이동한다. 각 작업장에서는 전체 작업의 일부분만이 수행된다.

흐름라인생산의 가장 친숙한 예는 자동차와 가전제품과 같은 제품을 위한 조립라인이다. 순수한 형태의 흐름라인생산은 라인 상에서 만들어지는 제품의 변화가 없을 때 발생한다. 각 제품은 모두 동일하기 때문에 이런 라인을 *단일모델 생산라인(single-model production line)*이라 부른다. 주어진 하나의 제품으로 시장에서 성공하기 위해서는, 고객 각자에게 정확히 맞는 상품을 선택할 수 있도록 특징과 모델에 차이를 두는 것이 효과가 있을 것이다. 생산의 관점에서 제품 특징의 변화는 제품의 연다양성을 의미한다. *혼합모델 생산라인(mixed-model production line)*은 라인 상에서 제조되는 제품에 연다양성이 있는 경우이다. 현대적인 자동차 조립라인이 대표적인 예이다. 조립라인으로부터 나오는 자동차는 옵션이 다양하고, 다른 모델임을 나타내도록 차체 내·외장에 변화를 주며, 많은 경우 동일한 기본 차체설계에 다른 모델명을 갖고 있다.

1.4.2 제조지원시스템

설비를 효율적으로 운영하기 위해, 회사는 스스로를 조직화하여, 공정과 기계의 설계, 생산주문의 계획과 관리, 제품품질 요구조건의 만족이 가능하도록 하여야 한다. 이러한 기능들은 제조지원시스템에 의해 수행되는데, 이 제조지원시스템은 생산공정을 관리하는 사람과 작업순서를 의미한다. 대부분의 제조지원시스템은 제품과 직접적인 접촉을 하지는 않고, 전 공장에 걸쳐 제품생산 진행과정을 계획하고 통제한다. 제조지원기능은 다음과 같은 부서로 조직된 사람들에 의해 수행된다.

- *제조엔지니어링 부서(Manufacturing engineering).* 제조엔지니어링 부서는 제조과정의 기획, 즉 부품을 만들고 제품을 조립하는 데 어떤 공정을 적용할 것인가를 결정하는 책임을 지고 있다. 이 부서에서 해야 할 또 다른 일은 가공과 조립을 수행할 현장부서에서 사용되는 공작기계와 기타 장비를 설계하고 주문하는 것이다.
- *생산계획 및 생산관리 부서(Production planning and control).* 이 부서는 현장에서의 물류문제의 해결을 책임지고 있다. 즉 자재주문, 부품구매, 생산일정계획을 수행하고, 이 일정계획에 맞출 수 있는 능력을 현장부서가 갖추도록 해준다.
- *품질관리 부서(Quality control).* 현대의 경쟁적 환경 하에 있는 제조업체는 제품의 고품질화를 최우선순위에 두어야 한다. 이것은 명세(specifications)에 부합하는 제품을 설계하고 만들어 고객의 기대를 만족시키거나 더 초과해야 한다는 것을 의미한다. 이런 노력의 대부분은 품질관리 부서에서 책임지고 있다.

1.5 제조경제학

1.1.1절에서는 제조를 초기 공작물에 가치를 더하는 변화공정으로 정의하였다. 1.1.2절에서 제조는 제품을 소비자에게 판매하는 회사에 의해 수행되는 상업적 활동임을 언급하였다. 제조에 대한 몇 가지 경제적 측면을 고찰하는 것은 적절하며, 이것이 본 절의 목적이다. 여기서는 (1) 생산주기 분석과 (2) 제조비용 모델을 다루고자 한다.

1.5.1 생산주기 분석

'시간이 돈'이라는 속담이 있다. 제품 생산에 필요한 전체 시간은 전체 비용과 가격을 결정하는 요소 중 하나이다. 전체 시간은 제품 제조에 필요한 모든 단위공정들 각각의 주기의 합이다. 1.3절에서 정의한 바와 같이, 단위공정은 최종 제품을 만드는데 요구되는 일련의 단계 중 하나의 단계를 말한다. 단위공정의 ***주기(cycle time)***는 가공이나 조립 공정이 진행될 때, 하나의 작업 단위가 소비하는 시간으로 정의된다. 그것은 하나의 작업 단위가 공정을 시작하는 순간과, 그 다음 작업 단위가 시작하는 순간 사이의 시간 간격을 의미한다. 전형적인 생산주기는 실제 가공시간과 공작물처리시간(예: 공작물을 기계에 장착하고 탈착하는 시간)으로 구성되어 있다. 절삭가공과 같은 몇몇 공정에서는 작업에 사용되는 공구가 마모될 때, 주기적으로 공구를 교환하는 시간도 필요하다. 수식의 형태로 표현하면,

$$T_c = T_o + T_h + T_t \tag{1.1}$$

여기서 T_c = 단위공정의 주기, min/pc(piece); T_o = 단위공정 내의 실제 가공시간, min/pc; T_h = 공작물처리시간, min/pc; T_t = 공구처리시간(공정 내에 포함되어 있다면), min/pc.

공구처리시간은 보통 정기적으로 나타나지만, 매 주기마다 나타나는 것은 아니다. 따라서 공작물 당 공구처리시간은, 공구교환과 관련된 실제 시간을 공구교환 사이의 공작물 수로 나누어 결정해야 한다. 많은 생산공정에는 공구교환이 포함되지 않으므로, 이때 식 (1.1)에는 관련항이 빠지게 됨을 기억하여야 한다.

배치생산(batch production)과 잡샵생산(job shop production)은 제조의 일반적인 유형이다. 이들 두 가지 생산방식에서는, 가공할 특정 공작물에 적합하고, 요구되는 수량의 배치생산을 위한 생산장비 한 벌을 준비하여야 한다. 잡샵(job shop)생산에서의 생산량은 배치(batch)생산에서의 생산량보다 적다(1.4.1절). 배치공정은 두 가지 중 한 가지 방법으로 수행된다. (1) ***연속 배치공정(sequential batch processing)***에서는 배치의 부품들이 하나씩 가공된다. (2) ***동시 배치공정(simultaneous batch processing)***에서는 배치의 모든 부품들이 동시에 가공된다. 연속 배치공정의 예는 주어진 수량의 동일한 공작물을 절삭가공하는 것인데, 이때 절삭가공은 금속절삭용 공작기계의 순서에 따라 진행된다. 공작기계는 한 번에 하나의 부품만을 가공할 수 있다. 동시 배치공정의 예는 열처리 공정인데, 여기서는 배치의 전체 부품을 열처리 로(furnace)에 넣고 동시에 작업한다.

단위공정에서 부품들의 한 배치를 생산하는 시간은, 배치를 준비하는 시간(set up time)과 실제 가공시간(run time)의 합으로 구성된다. 연속 배치생산에서 배치를 생산하는 시간은 다음과 같다.

$$T_b = T_{su} + Q_b T_c \tag{1.2a}$$

여기서 T_b = 배치생산을 완성하는데 소요되는 총 시간, min/batch; T_{su} = 준비시간, min/batch; Q_b = 배치 수량, pc/batch; T_c = 식 (1.1)에서 정의한 단위공정의 주기(cycle time), min/pc. 이것은 각 주기에서 하나의 부품이 생산되는 것을 가정한 것이다.

동시 배치생산에서의 주기는 배치의 모든 부품을 함께 작업하는 시간을 의미한다. 이때 배치생산 완성 시간은 다음과 같다.

$$T_b = T_{su} + T_c \tag{1.2b}$$

여기서 T_c = 배치의 모든 부품 수량 Q_b개를 장착, 작업 및 탈착하는 데 소요되는 주기, min/batch.

공작물 당 평균 생산시간의 현실에 근접한 값을 구하려면, 준비시간은 배치 수량 전체에 고르게 분포된 것이므로, 배치생산 완성 시간은 식 (1.2a) 또는 (1.2b)의 배치 시간을 배치 수량으로 나누어

야 한다:

$$T_p = \frac{T_b}{Q_b} \tag{1.3}$$

여기서 T_p = 공작물 당 평균 생산시간, min/pc; 그리고 다른 항들은 앞에서 정의됨.

식 (1.3)은 연속 및 동시 배치생산 모두에 적용할 수 있다.

배치 수량이 공작물 한 개인 경우, 식 (1.2)와 식 (1.3)은 여전히 적용가능하며, $Q_b = 1$이다. 대량생산의 경우, 이 식들을 사용할 수 있으나 Q_b의 값이 매우 커지면 셋업시간은 그 중요성이 상실된다: 즉 $Q_b \to \infty$이면 $T_{su}/Q_b \to 0$.

식 (1.3)의 공작물 당 평균 생산시간을 이용하면, 생산공정에서의 실제 평균 생산속도를 결정할 수 있다:

$$R_p = \frac{60}{T_p} \tag{1.4}$$

여기서 R_p = 시간당 평균 생산속도, pc/hr. 이 생산속도는 준비시간의 효과를 고려한 것이다.

연속 배치생산(기계의 준비가 끝난 후)에서 생산이 진행되는 동안, 생산속도는 주기(cycle time)의 역수이다.

$$R_c = \frac{60}{T_c} \tag{1.5}$$

여기서 R_c = 시간당 주기속도(cycle rate), cycles/hr(pc/hr if one part is completed each cycle 주기 당 하나의 부품이 완성된다면); T_p = 공작물 당 평균 생산시간, min/pc.

준비시간이 영(zero)이 아니라면, 주기속도(cycle rate, R_c)가 실제 평균 생산속도(R_p)보다 항상 클 것이다($R_c \geq R_p$). 유사한 이유에서 식 (1.5)는 대량생산에도 적용된다.

식 (1.5)는 동시 배치생산에는 적용할 수 없다. 배치의 부품들에 대해 동시에 작업이 진행될 때에는 주기 T_p의 의미가 연속 배치생산의 경우와 다르기 때문이다.

1.5.2 제조비용 모델

주기분석은 생산비를 예측하는데 사용될 수 있는데, 이 생산비에는 시간비용뿐 아니라 재료비와 간접비가 포함되어 있다. 시간비용(cost of time)은 인건비와 장비비용으로 구성되며, 이 비용들은 원가율(cost rate, 예: \$/hr 또는 \$/min)에 따라 공작물 한 개 당 평균 생산시간에 적용된다. 따라서 공작물 당 생산비용에 대한 비용모델은 다음과 같다:

$$C_{pc} = C_m + C_o T_p + C_t \tag{1.6}$$

C_{pc} = 공작물 당 비용, \$/pc;

C_m = 초기 재료비, \$/pc;

C_o = 작업 셀 운용에 필요한 원가율(cost rate), \$/min;

T_p = 식 (1.3)의 공작물 당 평균 생산시간, min/pc;
C_t = 단위공정에서 사용된 공구비용, \$/pc.

공구류가 제조공정에서 사용될 경우, 공구비용 C_t는 실제 공구류 비용을 그 공구류에 의해 생산되는 공작물의 개수로 나누어 결정하여야 한다. 예를 들어 절삭가공에서 절삭공구는 그들의 마모로 인해서 주기적으로 교체되어야 한다. 이 경우, 공구교체 비용은 공구교체 사이에 완성된 부품의 수로 나누어야 한다. (절삭공구 주제는 20.3.2절에서 더욱 상세히 다룬다.) 다른 가공공정에서는 다이나 금형 형태의 특수한 공구류가 요구된다. 박판 프레스가공과 플라스틱 사출성형이 그 사례이다. 이 경우, 공구비용 C_t 값은 그 특수 공구류의 비용을 그 공구류의 수명 동안 생산된 총 부품수로 나누어 얻는다. 다이나 금형이 그 수명동안 부품수 Q개의 생산이 예상된다면, 그 특수 공구류를 제작 또는 구매하는 비용을 부품수 Q로 나눈다. 부품수 Q는 주어진 생산 기간 동안 생산된 배치 수량 Q_b보다 훨씬 클 수 있으므로, 공구류는 그것의 수명 동안 다수의 배치를 생산할 것으로 예상된다.

작업 셀 운용에 필요한 원가율(cost rate) C_0는 인건비와 장비비용으로 구성된다:

$$C_o = C_L + C_{eq} \tag{1.7}$$

C_L = 인건비 율(cost rate of labor), \$/min;
C_{eq} = 작업 셀의 장비비용 율(cost rate of equipment in the work cell), \$/min.

식 (1.6)에서는 공작물이 하나의 단위공정에서 생산되는 것을 염두에 두고 있으나, 1.1.1절의 제조의 기술적 정의에서 나타낸 바와 같이, 제조는 거의 항상 일련의 공정들에 의해 수행된다. 이러한 현실을 반영하기 위해, 각 단위공정의 비용을 합산하여 비용 방정식을 수정할 수 있다:

$$C_{pc} = C_m + \sum_{i=1}^{n_o} C_{oi}T_{pi} + \sum_{i=1}^{n_o} C_{ti} \tag{1.8}$$

C_{pc} = 공작물 당 비용, \$/pc;
C_m = 초기 재료비, \$/pc;
C_o = 작업 셀 운용에 필요한 원가율(cost rate), \$/min;
T_p = 식 (1.3)의 공작물 당 평균 생산시간, min/pc;
C_t = 단위공정에서 사용된 공구비용, \$/pc.

여기서 n_o = 부품 또는 제품의 제조 순서에서 단위공정의 수; 아래 첨자 i는 $n = 1, 2, \cdots, n$의 각각의 공정과 관련된 비용과 시간을 나타낸다. 특정 공정에서는 때때로 포함되어야 할 추가적인 비용이 존재하는데, 예를 들어 주조나 용접에서 가열에너지 비용이 그것이다.

간접비(Overhead Costs)

두 가지 원가율(cost rates) C_L과 C_{eq}에는 간접비가 포함되는데, 간접비에는 재료, 노동 및 장비를 제외하고 회사를 운영하는데 필요한 모든 비용이 포함된다. C_L = 인건비 율(cost rate of labor), \$/min; C_{eq} = 작업 셀의 장비비용 율(cost rate of equipment in the work cell), \$/min.

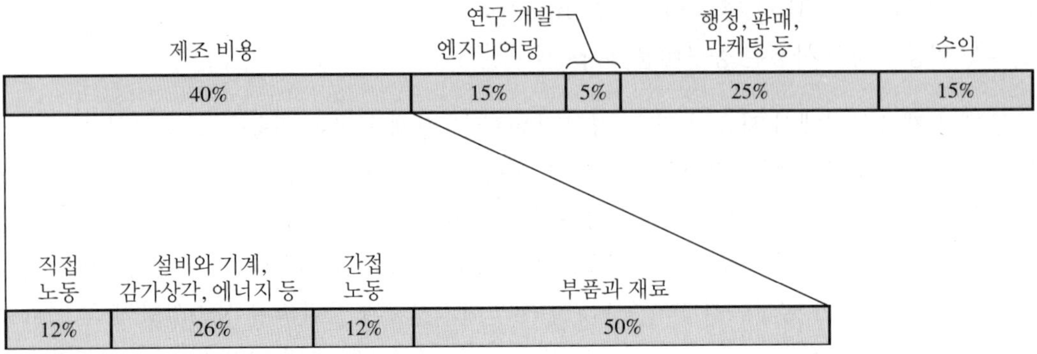

그림 1.12 제조 제품의 전형적인 가격구성 내역[1].

간접비는 두 가지로 분류될 수 있다: (1) 공장간접비, (2) 법인간접비. 공장간접비는 재료, 직접 노동 및 장비를 제외한 공장운영비들로 구성되어 있다. 이러한 간접비에는 공장설비 관리, 유지보수, 보험, 난방과 조명 등이 포함된다. 장비 한 개를 운영하는 작업자는 시간 당 임금 \$15/hr을 벌겠지만, 부가혜택과 기타 간접비를 고려하면, 작업자는 회사에게 시간 당 임금 \$30/hr의 비용이 소요된다. 법인간접비는 공장과 관련되지 않는 회사경비로 구성되는데, 이에는 판매, 마케팅, 회계, 법무, 엔지니어링, 연구개발, 사무실 공간, 공공요금 및 의료혜택[3] 관련 비용이 포함된다. 이러한 직무들은 회사에서 필요로 하는 것이지만, 제조비용과 직접적인 관련이 있는 것은 아니다. 그러나 제품의 가격을 책정할 때에는 이러한 것들을 추가하여야 한다. 그렇지 않으면 제품을 판매할 때마다 손실이 발생할 것이다.

J. Black[1]은 그림 1.12와 같이, 제품 제조와 관련된 전형적인 비용에 대한 몇 가지 추정치를 제공하고 있다. 몇 가지 관찰은 주목할 가치가 있다. 첫 번째, 전체 제조비용은 제품 판매가격의 40%에 불과하다. 법인간접비(엔지니어링, 연구개발, 관리, 판매, 마케팅 등)를 모두 더하면 제품비용보다 더 많다. 두 번째, 부품과 재료는 전체 제조비용의 50%를 차지하므로, 판매가격의 약 20%이다. 세 번째, 직접노동은 제조비용 중 대략 12%에 불과하므로, 판매가격의 5% 미만이다. 공장간접비에는 공장설비와 기계, 감가상각 및 에너지 26% 그리고 간접노동 12%가 포함되는데, 이것들을 더하면 직접노동비용의 3배를 훌쩍 넘긴다.

간접비에 대한 논란은 상당히 복잡하다. 더욱 완전한 논의는 [6]과 대부분의 회계학 입문서에서 찾을 수 있다. 여기서는 단순히 인건비 율(labor cost rate)과 장비비용 율(equipment cost rate) 내에 적절한 간접비용을 포함시키고자 한다. 예를 들어 인건비 율(labor cost rate)은

$$C_L = \frac{R_H}{60}(1 + R_{LOH}) \tag{1.9}$$

3) 의료 혜택은 (회사로부터 받을 수 있다면) 모든 정규 종업원에게 적용되는 부가 혜택이며, 공장과 사무실의 직접 노동 간접비에 포함된다.

C_L = 인건비 율(labor cost rate), \$/min;
R_H = 작업자의 시간 당 인건비 율(worker's hourly wage rate), \$/hr;
R_{LOH} = 노동 간접비 율(labor overhead rate), %.

근로자가 관련 작업에 풀타임으로 활용되지 않는 경우, 인건비 율에 해당 작업에 대한 노동 활용률을 곱해야 한다.

장비비용 율(equipment cost rate)

공장에서 사용되는 생산장비의 비용은 ***고정비(fixed cost)***에 속하는데, 이것은 어느 정도의 생산량을 위해 일정하게 유지된다는 것을 의미한다. 그것은 궁극적으로는 비용을 초과하는 수익의 흐름을 생산해냄으로써, 스스로 비용을 지불할 것이라는 희망 속에서 이루어진 자본투자다. 회사는 초기비용으로 장비 구매할 돈을 투입한 후, 그 장비를 이용해 그것이 대체되거나 폐기될 때까지 특정한 햇수에 걸쳐 자금을 회수하게 된다. 고정비는 직접노동비와 재료비와는 다르다. 즉 이것들은 ***변동비(variable cost)***로서, 사용되는 만큼 그 비용이 지불된다는 것을 의미한다. 직접노동비는 시간 당 비용(\$/min)이며, 재료비는 공작물 당 비용(\$/pc)이다.

장비비용 율을 결정하기 위해, 장비의 초기비용과 설치비를 합하여 그 수명동안 사용되는 시간(minute)에 걸쳐 나누어야 한다. 장비비용 율은 다음과 같이 정의된다:

$$C_{eq} = \frac{IC}{60NH}(1 + R_{OH}) \tag{1.10}$$

C_{eq} = 장비비용 율, \$/min; IC = 장비 초기비용, \$; N = 예상 서비스 년 수; H = 연간 운영시간, hr/yr; R_{OH} = 장비에 대한 적용 가능한 간접비 율(applicable overhead rate for the equipment), %.

장비의 신뢰성과 부품의 폐기물 비율은 때때로 생산에 있어서 쟁점이 되고 있다. 장비의 신뢰성은 ***유효성(availability)*** (문자 A로 표시함)이라는 용어로 표현되는데, 그것은 단순히 장비의 가동

예제 1.1

장비비용 율(Equipment Cost Rate)

어느 생산기계를 초기비용과 설치비를 합하여 450,000달러에 구입하였다. 예상 수명 = 5년. 그 기계는 2교대, 교대조 당 10시간, 주 당 6일, 연간 50주 근무를 계획하고 있다. 이런 종류의 장비에 적용가능한 간접비 율 = 35%. 장비비용 율을 결정하라.

풀이

연간 작동시간 $H = 50(2)(6)(10) = 6000$ hr/yr.

식 (1.10)을 이용하면

$$C_{eq} = \frac{450(5)(6000)}{60(5)(6000)}(1 + 0.35) = \mathbf{\$0.3375 / min = \$20.25 / hr}$$

예제 1.2

주기와 공작물 한 개 당 비용(Cycle Time and Cost per Piece)

예제 1.1의 생산기계를 사용하여 초기재료비가 $2.50인 배치의 부품들을 연속적으로 생산한다. 배치의 수량 = 120. 공정 중 실제가공시간 = 4.00 min. 공작물 당 장착과 탈착 시간 = 2.00 min. 공구비용 = $4.50이며, 각 공구는 교체 전까지 공작물 25개를 가공할 수 있으며, 공구 교체에는 5.0 min 소요된다. 생산 시작 전에 기계를 준비하여야 하며, 이 준비에는 3.0 hr 소요된다. 작업자의 시간 당 임금 = $17.00/hr, 적용 가능한 노동 간접비율 = 40%. 다음을 결정하라: (a) 공작물 당 주기, (b) 준비시간을 고려할 때 평균 생산속도, (c) 공작물 당 비용.

풀이

(a) 식 (1.1)에서, 가공시간 $T_o = 4.00$ min, 부품처리시간 $T_h = 2.00$ min, 공구처리시간 $T_t = 5.0$ min/25 = 0.20 min.

$$T_c = 4.00 + 2.00 + 0.20 = 6.20 \textbf{ min/pc}$$

(b) 준비시간을 포함한 공작물 당 평균 생산시간은

$$T_p = \frac{3.0(60)}{120} + 6.20 = \textbf{7.7 min/pc}$$

시간 당 생산속도는 T_p의 역수이며, 시간 단위를 수정하면,

$$R_p = \frac{60}{7.7} + 6.20 = \textbf{7.79 pc/hr}$$

(c) 예제 1.1로부터 장비비용 율 $C_{eq} = \$0.3375/\text{min}(\$20.25/\text{hr})$. 인건비 율은 다음과 같이 계산할 수 있다:

$$C_L = \frac{17.00}{60} + (1 + 0.40) = \textbf{\$0.397/min(\$23.80/hr)}$$

공구비용 $C_t = 4.50/25 = \$0.18/\text{pc}$.
마지막으로 공작물 당 비용은 다음과 같다.

$$C_{pc} = 2.50 + (0.397 + 0.3375)(7.70) + 0.18 = \textbf{\$8.34/pc}$$

예제 1.3

폐기물 비율(Scrap Rate)

고객이 기계공장에서 생산되는 부품 500개 한 배치(batch)를 주문하였다. 과거 이력자료를 살펴보니, 이러한 종류의 부품에 대한 폐기물 비율 = 5%. 이러한 폐기물 비율을 고려하면 기계공장에서는 몇 개의 부품 생산을 계획하여야 하는가?

풀이

부품수 $Q = 500$개, $q = 5\% = 0.05$이므로, 초기 생산수량은 다음과 같이 결정된다:

$$Q_o = \frac{500}{1-0.05} = \frac{500}{0.95} = 526.32$$, 반올림하여 **초기 생산수량=526개**

예제 1.4

주기와 공작물 당 비용(Cycle Time and Cost per Piece)

대량생산 공정을 통해 자동차용 부품을 생산하고 있다. 두 가지 경우의 간접비를 포함하여, 초기 재료비 = $1.75, 주기 = 2.20 min. 장비비용 율 = $42.00/hr, 인건비 율 = $24.00/hr. 이 작업의 생산기계 유효성 = 97%, 생산된 부품의 폐기물 비율 = 5%. 이것은 장기간 지속되는 작업이므로 준비시간을 무시하고, 공구류 비용도 없는 것으로 간주한다.

(a) 이 공정의 생산속도와 완성부품 비용을 결정하라.

(b) 유효성을 100%로 증가시키고, 폐기물 비율을 영(zero)으로 감소시킨다면, 생산속도와 완성부품 비용은 어떻게 될 것인가?

풀이

(a) 유효성(availability)의 효과를 포함하면, 생산속도 $R_p = \frac{60}{2.20}(0.97) = 26.45$ pc/hr.

그러나 폐기물 비율 5%가 발생하기 때문에, 허용 부품에 대한 생산속도는

$$R_p = 26.45(1 - 0.05) = \mathbf{25.13\ pc/hr}$$

유효성 및 폐기물 비율을 고려하면, 부품 비용은

$$C_{pc} = \frac{1.75}{(1-0.05)} + \frac{(24+42)}{(0.97)}\left(\frac{2.20}{60(1-0.05)}\right) = \mathbf{\$4.47/pc}$$

(b) $A = 100\%$, $q = 0$인 경우, $R_p = \frac{60}{2.20} = \mathbf{27.27\ pc/hr}$

부품 비용 $C_{pc} = 1.75 + (42 + 24)(2.20/60) = \mathbf{\$4.17/pc}$

이것은 생산속도 증가 8.5%, 비용 감소 6.7%를 의미한다.

시간 비율을 의미한다. 예를 들어 $A = 97\%$인 경우, 기계 작동시간 100 hr마다 평균적으로 작동시간 97 hr, 유지보수와 수리를 위한 정지시간 3 hr이라 예상할 수 있다. 폐기물 비율은 생산된 부품 중 결함있는 것의 비율을 의미한다. 폐기물 비율은 문자 q로 표시한다. 배치생산에서는 특별히 지정된 배치 수량보다 많은 양이, 흔히 폐기물로 인한 손실 보상을 위해 생산된다. 여기서 Q = 인도되어야

할 요구부품 수량, Q_o = 초기 생산수량이라 표기하자. 다음 식은 완성 부품수량 Q의 주문을 만족시키기 위해, 평균적으로 초기 생산부품이 몇 개 필요한지 결정하는 데 사용될 수 있다.

$$Q_o = \frac{Q}{1-q} \tag{1.11}$$

물론 현대적 제조 공장에서는, 결함 영(zero)을 목표로 폐기물 최소화를 위해 모든 노력을 집중하고 있다. 유효성(availability)과 폐기물 비율 또한 생산속도와 부품 비용을 계산할 때 포함시킨다.

참고문헌 *REFERENCES*

[1] Black, J. T. *The Design of the Factory with a Future*. McGraw-Hill, New York, 1991.
[2] Black, J. T., and Kohser, R. *DeGarmo's Materials and Processes in Manufacturing*, 11th ed. John Wiley & Sons, Hoboken, New Jersey, 2012.
[3] Emerson, H. P., and Naehring, D. C. E. *Origins of Industrial Engineering*. Industrial Engineering & Management Press, Institute of Industrial Engineers, Norcross, Georgia, 1988.
[4] Flinn, R. A., and Trojan, P. K. *Engineering Materials and Their Applications*, 5th ed. John Wiley & Sons, New York, 1995.
[5] Garrison, E. *A History of Engineering and Technology*. CRC Taylor & Francis, Boca Raton, Florida, 1991.
[6] Groover, M. P. *Automation, Production Systems, and Computer Integrated Manufacturing*, 5th ed. Pearson Higher Education, Upper Saddle River, New Jersey, 2019.
[7] Groover, M. P. *Work Systems and the Methods, Measurement, and Management of Work*. Pearson Prentice-Hall, Upper Saddle River, New Jersey, 2007.
[8] Hounshell, D. A. *From the American System to Mass Production, 1800–1932*. The Johns Hopkins University Press, Baltimore, Maryland, 1984.

복습문제 *REVIEW QUESTIONS*

제조란 무엇인가?

1.1 제조를 정의하라.

1.2 소비재와 자본재의 차이점은 무엇인가? 각 부류의 예를 몇 가지 들어보라.

1.3 제품의 연다양성과 경다양성의 차이점은 무엇인지 교재의 정의에 따라 설명하라.

1.4 전형적인 공장들을 비교할 때, 제품다양성과 생산수량은 서로 어떤 관계를 갖고 있는가?

1.5 제조능력의 세 가지 측면 중 하나로 기술적 공정능력을 들 수 있다. 기술적 공정능력을 정의하라.

1.6 제조산업의 서로 다른 부류를 설명하라.

제조용 재료

1.7 제조에 사용되는 공학적 재료의 네 가지 부류를 설명하라.

1.8 강철을 정의하라.

1.9 강철의 전형적인 적용 예를 몇 가지 설명하라.

1.10 열가소성 고분자와 열경화성 고분자의 차이점은 무엇인가?

1.11 고탄성 고분자(elastomer)의 특성을 정의하는 것은 무엇인가?

1.12 합금과 복합재료의 차이는 무엇인가?

제조과정

1.13 제조공정은 일반적으로 단위공정으로 수행된다. 단위공정을 정의하라.

1.14 제조공정에서 가공공정과 조립공정의 차이점은 무엇인가?

1.15 주조(casting)와 성형(molding)의 차이는 무엇인가?

1.16 입자공정은 일반적으로 공업용 재료 세 가지 종류 중 어떤 두 가지와 관련이 있는가?

1.17 금속 공작물을 변형공정으로 가공하기 전에 가열하는 가장 일반적인 이유는 무엇인가?

1.18 절삭공정이란 무엇인가?

1.19 가장 중요한 절삭공정 세 가지를 설명하라.

1.20 가장 중요한 성질 향상 공정은 무엇인가?

1.21 조립에서 영구결합공정의 네 가지 유형을 설명하라.

1.22 공작기계란 무엇인가?

1.23 외형 형성 공정은 어떻게 분류되는가?

생산시스템

1.24 배치생산(batch production)을 정의하고, 이것이 중량생산 제품에 흔히 사용되는 이유를 설명하라.

1.25 셀형 생산(cellular manufacturing)과 가장 밀접하게 관련된 생산수량 범위는 무엇인가?

1.26 전형적으로 제조지원부서로 분류되는 부서 두 개를 설명하라.

제조경제학

1.27 연속 배치공정(sequential batch processing)과 동시 배치공정(simultaneous batch processing)의 차이는 무엇인가?

1.28 제조회사에서 발생하는 간접비(overhead cost)란 무엇인가?

1.29 제조회사에서 발생하는 두 가지 부류의 간접비를 설명하라.

1.30 유효성(availability)이라는 용어를 설명하라.

연습문제 *PROBLEMS*

Manufacturing Economics

1.1 A company invests \$800,000 in a piece of production equipment. The cost to install the equipment in the plant = \$35,000. Anticipated life of the machine = 15 years. The machine will be used eight hours per shift, five days per week, 50 weeks per year. Applicable overhead rate = 20%. Assume availability = 100%. Determine the equipment cost rate if the plant operates (a) one shift per day and (b) three shifts per day.

1.2 A production machine was purchased 6 years ago for an installed price of \$530,000. At that time it was anticipated that the machine would last 8 years and be used 4000 hours per year. However, it is now in need of major repairs that will cost \$125,000. If these repairs are made, the machine will last 6 more years, operating 4000 hours per year. Applicable overhead rate = 30%. Assume availability = 100%. Determine the equipment cost rate for this machine.

1.3 Instead of repairing the machine in Problem 1.2, a proposal has been made to purchase a new machine and scrap the current machine at a zero salvage value. The new machine will have a production rate that is 20% faster than the current equipment, whose production rate = 12 parts per hour. Each part has a starting material cost = \$1.33 and a selling price = \$6.40. All parts produced during the next four years on either machine can be sold at this price. At the end of the four years, the current machine will be scrapped, but the new machine would still be productive for another six years. The new machine costs \$700,000 installed, has an anticipated life of 10 years, and an applicable overhead rate of 30%. It will be used 4000 hours per year, same as the current machine. The labor rate for either alternative = \$24.00/hr, which includes applicable overhead costs. Assume availability = 100% and scrap rate = 0. Which alternative is more economical using total profit over four years as the criterion, (a) repairing the current machine or (b) purchasing the new machine?

1.4 A machine tool is used to machine parts in batches (sequential batch processing). In one batch of interest, the starting piece is a casting that costs = \$10.00 each. Batch quantity = 75. The actual machining time in the operation = 5.66 min. Time to load and unload each workpiece = 2.0 min. Cost of the cutting tool = \$4.00, and each tool must be changed every 25 pieces. Tool change time = 1.5 min. Setup time for the batch = 1.75 hr. Hourly wage rate of the operator = \$16.00/hr, and the applicable labor overhead rate = 45%. Hourly equipment cost rate = \$32.00/hr, which includes overhead. Assume availability = 100% and scrap rate = 0. Determine (a) the cycle time for the piece, (b) average hourly production rate when setup time is figured in, and (c) cost per piece.

1.5 A stamping press produces sheet-metal stampings in batches. The press is operated by a worker whose labor rate = \$15.00/hr and applicable labor overhead rate = 42%. Cost rate of the press = \$22.50/hr and applicable equipment overhead rate = 20%. In one job of interest, batch size = 400 stampings, and the time to set up the die in the press takes 75 min. The die cost \$40,000 and is expected to last for 200,000 stampings. Each cycle in the operation, the starting blanks of sheet metal are manually loaded into the press, which takes 42 sec. The actual press stroke takes only 8 sec. Unloading the stamping from the press takes 13 sec. Cost of the starting blanks = \$0.30/pc. The press operates 250 days per year, 7.5 hours per day, but the operator is paid for 8 hours per day. Assume availability = 100% and scrap rate = 0. Determine (a) cycle time, (b) average production rate with and without setup time included, and (c) cost per stamping produced.

1.6 In a long-running high-production operation, the starting work material cost = \$0.65/pc, and cycle time = 1.28 min. Equipment cost rate = \$44.00/hr, and labor cost rate = \$28.00/hr. Both rates include overhead costs. Tooling cost = \$0.05/pc. Availability of the production machine = 95%, and the scrap rate = 3%. Determine (a) production rate and (b) finished part cost.

1.7 Using the data from the previous problem, solve for the production rate and part cost if the machine availability = 100% and scrap rate = 0%.

1.8 The starting work part costs \$2.00 in a sequential batch production operation. Batch quantity = 100 parts. Each cycle, part handling time = 0.40 min, and operation time = 1.52 min. Setup time = 50 min. Equipment cost rate = \$30.00/hr, and labor cost rate = \$18.00/hr, including overhead costs. There is no tool change or tool cost in the operation. The machine tool is 100% reliable, and scrap rate = 2%. Determine (a) production rate, (b) finished part cost, and (c) number of hours required to complete the batch.

1.9 In a simultaneous batch processing operation, batches of parts are subjected to a heat treatment process that takes 37.0 min. The batch size of each cycle = 150 parts. Each starting piece has a material cost of \$2.50. It takes 15 min to load the parts into the furnace and 12 min to unload them onto a moving conveyor. A 3-min changeover time is allowed between batches. The furnace is maintained at the desired temperature for successive batches. Its cost rate = \$54/hr. Determine the (a) cycle time, (b) average processing rate per part, and (c) part cost at the completion of the heat treatment process.

1.10 Using the data from the previous problem, determine the (a) cycle time, (b) average processing rate per part, and (c) part cost at the completion of the heat treatment process, if there is a 5% scrap rate during the heat treatment.

1.11 During a particular 40-hour week of an automated production operation, 381 acceptable (nondefective) parts and 17 defective parts were produced. The operation cycle consists of a processing time of 5.23 min, and a part handling time of 0.58 min. Every 50 parts, a tool change is performed, and this takes 4.2 min. The machine experienced several breakdowns during the week. Determine (a) hourly production rate of acceptable parts, (b) scrap rate, and (c) availability (proportion uptime) of the machine during this week.

PART 1

재료 특성과 제품 속성

CHAPTER 2

재료의 특성

2.1 원자 구조와 원소

2.2 원자간·분자간 결합

2.3 결정 구조

2.3.1 결정 구조의 유형

2.3.2 결정내 결합

2.3.3 금속 결정의 변형

2.3.4 금속의 결정립과 결정립계

2.3.5 회복, 재결정 및 결정립 성장

2.4 비결정 구조

2.5 공업용 재료

재료에 대한 이해는 제조공정의 연구에서 가장 기초적인 일이다. 본 책의 제 1장에서 제조공정을 변환 과정으로 정의하였다. 여기에서 변환되는 것은 재료이며 작업의 성공 여부를 결정하는 것은 특정한 힘과 온도, 그리고 다른 물리적 공정 변수들이 작용할 때의 재료거동이다. 우리는 특정한 제조공정에 대해 어떤 재료가 다른 재료보다 더 혹은 덜 적합하거나 아니면 전혀 적합하지 않다는 것을 알고 있다. 어떤 공정에 대해 변환되는 능력을 결정하는 재료의 특성과 성질은 무엇일까?

이 책의 제1부는 5개의 장으로 구성되어 있으며, 이러한 문제를 다룬다. 이번 장에서는 원자 및 분자간 결합과 원자구조에 대하여 고찰한다. 또한 공업용 재료의 원자와 분자가 결정과 비결정 두 가지 구조적 형태로 어떻게 조직되는지에 대해서도 다룬다. 금속, 세라믹, 고분자 등의 기초적인 공업 재료들도 이들 중 하나의 형태로 존재한다는 것을 알게 될 것이다. 예를 들어 금속은 고체 상태에서 거의 항상 결정구조로 존재하지만, 유리나 세라믹은 비결정 형태를 갖는다. 일부 고분자는 결정과 비결정질 구조의 혼합인 경우도 있다.

3장과 4장에서는 제조와 관련된 재료의 기계적 및 물리적 특성에 대하여 설명한다. 물론 이러한 특성은 제품 디자인에서도 중요하다. 6장은 치수, 오차 그리고 표면 조도 등 제품 설계 시 지정되어 지고 제조시 달성해야 하는 여러 가지 부품 및 제품 속성을 다룬다. 6장은 또한 이러한 속성을 측정하는 방법을 설명한다.

2.1 원자 구조와 원소

물질의 가장 기본적인 구조 단위는 ***원자***이다. 각각의 원자는 (+)를 띠는 핵과 그것을 둘러싼 (−)를

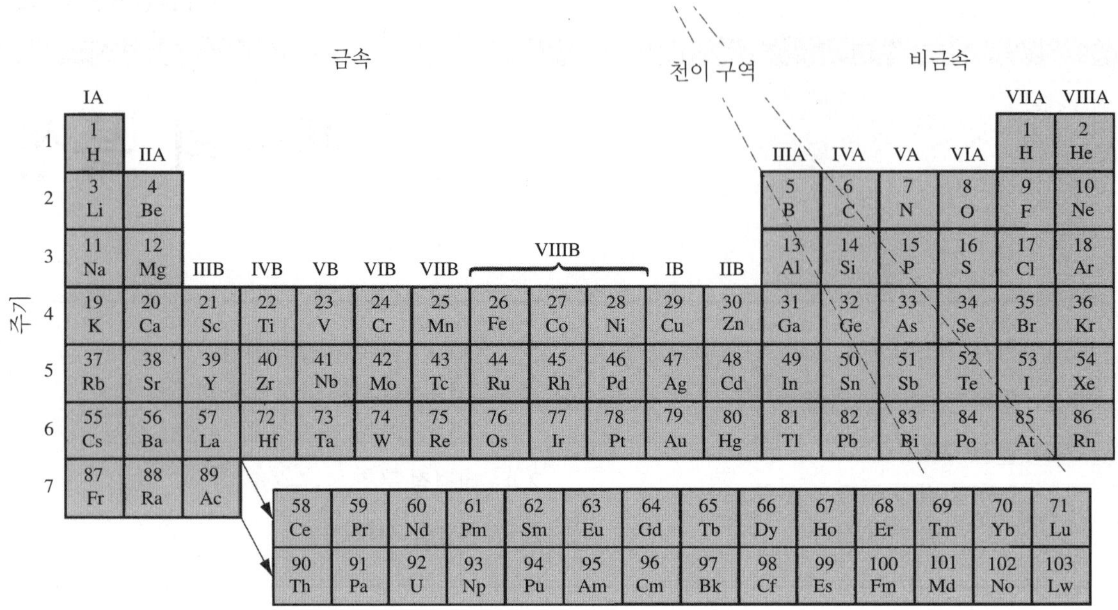

그림 2.1 원소주기율표. 103개 원소들에 대한 원자 번호와 기호를 나타낸다.

띠는 전자로 구성되는데, 원자마다 전기적 평형을 이루기에 충분한 수의 전자가 존재하게 된다. 전자의 수는 원자 번호와 그 원자의 원소를 나타내게 된다. 인위적으로 만들어진 약간의 원소를 제외하면 자연적으로 100여 종의 원소가 존재하며 이들 원소들이 모든 물질의 화학적 성분이 된다.

원소들 사이에 차이점이 있는 것처럼 유사성 또한 존재한다. 그림 2.1에 나타낸 주기율표와 같이 원소들을 분류할 수 있다. 수평 방향의 원소 배열에 있어서 반복성이나 주기성이 나타난다. 금속 원소는 표의 왼쪽과 중앙에 위치하고, 비금속은 오른쪽에 위치한다. 그들 사이에 대각선 방향으로 반금속(metalloid) 혹은 준금속(semimetal)이라고 불리는 원소들로 이루어진 천이 구역이 있다. 원칙적으로 각 원소는 온도와 압력에 따라 고체, 액체 혹은 기체의 상태로 존재한다. 상온과 대기압 조건에서 일반적인 상태로 존재하는데, 예를 들어 철(Fe)은 고체이고, 수은(Hg)은 액체이며, 질소(N)는 기체이다.

주기율표에서 원소들은 수평의 행과 수직의 열로 위치하며 같은 열의 원소들 간에는 유사성이 존재한다. 예를 들어 가장 오른쪽 열은 헬륨, 네온, 아르곤, 크립톤, 크세논 등으로 구성된 稀가스(noble gases, 불활성 가스)인데, 이들 모두는 화학적으로 가장 안정적이며 반응성이 가장 낮다. 불소, 염소, 브롬, 요오드, 아스타틴 등으로 구성된 VIIA열의 할로겐 원소들도 유사한 특징을 지닌다(수소는 할로겐에 속하지 않는다). 또한 귀금속인 IB열의 구리, 은, 금도 서로 유사한 성질을 갖는다. 일반적으로 주어진 열 안에서 원소 간의 성질에 상관관계가 있지만 다른 열의 원소 간에는 서로 다른 성질을 보인다.

원소 간의 유사성과 차이점 중의 대부분은 그들 각각의 원자 구조에 의해 설명된다. 그림 2.2는 전자가 핵주위를 일정한 거리를 두고 궤도를 따라 회전하는 가장 간단한 원자 구조의 모델(행성 모

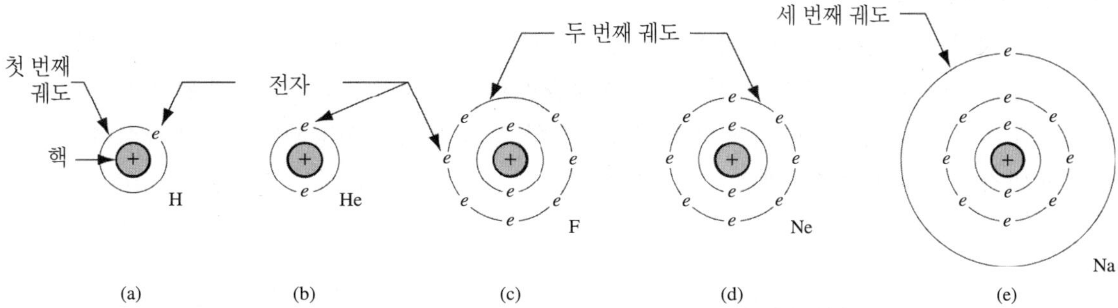

그림 2.2 일부 원소들에 대한 원자 구조의 간단한 모델. (a) 수소, (b) 헬륨, (c) 불소, (d) 네온, (e) 나트륨.

델)을 보여준다. 수소 원자(원자 번호 1)는 핵에 가장 가까운 궤도에 하나의 전자를 갖고 헬륨(원자 번호 2)은 두 개의 전자를 갖는다. 불소(원자 번호 9)와 네온(원자 번호 10), 나트륨(원자 번호 11)에 대한 원자 구조도 그림에 나타내었다. 이들 모델로부터 어떤 주어진 궤도에 들어갈 수 있는 전자의 개수에 최대치가 있다는 것을 알 수 있을 것이며, 그 최대치는 다음과 같이 정의된다.

$$\text{한 궤도내 전자의 최댓값} = 2n^2$$

여기에서 n은 궤도를 뜻하고, $n = 1$은 핵에 가장 가까운 궤도를 의미한다.

허용 가능한 최대 전자수에 비하여 가장 바깥쪽 궤도에 있는 전자의 개수가 그 원자의 화학적 친화력을 결정한다. 이러한 가장 바깥쪽의 전자를 ***원자가전자(valence electron)***라 부른다. 예를 들어 수소 원자는 단 하나의 궤도에 하나의 전자만을 지니기 때문에 다른 수소 원자와 결합하여 수소분자, 즉 H_2를 구성한다. 같은 이유로 수소는 다른 원소들과도 잘 반응한다(예를 들어 H_2O의 형태). 한편 헬륨 원자의 경우에는 2개의 전자가 첫 번째 궤도내의 최대 허용 전자수가 되므로 ($2n^2 = 2(1)^2 = 2$), 매우 안정적이라 할 수 있다. 마찬가지로 네온도 안정적인데 최외각 궤도 ($n = 2$)에 여덟 개의 전자(최대 허용 개수)를 지니므로 불활성 가스가 되는 것이다.

반면 불소는 최외각 $n = 2$에 최대로 허용할 수 있는 개수보다 하나 적은 수의 전자를 지니므로 다른 원소들과 결합하여 전자를 얻음으로써 더 안정된 쌍을 만들려고 한다. 나트륨 원자의 경우는 최외각에 하나의 전자를 가지고 있어서, 그림 2.3에 나타낸 것처럼 불소와 강하게 결합하여 ***불화나트***

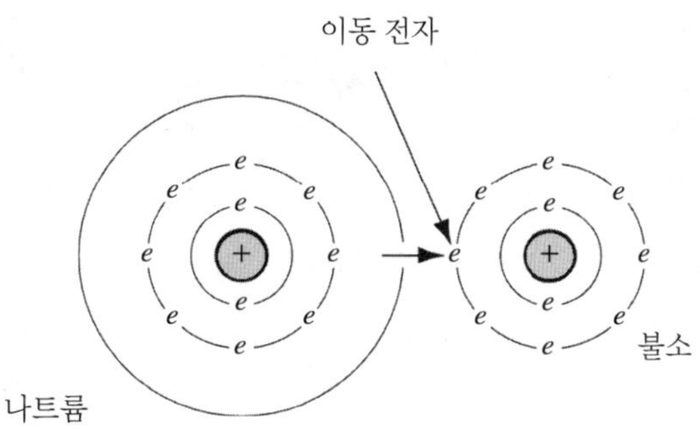

그림 2.3 나트륨 원자의 잉여 전자가 이동하여 불소 원자의 최외각을 채운 불화나트륨의 분자.

륨[1] 화합물을 만든다.

여기서 다루는 낮은 원자 번호의 원소들에서는 최외각 전자수의 예측이 비교적 간단하다. 그러나 원자 번호가 높아짐에 따라 각 궤도로의 전자들의 배열이 상당히 복잡해지게 된다. 양자역학에 기초하여 여러 가지 궤도 사이의 전자 위치를 예측하고, 그 특성을 설명하는 법칙과 공식이 있으나 이러한 법칙들에 대한 설명은 제조공정을 위한 재료특성 이해라는 본서의 영역을 넘어선다.

2.2 원자간 · 분자간 결합

원자들은 원자가 전자에 따라 여러 가지 형태로 결합되어 분자로 존재한다. 분자는 각 분자내 전자 배열의 결과로 발생한 서로 끌어 당기는 힘에 의한 결합을 이룬다. 따라서 원 및 분자의 결합은 (1) 일반적으로 분자의 형성과 관련된 1차 결합, (2) 일반적으로 분자들 간의 인력과 관련된 2차 결합의 두 가지 결합 형태가 있으며, 1차 결합이 2차 결합에 비하여 훨씬 더 강하다.

1차 결합

1차 결합은 원자가 전자의 교환을 통한 원자 대 원자의 결합으로 인력이 강하다는 특징이 있다. 1차 결합에는 그림 2.4에 나타낸 것 같은 (a) 이온 결합, (b) 공유 결합, (c) 금속 결합이 있다.

이온 결합과 공유 결합은 분자내 원자들 간의 인력이 작용하므로 ***분자 결합(intramolecular bond)***이라 부른다. ***이온 결합(ionic bond)***에서 한 원소의 원자는 최외각에 있는 전자를 다른 원자로 줌으로써 최외각 전자의 수를 8로 만드는 방식으로 원소들 간의 인력을 발생하게 한다. 일반적으로 최외각에 8개의 전자가 있는 경우가 가장 안정적인 원자 배치이고(아주 가벼운 원자를 제외하고는), 이러한 배치를 통하여 원자들 간에 매우 강한 결합을 얻을 수 있다. 이전에 보인 불화나트륨(그림 2.3)을 형성한 불소와 나트륨 간의 반응도 이러한 원자 결합의 형태이다. 염화나트륨(소금)은 더욱 일반적인 예이다. 불소와 나트륨, 혹은 염소와 나트륨 원자들 간의 전자 전달은 이온을 형성하게

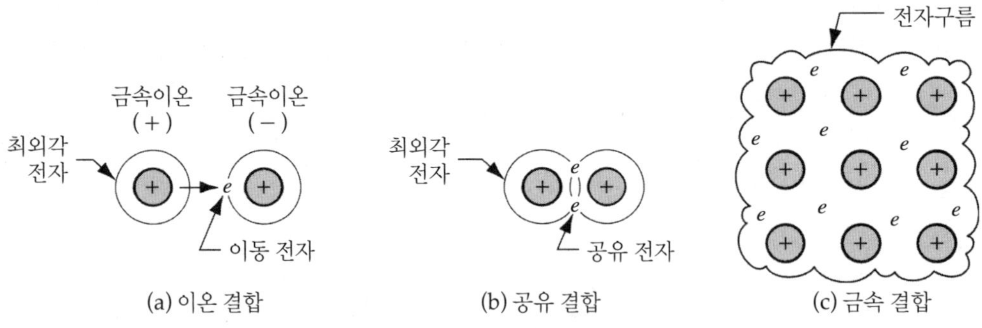

그림 2.4 1차 결합의 세 가지 유형.

1) 불화나트륨(NaF)은 종종 충치 예방을 위해 마시는 물과 치약에 첨가된다.

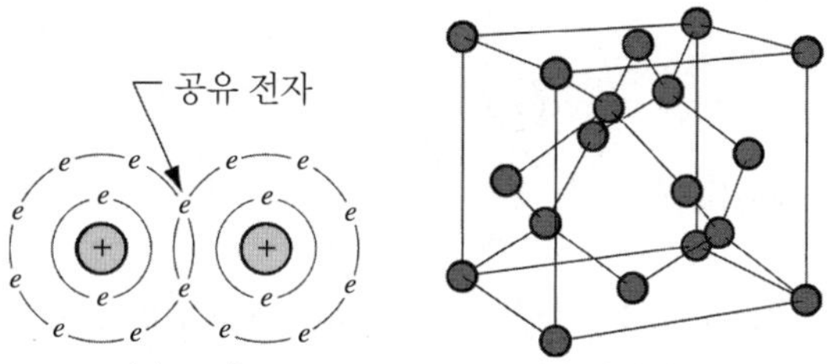

(a) F_2 가스 (b) 다이아몬드

그림 2.5 공유 결합의 예.

되고, 이러한 이유에서 이온 결합이라는 이름이 붙여졌다. 이온 결합을 하는 고체 재료는 전기 전도도와 연성이 매우 낮은 성질을 지닌다.

공유 결합(covalent bond)은 원자들 간에 (전자를 전달하는 것이 아니라) 최외각 전자를 서로 공유함으로써 8개의 안정적인 최외각 전자들을 얻는 방식이다. 불소와 다이아몬드는 공유 결합의 좋은 예이다. 그림 2.5(a)에 나타낸 것 같이 두 개의 원자들이 각각 하나씩의 전자를 서로 공유하여 F_2 가스를 형성한다. 원자 번호 6인 탄소로 구성된 다이아몬드의 경우에는 각각의 원자들이 4개의 이웃 원자와 전자를 공유한다. 이러한 결합은 그림 2.5(b)에 간단하게 나타낸 것과는 달리 매우 견고한 3차원적인 구조를 생성하게 되며, 이 재료에 극히 높은 경도를 제공하게 된다. 반면 흑연과 같이 다른 형태의 탄소 구조는 이러한 견고한 원자 구조를 갖지 않는다. 공유 결합을 갖는 고체들은 대체적으로 경도가 높고, 전기전도도가 낮다.

금속 결합은 순수한 금속과 금속 합금들에서 볼 수 있는 원자 결합 메커니즘이다. 금속 원소의 원자들은 일반적으로 가장 바깥쪽 궤도의 전자가 너무 적어서 모든 원자들의 최외각을 금속 블록의 형태로 구성하게 된다. 결국 원자 대 원자로 공유하는 대신에 ***금속 결합***에서는 전체 금속 블록을 둘러싸는 전자구름의 형태로 최외각 전자들을 공유한다. 이러한 구름은 원자들을 함께 묶는 인력을 발생시키고, 대부분의 경우 강하고 견고한 구조를 형성한다. 이러한 전자들의 전체적인 공유로 말미암아 금속과 금속 결합 내에서 이 전자들의 자유로운 이동이 가능하며 높은 전기전도도를 나타낸다. 금속 결합의 다른 일반적 특징으로는 좋은 열전도도와 연성이 있다.

2차 결합

1차 결합이 원자와 원자 사이의 인력을 수반한다면 2차 결합은 분자들 사이의 인력, 혹은 분자 간 힘을 수반한다. 2차 결합에서는 전자의 이동이나 공유와 같은 현상은 없으므로, 1차 결합에 비하여 결합력은 약하다. 그림 2.6에 나타낸 것과 같이, 2차 결합에는 다음의 세 가지 형태가 있다. (a) 쌍극자 힘(dipole forces), (b) 런던 힘(London forces), (c) 수소 결합(hydrogen bonding) 등이 있으며, (a)와 (b)는 처음으로 이 현상을 연구하고 정량화한 과학자의 이름을 따서 반데르발스(van der Waals) 힘으로도 불린다.

쌍극자 힘은 값은 같으면서 반대 방향의 전하량을 갖는 두 원자로 구성된 분자에서 일어난다. 그림 2.6(a)에 나타낸 염화수소의 경우에서와 같이 각 분자는 하나의 쌍극자를 형성하게 된다. 비록 재

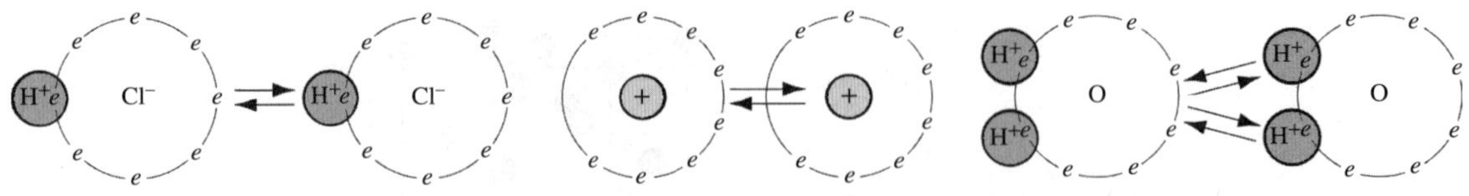

그림 2.6 (a) 쌍극자 힘(dipole forces), (b) 런던 힘(London forces), (c) 수소 결합(hydrogen bonding).

료 전체로는 전기적으로 중성이지만, 분자 수준에서는 각각의 쌍극자가 서로를 당기고 분자의 양극과 음극에 적절한 방향을 준다. 이러한 쌍극자 힘은 재료 안에서 전체 분자간 결합을 형성한다.

런던 힘은 비극성 분자들 사이의 인력이다. 즉 분자 내의 원자들은 앞에서와 같은 쌍극자를 형성하지는 않는다. 그러나 전자들의 빠른 운동으로 말미암아 분자 주위의 궤도상에서 한쪽에 전자들이 몰리게 되면 일시적인 쌍극자가 형성된다(그림 2.6(b) 참조). 이러한 일시적인 쌍극자는 재료내 분자들 사이에 인력을 발생시키게 된다.

마지막으로 수소 결합은 수소 원자가 다른 원자(예를 들어 H_2O 안의 산소)와 공유 결합으로 분자를 형성하는 경우에 나타난다. 수소 원자는 전자가 하나이기 때문에 이 전자가 다른 원자와 결합해서 최외각을 채우게 되면 반대쪽에는 양전하를 지닌 핵이 위치하게 되고, 이로 인하여 주위의 다른 분자들의 전자를 끌어당기게 된다. 물에 대한 수소 결합을 그림 2.6(c)에 나타내었고 일반적으로 수소 결합이 다른 두 가지 2차 결합에 비하여 더 강한 분자간 결합 메커니즘을 지닌다. 이것은 많은 중합체의 형성에 중요한 역할을 한다.

2.3 결정 구조

원자와 분자는 물질의 구조를 파악하는 데에 기초요소로 사용된다. 어떤 재료가 용융 상태에서 응고하게 되면 그들은 가깝게 정렬하고 단단하게 고정되려는 경향이 있으며, 많은 경우 매우 규칙적인 구조로 스스로를 위치시키고 어떤 경우에는 불규칙적으로 자리 잡는다. 기본적으로 다른 이 두 가지 재료 구조는 결정질과 비결정질로 구분된다. 결정은 이 절에서 설명하고 비결정은 다음 2.4절에서 서술한다.

많은 재료들은 용융 또는 액체 상태에서 응고할 때, 결정을 형성한다. 이것은 세라믹과 중합체(폴리머)을 포함한 거의 모든 금속 재료들의 특징이다. ***결정 구조(crystalline structure)***는 원자들이 3차원 상에서 규칙적, 반복적으로 배열되어 위치한다. 주어진 하나의 결정 내에서 그 패턴은 수백만 번 계속 반복된다. 결정 구조는 단위 셀(unit cell)이라는 가장 기본적인 기하학적 집합이 반복되는 구조이다. 금속의 일반적인 구조중의 하나인 체심입방격자(BCC) 결정 구조에 대한 단위 셀을 그림 2.7에 도시하였다. 그림 2.7(a)는 단순한 모델을 보여주는데, 이 모델은 셀 내 원자들의 위치를 잘 나타내고 있으나, 실제의 결정에서는 그림 2.7(b)와 같이 원자들이 조밀하게 위치하게 되며, 그림 2.7(c)는 결정 내의 단위 셀이 반복되는 것을 나타내고 있다.

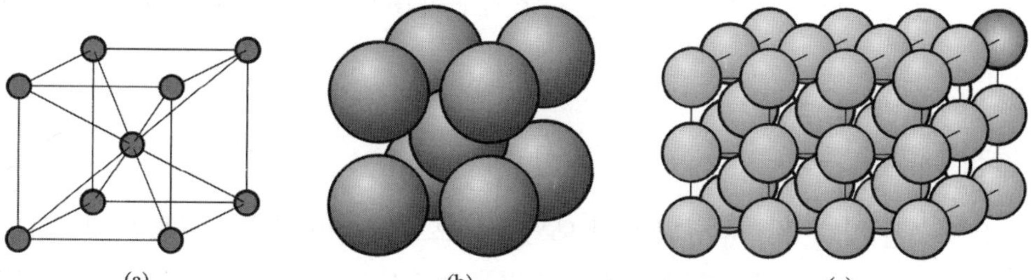

그림 2.7 체심입방격자(BCC) 결정 구조. (a) 3차원 상에서 원자들의 상대 위치를 보여주는 단순 모델, (b) 조밀한 원자 들을 보여주는 모델(hard-ball 모델), (c) BCC 패턴의 반복.

2.3.1 결정 구조의 유형

금속에서는 다음의 세 가지 격자 구조가 일반적이다. ***체심입방격자(body-centered cubic, BCC)***, ***면심입방격자(face-centered cubic, FCC)***, ***조밀육방격자(hexagonal close-packed, HCP)***이며, 이들을 그림 2.8에 도시하였다. 일반적인 금속에 대한 결정 구조는 표 2.1에 나타내었다. 어떤 금속은 특정 온도에서 결정 구조의 변화를 겪는다는 점을 유의하여야 한다. 예를 들어 철은 상온에서는 BCC이고, 912 ℃ 이상에서는 FCC로 변화하였다가 1400℃ 이상의 온도에서는 다시 BCC로 변화

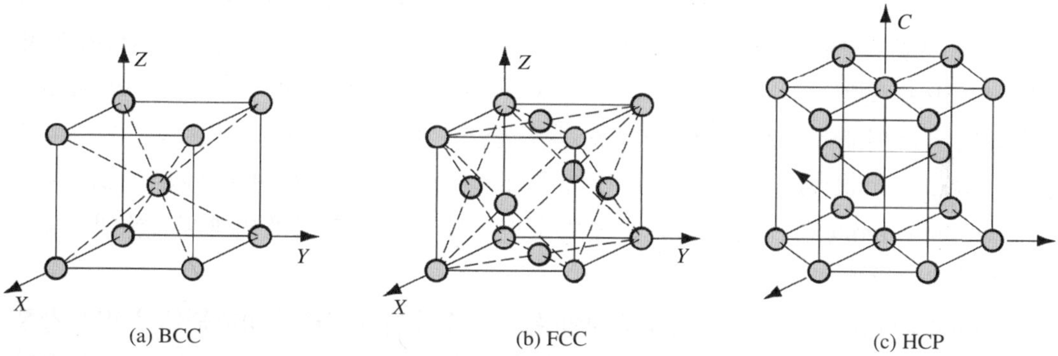

그림 2.8 금속 결정 구조의 세 종류. (a) 체심입방격자(BCC), (b) 면심입방격자(FCC), (c) 조밀육방격자(HCP).

표 2.1 대표적인 금속의 결정 구조(상온)

체심입방격자(BCC)	면심입방격자(FCC)	조밀육방격자(HCP)
크롬(Cr)	알루미늄(Al)	마그네슘(Mg)
철(Fe)	구리(Cu)	티타늄(Ti)
몰리브덴(Mo)	금(Ag)	아연(Zn)
탄탈륨(Ta)	납(Pb)	
텅스텐(W)	은(Ag)	
	니켈(Ni)	

하게 된다. 금속(또는 다른 재료)이 이와 같은 구조의 변화를 보일 때 동질이형(allotropic)이라고 부른다.

2.3.2 결정 내 결함

위에서 결정 구조는 재료 내에서 단위 셀이 모든 방향으로 계속 반복되는 완벽한 것으로 설명하였다. 완벽한 결정은 종종 미적으로나 공학적인 목적을 만족시키기 위해서 바람직할 수도 있다. 예를 들면 결함이 전혀 없는 완벽한 다이아몬드는 불완전성을 지닌 것에 비하여 훨씬 더 가치가 있다. 반도체 제조에 있어서 큰 단결정의 실리콘은 회로 패턴을 미세하게 만드는 데에 있어서 바람직한 특성이다.

그러나 결정 격자 구조가 완벽하게 생성되지 못하는 이유가 몇 가지 있다. 재료가 응고할 때, 단위 셀은 중단 없이 무한정 복제되기 어려우므로 자연적으로 불완전성이 생기기도 한다. 금속의 결정립 경계가 한 예이다. 어떤 경우에는 제조 공정 중에 의도적으로 불완전성을 도입하기도 한다. 예를 들어 강도를 증가시키기 위하여 금속에 합금 성분을 첨가하는 경우이다.

결정고체내의 다양한 불완전성을 결함(defect)이라고 한다. 불완전(imperfection)이나 결함은 결정 격자 구조의 규칙적인 패턴에서 벗어났음을 의미한다. 이들은 (1) 점결함, (2) 선결함, (3) 면결함으로 분류된다.

점결함(point defect)은 결정 구조 내에서 하나 혹은 몇 개의 원자에 나타나는 불완전성이다. 이러한 결함은 그림 2.9에 나타낸 것과 같이 다양한 형태를 띨 수 있다. (a) 공극(vacancy)-격자 구조 내에 잃어버린 원자를 지닌 가장 단순한 형태의 결함, (b) 이온쌍 공극(ion-pair vacancy), 일명 Schottky결함-전체적으로 전하량 평형을 갖는 화합물에서 반대 전하의 이온쌍을 잃어버린 경우, (c) 침입(interstitialcy)-구조 내에 원자가 하나 더 끼어들어서 격자가 변형된 경우, (d) 치환이온(displaced ion)-Frenkel 결함으로 알려져 있으며, 이온이 격자 구조 내의 원래 위치를 벗어나서 평소에는 갈 수 없는 침입 위치로 이동한 경우이다.

선결함(line defects)은 점결함들이 연결되어 격자 구조 내에서 선을 형성하는 경우이다. 가장 중요한 선결함은 (a) 칼날 전위와 (b) 나선전위의 두 가지 형태를 갖는 ***전위(dislocation)***이다. ***칼날 전***

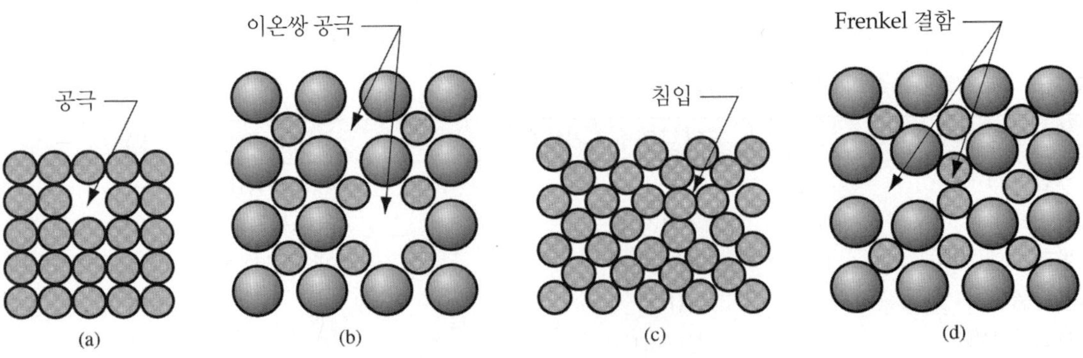

그림 2.9 점결함. (a) 공극, (b) 이온쌍 공극, (c) 침입, (d) 치환이온.

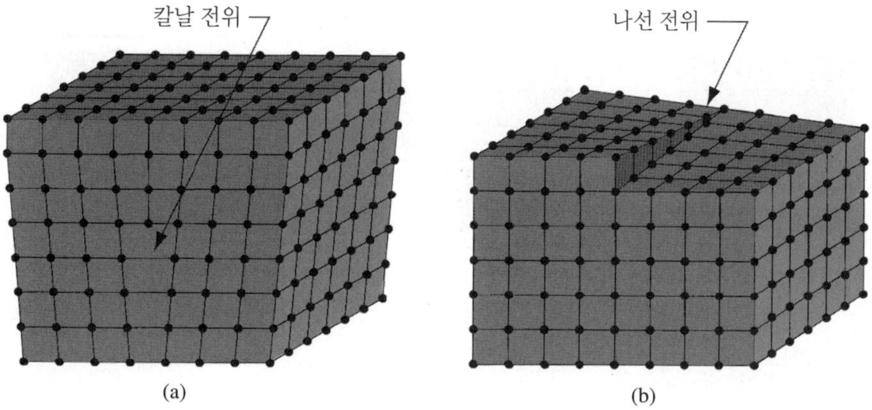

그림 2.10 선결함. (a) 칼날 전위, (b) 나선전위.

*위(edge dislocation)*는 그림 2.10(a)에 나타낸 것처럼 격자 내에 추가로 들어간 원자 면이다. 그림 2.10(b)의 ***나선전위(screw dislocation)***는 나사 몸통을 감싸는 나사산처럼 결함 선을 감싸는 격자 내의 나선이다. 전위의 두 가지 형태는 응고 도중의 결정 구조 내에서 일어나거나(예, 주조), 금속 재료의 변형 과정(예, 금속 성형) 중에 발생한다. 전위는 금속의 기계적 성질의 측면을 설명하는데 유용하다.

면결함(surface defect)은 두 방향으로 늘어나서 경계를 형성한 불완전성이다. 면결함의 가장 확실한 예는 외형을 결정하는 결정형 대상물의 외면이다. 외면은 격자 구조의 중단을 의미한다. 표면 경계가 물체 내부에 있을 수도 있다. 내면에서의 격자 구조를 방해하는 가장 좋은 예로 결정립 경계를 들 수 있다. 금속의 결정립에 대하여 곧 다루게 되지만, 우선 결정 격자 내에서 변형이 어떻게 발생하는 지와 전위를 이용한 공정에 대하여 알아보자.

2.3.3 금속 결정의 변형

어떤 결정에 작용하는 기계적 응력이 점차 증가하게 되면 우선 탄성적으로(elastically) 변형하는 반응을 보인다. 이것은 그림 2.11(a)와 (b)에 도시한 것처럼 격자 내 원자들 간에 위치의 변화가 전혀 없이 격자 구조만 기울어지는 것으로 비유될 수 있다. 힘이 제거되면 격자 구조(결정도 역시)는 원래의 형태로 환원된다. 만약 응력이 그들 격자 위치 내의 원자를 잡고 있는 정전기력보다 큰 값을 갖게 되면, 소성 변형(plastic deformation)이라고 불리는 영구적인 형상 변화가 발생한다. 이것은 그림 2.11(c)에 나타낸 것과 같이, 격자내의 원자들이 그들의 원래 위치로부터 영구히 이동하여 새로운 평형 격자를 생성했음을 의미한다.

그림 2.11(c)에서 보인 격자의 변형은 발생할 수 있는 하나의 메커니즘으로서 슬립이라고 불리며, 결정 구조 내에서 소성 변형이 일어나게 해주는 것이다. 또 다른 하나로 뒤에서 살펴볼 쌍정이 있다.

슬립(slip)은 슬립면(slip plane)이라고 불리는 격자 내의 면을 기준으로 원자가 서로 반대쪽으

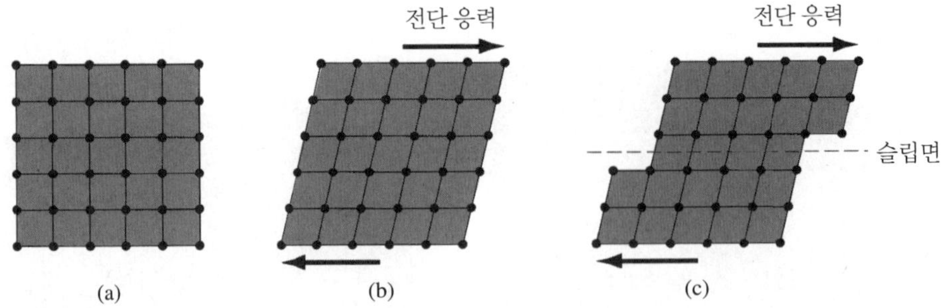

그림 2.11 결정 구조의 변형. (a) 초기 격자, (b) 영구적인 원자 위치 변화가 없는 탄성 변형, (c) 격자 내 원자가 새로운 위치로 이동하여 자리잡는 소성 변형.

로 상대 운동을 하는 것을 말한다. 슬립면은 그림과 같이 격자 구조와 일직선이 되어야 하고, 슬립이 더 잘 일어나는 방향이 있을 수 있다. 이러한 슬립 방향(slip directions)의 수는 격자 형태에 의존한다. 세 개의 일반적인 금속 결정 구조는 그림 2.11에 도시한 사각형 격자에 비하여 훨씬 더 복잡하며 특히 3차원적이다. HCP는 가장 적은 슬립 방향을 가지며, BCC가 가장 많고 FCC가 중간 정도이다. HCP 금속은 연성이 낮으며 일반적으로 상온에서 변형되기 힘들다. 만일 슬립 방향의 수만이 조건이라면 BCC 구조를 갖는 금속은 매우 높은 연성을 지닐 것이다. 그러나 자연은 그렇게 단순하지는 않다. 문제를 더 복잡하게 만들려는 듯이 일반적으로 BCC 금속은 다른 금속에 비하여 더 강하고 슬립을 만드는 데 더 높은 응력이 필요하다. 실제로 어떤 BCC 금속은 낮은 연성을 보인다. 저탄소강의 경우 상대적으로 강하지만 예외적으로 우수한 연성을 보이므로 박판성형 가공에 널리 사용된다. FCC 금속은 슬립 방향의 수가 높고, 강도가 상대적으로 낮기 때문에 세 결정 구조들 중에서 가장 높은 연성을 지닌다. 이러한 세 가지 금속 구조는 모두 온도가 올라가면 연성이 높아지게 되며, 이러한 사실을 기초로 이들을 성형하는 것이다.

전위는 금속 내의 슬립을 용이하게 하는 데 중요한 역할을 한다. 칼날 전위를 가지는 격자 구조가 전단 응력을 받으면, 완전한 구조에서보다 훨씬 더 잘 변형된다. 이것은 그림 2.12의 일련의 그림에

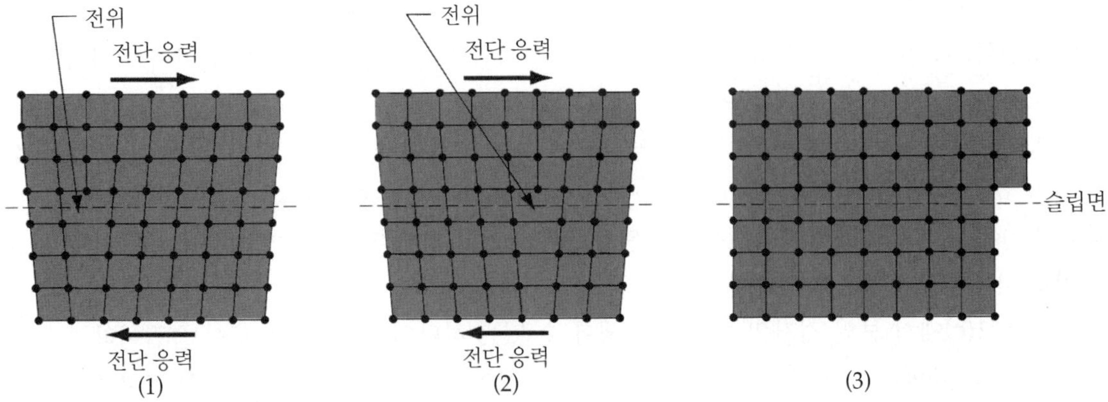

그림 2.12 응력을 받는 격자 구조 내에서 전위의 영향. 전위의 이동으로 인해 완벽한 격자에서보다 더 적은 응력 하에서도 변형이 가능하다.

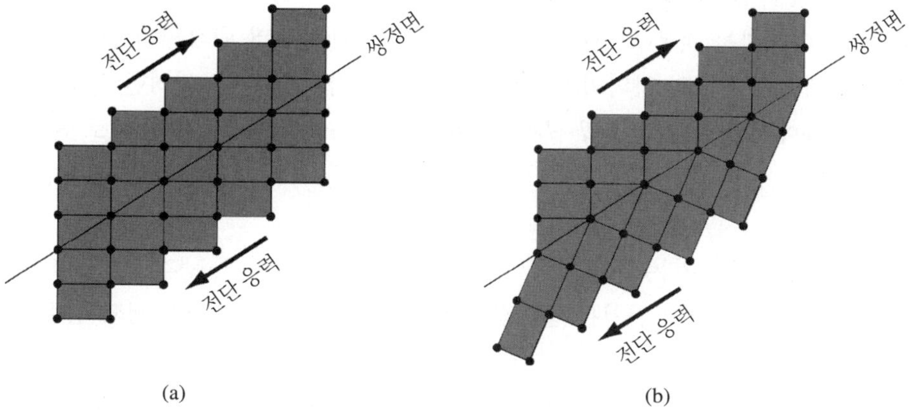

그림 2.13 쌍정. (a) 전, (b) 후.

서 보이는 것과 같이 전위가 응력을 받으면 결정 격자 내를 이동한다는 사실로 설명될 수 있다. 격자가 스스로 변형하는 것에 비하여 격자를 따라 전위가 이동하는 것이 왜 더 쉬울까? 그 이유는 칼날 전위에 있는 원자는 새로운 평형 위치에 도달하기 위해서는 변형된 격자 구조 내에서 약간의 변위만 있으면 되기 때문이다. 그러므로 전위가 없는 격자 구조에 비하여 훨씬 낮은 에너지 수준으로도 원자들을 새로운 위치로 정렬시킬 수 있다. 이렇게 정렬된 새로운 위치도 이전과 유사한 변형된 격자이므로, 전위에서 원자들의 이동은 낮은 응력 수준에서 계속된다.

위에서 슬립 현상과 전위의 영향은 매우 미시적인 관점에서 설명되었다. 더 크게 보면 금속이 변형 하중을 받는 동안 여러 번에 걸쳐 슬립이 일어나게 되어 우리에게 익숙한 인장, 압축, 굽힘과 같은 거시적인 거동을 일으키게 된다. 전위는 좋은 점과 나쁜 점을 동시에 지니고 있다. 즉 전위로 인하여 금속은 연성을 지니게 되고, 가공 중에 소성 변형(혹은 가공)을 보다 잘 일으킬 수 있는 반면 설계 관점에서 보면 전위가 없는 경우에 비하여 전위가 많은 금속은 강도가 저하되게 된다.

쌍정(twinning)은 금속 결정이 소성 변형을 할 수 있는 두 번째 방법이다. 쌍정은 쌍정면으로 불리는 면을 중심으로 한쪽의 원자들이 다른 쪽으로 거울면 투영을 하여 옮겨진 형태의 소성 변형 메커니즘으로 정의되며 그림 2.13에 도시하였다. HCP 금속들은 슬립이 잘 일어나지 않기 때문에 이 메커니즘은 HCP 금속(예를 들어 마그네슘, 아연 등)에서는 매우 중요하다. 이런 구조 외에 쌍정에서의 또 다른 인자는 변형의 비율이다. 슬립 메커니즘은 변형을 하는데 시간이 필요한 반면 쌍정은 거의 순간적으로 일어난다. 그러므로 변형이 느릴 경우 슬립이 일어나는 금속도 변형 속도가 매우 높을 때는 쌍정을 형성한다. 저탄소강은 이러한 변형 속도 민감성을 나타내는 예이다. 높은 변형률 속도에서는 쌍정이 일어나고, 일반 변형률 속도에서는 슬립에 의하여 변형이 된다.

2.3.4 금속의 결정립과 결정립 경계

금속 블록이 수많은 개별 결정들을 지닐 수 있는데, 이들 결정을 ***결정립(grain)***이라고 한다. 각각의 결정립은 고유한 격자 방향을 지니지만 이들이 모인 블록을 보면 결정립들은 임의로 방향을 잡는다. 그러한 구조를 ***다결정(polycrystalline)***이라고 부른다. 그러한 구조가 어떻게 그 재료의 자연 상태가 되는지를 이해하는 것은 간단하다. 블록이 용융 상태로부터 냉각되어 응고를 시작하게 되면, 각 결정들의 핵은 액체내의 임의의 위치와 방향에서 나타나게 된다. 이러한 결정들이 성장하여 궁극적으로는 경계에서 ***면결함(결정립 경계, grain boundary)***을 형성하면서 서로 만나게 된다. 결정립 경계는 불과 몇 개의 원자 두께 정도이며, 이들 원자들은 어떤 결정립과도 나란하게 되지 않는 천이 구역을 형성한다.

금속 블록 내의 결정립 크기는 용융 금속의 결정 핵 생성 위치의 수와 냉각 속도에 의하여 결정된다. 주조 공정에서 결정 핵 생성 위치는 상대적으로 차가운 주형 벽면에서 발생되며, 우선적인 결정립 방향을 유도한다.

결정립의 크기는 냉각 속도와 반비례한다. 냉각이 빠르면 작은 결정립이 생기는 반면 냉각이 느리면 반대의 현상이 일어난다. 이러한 결과는 금속의 기계적 성질에 영향을 주므로 중요하다. 작은 결정립 크기는 높은 강도와 경도를 의미하므로 설계자들이 선호한다. 또한 어떤 생산 공정(예, 금속 성형)에서는 변형 중의 높은 연성과 함께 최종 제품의 우수한 표면을 의미하기도 한다.

기계적 성질에 영향을 미치는 또 다른 인자들로는 금속 내 결정립 경계의 존재이다. 그들은 금속 결정 구조 내의 불완전성을 의미하므로 전위의 계속적인 이동을 방해하기도 한다. 결정립이 작은 금속은 그만큼 결정립과 결정립 경계를 많이 갖게 되고, 이로 인해 결국은 강도가 높게 된다. 결정립 경계가 전위의 이동을 간섭함으로써 금속이 변형함에 따라 점점 더 강해지는 ***변형 경화(strain hardening)*** 특성에 기여를 하게 되는데 이것에 대해서는 3장의 기계적 성질에서 보다 자세히 다룬다.

2.3.5 회복, 재결정 및 결정립 성장

모든 결정질 재료는 ***회복, 재결***정 및 ***결정립 성장***의 현상을 겪는다. 다결정 재료는 절대 용융 온도 이하에서 소성 변형될 때 특성 및 미세 구조 변화를 일으킨다. 이러한 변화에는 결정립 모양의 변화, 전위 밀도의 증가 및 변형 경화가 포함된다. 변형 중에 일부 에너지는 금속에 변형 에너지로 저장된다. 이들은 주로 압축, 인장 및 전단 영역이 있는 새로 형성된 전위 주변에 관련되어 있다. 제어된 열처리 공정(대부분 어닐링)을 수행함으로써 이러한 재료는 냉간가공 되기 전 상태와 유사한 구조 및 특성을 다시 복원할 수 있다. ***냉간 가공***은 금속 용융 온도의 0.3~0.5배 온도 범위에서 발생하는 금속의 소성 변형을 말한다. 냉간 가공 과정에서 점 결함 밀도와 전위 밀도가 증가한다. 냉간 가공된 재료는 높은 경도에도 불구하고 부서지기 쉽다. 구조 및 특성의 복원은 주로 상이한 공정, 즉 회복 및 재결정화의 높은 온도에서 발생하며, 이는 결정립 성장을 수반할 수 있다. 일반적으로 용융 온도의 0.5배 이하에서 충분한 시간 동안 재료를 가열하는 것을 어닐링이라고 한다. 어닐링 온도에 따라 회복(저온에서) 또는 재결정(고온에서)과 같은 현상이 발생할 수 있다. 이 과정에서 물질은 미세 구조적으로 준안정 상태에서 낮은 에너지 상태로 변화한다. 재결정된 재료의 추가 어닐링은 경정립을 더 성장시킬 수 있다.

회복은 재료의 밀도를 감소시키고 재결정 전에 변형된 고체 내의 결함의 재배열이 발생한다. 소성 변형 후 경화로 인한 회복은 전위 미세 구조의 변형으로 이어진다. 이것은 플라스틱 변형 이전과

같이 재료 물성치의 전체적인 복원을 돕는다. 회복의 주된 원인은 전위 및 점 결함에 저장된 자유 에너지이다. 회복을 통해, 변형된 결정립들은 결정 구조의 결함을 제거하거나 재배치함으로써 저장된 에너지를 감소시킨다. 회복은 낮은 온도에서 발생하여 특히 비틀림 및 기울임 경계와 같은 낮은 에너지 구성을 만들기 위해 전위를 정렬하여 추가적인 결함을 제거한다. 냉간 작업으로 인한 다른 점 결함들이 전위 상승을 통해 표면 또는 입자 경계에서 생성된다.

재결정은 냉간 변형 전에 얻은 재료 특성을 복원한다. 재결정의 핵심은 전위에 저장된 자유 에너지이다. 이 과정에서 변형되지 않은 결정립들이 변형된 결정립들을 대체한다. 대체로, 감소된 초기 결정립 크기와 함께 냉간 가공하면 미세한 재결정 결정립이 생성되는 것으로 나타났다. 물질은 재결정 온도로 알려진 특정 온도에서 완전히 재결정된다.

재결정 후, 미세 구조 내에서 입자 성장이 일어난다. 고온에서는 회복 및 재결정이 완료된 후 재료의 결정립 크기가 증가한다. 또한, 결정립 경계의 전체 면적의 감소에 의해서만 내부 에너지를 감소시킬 수 있다. 결정립 성장은 경정립계에 저장된 자유 에너지 때문에 일어난다. '재결정'이라는 용어는 세라믹 및 광물과 관련하여 과학 분야에서 함께 사용된다.

2.4 비결정 구조

많은 중요한 재료들은 액체와 기체의 경우처럼 결정이 없다. 물과 공기도 결정 구조를 가지고 있지 않다. 금속도 용융 상태가 되면 결정질 구조를 잃게 된다. 수은은 용융 온도가 −38℃이며 상온에서는 액체인 금속이다. 공업용 재료 중 고체 상태에서 비결정질 형태를 지니는 재료들은 ***비정질 (amorphous)***이라는 용어로 불린다. 유리, 다수의 플라스틱 및 고무들은 이 범주에 들어간다. 대다수의 플라스틱은 결정질과 비결정질 형태를 혼합하여 만들어진다. 금속의 경우에도 액체 상태에서 고체 상태로 변태할 때, 규칙적인 형식으로 정렬하기 전에 빠르게 냉각을 시키면 결정질이 아닌 비정질이 될 수 있다. 예를 들어 차갑고 간격이 좁은 회전롤 사이에 용융된 금속이 부어질 때 이러한 상황이 발생할 수 있다.

두 개의 밀접하게 연관된 특징이 비결정질을 결정질 재료와 구분한다. (1) 비결정질 재료에서는 길이가 긴 규칙적인 분자 구조가 없다. (2) 용융 및 열 팽창 특성이 다르다.

분자 구조의 차이점은 그림 2.14를 통해 볼 수 있다. 왼쪽은 조밀하게 꽉 채워지고 반복되는 패턴을 가진 결정 구조이고, 오른쪽에는 원자들이 성글고 임의로 배열되어 있는 비결정질 재료를 나타낸다. 차이점은 금속을 용융하였을 때에 나타난다. 첫 번째 영향은 재료의 고체 결정질 상태에 비하여 용융 금속 내의 성글게 채워진 원자들에서는 부피가 증가(밀도의 감소)한다는 점이다. 이러한 영향은 용융 시 대부분 금속들의 특성이다(얼음의 경우는 예외이다. 물은 고체 얼음에 비하여 밀도가 더 높다). 오른쪽 그림에서와 같이 넓게 나타나는 규칙이 없다는 것은 비정질 액체와 고체의 일반적인 특성이다.

이제 용융 현상에 대하여 좀 더 자세히 설명해 봄으로써 결정질과 비결정질 구조의 두 번째 중요

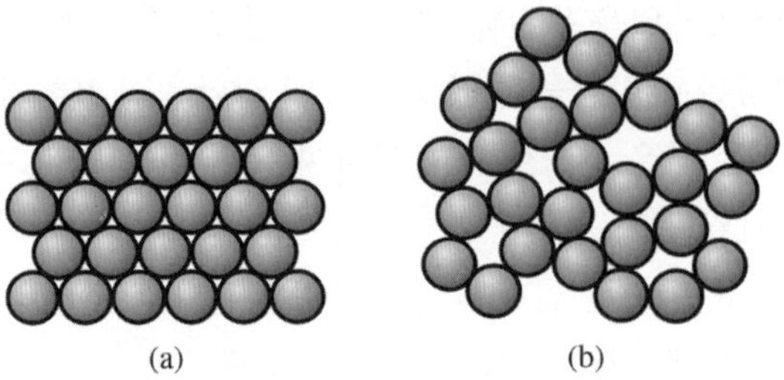

그림 2.14 두 구조의 차이. (a) 결정질 구조, (b) 비결정질 구조.

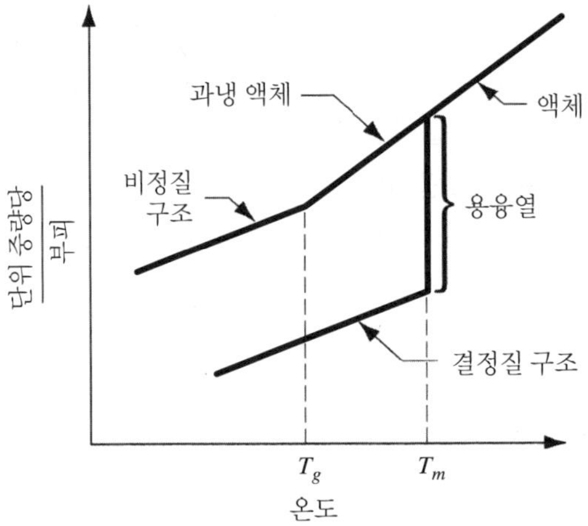

그림 2.15 순수한 금속(결정 구조)과 유리(비결정 구조)의 부피 변화 특성의 비교.

한 차이점에 대하여 정의해 보자. 이미 지적한 바와 같이 금속은 고체 상태에서 액체 상태로 용융할 때, 부피가 증가한다. 그림 2.15에[2] 나타낸 것과 같이, 순수 금속의 경우에는 일정한 온도(즉, 용융 온도 T_m)에서 매우 급격한 부피 변화가 일어난다. 변화는 양쪽 그래프 기울기의 불연속으로 나타난다. 점진적인 기울기는 금속의 열 팽창(thermal expansion)을 의미하는데, 이것은 고체와 액체 상태에서 일반적으로 다르게 나타나고 온도의 함수로써의 부피 변화를 의미한다. 용융점에서 금속이 고체로부터 액체로 변화할때 갑작스럽게 부피의 증가는 용융열(heat of fusion)이라 불리는 열량의 추가로 원자들이 그 결정 구조의 조밀함과 규칙적인 배열을 잃게 되기 때문이다. 이 과정은 가역적이어서 양방향으로 작용한다. 만일 용융 금속이 용융 온도를 지나 냉각하게 되면 유사한(부피가 감소하는 것만 제외하고) 부피 변화가 나타나게 되고, 금속으로부터 똑같은 양의 열이 방출된다.

비정질 재료는 순수 금속이 고체에서 액체로, 혹은 그 반대로 변화할 때 그림 2.15에 나타낸 것과 같이 매우 다른 거동을 보이게 된다. 과정은 역시 가역적인데, 비정질 재료가 이전과 같이 고체로부터 용융되는 것 대신에 액체로부터 응고하는 경우에 대하여 유리(실리카, SiO_2)에 대한 예로 고찰해

2) 대부분의 금속 합금의 경우, 고체에서 액체로의 변환은 보다 점진적이며 다양한 온도 범위에서 발생한다. 이는 주조물의 응고 및 냉각에 관한 7.3절에서 설명한다.

보자. 높은 온도에서 유리는 액체이고, 액체의 일반적인 성질과 마찬가지로 분자들은 자유롭게 움직일 수 있다. 유리가 냉각됨에 따라 최종적인 고체로 되기 전에 ***과냉 액체(supercooled liquid)***라고 불리는 천이 영역을 거쳐 고체로 변태된다. 결정질 재료의 특징인 급격한 부피 변화는 나타나지 않고, 그 대신에 열 팽창 기울기의 변화 없이 용융 온도 T_m을 통과하게 된다. 이 과냉 액체 영역에서 온도가 계속 내려감에 따라 재료의 점성이 증가하게 된다. 더욱 냉각이 되면 과냉 액체는 고체로 변환되는 점에 다다르게 된다. 이것이 ***유리-천이 온도(glass-transition temperature)*** T_g이다. 이 점에서 열 팽창 기울기의 변화가 발생한다(정확하게는 열 수축 기울기이지만, 팽창과 수축에서 기울기는 같다). 고체 재료에 대한 열 팽창률이 과냉 액체에 대한 것보다 낮다.

결정질과 비결정질 재료의 거동 차이는 온도 변화에 따른 각각의 원자 구조의 반응으로 추적할 수 있다. 순수 금속이 용융 상태로부터 응고할 때, 원자들은 규칙적인 구조로 정렬하게 된다. 이 결정 구조는 무작위로 성글게 배열된 액체에 비하여 생성 당시부터 매우 조밀하다. 그러므로 그림 2.15에서 관찰되는 것처럼 결정질 재료에서는 응고 과정에 의하여 급격한 부피 수축이 발생한다. 반대로 비정질 재료는 낮은 온도에서도 조밀하게 채워지거나 반복되는 구조를 얻을 수 없다. 원자 구조도 액체 상태에서의 불규칙적인 배열과 같아서 이러한 재료가 액체에서 고체로 변화하여도 급격한 부피 변화는 없다.

2.5 공업용 재료

원자 구조, 결합 유형, 결정 구조(혹은 비결정 구조) 등이 금속, 세라믹, 중합체 등의 공업용 재료의 종류와 어떻게 연관이 되어 있는지에 대하여 요약하면 다음과 같다.

금속

금속은 거의 예외가 없이 고체 상태에서 결정 구조를 지닌다. 이들 결정 구조의 단위 셀은 거의 항상 BCC, FCC 또는 HCP이다. 금속의 원자들은 원자가 전자들이 (다른 원자 결합이나 분자 결합들에 비하여) 상대적으로 자유롭게 움직일 수 있도록 금속 결합으로 공유된다. 일반적으로 이러한 구조와 결합은 금속을 단단하고 강하게 만든다. 금속들의 대부분은 높은 연성(가공에 적합하도록 잘 변형할 수 있는 성질)이 있고 특히 FCC는 더욱 그러하다. 구조와 결합에 관련이 있는 금속의 다른 일반적인 성질들은 높은 전기 및 열전도도, 불투명성, 반사도 등이다.

세라믹

세라믹 분자는 공유 결합이나 이온 결합 혹은 둘 모두로 만들어진다. 금속 원자들은 최외각 전자들을 비금속 원자로 주거나 공유함으로써 분자들 사이에 매우 강한 인력이 작용한다. 이러한 결합 메커니즘의 결과로서 세라믹 재료는 일반적으로 높은 경도와 강성(고온에서도), 취성(비 연성), 전기 절연(부도체), 단열(열저항), 및 화학적 비활성 등의 성질을 지닌다.

세라믹은 결정 구조 혹은 비결정 구조를 지닌다. 실리카(SiO_2)를 기본으로 하는 유리가 비정질인

데 비하여 대부분의 세라믹은 결정 구조를 지닌다. 어떤 특별한 경우에는 같은 세라믹 재료에서도 다른 구조를 가지는 경우도 있다. 예를 들어 자연 상태에서 실리카는 수정 결정의 형태로 존재한다. 이 광물이 용융되어 냉각되면 비정질 구조를 갖는 실리카를 형성하면서 응고한다.

중합체

중합체(폴리머) 분자는 단위체(mer)분자가 공유 결합에 의하여 매우 많이 규칙적으로 함께 묶여져 있는 형태로 구성되어 있다. 중합체 내의 원소는 일반적으로 탄소와 하나 또는 그 이상의 수소, 질소. 산소, 염소 등과 같은 원소들로 구성된다. 2차 결합(반데르발스)은 분자들을 집합적인 재료(분자간 결합)로 함께 묶는다. 중합체는 유리질 구조이거나 유리질과 결정 구조의 혼합 구조이다. 서로 다른 세 가지의 중합체의 형태가 있다. 열가소성 중합체에서는 단량체들이 선형 구조로 길게 연결된 분자 구조를 가진다. 이들 재료는 선형 구조의 변화없이 가열되고 냉각된다. 열경화성 중합체은 가열된 상태에서 냉각됨에 따라 분자들이 단단한 3차원 구조로 변환된다. 열경화성 중합체을 다시 가열하면 연화하는 것이 아니라 화학적으로 탄화를 한다. 고탄성 고분자는 코일 구조를 갖는 거대한 분자로 구성된다. 응력 사이클을 받으면 분자들이 감겼다 풀리면서 탄성 거동이 나타난다.

중합체의 분자 구조와 결합은 다음과 같은 전형적인 성질을 보인다. 낮은 밀도, 높은 전기 저항(어떤 중합체은 절연재로 사용), 낮은 열전도도 등이다. 중합체의 강도와 강성은 매우 크게 변화한다. 어느 것은 매우 강하고 견고하며(비록 금속이나 세라믹보다는 못하지만) 어느 것은 매우 높은 탄성 거동을 보인다.

참고문헌 *REFERENCES*

[1] Callister, W. D., Jr. and Rethwisch, D. G. *Materials Science and Engineering: An Introduction*, 10th ed. John Wiley & Sons, Hoboken, New Jersey, 2018.

[2] Dieter, G. E. *Mechanical Metallurgy*, 3rd ed. McGraw-Hill, New York, 1986.

[3] Flinn, R. A., and Trojan, P. K. *Engineering Materials and Their Applications*, 5th ed. John Wiley & Sons, New York, 1995.

[4] Guy, A. G., and Hren, J. J. *Elements of Physical Metallurgy*, 3rd ed. Addison-Wesley, Reading, Massachusetts, 1974.

[5] Van Vlack, L. H. *Elements of Materials Science and Engineering*, 6th ed. Addison-Wesley, Reading, Massachusetts, 1989.

복습문제 *REVIEW QUESTIONS*

원자구조와 원소

2.1 주기율표에 나열된 원소들은 세 가지 범주로 나뉠 수 있다. 이 범주들은 무엇이며, 각각의 예시를 제시하라.

2.2 귀금속은 어떤 원소들인가?

원자간 · 분자간 결합

2.3 재료 구조에서 일차 결합과 이차 결합의 차이는 무엇인가?

2.4 원자와 분자 사이의 다른 형태의 결합은 무엇인가?

결정 구조

2.5 재료의 결정질과 비정질 구조의 차이는 무엇인가?

2.6 결정 격자 구조에서 흔히 나타나는 점결함 중 '공극(vacancy)'이란 무엇인가?

2.7 결정 격자 구조에서 흔히 나타나는 점결함 중 '이온 쌍 공극(ion-pair vacancy)'은 무엇인가?

2.8 결정 격자 구조에서 흔히 나타나는 점결함 중 '침입(interstitialcy)'은 무엇인가?

2.9 결정 격자 구조의 영향 측면에서 탄성과 소성 변형의 차이를 기술하라.

2.10 금속 결정과 비금속 결정 사이의 주요 차이는 무엇인가?

2.11 고체의 결합 종류를 나열하라.

2.12 금속의 결정립 크기가 강도에 미치는 영향은 무엇인가?

공학 재료

2.13 결정 구조를 갖는 재료를 나열하라.

2.14 비결정 구조를 갖는 재료를 나열하라.

CHAPTER 3

재료의 기계적 성질

3.1 응력-변형률 관계
3.1.1 인장 특성
3.1.2 압축 특성
3.1.3 취성 재료의 굽힘 및 시험
3.1.4 전단 특성
3.2 경도
3.2.1 경도 시험
3.2.2 다양한 재료들의 경도
3.3 온도의 영향
3.4 유체 특성
3.5 중합체의 점탄성 거동

재료의 기계적 성질이란 기계적인 응력이 가해질 때의 거동을 뜻하며, 탄성계수, 연성, 경도 및 다양한 강도의 측정치들을 포함한다. 제품의 기능과 성능은 실제로 작동되는 응력하에서의 변형 저항 능력에 의존하므로 설계자들에게 있어서는 기계적 성질은 매우 중요하다. 이러한 응력하에서 제품과 그 요소들이 기하학적으로 현저한 변화가 없이 잘 견디는 것을 목적으로 하는 경우가 설계의 대부분이다. 이러한 능력은 탄성계수와 항복강도 등과 같은 특성에 의존한다. 그러나 가공 시의 목적은 정반대이다. 재료의 형상을 변화시키기 위하여 항복강도보다 큰 응력을 가하게 된다. 성형이나 절삭 가공 등과 같은 기계 공정은 재료의 변형 저항 능력을 넘는 힘을 가해야만 성공할 수 있다. 그러므로 다음과 같은 딜레마에 빠지게 된다. 높은 강도 등과 같은 설계자에게 필요한 기계적 특성은 종종 제품의 생산을 어렵게 만든다. 제조 엔지니어들은 설계자의 목표를 인정해야 하고, 설계자들은 제조 목표를 인식하는 것이 필요하다.

이 장에서는 재료의 기계적인 성질을 다루는데 주로 제조와 관련된 성질에 대해서만 고찰한다.

3.1 응력-변형률 관계

재료가 받을 수 있는 정적인 응력은 인장, 압축 및 전단의 세 가지 형태가 있다. ***인장*** 응력은 재료를 늘리고, ***압축*** 응력은 재료를 누르며, ***전단***은 재료의 인접한 부분을 서로 밀어낸다. 응력-변형률 곡선은 이들 세 가지 형태의 응력에 대해 재료의 기계적 성질을 설명하는 기본적인 관계를 나타낸다.

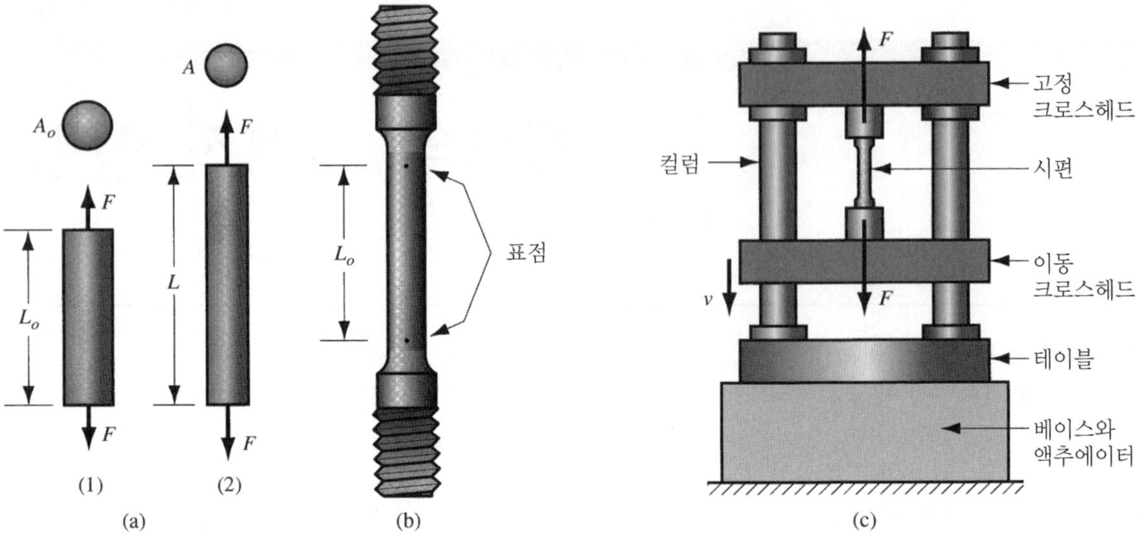

그림 3.1 (a) 인장력을 가하는 초기 (1)과 결과 (2), (b) 일반적인 시편 모습, (c) 인장 시험 장치.

3.1.1 인장 특성

인장 시험은 특히 금속에 대하여 응력-변형률 관계를 연구하는 데 있어서 가장 일반적인 과정이다. 그림 3.1(a)와 같이, 재료는 하중을 받아 길이는 늘어나고, 직경은 줄어든다. ASTM(미국 시험 및 재료학회)은 시편의 준비와 시험에 대하여 기준을 정하였다. ***인장 시험***에 대한 전형적인 시편과 일반적인 시험 장치를 각각 그림 3.1(b)와 (c)에 나타내었다.

최초 시편은 원래 길이 L_o와 단면적 A_o를 갖는다. 길이로는 표점 사이의 거리를 측정하고, 단면적은 시편의 단면(일반적으로 원형)을 측정한다. 그림 3.2와 같이 금속의 시험 도중에 시편은 신장

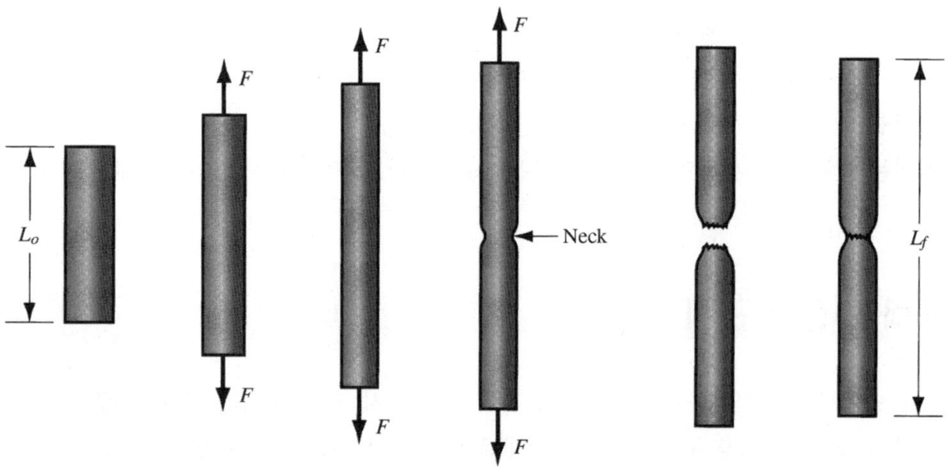

그림 3.2 인장 시험의 진행 과정. (1) 시험 초기(무하중), (2) 균일한 신장과 단면 감소, (3) 연속적 신장, 최대 하중 도달, (4) 네킹 시작, 하중 감소 시작, (5) 파단, (6)과 같이 두 부분을 붙여서 최종 길이를 측정.

되고 네킹이 발생하며 마지막으로 파단이 일어난다. 시험이 진행되는 동안 하중과 시편 길이의 변화가 기록이 되고, 이것이 응력-변형률 관계를 결정하는 데이터를 제공하게 된다. 응력-변형률 곡선에는 두 가지 상이한 형태가 있는데, (1) 공칭응력-변형률 및 (2) 진응력-변형률이 그것이다. 전자는 설계에서 중요하고 후자는 제조에서 중요하다.

공칭응력-공칭변형률

인장 시험에서의 공칭응력과 공칭변형률은 시편의 원래 단면적과 길이에 비교하여 정의된다. 제품의 어떤 부품에서 발생하는 변형률이 제품 형상을 크게 변화시키지는 않기 때문에 이들 값은 설계에서 관심이 가는 대상이다. 각 부품들은 실제로 사용할 때의 응력에 견디도록 설계된다.

금속 시편에 대한 인장 시험으로 구한 전형적인 공칭 응력-변형률 곡선을 그림 3.3에 표시하였다. 곡선상의 어떤 점에서 ***공칭응력(engineering stress)***은 힘을 초기 단면적으로 나눈 값으로 정의된다.

$$s = \frac{F}{A_o} \tag{3.1}$$

여기에서 s는 공칭응력(MPa), F는 시험에서의 하중(N), A_o는 시편의 초기 단면적(mm^2)이다. 시험 중 어떤 점에서의 공칭변형률(engineering strain)은 다음과 같이 주어진다.

$$e = \frac{L - L_o}{L_o} \tag{3.2}$$

여기에서 e는 ***공칭변형률***(mm/mm); L은 신장 동안 어떤 시점에서의 길이(mm)이고, L_o는 원래의 표점 길이(mm)이다. 공칭변형률의 단위는 mm/mm로 주어지지만, 단위 길이당 연신량으로 생각하여 무차원수로 나타낸다.

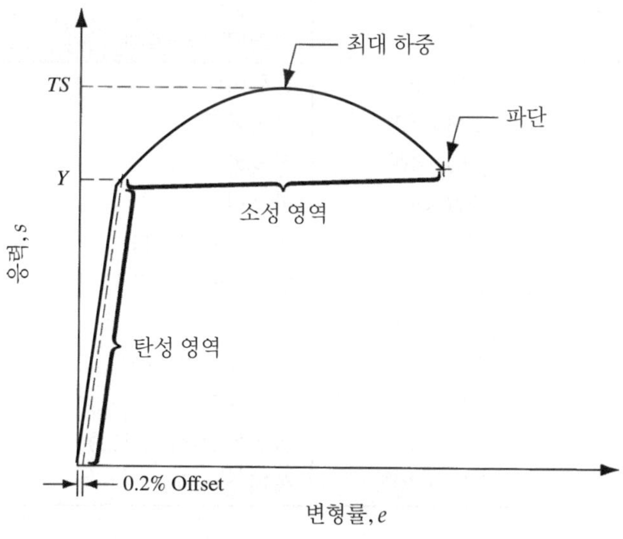

그림 3.3 금속의 인장 시험에서의 공칭응력-공칭변형률 선도.

그림 3.3의 응력-변형률 관계는 탄성과 소성이라는 확연히 구분되는 두 가지의 영역을 지닌다. 탄성 영역에서 응력과 변형률 사이의 관계는 선형적이며, 재료는 하중(응력)이 제거되면 원래의 길이로 돌아오는 탄성적인 거동을 보인다. 관계식은 다음과 같은 ***Hooke의 법칙***에 의하여 정의된다.

$$s = Ee \tag{3.3}$$

여기에서 E는 ***탄성계수(modulus of elasticity)***(MPa)라는 재료 고유의 강성(stiffness) 측정치로서 재료마다 다른 값을 갖는 비례상수이다. 표 3.1에 금속과 비금속 등 몇 가지 재료들에 대한 전형적인 값을 표시하였다.

응력이 증가함에 따라 탄성 영역에 있던 재료가 항복을 시작하는 위치에 도달하게 된다. 이러한 재료의 ***항복점(yield point)*** Y는 탄성 영역이 끝나는 곳에서 기울기가 변하는 모양으로 나타난다. 일반적으로 시험 데이터의 그래프 상에서 항복점을 찾는다는 것은 어렵기 때문에(기울기가 갑자기 변화하지는 않는다) Y는 0.2%의 옵셋 변형률을 갖는 직선이 만나는 점의 응력값으로 정의한다. 항복점은 재료의 강도 특성이므로 종종 ***항복강도(yield strength)***, ***항복응력(yield stress)***, ***탄성한계(elastic limit)*** 등의 이름으로도 불린다.

항복점은 재료가 소성 영역으로 천이되어 소성 변형이 시작됨을 나타낸다. 응력과 변형률 사이의 관계는 더 이상 Hooke의 법칙에 의존하지 않게 된다. 하중이 항복점 이상으로 증가되면 시편의 신장은 계속되지만, 그림 3.3에 보이는 것과 같이 이전에 비하여 훨씬 빠른 비율로 신장되고 곡선의 기울기는 급격히 변화한다. 부피가 일정하게 유지되면서 신장은 단면의 균일한 감소와 함께 지속된다. 가해진 하중 F가 최대치에 다다르게 될 때 이점에서 계산한 공칭응력값을 그 재료의 ***인장강도(tensile strength)*** 또는 ***최대 인장강도(ultimate tensile strength)***라고 부른다. 즉 $TS = F_{max}/A_o$

표 3.1 재료의 탄성계수

금속	탄성계수 MPa	세라믹과 중합체	탄성계수 MPa
알루미늄과 합금	69×10^3	알루미나	345×10^3
주철	138×10^3	다이아몬드[a]	1035×10^3
동과 합금	110×10^3	실리콘[a]	185×10^3
철	209×10^3	판유리	69×10^3
납	21×10^3	실리콘카바이드	448×10^3
마그네슘	48×10^3	텅스텐카바이드	552×10^3
니켈	209×10^3	나일론	3.0×10^3
강	209×10^3	페놀포름알데히드	7.0×10^3
티타늄	117×10^3	폴리에틸렌(저밀도)	0.2×10^3
텅스텐	407×10^3	폴리에틸렌(고밀도)	0.7×10^3
아연	108×10^3	폴리스티렌	3.0×10^3

[9], [11], [12], [16], [17]과 다양한 자료에서 모아 편집함.

[a] 다이아몬드가 세라믹은 아니지만 세라믹 재료들과 자주 비교됨.

표 3.2 재료의 항복강도와 인장강도

금속	항복강도 MPa	인장강도 Pa	금속	항복강도 MPa	인장강도 MPa
알루미늄(어닐링)	28	69	니켈(어닐링)	150	450
〃 (냉간 가공[a])	105	125	저탄소강[a]	175	300
알루미늄 합금[a]	175	350	고탄소강[a]	400	600
주철[a]	275	275	합금강[a]	500	700
동(어닐링)	70	205	스테인리스강[a]	275	650
동합금[a]	205	410	순수티타늄	350	515
마그네슘합금[a]	175	275	티타늄합금	800	900

[9], [11], [12], [17]과 다양한 자료에서 모아 편집함.
[a] 주어진 값들은 전형적인 값임. 합금의 경우, 합금 조성과 처리법(예: 열처리, 가공경화)에 따라 강도값의 범위가 넓음.

일 때 TS로 인장강도를 나타내며, TS와 Y는 설계 계산에서 매우 중요한 강도 특성이다 (물론 제조 공정에 필요한 계산에서도 사용된다). 일부 금속들에 대한 전형적인 항복강도치와 인장강도치를 표 3.2에 나타내었다. 세라믹 재료에 대해서 전통적인 인장 시험은 어려우며, 이러한 취성 재료의 강도를 측정하기 위해서는 다른 시험법들이 사용된다(3.1.3절). 중합체들은 점탄성 때문에 강도 특성이 금속이나 세라믹과는 다르게 나타난다(3.1.5절).

응력-변형률 곡선에서 인장강도의 오른 쪽으로는 하중이 감소하기 시작하고, 시편은 ***네킹(necking)***으로 알려진 국부적인 신장이 진행되기 시작한다. 길이를 통하여 변형이 균일하게 진행하는 것이 아니라 변형은 시편의 한부분에 집중된다. 파단이 일어날 때까지 그 부분의 단면은 급속하게 가늘어진다(neck). 파단이 일어나기 직전에 계산된 응력이 파단응력(fracture stress)이다.

파단이 일어나기 전에 재료가 견딜 수 있는 변형률의 양도 역시 많은 제조 공정에서 관심을 끄는 기계적 성질이다. 이러한 성질의 측정치가 ***연성(ductility)***이며, 파단 없이 소성 변형할 수 있는 재료의 능력이다. 연성은 ***연신율(elongation)***이나 단면 감소율(area reduction)로 측정된다. 연신율은 다음과 같이 정의된다.

$$EL = \frac{L_f - L_o}{L_o} \tag{3.4}$$

여기서 EL은 연신율로써 주로 백분율로 표시되며, L_f는 파단 시 시편의 길이(mm)로서 파단된 시편의 두 부분을 잘 맞추어 놓고 표점 거리를 측정하여 구한다. L_o는 시편의 원래 길이(mm)이다. 단면 감소율은 다음과 같이 정의된다.

$$AR = \frac{A_o - A_f}{A_o} \tag{3.5}$$

여기에서 단면 감소율 AR은 주로 백분율로 표시되며, A_f는 파단점에서의 단면적(mm^2)이고, A_o는 초기 단면적(mm^2)이다. 금속 시험편에 일어나는 네킹과 그와 관련된 불균일한 연신과 단면 감

표 3.3 재료의 백분 연신율

재료	연신율	재료	연신율
금속		*금속, 계속*	
알루미늄(어닐링)	40%	저탄소강[a]	30%
알루미늄(냉간 가공)	8%	고탄소강[a]	10%
알루미늄 합금(어닐링)[a]	20%	합금강[a]	20%
알루미늄 합금(열처리)[a]	8%	스테인리스강(오스테나이트계)[a]	55%
알루미늄 합금(주조)[a]	4%	순수 티타늄	20%
회주철[a]	0.6%	아연 합금	10%
동(어닐링)	45%	*세라믹*	0b
동(냉간 가공)	10%	*고분자*	
동 합금(황동, 어닐링)	60%	열가소성 고분자	100%
마그네슘 합금[a]	10%	열경화성 고분자	1%
니켈(어닐링)	45%	고탄성 고분자(예: 고무)	1%[c]

[9], [11], [12], [17]과 다양한 자료에서 모아 편집함.
a 주어진 값들은 전형적인 값임. 합금의 경우, 합금 조성과 처리법(예: 열처리, 가공경화 정도)에 따라 연성이 다양함.
b 세라믹은 취성이 강해 탄성 변형은 견디지만, 소성 변형은 거의 없음.
c 고탄성 폴리머는 상당히 큰 탄성 변형에도 견디지만, 소성 변형은 단지 1% 정도로 매우 한정적임.

소 때문에 이들 연성의 측정에는 어려움이 따른다. 이러한 어려움에도 불구하고, 백분 연신율과 백분 단면 감소율은 공학에서 가장 일반적으로 사용되는 연성의 측정치이다. 다양한 재료에 대한 백분 연신율의 값을 표 3.3에 표시하였다.

예제 3.1

공칭응력과 공칭변형률

표점 길이 50 mm, 단면적 200 mm^{2}인 시편으로 인장 시험을 한다. 시험 동안 시편은 32,000 N(이는 0.2% 항복점임)의 하중에서 항복했다. 이때의 표점 길이는 50.2 mm이었다. 넥킹이 시작하기 바로 직전, 표점 길이 64.2 mm에서 65,000 N의 최대 하중에 도달했다. 최종 파단은 표점 길이 63.5 mm일 때 일어난다. (a) 항복강도, (b) 탄성계수, (c) 인장강도, (d) 최대 하중에서 공칭변형률, 그리고 (e) 연신 백분율을 구하라.

풀이

(a) 항복응력 $Y = 32{,}000/200 = 160$ MPa

(b) 0.2% 오프셋을 빼면, 공칭변형률 $e = (50.2-50.0)/20.0-0.002 = 0.002$

식 (3.3)을 재정리하면, 탄성계수 $E = s/e = 160/0.002 =$ **80 × 103 MPa**

(c) 인장 응력 = 원래 면적으로 나눈 최대 하중: $TS = 65{,}000/200 = 325$ MPa

(d) 식 (3.2)에 의하면, 최대 하중에서의 공칭변형률 $e = (57.7-50)/50 =$ **0.154**

(e) 식 (3.4)에서 정의한 대로, 연신 백분율 $EL = (63.5-50)/50 =$ **0.27 = 27%**

진응력-진변형률

사려깊은 독자라면 인장 시험을 진행함에 따라 시편의 단면적이 작아지므로 원래 단면적을 사용할 것이 아니라 실제 (순간) 단면적을 사용해야 하는 것이 아닌가 하고 생각을 할 것이다. 만일 실제 단면적을 사용하게 되면 계산된 응력값은 더 높아진다. 가해진 하중값을 순간 단면값으로 나누어서 얻은 응력값을 ***진응력(true stress)***이라고 한다.

$$\sigma = \frac{F}{A} \tag{3.6}$$

여기서 σ는 진응력(MPa)이고, F는 힘(N)이며, A는 하중을 지탱하는 실제(순간) 단면적(mm^2)이다.

마찬가지로 ***진변형률(true strain)***도 재료의 단위 길이당 '순간' 연신량을 보다 실제적으로 평가하게 해준다. 인장 시험에서 전체적인 연신량을 작은 증분으로 나눈 후 이들 각각에 대한 공칭변형률을 계산하여 더하고 극한을 취하면 진변형률은 다음과 같이 계산된다.

$$\epsilon = \int_{L_o}^{L} \frac{dL}{L} = \ln \frac{L}{L_o} \tag{3.7}$$

여기서 L은 연신 도중 어느 순간에서의 길이이다. 시험(혹은 변형)이 끝날 때, 최종 변형률은 $L = L_f$를 이용하여 계산할 수 있다.

진응력-진변형률 값을 이용하여 그림 3.3의 공칭응력-공칭변형률 곡선을 그리면 그림 3.4와 같은 선도를 얻을 수 있다. 탄성 영역에서는 이전의 선도와 거의 동일하다. 대부분의 관심있는 금속들에서는 변형률이 작아서 진변형률과 공칭변형률 값은 거의 동일하다. 각각의 응력들도 역시 유사한 값을 지닌다. 이렇게 거의 동일한 이유는 탄성 영역에서는 시편의 단면적이 거의 줄어들지 않기 때문이다. 진응력과 진변형률 사이의 관계는 Hooke의 법칙($\sigma = E\epsilon$)을 사용하여 나타낼 수 있다.

진응력-진변형률 선도와 공칭응력-공칭변형률 선도 사이의 차이는 소성 영역에서 나타난다. 계

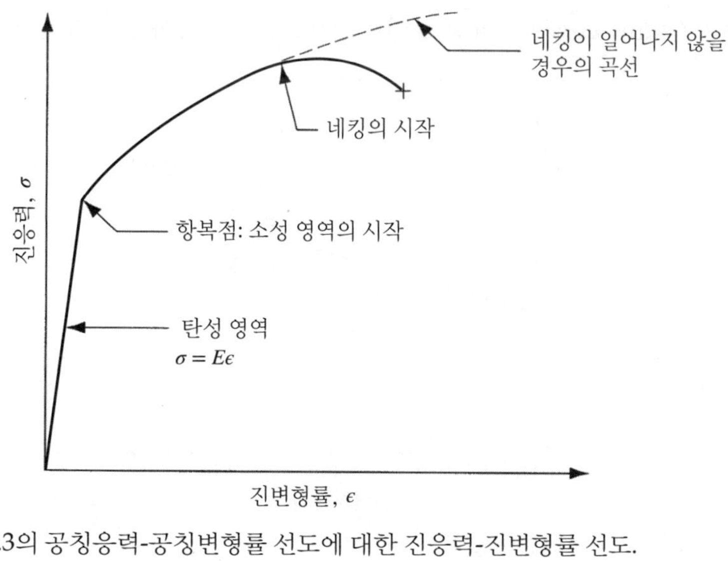

그림 3.4 그림 3.3의 공칭응력-공칭변형률 선도에 대한 진응력-진변형률 선도.

속하여 인장을 진행함에 따라 시편의 단면적은 줄어들고, 이 순간 단면적을 이용하여 진응력을 계산하기 때문에 소성 영역에서는 응력이 높아지게 된다. 이전의 선도에서와 같이 네킹의 결과로 최종적으로는 선도가 하강하게 된다. 점선은 네킹이 일어나지 않을 경우에 진응력-진변형률 선도를 연장한 그림이다.

소성 영역에서 변형률 값이 커짐에 따라 진변형률과 공칭변형률은 차이가 커지게 된다. 공칭변형률과 진변형률 사이에는 다음과 같은 관계가 있다.

$$\epsilon = \ln(1 + e) \tag{3.8}$$

마찬가지로, 진응력과 공칭응력 사이에는 다음과 같은 관계가 있다.

$$\sigma = s(1 + e) \tag{3.9}$$

그림 3.4에서, 네킹이 시작할 때까지 소성 영역에서 응력은 계속 증가함을 볼 수 있다. 공칭 응력-변형률 선도에서 이러한 일이 일어나면 응력을 계산하는 데 명백하게 잘못된 값을 사용하기 때문에 더 이상 그 의미가 없게 된다. 한편 진응력이 증가하게 되면 가볍게 취급해서는 안 된다. 이것은 변형률이 증가함에 따라 금속 재료가 점점 더 강해진다는 것을 의미한다. 이것은 ***변형 경화(strain hardening)***라고 불리는 성질로서 앞장의 금속 결정 구조를 논의할 때 서술한 바 있는데, 이 성질은 다소간의 차이는 있으나 대부분의 금속에서 존재한다.

가공경화(work hardening)라고도 불리는 변형 경화는 제조 공정, 특히 금속 성형의 경우에 매우 중요한 요소이다. 이 성질의 영향을 받는 금속의 거동에 대하여 알아보자. 진응력-진변형률 선도에서 소성 영역을 나타내는 부분을 로그척도로 나타내면 그림 3.5와 같이 선형적인 관계를 갖게 될 것이다. 이러한 데이터 변환으로 직선을 얻을수 있기 때문에, 소성 영역에서의 진응력과 진변형률 사이의 관계는 다음과 같이 나타낼 수 있다.

$$\sigma = K\epsilon^n \tag{3.10}$$

이 방정식은 ***유동곡선(flow curve)***이라고 불리며, 재료의 변형 경화 능력뿐만 아니라 소성 영역

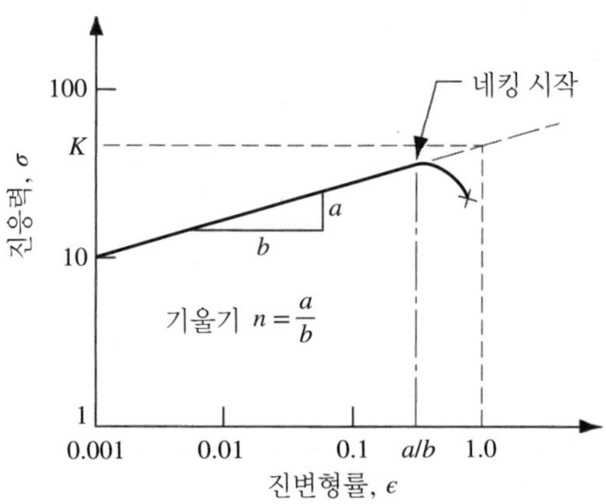

그림 3.5 로그좌표에 그린 진응력-진변형률 선도.

에서의 금속 거동을 근사적으로 잘 나타낸다. 상수 K는 ***강도계수(strength coefficient)*** (MPa)이고, 진변형률이 1일 때의 진응력과 같다. 지수 n은 변형 ***경화지수(strain hardening exponent)***라고 불리며, 그림 3.5에서 직선의 기울기이다. 이 값은 금속이 가공경화하는 경향과 직접적으로 관련이 있다. 표 3.4에 몇 가지 금속에 대한 K와 n값을 제시하였다.

인장 시험이나 가공 부위를 늘이는 금속 성형 공정에서의 네킹은 가공경화와 밀접한 연관이 있다. 인장 시험에서 볼 수 있는 이러한 관계에 대하여 설명해 보자. 시험의 초반부에서(네킹이 시작하기 전에) 시편이 신장되면, 전체 길이를 통하여 균일한 변형이 일어난다. 그 이유는 주변의 금속에 비하여 시편 내의 어떤 임의의 부분이 잘 변형된다면 가공경화에 의하여 그곳의 강도가 증가하게 되고, 그 부분은 주변 금속이 동일한 값을 가질 때까지 추가적인 변형을 하지 않을 것이기 때문이다. 결국 변형률은 균일 변형으로는 지탱할 수 없을 정도로 커질 것이다. 결정립 경계에서 발생한 전위, 금속 내의 불순물, 혹은 다른 인자들에 의하여 약한 부분이 발생하게 되고, 네킹이 시작하여 파단에 이르게 된다. 어떤 특정한 금속에서는 실험적으로 진변형률이 변형 경화지수 n과 같게 될 때 네킹이 발생하는 것을 볼 수 있다. 그러므로 n값이 크다는 것은 금속이 인장 하중에 대하여 네킹 발생 전에 더 변형할 수 있다는 것을 의미한다.

예제 3.2

진응력과 진변형률

예제 3.1에 주어진 자료에 대하여 최대 하중 65,000 N에서 (a) 진응력, (b) 진변형률을 구하라.

풀이

(a) 진응력은 순간 면적으로 나눈 하중으로 정의한다. 순간 면적을 구하기 위해서, 네킹 전에 균일한 연신을 가정한다. 따라서, $AL = A_oL_o$, 그리고 $A = A_oL_o/L = 200(50)/57.7 = 173.3\ \text{mm}^2$.

$$\sigma = F/A = 65{,}000/173.3 = \mathbf{375\ MPa}$$

(b) 식 (3.7)에 의하면, 진변형률 $\epsilon = \ln(L/L_o) = \ln(1.154) = \mathbf{0.143}$

검토

이러한 값들을 검사하기 위해서 식 (3.8)과 (3.9)를 사용:

식 (3.8)과 예제 3.1에서 얻은 e 값을 사용하면, $\epsilon = \ln(1 + 0.154) = 0.143$.

식 (3.9)와 예제 3.1에서 얻은 TS 값을 사용하면, $\sigma = 325(1 + 0.154) = 375$ MPa.

유의할점

진응력은 공칭응력보다 항상 크고, 그리고 진변형률은 공칭변형률보다 항상 작다는 것에 주의.

표 3.4 재료의 강도계수와 변형 경화지수

재료	강도계수(K) MPa	변형 경화지수(n)
알루미늄(어닐링)	175	0.20
알루미늄 합금(어닐링)[a]	240	0.15
알루미늄 합금(열처리)	400	0.10
동(어닐링)	300	0.50
동합금(황동)[a]	700	0.35
저탄소강(어닐링)[a]	500	0.25
고탄소강(〃)[a]	850	0.15
합금강(〃)[a]	700	0.15
스테인리스강(오스테나이트계, 어닐링)	1200	0.40
스테인리스강(마르텐사이트계, 어닐링)	950	0.10

[10], [11], [12]와 다양한 자료에서 모아 편집함. 핵심: K = 강도 계수. n = 변형 경화지수, An = 어닐링, HT = 열처리
a K와 n값은 조성, 열처리, 가공경화에 따라 달라짐.

응력-변형률 관계의 유형

탄-소성 거동에 대한 많은 정보들이 진응력-진변형률 선도에 의하여 제공된다. 전술한 바와 같이 탄성 영역에서는 Hooke의 법칙($\sigma = E\epsilon$)이 금속의 거동을 지배하고, 소성 영역에서는 유동곡선($\sigma = K\epsilon^n$)이 거동을 결정한다. 그림 3.6에 나타낸 것과 같이 대체적으로 세 가지 형태의 기본적인 응력-변형률 관계로 대부분의 고체 재료의 거동을 기술할 수 있다.

(a) ***완전 탄성(perfectly elastic)***. 이 재료의 거동은 탄성계수 E로 나타낸 재료의 강성에 의하여 완전히 결정된다. 항복에 의한 소성유동은 없고 바로 파단이 일어난다. 세라믹, 많은 종류의 주철, 열경화성 중합체들이 이 범주에 해당하는 응력-변형률 곡선을 지닌다. 이러한 재료들은 성형 가공에 적합하지 않다.

(b) ***탄성 및 완전소성(elastic and perfectly plastic)***. 이 재료는 E로 정의된 강성을 지닌다. 일단 항복강도 Y에 도달하면, 재료는 같은 수준의 응력으로 소성 변형이 이루어진다. 소성곡선

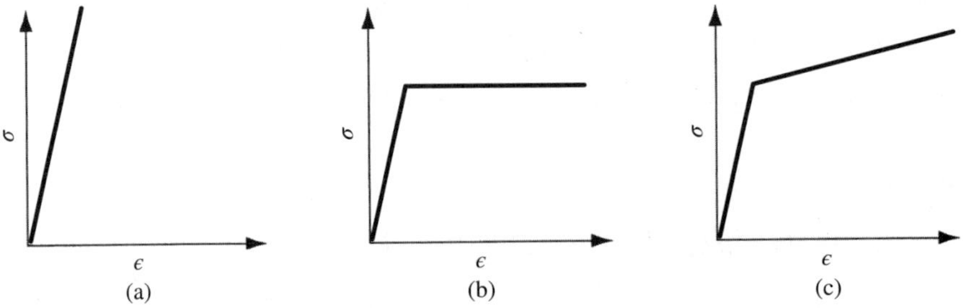

그림 3.6 응력-변형률 관계의 유형. (a) 완전 탄성, (b) 탄성 및 완전소성, (c) 탄성 및 변형 경화.

은 $K=Y$로 주어지고, $n=0$이다. 이러한 거동은 금속 재료를 충분히 높은 온도로 가열하여 가공경화 없이 재결정이 일어날 때 발생한다. 납의 경우에는 상온이 ***재결정 온도***보다 높은 온도이므로, 상온에서도 이러한 거동을 한다.

(c) *탄성 및* ***변형 경화(elastic and strain hardening)***. 이 재료는 탄성 영역에서 Hooke의 법칙을 따른다. 항복강도 Y에서 유동을 시작하며, 변형이 계속되기 위해서는, Y보다 큰 강도계수 K와 0보다 큰 n값을 갖는 유동곡선에 의하여 결정되는 훨씬 증가된 응력이 필요하다. 유동곡선은 일반적으로 자연로그 선도상에서 선형 함수로 나타난다. 냉간 가공을 할 때, 대부분의 연성 금속이 이에 속한다.

인장 응력을 이용하여 재료를 변형시키는 제조 공정에는 선과 봉의 인발(15.6절)과 스트레치포밍(16.6.1절) 등이 있다.

예제 3.3

유동곡선과 변수

예제 3.1에 주어진 자료에 대하여 유동 곡선식($\sigma = K\epsilon^n$)에서 강도계수와 변형 경화지수를 구하라.

풀이

유동곡선 변수가 구해질 수 있는 유동곡선에 2개의 점이 있다: (1) 항복점 그리고 (2) 최대 하중

(1) 항복점에서, 진응력은 공칭응력값에 매우 근접해 있다. 따라서 예제 3.1에서 $\sigma = Y = 160$ MPa이다. 진변형률은 항복 시 표점 거리 사용과 0.2%의 오프셋에 대한 조정으로 계산된다: $\epsilon = \ln(50.2/50 - 0.002) = 0.001998$. 해당 유동 곡선식은 $160 = K(0.001998)^n$이다.

(2) 최대 하중에서 진응력과 진변형률 값은 예제 3.2의 풀이에서 구할 수 있다: $\epsilon = 0.143$ 그리고 $\sigma = 375$ MPa. 해당 유동 곡선 식은 $375 = K(0.143)^n$.

n과 K에 대하여 풀면,

$$(1)\ K = 160(0.0101998)^n \text{ 그리고 } K = 375/(0.143)^n$$

$$160/(0.001998)^n = 375/(0.143)^n$$

$$\ln(160) - n\ln(0.001998) = \ln(375) - n\ln(0.143)$$

$$5.0752 - (-6.2156)n = 5.9269 - (-1.9449)n$$

$$4.2707n = 0.8517, \qquad n = 0.1994$$

(1)에 대입하면: $K = 160/(0.001998)^{0.1994} = 552.7$

검산: (2)를 사용하면, $K = 375/(0.143)^{0.1994} = 552.7$

그 유동 곡선식은 $\boldsymbol{\sigma = 552.7\epsilon^{0.1994}}$이다.

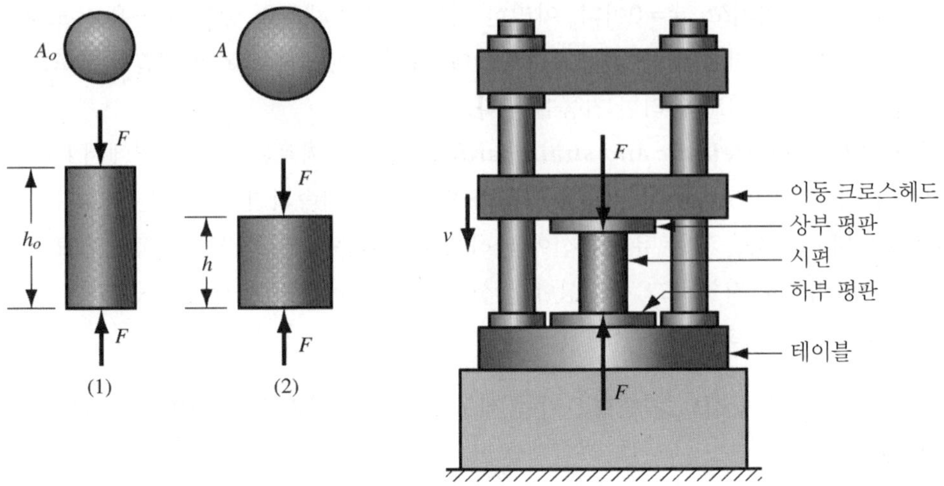

그림 3.7 압축 시험. (a) 압축력이 작용할 초기 시편(1)과 압축 후 시편(2), (b) 압축 시험장치.

3.1.2 압축 특성

압축 시험에서는 그림 3.7에 나타낸 것과 같이 두 개의 평판 사이의 원통형 시편에 하중을 가하여 누른다. 시편이 압축됨에 따라 높이는 감소하고 단면적은 증가한다. 공칭응력은 다음과 같이 정의된다.

$$s = \frac{F}{A_o} \tag{3.11}$$

여기서 A_o는 시편의 초기 단면적을 의미한다. 이것은 인장 시험에서의 공칭응력에 사용된 정의와 동일하다. 공칭변형률은 다음과 같다.

$$e = \frac{h - h_o}{h_o} \tag{3.12}$$

여기서 h는 시험 도중의 특정한 순간에서의 시편 높이(mm)이고, h_o는 초기의 높이(mm)이다. 압축을 하는 동안 높이는 감소하므로, e값은 음수이다. 압축변형률의 값을 나타내는데 있어서, 음수 기호는 종종 생략된다.

압축 시험에서 공칭변형률을 공칭응력에 대하여 나타내면 그림 3.8과 같다. 이전에서와 같이, 곡선은 탄성과 소성 영역으로 나뉘지만, 곡선의 소성 부분의 형태가 인장 시험에서와는 다르다. 인장 시험에서는 단면을 감소시켰던 것에 비하여, 압축에서는 단면을 증가시키므로 하중은 이전에서보다 매우 급격하게 증가한다. 이 결과로 공칭응력은 높게 계산된다.

압축 시편이 눌려짐에 따라 평판과 접촉하고 있는 표면에서의 마찰은 원통의 끝단이 넓게 퍼지려는 것을 방해한다. 이러한 마찰에 의하여 추가적인 에너지가 소모되고 이 결과 더 높은 힘이 가해져야 하는데, 공칭응력의 계산에서도 높은 값을 나타내게 된다. 그러므로 단면적의 증가와 평판과 시편 사이의 마찰로 인하여 압축 시험에서 그림과 같은 공칭 응력-변형률 특성 곡선을 얻을 수 있다.

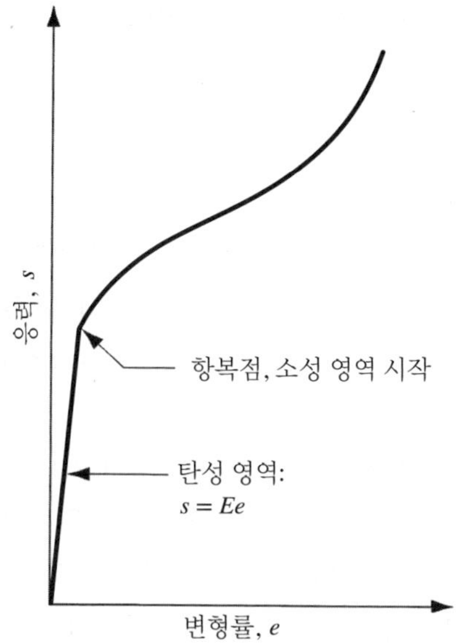

그림 3.8 압축 시험에서의 공칭 응력-변형률 선도.

표면 사이의 마찰에 의한 또 다른 결과는 시편 중앙의 재료 단면적이 끝단에서의 값에 비하여 훨씬 더 크게 증가한다는 것이다. 이 결과로 그림 3.9에 나타낸 것과 같은 시편의 ***배럴링***(barreling, 배부름) 현상이 나타난다.

인장 시험과 압축 시험에 대한 공칭 응력-변형률 선도 사이에는 차이점이 존재하지만, 진응력과 진변형률로 나타내면 거의 모든 재료에서 두 선도가 거의 일치한다. 인장 시험에 대한 결과는 각종 문헌에서 쉽게 구할 수 있으므로 유동곡선 변수들(K와 n)은 이들 문헌의 인장 시험 데이터로부터 구하고 구한 값을 압축 공정에 동일하게 적용하면 된다. 인장 시험 결과를 압축 공정에 적용할 때 주의해야 할 점은 인장 응력에 의한 변형의 독특한 현상인 네킹의 영향을 무시해야 한다는 점이다. 압축에서는 이와 같은 파괴는 없다. 이전의 인장 응력-변형률 선도에서 네킹 점 이후의 데이터를 점선으로 확장하였다. 점선이 실제 인장 시험 결과보다는 압축 시의 재료 거동을 더 잘 나타낸다.

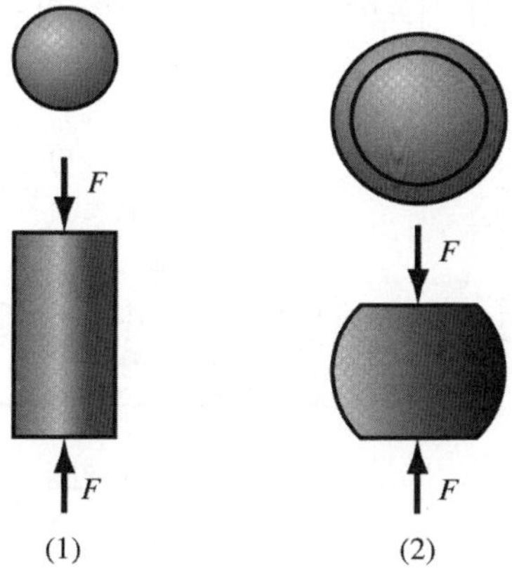

그림 3.9 압축 시험에서의 배럴링 현상. (1) 시험초기, (2) 압축을 가한 후.

인장에 비하여 압축에 의한 금속 성형이 훨씬 더 일반적이다. 산업에서 중요한 압축 공정에는 압연, 단조, 압출 등이 있다(15장).

3.1.3 취성 재료의 굽힘 및 시험

굽힘 공정은 금속 판재나 박판을 성형하는 데 사용된다. 그림 3.10에 나타낸 것처럼 사각단면의 굽힘 공정에서는 재료의 바깥쪽 반에는 인장 응력과 변형률이, 안쪽 반에는 압축 응력과 변형률이 작용한다. 만약 재료가 파괴되지 않는다면 재료는 그림 3.10에 나타낸 것과 같이 영구적으로(소성적으로) 굽혀진다.

세라믹과 같이 소성이 거의 혹은 전혀 없으면서 탄성만 지니는 단단한 취성 재료의 경우에는 종종 시편에 굽힘 하중을 가하여 시험을 한다. 이러한 재료들은 시편을 준비하기가 어렵고 시편을 잡는 프레스 턱부분의 중심선이 일치하지 않을 가능성 때문에 전통적인 인장 시험으로 결과를 얻기가 어렵다. 그림 3.10의 첫 번째 그림과 같은 장치로 ***굽힘 시험(bending test)*** 혹은 굴곡시험(flexure test)을 함으로써 이러한 재료들의 강도를 시험할 수 있다. 이 공정에서 직사각형 단면의 시편이 두 개의 지지대 위에 위치하고, 하중은 그 가운데에 가해진다. 이 러한 배치에 의한 시험은 3점 굽힘 시험이라고 불린다. 또한 4점 굽힘 배치에 의한 시험도 종종 사용된다. 이러한 취성 재료는 그림 3.10에 나타낸 것과 같은 정도로 굽혀지지는 않으며, 파단 직전까지 탄성적으로 변형한다. 시편 바깥쪽의 섬유질의 최대 인장강도를 넘어서면 파단이 발생한다. 이러한 현상은 ***벽개(cleavage)***를 유발하게 되며, 여기서 벽개란 낮은 사용 온도에서의 세라믹과 금속의 파괴 양상으로서, 재료가 결정질 면을 따라 미끄러지는 것이 아니라 분리되는 것이다. 이 시험으로부터 얻어진 강도값은 횡적붕괴강도(transverse rupture strength)라고 불리며, 다음 식으로 계산된다.

$$TRS = \frac{1.5FL}{bt^2} \tag{3.13}$$

여기에서 TRS는 횡적붕괴강도(MPa)이며, F는 파괴시에 가해진 하중(N)이고, L은 지지대 사이의 시편의 길이(mm)이고, b와 t는 그림에서 나타낸 것과 같이 시편 단면의 치수(mm)이다.

열가소성 중합체과 같은 비취성 재료에서는 굴곡시험이 활용되기도 한다. 이 경우 재료는 파단

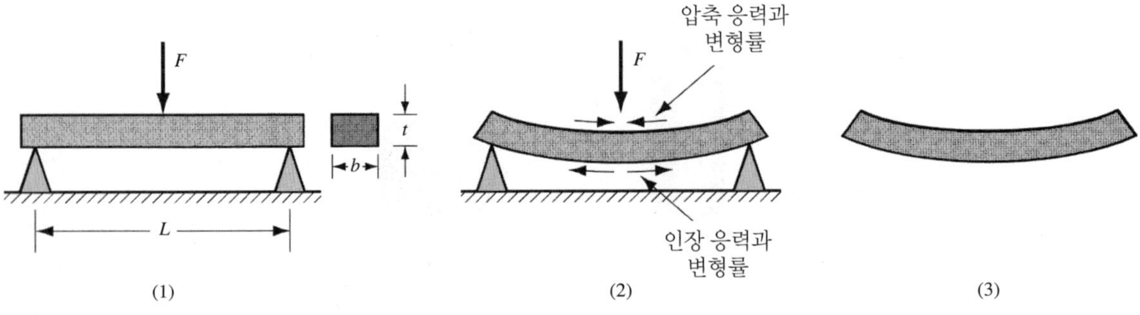

그림 3.10 직사각형 단면 시편의 굽힘 시험. (1) 초기 하중 상태, (2) 상당히 변형된 시편, (3) 굽힘 결과.

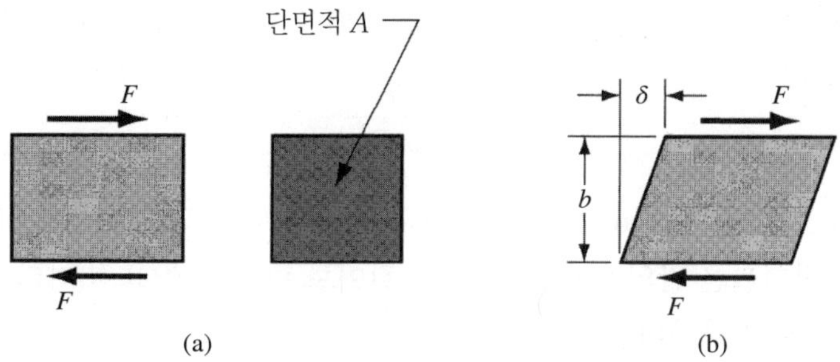

그림 3.11 전단. (a) 응력, (b) 변형률.

되지 않고 변형하므로 시편의 파괴를 근거로 *TRS*를 결정할 수 없다. 대신 다음의 두 가지 척도 중 하나가 이용된다. (1) 주어진 변형 수준에서의 하중을 기록하거나 (2) 주어진 하중에서의 변형 측정 중 하나가 이용된다.

3.1.4 전단 특성

전단은 그림 3.11에 나타낸 것과 같이 얇은 요소의 양쪽에 서로 반대 방향으로 응력을 가해서 변형시키는 것이다. ***전단 응력***은 다음과 같이 정의된다.

$$\tau = \frac{F}{A} \tag{3.14}$$

여기서 τ는 전단 응력(MPa)이고, F는 가해진 힘(N) 이며, A는 힘이 가해지고 있는 면적(mm^2)이다. ***전단 변형률***은 다음과 같이 정의된다.

$$\gamma = \frac{\delta}{b} \tag{3.15}$$

여기서 γ는 전단 변형률(mm/mm)이고, δ는 요소의 변형정도(mm)이며, b는 변형이 일어나는 수직 거리(mm)이다.

통상적으로 전단 응력과 변형률은 그림 3.12에서와 같이 얇은 관 시편에 토크를 가하는 ***비틀림시험(torsion test)***으로 측정한다. 토크가 증가함에 따라 관은 변형하게 되고, 이러한 기하학적인 변형

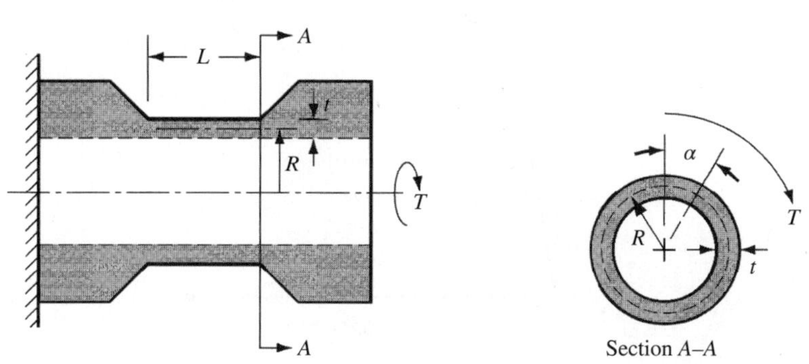

그림 3.12 비틀림시험.

이 전단 변형률로 나타난다. 이러한 시험에서 전단 응력은 다음과 같이 결정된다.

$$\tau = \frac{T}{2\pi R^2 t} \tag{3.16}$$

여기에서 T는 가해진 토크(N-mm)이고, R은 벽의 중심축에서 측정한 반지름(mm)이며, t는 벽 두께(mm)이다. 전단 변형률은 관의 변형 각을 변형 길이로 환산한 후 표점 거리 L로 나누어서 계산한다. 이것을 간단한 식으로 나타내면

$$\gamma = \frac{R\alpha}{L} \tag{3.17}$$

여기서 α는 변형 각도(라디안)이다.

전형적인 전단 응력-변형률 선도를 그림 3.13에 나타내었다. 탄성 영역에서 관계식은 다음과 같이 정의된다.

$$\tau = G\gamma \tag{3.18}$$

와 같이 정의되며 여기서 G는 전단계수(shear modulus), 또는 ***전단탄성계수(shear modulus of elasticity)***(MPa)이다. 대부분의 재료에서는 E가 일반적인 탄성계수일 때 전단계수 G는 $G = 0.4E$로 근사적으로 추정된다.

전단 응력-변형률 선도의 소성 영역에서는 재료의 변형 경화로 인하여 최종적으로 파단이 일어날 때까지 가해지는 토크가 계속하여 증가하게 된다. 이 영역에서의 관계식은 유동곡선에서와 유사하다. 파단 시의 전단 응력을 계산할 수 있는데, 이것은 재료의 ***전단강도(shear strength)*** S로 사용된다. 인장강도 값으로부터 전단강도를 근사적으로 표시하면 $S = 0.7(TS)$이다.

인장 시험 및 압축 시험에서와는 달리 비틀림시험에서 시편의 단면적은 변화하지 않기 때문에

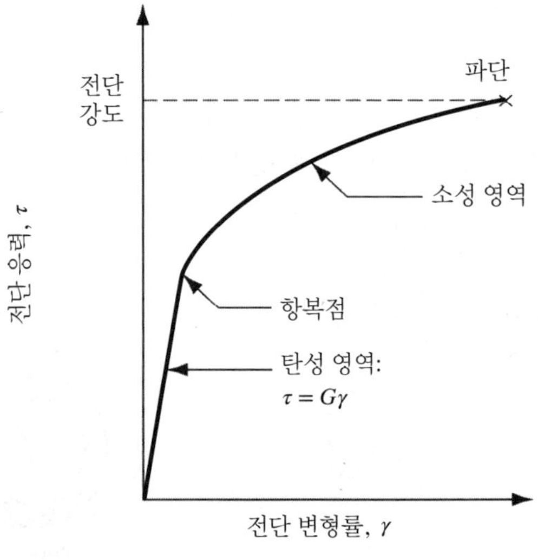

그림 3.13 비틀림시험에서의 전단 응력-변형률 선도.

비틀림시험에서 구한 전단 공칭 응력-변형률 선도는 진응력-진변형률 선도와 실제로 동일하다.

전단 공정은 산업체에서 블랭킹, 펀칭, 혹은 기타 작업(16.1절) 등에서 금속 박판을 절단하는 데 사용된다. 절삭에서도 전단 변형의 메커니즘에 의하여 재료가 제거된다(17.2절).

3.2 경도

재료의 ***경도(hardness)***는 영구적인 압입에 대한 재료의 저항값으로 정의된다. 일반적으로 좋은 경도라는 것은 재료가 마모와 흠집에 잘 저항한다는 것을 의미한다. 생산에 사용되는 대부분의 공구를 포함하여 많은 공업적인 응용 분야에서 마모와 흠집에 대한 저항은 매우 중요한 특성이다. 이 절의 뒷부분에서 설명하겠지만 경도와 강도 사이에는 밀접한 연관관계가 있다.

3.2.1 경도 시험

경도 시험은 매우 빠르고 간단하게 수행되기 때문에, 재료의 특성을 평가하는 데 흔히 사용된다. 그러나 재료의 경도에 따라 다양한 경도 측정 방법이 있다. 가장 잘 알려진 경도 시험법은 브리넬과 로크웰 경도 시험이다.

브리넬 경도 시험

브리넬(Brinell) 경도 시험은 중간 이하의 경도를 지니는 금속이나 비금속을 시험하는 데 널리 사용된다. 1900년대에 이 방법을 발명한 스웨덴의 엔지니어의 이름을 따서 명명되었다. 지름 10 mm의 경화 강(혹은 초경합금)으로 만든 구로 시험편의 표면을 500, 1500, 또는 3000 kg의 힘으로 누른다. 하중을 압입된 단면적으로 나누면 브리넬 경도값(BHN)을 구할 수 있다. 식은

$$HB = \frac{2F}{\pi D_b (D_b - \sqrt{D_b^2 - D_i^2})} \tag{3.19}$$

이다. 여기서 HB는 브리넬 경도값(BHN), F는 압입 하중(kg), D_b는 구의 지름(mm)이며, D_i는 표면에 압입된 지름(mm)이다. 이들 치수를 그림 3.14(a)에 나타내었다. BHN의 결과적인 단위는 kg/mm^{2}이지만 단위는 보통 생략된다. 강구는 탄성 변형이 일어나므로 측정의 정밀도를 보상하기 위하여 500 BHN이 넘는 재료들에 대해서는 초경합금으로 된 구를 사용한다. 아울러 더 높은 하중(1500 또는 3000 kg)이 더 단단한 재료의 시험에 사용된다. 다른 하중 하에서는 다른 결과가 나오기 때문에 HB값을 읽을 때에는 사용된 하중도 표시하여야 한다.

로크웰 경도 시험

이 시험법도 역시 많이 이용되는 방법으로서 1920년대 초에 이 방법을 개발한 금속학자의 이름을 따라 명명되었다. 이 시험법은 사용이 매우 편리하며 해를 거듭하면서 다양한 재료에 적합하도록 몇 가지 개선된 시험법이 개발되었다.

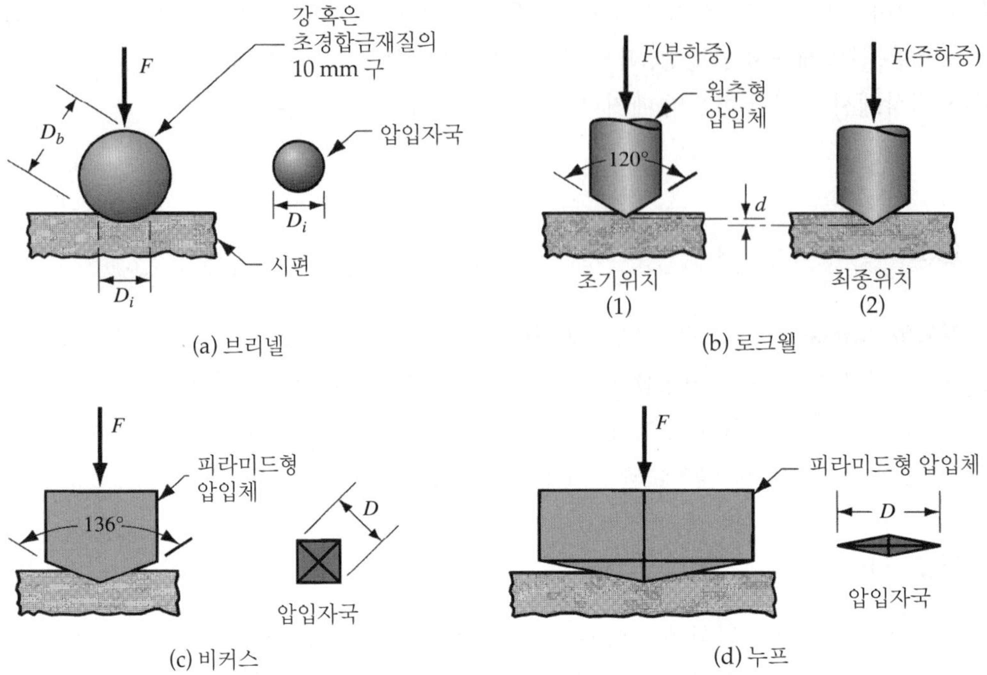

그림 3.14 경도 시험법. (a) 브리넬, (b) 로크웰, (1) 최초 부하중, (2) 주하중, (c) 비커스, (d) 누프.

표 3.5 일반적인 로크웰 경도 스케일

로크웰 스케일	경도 단위	압입체	하중(kg)	적용재료
A	*HR*A	원추	60	카바이드, 세라믹
B	*HR*B	1.6 mm 구	100	비철금속
C	*HR*C	원추	150	철계금속, 공구강

로크웰(Rockwell) 경도 시험은 지름 1.6 또는 3.2 mm (1/16 또는 1/8 in.)의 작은 지름의 구나 원추 형 압입체가 재료에 자리 잡을 수 있도록 10 kg의 부하중으로 시편을 누른다. 그 다음 150 kg(또는 그 이상)의 주하중을 가하여 압입체가 초기 위치 이후로 일정한 거리만큼 시편 속으로 침입되도록 한다. 이 추가적인 침입 거리 *d*는 시험기에 의하여 읽혀져서 로크웰 경도값으로 환산된다. 이 과정은 그림 3.14(b)에 묘사되었다. 표 3.5에는 하중과 압입체 형상에 따라 달라지는 로크웰 스케일을 표시하였다.

비커스 경도 시험

이 시험법도 1920년대 초에 개발되었으며 다이아몬드로 된 피라미드 형태의 압입체를 사용한다. 이 방법은 하중에 관계없이 압입체에 의한 자국은 기하학적으로 닮은꼴이라는 법칙에 기초하고 있다. 측정하고자 하는 재료의 경도에 따라 다양한 크기의 하중이 가해진다. 비커스(Vickers) 경도(*HV*)는 다음의 식으로 나타낸다.

$$HV = \frac{1.854F}{D^2} \tag{3.20}$$

여기서 F는 작용 하중(kg)이고, D는 그림 3.14(c)에 나타낸 것과 같이 압입체에 의하여 만들어진 자국의 대각선 길이(mm)이다. 비커스 경도는 모든 금속에 대하여 사용될 수 있으며, 가장 넓은 범위의 스케일을 갖는 경도 시험법 중 하나이다.

누프 경도 시험

1939년에 개발된 누프(Knoop) 시험법은 그림 3.14(d)에 나타낸 것과 같이 길이와 너비 비가 7:1인 피라미드 형태의 다이아몬드 압입체를 사용하며, 가해지는 하중은 일반적으로 비커스 시험에 비하여 낮다. 이 방법은 미세 경도 시험법으로써 작고 얇은 시편이나 큰 하중을 가하면 파괴될 가능성이 있는 단단한 재료의 경도 측정에 적합하다. 압입체의 형상은 이 시험법에서 사용되는 작은 하중 하에서의 자국을 읽어내는 것이 용이토록 만든다. 누프경도값(HK)은 다음 식으로 정의된다.

$$HK = 14.2\frac{F}{D^2} \tag{3.21}$$

여기서 F는 하중(kg)이며 D는 압입체의 긴 대각선 길이(mm)이다. 이 시험에서 만들어진 자국은 일반적으로 매우 작으므로 측정하고자 하는 표면을 준비하는 데 매우 세심한 주의가 요구된다.

쇼어 경도계

이전의 시험법들은 가해진 하중에 대한 남은 자국의 넓이의 비율(브리넬, 비커스 및 누프)이나 자국의 깊이(로크웰)로 경도를 측정을 하였다. 쇼어 경도계(scleroscope)는 시험하고자 하는 재료의 표면 위의 일정한 높이에서 떨어진 '해머'가 다시 튀어오른 높이를 측정하는 장치이다. 해머는 무게추와 거기에 붙어 있는 다이아몬드 압입체로 구성되어 있다. 결국 쇼어 경도계는 압입체가 표면을 칠 때 재료에 의하여 흡수된 기계적 에너지를 측정하게 된다. 흡수된 에너지는 경도에 대한 정의 중 하나인 침투에 대한 저항값을 나타낸다. 만약 많은 에너지가 흡수되면 되튀는 양이 적을 것이고 이는 부드러운 재료를 의미한다. 또한 에너지가 적게 흡수되면 되튀는 양이 높아지므로 단단한 재료를 의미한다. 쇼어 경도계의 주요 용도는 강의 대형 부품 경도와 다른 철계 금속을 측정하는데 있다.

듀로미터

이전의 방법들은 모두 영구적인 혹은 소성 변형(압입)에 대한 저항을 기초로 하고 있다. 듀로미터(durometer)는 고무나 이와 유사한 잘 변형하는 재료에 대하여 물체 표면으로 압입체를 누름으로써 탄성 변형을 측정하는 장치이다. 이들 재료들에 대하여도 경도는 침입에 대한 저항을 의미한다.

3.2.2 다양한 재료들의 경도

이번 절에서는 대표적인 공업 재료들인 금속, 세라믹, 중합체 등의 세 가지 유형에 대하여 경도값을 비교하고자 한다.

표 3.6 대표적인 금속의 경도

금속	*HB*	*HR*[a]	금속	*HB*	*HR*[a]
알루미늄(어닐링)	20		마그네슘합금(경화)[b]	70	35B
알루미늄(냉간 가공)	35		니켈(어닐링)	75	40B
알루미늄 합금(어닐링)[b]	40		저탄소강(열간 압연)[b]	100	60B
알루미늄 합금(경화)[b]	90	52B	고탄소강(열간 압연)[b]	200	95B, 15C
알루미늄 합금(주조)[b]	80	44B	합금강(어닐링)[b]	175	90B, 10C
회주철(주조)[b]	175	10C	합금강(열처리)[b]	300	33C
동(어닐링)	45		스테인리스강(오스테나이트계)[b]	150	85B
동합금(황동, 어닐링)	100	60B	티타늄	200	95B
납	4		아연	30	

[11], [12], [17]과 다양한 자료에서 모아 편집함. 핵심: *HK* = 누프 경도. 핵심: *HB* = 브리넬 경도, *HR* = 로크웰 경도
[a] B와 C는 각각 *HR*B와 *HR*C를 의미. 값이 없는 것은 로크웰로 측정하기에 경도가 너무 작은 것임.
[b] 경도값은 조성, 열처리, 가공경화에 따라 달라짐.

금속

금속이 주요 공업 재료일 당시, 브리넬과 로크웰 경도 시험이 동시에 개발되었다. 금속에 대하여는 이들 시험을 통하여 매우 많은 양의 경도 데이터들이 축적되어 있다. 표 3.6에는 일부 금속들의 경도 값을 나열하였다.

대부분의 금속에서 경도는 강도와 밀접한 연관이 있다. 경도를 측정하는 방법이 압축의 일종인 압입에 대한 저항에 기초를 두고 있기 때문에 압축 시험에 의하여 결정되는 강도와 경도 사이에는 밀접한 상호관계가 있다는 것을 예상할 수 있을 것이다. 그러나 단면적이 변화한다는 것만 허용하면 압축 시험에 의한 강도 특성은 인장 시험에 의한 강도 특성과 거의 동일하기 때문에 인장 특성과 경도와의 상호관계도 역시 좋다.

강에 대한 브리넬경도 *HB* 는 인장강도 *TS*와 다음과 같은 밀접한 관계가 있다[10], [16].

$$TS = K_h(HB) \tag{3.22}$$

여기서 K_h는 비례 상수이다. 만약 *TS*가 MPa로 표현되면 $K_h = 3.45$이다.

세라믹

세라믹 재료에 대해서는 시험하고자 하는 재료가 압입체 구보다 더 단단한 경우가 종종 있으므로 브리넬 경도 시험은 적절하지 않다. 이렇게 단단한 재료에는 비커스나 누프 경도 시험이 사용된다. 표 3.7에는 세라믹 재료들과 몇몇 단단한 재료들에 대한 누프경도값을 열거하였다. 비교하면 경화 공구강에 대한 로크웰 C 경도는 64 HRC이고, 820 HK에 해당한다[18]. HRC 스케일은 더 단단한 재료에 사용할 만큼 충분히 높게 확장되지 않는다.

중합체

중합체는 세 가지 공업용 재료 중에서 가장 낮은 경도를 지닌다. 브리넬 경도 척도가 중합체의 경도

표 3.7 세라믹과 기타 단단한 재료의 전형적인 누프경도(오름차순)

재료	*HK*	재료	*HK*
초경합금(WC-Co, high Co)	1500	실리콘카바이드(SiC)	2500
초경합금(WC-Co, low Co)	1700	티타늄카바이드(TiC)	2500
질화티타늄	1800	입방정질화붕소(BN)	4700
텅스텐카바이드(WC)	1900	합성다이아몬드	7000
알루미나(Al_2O_3)	2100	천연다이아몬드	8000

[17], [18]과 다양한 자료에서 모아 편집함. 핵심: *HK* = 누프 경도

표 3.8 중합체의 경도

중합체	브리넬 경도, *HB*	중합체	브리넬 경도 *HB*
나일론	12	폴리프로필렌	7
페놀포름알데히드	50	폴리스티렌	20
폴리에틸렌(저밀도)	2	PVC	10
폴리에틸렌(고밀도)	4		

[5], [9]와 다양한 자료에서 모아 편집함.

를 나타내는 데 잘 사용되지는 않지만, 표 3.8에는 몇 가지 중합체들에 대한 브리넬 경도값을 나열하였다. 이들 값과 금속의 경도와 비교해 볼 수는 있다.

경도 외에도 공학 재료의 강도와 능력에 영향을 미치는 인성, 연성, 가단성, 크리프, 피로와 같은 다양한 기계적 특성이 있다. 높은 충격 하중으로 인한 파괴를 견디는 데 도움이 되는 재료의 특성을 재료의 인성이라고 한다. 인성은 파단 없이 소성 변형되는 단위 부피당 재료가 흡수하는 에너지의 양으로 측정할 수 있다. 또한 재료의 응력-변형률 특성에 의해 결정될 수 있다. 재료의 인성은 온도가 증가함에 따라 감소한다. 이 특성은 충격 및 충격 하중을 받는 부품에 적합하다. 우수한 인성을 얻기 위해서는 재료의 강도와 연성이 좋아야 한다. 연성은 당기거나 인발시에 와이어로 늘어나는 재료의 능력이다. 연성 재료는 강도와 가소성이 결합된 특성을 가져야 한다. 연성 특성을 갖는 일반적으로 사용되는 공업 재료는 연강, 구리, 알루미늄, 니켈, 아연, 주석 및 납이다. 연성의 한 가지 특별한 경우는 재료를 말거나 두드려서 얇은 시트로 만들 수 있는 가단성이다. 재료/부품이 일정한 고온 응력에 장시간 노출되면 크리프라고 불리는 느리고 영구적인 변형이 발생한다. 이러한 특성은 일반적으로 고온에 노출되는 내연기관, 보일러 및 터빈의 부품을 설계할 때 고려된다. 또한, 재료는 반복되는 응력을 받을 때 항복점 아래의 응력에서도 파손된다. 이러한 파손을 피로라고 하고, 이 특성은 샤프트, 커넥팅 로드, 스프링, 기어 등을 설계할 때 고려된다.

3.3 온도의 영향

온도는 재료의 거의 모든 특성에 매우 큰 영향을 준다. 설계자들에게는 제품이 실제로 작동하는 온

도에서의 재료 특성을 아는 것이 중요하다. 또한 온도가 가공 중 기계적 성질에 얼마나 영향을 주는지를 아는 것도 중요하다. 온도가 올라가면 재료의 강도는 낮아지고 연성은 높아진다. 재료와 온도의 일반적인 관계를 그림 3.15에 도시하였다. 대부분의 금속은 낮은 온도에서보다 높은 온도에서 잘 성형된다.

고온 경도

높은 온도에서의 강도와 경도를 나타내는 데에 사용되는 특성은 고온 경도(hot hardness)이다. 고온 경도는 간단하게는 높은 온도에서 재료가 경도를 유지하는 능력이며, 일반적으로는 여러 온도들에 대한 경도값들의 리스트나 그림 3.16과 같은 경도대 온도의 선도로써 표현된다. 그림에서 볼 수 있는 것과 같이 강은 합금을 함으로써 고온 경도면에서 큰 개선이 가능하다. 세라믹은 높은 온도에서 특출한 성질을 보인다. 이런 재료들은 종종 터빈부품, 절삭 공구, 내화용 등의 고온용으로 선택된다.

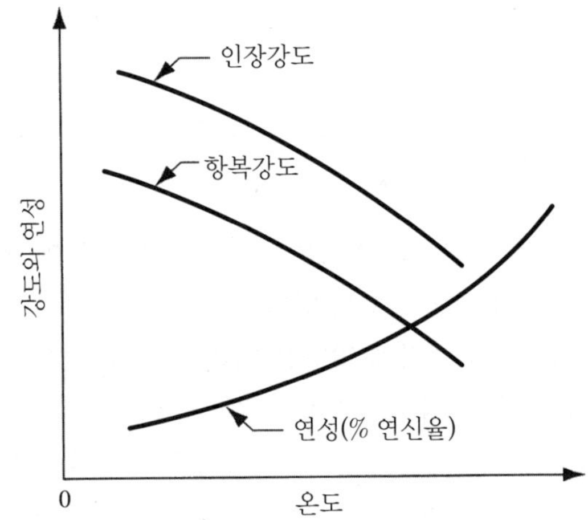

그림 3.15 온도가 강도와 연성에 미치는 영향.

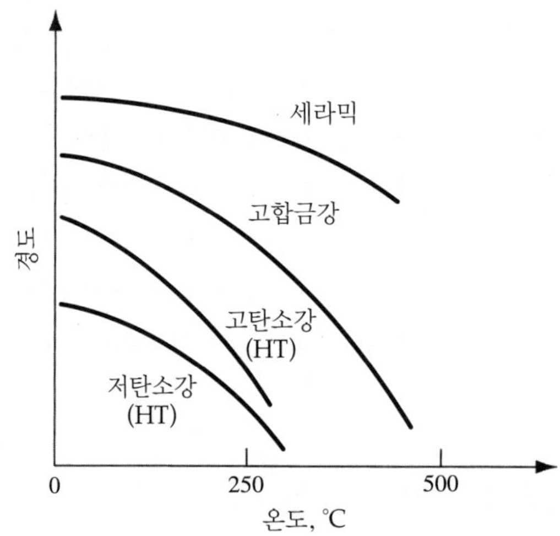

그림 3.16 고온 경도-온도 함수로써의 경도.

높은 고온 경도를 갖는 재료는 많은 제조 공정의 공구용으로도 이상적으로 사용된다. 대부분의 금속가공 공정에서 많은 양의 열에너지가 생성되기 때문에 공구는 고온에서 견딜 수 있는 능력을 지녀야 한다.

재결정 온도

상온에서 대부분의 금속은 소성 영역에서 유동곡선을 따라 거동한다. 변형 경화지수 n이 0보다 큰 경우 금속을 변형되면 변형 경화로 인하여 강도가 증가하게 된다. 그러나 금속을 충분히 높은 온도로 가열하여 변형시키면, 변형 경화가 나타나지 않는다. 대신 변형률이 없는 새로운 결정립이 형성되고, 그림 3.6(b)에서와 같이 변형 경화지수 n이 0인 완전소성 재료인 것처럼 거동한다. 새롭게 형성된 변형률이 없는 결정립이 생기는 과정을 재결정이라고 하고, 절대온도(Kelvin)로 측정했을 때 용융점의 반 정도(0.5 T_m) 되는 이 때의 온도를 재결정 온도(recrystallization temperature)라고 한다. 재결정에는 시간이 필요하다. 금속에 대한 재결정 온도는 보통 한시간 정도에 새로운 결정이 완전히 형성되는 온도를 뜻한다.

재결정은 우리가 제조에 활용할 수 있는 금속의 온도 의존 특성이다. 변형하기 전에 금속을 재결정 온도로 가열하면 금속이 견딜 수 있는 변형량은 매우 증가되며 공정을 진행하는 데 필요한 하중과 동력은 매우 감소한다. 재결정 온도 이상의 온도에서 금속을 성형하는 것을 열간가공(hot working, 14.3절)이라고 부른다.

3.4 유체 특성

유체는 고체와 다르게 거동한다. 유체는 흐르고 그들을 담고 있는 용기의 형태에 따라 변한다. 고체는 흐르지 않고 그들의 주위와는 무관하게 기하학적 형상을 유지한다. 유체는 액체와 기체를 포함하는데 이 절에서 우리의 관심사는 액체이다. 많은 제조 공정들은 가열에 의하여 재료를 고체에서 액체로 변환시켜 수행된다. 용융 상태에서 금속이 주조되고, 유리는 가열되어 높은 유동상태에서 성형되며, 중합체들은 거의 항상 진한 액체 상태에서 성형된다.

점성

유동이 유체의 특성을 결정하는데 유동의 경향은 유체마다 다양하다. 점성은 유체의 유동을 결정하는 성질이다. 대략적으로 ***점성(viscosity)***은 유체의 특성인 유동에 대한 저항으로 정의된다. 이것은 유체 내에 속도 구배가 존재할 때 일어나는 내부 저항의 정도로서 유체의 점성이 커질수록 내부 저항은 높아지고 유동에 대한 저항은 커진다. 점성의 반대 개념은 ***유동성(fluidity)***으로서 유체가 잘 흐르는 정도이다.

그림 3.17에서와 같이 거리 d 만큼 떨어진 두 개의 평행판을 이용하여 점성을 보다 상세히 정의할 수 있다. 하나의 판은 정지되어 있고 다른 판은 속도 v로 움직이고 있으며 판 사이의 공간은 유체로 채워져 있다. d를 y축 방향으로 잡고, v를 x축 방향으로 잡은 축계에 대하여 고려하자. 윗판의 운

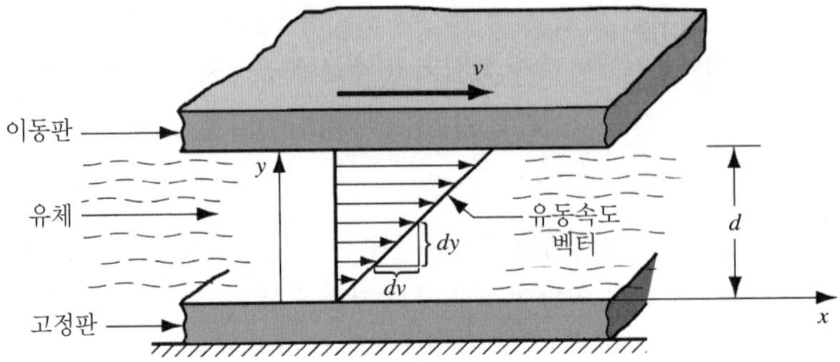

그림 3.17 두 평행판 사이의 유체의 유동.

동은 유체의 전단 점성운동을 주는 힘 F에 의하여 유지된다. 이 힘은 F를 판의 면적 A로 나눔으로써 전단 응력으로 표현될 수 있다.

$$\tau = \frac{F}{A} \tag{3.23}$$

여기서 τ는 전단 응력(N/m^2 또는 Pa)이다. 이 전단 응력은 전단의 속도와 연관되어 있으며, dy에 대하여 속도의 변화 dv로 정의된다. 즉

$$\dot{\gamma} = \frac{dv}{dy} \tag{3.24}$$

여기서 $\dot{\gamma}$는 전단 속도(1/s)이고, dv는 속도의 증분 변화량(m/s)이며, dy는 거리 y의 증분 변화량(m)이다. 전단 점성은 F/A와 dv/dy 사이의 관계를 결정하는 유체의 물성이다. 즉

$$\frac{F}{A} = \eta \frac{dv}{dy} \quad \text{or} \quad \tau = \eta\dot{\gamma} \tag{3.25}$$

이고, 여기서 η는 점성계수라고 불리는 비례상수(Pa-s)이다. 식 (3.25)를 정리하면 점성계수에 대하여 다음과 같이 표현할 수 있다.

$$\eta = \frac{\tau}{\dot{\gamma}} \tag{3.26}$$

그러므로 유체의 점성은 유동하는 동안 전단 응력과 전단 속도의 비율로 정의될 수 있다. 여기에서 전단 응력은 단위 면적당 유체에 의해 가해진 마찰력이며, 전단 속도는 유동 방향과 수직한 방향으로의 속도구배이다. 식 (3.26)으로 정의된 유체의 점성 특성은 뉴턴에 의하여 처음으로 언급되었다. 그는 주어진 온도에서 주어인 유체에 대하여 점성은 일정한 물성이라고 보았다. 이러한 유체를 ***뉴턴 유체(Newtonian fluid)***라고 부른다.

점성 계수의 단위에 대한 설명이 필요하다. 국제단위계(SI)에서 전단 응력은 N/m^2 또는 Pa로 표현되고, 전단 속도는 1/s로 표현되기 때문에, η의 단위는 N-s/m^2 또는 Pa-s(Pascal-seconds)이다.

표 3.9 유체의 점성값

재료	점성계수 Pa-s	재료	점성계수 Pa-s
유리[a], 540℃	1012	팬케익시럽(상온)	50
유리[a], 815℃	105	중합체[b], 151℃	115
유리[a], 1095℃	103	중합체[b], 205℃	55
유리[a], 1370℃	15	중합체[b], 260℃	28
수은, 20℃	0.0016	물, 20℃	0.001
윤활유(상온)	0.1	물, 100℃	0.0003

다양한 자료에서 모아 편집함.

[a] 유리 조성은 대부분 SiO_2임; 성분 및 점도는 다양함; 주어진 값은 대표 값임.

[b] 저밀도 폴리에틸렌이 중합체 예로서 여기에 사용됨.; 대부분의 다른 중합체는 약간 더 높은 점도를 갖음.

다양한 유체들에 대한 일반적 점성계수의 값을 표 3.9에 나타냈다. 몇몇 재료에서는 온도에 따른 점성이 줄어드는 것을 관찰할 수 있다.

제조 공정에서의 점성

많은 금속들의 용융 상태 점성은 상온에서의 물의 점성과 비교된다. 주조와 용접과 같은 공정은 금속이 용융된 상태에서 진행되는데, 이러한 작업들은 용융 금속이 응고하기 전에 주형의 공간을 채우거나, 용접부를 채울 수 있도록 낮은 점성이 요구된다. 금속 성형이나 절삭 가공과 같은 작업에서는 윤활제나 냉각재가 가공중에 사용되며, 이들 유체들도 어느 정도는 점성의 영향을 받는다.

유리는 온도가 올라감에 따라 점진적으로 고체에서 액체로 전이되며, 순수 금속에서와 같이 급속하게 용융되지 않는다. 표 3.9에는 여러 온도들에 대하여 유리의 점도 변화를 나타내었다. 상온에서 유리는 취성 고체이고 유동하지 않는다. 즉 실제적으로 점성은 무한대이다. 유리가 가열되면 점차적으로 연해지고 1100℃ 근처에서 완전히 용융될 때까지 점성은 점점 줄어들고 유동성이 늘어나게 된다.

대부분의 중합체 성형 공정은 재료가 유체상태 내지는 높은 소성 조건을 나타내는 높은 온도에서 진행된다. 열가소성 중합체들이 가장 직접적인 예인데, 이들은 가장 일반적인 중합체에 해당한다. 낮은 온도에서 열가소성 재료들은 고체이지만 온도가 올라감에 따라 처음에는 연한 고무와 같은 재질로 바뀌었다가 나중에는 진한 유체로 변환한다. 표 3.9에 나타낸 것과 같이 온도가 계속 올라가면 가장 많이 이용되는 중합체인 폴리에틸렌의 경우에서처럼 점도가 점진적으로 감소한다. 그러나 다른 인자들에 의하여 관계는 더 복잡하게 된다. 예를 들어 점성은 유동 속도에 영향을 받는다. 열가소성 중합체의 점도는 일정한 상수가 아니다. 용융중합체은 뉴턴 유체와 같은 거동을 하지 않는다. 전단 응력과 전단 속도와의 관계를 그림 3.18에 나타내었다. 전단 속도가 증가함에 따라 점도가 떨어지는 유체를 ***준소성(pseudo-plastic)***이라고 부른다. 이러한 거동은 중합체 성형 해석을 어렵게 한다.

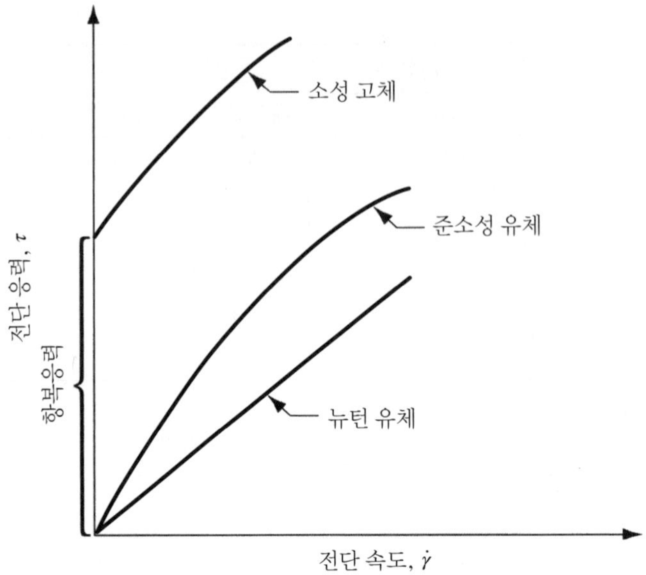

그림 3.18 뉴턴 유체와 준소성 유체의 점성거동. 용융 폴리머는 유사 소성 거동을 보인다. 비교를 위해 고체 플라스틱 재료의 거동을 보여준다.

3.5 중합체의 점탄성 거동

중합체의 또 다른 특성은 점탄성이다. ***점탄성(viscoelasticity)***이란 변형률이 시간에 따른 응력과 온도의 조합으로 결정되어지는 재료 특성을 의미한다. 이름에 나타나 있는 것과 마찬가지로 점성과 탄성이 조합된 것이다. 그림 3.19를 참조하여 점탄성을 설명해 보자. 그림의 두 부분은 어떤 시간동안 항복점 이전까지 응력이 가해진 재료에 대한 전형적인 반응을 보여준다. 재료 (a)는 완전 탄성으로서 응력이 제거되면 재료는 원래의 형태로 되돌아온다. 반면 재료 (b)는 점탄성 거동을 나타낸다. 시간의 경과에 따라 변형률의 양은 가해진 응력 하에서 점진적으로 증가한다. 응력이 제거되면 재료는 곧바로 원래의 형태로 되돌아오지 않고 변형률이 점진적으로 감소한다. 만약 응력이 가해지고 나서 갑자기 제거되면, 재료는 초기 형상으로 곧바로 복귀할 것이다. 그러나 시간의 효과가 그림에 나타나게 되고 재료의 거동에 중요한 역할을 하게 된다.

우선 탄성의 정의를 이용하여 점탄성의 간단한 모델을 나타낼 수 있다. 탄성은 변형률과 응력 사이의 비례관계를 나타내는 Hooke의 법칙($\sigma = E\epsilon$)으로 간단하게 표현할 수 있다. 점탄성 고체에서는 응력과 변형률 사이의 관계가 시간에 의존하며 다음과 같이 표현될 수 있다.

$$\sigma(t) = f(t)\epsilon \tag{3.27}$$

시간 함수 $f(t)$는 탄성계수가 시간에 의존하는 것으로 개념화될 수 있다. 우리는 그것을 $E(t)$로 나타낼 수 있고, 점탄성계수라고 부른다. 이 시간함수의 형태는 복잡하고 종종 변형률을 인자로서 포함하게 된다. 수학적인 표현이 없이도 시간 의존성의 영향을 고찰할 수 있다. 하나의 일반적인 영향이

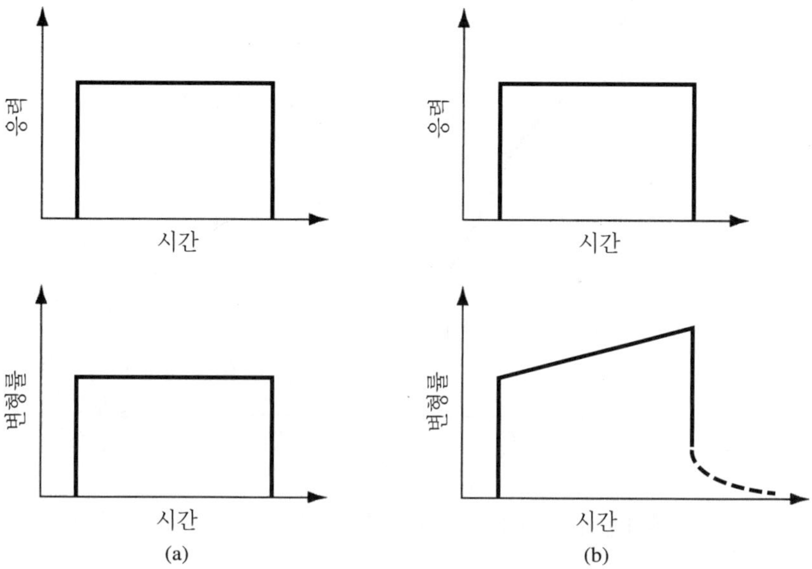

그림 3.19 탄성과 점탄성의 비교. (a) 시간에 따라 응력이 가해지는 재료의 완전 탄성 반응, (b) 같은 조건에 대한 점탄성 재료의 반응, (b)의 재료에서는 변형률이 시간과 온도의 함수이다.

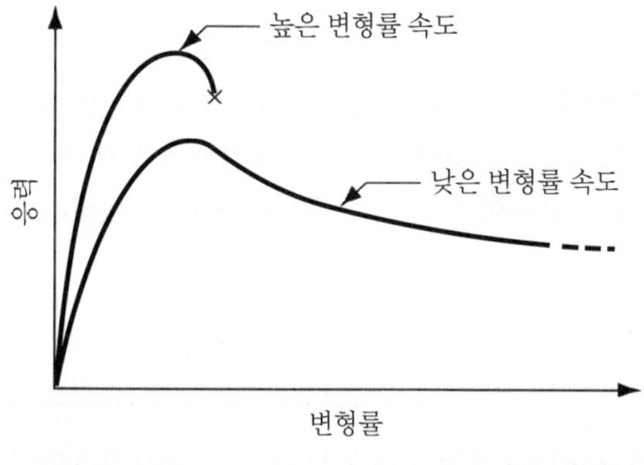

그림 3.20 다른 변형률 속도에서의 점탄성 재료(열가소성 고분자)에 대한 응력-변형률 곡선.

그림 3.20에 나타나 있는데, 열가소성 중합체에 대한 서로 다른 변형률 속도 하에서의 응력-변형률 거동을 보여주고 있다. 낮은 변형률 속도에서 재료는 강한 점성 유동을 나타낸다. 그러나 높은 변형률 속도에서는 훨씬 더 취성의 형태로 거동한다.

온도는 점탄성의 한 인자이다. 온도가 증가함에 따라 점성적인 거동이 탄성적인 거동에 비하여 점점 더 현저하게 나타난다. 재료는 점점 더 유체와 같아진다. 그림 3.21은 열가소성재료에 대한 이러한 온도 의존성을 도시한다. 낮은 온도에서 중합체은 탄성 거동을 보인다. 온도가 유리천이 온도 T_g를 넘게 되면(2.4절), 중합체은 점탄성을 갖게 된다. 온도가 더 증가하게 되면 재료는 더 연해지고 고무처럼 된다. 더 높은 온도에서는 점성적인 특징을 나타낸다. 이러한 거동 형태를 결정하는 온도는 플라스틱에 따라 변한다.

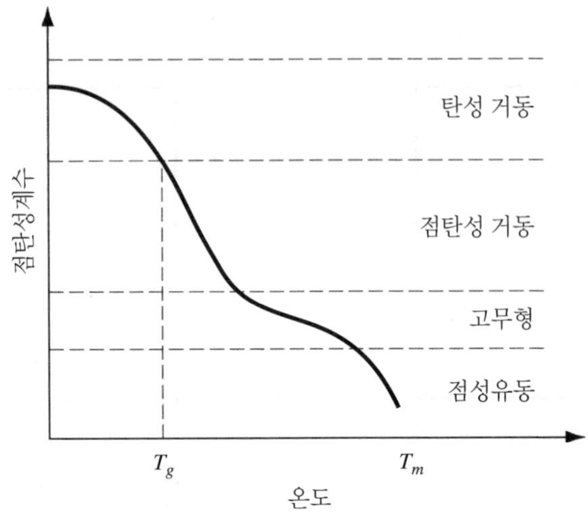

그림 3.21 열가소성 고분자에 대한 온도의 함수로서의 점탄성계수.

열경화성 중합체와 탄성체는 이 그림과 다르게 거동한다. 경화 후에 이들 중합체들은 높은 온도에서도 열가소성 중합체처럼 연화되지 않는다. 대신 이들은 높은 온도에서 열화(탄화)한다.

점탄성 거동은 중합체가 용융할 때 형상 기억의 형태로 나타난다. 두꺼운 중합체가 용융하여 어떤 형상에서 다른 형상으로 변환됨에 따라 이전의 형상을 '기억'하여 그 기하학적 형상으로 되돌아가려고 한다. 예를 들어 중합체 압출에서의 보편적인 문제는 ***다이 팽윤(die swell)***이며, 이것은 좁은 다이 구멍을 통과한 중합체가 직전의 압출기 통 크기로 되돌아가고자 하는 것에 기인한다. 점성과 점탄성의 성질에 대하여는 10장의 플라스틱 성형에서 보다 자세하게 다룬다.

참고문헌 *REFERENCES*

[1] Avallone, E. A., and Baumeister, T. III (eds.). *Mark's Standard Handbook for Mechanical Engineers*, 11th ed. McGraw-Hill, New York, 2006.

[2] Beer, F. P., Russell, J. E., Eisenberg, E., and Mazurek, D. *Vector Mechanics for Engineers: Statics*, 9th ed. McGraw-Hill, New York, 2009.

[3] Black, J. T., and Kohser, R. A. *DeGarmo's Materials and Processes in Manufacturing*, 11th ed. John Wiley & Sons, Hoboken, New Jersey, 2012.

[4] Budynas, R. G. *Advanced Strength and Applied Stress Analysis*, 2nd ed. McGraw-Hill, New York, 1998.

[5] Chandra, M., and Roy, S. K. *Plastics Technology Handbook*, 4th ed. CRC Press, Boca Raton, Florida, 2006.

[6] Dieter, G. E. *Mechanical Metallurgy*, 3rd ed. McGraw-Hill, New York, 1986.

[7] Drozda, T. J., Wick, C., and Veilleux, R. F. (eds.). *Tool and Manufacturing Engineers Handbook*, 4th ed. Vol. 1: *Machining*. Society of Manufacturing Engineers, Dearborn, Michigan, 1983.

[8] *Engineered Materials Handbook*, Vol. 2: *Engineering Plastics*. ASM International, Metals Park, Ohio, 1987.

[9] Flinn, R. A., and Trojan, P. K. *Engineering Materials and Their Applications*, 5th ed. John Wiley & Sons, Hoboken, New Jersey, 1995.

[10] Kalpakjian, S., and Schmid, S. R. *Manufacturing Processes for Engineering Materials*, 6th ed. Pearson Prentice-Hall, Upper Saddle River, New Jersey, 2010.

[11] *Metals Handbook*, Vol. 1: *Properties and Selection: Iron, Steels, and High Performance Alloys*. ASM International, Metals Park, Ohio, 1990.
[12] *Metals Handbook*. Vol. 2: *Properties and Selection: Nonferrous Alloys and Special Purpose Materials*. ASM International, Metals Park, Ohio, 1991.
[13] *Metals Handbook*. Vol. 8: *Mechanical Testing and Evaluation*. ASM International, Metals Park, Ohio, 2000.
[14] Morton-Jones, D. H. *Polymer Processing*. Chapman and Hall, London, 2008.
[15] Schey, J. A. *Introduction to Manufacturing Processes*, 3rd ed. McGraw-Hill, New York, 2000.
[16] Van Vlack, L. H. *Elements of Materials Science and Engineering*, 6th ed. Addison-Wesley, Reading, Massachusetts, 1991.
[17] Wick, C., and Veilleux, R. F. (eds.). *Tool and Manufacturing Engineers Handbook*, 4th ed. Vol. 3: *Materials, Finishing, and Coating*. Society of Manufacturing Engineers, Dearborn, Michigan, 1985.
[18] www.nde-ed.org/GeneralResources/Hardness Conv
[19] www.tedpella.com/company_html/hardness. htm.

복습문제 *REVIEW QUESTIONS*

응력-변형률 관계

3.1 재료에 가해지는 정적 응력의 종류를 언급하라.

3.2 후크의 법칙을 정의하라.

3.3 재료의 인장 강도(tensile strength)는 무엇을 의미하나?

3.4 재료의 항복 강도(yield strength)는 무엇을 의미하나?

3.5 가공경화란 무엇인가?

3.6 공칭 응력과 진응력 중 어느 쪽이 더 큰 값인가?

3.7 탄성과 변형 경화를 보이는 응력-변형율 관계는 어떤 재료의 특성인가?

3.8 유동곡선식의 강도계수가 항복강도와 같은 값을 가질 때는 어떤 경우인가?

3.9 압축 시험에서, 인장 시험의 네킹과 비슷하게 고려되는 요소는 무엇인가?

3.10 인장 시험은 세라믹과 같은 취성 재료에서는 부적절하다. 이러한 재료들의 강도 특성을 결정하는 일반적인 시험은 무엇인가?

3.11 세라믹과 같은 깨지기 쉬운 재료의 굽힘 시험에서의 파단 모드는 무엇인가?

3.12 평균적으로 전단탄성계수 G와 인장탄성계수 E는 어떤 관계가 있는가?

3.13 평균적으로 전단 강도 S와 인장 강도 TS는 어떤 관계가 있는가?

경도

3.14 재료의 경도를 정의하고, 어떻게 시험되는지 설명하라.

3.15 브리넬 경도 시험의 작동 방식을 설명하라.

3.16 로크웰 경도 시험의 작동 방식을 설명하라.

3.17 누프 경도 시험의 작동 방식을 설명하라.

유체 특성

3.18 유체의 점도를 설명하라.

3.19 뉴턴 유체의 특징을 설명하라.

3.20 재료 특성으로서 점탄성이란 무엇인가?

온도에 따른 물성의 영향

3.21 금속의 재결정 온도를 정의하라.

고분자의 점탄성 거동

3.22 열가소성 고분자 용융체의 점도는 뉴턴 유체의 점도와 어떻게 다른가?

연습문제 *PROBLEMS*

Stress–Strain Relationships

3.1 A tensile test specimen has a gage length = 45 mm and its cross-sectional area = 80 mm^2. The specimen yields at 45,000 N, and the corresponding gage length = 48.00 mm. This is the 0.2 percent yield point. The maximum load of 85,000 N is reached at a gage length = 60.00 mm. Determine (a) yield strength, (b) modulus of elasticity, and (c) tensile strength. (d) If fracture occurs at a gage length of 65.0 mm, determine the percent elongation. (e) If the specimen necked to an area = 50 mm^2, determine the percent reduction in area.

3.2 During a tensile test the starting gage length = 90.0 mm and the cross-sectional area = 140 mm^2. During testing, the following force and gage length data are collected: (1) 16,680 N at 90.2 mm, (2) 22,200 N at 94.6 mm, (3) 26,475 N at 99.8 mm, (4) 27,560 N at 112.6 mm, (5) 26,310 N at 118.7 mm, and (6) 19,540 N at 123.3 mm. The final data point (6) occurred immediately prior to failure. Yielding occurred at a load of 18,760 N (0.2% offset value), and the maximum load (4) was 27,620 N. (a) Plot the engineering stress–strain curve. Determine (b) yield strength, (c) modulus of elasticity, (d) tensile strength, and (e) percent elongation.

3.3 In Problem 3.2, determine the strength coefficient and the strain-hardening exponent in the flow curve equation.

3.4 During a tensile test, a metal has a true strain = 0.06 at a true stress = 241.325 N/mm^2. Later, at a true stress = 379.225 N/mm^2, true strain = 0.20. Determine the strength coefficient and strain-hardening exponent in the flow curve equation.

3.5 A tensile test specimen begins to neck at a true strain = 0.30 and true stress = 250 MPa. Without knowing any more about the test, determine the strength coefficient and the strain-hardening exponent in the flow curve equation?

3.6 A tensile test provides the following flow curve parameters: strain-hardening exponent = 0.20 and strength coefficient = 280 MPa. Determine (a) flow stress at a true strain = 1.15 and (b) true strain at a flow stress = 480 MPa.

3.7 The flow curve for a certain metal has a strain-hardening exponent = 0.20 and its strength coefficient = 179.27 N/mm^2. Determine (a) flow stress at a true strain = 0.16 and (b) true strain at a flow stress = 137.9 N/mm^2. (c) What is the likely metal in this problem?

3.8 A tensile test specimen has a starting gage length = 75.0 mm. It is elongated during the test to a length = 110.0 mm before necking occurs. Determine (a) the engineering strain and (b) the true strain. (c) Compute and sum the engineering strains as the specimen elongates from: (1) 75.0 to 80.0 mm, (2) 80.0 to 85.0 mm, (3) 85.0 to 90.0 mm, (4) 90.0 to 95.0 mm, (5) 95.0 to 100.0 mm, (6) 100.0 to 105.0 mm, and (7) 105.0 to 110.0 mm. (d) Is the result closer to the answer to part (a) or part (b)? Does this help to show what is meant by the term true strain?

3.9 A tensile specimen is elongated to twice its original length. Determine the engineering strain and true strain for this test. If the metal had been strained in compression, determine the final compressed length of the specimen such that (a) the engineering strain is equal to the same value as in tension (it will be negative value because of compression), and (b) the true strain would be equal to the same value as in tension (again, it will be negative value because of compression). Note that the answer to part (a) is an impossible result. True strain is therefore a better measure of strain during plastic deformation.

3.10 Given that the flow curve strain-hardening exponent = 0.30 and strength coefficient = 500 MPa, determine the tensile strength for the metal. Note that tensile strength is an engineering stress.

3.11 A copper wire of diameter 0.80 mm fails at an engineering stress = 248.2 MPa. Its ductility is measured as 75% reduction of area. Determine the true stress and true strain at failure.

3.12 A low-carbon steel tensile specimen with starting gage length = 50.8 mm and cross-sectional area = 322.58 mm^2 reaches a maximum load of 88,964 N. Its elongation at this point is 25%. Determine (a) tensile strength, (b) engineering strain, (c) true stress, and (d) true strain at this maximum load.

3.13 Derive an expression for true strain as a function of D and D_o for a tensile test specimen of round cross section, where D = the instantaneous diameter of the specimen and D_o is its original diameter.

3.14 Prove Equation (3.9): Show that true stress $\sigma = s(1 + e)$, where s = engineering stress and e = engineering strain.

3.15 The flow curve for austenitic stainless steel has the following parameters: strength coefficient = 1500 MPa and strain-hardening exponent = 0.50. A cylindrical specimen of starting cross-sectional area = 1200 mm^2 and height = 80 mm is compressed to a height of 65 mm. Determine the force required to achieve this compression, assuming that the cross section increases uniformly.

3.16 In a compression test, a steel test specimen (E = 206850 MPa) has a starting height = 50.8 mm and diameter = 38.1 mm. The metal yields (0.2% offset) at a load = 622,748 N. At a load of 1,156,532 N, the height has been reduced to 40.64 mm. Determine (a) yield strength and (b) flow curve parameters (strength coefficient and strainhardening exponent). Assume that the cross-sectional area increases uniformly during the test.

3.17 A bending test is used on an experimental cemented carbide material. Based on previous testing of the material, its transverse rupture strength = 980 MPa, what is the anticipated load at which the specimen is likely to fail, given that its width = 12 mm, thickness = 7.0 mm, and length = 45 mm?

3.18 A torsion test specimen has a radius = 22 mm, wall thickness = 2.5 mm, and gage length = 45 mm. In testing, a torque of 880 N-m results in an angular deflection = 0.3°. Determine (a) the shear stress, (b) shear strain, and (c) shear modulus, assuming that the specimen had not yet yielded. (d) If failure of the specimen occurs at a torque = 1000 N-m and a corresponding angular deflection = 10°, what is the shear strength of the metal?

3.19 A torque of 8136 Nm is applied in a torsion test on a thin-walled tubular specimen whose radius = 38.1 mm, wall thickness = 3.175 mm, and gage length = 54.8 mm. This causes an angular deflection = 1°. Determine (a) shear stress, (b) shear strain, and (c) shear modulus, assuming that the specimen had not yet yielded. (d) If the specimen fails at a torque = 10,848 Nm and an angular deflection = 20°, calculate the shear strength of the metal.

3.20 A tensile test specimen has a gage length = 50.8 mm and diameter = 20.27 mm. Yielding occurs at a load of 138 kN. The corresponding gage length = 51.01 mm, which is the 0.2% yield point. The maximum load of 258 kN is reached at a gage length = 62.74 mm. Determine (a) yield strength, (b) modulus of elasticity, and (c) tensile strength. (d) If fracture occurs at a gage length of 66.55 mm, determine the percent elongation. (e) If the specimen necked to an area = 232.26 mm^2, determine the percent reduction in area.

3.21 The following flow curve parameters were obtained for a metal alloy in a tensile test: strength coefficient = 500 MPa and strain-hardening exponent = 0.20. The same metal is now tested in a compression test in which the starting height of the specimen = 60 mm and its diameter = 40 mm. Assuming that the cross section increases uniformly, determine the load required to compress the specimen to a height of (a) 50 mm and (b) 40 mm.

Hardness

3.22 In a Brinell hardness test, a 1400-kg load is pressed into a specimen using a 8-mm-diameter hardened steel ball. The resulting indentation has a diameter = 2.4 mm. (a) Determine the Brinell hardness number for the metal. (b) If the specimen is steel, estimate the tensile strength of the steel.

3.23 One of the inspectors in the quality control department has frequently used the Brinell and Rockwell hardness tests, for which equipment is available in the company. He claims that the Rockwell hardness test is based on the same principle as the Brinell test, which is that hardness is measured as the applied load divided by the area of the impression made by an indentor. Is he correct? If not, how is the Rockwell test different?

Viscosity of Fluids

3.24 Two flat plates are separated by a gap of 3.5 mm and move relative to each other at a velocity of 4.5 m/s. The space between them is occupied by a fluid of unknown viscosity. The motion of the plates is resisted by a shear stress of 8 Pa due to the viscosity of the fluid. Assuming that the velocity gradient of the fluid is constant, determine the coefficient of viscosity of the fluid.

3.25 Two parallel surfaces move relative to each other at a velocity of 635 mm/sec and are separated by a gap of 12.7 mm. The gap is filled by a fluid of unknown viscosity. The relative motion is resisted by a shear stress of 2,068.5 Pa due to the viscosity of the fluid. If the velocity gradient in the space between the surfaces is constant, determine the coefficient of viscosity of the fluid.

CHAPTER 4

재료의 물리적 성질

4.1 체적 및 용융 특성
- 4.1.1 밀도
- 4.1.2 열팽창
- 4.1.3 용융 특성

4.2 열 특성
- 4.2.1 비열과 열전도도
- 4.2.2 제조 공정의 열 특성

4.3 질량 확산

4.4 전기적 성질
- 4.4.1 저항과 전도도
- 4.4.2 전기적 성질에 의한 재료의 분류

4.5 전기화학 공정

물리적 성질이란 기계적인 힘이 아닌 물리적인 작용에 대한 재료의 거동을 의미한다. 이러한 성질로는 체적, 열, 전기 및 전기화학적인 성질들이 있다. 제품을 구성하는 부품들은 단순히 기계적인 응력만을 견디는 것으로 충분치 못하다. 그들은 전기도 통해야 하고(혹은 안 통해야 하거나), 열도 보존해야 하며, 빛도 전달하고, 다른 수많은 기능들도 만족해야 한다.

물리적 성질은 공정의 성능에 영향을 주므로 제조에 있어 매우 중요하다고 할 수 있다. 예를 들어 절삭 가공을 할 때 가공 재료의 열 특성은 절삭 온도를 결정하게 되며, 이것은 공구의 수명에 영향을 준다. 마이크로 전자공학에서 실리콘의 전기적 성질과 이것이 다양한 화학적, 물리적 공정에 의하여 변화되는 방식들은 반도체 제조의 기초가 된다.

이 장에서는 제조 측면에서 중요한 물리적 성질들에 대하여 설명하는데, 이러한 성질들은 본서의 다른 장의 내용에 등장하게 될 것이다. 우리는 이들 성질을 체적, 열, 전기 등의 범주로 나누어 설명하고, 앞 장에서 기계적 성질을 다루었을 때와 마찬가지로 이들 성질을 제조와 관련하여 다룬다.

4.1 체적 및 용융 특성

이들 성질은 고체의 부피와 관련되어 있으며 또한 온도에 의하여 이들이 어떻게 영향을 받는가에 연관되어 있다. 이들 성질에는 밀도, 열 팽창, 용융점 등이 포함된다. 표 4.1에는 일부 공업용 재료들에 대한 이들 특성의 전형적인 값들을 나열하였다.

표 4.1 공업용 재료의 체적 특성

재료	밀도, ρ g/cm³	열팽창 계수, α °C⁻¹ × 10⁻⁶	용융 온도, T_m °C	용융열, H_f J/g
금속				
알루미늄	2.70	24	660	398
주철	7.15	10.8	[a]	96
동	8.97	17	1083	205
철	7.87	12.1	1539	272
납	11.35	29	327	23
마그네슘	1.74	26	650	268
니켈	8.92	13.3	1455	297
강	7.87	12	[a]	270
주석	7.31	23	232	59
티타늄	4.51	8.6	1668	419
텅스텐	19.30	4.0	3410	193
아연	7.15	40	420	113
세라믹과 실리콘				
유리	2.5	1.8-9.0	[b]	NA
알루미나	3.8	9.0	NA	NA
실리카	2.66	NA	[b]	NA
실리콘	2.33	2.6	1414	1926
중합체				
페놀수지	1.3	60	[c]	[c]
나일론	1.16	100	[b]	NA
테프론	2.2	100	[b]	NA
천연고무	1.2	80	[b]	NA
폴리에틸렌[d]	0.92	180	[b]	NA
폴리스티렌	1.05	60	[b]	NA

다양한 자료에서 모아 편집함.
[a] 주철과 강의 용융온도는 조성에 따라 변화
[b] 고온에서 연해지며, 잘 정의된 용융온도가 없음.
[c] 고온에서 화학적으로 열화
[d] 저밀도 폴리에틸렌
NA = 사용할 수 없음(property 값을 얻을 수 없음) 또는 해당되지 않음(물질이 해당 특성을 나타내지 않음).

4.1.1 밀도

공학적으로 재료의 밀도는 단위 체적당 중량이다. 기호는 ρ이고, 일반적인 단위는 g/cm³이다. 원자 번호와 아울러 원자 반지름 및 원자 충전도 등의 인자들에 의하여 원소의 밀도가 결정된다. ***비중(specific gravity)***이라는 용어는 어떤 재료의 밀도를 물의 밀도와 비교하여 나타낸 비율로서 단위는 없다.

어떤 응용 영역에서든 재료의 선정에 있어서 밀도는 매우 중요한 고려의 대상이지만 이것만이 관심의 대상은 아니다. 강도도 역시 중요하기에 이 두 가지 성질은 종종 중량당 강도비(strength-to-weight ratio)로 연관되어지며, 이것은 재료의 인장강도를 그 밀도로 나눈 값이다. 이 비율은 무게와 에너지를 고려해야 하는 비행기나 자동차 혹은 다른 제품들의 구조에 적용하는 데 있어서 매우 유용하다.

4.1.2 열 팽창

재료의 밀도는 온도의 함수이다. 일반적으로 온도가 증가하면 밀도는 감소하는 경향이 있다. 다르게 표현하면 단위 중량당 부피는 온도에 따라 증가한다. ***열 팽창***은 밀도에 대한 온도의 이러한 영향에 대한 용어이며 보통은 ***열 팽창 계수(coefficient of thermal expansion)***로 표현된다. 단위는 mm/mm/℃로 온도당 길이의 변화로 측정된다. 측정과 적용의 편의를 위하여 부피 비율보다는 길이 비율이 많이 사용된다. 일반적인 설계 상황에 있어서는 부피의 변화보다는 치수의 변화가 더 관심의 대상이 된다. 주어진 온도 변화에 대한 길이의 변화는 다음과 같이 표현된다.

$$L_2 - L_1 = \alpha L_1 (T_2 - T_1) \tag{4.1}$$

여기서 α는 열 팽창 계수, ℃$^{-1}$이며, L_1과 L_2는 T_1과 T_2의 온도에서의 각각의 길이이다.

예제 4.1

열 팽창 계수

30°C에서 초기 길이가 1.8 m인 알루미늄 판이 360°C로 가열될 때 판의 길이 변화를 결정하라.

풀이

표 4.1에서 열팽창 계수 $\alpha = 24(10^{-6})°\text{C}^{-1}$. 식 (4.1)을 사용하여 $L_2 - L_1 = 24(10^{-6})(1.8)(360 - 30) = 14{,}256(10^{-6}) = 0.01426\ \text{m} = \mathbf{14.26\ mm}$

표 4.1에 제시된 열팽창계수의 값들은 온도에 따라 선형관계에 있음을 시사한다. 이 값들은 단지 근사치일 뿐이다. 온도에 의하여 길이가 영향을 받을 뿐 아니라, 열 팽창 계수 자체도 온도의 영향을 받는다. 어떤 재료에 있어서는 온도에 따라 증가하기도 하고, 어떤 재료에서는 감소한다. 이들 변화는 일반적으로 그다지 크지 않기 때문에 표에 나타낸 값들은 작동온도 범위 정도에서는 유용하게 사용될 수 있다. 금속이 고체에서 액체로, 혹은 어떤 결정 구조에서 다른 구조로의 상변태를 하게 되면 열 팽창 계수의 변화는 보다 더 뚜렷해진다.

제조 공정에서 열 팽창 특성은 부품의 한쪽은 크기를 줄이면서 다른 쪽은 크게 하여 조립을 하는 수축박음이나 팽창박음(27.3절) 등에 유용하게 사용된다. 부품의 온도가 주위 온도와 같은 상태로 돌아오게 되면 견고하게 조립된 부품이 얻어진다. 열처리(23장)와 용접(25.10절) 등의 공정에서도 재료 내에 열응력이 발생하므로, 이들 공정에서도 열 팽창은 문제가 된다.

4.1.3 용융 특성

순수한 원소에서 ***용융점(melting point)***, T_m은 재료가 고체에서 액체로 변환되는 온도이다. 액체에서 고체로의 역변환도 같은 온도에서 일어나며, ***응고점(freezing point)***이라고 부른다. 금속과 같은 결정질 원소에서는 용융과 응고 온도는 동일하다. 고체에서 액체로의 변환을 완성하기 위해서는 ***용융열(heat of fusion)***이라고 불리는 열에너지가 이 온도에서 필요하다. 몇 가지 금속에 대한 용융열 H_f값들은 표 4.1에 정리되어 있다.

전술한 바와 같이 특정한 온도에서의 금속 원소의 용융은 평형조건을 가정하고 있다. 자연계에서는 예외가 항상 일어나게 되며, 예를 들어 용융 금속이 냉각될 때 결정 핵이 곧바로 생성되지 않으면 응고점 이하에서도 액체 상태를 유지한다. 이러한 현상이 일어나면 액체는 과냉(supercooled) 되었다고 부른다.

용융 과정에는 다른 방식도 있다. 예를 들어 순금속과는 달리 대부분의 합금에서는 하나의 용융점을 갖는 것이 아니다. 용융은 ***고상선(solidus)***이라고 불리는 어떤 온도에서 시작되고, 온도가 올라감에 따라 ***액상선(liquidus)***이라고 불리는 온도에서 완전히 액체로 변환될 때까지 계속 진행된다. 두 온도 사이에서 합금은 고체와 용융 금속이 혼합된 상태이며 각각의 양은 액상선과 고상선에서 떨어진 상대적인 거리에 반비례한다. 단일 온도에서 용융하거나 응고하는 공정합금을 제외하고는 대부분의 합금은 이러한 거동을 보인다. 이들에 대하여는 5장에서 자세히 논의하기로 한다.

금속이 단일 온도에서 고체에서 액체로 변형되든 또는 다양한 온도(고상선에서 액상선으로)에 걸쳐 변형되든, 변형에 에너지를 공급하려면 여전히 융해열이 필요하다. 그리고 금속이 용융 상태에서 응고될 때 동일한 융해열이 금속에 의해 주변 환경으로 전달된다.

또 다른 용융 방식은 비정질 재료(유리)에서도 나타난다. 이들 재료에서는 고체 상태에서 액체 상태로 점진적인 변환이 이루어진다. 온도가 올라감에 따라 고체 재료는 점진적으로 연하게 되고, 최종적으로 용융점에서 액체가 된다. 연화되는 동안 용융점에 가까워질수록 소성이 일관되게 증가하게 된다.

금속이 단일 온도에서 고체에서 액체로 변형되든 또는 다양한 온도(고상선에서 액상선으로)에 걸쳐 변형되든, 변형에 에너지를 공급하려면 여전히 융해열이 필요하다. 그리고 금속이 용융 상태에서 응고될 때 동일한 융해열이 금속에 의해 주변 환경으로 전달된다.

순금속, 합금금속 및 유리 등에서 볼 수 있는 이러한 다양한 용융 특성을 그림 4.1에 나타내었다. 이 그래프는 세 가지 가상 재료에 대하여 밀도의 변화를 온도의 함수로서 나타낸 것이다. 그림은 밀도의 역수 관계인 부피의 변화를 나타내고 있다.

제조 공정에서 용융의 중요성은 확연하다. 금속 주조(7장 및 8장)에서 금속은 용융된 후, 주형에 부어진다. 용융점이 낮은 금속이 주조하기 쉽지만, 용융점이 너무 낮으면 공업용 재료로 이용하기 어렵다. 중합체에서의 용융 특성도 플라스틱 성형 혹은 다른 성형 공정에 있어서 중요하다(10장). 분말 금속과 세라믹의 소결에는 용융점에 대한 지식이 필요하다. 소결은 금속을 녹이지는 않지만, 분말들을 결합시키기 위하여 용융점 근처의 온도에서 공정을 수행하게 된다(12장 및 13장).

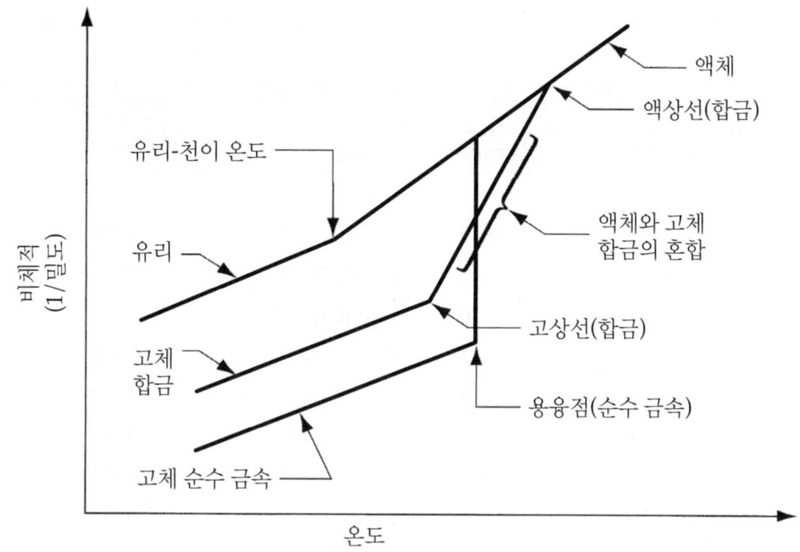

그림 4.1 온도에 따른 단위 무게당 부피(1/밀도)의 변화. 가상의 순금속, 합금, 유리 모두가 유사한 열 팽창과 용융 특성을 보임.

4.2 열 특성

앞 절의 내용에서는 온도가 재료의 부피에 주는 영향에 대하여 다루었다. 실제로 온도는 원자들의 열에너지 수준을 결정하게 되고, 이는 재료 내의 변화를 야기시키기 때문에, 열 팽창, 용융, 열확산 등은 열 특성이 된다. 이번 절에서는 몇 가지 추가적인 열 특성에 대하여 다루는데 주로 물질 내 열의 저장과 흐름에 대한 내용들이다. 관심이 있는 일반적인 성질은 비열과 열전도도이며, 이들에 대한 값을 표 4.2에 열거하였다.

4.2.1 비열과 열전도도

비열(specific heat) C는 단위 질량의 재료 온도를 1도 올리는 데 필요한 열에너지의 양으로 정의된다. 일반적인 값은 표 4.2에 나타내었다. 노 내에서 원하는 온도까지 금속을 가열하는데 필요한 에너지의 양을 계산하기 위하여 다음과 같은 식이 사용된다.

$$H = mC(T_2 - T_1) \tag{4.2}$$

여기서 H는 열에너지의 양(J) 이고, C는 재료의 비열(J/kg°C)이고, m은 질량(kg)이며, $(T_2 - T_1)$은 온도의 변화(°C)를 뜻한다. 식 (4.2)는 재료의 비열이 관심 온도 범위 전체에서 일정하게 유지된다고 가정한다.

재료의 부피당 열저장 능력이 간혹 관심의 대상이 되기도 한다. 이것은 간단하게 밀도와 비열을

표 4.2 대표적인 재료에 대한 일반적인 열 특성치. 이 값들은 상온에서의 값인데, 다른 온도에서는 변할 수 있다.

재료	비열[a], C J/g°C[a]	열전도도, k J/s mm°C	재료	비열[a], C J/g°C[a]	열전도도, k J/s mm°C
금속			*세라믹*		
알루미늄	0.88	0.22	알루미나	0.75	0.029
주철	0.46	0.06	콘크리트	0.84	0.012
동	0.385	0.40	*중합체*		
철	0.46	0.072	천연고무	2.01	0.00012
납	0.13	0.033	나일론	1.59	0.00025
마그네슘	1.047	0.16	페놀릭스	1.67	0.00016
니켈	0.44	0.070	폴리에틸렌	2.09	0.00034
강	0.46	0.046	테프론	1.05	0.00025
스테인리스강[b]	0.46	0.014	*기타*		
주석	0.226	0.062	규소	0.17	0.149
티타늄	0.544	0.021	물(액체)	4.186	0.0006
아연	0.381	0.112	얼음	1.926	0.0023

다양한 자료에서 모아 편집함.
[a] 1.0 Calorie = 4.186 Joule을 이용하여 J/g°C 단위를 Cal/g°C로 변환할 수 있다.
[b] 오스테나이트 (18-8) 스텐리스강

곱하면(ρC) 된다. ***부피비열(volumetric specific heat)***은 재료의 단위 부피 온도를 1도 올리는데 필요한 열에너지이고, 그 단위는 J/mm³°C이다.

전도는 가장 기본적인 열전달 과정의 하나이다. 이것은 질량의 전달은 전혀 없이 재료 내의 분자에서 분자로 순수하게 열적 운동에 의해서만 열에너지가 전달되는 것을 의미한다. 그러므로 물질의 열전도도는 이러한 물리적인 메커니즘에 의해서 물질 내로 열을 전달할 수 있는 능력을 뜻하고, 일반적인 단위가 J/s mm°C를 사용하는 ***열전도계수(coefficient of thermal conductivity)***로 측정된다. 열전도계수는 통상적으로 금속에서 높고 세라믹이나 중합체에서 낮다.

열전달 해석에서는 열전도도와 부피비열의 비율이 자주 등장하게 되는데, 이것은 열확산도(thermal diffusivity) K라고 부르며, 다음과 같이 정의된다.

$$K = \frac{k}{\rho C} \tag{4.3}$$

이 관계는 절삭 가공 시의 절삭 온도를 계산하는 데 사용될 수 있다(17.5.1절).

4.2.2 제조 공정의 열 특성

많은 공정에서 열이 발생하므로 열 특성은 제조에 있어서 매우 중요한 역할을 한다. 어떤 작업에서 열은 공정을 끝마치기 위한 에너지일 수도 있고, 다른 경우에는 공정의 결과로 생성될 수도 있다.

몇 가지 이유로 비열은 중요하다. 재료의 가열이 필요한 공정들(예, 주조, 열처리, 열간 금속 성형 등)에서는 식 (4.2)에 따라 비열은 원하는 수준까지 온도를 올리기 위한 열에너지의 양을 결정한다. 금속 주조와 같은 응고 공정에서 비열과 융해열의 조합은 가공 금속의 온도를 녹는점까지 올린 다음 고체에서 액체로 변환하는 데 필요한 열 에너지의 양을 결정한다. 다음 주조의 예는 그 관계를 보여준다.

예제 4.2

주조를 위한 알루미늄의 가열 및 용융

무게가 12 kg인 순수한 알루미늄 블록을 녹이는 데 필요한 열에너지는 얼마인가? 시작 온도는 25°C이고, 융점, 융해열 및 알루미늄의 비열은 표 4.1 및 4.2에 주어져 있다.

풀이

표 4.1 및 4.2에서 알루미늄의 경우 $T_m = 660°\text{C}$, $H_f = 398\ \text{J/g}$, $C = 0.88\ \text{J/g°C}$, $m = 12\ \text{kg} = 12{,}000\ \text{g}$

$$\text{필요한 열 에너지 } H = mC(T_m - T_a) + mH_f$$

$$H = 12{,}000(0.88)(660 - 25) + 12{,}000(398) = 6{,}705{,}600 + 4{,}776{,}000 = 11{,}481{,}600\ \text{J}$$

상온에서 행해지는 많은 공정들에서 작업을 위한 기계적 에너지는 열로 변환되고, 이 열은 가공부의 온도를 상승시킨다. 이러한 것은 절삭 공정과 냉간 금속 성형 공정에서 일반적이다. 온도 상승은 금속 비열의 함수이다. 절삭 가공에서는 이러한 온도를 낮추기 위해 절삭유를 사용하며, 이 경우에는 유체의 열용량이 중요하다. 물은 열함유 능력이 높기 때문에 거의 항상 이러한 목적으로 채택된다.

열전도도는 제조 공정에 있어서 어떤 경우에는 유리하게 혹은 불리하게 열을 발산시킨다. 금속 성형이나 절삭 가공과 같은 기계적인 공정에서는 공정에 드는 대부분의 동력이 열로 변환된다. 이러한 경우에 열원으로부터 열을 방출하는 것이 꼭 필요하다.

반대로 아크 용접이나 전기 저항 용접 등과 같은 융접 공정에서의 높은 열전도도는 바람직하지 않다. 이러한 공정들에서는 용융될 접합 부위에만 열이 집중되어야 하기 때문이다. 일례로 구리는 열전도도가 높기 때문에 에너지원으로부터 소재로 열이 빨리 방출되어서 용접하기 어려운 금속 중 하나이다.

4.3 질량 확산

재료에 있어서는 열 전달과 더불어 질량 전달도 있다. ***질량확산(mass diffusion)***은 두 개의 접촉하고 있는 재료의 경계를 통하거나 혹은 하나의 재료 내에서 원자나 분자들이 이동하는 것을 뜻한다. 직관적으로 볼 때 이러한 현상은 액체나 기체에서 더 많이 발생할 것임을 알 수 있다. 물론 고체 내에서도 역시 발생할 수 있다. 순금속 혹은 합금에서 발생할 수 있으며 접촉면을 공유하는 재료들 사이에서 발생한다. 재료(고체, 액체 또는 기체)내의 원자들의 열적 동요 때문에 원자는 계속하여 움직인다. 열적 동요의 수준이 높은 액체나 기체의 경우에는 원자들은 저절로 돌아다니게 된다. 고체(특히 금속)내에서는 결정 구조 내의 공극이나 결함에 의하여 원자 운동이 촉진된다.

갑자기 접촉하게 된 두 개의 금속들 사이의 확산에 대하여 그림 4.2에 나타내었다. 처음에는 두 금속 모두 각자의 원자 구조를 유지하지만, 시간이 경과함에 따라 경계뿐만 아니라 떨어진 부분 사이에서도 원자들의 교환이 발생한다. 시간이 충분히 주어지면 두 부분의 결합은 전체적으로 균일한 조성 상태에 도달하게 된다.

확산에 있어서 온도는 중요한 요소이다. 높은 온도에서 열적 동요가 커지게 되고, 원자들은 보다 자유롭게 움직일 수 있다. 또 다른 중요한 요소로는 ***농도구배(concentration gradient)*** dc/dx가 있으며, 이는 관심 있는 방향 x를 따라 나타나는 두 종류 원자들의 농도를 의미한다. 결합 시 원자들의

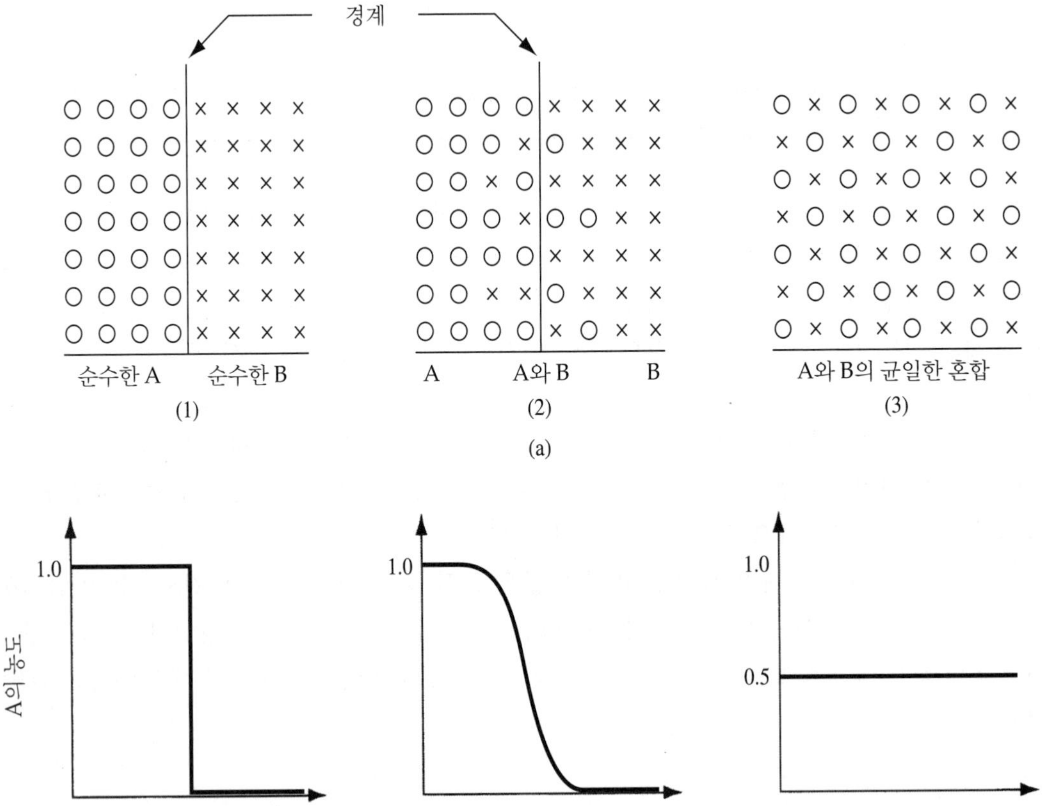

그림 4.2 질량 확산. (a) 접촉된 두 고체 블록의 원자 모델, (1) 두 재료가 붙은 초기, (2) 시간이 경과된 후 원자의 교환이 발생, (3) 최종적으로 균일한 농도를 달성, (b) 금속 A의 농도구배.

순간적인 분포에 해당하는 농도구배를 그림 4.2(b)에 나타내었다. 질량 확산을 표현하기 위한 관계식으로 다음과 같은 Fick의 제1법칙이 사용된다.

$$dm = -D\left(\frac{dc}{dx}\right)A\,dt \tag{4.4}$$

여기서 dm은 전달된 재료의 작은 양이고, D는 온도에 따라 급속하게 증가되는 금속의 확산계수이며, dc/dx는 농도구배, A는 경계의 면적, dt는 미소 시간 증분을 의미한다. 식 (4.4)를 변형시키면 질량확산율을 다음과 같이 표현할 수 있다.

$$\frac{dm}{dt} = -D\left(\frac{dc}{dx}\right)A \tag{4.5}$$

D를 포함하고 있기 때문에 이들 방정식을 계산에 사용하는 것은 어렵지만 확산과 그 변수들을 이해하는 데에는 유용하다.

질량확산은 일부 공정에서 이용된다. 침탄법과 질화법을 포함하여 많은 표면경화법(23.4절)이 확산을 기초로 하고 있다. 용접법들 중에서 확산용접(25.5.2절)은 두 부품을 누르면서 확산이 경계를 통하여 일어나도록 하여 영구적인 결합을 얻는 방법이다. 또한 확산은 반도체산업에서 반도체 칩의 표면 화학 조성을 국부적으로 변화시켜 미세한 회로를 얻을 때에도 이용된다(29.4.3절).

4.4 전기적 성질

공업용 재료들은 전기전도 능력이 매우 다양하게 나타난다. 이 절에서는 이런 물리적 성질에 대하여 다룬다.

4.4.1 저항과 전도도

전류의 흐름은 전하를 띠는 극소로 작은 입자들인 전하운반체(charge carrier)의 이동을 의미한다. 고체에서 이러한 전하의 운반체들은 전자이며, 액체 용액에서는 전하 운반체가 양이온과 음이온이 된다. 전하운반체들은 전압에 의하여 움직이게 되며, 원자 구조나 원자 결합 또는 분자 결합 등 재료의 고유한 성질에 의하여 저항을 받게 된다. 이러한 관계는 다음과 같은 Ohm의 법칙에 의하여 정의된다.

$$I = \frac{E}{R} \tag{4.6}$$

여기서 I는 전류(A), E는 전압(V), R은 전기 저항(Ω)이다. 전선과 같은 재료의 균일한 부분에서의 저항값은 길이 L과 단면적 A 및 재료의 비저항 r에 의존한다. 즉

$$R = r\frac{L}{A} \quad \text{또는} \quad r = R\frac{A}{L} \tag{4.7}$$

여기에서 ***비저항***은 Ω-m^2/m의 단위를 지닌다. 비저항(resistivity)은 재료가 전류의 흐름을 방해하는 능력을 결정하는 기본적인 특성이다. 표 4.3에 일부 재료들에 대한 비저항의 값들을 나열하였다. 비저항은 상수값이 아니라 변하는 값이며, 다른 많은 특성치들처럼 온도에 따라 변화한다. 금속에서는 온도에 따라 비저항이 증가한다.

전류의 흐름을 저항하는 재료가 아닌, 전류를 잘 흐르도록 하는 재료를 고려하는 것이 더 편리할 때도 있다. 간단하게 비저항의 역수가 ***전기전도도(conductivity)***이다.

$$\text{Electrical conductivity} = \frac{1}{r} \tag{4.8}$$

여기에서 전도도는 (Ω-m)$^{-1}$의 단위를 갖는다.

4.4.2 전기적 성질에 의한 재료의 분류

금속은 금속 결합을 하기 때문에 전기에 대하여 매우 우수한 ***전도체(conductor)***여서 낮은 비저항을 지닌다(표 4.3). 공유 결합이나 이온 결합에 의하여 전자들이 매우 단단하게 결합된 대부분의 세라믹이나 중합체들은 전도도가 좋지 않다. 이들은 저항이 높기 때문에 ***절연체(insulator)***로 사용된다.

유전체(dielectric)라는 용어는 전류가 흐르지 않는 것을 의미하므로 절연체는 종종 유전체라고 불린다. 두 개의 전극 사이에 위치한 재료를 통하여 전류가 흐르지 않다가 전압이 충분히 높아지면 갑자기 전류가 흐르게 되는 경우가 있다. 예를 들면 아크와 같은 경우이다. 이럴 경우 절연 재료의

표 4.3 일부 재료의 비저항

재료	비저항(Ω-m)[a]	재료	비저항(Ω-m)[a]
전도체	$10^{-6} - 10^{-8}$	***전도체(계속)***	
알루미늄	2.8×10^{-8}	저탄소강	17×10^{-8}
알루미늄 합금[a]	4.0×10^{-8}	스텐리스강[a]	70×10^{-8}
주철[a]	65×10^{-8}	주석	11.5×10^{-8}
동	1.7×10^{-8}	아연	6.0×10^{-8}
금	2.4×10^{-8}	탄소[b]	5000×10^{-8}
철	9.5×10^{-8}	***반도체***	$10^{1} - 10^{5}$
납	21×10^{-8}	규소	1.0×10^{3}
마그네슘	4.5×10^{-8}	***절연체***	$10^{12} - 10^{15}$
니켈	6.9×10^{-8}	천연 고무[b]	1.0×10^{12}
은	1.6×10^{-8}	폴리에틸렌[b]	100×10^{12}

다양한 표준 자료에서 모아 편집함.
[a] 합금 조성에 따라 저항값이 변함.
[b] 저항값은 근사치임.

유전강도(dielectric strength)는 단위 두께당 절연을 깨뜨리는 데 필요한 전압이다. 적절한 단위는 volts/m이다.

전도체와 절연체(또는 유전체)외에 초전도체와 반도체도 있다. ***초전도체(superconductor)***란 저항이 0인 재료이다. 이러한 현상은 절대온도가 0의 근처인 매우 낮은 온도에서 일부 금속이나 세라믹에서 볼 수 있다. 온도가 저항에 많은 영향을 미치므로 이러한 현상은 충분히 예측이 가능하다. 또 이러한 초전도 재료가 존재한다는 사실은 과학적으로 많은 관심을 끌고 있다. 만약 상온 부근에서 이러한 성질을 보이는 재료가 개발된다면, 동력 전달이나 전기 스위칭 속도 및 자기장 응용에서 매우 실용적인 개선이 가능할 것이다.

반도체는 대형 컴퓨터로부터 가정용 전기 제품이나 자동차 엔진제어 장치에 이르기까지 그 실용적인 가치가 이미 실증되어 있다. 쉽사리 예상할 수 있듯이 반도체(semiconductor)는 절연체와 전도체 사이의 저항을 가지는 재료이다. 대표적인 예를 표 4.3에 나열하였다. 오늘날 가장 보편적으로 사용되는 반도체 재료는 실리콘이다(5.2.4절). 그 이유는 자연계에 풍부하고 상대적으로 값이 저렴하며 공정이 용이하기 때문이다. 반도체의 고유한 능력은 IC를 만들기 위해 매우 미세한 영역의 표면에서 전도성을 상당히 바꿀 수 있다는 점이다(29장).

전기적인 특성은 다양한 제조 공정들에 있어서 중요한 역할을 한다. 최신의 일부 방법들은 전기 에너지를 이용하여 재료를 제거하기도 한다. 방전 가공(22.3.1절)은 전기 에너지에 의하여 생성된 스파크로 금속 재료를 제거시킨다. 대부분의 용접 공정은 전기 에너지를 이용하여 용접 금속을 용융시킨다. 또한 전술한 바와 같이 반도체의 전기적 성질을 변화시키는 기술이 마이크로 전자산업에 기초가 된다.

4.5 전기화학 공정

전기화학(electrochemistry)은 전기와 화학에너지의 변환과 아울러 전기 및 화학적 변화 사이의 관계를 다루는 과학 분야이다.

수용액 내에서, 산, 염기, 염 등의 분자들은 양이온이나 음이온으로 혼재되어 있다. 이들 이온들은 용액 내에서 전하를 운반하며, 금속에서 전자의 기능과 같이 전류를 흐르게 함으로써 도체가 되게 한다. 이온화 된 용액을 ***전해액(electrolyte)***이라고 하며, 전해전도가 되기 위해서는 전극(electrode)을 통하여 전류가 용해액으로 들어가고 나와야 한다. 전극은 극성에 따라 양극(anode)과 음극(cathode)으로 나누어진다. 이상의 전체적인 구성을 전해전지(electrolytic cell)라고 한다. 각각의 전극에서는 재료의 축적이나 용해, 또는 용액으로부터 가스가 분해되는 등의 화학적인 반응이 일어난다. ***전기분해(electrolysis)***는 이러한 용액 내에서 일어나는 화학적인 변화의 명칭이다.

그림 4.3에 나타낸 것과 같은 물이 분해되는 전기분해에 대하여 살펴보자. 공정을 촉진하기 위하여 묽은 황산(H_2SO_4)을 전해질로 사용하고, 화학적으로 불활성인 백금과 탄소를 전극으로 사용하였다. 전해질은 H^+와 SO_4^-이온으로 분해된다. H^+이온은 음극으로 접근하여 전자를 받음으로써

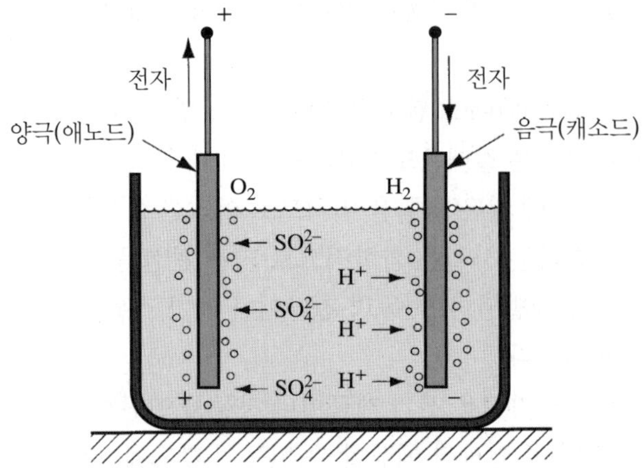

그림 4.3 전기분해의 예: 물의 분해.

수소분자를 형성한다.

$$2H^+ + 2e \rightarrow H_2 \text{ (gas)} \tag{4.9a}$$

SO_4^-이온은 양극으로 접근하여 전자를 전해 주고, 다시 황산과 산소를 생성한다.

$$2SO_4^{2-} - 4e + 2H_2O \rightarrow 2H_2SO_4 + O_2\text{(gas)} \tag{4.9b}$$

이렇게 생성된 H_2SO_4 는 다시 H^+와 SO_4^-이온으로 분해되고 이 반응은 계속 진행된다.

위의 예에서 설명하듯이 전기분해를 통해 수소와 산소를 생산하는 것 외에 전기분해를 몇 가지 다른 산업 공정에서도 사용되고 있다. 두 가지 예로 (1) 전기도금(24.3.1절), 장식용 또는 다른 목적으로 어떤 금속(예:강철)의 표면에 다른 금속(예:크롬)의 얇은 코팅을 추가하는 작업과 (2) 전기 화학적 가공(22.2절), 금속 표면에 재료를 제거하는 공정이다. 두 공정 모두 금속 표면에서 물질을 추가하거나 제거하기 위해 전기 분해를 사용한다. 전기 도금에서 작업되는 부분은 전해질 회로에서 음극으로 설정되어 코팅 금속의 양이온이 음극으로 끌려오게 된다. 전기 화학적 가공에서 작업 부위는 양극이며, 설계된 형상의 도구가 음극이다. 이 설정에서 전기 분해 작용은 도구가 작업에 천천히 공급되면서 도구 모양에 의해 결정되는 영역에서 부품 표면의 금속을 제거하는 것이다.

금속 표면에서 침식 또는 제거되는 물질의 양을 결정하는 두 가지 물리 법칙을 영국 과학자 마이클 패러데이가 처음 언급하였다:

1. 전해조에서 분리되는 물질의 질량은 전지를 통과하는 전기의 양에 비례한다.
2. 동일한 양의 전기가 서로 다른 전해조를 통과하면, 분리되는 물질의 질량은 화학 당량에 비례한다.

참고문헌 *REFERENCES*

[1] Guy, A. G., and Hren, J. J. *Elements of Physical Metallurgy*, 3rd ed. Addison-Wesley, Reading, Massachusetts, 1974.
[2] Flinn, R. A., and Trojan, P. K. *Engineering Materials and Their Applications*, 5th ed. John Wiley & Sons, New York, 1995.
[3] Kreith, F., and Bohn, M. S. *Principles of Heat Transfer*, 6th ed. CL-Engineering, New York, 2000.
[4] *Metals Handbook*, 10th ed. Vol. 1: *Properties and Selection: Iron, Steel, and High Performance Alloys*. ASM Inter national, Metals Park, Ohio, 1990.
[5] *Metals Handbook*, 10th ed. Vol. 2: *Properties and Selection: Nonferrous Alloys and Special Purpose Materials*. ASM International, Metals Park, Ohio, 1990.
[6] Van Vlack, L. H. *Elements of Materials Science and Engineering*, 6th ed. Addison-Wesley, Reading, Massa chusetts, 1989.
[7] www.engineeringtoolbox.com.

복습문제 *REVIEW QUESTIONS*

체적 및 용융 특성

4.1 재료밀도를 재료의 특성으로서 설명하라.

4.2 다음 문장이 참인지 거짓인지 말하라: "이론적으로 결정 구조를 가진 금속과 같은 원소의 용융점과 응고점은 동일한 온도값이다."

4.3 결정 구조를 가진 금속 원소가 용융 온도까지 가열되어 액체 상태로 변하는 데 필요한 열을 무엇이라고 하는가?

4.4 용융점에 도달하여 응고점 아래에도 계속 액체 상태로 남아 있는 용융 금속과 관련된 현상은 무엇인가?

4.5 순수한 금속 원소와 금속 합금 사이의 용융 특성에는 어떤 차이가 있는가?

4.6 유리와 같은 비결정 물질의 용융 특성을 설명하라.

열적 특성

4.7 부피 당 비열을 재료의 특성과 관련하여 설명하라.

4.8 열전도도를 재료의 특성으로 정의하라.

4.9 열 확산률을 설명하라.

4.10 가공 작업에서는 자르기 온도를 낮추기 위해 냉각유가 자주 사용된다. 높은 열 전달 능력으로 인해 이러한 냉각유의 기본 기재로 거의 항상 사용되는 액체 물질은 무엇인가?

질량 확산

4.11 질량 확산 현상에 기반한 두 가지 제조 공정을 식별하라.

4.12 질량 확산에 영향을 미치는 중요한 변수는 무엇인가?

전기적 특성

4.13 전류의 흐름에서 전하 운반체는 무엇인가?

4.14 옴의 법칙이란?

4.15 물질적 특성으로 전기저항을 정의하라.

4.16 금속이 세라믹과 폴리머보다 전기의 전도체인 이유는?

4.17 유전체란 무엇인가?

4.18 초전도체란 무엇인가?

4.19 반도체란 무엇인가? 일반적인 반도체 재료의 예를 들어보라.

전기화학적 과정

4.20 전해액이란 무엇인가?

4.21 전기분해를 기반으로 하는 산업 공정의 두 가지 예를 들어보라.

4.22 전해조에서 양극과 음극의 명칭은 무엇인가?

연습문제 *PROBLEMS*

Volumetric and Melting Properties

4.1 Determine the increase in length of a steel bar whose initial length = 914.4 mm, if the bar is heated from room temperature of 21.11°C to 226.67°C. The coefficient of thermal expansion $\alpha = 7.5(10^{-6})/°C$ for steel.

4.2 A steel shaft has a starting diameter = 25.00 mm. It is to be inserted into a hole in an expansion fit assembly operation. To be readily inserted, the shaft must be reduced in diameter by cooling. Determine the temperature to which the shaft must be reduced from room temperature (22°C) in order to reduce its diameter to 24.75 mm. The coefficient of thermal expansion $\alpha = 12.5(10^{-6})/°C$ for steel.

4.3 A bridge to be fabricated of steel girders is designed to be 500 m long and 12 m wide at ambient temperature (assumed 20°C). Expansion joints will be provided to compensate for the change in length in the girders as the temperature varies. Each expansion joint can compensate for a maximum of 20 mm of change in length. From historical records it is estimated that the minimum and maximum temperatures in the region will be −35°C and 40°C, respectively. Determine (a) the minimum number of expansion joints required and (b) the length that each bridge section should be fabricated. The coefficient of thermal expansion $\alpha = 12(10^{-6})/C$ for steel.

4.4 Aluminum has a density of 2.70 g/cm^3 at room temperature (22°C). Determine its density at 450°C.

Thermal Properties

4.5 Determine the (a) amount of heat required to increase the temperature of an aluminum block that is 12 cm by 12 cm by 12 cm from room temperature (22°C) to 350°C and (b) mass of the block at 350°C. The specific heat of aluminum is 0.88 J/g°C and its density = 2.70 g/cm^3.

4.6 Determine the (a) amount of heat required to raise the temperature of a copper plate that is 305 mm by 381 mm by 13 mm thick from room temperature (21.11°C) to 204°C and (b) mass of the plate at 204°C. The specific heat of copper is 0.385 J/g-°C and its density = 8.97 kg/m^3.

4.7 A silicon ingot whose mass = 250 kg is to be melted in a foundry to fabricate electronic wafers. Determine how much heat energy is required to heat the silicon from 25°C to its melting point and melt it. The melting point of silicon = 1414°C, its specific heat = 0.71 J/g°C, its heat of fusion = 1926 J/g, and its density = 2.33 g/cm^3.

4.8 A cast iron grade has a melting point of 1180°C. Its specific heat = 0.461 J/g-°C, and its heat of fusion = 126.06 J/g. A 90.72 kg block of this cast iron is to be melted. Determine how much heat is required to raise its temperature from 24°C to its melting point and transform it from the solid to liquid phase.

4.9 A titanium block that is 0.028 m^3 is to be melted. Determine how much heat energy is required to heat the block from 22.22°C to its melting point and melt it. The melting point of titanium = 1668°C, its specific heat = 0.544 J/g°C, its heat of fusion = 418.65 J/g, and its density = 4.512 × 103 kg/m^3.

Electrical Properties

4.10 A 1.29 mm diameter copper wire connects a solenoid to a control circuit that is 15.24 m away. (a) What is the resistance of the wire? (b) If a current was passed through the wire, it would heat up. How does this affect the resistance?

4.11 Aluminum wiring was used in many homes in the 1960s due to the high cost of copper at the time. Aluminum wire that was 12 gauge (a measure of cross-sectional area) was rated at 15 A of current. If copper wire of the same gauge were used to replace the aluminum wire, what current should the wire be capable of carrying if all factors except resistivity are considered equal? Assume that the resistance of the current it can carry and the cross-sectional area and length are the same for the aluminum and copper wires.

CHAPTER 5

공업 재료

5.1 금속과 합금
5.1.1 강
5.1.2 주철
5.1.3 비철금속
5.1.4 초합금
5.2 세라믹
5.2.1 전통 세라믹
5.2.2 뉴 세라믹
5.2.3 유리
5.3 중합체
5.3.1 열가소성 중합체
5.3.2 열경화성 중합체
5.3.3 탄성 중합체
5.4 복합재
5.4.1 복합재의 기술과 분류
5.4.2 복합재

이 장은 이 책에 있는 제조 공정의 공업 재료 네 가지를 다룬다: (1) 금속 (2) 세라믹 (3) 중합체와 (4) 복합재

5.1 금속과 합금

금속은 가장 중요한 공업 재료이다. 금속(metal)은 보통 연성(ductility), 가단성(malleability), 광택, 높은 전기전도율과 열전도율 특성을 가진 재료이다. 이 범주에는 금속 원소와 이 원소들의 합금이 있다. 금속은 매우 다양한 설계 요구사항을 만족하는 특성을 갖고 있다. 금속이 제품으로 성형되는 제조 공정들은 오랜 세월에 걸쳐 개발되고 개선되어 왔다.

금속이 기술적, 상업적으로 중요한 이유는 사실상 대부분의 금속들이 지니고 있는 다음의 일반적인 성질 때문이다.

- *고강성과 고강도.* 금속은 강성, 강도, 경도를 높게 합금화하여 대부분의 공업 제품의 구조용 골조물에 사용된다.
- *인성.* 금속은 다른 종류의 재료보다 에너지 흡수력이 우수하다.
- *우수한 전기전도율.* 금속 결합이 전자를 자유롭게 이동할 수 있도록 하는 전하의 운반체로서 전도체이다.

- *우수한 열전도율.* 금속 결합이기 때문에 세라믹이나 중합체보다 우수한 열전도체이다.

또한 어떤 금속들은 특별히 적용하기에 유용한 특성을 갖고 있다. 대부분의 일반 금속들은 상대적으로 단위 무게당 비용이 낮을 때 이용되고 이러한 이유 때문에 쉽게 선택된다.

어떤 금속은 순수 원소(예: 금, 은, 구리)로서 중요하지만 대부분의 경우에는 합금으로 보다 개선된 성질을 얻는다. 합금(alloy)은 2개 이상의 원소로 구성된 금속으로, 이들 원소들 중 적어도 하나는 금속이다. 합금은 순수 금속보다 강도, 경도 등의 성질을 개선시킬 수 있다.

금속의 기계적 성질은 열처리에 의해 변경할 수 있고, 그 성질을 유용하게 바꾸기 위하여 그 금속에 다양한 가열과 냉각을 반복하고 결국 기계적 성질을 결정하는 금속의 기본 미세 구조를 바꾸는 작업이다. 일부 열처리 작업은 특별한 종류의 금속에만 적용된다. 예를 들면 마르텐사이트를 형성하기 위한 강의 열처리는 마르텐사이트가 강에만 있는 조직이기에 강에서만 이루어 진다. 금속의 열처리에 대해서는 23장에서 다룬다.

금속은 다양한 제조 공정에 의하여 부품이나 제품으로 된다. 금속의 초기 형태는 공정에 따라 다르게 된다. 주된 분류로는 (1) ***주조 금속*(*cast metal*:** 초기 형태는 주물이다. (2) ***가공 금속*(*wrought metal*:** 주조 후 가공(예, 압연 또는 그밖에 성형된) 되거나 가공될 수 있는 금속으로 주조 금속에 비해 더 좋은 기계적 성질을 부여할 수 있다. (3) ***분말 금속*(*powered metal*:** 분말야금 기술에 의하여 변환하여 부품으로 만들기 위하여 미세 분말 형태로 공급된 금속을 의미한다.

대부분의 금속은 위 세 가지 형태로 사용이 된다. 이 장에서는 상업적 및 공업적으로 관심이 큰 (1) 과 (2) 의 부류에 대하여 설명하고, 분말야금 기술은 12장에서 다루고자 한다.

금속은 두 가지 주요그룹으로 분류한다. (1) 철금속−ferrous: 철 기반 금속. (2) 비철금속−nonferrous: 그 밖의 모든 다른 금속.

철 부류의 금속은 강과 주철로 세분화된다. 이 단원에서는 (1) 강, (2) 주철, (3) 비철금속, (4) 초합금의 4개 주제로 구성되고 초합금은 고성능의 철 또는 비철 금속을 의미한다.

5.1.1 강

강은 철(Fe)을 기반으로 하는 철 합금의 한 부류이고 또 다른 부류는 주철이다(5.1.2절). 이 두 가지 부류는 미국에서 금속 총 톤수의 약 85%를 차지한다[10]. 철금속에 대한 내용은 그림 5.1의 철-탄소 상태도로 설명한다. 순철은 1539℃에서 용해된다. 상온에서 온도가 오르면 상태도에서와 같이 여러 고상 상태를 변화하게 된다. 상온에서는 페라이트라고 하는 알파(α)상이고 912℃에서는 이 페라이트 상이 오스테나이트(austenite) 감마(γ)상으로 변화하고 1394℃에서는 델타상(δ)으로 바뀌어 용해 전까지 델타상이 유지된다.

철에서 탄소의 용해 한도는 페라이트 상에서는 낮아, 723℃에서 약 0.022%이고, 오스테나이트 상에서는 1130℃의 온도에서 탄소가 2.1%까지 용해될 수 있다. 대부분의 강은 탄소량의 범위가 0.05%~1.1%이다.

α상과 γ 상의 용해도 차이를 이용하면, 열처리에 의하여 강화시킬 수 있으며 23장에서 다루고

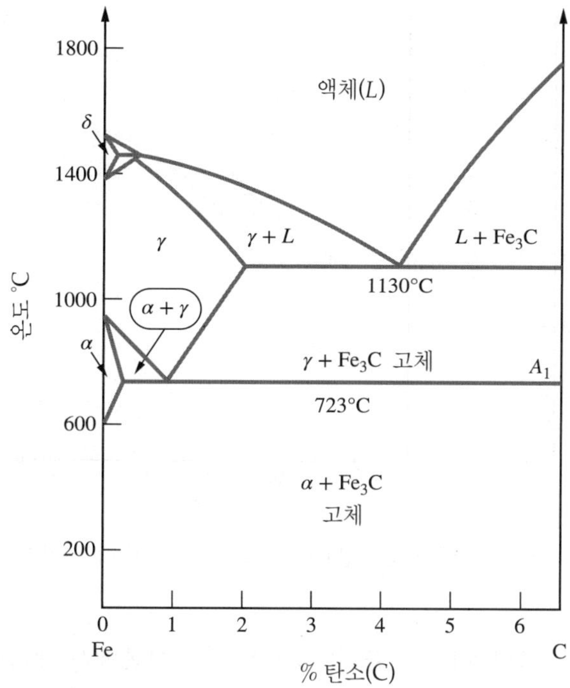

그림 5.1 철-탄소계의 상태도(탄소량 6.67%까지).

자 한다. 열처리 없이 탄소의 양을 증가하여 철의 강도를 급격하게 증가시킬 수 있으며 이것이 강(steel)이다. 강은 엄밀히 말하자면 탄소의 양이 0.02%~2.11%인 철-탄소의 합금이다[1]. 대부분의 강은 탄소량이 0.05~1.1%의 범위에 있다.

이미 설명한 상들 이외에도 철-탄소 합금계에는 중요한 또 다른 상이 하나 있다. 이는 시멘타이트(cementite)로 알려진 Fe_3C이다. 이 시멘타이트는 단단하고 취성을 지닌 철과 탄소의 금속화합물이다. 실온의 평형 상태에서는 탄소량이 0보다 약간만 커지면 철-탄소 합금계는 2-상계를 형성하게 된다. 강에서 탄소의 함유량은 매우 낮은 수준과 약 2.1% C 사이에 있게 된다. 2.1% C 이상, 최대 약 4% 또는 5%의 탄소를 갖는 철의 합금을 주철(cast iron)이라 정의한다.

강은 망간, 크롬, 니켈, 몰리브덴 같은 다른 합금 원소들도 함유할 수 있지만 탄소 성분이 철을 강으로 변화시킨다. 상업적으로 사용 가능한 강의 조성은 수백 가지가 넘는다. 여기서는 상업적으로 중요한 강을 체계화해 다음과 같이 분류할 수 있다: (1) 일반 탄소강, (2) 저합금강, (3) 스테인리스강, (4) 공구강

일반 탄소강

일반 탄소강은 주요 합금 원소로서 탄소와 소량의 다른 원소(약 0.4% 망간 + 적은 량의 실리콘, 인 및 황)들을 함유한다. 일반 탄소강의 강도는 탄소 함유량과 더불어 증가한다. 그림 5.2에는 전형적

1) 일반적인 정의이고 예외가 있음. 최근 개발된 침입형이 아닌 판재성형용 강은 탄소량이 0.005%이다.

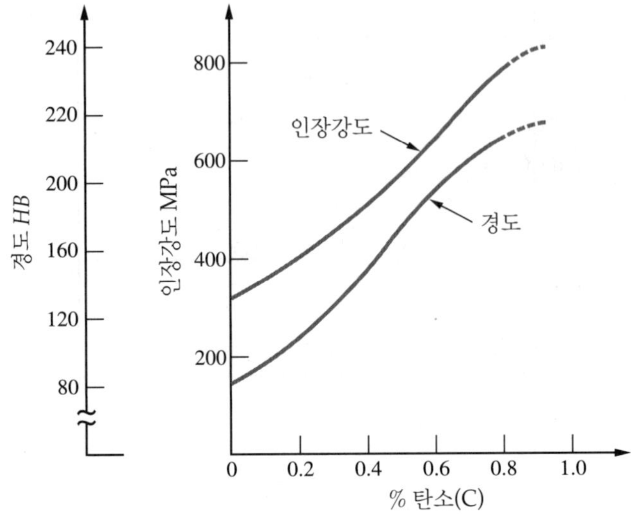

그림 5.2 일반 탄소강(열처리하지 않은 열간 압연강)에서 탄소 함유량에 따른 인장강도와 경도.

인 이들의 관계를 나타낸다. 그림 5.1에서 볼 수 있듯이 강은 상온에서 페라이트(α)와 시멘타이트 Fe_3C의 혼합물이다. 페라이트와 같이 분포된 시멘타이트 입자는 변태에 방해물로 작용한다. 탄소가 많게 되면 많은 방해물을 만들어 더욱 강하고 단단한 강을 만든다.

미국철강협회와 자동차공학회에 의해 개발된 분류표에 따르면 일반 탄소강은 4자리 번호체계로 표시한다. 즉 10XX에서 10은 일반 탄소강을 나타내며 XX는 탄소의 함유량을 백분율로 나타낸다. 예를 들어 1020강은 0.20%의 탄소를 함유한 강을 의미한다. 일반 탄소강은 보통 탄소의 함유량에 따라 다음의 세 그룹으로 분류한다.

1. *저탄소강(low carbon steel)*은 0.20% 이하의 탄소를 함유하며 현재까지 가장 널리 사용되는 강재이다. 일반적인 응용 분야로는 자동차 판금부품, 구조용 강판, 철도 레일 등이 있다. 이 강재는 비교적 성형하기 쉬우며 높은 강도를 필요로 하지 않는 곳에 사용된다. 주강 제품들은 보통 이 탄소범위에 있다.
2. *중탄소강(medium carbon steel)*은 탄소량이 0.20%~0.50% 사이의 범위에 있으며 저탄소강보다 높은 강도가 요구되는 곳에 사용된다. 응용 예로는 기계류 부품이나 크랭크 축, 커넥팅 로드 같은 엔진부품에 사용된다.
3. *고탄소강(high carbon steel)*은 탄소량이 0.50% 이상을 함유한다. 이는 높은 강도가 지속적으로 요구되는 곳이나 강성과 경도가 필요한 곳에 사용된다. 스프링, 절삭 공구나 칼날, 내마모성 부품들이 좋은 예이다.

탄소 함유량이 증가하면 강의 강도와 경도가 증가하는 반면 연성은 감소한다. 또한 고탄소강은 열처리를 통해 마르텐사이트를 생성하고 강을 매우 강하고 경하게 만든다(23.2절).

저합금강

저합금강은 무게비로 약 5% 이하로 추가된 합금 원소를 함유하는 철-탄소합금이다. 이러한 추가된 원소의 기능으로 저합금강은 주어진 적용 분야에서 일반 탄소강 보다 더 우수한 기계적 성질을 나타낸다. 우수한 성질이란 일반적으로 높은 강도, 경도, 고온 경도, 내마모성, 인성 등과 이러한 성질을 이상적으로 조합한 것을 포함한다. 열처리는 가끔 이러한 성질들을 향상하기 위해 필요하다.

강에 추가된 합금 원소로서 크롬, 망간, 몰리브덴, 바나듐 등으로 때로는 각각으로 혹은 이들의 조합으로 보통 구성된다. 이러한 원소들은 일반적으로 철 고용체와 탄소 금속 화합물로 형성되며 탄소가 충분하면 반응을 돕게 된다. 이들 합금 성분들의 주된 효과는 다음과 같이 요약할 수 있다.

- *크롬(Chromium, Cr)*은 강도, 경도, 마모 저항과 고온 경도를 개선한다. 경도를 증가시키는데 가장 효과적인 합금 성분 중 하나이다(20.2.3절). 많은 양의 Cr은 내식성도 개선한다.
- *망간(Manganese, Mn)*은 강의 경도와 강도를 개선한다. 강을 열처리 했을 때 망간이 증가하면 경도가 향상된다. 이러한 장점 때문에 망간은 강의 합금 성분으로 널리 사용된다.
- *몰리브덴(Molybdenum, Mo)*은 인성과 고온 경도를 증가 시킨다. 또한 경도를 향상시키고 탄화물을 형성해 내마모성을 개선한다.
- *니켈(Nickel, Ni)*은 강도와 인성을 개선한다. 이는 경도를 증가시키지만 강의 다른 합금 원소보다는 못하다. 니켈이 충분하면 내식성을 개선하고 스테인리스강의 또 다른 주요 성분(크롬 이외에) 이다.
- *바나듐(Vanadium, V)*은 고온 가열 과정과 열처리 과정에서 금속 입자의 성장을 억제해 강의 인성과 강도를 증가시키고 또한 탄화물을 형성해 내마모성이 증가한다.

저합금강의 AISI-SAE 명칭과 화학 조성에 대하여 표 5.1에 나타냈다. 앞에서 설명한 바와 같이 탄소 함유량은 탄소의 백분율로 표시한다. 표에는 일반 탄소강(10XX)도 포함하고 있으며 다양한 강과 기타 금속들의 성질을 정의해 제3장에서 표로 만들어 제시한다.

저합금강은 특히 중탄소강이나 고탄소강 정도로 용접이 수월하게 되지 않는다. 1960년대부터 저탄소 저합금강에 대한 연구 개발이 이뤄진 이래 일반 탄소강보다 더 나은 강도/무게 비를 가진 저합금강이 개발되었는데 용접성은 일반 탄소강이 저합금강보다 우수하였다. 이러한 노력으로 개발된 제품이 고강도 저합금강(high strength low alloy: HSLA)이다. HSLA 강은 일반적으로 저탄소를 함유하고(0.10~0.30 % C 범위에서) 비교적 소량의 합금 원소(일반적으로 총 약 3%만)를 포함한다. 대표적인 화학 조성은 0.12 C, 0.60 Mn, 1.1 Ni, 1.1 Cr, 0.35 Mo, 0.4 Si이다. HSLA 강은 강도를 향상시키기 위해 일정한 제어 조건하에서 열간압연한 것이지만, 일반 탄소강에 비해 아직 성형성이나 용접성이 충분하지 못하다. 강의 보강은 합금을 통해 이뤄지며, 탄소의 비율이 낮기 때문에 HSLA강의 열처리는 수월하지 않다.

스테인리스강

스테인리스강은 내식성이 크게 설계된 고합금강이다. 스테인리스강의 주요 합금 원소는 크롬으로

표 5.1 강의 AISI-SAE 표기

		화학 조성, %							
코드	강의 명칭	Cr	Mn	Mo	Ni	V	P	S	Si
10XX	일반 탄소강		0.4				0.04	0.05	
11XX	재황화강		0.9				0.01	0.12	0.01
12XX	재황화강, 재인화강		0.9				0.10	0.22	0.01
13XX	망간강		1.7				0.04	0.04	0.3
20XX	니켈강	0.6	0.5		0.6		0.04	0.04	0.2
31XX	니켈 크롬강				1.2		0.04	0.04	0.3
40XX	몰리브덴강	1.0	0.8	0.25			0.04	0.04	0.2
41XX	크롬 몰리브덴강	0.8	0.8	0.2			0.04	0.04	0.3
43XX	Ni-Cr-Mo강		0.7	0.25	1.8		0.04	0.04	0.2
46XX	크롬 몰리브덴강	0.4	0.6	0.25	1.8		0.04	0.04	0.3
47XX	Ni-Cr-Mo강		0.6	0.2	1.0		0.04	0.04	0.3
48XX	니켈 몰리브덴강	0.5	0.6	0.25	3.5		0.04	0.04	0.3
50XX	크롬강	1.4	0.4				0.04	0.04	0.3
52XX	크롬강	0.8	0.4				0.02	0.02	0.3
61XX	크롬 바나듐강	0.4	0.8			0.1	0.04	0.04	0.3
81XX	Ni-Cr-Mo강	0.5	0.8	0.1	0.3		0.04	0.04	0.3
86XX	Ni-Cr-Mo강	0.5	0.8	0.2	0.5		0.04	0.04	0.3
88XX	Ni-Cr-Mo강		0.8	0.35	0.5		0.04	0.04	0.3
92XX	실리콘 망간강		0.8				0.04	0.04	2.0
93XX	Ni-Cr-Mo강	1.2	0.6	0.1	3.2		0.02	0.02	0.3
98XX	Ni-Cr-Mo강	0.8	0.8	0.25	1.0		0.04	0.04	0.3

[16]의 자료

일반적으로 15% 이상을 함유한다. 합금 내의 크롬은 산화성 분위기 속에서 불침투성을 갖는 얇은 산화막을 생성하여 부식으로부터 표면을 보호한다. 니켈은 내식성을 증가시키기 위해 스테인리스강에 사용하는 또 다른 합금 성분이다. 탄소는 금속을 강화하고 경화시키는 데 사용되지만 탄소 함유량이 증가되면 크롬탄화물이 생성되어 합금에 이용되는 Cr의 양을 감소시키기 때문에 내식성이 줄어드는 경향이 있다.

스테인리스강은 내식성 외에 강도와 연성을 가지고 있다. 이러한 성질들 때문에 많은 분야에서 적용되지만 합금을 제조하거나 가공하는 것은 일반적으로 어렵다. 또한 스테인리스강은 일반 탄소강이나 저합금강보다 훨씬 비싸다.

스테인리스강은 전통적으로 다음 세 그룹으로 나눠지며 상온에서 뚜렷한 상이 존재하는 것으로 알려져 있다.

1. *오스테나이트계 스테인리스강(austentic stainless steel)*은 보통 약 18% Cr과 8% Ni로 구성되며 세 그룹 중 내식성이 가장 뛰어나다. 이러한 조성으로, 18-8 스테인리스강으로도 불린다. 이는 자성이 없는 강이며 연성을 갖지만 심한 가공경화 현상을 나타낸다. 니켈은 철-탄소 상태도에서 오스테나이트 영역을 확장하는 효과를 주며 상온에서 안정하게 한다. 오스테나이트계 스테인리스강은 높은 내식성을 요구하는 기계 부품뿐만 아니라 화학, 식품가공 장비 등을 만드는데 사용된다.
2. *페라이트계 스테인리스강(ferritic stainless steel)*은 약 15%~20%의 크롬과 적은 양의 탄소를 포함하나 니켈은 함유하지 않는다. 이는 상온에서 페라이트상을 나타낸다. 페라이트계 스테인리스강은 자성을 가지며 오스테나이트계보다 연성과 내식성이 떨어진다. 페라이트계 스테인리스 강의 부품들은 주방기구에서 제트엔진 부품에 이르기 까지 사용된다.
3. *마르텐사이트계 스테인리스강(martensitic stainless steel)*은 페라이트계 스테인리스강보다 더 높은 탄소를 함유하고 있어 열처리에 의하여 강화시킬 수가 있다(23.2절). 이 강은 18% Cr을 포함하나 Ni은 함유하지 않는다. 이것은 강하고 경도가 높으며 피로저항이 크나, 내식성은 일반적으로 다른 두 그룹보다 크지 않다. 대표적인 제품으로 수저와 포크 등의 주방기구와 외과용 수술기구들이 있다.

대부분의 스테인리스강은 3자리 숫자의 AISI 번호 방식으로 나타낸다. 첫째 자리 숫자는 일반 유형을 가리키고, 다음 두 자리 숫자는 유형에서의 특정 등급을 나타낸다. 표 5.2에 대표적 스테인리스강과 그 화학 조성을 함께 나타냈다.

표 5.2 대표적 스테인리스강의 조성

	화학 조성, %					
유형	Fe	Cr	Ni	C	Mn	기타[a]
오스테나이트계						
301	73	17	7	0.15	2	
302	71	18	8	0.15	2	
304	69	19	9	0.08	2	
309	61	23	13	0.20	2	
316	65	17	12	0.08	2	2.5 Mo
페라이트계						
405	85	13	–	0.08	1	
430	81	17	–	0.12	1	
마르텐사이트계						
416	85	13	–	0.15	1	
440	81	17	–	0.65	1	

[a] 모든 등급에는 1% 정도의 Si, 1% 미만의 인, 황, 알루미늄과 같은 기타 원소를 포함한다.

공구강

공구강은 산업용 절삭 공구, 프레스 금형, 사출 금형으로 사용하도록 설계된 고합금강이다. 사용하기 위해서는 높은 강도와 경도, 고온 경도, 내마모성, 충격에서 강하도록 인성을 지녀야 한다. 이러한 성질을 얻기 위해서 공구강은 열처리된다. 높은 정도의 합금 원소를 갖게 하는 주된 이유는 (1) 경도향상 (2) 열처리 중 뒤틀림 감소 (3) 고온 경도 (4) 마모 저항을 갖도록 금속탄화물 형성 (5) 인성을 높이는 데 있다.

공구강은 적용과 구성 성분에 따라 분류된다. AISI 는 공구강의 유형을 분별하기 위하여 다음에 정의된 접두문자에 따른 분류체계를 사용한다.

T, M *고속도 공구강(high speed tool steel)*은 기계 가공 공정에서 절삭 공구로 사용된다(19.2.1절). 이는 높은 내마모성과 고온 경도를 갖도록 만들어졌다. 원래의 고속도강(HSS)은 1900년경에 개발되었다. 이전에 사용된 공구에 비하여 절삭 속도를 상당히 증가시킬 수 있는 효과가 나타나 고속도 공구강이라 붙이게 되었다. 두 AISI 호칭은 합금 원소를 나타낸다. 즉 T는 텅스텐을 그리고 M은 몰리브덴을 나타낸다.

H *열간 가공용 공구강(hot worked tool steel)*은 단조, 압출, 다이캐스팅에서 열간 가공용 금형의 재료로 쓰인다.

D *냉간 가공용 공구강(cold worked tool steel)*은 판재의 프레스, 냉간압출, 특정 단조 작업과 같은 냉간 가공 공정에 사용되는 금형용 강이다. 호칭 D는 금형(die)을 나타낸다. 이것과 밀접하게 관련된 AISI 호칭에 A와 O가 있다. A와 O는 각각 기냉경화(air hardening)와 유냉경화(oil hardening)를 나타낸다. 이들은 모두 우수한 내마모성을 나타낸다.

W *수냉경화 공구강(water hardening tool steel)*은 다른 합금 성분이 거의 없고 많은 탄소를 함유한다. 이 강은 수냉급속 담금질에 의해 경화된다. 낮은 비용 때문에 널리 사용되지만 낮은 온도에서만 적용한다. 못이나 볼트의 머리를 성형하는 다이에 사용된다.

S *내충격 공구강(shock resistant tool steel)*은 박판의 전단, 펀칭, 굽힘 작업과 같이 높은 인성이 필요한 분야에 적용된다.

P *몰드강(mold steel)*은 플라스틱이나 고무를 성형하기 위한 금형을 만드는 데 사용된다.

L *저합금 공구강(low alloy tool steel)*은 특수 목적으로 만든 공구강이다.

공구강은 공구 재료 뿐만이 아니라 제조 공정에서 다양하게 만들어지는 재료이고 그 재료에는 일반 탄소강, 저합금강, 주철 및 세라믹 등이 있다.

5.1.2 주철

주철은 2.1%에서 약 4%의 탄소와 1%~3%의 규소를 포함하고 있는 철기지의 합금이다. 이러한 조성은 주조 금속으로 매우 적합하도록 되어있다. 사실 주철 주물의 총 톤수는 다른 모든 주조 금속 결합 부품들을 모두 합한(차후에 압연제강을 하는 동안에 봉, 평판, 비슷한 반제품으로 만들어지는 주

표 5.3 대표적 주철의 조성

유형	일반 조성, %				
	Fe	**C**	**Si**	**Mn**	**기타**[a]
회주철					
ASTM Class 20	93.0	3.5	2.5	0.65	
ASTM Class 30	93.6	3.2	2.1	0.75	
ASTM Class 40	93.8	3.1	1.9	0.85	
ASTM Class 50	93.5	3.0	1.6	1.0	0.67Mo
연주철					
ASTM A395	94.4	3.0	2.5		
ASTM A476	93.8	3.0	3.0		
백주철					
저탄소	92.5	2.5	1.3	0.4	1.5Ni, 1Cr, 0.5Mo
가단주철					
페라이트계	95.3	2.6	1.4	0.4	
펄라이트계	95.1	2.4	1.4	0.8	

[16]의 자료, 주철은 여러분류 시스템에 의해 분류된다. 각 유형의 일반 분류를 사용하여 나타냄

[a] 일반적으로 주철은 0.3% 미만의 인과 황을 포함한다.

조. 잉곳은 제외) 것보다 여러 배이다. 주철의 총 톤수는 금속 중에서 강의 다음 위치를 차지한다.

주철의 여러 유형들 가운데 가장 중요한 것은 회주철이다. 그 밖에 다른 종류로는 연주철, 백주철, 가단주철이 있다. 연주철과 가단주철은 가각 회주철 및 백주철과 유사한 화학 조성을 갖지만 특수 처리의 결과를 가지고 있다. 표 5.3에 주요 유형과 함께 화학 조성을 나타냈다.

회주철

회주철은 주철 가운데 가장 많은 양을 차지하며 2.5%~4%의 탄소와 1%~3%의 규소로 조성되어 있다. 이러한 화학 조성으로 응고 시 주물 전체에 걸쳐 흑연(탄소)박편이 형성된다. 파괴되었을 때 금속 표면이 회색을 띠고 있어 이를 회주철이라 한다. 흑연 박편의 분포는 두 가지 유용한 특성을 갖게 한다. (1) 엔진이나 기타 기계류에 필요한 진동 감쇠능, (2) 주조 금속을 가공할 수 있게 하는 내부 윤활성이다.

미국재료시험학회(ASTM)에서는 최소 인장강도(TS) 사양을 제공할 목적으로 다양한 등급들에 대하여 회주철에 관한 분류법을 사용하고 있다. 즉, 제 20종 회주철은 138 MPa의 인장 응력을 가지며, 제 30종은 207 MPa의 인장 응력을 갖는다. 회주철의 압축강도는 인장강도보다 훨씬 높다. 주물의 성질은 열처리에 의해 어느 정도까지는 조절이 가능하다. 회주철의 연성은 매우 낮으며 취성 재료라 할 수 있다. 회주철로 만든 제품에는 자동차 엔진 블럭과 헤드, 모터하우징, 공작기계 받침부 등이 있다.

연주철

연주철은 회주철의 성분을 갖지만 용융 금속은 박편 상 흑연보다는 구상흑연을 형성시키기 위해 용탕 주입 전에 화학적으로 처리된다. 처리 결과 철은 강해지며 이름과 같이, 더욱 연성이 높아진다. 이것은 고강도, 내마모성을 필요로 하는 기계류 부품에 사용된다.

백주철

백주철은 회주철보다 적은 탄소와 규소를 함유한다. 용탕 주입 후 용융 금속을 더 급속히 냉각하여 생성하며 따라서 탄소가 박편 형태로 용체로부터 석출되는 것이 아니라 시멘타이트(Fe_3C)의 형태로 철과 함께 화학적으로 결합하게 한다. 파단 되었을 때 표면은 백색의 결정질 면이 된다. 시멘타이트 때문에 백주철은 경도와 취성이 크고 내마모성이 우수하다. 기차용 브레이크슈 등에 사용된다.

가단주철

백주철을 주조할 때 탄소를 용체로부터 분리되게 하고 흑연 집합체를 형성시키기 위해 열처리한 것을 가단주철이라 한다. 새로운 미세 조직은 변환되기 전의 금속에 비해 상당한 가단성을 지니게 된다. 가단주철의 대표적 제품으로는 관 이음쇠, 플랜지, 기계 부품, 철도장비 부품 등이 있다.

5.1.3 비철금속

비철금속은 철에 기반 하지 않은 금속 원소와 그 합금을 말한다. 공업적으로 중요한 비철금속은 알루미늄, 마그네슘, 구리, 니켈, 아연, 티타늄과 이들의 합금 등이 있다. 비록 비철금속이 철강의 강도에 미치지는 못하지만 일부 비철합금은 내식성과 중간 정도 이상의 높은 응력 적용에서 강에 경쟁할 만한 높은 강도 대 무게 비를 가진다. 또한 많은 비철금속들은 강을 사용하기에 적합하지 않은 곳에서 기계적 성질 외에 또 다른 우수한 성질들을 가진다. 예를 들면 구리는 금속 가운데 전기 저항이 가장 낮은 것 중의 하나로 전선에 널리 사용된다. 알루미늄은 우수한 열전체이고 그 응용은 열교환기, 요리용 냄비를 포함한다. 또한 알루미늄은 쉽게 성형되는 금속이므로 그 가치가 높다. 아연은 용융점이 비교적 낮아 다이캐스팅에 널리 사용된다. 보통 비철금속은 다양한 용도에 적합한 고유의 특성을 지닌다. 다음 절에서는 상업적이고 기술적으로 가장 중요한 비철금속들에 대해 설명한다.

알루미늄과 그 합금

알루미늄과 마그네슘은 가벼운 금속이고 이러한 특성 때문에 공업 분야에서 널리 활용된다. 이들 두 원소는 지구상에 풍부하지만 자연 상태에서 순수하게 추출하기는 쉽지 않으며 알루미늄은 주요한 광석이 보크사이트로 육지에, 마그네슘은 바다에 산재해 있다.

알루미늄은 높은 전기, 열전도성을 가지며 단단하고 얇은 산화물 표면 막을 형성하기 때문에 내식성이 우수하다. 또한 연성이 높은 금속으로 가공성이 좋기로도 유명하다. 순수 알루미늄은 강도가 비교적 낮은 편이지만 합금으로 하거나 열처리를 하여 특히 무게의 중요성을 고려하면 다른 강과 경쟁할 만하다.

알루미늄 합금의 호칭 체계는 4자리 코드 번호를 사용한다. 이 체계는 두 범주로 나눠지며 하나

표 5.4(a) 가공용 알루미늄과 주조용 알루미늄 합금의 표기

합금 그룹	단련용 코드	주조용 코드
알루미늄 99.0% 혹은 고순도	1XXX	1XX.X
알루미늄 합금 (주요 원소)		
구리	2XXX	2XX.X
망간	3XXX	
규소 + 구리 혹은 마그네슘		3XX.X
규소	4XXX	4XX.X
마그네슘	5XXX	5XX.X
마그네슘과 규소	6XXX	
아연	7XXX	7XX.X
주석		8XX.X
기타	8XXX	9XX.X

표 5.4(b) 알루미늄 합금의 뜨임(temper) 유형

단련	설명
F	생산된 그대로(특별한 처리 없음)
H	변형 경화(가공된 알루미늄), H 다음에 두 자리가 있고 첫째 자리는 열처리, 둘째 자리는 잔류 가공경화의 정도를 나타냄. 예) H1X: 변형 경화 후 처리가 없음, X = 1 − 9, 가공경화의 정도를 나타냄
O	변형 경화를 줄이고 연성을 개선하기 위한 풀림 열처리, 강도는 최저 수준으로 감소
T	안정된 뜨임을 위한 F, H, O 외의 열처리. 다음 숫자는 특정의 열처리법을 나타냄. 예를 들면: T1 = 상승 온도로부터 냉각, 자연시효 T2 = 상승 온도로부터 냉각, 냉간 가공, 자연시효 T3 = 액상 용체와 열처리, 냉간 가공, 자연시효
W	용제화 처리, 사용 도중 시효 경화하는 합금에 적용: 불안정한 뜨임처리.

는 제련용 알루미늄이고 또 다른 하나는 주조용 알루미늄에 대한 것이다. 이들의 차이는 주조용 알루미늄에 대해 셋째 자리 다음에 소수점을 사용하는 것이다. 표 5.4(a)에 호칭 체계를 나타냈다.

알루미늄 합금의 성질은 가공경화나 열처리에 의해 영향을 받기 때문에 성분 코드에 추가해 담금질(있을시 강화처리) 방법도 지정해야 한다. 주요 담금질 규격을 표 5.4(b)에 나타냈다. 이 호칭 규격의 앞의 4자리 코드에 이어 담금질 처리를 하거나 하지 않을 것을 (−)로 구분해 나타낸다(예를 들면 2024-T3). 물론 변형 경화를 지정하는 단련 처리는 주조 합금계 에는 적용되지 않는다. 대표적 알루미늄 합금들의 성분을 표 5.5에 나타냈다.

마그네슘과 그 합금

마그네슘(Mg)은 구조용 금속 가운데 가장 가벼우며 비중은 1.74이다. 마그네슘과 그 합금은 단련

표 5.5 대표적 알루미늄 합금의 조성

	일반조성, %					
코드	Al	Cu	Fe	Mg	Mn	Si
1050	99.5		0.4			0.3
1100	99.0		0.6			0.3
2024	93.5	4.4	0.5	1.5	0.6	0.5
3004	96.5	0.3	0.7	1.0	1.2	0.3
4043	93.5	0.3	0.8			5.2
5050	96.9	0.2	0.7	1.4	0.1	0.4

[17]의 자료
*위의 원소 외에 알루미늄 합금에는 구리, 망간, 마그네슘, 바나듐, 아연 등을 극소량 포함한다.

하거나 또는 주조하여 사용하고 가공하기가 비교적 용이하다. 마그네슘의 모든 가공 공정에서 발생하는 작은 입자(작은 금속 절삭 칩과 같은)들은 급격히 산화하므로 화재 위험성을 피하기 위하여 각별한 주의가 필요하다.

순수 금속으로서 마그네슘은 비교적 연해서 대부분의 공업용 용도로 사용하기에는 강도가 부족하다. 그러나 알루미늄 합금과 비교할 만한 강도를 얻기 위해 합금으로 만들거나 열처리를 할 수 있다. 특히 마그네슘의 강도/무게 비는 항공기와 미사일 부품에서 장점이 되고 있다.

마그네슘 합금에 대한 호칭 체계는 3~5자리의 알파벳-숫자 코드를 사용한다. 처음의 두 자리는 주요 합금 원소를 나타낸다(감소되는 비율 순서 또는 비율이 같은 경우에는 알파벳 순서로 코드에 최대 2개의 원소를 지정한다). 예를 들어 A = 알루미늄(Al), K = 지르코늄(Zr), M = 망간(Mn), Z = 아연(Zn)등이다. 그 다음의 두 자리 숫자는 각각 두 합금 성분의 함유량(%) 을 의미한다. 마지막 부호는 단순히 성분의 변동 사항이나 상업적 목적으로 표준화된 순서를 표시해 주기 위해 사용된다. 마그네슘 합금도 뜨임(temper)에 대한 규격을 필요로 하며 알루미늄에 대한 표 5.4(b)의 기본 체계가 그대로 적용된다. 대표적 마그네슘 합금의 호칭 체계의 예를 표 5.6에 나타냈다.

표 5.6 대표적 마그네슘 합금의 조성

	일반 조성, %					
코드	Mg	Al	Mn	Si	Zn	기타
AZ10A	98.0	1.3	0.2	0.1	0.4	
AZ80A	91.0	8.5			0.5	
ZK21A	97.1				2.3	6Zr
AM60	92.8	6.0	0.1	0.5	0.2	0.3Cu
AZ63A	91.0	6.0			3.0	

[17]의 자료

구리와 그 합금

순수 구리(Cu)는 독특한 붉은-핑크 색상을 띠며 가장 특이한 공업적 성질은 낮은 전기 저항성이다(가장 낮은 원소 중의 하나이다). 이러한 특성과 자연에서 풍부하기 때문에 상업적으로 순수 구리는 전기전도체로서 널리 사용된다(참고로 합금 원소를 추가하면 전도성은 급격히 감소한다). 구리는 또한 우수한 열전도체다. 구리는 금, 은과 같이 산화하지 않은 금속 중 하나이며 내식성이 강하다. 이러한 모든 특성들은 구리를 가장 중요한 금속의 하나로 만들고 있다.

구리의 단점으로는 특히 무게를 고려할 때 강도와 경도가 비교적 낮다. 따라서 강도를 개선할 목적으로(혹은 또 다른 이유로서) 구리는 대부분의 경우에 합금을 한다. 청동은 구리와 주석의 합금(일반적으로 약 90% Cu, 10% Sn)으로 청동기 시대 부터 지금까지 널리 사용되고 있다. 주석 외의 다른 원소에 기반으로 하여 청동 합금이 개발 되어왔다. 이들이 바로 알루미늄 청동과 실리콘 청동이다. 황동은 구리와 아연으로 구성된 잘 알려진 또 다른 구리 합금(일반적으로 약 65% Cu와 35% Zn)이다. 구리의 고강도 합금은 열처리한 베릴륨-구리(약 2%만 Be)로 스프링 등에 사용된다.

구리 합금의 호칭은 5자리 숫자 앞에 문자 C(C는 구리)를 사용하는 금속-합금의 통일번호체계(United Numbering System for Metals and Alloys: UNS)에 따른다. 합금은 단련용과 주조용 형태로 처리되고 호칭 체계는 이들 둘 다를 포함한다. 대표적 구리 합금들을 그 조성과 함께 표 5.7에 나타냈다.

니켈과 그 합금

니켈(Ni)은 여러 측면에서 철과 유사하다. 자성을 가지며 강성은 사실상 철이나 강과 거의 비슷하다. 그러나 내식성은 훨씬 뛰어나며 그 합금의 고온특성은 일반적으로 철보다 우수하다. 이러한 내식성의 특성 때문에 스테인리스강과 같은 강의 합금 원소로 자주 사용되며 일반 탄소강 같은 다른 금속의 도금 재료로 널리 사용된다.

니켈 합금은 당연히 상업적으로 중요하며 내식성과 고온 성능을 가진 것으로 유명하다. 일부 니

표 5.7 대표적 구리 합금의 조성

	일반 조성, %				
코드	Cu	Be	Ni	Sn	Zn
C10100	99.99				
C11000	99.95				
C17000	98.0	1.7	a		
C24000	80.0				20.0
C26000	70.0				30.0
C52100	92.0			8.0	
C71500	70.0		30.0		

[17]의 자료

[a]소량의 Ni와 Fe + 0.3 Co

표 5.8 대표적 니켈 합금의 조성

코드	일반 조성, %						
	Ni	Cr	Cu	Fe	Mn	Si	기타
270	99.9		[a]	[a]			
200	99.0		0.2	0.3	0.2	0.2	C, S
400	66.8		30.0	2.5	0.2	0.5	C
600	74.0	16.0	0.5	8.0	1.0	0.5	
230	52.8	22.0		3.0	0.4	0.4	[b]

[17]의 자료
[a] 극소량
[b] 230등급에서는 5% Co, 2% Mo, 14% W, 0.3% Al, 0.1% C의 다른 합금 재료를 포함한다.

켈 합금의 성분을 표 5.8에 나타냈다. 또한 많은 초합금들은 니켈을 기저 재료로 사용한다(5.1.4절).

티타늄과 그 합금

티타늄은 지구 표면의 약 1%를 차지할 정도로 자연에 상당히 많이(가장 많은 알루미늄은 8%) 산재되어 있다. Ti의 비중은 4.7로 알루미늄과 철의 중간 정도이다. 경량성과 우수한 강도/무게 비가 요구되는 항공우주 분야에서 최근 수십 년 동안 그 중요성이 증가하고 있다.

티타늄은 열 팽창이 금속들 가운데 비교적 낮은 편이다. 알루미늄보다 강성과 강도가 크며 높은 온도에서 우수한 강도를 유지한다. 순수한 티나늄은 특히 용융 상태에서 공정상에 문제가 되는 화학반응을 일으킨다. 그러나 상온에서는 얇은 접착 산화피막(TiO_2)을 형성하기 때문에 우수한 내식성을 보인다. 이러한 특성으로 티타늄은 다음의 두 가지 주요 분야에 응용된다. (1) 상업적 목적으로 순수 Ti는 선박용 부품이나 보철용 임플란트 같은 내식성 부품에 사용하며, (2) 티타늄 합금은 주위 온도로부터 550℃ 이상의 온도 범위에서 고강도 특성이 필요하고 특히 우수한 강도/무게 비가 요구되는 부품에 사용된다. 후자의 적용에는 항공기와 미사일 부품 등이 있다. 티타늄에 사용되는 합금 원소에는 알루미늄, 망간, 주석, 바나듐 등이 있다. 여러 종류의 Ti 합금에 대한 조성을 표 5.9에 나타냈다.

표 5.9 대표적 티타늄 합금의 조성

코드[a]	일반 조성, %					
	Ti	Al	Cu	Fe	V	기타
R50250	99.8			0.2		
R56400	89.6	6.0		0.3	4.0	[b]
R54810	90.0	8.0			1.0	1 Mo,[b]
R56620	84.3	6.0	0.8	0.8	6.0	2 Sn,[b]

[1]과 [17]의 자료
[a] 통일 번호체계(UNS).
[b] 극소량의 C, H, O.

표 5.10 대표적 아연 합금의 조성과 적용례

코드[a]	일반 조성, %					응용 분야
	Zn	Al	Cu	Mg	Fe	
Z33520	95.6	4.0	0.25	0.04	0.1	다이캐스팅
Z35540	93.4	4.0	2.5	0.04	0.1	다이캐스팅
Z35635	91.0	8.0	1.0	0.02	0.06	주조 합금
Z35840	70.9	27.0	2.0	0.02	0.07	주조 합금
Z45330	98.9		1.0	0.01		압연 합금

[17]의 자료
[a]UNS(금속에 대한 Unified Numbering System)

아연과 그 합금

아연(Zn)은 용융점이 낮아 주조용 금속으로 사용하는데 아주 유용하다. 또한 강과 철에 코팅하는 경우 부식을 방지할 수 있다. 갈바나이즈강은 아연으로 도금한 강이다.

여러 종류의 아연 합금에 대한 조성과 적용 예를 표 5.10에 나타냈다. 아연 합금은 자동차와 가전용품 산업체에 대량 생산하는 다이캐스팅 부품에 널리 사용된다. 아연의 또 다른 주요 응용 분야로 강에 내식성을 부여하기 위해 아연으로 피복한 아연도금 강이다. 아연의 세 번째 중요한 용도는 황동이다. 앞에서 설명한 바와 같이 이 합금은 약 2/3 Cu와 1/3 Zn의 비율로서 구리와 아연을 포함하고 있다. 미국의 1 센트짜리 동전이 주로 아연으로 만들어진 사실에 주목할 수 있고 동전 페니는 97.5% Zn과 2.5% Cu의 비율로 아연으로 만든 다음 구리로 전기도금을 한 것이다, 미국 조폐국에 의하면 1 페니를 생산하는 데 드는 비용은 약 1.7 센트라고 한다.

5.1.4 초합금

초합금은 철과 비철금속의 양쪽에 속할 수 있는 부류로 여겨진다. 초합금중 일부는 철을 기반으로 하고 다른 것들은 니켈과 코발트를 기반으로 하고 있다. 사실 많은 초합금들은 하나의 기저 금속에 합금 원소를 첨가해 구성하기 보다는 3개 이상의 서로 다른 금속들로 구성된다. 이들 금속의 사용 정도는 앞에서 설명한 많은 다른 금속들에 비해 크지는 않지만 고가 임에도 불구하고 그들이 가진 성능 때문에 기술적으로 중요하다.

초합금은 고온의 작업 온도에서 강도와 표면열화(부식, 산화)에 저항하는 요구 조건들을 만족시키기 위하여 만들어진 고기능성 합금 그룹이다. 초합금 금속에서 상온 강도는 중요한 기준이 되지는 못하며 뛰어나지는 않지만 대부분은 우수한 상온 강도의 특성을 지닌다. 이들의 고온 성능은 매우 우수하며 고온에서의 인장강도, 고온 경도, 크리프 저항과 내식성은 매우 우수한 기계적 성질이다. 적용 온도는 1100℃ 부근이고 이들 금속은 고온에서 작동 효율을 증가시키는 가스터빈(제트, 로켓엔진, 증기터빈, 원자력플랜트) 시스템에 널리 사용된다.

초합금은 주요 구성 성분에 따라 철, 니켈, 코발트의 세 그룹으로 구분된다.

- *철-기지 초합금(iron based alloys)*은 철이 전체 조성의 50%가 안 되는 경우도 있지만 철이 주요 성분이 되는 합금이다. 대표적인 합금 원소는 니켈, 코발트, 크롬이 있다.
- *니켈-기지 초합금(nickel based alloys)*은 합금강에 비해 우수한 고온 강도를 갖고 있다. 니켈을 기저 금속으로 하여 주요 합금 원소로는 크롬과 코발트이며 알루미늄, 티타늄, 몰리브덴, 니오븀(Nb), 철 등이 소량으로 포함된다.
- *코발트-기지 초합금(cobalt based alloys)*의 주요 성분은 코발트(40%~50%)와 크롬(20%~30%)이다. 다른 합금 원소로는 니켈, 몰리브덴, 텅스텐 등이 포함된다.

철을 기저로 하는 초합금을 기지로 한 대부분의 초합금들은 석출경화(23.3절)에 의해 강화된다. 철-기저 초합금은 강화하는 중 마르텐사이트를 생성하지 않는다.

5.2 세라믹

공업 재료로서 세라믹은 자연에 풍부하게 산재되어 있고 금속과는 전혀 다른 기계적, 물리적, 성질을 가졌다는 점에서 중요하다. 세라믹은 금속(또는 반금속)과 하나 이상의 비금속을 함유하고 있는 무기화합물이다. 세라믹 재료의 중요한 예로는 대부분의 유리 제품의 주원료인 실리카; 또는 이산화규소(SiO_2), 연마 입자와 인공뼈에 이르기까지 폭 넓게 사용되는 알루미나(산화알루미늄, Al_2O_3); 또는 모든 점토 제품(벽돌과 도자기)의 주성분인 규산화 알루미늄($Al_2Si_2O_5(OH)_4$, 고령석(Kaolinite)으로 알려짐) 같이 더욱 복잡한 화합물이 사용된다. 이 화합물의 성분은 지구 표면에 산재되어 있다. 세라믹 그룹에서는 자연적이거나 인공적으로 제조된 여러 가지 혼합물들이 포함된다.

세라믹을 공업 제품에서 유용하게 사용할 수 있도록 해주는 일반적인 특성에는 고경도, 우수한 전기절연과 열절연성, 화학적 안정성, 높은 용융 온도 등이 있다. 일부 세라믹은 창 유리 같은 반투명체이다. 또한 취성이 크고 사실상 연성이 없어 세라믹 제품의 공정과 성능에서 문제를 일으키는 원인이 되고 있다.

세라믹 재료는 다음의 세 가지 기본 유형으로 분류한다. (1) **전통 세라믹**: 도자기, 벽돌, 보통 입자, 시멘트 등과 같은 점토물로 사용되는 규산염(silicate). (2) **뉴 세라믹**: 전통 세라믹에 비해 더 우수하고 특유한 기계적, 물리적, 성질을 지닌 산화물과 탄화물 같은 비규산염을 기반으로 한 보다 최근에 개발된 세라믹. (3) **유리**: 비결정질 구조로서 다른 세라믹과 구분되며 실리카에 기반한 세라믹. 이들 세 가지 기본 유형 외에도 열처리에 의해 대부분이 결정질 구조로 변환된 **유리 세라믹**도 있다. 이들 재료에 대한 제조 공정은 9장(유리제조)과 13장(전통과 뉴 세라믹의 분말 공정)에서 다룬다.

5.2.1 전통 세라믹

전통 세라믹 재료는 광물성 규산염, 실리카, 광물성 산화물을 기반으로 한다. 주요 제품들은 경화점토(도자기, 식기, 벽돌, 타일), 시멘트, 산화알루미늄 같은 천연 입자이다. 이러한 제품과 생산 과정은 수천 년 전으로 거슬러 올라간다. 유리도 규산염 세라믹 재료이며 종종 전통 세라믹 그룹에 포함된다[12][13]. 그러나 유리는 비결정질 또는 유리질(유리 같은 또는 유리의 특성을 가진) 구조를 가지고 있기 때문에 위의 결정질 재료와는 차이가 있으며 다음 절에서 다룬다.

원재료

다양한 성분의 점토와 같은 광물성 규산염과 석영 같은 실리카는 자연에서 가장 풍부한 물질로 전통 세라믹의 주요 원재료가 되고 있다. 점토는 세라믹에서 가장 널리 사용되는 원재료이다. 점토는 물과 혼합하면 성형성과 주형성이 좋아지고 가소성 물질로 되는 알루미늄 규산염의 미세 입자로 구성되어 있다. 가장 일반적인 점토는 광물성 고령석(kaolinite, $Al_2Si_2O_5(OH)_4$)를 기반으로 하고 있다. 다른 광물성 점토의 조성은 기본 성분의 비율과 마그네슘, 나트륨, 칼륨 등 다른 원소를 추가에 따라 그 조성이 달라진다.

물과 혼합되었을 때의 가소성 이외에도 점토를 유용하게 하는 두 번째 특징은 충분히 높은 온도로 가열하면 밀도가 조밀하고 강한 재료로 융화되는 것이다. 이러한 열처리를 굽기라 한다. 적합한 굽기 온도는 점토의 성분에 달려 있다. 따라서 점토는 습하고 연한 상태에서 조형을 한 다음 마지막으로 경화시킨 세라믹 제품을 얻기 위해 굽는다.

역사적 고찰 5.1 고대 도자기류

초기 문명 이후부터, 도자기를 만드는 것은 예술이었다. 고고학자들은 고대 세계의 문화를 연구하기 위하여 고대 도자기 및 이와 유사한 유물을 조사하였다. 세라믹 도자기는 나무, 금속 또는 천으로 만든 인공물처럼 빠르게 부식하여 분해되지 않는다. 또한, 초기 원시 종족들은 점토가 모닥불 근처에 놓이면 단단한 고체로 변한다는 것을 발견했고, 거의 10,000년 전부터, 불에 구워진 점토 제품이 중동에서 발견되었다. 토기 냄비 및 유사 제품은 기원전 4000년경 이집트에서 상업적으로 거래가 되었다.

도자기 제작이 기원전 1400년에 중국에서 가장 발전하였고, 고급 백자가 처음으로 만들어 졌다. 9세기까지 중국인들은 더욱 복잡한 원료 혼합물을 부분적으로 유리화하여 최종 제품에 투명도를 부여하기 위해 토기나 석기보다 더 높은 온도에서 소성되는 도자기를 만들고 있었다. 중국 도자기로 만들어진 식기는 유럽에서 높은 평가를 받았고, 그것은 '차이나'라고 불리었고 이는 중국과 유럽의 교역에 많은 공헌을 하였고 유럽 문화 발전에 큰 영향을 미쳤다.

실리카(SiO_2)는 전통 세라믹의 또 다른 주요 원재료이다. 이것은 유리의 주요 성분이며, 백도자기, 내화물, 연마 입자의 성분으로 세라믹 제품들의 중요한 성분이다. 실리카는 자연 상태에서 매우 다양한 형태로 존재하는데 그 중 중요한 것이 석영(quartz)이다. 석영의 공급원은 사암(sandstone)이다. 사암은 풍부하고 가공이 비교적 용이하기 때문에 실리카의 가격은 저렴하다. 또한 단단하고 화학적으로도 안정되어 있다. 이러한 특징 때문에 세라믹 제품에 널리 사용되고 있다. 일반적으로 최종 제품에 적절한 특성을 부여하기 위해 다른 광물들을 점토와 함께 다양한 비율로서 혼합한다. 장석도 많이 사용되는 광물 중 하나이다. 장석(Feldspar)은 알루미늄 규산염과 칼륨, 나트륨, 칼슘, 바륨 등과 결합해 구성된 다결정 광물이다. 점토, 실리카, 장석 등의 혼합물은 사기그릇, 자기, 식기 등을 만드는 데 사용된다.

전통 세라믹의 또 다른 원재료로 사용하는 재료로 알루미나가 있다. 대부분의 알루미나는 수소를 가진 알루미나 산화물과 수산화알루미늄에 철이나 망간 등이 혼합된 형태이고 보크사이트 광물을 처리하여 얻는다. 일반적 Al_2O_3의 형태로 코런덤(corundum)이 있으며 알루미나를 다량으로 함유하고 있다. 약간의 불순물을 지닌 코런덤은 루비나 사파이어와 같은 유색 보석이다. 알루미나 세라믹은 연삭 숫돌의 연마 입자나 가열로의 내화 벽돌로 사용된다.

실리콘 카바이드는 연마 입자로 사용되며 자연에는 존재하지 않는다. 대신에 모래(규소의 공급원)와 코크스(탄소)를 2200℃ 정도로 가열 혼합해서 만들며 화학반응의 결과는 SiC와 일산화탄소를 생성한다.

전통 세라믹 제품

앞에서 다룬 광물들은 다양한 세라믹 제품들의 원료가 된다. 이 절에서는 전통 세라믹 제품의 주된 범주에 대해 다룬다. 생산 제품에 일반적으로 사용되는 재료만을 다룰 것이기 때문에 시멘트와 같은 상업적으로 중요한 세라믹은 생략한다.

- *도기와 식기류.* 이것은 가장 오래된 세라믹의 한 가지 종류로서 수천 년의 역사를 지니고 있으며 아직도 매우 중요한 분야이다. 여기에는 우리가 사용하는 옹기, 사기그릇, 자기그릇 등의 식기류 제품들이 모두 포함된다. 이들 제품의 원재료는 실리카와 장석(feldspar) 같은 광물과 점토의 혼합물이다. 젖은 상태의 혼합물은 조형된 후 최종 제품을 만들기 위해 가열해서 굽는다.
- *벽돌과 타일.* 건축용 벽돌, 도관, 기와, 배수용 타일 등은 자연 퇴적층에서 널리 구할 수 있는 실리카나 모래가 포함된 저가의 점토를 사용해 만든다. 이들 제품은 가압(주형)해 조형을 하고 비교적 낮은 온도에서 굽는다.
- *내화재.* 벽돌의 형태로 가끔 사용되는 내화 세라믹은 재료를 가열하거나 용융시키는 로(furnace)나 도가니를 필요로 하는 많은 산업 공정에서 중요하다. 내화 재료의 유용한 성질은 내열성과 단열, 가열되는 재료(대부분 용융 금속)와 화학반응이 잘되지 않는 저항성 등이다. 전술한 바와 같이 알루미나는 내화 세라믹으로 사용된다. 다른 내화 재료로는 산화마그네슘(MgO)과 산화칼슘(CaO) 등이 있다.
- *연마 입자.* 연삭 숫돌이나 사포 같은 연마 제품을 만드는 데 사용되는 전통 세라믹은 알루미나와 탄화규소다. SiC가 더 단단하지만 대부분의 알루미나가 강과 대부분의 금속을 연삭할 때 보다 좋은 결과를 주기 때문에 연삭 숫돌의 주재료를 Al_2O_3로 하고 있다. 숫돌 전반에 분포되어 있는 연마 입자(세라믹의 입자)들은 셸락(shellac), 고분자 수지, 고무와 같은 결합재에 의해 결합된다. 연삭 숫돌의 관련 기술은 21장에서 자세히 다룬다.

5.2.2 뉴 세라믹

뉴 세라믹이라는 용어는 최근 수십 년에 걸쳐 인공적으로 개발되었고 세라믹 재료의 구조와 성질을 제어하는 공정 기술을 개선시켜 생산된 세라믹 재료를 말한다. 일반적으로 뉴 세라믹은 다양한 알루미늄 규산염의 형태가 아닌 다른 혼합물을 기반으로 한다(전통 세라믹 재료의 덩어리 형태). 예를 들어 산화물 등의 뉴 세라믹은 탄화물, 질화물, 붕화물 등과 같이 보통의 전통 세라믹보다는 항상 화학적으로 간단하다. 산화알루미늄과 탄화규소 등은 전통 세라믹에도 포함되기 때문에 뉴 세라믹과 전통 세라믹을 분리하는 것은 분명하지 않다. 이러한 경우에 그 분류는 화학적 조성 보다는 공정 방법에 더 따르게 된다.

다음 절에서는 산화물, 탄화물, 질화물 등의 화학적 조성의 부류에 대하여 뉴 세라믹을 체계적으로 설명한다. 뉴 세라믹에 대한 보다 자세한 내용은 참고문헌[9], [12], [18]에 나타난다.

산화물 세라믹

가장 중요한 산화물 뉴 세라믹은 알루미나이다. 전통 세라믹에 대한 내용에서도 언급한 바와 같이 오늘 날 알루미나는 전기로 방식을 이용해 보크사이트로 부터 인공적으로 만들어진다. 알루미나의 입자 크기와 불순물의 조절, 제련공정, 다른 세라믹 성분과 소량의 혼합 등을 통해 강도와 인성이 기존의 세라믹에 비해 현저하게 개선되었다. 또한 알루미나는 우수한 고온경도, 낮은 열전도율, 우수한 내식성 등의 성질을 갖고 있다. 이러한 성질들의 조합으로 알루미나는 연마재(연삭숫돌입자), 생체 세라믹(인공뼈와 치아), 전기절연재, 전자부품, 유리의 합금재료, 내화벽돌, 인서트 절삭공구

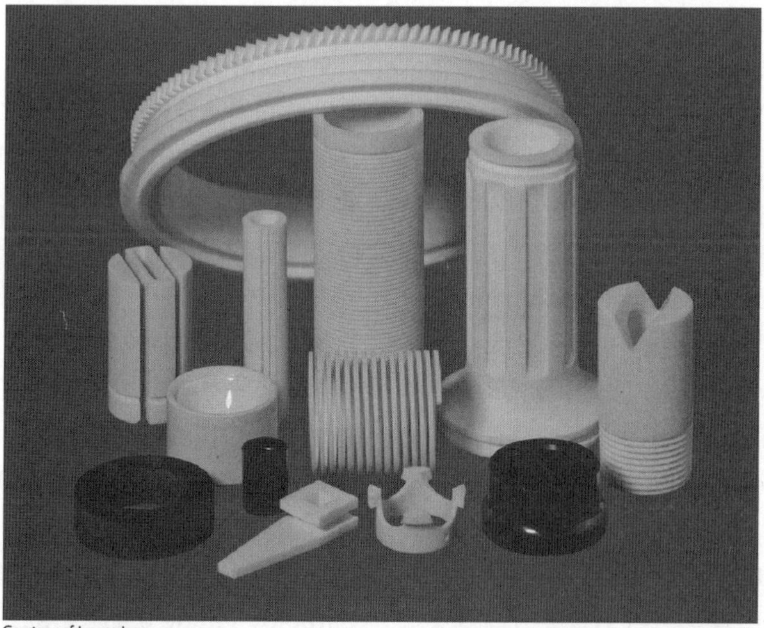

Courtesy of Insaco Inc.

그림 5.3 세라믹 부품들. 흰색 부분은 알루미나이고 검은 부분은 탄화규소나 질화규소이다(Insaco 사 제공).

(19.3.1절), 점화 플러그 배럴(barrels)과 공업제품 등의 다양한 분야에 적용된다. 그림 5.3은 대부분이 알루미나로 만들어진 뉴세라믹 부품을 보여준다.

다른 산화물 세라믹인 이산화지르코늄(ZrO_2, 지르코니아라고도 함)은 Al_2O_3보다 밀도와 굽힘 강도가 더 높으나 오히려 더 비싼 화합물이다. 응용 분야는 치과용 크라운 및 브릿지, 내화물, 전자 절연체 및 연마재 등이다. 다이아몬드와 같은 결정 구조를 가진 특별한 형태의 지르코니아를 큐빅 지르코니아라고 한다. 보석류로 다이아몬드를 대신하여 저렴한 가격으로 사용된다.

탄화물 세라믹

탄화물 세라믹은 탄화규소(SiC), 텅스텐카바이드(WC), 티타늄 카바이드(TiC), 탄탈륨 카바이드(TaC), 크롬카바이드(Cr_3C_2) 등을 포함한다. 탄화규소는 앞에서 설명했듯이 인공적인 세라믹이지만 생산 방법은 이미 1세기 전에 개발된 방법으로 일반적으로 전통 세라믹 그룹에 속한다. SiC는 연마 입자로 사용되는 것 외에도 강 제조에 있어 내열 원소와 첨가재로도 사용된다.

역사적 고찰 5.2 텅스텐 카바이드[11]

화합물인 WC는 자연적으로 생기지 않는다. 1890년대 후반 프랑스인 앙리 무아상(Henri Moissan)이 처음 제작하였으나 그 개발의 중요성은 기술적으로나 상업적으로 20년 동안 인식되지 않았다.

텅스텐은 1900년대 초반에 백열등 필라멘트의 중요한 금속으로 되었고 이 필라멘트를 생산하려면 와이어 드로잉이 필요하였다. 이때 많이 쓰인 공구강 인발 다이는 마모가 심하여 텅스텐 와이어를 인발하는 데 충분하지 못하여, 훨씬 더 단단한 재료가 필요하였다. 화합물인 WC는 이러한 경도를 가진 것으로 알려져 있다. 1914년 독일에서 H. Voigtlander와 H. Lohmann은 텅스텐 카바이드 및/또는 몰리브덴 카바이드 분말을 압축 소결하여 강한 인발다이 제조공정을 개발하였고, Lohmann은 소결된 탄화물을 최초로 상업적으로 생산한 것으로 인정받고 있다.

초경합금의 신기술은 1920년대 초중반 독일의 K. Schroter의 업무와 관련이 있다. 그는 약 10%의 철금속과 혼합된 WC 분말을 사용하여, 최종적으로 코발트를 바인더로 하여 금속의 녹는점에 가까운 온도에서 혼합물을 소결하였다. 이 단단한 소재는 1926년 독일에서 'Widia'로 처음 시장에서 판매되었다. Schroter 특허는 'Carboloy'라는 상품명으로 General Electric Company에 주어져 1928년경 미국에서 처음 생산되었다.

Widia와 Carboloy는 4%에서 13% 범위의 코발트 함량으로 절삭 공구 재료로 사용되었다. 그들은 주철과 여러 비철 금속의 기계 가공에는 효과적이었지만 강철 절단에는 효과적이지 못하였다. 강철을 가공 시 칩이 공구의 경사면을 따라 미끄러져 공구에 크레이터 마모가 생겨나고 빠르게 공구가 마모된다. 1930년대 초, WC 및 TiC로 구분되어 카바이드 절삭 공구가 강철을 자르기 위하여 개발되었다. 1931년 독일 회사인 Krupp는 WC 84%, TiC 10%, Co 6%의 조성을 가진 Widia X를 생산하기 시작하였다. 그리고 69% WC, 21% TiC 및 10% Co를 함유한 Carboloy Grade 831은 1932년에 미국에 도입되었다.

WC, TiC, TaC 등은 경도와 내마모성이 필수적인 절삭 공구와 그 외의 다양한 적용 분야에 사용된다. 텅스텐 카바이드는 가장 먼저 개발되었으며 이들 절삭 공구 그룹에서 가장 중요하고 널리 사용되는 재료다. 크롬카바이드는 화학적 안정성과 내식성이 요구되는 적용 분야에 적합하다.

SiC를 제외한 탄화물들은 유용한 고체형상 제품으로 만들기 위해서 코발트나 니켈 같은 금속 결합재와 함께 혼합되어야 한다. 요컨대 탄화물 분말은 금속 제조공정에서 결합에 의해 초경합금(cemented carbide-복합재료, 구체적으로 ceramic과 metal을 줄인 서멧(cermet))이 된다. 시멘트 카바이드와 다른 서멧은 5.4.2절에서 다루었다. 탄화물은 복합재료의 성분으로 쓰이는 것 외에는 공업적적 가치가 거의 없다.

질화물 세라믹

중요한 질화물 세라믹으로 질화규소(Si_3N_4), 질화붕소(BN), 질화티타늄(TiN) 등이 있다. 질화물 세라믹은 단단하고 취성을 가지며 높은 온도에서 용융된다(일반적으로 탄화물만큼 용융점이 높지는 않다). 질화물 세라믹은 TiN만 제외하고는 일반적으로 전기적 절연체이다.

질화규소는 고온의 구조물에 적합하다. 낮은 열 팽창과 열 충격 그리고 크리프(creep)에 우수한 저항성을 가지며 용융 비철금속에 의하여 잘 부식되지 않는다. 이러한 성질 때문에 가스터빈, 로켓 엔진, 용융도가니 등에 사용된다.

질화붕소(boron nitride)는 탄소와 유사하게 여러 가지 구조로 존재한다. BN의 중요한 형태는 (1) 흑연과 유사한 육각형, (2) 다이아몬드와 같은 입방형이 있으며, 경도는 실제로 다이아몬드와 비교할만 하다. 이 후자의 구조를 입방정질화붕소(cubic boron nitride) 또는 보라존(borazon) 이라 부르며 CBN으로 표기한다. 매우 높은 경도를 갖기 때문에 CBN은 절삭 공구와 연삭 숫돌에 적용되고 있다. 흥미롭게도 CBN은 다이아몬드 절삭 공구와 연삭휠과는 비교될 수 없으며 다이아몬드는 비철금속의 기계 가공과 연삭에 적합하나 CBN은 강에 적합하다.

질화티타늄은 전기적으로 전도체라는 점을 제외하고는 이 그룹의 다른 질화물들과 유사한 성질을 지닌다. TiN은 높은 경도와 우수한 내마모성, 철 계 금속에 대한 낮은 마찰계수 등의 특징이 있어 이러한 성질은 TiN을 절삭 공구의 표면 코팅에 이상적인 재료로 사용하는 이유가 되기도 한다. 코팅의 막은 단지 0.006 mm에 불과하고 여기에 사용되는 재료의 양은 매우 적다.

5.2.3 유리

유리라는 용어는 물질의 상태를 나타내기도 하고 동시에 세라믹 유형을 나타내기 때문에 다소 혼동될 수 있다. 물질 상태로서 용어는 고체 재료의 비정질 혹은 비 결정질 구조를 의미한다. 유리질의 상태는 용융 상태에서 냉각하는 동안 결정질 구조를 형성하기에 충분한 시간이 주어지지 못하면 발생한다. 공업 재료의 세 가지 형태(금속, 세라믹, 중합체) 모두에 유리질 상태가 일어날 수 있으나 금속의 경우에는 이런 경우가 매우 드물다.

역사적 고찰 5.3 유리의 역사

기원전 2500년경으로 거슬러 올라가는 가장 오래된 유리 표본은 메소포타미아와 고대 이집트에서 발견된 유리 구슬 및 기타 단순한 모양이다. 이것은 녹은 유리를 성형하거나 성형하는 것이 아니라 유리 고체를 공들여 조각하여 만들어졌다. 고대 문화가 컵 모양의 용기 제품에 충분한 두께와 강성이 확보될 때까지 뜨거운 유리를 모래 코어 위에 연속적인 층으로 부어 뜨거운 유리의 유동성 특성을 활용하기 1000년 전이었다. 이 붓기 기술은 기원전 200년경까지 사용되었으며, 이때 유리 작업에 혁명을 일으킨 간단한 도구인 송풍관이 개발되었다. 유리세공은 아마도 바빌론에서 처음으로 이루어졌고 나중에는 로마인들에 의해 이루어졌을 것이다. 그것은 한쪽 끝에 마우스피스가 있고 다른 쪽 끝에 녹은 유리를 고정하기 위한 고정 장치가 있는 몇 피트 길이의 철관을 사용하여 수행되었다. 필요한 초기 모양과 점성을 가진 뜨거운 유리 덩어리를 철관 끝에 부착한 다음 장인이 자유롭게 공기 중에서 또는 금형 구멍으로 불어 모양을 만들었다. 물체에 스템 및/또는 베이스를 추가하기 위해 다른 간단한 도구를 사용했다.

고대 로마인들은 유리를 착색하기 위해 다양한 금속 산화물을 사용하는 데 뛰어난 기술을 보여주었다. 그들의 기술은 이탈리아와 나머지 유럽 지역의 중세 성당과 교회의 스테인드 글라스 창문에서 분명하게 나타난다. 유리 불기 기술은 오늘날 특정 소비자 유리 제품에 대해 여전히 시행되고 있다. 유리 불기의 자동화 버전은 병 및 전구와 같은 대량 생산 유리 제품에 사용된다(12장).

세라믹의 한 종류로서 ***유리***는 무기질이며 비금속 화합물(또는 화합물의 혼합물)로서 결정화 되지 않은 강한 상태로 냉각된 것이다. 고체 상태로서의 유리질 상태가 세라믹이다.

유리의 화학적 조성과 성질

거의 모든 유리의 주원료는 실리카(SiO_2)이며 이는 주로 사암과 실리카 모래에서 광물 석영의 형태로 발견된다. 석영은 자연적으로는 결정질 물질이지만 용융한 다음 냉각하면 유리질 실리카가 생성된다. 실리카 유리는 매우 낮은 열 팽창 계수를 가지며 열 충격에 매우 잘 저항한다. 이러한 성질은 고온에서 이상적으로 적용이 가능하기 때문에 가열에 강하도록 하기 위한 화학 유리 제품들은 실리카 유리를 다량으로 함유하여 만들어진다.

수월한 공정을 위해 유리의 용융 온도를 낮추고, 성질을 조절하기 위해 대부분의 상업용 유리 성분에는 실리카뿐만 아니라 산화물이 남아 있으며 실리카는 유리 제품의 주된 성분이며 전체 화학 물질의 50~75%를 차지한다. 이러한 구성비로 SiO_2가 널리 사용되는 이유는 대부분의 세라믹들은 응고 시 결정화되는 반면 실리카는 액체에서 냉각하면서 자연적으로 유리질 상태로 변이되기 때문이다. 표 5.11에는 대표적인 유리에 대한 화학 조성을 나타냈다. 첨가 재료는 SiO_2 고용체 형태로 함유되며 각각은 다음과 같은 기능을 지닌다. (1) 가열 시 용융을 촉진, (2) 공정 중 용융 유리의 유동성 증가, (3) 유리질 상태에서 결정화되려는 경향 - 불투명해지는 것의 지연, (4) 최종 제품의 열 팽창 저감, (5) 산이나 염기성 물질 혹은 물 등에 대한 화학적 저항 개선 (6) 유리에 색상 첨가, (7) 광학적 응용(예, 렌즈)을 위한 굴절률 변경 등이다.

유리 제품

다음은 유리 제품의 주요 범주를 나타냈으며 이 제품들이 설명되듯이 표 5.11에 나타낸 다양한 조성들의 역할도 살펴본다.

- *창유리.* 표 5.11에 의하면 이 유리는 소다 석회 유리와 창 유리의 두 가지 화학적 특성을 가진다. 소다 석회 유리의 역사는 1800년대 이전의 유리 세공 산업으로 거슬러 올라간다. 이는 소다(NaO_2)와 석회(CaO)를 실리카(SiO_2)와 섞어 만들었다. 성분 혼합은 냉각 중 결정화를 피하고 제품의 화학적 내구성을 갖도록 발전해 왔다. 최근의 창 유리와 그것을 만들기 위한 기술은 성분에서 약간의 조정을 하여 불투명해지는 것을 줄이기 위해서는 마그네시아(MgO)가 첨가된다.
- *용기.* 예전에는 병과 기타 용기를 만들기 위한 수작업 유리 세공에 소다-석회성분 과 같은 기본 조성을 사용했다. 현대적 공정에서는 유리 용기를 만드는데 과거보다 훨씬 더 빠르게 유리를 냉각시키며, 석회(CaO)와 소다(Na_2O_3)의 비율을 최적화하려는 조성 변화가 시도되어 왔다. 석회는 유동성을 증가시키며 불투명해 지도록 한다. 그러나 냉각 속도가 더 빨라졌기 때문에 느린 냉각 속도를 사용했던 과거와 같이 이러한 효과는 중요하지 않다. 소다는 화학적 안정성과 불용성을 증가시킨다.
- *전구 유리.* 백열전구나 다른 얇은 유리 제품(예, 물컵, 크리스마스 장식물)에 사용되는 유리는

표 5.11 대표적 유리 제품의 화학적 조성

제품	화학적 조성, (무게비%)								
	SiO_2	Na_2O	CaO	Al_2O_3	MgO	K_2O	PbO	B_2O_3	기타
소다-석회 유리	71	14	13	2					
창유리	72	15	8	1	4				
용기유리	72	13	10	2a	2	1			
전구 유리	73	17	5	1	4				
실험기구유리:									
Vycor	96	4		1				3	
Pyrex	81	1		2				13	
E-glass(섬유)	54		17	15	4			9	
S-glass(섬유)	64			26	10				
광학 유리:									
크라운유리	67	8				12		12	ZnO
플린트(Flint)유리	46	3				6	45		

[10], [12], [19] 및 기타의 자료

[a] Fe_2O_3와 Al_2O_3를 포함한다.

소다 양을 많게, 석회양은 적게 함유하며; 마그네시아와 알루미나도 소량 지니고 있다. 원재료는 저렴하면서 오늘날 백열전구의 대량 생산에 쓰이는 연속 용해로에 적합하게 사용된다.

- *실험용 유리 용기.* 이들 제품은 화학 물질을 담는 용기(예, 플라스크, 비커, 유리관)를 의미한다. 이 유리는 화학적 침식과 열 충격에 강해야 한다. 실리카를 많이 함유한 유리는 열 팽창률이 낮아 적합하다. 실리카가 많은 유리는 'Vicor'라는 상품명으로 불린다. 붕소산화물을 첨가하여 낮은 열 팽창 계수를 갖는 유리를 생산하고, 실험실 용기로 사용되는 유리는 B_2O_3를 함유한다. 상품명 'Pyrex'는 붕소실리케이트 유리이다.
- *광학 유리.* 이 유리의 주요 용도는 안경이나 카메라, 망원렌즈, 현미경 등과 같은 광학기기의 렌즈이다. 이들 각 기능을 달성하기 위해 렌즈는 각기 다른 굴절률을 가져야 한다. 광학 유리는 보통 크라운과 플린트의 두 유형으로 나눠진다. 크라운 유리(crown glass)는 굴절률이 낮고 플린트 유리(flint glass)는 산화납(PbO)을 함유하고 있어 굴절률이 높다.
- *유리섬유.* 유리섬유는 섬유유리 강화 플라스틱, 단열용 면, 광섬유 등의 중요한 용도를 위해 만들어진다. 그 성분은 기능에 따라 다르다. 플라스틱용 강화섬유로 가장 일반적으로 사용되는 것은 E-glass이다. 또 다른 유리섬유 재료로 S-glass가 있는데 E-glass보다 강도는 높지만 경제적이지 못하다. 단열재용 섬유유리 면은 보통 소다-석회-실리카 유리로부터 제조될 수 있다. 광섬유 유리는 굴절율이 높은 긴 중심부의 유리가 굴절률이 낮은 바깥 유리에 둘러싸인 형태를 지니고 있다. 내부 유리는 원거리 통신을 위해 매우 높은 빛의 투과율을 가져야 한다.

유리 세라믹

유리-세라믹은 유리질의 유리를 열처리를 통해서 다결정 구조로 바꾼 세라믹 재료를 뜻한다. 최종 제품에서 결정질 상의 비율은 90~98% 사이이고 나머지는 바뀌지 않은 유리질 재료이다. 결정립의 크기는 0.1~1.0 μm 사이이고, 일반 세라믹 결정립의 크기에 비해 매우 작다. 이러한 미세결정 구조는 유리-세라믹을 더욱 강하게 만들고 결정 구조 때문에 유리-세라믹은 투명하지 않고 불투명하다(보통은 회색이나 흰색으로 깨끗하지 못함).

유리-세라믹의 처리 공정은 다음과 같다. (1) 첫 단계로서 원하는 형상을 얻기 위해 가열과 성형 작업을 한다(9.2절). 유리성형 방법은 전통 세라믹 또는 뉴 세라믹의 분말을 압축하고 소결시키는 것 보다 경제적이다. (2) 제품을 냉각시킨다. (3) 전체 재료를 결정 핵이 충분히 조밀하게 생성할 수 있도록 적절한 온도로 유리를 재 가열한다. 결정 핵의 밀도가 높아지면 개별적인 결정 성장이 억제되고 결국 유리-세라믹 재료의 미세한 입자가 얻어진다. 핵 생성을 하려면 약간의 핵 생성 촉매를 유리 성분에 넣어주는 것이다. 일반적인 핵 생성재로는 TiO_2, P_2O_5, ZrO_2 등이 있다. (4) 일단 핵이 생성하면 결정질 상으로 성장하도록 높은 온도로 연속해서 열처리한다.

유리-세라믹의 주요한 장점은 (1) 유리질 상태의 공정의 효율성 (2) 최종 제품 형상의 정밀한 치수 관리, (3) 우수한 기계적, 물리적 성질에 있다. 이들 성질에는 높은 강도(유리보다 강하다), 기공이 없고, 낮은 열 팽창 계수, 높은 열 충격 저항성 등을 지니고 있다. 이러한 성질 때문에 요리용 그릇, 열교환기, 미사일 덮개 등에 응용되고 있다. 일부 종류는 전기 저항이 매우 높아 전기나 전자 부품에 적합하다.

5.3 중합체

오늘날 공업적으로 사용되는 대부분의 중합체 재료(천연 고무를 제외한)는 합성 재료다. 재료 자체는 화학적 공정에 의해 만들어지고 모든 제품은 응고 과정으로 만들어진다. **중합체**는 각 분자들이 단위로 반복적으로 연결되어 있는 긴 연쇄분자로 구성된 화합물이다. 중합체 분자의 단위는 수천 또는 수백만일 수도 있다. 이 단어는 '많다'를 의미하는 그리스어 'poly'와 부분을 의미하는 'meros(mer로 줄임)'에서 유래되었다. 대부분의 중합체는 탄소를 기본으로 하며 유기 화합물로 취급된다.

중합체는 플라스틱과 고무로 구분될 수 있다. 기술적인 주제로서 중합체를 다루기 위해서 중합체는 다음의 세 가지로 분류하는 것이 적절하다. (1)과 (2)는 플라스틱이고 (3)은 고무의 부류이다.

1. *열가소성 중합체(thermoplastic polymer 또는 thermoplastic: TP).* 상온에서는 고체 재료이나 수백도 정도의 온도로 가열하면 점성 액체로 변한다. 이러한 특성 때문에 수월하게 경제적으로 제품을 성형할 수 있다. 재료의 특성이 떨어지지 않고 가열과 냉각 사이클을 반복할 수 있다.
2. *열경화성 중합체(thermosetting polymer 또는 thermosets: TS).* 열가소성 중합체처럼 반복적인 가열 사이클을 수행할 수 없다. 처음 가열하면 연해지고 조형을 위한 유동성을 갖지만 온도가 높아지면 화학적 반응이 일어나 단단한 재료로 되어 용융되지 않는 열경화성 재료가 된다. 만일 열경화성 중합체는 재가열을 하면 연화가 되지 않고 특성이 떨어지는 열화가 되거나 탄화된다.
3. *탄성 중합체(elastomers: E).* 비교적 낮은 기계적인 응력 상태에서 지나친 탄성 신장성을 나타내는 중합체이다. 탄성체는 열경화성 중합체와 완전히 다른 성질이지만 열가소성 중합체와는 다르나 유사한 분자 구조를 갖는다.

열가소성 중합체가 이들 세 가지 유형 중에서 상업적으로 가장 중요하며, 전체 합성 중합체의 70% 정도에 이르며 열경화성 중합체와 탄성 중합체가 나머지 30%를 비슷하게 차지한다. 보통의 TP 중합체에는 폴리에틸렌, 폴리염화비닐(PVC), 폴리프로필렌, 폴리스틸렌, 나이론 등을 포함한다. TS 중합체의 예는 페놀, 에폭시, 특정의 폴리에스터이다. 탄성 중합체의 가장 일반적인 예로는 천연(가황) 고무가 있으나 합성 고무의 생산량이 천연 고무를 능가하고 있다.

중합체를 TP, TS, E로 분류하는 것은 이절의 주제를 설명하기에 적절하지만 이들 세 가지 형태가 가끔 중복된다는 것을 주의해야 한다. 즉, 열가소성의 중합체를 열경화성으로도 만들 수 있으며 어떤 중합체는 열경화성 중합체와 탄성 중합체에 동시에 해당되기도 한다(이것은 그 분자 구조가 서로 유사하다는 것을 나타낸다). 그러나 이들은 일반적인 분류체계에서 예외에 해당한다.

합성 중합체의 적용 분야가 확대되고 있는 것은 매우 인상적이고 중합체가 상업적, 기술적으로 중요한 이유는 다음과 같다.

- 플라스틱은 주형으로 복잡한 형상으로 성형되며 보통 더 이상의 가공이 없으며 정형(net shape)공정과 호환이 가능하다.
- 플라스틱은 강도만 제외하면 많은 공업적 응용 분야에서 매력적인 성질을 갖고 있는 재료이다. 즉 (1) 금속과 세라믹에 비해 밀도가 낮다. (2) 어떤 중합체(전부는 아니지만)에서는 강도 대 무게비가 우수하다. (3) 내식성이 강하다. (4) 낮은 전기전도도와 열전도도를 갖는다.
- 부피를 기준으로, 중합체는 금속과 가격 경쟁력이 있다.
- 부피를 기준으로, 중합체는 금속보다 생산에 소요되는 에너지가 적다. 이는 중합체 가공 온도가 금속의 가공 온도보다 훨씬 낮기 때문이다.
- 어떤 플라스틱은 반투명하거나 투명해서 어떤 적용 분야에서는 유리와도 경쟁할 수 있다.
- 중합체는 복합 재료로도 널리 사용된다(5.4절).

단점 면에서는, 중합체는 다음과 같은 제약이 있다. (1) 금속과 세라믹에 비해 강도가 낮다. (2) 탄성 중합체의 경우 탄성계수와 강성이 낮다. 물론 탄성체의 경우에는 이는 장점이 될 수도 있다. (3) 열가소성 중합체의 연화현상과 열경화성 중합체의 재료의 특성이 떨어지는 열화현상 때문에 사용 온도 범위가 몇 백도에 불과하다. (4) 어떤 중합체는 햇빛이나 다른 형태의 방사선에 노출되면 열화한다.

중합체는 수많은 작은 분자들이 거대 분자(macro molecules)라 불리는 매우 큰 분자와 결합되어 합성된 것으로 사슬과 같은 구조를 갖는다. 단량체(monomer)라 불리는 작은 단위는 에틸렌(C_2H_4)과 같은 단순한 불포화 유기분자이다. 이 분자들의 원자들은 공유 결합으로 유지되고 중합체를 구성할 때도 같은 공유 결합으로 연쇄 사슬을 유지하여 연결한다. 따라서 각 거대 분자는 강한 1차 결합의 특징을 갖는다. 폴리에틸렌 분자의 합성을 그림 5.4에 나타냈다.

여기서 설명한 바와 같이 중합 반응으로 선형 중합체라 불리는 체인과 같은 구조의 거대 분자를 얻게 되고 이는 열가소성 중합체의 특징적인 구조이다. 그림 5.5에는 다른 구조도 나타 내었다. 또 다른 체인을 형성하는 다른 하나의 곁 분기(side branch)는 그림 5.5와 같은 분기중합체(branched polymer)를 생성한다. 폴리에틸렌에서는, 수소 원자는 체인을 따라 불규칙적인 위치에서 탄소 원자와 치환되고, 각 위치에서 분기가 자라기 시작하여 성장이 된다. 어떤 중합체에서는 그림 5.5(c)와 (d)에 나타낸 바와 같이 분기들과 다른 분자들 사이에 1차 결합이 발생하여 가교 결합 중합체를 형성하기도 한다. 가교 결합은 중합체를 생성하는 데 사용된 단량체들 중의 일부가 인접한 2개 이상의

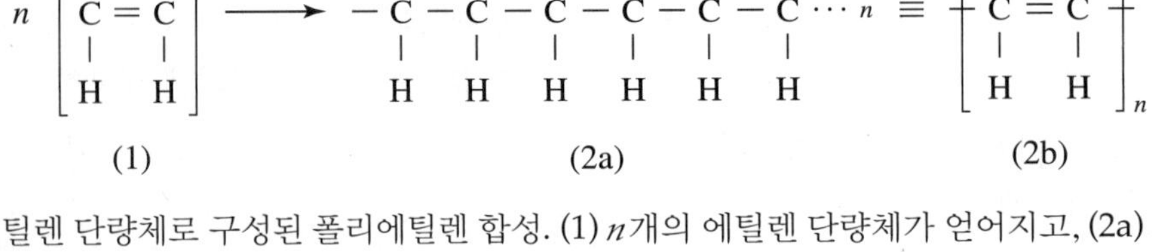

(1) (2a) (2b)

그림 5.4 에틸렌 단량체로 구성된 폴리에틸렌 합성. (1) n개의 에틸렌 단량체가 얻어지고, (2a) 사슬 길이가 n인 폴리에틸렌. (2b) 사슬 길이 n의 중합체 구조의 약식 표기.

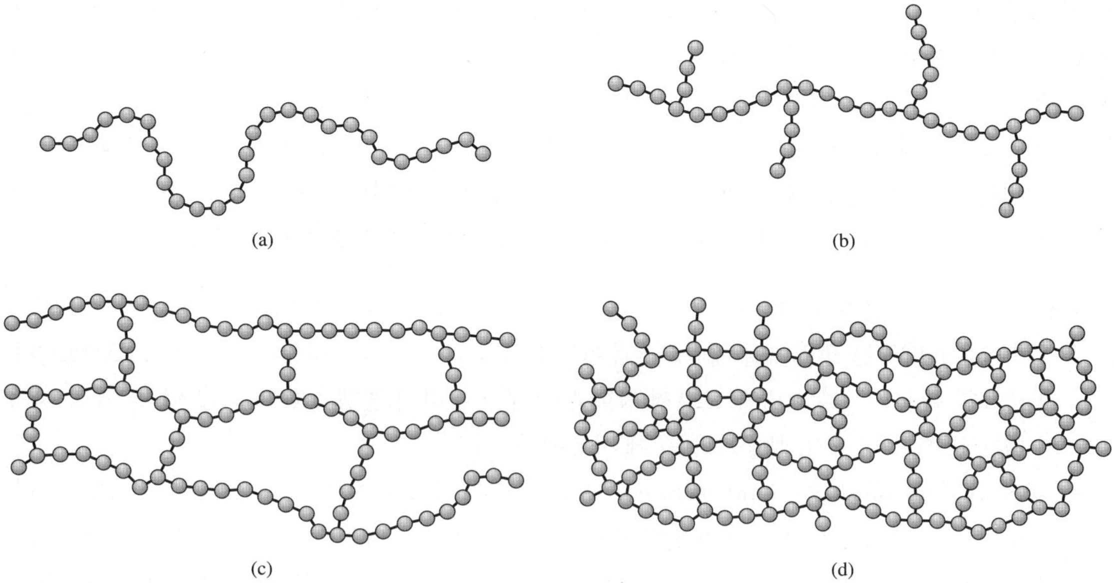

그림 5.5 중합체 분자의 여러 가지 구조. (a) 열가소성 중합체의 특징의 선형 구조, (b) 분기 구조, (c) 탄성 중합체 같은 느슨한 가교 결합 구조, (d) 열경화성 중합체와 같은 조밀한 가교 결합 혹은 망상 구조.

단량체와 결합할 수 있어 다른 분자로부터 나온 분기와 결합하여 붙게 한다. 약한 가교 결합 구조는 탄성 중합체의 특징이다. 중합체가 강하게 가교 결합하면 (d)와 같이 망상 구조(network structure)로 되며 그 결과 전체 질량은 매우 큰 하나의 거대한 분자이다. 열경화 플라스틱은 경화 이후에 이러한 구조를 갖는다.

중합체에서 분기와 가교 결합은 매우 중요한 성질을 나타낸다. 이는 중합체의 세 가지 범주 사이 즉 TP, TS, E 간의 차이를 나타내는 이유가 된다. 열가소성 중합체는 항상 선형 혹은 분기 구조를 가지거나 두 구조를 혼합하여 가지게 된다. 분기가 증가하면 분자들 사이에서 더욱 엉키게 되고 일반적으로 고체 상태에서 중합체를 더 강하게 만들고 소성이나 혹은 액체 상태에서 주어진 온도에서 점성이 더욱 커지게 된다.

열경화성 중합체와 탄성 중합체는 가교 결합 중합체이다. 가교 결합은 중합체를 화학적으로 고정하여 반응을 비가역적으로 만든다. 그 반응은 중합체의 구조를 영구히 변화시키고 가열을 해도 용융하는 것이 아니라 연소하거나 성질이 변화하게 된다. 열경화성 중합체는 높은 가교 결합을 지니는 반면 탄성 중합체는 낮은 정도의 가교 결합을 한다. 열경화 중합체는 단단하고 취성이 있는 반면 탄성 중합체는 탄성과 탄력이 있다.

5.3.1 열가소성 중합체

열가소성 중합체를 정의하는 특성은 고체 상태에서 점성 액체 상태로 반복해 가열하고, 다시 고체 상태로 냉각을 해도 심각하게 그 성질이 떨어져 변화하는 열화도 일어나지 않는다는 것이다. 이러한 특성의 이유는 TP 중합체가 선형(또는 분기)의 거대 분자로 구성되어 있고 가열 이후 에도 가교 결합이 이뤄지지 않기 때문이다. 금속, 세라믹과 비교했을 때 상온에서의 전형적인 열가소성 중합체는 다음과 같은 특성이 있다. (1) 낮은 강성, (2) 낮은 강도, (3) 낮은 경도, (4) 높은 연성.

열가소성 중합체의 제품에는 성형, 압출 제품, 섬유, 필름, 시트, 포장재, 페인트, 광택제 등이 있다. 이들 제품의 초기 원재료는 보통 분말이나 알갱이 형태로 봉지나 드럼에 넣어 트럭이나 화물용 기차로 제조자에게 공급된다. 가장 대표적인 TP 중합체에 대해 알파벳 순서로 설명한다.

- *아크릴.* 아크릴은 아크릴산과 그 화합물로 생성되는 중합체다. 아크릴 그룹에서 가장 중요한 열가소성 중합체는 폴리메틸 메타크릴레이트(PMMA) 혹은 플렉시글라스(상표명 PMMA)다. 그 중요한 특성은 우수한 투명도로써 광학 분야에서 유리의 경쟁 상대가 되고 있다. 예로, 자동차 미등 렌즈, 광학기기, 항공기 창 등에 사용된다.
- *ABS(acrylonitrile-butadiene-styrene).* ABS는 기계적 성질이 우수한 공업용 플라스틱이다. 플라스틱의 이름은 세 가지 초기 단량체로부터 유래되었고 다양한 비율로 혼합되어 만들어진다. 대표적인 예로 자동차, 가전제품, 사무기기 등의 부품과 파이프 및 연결 부품에 사용된다.
- *폴리아미드(polyamide).* 중합 반응 중 아미드 결합(CO-NH)의 특징을 형성하는 중합체의 군을 폴리아미드(PA)라 한다. PA군 중에서 가장 중요한 재료는 나이론(nylon)으로 강도, 탄성, 인성, 내마모성, 자기 윤활성이 우수하다. 나일론은 대부분(약 90%) 카펫, 의류, 타이어 등의 섬유로 사용된다. 나머지(10%)는 베어링 기어와 같은 공업용 부품과 강도를 요구하거나 낮은 마찰이 요구되는 부품들에 사용된다. 폴리아미드의 2번째 그룹은 강화플라스틱의 섬유로서 중요한 케블라라는 아라미드(aramid:방향족 폴리아미드)이다. 케블라는 중량이 20% 밖에 안 되어도 강과 동일한 강도를 얻을 수 있어 흥미롭다.
- *폴리카보네이트.* 폴리카보네이트(PC)는 보통 우수한 기계적 성질을 가지며 대표적으로 높은 인성과 우수한 크리이프 저항을 갖는다. 아울러 내열성, 투명성, 내화성도 가지고 있다. 주된 용도는 주형 기계 부품, 사무용 기기의 하우징, 펌프의 임펠러, 안전 헬멧, CD(예, 오디오, 비디오) 등을 들 수 있다.
- *폴리에스터(polyesters).* 에스터 결합(CO-O) 특성의 중합체 군을 말한다. 가교 결합 발생 유무에 따라 열가소성 혹은 열경화성이 될 수 있다. 열가소성 폴리에스터의 대표적인 것이 폴리에틸렌 텔레피 탈레이트(polyethylene terephthalate:PET)이다. 중요한 용도로는 블로우 성형(blow-molded)한 음료 통, 사진 필름, 마그네틱 녹화 테이프 등이 있다. 아울러 PET 섬유는 의류용으로도 널리 사용된다.
- *폴리에틸렌(polyethylene).* 폴리에틸렌은 1930년대에 처음으로 합성된 후 오늘날에는 모든 플라스틱 중 가장 많은 양을 차지하고 있다. PE가 공업용 재료로서 선호되는 이유는 저비용, 화학적 불활성과 용이한 공정 등을 들 수 있다. 폴리에틸렌은 몇 개의 등급으로 나눌 수 있으며 가장 일반적인 것이 저밀도 폴리에틸렌(low density polyethylene: LDPE)과 고밀도 폴리에틸렌(high density polyethylene: HDPE)이다. 저밀도 등급은 많은 분기 구조를 갖는다. 용도

로는 케첩 소스통 같은 스퀴즈 보틀(squeezable bottle), 냉동 식품용 가방, 시트, 필름, 전선절연체 등에 사용된다. HDPE는 높은 밀도와 선형 구조를 갖는다. 이러한 차이는 HDPE의 강성을 크게 하며 높은 용융 온도를 갖도록 한다. HDPE는 병, 파이프, 가정 용품 등에 사용된다.

- *폴리프로필렌(polypropylene).* 폴리프로필렌(PP)은 특히 사출 성형용 주요 플라스틱이다. 이는 플라스틱에서 가장 경량이고 강도/무게 비가 크다. PP는 HDPE와 종종 비교되는데 그 이유는 가격과 많은 특성 면에서 서로 유사하기 때문이다. 그러나 PP의 용융점이 높아서 폴리에틸렌을 사용하기가 곤란한 용도에 적용할 수가 있다. 예를 들어 살균이 되어야 하는 부품에 적합하다. 다른 용도로는 자동차와 가정 용품들의 사출 성형품과 카펫용 섬유 제품들이 있다.
- *폴리스틸렌(polystylene).* 스틸렌(C_3H_8) 단량체를 기반으로 하는 몇 가지 중합체들이 있는데 그 가운데 폴리스틸렌(PS)이 가장 널리 사용된다. 이는 선형 중합체로서 일반적으로 취성이 크다. PS는 투명하고 색을 넣을 수 도 있으며 고온에서 성질이 떨어지고 여러 용제에 분해된다. 일부 PS는 인성을 개선하기 위해 5~15%의 고무를 함유하는데 고충격 폴리스틸렌(high impact polystylene: HIPS)이란 용어로 이들 형태에 사용된다. 사출 성형용 용도(예, 장난감) 외에 PS 포말 형태로 포장용에 사용된다.
- *폴리염화비닐(polyvinylchloride).* 폴리염화비닐(PVC)은 첨가제를 중합체와 결합하여 다양한 특성을 얻을 수 있어 널리 사용되는 플라스틱이다. 강성을 가진 PVC로부터 유연성을 가진 PVC에 이르기까지 광범위하게 열가소성 중합체를 얻을 수 있다. 다양한 용도의 중합체인 PVC는 강한 파이프(건축용, 상하수도, 용수로에 사용된다), 연결 부품, 전선 및 전화선 절연재, 필름, 박판, 식품 포장, 마루 바닥재, 장난감 등을 만드는 데 사용된다.

5.3.2 열경화성 중합체

열경화성(TS) 중합체는 강한 가교 결합 구조의 특징을 지닌다. 즉 성형된 부품(예, 주전자 손잡이나 전기스위치 커버)은 하나의 거대 분자가 된다. 화학 성분과 분자 구조의 차이로 인해 열경화성 플라스틱의 특성은 열가소성 중합체와 다르다. 일반적으로 열경화성 중합체는 (1) 강성이 크고, (2) 취성이 있으며, (3) 일반 용제에 대한 용해성이 떨어지고 (4) 사용 온도가 높으며, (5) 다시 용융되지 않는다. 그 대신 성질이 떨어지거나 타 버린다.

TS 플라스틱들 특성의 차이는 가교 결합으로 인하며 열적인 안전성을 가지며 3차원적이며 분자 내에서 공유 결합 구조를 형성한다. 가교 결합과 연관되는 화학반응은 경화(curing) 혹은 고화(setting)라 한다. 초기의 재료에 따라 세 가지 방법으로 경화가 이루어지게 된다. (1) 경화는 온도 활성화 시스템에서는 공급된 열에 의하여 일어난다. (2) 촉매활성화 시스템에서는 소량의 촉매를 액체 상태의 중합체에 첨가함으로써 경화된다. (3) 혼합 활성화 시스템에서는 2개의 초기 재료가 혼합되어 화학반응을 일으켜 가교 결합 된 중합체를 형성한다. 경화는 초기 재료를 제작자에게 공급하는 화학 공장보다는 부품을 성형하는 제조 공장에서 이뤄진다.

열경화성 플라스틱은 TS 중합체를 경화시키는데 부가적인 공정을 필요하기 때문에 열가소성 플라스틱에 비해 널리 사용되지 않는다. 가장 많이 사용되는 열경화성 중합체는 페놀수지이지만 연간 사용량은 열가소성 중합체인 폴리에틸렌의 20%보다도 적다. 가장 대표적인 열경화성 중합체와 그 적용 예들을 다음에서 설명한다.

- *아미노 수지(amino resin).* 아미노 그룹(NH_2)으로 특징지어지는 아미노 플라스틱은 요소-포름알데히드와 멜라민-포름알데히드의 두 가지 열경화성 중합체로 구성되며 요소($CO(NH_2)_2$)와 멜라민($C_3H_6N_6$)에 각각 포름알데히드(CH_2O)를 반응시켜 만들어진다. 요소-포름알데히드는 합판이나 입자-보드의 접착제로 사용한다. 또한 수지는 성형 화합물로 사용된다. 멜라민-포름알데히드 플라스틱은 방수가 잘되어 주방용 접시나 얇은 층을 입힌 식탁, 작업대(상표명:Formica)의 코팅재로 사용된다.
- *에폭시(epoxies).* 에폭시 수지는 에폭사이드(epoxides)라고 불리는 화학 물질 그룹에 기반을 두고 있다. 에필클로로히드린(C_3H_5OCl)은 에폭시 수지를 생산하는 데 많이 사용되는 에폭사이드이다. 경화된 에폭시는 강도, 접착성, 내열성, 내화학성이 우수하다. 응용 분야로 표면 코팅재, 산업용 바닥재, 유리섬유-강화 복합재, 접착재 등에 사용되고 절연특성이 좋은 에폭시 열경화성 수지는 인쇄 회로기판의 적층 재료로 사용된다.
- *페놀수지(phenolics).* 페놀(C_6H_5OH)은 알데히드(수소를 제거한 알코올)와 반응하는 산성 화합물로 포름알데히드(CH_2O)와의 반응성이 가장 좋다. 페놀-포름알데히드는 가장 중요한 페놀계 중합체이고 취성을 가지며 우수한 열적, 화학적, 치수 안정성을 지니고 있다. 성형품, 인쇄 회로기판, 작업대, 합판의 접착제, 브레이크 라이닝과 연삭 숫돌의 결합재 등으로 사용된다.
- *폴리에스터(polyesters).* 폴리에스터는 에스터 결합(CO-O)의 특징을 갖고 있으며 열가소성뿐만 아니라 열경화성일 수 있다. 열경화성 폴리에스터는 강화플라스틱(복합 재료)의 형태로 파이프, 저장 탱크, 보트 선체, 자동차 차체 부품, 건축용 패널 등의 큰 제품을 만드는데 사용된다. 더 작은 부품을 생산하기 위해서는 다양한 성형 공정을 사용할 수도 있다.
- *폴리우레탄(polyurethane).* 우레탄(NHCOO) 그룹으로 특징지어지는 중합체의 큰 집단을 폴리우레탄이라 한다. 대부분의 페인트, 광택제, 유사한 코팅재들은 우레탄에 기초한다. 화학 조성, 교차 결합, 공정 등의 변화에 따라 폴리우레탄은 열가소성, 열경화성, 탄성 중합체의 재료가 될 수 있으며 후자의 두 가지가 상업적으로 가장 중요하다. 폴리우레탄의 가장 큰 용도는 발포성 폼(foam)이다. 이들은 탄성과 강성의 성질을 가질 수 있는데, 후자의 경우는 보다 강한 교차 결합이 이뤄졌음을 의미한다(폴리우레탄 탄성 중합체는 5.3.3절에서 다룬다). 강한 폼은 속이 빈 건축용 패널과 냉장고 벽의 충진재로 사용된다.

5.3.3 탄성 중합체

탄성 중합체는 비교적 낮은 응력이 가해져도 큰 탄성 변형을 보이는 중합체이다. 어떤 탄성 중합체는 500% 이상 인장된 후 원래의 형상으로 된다. 탄성 중합체의 보다 일반적인 용어는 물론 고무이다. 탄성 중합체는 2개의 범주로 나눌 수 있다. 즉 (1) 생물학적인 나무로부터 얻어지는 천연 고무,

(2) TP와 TS 중합체에 사용되는 것과 유사한 중합 반응에 의해 만들어지는 합성 고무이다.

경화는 대부분의 탄성 중합체에서 가교 결합을 하기 위해서 필요하다. 천연 고무(그리고 특정의 합성 고무)의 맥락에서 사용되는 경화란 용어는 가황(vulcanization)이며 중합체 사슬간의 화학적 가교 결합이 만들어지는 것을 의미한다. 고무에서의 전형적인 가교 결합은 재료 내에 원하는 강도의 정도에 따라서 선형 중합체에서 100개의 탄소 원자 당 1~10개가 연결되며 이것은 열경화성 중합체의 가교 결합 보다 현저히 적은 것이다.

천연 고무

천연 고무(NR)는 주로 폴리이소프렌(polyisoprene)으로 구성되며 이는 이소프렌(C_5H_8)의 중합체이다. 이것은 다양한 나무들의 유액 물질로 생산된 라텍스로부터 추출되며 가장 대표적인 것으로 열대기후에서 자라는 고무나무가 있다. 라텍스는 폴리이소프렌(전체무게의 1/3 정도)과 다양한 다른 성분들로 이뤄진 유화액이다. 고무는 수분을 제거하는 다양한 방법들에 의해 라텍스로부터 추출된다.

천연 원고무(가황 처리하지 않은)는 더운 날씨에는 끈끈하며 추운 날씨에서는 뻣뻣해져 취성을 갖는다. 유용한 성질을 갖는 탄성 중합체를 만들기 위해서는 고무를 가황 처리해야 한다. 전통적으

역사적 고찰 5.4 천연고무

천연고무는 최소 500년전, 중남미 원주민들이 스포츠에서 사용하였던 고무 공의 형태로 처음 사용되었다. 콜럼버스는 1493~1496년 두 번째 신대륙 항해에서 이 사실을 기록하였다. 공은 고무나무의 고무를 말려 만들어졌다. 남미에서 최초의 백인 남성은 나무를 카우추크라고 불렀는데, 이는 인디언 이름을 발음한 것이었다. 고무라는 이름은 1770년경 고무가 연필 자국을 '문질러 없앤다'는 사실을 발견한 영국 화학자 Joseph Priestley로 부터 유래하였다.

초기 고무 제품은 만족스럽지 못하여 여름에는 더위에 녹고 겨울에는 추위에 굳어졌다. 고무 제품을 만들고 판매하는 사업에 종사하는 사람은 American Charles Goodyear였었다. 천연 소재의 결합을 알고 있는 그는 고무의 특성을 개선하는 방법을 실험하여, 고무를 유황으로 가열하면 경화될 수 있음을 발견하였다. 이것은 1839년 있었고, 나중에 가황이라고 불리는 공정은 1844년에 그에 의해 특허화 되었다.

가황 및 고무 제품에 대한 새로운 수요가 증가하여 고무 생산 및 이와 관련 산업이 엄청나게 성장하였다. 1876년 헨리 Wickham은, 브라질 정글에서 수천 개의 고무나무 씨앗을 수집하여 영국에 심었졌고, 그 싹은 나중에 실론과 말라야(당시 영국 식민지)에서 고무농장을 조성하기 위하여 옮겨져 심어졌다. 곧 이 지역의 다른 국가들도 영국의 사례를 따랐고 이후 동남아시아는 고무산업의 본거지가 되었다.

1888년에 John Dunlop이라는 영국 수의사가 자전거용 공기 타이어에 대한 특허를 받았다. 20세기까지 자동차 산업은 미국과 유럽에서 발전하고 있어, 자동차와 고무 산업은 함께 성장하여 상상할 수 없을 정도로 중요하게 되었다.

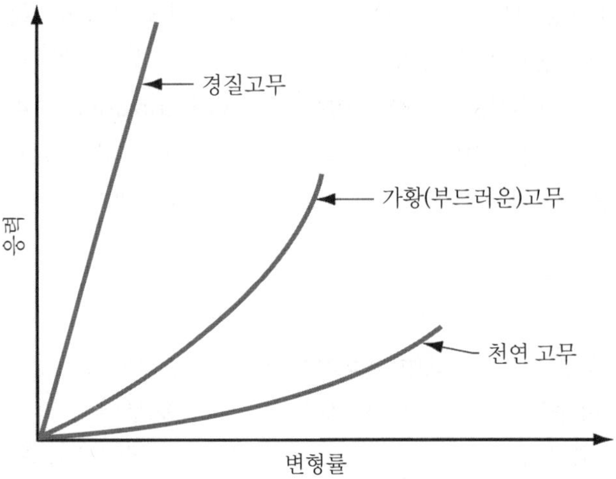

그림 5.6 고무의 세 가지 등급에 대한 변형률을 함수로 한 응력(강성)의 증가. 천연 고무, 가황고무, 경질고무.

로 가황 처리는 원래의 고무를 가열하면서 소량의 황과 기타 화학 물질을 혼합하여 이뤄졌다. 가황 처리는 가교 결합의 효과를 내며 신장성은 유지하면서 강도와 강성이 증가된다. 그림 5.6의 응력-변형률 선도에 나타낸 것과 같이 가황 처리를 하면 극단적인 성질의 변화를 보인다. 황만으로도 가교 결합을 일으킬 수 있지만 공정이 느려지고 완료에 많은 시간이 걸린다. 가황 처리 중에 황과 함께 다른 화학 물질을 첨가함으로써 공정을 가속화하여 유용한 기능들을 얻을 수 있다. 또한 고무는 황이 아닌 다른 화합물에 의해서도 가황 처리가 된다. 오늘 날 경화 시간은 예전의 황 경화에 비하여 상당히 단축되었다.

탄성 중합체의 공업 재료로서 가황고무는 높은 인장강도, 균열강도, 탄성복원력(변형 후 원래 상태로 회복되는 능력) 마모와 파괴 저항을 갖는 것으로 알려져 있다. 그 단점으로는 열, 태양광, 산소, 오존, 기름 등에 노출되면 성질이 저하된다.

천연 고무의 가장 큰 시장은 자동차 타이어이다. 타이어에서는 카본블랙이 가장 중요한 첨가제이다. 이는 강도와 파열, 마모에 대한 저항을 크게 증가시켜 고무를 보강한다. 천연 고무로 만드는 또 다른 제품으로는 구두창, 부싱, 밀봉재, 충격 흡수 부품 등이 있다.

합성 고무

오늘날 합성 고무의 사용량은 천연 고무보다 3배가 넘는다. 이러한 합성 재료의 발전은 세계대전으로 인해 천연 고무를 얻기가 어려웠기 때문이다. 다른 대부분의 중합체들과 마찬가지로 합성 고무의 주요 원재료는 원유다. 상업적으로 중요한 합성 고무는 다음 아래에 설명한다.

- *부타디엔 고무(폴리부타디엔).* 폴리부타디엔(polybutadiene(BR))은 다른 고무와 조합해 사용되는 중요한 재료다. 즉 천연 고무와 스틸렌(스틸렌-부타디엔 고무는 다음에 설명한다)이 혼합되어 자동차 타이어에 사용된다. 혼합하지 않고는 균열강도, 인장강도, 폴리부타디엔 공정의 용이한 정도는 좋지 못하다.

- *부틸고무(butyl rubber).* 부틸고무는 폴리이소부틸렌(98~99%)과 폴리이소프렌으로 구성된다. 이는 가황 처리를 하면 공기 기밀성이 좋아져 자동차 튜브, 튜브 없는 타이어의 라이너, 스포츠 용품 등 공기 주입 제품에 사용된다.
- *클로로프렌계(chloroprene rubber) 고무.* 클로로프렌계고무(CR)는 보통 네오프렌(neoprene)으로 알려져 있는 특수 목적의 중요한 고무다. 이는 천연 고무보다 기름, 기후, 오존, 열, 화염에 대한 저항력이 우수하지만 가격이 다소 비싸다. 사용 용도로는 연료호스(그리고 기타 자동차 부품), 컨베이어 벨트, 가스 킷 등이 있고 타이어에는 사용하지 않는다.
- *에틸렌-프로필렌(ethylene-propylene rubber) 고무.* 에틸렌과 프로필렌이 소량의 디엔(diene) 단량체와 함께 중합 반응을 하여 에틸렌-프로필렌-디엔(EPDM)이라는 유용한 합성 고무가 만들어진다. 사용 용도로는 타이어 외에 자동차 산업에서의 대부분의 부품들에 사용된다. 그 밖에 전선이나 케이블의 절연재로도 사용한다.

역사적 고찰 5.5 합성고무

1826년, Michael Faraday는 천연 고무의 분자식이 C_5H_8임을 인식하였고, 보통 이 분자를 재생산하려 계속된 수년간에 걸친 후속 연구는 성공하지 못하였다. 유감스럽게도, 합성 고무가 필요하여 그 발명의 모체가 된 것은 세계 대전이었다. 제1차 세계 대전에서 천연 고무에 대한 사용을 거부하고 독일인들은 메틸 기반 대체물을 개발하였으나 이 재료는 그다지 성공적이지 않았지만 처음으로 합성고무를 대규모로 생산하게 되었다.

제1차 세계대전 후, 천연고무의 가격이 너무 낮아 합성고무를 제조하려는 많은 노력이 버려지게 되었다. 그러나 독일은 아마도 미래의 전쟁을 예상하였고, 이 개발을 새로 시작하였다. 회사 I.G. Farben은 1930년대 초부터 Buna-S와 Buna-N이라는 두 가지 합성고무를 개발하였다. Buna는 많은 현대 합성고무의 중요한 성분이 된 부타디엔(C_4H_6)과 중합공정을 촉진하거나 촉매로 사용되는 나트륨의 상징인 Na에서 파생된다(Natrium은 나트륨을 뜻하는 독일어이다). Buna-S의 기호 S는 스티렌을 나타내고, Buna-S는 오늘날 스티렌-부타디엔 고무(SBR)로 2종 이상의 단량체로 공중합체이다. Buna-N의 N은 아크릴로니트릴(acryloNitrile)을 나타내고, 합성고무는 현재 니트릴고무로 불린다.

다른 시도에는 미국의 DuPont Company에서의 작업이 있으며, 이는 1932년 Duprene이라는 이름으로 처음 판매된 폴리클로로프렌의 개발로 이어졌고, 이후 현재 이름인 Neoprene으로 변경되었다.

제2차 세계대전 동안, 일본은 동남아시아에서 미국으로 천연고무의 공급을 차단하여 미국에서는 Buna-S 합성고무의 대규모 생산이 시작되었다. 연방 정부는 Buna-S(독일 이름)보다 GR-S(Government Rubber Styrene)라는 이름을 사용하였고, 1944년까지 미국은 SBR 생산에 있어 10:1로 독일을 앞질렀다. 1960년대 초 이후에서야 합성고무의 전 세계 생산량은 천연고무 생산량을 넘어서게 되었다.

- *폴리우레탄(polyurethane).* 최소한의 가교 결합을 하는 폴리우레탄(5.3.2절)은 탄성 중합체이며 보통 유연한 폼의 형태로 생산된다, 이러한 형태로서 가구와 자동차 시트의 쿠션재료로서 널리 사용된다. 폼의 형태가 아닌 폴리우레탄은 구두창에서부터 자동차 범퍼에 이르기까지 원하는 용도에 맞게 요구되는 특성을 얻도록 가교 결합의 정도를 조절하여 넓은 범위의 제품으로 성형되어 사용될 수 있다.
- *스틸렌-부타디엔(styrene-butadiene rubber) 고무.* 스틸렌-부타디엔 고무는 전체 고무의 40%를 차지할 정도로 가장 많이 생산되는 탄성 중합체이다(두 번째는 천연 고무). 장점은 가격이 싸며 내마모성이 있으며 천연 고무 보다 우수한 균질성을 갖는다. 활성탄소로 보강하고 가황처리를 거치면 특성과 그 응용성이 천연 고무와 매우 유사하다. 특성을 비교하면 내마모성이 천연 고무보다는 떨어지지만 이점을 제외한 대부분의 열 노화, 오존, 기후, 기름에 대한 저항력 등의 기계적 성질은 더 우수하다. 용도는 자동차 타이어, 신발, 전선과 케이블의 절연재 등에 사용된다.

열가소성 탄성 중합체

열가소성 탄성 중합체(TPE)는 탄성 중합체와 유사한 거동을 하는 열가소성 중합체이고 탄성 중합체의 시장에서 빠른 속도로 성장하고 있는 중합체 그룹이다. 열가소성 탄성 중합체에서 탄성 중합체의 특성은 화학적 가교 결합에서 나오는 것이 아니라 재료를 구성하고 있는 연하고 단단한 상들 사이의 물리적 연결로 나온다. 이들 재료의 화학적 성질과 구조는 일반적으로 복잡하며, 동시에 있기 어려운 두 물질을 함유하여 상온 특성이 서로 다른 별개의 상을 형성한다. 열가소성 때문에 열가소성 탄성 중합체는 고온 강도와 크리프저항이 보통의 가교 결합 탄성 중합체보다 떨어진다. 대표적인 용도로 신발, 고무밴드, 압출튜브, 전선코팅, 자동차용 성형품이 있으며, 그 밖에 탄성적인 성질을 필요로 하는 곳에 사용된다. 열가소성 탄성 중합체는 타이어에는 적합하지 않다.

5.4 복합재

금속, 세라믹, 중합체와 더불어 네 번째 범주의 재료는 복합재이다. 복합 재료(composite materials)는 물리적으로는 서로 다른 분명한 2개 이상의 상이 합쳐져 원재료들의 성질과는 다른 종합적인 특성을 가지는 재료계(material system)이다. 복합 재료는 구성하는 성분에는 차이가 없으나 보다 우수한 성질을 지닌다는 점에서 기술적이고 상업적으로 많은 관심을 갖게 된 재료이며, 다음의 몇 가지 가능성을 갖고 있다.

- 복합재는 무게가 가벼우면서 매우 강하고 강성이 크게 설계할 수 있어, 강이나 알루미늄보다 몇 배나 큰 강도/무게와 강성/무게 비를 갖게 할 수 있다. 이러한 특성은 항공기에서부터 스포츠 용품에 이르기 까지 광범위하게 적용이 가능하다.
- 피로 성질은 일반적으로 공업용 금속보다 더 우수하다. 인성도 역시 큰 경우가 많다.

- 복합재는 강과 같이 부식되지 않도록 설계할 수 있다. 이것은 자동차나 그 밖의 다른 응용 분야에서 중요하다.
- 복합 재료로서 금속, 세라믹 혹은 중합체 단독으로는 얻을 수 없는 성질을 조합하여 얻을 수 있다.

이러한 장점과 더불어 복합 재료와 관련된 단점과 제약도 있다. 단점에는 (1) 많은 중요한 복합재의 성질은 이방성이어서 측정하는 방향에 따라 그 특성이 바뀐다. (2) 중합체 자체가 침식에 민감한 것처럼 많은 중합체 기반의 복합재의 경우에도 화학 물질이나 용제의 침식을 받기 쉽다. (3) 복합 재료는 일반적으로 비싸다. (4) 복합 재료를 성형하는 제조법 중 일부는 공정이 느리며 많은 비용이 든다.

5.4.1 복합재의 기술과 분류

정의에서 설명하였듯이 복합 재료는 두 가지 이상의 서로 다른 상으로 구성된다. 상(phase)이란 용어는 금속이나 세라믹과 같이 모든 결정들이 동일한 구조를 가지고 혹은 충진재가 들어가지 않은 중합체와 같은 균질한 재료를 의미한다. 앞으로 다루게 될 방법들을 사용하여 상들을 혼합하여 원래의 성능을 능가하는 종합적인 성능을 갖는 새로운 재료를 만들 수 있고 시너지 효과를 얻을 수 있다.

복합 재료의 성분

정의를 간단히 하면, 복합 재료는 1차상과 2차상의 2개의 상으로 되어 있다. 1차상은 2차상이 들어가는 기지를 형성한다. 기지에 함입된 상은 일반적으로 복합 재료를 더 강하게 만들기에 종종 강화재로 불린다. 이 강화 상은 섬유나 입자의 형태이고 이들 상은 일반적으로 서로 용해되지 않으며 접촉면에서는 강한 결합이 이루어진다.

중합체, 금속 혹은 세라믹의 세 가지 기본재료 유형 가운데 어느 것이든 기지 상이 될 수 있다. 2차의 상도 마찬가지로 이들 중 어느 것이나 될 수 있으며 탄소와 붕소 같은 원소들도 될 수 있다. 또한 플라스틱(중합체) 기지 내에 케블라(중합체) 섬유 같은 동일 재료 유형의 2상 구조도 가능하다.

이 책에서는 기지의 상에 기반하여 복합 재료를 분류하고 자세한 설명은 5.4.2절에서 다룬다.

1. *금속 기지 복합재(metal matrix composites).* 금속 기지 복합재(MMC)에는 초경합금이나 그 밖의 서멧 등과 같은 금속과 세라믹의 혼합물이 있으며 또한 고강도, 고강성 섬유로 강화된 알루미늄이나 마그네슘 등도 이에 포함된다.
2. *세라믹 기지 복합재(ceramic matrix composites).* 세라믹 기지 복합재(CMS)는 흔하지 않은 범주에 속한다. 알루미늄 산화물이나 실리콘 카바이드 등의 섬유를 함입함으로써 특히 고온에서 개선된 성질을 갖게 된다.
3. *고분자 기지 복합재(polymer matrix composites).* 열경화성 수지는 고분자 기지 복합재(PMC)에서 중합체로 널리 사용된다. 에폭시와 폴리에스터는 섬유 강화재와 혼합되고 페놀은 분말과 혼합된다. 열가소성 성형 재료들도 종종 분말을 사용하여 강화시킨다.

기지 재료는 복합재에서 여러가지 역할을 한다. 첫째, 복합 재료로 만든 부품이나 제품의 체적을 형성한다. 둘째, 이들은 함입된 상을 둘러싸거나 감춰서 원하는 곳에 위치시킨다. 셋째. 하중이 가해지면 기지는 2차상과 함께 하중을 나누며, 어떤 경우에는 강화재로 응력을 받도록 변형을 한다.

1차상을 강화시키기 위하여 2차상이 어떠한 역할을 하는지를 이해하는 것이 중요하다. 함입된 상은 보편적으로 섬유, 입자 혹은 박판의 세 가지 형상 중 하나이다.

*섬유*는 강화 재료의 가는 실 같은 것으로서 단면형상은 일반적으로 원형이다. 지름은 재료에 따라 0.0025 mm보다 작은 것에서부터 약 0.13 mm의 범위까지 있다. 강화섬유는 복합재 구조의 강도를 크게 향상시킨다. 섬유는 하중 지지에 가장 큰 역할을 하므로 강화섬유 복합재 에서는 섬유가 주요 구성 요소로서 다루어진다. 대부분의 재료에서 덩어리 형태로 있을 때 보다 가는 실 형태로 있을 때 그 강도가 훨씬 높기 때문에 강화 재료로 섬유는 매우 특이하다. 지름이 감소됨에 따라 섬유의 축방향으로 재료가 방향을 잡게 되어 구조의 결함 가능성이 현저하게 줄어든다. 그 결과 인장강도가 매우 증가한다.

복합 재료에서 사용되는 섬유는 연속 섬유 혹은 불연속 섬유 이다. 연속 섬유는 매우 길며, 이론적으로는 복합재 부품에 의해 전달하는 하중의 연속 경로를 제공한다. 실제로는 섬유모양의 변화와 공정상의 문제로 인해 이것을 얻기 어렵다. 불연속 섬유(연속 섬유의 잘려진 면))는 길이가 짧다. 강화섬유 복합재에서 다양한 재료들이 사용되는데 이러한 섬유 재료로는 유리(E-glass 섬유, S-glass 섬유, 표 5.11), 탄소, 붕소, 케브라(Kevalar), Al_2O_3, SiC 등이 있다.

또 다른 박힌 상의 입자는 형상의 크기가 미세 입자부터 좀 더 큰 입자 크기까지 되고 금속과 세라믹에서 작은 입자는 매우 중요한 재료이다. 공업적인 입자의 특성과 생산은 12절, 13절에서 다룬다. 중합체에서 입자분포는 랜덤 형태로 분포하므로 복합 재료의 특성은 등방성이다.

박편(flake)은 2차원 입자로서 작고 평편한 판이다. 이 형태의 두 가지 예로 무기질 운모(K와 Al의 규산염)와 활석($Mg_3Si_4O_{10}(OH)_2$)이 있고 플라스틱의 강화재로서 중합체보다 비용이 낮은 재료이다. 또한 이들은 플라스틱 성형 재료의 강도와 강성을 증가시킨다.

복합 재료의 성질

복합 재료의 선정에 있어서 어느 하나의 특정한 성질보다는 최적의 조합된 성질을 찾는 경우가 보통이다. 예를 들어, 항공기의 동체와 날개는 강하고 강성과 인성이 높으며 경량이어야 한다. 이러한 조건을 만족시키는 단일 재료를 찾기란 어렵다. 일부 강화섬유 중합체는 이러한 성질들이 조합된 특성을 지니고 있다.

또 다른 예는 고무이다. 천연 고무는 비교적 약한 재료이다. 1900년대 초에 천연 고무에 활성탄소(거의 순수한 탄소)를 첨가하면 강도가 급격하게 증가한다는 사실이 발견되었고, 두 재료는 서로 반응하여 한 가지 재료보다 월등하게 강도가 높은 복합 재료를 만들었다. 물론 고무의 경우 충분한 강도를 얻기 위해서는 가황 처리가 되어야 한다.

고무 자체는 유용한 폴리스틸렌 첨가재이다. 폴리스틸렌의 독특한 단점 중의 하나는 취성이다. 대부분의 다른 중합체들은 상당한 연성을 갖는데 반해 폴리스틸렌은 사실상 연성이 거의 없다. 고무(천연 또는 합성)를 적당한 양 (5~15%) 첨가하면 인성과 충격 강도가 매우 뛰어난 고충격 폴리스틸렌을 얻을 수 있다.

섬유는 그 기하학적 형상이 매우 중요하다. 대부분의 재료들은 덩어리 상태에서 보다는 섬유상으로 있을 때 몇 배의 인장강도를 더 갖는다. 그러나 표면 결함이나 압축 시 좌굴, 속이 꽉 찬 부품이 필요한 때 가는 섬유의 형상은 불편하기 때문에 적용에 제약이 따르게 된다. 고분자 기지에 섬유를 함입시킴으로써 복합 재료는 이러한 섬유들의 문제점을 피하면서 강도를 얻을 수 있다. 기지는 섬유 표면을 보호하고 좌굴을 억제하기 위해 덩어리 형상을 이루며, 섬유는 복합재가 높은 강도를 갖게 한다. 하중이 가해지면 강도가 낮은 기지는 변형을 하고, 강도가 높은 섬유에 응력을 분산시켜 하중을 지지한다. 만일 일부 섬유가 부러지면 기지를 통해 다른 섬유에 하중이 다시 분산된다.

5.4.2 복합재

이 절에서는 (1) 금속 기지 복합재 (2) 세라믹 기지 복합재 (3) 고분자 기지 복합재의 3종류의 복합 재료와 그 응용에 대하여 설명한다.

금속 기지 복합 재료

금속 기지 복합 재료(MMC)는 2차상으로 강화된 금속 기지로 이뤄진다. 일반적인 강화 상으로 (1) 세라믹 입자와 (2) 세라믹섬유, 탄소섬유, 붕소섬유가 있다. 첫 번째 유형의 금속 기지 복합 재료는 보통 서멧이라 불리는 것이다.

서멧은 금속 기지 내에 세라믹이 함유되어 있는 복합 재료이다. 세라믹은 혼합물의 대부분을 차지하며 체적비로 96%에 달한다. 이들 복합재를 생산할 때 높은 온도에서 두 상 사이에 작은 용해에 의해 결합이 촉진된다. 서멧의 대표적인 유형이 초경합금이다.

초경합금(cemented carbide)은 분말 공정 기술(13.3절)을 이용하여 하나 이상의 탄소 화합물을 금속 기지 내에서 결합해 만든다. 보통의 초경합금에서는 텅스텐카바이드(WC), 티타늄카바이드(TiC), 크롬카바이드(Cr_3C_2) 등이 있다. 탈탈륨카바이드(TaC)와 그 밖의 것들은 흔하지 않다. 대표적인 금속 결합재는 코발트와 니켈이다. 카바이드 세라믹(5.2.2절)은 초경합금에서 주된 재료가 되며 일반적으로 전체 무게의 80~95%를 차지한다.

텅스텐카바이드(tungsten carbide)를 기반으로 한 초경합금은 절삭 공구용 재료로 널리 사용된다. WC-Co 초경합금의 또 다른 용도는 와이어 인발용 금형, 암반 드릴용 공구와 기타 채광용 공구, 분말 야금용 금형, 경도 시험기의 압입자, 그 밖의 경도와 내마모성이 필수적으로 요구되는 분야에 사용된다. 티타늄카바이드(titanium carbide) 서멧은 주로 고온에서 매우 유용하게 사용된다. 적용 분야로는 가스터빈 노즐 날개, 밸브 시트, 열전대 보호 튜브, 토치 팁, 냉간 스피닝 공구 등이 있다. TiC-Ni는 기계 가공의 절삭 공구 재료로서 사용된다.

강화섬유 금속 기지 복합재(Fiber reinforced metal-matrix composites)는 저밀도 금속으로서 높은 인장강도와 높은 탄성계수를 동시에 얻을 수 있어 복합 재료로 우수한 강도/무게 비와 강성/무게 비를 얻을 수 있다. 저밀도 기지로 사용되는 대표적인 재료로는 알루미늄, 마그네슘, 티타늄 등이 있다. 복합재에 사용되는 주요 섬유 재료는 Al_2O_3, 붕소, 탄소, SiC 등이 있다.

세라믹 기지 복합 재료(CMC)

세라믹은 높은 강성, 경도, 고온 경도, 압축강도와 비교적 낮은 밀도의 매우 매력적인 특성을 갖고 있다. 그러나 세라믹은 낮은 인성과 인장강도와 열 균열에 민감한 성질 등의 결점도 가지고 있다. 세라믹 기지 복합재는 이러한 약점들을 보완하면서 강점을 유지하도록 만들어진 것이다. 세라믹 기지 복합재는 세라믹 1차상에 2차상이 함입되어 구성된다. 오늘에 이르기까지 대부분의 개발 연구는 2차상으로 섬유를 사용하는데 초점을 두고 있었고 만족스럽지 못하다. 이는 공정 중 세라믹 기지 복합재 내부 원재료들 간의 열적, 화학적 적합성 면에서 기술적인 어려움이 있기 때문이다. 또한 모든 세라믹 재료에서와 마찬가지로 부품 형상의 한계도 고려해야 한다.

기지로 사용되는 세라믹 재료에는 알루미나(Al_2O_3), 탄화붕소(B_4C), 질화붕소(BN), 탄화규소(SiC), 질화규소(Si_3N_4), 탄화티탄(TiC)과 몇 종류의 유리가 있다. 이들 재료의 어떤 것은 세라믹 기지 복합재 기지로서 아직도 개발단계에 있다. 세라믹 기지 복합재의 섬유 재료에는 탄소, SiC, Al_2O_3 등이 있다.

고분자 기지 복합 재료

고분자 기지 복합재(PMC)는 중합체 1차상에 2차상의 섬유가 분말 또는 박편 등의 형태로 함입되어 구성된다. 상업적으로 고분자 기지 복합재는 복합재의 세 가지 분류 가운데서 가장 중요하다. 여기에는 대부분의 플라스틱 성형화합물, 카본블랙 강화고무, 강화섬유 중합체(FRP) 등이 포함된다.

강화섬유 중합체는 고분자 기지에 고강도 섬유를 함입한 복합 재료이다. 고분자 기지는 일반적으로 폴리에스터나 에폭시 등과 같은 열경화성 플라스틱이다. 또한 나일론(폴리아미드), 폴리카보네이트, 폴리스틸렌, 폴리염화비닐 등과 같은 열가소성 중합체도 가능하다. 아울러 탄성 중합체도 타이어와 컨베이어 벨트와 같은 고무 제품에서 강화섬유로 사용된다. 고분자 기지 복합재에서 섬유는 불연속적(잘게 썬 형태), 연속적 혹은 직조된 천 등 다양한 형태로 있게 된다.

강화섬유 중합체 주요 섬유 재료는 유리, 탄소, 케블라49 등이 있다. 그 외의 섬유로는 붕소, SiC, Al_2O_3 그리고 강이 있다. 유리(특히 E-glass)는 1920년대 부터 플라스틱 강화재로 사용된 이래 오늘날 강화섬유 중합체에서 가장 보편화된 섬유 재료가 되고 있다.

가장 널리 사용되는 강화섬유 중합체의 형태는 층상 구조로써 원하는 두께가 될 때까지 섬유와 중합체의 얇은 막을 적층 결합시켜 만든다. 층들 간의 섬유 방향을 변화시킴으로써 적층 판에서 얻을 수 있는 특정 수준의 이방성 성질을 얻을 수 있다. 이러한 방법은 항공기 날개와 동체 부분, 승용차와 트럭의 몸체 패널, 보트 선체 등의 얇은 단면을 성형하는 데 이용된다.

많은 공업 재료로 강화섬유 플라스틱을 구분하는 것이 있다. 가장 유명한 것은 (1) 고강도/중량비 (2) 고강성/중량 비 (3) 낮은 비중. 보통의 강화섬유 중합체의 무게는 강의 1/5이고 강도와 탄성계수는 강화섬유 방향으로 강과 비슷하다.

최근 30년 동안 높은 강도와 낮은 중량을 요구하는 제품에 강화섬유 중합체의 사용이 꾸준하게 늘고 있고 종종 금속의 대체재로서 사용되었다. 항공 산업은 중합체의 가장 큰 사용 분야이고 설계자는 항공기의 연료 효율과 수하물 용량을 높이기 위해 꾸준히 노력하여 왔고 군용과 민수용 항공기에 복합재의 응용은 꾸준히 증가하였다. 오늘날의 항공기나 헬리콥터의 구조물의 대부분은 강화섬유 중합체로 구성되어 있다. 보잉 747 드림라이너는 무게의 50%는 탄소강화섬유플라스틱이다. 그것은 항공기 체적으로 비교하면 80%이다. 복합재는 퓨즈라제(fuselage), 날개, 꼬리, 문과 인테리어에 사용되어 보잉 777의 경우에는 무게 대비 약 12%의 중합체만을 갖는다.

자동차 산업은 또 다른 중합체의 중요한 사용 분야이었고 가장 확실한 응용 분야는 자동차나 트럭의 운전석 몸체 판넬로 사용되고 있다. 강화섬유 중합체는 스포츠나 레크레이션 장비에 널리 적용되고 있다. 유리 강화섬유 플라스틱은 보우트 선체에 1940년 이후 사용되었고 또한 낚싯대에도 일찍부터 적용되었다. 오늘날 강화섬유 중합체는 테니스 라켓, 골프 채, 미식축구 헬멧, 활과 화살, 스키, 자전거 바퀴 등 스포츠 제품에 종합적으로 적용되고 있다.

강화섬유 중합체와 더불어 다른 고분자 기지 복합재는 입자, 박편, 짧은 섬유를 함유한다. 중합체 성형 화합물에 사용될 때 2차상의 성분은 충진재(filler)라고 한다. 충진재는 두 가지로 분류하고 (1) 강화재 (2) 확장재이다. 강화 충진재는 중합체의 기계적인 성질을 강화하거나 개선하는데 사용되고 일반적인 예는 강도, 내마모성, 치수 정도를 높이기 위해 페놀이나 아미노 레진에 톱밥이나 운모를 넣고, 고무에는 카본블랙을 넣어 강도, 마모와 균열 저항을 개선한다. 확장재 에서는 단순히 벌크(bulk)성을 증가시키고 폴리머의 단위 중량당의 비용을 감소시키지만 기계적 성질 향상에는 효과가 없다. 확장재는 레진의 성형성을 개선시킬 수 있다.

발포중합체(10.11절)은 중합체의 형태이고 내부에 기공이 고분자 기지에 있다. 발포 스티로포움과 폴리우레탄은 가장 흔한 예이다. 거의 제로에 가까운 공기와 비교적 낮은 밀도의 이런 재료와 조합하여 매우 가볍게 된다. 가스의 혼합으로 열절연이 필요한 응용 분야에서 매우 낮은 열전도를 갖게 된다.

참고문헌 *REFERENCES*

[1] Bauccio, M. (ed.). *ASM Metals Reference Book*, 3rd ed. ASM International, Materials Park, Ohio, 1993.

[2] Black, J., and Kohser, R. *DeGarmo's Materials and Processes in Manufacturing*, 10th ed. John Wiley & Sons, Hoboken, New Jersey, 2008.

[3] Brandrup, J., and Immergut, E. E. (eds.), *Polymer Handbook*, 4th ed. John Wiley & Sons, Inc., New York, 2004.

[4] Carter, C. B., and Norton, M. G. *Ceramic Materials: Science and Engineering*. Springer, New York, 2007.

[5] Chanda, M., and Roy, S. K. *Plastics Technology Handbook*, 4th ed. CRC Taylor & Francis, Boca Raton, Florida, 2006.

[6] Chawla, K. K., *Composite Materials: Science and Engineering*, 3rd ed. Springer-Verlag, New York, 2008.

[7] *Engineering Materials Handbook*, Vol. 1: Composites. ASM International, Materials Park, Ohio, 1987.

[8] *Engineering Materials Handbook*, Vol. 2: Engineering Plastics. ASM International, Materials Park, Ohio, 2000.

[9] *Engineered Materials Handbook*, Vol. 4: Ceramics and Glasses. ASM International, Materials Park, Ohio, 1991.

[10] Flinn, R. A., and Trojan, P. K. *Engineering Materials and Their Applications*, 5th ed. John Wiley & Sons, New York, 1995.

[11] Groover, M. P. *Fundamentals of Modern Manufacturing: Materials, Processes, and Systems*, 6th ed. John Wiley & Sons, Hoboken, New Jersey, 2016.
[12] Hlavac, J. *The Technology of Glass and Ceramics*. Elsevier Scientific, New York, 1983.
[13] Kingery, W. D., Bowen, H. K., and Uhlmann, D. R. *Introduction to Ceramics*, 2nd ed. John Wiley & Sons, New York, 1995.
[14] Margolis, J. M. *Engineering Plastics Handbook*. McGraw-Hill, New York, 2006.
[15] Mark, J. E., and Erman, B. (eds.). *Science and Technology of Rubber*, 3rd ed. Academic Press, Orlando, Florida, 2005.
[16] *Metals Handbook*, Vol. 1: *Properties and Selection: Iron, Steels, and High Performance Alloys*. ASM International, Metals Park, Ohio, 1990.
[17] *Metals Handbook*, Vol. 2: *Properties and Selection: Nonferrous Alloys and Special Purpose Materials*. ASM International, Metals Park, Ohio, 1990.
[18] Richerson, D. W. *Modern Ceramic Engineering: Properties, Processing, and Use in Design*, 3rd ed. CRC Taylor & Francis, Boca Raton, Florida, 2006.
[19] Scholes, S. R., and Greene, C. H. *Modern Glass Practice*, 7th ed. CBI Publishing Company, Boston, Massachusetts, 1993.
[20] Somiya, S. (ed.). *Advanced Technical Ceramics*. Academic Press, San Diego, California, 1989.
[21] Tadmor, Z., and Gogos, C. G. *Principles of Polymer Processing*. Wiley-Interscience, Hoboken, New Jersey, 2006.
[22] www.wikipedia.org/wiki/Boeing_787
[23] Young, R. J., and Lovell, P. *Introduction to Polymers*, 3rd ed. CRC Taylor & Francis, Boca Raton, Florida, 2008.

복습문제 *REVIEW QUESTIONS*

금속 및 그 합금

5.1 금속을 정의하라.

5.2 일반적인 특성에 따라 금속, 세라믹 및 고분자를 구별하라.

5.3 두 가지 주요 금속 그룹을 정의하라.

5.4 철-탄소 합금에서 강의 탄소 함량의 범위는?

5.5 철과 강을 생산하는데 일반적으로 사용되는 광석은 무엇인가?

5.6 철과 강을 생산하는 데 철광석 외에 사용되는 두 가지 고체 원료는 무엇인가?

5.7 철광석에서 선철을 생산하기 위해 사용되는 용광로의 이름은 무엇인가?

5.8 선철(pig iron)에서 주철을 생산하기 위해 사용되는 용광로의 이름은 무엇인가?

5.9 선철에서 강을 생산하기 위해 사용되는 두 가지 형식의 용광로를 설명하라.

5.10 제강에서 잉곳 주조보다 연속 주조를 많이 사용하는 이유는 무엇인가?

5.11 저합금강에서 탄소 이외의 다른 합금 원소를 설명하라.

5.12 스테인리스강의 주요 합금 원소는 무엇인가?

5.13 고속도강의 두 가지 주요 유형을 설명하면?

5.14 머레이징강(maraging steels) 정의?

5.15 자동차 엔진 블록은 어떤 유형의 주철을 사용하여 생산하나?

5.16 알루미늄의 중요한 특성을 설명하라.

5.17 알루미늄 광석에서 순수 산화알루미늄(Al_2O_3)을 생산하기 위해 사용하는 공정은 무엇인가?

5.18 마그네슘의 중요한 특성을 몇 가지 설명하면?

5.19 대부분의 용도를 밝힐 수 있는 구리의 가장 중요한 공학적 특성을 설명하면?
5.20 황동을 만들기 위해 구리와 합금이 되어야 하는 원소를 밝혀라.
5.21 니켈의 주요 용도를 설명하라.
5.22 티타늄의 중요한 특성을 설명하라.
5.23 아연의 중요한 용도는 무엇인가?
5.24 납(Pb)과 주석(Sn)이 서로 비슷한 속성은 무엇인가?
5.25 내화물이라는 용어를 정의하라.
5.26 두 가지 가장 중요한 내화 금속을 언급하라.
5.27 모재를 기준으로 초합금을 분류하는 세가지 그룹을 말하라.
5.28 초합금을 다른 합금과 어떻게 구별하나?
5.29 융해(공융)온도라는 용어는 무엇을 의미하나?
5.30 철-탄소 합금을 주철로 정의하는 탄소 백분율의 범위는 얼마인가?
5.31 열처리 없이도 탄소가 일반 탄소강을 강화시키는 메커니즘은 무엇인가?

세라믹

5.32 세라믹을 정의하면?
5.33 유리를 전통세라믹이나 뉴세라믹과 어떻게 구별하나?
5.34 세라믹의 원자결합 유형에 대해 설명하라.
5.35 세라믹 재료의 기계적 특성을 설명하면?
5.36 입자 크기가 작을수록 다결정 세라믹 제품의 강도를 증가하는지 감소하는지 설명하라.
5.37 세라믹에서 열팽창 계수가 높거나 낮으면 열 균열이 더 많이 발생하는가?
5.38 세라믹 제품을 만드는 데 사용되는 점토는 무엇인가?
5.39 세라믹에 적용되고 있는, 글레이징의 용어를 설명하면?
5.40 WC-Co와 같은 초경합금의 주요 용도를 설명하라.
5.41 질화티타늄의 중요한 용도 중 하나를 설명하라.
5.42 유리의 핵심 성분을 설명하면?
5.43 붕소, 탄소, 규소의 세 가지 원소 중 중요한 반도체를 설명하라.
5.44 세라믹 재료의 일반적인 물리적 특성은 무엇인가?

폴리머

5.45 고분자 셀룰로오스의 독특한 특징은 무엇인가?
5.46 나일론을 포함하는 폴리머 그룹은 무엇인가?
5.47 저밀도 폴리에틸렌과 고밀도 폴리에틸렌은 어떻게 구별하나?
5.48 열경화성 폴리머는 열가소성 수지와 어떻게 다른가?
5.49 열경화성 플라스틱이 가교(경화)가 되는 세 가지 방법을 말하라.
5.50 탄성체와 열경화성 폴리머의 특성은 모두 가교결합으로 되어 있지만 왜 다른가?
5.51 유리전이온도 이하에서는 탄성체(elastomer)는 어떻게 되는가?
5.52 열가소성 탄성체와 기존 고무의 차이점은 무엇인가?
5.53 부분 분해성 플라스틱과 완전 분해성 플라스틱은 어떻게 구별하나?

복합 재료

5.54 서멧을 정의하면?

5.55 초경합금은 어떤 종류의 복합재료인가?

5.56 섬유 강화 세라믹 매트릭스 복합재로 만들어진 세라믹의 단점을 설명하면?

5.57 고급 복합재라는 용어의 의미는 무엇인가?

5.58 하이브리드 복합재의 정의?

5.59 섬유 강화 폴리머의 중요한 특성은 무엇인가?

5.60 섬유 강화 폴리머의 주요 용도는 무엇인가?

5.61 작은 직경의 섬유가 벌크 재료보다 더 강하게 되는 이유는 무엇인가?

CHAPTER **6**

치수, 표면 및 측정

6.1 치수, 공차 및 관련 속성
- 6.1.1 치수와 공차
- 6.1.2 기타 기하학적 속성

6.2 측정기기 및 게이지
- 6.2.1 정밀 게이지블럭
- 6.2.2 선형치수 측정 장비
- 6.2.3 상대적 측정 장비
- 6.2.4 고정 게이지와 각도 측정 장비

6.3 표면
- 6.3.1 표면의 특성
- 6.3.2 표면조직
- 6.3.3 표면품위

6.4 표면 측정
- 6.4.1 표면거칠기의 측정
- 6.4.2 표면품위의 평가
- 6.4.3 서로 다른 가공공정에 따른 표면 거칠기

재료의 기계적 및 물리적 성질과 더불어 제조된 제품의 성능을 결정하는 다른 인자로서 그 부품의 치수와 표면이 있다. ***치수(dimension)***는 부품도면에 명시된 부품의 길이 또는 각도의 크기를 말한다. 치수는 부품들이 조립될 때 얼마나 서로 잘 맞는가를 결정하기 때문에 중요하다. 도면에 제시된 완벽한 치수로 부품을 만든다는 것은 거의 불가능하고 매우 많은 비용이 소요된다. 그 대신 어느 정도 제한된 치수변화를 허용하며, 이렇게 허용된 변화량을 ***공차(tolerance)***라 한다.

부품의 표면 또한 중요하다. 표면은 제품의 성능과 조립, 그리고 잠재적 고객이 제품에 대하여 갖게 되는 미적 매력에 영향을 준다. ***표면(surface)***은 제품의 외부경계로서 다른 물체나, 유체, 공간 또는 이들의 조합과 이웃한다. 표면은 물체가 갖는 전체적인 기계적 및 물리적 성질을 둘러싸는 역할을 한다.

이 장에서는 치수, 공차 및 표면에 대하여 기술한다. 그리고 이들 세 가지 속성은 제품설계자들이 지정하며, 부품과 제품의 제조공정을 통해 결정된다. 또한 이들 속성을 측정기기를 사용하여 어떻게 평가하는가에 대해서도 고찰할 것이다. 이와 밀접하게 관련된 주제인 품질관리와 검사는 36장에서 고찰할 것이다.

6.1 치수, 공차 및 관련 속성

여기서는 설계자가 기하학적 특징을 나타내는 크기를 규정하기 위하여 부품도면에 사용하는 기본적인 변수들을 정의한다. 이 변수에는 치수, 공차, 평탄도, 진원도 및 경사도가 포함된다.

6.1.1 치수와 공차

ANSI(American National Standards Institute, 미국국립표준협회)[3]에서는 ***치수(dimension)***를 '부품의 치수나 기하학적 특성 또는 부품 특징을 정의하기 위해, 선과 부호 및 주석을 이용하여, 도면과 기타 문서에 적절한 측정 단위로 표시된 수치적인 값'이라고 정의하였다. 부품도면의 치수는 부품의 공칭 또는 기본적인 크기 및 부품의 특징을 나타낸다. 이러한 값은 설계자가 그렇게 되기를 원하는 부품의 크기인데, 그 부품이 제작과정에서 오차없는 정확한 크기로 만들어질 수 있다면 가능한 일이다. 그러나 실제 제조공정에서는 변화가 존재하며, 이 변화는 부품 크기의 변화로 명백하게 확인할 수 있다. 공차는 변화의 허용한계를 정의하기 위해 사용된다. ANSI 표준에 따르면 ***공차(tolerance)***란 '특정 치수에 대하여 허용된 변화의 전체적인 양이다. 공차는 최대와 최소 한계 사이의 차이다.'라고 정의되어 있다.

공차는 그림 6.1과 같이 몇 가지 방법으로 규정할 수 있다. 가장 일반적인 방법은 ***양쪽공차(bilateral tolerance)***이며, 여기서는 공칭치수로부터 양과 음의 방향으로 변화를 허용한다. 그림 6.1(a)의 예를 보면, 공칭치수 = 2.500 선형 단위(예: cm)이고, 양쪽 방향으로 0.005 단위의 변화를 허용한다. 이 한계 밖의 부품은 허용되지 않는다. 양쪽공차는 2.500, +0.010, −0.005 치수 단위처럼 균형을 이루지 않을 수도 있다. ***한쪽공차(unilateral tolerance)***는 그림 6.1(b)와 같이, 특정 치수로부터 양 또는 음의 한쪽 방향으로만 변화를 허용하는 방식이다. 부품의 특징적 크기에 대한 허용변화를 나타내는 다른 방법으로 ***한계치수(limit dimension)***가 있으며, 그림 6.1(c)와 같이, 허용되는 최대 및 최소 치수를 사용하는 방법이다.

치수와 공차는 보통 선형적 (길이) 값으로 표시한다. 부품이 갖는 기타 중요한 기하학적 속성도 있는데, 이에는 표면의 평탄도, 축이나 구멍의 진원도, 두 평면 사이의 평행도 등이 있다.

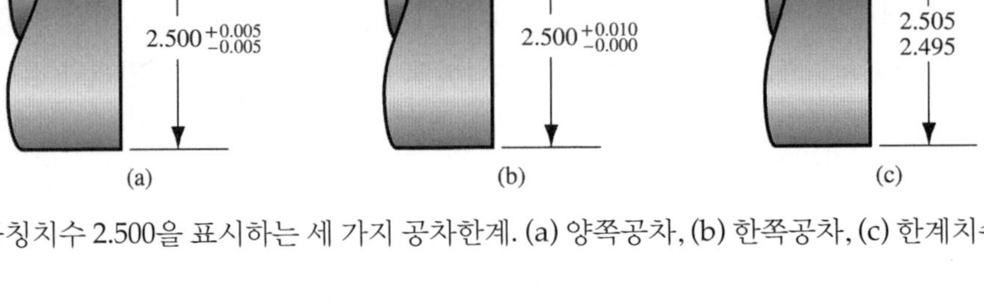

그림 6.1 공칭치수 2.500을 표시하는 세 가지 공차한계. (a) 양쪽공차, (b) 한쪽공차, (c) 한계치수.

6.1.2 기타 기하학적 속성

생산 또는 공학적 설계 환경에서는, 설계자의 설계 의도를 설계 도면의 형태로 작업 현장에 전달하는 것이 중요하다. 부품/도면의 치수는 치수 기입 중에 선형 공차를 사용하여 관리할 수 있다. 그러나 실제로 부품을 제조하는 동안, 부품이 의도한 형상과 크게 다르지 않도록 특정한 한계가 필요하다. 기하공차 및 치수지정은 그러한 편차를 관리하기 위해 허용가능한 공차한계를 지정하는 데 도움이 된다. 그것은 공학적 설계를 전달하고 지정하는 데 사용되는 언어다. 그것은 이상적인 형상(공칭치수)과 공학적 도면 및 컴퓨터 생성 3D 솔리드 모델에서 부품의 공차를 모두 표현한다. 호환성이나 기능에 중요한 부품이나 제품에는 기하학적 공차를 지정하여야 한다. 그러나 기하공차 지정은 제조 기술이나 기계가 원하는 정확도 표준을 유지하기에 신뢰할 수 있는 경우에만 피할 수 있다. 즉, 기하공차 및 치수지정은 설계 요구사항을 측정가능한 명세(specification)로 변환하기 위해 설계자가 사용하는 언어다. 기하공차를 포함시키면 제품 또는 부품의 검사 및 제조 비용이 크게 증가한다. 설계 요구사항을 충족하려면 기하공차를 최대한 크게 유지해야 한다. 이러한 용어 중 일부에 대한 정의는 표 6.1에 나열되어 있다.

표 6.1 부품의 기하학적 속성에 대한 정의

경사도(angularity) — 표면이나 축과 같은 부품 속성이 기준면에 대하여 규정된 각도에서 멀어진 정도이다. 각도 = 90°에서의 경사도를 직각도라 부른다.

기호: ∠

진원도(circularity, roundness) — 실린더, 둥근 구멍 또는 원뿔과 같은 회전표면에 대하여, 진원도는 표면과 회전축에 수직한 평면 사이의 모든 교차점이 축으로부터 동일한 거리에 존재하는 정도이다. 구에 대한 진원도는 표면과 중심을 지나는 평면 사이의 모든 교차점이 중심으로부터 동일한 거리에 존재하는 정도이다.

기호: ○

동축도(concentricity) — 원통표면 및 둥근 구멍과 같이 어느 두 개(또는 그 이상)의 부품 속성이 공동의 축을 가지는 정도.

기호: ◎

원통도(cylindricity) — 원통과 같은 회전표면 위의 모든 점이 회전축으로부터 동일한 거리에 위치한 정도.

기호: ⌭

평탄도(flatness) — 표면 위의 모든 점이 단일 평면에 놓여있는 정도.

기호: ▱

평행도(parallelism) — 표면, 선 또는 축과 같은 부품 속성 위의 모든 점이 기준 평면 또는 선 또는 축으로부터 동일한 거리에 놓여 있는 정도.

기호: //

직각도(perpendicularity, squareness) — 표면, 선 또는 축과 같은 부품 속성 위의 모든 점이 기준 평면 또는 선 또는 축으로부터 90°를 이루고 있는 정도.

기호: ⊥

진직도(straightness) — 선 또는 축과 같은 부품 속성이 직선인 정도.

기호: —

6.2 측정기기 및 게이지

측정(measurement)은 일반적으로 인정되고 일관성 있는 단위시스템을 이용하여, 크기를 모르는 양을 크기를 알고 있는 표준과 비교하는 과정이다. 국제적으로 두 개의 단위시스템이 발전되었는데, (1) 국제단위시스템(International System of Units, SI) (SI, for Système Internationale d'Unités), 보통 미터시스템(metric system)으로 알려져 있음, 그리고 (2) 미국시스템(U.S. customary system, U.S.C.S.)이 그것이다(역사적 고찰 6.1). 미터시스템은 미국시스템을 고수하는 미국을 제외한 전 세계의 거의 모든 산업분야에서 채용되고 있다. 점진적으로 미국도 SI를 채용해 가고 있는 중이다.

측정은 관심 대상인 양(quantity)에 대한 수치 값을 정확도와 정밀도의 특정 한계 내에서 제공한다. ***정확도(accuracy)***는 측정된 값이 측정하려는 양의 참값과 일치하는 정도이다. 측정은 시스템오차가 없을 때 정확하다. 시스템오차(systematic errors)는 참값으로부터의 양 또는 음의 편차인데, 여러 번의 측정에서 일관되게 나타난다. ***정밀도(precision)***는 측정과정에서 반복가능성의 정도이다. 좋은 정밀도는 측정과정의 랜덤오차(random error)가 최소화된 것을 의미한다. 랜덤오차는 보통 측정과정에서 사람이 개입하기 때문에 발생한다. 예를 들면 셋업(setup)의 변화, 부정확한 눈금 읽기, 반올림 근사 등이 포함된다. 랜덤오차 발생에 영향을 주는 사람 외적인 요인에는 온도 변화, 장치 작동요소의 점진적 마모 및 잘못된 정렬, 그리고 기타 변화가 포함된다.

측정과 밀접한 관련을 가진 것이 게이지를 이용한 측정이다. ***게이지측정*(gaging** 또는 **gauging)**에서는 부품특성이 설계규격과 일치하는가 또는 일치하지 않는가를 결정한다. 게이지측정은 보통 측정보다는 신속하지만, 관심대상 특성의 실제 값에 대한 정보는 거의 주어지지 않는다.

이 절에서는 다양한 수동 측정기기와 게이지를 다루는데, 이들은 길이 및 지름과 같은 치수와 각도, 진직도 및 진원도 같은 특징을 측정하기 위해 사용된다. 이러한 종류의 기기는 측정실, 검사부서 및 공구실에서 찾아볼 수 있다. 정밀 게이지블록부터 시작한다.

역사적 고찰 6.1 측정시스템

고대 문명에서의 측정시스템은 인간 신체의 치수에 기초하고 있었다. 이집트인들은 기원전 3000년경에 길이 측정의 표준으로 큐빗(cubit)을 개발하였다. ***큐빗(cubit)***은 인간 팔과 손의 길이, 즉 팔꿈치부터 손가락 끝까지의 길이로 정의되었다. 팔 길이의 편차에 따른 어려움이 있었지만, 큐빗은 화강암으로 기준 큐빗(master cubit)을 만들어 표준화하였다. 길이가 45 cm인 표준 큐빗을 이용해 이집트 전역에서 큐빅 막대를 만들어 사용하였다. 표준 큐빗은 작은 ***눈금(digits***, 인간 손가락의 폭)으로 분할되었으며, 1큐빗에 28 눈금이 있었다. 네 개의 눈금은 ***손바닥(palm)***과 동일했으며, 다섯 개는 ***손(hand)***과 동일했다. 즉, 측정 시스템과 표준은 이미 고대 세계에서 개발되었다.

드디어 고대 지중해 지역의 주도권은 그리스로, 그리고 그 후 로마로 넘어가게 되었다. 그리스인들의 기본적인 길이 측정도구는 ***손가락***

(***finger***, 약 19 mm)이었으며, 16 손가락은 ***발*** (***one foot***)과 동일했다. 로마인들은 그리스 시스템을 받아들이고 적용시켰는데, 특히 발을 12 부분(***unciae***)으로 세분화하였다. 로마인들은 5 피트를 ***보폭(pace)***으로, 5000 피트는 ***마일 (mile)***로 정의했다.

중세 유럽에서는 다양한 국가적, 지역적 측정 시스템이 발전하였는데, 그 대다수는 로마 표준에 기초한 것이었다. 서양세계에서는 두 개의 주된 시스템이 나타났는데, 영국시스템(English system)과 미터시스템(metric system)이었다. 영국시스템에서는 야드(yard)를 '엄지손가락의 끝으로부터 왕 Henry I세의 코끝까지의 길이'로 정의하였다[1]. 야드는 3***피트(feet)***로 분할하고, 1피트는 12***인치(inches)***로 세분하였다. 미국 식민지들은 영국에 속하였으므로, 미국이 독립을 할 당시 동일한 측정시스템을 받아들이는 것은 자연스러운 일이었다. 이것이 미국시스템(U.S. customary system, U.S.C.S.)이 되었다.

미터시스템을 처음 제안한 사람은 1670년 경 프랑스 리용(Lyon)의 교구목사 G. Mouton이었다. 그의 제안에는 세 가지 중요한 주안점이 포함되어 있었는데, 후에 미터식 표준에 포함되었다: (1) 기본 단위는 상수라고 추정되는 지구의 측정값으로 정의되어야 함, (2) 단위는 십진법으로 나누어져야 함, (3) 단위는 합리적인 접두사를 사용하여야 함. Mouton의 제안은 그 후 125년간 프랑스 과학자들 사이에서 논의와 논쟁을 지속하였다. 1795년 프랑스 혁명 결과의 하나로 도량형(weights and measures)에 대한 미터시스템이 도입되었다. 길이의 기본 단위는 ***미터 (meter)***인데, 이것은 파리(Paris)를 통과하는 북극과 적도 사이의 자오선 길이의 1/10,000,000로 정의된다. 미터의 배수와 약수는 그리스 접두사에 기초하였다.

1800년대 초기 유럽 전역에 걸친 미터시스템의 보급은, 나폴레옹의 프랑스 군대가 군사적 성공을 거둠으로써 촉진되었다. 세계의 다른 지역에서는 미터시스템의 도입이 여러 해에 걸쳐 일어났으며, 흔히 상당한 정치적 변화가 동기가 되었다. 이것은 일본, 중국, 소련연방(러시아) 및 남아메리카의 경우에서 볼 수 있다.

1963년 영국 의회의 법에 따라 영국 도량형 시스템을 미터 단위로 다시 정의하였으며, 2년 후에는 미터시스템을 따를 것을 지시하였다. 이렇게 하여 영국은 유럽의 나머지 국가들과 연합하게 되었으며, 미국은 미터시스템을 사용하지 않는 유일한 주요 산업국가로 남게 되었다. 1960년 파리에서 열린 도량형 국제회의에서 미터시스템에 기초한 새로운 기준에 대한 합의에 도달하였다. 따라서 미터시스템은 국제시스템(Systeme Internationale, SI)이 되었다.

6.2.1 정밀 게이지블록

정밀 게이지블록은 다른 치수 측정기기 및 게이지와 비교하기 위한 표준이다. 게이지블록(gage block)은 보통 정사각형 또는 직사각형이다. 측정표면들은 치수가 매우 작은 공차 이내에 존재하도록 정확하고 평행하게 다듬질이 되어 있으며, 거울면 정도로 연마가공 되어있다. 여러 등급의 정밀 게이지블록이 있으며, 높은 등급은 더 작은 공차를 가진다. *가장 높은 등급(master laboratory standard)*은 ±0.000,03 mm의 공차를 갖는다. 게이지블록은 필요한 경도와 가격에 따라 공구강,

크롬코팅 강, 크롬카바이드 또는 텅스텐카바이드의 몇 가지 경한 재료로 만들어진다.

정밀 게이지블록은 일정한 표준 크기 또는 세트로 판매하는데, 후자의 경우에는 다양한 크기의 블록들로 구성된다. 세트에 포함된 블록 크기는 체계적으로 결정되어, 공차 0.0025 mm 범위 안에서 어떤 치수도 측정할 수 있도록 적층하여 사용할 수 있다.

가장 좋은 결과를 얻기 위해서는 게이지블록이 정반과 같은 평평한 기준면 상에서 사용되어야 한다. ***정반(surface plate)***은 윗면이 평면으로 가공되어 있는 커다란 고체 블록이다. 오늘날 대부분의 정반은 화강암으로 만들어진다. 화강암의 장점은 단단하고, 녹슬지 않고, 자성이 없으며, 마모에 오래 견디고, 열에 안정적이며, 관리하기 쉽다는 것이다.

게이지블록과 다른 고정밀 측정장치들은 측정에 부정적인 영향을 줄 수 있는 온도나 다른 조건들을 표준조건에 맞춰 사용하여야 한다. 국제적으로 20℃가 표준온도로 지정되어 있으며, 측정실은 이 표준온도에서 운영된다. 게이지블록이나 다른 측정장치들이 표준에서 벗어나는 온도의 공장 환경에서 사용된다면, 열팽창 또는 수축에 대한 보정을 요구할 수 있다. 또한, 공장에서 검사에 사용되는 게이지블록들은 마모가 발생할 수 있으므로, 보다 정밀한 측정실의 게이지블록을 이용하여 주기적으로 보정작업을 수행해야한다.

6.2.2 선형치수 측정기기

측정기기는 눈금이 있는 것과 눈금이 없는 것의 두 가지로 나눌 수 있다. ***눈금이 있는 측정기기(graduated measuring devices)***는 선형 또는 각도가 표시된 눈금(graduations)을 가지고 있으며, 대상물의 특징을 이것과 비교한다. ***눈금이 없는 측정기기(nongraduated measuring devices)***는 눈금을 가지고 있지 않으며, 치수들을 서로 비교하거나, 눈금이 있는 측정기기에 의한 측정을 위해 치수를 전달하는 데 사용된다.

가장 기본적인 눈금있는 측정장치는 ***자(rule)***로서 선형치수를 측정하는 데 사용된다. 이러한 자가 강재로 만들어진 경우 흔히 ***강철자(steel rule)***로 불리며, 다양한 길이가 있다. 미터자의 길이는 150, 300, 600 및 1,000 mm(1 또는 0.5 mm의 눈금을 가짐)이다.

*캘리퍼스(calipers)*에는 눈금이 있는 것과 없는 것의 두 가지 종류가 있다. *눈금이 없는 캘리퍼스*(간단하게 *캘리퍼스, caliper*)는 힌지에 의해 연결된 두 개의 다리로 구성된다(그림 6.2). 두 다리 끝은 측정하고자 하는 물체의 표면과 접촉하도록 만들어졌으며, 힌지는 측정하는 동안 다리의 그 위치를 유지하도록 설계되었다. 접촉부 사이의 거리는 강철자 또는 다른 측정기기를 사용하여 측정할 수 있다. 접촉점은 안쪽 또는 바깥쪽 방향으로 향할 수 있다. 접촉점이 안쪽 방향으로 향하는 경우, 도구는 *외부측정용 캘리퍼스(outside caliper)*라고 하며, 직경과 같은 바깥치수를 측정하는 데 사용된다(그림 6.2). 접촉점이 바깥쪽 방향으로 향하는 경우, 도구는 *내부측정용 캘리퍼스(inside caliper)*라고 하며 두 개의 내부표면 사이의 거리를 측정하는 데 사용된다. 캘리퍼스와 유사한 형상을 갖는 도구로 ***디바이더(divider)***가 있는데, 이것의 양쪽 다리는 직선이고, 끝 부분은 단단하고 날카로운 접촉부로 되어 있다. 디바이더는 표면 위의 두 점 또는 직선 사이의 거리를 축척 분할하는 데 사용되며, 표면 위에 원이나 호를 긋기 위해서도 사용된다.

눈금이 있는 다양한 캘리퍼스가 여러 가지 측정목적에 따라 사용된다. 가장 간단한 것은 ***슬라이드 캘리퍼스(slide caliper)***로서, 강철 자에 두 개의 죠(jaw)가 부착되어 있는데, 하나는 끝 부분에 고정되어 있고, 또 하나는 이동할 수 있다(그림 6.3). 슬라이드 캘리퍼스는 사용되는 죠의 면이 안쪽이냐 바깥쪽이냐에 따라 안쪽 또는 바깥쪽을 측정할 수 있다. 죠를 측정하고자 하는 부품의 표면에

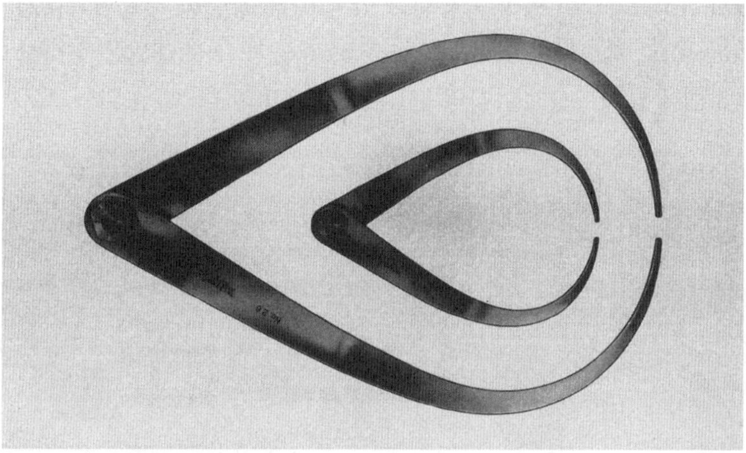

Courtesy of L.S. Starrett Co.

그림 6.2 두 가지 크기의 외부측정용 캘리퍼스.

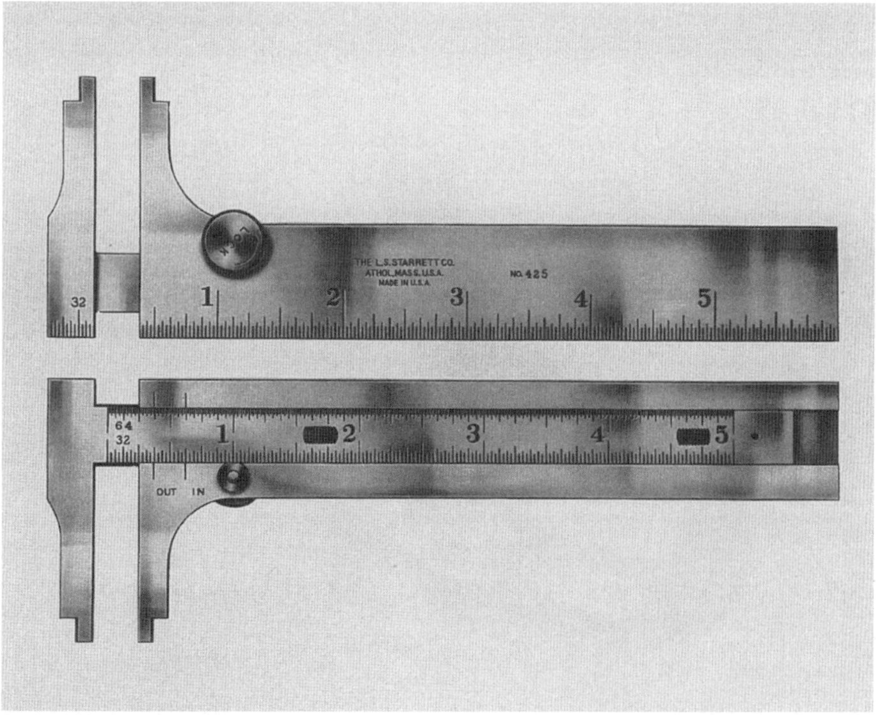

Courtesy of L.S. Starrett Co.

그림 6.3 서로 다른 면을 보여주고 있는 슬라이드 캘리퍼스.

밀어 접촉시키면, 이동 가능한 죠의 위치를 통해 원하는 치수를 알 수 있다. 슬라이드 캘리퍼스는 간단한 자보다 정확하고 정밀한 측정이 가능하다. 슬라이드 캘리퍼스를 개량한 것이 ***버니어 캘리퍼스(vernier caliper)***이다(그림 6.4). 버니어 캘리퍼스의 이동 가능한 죠에는 버니어 눈금이 있으며, 이것을 발명한 프랑스의 수학자 P. Vernier(1580~1637)의 이름에서 유래한 것이다. 버니어 캘리퍼스는 슬라이드 캘리퍼스보다 훨씬 더 정밀하여, 0.01 mm의 눈금을 읽을 수 있다.

마이크로미터(micrometer)는 널리 사용되고 있는 매우 정밀한 측정기기로서, 스핀들(spindle)과 C자형의 앤빌(anvil)로 구성되어 있다(그림 6.5). 스핀들과 고정 앤빌은 정밀한 나사에 의해 상대운동한다. 미터시스템에서 마이크로미터의 눈금은 0.01 mm이다. 최신 마이크로미터(및 눈금이 있

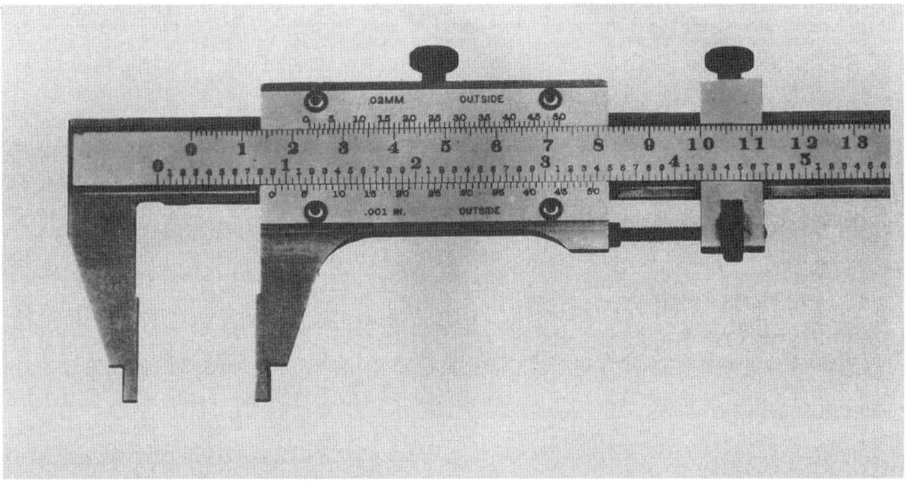

Courtesy of L.S. Starrett Co.

그림 6.4 버니어 캘리퍼스.

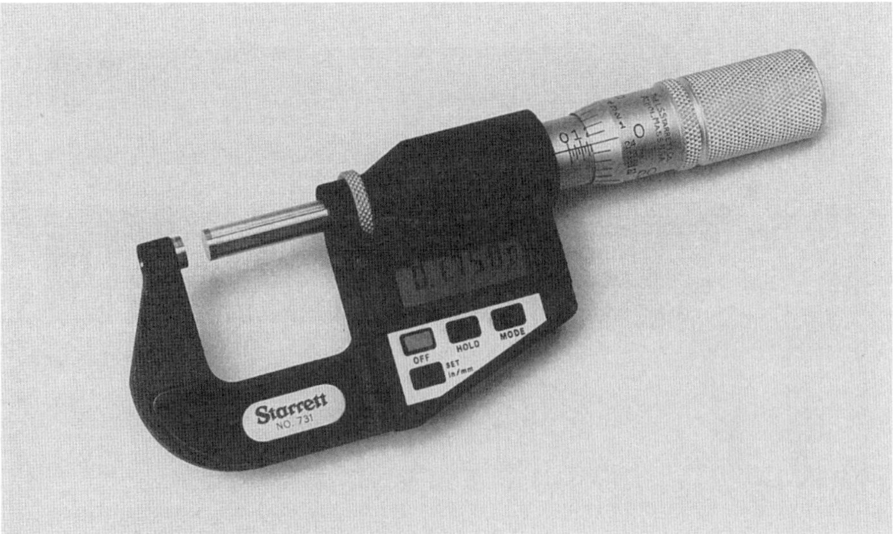

Courtesy of L.S. Starrett Co.

그림 6.5 디지털 표시창을 가진 외부측정용 마이크로미터.

는 캘리퍼스)에는 그림과 같이 측정결과를 디지털로 표시하는 전자장치가 부착되어 있다. 이것은 훨씬 읽기 쉬우며, 눈금을 읽는 과정에서 발생할 수 있는 인간의 실수를 제거해준다.

가장 일반적인 마이크로미터의 종류는 다음과 같다.

(1) *외부측정용 마이크로미터(external micrometer 또는 outside micrometer)*는 다양한 크기의 표준 앤빌이 제공된다(그림 6.5).

(2) *내부측정용 마이크로미터(internal micrometer 또는 inside micrometer)*는 머리조립품과 다양한 내부 치수를 측정하기 위한 서로 다른 길이의 막대 세트로 구성되어 있다.

(3) *깊이측정용 마이크로미터(depth micrometer)*는 내부측정용 마이크로미터와 유사하지만 구멍의 깊이를 측정하는 데 사용된다.

6.2.3 비교 측정기기

비교 측정기기(comparative instrument)는 공작물 표면 및 기준면과 같은 두 개의 대상물 사이의 치수를 비교하기 위해 사용된다. 비교 측정기기는 정량적인 절대치를 제공하지 못한다. 그 대신 두 대상물 사이의 편차의 크기와 방향을 측정한다. 이러한 측정기기로는 기계식 및 전자식 게이지가 있다.

기계식 게이지: 다이얼 게이지

*기계식 게이지(mechanical gages)*는 관찰이 가능하도록 편차를 기계적으로 확대해준다. 가장 일반적인 기기는 ***다이얼 게이지(dial indicator)***이며, 접촉점의 직선운동을 다이얼 바늘의 회전으로 변환하여 증폭시킨다(그림 6.6). 다이얼에는 0.01 mm의 작은 단위로 눈금이 표시되어 있다. 다이얼 게이지는 진직도, 평탄도, 평행도, 직각도, 진원도 및 흔들림(run-out) 공차를 측정할 수 있다. 흔들림 공차를 측정할 수 있는 일반적인 장비구성(setup)은 그림 6.7에 나타나 있다.

전자식 게이지(electronic gages)

전자식 게이지는 직선 변위를 전기신호로 바꿀 수 있는 변환기(transducer)에 기초한 측정기기들을 일컫는다. 전기신호는 그림 6.5의 디지털 표시값과 같이 적절한 데이터 형식으로 증폭되어 변환된다. 전자식 게이지의 활용은 마이크로프로세서 기술발전에 의해서 최근 몇 년간 급격히 증가하였다. 그리고 점점 더 많은 전통적인 측정기기들을 대체하고 있다. 전자식 게이지들의 장점은 다음과 같다.

(1) 양호한 민감도, 정확도, 정밀도, 반복성 및 응답속도
(2) 최소 0.025 μm까지의 매우 작은 치수 감지능력
(3) 작동 편의성
(4) 인간 오류의 감소
(5) 여러 형식으로 표시 가능한 전기신호
(6) 데이터처리를 위한 컴퓨터와의 인터페이스 가능성

Courtesy of L.S. Starrett Co.

그림 6.6 다이얼 게이지: 다이얼과 눈금이 표시된 면.

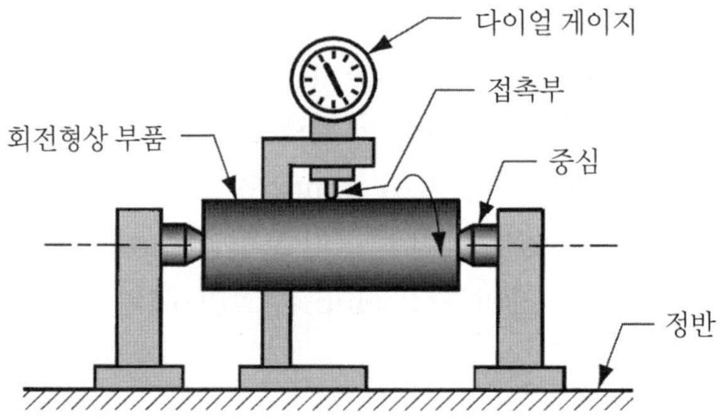

그림 6.7 다이얼 게이지를 이용한 흔들림 공차 측정을 위한 장비구성(setup). 부품은 중심축에 대해 회전하고, 중심축에 대한 바깥면의 변동이 다이얼에 표시된다.

6.2.4 고정게이지와 각도측정기기

고정게이지는 평가하고자 하는 부품 치수를 물리적으로 복제한 것이다. 기본적으로 마스터게이지와 한계게이지의 두 가지로 나누어진다. ***마스터게이지***(master gage)는 부품치수의 공칭크기를 직접적으로 복제하여 제작된다. 마스터 게이지는 일반적으로 다이얼 게이지와 같은 비교 측정장치들을 설치하거나, 측정기기를 보정하기 위해 사용된다.

한계게이지(limit gage)는 부품 치수의 반대 형상을 복제하여 제작되며, 치수와 공차를 확인하는데 사용된다. 한계게이지는 보통 두 개의 게이지가 하나로 제작되는데, 하나는 부품 치수공차의

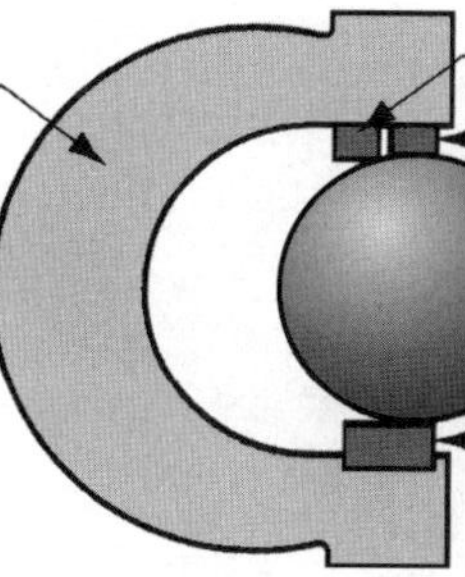

그림 6.8 부품의 직경을 측정하기 위한 스냅게이지. 통과 및 정지 게이지 단추의 높이차가 과장되게 그려져 있다.

위 한계를 확인하기 위해서, 또 다른 하나는 부품 치수공차의 아래 한계를 확인하기 위해서 사용된다. 이러한 게이지들은 *통과/정지 게이지(GO/NO-GO gages)*로 널리 알려져 있는데, 그 이유는 한 게이지는 부품의 삽입을 허용하는 한계이고 다른 하나는 이를 허용하지 않기 때문이다. *통과한계(GO limit)*는 허용되는 최대소재 조건에서 치수를 확인하는 것으로, 최대소재 조건이란 구멍과 같은 내부특징에 대해서는 최소 크기이며, 외부 직경과 같은 외부특징에 대해서는 최대 크기를 의미한다. *정지한계(NO-GO limit)*는 치수의 최소소재 조건을 검사하는 데 사용된다.

일반적인 한계게이지에는 부품의 외부치수를 확인하기 위한 스냅게이지와 링게이지가 있고, 내부치수를 확인하기 위한 플러그게이지 있다. ***스냅게이지(snap gage)***는 게이징 면이 있는 죠가 부착된 C자형 몸체로 구성되어 있다(그림 6.8). 스냅게이지에는 두 개의 단추가 있는데, 첫 번째 것은 통과게이지이고, 두 번째 것은 정지게이지이다. 스냅게이지는 직경, 폭, 두께와 같은 외부치수 및 유사한 표면을 확인하는 데 사용된다.

링게이지(ring gage)는 원통의 직경을 확인하는 데 사용된다. 보통 통과와 정지를 위한 한 쌍의 게이지가 함께 사용된다. 각 게이지는 링인데, 부품 지름에 대한 공차한계 중 하나에 맞추어 입구가 가공되어 있다. 두 게이지의 구별을 위해 정지게이지 외면에는 홈이 가공되어 있다.

구멍직경을 확인하기 위한 가장 보편적인 한계게이지는 ***플러그게이지(plug gage)***이다. 대표적인 게이지는 정확하게 연마 가공된 두 개의 경화강 원통(plugs)이 부착된 손잡이로 구성되어 있다(그림 6.9). 원통형 플러그가 통과 및 정지 게이지 역할을 수행한다. 플러그게이지와 유사한 다른 게

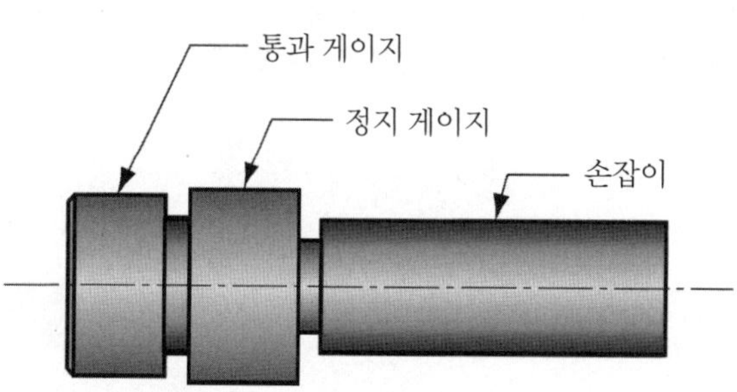

그림 6.9 플러그게이지. 통과 및 정지 플러그의 직경 차이가 과장되게 그려져 있다.

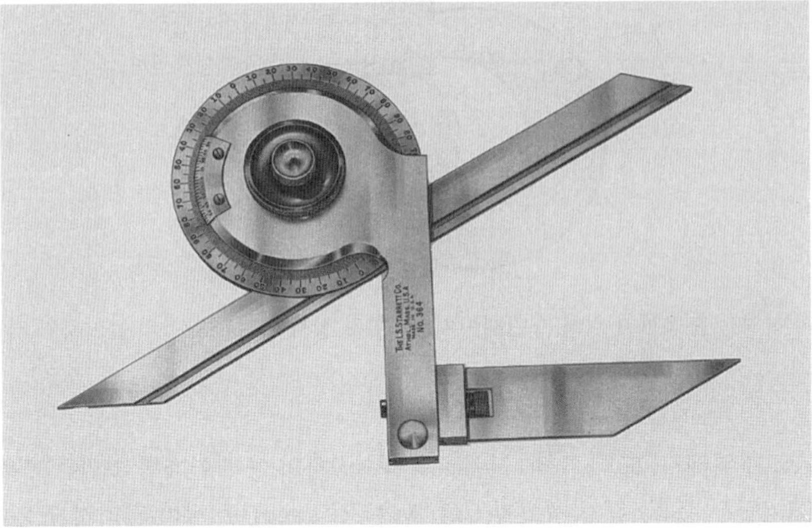

Courtesy of L.S. Starrett Co.

그림 6.10 버니어 눈금을 채용한 베벨 각도기.

이지로는 테이퍼가 있는 구멍을 확인하기 위해 플러그를 테이퍼 가공한 ***테이퍼게이지(taper gage)***, 그리고 부품의 내면 나사를 확인하기 위해 플러그에 나사를 가공한 ***나사게이지(thread gage)***가 있다.

고정게이지는 사용하기 쉬우며, 일반적으로 검사에 소요되는 시간이 측정기기를 이용하는 경우보다 거의 항상 짧다. 고정게이지는 호환 가능한 부품을 개발하는 데에 필요한 기본적인 요소였다(역사적 고찰 1.1). 고정게이지는 부품을 마무리 줄작업 및 조정작업 없이 조립하기에 충분한 공차범위 내에 들도록 만들 수 있는 수단을 제공해주었다. 고정게이지의 단점은 단지 치수가 공차범위 내에 있는 지 여부만을 알려주며, 부품의 실제 크기에 대해서는 정보를 거의 주지 못한다. 오늘날에는 고속의 전자식 측정장비가 사용가능하게 되고, 부품 치수에 대한 통계적 공정관리가 요구됨에 따라, 게이지의 사용은 치수를 실제로 측정하는 것으로 점차 대체되고 있다.

각도는 다양한 형태의 ***각도기(protractor)***로 측정한다. ***단순각도기(simple protractor)***는 단위 각도(예: 도, 라디안) 눈금이 새겨진 반원형 헤드에 대해 상대적으로 회전하는 직선 칼날(blade)로 구성되어 있다. 직선 칼날을 측정할 부품의 각도에 해당하는 위치로 회전시켜 그 각도를 읽는다. ***베벨각도기(bevel protractor)***는 서로 상대적으로 회전하는 두 개의 직선 칼날로 구성되어 있다(그림 6.10). 피봇 조립체는 두 칼날 사이의 각도를 읽을 수 있는 각도기 눈금을 가지고 있다. 버니어가 있는 베벨각도기는 약 5분(min, 1분 = 1/60도)을 읽을 수 있고, 버니어가 없으면 해상도는 약 1°(도, degree)이다.

6.3 표면

표면은 제조된 부품과 같은 어떤 물체를 잡을 때 접촉하는 부분이다. 설계자는 여러 표면들을 서로 연결시키면서 부품치수를 규정한다. 이러한 ***공칭표면(nominal surfaces)***은 부품의 의도된 표면 윤곽을 나타내는데, 도면에서는 선에 의해 정의된다. 공칭표면은 완전한 직선, 이상적인 원, 둥근 구멍 및 기타 기하학적으로 완전한 모서리나 면으로 표현된다. 제조 후 부품의 실제 표면은 그것을 만드는데 사용된 공정에 의하여 결정된다. 사용된 제조공정에 따라 표면 특성이 매우 다양하게 변화하므로, 엔지니어가 표면에 대한 기술을 이해하는 것은 중요하다.

표면은 수많은 이유에서 상업적으로, 기술적으로 중요하다:

(1) 미적인 이유 — 표면이 매끈하고 흠집과 결점이 없으면 구매자에게 좋은 인상을 준다.
(2) 표면은 안전에 영향을 준다.
(3) 마찰과 마모는 표면 특성에 의존한다.
(4) 표면은 기계적, 물리적 성질에 영향을 준다. 예를 들어 표면의 흠집이 응력집중의 발생 위치가 될 수 있다.
(5) 표면은 부품의 조립에 영향을 준다. 예를 들어 접착제 접합부(26.3절)의 강도는 표면이 약간 거칠 때 증가한다.
(6) 표면이 매끄러우면 전기 접촉이 더 양호하다.

표면기술(surface technology)에서는 다음 사항을 취급한다. (1) 표면의 특성 정의, (2) 표면조직, (3) 표면완전성 및 (4) 제조공정과 최종 표면 특성 사이의 관계. 처음 세 가지 주제는 이 절에서 다루고, 마지막 내용은 6.5절에서 다룬다.

6.3.1 표면의 특성

어떤 부품의 표면을 현미경으로 보면 불규칙성 및 불완전성을 찾을 수 있다. 전형적인 표면의 특징은 그림 6.11과 같이 금속부품 표면의 단면을 높은 배율로 확대하여 나타낼 수 있다. 여기서 다루는 내용은 금속의 표면에 초점을 맞추지만, 세라믹과 고분자화합물에 대해서도 재료 구조의 차이에 따라 수정하면 적용할 수 있다. *기질(substrate)*이라고 불리는 부분은 이전에 행해진 공정에 따른 결정립 구조를 가진다. 예를 들어 금속의 기질구조는 그 화학 조성, 금속에 원래 적용된 주조공정 및 주물에 행해진 변형작업과 열처리에 의하여 영향을 받는다.

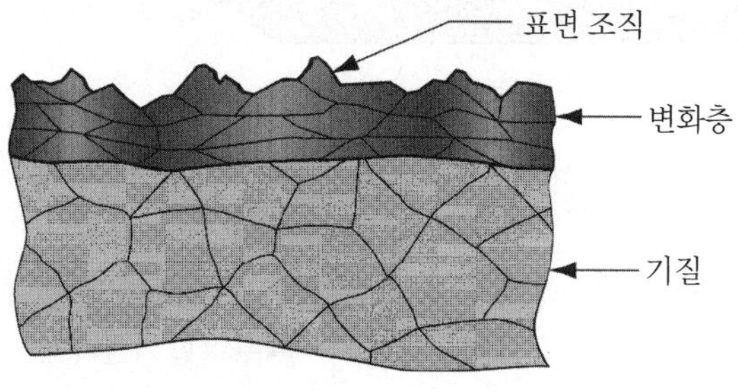

그림 6.11 전형적인 금속부품 표면의 단면 확대도.

부품의 바깥 부분은 결코 곧고 매끄러운 지형을 지닌 표면이 아니다. 단면을 높은 배율로 확대해 보면, 표면은 거칠고(roughness) 기복(waviness)이 있으며 갈라진 틈(flaw)도 있다. 그림 6.11에서는 보이지 않지만, 생산할 때의 기계적인 가공에 의한 무늬나 방향도 있다. 이러한 모든 기하학적인 특징이 *표면조직(surface texture)*이라는 용어에 포함되어 있다.

표면의 바로 아래에는 기질과는 다른 구조를 가진 금속층이 있다. 이 층을 *변화층(altered layer)*이라 하는데, 변화층이 만들어지는 동안과 그 후에 표면 위에 이루어진 작용들의 결과이다. 제조공정에는 보통 많은 양의 에너지가 사용되며 이는 표면을 통하여 작용한다. 변화층은 가공경화(기계적 에너지), 가열(열에너지), 화학처리 또는 전기에너지로부터 발생할 수 있다. 이 층의 금속은 에너지 작용에 의해 영향을 받으며, 이에 따라 그 미세구조가 변화한다. 이 변화층은 ***표면완전성(surface integrity)***의 범주에 속하는데, 표면완전성은 제조 시에는 재료(보통 금속)의 표면층에 대한 정의, 규격 및 제어를 다루며, 그 이후의 사용 시에는 성능을 다룬다. 표면완전성의 범위는 보통 표면조직과 아래의 변화층을 포함하는 것으로 인식된다.

그 외에도 대부분의 금속표면에는, 공정 후 막 형성에 필요한 충분한 시간이 경과하면 ***산화막(oxide film)***이 형성된다. 알루미늄은 그 표면에 단단하고, 밀도가 높고, 얇은 Al_2O_3의 막(기질을 부식으로부터 보호함)을 형성하며, 철은 그 표면에 몇 가지 화학 조성의 산화물(보호와는 전혀 관계없는 녹)을 형성한다. 또한 부품의 표면에는 습기, 때, 기름, 흡착된 기체 및 기타 오염물질이 있을 수 있다.

6.3.2 표면조직

표면조직(surface texture)은 물체의 공칭표면으로부터 반복적인 편차 및 임의(random)의 편차로 구성되며, 이것은 표면거칠기(roughness), 표면파형(waviness), 레이(lay) 및 흠집(flaw)의 네 가지 특징에 의해 정의된다(그림 6.12). ***표면거칠기(roughness)***는 공칭표면으로부터의 미세한 간격의

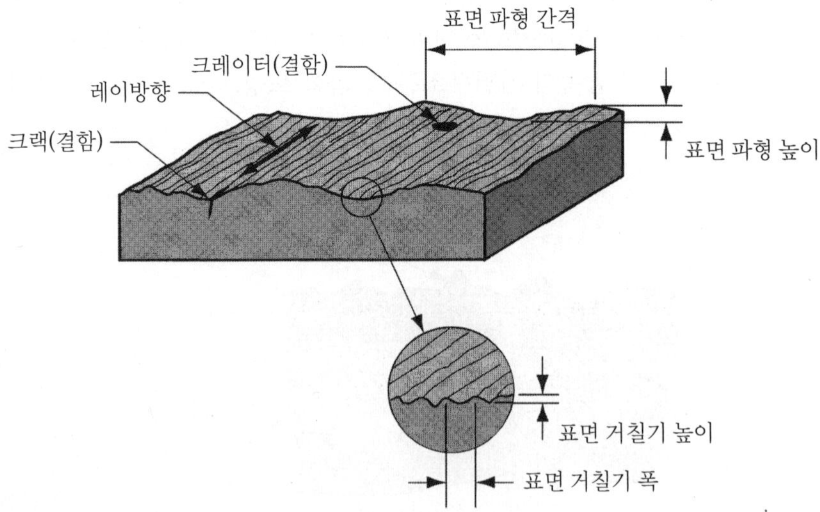

그림 6.12 표면조직의 특징.

레이 기호	표면 무늬	설명
=		레이는 기호가 적용되는 표면을 나타내는 직선에 평행함.
⊥		레이는 기호가 적용되는 표면을 나타내는 직선에 직각임.
X		레이는 기호가 적용되는 표면을 나타내는 직선에 양쪽 방향으로 기울어져 있음.
C	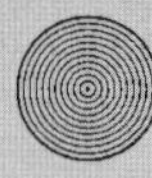	레이는 기호가 적용되는 표면의 중심에 대해 원형임.
R	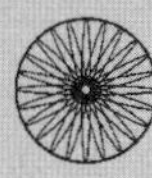	레이는 기호가 적용되는 표면의 중심에 대해 대략 반경방향임.
P	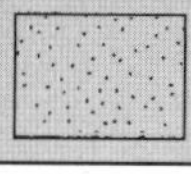	레이가 미세한 입자의 형태이며, 무(無)방향성 또는 돌출되어 두드러짐.

그림 6.13 표면에 가능한 레이(ANSI[1]).

작은 편차를 의미하며, 재료의 특성 및 표면성형 공정에 의하여 결정된다. ***표면파형(waviness)***은 훨씬 더 큰 간격의 편차로 정의되며, 소재의 휨, 진동, 열처리 및 이와 유사한 인자들에 기인한다. 표면거칠기는 표면파형에 중첩되어 올라간다. ***레이(lay)***는 표면조직의 지배적인 방향이나 무늬다. 레이는 표면을 만들기 위해 사용된 가공방법에 의해 결정되며, 일반적으로 절삭공구의 작용으로 발생한다. 표면에 나타날 수 있는 대부분의 레이를 그림 6.13에 기호와 함께 표시하였는데, 그 기호는 설계자가 레이의 지정을 위해 사용하는 것이다. 끝으로 ***결함(flaw)***은 표면에 가끔 나타나는 불규칙성으로서, 균열(crack), 긁힘(scratch), 함입(inclusion) 및 이들과 유사한 표면의 결함을 포함한다. 어떤 결함은 표면조직과 연관되어 있지만, 그것은 또한 표면완전성(6.3.3절)에도 영향을 준다.

표면거칠기와 표면다듬질정도

표면거칠기는 앞서 정의한 바와 같이 거칠기 편차에 기초한 측정가능한 특성이다. ***표면다듬질정도(surface finish)***는 표면의 매끄러운 정도와 일반적인 품질을 나타내는 보다 주관적인 용어다. 일반적으로 표면다듬질정도는 표면거칠기와 동의어로 사용된다.

가장 일반적으로 사용되는 표면조직의 척도는 표면거칠기다. 그림 6.14와 같이, ***표면거칠기(surface roughness)***는 정해진 표면길이 내에서 공칭표면으로부터 측정한 수직편차의 평균값으로 정의된다. 일반적으로 편차의 절대값에 기초한 산술평균(arithmetic average, AA)을 이용하며, 이러한 표면거칠기 값을 ***평균거칠기(average roughness)***라고 부른다. 식의 형태로 표현하면 다음과

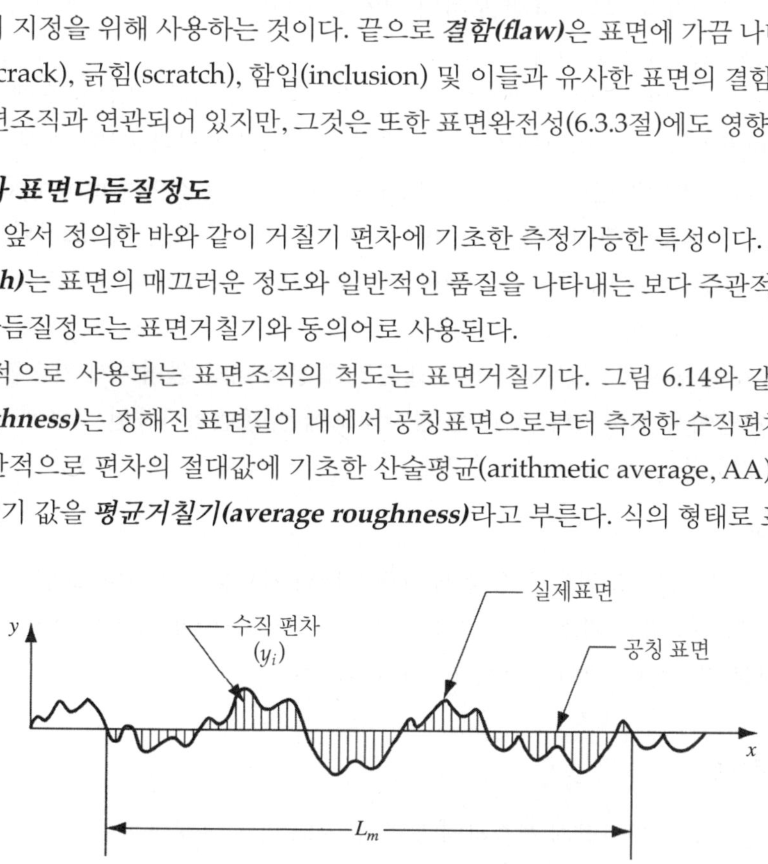

그림 6.14 표면거칠기의 정의에서 사용되는 공칭표면으로부터 측정한 편차.

같다.

$$R_a = \int_0^{L_m} \frac{|y|}{L_m} dx \tag{6.1}$$

여기서 R_a = 거칠기의 산술평균값, m; y = 공칭표면으로부터 측정한 수직편차로서 절대값으로 변환된 값, m; L_m = 표면 편차를 측정한 특정 거리.

식 (6.1)을 근사적으로 표현하면, 이해하기에 더 용이하며, 다음과 같다.

$$R_a = \sum_{i=1}^{n} \frac{|y_i|}{n} \tag{6.2}$$

여기서 R_a = 거칠기의 산술평균값, m; y = 첨자 i로 규정한 점에서 절대값으로 변환된 수직편차, m; $n = L_m$에 포함된 편차의 수. 이 식에서의 단위는 미터(meter)다. 실제로 편차의 크기는 매우 작으므로 더 적절한 단위는 μm이다(μm = m × 10^{-6} = mm × 10^{-3}). 이들은 표면거칠기를 표현하는 데 널리 사용되는 단위들이다.

복잡한 물리적 특성을 평가하는 데에 단일 측정값을 사용하는 불완전성은 표면거칠기의 경우에도 동일하게 나타난다. 즉 표면거칠기 하나로 표면의 복잡한 물리적 속성을 평가한다는 것은 불완전하다. 예를 들어 표면거칠기로는 표면 무늬의 레이를 고려할 수 없으므로, 표면거칠기는 측정방향에 따라 매우 다르게 나타날 수 있다.

또 다른 단점으로는 표면파형이 R_a 계산에 포함될 수 있다는 점이다. 이 문제를 해결하기 위해 *차단길이(cutoff length)*라는 파라미터를 사용하는데, 이것은 측정표면의 표면파형을 거칠기 편차와 분리하기 위한 필터의 역할을 한다. 실제로 차단길이는 표면의 표본길이(sampling distance)다. 표본길이를 표면파형 간격보다 짧게 설정하면, 표면파형과 관련된 수직편차는 소거되고 거칠기와 관련된 것만 포함된다. 실제로 사용되는 가장 일반적인 차단길이는 0.8 mm이다. 측정길이 L_m은 일반적으로 대략 차단길이의 다섯 배 정도로 설정한다.

표면거칠기가 갖는 한계성 때문에 주어진 표면의 위상을 더욱 완벽하게 기술할 수 있도록 부가적인 척도의 개발이 유발되었다. 이러한 평가척도에는 표면의 3차원 그래픽 렌더링(three-dimensional graphical rendering)이 있다[20].

표면조직의 기호

설계자는 공학도면에서 표면조직을 규정할 때 그림 6.15의 기호를 사용한다. 표면조직 변수를 지정하는 기호는 체크모양(평방근 기호와 흡사)이며, 평균거칠기, 표면파형, 차단길이, 레이 및 거칠기 최대 간격의 정보를 기입한다. 레이 기호는 그림 6.13과 같다.

6.3.3 표면완전성

표면조직만으로는 표면을 완전하게 서술하지 못한다. 표면 바로 아래의 재료에는 금속학적 또는 다른 변화가 존재할 수 있는데, 이것은 재료의 기계적 성질에 상당한 영향을 줄 수 있다. ***표면완전성***

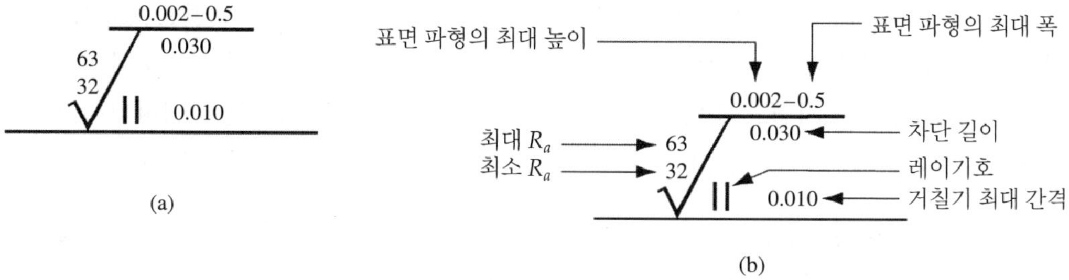

그림 6.15 공학도면의 표면조직 기호. (a) 기호, (b) 기호설명. 여기에 나타낸 파라미터를 모두 표기할 필요는 없다.

(surface integrity)는 이러한 표면아래층(subsurface layer) 및 그곳에서 일어나는 변화에 대하여 연구하고 제어하는 것이다. 그리고 그러한 변화는 최종 부품이나 제품의 성능에 영향을 줄 수도 있는 가공에 의해 발생한 것이다. 앞에서는 이러한 표면아래층을 그 구조가 기질과 다를 경우 변화층이라 정의하였다(그림 6.11).

가공 시 표면아래층에 나타날 수 있는 가능한 변화와 손상들에는 잔류응력, 표면 경화 또는 연화, 균열, 구멍, 열영향부, 이물질 함유, 화학 물질의 입계 침입이 있다. 이러한 대부분의 변질은 표면완전성이 매우 집중적으로 연구된 금속들에 대한 것이다. 표면변화는 가공 중에 가해지는 다양한 종류의 에너지(예: 기계적, 열적, 화학적 및 전기적)에 기인한다. 기계적 에너지는 가공에 사용되는 가장 일반적인 종류의 에너지이며, 이것은 금속성형(예: 단조, 압출), 프레스가공 및 절삭가공과 같은 공정에서 공작물 재료에 가해진다. 이러한 공정에서 기계적 에너지의 일차적인 역할은 공작물의 기하학적 형상의 변경이지만, 이것은 또한 잔류응력, 가공경화 및 균열과 같은 위에서 언급한 표면손상 중 몇 가지를 야기한다.

6.4 표면 측정

표면은 (1) 표면조직과 (2) 표면완전성의 두 가지 요소로 기술할 수 있다. 이 절에서는 이러한 두 가지 요소의 측정방법에 대하여 설명한다.

6.4.1 표면거칠기 측정

표면거칠기(surface roughness)를 평가하기 위해 다양한 방법을 사용한다. 이들을 세 가지 부류로 나눌 수 있다. (1) 표준 시험표면과의 주관적인 비교, (2) 전자 촉침(stylus) 기기 및 (3) 면적 표면 측정기술(Area Surface Measurement Techniques).

표준 시험표면

거칠기 값을 규정할 수 있도록 생산된 몇 가지 표준 표면거칠기 블록세트를 사용할 수 있다. 주어진

시편의 표면거칠기를 추정하기 위해서, 육안검사와 손톱시험을 이용하여 시편표면을 표준표면과 비교한다. 이 시험에서 사용자는 시편과 표준표면을 부드럽게 긁어본 후, 어느 표준이 시편과 가장 유사한지 판단한다. 표준 시험표면 방법은 기계가공 작업자가 표면거칠기를 추정하기에 편리하다. 또한 이 방법은 설계자가 부품도면에 어떤 표면거칠기를 지정할지 결정할 때에도 유용하다.

촉침 장비(Stylus Instruments)

손톱시험의 단점은 그 주관성에 있다. 몇 가지 촉침(stylus) 장비들이 표면거칠기를 측정하기 위해 상용화되어 있으며, 손톱시험과 유사하지만 더 과학적이다. 이러한 전자장비에서는 원뿔형 다이아몬드 바늘(직경 = 0.005 mm, 첨단각 = 90°)이 일정한 느린 속도로 시험표면을 가로질러 이동한다. 그 작동이 그림 6.16에 묘사되어 있다. 스타일러스 헤드는 수평으로 움직이면서, 동시에 표면의 편차를 따라 수직으로 움직인다. 이러한 수직운동은 표면의 윤곽(topography)을 나타내는 전자신호로 전환된다. 이것을 실제 표면의 윤곽으로 보여주거나, 평균거칠기 값으로 나타낼 수 있다. *윤곽기기(profiling devices)*는 편차특정을 위해 별도의 평면을 공칭기준면으로 사용한다. 바늘의 이동라인을 따라 측정된 표면 윤곽의 그래프를 출력으로 보여준다. 이러한 종류의 시스템에서는 시험표면의 거칠기와 표면파형을 구별할 수 있다. *평균기기(averaging devices)*는 거칠기의 편차를 단일 평균값 R_a로 단순화시켜준다. 여기서는 공칭 기준평면을 확립하기 위해 실제 표면 위에서 미끄러져 이동하는 방법을 활용한다. 미끄럼판은 표면파형의 영향을 줄이는 기계식 필터의 역할을 한다. 실제로 이 평균기기는 식 (6.1)의 연산을 전자식으로 수행한다.

면적 표면측정기술(Area Surface Measurement Techniques)

촉침 장비의 한계는 스타일러스가 가로지르는 선을 따라 측정이 수행되므로, 2차원 측정이며 표면의 매우 작은 샘플에 국한된다. 또한 R_a 값은 측정 방향과 위치에 따라 달라질 수 있다. 표면조직의 면적을 측정할 수 있다면 도움이 될 것이다. 이를 수행하는 한 가지 가능한 방법은, 스타일러스 유형의 장비를 사용하여 일련의 밀접한 간격으로 윤곽측정을 수행한 다음, 이를 표면의 지형도에 결합하는 것이다. 문제는 샘플링 프로세스에 시간이 많이 걸리고, 정확도는 가로지르는 선의 간격이 얼마나 가까운지에 달려 있다는 것이다.

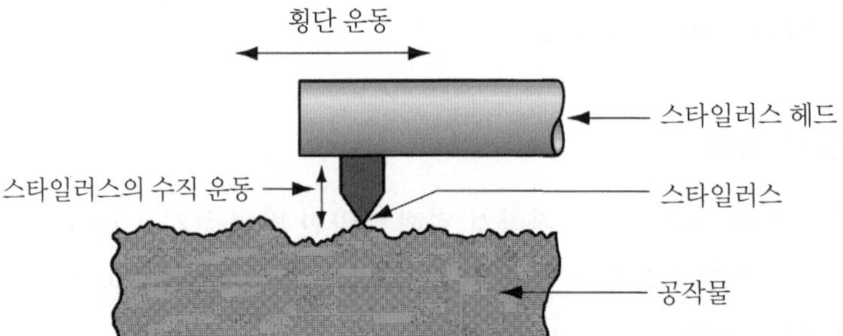

그림 6.16 촉침 장비의 작동을 설명하는 그림. 촉침 헤드는 표면을 수평으로 가로질러 움직이면서, 동시에 촉침은 표면의 윤곽을 따라 수직으로 움직인다. 이러한 수직운동이 (1) 표면윤곽 또는 (2) 평균거칠기로 변환된다.

면적 표면측정을 위해서 광학기술이 사용된다. 이 기술은 광 반사율, 스캐닝 라인 레이저 및 스캐닝 백색광 간섭계에 기초한 것이다. 레이저 기술을 사용하여, 부품의 표면 영역을 스캔하고, 표면의 지형 이미지를 제공한다. 높이 데이터는, 전체 표면의 평균거칠기(S_a)를 계산하는 데 사용되는데, 이것은 ISO 25178[19]의 산술평균거칠기에 해당된다.

다음 두 가지 문제점으로 인해 이러한 기술의 적용이 제한되고 있다. (1) 장비가 기존 촉침장비보다 비싸고, (2) S_a 값이 촉침장비로 측정된 R_a 값과 항상 상관관계를 잘 유지하는 것은 아니다.

6.4.2 표면완전성의 평가

표면완전성은 표면거칠기보다 평가하기 어렵다. 어떤 검사 기술에서는 표면아래층의 변화를 알기 위해 재료시편을 파괴시험하기도 한다. 표면완전성을 평가하는 방법은 다음과 같다.

- *표면조직(surface texture).* 표면거칠기, 레이의 지정 및 기타 측정치는 표면완전성에 대한 피상적인 데이터를 제공한다. 이러한 종류의 시험은 상대적으로 간단하며, 표면완전성 평가에 항상 포함된다.
- *육안검사(visual examination).* 육안검사를 통하여 균열(crack), 크레이터(crater), 겹침(lap) 및 솔기(seam)와 같은 다양한 표면결함을 찾아낼 수 있다. 이 방법은 흔히 형광기술과 사진기술에 의해 보강된다.
- *미세구조 검사(microstructural examination).* 여기서는 단면 준비 및 현미경사진 촬영을 위하여 표준 금속학적 기술을 사용하며, 이때 표면층의 미세구조를 기질과 비교하여 검사한다.
- *미세경도 프로파일(microhardness profile).* 표면 근처에서의 경도차이는 Knoop 및 Vickers 시험(3.2.1절)과 같은 미세경도 측정기술로 탐지할 수 있다. 시편을 절단하고 표면으로부터 아랫방향 위치에 따른 경도를 측정하면 단면의 미세경도 윤곽을 얻는다.

잔류응력 윤곽(residual stress profile): X선 회절기술을 이용하여 부품의 표면층에 있는 잔류응력을 측정할 수 있다.

6.4.3 다양한 제조공정에 따른 표면거칠기

특정 공차나 표면을 얻을 수 있는 능력은 제조공정의 기능이다. 어떤 공정들은 다른 공정들에 비하여 본질적으로 더 정확하다. 표면거칠기는 일반적으로 제조공정에 의해 생산된 제품에 대한 품질 지표의 척도로 간주된다. 표면거칠기는 일반적으로 표면조직의 미세한 불규칙성을 측정한다. 제품의 표면거칠기 값은 마찰 특성, 내식성, 피로 강도, 정밀 맞춤 및 미적 요구사항을 설명한다. 표면거칠기 측정은 이론적으로 표면다듬질정도, 표면 형상, 표면적 거칠기, 표면 윤곽 거칠기, 요철, 표면조직 및 표면 특성을 포함한다. 제품에 원하는 표면거칠기를 부여하는 제조공정의 능력은 다양한 제조공정 변수에 따라 달라진다. 다양한 제조공정을 사용하여 생성되는 다양한 표면거칠기 값에 대한 사전 지식은 설계 공정 중에 상당한 도움이 될 수 있다. 표 6.2에서는 다양한 제조공정과 각 공정

표 6.2 다양한 제조공정에 기초한 대표적인 공차한계[a]

공정	대표적인 공차한계, mm	공정	대표적인 공차한계, mm
사형 주조		*연마공정*	
주철	±1.3	연삭	±0.008
강	±1.5	래핑	±0.005
알루미늄	±0.5	호닝	±0.005
다이캐스팅	±0.12	*특수 가공*	
플라스틱 성형		화학가공	±0.08
폴리에틸렌	±0.3	방전가공	±0.025
폴리스티렌	±0.15	전해연삭	±0.025
절삭 가공		전해가공	±0.05
드릴링	±0.08/−0.03	전자빔절단	±0.08
밀링	±0.08	레이저절단	±0.08
선삭	±0.05	플라즈마아크절단	±1.3

[a] 문헌 [4], [5] 및 기타 문헌을 편집함. 공차는 공정변수에 따라 달라짐. 또한 공차는 부품 크기에 따라 증가함.

표 6.3 다양한 제조공정에 의하여 얻어지는 대표적인 표면 거칠기[a]

공정	대표적인 다듬질 수준	거칠기 범위[b]	공정	대표적인 다듬질 수준	거칠기 범위[b]
주조			*연마공정*		
다이캐스팅	Good	1–2	연삭	Very good	0.1–2
인베스트먼트주조	Good	1.5–3	호닝	Very good	0.1–1
사형주조	Poor	12–25	래핑	Excellent	0.05–0.5
금속 성형			폴리싱	Excellent	0.1–0.5
냉간압연	Good	1–3	수퍼피니싱	Excellent	0.02–0.3
박판드로잉	Good	1–3	*특수 가공*		
냉간압출	Good	1–4	화학밀링	Medium	1.5–5
열간압연	Poor	12–25	전해가공	Good	0.2–2
절삭 가공			방전가공	Medium	1.5–15
보링	Good	0.5–6	전자빔가공	Medium	1.5–15
드릴링	Medium	1.5–6	레이저가공	Medium	1.5–15
밀링	Good	1–6	*열 이용 공정*		
리밍	Good	1–3	아크 용접	Poor	5–25
평삭 및 형삭	Medium	1.5–12	화염절단	Poor	12–25
톱작업	Poor	3–25	플라즈마아크절단	Poor	12–25
선삭	Good	0.5–6			

[aa] 문헌 [1], [2] 및 기타 문헌을 편집함.
[b] 표면거칠기는 공정변수에 따라, 하나의 공정에서도 상당히 바뀔 수 있음.

에 대한 전형적인 공차 또는 표면거칠기를 보여준다. 제조공정은 표면다듬질정도와 표면완전성을 결정한다. 어떤 공정은 다른 공정들에 비하여 더 좋은 표면을 만들 수 있다. 일반적으로 표면다듬질정도를 개선하려면 가공비가 증가한다. 그 이유는 더 나은 표면을 얻기 위해서 일반적으로 추가공정과 더 많은 시간이 소요되기 때문이다. 우수한 다듬질정도를 갖는 가공법에는 호닝, 래핑, 폴리싱 및 수퍼피니싱이 있다. 표 6.3에는 다양한 제조공정으로부터 예상되는 대표적인 표면거칠기에 대하여 나열하였다.

참고문헌 *REFERENCES*

[1] American National Standards Institute. *Surface Texture*, ANSI B46.1-1978. American Society of Mechanical Engineers, New York, 1978.

[2] American National Standards Institute. *Surface Integrity*, ANSI B211.1-1986. Society of Manufacturing Engineers, Dearborn, Michigan, 1986.

[3] American National Standards Institute. *Dimensioning and Tolerancing*, ANSI Y14. 5M-2009. American Society of Mechanical Engineers, New York, 2009.

[4] Bakerjian, R., and Mitchell, P. *Tool and Manufacturing Engineers Handbook*, 4th ed. Vol VI: Design for Manufacturability. Society of Manufacturing Engineers, Dearborn, Michigan, 1992.

[5] Brown & Sharpe, Inc. *Handbook of Metrology*. North Kingston, Rhode Island, 1992.

[6] Curtis, M. *Handbook of Dimensional Measurement*, 4th ed. Industrial Press, New York, 2007.

[7] Drozda, T. J., and Wick, C. *Tool and Manufacturing Engineers Handbook*, 4th ed. Vol I: Machining. Society of Manufacturing Engineers, Dearborn, Michigan, 1983.

[8] Farago, F. T. *Handbook of Dimensional Measurement*, 3rd ed. Industrial Press, New York, 1994.

[9] *Machining Data Handbook*, 3rd ed., Vol. II. Machinability Data Center, Cincinnati, Ohio, 1980, Chap. 18.

[10] Morey, B., "Surface Metrology, the Right Tool for the Right Job," *Manufacturing Engineering*, June 2016, pp. 66–73.

[11] Morey, B., "Roughness, Profiles and Surfaces—Getting Them Right," *Manufacturing Engineering*, June 2017, pp. 68–74.

[12] Mummery, L. *Surface Texture Analysis—The Handbook*. Hommelwerke Gmbh, Germany, 1990.

[13] Oberg, E., Jones, F. D., Horton, H. L., and Ryffel, H. *Machinery's Handbook*, 26th ed. Industrial Press, New York, 2000.

[14] Schaffer, G. H. "The Many Faces of Surface Texture," Special Report 801. American Machinist and Automated Manufacturing, June 1988, pp. 61–68.

[15] Sheffield Measurement, a Cross & Trecker Company. *Surface Texture and Roundness Measurement Handbook*. Dayton, Ohio, 1991.

[16] Spitler, D., Lantrip, J., Nee, J., and Smith, D. A. *Fundamentals of Tool Design*, 5th ed. Society of Manufacturing Engineers, Dearborn, Michigan, 2003.

[17] L. S., Starrett Company. *Tools and Rules*. Athol, Massa chusetts, 1992.

[18] Wick, C., and Veilleux, R. F. *Tool and Manufacturing Engineers Handbook*, 4th ed. Vol. IV: Quality Control and Assembly, Section 1. Society of Manufacturing Engineers, Dearborn, Michigan, 1987.

[19] www.en.wikipedia.org/wiki/ISO_25178

[20] Zecchino, M. "Why Average Roughness Is Not Enough." *Advanced Materials & Processes*, March 2003, pp. 25–28.

복습문제 *REVIEW QUESTIONS*

치수, 공차 및 관련 속성

6.1 ANSI 표준에 근거하여 치수를 정의하라.

6.2 공차란 무엇인가?

6.3 측정에서 정확도와 정밀도란 무엇인지 설명하라.

6.4 게이지측정(gaging)은 측정(measuring)과 어떻게 다른가?

6.5 양쪽 공차와 한쪽 공차의 차이점을 설명하라.

전통적 측정 장비와 게이지

6.6 측정기기와 관련하여 정반(surface plate)을 정의하라.

6.7 눈금이 있는 측정기기(graduated measuring device)란 무엇인가?

6.8 가장 일반적인 마이크로미터는 외부 측정용 마이크로미터이다. 마이크로미터 중 덜 자주 사용되는 것에는 어떤 것이 있나?

6.9 기계식 게이지와 비교하여 전자식 게이지의 장점을 설명하라.

6.10 스냅 게이지(snap gage)를 사용하여 무엇을 확인하는가?

6.11 각도를 측정하기 위하여 사용하는 측정기기는 무엇인가?

6.12 플러그 게이지(plug gage)는 무엇을 확인하기 위하여 사용되는가?

표면과 그것의 측정

6.13 공학 응용분야에서 표면이 중요한 이유를 몇 가지 들어라.

6.14 공칭표면은 무엇을 의미하는가?

6.15 표면조직(surface texture)은 무엇을 의미하는가?

6.16 표면조직이란 무엇이며, 표면완전성(surface integrity)과는 어떻게 다른가?

6.17 표면조직과 관련하여, 표면거칠기는 표면파형과 어떻게 다른가?

6.18 금속표면 바로 아래에서 발생할 수 있는 변화와 손상을 몇 가지 기술하라.

6.19 표면거칠기를 평가하는 방법 중 몇 가지를 설명하라.

서로 다른 가공공정에 따른 표면거칠기

6.20 표면다듬질정도가 매우 불량한 제조공정을 들어라.

6.21 표면다듬질정도가 매우 우수한 제조공정을 들어라.

PART 2

응고 공정

CHAPTER 7

주조의 기초

7.1 주조기술 개요
- 7.1.1 주조공정
- 7.1.2 사형주조 주형
- 7.1.3 주물사의 유형과 구성요소
- 7.1.4 주물사의 특성

7.2 가열과 용탕주입
- 7.2.1 금속 가열
- 7.2.2 용탕 주입
- 7.2.3 용탕주입의 공학적 해석
- 7.2.4 유동성

7.3 응고와 냉각
- 7.3.1 금속 응고
- 7.3.2 응고시간
- 7.3.3 수축
- 7.3.4 방향성 응고
- 7.3.5 라이저 설계

본 장은 액상 또는 매우 유동적인 상태의 원재료를 응고시켜 고상화시키는 과정의 제조공정을 다룬다. 형상을 제조하는 여러 방법 중 주조와 몰딩공정이 여기에 해당된다. 그림 7.1과 같이 응고공정은 응고재료에 따라 (1) 금속, (2) 세라믹(특히 유리)[1], (3) 고분자 및 고분자기지복합재료(PMC)으로 분류될 수 있다. 금속주조는 본 장 및 다음 장에서 언급될 예정이며, 유리공정은 9장, 고분자복합재료는 10장과 11장에서 다루어진다.

주조(casting)는 응고가 일어나는 주형공동(mold cavity)에 중력 또는 또 다른 힘을 이용해 용탕(molten metal)을 주입하는 공정이다. 주물은 이공정을 통해 만들어진 제품을 의미한다. 주조공정은 형상을 제조하는 방법 중 6,000년전에 시작된 가장 오래된 성형공정으로 원리는 간단하다. 우선 금속을 녹이고, 이를 주형에 부어, 냉각시키며 응고시키면 된다. 이때 성공적인 주조공정을 수행하기 위해서는 많은 변수와 조건이 고려되어져야 한다.

주조는 *잉곳(ingot)*주조와 성형(shape)주조 모두를 포함한다. 잉곳은 일반적으로 1차 금속산업과 관련되어 있는데, 형상이 단순하며 압연 또는 단조공정을 통해 재성형되는 주물을 말한다. 성형주조는 부품 또는 제품의 최종형상에 매우 근접한 복잡한 형상을 제조하는 것을 말한다. 잉곳주조는 5장에서 다루며, 본 장과 다음장은 잉곳주조보다 성형주조를 다룬다.

---

1) 세라믹재료 중 유일하게 유리소재만 응고공정에 의해 제조된다; 전통 및 뉴 세라믹은 13장에서 소개하는 입자공정으로 제조된다.

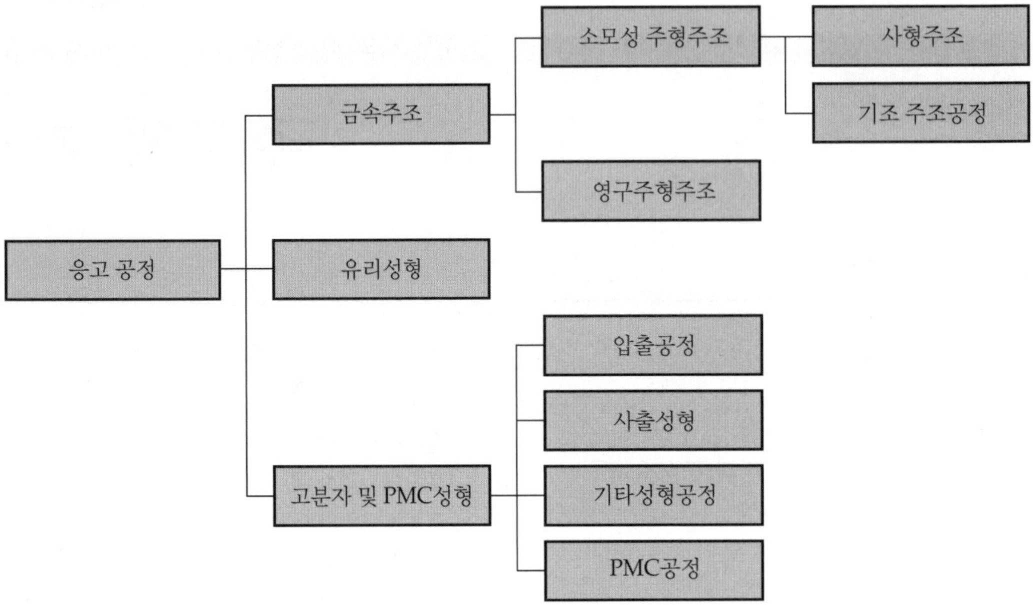

그림 7.1 응고공정의 분류.

역사적 고찰 7.1 주조의 기원

금속주조는 기원전 4,000년경으로 거슬러 올라갈 수 있다. 금(gold)은 초기 문명에 의해 발견되고 사용된 최초의 금속으로써 가단성이 있어 실온에서도 쉽게 망치질하여 모양을 만들 수 있었기 때문에, 금을 만드는 다른 방법은 필요하지 않은 것 같다. 주조의 필요성을 야기한 것은 구리의 발견이다. 구리는 단조로 모양을 만들 수는 있지만 이 과정은 가공경화로 인해 더 어려울 뿐만 아니라 단순한 형태만을 제작할 수 있었다. 역사가들은 구리를 주조하는 공정이 처음으로 수행되기까지 수백 년이 경과했다고 믿는다. 아마도 금속을 망치질하여 유용한 형태로 만들기 위해 구리 광석을 환원하는 과정에서 우연히 주조 기술이 발생한 것 같다. 주조기술은 메소포타이아에서 발견되었을 가능성이 있으며, 그 이후 '주조기술'이 나머지 고대 세계로 빠르게 퍼져갔다.

이것은 인류 역사에서 매우 혁신적인 사건이였다. 주조는 망치질보다 훨씬 더 복잡한 모양을 만들 수 있게 되었으며, 더 정교한 도구와 무기를 제작할 수 있게 되었다. 순금 보석은 이전의 방법보다 더 아름답고 가치 있게 만들 수 있게 되었다. 구리와 주석의 혼합물(청동)이 순수 구리보다 더 나은 주조성이 있다는 사실이 발견되었을 때 주조에 처음으로 합금이 사용되기도 하였다. 주조기술을 확보한 국가는 막대한 부를 창출할 수 있었는데, 주조공정 기술을 가진 이집트는 청동기시대(거의 2,000년) 동안 서구 문명세계를 지배할 수 있었다.

암흑기(400~1,400년)를 거치는 동안 종교는 주조 기술자의 기술을 영속시키는데 중요한 영향을 미쳤다. 대성당과 교회를 건설하려면 건축 구조에 어울리는 종을 주조해야 했었다. 실제로 그 시대의 큰 청동 종을 주조하는데 필요한 시간과 노력은 주조공정을 예술적 차원에서 기술체계로 옮기는데 도움이 되었다. 용융 및 금형 제작 기술이 발전하게 되었으며, 주물공정을 단순화하기 위해 사용된 피트 성형은 주조 공정으로 개선되었다. 또한, 종을 제작하는 기술자는 종의 무게, 음질, 크기, 모양, 두께 및 용탕의 구성요소들 간의 관계를 이해하게 되었다.

주물 개발과 관련된 또 하나의 중요한 제품은 대포였다. 종 제작을 위해 개발된 많은 주조기술이 대포 제작에 적용되었다. 최초의 주조 대포는 1313년 벨기에 겐트에서 종교 수도사에 의해 만들어졌다. 그것은 청동으로 만들어졌으며, 주조하는 동안 코어를 이용하여 보어를 형성하였다. 주조 공정에서 발생되는 거친 표면 때문에 초기 주조 대포는 정확하지 않았으므로, 유효사거리가 짧았다. 표면을 가공하여 보어를 매끄럽게 만들면 정확도와 유효사거리가 향상될 수 있음을 곧 깨달았는데, 이 가공 공정을 보링공정 이라고 한다(18.2.5절).

다양한 성형주조법이 가능해지면서, 모든 성형공정 중 가장 유용한 방법 중 하나가 되었다. 다음은 성형주조법의 장점들이다.

- 주조는 복잡한 내·외부 형상을 가진 부품을 만드는데 사용될 수 있다.
- 일부 주조공정은 부품의 *순형상(net shape)*을 제작할 수 있어, 최종적으로 요구되는 형상과 치수를 얻기 위해 추가적인 작업이 필요하지 않는다. 그 외 대부분의 주조공정은 *근사 순형상(near net shape)*을 제작하기 때문에, 정밀한 치수를 얻기 위해서 추가적인 형상공정(일반적으로 절삭공정)이 필요하다.
- 주조는 100톤이 넘는 매우 크고 무거운 부품을 만드는데 사용될 수 있다.
- 주조공정은 열을 가해 액상으로 만들 수 있는 모든 금속에 대해 적용할 수 있다.
- 일부 주조법은 대량생산에 매우 적합하다.

물론 주조에도 단점은 있는데, 주조법에 따라 단점은 다르다. 단점은 기계적성질의 한계, 기공생성, 낮은 치수정밀도, 표면상태 불량, 용탕을 다루는 작업자의 안전문제, 열악한 환경문제 등이다.

주조를 통해 만들어진 부품은 수십그램의 작은 부품에서부터 수 톤의 큰 부품에 이르며, 치과보철, 보석, 조각상, 난로, 자동차엔진, 기계몸체, 철로, 프라이펜, 파이프 등 다양하다. 철계금속과 비철계금속 등 모든 금속이 주조에 사용될 수 있다.

또한, 주조에는 고분자재료와 세라믹재료도 사용될 수 있다. 하지만, 세부적인 사항이 금속주조와 매우 달라 다음 장 이후에서 다루어질 예정이며, 본 장과 다음장은 금속주조만을 다룬다. 본 장은 주조공정의 기초를 다음 장에서는 각각의 주조 방법에서 고려되어야 할 제품설계에 대해 살펴본다.

7.1 주조기술 개요

주조공정은 일반적으로 주형제작, 용탕제조 및 처리, 주조공정 및 세척용 장비가 잘 갖추어진 ***주물공장(foundry)***에서 행해진다. 주물공장에서 주조작업을 수행하는 사람을 *주조작업자(foundrymen)*

라고 한다.

7.1.1 주조공정

주물의 형상을 결정짓는 공동(cavity)을 둘러싸고 있는 ***주형(mold)***은 주조공정에서 제일 먼저 다루어져야 하는 부분이다. 공동의 실제 크기와 형상은 냉각과 응고과정에서 발생하는 용탕의 수축을 고려하여 주물의 최종 형상보다 크게 설계되어져야 한다. 금속의 종류에 따라 수축량이 각각 다르므로, 정확한 치수정도를 얻기 위해서는 주조금속의 종류에 따라 다르게 주형공동이 설계되어야 한다. 주형은 모래, 석고, 세라믹, 금속 등 다양한 재료로 만들어지며, 다양한 주조공정은 주형의 종류에 따라 분류된다.

주조공정은 먼저 충분히 높은 열을 금속에 가해 액상상태로 만든 후 이를 공동에 주입한다. 그림 7.2(a)와 같이 *개방형 주형(open mold)*에서는 개방된 공동을 채울 때까지 용탕을 주입한다. 그림 7.2(b)와 같이 *폐쇄형 주형(closed mold)*에서는 *탕구계(gating system)*로 불리는 통로를 통해 용탕이 공동안쪽으로 흘러들어간다. 현재까지 주조공정에서는 폐쇄형 주형이 좀더 중요하게 여겨진다.

용탕은 주형에 주입된 후 냉각되기 시작하며, 온도가 금속의 응고점까지 떨어지면 응고가 시작된다. 응고과정에서 금속은 상의 변화가 발생하며, 상변화가 완전히 이루어지기 위해서는 시간이 필요하다. 이 과정에서 상당히 많은 열이 방출되며, 주물과 공동의 형상이 동일하게 되기 위한 다양한 조건과 특징들이 이 과정에서 형성된다.

주물이 충분히 식으면 주형을 제거시키고, 주조법과 주조재료에 따라서는 후처리과정이 필요 할 수도 있다. 후처리는 실제 주물에서 과도한 부분제거, 표면세척, 제품검사, 성질향상을 위한 열처리 과정 등이 포함된다. 또한 절삭공정을 통해 공차 내 정밀가공을 하거나 주물표면에 붙은 일정부분을 제거할 수도 있다.

주조공정은 사용된 주형의 종류에 따라 ***소모성 주형주조법(expendable mold casting)***과 영구 주형주조법(permanent mold casting)으로 크게 두 가지로 분류된다. 소모성주형(expendable

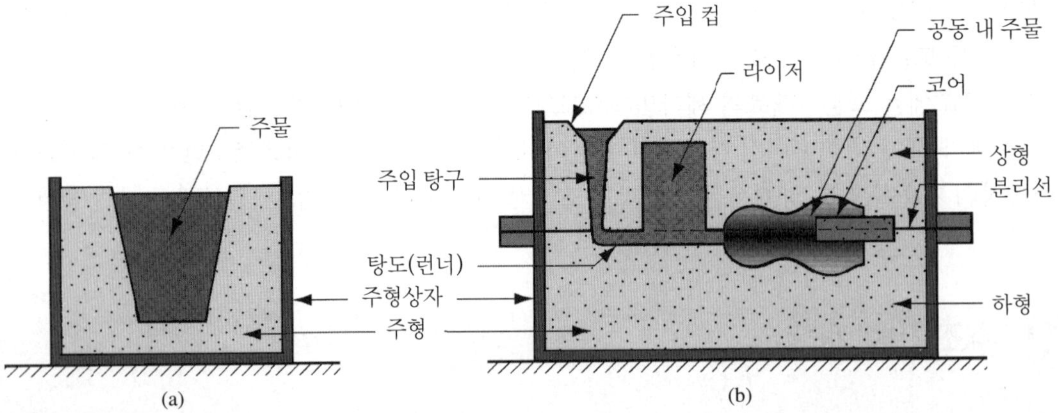

그림 7.2 주형의 두 형태. (a) 개방형 주형, 원하는 형상을 갖는 단순한 용기, (b) 폐쇄형 주형, 주형의 형상이 복잡하고 주형 공동까지의 탕구계가 필요.

mold)이란 용탕이 응고된 후 주물을 꺼내기 위해서 부수어야하는 주형을 말하며, 모래, 석고 또는 유사한 재료를 다양한 결합재와 혼합하여 만든다. 그 중 모래를 주형으로 사용하는 사형주조(sand casting)이 대표적인 소모성 주형주조법이다. 사형주조는 용탕이 사형주형 안으로 부어지고, 응고된 후 주물을 꺼내기위해 사형주형을 부수어야 한다.

영구주형(permanent mold)은 다량의 주물을 계속해서 생산해 낼 수 있으며, 주조공정의 고온을 견딜 수 있는 금속(가끔 내열세라믹)재료로 만들어진다. 영구 주형주조법에서는 응고된 주물을 꺼낼 수 있도록 주형이 열려야 하므로 두 부분으로 구성되며, 다이캐스팅이 대표적인 공정이다.

다소 복잡한 형상을 가진 주물은 일반적으로 소모성 주형주조법을 사용하여 제작이 가능한 반면 영구 주형주조법은 주형을 열어야하기 때문에 제작의 한계점이 존재한다. 반면 영구 주형주조법은 대량생산의 경제적인 이점을 가진다. 소모성주형과 영구주형은 8장에서 다루어진다.

7.1.2 사형주조 주형

현재까지 주조공정 중에서 가장 중요한 공정이 사형주조이다. 주형의 기본적인 특징을 설명하는데 사형주조 주형을 사용할 예정이며, 사형주형의 특징과 용어는 다른 모든 주조공정에서 공통적으로 사용된다. 그림 7.2(b)는 사형주조 주형의 단면을 보여주는 것으로 주형과 관련된 용어들을 설명한다. 주형은 윗 반쪽의 *상형(cope)*주형과 아랫 반쪽의 *하형(drag)*주형으로 나누어진다. 두 부분의 주형은 *플라스크(flask)*로 불리는 통에 담기게 되는데, 주형이 두 부분으로 나누어져 있으므로 플라스크도 상형용과 하형용으로 나뉘며, *분리선(parting line)*으로 구분된다.

사형주조(기타 소모성 주형주조)에서 공동은 ***패턴(pattern)***을 이용해 만든다. 패턴은 주물의 형상과 같으며, 나무, 금속, 플라스틱 또는 기타 재료로 제작된다. 공동은 상형과 하형에서 패턴 주위에 모래를 채운뒤 패턴을 제거하면 생기는 공간으로써 원하는 주물의 형상과 같다. 일반적으로 패턴의 크기는 냉각과 응고과정에서 발생하는 수축을 고려하여 원하는 제품보다 크게 만들어진다. 주형은 모양을 유지할 수 있도록 물과 결합재가 혼합된 모래로 만들어진다.

주형 내 공동은 주물의 외형표면을 제공하며, ***코어(core)***를 이용하면 주물의 내부표면도 만들 수 있다. 코어는 주형의 공동 내에 설치되며, 금속, 석고, 세라믹 등의 재료로 만들어지기도 하지만 일반적으로 모래로 만든다.

주형에서 ***탕구계(gating system)***는 주형 외부에서 공동으로 흘러들어가는 용탕의 통로 또는 통로망을 의미한다. 그림에서 보는 바와 같이 탕구계는 일반적으로 *주입탕구(downsprue), 탕도(runner), 공동(cavity)* 순으로 연속적으로 구성되어진다. 주입탕구 윗쪽에 붙어있는 용탕주입컵(Pouring cup)은 용탕이 주입탕구로 부어질 때 튀거나 난류가 발생되지 않도록 하기위해 사용된다.

용탕주입컵은 단순한 원뿔 깔때기 모양을 가지나, 어떤 것은 사발모양으로 설계되기도 한다. 수축이 상당히 많이 일어날 경우, 공동에 연결된 라이저가 필요하다. 라이저는 응고과정에서 발생하는 수축 공간에 용탕을 보충하기 위해 설치된 용탕저장소이다. 이러한 역할을 수행하기 위해서 라이저는 주물이 응고된 후에 냉각되도록 설계되어야 한다.

용탕이 주형 안으로 주입될 때 빈 공동이 용탕으로 가득 채워지기 위해서는, 공동을 메우고 있던 공기 및 용탕의 뜨거운 열로 인해 발생되는 가스는 빠져나와야 한다. 예를 들어 사형주조에서는 모래와 모래사이에 자연적으로 포함된 구멍이 공동벽 사이로 공기와 가스를 빠져나가게 한다. 영구주형에서는 주형 또는 분리선에 작은 공기구멍을 뚫어놓는다.

7.1.3 주물사의 유형과 구성요소

모든 주물사는 주로 규소입자(SiO_2), 점토, 수분으로 구성된다. 수분은 점토가 변형될 수 있도록 가소성을 부여하며, 수분이 함유된 점토는 규소입자들을 연결하는 바인더로 활용된다. 주물사의 96%는 규소 모래로 구성되는데 주로 강변의 모래로부터 공급된다. 규사 모래 알갱이의 크기는 마이크로미터에서 수 밀리미터까지 매우 다양하며, 형태 또한 뾰족한 모양에서부터 둥근 모양 등 다양한데, 모래 알갱이의 모양과 크기는 주물사의 특성에 부정적인 영향을 미친다. 일반적으로 주물사는 규소(silica), 지르콘(zircon), 크롬(chromite), 감람석(olivine) 모래를 포함한다. 주물에 사용되는 다양한 주물사의 특징은 표 7.1에 나와있다.

주물사의 강도를 위해 일반적으로 사용되는 결합재는 점토이며, 그중 내화 점토 또는 고령토($Al_2O_3 \cdot 2SiO_2 \cdot 2H_2O$)와 나트륨계 점토($Al_2O_3 \cdot 4SiO_2 \cdot H_2O \cdot nH_2O$) 두 가지 유형이 주조공장에서 일반적으로 가장 많이 사용된다. 고령토의 녹는점은 약 1,750~1,787℃인 반면, 나트륨계 점토는 녹는점이 1,250~1,300℃로 고령토보다 낮지만, 수분 흡수 능력이 뛰어나 고령토에 비해 결합력이 더 높다. 이러한 기본 구성요소 외에도 내화성을 감소시키기 위한 알칼리, 석회 및 기타 산화물을 혼합하여 사용한다. 점토에 요구되는 강도와 가소성은 포함된 수분에 의해 조절된다.

표 7.1 주물에 사용되는 주물사의 특징 비교

	규소	지르콘	크롬	감람석
구성	SiO_2, $Na_2O + K_2O$, $MgO + CaO$	$ZrSiO_4$, SiO_2, Al_2O_3, Fe_2O_3	Cr_2O_3, Fe_2O_3, SiO_2, CaO, $Al_2O_3 + MgO$	$Mg_2SiO_4 + Fe_2SiO_4$
색깔	화이트 라이트 브라운	화이트 브라운	블랙	초록빛 도는 회색
AFS입도수	25-180	95-160	50-90	40-160
입도분포	2-5	2-3	4-5	3-4
입자모양	뾰족/둥그스름	뾰족/둥그스름	뾰족	뾰족
용탕과의 젖음성	쉬움	어려움	어려움	어려움
고온반응	내열성	내열성	중간	중간
경도	6.0-7.0	7.0-7.5	5.5-7.0	6.5-7.0
비중	2.2–2.6	4.4–4.7	4.3–4.5	3.2–3.6
열팽창 계수 (mm/mm/℃)	0.018	0.003	0.005	0.0083
열전도도	중간	높음	매우 높음	낮음
용융점(℃)	1427–1760	2038–2204	1760–1982	1538–1760

7.1.4 주물사의 특성

주물사의 특성은 여러 변수에 따라 달라지는데, 몇 가지 중요 변수는 다음과 같다.

모래 입자 형상

주물사 입자는 뾰족하거나 둥그스름 할 수 있다. 모래의 결합도를 높이기 위해서는 뾰족한 모양의 모래가 많아야 한다. 둥근형태의 모래는 불규칙하고 뾰족한 모양을 가진 모래에 비해 투고성이 낮다.

모래 입자 크기

주물사 입자는 거칠거나 미세할 수 있다. 거친 모래의 경우 입자 사이의 공간의 수가 많아 침투성이 증가하며, 미세한 모래의 경우 침투성은 낮지만 생산된 주물의 표면을 얻을 수 있다. 주물사의 압축 강도는 모래입자 크기가 작을수록 증가한다.

점토 유형

주물사에 사용될 점토의 종류는 주물의 두께와 용탕의 종류를 고려하여 선택해야 한다. 또한, 점토는 주어진 상황에 부여되는 강도를 부여할 수 있어야 한다.

점토 함량

주물사에 포함된 점토의 양은 중요하다. 점토와 수분의 함량은 주물사의 최대 압축 강도를 부여할 수 있는 최적의 수준이어야 한다.

수분 함량

수분 함량은 주물사에 포함된 점토의 결합 강도를 향상시키는데 도움을 준다. 사용된 점토의 함량과 유형은 결합에 필요한 수분의 함량을 지정한다. 과도한 수분량은 건조강도와 가소성을 증가시키는 반면 생형주형(green sand mold)의 압축강도를 감소시킨다.

사형주형 준비방법

성형 절차는 주물사의 특성에 영향을 미친다. 주형의 경도나 밀도는 래밍(ramming) 정도에 따라 증가한다. 또한 강도도 래밍이 증가함에 따라 증가한다. 모래의 침투성 및 공극은 래밍 정도의 3~10배 정도 크기로 반비례한다.

7.2 가열과 용탕주입

주조공정을 하기 위해서는 금속을 용융점 이상으로 가열시킨 다음 주형공동에 주입시켜 냉각시킨다. 가열 및 냉각 두 단계의 여러 가지 사항을 본 절에서 다룬다.

7.2.1 금속 가열

주조 하기에 충분한 온도까지 금속을 가열하는데에 다양한 가열로(8.4.1절)가 사용된다. 요구되는 열에너지는 (1) 용융점까지 온도를 높이는 데에 필요한 열, (2)고상이 액상이 되게 하는 용융열, (3) 요구되는 용탕주입온도까지 용탕에 주입된 열의 총합이다. 다음 식과 같이 표현된다.

$$U_{mp} = C_s(T_m - T_o) + H_f + C_l(T_p - T_m) \tag{7.1}$$

단, U_{mp}는 용융 및 주입에 필요한 단위 에너지(상온에서 용탕주입온도까지 상승시키는데 필요한 단위중량당 열량), J/g ; C_s는 고체금속의 비열, J/g℃; T_m은 금속의 용융점, ℃; T_o는 초기온도(일반적으로 상온), ℃; H_f는 용융열, J/g; C_l은 용탕의 비열, J/g℃; T_p는 용탕주입온도, ℃이다.

용융 및 주입에 필요한 단위 에너지는 주어진 중량 또는 부피의 금속을 용당주입온도까지 상승시키는데 필요한 열량을 결정하는데 사용될 수 있다. (예로 탕구계와 라이저를 포함한 주조)

$$H_{mp} = mU_{mp} = \rho V U_{mp} \tag{7.2}$$

단, H_{mp}는 고상의 금속을 용탕주입온도까지 상승시키는데 필요한 총 열량, J; m은 금속의 중량, g; ρ는 밀도, g/cm^3; V는 가열되는 금속의 부피, cm^{3}이다.

예제 7.1

주조금속의 가열

라이저와 탕구계를 포함해서 3 kg 중량을 가진 알루미늄 주물이 있다. 알루미늄의 용융점은 660℃, 밀도는 2.7 g/cm^3, 비열은 0.879 J/g℃, 용융열은 400 J/g이다. 비열과 밀도는 고상과 액상의 경우 동일하다고 가정하며, 상온은 22℃, 용탕주입온도는 800℃이다. (a) 단위중량당 용융 및 주입 에너지를 계산하라. (b) 고상의 금속을 용탕주입온도까지 올리는데 필요한 총 열량을 계산하라. (c) 라이저와 탕구계가 주입된 총 금속의 35%에 해당될 경우, 주물의 총 부피를 계산하라.

풀이

(a) 물성치를 식 (7.1)에 대입하면

$$U_{mp} = 0.879(660 - 22) + 400 + 0.879(800 - 660) = 560.8 + 400 + 123.06 = \mathbf{1083.86\ J/g}$$

(b) 필요한 총열량은 $H_{mp} = 3(10^3)(1083.86) = 3{,}251{,}586\ \text{J} = 3{,}251.58\ \text{kJ}$

(c) 총 부피는 $V = W/\rho = 3(10^3)/2.7 = 1{,}111.11\ \text{cm}^3$

주물의 총 부피 $= 1{,}111.11(1 - 0.35) = 722.22\ \text{cm}^3$

몇 가지 사실들로 인해 식 (7.1)은 복잡해진다. (1) 고체금속의 비열 및 열적 물성치는 온도에 따라 변한다. 특히 가열 중에 금속의 상변화가 발생하면 심하게 변한다. (2) 금속 비열은 고상일 때와 액상일 때가 다르다. (3) 대부분의 주조금속이 합금이며, 합금은 단일 용융점 보다 높은 고상점과 액상점 사이의 온도에서 녹는다. 따라서 용융열은 위에서 언급한 것처럼 간단하지가 않다. (4) 수식에 필요한 물성치의 경우, 특정 합금에 대한 물성치값은 대부분 얻을 수가 없다. (5) 열을 가하는 동안 주위로 상당한 열이 손실된다.

7.2.2 용탕주입

금속을 가열시키고 난 다음은 용탕주입 단계이다. 용탕이 주형으로 주입되어 탕구계 및 공동으로 흘러들어가는 과정은 주조공정에서 매우 중요한 단계이다. 성공적인 용탕주입 과정이되기 위해서는 응고되기 전에 주형 내 모든 공간을 용탕으로 채워야한다. 용탕주입에 영향을 미치는 요소는 용탕주입온도, 주입속도, 난류이다.

용탕주입온도(pouring temperature)는 용탕이 주형으로 주입될 때의 온도이다. 여기에서 중요한 점은 주입 당시 온도와 응고가 시작되는 온도(순수 금속의 경우는 용융점, 합금 금속일 경우는 액상온도) 사이의 온도차이며, 이를 과열량(superheat)으로 정의한다. 이는 주입되는 용탕에서 응고를 위해 제거해야 하는 열량에 해당된다.

주입속도(pouring rate)는 단위시간 당 용탕이 주형에 주입되는 부피를 의미한다. 주입속도가 너무 낮으면 공동을 채우기 전에 용탕이 식어버린다. 만일 주입속도가 너무 높으면 난류가 발생하여 심각한 문제를 발생시킨다. *난류(turbulence)*는 흐르는 용탕의 흐름속도의 크기 및 방향이 일정하지 않고 변하는 것을 말하며, *층류(laminar flow)*가 부드럽게 유선을 따라 흐르는 것과는 달리, 흐름이 뒤섞이고 불규칙적이다. 용탕의 난류발생은 몇 가지 이유에서 반드시 피해야한다. 난류는 주물의 품질을 떨어뜨리는 금속산화물의 발생을 응고 중에 촉진시킨다. 또한 난류가 발생된 용탕은 흐르는 과정에서 주형과 충돌하며 주형을 침식시킨다. 대부분의 용탕은 물이나 다른 유체보다 밀도가 높으며, 상온에서 화학반응을 잘 일으킨다. 따라서 주형 내에서 용탕의 흐름에 의한 주형손상은 매우 중요하며, 난류의 경우에는 더욱 심각하다. 제품 형상을 결정하는 공동에서의 침식발생은 큰 문제가 될 수 있다.

7.2.3 용탕주입의 공학적 해석

용탕이 탕구계를 지나 주형으로 주입되는 과정을 관장하는 몇 개의 수식이 있는데, 그 중 흐르는 유체의 어떤 지점에서도 에너지(수두, 압력, 운동, 마찰)의 합이 일정하게 유지된다고 정의하고 있는 ***베르누이 정리(Bernoulli's theorem)***가 가장 중요하다. 이는 다음과 같다.

$$h_1 + \frac{p_1}{\rho} + \frac{v_1^2}{2g} + F_1 = h_2 + \frac{p_2}{\rho} + \frac{v_2^2}{2g} + F_2 \tag{7.3}$$

여기서 h는 수두(cm), p는 유체의 압력(N/cm^2), ρ는 밀도(g/cm^3), v는 유체속도(cm/s), g는 중력가속도로 981(cm/s)로 일정, F는 마찰로 인한 수두손실(cm)이며, 첨자 1, 2는 유체 흐름 속에서 다른 두 지점을 의미한다.

베르누이식은 여러가지 방법으로 단순화될 수 있다. 만일 마찰손실(실제로 마찰은 주형을 통과하는 용탕의 흐름에 영향을 미침)이 무시되고, 주형 전체가 대기압 상태라고 한다면, 관계식은 다음과 같이 단순화된다.

$$h_1 + \frac{v_1^2}{2g} = h_2 + \frac{v_2^2}{2g} \tag{7.4}$$

위 식은 주입탕구 밑바닥에서 용탕의 속도를 계산하는 데에 이용될 수 있다. 1지점을 주입탕구의 상단, 2지점을 주입탕구의 밑바닥이라 두자. 2지점을 기준으로 둔다면 2지점에서의 수두는 0이며 ($h_2 = 0$), h_1은 주입탕구의 높이가 된다. 초기속도 0($v_1 = 0$)으로 용탕주입컵에 용탕이 주입되고, 주입탕구를 따라 용탕이 흘러간다면 식 (7.4)는 더욱 단순해진다.

$$h_1 = \frac{v_2^2}{2g}$$

용탕의 속도식으로 풀면

$$v = \sqrt{2gh} \tag{7.5}$$

여기서 v는 탕구계 밑바닥에서의 용탕의 속도(cm/s), g는 중력가속도 상수(981 cm/s), h는 주입탕구의 높이(cm)이다.

용탕주입과 관련된 또다른 관계식은 흐르는 유체의 체적 유량이 항상 일정하게 유지되는 ***연속성 법칙(continuity law)***이다. 체적유량은 유체의 단면적에 속도를 곱한 값이며, 다음과 같이 표현된다.

$$Q = v_1 A_1 = v_2 A_2 \tag{7.6}$$

여기서 Q는 체적유량(cm^3/s), v는 유체의 속도(cm/s), A는 유체의 단면적(cm^2), 첨자는 유체의 두 지점을 의미한다. 따라서 단면적이 증가하면 속도는 줄어들고, 반대로 단면적이 줄어들면 속도는 증가한다.

식 (7.5)와 식 (7.6)은 탕구계의 모양이 아래로 내려갈수록 좁아지는 구조가 되어야 함을 나타낸다. 용탕이 주입탕구를 타고 내려가며 가속됨에 따라 탕도의 단면적이 줄어들어야 한다. 그렇지 않으면 주입탕구 밑바닥에서 용탕의 속도가 증가함에 따라 용탕에 공기가 들어가서 주형공동으로 기공이 유입된다. 이를 방지하기 위해서는 체적유량 vA가 주입탕구의 입구에서나 바닥에서 일정하게 유지되도록 경사지게 설계되어야 한다.

주입탕구 바닥에서부터 공동까지의 탕도가 수평이라고 가정하면(즉, 주입탕구 바닥에서 수두 h가 변하지 않는다면) 탕구에서 주형공동까지의 체적유량 vA는 일정하게 유지된다. 따라서 주형공동 체적 V를 채우는데 필요한 시간은 다음과 같다.

$$T_{MF} = \frac{V}{Q} \tag{7.7}$$

여기서 T_{MF}는 주형을 채우는데 걸린시간(sec), V는 주형공동의 부피(cm^3), Q는 체적유량이다. 식 (7.7)으로 계산된 주형충전시간은 최소 시간이며, 이는 탕구계에서 용탕의 흐름을 방해하는 마찰의 영향을 무시했기 때문이다. 그러므로 주형충전시간을 식 (7.7)에서 계산된 시간보다 더 길어진다.

예제 7.2

용탕주입 계산

주입탕구의 길이가 15 cm이고 바닥의 단면적이 3 cm^2이다. 수평인 탕도는 주입탕구에서 주형공동으로 연결되어 있으며, 주형공동의 부피는 1,600 cm^3이다. 다음을 계산하라. (a) 주입탕구 바닥에서의 용탕이 흐르는 속도, (b) 체적유량, (c) 주형을 채우는데 걸리는 시간.

풀이

(a) 주입탕구 바닥을 흘러가는 용탕의 속도는 식 (7.5)로 주어진다.

$$v = \sqrt{2(981)(15)} = \mathbf{171.55\ cm/s}$$

(b) 체적유량

$$Q = (3\ cm^2)(171.55\ cm/s) = \mathbf{514.65\ cm^3/s}$$

(c) 1,600 cm^3 의 공동주형을 채우는데 필요한 시간은

$$T_{MF} = 1600/514.65 = \mathbf{3.12\ s}$$

7.2.4 유동성

용탕의 유동특성은 가끔 *유동성(fluidity)*으로 표현되며, 이는 흐르는 용탕이 응고되기 전까지 주형 안으로 흐를 수 있는 능력으로써 점성(viscosity)과 역수관계에 있다(3.4절). 점성이 증가할수록 유동성은 감소한다. 유동성을 측정하는 가장 일반적인 방법은 그림 7.3과 같이 나선형 모양의 주형에 용탕을 부어 응고된 금속의 길이를 측정하는 방식이며, 나선형 주물의 길이가 길수록 용탕의 유동성이 크다.

유동성에 영향을 주는 요소는 용탕주입온도, 용융금속 조성, 용탕의 점성 및 열전달 특성이다. 높은 용탕주입온도는 용탕이 액상상태로 유지되는 시간을 증가시켜, 응고되기 전에 많이 흐를 수 있게 해준다. 하지만 높은 온도는 산화물과 기공을 생성시키며, 주형의 모래 사이로 용탕이 침투되는

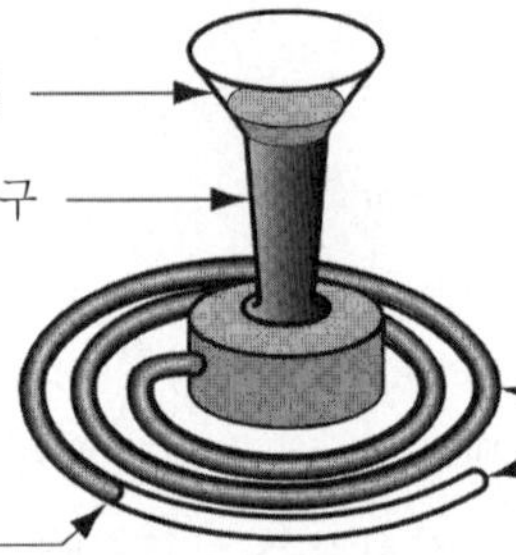

그림 7.3 유동성 측정을 위한 나선형 주형 테스트. 유동성은 용탕이 완전히 응고되기 전까지 흘러간 나선의 길이를 측정함.

문제를 발생시켜 주물 표면에 모래가 들어붙는 등 표면을 매우 거칠게 만든다.

용융금속 조성 또한 유동성에 영향을 주며, 특히 금속이 응고되는 과정에 큰 영향을 준다. 가장 좋은 유동성은 일정온도에서 응고되는 금속(순수금속 및 공정합금)에서 나타나며, 일정 영역의 온도에 걸쳐 응고가 이루어지는 금속(대부분 합금)의 경우에는 일부 응고된 부분이 액상의 흐름에 간섭을 줌으로써 유동성을 저하시킨다. 응고 메커니즘과 더불어 용융금속의 조성은 융해열에도 영향을 미친다. 높은 융해열은 주물의 유동성을 증대시킨다.

7.3 응고와 냉각

주형에 용탕을 붓고 나면 용탕은 냉각되면서 응고된다. 이 절에서는 주조하는 동안 발생하는 응고의 물리적 메커니즘을 알아본다. 응고와 관련된 문제는 응고시간, 수축, 방향성 응고, 라이저 설계이다.

7.3.1 금속응고

응고는 용탕이 고상으로 다시 되돌아 가는 변환과정이며, 순수금속인지 합금인지에 따라 응고 과정은 다르다.

순수금속

순수금속은 녹는점과 동일한 응고점에서 응고된다. 순수금속의 녹는점은 표 4.1과 같이 알려져 있다. 응고과정은 그림 7.4의 응고곡선과 같이 이루어진다. 실제 응고는 금속의 용융열이 주변으로 방출되는 *국소응고시간(local solidification)* 동안 이루어진다. ***총 응고시간(total solidification time)***은 용탕주입에서부터 완전응고까지의 시간을 뜻한다. 완전응고 후 응고곡선을 따라 곡선의 기울기 속도로 냉각된다. 주형 벽면의 냉각작용으로 인하여 용탕을 주입하자마자 얇은 금속막이 형성된다. 응고가 진행됨에 따라 막은 점점 두꺼워지면서 공동의 중심으로 진행해나간다. 응고의 진행속도는 주형에 전달되는 열과 금속의 열특성에 좌우된다.

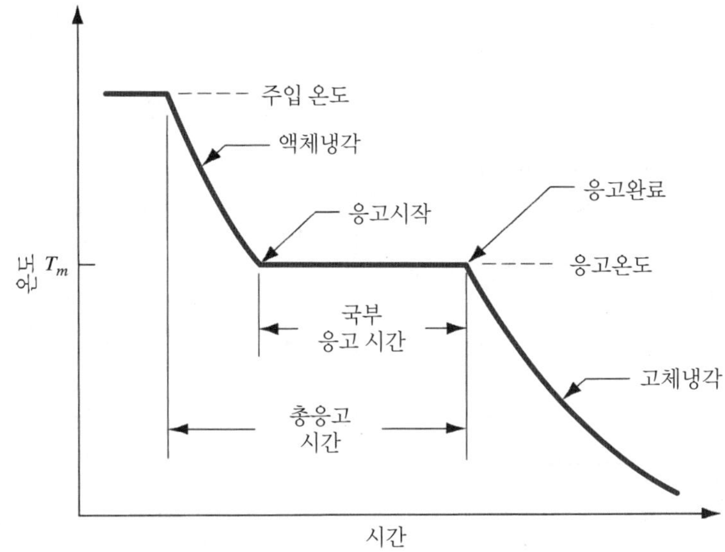

그림 7.4 순수금속의 냉각곡선.

응고과정에서 결정립(grain) 형성과 성장에 대해 살펴보자. 초기 응고막이 형성된 금속은 주형벽으로 열을 뺏기면서 급속히 냉각이 일어나며, 응고막 내부의 결정립이 조밀하며 방향성이 없는 결정을 형성한다. 응고가 진행됨에 따라 내부방향으로 바늘 또는 가시와 같은 모양으로 결정립을 형성하며 성장하다가 곁가지가 생기고, 곁가지가 성장하면 다시 곁가지가 생기며 성장한다. 이런 형태의 결정립성장을 *수상성장(dendritic growth)*이라고 하며, 순수금속 뿐만 아니라 합금에서도 나타난다. 용탕이 계속 고상화되며 응고가 완전히 일어나면 가지모양의 조직이 가득 차게 된다. 수지성장으로 형성된 결정립은 그림 7.5와 같이 주물의 중심쪽으로 방향성을 가진 입자가 큰 결정립 모양을 가진다.

일반합금

대부분의 합금은 일정온도가 아닌 일정 범위의 온도 구간에 걸쳐 응고가 일어나며, 온도 구간은 합금 및 조성에 따라 다르다. 합금의 응고는 그림 7.6과 같이 합금의 평형상태도(phase diagram)와 일정 조성을 가진 합금의 냉각곡선으로 설명될 수 있다. 온도가 떨어짐에 따라 액상선(liquidus)에

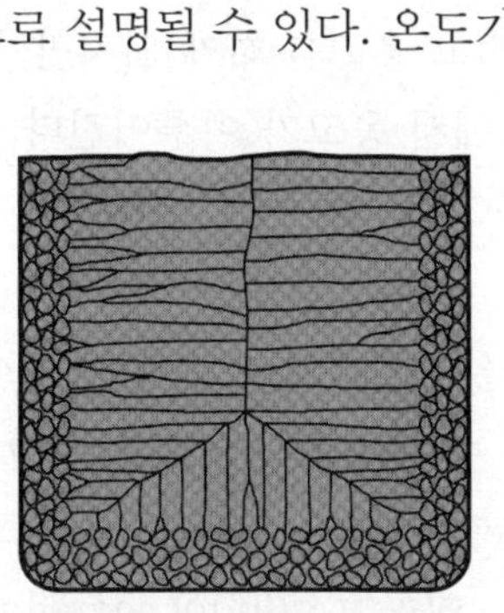

그림 7.5 순수금속 주물의 결정립 특성. 주형벽 근처에는 방향성이 없는 작은 크기의 결정립이 형성되고, 주물의 중심부 쪽으로는 길쭉한 막대 모양의 결정립이 형성된다.

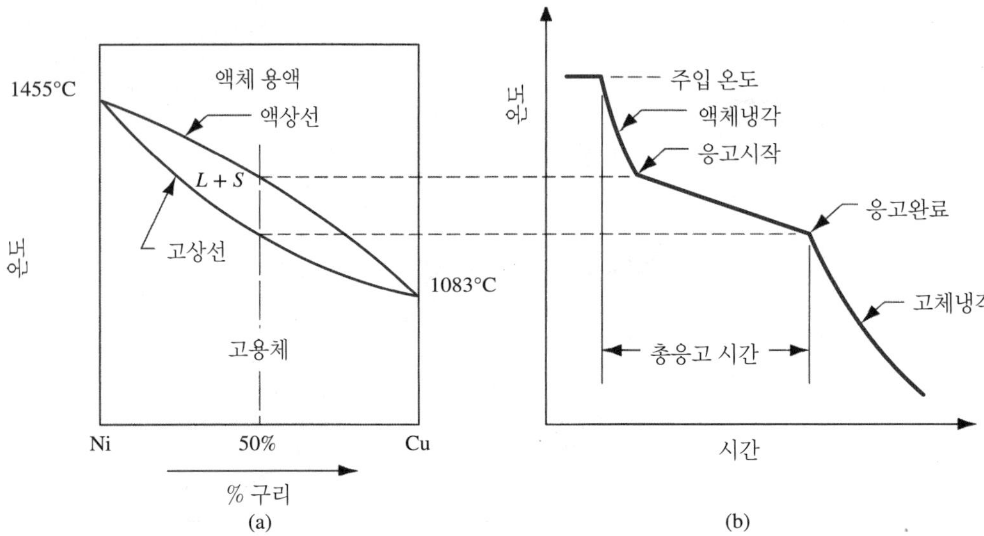

그림 7.6 (a) 구리-니켈 합금시스템의 상태도, (b) 50% 니켈-50% 구리 조성합금의 냉각곡선.

서 응고가 시작되어 고상선(solidus)에서 응고를 마치며, 응고가 시작되는 지점은 순수금속의 온도 지점과 유사하다. 온도구배가 심한 주형벽면으로부터 얇은 금속막이 형성되기 시작하여 중앙방향으로 수상조직이 성장하며 응고가 진행된다. 하지만 액상선과 고상선의 온도가 벌어지면서 수상성장 과정에서 액상과 고상금속이 혼재되어 나타나는 구간이 발생하게 된다. 가장자리로부터 성장한 고상의 수상조직은 중앙부에 액상을 섬처럼 둘러싸게 되며, 고상과 액상이 혼재하는 영역은 *머쉬존(mushy zone)*으로 불리는 걸쭉한 상태를 보인다. 용탕의 온도가 고상선으로 떨어지는 동안 섬 모양으로 존재하던 액상영역이 점차적으로 고상으로 변환된다.

합금의 응고과정을 더욱 복잡하게 만드는 또 다른 요소는 수상조직의 조성이 고용융점을 가진 금속을 선호적이라는 것이다. 응고가 진행되고 수상조직이 성장함에 따라 응고된 고상과 용탕으로 남아있는 액상 사이에 조성의 불균형이 발생된다. 조성의 불균형은 최종 주물제품에서 원소들의 편석(segregation)형태로 나타나며 이는 미시적으로 또는 거시적 관점에서 설명할 수 있다. 미시적 측면에서 편석을 보면 각 결정립 내의 화학적 조성이 다르다. 이유는 초기에 만들어지는 수상조직의 조성은 고용융점 요소를 더 많이 가지고 응고를 하게 되지만, 늦게 응고가 되는 영역의 액상금속은 부분적으로 해당요소가 고갈된 상태에서 응고가 이루어진다. 마지막에 응고되는 영역의 결정립은 합금요소의 조성 불균형 상태에서 응고가 이루어지기 때문에 단일 결정립 내에서의 조성에도 변화가 발생하게 된다.

거시적 측면에서 편석을 보면 주물 전체에 걸쳐 화학적 조성이 다르다. 주형벽 근처에서 초기에 응고되는 주물은 고용융점 합금요소 성분이 풍부하지만, 시간이 갈수록 남아있는 합금 용탕에서는 발생되는 응고에서는 해당 요소성분이 결핍되게 된다. 그러므로 그림 7.7과 같이 주물의 단면에는 일반적인 편석 현상이 나타나며, 이를 *잉곳편석(ingot segregation)*이라 부른다.

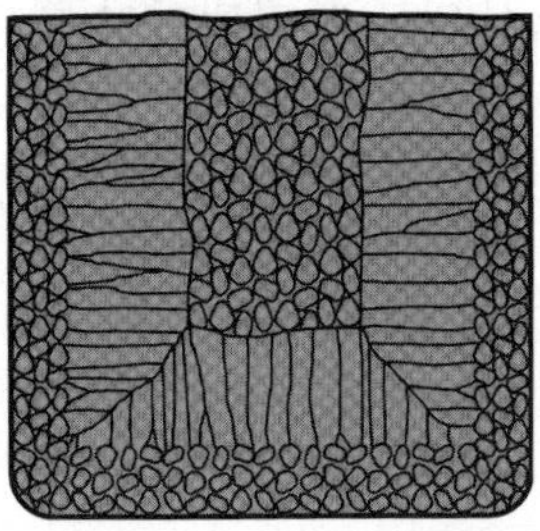

그림 7.7 주물 중심부에서 합금원소의 편석현상을 보이는 결정립 구조.

공정합금

공정합금(eutectic alloy)은 액상선과 고상선의 온도가 일치하는 특별한 합금조성 시스템을 말하며, 일반적인 응고과정에서 예외로 분류된다. 따라서 응고가 일정 범위의 온도에 걸쳐 일어나지 않고, 일정 온도점에서 일어난다. 순수 납은 용융온도가 327℃인 반면, 순수 주석은 232℃에서 용융된다. 대부분의 납-주석 합금은 일반적으로 고상선-액상선에 온도구간이 존재하지만, 주석 61.9%, 납 38.1%의 특정 조성비에 대해서는 183℃ 용융점을 가진다. 이러한 조성을 납-주석 합금의 *공정조성(eutectic composition)*이라고 하며, 183℃를 *공정온도(eutectic temperature)*라 한다. 납-주석 합금은 주조에 널리 사용되지는 않지만, 공정점에 근접한 납-주석 합금은 전기 납땜에 사용되고 용융점이 낮은 장점을 가진다. 주조에 사용되는 공정합금의 예는 알루미늄-규소(11.6% Si)와 주철(4.3% C)이다.

7.3.2 응고시간

순수금속 또는 합금 주물과 상관없이 응고과정에는 시간이 걸린다. 용탕주입 이후 주물이 응고되는데 요구되는 시간을 총 응고시간(total solidification time)이라 정의한다. 이는 주물의 크기와 모양에 따라 다르며, ***Chvorinov 법칙***으로 알려진 실험식은 아래와 같다.

$$T_{TS} = C_m \left(\frac{V}{A} \right)^n \tag{7.8}$$

여기서 T_{TS}는 총 응고시간(min), V는 주물의 부피(cm^3), A는 주물의 표면적(cm^2), n은 통상적으로 2로 설정되는 지수, C_m은 주형 상수이다. C_m의 단위는 min/cm^{2}이고, 다음과 같은 주조공정의 조건들에 따라 달라진다. 조건은 주형재료의 특성(비열, 열전도율), 주물재료의 열특성(용융열, 비열, 열전도율) 및 용융온도와 용탕주입온도 사이의 온도차 등이다. 주물의 모양은 달라지더라도 앞선 실험에서 사용된 동일한 주형재료, 금속, 용탕주입온도로 실험된 결과값에 기반을 두고 실험적으로 C_m이 결정된다.

Chvorinov 법칙은 표면적 대비 체적 비율이 커질수록 더 천천히 냉각되고 응고됨을 의미하며, 주형에서 라이저를 설계할 때 유용하게 활용된다. 주형 공동에 용탕을 보충해주기 위해서는 라이저의 용탕이 주물보다 더 오랫동안 액상으로 유지되어야 한다. 즉, 라이저의 T_{TS}가 주물의 T_{TS}보다 커야 한다. 라이저 및 주물의 주형 조건이 동일하기 때문에 주형상수는 동일하다. 라이저의 표면적 대비 체적 비율을 크게 설계함으로써 주물을 먼저 응고시켜 수축효과를 최소화시킬 수 있다. Chvorinov 법칙을 이용한 라이저 설계를 논의하기 전에 라이저가 왜 필요한지 그 이유를 수축에서 찾아보자.

7.3.3 수축

냉각과 응고과정 중에 발생하는 수축(shrinkage)에 대해 알아보자. 수축은 3단계로 이루어진다: (1) 응고 전 냉각과정에서의 액상수축; (2) 액상에서 고상으로 변하는 과정에서의 *응고수축(solidification shrinkage)*; (3) 고상화된 주물이 상온까지 냉각되는 과정에서의 열수축. 수축 3단계는 그림 7.8과 같은 개방형 주형에 담긴 원통형 주물로 설명할 수 있다. 주입한 직후의 용탕은 그림 7.8(0)과 같다. 용탕주입 온도에서 응고점까지의 냉각과정에서 발생하는 액상수축은 그림 7.8(1)과 같이 용탕의 높이를 줄어들게 하며, 줄어든 부피는 대략 0.5%에 해당한다. 그림 7.8(2)와 같은 응고수축은 두 가지 측면에서 영향을 준다. 첫째 주물의 높이를 훨씬 줄어들게 하며, 둘째 주물의 중심부 상단에 용탕을 공급할 수 없게 만든다. 여기는 일반적으로 가장 늦게 응고되는 영역으로, 주물에서 빈공간으로 남게되는데 주조기술자는 이러한 수축 공동을 *파이프(pipe)*라 부른다. 일단 응고된 이후에는 그림 7.8(3)과 같이 냉각되는 동안 높이와 직경이 줄어드는 과정을 겪게 된다. 여기에서의 수축은 고상금속의 열팽창 계수에 의해 결정되며, 수축량을 계산할 때 활용된다.

고상상태는 액상상태보다 밀도가 크기 때문에 거의 모든 금속에서 응고수축은 발생한다. 응고를 수반하는 상변태(phase transformation)는 단위 무게당 부피를 감소시킨다. 하지만 탄소함유량이 높은 주철의 경우 응고과정 중 흑연화가 진행되는 구간에서는 상변화 시 발생되는 부피수축을 상쇄시켜 팽창하는 예외적인 현상이 발생한다[7]. 응고수축에 대한 보상은 주조공정과 관련된 일련의 방법들을 통해 실현 될 수 있다. 사형주형에서는 라이저를 통해 공동에 용탕을 공급할 수 있으며(7.3.5절), 다이캐스팅(8.3.3절)에서는 압력을 가해 용탕을 공급할 수 있다.

패턴 제작자는 열수축을 고려하여 주형 공동을 크게 만드는데, 최종 주물 크기에 비해 주형이 큰 정도를 *패턴수축여유(pattern shrinkage allowance)*라 부른다. 수축은 부피 단위지만, 주물의 크기는 길이로 표현되기 때문에 수축여유도 길이단위로 표현된다. 정확한 치수보다 약간 늘린 '수축자'를 이용하여 원하는 주형보다 큰 패턴 및 주형을 제작한다. 표 7.1은 다양한 주조금속에 대해 수축값을 나타내며, 수축값을 예상할 때 사용될 수 있다. 하지만, 실제적인 수축값은 주물의 모양, 주형의 복잡성, 주조공정, 주조금속의 등급 등에 좌우되므로 표 7.2는 주의 깊게 활용되어야 한다.

7.3.4 방향성 응고

수축의 악영향을 최소화하기 위해서는 용탕주입구에서 가장 멀리 떨어진 곳이 가장 먼저 응고되고, 점차 라이저 방향으로 응고되는 것이 바람직하다. 이렇게 되면 응고 과정에서 발생하는 수축공동에

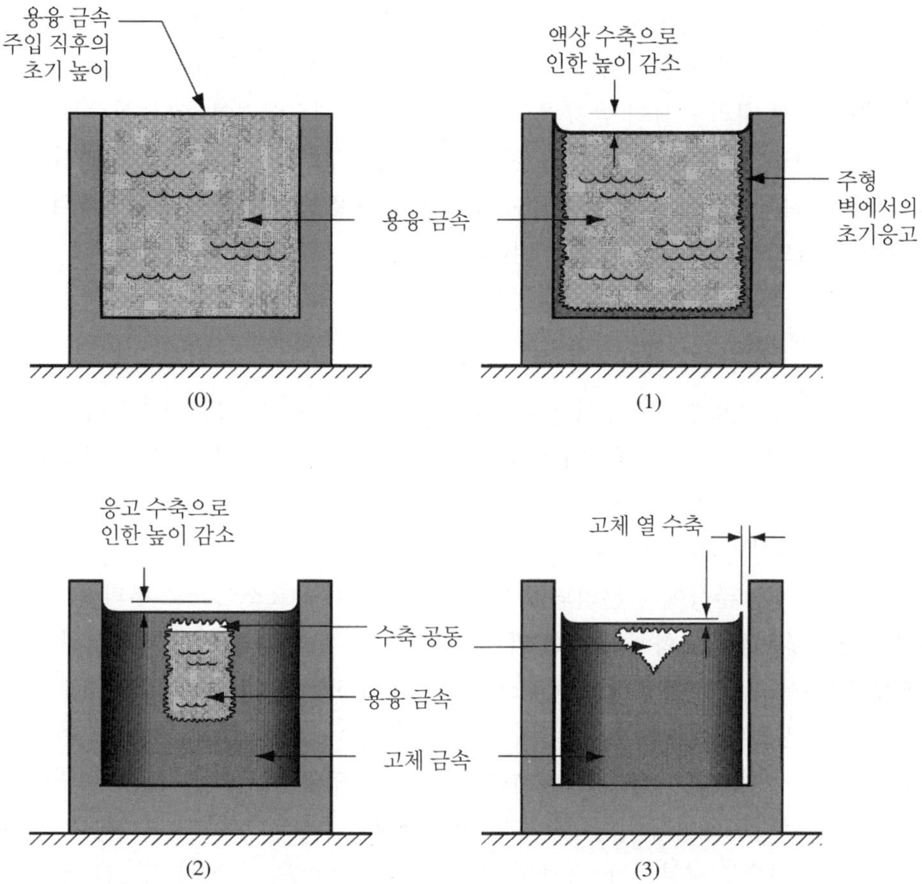

그림 7.8 응고와 냉각과정에서의 원통형 주물의 수축. (0) 용탕주입 직후의 초기높이, (1)액상수축에 의한 높이 감소, (2) 응고수축에 의한 높이 감소 및 공동생성, (3) 열수축으로 인한 높이 및 직경의 감소. 이해를 돕기 위해 과장되게 표현되었다.

표 7.2 고상의 열수축으로 인한 주조금속의 일반적인 길이수축

금속	수축	금속	수축	금속	수축
알루미늄 합금	1.3%	주철, 회색	1.0%	강, 탄소	1.8%
황동, 노란색	1.5%	주철, 흰색	2.1%	주석	2.0%
청동	1.6%	마그네슘 합금	1.3%	아연	1.3%

라이저의 용탕을 계속 공급할 수 있다. 이러한 응고과정과 조절 가능한 방법을 가리켜 *방향성 응고(directional solidification)*라 한다. 응고의 방향을 조절하기 위해서는 Chvorinov 법칙을 고려하여 주형 내에서 응고방향이 자체적으로 조절할 수 있도록 주형을 설계해야 하며, 용탕을 공급할 수 있는 라이저를 고려하여 설계하여야 한다. 예를 들면 V/A비율(표면적 대비 부피비)가 낮은 주물부를 라이저로부터 멀리 위치시켜 응고를 먼저 시키면, 나머지 영역은 응고 전까지 용탕공급이 가능하게 된다.

주형 내 원하는 곳을 먼저 응고시키는 방법도 중요하지만, 라이저 주변에서 응고가 먼저 일어나는 것을 막는 것도 중요하다. 이를 위한 특별한 조치는 라이저와 주공동(main cavity) 사이에 통로를 만드는 것이며, 통로 내의 용탕이 먼저 응고되지 않도록 설계되어져야 한다. 통로는 후가공을 통해 버려지는 부분이기 때문에 부피를 최소화시켜야 하지만, 통로에서의 응고를 지연시켜야 하므로 충분히 단면적을 키워서 설계해야 한다. 또한 통로의 길이를 짧게하여 라이저와 주물의 용탕으로부터 열을 흡수할 수 있도록 하는 것도 도움이 된다.

7.3.5 라이저 설계

앞서 응급된 바와 같이, 그림 7.2(b)의 사형주형에서 라이저는 용탕을 공급함으로써 응고과정 중에 발생하는 응고수축을 보상하기 위해 사용된다. 이 역할을 위해 라이저는 주물이 응고된 이후에도 용탕으로 남아 있어야 하며, Chvorinov 법칙을 이용해 라이저의 크기가 계산되어져야 한다. 다음 예는 라이저 설계의 계산과정을 보여준다.

라이저는 응고된 이후 주물에서 분리되어 재활용되는 낭비적 요소이므로 부피를 최소화시키는 것이 바람직하다. V/A를 최대화하기 위한 라이저의 기하학적 형상 선택은 라이저의 부피를 줄일 수 있다. 예제 7.3에서 라이저의 부피는 $V = \pi(4.7)^3/4 = 81.5\ \text{cm}^3$로 주물판 부피의 44%밖에 되지 않지만 총 응고시간은 25% 더 길다.

라이저는 여러 가지 다양한 모양으로 설계될 수 있으며, 그림 7.2(b)는 주물의 측면에 위치하고 있는 *측면 라이저(side riser)*이다. *상부 라이저(top riser)*는 주물의 상부에 위치한다. 또한 라이저는 개방형 또는 폐쇄형으로 구분된다. *개방형 라이저(open riser)*는 상형의 윗면을 통해 외부에 노출되며, *폐쇄형 라이저(blind riser)*는 그림 7.2(b)와 같이 주형 내부에 위치한다.

예제 7.3

Chvorinov 법칙을 이용한 라이저 설계

사형주형에서는 원통형 라이저가 설계되어야 한다. 주물은 7.5 cm × 12.5 cm × 2.0 cm 크기를 가진 직사각 판으로 예전에 관찰한 바로는 총 응고시간(T_{TS})이 1.6 min이었다. 원통형 라이저의 높이 대비 직경이 1.0일 때 $T_{TS} = 2.0$ min이 되도록 라이저를 설계하라.

풀이

먼저 판의 V/A를 계산하라. 체적 $V = 7.5 \times 12.5 \times 2.0 = 187.5\ \text{cm}^3$, 표면적 $A = 2(7.5 \times 12.5 + 7.5 \times 2.0 + 12.5 \times 2.0) = 267.5\ \text{cm}^2$, 문제에서 주어진 $T_{TS} = 1.6$ min과 $n = 2$를 이용하면, 식 (7.8)에서 주형상수 C_m이 계산된다.

$$C_m = \frac{T_{TS}}{(V/A)^2} = \frac{1.6}{(187.5/267.5)^2} = \mathbf{3.26\ min/cm^2}$$

동일한 주형상수를 이용하여 라이저의 총 응고시간 $T_{TS} = 2.0$ min가 되도록 설계되어야 한다.

라이저의 부피는 $V = \frac{\pi D^2 h}{4}$이며, 표면적은

$$A = \pi Dh + \frac{2\pi D^2}{4}$$

$D/h = 1.0$이므로 $D = h$이다. 부피 및 표면적 식에서 h 대신 D를 대입하면,

$$V = \pi D^3/4$$
$$A = \pi D^2 + 2\pi D^2/4 = 1.5\pi D^2$$

그러므로 $V/A = D/6$이며, Chvorinov 식에 대입하면

$$T_{TS} = 2.0 = 3.26\left(\frac{D}{6}\right)^2 = 0.09056\, D^2$$
$$D^2 = 2.0 / 0.09056 = 22.086\ \text{cm}^2$$
$$\mathbf{D = 4.7\ cm}$$

$h = D$이므로, $h = 4.7$ cm이다.

참고문헌

REFERENCES

[1] Amstead, B. H., Ostwald, P. F., and Begeman, M. L. *Manufacturing Processes*. John Wiley & Sons, New York, 1987.
[2] Beeley, P. R. *Foundry Technology*. Butterworths-Heinemann, Oxford, 2001.
[3] Black, J., and Kohser, R. *DeGarmo's Materials and Processes in Manufacturing*, 11th ed. John Wiley & Sons, Hoboken, New Jersey, 2012.
[4] Datsko, J. *Material Properties and Manufacturing Processes*. John Wiley & Sons, New York, 1966.
[5] Edwards, L., and Endean, M. *Manufacturing with Materials*. Open University, Milton Keynes, and Butterworth Scientific, London, 1990.
[6] Flinn, R. A. *Fundamentals of Metal Casting*. American Foundrymen's Society, Des Plaines, Illinois, 1987.
[7] Heine, R.W., Loper, Jr., C. R., and Rosenthal, C. *Principles of Metal Casting*, 2nd ed. McGraw-Hill, New York, 1967.
[8] Kotzin, E. L. (ed.). *Metalcasting and Molding Processes*. American Foundrymen's Society, Des Plaines, Illinois, 1981.
[9] Lessiter, M. J., and Kirgin, K. "Trends in the Casting Industry." *Advanced Materials & Processes*, January 2002, pp. 42–43.
[10] *Metals Handbook*. Vol. 15: *Casting*. ASM International, Materials Park, Ohio, 2008.
[11] Mikelonis, P. J. (ed.). *Foundry Technology*. American Society for Metals, Metals Park, Ohio, 1982.
[12] Niebel, B. W., Draper, A. B., and Wysk, R. A. *Modern Manufacturing Process Engineering*. McGraw-Hill, New York, 1989.
[13] Simpson, B. L. History of the Metalcasting Industry. American Foundrymen's Society, Des Plaines, Illinois, 1997.
[14] Taylor, H. F., Flemings, M. C., and Wulff, J. *Foundry Engineering*, 2nd ed. American Foundrymen's Society, Des Plaines, Illinois, 1987.
[15] Wick, C., Benedict, J. T., andVeilleux, R. F. *Tool and Manufacturing Engineers Handbook*, 4th ed. Vol. **II**: *Forming*. Society of Manufacturing Engineers, Dearborn, Michigan, 1984.

복습문제 *REVIEW QUESTIONS*

개요

7.1 모든 응고과정에서 발생되는 공통점이 무엇인지 정의하라.

7.2 제조공정의 측면에서 주조를 정의하라.

7.3 주조공정의 장점은 무엇인가?

7.4 주조공정의 단점은 무엇인가?

주조기술의 개요

7.5 주형의 유형에 따라 주조공정을 구별하라.

7.6 상업적인 측면에서 가장 중요한 주조공은 무엇인가?

7.7 사형주조에서 상형주형과 하형주형은 무엇인가?

7.8 사형주형에서 패턴과 코어의 차이점은 무엇인가?

7.9 주조주형에서 게이트 시스템의 기능은 무엇인가?

7.10 주조주형에서 라이즈의 기능은 무엇인가?

가열과 용탕주입

7.11 원하는 용탕온도까지 온도를 올리기 위해 투입되는 에너지를 3단계로 구분할 수 있다. 3단계 에너지를 설명하라.

7.12 주조에서 용융열이 무엇인지 설명하라.

7.13 주조와 관련하여 과열도(superheat)를 정의하라.

7.14 용탕을 주입할 때 난류흐름을 피해야 하는 이유를 설명하라.

7.15 용탕주입 시 탕구의 단면이 변화해야 하는 이유를 설명하라.

7.16 용탕주입 시 용탕의 유동성에 영향을 미치는 요인들을 언급하라.

7.17 주조 시 용탕의 흐름에 적용되는 연속성 법칙을 설명하라.

응고 및 냉각

7.18 주조공정에서 국부응고시간과 총응고시간의 차이점을 설명하라.

7.19 공정합금(eutectic)이란 무엇인가?

7.20 합금 응고 시 생성되는 머쉬존(mushy zone)에 대해 설명하라.

7.21 용탕 주입 후 주물의 3대 수축 원인에 대해 설명하라.

연습문제 *PROBLEMS*

Heating and Pouring

7.1 The melting temperature of titanium = 1668°C, its density = 4.5 g/cm^3, specific heat = 0.544 J/g°C, and heat of fusion = 419 J/g. Assume that specific heat has the same value for solid and molten metal. The pouring temperature for titanium is 1850°C, and the starting temperature = 30°C. Compute the (a) unit energy for melting and pouring and (b) total energy to heat 100 kg of the metal.

7.2 Tin is one of the easiest metals to cast because of its low melting temperature of 231.66°C. The density of tin = 7.307 kg/m^3, specific heat = 226 J/kg°C, and heat of fusion = 59,076.3 J/kg. Assume that the specific heat has the same value for solid and molten metal. The starting temperature = 21.11°C, and the pouring temperature = 315.55°C. Compute the (a) unit energy for melting and pouring and (b) total energy to heat 0.0164 m^3 of the metal.

7.3 A casting made of cast iron weighs 5 kg. The riser and gating system add another 3 kg to the total metal poured during the operation. The melting temperature of this grade of cast iron = 1160°C, its density = 7.6 g/cm^3, specific heat = 0.46 J/g°C, and heat of fusion = 126 J/g. Assume that the specific heat has the same value for solid and molten metal. Compute (a) the unit energy for melting and pouring and (b) the total energy to heat the metal to a pouring temperature of 1400°C from a starting temperature of 30°C. (c) What is the volume of the casting?

7.4 A disk with diameter = 40 cm and thickness = 5 cm is cast of pure aluminum in an open mold casting operation. Aluminum melts at 660°C, but the pouring temperature will be 800°C. The heat of fusion of aluminum = 398 J/g. Other properties can be found in Tables 4.1 and 4.2. Assume that the specific heat has the same value for solid and molten aluminum. Compute (a) the unit energy for melting and pouring and (b) the total energy to heat the metal to the pouring temperature starting from a room temperature of 25°C.

7.5 Pure copper is heated to cast a large rectangular plate in an open mold. The plate's length = 0.508 m, width = 0.254 m, and thickness = 0.051 m. The amount of metal heated will be 10% more than what is needed to fill the mold cavity. Density, melting point, and specific heat of the solid metal can be found in Tables 4.1 and 4.2. The specific heat of copper in the molten state = 376.83 J/kg°C, and its heat of fusion = 204,673.721 J/kg. Compute (a) the unit melting and pouring energy and (b) the total energy to heat the metal from ambient temperature (28.33°C) to a pouring temperature of 1,148.8°C.

7.6 The length of the downsprue leading into the runner of a mold = 230 mm. The cross-sectional area at its base = 430 mm^2. Volume of the mold cavity = 0.0015 m^3. Determine (a) velocity of the molten metal flowing through the base of the downsprue, (b) volume rate of flow, and (c) time required to fill the mold cavity.

7.7 Molten metal is poured into the pouring cup of a sand mold at a steady rate of 380 cm^3/s. The molten metal overflows the pouring cup and flows into the downsprue. The cross section of the sprue is round, with a diameter at the top = 4.5 cm. If the sprue is 25 cm long, determine the proper diameter at its base so as to maintain the same volume flow rate.

7.8 The volume flow rate of molten metal into the downsprue from the pouring cup is 1.27 m^3/sec. At the top where the pouring cup leads into the downsprue, the cross-sectional area = 6.45×10^{-4} m^2. Determine what the area should be at the bottom of the sprue if its length = 0.1524 m. It is desired to maintain a constant flow rate, top and bottom, in order to avoid aspiration of the liquid metal.

7.9 Molten metal is poured into the down sprue at a constant flow rate during the time it takes to fill the mold. At the end of pouring the sprue is filled and there is negligible metal in the pouring cup. The down sprue is 152.4 mm long, its cross-sectional area at the top = 516.128 mm^2, and at the base = 387.096 mm^2. The cross-sectional area of the runner leading from the sprue also = 387.096 mm^2, and it is 203.2 mm long before leading into the mold cavity, whose volume = 1,065,155 mm^3. The volume of the riser located along the runner near the mold cavity = 409,675 mm^3. It takes a total of 3.0 sec to fill the entire mold (including cavity, riser, runner, and sprue. This is more than the theoretical time required, indicating a loss of velocity due to friction in the sprue and runner. Determine (a) the theoretical velocity and flow rate at the base of the down sprue; (b) total volume of the mold, including down sprue, runner, and riser; (c) actual velocity and flow rate at the base of the sprue; and (d) loss of head in the gating system due to friction.

Solidification and Cooling

7.10 Determine the shrink rule to be used by mold makers for die casting of zinc. Using Table 10.2, express your answer in terms of decimal mm of elongation per 300 mm of length compared to a standard 300-mm scale.

7.11 When casting low carbon steel under certain mold conditions, the mold constant in Chvorinov's rule = 5.0 min/cm^2. Determine how long solidification will take for a rectangular casting whose length = 40 cm, width = 20 cm, and thickness = 5 cm.

7.12 In the previous problem solve for total solidification time only using an exponent value of 1.8 in Chvorinov's rule instead of 2.0. What adjustment must be made in the units of the mold constant?

7.13 A disk-shaped part is cast out of aluminum. Diameter of the disk = 630 mm and thickness = 20 mm. If the mold constant = 3 sec/mm^2 in Chvorinov's rule, how long will it take the casting to solidify?

7.14 In casting experiments performed using a certain alloy and type of sand mold, it took 160 sec for a cube-shaped casting to solidify. The cube was 40 mm on a side. (a) Determine the value of the mold constant in Chvorinov's rule. (b) If the same alloy and mold type were used, find the total solidification time for a cylindrical casting in which the diameter = 40 mm and length = 40 mm.

7.15 Total solidification times of three casting geometries are to be compared: (1) a sphere with diameter = 10 cm, (2) a cylinder with diameter and length both = 10 cm, and (3) a cube with each side = 10 cm. The same casting alloy is used in all three cases. (a) Determine the relative solidification times for each geometry. (b) Based on the results of part (a), which geometric element would make the best riser? (c) If the mold constant = 3.5 min/cm^2 in Chvorinov's rule, compute the total solidification time for each casting.

7.16 A steel casting has a cylindrical geometry with diameter = 101.6 mm and weight = 9.072 kg. It takes 6.0 min to solidify when cast. Another cylindrical-shaped casting with the same diameter-to-length ratio weighs 5.44 kg. It is made of the same steel, and the same conditions of mold and pouring are used. Determine (a) the dimensions and (b) total solidification time of the lighter casting. The density of steel is given in Table 4.1.

7.17 Total solidification times of three casting geometries are to be compared: (1) a sphere, (2) a cylinder, in which the length-to-diameter ratio = 1.0, and (3) a cube. Volume = 1000 cm^3 for all three shapes, and the same casting alloy is used. (a) Determine the relative solidification times for each geometry. (b) Based on the results of part (a), which geometric element would make the best riser? (c) If the mold constant = 3.5 min/cm^2 in Chvorinov's rule, compute the total solidification time for each casting.

7.18 A cylindrical riser is to be used for a sand-casting mold. For a given cylinder volume, determine the diameter-tolength ratio that will maximize the time to solidify.

7.19 A riser in the shape of a sphere is to be designed for a sand casting mold. The casting is a rectangular plate, with length = 250 mm, width = 150 mm, and thickness = 20 mm. If the total solidification time of the casting itself is known to be 4.0 min, determine the diameter of the riser so that it will take 25% longer for the riser to solidify.

CHAPTER 8

금속 주조 공정

8.1 사형 주조
- 8.1.1 패턴과 코어
- 8.1.2 패턴 여유
- 8.1.3 주형 및 주형 제작
- 8.1.4 주조 공정

8.2 기타 소모성 주형 주조공정
- 8.2.1 셸 주조 공정
- 8.2.2 발포폴리스틸렌 공정
- 8.2.3 인베스트먼트 주조
- 8.2.4 석고 주형, 세라믹 주형 주조

8.3 영구 주형 주조 공정
- 8.3.1 기본 영구 주형 주조
- 8.3.2 영구 주형 공정의 변형
- 8.3.3 다이캐스팅
- 8.3.4 용탕 단조법 및 반응고 금속 주조법
- 8.3.5 원심 주조

8.4 주조 작업
- 8.4.1 용해로
- 8.4.2 용탕 주입, 세척, 열처리

8.5 주조품질

8.6 주조성과 주조 경제성
- 8.6.1 주조 금속
- 8.6.2 주조 경제성

8.7 제품 설계 시 고려사항

금속 주조 공정은 주형의 형태에 따라 두 가지 부류로 나뉜다. (1) 소모성 주형과 (2) 영구성 주형. 소모성 주형에서는 부품을 제거하기 위해 주형을 제거해야 하고, 새로운 주조를 위해서는 새로운 주형이 요구되므로 주조하는 시간보다 주형을 만드는 시간이 많이 걸려 생산성이 제한된다. 어떤 주조품 형상에서, 사형 주형을 만들어 주조품을 시간당 400개 이상을 생산할 수 가 있다. 영구 주형에서는 주형이 금속 혹은 다른 견디는 재료로 만들어지고 다량의 주조품을 주조할 때 사용될 수 있다. 따라서 이러한 공정은 대량 생산할 때 유리한 장점이 있다.

이 장에서는 주조 공정에 대하여 다음과 같이 정리한다. (1) 사형 주조 (2) 다른 소모성 주조 공정 (3) 영구 주형 공정. 또한 주조 공장에서의 주조 설비 및 작업, 주조 품질, 주조성, 주조 금속 등에 대하여 다루고, 마지막 절에서는 주조 제품의 설계 지침에 대하여 설명한다.

8.1 사형 주조

사형 주조는 전체 주조의 많은 부분을 차지할 정도로 매우 광범위하게 사용되는 주조 방법이다. 거의 모든 주물은 사형 주조로 제조할 수 있다. 사실 사형 주조는 강, 니켈, 티타늄과 같은 용융점이 높은 금속에 사용될 수 있는 몇 가지 제한된 방법 중 하나다. 크기는 작은 것부터 매우 큰 것 까지 가능하고 수량은 하나부터 몇 백만 개 까지 가능하다.

사형 주조(sand casting)는 모래 주형에 용탕을 붓고, 금속을 응고시키고, 주물을 꺼내기 위해 주형을 부수는 것이다. 주물은 반드시 세척과 검사를 거쳐야 하며 금속의 재료 특성을 향상시키기 위해 간혹 열처리를 실시한다. 모래 주형 내의 주형 공동은 패턴(주조하고자 하는 제품을 흡사하게 복제한 모형) 주변에 모래를 채워서 만들며, 주형을 반쪽으로 나눠 패턴을 빼낸다. 또한 주형에는 탕구와 라이저가 포함된다. 뿐만 아니라 주물이 내면을 포함하고 있으며(즉, 빈공간이 있거나 구멍이 있으면) 주형에 코어가 있어야 한다. 주물을 꺼내기 위해 주형을 부수어야 하기 때문에 만들어야 하는 제품마다 새로운 모래 주형이 필요하다. 이러한 사실로부터 사형 주조는 주조 공정 자체뿐만 아니라 패턴과 주형의 제작도 포함한다는 것을 알 수 있다. 공정 절차는 그림 8.1과 같다.

8.1.1 패턴(모형)과 코어

사형 주조는 ***패턴*(pattern**: 최종 주물에서 수축, 가공 여유를 감안하여 크게 만든 제품모형)이 필요하다. 형상을 만들기에 용이하다는 이유로 나무가 패턴 재료로 많이 쓰인다. 단점은 휘기 쉽고, 주변의 모래로 마모되기 쉬워 여러 번 사용하기 어렵다는 점이다. 금속 패턴은 만들기는 어려우나 수명이 길다는 장점이 있다. 플라스틱은 나무와 금속의 중간 정도 성질을 가지고 있다. 적절한 패턴 재료의 선정은 주로 만들고자 하는 제품의 수량에 달려 있으며 그림 8.2와 같이 다양한 패턴이 있다. 가장 간단한 것은 일체형 패턴이며 수축과 가공을 감안해 크기만 다른 제품 모형이다. 패턴을 만들기 가장 쉽지만 이것으로부터 모래 주형을 제작하기는 가장 어렵다. 주형의 반쪽 사이에 일체형 모형을 위치시키는 것이 문제가 될 수 있으며 탕구계와 탕로를 주형에 위치시키는 것은 주조 기술자의

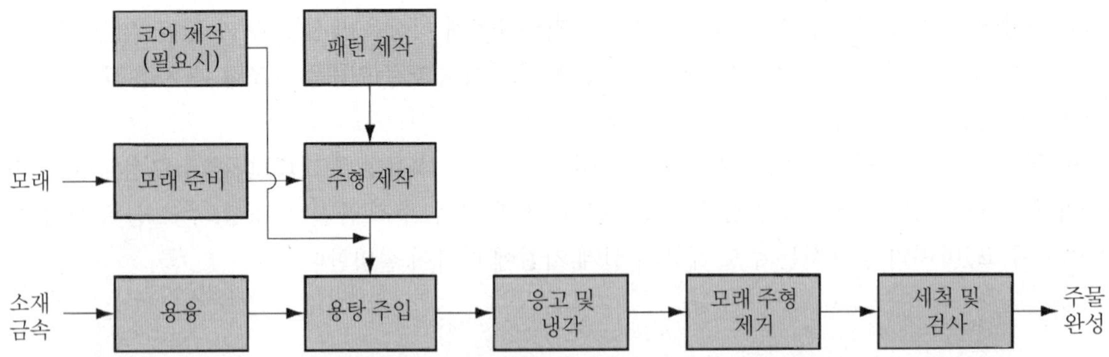

그림 8.1 사형 주조의 생산 단계. 단계는 주조 작업 뿐 아니라 패턴 제작과 주형 제작을 포함한다.

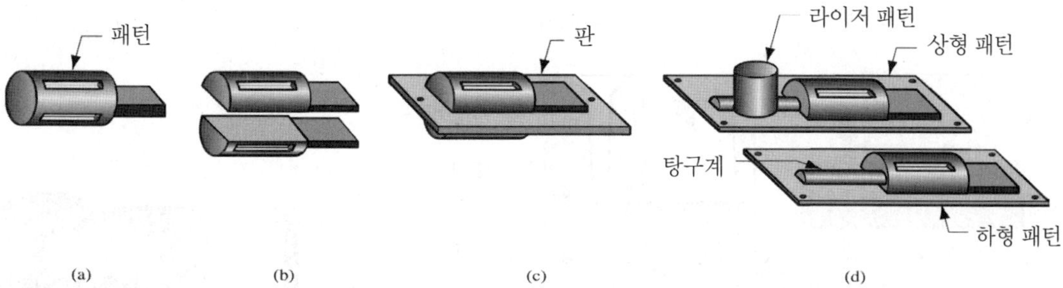

그림 8.2 사형 주조에서 패턴 종류. (a) 일체형 패턴, (b) 분할형 패턴, (c) 매치플레이트 패턴, (d) 상형-하형 패턴.

판단과 기술에 달려 있다. 그러므로 일체형 패턴은 일반적으로 아주 적은 수량인 경우에 사용된다.

*분할 패턴(split pattern)*은 주물을 주형의 분리선(parting line)을 따라 두 부분으로 나눈 패턴이다. 분할 패턴은 형상이 복잡하거나 생산량이 적당량일 때 사용하며 주형의 분리선은 분할 패턴에 따라 미리 정해진다.

생산량이 많을 때는 매치플레이트 패턴이나 상형-하형 패턴이 사용된다. 매치플레이트 패턴에서는 분할 패턴의 두 부분이 나무 또는 금속판의 양쪽 면에 부착된다. 판의 구멍은 주형의 아래 부분(상형, 하형)을 정확하게 일치하도록 해준다. *상형-하형 패턴(cope and drag pattern)*은 분할 패턴이 각각 판에 부착되었다는 점 외에 매치플레이트 패턴과 유사하며, 상형과 하형이 각각 제작될 수 있다. 그림 8.2(d)는 상형-하형 패턴에 탕구계와 라이저도 포함시킨 것이다.

패턴은 주물의 외형을 결정하며 주물이 내부 표면을 포함하고 있다면 ***코어(core)***가 필요하다. 코어는 주물의 내면에 대한 모형이다. 용탕의 주입전에 주형 공동에 삽입되어 용탕이 주형 공동과 코어 사이에 흘러들어 냉각되면서 주물의 외면과 내면을 형성한다. 일반적으로 코어는 모래를 이용해 원하는 형상에 따라 용탕 주입 중 코어의 위치를 잡아주는 지지대가 필요할 수 있다. *코어 받침(chaplet)*이라 불리는 지지대는 주조 금속보다 용융 온도가 높은 금속으로 만들어진다. 예를 들면 강철 코어 받침은 주철 주조에 사용될 수 있다. 용탕 주입과 응고 중 코어 받침이 주물에 달라붙게 되는데 이러한 모습을 그림 8.3에 나타냈다. 주물에서 튀어나온 코어 받침은 절단된다.

8.1.2 패턴 여유

생산된 주물의 치수는 항상 패턴의 치수와 다르다. 이는 패턴을 준비할 때 고려하여야 하는 다양한 치수에 여유가 있어야 하기 때문이다. 일반적으로 수축이나 가공 또는 마무리 여유, 구배(드래프트), 뒤틀림, 흔들림 등의 여유를 고려하여야 한다. 이러한 허용 여유는 일반적으로 선형적으로 패턴 치수에 추가된다. 수축 여유는 냉각 중 금속의 수축을 고려하여 패턴에 주어져야 한다. 수축 허용량은 일반적으로 액체 수축과 고체 수축의 두 가지 유형으로 발생된다. 고상선(solidus) 온도에서 용융 금속이 액체에서 고체 상태로 변할 때 부피 감소를 액상 수축이라 하고, 금속이 고체 상태에서 온도가 낮아져 발생하는 부피 감소를 고상수축이라고 한다. 수축 허용 여유는 고상수축을 고려하여

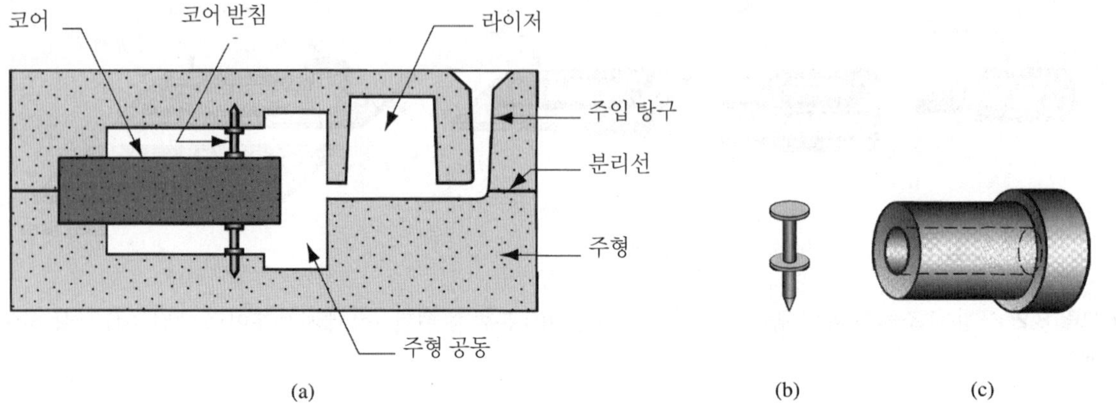

그림 8.3 (a) 주형 공동부에서 코어 받침이 지지하는 코어, (b) 코어 받침, (c) 내부 공동부가 있는 주물.

선형적으로 치수 여유에 추가되어야 한다.

주조품에 재료가 추가되기 위해서는 가공 또는 마무리 여유가 패턴에 더해져야 한다. 생산된 주조품이 우수한 표면 품질을 얻기 위해서는 기계 가공이나 기타 마무리 작업을 하여 여유 재료를 제거한다. 일반적으로 모래로 주조된 제품은 정확하지 않아 마무리 작업이 필요하다. 따라서 제품이 기능적으로 정확한 치수와 우수한 표면 품질이 요구되는 경우 마무리 또는 가공 작업을 통해 얻을 수 있다. 가공 여유의 유형과 필요성은 성형 방법, 주조 금속, 표면의 복잡성과 요구되는 정밀도에 따라 다르게 된다. 구배와 테이퍼는 모래 주형과 접촉되는 패턴의 외부에 주어지게 된다. 모든 패턴의 수직 부분이나 돌출부는 항상 주물사에 근접하게 되고 패턴을 제거할 때 패턴 표면이 주물사와 밀착되어 금형공동부에 손상을 주게 된다. 결국 금형에 미세한 균열이 생성되어 주조 결함으로 나타나게 된다. 결함을 없애기 위해서는 수직 부분이나 돌출부에 테이퍼(taper) 또는 구배(draft)를 주어야 한다. 주어져야 하는 구배의 정도는 기계 성형과 수동 성형에 따라 다르게 된다. 수동성형은 기계성형에 비해 구배의 여유가 더 많이 필요하다. 패턴은 모래 주형에서 빼내기 전에 수직면으로 치게 되고 금형 공동부가 확대되어 패턴의 제거가 수월하게 되고 최종 주조품의 크기가 커지게 된다. 따라서 쳐서 커진 치수 증가를 보정하기 위해서는 패턴의 치수를 줄이는 것이 바람직하다. 이를 흔들림 여유라고 한다. 그 허용량을 정량화한 표준 방법은 없고 주조작업자의 기술에 따라 크게 달라질 수 있다. 이는 음의 여유로 분할면에 평행한 치수에 주어지게 된다. I, U, V와 같이 복잡하고 매우 길고 얇은 주조 단면의 경우는 뒤틀릴 가능성이 있다. 이 경우, 패턴 자체에 뒤틀릴 가능성이 있고 방향과 반대 방향으로 뒤틀림을 주게 된다. 이러한 유형의 패턴 수정을 뒤틀림 여유라 하며 시행착오를 거쳐 수정한다.

8.1.3 주형 및 주형 제작

주물사는 실리카(SiO_2) 또는 기타 광물과 섞인 시리카이며, 양호한 내열 특성(높은 온도에서 용해되지 않고 성능이 저하되지 않는 성질)을 가져야 한다. 다른 중요한 특성으로는 입자 크기, 혼합물에서 입자 크기 분포, 입자의 형상이 있다. 입자가 작으면 주물의 표면이 우수하고 입자가 크면 통기성이 커진다(용탕 주입시 가스 분출이 용이하다). 둥근 입자로 만들어진 주형보다 불규칙한 크기의 입자로 만들어진 주형은 서로 맞물리기 때문에 강도가 높은 경향이 있지만 서로 맞물리면 통기성은 떨어진다.

주형을 제작할 때 모래 입자는 물과 점토의 혼합물과 혼합되며 전형적인 혼합비(부피)는 90% 모래, 3% 물, 7% 점토다. 결합재로 점토 대신 유기수지(예, 페놀수지) 또는 무기 결합재(예, 나트륨실리케이트, 인산염)를 사용하기도 한다. 모래와 결합재만 아니라 주형의 강도 혹은 통기성을 강화하기 위해 첨가제를 섞기도 한다.

전통적으로 주형 공동을 만드는 방법은 플라스크(*flask: 주형상자*)라 불리는 용기 내에 위치한 상형과 하형 패턴 주변에 주물사를 채우는 것이며, 채우는 방법은 다양하다. 가장 간단한 방법은 작업자가 손으로 모래를 다져 넣는 것이다. 또한 모래를 채우는 과정을 수행하는 다양한 기계가 개발 되었으며 다음과 같은 동작을 하는 여러 가지 기구가 있다. (1) 공압을 이용해 패턴 주변에 모래를 채워 넣는다. (2) 패턴 주변의 모래가 제자리를 잡도록 흔들어 준다. (3) 패턴 주변에 모래 입자를 고속으로 불어 넣는다.

사형 주조에서 전통적인 플라스크를 대체한 주형법이 플라스크리스 주형법이 있고, 이 경우 주형 생산에 마스터플라스크가 사용되고 각 모래 주형은 같은 마스터 상자를 이용하여 만들어지고, 모래 주형의 생산성은 자동화 방법으로 시간당 600개의 주형을 생산할 수 있다[8].

모래 주형의 품질을 평가하기 위하여 다음과 같은 척도들이 사용된다[7]. (1) 강도(strength): 형태를 유지하고 용탕의 흐름에 대한 형상의 침식에 주형이 견디는 능력 (2) 통기성(permeability): 주조 공정 중 발생한 뜨거운 공기나 가스가 모래의 기공으로 스며들게 하는 주형 능력 (3) 열 안전성(thermal stability): 용탕에 주형이 접촉하면서 금이 가거나 휘거나 무너지지 않는 주형능력 (4) 붕괴성(collapsability): 주물이 주형으로부터 분리될 때 주형에 금이 가지 않으면서 수축할 수 있도록 하는 능력과 세척 중 주조품에서 모래를 제거할 수 있도록 하는 능력 (5) 재활용(reusability): 사용한 주형의 모래를 다른 주형 제작에 사용할 수 있는 가? 이러한 척도들은 때로 양립할 수 없다; 예를 들면 강도가 큰 주형이 붕괴성이 취약할 수가 있다.

모래 주형은 종종 생사, 건조사, 표면 건조사 주형으로 분류된다. ***생사 주형(green sand mold)***은 모래, 점토, 물을 혼합해 만들며 '생(green)'이라는 말은 용탕을 주입할 때 주형이 습기를 담고 있다는 사실을 의미한다. 생사 주형은 충분한 강도, 붕괴성, 통기성, 재사용성이 우수하고, 가장 경제적 방법이어서 가장 많이 사용하는 주형이지만 문제가 없는 것은 아니다. 모래의 습기는 주물 재료나 부품 형상에 따라 주물에 결함을 발생시키기도 한다. ***건조사 주형(dry sand mold)***은 점토 대신 유기결합재를 사용하면 주형을 200~320℃ 사이 온도의 오븐에 구워 만든다[8]. 오븐에 구우면 주형의 강도가 커지며 주형 공동의 표면이 단단해 진다. 건조사 주형은 생사 주형에 비해 주물의 크기를 잘 맞출 수 있으나 가격이 비싸고 굽는 시간이 필요해 생산 속도가 저하되는 단점이 있다. 그러므로 일반적으로 소량에서 중간 정도 물량 생산을 하는 중형이나 대형 주물에 국한 한다. ***표면 건조 주형(skin-dried mold)***은 건조사 주형의 장점을 얻기 위해 토치가열램프 등으로 생사 주형의 표면을 10~25 mm 깊이로 건조시킨 주형이다. 주형 공동 표면을 강화시키기 위해 모래를 혼합할 때 특수 결합재를 첨가해야 한다.

위에서 설명한 주형의 분류 기준은 어떤 종류의 재래식 결합재(점토-물 사용 또는 가열이 필요한 결합재)를 사용하는가 여부다. 이러한 전통적 결합재 성분을 이용하지 않고 화학적 결합재를 사용한 주형이 개발되었다. 소위 '굽지 않는' 주형에 사용되는 결합 물질은 퓨란수지(푸르푸랄 알코올, 요소, 포름알데히드로 구성), 페놀, 알키드 기름으로 만들어진다. 굽지 않는 주형은 생산 속도, 우수한 치수 관리 특징으로 점점 많이 이용한다.

8.1.4 주조 공정

코어가 고정되고(코어가 사용된다면) 상형, 하형이 결합된 후에 주조가 이뤄진다. 주조는 용탕 주입, 응고, 냉각으로 이뤄진다(7.2절, 7.3절). 주형의 탕구계, 라이저는 주형 공동에 용탕을 공급하고 응고 수축 시 충분한 용탕을 공급하도록 설계된다. 공기와 가스는 빠져나갈 수 있도록 한다.

용탕을 부을 때 위험한 한가지는 용융 금속의 부력이 코어의 위치를 변경할 수 있다. 코어의 위치 변경에 따른 용융 금속의 무게에 의한 부력은 아르키메데스의 원리에 의하여 코어를 올리는 힘은 제거된 액체의 무게와 같거나 코어 자체의 무게보다 작고 방정식으로 나타내면 식 (8.1)과 같다.

$$F_b = W_m - W_c \tag{8.1}$$

여기서, F_b = 부력, N(lb); W_m = 제거된 용융 금속의 무게, N(lb); W_c = 코어의 무게, N(lb). 무게는 제거되는 체적에 코어 재료의 밀도나 주조 금속의 밀도를 곱하여 결정된다. 모래 코어의 밀도는 약 1.6 g/cm^{3}이다.

응고와 냉각이 끝나면 모래 주형은 부품을 꺼내기 위해 파괴되며, 부품은 세척된다. 탕구계와 라이저는 분리되고 모래는 제거된다. 그리고 주물을 검사한다.

8.2 기타 소모성 주형 주조공정

사형 주조가 유용하지만 특별한 목적을 만족시키기 위한 주조 방식들이 계속 개발되었다. 이러한 방식들의 차이점은 주형 재료, 주형 제조 방식, 패턴 제조 방식 등에 있다.

8.2.1 셀 주조 공정

셀 주조(shell molding)는 모래와 열경화성 수지 결합재로 만들어진 얇은(9 mm 또는 3/9 in, 점토가 대표적) 셀 주형을 이용한 주조 방식이다. 이 방식은 1940년대 초에 독일에서 개발 되었으며 그림 8.4에 나타내었다.

셀주조 공정은 많은 이점이 있다. 셀 주형 공동 표면은 재래식 생사 주형의 표면보다 매끄러워 용

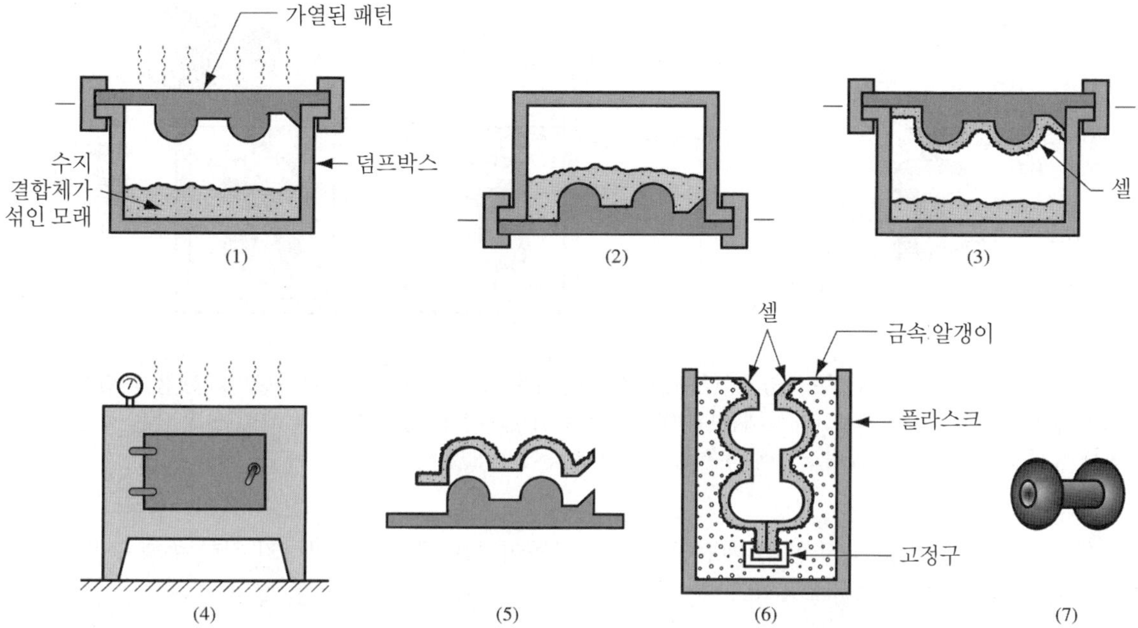

그림 8.4 셸 주조의 단계. (1) 매치 플레이트나 상형-하형 금속 패턴이 가열되고 열경화성 수지와 혼합된 모래를 상자에 넣는다. (2) 상자를 뒤집어 모래와 수지가 가열된 패턴에 놓여져 패턴 주위 표면에 있는 모래와 수지의 경화층이 형성된다. (3) 상자를 원래대로 뒤집어 놓이고 경화되지 않은 입자들은 떨어진다. (4) 완전히 경화되기 위해 모래 셸을 수분 동안 가열한다. (5) 셸 주형을 패턴과 분리한다. (6) 상하 두 개의 셸 주형이 조립되고 상자 안에서 금속이나 모래로 지지한 후 용탕을 주입한다. 용탕 주입구(sprue)를 제거하여 완성된 주물품은 (7)에서 볼 수 있다.

탕을 주입할 때 용탕이 쉽게 흘러들어가고 주물의 표면이 더 우수하다. 2.5 μm의 표면 거칠기를 얻을 수 있다. 또한 소형이나 중형 주물에서는 $\pm$0.25 mm의 치수 공차를 얻을 수 있다. 우수한 표면과 정밀도는 종종 추가적인 절삭 공정이 필요하지 않게 하며 주형 붕괴성도 주물의 균열과 파열을 피하기에 충분할 정도로 일반적으로 우수하다.

셸 주조의 단점은 생사 주조의 패턴보다 비싼 금속 패턴을 사용한다는 점이고 따라서 소량의 제품 생산에는 적용하기 어렵다. 셸 주조는 대량 생산을 위해 기계화 할 수 있으며 10 kg 이하의 강 주조에 적합하다. 기어, 밸브 몸통, 부싱, 캠축 등을 셸 주조를 사용해 생산한다.

8.2.2 발포 폴리스틸렌 공정

발포폴리스틸렌 주조 공정(expanded polystylene process)은 패턴 주변에 모재를 채워 넣은 모래 주형을 사용하며, 주형에 용탕이 주입되면 폴리스틸렌 패턴은 증기로 날아가 버린다. 이러한 공정은 로스트폼 공정(lost-foam process), 로스트패턴 공정(lost-pattern process), 증발폼 공정(evaporative-foam process), 풀모울드 공정(full mold process)으로도 불린다. 폴리스틸렌 패턴은 주입 탕구, 라이저, 탕구계를 포함하며 필요할 경우 내부 코어도 포함할 수 있어 주형에서 독립된 코

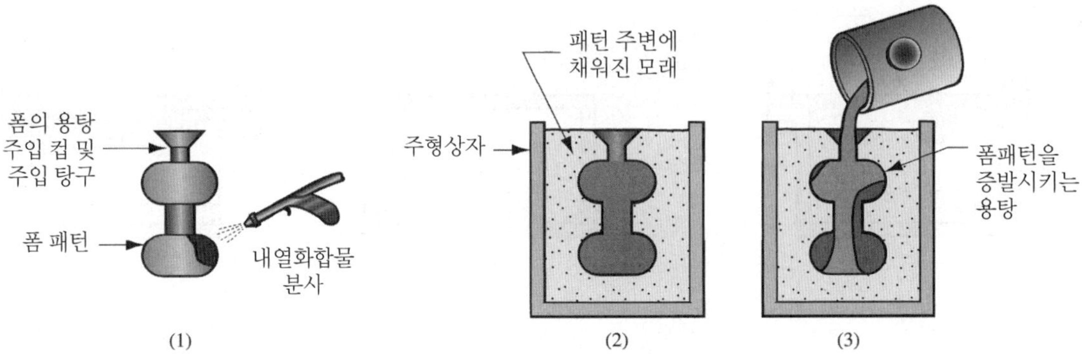

그림 8.5 발포 폴리스틸렌 주조 공정. (1) 폴리스틸렌 패턴에 내열화합물을 분사한다. (2) 폼 패턴을 주조 상자에 놓고 패턴 주변에 모래를 채운다. (3) 용탕 주입 컵, 주입 탕구 위치의 패턴에 용탕을 주입한다. 용탕이 주형에 주입되면 폴리스틸렌 폼은 증발되어 용탕이 차게 된다.

어를 사용할 필요가 없다. 또한 폼 패턴이 주형의 공동이므로 패턴을 제거하기 위한 주형 구배, 분리선은 무시할 수 있다. 주형은 상형-하형으로 구분되지 않는다. 이러한 주조 공정 단계는 그림 8.5에서 나타내었다. 패턴을 만들기 위해서는 생산하는 주물품의 수량에 따라 다양한 방법이 사용될 수 있다. 한 가지 주조법으로, 큰 덩어리로부터 직접 손으로 잘라 패턴을 조립할 수 있다. 대량 생산 시스템에서는 주형을 만들기 전에 패턴을 만드는 자동 몰딩 공정이 수행된다. 일반적으로 패턴은 매끈한 표면과 고온에서의 저항성을 향상시키기 위해 내열 화합물을 코팅한다. 주물사는 통상적으로 결합재를 포함하며 주형을 회복시켜 재사용하기 위해 공정에 따라 건조 주물사를 사용하기도 한다.

이 공정의 중요한 이점은 패턴이 주형에서 제거될 필요가 없다는 점이며 주형을 제작하는 과정이 단순하다는 것이다. 종래의 생사 주형에서는 적절한 분리선이 필요하고 주형에 구배여유가 주형의 설계에 반영되어야 하고 코어가 삽입되어야 한다. 또한 탕구계, 라이저 시스템이 고려되어야 하고. 발포폴리스틸렌 공정에서는 이러한 단계가 패턴 자체에 있게 된다. 이 공정은 새로운 주물마다 새로운 패턴이 필요하기 때문에 그 경제성은 패턴의 제작 비용에 달려 있다. 발포 폴리스틸렌 공정은 자동차 엔진 부품의 대량 생산에 적용되어 왔으며 이러한 응용에 폴리스틸렌 폼 패턴을 주조하는 자동시스템이 설치된다. 그림 8.6은 발포 폴리스틸렌 주조 공정으로 만들어진 알루미늄 엔진 헤드를 보여주고 있다.

8.2.3 인베스트먼트 주조

인베스트먼트 주조(investment casting)에서는 왁스로 만들어진 패턴이 주형을 만들기 위해 내열재로 코팅이 되며 용탕이 주입되기 전에 왁스가 녹아 제거된다. 인베스트란 용어는 *인베스트(invest)*에서 왔고 완전히 도포한다는 의미가 있고 왁스 패턴을 내열재로 코팅한다는 것을 말한다. 매우 정밀하고 세밀한 주물을 만드는데 사용하므로 정밀 주조 공정에 해당된다. 고대 이집트까지 역사를 거슬러 올라가고 주조 전에 왁스 패턴이 없어지기에 *로스트 왁스 공정(lost wax process)*이라고도 한다.

Courtesy of George E. Kane Manufacturing Technology Laboratory, Lehigh University.

그림 8.6 발포 폴리스틸렌 주조 공정으로 만들어진 알루미늄 엔진 헤드. 구멍과 일부 표면은 가공이 된다.

역사적 고찰 8.1 인베스트먼트 주조

로스트 왁스 주조 공정은 약 3500년 전 고대 이집트인에 의해 개발되었다. 기록에는 언제 발명이 되었고 또 발명 당사자가 어느 장인이 한 것인지 명시되어 있지 않지만, 역사학자들은 로스트 왁스 과정이 초기 도자기와 주조물 사이에서 서로 연관되어 비롯된 것이라고 추측한다. 주조에 사용되는 틀을 만든 사람은 도공이었다. 로스트 왁스 공정에 대한 아이디어는 주조 공정에 익숙한 도예가에게서 비롯되었다. 어느 날 그는 도자기 작업을 하게 되어 — 화려한 꽃병이나 그릇 — 금속으로 만들면 더 매력적이고 내구성이 있을 것이라 생각하게 되었다. 원하는 최종 치수보다 작은 일반적인 모양으로 코어를 만들고 크기가 되게 왁스로 코팅을 하였다. 밀랍은 성형하기 쉬운 재료이고 장인에 의하여 복잡한 디자인과 모양으로 만들 수 있었다. 밀랍의 표면에 여러 겹의 점토를 조심스럽게 칠하여 구성요소를 함께 고정하는 방법을 고안하였고 가마에서 금형을 구워서 점토를 경화시킨 후 왁스가 녹아 빠져나와 캐비티 공간을 만들었다. 이후 녹은 청동을 공간에 부어 주물을 굳히고, 냉각된 후 주형을 부수어 부품을 복구하였다. 이 초기 도공의 교육과 경험, 그리고 작업했던 도구 등을 바탕으로, 로스트 왁스 주조 공정의 개발은 대단한 혁신과 통찰력을 보여주었다. "다른 어떤 공정도 추론, 공학적 능력, 독창성을 갖춘 고고학자들에 의하여 거론될 수 없다"[14].

인베스트먼트 주조의 각 단계를 그림 8.7에 나타내었고 내열 주형이 만들어진 후 왁스 패턴이 녹아버리기 때문에 매 주물마다 독립된 패턴이 만들어 져야한다. 보통 패턴은 몰딩 공정으로 만들어진다. 뜨거운 왁스를 *마스터 다이(master die)*에 붓거나 주입하는데 마스터 다이는 왁스와 후속 주물 공정 금속의 적당한 가공여유, 수축을 고려해 설계된다. 제품의 형상이 매우 복잡한 경우에는 여러 개의 왁스 조각을 결합해 패턴을 완성할 수 있다. 대량 생산 공정에서 여러 개의 패턴이 주입 탕구에 붙어 있는 패턴트리를 구성한다. 이 패턴트리는 금속으로 주조되는 형상이 된다.

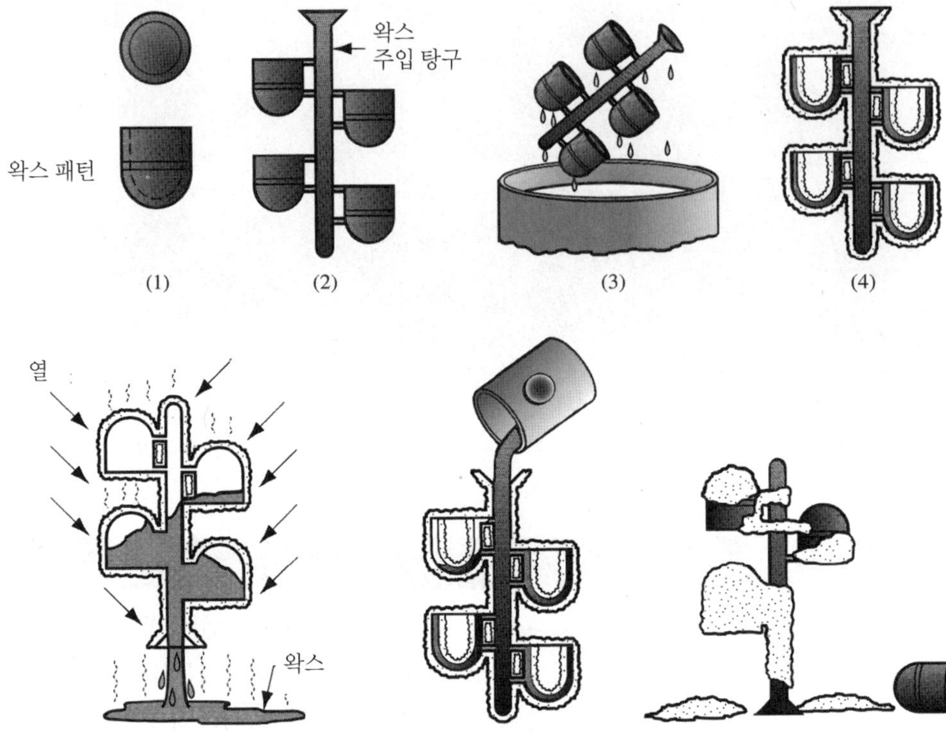

그림 8.7 인베스트먼트 주조 단계. (1) 왁스 패턴의 제작, (2) 패턴트리를 만들기 위해 주입 탕구에 여러 패턴을 붙인다. (3) 패턴트리는 내열재로 얇게 코팅된다. (4) 패턴트리를 충분히 내열재로 도포하여 주형을 완성한다. (5) 주형을 거꾸로 하고 가열하여 공동부의 왁스를 녹아내린다. (6) 주형을 고온으로 예열하며 오염물을 없애고, 쉽게 용탕 주입이 되게 한다. 용탕이 주입되고 응고한다. (7) 주형을 깨어 제거한 제품은 용탕 주입부와 분리된다.

내열재 코팅은(단계 3) 일반적으로 패턴 트리를 석고와 혼합된 고운 입자의 실리카 또는 기타 내열재(거의 분말형태)가 들어간 슬러리 속에 담근다. 매우 고운 입자의 내열재는 왁스 패턴의 부드러운 표면을 만들고 왁스 패턴의 미세한 부분도 표현할 수 있다. 최종 주형(4단계)은 트리를 반복하여 내열재 슬러리에 담그고 용기에 트리를 넣어 주위에 내열재로 채워 만들어진다. 결합재를 단단하게 굳히기 위하여 8시간 동안 공기 중에 건조시킨다.

인베스트먼트 주조는 여러 가지 장점이 있다. (1) 매우 복잡하고 세밀한 부분도 필요한 부품을 주조할 수 있다. (2) 매우 정밀한 치수 관리가 가능하다(±0.075 mm 공차) (3) 우수한 표면 제작이 가능하다. (4) 일반적으로 왁스는 재활용이 가능하다. (5) 부가적인 절삭 가공 공정이 보통 없다. 이는 최종 원래 형상으로 주조할 수 있다는 것을 의미한다. 이 주조 공정에는 많은 단계가 있기 때문에 비교적 고비용의 공정이다. 30 kg 이상의 복잡한 제품도 잘 주조할 수 있지만 보통 작은 크기의 주조품 제작에 사용된다. 강, 스테인리스강, 기타 고온 합금등 모든 금속이 인베스트먼트 주조에 사용할 수 있다. 복잡한 기계 부품, 터빈엔진의 블레이드, 기타 부품, 귀금속 세공, 치과 보철물 등이 인베스트먼트 주조의 예이다. 인베스트먼트 주조로 만들어진 정밀 형상 부품을 그림 8.8에 나타내었다.

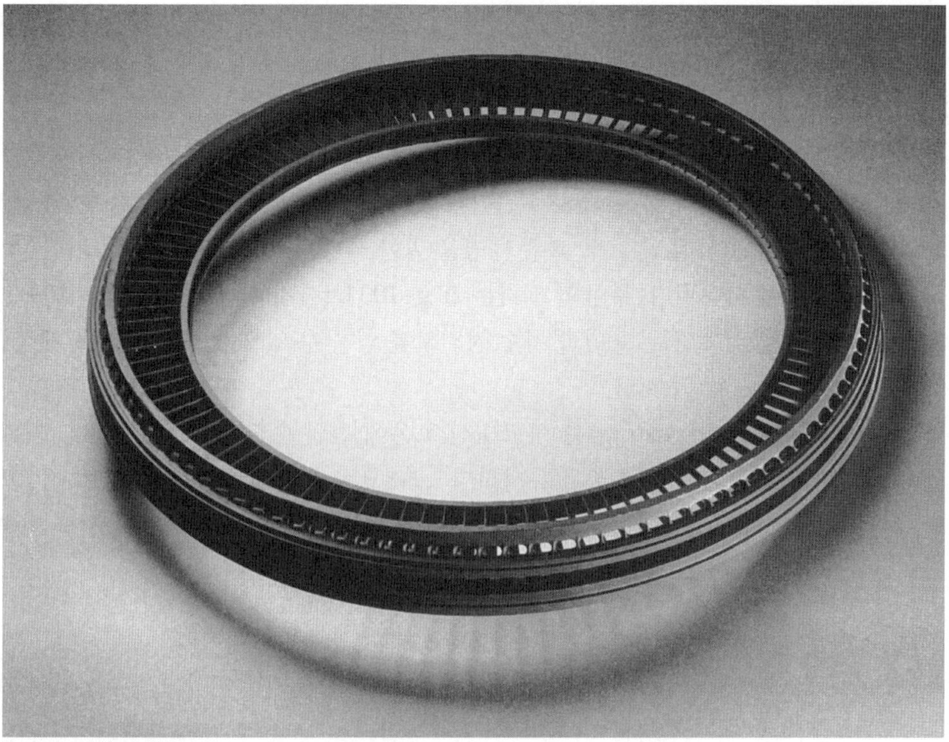

Courtesy of Alcoa Howmet.

그림 8.8 인베스트먼트 주조로 만들어진 108개의 분리된 에어포일을 갖는 컴프레서 스테이터.

8.2.4 석고 주형, 세라믹 주형 주조

주형이 모래로 만들어지지 않고 석고($CaSO_4$-0.5H_2O)로 만들어졌다는 것 외에는 석고 주형 주조(plaster mold casting)는 사형 주조와 유사하다. 운모와 실리카 분말과 같은 첨가제는 수축, 응고 시간을 조절하고, 균열을 줄여주며 강도를 높이기 위하여 석고와 혼합한다. 주형을 만들기 위해 물이 배합된 석고 혼합물은 플라스크 안의 플라스틱 또는 금속 패턴에 부어지며 응고된다. 일반적으로 목재 패턴은 물과 과도하게 접촉하기 때문에 사용되지 않는다. 유동의 일관성으로 인해 석고 혼합물이 패턴 주변에 잘 흘러 들어가서 세밀한 부분의 표현이 가능하고 매끄러운 표면을 얻을 수 있다. 그러므로 석고 주형 주조는 이러한 속성을 가진 주물에 주로 사용된다.

석고 주형의 경화는 이 공정의 단점 중 하나이고, 특히 대량 생산에서는 더 단점이 된다. 패턴이 제거되기 전까지 대략 20분 정도 주형이 경화되어야 하고 이후 습기를 제거하기 위하여 수 시간 동안 주형을 굽는데, 굽더라도 모든 수분이 석고에서 제거가 되지는 않는다. 주조 기술자가 당면하는 문제는 석고가 너무 수분을 잃게 되면 주형이 강도를 잃게 되고 과도한 수분은 제품에 주조 결함을 발생시킨다는 점이다. 이러한 점 때문에 수분의 균형이 맞아야 한다. 석고 주형의 또 다른 단점은 주형 공동부에서 가스의 배출이 곤란하다는 것이고 이는 다음과 같은 방법으로 해결할 수 있다. (1) 용탕 주입을 하기 전에 주형 공동으로부터 공기를 빼낸다. (2) 주형을 만들기 전에 석고 혼합물에 공기를 통하게 하여 응고된 석고가 세밀하게 퍼진 공기 방울을 포함하게 한다. (3) Antioch 공정으로 알려진 특수한 주형 성분, 처리 공정을 이용한다. 석고에 50% 모래를 혼합해 오토크래이브(Autoclave: 가압 상태에서 고온의 증기를 이용하는)에서 주형을 가열하고 건조시킨다. 완성된 주형은 전통적인 석고 주형에 비하여 더 높은 공기 통기도를 보인다.

석고 주형은 모래 주형에서와 같은 고온에 견디지 못하므로 알루미늄, 마그네슘, 기타 동합금 같은 저용융점 합금에 국한된다. 플라스틱, 고무 몰딩을 위한 금형, 펌프, 터빈 임펠러, 기타 비교적 세밀한 형상의 부품 제작에 사용된다. 주물의 크기는 20 g~100 kg까지 가능하며 무게는 10 kg 이하가 보통이다. 석고 주조의 장점은 좋은 표면과 치수 정밀도를 얻을 수 있으며 얇은 단면을 제작할 수 있다는 점이다.

세라믹 주형(ceramic-mold casting)은 석고대신 고온에 견딜 수 있는 내열 세라믹 재료를 사용한다는 점을 제외하고는 석고 주형 주조와 유사하다. 그러므로 세라믹 주조는 주철, 주강, 고온합금을 주조할 수 있다. 적용에도 사용가능 금속을 제외하고는 석고 주조와 유사하며 장점도 비슷하다.

8.3 영구 주형 주조 공정

소모성 주형 공정은 매 주물마다 주형이 필요하여 경제적인 면에서 단점이다. 영구 주형에서는 주형이 여러 번 재사용된다. 이 절에서는 재사용하는 금속 주형을 주조 공정의 기본 공정으로 영구 주형 주조법을 다룬다. 그 밖의 공정으로는 다이캐스팅과 원심 주조법이 있다.

8.3.1 기본 영구 주형 주조

영구 주형 주조(permanent-mold casting)는 쉽고 정밀한 개폐를 수월하게 하도록 고려해 설계된 두 부분의 금속주형으로 구성되어 있다. 이러한 주형은 주로 강 또는 주철로 만들어진다. 정밀한 치수와 좋은 표면을 얻을 수 있도록 탕구계를 포함한 주형 공동은 두 부분으로 나눠 가공된다. 영구 주형으로 주조하는 금속은 주로 알루미늄, 마그네슘, 동합금, 주철 등이다. 그러난 주철은 1250~1500°C까지의 높은 용탕 온도를 요구하는데, 이렇게 높은 온도는 주형의 수명에 악영향을 끼칠 수 있다. 주형이 내열재로 만들어지지 않았다면 주강의 높은 용탕 온도 때문에 영구 주형 주조가 적당하지 않을 수 있다.

주물의 내면을 만들기 위해 영구 주형에서도 코어를 사용할 수 있다. 코어는 금속으로 만들어지며 주물로부터 제거될 수 있는 형상이거나, 기계적으로 접어서 제거될 수 있어야 한다. 금속 코어가 제거되기가 어렵다면 모래 코어가 사용될 수 있으며 이를 *준 영구 주형 주조(semipermanent-mold casting)*라 부른다.

기본 영구 주형 주조 공정의 단계를 그림 8.9에 나타냈다. 주조를 위한 준비로서 주형은 미리 가열되고 여러 코팅제가 주형 공동에 분사된다. 예열은 탕구에서 주형 공동까지의 용탕 흐름을 용이하게 하며, 코팅은 열 확산을 도와주며 주물이 쉽게 분리될 수 있도록 윤활 작용도 한다. 용탕을 주

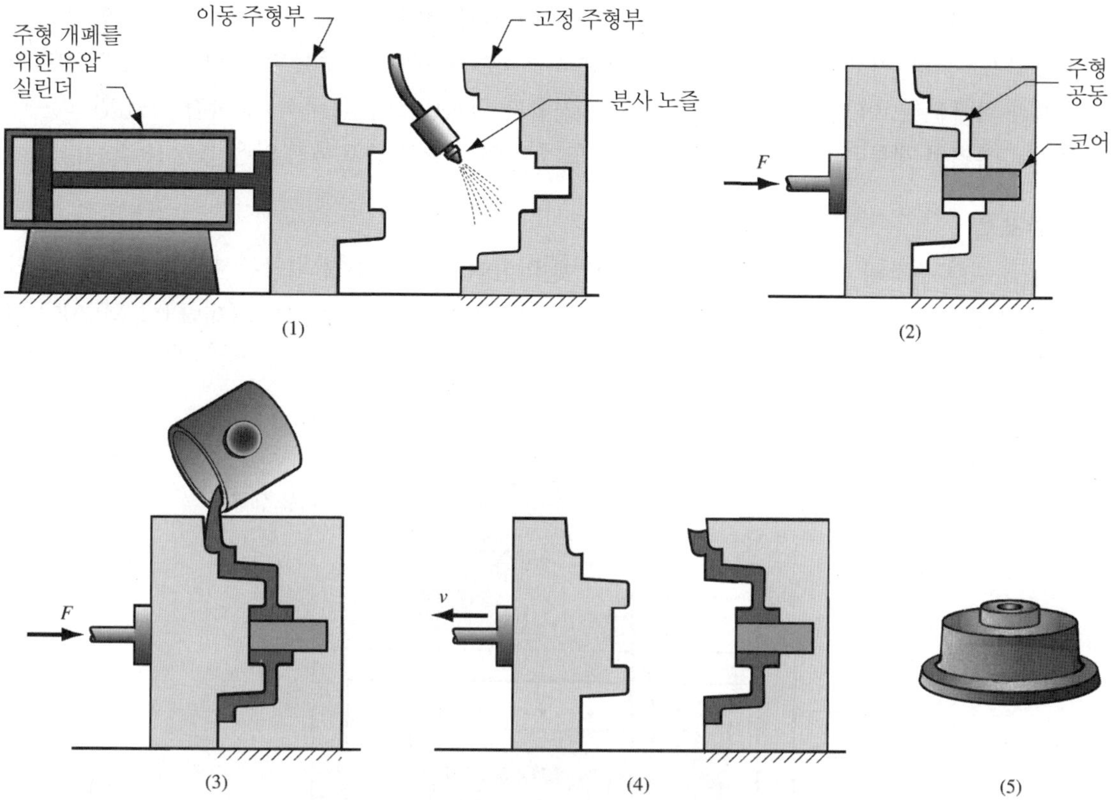

그림 8.9 영구 주형 주조 단계. (1) 주형이 예열되고 코팅된다. (2) 코어가 삽입되고 주형이 닫힌다. (3) 주형에 용탕이 부어진다. (4) 주형이 열리고 완성품은 (5)와 같다.

입한 후 용탕이 응고되자마자 주형을 열어 주물을 분리시킨다. 소모성 주형과는 달리 영구 주형은 부수지 않으므로 주물에 균열이 발생하지 않도록 냉각 수축이 일어나기 전에 주형을 열어야 한다.

영구 주형의 장점은 앞에서 설명한 바와 같이 우수한 표면 상태, 정밀한 치수 관리이다. 뿐만 아니라 금속주형에 의한 신속한 응고는 조밀한 결정립 구조를 만들어 강한 주물을 생산 할 수 있다. 이 공정은 일반적으로 낮은 용융점을 갖는 금속에 국한된다. 기타 단점은 사형 주조에 비해 단순한 형상에 적용되며(주형을 열어야 하기 때문에) 주형 비용이 크다는 점이다. 주형의 비용이 고가이기 때문에 대량 생산에 적합하며 자동화가 가능하다. 자동차 피스톤, 펌프 본체, 항공기, 미사일의 주물 등이 전형적인 예이다.

8.3.2 영구 주형 공정의 변형

여러 주조법은 기본 영구 주형법과 비슷하고 여기에는 슬러시 주조법, 저압 주조법과 진공 영구 주조법이 있다.

슬러시 주조법

슬러시 주조법은 주형의 표면에서 응고가 시작된 얼마 후 뒤집어 주형 공동 중앙의 용탕을 배출함으로써 속이 빈 주물을 만드는 영구 주형 주조 방식이다. 주형이 상대적으로 저온이며 주형 벽에서부터 응고가 시작되며 시간에 따라 주물의 중앙으로 진행해 나간다. 주물의 두께는 배출까지의 시간에 따라 좌우된다. 이 방법은 동상, 전등 받침, 저융점 금속(납, 아연, 주석) 장난감 등을 만드는 데 사용된다. 이러한 제품은 외관이 중요하지만 강도와 내면은 별로 중요하지 않은 특징을 갖는다.

저압 주조법

기본 영구 주형 주조와 슬러시 주조에서는 중력에 의하여 용탕이 주형의 공동부로 들어간다. 저압 주조법에서는 그림 8.10과 같이 아래에 있는 용탕이 위에 있는 주형 공동으로 (대략 0.1 MPa)에 의

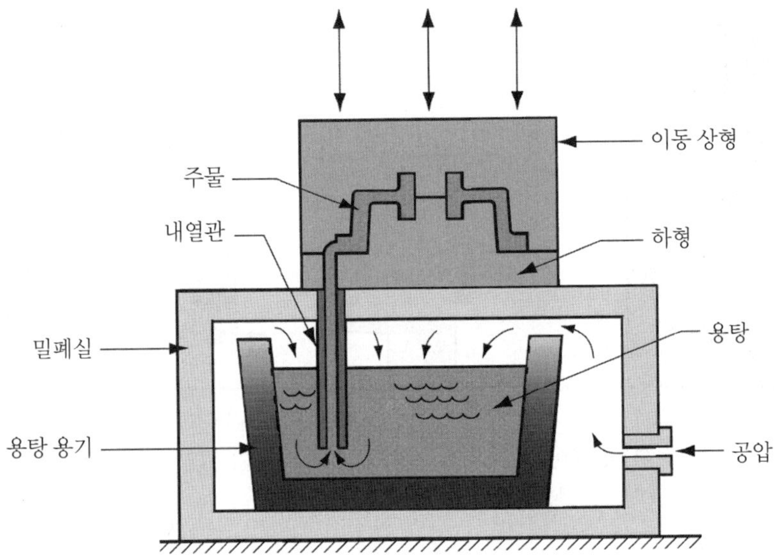

그림 8.10 저압 주조, 공기의 압력으로 용탕을 주형 공동부로 밀어 올리는 것을 보여 준다. 압력은 주물이 응고될 때 까지 유지된다.

역사적 고찰 8.2 다이캐스팅 머신

현대 다이캐스팅 기계는 인쇄 산업에 기원을 두고 있으며 1800년대 중후반에 읽기에 대한 욕구가 증가하여 문맹 인구를 증가시키기 위해 필요하였다. 1800년대 후반에 O. Mergenthaler가 발명하고 개발한 라이노타이프는 활자를 생산하는 기계이었고 인쇄판을 준비하는 데 사용하기 위해 납에서 활자 줄을 주조하기 때문에 일종의 주조기이다. linotype이라는 이름은 기계가 작동하는 동안 기계가 타이프 문자 라인을 생성한다는 사실에서 유래하였다.이 기계는 1886년 The Tribune에 의해 뉴욕 시에서 처음으로 상업적으로 성공하여 사용되었다. 라이노타입은 기계화 주조기의 실현 가능성을 보여 주었다. 최초의 다이캐스팅 기계는 1905년 H. Doehler에 의해 특허를 받았다(이 기계는 워싱턴 D.C.의 스미소니언 연구소에 전시되어 있다). 1907년 E. Wagner는 핫 챔버 설계를 활용한 최초의 다이캐스팅 기계를 개발하였고, 쌍안경과 방독면의 부품을 주조하기 위해 제1차 세계 대전 중에 처음 사용되었다.

해 흘러 들어간다. 재래식 주조 방식과 비교하면 공기에 노출된 용탕을 주입하는 것이 아니라 용탕 저장 용기의 양호한 용탕을 주입한다는 장점이 있다. 기공과 관련 결함을 줄일 수 있으며 강도가 더 높은 주물을 얻을 수 있다.

진공 영구 주조법

진공 영구 주형 주조는 용탕을 주형 공동으로 흡입하는 용도로 진공을 사용하는 저압 주조의 변형된 공정이다. 진공 영구 주형 주조의 구성은 저압 주조 공정과 유사하다. 차이점은 용탕을 낮은 압력으로 아래의 용탕을 밀어 올리는 것이 아니라 주형의 진공에 가까운 압력에 의해 용탕을 주형 공동으로 끌어 올리는 것이다. 그러므로 저압 주조에 비해 여러 장점이 있다. 기공과 관련 결함을 줄일 수 있으며 강도가 더 높은 주물을 얻을 수 있다.

8.3.3 다이캐스팅

다이캐스팅(Die casting)은 용탕을 고압으로 주형 공동부에 사출하는 영구 주형 주조 방식이다. 주로 7~350 MPa의 압력이 사용되며 압력은 응고 중에도 유지된다. 다이캐스팅에서 주형을 *다이*(*die*, 금형)이라 부른다. 용탕을 다이 공동부에 고압으로 밀어 넣는 것은 다른 영구 주형 주조 방식과 구별되는 독특한 특징이다.

다이캐스팅 공정은 특수한 다이캐스팅 기계에서 수행된다. 다이캐스팅 기계는 금형의 양쪽을 모두 정확하게 밀폐시키도록 설계되며 용탕이 다이 공동에 사출되는 도중에도 금형 양쪽의 밀폐를 유지한다. 일반적인 구성은 그림 8.11과 같다. 다이캐스팅 기계에 두 가지 형식이 있는데 (1) 열가압실식 (2) 냉가압실식, 공동부에 주입되는 방법으로 구별된다.

열가압실 기계(hot chamber die casting machine)에서는 기계에 붙어 있는 내부 챔버에서 용탕이 가열되고 피스톤을 사용해 다이로 고압으로 사출한다. 보통의 사용 압력은 7~35 MPa 정도이며 주조 사이클이 그림 8.12에서 나타냈다. 시간당 생산량은 보통 500개까지 된다.

열가압실 공정은 화학적으로 안정하여 플런저나 기계 부품을 손상하지 않는 낮은 용융 금속에

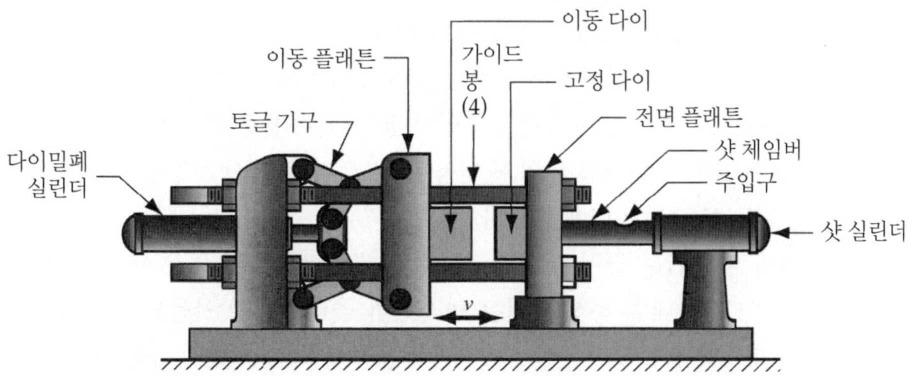

그림 8.11 냉가압실 다이캐스팅 기계의 형태.

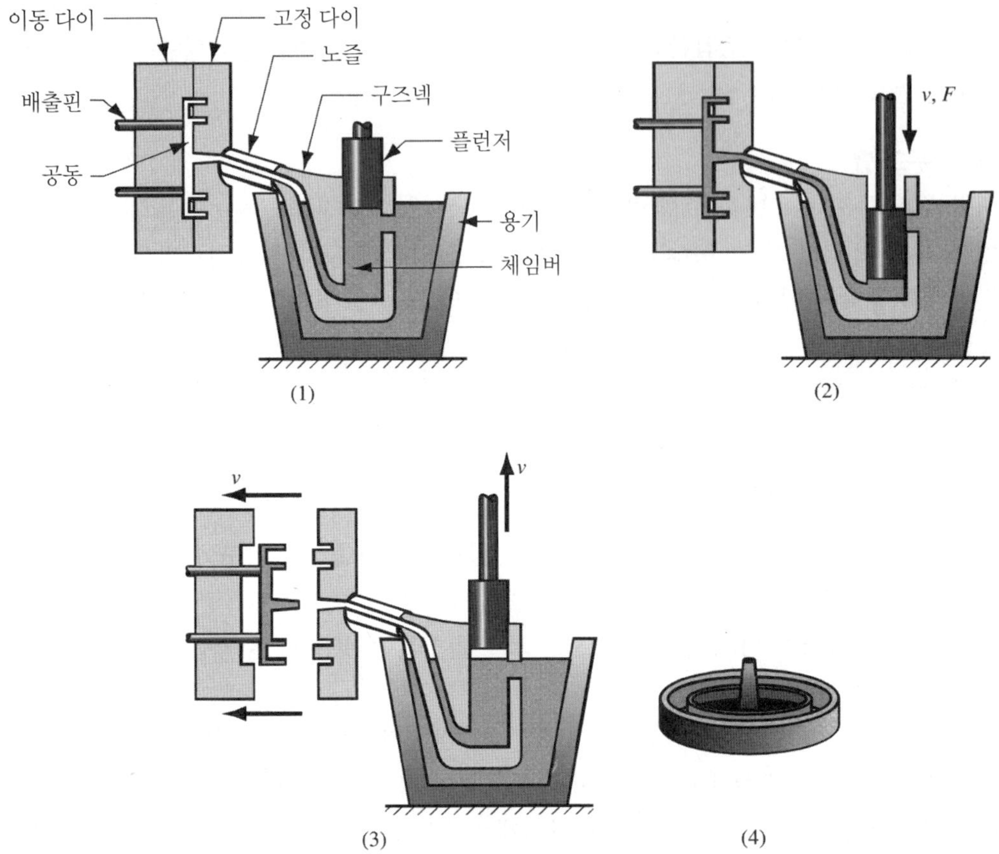

그림 8.12 열가압실 다이캐스팅의 사이클. (1) 다이가 닫히고 플런저가 후퇴한다. (2) 플런저가 챔버의 용탕을 다이 내부로 밀고, 냉각하여 응고될 때 까지 압력을 유지한다. (3) 플런저가 후퇴하고 다이가 열린 후 응고된 부품이 배출된다. 완성품은 (4)와 같다.

제한이 된다. 이런 금속에는 아연, 주석, 납, 마그네슘 등이 있다.

냉가압실 기계(cold chamber die casting machine)에서는 외부 용융 용기의 용탕이 가열되지 않은 기계의 챔버로 주입되고 피스톤을 사용해 다이 공동에 고압으로 사출한다. 사용 압력은 14~140 MPa 정도이며 그림 8.13에 생산 공정을 나타냈다. 열가압실 기계에 비해 외부로부터 용탕을 사출실로 옮겨와야 하기 때문에 생산성이 높지는 않다. 그럼에도 냉가압실 공정은 대량 생산 공정이며 주로 알루미늄, 황동, 마그네슘 합금의 주조에 적용된다. 저용융 합금(아연, 주석, 납)도 냉가압실 기계에서 주조될 수 있지만 열가압실 공정 사용이 더 유리하다. 냉가압실식 다이캐스팅 으로 생산된 큰 다이캐스팅 제품이 그림 8.14에 보인다.

다이캐스팅 공정에서 사용되는 금형은 일반적으로 공구강, 금형강, 또는 머레이징강(marage steel)으로 만들어진다. 양호한 내열 특성을 갖는 텅스텐과 몰리브덴이 사용되기도 하는데 이들은 특히 강과 주철의 다이캐스팅용으로 사용된다. 다이 내 공동부의 수는 단일 공동부 또는 다수 공동부일 수 있다. 단일 공동 다이는 그림 8.12와 그림 8.13에 나타냈다. 그림에서와 같이 다이가 열리면

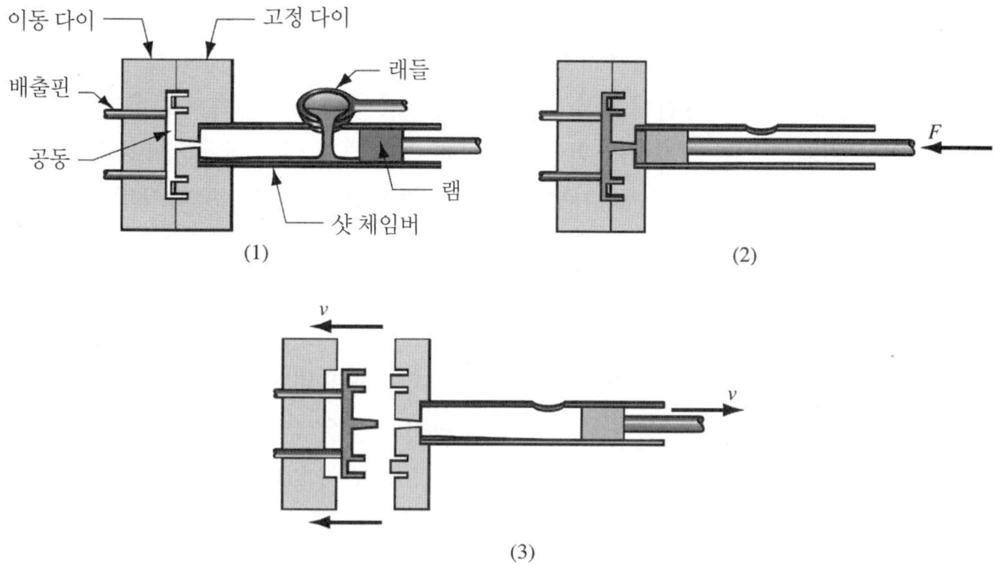

그림 8.13 냉가압실 다이캐스팅 사이클. (1) 다이를 닫고 램이 후퇴하면 용탕이 채임버로 채워진다. (2) 램이 용탕을 다이로 밀어주고 냉각하여 응고되도록 압력이 유지된다. (3) 램이 후퇴하여 다이가 열리면 부품이 배출된다(탕구계는 단순화됨).

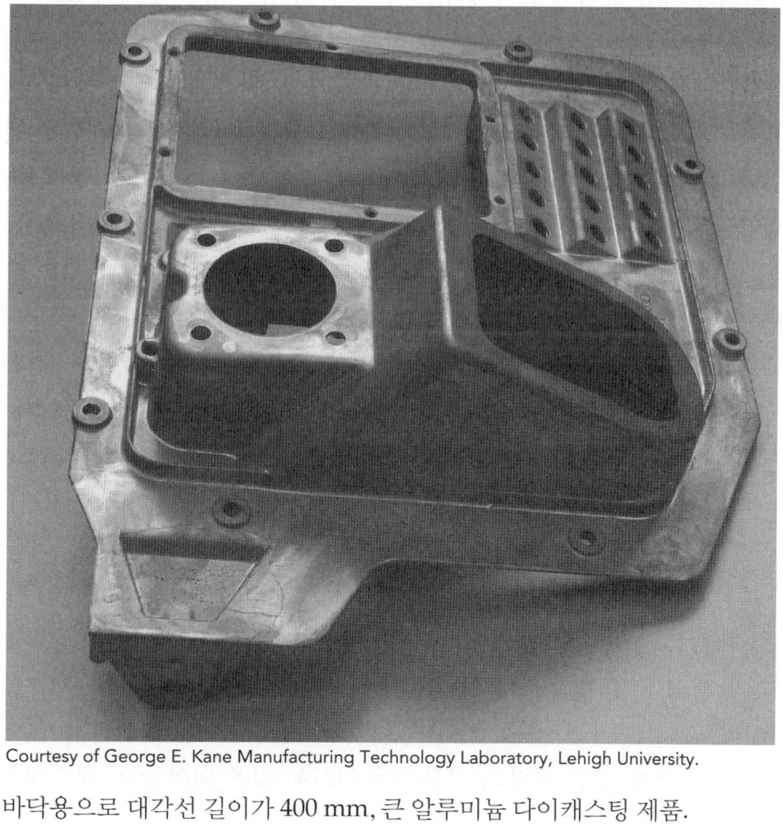

Courtesy of George E. Kane Manufacturing Technology Laboratory, Lehigh University.

그림 8.14 트럭 바닥용으로 대각선 길이가 400 mm, 큰 알루미늄 다이캐스팅 제품.

다이로부터 제품을 꺼내기 위해 취출핀이 필요하다. 배출판은 주형 표면에서 제품을 밀어 제품을 분리시킨다. 또한 달라붙는 것을 방지하기 위해 윤활제가 도포되어야 한다.

다이의 재료는 모래와 같은 자연적인 통기구가 없고 용탕이 다이에 급속도로 흘러들어가기 때문에 주형 공동의 공기와 가스를 배출하기 위한 통기구가 다이 분리 면에 설치되어야 한다. 이 통기구는 매우 작지만 사출 중 용탕이 흘러들어가므로 이 부분을 응고 후에 제거한다. 용탕이 매우 높은 압력으로 사출되므로 양쪽 다이 사이의 분리선, 코어와 분리핀 주위의 틈으로 용탕이 흘러들어 가므로 플래시(flash)가 형성된다. 플래시는 주입 탕구와 탕구계와 함께 주물품에서 제거된다.

다이캐스팅의 장점은 다음과 같다. (1) 높은 생산 속도 가능, (2) 대량 생산의 경우 경제적 (3) 정밀 공차 가능, 작은 제품의 경우 ±0.076 mm 정도, (4) 우수한 표면, (5) 얇은 단면이 가능. 대략 0.5 mm까지 가능, (6) 급속 냉각으로 인한 작은 결정립 크기와 높은 강도이다. 하지만 이 공정의 단점은 다이에서 제품을 꺼낼 수 있는 형상이어야 한다는 제한 조건이 있다는 점이다.

8.3.4 용탕 단조법 및 반응고 금속 주조법

용탕 단조법과 반응고 금속 주조는 다이캐스팅과 연관된 두 가지 공정이므로 용탕 단조법은 주조와 단조를 조합한 공정이다(15.2절). 용탕 단조법에서는 용융 금속이 미리 예열된 하부다이에 부어지며 상부 다이는 응고가 시작된 후 주형 기공부를 만들기 위해 닫히는 주조와 단조의 혼합된 형태이다. 이 공정은 다이의 양쪽 부분이 주입이나 사출 전에 닫혀 있는 영구 주형 주조와 구별되는 공정이며 혼합하는 형태의 특성에 따라 액체 금속 단조라고도 부른다. 상부 다이에 작용하는 압력으로 인해 용탕 금속이 공동을 완전하게 채우게 되고 표면 정도가 높고 응고 수축을 작게 할 수 있다.

요구 압력은 고형 금속 재료의 단조 시 보다 현저하게 낮으며 다이의 사용으로 단조에서 표현하기 힘든 표면의 미세한 부분까지 가공이 가능하다. 용탕 단조법은 철계 및 비철계 금속 모두에 적용이 가능하며 특히 낮은 융점을 가진 알루미늄, 마그네슘 합금 제품에 주로 사용된다. 자동차 부품 등이 주요 적용 대상이다.

반응고 금속 주조는 액상선과 고상선(7.3.1절)의 중간 온도에서 금속 합금의 최종 정형(net-shape) 혹은 근사 정형을 제작할 수 있는 공정 중의 하나이다. 따라서 합금은 슬러리와 같이 고상과 용탕의 혼합 형태(머시 상태)를 가지게 된다. 유동을 용이하게 하기 위해 혼합물은 용탕이 응고될 때 발생하는 전형적인 수지 형태가 아닌 작은 고상 금속 구상체가 액체에 잠겨 있는 형태를 유지해야 한다. 이를 위하여 강제로 슬러리를 저어주어 수지상정의 생성을 억제하고 대신 합금의 점도를 감소시키는 구상 형태의 생성을 촉진시키는 방법이 사용된다. 반응고 주형 주조의 장점은 다음과 같다[14]: (1) 복잡한 부품 생산 가능, (2) 얇은 벽두께 부품, (3) 정밀한 공차 (4) 기공이 없거나 최소화, 따라서 주물의 강도가 높아진다.

여러 가지 형태의 반응고 주형 주조가 실제 공정에 적용되고 있다. 알루미늄 주조 시 칙소캐스팅(thixocasting)과 레오캐스팅(rheocasting)이 사용된다. 칙소캐스팅에서 접두어는 'thixotropy'에서 왔고 이는 요동할 때 액체 같은 재료의 점성이 줄어드는 것을 의미한다. 레오캐스팅에서 접두어는 'rheology'에서 왔고 이는 변형과 재료의 유동을 의미한다. ***칙소캐스팅***에서, 최초의 가공 재료는 수지상정이 없는 조직으로 사전에 주조된 빌릿(billet)이고 이것이 반응고의 상사 온도로 가열되어 다이캐스팅 설비에 금형 공동부로 주입된다. ***레오캐스팅***에서, 반응고 슬러리가 다이캐스팅 기계에서 금형 공동부로 주입되고 이는 기존의 다이캐스팅과 같다; 차이점은 레오캐스팅에서의 초기 가공 재료는 액상선 위보다는 고상선과 액상선 사이의 온도에서 수행되는 것이다. 그리고 머시 혼합물이 수지상정이 형성되지 않도록 진동이 된다.

마그네슘에 적용하면 칙소몰딩에서 사출 금형 기계와 비슷한 설비를 이용하며(10.6.3절), 마그네슘 합금 입자가 배럴로 공급되고 반응고 상태의 온도로 가열되어 회전 스크루에 의해 전 방향으로 추진된다. 요구되는 고상의 방울 형상으로 회전 스크루의 혼합 작용이 이루어지고 그 슬러리는 스크루의 전 방향 선형 운동으로 금형의 공동부에 주입된다.

8.3.5 원심 주조

원심 주조(Centrifugal Casting)는 주형을 빠른 속도로 회전시켜 발생하는 원심력이 용탕을 다이 외벽에 밀착시키는 주조 공법이다.

진원심 주조법

진원심 주조에서는 관형 부품을 생산하기 위해 용탕이 회전하는 주형에 부어진다. 이 공법으로 제작되는 부품은 파이프, 관, 부싱, 링 등이다. 그림 8.15에 장비의 구성 예를 보여준다. 보통 회전하는 주형의 한쪽 끝으로 용탕을 부어 넣는다. 어떤 공정에서는 용탕 주입전이 아니라 주입 후에 주형이 회전하기 시작한다. 고속 회전이 원심력을 발생시켜 주물이 주형 공동의 모양이 되므로 주물의 외형은 원형, 육각형, 팔각형 등의 모양이 된다. 그러나 주물의 내형은 방사상 회전력에 의해 (이론적으로) 원형이 된다.

주형을 회전시키는 축은 수평 또는 수직일 수 있으나 수평 형태가 더 일반적이다. 수평형 원심 주조에서 작업이 성공적으로 수행되기 위하여 주형이 얼마나 빨리 회전해야 하는지 생각하여 보면 원심력은 다음과 같이 정의된다.

$$F = \frac{mv^2}{R} \tag{8.2}$$

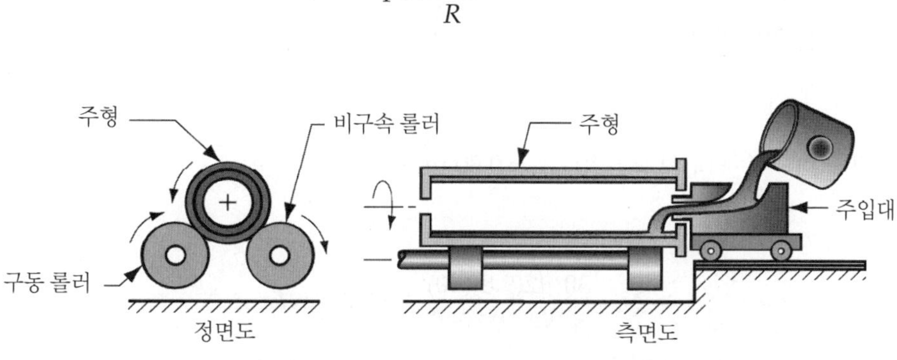

그림 8.15 진원심 주조법의 구성.

여기서 F = 힘[N], m = 질량[kg], v = 속도[m/sec] R = 주형 내경[m]. 중력에 의한 무게는 $W = mg$, 여기서 W는 kg으로 주어지고 g = 중력 가속도[9.8 m/s²], 중력/무게비를 G라 하고 G-factor라 한다.

$$G = \frac{F}{W} = \frac{mv^2}{Rmg} = \frac{v^2}{Rg} \tag{8.3}$$

속도 $v = 2\pi RN/60 = \pi RN/30$, N = 회전 속도 [rev/min]이다. 이를 식 (8.3)에 대입하면

$$G = \frac{\left(\dfrac{\pi RN}{30}\right)^2}{Rg} = \frac{R\left(\dfrac{\pi N}{30}\right)^2}{g} \tag{8.4}$$

반경 대신 직경 D를 이용해 회전 속도 N에 대한 식을 정리하면

$$N = \frac{30}{\pi}\sqrt{\frac{gG}{R}} = \frac{30}{\pi}\sqrt{\frac{2gG}{D}} \tag{8.5}$$

여기서 D = 주형의 내경, 원심 주조에서 G-factor가 너무 작으면 회전 할 때의 윗벽에 용탕을 밀어 붙이는 힘이 약하게 되어 주형 공동 속에서 비가 오는 것처럼 용탕과 주형 사이에 미끄러짐이 발생하는데 이는 용탕의 회전 속도가 주형의 회전 속도보다 작다는 것을 의미한다. 실험적으로 수평형 원심 주조에서 GF 값이 60~80이 적당하다고 알려져 있다. 물론 주조 금속에 따라 어느 정도 변한다. 수직형 원심 주조에서는 용탕에 작용하는 중력이 주물의 상부보다 하부를 두껍게 만드는 경향이 있다. 주물 벽의 내부 형상은 포물선 모양이며 고점과 저점 사이의 내부 반경의 차이는 다음의 회전 속도 식에 관계된다.

예제 8.1

진원심 주조에서 회전 속도

진원심 주조 작업으로 외부 직경 = 30 cm 및 내부 직경 = 28 cm인 구리 튜브 단면을 만들기 위해 수평으로 수행되고 있다. 튜브를 주조하기 위해 G-계수가 60이 되어야 하는 경우, 필요한 회전 속도는 얼마인가?

풀이

주형의 내경 D = 주물의 외경 = 30 cm = 0.30 m. 필요한 회전 속도는 다음과 같이 식 (8.5)에서 계산할 수 있다.

$$N = \frac{30}{\pi}\sqrt{\frac{2(9.8)(60)}{0.30}} = \mathbf{597.9\ rev/min}$$

$$N = \frac{30}{\pi}\sqrt{\frac{2gL}{R_t^2 - R_b^2}} \tag{8.6}$$

여기서 L은 주물품 수직 길이고, m; R_t = 주조품의 윗부분에서의 내경, m; R_b = 주물품 바닥부에서의 내경, m. 식 (8.6)은 수직 원심 주조법으로 위와 아랫부분 내경이 주어진 주물품을 주조할 때 필요한 회전 속도를 결정하는 데 사용될 수 있다. 식에서 R_t와 R_b가 같아지면 회전 속도 N은 무한대로 되어야 하나 이는 사실 불가능하다. 실제적인 경우에 수직 원심 주조법에서는 주조품의 길이는 직경의 두 배 이상으로는 하지 않는다. 이는 특별히 안지름을 정확히 치수를 내기 위하여 가공하거나 부싱 주조 부품 혹은 길이보다 직경이 큰 주물품등에 적절하다.

진원심 주조법으로 만들어진 주물은 밀도가 높은데 특히 원심력이 가장 커지는 제품 외부에서 그 값이 커진다. 응고 중 원심력이 용탕을 지속적으로 주형 벽으로 밀착시키기 때문에 주물관 외부의 응고 수축은 중요하지 않다. 주물에서 불순물은 내벽에 모이고 필요하면 절삭 공정으로 제거한다.

반원심 주조법

이 방법은 그림 8.16과 같이 튜브 주물품 보다는 속이 꽉 찬 주조품을 만들기 위해 원심력이 필요하며 반원심 주조법에서의 회전 속도는 G-factor가 15 정도로 되게 한다[2]. 주형은 용탕을 공급하도록 라이저와 함께 중앙에 설계되고 최종 주조품에서 금속의 밀도는 회전 중심부 보다는 바깥 부분에서 크게 된다. 이 공정은 주조품의 질이 떨어지는 안쪽을 제거하기 위해 가공하여 없애야 하는 경우 종종 사용된다. 바퀴나 풀리 등의 주조 제품의 예 가 이 공정으로 만들 수 있다. 소모성 주형이 공정의 예로 나타냈듯이 반 원심 주조법에 종종 사용된다.

센트리퓨징(centrifuge casting)

그림 8.17의 센트리퓨징법 에서는 주형은 회전축에서 바깥부분에 주조품 공동부가 되도록 설계되고 원심력에 의하여 용탕이 주형으로 부어져 각 주형 공동부로 들어가게 된다. 이 공정은 작은 주조품에 사용되고 다른 두 원심 주조법과 같이 주조품이 반경 방향으로 대칭되어야 할 필요가 없다.

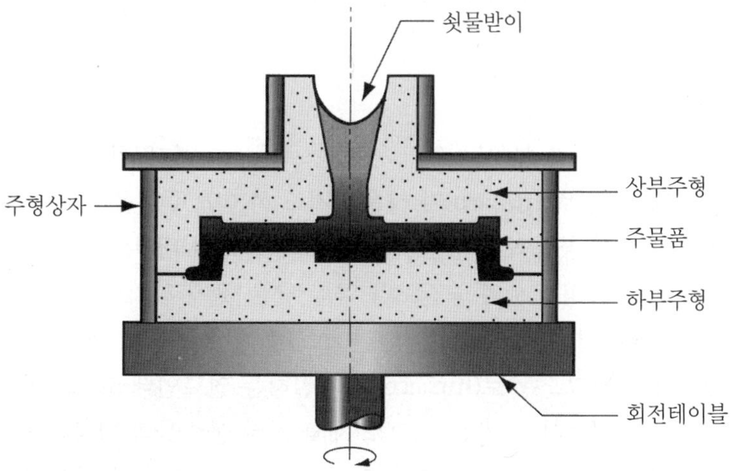

그림 8.16 반원심 주조법.

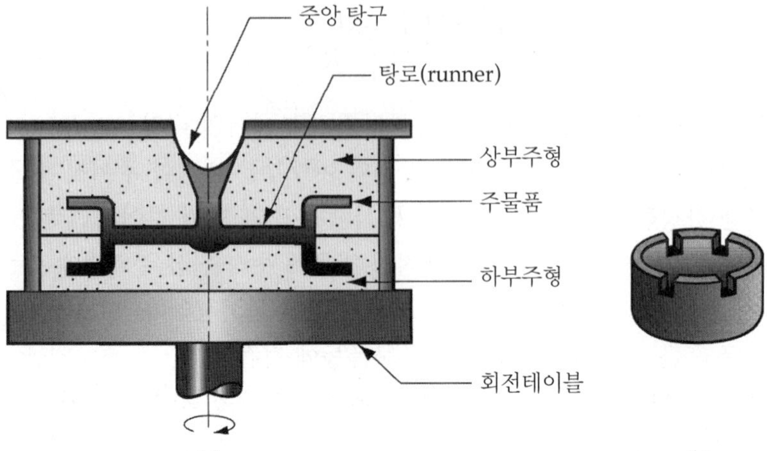

그림 8.17 센튜리퓨징 주조법–원심력은 금속을 중심축에서 주형 공동으로 들어간다.

8.4 주조 작업

모든 주조 공정에서는 금속이 용융 상태가 되어 부어지거나 주입되기 위해 가열되어야 한다. 가열과 용융은 용해로에서 이뤄지며, 이 절에서는 주조 공장에서 사용되는 다양한 형태의 용해로와 용탕을 주형에 공급하는 주입 작업 등에 대해 설명한다.

8.4.1 용해로

모든 주물 공장에서는 다양한 형태로 용해로(furnace)가 사용된다. (1) 용선로 (2) 직접 연소로 (3) 도가니로 (4) 전기 아크로 (5) 유도 가열. 가장 적절한 로의 선정은 다음과 같은 인자에 좌우된다. 즉 주조 합금, 용융 온도, 주입 온도, 로(furnace)의 용량, 투자비, 공정 비용, 유지 보수비용, 환경오염 등이다.

용선로

용선로는 바닥 가까이에 배출구가 설치된 수직 원통형 로(furnace)다. 용해로는 주철을 녹이는 데만 사용된다. 주철을 위해 다른 로(frunace)가 사용되기도 하지만 주철을 주로 녹이는 것은 용선로이다. 용선로의 일반적인 구성과 동작 특성은 그림 8.18과 같으며 내부에 내열재가 들어간 커다란 강재 외벽으로 구성되어 있다. 용선로의 중간보다 약간 낮은 곳에 위치한 입구를 통해 철, 코크스, 용제, 합금 재료를 투입한다. 일반적으로 철은 선철, 스크랩(주물로부터 제거된 라이저, 탕도 주입 탕구를 포함)의 혼합물이다. 코크스는 로(furnace)를 가열하는 연료인데 코크스의 연소를 위해 아래 주입구를 통해 공기를 불어 넣는다. 용제는 코크스 재와 기타 불순물과 반응해 슬래그를 형성하는 석회석과 같은 기초화합물이다. 슬래그는 용탕을 덮어 용선로 내부에서 용탕이 주위와 반응하는 것

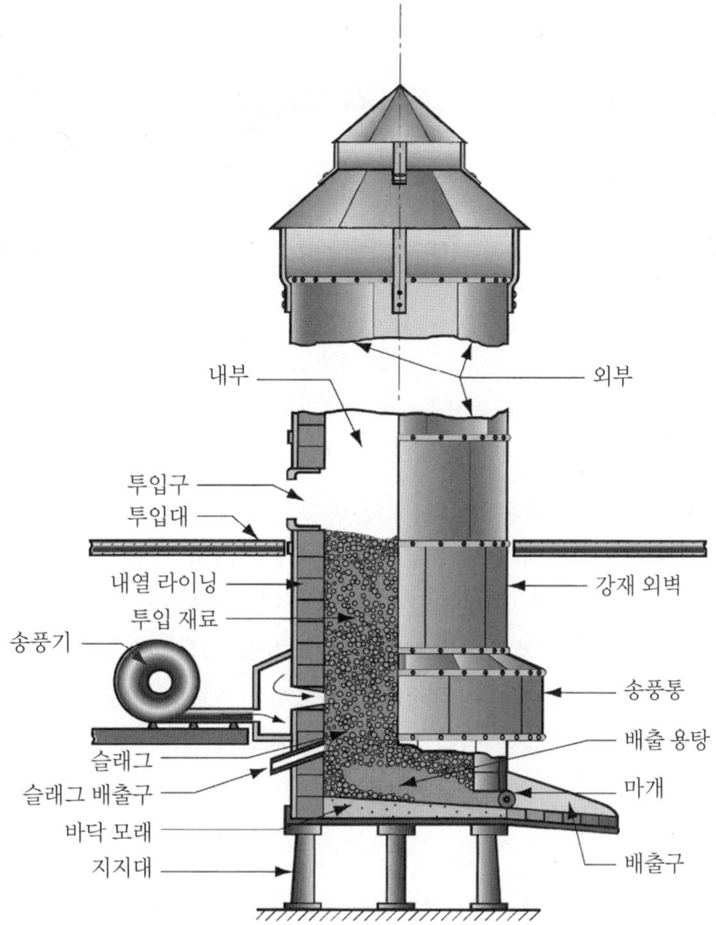

그림 8.18 주철을 용융하는 데 사용되는 용선로. 소규모 주물 공장의 전형적인 용선로로서, 최근 용선로에 있는 배출 제어시스템의 자세한 것은 생략됨.

을 차단하고 열 손실을 줄여준다. 혼합물이 가열되고 철이 용융되면 용탕이 주기적으로 배출된다.

직접 연소로

직접 연소로(direct fuel-fired furnace)는 작은 화덕을 갖고 있으며 그 안에 금속을 넣고 연소로 안에 위치한 버너로 가열한다. 연소로의 천장은 불꽃을 반사해 가열을 돕는다. 대표적인 연료는 천연가스이며, 연소 물질은 굴뚝을 통해 연소로를 빠져나간다. 화덕의 아래에는 배출구가 있어 용탕을 배출한다. 직접 연소는 일반적으로 구리기반 합금이나 알루미늄과 같은 비철금속의 용융에 사용된다.

도가니로

도가니로(crucible furnace)는 혼합 연료를 연소시켜 직접 접촉하지 않고 금속을 용융시키는 방법이며 종종 간접 연소로라고도 불린다. 주물 공장에서는 그림 8.19와 같이 세 가지 형태의 도가니로가 사용된다. (a) 들어올림형 (b) 고정형 (c) 기울임형이다. 모든 도가니로는 적절한 내화재(예를 들

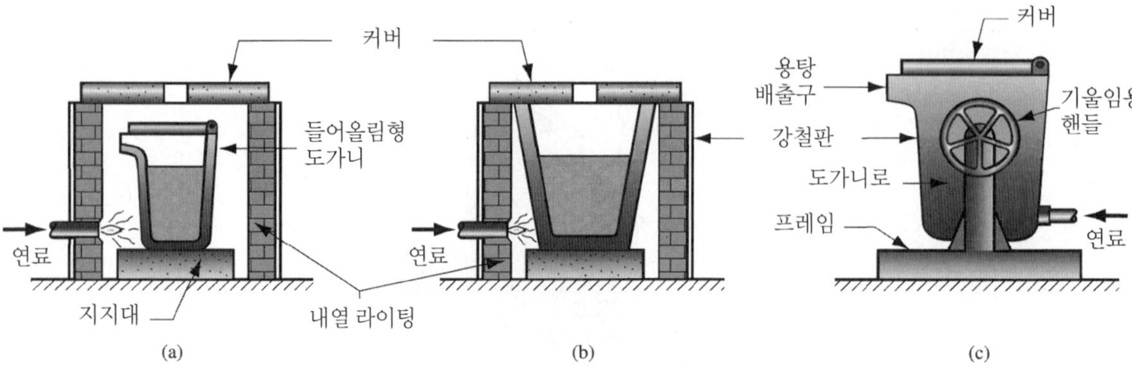

그림 8.19 도가니로의 세 가지 형태. (a) 들어올림형 도가니로, (2) 고정형 도가니로, (c) 기울임형 도가니로.

면 점토와 흑연의 혼합물) 또는 고온 합금강으로 만들어진 도가니를 사용한다. 들어올림형 도가니는 로(furnace)의 한가운데 위치하며 금속을 용융시키기 위해 충분히 가열된다. 기름, 가스 또는 분말 석탄이 대표적인 연료이며 금속이 용융되면 도가니는 들어 올려져 용탕 주입 용기로 이용된다. 고정형, 기울임형 도가니로는 종종 냄비로 라고 불리우며 가열로와 용탕 용기가 일체형으로 이뤄져 있다. 고정형 냄비로에서는 로(furnace)는 고정되어 있으며 용탕은 용기로부터 꺼내어진다. 기울임형 냄비로는 전체 구조물이 합금과 같이 비철계 금속에 사용되어 진다. 일반적으로 도가니로의 용량은 수백 kg 정도다.

전기 아크로

전기 아크로는 아크로 인해 발생하는 열로서 투입물을 용융시키며 2개 또는 3개의 전극으로 다양한 형태를 만들 수 있다. 소모 전력은 매우 높으나 대용량(23,000~45,000 kg/hr)으로 설계될 수 있고 주로 강의 주조에 적용된다.

유도 가열로

유도 가열로는 코일을 통과하는 교반 전류를 이용하여 금속에 자장을 형성시키면 유도전류로 금속을 급속히 가열 용융시킨다. 주조 공정에서 유도로의 특징을 그림 8.20에 나타냈다. 전자기적 힘은

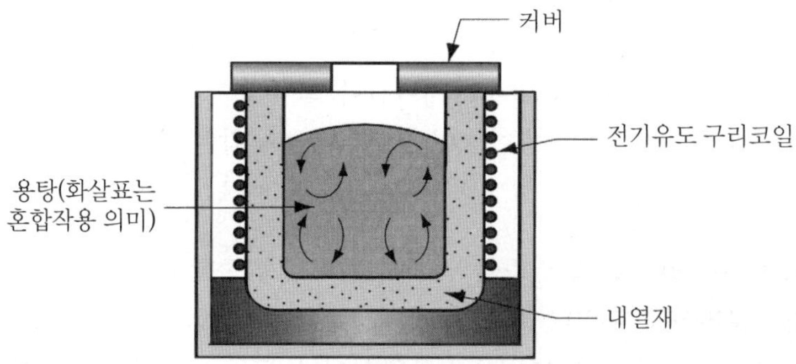

그림 8.20 유도 가열로.

용탕을 혼합시키는 역할을 한다. 또한 금속과 열 발생 요소와의 접촉이 없어서 용융이 일어나는 환경을 잘 조절할 수 있다. 이러한 이유로 용탕의 품질과 순도가 우수하며 거의 대부분의 주물에 사용될 수 있다. 강, 주철, 알루미늄 합금이 가장 보편적인 적용재료이다.

8.4.2 용탕 주입, 세척, 열처리

도가니를 이용해 주형으로 옮기기도 하지만 주로 다양한 종류의 래들(ladle)을 이용한다. 이러한 ***래들(ladle)***은 용탕을 받아 주형에 주입하기에 편리하게 되어 있다. 두 가지 래들을 그림 8.21에 나타냈으며 하나는 천장 크레인을 이용해 대용량 용탕을 취급하는 래들이고 다른 하나는 수동으로 적은 용량의 용탕을 이동시키고 주입하는 래들이다.

주입 시 문제점 중 하나는 산화된 용탕이 주형에 주입되는 것이다. 산화 금속은 품질을 저하시키며 주물의 결함을 야기하므로 용탕 주입 시 산화물의 혼입을 최소화해야 한다. 용탕이 배출구를 빠져 나올 때 필터를 이용해 산화물, 기타 불순물을 걸러내기도 하며 용탕이 산화되지 않도록 용제를 이용해 보호하기도 한다. 또한 상층부에 산화물이 위치하기 때문에 용탕이 아래로 빠져나가도록 용기를 설계한다.

주물이 응고되고 주형에서 제작된 후에 일반적으로 필요한 절차는 다음과 같다. (1) 트리밍, (2) 코어 제거, (3) 표면 세척 (4) 검사 (5) 보수(필요한 경우) (6) 열처리 단계 (1)~(5)까지를 주물 공정에서는 세척이라는 용어로 사용하기도 한다. 주물 공정 금속에 따라 어떤 부가 공정이 필요한 것인가가 결정되며 때로는 많은 노동력과 비용이 소요된다.

트리밍은 주입 탕구, 탕도, 라이저, 분리선, 플래시, 핀, 코어 받침, 기타 필요없는 부분을 제거하는 것이다. 취성이 있는 금속 합금이거나 비교적 단면이 작을 경우에 이러한 필요없는 부분은 부서져 나가기 쉽다. 그렇지 않다면 해머, 전단기, 활톱, 띠톱, 연삭휠 또는 다양한 화염 절단 방법이 사용된다.

주물에 코어가 사용되었다면 대부분의 코어는 화학 물질이나 기름으로 결합된 모래로 만들어지기 때문에 결합재가 열화되어 주물에서 떨어져 나온다. 어떤 경우에는 주물을 수작업 또는 기계적

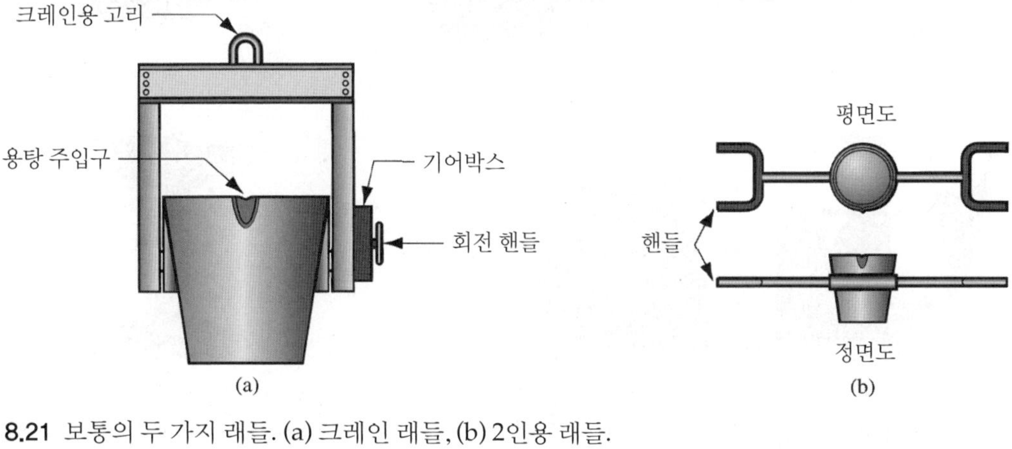

그림 8.21 보통의 두 가지 래들. (a) 크레인 래들, (b) 2인용 래들.

으로 흔들어 줌으로써 제거하기도 한다. 매우 드물지만 모래 코어에 사용되는 결합재를 화학적으로 용해시키기도 한다. 고체 코어는 해머를 이용하거나 눌러서 제거한다.

사형 주조에서 표면 세척 과정은 매우 중요하다. 기타 주조 과정에서 특히 영구 주형 주조에서는 세척 과정이 생략될 수 있다. 표면 세척 과정은 주물 표면의 모래를 제거하는 것과 표면의 외양을 좋게 만드는 것을 포함한다. 표면을 세척하는 방법은 텀블링 모래 또는 금속 샷블라스팅(shot blasting), 와이어 브러싱, 버핑(buffing), 화학적 피클링(chemical pickling) 등이다(24.1절).

주물에서 결함이 발생할 수 있으며 결함을 찾기 위해 검사가 수행된다. 다음 절에서 품질에 관한 사항을 검토한다.

주조품은 가공이나 사용상 원하는 특성을 얻기 위한 후속 공정으로 그 성질을 향상시키기 위하여 종종 열처리 된다.

8.5 주조품 품질

주조 공정에서 품질을 저하시켜 주물에 결함을 발생시키는 요인은 매우 많다. 이 절에서는 주물에서 발생할 수 있는 결함과 이들을 찾아낼 수 있는 검사 방법을 설명한다.

주조 결함

어떤 결함은 일부 혹은 전체 주조 공정에서 발생할 수 있으며 이들은 그림 8.22에 나타내었다.

(a) *미스런(misrun)* 주형 공동을 완전히 채우기 전에 응고된 주물이다. 대표적인 원인으로 (1) 용탕의 유동성이 충분하지 않다. (2) 주입 온도가 너무 낮다. (3) 주입이 너무 천천히 이뤄졌

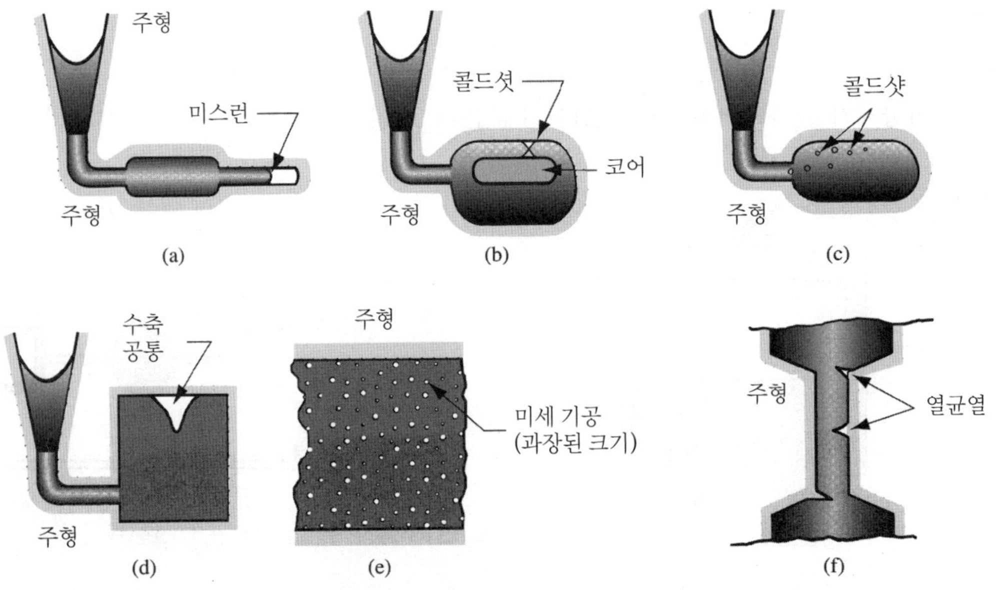

그림 8.22 주물에서 흔한 결함. (a) 미스런, (b) 콜드셧, (c) 콜드샷, (d) 수축가공, (e) 미세가공, (f) 열균열.

다. (4) 주형 공동의 단면이 너무 얇다. 등이다.

(b) *콜드셧(cold shut)* 양쪽에서 접근하는 용탕이 만났으나 이미 응고가 시작되어 용탕이 결합되기 어려운 상태가 되었을 때 발생하며 미스런의 원인과 비슷하다.

(c) *콜드샷(cold shot)* 용탕을 주입할 때 방울이 튀어 고체 입자가 주물에 형성된 것을 의미하며 이것을 방지하도록 용탕 주입 절차와 탕구계를 설계해야 한다.

(d) *수축 공동(shrinkage cavity)* 용탕의 응고 수축으로 인하여 주물의 표면이 움푹 파지거나 내부에 빈 공간이 생기는 결함이다. 이는 주로 주물의 상부에 발생하며 '파이프' 그림 7.8(3)라 불린다. 이 결함은 라이저를 적절히 설계함으로써 해결된다.

(e) *미세 기공(micro porosity)* 수지상 구조에서 용탕의 부분적인 수축 공동으로 인해 주물 전체에 분포되어 있는 작은 기포들을 의미한다. 이는 응고가 오랫동안 이뤄지는 합금에서 일반적으로 발생한다.

(f) *열간 균열(hot tearing)* 열간 크랙(hot cracking)이라고도 불리며 응고의 최종 단계 또는 응고 후 초기 냉각 단계에서 주물의 수축이 주형 때문에 제한될 때 발생한다. 금속이 자연스레 수축하지 못하게 되어 발생하는 높은 인장 상태에서 금속이 떨어져 나감에 따라 결함이 확실하게 드러난다. 사형 주조, 기타 소모성 주형에서는 주형이 부서지기 때문에 이러한 결함이 방지된다. 영구 주형 공정에서는 응고 즉시 주형에서 주물을 꺼냄으로써 이러한 결함을 방지할 수 있다.

어떤 결함은 모래 주형의 사용과 관련이 있는데 모래 주형을 사용할 경우에만 발생한다. 그 밖에 소모성 주형도 이러한 결함이 있을 수 있다. 주로 사형 주조에서 발견되는 결함을 그림 8.23에 나타냈다.

(a) *샌드블로우(sand blow)* 풍선과 같은 모양의 공동으로 용탕을 주입할 때 주형 가스로 인해 발생한다. 주물의 상부 부근의 표면 바로 아래에서 발생하며 주형의 낮은 통기성, 열악한 배기, 높은 습기 함유량이 주된 원인이다.

(b) *핀홀(pin hole)* 샌드 블로우와 유사한 결함이며 주물 표면 또는 바로 아래에 작은 기공이 많이 생긴 것을 의미한다.

(c) *샌드워시(sand wash)* 용탕 주입 중 주물사의 침식으로 인해 주물 표면이 균일하지 못함을 의미하며 침식된 모양이 그대로 주물의 표면에 찍혀 나온다.

(d) *스캡(scab)* 모래와 금속이 외피 형성(incrustation)으로 인해 주물 표면에 거친 부분을 말하며, 응고 중 주형 표면이 떨어져 나와 주물의 표면에 붙게 되어 생긴다.

(e) *침투(penetration)* 용융 금속의 유동성이 양호할 경우 주물사 또는 모래 코어에 스며들 수 있다. 응고된 후 주물의 표면은 모래 입자와 금속의 혼합물이 되며 주물사를 단단하게 다지면 침투 현상을 완화시킬 수 있다.

(f) *주형 어긋남(mold shift)* 상형과 하형이 옆으로 어긋나면서 분리선에 단이 만들어진다.

(g) *코어 편향(core shift)* 코어에서도 유사한 문제가 발생할 수 있으나 일반적으로 어긋나는 방

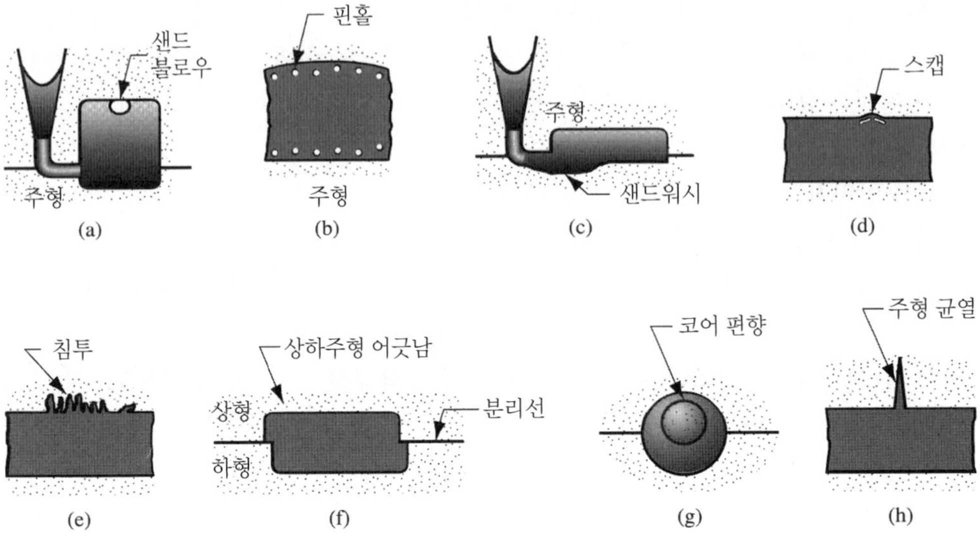

그림 8.23 모래 주형에서 흔한 결함. (a) 샌드블로우, (b) 핀홀, (c) 샌드워시, (d) 스캡, (e) 침투, (f) 주형 어긋남, (g) 코어 편향, (h) 주형 균열.

향은 수직이다. 코어 편향과 주형 어긋남은 용융 근속의 부력에 의하여 발생한다.

(h) *주형 크랙(mold crack)* 주형의 강도가 충분하지 않으면 균열이 발생할 수 있으며 용융 금속이 스며들어 최종 주물에 핀(pin)을 만든다.

검사 방법

주물 검사 절차는 다음과 같다. (1) 미스런, 콜드셧, 기타 표면 결함을 찾기 위한 육안 검사, (2) 공차 만족 여부를 검사하기 위한 치수 측정, (3) 주물 금속의 품질 검사를 위한 금속학적, 화학적, 물리적, 기타 시험[7], (3)번에 해당하는 시험은 다음과 같다. (a) 주물에서 누설부를 검사하는 압력 시험, (b) 주물의 외부, 내부의 결함을 찾는 비파괴 검사인 방사선 검사, 자기입자검사, 형광침투물질 사용, 초음파 검사, (c) 인장 강도, 경도와 같은 성질을 측정하는 기계적 시험, 결함이 발견되었으나 심각하지 않다면 용접, 연삭 또는 허용하는 보완 방법으로 주물을 보강한다.

8.6 주조성과 주조 경제성

주조성(castability)이라는 용어는 주조 부품을 생산할 수 있는 용이성을 의미한다. 그것은 (1) 부품 설계, (2) 주조에 사용되는 금속, (3) 생산 요구 사항을 경제적으로 충족시키기 위한 주조 공정의 적절한 선택에 달려 있다. 일부 부품 설계는 주조하기 어려우며 어려움을 피하는 부품 설계에 대한 권장 사항을 제공하는 지침은 8.7절에서 다룬다. 일부 금속은 다른 금속보다 주조하기가 더 어렵지만 주어진 부품의 재료에 대한 결정은 주로 기능을 기반으로 해야 한다. 그러나 제품 설계자는 지정되는 금속의 주조성을 알고 있어야 한다. 주조 금속에 대해서는 8.6.1절에서 다루어진다. 마지막으로 우수한 주조성은 주조 제품이 요구되는 품질 수준, 생산 속도 및 비용 목표를 달성하여 주조 공장이 상업적으로 성공할 수 있음을 의미한다. 주조의 경제성은 8.6.2절에서 논의된다.

8.6.1 주조 금속

대부분의 상업용 주물은 순수 금속이 아닌 합금으로 만들어지고. 합금은 보통 주조하기 수월하여 최종 제품의 특성이 보다 우수하다. 주조 합금은 철 또는 비철로 분류되고 철의 분류는 주철과 주강으로 세분화 된다.

철계 주조 금속: 주철

주철은 모든 주조 합금 중에서 가장 중요하다. 주철이 주조되는 양은 나머지 모든 합금이 주조되는 양의 몇 배가 된다. 주철에는 여러 종류가 있다. (1) 회주철 (2) 구상흑연주철 (3) 백주철 (4) 가단주철 (5) 주철 합금이다(5.1.2절). 주철의 용탕 주입 온도는 조성에 따라 다르지만 일반적으로 1400℃

역사적 고찰 8.3 초기 주철 제품

주조의 초창기에는 주물 금속으로 주철보다 청동과 황동이 우선 사용되었다. 철은 용융 온도가 높고 야금술에 대한 지식이 부족하여 주조하기가 더욱 어려웠다. 또한 주철 제품에 대한 수요가 거의 없었다. 이 모든 것은 16세기와 17세기부터 바뀌었다.

모래로 철을 주조하는 예술은 2500년 이상 전에 모래 주형에서 철을 주조한 중국에서부터 유럽으로 들어왔다. 1550년에 유럽에서 최초로 철로 주조된 대포가 만들어졌다. 1568년경부터 이 대포의 포탄은 주철로 만들어졌다. 대포와 발사체는 주철에 대한 큰 수요를 창출하였다. 그러나 이 물건들의 용도는 민간용이 아닌 군용이었다. 16세기와 17세기에 일반 대중에게 중요한 두 가지 주철 제품은 주철 난로와 주철 수도관이었다.

오늘날 보기에는 별볼일 없는 제품이지만 주철 난로는 유럽과 미국의 많은 사람들에게 편안함과 건강, 개선된 생활 조건을 가져다 주었다. 1700년대에 주철 난로 제조는 이 두 대륙에서 가장 규모가 크고 수익성이 높은 산업 중 하나였다. 스토브 제작의 상업적 성공은 제품에 대한 수요가 많았고 이를 생산하기 위해 개발된 주철 기술과 그 기술 덕분이다.

주철 수도관은 주철 산업의 성장에 박차를 가한 또 다른 제품이다. 주철 파이프가 등장할 때까지는 속이 빈 나무 파이프(빠르게 썩음), 납 파이프(너무 비싸다), 노천 도랑(공해에 취약함) 등 다양한 방법으로 가정과 상점에 직접 물을 공급하려 하였다. 주철 공정의 발달은 상대적으로 낮은 비용으로 수도관을 제작할 수 있게 되었다. 주철 수도관은 1664년부터 프랑스에서 사용되기 시작하였고 나중에는 유럽의 다른 지역에서도 사용되었다. 1800년대 초까지 주철 파이프 라인이 물과 가스 공급을 위하여 영국에 널리 설치되었다. 미국 최초의 중요한 수도관 설치는 1817년 영국에서 수입된 파이프를 사용하여 설치한 필라델피아에서 있었다.

이다.

철계 주조 합금: 강

강의 기계적 특성은 공학적으로 매우 유용하다. 복잡한 형상을 만들 수 있는 능력은 주조를 강에 있어 매우 의미 있는 공정으로 만들었다. 그러나 주물 공장에서 강을 주조하는데 큰 어려움이 있다. 저탄소강은 1540°C에서 응고되기 시작하는데(그림 6.4), 이는 훨씬 높은 온도(대략 1650°C)에서 용탕 주입이 이뤄져야 한다는 것을 의미한다. 이러한 높은 온도에서는 화학적 반응성이 매우 크게 된다. 용융 용탕 주입 시 쉽게 산화하기 때문에 용탕을 공기로부터 차단하기 위한 특별한 공정이 사용되어야 한다. 또한 용융된 강은 유동성이 좋지 않기 때문에 얇은 부분의 주조에 제약이 따르게 된다.

이러한 문제가 있음에도 불구하고 다음과 같은 특징 때문에 주강을 사용한다. 인장강도가 410 MPa[9] 이상이기 때문에 대부분의 주조 금속보다 높으며 대부분의 주조 금속보다 인성이 양호하다. 주강은 강도가 모든 방향으로 동일하기 때문에 등방성을 가지고 있다. 반면 기계적으로 성형된(예, 압연, 단조) 부품의 기계적 특성은 방향성을 보인다. 제품의 요구 사항에 따라 다르지만 재료의 등방성은 보통 바람직한 성질이다. 주강의 또 다른 장점은 용접의 용이성 이다. 주물을 보수하거나 강철 구조물을 제작할 때 강도의 손실 없이 쉽게 용접할 수 있다.

비철계 주조 합금

비철 금속에는 알루미늄, 마그네슘, 구리, 주석, 아연, 니켈, 티타늄(5.1.3절)을 포함한다. 알루미늄 합금은 일반적으로 주조가 용이한 것으로 알려져 있다. 순수 알루미늄의 용융 온도는 660°C이므로 알루미늄 합금의 용탕 주입 온도는 주철과 강보다 낮다. 알루미늄은 다음과 같은 성질 때문에 주조에 매우 적합하고, 가벼운 무게와 열처리에 따라 다양한 강도, 절삭 가공이 수월하다. 마그네슘 합금은 다른 모든 주물 금속보다 가벼우며 부식에 잘 견디고 무게 당 강도비, 무게 당 강성비가 높다.

동합금은 청동, 황동, 알루미늄 청동을 포함한다. 바람직한 특성으로 미려한 외관과 부식에 강한 성질을 갖고 있으나 구리의 비싼 가격이 사용상의 제한 조건이 된다. 파이프 피팅, 배 프로펠러, 펌프부품, 보석 장신구에 사용된다.

주석은 주조 금속 중에서 가장 용융 온도가 낮으며 주석 합금은 일반적으로 주조하기에 용이하다. 내 부식성이 우수하나 기계적 강도는 약해 컵처럼 강도를 요구하지 않는 제품에 사용된다. 아연 합금은 일반적으로 다이캐스팅에 사용되며 낮은 용융 온도, 유동성이 양호해 주조 재료로 많이 사용된다. 단점으로는 크리프 강도가 낮아 응력이 많이 걸리는 제품에 사용할 수 없다.

니켈 합금은 높은 온도에서 강도가 높으며 내부식성이 우수해 엔진, 로켓, 내열재 등 높은 온도에서 사용되는 제품에 적합하다. 용융 온도가 높아 주조하기에는 용이하지 않다. 티타늄 합금은 부식에 강하며 무게 당 강도비가 높다. 그러나 높은 용융 온도와 낮은 유동성, 고온에서 산화하기 쉬운 단점이 있어 주조하기가 어렵다.

8.6.2 주조 경제성

주조 경제성은 주조 제품의 최종 비용을 결정하고 대체 주조 공정의 비용을 비교하는 것과 관련 된다. 대부분의 제조 제품과 마찬가지로 주조에는 일련의 단계가 필요하고 그 세부적인 사항은 주조 공정마다 다르다. 그 단계들은 다음과 같이 요약할 수 있다. (1) 주형을 제작하고, (2) 금속을 주입 온도로 가열하고, (3) 용융 금속을 주형 공동부에 붓고(예: 붓고), (4) 금속을 응고하고 냉각시키고, (5) 주형에서 주물품을 제거한다. (6) 게이팅 시스템을 자르고 주조 공정과 관련된 기타 작업을 수행한다 (예: 모래 주조의 경우 코어가 사용되는 경우 제거).

(1) 단계 금형 제작은 소모성 주형 공정과 영구 주형 공정에는 차이가 있다. 소모성 주형은 각 주물마다 자체 주형이 필요하기 때문에 다른 단계로 순차적으로 생산된다. 주형 비용은 각 주물을 생산하는 총 비용의 구성 요소이다. 영구 주형 공정에서 금형은 많은 주물에 사용되는 고가의 특수 공구이다. 그 비용은 주형의 수명 동안 만들어진 부품의 총 수량의 주조품에 나누어 배분된다.

금속을 가열하는 단계 (2)는 일반적으로 일괄 작업으로 수행되며 일정량의 금속이 여러 주조품에 사용할 수 있는 주입 온도로 가열된다. 이는 시간이 걸리고, 이 양의 금속을 가열하는 데 필요한 총 에너지 H_{mp}는 식 (7.2)로 계산될 수 있다.

$H_{mp} = mU_{mp} = \rho VU_{mp}$. 이 가열 과정의 지속 시간은 다음과 같다.

$$T_H = H_{mp}/PE \tag{8.7}$$

여기서 T_H = 총 가열 시간(초 또는 분); P = 가열로 또는 도가니에 의해 생성된 전력(J/s); 및 E = 용광로의 열 효율(열 손실을 설명하기 위해). 전기로의 경우 전력은 kW 단위로 표시되며 1 kW = 1000 J/s이다.

단계 (3), (4), (5) 및 (6)의 경우 기본 사이클 시간은 방정식(1.1)을 사용하여 해당 작업 주기를 모델링할 수 있다.

$$T_c = T_o + T_h + T_t$$

여기서 T_c = 사이클 시간, T_o = 작업 시간, T_h = 작업 처리 시간, T_t = 공구 처리 시간. 소모성 주형의

예제 8.2

금속을 주입 온도로 가열하는 시간

알루미늄 90 kg을 주입 온도 800°C로 가열한다. 단위 금속을 녹이는 주입 에너지 = 1035 J/g(예제 7.1에서). 용광로의 열효율 = 65%. 전기유도로가 160 kW를 발생시킨다면 금속을 30°C에서 주입 온도까지 가열하는 데 필요한 시간은 얼마인가?

풀이

160 kW의 전력은 160(10³) J/s로 변환되고,

효율성 고려하면, $PE = 0.65(160)(10^3) = 104(10^3)$ J/s

알루미늄 100 kg에 필요한 열 = $90(10^3)(1035) = 93,150(10^3)$ J

금속을 가열하는데 필요한 시간 $T_H = 93,150(10^3)/104(10^3) = 896$초 = **15.0분**

경우 주물마다 주형을 제작해야 하므로 (1)단계에서도 같은 식을 사용할 수 있다. 많은 주조 작업은 노동 집약적인 반면 다른 주조 작업은 기계화되거나 자동화되어 있다. 따라서 모든 비용 계산에 포함되어야 하는 노동 및 장비 비용이 있다. 1장의 방정식(1.9) 및 (1.10)을 사용하여 이러한 항에 대한 비용 비율을 결정할 수 있다. 주조 제품의 최종 비용은 6단계 비용에 초기 금속 비용과 주조 온도로 가열하는 데 필요한 에너지를 합한 것이다. 생산된 부품당의 총 비용은 주조 작업의 모든 단계에 대한 단위 비용에 초기 재료 비용, 금속 가열 전력 및 툴링 비용을 더한 것으로 다음과 같이 요약할 수 있다.

$$C_{pc} = C_m + C_H + \sum_{i=1}^{n_o} C_{oi} T_{pi} + \sum_{i=1}^{n_o} C_{ti} \tag{8.8}$$

여기서 C_{pc} = 주물당 비용 (\$/pc); C_m = 금속 주조 비용 (\$/pc); C_H = 주조 금속 가열 비용, (\$/

예제 8.3

사형 주조 라인에서 사이클 타임 분석

모래 주조 생산라인은 다음 단계로 구성된다. (1) 매치 플레이트 패턴을 사용한 주형 제작, (2) 붓기, (3) 응고 및 냉각, (4) 주형에서 주조품 회수. 주형을 만드는 단계는 자동화되어 2.0분이 소요된다. 병목 현상을 방지하기 위해 주형 제작에 여러 개의 병렬 스테이션이 필요하다. 이후 몰드가 순서대로 주입 라인으로 이동되고 붓는 데 걸리는 시간은 주형당 20초이며 이 시간에는 붓는 도가니 앞에 주형을 위치시키는 시간도 포함한다. 주입은 기계화된 대형 래들(ladle)을 사용하여 수동으로 수행된다(금속은 이전에 별도 가열 공정에서 용해된다). 응고 및 냉각은 붓는 즉시 시작되며 10분이 소요된다. 주입 라인의 끝에서 주형은 버퍼 저장 영역으로 옮겨지고, 주조품을 회수하기 위해 주형이 부서지는 라인으로 이동하기 전까지 있게 된다. 이것은 주조품당 35초가 소요되는 수동 작업이다. 주조 라인이 어떻게 구성되어야 하며 시간당 생산 속도가 얼마인지 설명하라.

풀이

자동화된 금형 제작 작업은 2.0분이 소요된다. 라인에서 이 부분을 붓는 것과 균형을 맞추려면 세 개의 스테이션이 있어야 하고 유효 사이클 시간 = 20초이다. 몰드가 주입 라인에 들어가기 전에 몰드를 이동하고 임시로 보관하려면 몰드를 만들고 주입하는 사이에 버퍼 저장 영역이 필요하다. 주입 라인의 주기는 = 22초. 냉각 시간은 10분 = 600초 이다. 이 시간과 주입 주기의 균형을 맞추려면 부수는 영역으로 순차적으로 이동하기 전에 냉각 금형 및 주물을 위한 버퍼 저장 영역에 최소 600/20 = 30 위치가 있어야 한다. 주물을 분리하는 데 35초/mold가 소요되고 효과적인 주기 시간 = 20초 동안 주입 작업과 라인의 균형을 맞추기 위해 두 명의 작업자가 필요하다. 주입 라인에서 T_c = 20초가 병목인 경우 라인의 생산율은 = 60/20 = 3.0주물/분 = 180주물/시간이 된다.

예제 8.4

다이캐스팅 비용

자동화된 다이캐스팅 셀은 더 많은 부품을 주조하기 위해 재활용될 수 있는 무게가 0.23 kg인 게이팅 시스템을 제외하고, 각각 무게가 0.42 kg인 알루미늄 부품을 생산한다. 셀은 콜드 챔버 한 개의 다이캐스팅 기계와 두 대의 산업용 로봇으로 구성되어 있다. 하나는 사이클마다 용융 알루미늄을 챔버에 넣는 것이고 다른 하나는 기계에서 주조품을 내리고 다이 캐비티에 다이 릴리스를 분사하는 것이다. 총 생산 주기 시간 = 40초, 대부분 응고 및 냉각이다. 이 주기 시간에는 기계를 준비하는 2 s/주기 미만의 시간도 포함된다. 다이 비용 = $32,000, 현재 주문에 할당되어야 한다. 주문 수량 = 20,000개. 폐기율 = 2%. 신뢰도 = 100%라고 가정한다. 작업에 사용된 알루미늄의 비용 = $1.90/kg. 금속을 가열하고 붓는 단위 에너지 = 1030 J/g. 열 손실은 금속을 가열하는 데 사용되는 에너지의 45%를 차지한다. 난방 전력 비용 = $0.15/kWh. 다이캐스팅 기계의 비용 = $54/시간, 각 로봇의 비용 = $21/시간. 주물은 게이팅 시스템과 분리되어야 하고 시간당 $22.00의 인건비로 수동으로 수행된다. 작업자는 주조 부품을 토트 팬에 로드하고 재용해를 위해 게이팅 시스템에서 알루미늄이 재활용된다. 주기 시간 = 35초. (a) 배치를 완료하는 데 필요한 생산 시간, (b) 필요한 수량을 만드는 데 드는 총비용, (c) 부품당 비용을 결정하라.

풀이

(a) 주문 수량이 20,000이고 스크랩 비율이 2%인 경우, 실제 생산 수량은 $Q = 20,000/(1 - 0.02) = 20,408$ pc가 된다. 생산 사이클 시간이 40초인 경우 필요한 생산 시간 = 20,408 (40/3600) ≅ **227시간**.

(b) 부품을 만드는 알루미늄의 총 중량 = 20,408(0.42) = 8572 kg. 게이팅 시스템용 금속은 재활용되고, 재료비 = 8572($1.90) = $16,287.

용융 및 주입을 위한 총 열 에너지에는 부품 및 게이팅 시스템의 중량이 포함되어야 한다.
$H_{mp} = 20,408(0.42 + 0.23)(10^3)(1030) = 13,265(10^3)(1030) = 13,663,156(10^3)$ J ⇒ 227시간 동안 $13.663(10^9)$ J, 시간당은 $0.0602(10^9)$ J/시간 = $60.2(10^6)$ J/시간 = $16.7(10^3)$ J/초 = $16.7(10^3)$ W = 16.7 kW.
그러나 효율이 45%인 열 손실은 $P = 16.7/0.55 = 30.4$ kW이다.
총 가열 에너지 비용 = 30.4(0.15)(227) = $1035
다이캐스팅 작업 비용 = ($54 + 2 × $21)(227시간) = $21,792
트리밍 비용 = $22(227) = $4994
$32,000의 다이 비용을 포함하여, 필요한 수량을 생산하는 데 드는 총 비용(재료, 가열 에너지, 장비, 노동 및 툴링) = 16,287 + 1035 + 21,792 + 4994 + 32,000 = $76,108
개당 비용 = $76,108/20,000 = **$3.81/개**

pc); C_{oi} = 각 작업 i에 사용된 노동 및 장비 비용 비율, (\$/min); T_{pi} = 각 단계 i의 평균 생산 사이클 시간 (min/pc); C_{ti} = 각 i 단계의 다이 및 기타 툴링 비용. 이러한 비용은 때때로 더 편리하게 다음 예와 같이 생산 기간 동안의 총 비용으로 합하여진다.

8.7 제품 설계 시 고려사항

제품 설계자가 어떤 제품의 초기 제조 공정으로 주조를 선택했다면 생산을 쉽게하고 8.5절에서 열거한 결함들을 피하기 위해 몇 가지 설계 지침을 따르는 것이 바람직하다. 주조에서 중요한 고려 사항은 다음과 같다.

- *형상 단순화.* 복잡한 부품 형상을 생산하는 데 주조가 사용될 수 는 있지만 부품 설계를 가급적 단순화하는 것이 바람직하다. 불필요한 복잡성을 피하는 것이 주형 제작을 용이하게 하고 코어의 사용을 줄일 수 있으며 주조의 강도를 높일 수 있다.
- *모서리.* 날카로운 모서리는 응력이 집중될 수 있고 주물에 열균열이 발생될 수 있으므로 피하는 것이 좋다. 부드러운 필렛(fillet)을 모서리에 적용시키는 것이 좋으며 날카로운 모서리는 무디게 해야 한다.
- *단면 두께.* 수축 공동을 피하기 위해 단면 두께는 균일하게 해야 한다. 부피가 크면 응고와 냉각에 시간이 많이 필요하기 때문에 주물의 단면이 두꺼운 부분에서는 핫스폿(hot spot)이 발생한다. 또한 수축 공동이 발생하기 쉬워진다. 그림 8.24는 문제의 결함을 예시하고 가능한 해결법을 보여준다.
- *드래프트.* 주형으로 움푹 들어간 부품에는 그림 8.25에서와 같이 드래프트[draft 구배]를 두어야 한다. 소모성 주형 주조에서 드래프트를 두는 목적은 주형에서 패턴이 잘 빠져나오게 하는 것이다. 영구 주형 주조에서 드래프트를 두는 이유는 주형에서 제품이 잘 빠져나오게 하기 위해서다. 주조 공정에서 코어가 사용되는 경우도 유사한 경사면을 주어야 한다. 사형 주조에서는 약 1°, 영구 주형 주조에서는 2°에서 3°의 경사각이 요구된다.
- *코어의 사용.* 그림 8.25와 같이 제품 설계를 조금만 바꿔도 코어의 사용을 줄일 수 있다.
- *치수 공차.* 어떤 공정을 사용했는가에 따라 주물에서 얻을 수 있는 치수 공차가 상당히 차이가 난다. 표 8.1에 이러한 변수에 따른 차이를 보여준다.

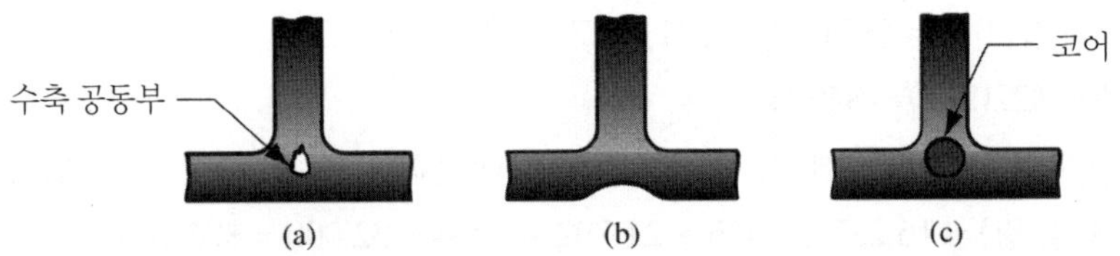

그림 8.24 (a) 교차부에서 두꺼운 단면은 수축 공동부를 만들며 (b) 두께를 줄이도록 재설계하거나 (c) 코어를 사용하여, 해결할 수 있다.

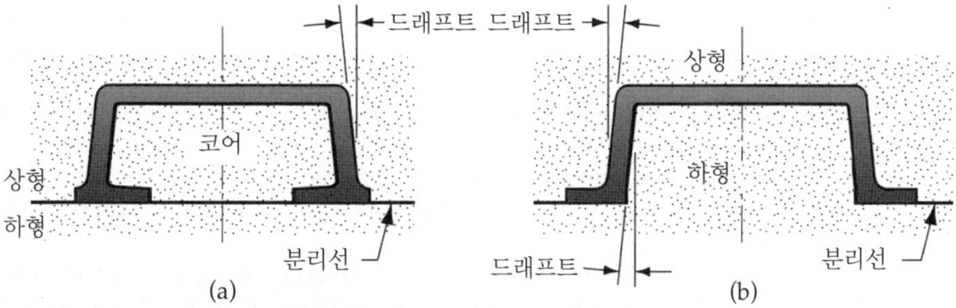

그림 8.25 코어를 사용하지 않기 위하여 설계 변경. (a) 초기 설계, (b) 재설계.

- *표면 마무리.* 사형 주조에서 일반적인 표면 거칠기 값은 대략 6 μm 정도이다. 유사한 정도의 거칠기가 셸 주조에서도 얻어지며 석고 주형 주조나 인베스트먼트 주조의 경우 훨씬 향상된 값을 얻을 수 있다. 0.75 μm 영구 주형 주조의 경우 다이캐스팅이 대략 1 μm 정도의 정밀한 표면 거칠기 값을 보여준다.
- *절삭 여유.* 대부분의 주조 공정 공차는 현장의 요구 사항을 만족하기에 불충분하다. 사형 주조가 이러한 문제가 있는 전형적인 예다. 이러한 경우 주물의 일정 부분은 요구되는 치수로 추가 가공되어야 한다. 거의 모든 사형 주물에서 기능성이 요구되는 부분은 절삭 가공되어야 한다. 그러므로 절삭이 필요한 부분에 가공을 하기 위해 주물에는 절삭 여유가 있어야 한다. 사형 주조에서 절삭여유는 일반적으로 1.5~3 mm 정도다.

표 8.1 주조 공정, 금속에 따른 치수 공차[7][14]

주조 공정	부품 크기	공차 mm	주조 공정	부품 크기	공차 mm
사형 주조			*영구 주형*		
알루미늄[a]	작음	± 0.5	알루미늄[a]	작음	± 0.25
주철	작음	± 1.0	주철	작음	± 0.8
	큼	± 1.5	구리 합금	작음	± 0.4
구리 합금	작음	± 0.4	강	작음	± 0.5
강	작음	± 1.3	*다이캐스팅*		
	큼	± 2.0	알루미늄[a]	작음	± 0.12
셸모울딩			구리 합금	작음	± 0.12
알루미늄[a]	작음	± 0.25	*인베스트먼트*		
주철	작음	± 0.5	알루미늄[a]	작음	± 0.12
구리 합금	작음	± 0.4	주철	작음	± 0.25
강	작음	± 0.8	구리 합금	작음	± 0.12
석고몰드	작음	± 0.12	강	작음	± 0.25
	큼	± 0.4			

[7], [16]과 기타의 자료
[a] 알루미늄의 값은 마그네슘에도 적용된다.

참고문헌 *REFERENCES*

[1] Amstead, B. H., Ostwald, P. F., and Begeman, M. L. *Manufacturing Processes*. John Wiley & Sons, New York, 1987.
[2] Beeley, P. R. *Foundry Technology*. Newnes-Butterworths, London, 1972.
[3] Black, J., and Kohser, R. *DeGarmo's Materials and Processes in Manufacturing*. 11th ed. John Wiley & Sons, Hoboken, New Jersey, 2012.
[4] Datsko, J. *Material Properties and Manufacturing Processes*. John Wiley & Sons, New York, 1966.
[5] Decker, R. F., Walukas, D. M., LeBeau, S. E., Vining, R. E., and Prewitt, N. D. "Advances in Semi-Solid Molding." *Advanced Materials & Processes*, April 2004, pp. 41–42.
[6] Flinn, R. A. *Fundamentals of Metal Casting*. American Foundrymen's Society, Des Plaines, Illinois, 1987.
[7] Heine, R. W., Loper, Jr., C. R., and Rosenthal, C. *Principles of Metal Casting*. 2nd ed. McGraw-Hill, New York, 1967.
[8] Kotzin, E. L. *Metalcasting & Molding Processes*. American Foundrymen's Society, Des Plaines, Illinois, 1981.
[9] *Metals Handbook*. Vol. 15: Casting. ASM International, Materials Park, Ohio, 2008.
[10] Mikelonis, P. J. (ed.). *Foundry Technology*. American Society for Metals, Metals Park, Ohio, 1982.
[11] Mueller, B. "Investment Casting Trends." *Advanced Materials & Processes*, March 2005, pp. 30–32.
[12] Niebel, B. W., Draper, A. B., and Wysk, R. A. *Modern Manufacturing Process Engineering*. McGraw-Hill, New York, 1989.
[13] Perry, M. C. "Investment Casting," *Advanced Materials & Processes*, June 2008, pp. 31–33.
[14] Simpson, B. L. *History of the Metalcasting Industry*. American Foundrymen's Society, Des Plaines, Illinois, 1997.
[15] Wick, C., Benedict, J. T., and Veilleux, R. F. *Tool and Manufacturing Engineers Handbook*. 4th ed. Vol. II: Forming. Society of Manufacturing Engineers, Dearborn, Michigan, 1984, Ch. 16.
[16] www.afsinc.org/content.cfm?ItemNumber=6950.
[17] www.custompartnet.com/estimate/.
[18] www.hunterfoundry.com.
[19] www.wikipedia.org/wiki/semi-solid_metal_casting.

복습문제 *REVIEW QUESTIONS*

서론

8.1 주조 공정의 두 가지 기본 범주는 무엇인가?

8.2 주조 공정의 두 범주 중, 대량 생산 측면에서 당연히 장점인 것은 어느 것이며 그 이유는 무엇인가?

사형 주조

8.3 사형 주조에서 사용되는 패턴을 정의하면?

8.4 스플릿 패턴과 매치플레이트 패턴은 어떻게 다른가?

8.5 매치플레이트 패턴과 코우프&드래그(cope & drag) 패턴은 어떻게 다른가?

8.6 패턴은 코어와 어떻게 다른가?

8.7 채플릿은 무엇을 위해 사용되나?

8.8 플라스크리스(flaskless) 성형이란 무엇인가?

8.9 사형주조를 하기 위하여 사형 금형의 품질을 결정하는 몇 가지 특성을 설명하면?

8.10 주조에 사용되는 생사주형(green sand mold)을 정의하면?

8.11 사형 주형의 상반부와 하반부의 이름은 무엇인가?

기타 소모성 주형 주조 공정

8.12 주조 공정으로 쉘주조 성형을 정의하라.

8.13 석고 주형을 만들 때 패턴 재료로 목재를 선호하지 않는 이유는 무엇인가?

8.14 안디옥 공정을 설명하라?

영구 주형 주조 공정

8.15 반영구 주형이란 무엇을 의미하나?

8.16 다이캐스팅에서 플래시란?

8.17 진공 영구 주형 주조에 대해 설명하라.

8.18 진원심주조는 반원심주조와 어떻게 다른가?

주조공장 작업

8.19 큐폴라란 무엇이며 용도는 무엇인가?

8.20 주물품을 주형에서 제거한 후 사형 주조에 필요한 몇 가지 부수적인 작업을 설명하라.

주조 품질

8.21 주조 공정에서 발생하는 결함은 무엇인가? 세 가지 이름을 지정하고 간단히 설명하라.

8.22 상업적으로 사용되는 가장 중요한 주조 금속은 무엇인가?

8.23 주조 작업의 비용을 분석할 때, 소모성 주형 공정과 영구 주형 공정에서 주형을 제작하고 다루는 방식에서 기본적인 차이가 있다. 차이점은 무엇인가?

8.24 주조품에서 가공 여유란 무엇인가?

연습문제 *PROBLEMS*

Centrifugal Casting

8.1 Copper tubes are produced by horizontal true centrifugal casting. The tube length = 3.0 m, outside diameter = 18.0 cm, and inside diameter = 17.0 cm. If the rotational speed of the pipe = 850 rev/min, determine the G-factor.

8.2 A horizontal true centrifugal casting operation is performed to make cast iron pipe. The pipes have length = 1.83 m, outside diameter = 0.1524 m, and wall thickness = 0.0095 m. (a) If the rotational speed of the pipe = 700 rev/min, determine the G-factor. (b) Is the operation likely to be successful? (c) If not, what should the rotational speed be to achieve a G-factor of 60?

8.3 Brass bushings are made by horizontal true centrifugal casting. The bushings have length = 15 cm, outside diameter = 18 cm, and inside diameter = 16 cm. (a) Determine the rotational speed that obtains a G-factor of 65. (b) When operating at this speed, what is the centrifugal force per square meter (Pa) imposed by the molten metal on the inside wall of the mold? Density of brass = 8.62 g/cm^3.

8.4 True centrifugal casting is performed horizontally to make copper tube sections. The tubes have length = 2.0 m, diameter = 0.30 m, and wall thickness = 14 mm. (a) If the rotational speed of the pipe = 650 rev/min, determine the G-factor on the molten metal. (b) Is the rotational speed sufficient to avoid "rain?" (c) What volume of the molten metal must be poured into the mold to make the casting if solidification shrinkage and solid thermal contraction for copper are 4.0% and 6.5%, respectively (both are volumetric contractions).

8.5 Horizontal true centrifugal casting is used to make aluminum rings with length = 6 cm, outside diameter = 55 cm, and inside diameter = 50 cm. (a) Determine the rotational speed that will provide a G-factor = 60. (b) Suppose that the ring were made out of steel instead of aluminum. If the rotational speed computed in part (a) were used in the steel casting operation, determine the G-factor and (c) centrifugal force per square meter (Pa) on the mold wall. (d) Would this rotational speed result in a successful operation? The density of steel = 7.87 g/cm^3.

8.6 For the steel ring of the preceding problem, determine the volume of molten metal that must be poured into the mold, given that the liquid shrinkage is 0.4%, solidification shrinkage is 2%, and solid contraction after freezing is 7.5% (all are volumetric contractions).

8.7 Tubes are produced by vertical true centrifugal casting. Length of each tube = 0.31 m and outside diameter = 0.15 m. Inside diameters of the tube = 0.16 m at the top and 0.15 m at the bottom. At what speed must the tube be rotated during the operation to achieve these specifications?

8.8 Vertical true centrifugal casting is used to cast brass tubing that is 38 cm long with outside diameter = 20 cm. Density of brass = 8.6 g/cm^3. If the speed of rotation during solidification is 1000 rev/min, determine the inside diameters at the top and bottom of the tubing if the total weight of the final casting = 34 kg.

Casting Economics

8.9 An ingot of cast iron weighing 250 kg is heated to a pouring temperature of 1375°C. The unit heating and pouring energy of this grade of cast iron to raise its temperature for pouring = 730 J/g. Thermal efficiency of the electric furnace = 68%. How much time is required to heat the metal from 28°C to the pouring temperature if the electric furnace generates 220 kW of power?

8.10 An amount of zinc weighing 150 kg is heated to a pouring temperature of 520°C for a die-casting operation. The unit heating and pouring energy of the zinc = 290 J/g. Thermal efficiency of the furnace = 60%. How much time is required to heat the metal from 28°C to the pouring temperature if the furnace generates 190 kW of power?

8.11 An amount of titanium weighing 90.72 kg is heated to a pouring temperature of 1815.55°C. The unit heating and pouring energy required to raise the temperature of the aluminum to pouring temperature = 1395.5 kJ/kg. The furnace generates 175 kW and has a thermal efficiency of 60%. Determine the (a) time required to heat the metal from ambient temperature (21.11°C) to pouring temperature and (b) cost of electricity to heat the metal if the hourly cost of electricity = $0.25/kWh.

8.12 An aluminum-alloy die casting weighs 0.65 kg and the weight of the connected gating system = 0.30 kg. Hourly production rate of the die-casting operation = 75 pc/hr. The unit heating and pouring energy for this alloy = 1060 J/g. The heating crucible used as the source of molten metal in the operation must generate sufficient power to maintain the temperature of the new solid metal plus the recycled gating metal (also solid) added each cycle. The thermal efficiency of the heating crucible = 65%. Assuming that the heating process is in balance with the rate of metal added, determine (a) the power in kilowatts that must be generated by the heating crucible and (b) the hourly cost of electricity if the rate is $0.20/kWh.

8.13 In the sand-casting production line of Example 8.3, the automated mold-making machine costs $120/hr and is tended by hourly personnel at a rate of $45/hr. The match-plate patterns used in the mold-making machine are fabricated at a cost of $600 each and can be used for 2500 molds/pattern before wearing out. Although the mold sand is recycled, the average cost of new sand per mold is figured at $0.12. The cost of energy to heat the molten metal for pouring = $0.06/casting and the hourly cost rate of the pouring line, including heating crucibles = $33/hr. The hourly rate of the three workers who operate the pouring line = $60. The buffer storage system used for cooling the castings has a cost rate = $40/hr. Finally, the cost of the two workers in the break-up area = $38/hr. The cost rate of the break-away area is negligible. Each complete casting produced on the line weighs 4.3 kg; this includes the weight of the gating and riser system, which is 1.8 kg and is recycled. Cost of the casting metal = $1.55/kg. The production rate of the line, with pouring as the bottleneck operation in the sequence, is 164 castings/hr. Determine (a) the total hourly cost to operate the line and (b) the cost per casting produced.

8.14 A cold-chamber die-casting machine operates automatically, supported by two industrial robots. The machine produces two zinc castings per cycle. One robot ladles molten metal into the chamber each cycle, and the other unloads the two castings from the machine and sprays lubricant onto the die cavities. Cycle time = 0.85 min. Each casting weighs 0.4 kg, and the gating system weighs 0.2 kg. The gating system can be recycled to cast more parts. Die cost = $30,60,000. The total production run = 200,000 pc. Scrap rate = 3%. Assume reliability = 100%. Cost of zinc = $75/kg. Melting temperature of zinc = 420°C. Its density = 7100 kg/m^3, heat of fusion = 110 kJ/kg, and specific heat = 0.38 J/g°C (use the same values of density and specific heat for solid and molten zinc). Pouring temperature = 460°C. Heat losses account for 35% of the energy used to heat the metal. Cost of power for heating = $10/kWh. The cost rate of the die-casting machine = $4000/hr, and the cost rate of each robot = $1300/hr. As part of the operation sequence, the casting is trimmed from the gating system, which is done manually at a labor rate of $1400/hr. The worker recycles the zinc from the gating system for remelting. Determine (a) unit energy for melting and pouring, (b) total cost per hour to operate the cell, and (c) cost per part.

Quality and Product Design Considerations

8.15 The housing for a certain machinery product is made of two components, both aluminum castings. The larger component has the shape of a dish sink, and the second component is a flat cover that is attached to the first component to create an enclosed space for the machinery parts. Sand casting is used to produce the two castings, both of which are plagued by defects in the form of misruns and cold shuts. The foreman complains that the parts are too thin, and that is the reason for the defects. However, it is known that the same components are cast successfully in other foundries. What other explanation can be given for the defects?

CHAPTER 9

유리성형

9.1 원재료 준비 및 용융
9.2 유리성형 공정
9.2.1 단위제품 성형
9.2.2 평판유리 및 관유리 성형
9.2.3 유리섬유 성형
9.3 열처리 및 마감 공정
9.3.1 열처리
9.3.2 마감 공정
9.4 제품 설계 시 고려 사항

유리제품은 상업적으로 매우 다양한 모양으로 제조된다. 전구, 음료병, 유리창문 등 다양한 제품들은 대량생산되고 있으며, 대형 천체망원경 렌즈 등은 개별적으로 생산된다.

유리는 세라믹의 세 가지 기본 종류 중의 하나로써, 다른 세라믹 재료는 결정구조를 가지는데 비해, 유리는 비결정구조를 가지는 차이점이 있다. 유리성형법은 다른 재료를 이용한 성형법과 매우 다르다. 유리성형(Glassworking)에 사용되는 원소재는 실리카(SiO_2)로 일반적으로 다른 산화세라믹과 결합되어 사용된다. 고체상태인 원소재에 열을 가하여 점성이 있는 액상으로 변환시킨 후, 유동성이 있는 상태에서 원하는 형상으로 성형시킨다. 냉각되어 딱딱한 상태가 되더라도 결정화 상태가 아닌 유리상으로 남게 된다.

유리성형의 전형적인 제조공정은 그림 9.1과 같은 단계들로 구성된다. 성형은 주조, 프레스-블로잉(병 및 기타용기제조), 압연(평판유리 제조) 등 다양한 공정으로 이루어진다. 3단계는 열처리공정이며, 일부 제품에는 마감 공정이 요구된다.

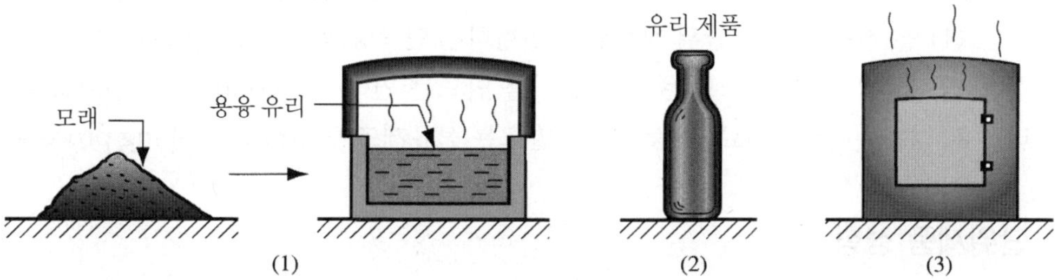

그림 9.1 유리성형의 전형적인 공정 단계. (1) 원재료 준비 및 용융, (2) 성형, (3) 열처리.

9.1 원재료 준비 및 용융

거의 모든 유리의 주원료는 실리카(SiO_2)이며, 모래에 들어있는 천연 석영이 원재료이다. 모래는 잘 세척되고 분류되어야 하며, 세척과정에서 진흙과 원하지 않는 색깔을 가진 광물질이 제거되어야 한다. ***모래 분류(Classifying)***는 모래입자를 크기별로 분류하는 것을 의미하며, 유리공정을 위한 적합한 크기는 0.1~0.6 mm 사이의 것이다[3]. 공업용 소다(Na_2O), 석회석(CaO), 산화알루미늄(Al_2O_3), 잿물(K_2O) 및 기타 광물질이 원하는 조성을 위하여 첨가된다. 혼합은 일반적으로 용융로의 용량에 맞게 일정량 단위로 이루어진다.

일반적으로 최근에는 재활용 유리가 혼합물에 첨가된다. 환경 보존의 의미도 있지만, 재활용 유리는 용융을 원활하게 한다. 버려지는 유리의 양과 최종제품의 조성에 따라 다르겠지만, 재활용 유리가 100%가 될 수도 있다.

용융될 일정량의 원재료를 투입재(charge)라 부르며, 용융로에 투입재를 채우는 과정을 투입(charging)이라고 한다. 유리 용융로는 다음과 같이 분류될 수 있다[3]: (1) 냄비로(pot furnace)-냄비벽면에 열을 가함으로써 용융시키는 제한된 용량의 세라믹 냄비; (2) 데이탱크(day tanks)-투입재 위의 연료를 태우면서 열을 가하는 대용량의 용기이다; (3) 연속탱크로(continuous tank furnace)-긴 탱크로에서 한쪽으로 원재료가 공급되고, 이동과정에서 용융되어 다른 한쪽으로 용융된 유리가 나오는 방식으로, 대량생산에 적합하다; (4) 전기로(electric furnace)-다양한 생산규모에 따라 다양하게 설계될 수 있다.

일반적으로 유리용융은 1,500℃~1,600℃ 사이에서 이루어진다. 전형적인 투입재를 녹이는데 필요한 시간은 24~48hr 소요되며, 이는 모래입자가 맑은 액상으로 변하고 정제되어 적당한 온도로 냉각될 때까지 필요한 시간이다. 용융된 유리는 점성유체로 온도에 반비례하는 점도을 가진다. 용융공정 다음에 성형공정이 이루어지므로, 필요한 점도에 따라 용융공정에서의 온도가 결정된다.

9.2 유리성형 공정

5.2.3절에서 언급한 유리제품의 분류는 창유리, 유리용기, 전구, 실험용 유리기구, 광섬유 및 유리섬유로 구분된다. 이와 같이 다양한 종류에도 불구하고, 이러한 제품을 만드는 성형공정은 세 가지로 분류된다. (1) 병, 전구와 같이 단위 제품별로 성형하는 단속공정(discrete process); (2) 평판유리(유리창문용)와 관유리(실험실용 또는 형광등용)를 만드는 연속공정(continuous process); (3) 단열용 유리섬유, 섬유유리복합재료 및 광섬유를 만드는 섬유제조공정(fiber-making process)

9.2.1 단위제품 성형

유리블로잉(glass blowing)과 같은 고전적인 유리성형법을 역사적 고찰 5.3에서 소개하였으며, 현

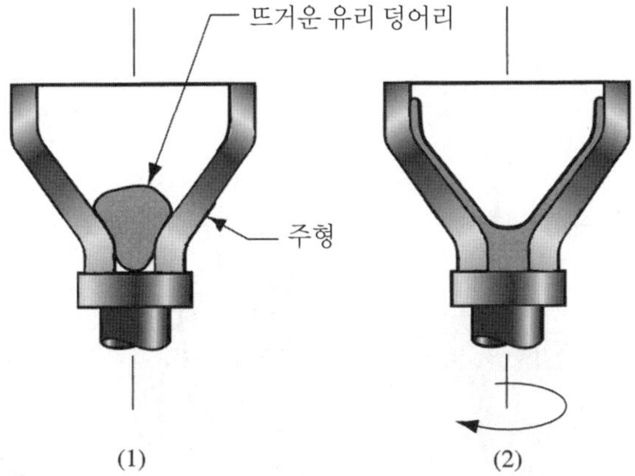

그림 9.2 깔대기 모양의 유리제품 스피닝. (1) 금형에 유리 덩어리 투입, (2) 금형 표면에 용융 유리가 퍼지게 금형을 회전시킴.

재에도 소량의 고가 제품을 생산하는데 활용되고 있다. 본 절에서 언급할 공정은 항아리, 유리병, 전구 등과 같이 단위제품을 대량으로 생산하는 기계화된 기술이다.

스피닝

유리 스피닝(spinning)은 금속의 원심주조와 유사하며, 유리성형에서 스피닝으로 알려져있다. 깔대기 모양의 제품을 만드는데 사용되며, 구성은 그림 9.2와 같다. 용융 유리 덩어리(gob)를 강철로 만들어진 원뿔형 금형에 떨어뜨린 후 회전시켜, 원심력에 의하여 유리를 위쪽으로 밀어 올려 주형 표면에 골고루 퍼지게 한다.

프레싱

프레싱(pressing)은 유리접시, 제빵그릇, 전조등 렌즈, 편평한 종류의 유리제품을 대량생산하는데 광범위하게 사용된다. 공정과정은 그림 9.3과 같으며, 이러한 공정은 대량생산을 위한 자동화공정이 바람직하다.

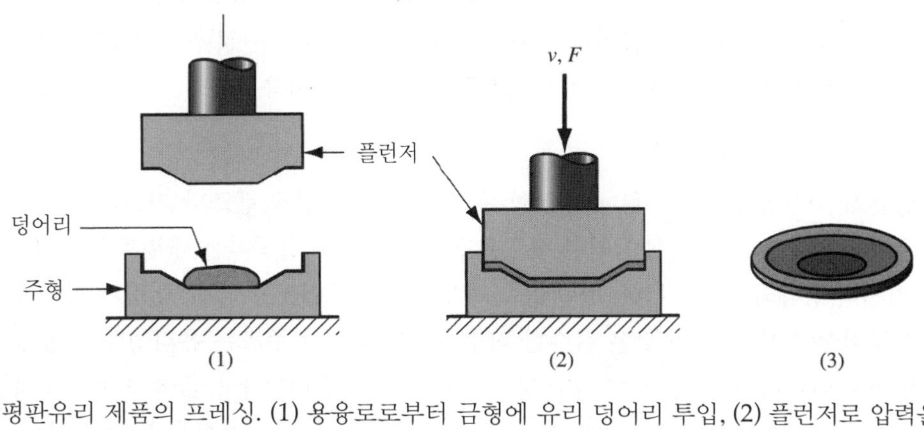

그림 9.3 평판유리 제품의 프레싱. (1) 용융로로부터 금형에 유리 덩어리 투입, (2) 플런저로 압력을 가함, (3) 플러저를 후퇴시켜 제품을 제거. v는 속도, F는 가해진 힘.

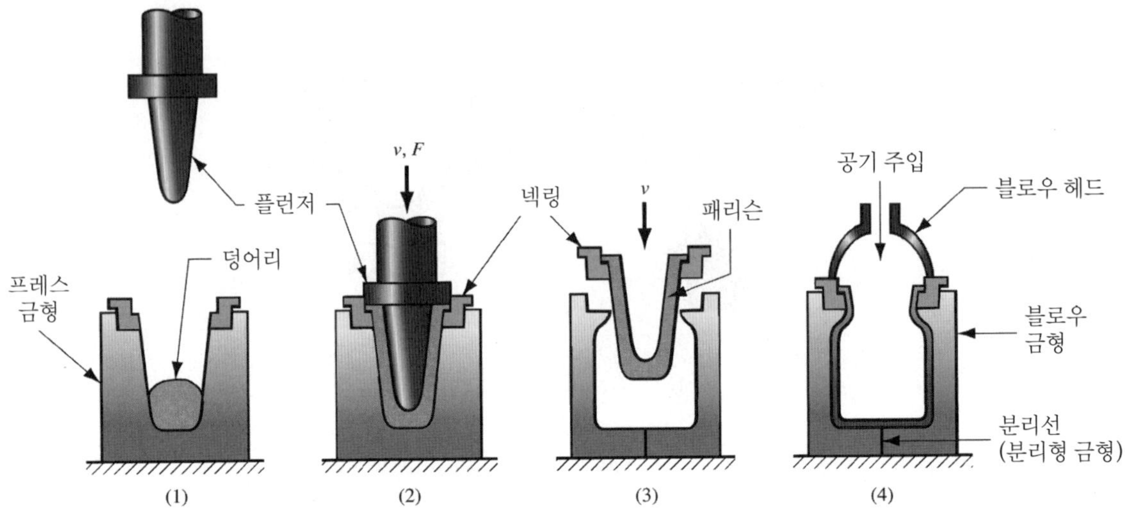

그림 9.4 프레스-블로우 성형공정. (1) 용융 덩어리를 금형 공동에 투입, (2) 프레싱을 통한 패리슨 생성, (3) 부분적으로 성형된 패리슨을 블로우 금형으로 이동, (4) 최종형상이 될 때까지 블로잉. v는 속도, F는 가해진 힘.

블로잉

여러 성형공정들은 한 두 단계 정도의 블로잉(blowing)을 포함한다. 블로잉 공정은 수작업 대신 고도로 자동화된 장비에서 이루어진다. 본 절에서는 프레스-블로우 및 블로우-블로우 방법을 제시한다.

프레스-블로우(press-and-blow) 방법은 이름에서 의미하는 바와 같이, 그림 9.4와 같이 프레싱 공정 후 블로잉공정을 수행한다. 이 방법은 입구가 넓은 용기를 생산하기에 적합하며, 생산된 제품을 꺼내기 위해 분할될 수 있는 금형이 사용된다.

블로우-블로우(blow-and-blow) 방법은 작은 입구를 가진 제품을 생산하기에 적합하며, 프레스와 블로잉 대신에 두 번 이상의 블로잉 공정을 사용한다는 것을 제외하고는 프레스-블로우 방법과 유사하다. 제품의 형상에 따라 다양한 공정이 있으며, 그림 9.5에서는 그 중 한가지 방법을 보여준다. 가끔 블로잉 단계 사이에 재가열이 필요할 수도 있으며, 생산성 향상을 위해 용융덩어리를 공급하는 장치와 두 개 혹은 세 개의 금형을 사용할 수도 있다. 프레스-블로우 및 블로우-블로우 방법은 유리항아리, 음료병, 유리전구 또는 유사형상제품을 만드는데 사용된다.

주조

용탕이 충분히 액상상태라면 주형에 주입할 수 있다. 천체망원경 렌즈나 거울과 같이 상대적으로 큰 제품은 주조법으로 제작된다. 이러한 제품은 온도차에 의해 발생하는 내부응력과 균열을 방지하기 위해 천천히 냉각되어져야 한다. 일단 응고와 냉각이 이루어지고 나면, 래핑과 연마를 통한 마감작업이 이루어져야 한다. 이와 같은 특수한 작업을 제외하고는 주조는 유리성형 공정에서 많이 사용되는 방법은 아니다. 냉각 및 균열 문제뿐만 아니라, 용융유리는 용융금속 또는 용융 플라스틱과 마찬가지로 일반 성형온도에서 점성이 커서 작은 오리피스나 좁은 주형을 통해 흘러갈 수가 없다.

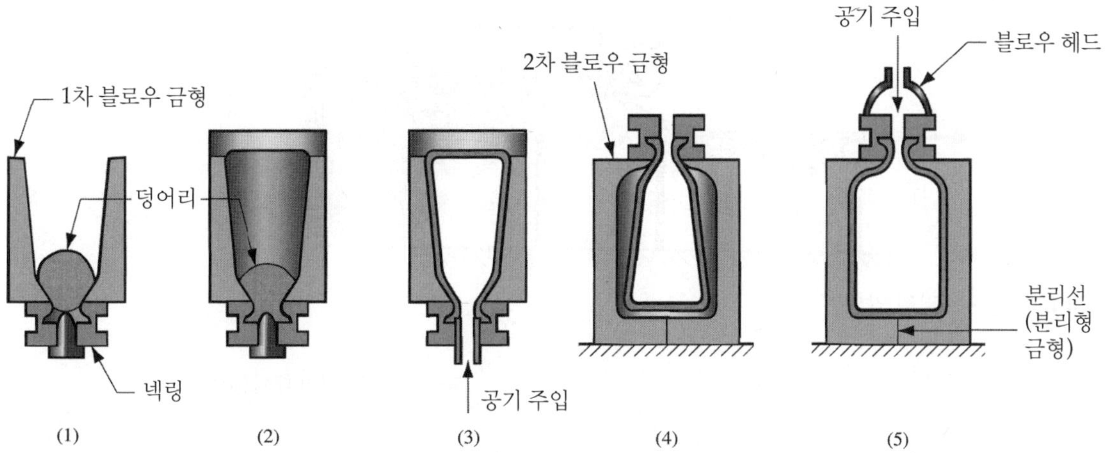

그림 9.5 블로우-블로우 성형공정. (1) 용융 덩어리를 금형 공동에 투입, (2) 금형을 덮음, (3) 1차 블로잉, (4) 부분적으로 성형된 부품을 재정렬하여 2차 금형으로 이동, (5) 최종형상으로 블로잉.

작은 렌즈는 일반적으로 앞서 언급한 프레싱 공정으로 만들어진다.

9.2.2 평판유리 및 관유리 성형

본 절에서는 평판유리를 제작하는 세 가지 방법과 관유리를 생산하는 한 가지 방법에 대해 알아본다. 이러한 방법들은 연속공정으로써 긴 평판유리와 관유리를 제작한 후 적당한 크기와 길이로 절단한다. 이는 역사적 고찰 9.1에 설명된 고대방법과 대조되는 현대기술에 해당된다.

유리판의 압연

평판유리는 그림 9.6과 같이 압연에 의해 만들어진다. 노로부터 유동성 있는 유리를 롤 사이로 통과시키는데 롤 사이의 간격에 따라 평판유리의 두께가 결정된다. 일반적으로 압연공정 후 폴림로

역사적 고찰 9.1 평판유리를 제작하는 고대기술

유리 창문은 수세기 동안 건물에 사용되어왔다. 평평한 유리창을 만드는 가장 오래된 공정은 수작업으로 하는 방법인데, 공정 절차는 다음과 같다. (1) 공기투입관으로 유리구슬 불기, (2) 유리구슬 일부를 금속막대 끝에 붙였다가 떼어내기, (3) 유리를 재가열한 후 막대를 돌려 원심력으로 유리구슬을 평판 디스크로 만들기. 평판의 최대 크기는 약 1 m에 불과하였으며, 이후 창문 크기로 절단되어 사용되었다.

성형과정 세 번째 단계에서 막대에 부착된 유리 디스크 중앙에서 크라운 모양을 가진 덩어리를 형성하는 경향이 있어 이로부터 '크라운 유리'라는 용어가 유례되었다. 이러한 공정을 통해 만들어진 평판유리를 갈아 안경용 렌즈를 만들었다. 고대에 사용된 방법이 현대 생산기술로 대체되었지만, 오늘날 여전히 광학과 안경에 크라운 유리라는 용어가 사용되고 있다.

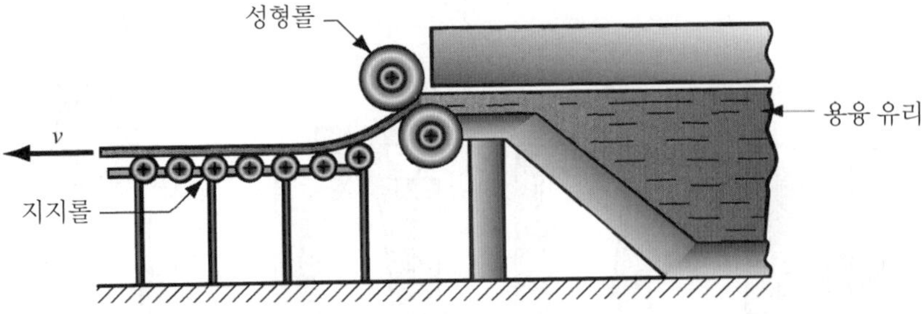

그림 9.6 평판유리의 압연.

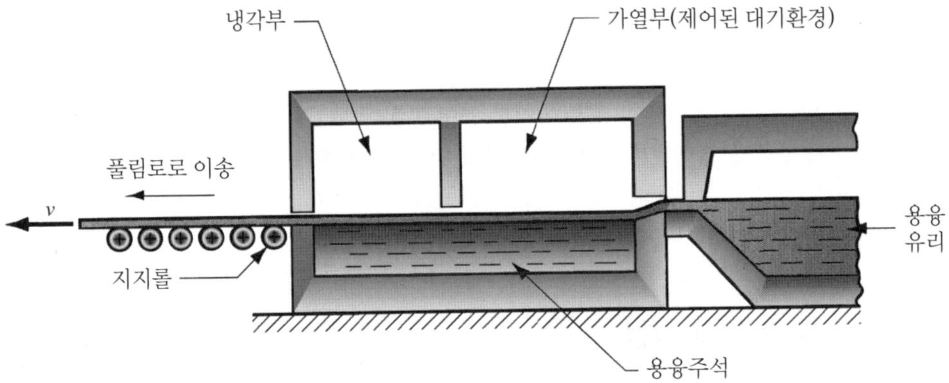

그림 9.7 얇은 유리판 생산을 위한 플로우드 공정.

(annealing furnace)로 연결되도록 장비를 구성한다. 압연된 유리는 이후 평행도와 표면거칠기를 위해 연마되어야 한다.

플로우트 공정

이 공정은 1950대에 개발되었는데, 압연과 같은 다른 방법보다 우수한 점은 표면이 매끄러워 마감 공정이 필요 없다는 점이다. 플로우트 공정은 그림 9.7과 같이 용융로에서 주석조(tin bath)로 용융 유리가 바로 흘러가게 된다. 용융유리는 주석 표면을 통과하면서 편평하게 펴지며, 매끄럽고 일정한 두께를 가지게 된다. 주석조의 냉각부분을 통과한 후 딱딱해지며, 풀림로를 거친 뒤 적당한 크기로 잘라진다.

퓨전 인발공정

얇은 유리판을 생산하는 공정은 코닝 글라스사(Corning Glass Works)에 의해 개발되었으며, 이 방법은 오버플로 다운드로우(overflow downdraw) 방법으로 알려져 있다. 최종 유리제품에 요구되는 특성에 따라 다양한 실리카 종류가 초기 재료로 활용되며, 재료는 적절한 유동성과 균질성을 획득할 수 있도록 충분한 온도로 용융탱크에 열이 가해진다. 용융된 유리는 그림 9.8과 같이 가열된 V자 모양의 용기에 부어진다. 평판유리의 두께는 공정변수인 주입속도와 유리온도에 영향을 받는다. V자 용기 내 유리의 온도는 유리 조성물의 적절한 점도를 얻기 위해 유지되어야 한다. 용융유리는 V자 용기에서 흘러 넘쳐 바닥에서 재결합되어 아래 방향 흐르면서 냉각되고 길어지면서 한

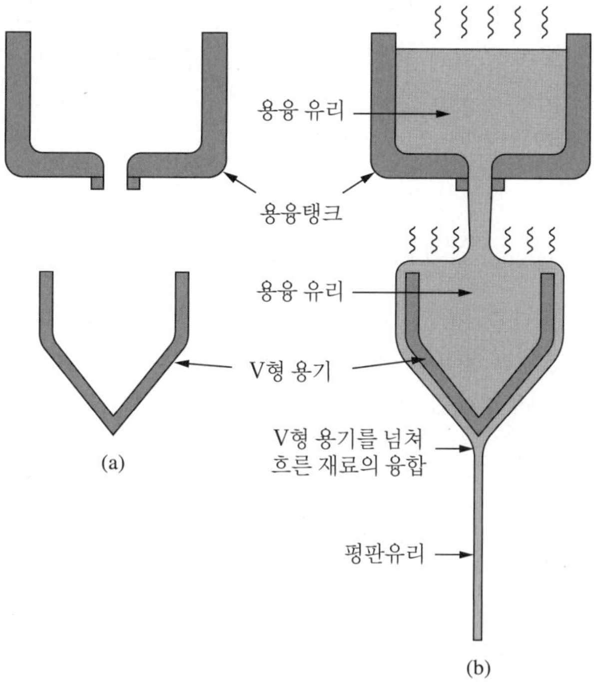

그림 9.8 퓨전 인발공정의 측면도와 단면도. (a) 용융유리가 없는 단면도, (b) 용융유리가 용융탱크로부터 V용기를 거쳐 바닥에서 재결합 및 융합되어 단일 평판유리를 형성하는 단면도.

장의 수직 평판유리가 만들어진다. 평판유리는 원하는 두께가 될 때까지 인발공정이 수행되며, 그런 다음 원하는 크기로 잘리게 된다. 퓨전 인발공정을 통해 제작된 평판유리는 다른 공정에서 발견되는 표면긁힘이나 결함이 없다. 퓨전 인발공정으로 코닝사에서 만든 제품으로는 Gorilla® Glass, Willow® Glass, Lotus® Glass 등이 있다(5.2.3절).

유리관의 인발

유리관은 그림 9.9와 같이 Danner 공정으로 알려진 인발법에 의해 제조된다. 회전하는 만드렐(mandrel) 주위로 용융유리가 부어지며, 속이 비어있는 만드렐을 통하여 공기를 불어넣는다. 인발

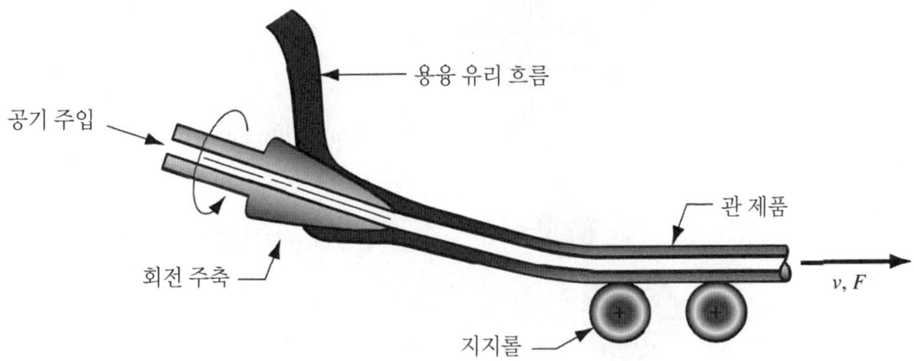

그림 9.9 Danner 공정에 의한 유리관의 인발. v는 속도, F는 가해진 힘.

속도뿐만 아니라 공기온도 및 유량이 유리관의 직경 및 두께를 결정한다. 응고되는 동안 유리관은 30 m 정도에 걸쳐 롤러들에 의하여 지지된다. 연속된 유리관은 표준길이로 절단되며, 실험실 유리기구, 형광등, 온도계 등이 이러한 방법으로 제작된다.

9.2.3 유리섬유 성형

유리섬유는 단열재에서부터 통신용 광섬유에 이르기까지 광범위하게 사용된다. 유리섬유는 두 가지 범주로 나눌 수 있다[6]: (1) 단열, 방음, 공기필터에 사용되는 유리섬유로써 모(wool)과 같이 섬유의 방향이 일정하지 않는 형태. (2) 섬유강화 플라스틱, 옷감 및 광섬유에 적합한 형태로 길고 연속적인 필라멘트 형태. 두 범주의 형태를 제작하기 위해서는 아래와 같이 각각 다른 생산방식이 적용된다.

원심분사

모형태의 유리섬유를 만드는 대표적인 공정이다. 둘레에 작은 오리피스를 가진 회전통에 용융유리가 흘러들어가, 원심력에 의해 오리피스 사이로 분사되면서 단열 및 방음재에 적합한 유리섬유로 만들어진다.

연속 필라멘트 인발

이 공정은 그림 9.10과 같이 백금합금으로 만들어진 가열된 오리피스를 통과하는 용융유리를 인발

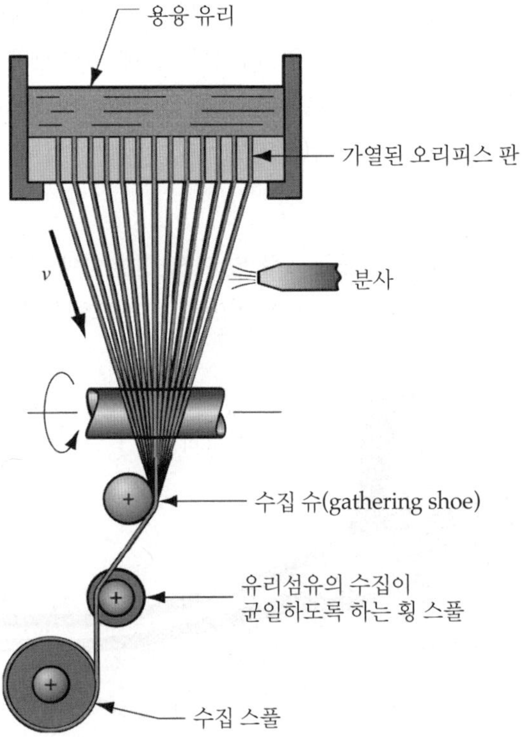

그림 9.10 연속 유리섬유의 인발.

하여 작은 직경(최소 0.0025 mm)의 연속 유리섬유를 생산하는 방법이다. 수 백개의 오리피스를 가지고 있는 가열판은 한 개의 오리피스 당 한 개의 유리섬유를 만든다. 각각의 유리섬유들은 수집스풀(collection spool)에 모여 감기게 된다. 감기기 전에 다양한 화학약품과 윤활제를 코팅하게 되며, 인발속도는 대략 50 m/s 정도이다.

9.3 열처리 및 마감 공정

유리제품의 열처리는 유리성형 과정에서 3번째 단계이다. 어떤 제품에는 부가적으로 마감 공정이 수행되기도 한다.

9.3.1 열처리

5.2.3절에서 언급한 것처럼 유리-세라믹 재료는 특별한 열처리를 통해 유리상태를 다결정 세라믹으로 변환시켜 만들 수 있다. 기타 유리에 가해지는 열처리는 획기적인 변화를 기대할 수 없지만, 풀림(annealing)과 뜨임(tempering)과 같은 열처리는 상업적으로 중요하다.

풀림

유리제품은 성형 후 원하지 않는 내부응력을 가지게 되는데, 이는 강도를 저하시키는 특성이 있다. 풀림은 내부응력을 감소시키는 역할을 하며, 금속성형에서도 수행되는 열처리 방법이다. 풀림은 어느 온도까지 가열한 후에 응력 및 온도 구배를 제거하기 위하여 일정 시간 동안 온도를 유지시키며, 응력형성 억제를 위해 천천히 냉각시키다, 상온에서 신속히 냉각시키는 과정을 거친다. 일반적인 풀림 온도는 대략 500°C이며, 일정온도 유지시간, 가열 및 냉각 속도는 유리의 두께에 따라 달라진다. 일반적으로 풀림 시간은 유리 두께의 제곱에 비례한다.

현대적인 유리제조 공장에서 풀림은 레어(lehr)라고 불리는 터널형태의 노에서 수행되며, 제품은 고온의 챔버속에서 컨베이어를 따라 천천히 움직인다. 챔버의 앞부분에 가열기가 장착되어, 원하는 가열과 냉각 주기를 거치게 된다.

강화유리 및 관련 제품

뜨임 열처리를 통해 유용한 내부응력을 가진 유리제품을 만들 수 있으며, 결과로 만들어진 재료를 *강화유리(tempered glass)*라 한다. 강의 열처리와 마찬가지로 뜨임은 유리의 인성을 향상시킨다. 뜨임은 유리를 풀림 온도보다 약간 높은 소성 가능한 영역까지 가열하고 공기로 유리표면을 담금질 처리한다. 표면이 냉각되어 수축하고 경화될 때, 내부는 아직 소성 가능한 상태로 있게 된다. 내부가 천천히 냉각되고 수축되면서 이미 경화된 표면에 압축력을 가하게 된다. 다른 세라믹과 같이 유리는 인장력 보다 압축력에 더 강하다. 따라서 강화유리는 표면에 압축력이 가해졌지 때문에 긁힘이나 부서짐에 더 강한 특성을 가지게 된다. 대형 빌딩의 유리창, 대부분의 유리출입문, 안전유리 및 기타 강화유리가 필요한 곳에 활용된다.

강화유리가 부서지면, 일반유리보다 훨씬 작은 파편으로 부서지게 되므로 파손 시 운전자의 안전을 위해 자동차의 앞 유리는 강화유리로 만들지 않는다. 일반적으로 일반유리가 대신 사용되며, 질긴 고분자 박판의 양쪽에 일반유리를 붙인 샌드위치 유리를 사용한다. 파손되었을 경우, 유리조각들은 고분자 박판에 그대로 붙어 있게 되며, 상대적으로 투명하게 보인다.

이온교환 공정

이 방법은 상당한 양의 산화나트륨(Na_2O)이 포함된 알루미노실리케이트 계통의 고릴라 유리(코닝 제품)를 열처리하는 공정이다. 스마트폰 액정유리와 같이 대상 제품 크기로 절단된 평면유리를 약 400°C의 뜨거운 용융 칼륨(K) 욕조에 넣고, 유리표면의 나트륨 이온을 칼륨이온으로 대체시키는 열처리 방식이다. 나트륨과 칼륨은 알카리 금속(주기율표의 IA열, 그림 2.1)이지만, 칼륨이온의 크기가 나트륨이온의 크기보다 크다. 따라서, 유리가 냉각되는 과정에서 유리 표면에 압축은 있지만 부피가 더 커져서 유리 표면 손상은 일어나지 않는다. 기본적으로는 강화유리 열처리와 동일한 결과를 얻을 수 있다.

9.3.2 마감 공정

유리제품 생산에서 마감 공정(finishing operation)이 종종 요구되며, 이러한 2차 공정은 연삭(grinding), 연마(polishing) 및 절단(cutting)을 포함한다. 평판유리가 압연 또는 인발로 생산되었을 경우, 양쪽 면이 반드시 평행하지 않으며, 반대면에 생산장비에 의한 긁힘이나 결함이 나타나므로 상업제품화 하기 위해서는 연삭이나 연마작업이 필요하다. 분할 금형이 사용되는 프레스-블로우 공정에서는 분리선에 의해 생긴 무늬를 연마하여야 한다.

평판유리나 관유리 제조공정과 같은 연속 유리성형 공정에서는 연속된 부분을 작은 조각으로 잘라야 한다. 처음에 유리절단 휠 또는 절단 다이아몬드로 유리에 금을 긋고, 금을 따라 잘라내는데 일반적으로 풀림로를 빠져 나올 때 절단이 이루어진다.

어떤 유리제품에는 장식과 표면처리 공정이 사용된다. 이러한 공정은 기계적 절단, 연마공정, 샌드블라스팅(sandblasting), 화학에칭(종종 다른 화학제품과 함께 불화수소산을 이용), 코팅(예, 거울표면에 알루미늄이나 은 코팅)을 포함한다.

9.4 제품 설계 시 고려사항

유리는 어떤 응용분야에서 요구하는 특별한 특징을 가지고 있으며, Bralla[1]는 다음과 같이 설계 시 고려할 사항을 지적하였다.

- 유리는 투명하며, 공업용재료 중에서 매우 독특한 광학적 특성을 가지고 있다. 투명성, 빛 투과성, 확대 또는 유사특성이 필요한 분야에서는 유리가 적용될 수 있다. 설계 요구사항에 따라 투

명한 고분자가 대안이 될 수 있다.

- 유리는 인장력보다 압축력에 몇 배 강한 특징을 가지고 있다. 따라서 유리제품은 인장력을 받지 않고 압축력을 받도록 설계되어야 한다.
- 유리를 포함한 세라믹 재료는 잘 부서지는 특징이 있다. 따라서 충격하중을 받거나 부서질 정도의 높은 응력을 받는 곳에 사용되어서는 안된다.
- 어떤 유리혼합물은 매우 낮은 열팽창 계수를 가지므로 열충격에 잘 견딜 수 있는 특징이 있다. 이런 유리는 열충격이 중요한 분야에 활용될 수 있다.
- 유리제품의 외부 모서리나 코너는 큰 반경을 갖거나 모따기(chamfer)를 해야 한다. 마찬가지로 내부 코너도 큰 반경을 갖게 해야 한다. 외부와 내부 코너 모두 응력이 집중되는 곳이다.
- 전통세라믹 또는 신소재세라믹으로 만들어지는 부품과 달리, 유리를 이용해 나사홈을 만들 수 있다. 기술적으로는 프레스-블로우 방식으로 가능하지만, 정밀하지 않는 나사산을 가진 제품이어야 제조가 가능하다.

참고문헌 *REFERENCES*

[1] Bralla, J. G. (ed.). *Design for Manufacturability Handbook*. 2nd ed. McGraw-Hill, New York, 1998.
[2] Flinn, R. A., and Trojan, P. K. *Engineering Materials and Their Applications*. 5th ed. John Wiley & Sons, New York, 1995.
[3] Hlavac, J. *The Technology of Glass and Ceramics*. Elsevier Scientific, New York, 1983.
[4] McColm, I. J. *Ceramic Science for Materials Technologists*. Chapman and Hall, New York, 1983.
[5] McLellan, G., and Shand, E. B. *Glass Engineering Handbook*. 3rd ed. McGraw-Hill, New York, 1984.
[6] Mohr, J. G., and Rowe, W. P. *Fiber Glass*. Krieger, New York, 1990.
[7] Scholes, S. R., and Greene, C. H. *Modern Glass Practice*. 7th ed. TechBooks, Marietta, Georgia, 1993.
[8] www.corning.com/gorilla_glass
[9] www.corning.com/worldwide/en/innovation/corning-emerging
[10] www.wikipedia.org/wiki/Aluminosilicate
[11] www.wikipedia.org/wiki/Borosilicate_glass
[12] www.wikipedia.org/wiki/Glass_fiber
[13] www.wikipedia.org/wiki/Gorilla_Glass
[14] www.wikipedia.org/wiki/Overflow_downdraw_method

복습문제 *REVIEW QUESTIONS*

서론

9.1 유리는 세라믹재료로 분류된다. 그러나 유리는 세라믹과 다르다. 그 차이는 무엇인가?

9.2 거의 모든 유리제품에 첨가되는 화학품은 무엇인가?

원재료 준비 및 용융

9.3 용융용 모래의 관점에서 분류라는 용어를 정의하라.

9.4 유리 조성물에 포함된 세 가지 추가 화합물은 무엇인가?

9.5 유리성형에서 용융로는 4가지로 나누어질 수 있다. 이름을 열거하라.

9.6 용해로에서 유리가 용융되는 대략적인 온도는 얼마인가?

9.7 유리성형 공정에 필요한 세 가지 기본 단계는 무엇인가?

유리성형 공정

9.8 유리성형에서 스피닝 공정을 설명하라.

9.9 유리성형 공정 중 프레스-블루우 성형방식과 블로우-블로우 성형방식의 차이점을 설명하라.

9.10 천체 망원경용 렌즈나 거울 제조 과정에서 천천히 냉각시키는 이유는 무엇인가?

9.11 유리섬유를 제작하는 두 가지 공정을 나열하고 간단히 설명하라.

9.12 유리성형 공정 중 눌러서 제작한 전형적인 제품은 무엇인가?

열처리 및 마감 공정

9.13 유리성형에서 풀림의 목적을 설명하라.

9.14 강화유리를 만들기 위한 열처리를 설명하라.

9.15 고릴라 유리를 강화하기 위해 수행되는 이온 교환공정을 설명하라.

9.16 평판유리를 거울로 만드는 고정을 설명하라.

9.17 자동차 유리에 주로 사용되는 재료의 형태에 대해 설명하라.

제품 설계 시 고려 사항

9.18 유리제품을 설계하는 데에 고려해야 할 사항은 몇 가지를 설명하라.

CHAPTER 10

플라스틱 가공 공정

10.1 고분자 멜트의 특성

10.2 압출

10.2.1 공정 및 장비

10.2.2 압출 공정 해석

10.2.3 다이 형상과 압출 제품

10.2.4 압출 공정의 경제성

10.3 플라스틱 박판 및 필름의 제조

10.4 섬유 및 필라멘트 제조(스피닝)

10.5 코팅 공정

10.6 사출 성형

10.6.1 공정 및 장비

10.6.2 금형

10.6.3 사출 성형 공정에서의 수축과 결함

10.6.4 사출성형 공정의 경제성

10.6.5 기타 사출 성형 공정

10.7 압축 성형과 트랜스퍼 몰딩

10.7.1 압축 성형

10.7.2 트랜스퍼 몰딩

10.8 블로우 몰딩과 회전 몰딩

10.8.1 블로우 몰딩

10.8.2 회전 몰딩

10.9 열 성형

10.10 플라스틱 주조

10.11 고분자폼 공정 및 성형

10.12 제품 설계 시 고려 사항

플라스틱은 사출제품, 압출 제품, 필름 및 박판, 전선의 절연 코팅, 직물용 섬유 등과 같이 광범위한 제품에서 사용되고 있으며, 니스, 접착제, 다양한 고분자 기지 복합 재료 등과 같은 물질의 주원료로 사용된다. 본 장에서는 플라스틱 가공 기술을 알아보고, 다음 장에서 페인트 및 니스, 접착제, 복합 재료에 대해 알아보겠다. 한편 많은 플라스틱 가공 공정은 고분자 기지 복합 재료 및 고무 소재(11장)에 적용될 수 있다.

플라스틱 소재의 사용이 증가함에 따라 플라스틱 가공 공정의 상업적, 기술적 중요성이 커지고 있다. 지난 50년에 걸쳐 금속과 세라믹 재료보다 플라스틱 재료를 사용한 제품이 빠르게 늘어났으며, 과거 금속으로 제작되던 많은 제품들이 오늘날 플라스틱 및 플라스틱 복합재로 제작되고 있다. 유리 재료의 경우에도 제품 포장에 사용되는 유리병과 유리 용기를 대체하는 플라스틱 용기가 광범위하게 사용되고 있다. 현재 전 세계에서 생산하는 고분자 재료(플라스틱 및 고무)의 총 부피는 금속의 총 생산 부피를 넘어섰으며, 플라스틱 성형 공정이 중요한 이유는 다음과 같다.

- 가공에 용이한 고분자 재료의 특성과, 다양한 성형 공정으로 인해 제작 부품의 형상에 대한 제

약이 거의 없다.
- 많은 플라스틱 부품이 정형가공공정(net shape process)인 성형 공정으로 제작되어, 추가적인 가공 공정이 필요하지 않다.
- 일반적으로 플라스틱 성형을 위해 가열 공정이 요구되지만, 공정 온도가 낮아 금속 성형 공정에 비해 적은 에너지가 소모된다.
- 낮은 온도에서 가공 공정이 수행되므로 제품의 취급(운반과 저장)이 용이하다. 대다수의 플라스틱 제품은 일회의 공정(성형 공정, molding)으로 제작되므로 금속에 비해 제작시 부품 취급 횟수가 적다.
- 플라스틱 제품은 특별한 경우를 제외하고 페인팅이나 도금과 같은 후처리 공정이 필요하지 않다.

5장에서 알아본 바와 같이, 플라스틱 재료는 열가소성(thermoplastic)과 열경화성(thermoset)으로 구분된다. 열경화성 플라스틱은 가열 공정과 성형 과정에서 분자 구조에서 영구적인 화학변화인 가교 결합(cross-linking)이 이루어지는 경화반응을 겪으며, 한번 경화되면 다시 가열해도 녹일 수 없다. 반면, 열가소성 플라스틱은 경화반응을 겪지 않으며, 고체 상태에서 액체 상태로 바뀌는 재가열을 하여도 기본적인 화학구조는 변화되지 않는다. 두 가지 형태의 플라스틱 중, 열가소성 플라스틱이 상업적으로 널리 사용되고 있으며, 전체 플라스틱 수요의 약 80%를 차지한다.

플라스틱 가공 공정은 제품 형상에 따라 (1) 박판(sheet), 필름(film), 필라멘트(filament)를 제외한 일정한 단면을 가지는 연속 압출 제품, (2) 연속 플라스틱 박판 및 필름; (3) 연속 필라멘트(섬유), (4) 대부분 속이 꽉 찬 성형 제품, (5) 속이 빈 비교적 얇은 벽으로 구성된 성형 제품, (6) 플라스틱 박판 또는 필름으로 만들어진 단위 제품, (7) 주물, (8) 발포(form) 제품으로 분류될 수 있다. 본 장에서는 상기의 플라스틱 성형 공정에 대해 각각 알아볼 것이다. 열가소성 플라스틱의 성형 공정은 상업적으로 매우 중요하며, 이중 플라스틱 압출과 사출 성형은 가장 중요한 공정이라 하겠다. 플라스틱 성형공정의 간단한 역사는 역사적 고찰 10.1에 설명하였다.

거의 모든 열가소성 플라스틱의 성형 공정이 플라스틱의 유동성 향상을 위한 가열 공정을 공통적으로 포함하고 있으므로, 고분자 멜트(polymer melt)의 특성을 알아보는 것으로 플라스틱 성형 공정에 대한 설명을 시작한다.

역사적 고찰 10.1 플라스틱 성형공정

플라스틱 성형 장비는 고무 성형기술로부터 발전되었다. 주목할만한 초기 개발자는 1835년경 고무에 첨가제를 섞는 Two-roll steam-heated mill을 개발한 미국인 Edwin Chaffee이다(11.5.2절 참조). 그는 또한 옷감에 고무를 코팅하기 위하여 캘린더(calender)라고 불리는 기계를 만들었으며, 두 기계 모두 현재 플라스틱과 고무 성형에 사용되고 있다.

1845년경 영국에서 개발된 최초의 압출기는 전선에 고무를 압출하여 코팅하는 램(ram) 구동 기계였다. 램 구동 압출기의 문제점은 압출 공정에서 램이 압출 챔버의 끝단에 도달하면 램은 다시 초기 위치로 돌아와야 하며, 새로운 배치의 고무가 챔버에 충진되어야 하는 단속적인

(intermittent) 방법으로 동작한다는 것이다. 특히 전선이나 케이블 코팅작업에서는 연속적으로 동작하는 압출기가 꼭 필요하였다. 여러 사람이 스크루형 압출기(10.2.1절)를 개발하였으나, 1879년 Mathew Gray가 영국에서 발명특허를 획득하였다. 이후 열가소성 플라스틱이 개발되면서, 고무 소재를 위해 설계되었던 스크루구동 압출기가 열가소성 플라스틱의 압출을 위해 사용되기 시작하였으며, 1935년에 열가소성 플라스틱을 위해 설계된 압출기가 출시되었다.

플라스틱 사출성형기는 금속 다이캐스팅 장비를 변형한 것으로(역사적 고찰 8.2 참조), 1872년경 플라스틱의 개발에 중요한 인물인 John Hyatt가 플런저 구동 형태(11.6.1절 참조) 플라스틱 성형기계에 대한 특허를 출원하였다. 현대적인 형태의 사출성형 기계는 1921년 출시되었으며, 이후 1937년에 반자동 제어기가 추가되었다. 1952년 미국의 William Willert가 개발한 왕복 스크루의 우수성이 명백해지기 전까지 수십 년 동안 플라스틱 사출성형기는 램구동 기계가 표준으로 사용되었다.

10.1 고분자 멜트의 특성

거의 모든 열가소성 플라스틱 가공 공정에서는 재료를 연화시켜 액체 상태에 이를 때까지 가열하는 공정이 수행되며, 이렇게 용융된 재료를 *고분자 멜트(polymer melt)*라 부른다. 본 절에서는 고분자 멜트의 여러 가지 독특한 특성을 다룬다.

점성(viscosity)

플라스틱 재료의 높은 분자량 때문에, 고분자 멜트는 높은 점성을 갖는다. 3.4절에서 정의된 바와 같이, 점도는 유체가 흐르면서 생기는 전단 응력(shear stress)에 대한 전단 속도(rate of shear)의 영향에 관련된 유체 특성이다. 대부분의 플라스틱 성형 공정은 고분자 멜트를 작은 관이나 금형 입구로 흘리기 때문에 점도는 플라스틱 성형 공정에서 매우 중요한 인자이다. 플라스틱 성형 공정에 있어, 종종 큰 유량(flow rate)이 발생하며, 이는 높은 전단 속도를 발생시키고, 전단 속도의 증가에 따라 전단 응력이 증가하게 되므로, 공정을 수행하기 위해 높은 압력이 요구된다.

그림 10.1은 두가지 종류의 유체에 대해 점도를 전단 속도의 함수로 나타낸 것이다. *뉴턴 유체(Newtonian fluid*, 물과 기름 같이 대부분의 간단한 유체)의 경우 특정 온도에서 점도는 전단 속도에 따라 변하지 않고 일정하다. 전단 응력과 전단 변형률은 점도를 비례상수로 한 비례 관계에 있다.

$$\tau = \eta\dot{\gamma} \quad \text{or} \quad \eta = \frac{\tau}{\dot{\gamma}} \tag{10.1}$$

여기서 τ = 전단 응력(Pa); η은 전단 점도 계수(Ns/m^2, 또는 Pa-s); $\dot{\gamma}$는 전단 속도(1/s, 1/sec)이다. 그러나 고분자 멜트의 경우 전단 속도가 증가함에 따라 점도가 감소한다. 이는 전단 속도가 높아짐에 따라 유체가 얇아지게 된다는 것을 의미하며, *준소성(pseudoplasticity)*이라고 한다. 준소성 특

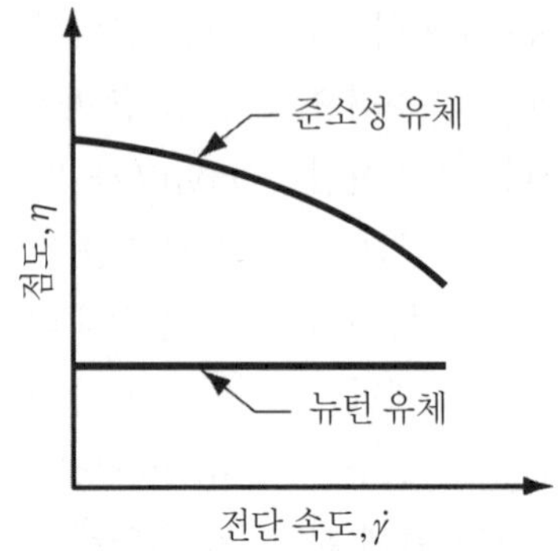

그림 10.1 뉴턴 유체와 일반적인 고분자 멜트의 점도 비교(준소성 유체).

성은 다음과 같이 적절히 근사시킬 수 있다.

$$\tau = k(\dot{\gamma})^n \tag{10.2}$$

여기서, k는 점도계수에 따른 상수이며, n은 유체의 거동에 따른 지수이다. $n=1$이면, 윗식은 뉴턴 유체에 대한 식 (10.1)과 같으며, k는 η가 된다. 고분자 멜트에서 n은 1보다 작다.

고분자 벨트의 점도는 전단 속도(유속)의 효과뿐만 아니라, 온도에 영향을 받으며, 대부분의 유체와 마찬가지로 온도가 올라감에 따라 점도가 감소한다. 그림 10.2는 일반적인 사출 성형 및 고속 압출 공정에 사용되는 대략적인 전단 속도인 $10^3\ s^{-1}$에서 다양한 고분자의 온도에 따른 점도 특성을 보여준다. 그림을 통해 고분자 멜트의 점도는 전단 속도와 온도가 증가함에 따라 감소한다는 것을 알 수 있다. 그림 10.2에서와 같이 k값이 온도에 영향을 받는 현상을 제외하고 식 (10.2)가 적용될 수 있다.

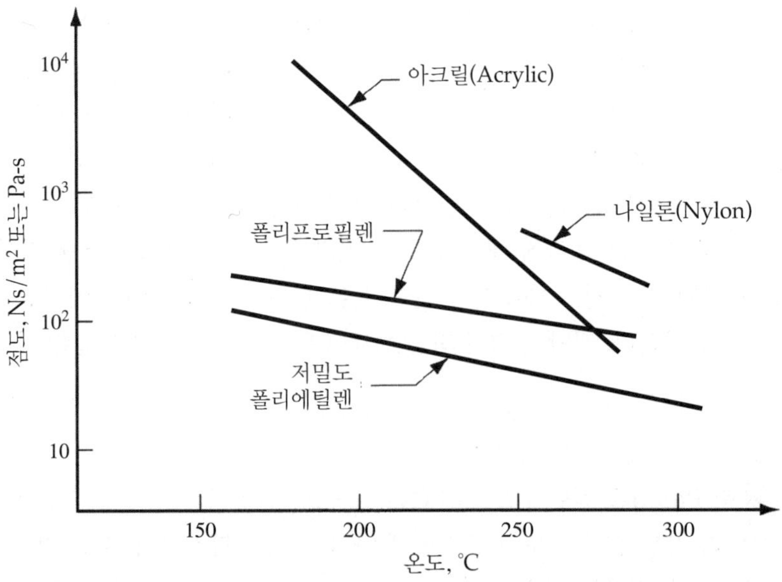

그림 10.2 전단 속도 $10^3\ s^{-1}$에서 다양한 고분자의 온도에 따른 점도 영향 비교[12].

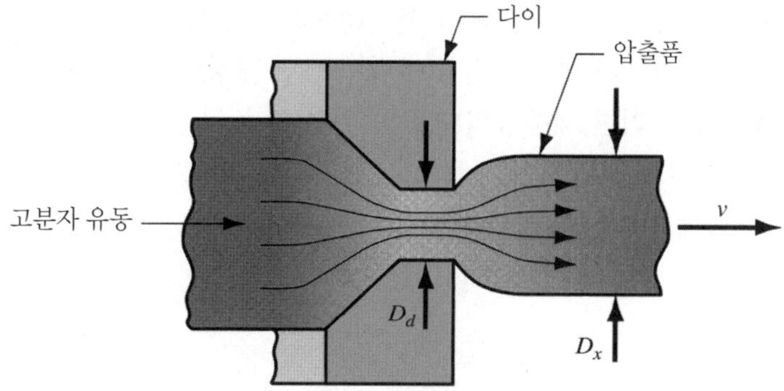

그림 10.3 고분자 멜트의 점탄성 성질에 의해 압출 과정에서 발생하는 다이 팽윤 현상.

점탄성(Viscoelasticity)

다음으로 다룰 고분자 멜트의 특성은 점탄성이다. 앞서 3.5절에서 고체 고분자의 점탄성 특성을 알아보았으며, 액체 고분자에서도 동일한 특성이 적용된다. 액체 고분자의 점탄성 효과의 좋은 예로 압출 성형 공정에서 다이 오프닝(Die opening)을 빠져나온 뜨거운 플라스틱이 팽창하는 ***다이 팽윤 (Die swell)*** 현상을 들 수 있다. 그림 10.3은 넓은 단면을 가진 공간에 담겨져 있던 고분자 재료가 좁은 다이 통로를 통해 나오는 과정에서 팽창되는 현상을 보여준다. 다이의 좁은 오프닝으로 압출된 재료는 이전의 형상을 기억하고 되돌아가려고 하는 것이다. 좀 더 기술적으로 말하면, 다이 팽윤은 좁은 다이 오프닝을 지나면서 재료에 가해진 압축 응력이 바로 사라지지 않기 때문에 발생하는 현상으로, 압축 응력을 받아 재료가 좁은 오프닝을 통과한 뒤에도 잔류 압축 응력이 재료 내부에 존재하고, 이후 다이에 의한 제한 조건이 사라졌을 때, 단면적이 확장되는 현상이다.

다이 팽윤은 다음과 같이 정의된 팽윤율(swell ratio)을 이용하여, 원형 단면에 대하여 쉽게 측정될 수 있다

$$r_s = \frac{D_x}{D_d} \tag{10.3}$$

여기서, r_s는 팽윤율 D_x는 압출된 단면의 직경(mm); D_d는 다이 오프닝 오리피스의 직경(mm) 이다. 다이 팽윤의 양은 고분자 멜트가 압출 다이의 다이 오프닝 통로에 머무는 시간에 영향을 받으며, 다이 오프닝 통로의 길이가 길어져 머무는 시간이 길어지면 다이 팽윤이 감소한다.

10.2 압출

금속과 세라믹 재료에서와 같이 압출(extrusion)은 고분자 재료에 대해서도 기본적인 가공 방법 중 하나이다. 압출은 다이 오리피스 모양의 단면 형상을 갖는 길고 연속적인 제품의 제작을 위해, 힘을 가하여 재료가 다이 오리피스를 통과하도록 하는 압축 공정이다. 압출 공정은 열가소성 플라스틱과 고탄성 고분자(elastomer)의 가공에 광범위하게 사용되며(열경화성 플라스틱에는 잘 적용되지 않

는다), 플라스틱 튜브(tubing), 파이프(pipes), 호스(hose), 창틀 및 문틀과 같은 구조물, 박판, 필름, 연속 필라멘트, 전선 및 케이블의 절연 코팅등과 같이 단면 형상이 균일한 길고 연속적인 제품의 대량 생산을 위해 적용된다. 이러한 제품들의 제작을 위한 압출 공정은 연속적으로 수행되며, ***압출품(extrudate)***은 적당한 길이로 절단되어 제품으로 가공된다. 본 절에서는 기본적인 압출 공정을 알아보고 순차적으로 압출에 기반한 공정에 대해 알아본다.

10.2.1 공정 및 장비

고분자 압출 공정에서, 펠릿(pellet) 또는 분말 형태의 원소재는 압출 배럴(extrusion barrel)로 공급되고, 배럴 내에서 가열되어 용융된 뒤, 회전 스크루(screw)에 의해 그림 10.4와 같이 다이 오프닝을 통과하도록 가압된다. 압출기의 두 가지 주요 구성품은 배럴과 스크루이다. 다이는 압출기의 부품이 아니며 생산하고자 하는 제품에 적합하도록 제작된 특수한 공구라 할 수 있다.

일반적으로 압출기 배럴의 직경은 25~150 mm 범위이다. 배럴의 길이는 직경보다 상대적으로 길며, 직경 대 길이비(L/D ratio)는 일반적으로 10~30 정도이다. 그림 10.4의 직경 대 길이비는 효과적인 설명을 위해 축소된 상태이다. 배럴의 직경 대 길이비는 재료에 따라 다르며, 일반적으로 열가소성 플라스틱의 경우 높은 직경 대 길이비가 적용되고 고탄성 고분자의 경우 낮은 값이 적용된다. 배럴의 다이 반대편 끝에는 원소재를 공급하는 호퍼(hopper)가 위치하고 있으며, 원소재는 중력에 의해 회전 스크루에 공급되고, 스크루가 회전하면 소재가 배럴을 따라 이동한다. 고체 상태인 펠릿의 초기 용융을 위해 전기 히터가 사용되며, 회전스크루에 의해 이동하며 발생하는 순차적인 재료의 혼합과 기계적 마찰에 의해 발생하는 추가적인 열에 의해 재료가 용융 상태로 유지된다. 일부의 경우, 스크루의 회전에 의해 발생하는 재료의 혼합과 전단 현상에서 재료의 용융을 위한 충분한 열이 발생하여 외부의 가열이 필요하지 않을 수도 있다. 더 심한 경우에는 재료의 과열을 막기 위해 배럴의 외부를 냉각시키기도 한다.

배럴 내부에서 약 60 rev/min의 속도로 회전하는 압출 스크루에 의해 재료는 다이 오프닝 쪽으로 이동된다. 스크루는 여러 기능을 수행하며 기능에 따라 다음과 같이 3개의 구간으로 나눌수 있

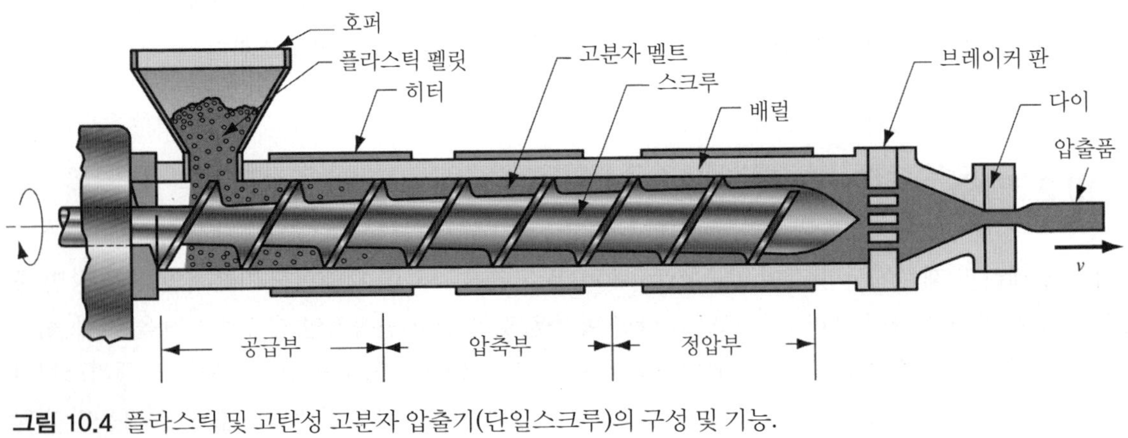

그림 10.4 플라스틱 및 고탄성 고분자 압출기(단일스크루)의 구성 및 기능.

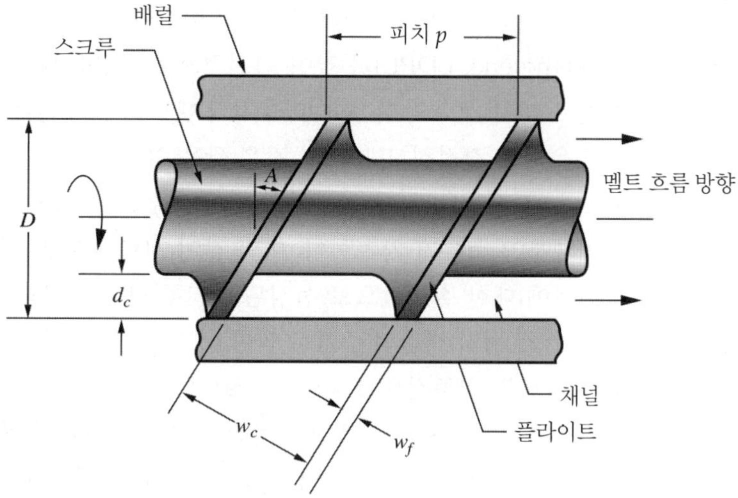

그림 10.5 배럴 내부의 압출 스크루 상세도.

다; (1) *공급부(feed section)*: 원 소재가 호퍼로부터 이동하며, 예열된다. (2) *압축부(compression section)*: 고분자 재료가 액상으로 변하고, 펠릿에 포함되었던 공기를 멜트로부터 제거하며, 재료를 압축한다. (3) *정압부(metering section)*: 멜트를 균질하게 하며, 다이 오프닝으로 멜트를 밀어내기에 충분한 압력을 만든다.

스크루의 기능은 스크루의 형상과 회전 속도로 결정된다. 그림 10.5는 전형적인 압출기 스크루의 형상을 나타낸 것이다. 스크루는 나선형의 '플라이트(flight)'로 구성되어 있으며, 그 사이의 채널로 고분자 멜트가 이송된다. 채널 간격은 w_c로 명명되었고 깊이는 d_c로 명명되었다. 스크루가 회전하면서, 플라이트가 재료를 호퍼로부터 다이 쪽으로 채널을 통해 밀어낸다. 그림에서는 구별할 수 없지만, 플라이트의 직경은 배럴의 직경 D보다 작게 제작되어, 배럴과 약 0.05 mm의 간격이 형성되도록 하며, 간격의 크기는 멜트가 채널 뒤쪽으로 새는 것을 막아주도록 선정된다. 플라이트의 두께는 w_f로 명명되며 회전하는 과정에서 배럴의 내면과 접촉에 의한 마모가 발생하지 않도록 경화강으로 제작된다. 스크루의 피치는 일반적으로 배럴의 직경 D와 유사한 값으로 선정된다. 플라이트 각도 A는 스크루의 나선각이며 아래의 관계식으로 결정된다.

$$\tan A = \frac{p}{\pi D} \tag{10.4}$$

여기서 p는 스크루의 피치이다. 유감스럽게도 p는 본 절에서 두 가지 변수를 지칭하기 위해 사용되는 기호이다. 본 그림과 다른 여러 장에서 스크루 피치를 나타내는 기호이나, 본 장의 후반부에 p는 압력을 의미한다.

배럴의 세 영역에서 고분자 멜트에 가해지는 압력은 채널 깊이에 크게 영향을 받는다. 그림 10.4의 공급부에서 d_c는 많은 양의 원재료 고분자가 배럴로 들어오도록 하기 위해 비교적 큰 값으로 선정된다. 압축부에서 d_c는 점점 줄어드는데, 이로 인해 고분자가 용융되며, 고분자에 가해지는 압력이 증가된다. 정압부에서 d_c는 매우 작으며, 유동은 배럴 끝의 다이에 의해 제한되어 가해지는 압력이 최대가 된다. 그림 10.4에서 배럴의 세 부분의 길이는 거의 비슷한 것으로 보인다. 이는 저밀도 폴리에틸렌(low density polyethylene, LDPE)과 같이 점진적으로 용융되는 고분자 재료에 적합하다. 배럴의 각 부분별 길이는 고분자 재료의 특성에 따라 각각 다르게 설계된다. 나일론과 같이 특정한 용융 온도에서 갑자기 용융하는 결정질 고분자의 경우 짧은 압축부 길이가 적당하며, 폴리염화비닐(PVC, Polyvinylchloride)같은 비결정질 고분자의 경우 저밀도 폴리에틸렌보다 서서히 용융되므로 배럴 길이의 거의 전체를 압축부가 차지한다. 이와 같이 재료에 따라 최적 스크루 설계가 다름에도 불구하고, 다양한 재료에 대한 절충안으로 선정된 스크루 구조가 널리 사용된다. 이는 재료 변경 시 스크루 교환에 따른 기계 정지 시간의 증가로 인한 제조 비용증가를 피하기 위함이다.

배럴을 따라 이동한 고분자 멜트는 최종적으로 다이에 이르게 된다. 멜트는 다이에 이르기 전에 스크린팩(screen pack)을 통과하는데, 이는 작은 구멍을 가진 철망으로 견고한 판(*브레이커 플레이트*)에 지지되어 있다. 스크린팩과 브레이커 플레이트의 기능은 다음과 같다. (1) 고분자 멜트에서 불순물이나 딱딱한 덩어리를 걸러낸다. (2) 정압부에서 압력을 형성한다. (3) 고분자 멜트의 흐름을 직선화하고, 스크루에 의한 회전 운동의 관성을 제거한다. 세번째 기능은 고분자의 점탄성 성질과 관련이 있으며, 유동의 흐름이 직선으로 되지 않으면, 고분자 재료는 압출기 내부에서 회전하던 성질로 인해 압출품의 휨이나 뒤틀림을 야기한다.

10.2.2 압출 공정 해석

본 절에서는 간단한 방법으로 몇몇 플라스틱 압출 특성에 대한 수학적 모델을 구성한다.

압출기의 멜트 유동

배럴내에서 스크루가 회전함에 따라 고분자 멜트는 아르키메데스의 스크루 펌프와 유사한 원리로 다이 방향으로 이동한다. 이송의 주된 메커니즘은 점성 유체와 서로 반대로 움직이는 (1) 정지한 배럴 내면과 (2) 회전하는 스크루의 채널 면 사이이의 마찰에 의한 ***드래그 유동(drag flow)***이다. 이는 그림 3.17에서 보여주는 정지한 판과 이동하는 판 사이의 점성 유체에서 발생하는 유체 흐름과 유사하다. 이동하는 판의 속도를 v라 한다면 유체의 평균 속도는 $v/2$이며, 유량은 아래와 같이 결정된다.

$$Q_d = 0.5\, v\, d\, w \tag{10.5}$$

이때 Q_d는 드래그 유동의 유량(m^3/s)이며, v는 이동하는 판의 속도(m/s), d는 두 판 사이의 간격(m), w는 속도 방향에 직각인 방향으로 판의 폭(m)이다. 각각의 변수들은 회전하는 압출 스크루와 정지한 배럴 면에 의해 아래와 같이 결정된다.

$$v = \pi D N \cos A \tag{10.6}$$

$$d = d_c \tag{10.7}$$

$$\text{and } w = w_c = (\pi D \tan A - w_f)\cos A \tag{10.8}$$

여기서 D는 스크루플라이트 직경(m)이며, N은 스크루 회전 속도(rev/s), d_c는 스크루 채널 깊이

(m), w_c는 스크루 채널 폭(m); A는 플라이트 각, w_f는 플라이트 랜드 폭(m)이다. 플라이트 랜드 폭이 무시할 정도로 작다고 가정하면, 식 (10.8)은 아래와 같이 간략해진다.

$$w_c = \pi D \tan A \cos A = \pi D \sin A \tag{10.9}$$

식 (10.6)과 (10.7), (10.9)를 식 (10.5)에 대입하고 삼각함수 관계를 이용하면, 아래의 식을 얻을 수 있다.

$$Q_d = 0.5\pi^2 D^2 N d_c \sin A \cos A \tag{10.10}$$

유체의 전진에 대한 저항력이 없다는 가정 하에 위의 식은 압출기 내부의 멜트 유량을 타당하게 제공한다. 그러나 다이 쪽으로 고분자 멜트를 압축함에 따라 식 (10.10)의 드래그 유동에 의한 재료의 이동을 감소시키는 배압(back pressure)이 발생한다. *배압 유동(back pressure flow)*이라 불리는 이러한 유동 감소는 스크루 크기, 고분자 멜트의 점도, 배럴 내의 압력 구배에 의해 영향을 받는다. 배압 유동은 다음 식으로 계산될 수 있다[12].

$$Q_b = \frac{\pi D d_c^3 \sin^2 A}{12\eta}\left(\frac{dp}{dl}\right) \tag{10.11}$$

이때, Q_b는 배압 유량(m^3/s), η는 점도($N\text{-}s/m^2$), dp/dl은 압력 구배(MPa/m)를 나타내고 나머지 변수는 이전에 정의된 것과 동일하다. 배럴 내의 실제 압력 구배는 배럴의 길이에 따른 스크루 형상의 함수이며, 일반적인 배럴 내 압력 분포는 그림 10.6과 같다. 그림에서 점선으로 표시한 것처럼 압력 분포 그래프를 직선으로 가정하면, 압력 구배는 상수(p/L)가 되며, 위의 식은 다음과 같이 간략화된다.

$$Q_b = \frac{p\pi D d_c^3 \sin^2 A}{12\eta L} \tag{10.12}$$

여기서, p는 배럴내 출구 압력(MPa), L은 배럴의 길이(m)을 나타낸다. 배압 유동은 실제로 존재하는 재료의 이동이 아니라, 드래그 유동의 감소량임을 기억하면, 압출기의 멜트 유량은 드래그 유동 유량과 배압 유동 유량의 차이로 계산될 수 있다.

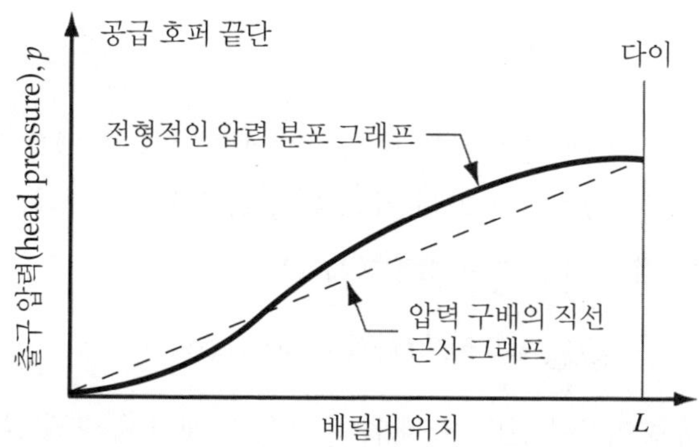

그림 10.6 압출기 내부의 전형적인 압력 구배. 점선은 계산의 편의를 위해 직선으로 근사한 그래프.

$$Q_x = Q_d - Q_b$$
$$Q_x = 0.5\pi^2 D^2 N d_c \sin A \cos A - \frac{p\pi D d_c^3 \sin^2 A}{12\eta L} \tag{10.13}$$

여기서 Q_x는 결론적인 압출기의 고분자 멜트 유량이다. 마모가 심한 압출기를 제외하고는 드래그 및 배압 유량에 비해 플라이트와 배럴 사이 간극으로 누설되는 유량은 상대적으로 작으므로, 식 (10.13)에서 *누설 유량(leak flow)*은 고려하지 않는다.

식 (10.13)은 많은 변수들을 포함하고 있으며, (1) 설계 변수와 (2) 동작 변수로 나눌 수 있다. 설계 변수는 스크루와 배럴의 기하학적 형상을 표현하는 상수로서, 직경 D, 채널 깊이 d_c, 나선각(helix angle) A이다. 이러한 변수들은 압출기의 동작 과정 중에 변하지 않는다. 동작 변수는 압출 유량에 영향을 주는 인자중 공정 과정에서 변화하는 것으로 회전 속도 N, 배럴내 출구 압력 p, 멜트 점도 η가 해당된다. 물론 멜트 점도는 온도와 전단 속도의 제어를 통해 변화가 가능하다. 다음의 예제에서 상기 변수들의 역할을 알아본다.

예제 10.1

압출 유량

배럴의 직경 $D = 70$ mm, 스크루 회전 속도 $N = 2$ rev/s, 채널 깊이 $d_c = 5.0$ mm, 플라이트 각도 $A = 15°$인 압출기가 있다. 배럴의 끝단에서의 출구 압력 $p = 7.0 \times 10^6$ Pa이고 배럴의 길이 $L = 2$ m, 고분자 멜트의 점도 η는 100 Pa-s일 때, 배럴의 고분자 멜트 유량(Q_x)을 구하라.

풀이

식 (10.13)을 이용하여 드래그 유량 및 반대 방향의 배압 유량을 계산할 수 있다.

$$Q_d = 0.5\,\pi^2(70\times10^{-3})^2(2.0)(5\times10^{-3})(\sin 15)(\cos 15) = 60,451.33(10^{-9})\ \text{m}^3/\text{s}$$
$$Q_b = \frac{\pi(7\times10^6)(70\times10^{-3})(5\times10^{-3})^3(\sin 15)^2}{12(100)(2.0)} = 5.371(10^{-6}) = 5371(10^{-9})\ \text{m}^3/\text{s}$$
$$Q_x = Q_d - Q_b = (60,451.33 - 5371)(10^{-9}) = \mathbf{55,080.33(10^{-9})\ m^3/s}$$

압출기 및 다이 특성

압출기에서 배압이 0이고 이로 인해 멜트 유동이 제한받지 않는다면, 멜트 유동은 식 (10.10)에서의 드래그 유량 Q_d와 같으며, 이는 압출기의 최대 가능 유동 용량(Q_{max})이다. 설계 및 동작 변수(D, A, N 등)가 주어질 때 압출기의 최대 가능 유동 용량(Q_{max}) 는

$$Q_{max} = 0.5\pi^2 D^2 N d_c \sin A \cos A \tag{10.14}$$

반면에, 배압이 매우커서, 유량이 0이 된다면, 배압 유량은 드래그 유량과 같다.

$$Q_x = Q_d - Q_b = 0, \text{ 따라서 } Q_d = Q_b$$

식 (10.13)의 Q_d와 Q_b에 대한 수식을 이용하여 p에 대한 수식을 구하면, 압출기의 유량이 발생하지 않는 최대 출구 압력 p_{max}를 구할 수 있다.

$$p_{max} = \frac{6\pi DNL\eta \cot A}{d_c^2} \tag{10.15}$$

Q_{max}와 P_{max}는 그림 10.7에서 보여주듯, 압출기 특성(또는 스크루 특성)이라 알려진 선도의 각 절편에 해당하는 값으로 주어진 동작 변수 하에서 압출기의 출구 압력과 유량 사이의 관계를 나타낸다.

다이가 장착되어 압출기가 동작하고 있다면, 실제 Q_x와 p는 압출기 특성 선도의 양 끝점 사이의 어느 한 점에 위치할 것이며, 다이의 특성에 따라 위치가 결정될 것이다. 다이를 통과하는 유량은 다이 오프닝의 크기 및 형상, 멜트에 가해지는 압력에 따라 영향을 받으며, 다음과 같이 표현된다.

$$Q_x = K_s p \tag{10.16}$$

여기서 Q_x는 유량(m^3/s), p는 출구 압력(Pa), K_s는 다이의 형상 계수(m^5/Ns)이다. 다이 오프닝이 원형이고 길이가 주어졌을 때, 형상 계수는 다음과 같이 계산된다[13].

$$K_s = \frac{\pi D_d^4}{128\eta L_d} \tag{10.17}$$

여기서 D_d는 다이 오프닝 직경(m), η은 고분자 멜트 점도($N\text{-}s/m^2$), L_d는 다이 오프닝 길이(m)이다. 다이 형상이 원형이 아닌 경우, 다이의 형상 계수는 같은 단면적의 원형 다이의 형상 계수보다 작으며, 이는 동일한 유량을 위하여 더 큰 압력이 필요하다는 것을 의미한다.

식 (10.16)의 Q_x와 p와 의 관계를 *다이 특성(die characteristic)*이라 부른다. 그림 10.7에서, 다이 특성은 이전의 압출기 특성과 교차하는 직선으로 표시된다. 두 직선의 교차점에서의 Q_x와 p 값은 압출 공정의 *동작점(operating point)*이다.

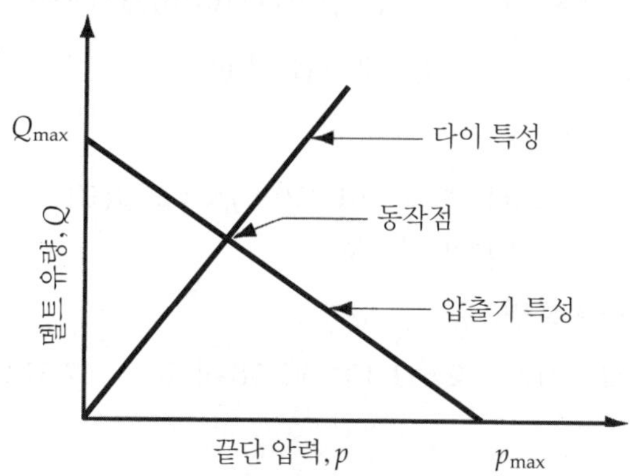

그림 10.7 압출기 특성(또는 스크루 특성) 및 다이 특성 그래프. 압출기 동작점은 두 직선의 교점이다.

예제 10.2

압출과 다이 특성

예제 10.1의 압출기에서 $D=75$ mm, $L=1.9$ m, $N=1$ rev/s, $d_c=6$ mm, $A=20°$이다. 고분자 멜트의 전단 점도가 $\eta=100$ Pa-s일 때, 다음을 구하라. (a) Q_{max} 및 p_{max}, (b) 직경 $D_d=6.5$ mm, 길이 $L_d=20$ mm인 원형 다이 오프닝의 형상 계수 K_s, (c) 동작점에서의 Q_x 및 p 값

풀이

(a) Q_{max}는 식 (10.14)에 의해 계산된다.

$$Q_{max}=0.5\pi^2D^2\ Nd_c\sin A\cos A=0.5\pi^2(75\times10^{-3})^2(1.0)(6\times10^{-3})(\sin 20)(\cos 20)$$
$$=\mathbf{53,525(10^{-9})\ m^3/s}$$

p_{max}는 식 (10.15)에 의해 계산된다.

$$p_{max}=\frac{6\pi DNL\eta\cot A}{d_c^2}=\frac{6\pi(15\times10^{-3})(1.9)(1.0)(100)\cot 20}{(6\times10^{-3})^2}=\mathbf{20,499,874\ Pa}$$

상기의 두 값은 압출기 특성 그래프의 x 절편과 y 절편이다.

(b) 직경 $D_d=6.5$ mm, 길이 $L_d=20$ mm의 원형 다이 오프닝에 대한 형상 계수는 식 (10.17)을 이용하여 계산한다.

$$K_s=\frac{\pi(6.5\times10^{-3})^4}{128(100)(20\times10^{-3})}=\mathbf{21.9(10^{-12})\ m^5/Ns}$$

계산된 형상 계수는 다이 특성 그래프의 기울기를 나타낸다.

(c) 동작점은 압출기 특성 그래프와 다이 특성 그래프의 교차점에서 Q_x 및 p로 결정된다. 압출기 특성 그래프는 Q_{max}와 p_{max}를 연결하는 직선 방정식으로 표현된다.

$$Q_x=Q_{max}-(Q_{max}/p_{max})p$$
$$=53,525(10^{-9})-(53,525(10^{-9})/20,499,874)p=53,525(10^{-9})-2.611(10^{-12})p \quad (10.18)$$

다이 특성은 (b)에서 계산한 K_s의 값을 이용하여 식 (10.16)에서 주어진다.

$$Q_x=21.9(10^{-12})p$$

두 식이 같다고 하면,

$$53,525(10^{-9})-2.611(10^{-12})p=21.9(10^{-12})p$$
$$p=\mathbf{2.184(10^6)\ Pa}$$

식 (10.18)을 이용하여 Q_x를 풀면,

$$Q_x=53.525(10^{-6})-2.611(10^{-12})(2.184)(10^6)=\mathbf{47.822(10^{-6})\ m^3/s}$$

다른 식으로 검산하면,

$$Q_x=21.9(10^{-12})(2.184)(10^6)=47.82(10^{-6})\ m^3/s$$

10.2.3 다이 형상과 압출 제품

다이 오리피스의 형상은 압출 제품의 단면 모양을 결정한다. 일반적인 다이 형상과 압출품의 형상은 (1) 중실(solid) 프로파일, (2) 튜브와 같은 중공(hollow) 프로파일, (3) 와이어 및 케이블 코팅, (4) 박판(sheet) 및 필름, (5) 필라멘트(filament)로 나뉜다. 본 절에서는 압출품 형상 중 앞의 세 가지에 대해 알아본다. 박판 및 필름을 만드는 방법은 10.3절에서 설명하고, 필라멘트 생산은 10.4절에서 논의된다. 본 절에서 논의되지 않는 압출품 형상은 종종 압출이 아닌 성형 공정으로 만들어진다.

중실 프로파일(Solid profiles)

중실 프로파일은 원형, 사각형 같은 전형적인 단면 외에도 건축재, 문 및 창문 몰딩, 자동차 트림등 비전형적인 단면의 제품을 포함한다. 이러한 중실 형상 압출품에 대한 다이의 측면 단면도는 그림 10.8과 같다. 고분자 멜트는 스크루 끝과 다이 사이에 존재하는 스크린 팩과 브레이커 판을 통과하며 멜트의 흐름이 직선화되고 이후(일반적으로) 좁아지는 다이 입구로 흘러들어간다. 다이 입구는 멜트가 층류(laminar flow)를 유지하고 모서리 부근에서 사점(dead spot)이 형성되지 않도록 설계된다. 부득이한 경우 사점은 오리피스 부근에서 형성되도록 설계한다. 이후 멜트는 다이 오프닝을 통과한다.

고분자 재료는 다이를 빠져나간 이후에도 여전히 연한 상태이므로, 냉각 과정에서 자신의 형상을 잘 유지할 수 있는 높은 점도의 고분자 재료가 압출 공정에 적합하다. 압출 공정에서 냉각은 공기 및 물 분사 또는 냉각수 속으로 압출품이 통과하는 방법으로 이루어진다. 다이 팽윤을 보정하기 위해 다이 오프닝은 고분자 벨트의 회복력을 제거하기 위하여 충분히 길게 제작되어야 한다. 한편 압출물에 길이방향 인장력을 가하여(당겨서) 다이 팽윤으로 인한 평면방향 팽창을 감쇄시킬 수 있다.

압출물의 단면이 원형이 아닌 경우, 다이 오프닝의 단면은 원래 원하는 모양과 조금 다르게 설계되며, 다이 팽윤에 의해 형상이 정확하게 보정된다. 그림 10.9는 사각 단면에 대한 보정방법을 보여

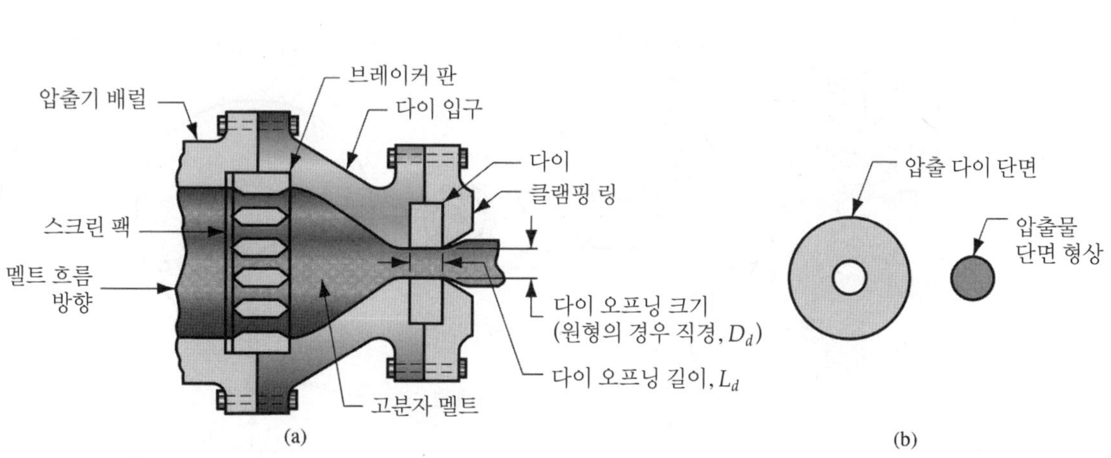

그림 10.8 (a) 원형 봉재와 같은 정형적인 단면의 제작을 위한 압출 다이의 측면도, (b) 다이의 정면도 및 압출물의 단면 형상. 두 개 그림 모두에서 다이 팽윤이 확인된다(다이의 상세부는 간략화 하거나 생략되었다).

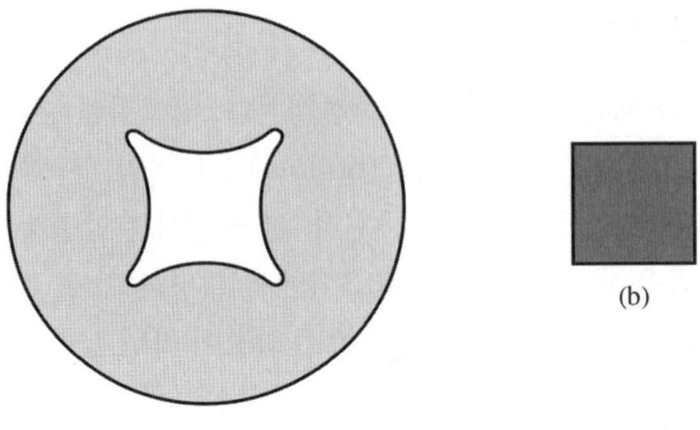

그림 10.9 (a) 정사각형 형상의 압출물 단면을 얻기 위한 오리피스를 갖는 단면의 형상, (b) (a)의 단면 형상으로 제작되는 정사각형 형상의 압출물.

준다. 다이 팽윤의 정도는 재료에 따라 다르므로, 다이 모양은 압출되는 재료에 따라 달라진다. 따라서, 복잡한 단면의 생산을 위해서는 다이 설계자의 상당한 기술 수준과 판단이 요구된다.

중공 프로파일(Hollow Profiles)

튜브, 파이프, 호스와 같이 단면에 오프닝이 있는 중공(hollow) 프로파일을 압출하기 위해서는 만드렐(mandrel) 구조가 요구된다. 그림 10.10은 중공 프로파일을 압출하는 전형적인 다이 구성을 보여준다. 그림의 A-A 단면에서 보는 바와 같이, 만드렐은 스파이더(spider)를 이용하여 고정된다. 만드렐을 지지하는 다리 주위를 지나기 위해 나뉘어진 고분자 멜트는 균일하게 이어진 튜브벽을 형성하기 위해 다시 합쳐진다. 종종 만드렐 내부에 공기 채널이 포함될 수 있으며, 압출 이후 냉각 경화 중에 내부의 모양을 유지하기 위해 공기가 주입된다. 파이프 및 튜브의 냉각을 위해 물을 분사하거

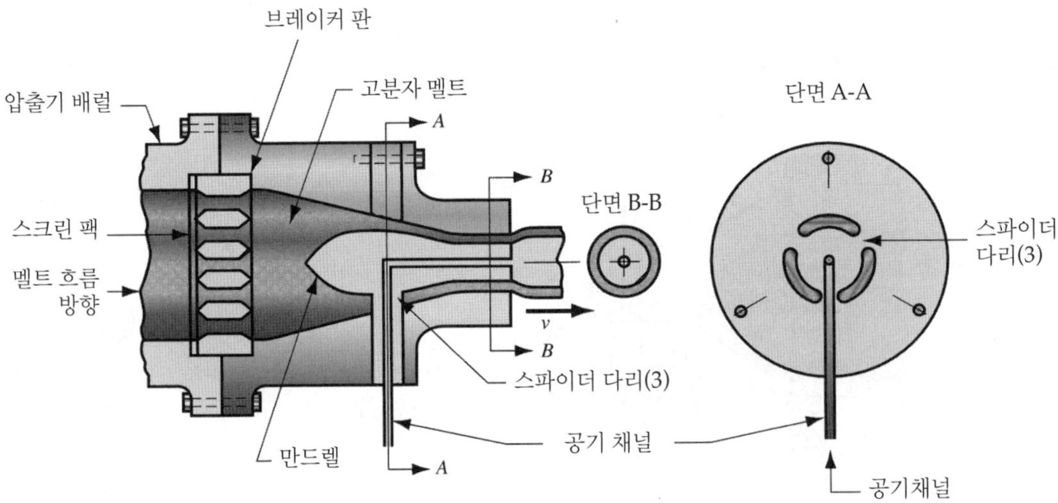

그림 10.10 튜브와 파이프와 같은 중공 단면 제작을 위한 압출 다이의 측 단면도, 단면 A-A는 만드렐이 어떻게 고정되는지를 보여주는 정 단면도, 단면 B-B는 다이 오프닝에 대한 단면도, 다이 팽윤에 의한 직경 확대가 발생함(일부 다이의 복잡한 형상은 단순화되었음).

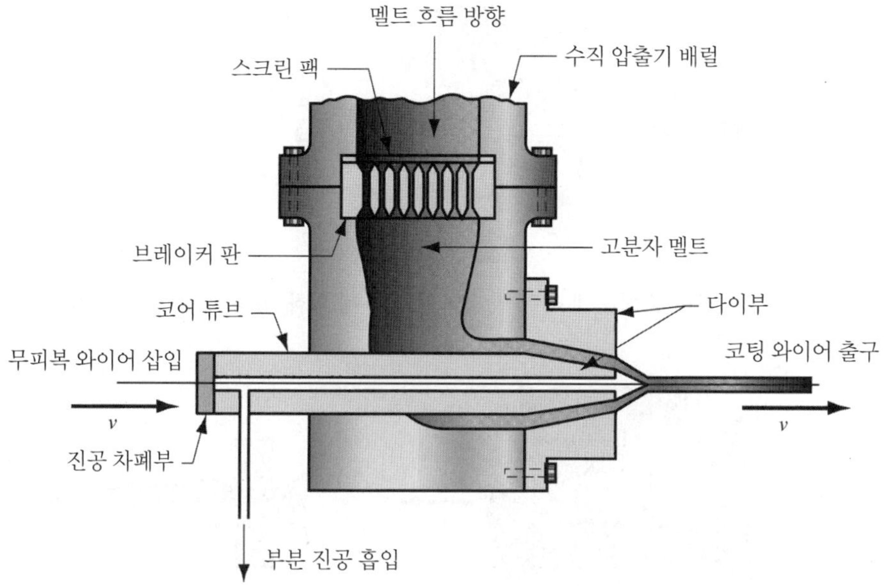

그림 10.11 압출을 이용한 전기 와이어의 코팅을 위한 다이의 측단면도(일부 다이 구성품의 자세한 형상은 간략화되었음).

나, 연한 상태의 압출물을 냉각 수통으로 잡아당길 수 있으며, 이때 슬리브(sleeve) 구조를 이용하여 튜브의 외경을 유지시키며 내부에 주입된 공기압으로 내부 형상이 유지된다.

와이어 및 케이블의 코팅

절연을 위한 와이어 및 케이블의 코팅은 중요한 고분자 압출 공정 중 하나이다. 그림 10.11과 같이, 와이어 코팅 공정에서는 다이를 통하여 매우 높은 속도로 당겨지는 무피복 와이어에 고분자 멜트가 덮인다. 코팅의 접착성 향상을 위해 와이어와 고분자 사이는 약간의 진공 상태가 되도록 한다. 팽팽하게 당겨진 전선은 일반적으로 냉각 수통을 통과하는 형태로 경화되는 냉각 과정에서 강성을 제공한다. 완제품은 큰 스풀(spool)에 최대 50 m/s의 속도로 감기게 된다.

압출물의 결함

많은 결함들이 압출 제품에 영향을 끼칠 수 있다. ***멜트 파손(melt fracture)***은 압출 공정의 최악의 결함중 하나로, 멜트가 다이로 흘러가기 직전 혹은 흘러가는 도중 멜트에 가해지는 응력이 매우 높아서 파손되는 결함을 말하며, 압출물의 형상이 매우 비정형적인 경우에 특히 심하게 발생한다. 그림 10.12에서 볼 수 있듯, 다이 입구가 급격하게 좁아짐에 따라 난류(turbulent flow)가 발생하고 이로 인해 멜트 파손이 형성된다. 이는 그림 10.8과 같이 점진적으로 좁아지는 다이에서 볼 수 있는 층류와 대비된다.

압출에서 더 흔하게 볼 수 있는 결함은 ***샤크스킨(sharkskin)***이며, 제품의 표면이 다이를 빠져 나가면서 거칠어지게 되는 것을 말한다. 멜트 흐름이 다이 오프닝을 지나갈 때, 다이와의 경계에서 발생하는 마찰에 의해 멜트 내부에 그림 10.13(a)와 같이 속도 분포가 형성된다. 중심부의 멜트는 빠

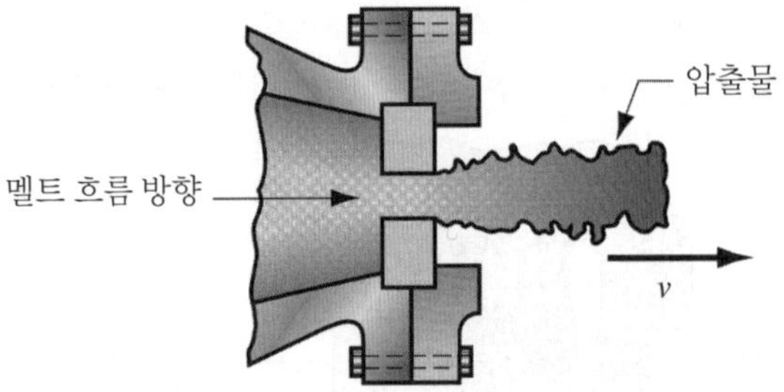

그림 10.12 다이 입구가 급격히 줄어듦에 따라 발생하는 난류에 의해 형성되는 멜트 파손.

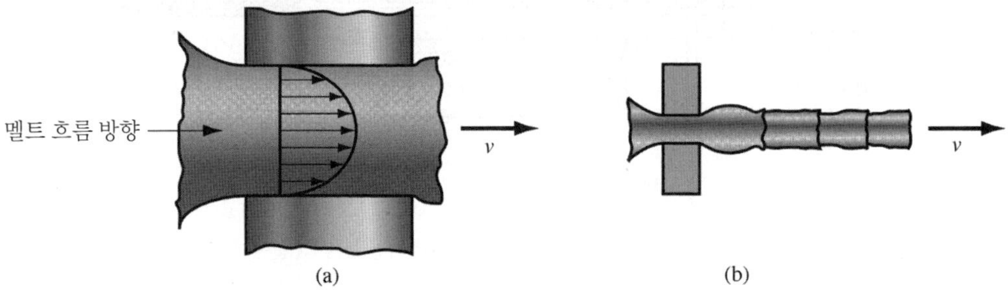

그림 10.13 (a) 샤크스킨 결함을 일으키는 다이 오프닝에서의 멜트 속도 분포, (b) 밤부잉.

르게 이동하면서 벽면부의 재료를 잡아당기게 되어 표면부에 인장 응력이 발생한다. 이러한 응력은 표면에 미세한 파단을 만들어 표면을 거칠게 한다. 속도 구배가 더 커지게 되면, 표면에 명확한 무늬가 생기며 그림 10.13(b)와 같이 대나무와 같은 모양이 된다. 이렇게 심각한 결함 상태를 *밤부잉(bambooing)*이라고 한다.

10.2.4 압출 공정의 경제성

플라스틱 압출공정은 일정한 단면을 가진 연속적인 압출물을 생성한뒤, 원하는 길이로 잘라 최종 제품을 제작한다. 압출품은 일정한 유량 Q_x로 다이를 통해 배출되며, 다이팽윤 이후의 단면적 A_x는 다이오프닝의 면적과 다음의 관계를 갖는다.

$$A_x = r_s^2 A_d \tag{10.19}$$

여기서 r_s는 팽윤비율이고 A_d는 다이 오프닝의 단면적이다. 다이팽윤 이후의 압출물 속도는 다음과 같다.

$$v_x = \frac{Q_x}{A_x} = \frac{Q_x}{r_s^2 A_d} \tag{10.20}$$

여기서 v_x는 다이팽윤 이후의 압출물 속도(m/min); Q_x는 유량(m^3/min)이고 다른 용어들은 이전에 정의되었다. (10.2.2절의 분석과 비교하여 Q_x의 단위 차이에 주의하라.)

플라스틱 압출은 중간 속도 또는 고속 생산으로 수행될 수 있다. 중간 속도 생산의 경우 일정한 길이의 압출물을 하나의 배치로 생산하는 배치생산 방식을 사용한다. 배치생산에서는 압출 다이를 설치하고 하나의 배치를 생산한뒤 다음 배치를 위해 압출 챔버에 존재하는 모든 폴리머를 제거하는 공정을 수행한다. 배치 시간은 다음과 같이 계산된다.

$$T_b = T_{su} + \frac{L_b}{v_x} \tag{10.21}$$

여기서 T_b는 배치 시간(min/batch), T_{su}는 설치 시간(min/batch), L_b는 생산 배치의 압출물 총 길이(m), 그리고 v_x는 압출물 속도(m/min)이다. 용어 L_b는 이산 부품 배치생산의 배치량 Q_b와 유사하다. 설치 시간의 영향을 포함한 평균 생산률은 다음과 같다:

$$R_p = \frac{L_b}{T_b} \tag{10.22}$$

여기서 R_p는 압출물의 평균 생산률(m/min)이다. 압출물 속도 v_x는 설치가 완료되고 작업이 진행 중인 상황에서의 생산률이다. 고속 압출공정의 경우에는 작업을 연속 프로세스로 간주하여 $L_b \to \infty$이면 $T_{su}/L_b \to 0$이 된다.

압출 비용은 단위 길이당 측정된다. 비용에는 원재료 비용, 기계 운영 비용 및 압출 다이의 비용을 기반으로 한 공구 비용이 포함된다.

$$C_u = C_m + \frac{C_o}{R_p} + C_t = C_m + C_o\left(\frac{T_{su}}{L_b} + \frac{1}{v_x}\right) + C_t \tag{10.23}$$

여기서 C_u는 단위 길이당 압출물 생산 비용($/m), C_m은 원재료 비용($/m), C_o는 압출기의 분당 운영비($/min), v_x는 압출물 속도(m/min), C_t는 압출 다이 비용($/m)으로 압출 다이 수명 동안 예상되는 총 압출물 길이로 나눈 비용이다. 하나의 생산 배치를 생산하는 데 필요한 총 비용 $C_b = L_b C_u$이다. 식 (10.23)의 원재료 비용 C_m은 단위 길이당 압출물 비용이지만 압출 회사가 지불하는 가격 P는 시작 플라스틱의 중량 당 비용($/kg)이다. 이에 다음 방정식을 사용하여 중량당 가격을 단위 길이당 비용으로 변환할 수 있다:

$$C_m = \frac{P \rho Q_x}{v_x} \tag{10.24}$$

여기서 C_m은 원재료 비용($/m), P는 공급 업체로부터의 플라스틱 가격($/kg), ρ는 플라스틱 밀도(kg/cm^3), Q_x는 압출 유량(cm^3/min), v_x는 압출물 속도(m/min)이다. (v_x의 단위 변경에 주의하라.)

플라스틱의 밀도 ρ는 표 10.1에 나와 있는 중요한 상업적 열가소성 고분자의 비중 SG 값을 이용하여 결정할 수 있다. 밀도는 비중 (SG) × 물의 밀도이며, 물의 밀도는 SI 단위에서 1 g/cm^3 = 0.001 kg/cm^{3}이다.

표 10.1 중요한 상업적 열가소성 고분자 및 물성치

고분자/대표예 및 화학식	기호	비중 (SG)	결정화도 (DC)	탄성계수 (E, MPa)	인장강도 (TS, MPa)	녹는점 (Tm, °C)
아세탈/폴리옥시메틸렌, $(OCH_2)_n$	POM	1.42	75	3500	70	180
아크릴/폴리메칠메타크릴레이트, $(C_5H_8O_2)_n$	PMMA	1.20	0	2800	55	200
아크릴로니트릴-부타디엔-스틸렌, $(C_3H_3N–C_4H_6–C_8H_8)_n$	ABS	1.06	0	2100	50	105
셀룰로오스/아세트산셀룰로오스, $(C_6H_9O_5–COCH_3)_n$	CA	1.3	0	2800	30	306
플루오로폴리머/폴리테트라플루오로에틸렌, $(C_2F_4)_n$	PTFE	2.2	~95	425	20	327
폴리아미드/나일론-6,6, $((CH_2)_6(CONH)_2(CH_2)_4)_n$	PA-6,6	1.14	~90	700	70	260
폴리카보네이트, $(C_3H6(C_6H_4)_2CO_3)_n$	PC	1.2	0	2500	65	230
폴리에스터/폴리에틸렌 테레프탈레이트, $(C_2H_4–C_8H_4O_4)_n$	PET	1.3	0~30	2300	55	265
폴리에틸렌/저밀도폴리에틸렌, $(C_2H_4)_n$	LDPE	0.92	~55	140	15	115
폴리에틸렌/고밀도폴리에틸렌, $(C_2H_4)_n$	HDPE	0.96	~92	700	30	135
폴리프로필렌, $(C_3H_6)_n$	PP	0.90	~80	1400	35	176
폴리스티렌, $(C_8H_8)_n$	PS	1.05	0	3200	50	240
폴리염화비닐, $(C_2H_3Cl)_n$	PVC	1.40	0	2800	40	212

표의 데이터는 참고문헌 [2], [4], [6], [7], [9], [16] 및 기타 자료에서 취합되었다.
약어: SG = 비중(specific gravity), DC = 결정화도(degree of crystallinity), E = 탄성 계수(modulus of elasticity, Young's modulus), TS = 인장강도(tensile strength), T_m = 녹는점(melting temperature).

예제 10.3

플라스틱 사출 공정에서 소재 비용

압출물이 다이오프닝에서 3500 cm^3/min의 유량으로 압출된다. 다이오프닝의 단면적은 2.0 cm^2이며, 다이 팽윤 비율은 1.3이다. 초기 고분자의 가격은 $3.5/kg이고, 고분자의 밀도는 1.3 g/cm^3일 때, (a) 압출물의 속도와 (b) 단위 길이당 원료 비용을 계산하라.

풀이

(a) 식 (10.20)에서 $v_x = (3500\ cm^3/min)/(1.3^2 \times 2.0\ cm^2) = \mathbf{1036\ cm/min}$

(b) 밀도 $\rho = 1.3\ g/cm^3 = 0.0013\ kg/cm^3$

식 (10.24)와 $v_x = 10.36\ m/min$를 이용하면

$C_m = (\$3.5/kg)(0.0013\ kg/cm^3)(3500\ cm^3/min)/(10.36\ m/min) = \mathbf{\$1.54/m}$

10.3 플라스틱 박판 및 필름의 제조

열가소성 플라스틱 박판과 필름은 다양한 방법으로 생산되며, 그 중에서 압출에 기반한 두가지 방법이 가장 중요하다. ***박판(sheet)***이라는 용어는 두께가 0.5 mm에서 12.5 mm 범위의 제품을 말하는 것이며, 창문재나 열 성형을 위한 소재 등으로 사용된다(10.9절 참조). ***필름***은 두께가 0.5 mm 이하인 제품을 말한다. 얇은 필름의 경우 제품 포장재, 식료품 비닐, 쓰레기 봉투 등으로 사용되며, 두꺼운 필름은 커버나 라이너(liner)로 사용된다(풀장커버나 용수로의 라이너).

본 절에서 설명하는 모든 공정은 연속 대량 생산 공정이다. 오늘날 생산되는 필름의 절반 이상이 폴리에틸렌이며, 그 중의 대부분이 저밀도 폴리에틸렌이다. 그 밖의 재료는 폴리프로필렌, PVC, 재생 셀룰로오스(셀로판) 등이며, 상기 모든 필름 재료는 모두 열가소성 고분자이다.

박판 및 필름의 슬릿다이 압출

다양한 두께의 플라스틱 박판과 필름은 좁은 슬릿(slit)을 다이 오프닝으로 사용하는 일반적인 압출 공정으로 생산된다. 슬릿의 폭은 최대 3 m가 될 수 있으며 최소 약 0.4 m까지 좁아질 수 있다. 그림 10.14는 박판 및 필름 압출을 위한 다이 구성의 예를 보여준다. 다이에 존재하는 매니폴드는 멜트가 슬릿(다이 오리피스)을 통과하기 전, 고분자 멜트를 퍼트리는 역할을 수행한다. 박판 및 필름의 폭 방향에 대해 모든 위치에서 균일한 두께를 얻는 것은 슬릿다이 압출 공정에서 가장 해결하기 어려운 문제 중 하나이다. 이는 고분자 멜트가 다이를 통과할 때 큰 형상 변화가 발생하고, 슬릿 다이의 온도 및 압력 분포가 균일하지 않기 때문이다. 일반적으로 압출된 필름의 가장자리 두께가 상대적으로 두껍기 때문에 이부분을 압출물에서 잘라내게 된다.

높은 생산율을 달성하기 위하여 압출된 필름의 효율적인 냉각 방법 및 감는 방법이 압출 공정과 결합되어야 한다. 이를 위해 일반적으로 그림 10.15와 같이 압출물이 즉시 냉각수 탱크를 통과하거나 냉각 롤을 지나가도록 하는 방법이 수행된다. 상업적으로는 냉각 롤을 통과시키는 것이 조금 더 유용하다. 냉각 롤과 접촉하면서 압출물은 빠르게 냉각되고 고화된다. 사실 압출기는 실질적으로

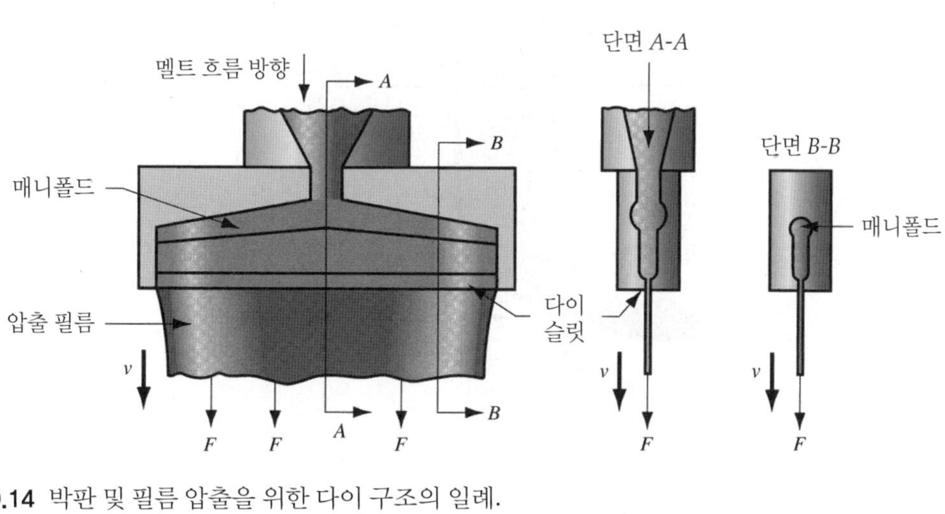

그림 10.14 박판 및 필름 압출을 위한 다이 구조의 일례.

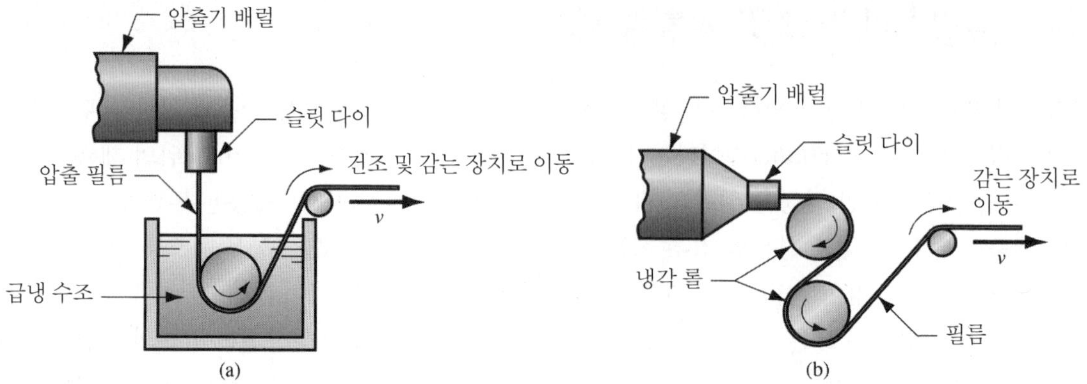

그림 10.15 압출 필름의 빠른 고화를 위한 (a) 급냉 수조를 이용한 냉각법 및 (b) 냉각 롤을 이용한 냉각법 개념도.

필름을 제작하는 냉각롤의 재료 공급장치 역할을 한다고 할 수 있다. 이러한 필름 제작 공정은 매우 빠른 생산 속도(약 5 m/s)의 구현이 가능하며, 또한 매우 작은 필름 두께 공차 확보를 가능하게 한다. 냉각 방법에 기인하여 이 방법은 냉각롤 압출(chill-roll extrusion)이라 불린다.

블로잉 필름 압출

블로잉 필름 압출 방법은 포장용 얇은 폴리에틸렌 필름을 만들기 위하여 광범위하게 사용되는 방법이다. 본 공정은 박막 필름 튜브의 생산을 위해 그림 10.16과 같이 압출과 블로잉 공정을 결합한

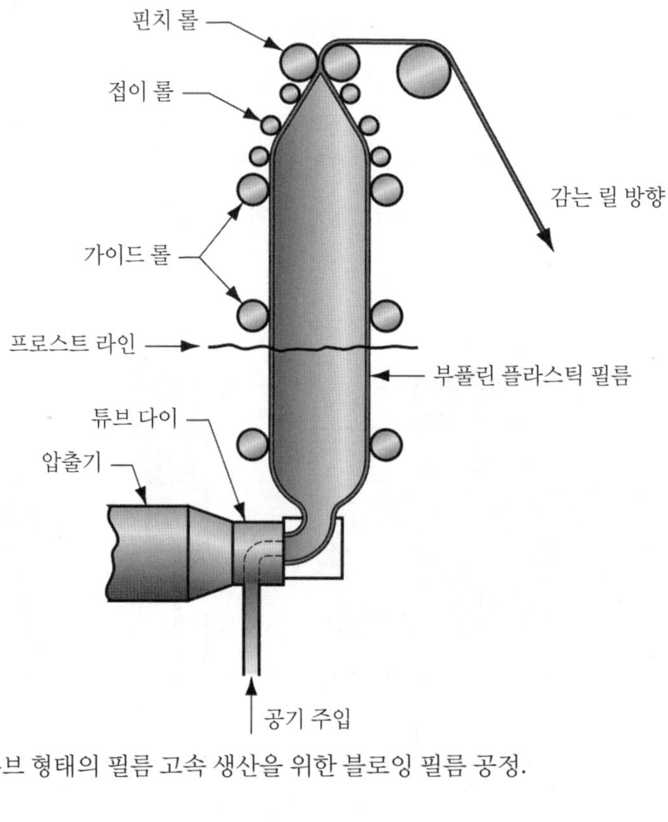

그림 10.16 얇은 튜브 형태의 필름 고속 생산을 위한 블로잉 필름 공정.

공정이다. 이 공정은 튜브의 압출로 시작되며, 용융 상태의 압출 튜브는 즉시 위쪽으로 들어 올려지며, 동시에 다이 만드렐을 통해 주입된 공기에 의해 튜브의 형상이 팽창된다. 프로스트 라인(frost line)은 용융 튜브가 위쪽으로 이동하다가 응고되는 지점을 말한다. 공정에서 공기압이 일정하게 유지되어야 필름 두께와 튜브 직경이 균일하게 유지된다. 핀치 롤(pinch roll)은 공기를 튜브안에 가두는 역할과 함께 튜브가 냉각된 후 튜브를 눌러서 다시 붙게 한다. 가이드롤(guide roll)과 접이롤(collapsing roll)은 부풀어진 튜브를 구속하는 역할과 튜브를 핀치 롤 방향으로 이동시키는 역할을 한다. 핀치 롤을 지난 평평한 튜브는 감는 릴(ree1)에 모아지게 된다.

공기를 이용한 팽창 방법은 용융 상태의 압출 튜브를 양방향으로 늘리는 효과가 있다. 이러한 방법은 압출품이 등방성 강도 특성을 가지므로 재료를 한방향으로 늘려 제작하는 공정보다 장점을 갖는다. 또 다른 장점은 압출 속도와 공기압으로 제품의 폭과 두께를 쉽게 조절할 수 있다는 점이다. 블로잉 필름 압출과 슬릿다이 압출을 비교하면, 블로잉 필름 압출법은 더 강한 필름을 생산할 수 있으나(따라서 블로잉 필름 압출 공정으로 제작된 필름을 사용하는 경우 제품을 포장하는 데 더 얇은 필름을 사용할 수 있다.) 두께 조절능력과 생산성은 낮은 특성을 갖는다. 최종 블로우 필름 제품은 튜브 형태(일례로 양 끝단이 뚫린 튜브 형태의 미국식 쓰레기봉투)이거나, 모서리를 절단하여 두 장의 평행한 얇은 필름 형태가 될 수 있다.

캘린더링

캘린더링(calendering)은 고무재료, 혹은 소성 PVC와 같이 탄력있는 열 가소성 재료를 박판 및 필름 형태로 가공하는 방법이다. 캘린더링 공정에서 원소재는 여러 개의 롤러를 통과하면서 원하는 목표까지 두께가 줄어드는 형태로 가공되며 전형적인 구성은 그림 10.17과 같다. 캘린더링 장비는 매우 고가이나 생산 속도가 높아 최대 2.5 m/s의 속도로 생산이 가능하다. 한편 공정에 있어 롤 온도, 압력, 회전 속도에 대한 정밀한 제어가 요구된다. 캘린더링 공정을 통해 양호한 표면 상태와 높은 두께 정밀도를 가진 성형품 가공이 가능하며, 캘린더링으로 만들어진 제품은 PVC 바닥재, 욕실 커튼, 비닐 테이블보, 풀장 안감, 공기를 불어넣는 배와 장난감 등이다

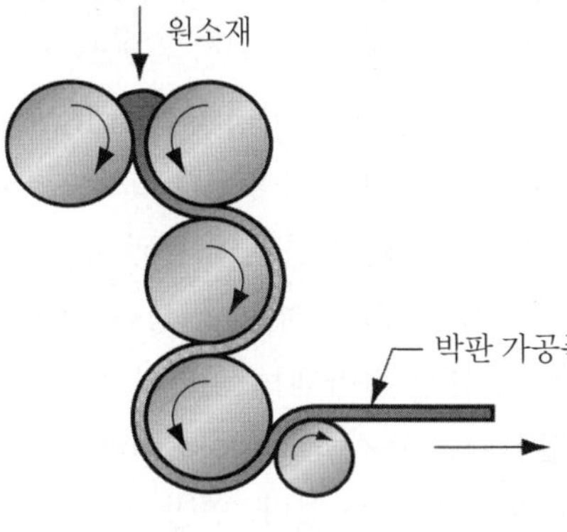

그림 10.17 캘린더링 공정에서 전형적인 롤 구성.

10.4 섬유 및 필라멘트 제조(스피닝)

고분자 ***섬유(fiber)***와 ***필라멘트(filament)***의 가장 중요한 응용 분야는 섬유 산업이다. 섬유와 필라멘트는 고분자 복합 재료의 강화 재료(reinforcing material)로서 그 사용이 증대되고 있으나 아직 섬유산업에 비교되지 않는다. 섬유는 단면 치수에 비하여 적어도 100배의 길이를 갖는 물질로 정의되며, 필라멘트는 연속적인 길이를 갖는 섬유를 의미한다.

섬유는 천연 섬유와 합성 섬유로 구분되며, 현재 전체 섬유 생산량의 75%를 합성 섬유가 차지하고 있다. 이중 폴리에스터가 가장 많은 비중을 차지하며 다음으로 나일론, 아크릴 레이온 등이 생산된다. 현재까지 가장 중요한 섬유 재료인 면을 포함하는 천연 섬유는 총 생산량의 25%를 차지한다(모는 면에 비하여 사용량이 상당히 적다).

*스피닝(spinning)*이란 용어는 천연 섬유를 뽑아내고 꼬아서 실을 만드는 방법에서 유래되었다. 합성 섬유 제작을 위한 스피닝 방법은, *스피너 레트*(*spinneret*, 여러 작은 구멍이 있는 다이)를 통해 압출되는 고분자 멜트 또는 용액를 이용하여 필라멘트를 만들고 보빈(bobbin)에 감는 공정을 의미한다. 고분자 재료를 처리하는 방식에 따라, 합성 섬유의 스피닝 공정은 크게 (1) 멜트 스피닝, (2) 건식 스피닝, (3) 습식 스피닝으로 나뉜다.

멜트 스피닝(melt spinning)은 전형적인 압출 공정과 유사하게 고분자 재료를 용융 상태로 가열하여 스피너 레트로 압출하는 것이다. 전형적인 스피너 레트는 두께 6 mm의 판에 직경이 0.25 mm인 구멍이 대략 50개 정도 형성된 형태이다. 구멍의 형상은 원뿔형 구멍(countersink)이며, 구멍의 L/D 비율은 5/1 이하이다. 다이로부터 흘러나오는 필라멘트는 당겨지면서, 동시에 공기로 냉각되고, 그림 10.18과 같이 보빈에 감기게 된다. 고분자 재료가 아직 녹아 있는 상태에서 필라멘트는 지속적으로 늘어나고 얇아지게 되며, 최종 직경은 압출될 때 직경의 1/10에 불과하다. 멜트 스피닝은 폴리에스터와 나일론에 적용되며 이들 두 재료는 가장 대표적인 합성 섬유이다. 따라서 멜트 스피닝은 합성 섬유의 세 가지 제작 공정 중 가장 중요하다.

건식 스피닝(dry spinning)에서 초기 고분자 재료는 용제(solvent)에 용융된 상태이며, 용제는 증발에 의해 제거된다. 건식 스피닝에서 압출물은 용제의 제거를 위해 가열된 챔버를 통과하도록 당겨지며, 이외의 공정은 멜트 스피닝과 유사하다. 셀룰로오스 아세테이트와 아크릴섬유가 건식 스피닝 공정에 적용되는 대표적 재료이다. 습식 스피닝(wet spinning)에서도 초기 고분자 재료는 용제에 용융된 상태이나 이때는 비휘발성 용제가 사용된다. 고분자 재료를 분리시키기 위해 압출물의 고분자 재료를 응고시키거나 침전시키는 화학 용액에 통과시키며 이때 제작된 필라멘트를 보빈에 모은다. 이러한 방법은 레이온(재생 셀룰로오스섬유)을 생산하는 데 사용된다.

상기의 세 가지 공정 중 하나로 생산된 필라멘트는 필라멘트 축 방향으로 결정 구조를 정렬하기 위하여 일반적으로 2~8배까지 연신되는 냉간 인발(cold drawing) 공정을 거친다[14]. 이는 섬유의 인장 강도를 획기적으로 증대시키는 효과가 있다. 인발 공정은 두 개의 스풀(spool)에 필라멘트를 걸고, 감는 스풀을 푸는 스풀에 비해 더 빠른 속도로 회전시켜 필라멘트를 인장하는 형태로 진행된다.

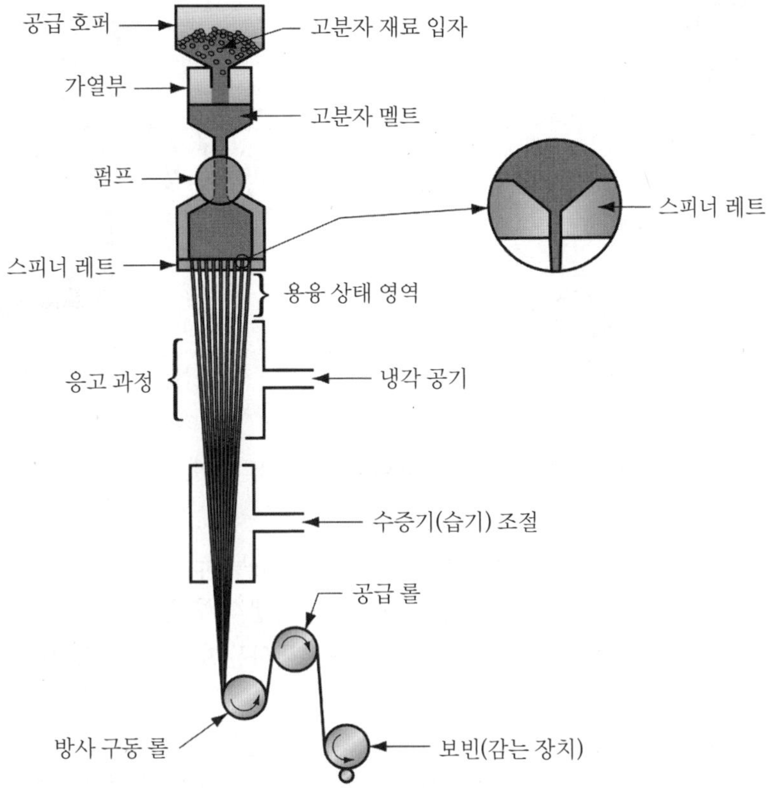

그림 10.18 연속 필라멘트의 멜트 스피닝 공정 개념도.

10.5 코팅 공정

플라스틱 또는 고무 코팅은 기본 재료 위에 고분자 재료의 층을 입히는 것을 말하며, (1) 와이어 및 케이블 코팅 (2) 편평한 필름상의 코팅과 같은 평면 코팅 (3) 3차원 물체에 코팅을 수행하는 컨투어(contour) 코팅의 세 가지로 구분된다[7]. 와이어 및 케이블 코팅은 10.2.3절에서 이미 설명한 바와 같이 기본적인 압출 공정으로 수행된다. 본 절에서는 나머지 두 가지 방법에 대해 소개할 것이다. 이 외의 페인트, 니스, 라커 및 기타 코팅 공정에 대해서는 24.6절에서 살펴본다.

평면 코팅(planar coating)은 일부 플라스틱의 주요 생산품인 직물, 종이, 판지(cardboard), 및 금속 박판의 코팅에 적용된다. 폴리에틸렌과 폴리프로필렌이 주로 평면 코팅 공정에 적용되며 나일론과 PVC, 폴리에스터의 적용 빈도는 높지 않다. 대부분의 경우 코팅 두께는 0.01~0.05 mm이다. 그림 10.19는 두 가지 중요한 평면 코팅 기술을 보여준다. 롤방식(roll method)에서 고분자 코팅 재료는 서로 마주보는 두 개의 롤에 의해 기판상에 압착된다. 닥터블레이드 방식(doctor blade method)에서는 날카로운 칼날에 의해 기판 상에 코팅되는 고분자 멜트의 양이 제어된다. 두 가지 경우 모두 코팅 재료는 슬릿 다이 압출 또는 캘린더 방식으로 공급된다.

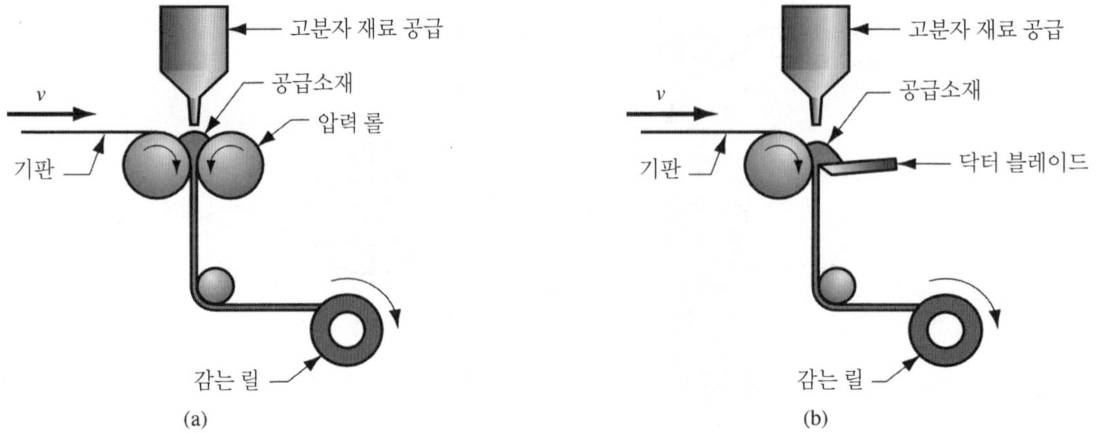

그림 10.19 평면 코팅 공정 개념도. (a) 롤 방식, (b) 닥터 블레이드 방식.

3차원 물체에 대한 컨투어 코팅은 딥핑(dipping)이나 분무(spraying)를 이용하는 것이다. 딥핑은 물체를 고분자 멜트 또는 용액 용기에 담근 후 꺼내어 냉각 혹은 건조 시키는 형태로 수행된다. 분무 공정(스프레이 페인팅)은 고체에 고분자 코팅을 수행하는 또 다른 방법이다.

10.6 사출 성형

사출 성형(injection molding) 공정은 고분자 재료를 가열하여 매우 높은 소성 상태로 만든 뒤, 금형 공동(mold cavity)에 고압으로 주입한 후 고화시키는 공정이다. 고화된 사출 성형품은 이후 공동에서 이형된다. 이 공정은 거의 정형(net shape)상태를 갖는 단위 제품을 생산한다. 대형 제품의 경우 공정 시간(cycle time)이 1분 또는 더 긴 경우도 있지만, 일반적으로 약 10초에서 30초 정도의 공정 시간을 갖는다. 또한 금형은 한 개 이상의 공동을 가지고 있어 1회 공정에서 다수개의 성형품을 생산하기도 한다. 그림 10.20은 사출 성형으로 제작된 다양한 제품을 보여준다.

사출 성형 공정은 복잡하고 세밀한 형상의 성형이 가능하다. 이때 부품의 형상과 동일한 형상의 공동이 필요하며, 부품의 이형을 가능하게 하는 금형의 설계 및 제작이 매우 중요하다. 사출 성형품의 크기는 대략 50 g에서 25 kg까지이며, 대형 사출품의 주요 예는 냉장고 문과 자동차 범퍼이다. 금형은 제품의 형상 및 크기를 결정하며, 사출 성형의 특수한 공구라 할 수 있다. 크고 복잡한 제품의 경우 금형의 가격이 수억 원에 이르기도 한다. 작은 크기의 제품의 경우 생산성 향상을 위해 여러 개의 공동을 가진 금형을 제작하기도 하나, 이 경우 금형 비용이 증가하는 문제가 있다. 높은 금형 비용으로 인해 사출 성형은 대량 생산 시스템에서만 경제적인 방법이다.

사출 성형은 열가소성 재료의 성형 공정에 광범위하게 사용된다. 일부 열경화성 재료와 고탄성 고분자도 해당 재료의 중합 반응이 일어나도록 사출 장비와 공정 조건을 수정하여 적용될 수 있다. 열경화성 재료 및 탄성 고분자 재료의 사출 성형 공정 및 다양한 사출 성형 공정의 변형에 대해서는

Courtesy of George E. Kane Manufacturing Technology Laboratory, Lehigh University.

그림 10.20 사출 성형 공정으로 제작된 제품들.

10.6.5절에서 알아보겠다.

10.6.1 공정과 장비

사출성형 장비는 금속 다이캐스팅 장비에 기반하여 개발되었다(역사적 고찰 10.1 참고). 그림 10.21은 대형 사출 성형기를 보여주며, 그림 10.22는 사출성형기의 개념도를 보여준다. 개념도에서 알 수 있듯, 사출성형기는 크게 (1) 플라스틱 사출부와 (2) 금형 고정부의 두부분으로 나뉜다. 플라스틱 사출부는 플라스틱 재료를 가열하고 왕복 스크루를 이용하여 금형에 주입하는 역할을 수행하며, 금형

Courtesy of Cincinnati Milacron.

그림 10.21 대형 사출성형기.

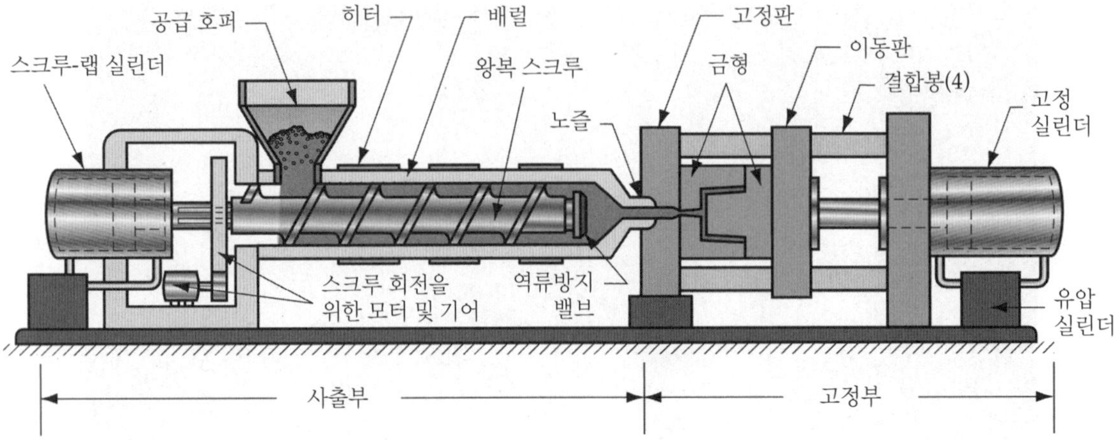

그림 10.22 왕복 스크루형의 사출성형기 개략도(일부 기계정보는 단순화됨).

고정부는 각각의 공정 단계에 맞춰 금형을 열고 닫는 역할을 수행한다. 수평형 사출기와 수직형 사출기가 존재하지만 수평형 사출기가 보다 보편적인 형태이다.

사출공정 사이클

열가소성 고분자 재료의 사출성형 공정은 그림 10.23에 나타낸 순서로 수행된다. 공정은 금형이 열려있고 성형기가 새로운 사출을 진행할 준비가 되어있는 시점에서 시작한뒤, (1) 금형이 닫히고, 고정된다. (2) 가열공정과 스크루의 기계적 회전운동에 의해 적당한 온도와 점도를 갖고 있는 플라스틱 재료가 높은 압력으로 금형 공동으로 주입된다. 플라스틱 재료는 차가운 금형 표면에 닿으면서

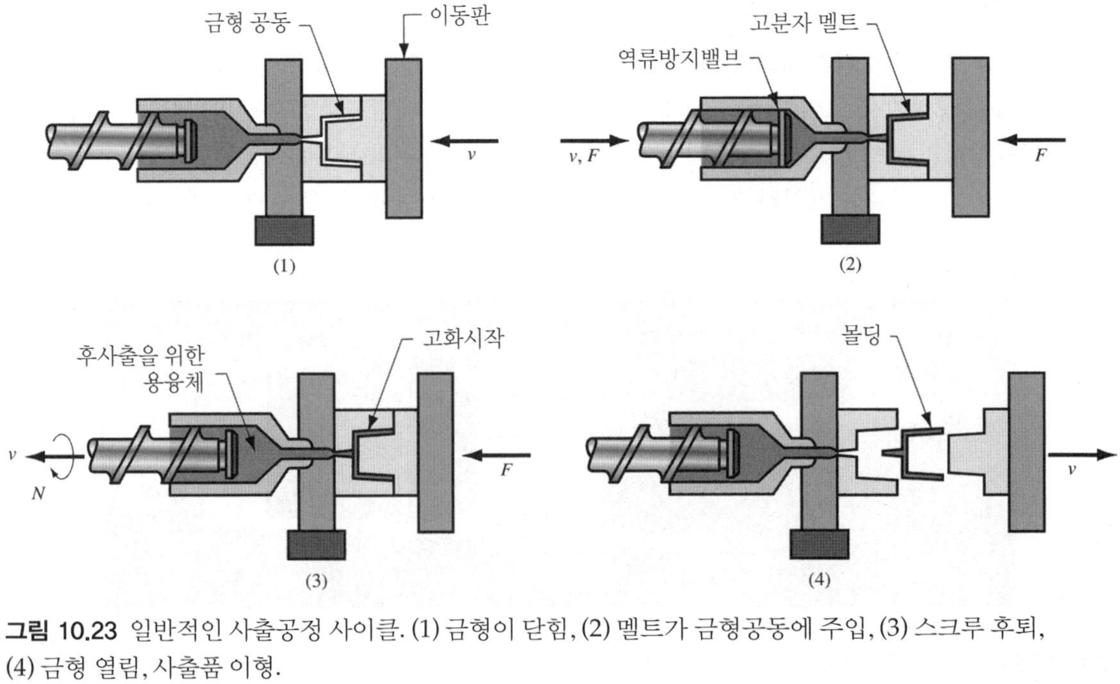

그림 10.23 일반적인 사출공정 사이클. (1) 금형이 닫힘, (2) 멜트가 금형공동에 주입, (3) 스크루 후퇴, (4) 금형 열림, 사출품 이형.

냉각되어 고화를 시작한다. 냉각과정에서의 수축을 보상하기 위해 램 압력을 계속 유지하여 추가적으로 고분자 멜트가 공급되도록 한다. (3) 스크루는 계속 회전하면서 후퇴하고, 이때 역류방지 밸브가 열려 배럴의 앞단으로 고분자 멜트가 계속 흘러 들어가도록 한다. 이 과정 동안 금형내의 플라스틱은 완전히 고화된다. (4) 금형이 열리고, 사출물이 금형으로부터 이형되어 배출된다.

사출 성형기

그림 10.22와 같이 사출성형기는 플라스틱 사출부와 금형 고정부로 구성되어 있다. 플라스틱 사출부는 압출기와 유사하며, 플라스틱 펠릿을 보관하는 호퍼와 호퍼에 보관된 재료를 이송하는 배럴로 구성되어 있다. 배럴 내부의 스크루는 압출기의 스크루와 유사하나 보다 복잡한 기능을 구현한다. 사출성형기의 스크루는 고분자 재료를 혼합하고 가열하며 이동시키기 위해 회전하는 기능 외에, 추가로 배럴내의 고분자 멜트를 금형으로 신속하게 주입하기 위해 전후로 이동하는 램(ram) 기능을 갖는다. 스크루 끝단에 위치한 역류방지밸브(nonreturn valve)는 고분자 멜트의 주입 공정시 고분자 멜트가 스크루 나사홈을 따라 역류하는 것을 막아 준다. 성형 공정 이후 램은 원래의 위치로 되돌아온다. 이와 같은 두가지 운동을 하는 스크루를 왕복 스크루(reciprocating screw)라 부른다. 요약하면 사출부의 기능은 고분자 재료를 녹이고 균질화 한 후, 금형 공동에 주입하는 것이다.

고정부(clamping unit)는 금형의 구동과 관련이 있다. 고정부의 역할은 (1) 금형의 양쪽을 서로 잘 정렬된 상태로 고정하고, (2) 고분자 멜트 주입 공정시, 금형이 닫힌 상태로 유지되도록 사출 압력에 대항하여 충분히 큰 형체력(clamping force)을 가하며, (3) 사출성형 사이클 동안 적절한 시점에 금형을 열고 닫는 것이다. 고정부는 고정판fixed platen)과 이동판(moveable platen)으로 구성되며, 각 판에는 분할된 금형이 부착되어 있는 상태에서, 이동판이 움직이는 구조이다. 고정부의 이동은 일반적인 프레스 공정과 유사하게 유압 피스톤 혹은 기계적 토글 구조에 의해 수행된다.

기타 사출성형기

사출성형기의 종류는 사출부와 고정부의 특징에 따라 나뉜다. 오늘날 주로 두 가지 형태의 사출부(injection unit)가 널리 사용되며, 앞서 설명한 왕복 스크루 사출기(그림 10.22)가 가장 일반적이다. 왕복 스크루 사출기는 고분자 재료를 녹이고 금형에 주입하는데 동일한 배럴을 사용한다. 또 다른 형태의 사출기는 그림 10.24(a)와 같이 고분자 재료를 녹이고 사출하는데 서로 다른 배럴을 사용한다. 이러한 형식의 사출기를 스크루 예비 가소 사출기(screw-preplasticizer machine) 또는 이단 사출기(two-stage machine)라고 한다. 상부배럴은 압출기와 유사하게 호퍼로부터 공급된 플라스틱 펠릿을 스크루를 이용하여 이동시키며 용융시킨뒤 두 번째 배럴에 공급한다. 두 번째 베렐에서는 플런저를 이용하여 용융 고분자를 금형 내부로 사출한다.

초기의 사출성형기는 그림 10.24(b)와 같이 유압에 의해 구동되는 단순한 램 (스크루 플라이트가 없는)이 배럴에 장착되어 있으며, 고분자 재료가 녹은뒤 램에 의해 금형 공동으로 주입되는 구조였다. 이러한 사출기를 플런저식 사출성형기 (plunger-driven injection-molding machines) 라 한다. 초기 사출기에 비해 왕복 스크루 사출기는 사출실내 가열이 더욱 균일하여 폴리머 용융이 더욱 균질하고, 성형 사이클이 빠르고, 에너지 비용이 절감되는 이점을 가지며 이로 인해 현대 사출성형 공

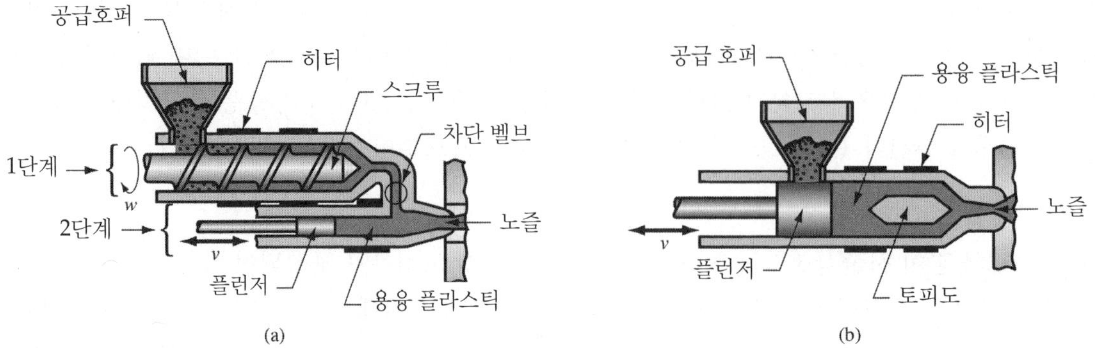

그림 10.24 그림 10.22의 왕복 스크루 구조를 제외한 두 가지 사출부 구조. (a) 스크루 예비 가소 사출부, (b) 플런저식 사출부.

정에서 널리 사용되고 있다.

고정부의 구조는 기계적 토글식, 유압식, 유압 기계식의 세 가지 종류로 나뉜다[11]. 토글식 고정부(toggle clamp)는 다양한 구조가 있으며, 그 중의 하나는 그림 10.25(a)와 같다. 액추에이터는 크로스헤드(crosshead)를 앞으로 이동시켜서 토글 링크를 펴고 금형 이동판을 닫힘 위치로 밀어낸다. 토글식 구조는 이동을 시작하는 시점에는 기계적인 이득이 낮고 속도는 빠르다. 그러나 이동을 마치는 지점에서는 초기의 반대이다. 따라서 토글식 고정부는 높은 속도와 큰 힘을 각각 사출성형 사이클에서 요구되는 시점에 맞추어 이동판에 제공한다. 토글식 고정부의 구동은 유압실린더 또는 전기 모터에 의한 볼스크루(ball screw)에 의해 이루어진다.

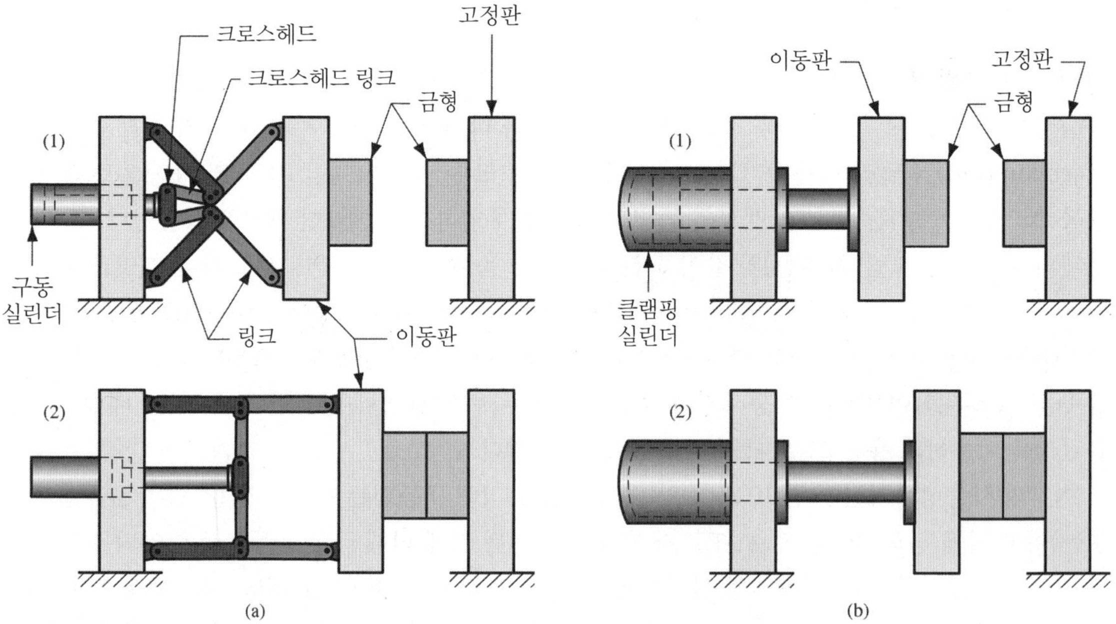

그림 10.25 두 가지 고정부 구조. (a) 토글식 고정부의 특정 위치에서의 형태: (1) 열림 위치, (2) 닫힘 위치, (b) 유압식 고정부: (1) 열림 위치, (2) 닫힘 위치. 이동판의 움직임을 위한 결합봉은 생략됨.

그림 10.25(b)에서 보여지는 유압식 고정부(hydraulic clamp)는 일반적으로 1300~8900 kN의 용량을 갖는 대용량 사출성형기에 사용된다. 유압식 고정부는 토글식 고정부와 달리 동작 중에 주어진 위치에서 힘을 자유롭게 제어할 수 있다. 유압 기계식 고정부(hydromechanical clamp)는 8900 kN 이상의 대용량 사출성형기에 사용 된다. 유압 기계식 고정부는 (1) 닫힘 위치로 급속히 이동하는 경우 유압실린더를 이용하고 (2) 기계적인 장치로 한 위치에 고정한 뒤, (3) 최종적으로 금형을 닫고 하중 용량을 가하기 위해 고압 유압실린더를 사용하는 구조를 갖는다.

사출성형기는 (1) 유압, (2) 전기, (3) 하이브리드의 세 가지로 분류될 수 있다. 유압식 사출성형기는 유압 실린더를 사용하여 사출부와 고정부에 동력을 공급하는 형태이다. 그림 10.25에서 보여주는 두 가지 고정부 종류는 구동을 위해 유압 실린더를 사용하는 형태이며, 그림 10.22에서 보여주는 사출기 개념도 역시 왕복 스크루와 고정부 모두 유압에 의해 동작하는 형태이다. 유압식 사출기의 장점은 높은 체결력(clamping force)을 제공할 수 있어 대형 부품을 생산할 수 있으며, 사출기 초기 비용이 낮다는 점이다.

전동식 사출기는 디지털 제어 전기 서보모터를 사용하여 사출부와 고정부를 구동한다. 서보모터 제어는 사출부의 왕복 스크루 구동에 있어 에서 보다 빠르고, 정확하며, 높은 반복성을 보여준다. 고정부의 경우 서보 모터로 구동되는 볼 스크루가 금형을 닫는 힘을 제공한다는 점을 제외하고 그림 10.25(a)에 표시된 것과 유사한 토글식 고정부 구조가 사용된다. 전동식 사출기는 빠른 사이클, 깨끗하고 조용한 작동, 높은 반복성 및 낮은 불량률, 낮은 에너지 소비의 장점을 갖는다. 그러나 전동식 사출기는 유압식 사출기만큼 큰 체결력을 제공할 수 없으며 초기 사출기 비용이 높다. 이러한 특징으로 인해 전동식 사출기는 중소형 부품의 제작에 이상적이다. 한편 유압식 사출기의 경우 구동시 필요한 오일에 의해 클린룸 환경에서 사용이 불가능하지만, 전동식 사출기는 클린룸 환경에서 사출성형이 필요한 제품 (의료 제품)의 성형시 사용될 수 있다. 전체 전동식 사출기는 1984년경 일본에서 개발되었으며, 일본에서 제작되는 대부분의 성형 기계는 전동식 사출기 이며, 이는 미국에서 판매되는 신규 장비의 약 50%를 차지한다. 반면 유럽에서는 유압식 사출기의 제작이 보다 일반적이다.

하이브리드 사출기는 왕복 스크루는 전기 모터에 의해 구동하고, 고정부는 유압 실린더에 의해 구동하는 형태를 결합하여 정밀도와 반복성, 소음 감소, 사이클 시간 단축, 에너지 절약, 높은 체력력 등 전동식 및 유압식 사출기의 장점을 모두 구현하는 형태이다. 한편 하이브리드 사출기의 초기 비용은 전동식 사출기와 유사하다.

10.6.2 금형

금형(mold)은 생산하고자 하는 제품에 따라 주문 설계 제작되는 사출 성형의 특별한 공구로써, 한 부품에 대한 생산이 종료되면 새로운 제품의 생산을 위해 새로운 금형으로 교체된다. 본 절에서는 사출 성형을 위한 여러 종류의 금형을 알아본다.

양판 금형

양판 금형(two-plate mold)은 그림 10.26에 나타낸 것과 같이 성형기 고정부(clamping unit)의 고

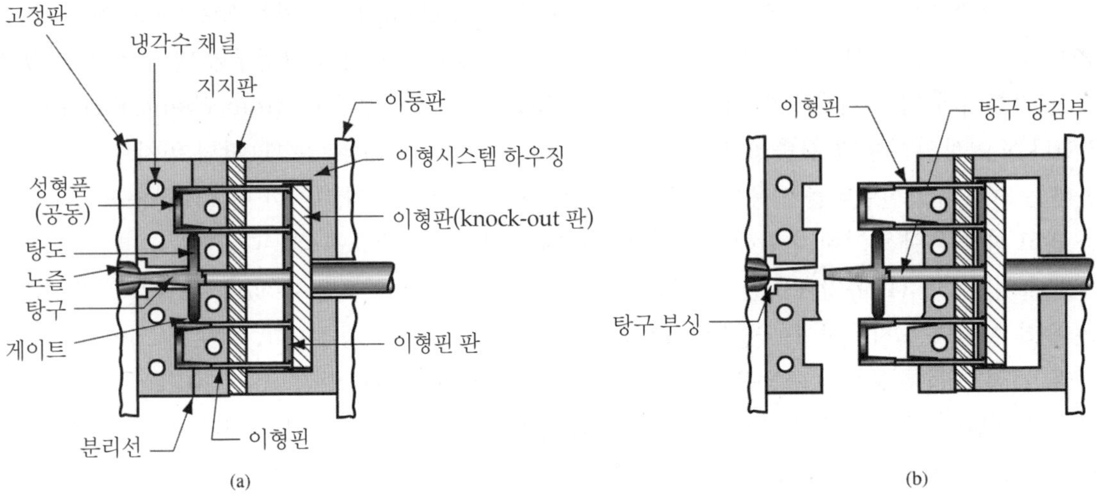

그림 10.26 열가소성 사출 성형품을 위한 양판 금형의 상세도. (a) 금형 닫힘 상태, (b) 금형 열림 상태. 그림에서 금형은 두 개의 금형 공동을 가져 1회 사출 공정을 통해 두 개의 컵 형상의 부품을 제작할 수 있다.

정판과 이동판에 각각 부착된 한쌍의 금형판으로 구성된다. 성형기 고정의 이동판이 그림 (b)와 같이 움직이면 금형이 열리게 된다. 금형에서 가장 중요한 형상은 *금형 공동(cavity)*이며, 일반적으로 양쪽 금형이 만나는 표면에서 금속을 제거하여 구현된다. 금형에는 하나의 금형 공동이 있을 수 있으며, 1회 공정으로 여러 개의 제품을 만들기 위해 여러개의 공동을 제작할 수도 있다. 그림은 두 개의 공동을 가진 금형을 보여 준다. *분리면(parting surface*, 또는 금형의 단면도에서 보이는 *분리선(parting line)*은 제품을 꺼내기 위하여 금형이 열리는 지점이다.

금형 공동뿐 아니라 금형의 다른 형상들도 사출 성형 공정에서 꼭 필요한 역할을 수행한다. 금형은 고분자 멜트를 사출부의 노즐에서 금형 공동으로 흐르게 하는 공급 경로(유동시스템)를 구비하고 있다. 이러한 공급 경로는 (1) 노즐에서 금형으로 멜트를 유도하는 *탕구(sprue)*, (2) 탕구에서 금형 공동으로 안내하는 *탕도(runner)*, (3) 금형 공동에 주입되는 멜트의 양을 제어하는 *게이트(gate)*로 구성된다. 고분자 멜트는 게이트를 통과하면서 전단 속도가 증가하고 점도가 낮아지게 된다. 금형의 각 금형 공동은 한 개 혹은 여러 개의 게이트를 포함하고 있다.

성형 공정이 끝난 후 금형 공동에서 사출물을 꺼내기 위해 이형 시스템(ejection system)이 필요하다. 일반적으로 이형 기능을 수행하기 위하여 금형의 이동부에는 이형핀(ejector pin)을 설치한다. 사출 공정 후 금형 공동이 두쪽으로 나뉘어 열릴 때, 사출물은 수축에 의해 자연스럽게 이동부에 부착되도록 설계된다. 금형이 열리면 이형핀은 사출물을 금형 공동 밖으로 밀어낸다.

금형 내부에는 뜨거운 플라스틱을 식히기 위한 냉각 시스템(cooling system)이 존재하며, 냉각 시스템은 금형 내의 냉각 라인과 그 내부로 물을 순환시키는 외부 펌프로 구성된다. 한편 고분자 재료가 금형 공동으로 밀려들어 올 때 금형 공동의 공기가 외부로 빠져나가야만 한다. 대다수의 공기는 이형핀과 금형 간의 간극을 통해 빠져나가며 추가적으로 분리면에 깊이 약 0.03 mm, 폭 12~25 mm의 좁은 공기 배출구(air vent)를 가공하기도 한다. 공기 배출구로는 공기는 빠져나가지만 점성

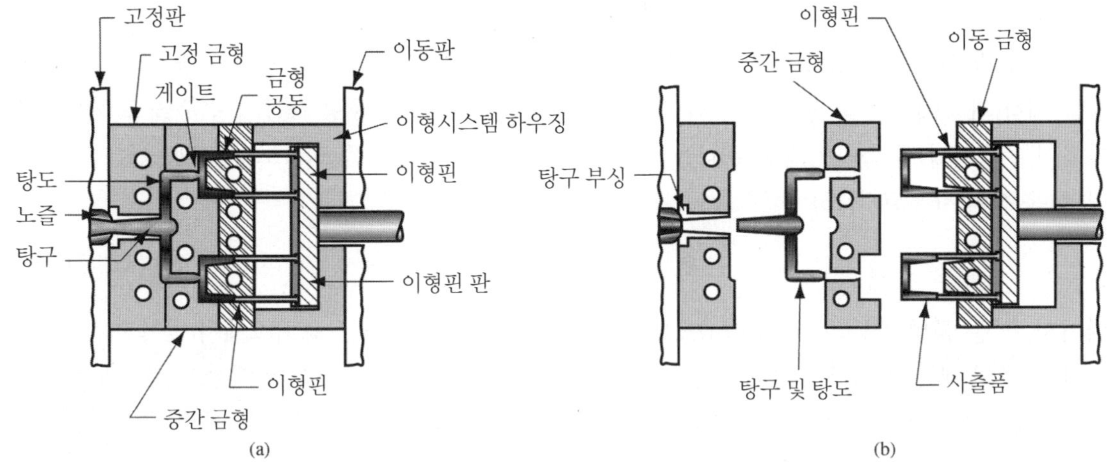

그림 10.27 3판 금형 구조. (a) 금형 닫힘 상태, (b) 금형 열림 상태.

이 있는 고분자 멜트는 빠져나가지 않는다.

정리하면 금형은 (1) 제품 형상을 결정하는 하나 이상의 금형 공동, (2) 고분자 멜트를 금형 공동으로 안내하는 공급 경로, (3) 제품 이형 시스템, (4) 냉각 시스템, (5) 공기 배출 시스템으로 구성된다.

기타 금형 종류

양판 금형과 동일한 성형품을 사출 성형할 수 있는 다른 형태의 금형으로 그림 10.27에서 보여지는 *3판 금형(three-plate mold)*이 있다. 3판 금형은 여러 가지 장점이 있는데, 첫째로, 컵의 주위로 고분자 멜트가 균일하게 공급되도록, 고분자 멜트의 주입을 위한 게이트를 컵 모양의 제품의 옆이 아닌 중심부에 위치시킬 수 있다. 그림 10.26의 양판 금형에서 측면 게이트(side gate)를 통해 주입된 멜트는 둘로 나뉘어 코어를 돌아 반대편에서 서로 만나게 되는데 이때 강성이 취약한 용접선(weld line)이 발생하며, 중심부에 위치한 게이트를 이용하면 이러한 용접선 결함을 최소화할 수 있다. 두 번째로, 삼판 금형은 사출 성형 공정의 자동화에 더욱 적합하다. 금형 열림 공정 시 금형이 세 개의 판으로 나뉘어 열리면서 탕도가 사출품으로 부터 떨어지고 자중에 의해 아래의 상자로 투입된다.

전통적인 양판 또는 3판 금형에서 탕구와 탕도는 폐기물이 되며, 많은 경우에 잘게 부수어져 재활용된다. 그러나 제품이 '생(virgin)' 고분자 재료(이전에 성형된 적이 없는)로 만들어지는 경우 탕구와 탕도는 재활용될 수 없다. *열탕도(hot runner)* 금형은 탕도 주변에 히터를 설치하여 탕구와 탕도가 응고되지 않도록 제작된 금형이다. 금형 공동의 플라스틱이 응고되는 동안, 탕구와 탕도의 재료는 용융된 상태로 있으며 다음 단계의 금형 공동으로의 주입을 위해 대기하게 된다.

10.6.3 사출 성형 공정에서의 수축과 결함

고분자 재료는 열 팽창 계수가 크며, 금형에서 냉각되는 동안 상당한 수축(shrinkage)이 발생한다. 일반적으로 결정질 고분자 재료는 비결정질 고분자 재료보다 더 크게 수축하는 경향이 있다. 수축은 성형 온도에서 상온까지 냉각하는 중에 발생하는 길이의 감소를 의미하며 mm/mm의 단위가 사용된다. 몇 가지 고분자 재료의 수축 계수를 표 10.2에 나타내었다.

고분자 재료에 충진재(filler)를 첨가하면 수축량이 감소하는 경향이 있으며, 사출 성형을 이용한 상품 제작 과정에서는 특정 고분자 화합물의 수축률을 고려하여 금형 가공시 수축을 고려한 보상 가공이 수행된다. 수축의 보상을 위해, 금형 공동의 크기는 실제 제품 크기보다 크게 만들어져야 하며, 다음 식이 사용된다[15].

$$D_c = D_p + D_pS + D_pS^2 \tag{10.25}$$

여기서, D_c는 금형 공동의 크기(mm), D_p는 사출물의 크기(mm), S는 표 10.2에서 얻어지는 수축률이다. 우측의 세 번째 항은 수축을 보상하기 위해 공동의 크기를 키운 부분에 대한 수축을 보정한다. 저밀도 폴리에틸렌으로 제작되는 제품의 설계 길이는 100.0 mm이다. 수축을 보정하기 위한 금형 공동의 길이는 얼마인가?

표 10.2 사출 성형 공정 시 일부 열가소성 고분자 재료의 일반적인 수축률 값. [참고문헌 13, 15, 20 참조]

플라스틱	수축률(%)	플라스틱	수축률(%)
ABS	0.6	폴리에틸렌, 저밀도	2.0
셀룰로즈 아세테이트	0.5	폴리에틸렌 테레프탈레이트	2.3
나일론-6,6	1.5	폴리프로필렌	1.5
폴리카보네이트	0.6	폴리스틸렌	0.5
폴리에틸렌, 고밀도	4.0	PVC	0.5

예제 10.4

사출 성형 공정에서의 수축

저밀도 폴리에틸렌으로 제작되는 제품의 설계 길이는 100.0 mm이다. 수축을 보정하기 위한 금형 공동의 길이는 얼마인가?

풀이

표 10.2로부터 폴리에틸렌의 수축률 $S = 2.0\% = 0.020$이다. 식 (10.25)를 이용하여 금형 공동의 길이를 구하면:

$$\begin{aligned} D_c &= 100.0 + 100.0(0.02) + 100.0(0.02)^2 \\ &= 100.0 + 2.0 + 0.04 = \mathbf{102.04\ mm} \end{aligned}$$

표 10.2의 수축률 값은 각 재료에 대한 전반적인 경향을 보여주며, 실제로 수축률은 다양한 요인에 영향을 받는다. 그중 가장 중요한 요인으로 사출 압력과 보압 시간, 성형 온도, 제품 두께를 들 수 있다. 사출 압력이 증가하면, 금형 공동에 더 많은 고분자 재료를 밀어 넣으므로 수축은 감소한다.

게이트의 고분자 재료가 고화되지 않아 금형 공동을 밀봉하지 않는다고 가정하면, 보압 시간의 증가는 사출 압력의 증가와 유사한 효과를 보인다. 즉 수축이 발생하는 동안 금형 공동으로 더 많은 재료를 집어넣는 힘이 유지되어 전체적인 수축이 감소한다.

성형 온도는 사출되기 직전에 실린더안 고분자 재료의 온도이다. 일반적으로 성형 온도가 증가하면 상온과의 온도 차이가 커지면서 수축률이 증가한다고 생각할 수 있다. 그러나 실제로는 성형 온도가 높으면 수축률이 작아진다. 성형 온도가 높아지면 고분자 재료의 점도가 낮아지고 사출 압력이 증가한 경우와 같이 금형 공동에 좀 더 많은 재료를 밀어 넣을 수 있으므로 수축량이 작아진다. 따라서 점도 감소의 효과가 상온과 온도차이 증가에 의해 발생하는 효과보다 더 큰 영향을 줌을 알 수 있다.

마지막으로 제품의 두께가 두꺼우면 수축량이 커진다. 사출 공정에서 용융 고분자 재료의 고화는 금형 표면에 닿는 외부부터 시작되고 점차 내부로 진행된다. 고화가 진행되는 과정에서 게이트 부분이 고화되면, 금형 공동안의 재료는 탕도와 차단되어 더 이상 보압에 의한 재료의 추가 공급을 받지 못한다. 게이트가 고화된 이후에 금형 공동 안에 남아 있는 용융 플라스틱의 고화과정에서 발생하는 수축이 제품에서 발생하는 수축의 대부분을 차지한다. 따라서 제품의 두께가 두꺼워지면 게이트 차단 이후 금형 공동에 남아 있는 용융된 고분자 재료의 양이 많아지므로 더 많이 수축하게 된다.

수축 문제와 더불어 사출 공정에서 다양한 결함이 발생할 수 있다. 사출품에서 주로 발생하는 결함은 다음과 같다.

- *주입 부족(short shot).* 용융 수지가 금형 공동을 완전히 채우기 전에 고화되어 발생하는 결함이다. 성형 온도를 높이거나 압력을 높임으로써 해결할 수 있다. 사출 용량이 작은 사출기를 사용하는 경우에도 발생할 수 있으며 이 경우 사출 용량이 큰 사출기를 사용하여야 한다.
- *플래싱(flashing).* 플래싱은 양 금형 사이의 분리면으로 고분자 멜트가 스며들거나 이형핀 주변에 스며드는 경우 발생한다. 일반적으로 플래싱의 원인은 (1) 금형의 공기 배출구 혹은 분리면 및 이형핀의 간극이 너무 크거나, (2) 형체력(clamping force)에 비해 사출압이 너무 큰 경우, (3) 용융 수지의 온도가 너무 높은 경우, (4) 수지 주입량이 과도한 경우이다.
- *함입 자국(Sink mark) 및 기공(voids).* 일반적으로 단면이 두꺼운 사출품에서 발생한다. ***함입 자국(sink mark)***은 사출품의 표면은 먼저 고화되고 내부가 고화되면서 수축하여 표면이 내부 쪽으로 함입되는 결함이다. ***기공(void)***은 기본적으로 함입 자국과 동일한 현상이나, 고화된 표면은 형상을 유지하고 내부의 용융 수지에 높은 인장 응력이 가해져서 내부 기공이 발생하는 것이다. 이러한 결함은 사출 후 보압을 증가시킴으로써 해결할 수 있다. 더 바람직한 해결 방안은 제품의 두께를 균일하고 얇게 설계하는 것이다.
- *용접선(Weld lines).* 용융 수지가 금형 공동의 코어 혹은 다른 음각 구조 주위를 흐르면서 반대편에서 서로 만나게 될 때, 만나는 경계를 용접선이라고 부르며, 다른 부분에 비하여 열등한 기계적 성질을 가진다. 높은 용융 수지 온도, 높은 사출 압력, 게이트의 위치변경 및 공기 배출구의 개선 등이 용접선 결함의 해결방안이다.

10.6.4 사출성형 공정의 경제성

사출성형 공정은 단품을 생산하는 공정이다. 사출성형이 정형생산 공정이기는 하지만, 각 사이클마다 스푸루 및 러너가 폐기물로 생산되며, 가끔 결함이 있는 제품(폐기물)이 생산된다. 사출성형 공정에서 사이클 시간 T_c는 현재 사이클에서 금형을 닫기 위한 제어신호가 발생하는 시점부터 다음 사이클에서 같은 신호가 발생하는 시점까지의 시간이다. 자동화된 사출성형 기기(운전자 없음)에서 이 사이클 시간은 매 주기마다 일정하다. 사출성형품은 금형에서 제거되어(ejected) 중력에 의해 보관함에 떨어지거나, 성형 기계의 측면이나 윗부분에 장착된 로봇 팔을 통해 탈착된다. 사출성형기가 인간 작업자에 의해 작동될 때, 성형기는 반자동으로 작동하며 작업자의 역할은 성형품을 금형으로부터 제거하는 것이다. 이러한 반자동 작업에서 작업자는 금형 앞에 위치한 안전 문을 열고 성형품을 금형에서 꺼낸 뒤, 안전문을 닫아 다음 성형 사이클을 시작한다. 이러한 반자동 공정에서 사출 사이클의 시작은 작업자가 안전문을 닫는 시점이므로, 인간의 활동에서 나타나는 원천적인 편차 때문에 제품 생산 사이클 시간에 약간의 변동이 발생하지만, 사출기 자체의 사이클 타임은 일정하다. 사출성형 사이클 시간은 종종 게이트 간 시간이라고도 불리며 이는 대부분의 사출성형기가 작업자에 의해 작동되던 시절부터 사용되는 용어이며, 오늘날 대다수의 사출성형 공정은 완전 자동화 되어있다.

사출성형 공정에서 사이클 속도는 사이클 시간의 역수이며 시간당 속도로 표현하면:

$$R_c = \frac{60}{T_c} \tag{10.26}$$

여기서 T_c = 사이클 시간(min/cycle), R_c = 시간당 사이클 속도(cycles/hr)이다. 매 사이클마다 생산되는 부품 수 n_p는 금형내 공동의 수와 같다. 앞서 언급했듯 사출성형공정은 금형 비용이 높기 때문에 생산량이 많은 경우에만 경제적이다. 사출성형 공정은 하나의 부품을 생산하고 다음번 부품을 생산하는 배치공정에 적용하는 경우 배치(batch) 크기가 10,000개 이상인 경우에 적합하며, 하나의 장비가 단일 부품 혹은 조립되는 관련 부품세트 만을 전용으로 생산하는 대량생산에 적합하다. 배치공정 혹은 대량생산의 경우 모두, 금형을 장착하고, 이전 작업에 사용된 플라스틱을 사출부에서 배출하는 장비 설정이 필요하며, 이 설정시간은 최대 몇 시간 까지 소요될 수 있다. 하나의 배치(batch)를 생산하는 시간은 다음과 같다.

$$T_b = T_{su} + \frac{T_c}{n_p} Q_b \tag{10.27}$$

여기서 T_{su} = 설정시간(min/batch), n_p = 각 성형 사이클마다 생산되는 부품의 수(금형의 공동 수, pc/cycle), Q_b = 배치크기(pc/batch)이다. 설정시간의 영향을 포함한 평균 생산 시간 T_p는 다음과 같다.

$$T_p = \frac{T_b}{Q_b} \tag{10.28}$$

여기서 T_p는 부품 당 평균 생산시간(min/pc)이며, 평균 생산률은 T_p의 역수로, 시간당 생산률로 표

현하면:

$$R_p = \frac{60}{T_p} \quad (10.29)$$

배치크기가 증가함에 따라 설정시간의 영향이 감소한다. $Q_b \to \infty$로 갈수록 $T_{su}/Q_b \to 0$이 되며, 생산량이 매우 많은 경우 생산률은 다음과 같다.

$$R_p = n_p R_c \quad (10.30)$$

여기서 R_p는 시간당 생산률(pc/hr), 그리고 n_p는 각 사이클마다 생산되는 부품 수이다. 부품 당 생산 비용은 단위 재료 비용, 부품 당 성형 기계 운영 비용, 그리고 부품 당 금형 비용의 합으로 구성된다.

$$C_{pc} = C_m + C_o T_p + C_t \quad (10.31)$$

여기서 C_{pc}는 성형부품 생산비용($/pc)이며, C_m은 재료 비용($/pc), C_o는 성형기계 및 관련 노동 비용($/hr), T_p는 부품 당 평균 생산 시간(min/pc), 그리고 C_t는 금형 비용을 하나의 금형으로 생산될 부품의 총수로 나눈 비용($/부품)이다.

재료 비용 C_m은 성형 부품의 무게와 소재 무게 당 비용을 곱한 것이다. (공급 업체는 일반적으로 플라스틱을 무게로 가격을 책정한다). 성형물의 부피만 알고 무게는 모르는 경우에는 다음과 같은 식으로 재료 비용을 결정할 수 있다.

$$C_m = P \rho V_p \quad (10.32)$$

여기서 C_m은 재료 비용($/pc)이며, P는 플라스틱 가격($/kg), ρ는 플라스틱의 밀도(kg/cm^3), V_p는 성형물의 부피(cm^3/pc)이다. 10.2.4절에서 설명한 압출 공정과 같이 플라스틱의 밀도 ρ는 표 10.1의 비중(SG)값을 이용하여 결정할 수 있다. 밀도는 $SG \times$ 물의 밀도이며, 이는 SI 단위에서 1 g/cm^3 = 0.001 kg/cm^{3}이다. 제작된 스프루 및 러너는 종종 분쇄되어 신규 플라스틱에 섞여 사용되며, 이 경우 사출성형 공정은 매우 적은 폐기물을 발생시킨다. 어떤 제품이 신규 플라스틱만으로 제작되어야 하는 경우 폐기해야 하는 스프루 및 러너의 무게를 재료 비용에 고려해야 한다.

성형 기계 관련 비용률 C_o는 1.5.2절의 방법에 따라 결정된다. 완전 자동화된 기계의 노동 비용률은 작업자가 각 기계에 소요한 시간의 비율에 따라 할당된다. 마지막으로 금형 비용은 금형의 총 비용을 예상 수명 동안 생산될 총 부품 수로 나눈 것이다.

예제 10.5

사출성형의 부품 생산비용

양판금형을 이용하여 부피가 10 cm^{3}인 제품을 사출성형한다. 스프루 및 러너의 부피는 6 cm^{3}이며, 신규 플라스틱의 비중은 1.08, 플라스틱 가격은 $3.00/kg이다. 스프루와 러너가 (a) 분쇄되어 신규 플라스틱과 섞일 수 있어 재료 이용률이 100%인 경우와 (b) 재생 플라스틱을 사용할 수 없는 경우에 대해 부품당 재료 비용을 계산하라.

풀이

주어진 $SG = 1.08$이므로 플라스틱의 밀도는 $\rho = 1.08\ \text{g/cm}^3$이다.

(a) $V = 10\ \text{cm}^3$인 경우, 부품의 질량 $m = (10\ \text{cm}^3)(1.08\ \text{g/cm}^3) = 10.8\ \text{g} = 0.0108\ \text{kg}$

재료 비용 $C_m = \$3(0.0108) = \mathbf{\$0.0324/pc}$

(b) $V = (10 + 6) = 16\ \text{cm}^3$이므로, 부품의 질량 $m = (16\ \text{cm}^3)(1.08\ \text{g/cm}^3) = 17.28\ \text{g}$
$= 0.01728\ \text{kg}$

재료 비용 $C_m = \$3(0.01728) = \mathbf{\$0.052/pc}$

예제 10.6

사출성형의 생산률 및 부품 생산 비용

자동화된 사출성형 공정에서 10,000개의 부품 배치가 성형 사이클 30초의 조건으로 생산된다. 정기적인 작업자의 고나리비용이 포함된 성형 기계의 비용률은 시간당 \$45이고, 설정 시간은 3.5시간이다. 두 개의 공동을 갖는 금형 비용은 \$60,000이며, 총 200,000개의 성형품을 생산할 수 있도록 설계되었다. 스크랩 비율 = 0%, 가용성 = 100%, 그리고 스프루와 러너는 재활용될 수 있다고 가정한다. 부품의 재료 비용은 \$0.0312/pc이다. (a) 배치 수량을 생산하는 데 필요한 총 시간, (b) 부품 당 비용, 그리고 (c) 배치를 생산하는 데 필요한 총 비용을 계산하라.

풀이

(a) $T_b = 3.5(60) + \dfrac{0.5}{2}(10,000) = 210 + 2500 = 2710\ \text{min} = \mathbf{45.17\ hr}$

(b) 재료 비용 $C_m = 0.0312$이고, 금형 비용 $C_t = \$60,000/200,000 = \$0.30/\text{pc}$

평균 생산시간 $T_p = 2710/10,000 = 0.271\ \text{min}$

기계 비용률 $= \$45/\text{hr} = \mathbf{\$0.75/min}$

사출성형 부품 당 비용 $C_{pc} = 0.0312 + 0.75(0.271) + 0.30 = \mathbf{\$0.534/pc}$

(c) $C_b = Q_b(C_m + C_t) + C_o T_b = 10,000(0.0312 + 0.30) + 0.75(2710) = \mathbf{\$5,344.50/batch}$

10.6.5 기타 사출 성형 공정

사출 성형 공정의 대부분은 열가소성 플라스틱을 이용한 공정이며, 열가소성 플라스틱 재료를 이용한 다양한 변형 공정에 대해 알아본다.

열가소성 폼 사출 성형

플라스틱 폼(foam)의 적용 분야는 매우 다양하며, 10.11절에서 플라스틱 폼 재료와 공정에 대하여 알아볼 것이다. 플라스틱 폼 제작 공정 중, *구조용 폼성형(structural foam molding)*이라 불리는 공정은 사출 성형 공정이므로 본 절에서 알아본다. 구조용 폼성형 공정은 외부는 고밀도의 표피를 가지고 있고 내부는 가벼운 폼으로 구성된 열가소성 플라스틱 부품의 성형 방법이다. 이러한 부품은 높은 무게당 강성 비율을 가져 구조용 소재에 적합하다. 충분하지 않은 양의 용융 수지를 금형 공동에 사출하면, 폼이 팽창(발포)하여 금형 공동을 채우게 된다. 차가운 금형 표면에 닿는 포말(form cell)은 없어지면서 조밀한 표피를 형성되며, 내부의 포말은 셀 형태를 유지하게 된다. 폼성형 공정으로 제작되는 부품으로는 전자제품 케이스, 기계 장비 하우징, 가구 부품, 세탁기 수조등이 있다. 구조용 폼성형 공정은 낮은 사출 압력 및 형체력을 이용하여 앞서 언급한 응용 제품과 같은 대형 제품을 생산할 수 있는 장점을 가지며, 성형 제품의 표면이 거칠고, 종종 기공을 가지고 있다는 단점이 있다. 이에 좋은 표면 상태가 요구되는 경우 샌딩(sanding), 도장(painting), 껍데기판(veneer)접착 등과 같은 후속 공정이 필요하다.

복수 사출 성형 공정(Multi-injection molding processes)

여러 가지 고분자 재료를 금형에 주입하여 사출 성형하면 특이한 효과를 얻을 수 있다. 고분자 재료는 동시에 혹은 단계적으로 사출되며, 하나 이상의 금형 공동이 있을 수 있다. 복수 사출 성형 공정은 여러 단계의 공정으로 이루어지며, 두 개 이상의 사출부가 필요하므로 장비가 매우 고가이다.

샌드위치 성형(sandwich molding)은 두 가지 고분자 재료를 사출하는 공정으로, 하나는 제품의 외부 표면용이고, 다른 하나는 내부용인데 일반적으로 고분자 폼이 사용된다. 특수하게 설계된 노즐은 몰드에 주입되는 두 가지 고분자 재료의 흐름 순서를 제어한다. 재료의 주입순서는 금형 공동 내에서 내부 고분자 재료가 외부 재료로 완벽하게 둘러싸이도록 설계된다. 최종 구조는 구조용 폼 성형품과 유사하나, 매끈한 표면을 구현할 수 있어 표면이 거친 구조용 폼성형품의 단점을 해결한 공정이다. 또한 두 개의 다른 플라스틱 재료로 구성되므로 적용 분야에 따라 적합한 특성의 재료 선택이 가능한 장점이 있다.

또 다른 복수 사출 성형 공정으로 이원위치 금형(2-position mold)에 두 가지 고분자 재료를 단계적으로 사출하는 방법이 있다. 첫 번째 위치에서 금형에 첫 번째 고분자 재료를 사출한 후, 금형을 열어 두 번째 위치로 변경한다. 이후 확대된 금형 공동에 다른 고분자 재료를 사출하여, 두 가지 고분자 재료가 통합되는 구조가 된다. 이러한 공정을 ***이단 사출 성형(bi-injection molding)***이라 하며, 이는 두 가지 색깔로 이루어진 플라스틱(예를 들면, 자동차 후방 라이트 커버)이나, 동일한 제품에서 부분별로 다른 성질이 필요한 제품을 생산하는 데에 이용된다.

열경화성 재료의 사출 성형

사출 성형 공정의 장비와 공정이 가교 결합(cross-linking)에 적합하도록 수정되면 열경화성 플라스틱의 성형 공정에도 적용될 수 있다. 열경화성 수지 사출 성형기의 구조는 열가소성 수지 사출 성형기와 유사하다. 열경화성 수지 사출 성형기 역시 왕복 스크루 사출부를 이용하나, 열경화성 플라스틱의 경화와 고화를 피하기 위하여 배럴의 길이가 더 짧다. 같은 이유로 배럴의 온도는 비교적 낮은 온도로 유지된다. 고분자 재료에 따라 다르지만 보통 50℃에서 125℃가 일반적이다. 펠릿 또는 과립 형태의 열경화성 플라스틱 재료가 호퍼를 통하여 배럴에 공급된다. 스크루의 회전 운동에 의해 재료는 노즐방향으로 이동하며 용융된다. 스크루 앞단에 충분한 양의 멜트가 누적되면 금형으로 사출되며, 이때 몰드는 플라스틱의 경화를 위한 가교 결합이 발생할 수 있는 150°C에서 230°C로 가열된 상태이다. 이후 금형이 열리고 제품이 이형되어 배출된다. 일반적인 성형 주기는 20초에서 2분 정도인데, 이는 고분자 재료의 종류나 제품 크기에 따라 달라진다.

열경화성 재료의 사출 성형 공정에서 경화(curing) 공정은 가장 많은 시간을 소비하는 단계이다. 많은 경우에 제품은 경화가 완료되기 전에 금형에서 배출되며, 배출된 후 1분에서 2분 사이에 남아 있는 열로 최종 경화가 이루어진다. 긴 경화 공정 시간을 해결하고자 하는 방안으로 복수 금형 장비를 사용하는 방법이 있으며, 이는 하나의 사출부로 구동되는 분할대(indexing head)에 두 개 이상의 금형이 부착되어 있는 것이다.

사출 성형 공정에 적용 가능한 대표적인 열경화성 재료는 페놀, 불포화 폴리에스터, 멜라민, 에폭시 및 요소-포름알데히드가 있다. 또한 고탄성 고분자(elastomer)도 사출 성형 공정으로 제작된다(11.5.3절 및 11.5.5절 참조). 현재 미국에서 생산되는 대부분의 페놀 성형품이 사출 성형 공정으로 생산되며, 이는 전통적인 열경화성 재료 성형 공정인 압축 및 트랜스퍼 성형(10.7절)에서 전환이 이루어졌음을 보여준다. 열경화성 성형 재료의 대부분은 높은 비율(무게 비율로 70% 이상)의 충진재(filler), 즉 유리섬유, 점토, 목재섬유 및 카본블랙을 함유한다. 따라서 실제로 사출 성형 되는 재료는 복합 재료라 하겠다.

반응 사출 성형

반응 사출 성형(reaction injection molding, RIM)은 매우 반응성이 강한 두 가지 용액 성분을 섞고, 바로 즉시 혼합물을 금형 공동으로 사출하여 화학적 반응으로 응고시키는 방법이다. 두 가지 성분은 촉매 활성(catalyst-activated) 또는 혼합 활성(mixing-activated) 열경화성 재료 시스템에서 사용되는 성분들이다(5.3.2절 참조). 우레탄, 에폭시, 요소-포름알데히드가 이러한 시스템의 예이다. 반응 사출 성형은 범퍼, 스포일러, 휀더와 같은 큰 자동차 부품을 폴리우레탄을 이용하여 만들기 위해 개발되었다. 이러한 부품들이 아직도 반응 사출 성형의 주된 적용 분야이다. RIM 성형 폴리우레탄 부품은 일반적으로 조밀한 표피로 둘러싸인 내부 폼구조를 갖고 있다.

그림 10.28에 보는 바와 같이, 각각의 독립된 탱크로부터 정확히 측정된 액상 성분이 혼합해드(mixing head)로 주입된다. 각각의 성분은 급격히 혼합되어 비교적 낮은 압력으로 금형 공동에 사출되며 중합과 경화 공정이 이루어진다. 일반적인 반응 사출 성형 공정 시간은 대략 2분 정도이다. 반응 사출 성형 금형은 공정에서 요구되는 형체력이 작아, 금형에 가벼운 부품을 사용할 수 있으므로, 비교적 큰 공동을 갖는 금형의 경우 반응 사출 성형 금형은 일반적인 사출 성형 금형보다 매우 저렴하다. 반응 사출 성형 공정의 장점은 다음과 같다[17]: (1) 공정에 요구되는 에너지가 적다. (2) 장비와 금형이 사출 성형에 비하여 저렴하다. (3) 특이한 성질을 가진 성형품 제작이 가능한 다양한 화학 물질이 존재한다. (4) 생산 장비의 신뢰성이 있으며, 공정 재료와 장비 간의 상관 관계가 잘 알려져 있다[18].

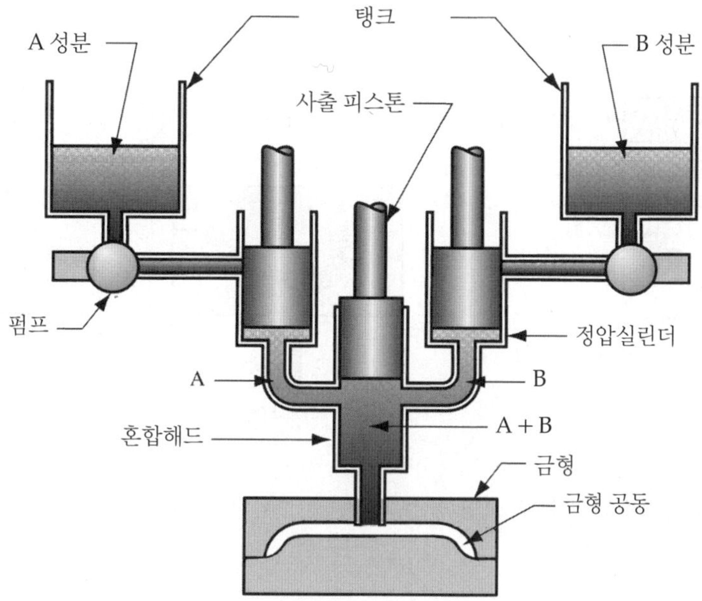

그림 10.28 반응 사출 성형(Reaction Injection Molding) 시스템. 금형 공동에 사출되기 전에 A 성분 및 B 성분이 혼합 해드에 섞여 들어간 직후의 모습(금형의 복잡한 부분은 생략되었음).

10.7 압축 성형과 트랜스퍼 몰딩

본 절에서는 열경화성 플라스틱과 탄성 고분자에 광범위하게 사용되는 두 가지 성형 방법을 알아본다. 본 절에서 소개되는 방법은 열가소성 재료에 대해서는 특별한 경우를 제외하고는 사출 성형보다 효율성이 높지 않다.

10.7.1 압축 성형

압축 성형(compression molding)은 열경화성 플라스틱에 대하여 오래전부터 광범위하게 사용되는 공정이다. 압축 성형은 또한 고무 타이어 및 다양한 고분자 복합 재료 부품에 적용될 수 있다. 그림 10.29에서와 같이 열경화성 플라스틱의 압축 성형 공정은 (1) 정확한 양의 차지(charge)라 불리는 성형 원료를 가열된 금형 하판 상부에 위치시킨다. (2) 금형을 닫으며 원료를 압축하면, 원료가 금형 공동의 형상을 채우며 이동한다. (3) 가열된 금형을 통해 원료가 가열되고 중합 및 경화 반응이 발생하여 고화된다. (4) 금형을 열고 고화된 제품을 이형한다.

압축 성형 공정의 초기 원재(charge)는 분말, 펠릿(pellets), 액상, 프리폼(preform) 등 여러 가지 형태일 수 있다. 초기 로딩되는 원재의 양은 성형 제품의 반복 균일성을 위하여 매우 정밀하게 조절되어야 한다. 원재를 금형에 로딩하기 전 예열하는 것이 일반적이며 이는 고분자 재료를 부드럽게 하여 공정 시간을 단축시킨다. 예열하는 방법은 적외선 히터, 오븐을 이용한 대류열 가열, 가열된 회

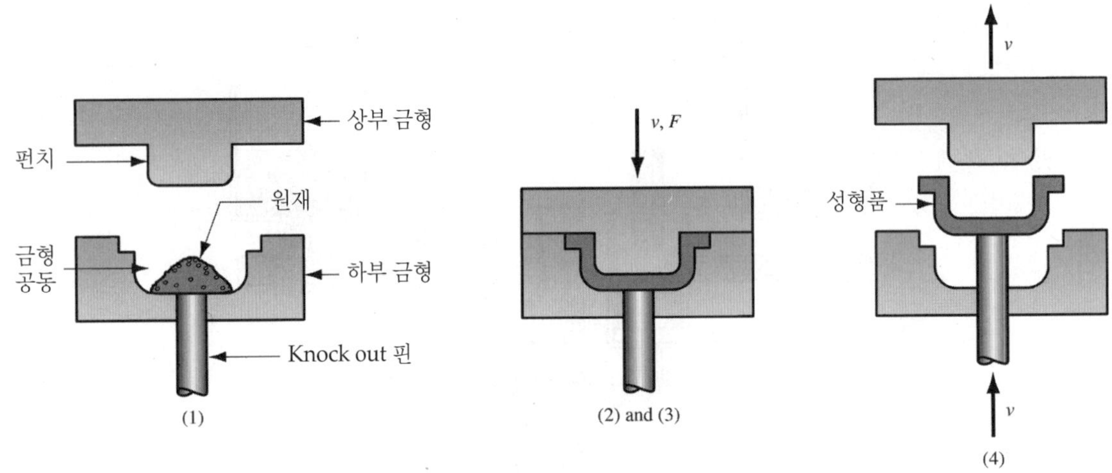

그림 10.29 열경화성 플라스틱의 압축 성형 공정. (1) 원재 로딩, (2)와 (3) 투입재의 압축 및 경화, (4) 제품 배출(일부 복잡한 형상은 생략되었음).

전 스크루를 이용하는 방법이 적용될 수 있다. 제일 마지막 방법(사출 성형과 유사)은 원재를 균질화하는 데에도 이용될 수 있다.

압축 성형 프레스는 수직으로 구성되어 있으며 상하부 두 개의 판에 상부/하부 금형이 각각 고정된다. 압축 성형 프레스는 하판이 상부로 이동하거나 상판이 하부로 이동하는 형태로 구동되나 하판이 상부로 이동하는 형태가 일반적인 구성이다. 압축 성형 프레스는 일반적으로 수백 톤의 형체력을 제공하는 유압 시스템으로 구동된다.

압축 성형용 금형은 탕구와 탕도가 없고, 초기 열경화 소재의 낮은 유동 특성으로 인해 금형 공동이 간단한 형상이므로, 사출 성형 금형보다 단순하다. 그러나 금형의 가열에 필요한 장비가 반드시 필요하며, 일반적으로 전기 저항 가열, 증기 또는 고온오일 순환 등의 방법을 이용한다.

압축 성형 공정에 사용되는 재료는 페놀, 멜라민, 요소 포름알데히드, 에폭시, 우레탄 및 고탄성 고분자 등이 있다. 대표적인 압축 성형품은 전기 플러그와 소켓, 냄비 손잡이, 접시등이 있으며, 이러한 제품들의 제작에 있어 압축 성형 공정은 (1) 금형이 단순하며 저렴하고, (2) 탕구와 탕도와 같은 불필요한 부분이 적으며, (3) 성형품의 잔류 응력이 낮은 장점을 갖는다. 대표적인 단점으로는 공정 시간이 길고, 사출 성형에 비하여 생산성이 낮다는 것이다.

10.7.2 트랜스퍼 몰딩

트랜스퍼 몰딩(transfer molding)에서 열경화성 원재(charge)는 금형 공동의 바로 위에 있는 가열실에 장착되어 가열된다. 이후 부드러워진 고분자 재료에 압력을 가하여 가열된 금형으로 이동시키고 경화가 이루어진다. 트랜스퍼 몰딩 공정은 그림 10.30에서 보는 바와 같이, 두 가지 형태로 수행될 수 있다. 첫째는 *포트 트랜스퍼 몰딩(pot transfer molding)*으로 불리며 원재는 포트(pot)라 불리는 공간에서 수직 탕구를 통해 금형 공동에 주입된다. 두 번째 형태는 *플런저 트랜스퍼 몰딩*

*(plunger transfer molding)*이며, 원재는 가열실에서 플런저에 의해 수평의 탕도를 통해 금형 공동에 주입된다. 두 경우 모두 매 공정마다 가열실 및 탕도의 바닥에 남는 재료인 컬(cull)이라는 명칭의 스크랩(scrap)이 생긴다. 또한 포트 트랜스퍼 몰딩에서 탕구도 스크랩이 된다. 트랜스퍼 몰딩에 사용되는 재료는 열경화성이기 때문에, 스크랩은 재활용될 수 없다.

동일한 고분자 재료(열경화성 플라스틱 및 고탄성 고분자)의 성형에 적용 된다는 면에서, 트랜스퍼 몰딩은 압축 성형과 매우 밀접한 관계가 있다. 또한 투입재가 독립된 공간에서 예열되고 금형으로 주입된다는 점에서 사출 성형과 유사점을 찾을 수 있다. 트랜스퍼 몰딩은 압축 성형보다 훨씬 복잡한 형상을 성형할 수 있지만, 사출 성형의 수준에는 이르지 못한다. 트랜스퍼 몰딩 공정에서는 인서트(insert)를 사용한 성형이 가능하며, 이 경우 금속 또는 세라믹 인서트를 금형 공동에 위치시키고 성형 공정을 수행하면 성형 중 가열된 고분자 재료가 인서트와 접착된다.

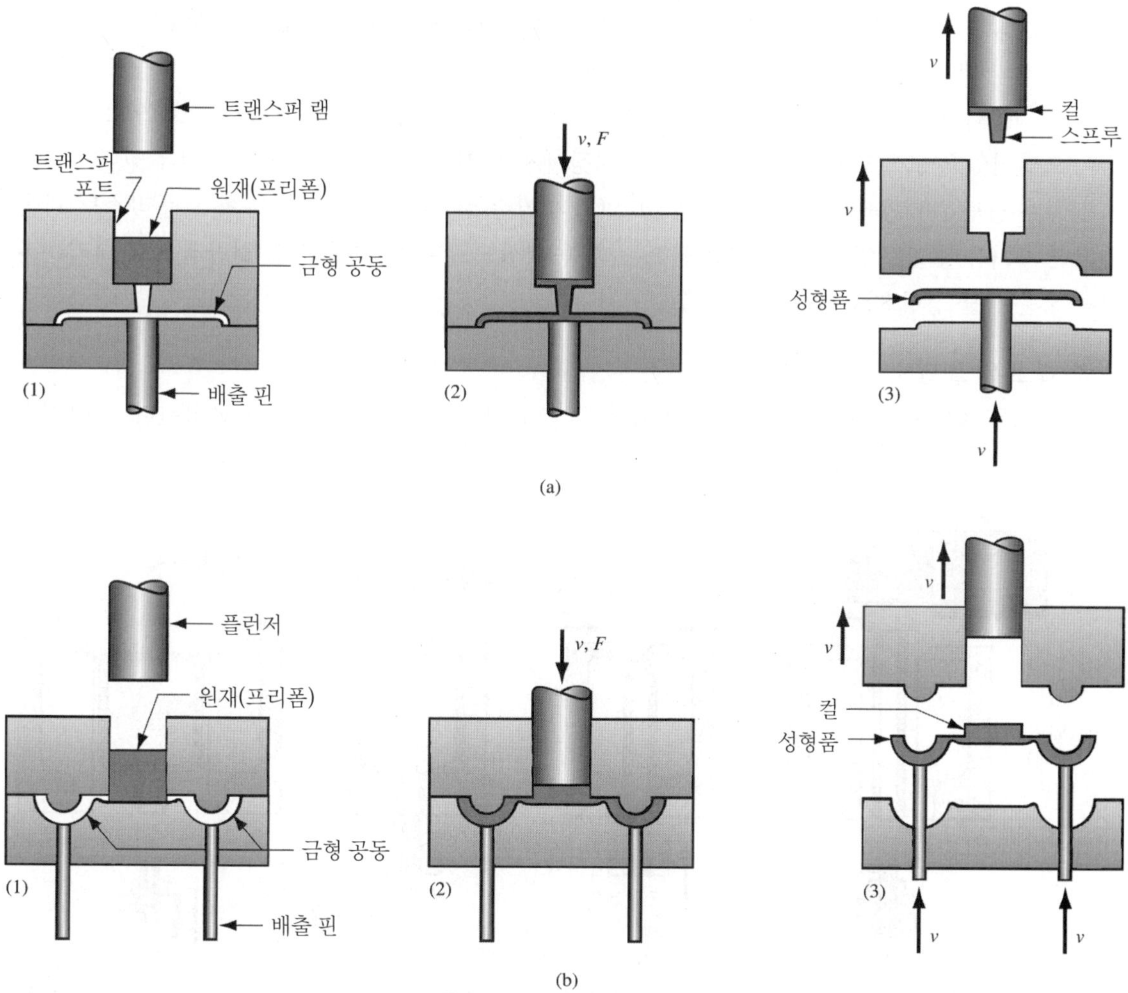

그림 10.30 (a) 포트 트랜스퍼 몰딩, (b) 플런저 트랜스퍼 몰딩. 두 공정의 사이클은 모두 (1) 포트에 원재 장착, (2) 연화된 고분자 재료를 가압하여 금형 공동에 주입하고 경화함. (3) 성형품 배출로 구성된다.

10.8 블로우 몰딩과 회전 몰딩

블로우 몰딩(blow molding)과 회전 몰딩(rotational molding)은 열가소성 고분자 재료를 이용하여 속이 비고, 이음매 없는 제품을 만드는 데 사용된다. 또한 회전 몰딩은 열경화성 재료에도 적용될 수 있다. 5 ml 정도의 작은 플라스틱 병에서부터 38,000 L의 대형 저장 용기까지 생산 할 수 있으며, 특정한 제품의 경우 두 가지 공정이 모두 적용될 수 있지만, 일반적으로 각각 적용 분야가 정해져 있다. 블로우 몰딩은 작은 일회용 용기의 대량 생산에 적합하며, 회전 몰딩은 대형 중공(hollow) 형상의 생산에 적합하다.

10.8.1 블로우 몰딩

블로우 몰딩(blow molding)은 부드러운 고분자 재료를 금형 공동 내에서 부풀리는 과정에 공기를 이용하는 성형 방식이다. 블로우 몰딩은 병이나 이와 유사한 용기와 같이 얇은 두께의 단품 중공 고분자 부품의 생산에 있어 산업적으로 매우 중요하다. 블로우 몰딩 제품은 시장이 큰 대중용 음료수 용기로 사용되기 때문에, 매우 높은 생산성을 갖도록 구성된다. 유리산업(9.2.1절 참조)으로부터 기술이 도입되었으며, 일회용 또는 재활용 용기 시장에서 유리와 플라스틱은 경쟁 관계에 있다

블로우 몰딩은 다음의 두 단계로 수행된다. (1) *패리슨(parison)*으로 불리는 용융 플라스틱 관을 제작한 후, (유리 블로잉과 동일); (2) 원하는 최종 형상으로 관을 부풀린다. 일반적으로 패리슨은 압출 혹은 사출 성형으로 제작된다.

압출 블로우 몰딩

압출 블로우 몰딩(extrusion blow molding)은 그림 10.31과 같은 공정 단계로 구성된다. 일반적으

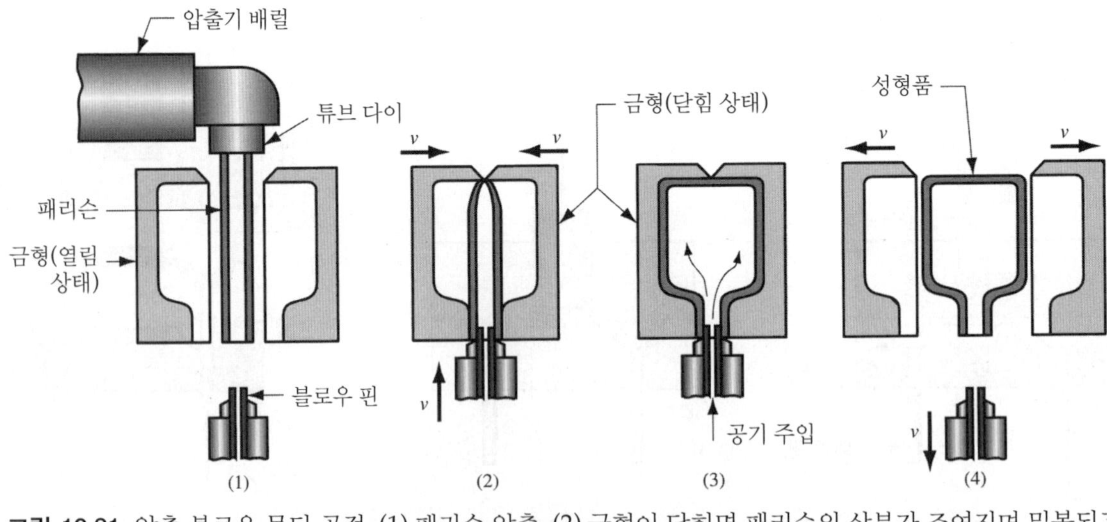

그림 10.31 압출 블로우 몰딩 공정. (1) 패리슨 압출, (2) 금형이 닫히면 패리슨의 상부가 조여지며 밀봉되고, 하부는 금속 블로우핀에 의해 밀봉됨. (3) 튜브가 부풀려져 금형 공동의 형상을 갖게됨. (4) 금형이 열리고 고화된 제품이 배출됨.

로 본 공정은 플라스틱 병을 만들기 위하여 대량 생산 시스템으로 구축된다. 공정은 자동화되어 있으며, 내용물 투입 및 상표 부착 공정과 통합되기 위해 종종 상하 시스템으로 구성되기도 한다.

일반적으로 블로잉된 용기는 강성을 가져야 하며, 제품의 강성에 영향을 주는 다양한 인자 중 용기의 벽 두께가 가장 중요하다. 최종 제품이 원통형이라고 가정할 때 용기 벽면의 두께는 압출될 초기 패리슨의 형상에 따라 결정될 수 있다[13]. 패리슨에서 다이 팽윤의 효과는 그림 10.32와 같다. 다이를 빠져나올 때, 패리슨의 평균 직경은 다이의 평균 직경 D_d에 의하여 결정되며, 다이 팽윤(die swell)은 패리슨 평균 직경 D_p의 팽창을 야기한다. 동시에 패리슨의 두께도 t_d에서 t_p로 팽창하며, 패리슨 직경 및 패리슨 두께의 팽윤비(swell ratio)는 아래와 같이 표현된다.

$$r_s = \frac{D_p}{D_d} = \frac{t_p}{t_d} \tag{10.33}$$

패리슨이 몰드 직경 D_m까지 부풀어 오르면, 두께는 t_m으로 감소하고, 단면 부피가 일정하다고 가정하면,

$$\pi D_p t_p = \pi D_m t_m \tag{10.34}$$

t_m에 대해 풀면,

$$t_m = \frac{D_p t_p}{D_m} \tag{10.35}$$

식 (10.33)을 식 (10.36)에 대입하면,

$$t_m = \frac{r_s^2 t_d D_d}{D_m} \tag{10.36}$$

초기 압출 공정에서 다이 팽윤의 양은 직접적인 관찰로 측정될 수 있으며, 다이의 치수는 주어진 값이므로 블로우 성형 용기의 벽 두께를 결정할 수 있다. 동일한 계산법이 사출 블로우 몰딩 공정에도 적용될 수 있다.

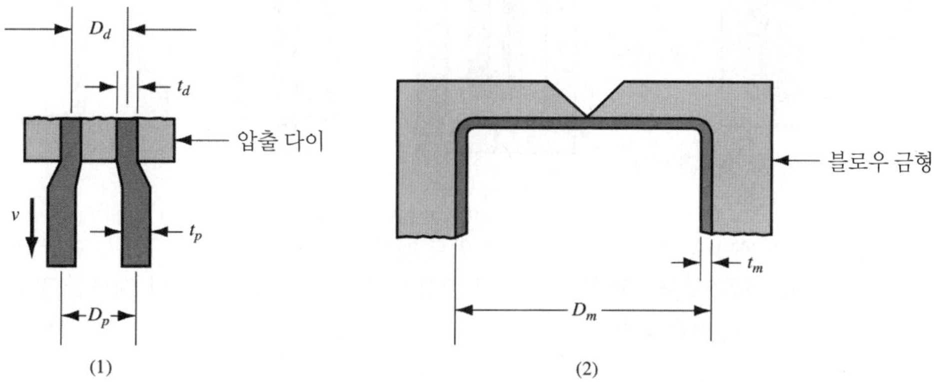

그림 10.32 (1) 다이 팽윤 후 패리슨의 형상을 보여주는 압출 다이의 치수, (2) 압출 블로우 몰딩 후 최종 블로우 성형 용기.

사출 블로우 몰딩

사출 블로우 몰딩(injection blow molding) 공정에서, 초기 패리슨은 압출이 아닌 사출 공정으로 성형된다. 간단한 공정 단계는 그림 10.33과 같다. 압출 블로우 몰딩에 비해 사출 블로우 몰딩은 (1) 높은 생산 속도, (2) 최종 성형품의 높은 형상 정밀도, (3) 낮은 스크랩 비율, (4) 재료 낭비의 최소화의 장점을 갖는다. 그러나 사출 성형의 경우 대형 패리슨의 제작을 위해 고가의 비용이 요구되므로, 대형 용기의 경우 압출 블로우 몰딩 공정으로 제작된다. 또한 압출 블로우 몰딩은 의약품 및 개인 위생 용품, 다양한 화학 물질의 보관을 위해 두 층의 용기(double-layered bottles)가 요구되는 경우 더욱 경제적이다.[1] 그림 10.34는 사출 블로우 몰딩으로 제작된 패리슨(우) 및 최종 용기 제품을 보여준다.

사출 블로우 몰딩의 다양한 변형중 하나인 *스트레치 블로우 몰딩(stretch blow molding)*은 그림 10.35와 같이 수행되며, 두 번째 단계에서 블로잉 봉은 사출 성형된 패리슨 속으로 내려간다. 이를 통해 연화된 플라스틱이 늘어나고 기존의 사출 블로우 몰딩 또는 압출 블로우 몰딩에 비해 보다 바람직한 응력 분포를 갖게 된다. 이를 통해 결과적으로 제작된 성형품의 강성, 투명성, 내충격성이 증가하게 된다. 스트레치 블로우 몰딩에 가장 많이 사용되는 재료는 폴리에틸렌 테레프탈염산(PET)으로, 매우 낮은 투수성을 가지며, 스트레치 블로우 몰딩 공정으로 강도가 강화된 폴리에스터이다. 이러한 특성으로 인해 PET는 탄산음료 용기(예 2 L 탄산음료병)로 이상적인 재료이다.

재료 및 제품

블로우 몰딩은 열가소성 재료에 국한된다. 폴리에틸렌은 블로우 몰딩에 가장 광범위하게 사용되는 고분자 재료로, 특히 고밀도 폴리에릴렌(HDPE)이 널리 사용된다. 이들 재료는 저밀도 PE에 비해

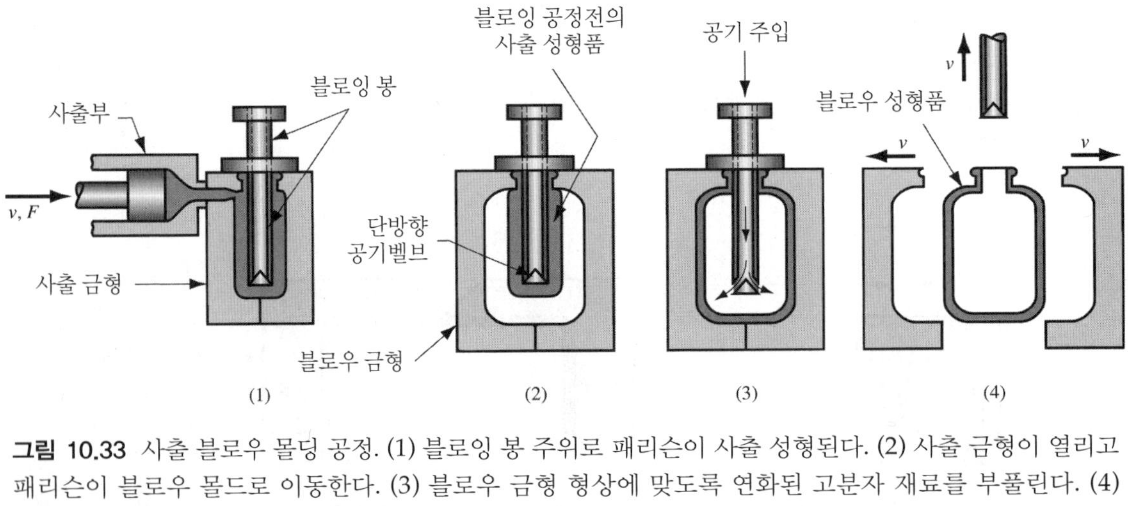

그림 10.33 사출 블로우 몰딩 공정. (1) 블로잉 봉 주위로 패리슨이 사출 성형된다. (2) 사출 금형이 열리고 패리슨이 블로우 몰드로 이동한다. (3) 블로우 금형 형상에 맞도록 연화된 고분자 재료를 부풀린다. (4) 블로우 금형을 열고 성형품을 배출한다.

1) 저자는 압출 및 사출 블로우 몰딩 공정 간의 비교 자료를 제공해준 Graham Packaging Company의 블로우 몰딩 공장의 공장장인 Tom Walko씨에게 감사를 전한다.

Courtesy of George E. Kane Manufacturing Technology Laboratory, Lehigh University.

그림 10.34 사출 블로우 몰딩 공정으로 제작된 플라스틱 용기(좌) 및 유사한 형상의 제작을 위한 패리슨(우).

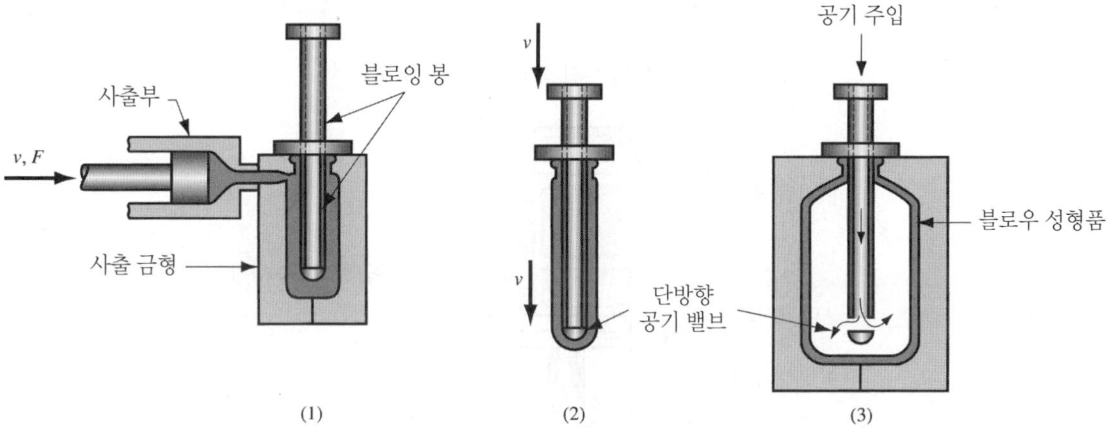

그림 10.35 스트레치 블로우 몰딩 공정. (1) 패리슨의 사출 성형, (2) 스트레칭, (3) 블로잉.

고가이나, 최종 제품에 요구되는 강성을 만족하기 위해 저밀도 PE에 비해 용기 두께를 얇게 할 수 있어 경제적이다. 이외에도 폴리프로필렌(PP), PVC 및 폴리에틸렌 테레프탈염산이 블로우 몰딩에 사용된다.

블로우 몰딩은 액상 소비재를 담는 일회용 용기의 생산을 위해 주로 사용되지만, 액체 및 분말 저장을 위한 대형 용기, 대형 저장 탱크, 자동차 연료통, 장난감, 범선 및 작은 배의 선체등에도 적용된다. 범선 및 작은 배의 선체의 경우, 두 개의 선체를 한번의 블로우 몰딩으로 제작하고 절단함으로써 제작된다.

10.8.2 회전 몰딩

회전 몰딩(rotational molding)은 회전하는 금형 속에서의 중력을 이용하여 속이 빈 형상의 제품을 만드는 공정이다. *로토 몰딩(rotomolding)*이라고도 불리며, 대형 중공 형상(hollow shape)을 제작함에 있어 블로우 몰딩의 대안이 될 수 있다. 일반적으로 열가소성 고분자 재료가 사용되나, 열경화성 고분자 및 고탄성 고분자에 대한 사용도 점차 일반화되고 있다. 제품의 외부 형상이 복잡하고, 대형이며, 소량 생산인 경우 회전 몰딩은 블로우 몰딩에 비해 장점을 갖는다. 회전 몰딩 공정은 다음과 같이 수행된다. (1) 미리 결정된 양의 고분자 분말이 분할 금형 공동에 투입된다. (2) 금형이 가열되고, 직각인 두 축에 대하여 동시에 회전하여 분말이 금형 내부 전면에 밀착되고 점차 균일한 두께의 층을 형성한다. (3) 회전하는 중에 금형은 냉각되고 플라스틱 층이 고화된다. (4) 금형이 열리고 제품이 배출된다. 본 공정에서 회전 속도는 비교적 낮으므로 금형 표면에 균일한 코팅이 이루어지는 원리는 원심력이 아니라 중력이다.

회전 몰딩의 금형은 블로우 몰딩 혹은 사출 성형에 비해 간단하고 저렴하나, 생산 사이클이 10분 또는 그 이상으로 매우 긴 문제점을 갖는다. 이러한 회전 몰딩의 장점과 단점을 고려하여 실제 제조 공정에서는 그림 10.36에서 보여주는 3단 장비와 같이 여러 개의 금형이 부착된 인덱싱 장비가 종종 사용된다. 그림 10.36의 장비는 세 개의 금형이 순차적으로 각각의 작업대를 통과하며 공정이 수행되

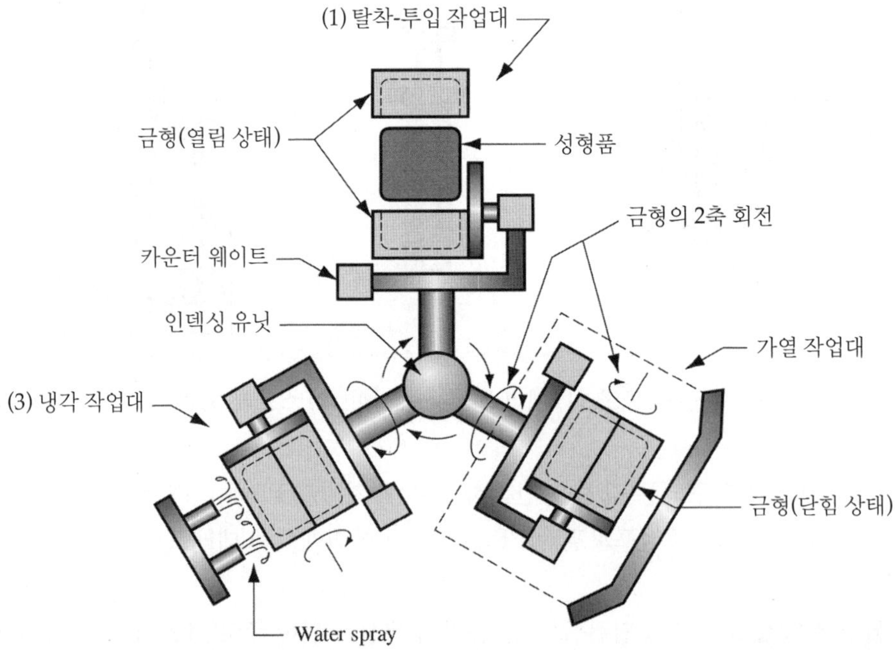

그림 10.36 3단계 인덱싱 장비에서 수행되는 회전 성형 공정. (1) 탈착-투입 공정, (2) 금형 가열 및 회전 공정, (3) 금형 냉각.

도록 설계되어 있어, 각각의 금형이 동시에 서로 다른 공정 단계를 진행하게 된다. 첫 번째 공정 단계는 탈착-투입 작업대로서, 이전 성형 공정의 성형품을 배출하고 다음 성형 공정을 위한 분말을 금형 공동에 투입한다. 두 번째 공정 단계는 가열 챔버로서, 금형이 회전되는 동안 가열된 공기의 대류를 통해 금형을 가열한다. 이때 챔버 내부의 온도는 고분자 재료와 성형품에 따라 다르지만 대략 375℃이다. 세 번째 공정 단계는 냉각 과정으로 플라스틱 성형품을 고화시키기 위해 찬 공기 또는 물을 분사하여 금형을 냉각시킨다.

회전 몰딩을 통해 제작될 수 있는 부품은 매우 다양하며, 일례로 목마, 공과 같은 속이 빈 장난감, 배와 카누의 선체, 모래 상자, 작은 물놀이 통, 부표 및 기타 물에 뜨는 기구, 트럭 바디부품, 자동차 계기판, 연료통, 가방, 가구, 쓰레기통, 패션 마네킹, 대형 산업용 배럴, 상자, 저장 탱크, 이동용 화장실, 정화조 등이 있다. 가장 일반적인 회전 성형 재료는 폴리에틸렌이며 이중 HDPE가 주로 사용된다. 그 외 폴리프로필렌, ABS 및 내 충격 폴리스틸렌이 회전 성형 재료로 사용된다.

10.9 열 성형

열 성형(thermoforming)은 평평한 열가소성 박판을 가열하여 원하는 형상으로 변형시키는 공정으로, 제품 포장재나, 욕조, 곡면 채광창, 냉장 고문 내부 라이너 등과 같은 대형 제품의 생산에 널리 사용된다.

열 성형 공정은 가열과 성형의 두 단계로 이루어진다. 일반적으로 플라스틱 원자재 박판에서 한쪽 또는 양쪽으로 125 mm 정도 떨어진 곳에 위치한 히터의 복사열에 의해 가열이 수행된다. 고분자 재료의 두께 및 색깔에 따라 플라스틱 박판의 충분한 연화 과정에 필요한 가열시간이 결정된다. 열 성형 공정은 크게 (1) 진공 열 성형, (2) 압력 열 성형, (3) 기계적 열 성형 공정으로 구분된다. 본 절에서는 열 성형 방법 중 박판 성형 공정에 대해서만 살펴보겠지만, 포장 산업에서 대부분의 열 성형 공정은 얇은 필름에 대하여 이루어진다.

진공 열 성형

진공 열 성형(vacuum thermoforming)은 가장 오래된 열 성형 방법으로 공정이 개발되었던 1950년대에는 진공 성형이라 불렸다. 본 공정에서는 예열된 박판을 금형 공동으로 끌어당기는 데에 음압(negative pressure)을 이용한다. 그림 10.37은 일반적인 진공 열 성형 공정을 보여준다. 금형에서 진공을 흡입하는 배출구의 직경은 0.8 mm 정도로서 플라스틱 표면에 미치는 형향은 미미하다.

압력 열 성형

진공 열 성형의 대안으로 가열된 고분자 재료를 금형 공동에 밀착시키기 위해 양압을 가하는 방법을 *압력 열 성형(pressure thermoforming)* 또는 *블로우 포밍(blow forming)*이라 한다. 진공 열 성형에서 가열된 박판에 가하는 압력은 이론적으로 최대 1 기압이지만 압력 열 성형의 경우 더 높은 압력을 가할 수 있는 장점이 있으며 일반적으로 3~4 기압의 가압력이 적용된다. 압력 열 성형의 공

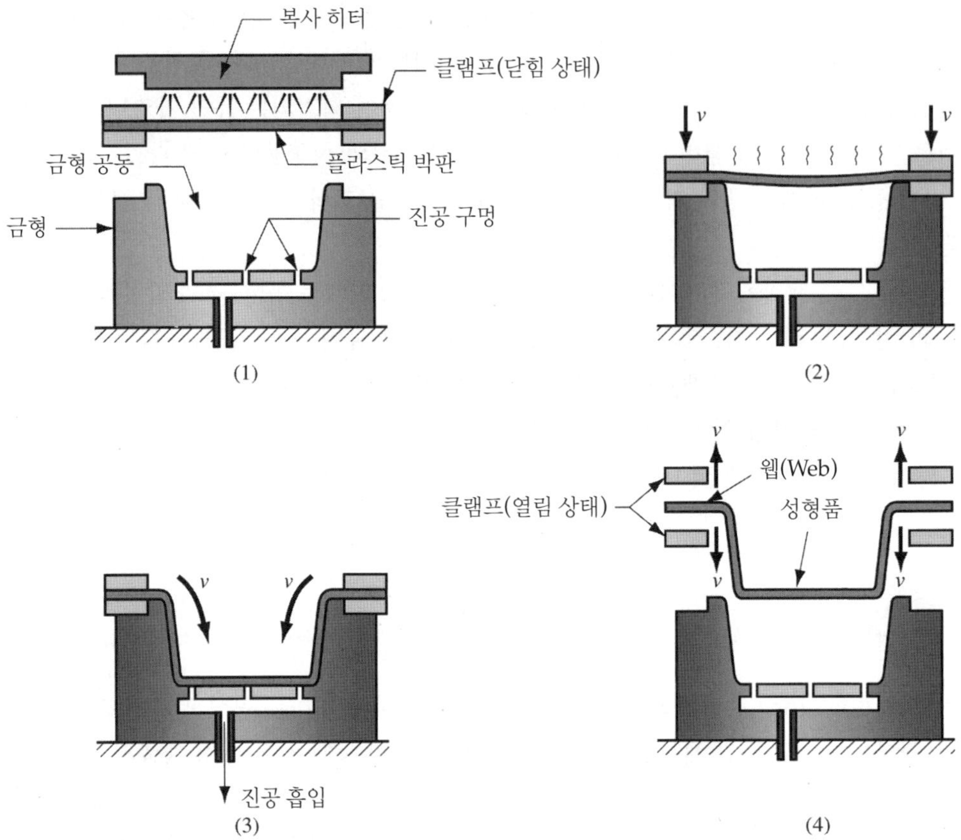

그림 10.37 진공 열 성형. (1) 평평한 고분자 박판이 가열에 의해 연화된다. (2) 연화된 박판을 음각 금형 공동 상부에 위치시킨다. (3) 진공을 이용하여 박판을 금형 공동으로 빨아들인다. (4) 플라스틱이 차가운 금형에 닿으면서 냉각되어 고화되고, 최종 성형품이 배출된 이후 순차적으로 트리밍 공정이 수행된다.

정 단계는 진공 열 성형과 유사하나, 박판이 위로부터 압력이 가해져 금형 공동에 밀착된다는 점이 다르다. 이때 갇혀 있는 공기를 빼내기 위한 통기 구멍이 마련되어 있다. 성형 단계(단계 2, 3)는 그림 10.38과 같다.

열 성형 공정에서 ***음금형(negative mold)***과 ***양금형(positive mold)***의 차이를 이해하는 것은 매우 중요하다. 그림 10.37과 10.38에서 보여주는 금형은 음각의(concave) 금형 공동을 가진 음금형이며, 양금형은 그림 10.39와 같이 양각의 금형 공동 형상을 갖는다. 두 가지 형태의 금형 모두 열 성형에 사용될 수 있으며, 양금형의 경우 가열된 박판을 볼록한 형상 위에 덮고, 고분자 재료를 금형에 밀착시키기 위하여 음압 또는 양압을 가한다.

그림에서 보여 주듯 양금형과 음금형을 이용한 제품의 형상이 동일하므로 두 금형의 차이는 별로 중요하게 생각되지 않을 수 있다. 그러나 제품이 음금형에서 제작되는 경우, 제품의 외면은 정확히 그 금형의 표면 형상과 일치한다. 그러나 내면은 금형 표면 형상과 비슷한 모양이며, 내표면은 초기 박판의 상태 그대로일 것이다. 반면에, 박판이 양금형에 덮여 성형되는 경우, 제품의 내면은 양금형의 외형과 정확히 일치할 것이고 제품의 외면은 유사한 형상일 것이다. 제품의 요구 사항에 따라,

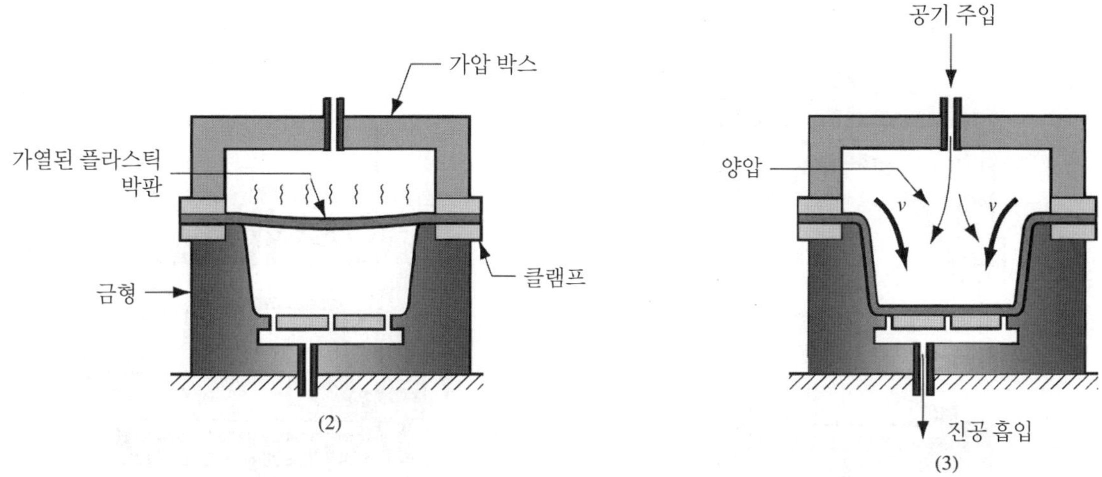

그림 10.38 압력 열 성형. 진공 열 성형과 공정이 유사하며 차이점은 (2) 박판을 금형 공동 위에 놓고, (3) 양압을 가하여 박판을 금형 공동에 밀착시키는 점이다.

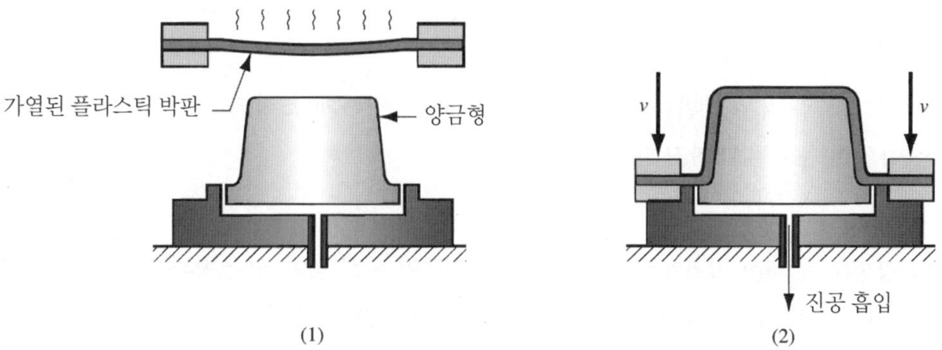

그림 10.39 진공 열 성형에서 양금형의 사용. (1) 가열된 플라스틱 박판을 양금형 상부에 위치시킴, (2) 클램프를 하부로 이동시켜 박판으로 금형을 감싸고 진공으로 금형표면에 밀착시킴.

이러한 차이는 매우 중요할 수 있다.

또 다른 차이점은 열 성형의 문제점 중 하나인 박판의 얇아지는 정도에 있다. 금형의 형상이 깊다면, 박판이 금형 형상에 밀착되며 늘려짐에 따라 박판의 두께가 상당히 얇아지게 된다. 동일한 형상에 대해 양금형과 음금형은 얇아지는 현상에 있어 다른 경향을 보인다. 그림에서 보여주는 것과 같이 욕조형 제품에 대해 살펴보면, 양금형에서는 박판을 볼록한 형상 위에 덮여지는 과정에서 접하는 상부(욕조의 바닥에 해당하는 부분)는 빠르게 고화되어 실제로 전혀 늘어나지 않게 된다. 결과적으로 제작된 욕조는 바닥이 두껍고 벽면은 상당히 얇은 상태가 된다. 반면에, 음금형에서는 차가운 면과 접촉하기 전까지 박판이 균일하게 늘어나 얇아지게 된다.

양금형에서 성형품의 균일한 두께 분포를 구현하기 위해 그림 10.40에서와 같이 가열된 박판을 금형에 덮기 전 진공압을 이용하여 구형으로 늘리는 방법이 사용된다.

채광창과 투명 돔과 같은 구 형상의 제품을 제조하기 위하여, 그림 10.40의 (1) 단계는 단독으로

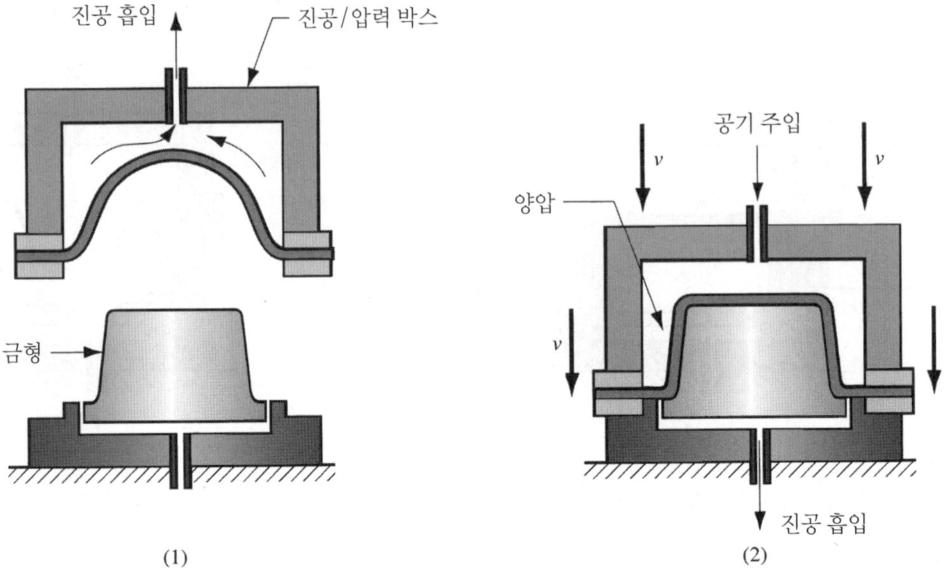

그림 10.40 (1) 진공압을 이용한 박판의 사전 늘림 공정을 수행하고, (2) 양금형 상에 압력 열 성형 공정을 수행한다.

사용될 수 있다. 부드러운 박판을 팽창시키기 위하여 정밀하게 조절되는 공기압이 사용되며. 압력은 팽창된 형상이 응고될 때까지 계속 유지된다.

기계적 열 성형

기계적 열 성형(mechanical thermoforming)은 윤곽이 서로 맞는 양금형과 음금형을 함께 사용하여, 두 금형 사이에 위치한 가열된 플라스틱 박판을 눌러 원하는 형상으로 만드는 것이다. 순수 기계적 열 성형 방법에서는 그림 10.41과 같이 공압이 전혀 사용되지 않는다. 본 공정은 양호한 치수 정

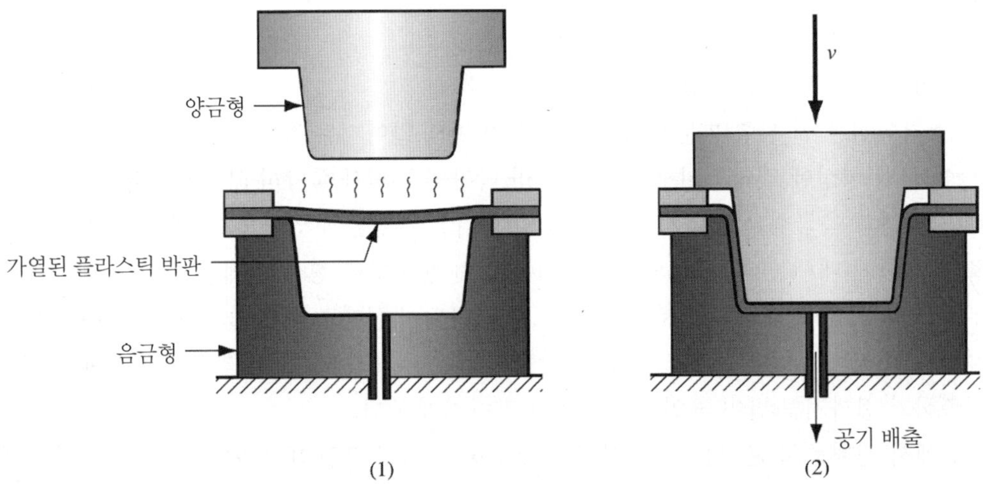

그림 10.41 기계적 열 성형. (1) 가열된 박판이 음금형 위에 놓여지고, (2) 금형이 닫히면서 박판의 형상이 변형된다.

밀도를 가지며, 제품 양면의 표면 형상을 세밀하게 제작할 수 있다는 장점을 가지며, 두 개의 금형이 필요하므로 이전의 두 방법에 비해 비 경제적이다는 단점을 갖는다.

적용 분야

열 성형은 2차 성형 공정으로, 1차 성형 공정은 박판 또는 필름을 만드는 공정(10.3절 참조)이다. 압출 공정으로 제작된 열경화성 또는 고탄성 고분자 재료 박판은 이미 가교 결합이 완료되어, 재가열로 연화되지 않기 때문에, 열가소성 재료만 열 성형 공정이 가능하다. 많이 사용되는 열 성형 고분자 재료는 폴리스틸렌, 셀룰로오스 아세테이트, 셀룰로오스 아세테이트 부티레이트, ABS, PVC, 아크릴(폴리메틸메타아크릴레이트), 폴리에틸렌, 폴리프로필렌이다.

열 성형을 이용한 양산 공정은 포장 산업 분야에서 사용된다. 초기 박판 또는 필름은 가열 챔버를 통과하여 신속히 공급되고, 기계적으로 원하는 형상으로 성형된다. 양산 시스템은 보통 여러 개의 공동을 갖는 금형을 이용하여 일회 성형 공정으로 다수 개의 제품을 생산하도록 설계된다. 어떤 경우에는 박판 또는 필름을 생산하는 압출 성형기가 열 성형 설비 앞단에 설치되어 플라스틱 박판/필름의 재가열이 필요하지 않도록 설치될 수 있다. 또한 열 성형 직후에 제작된 용기에 식재료를 담는 공정이 진행되는 것이 가장 효율적이다.

열 성형으로 대량 생산되는 얇은 필름 포장에는 기포막 포장(blister pack)과 표피 포장(skin pack)이 포함되며, 화장품, 세면 용품, 작은 공구, 체결구(못, 나사 등)와 같은 일용품을 포장하는 데에 매우 좋은 방법이다. 두꺼운 박판으로 만들어지는 대형 제품도 열 성형의 적용 분야이며, 사무용 기기의 커버, 배의 선체, 샤워 칸막이, 광학 확산판, 광고판, 욕조 및 완구 등에 적용된다.

10.10 플라스틱 주조

고분자 재료 성형에서 주조(casting)공정은 액상 수지를 금형에 부어 자중으로 금형 공동을 채우고 고화시키는 것을 의미한다. 열가소성 수지와 열경화성 수지 모두 주조가 가능하다. 주조에 사용되는 열가소성 수지는 아크릴, 폴리스틸렌, 폴리아미드(나일론) 및 PVC 등이 있으며, 열가소성 수지를 이용한 주조 공정은 다음의 방법으로 진행될 수 있다. (1) 열가소성 수지를 유동성 있는 액체 상태로 가열한 후, 금형 공동에 빠르게 부어 채우고, 금형 내에서 냉각 과정을 거쳐 고화시킨다. (2) 저분자량 준중합체(또는 단량체)를 주형 내에서 중합시켜 고분자량 열가소성 고분자 재료를 만든다. (3) 플라스티졸(plastisol, PVC와 같은 열가소성 수지 분말을 용매에 섞은 현탁액)을 가열된 금형에 넣고 경화시킨다.

주조로 성형되는 열경화성 고분자 재료로는 폴리우레탄, 불포화 폴리에스터, 페놀 및 에폭시 등이 있다. 열경화 수지의 주조 공정은 열경화수지 모재를 금형에 붓고 중합 및 경화반응을 일으키는 것으로, 재료의 종류에 따라 가열 공정 혹은 촉매 첨가 공정이 요구될 수 있다. 열경화수지의 중합 및 경화 반응은 재료가 금형을 완전히 채울 수 있도록 충분히 느리게 이루어져야 한다. 급격한 중합 및 경화 반응이 발생하는 일부 폴리우레탄 수지 등에 대해서는 반응 사출 성형(10.6.5절 참조)과 같은 대체 성형 공정이 필요하다.

사출 성형과 같은 공정에 비하여 주조는 다음과 같은 장점이 있다. (1) 금형이 간단하고 저렴하다. (2) 잔류 응력 및 점탄성 복원력이 작은 성형품의 제작이 가능하다. (3) 소량 생산에 적합하다. 플라스틱 주조의 두 번째 장점으로 인하여 아크릴 박판(Plexiglas, Lucite)의 경우 일반적으로 고정도로 연마된 두 유리판 사이에서 주조된다. 플라스틱 주조 공정은 투명 플라스틱 박판 제작에 있어 평판 압출 공정에서는 달성할 수 없는 높은 평탄도와 투명도를 제공할 수 있다. 플라스틱 주조 공정의 단점으로는 일부 성형품의 경우 심각한 수준의 수축이 발생할 수 있다는 점이다. 예를 들어 아크릴 박판은 주조할 때 대략 20% 정도의 부피 수축이 발생한다. 이는 재료를 금형 공동에 주입할 때 수축을 줄이기 위하여 고압을 사용하는 사출 성형에 비하여 매우 큰 것이다.

슬러시 주조(slush casting)는 금속 주조 기술에서 유래한 일반적인 플라스틱 주조 공정의 대안이다. 슬러시 주조에서는 플라스티졸 용액을 가열된 분할금형에 주입하여 금형 표면에 플라스틱 표층을 형성시킨다. 이후 원하는 두께의 표층이 형성되면, 내부의 남은 용액을 금형에서 빼내고 금형을 열어 제품을 꺼낸다. 이 방법은 셸주조(shell casting)로 불리기도 한다[7].

전자산업에서 플라스틱 주조 공정이 적용되는 매우 중요한 분야는 ***밀봉 공정(encapsulation)***으로, 변압기, 코일, 커넥터 및 기타 전자 부품을 플라스틱 주조로 둘러싸는 것을 의미한다.

10.11 고분자폼 공정 및 성형

고분자폼(polymer foam)은 고분자 재료와 가스의 혼합물인 다공성 고분자 구조(porous or cellular structure)이다. 고분자폼은 또한 *셀형 고분자(cellular polymer)*, *발포 고분자(blown polymer)* 또는 *팽창 고분자(expanded polymer)*라고도 불린다. 가장 널리 사용되는 고분자폼은 폴리스틸렌(스티로폼)과 폴리우레탄이다. 고분자 폼의 또 다른 재료로는 천연 고무(발포고무)와 PVC가 있다.

고분자폼의 주요 특징은 (1) 낮은 밀도, (2) 단위 무게당 높은 강도, (3) 우수한 단열 특성, (4) 우수한 에너지 흡수 특성이다. 고분자폼의 특성은 모재가 되는 고분자 재료의 탄성에 의해 다음과 같이 분류된다[7]; (1) *탄성폼*: 기지(matrix) 고분자는 고무이며, 큰 탄성 변형이 가능함, (2) *유연폼*: 기지 고분자는 부드러운 PVC와 같은 높은 가소성 재료. (3) *견고폼*: 고분자 재료는 폴리스티렌과 같은 단단한 열가소성 재료 또는 페놀과 같은 열경화성 재료. 폴리우레탄 재료는 화학적 구성 및 경화 정도에 따라 모든 종류의 고분자 폼으로 성형될 수 있다.

고분자폼 특유의 성질과 기지 고분자의 선택에 따른 탄성 제어 능력으로 인해, 고분자폼 재료는 매우 다양한 응용 분야에서 사용되고 있다. 고분자폼의 적용 예로는 뜨거운 음료를 위한 컵, 단열 구조재, 구조 판넬의 코어, 포장재, 가구 및 침대 완충재, 자동차 계기판의 패딩, 부력이 필요한 제품 등이 있다.

고분자 폼에 주로 사용되는 가스는 공기, 질소, 이산화탄소이며, 가스의 비율은 90% 이상이 될 수 있다. 가스는 발포(forming)공정으로 불리는 다음의 방법으로 고분자 재료속에 주입될 수 있다. (1) 기계적인 교반으로 수지 용액에 공기를 혼합하고, 가열 또는 화학적 반응으로 경화시킨다. (2) 질소(N_2) 또는 펜탄(C_5H_{12})과 같은 물리적 블로잉제(physical blowing agent)를 고분자 재료에 혼합하고 압력을 가하여 고분자 멜트에 용해시킨 후, 압력을 제거하면 가스가 용액 밖으로 나오면서 팽창하여 고분자폼이 형성된다. (3) *화학적 블로잉제(chemical blowing agent)*라고 불리는 화학 분말을 고분자 재료에 혼합하고 온도를 올리면 멜트 속에서 분해되면서 멜트 내부에 이산화탄소 또는 질소 가스가 배출된다.

전체 고분자 재료에 분포된 가스 기공의 형상은 그림 10.42와 같이 크게 두 가지로 분류된다; (a) ***폐쇄셀(closed cell)***: 가스 기포가 구 모양이며, 가스 기포가 고분자 기지에 의해 서로 완전히 분리되어 있다. (b) ***개방셀(open cell)***: 기포가 어느 정도 서로 연결되어 있으며, 폼 속에서 유체의 흐름이 가능하다. 폐쇄셀 구조는 구명조끼를 만드는 데에 사용될 수 있는 반면, 개방셀 구조는 물이 스며들게 된다. 고분자폼의 특성을 결정하는 또 다른 변수로는 고분자 재료와 가스의 상대 비율과 폼에서 각 기포의 크기에 반비례하는 셀밀도(단위 부피당 셀의 수)가 있다.

고분자폼 제품은 다양한 방법으로 성형된다. 가장 중요한 고분지폼 재료는 폴리스틸렌과 폴리우레탄이므로, 본 절에서는 이 두 재료에 대한 성형 공정에 대해 살펴본다. 폴리스틸렌은 열가소성 고분자이며, 폴리우레탄은 열경화성 또는 고탄성 고분자 형태가 될 수 있으므로, 이들 재료에 대한 공정은 기타 고분자폼에 사용되는 방법을 대표한다고 할 수 있다.

폴리스틸렌 폼은 압출과 성형 공정으로 제작된다. 압출을 이용한 제작 공정에서 물리적, 화학적 블로잉제가 압출 배럴의 다이 출구 부근에서 멜트에 공급되어 압출물은 발포 고분자 재료가 된다. 대형 박판과 보드가 이러한 방법으로 생산되며 일정한 크기로 절단되어 단열재 등에 사용된다.

폴리스티렌 폼의 제작을 위해 다양한 성형 방법이 사용될 수 있다. 구조용 폼 성형 및 샌드위치 성형이 10.6.5절에서 설명되었다. 가장 많이 사용하는 방법은 ***팽창 폼성형***인데, 일반적인 성형 재료는 폴리스틸렌 프리폼 비드(prefoam bead)이다. 프리폼 비드는 물리적 블로잉제가 스며든 고체 폴리스틸렌 펠릿으로 만들어진다. 프리폼 비드는 대형 탱크에서 생성되며, 펠릿들을 부풀리기 위하여 증기열을 가하고 동시에 융합을 방지하기 위하여 교반시킨다. 성형 공정에서 프리폼 비드는 금형

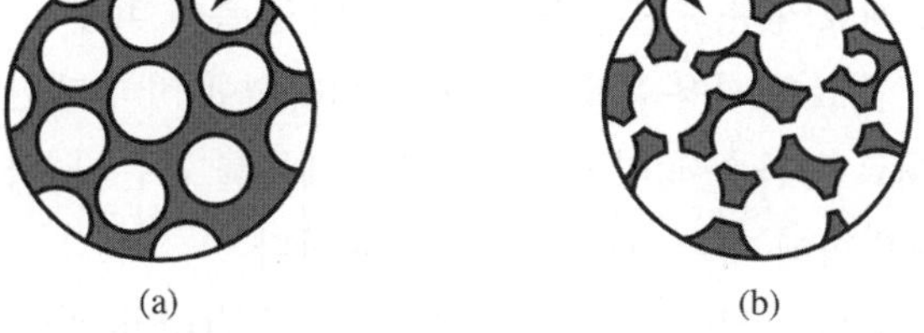

그림 10.42 두 가지 고분자 폼 구조. (a) 폐쇄 셀, (b) 개방 셀.

공동에 주입되고, 더 부풀어지고 서로 융합하여 고분자폼 성형품이 된다. 폴리스틸렌 폼으로 만든 뜨거운 음료용 컵은 이러한 방식으로 생산된다. 또다른 공정으로 팽창 폼을 블로잉 필름 압출(10.3절 참조)을 이용하여 편평한 박판으로 만들고, 열 성형(10.9절 참조)으로 계란 용기와 같은 포장 용기를 제조하는 것이 있다.

폴리우레탄 폼 제품은 단일 공정으로 제작되며, 두 가지 액상 성분(polyol과 isocyanate)을 혼합함과 동시에 금형 및 기타 형상에 주입함으로써, 고분자 재료의 합성과 제품 형상 구현이 함께 수행된다. 폴리우레탄 폼 성형 공정은 분무와 주입의 두 가지 기본 공정으로 구성된다[12]. 분무는 두 가지 성분이 지속적으로 공급되고 혼합되는 스프레이 건(gun)을 이용하여 목표 표면에 분사하는 공정이다. 중합화와 성형은 표면에 재료가 분사된 이후에 진행된다. 이러한 공정은 건설 자재 패널, 열차 및 유사한 대형 제품의 단열 폼을 만들 때에 이용된다. 주입은 혼합기 내의 두 가지 성분을 반응이 일어나는 개방형 또는 폐쇄형 금형에 주입하는 것이다. 개방형 금형으로는 원하는 곡면(예를 들면, 자동차 의자쿠션)이 있는 용기 또는 길고 연속된 제품을 만들기 위하여 주입구로부터 천천히 이동하는 긴 채널 형상이 사용된다. 폐쇄형 금형은 일정한 양의 혼합액이 주입되는, 완벽히 폐쇄된 금형이다. 반응 물질은 팽창하면서 금형 공동을 완전히 채움으로써 제품의 형상을 이룬다. 신속히 반응하는 폴리우레탄의 경우에는 반응 사출 성형(10.6.5절 참조)과 같이 혼합물이 금형 공동에 신속히 사출되어야 한다. 중합도는 초기 성분의 배합비로 조정되며 최종 제품의 강성을 결정한다.

10.12 제품 설계 시 고려 사항

플라스틱은 매우 유용한 설계 재료이나, 설계자는 플라스틱 재료의 한계점도 함께 인지하여야 한다. 본 절에서는 일반적인 플라스틱 부품에 대한 설계 고려 사항과, 압출과 성형 공정(사출 성형, 압축 성형, 트랜스퍼 몰딩)으로 제작되는 플라스틱 부품의 제조 공정에 따른 설계 고려 사항을 살펴본다.

플라스틱 제품 설계 시 성형 공정과 관계없이 다음의 일반적인 고려 사항이 적용된다. 이는 설계자가 고려해야 하는 플라스틱 재료의 특성에 기인한다.

- *강도와 강성.* 플라스틱 재료의 강도와 강성은 금속 재료에 비해 낮다. 따라서 높은 응력이 가해지는 대상에는 적합하지 않으며, 크리프 저항도 낮아 지속적인 하중이 적용되는 제품의 제작도 부적절하다. 그러나 플라스틱 재료의 강성은 재료의 종류에 따라 큰 차이를 가지며, 일부 플라스틱 재료의 무게당 강도비는 금속과 유사하다.
- *내충격성.* 플라스틱 재료의 충격 흡수량은 대부분의 금속에 비해 양호하다.
- *사용 온도.* 플라스틱 재료의 사용 온도는 금속과 세라믹에 비해 제한적이다.
- *열팽창.* 플라스틱 재료는 금속에 비해 큰 열 팽창 계수를 갖는다. 따라서 금속 재료에 비해 온도 변화에 따른 치수 변화에 대한 고려가 더욱 중요하다.
- 대다수의 플라스틱 재료는 햇빛이나 기타 형태의 방사선(radiation)에 의해 재료의 성능이 저하되며, 일부 재료는 산소 및 오존 환경에서 열화된다. 아울러 플라스틱 재료는 일반적으로 사

용되는 용제에 용해되는 성질을 갖는다. 반면, 많은 금속에 영향을 끼치는 부식에는 강한 특성을 갖는다. 따라서 이러한 플라스틱 재료의 단점을 감안한 설계가 수행되어야 한다.

압출 성형은 가장 많이 사용되는 플라스틱 재료의 성형 공정이다. 일반적인 압출 성형에 대한 몇 가지 설계 지침은 다음과 같다[3]:

- *벽 두께.* 압출품의 설계에 있어 압출 단면이 균일한 벽 두께를 갖도록 설계되어야 한다. 벽 두께의 변화가 크면 재료의 유동이 균일하지 않고, 균일한 냉각이 이루어지지 않아 압출품의 뒤틀림 현상이 발생할 수 있다.
- *중공(Hollow sections).* 압출품 내의 중공 구조는 금형 설계를 어렵게 하고 플라스틱 유동의 흐름을 복잡하게 한다. 따라서 제품의 기능 요구 사항을 만족하면서 중공부가 없는 압출 단면을 설계하는 것이 바람직하다.
- *코너.* 압출품의 단면 내부와 외부에서 날카로운 코너 구조의 설계는 피해야 하며, 이는 공정 중 균일하지 않은 유동과, 최종 제품에서의 응력 집중을 발생시키기 때문이다.

다음의 설계 지침은 가장 널리 사용되는 플라스틱 성형 공정인 사출 성형과, 압축 성형 및 트랜스퍼 몰딩에 적용되는 것이다[3, 11 등].

- *경제적인 생산 수량.* 각각의 성형품은 고유한 금형을 요구하며, 위의 성형 공정을 위한 금형(특히 사출 금형)은 고가이다. 사출 성형을 위한 최소 생산 수량은 일반적으로 10,000개 정도이며, 압축 성형의 경우 금형구조가 간단하므로 최소 생산 수량이 1,000개 정도 이다. 트랜스퍼 몰딩은 두 성형 공정의 중간정도이다.
- *제품의 복잡성.* 제품의 형상이 복잡하면 금형 제작 비용이 증가하지만, 여러 개의 금형을 통해 제작된 다수의 부품을 조립하여야 한다면, 복잡한 하나의 금형을 설계하는 것이 더욱 경제적일 수 있다. 플라스틱 성형 공정의 장점 중 하나는 여러 가지 기능을 갖는 구조가 복합적으로 구성된 제품을 제작할 수 있다는 점이다.
- *벽 두께.* 플라스틱 성형 공정에서 일반적으로 두꺼운 단면 구조는 재료를 소모가 크고, 수축 과정에서 뒤틀리기 쉬우며, 응고하는 데에 시간이 많이 소요되어 바람직하지 않다. 벽 두께를 과도하게 증가시키지 않고, 강성을 높이기 위하여 플라스틱 성형품의 설계에 보강대 구조(reinforcing rib)가 적용될 수 있다. 외벽에 함입 자국(sink mark)을 최소화하기 위해서는 보강하려는 판보다 보강대가 더 얇아야 한다.
- *코너 반경 및 모따기(fillet).* 제품의 외부와 내부 모두에 날카로운 코너는 멜트의 자연스러운 흐름을 방해하고, 표면 결함을 발생시킬 수 있으며, 최종 제품에 응력 집중을 야기하므로 바람직하지 않다.
- *구멍(hole).* 플라스틱 성형 공정을 통해 구멍의 구현이 가능하나, 제품에 구멍이 존재하는 경우 금형 설계가 복잡해지고, 멜트의 흐름을 방해하며, 성형후 이형이 어려운 단점을 갖는다.
- *드래프트(draft).* 성형후 금형에서 제품을 이형시키기 위해 금형의 벽면에 드래프트(구배,

표 10.3 플라스틱 성형 제품의 재료에 따른 추천 공차[3, 8, 15, 21]

플라스틱재료	성형공차[a] 외곽크기(mm)	성형공차[a] 구멍(mm)	플라스틱재료	성형공차[a] 외곽크기(mm)	성형공차[a] 구멍(mm)
열가소성			*열경화성*		
ABS	±0.2	±0.08	에폭시	±0.15	±0.05
폴리에틸렌	±0.3	±0.13	페놀	±0.2	±0.08
폴리스틸렌	±0.15	±0.1			

* 외곽 크기 성형 공차는 50 mm 크기 기준이며 구멍은 10 mm 기준이다. 작은 치수의 제품의 경우 보다 엄격한 공차가 적용될 수 있으며, 큰 치수의 제품은 보다 여유 있는 공차가 필요하다.

draft)가 설계되어야 한다. 특히 컵모양의 성형품의 경우 제품이 수축하면서 양각 금형에 끼일 가능성이 있으므로, 제품 내벽에 구배 여유를 설정하는 것이 중요하다. 열경화성 재료의 경우, 구배 여유는 1/2°에서 1° 정도가 추천되며, 열가소성 재료의 경우 일반적으로 1/8°~1/2° 정도이다. 구배 여유는 플라스틱 재료에 따라 다르며, 재료 공급자에 의해 재료에 따른 추천 구배 여유 각도가 제공된다.

- *공차.* 공차는 허용할 수 있는 제조상 오차를 의미한다. 사출 성형 공정에서 엄격한 공정제어를 통해 제품의 수축량을 예측할 수 있으나, 공정 변수의 미세한 변화에 따른 수축량 변화 및 다양한 제품의 형상에 따른 불균일한 변형을 고려할 때 사출품의 설계 시 여유있는 공차 설계가 바람직하다. 표 10.3은 몇몇 플라스틱 재료를 이용한 성형 제품의 추천 공차를 보여준다.

참고문헌 *REFERENCES*

[1] Baird, D. G., and Collias, D. I. *Polymer Processing Principles and Design*. John Wiley & Sons, New York, 1998.

[2] Billmeyer, Jr. Fred, W. *Textbook of Polymer Science*. 3rd ed. John Wiley & Sons, New York, 1984.

[3] Bralla, J. G. (ed. in chief). *Design for Manufacturability Handbook*. 2nd ed. McGraw-Hill, New York, 1998.

[4] Briston, J. H. *Plastic Films*. 3rd ed. Longman Group U. K., Essex, 1989.

[5] Bryce, D. M., *Plastic Injection Molding*, Society of Manufacturing Engineers, Dearborn, Michigan, 1996.

[6] Chanda, M., and Roy, S. K. *Plastics Technology Handbook*. 4th ed. Marcel Dekker, New York, 2007.

[7] Charrier, J.-M. *Polymeric Materials and Processing*. Oxford University Press, New York, 1991.

[8] *Engineering Materials Handbook*. Vol. 2: *Engineering Plastics*. ASM International, Metals Park, Ohio, 1988.

[9] Hall, C. *Polymer Materials*. 2nd ed. John Wiley & Sons, New York, 1989.

[10] Hensen, F. (ed.). *Plastic Extrusion Technology*. Hanser, Munich, FRG, 1988. (Distributed in the United States by Oxford University Press, New York.)

[11] McCrum, N. G., Buckley, C. P., and Bucknall, C. B. *Principles of Polymer Engineering*. 2nd ed. Oxford University Press, Oxford, 1997.

[12] *Modern Plastics Encyclopedia*. McGraw-Hill, Hightstown, New Jersey, 1991.

[13] Morton-Jones, D. H. *Polymer Processing*. Chapman and Hall, London, 1989.

[14] Pearson, J. R. A. *Mechanics of Polymer Processing*. Elsevier Applied Science, London, 1985.

[15] Rubin, I. I. *Injection Molding: Theory and Practice*. John Wiley & Sons, New York, 1973.
[16] Rudin, A. *The Elements of Polymer Science and Engineering*. 2nd ed. Academic Press, Orlando, Florida, 1999.
[17] Strong, A. B. *Plastics: Materials and Processing*. 3rd ed. Pearson Education, Upper Saddle River, New Jersey, 2006.
[18] Sweeney, F. M. *Reaction Injection Molding Machinery and Processes*. Marcel Dekker, New York, 1987.
[19] Tadmor, Z., and Gogos, C. G. *Principles of Polymer Processing*. 2nd ed. John Wiley & Sons, New York, 2006.
[20] Whelan, A., and Goff, J. P. *The Dynisco Injection Molders Handbook*. Dynisco, Sharon, Massachusetts, 1991.
[21] Wick, C., Benedict, J. T., and Veilleux, R. F. *Tool and Manufacturing Engineers Handbook*. 4th ed. Vol. II: Forming. Society of Manufacturing Engineers, Dearborn, Michigan, 1984.
[22] www.htiplastic.com/
[23] www.milacron.com/
[24] www.rodongroup.com/

복습문제 *REVIEW QUESTIONS*

서론

10.1 플라스틱 성형 공정이 중요한 이유를 설명하라.

10.2 플라스틱 성형 공정의 주요 분류는 무엇인가?

고분자 멜트의 특성

10.3 플라스틱 성형 공정에서 고분자 멜트의 점도에 영향을 주는 인자는 무엇인가?

10.4 고분자 멜트에서 점탄성(viscoelasticity)의 의미를 설명하라.

10.5 압출에서 다이팽윤(die swell)은 무엇인가?

10.6 고분자 멜트의 점도는 뉴턴유체의 점도와 어떻게 다른가?

10.7 플라스틱 섬유와 필라멘트는 다양한 분야에서 사용되는데, 가장 중요한 상업적 응용분야는 무엇인가?

압출

10.8 플라스틱 압출 공정을 간단히 설명하라.

10.9 압출기의 배럴과 스크루는 크게 세 부분으로 나뉘는데 각 부분을 간략히 설명하라.

10.10 다양한 압출품의 형상 및 이에 대응하는 다이 형상을 설명하라.

박판 및 필름 제작

10.11 플라스틱 박판(sheet)과 필름의 차이는 무엇인가?

10.12 필름 소재를 생산하는 블로잉 필름압출공정을 설명하라.

10.13 캘린더링 공정을 설명하라.

섬유 및 필라멘트 생산

10.14 섬유는 무엇이며 필라멘트와 어떻게 다른가?

10.15 합성 섬유 재료 중 가장 중요한 형태는 무엇인가?

사출성형

10.16 사출성형 기계의 두 주요 구성 요소의 이름은 무엇인가?

10.17 사출성형 사이클에서 왕복 스크루의 두 가지 기능을 설명하라.

10.18 사출성형 사이클에서 고정부(clamping unit)의 세 가지 기능을 설명하라.

10.19 사출성형 기계에서 사용되는 고정부의 종류를 설명하라.

10.20 사출성형 기계를 분류하는 세 가지 범주의 이름은 무엇인가?

10.21 플라스틱 사출성형에서 발생하는 결함에 대해 설명하라.

10.22 구조용 폼 성형 공정에 대해 설명하라.

10.23 열가소성 플라스틱과 열경화 플라스틱을 사용하는 사출성형 공정의 차이점을 장비와 공정의 관점에서 설명하라.

블로우몰딩과 회전성형

10.24 블로우 몰딩으로 생산되는 제품을 설명하라.

10.25 회전성형에서 고분자 소재가 금형 표면에 균일하게 코팅되는 이유는 원심력 때문이다라는 설명은 참인가 거짓인가?

열성형

10.26 열경화성 고분자 재료가 열 성형 공정에 사용될 수 없는 이유는 무엇인가?

10.27 열 성형에서 양금형과 음금형의 차이를 설명하라.

10.28 기계적 열 성형 공정의 금형비용이 진공 열 성형 및 압력열 성형 공정의 금형비용보다 높은 이유가 무엇인가?

고분자 발포 공정 및 성형

10.29 폴리머 폼을 생산하는 공정을 설명하라.

제품 설계시 고려사항

10.30 플라스틱 제품을 설계함에 있어 설계자가 일반적으로 고려해야 하는 사항에 대해 설명하라.

연습문제 *PROBLEMS*

Analysis of Extrusion

10.1 The diameter of an extruder barrel = 80 mm and its length = 3.00 m. The screw rotates at 60 rev/min, its channel depth = 10.0 mm, and its flight angle = 15°. Head pressure at the die end of the barrel = 10.0(10^6) Pa. Viscosity of the polymer melt = 100 Pa-sec. Find the volume flow rate of plastic at the die end of the barrel.

10.2 An extruder barrel has a diameter of 0.127 m and a length-to-diameter ratio of 22. The viscosity of the polymer melt = 13.79 Ns/m^2. The pitch of the screw = 0.1143 m and channel depth = 0.00635 m. The screw rotates at 50 rev/min, generating a head pressure = 3.4×10^6 N/m^2. What is the volume flow rate of plastic at the die end of the barrel?

10.3 An extruder barrel has a diameter of 0.0762 m and length of 1.778 m. The screw rotates at 60 rev/min, its channel depth = 0.00635 m, and its flight angle = 17.5°. Head pressure at the die end of the barrel is 5.515×10^6 N/m^2. Viscosity of the polymer melt is 89.57 Pa-sec. Determine the volume flow rate of plastic in the barrel.

10.4 An extruder has a barrel diameter of 0.0889 m and a length of 2.1 m. The screw has a channel depth of 6.3 mm, a flight angle of 20°, and it rotates at 55 rev/min. The material being extruded is low-density polyethylene. At the present settings, the volumetric flow rate of the polymer melt is 4.09×10^{-5} m^3/sec, and head pressure is 3.4×10^6 N/m^2. At these operating characteristics, what is the viscosity of the polyethylene?

10.5 Determine the helix angle A at which the screw pitch p is equal to the screw diameter D. This is called the "square"angle in plastics extrusion—the angle that provides a flight advance equal to one diameter for each rotation of the screw.

10.6 An extruder barrel has diameter = 70 mm and length = 3.0 m. Its screw has a channel depth = 5 mm, flight angle = 20°, and it rotates at 1 rev/s. The plastic melt has a viscosity = 140 Pa-sec. Determine the extruder characteristic by computing Q_{max} and p_{max} and then finding the linear equation defining the straight line between them.

10.7 An extruder barrel has a diameter = 114.3 mm and its L/D ratio = 22. The screw channel depth = 0.00635 m, and its pitch = 121.9 mm. It rotates at 60 rev/min. Viscosity of the polymer melt is 34.45 Pa-sec. What head pressure is required to obtain a volume flow rate = 2.8×10^{-3} m^3/min?

10.8 An extrusion operation produces continuous tubing with outside diameter = 50 mm and inside diameter = 43.18 mm. The extruder barrel has a diameter = 101 mm and length = 3.048 m. The screw rotates at 50 rev/min; it has a channel depth = 6.35 mm and flight angle = 16°. The head pressure has a value of 2.4×10^6 N/m^2, and the viscosity of the polymer melt is 55.12 Pa-sec. Under these conditions, what is the production rate in length of tube/min, assuming that the extrudate is pulled at a rate that eliminates the effect of die swell (i.e., the tubing has the same OD and ID as the die profile)?

10.9 Continuous tubing is produced in a plastic extrusion operation through a die orifice whose outside diameter = 63.5 mm and inside diameter = 50.8 mm. The extruder barrel diameter = 127 mm and length = 3.048 m. The screw rotates at 60 rev/min; it has a channel depth = 7.62 mm and flight angle = 16°. The head pressure has a value of 4.82×10^6 N/m^2 and the viscosity of the polymer melt is 62.01 Pa-sec. A die swell ratio of 1.20 is observed in the extrudate. Under these conditions, determine (a) the outside and inside diameters of the final tubing and (b) the production rate in length of tube/min.

10.10 An extruder has a barrel diameter and length of 100 mm and 2.8 m, respectively. The screw rotates at 50 rev/min, its channel depth = 7.5 mm, and its flight angle = 17°. The plastic melt has a shear viscosity = 175 Pa-sec. Determine (a) the extruder characteristic, (b) the shape factor K_s for a circular die opening with diameter = 3.0 mm and length = 12.0 mm, and (c) the operating point (Q and p).

10.11 An extruder has a barrel diameter = 2.0 m and length = 3.6 m. The extruder screw rotates at 50 rev/min; it has channel depth = 0.5 m and flight angle = 17.7°. The plastic melt has a shear viscosity = 68.9 Pa-sec. Find (a) the extruder characteristic, (b) the values of Q and p at the operating point if the die characteristic is $Q_x = 0.00150\,p$.

10.12 An extruder has a barrel diameter of 0.2 m and a length of 2.2 m. It has a screw channel depth of 0.6 m and a flight angle of 20°. The extruder screw rotates at 75 rev/min. The polymer melt has a shear viscosity = 44.78 Pa-sec. Specific gravity of the polymer = 1.2 (the density of water = 1.0×10^3 kg/m^3). A U-shaped cross section is extruded at a rate of 0.06 kg/sec. (a) Find the equation for the extruder characteristic. (b) Find the operating point (Q and p), and (c) the die characteristic that is indicated by the operating point.

Plastic Extrusion Economics

10.13 Extrudate flows from the die opening at a volumetric rate of 4,500 cm^3/min. The die opening cross-sectional area is 3 cm^2, and the die swell ratio = 1.20. The price of the starting polymer = \$3/kg, and the polymer's specific gravity = 1.2. Determine (a) the velocity of the extrudate and (b) cost of material per meter length of extrudate.

10.14 The flow rate of a polyvinylchloride extrudate is 6500 cm^3/min. The die opening is a tube with outside diameter = 4 cm and inside diameter = 3.5 cm. The die swell ratio = 1.15. The price of PVC is \$2.50/kg. Its specific gravity is listed in Table 10.1. Determine (a) the velocity of the extrudate and (b) cost of material per meter length of extrudate.

10.15 The volumetric flow rate of an extrudate is 6.22×10^{-3} m^3/min. The die opening cross-sectional area is 4.9×10^{-4} m^2, and the die swell ratio = 1.16. The extruded polymer is low-density polyethylene. Its price is \$2.09/kg, and its specific gravity is listed in Table 10.1. Determine (a) the velocity of the extrudate and (b) cost of material per meter length of extrudate.

10.16 The cost rate of an extruder is \$35/hr, which includes periodic tending. A total length of 14,000 m of extrudate will be produced in the current production run. When the extrudate hardens, it is cut into 2.5-meter sections. Setup time is 60 min. Material cost per meter length of extrudate = \$2.00/m. The cross-sectional area of the extrusion die opening is 3 cm^2. Die swell ratio = 1.20. The die cost was \$30,000, and it will produce a total of 250,000 m of extrudate during its life. The volume flow rate of the extrudate is 60 cm^3/sec. Scrap rate = 0%, and availability = 100%. Determine (a) cross-sectional area of the extrudate after die swell, (b) total time to run the 14,000 m, (c) cost per 3-m section of extrudate, and (d) total cost to produce the batch, including material.

10.17 The cost rate of an extruder is \$50/hr, including tending by one worker. A total length of 12,000 m will be extruded in the current batch. Setup time is 1.0 hr. The extruded polymer is high-density polyethylene. Its price is \$0.85/kg, and its specific gravity is listed in Table 10.1. The cross-sectional area of the extrusion die opening is 0.7 m^2. Die swell ratio = 1.12. Die cost was \$35,000, and the die was designed to produce a 48,000 m of extrudate. The volume flow rate of the extrudate is 0.6 m^3/min. Scrap rate = 0%, and availability = 100%. Determine (a) cost of material per foot of extrudate, (b) total time to run the current batch, (c) total production cost per foot of extrudate, and (d) total cost to produce the batch, including material.

Injection Molding

10.18 One of the dimensions specified for an injection-molded part made of Nylon-6,6 = 130.00 mm. Compute the corresponding dimension to which the mold cavity should be machined.

10.19 The part dimension for an injection-molded part made of polycarbonate is specified as 0.2 m. Compute the corresponding dimension to which the mold cavity should be machined.

10.20 The foreman in the injection-molding department says that a high-density polyethylene part produced in one of the operations has greater shrinkage than the calculations indicate it should have. The important dimension of the part is specified as 120.5 ±0.25 mm. However, the actual molded part measures 120.02 mm. (a) As a first step, the corresponding mold cavity dimension should be checked. Compute the correct value of the mold dimension, given the shrinkage value for HDPE in Table 10.2. (b) What adjustments in process parameters could be made to reduce the amount of shrinkage?

Injection-Molding Economics

10.21 A batch of 80,000 moldings is produced in an automated injection-molding operation. Assume that the scrap rate = 0. The plastic is low-density polyethylene (LDPE), which costs \$0.80/kg at current market prices. The density of LDPE is given in Table 4.1. Cost of the mold = \$100,000, which will be spread over five batches of 80,000 parts each. The mold has four cavities and the volume of each cavity = 2.5 m^3. The sprue and runner system takes up an additional 1.5 m^3 of mold volume. Virgin plastic is required for this operation, so the sprue and runner produced in each cycle is wasted material. Changeover (setup) time before the production run = 4.0 hr at a labor rate = \$32.00/hr including overhead. The cost rate of the molding machine = \$48.00/hr including overhead. Cycle time per shot = 45 sec. Periodic attention by labor to collect parts and load molding compound = \$3.50/hr. What is the cost per part produced in this operation?

10.22 The volume of an injection-molded part is 15 cm^3. The volume of the sprue and runner is 9 cm^3. The starting plastic is polypropylene; its specific gravity is listed in Table 10.1. The price of the plastic = \$2/kg. A two-plate mold with one cavity is used. Determine the material price per piece if the sprue and runner (a) can be ground and mixed with the starting plastic so that material utilization is 100% and (b) cannot be reground because virgin plastic must be used.

10.23 Solve the previous problem, except that the two-plate mold has two cavities instead of one. The volume of the sprue and runner is increased to 9.6 cm^3 to accommodate two mold cavities. Determine the material price per piece if the sprue and runner (a) can be ground and mixed with the starting plastic so that material utilization is 100% and (b) cannot be reground because virgin plastic must be used. (c) How would the use of a three-plate mold affect the answers in (a) and (b)? (d) How would the use of a hot-runner mold affect the answers in (a) and (b)?

10.24 A total of 15,000 moldings is produced in an injection-molding process. Cycle time is 24 sec. The cost rate of the molding machine is \$48/hr. This rate includes tending by one worker. Setup time is 2.5 hr. The mold cost \$46,000 and has one cavity whose volume = 27.0 cm^3. Total anticipated production of the mold is 250,000 moldings. Assume scrap rate = 0%, availability = 100%, and sprues and runners can be recycled. Density of the plastic is 1.15 g/cm^3, and the price of the plastic is \$2.10/kg. Determine (a) total time to produce the batch quantity, (b) cost per molded part, and (c) cost to produce the batch, including material.

10.25 Solve the previous problem except (i) the mold has four cavities instead of one and cost \$86,000 instead of \$46,000, (ii) total production of the mold is 350,000 parts instead of 250,000, and (iii) cycle time is increased to 30 sec from 24 sec.

10.26 A batch of 12,000 moldings is produced by injection molding. Cycle time is 36 sec. The cost rate of the molding machine is \$52/hr. Setup time is 3.0 hr. The mold cost \$100,000. It has one cavity that produces a part weighing 0.6 kg each cycle. Total production expected of the mold is 300,000 parts. Assume that the scrap rate = 0%, availability = 100%, and sprues and runners can be recycled. Price of the plastic is \$4.07/kg. Determine (a) total time to produce the batch quantity, (b) cost per molded part, and (c) total cost to produce the batch.

10.27 Solve the previous problem except (i) the mold has two cavities instead of one and cost \$120,000 instead of \$100,000, (ii) total production of the mold is 500,000 parts instead of 300,000, and (iii) cycle time is increased to 39 sec from 36 sec.

Other Molding Operations and Thermoforming

10.28 The extrusion die for a polyethylene parison used in blow molding has a mean diameter of 18.0 mm. The thickness of the ring opening in the die = 1.5 mm. The mean diameter of the parison is observed to swell to a size of 25.0 mm after exiting the die orifice. If the diameter of the blow-molded container = 120 mm, determine (a) the corresponding wall thickness of the final container and (b) the inside diameter of the parison.

10.29 A parison is extruded from a die with outside diameter = 11.5 mm and inside diameter = 7.5 mm. The observed die swell = 1.25. The parison is used to blow mold a beverage container whose outside diameter = 112 mm (a standard size 2-liter soda bottle). (a) What is the corresponding wall thickness of the container? (b) Obtain an empty 2-L plastic soda bottle and (carefully) cut it across its diameter. Using a micrometer, measure the wall thickness to compare with your answer in (a).

10.30 An extrusion operation produces a parison whose mean diameter = 25 mm. The inside and outside diameters of the extrusion die are 18 mm and 22 mm, respectively. If the minimum wall thickness of the blow-molded container is to be 0.40 mm, what is the maximum possible diameter of the blow mold?

10.31 An injection-molding operation produces a cylindrical parison whose outside diameter = 20 mm and wall thickness = 4.0 mm. If the diameter of the blow mold cavity = 150 mm, what is the wall thickness of the blow-molded container?

10.32 The problem in a thermoforming operation is that there is too much thinning in the walls of the large cup-shaped part. The operation is conventional pressure thermoforming using a positive mold, and the plastic is an ABS sheet with an initial thickness of 3.2 mm. (a) Why is thinning occurring in the walls of the cup? (b) What changes could be made in the operation to correct the problem?

CHAPTER 11

고분자 기지 복합 재료와 고무의 성형 공정

11.1 PMC 공정의 개요
- 11.1.1 PMC의 초기 재료
- 11.1.2 기지와 강화재의 결합

11.2 개방 금형 공정
- 11.2.1 핸드레이업
- 11.2.2 스프레이업
- 11.2.3 자동화적층
- 11.2.4 경화

11.3 밀폐 금형 공정
- 11.3.1 PMC 압축 성형 공정
- 11.3.2 PMC 트랜스퍼 성형 공정
- 11.3.3 PMC 사출 성형 공정

11.4 기타 PMC 성형 공정
- 11.4.1 필라멘트 와인딩
- 11.4.2 인발 성형 공정
- 11.4.3 기타 PMC 성형 공정

11.5 고무 공정과 성형
- 11.5.1 고무 생산
- 11.5.2 합성 및 혼합
- 11.5.3 성형 및 관련 공정
- 11.5.4 가황
- 11.5.5 열가소성 탄성체 공정

11.6 타이어, 기타 고무 제품 제조
- 11.6.1 타이어
- 11.6.2 기타 고무 제품

이 장에서는 고분자 기지 복합 재료와 고무가 성형되어 제품화되는 제조 공정을 다룬다. 대부분의 이 재료들의 성형 공정은 플라스틱의 공정과 유사하다(10장). 결국 고분자 기지 복합재와 고무는 고분자 화합물이다. 차이점은 강화재를 포함하고 있다는 것이다. 고분자 기지 복합 재료(polymer matrix composite, PMC)는 섬유나 입자의 강화 상이 들어가 있는 중합체로 구성되어진 복합 재료이다. 기술적 상업적으로 PMC 공정의 섬유 강화 중합체(fiber-reinforced polymers, FRP)의 사용이 늘어남에 따라 중요하게 되었다.

FRP 복합재로 중량 대비 높은 강성와 고강도의 설계가 가능하였고, 이 특성은 항공기와, 자동차, 트럭, 선박 및 스포츠 용품에 매력적이다.

고분자 기지 복합재료의 정의는 기재가 탄성체인 모든 고무 제품에도 적용될 수 있다. 거의 모든 고무 제품은 카본 블랙을 보강재로 사용하기 때문에 공기 타이어가 검은 색이다. 타이어는 고무 산업에서 가장 많은 제품이다. 타이어는 자동차, 트럭, 비행기, 자전거 등에 많이 사용된다.

이 장에서는 플라스틱에 기반한 PMC 성형 공정에 대한 설명으로 시작하여 11.5절과 11.6절에서는 탄성체에 기반한 복합재료를 다룬다.

11.1 PMC 공정의 개요

섬유 강화 중합체의 다양한 조형법은 처음에는 생소하게 느껴질 수도 있다. 이 방법을 이해 하는데는 정보맵이 도움이 된다. 그것을 일목요연하게 정리한 것이 그림 11.1에 나타나 있다. 이것은 연속섬유 강화 중합체와 단섬유 강화 중합체의 2개의 공정으로 나눌 수 있다. 연속섬유 강화 중합체의 경우는 5가지의 FRP 복합재 성형 공정이 있고 (1) 개방 금형 공정 (2) 밀폐 금형 공정 (3) 피라멘트 와인딩(filament winding) (4) 인발 성형(pultrusion) (5) 기타. 개방 금형 공정에서는 거푸집에 수지와 섬유를 배치하는 수작업이 포함된다. 밀폐 금형 공정은 플라스틱 성형과 매우 흡사한데 압축 성형(compression molding)과 이송 성형(transfer molding) 등이 있다. 필라멘트 와인딩은

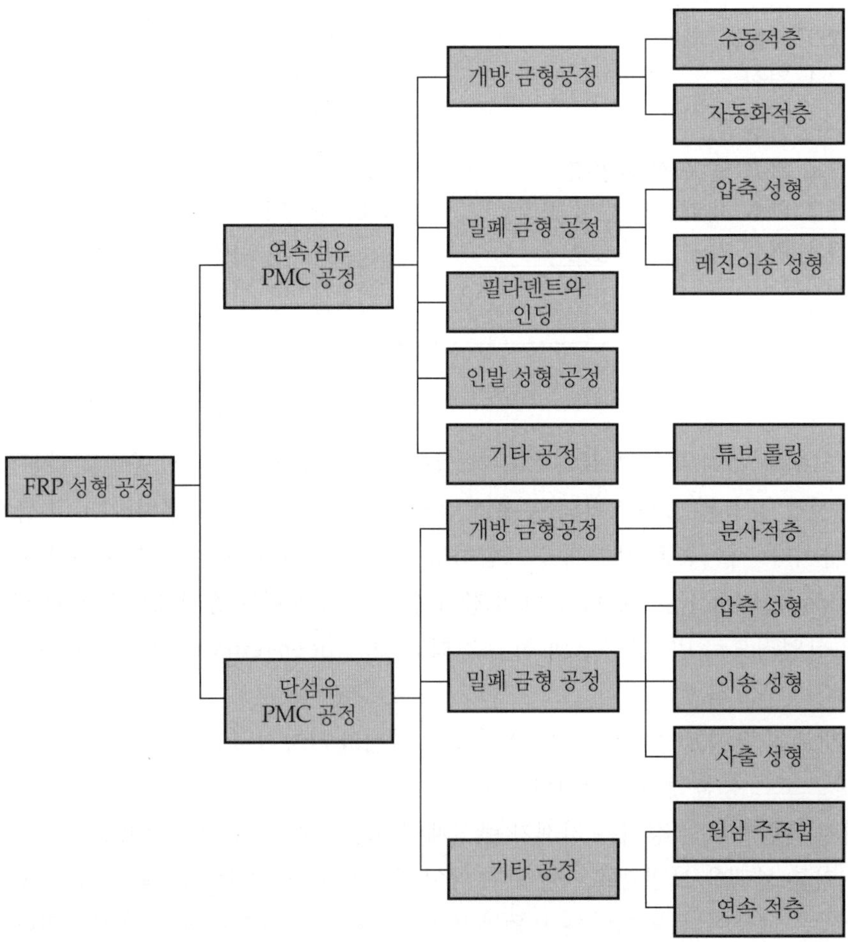

그림 11.1 섬유 강화 중합체 복합재 제조 공정의 분류.

수지 용액에 담근 연속 필라멘트를 회전하는 만드렐에 감아 수지가 경화되면 단단하고 속이 빈 원통형 모양으로 만들어진다. 인발 성형은 단면이 일정한 곧고 긴 형상을 만드는 공정이다. 이는 압축 공정과 유사하나 연속된 섬유 강화재를 포함하는 것이 다르다. 기타 공정으로 위에 포함되지 않는 여러 공정이 있다.

단섬유 강화 중합체의 경우도 연속섬유 강화 중합체의 경우와 유사하고 단섬유 강화 중합체의 경우에는 (1) 개방 금형 (2) 밀폐 금형 (3) 기타 금형 등 세 가지로 분류한다. 연속섬유 강화 중합체의 경우와 이름은 같지만 차이점은 짧은 섬유를 사용한다는 것이다.

어떤 PMC 성형 공정은 매우 느리고 노동 집약적이기에 다른 재료의 제조 공정보다 효율적이지 못하다. 그 이유는 다음의 두 가지이며 (1) 복합재는 섬유 강화 플라스틱의 경우 두 개 이상의 재료와 상으로 되어 강화 섬유상의 재정렬이 필요하고 다른 재료보다 복잡하다. (2) 복합재의 공정 기술은 다른 재료 공정과 같이 수 년 동안 개선을 목적으로 한 것이 아니다.

11.1.1 PMC의 초기 재료

PMC의 초기 재료로는 중합체와 강화상(reinforcing phase)의 재료이다. 복합재에서 상을 구성하기 전에 별도 공정으로 처리된다. 이 절에서는 이러한 재료가 어떻게 결합되기 전에 제조되는지를 다루며 11.1.2절에서는 복합재 부품을 어떻게 만드는지 설명한다.

열가소성 수지와 열경화성 수지가 PMC의 기저 재료로 사용되고 열경화성 수지(thermoset, TS)가 가장 보편적으로 사용된다. 페놀은 특수 강화상의 사용과 관련이 되고 폴리에스터와 에폭시가 FRP와 관련이 깊다. 열가소성 수지(thermoplastic, TP)도 PMC에 사용이 되는데 사실 대부분의 TP 성형 화합물은 충진재 또는 강화재를 포함하는 복합 재료라 할 수 있다. 많은 중합체의 성형 공정이 10장에서 다루어지는데 이는 고분자 기지 복합 재료에 적용이 가능하지만 강화재와 중합체의 결합은 종종 공정을 복잡하게 만든다.

강화재는 다양한 기하학적 형태와 재료들 일 수 있고 기하학적 형태는 섬유, 입자, 박편들을 의미하고 재료는 탄소, 붕소 같은 입자나 세라믹, 금속, 다른 중합체들이다. 강화재의 역할과 이에 대한 기술적인 측면은 5.4.1절에 설명된다.

FRP의 섬유 재료로는 유리, 탄소, 케블라는 중합체가 많이 사용된다. 이러한 섬유 재료는 다양한 방법으로 제조되며 그 중 일부는 앞에서 설명했다. 유리 섬유는 작은 오리피스를 사용하는 인발로 생산된다(9.2.3절). 탄소의 경우, 탄소 화합물을 포함하는 초기 필라멘트를 더 순수한 탄소로 변화시키기 위해 일련의 열처리 공정이 수행된다. 초기 필라멘트로는 폴리아크릴로니트릴(polyacrylonitrile: PAN), 피치(콜타르, 목타르, 석유등을 증류해서 얻은 검은 탄소 수지, 레이온(셀룰로오스)등이 있다. 케블라 섬유는 압출과 방적돌기의 작은 오리피스를 사용하는 드로잉을 함께 이용하여 제조한다(10.4절).

연속 필라멘트로부터 시작하는 섬유는 복합 재료에 요구되는 성질과 성형 공정에 따라 다양한 형태로 고분자 기지에 결합된다. 필라멘트는 공정마다 연속적일 수도 있고 짧은 길이로 잘라질 수도 있다. 연속된 필라멘트는 보통 ***조방사(roving)***의 형태로 준비된다. 조방사란 꼬지 않은(평행인) 연속된 가닥을 모은 것으로 취급과 처리가 용이하다. 전형적인 조방사는 12~120개의 가닥으로 이뤄진다. 그와 다르게 ***방적사(yarn)***는 필라멘트를 꼬아 만든 것이다. 연속된 조방사는 필라멘트 와인딩과 인발 성형 등 여러 PMC 공정에 사용된다.

연속 섬유의 가장 흔한 형태는 방적사를 짜서 만든 직물인 ***천(cloth)***이다. 천과 매우 유사하나 여기서 구별해야 할 것은 직조 ***조방사(woven roving)***다. 이것은 방적사가 아니라 꼬지 않은 필라멘트로 만들어진 직물이다, 직조 조방사는 두 방향으로 각기 다른 수의 끈을 꼬아 만들기 때문에 각 방향의 강도가 서로 다르다. 이러한 단방향성 직조 조방사는 적층 FRP 복합 재료에 많이 사용된다.

섬유는 또한 ***매트***의 형태를 이루기도 한다. 매트는 결합재를 사용해 짧은 섬유를 임의의 방향으로 결합한 펠트를 말한다. 매트는 다양한 무게, 두께, 폭으로 판매되고 매트는 자르고 모양을 만들어 일부 밀폐 금형 공정의 ***예비 성형물(preform)***로 쓸 수 있다. 성형 과정 중 수지에 예비 성형물을 주입해 경화하면 섬유 강화 성형물이 된다.

입자와(particle) 박편(flake)은 실제로 동일한 종류다. 박편은 길이가 두께보다 상대적으로 긴 입자를 말한다. 공업용 분말의 특징은 10장에 별첨한다. 금속 분말 제조 방법은 12.1절에서, 세라믹 공정은 13.1절에서 설명한다.

11.1.2 기지와 강화재의 결합

고분자 기지와 강화재를 결합하는 것은 성형 과정 중 혹은 그 이전에 이뤄진다. 전자의 경우 원료를 공정에 각각 따로 준비해 성형 과정 중 복합 재료로 결합한다. 이 경우의 예로는 필라멘트 와인딩과 풀 트루전이 있다. 이러한 공정의 초기 강화재는 연속 섬유이다, 후자의 경우 두 가지 재료를 성형 공정에 사용하기 편리하도록 예비 형태로 만들어준다. 플라스틱 성형 공정에서 사용되는 거의 모든 열가소성, 열경화성 재료는 사실상 충진재와 혼합한 중합체이다. 충진재는 단섬유나 입자(박편 포함)가 쓰인다.

이 장은 FRP 복합 재료를 위해 설계된 공정에 쓰이는 초기 폼(starting form)에 초점을 맞춘다. 초기 폼은 성형 공정에서 사용될 수 있도록 사전에 만들어 놓는 복합 재료라 할 수 있다. 이러한 폼에는 성형 화합물과 프리프레그가 있다.

성형 화합물

성형 화합물은 플라스틱 성형에서 사용하는 것과 유사하다. 성형 화합물은 성형 공정에서 사용되도록 설계되고 유동성이 있어야 한다. 복합 재료 공정에 사용되는 성형 화합물은 대부분 열경화성 중합체이므로 성형 공정 이전에는 경화하지 않는다. 경화는 최종 성형 중 또는 후에 이뤄진다. FRP용 성형 화합물은 짧고 임의의 방향으로 분산된 섬유가 들어간 수지 기기로 구성되는데 몇 가지 형태가 있다.

판재 성형 화합물(Sheet molding compound: SMC)은 열경화성 수지, 충진재, 기타 첨가물과 두께 6.5 mm의 박판으로 감아져 공급되어 잘게 분쇄된(임의의 방향으로 놓여진) 유리 섬유를 결합

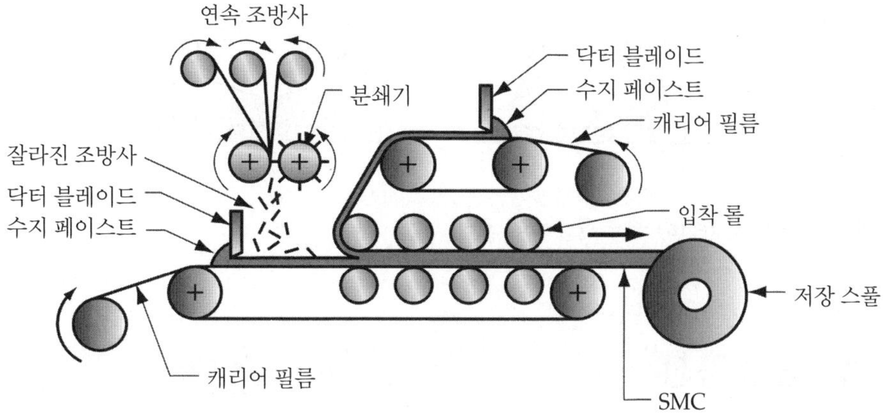

그림 11.2 판재 성형 화합물(SMC) 생산 공정.

한 것이다. 가장 많이 쓰이는 수지는 불포화 폴리에스터이다. 일반적으로 충진재로는 운모, 실리카, 석회석 등의 광물성 분말이 쓰인다. 유리 섬유는 보통의 길이가 12~75 mm 사이이며 SMC 부피의 30% 정도를 차지한다. 박판 성형 화합물은 일반적으로 얇은 폴리에틸렌 층 사이에서 만들어지는데 이는 열경화성 수지의 휘발성 물질이 증발하는 것을 막아준다. 보호 피복은 후속 성형제품의 표면 상태를 양호하게 한다. 연속된 SMC 박판의 제조 공정은 그림 11.2와 같다.

벌크 성형 화합물(Bulk molding compound, BMC)의 재료는 SMC와 유사하나 화합된 중합체의 형상이 박판이 아닌 빌릿(billet)이다. 이러한 재료를 사용하는 성형 공정에서는 큰 유동성이 필요하기 때문에 BMC의 섬유는 2~12 mm 정도로 짧다. 빌릿의 직경은 보통 25~50 mm이다. BMC의 제조 공정은 SMC의 경우와 유사하나 최종 빌릿 형상을 만드는 데 압출을 사용한다. BMC는 도우(dough)와 같은 특성을 갖기 때문에 *도우 성형 화합물(dough molding compound)*이라고도 불린다. 기타 FRP 성형 화합물로는 SMC와 유사하나 50 mm까지 정도로 두꺼운 ***후판 성형 화합물(Thick molding compound: TMC)***, 기본적으로 단섬유를 포함하는 전형적인 플라스틱 성형 화합물인 ***펠릿 성형 화합물(pelletized molding compound)*** 등이 있다.

프리프레그(prepreg)

FRP 조형 공정의 또다른 초기 형태는 *프리프레그(prepreg)*이다. 프리프레그는 조형공정을 용이하게 하기 위해 수지를 함침시킨 섬유로 구성된다(프리프레그는 미리 함침된 섬유를 의미한다).

프리프레그에는 열경화성(주로 에폭시) 또는 열가소성(예: 폴리프로필렌, 폴리에틸렌, 폴리에틸렌테레프탈레이트) 수지 모두 활용 가능하다. 프리프레그는 테이프, 섬유가 교차된 박판 또는 천의 형태로 사용된다. 프리프레그는 잘라진 임의 방향의 섬유가 아니라 연속 필라멘트로 제조하기 때문에 최종 제품의 강도와 강성이 증가한다는 장점이 있다.

열경화성 프리프레그의 경우, 수지는 부분적으로 경화되며 완전히 경화가 되는 것을 피하기 위하여 반드시 냉각되어야 한다. 경화는 성형 중 혹은 후에 완료된다.

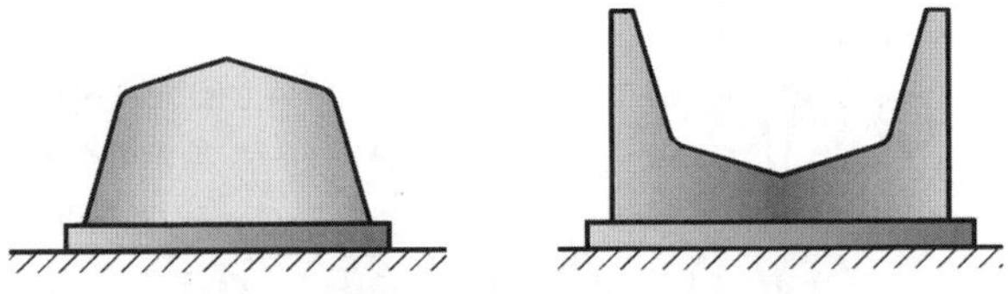

그림 11.3 개방 금형의 종류. (a) 양 금형, (b) 음 금형.

11.2 개방 금형 공정

개방 금형(open mold)을 사용하는 FRP 성형 공정의 특징은 FRP 구조를 만드는데 하나의 양 금형 또는 음 금형(그림 11.3 참조)을 사용한다. 개방 금형 공정은 *접촉 적층(contact lamination)*, *접촉 성형(contact molding)*으로도 불린다. 이 공정은 원료(수지, 섬유, 매트, 직조 조방사)를 원하는 정도의 두께로 금형에 쌓은 후 경화시키고 제품을 빼내는 과정으로 이뤄진다.

흔히 쓰이는 수지로는 강화재로 유리 섬유를 사용하는 불포화 폴리에스터와 에폭시를 들 수 있다. 개방형 금형 공정으로 만든 성형 제품은 보통 크기가 큰 것이다(보트 본체 등). 개방 금형의 장점은 2개의 금형을 사용하는 것 보다 훨씬 저렴한 금형 비용에 있다. 단점은 금형 표면에 닿는 부품 표면은 양호하나 다른 면은 거칠다는 것이다. 금형과 닿는 면에 최상의 결과를 내기 위해서는 금형 자체가 매우 매끄러워야 한다.

개방 금형 FRP 공정은 몇 가지 종류로 나눌 수 있다. 각 종류는 금형에 적층하는 방법과 경화기법 등에서 차이를 보인다. 이 절에서는 섬유 강화 플라스틱을 성형하는 개방 금형 공정의 종류 세 가지 (1) 핸드레이업, (2) 스프레이업, (3) 자동테이프 적층기에 대해 설명한다. 기본 공정은 핸드레이업이며 나머지 둘은 핸드레이업을 변형하여 개선한 것이다.

11.2.1 핸드레이업

핸드레이업(hand lay up)은 FRP 적층 방법 중에서 가장 오래된 개방 금형(open mold) 방식으로, 1940년대에 보트 선체를 제조하는데 처음 사용되었다. 또한 핸드레이업은 가장 노동 집약적인 공정 방법이기도 하다. 이름이 시사하는 바와 같이 핸드레이업 법은 층상 FRP 구조를 만들기 위해 수동으로 수지, 강화재 층을 연속적으로 개방 금형 위에 쌓는 조형 방법이다. 기본 단계는 그림 11.4와 같이 5단계로 이뤄진다. 완성된 성형물은 보통 전기톱으로 다듬질해 외곽 크기를 맞춰야 한다. 이러한 5단계 공정은 모든 개방 금형 공정에 쓰이며 공정마다 단계 (3)과 (4)에서 차이점을 보인다.

단계 (3)에서 각 섬유 강화 층은 금형 위에 놓일 때 건조한 상태다. 여기에 (경화되지 않은) 수지 용액을 붓거나 칠하거나 분사하고 수동 롤링으로 수지를 섬유매트 또는 천에 주입한다. 이러한 방식은 *습식 적층(wet lay-up)*이라 한다. 습식 적층의 대안으로 수지가 함유된 섬유 강화 층들을 금형 밖에서 먼저 준비한 후에 금형 위에 얹는 프리프레그를 이용할 수도 있다. 프리프레그는 섬유-수지

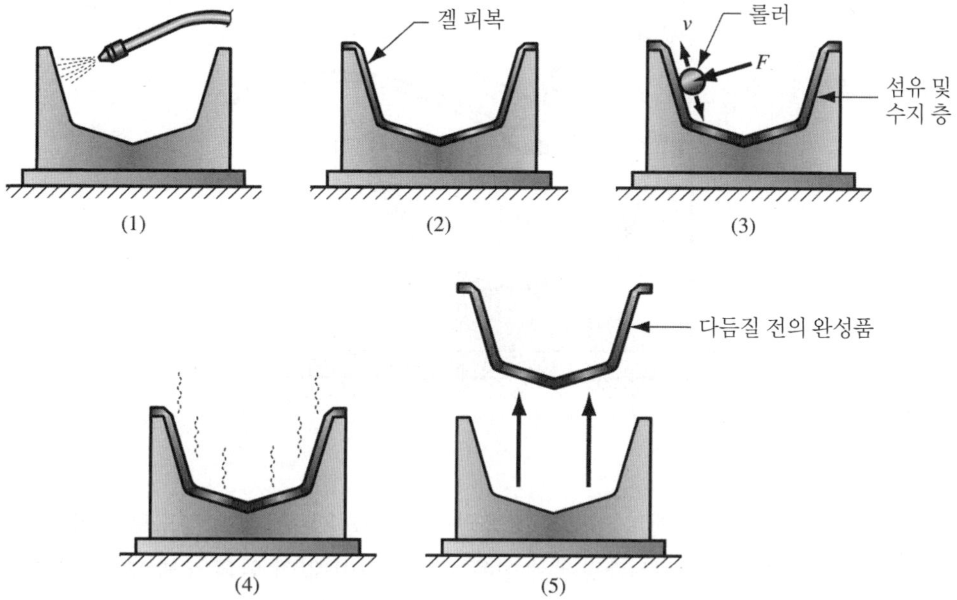

그림 11.4 핸드레이업 공정. (1) 금형을 세척하고 금형 분리제를 도포한다. (2) 겔(안료 첨가가 가능한 수지)을 얇게 피복한다. 이 피복은 성형품의 외면이 된다. (3) 겔 피복을 완료한 후에 수지, 섬유 층을 연속해서 쌓는다. 섬유는 매트 또는 천의 형태다. 각 층을 롤링해 수지가 섬유에 잘 스며들게 하고 공기를 빼낸다. (4) 제품을 경화한다. (5) 경화가 끝난 제품을 금형에서 빼낸다.

혼합물을 세밀하게 조절할 수 있고, 적층하는 방법이 더 효율적이라는 장점이 있다[16].

접촉 적층방식의 개방금형은 석고, 금속, 유리 섬유로 강화한 플라스틱 또는 기타 재료로 만들어진다. 금형의 재료는 경제성, 표면 품질, 기타 기술적 요인을 고려해 선정한다. 단 하나의 제품이 만들어지는 시제품 제작에는 일반적으로 석고 금형이 적당하다. 중간 정도의 생산량일 경우, 금형은 유리 섬유 강화 플라스틱으로 만들어진다. 대량 생산은 보통 금속 금형을 사용한다. 금속 금형은 알루미늄, 강, 니켈을 사용해 만들며 마모에 강하게 만들기 위해 금형 표면을 경화시키기도 한다. 금속은 내구성이 큰 것 외에 열전도율이 높다는 장점도 있기 때문에 열경화성 재료에 쓰이거나 상온에서 경화시킬 때 층상으로부터 열을 분산 시키는데 사용될 수 있다.

핸드레이업에 적당한 제품은 일반적으로 크기가 크면서 생산량이 적은 경우다. 보트 선체, 수영풀, 대용량 탱크, 무대 버팀목, 레이더 덮개(radome), 기타 성형 시트가 그 예이다. 자동차 부품도 핸드레이업으로 만들 수는 있지만 이 방법은 대량 생산에는 경제적이지 않다. 이 공정으로 생산한 가장 큰 성형품은 영국, 해군에서 제작한 85 m 길이의 선체이다[3].

11.2.2 스프레이업

이 공정은 수지-섬유 적층 공정을 기계화하고 적층 시간을 줄이기 위한 방안이며 핸드레이업 공정의 단계(3)을 대체할 수 있다. 스프레이업(spray up) 방식은 그림 11.5와 같이 수지 용액과 잘게 자른 섬유를 개방 금형 위에 분사해 연속적으로 FRP 적층을 수행한다. 분사 총(spray gun)에는 분쇄

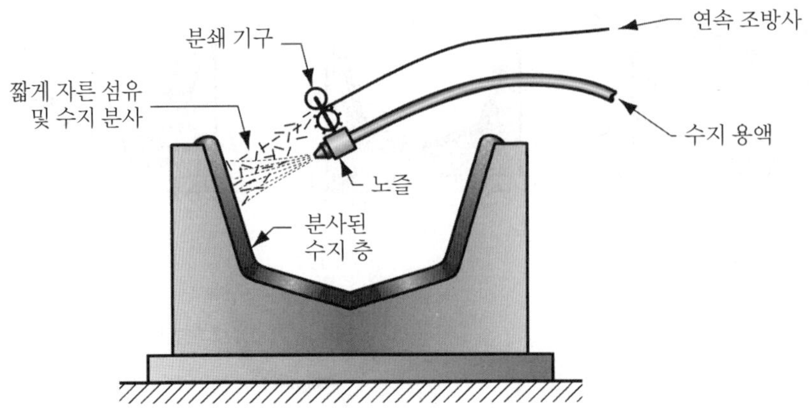

그림 11.5 스프레이업 방식.

기구가 설치되어 있어 연속 필라멘트 조방사를 공급하면 이를 25~75 mm 정도로 잘라 노즐에서 분사되는 수지 용액에 첨가한다. 혼합 과정에서 섬유는 방향성이 없이 임의의 방향으로 놓인다. 이와 다르게 핸드레이업은 필라멘트를 원하는 방향으로 놓을 수 있다. 또 다른 차이점은 핸드레이업에는 섬유 성분을 대략 65% 정도까지 넣을 수 있는 반면 스프레이업에는 35% 정도 밖에 함유할 수 없다는 것이다. 이는 분사와 혼합 공정의 단점이라고 할 수 있다.

분사는 수동으로 운송 가능한 분사 총을 사용하여 총의 궤적을 프로그래밍하고 컴퓨터 제어가 되는 자동 기계로 수행된다. 자동화 기계는 노동면과 환경적인 면에서 장점을 가진다. 액상의 레진에 의한 어떤 휘발성 물질은 위험하고 따라서 궤적이 제어되는 자동 기계로 사람이 없는 상태에서 밀폐되어 작동된다.

스프레이업에 의한 제품에는 보트 선체(hull), 욕조, 샤워용 칸막이(stall), 자동차, 트럭 몸체, 레크레이션 자동차 부품, 가구, 큰 구조물 판넬, 컨테이너 등이 있다. 극장과 무대 지지대는 가끔 이런 방법으로 만들어진다. 이들은 연속 섬유나 방향 섬유가 들어간 적층된 것보다는 강하지 못하다.

11.2.3 자동화적층[1)]

자동 적층(automated lay-up process)공정(단계 3)은 두 가지 방법으로 완성된다. (1) 자동테이프 적층 기계(automated tape-laying machine)와 (2) 자동 섬유 적층 기계(automated fiber placement machine), 이들은 다축 컴퓨터 수치 제어(CNC, 34.3절)를 사용하여 연속 단방향 섬유 프리프레그를 적용한다. 두 기계 형식의 차이점은 아래 설명과 같이 프리프레그의 형태에 따른 것이다.

FRP 적층 기계의 개발은 대부분 노동비를 절감하고, 생산품이 균일하고 높은 품질을 얻고자 하는 항공 산업에 의해 시작되었다. 컴퓨터 수치 제어(CNC) 기계의 단점은 CAD 소프트웨어로 그 일

---

1) 자동화된 적층에 대하여 이 절에서 내용과 아이디어에 대해서 보잉 헬리콥터 부서의 은퇴 엔지니어인 Jim Waterman에 도움을 받음.

을 할 수 있음에도 불구하고 시간을 들여 프로그래밍하여야 한다는 점이다.

자동화된 테이프 적층 기계

자동 테이프 적층(ATL)기계는 프리프레그 테이프를 프로그램된 궤적에 따라 개방 금형에 배치하게 된다. 각 층은 평행한 방향으로 층이 완성될 때까지 금형의 표면에 전후 방향으로 놓이게 된다. 전형적인 ATL 기계는 오버헤드 지지대(gantry)가 있고 이는 그림 11.6과 같이 테이프 공급 헤드가 붙어 있다. 지지대(gantry)는 헤드가 *x-y-z* 위치 이동을 가능하게 하여 정해진 연속 경로를 따라 움직이고 위치할 수 있게 만든다. 헤드는 여러 회전축이 있을 수 있고, 각 궤적의 끝에는 테이프를 자르는 절단 장치가 있다. 보통 프리프레그의 폭은 75 mm, 150 mm와 300 mm이고 두께는 약 0.13 mm이다. 테이프는 롤 형태로 기계에 저장되고 이 테이프는 풀려지며 궤적을 따라 적층하게 된다.

자동화된 섬유 적층 기계

자동 섬유 적층(AFP:automated fiber placement) 기계는 평편한 묶음으로 금형의 표면에 *토우(tow)*라 불리는 레진과 같이 적층된다. ATL 기계에서 사용되는 토우는 테이프보다 좁으며 보통 8 mm이고, 'slit 테이프'라는 넓은 토우도 사용된다. 좁은 프리프레그 형태는 보다 복잡한 금형에 적층을 가능하게 한다. 좁은 토우로는 부품의 외곽 모서리나 내부에서 끊어야 하는 부분의 처리가 수월하고 ATL 적층 기계보다 AFP 적층 기계에서는 보다 복잡한 형상의 적층을 할 수 있다. AFP 적층 기계는 보잉 787 Dreamliner의 구조물, 보통의 알루미늄 구조물보다 50% 이상이 복합재인 날개나 퓨즈라제(fuselage)의 생산에 널리 이용되고 있다.

APL 적층 기계는 그림 11.6과 같은 지지대일 수 있고 테이프로 적층하는 헤드와는 다른 헤드가

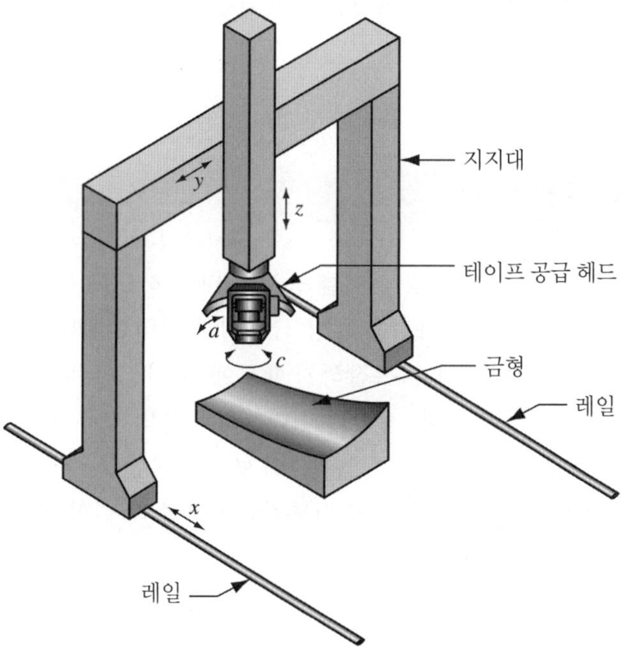

그림 11.6 자동 테이핑(ATL: automated tape-laying) 기계.

요구된다. 대체 구조로서 암을 가진 로봇(34.4.1절)이고 적층 헤드는 암의 끝에 붙어 있다. 선형의 트랙에서 움직이는 대형 AFP 로봇은 AFP 지지대 구조보다 가격 면에서 유리하고, 어느 경우나 토우는 스풀에서 헤드로 들어가고 이 헤드는 프리프레그를 따뜻하게 하여 압착 롤로 표면에 누르게 된다.

11.2.4 경화

FRP 층상 복합 재료에서 모든 열경화성 수지는 경화(curing)(4단계)가 필요하다. 경화는 중합체가 망상 결합을 하게 하여, 액체나 높은 소성 조건에서 단단하게 굳게 하는 것이다. 경화에는 세 가지 주요 공정 변수가 있으며, 이는 시간, 온도, 압력이다.

경화는 보통 핸드레이업과 분무 적층의 열경화성 수지의 경우 상온에서 일어난다. 이 공정으로 만들어지는 성형은 종종 크기가 커서 이런 부품은 가열하기가 곤란하다. 어떤 경우에는 제품을 빼낼 수 있도록 상온에서 충분히 경화하기 위해서 며칠이 걸리기도 한다. 가능한 경화 반응이 빨리되도록 가열하기도 한다.

가열은 여러 방법으로 수행된다. 오븐 경화는 열을 가하여 지정된 온도에서 경화하는 것이며, 일부 경화 오븐은 부분적인 진공을 제공하기도 한다. 적외선 가열법은 성형을 오븐에서 하기가 불편하고 곤란할 경우 사용된다.

오토크레이브 경화는 온도와 압력을 모두 조절할 수 있다. 오토크레이브(autoclave)는 제어된 온도와 압력을 가할 수 있는 밀폐된 챔버이다. FRP 복합재 공정에 적용되는 오토크레이브는 보통 양 끝단에 개폐구가 있는 커다란 수평 실린더 형태를 가진다.

오토크레이브 몰딩(autoclave molding)이라는 용어는 간혹 프리프레그 적층물을 오토크레이브 내부에서 경화하는 것을 뜻하기도 한다. 이것은 매우 높은 양질의 복합 재료 부품을 생산하도록 항공 산업에서 널리 사용하는 공정이다.

11.3 밀폐 금형 공정

밀폐 금형(closed mold) 공정은 각 성형 사이클 중 열렸다 닫히도록 두 부분으로 구성된 금형으로 성형 공정을 수행 한다. 밀폐 금형의 가격을 개방 금형의 가격의 2배라 생각할 수도 있지만 실제로는 밀폐 금형 공정에 필요한 장비가 매우 복잡하기 때문에 그 이상의 비용이 든다. 밀폐 금형 공정은 비용이 높음에도 불구하고 다음과 같은 장점이 있다. (1) 부품의 모든 표면의 마감이 우수하다. (2) 생산률이 높다. (3) 세밀한 공차로 조절할 수 있다. (4) 보다 복잡한 3차원 형상을 만들 수 있다.

밀폐 금형의 공정은 용어는 다를 수 있지만 전통적인 플라스틱 성형법에 대응하여 (1) 압축 성형, (2) 이송(트랜스퍼) 성형, (3) 사출 성형으로 나눌 수 있다.

11.3.1 PMC 압축 성형 공정

일반 성형 화합물(10.7.1절)에 대한 압축 성형 공정은 금형부 아래에 투입물을 채훈 후 금형을 눌러 압력을 가해 공동부의 모양으로 만든다. 금형은 가열하여 열경화성 수지를 충분히 경화시키고 금형을 열어 제품이 제거된다. PMC 압축 성형 공정에는 여러 성형 공정이 있는데 차이점은 초기 원재료의 형태이다. 수지, 섬유, 기타 성분의 유동은 FRP 복합 재료의 압축 성형 공정에 중요한 인자이다.

SMC, TMC, BMC 성형

여러 가지 FRP 성형 복합재 즉 판재 성형 복합재, 벌크 성형 복합재와 두꺼운 성형 복합재는 적절한 크기로 잘려져 압축 성형의 초기 충전재로 사용된다. 성형 공정 전에 이 재료들은 냉장되어 보관되고 성형 공정의 이름은 초기 성형 복합재에 따라 정해진다. (즉, 초기 충전재가 판재 성형 복합재인 경우 SMC 성형 공정이고, 벌크 성형 복합재의 충전 크기로 잘려 준비되면 BMC 성형 공정을 사용하는 것이다).

프리폼 성형

프리폼 성형(preform molding)[17]은 압축 성형으로 하부 금형에 중합체 수지 충진재(예: 펠릿 또는 박판)와 미리 절단된 매트를 넣는 공정이다. 재료를 가열된 금형 사이에서 압축해 수지가 섬유 매트로 흘러 들어가면 섬유 강화 성형물이 만들어진다. 열가소성 또는 열경화성 중합체를 사용하는 다양한 공정이 있다.

탄성 레저버 성형

탄성체 레저버 성형의 초기 투입재는 두 개의 건조 섬유층 중간에 중합체 폼을 넣은 샌드위치 형상이다. 중앙의 폼은 보통 오픈셀 폴리우레탄이며 에폭시 또는 폴리에스터와 같은 수지 용액을 함유하고 있다. 그림 11.7과 같이 건조 섬유 층으로는 천, 직조 조방사, 기타 섬유 형태가 쓰일 수 있다. 샌드위치 형태의 소재를 하부 금형부에 놓고 0.7 MPa 정도의 적절한 압력으로 눌러 중앙의 폼을 압착하면 수지가 흘러나와 건조한 표면층을 적시게 된다. 경화 공정을 거치면 중앙의 밀도가 낮고 FRP 표면이 얇은 가벼운 부품을 만들 수 있다.

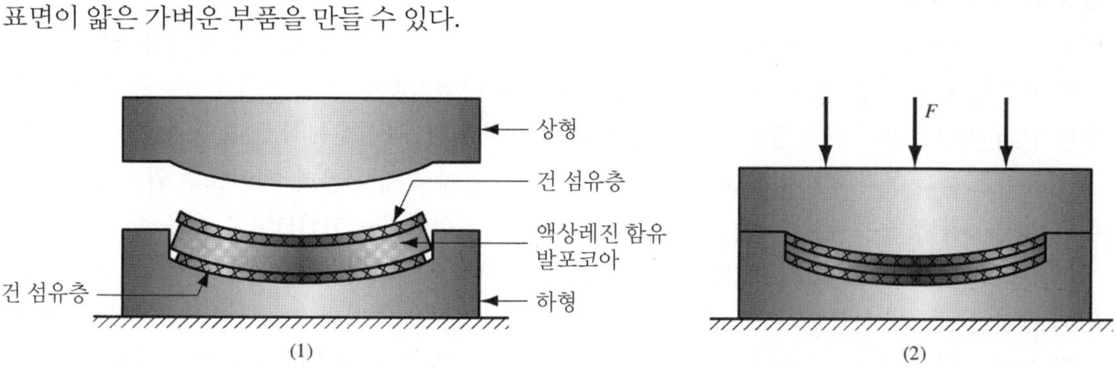

그림 11.7 탄성 레저버 성형. (1) 금형 내에서 두 개의 섬유층 사이에 폼이 위치한다. (2) 금형이 닫히고 폼에서 섬유층으로 수지를 넘겨준다.

11.3.2 PMC 트랜스퍼 성형 공정

전형적인 트랜스퍼 성형(10.7.2절)에서 열경화성 수지를 용기 또는 챔버에 담가 가열한 후 램을 이용하여 금형 공동 속으로 짜내고, 금형을 가열해 수지를 경화하는 공정이다. 트랜스퍼 성형이라는 이름은 중합체 용액을 용기에서 금형으로 이동시키는 데서 유래했다. 이 공정은 충진재로 단섬유가 포함된 TS 수지를 성형해 FRP 복합 재료 부품을 만드는 데 사용될 수 있다. 또 다른 형태의 PMC 트랜스퍼 성형으로는 *수지 트랜스퍼 성형(resin transfer molding: RIM)* [6], [16]이 있다. 이는 하부 금형부에 사전성형 매트를 놓고 금형을 닫아 열경화성 수지(폴리에스터 수지 등)를 적절한 압력으로 금형에 흘려 넣는 밀폐 금형 공정이다. RTM은 *수지 사출 성형(resin injection molding)*이라고 불린다[6], [18]. (10장에서 설명한바와 같이 트랜스퍼 성형과 사출 성형의 차이는 모호하다.) RTM은 욕조, 수영풀, 벤치, 의자의 앉는 자리, 작은 보트의 선체 등의 제품을 만드는 데 사용된다.

여러 가지 향상된 RTM 공정이 개발 되었고[8] 한 가지 발전된 RTM 공정으로 기지(mat)대신 에폭시나 연속 강화섬유 같은 고강도 중합체를 사용한다. 우주항공 부품, 미사일 꼬리, 스키 등에 응용된다. 두 가지 부가 공정은 발포레진 이송 성형과 궁극적으로 강화 열경화 레진 사출이다. ***열발포 레진 이송 성형(Thermal expansion resin transfer molding, TERTM)*** TERTM사(社)의 특허 공정이다. TERTM은 다음 단계로 구성되는데[8]: (1) 강중합체 발포 고무(예, 폴리우레탄) (2) 밀폐 금형에서 면직 강화재로 둘러 쌓이는 데 (3) 열경화성 레진(예, 에폭시)은 발포 고무에 면직 강화재가 스며들게 금형에 사출된다. (4) 금형은 가열되어 발포 고무가 팽창되어 공동부를 채우게 된다. 궁극적으로 ***극 강화 열경화 레진 사출(ultimately reinforced thermoset resin injection, URTRI)***은 초기의 발포 고무가 작은 오목한 유리구로 된 에폭시가 주조하는 것 외에는 TERTM과 비슷하다.

11.3.3 PMC 사출 성형 공정

사출 성형은 대량의 플라스틱 제품을 적은 비용으로 생산할 수 있다고 알려져 있다. 이는 열가소성 플라스틱의 경우와 연관이 깊고 열경화성 재료에도 적용될 수 있다(10.6.5절).

전통적 사출 성형

PMC 성형 공정에서 사출 성형은 TP나 TS 형태의 FRP에 이용된다. 실제로 열가소성 중합체는 섬유로 보강될 수 있다. 이 경우 섬유를 잘게 잘라 사용해야 한다. 연속 섬유를 사용해도 결과적으로는 배럴 안의 회전 스크루의 운동으로 인해 섬유가 잘리게 된다. 작업실에서 금형 공동으로 사출되는 중 섬유는 노즐을 통과하면서 정렬한다. 이러한 특성은 때때로 제품 설계, 게이트의 위치, 공동의 상대적 방향 등을 정하는 데 있어 방향 성질을 최적화하기 위하여 활용된다[13].

열가소성 성형 화합물(TP)은 가열된 후 차가운 금형에 사출되는 반면 열경화성 중합체는 경화를 위해 가열된 금형에 사출된다. 열경화성 재료는 사출 작업실에서 미리 교차 결합할 수 있기 때문에 공정 제어가 더 까다롭다. 이러한 위험이 있더라도 사출 성형은 펠릿 성형 화합물, 반죽(dough) 성형 화합물 형태의 섬유 강화 열경화성 플라스틱 공정에 이용될 수 있다.

강화 반응 사출 성형

일부 열경화성 재료는 열이 아닌 화학 반응으로 경화된다. 이러한 수지는 반응 사출 성형(reaction injection molding: RIM)으로 성형될 수 있다. RIM은 두 가지 반응 성분을 섞고 바로 금형 공동에 사출해 화학성분의 경화, 응고를 급속히 이루는 공정이다. 이와 아주 가까운 공정인 *강화 반응 사출 성형(reinforced reaction injection molding: RRIM)*은 혼합물에 유리 섬유와 같은 강화섬유를 섞는다. 이는 RIM의 장점을 가지는 동시에 섬유를 통한 강화 성능을 얻을 수 있는 효과가 있다. RRIM은 자동차 차체 트럭의 범퍼, 펜더, 그 외 차체 부품 등에 광범위하게 사용된다.

11.4 기타 PMC 성형 공정

이 절에서는 PMC 성형 공정의 나머지 부류를 다룬다: 필라멘트 와인딩, 인발 성형 공정과 기타 PMC 성형 공정

11.4.1 필라멘트 와인딩

피라멘트 와인딩(filament winding)은 수지를 함유한 연속 섬유를 FRP 제품의 내면 형상을 가진 회전 만드렐 주위에 감는 공정이다. 수지가 경화되면 만드렐을 빼낸다. 이는 속이 빈 축 대칭 제품(일반적으로는 단면이 원형)을 만드는 데 주로 사용되며 불규칙한 형상에 적용되기도 한다. 이 공정의 가장 일반적인 형태는 그림 11.8과 같다. 섬유 조방사 끈을 수지 욕조에 통과시키자마자 바로 원통 만드렐에 나선형으로 계속 감으면 만드렐 위에 한 필라멘트 두께의 표면층이 만들어진다. 이전 방향과 열십자 무늬를 이루는 방향으로 필라멘트를 감는 작업을 계속하면 층을 추가해 원하는 두께로 만들 수 있다.

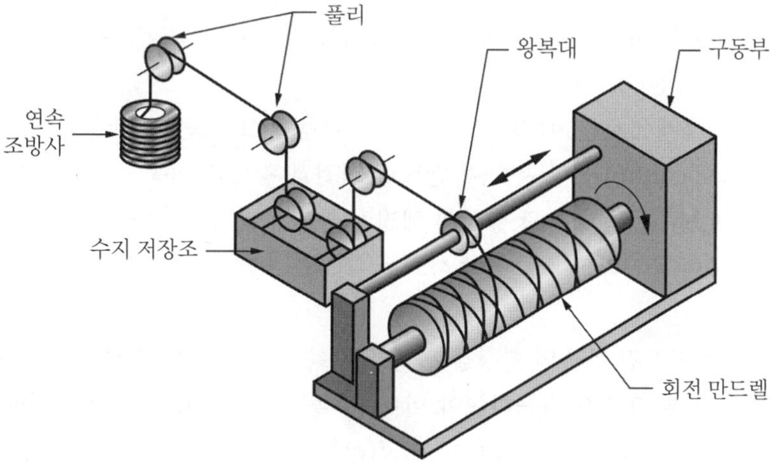

그림 11.8 필라멘트 와인딩.

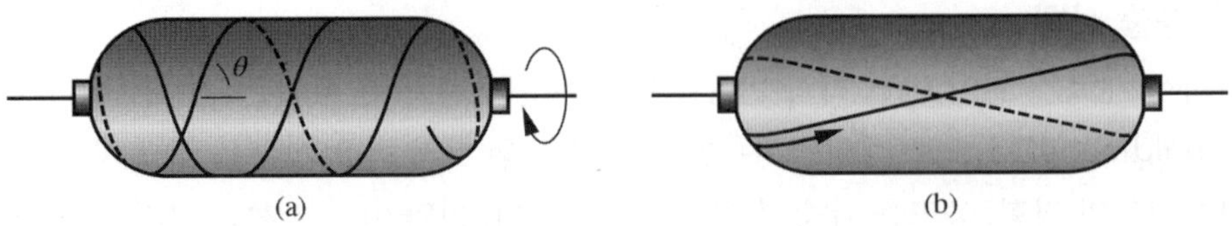

그림 11.9 필라멘트 와인딩 두 가지 기본 패턴. (a) 나선형(helical), (b) 극형(polar).

섬유에 수지를 주입하는 여러 가지 방법이 있다. (1) 그림에서와 같이 필라멘트를 감기 전에 수지 용액에 통과시키는 습식 와인딩 (2) 미리 부분적으로 경화된 수지가 함유된 필라멘트를 가열된 만드렐에 감는 프리프레그 와인딩(prepreg winding) (3) 만드렐에 필라멘트를 다 감은 후에 브러시 또는 다른 방법으로 수지를 주입하는 사후 주입(postimpregnation) 필라멘트 와인딩에는 그림 11.9와 같이 두 가지 와인딩 패턴, 즉 (a) 나선형과 (b) 극형(polar)이 있다.

나선형 와인딩은 필라멘트 끈을 나선각도 θ로 나선형을 이루며 만드렐 주위에 감는 방식이다. 끈이 나선 각도 90°에 가깝게 감긴다면 권선 1회전 당 진행거리는 끈의 두께가 되며 피라멘트가 만드렐 주위를 거의 원형으로 감으므로 후프 와인딩(hoop winding)이라 한다. 이는 나선형 와인딩의 특수한 경우이다. 극형 와인딩에서는 필라멘트가 그림 11.9의 (b)와 같이 만드렐의 장축 주위에 감긴다. 필라멘트가 장축으로 한 번 감길 때 마다 만드렐 끈 두께만큼 분할(부분회전)되어 점차적으로 속이 빈 형상이 만들어진다. 층마다 후프 와인딩과 극형 와인딩을 교대로 써서 접하는 층이 서로 직각을 이루게 하는 방법도 있는데 이는 2축 와인딩(bi-axial winding)이라 불린다[3].

필라멘트 와인딩 기계는 보통 선반과 비슷한 운동 기능을 갖고(18.2.3절) 전형적인 와인딩 기계는 왕복대를 움직이기 위한 동력 이송 기구와 만드렐을 회전하기 위한 구동모터를 갖고 있다. 만드렐과 왕복대의 상대 운동은 주어진 와인딩 패턴을 완성하도록 제어되어야 한다. 헤리컬 와인딩의 나선각과 기계 변수들 간에는 다음과 같다.

$$\tan\theta = \frac{v_c}{\pi DN} \tag{11.1}$$

여기서 θ = 만드렐에 감는 나선각(helix angle), 그림 11.9(a); v_c = 축 방향 왕복대 속도, m/s; D = 만드렐 직경, m ; N = 회전 속도 1/s.

필라멘트 와인딩 기계에서는 여러 가지 제어가 가능하고 최근의 장치는 컴퓨터 수치 제어(computer numerical control)를 사용하며 만드렐 회전과 왕복대 이송이 유연하게 조절되도록 독립적으로 제어된다. CNC는 특히 윤곽 형상의 헤리컬 와인딩에 유용하다. 식 (11.1)과 같이 v_c/DN 비는 일정한 나선각 θ이 유지되도록 하여야 하고 v_c나 N는 D의 변화를 보상하기 위하여 on-line으로 조절된다.

만드렐은 필라멘트가 감긴 부품의 형상을 결정하는 특별한 부품(tooling)이고 부품을 빼내기 위하여 와인딩과 경화 이후 파쇄가 가능하여야 한다. 부풀리는(inflatable/deflatable) 만드렐, 파쇄(collapsible) 만드렐, 용해되는 소금(salt)이나 석고(plaster) 만드렐 등 다양한 모양새가 가능하다.

필라멘트 와인딩의 응용 분야는 항공 산업과 상업용으로 나눌 수 있는데[9], 항공 산업에서 공학

기술적 수요가 더 많다. 항공 산업에서는 로켓 모터 케이스, 미사일 본체, 레이더 덮개, 헬리콥터 날개, 비행기 꼬리부 등에 필라멘트 와인딩을 이용한다. 이러한 부품들은 탄소, 붕소, 케블라, 유리 섬유로 강화된 에폭시 수지 등으로 만들어진다. 상업적 용도로는 저장 탱크, 강화 파이프, 튜브, 구동축, 풍차 날개 발광봉 등을 만드는 데 이용된다. 이러한 제품은 전통적인 FRP로 만들어지며 폴리에스터, 에폭시, 페놀 수지 등의 중합체가 쓰인다. 유리는 많이 사용되는 강화섬유이다.

11.4.2 인발 성형 공정

기본적인 인발 성형(pultrusion) 공정은 1950년대에 유리 섬유 강화 중합체(GFRP)로 낚시대를 만들면서 개발되었다. 이 공정은 압출과 유사하지만 (이름 또한 유사하다) 공작물을 당기는 공정을 수반한다(따라서 접두사에 'ex' 대신 'pul'이 사용된다). 인발 성형은 압출의 경우처럼 일정한 단면의 연속 직선부를 생산 한다. *펄포밍(pulforming)*이라 부르는 관련 공정은 길이 방향으로 단면이 변하고 휘어지는 제품을 만들 수 있다.

인발 성형

인발 성형(pultrusion)은 연속 섬유 조방사를 수지 용기에 담근 후에 주입된 수지를 경화시키는 다이를 통해 잡아 당기면서 통과시키는 공정이다. 이 공정은 그림 11.10에 나타낸 것과 같다. 그림은 경화된 제품을 길고 곧은 조각으로 자르는 모습을 보여준다. 이 조각들은 전체 길이에 걸쳐 연속 섬유로 강화된 것이다. 압출의 경우와 같이 각 조각들은 일정한 단면을 가지며 외관은 다이 출구의 형상에 따라 결정된다.

인발 성형은 (그림에서 보는 것처럼) 5단계를 연속적으로 수행하는 것으로 이뤄진다[3]. (1) *필라*

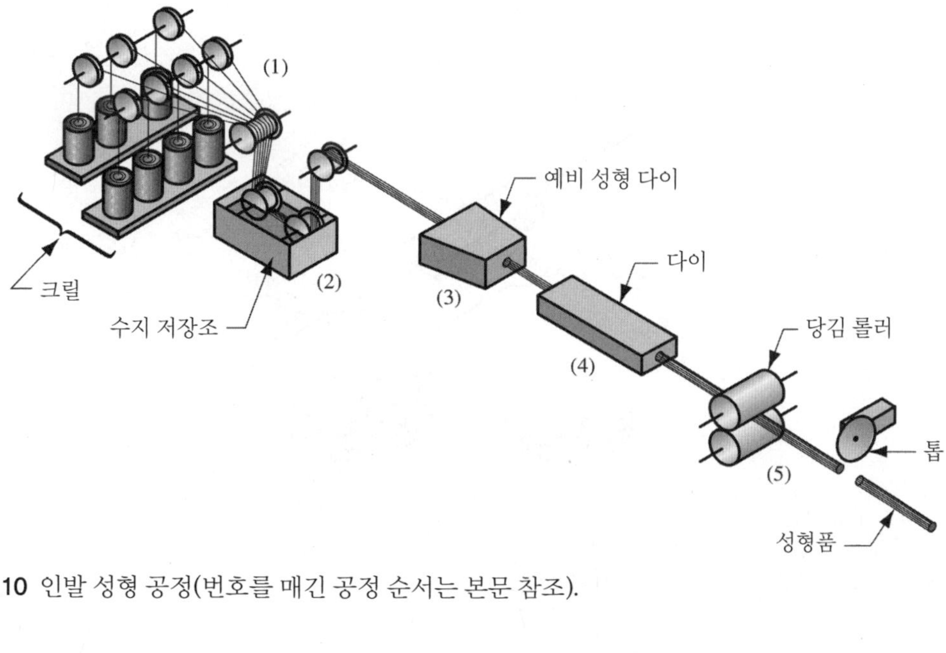

그림 11.10 인발 성형 공정(번호를 매긴 공정 순서는 본문 참조).

멘트 공급(filament feeding) 단계; 섬유가 크릴(creel: 필라멘트 실패와 회전축이 고정되어 있는 선반)로부터 풀려 나온다. (2) *수지 주입(resine impregnation) 단계*; 섬유를 경화되지 않은 수지 용액에 담근다. (3) *예비 다이 성형(pre-die-forming)*; 필라멘트를 모아 원하는 단면 형상과 비슷하게 만든다. (4) *성형 및 경화 (shaping and curing)*; 주입 섬유를 길이가 1~1.5 m 정도이며 내면을 고도로 손질한 가열 다이에 통과 시킨다. (5) *풀링 및 절단(pulling and cutting)*: 다이를 통과한 경화물을 당기고 다이아몬드 입자 또는 탄화규소(SiC) 성분의 절단 숫돌로 자른다.

인발 성형에 사용되는 보통의 레진은 포화되지 않은 폴리에스터, 에폭시와 실리콘, 모든 열경화 중합체이다. 다이(die) 표면에 고착하기에 에폭시 중합체는 인발 성형 공정으로 곤란하다. E-glass(5.2.3절)은 가장 널리 사용되는 강화 재료이다; 비율은 30%~70%의 범위이다. 탄성 계수와 인장 강도는 강화 성분으로 증가한다. 인발 성형으로 만들어진 제품은 막대나 튜브, 길고 평편한 시트, 구조물(채널, 앵글, 플랜지 빔), 고전압 작업 도구의 핸들, 지하철의 레일커버 등이다.

펄포밍

인발 성형(pultrusion) 공정은 단면이 일정한 직선 조각을 생산하는 것에 국한된다. 그러나 단면이 다양하게 변하고, 직선이 아닌 곡선도 가능하며 연속 섬유로 보강된 긴 제품을 만들 필요가 있다. 펄포밍은 이렇게 불규칙적인 형상의 제품에 적합하다. 펄포밍(pulforming)은 길이 방향을 반원형 곡선으로 성형하거나 여러 지점의 단면을 변형하는 부가 단계를 갖는 인발 성형으로 정의할 수 있다. 장비의 대략적인 모습은 그림 11.11과 같다. 연속성 소재가 성형 다이를 빠져나오면 이를 원주 상에 음각 금형을 가진 회전 테이블에 놓고 다이슈(die shoe)로 금형 공동에 압착해 여러 위치에 다양한 단면을 만들거나 길이 방향에 곡선 형태를 만들 수 있다. 회전 테이블의 직경은 제품의 반경을 결정한다. 제품이 테이블을 떠나면 원하는 부품으로 사용되도록 적당한 길이로 절단한다. 펄포밍에도 인발 성형과 유사한 수지와 섬유가 사용된다. 이 공정의 중요한 적용 분야는 자동차의 겹판스프링이다.

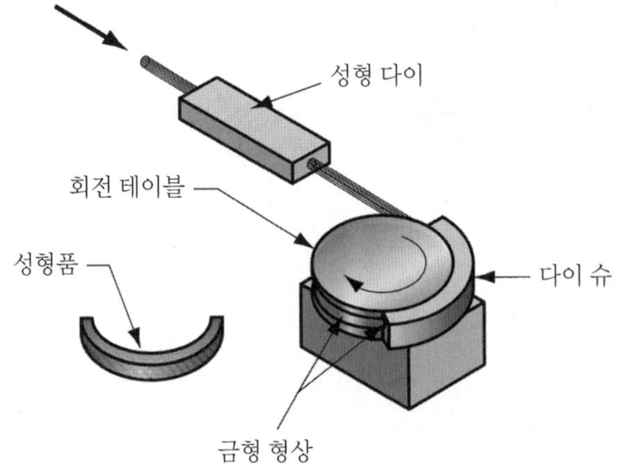

그림 11.11 풀 성형 부품은 절단하여 보이지 않음.

11.4.3 기타 PMC 성형 공정

그밖에 주목할 PMC 성형 공정으로는 원심 주조, 튜브 롤링, 연속 적층, 절단이 있다. 뿐만 아니라 전형적인 열가소성 성형 공정 중 많은 부분이 열가소성 중합체(단섬유) FRP에 적용될 수 도 있는데, 그 예로는 블로우 성형, 열 성형, 압출 등이 있다.

원심 주조

원심 주조는 파이프나 탱크와 같은 원통형 제품을 만들기에 이상적이며 방법은 금속 주조(8.3.5절)와 동일하다. 이 공정은 수지 용액에 잘게 자른 섬유를 섞어 빠르게 회전하는 원통형 주형에 주입한 후 원심력으로 재료를 주형 벽에 압착하고 경화한다. 결과물의 내면은 매우 매끄럽다. 재료의 수축 현상이나 분할 주형의 특성을 이용해 제품을 빼낸다.

튜브 롤링

FRP관은 그림 11.12와 같이 프리프레그 박판에 롤링 기술을 적용해 생산할 수 있다. 이렇게 생산한 튜브는 자전거 프레임과 트러스 구조물로 사용할 수 있다. 이 공정은 다음과 같이 진행된다. 우선 프리프레그 박판을 원통형 만드렐 주위에 여러 번 감아 원하는 두께로 만든다. 감은 박판을 열 수축 슬리브에 넣고 오븐에 경화시킨다. 이때 슬리브가 수축하면서 속에 있는 가스가 배출된다. 경화가 완료된 후 만드렐을 빼내면 FRP관이 완성된다. 이는 간단한 공정이며 생산 장비도 저렴하다. 감는 방법이 다를 수 있고 양호한 치수 정밀도를 얻기 위해 감긴 프리프레그를 감싸는 강철 금형을 사용하는 등 공정에 변형이 있을 수 있다.

연속 적층

경우에 따라서는 건설현장에 반투명 또는 주름진 섬유 강화 플라스틱 패널이 사용될 때도 있다. 이러한 제품을 생산하는 공정으로는 (1) 유리 섬유 매트 또는 천으로 된 층을 수지 용액에 담그거나 닥터 블레이드 아래로 통과시켜 주입, (2) 커버 필름(셀로판, 폴리에스터 또는 기타 중합체) 사이에 적층, (3) 압착롤로 압축하고 경화하는 것 등이 있다, (4) 주름은 성형된 롤이나 몰드 슈(mold shoe)를 이용한다.

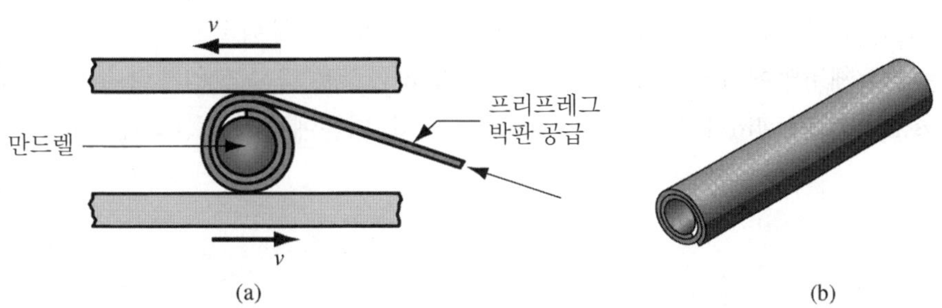

그림 11.12 튜브 롤링. (a) 만드렐 주위로 FRP 프리프레그를 싸는 가능한 방법, (b) 구운 후 만드렐 제거하여 완성된 튜브.

절단 방법

FRP 층상 복합 재료의 절단은 경화되기 전과 경화된 상태 모두에서 이뤄져야 한다. 경화되기 전의 재료(프리프레그, 프리폼, SMC, 기타 원재료)는 적층, 성형, 기타 이유로 인해 적당한 크기로 절단되어야 한다. 대표적인 절단 공구는 칼, 가위, 동력 절단기, 강철절단 다이이다. 레이저 빔 절단이나 물 분사 절단 등의 현대적인 절단 방법도 사용된다(22장 참조).

경화된 FRP는 경도, 인성, 마모성이 높아 절단하기 어렵지만 많은 FRP 성형 공정에서는 과도한 부분을 다듬거나 구멍을 내거나 외형을 만들기 위해 절단을 필요로 한다. 유리 섬유 강화 플라스틱은 초경 합금 절삭 공구와 고속도 강 톱날이 사용된다. 일부 고급 복합 재료(붕소-에폭시 등)에는 다이아몬드 절단 공구가 가장 적합하다. 물 분사 절단 또한 경화된 FRP를 절단하기에 좋은 방법이다. 이는 전통적 절단 방법의 문제점인 먼지와 소음을 줄일 수 있다.

11.5 고무 공정과 성형

공기 타이어는 1880년대로부터 시작되었고 고무 기술은 1839년의 가황 기술의 발견에서 시작되었다고 할 수 있다. 이 가황 공정은 천연 고무가 고분자의 교차 결합으로 사용 가능한 재료로 변하게 한다. 처음 100년 동안은 고무 산업은 천연 고무의 생산에만 있었고 2차 세계대전 가까이에 이르러 합성 고무가 개발되어 오늘날에 고무 생산의 대부분을 차지하게 되었다.

고무 제품의 제조는 크게 두 단계 즉 (1) 고무 자체의 생산, (2) 완제품으로의 고무 가공으로 나눠진다. 고무 생산 공정은 고무가 천연 또는 합성 여부에 따라 달라진다. 천연 고무(NR)는 농작물에서 만들어지며 대부분의 합성 고무는 원유로 만들어진다.

고무 생산은 (1) 합성 (2) 혼합 (3) 성형 (4) 가황의 공정을 거쳐 이뤄진다. 천연 고무와 합성 고무의 공정 기술은 사실상 동일하나 가황(교차 결합)에 사용되는 화학 물질이 다르다. 열가소성 중합체는 이러한 과정을 적용할 수 없지만 그에 대한 성형 기술은 여타 열가소성 중합체와 동일하다.

고무 생산과 가공에 관련된 산업은 몇 가지로 구분된다. 천연 고무의 제조는 농업으로 분류되는데 이는 천연 고무의 주성분인 라텍스(latex)가 열대 기후의 대형 농장에서 재배되기 때문이다. 반면 합성 고무는 석유화학산업에서 생산된다. 또한 이러한 재료로부터 타이어, 신발류, 기타 고무 제품을 만드는 것은 제조업에서 이뤄진다. 이와 같은 제조 공장은 고무 산업체라 부르며 대표적인 예로는 Goodyear사, Michelin사, B. F. Goodrich사가 있다. 이름에서 고무산업에서 타이어의 중요성을 알 수 있다.

11.5.1 고무 생산

이 절은 제조 공정으로 보내지기 이전의 고무에 대해 설명한다. 천연 고무와 합성 고무를 구분해 설명한다.

천연 고무

천연 고무는 고무나무에서 라텍스의 형태로 얻어진다. 고무나무는 동남아시아, 기타 지역의 대형 농장에서 재배된다. 라텍스란 중합체 폴리이소프렌(5.3.3절) 고형 입자와 물이 섞인 콜로이드 용액을 말한다. 폴리이소프렌은 고무를 이루는 화학 물질이며 용액의 약 30%를 차지한다. 라텍스는 커다란 탱크에 수집되어 결과적으로 여러 나무에서 채취된 것이 서로 섞인다.

라텍스로부터 고무를 추출하는데 가장 선호되는 방법은 응고이다. 먼저 라텍스를 물로 희석해 천연 농축액 농도의 반 정도가 되도록 한다. 라텍스가 12시간 정도 지나 응고될 수 있도록 포름산(HCOOH) 또는 초산(CH_3COOH)과 같은 산을 첨가한다. 그 후 부드러운 고형 판 상태가 된 응고물을 일련의 롤러로 압착해 물을 제거하고 두께를 3 mm 정도로 감소시킨다. 마지막 롤러에는 최종 시트에 십자무늬를 새겨 넣는 홈(groove)이 있다. 시트는 나무 프레임에 덮여 훈제실에서 건조된다. 뜨거운 연기는 크레오소트(creosote)를 포함하고 있어 곰팡이의 번식과 산화를 방지한다. 시트가 완전히 건조 되는 데는 보통 며칠이 소요된다. 완성된 고무는 *리브형 훈연 시트(ribbed smoked sheet)*라 불리며 큰 더미로 접혀 제조 공장으로 배송된다. 이러한 고무는 독특한 짙은 갈색을 띤다. 어떤 경우에는 시트를 건조시키기 위해 훈제실 대신 뜨거운 공기를 사용하는데 이를 통해 만들어지는 고무는 *공기 건조 시트(air dried sheet)*라 불리며 고급 고무로 취급된다. 이보다 더 좋은 등급의 고무인 *페일 크레이프(pale crepe)*는 두 단계로 응고된다. 첫 단계에서 라텍스의 불순물을 제거하고 두 번째 단계에서는 세척, 기계적 작업을 거친 후 더운 공기로 건조한다. 페일 크레이프(crepe)는 옅은 황갈색이다.

합성 고무

합성 고무의 여러 종류는 5.3.3절에서 이미 설명했다. 대부분의 합성 고무는 원유로 만들어지며 다른 중합체를 합성하는 중합화 기술과 동일한 방법이 사용된다. 그러나 보통 펠릿이나 수지 용액으로 공급되는 열가소성, 열경화성 중합체와는 달리 합성 고무는 대형으로 다져진 더미의 형태로 고무 생산 장비에 공급된다. 오래 전부터 천연 고무 업체는 고무를 이러한 단위 적재로 취급하는 전통 방식을 따라왔다.

11.5.2 합성 및 혼합

고무에는 항상 첨가제가 합성된다. 적용 분야에 맞는 성질, 비용, 가공성을 만족하는 특정 고무는 합성을 통해 만들어진다. 합성단계에서는 가황을 위한 화학 물질이 첨가되며 전통적으로 황이 많이 사용된다. 가황 공정은 11.5.4절에서 다루어진다.

첨가제는 고무의 기계적 성질을 좋게 하거나(강화 충진재 역할) 혹은 비용을 줄이기 위해 고무를 팽창 시킨다(비강화 충진재 역할). 고무에서 가장 중요한 강화 충진재는 카본 블랙이다, 이는 탄소의 콜로이드 형태로 검정색을 띠고 탄화수소를 열분해하여 얻어진다. 카본 블랙은 최종 고무 제품의 인장 강도, 내마모성, 내마멸성을 향상시키는 효과가 있다. 자외선으로부터 보호하는 역할도 한다. 이러한 보강 기능은 타이어에 특히 중요하다. 대부분의 타이어 제품은 카본블랙 성분 때문에 검은색을 띤다.

카본블랙이 가장 중요한 충진재 이기도 하지만 다른 성분들도 사용된다. 수산화 알루미늄 실리케이트($Al_2Si_2(OH)_4$) 성분의 고령토(china clay)는 ***카본 블랙***보다 보강 능력은 떨어지지만 검은색이 어울리지 않는 적용 분야에 사용된다. 탄산칼슘($CaCO_3$)은 비보강 충진재로 분류된다. 규토(실리카, SiO_2)는 입자 크기에 따라 보강하는 역할을 한다. 스틸렌, PVC, 페놀과 같은 중합체도 충진재로 사용된다. 일부 고무 제품에는 재활용 고무가 충진재로 쓰이기도 하지만 비율은 10%를 넘지 않는다.

그 외의 고무 첨가제로는 산화에 의한 시효 효과(aging)를 완화하는 항산화제, 피로, 오존 방지 완화제, 색소, 가소재(plasticizer), 유연 오일(softening oil), 고무 폼을 만드는 블로잉제(blowing agent), 금형 분리용 화합물을 들 수 있다.

많은 고무 제품들은 신장성을 줄이면서 고무의 바람직한 성질을 유지하기 위해 필라멘트 보강재를 필요로 한다. 타이어와 컨베이어 벨트가 그 예이다. 이러한 목적으로 사용되는 필라멘트는 셀룰로오즈, 나이론, 폴리에스터를 포함한다. 유리 섬유와 강철도 보강재로 사용될 수 있다(예를 들면 스틸벨트 타이어). 이러한 연속 섬유 재료는 성형 공정에서 추가되어야 하며 다른 첨가재와 혼합하지 않는다.

첨가재는 구성분이 균일하게 퍼지게 기지 고무와 완전히 혼합되어야 한다. 경화되지 않은 고무는 높은 점성을 갖고있다. 기계적인 가공에 의하여 고무의 온도는 최대 150℃까지 상승할 수 있다. 만일 가황재가 초기 혼합 과정에 첨가되어 있다면 고무 생산자에게는 악몽과도 같은 일이 될 것이다[14]. 따라서 2단계의 혼합 과정이 적용되어야 하고 첫 번째 단계에서, 카본블랙과 다른 비가황 첨가재가 원고무와 결합된다.

master batch란 용어가 첫 번째 혼합 단계에 사용되고 이후 완전한 혼합이 이루어진다. 또한 어느 냉각 시간 이후에 가황재가 첨가되는 두 번째 단계가 수행된다.

혼합하기 위한 설비는 Banbury 혼합기 같은 내부 혼합기와 두 개의 롤밀(roll mill)이고 그림 11.13에서 볼 수 있다. 두 롤밀은 두 개의 평행한 롤로서 원하는 'nip'(갭크기)가 유지되도록 프레임 내부에서 지지되고 같거나 서로 약간 다른 속도로 구동된다. 내부 혼합기는 Banbury식 혼합기의 경우 그림 11.13(b)와 같이 케이스 안에 두 개의 로터가 있다. 로터는 블레이드를 갖고 있어서로 다른 속도와 반대 방향으로 회전하여 혼합기 안에서 복잡한 흐름 패턴이 되도록 한다.

11.5.3 성형 및 관련 공정

고무 제품의 성형 공정은 기본적으로 4가지 종류인 (1) 압출, (2) 캘린더링, (3) 피복, (4) 몰딩, 주조로 나눠진다. 이러한 공정의 대부분은 이전 장에서 설명했다. 이 절에서는 이러한 공정이 고무에 적용될 때 발생하는 특징적인 문제들에 대해 살펴본다. 몇몇 제품들은 기본 공정에 더해 조립 공정이 추가적으로 필요하며 타이어가 그 대표적인 예다.

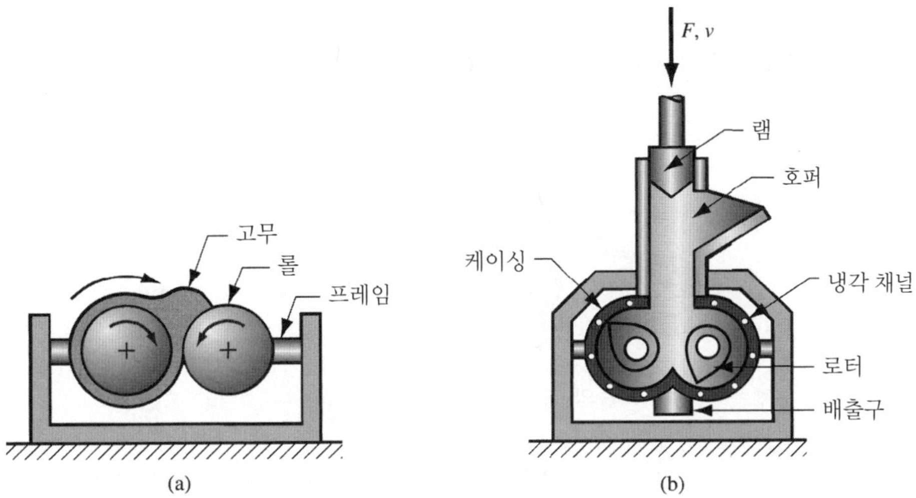

그림 11.13 고무 공정에 사용되는 혼합기. (a) 두 개의 롤밀과 (b) Banbury 식 내부 혼합기.

압출

중합체의 압출은 이전 장에서 설명했다. 고무를 압출하는 데 일반적으로 스크루 압출기를 사용한다. 압출기 배럴의 L/D비는 열경화성 수지의 경우는 열가소성 수지압출기 배럴의 L/D 비보다 작고 보통 10~15인데 이는 교차 결합이 너무 빨리 일어나는 것을 막기 위함이다. 중합체는 소성이 매우 높으며 형상을 기억하는 성질이 있으므로 고무 압출물에도 다이 팽창이 발생한다. 이 압출물은 아직 가황되지 않은 상태이다.

캘린더링

이 공정은 고무 재료를 회전하는 롤러 사이로 통과시켜 두께를 줄이는 과정이다(10.3절). 고무 산업에서 사용되는 캘린더링 장비는 열가소성 수지에 사용되는 것 보다 훨씬 크다. 고무가 더 점도가 높으며 성형하기 어렵기 때문이다. 캘린더링의 출력물은 마지막 롤러사이의 간격과 같은 두께의 고무 시트이다. 앞서 말한 것처럼 시트에도 팽창이 발생하므로 실제 결과물의 두께는 원래 롤러의 간격보다 조금 더 두껍다.

압출이나 캘린더링으로 두꺼운 시트를 만드는 데는 몇 가지 문제가 있다. 압출에서는 두께를 조절하기 어려우며 캘린더링에서는 공기가 들어가기가 쉽다는 것이다. 이러한 문제는 그림 11.14와

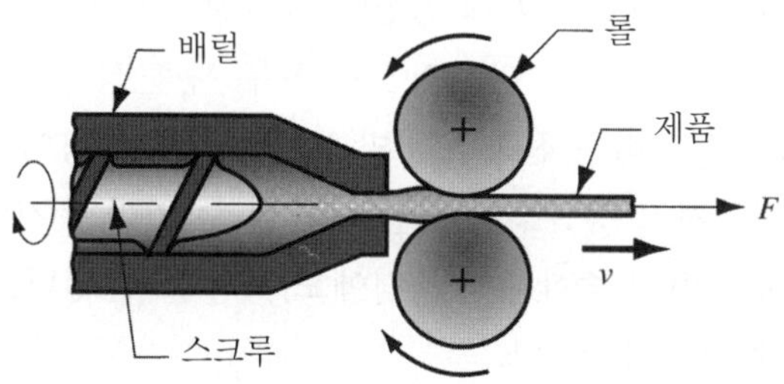

그림 11.14 롤러 다이 공정: 롤링에 의한 고무 압출.

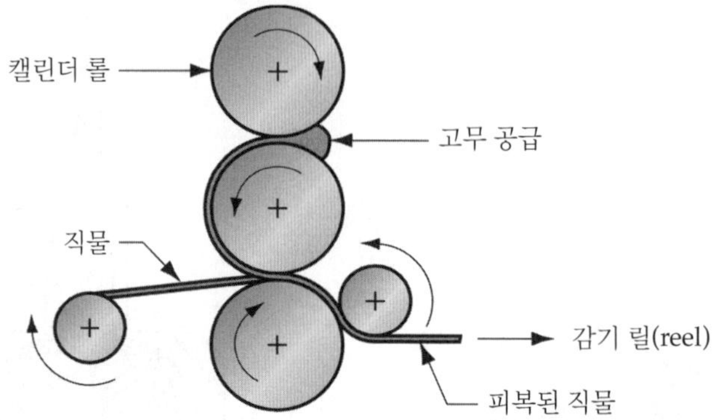

그림 11.15 캘린더링 공정을 이용한 직물의 고무 피복.

같이 압출과 캘린더링을 롤러 다이 공정에서 결합하면 해결된다. 여기서는 압출기 다이가 캘린더 롤을 움직여 주는 슬릿 역할을 한다.

피복

고무 산업에서 직물에 고무를 피복하거나 주입하는 것은 매우 중요한 공정이다. 이러한 복합 재료는 자동차 타이어, 컨베이어 벨트, 고무 보트, 방수포, 텐트, 우비 등에 사용된다. 기질섬유 위에 고무를 피복하는 방법은 여러 가지다. 캘린더링이 그 중 하나이고 앞에서 설명하였다. 그림 11.15는 강화 고무판을 만들기 위해 직물을 캘린더 롤에 넣는 과정을 보여준다.

캘린더링의 대체 공정으로 스키밍, 담그기, 분무가 있고 스키밍 공정은 고무 화합물을 유기 용제에 용해시킨 걸쭉한 용액을 공급 스풀에서 풀려 나오는 직물에 도포한다. 피복된 직물은 용제를 적당한 두께로 만들어 주는 *닥터 블레이드(doctor blade)*밑을 통과한 후 열로 용제를 제거하는 증기실로 이동한다. 담그기는 이름에서 알 수 있듯이 직물을 고무가 농축된 용액에 담갔다가 건조하는 것을 말한다. 마찬가지로 분무 공정에서는 스프레이건이 고무 용액을 분사시키는 데 사용된다.

몰딩 및 주조

몰딩으로 만드는 고무 제품에는 신발창, 신발 굽, 개스킷, 누설 방지제, 흡입 컵, 병마개 등이 있다. 고무 폼 부품들도 상당수 몰딩으로 만들어진다. 몰딩은 타이어 제조에서도 중요한 공정이다. 고무에 있어 많이 사용되는 몰딩 방법은 (1) 압축 성형, (2) 트랜스퍼 성형, (3) 사출 성형이다. 압축 성형은 타이어 제조에 사용되므로 가장 중요히 여겨지는 기술이다. 세 경우의 모든 경화(가황)는 금형 속에서 이뤄지는데 이는 앞서 설명한 중합체 성형이 독립된 경화 단계를 필요로 하는 것과 다른 점이다. 열경화성 수지의 사출 성형에서와 마찬가지로 고무 사출 성형에서도 너무 이른 경화가 일어날 위험이 있다. 고무 제품을 생산하는 전통적인 방법보다 사출 성형이 유리한 점은 치수 정밀도 조절이 양호하며 스크랩이 적어지고 생산주기 시간을 줄일 수 있다는 것이다. 사출 성형법은 일반적인 고무뿐만 아니라 열가소성 탄성 중합체의 몰딩에도 사용될 수 있다. 사출 성형은 사용하는 금형의 가격이 높으므로 대량 생산에 적합하다.

담금 주조(dip casting)는 고무 장갑이나 장화를 만드는 데 이용된다. 이 양금형(positive mold)

을 원하는 두께로 만들기 위하여 일정 기간(혹 반복적으로) 중합체 용액 (또는 가열된 플래스티졸)에 담가 두는 공정이다. 이 후 피복재를 금형에 벗기고 고무가 교차 결합하도록 경화하면 된다.

11.5.4 가황

가황은 탄성 중합체 분자들의 교차 결합을 이루는 공정이다. 가황 과정이 있어야 고무의 강성과 강도가 늘어나고 신장성(extensibility)은 줄어든다. 이는 고무 생산에서 매우 중요한 단계이다. 가황 공정의 미세 구조로 본 모습을 그림 11.16에 나타냈는데, 고무의 긴 사슬 모양 분자들이 결합하는 것을 볼 수 있다. 이는 탄성 중합체가 유동하는 성질을 줄이는 효과가 있다. 일반적인 연질고무에는 수천 단위(mer)당 1개 혹은 2개의 교차 결합이 있다. 교차 결합의 수가 증가 할수록 중합체는 더 단단해지고 열경화성 플라스틱(경질고무)과 같은 성질을 보인다.

Goodyear 사에서 처음 개발한 원래의 가황 공정은 140°C에서 약 5시간 동안 진행되었으며 황(무게 기준으로 천연 고무 100에 대하여 황 8의 비율)을 사용하였다. 그 외의 화학 물질은 사용되지 않았다. 오늘날에는 황만을 사용한 가황 공정은 경화 시간이 많이 소요되어 더 이상 사용되지 않는다. 대신 산화아연(ZnO), 스테아르산($C_{18}H_{36}O_2$)을 포함하여 다양한 화학 성분을 황과 함께 사용하여 가황 처리를 빠르고 강하게 하고 있다. 결과적으로 경화시간은 15~20분 정도로 빨라졌다. 또한 황을 사용하지 않는 다양한 가황 공정이 개발되어 있기도 하다.

고무 성형 공정에서 가황 공정은 금형 속에서 이뤄진다. 금형의 온도는 경화에 알맞은 온도로 유지된다. 기타 성형 공정에서는 가황을 제품이 성형된 후에 수행한다. 대개 가황 공정은 배치(batch) 공정과 연속 공정으로 나눠진다. 배치 공정에서는 증기 가열 압력 용기인 오토크레이브(autoclave)를 사용하는 것(11.2.4절), 가열된 질소와 같은 불활성 가스로 고무를 경화하는 가스경화법(gas curing) 이 포함된다. 여러 기본 공정은 연속적인 제품을 생산하며 제품이 날개로 나눠지지 않는다면 연속 가황 공정을 하는 것이 적당하다. 연속 공정에는 고무 피복된 와이어나 케이블의 경화에 적합한 고압 증기법(high pressure steam), 셀형 압출물과 카펫 밑깔개를 만드는 고온 공기 터널법

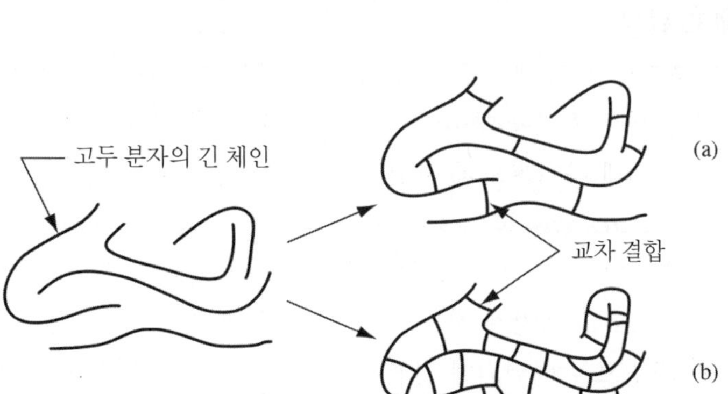

그림 11.16 고무 분자에 미치는 가황 효과. (1) 원래 고무, (2) 가황(교차 결합) 고무: (a) 부드러운 고무, 교차 정도가 낮음, (b) 단단한 고무 교차 정도가 높음.

(hot air tunnel)[5] 연속적인 고무판(벨트나 바닥재 등)을 하나 이상의 가열 롤러에 통과시켜 가황하는 연속 드럼 경화법(continous drum cure)등이 있다.

11.5.5 열가소성 탄성체 공정

열가소성 탄성체(TPE)는 고무의 성질을 갖는 열가소성 중합체이고(5.3.3절) 열가소성 고무의 의미인 TPE는 열가소성 수지와 같이 만들 수 있으며 그 응용은 탄성체의 용도와 유사하다. 가장 일반적인 성형 공정은 사출금형과 압출인데 이들 공정은 가황되어져야 하는 전형적인 고무 공정보다 훨씬 빠르고 경제적이다. 금형 제품은 신발 발바닥, 운동화, 펜더 연결부나 코너 판넬(타이어는 아님)과 같은 자동부품 — TPE는 응용이 쉽지 않다) 전기선의 절연 피복재, 의료용 튜브, 컨베이어 벨트, 판재 필름 등의 압출 제품이다. 다른 TPE 성형 공정은 브로우성형(blow molding), 열 성형(thermoforming) (10.8, 10.9절); 이 공정은 가황고무에는 사용될 수 없다.

11.6 타이어, 기타 고무 제품 제조

타이어는 전체 고무 제품 중량의 3/4을 차지할 정도로 고무 산업의 주요 품목이다. 그 밖에 중요한 제품은 신발, 호스, 컨베이어 벨트, 밀봉재(seal), 완충부품, 고무 폼 제품, 스포츠 용품 등이다.

11.6.1 타이어

공기 타이어는 자동차의 필수 부품이다. 타이어는 자동차, 트럭, 버스, 트랙터, 토목 기계, 군용 장비, 자전거, 오토바이, 비행기 등에 사용된다. 타이어는 자동차, 승객, 화물의 무게를 지탱하며 차량을 움직이는 추진력을 전달하고, 도로의 진동과 충격을 흡수해 편안한 승차감을 제공한다.

타이어의 구조와 제조 단계

타이어는 여러 부품의 조립품으로, 제조 공정이 의외로 복잡하다. 승용차 타이어는 대략 50개의 부품으로 이뤄져 있다. 대형 토목 기계용 타이어의 부품은 175개에 이르기도 한다. 그림 11.17에서 보듯이 타이어의 기본 구조는 세 가지, 즉 (a) 사선 플라이, (b) 벨트 바이어스, (c) 레이디얼 타이어로 나뉜다. 세 가지 모두 *카커스(carcass)*라 불리는 타이어 내부 구조가 플라이라 하는 고무피복 코드의 여러 층으로 구성되어 있다. 플라이는 나이론, 폴리에스터, 유리 섬유, 강철과 같은 다양한 재료로 만들어지며 카커스의 고무를 보강해 잘 늘어나지 않게 해 준다. 사선 플라이 타이어(diagonal ply tire)의 코드는 사선 방향으로 배열되며 인접한 층끼리는 서로 직각을 이룬다. 전형적인 사선 플라이 타이어에는 4개의 플라이가 있다. 벨트 바이어스 타이어(belt bias tire)는 반대 방향의 사선 플라이들로 구성되고, 카커스 외곽 원주 방향에 몇 개의 층을 더 추가한다. 이렇게 층이 추가된 벨트는 타이어 트레드(tread)부분의 강성을 증가시키고 공기 주입 시 타이어가 직경 방향으로 늘어나는 것

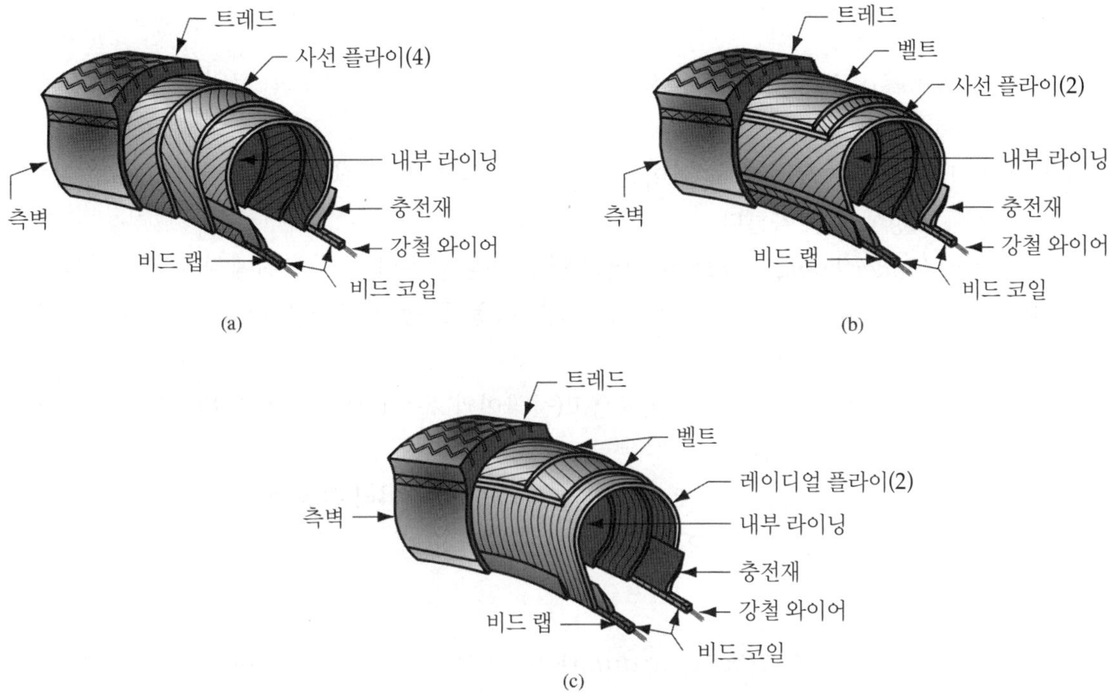

그림 11.17 주요 타이어 구조 세 가지. (a) 사선플라이, (b) 벨트 바이어스, (c) 레이디얼 플라이.

을 제한시킨다. 그림에서 보는 것처럼 벨트의 줄(cord) 방향도 사선이다. 레이디얼 타이어의 플라이는 사선 방향이 아니라 반경 방향으로 구성된다. 또한 외곽에는 지지를 위한 벨트가 있다. 스틸벨트 레이디얼은 외곽 벨트의 코드가 강철로 만들어진 타이어다. 레이디얼 구조는 타이어의 옆면을 더 유연하게 하는데 이는 타이어가 회전하는 중에 편평한 바닥면과 접할 때 변형하면서 벨트와 트레드에 발생하는 응력을 줄여준다. 이러한 효과로 인해 트레드 수명이 길어지고 코너링, 운전 안정성이 향상되며 고속 주행 중의 승차감이 향상된다.

각각의 구조 모두 카커스를 단단한 고무로 덮어 트레드 부분이 최대한 두꺼워지게 만든다. 카커스의 내부 또한 고무로 피복된다. 내부에 튜브가 있는 타이어의 내부 라이너는 가장 안쪽 플라이의 얇은 피복이다. 내부에 튜브가 없는 타이어는 공기압을 유지하기 위해 내부 라이너의 통기성이 매우 낮아야 하며 이는 일반적으로 얇은 층상 고무로 만들어진다.

타이어 제조는 세 단계로 요약될 수 있다. (1) 각 요소들을 예비 성형을 한다. (2) 카커스를 만들고 측벽과 트레드를 만들 고무판을 붙인다. (3) 부품들을 하나의 몸체로 만들고 경화한다. 이것이 전형적인 단계이나 구조, 타이어의 크기, 사용될 차량의 종류에 따라 공정이 달라지기도 한다.

구성 요소들의 예비 성형

그림 11.17에서 보는 바와 같이 카커스는 여러 요소로 구성되어 있으며 대부분은 고무 또는 강화고무로 만들어진다. 이 요소들은 측벽과 트레이드 고무와 마찬가지로 연속 공정으로 생산되며 후속 조립에 맞는 크기와 모양으로 잘라진다. 그림 11.17에 나타낸 요소들과 각각에 대한 예비 성형 공정

은 다음과 같다.

- *비드 코일(bead coil).* 연속된 강철 와이어를 고무로 피복하고, 자르고, 코일 모양으로 감은 후 끝을 결합한다.
- *플라이(ply).* 연속된 섬유(직물, 나이론, 유리 섬유, 강철)를 캘린더링 공정에서 고무로 피복하고, 크기와 모양에 맞춰 자른다.
- *내부 라이닝(inner lining).* 튜브 타이어의 경우 가장 안쪽의 플라이 위에 내부 라이너를 캘린더링한다. 튜브가 없는 타이어의 경우에는 라이너를 두 층의 적층판(laminate)으로 캘린더링한다.
- *벨트(belt).* 연속된 섬유를 고무로 피복하고(플라이와 유사), 보강을 하기 위하여 다른 각도로 잘라 다중 플라이 벨트로 만든다.
- *트레드(tread).* 연속된 스트립으로 압출한 후 잘라 벨트에 미리 결합해 둔다.
- *측벽(sidewall).* 연속된 스트립으로 압출한 후 적당한 크기와 모양으로 자른다.

카커스 조립

카커스는 일반적으로 *빌딩 드럼(building drum)*이라고 부르는 기계로 조립된다. 빌딩 드럼의 주요 구성품은 회전하는 원통형 축이다. 이 원통에 순서대로 카커스를 형성하기 위해 절단한 고무 스트립을 쌓아 나간다. 타이어의 단면을 형성할 적층 플라이들은 림(rim)의 양쪽 편에 2개의 비드 코일로 고정된다. 비드 코일은 고강도 강철 와이어로 만들어지며 타이어가 바퀴 림에 고정될 때 견고하게 지지해 주는 기능을 한다. 기타 요소들은 플라이와 비드 코일에 결합한다. 기타 요소로는 타이어에 적절한 강도, 내열성, 공기 보존력(함기성), 바퀴 림에의 맞춤 등을 주기 위한 다양한 포장재와 충진재가 있다. 이 요소들은 원통축을 따라 위치시키고 적당한 수의 플라이를 추가한 후 벨트를 설치한다. 그 후 측벽과 트레드가 되는 바깥 고무를 추가한다.[2] 이 시점에서의 트레드는 균일한 단면을 가진 고무 스트립이다. 트레드 설계는 추후 성형 공정에서 하게 된다. 빌딩 드럼은 접을 수 있어 완성된 타이어를 빼낼 수 있다. 이 단계에서 타이어는 그림 11.18과 같이 대략적인 튜브 모양이 된다.

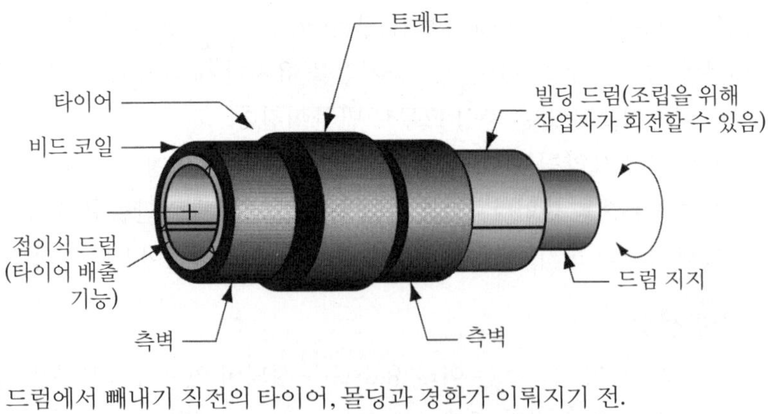

그림 11.18 빌딩 드럼에서 빼내기 직전의 타이어, 몰딩과 경화가 이뤄지기 전.

2) Technically, the tread and sidewall are not usually considered to be components of the carcass.

몰딩과 경화

타이어 금형은 보통 두 부분으로(분할 금형) 구성되며 타이어에 각인할 트레드 무늬가 있다. 금형은 프레스에 볼트로 고정되는데, 한쪽은 위쪽판에(lid) 다른 한쪽은 아래쪽 판(base)에 부착된다. 경화되지 않은 타이어는 팽창시킬 수 있는 격판(diaphragm) 위에 놓여 그림 11.19에서와 같이 상하 금형 사이에 삽입된다. 프레스를 닫고 격판을 팽창시키면 부드러운 고무가 금형 공동에 압착된다. 이는 고무에 트레드의 패턴을 새긴다. 그와 동시에 외부의 금형과 내부의 격판이 고무를 가열한다. 격판은 뜨거운 물이나 증기를 순환시켜 가열할 수 있다. 경화에 걸리는 시간은 타이어의 벽 두께에 따라 달라진다. 일반적인 승용차 타이어는 경화하는 데 15분이 걸린다. 자전거 타이어는 4분 정도가 걸리는 반면 대형 토목기계용 타이어는 경화에 수 시간이 소요된다. 경화가 완료되면 타이어를 냉각하고 프레스에서 빼낸다.

11.6.2 기타 고무 제품

타이어를 제외한 대부분의 고무 제품은 보다 간단한 공정으로 만들어 진다. 고무 벨트는 컨베이어나 기계적인 동력전달 시스템에 광범위하게 사용된다. 타이어의 경우처럼 고무는 타이어 제품에 이상적인 재료지만 벨트의 경우 그 기능을 수행하려면 유연하면서도 잘 늘어나지 않아야 한다. 따라서 고무를 폴리에스터나 나일론과 같은 섬유로 보강해 사용한다. 이러한 중합체 섬유는 보통 캘린더링으로 피복되고 요구되는 플라이 수와 두께를 맞추기 위하여 조립되고 연속 또는 배치 가열 공정으로 가황된다.

고무 호스에는 일반 고무 호스와 보강 고무 호스가 있다. 일반 호스는 튜브로 압출된다. 보강 고무호스는 내관, 보강층(종종 카커스로 불린다) 외층으로 구성된다. 내관은 관안으로 흘려보내지는 특수한 재료를 혼합한 고무를 압출해 만든다. 보강층은 직물의 형태로 또는 나선법(spiraling), 뜨개

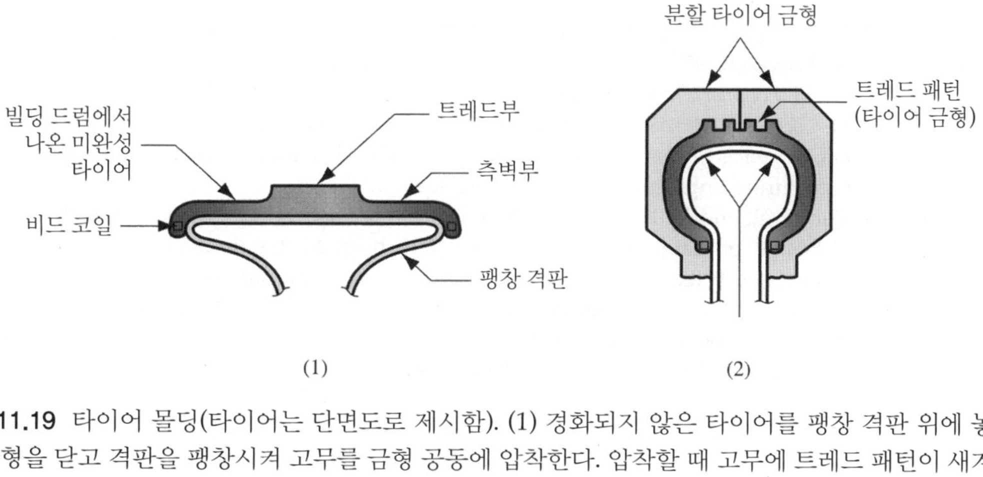

그림 11.19 타이어 몰딩(타이어는 단면도로 제시함). (1) 경화되지 않은 타이어를 팽창 격판 위에 놓는다. (2) 금형을 닫고 격판을 팽창시켜 고무를 금형 공동에 압착한다. 압착할 때 고무에 트레드 패턴이 새겨진다. 고무를 경화시키기 위하여 금형과 격판을 가열한다.

질(knitting), 매듭(braiding) 등의 방법으로 내관 위에 덮인다. 환경 조건을 견딜 수 있어야 하는 외층은 압출, 롤러 또는 기타 방법으로 만들어 진다.

신발류에는 밑창, 굽, 고무 덧신, 기타 부분이 있다. 신발류의 요소를 만드는 데는 다양한 고무가 쓰인다. 성형품은 사출 성형, 압축 성형, 신발 산업에서 개발된 특수 성형 기법으로 제조된다. 고무는 고형과 폼 형태 모두가 사용된다. 소량 생산의 경우 편평한 원소재로부터 수작업으로 고무를 잘라내기도 한다.

고무는 탁구채 고무, 골프채 그립, 축구공, 다양한 종류의 스포츠 공을 포함한 운동장비, 물품에 널리 쓰인다. 한 예로 테니스공은 엄청난 양으로 생산되는 고무 제품이다. 이러한 스포츠 용품은 11.5.3절에 설명한 다양한 성형 공정이나 특정 품목에 맞춰 개발된 특수 기술로 만들어진다.

참고문헌 *REFERENCES*

[1] Alliger, G., and Sjothun, I. J. (eds.). *Vulcanization of Elastomers*. Krieger, New York, 1978.
[2] *ASM Handbook*. Vol. 21: *Composites*. ASM International, Materials Park, Ohio, 2001.
[3] Bader, M. G., Smith, W., Isham, A. B., Rolston, J.A., and Metzner, A. B. *Delaware Composites Design Encyclopedia*. Vol. 3: *Processing and Fabrication Technology*. Technomic, Lancaster, Pennsylvania, 1990.
[4] Billmeyer, Jr., Fred W. *Textbook of Polymer Science*. 3rd ed. John Wiley & Sons, New York, 1984.
[5] Blow, C. M., and Hepburn, C. *Rubber Technology and Manufacture*. 2nd ed. Butterworth-Heinemann, London, 1982.
[6] Charrier, J.-M. *Polymeric Materials and Processing*. Oxford University Press, New York, 1991.
[7] Chawla, K. K. *Composite Materials: Science and Engineering*. 3rd ed. Springer-Verlag, New York, 2008.
[8] Coulter, J. P. "Resin Impregnation During the Manufacture of Composite Materials." Ph.D. dissertation, University of Delaware, 1988.
[9] *Engineering Materials Handbook*. Vol. 1: *Composites*. ASM International, Metals Park, Ohio, 1987.
[10] Hofmann, W. *Rubber Technology Handbook*. HanserGardner, Cincinnati, Ohio, 1989.
[11] Mallick, P. K. *Fiber-Reinforced Composites: Materials, Manufacturing, and Design*. 2nd ed. Marcel Dekker, New York, 1993.
[12] Mark, J. E., and Erman, B. (eds.). *Science and Technology of Rubber*. 3rd ed. Academic Press, Orlando, Florida, 2005.
[13] McCrum, N. G., Buckley, C. P., and Bucknall, C. B. *Princi ples of Polymer Engineering*. 2nd ed. Oxford University Press, Oxford, 1997.
[14] Morton-Jones, D. H. *Polymer Processing*. Chapman and Hall, London, 1989.
[15] Schwartz, M. M. *Composite Materials Handbook*. 2nd ed. McGraw-Hill, New York, 1992.
[16] Strong, A. B. *Fundamentals of Composites Manufacturing: Materials, Methods, and Applications*. 2nd ed. Society of Manufacturing Engineers, Dearborn, Michigan, 2007.
[17] Wick, C., Benedict, J. T., and Veilleux, R. F. (eds.). *Tool and Manufacturing Engineers Handbook*. 4th ed. Vol. II: Forming. Society of Manufacturing Engineers, Dearborn, Michigan, 1984.
[18] Wick, C., and Veilleux, R. F. (eds.). *Tool and Manufac turing Engineers Handbook*. 4th ed. Vol. III: *Materials, Finishing, and Coating*. Society of Manufacturing Engi neers, Dearborn, Michigan, 1985.
[19] www.accudyne.com / composites-automation.
[20] www.automateddynamics.com / automation equipment.

복습문제 *REVIEW QUESTIONS*

PMC 처리 소개 및 개요

11.1 폴리머 매트릭스 복합재의 정의.

11.2 섬유 강화 폴리머에서, 보통 섬유 재료로 무엇을 사용하나?

11.3 프리프레그와 몰딩 컴파운드의 차이점은 무엇인가?

11.4 시트 몰딩 컴파운드(SMC)란 무엇인가?

11.5 벌크 몰딩 컴파운드(BMC)란 무엇인가?

개방형 금형 공정

11.6 정형 개방금형과 부형 개방금형은 어떻게 다른가?

11.7 습식 레이업 방식은 수동 레이업의 프리프레그 방식과 어떻게 다른가?

11.8 스프레이업(Spray-up)공법으로 만든 적층(Laminate) FRP 제품이 수동레이업(Hand Lay-up)으로 만든 제품보다 강도가 약한 이유는 무엇인가?

11.9 자동적층방법에 사용되는 자동 테이프 적층기와 자동 섬유 배치 기계의 차이점은 무엇인가?

11.10 섬유강화 복합재료의 수동 적층 개방 금형 공정의 5단계는 무엇인가?

폐쇄형 금형 공정

11.11 개방형 금형 프로세스와 관련하여 PMC의 폐쇄형 금형 프로세스의 이점을 말하라.

11.12 강화 반응 사출 성형 공정을 정의하면?

11.13 인발성형(pulforming)이란 무엇인가?

기타 PMC 성형 프로세스

11.14 필라멘트 와인딩공전을 설명하면?

11.15 pulforming과 pultrusion의 차이점은 무엇인가?

11.16 FRP 절단에 사용되는 방법은 무엇인가?

고무 가공 및 성형

11.17 완성된 고무 제품 생산에 관련된 공정의 순서를 설명하면?

11.18 합성(컴파운딩) 중에 고무와 함께 첨가되는 첨가제에 대해 설명하라.

11.19 고무 성형에 사용되는 네 가지 기본 공정은 무엇인가?

11.20 고무 성형에서 롤러 다이 공정이란 무엇인가?

11.21 고무의 세 가지 주요 성형 공정을 언급하면?

11.22 고무에 사용되는 가황 공정이란 무엇인가?

11.23 TPE란?

타이어 제조

11.24 세 가지 기본 타이어 구조는 무엇인가?

11.25 공기 타이어에서 비드 코일을 사용하는 목적을 설명하라.

PART 3

금속과 세라믹의 입자 공정

CHAPTER 12

분말 야금

12.1 공업용 분말 소재의 특성
- 12.1.1 기하학적 특성
- 12.1.2 기타 특성

12.2 금속 분말의 제조
- 12.2.1 분무법
- 12.2.2 기타 분말 제조법

12.3 압축 및 소결 공정
- 12.3.1 분말의 블렌딩과 믹싱
- 12.3.2 압축
- 12.3.3 소결
- 12.3.4 2차 공정

12.4 압축/소결 공정의 대체 공정
- 12.4.1 등방정압 가압법
- 12.4.2 분말 사출 성형
- 12.4.3 분말 압연, 압출, 단조
- 12.4.4 액상 소결법

12.5 분말 야금 재료 및 경제성

12.6 제품 설계 시 고려사항

본 파트에서는 분말(매우 작은 고체 입자) 형태의 금속과 세라믹의 성형에 대한 내용을 다룬다. 전통적인 세라믹 분말의 경우 자연에서 쉽게 구할 수 있는 규산염 광물(점토)이나 석영 같은 물질의 분쇄 혹은 연마 공정을 통해 제작되며, 금속이나 신소재 세라믹 분말의 경우 다양한 산업적 공정을 통해 제작된다. 본 파트에서는 두 장에 걸쳐 분말의 제조 공정뿐 아니라 분말로부터 제품을 성형하는 방법에 대해 소개한다. 12장은 분말 야금, 13장은 세라믹 및 서멧의 입자 공정에 관한 내용이다.

***분말 야금 공정*(powder metallurgy, *분말 야금*)**은 금속 분말로부터 제품을 생산하는 기술이다. 분말 야금 공정은 일반적으로 분말 소재를 제품 형상으로 압축하고, 열에너지를 가하여 입자 간의 결합을 발생시켜 단단한 강체로 변화시키는 공정을 말한다. *프레싱(pressing)*이라 불리는 압축 공정은 생산하고자 하는 제품에 맞추어 특별히 설계된 금형을 사용하는 프레스 기계에서 수행된다. 보통 한 개의 다이와 한 개 혹은 그 이상의 펀치로 구성되는 분말 야금용 금형은 고가인 관계로 분말 야금 공정은 중·대량 생산에 적합한 공정이다. *소결(sintering)*이라 불리는 열처리 공정은 금속의 용융점 이하의 온도에서 수행된다. 분말 야금 공정이 상업적으로 중요한 기술로 간주되는 이유는 다음과 같다.

- 분말 야금 부품은 후속 공정이 필요하지 않거나, 최소화되는 순형상(net shape) 또는 근사순형상(near net shape) 제품을 대량 생산할 수 있다.
- 분말 야금 공정 자체는 약 97%의 초기 분말이 제품으로 변환되어 재료의 낭비가 거의 없다. 이

는 매 생산 공정마다 탕구, 러너 및 라이저가 버려지는 주조와 비교된다.

- 분말 야금 공정에서는 초기 재료의 특성에 기인하여 특정한 수준의 공극률(porosity)을 갖는 제품의 제작이 가능하다. 이러한 특징은 본 공정을 필터와, 오일 함침 베어링, 오일 함침 기어와 같은 다공성 금속 제품의 생산을 가능하게 한다.
- 다른 공정으로 가공하기 어려운 특정 금속 재료의 경우 분말 야금 공정이 유일한 성형 공정이 될 수 있다.
- 다른 공정으로 생산될 수 없는 특정 금속 합금과 서멧 역시 분말 야금 공정이 유일한 생산 공정이 될 수 있다.
- 분말 야금 공정은 제품의 치수 정밀도 측면에서 대부분의 주조 공정보다 우수하다. 일반적으로 ± 0.13 mm 의 공차 관리가 가능하다.
- 분말 야금 공정은 자동화가 가능하여 경제적인 생산이 가능하다.

분말 야금 공정의 한계와 단점은 다음과 같다. (1) 금형과 장비가 고가이며, (2) 금속 분말이 비싸고, (3) 금속 분말의 저장과 취급에 어려움이 있으며 (시간 경과에 따른 재료의 품질 저하 및 금속 분말의 화재 위험 등), (4) 압축 공정 중 금속 분말이 옆으로 잘 퍼지지 않을 뿐만 아니라 압축 후 제품을 꺼내기 위한 치수 여유가 필요하여 제품 설계 시 형상에 제한을 갖는다. (5) 추가로 복잡한 형상의 제품의 경우 제품 내 밀도 분포가 고르지 못하다.

분말 야금 공정을 통해 최대 22 kg에 이르는 제품의 성형이 가능하지만 일반적인 성형품은 2.2 kg 이하이다. 그림 12.1은 분말 야금 공정으로 제작된 부품을 보여준다. 분말 야금 공정에 가장 많이

Courtesy of Dorst America, Inc.

그림 12.1 분말 야금 공정으로 제작된 여러 가지 부품들.

사용되는 금속 재료는 철, 강 및 알루미늄 합금이며, 기타 재료로는 구리, 니켈, 내화금속(몰리브덴, 텅스텐) 등이 있다. 텅스텐 카바이드와 같은 금속 카바이드 재료도 분말 야금 공정 재료로 포함될 수 있으나, 금속 카바이드 재료는 세라믹 재료이므로 이들에 대한 설명은 다음 장에 논의한다.

현대 분말 야금 공정의 개발은 1800년대로 거슬러 올라간다(역사적 고찰 12.1 참고). 현대적 분말 야금 기술은 제품생산 뿐 아니라 분말 소재의 제작 기술을 포함하는데, 이는 분말 야금의 성공 여부가 분말 소재의 특성에 크게 영향을 받기 때문이다. 분말 소재의 특성에 대해서는 12.1절에서 논의하며 순차적으로 분말 소재의 생산, 압축, 소결 공정에 대해 논의한다. 분말 야금 기술은 세라믹 공정과 매우 유사하다. 세라믹 공정의 초기 재료 역시 분말 형태로 분말 야금 공정과 초기 재료의 특성을 공유하며, 성형법도 유사한 것이 많다.

역사적 고찰 12.1 분말야금

금과 구리와 같은 금속 분말, 일부 금속 산화물 분말은 고대부터 도자기의 무늬, 그림의 재료, 화장 재료 등, 장식용으로 사용되었다. 이집트인들은 BC 3000년 전부터 분말야금법을 이용하여 도구를 만들었다고 추정된다.

현대 분말야금법은 19세기 초까지 거슬러 올라가는데 이 시기에는 백금에 대해 매우 관심이 많았다. 1815년경 영국인 William Wollaston은 백금 분말을 높은 압력에서 압축하고 이를 빨갛게 달구는 형태로 굽는(소결하는) 기법을 개발하였다. 이 Wollaston 공정이 분말야금의 시작으로 여겨진다.

미국에서는 1870년에 S. Gwynn이 PM법으로 제작한 자가윤활 베어링과 관련된 특허가 등록되었다. 그는 99%의 주석 분말과 1% 석유를 섞어 혼합물을 만들고 열을 가한 다음 원하는 형상을 가진 형틀에 넣어 매우 높은 압력을 가하는 방법을 썼다.

1900년 초에는 백열전구가 중요한 상업 제품 중 하나였다. 필라멘트를 제작하기 위해 탄소, 지르코늄, 바나듐 및 오스뮴을 포함한 다양한 재료가 시도 되었지만, 텅스텐이 최고의 필라멘트 재료임이 밝혀졌다. 문제는 텅스텐은 높은 용융점과 독특한 특성 때문에 필라멘트로 제조하기 쉽지 않다는 것이었다. 1908년에는 William Coolidge가 텅스텐 백열전구 필라멘트를 구현하는 방법을 개발하였다. 그는 텅스텐 산화물(WO_3) 분말을 환원하여 텅스텐 분말을 얻었으며, 이를 압축하고 사전 소결한 뒤, 열간 단조 공정으로 원형으로 변형시키고, 최종 소결한 뒤, 인발 공정으로 팔라멘트 와이어를 제작하였다.

1920년대에는 시멘트카바이드(WC-Co) 공구가 PM법으로 제작되었다(역사적 고찰 5.2 참고). 1930년대부터는 자기윤활 베어링이 대량으로 생산되었으며, 1960년대와 1970년대에는 자동차 산업을 중심으로 분말 금속 기어 및 다른 부품이 대량 생산되었다. 1980년대에는 항공기용 터빈엔진 부품이 PM법으로 개발되었다.

12.1 공업용 분말 소재의 특성

*분말(powder)*은 매우 잘게 나누어진 미립자형 고체를 의미한다. 본 절에서 논의되는 대부분의 내용은 세라믹 분말에도 그대로 적용될 수 있다.

12.1.1 기하학적 특성

분말의 기하학적 특성은 (1) 입자 크기 및 분포, (2) 입자 형상 및 내부 구조, (3) 표면적의 속성에 따라 정의될 수 있다.

입자 크기 및 분포

입자 크기는 개별 분말의 크기를 의미한다. 만약 입자가 구형이라면, 하나의 치수로 크기를 표현할 수 있으나, 구형이 아닌 형상의 경우 두 개 혹은 세 개의 치수가 필요하다. 입자 크기를 측정하는 여러 가지 방법 중, 가장 일반적으로 사용되는 것은 다양한 메쉬(mesh) 크기를 가진 체(screen)를 사용하는 것이다. *눈수(mesh count)*라는 용어는 체의 단위 인치 길이(25.4 mm) 당 구멍의 개수를 의미하며, 눈수가 클수록 체의 구멍이 작다는 의미이다. 눈수 200은 25.4 mm 당 200개의 구멍이 있다는 것을 의미하며, 구멍의 크기는 보통 정사각형이므로 양방향의 눈수는 같다. 따라서 1 inch^2 당 전체 구멍의 개수는 $200^2 = 40{,}000$이다.

점진적으로 구멍의 크기가 작아지는 일련의 체를 통과시키는 방법으로 입자를 크기별로 분류할 수 있다. 분말은 특정 눈수를 갖는 체 위에 올려지고 진동에 의해 체의 구멍보다 작은 입자는 아래로 떨어진다. 하부의 체에 떨어진 입자 역시 유사한 형태로 구멍보다 작은 입자가 세 번째 네 번째 체에 떨어지면서 입자는 크기별로 분류된다. 어떤 입자의 크기가 200~230이라 하면, 이는 눈수 200의 체는 통과했으나 눈수 230의 체는 통과하지 못했음을 의미한다. 이렇듯 분말을 입자의 크기에 따라 나누는 과정을 *분류(classification)*라고 부른다.

체의 구멍 크기는 체를 구성하는 와이어의 두께 때문에 그림 12.2와 같이 눈수의 역수보다 작다. 체를 통과하지 못하는 입자의 최소 크기가 체의 구멍크기라 가정하면 입자의 크기는 다음의 식으로

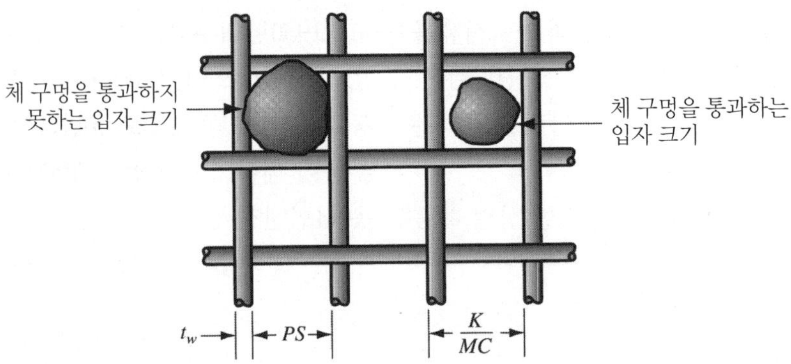

그림 12.2 입자의 크기를 분류하는 데 사용되는 체.

구할 수 있다.

$$PS = \frac{K}{MC} - t_w \tag{12.1}$$

여기서 PS는 입자의 크기(mm)이며, MC는 눈수, t_w는 체 내부 와이어의 두께(mm), K는 25.4의 상수이다(눈수는 inch 단위에서 정의되므로 mm 단위로 변환을 위한 상수). 그림 12.2는 체를 통과하고 통과하지 못하는 입자의 크기와 체의 구조에 대해 보여준다. 체에 의해 분류된 입자의 크기는 입자 형상의 차이, 분류에 사용된 체의 단계별 눈수, 동일 체 내의 구멍 크기 차이 등에 의해 편차가 발생할 수 있다. 또한 체를 사용하는 방법은 현실적으로 최대 눈수가 약 400으로 제한되는데 이는 고밀도의 체를 제작하기 어려우며, 작은 입자 크기의 분말에서 발생하는 뭉침 현상(agglomeration) 때문이다. 입자 크기를 재는 다른 방법으로는 현미경과 엑스레이 기술 등이 있다.

압축과 소결 공정을 사용하는 분말 야금 공정에서 일반적으로 사용되는 입자의 크기는 25 μm~300 μm 정도이다.[1)] 입자의 크기가 작은 경우 눈수는 약 500 정도이며 이는 체를 사용한 방법으로 분류하기 너무 작은 크기이다. 입자의 크기가 큰 경우 눈수는 약 50 정도이다.

입자 형상 및 내부 구조

금속 분말 형상은 그림 12.3에서와 같이 여러 가지 형태로 나뉠 수 있다. 분말 입자 간 각각의 크기의 차이가 있듯 입자의 형상 역시 차이를 갖는다. 입자의 형상을 나타내는 쉽고 유용한 척도는 세장비(aspect ratio, 최단치수에 대한 최장치수의 비율)이다. 구형 입자의 경우 세장비는 1.0이지만, 가시모양(Acicular) 입자의 경우 세장비가 2에서 4까지 되기도 한다. 입자의 형상 분류는 현미경을 이용한 분석이 필수적이다.

조밀하지 않은 분말 입자 간에는 기공이 존재한다. 기공 중에서 열린 기공(open pole)은 외부로 연결된 통로를 가진 기공을 말한다. 열린 기공은 물, 오일 또는 용융 금속과 같은 유체가 침투해 들어갈 수 있는 공간이다. 이에 반해 닫힌 기공(closed pore)은 개별 입자 내부에 생긴 빈 공간이다. 이

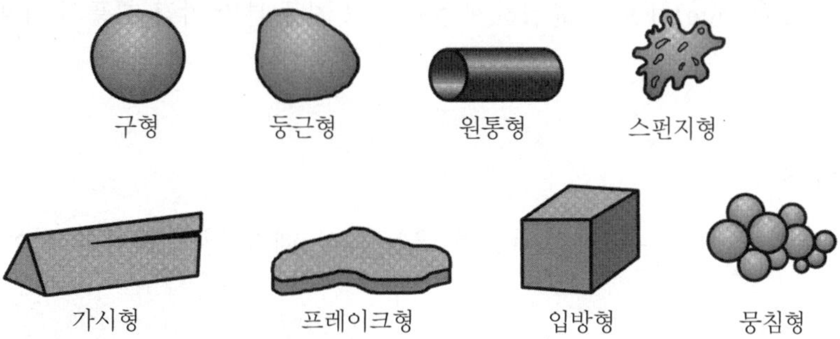

그림 12.3 분말 야금 공정에서 사용하는(이상적인) 입자형상.

1) 이 값은 분말 야금 공정 전문가인 Lehigh's Department of Materials Science and Engineering의 Prof. Wojciech Misiolek에 의해 제시되었다.

러한 내부 기공은 보통 극소량으로 존재하며, 설령 존재하더라도 그 효과가 미미하다. 그러나 밀도 측정에 영향을 줄 수 있다.

표면적

입자 형상이 완전한 구형이라 가정하면 입자의 면적 A와 부피 V는 다음과 같이 계산된다.

$$A = \pi D^2 \tag{12.2}$$

$$V = \frac{\pi D^3}{6} \tag{12.2}$$

여기서 D는 구형 입자의 직경(mm)이며, 구형 입자에서 부피대 면적비(area to volume ratio, A/V)는 다음과 같이 계산된다.

$$\frac{A}{V} = \frac{6}{D} \tag{12.4}$$

일반적으로 면적대 부피비는 구형 또는 구형이 아니더라도 모든 입자에 대해 다음과 같이 표현될 수 있다.

$$\frac{A}{V} = \frac{K_s}{D} \text{ or } K_s = \frac{AD}{V} \tag{12.5}$$

여기서 K_s는 형상 계수(shape factor), D는 일반적으로 비구형 입자의 등가 부피를 갖는 구형입자의 지름(mm)이다. 따라서 구형 입자의 경우 K_s는 6.0이며, 구형을 제외한 다른 형상에 대해서 K_s는 6보다 크다.

위의 식으로부터 같은 중량의 금속 분말에 대해 입자의 크기가 작을수록, 또는 입자의 형상계수(K_s)가 높을수록 표면적이 증대된다는 것을 알 수 있다. 이는 분말 야금 공정에 불필요한 표면 산화가 발생하는 영역이 증가함을 의미한다. 또한 입자의 크기가 작아지면 입자의 뭉침현상이 심해져, 분말의 자동 이송(feeding)에 영향을 미친다. 그러나, 작은 입자 크기의 분말을 사용하는 분말 야금 공정에서는 수축(shrinkage)이 보다 균일하게 발생하고 최종 분말 야금 제품의 기계적 특성이 우수한 장점을 갖는다.

12.1.2 기타 특성

공업용 분말의 기타 특성으로는 입자간 마찰력, 유동 특성, 패킹, 밀도, 공극률, 화학적 조성 및 표면막이 있다.

입자 간 마찰력 및 유동 특성

입자 간 마찰력(Interparticle Friction)은 분말이 얼마나 쉽게 흐르고 단단히 압축될 수 있는지에 영향을 미친다. 일반적으로 입자 간 마찰력은 그림 12.4와 같이 좁은 깔대기에서 쏟아진 분말더미에서 측정된 ***휴지각(angle of repose)***으로 표현된다. 휴지각이 크다는 것은 입자간 마찰력이 큼을 의미

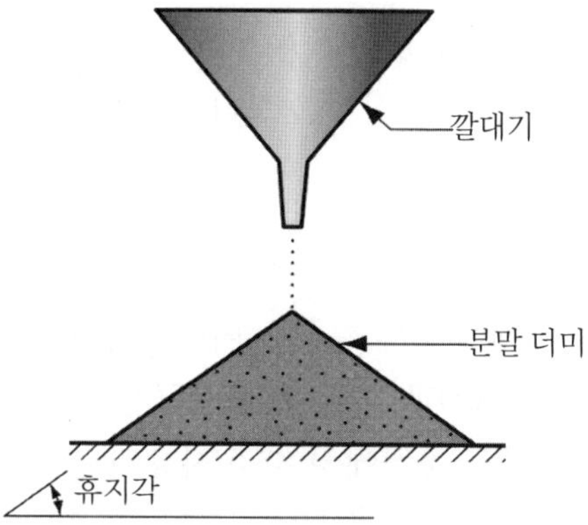

그림 12.4 입자 간 마찰력을 정량화하기 위해 좁은 깔대기에서 쏟아진 분말더미의 휴지각을 측정하는 방법. 휴지각이 크면 입자간 마찰력도 크다.

한다. 입자 크기가 작을수록 일반적으로 마찰력이 더 크고 따라서 휴지각도 더 커진다. 구형 입자에서 가장 낮은 마찰력이 발생하고 입자의 형상이 구형에서 벗어날수록 입자간 마찰력이 증가하는 경향이 있다.

분말의 유동 특성은 금형내 충진과 압축에 있어 중요하다. 자동 충진 공정의 가능 여부는 분말의 유동이 얼마나 쉽게 발생하고 일관성이 있는지에 의해 영향을 받는다. 압축 공정에서 유동 저항은 압축품 내의 바람직하지 않은 밀도 분포 불균일을 야기한다. 분말의 유동 특성을 측정하는 방법은 일정량(중량 기준)의 분말이 표준화된 크기의 깔대기를 통과하는데 걸리는 시간을 측정하는 것이다. 짧은 통과 시간은 입자 간 마찰이 작고 유동성이 크다는 것을 의미한다. 입자 간 마찰을 줄이고 압축 공정에서 유동성을 향상시키기 위해 때때로 적은 양의 윤활제를 분말에 섞기도 한다.

패킹, 밀도, 공극률

패킹(packing) 특성은 두 가지 밀도 측정방법에 의해 결정된다. 첫째는 ***진밀도(true density)***로서 재료의 실제 부피에 대한 밀도이다. 이는 분말을 녹여 고체 덩어리로 만든 후, 측정한 밀도를 말한다. 표 4.1은 몇 가지 재료에 대한 진밀도를 보여준다. 두 번째는 ***용적밀도(bulk density)***로서 분말을 쏟은 후 느슨한 상태에서 측정한 밀도이다. 용적밀도에는 입자 간에 존재하는 기공의 영향이 포함되기 때문에 진밀도보다 낮은 값을 갖는다.

패킹 지수(packing factor)는 용적 밀도를 진밀도로 나눈 값이다. 일반적으로 조밀하지 않은 분말에서 패킹 지수는 0.5에서 0.7 사이의 값을 갖는다. 패킹 지수는 입자의 형상과 입자 크기의 분포에 따라 영향을 받는데, 다양한 크기의 입자가 포함된 분말의 경우 작은 크기의 입자가 공기로 채워져 있던 큰 입자 사이의 공극내로 들어갈 수 있어, 패킹 지수가 높아진다. 패킹 지수는 분말에 진동을 가함으로써 입자를 좀더 치밀하게 분포시켜 증가될 수 있다. 마지막으로 압축 공정 동안에 가해지는 외부 압력은 입자를 재배치시키고, 입자의 형상을 변화시켜 패킹 지수를 크게 증가시킨다.

공극률(porosity)은 분말의 패킹 특성을 나타내는 또 다른 척도이다. 공극률은 용적 부피(bulk volume)에 대한 기공 부피(빈 공간)의 비율로 정의된다 따라서 다음의 관계가 성립한다.

$$\text{공극률} + \text{패킹지수} = 1.0 \tag{12.6}$$

이때 일부 개별 입자 내의 닫힌 기공의 존재는 상황을 보다 복잡하게 만든다. 윗식은 닫힌 기공을 포함하여 공극률이 정확히 계산된 경우에만 정확하다.

화학적 조성 및 표면막

화학적 조성에 대한 정의 없이 완벽하게 분말의 특성을 이야기할 수 없다. 금속 분말은 순수 금속으로 이루어진 원소 분말(elemental powder)과, 합금 입자로 구성된 합금 분말(pre-alloyed powder)로 나뉜다. 각각에 대한 분류와 분말 야금 공정에서 자주 사용되는 금속에 대해서는 12.5절에서 논의한다.

표면막(surface film)은 단위 중량당 표면적이 큰 분말 야금 공정의 문제점중 하나이다. 표면막은 주로 산화물, 실리카, 흡수된 유기물질, 수분 등으로 만들어지는데[6], 우수한 분말 야금 제품의 구현을 위해 이러한 표면막은 성형 공정 전에 제거되어야 한다.

12.2 금속 분말의 제조

분말 야금 공정에서 금속 분말 제조와 분말 야금 제품 제조는 서로 다른 업체에서 진행된다. 분말 제조 업체는 일종의 공급자이며, 제품 제조업체는 일종의 소비자라 할 수 있다. 따라서 분말 제조법을 본 절에서 설명하고 분말 야금 제품 제조법에 대해서는 다음절에서 설명한다.

거의 모든 금속이 분말 형태로 만들어 질 수 있으며, 상업적 금속 분말의 제조를 위한 세 가지 주요 공정은 (1) 분무법(atomization), (2) 화학법(chemical), (3) 전기분해법(electrolytic)[13]이다. 분말 제조 공정은 금속의 표면적을 증가시키기 위해 에너지를 가하는 공정이라 할 수 있다. 물론 분말 입자의 크기를 줄이기 위해 가끔 기계적 방법이 사용되지만, 기계적 방법은 세라믹 분말 제조에 주로 사용된다.

12.2.1 분무법

분무법(atomization)은 용융 금속을 액적(droplet)의 스프레이로 변환시킨 후 응고시켜 분말을 제조하는 공정이다. 이는 오늘날 가장 널리 사용되는 금속 분말 제조 공정으로, 순수 금속과 합금을 포함한 거의 모든 금속에 적용이 가능하다. 그림 12.5는 용융 금속을 액적의 스프레이 형태로 변환시키는 다양한 방법 중 일부를 나타낸 것이다. 이 중 두 개는 용융 금속을 분무하기 위해 고속의 가스(공기 혹은 불활성 가스)를 사용하는 *가스 분무법(gas atomization)*에 기초한 것이다. 그림 12.5(a)에서 보듯, 확장 노즐 내에 가스가 흐르면 사이펀(siphon) 현상에 의해 용융 금속이 빨려 올라와 용기 속으로 분무되고, 스프레이 내의 금속 액적이 분말 형태로 굳어지게 된다. 유사한 방법이 그림 12.5(b)에 보여지는데, 이는 용융 금속을 중력 방향으로 노즐을 통해 흘리면서, 주변의 공기 제트에

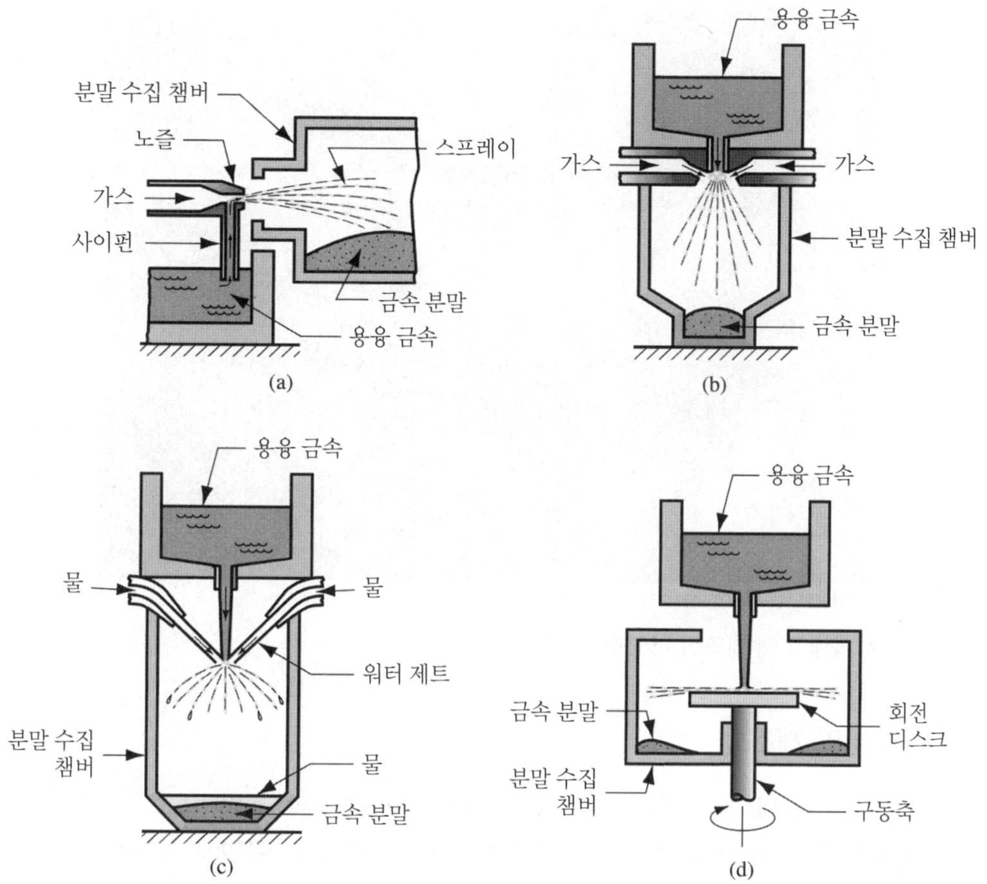

그림 12.5 금속 분말을 제작하는 분부법. (a), (b) 가스 분무법, (c) 물 분무법, (d) 회전 디스크법에 의한 원심 분무법.

의해 즉시 입자화되는 것이다. 만들어진 금속 분말은 주로 구형이며, 아래쪽의 챔버에 모아진다.

그림 12.5(c)에 소개된 방법은 12.5(b)와 유사한데, 단지 공기제트 대신 고속으로 흐르는 물을 사용한다는 점이 다르다. 이 방법은 *물 분무법(water atomization)*으로 알려져 있으며, 가장 널리 사용되는 분무법으로, 특히 녹는점이 1600°C 이하인 금속에 적당하다. 본 공정은 물을 사용하기 때문에 냉각이 빠르게 진행되어, 생산된 분말 입자의 형상이 그림 12.6과 같이 구형이 아닌 불규칙한 형상이며, 입자의 표면이 산화된다는 단점을 갖는다. 이에 최근에 물 대신 합성 오일을 사용하여 표면의 산화를 줄이는 방법이 개발되었다. 가스 및 물 분무법에서 입자의 크기는 유체의 속도에 의해 제어되는데 유체의 속도가 증가할수록 입자의 크기가 작아진다.

또 다른 금속 분말 제조법은 *원심 분무법(centrifugal atomization)*에 기반한다. 그림 12.5(d) 는 이중 하나인 *회전 디스크법(rotating disk method)*을 보여준다. 이는 용융 금속을 빠르게 회전하는 디스크 상에 연속적으로 부어, 모든 방향으로 금속이 날아가면서 분말이 만들어 지는 것이다.

Courtesy of T. F. Murphy and Hoeganaes Corporation.

그림 12.6 물 분무법에 의해 제조된 다양한 크기의 철 분말.

12.2.2 기타 분말 제조법

기타 금속 분말 제조법에는 화학적 환원법, 석출법, 전기 분해법 등이 있다.

화학적 환원법(chemical reduction)은 금속 화합물을 금속 원소 분말로 환원시키는 여러 가지 화학 반응을 이용하는 것이다. 일반적인 공정은 금속 산화물을 수소나 일산화탄소와 같은 환원제를 사용하여 금속으로 유리시키는 것이다. 환원제는 산화물내 산소와 결합하여 금속 원소를 환원시킨다. 이 방법은 철, 텅스텐, 구리 분말을 생산하는 데 사용된다. 철 분말의 생산을 위해 사용되는 또 다른 화학적 방법은 오산화철(iron pentacarbonyl, $Fe(CO)_5$)을 분해하여 높은 순도의 구형 입자를 생산하는 것이다. 또 다른 화학 공정으로는 물속에 녹아 있는 염으로부터 금속 입자를 얻는 석출법(precipitation)이 있다. 구리, 니켈, 코발트 분말이 이 방법으로 생산될 수 있다.

전기 분해법(electrolysis)에서는 분말로 제작하고자 하는 금속을 양극으로 하는 전해전지를 구성한다. 양극의 금속은 천천히 분해되어 전해액을 통과하여 음극에 부착된다. 이 부착물을 떼어 내어 세척한 후 건조하면, 매우 순도 높은 금속 분말을 얻을 수 있다. 이러한 방법을 통해 베릴륨, 구리, 철, 은, 탄탈륨, 티타늄 분말을 제조할 수 있다.

12.3 압축 및 소결 공정

금속 분말이 생산된 후 진행되는 일반적인 분말 야금 공정은 그림 12.7과 같이 (1) 분말의 블렌딩(blending)과 믹싱(mixing), (2) 분말을 원하는 부품 형상으로 압축하는 과정인 압축(compaction)

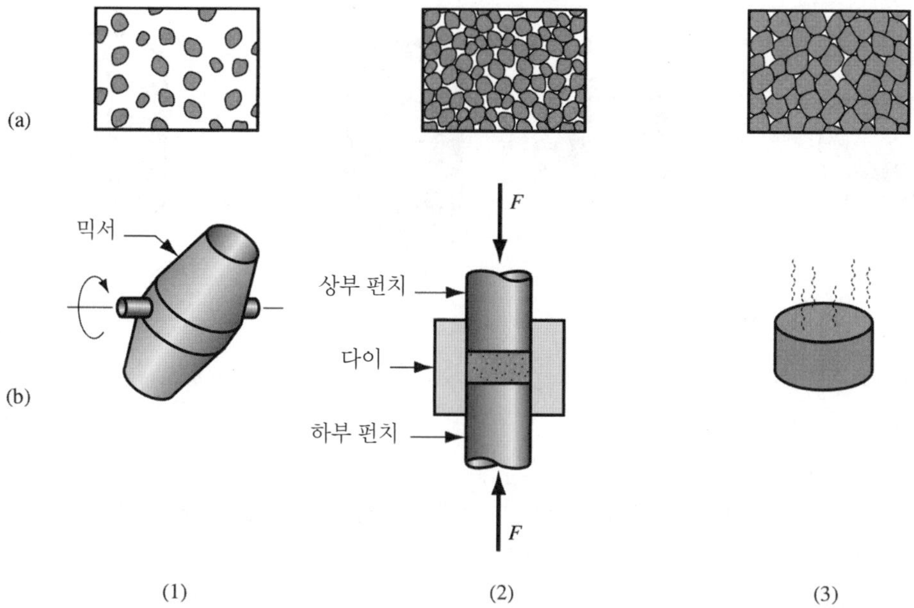

그림 12.7 일반적인 금속 야금 공정. (1) 블렌딩/믹싱, (2) 압축, (3) 소결; 각 단계별로 (a)는 입자의 상태를 보여주며 (b)는 공정 및 성형품의 개념도를 보여준다.

공정, (3) 재료의 용융점 이하의 온도로 가열하여 입자의 고체 상태 접착을 야기하고 부품의 강도를 강화하는 소결(sintering) 공정의 세 단계로 수행된다. 추가적으로 제품의 치수 정밀도를 개선하고 밀도를 높이거나 기타 다른 목적으로 2차 공정이 종종 수행된다.

12.3.1 분말의 블렌딩과 믹싱

압축과 소결 과정에서 좋은 결과를 얻기 위해 금속 분말은 사전에 완벽한 균질성을 가져야 한다. ***블렌딩(blending)***은 화학적 조성은 같으나 입자 크기가 다양한 분말을 섞는 것을 의미한다. 입자 크기가 다른 분말을 함께 섞음으로써 공극률이 줄어들 수 있다. ***믹싱(mixing)***은 화학적 조성이 다른 분말을 섞는 것을 의미한다. 분말 야금 공정의 장점 중 하나는 다른 방법으로는 구현하기가 어렵거나 불가능한 합금을 만들 수 있다는 것이다. 다만 실제 산업현장에서는 블렌딩과 믹싱의 용어 구분이 분명하지 않을 때가 많다.

블렌딩과 믹싱은 기계적인 방법으로 이루어지는데, 대표적인 네 가지 방법의 개념을 그림 12.8에서 보여준다; (a) 드럼 속 회전, (b) 이중 콘형 용기 속 회전, (c) 스크루믹서 속 교반, (d) 블레이드 믹서 속 교반. 분말의 블렌딩 및 믹싱에는 생각보다 많은 과학적 공정 제어가 요구되는데, 가장 우수한 교반 효과는 분말이 용기 부피의 20~40% 정도 차 있을 때 얻어진다. 용기 속에는 서로 다른 입자 크기를 갖는 분말의 블렌딩시 분말이 자유 낙하를 하지 못하도록 하는 내부 조절판 또는 방해 장치가 설치되어 있는데, 이는 입자 크기 간의 낙하 속도의 차이에 의해 블렌딩 공정의 목적과 정 반대의 현상인 입자 간 분리가 발생할 수 있기 때문이다. 분말의 진동도 바람직하지 않는데, 이 또한 입자 분

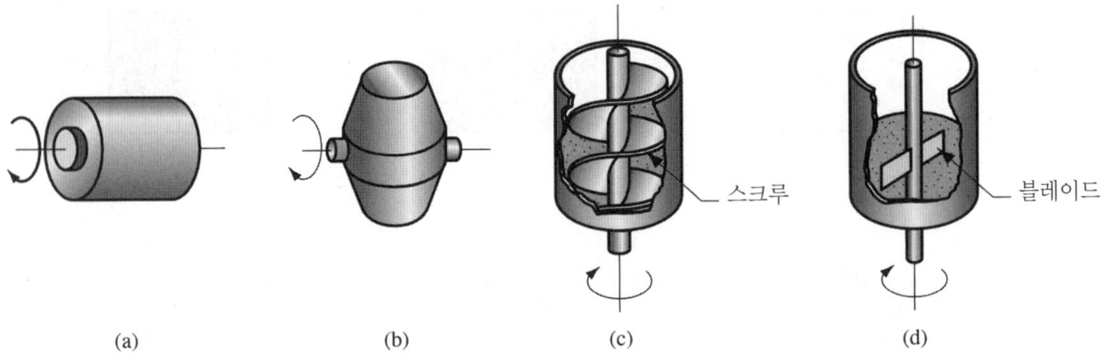

그림 12.8 블렌딩과 믹싱 도구들. (a) 회전 드럼, (b) 회전 이중 콘, (c) 스크루 믹서, (d) 블레이드 믹서.

리를 야기하기 때문이다.

일반적으로 블렌딩과 믹싱 공정에서 금속 분말에 다른 첨가물이 들어간다. 이중 (1) 아연과 알루미늄계의 스테아르산염(stearate)인 *윤활제(lubricants)*는 입자 간 마찰을 감소하고 압축 공정 시 다이 벽에서의 마찰 감소를 위해 소량 첨가된다. (2) *결합재(binder)*는 압축 공정이 진행되고 소결 공정이 진행되지 않은 부품에 적당한 강도를 유지시킬 필요가 있을 때 사용된다. (3) *응집 제거제(deflocculant)*는 후속 공정에서 우수한 유동 특성을 얻을 수 있도록 분말의 응집을 최소화하기 위해 사용된다.

12.3.2 압축

압축(compaction) 공정에서는 원하는 형상으로 분말을 성형하기 위해 높은 압력을 분말에 가한다. 일반적으로 압축 공정에서는 프레싱(pressing)이 수행되며, 이는 그림 12.9와 같이 마주보는 펀치가 다이 속에 들어 있는 분말을 압착하는 것이다. 프레싱 후 성형된 작업물을 *압축 생형(green compact)*이라 부른다. *생형 밀도(green density)*라 불리는 프레싱 공정 후 성형품의 밀도는 초기 소재 밀도보다 매우 크며, 프레싱 공정 성형품의 *생형 강도(green strength)*는 운반과 보관에는 적당한 정도이나, 소결 후 제품의 강도보다는 매우 작다. 각 프레스 사이클에는 다이 공동을 채우기 위한 분말 공급, 압축, 압축된 부품의 탈착 및 부품 제거가 포함된다.

압축 공정의 초기 가압력은 분말을 압축하여 보다 효율적으로 배치하고, 충진 과정에서 형성된 "다리"를 제거하고, 기공을 줄이고, 입자 간의 접촉점의 수를 증가시키는 역할을 한다. 가압력이 점차 증가하면서 입자들은 소성 변형하여, 입자 간 접촉 면적이 증가하고 인근 입자들과 더욱 많이 접촉하게 된다. 이로 인해 기공 부피도 더욱 줄어든다. 그림 12.10은 가압 공정시 발생하는 분말 소재의 3단계 변화에 대해 구형 입자를 기준으로 설명한 것이며, 또한 각각의 단계와 관련된 밀도의 변화를 가압력의 함수로 보여준다.

일반적인 분말 야금 공정에서 사용되는 프레스 기계는 기계식, 유압식 또는 이 둘의 조합으로 구분된다. 그림 12.11은 450 kN 유압 프레스를 보여준다. 부품의 복잡성과 가압 요구 조건에 따라 프레스는 (1) 단동 프레스와 같이 한 방향으로 가압하는 유형과 (2) 두 방향으로 가압하는 프레스로 구

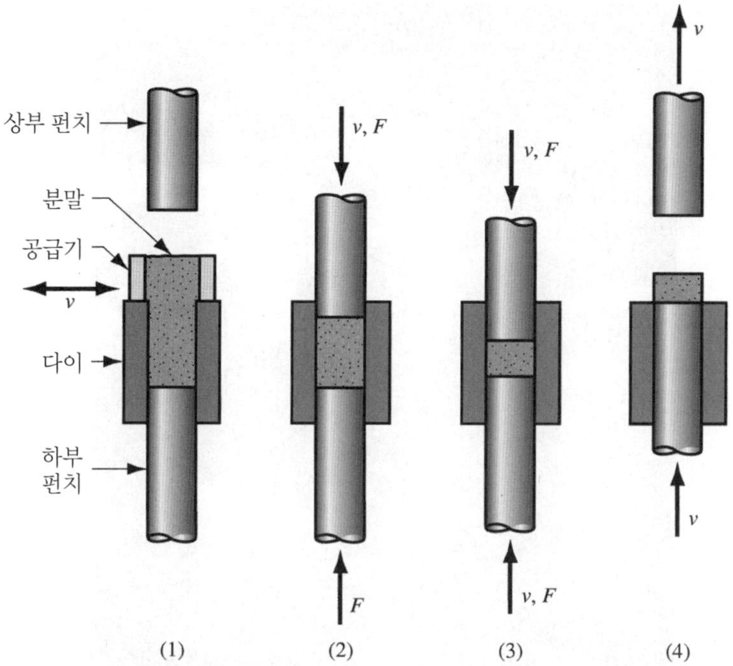

그림 12.9 분말 야금 공장에서 금속 분말을 압축하는 보편적 방법인 프레싱 공정. (1) 자동화된 재료 공급기를 이용하여 다이에 분말을 채우는 공정, 압축 공정 중 상하부 펀치의 (2) 초기 위치 및 (3) 최종 위치, (4) 성형품의 배출.

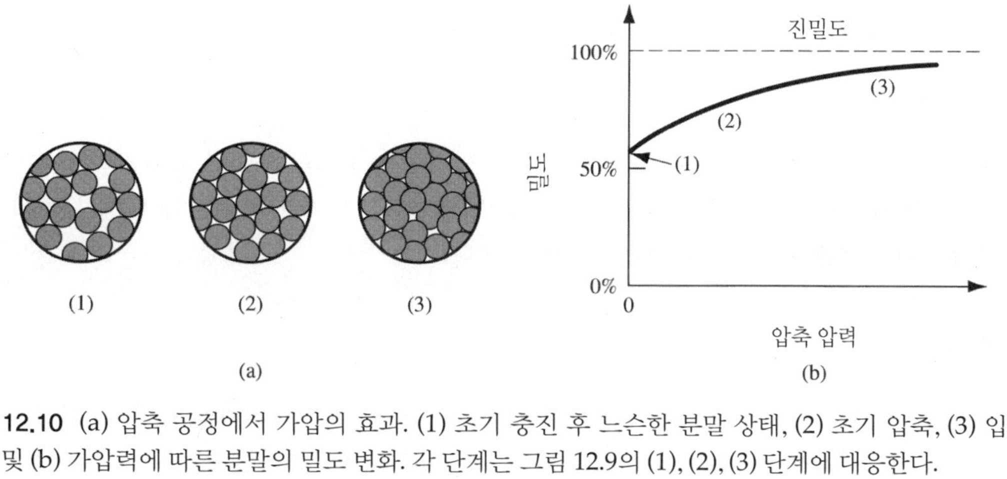

그림 12.10 (a) 압축 공정에서 가압의 효과. (1) 초기 충진 후 느슨한 분말 상태, (2) 초기 압축, (3) 입자의 변형 및 (b) 가압력에 따른 분말의 밀도 변화. 각 단계는 그림 12.9의 (1), (2), (3) 단계에 대응한다.

분될 수 있다. 최근에는 최대 10가지 동작을 제어하여 매우 복잡한 형상을 가진 부품을 생산할 수 있는 프레스 기술까지 개발되었다. 부품의 복잡성과 기타 설계 시 고려 사항에 대해서는 12.6절에서 살펴본다.

분말 야금 제품의 생산을 위한 프레스 용량은 일반적으로 kN 혹은 MN으로 주어진다. 가압에 필요한 힘은 분말 야금 부품의 평면 투영 면적(수직 압력에 대한 수평면에서의 면적)에 금속 분말을

Courtesy of Dorst America, Inc.

그림 12.11 분말 야금 제품의 압축 공정을 위한 450 kN 유압식 프레스(Dorst America, Inc 제공).

압축시키는 데 필요한 압력을 곱함으로써 얻어진다. 식으로 나타내면

$$F = A_p P_c \tag{12.7}$$

여기서 $F(N)$는 요구되는 힘이며, A_p는 제품의 투영 면적(mm^2), p_c는 주어진 분말 재료에 요구되는 압축 압력(MPa)을 나타낸다. 일반적으로 압축 압력의 범위는 알루미늄 분말에 대해 사용되는 70 MPa부터 철과 강 분말에 사용되는 700 MPa에 이른다.

12.3.3 소결

가압 후, 압축 생형은 강도와 경도가 부족하여 쉽게 부서진다. 소결(sintering)은 압축 성형품내 금속 입자들을 접착시켜서 강도와 경도를 증가시키는 일종의 열처리 공정이다. 소결 공정은 일반적으로 금속 용융점의 0.7에서 0.9배(절대온도 단위) 사이의 온도에서 수행된다. 간혹 이 공정은 *고상 소결(solid-state sintering, solid-phase sintering)*이라 불리기도 하는데 이는 소결 온도에서 금속은 용융되지 않은 상태로 남아 있기 때문이다.

소결을 일으키는 주요인은 표면 에너지를 감소시키려는 방향으로의 재료 변화라는 것이 관련 연구자의 일반적 견해이다[6], [16]. 압축 생형은 다수의 입자들로 구성되어 있고, 각각의 입자는 독립적인 표면적을 가지고 있어, 압축 생형은 매우 큰 총 표면적을 갖는다. 열이 가해지면 입자 간 결합

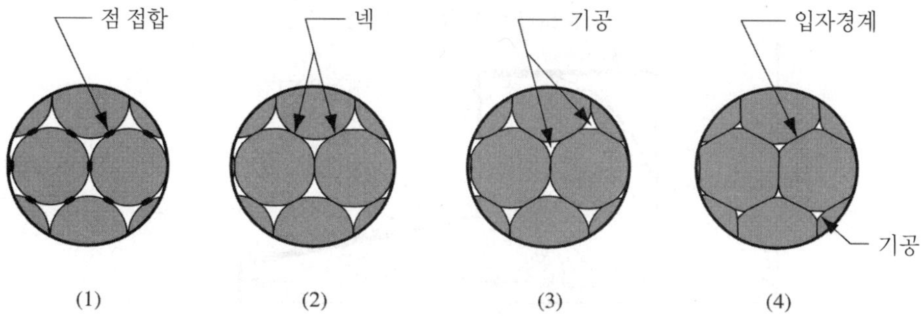

그림 12.12 소결 공정에서 내부 마이크로구조의 변화. (1) 초기 접촉점에서 입자 간 접합이 시작됨, (2) 접촉점이 성장하여 넥(neck)을 이룸, (3) 입자간 기공의 크기가 감소함, (4) 입자 간에 넥 대신 입자 경계가 형성됨.

의 생성과 성장으로 인해 표면적이 감소되고 표면 에너지가 감소한다. 이때 입자의 크기가 작을수록 전체 표면적이 커지고 소결 공정의 추진력도 더욱 높아진다.

그림 12.12는 소결 과정 동안 금속 분말 내부의 마이크로 구조 변화를 개념적으로 나타낸 것이다. 소결 공정에서는 질량 이동에 의해 넥이 형성되고, 이후 입자 경계로 변환된다. 이러한 현상의 주요 메커니즘은 확산 현상이며, 또 다른 가능한 메커니즘은 소성 유동이다. 소결 과정에서는 기공 크기의 감소로 인한 수축이 발생한다. 수축은 압축 성형의 밀도에 크게 영향을 받으며, 또한 생형의 밀도는 압축 공정에서의 가압력에 영향을 받는다. 수축은 일반적으로 공정 조건이 정밀하게 제어되는 경우 예측이 가능하여 설계 시 보정할 수 있다.

분말 야금 공정은 보통 중·대량 생산에 적합하므로, 대부분의 소결 퍼니스는 생산 공정의 자동화된 흐름에 맞추어 설계된다. 연속 퍼니스에서 열처리는 (1) 윤활제와 결합재를 태워 없애는 예열부, (2) 소결부, (3) 냉각부의 세 개의 쳄버에서 순차적으로 이루어지며, 그림 12.13은 이러한 열처리 방법을 보여준다. 연속 퍼니스의 대안으로 배치형(batch-type) 퍼니스가 있으며, 이는 일정 수량의 제품을 퍼니스에 배치하고 전체 제품을 동시에 예열한 뒤 원하는 소결시간동안 가열하는 공정이다. 표 12.1은 일부 금속에 대한 소결 온도와 시간을 보여준다.

표 12.1 일부 금속 분말의 소결 온도 및 시간[10, 11, 18, 19]

금속	소결 온도(°C)	시간(분)
알루미늄 및 합금	600	20
황동	850	25
청동	800	25
구리	860	25
철	1100	30
니켈	850	35
스테인리스 강	1200	45
텅스텐	2350	480
텅스텐카바이드	1460	25

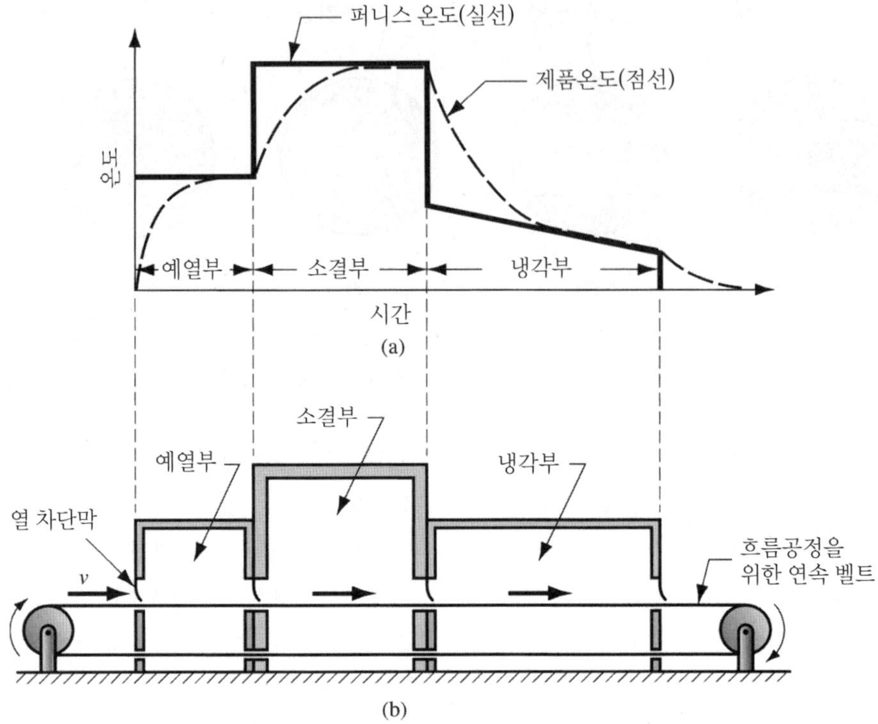

그림 12.13 (a) 소결 공정에서 일반적인 열처리 공정, (b) 연속 소결 퍼니스의 개략적인 단면도.

현대적인 소결 공정에서는 퍼니스의 대기 조건을 제어한다. 퍼니스 대기 조건의 제어는 (1) 산화 방지, (2) 압축 생형에 존재하는 산화물의 제거를 위한 환원 분위기 제공 (3), 탄화 처리 분위기 제공, (4) 압축 공정에 사용된 윤활제 및 결합재의 제거를 위한 분위기 제공을 포함한다. 소결 퍼니스의 대기 조건은 보통 불활성 가스, 질소, 해리 암모니아, 수소, 천연 가스로 조성되며[6], 스테인리스강이나 텅스텐과 같은 일부 금속에 대해서는 진공 분위기가 사용된다.

12.3.4 2차 공정

분말 야금 공정의 2차 공정으로는 치밀화(densification), 사이징(sizing), 함침(impregnation), 용침(infiltration), 열처리, 피니싱 등이 있다.

치밀화 및 사이징

상당수의 2차 공정은 소결품의 밀도 증가, 정밀도 향상 및 추가적인 형상 성형을 위해 수행된다. ***재가압(repressing)***은 폐금형 안에 소결품을 넣고 다시 가압하는 것으로 밀도를 높이고 물리적 성질을 개선하기 위해 수행된다. ***사이징(sizing)***은 소결품의 치수 정밀도를 높이기 위해 수행되는 것이며, ***코이닝(coining)***은 소결품의 표면에 패턴을 새겨넣기 위해 수행되는 프레스 공정이다.

일부 분말 야금 제품은 소결 후 절삭 가공을 요구하기도 한다. 절삭 가공 공정은 드물게 소결품의 치수 정밀도 향상을 위해 사용되기도 하지만, 주로 압축 공정으로 구현하기 어려운 내부 및 외부 나사선, 측면 구멍 등의 여러 상세부를 가공하는 데 사용된다.

함침과 용침

기공성은 분말 야금의 독특하고 고유한 특성으로, 기공부에 기름, 고분자 재료, 또는 모재 분말보다 낮은 용융점을 갖는 금속을 채워 특수한 제품을 만드는 공정이 개발되었다.

함침(impregnation)은 기름 및 다른 유체를 소결품의 기공 속으로 침투시키는 공정이다. 이 공정으로 제작된 가장 흔한 제품은 오일 함침 베어링, 기어 및 유사한 기계 부품들이다. 함침 공정은 소결품을 뜨거운 오일에 담그는 형태로 진행되며, 자동차 산업에서 널리 사용되는 자기 윤활(self-lubricating) 베어링은 청동이나 철에 부피비로 10%에서 30%의 오일을 함침하여 제작된다.

함침법의 또 다른 응용으로 여러 종류의 고분자 재료를 액체 상태에서 소결품의 기공에 침투시킨 후 굳히는 방법이 있으며, 이를 이용하여 치밀 분말 야금 제품 혹은 유체가 스며들지 못하는 분말 야금 제품의 구현이 가능하다. 또한 수지 함침법은 후공정의 편의를 위해 적용되기도 한다. 예를 들어 분말 야금 제품의 절삭성을 향상시키거나, 도금 공정과 같이 공정 용제를 사용하는 후속 공정에서 공정 용제가 분말 야금 제품에 침투하여 제품의 품질이 저하되는 문제를 막기 위해 사용될 수 있다.

용침(infiltration)은 분말 야금 제품의 기공에 용융 금속을 채우는 작업으로, 용침되는 금속의 용융점은 반드시 분말 야금 제품보다 낮아야 한다. 용침되는 금속은 가열되어 용융된 뒤 소결품과 접촉하며, 이후 모세관 현상에 의해 용융 금속이 기공속으로 주입된다. 용침 제품은 상대적으로 기공이 거의 없고, 더욱 균일한 밀도를 가지며, 개선된 인성과 강도를 갖게 된다.

열처리 및 피니싱

주조나 기타 금속 가공 부품에 적용되는 대부분의 열처리(23장) 및 피니싱(전주 도금 또는 도장, 24장) 공정이 분말 야금 제품에도 적용될 수 있다. 분말 야금 부품 내의 기공으로 인해 열처리 공정에 있어 특별한 주의가 요구되는 데, 예를 들어 분말 야금 부품의 열처리에는 염욕조(salt bath)를 사용하지 않는 것이다. 도금과 도장 공정 역시 미관과 내 부식성을 향상시키기 위해 분말 야금 제품에 적용될 수 있으며, 공정중 기공속에 화학 용제가 갇히지 않도록 주의할 필요가 있으며, 화학 용제의 침투를 방지하기 위해 함침법 과 용침법이 자주 사용된다. 분말 야금 부품에 주로 사용되는 도금 물질은 구리, 니켈, 크롬, 아연 및 카드뮴 이다.

12.4 압축/소결 공정의 대체 공정

분말 야금 제품의 성형에 있어 전통적인 압축과 소결의 순차적인 공정이 가장 널리 사용된다. 본 절에서는 분말 야금 제품을 성형하는 또 다른 공정들을 살펴본다.

12.4.1 등방정압 가압법

전통적인 압축 공정에서 압력은 일축 방향으로(uniaxial) 가해진다. 이때 가압 방향에 수직한 방향

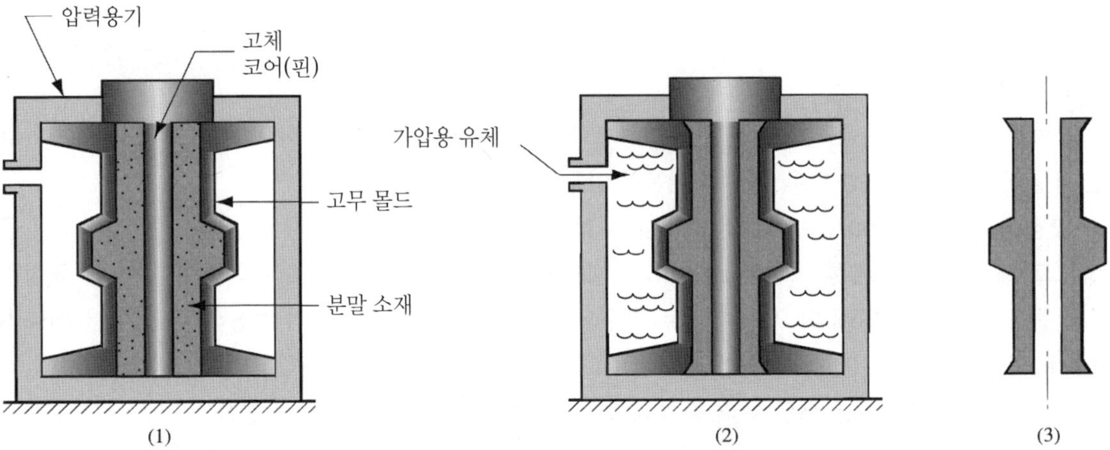

그림 12.14 냉간 등방정압 가압법. (1) 유연 몰드에 분말이 주입된다. (2) 분말의 압축을 위해 몰드에 대해 정수압이 가해진다. (3) 압력이 제거되고 제품이 이형된다.

으로는 금속 분말이 잘 이동하지 못하기 때문에 성형 가능한 제품 형상에 제한이 발생한다. 또한 일축 가압법은 압축 성형품 내의 밀도 차이를 야기한다. ***등방정압 가압법(isostatic pressing)***은 유압을 이용하여 유연한 몰드에 담긴 분말을 향해 모든 방향에서 압력을 가하는 공정이다. 등방정압 가압법은 크게 (1) 냉간 등방정압 가압법과 (2) 열간 등방정압 가압법으로 나뉜다.

냉간 등방정압 가압법(cold isostatic pressing, CIP)은 등방정압 가압 공정이 상온에서 수행되는 것이다. 고무 혹은 기타 탄성체로 제작된 몰드는 수축을 보상하기 위해 제품의 치수보다 좀 더 크게 제작되며, 물 혹은 기름을 사용하여 챔버 내에 위치한 몰드를 향해 정수압(hydrostatic pressure)을 가한다. 그림 12.14는 CIP 공정 단계를 보여준다. CIP는 압축품 내의 밀도 분포를 균일하게 하고 , 장비 가격이 상대적으로 저렴하며, 작업 시간이 비교적 짧은 장점이 있다. 그러나 유연한 몰드를 사용하기 때문에 높은 치수 정밀도의 압축품을 성형하기 어렵다. 따라서 소결 전 혹은 후에 요구되는 치수를 갖도록 후속 성형 공정이 종종 요구된다.

열간 등방정압 가압법(hot isostatic pressing, HIP)은 아르곤이나 헬륨 같은 가스를 압축 매개체로 하여 고온, 고압에서 수행되는 공정이다. 분말을 담는 몰드는 고온에서 견딜 수 있도록 금속 박판으로 제작된다. 압축과 소결 공정이 동시에 수행되는 HIP의 장점에도 불구하고, 높은 공정 비용으로 인해 HIP 공정은 항공 산업에서만 집중적으로 사용된다. HIP 공정으로 제작된 분말 야금 제품은 밀도가 높고(공극률이 거의 없음), 입자 간 결합이 매우 강하며, 우수한 기계적 강도를 갖는다.

12.4.2 분말 사출 성형

사출 성형(injection molding)은 플라스틱 제품의 성형에 널리 사용되는 공정이다. 초기 고분자 재료에 높은 함량의 분말을 첨가함으로써(일반적으로 부피비로 50~85%) 플라스틱 성형에 사용되는 동일한 공정이 금속 혹은 세라믹 분말 제품의 성형에 적용될 수 있다. 분말 야금 분야에서는 이러한 공정을 *금속 사출 성형(metal injection molding, MIM)*이라 부르며, 금속 및 세라믹 분말을 사용하는 공정까지 포함하는 경우 *분말 사출 성형(powder injection molding, PIM)*이라 불린다. MIM 공정 단계는 다음과 같다[7]: (1) 금속 분말을 적당한 결합재와 섞는다. (2) 혼합물로 과립형의 펠릿(pellet)을 만든다. (3) 펠릿을 성형 온도까지 가열한 후 금형 공동으로 사출하고 냉각된 후 이형한다. (4) 용제 혹은 열처리 과정을 통해 성형품에서 결합재를 제거한다. (5) 성형품을 소결한다. (4) 소결품에 적절한 2차 공정을 수행한다.

분말 사출 성형에서 결합재(binder)는 성형 공정 시 입자의 유동 특성을 좋게 하고, 소결 전까지 성형된 형상을 유지하는 입자의 수송체(carrier) 역할을 한다. 분말 사출 성형 공정에서 널리 사용되는 결합재는 (1) 페놀과 같은 열경화성 고분자 재료, (2) 폴리에틸린과 같은 열가소성 고분자 재료가 있다.

분말 사출 성형은 플라스틱 사출 성형품과 유사한 형상의 제품을 제작할 때 적합하다. 단순한 축대칭 분말 야금 제품의 경우 가격 경쟁력 측면에서 종래의 압축 및 소결 공정이 더 적합하며, 분말 사출 성형은 작고 높은 부가가치를 갖는 복잡한 제품을 성형함에 가장 경제적인 공정이다. 다만 소결 과정에서 발생하는 수축으로 인해 높은 치수 정밀도의 구현이 어렵다.

12.4.3 분말 압연, 압출, 단조

압연, 압출, 단조 공정은 대표적인 금속 성형 공정이나(15장 참조), 본 절에서는 분말 야금 공정의 관점에서 소개한다.

분말압연 공정

분말압연 공정(Powder rolling)은 압연기를 이용하여 분말을 압축시켜 금속판 제품을 제작하는 것이다. 분말압연 공정은 그림 12.15에 보이는 것처럼 연속 혹은 반연속 공정으로 진행된다.

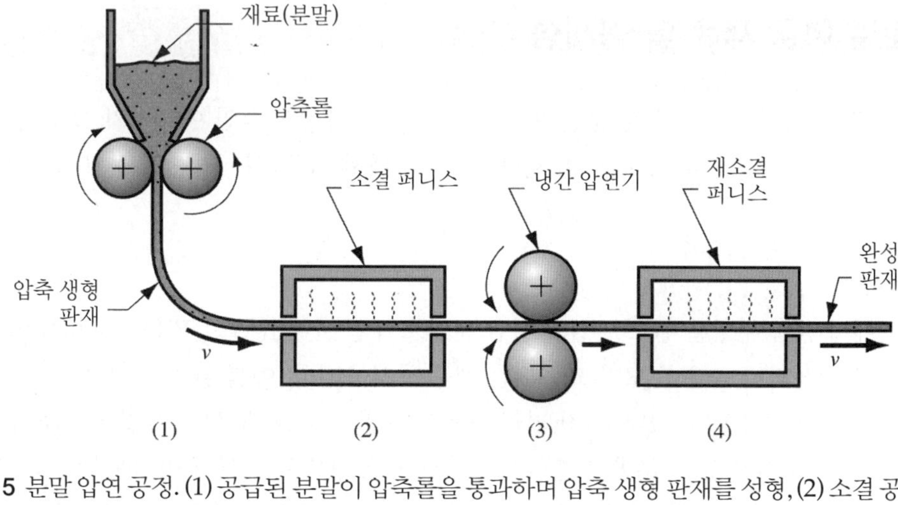

그림 12.15 분말 압연 공정. (1) 공급된 분말이 압축롤을 통과하며 압축 생형 판재를 성형, (2) 소결 공정, (3) 냉간 압연, (4) 재소결 공정.

분말압출 공정

일반적인 분말압출 공정(Powder Extrusion)에서는 분말이 들어있는 금속 박판으로 만든 진공 캔을 가열하여 압출하는 것이며, 또 다른 방법은 종래의 압축 및 소결 공정으로 먼저 빌릿(billet)을 성형하고 이를 열간 압출하는 것이다. 이러한 방법을 사용하여 매우 높은 밀도를 갖는 분말 야금 제품의 생산이 가능하다.

분말 단조

분말 단조(Powder forging) 공정은 압축과 소결 공정으로 성형된 적당한 크기의 분말 야금 초기 소재를 이용한 단조 공정이다. 분말 단조 공정의 장점은 (1) 분말 야금 공작물의 치밀화 가능, (2) 미리 성형된 소재의 사용에 의한 낮은 금형 비용 및 적은 타격 횟수, (3) 재료 낭비 감소를 들 수 있다.

12.4.4 액상 소결법

일반적인 소결 공정은 금속의 용융점 이하에서 수행되는 고체 상태 소결 공정이다. 용융점이 서로 다른 두 개의 금속 분말이 섞여 있는 경우 또다른 형태의 소결법인 액상 소결법(liquid phase sintering)이 사용된다. 액상 소결 공정은 두 개의 금속 분말을 혼합한 후 저융점 금속만 용융될 정도까지 온도를 올려 소결 공정을 진행하는 것이다. 이때 용융된 금속은 고체 상태로 남은 금속 입자를 완전히 적신 상태에서 응고되므로 강한 결합력을 가진 치밀한 조직이 만들어진다. 사용되는 금속의 종류에 따라 지속적인 열을 가함으로써, 고체 금속이 액체 금속 속으로 조금씩 녹아들어 가거나 또는 액체 금속이 고체 금속 내로 확산되면서 합금을 성형할 수 있다. 액상 소결법은 기공이 전혀 없는 강하고 치밀한 제품을 만들어 내며, Fe-Cu, W-Cu, Cu-Co 합금이 액상 소결 공정으로 성형되는 합금의 예이다[6].

12.5 분말 야금 재료 및 경제성

분말 야금 공정의 원재료는 금속을 분말 형태로 만들기 위해 추가적인 에너지가 요구되기 때문에 다른 금속 가공용 원재료보다 비싸다. 이 절에서는 PM에서 사용되는 초기 재료 및 공정의 경제성에 대해 설명한다.

분말 야금 재료

화학적 관점에서 금속 분말은 원소 분말과 합금 분말로 구분된다. 원소 분말(elemental powder)은 순수 금속으로 구성되며 높은 순도가 요구되는 제품에 사용된다. 예를 들어, 자기적 성질이 중요한 곳에는 순철 제품이 사용될 수 있다. 가장 널리 사용되는 원소 분말 재료는 철, 알루미늄, 구리이다.

원소 분말은 또한 다른 금속 분말과 혼합되어 재래식 공정으로는 얻기 어려운 특수한 합금을 만드는 데도 사용된다. 분말 야금 공정으로는 공구강과 같이 전통적인 합금 기술로는 구현이 어렵거나 불가능한 첨가물의 혼합이 가능하다. 특수한 합금이 필요한 경우가 아니라도 원소 분말을 섞어 합금을 성형하는 공정은 합금 분말을 사용하는 공정에 비해 장점을 갖는다. 원소 분말을 섞어 합금을 성형하는 공정은 순수 금속으로 구성된 분말을 사용하므로 합금 금속에 비해 강도가 낮고 이로 인해 압축 공정 시 쉽게 변형되어 압축 생형의 밀도와 강도가 합금 분말의 압축 생형보다 높기 때문이다.

합금 분말(pre-alloyed powder)의 각 입자는 원하는 화학적 조성으로 구성된 합금이다. 합금 분말을 이용한 분말 야금 공정은 원소 분말을 섞어 분말 야금 공정으로 합금을 만드는 방법으로 구현이 불가능한 합금에 대해 사용된다. 스테인리스강이 그 주요한 예이며, 그 외에도 구리합금, 고속도강 분말이 널리 사용된다.

분말 야금 공정에서 일반적으로 사용되는 원소 분말과 합금 분말을 소비되는 중량을 기준으로 순서대로 나열하면 다음과 같다: (1) 철, 지금까지 가장 널리 사용되는 분말 야금 금속이며 때때로 흑연과 혼합되어 강 제품을 생산함, (2) 알루미늄, (3) 구리와 구리 합금, (4) 니켈, (5) 스테인리스강, (6) 고속도강, (7) 텅스텐, 몰리브덴, 티타늄, 주석, 귀금속 등의 기타 분말 야금 재료.

분말 야금 공정의 경제성

그림 12.7과 같이 분말야금 제품의 전통적인 생산공정은 (1) 분말의 블렌딩과 믹싱, (2) 압축, (3) 소결의 세 단계로 구성되며, 때로는 추가적인 2차 공정이 이루어진다.

이 세 가지 단계는 각각 1.5절의 방정식을 시작점으로 사용하여 모델링 할 수 있다. 첫 번째로, 단계 1에서 블렌딩과 믹싱은 특정 배치 수량 Q_{b1}을 제작하기에 충분한 양의 분말이 특정 시간 T_{b1} 동안 처리되는 일괄 작업이다. 분말 소재에 혼합과 섞기가 모두 필요한 경우, 두공정을 동시에 수행할 수 있다. 부품 당 생산시간 T_{c1}은 일괄 시간 T_{b1}과 동일하지만, 공정 비용 C_{pc1}은 분말을 이용하여 생산된 부품의 수와 블렌딩 및 믹싱 장비를 운영하는 데 필요한 비용률에 의해 계산된다. 공정 비용률 C_{o1}은 식 (1.7)에 따라 계산된다.

$$C_{o1} = C_{L1} + C_{eq1}$$

여기서 C_{L1} = 노동 비용률(\$/min), C_{eq1} = 장비 비용률(\$/min)이다. 따라서 부품당 블렌딩 및 믹싱 공정비용은 다음과 같다.

$$C_{pc1} = \frac{C_{o1}(T_{su1} + T_{b1})}{Q_{b1}} \tag{12.8}$$

여기서 T_{su1} = 블렌딩 및 믹싱 장비를 설치, 로딩 및 언로딩 하는 과정에서 소요되는 시간(min/batch) 이며, Q_{b1} = (pc/batch)는 분말의 총 질량을 부품 당 질량으로 나누어 얻을 수 있다.

단계 2에서 압축 사이클 시간 T_{c2}는 식 (1.1)을 통해 계산한다.

$$T_{c2} = T_{o2} + T_{h2} + T_{t2}$$

여기서 T_{o2} = 실제 압축 시간(min/pc), T_{h2} = 분말을 다이에 공급하고 압축된 부분을 다이에서 배출하는데 걸리는 시간 (min/pc), T_{t2}는 다이가 마모되어 정기적으로 다이를 보수하는데 걸리는 시간

(min/pc)이다. 압축 공정의 공정 비용률에 사이클 시간과 공정 시작 시점의 설정 시간을 고려하여 부품당 압축공정 비용을 도출하면:

$$C_{pc2} = \frac{C_{o2}T_{su2}}{Q_{b2}} + C_{o2}T_{c2} \tag{12.9}$$

여기서 Q_{b2} = 배치 수량(pc), C_{o2} = 압축 공정비용률($/min), T_{su2} = 압축공정 설정 시간(min), 그리고 T_{c2}는 공정 사이클 시간(min/pc)이다. 만약 펀치와 다이를 정기적으로 보수해야 한다면, 이 비용은 보수공정 사이에 생산하는 부품 수에 기반하여 비례 비용으로 추가된다.

마지막 단계 3은 소결공정이다. 연속형 가열로를 사용하는 경우, 그림 12.13에 나와 있는 것과 같이 소결 시간 $T_{\sin}$은 표 12.1에서 제시하는 권장시간을 기반으로 결정된다. 이 $T_{\sin}$을 달성할 수 있도록 컨베이어 벨트의 속도와 소결 챔버의 길이가 정해진다. 이를 수식으로 나타내면:

$$v_c = \frac{L_{sc}}{T_{\sin}} \tag{12.10}$$

여기서 v_c = 컨베이어 벨트 속도(m/min), L_{sc} = 소결 챔버내의 컨베이어 벨트 길이(m), $T_{\sin}$ = 소결 시간(min)이다. 소결로의 생산 속도는 다음과 같다.

$$R_{p3} = v_c N_c \tag{12.11}$$

여기서 R_{p3} = 소결 처리 속도(pc/min)이고, N_c는 단위 길이 컨베이어 벨트에 배치할 수 있는 부품의 수(pc/m)이다. 그러나 소결공정의 사이클 시간 T_{c3}는 예열 및 냉각 시간뿐만 아니라 로딩 및 언로딩에 소요된 시간도 포함되어야 한다. 소결 사이클 시간의 합리적인 근사는 다음과 같다.

$$T_{c3} = \frac{0.5L_L + L_{ph} + L_{\sin} + L_{cd} + 0.5L_{UL}}{v_c} \tag{12.12}$$

여기서 L_L = 로딩 구역의 컨베이어 길이(m), L_{ph} = 예열 챔버의 컨베이어 길이(m), $L_{\sin}$ = 소결 챔버의 컨베이어 길이(m), L_{cd} = 냉각 챔버의 컨베이어 길이(m), L_{UL} = 언로딩 구역의 컨베이어 길이(m)이며, 로딩 및 언로딩에 소요된 시간은 각각의 길이 중심점을 부품의 로딩 및 언로딩 위치로 사용하였다고 가정한다.

마지막으로, 연속 소결 퍼니스에서 한 번에 소결되는 부품 수는 다음과 같다.

$$Q_{b3} = R_{p3}T_{\sin} \tag{12.13}$$

만약 배치형 소결로를 사용한다면, 주기 시간 T_{c3}는 로딩 및 언로딩, 예열 및 소결 시간의 합이다. 또한, 소결로에서 냉각이 이루어진다면 그 시간도 포함되어야 한다. 배치 수량 Q_{b3}가 주어진 경우, 소결로의 처리 속도는 다음과 같다.

$$R_{p3} = \frac{Q_{b3}}{T_{c3}} \tag{12.14}$$

연속형 소결로 및 배치형 소결로 모두 단위 부품의 소결 비용은 소결로를 운영하는 데 소요되는 비용률 C_{o3}를 소결로의 부품 처리 속도 R_{p3}로 나눈 것이다.

예제 12.1

연속 소결 퍼니스 공정

분말야금 공정에서 압축된 부품의 권장 소결 시간이 20분이다. 연속 소결 퍼니스의 소결 챔버 길이는 2.0 m이고, 1 m의 컨베이어 벨트 길이에 배치할 수 있는 부품 수는 40개이다. (a) 컨베이어의 속도, (b) 퍼니스의 처리 속도, (c) 한 번에 소결되는 부품 수를 계산하라.

풀이

(a) 컨베이어 벨트의 속도 $v_c = (2\text{ m})/(20\text{ min}) = \mathbf{0.1\ m/min}$

(b) 1 m의 컨베이어 벨트에 40개의 부품을 배치할 수 있으므로, 소결 처리 속도 $R_{p3} = (0.1\text{ m/min})(40\text{ pc/m}) = 4\text{ pc/min}$

(c) 한번에 소결되는 부품의 수

$$Q_{b3} = (4\text{ pc/min})(20\text{ min}) = \mathbf{80\ pc}$$

참조: Q_{b3}는 단위길이당 배치될 수 있는 부품수 정보와 소결 챔버 길이를 이용해서도 계산될 수 있다. $Q_{b3} = (40\text{ pc/min})(2\text{ m}) = 80\text{ pc}$

$$C_{pc3} = \frac{C_{o3}}{R_{p3}} \tag{12.15}$$

분말야금 공정으로 제작된 단위 부품의 총 제조비용 C_{pc}는 시작 재료 및 세 가지 처리 단계에서의 부품당 비용의 합계로 표현된다.

$$C_{pc} = C_m + C_{pc1} + C_{pc2} + C_{pc3} \tag{12.16}$$

여기서 C_m = 부품당 초기 분발 비용($/pc)이다.

예제 12.2

분말 야금 공정 제품의 부품당 제조 비용

전통적인 압축 및 소결 공정으로 분말야금 부품을 제작한다. 금속분말은 단계 1에서 블렌딩 및 믹싱된다. 제작할 분말야금 부품의 총 수량은 12,000개이고, 소요되는 분말의 총 비용은 $15,000이다. 단계 1의 각 배치 당 분말 양은 300개의 PM 부품을 제작하는데 충분하다. 블렌딩 및 믹싱 장비의 비용률은 $45/hr이며, 단계 1에서 배치를 설정하고 실행하는 데 걸리는 시간은 24.0 min이다. 단계 2의 압축공정에서 분말 공급, 압축, 배출 및 생(green)부품 수거까지의 사이클 시간은 9.0 s/pc이다. 압축 공정 시작전 프레스 설정에 필요한 시간은 1.0 hr이다. 12,000개의 부품을 압축 하는 동안 펀치 및 다이의 보수는 필요하지 않다고 가정할 때 프레스의 비용률은 $66/hr이다. 단계 3의 소결공정에서 연속 소결 퍼니스는 2.5 pc/min의 소결 처리 속도를 갖고 있으며, 가열로의 비용률은 \$54/hr 이다. 완성된 분말야금 부품 당 총 제조 비용을 계산하라.

풀이

블렌딩과 믹싱 장비의 비용률 Co1 = \$45/hr = \$0.75/min

블렌딩과 믹싱 공정에서 부품당 비용 $C_{pc1} = \dfrac{0.75(24.0)}{300} = \$0.06/pc$

단계 2 압축공정에서 프레싱 장비의 비용률은 $C_{o2} = \$66/hr = \$1.10/min$이고, 설정시간 $T_{su2} = 1.0\ hr = 60\ min$, 압축 사이클 시간 $T_{c2} = 9.0\ s = 0.15\ min$, 생산량 $Q_{b2} = 12{,}000\ pc$이므로, 압축공정에서 부품당 비용 $C_{pc2} = \dfrac{1.10(60)}{12{,}000} + 1.10(0.15) = 0.0055 + 0.165 = \$0.1705/pc$

단계 3 소결 공정에서 장비 비용률은 $C_{o3} = \$54/hr = \$0.90/min$이고, 소결 처리속도 $R_{p3} = 2.5\ pc/min$이므로,

소결 공정에서 부품당 비용 $C_{pc3} = \dfrac{0.90}{2.5} = \$0.36/pc$

초기 재료비용 $C_m = \$15{,}000/12{,}000 = \$1.25/pc$

분말야금 제품의 부품당 전체 제조비용 $C_{pc} = 1.25 + 0.06 + 0.1705 + 0.36 = \$1.8405/pc$

12.6 제품 설계 시 고려 사항

분말 야금 공정이 제공하는 근본적인 장점은 성형품이 후공정이 필요없거나 거의 요구되지 않는 순형상 혹은 근사순형상을 갖는다는 것이다. 분말 야금으로 성형되는 일반적인 제품으로는 기어, 베어링, 스프라킷(sprocket), 체결구(fastener), 전기 접점, 절삭 공구 및 기타 다양한 기계 부품이 있다. 특히 분말 야금 공정은 기어와 베어링의 대량 생산에 더욱 적합하다. 이는 (1) 제품이 특정 형상을 갖는 상부 표면을 가질 뿐 측면에는 형상이 없는 2차원 구조이며, (2) 윤활유의 보관을 위해 소재 내에 기공이 필요한 제품이기 때문이다. 한편 압축 생형 및 소결품에 절삭 가공과 같은 2차 가공을 수행하거나 다음의 제품 설계 지침을 준수하면 3차원 형상을 갖는 복잡한 제품도 분말 야금 공정으로 제작이 가능하다.

금속 분말산업협회(Metal Powder Industries Federation, MPIF)에서는 일반적인 압축 공정의 난이도에 따라 분말 야금 제품의 형상을 그림 12.16과 같이 네 등급으로 나누고 있다. 이 분류체계를 통해 일반적인 분말 야금 공정으로 성형할 수 있는 형상의 한계를 알 수 있다.

MPIF 분류체계로부터 일반적인 분말 야금 압축 공정에 적합한 제품의 형상에 대해 몇 가지 지침을 얻을 수 있다. 추가로 참고문헌 [3], [13], [17]로부터 정리된 권장 사항은 다음과 같다.

- 분말 야금 공정은 높은 장비와 금형 비용으로 인해 대량 생산에서 경제성을 갖는다. 예외가 있

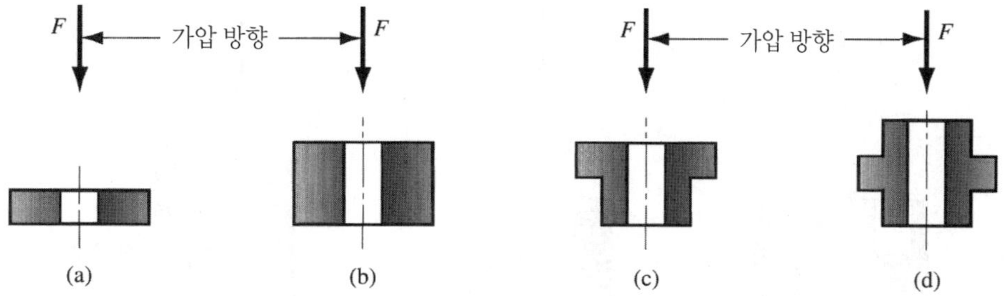

그림 12.16 분말 야금 제품의 형상에 따른 네 가지 분류(단면 형상이 원형인 측면도 기준). (a) Class I – 한 방향에서 압축할 수 있는 단순한 얇은 형상, (b) Class II 두 방향에서 압축해야 하는 단순하고 두꺼운 형상, (c) Class III – 두 방향에서 압축해야만 하는 이단 구조를 갖는 형상, (d) Class IV – 압축 공정 시 적절한 밀도를 얻기 위해 두 방향으로 압축하면서 각 층을 독립적으로 제어해야 하는 다층 구조를 가진 형상.

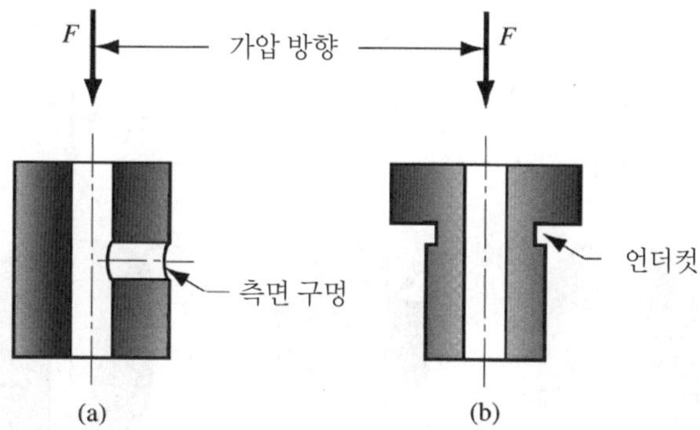

그림 12.17 분말 야금 공정에서 이형이 불가능하기 때문에 피해야 하는 제품 형상. (a) 측면 구멍, (b) 측면 언더컷.

긴 하지만 최소 10,000개 이상의 생산량이 요구된다.

- 분말 야금 공정은 특정 공극률을 갖는 다공성 제품을 성형하는 유일한 방법이다. 최대 50%의 공극률이 구현 가능하다.
- 분말 야금 공정은 다른 방법으로 성형이 어려운 특수 금속과 합금으로 제품을 만들 수 있다.
- 비록 그림 12.16의 MPIF 분류 체계처럼 계단 형상의 제품이 성형될 수 있지만, 분말 야금 제품은 일반적으로 수직 혹은 수직에 가까운 측면을 가져, 다이로부터 이형될 수 있도록 설계되어야 한다. 따라서 그림 12.17에 보이는 것과 같이 측면 구멍이나 언더컷(Undercut)과 같은 설계는 피해야 한다. 그러나 그림 12.18에서 보이는 것과 같이 수직 언더컷과 수직 구멍은 제품의 이형을 방해하지 않기 때문에 허용된다. 수직 구멍의 단면 형상은 원형이 아닌 것(예, 사각형, 키홈)도 금형 제작 및 공정에 있어 큰 어려움 없이 가능하다.
- 나사는 분말 야금의 압축 공정으로 성형할 수 없다. 꼭 필요한 경우 소결품에 절삭 가공을 수행해야 한다.
- 모따기와 코너 반경은 그림 12.19와 같이 분말 야금의 압축 공정으로 구현될 수 있다. 다만 각이 너무 예각이면 펀치 강성이 문제될 수 있다.

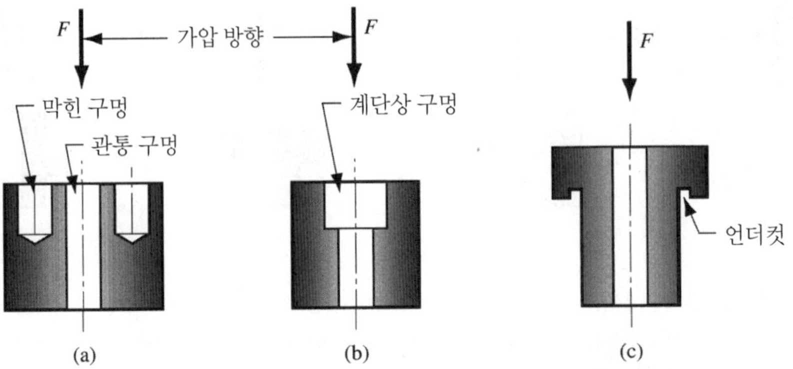

그림 12.18 분말 야금 공정에서 이형이 가능하여 허용되는 제품 형상. (a) 수직방향 막힌 또는 관통 구멍, (b) 수직 방향 계단상 구멍, (c) 수직 방향 언더컷.

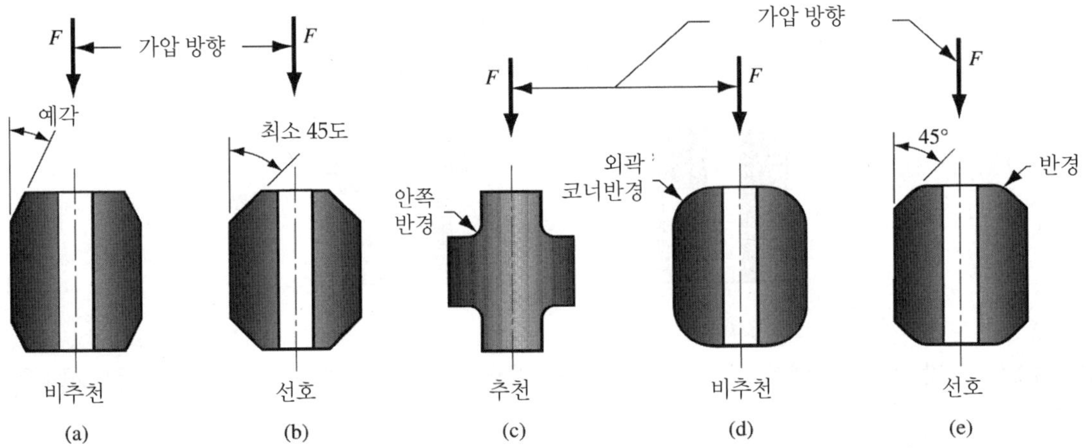

그림 12.19 모따기와 코너 반경은 구현이 가능하지만 몇 가지 규칙을 지켜야 한다. (a) 예각 모따기는 피한다. (b) 펀치의 강성을 위해 큰각이 선호된다. (c) 안쪽 코너 반경은 작은 것이 바람직하다. (d) 외곽 코너 반경은 코너의 모서리 부분에서 펀치가 쉽게 깨질 수 있으므로 완전하게 만들기는 어렵다. (d) 외곽 코너 문제는 반경과 모따기를 조합하여 해결할 수 있다.

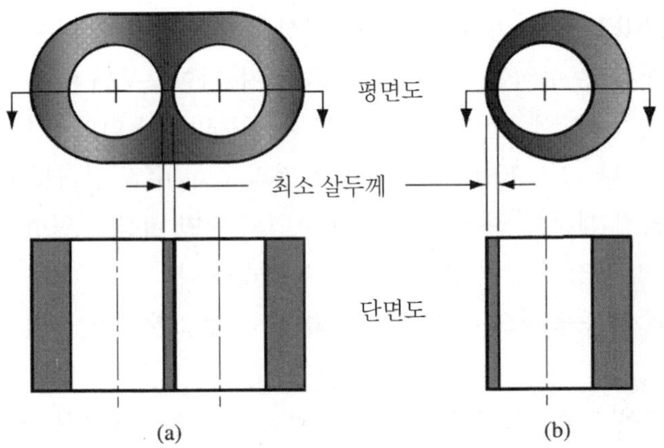

그림 12.20 최소 살두께는 (a) 구멍간, (b) 구멍과 외벽간 모두 1.5 mm 이상을 추천함.

- 그림 12.20과 같이 구멍과 구멍 간, 구멍과 외벽 간의 살두께는 1.5 mm 이상이어야 한다. 아울러 구멍의 폭은 최소 1.5 mm 이상을 추천한다.

참고문헌 *REFERENCES*

[1] *ASM Handbook*. Vol. 7: *Powder Metal Technologies and Applications*. ASM International, Materials Park, Ohio, 1998.
[2] Amstead, B. H., Ostwald, P. F., and Begeman, M. L. *Manufacturing Processes*. 8th ed. John Wiley & Sons, New York, 1987.
[3] Bralla, J. G. (ed.). *Design for Manufacturability Handbook*. 2nd ed. McGraw-Hill, New York, 1998.
[4] Bulger, M. "Metal Injection Molding." *Advanced Materials & Processes*, March 2005, pp. 39–40.
[5] Dixon, R. H. T., and Clayton, A. *Powder Metallurgy for Engineers*. Machinery Publishing, Brighton, U. K., 1971.
[6] German, R. M. *Powder Metallurgy Science*. 2nd ed. Metal Powder Industries Federation, Princeton, New Jersey, 1994.
[7] German, R. M. *Powder Injection Molding*. Metal Powder Industries Federation, Princeton, New Jersey, 1990.
[8] German, R. M. *A–Z of Powder Metallurgy*. Elsevier Science, Amsterdam, Netherlands, 2006.
[9] Johnson, P. K. "P/M Industry Trends in 2005." *Advanced Materials & Processes*, March 2005, pp. 25–28.
[10] Kalpakjian, S., and Schmid, S. R. *Manufacturing Engineering and Technology*. 7th ed. Pearson Education, Upper Saddle River, New Jersey, 2013.
[11] *Metals Handbook*. 9th ed. Vol. 7: *Powder Metallurgy*. American Society for Metals, Metals Park, Ohio, 1984.
[12] Pease, L. F. "A Quick Tour of Powder Metallurgy." *Advanced Materials & Processes*, March 2005, pp. 36–38.
[13] Pease, L. F., and West, W. G. *Fundamentals of Powder Metallurgy*. Metal Powder Industries Federation, Princeton, New Jersey, 2002.
[14] *Powder Metallurgy Design Handbook*. Metal Powder Industries Federation, Princeton, New Jersey, 1989.
[15] Schey, J. A. *Introduction to Manufacturing Processes*. 3rd ed. McGraw-Hill, New York, 1999.
[16] Smythe, J. "Superalloy Powders: An Amazing History." *Advanced Materials & Processes*, November 2008, pp. 52–55.
[17] Waldron, M. B., and Daniell, B. L. *Sintering*. Heyden, London, 1978.
[18] Wick, C., Benedict, J. T., and Veilleux, R. F. (eds.). *Tool and Manufacturing Engineers Handbook*. 4th ed. Vol. 2: *Forming*. Society of Manufacturing Engineers, Dearborn, Michigan, 1984.
[19] www.azom.com/article.aspx?Article ID = 1727.

복습문제 *REVIEW QUESTIONS*

서론

12.1 분말 야금 기술이 상업적으로 중요한 이유는 무엇인가?

12.2 분말 야금 공정의 몇 가지 단점을 설명하라.

공업용 분말 소재의 특성

12.3 체를 이용한 입자 크기 분류에서 눈수(mesh count)는 무엇을 의미하나?

12.4 금속 분말에서 열린 기공은 닫힌 기공과 어떻게 다른가?

12.5 금속 입자에서 세장비(aspect ratio)를 정의하라.

12.6 금속 분말에서 용적밀도(bulk density)와 진밀도(true density)는 무엇을 의미하나?

금속 분말의 제조

12.7 금속 분말을 생산하는 주요 방법을 설명하라.

압축 및 소결공정

12.8 일반적인 분말 야금 성형 공정의 기본 세 단계를 설명하라.

12.9 분말 야금 공정에서 블렌딩과 믹싱 공정중에 일반적으로 첨가되는 성분을 설명하라.

12.10. 분말 야금 공정의 압축 공정에서 개별 입자에는 어떤 일이 발생하는지 설명하라.

12.11. 소결 공정에서 퍼니스의 대기환경 분위기 제어가 필요한 이유는 무엇인가?

12.12 분말 야금 공정에서 함침(impregnation) 공정과 용침(infiltration)공정의 차이는 무엇인가?

압축/소결 공정의 대체 공정

12.13 분말 사출 성형과 금속 사출 성형의 차이점을 설명하라.

12.14 분말 사출 성형에서 사용되는 일반적인 바인더는 무엇인가?

12.15 등방 정압 가압법과 일반적인 압축/소결 공정의 차이점은 무엇인가?

12.16 일반적인 단조 공정과 비교하여 분말 단조 공정의 장점은 무엇인가?

12.17 액상소결 공정에 대해 설명하라.

분말야금 재료

12.18 화학적 관점에서 금속 분말의 두 가지 종류는 무엇인가?

제품설계시 고려사항

12.19 일반적인 규정에서 분말야금 공정에서 장비 및 특수 공구 비용을 정당화하기 위한 최소 생산 수량은 얼마인가?

연습문제 *PROBLEMS*

Characterization of Engineering Powders

12.1 A screen with 325 mesh count has wires with a diameter of 0.030 mm. Determine (a) the maximum particle size that will pass through the wire mesh and (b) the proportion of open space in the screen.

12.2 A screen with 200 mesh count has wires with a diameter of 0.05 mm. Determine (a) the maximum particle size that will pass through the wire mesh and (b) the proportion of open space in the screen.

12.3 What is the aspect ratio of a cubic particle shape?

12.4 Determine the shape factors for particles of the following ideal shapes: (a) cylindrical with length-to-diameter ratio of 3:2 and (b) cylindrical with length-to-diameter ratio of 3:4.

12.5 Determine the shape factors for particles that are disk-shaped flakes with thickness-to-diameter ratios of (a) 1:12 and (b) 1:18.

12.6 A pile of iron powder weighs 1.0 kg. The particles are spherical in shape and all have the same diameter of 0.06 mm. (a) Determine the total surface area of all the particles in the pile. (b) If the packing factor = 0.6, determine the volume taken by the pile. Note: the density of iron = 7.9×10^{-6} kg/mm^3.

12.7 Solve the previous problem, except that the diameter of the particles is 0.10 mm. Assume the same packing factor.

12.8 A solid cube of aluminum with each side = 1.5 m is converted into metallic powders of spherical shape by gas atomization. What is the percentage increase in total surface area if the diameter of each particle is 120 microns (assume that all particles are the same size)?

12.9 Given a large volume of metallic powders, all of which are perfectly spherical and having the same exact diameter, what is the maximum possible packing factor that the powders can take?

Compaction and Design Considerations

12.10 A bearing of simple geometry is to be pressed out of bronze powders, using a compacting pressure of 180 MPa. Outside diameter of the bearing = 32 mm, inside diameter = 22 mm, and length = 20 mm. What is the required press tonnage to perform this operation?

12.11 The part shown in Figure P 12.11 is to be pressed of iron powders using a compaction pressure of 516.75 N/mm². Dimensions are mm. Determine (a) the most appropriate pressing direction, (b) the required press tonnage to perform this operation, and (c) the final mass of the part if the porosity is 10%. Assume shrinkage during sintering can be neglected.

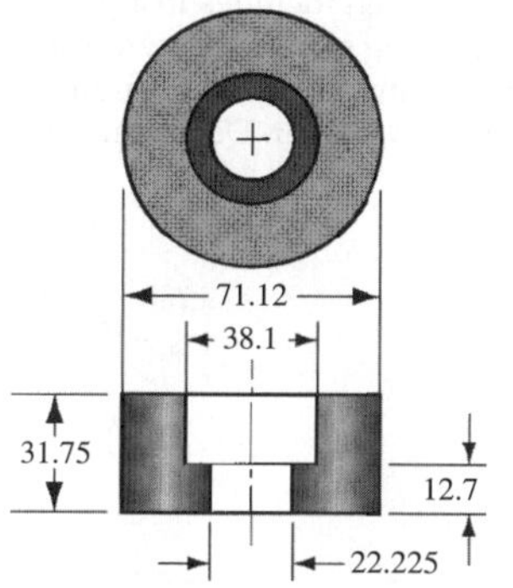

P 12.11 Part for Problem 12.11 (dimensions are mm).

12.12 For each of the four part drawings in Figure P12.12, indicate which PM class the parts belong to, whether the part must be pressed from one or two directions and how many levels of press control will be required?

Powder Metallurgy Economics

12.13 In Example 12.1, the total length of the conveyor belt running through the furnace is 13 m. In addition to the sintering chamber, the preheat chamber is 2.5 m, the cool-down section is 4.5 m, and the remaining length of the conveyor is divided equally between loading and unloading areas. Determine the cycle time Tc_3 of a part that is processed through this furnace.

12.14 In the previous problem, suppose a batch-type furnace is used instead of a flow-through type. The same sintering time is required, but an additional 10 min must be allowed for preheating. Also, 20 min are needed for parts loading and unloading. Cool down occurs after the parts are unloaded. The number of parts that can be in the heating chamber at one time is 150. Determine the (a) cycle time and (b) processing rate of the furnace.

12.15 In a flow-through sintering furnace, the total length of the conveyor belt is 15 m, which includes 2 m of length for loading, 3 m for preheating, 5 m for cool down, and 1.5 m for unloading. The sintering temperature is 800°C. Each part loaded onto the conveyor spends 22 min in the preheat chamber, and the total number of parts in preheat, sintering, and cool-down is 756 pc. Determine the (a) speed of the conveyor, (b) sintering time, (c) processing rate of parts through the furnace, and (d) processing cycle time. (e) What are the minimum required loading and unloading rates in the operation?

12.16 PM parts are mass produced in a conventional press-and-sinter operation in which the starting powder cost is \$0.50/pc. The blending and mixing step is a batch process in which powders for 450 parts are processed in each batch. This step takes 25 min, and the associated equipment cost rate is \$40/hr. The pressing cycle takes 8.0 s/pc,

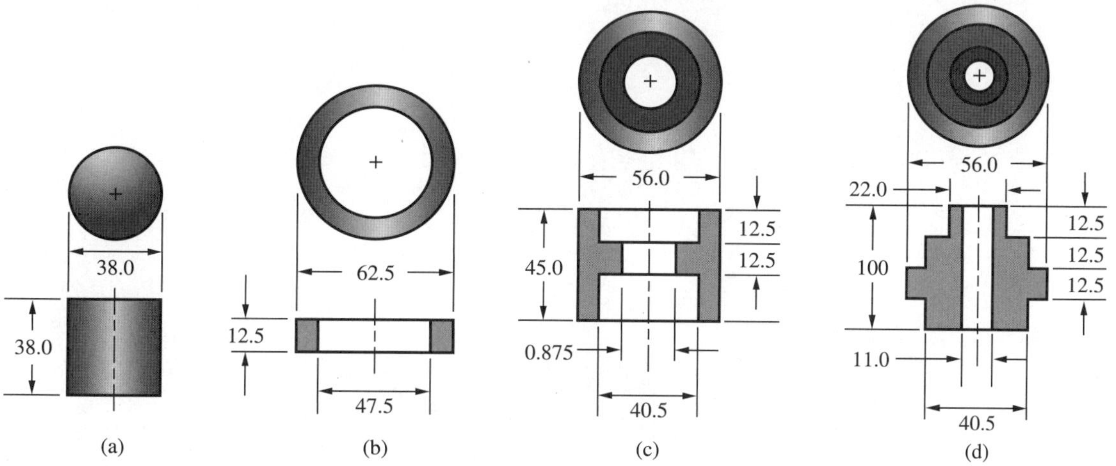

P 12.12 Parts for Problem 12.12 (dimensions are mm).

and the equipment cost rate is $70/hr. Press setup time is negligible due to the large quantities. The punch and die must be refurbished every 10,000 parts at a cost of $1,000, which includes lost production time. In the sintering step, the flow-through furnace has a processing rate of 5.2 pc/min, and the furnace cost rate is $50/hr. Determine the total cost per completed PM part.

12.17 Given the data in the preceding problem and the fact that there is only one piece of equipment for each of the three steps, determine the processing rates for (a) blending and mixing and (b) pressing. The plant normally operates one 8-hr shift. It turns out that the processing rates of the three steps are not equal, and this results in a significant build-up of inventory (powders) between steps 1 and 2. Also, step 3 (sintering) is the slowest of the three operations, and this requires it to be operated overtime to produce the same daily output as step 2. (c) How many hours per day must step 3 be operated to produce the same quantity of parts as step 2? (d) What changes could be made in steps 1 and 3 in the sequence in order to better equalize their respective processing rates? Assume that the required daily production output is the same as the daily processing rate of pressing, and that all equipment is 100% reliable.

12.18 A total of 18,000 powder metal parts are produced in a conventional press-and-sinter operation. The starting powder cost is $0.60/pc. The blending and mixing step is a batch process in which powders for 230 parts are processed per batch. This step takes 20 min, and the associated equipment cost rate is $30/hr. The pressing cycle takes 6.0 s/pc, and the equipment cost rate is $60/hr. Setup time for the press is 45 min. The punch and die must be refurbished once during the production run at a cost of $1,000, which includes lost production time. In the sintering step, the flow-through furnace has a processing rate of 7.6 pc/min, and the furnace cost rate is $50/hr. Determine the total cost per PM part.

CHAPTER 13

세라믹과 서멧 공정

13.1 전통 세라믹 공정
13.1.1 원료의 준비
13.1.2 성형 공정
13.1.3 건조
13.1.4 굽기(소결)
13.2 뉴 세라믹 공정
13.2.1 원료의 준비
13.2.2 성형
13.2.3 소결 및 마무리
13.3 서멧 공정
13.3.1 시멘트 카바이드
13.3.2 기타 서멧과 세라믹 기지 복합재
13.4 제품 설계 시 고려 사항

세라믹의 재료는 다음의 세 종류로 분류된다: (1) 전통 세라믹, (2) 뉴 세라믹, (3) 유리. 유리공정은 주로 고형화(solidification)와 관련 있으며 9장에서 설명했다. 이 장에서는 전통 세라믹과 뉴 세라믹에 사용되는 입자 공정에 대하여 설명한다. 또한 세라믹 기지 복합 재료, 금속 기지 복합 재료의 공정에 관해서도 설명한다.

전통 세라믹은 자연에서 얻는 광물질로 만들어지고 도기, 자기, 시멘트 등이 있다. 뉴 세라믹은 합성을 통해 생산된 원료를 사용하여 만들어지고, 절삭날, 인공뼈, 핵연료, 전자회로기판 등과 같이 넓은 범위에 걸쳐 사용되고 있다. 이 모든 제품의 기초 소재는 분말이다. 전통 세라믹에서는 분말을 물과 함께 섞어 일시적으로 입자를 결합해 형상을 만들기에 적당한 점도를 얻는다. 뉴 세라믹의 경우에는 결합재 역할을 하는 다른 물질들을 사용하고 성형하여 만들어진 생형 부품(green part)을 소결시킨다. 이를 세라믹에서는 종종 굽기라고 하며 그 역할은 분말 야금 공정에서와 같다. 즉 고체 상태의 반응(solid state reaction)을 통해 단단한 덩어리로 결합하는 것이다.

이 장에서 설명하는 공정들은 상업적, 기술적으로 중요하다. 실제 모든 세라믹의 제품들이 이러한 방법들로 만들어지기 때문이다(유리 제품은 제외). 전통 세라믹과 뉴 세라믹의 제조 절차는 동일한 기초 소재, 즉 분말로부터 시작되기 때문에 유사하다. 그러나 공정 방법은 많이 다르기 때문에 두 가지를 따로 나누어 설명한다.

13.1 전통 세라믹 공정

이 절에서는 도기, 석기, 식기류, 벽돌, 타일, 내화재와 같은 전통 세라믹 제품을 만드는 기술에 대해 설명한다. 연삭 숫돌도 같은 기술로 제작된다. 이러한 제품이 가지는 공통점은 그 소재가 기본적으로 규산염, 광물, 즉 점토라는 것이다. 그림 13.1에 전통 세라믹 제료를 제작하는 과정이 나와 있다.

13.1.1 원료의 준비

전통 세라믹의 형상을 만들기 위해서는 가소성의 반죽 형태 초기 재료가 필요하다. 이것은 미세한 세라믹 분말을 물과 섞어 만들어지고 함께 만드는데 그 농도가 성형성과 최종 제품의 품질을 결정한다. 분말의 원 세라믹 소재는 보통 자연에서 얻을 수 있는 암석 덩어리이고 이를 분말로 만드는 것이 세라믹의 준비 과정이다.

세라믹의 입자 크기를 작게 하는 기술에는 충격, 압축, 마찰과 같은 기계적 에너지를 이용하는 방법이 있다. 이 기술을 세분(comminution)이라 용어로 사용되고, 이는 시멘트, 금속 광석, 취성 금속 같은 취성 재료에 매우 효율적이다. 세분 작업은 분쇄와 제분의 두 가지 형태로 구분한다.

분쇄(crushing)는 계속적인 분쇄를 거쳐 광석의 큰 덩어리를 작은 덩어리로 줄이는 작업이다. 여러 단계가 필요한데 (예, 1차 분쇄, 2차 분쇄), 각 단계별 축소율은 3:1~6:1 정도이다. 광물 분쇄 작업은 단단한 면을 이용한 압축 공정이나 운동 면을 이용한 충격 공정으로 수행된다[1]. 그림 13.2에는 여러 분쇄 장비를 나타냈다: (a) 죠(jaw) 분쇄기, 단단한 표면 부위와 대형 죠의 전후 운동으로 덩어리 분쇄; (b) 회전식 분쇄기, 단단한 표면과 회전 콘 사이에서 덩어리를 콘으로 눌러 압축 분쇄; (c) 롤 분쇄기, 회전 롤 사이로 세라믹 덩어리를 압착 분쇄; (d) 해머 밀, 이것은 덩어리를 깨기 위하여 회전하는 해머로 재료에 충격을 주어 해머를 사용 분쇄하는 것이다.

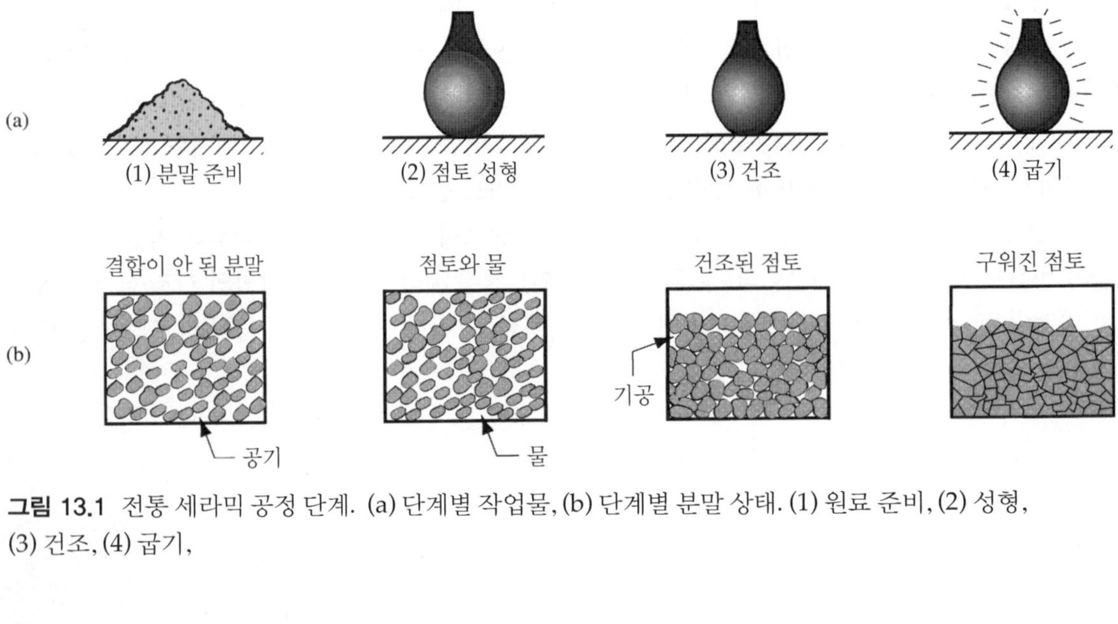

그림 13.1 전통 세라믹 공정 단계. (a) 단계별 작업물, (b) 단계별 분말 상태. (1) 원료 준비, (2) 성형, (3) 건조, (4) 굽기,

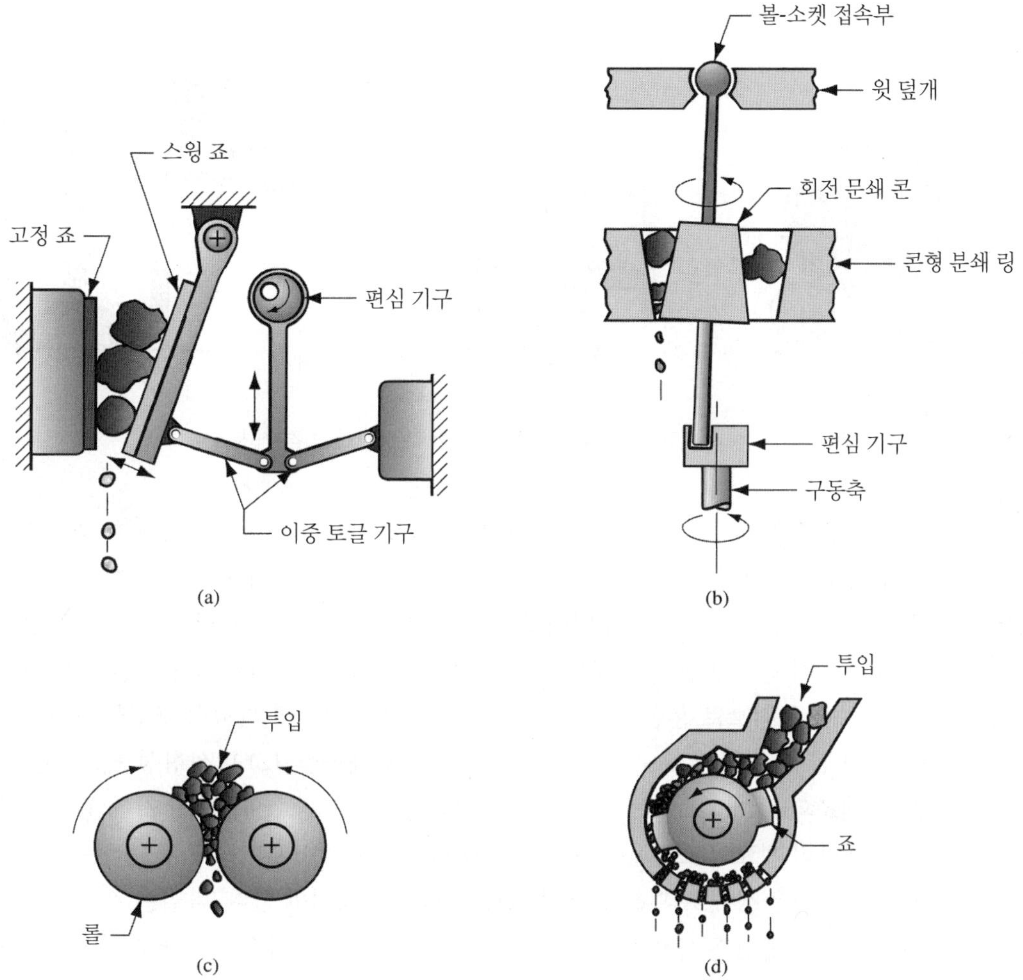

그림 13.2 분쇄 작업. (a) 죠(jaw) 분쇄기, (B) 회전식 분쇄기, (c) 롤 분쇄기, (d) 해머 밀.

제분(grinding)은 분쇄로 만들어진 작은 덩어리를 가는 분말로 만드는 작업이다. 제분작업은 볼, 롤러 등과 같은 강체에 의한 광물의 마모, 압착 및 충격에 의한 분쇄과정으로 수행된다. 제분의 예로는 그림 13.3과 같이 (a) 볼 밀, (b) 롤러 밀, (c) 충격제분이 있다.

볼 밀(ball mill) 방법에서는 단단한 볼을 재료와 함께 섞어 큰 원통형 용기에 넣고 회전시킨다. 회전에 의해 볼과 재료가 함께 용기 벽을 따라 움직여 올라가다가 자중에 의해 바닥으로 떨어지면 충격과 마모에 의해 제분된다. 때로는 혼합물에 물을 섞기도 하고 이때 세라믹 슬러리 형태가 된다. 롤러 밀(roller mill)은 테이블 위에 재료가 놓이고 그 위를 롤러가 굴러가며 짓이기는 방식이다. 그림에서 명확히 나타내지 못했지만 롤러가 굴러가며 짓이기는 방식이다. 롤러가 누르는 압력은 스프링이나 유압-공압으로 조절된다. 충격 제분(impact grinding)에서는 재료를 고속 공기 흐름 또는 고속 슬러리 형태로 단단한 평면을 향해 발사해 그 충격으로 제분을 수행한다. 하지만 그리 자주 사용되는 방법은 아니다.

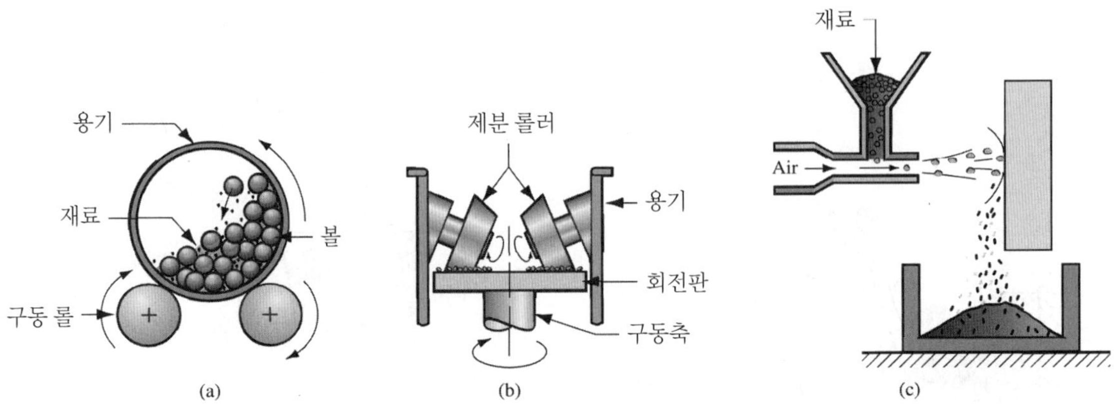

그림 13.3 세라믹 분말을 만드는 기계적 방법. (a) 볼 밀, (b) 롤러 밀, (c) 충격 제분.

성형에 사용되는 반죽은 세라믹 분말과 물로 이뤄져 있다. 점토는 이상적인 성형 특성을 가진 재료로서 반죽의 주재료로 사용된다. 물의 양이 많으면 많을수록 반죽이 더욱 쉽게 성형된다. 그러나 성형된 가공물을 건조시켜 구우면 수축이 일어날 수 있는데 이것은 제품 내 균열을 유발할 수 있다. 이 문제를 해결하기 위해 건조와 굽기 과정에서 잘 수축되지 않는 다른 세라믹 원료를 어느 정도 반죽에 섞는다. 또한 특수 목적으로 혼합되는 원료도 있다. 따라서 세라믹 반죽의 구성물은 세 가지로 나눌 수 있다[3]. (1) 점토: 성형에 요구되는 농도와 성형성을 제공함, (2) 비성형성 원료: 알루미나 혹은 실리카인데, 건조와 굽기 과정 중 수축하지 않으나 성형성을 감소시킴, (3) 기타 첨가물: 굽기 과정 동안 녹아서 세라믹 재료의 소결을 촉진시키는 용제(예로 장석), 혼합을 촉진시키는 습윤제.

이러한 첨가물들은 젖은 상태로 혹은 건조한 상태로 완전히 섞여야 한다. 볼밀은 제분 기능에 이러한 목적을 부가하기 위해 간혹 사용된다. 또한 반죽 내 분말과 물은 적절한 비율로 섞여 있어야 한다. 이를 위해 반죽의 상태와 반죽이 원하는 농도에 도달했는지를 살펴 물을 첨가하거나 줄이거나 해야 한다.

13.1.2 성형 공정

성형 공정마다 분말과 물은 최적의 혼합 비율이 사용된다. 어떤 성형 공정에서는 유동성이 높아야 되는 반면 일부 공정에서는 물이 거의 없어야 한다. 체적으로 약 50%의 물이 섞였을 때 혼합물은 액체처럼 흐르는 슬러리 형태가 된다. 물의 양이 줄어들면 점점 반죽에 가해야 하는 압력이 높아야 한다. 따라서 성형 공정은 혼합 농도에 따라 다음과 같이 분류될 수 있다. (1) 슬립 주조법(slip casting)은 25%~40%의 물을 함유한 슬러리를 사용하며, (2) 소성 성형법에서는 가소성 조건인 15%~25% 물을 함유한 점토로 성형, (3) 반건조 압연에서는 가소성이 낮은 점토(10%~15% 물)를 사용 (4) 건조 가압법에서는 물의 함유비가 5% 이하인 건조된 점토를 사용하며, 건조 점토는 가소성이 없다. 이 4가지 분류는 초기 재료로 사용되는 점토의 조건과 비교하여 그림 13.4에서 볼 수 있다. 각 부류는 여러 다른 성형 공정을 갖고 있다.

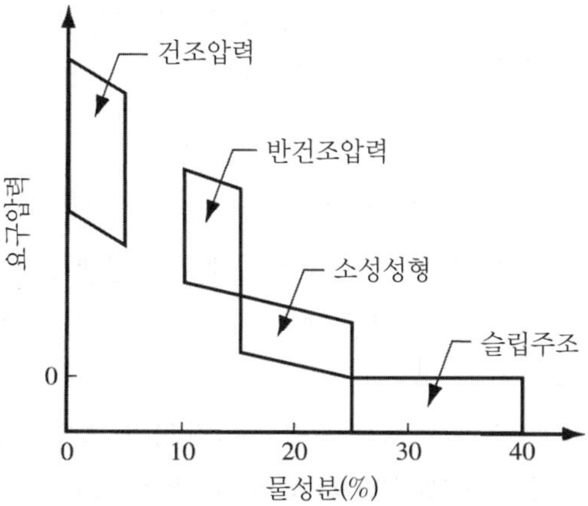

그림 13.4 진흙을 성형하기에 필요한 물성분과 압력과 비교한 전통 세라믹의 성형 공정 네 가지 부류.

슬립 주조법

슬립 주조법(slip casting)은 물에 세라믹 분말이 있는, 슬립이라는 세라믹 분말 현탁액을 다공성 석고($CaSO_4$-$0.5H_2O$) 주형에 부어 금형의 표면에 단단한 층을 형성하기 위해 혼합물로부터 물은 천천히 석고에 흡수된다. 슬립의 성분은 보통 물이 25~40% 정도이고, 나머지는 여러 첨가물이 혼합된 점토다. 슬립은 형틀의 기공 속으로 잘 흘러들어갈 수 있을 정도로 충분히 유동성이 있어야 한다. 생산성을 높이기 위해서는 물의 양이 적은 것이 바람직하다. 슬립 주조법에서는 배액 주조법과 고형 주조법의 두 가지 다른 방법이다.

전통적인 공정인 배액 주조법(drain casting)에서는 주형 표면에 반고체 층을 형성시킨 후 주형을 뒤집어 남은 슬립을 배출시킴으로써 속이 빈 제품을 만든다. 이후 주형을 열고 제품을 꺼낸다. 이 방법은 금속 슬러시 주조법과 매우 유사한 데 그 과정을 그림 13.5에 나타냈다. 이 방법으로 주전자, 꽃병, 예술품, 기타 속이 빈 제품을 만든다. 고형 주조법(solid casting)은 속이 꽉 찬 제품을 만드는

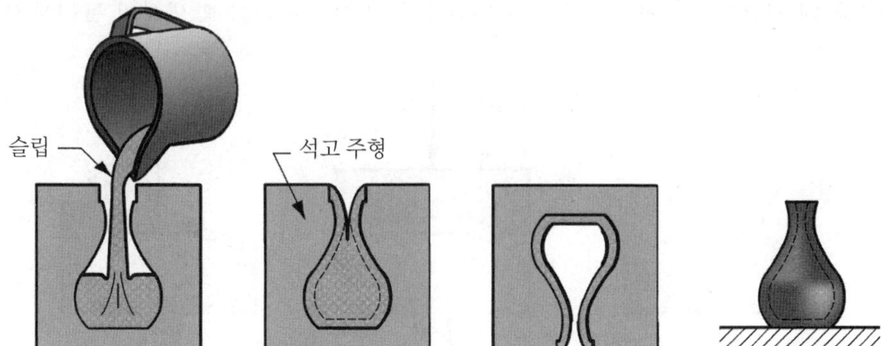

그림 13.5 슬립 주조법의 하나인 배액 주조법의 절차. (1) 슬립을 주형 속에 붓는다. (2) 물이 석고 속으로 흡수되면 단단한 층을 만든다. (3) 과잉 슬립을 배출한다. (4) 제품을 주형에서 꺼내 다듬질한다.

데 사용된다. 충분한 시간을 주어 제품 전체가 단단해 질 때까지 기다리며 주기적으로 슬립을 추가해 주형에 물이 흡수되어 생긴 수축량이 보충되게 한다.

소성 성형법

의 분류에는 수작업, 기계화된 여러 방법들이 있다. 초기 혼합물은 가소성의 농도를 가져야 하는데, 일반적으로 물이 15~25% 함유될 때 이뤄진다. 수작업에서는 쉽게 성형될 수 있도록 물의 함량이 높은 점토를 사용하고, 하지만 건조 시 수축이 심해진다. 기계화된 방법에서는 물의 함량이 낮은 혼합물을 사용하지만 건조 시 수축이 심해진다.

수작업 성형법의 기원은 수천 년 전으로 거슬러 올라가지만 오늘날에도 숙련된 기술자들이 생산 혹은 예술작업으로 사용한다. ***핸드모델링법(hand modelling)***은 점토를 다루어 원하는 형상의 세라믹 제품을 만드는 방법이다. 예술품과 더불어 슬립 주조법에 사용되는 석고 주형의 모형(패턴)도 이 방법으로 만들어지곤 한다. ***핸드몰딩(hand molding)***도 유사한 방법인데, 형상을 결정하기 위해 주형이나 틀을 사용해 만든다. 물레(pottery) 위에서 행해지는 핸드스로잉법(hand throwing)은 수공예의 또 다른 세분화된 방법이다. 물레바퀴는 수직형 회전형 테이블로서 모터나 발판으로 작동되고 원형 단면을 가진 세라믹 제품은 회전 테이블 위에서 던져져 성형될 수 있으며 내부 형상을 만들기 위해 틀이 사용되기도 한다.

엄밀히 말해 모터로 작동되는 물레를 사용하는 것은 일종의 기계화된 방법이다. 그러나 대부분의 기계화된 점토 성형법은 핸드스로잉법 보다는 수작업을 사용하지 않고 있다. ***지거링법(jiggering)***은 물레법을 더 넓힌 것으로서 핸드스로잉 대신 기계화된 방법을 사용한다. 이 방법은 가정용 접시와 사발 같은 동일 형상의 제품을 대량 생산하는 데 사용한다. 비록 사용되는 기본 공정의 자동화의 정도를 반영하여 그 도구나 방법에서 약간의 차이가 있긴 하지만 지거링법의 통상적인 절차는 그림 13.6에서 보는 것과 같다. (1) 블록 형틀 위에 젖은 점토 슬러그가 놓여진다. (2) 성형도구로 슬러그를 눌러 대강의 초기 형상을 만든다—이 작업을 배팅(batting)이라 하고 이렇게 해서 만든 작업물을 뱃(bat)이라 한다. (3) 가열된 지거(jigger) 공구는 회전하는 작업물에 대고 눌러 최종 형상을 만드는 데 사용된다. 가열된 공구를 사용하는 이유는 증기를 발생시켜 들러붙지 않게 하기

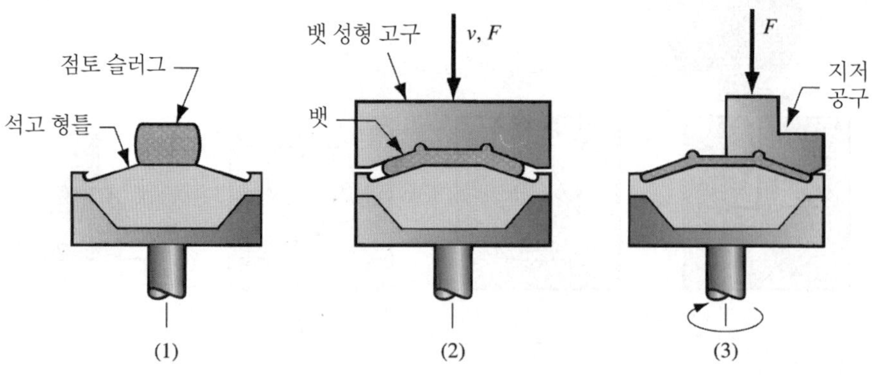

그림 13.6 지거링법의 절차. (1) 점토슬러그를 블록면 형틀에 위치시킨다. (2) 배팅, (3) 지거 공구로 최종 형상을 만든다. 기호 v와 F는 각각 운동속도와 힘을 나타낸다.

위해서 이다. 지거링법과 매우 관련이 깊은 방법으로 ***졸링(jolleying)법***이 있다. 이 방법에서는 볼록면 대신 오목 면을 가진 형틀을 사용한다[8] 이 두 방법에서는 비회전 지거(혹은 졸리) 공구 대신 회전 공구를 사용하기도 한다. 이렇게 하여 점토를 형상으로 만들어 슬러그를 뱃으로 만드는 작업을 생략할 수 있다.

소성 가압법(plastic pressing)은 가소성 점토 슬러그를 금속 링으로 둘러싸인 상하 형틀 사이에 넣고 누르는 방법이다. 형틀은 석고 같은 다공성 재질로 만들어져 형틀 뒤쪽에서 진공을 만들어 점토 속 수분을 제거한다. 형틀을 열 때 뒤쪽에서 다시 공기압을 가해 제품이 형틀과 들러붙지 않도록 한다. 소성 가압법은 지거링법보다 생산성이 높고 반경 방향 비대칭 제품에도 적용할 수 있다.

압출법(extrusion)은 균일한 단면 형상을 가진 긴 제품을 생산하는 데 사용되는데, 원하는 부품 길이가 되면 잘려진다. 압출 장비에 스크루형 운동으로 점토를 섞고 이를 다이 입구로 밀어낸다. 이 방법은 속이 스크루형 부품을 설치해 점토를 섞고 이를 다이 구멍으로 밀어낸다. 이 방법은 속이 빈 벽돌, 형상이 있는 타일, 배수 파이프, 튜브, 절연물을 만드는 데 널리 사용된다. 또한 이 방법은 지거링법이나 소성 가압법 같은 다른 세라믹 가공법에 사용될 초기 점토 슬러그를 만드는 데도 사용된다.

반건조 압연

반건조 압연에서 초기 점토의 수분 함량비는 보통 10~15% 정도이다. 이 때문에 가소성이 낮아 가소성 점토를 사용하는 소성 가압법에는 적용할 수 없다. 반건조 압연에서는 높은 압력을 가해 재료가 낮은 가소성이어도 그림 13.7에서 보듯이 강제로 금형 공동부로 흘러가게 한다. 금형 분할면으로 끼어 들어간 여분의 점토는 플래시(flash)가 된다.

건조 가압법

반건조 압연과 건조 가압법의 주요 차이점은 초기 혼합물의 수분 함량이다. 건조 가압법에 사용되

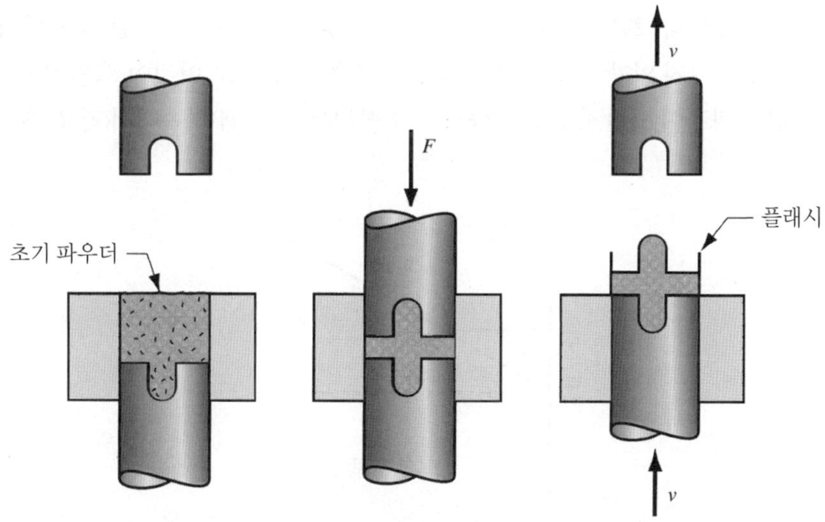

그림 13.7 반건조 압연. (1) 다이 공동부로 습한 파우더를 도포, (2) 압축, (3) 다이를 열고 부품을 빼냄. 기호 v, F는 각각 운동력 및 가해진 압력이다.

는 초기 점토의 수분 함량은 보통 5% 이하이다. 이러한 이유 때문에 다음 공정에서 취급이 수월하도록 건조 분말에 결합재를 함께 섞어 압축된 부품이 충분한 강도를 가지게 한다. 윤활제도 함께 넣어 압축과 취출 시 금형에 달라붙는 것을 방지한다. 건조 점토는 가소성이 없고 입자성이기 때문에 반건조 압연과 비교했을 때 금형 설계와 제작 절차에 있어 다른 점이 있다. 금형은 마모를 줄이기 위해 경화공구강이나 텅스텐카바이드로 제작된다. 또한 건조 점토는 가압할 때 잘 유동 되지 않으므로 제품 형상이 상대적으로 단순해야 한다. 초기 분말의 양과 분포도 적절해야 한다. 건조 가압법으로는 플래시와 수축이 발생하지 않는다. 따라서 건조 시간이 필요 없고 최종 제품의 치수 정확도도 우수하다. 건조 가압법의 공정 절차는 반건조 압연과 비슷하고 건조 가압법으로 만들어지는 제품으로 욕조 타일, 전기 절연체, 내화 벽돌 등이 있다.

13.1.3 건조

물은 성형 공정에서 매우 중요한 역할을 수행한다. 이후 공정에서는 필요 없기 때문에 굽기 공정 전에 점토 제품에서 제거되어야 한다. 건조 과정에서는 물이 있던 부피 때문에 수축이 일어나는데, 그 효과를 그림 13.8에서 볼 수 있다. 물은 처음에 건조 점토에 혼합될 때 기공 속의 공기를 대체해 나가기 때문에 부피 변화가 없다. 물의 양이 일정 수준 이상 늘어나면 점토 입자 사이가 늘어나게 되어 부피가 증가하고 이러한 젖은 점토는 가소성과 성형성을 갖게 된다. 더욱 많은 물이 더하면 혼합물은 결국 물속에 점토 입자가 떠 있는 현탁액의 형태가 된다.

건조 공정에서는 반대 현상이 일어난다. 젖은 점토에서 물이 제거됨에 따라 제품의 부피는 줄어든다. 건조 과정은 그림 13.9에 나타낸 것처럼 2단계로 일어난다. 1단계에서는 건조율이 높고 일정하다. 즉 점토 표면에 있는 물은 공기 중으로 증발하고 점토 내부에 있는 물은 모세관 현상에 의해 표면 쪽으로 향해 이동한다. 이 단계에서 수축이 일어나는데 제품의 위치마다 건조율이 다름으로써 휘거나 깨어질 위험이 있다. 2단계에서는 세라믹 입자들이 서로 접촉해 있는 상태에서 수분이 줄어들어 수축이 전혀 일어나지 않게 되고 건조 감소율이 점차 감소하고 이것이 그림에 나타나 있다.

제조할 때는 건조 과정이 일반적으로 온습도가 조절되는 건조 챔버 속에서 건조 계획에 따라 이뤄

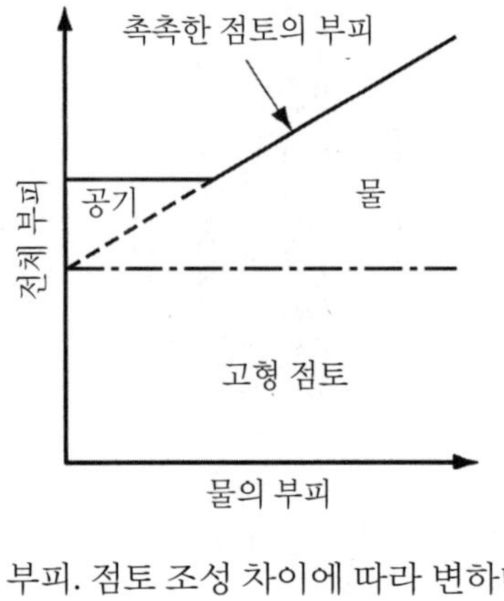

그림 13.8 수분 함량에 따른 진흙의 부피. 점토 조성 차이에 따라 변하며 여기서는 일반적인 관계이다.

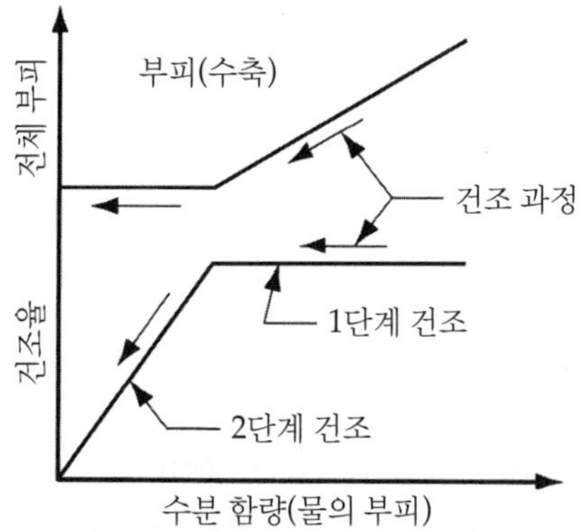

그림 13.9 일반적인 건조율 곡선. 그에 따른 세라믹 제품의 부피 감소 변화(건조 수축) 두 번째 단계에서의 건조율은 이 그림에서 선형(수분 함량에 따른 일정률 감소)으로 나타냈지만 비선형 모습을 보이기도 한다[3], [8].

진다. 이때 제품 속 수분이 너무 빨리 제거되지 않도록 주의를 기울여야 하며 빨리 제거되면 수분 함량 구배가 생겨 깨지기 쉽다. 가열은 보통 적외선 열원을 사용해 대류와 복사의 조합 방식으로 이뤄진다. 일반적인 건조시간은 얇은 단면 제품의 경우 15분 정도, 매우 두꺼운 제품의 경우 몇일 걸린다.

13.1.4 소결

성형 후 소결 전의 세라믹 부품은 생형(green: 분말 야금에서의 용어와 같음)이라 하고 충분한 공정과 처리를 거치지 않은 것이다. 생형 부품은 경도와 강도가 부족하고; 부품의 모양을 고정하고 경도와 강도를 얻기 위해 소결시켜야 한다. 소결은 세라믹 재료를 소결하는 열처리 공정이다. 이 공정은 가마(kiln)라고 불리우는 로에서 수행된다. 소결 시 세라믹 입자 사이에 결합재가 있게 되고 이는 기공을 없애 밀도를 높이는 작업을 수행한다. 따라서 건조 시에 이미 발생한 수축과 더불어 다결정 재료에서 수축이 일어난다. 세라믹의 소결은 분말 야금에서의 메커니즘과 같다. 전통 세라믹에서 혼합 성분사이에 어떠한 화학작용이 일어나 결합재 역할을 하는 결정 사이에 유리상이 만들어진다. 두 가지 현상 모두 구워지는 온도와 세라믹 재료의 조성에 따라 결정된다.

광택이 없는 세라믹은 한 번 굽고 광택이 있는 세라믹은 두 번 구워진다. ***광택(glazing)***은 물을 통과시키지 않고 모습을 좋게 하도록 세라믹 표면에 코팅을 하는 것이고 이 광택 제품을 얻는 보통의 절차는 (1) 제품을 단단하도록 광택 작업 전 한번 굽기 (2) 광택을 내기 (3) 광택을 단단하게 하도록 한 번 더 굽기 등이다.

13.2 뉴 세라믹 공정

전통 세라믹은 대부분은 물과 섞으면 가소성을 가지며, 건조되면 구워지며 단단해지는 독특한 점토를 기본 물질로 만들어 진다. 점토는 수산화 알루미늄 규산염을 주성분으로 하여 기타 세라믹 재료와 함께 혼합되어 화학적으로 복잡하게 구성된다. 뉴 세라믹(5.2.2절)은 산화물, 탄화물, 질화물 등의 화합물로 구성된다. 이러한 물질들은 물과 함께 섞여도 점토와 같은 가소성이나 성형성을 가지지 않는다. 따라서 이러한 성질을 부여하기 위해 또 다른 첨가물을 넣어야 한다. 이렇게 함으로써 기존 전통 성형법과 같이 그대로 적용할 수 있다. 뉴 세라믹은 일반적으로 전통 세라믹 재료로는 구현하기 어려운 높은 강도, 경도, 기타 성질들이 필요한 응용 분야에서 개발되었고 이 때문에 여러 새로운 공정 기술이 추가로 도입되었다.

뉴 세라믹의 제조 절차를 요약하면 (1) 초기 재료의 준비, (2) 성형, (3) 소결, (4) 다듬질이다. 이것은 전통 세라믹의 제조 절차와 거의 유사하지만 세부적인 내용은 매우 다르다.

13.2.1 원료의 준비

뉴 세라믹은 전통 세라믹에 비해 매우 높은 강도가 요구되어 초기 분말 입자의 크기는 더욱 작아져야 하고 화학 조성에 있어서는 더욱 균질해야 한다(세라믹 제품의 강도는 입자의 크기에 반비례). 따라서 초기 분말을 잘 준비할 필요가 있다. 이에는 기계적 방법과 화학적인 방법이 있다. 기계적인 방법으로는 전통 세라믹에 사용되는 작은 볼 밀 제분법이 있다. 이 제분법의 문제점은 볼 과 제분기 벽에서 떨어져 나온 입자 때문에 세라믹 분말이 오염된다는 것이다. 이 때문에 세라믹 분말의 순도가 떨어져 결국 최종 제품의 강도를 떨어뜨리는 결함이 나타난다.

뉴 세라믹 분말의 균질성을 높이는 화학적 방법으로 냉동 건조법과 침전법의 두 가지 방법이 있다. 냉동건조법(freeze drying)은 물에 적당한 염을 녹인 후 이를 스프레이로 뿌려 작은 물방울 모양으로 만들어 급속 냉동한다. 이 후 진공 챔버에서 물을 제거하면 응고 건조된 염이 만들어지고 추가로 열을 가해 세라믹 입자로 분해된다. 냉동 건조법은 초기 재료에 적절한 수용성 염을 구하기가 쉽지 않기 때문에 모든 세라믹에 적용되지는 않는다.

용해 석출(precipitation from solution)은 뉴 세라믹에 사용되는 다른 준비방법이다. 전통적인 공정에서는 원하는 세라믹 화합물이 초기 재료에서 용해되어 불순물이 걸러진다. 용해되어 중간적인 화합물을 용출하고, 열을 가해 원하는 최종 화합물로 바뀐다. 석출의 예로 베이어 공정(Bayer process)을 들 수 있는데, 이 공정을 이용하여 고순도의 알루미나(알루미늄 생산에 사용되며 보크사이트 광물에서 철 화합물과 불순물 등이 제거된 산화알루미늄을 얻는다. 수산화알루미늄($(Al(OH)_3)$)이 석출되고 이 후 건조시키면 알루미나(Al_2O_3)를 만들 수 있다.

분말을 준비하는데 더 필요한 것은 성형 전 분말을 크기별로 분류하고 혼합하는 것이다. 뉴 세라믹 응용 분야에는 매우 미세한 분말이 요구된다. 그러므로 입자들을 크기에 따라 나누고 분류해야 한다. 또한 다른 세라믹 입자가 결합될 때는 입자들이 편석이 되는 것을 방지하기 위해 입자들을 잘 혼합해야 한다.

여러 가지 첨가물이 초기 분말에 종종 소량 혼합된다. 이러한 첨가물로는 (1) 가소성과 작업성을 높이는 가소성제 (2) 세라믹 입자를 최종 제품의 고체 덩어리로 결합하는 결합재 (3) 혼합이 잘되게 하는 습윤제, (4) 분말이 미리 굳어 뭉치는 것을 방지하는 응집 제거제, (5) 성형 시 세라믹 입자 간 마찰을 줄이고 금형과 고착되지 않고 잘 떨어지도록 하는 윤활제 등이다.

13.2.2 성형

대부분의 뉴 세라믹 성형 공정은 분말 야금법과 전통 세라믹 공정과 같다. 12.3절에서 설명한 가압 소결법도 뉴 세라믹 재료에 그대로 적용된다. 그리고 몇 가지 전통 세라믹 성형법도 뉴 세라믹 성형법으로 사용되며, 대표적으로 슬립 주조법, 압출법, 건조 가압법 등이 있다. 다음에 설명하는 공정은 몇 가지는 분말 야금법과 관련이 있으나 전통 세라믹 성형(shaping)에서는 쓰이지 않는다.

고온 가압법

고온 가압법(hot pressing)은 건조 가압법과 유사하지만(13.1.2절) 공정이 고온에서 수행되기 때문에 가압과 동시에 소결이 이루어지기 때문에 별도의 굽기 과정을 수행하지 않아도 된다. 고온 가압법은 밀도가 높고 입자의 크기가 미세한 제품이 얻어지나 고온 입자로 인해 금형의 수명이 짧아진다.

등방정압 가압법

등방정압 가압법(iso-static pressing)은 분말 야금법에 사용된 것과 똑 같은 공정이다(12.4.1절). 정수압을 사용해 세라믹 분말을 모든 방향에서 고르게 압축하는 등방정압 가압법을 이용하여 전통적인 단축 가압법에 의하여 밀도가 불균일해지는 것을 피하여 균일한 밀도의 최종 제품을 얻을 수 있다.

닥터블레이드 공정

닥터브레이드 공정을 이용하여 세라믹의 얇은 박판을 만들 수 있다. 한 가지 대표적인 적용 예는 전자산업 분야에서 집접회로(IC)의 아래 층 판재 재료로서 사용되는 박판의 제조이다. 그림 13.10에 이 공정이 나타나 있다. 세라믹 슬러리가 셀로판 필름 프레임 위에서 부어지고 세라믹의 두께는 닥터 블레이드(doctor blade)라 불리는 와이퍼(wiper)로 결정한다. 슬러리는 필름과 함께 이송되면서 건조되어 유연한 세라믹 테이프가 된다. 이송 선단 끝에는 테이크업릴(take up reel)이 있어 후

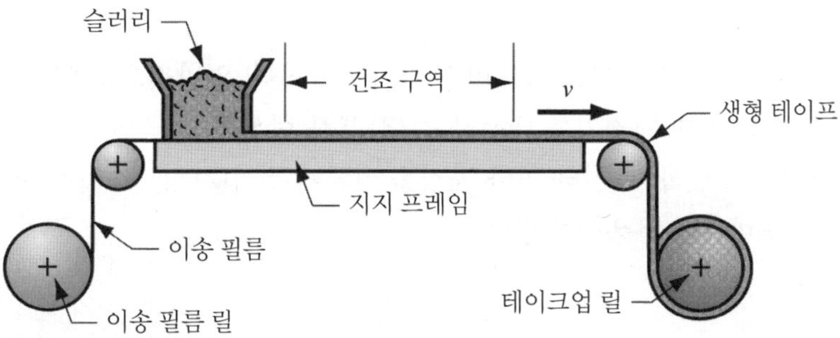

그림 13.10 얇은 세라믹 박판을 만드는데 사용되는 닥터 블레이드 공정. v는 운동 방향 속도를 나타낸다.

공정을 위하여 완성된 테이프가 감긴다. 테이프는 생형 상태로 절단되어 다른 성형 공정을 거친 후 구워지게 된다.

분말 사출 성형법(PIM)

분말 사출 성형법(power injection molding)은 분말 야금법과 동일(12.4.2절)하지만 분말이 금속이 아니고 세라믹이다. 세라믹 입자는 운반체의 역할을 하는 열가소성 고분자 재료와 혼합하여 성형 온도에서 적절한 유동 특성을 갖도록 한다. 이 혼합물은 가열 후 금형 안으로 사출된다. 냉각 후 고분자가 굳으면 금형을 열어 제품을 꺼낸다. 혼합물의 가열 온도는 세라믹을 소결시키는 데 필요한 온도보다 낮고, 성형된 제품은 생형 상태다. 소결 공정 전에 결합재는 제거해야 한다. 이것을 디바인딩(debinding)이라 하며 보통 열과 용제 처리를 조합하여 수행한다.

세라믹 PIM 법은 디바인딩과 소결 과정이 쉽지 않기 때문에 어려움이 있다. 고분자 재료를 태워 없애는 것이 느리고 금형 부근의 생형의 강도도 매우 약해진다. 소결 과정에서는 휘어지거나 부서지기도 한다. 더욱이 PIM 법으로 만들어진 세라믹 제품은 특히 작고 미세한 결함에 취약하고 강도에 제한이 있게 된다.

13.2.3 소결 및 마무리

뉴 세라믹을 성형하는 데 필요한 가소성은 일반적으로 물 혼합물을 기반으로 하고 있지 않기에, 전통적인 그린 세라믹에서 물을 제거하는 데 일반적으로 필요한 건조 단계는 대부분의 뉴 세라믹 제품 가공에서 생략할 수 있다. 그러나 가능한 최대 강도와 경도를 얻기 위해서는 소결 단계가 여전히 많이 필요하다. 소결의 기능은 이전과 같이 (1) 개별 입자를 단단한 덩어리로 결합하고, (2) 밀도를 높이고, (3) 다공성을 줄이거나 제거한다.

재료 용융 온도의 약 80%~90% 온도는 일반적으로 소결 세라믹에 사용된다. 소결 메커니즘은 주로 단일 화합물(예: Al_2O_3)을 기반으로 하는 뉴 세라믹과 일반적으로 융점이 다른 여러 화합물로 구성된 점토 기반 세라믹은 서로 다르다. 뉴 세라믹의 경우, 소결 메커니즘은 접촉하는 입자 표면을 따른 대량 확산이며, 아마도 약간의 소성 흐름이 따른다. 이 메커니즘으로 인해 입자의 중심이 서로 더 가깝게 이동하여 최종 재료의 밀도가 높아지게 된다. 전통적인 세라믹 소결에서 이 메커니즘은 일부 구성 요소의 용융과 입자 사이의 결합재 역할을 하는 유리상의 형성으로 임의 성분의 용융으로 인해 더욱 복잡해진다.

뉴 세라믹으로 만든 부품은 때때로 마무리 작업이 필요하다. 일반적으로 이러한 작업에는 (1) 치수 정확도를 높이고, (2) 표면 거칠기를 개선하고, (3) 부품 형상을 약간 변경하는 목적이 있다. 마무리 작업에는 일반적으로 연삭 및 기타 연마 공정을 거치게 된다(21장). 경화된 세라믹 재료를 절단하려면 다이아몬드 연마재를 사용해야 한다.

13.3 서멧 공정

많은 금속 기지 복합 재료(MMC)와 세라믹 기지 복합재(CMC)는 입자 공정으로 만들어진다. 가장 대표적인 예는 초경 합금(cemented carbide)과 여러 가지 서멧(cermet)이다.

13.3.1 시멘트 카바이드

시멘트 카바이드(cemented carbide: 초경 합금)는 복합 재료인데, 탄소계 세라믹 입자가 금속성 결합재에 함입된 형태로 구성되어 있다. 금속성 결합재가 모재의 역할을 하므로 시멘트 카바이드는 금속 기지 복합재로 분류된다. 그러나 카바이드 입자가 복합재의 대부분을, 즉 보통 부피비로 80~96% 정도 차지한다. 초경 합금은 기술적으로는 서멧으로 분류된다.

가장 중요한 초경 합금은 코발트 결합재를 사용한 텅스텐카바이드(WC-Co)이다. 이것은 일반적으로 Co 모재에 WC, TiC, TaC가 혼합된 것인데 텅스텐 카바이드가 주요 재료이다. 다른 초경 합금으로는 니켈기지 티탄 카바이드(TiC-Ni)와 니켈기지 크롬카바이드(Cr_3C_2-Ni)가 있다. 이 복합재에 대해서는 5.4.2절에서 설명 했으며, 카바이드 성분들에 대해서는 5.2.2절에서 설명했다. 이 절에서는 분말 공정 기술에 기반을 둔 시멘트 카바이드 제조 공정에 대해 설명한다.

기공이 없고 강한 제품을 얻기 위해, 카바이드 분말은 금속 결합재와 함께 소결되어야 한다. 코발트는 WC와 가장 잘 맞고 니켈은 TiC와 Cr_3C_2와 잘 맞다. 금속 결합재의 비율은 통상 4~20% 정도이다. 카바이드와 결합용 금속 분말은 볼 밀(혹은 다른 적당한 혼합기계)에서 습식으로 완전히 섞여 균일한 슬러지(sludge)를 형성한다. 또한 입자 크기도 작아진다. 이렇게 만들어진 슬러지는 산화를 막기 위해 진공 또는 조절된 분위기의 로(furnace)에서 압축 공정으로 넘어가기 전에 건조된다.

압축

여러 가지 방법이 분말 혼합물을 압축해 원하는 형상의 생형을 만드는 데 사용된다. 가장 일반적으로 많이 사용되는 방법은 앞에서 설명한 냉간 가압법으로, 절삭용 인서트 등에 사용되는 초경 합금 제품을 대량 생산하는 데 사용된다. 냉간 가압용 금형은 소결 시 발생하는 수축을 고려해 더 크게 만들어져야 한다. 길이 수축은 대략 20% 정도 혹은 그 이상이 될 수 있다. 대량 생산을 위해 금형에 WC-Co로 만들어진 라이너를 대어 카바이드 입자에 의한 마모를 견뎌낼 수 있다. 소량 생산을 위해 넓고 편편한 부분을 가압한 후 정해진 크기의 작은 조각으로 절단한다.

또 다른 압축 방법으로는 인발용 다이나 볼밀용 볼 같은 큰 제품을 만들기 위해 쓰이는 등방정압 가압법, 고온 가압법과 원형 혹은 사각형 단면의 길이가 긴 제품을 만드는 데 쓰이는 압출법이 있다. 이들 방법에 대한 내용은 앞장과 13장에서 설명했고 이후의 장에서도 다루어진다.

소결

금속 분말 결합재 없이도 WC나 TiC는 소결이 가능하지만 100%의 진밀도(true density)에는 미치지 못한다. 결합재를 사용함으로써 공극이 없는 제품이 만들어진다.

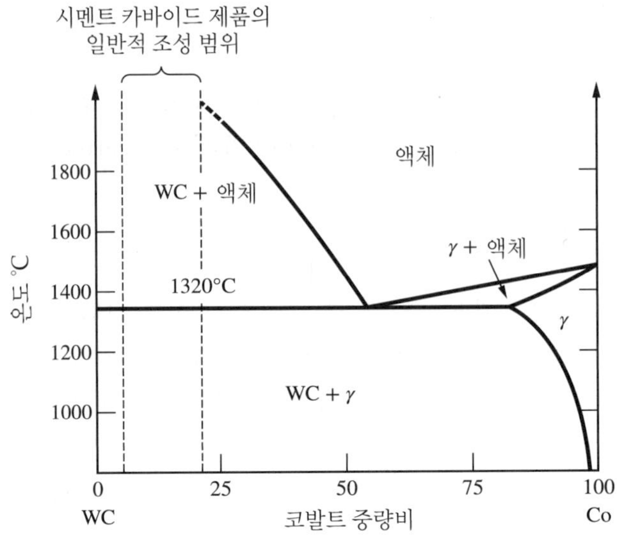

그림 13.11 WC-Co 상도표[7].

WC-Co의 소결은 액상 소결을 포함한다(12.4.4절). 이 공정은 그림 13.11과 같이 이들 요소들의 상도표를 참고해 설명될 수 있다. 상업용 초경 합금의 제품이 만들어지는 조성비 영역이 그림에 표시되어 있다. WC-Co의 소결 온도는 제품이 만들어지는 조성비는 그림에서의 표시영역이다. WC-Co의 소결 온도는 1370~1425℃ 범위다. 코발트의 용융점이 1495℃이므로 이 소결 온도에서는 녹지 않는다. 그러나 상도표에서 볼 수 있듯이 WC는 고체 상태로 Co에 용해된다. 열처리 중, WC는 서서히 감마상으로 용해되어 용융점이 낮아지고 결국 용해하게 된다. 형성된 액체는 WC 입자 속으로 흘러들어 더욱 용해시킨다. 용융 금속이 흘러들어감에 따라 생형 내부에 남아 있던 가스도 제거된다. 이로 인해 남아 있던 WC 입자들은 더욱 조밀한 틈새를 막는 상태로 재배열되어 WC-Co의 밀도가 아주 높아지면서 수축이 일어난다. 소결 사이클의 냉각 시에는 용해된 카바이드가 결정 구조 속에서 석출해 Co 결합재가 전체에 걸쳐 메워진 WC 골격 구조가 형성된다.

2차 가공

초경 합금 제품은 소결 후 적절히 치수 조절을 위해 보통 2차 가공이 필요하다. 이러한 목적으로 적당한 것은 다이아몬드 연삭 입자로 만들어진 숫돌로 수행하는 연삭 가공이다. 경화된 시멘트 카바이드를 성형하기 위하여 사용하는 가공은 22장에서 설명하는 방전 가공과 초음파 가공이다.

13.3.2 기타 서멧 및 세라믹 기지 복합재

시멘트 카바이드 외에 Al_2O_3와 MgO 같은 산화물 세라믹을 기지로 한 서멧들이 있다. 이러한 복합재의 금속 결합재로는 크롬이 주로 사용된다. 세라믹과 금속의 혼합비는 시멘트 카바이드보다도 더 다양하고, 어떤 경우에는 금속이 주성분이 되는 경우가 있다. 이러한 서멧도 시멘트 카바이드를 만드는 같은 성형법을 사용한다.

세라믹 기지 복합재(CMC)의 최근 기술(5.4.2절)에는 탄소, SiC, Al_2O_3 섬유로 강화된 세라믹 재료(예, Al_2O_3, BN, Si_3N_4, 유리)가 포함된다. 만약 섬유가 휘스커(whisker: 단결정으로 이루어진 섬유)라면 이러한 CMC들은 뉴세라믹 가공에 사용하는 입자 가공법으로 만들 수 있다(13.2절).

13.4 제품 설계 시 고려 사항

세라믹 재료는 바르게 적용이 되면 설계자들에게 매력적인 특별한 성질을 가지고 있다. Bralla[2]와 여러 자료 의하면 다음의 설계지침은 뉴세라믹, 전통 세라믹 재료 모두 가능하다. 설계자는 공업제품에서 뉴세라믹을 적용하며 보통 시멘트 카바이드에 대해서도 동일한 설계 지침이 적용된다.

- 세라믹 재료는 인장보다 압축에 대하여 몇 배 이상 강하다. 세라믹 제품은 인장 응력이 아니라 압축 응력을 기준으로 설계되어야 한다.
- 세라믹은 취성이 높고 연성이 거의 없다. 세라믹 제품은 파괴를 유발할 수 있는 높은 응력이나 충격 하중이 가해지는 부분에 사용되어서는 안 된다.
- 복잡한 기하학적 형상의 제품 생산이 가능하지만 경제적, 기술적 이유 때문에 보다 단순한 형상으로 설계하는 것이 바람직하다. 깊은 구멍, 채널, 언더컷, 긴 외팔보 같은 돌출형태는 피해야 한다.
- 바깥쪽 끝과 코너에는 반경이나 모따기(chamfer)를 만들어야 한다. 마찬가지로 안쪽 코너에도 반경이 필요하다. 이를 위해 파손되기 쉬운 절삭날에 매우 작은 반경과 챔퍼를 주어 가공 시 미세한 치핑이 발생하지 않도록 한다.
- 건조 및 굽기 과정(전통 세라믹의 경우)과 소결 과정(뉴 세라믹의 경우)에서 제품 수축이 심각하게 일어날 수 있기 때문에 설계자는 미리 치수공차를 고려하여야 한다. 최종 치수가 규정된 공차 범위에 들 수 있도록 크기 여유를 어느 정도로 결정하느냐는 제조 기술자에게 주어지는 문제이다.
- 세라믹 제품에서 나사부는 피해야 한다. 나사부는 만들기도 어렵고 만들어도 적정한 강도를 갖기 어렵다.

참고문헌 *REFERENCES*

[1] Bhowmick, A. K. Bradley Pulverizer Company, Allentown, Pennsylvania, personal communication, February 1992.

[2] Bralla, J. G. (ed.). *Design for Manufacturability Handbook*. 2nd ed. McGraw-Hill, New York, 1999.

[3] Hlavac, J. *The Technology of Glass and Ceramics*. Elsevier Scientific, New York, 1983.

[4] Kingery, W. D., Bowen, H. K., and Uhlmann, D. R. *Intro duction to Ceramics*. 2nd ed. John Wiley & Sons, New York, 1995.

[5] Rahaman, M. N. *Ceramic Processing*. CRC Taylor & Francis, Boca Raton, Florida, 2007.
[6] Richerson, D. W. *Modern Ceramic Engineering: Properties, Processing, and Use in Design*. 3rd ed. CRC Taylor & Francis, Boca Raton, Florida, 2006.
[7] Schwarzkopf, P., and Kieffer, R. *Cemented Carbides*. Macmillan, New York, 1960.
[8] Singer, F., and Singer, S. S. *Industrial Ceramics*. Chemical Publishing, New York, 1963.
[9] Somiya, S. (ed.). *Advanced Technical Ceramics*. Academic Press, San Diego, California, 1989.

복습문제 *REVIEW QUESTIONS*

서론

13.1 원료와 관련하여 전통 세라믹과 뉴 세라믹은 어떻게 다른가?

전통 세라믹 공정

13.2 다음 분쇄(comminution) 방법 중, 볼밀, 죠크러셔, 해머밀 및 롤러밀 공정은 두 크러싱(crushing) 공정과 연마(grinding)공정 중 어느 것으로 분류하나?

13.3 슬립주조의 주형을 만드는 데 사용되는 소석고의 화학식을 설명하라.

13.4 전통적인 세라믹 제품을 성형하는 데 사용되는 소성 성형 방법을 간략하게 설명하라.

13.5 지거링 과정을 설명하라.

13.6 지거링과 졸리잉은 어떻게 다른가?

13.7 건조한 점토에 처음 물을 넣었을 때 부피 변화가 없는 이유는 무엇인가?

13.8 소결 과정에서 세라믹 재료는 어떻게 되는가?

13.9 도자기를 굽는 데 사용되는 로(furnace)의 이름은 무엇인가?

뉴 세라믹 공정

13.10 전통적인 세라믹 가공에서는 매우 중요하지만 보통 뉴 세라믹 가공에서는 필요하지 않은 건조 단계의 중요성은 무엇인가?

13.11 뉴 세라믹 가공에서는 전통 세라믹보다 재료 준비를 중요하게 하여야 하는 이유는 무엇인가?

13.12 바이엘(Bayer) 공정으로 만들어진 세라믹 소재는 무엇인가?

13.13 닥터 블레이드 공정이란 무엇인가?

13.14 전통적인 세라믹 가공에서 그레이징(grazing)이란 무엇인가?

13.15 뉴 세라믹 부품을 만들기 위하여 생산 순서에서 소결의 역할은 무엇인가?

제품 설계 고려 사항

13.16 세라믹 부품 설계를 위하여 권장할 사항을 설명하면?

PART 4

금속 성형 및 박판 금속 공정

CHAPTER 14

금속 성형의 기초

14.1 금속 성형의 개요
14.2 금속 성형에서의 재료거동
14.3 금속 성형에서의 온도
14.4 변형률 속도 민감도
14.5 금속 성형에서의 마찰과 윤활

금속 성형(metal forming)은 소성변형을 이용해 공작물의 형상을 변형시키는 제조공정의 한 영역을 의미한다. 금속 성형에서 금형(die)이라 불리는 공구를 이용하여 금속의 항복점 이상으로 응력을 가하면 변형이 발생된다. 최종적으로 금속은 금형의 모양에 맞게 변형한다. 금속 성형은 1장 외형형상공정(그림 1.5) 분류에서 대표적인 방법에 속한다.

소성변형을 일으키는 대부분의 응력은 압축응력이지만, 일정 공정에서는 금속을 늘리거나 구부리거나 전단응력을 가하기도 한다. 금속 성형을 위해서는 낮은 항복강도, 높은 연성 등의 특성을 가져야 한다. 이러한 특성은 온도에 영향을 받는데, 작업 온도가 올라갈수록 연성은 증가하고, 항복강도는 감소한다. 온도에 따라 냉간가공, 온간가공, 열간가공으로 구별된다. 금속 성형에 영향을 주는 또 다른 인자는 변형률 속도와 마찰이다. 이러한 모든 주제를 본 절에서 다룰 예정이다.

14.1 금속 성형의 개요

금속 성형 공정은 기본적으로 용적변형과 박판가공으로 분류된다. 두 분류에 대해서는 15장과 16장에서 다루어지며, 그림 14.1과 같이 각 분류는 몇 개의 주요 공정으로 나누어진다.

용적변형 공정

일반적으로 용적변형(bulk deformation) 공정은 상당한 변형량과 큰 형상변화의 특징을 가지며, 공작물은 체적대비 표면적 비가 상대적으로 작다. 용적이란 용어는 체적대비 낮은 표면적 비를 가진 공작물을 의미하며, 초기 공작물은 원통형 빌릿(billet)이나 직사각형 바(bar) 등이다. 그림 14.2는 기본적인 용적변형 공정을 보여준다.

- *압연(rolling).* 이것은 압축 변형공정으로써 롤(roll)이라 불리는 두 개의 회전하는 원통형 공

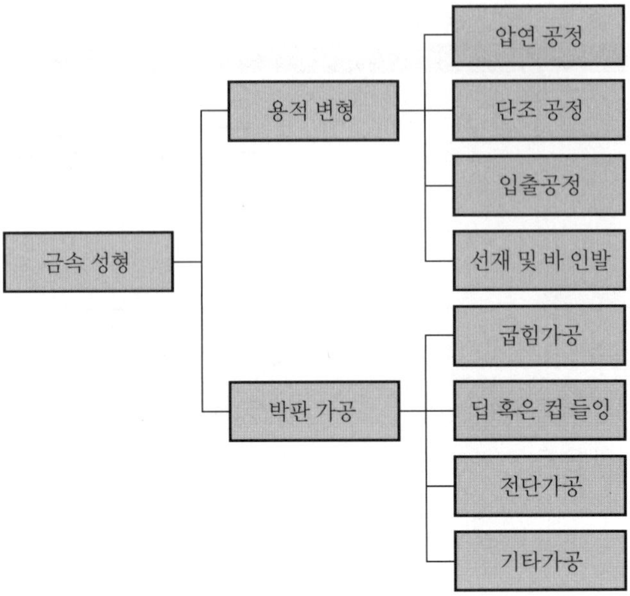

그림 14.1 금속 성형 공정의 분류.

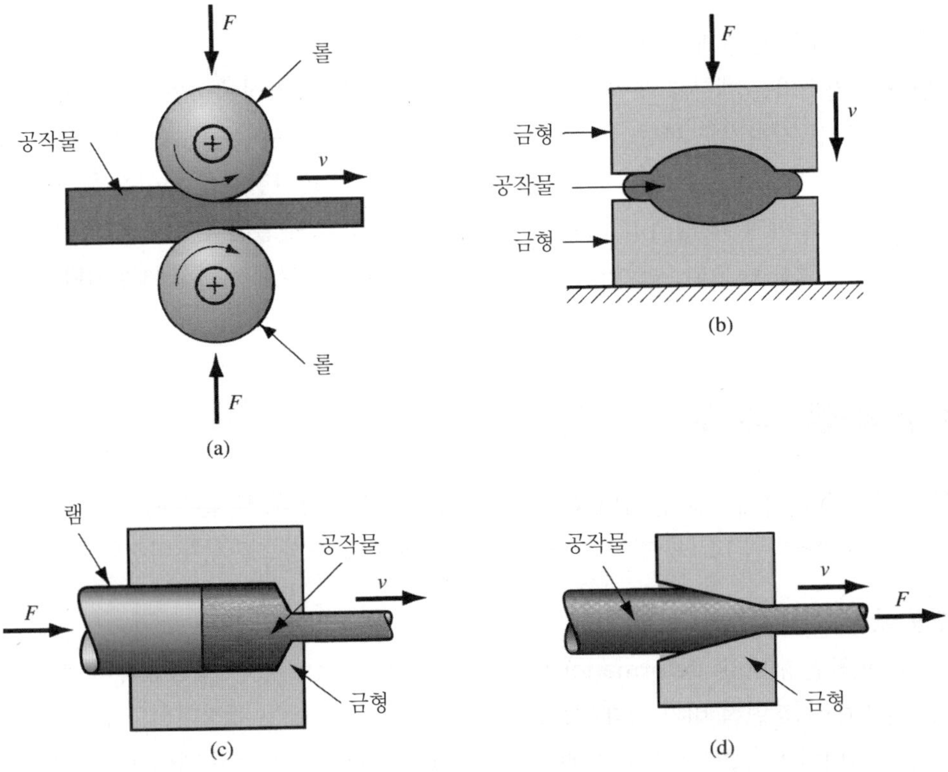

그림 14.2 기본적인 용적변형 공정. (a) 압연, (b) 단조, (c) 압출, (d) 인발. 공정에서 상대운동은 v로, 힘은 F로 표시됨.

구를 이용해 슬랩(slab) 또는 판(plate)의 두께를 줄여 나가는 공정이며, 롤은 돌면서 롤 사이에 공작물을 밀어 넣어 압착하는 역할을 한다.

- *단조(forging).* 단조는 두 금형 사이에 공작물을 넣고 압착하여 금형의 모양을 공작물에 새기는 공정이다. 전통적으로 단조는 열간가공 공정이지만, 냉간가공 형태로 행해지는 것도 많이있다.
- *압출(extrusion).* 금속을 다이로 밀어넣어 구멍 형상의 단면을 가진 제품을 만드는 압축변형 공정이다.
- *인발(drawing).* 선재나 봉재를 다이를 통하여 밖에서 잡아 당김으로써 직경을 줄여나가는 공정이다.

박판가공 공정

박판가공(sheet metalworking)은 금속판재, 금속조각, 코일을 성형하거나 자르는 공정을 말한다. 체적대비 높은 표면적 비를 가진 초기 금속재료를 대상으로 하며, 이 비율은 박판가공과 용적변형을 구분하는 기준이 된다. 프레스가공(pressworking)이라는 용어는 박판가공 공정에 사용되는데, 이는 박판가공 작업이 프레스를 이용해 주로 이루어지기 때문이다. 박판가공으로 생산된 부품을 스탬핑(stamping)이라고 부르기도 한다.

박판가공은 거의 냉간에서 펀치와 다이를 이용해 행해지며, 도구에서 펀치는 양각부분을 다이는 음각부분을 지칭한다. 기본적인 박판가공 공정은 그림 14.3과 같으며, 다음과 같이 정의된다.

- *굽힘(bending).* 굽힘은 금속 박판이나 판재를 변형시켜 직선축을 따라 각도를 가지게 만드는 작업이다.
- *드로잉(drawing).* 박판가공에서의 드로잉은 평판 금속을 컵과 같이 비어있는 형상 안으로 밀어 넣으면서 금속을 늘려 성형하는 공정을 말한다. 그림 14.3(b)와 같이 펀치가 금속박판을 밀면서 성형하는 동안 블랭크홀더(blankholder)가 박판을 누른다. 선재나 바의 드로잉 공정과 구별하기 위해 컵드로잉(cup drawing) 또는 딥드로잉(deep drawing)이라고 부르기도 한다.
- *전단(shearing).* 이 공정은 변형공정에는 속하지는 않는데, 이는 변형보다는 절단에 속한다. 전단공정은 그림 14.3(c)와 같이 펀치와 다이를 이용해 공작물을 절단한다. 이 공정은 성형공정에는 속하지 않지만, 금속가공 공정에서 매우 필요하며 일반적인 작업이기 때문에 포함시켜 소개한다.

그림 14.1의 분류에서 박판가공 공정에 속하는 기타 공정으로는 펀치와 다이를 사용하지 않는 여러 가지 성형공정이 있다. 예를 들어 스트레치 성형(stretch forming), 롤벤딩(roll bending), 스피닝(spinning), 관굽힘(bending of tube stock) 등이다.

14.2 금속 성형에서의 재료거동

응력-변형률 곡선을 이용하면 성형 중 발생하는 금속 거동에 관한 많은 정보를 얻을 수 있다. 대부

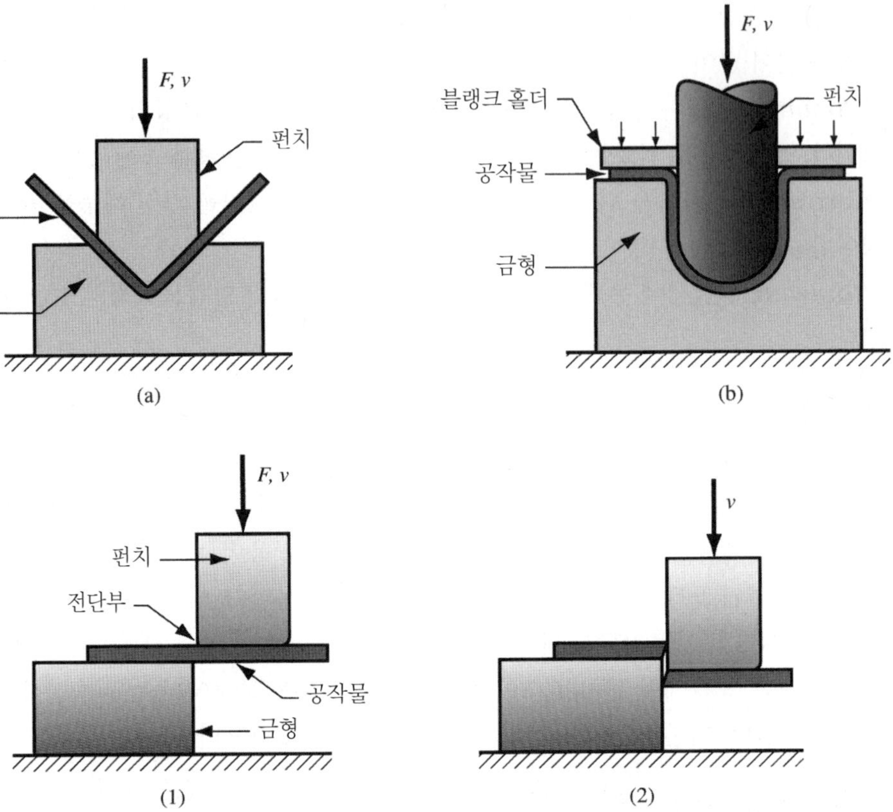

그림 14.3 기본적인 박판가공 공정. (a) 굽힘, (b) 드로잉, (c) 전단: (1) 펀치가 박판에 접촉, (2) 절삭 후. 공정에서 상대운동은 v로, 힘은 F로 표시됨.

분의 금속에 대한 응력-변형률 곡선은 탄성영역과 소성영역으로 나뉘어진다(3.1.1절). 금속 성형에서는 영구변형이 일어나는 소성영역에 관심이 있다.

전형적으로 응력-변형률 곡선에서 항복점 이하에서는 탄성을 나타내고, 그 이상에서는 변형경화를 나타낸다. 그림 3.4와 그림 3.5는 선형축과 로그축으로 각각 나타내었으며, 소성영역에서의 금속 거동은 아래와 같은 유동곡선으로 표현된다.

$$\sigma = K\epsilon^n$$

여기서 K = 강도계수(MPa), n = 변형경화지수이며, 응력과 변형률은 진응력과 진변형률이다. 일반적으로 유동곡선은 냉간가공에서 금속의 소성거동을 나타내는 관계식으로 유용하다. 상온에서 다양한 금속에 대한 K와 n 값은 표 3.4와 같다.

유동응력

유동곡선은 금속 성형이 일어나고 있는 영역에서 응력과 변형률 사이의 관계를 나타낸다. 이것은 특정 성형공정을 수행하는데 필요한 힘과 동력을 결정하는 금속의 ***유동응력(flow stress)***을 나타낸다. 상온의 거의 모든 금속은 그림 3.5의 응력-변형률에서 나타내는 것과 같이 가공할수록 변형경화

현상으로 강도가 증가된다. 즉, 변형을 계속 일으키기 위해서는 응력이 계속 증가해야 한다. 유동응력은 금속을 '계속 흐르게' 유지시켜 계속 변형시키는데 필요한 순간 응력값으로 정의된다. 이것은 변형률의 함수로 표시된 금속의 항복강도이며 아래와 같이 표현될 수 있다.

$$Y_f = K\epsilon^n \tag{14.1}$$

여기서 Y_f = 유동응력(Mpa).

다음 두 장에서 논의될 각각의 성형공정에서는 순간 유동응력이 이용된다. 예를 들어 어떤 단조공정에서 압축하는 동안의 순간 성형력을 유동응력 값으로부터 결정할 수 있다. 또한 최대 성형력은 단조공정의 마지막 행정에서 최종 변형률로부터 나온 유동응력을 근거로 계산된다.

어떤 경우에는 순간 값보다는 성형이 일어나는 응력과 변형률의 평균을 기초로 해석을 수행한다. 그림 14.2(c)에 나타난 압출이 이런 경우에 해당된다. 빌릿이 압출 다이를 통과하면서 단면적이 감소될 때 금속재료는 점차 변형경화를 일으키며 최댓값에 도달한다. 단면이 감소하는 동안 순간 응력-변형률도 계속 변하는데, 이를 매번 결정하는 것은 매우 어렵고 또한 의미도 별로 없으므로 평균 유동응력에 근거하여 공정을 해석하는 것이 더 유용하다.

평균 유동응력

평균 유동응력은 응력-변형률 곡선에서 변형률의 시작점에서 최종(최대점)의 응력값을 평균한 값이다. 이 값은 그림 14.4의 응력-변형률 선도에 나타나며, 평균 유동응력은 식 (14.1) 유동곡선식을 0에서부터 관심있는 최종 변형률까지 적분함으로써 얻을 수 있다.

$$\bar{Y}_f = \frac{K\epsilon^n}{1+n} \tag{14.2}$$

여기에서 $\bar{Y}_f$ = 평균 유동응력(MPa); ϵ = 성형공정 동안의 최대 변형률 값이다. 다음 장의 용적변형 공정에서는 평균 유동응력을 보다 확장하여 사용한다. 공작물 재료의 주어진 K와 n에 대해 최종 변형률을 계산해 내는 방법을 각 공정마다 전개할 것이다. 이 변형률을 근거로 공정 중 금속이 받는 평

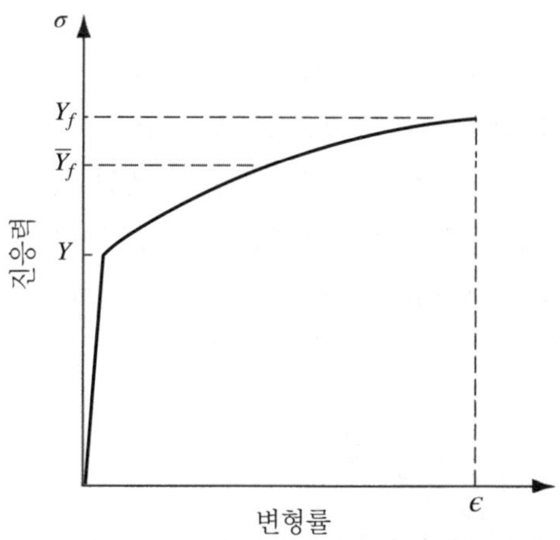

그림 14.4 응력-변형률 곡선에서의 평균 유동응력 위치(항복응력 Y, 최종 유동응력 $\bar{Y}_f$와 관련).

균 유동응력을 결정하기 위해 식 (14.2)가 사용될 수 있다.

14.3 금속 성형에서의 온도

유동곡선은 소성변형 동안 금속의 응력-변형률 거동을 잘 나타낸다. 특히 냉간가공 공정에 대해 잘 적용되며, 금속의 K와 n값은 온도에 의존한다. 고온에서 강도와 변형경화는 감소하고 연성은 증가한다. 이러한 특징은 더욱 작은 힘과 동력으로도 변형가공을 수행할 수 있다는 점에서 매우 중요한 특성이다. 또한 고온에서 공작물을 최대의 소성변형을 가능하게 하는 연성이 증가한다. 다음과 같은 세 가지 중요한 온도 영역이 있다: 냉간, 온간, 열간가공

냉간가공

*냉간가공(cold working)*은 상온 또는 그보다 조금 높은 온도에서 행해지는 금속 성형이다. 열간가공에 대해 냉간가공이 가지는 장점은 (1) 가공 후 공차 내 들어가는 정밀도; (2) 표면 거칠기 향상; (3) 변형률경화에 의한 제품의 강도 및 경도 향상; (4) 변형 중 결정립 유동으로 인한 바람직한 방향성 획득; (5) 가열이 필요 없어 연료비용 절감 및 높은 생산율 달성. 이런 장점들로 인해 냉각가공은 대량생산에 중요한 공정이 되었다. 또한 냉간가공은 치수향상, 고품질 표면을 제공하기 때문에 순형상(net shape) 또는 근사순형상(near net shape)에 가까운 공정이다(1.3.1절).

냉간가공과 관련된 단점 또는 한계점은 (1) 가공에 필요한 높은 성형력과 동력; (2) 초기 소재의 표면에 산화물이나 오물이 없도록 주의; (3) 재료의 변형경화로 인한 성형의 한계성. 원하는 성형을 위해서는 금속에 풀림 열처리를 해야 하는 작업도 있다(23.1절). 어떤 경우에는 냉간가공을 하기에 충분하지 않는 연성을 가진 금속재료도 존재한다.

변형률경화를 극복하고 성형에 필요한 동력을 줄이기 위해 더 높은 온도에서 수행되는 공정들이 있다. 이것들은 두 개의 온도 범위인 온간가공과 열간가공으로 구분된다.

온간가공

보통은 온도가 올라갈수록 소성변형성이 향상되기 때문에, 몇몇 성형공정은 상온보다 높고 재결정 온도보다 낮은 범위에서 수행된다. *온간가공(warm working)*이란 용어는 이 온도 범위에 적용된다. 냉간가공과 온간가공을 구분하는 기준선은 종종 용융점에 대해 표현된다. 보통 기준선은 0.3 T_m으로 표현되는데 여기에서 T_m은 특정한 금속의 용융점을 뜻한다.

중간 온도에서 낮은 강도, 낮은 변형률경화, 높은 연성을 갖게 됨으로써 냉간가공에 비해 다음과 같은 이점을 가진다: (1) 낮은 성형력과 동력; (2) 더욱 복잡한 형상 가공이 가능; (3) 풀림 열처리가 불필요 할 수 있음.

열간가공

*열성형(hot forming)*으로 불리는 열간가공(hot working)은 재결정온도 이상에서 행해지는 성형이

다(3.3절) 주어진 금속의 재결정 온도는 융융온도의 절반에 해당된다. 실제적으로 열간가공은 통상 $0.5T_m$ 이상에서 행해진다. $0.5T_m$ 이상으로 온도가 올라가면 금속은 부드러워져 열간가공의 장점을 향상시킬 수 있다. 그러나 변형자체가 열을 추가로 발생시켜 국부영역의 온도를 올려, 일정 영역에서 금속이 녹는 바람직하지 못한 상황이 될 수 있다. 따라서 열간가공의 온도 영역은 $0.5T_m$~$0.75T_m$ 사이로 유지된다.

열간가공의 가장 큰 장점은 금속재료의 소성변형이 냉간가공 또는 온간가공에 비해 매우 크다는 것이다. 그 이유는 열간가공 되는 금속의 강도계수가 상온에서보다 작고 변경경화 지수가 이론적으로 0이며, 연성이 대단히 증가하기 때문이다. 이런 이유로 열간가공은 냉간가공에 비해 다음과 같은 장점을 가진다: (1) 공작물의 형상을 크게 변형시킬 수 있음; (2) 금속 성형에 필요한 동력이 작음; (3) 냉각가공으로는 파괴가 일어나는 금속도 성형가능; (4) 결정립 구조의 방향성이 사라져 등방성 구조를 가짐; (5) 변형경화가 일어나지 않음. 마지막 장점은 냉간가공에서 장점으로 간주된다는 점에서 모순처럼 보인다. 하지만 가공경화로 인해 연성이 작아지기 때문에 어떤 때에는 바람직하지 않을 경우가 있다. 열간가공은 다음과 같은 단점을 가진다: (1) 낮은 치수 정밀도; (2) 공작물을 가열하는데 필요한 높은 에너지; (3) 공작물 표면에 발생하는 산화물; (4) 거친 표면; (5) 낮은 공구수명.

열간가공에서 금속의 재결정은 원자간 확산과 관계가 있으며, 시간에 관련된다. 금속 성형은 매우 빠른 속도로 진행되기 때문에 변형주기 동안 결정립구조가 재결정되기에 충분한 시간이 허용되지 않는다. 하지만 높은 온도 때문에 결과적으로 재결정은 일어나며, 성형 공정이 끝나고 식으면서 일어날 수도 있다. 비록 성형 후에 재결정이 일어나더라도 재결정과 연화는 열간가공의 특징으로써 온간가공과 냉간가공과는 구별된다.

등온 성형

합금강, 티타늄합금, 고온 니켈합금과 같은 금속은 높은 고온경도를 가지고 있으므로 고온용으로 유용하다. 그러나 이처럼 좋은 특성은 일반적인 방법으로는 성형이 안되는 단점이 되기도 한다. 문제는 이런 금속을 열간가공 온도까지 가열한 후 낮은 온도의 공구를 접촉시키면 열이 이동하면서 접촉부의 강도가 올라가는 현상이 발생한다. 공작물의 다른 영역의 온도와 강도의 차이는 성형 중 불규칙한 소성흐름 패턴을 발생시키고 이것은 높은 잔류응력과 표면균열을 가져온다.

등온 성형(isothemal forming)은 작업물의 표면냉각과 온도구배를 제거한 방식으로 공작물과 접촉하는 공구를 미리 공작물의 온도까지 예열하는 공정을 말한다. 하지만 이로 인해 공구의 수명이 짧아지기는 하지만, 앞서 언급한 문제를 피할 수 있게 해준다. 어떤 경우에는 등온 성형만이 해당 금속을 성형하는 유일한 방법인 재료도 있다. 이 성형법은 단조공정과 밀접한 관련이 있으며, 등온 단조에 대해서는 다음 장에서 언급할 것이다.

14.4 변형률 속도 민감도

열간가공 중의 금속은 이론적으로는 그림 3.6(b)와 같이 변형률지수 $n = 0$인 완전 가소성체처럼 거동하는데, 이는 응력이 일정값에 도달하면 금속이 일정 유동응력을 갖고 계속 유동한다는 것을 의미한다. 하지만 열간가공과 같이 높은 온도에서는 금속의 거동 특징을 결정짓는 다른 현상이 있는데 그것은 변형률 속도 민감도이다.

성형공정에서 금속이 변형되는 속도는 변형속도 v와 직접적으로 연계되어있다. 많은 성형공정에서 변형속도는 장비의 램 또는 운동요소의 속도와 같은데, 인장시험기에서는 고정부에 대한 헤드의 상대속도로 표현될 수 있다. 주어진 변형속도에 대해 변형률 속도 다음과 같이 정의된다.

$$\dot{\epsilon} = \frac{v}{h} \tag{14.3}$$

여기에서 $\dot{\boldsymbol{\epsilon}}$ = 진변형률 속도(m/s/m, 또는 단순히 s^{-1}); h = 성형 중 공작물의 순간 높이(m). 만일 공정 중 변형속도가 일정하다면, 변형률 속도는 h가 변함에 따라 함께 변할 것이다. 실제적으로 성형공정 중에는 공작물의 기하학적 형상과 부위마다 달라지는 변형률 속도의 변화로 인해 복잡한 양상을 보인다. 고속 압연 및 단조와 같은 공정에서는 변형률 속도가 1,000 s^{-1}에 이를 수 있다.

앞서 유동응력이 온도의 함수임을 살펴본 바가 있다. 열간가공 온도에서 유동응력은 변형률 속도에 관련되어있다. 강도에 대한 변형률 속도의 영향을 *변형률 속도 민감도(strain rate sensitivity)*라고 한다. 이 효과는 그림 14.5에 나타난다. 변형률 속도가 증가함에 따라 변형에 대한 저항도 함께 증가한다. 이것은 일반적으로 로그-로그 그래프에서 대략 직선으로 그려지기 때문에 다음과 같은 관계식이 성립된다.

$$Y_f = C\dot{\epsilon}^m \tag{14.4}$$

여기에서 C는 강도상수(유동곡선 식에서의 강도상수와 유사하지만 일치하지는 않음)(MPa-s), m은 병형률속도 민감도 지수. C값은 변형률 속도 1.0일 때의 값이고, m은 그림 14.5(b)에서 곡선의 기울기를 나타낸다.

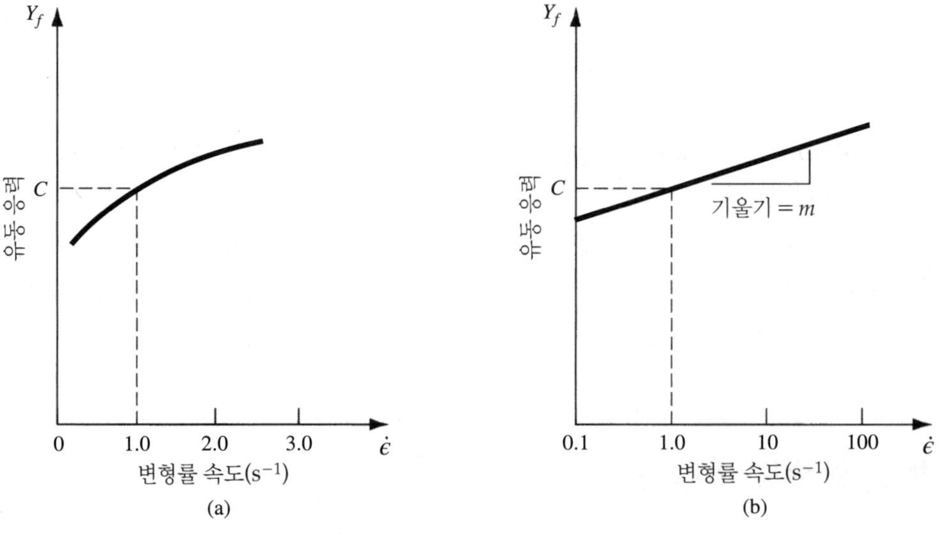

그림 14.5 (a) 고온에서 유동응력에 미치는 변형률 속도의 영향, (b) 같은 관계를 로그-로그 좌표로 표시.

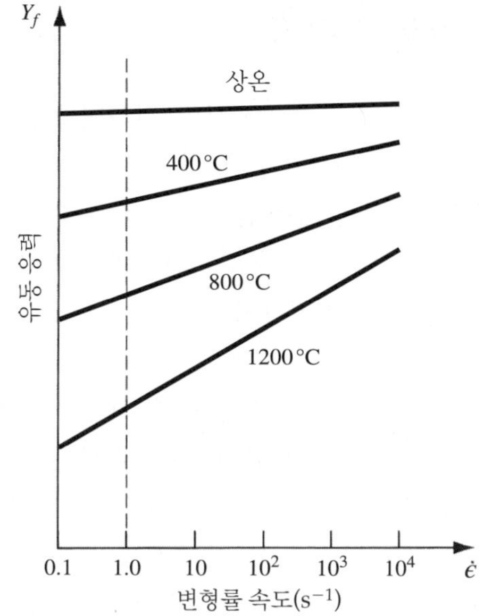

그림 14.6 금속재료에 대해 온도가 유동응력에 미치는 영향. 온도 상승에 따른 식 (14.4)의 상수 C 감소하고(C: 변형률 속도 = 1.0을 나타내는 수직점선과 각 직선이 만나는 곳의 값), m(각 직선의 기울기)은 증가한다.

식 (14.4)의 변수들의 온도에 대한 영향을 살펴보면, 온도가 증가하면 C값이 감소하고, m값은 증가한다. 일반적인 결과는 그림 14.6과 같다. 상온에서는 변형률 속도의 영향이 거의 없으므로 유동곡선만으로도 재료거동을 잘 표현할 수 있다. 온도가 올라가면 변형률 속도는 유동응력을 결정짓는 데 중요한 역할을 하는데, 그림에서 온도가 높아지면 기울기가 급해지는 것을 확인할 수 있다. 이것은 변형률 속도가 증가함에 따라 재료의 변형저항이 급속히 증가하기 때문에 열간가공에서 중요하게 다루어진다. 표 14.1에 세 가지 주요 온도 영역에서의 통상적인 m값을 나타내었다. 냉간가공에서는 변형률 속도의 영향이 비록 작지만 유동응력에 영향을 미칠 수 있다. 열간가공에서는 영향이 매우 크다.

15장에서 다루어지는 용적변형 공정에서는 열간가공 공정 중에 변형률 속도의 영향이 성형력 해석에 영향을 미치지 않음을 보일 것이며, 냉간가공과 온간가공뿐만 아니라 저속으로 변형하는 열간가공 공정에서도 이런 가정이 타당한 것으로 간주될 것이다.

표 14.1 냉간, 온간, 열간가공에서의 온도. 변형률 속도 민감도, 마찰계수값

분류	온도 범위	변형률 속도 민감도 지수	마찰계수
냉간가공	$\leq 0.3T_m$	$0 \leq m \leq 0.05$	0.1
온간가공	$0.3T_m - 0.5T_m$	$0.05 \leq m \leq 0.1$	0.2
열간가공	$0.5T_m - 0.75T_m$	$0.05 \leq m \leq 0.4$	0.4-0.5

14.5 금속 성형에서의 마찰과 윤활

금속 성형에서는 공구와 공작물 사이의 접촉이 발생하며, 접촉면을 통해 높은 압력이 가해지기 때문에 마찰과 관련된 문제가 발생한다. 대부분의 금속 성형 공정에서는 마찰이 다음과 같은 이유로 바람직하지 않다. (1) 공작물의 금속유동이 방해를 받아 잔류응력 또는 제품에 결함이 발생; (2) 공정에 필요한 성형력과 동력을 증가시킴; (3) 공구마모로 인해 치수정밀도가 낮아져 불량품을 생산하게 되며, 공구교체가 요구됨. 금속 성형에서 일반적으로 공구가 매우 비싸기 때문에 공구마모는 주요 관심사이다. 마찰과 공구마모 문제는 가혹한 환경에서 이루어지는 열간가공 시 더욱 심각하다.

금속 성형에서의 마찰문제는 기어, 샤프트, 베어링 등 두 표면간의 상대운동에 의해 발생되는 일반적인 기계장치에서의 마찰과는 다르다. 기계장치에서의 마찰은 낮은 접촉압력, 적당한 온도, 금속 간 접촉을 완화시키는 윤활 등의 특징이 있는 반면, 금속 성형에서는 단단한 공구와 부드러운 공작물간의 높은 접촉압력, 공작물의 소성변형, 높은 온도(적어도 열간가공에서) 등의 특징을 가진다. 금속 성형의 이러한 조건 하에서는 윤활이 되더라도 높은 마찰계수를 가지게 된다. 세 가지 금속 성형 온도 범위에서의 일반적인 마찰계수값을 표 14.1에 표시하였다.

만일 마찰계수가 충분히 커지면 금속 성형에서는 고착(sticking) 또는 고착마찰(sticking friction)이 발생하며, 이는 상대운동을 하는 두 표면이 미끄러지지 않고 들러붙는 것을 의미한다. 이것은 두 표면 사이의 마찰 응력이 공작물 금속의 전단 유동응력 수준을 초과한다는 것을 의미하며, 표면에서 미끄러지지 않고 표면 아래에서 전단이 발생하게 된다. 고착은 금속 성형 공정에서 발생하며, 특히 압연 공정에서 심각한 문제이다. 이 문제는 다음 장에서 언급될 예정이다.

마찰 문제를 해결하기 위해 많은 성형공정에서는 공구와 공작물 사이에 윤활을 적용시킨다. 이를 통해 고착, 성형력, 동력 및 공구마모를 줄일 수 있으며, 제품의 표면 품질을 높일 수 있다. 공구의 열 발산은 윤활의 또 다른 기능이다. 금속 성형에 사용되는 윤활제를 고를 때 고려할 점은 다음과 같다: (1) 성형공정의 종류(압연, 단조, 금속박판 드로잉 등), (2) 냉간 또는 열간가공 여부, (3) 공작물 재료, (4) 공구와 재료 사이의 화학반응 여부(효율적인 마찰 감소를 위해서는 윤활제가 표면에 잘 달라붙는 것이 바람직함), (5) 적용의 용이성, (6) 독성, (7) 가연성, (8) 비용.

냉간가공에 사용되는 윤활제는 광물성 기름, 지방 또는 지방기름, 유상액, 비누, 기타 코팅재 등이 있다[4], [7]. 열간가공에서는 어떤 공정과 재료에 대해 종종 윤활제 없이 이루어진다(예를 들어 열간압연과 알루미늄 압출). 열간가공에서 사용되는 윤활제는 광물성 기름, 흑연, 유리 등이 있다. 용융된 유리는 강 합금 열간압출 시 효과적인 윤활제로 사용된다. 물이나 광물성 기름에 흑연을 혼합한 윤활제는 다양한 재료의 열간단조에 사용되며, 금속 성형에 사용되는 다양한 윤활제에 대해서는 참고문헌 [7]과 [9]에서 찾아 볼 수 있다.

참고문헌 *REFERENCES*

[1] Altan, T., Oh, S.-I., and Gegel, H. L. *Metal Forming: Fundamentals and Applications*. ASM International, Materials Park, Ohio, 1983.

[2] Cook, N. H. *Manufacturing Analysis*. Addison-Wesley, Reading, Massachusetts, 1966.
[3] Hosford,W. F., and Caddell, R. M. *Metal Forming: Mechanics and Metallurgy*. 3rd ed. Cambridge University Press, Cambridge, U.K., 2007.
[4] Lange, K. *Handbook of Metal Forming*. Society of Manufacturing Engineers, Dearborn, Michigan, 2006.
[5] Lenard, J. G. *Metal Forming Science and Practice*. Elsevier Science, Amsterdam, The Netherlands, 2002.
[6] Mielnik, E. M. *Metalworking Science and Engineering*. McGraw-Hill, New York, 1991.
[7] Nachtman, E. S., and Kalpakjian, S. *Lubricants and Lubrication in Metalworking Operations*. Marcel Dekker, New York, 1985.
[8] Wagoner, R. H., and Chenot, J.-L. *Fundamentals of Metal Forming*. John Wiley & Sons, New York, 1997.
[9] Wick, C., Benedict, J. T., and Veilleux, R. F. (eds.). *Tool and Manufacturing Engineers Handbook*. 4th ed. Vol. II: Forming. Society of Manufacturing Engineers, Dearborn, Michigan, 1984.

복습문제 *REVIEW QUESTIONS*

금속 성형의 개요

14.1 금속 성형 중 탄성 또는 소성변형 과정에서 발생되는 응력과 변형률 현상을 설명하라.

용적변형과 박판가공의 차이점은 무엇인가?

14.2 대부분의 용적변형 공정에 적용되는 응력의 특성은 무엇인가?

14.3 금속 성형 공정중에 있는 금속의 특성을 설명하라.

14.4 용적변형공정과 박판가공공정의 차이점은 무엇인가?

14.5 단조공정을 설명하라.

14.6 압출공정을 설명하라.

14.7 선재인발공정을 설명하라.

14.8 전단공정이란 무엇이며, 굽힘 및 드로잉과 같은 박판 가공공정과의 차이점은 무엇인가?

14.9 박판 굽힘 공정을 설명하라.

금속 성형에서의 재료거동

14.10 유동곡선을 표현하는 수학식을 설명하라.

14.11 열간가공에 비해 냉간가공이 가지는 장점을 설명하라.

14.12 냉간가공에 비해 온간가공이 가지는 장점을 설명하라.

14.13 등온 성형에 대해 설명하라.

14.14 압연공정을 설명하라.

변형률 속도 민감도와 마찰

14.15 금속 성형에서 변형률 속도의 영향에 대해 설명하라.

14.16 금속 성형에서 일반적으로 마찰이 바람직하지 않는 이유에 대해 설명하라.

14.17 기어, 베어링 샤프트에서 발생하는 일반적인 마찰과 금속 성형 공정에서 발생하는 마찰과의 차이점을 설명하라.

금속 성형에서의 온도

14.18 냉간가공에 비해 열간가공이 가지는 장점을 설명하라.

연습문제

PROBLEMS

Flow Curve in Forming

14.1 In the flow curve for pure aluminum, the strength coefficient = 170 MPa and strain-hardening exponent = 0.22. In a forming operation, the final true strain = 0.80. Determine the flow stress and average flow stress that the metal experienced.

14.2 Annealed low-carbon steel has a flow curve with strength coefficient = 516.75 N/mm^2 and strain-hardening exponent = 0.25. A tensile test specimen with gage length = 50.8 mm is stretched to a length = 83.82 mm. Determine the flow stress and average flow stress that the metal experienced during this deformation.

14.3 The strength coefficient and strain-hardening exponent of brass are 689 N/mm^2 and 0.35, respectively. A cylindrical specimen of the metal with starting diameter = 63.5 mm and height = 76.2 mm is compressed to a length of 38.1 mm. Determine the flow stress at this compressed length and the average flow stress that the metal has experienced during deformation.

14.4 Derive the equation for average flow stress, Equation (14.2) in the text.

14.5 Pure copper (annealed) has a strength coefficient = 280 MPa and strain-hardening exponent = 0.40 in the flow curve equation. Determine the average flow stress that the metal experiences if it is subjected to a stress that is equal to its strength coefficient.

14.6 Determine the value of the strain-hardening exponent for a metal that will cause the average flow stress to be 70% of the final flow stress after deformation.

14.7 Determine the value of the strain-hardening exponent for a metal that will cause the average flow stress to be 80% of the final flow stress after deformation.

14.8 In a tensile test, two pairs of values of stress and s train were measured for the specimen metal after it had yielded: (1) true stress = 217 MPa, and true strain = 0.35; and (2) true stress = 259 MPa, and true strain = 0.68. Based on these data points, determine the strength coefficient and strain-hardening exponent.

Strain Rate

14.9 A work part with starting height h = 90 mm and diameter = 50 mm is compressed to a final height of 45 mm. During the deformation, the relative speed of the plattens compressing the part = 260 mm/s. Determine the strain rate at (a) h = 85 mm, (b) h = 65 mm, and (c) h = 45 mm.

14.10 A specimen with 101.6 mm starting gage length is subjected to a tensile test in which the grips holding the end of the test specimen are moved with a relative velocity = 38.1 mm/sec. The final length before fracture = 157.48 mm. Determine the strain rate at (a) h = 107.95 mm, (b) h = 127 mm, and (c) h = 152.4 mm.

14.11 A tensile test is performed to determine the strength constant C and strain-rate sensitivity exponent m in Equation (14.4.) for a certain metal. The temperature at which the test is performed = 500°C. At a strain rate = 12/s, the stress is measured at 160 MPa; and at a strain rate = 250/s, the stress = 300 MPa. (a) Determine C and m in the strain rate sensitivity equation. (b) If the temperature were 600°C, what changes would you expect in the values of C and m?

14.12 A tensile test is carried out to determine the strength constant C and strain-rate sensitivity exponent m for a certain metal at 530°C. At a strain rate = 10/sec, the stress = 158.47 N/mm^2; and at a strain rate = 300/sec, the stress = 310.05 N/mm^2. (a) Determine C and m in the strain rate sensitivity equation. (b) If the temperature were 480°C, what changes would occur in the values of C and m?

14.13 A hot working operation is carried out at various speeds. The strength constant = 20.68×10^7 N/m^2 and the strain-rate sensitivity exponent = 0.15 in the strain rate sensitivity equation. Determine the flow stress if the strain rate is (a) 0.01/sec, (b) 1.0/sec, and (c) 100/sec.

CHAPTER 15

용적변형 공정

15.1 압연
- 15.1.1 평압연의 공학적 해석
- 15.1.2 형압연
- 15.1.3 압연기
- 15.1.4 압연 관련 기타 공정
- 15.1.5 압연 결함

15.2 단조
- 15.2.1 자유단조
- 15.2.2 형단조
- 15.2.3 무플래시단조
- 15.2.4 단조해머, 프레스, 다이
- 15.2.5 단조 관련 기타 공정
- 15.2.6 단조 결함
- 15.2.7 금형 제조법

15.3 압출
- 15.3.1 압출 형식
- 15.3.2 압출의 공학적 해석
- 15.3.3 압출 다이와 프레스
- 15.3.4 기타 압출 공정

15.4 선재와 봉재 인발
- 15.4.1 인발의 공학적 해석
- 15.4.2 인발 공정수행
- 15.4.3 튜브 인발

본 장에서 논의되는 변형공정들은 초기형상이 박판이 아닌 덩어리 형태인 공작물에 상당한 형상변화를 가하는 공정들이다. 초기 소재의 형상은 원통형 바와 빌릿, 사각형 빌릿과 슬랩, 기타 유사한 형상을 가지고 있다. 용적변형 공정은 초기 소재의 형상을 변형시키며, 가끔 기계적 성질을 향상시키며, 항상 상품적 가치를 향상시키는데 사용된다. 변형공정은 충분한 응력을 가하여 원하는 형상 속으로 재료가 흘러 들어가게 하는 방법으로 진행된다.

용정변형 공정은 냉간, 온간, 열간공정으로 수행된다(14.3절). 냉간과 온간공정은 형상변화가 적고, 높은 기계적 성질이 필요하며, 고품질의 표면을 원할 때 적절하다. 열간공정은 일반적으로 큰 공작물에 대폭적인 형상의 변화가 필요한 경우에 사용된다.

- 용적변형 공정이 상업적, 기술적으로 중요한 것은 아래의 이유 때문이다.
- 열간공정으로 작업할 경우, 공작물에 상당한 형상변화가 가능하다.
- 냉간공정으로 작업할 경우, 형상변화뿐만 아니라, 기계적 성질을 향상시킬 수 있다.
- 공정을 통해 남는 재료가 거의 없거나 아예 발생하지 않는다. 일부 용적변형 공정은 순형상 또는 근사순형상 공정으로써 후처리 절삭공정 없이 최종제품을 가공할 수 있다.

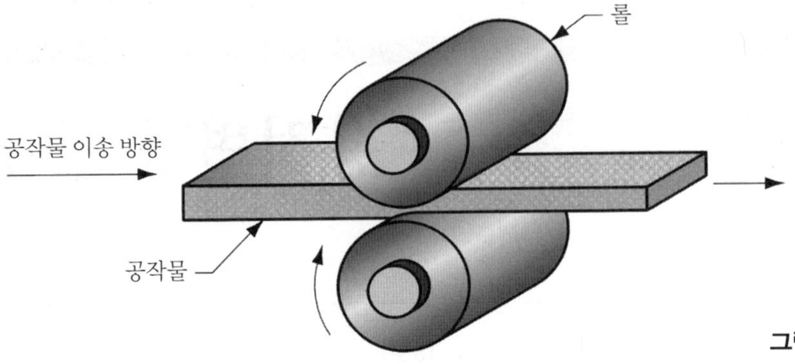

그림 15.1 압연공정(평압연).

본 장에서 다뤄지는 용적변형 공정은 (1) 압연, (2) 단조, (3) 압출, (4) 선재 및 봉재인발이다. 또한 네 가지 기본 공정에 추가된 공정들도 다루어질 예정이다.

15.1 압연

압연은 두 개의 마주보는 롤의 압축력으로 공작물의 두께를 감소시키는 공정이다. 그림 15.1과 같이 회전하는 롤 사이로 공작물을 당기는 동시에 압축한다. 그림에 보여진 기본공정은 평압연(flat rolling)으로 사각형 단면의 두께를 줄이는데 사용된다. 이와 매우 유사한 공정은 형압연(shape rolling)으로 I빔과 같은 정사각형 단면을 성형한다.

대부분의 압연공정은 *압연기(rolling mills)*라 불리는 대형 장비를 이용해야 하므로 매우 자본이 필요한 공정이다. 높은 투자 때문에 박판 또는 판재와 같은 표준품을 대량 생산하는데 사용된다. 대부분의 압연은 많은 변형량이 요구되므로 *열간압연(hot rolling)*으로 불리는 열간공정으로 수행된다. 열간압연으로 생산된 제품은 잔류응력이 없으며, 등방성 특성을 가진다. 열간압연의 단점으로서는 생산된 제품의 공차관리가 힘들며, 표면에 산화막이 형성된다는 점이다.

제강업은 압연기를 사용하는 가장 보편적인 분야이다(역사적 고찰 15.1). 강의 압연공정은 단계별로 다양한 제품들이 만들어지는 과정을 보여주며, 유사한 공정들이 금속산업계에서 이루어지고 있다. 공정의 첫 단계는 막 응고된 잉곳(ingot)에서부터 출발한다. 뜨거운 잉곳을 가열로에 수 시간 두면서 전체가 동일한 온도가 되게한다. 이렇게 함으로써 압연공정 동안 금속이 일정하게 흘러갈 수 있도록 한다. 강의 경우 압연온도가 1,200°C 근방이며, 가열 과정을 *소킹(soaking)*이라고 하고, 사용되는 로를 *소킹피트(soaking pit)*라 한다.

소킹 후 잉곳을 압연기로 옮겨 블룸, 빌릿 또는 슬랩으로 불리는 중간재로 압연된다. ***블룸(bloom)***은 150 mm×150 mm 크기 이상의 사각단면을 가지며, ***슬랩(slab)***은 잉곳 또는 블룸을 압연하여 생산한 것으로 250 mm×40 mm 또는 그 이상의 크기의 단면을 가진다. ***빌릿(billet)***은 블룸을 압연하여 생산한 것으로 40 mm 또는 그 이상의 정사면체 단면을 가진 제품이다. 이러한 중간재를 계속하여 압연함으로써 최종 제품을 생산하게 된다.

역사적 고찰 15.1 압연

금과 은을 수가공한 역사는 14세기부터 시작된다. 레오나르도 다빈치는 1480년 최초로 압연기를 설계하였으나, 실제로 제작되었는지는 알 수 없다. 1600년경에는 수동으로 작동되는 냉간압연기를 이용해 납과 주석을 성형하였다. 1700년경에는 벨기에, 영국, 프랑스, 독일 및 스웨덴에서 철을 성형하기 위해 열간압연기가 이용되었는데, 이 압연기는 철근을 압연하여 철판을 만드는데 사용되었다. 이 시기 이전에는 못과 유사한 제품을 만들기 위해 철과 강철을 좁은 스트립에 밀어넣는 슬리팅기였는데, 이는 현재와 같이 두께를 줄이기 위한 것은 아니였다.

현재의 압연방식은 철봉을 생산하기 위해 홈이 있는 롤을 특허출원한 영국에서 1783년부터 시작되었다. 산업혁명은 철강에 대한 엄청난 수요를 창출하였고, 압연기술의 발전을 자극시켰다. 1820년 영국에서 최초로 철도레일을 압연생산하게 되었다. 최초의 I빔은 1849년 프랑스에서 생산되었으며, 또한 평압연의 크기와 용량이 급격히 증가하게 되었다.

압연은 매우 큰 전력을 필요로 하므로, 18세기까지 압연의 전력을 공급하기 위해서 수차가 사용되었다. 전기모터로 대체되기 전 1900년 직후까지 압연의 용량은 증기엔진에 의해 공급되었다.

블룸은 압연되어 구조용 형강과 기차레일로 가공된다. 빌릿은 바(bar)와 봉재(rod)로 압연된다. 이러한 형상의 중간재는 절삭가공, 선재인발, 단조, 기타 금속가공을 위한 원재료로 사용된다. 슬랩은 판재, 박판, 스트립으로 압연된다. 열간압연 판재는 선박, 교량, 보일러, 중장비용 용접 구조물, 튜브 및 파이프, 기타 여러 제품에 사용된다. 그림 15.2는 몇 가지 압연강제를 보여준다. 열간압연 판재와 박판을 더욱 얇게 만들기 위해서는 주로 냉간압연이 후속적으로 행해지며, 이를 통해 생산된 제품은 금속박판 작업에 사용된다(16장). 냉간압연은 기계적성질을 증가시키며, 두께 공차 관리를 향상시킬 뿐만 아니라 표면에 산화막이 생성되지 않아 일반적으로 열간압연 제품보다 우수하다. 이러한 특징 때문에 냉간압연 박판, 스트립, 스탬핑용 코일, 외장 패널, 자동차 전장에서부터 사무용 가구까지 광범위한 영역에 이르는 부품으로 사용된다.

15.1.1 평압연의 공학적 해석

평압연은 두께 보다 폭이 넓은 단면을 가진 슬랩, 스트립, 박판, 판재 등과 관련 있으며, 그림 15.1과 그림 15.3에 표현되었다. 평압연에서는 두 개의 롤 사이로 공작물을 압착시켜 드래프트(draft)양만큼 두께를 감소시킨다.

$$d = t_o - t_f \tag{15.1}$$

여기서 d = 드래프트(mm), t_0 = 초기두께(mm), t_f = 최종두께(mm). 드래프트는 가끔 초기두께에 대한 상대비율로 표현되기도 하는데 이를 *압하율(reduction)*이라고 한다.

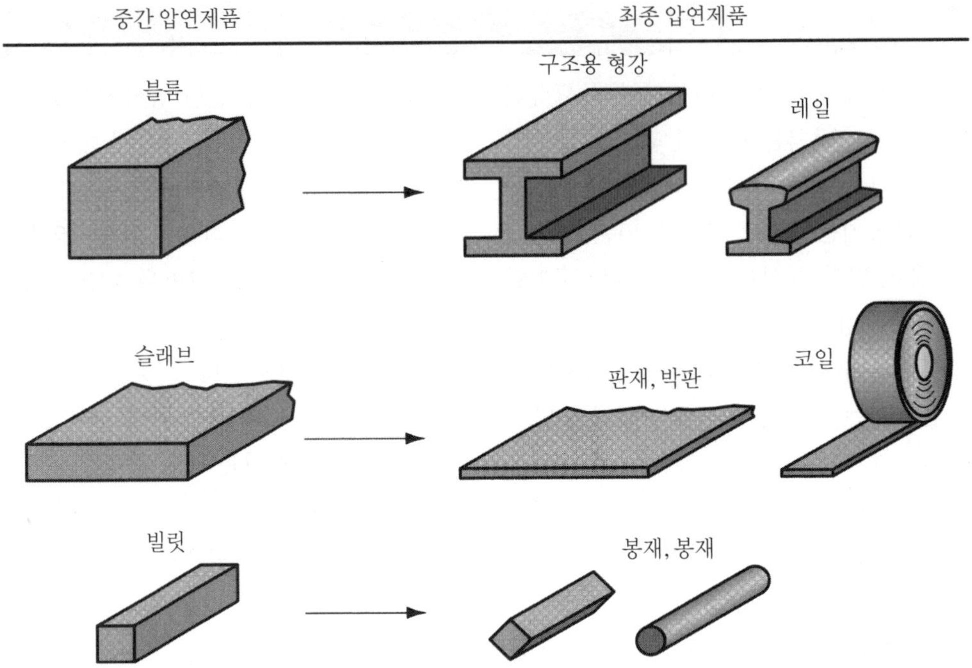

그림 15.2 압연기로 생산되는 압연강재.

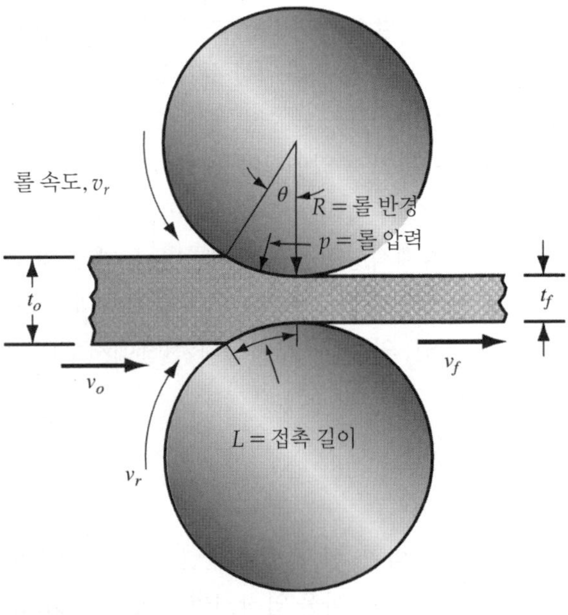

그림 15.3 평압연의 측면도. 압연전후 두께, 공작물 속도, 롤 접촉각, 기타 특징.

$$r = \frac{d}{t_o} \tag{15.2}$$

여기에서 r = 압하율이며, 연속적인 압연공정이 수행되었을 경우 압하율은 드래프트의 총합을 초기 두께로 나눈값으로 계산된다.

압연공정에서는 공작물의 두께는 감소하지만 폭은 증가하는데, 이를 *스프레딩(spreading)*이라고 한다. 이것은 두께 대비 폭이 작거나 마찰계수가 작을 때 매우 잘 나타난다. 재료의 부피가 보존되므로 롤을 빠져나가는 금속의 부피는 들어가는 부피와 같다.

$$t_o w_o L_o = t_f w_f L_f \tag{15.3}$$

여기서 w_o와 w_f는 가공 전후 공작물의 폭(mm); L_o와 L_f는 가공 전후 공작물의 길이(mm). 마찬가지로 가공 전후의 공작물 흐름의 부피비(volume rate)도 같아야 하므로, 전후의 속도는 다음과 같은 관계를 보인다.

$$t_o w_o v_o = t_f w_f v_f \tag{15.4}$$

여기서 v_o와 v_f는 공작물의 입구속도와 출구속도이다.

롤은 각도 θ로 정의되는 호 길이만큼 공작물과 접촉한다. 각 롤은 반경 R을 가지며, 롤의 회전속도가 표면에서의 선속도는 v_r이다. 이 속도는 공작물의 입구에서의 속도 v_o보다는 크고, 출구에서의 속도 v_f보다는 작다. 금속의 흐름이 연속적이기 때문에 롤 사이를 흐르는 공작물의 속도는 연속적으로 변한다. 하지만, 공작물과 롤의 선속도가 일치하는 한 점이 접선 호 내에서 존재하게 된다. 이 점을 *중립점(neutral point)* 또는 *무미끄럼점(no-slip point)*이라 한다. 이점을 중심으로 양바향 모두 롤과 공작물 사이에 미끄러짐과 마찰이 존재하게 된다. 롤과 공작물 사이의 미끄러짐 양은 다음과 같이 *전방향 슬립(forward slip)*으로 측정될 수 있다.

$$s = \frac{v_f - v_r}{v_r} \tag{15.5}$$

여기에서 s = 전방향 슬립; v_f = 출구 최종속도(m/s); v_r = 롤 속도(m/s).

압연공정 중 공작물의 진변형률은 전후의 두께 변화를 기준으로 계산되며, 식은 다음과 같다.

$$\epsilon = \ln\frac{t_o}{t_f} \tag{15.6}$$

진변형률은 공작물에 가해진 평균 유동응력 $\bar{Y}_f$ 를 결정하는데 사용된다. 앞장에서 사용된 식 (14.2)로부터

$$\bar{Y}_f = \frac{K\epsilon^2}{1+n} \tag{15.7}$$

평균 유동응력은 압연공정에서의 성형력과 파워를 계산하는데 사용된다.

압연에서 마찰은 일정한 마찰계수를 가지므로 롤의 압축력과 마찰계수를 곱하면 롤과 공작물 사이에 발생하는 마찰력이 계산된다. 무미끄럼점을 중심으로 입구 쪽과 출구 쪽의 마찰방향은 서로 반대이지만, 두 힘의 크기는 같지않다. 입구 쪽의 마찰력이 더 커서 공작물을 롤 사이로 끌어당긴다. 만일 그렇지 않다면 압연이 불가능하게 된다. 마찰계수가 주어진 평압연에서 가능한 최대 드래프트는 다음과 같이 정의된다.

$$d_{\max} = \mu^2 R \tag{15.8}$$

여기에서 d_{max} = 최대 드래프트(mm); μ = 마찰계수; R = 롤 반경(mm). 이 식에 의하면 마찰이 없다면 드래프트가 생길 수 없으므로 압연공정이 불가능하게 된다.

압연에서 마찰계수는 윤활, 공작물 재료, 가공온도와 관련 있다. 냉간압연에서의 마찰계수는 대략 0.1; 온간압연에서는 대략 0.2; 열간압연에서는 대략 0.4[16]이다. 열간압연에서는 *고착(sticking)*이 발생하여 공작물이 롤의 일정영역에 들어붙는 현상이 발생한다. 이런 현상은 강재나 고온의 합금을 압연할 때 종종 발생하며, 고착이 발생하면 마찰계수는 0.7까지 증가한다. 고착이 발생하면 공작물의 표면은 롤의 선속도 v_r과 같은 속도로 움직이지만, 롤 사이로 공작물이 지나가게 하기 위해서는 표면 아래쪽이 심하게 변형되어야 한다.

압연에 충분한 마찰계수가 주어졌을 때, 압하력 F는 단위 롤압력(그림 15.3에서 p)을 접촉 면적에 걸쳐 적분함으로써 구할 수 있다. 이것을 식으로 나타내면 다음과 같다.

$$F = w\int_0^L p\, dL \tag{15.9}$$

여기서 F = 롤 압하력(N); w = 공작물의 폭(mm); p = 롤 압력(MPa); L = 롤과 공작물 사이의 접촉 길이(mm). 적분은 중립점을 중심으로 양쪽으로 구분된 두 개의 구간에 걸쳐 수행된다. 접촉길이에 발생하는 롤압력의 변화가 중요한데, 이 변화는 그림 15.4의 곡선에서 알 수 있다. 압력은 중립점에서 최대가 되며, 입구 쪽이나 출구 쪽으로 갈수록 줄어든다. 마찰이 증가함에 따라 최고점은 입구 쪽이나 출구 쪽보다 상대적으로 높아진다. 마찰이 감소함에 따라 압연방향으로 당기는 힘을 유지하기 위해 중립점은 출구쪽으로 가까워진다. 그렇지 않으며 낮은 마찰에서 공작물은 롤 사이를 지나가지 않고 미끄러지기만 할 것이다.

식 (15.9)의 대략적인 결과는 롤 사이에 있는 공작물의 평균 유동응력을 기초로 계산될 수 있으며, 다음과 같다.

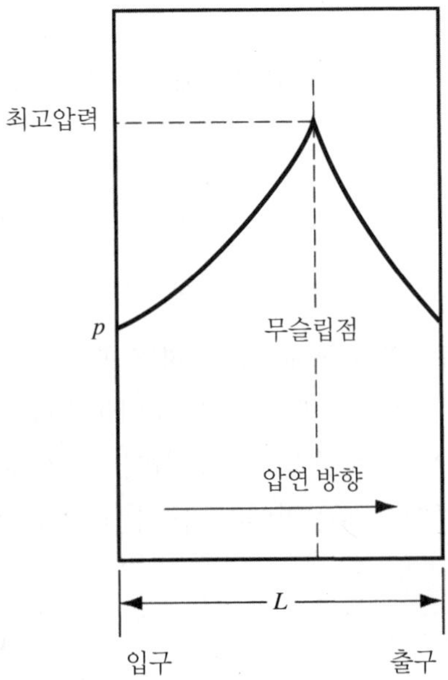

그림 15.4 평압연에서 접촉길이에 따른 압력의 변화. 최고점은 중립점에서 발생하며, 곡선 아래 면적[식 (15.9)]은 압하력 F이다.

$$F = \bar{Y}_f wL \tag{15.10}$$

여기서 $\bar{Y}_f$ = 식 (15.7)의 평균 유동응력(MPa); w_L = 롤-공작물의 접촉면적(mm^2). 접촉 길이는 대략적으로 다음과 같이 계산된다.

$$L = \sqrt{R(t_o - t_f)} \tag{15.11}$$

압연 시 발생하는 토크는 다음과 같이 계산된다. 공작물이 롤 사이를 지나갈 때, 롤 압하력이 공작물의 중심에 작용한다는 가정하에 접촉길이 L의 절반에 해당하는 팔 길이를 가진다고 가정하여 계산할 수 있다. 따라서 각 롤에 발생하는 토크는 다음과 같다.

$$T = 0.5\ FL \tag{15.12}$$

각 롤을 움직이는데 필요한 동력은 토크와 각속도를 곱하여 구할 수 있다. 각속도는 2πN이며 N은 롤의 회전속도이다. 따라서 각 롤의 동력은 2πNT이다. 식 (15.12)를 이 식에 대입하고 압연기에 장착된 두 개의 롤을 고려한다면 두 배함으로써 다음과 같은 식을 얻을 수 있다.

$$P = 2\pi NFL \tag{15.13}$$

여기서 P = 동력(J/s 또는 W); N = 회전속도(1/s); F = 롤 압하력(N); L = 접촉길이(m).

예제 15.1

평압연

2500 mm × 20 mm의 스트립을 반경 230 mm인 두 개의 롤 사이로 이송한다. 40 rev/min 롤 속도로 한 번의 압연으로 공작물의 두께가 18 mm를 줄었다. 공작물 재료는 K = 275 MPa, n = 0.15에서 유동곡선이 정의된다. 롤과 공작물 사이의 마찰계수는 0.12로 가정하며, 이 마찰로 압연 작업이 가능하다고 가정한다. 이 때 압하력, 토크, 동력을 계산하라.

풀이

압연공정에서 발생한 드래프트는

$$d = 20 - 18 = 2\ \text{mm}$$

이다. 식 (15.8)로부터 주어진 마찰계수에서 가능한 최대 드래프트는

$$d_{max} = (0.12)^2\ (230) = 3.3\ \text{mm}$$

이다. 최대 허용 드래프트가 발생한 드래프트 값보다 크므로 압연 작업은 가능하다. 압하력을 계산하기 위해 접촉길이 L과 평균 유동응력 $\bar{Y}_f$ 가 필요하다. 접촉길이는 식 (15.11)로 계산된다.

$$L = \sqrt{230\ (20 - 18)} = 21.4\ \text{mm}$$

$\bar{Y}_f$ 는 진변형률로부터 결정된다.

$$\epsilon = \ln\frac{20}{18} = 0.105$$

$$\bar{Y}_f = \frac{270(0.105)^{0.15}}{1.15} = 167.4 \text{ MPa}$$

롤 압하력은 식 (15.10)으로부터 결정된다.

$$F = 167.4(250)(21.4) = \mathbf{8,95,590\ N}$$

각 롤을 돌리는데 필요한 토크는 식 (15.12)로 계산된다.

$$T = 0.5(8,95,590)(21.4)(10^{-3}) = \mathbf{9,583\ N\text{-}m}$$

필요한 동력은 식 (15.13)으로부터 계산된다.

$$P = 2\pi\,(40)(8,95,590)(21.4)(10^{-3}) = 48,16,847 \text{ N-m/min} = \mathbf{80,281\ N\text{-}m/s\ (W)}$$

이를 비교해서 마력으로 변환시키면(1마력 = 745.7W):

$$HP = \frac{80,281}{745.7} = \mathbf{107.6\ hp}$$

위 예제로부터 압연에서 큰 힘과 동력이 요구됨을 알 수 있다. 식 (15.10)과 식 (15.13)을 보면 주어진 폭과 재료의 스트립을 압연하는데 필요한 힘 및 동력은 다음을 통해 줄일 수 있음을 알 수 있다. (1) 재료의 강도와 변형경화(K와 n)를 줄일 수 있도록 냉간압연 대신 열간압연을 선택; (2) 각 압연 공정 시 드래프트를 줄임; (3) 압하력을 줄이기 위해 작은 반경 R을 가진 롤을 사용; (4) 동력을 줄이기 위해 압연속도 N을 낮춤.

15.1.2 형압연

형압연(shape rolling)에서 공작물은 윤곽을 가진 단면으로 변형된다. 형압연으로 제조되는 제품들은 I-빔, L-빔, U-채널 같은 구조용 형강; 기차철로; 정사각형 바(bar) 또는 원형 봉재(rod)가 있다(그림 15.2). 이 공정은 가공하고자 하는 형상과 반대되는 모양을 가진 롤 사이로 공작물을 통과시켜서 형상을 변형시킨다.

평압연에 적용되는 대부분의 원리가 형압연에도 적용될 수 있으나, 롤 형상은 좀 더 복잡해진다. 보통 초기에 정사각형 단면을 가진 공작물은 여러 개의 롤을 통과하면서 최종 단면 형상에 점진적으로 가까워진다. 공작물의 중간 형상과 이에 해당되는 롤들의 설계를 *롤패스 설계(roll-pass design)*라고 한다. 이것의 목적은 각 단계마다 단면 전체에 걸쳐 균일한 변형이 일어나도록 하는 것이며, 그렇지 않으면 공작물의 특정 부위가 심하게 변형되어 그 부분이 심하게 늘어나기 때문이다. 불균일한 압연은 압연 제품이 뒤틀리고 깨어질 수 있는 원인이 될 수 있다. 공작물 재료의 균일한 압연을 위해 수평롤과 수직롤 모두가 사용된다.

15.1.3 압연기

압연 공정의 기술적 문제를 해결하고, 응용 범위를 넓히기 위해 여러 가지 형태의 압연기 활용이가 능하다. 기본 압연기는 그림 15.5(a)와 같이 두 개의 마주보는 롤로 구성된 *2단식(two-high) 압연기*이다. 이와 같은 압연기의 롤의 직경 범위는 0.6~1.4 m 사이이다. 2단식 압연기는 역회전이 가능한 것과 불가능한 것으로 구분된다. 비역회전 압연기에서 롤은 항상 같은 방향으로 회전하고 공작물은 항상 같은 방향으로 지나간다. 역회전 압연기는 롤의 회전방향을 반대로 바꿀 수 있기 때문에 공작물은 양방향으로 지나가게 할 수 있다. 따라서 하나의 롤 세트로 여러 번 압연을 행할 수 있는데, 이는 단순히 공작물의 방향만 여러 번 바꾸어주면 되기 때문이다. 역회전 방식의 단점으로는 큰 회전롤로 인한 상당한 크기의 각운동량과 방향을 바꾸기 어려운 기술적 문제를 들 수 있다.

그림 15.5에 그 밖의 압연기 방식이 소개되어 있다. 그림 15.5(b)의 *3단식(three-high) 압연기*에서는 수직 축을 따라 3개의 롤이 있고 각 롤의 회전 방향은 변하지 않는다. 연속적인 압연을 위해 한 패스를 마친 후 공작물의 위치를 높이거나 낮추어서 다른 경로로 통과시킨다. 3단식 압연기는 공작물을 높이거나 낮추기 위한 승강기 매커니즘 때문에 구조가 더 복잡해진다.

앞서 언급된 여러 수식에서와 같이 롤 직경을 줄이면 이점이 생긴다. 롤과 공작물의 접촉길이가 짧아지기 때문에 압하력, 토크, 동력이 줄어든다. *4단식(four-high) 압연기*에서는 그림 15.5(c)와 같이 공작물에 직접 접촉하는 작은 직경의 두 개 롤과 그 뒤를 받쳐주는 나머지 두 개 롤로 구성된다. 만약 받쳐주는 큰 롤이 없다면 공작물과 직접 접촉하는 작은 롤은 높은 압하력 때문에 탄성 변형되어 휘어질 수 있다. 작은 롤을 사용하는 또 다른 압연기로는 그림 15.5(d)의 클러스터형(cluster) 압

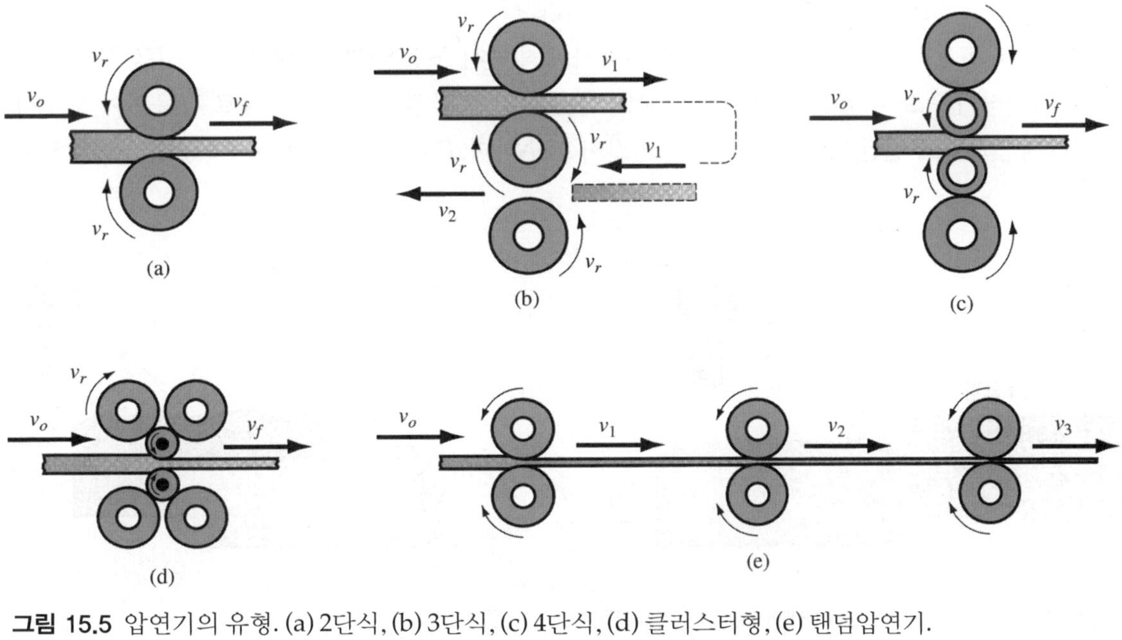

그림 15.5 압연기의 유형. (a) 2단식, (b) 3단식, (c) 4단식, (d) 클러스터형, (e) 탠덤압연기.

연기가 있다.

빠른 속도로 표준제품을 생산하기 위한 방법으로 탠덤(tandem) 압연기가 자주 쓰인다. 이 구조는 그림 15.5(e)와 같이 롤 스탠드가 연속적으로 배치되어 있는 형태이다. 그림에서는 단지 세 개의 롤 스탠드만 보였지만 전형적인 탠덤 압연기는 여덟 개 혹은 열 개의 스탠드로 구성되며, 각각은 두께를 줄이거나 공작물의 모양을 다듬는 용도로 사용된다. 각 단계에서는 공작물의 속도가 증가하므로 각 스탠드의 롤 속도를 맞추면서 압연기 전체적의 흐름을 동기화시키는 것이 중요한 문제 중 하나이다.

최신의 탠덤 압연기는 연속주조 공정과 직접 연결되기도 한다. 이것은 초기 원재료부터 최종 제품에 이르기까지 필요한 모든 공정들을 고도로 통합한 시스템이다. 장점은 소킹피트를 제거할 수 있으며, 차지하는 공간을 축소할 수 있으며, 제조 시간을 단축시킬 수 있다. 주조와 압연을 연속적으로 수행할 수 있는 압연기는 이러한 기술적 이점을 곧 경제적 이익으로 변환시켜 준다.

15.1.4 압연 관련 기타 공정

압연과 관련된 또 다른 용적변형 공정으로서 나사전조, 링압연, 기어전조, 롤 피어싱 등이 있다.

나사전조

나사전조(thread rolling)는 두 금형 사이에 원통형 공작물을 압연하여 나사를 만드는 공정이다. 이것은 수나사 부품(예 볼트와 나사)을 대량 생산하는 공정으로 상업적으로 매우 중요한 공정이다. 이와 경쟁하는 공정으로 나사절삭(18.7.1절)이 있다. 나사전조 작업의 대부분은 나사전조 압연기를 통해 냉간에서 제조된다. 이 압연기는 나사의 크기와 형태를 조절할 수 있는 특수 금형을 장착하고 있으며, 금형은 두 가지 형태를 가진다: (1) 그림 15.6과 같이 서로 왕복 운동하는 평금형 형태; (2) 서로 회전하면서 전조 작업을 하는 원형 금형 형태이다.

나사전조 공정의 생산속도는 작은 볼트나 나사에 대해서 초당 8개까지 생산할 수 있을 정도로 높다. 나사절삭가공 보다 빠른 생산속도 외에도 다음과 같은 장점이 있다: (1) 재료 활용면이 우수하고, (2) 가공경화로 인한 나사산의 기계적 성질이 우수하며, (3) 매끄러운 표면과, (4) 전조 공정으로

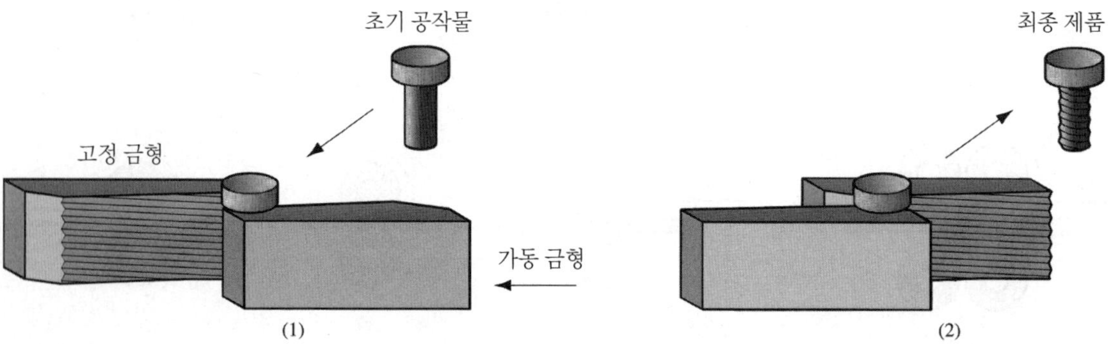

그림 15.6 평금형을 이용한 나사전조. (1) 공정시작, (2) 공정완료.

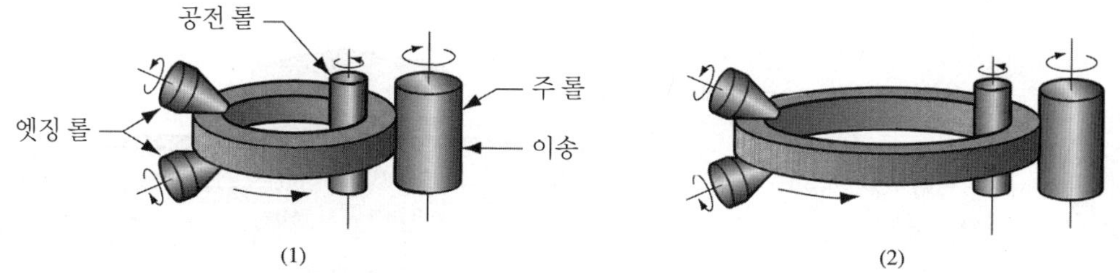

그림 15.7 링의 벽 두께를 줄이고 직경을 확대하는데 쓰이는 링압연. (1) 공정시작, (2) 공정완료.

인해 발생된 압축응력 때문에 피로에 대한 저항성이 더 좋다.

링 압연

링압연(ring rolling)은 그림 15.7에 나타난 공정 전후와 같이, 작은 직경과 두꺼운 벽을 가진 링을 압연하여 큰 직경과 얇은 벽을 가진 링으로 변형시키는 공정이다. 두꺼운 벽을 가진 링을 압축하면 재료가 늘어나 링의 직경이 커진다. 일반적으로 큰 링은 열간가공을, 작은 링은 냉간가공을 수행한다.

링압연이 적용되는 제품으로는 볼 및 롤러 베어링 레이스(race), 기차 바퀴, 파이프용 링, 압력용기, 회전 기계류 등이 있다. 링의 벽 단면은 사각형 이외에 더 복잡한 형상도 가능하다. 링압연의 장점으로는 원소재의 절약, 적용 분야에 알맞은 이상적인 결정립 배역, 냉간가공으로 인한 강도 증가 등이 있다.

기어 전조

기어전조(gear rolling)는 냉간으로 기어를 제조하는 공정이며, 자동차 산업이 이러한 제품의 최대 수요처이다. 기어전조 방식은 나사전조 장비와 비슷하데, 단지 변형의 방향이 소재가 되는 원통형 블랭크 혹은 디스크의 축과 평행(헬리컬 기어의 경우 각도를 가짐)하다는 점만이 다르다. 기어를 생산하는 기타 방법들은 18.7.2절에서 언급된 바와 같이 일정 절삭공정을 포함한다. 절삭가공에 비해 기어전조가 가지는 장점은 나사전조의 이점과 비슷하다. 높은 생산속도, 높은 강도와 피로 저항성, 재료낭비 감소 등이다.

롤 피어싱

롤 피어싱(roll piercing)은 이음매 없는 두꺼운 벽을 가진 튜브를 만드는 특수 열간가공 공정이다. 두 개의 마주보는 롤을 사용하기 때문에 압연 공정으로 분류된다. 그림 15.8(a)와 같이 속이 찬 원통형 공작물이 원주를 따라 압축되면 공작물의 중심에 높은 인장 응력이 형성된다. 압축이 충분히 높으면 내부에 균열이 발생하며, 그림 15.8(b)에 보여진 장치가 이 원리를 구현한 것이다. 두 개의 롤로 원통형 빌릿에 압축응력을 가하면, 롤의 축은 빌릿의 축으로부터 약간 (약 6°) 기울어져 있기 때문에 롤을 회전시킬 때, 빌릿이 롤 사이로 당겨 들어온다. 이때 *만드렐(mandrel)*을 사용하여 구멍의 크기와 다듬질정도를 조절한다. *회전튜브피어싱(rotary tube piercing)* 또는 *만네스만공정(Mannesmann process)*이라는 용어로도 함께 사용되고 있다.

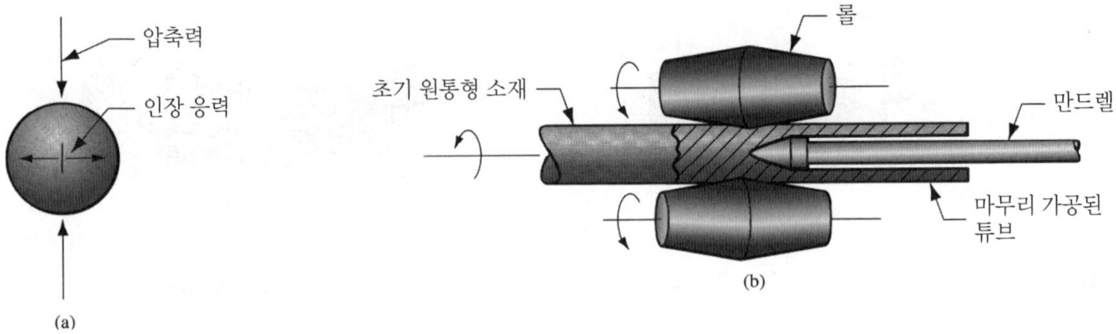

그림 15.8 롤 피어싱. (a) 원통 공작물을 가압함으로써 발생되는 내부응력 및 공동, (b) 이음매 없는 튜브를 생산하는 만네스만 압연기 장치.

15.1.5 압연 결함

압연 결함은 크게 두 가지 범주(표면 결함과 구조적 결함)로 분류된다. 표면 결함은 부식, 스케일 형성, 표면 균열 및 스크래치, 스크래치 제거로 인한 표면 구덩이 등으로 구성되며, 구조적 결함은 제거가 어렵고 압연공정에서 가장 중요한 결함으로 간주된다. 일반적인 구조적 결함은 다음과 같다.

물결모양 끝단과 지퍼 균열(Wavy Edges and Zipper Cracks)

이 결함은 압력을 가하는 중에 롤의 굽힘으로 인해 발생하며, 굽힘은 압축하중에 의한 압연부의 중간 부분에서 발생한다. 지퍼 균열은 스트립의 고르지 않은 응력분포로 인해 스트립의 중심선에서 발생하며, 균열의 모양이 지퍼와 닮아 지퍼 균열이라 불린다.

끝단부 균열과 중심부 분할(Edge Cracks and Centre Split)

두께 방향으로 불균일하게 형성된 소성변형 또는 자유 표면의 팽창은 끝단부를 따라 2차 인장응력을 발생시켜, 끝단부 균열을 발생시킬 수 있다. 끝단부 균열 형성은 엣지 롤을 이용해 제거될 수 있다.

악어모양 결함(Alligatoring)

철판 두께 방향으로 형성된 불균일한 금속흐름은 악어결함이라 불리는 또 다른 결함을 생성시킨다. 이 결함은 공작물과 롤 사이에 존재하는 마찰로 인해 철판의 두께에 변화가 생기는 현상으로, 가혹한 가공조건에서 가공물의 표면에 악어의 입을 닮은 결함이 발생하여 붙여진 이름이다.

주름

이 결함은 압연 반복이 충분히 수행되지 않았을 때 발생한다.

라미네이션(Laminations)

이 결함은 파이프나 구멍을 가지고 있는 잉곳이 충분히 튼튼하지 않거나, 용접이 완벽하게 되어 있지 않는 경우 발생한다.

15.2 단조

단조(forging)는 두 개의 금형 사이에 공작물을 두고 충격 또는 점진적 압력을 가하여 부품을 만드는 변형 공정이다. 단조는 가장 오래된 금형성형 공정으로서, B.C. 5,000년 전까지 거슬러 올라간다(역사적 고찰 15.2). 오늘날에도 단조는 중요한 공정으로서 자동차, 항공기 및 기타 산업분야에서 고강도 부품을 제조하는데 사용되고 있고 있으며, 엔진 크랭크축, 커넥팅 로드, 기어, 항공기 구조물, 제트엔진 터빈 부품 등이 있다. 또한 강재 및 기타 금속산업에서는 큰 부품의 기본 형상을 단조로 만든 후 후속 절삭가공으로 최종 치수정밀도를 가진 형상을 만드는 방법을 쓰고 있다.

역사적 고찰 15.2 단조

단조공정은 약 7000년 전 가장 오래된 기록에서 찾아볼 수 있다. 고대 이집트, 그리스, 페르시아, 인도, 중국, 일본에서 무기, 보석 및 다양한 도구를 만드는데 사용되었다는 증거가 있으며, 이 시기에는 단조 기술장인들이 높이 평가되어졌다. 1600년경 고대 크레타 섬에서는 문양이 새겨진 돌이 금과 은을 망치질할 때 사용되기도 하였는데, 이 기술은 기원전 800년경에 동전을 제조하는 방법으로 발전하기도 하였다. 더 복잡한 금형이 기원 200년경 로마에서 사용되었다. 대장장이의 기술은 18세기 말 드롭 해머가 도입되기 전 전까지 수세기 동안 비교적 변하지 않았는데, 이러한 발전은 단조공정을 산업시대까지 이어지게 했다.

단조는 여러 가지 방법으로 분류된다. 그 한 가지 분류법은 작업온도를 기준으로 분류하는 것이다. 대부분의 단조 작업은 열간 또는 온간에서 행해지는데, 이는 요구되는 상당한 변형량을 구현하기 위해 공작물의 강도를 줄이고 연성을 증가시켜야 하기 때문이다. 그러나 냉각단조 또한 상당히 흔하게 사용되며, 냉간단조의 장점은 변형경화로 인한 강도 증가에 있다.

단조는 충격 또는 점진적 가압을 이용하는데, 이 두 가지의 차이점은 기술적 차이보다는 장비의 차이로 구분된다. 충격 하중을 가하는 단조 기계를 단조 해머(forging hammer), 점진적 가압을 가하는 장비를 *단조 프레스(forging press)*라고 한다.

또 다른 분류는 단조 작업 중 공작물의 흐름이 금형에 구속을 받는 정도를 들 수 있다. 이 분류에 따르면 그림 15.9와 같이 세 가지 형태의 단조 작업이 있다. (a) 자유단조, (b) 형단조, (c) 무플래시 단조. ***자유단조(open-die forging)***에서는 공작물이 두 개의 평면(또는 거의 평면) 금형에 의해 압축되기 때문에 다이 표면과 평행한 방향으로는 아무 구속 없이 변형된다. ***형단조(impression-die forging)***에서는 특정 형상을 가진 금형으로 공작물을 눌러 형상을 새기기 때문에 금속 유동에 상당한 제약이 따른다. 이런 형태의 작업에서는 일부 재료가 금형 밖으로 흘러나와 그림에서 보인 것처럼 플래시(flash)를 만들며, 이는 후작업으로 제거되어야 한다. 무플래시단조(flashless forging)에서는 공작물이 완전히 금형을 채우면서 플래시도 생성되지 않는다.

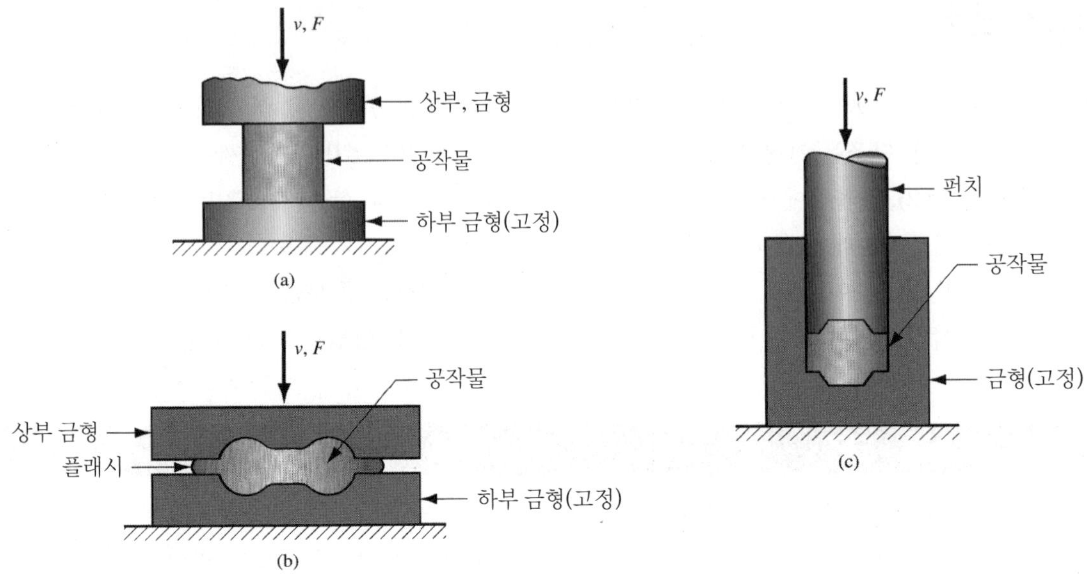

그림 15.9 세 가지 형태의 단조 작업과 단면도. (a) 자유단조, (b) 형단조, (c) 무플래시단조.

15.2.1 자유단조

자유단조(open-die forging)의 가장 단순한 형태는 원통형 단면을 가진 공작물을 두 개의 평금형으로 압축하는 것으로써 압축 시험과 매우 유사하다(3.1.2절). 업셋팅(upsetting) 또는 업셋단조(upset forging)로 알려진 이 단조 작업은 공작물의 높이를 줄이고 직경을 늘리는데 사용된다.

자유단조의 공학적 해석

공작물과 금형 표면사이에 마찰이 없는 이상적인 상태에서 자유단조 작업이 수행된다면 그림 15.10과 같이 재료의 반경 방향 변형이 모든 높이에 대해 균일하게 일어난다. 이런 이상적 상태 에

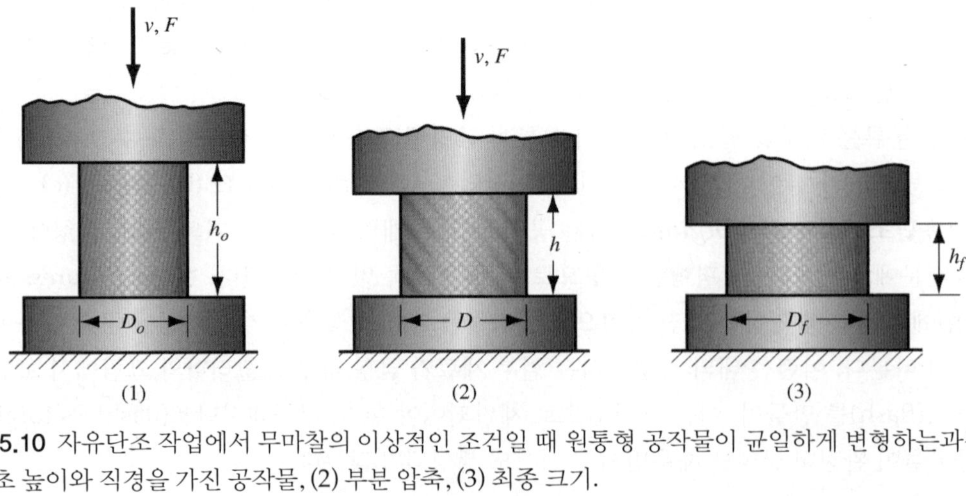

그림 15.10 자유단조 작업에서 무마찰의 이상적인 조건일 때 원통형 공작물이 균일하게 변형하는과정. (1) 최초 높이와 직경을 가진 공작물, (2) 부분 압축, (3) 최종 크기.

서의 공작물의 진변형률은 다음과 같다.

$$\epsilon = \ln \frac{h_o}{h} \tag{15.14}$$

여기서 h_0 = 공작물의 초기 높이(mm); h = 공정 중의 높이(mm)이다. 압축 완료 시, h는 최종 높이는 h_f가 되고, 이 때 진변형률은 최댓값에 도달한다.

자유단조 수행에 필요한 성형력은 다음과 같이 계산된다. 어떤 높이 h에서 압축을 계속하기 위해 요구되는 성형력은 그 때의 단면적에 유동응력을 곱하여 구할 수 있다.

$$F = Y_f A \tag{15.15}$$

여기서 F = 성형력(N); A = 단면적(mm^2); Y_f = 식 (15.14)의 변형률에 해당하는 유동응력(MPa)이다. 단면적 A는 높이가 줄어듦에 따라 지속적으로 늘어난다. 금속이 완전 소성체인 경우(예, 열간가공)가 아니라면, 유동응력 Y_f 또한 가공경화 때문에 증가한다. 이 경우는, 공작물의 변형률 경화지수 $n = 0$이고 유동응력 Y_f가 금속의 항복응력 Y와 같은 경우이다. 면적과 유동응력 모두 각각 최댓값가 되는 마지막 행정에서 성형력도 최대에 이르게 된다.

실제 단조 작업에서는 금형표면의 마찰이 공작물 변형을 방해하기 때문에 그림 15.10과 같이 변형되지 않고, 그림 15.11과 같이 배럴링(barreling) 효과가 나타난다. 저온의 금형으로 고온의 공작물을 작업할 경우 배럴링 효과는 더욱 크게 나타나는데, 이는 열간가공에서 마찰계수가 클 뿐만 아니라, 금형 표면의 열전달로 공작물이 냉각되므로 변형 저항성이 증가하기 때문이다. 공작물의 고온중심부가 저온표면부보다 더 쉽게 변형된다. 공작물의 높이 대 지름의 비가 커질수록 공작물과 금형의 접촉 면적이 증가하므로 베럴링 효과는 더 심하게 나타난다.

이러한 인자들 때문에 실제 단조 성형력은 식 (15.15)에서 예측되는 것보다 더 크다. D/h 비와 마찰 효과를 고려한 형상인자를 식 (15.15)에 근사적으로 적용할 수 있다.

$$F = K_f Y_f A \tag{15.16}$$

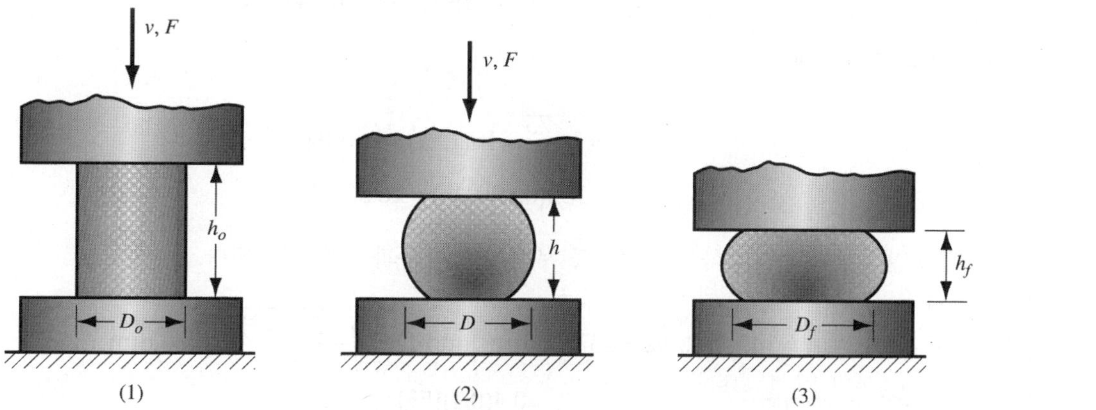

그림 15.11 자유단조 작업에서 원통형 공작물이 배럴링 효과를 보이는 실제 변형의 모습. (1) 공정시작, (2) 부분변형, (3) 최종 형상.

여기서 F, Y_f, A는 앞 식의 정의와 같고 K_f는 단조형상인자로 다음과 같이 정의된다.

$$K_f = 1 + \frac{0.4\ \mu D}{h} \tag{15.17}$$

여기서 μ = 마찰계수; D = 공작물 직경 또는 다이와의 접촉 길이(mm); h = 공작물 높이(mm)이다.

예제 15.2

자유단조

원통형 공작물에 냉간 업셋단조 작업을 한다. 높이 75 mm, 직경 50 mm을 가진 초기형상을 단조작업하여 높이를 36 mm까지 줄인다. 재료의 유동곡선은 $K = 350$ MPA, $n = 0.17$이다. 마찰계수는 0.1로 가정한다. 공정을 시작할 때, 중간높이가 62 mm 및 49 mm일 때, 그리고 최종높이 36 mm일 때, 각각의 경우에 해당되는 성형력을 구하라.

풀이

공작물의 부피는 $V = 75\pi(50^2/4) = 147{,}262\ \text{mm}^3$이다. 상부 금형이 접촉을 시작하는 순간, $h = 75$ mm이고 성형력은 $F = 0$이다. 재료가 항복점에 도달할 때 h는 75 mm보다 약간 작다. 이 때의 변형률 = 0.002라고 가정하면, 유동응력은 다음과 같다.

$$Y_f = K\epsilon^n = 350(0.002)^{0.17} = 121.7\ \text{MPa}$$

직경은 약 $D = 50$ mm, 면적 $A = \pi(50^2/4) = 1{,}963.5\ \text{mm}^2$로 계속 유지된다. 이 조건 하에서 단조형상인자 K_f는 다음과 같이 계산된다.

$$K_f = 1 + \frac{0.4(0.1)(50)}{75} = 1.027$$

단조 성형력은 다음과 같다.

$$F = 1.027(121.7)(1963.5) = \mathbf{245{,}410\ N}$$

높이 $h = 62$ mm에서

$$\epsilon = \ln\frac{75}{62} = \ln(1.21) = 0.1904$$
$$Y_f = 350(0.1904)^{.17} = 264.0\ \text{MPa}$$

부피가 일정하다고 가정하고 배럴링도 무시하면 다음과 같이 계산된다.

$$A = 147{,}262/62 = 2375.2\ \text{mm}^2 \text{ and } D = \sqrt{\frac{4(2375.2)}{\pi}} = 55.0\ \text{mm}$$
$$K_f = 1 + \frac{0.4(0.1)(55)}{62} = 1.035$$

$F = 1.035(264)(2375.2) =$ **649,303 N**. 비슷한 방법으로 $h = 49$ mm일 때 $F =$ **955,642 N**이고, $h = 36$ mm일 때 $F =$ **1,467,422 N**이다. 이 예제의 데이터로부터 그림 15.12의 하중-행정 곡선을 그릴 수 있다.

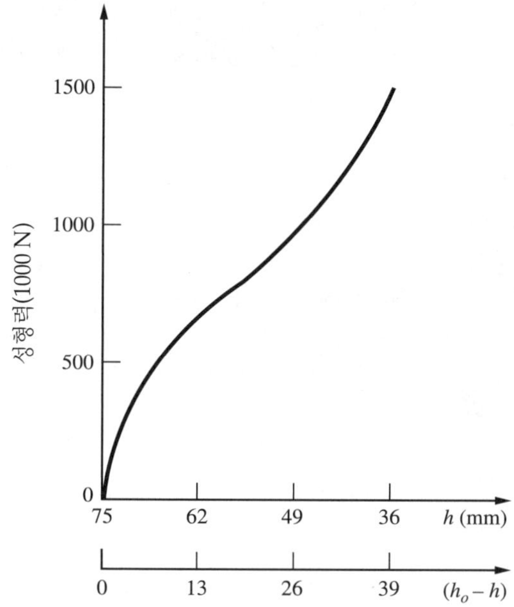

그림 15.12 높이 h와 높이 감소($h_o - h$)의 함수로 표현된 업셋팅 성형력 곡선. 이것은 하중-행정곡선이라고도 불린다.

자유단조 공정의 수행

열간 자유단조는 중요한 산업 공정이다. 자유단조 작업으로 얻을 수 있는 형상은 축, 디스크, 링 등과 같이 단순하다. 어떤 작업에서는 금형표면에 약간의 윤곽을 주어 공작물 형상을 만들기도 하고, 가끔 공작물에 조작(예로 회전시킴)을 가해 형상을 변화시키기도 한다. 작업자의 숙련도는 성공적인 작업을 위해 필요한 요소이다. 철강 산업에서의 자유단조 수행 예는 큰 정사각형 주조 잉곳을 원형 단면의 제품으로 성형하는 것을 들 수 있다. 자유단조 작업으로는 대략적인 형상을 만들고, 추가적인 절삭가공을 통해 제품의 최종 형상과 치수를 맞춘다.

자유단조와 관련된 작업으로는 그림 15.13과 같이 플러링, 엣징, 코깅 등이 있다. ***풀러링(fullering)***은 단면을 줄이거나 다음 단계의 성형을 위해 공작물을 재조직하기 위한 단조 공정으로써, 볼록면을 가진 금형을 사용하여 수행한다. ***엣징(edging)***은 풀러링과 유사하지만 오목면을 가진 금형을 사용한다는 점이 다르다.

코깅(cogging) 공정은 공작물의 길이 방향을 따라 연속적으로 단조 공정을 수행하는 것으로 공작물의 단면을 줄이고 길이를 늘이는데 사용된다. 이것은 평면 또는 약간의 형상을 가진 개방형 금형을 주조 잉곳에 적용해 불룸과 슬랩을 생산하는 강철 산업에서 쓰이고 있다. 간혹 *점진단조(incremental forging)*라는 용어가 사용되기도 한다.

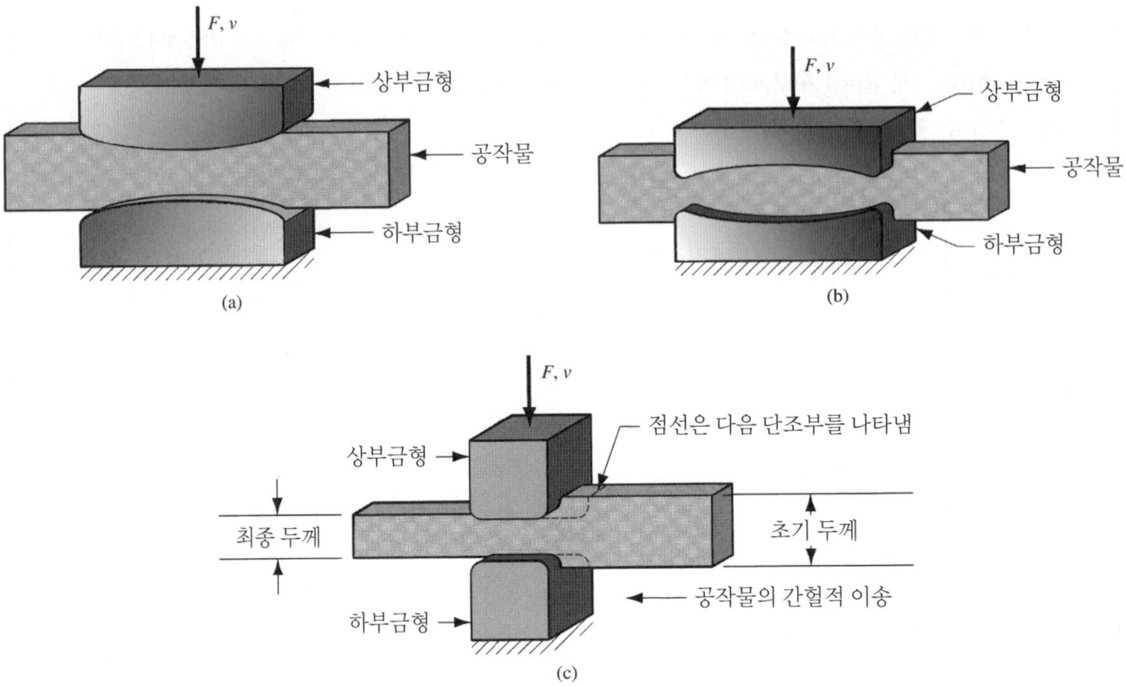

그림 15.13 기타 자유단조 작업. (a) 풀러링, (b) 엣징, (c) 코깅.

15.2.2 형단조

형단조(impression-die forging)는 제품의 형상과 반대된 형상을 가진 금형으로 수행된다. 이 공정의 그림 15.14와 같이 3단계의 절차로 진행된다.

원통형 공작물은 자유단조에 사용되는 것과 유사하다. 금형이 최종 위치에 다다르면 금형 공동을 채우고 남은 재료가 빠져나와 플래시(flash)를 형성한다. 플래시는 트림공정을 통해 제거되어야 하지만, 형단조 과정에서 중요한 역할을 한다. 플래시가 만들어지기 시작하면 마찰로 인해 금속 흐

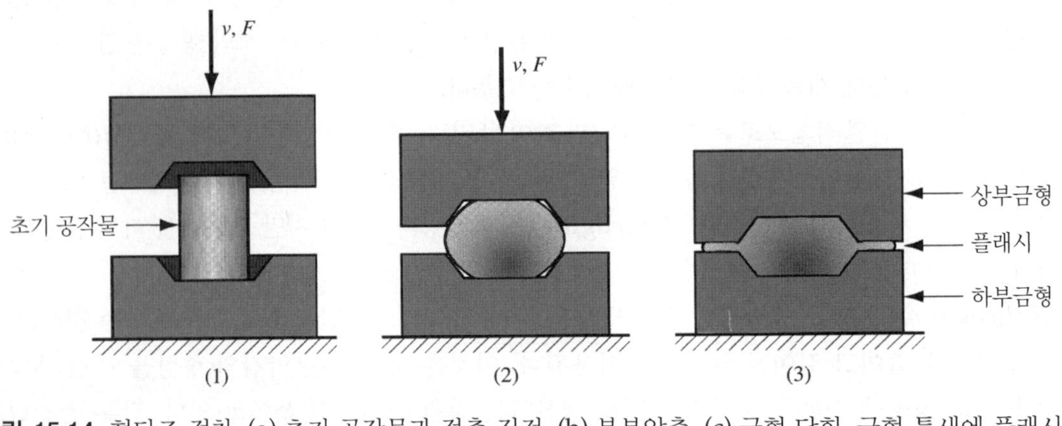

그림 15.14 형단조 절차. (a) 초기 공작물과 접촉 직전, (b) 부분압축, (c) 금형 닫힘, 금형 틈새에 플래시가 형성됨.

름이 저항을 받아 대부분의 재료가 금형 공동 내에 남아있도록 구속된다. 열간단조에서는 얇은 플래시가 빨리 냉각되어 변형 저항성을 증가시키기 때문에 금속 유동이 더욱 제약되며, 이로 인해 공작물에 가해지는 압력이 상당히 증가한다. 따라서 높은 압력은 금형 내 구석구석 부분에까지 재료를 채워 높은 품질의 제품을 생산할 수 있게 한다.

형단조에서는 초기재료를 최종형상으로 변형시키기 위해 여러 번의 성형 단계가 요구되기도 한다. 각 단계를 위해 금형 내 분리된 공동이 필요하다. 첫 번째 단계는 공작물 재료를 재분배하고 다음 단계에서 균일한 변형과 원하는 금속학적 조직을 얻을 수 있도록 설계된다. 최종 단계에서는 공작물이 최종 형상을 가질 수 있도록 설계된다. 또한 드롭(낙하)단조를 사용할 경우 각 단계마다 여러 번의 해머 타격이 요구되며, 폐금형 드롭단조를 수동으로 행할 경우에는 일관된 결과를 얻기 위해 숙련된 작업자가 요구된다.

형단조는 공정 중에 플래시가 발생되며, 더욱 복잡한 형상이 만들어지기 때문에 자유단조에 비해성형력이 높을 뿐만 아니라 해석하기도 더 어렵다. 성형력을 평가하기 위해 상대적으로 단순화한 수식과 설계인자를 사용한다. 성형력 수식은 자유단조에서 사용한 식 (15.16)과 같지만, 그 해석에는 약간 차이가 있다.

$$F = K_f Y_f A \tag{15.18}$$

여기서 F = 최대 성형력(N); A = 플래시를 포함한 공작물의 투영 면적(mm^2); Y_f = 재료의 유동응력(MPa); K_f = 단조형상인자이다. 열간단조에서 Y_f의 적정 값은 고온에서의 재료의 항복강도이다. 다른 경우에는 유동응력을 적정하게 선택하기는 어려운데, 이는 복잡한 형상의 공작물 전체에 걸쳐 변형률이 변하기 때문이다. 식 (15.18)의 K_f는 형상의 복잡성을 반영하여 성형력을 증가시켜주는 인자로, 표 15.1에 여러 가지 형상에 대한 K_f 값의 범위를 나타내었다. 공작물의 형상에 대해 적정한 K_f 값을 선정해야 하는 문제로 인해 계산된 성형력의 정확도는 제한적일 수밖에 없다.

이것은 공정 중에 사용되는 프레스나 해머의 용량을 결정하기 때문에, 식 (15.18)은 최대 성형력을 계산하는데 활용된다. 최대 성형력은 투영 면적이 가장 크고 마찰이 최대가 되는 단조 공정의 마지막 시점에서 발생한다.

형단조로는 공차가 정밀한 제품을 만들기 어렵기 때문에 절삭가공이 추가로 요구된다. 제품의 기본형상은 단조공정으로 만들고, 정밀 다듬질이 필요한 부분(예, 구멍, 나사, 다른 부품과의 결합면)은 절삭가공을 수행한다. 완전 절삭가공품에 비해 단조품이 가지는 장점은 높은 생산속도, 재료낭비 방지, 고강도, 적절한 방향성을 띈 결정립 등이 있다. 그림 15.15는 단조와 절삭을 통해 얻어진

표 15.1 형단조 및 폐금형단조에서 제품의 여러가지 형상에 따른 전형적인 K_f

형 단조	K_f	폐금형 단조	K_f
플래시 있는 단순 형상	6.0	코이닝(윗면과 아래면)	6.0
플래시 있는 복잡한 형상	8.0	복잡한 형상	8.0
플래시 있는 매우 복잡한 형상	10.0		

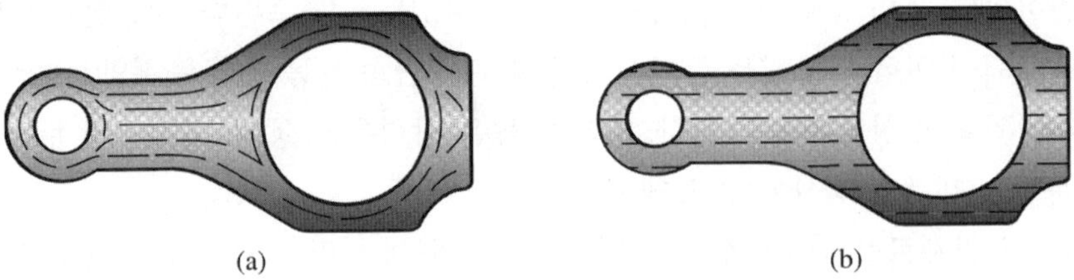

그림 15.15 제품 내의 결정립 유선의 비교. (a) 열간단조 후 절삭가공된 제품, (b) 완전 절삭가공품.

결정립 유선을 비교하여 나타내었다.

형단조 기술이 발달함에 따라 얇은 단면, 더욱 복잡한 형상, 금형의 드래프트 감소, 엄밀한 공차, 후가공이 거의 필요없는 단조품을 생산할 수 있게 되었다. 이런 특징을 가진 단조 공정을 *정밀단조(precision forging)*라고 하며, 정밀단조에 사용되는 재료는 알루미늄, 티타늄 등이 있다. 정밀단조에서 플래시는 줄어들었을 뿐, 없어지지는 않았지만, 일부 정밀단조에서는 플래시를 만들지 않고 수행된다. 제품 완성을 위해 기계가공이 필요한 지 여부에 따라 정밀단조는 근사순형상 또는 순형상 공정의 범주에 속한다.

15.2.3 무플래시 단조

현장 용어로 형단조는 *폐금형단조(closed-die forging)*라고도 불린다. 그러나 형단조와 진정한 의미의 폐금형단조에는 기술적 차이점이 있다. 진정한 폐금형단조에서는 공작물이 금형공동을 완전히 채우며, 플래시를 발생시키지 않는다. 그림 15.16은 공정단계를 나타내며, *무플래시단조(flashless forging)*라는 용어가 이 공정을 설명하는데 적당하다.

무플래시단조는 형단조에 비해 공정 제어가 더욱 요구되는데, 가장 중요한 점은 공작물의 부피

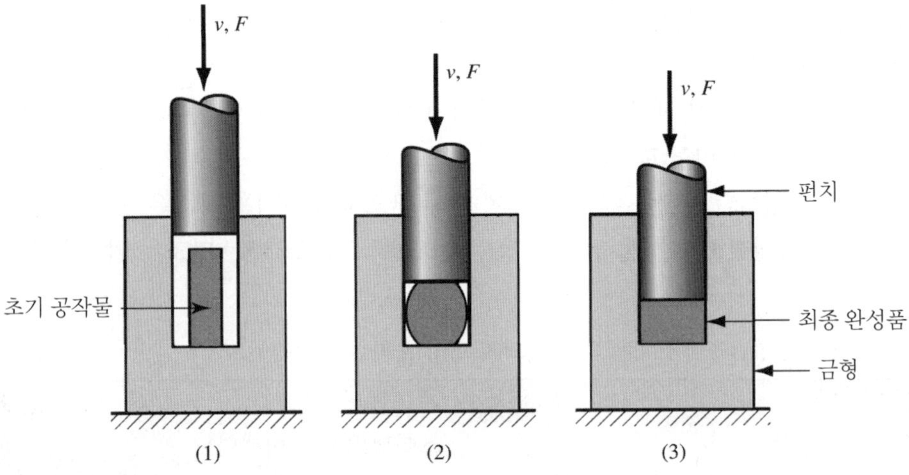

그림 15.16 무플래시단조. (1) 공작물과 접촉 직전, (2) 부분 압축, (3) 펀치와 금형 닫힘. v와 F는 각각 속도와 성형력을 의미한다.

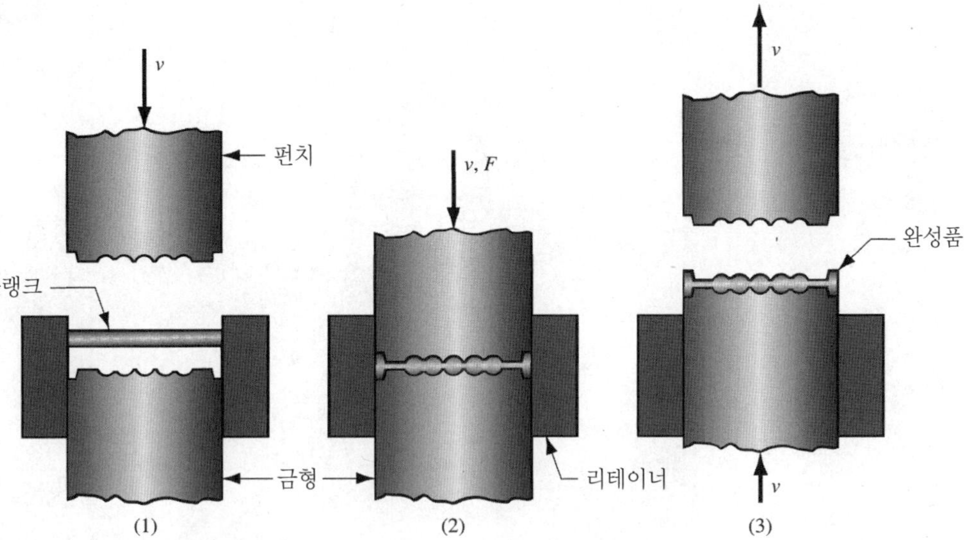

그림 15.17 코이닝 작업. (1) 공정시작, (2) 압축행정, (3) 완성품 배출.

와 금형 공동의 부피가 공차 내에서 같아야 한다는 것이다. 초기 소재가 너무 크면 과도한 압력이 걸려 금형 또는 프레스에 손상을 입힐 수 있으며, 소재가 너무 작으면 공동을 채울 수 없다. 이런 특별한 요구 때문에 무플래시 공정은 제품의 형상이 보통 단순하고 대칭일 때, 또한 공작물 재료가 알루미늄, 마그네슘 및 그들의 합금일 때 적합하다. 무플래시단조는 정밀단조로 분류되기도 한다[5].

무플래시단조에서 성형력은 형단조와 유사하며, 식 (15.18)과 표 15.1로 계산될 수 있다.

코이닝(coining)은 폐금형단조의 특수한 응용으로서 금형의 매우 세세한 형상이 공작물의 윗면과 아래면에 새겨진다. 코이닝에서는 금속의 유동은 거의 없고, 표 15.1의 K_f값에서 알 수 있듯이 금형의 세부 모양을 새기기 위한 압력은 높다. 코이닝의 상용 분야는 그림 15.17에 보여진 것과 같이 동전 제조이다. 또한 이 공정은 다른 공정에서 만들어진 공작물의 표면 다듬질과 치수 정밀도 향상을 위해 사용되기도 한다.

15.2.4 단조해머, 프레스, 금형

단조에 사용되는 장비는 해머 또는 프레스와 특수한 공구인 단조 금형으로 구성되어 있다. 또한 보조 장비로 공작물 가열로, 공작물 장탈착 장치, 플래시 제거용 트리밍 장치 등이 필요하다.

단조해머

단조해머는 공작물에 충격하중을 가하는 장비이다. *드롭해머(drop hammer)*라는 용어를 쓰기도 하는데 이는 충격 에너지를 전달하는 수단에 기인한다(그림 15.18과 그림 15.19 참조). 드롭해머는 형단조에 가장 많이 쓰이며, 상부 단조 금형은 램(ram)에 부착되고 하부 금형은 앤빌(anvil)에 고정된다. 공작물을 하부 금형 위에 놓고 램을 올린 후 떨어뜨린다. 상부 금형이 공작물을 타격하면 충격 에너지로 인해 공작물이 금형 공동의 모양대로 찍힌다. 원하는 형상을 얻기 위해 여러 번의 해머 타

Courtesy of Ajax-Ceco

그림 15.18 컨베이어(오른쪽)와 가열부가 연결되어 있는 단조용 드롭해머.

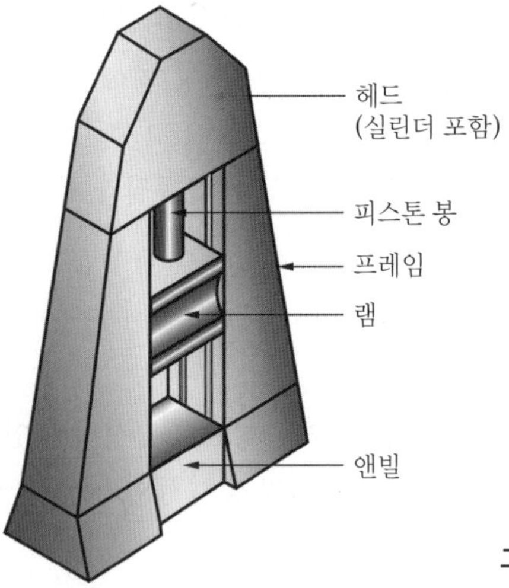

그림 15.19 형단조를 위한 드롭해머의 구성도.

격이 필요할 때도 있다. 드롭해머는 중력 드롭해머와 동력 드롭해머로 분류된다. 중력 드롭해머에서는 무거운 램을 자중으로 떨어뜨림으로써 에너지를 만들며, 타격력은 낙하 높이와 램 무게로 계산된다. 동력 드롭해머에서는 램을 압축 공기나 증기로 가속시킨다. 드롭 해머의 단점 중 하나는 충격에너지의 많은 부분이 앤빌과 바닥으로 전달된다는 것이다.

단조 프레스

프레스는 단조 작업을 위해 갑작스런 충격보다는 점진적인 압력을 가한다. 단조 프레스에는 기계식 프레스, 유압식 프레스, 나사식 프레스가 있다. 기계식 프레스는 모터의 회전 운동을 램의 병진운동으로 바꿔주는 편심기구, 크랭크 혹은 너클조인트(knuckle joint)를 사용하여 작동된다. 이 메커니즘은 스탬핑 프레스의 작동 방법과 매우 유사하다(16.4.2절). 기계식 프레스는 단조 행정의 하사점에서 매우 큰 힘을 얻을 수 있다. 유압식 프레스는 유압으로 가동되는 피스톤으로 램을 움직이는 방식으로 작동된다. 나사식 프레스는 나사 메커니즘을 이용해 수직 램을 움직여 힘을 가한다. 나사식과 유압식 프레스에서는 램이 상대적으로 낮은 속도로 움직이고 행정 전체에 걸쳐 일정한 힘을 얻을 수 있다. 따라서 이들 프레스는 긴 행정이 요구되는 단조(및 기타 성형) 공정에 적합하다.

단조 금형

성공적인 단조공정을 위해서는 금형설계가 중요하다. 단조를 통해 만들어질 제품은 단조공정의 원리와 그 한계에 대한 이해를 기반으로 설계되어야 한다. 여기에서는 단조품과 단조 금형 설계에 사용되는 몇 가지 용어와 지침에 대해 설명한다. 개금형 설계는 그 형상이 상대적으로 단순하기 때문에 일반적으로 간단하다. 따라서 여기에서는 폐금형단조와 형단조에 사용되는 금형 설계에 대해서 설명한다. 그림 15.20은 폐금형에 사용되는 몇 가지 용어에 대한 정의를 보여준다. 단조품을 설계하거나 단조를 제조 공정으로 채택 할 때 반드시 고려해야 할 몇 가지 원칙과 그 한계에 대해서 다음의 단조 금형 용어와 함께 설명한다[5];

- *분리선.* 분리선(parting line)은 상부 금형과 하부 금형을 나누는 평면이다. 형 단조에서는 플래시 선이라고 부르기도 한다. 설계자가 분리선을 어디에 두느냐에 따라 부품 내 결정립 유동, 소요 하중, 플래시 생성이 영향을 받는다.
- *드래프트.* 드래프트(draft)는 제품을 금형으로부터 분리하기 위해 부품 옆면에 설치 한 테이퍼 양을 말한다. 또한 이 용어는 금형 쪽의 옆면 테이퍼에도 적용된다. 전형적인 드래프트 각은 알루미늄과 마그네슘 부품의 경우 3°, 강 제품의 경우 5~7°이다. 정밀 단조품의 드래프트 각은 거

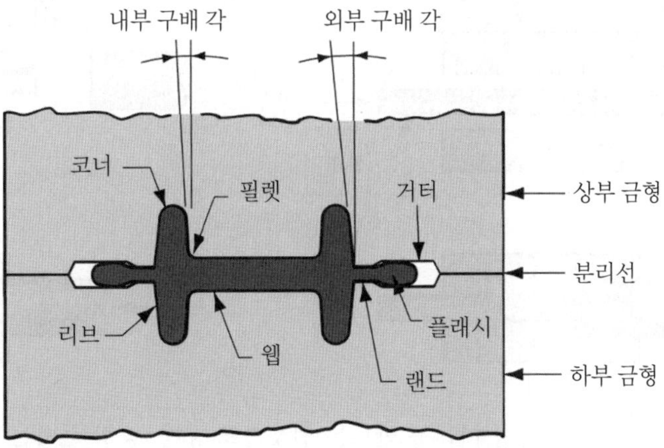

그림 15.20 단조용 폐금형에 사용되는 용어.

의 0에 가깝다.

- *웹과 리브.* 웹(web)은 분리선과 평행한 얇은 부분을 말한다. 반면 리브(rib)는 분리선과 수직한 얇은 부분을 말한다. 이런 부분들의 특징은 얇아질수록 금속 흐름을 어렵게 한다는 것이다.
- *필렛과 코너 반경.* 필렛(fillet)과 코너 반경은 그림 15.20에 설명되어 있다. 반경이 작으면 금속 흐름이 제약받고, 단조 시 금형 표면의 응력이 증가한다.
- *플래시.* 플래시(flash)는 형단조에서 아주 중요한 역할을 한다. 플래시로 인해 금형 내에 높은 압력이 유발되어 금형 공동을 꽉 채울 수 있도록 돕는다. 이런 압력 형성은 그림 15.20에서 보인 것처럼 금형 내 플래시 랜드와 거터 설계로 조절된다. 랜드(land)는 금속의 횡방향 흐름이 나타나는 표면적을 결정하여 금형 내 압력 증가를 조절한다. 거터(gutter)는 여분의 금속이 빠져나올 수 있는 부분으로 단조 하중이 극한 값에 이르는 것을 방지한다.

15.2.5 단조 관련 변형 공정

앞서 논의된 일반적인 단조 공정 외에 단조와 관련된 다른 금속 성형 공정들이 있다.

업세팅 및 헤딩

업셋팅(또는 업셋단조)은 원통형 공작물의 직경을 늘리고 길이를 줄이는 변형 작업으로, 자유단조(15.2.1절)에서 해석한 바 있다. 그러나 업셋팅은 그림 15.21과 같이 폐금형단조로도 가능하다.

업셋팅은 못, 볼트 및 그 유사 부품과 같은 체결구의 머리부를 만드는 산업체에서 널리 사용된다. 이 경우 *헤딩(heading)*이라는 용어를 사용하기도 한다. 그림 15.22는 다양한 헤딩 작업과 가능한 금형 조합을 보여주고 있다. 이러한 응용을 통하여 업셋팅은 많은 양의 부품을 만드는데 사용될 수 있다. *헤더(header)* 또는 *포머(former)*라 불리는 특수 업셋단조 기계를 사용하여 냉간, 온간, 열간에서 제품을 대량 생산할 수 있다. 이런 기계들은 수직 슬라이드를 갖고 있는 재래식 단조 해머나 프레스와 달리 수평 슬라이드를 장착하고 있다. 긴 선재나 봉재를 이송하여 그 끝을 업셋 단조한 후 원하

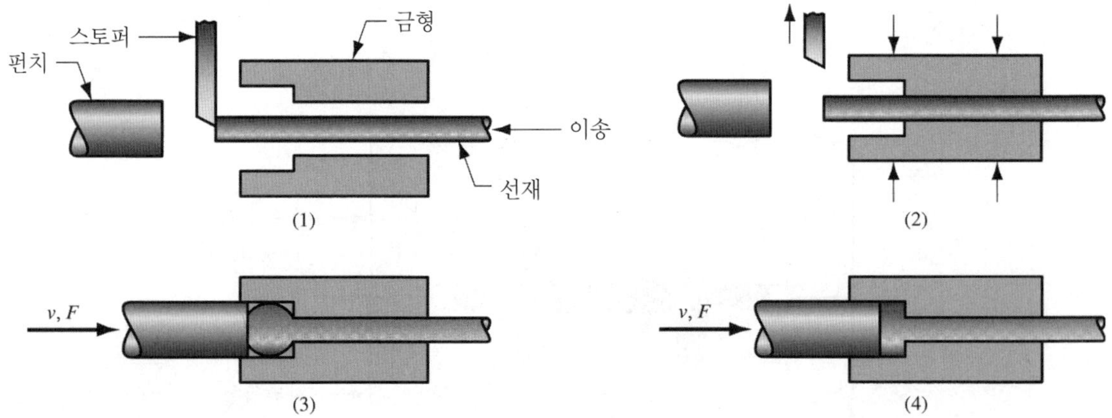

그림 15.21 볼트 또는 유사 제품의 머리를 만드는 업셋단조 공정. 공정 순서는 다음과 같음: (1) 선재를 스토퍼까지 이송, (2) 금형을 닫고 스토퍼를 뺌, (3) 펀치를 앞으로 이동, (4) 최대 전진점에서 머리 완성.

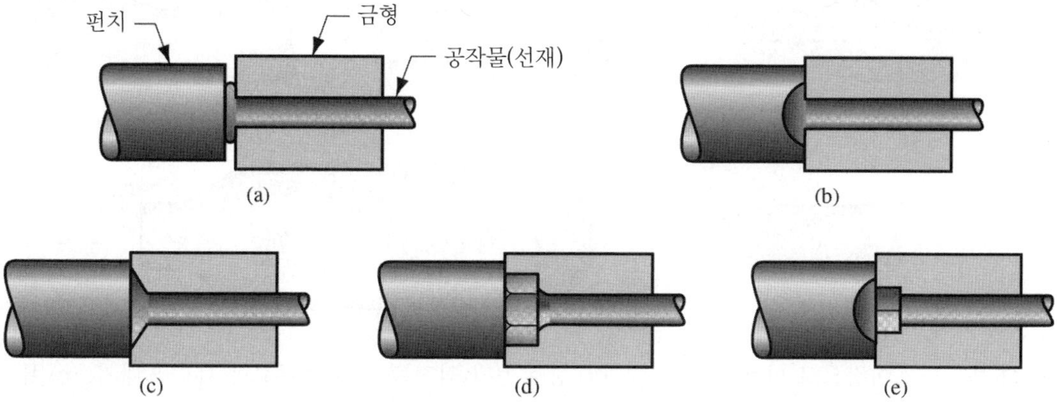

그림 15.22 헤딩(업셋단조) 공정 예. (a) 개금형을 이용한 헤딩, (b) 펀치를 이용한 둥근머리 내기, (c)와 (d) 다이를 이용한 머리내기, (d) 다이를 이용한 머리 내기, (e) 펀치와 다이를 이용한 볼트 머리내기.

는 길이로 절단하여 제품을 만든다. 볼트와 나사의 나사산을 만들기 위해 나사전조(15.1.4절) 작업이 후속으로 수행된다.

업셋팅 공정으로 변형할 수 있는 양에는 한계가 있으며, 한계치는 주로 단조 된 공작물의 최대 길이로 정의된다. 한번의 타격으로 업셋 할 수 있는 최대 길이는 공작물 직경의 3배이며, 그 이상이면 공작물이 휘거나 좌굴(bucking)되어 공동을 적절히 채우지 못한다.

스웨이징 및 레이디얼단조

스웨이징과 레이디얼단조는 튜브나 중실봉의 직경을 줄이는 데 사용되는 단조 공정이다. 스웨이징은 공작물의 끝 부분에 테이퍼진 단면을 만들기 위해 사용되기도 한다. ***스웨이징(swaging)*** 공정은 그림 15.23과 같이 금형으로 공작물이 들어오면 회전하는 금형이 공작물을 안쪽 반경방향으로 타격하여 테이퍼지게 만든다. 그림 15.24는 스웨이징 공정으로 만든 여러 가지 형상과 제품을 나타낸다. 가끔 튜브형 제품의 내경 형상과 크기 조절을 위해 만드렐이 사용되기도 한다. ***레이디얼단조(radial forging)***는 작업방법과 만들어지는 제품의 형상이 스웨이징(swaging)과 유사하며, 다른 점은 금형이 공작물 주위를 회전하지 않는 대신 공작물이 금형으로 들어가면서 회전한다.

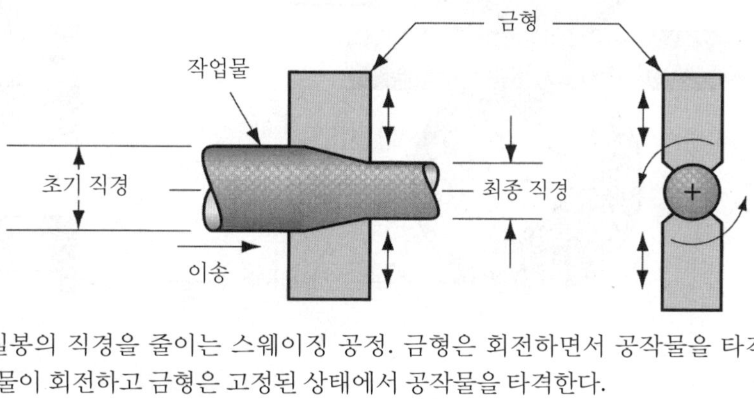

그림 15.23 중실봉의 직경을 줄이는 스웨이징 공정. 금형은 회전하면서 공작물을 타격한다. 레이디얼 단조에서는 공작물이 회전하고 금형은 고정된 상태에서 공작물을 타격한다.

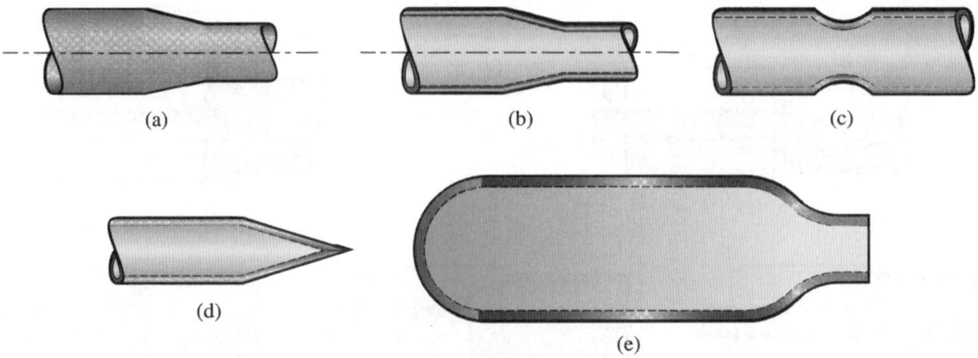

그림 15.24 스웨이징으로 만든 제품의 예. (a) 중실봉의 직경 축소, (b) 튜브에 테이프내기, (c) 튜브에 홈내기, (d) 튜브 뾰족하게 만들기, (e) 가스 실린더에 목내기.

롤단조

롤단조(roll forging)는 부품의 최종 형상이 홈(groove)에 새겨진 두 롤 사이로 공작물을 통과시켜 원통형(또는 사각형)단면을 축소시키는데 사용되는 변형 공정으로, 전형적인 작업 모습은 그림 15.25와 같다. 롤단조는 롤을 사용함에도 불구하고 일반적으로 단조 공정으로 분류된다. 롤은 단조 공정 동안 계속 회전하지 않고 원하는 형상이 있는 일부분에서만 회전한다. 롤단조된 부품은 절삭가공으로 생산된 부품에 비해 일반적으로 더 강하고 우수한 조직을 갖는다.

궤도단조

궤도단조(orbital forging)에서는 원뿔 형상의 상부 금형이 공작물 위를 구름과 동시에 누름으로서 변형을 일으킨다. 그림 15.26과 같이 공작물은 하부 금형에 받쳐져 있는 상태에서 압축된다. 원뿔축

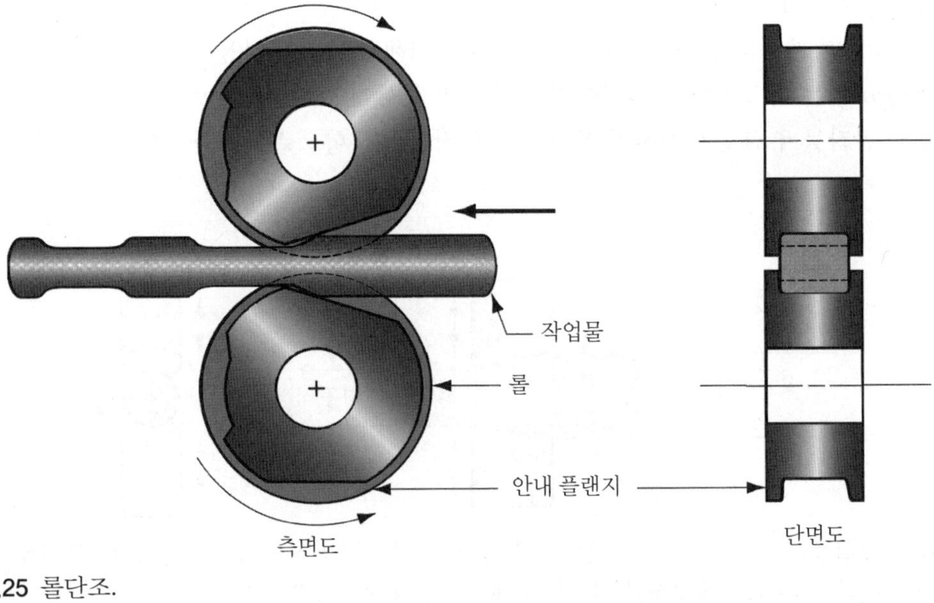

그림 15.25 롤단조.

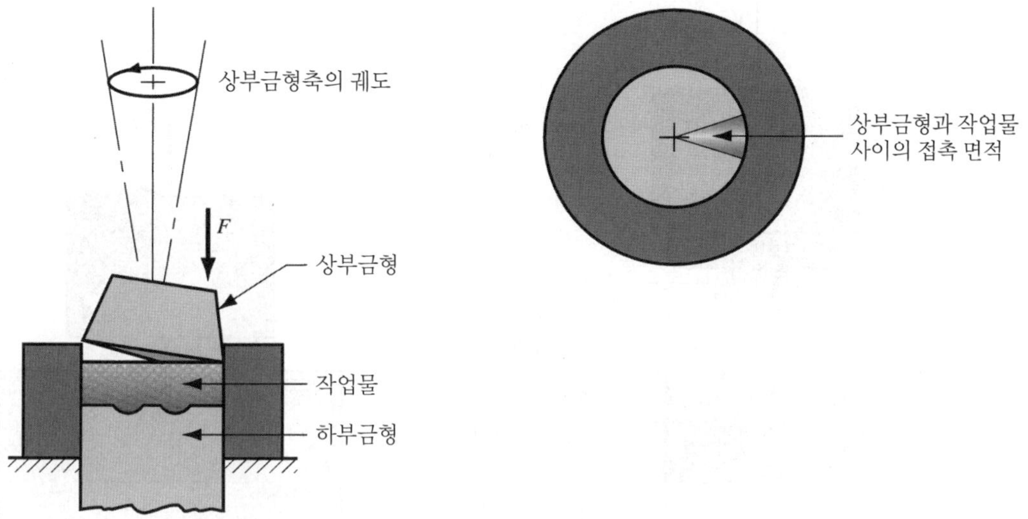

그림 15.26 궤도단조. 변형이 완료되면 하부 금형이 올라와 부품을 배출시킨다.

이 기울어져 있기 때문에 매 순간 공작물의 일부 면적만 압축된다. 상부 금형이 선회함에 따라 압축받고 있는 면적도 역시 선회한다. 궤도단조의 이런 특성은 변형에 필요한 프레스 하중을 상당히 줄일 수 있다.

허빙

허빙(hubbing)은 연강(또는 다른 연질 금속) 블록에 경화강의 다이를 압입시켜 변형을 일으키는 공정이다. 그림 15.27과 같이 허빙을 이용해 플라스틱성형용 금형이나 다이캐스팅용 다이를 만든다. 허브(hub)라고 불리는 경화강 다이는 성형이나 주조될 제품의 형상을 가지며, 연성재 블록에 허브를 찍는데 상당한 압력이 필요하므로 보통 유압 프레스를 이용한다. 완성을 위해 몇 단계를 더 거치기도 한다. 어닐링(풀림) 열처리를 통해 변형경화된 금속을 회복시킨다. 그림에서 보인 것처럼 상당한 양의 재료가 변형되면서 과도해진 부분은 절삭가공으로 제거되어야 한다. 일반적으로 양각 절삭가공이 음각에 비해 유리하며, 허빙으로 제작할 다이에 하나 이상의 공동 형상을 만들 경우 허빙의 장점은 배가 된다.

등온단조

등온단조(isothermal forging)는 변형 동안 공작물의 온도가 계속 유지되면서 이루어지는 열간단조를 말한다. 이 때 차가운 금형과 맞닿아 공작물 표면이 냉각되는 것을 방지하기 위해 일반적으로 단조 금형도 같은 온도로 가열시키고, 이로써 금속이 쉽게 유동하고 성형력도 감소한다. 등온단조는 재래식 단조에 비해 비용이 높으므로 단조가 어려운 금속 즉, 티타늄, 초합금이나 복잡한 형상을 가진 부품을 생산하는데 보통 사용된다. 이 공정은 금형이 빨리 산화되는 것을 피하기 위해 진공 속에서 행해지기도 한다. 등온단조와 유사한 것이 ***고온금형단조(hot-die forging)***이며, 이 공정에서는 금형을 공작물의 온도보다 약간 낮은 온도까지 가열한다.

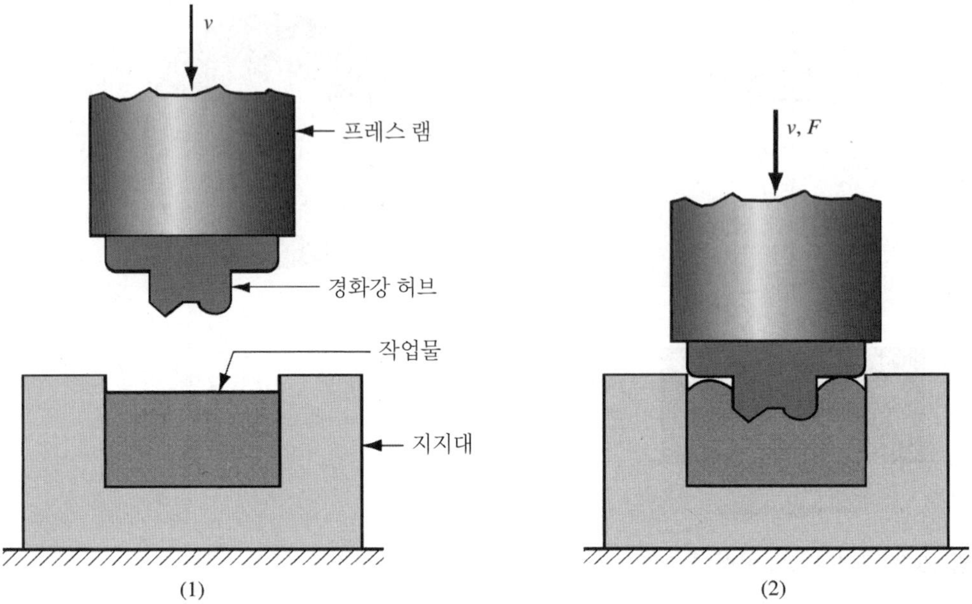

그림 15.27 허빙. (1) 변형 전, (2) 공정완료. 허브로 누름으로서 생기는 과도한 재료는 절삭가공으로 없애야 한다.

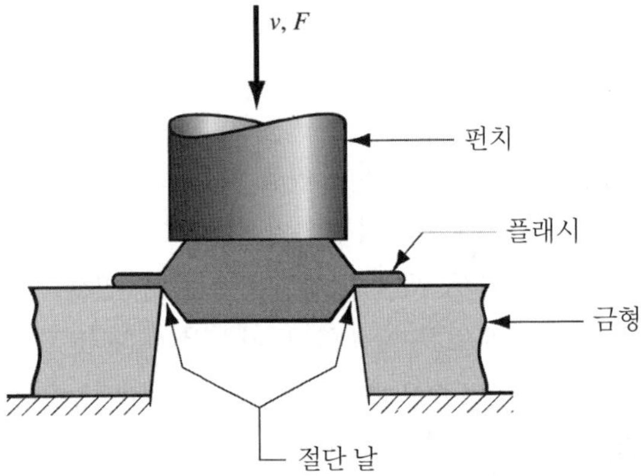

그림 15.28 형 단조 후 플래시를 제거하기 위한 트리밍 작업(전단가공).

트리밍

트리밍(trimming)은 형단조로 만든 공작물에서 필요 없는 플래시를 제거하기 위한 작업이다. 대부분의 경우 그림 15.28과 같이 트리밍은 전단(shearing) 가공으로 수행된다. 즉 펀치로 공작물을 절단 다이 쪽으로 밀어 최종 형상을 얻는다. 트리밍은 공작물이 뜨거울 때 보통 수행되기 때문에 각 단조 해머 또는 프레스에 트리밍 프레스가 포함되며, 전단가공으로 공작물에 손상이 우려될 경우 트리밍 대신 연삭이나 톱작업을 한다.

15.2.6 단조 결함

단조공정도 다른 공정과 마찬가지로 결함이 발생할 수 있는데, 이 결함은 성형할 금속재료의 부피를 고려하여 금형설계를 적절하게 함으로써 제어할 수 있다. 단조 결함의 유형은 다음과 같다.

채움부족(Unfilled Section)

이 결함은 금속재료 부족, 잘못된 금형설계, 단조기술 부족, 열관리 미숙 등으로 인해 금형의 일정 부분이 채워지지 않는 현상이다. 이 결함은 충분한 원료와 적절한 금형설계 및 가열을 사용해 해결되어질 수 있다.

콜드 셧(Cold Shut)

이 결함은 제품의 모서리에 발생하는 작은 균열로, 날카로운 모서리 형상을 가진 제품에 잘못된 금형설계나 급격한 냉각이 행해질 때, 발생한다. 이 결함은 금형의 필렛반경을 증가시켜서 완화시킬 수 있다.

스케일 파임(Scale Pits)

이 결함은 주로 개방된 환경에서 수행되는 단조와 관련이 있다. 금형의 부적절한 청소로 인해 발생되는 이 결함은 단조제품 표면에 고르지 않는 파임을 생성시키며, 단조 금형을 적절하게 청소함으로써 피할 수 있다.

금형 어긋남(Die Shift)

이 결함은 상부와 하부 금형의 정렬 오차에 의해 발생하며, 최종적으로 단조제품의 잘못된 치수로 나타난다. 이 결함은 제품의 상부금형과 하부금형의 정렬을 적절하게 함으로써 제거할 수 있다.

조각(Flakes)

이 결함은 단조 제품을 너무 빨리 냉각시켰을 때, 내부 균열과 강도 감소로 인해 발생한다. 이 결함은 적절한 냉각속도를 제공함으로써 피할 수 있다.

부적절한 결정입계 성장

이 결함은 단조공정 중 부적절한 금속흐름의 결과로 인해 기 형성되었던 결정입계의 변화로 발생하는 결함이다.

불완전 침투(Incomplete Forging Penetration)

이 결함은 너무 빠르거나 약한 해머질로 인해 발생하며, 단조 프레스 압력을 높여서 해결될 수 있다.

표면 크랙

이 결함은 낮은 온도에서 단조를 수행할 때 제품의 표면에 크랙이 발생하는 현상으로써, 적절한 온도를 조절하여 결함 발생을 막을 수 있다.

잔류응력

이 결함은 단조 제품의 급속 냉각으로 인해 발생하며, 냉각을 천천히 진행함으로써 제거할 수 있다.

15.2.7 금형 제조법

금형은 사용자의 필요에 따라 중실타입 또는 중공타입으로 정의되며, 스탬핑, 와이어 인발, 압출, 프레스 공정과 같은 금속 성형과 주조공정 등 주로 제조산업에서 주형으로 사용된다. 금속 가공용 금형은 단일공정 또는 복합공정(주조, 단조, 절삭, 연삭, 방전가공, 와이어 방전, 레이저 가공 등)을 통해 제작된다. 최근에는 쾌속조형기(RP)를 통해 도구와 금형을 제작하기도 한다.

금형 내 공동은 금형싱킹을 활용하여 금형블록에서 생산되며, 얕은 공동을 가진 작은 금형은 냉간 또는 열간 허빙공정을 통해 제작된다. 금형의 경도와 내마모성을 증가시키기 위해 열처리를 수행하며, 금형의 표면 품질 향상을 위해 연삭공정을 수행한다.

금형제조법은 금형의 크기, 모양, 제조단가 및 사용처에 따라 달라진다. 주강과 비철합금은 다양한 크기와 모양의 금형을 주조하는데 사용되며, 큰 금형 제조에는 사형주형 주조를, 작은 금형 제조에는 쉘주형 주조가 활용될 수 있다. 주강은 성분, 결정입계 크기 등 기타 특성을 쉽게 제어할 수 있는 특징이 있어, 큰 금형을 제작하는데 주로 사용된다. 고경도 고내마모성의 특징을 갖는 금형재료는 방전가공 등을 이용해 제작될 수 있다. 절삭공정을 최소화하면서 최상의 표면품질을 얻기 위해서 다양한 프로그램이 내장된 CNC를 활용할 수 있다. 금형 제작 공정은 고정된 상태에서 모든 가공을 마무리 지어야 하기 때문에, 장비 세팅 단계가 매우 중요하다. 금형의 기계적 성질 향상과 치수 정확도 못지않게 내구성도 중요하기 때문에 레이저 처리 및 코팅처리도 수행되어야 한다.

15.3 압출

압출(extrusion)은 금속 소재를 다이 구멍 속으로 강제로 밀어 넣어 다이의 단면 형상을 가진 제품을 만드는 압축성형 공정이다. 이것은 치약을 짜내는 것과 유사하며, 대략 1800년경부터 시작되었다(역사적 고찰 15.3). 현대적인 압출 공정에서는 다음과 같은 여러 장점을 찾을 수 있다. (1) 다양한 형상이 가능하지만 제품의 단면이 길이방향으로 일정해야 한다는 제약이 있다. (2) 냉간 및 온간 압출로 강도와 조직 구조가 향상된다. (3) 엄격한 공차 관리가 가능하다. 특히 냉간 압출의 경우 더욱 그렇다. (4) 몇몇 압출 공정에서는 낭비되는 재료가 거의 또는 전혀 없다.

역사적 고찰 15.3 압출

압출이 산업공정에서 사용된 곳은 1800년경 산업혁명 기간 동안 기술혁신에서 세계를 선도하던 영국이다. 영국은 납 파이프 압출을 위해 유압 프레스로 구성된 발명품을 개발하였다. 1890년경 독일에서 납보다 융점이 높은 금속을 압출하기 위해 최초로 수평 압출 프레스를 제작하면서 중요한 진전이 이루어졌는데, 이는 공작물과 램을 분리하는 더미 블록을 사용한 특징이 있다.

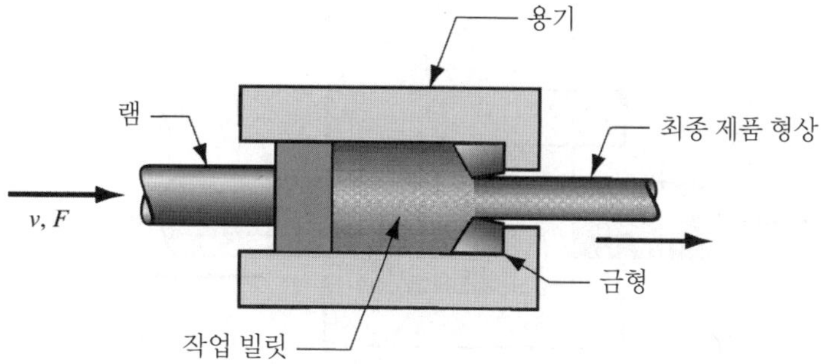

그림 15.29 직접압출.

15.3.1 압출 형식

압출은 여러 가지 방법으로 구분될 수 있다. 첫 번째로 물리적 구조에 따라 직접압출 및 간접압출로 구분할 수 있다. 다른 분류법으로는 작업 온도에 따라 냉간, 온간, 열간압출로 분류할 수 있다. 마지막으로 연속 공정과 단속 공정으로 구분한다.

직접압출 대 간접압출

직접압출(또는 전방압출)은 그림 15.29와 같이 금속 빌릿을 용기에 넣고 램으로 가압하여 용기 반대쪽에 있는 다이의 하나 혹은 여러 개의 구멍으로 강제로 재료를 밀어내는 작업이다. 램이 다이에 접근하더라도 빌릿의 일부분은 용기 속에 남는다. 이 남는 부분은 버트(butt)라고 하는데 절단되어 제품에서 분리된다.

직접압출의 문제점 중 하나는 공작물의 표면과 용기 벽 사이에 상당한 마찰이 생겨 이로 인해 램 성형력이 상당히 증가한다. 열간압출의 경우 빌릿의 표면에 생기는 산화물 층 때문에 마찰문제는 더욱 심각하다. 이 산화물 층은 압출 제품에 결함을 유발시키기 때문에 이 문제를 해결하기 위해 램과 공작물 빌릿 사이에 압출관(dummy block)이 자주 사용된다. 압출판의 직경은 빌릿 직경보다 약간 작아서 좁은 링의 공작물 금속(거의 산화물 층)을 용기 속에 남겨 산화물이 없는 최종 제품이 생산되도록 돕는다.

그림 15.30과 같이 중공 단면(예, 튜브)도 직접압출로 만들 수 있다. 초기 빌릿에 구멍을 축 방향으로 뚫고 이 구멍에 압출판이 붙은 만드렐(mandrel)을 통과시킨다. 빌릿을 압축하면 재료가 만드렐과 다이 구멍 사이의 틈새를 통해 강제로 흐르며, 튜브 형태의 단면이 만들어진다. 준중공 단면 형상도 보통 이와 같은 방법으로 만들어진다.

직접압출에서 초기 빌릿의 단면 형상은 일반적으로 원형이지만, 최종 형상은 다이 구멍 모양에 의해 결정된다. 다이 구멍의 가장 큰 치수는 빌릿의 직경보다 작아야 함은 분명한 사실이다.

그림 15.31(a)와 같이 ***간접압출***(또는 후방압출, 역방압출)에서는 다이가 램 쪽에 설치된다. 램을 공작물 쪽으로 밀면 금속이 틈새를 통해 램의 진행 방향과 반대 방향으로 빠져나온다. 빌릿이 용기와 상대운동을 하지 않기 때문에 마찰이 발생하지 않아 직접 압출보다 램 압출력이 낮다. 간접압출의 제한점으로는 중공 램의 강성이 낮고 다이를 빠져나오는 압출품을 지지하기가 어렵다는 점이다.

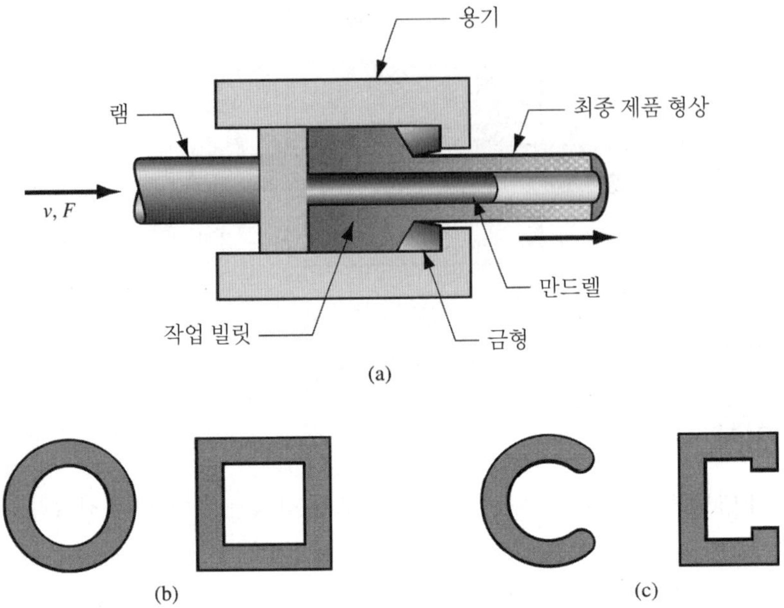

그림 15.30 (a) 중공 또는 준중공 단면을 만드는 직접압출, (b) 중공단면, (c) 준중공 단면.

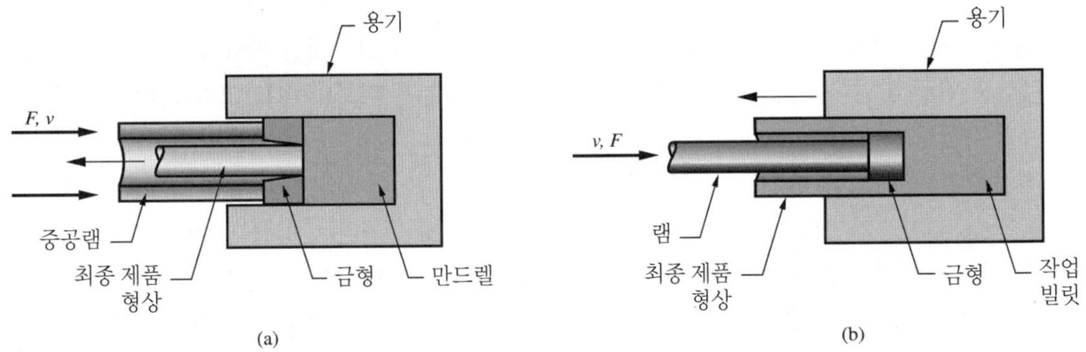

그림 15.31 간접압출. (a) 중실 단면 제품용, (b) 중공단면 제품용.

그림 15.31(b)와 같이 간접압출로도 중공(튜브형) 단면 제품을 만들 수 있다. 램으로 빌릿을 가압하면 재료가 램 주변으로 빠져나와 컵 형상을 만든다. 이 방법으로 만들 수 있는 압출품의 길이에는 실제적으로 제한이 있는데, 이는 공작물의 길이가 길어지면 램을 지지하는 문제가 발생되기 때문이다.

열간압출 대 냉간압출

압출은 금속 또는 변형량의 크기에 따라 열간 또는 냉간에서 수행될 수 있다. 열간으로 압출되는 금속으로는 알루미늄, 구리, 마그네슘, 아연, 납 및 이들의 합금이며, 냉간에서 압출될 때도 있다. 강 합금은 보통 열간에서 압출되지만, 연성이 높은 강 합금은 냉간 압출되기도 한다(예, 저탄소강, 스테인리스강). 알루미늄은 압출(열간 및 냉간)하기에 가장 이상적인 금속이며, 상업용 알루미늄 제품

대부분이 이 공정으로 생산된다(예, 구조용 자재, 방문 및 창문 프레임).

열간압출(hot extrusion)에서는 빌릿을 재결정 온도 이상으로 가열하여 강도를 낮추고 연성을 증가시켜 변형량을 증가시킬 수 있으며, 이를 통해 더욱 복잡한 형상을 만들어낼 수 있다. 또 다른 이점으로는 램 압출력의 감소, 램 속도의 증가, 제품 내 결정립 유동의 감소 등이 있다. 빌릿이 다이와 접촉하면서 냉각되는 문제를 극복하기 위해서 등온 압출이 사용되기도 한다. 열간압출을 적용하는 일부 금속(예, 강)의 경우 윤활이 매우 중요하며, 가혹 조건 하에서는 효과적인 특수 윤활제가 개발 되어 왔다. 유리가 윤활제로서 열간압출에 사용된다. 이것은 마찰을 감소시킬 뿐만 아니라 빌릿과 압출 다이 사이에 단열재 역할을 한다.

냉간압출(cold extrusion)과 온간압출은 일반적으로 단속적 최종제품(혹은 거의 최종제품)을 만드는데 사용된다. *충격압출(impact extrusion)*이라는 용어는 고속 냉간압출을 가리킬 때 사용되며, 15.3.4절에서 더욱 상세히 설명한다. 냉간압출의 장점은 변형경화에 의한 강도증가, 엄밀한 공차 관리, 표면거칠기의 향상, 산화물 층 부재, 높은 생산속도, 공작물을 가열할 필요가 없는 점 등이 있다.

연속압출 대 단속압출

진정한 연속 공정이란 일정하지 않은 기간 동안 정상상태로 동작하는 것이다. 일부 압출 공정은 한 번의 사이클로 매우 긴 제품을 생산하기 때문에 이상적인 연속공정에 근접한다. 그러나 이런 공정에서도 압출 다이에 넣을 수 있는 빌릿의 크기에 한계가 있어 준연속 공정으로 표현하는 것이 더 정확하다. 대부분 긴 제품은 톱 작업이나 전단 작업 등 후작업을 통해 작은 길이의 제품으로 절단된다. 단속압출 공정에서는 각 압출 사이클 마다 하나씩의 제품이 생산되며, 충격압출이 단속압출 공정의 한 예이다.

15.3.2 압출의 공학적 해석

그림 15.32와 같이 압출에서 논의할 수 있는 몇 가지 공정 인자가 존재한다. 빌릿과 압출품의 단면이 둥글다고 가정하면, 중요한 인자는 압출비(또는 축소비)이다. 이 비율은 다음과 같이 정의된다.

$$r_x = \frac{A_o}{A_f} \tag{15.19}$$

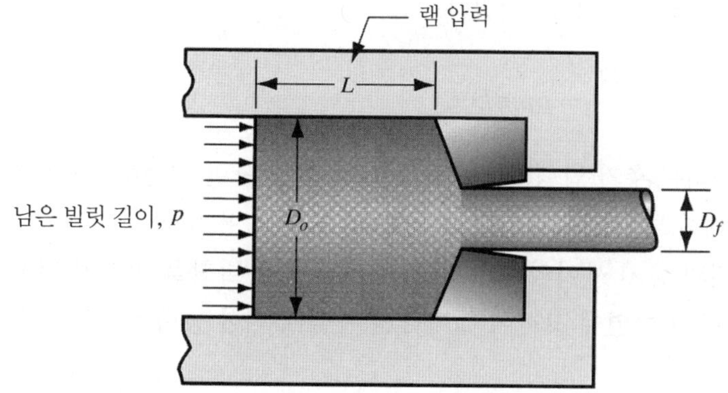

그림 15.32 직접압출에서 압력과 기타 변수들.

여기서 r_x = 압출비; A_o = 초기 빌릿의 단면적(mm^2); A_f = 압출품의 단면적(mm^2)이다.

이 비율은 직접 및 간접압출 모두에 적용되며, 마찰과 과잉 일이 없는 이상적인 변형 조건 하에서 r_x는 진변형률을 구하는데 사용될 수 있다.

$$\epsilon = \ln r_x = \ln \frac{A_o}{A_f} \tag{15.20}$$

이상적인 변형조건 하에서 빌릿을 다이 구멍으로 미는 램에 작용하는 압력은 다음과 같이 계산된다.

$$P = \bar{Y}_f \ln r_x \tag{15.21}$$

여기서 $\bar{Y}_f$ = 변형 동안 평균 유동응력(MPa)이다. 앞 장의 식 (14.2)를 다시 적으면 다음과 같다.

$$\bar{Y}_f = \frac{K\epsilon^n}{1+n}$$

사실 압출은 무마찰 공정이 아니므로 위 식은 압출 공정의 변형률과 압력을 저평가한다. 압출 과정에서 다이와 공작물 사이에 마찰이 존재하며, 직접압출에서는 용기 벽과 빌릿 표면 사이에 마찰이 추가로 존재한다. 마찰의 효과로 금속의 변형률이 증가하게 되어, 실제 압력은 무마찰로 가정한 식 (15.21)의 계산 값보다 더 크다.

압출에서 실제 진변형률과 램 압력을 계산할 수 있는 몇 가지 방법이 제안되어 왔다[1], [3], [6], [11], [12], [19]. Johnson[11]에 의해 제안된 다음의 실험식이 압출에서의 변형률을 추정할 수 있는 것으로 받아들여지고 있다.

$$\epsilon_x = a + b \ln r_x \tag{15.22}$$

여기서 ϵ_x = 압출변형률; a와 b는 주어진 다이각도에 대한 실험 상수이다. 이 상수의 전형적인 값은 $a = 0.8$, $b = 1.2$~1.5이다. 금형 각이 증가하면 a와 b의 값도 증가하는 경향이 있다. 간접압출에서의 램 압력도 Johnson의 압출변형률 식을 근거로 다음과 같이 추정될 수 있다.

$$p = \bar{Y}_f \epsilon_x \tag{15.23a}$$

여기서 $\bar{Y}_f$는 식 (15.22)의 압출변형률이 아니라 식 (15.20)의 이상적 변형률을 기초로 계산된다. 직접압출에서는 용기 벽과 빌릿 사이의 마찰 때문에 램 압력이 간접압출 때보다 더 커진다. 다음 식으로부터 직접압출 용기 내에서의 마찰력을 이끌어 낼 수 있다.

$$\frac{p_f \pi D_o^2}{4} = \mu p_c \pi D_o L$$

여기서 p_f = 마찰을 이기기 위해 요구되는 추가 압력(MPa); $\pi D_o^2/4$ = 빌릿 단면적(mm^2); μ = 용기 벽에서의 마찰계수; p_c = 용기 벽에 대한 빌릿의 압력(MPa); $\pi D_o L$ = 빌릿과 용기 벽 사이의 접촉면적(mm^2)이다. 식의 오른쪽 항은 빌릿과 용기 사이의 마찰력이고, 왼쪽 항은 마찰을 이기기 위해 추가되는 램 압출력이다. 최악의 경우 용기 벽면에 고착이 일어나면 마찰에 의한 응력은 공작물 금속의 전단 항복강도와 같다.

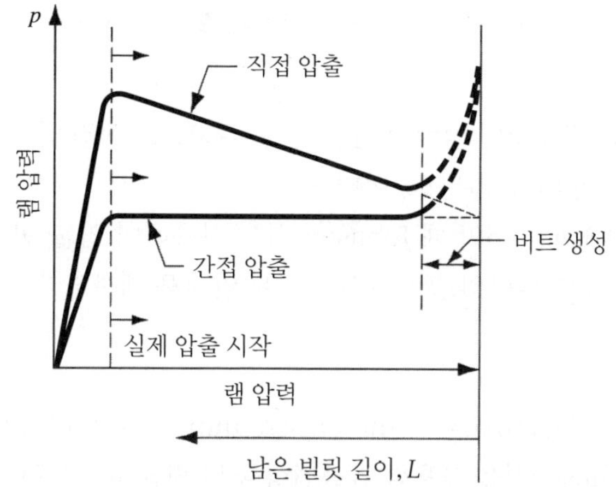

그림 15.33 직접 및 간접압출에서의 램압력 대 램행정(그리고 남은 빌릿 길이)의 전형적인 곡선. 직접압출이 더 높은 값을 나타낸 것은 용기 벽에서의 마찰에 기인하다. 곡선의 시작에서부터 초기 압력의 증가 정도는 다이각도에 의존한다(다이각도가 클수록 압력증가가 더 급격하다.) 행정 끝에서의 압력 증가는 버트 발생과 관계가 있다.

$$\mu p_c \pi D_o L = Y_s \pi D_o L$$

여기서 Y_s = 전단 항복강도(MPa)이다. 만약 $Y_s = \bar{Y}_f/2$라면 p_f는 다음과 같다.

$$p_f = \bar{Y}_f \frac{2L}{D_o}$$

이런 이유로 직접압출에서의 램 압력을 다음의 식으로 계산할 수 있다.

$$p = \bar{Y}_f \left(\epsilon_x + \frac{2L}{D_o} \right) \tag{15.23b}$$

여기서 $2L/D_o$ 항은 용기의 빌릿 접촉부에서의 마찰 때문에 추가되는 압력을 뜻한다.

L은 빌릿의 잔여길이이고, D_o는 빌릿의 초기 직경이다. 남은 빌릿의 길이가 줄어들면 p도 줄어듦을 식에서 알 수 있다. 직접 및 간접압출에서 램 행정에 따른 램 압력의 변화를 그림 15.33에 나타내었다. 식 (15.23b)는 램 압력을 과대 평가한다고 볼 수 있다. 윤활이 좋으면 램 압력은 이 식으로 계산된 값보다 작을 수 있다.

직접 및 간접압출에서 램 압출력은 식 (15.23a) 또는 (15.23b)의 압력 p와 빌릿면적 A_o를 단순히 곱함으로써 구할 수 있다.

$$F = pA_o \tag{15.24}$$

여기서 F = 램 압출력(N)이다. 압출에 소요되는 동력은

$$P = Fv \tag{15.25}$$

이다. 여기서 P = 동력(J/s); F = 램 압출력(N); v = 램 속도(m/s)이다.

예제 15.3

압출압력

길이 75 mm, 직경 25 mm인 빌릿이 압출비 $r_x = 4.0$으로 직접 압출된다. 압출품은 둥근 단면을 가지고 있다. 다이각(반각)은 90°이다. 공작물 금속의 강도계수 = 415 MPa, 변형경화지수 = 0.18이다. $a = 0.8$, $b = 1.5$일 때 Johnson 식을 사용하여 압출 변형률을 계산하라. 또한 램이 전방으로 움직일 때 빌릿의 끝에서 작용하는 압력을 계산하라.

풀이

빌릿 초기 길이 $L = 75$ mm, $L = 50$ mm, $L = 25$ mm, $L = 0$일 때의 램 압력을 계산해 보자. 이상적 진변형률, Johnson식을 사용한 압출변형률 및 평균 유동응력을 계산하면 다음과 같다.

$$\epsilon = \ln r_x = \ln 4.0 = 1.3863$$
$$\epsilon_x = 0.8 + 1.5(1.3863) = 2.8795$$
$$\bar{Y}_f = \frac{415(1.3863)^{0.18}}{1.18} = 373 \text{ MPa}$$

$L = 75$ mm: 90°의 다이각도에서 빌릿 금속은 거의 즉각적으로 다이 구멍을 통과한다고 가정한다. 따라서 빌릿 길이 75 mm에서 최대 압력에 도달한다고 가정하고 계산한다. 90° 이하의 다이각에서는 그림 15.33에서처럼 초기 빌릿이 압출 다이의 원뿔 부위로 압착되어 들어갈 때 압력이 최댓값에 도달한다. 식 (15.23b)를 사용하여 다음과 같이 압력을 구할 수 있다.

$$p = 373\left(2.8795 + 2\frac{75}{25}\right) = \mathbf{3312\ MPa}$$
$$L = 50 \text{ mm} : p = 373\left(2.8795 + 2\frac{50}{25}\right) = \mathbf{2566\ MPa}$$
$$L = 25 \text{ mm} : p = 373\left(2.8795 + 2\frac{25}{25}\right) = \mathbf{1820\ MPa}$$

$L = 0$: 직접압출에서 0의 길이는 가상적이다. 공작물 전부를 다이 구멍으로 밀어 압출하는 것은 불가능하기 때문이다. 대신 빌릿의 일부분('버트')이 압출되지 않은채 남게 되고 L이 0에 근접함에 따라 압력도 빠르게 증가한다. 행정 끝에서 압력이 이렇게 증가하는 모습을 그림 15.33의 램압력 대 램행정 곡선에서 볼 수 있다. 다음에 계산되는 값은 $L = 0$ 때 램 압력의 가상적인 최솟값이다.

$$p = 373\left(2.8795 + 2\frac{0}{25}\right) = \mathbf{1074\ MPa}$$

이 값은 빌릿 길이에 걸쳐 간접압출과 관련된 램 압력 값이기도 하다.

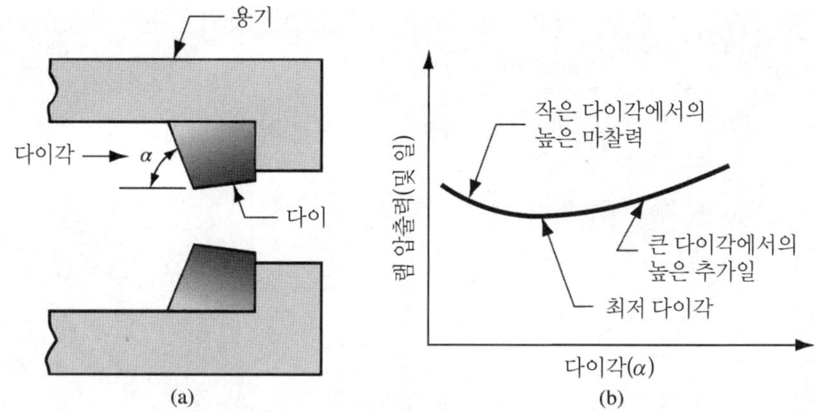

그림 15.34 (a) 직접압출에서 다이각의 정의, (b) 램 압출력에 미치는 다이각의 효과.

15.3.3 압출 다이, 프레스 및 결함

이 절에서는 특수공구, 프레스 및 금속압출에서 발생하는 결함을 살펴본다.

압출 다이

압출 다이의 중요한 인자는 다이각과 구멍 형상이다. 다이각(더 정확히는 다이 반각)은 그림 15.34(a)에서 α로 표시된다. 각이 작으면 다이의 표면적이 크게 되어 금형-빌릿 접촉부에서의 마찰 증가로 큰 압출력을 유발한다. 반대로 큰 다이각은 단면은 줄어들지만 금속유동에서 난류(turbulence)를 더 유발시켜서 압출력을 증가시킨다. 따라서 램 압출력에 미치는 다이각의 효과는 그림 15.34(b)에서처럼 U자형 함수로 최적 다이각이 존재한다. 최적 다이각은 여러 가지 인자(예, 공작물재료, 빌릿온도, 윤활)에 영향을 받기 때문에 구하기가 쉽지 않으며, 실제로 최적 다이각을 결정하는 데는 설계자의 경험적 판단에 의존하게 된다.

앞서 논의한 램 압력에 관한 식 (15.23a, 15.23b)는 원형 구멍을 가진 다이에 국한되며, 실제로 다이 구멍의 형상에 따라 압출에 필요한 램 압력이 달라진다. 그림 15.35와 같이 복잡한 단면을 가진 제품을 생산하기 위해서는 원형 구멍보다 더 큰 압력과 압출력이 필요하다. 다이 구멍 형상의 영향은 다이의 ***형상인자(shape factor)***로 평가될 수 있다. 형상인자는 같은 면적의 원형 단면을 압출하는데 필요한 압력과 주어진 단면 형상을 압출하는데 필요한 압력비로 정의된다. 형상인자는 다음 식으로 표현될 수 있다.

$$K_x = 0.98 + 0.02\left(\frac{C_x}{C_c}\right)^{2.25} \tag{15.26}$$

여기서 K_x = 다이형상인자; C_x = 압출 단면의 둘레 길이(mm); C_c = 같은 면적의 원주 길이(mm)이다. 식 (15.26)은 Altan 등[1]의 실험 결과에서 C_x/C_c 범위가 1.0에서 6.0까지의 데이터를 근거로 만들어진 것이다. 따라서 이 범위를 많이 넘어설 경우 식이 틀릴 수 있다.

식 (15.26)에서 알 수 있듯이 형상인자는 압출 단면의 둘레 길이를 동일한 면적을 가진 원 단면의

Courtesy of Aluminum Company of America

그림 15.35 복잡한 압출단면을 가진 열발산용 히트싱크 부품.

원주 길이로 나눈 값의 함수이다. 원형 형상은 가장 간단한 것으로서 $K_x = 1.0$이다. 얇은 벽을 가진 중공 단면의 경우 형상인자 값이 높아서 압출하기가 더 어렵다. 원형 단면에만 적용되는 식 (15.23a, 15.23b)의 압력 식에는 압력의 증가가 포함되지 않았다. 원형 단면이 아닌 일반적인 단면 형상의 경우 간접압출을 위한 식은 아래와 같다.

$$p = K_x \bar{Y}_f \epsilon_x \tag{15.27a}$$

직접압출에는 다음과 같다.

$$p = K_x \bar{Y}_f \left(\epsilon_x + \frac{2L}{D_o} \right) \tag{15.27b}$$

여기서 p = 압출압력(MPa); K_x = 형상인자; 기타 항목은 앞의 의미와 동일하다. 이 식으로 계산된 압력과 함께 식 (15.24)를 사용하면 램 압출력을 구할 수 있다.

열간압출에 사용되는 다이 재료로 공구강과 합금강 등이 쓰인다. 이러한 다이 재료가 가져야할 중요한 성질로는 높은 내마모성, 높은 고온경도, 높은 열전도성 등이다. 냉간압출용 다이 재료로는 공구강과 초경합금(WC) 등이 있으며, 다이 재료에 요구되는 성질은 높은 응력 하에서의 형상 유지 능력과 내마모성이다. 초경합금은 높은 생산속도, 긴 다이수명, 정밀한 치수가 요구될 때 주로 사용된다.

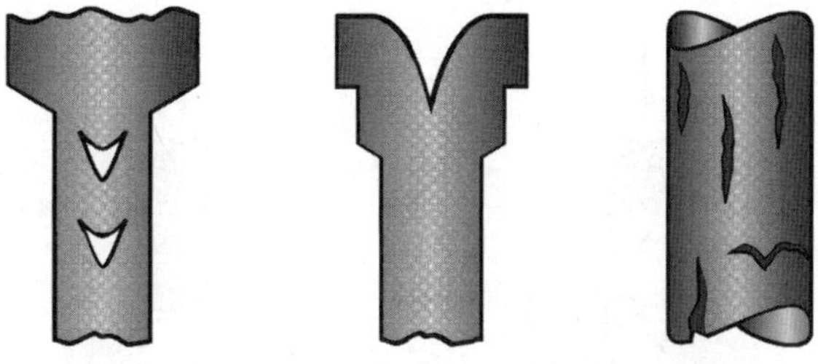

그림 15.36 일반적인 압출 결함. (a) 중심부 파열, (b) 파이핑, (c) 표면 균열.

압출 프레스

압출 프레스는 공작물의 축 방향에 따라 수평형 또는 수직형이 있는데, 수평형 프레스가 보다 일반적이며, 일반적으로 유압식이다. 직접압출처럼 긴 제품을 생산하는 준연속 공정에는 유압식이 적합하며, 충격압출처럼 단품을 냉간압출하는데는 기계식 프레스가 자주 쓰인다.

압출 제품의 결함

압출 공정 중 발생하는 상당한 변형이 압출 제품에 결함을 발생시킬 수 있으며, 결함은 그림 15.36과 같은 범주로 분류할 수 있다.

(a) *중심부 파열(centerburst).* 이 결함은 압축되는 동안 공작물의 중심선을 따라 발생되는 인장응력에 의한 내부 균열이다. 압출 같은 압축 공정에 인장응력이 발생한다는 것이 이상하게 느껴질 수도 있지만, 공작물의 중심축에서 멀리 떨어진 영역에서 큰 변형이 발생할 경우 이런 조건이 성립된다. 외곽부에서 재료가 상당하게 변형할 경우 공작물의 중심을 따라 재료를 잡아당기게 되며, 응력이 정도 이상으로 커지면 파열이 발생한다. 중심부 파열을 유발하는 조건으로는 큰 다이각, 낮은 압출비, 공작물 내 불순물 등이다. 중심부 파열을 탐지해 내기는 쉽지 않다. 육안 검사로는 알 수 없는 내부 결함에 있기 때문이다. 이 결함의 다른 이름으로는 *화살머리형 파단*, *중심부 균열*, *세브론 균열(chevron cracking)* 등이 있다.

(b) *파이핑(piping).* 파이핑은 직접압출과 관련된 결함이다. 그림 15.38(b)와 같이 이것은 빌릿의 끝에서 발생하는 함몰 구멍이다. 빌릿의 직경보다 약간 작은 압축(dummy block)을 사용하면 파이핑을 피하는데 도움이 된다. 이 결함에 대한 다른 이름으로는 *테일파이프(tailpipe)*와 *피시테일링(fishtailing)*이 있다.

(c) *표면 균열.* 이 결함은 공작물의 높은 온도로 인해 발생하는 표면의 균열 현상이다. 높은 압축속도가 변형률 속도를 증가시키고, 급격한 변형이 고온의 열을 발생시킨다. 기타 요인으로는 열간압출에서 빌릿 표면의 냉각 및 큰 마찰을 들 수 있다.

15.3.4 기타 압출 공정

앞서 언급된 직접압출과 간접압출은 압출에서의 주요 공정이다. 이 절에서는 두 가지의 특별한 공

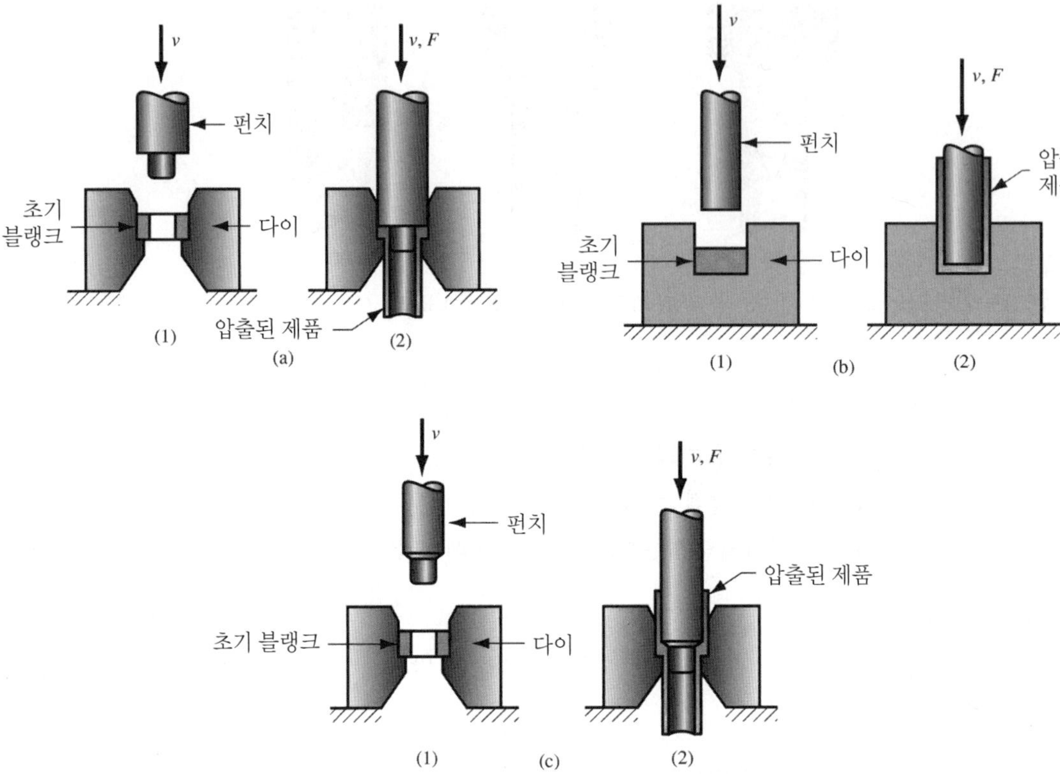

그림 15.37 충격압출의 몇 가지 예. (a) 전방, (b) 후방, (c) 전방과 후방의 조합.

정에 대해 설명한다.

충격압출

*충격압출(impact extrusion)*은 일반 압출에 비해 높은 속도와 짧은 행정으로 수행되며, 개별 단품을 만드는데 사용된다. 이름이 말해주듯이 펀치는 공작물에 충격을 가한다. 전방압출, 후방압출 또는 그 조합이 모두 가능하다. 그림 15.37과 같이 몇 가지 대표적인 예를 볼 수 있다.

충격압출은 여러 가지 금속에 보통 냉간공정이 수행된다. 후방 충격압출이 가장 일반적이다. 이 방법으로 만들어지는 제품으로는 치약튜브와 건전지용 원통용기 등이 있다. 예에서 보듯 충격압출된 제품은 매우 얇은 벽을 가질 수 있다. 충격이란 고속을 의미하므로 높은 생산속도와 큰 단면감소율을 이룰 수 있기 때문에 충격압출은 상업적으로 중요한 공정으로 간주된다.

정수압 압출

직접압출의 문제점 중 하나는 빌릿과 용기 사이의 접촉면에서 발생하는 마찰이다. 이에 대한 해결책으로 그림 15.38에서처럼 유체가 들어있는 용기 속에 빌릿을 넣은 후 램을 움직여 유체에 압력을 가하는 방법이 정수압 압출(hydrostatic extrusion)이다. 이 방법으로 용기 내에 마찰을 완전히 없애고, 다이 구멍에서의 마찰을 줄일 수 있다. 따라서 램 압출력이 직접압출에 비해 상당이 적게 된다. 빌릿 전면에 걸쳐 유체 압력이 작용하기 때문에 이런 이름이 붙게 되었다. 이 방법은 상온 또는

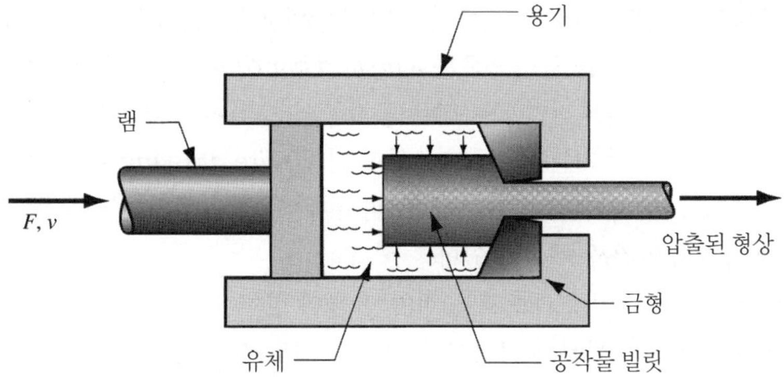

그림 15.38 정수압 압출.

고온에서 수행될 수 있다. 고온에서는 특수 유체와 공정을 사용해야만 한다. 정수압 압출은 직접압출의 변종이라 할 수 있다.

공작물에 작용하는 정수압은 재료의 연성을 증가시킨다. 따라서 이 공정은 재래식 압축 공정으로는 불가능한 고취성 금속에 적용할 수 있다. 연질 금속도 정수압 압출이 가능하며 이 경우 매우 높은 단면 감소율을 얻을 수 있다. 이 공정의 단점 중 하나는 초기 빌릿을 알맞은 형태로 만들어야 한다는 것이다. 즉, 한쪽에 테이퍼를 만들어 다이 입구에 꼭 맞는 형상의 빌릿을 만들어야만 용기 내에 압력이 발생할 때 유체가 다이 구멍 사이로 분출되지 않는다.

15.4 선재와 봉재 인발

용적변형 공정인 인발(drawing)은 그림 15.39와 같이 바(bar), 봉재(rod) 또는 선재(wire)를 다이 구멍을 통해 잡아당김으로써 단면적을 줄이는 공정이다. 이 공정의 일반적인 특징은 압출과 유사하다. 다른 점은 압출이 공작물을 다이를 통해 밀어내는 반면, 인발에서는 공작물을 다이를 통해 잡아당긴다는 것이다. 인발에서는 인장응력이 분명하게 발생하지만 압축응력 또한 중요한 역할을 한다. 왜냐하면 공작물이 금형 구멍을 통과할 때 압착되기 때문이다. 이런 이유로 인발에서의 변형은 간

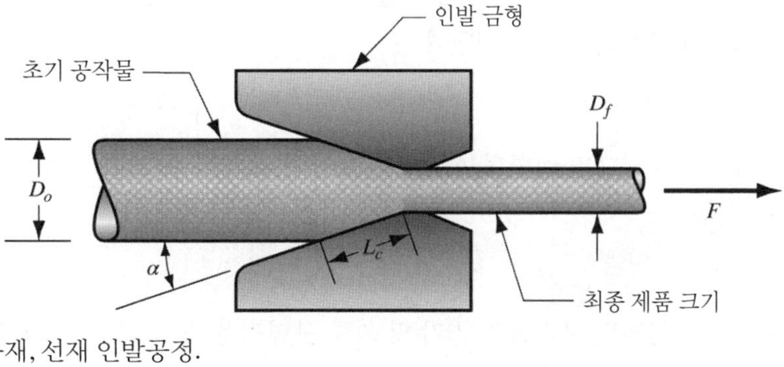

그림 15.39 바, 봉재, 선재 인발공정.

접 압축으로 언급되기도 한다. 인발의 영문 용어인 drawing을 금속박판의 드로잉(drawing)(16.3절)과 구별하기 위하여, 이 공정을 영문으로는 *wire and bar drawing*으로 표기한다.

봉재 인발과 선재 인발의 기본적인 차이점은 공작물의 크기에 있다. *봉재 인발(bar drawing)*은 큰 직경의 봉과 바에 대해 사용되는 용어이고, *선재 인발(wire drawing)*은 작은 직경에 대해 사용된다. 선재 직경 0.03 mm까지 인발이 가능하다. 비록 두 인발 공정의 원리는 동일하지만 방법, 장비, 심지어 사용 용어까지 약간씩 차이가 있다.

봉재 인발은 일반적으로 단일 드래프트 공정(공작물이 한번 다이 구멍을 통과)으로 수행된다. 큰 직경을 가진 소재를 사용하기 때문에 공작물은 코일 형태로 감겨있지 않고 곧은 원통형이다. 이 때문에 인발될 공작물의 길이가 제한되므로 뱃치형 작업이 필요하다. 이에 반해 선재 인발은 수백(또는 수천) 미터 길이의 와이어로 된 코일과 일련의 인발 다이들로 수행된다. 다이 수는 보통 4~12개의이다. *연속 인발(continuous drawing)*이라는 용어는 이런 형태의 작업을 가리킬 때 사용된다. 왜냐하면 와이어 코일 사용되고, 또한 맞대기 용접으로 다음 코일을 앞의 코일과 연결시키기 때문에 진정한 의미에서의 연속 공정이 되기 때문이다.

인발 공정에서 공작물의 크기 변화는 보통 다음과 같이 정의되는 단면 감소율로 표현된다.

$$r = \frac{A_o - A_f}{A_o} \tag{15.28}$$

여기서 r = 단면감소율, A_o = 공작물의 초기 면적(mm^2), A_f = 최종 면적(mm^2)이다. 단면 감소율은 백분율로 표현되기도 한다.

봉재 인발, 바 인발, 굵은 직경의 선재 인장(업셋팅과 헤딩 공정용)에 있어서 *드래프트(draft)*라는 용어는 소재의 전후 크기 차이를 나타내기 위해 사용된다. 드래프트는 단순히 초기 직경과 최종 직경의 차이이다.

$$d = D_o - D_f \tag{15.29}$$

여기서 d = 드래프트(mm), D_o = 공작물의 초기 직경(mm), D_f = 공작물의 최종 직경(mm)이다.

15.4.1 인발의 공학적 해석

이 절에서는 선재와 봉재 인발의 원리에 대해 설명한다. 인발 공정에 필요한 응력과 힘을 계산하고, 얼마나 큰 단면감소율이 가능한 지도 설명한다.

인발 역학

인발에서 마찰과 과잉일이 없다면 진변형률은 다음과 같이 계산될 수 있다.

$$\epsilon = \ln\frac{A_o}{A_f} = \ln\frac{1}{1-r} \tag{15.30}$$

여기서 A_o, A_f는 앞에서 정의된 공작물의 초기 및 최종 단면적을 각각 의미하고 r은 식 (15.28)로 주어진 인발 단면감소율이다. 이상적 변형으로 얻어지는 응력은 다음과 같다.

$$\sigma = \bar{Y}_f \epsilon = \bar{Y}_f \ln \frac{A_o}{A_f} \tag{15.31}$$

여기서 $\bar{Y}_f = \dfrac{K\epsilon^n}{1+n}$ 은 식 (15.30)의 변형률에 기초한 평균 유동응력이다.

인발에는 마찰이 존재하고 공작물은 불균일한 변형을 받게 되므로 실제 응력은 식 (15.31)에서 계산되는 것보다 더 크다. A_o/A_f 비 외에 인발응력에 영향을 끼치는 변수는 공작물과 빌릿 사이의 마찰계수와 다이각이다. 이런 인자들을 기반으로 인발응력을 예측하는 방법이 많이 제안되어 왔다 [1], [3], [19]. 여기서는 Schey[19]에 의해 된 식을 사용한다.

$$\sigma_d = \bar{Y}_f \left(1 + \frac{\mu}{\tan\alpha}\right) \phi \ln \frac{A_o}{A_f} \tag{15.32}$$

여기서 σ_d = 인발응력(MPa); μ = 다이와 공작물 간 마찰계수; α = 그림 15.39에 정의된 다이각(반각); ϕ = 불균일 변형을 나타내는 인자로서 원형 단면에 대해 다음 식으로 계산된다.

$$\phi = 0.88 + 0.12 \frac{D}{L_c} \tag{15.33}$$

여기서 D = 인발 공정 동안 공작물의 평균 직경(mm); L_c = 그림 15.39에서 공작물과 인발 다이 간 접촉 길이(mm)이다. D와 L_c는 다음 식으로 결정된다.

$$D = \frac{D_o + D_f}{2} \tag{15.34a}$$

$$L_c = \frac{D_o + D_f}{2\sin\alpha} \tag{15.34b}$$

인발력은 인발 단면적에 인발응력을 곱하여 얻을 수 있다.

$$F = A_f \sigma_d = A_f \bar{Y}_f \left(1 + \frac{\mu}{\tan\alpha}\right) \phi \ln \frac{A_o}{A_f} \tag{15.35}$$

여기서 F = 인발력(N)이고 다른 항목들은 위에서 정의된 것이다. 인발공정에서 요구되는 동력은 인발력에 공작물의 출구 속도를 곱함으로써 계산된다.

예제 15.4

선재 인발의 응력과 인발력

입구각 = 12°인 인발 다이를 통해 선재가 인발된다. 초기 직경은 3.0 mm이고 최종 직경은 2.5 mm이다. 공작물과 금형 사이의 마찰계수는 0.07이다. 금속 소재의 강도계수는 K = 200 MPa이고 변형경화지수는 n = 0.20이다. 인발응력과 인발력을 계산하라.

풀이

식 (15.34a, 15.34b)를 사용하여 식 (15.33)의 D와 L_c를 결정할 수 있다. $D = 2.75$ mm, $L_c =$ 1.2이다. 따라서

$$\phi = 0.88 + 0.12\frac{2.75}{1.2} = 1.155$$

인발 전후의 면적은 $A_o = 4.91\ mm^2$, $A_f = 3.14\ mm^2$이다. 따라서 진변형률은 $\epsilon = \ln(4.91/3.14) = 0.446$이다. 그리고 평균유동응력은 다음과 같이 계산된다.

$$\bar{Y}_f = \frac{200(0.446)^{0.20}}{1.20} = 141.8\ \text{MPa}$$

인발응력은 식 (15.32)를 사용하여 계산된다.

$$\sigma_d = (141.8)\left(1 + \frac{0.07}{\tan 12}\right)(1.155)(0.446) = \mathbf{97.1\ MPa}$$

마지막으로 인발력은 인발응력에 출구 쪽에 선재의 단면적을 곱함으로써 얻을 수 있다.

$$F = 97.1(3.14) = \mathbf{304.9\ N}$$

패스 당 최대 단면감소율

인발에 대해 가질 수 있는 의문 중 한 가지는 다음과 같다. 선재 인발에서 원하는 단면감소율을 얻기 위해 왜 한번 이상의 단계를 거쳐야 하는가? 압출처럼 하나의 다이로 한 번에 전체 단면감소율을 이룰 수 없는가? 그 해답은 다음과 같이 설명될 수 있다. 앞에서의 식에서 분명히 알 수 있는 사실은 단면감소율이 증가하면 인발응력도 증가한다는 것이다. 단면감소율이 너무 크면 인발응력이 배출되는 금속의 항복강도를 초과할 것이다. 이렇게 되면 인발된 선이 단지 늘어나기만 할 뿐 새 재료가 다이구멍을 통하여 빠져나오지 않게 된다. 선재 인발이 성공하기 위해서는 최대 인발응력이 배출되는 금속재료의 항복강도보다 반드시 작아야 한다.

최대 인발응력과 한번의 패스 당 가능한 최대 단면감소율을 몇 가지 가정 하에서 간단하게 계산할 수 있다. 완전소성 금속($n = 0$), 무마찰, 무과잉일을 가정한다. 이런 이상적인 경우에 가능한 최대 인발응력은 작업 재료의 항복강도와 같다. 이상적 변형조건 하에서 인발응력을 나타내는 식 (15.31)을 사용하고 $\bar{Y}_f = Y$(왜냐하면 $n = 0$)라고 두면,

$$\sigma_d = \bar{Y}_f \ln\frac{A_o}{A_f} = Y\ln\frac{A_o}{A_f} = Y\ln\frac{1}{1-r} = Y$$

이것은 $\ln(A_o/A_f) = \ln(1/(1-r)) = 1$을 의미한다. 즉, $\epsilon_{xax} = 1.0$. 따라서 $A_o/A_f = 1/(1-r)$이다. 가능한 최대 면적비는

$$\frac{A_o}{A_f} = e = 2.7183 \tag{15.36}$$

가능한 최대 단면감소율은 다음과 같다.

$$r_{\max} = \frac{e-1}{e} = 0.632 \tag{15.37}$$

식 (15.37)은 일회 인발을 통해 얻을 수 있는 이론적 최대 단면감소율로 자주 활용된다. 단, 두 가지가 사실이 무시되었다. (1) 최대 단면감소율을 감소시키는 마찰과 과잉일, (2) 최대 단면감소율을 증가시키는 변형경화. 변형경화가 되면 출구 쪽 선재의 강도가 초기 금속 강도보다 높기 때문에 최대 단면감소율이 증가한다. 실제로는 패스당 단면 감소율이 이론적 한계치보다 많이 낮다. 산업 현장에서는 단일-드래프트 봉재 인발의 경우 0.5, 복수-드래프트 선재 인발의 경우 0.3의 단면감소율을 설정값으로 간주한다.

15.4.2 인발 공정 수행

인발은 보통 냉간에서 행해진다. 원형 단면의 제품을 만드는데 가장 많이 쓰이고 사각형 및 기타 형상의 제품도 인발로 만들어진다. 선재 인발은 산업적으로 중요한 과정으로서 전선 및 케이블; 울타리, 양복걸이, 쇼핑용 카트 등을 위한 선재; 못, 나사, 리벳, 스프링 등을 위한 봉소재의 제품을 생산하는데 사용된다. 바 인발은 절삭가공, 단조 및 기타 공정에 쓰일 금속 바를 생산하는데 사용된다.

이러한 적용 분야에서 인발의 장점으로는: (1) 정밀한 치수 관리, (2) 우수한 표면거칠기, (3) 강도나 정도와 같은 기계적 성질의 개선, (4) 경제적인 뱃치생산 또는 대량생산의 융통성 등이 있다. 인발속도는 매우 가는 선의 경우 50 m/s에 이른다. 절삭가공용 소재를 만드는 봉재인발의 경우, 인발공정은 봉의 절삭성을 좋게 해준다(20.1절).

인발장비

바 인발은 *인발벤치(draw bench)*라는 기계로 수행된다. 인발벤치는 그림 15.40과 같이 입구 테이블, 다이스탠드(인발 다이를 포함), 이송대, 출구 랙으로 이루어져 있다. 이송대는 공작물을 인발 다이를 통해 당기는 역할을 하는 것으로 유압 실린더 또는 모터가동 체인으로 움직인다. 다이스탠드는 한 개 이상의 다이를 수용할 수 있도록 설계되기 때문에 여러 개의 바를 동시에 각각의 금형을 통해서 잡아당길 수 있다.

선재 인발은 그림 15.41처럼 복수의 인발 다이와 각 다이 사이의 드럼으로 구성된 연속 인발기계로 수행된다. 이러한 드럼을 캡스턴(capstan)이라고도 부르는데, 이들은 모터로 작동되며, 앞 쪽의 다이를 통해 선을 인발하는데 적당한 인장력을 제공한다. 또한 다음 다이로 들어가는 선에 알맞은 장력을 유지시킨다. 각 다이는 각기 정해진 양의 단면감소율을 얻을 수 있다. 가공되는 금속과 전체 단면감소율 크기에 따라 다이 사이에 선재를 어닐링하는 장치가 필요할 때도 있다.

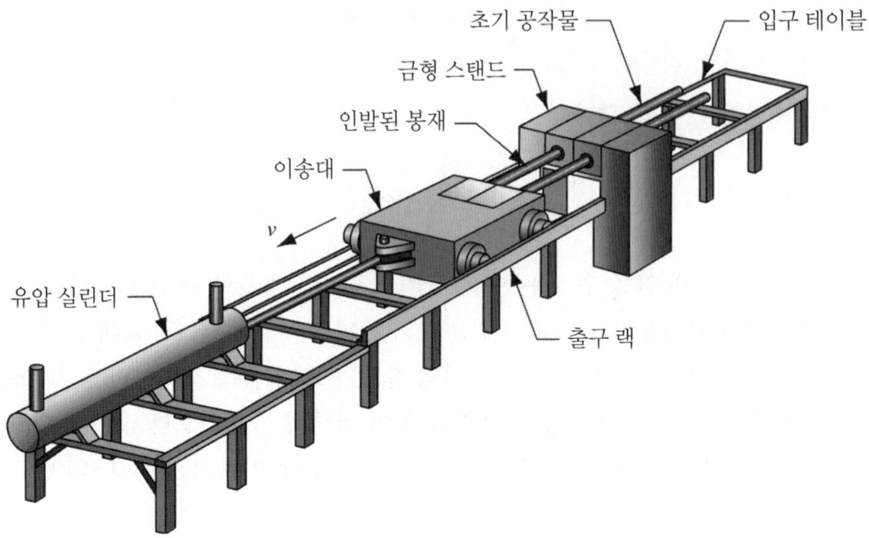

그림 15.40 금속바 인발을 위한 유압식 인발벤치.

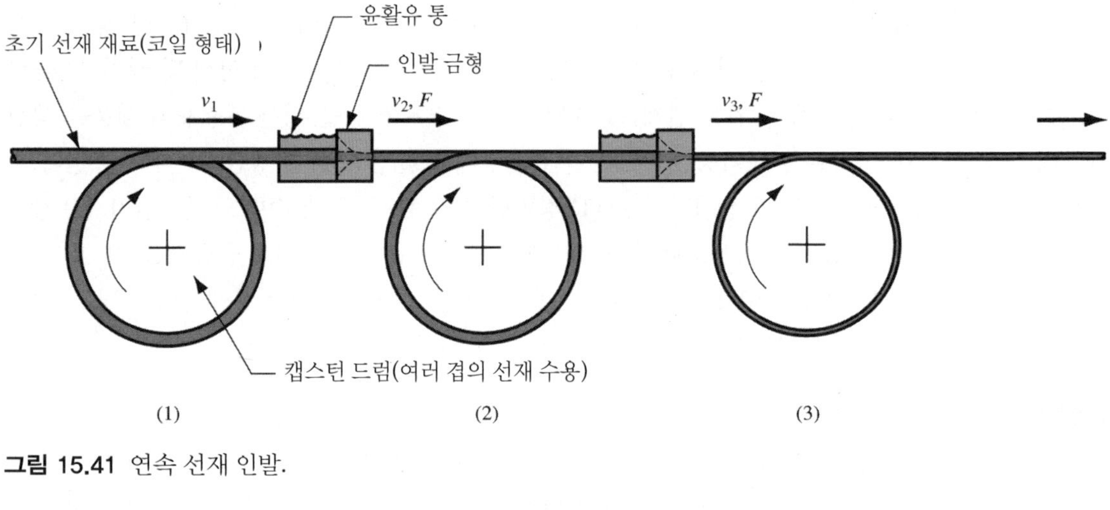

그림 15.41 연속 선재 인발.

인발 다이

그림 15.42는 전형적인 인발 다이의 특징을 보여준다. 다이에는 네 가지 영역이 있다. (1) 입구, (2) 접근부, (3) 베어링면(랜드), (4) 백릴리프가 그것이다. *입구(entry)* 영역은 보통 나팔형으로서 공작물과 접촉하지 않는다. 이것의 목적은 다이 속으로 윤활제를 흘려 넣어서 다이 표면과 공작물이 서로 긁히지 않게 하는 것이다. *접근부(approach)*는 인발 공정이 실제 일어나는 영역이다. 이것은 원뿔 형상으로 보통 약 6°에서 20° 범위의 각(반각)을 가진다. 작업 재료에 따라 적정 각이 달라진다. *베어링면(bearing surface)* 또는 *랜드(land)*는 최종 인발 제품의 크기를 결정한다. 마지막으로 *백릴리프(back relief)*는 출구 영역이다. 이것은 약 30°의 백 릴리프 각(반각)을 가진다. 인발 다이는 공구강 또는 초경합금으로 만들어진다. 고속 선재인발용 다이에는 마모 면에 다이아몬드(합성 또는

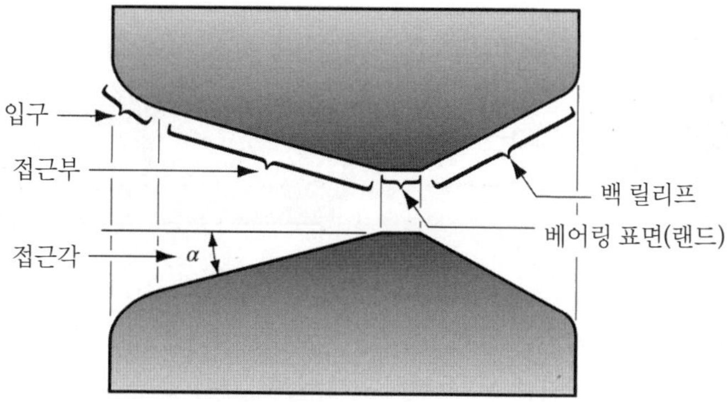

그림 15.42 둥근 봉재 또는 선재 인발을 위한 인발 다이.

천연)로 만들어진 인서트가 흔히 사용된다.

공작물 준비

인발을 하기 전에 초기 소재를 알맞게 준비해야 한다. 여기에는 세 가지 단계가 있다. (1) 어닐링, (2) 청정, (3) 포인팅이 그것이다. 어닐링(풀림)의 목적은 인발 과정에서 변형이 제대로 일어나도록 재료의 연성을 증가시키는 것이다. 앞서 언급했듯이 연속 인발에서는 각 단계 사이에 어닐링이 필요할 때가 있다. 청정은 공작물 표면과 인발 다이에 생길 수 있는 손상을 막기 위해 필요하다. 표면 불순물(예, 산화물과 녹) 제거를 위해 화학적 처리 또는 샷블라스팅(shot blasting)을 수행한다. 어떤 경우에는 청정 후 공작물 표면에 윤활유 처리를 하기도 한다.

포인팅(pointing)은 공작물 시작 부위의 직경을 줄여서 인발 다이에 쉽게 삽입될 수 있도록 가공하는 작업이다. 이것은 주로 스웨이징, 압연 또는 선삭으로 수행된다. 가공된 공작물의 뾰족 부분을 이송대 죠 또는 기타 장치로 잡은 다음 인발 공정이 시작된다.

15.4.3 튜브 인발

인발은 압출 등의 공정으로 만들어진 이음매 없는 튜브와 파이브의 직경 또는 벽 두께를 줄이는데 사용될 수 있다. 튜브 인발은 만드렐을 사용하거나 혹은 사용하지 않고서 수행될 수 있다. 가장 단순한 방법은 그림 15.43에서처럼 만드렐을 사용하지 않고 직경을 줄이는 것이다. 이를 *튜브싱킹(tube*

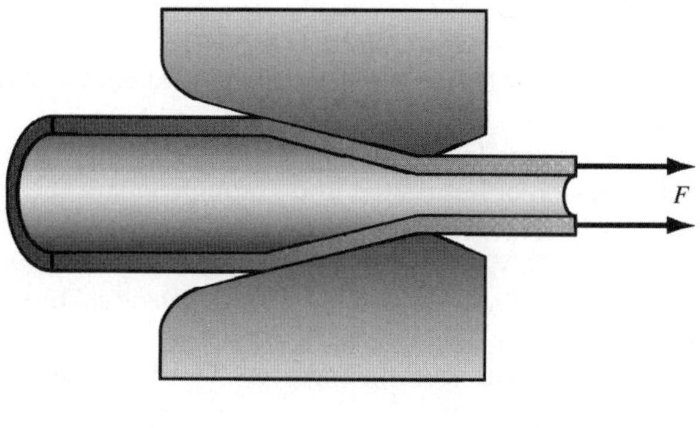

그림 15.43 만드렐이 없는 튜브 인발(튜브싱킹).

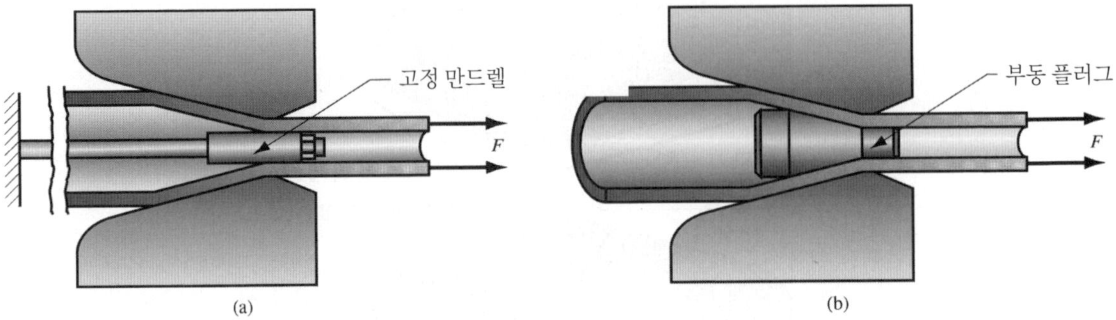

그림 15.44 만드렐을 사용하는 튜브 인발. (a) 고정식 만드렐, (b) 부동 플러그.

*sinking)*이라고 부르기도 한다.

그림 15.43에 보인 것처럼 만드렐 없는 튜브 인발의 문제점은 튜브의 내경과 벽 두께를 조절할 수 없다는 것이다. 이것이 만드렐이 사용될 수밖에 없는 이유이며, 그림 15.44에 두 가지 종류를 나타내었다. 첫 번째 형식인 그림 15.44(a)는 긴 지지대에 부착된 고정식 만드렐로 내경과 벽 두께를 조절하는 것이다. 하지만 지지대의 길이에 한계가 있기 때문에 이 방법으로 인발될 수 있는 튜브의 길이는 제한된다. 두 번째 형식은 부동 플러그(floating plug)를 사용하는 것으로서, 그 모양은 다이의 단면 감소영역에서 스스로 중립 위치에 있을 수 있도록 설계된다. 이 방법을 사용하면 공작물 길이가 제한받는 일은 없다.

참고문헌 *REFERENCES*

[1] Altan, T., Oh, S.-I., and Gegel, H. L. *Metal Forming: Fundamentals and Applications*. ASM International, Materials Park, Ohio, 1983.
[2] *ASM Handbook*. Vol. 14A: *Metalworking: Bulk Forming*. ASM International, Materials Park, Ohio, 2005.
[3] Avitzur, B. *Metal Forming: Processes and Analysis*. Krieger Publishing, Huntington, New York, 1979.
[4] Black, J. T., and Kohser, R. A. *DeGarmo's Materials and Processes in Manufacturing*. 11th ed. John Wiley & Sons, Hoboken, New Jersey, 2012.
[5] Byrer, T. G., et al. (eds.). *ForgingHandbook*. Forging Industry Association, Cleveland, Ohio; and American Society for Metals, Metals Park, Ohio, 1985.
[6] Cook, N. H. *Manufacturing Analysis*. Addison-Wesley, Reading, Massachusetts, 1966.
[7] Groover, M. P. "An Experimental Study of the Work Components and Extrusion Strain in the Cold Forward Extrusion of Steel." Research Report. Bethlehem Steel Corporation, Bethlehem, Pennsylvania, 1966.
[8] Harris, J. N. *Mechanical Working of Metals*. Pergamon Press, Oxford, U.K., 1983.
[9] Hosford,W. F., and Caddell, R. M. *Metal Forming: Mechanics and Metallurgy*. 3rd ed. Cambridge University Press, Cambridge, U.K., 2007.
[10] Jensen, J. E. (ed.). *Forging Industry Handbook*. Forging Industry Association, Cleveland, Ohio, 1970.
[11] Johnson,W. "The Pressure for the Cold Extrusion of Lubricated Rod Through Square Dies of Moderate Reduction at Slow Speeds." *Journal of the Institute of Metals*, Vol. 85, 1956.
[12] Kalpakjian, S. *Mechanical Processing of Materials*. D. Van Nostrand, Princeton, New Jersey, 1967.
[13] Kalpakjian, S., and Schmid, S. R. *Manufacturing Processes for Engineering Materials*. 7th ed. Pearson Prentice Hall, Upper Saddle River, New Jersey, 2013.
[14] Lange, K. *Handbook of Metal Forming*. Society of Manufacturing Engineers, Dearborn, Michigan, 2006.

[15] Laue, K., and Stenger, H. *Extrusion: Processes, Machinery, and Tooling*. American Society for Metals, Metals Park, Ohio, 1981.
[16] Mielnik, E. M. *Metalworking Science and Engineering*. McGraw-Hill, New York, 1991.
[17] Roberts, W. L. *Hot Rolling of Steel*. Marcel Dekker, New York, 1983.
[18] Roberts, W. L. *Cold Rolling of Steel*. Marcel Dekker, New York, 1978.
[19] Schey, J. A. *Introduction to Manufacturing Processes*. 3rd ed. McGraw-Hill, New York, 2000.
[20] Wick, C., et al. (eds.). *Tool and Manufacturing Engineers Handbook*. 4th ed. Vol. II: Forming. Society of Manufacturing Engineers, Dearborn, Michigan, 1984.

복습문제 *REVIEW QUESTIONS*

15.1 용적변형 공정이 왜 상업적 기술적으로 중요한가?
15.2 용적변형 공정 네 가지를 기술하라.

압연

15.3 압연공정 하기 전 주강 잉곳의 온도를 균일하게 가열하는데 사용되는 로는 무엇인가?
15.4 강철 압연에 사용되는 불룸, 슬래브, 빌릿의 차이점은 무엇인가?
15.5 압연기에서 생산되는 제품을 나열하라.
15.6 압연공정에서 중립점이라고 알려진 무미끄럼점이 무엇인지 설명하라.
15.7 평압연에서 압하력을 줄일 수 있는 방법 몇 가지를 나열하라.
15.8 형압연에서 롤-패스 설계(roll-pass design)의 의미를 설명하라.
15.9 역회전 압연기란 무엇인가?
15.10 압연과 관련하여 추가적인 용적성형 공정이 무엇인지 설명하라.
15.11 나사가공에 있어서 절삭공정에 대한 나사전조의 장점을 설명하라.
15.12 압연 공정 중 드래프트란 무엇인가?

단조

15.13 공작물이 금형에 구속되는 정도에 따라 단조공정을 분류하라.
15.14 자유단조 중 플러링 공정을 정의하라.
15.15 자유단조 중 엣징 공정을 정의하라.
15.16 자유단조 중 코깅 공정을 정의하라.
15.17 자유단조와 형단조의 차이점을 설명하라.
15.18 형단조에서 플래시 생성이 중요한 이유는 무엇인가?
15.19 형단조에서 트리밍 공정이란 무엇인가?
15.20 무플러쉬 단조를 정의하라.
15.21 코이닝 단조를 정의하라.
15.22 단조 금형에서 분리선을 정의하라.
15.23 업셋 단조를 정의하라.
15.24 자유단조에서 베럴링이 발생하는 이유를 설명하라.

압출

15.25 직접압출과 간접압출의 차이점을 설명하라.

15.26 압출로 생산되는 제품을 나열하라.

15.27 압출비(extrusion ratio)를 정의하라.

15.28 직접압출에서 램의 힘을 결정하는 주요 요소가 마찰인 이유를 설명하라.

15.29 충격압출을 정의하라.

선재와 봉재 인발

15.30 선재인발과 봉재인발의 차이는 무엇인가?

15.31 봉재인발에서 단일 드래프트 공정을 정의하라.

15.32 봉재인발에서 드래프트라는 용어를 정의하라.

15.33 선재인발에서 인발응력이 금속의 항복강도를 초과해서는 안되는 이유를 설명하라.

15.34 봉재인발에 사용되는 장비를 설명하라.

15.35 선재인발과 봉재인발에서 포인팅(pointing)이란 용어를 정의하라.

15.36 튜브인발에서 만드렐을 사용하지 않았을 때의 문제점을 설명하라.

연습문제 *PROBLEMS*

Rolling

15.1 A 25-mm-thick plate made of low-carbon steel is to be reduced to 20 mm in one pass in a rolling operation. As the thickness is reduced, the plate widens by 5%. Yield strength of the steel = 170 MPa and tensile strength = 280 MPa. The entrance speed of the plate = 75 m/min. Roll radius = 280 mm and rotational speed = 40 rev/min. Determine (a) the minimum required coefficient of friction that would make this rolling operation possible, (b) exit velocity of the plate, and (c) forward slip.

15.2 A series of cold-rolling operations are to be used to reduce the thickness of a metal plate from 45 mm to 15 mm in a reversing two-high mill. Roll diameter = 550 mm and coefficient of friction between rolls and work = 0.16. The specification is that the draft is to be equal on each pass. Determine (a) the minimum number of passes required and (b) draft for each pass.

15.3 In the previous problem, suppose that the percent reduction rather than the draft were specified to be equal for each pass. (a) What is the minimum number of passes required? (b) What is the draft and exiting stock thickness for each pass?

15.4 A continuous hot-rolling mill has two stands. Thickness of the starting plate = 25 mm and width = 300 mm. Final thickness = 13 mm. Roll radius at each stand = 250 mm. Rotational speed at the first stand = 20 rev/min. Equal drafts of 6 mm are taken at each stand. The plate is wide enough relative to its thickness that no increase in width occurs. Under the assumption that the forward slip is equal at each stand, determine (a) the roll speed at each stand and (b) forward slip. (c) Also, determine the exiting speeds at each rolling stand if the entering speed at the first stand = 26 m/min.

15.5 A continuous hot-rolling mill has eight stands. The thickness of the starting slab = 8.0 cm, its width = 40.0 cm, and its length = 300 cm. The final thickness = 1 cm. Roll diameter at each stand = 90 cm, and rotational speed at stand number 1 = 30 rev/min. The speed of the slab entering stand 1 = 7300 cm/min. Assume that no widening of the slab occurs during the rolling sequence. Percent reduction in thickness is to be equal at all stands, and it is assumed that the forward slip will be equal at each stand. Determine (a) percent reduction at each stand, (b) rotational speed of the rolls at stands 2 through 8, and (c) forward slip. (d) What is the draft at stands 1 and 8? (e) What is the length and exit speed of the final strip exiting stand 8?

15.6 A low-carbon steel plate is 270 mm wide and 20 mm thick. It is reduced in one pass in a two-high rolling mill to a thickness of 20 mm. Roll radius = 600 mm and roll speed = 30 m/min. Strength coefficient = 500 MPa and strain-hardening exponent = 0.25. Determine (a) roll force, (b) roll torque, and (c) power required to perform the operation.

15.7 A low-carbon steel plate is 260 mm wide and 20 mm thick. A cluster mill with working rolls of radius = 50 mm is used, and roll speed = 25 m/min. It is reduced in one pass to a thickness of 15 mm. Strength coefficient = 480 MPa and strain-hardening exponent = 0.25. Determine (a) roll force, (b) roll torque, and (c) power required to perform the operation.

15.8 A single-pass rolling operation reduces a 18-mm-thick plate to 16 mm. The starting plate is 180 mm wide. Roll radius = 240 mm and rotational speed = 10 rev/min. The work metal has a strength coefficient = 580 MPa and a strain-hardening exponent = 0.22. Determine (a) roll force, (b) roll torque, and (c) power required for this operation.

15.9 A hot-rolling operation is performed using rolls of diameter = 0.6 m. The rolling stand can exert a maximum force of 2 MN, and the mill has a maximum horsepower of 100 hp. It is desired to reduce a 40 mm thick plate by the maximum possible draft in one pass. The starting plate is 250 mm wide. In the heated condition, the work material has a strength coefficient = 13,00 Pa and a strain-hardening exponent = 0. Determine (a) maximum possible draft, (b) associated true strain, and (c) maximum speed of the rolls for the operation.

15.10 A warm-rolling operation is performed using rolls of diameter = 60 cm. The rolling stand can exert a maximum force of 180,000 N, and the mill has a maximum horsepower of 100 hp. It is desired to reduce a 4 cm thick plate by the maximum possible draft in one pass. The starting plate is 25 cm wide. In the warm condition, the work material has a strength coefficient = 1400 kg/cm^2 and a strain-hardening exponent = 0.18. Determine (a) maximum possible draft, (b) associated true strain, and (c) maximum speed of the rolls for the operation.

Forging

15.11 A cylindrical part is upset forged in an open die. The starting diameter = 45 mm and height = 35 mm. Height after forging = 25 mm. Coefficient of friction at the die–work interface = 0.20. Yield strength of the low-carbon steel = 100 MPa; its strength coefficient = 480 MPa and strain-hardening exponent = 0.25. Determine the force in the operation (a) just as the yield point is reached (yield at strain = 0.002), (b) at a height of 30 mm, and (c) at a height of 25 mm. Use of a spreadsheet calculator is recommended.

15.12 A cylindrical work part has a diameter = 6.0 cm and a height = 10.0 cm. It is upset forged to a height = 7.0 cm. Coefficient of friction at the die–work interface = 0.10. The work material has a flow curve with strength coefficient = 1,800 kg/cm^2 and strain-hardening exponent = 0.22. Determine the plot of force versus work height. Use of a spreadsheet calculator is recommended.

15.13 Obtain a large common nail (flat head). Measure the head diameter and thickness, as well as the diameter of the nail shank. (a) What stock length must project out of the die in order to provide sufficient material to produce the nail? (b) Using appropriate values for strength coefficient and strain-hardening exponent for the metal out of which the nail is made, compute the maximum force in the heading operation to form the head.

15.14 A hot upset-forging operation is performed in an open die. Initial diameter of the cylindrical work part = 25 mm, and its height = 45 mm. The part is upset to an average diameter = 40 mm. The work metal at this elevated temperature yields at 80 MPa. Coefficient of friction at the die–work interface = 0.40. Determine (a) the final height of the part and (b) the maximum force in the operation.

15.15 A hydraulic forging press is capable of exerting a maximum force = 1,000,000 N. A cylindrical work part is to be cold upset forged. The starting part has diameter = 30 mm and height = 30 mm. The flow curve of the metal is defined by a strength coefficient = 400 MPa and strain-hardening exponent = 0.20. Determine the maximum reduction in height to which the part can be compressed with this forging press if the coefficient of friction = 0.1. A trial-and-error solution is required, so use of a spreadsheet calculator is recommended.

15.16 A part is hot forged in an impression die. The projected area of the part, including flash, = 90.0 cm^2. After trimming, the part has a projected area of 65.0 cm^2. Part geometry is complex. At room temperature, the work metal has a strength coefficient = 2460 kg/cm^2 and a strain-hardening exponent = 0.15. As heated the work metal yields at 800 kg/cm^2 and no strain hardening occurs. Determine the maximum force required to perform the forging operation.

Extrusion

15.17 A cylindrical billet is 180 mm long and 90 mm in diameter. It is reduced by indirect extrusion to a 25 mm diameter. Die angle = 90°. In the Johnson equation, a = 0.8 and b = 1.5. In the flow curve for the work metal, strength coefficient = 220 MPa and strain-hardening exponent = 0.15. Determine (a) extrusion ratio, (b) true strain (homogeneous deformation), (c) extrusion strain, (d) ram pressure, and (e) ram force.

15.18 Solve the previous problem except direct extrusion is used instead of indirect extrusion. Determine (a) extrusion ratio, (b) true strain (homogeneous deformation), (c) extrusion strain, (d) ram pressure, and (e) ram force. Solve parts (d) and (e) at the following two billet lengths during the process: L = 170 mm and L = 30 mm.

15.19 A low-carbon steel billet is 75 mm long with a diameter = 35 mm. It is direct extruded to a diameter = 20 mm using an extrusion die angle = 75°. The steel's strength coefficient = 500 MPa and its strain-hardening exponent = 0.25. In the Johnson extrusion strain equation, a = 0.8 and b = 1.4. Determine (a) extrusion ratio, (b) true strain (homogeneous deformation), (c) extrusion strain, and (d) ram pressure and force at L = 70,

50, 30, and 10 mm. Use of a spreadsheet calculator is recommended for part (d).

15.20 A 50.8 mm long billet with a diameter = 31.75 mm is direct extruded to a diameter = 12.7 mm. The extrusion die angle = 90°. The work metal has a strength coefficient = 3102.75 Pa and a strain-hardening exponent = 0.20. In the Johnson extrusion strain equation, a = 0.8 and b = 1.5. Determine (a) extrusion ratio, (b) true strain (homogeneous deformation), (c) extrusion strain, and (d) ram pressure at L = 50.8, 38.1, 25.4, and 12.7 mm. Use of a spreadsheet calculator is recommended for part (d).

15.21 A direct extrusion operation is performed on a cylindrical billet with initial diameter = 50.8 mm and length = 101.6 mm. Die angle = 60°, and die orifice diameter is 12.7 mm. In the Johnson extrusion strain equation, a = 0.8 and b = 1.5. The operation is carried out hot, and the hot metal yields at 896.35 Pa and does not strain harden. (a) What is the extrusion ratio? (b) Determine the ram position at the point when the metal has been compressed into the cone of the die and starts to extrude through the die opening. (c) What is the ram pressure corresponding to this position? (d) Also determine the length of the final part if the ram stops its forward movement at the start of the die cone.

15.22 An L-shaped structural section is direct extruded from an aluminum alloy billet whose length = 480 mm and diameter = 90 mm. Dimensions of the extruded cross section are given in Figure P15.22. The strength coefficient and strain-hardening exponent of the aluminum alloy are 240 MPa and 0.15, respectively

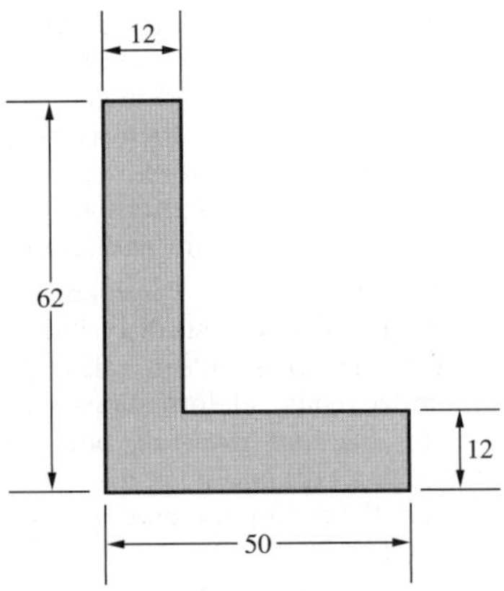

P15.22 Part for Problem 15.22 (dimensions are mm).

The die angle = 90°, and the Johnson strain equation has constants a = 0.8 and b = 1.5. Determine (a) extrusion ratio, (b) shape factor, and (c) length of the extruded section if the butt remaining in the container at the end of the ram stroke is 20 mm long. (d) Compute the maximum force required to drive the ram forward at the start of extrusion.

15.23 Determine the shape factor for the extrusion die orifice in Figure P15.23.

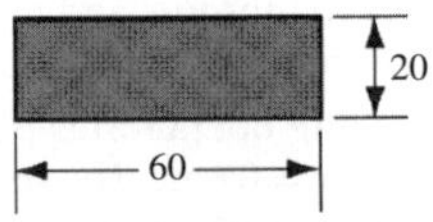

P15.23 Rectangle (dimensions are mm).

15.24 Determine the shape factor for the extrusion die orifice in Figure P15.24.

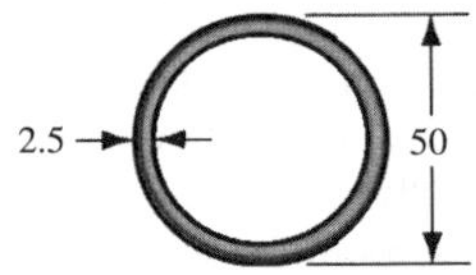

P15.24 Tube (dimensions are mm).

15.25 Determine the shape factor for the extrusion die orifice in Figure P15.25.

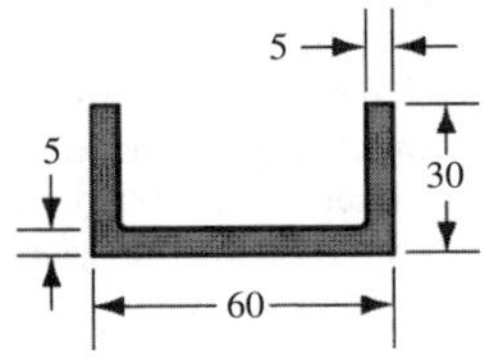

P15.25 Channel (dimensions are mm).

15.26 Determine the shape factor for the extrusion die orifice in Figure P15.26.

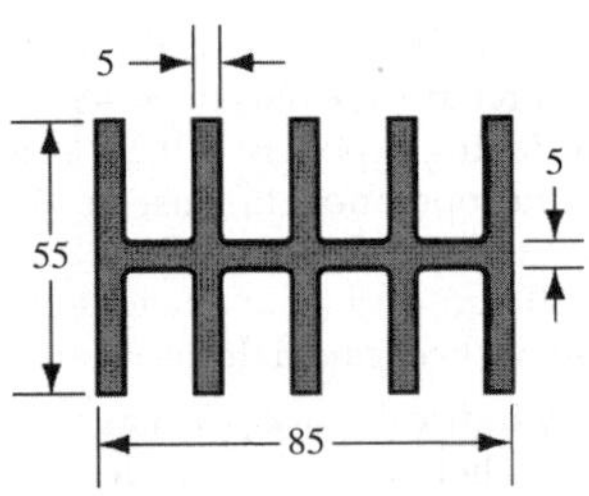

P15.26 Cooling fins (dimensions are mm).

15.27 A direct extrusion operation produces the cross section shown in Figure P15.23 from a brass billet whose diameter = 125 mm and length = 500 mm. The flow curve parameters of the brass are K = 700 MPa and n = 0.35. In the Johnson strain equation, a = 0.7 and b = 1.4. Determine the (a) extrusion ratio, (b) shape factor, and (c) force required to drive the ram forward during extrusion at the point in the process when the billet length remaining in the container = 300 mm. (d) Also, determine the length of the extruded section at the end of the operation if the volume of the butt left in the container is 250,000 mm^3.

15.28 In a direct extrusion operation, the cross section shown in Figure P15.24 is produced from a copper billet whose diameter = 100 mm and length = 400 mm. In the flow curve for copper, the strength coefficient = 300 MPa and strain-hardening exponent = 0.50. In the Johnson strain equation, a = 0.8 and b = 1.5. Determine the (a) extrusion ratio, (b) shape factor, and (c) force required to drive the ram forward during extrusion at the point in the process when the billet length remaining in the container = 450 mm. (d) Also, determine the length of the extruded section at the end of the operation if the volume of the butt left in the container is 200,000 mm^3.

15.29 A direct extrusion operation produces the cross section shown in Figure P15.25 from an aluminum alloy billet whose diameter = 150 mm and length = 500 mm. The flow curve parameters for the aluminum are K = 240 MPa and n = 0.15. In the Johnson strain equation, a = 0.8 and b = 1.2. Determine the (a) extrusion ratio, (b) shape factor, and (c) force required to drive the ram forward during extrusion at the point in the process when the billet length remaining in the container = 400 mm. (d) Find the length of the extruded section at the end of the operation if the volume of the butt left in the container is 450,000 mm^3.

15.30 A direct extrusion operation produces the cross section shown in Figure P15.26 from an aluminum alloy billet whose diameter = 140 mm and length = 850 mm. The flow curve parameters for the aluminum are K = 240 MPa and n = 0.15. In the Johnson strain equation, a = 0.8 and b = 1.5. Determine the (a) extrusion ratio, (b) shape factor, and (c) force required to drive the ram forward during extrusion at the point in the process when the billet length remaining in the container = 780 mm. (d) Also, determine the length of the extrudate at the end of the operation if the volume of the butt left in the container is 450,000 mm^3.

Wire and Bar Drawing

15.31 A spool of copper wire has a starting diameter of 3 mm. It is drawn through a die with an opening that is 2 mm. The entrance angle of the die = 20°. Coefficient of friction at the work–die interface is 0.09. The pure copper has a strength coefficient = 300 MPa and a strain-hardening coefficient = 0.50. The operation is performed at room temperature. Determine the (a) area reduction, (b) draw stress, and (c) draw force required for the operation.

15.32 Aluminum rod stock with a starting diameter = 12.7 mm is drawn through a draw die with an entrance angle = 13°. The final diameter of the rod is = 9.525 mm. The metal has a strength coefficient = 1723.75 Pa and a strain-hardening exponent = 0.20. Coefficient of friction at the work–die interface = 0.1. Determine the (a) area reduction, (b) draw force for the operation, and (c) horsepower to perform the operation if the exit velocity of the stock = 15.24 m/s.

CHAPTER **16**

박판 금속 가공

16.1 절단 공정
16.1.1 전단, 블랭킹, 펀칭
16.1.2 금속 판재 절단의 공학적 해석
16.1.3 기타 박판 금속 절단 공정
16.2 굽힘 공정
16.2.1 V-굽힘 및 모서리 굽힘
16.2.2 굽힘의 공학적 해석
16.2.3 기타 굽힘 및 성형 공정
16.3 드로잉
16.3.1 드로잉의 역학
16.3.2 드로잉의 공학적 해석
16.3.3 기타 드로잉 공정
16.4 박판 프레스 가공의 장비 및 경제성
16.4.1 프레스
16.4.2 금형
16.4.3 박판 프레스 가공의 경제성
16.5 기타 박판 금속 성형 공정
16.5.1 금속 공구로 수행하는 공정
16.5.2 고무 공구 공정
16.6 프레스를 사용하지 않는 박판 금속 공정
16.6.1 신장 성형
16.6.2 롤 굽힘 및 롤 성형
16.6.3 스피닝
16.6.4 고에너지속도 성형
16.7 튜브 소재의 굽힘

박판 금속 가공(sheet metalworking)은 비교적 얇은 금속 박판을 이용한 절단 및 성형 작업 등을 포함한다. 일반적인 박판 금속의 두께는 0.4 mm에서 6 mm 사이이다. 보통 두께가 약 6 mm를 넘어가면 박판이라는 이름 대신 판재라고 부른다. 박판 금속 가공에 쓰이는 박판 또는 판재는 평압연으로 생산된다(15.1절). 박판 금속 가공에 가장 널리 사용되는 소재는 저탄소강이다(0.06%~0.15%C). 대부분의 제품 용도에 충분한 강도와 함께 낮은 가격과 우수한 성형성 등으로 인해 저탄소강은 박판 금속 가공을 하는데 있어 이상적인 소재이다.

박판 금속 가공의 상업적 중요성은 매우 크다. 박판이나 판재 금속 부품이 포함된 소비재 및 산업용 제품을 살펴보면 자동차 차체, 항공기, 철도 차량, 농업 및 건설 장비, 가전 제품, 사무용 가구, 컴퓨터, 그 외 많은 제품들이 있다. 비록 이러한 예는 외장으로 박판 금속이 사용되어 겉으로 쉽게 드러나는 것이지만, 많은 내부 부품도 또한 박판이나 판재로 만든다. 박판 금속 제품은 일반적으로 높은 강도, 높은 치수 정밀도, 우수한 표면, 상대적으로 저렴한 비용이라는 특징을 갖고 있다. 대량 생산이 필요한 부품의 경우 박판 금속을 사용하여 경제적인 대량 생산 작업이 기능하도록 설계될 수 있다. 알루미늄 음료수 캔이 대표적인 예이다.

대부분의 박판 금속 가공은 상온에서 수행된다(냉간 가공). 재료가 두꺼울 때, 취성 금속일 때, 또는 심한 변형이 요구될 때에는 예외이다. 이럴 경우 열간 가공보다는 온간 가공으로 일반적으로 작업이 이루어진다.

대부분의 박판 금속 가공은 *프레스(press)*를 이용해 이루어진다. 단조와 압연용 프레스와 구별하기 위해 *스탬핑 프레스(stamping press)*라는 용어를 사용한다. 박판 금속 가공에 쓰이는 도구는 *펀치-금형*이다. *스탬핑 금형(stamping die)*이라는 용어 역시 사용된다. 박판 금속 제품은 *스탬핑*이라 불린다. 대량 생산을 위해 박판 금속은 긴 스트립이나 코일의 형태로 프레스에 공급된다. 여러 가지 종류의 펀치-금형 공구와 스탬핑 프레스가 16.4절에 설명되어 있다. 이 장의 마지막 절은 스탬핑 프레스로 작업하지 않고 재래식 펀치-금형 공구를 사용하지 않는 여러 가지 공정에 관해 다룬다.

박판 금속 가공의 주요 세 분류는 (1) 절단, (2) 굽힘, 그리고 (3) 드로잉이다. 절단은 대형 판재를 작은 조각으로 분리하고, 제품 주변부를 도려내고, 그리고 제품에 구멍을 만들기 위해 사용된다. 굽힘과 드로잉은 금속 판재를 원하는 형상으로 가공하기 위해 사용된다.

16.1 절단 공정

박판 금속의 절단은 두 개의 날카로운 절단날에 의한 전단(shearing) 작용으로 수행된다. 전단 작용은 그림 16.1의 4단계 스케치로 묘사되어 있듯이 상부 절단날(펀치)이 고정된 하부 절단날(금형)을 아래로 스쳐 지나가면서 이루어진다. 펀치가 공작물로 밀고 들어감에 따라 박판 금속 표면에서 *소성 변형(plastic deformation)*이 발생한다. 펀치가 아래로 더 움직이면 *진입(penetration)*이 일어나서 펀치가 박판을 압축하면서 자른다. 이 진입 영역은 일반적으로 박판 두께의 1/3 정도이다. 펀치가 공작물 쪽으로 더 전진함에 따라 양쪽 두 절단 날에서 파단(fracture)이 시작된다. 만약 펀치와 금형 사이의 간극이 정확하다면, 두 개의 파단선이 서로 만나서 공작물은 두 개의 조각으로 깨끗하게

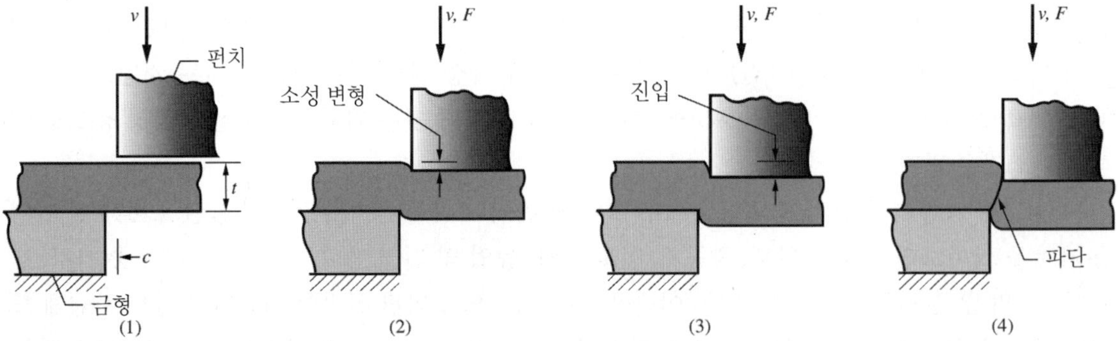

그림 16.1 두 개의 절단날에 의한 금속의 전단. (1) 펀치가 공작물과 접촉하기 직전, (2) 펀치가 공작물을 밀고 들어가면서 소성 변형을 일으킴, (3) 펀치가 공작물에 진입하면서 매끄러운 절단면을 형성함, (4) 절단날에서 파단이 시작되어 박판이 분리됨. v와 F는 각각 운동과 작용력을 의미하고 t = 소재 두께, c = 간극이다.

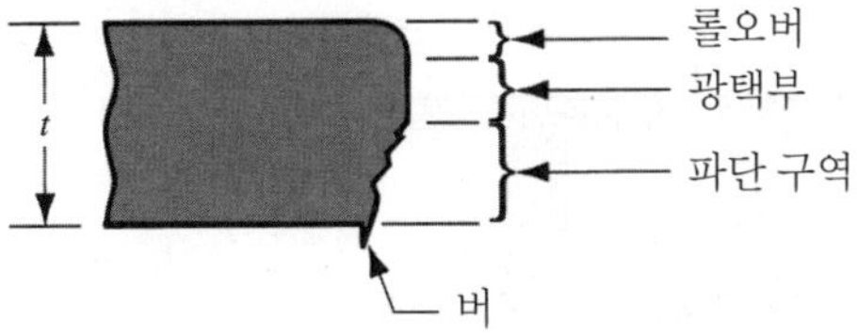

그림 16.2 공작물 전단부의 특징.

분리된다.

박판의 전단부는 그림 16.2와 같은 특징을 가지고 있다. 절단면의 위쪽 영역을 롤오버(rollover, 눌린 부위)라고 부른다. 이것은 절단되기 전에 펀치에 의해 만들어진 함몰에 해당한다. 이는 공작물에서 초기 소성 변형이 발생하는 지점이다. 롤오버 바로 아래는 상대적으로 매끄러운 영역으로 *광택부(burnish)*라고 불린다. 이것은 파단이 시작되기 전 펀치가 공작물 속으로 진입하면서 생긴 것이다. 광택부 바로 아래는 *파단 구역(fractured zone)*으로 펀치가 계속 아래 방향으로 전진하면서 파단이 발생한 상대적으로 거친 면을 가지고 있다. 마지막으로 절단면의 밑바닥에는 *버(burr)*가 발생한다. 이것은 금속이 최종 두 조각으로 분리되면서 금속의 인장에 의해 생긴 날카로운 모서리이다.

16.1.1 전단, 블랭킹, 펀칭

전단 메커니즘에 의해 금속을 자르는 세 가지 주요 프레스 공정에는 전단, 블랭킹 및 펀칭이 있다.

전단(shearing)은 그림 16.3(a)에 나타낸 것처럼 두 개의 절단날 사이의 직선을 따라 박판 금속을 절단하는 것이다. 전단은 전형적으로 큰 판재를 후공정에 쓰일 작은 판재로 절단하는 데 쓰인다. 전단에는 동력 전단기(power shears) 또는 사각 전단기(squaring shears)라고 불리는 기계가 사용된다. 동력 전단기의 상부 날은 절단력을 줄이기 위한 목적으로 그림 16.3(b)처럼 보통 경사지게 설계된다.

블랭킹(blanking)은 그림 16.4(a)처럼 소재로부터 닫힌 외곽선을 가진 부분을 한 번에 잘라

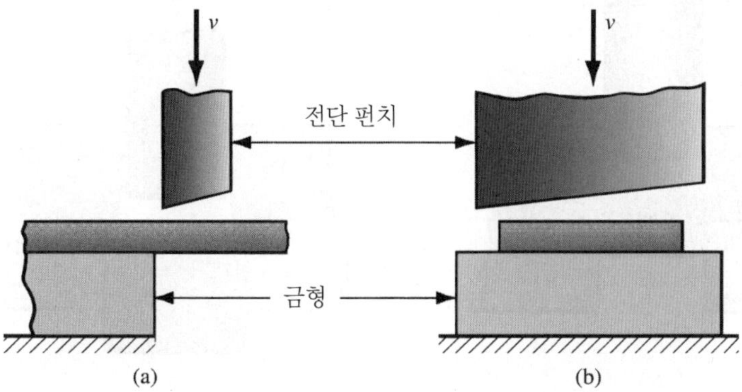

그림 16.3 전단 공정. (a) 전단 공정 측면도, (b) 기울어진 상부 절단날을 구비한 동력전 단기의 정면도. v는 운동을 나타낸다.

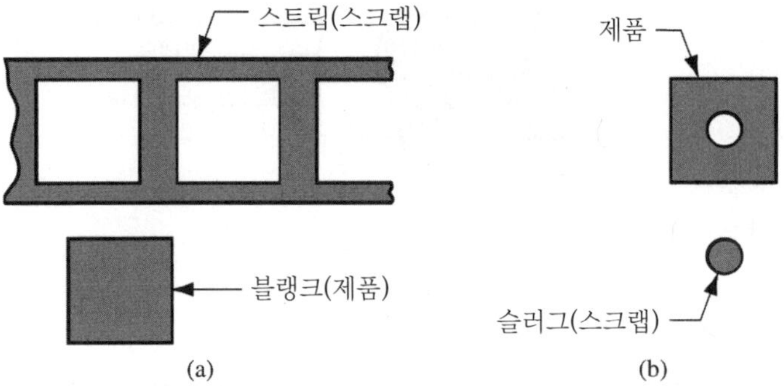

그림 16.4 (a) 블랭킹, (b) 펀칭.

내는 작업이다. 이렇게 잘린 부분은 원하는 제품이 되며 이를 *블랭크(blank)*라고 부른다. ***펀칭(punching)***은 구멍을 생성하고 잘려난 부분이 *슬러그(slug)*라고 불리는 스크랩이 된다는 점을 제외하고 블랭킹과 유사하다. 즉, 남은 부분이 원하는 제품이 된다. 그림 16.4(b)에 그 차이점을 나타내었다.

16.1.2 금속 판재 절단의 공학적 해석

박판 금속 절단의 공정 변수는 펀치와 금형 사이의 간극, 소재의 두께, 금속의 종류와 그 강도, 절단 길이 등이 있다. 이들 인자들을 정의하고 상관관계에 대해 살펴보자.

간극

전단 공정에서 간극(clearance) c는 그림 16.1(a)에 나타낸 것처럼 펀치와 금형 사이의 거리이다. 일반적인 프레스 작업에서 전형적인 간극은 박판 금속 두께 t의 4%에서 8% 범위이다. 부적절한 간극의 영향을 그림 16.5에 나타내었다. 만약 간극이 너무 작으면 파단선이 서로 만나지 못하고 지나가

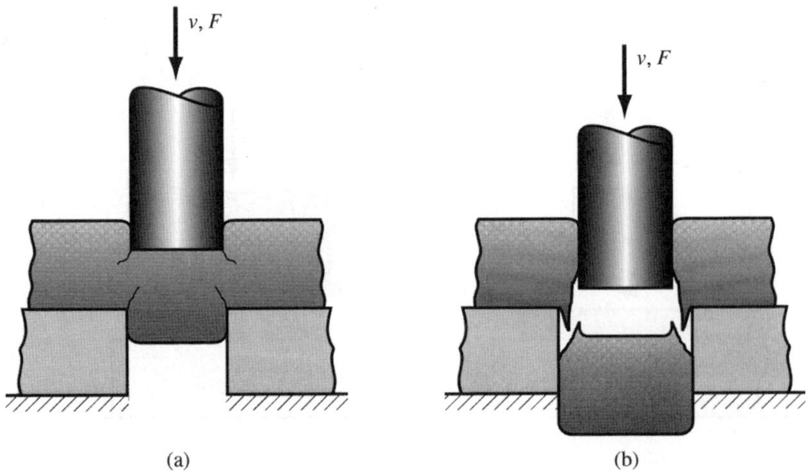

그림 16.5 간극의 영향. (a) 너무 작은 간극은 부적절한 파단과 과도한 힘을 유발함, (b) 너무 큰 간극은 과도한 버를 유발함 v와 F는 각각 운동과 작용력을 의미한다.

표 16.1 세 가지 금속 박판 그룹에 대한 허용 간극률

금속 그룹	A_c
알루미늄 합금(템퍼링 처리)	0.045
알루미늄 합금, 황동(템퍼링 처리), 냉각 압연 연강, 스테인리스 연강	0.060
냉각압연강(반경화 처리), 스테인리스 강(반 경화 및 완전경화 처리)	0.075

게 되어 이중의 광택부가 형성되고 절단력 상승을 유발한다. 만일 간극이 너무 크게 되면 재료가 절단 날 사이에 꽉 끼게 되고 과도한 버(burr)가 발생한다. 셰이빙(shaving)이나 정밀 블랭킹(16.1.3절)처럼 매우 곧은 모서리를 요구하는 특수 가공에서는 간극이 단지 두께의 약 1% 정도에 지나지 않는다.

올바른 간극은 박판 금속의 종류와 그 두께에 의존한다. 권장되는 간극은 다음 식으로 계산된다.

$$c = A_c t \tag{16.1}$$

여기서 c = 간극(mm), A_c = 허용 간극률, t = 소재 두께(mm)이다. 허용 간극은 금속의 종류에 따라 결정된다. 편의를 위해 세 가지 금속그룹에 대해 해당 허용 간극 값을 표 16.1에 나타내었다.

계산된 간극은 일반적인 블랭킹과 펀칭 작업에 있어서 적정한 크기의 펀치와 금형 크기 결정에 적용될 수 있다. 금형 구멍은 펀치 크기보다 항상 커야 함은 명백하다. 간극 값을 다이 구멍 크기에 더하느냐 아니면 펀치 크기에서 빼느냐는 그림 16.6의 원형 제품에 대해 설명한 것처럼, 절단되는 제품이 블랭크 혹은 슬러그인지에 따라 결정된다. 전단날의 형상 때문에 박판에서 따내지는 제품의 외곽 치수는 구멍 크기보다 더 크다. 따라서 직경 D_b의 원형 블랭크를 따내기 위한 펀치와 금형의 크기는 다음과 같이 결정된다.

$$\text{블랭킹용 펀치 직경} = D_b - 2c \tag{16.2a}$$

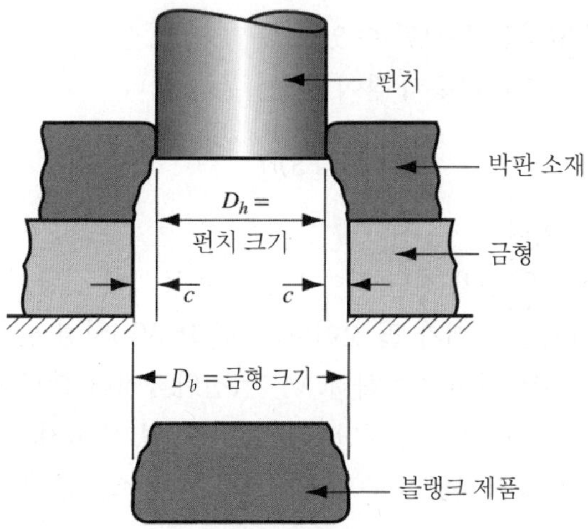

그림 16.6 금형 크기는 블랭크 크기 D_b를 결정한다. 펀치 크기는 구멍 크기 D_h를 결정한다. C = 간극.

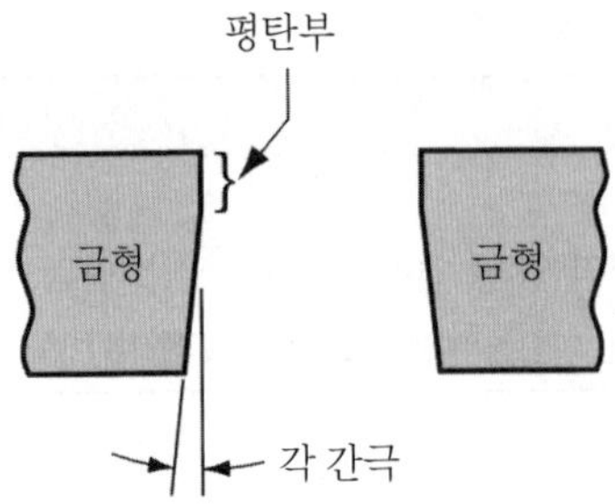

그림 16.7 각 간극.

$$블랭킹용\ 금형\ 직경 = D_b \tag{16.2b}$$

직경 D_h의 원형 구멍을 따내기 위한 펀치와 금형의 크기는

$$펀칭용\ 펀치\ 직경 = D_h \tag{16.3a}$$

$$펀칭용\ 금형\ 직경 = D_h + 2c \tag{16.3b}$$

로 결정된다. 슬러그나 블랭크가 금형에서 떨어져 나오기 위해서는 각각의 측면에 0.25°에서 1.5°의 *각 간극(angular clearance)*이 필요하다(그림 16.7 참조).

절단력

절단력(cutting forces)은 요구되는 프레스 용량을 결정하기 때문에 절단력 추정은 중요하다. 금속 박판 가공에서 절단력 F는 다음과 같이 결정된다.

$$F = StL \tag{16.4}$$

여기서 S = 박판 금속의 전단 강도(MPa), t = 재료 두께(mm), L = 절단날 길이(mm)이다 블랭킹, 펀칭, 슬로팅 및 이와 유사한 공정에서 L은 절단되는 블랭크나 구멍의 둘레 길이이다. L 값을 결정하는 데 있어 간극의 경미한 효과는 무시될 수 있다. 만약 전단 강도를 알 수 없다면, 절단력을 추정하는 또 다른 방법으로 인장 강도를 다음과 같이 사용하는 것이다.

$$F = 0.7(TS)tL \tag{16.5}$$

여기서 TS = 인장 강도(MPa)이다.

절단력 추정을 위한 이 식들은 전체 전단 길이 L에 걸쳐 동시에 절단이 일어난다고 가정하고 유도된 것이다. 이럴 경우 절단력은 최대가 될 것이다. 그림 16.3(b)처럼 펀치나 금형의 절단 날에 각도를 주어 최대 절단력을 낮추는 것이 가능하다. 이 각(전단각이라 함)으로 인해 절단부가 시간에 따라 조금씩 확대되며 모든 절단 과정 동안 절단력을 줄일 수 있다. 하지만, 절단력이 순간에 집중되거나 긴 시간 동안 분포되는 것에 상관없이 공정에 필요한 전체 소요된 에너지는 동일하다.

예제 16.1

블랭킹 간극과 절단력

140 mm 직경의 원형 디스크가 전단 강도가 300 MPa이고 두께가 3.0 mm인 반경화 냉간 압연강 스트립으로부터 블랭킹된다. 다음을 결정하라. (a) 적절한 펀치 및 금형 직경, (b) 블랭킹력(blanking force).

풀이

(a) 표 16.1로부터 반경화 냉간압연강의 허용간극률 $A_c = 0.075$이다. 따라서,

$$c = 0.075(3\text{ mm}) = \mathbf{0.225\text{ mm}}$$

블랭크의 직경이 140 mm이고, 금형 크기가 블랭크 크기를 결정한다. 그러므로

$$\text{다이 구멍 지름} = \mathbf{140.00\text{ mm}}$$

$$\text{펀치 지름} = 140 - 2(0.225) = \mathbf{139.55\text{ mm}}$$

(b) 블랭킹력을 구하기 위해 제품의 전체 둘레가 한 번에 절단된다고 가정한다. 절단면 길이와 힘은 아래와 같다.

$$L = \pi D_b = 140\pi = 439.8\text{ mm}$$

$$F = 300(439.8)(3.0) = \mathbf{395{,}820\text{ N}}$$

16.1.3 기타 박판 금속 절단 공정

전단, 블랭킹, 펀칭 가공 외에 여러 다른 절단 공정이 있다. 각각의 절단 메커니즘은 위에서 논의된 전단 작용과 동일하다.

컷오프 및 분할

컷오프(cutoff)는 그림 16.8(a)에 나타낸 바와 같이 제품의 서로 마주보는 반대 면을 차례로 절단함으로써 박판 스트립으로부터 블랭크를 얻는 전단 공정이다. 절단이 한 번 이루어질 때마다 제품이 만들어진다. 일반 전단 작업과 구별되는 컷오프 작업의 특징은, (1) 절단 가장자리가 직선일 필요가 없고, (2) 스크랩이 발생하지 않도록 스트립에 블랭크가 분할 배치된다는 점이다.

분단(parting)은 그림 16.8(b)에 나타낸 것처럼 블랭크의 서로 마주보는 면과 일치되는 두 개의 절단 날을 가진 펀치를 사용하여 박판 스트립을 절단하는 작업이다. 이 작업은 비정형 형상의 외곽선 때문에 블랭크가 완벽하게 분단 배치되지 않는 제품을 만드는 데 쓰일 수 있다. 분단은 재료 일부가 버려진다는 점에서 컷오프보다 비효율적이다.

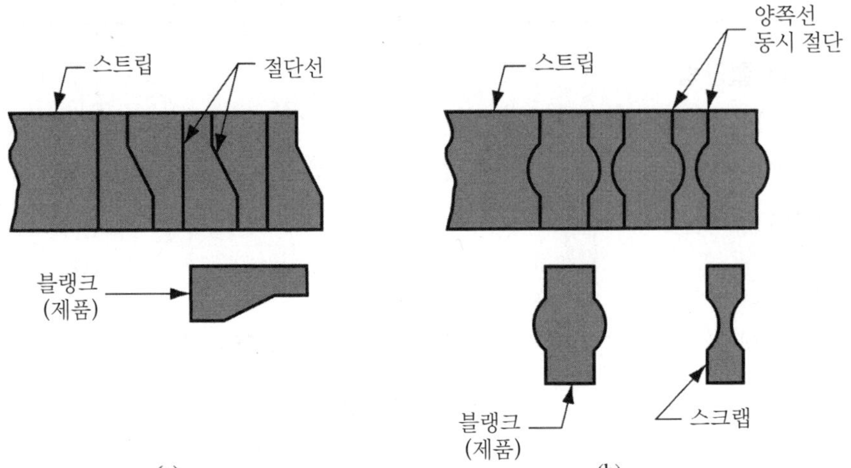

그림 16.8 (a) 컷오프, (b) 분단.

슬로팅, 천공, 노칭

슬로팅(slotting)은 펀칭 작업의 하나로 그림 16.9(a)에 나타낸 것처럼 길게 늘어진 구멍 또는 직사각형 구멍을 잘라내는 데 쓰인다. ***천공(perforating)***은 그림 16.9(b)처럼 박판 금속에 구멍들의 패턴을 동시에 펀칭하는 작업이다. 구멍들의 패턴은 보통 장식적 목적이나 빛, 가스 또는 유체의 통로로 사용된다.

블랭크로부터 원하는 외곽선을 얻기 위해 박판 금속 일부분이 노칭과 세미노칭에 의해 제거된다. ***노칭(notching)***은 박판 혹은 스트립의 측면 부분 금속 일부를 절단하는 공정이다. ***세미노칭(seminotching)***은 박판의 내부로부터 금속의 일부분을 제거한다. 이 공정은 그림 16.9(c)에 나타내었다. 세미노칭은 펀칭이나 슬로팅 작업과 동일하게 보일 수 있다. 차이점은 세미노칭에 의해 제거된 금속이 블랭크의 외곽선을 형성하는 반면에 펀칭이나 슬로팅은 블랭크에 구멍을 만든다는 것이다.

트리밍, 셰이빙, 정밀 블랭킹

트리밍(trimming)은 성형된 제품에서 잉여 금속 부분을 제거하여 치수를 맞추는 절단 작업이다. 이 용어는 기본적으로 단조(15.2.5절)에서와 같은 의미이다. 박판 금속 가공에서 전형적인 예는 딥

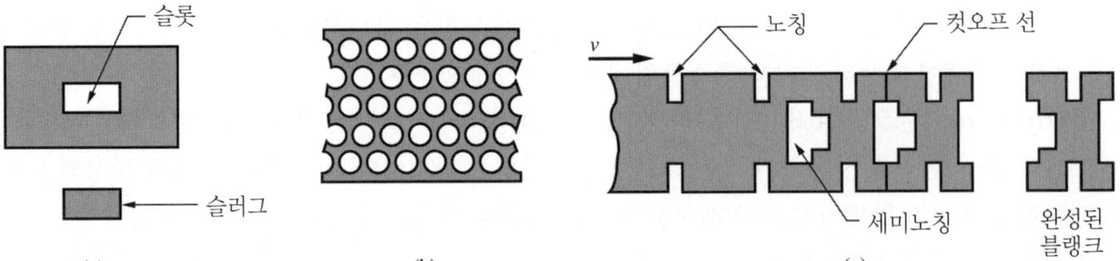

그림 16.9 (a) 슬로팅, (b) 천공, (c) 노칭 및 세미노칭. v는 스트립의 운동을 나타냄.

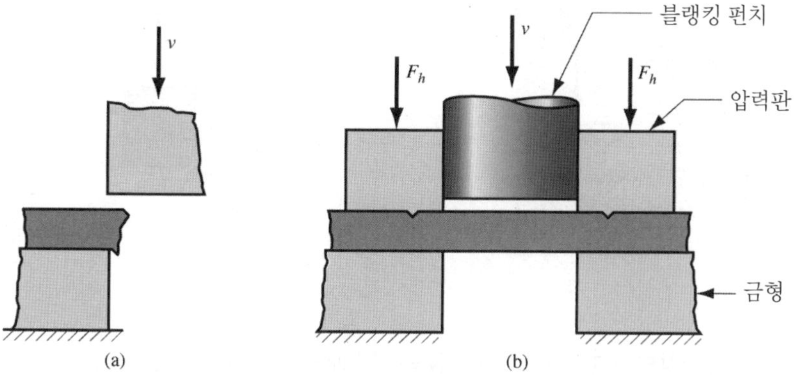

그림 16.10 (a) 셰이빙, (b) 정밀 블랭킹. v = 펀치의 운동, F_h = 블랭크 고정력.

드로잉(deep drawing)된 컵의 상부를 원하는 치수만큼만 남기고 트리밍하는 것이다.

셰이빙(shaving)은 그림 16.10(a)에서 묘사된 것처럼 매우 작은 간극을 이용하여 치수를 정밀하게 맞추고 절단면을 매끄럽고 곧게 만드는 전단 작업이다. 셰이빙은 일반적으로 절단작업을 마친 부품에 대한 2차 공정 또는 다듬질 공정으로 사용된다.

정밀 블랭킹(fine blanking)은 그림 16.10(b)에 나타낸 것처럼 한 번의 작업으로 정밀한 공차와 매끄럽고 곧은 절단면을 가진 박판 금속 제품을 블랭킹하는 데 사용되는 전단작업이다. 작업시작 시 V형 돌기를 가진 압력 패드(pressure pad)로 펀치에 인접한 공작물을 상대로 고정력 F_h를 가하여 압착하고 뒤틀림을 막는다. 이후 원하는 치수와 절단면을 얻기 위해 펀치가 정상 속도보다 낮은 속도와 작은 간극을 유지한 채 하강한다. 이 공정은 보통 소재 두께가 상대적으로 얇은 제품에 주로 사용된다.

16.2 굽힘 공정

박판 금속 가공에서 굽힘(bending)은 그림 16.11에서처럼 직선 축 주위로 금속에 변형을 가하는 것으로 정의된다. 굽힘 공정 동안, 중립면 안쪽의 재료는 압축되고 중립면 바깥쪽은 인장된다. 이러한

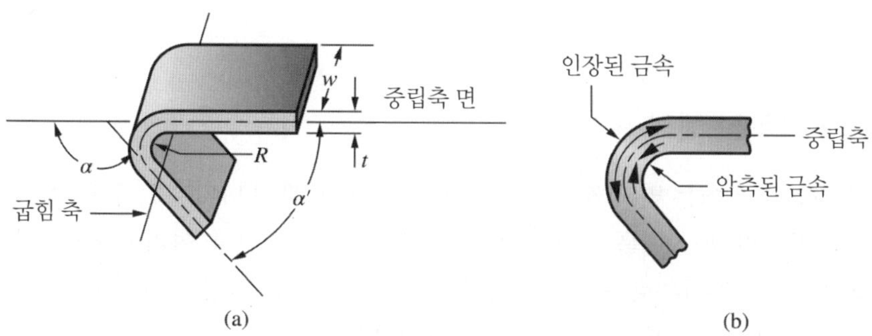

그림 16.11 (a) 금속 박판의 굽힘, (b) 굽힘에서 금속의 압축과 인장이 동시에 발생한다.

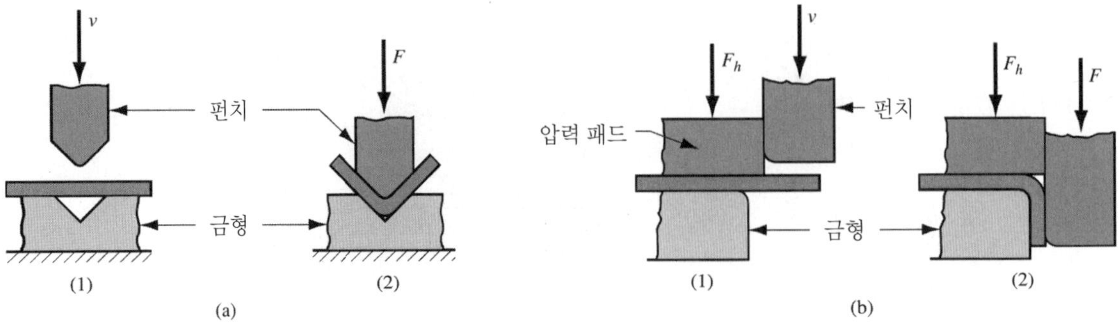

그림 16.12 두 가지 일반적인 굽힘 공정. (a) v-굽힘, (b) 모서리 굽힘. (1) 굽힘 전, (2) 굽힘 후. v = 운동, F = 적용된 굽힘력, F_h = 블랭크 고정력.

변형 조건은 그림 16.11(b)에서 볼 수 있다. 금속은 소성 변형되기 때문에 외부 응력이 제거되더라도 영구 변형된 상태를 유지한다. 굽힘은 박판의 두께를 거의 또는 전혀 변화시키지 않는다.

16.2.1 V-굽힘 및 모서리 굽힘

굽힘 작업은 펀치와 금형으로 수행된다. 가장 보편적인 굽힘 방법 두 가지는 V-형 금형을 사용하는 V-굽힘, 그리고 와이핑 금형(wiping die)으로 수행되는 모서리 굽힘(edge bending)이다. 그림 16.12에 이 두 방법을 나타내었다.

V-굽힘(V-bending)에서는 V자형 펀치와 금형을 사용하여 박판 금속을 구부린다. V-금형을 사용하여 둔각에서 예각에 이르기까지 어떤 내부 각도 만들 수 있다. V-굽힘은 일반적으로 생산 수량이 적을 때 사용된다. 이 작업은 주로 프레스 브레이크(press brake)에서 수행되며(16.4.2절) V-굽힘은 상대적으로 단순하고 가격이 저렴하다.

모서리 굽힘(edge bending)은 외팔보 형태의 박판에 하중을 가하여 수행된다. 압력 패드로 힘 F_h를 가하여 제품을 금형으로부터 고정시킨 후 펀치로 금형 모서리를 따라 제품 테두리를 구부린다. 그림 16.12(b)에 나타낸 장치에서 모서리 굽힘이 낼 수 있는 각도는 90° 또는 그 이하의 각으로 제한된다. 좀 더 복잡한 와이핑 금형을 사용하면 90° 이상의 굽힘 각을 낼 수 있다. 압력 패드 때문에 와이핑 금형은 V-금형보다 더 복잡하고 비싸다. 따라서 이 공정은 일반적으로 생산 수량이 많은 작업에 사용된다.

16.2.2 굽힘의 공학적 해석

박판 금속 굽힘 가공에 쓰이는 몇 가지 중요한 용어를 그림 16.11에 나타내었다. 두께 t의 금속이 굽힘각 α로 굽혀진다. 이로써 내각 α'을 가진 박판 금속 제품이 만들어진다. 여기서 $\alpha + \alpha' = 180°$이다. 굽힘 반경 R은 통상적으로 중립축보다는 제품 안쪽 치수로 정의되며 굽힘에 사용되는 공구의 반경에 의해 결정된다. 굽힘은 공작물의 폭 w 전체에 걸쳐서 수행된다.

굽힘 여유

만약 굽힘 반경이 재료의 두께에 비해 상대적으로 작으면, 굽힘 동안 금속은 늘어나는 경향이 있다. 만일 금속이 늘어난다면 최종 제품 길이를 정해진 값으로 맞추기 위해서는 그 양을 계산할 수 있어야 한다. 문제는 최종 굽힘 단면의 신장량을 고려하기 위하여 굽힘 전 중립축 길이를 결정하는 것이다. 이 길이를 *굽힘 여유(bend allowance)*라고 하고, 다음과 같이 계산한다.

$$A_b = 2\pi \frac{\alpha}{360}(R + K_{ba}t) \tag{16.6}$$

여기서 A_b = 굽힘 여유(mm), α = 굽힘각(도), R = 굽힘 반경(mm), t = 소재 두께(mm), K_{ba}는 신장 추정 계수이다. K_{ba}에 대해 다음의 설계 값이 추천된다[3]. 만약 $R < 2t$이면 $K_{ba} = 0.33$이고, $R \geq 2t$이면 $K_{ba} = 0.50$이다. 이것으로부터 굽힘 반경이 박판 두께에 비해 오로지 작을 경우에만 스트레칭이 일어남을 예측할 수 있다.

스프링백

변형 공정이 끝난 후 굽힘력이 제거되면 굽혀진 공작물 내에 남아 있는 탄성에너지로 인해 변형량의 일부분이 원래의 형상 쪽으로 복원된다. 이런 탄성 복원을 스프링백(springback)이라고 부르며, 이것은 굽힘 공구의 내각에 대한 공구 제거 후 구부러진 부품의 내각 증가량의 비로 정의된다. 그림 16.13에 이를 나타내었다. 식으로 표현하면 다음과 같다.

$$SB = \frac{\alpha' - \alpha'_b}{\alpha'_b} \tag{16.7}$$

여기서 SB = 스프링백, α' = 박판 금속 부품의 내각, α'_b = 굽힘 공구의 내각(도)이다. 분명하지는 않지만, 탄성 회복으로 인해 굽힘 반경도 또한 증가한다. 스프링백 양은 작업 금속의 탄성 계수 E와 항복 강도 Y가 클수록 증가한다.

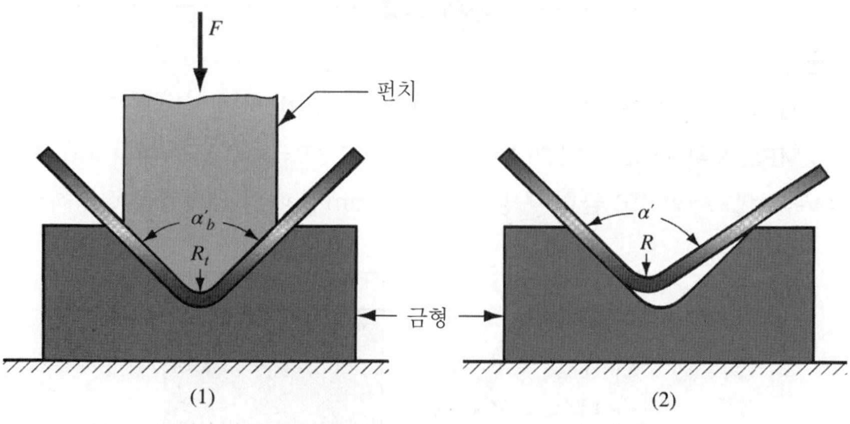

그림 16.13 굽힘에서 스프링백으로 인해 굽힘 각은 감소하고 굽힘 반경은 증가함을 나타냄. (1) 굽힘 가공 동안 소재가 공구(V-굽힘에서의 펀치)에 의해 정해진 반경, R_t 그리고 내각 α'_b로 강제 성형됨. (2) 펀치가 제거된 후 공작물이 반경 R과 α'으로 스프링백됨. F = 적용된 굽힘력.

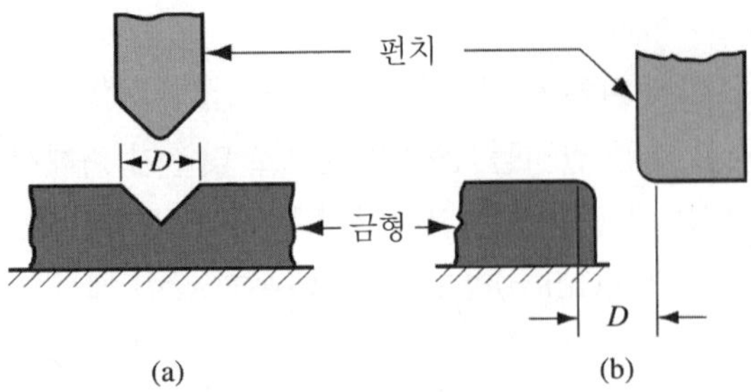

그림 16.14 금형 구멍 치수 D. (a) V-금형, (b) 와이핑 금형.

스프링백은 여러 가지 방법으로 보정될 수 있다. 일반적으로 쓰이는 두 가지 방법은 과도굽힘과 바터밍이다. ***과도굽힘(overbending)***은 펀치 각과 반경을 최종 제품에 명시된 각과 반경보다 조금 작게 만들어서 스프링백이 일어난 후에 원하는 치수가 나오도록 하는 방법이다. ***바터밍(bottoming)***은 펀치 행정의 말기에 공작물을 강하게 눌러 굽힘 영역을 소성 변형시키는 방법이다.

굽힘력

굽힘력(bending force)은 펀치 및 금형 형상, 소재 금속의 강도, 두께 및 길이에 의존한다. 최대 굽힘력은 다음의 식에 의해 추정될 수 있다.

$$F = \frac{K_{bf}(TS)wt^2}{D} \tag{16.8}$$

여기서 F = 굽힘력(N), TS = 박판 금속의 인장 강도(MPa), w = 굽힘 축 방향으로의 부품 폭(mm), t = 소재 두께(mm), D = 그림 16.14에서 정의된 금형의 개구 폭(mm)이다. 식 (16.8)은 단순보의 굽힘 역학에 근거한 것이므로 실제 굽힘 공정에서 나타나는 차이를 반영하기 위해 상수인 K_{bf}를 적용한다. 이 값은 굽힘 형태에 의존하며, V-굽힘의 경우 K_{bf} = 1.33, 모서리 굽힘의 경우 K_{bf} = 0.33이다.

예제 16.2

박판 금속 굽힘

박판 금속 블랭크를 그림 16.15에 보인 것처럼 굽히고자 한다. 소재 금속의 탄성 계수 $E = 205(10^3)$ MPa, 항복 강도 Y = 275 MPa, 인장 강도 TS = 450 MPa이다. (a) 초기 블랭크 사이즈, (b) V-금형을 사용하고 금형 구멍 크기 = 25 mm일 때의 굽힘력을 결정하라.

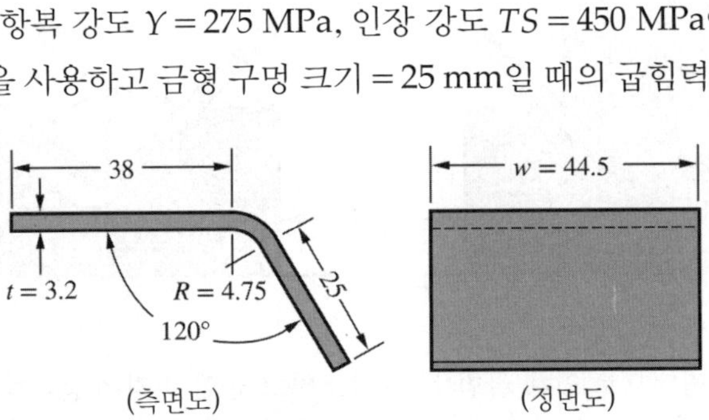

그림 16.15 예제 16.2의 금속 박판 제품(치수 단위, mm).

풀이

(a) 초기 블랭크 폭 = 44.5 mm, 길이 = $38 + A_b + 25$(mm)이다. 내각 $\alpha' = 120°$에 대하여, 굽힘 각 $\alpha = 60°$이다. $R/t = 4.75/3.2 = 1.48(<2.0)$이므로, 식 (16.6)의 K_{ba} 값은 0.33이다.

$$A_b = 2\pi\frac{60}{360}(4.75 + 0.33 \times 3.2) = 6.08 \text{ mm}$$

따라서 블랭크 길이 = 38 + 6.08 + 25 = **69.08 mm**이다.

(b) 굽힘력은 $K_{bf} = 1.33$을 사용하여 식 (16.8)로부터 계산된다.

$$F = \frac{1.33(450)(44.5)(3.2)^2}{25} = \mathbf{10.909\ N}$$

16.2.3 기타 굽힘 및 성형 공정

일부 박판 공정은 직선 축보다 곡선 축을 따라 굽힘을 행하는 경우를 포함하고 있거나 혹은 위에서 언급된 굽힘 작업과 구별되는 특징을 가진 공정도 있다.

플랜징, 헤밍, 시밍, 컬링

플랜징(flanging)은 박판 금속 공작물의 모서리를 90°(주로) 각도로 굽혀 림(rim) 또는 플랜지를 형성하는 굽힘 작업이다. 이것은 박판 금속을 강화하기 위해 주로 쓰인다. 플랜지는 그림 16.16(a)처럼 직선 굽힘축을 따라 성형되기도 하고 (b), (c)처럼 신장이나 수축을 동반할 수도 있다.

헤밍(hemming)은 박판의 모서리를 한 번 이상 굽혀서 포개는 작업이다. 이것은 제품의 날카로운 모서리를 없애고 강성을 증가시키고 외관을 미려하게 하기 위해 수행된다. ***시밍(seaming)***은 두 개의 박판 모서리를 서로 결합하는 작업과 연관이 있다. 헤밍과 시밍을 그림 16.17(a), (b)에 나타내었다.

컬링(curling) 혹은 *비딩(beading)*이라 불리는 공정은 그림 16.17(c)에서처럼 공작물의 모서리를 둥글게 하거나 마는 작업이다. 헤밍처럼 이것도 안전, 강성, 미적 목적으로 행해진다. 컬링이 사용되는 제품의 예로 경첩, 냄비와 회중시계 케이스 등이 있다. 이런 예에서 보듯이 컬링은 직선 또는

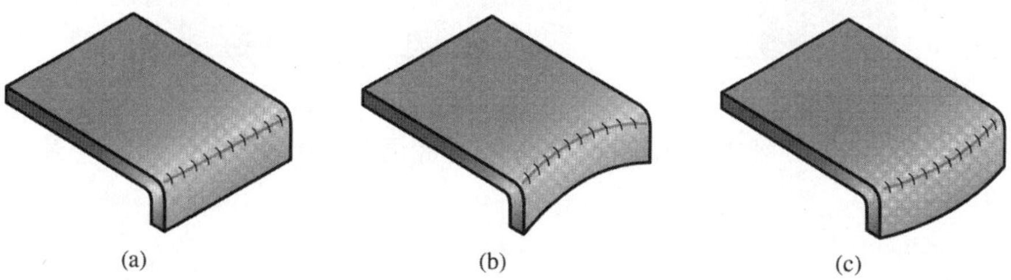

그림 16.16 플랜징. (a) 직선 플랜징, (b) 신장 플랜징, (c) 수축 플랜징.

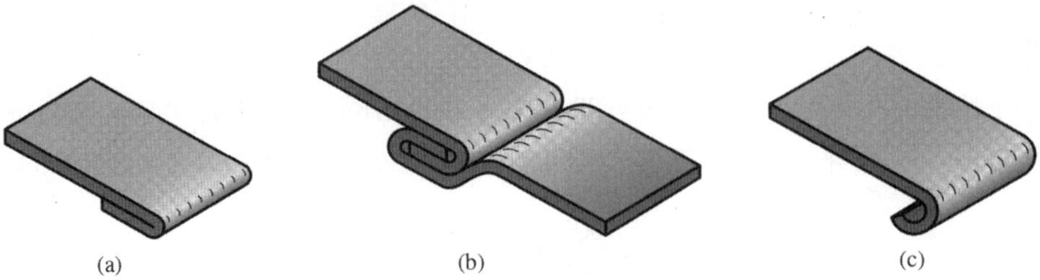

그림 16.17 (a) 헤밍, (b) 시밍, (c) 컬링.

곡선 굽힘축을 따라 수행될 수 있다.

기타 굽힘 공정

여러 가지 굽힘 공정을 그림 16.18에 나타내었다. 이처럼 다양한 형상의 굽힘 공정이 가능함을 알 수 있다. 대부분의 작업은 V-금형이나 이와 유사한 단순 형상의 금형으로 수행된다.

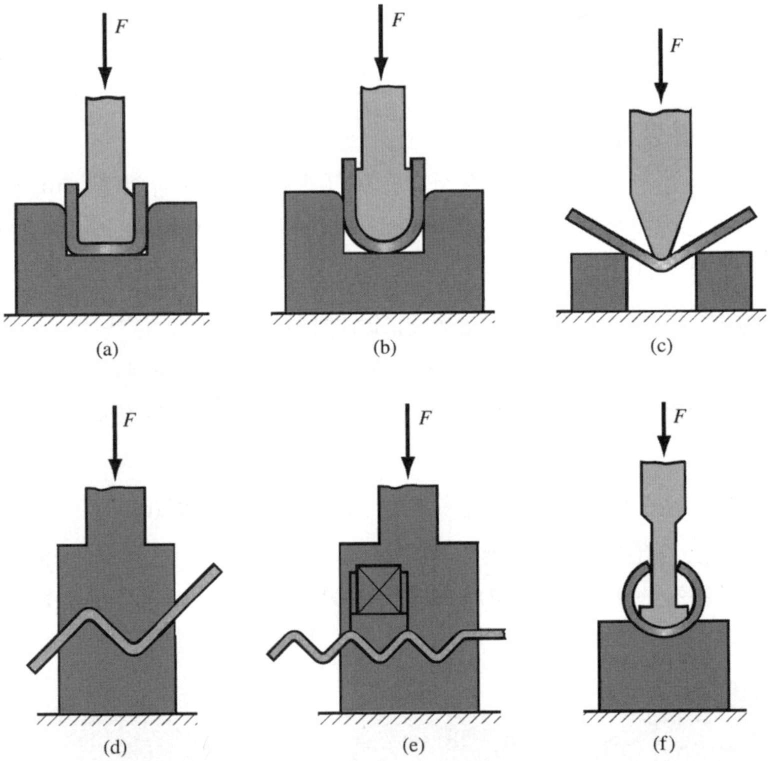

그림 16.18 기타 굽힘 공정. (a) 채널 굽힘, (b) U-굽힘, (c) 자유 굽힘, (d) 오프셋 굽힘, (e) 주름 굽힘, (f) 튜브 성형. F = 굽힘력.

16.3 드로잉

드로잉(drawing)은 컵 형상, 박스 형상, 혹은 다른 복잡한 곡선과 오목한 형상을 갖는 제품을 만드는 데 사용되는 박판 금속 성형 공정이다. 드로잉은 그림 16.19와 같이 박판 금속 조각을 금형 공동 위에 놓고 펀치로 이를 금형 속으로 밀어 넣음으로써 수행된다. 블랭크는 일반적으로 블랭크 홀더에 의해 편평하게 고정되어야 한다. 드로잉 작업으로 만들어지는 제품으로 음료수 캔, 탄피, 싱크대, 요리용 냄비, 자동차 차체 패널 등을 들 수 있다.

16.3.1 드로잉의 역학

컵 형상 드로잉은 기본 드로잉 작업으로서, 그림 16.19에 표시된 치수와 인자가 있다. 직경 D_b의 블랭크가 직경 D_p의 펀치에 의해 금형 공동 속으로 밀려들어간다. 펀치와 금형은 코너 반경 R_p와 R_d를 각각 가진다. 만약 펀치와 금형이 날카로운 코너($R_p = R_d = 0$)를 가진다면, 드로잉 대신에(별로 좋지 않은) 구멍 펀칭 작업이 이루어질 수 있다. 펀치와 금형은 간극 c의 크기만큼 떨어져 있다. 드로잉에서 간극은 소재 두께보다 약10% 더 크다.

$$c = 1.1t \tag{16.9}$$

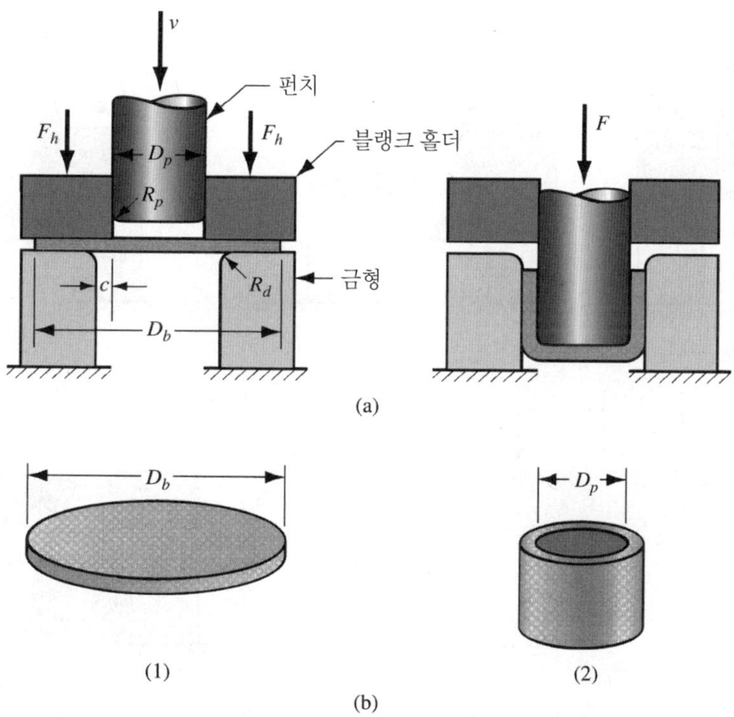

그림 16.19 (a) 컵 형상 제품의 드로잉. (1) 펀치가 공작물에 접촉 전 공정의 시작 단계, (2) 행정 완료 단계. (b) 해당 공작물, (1) 초기 블랭크, (2) 드로잉된 제품. c = 간극, D_b = 블랭크 직경, D_p = 펀치직경, R_d = 금형 코너 반경, R_p = 펀치 코너 반경, F = 드로잉력, F_h = 고정력.

그림에서 보는 바와 같이 펀치는 성형력 F를 아래 방향으로 가하여 금속의 변형을 일으키며, 이때 블랭크 홀더에 의해 고정력 F_h를 가한다.

펀치가 최종 바닥 위치를 향해 아래로 진행함에 따라, 공작물이 펀치와 금형의 형상으로 점차 성형되어 가면서 공작물은 복잡한 응력과 변형률을 차례로 경험하게 된다. 그림 16.20에 변형 과정을 단계별로 나타내었다. 먼저 펀치가 공작물을 누르기 시작하면, 금속은 굽힘 작용을 받는다. 박판은 그림 16.20(2)에서처럼 단순히 펀치와 금형의 코너 부분에서 굽혀진다. 블랭크의 외곽 둘레는 이 첫 단계에서 안쪽으로 약간 움직인다.

펀치가 더 내려감에 따라, 그림 16.20(3)처럼 금형 반경에 걸쳐 굽혀져 있던 부분에서 교정(straightening) 작용이 발생한다. 컵의 바닥 부분과 펀치 반경에 걸쳐 있는 금속 부분은 펀치와 함께 아래로 이동하였으나, 금형 반경을 통해 굽힘이 발행한 금속은 간극 사이를 통과하면서 컵의 벽을 형성하기 위해 평탄화가 반드시 이루어져야 한다. 동시에 컵 벽 형성에 사용된 부분만큼의 여분의 금속이 반드시 보충되어야 한다. 이와 같은 여분의 금속은 블랭크 외곽 모서리로부터 공급된다. 블랭크 바깥쪽 부분의 금속이 미리 굽힘과 평탄을 거쳐 현재 실린더 벽을 형성하고 있는 금속을 지속적으로 공급하기 위해 다이 구멍을 향해 잡아당겨진다. 제한된 공간을 통한 이러한 금속 흐름 때문에 드로잉이라는 이름이 사용된다.

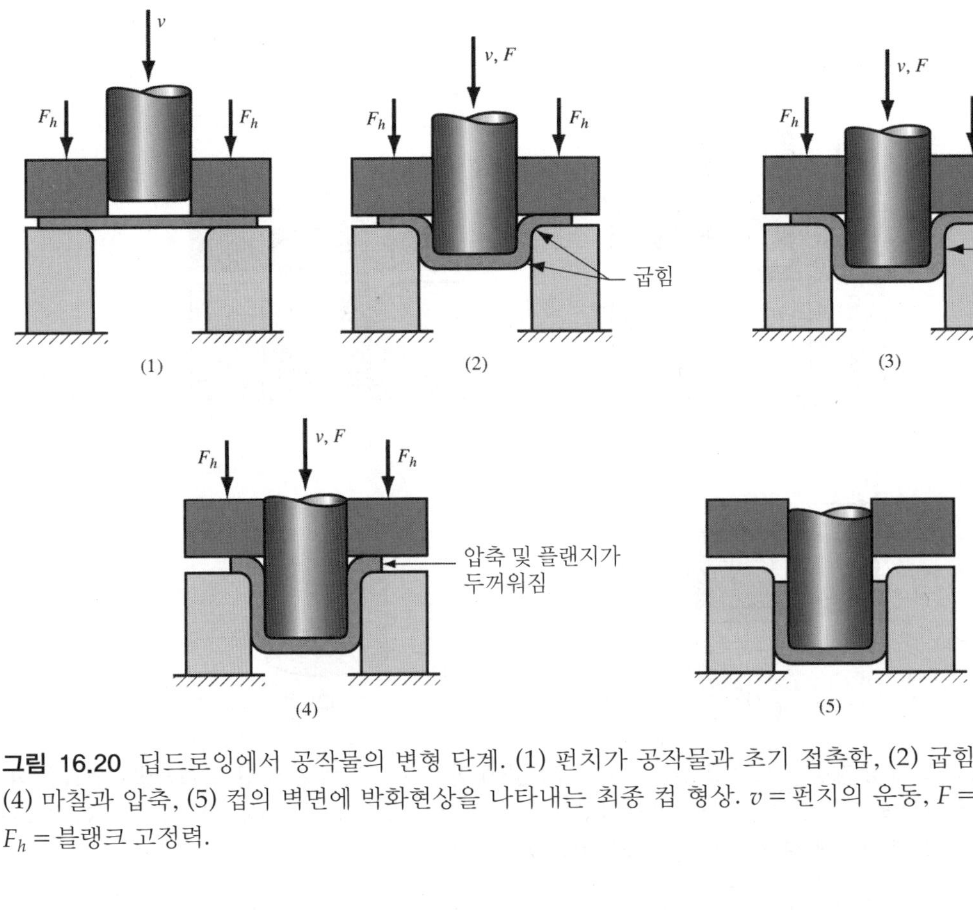

그림 16.20 딥드로잉에서 공작물의 변형 단계. (1) 펀치가 공작물과 초기 접촉함, (2) 굽힘, (3) 평탄화, (4) 마찰과 압축, (5) 컵의 벽면에 박화현상을 나타내는 최종 컵 형상. v = 펀치의 운동, F = 펀치 성형력 F_h = 블랭크 고정력.

이와 같은 공정 동안 블랭크의 플랜지부에서 마찰과 압축이 중요한 역할을 한다. 플랜지부의 재료가 금형 구멍 쪽으로 움직이기 위해서는 두 접촉부, 즉 박판 금속과 블랭크 홀더 표면 사이, 박판 금속과 다이 표면 사이에 발생하는 마찰을 이겨내야 한다. 초기에 금속의 미끄럼운동 전까지 정지 마찰(static friction)이 작용한다. 그리고 금속이 움직이기 시작하면 동적 마찰(dynamic friction)이 공정에서 중요해진다. 이와 같은 관점에서 드로잉 작업이 성공하기 위해서는 두 접촉 계면에서의 마찰 조건뿐만 아니라 블랭크 홀더가 가하는 고정력의 크기도 매우 중요하다. 마찰력 저감을 위해 윤활제 또는 드로잉 컴파운드(drawing compound)가 일반적으로 사용된다. 마찰뿐만 아니라 블랭크 외곽에서 압축 또한 발생한다. 블랭크 외곽의 금속이 중심으로 빨려 들어옴에 따라 외곽 둘레가 점점 줄어든다. 금속의 부피가 일정하기 때문에, 둘레 길이가 줄어듦에 따라 금속은 압착되고 두꺼워진다. 이런 현상으로 인해 블랭크의 플랜지부에 종종 주름이 발생한다. 특히 얇은 금속일 경우 또는 블랭크 고정력이 너무 낮을 경우에 더 그렇다. 이것은 일단 발생하면 보정할 수 없는 조건이다. 그림 16.20(4)에 마찰과 압축의 효과를 나타내었다.

블랭크 홀더에 의한 고정력은 딥드로잉에서 결정적인 인자로 평가되고 있다. 만약 고정력이 너무 작으면 주름이 발생한다. 또한 너무 크면, 금형 공동 쪽으로 금속의 적절한 유동을 방해하여 금속 박판의 신장이나 파열(tearing)을 유발한다. 따라서 적정한 고정력을 결정하는 것은 이러한 상반된 결과들 사이의 정교한 균형을 필요로 하는 중요한 문제이다.

계속해서 펀치가 아래 방향으로 이동함에 따라 드로잉과 압축에 의한 지속적인 금속 유동을 유발한다. 또한 그림 16.20(5)과 같이 실린더 벽이 얇아지는 박화 현상(thinning)이 나타난다. 펀치력은 공정 동안 변형과 마찰의 형태로 금속에 의해 상쇄된다. 변형 부분은 금속이 금형 구멍의 모서리를 따라 당겨짐에 따라 금속의 신장과 박화를 수반한다. 드로잉 작업이 성공적으로 수행될 경우 컵 벽은 25%까지 얇아지며 이는 대부분 컵 바닥 근처에서 일어난다.

박판 금속 드로잉 공정은 절단이나 굽힘보다 더 복잡한 금속 가공 공정이며, 그만큼 문제가 발생할 여지가 많다. 드로잉 제품에는 여러 가지 결함이 발생할 수 있으며, 이미 몇 가지에 대해서는 앞에서 언급하였다. 다음에 나열하는 것들은 자주 발생하는 결함들로써, 그림 16.21에 스케치로 표현하였다.

(a) *플랜지부 주름(wrinkling in the flange).* 드로잉 제품의 주름은 압축 좌굴(buckling)로 인해 공작물의 드로잉되지 않은 플랜지부에 방사상으로 형성되는 일련의 융기된 형상을 말한다.

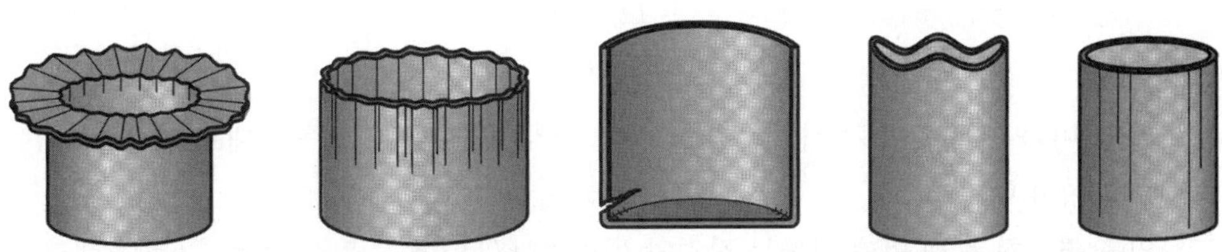

(a) (b) (c) (d) (e)

그림 16.21 드로잉 제품의 결함. (a) 플랜지 주름 발생, (b) 벽 주름 발생, (c) 파열, (d) 이어링, (e) 표면 스크래치.

(b) *벽에서의 주름(wrinkling in the wall).* 주름진 플랜지가 컵 속으로 빨려 들어가면, 이러한 융기된 형상이 수직 벽에도 나타난다.

(c) *파열(tearing).* 파열은 수직 벽에 노출된 균열을 말한다. 이것은 보통 드로잉 컵 바닥 부근에서 소재가 얇아지고 파단을 유발하는 높은 인장 응력 때문에 발생한다. 이런 결함은 또한 날카로운 금형 코너를 지나 금속이 잡아당겨질 때에도 발생할 수 있다.

(d) *이어링(earing).* 이것은 딥드로잉된 컵의 상부 모서리에서 금속 박판의 이방성(anisotropy)에 의해 발생하는 불규칙한 형상을 일컫는다. 만일 금속이 완벽한 등방성(isotropy)이라면, 귀(ear)가 발생하지 않는다.

(e) *표면 스크래치(surface scratch).* 만일 펀치와 다이 표면이 매끄럽지 못하거나 윤활이 원만하지 않을 경우 드로잉 제품에 스크래치가 발행할 수 있다.

16.3.2 드로잉의 공학적 해석

드로잉 양의 한계를 평가하는 것, 즉 실제 가능한 드로잉 양을 평가하는 것은 매우 중요하다. 흔히 주어진 공정에 대해 쉽게 바로 계산될 수 있는 단순한 형태의 척도를 통해 수행된다. 또 드로잉력과 고정력도 중요한 공정 변수들이다. 마지막으로 초기 블랭크 크기가 반드시 정해져야 한다.

드로잉의 척도

딥드로잉의 가혹도를 측정하는 한 가지 방법은 ***드로잉 비(drawmg ratio)*** *DR*을 이용하는 것이 이것은 원통 형상의 경우 펀치 직경 D_p에 대한 블랭크 직경 D_b의 비로 매우 간단히 정의된다. 식으로 표현하면 다음과 같다.

$$DR = \frac{D_b}{D_p} \tag{16.10}$$

드로잉 비는 대략적이긴 하지만 주어진 드로잉 작업의 가혹도를 나타낸다. 비가 커질수록 작업은 더 어렵다. 근사적으로 드로잉 비의 상한 값은 2.0이다. 주어진 작업에 대한 실제 한계 값은 펀치 및 금형 코너 반경(R_p와 R_d), 마찰 조건, 드로잉 깊이, 박판 금속의 특성(예: 연성, 강도 물성의 방향성 정도)에 따라 달라진다.

주어진 드로잉 공정을 평가하는 다른 방법으로 ***감소율*** r이 있다. 감소율은 다음과 같다.

$$r = \frac{D_b - D_p}{D_b} \tag{16.11}$$

이것은 드로잉 비와 매우 깊은 관계가 있다. *DR*의 한계치($DR \leq 2.0$)를 그대로 사용하면, 감소율 r 값은 0.50 이하여야 한다.

딥드로잉을 평가하는 세 번째 척도는 직경당 두께 비 t/D_b(초기 블랭크 두께 t를 블랭크 지름 D_b로 나눈 값)이다. 보통 백분율로 표현되는 t/D_b 비는 1% 이상이 바람직한 값이다. t/D_b 비가 감소할수록 주름이 발생할 경향이 높다.

어떤 설계된 제품의 드로잉 비, 감소율, t/D_b비가 한계를 초과하게 될 경우, 두 번 혹은 그 이상의 단계로 블랭크를 드로잉해야 하며 때로는 각 단계 사이에 어닐링 열처리가 필요할 수도 있다.

예제 16.3

컵 드로잉

드로잉 작업으로 내경 = 70 mm, 높이 = 40 mm인 원통형 컵을 만들고자 한다. 초기 블랭크 크기 = 135 mm이고, 소재 두께 = 2.5 mm이다. 이런 데이터로 볼 때, 드로잉 작업이 가능한지 결정하라.

풀이

기능성을 평가하기 위해 드로잉 비, 감소율, 직경당 두께 비를 계산한다.

$$DR = 135/70 = \mathbf{1.93}$$

$$r = (135 - 70)/135 = 0.4814 = \mathbf{48.14\%}$$

$$t/D_b = 2.5/135 = 0.0185 = \mathbf{1.85\%}$$

위의 계산 결과로 볼 때 드로잉 작업은 가능하다. 드로잉비는 2.0보다 작고, 감소율은 50%보다 작으며, t/D_b비는 1%보다 크기 때문이다. 이것은 기술적 가능성을 나타내기 위해 흔히 사용되는 가이드 라인이다.

드로잉에서의 힘

드로잉 작업을 수행하기 위해 필요한 드로잉력은 다음 식으로 대략 계산될 수 있다.

$$F = \pi D_p t(TS)\left(\frac{D_b}{D_p} - 0.7\right) \tag{16.12}$$

여기서 F = 드로잉력(N), t = 초기 블랭크 두께(mm), TS = 인장 강도(MPa), D_b = 초기 블랭크 직경(mm), D_p = 펀치 직경(mm)이다. 상수 0.7은 마찰을 고려한 보정 인자이다. 식 (16.12)를 이용하여 최대 드로잉력을 계산할 수 있다. 드로잉력은 펀치의 진행에 따라 변하며 보통 펀치 행정의 약 1/3 위치에서 최댓값에 도달한다.

고정력은 드로잉 작업에서 중요한 인자 중 하나이다. 대략적인 근사에 따르면 고정 압력은 금속 박판 항복 강도의 0.015 값으로 설정될 수 있다[9]. 이 값에 블랭크 홀더가 성형 초기에 누르고 있던 면적을 곱함으로써 고정력을 구할 수 있다. 식으로 나타내면 다음과 같다.

$$F_h = 0.015Y\pi\{D_b^2 - (D_p + 2.2t + 2R_d)^2\} \tag{16.13}$$

여기서 F_h = 고정력(N), Y = 박판 금속의 항복 강도(MPa), t = 초기 소재 두께(mm), R_d = 금형의 코너 반경(mm)이다. 기타 항은 앞에서 정의된 바와 같다. 고정력은 보통 드로잉력의 약 1/3 정도이다[11].

예제 16.4

드로잉력

예제 16.3의 드로잉 작업에서 박판금속(저탄소강)의 인장강도 = 290 MPa, 항복강도 = 170 MPa일 때, (a) 드로잉력, (b) 고정력을 구하라. 다이 코너 반경 = 5 mm이다.

풀이

(a) 최대 드로잉력은 식(16.12)에 의해 다음과 같다.

$$F = \pi(70)(2.5)(290)\left(\frac{135}{70} - 0.7\right) = \mathbf{195,878.3\ N}$$

(b) 고정력은 식(16.13)에 의해 추정된다.

$$F_h = 0.015(170)\,\pi(135^2 - (70 + 2.2 \times 2.5 + 2 \times 5)^2) = \mathbf{87,438.7\ N}$$

블랭크 크기 결정

원통형 컵을 최종 치수대로 만들기 위해서는, 올바른 초기 블랭크 직경 값이 필요하다. 초기 블랭크는 컵을 완성하기 위해 충분한 금속을 공급할 수 있도록 커야 한다. 그러나 너무 크면 소재 낭비가 심해질 것이다. 원통형 컵 형상이 아닌 형상에 대해서도 똑같은 초기 블랭크 크기 추정 문제가 발생한다. 이때는 초기 블랭크의 크기뿐만 아니라 형상도 계산되어야 한다.

다음에 언급할 내용은 원형 제품(축 대칭을 이룬다면 원통형과 보다 더 복잡한 형상도 포함)을 만들기 위한 딥드로잉 작업에서 초기 블랭크 크기를 결정하는 데 쓰일 수 있는 타당한 방법이다. 최종 제품의 부피와 초기 박판 금속의 부피는 같기 때문에, 초기와 최종 부피를 같게 설정함으로써 초기 블랭크 직경을 구할 수 있다. 계산의 편의를 위해 벽 두께가 얇아지는 박화 현상은 흔히 무시한다.

16.3.3 기타 드로잉 공정

지금까지는 단일 공정에 의한 단순한 원통형 형상을 제조하고 공정을 수월하게 하기 위해 블랭크 홀더를 사용하는 일반적인 컵 드로잉 공정에 논의의 초점을 맞추었다. 여기에서는 이 기본 공정의 몇 가지 변종에 대해 논의한다.

재드로잉

만약 제품을 만들기 위해 필요한 형상 변화가 너무 심하면(드로잉 비가 너무 높으면), 한 번 이상의 드로잉 작업을 거쳐야 제품 성형이 완료될 수 있다. 두 번째 드로잉 작업, 혹은 그 이상의 드로잉 작업을 재드로잉(redrawing)이라고 부른다. 이 작업은 그림 16.22에 잘 나타나있다.

드로잉비가 너무 커서 단일 공정으로 부품을 성형하지 못할 때, 재드로잉이 필요한 제품에 대해서 각 드로잉 단계별 감소량을 결정하는 데 쓰일 수 있는 일반적 지침은 다음과 같다[10]. 첫 번째 드

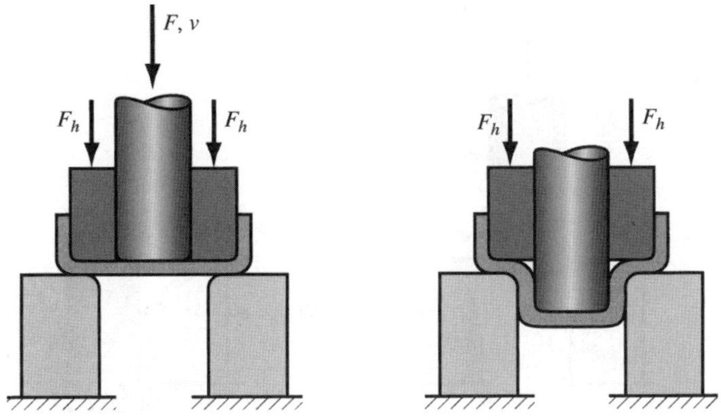

그림 16.22 컵의 재드로잉. (1) 재드로잉 시작, (2) 행정 완료. v = 펀치 속도, F = 펀치력, F_h = 블랭크홀더 고정력.

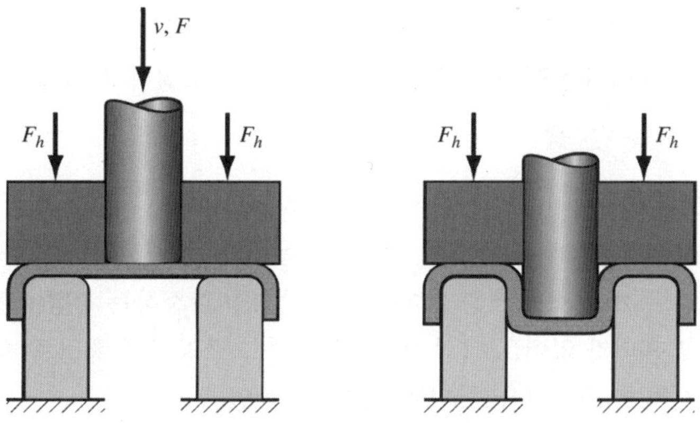

그림 16.23 역드로잉, (1) 시작, (2) 완료. v = 펀치 속도, F = 펀치력, F_h = 블랭크홀더 고정력.

로잉에서 초기 블랭크의 최대 감소율은 40에서 45% 범위, 두 번째 드로잉(첫 번째 재드로잉)에서는 30%, 세 번째 드로잉(두 번째 재드로잉)에서는 최대 감소량 16%가 추천되고 있다.

이와 관련된 작업으로 역드로잉(reverse drawing)이 있는데 이것은 첫 번째 드로잉된 공작물의 바닥이 위를 향하도록 금형 위에 올린 후 그림 16.23과 같이 두 번째 드로잉 작업을 수행하는 것이다. 언뜻 보기에 역드로잉이 재드로잉보다 소재 금속에 더 심한 변형을 유발할 것 같지만, 실제로는 더 쉽게 수행된다. 그 이유는 역드로잉에서는 박판 금속이 금형의 안쪽 및 바깥쪽 코너에서 같은 방향으로 굽혀지기 때문이다. 반면에, 재드로잉에서는 두 코너에서 서로 반대 방향으로 굽혀지기 때문이다. 이런 차이로 인해 역드로잉에서 금속의 변형 경화가 낮고 드로잉력도 낮아진다.

원통형 외 형상의 드로잉

많은 제품들이 원통형이 아닌 여러 다른 형상을 가지고 있다. 이런 제품으로는 정사각형 또는 직사각형 박스(싱크대와 같은), 단이 진 컵, 원뿔, 편평하지 않은 볼형 바닥을 가진 컵, 불규칙한 곡면형

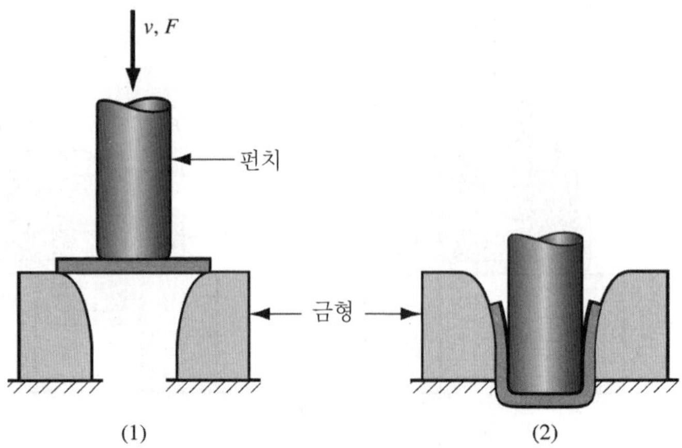

그림 16.24 블랭크홀더 없는 드로잉. (1) 공정 시작, (2) 행정 완료. v와 F는 각각 운동 속도와 드로잉력을 나타냄.

(자동차 차체 패널과 같은) 등을 들 수 있다. 이들 각각의 형상은 드로잉 시 독특한 기술적 어려움을 지니고 있다. Eary와 Reed[2]는 이와 같은 종류의 형상을 드로잉하기 위해 필요한 자세한 기술적 내용을 제시하였다.

블랭크 홀더가 없는 드로잉

블랭크 홀더의 주요한 역할 중 하나는 컵이 드로잉되는 동안 플랜지부에 주름이 발생되지 않도록 하는 것이다. 블랭크의 두께-직경비가 증가하면 주름 발생이 감소하는 경향이 있다. 만약 t/D_b비가 충분히 크다면 블랭크 홀더가 없어도 그림 16.24와 같이 드로잉이 수행될 수 있다. 블랭크 홀더 없이 드로잉이 가능한 제한 조건은 다음으로부터 추정될 수 있다[5].

$$D_b - D_p < 5t \tag{16.14}$$

드로잉 금형은 재료가 금형의 공동 속으로 적절히 빨려 들어갈 수 있도록 깔때기 또는 원뿔 모양이어야 한다. 블랭크 홀더 없이 드로잉이 가능하다면 금형 제작비용을 줄일 수 있을 뿐만 아니라, 간단한 프레스로 작업할 수 있다는 이점이 생긴다. 이는 블랭크 홀더와 펀치의 운동을 따로 조절해야 할 필요가 없어지기 때문이다.

16.4 박판 프레스 가공의 장비 및 경제성

이 절에서는 앞에서 서술한 박판 성형 공정들을 수행하기 위한 프레스 및 특수 공구들을 알아본다. 아울러 박판 프레스 가공의 경제성을 다룬다.

16.4.1 프레스

박판금속가공용 프레스는 고정된 베드(bed)와 베드 방향 혹은 반대 방향 이동하며 절단, 성형 등의

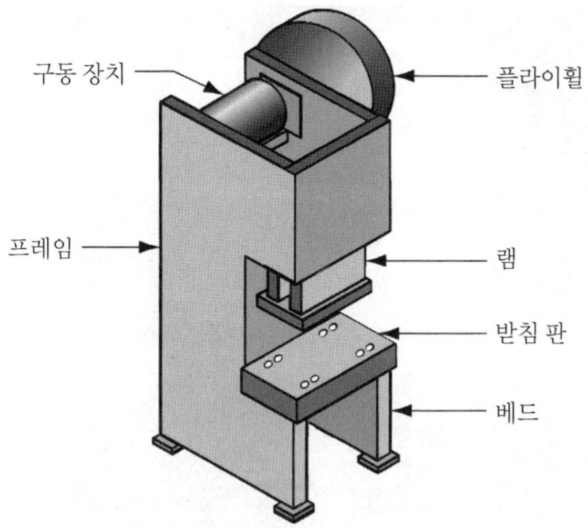

그림 16.25 전형적인 기계식 스탬핑 프레스 구성요소.

공정을 수행하는 램(또는 슬라이드)으로 구성된다. 전형적인 프레스 모습을 주요 요소와 함께 그림 16.25에 나타내었다. 베드와 램의 상대적 위치는 프레임(frame)에 의해 정해지며 램은 기계식 또 는 유압식 동력에 의해 구동된다. 금형을 프레스에 설치할 때, 펀치 홀더는 램에, 다이 홀더는 프레스 베드의 볼스터 판(bolster plate)에 부착된다.

프레스는 용량, 동력시스템, 프레임 형식에 따라 여러 종류가 있다. 프레스 용량이란 스탬핑 공정을 수행하기 위해 필요한 힘과 에너지를 전달하는 용량을 의미한다. 이것은 프레스의 물리적 크기와 동력시스템에 의해 결정된다. 동력시스템이란 기계적 또는 유압식 동력을 사용하는지 여부와 이 동력을 램에 전달하는 구동 방식이 무엇인지에 관련된 용어이다. 생산율은 용량을 나타내는 또 다른 중요한 요소이다. 프레임 형식은 프레스의 물리적 구조를 의미한다. 주로 사용되는 프레임에는 두 가지 형식이 있다. 갭(gap) 프레임과 일자형(straight-sided) 프레임이 그것이다.

갭 프레임 프레스

갭 프레임(gap frame)은 문자 C의 일반적인 구조이기 때문에 흔히 C-프레임이라고 불리기도 한다. 갭 프레임 프레스는 금형에 대한 접근성이 좋고, 일반적으로 스탬핑 제품이나 스크랩이 쉽게 빠질 수 있도록 후면 부분이 개방되어 있다. 갭 프레임 프레스의 주요 형식으로는 (a) 일체형(solid) 갭 프레임, (b) 후개방(open-back) 경사, (c) 프레스 브레이크(press brake), 그리고 (d) 터렛(turret) 프레스가 있다.

일체형 갭 프레임(solid gap frame) 프레스는 그림 16.25에서 보인 것처럼 단일 몸체 구조로 되어 있다. 일반적으로 단순히 갭 프레스라고도 불린다. 이것은 강성이 좋으면서도 C자형으로 되어 있기 때문에 측면에서 스트립이나 코일 소재를 공급하기에 편리한 구조이다. 이와 같은 프레스는 다양한 사이즈와 용량이 최고 9,000 kN(1,000톤)까지 가능하다. 그림 16.26의 모델은 1,350 kN(1505톤) 용량을 보유한 모델이다. 후개방 경사(open back inclinable) 프레스는 프레임이 여러

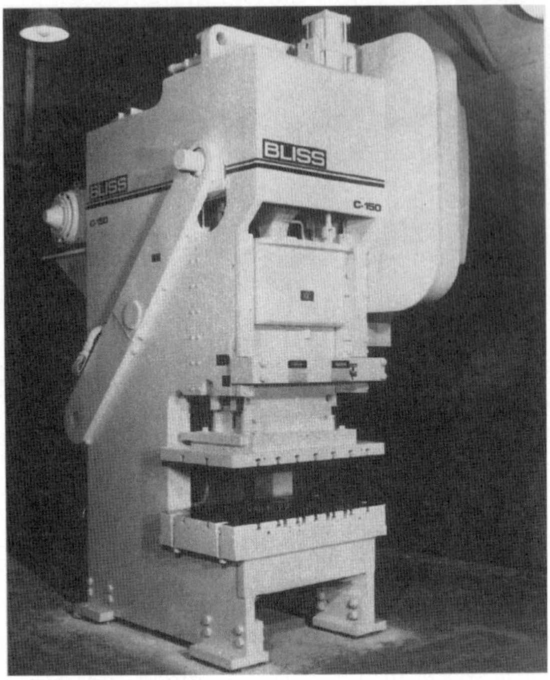

Courtesy of BCN Technical Services Inc.

그림 16.26 박판 금속 가공을 위한 갭 프레임 프레스. 용량 = 1350 kN.

각도로 뒤쪽으로 기울일 수 있어 스탬핑 제품이 중력에 의해 뒤쪽 구멍으로 떨어질 수 있는 방식으로 바닥과 조립되어 있는 C-프레임을 가진 프레스이다. 후개방 경사 프레스의 용량은 1톤부터 약 2,250 kN(250톤) 범위이다. 이 프레스는 최고 분당 1,000 행정까지 고속으로 작동될 수 있다.

프레스 브레이크(press brake)는 그림 16.27에서와 같이 매우 넓은 폭의 베드를 가진 갭 프레임 프레스의 일종이다. 베드에는 독립된 여러 개의 금형(전형적으 로 단순한 V-굽힘용 금형)이 설치되어 있어서 소량의 스탬핑 제품을 경제적으로 생산할 수 있다. 여러 번의 다른 각도로 굽힘 작업이 필요한 생산 수량이 적은 제품은 수작업을 필요로 한다. 일련의 굽힘 작업이 필요한 제품의 경우, 작업자가 필요한 굽힘 금형의 순서에 따라 박판 소재를 이동시켜가며 각각의 금형에서 프레스를 작동시켜 필요한 작업을 완료한다.

프레스 브레이크가 굽힘 공정에 특화되어 있는 반면, 터렛 프레스(turret press)는 그림 16.28에서처럼 박판금속 제품에 일련의 펀칭, 노칭(notching), 절단공정이 반드시 수행되어야 하는 상황에 적합하다. 그림 16.29에서 그 구조가 명확하게 보이지는 않지만, 터렛 프레스는 C-프레임을 가지고 있다. 재래식 램과 펀치를 대신하여 여러 가지 크기와 형상을 가진 다수의 펀치가 내장된 터렛이 사용된다. 터렛은 인덱싱(회전) 기구에 의해 공정에 필요한 펀치를 선택한다. 펀치 터렛 아래에는 각 펀치에 해당하는 금형 구멍을 가진 금형 터렛이 위치하고 있다. 펀치와 금형 사이에는 박판금속 블랭크가 놓이는데 이것은 컴퓨터 수치제어(33.3절)로 작동되는 x-y 위치제어 시스템에 의해 그 위치가 제어된다. 블랭크는 각 절단 공정에서 필요한 좌표 위치로 이동하게 된다.

Courtesy of Strippit, Inc.

그림 16.27 프레스 브레이크.

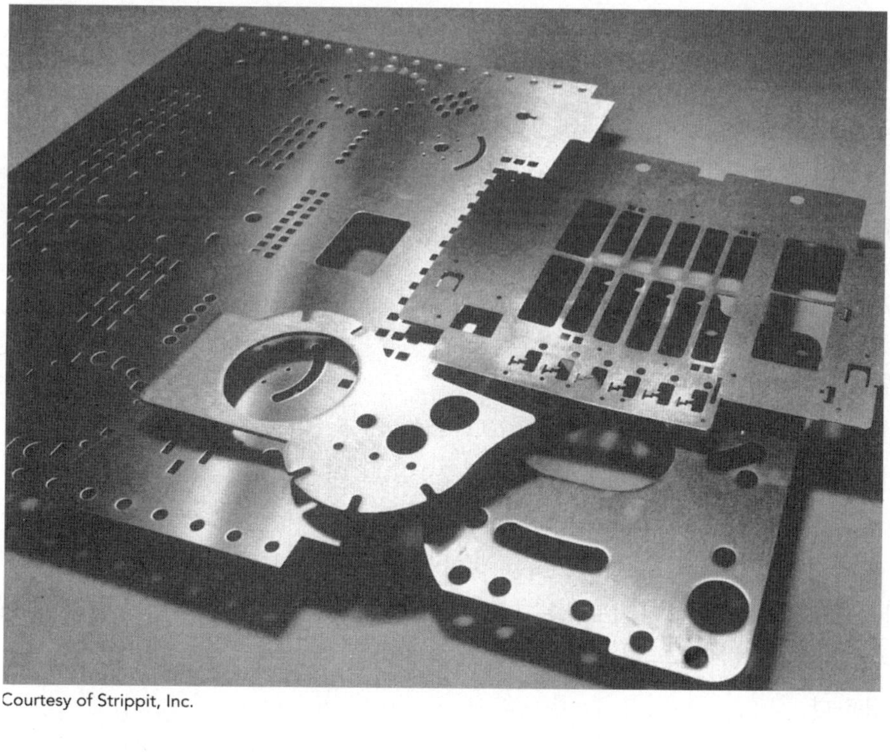

Courtesy of Strippit, Inc.

그림 16.28 터렛 프레스로 생산된 다양한 금속 박판 제품. 다양한 홀 형상을 보여준다.

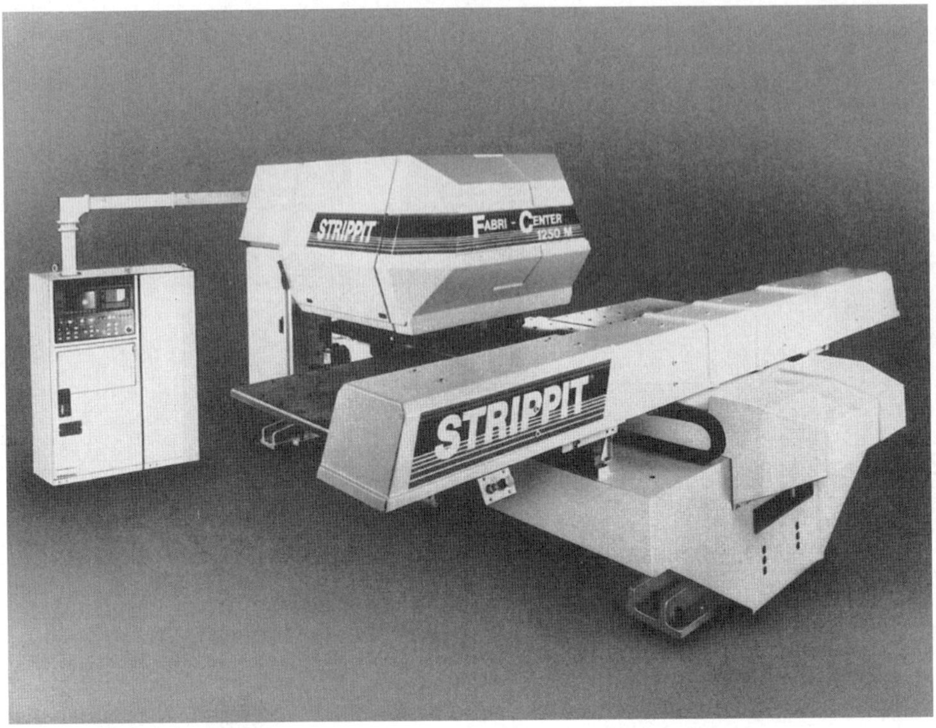

Courtesy of Strippit, Inc.

그림 16.29 CNC 터렛 프레스.

일자형 프레임 프레스

큰 프레스 용량이 요구되는 공정의 경우, 구조적으로 강성이 높은 프레임이 필요하다, 일자형 프레임(straight-sided frame) 프레스는 그림 16.30에서처럼 4면 박스형 외관을 가지고 있다. 이러한 구조는 프레임의 강도와 강성을 증가시킨다. 그 결과 박판금속 성형 시 최대 35,000 kN(4,000톤)의 용량까지 가능하다. 이런 프레임 형식을 가진 큰 프레스는 단조에 사용된다(15.2절).

C자형 프레스(gap frame)와 일자형 프레스 등의 모든 프레스에서 크기는 용량과 밀접하게 관계된다. 프레스 공정에서 더 높은 힘을 견디기 위해서 대형 프레스가 필요하다. 프레스 크기는 또한 작동 속도와도 관계가 있다, 작은 프레스일수록 일반적으로 대형 프레스에 비해 고속 생산에 적합하다.

동력 및 구동 시스템

프레스의 동력시스템은 유압식 또는 기계식이다. 유압 프레스는 큰 피스톤과 실린더를 사용하여 램을 구동한다. 이 유압식 동력시스템은 전형적으로 기계식 구동보다 더 긴 램 행정이 가능하고 행정 전체에 걸쳐 충분한 힘을 낼 수 있는 구조이나 속도가 느리다. 이것으로 통상 행할 수 있는 금속박판공정은 딥 드로잉과 위의 특성이 장점으로 작용하는 성형 공정들로 한정된다. 이 프레스는 한 개 또는 여러 개의 독립적으로 움직이는 슬라이드, 즉 단동(하나의 슬라이드), 복동(두 개의 슬라이드) 등의 형식을 가질 수 있다. 복동 프레스는 펀치력과 블랭크 고정력을 따로 제어해야 할 필요가 있는 딥 드로잉 공정에 유용하다.

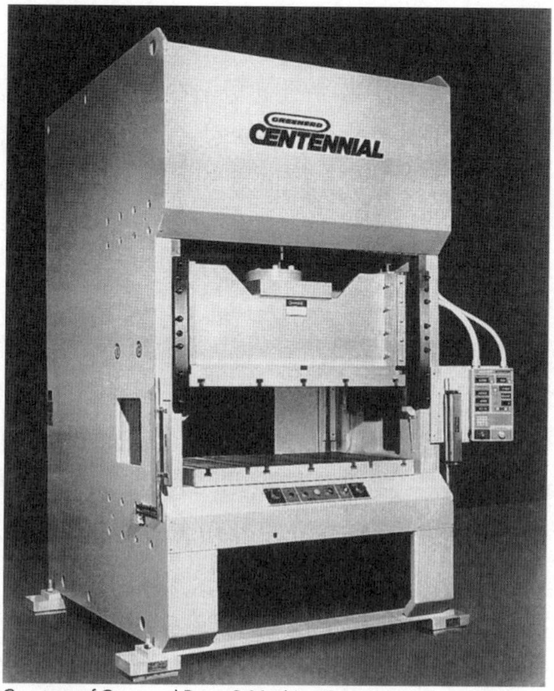

Courtesy of Greenerd Press & Machine Company, Inc.

그림 16.30 일자형 프레임 프레스.

기계식 프레스에 사용되는 구동 메커니즘에는 여러 형식이 있다. 이들 메커니즘으로는 그림 16.31에 나타낸 것처럼 편심축(eccentric), 크랭크축(crankshaft), 너클 조인트(knuckle joint) 등이 있다. 이들은 구동 모터의 회전 운동을 램의 직선 운동으로 바꾼다. 구동 모터의 에너지를 축적하기 위해 스탬핑 공정에서 플라이 휠(fly wheel)이 사용된다. 이런 구동 방식을 갖는 기계식 프레스에서는 행정의 하사 점에서 매우 높은 힘을 얻을 수 있다. 따라서 블랭킹과 펀칭 공정에 매우 적합하다. 너클 조인트는 하사점에 도달했을 때 매우 큰 힘을 발생하기 때문에 코이닝(coining) 공정에 흔히 사용된다.

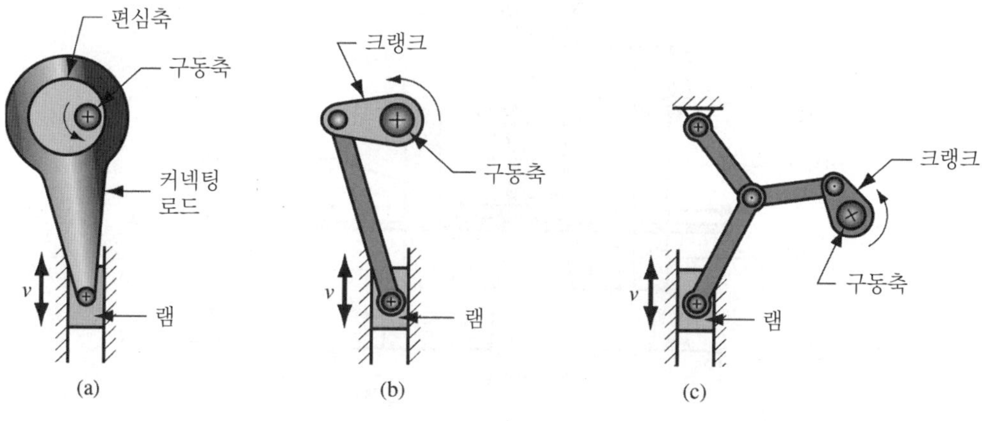

그림 16.31 금속 박판 프레스를 위한 구동 형식. (a) 편심축, (b) 크랭크축, (c) 너클 조인트.

16.4.2 금형

앞에서 언급한 거의 모든 프레스 가공 공정에는 전통적인 펀치-금형 공구가 사용된다. 이 공구를 금형(die)이라 일컫는다. 생산 제품별로 특별히 주문 제작되는 공구라고 할 수 있다. 고속 생산용 금형을 종종 스탬핑(stamping) 금형이라고 부른다. 스탬핑 금형용 대표적 소재는 공구강 D, A, O 그리고 S 형식이 있다(5.1.1절).

스탬핑 금형의 구성요소

단순 블랭킹 작업용 스탬핑 금형의 구성요소를 그림 16.32에 나타내었다. 절단 작업은 작동 요소인 펀치와 금형에 의해 수행된다. 이들은 금형 세트의 상부와 하부에 각각 부착되는데, 이를 각각 펀치 홀더(상부 슈)와 금형 홀더(하부 슈)라고 부른다. 금형 세트에는 내부에는 스탬핑 공정 중 펀치와 금형 사이의 적절한 정렬을 위한 안내 핀(guide pins)과 부싱(bushing)을 포함하고 있다. 금형 홀더는 프레스의 베이스에, 펀치 홀더는 램에 각각 부착된다. 따라서 램의 작동에 의해 프레스가공 공정이 수행된다.

이와 같은 구성요소 외에 블랭킹 또는 홀 펀칭 금형에는 공정이 끝나고 펀치가 다시 위로 올라갈 때 박판금속이 펀치에 들러붙지 않도록 하기 위한 장치가 포함되어야 한다. 소재에 새로이 생성된 구멍의 크기가 펀치의 크기와 같기 때문에 펀치에 달라붙는 경향이 있다. 박판금속을 펀치로부터 떼어내는 금형에서의 장치를 스트리퍼(stripper)라고 한다. 이것은 흔히 그림 16.32에서처럼 다이에 부착된 단순한 형태의 판이다. 이 판에는 펀치 직경보다 약간 큰 구멍이 가공되어 있다.

스트립 또는 코일 형태의 박판금속을 가공하는 금형에서는 프레스 주기 동안 박판금속이 금형 내로 전진함에 따라 박판을 멈추기 위한 장치가 필요하다. 이 장치를 스톱(stop)이라고 부른다. 스톱 장치는 스트립의 전진 운동을 막는 단순한 핀 형태에서부터 프레스 운동과 연동되어 움직이는 복잡한 기구에 이르기까지 다양하다. 단순한 모양의 스톱 장치를 그림 16.32에 보였다.

프레스 가공 금형에는 다른 요소들이 있긴 하지만, 앞서 설명된 내용은 기초 용어를 설명하였다.

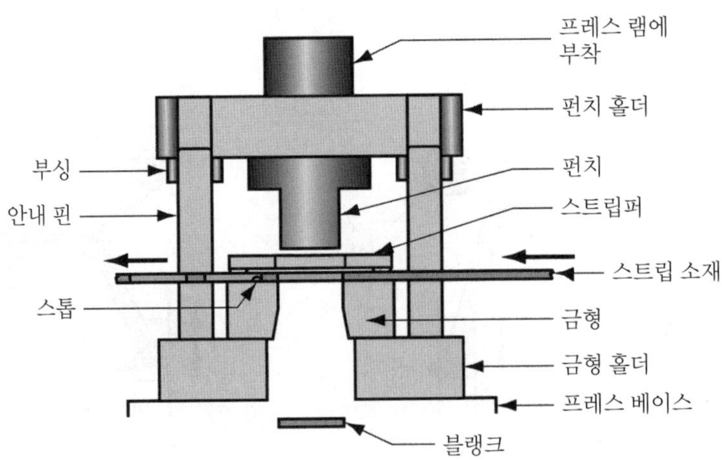

그림 16.32 블랭킹 공정용 펀치-금형 구성요소.

스탬핑 금형 형식

각각의 공정 종류(예로 절단, 굽힘, 드로잉)에 따른 스탬핑 금형의 차이뿐만 아니라, 한 번의 프레스 작동으로 몇 개의 공정이 함께 수행되는지, 또한 어떻게 수행되는지에 대해서도 다루어야 한다.

앞서 설명한 금형의 경우 한 번의 프레스 행정마다 한 번의 블랭킹 작업이 이루어지며 이를 단순 금형(simple die)이라고 부른다. 단일 공정을 수행하는 V형-다이(16.2.1절)가 이 범주에 속한다. 더 복잡한 프레스 가공용 금형으로는 컴파운드 금형, 컴비네이션 금형, 프로그레시브 금형 등이 있다. 컴파운드 금형(compound die)은 하나의 위치에서 두 가지 전단 작업이 동시에 이루어지도록 만들어진 것으로 블랭킹과 펀칭이 가능하다. 와셔(washer)의 블랭킹과 펀칭이 컴파운드 금형의 좋은 예이다. 컴비네이션 금형(combination die)은 예를 들면 블랭킹과 드로잉과 같이 하나의 위치에서 전단 작업과 성형 작업을 혼합한 것이다.

프로그레시브 금형(progressive die)은 한 번의 프레스 행정으로 여러 위치에서 박판금속 코일에 둘 혹은 그 이상의 작업을 수행한다. 제품은 순차적으로 만들어진다. 코일이 한 위치에서 인접한 공정으로 이송되고, 각 위치마다 다른 작업(예로 펀칭, 노상 굽힘, 블랭킹)이 이루어진다. 공작물이 마지막 위치를 빠져나올 때, 제품이 완성되고 남은 코일로부터 분리(절단)된다. 프로그레시브 금형 설계는 스트립 또는 코일 위에 제품을 어떻게 배치할 것인지 그리고 어느 위치에서 어느 작업이 이루 어질 것인가를 결정하는 것으로부터 시작된다. 이러한 공정 결과물을 스트립 전개(strip development)라고 부른다. 그림 16.33에 프로그레시브 금형과 관련된 스트립 전개의 예를 보였다.

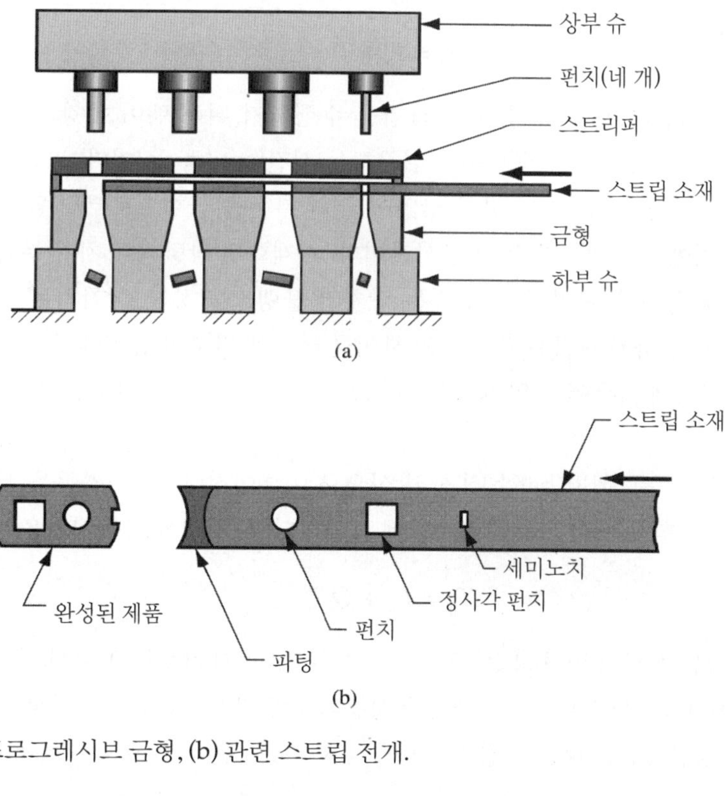

그림 16.33 (a) 프로그레시브 금형, (b) 관련 스트립 전개.

프로그레시브 금형은 10개 혹은 그 이상의 가공 위치를 가질 수도 있다. 따라서 가장 복잡하고 가장 비용이 많이 드는 스탬핑 금형이다. 때문에 여러 번의 작업이 필요한 복잡한 제품을 고속으로 생산할 때만 경제적 타당성을 확보할 수 있다.

또 다른 여러 위치 작업 시스템으로 트랜스퍼 금형(transfer dies)과 연속 프레스 라인(tandem press lines)을 들 수 있다. 프로그레시브 금형에서 박판 코일을 연속으로 이어진 상태로 작업 위치 간격으로 이송되지만, 트랜스퍼 금형은 기계적 이송 장치에 의해 이동 및 위치시킨 초기 블랭크에 대해 일련의 공정들을 수행한다. 박판 블랭크는 금형간으로 이동하면서 점차적으로 최종 제품의 형상으로 변화된다. 초기 블랭크는 트랜스퍼 금형에 이송되기 전에 전단되거나 첫 번째 작업에서 전단된다. 연속 프레스 라인은 작업물이 이송 장치에 의해 프레스 간에 이동됨에 따라 연속적인 작업이 이루어지도록 각각 금형이 설치된 일련의 프레스들이다. 트랜스퍼 금형에서와 같이 초기 블랭크는 첫 번째 프레스로 공급되기 전에 전단되거나 첫 번째 프레스에서 전단된다. 금형 내에서 여러 위치의 작업이 있는 트랜스퍼 금형과 달리, 연속 프레스 라인은 각 작업 위치가 프레스이다.

16.4.3 박판 프레스가공의 경제성

16.4.1절에서 설명하였듯이 프레스 속도는 프레스 능력에 있어서 하나의 중요한 항목이다. 램을 통해 펀치가 작동하는 분당 행정 수가 프레스의 사이클 속도이다. 고속 프레스의 사이클 속도의 상한은 약 2,000 행정/분[strokes/min]이다[10]. 이것을 환산하면 사이클 시간이 0.03초로써 너무 빠르기 때문에 인간이 육안으로 보기 어렵다. 박판 프레스의 사이클 시간 T_c는 다음과 같다.

$$T_c = T_o + T_h \tag{16.15}$$

여기서, T_c = 사이클 시간[sec/stroke], T_o = 작업을 수행하기 위해 램이 하강, 상승하는데 걸리는 시간[sec/cycle], T_h = 한 사이클 동안 부품을 취급하는 시간[sec/cycle]이다. 노동자에 의해 작업이 이루어지는 단순한 금형인 경우 T_h는 방금 작업이 끝난 부품을 금형으로부터 탈취하고 새로운 블랭크를 금형의 제자리에 장착하는데 걸리는 시간이다. 기계화된 장탈착 장치가 부착된 자동화 프레스인 경우, $T_h = \text{Max}(T_l, T_u)$. 여기서 T_l과 T_u는 장치가 블랭크를 장착, 탈착하는 시간인데, 이것은 이들 작업을 순차적으로 하기 보다는 프레스의 사이클 타임에 맞추어 동시에 수행하는 것으로 가정한 것이다. 프레스 행정에 맞추어 코일 송급장치로 코일을 프레스에 공급하는 것은 하나의 좋은 예이다.

박판 프레스 가공은 종종 배치(batch)생산 방식으로 이루어진다. 생산 가동을 시작하기 전에 프레스에 금형을 설치, 시험하는 시간도 준비시간에 포함한다. 배치생산 가동시간은 다음과 같다.

$$T_b = T_{su} + Q_b T_c \tag{16.16}$$

여기서, T_b = 배치생산 시간[min/batch], T_{su} = 준비시간[min/batch], Q_b = 배치 크기[pc/batch], T_c = 사이클 시간[min/cycle]이다. 여기 사이클 시간의 단위가 앞 식에서의 것과 다른 것을 주목해야 한다. 결국 평균 생산시간은 다음과 같다.

$$T_p = \frac{T_b}{Q_b} \tag{16.17}$$

여기서, T_p = 준비시간을 고려한 평균 생산시간[min/pc]이고, 생산속도는

$$R_p = \frac{60}{T_p} = \frac{60Q_b}{T_b} \tag{16.18}$$

여기서, R_p = 생산속도[pc/hr]이고, 나머지는 앞에서 정의한 것과 같다. R_p는 시간당 속도에 해당한다는 것을 주목해야 하며, 식 (16.16)에서 (16.18)까지에서 한 사이클에 한 부품이 생산되는 것으로 가정한 것이다.

프레스 가공 작업은 스템핑을 완성하기 위해 수행되는 일련의 작업들 중에서 단지 하나의 작업이다. 예를 들면, 초기 판재는 프레스 가공을 위한 펀치-다이 작업을 위해 알맞은 사이즈와 형상으로 전단 과정이 필요하다. 그런 후 다른 프레스에서 추가적인 프레스 가공이 요구된다. 그리고 스탬핑을 완성하기 위해 세정 및 다듬질이 요구된다. 한 부품당 최종 비용은 재료비, 노동비, 장비비, 작업을 수행하기 위한 모든 공구비를 포함해야 한다. 하지만 프레스 가공에서는 단위 작업에 대해서 관심이 있기 때문에 단위 작업당 단위 부품의 비용은 다음과 같다.

$$C_{pc} = C_o T_p + C_t \tag{16.19}$$

여기서, C_{pc} = 단위 작업당 단위 부품의 비용[\$/pc], T_p = 식 (16.17)의 평균 생산시간[min/pc], C_o = 프레스 작동을 위한 시간당 장비비 및 노동비[\$/min], C_t = 펀치-다이 가격을 수명 기간에 생산한 부품수로 나눈 공구비[\$/pc]이다. 모든 단위 작업당 비용에 재료비 C_m을 더해서 총액을 산출해야 한다.

예제 16.5

박판 프레스 가공의 생산 속도와 부품 비용

박판 블랭크에 스탬핑 작업을 수행하는데, 한 작업자가 소재를 장탈착 한 후 램을 한 사이클 작동시킨다. 스템핑 작업은 오직 4초 걸리며, 작업자가 한 사이클당 주어진 일을 처리하는데 35초 소요된다. 작업자를 포함한 프레스의 비용은 \$45/hr이며, 스탬핑 다이의 가격은 \$50,000인데, 수명 기간에 25,000개의 스탬핑이 가능하다. 스탬핑량이 700개인 배치를 생산하고자 한다. 생산을 위한 준비시간은 2.0 hr이다. (a) 배치 생산시간을 구하라. (b) 평균 생산속도와 (c) 단위 작업당 단위 생산비용을 구하라.

풀이

(a) $T_c = 4 + 35 = 39 \text{ sec} = 0.65 \text{ min}$

$$T_b = 2.0(60) + 700(0.65) = 120 + 455 = 575 \text{ min} = \mathbf{9.583\ hr}$$

(b) $T_p = 575/700 = 0.8214 \text{ min/pc}$

$$R_p = 60/0.8214 = \mathbf{73.04\ pc/hr}$$

이것을 사이클 속도와 비교하면, $R_c = 60/0.65 = 92.3 \text{ cycle/hr}$

(c) 시간당 장비비 및 노동비 $C_o = \$45/\text{hr} = \$0.75/\text{min}$

공구비 $C_t = \$50{,}000/25{,}000 = \$2.00/\text{pc}$

$$C_{pc} = 0.75(0.8214) + 2.00 = \$2.616/\text{pc}$$

프로그래시브 금형, 트랜스퍼 금형, 그리고 연속 프레스 라인들은 모두 여러 작업 위치(station)를 갖는 시스템인데, 작업물은 각 위치로 이동되며 그 위치에서 몇몇 공정들이 수행된다. 최종 위치에서 제품은 와선되고 탈착된다. 각 위치로 진행하기 위해서 좀 다른 경우가 있겠으나, 모든 경우에서 사이클 시간 T_c는 다음과 같다.

$$T_c = T_o + \text{Max}(T_l, T_r, T_u)$$

여기서, T_o = 프레스 작동 시간[sec/cycle], T_l = 첫 째 위치에서 작업물 장착시간[sec/cycle], T_r = 위치간 이동시간[sec/cycle], T_u = 마지막 위치에서 작업물 탈착시간[sec/cycle]이다. 각 사이클마다 완성된 하나의 부품이 생산된다. 일반적으로 이러한 여러 위치 시스템은 고생산성을 위해 자동화 되어, 기계화 이송 장치(예, 프로그래시브 금형의 경우 판재 코일 송급기)가 작업물을 첫 째 위치로 공급하므로, 장착시간 T_l과 탈착시간 T_u는 이동시간 T_r에 포함된다. 따라서 앞의 식은 다음과 같아진다.

$$T_c = T_o + T_r \tag{16.20}$$

이러한 시스템의 경우 배치 크기가 커서 준비시간은 그리 중요하지 않으므로, 식 (16.16)부터 (16.18)까지를 이용하여 배치 생산시간, 평균 생산시간 및 생산 속도를 구할 수 있다.

$$T_{pc} = nT_c \tag{16.21}$$

여기서, T_{pc} = 하나의 제품을 만드는 시간[sec/pc], n = 작업위치의 수, 그리고 T_c = 식 (16.20)에 의한 각 작업의 사이클 시간이다.

앞에서 언급한 연속 생산라인에서 수치제어(NC)에 의한 터릿(turret) 프레스도 주로 전단공정이 위주인 일련의 박판 공정을 순차적으로 수행한다. 하지만 이들 작업은 동시에 수행되기 보다는 앞에서 언급한 연속 생산 시스템에서와 같이 순차적으로 수행된다. 프레스 행정 사이에 작업물은 작업테이블에 의해 위치가 재조정되어야 하고, 펀치와 다이 터릿은 다음 작업을 위해 회전 선택되어야 한다. 테이블 위치 재조정과 터릿 회전 선택은 동시에 이루어진다. 프레스 행정 간의 사이클 시간은 다음과 같다.

$$T_c = T_o + \text{Max}(T_r, T_t) \tag{16.22}$$

여기서, T_o = 프레스의 1회 행정당 작업 시간[sec/cycle], T_r = 작업물의 위치 재조정 시간[sec/cycle], 그리고 T_t = 터릿의 회전 선택 시간[sec/cycle]이다. 작업대 및 터릿에 따라 이동거리가 다르기 때문에 T_r, T_t의 값은 달라질 수 있다. 하나의 근사치로써 평균값을 식 (16.22)에 적용할 수 있다. 하나의 작업물을 생산하기 위한 총 시간은 다음과 같다.

$$T_{pc} = T_l + n_o T_c + T_u \tag{16.23}$$

여기서, T_{pc} = 하나의 제품을 만드는 시간[sec/pc], T_l과 T_u는 작업물을 장착 및 탈착하는 시간[sec/pc], n_o = 작업물에 수행할 작업의 수, 그리고 T_c = 식 (16.22)에 의한 각 작업의 사이클 시간이다. 터릿 프레스는 일반적으로 배치 생산에 사용되며, 이 때 배치 시간 T_b는 다음과 같다.

$$T_b = T_{su} + Q_b T_{pc} \tag{16.24}$$

여기서, T_{su} = 준비 시간[min/batch], Q_b = 배치량[pc], 그리고 T_{pc} = 하나의 작업물을 완성하는데 걸리는 시간[min/pc]이다. 식 (16.23)에서 T_{pc}의 단위와 다르다는 것을 주목해야 한다. 식 (16.17)과 식 (16.18)은 준비시간을 포함하는 평균 생산시간 T_p와 생산속도 R_p를 계산하는데 사용할 수 있다.

16.5 기타 박판 금속 성형 공정

굽힘과 드로잉뿐만 아니라 다른 여러 금속 박판 공정이 전통적인 프레스 가공에 의해 수행될 수 있다. 이러한 공정들은 금속 공구로 수행되는 공정과 신축성 고무 공구로 수행되는 공정으로 나눌 수 있다.

16.5.1 금속 공구로 수행하는 공정

금속 공구로 수행하는 공정으로 (1) 아이어닝(ironing), (2) 코이닝(coining) 및 엠보싱(embossing), (3) 랜싱(lancing), 그리고 (4) 트위스팅(twisting) 등을 들 수 있다.

아이어닝

딥드로잉에서 플랜지는 금형 구멍 방향으로 드로잉 됨에 따라 더 작은 원주로 가공되기 위해 블랭크 둘레의 압착 거동에 의해 압축된다. 이러한 압축 때문에 블랭크의 외곽 모서리 금속 박판의 두께가 점자 두꺼워진다. 만약 이 소재의 두께가 펀치와 금형 사이의 간극보다 더 커지게 되면, 이 부분이 간극을 지나갈 때 압착되면서 간극 두께로 줄어들 것이다. 이런 공정을 *아이어닝(ironing)*이라고 한다.

아이어닝은 드로잉 후 따로 수행되기도 한다. 이런 경우를 그림 16.34에 나타내었다. 아이어닝은 원통형 컵의 벽 두께를 보다 균일하게 성형한다. 따라서 성형 제품의 길이가 더욱 길어지고 재료의

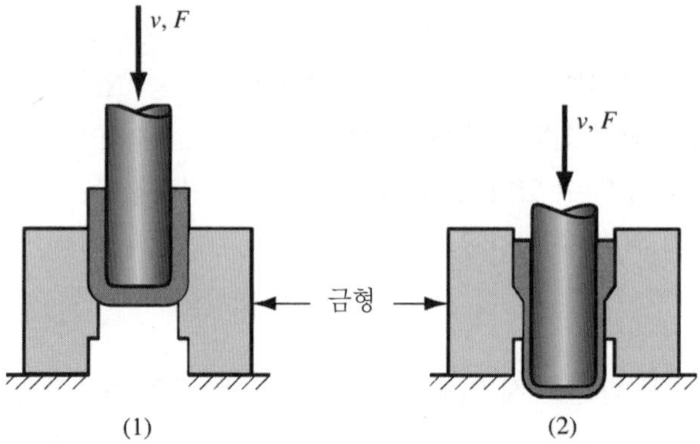

그림 16.34 드로잉된 컵에 더욱 균일한 벽 두께를 얻기 위한 아이어닝. (1) 공정시작, (2) 공정 중간. 벽의 두께가 얇아지고 길어짐. v와 F는 각각 운동 속도와 드로잉력을 나타냄.

활용도 관점에서 더 효율적이다. 생산량이 매우 많은 음료수 캔과 탄피 가공 공정에는 재료 사용 측면에서 경제성을 위해 아이어닝 공정을 포함한다.

코이닝 및 엠보싱

코이닝(coining)은 앞 장에서 언급된 용적 변형 공정 중 하나이다. 이것은 또한 박판 금속 공작물에도 자주 적용되어 압인이나 돌출부위를 만드는 데 쓰인다. 압인 가공 시 금속 박판이 얇아지고, 돌출부위 형성 시에는 박판이 두꺼워진다.

엠보싱(embossing)은 그림 16.35와 같이 돌출된(혹은 압인된) 문자 또는 보강 리브(rib)를 박판에 새기기 위한 성형 공정이다. 이 공정은 금속 일부분의 신장과 얇아지는 현상을 수반한다. 이 공정은 코이닝과 유사하게 보일 수 있다. 하지만, 엠보싱은 펀치의 양각 부분과 금형의 음각 부분이 딱 맞게 설계된 금형으로 수행되는 반면, 코이닝 금형은 두 쪽이 매우 상이한 형상을 가지고 있기 때문에 엠보싱보다 더욱 심한 금속 변형을 유발한다.

랜싱

랜싱(lancing)은 절단과 굽힘의 조합 또는 절단과 성형의 조합으로 이루어지는 공정으로서 박판으로부터 금속의 일부를 한 번에 분리하기 위한 공정이다. 몇 가지 예를 그림 16.36에 나타내었다. 기

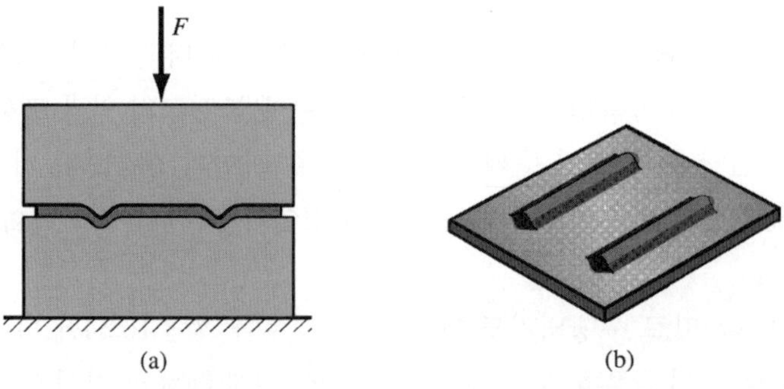

그림 16.35 엠보싱. (a) 프레스 가공 중 펀치와 금형 조합의 단면, (b) 엠보싱 리브를 가진 최종 제품.

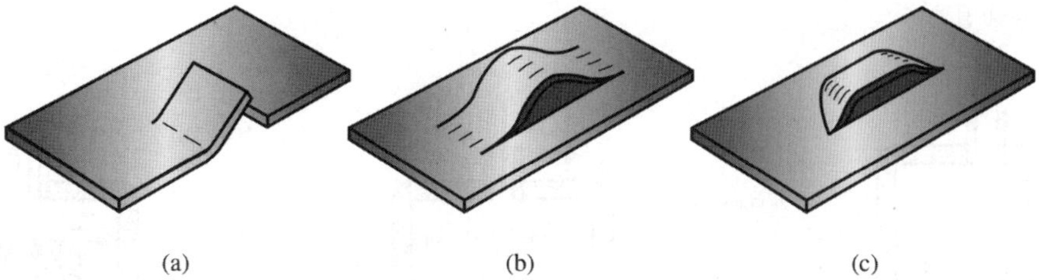

그림 16.36 여러 가지 형상의 랜싱. (a) 절단 및 굽힘, (b)와 (c) 두 가지 형태의 절단과 성형.

타 적용 예 가운데, 랜싱은 빌딩의 난방 혹은 냉방 시스템에 사용되는 공기 통풍구를 제조하는 데 사용된다.

트위스팅

트위스팅(twisting)은 박판에 굽힘 하중이 아닌 비틀림 하중을 가하여 제품의 길이를 따라 비틀림을 가하는 공정이다. 이러한 종류의 공정은 적용 한계점을 지니고 있다. 이 공정은 팬(fan) 그리고 프로펠러 날개와 같은 제품을 제조하기 위해 이용된다. 트위스팅은 비틀림 형상을 만들 수 있도록 설계된 전통적인 펀치와 금형을 이용해 수행될 수 있다.

16.5.2 고무 공구 공정

이 절에서 언급할 두 가지 공정은 일반 프레스로 수행되지만, 공정 공구로서 유연한 요소(고무 또는 유사 재료)와 같은 특이한 재료를 사용한다. 이 공정은 (1) 게린(Guerin) 공정, (2) 하이드로포밍이다.

게린 공정

게린(Guerin) 공정은 그림 16.37과 같이 두꺼운 고무 패드(또는 다른 유연한 재료)를 사용하여 양각의 성형 블록 위에 놓인 박판 금속을 성형하는 공정이다. 고무 패드는 강철 용기 속에 부착되어 있

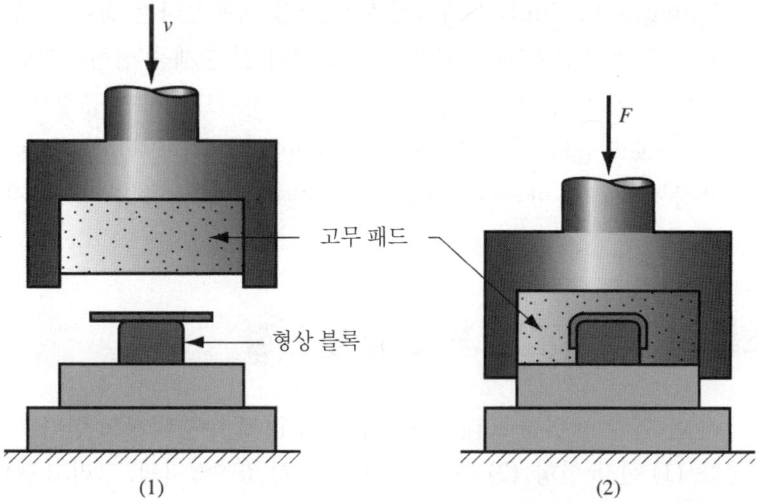

그림 16.37 게린 공정. (a) 공정 전, (b) 공정 후. v와 F는 각각 운동속도와 작용력을 의미한다.

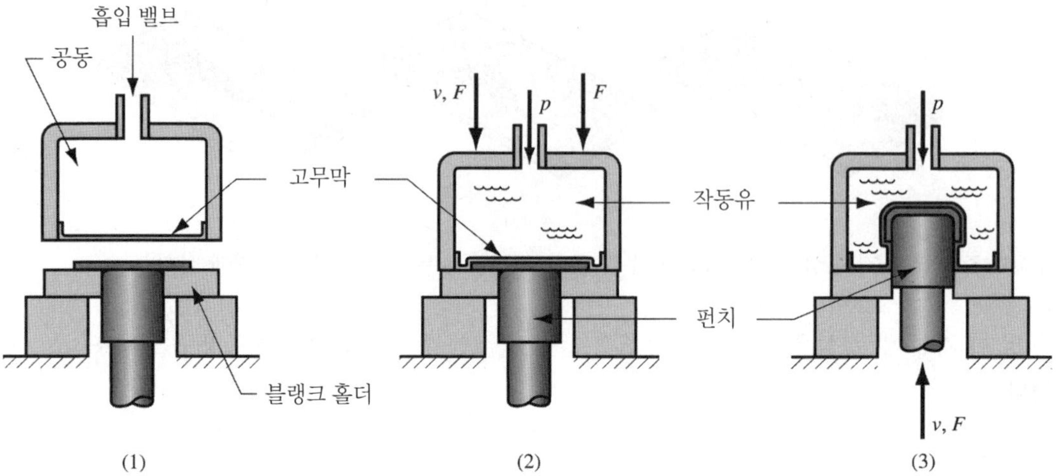

그림 16.38 하이드로포밍 공정. (1) 공정 시작, 공동 내 유체 없음. (2) 프레스 닫힘, 작동유에 의해 공동 내 압력 발생. (3) 제품 성형을 위한 펀치의 공작물 가압. v = 속도, F = 작용력, p = 작동유 압력.

다. 램이 아래로 내려감에 따라, 고무는 점진적으로 박판을 둘러싸게 되며 그 결과 압력을 가하여 형상 블록의 모양대로 공작물을 성형한다. 이것은 상대적으로 깊이가 얕은 제품 생산에 한정된다. 왜냐하면 고무에 의해 발생되는 압력(최대 10 MPa)이 불충분하여 깊이가 깊을 경우 주름 발생을 막을 수 없기 때문이다.

게린 공정의 장점은 공구를 만드는 비용이 상대적으로 저렴한 데 있다. 형상 블록은 나무, 플라스틱, 혹은 기타 가공이 쉬운 재료로 만들 수 있으며, 고무 패드는 다른 형태의 형상 블록과도 조합될 수 있다. 이런 이유 때문에 게린 공정은 공정 개발 단계의 항공 산업과 같은 소량 생산에 적합하다.

하이드로포밍

하이드로포밍(hydroforming)은 게린 공정과 유사하지만 그림 16.38에 나타낸 것처럼 두꺼운 고무 패드를 대신해 작동유(hydraulic fluid)가 채워진 고무 막을 사용한다는 점이 다르다. 이 공정에서는 성형 압력을 약 100 MPa까지 올릴 수 있기 때문에 깊이가 깊은 제품 성형에서도 주름 발생을 막을 수 있다. 사실상 깊은 드로잉은 일반적인 딥드로잉보다는 하이드로포밍 공정으로 수행되는 경우가 많다. 그 이유는 하이드로포밍의 경우 공작물 전체 길이에 걸쳐 균일한 압력으로 공작물과 펀치가 접촉하므로 마찰이 증가하고 컵 바닥에서의 파열을 유발하는 인장 응력이 작아지기 때문이다.

16.6 프레스를 사용하지 않는 박판 금속 공정

다수의 박판 금속 공정은 일반 스탬핑 프레스를 사용하지 않고 수행되기도 한다 이 절에서는 이러한 공정들을 알아본다. (1) 신장 성형, (2) 롤 굽힘 및 롤 성형, (3) 스피닝, 그리고 (4) 고에너지-속도 성형 공정.

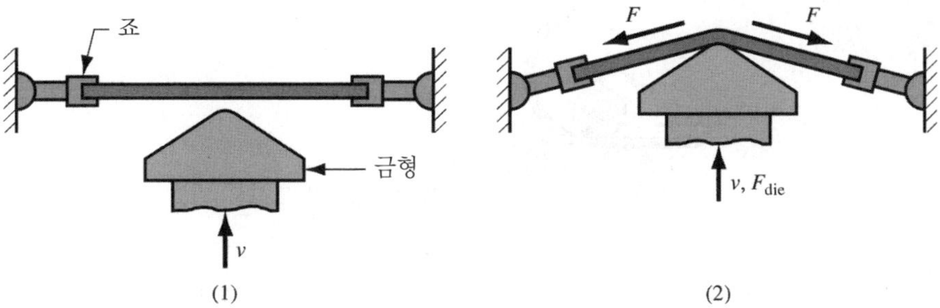

그림 16.39 연신성형. (1) 공정 시작. (2) 형상 금형이 F_{die}의 힘으로 공작물을 눌러 형상 주위로 신장과 굽힘을 유발함. F = 신장력.

16.6.1 신장 성형

신장 성형(stretch forming)은 박판 소재를 의도적으로 당기면서, 동시에 굽혀서 형상 변화를 얻기 위한 박판 금속 변형 공정이다. 이 공정은 그림 16.39와 같이 상대적으로 단순한 형상의 점진적인 굽힘을 만드는 데 사용된다. 한 개 또는 여러 개의 죠(jaw)를 사용하여 공작물의 양단을 잡은 상태에서 원하는 형상을 가진 양각 다이를 이용해 잡아당김과 굽힘이 가해진다. 금속은 항복점 이상 수준까지 인장 응력이 가해진다. 인장 하중이 제거되면 금속은 소성 변형이 완료된다. 신장과 굽힘을 동시에 수행함으로써 스프링백이 상대적으로 줄어든다. 신장 성형에 요구되는 예상 성형력은 당겨지는 방향으로의 박판의 단면적에 금속의 유동 응력을 곱함으로써 구해진다. 식으로 표현하면 다음과 같다.

$$F = LtY_f \tag{16.25}$$

여기서 F = 신장력(N), L = 스트레칭 방향에 수직한 방향으로의 박판 길이(mm), t = 순간 소재 두께(mm), Y_f = 소재 금속의 유동 응력(MPa)이다. 그림에 나타난 다이력 F_{die}는 수직방향 힘 성분의 평형 조건으로부터 구할 수 있다.

그림에서 보인 것보다 더 복잡한 형상도 신장 성형으로 만들 수 있다. 그러나 어느 이상의 날카로운 곡선을 만드는 데에는 한계가 있다. 신장 성형은 소량 생산 특성을 지닌 항공우주산업에서 대형 박판 금속 제품을 경제적으로 만드는데 널리 사용된다.

16.6.2 롤 굽힘 및 롤 성형

이 절에서 설명되는 작업은 박판 금속 가공을 위해 롤을 사용한다. ***롤 굽힘(roll bending)***은 일반적으로 대형 박판 혹은 판형 제품을 롤을 사용하여 곡선형으로 가공하는 공정이다. 그림 16.40에는 굽힘용 롤 조합의 예를 나타내었다. 박판이 사이를 통과함에 따라, 롤이 서로를 향해 움직이면서 공작물에 원하는 곡률 반경을 만들 수 있도록 구성된다. 대형 저장 탱크와 압력 용기의 요소를 롤 굽힘 공정으로 만들 수 있다. 이 작업은 또한 구조용 형강, 철도 레일, 튜브의 굽힘에 사용될 수 있다.

롤을 사용하는 관련 공정으로 편평하지 않은 박판(또는 기타 단면 형상)을 일련의 롤 사이로 통과

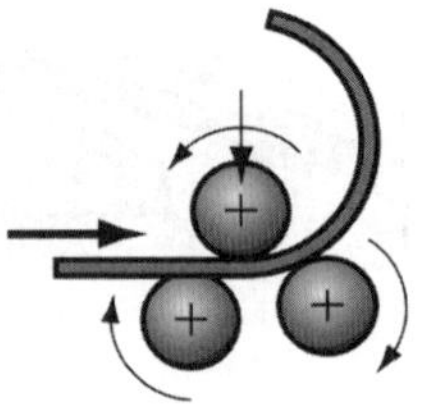

그림 16.40 롤 굽힘.

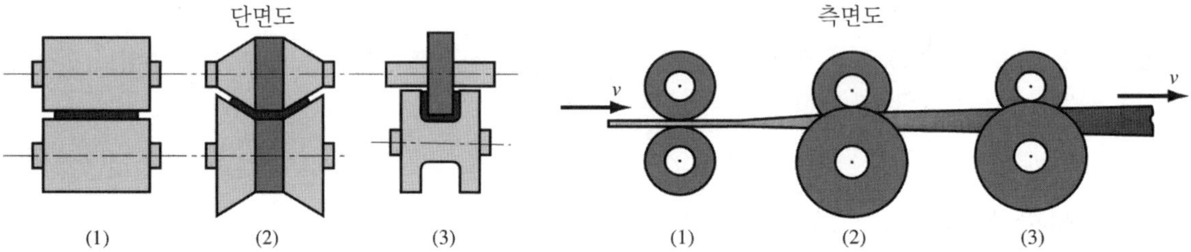

그림 16.41 연속 채널 제조를 위한 롤 성형. (1) 평 롤, (2) 부분 성형, (3) 최종 성형.

시킴으로써 교정을 수행하는 ***롤 교정(roll straightening)*** 공정이 있다. 여기서, 롤들이 마주보면서 공작물에 작은 굽힘을 연속적으로 줄임으로써 편평하게 펴진 공작물을 얻게 된다.

***롤 성형*(roll forming** 또는 *contour roll forming*)은 연속 굽힘 공정으로, 마주보는 롤을 사용하여 코일 또는 스트립 소재로부터 길이가 긴 성형된 제품을 만드는 작업이다. 원하는 형상을 순차적으로 만들어 가기 위해서 보통 여러 쌍의 롤이 필요하다. 그림 16.41은 U-형 단면을 만드는 롤 성형 과정을 보여 주고 있다. 성형으로 만들어진 제품으로는 채널(channels), 거터(gutters), 가정용 금속 사이딩(metal siding sections), 이음매를 가지는 파이프나 튜브, 그리고 다양한 구조용 단면재 등이 있다 비록 롤 성형이 압연 작업과 유사하지만(그리고 공구 또한 유사해 보임), 롤 성형이 소재를 압축하기보다는 굽힌다는 점에서 차이가 난다.

16.6.3 스피닝

스피닝(spinning)은 만드렐 또는 형 위에서 원형 공구 또는 롤러에 의해 축 대칭 제품을 점진적으로 형상 가공하는 금속 성형 공정이다. 성형 공구 또는 롤러는 공작물의 표면 위에서 축 방향 및 반경 방향 움직임에 의해 공작물을 변형하기 위해 매우 국소적인 압력(거의 점 접촉)을 가한다. 스피닝으로 생산되는 전형적인 기본 형상에는 컵, 원뿔, 반구, 그리고 튜브 형상 등이 있다. 세 가지 형식의 스피닝 작업은 다음과 같다. (1) 일반 스피닝, (2) 전단 스피닝, (3) 튜브 스피닝.

일반 스피닝

일반 스피닝은 기본적인 스피닝 작업이다. 그림 16.42와 같이 최종 제품의 원하는 내부 형상을 가진 회전하는 만드렐의 끝에 박판 금속 디스크를 고정하고 이를 회전시키면서 성형 공구 또는 롤러로 금속을 만드렐 쪽으로 밀어 성형한다. 초기 공작물이 평판 디스크가 아닌 경우도 종종 있다. 그림에 보인 것처럼 성형을 완료하기 위해 여러 단계가 필요하다. 공구의 위치는 작업자가 지렛대 원리를

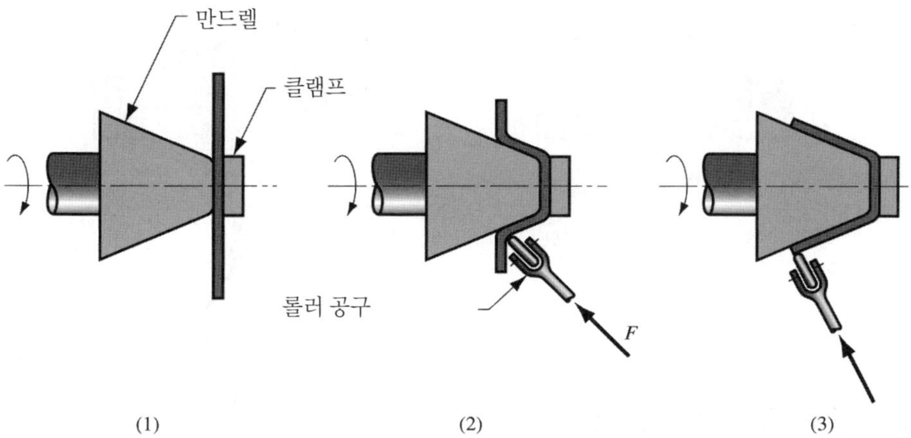

그림 16.42 일반 스피닝. (1) 공정 시작 셋업, (2) 스피닝 공정 중, (3) 공정 완료.

이용하여 수동으로 조절하거나, 컴퓨터 제어와 같은 자동화된 방법으로 조절된다. 이를 각각 수동 스피닝과 동력 스피닝이라고 부른다. 동력 스피닝은 작업 시 더 큰 힘을 가할 수 있기 때문에 성형 시간이 줄고 더 큰 크기의 공작물을 성형할 수 있다. 또한 수동 스피닝보다 공정 제어 능력이 우수하다 일반 스피닝은 움직이는 축대칭 만드렐의 외곽 표면을 따라 움직이는 원주 축을 주위로 금속을 굽히는 작업이다. 따라서 금속의 두께는 초기 두께와 비교하여 거의 변하지 않는다. 그러므로, 디스크의 직경은 최종 제품의 직경보다 조금 더 커야 한다. 초기 요구 직경은 스피닝 전후의 부피가 일정하다는 가정에 의해 유추될 수 있다.

일반 스피닝은 원뿔형과 곡선형 제품을 소량 생산하는 데 적용한다. 5 m 또는 그 이상의 매우 큰 직경을 가진 제품을 스피닝 공정으로 만들 수 있다. 이를 다른 박판 금속 가공 방법으로 만든다면 금형 비용이 지나치게 높을 것이다. 스피닝용 만드렐은 나무 또는 쉽게 가공이 가능한 부드러운 재료로 만들 수 있다. 따라서 딥드로잉에 사용되는 펀치-금형과 비교할 때 공구 제작 비용이 매우 저렴한 편이다.

전단스피닝

전단스피닝(shear spinning)에서는 만드렐 위로 소재의 외경이 일정하게 유지된 채 벽 두께가 얇아지는 전단 변형 공정에 의해 그림 16.43과 같이 제품이 성형된다. 이러한 전단 스피닝은 전단 변형 작용(따라서 금속의 두께가 얇아짐)에 의해 성형된다는 점으로 인해 일반 스피닝의 굽힘 작용에 의한 성형과 구별된다. 전단 스피닝은 여러 가지 다른 이름, 즉 *유동 선삭(flow turning)*, *전단 성형(shear forming)*, *스핀 단조(spin forging)*로도 불린다. 이 공정은 항공우주산업에서 로켓의 선단부와 같은 큰 제품을 만드는 데 적용되어 왔다. 그림에서 보인 단순한 원뿔형의 경우, 스피닝 후 벽 두께를 사인 법칙을 이용하여 쉽게 구할 수 있다.

$$t_f = t \sin \alpha \tag{16.26}$$

여기서 t_f = 스피닝 후 최종 벽두께, t = 디스크 초기 두께, α = 만드렐 각(실제로는 반각)이다. 스피

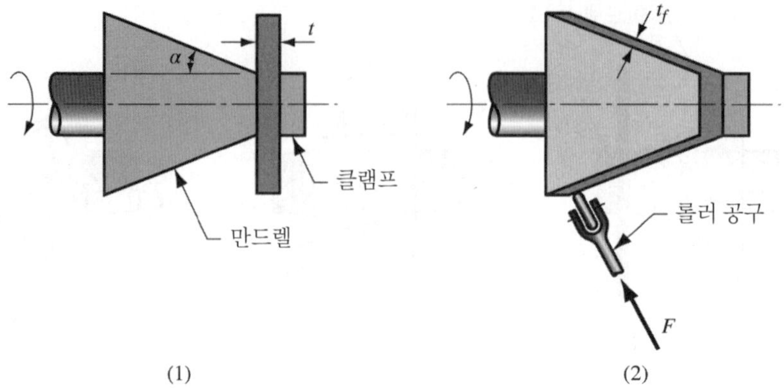

그림 16.43 전단 스피닝. (1) 셋업, (2) 공정 완료.

닝 감소율 r을 사용하여 벽이 얇아지는 정도를 정량화하기도 한다.

$$r = \frac{t - t_f}{t} \tag{16.27}$$

스피닝 작업에서 파손이 발생하기 전까지 금속이 얇아지는 양에는 한계가 있다. 최대 감소율은 인장시험에서의 단면 감소율과 연관성이 있다[9].

튜브 스피닝

튜브 스피닝(tube spinning)은 그림 16.44와 같이 롤러를 사용하여 공작물을 원통형 만드렐 위로 밀착시키면서 벽 두께를 줄이고 튜브 길이를 증가시키는 작업이다. 튜브 스피닝은 초기 공작물이 편평한 디스크가 아니고 튜브라는 점을 제외하고는 전단 스피닝과 유사하다. 이 작업은 공작물 외부에(튜브 안쪽에 원통형 만드렐 사용) 또는 내부에(튜브를 감싸는 금형 사용) 롤러를 작용시켜 수행한다. 또한 그림 16.44(c)처럼 롤러가 벽을 따라 접선방향으로 움직일 때 그 경로를 조절함으로써 튜브 벽에 윤곽을 만드는 것도 가능하다.

균일한 벽 두께를 만드는 튜브 스피닝 공정에 대한 스피닝 감소율은 전단 스피닝과 마찬가지로

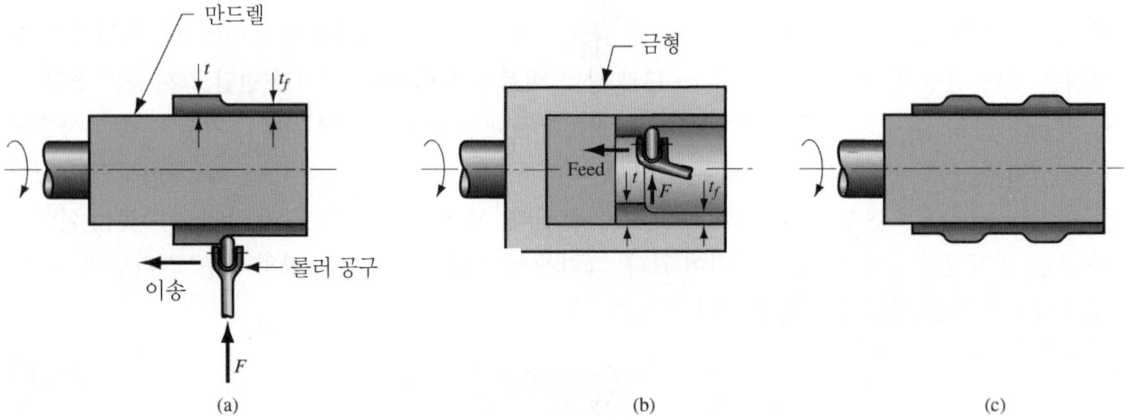

그림 16.44 튜브 스피닝. (a) 외부, (b) 내부, (c) 윤곽.

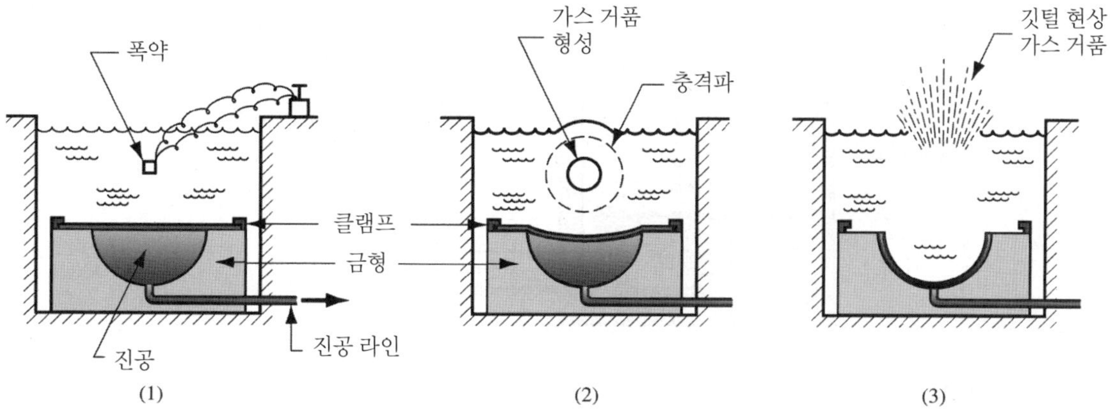

그림 16.45 폭발 성형. (1) 셋업, (2) 폭약 폭발, (3) 충격파가 제품을 성형하고 깃털형 가스 거품이 수면을 빠져나옴.

식 (16.17)을 사용하여 구할 수 있다.

16.6.4 고에너지속도 성형

매우 짧은 시간에 많은 양의 에너지를 사용하여 금속을 성형하는 여러 가지 방법이 개발되어 왔다. 이런 특징으로 인해 이 공정을 *고에너지 속도 성형(high-energy-rate forming, HERF)*이라고 부른다. 여기에는 폭발 성형, 전기 수압 성형, 전자기 성형 등이 있다.

폭발 성형

폭발 성형(explosive forming)은 박판 금속(또는 판재)을 성형하기 위해 폭약을 사용하는 공정이다. 그림 16.45에 이 공정을 수행하기 위한 한 가지 방법을 나타내었다. 금형에 공작물을 고정시키고 밀봉하면 공동 아래쪽에 진공이 생성된다. 다음에 이 장치를 물이 들어 있는 큰 용기에 설치한다. 폭약을 공작물 위에 어느 정도 거리를 가지고 물속에 설치한다. 폭약이 폭발하면서 충격파가 발생하고 이것이 물에 의해 전달되면서 공작물이 빠르게 성형된다. 폭약의 크기와 공작물로부터 위치는 경험에 크게 의존한다. 폭발 성형은 항공 산업에서 큰 제품을 만드는 데 주로 사용된다.

전기 수압 성형

전기 수압 성형(electro-hydraulic forming)은 전달 유체(물) 속에 설치된 두 개의 전극 사이에서 전기 에너지를 방전시킴으로써 충격파가 공작물을 금형 공동 내부로 변형시키는 일종의 HERF 공정이다. 이러한 동작 원리 때문에 *전기방전 성형(electric discharge forming)*이라고도 불린다. 이 공정을 위한 장치를 그림 16.46에 나타내었다. 전기 에너지는 큰 축전기(capacitor, 콘덴서)에 축적된 후 전극쪽으로 방출한다. 전기 수압 성형은 폭발 성형과 유사하다. 차이점은 에너지를 만드는 방법과 상대적으로 작은 양의 에너지가 방출된다는 점이다. 이 때문에 전기 수압 성형은 보다 작은 크기의 제품을 만드는 데 사용된다.

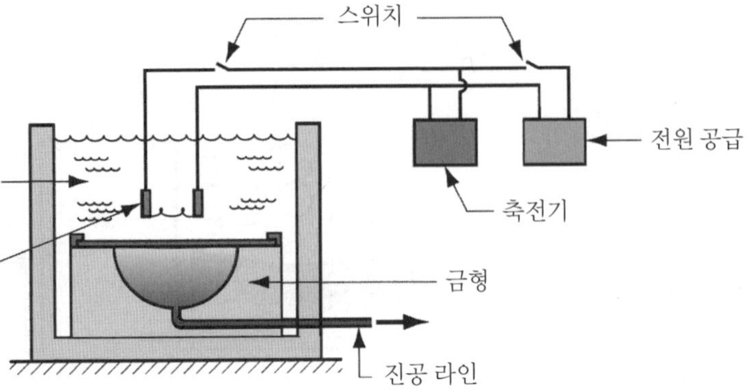

그림 16.46 전기 수압 성형.

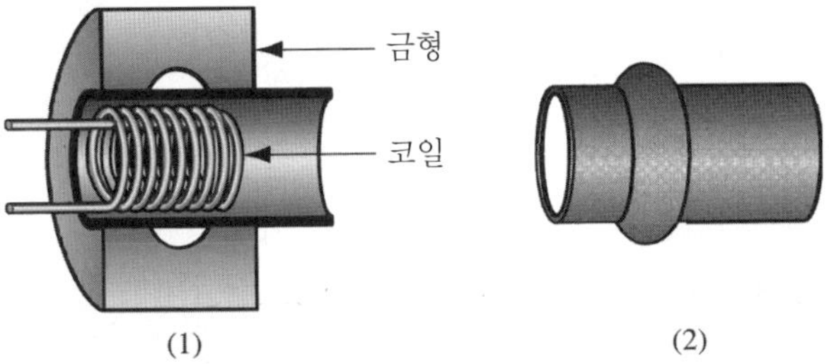

그림 16.47 전자기 성형. (1) 금형에 둘러싸인 튜브형 공작물에 코일이 삽입된 상태, (2) 성형된 제품.

전자기 성형

전자기 성형(electromagnetic forming) 또는 *자기펄스 성형(magnetic pulse forming)*은 전압이 인가된 코일로 인해 공작물 내에서 유도된 전자기장의 기계적 힘을 이용하여 금속 박판을 성형하는 공정이다. 축전기에 의해 전압이 인가된 코일은 자기장을 만든다. 이 코일은 공작물 내에 자체적인 자기장을 형성하는 와전류를 생성한다. 유도된 자기장이 원래의 자기장과 대항하면서 기계적 힘이 만들어지며 이 힘으로 공동 주위로 공작물이 성형된다. 전자기 성형은 1960년대에 개발되었으며 HERF 공정 중에서 가장 널리 사용된다[11]. 이 공정은 그림 16.47에 나타낸 것처럼 전형적으로 튜브형 제품을 만드는 데 쓰인다.

16.7 튜브 소재의 굽힘

튜브와 파이프를 만드는 여러 가지 방법을 앞 장에서 설명했고 16.6.3절에서는 튜브 스피닝에 대해 언급하였다. 이 절에서는 튜브를 굽히고 성형하는 방법에 대해 살펴본다. 튜브 소재에 굽힘을 가하는 것은 박판 소재보다 더 어렵다. 왜냐하면 이는 굽힘을 가할 때 튜브가 붕괴되고 접힐 수 있기 때문이다. 따라서 특수하게 제작된 유연한 만드렐을 굽힘 전에 튜브에 삽입하여 굽힘 공정 동안 벽을 떠받치게 한다.

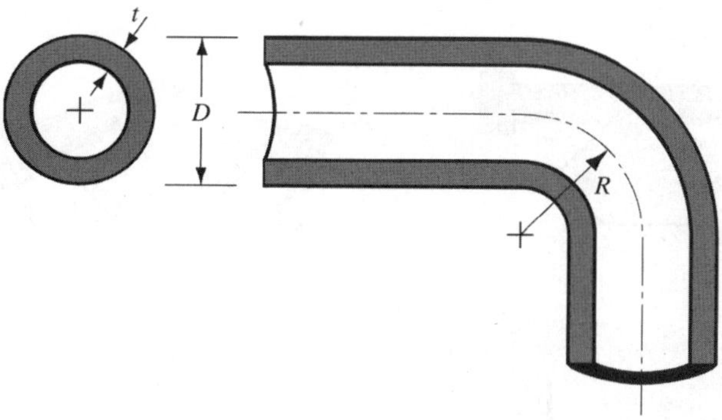

그림 16.48 굽힘 성형된 튜브의 치수와 용어. D = 튜브의 외경, R = 구힘 반경, t = 벽 두께.

그림 16.48에 튜브 굽힘에 쓰이는 몇 가지 용어를 나타내었다. 굽힘 반경 R은 튜브의 중심선으로부터 정의된다. 튜브를 구부릴 때 굽힘의 안쪽 벽에서는 압축이, 굽힘의 바깥쪽은 튜브의 벽에서는 인장이 발생된다. 이런 응력 조건으로 인해 바깥쪽 벽은 얇아지면서 늘어나고 안쪽 벽은 두꺼워지면서 짧아진다. 그 결과, 안쪽 벽과 바깥쪽 벽이 서로를 향하는 경향이 생겨 튜브 단면의 모양이 납작해진다. 이와 같은 납작해지려는 경향 때문에 튜브가 굽혀질 수 있는 최소 굽힘 반경 R은 만드렐을 사용할 경우 직경 D의 약 1.5배, 만드렐을 사용하지 않을 경우 D의 세 배가 된다[10]. 정확한 값은 벽 인자(wall factor) WF에 의존한다. 여기서 WF는 직경 D를 벽두께 t로 나눈 값이다. WF 값이 높으면 최소 굽힘 반경이 증가한다. 즉, 벽이 얇을 때의 튜브 굽힘이 더 어렵다. 소재 재료의 연성도 또한 이 공정에서 중요한 요소 중 하나이다.

튜브(그리고 유사한 단면)를 굽히는 데 사용되는 여러 방법들을 그림 16.49에 나타내었다. *신장 굽힘(stretch bending)*은 그림 16.49(a)에서처럼 고정된 형상 블록 주위로 튜브를 당기면서 구부리는 작업이다. 드로우 *굽힘(draw bending)*은 그림 16.49(b)에서처럼 튜브를 형 블록에 고정시키고 블록을 회전시킴으로써 튜브를 구부리고 잡아당기는 작업이다. 굽힘 동안 공작물을 지지하기 위해 가압 봉(pressure bar)이 사용된다. 압축 굽힘(compression bending)에서는 고정되어 있는 형 블록의 윤곽을 따라 튜브를 감싸기 위해 와이퍼 슈(wiper shoe)가 사용된다. 일반적으로 박판 소재의 성형에 연관성이 있는 롤 굽힘(16.6.2절)은 튜브 및 기타 단면 제품을 구부리는 데에도 사용된다.

참고문헌

REFERENCES

[1] *ASM Handbook*. Vol. 14B: *Metalworking: Sheet Forming*. ASM International, Materials Park, Ohio, 2006.

[2] Eary, D. F., and Reed, E. A. *Techniques of Pressworking Sheet Metal*. 2nd ed. Prentice-Hall, Englewood Cliffs, New Jersey, 1974.

[3] Hoffman, E. G. (ed.). *Fundamentals of Tool Design*. 2nd ed. Society of Manufacturing Engineers, Dearborn, Michigan, 1984.

[4] Hosford, W. F., and Caddell, R. M. *Metal Forming: Mechanics and Metallurgy*. 3rd ed. Cambridge University Press, Cambridge, U.K., 2007.

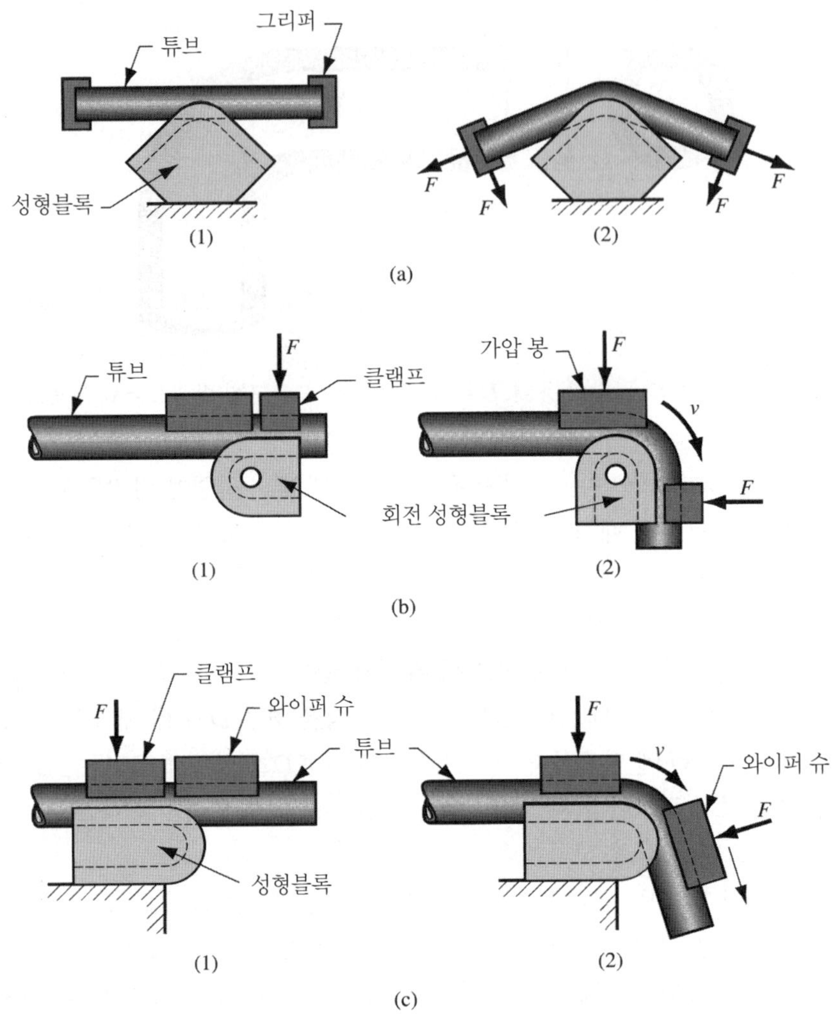

그림 16.49 튜브 굽힘 방법. (a) 연신굽힘, (b) 드로우 굽힘, (c) 압축 굽힘. 각 방법에 대해 (1) 공정 시작, (2) 굽힘 공정 중. v와 F는 각각 운동 속도와 작용력을 나타냄.

[5] Kalpakjian, S., and Schmid, S. *Manufacturing Processes for Engineering Materials*. 5th ed. Prentice Hall/ Pearson, Upper Saddle River, New Jersey, 2008.
[6] Lange, K. *Handbook of Metal Forming*. Society of Manufacturing Engineers, Dearborn, Michigan, 2006.
[7] Mielnik, E. M. *Metalworking Science and Engineering*. McGraw-Hill, New York, 1991.
[8] Nee, J. G. (ed.). *Fundamentals of Tool Design*. 6th ed. ociety of Manufacturing Engineers, Dearborn, Michigan, 2010.
[9] Schey, J. A. *Introduction to Manufacturing Processes*. 3rd ed. McGraw-Hill, New York, 2000.
[10] Smith, D. A. *Fundamentals of Pressworking*, Society of Manufacturing Engineers, Dearborn, Michigan, 1994.
[11] Wick, C., et al. (eds.). *Tool and Manufacturing Engineers Handbook*. 4th ed. Vol. II: Forming. Society of Manufacturing Engineers, Dearborn, Michigan, 1984.

복습문제 *REVIEW QUESTIONS*

서론

16.1 금속 판재 또는 박판재를 포함하는 제품을 여러 가지 열거하라.

16.2 일반적인 박판금속 가공 작업에서 사용되는 공구 또는 공작기계의 명칭은 무엇인가?

16.3 박판금속 가공 작업의 대분류 명칭은 무엇인가?

전단작업

16.4 박판금속 부품의 전단면에 발생하는 버(burr)의 정의하라.

16.5 원형 박판 금속을 블랭킹하는 데 있어서 간극은 펀치 직경에 적용되는지 혹은 금형 직경에 적용되는지 답하라.

16.6 컷오프(cutoff)와 분단(parting)은 어떻게 다른가?

16.7 노칭(notching)과 세미노칭(semi notching)을 구별하라.

굽힘작업

16.8 굽힘 허용은 무엇을 보상하기 위한 것인가?

16.9 박판금속가공에서 플랜징(flanging)을 정의하라.

16.10 박판금속가공에서 헤밍(hemming)을 정의하라.

드로잉

16.11 박판금속가공의 관점에서 드로잉(drawing)을 정의하라.

16.12 드로잉 제품에서 나타날 수 있는 결함에 대해 설명하라.

16.13 재드로잉(redrawing)과 역드로잉(reverse drawing)을 구별하라.

박판금속 프레스가공을 위한 장비

16.14 스템핑 프레스에 사용되는 구조 프레임의 형태에 대해 설명하라.

16.15 박판금속 가공에 있어서 후개방 경사(open back inclinable) 프레스란 무엇인가?

16.16 박판금속가공에서 사용되는 터릿 프레스를 정의하라.

16.17 박판금속가공에서 기계식 프레스와 유압식 프레스의 각각 상대적인 장단점은 무엇인가?

16.18 컴파운드 금형(compound die)과 컴비네이션 금형(combination die)을 구별하라.

16.19 박판금속가공에서 트랜스퍼 금형(transfer die)의 사용에 대해 설명하라.

기타 박판금속 성형공정

16.20 박판금속가공에서 엠보싱(embossing)과 코이닝(coining)을 구별하라.

프레스를 사용하지 않는 박판금속 공정

16.21 신장성형(stretch forming)을 정의하라.

16.22 롤 벤딩과 롤 성형의 차이점을 설명하라.

16.23 박판금속가공에서 스피닝(spinning)을 정의하라.

16.24 박판금속가공에서 튜브 스피닝(tube spinning)은 무엇에 이용하는가?

16.25 박판금속가공에서 사용하는 폭발성형(explosive forming)을 정의하라.

연습문제

PROBLEMS

Cutting Operations

16.1 A blanking operation is performed on 3.175 mm-thick cold-rolled steel (half hard). The part is circular with diameter = 63.5 mm. The shear strength of the steel = 2758 Pa and the tensile strength is 3792.25 Pa. Determine (a) the appropriate punch and die sizes for the operation and (b) the blanking force required.

16.2 A compound die is used to blank and punch a large washer out of 6061ST aluminum alloy sheet stock 3.0 mm thick. The outside diameter of the washer is 20.0 mm, and the inside diameter is 10.0 mm. Determine the punch and die sizes for (a) the blanking operation, and (b) the punching operation. and (b) the punching operation.

16.3 In the previous problem, determine the force required to perform the blanking and punching operation under the following conditions: (a) blanking and punching occur simultaneously and (b) the punches are staggered so that punching occurs first, then blanking. The aluminum has a tensile strength = 340 MPa.

16.4 A blanking die must be designed to blank the part outline shown in Figure P16.4. The material is 3.5-mm-thick stainless steel (half hard). Determine (a) the dimensions of the blanking punch and die opening and (b) the cutting force required, given that the stainless steel has a yield strength = 270 MPa, shear strength = 430 MPa, and tensile strength = 630 MPa.

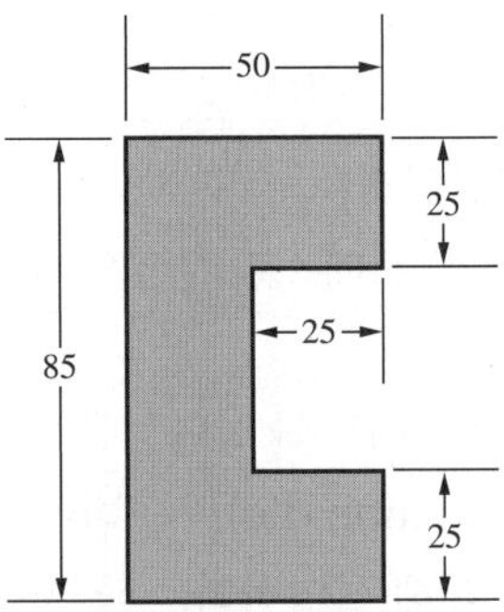

P16.4 Blanked part in Problem 16.4 (dimensions are mm).

Bending

16.5 A bending operation is performed on 5.00 mm thick cold-rolled steel. The part drawing is shown in Figure P16.5. Determine (a) the blank size required and (b) the bending force if the bend is performed in a V-die with a die opening dimension = 35 mm. The steel has a tensile strength = 330 MPa and shear strength = 230 MPa.

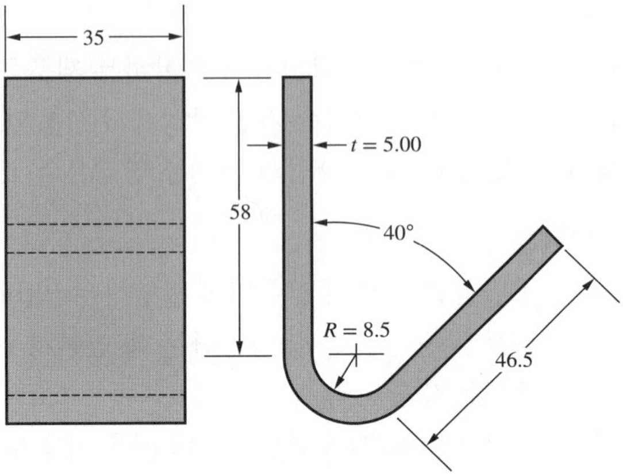

P16.5 Part in bending operation of Problem 16.5 (dimensions are mm).

16.6 Solve part (a) of the previous problem except that the bend radius R = 10.5 mm.

16.7 An angle bracket is bent in a V-bending operation on a press brake from a flat blank that is 10.0 cm long by 4.0 cm wide by 0.4 cm thick. The 90° bend is made in the middle of the 10.0 cm length, so that the bend axis is 4.0 cm long. (a) Determine the dimensions of the two equal sides that will result after the bend, if the bend radius = 0.5 cm. The sides should be measured to the beginning of the bend radius. (b) Also, determine the length of the part's neutral axis after the bend. (c) Where should the machine operator set the stop on the press brake relative to the starting length of the part?

16.8 A sheet-metal part that is 4.0 mm thick, 80 mm long, and 18 mm wide is bent in a wiping die to an included angle = 90° and a bend radius = 7.5 mm. The bend is made in the middle of the 80 mm length, so that the bend axis = 18 mm long. The metal has a yield strength = 200 MPa and a tensile strength = 320 MPa. Compute the force required to bend the part, given that the die opening dimension = 8 mm.

Drawing Operations

16.9 A cylindrical cup is produced in a deep drawing operation. Cup height = 70 mm, and inside diameter = 90 mm. Sheet-metal thickness = 1.5 mm. If the blank diameter = 220 mm, determine (a) drawing ratio, (b) reduction, and (c) thickness-to-diameter ratio. (d) Is the operation feasible?

16.10 Solve the previous problem, except that the starting blank size diameter = 170 mm.

16.11 A cup-drawing operation is performed in which the cup's inside diameter = 75 mm and its height = 45 mm. Stock thickness = 2.5 mm, and blank diameter = 140 mm. Punch and die radii = 3 mm. Tensile strength = 380 MPa and yield strength = 160 MPa for this sheet metal. Determine (a) drawing ratio, (b) reduction, (c) drawing force, and (d) blankholder force.

16.12 A deep drawing operation is performed on a sheet-metal blank that is 3.175 mm thick. The height of the cup = 96.52 mm and its diameter = 127 mm (both inside dimensions). (a) Assuming the punch radius = 0, compute the starting diameter of the blank to complete the operation with no material left in the flange. (b) Is the operation feasible (ignoring the fact that the punch radius is too small)?

16.13 Solve the previous problem, except that the punch radius = 10.0 mm.

16.14 A drawing operation is performed on 3.0 mm stock. The part is a cylindrical cup with inside height = 35 mm and inside diameter = 50 mm. Assume that the corner radius on the punch is zero. (a) Find the required starting blank size D_b. (b) Is the drawing operation feasible?

Economics of Sheet-Metal Pressworking

16.15 Sheet-metal blanks are loaded into a stamping operation by an industrial robot. Loading time is 12 sec. Actuating the OBI press takes 5 sec, including part ejection. The completed parts are dropped by gravity into a container. The cost rate of the press is $60/hr, which includes the cost rate of the robot. The stamping die cost $35,000 and is expected to produce a total of 70,000 stampings during its life. Batch quantity is 1,400 parts. Time to set up the press before production is 1.8 hr. Assume availability = 100%, scrap rate = 0%. Determine (a) time to complete the batch, (b) average production rate, and (c) cost per piece of the unit operation.

16.16 Solve the previous problem except that an improved method of setting up the job has been implemented so that the setup time is only 15 min instead of 1.8 hr.

16.17 An automated stamping operation is fed by coil stock. Each coil costs $300. Scrap metal after each coil has been used is sold for $30/coil. A total of 2,400 parts are produced per coil. The press operates at 12 strokes per min. Setup time before production is 1.5 hr, which includes loading the first coil. Changeover time between coils after the first coil is 15 min. The cost rate of the press is $55/hr. The compound die cost $45,000 and is expected to produce a total of 200,000 stampings. A total of 18,000 stampings are to be produced in the current batch. Assume availability = 100%, scrap rate = 0%. Determine (a) time to complete the batch, (b) average production rate, and (c) cost per piece for the unit operation, including material.

16.18 Starting pieces of sheet steel are loaded into a three-station transfer die in an automated stamping operation that runs two shifts per day. The starting pieces weigh 1.38 kg and cost $1.24/pc. The first die station cuts the starting blank from the starting pieces. The other die stations perform cutting and forming operations. Leftover scrap metal is sold to a recycler for $0.08/kg. The final formed part weighs 1.13 kg. The die cost $150,000 and is expected to produce 400,000 stampings during its life. Die maintenance costs $6,000 every 80,000 parts. The work transfer device that loads and unloads the system and transfers parts between stations cost $50,000 and will need to be rebuilt every 40,000 parts at a cost of $16,000/rebuild. Each occasion of die and transfer device maintenance results in a downtime of 6 hours in the stamping operation. The cost rate of the automated press is $95/hr. This rate includes the cost of any downtime and the cost of one worker who tends the system. The press stroke each cycle takes 5 sec and part transfer takes 7 sec. Setup time of the press before production is 3.0 hr. Assume availability = 100%, scrap rate = 0%. Determine (a) total time to produce one work-piece, (b) time required to complete 400,000 parts, (c) total cost to complete 400,000 parts, including material cost, and (d) production cost per piece, including material. (e) What is the total value of the leftover scrap metal from the 400,000 parts?

16.19 Solve the previous problem except that the availability of the press, die, and transfer device are each 99% instead of 100%. When one of the three pieces of equipment experiences a downtime incident, the other two pieces of equipment must also stop operating.

16.20 Coil stock of low-carbon steel is fed by a coil feeder through a seven-station progressive die in an automated stamping operation running 8 hr/day producing a sheet-metal part that weighs 0.5 kg. The company pays $256/coil, which is 460 m long and 10 cm wide. Changeover time between coils results in 15 min of downtime. The center-to-center length of each station in the die is 12 cm. The final die station separates the part from the carrier strip, which is sold for recycling along with the other scrap pieces for $20/coil. The die cost $180,000, and it is expected to produce one million stampings during its life, with die maintenance costing $5,000 every 50,000 parts. This maintenance is done during the night shift so it causes no downtime. The cost rate of the automated press is $90/hr, which includes periodic tending by workers. The press operates at 18 strokes per min. Setup time of the press before production is 6.0 hr; this includes installing the first coil. Assume availability = 100%, scrap rate = 0%. Determine (a) total time to produce one workpiece, (b) number of parts produced per coil, (c) batch time for the first coil, including setup, (d) batch time for each subsequent coil, including time for coil changeover, and (e) production cost per piece for the one million parts, including material.

16.21 Solve the previous problem except that the availability of the press, progressive die, and coil feeder are each 99% instead of 100%. When one of the three pieces of equipment experiences a downtime incident, the other two pieces of equipment must also stop operating.

16.22 A numerically controlled turret press will be used to process a batch of 18 sheet-metal panels. The cost rate of the press is \$59/hr, which includes the cost rate of the punch and die. Each starting panel costs \$2.25. The part program includes 19 cutting operations, and each press operation takes 3.2 sec to accomplish. Time to reposition the worktable before each operation averages 4.5 sec, and indexing the turret averages 3.8 sec. Setup time for the job is 85 min, which includes part programming. Loading and clamping the sheet-metal panels takes a worker 2.4 min, and unloading and stacking the panels takes 1.3 min. Determine the (a) cycle time per stroke, (b) total time to produce one workpiece, (c) time to complete the batch, (d) average hourly production rate, (e) cost to process the batch, including material, and (f) cost to process the batch, including material.

16.23 Solve the previous problem except that the batch quantity is increased to 75 instead of 18.

Other Operations

16.24 A 508 mm-long sheet-metal workpiece is stretched in a stretch forming operation to the dimensions shown in Figure P16.24. Thickness of the beginning stock = 4.762 mm and width = 215.9 mm. The metal has a flow curve defined by a strength coefficient = 517.125 MPa and a strain hardening exponent = 0.20. The yield strength of the material = 206.85 MPa. (a) Find the stretching force F required near the beginning of the operation when yielding first occurs. Determine (b) true strain experienced by the metal, (c) stretching force F, and (d) die force F_{die} at the very end when the part is formed as indicated in Figure P16.24(b).

16.25 Determine the starting disk diameter required to spin the part in Figure P16.25 using a conventional spinning operation. The starting thickness = 2.4 mm.

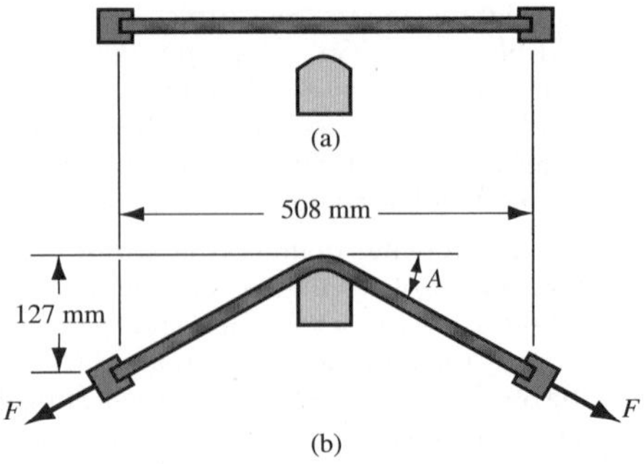

P16.24 Stretch forming operation in Problem 16.24 (dimensions are mm).

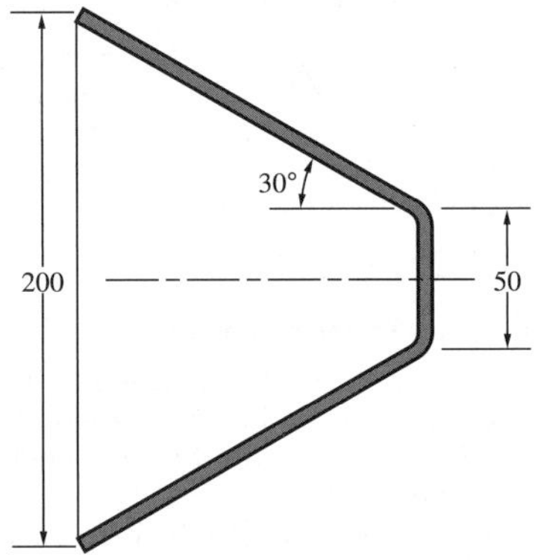

P16.25 Part cross section in conventional spinning operation of Problem 16.25 (dimensions are mm).

16.26 If the part illustrated in Figure P16.25 were made by shear spinning, determine (a) the wall thickness along the cone-shaped portion, and (b) the spinning reduction r. (c) What is the shear strain experienced by the metal?

Tube Bending

16.27 A 75-mm diameter tube is bent into a rather complex shape with a series of simple tube bending operations. The wall thickness on the tube = 4.75 mm. The tubes are used to deliver fluids in a chemical plant. In one of the bends where the bend radius is 125 mm, the walls of the tube are flattening badly. What can be done to correct the condition?

PART 5

재료 제거 공정

CHAPTER 17

절삭 가공의 이론

17.1 절삭 가공 기술의 개요

17.2 금속 가공에서의 칩 형성 이론
- 17.2.1 직교 절삭 모델
- 17.2.2 실제 칩 형성

17.3 절삭력과 Merchant 식
- 17.3.1 금속 절삭력
- 17.3.2 Merchant 식

17.4 절삭 동력과 에너지

17.5 절삭 온도
- 17.5.1 절삭 온도 계산을 위한 해석적 방법
- 17.5.2 절삭 온도의 측정

재료 제거 공정(material removal processes)은 형상 가공(외형 형성) 공정(그림 1.5)의 일종으로서, 초기 공작물로부터 불필요한 재료를 제거하여 남은 부분이 원하는 최종 형상이 되도록 하는 공정이다. 세부 공정 분류를 그림 17.1에 나타내었다. 이 가운데서 가장 중요한 것은 ***전통적인 절삭 가공(conventional machining)***으로서, 원하는 형상을 얻기 위해 날카로운 절삭날을 사용하여 기계적으로 소재를 제거하는 것이다. 세 가지 주요 절삭 공정은 선삭, 드릴링, 밀링이다. 그림 17.1에 주어진 기타 절삭 가공 공정으로는 형삭, 평삭, 브로칭, 톱 작업이 있다. 절삭 가공에 대하여 이 장을 시작으로 20장까지 다룬다.

재료 제거 공정의 또 다른 그룹으로 경한 연마입자의 작용으로 소재를 기계적으로 제거하는 ***연마 공정(abrasive processes)***을 들 수 있다. 연삭이 포함된 이 공정은 21장에서 다루어진다. 그림 17.1에서 기타 연마 공정으로는 호닝(honing), 래핑(lapping), 수퍼피니싱(superfinishing)을 들 수 있다. 마지막으로 소재를 제거하기 위해 날카로운 절삭날이나 연마입자 대신에 여러 종류의 에너지 형태를 사용하는 ***특수 가공(nontraditional machining)***이 있다. 이러한 에너지 형태로는 기계적, 전기 화학적, 열적, 화학적 에너지가 있다. 특수 가공에 관해서는 22장에서 논의된다.

절삭 가공에서 가장 중요한 작용은 칩(chip)을 형성하기 위한 공작물 재료의 전단 변형이다. 이때 공구의 절삭날에 의해 칩이 제거됨에 따라 새로운 표면이 생성된다.[1] 절삭 가공은 금속에 가장 흔히 적용된다. 이 공정의 단면도를 그림 17.2에 나타내었다.

---

1) 특수 가공 공정에서 기계 에너지 형태의 일부는 연마입자들을 사용하므로 21장의 연마공정과 중복된다.

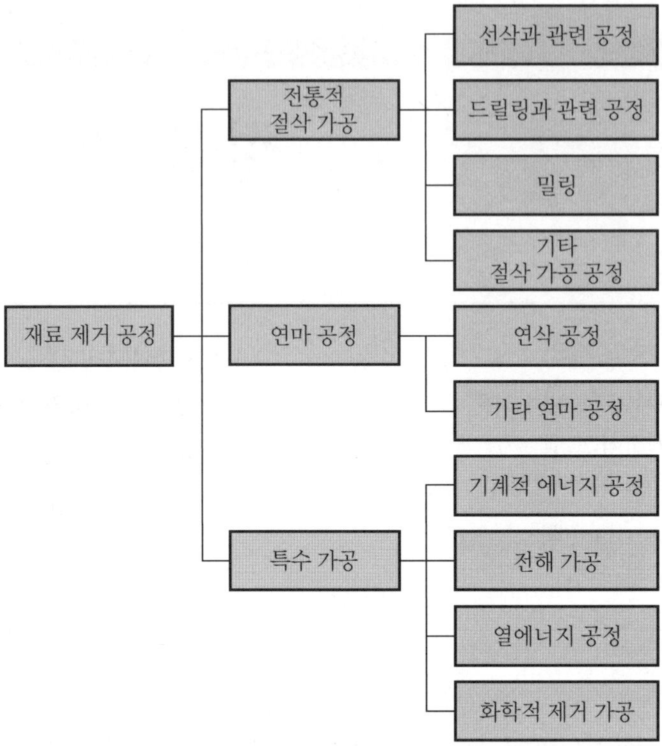

그림 17.1 재료 제거 공정의 분류.

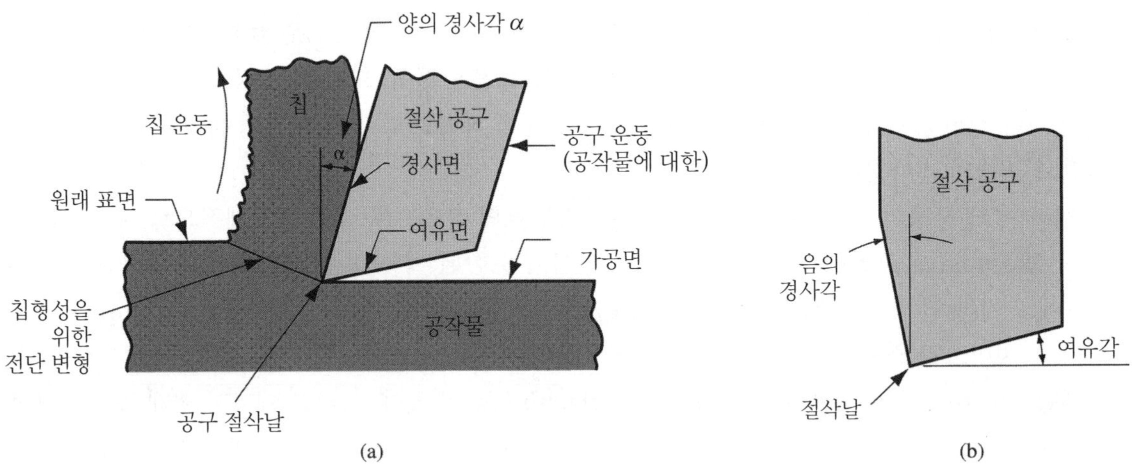

그림 17.2 (a) 절삭 가공 공정의 단면도, (b) 음의 경사각을 가진 공구, 양의 경사각 (a)와 비교. 여유각(clearance angle)은 relief angle이라고도 한다.

절삭 가공은 가장 중요한 제조 공정 중의 하나이다. 산업혁명과 생산 관련 세계의 경제 성장 배경에는 여러 가지 절삭 가공 공정의 발전이 주된 역할을 하였다고 볼 수 있다(역사적 고찰 18.1 참조). 절삭 가공은 다음과 같은 여러 가지 이유로 상업적으로나 기술적으로 중요하다.

- ***공작물 재료의 다양성.*** 여러 가지 재료에 절삭 가공을 적용할 수 있다. 사실상 모든 고체 금속은 절삭 가공이 가능하다. 플라스틱 및 플라스틱 복합 재료 또한 절삭 가공이 가능하다. 세라믹은 높은 경도와 취성으로 인하여 절삭 가공이 어렵지만, 대부분의 세라믹은 21장에서 다루어질 연마 가공 공정에 의하여 성공적으로 절삭이 가능하다.
- ***부품 형상 및 기하학적 특징의 다양성.*** 절삭 가공으로 평판, 원형 구멍, 실린더 형태와 같은 정형화된 어떠한 형상도 가공할 수 있다. 또한 공구 형상 및 공구 경로의 변화를 이용해 나사산이나 기어 이와 같은 비정형 형상도 가공할 수 있다. 형상이 다소 복잡하고 다양하더라도 여러 절삭 가공 공정을 연속적으로 배치함으로써 거의 모든 형상을 가공할 수 있다.
- ***치수 정확성.*** 절삭 가공은 매우 작은 공차를 갖는 치수로 제품을 생산할 수 있다. 대부분의 다른 공정보다 훨씬 정확한 ± 0.025 mm의 공차를 일부 절삭 공정을 통해 얻을 수도 있다.
- ***우수한 표면 정도.*** 절삭 가공으로 매우 매끄러운 표면 정도를 갖는 가공면을 얻을 수 있다. 보통의 절삭 가공으로 거칠기 값이 0.4 μm인 가공면을 얻을 수 있다. 일부 연마 공정을 통해서는 훨씬 더 좋은 가공면을 얻을 수 있다.

반면에, 절삭 가공 및 기타 재료 제거 공정은 다음과 같은 단점이 있을 수 있다.

- ***재료 낭비.*** 절삭 가공은 재료의 낭비가 불가피하다. 절삭 가공 공정에서 생성되는 칩은 폐기될 재료이다. 비록 이러한 칩들이 재활용될 수 있다고 하더라도, 제거된 재료는 해당 공정에서 일단은 버려진다.
- ***시간 소모.*** 절삭 가공은 일반적으로 다른 성형 공정인 주조나 단조에 비해 주어진 형상을 얻기 위하여 더 많은 시간이 소모된다.

절삭 가공은 일반적으로 기본 공정으로 알려진 주조 혹은 용적 변형 공정(예, 단조, 인발) 등의 다른 제조 공정 후에 수행된다. 이 기본 공정에서 공작물을 초기 형상으로 만들고, 2차 공정인 절삭 가공에서 최종 형상, 치수, 표면 정도를 만든다.

17.1 절삭 가공 기술의 개요

절삭 가공은 단순히 하나의 공정이 아니라 여러 공정 그룹을 포함한다. 여러 공정들의 공통적인 특징은 공작물로부터 제거되는 칩을 형성하기 위해 절삭 공구가 사용된다는 것이다. 공정을 수행하기 위해 공구와 공작물 사이의 상대 운동이 필요하다. 대부분의 절삭 가공에서 이러한 상대 운동은 ***절삭 속도(cutting speed)***라는 1차 운동과 ***이송(feed)***이라는 2차 운동에 의해 이루어진다. 이러한 운동과 결합하여 공구 형상과 공작물로의 공구 침입 깊이가 공작물 표면의 최종 형상을 결정한다.

절삭 공정의 유형

어떤 특정 부품의 형상과 표면 형상을 생성하는 많은 종류의 절삭 가공 공정이 있다. 이러한 공정들

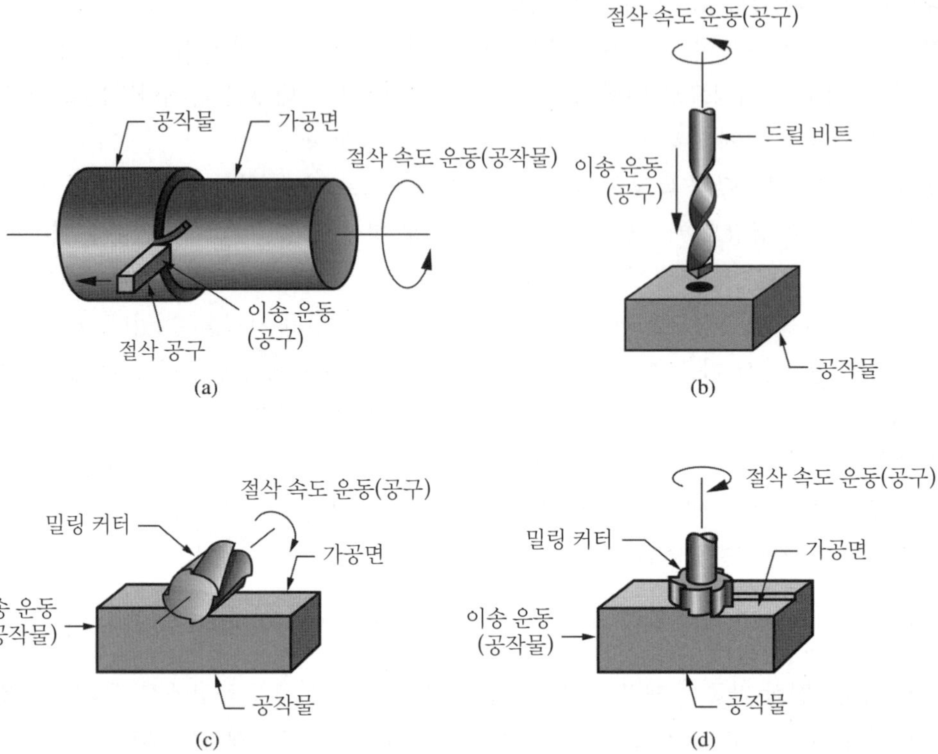

그림 17.3 세 가지 가장 중요한 절삭 가공 공정. (a) 선삭, (b) 드릴링, 그리고 두 종류의 밀링, (c) 평 밀링, (d) 정면 밀링.

에 관해서는 18장에서 자세히 설명하고, 여기서는 그림 17.3에 나타낸 것처럼 가장 일반적인 세 가지 공정인 선삭, 드릴링, 밀링에 대해 정의하기로 한다.

선삭(turning)에서는 그림 17.3(a)에 나타낸 것처럼 원통형의 형상을 얻기 위해 회전하는 공작물로부터 재료를 제거하는 한 개의 절삭날(단인)을 가진 공구가 사용된다. 선삭에서의 절삭 속도는 회전하는 공작물에 의해 제공되며, 이송은 공작물의 회전축에 평행한 방향으로 천천히 움직이는 절삭날에 의해 제공된다. ***드릴링(drilling)***은 원형 구멍을 생성하기 위한 공정이다. 그림 17.3(b)와 같이 회전하는 공구는 회전축에 평행한 방향으로 이송되면서 공작물 쪽으로 이동된다. ***드릴 비트(drill bit)***라고 부르는 공구는 일반적으로 두 개의 절삭날을 가지고 있다. ***밀링(milling)***에서는 여러 개의 절삭날(다인)을 가진 회전하는 공구가 공작물 쪽으로 천천히 움직이면서 수평면이나 직선인 표면을 생성한다. 이송 운동 방향은 공구의 회전축에 수직이다. 절삭 속도는 회전하는 밀링 커터에 의해 제공된다. 밀링의 기본적인 두 가지 형태는 그림 17.3(c)와 (d) 같이 평 밀링과 정면 밀링이 있다.

기타 전통적인 절삭 가공 공정으로 형삭, 평삭, 브로칭, 톱 작업을 들 수 있다(18.6절). 때때로 연삭과 기타 연마 공정을 절삭 공정의 범주에 포함시키기도 한다. 이런 공정들은 보통 전통적인 절삭 가공 후에 수행되며 공작물의 매우 우수한 표면 정도를 얻기 위해 수행된다.

절삭 공구

절삭 공구는 한 개나 그 이상의 날카로운 절삭날을 가지며 공작물보다 단단한 재료로 만들어진다. 절삭날은 그림 17.2와 같이 모재로부터 칩을 분리하는 역할을 한다. 경사면(rake face)과 여유면(relief face)으로 불리는 두 개의 면이 절삭날에 접해 있다. 새롭게 생성된 칩이 유동하는 경사면은 ***경사각(rake angle)*** α라 불리는 각도로 위치되어 있다. 이 경사각은 공작물 표면에 수직인 면으로부터 측정된다. 이 경사각은 양(그림 17.2(a))이 될 수도 있고 음(그림 17.2(b))이 될 수도 있다. 공구 여유면은 공구와 새롭게 생성되는 가공면 사이에 틈새를 두어서, 표면정도를 저하시킬 수 있는 마모 작용으로부터 가공면을 보호하는 역할을 한다. 여유면은 ***여유각(clearance angle, relief angle)***이라 불리는 각도에 위치되어 있다.

실제로 대부분의 절삭 공구는 그림 17.2에 나타낸 것보다 훨씬 더 복잡한 형상을 갖고 있다. 그림 17.4와 같이 두 가지 기본적인 유형의 공구((a) 단인 공구, (b) 다인 공구)가 있다. ***단인 공구(single-point tool)***는 한 개의 절삭날을 가지는데, 선삭과 같은 공정에 주로 사용된다. 그림 17.2에 나타난 공구의 특징 이외에도, 이 절삭 공구의 이름이 하나의 공구 선단으로부터 유래한다. 가공 중 공구 선단은 공작물 원래의 표면 아래로 관통해 들어간다. 이 선단은 ***노즈 반경(nose radius)***이라 불리는 일정한 반지름을 가지는 원형 형상으로 되어 있다. ***다인 공구(multiple-cutting-edge tool)***는 둘 이상의 절삭날을 가지며 공작물에 대한 상대적 회전운동을 통해 작업이 수행된다. 드릴링과 밀링은 회전하는 다인 공구가 사용된다. 그림 17.4(b)는 평 밀링에 사용되는 헬리컬 밀링 커터를 나타낸다. 이 공구의 형상은 단인 공구와는 상당히 다르지만 공구 형상의 많은 요소들은 유사하다. 단인 공구, 다인 공구, 그리고 이들에 사용되는 재료에 대한 내용은 19장에서 설명하기로 한다.

절삭 조건

절삭 가공 공정을 수행하기 위해서는 공구와 공작물 사이에 상대 운동이 존재하여야 한다. 일차 운동은 어떤 ***절삭 속도(cutting speed)*** v로 수행된다. 또한 공구가 공작물을 가로질러 측면으로 이동되어야한다. 이 이동은 훨씬 느린 속도이며 ***이송(feed)*** f라고 한다. 그 외의 용어로서 원래의 공작물 아래로 절삭 공구가 깊이 방향으로 파고드는 거리를 ***절삭 깊이(depth of cut)*** d라고 한다. 절삭 속

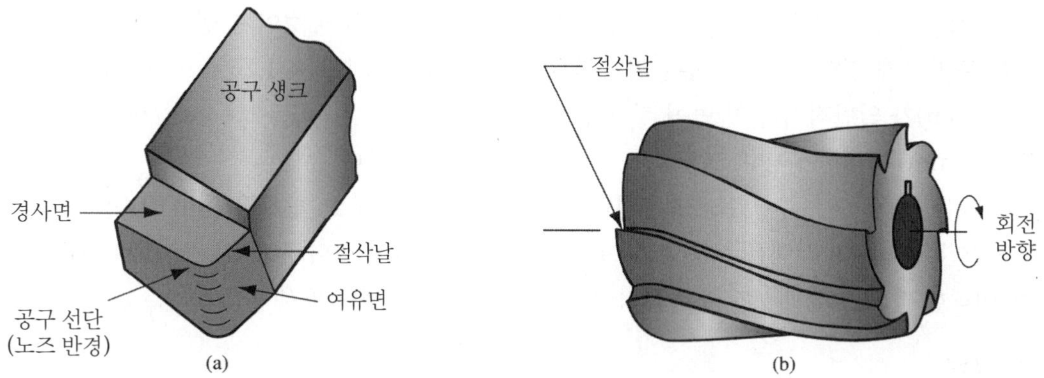

그림 17.4 (a) 경사면, 여유면, 공구 선단을 나타내는 단인 공구, (b) 다인 공구를 대표하는 헬리컬 밀링 커터.

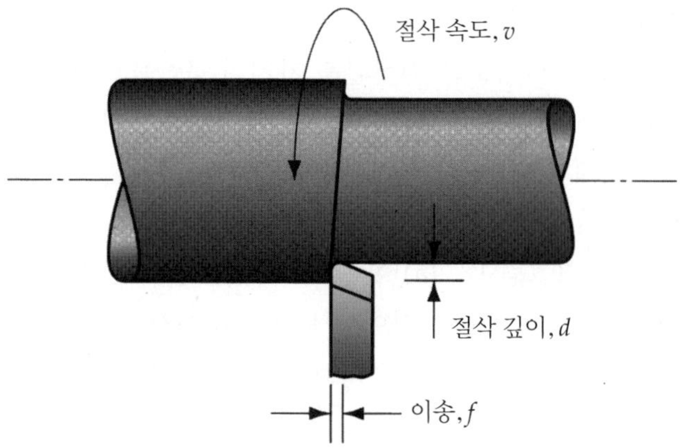

그림 17.5 선삭 공정에서의 절삭 속도, 이송, 절삭 깊이.

도, 이송, 절삭 깊이를 종합하여 ***절삭 조건(cutting conditions)***이라 한다. 이들은 절삭 가공 공정의 3차원적인 특성을 결정하며, 어떤 공정(예를 들면, 대부분의 단인 공구 공정)에 대해 이들의 곱은 그 공정의 ***소재 제거율(material removal rate)***을 나타낸다.

$$R_{MR} = vfd \tag{17.1}$$

여기서 R_{MR} = 소재 제거율(mm^3/s), v = 절삭 속도(m/s, 이는 mm/s로 변환되어야 함), f = 이송(mm), d = 절삭 깊이(mm)를 나타낸다.

선삭 공정에서의 절삭 조건을 그림 17.5에 나타내었다. 절삭 속도에 보통 사용되는 단위는 m/s 또는 m/min이다. 선삭에서는 이송을 mm/rev, 절삭 깊이를 mm로 나타낸다. 다른 절삭 가공 공정에서 절삭 조건의 의미가 달라질 수 있다. 예를 들면, 드릴링 공정에서의 깊이는 보통 드릴링된 구멍의 깊이를 지칭한다.

절삭 가공은 보통 절삭 목적 및 조건에 따라서 황삭과 정삭으로 구분할 수 있다. ***황삭(roughing cut)***은 가능한 한 빨리 초기 공작물로부터 많은 양의 재료를 제거하는 것으로서, 최종 형상에 근접한 형상으로 가공하고 뒤따르는 정삭 공정을 위해 절삭할 재료를 조금 남겨놓게 된다. ***정삭(finishing cut)***은 공작물을 완성하기 위해 수행되며 최종 치수, 공차, 그리고 표면 정도를 얻게 된다. 일반적으로 절삭 가공 공정에서는 한 번이나 그 이상의 황삭 공정이 수행되고, 한두 번의 정삭 공정이 뒤따르게 된다. 황삭 공정은 일반적으로 높은 값의 이송(0.4~1.25 mm/rev)과 절삭 깊이(2.5~20 mm)가 일반적이다. 반면에 정삭 공정은 매우 낮은 이송(0.125~0.4 mm/rev)과 절삭 깊이(0.75~2.0 mm)가 일반적이다. 절삭 속도는 황삭이 정삭보다 낮다.

절삭유는 절삭 공구를 냉각하고 윤활하기 위해 절삭 공정에 흔히 사용된다(19.4절에서 다루어짐). 적절한 절삭유의 선택은 보통 절삭 조건의 범위와 관련이 있다. 주어진 공작물 재료와 공구에 대해, 이러한 절삭 조건의 선정은 성공적인 절삭 가공 공정을 위해 매우 중요하다.

공작 기계

공작물을 고정하고, 공작물에 대한 공구의 상대 위치를 결정하여, 미리 정해진 절삭 속도, 이송, 절삭 깊이로 절삭할 때 필요한 동력을 제공하기 위해 공작 기계가 사용된다. 공구, 공작물, 절삭 조건을 적절하게 조절함으로써, 공작 기계는 매우 좋은 정확도 및 반복성을 가지고 0.025 mm 혹은 그 이하의 공차를 가진 부품을 가공할 수 있다. ***공작 기계(machine tool)***라는 용어는 연삭 공정을 포함하여 모든 절삭 공정이 수행되는 동력 구동기계를 지칭한다. 또한 금속 성형 공정과 프레스공정(15장, 16장)을 수행하는 기계가 포함되기도 한다.

선삭, 드릴링, 밀링을 수행하기 위한 전통적인 공작 기계는 각각 선반, 드릴 프레스, 그리고 밀링 머신이다. 전통적으로 공작 기계는 보통 사람에 의해 공작물 취급, 절삭 공구 교환, 절삭 조건 선정을 한다. 다수의 현대적인 공작 기계는 ***컴퓨터 수치 제어(computer numerical control)***라 불리는 자동화 형태로 이와 같은 공정이 가능하도록 설계된다(33.3절).

17.2 금속 가공에서의 칩 형성 이론

대부분의 실제 절삭 가공 공정의 기하학적 문제는 조금 복잡하다. 기하학적으로 복잡한 부분을 많이 무시하고는 있지만 공정의 역학을 상당히 정확하게 묘사하는 단순화된 절삭 가공 모델을 사용한다. 그림 17.6에 나타낸 것처럼 이를 ***직교 절삭 모델(orthogonal cutting model)***이라 부른다. 실제 절삭 가공 공정은 3차원적이지만 직교 절삭 모델은 2차원적으로 해석한다.

17.2.1 직교 절삭 모델

정의에 의하면 직교 절삭 모델은 절삭날이 절삭 속도 방향에 수직하게 놓여있는 쐐기 형상의 공구를 사용한다. 공구가 재료에 힘을 가함에 따라 공작물 표면과 각도 ϕ를 이루고 있는 ***전단면(shear plane)***이라 불리는 평면을 따라서 전단 변형이 일어나 칩이 형성된다. 공구의 날카로운 절삭날 끝에서 재료의 파단이 일어나 결국 소재로부터 칩이 분리된다. 전단 평면을 따라서 기계적 에너지의

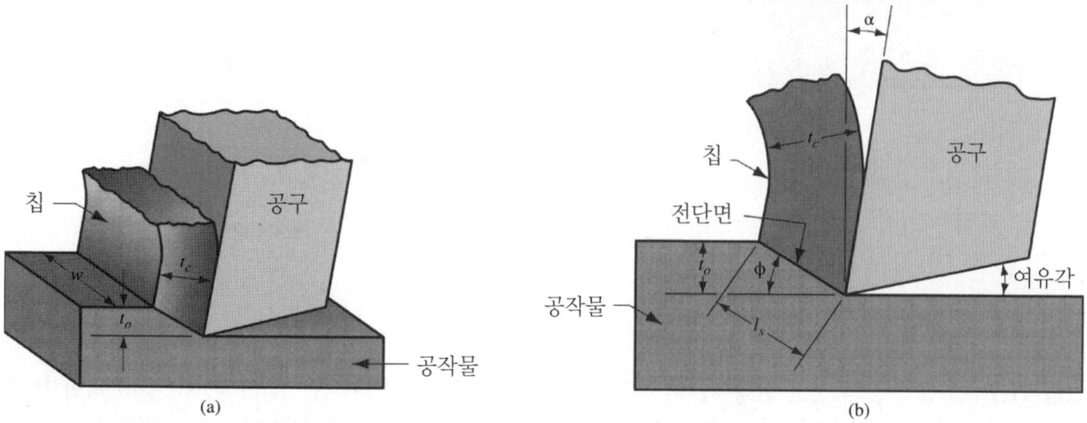

그림 17.6 직교 절삭. (a) 3차원 공정 형상, (b) 2차원으로 단순화시킨 측면 형상.

많은 부분이 소모되어 재료는 소성 변형이 발생된다.

직교 절삭에서 공구는 오직 두 가지 기하학적 요소((1) 경사각과 (2) 여유각)만을 가진다. 앞에서 기술한 바와 같이, 경사각 α는 칩이 공작물로부터 형성되어 유동하는 방향을 결정하며, 여유각은 공구 여유면과 새롭게 생성된 가공면 사이의 작은 틈새를 제공한다.

절삭 중 공구의 절삭날은 원래의 공작물 표면 아래로 어떤 깊이를 가지고 위치하게 된다. 이것은 칩이 형성되기 전의 칩 두께 t_o에 해당한다. 전단면을 따라 칩이 형성됨에 따라 이 두께는 t_c로 증가한다. t_o와 t_c의 비를 ***칩두께비(혹은 칩비, chip ratio)*** r이라 한다.

$$r = \frac{t_o}{t_c} \tag{17.2}$$

절삭 후 칩두께가 이에 대응되는 절삭 전 칩두께보다 항상 크기 때문에 칩비는 항상 1.0보다 작다.

t_o 외에도 직교 절삭에는 그림 17.6(a)에 나타낸 것처럼 절삭폭 w가 존재하지만 이 크기는 직교 절삭의 해석에 많은 역할을 하지 못한다.

직교 절삭 모델의 기하학적 형상으로부터 칩두께비, 경사각, 전단각 사이에 중요한 관계를 만들 수 있다. l_s를 전단면의 길이라 하면, $t_o = l_s \sin\phi$, $t_c = l_s \cos(\phi - \alpha)$가 된다. 그러므로

$$r = \frac{l_s \sin\phi}{l_s \cos(\phi - \alpha)} = \frac{\sin\phi}{\cos(\phi - \alpha)}$$

이 식은 ϕ를 결정하기 위해 다음과 같이 바꿀 수 있다.

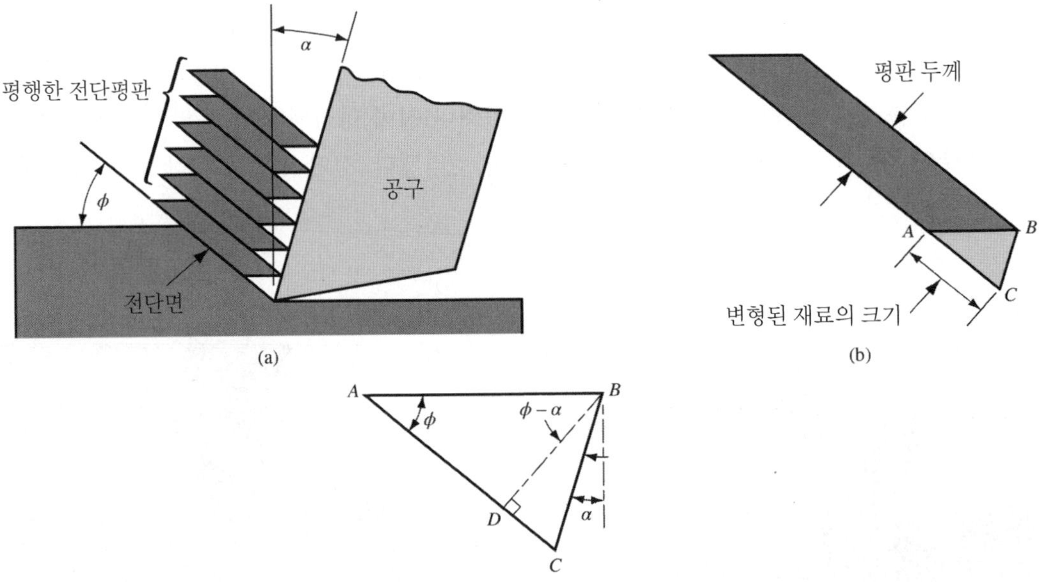

그림 17.7 칩 형성 중의 전단 변형률. (a) 서로 미끄러지는 평판들로 나타낸 칩 형성, (b) 평행 평판 모델을 기초로 전단 변형률의 정의를 나타내기 위한 독립된 1개의 평판, (c) 식 (17.4)를 유도하기 위해 사용된 전단 변형률 삼각형.

$$\tan\phi = \frac{r\cos\alpha}{1 - r\sin\alpha} \tag{17.3}$$

전단면을 따라 발생되는 전단 변형은 그림 17.7을 분석함으로써 추정할 수 있다. 그림에서 (a)는 칩을 형성하기 위해 서로 미끄러지는 평행한 평판들로 근사화된 전단 변형을 나타낸다. 전단 변형률에 대한 앞 절에서의 정의(3.1.4절)와 일치하게, 각각의 평판은 그림 17.7(b)에 나타낸 전단 변형률을 가지게 된다. (c)의 그림을 참조하면 이 전단 변형률은 다음과 같다.

$$\gamma = \frac{AC}{BD} = \frac{AD + DC}{BD}$$

이 식은 절삭 가공에서 전단 변형률의 정의로서 다음과 같다.

$$\gamma = \tan(\phi - \alpha) + \cot\phi \tag{17.4}$$

예제 17.1

직교 절삭

직교 절삭으로 근사화한 절삭 가공 공정에서 절삭 공구는 경사각 10°를 가진다. 절삭 전의 칩두께 $t_o = 0.50$ mm, 절삭 후의 칩두께 $t_c = 1.125$ mm이다. 이 공정에서 전단각과 전단 변형률을 계산하여라.

풀이

칩두께비는 식 (17.2)로부터 구할 수 있다.

$$r = \frac{0.50}{1.125} = 0.444$$

전단각은 식 (17.3)에 의해 주어진다.

$$\tan\phi = \frac{0.444\cos 10}{1 - 0.444\sin 10} = 0.4738$$
$$\boldsymbol{\phi = 25.4^\circ}$$

마지막으로 전단 변형률은 식 (17.4)로부터 계산된다.

$$\gamma = \tan(25.4 - 10) + \cot 25.4$$
$$\gamma = 0.275 + 2.111 = \mathbf{2.386}$$

17.2.2 실제 칩 형성

실제 절삭 가공이 직교 절삭 모델과 다른 점을 주목해야 한다. 첫째, 전단 변형이 평면을 따라 일어나는 것이 아니라 ***주전단 영역(primary shear zone)***이라는 유한한 두께의 영역 안에서 발생된다.

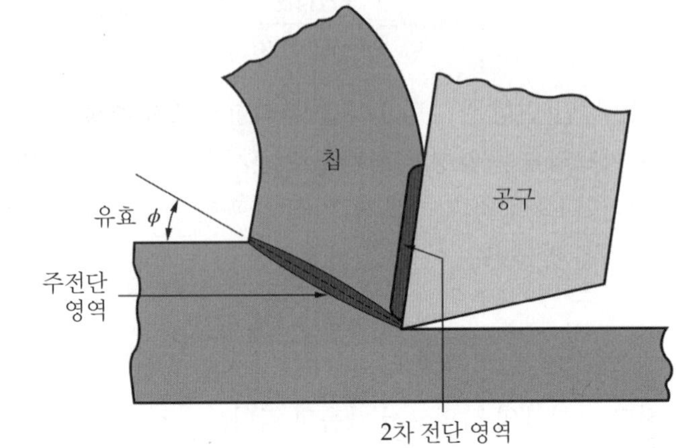

그림 17.8 전단 영역을 나타낸 실제적인 칩형성 도식. 칩-공구 마찰에 의한 2차 전단 영역도 나타나 있다.

두께가 0인 평면에서 전단이 발생되려면, 이 전단 작용은 한정된 크기의 시간이라기보다는 순간적으로 평면을 가로질러 일어나야 한다는 것을 암시한다. 실제 재료 거동에서는 전단 변형이 얇은 전단 영역 내에서 반드시 일어난다. 이와 같이 절삭 가공에서 전단 변형 과정의 더 실제적인 모델이 그림 17.8에 나타나 있다. 금속 절삭 실험에 의하면 전단 영역의 두께는 약 0.1 mm밖에 되지 않는다. 전단 영역의 두께가 매우 얇기 때문에 이것을 평면으로 가정하여도 정확성의 손실이 그다지 크지 않다.

둘째, 주전단 영역에서 발생되는 전단 변형 이외에도 칩이 형성된 후에 또 다른 전단 작용이 칩에 발생된다. 이 부가적인 전단 작용을 ***2차 전단(secondary shear)***이라고 하며, 이는 칩이 공구의 경사면을 따라 미끄러질 때 마찰로부터 생긴다. 공구와 칩 사이의 마찰이 커짐에 따라 이 효과는 증가한다. 2차 전단 영역은 그림 17.8에서 볼 수 있다.

셋째, 칩 형성은 가공되는 재료의 종류와 절삭 조건에 의존한다. 그림 17.9와 같이 네 가지 기본적인 칩 형태가 있다.

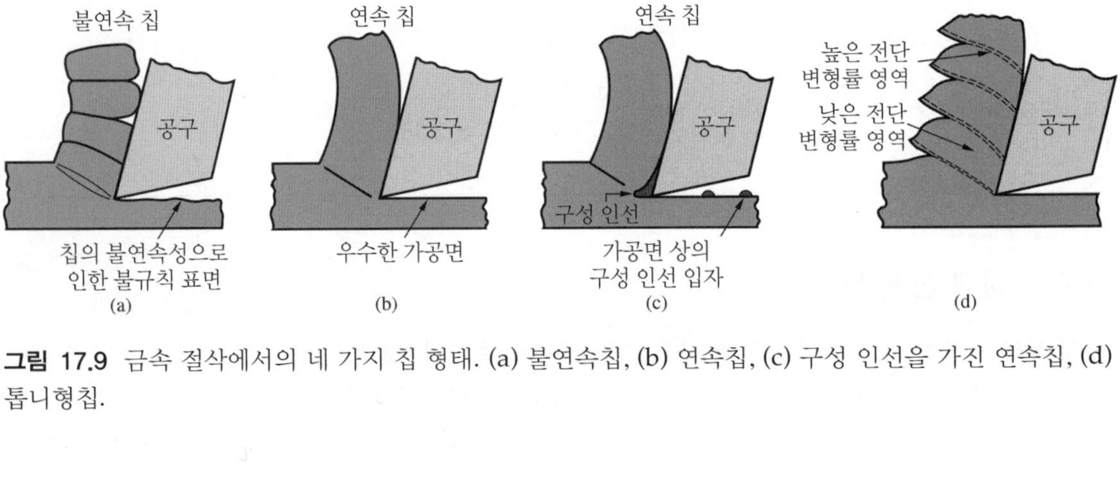

그림 17.9 금속 절삭에서의 네 가지 칩 형태. (a) 불연속칩, (b) 연속칩, (c) 구성 인선을 가진 연속칩, (d) 톱니형칩.

- ***불연속칩(discontinuous chip).*** 취성이 상대적으로 큰 재료(예를 들면, 주철)를 낮은 절삭 속도로 가공할 때 칩이 별개의 단편으로 분리되어 형성되는 경향이 있다(때론 단편들이 느슨하게 붙어 있다). 이는 불규칙적인 가공 표면을 초래하는 경향이 있다. 높은 공구-칩 마찰, 큰 이송과 절삭 깊이가 이러한 유형의 칩 형태를 유발한다.
- ***연속칩(continuous chip).*** 연성 재료가 높은 속도, 작은 이송과 절삭 깊이로 절삭될 때, 길고 연속적인 칩이 형성된다. 이러한 형태의 칩이 형성될 때 일반적으로 좋은 표면 정도가 얻어진다. 날카로운 공구 절삭날과 낮은 공구-칩 마찰이 연속칩 형성을 돕는다. 길고 연속적인 칩(선삭에서처럼)은 칩 처리와 공구에 감기는 문제를 야기할 수 있다. 이러한 문제점을 해결하기 위해 선삭 공구에서는 칩브레이커를 갖추게 된다(19.3.1절).
- ***구성 인선을 가진 연속칩(continuous chip with built-up edge).*** 낮거나 보통인 절삭 속도로 연성 재료를 가공하면 공구와 칩 사이의 마찰로 인해 공작물 재료의 일부분이 절삭날 근처의 경사면에 들러붙게 된다. 이렇게 해서 생성된 것을 ***구성 인선(built-up edge, BUE)***이라 한다. 구성 인선의 형성은 주기적이다. 이것은 형성되어 성장하다가 불안정하게 되면 떨어져 나간다. 분리된 구성 인선의 대부분은 칩과 함께 배출되는데 때로는 공구 경사면의 일부분과 함께 배출되어 공구 수명을 단축시키기도 한다. 칩과 함께 배출되지 못한 일부 구성 인선은 새롭게 생성된 공작물 표면에 남게 되어 가공면을 거칠게 한다.

앞에 기술한 칩 유형은 1930년대 후반에 Ernst에 의하여 처음으로 분류되었다[13]. 그 이후로 새로운 공작물 재료와 공구 재료가 출현하고 절삭 속도가 증가함에 따라 다음의 네 번째 칩 형태가 확인되었다.

- ***톱니형 칩(serrated chip, shear-localized chip라고도 불림).*** 높고 낮은 전단 변형률이 교대로 존재하는 주기적인 칩 형성에 의해 생성된 톱니 형상을 하고 있다는 점에서 이와 같은 칩 형태를 반연속형으로 볼 수 있다. 이러한 칩 형태는 티타늄합금, 니켈계 초합금, 오스테나이트계 스테인리스강과 같은 난삭재 금속을 높은 절삭 속도로 가공할 때 생성된다. 그러나 이와 같은 현상은 보통의 금속(예를 들면, 강)을 고속으로 가공할 때도 발견된다[13].[2)]

17.3 절삭력과 Merchant 식

직교 절삭 모델에서 여러 힘들이 정의될 수 있다. 이런 힘들을 기초로 전단 응력, 마찰 계수, 그리고 관계식들이 정의된다.

2) 톱니형 칩에 대한 보다 자세한 설명은 참고문헌 [13]의 pp. 348–367에서 찾을 수 있음.

17.3.1 금속 절삭력

그림 17.10(a)의 직교 절삭에서 칩에 작용하는 힘들을 고려해 보자. 공구에 의해 칩에 작용하는 힘들을 서로 수직하는 두 개의 분력으로 나눌 수 있다. ***마찰력(friction force)*** F는 공구와 칩 사이의 마찰로 인한 공구 경사면의 칩 유동에 저항하는 힘이다. ***수직 마찰력(normal force to friction)*** N은 마찰력에 수직한 힘이다. 이 두 가지 절삭 분력들은 공구와 칩 사이의 마찰 계수를 정의하기 위해 사용될 수 있다.

$$\mu = \frac{F}{N} \tag{17.5}$$

마찰력과 수직 마찰력은 합력 R을 구하기 위해 벡터 합을 만들 수 있다. 합력 R은 **마찰각**(friction angle)으로 불리는 각 β에 위치되어 있다. 마찰각은 마찰 계수와 다음과 같은 관계가 있다.

$$\mu = \tan\beta \tag{17.6}$$

공구에 의해 칩에 작용하는 힘들에 추가해, 공작물에 의해 칩에 작용하는 두 개의 절삭 분력들이 있다. ***전단력(shear force)*** F_s는 전단면에서 발생되는 전단 변형을 일으키는 힘이다. ***수직 전단력(normal force to shear)*** F_n은 전단력에 수직한 힘이다. 전단력으로부터 공작물과 칩 사이의 전단면을 따라 작용하는 전단 응력을 다음과 같이 정의할 수 있다.

$$\tau = \frac{F_s}{A_s} \tag{17.7}$$

여기서 A_s = 전단면의 면적이다. 전단면 면적은 다음과 같이 주어진다.

$$A_s = \frac{t_o w}{\sin\phi} \tag{17.8}$$

식 (17.7)에서의 전단 응력은 절삭 가공 공정을 수행하기 위해 요구되는 응력의 크기를 나타낸다.

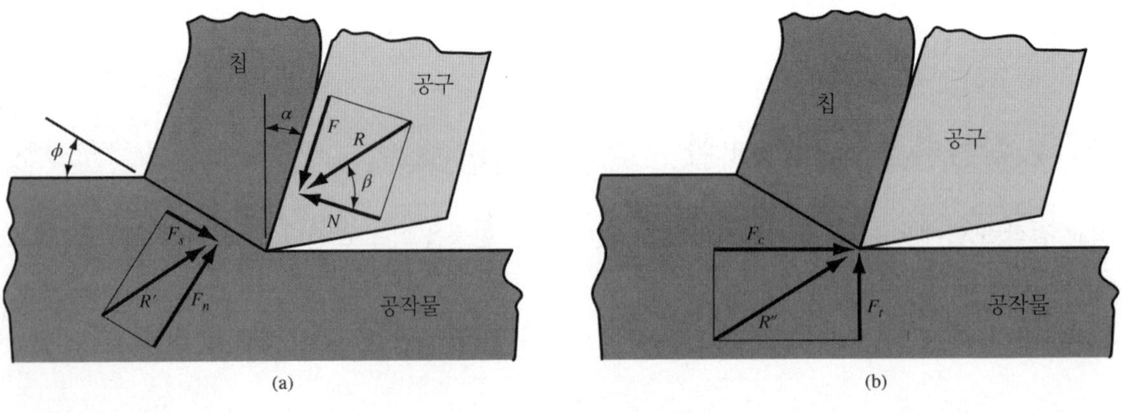

그림 17.10 금속 절삭에서의 힘. (a) 직교 절삭에서 칩에 작용하는 힘, (b) 공구에 작용하는 측정 가능한 힘.

따라서 이 응력은 절삭 작용이 일어나는 조건하에서 공작물의 전단 강도와 일치($\tau = S$)해야 한다.

두 개의 분력 F_s와 F_n의 벡터 합은 합력 R'이 된다. 칩에 작용하는 힘들이 평형을 이루기 위해서는 합력 R'는 합력 R과 크기는 같고 방향은 반대이며 동일 작용선상에 놓여 있어야 한다.

네 개의 분력 F, N, F_s, F_n들은 절삭 가공 공정에서 쉽게 측정할 수 없다. 왜냐하면 이 힘들의 작용 방향이 공구 형상과 절삭 조건에 따라 변하기 때문이다. 그러나 절삭 공구에 공구 동력계(dynamometer)라고 불리는 기기를 설치하여 공구에 작용하는 두 개의 추가적인 힘들을 직접 측정하는 것이 가능하다. ***절삭력(cutting force)*** F_c는 절삭 속도 v와 반대 방향이다. 그리고 ***배분력(thrust force)*** F_t는 절삭 전 칩두께 t_o와 관련되며, 절삭력에 수직 방향이다. 절삭력과 배분력을 합력 R''와 함께 그림 17.10(b)에 나타냈다. 이 힘들의 각각의 방향이 알려져 있기 때문에 공구 동력계를 이에 맞춰 설치할 수 있다.

측정할 수 없는 네 개의 힘들은 측정이 가능한 두 개의 힘으로부터 관계식을 유도할 수 있다. 그림 17.11의 힘 선도로부터 다음과 같이 기하학적인 관계를 유도할 수 있다.

$$F = F_c \sin\alpha + F_t \cos\alpha \tag{17.9}$$

$$N = F_c \cos\alpha - F_t \sin\alpha \tag{17.10}$$

$$F_s = F_c \cos\phi - F_t \sin\phi \tag{17.11}$$

$$F_n = F_c \sin\phi + F_t \cos\phi \tag{17.12}$$

절삭력(F_c)과 배분력(F_t)을 알고 있으면 네 개의 식으로부터 마찰력, 수직 마찰력, 전단력, 수직 전단력을 계산해낼 수 있다. 이 네 개의 힘으로부터 전단 응력과 마찰 계수를 결정할 수 있다.

직교 절삭에서 경사각 $\alpha = 0$이 되는 특별한 경우, 이때 식 (17.9)와 (17.10)은 각각 $F = F_t, N = F_c$가 된다. 그러므로 이와 같은 특별한 경우에 마찰력과 수직 마찰력은 공구 동력계에 의해 직접 측정할 수 있다.

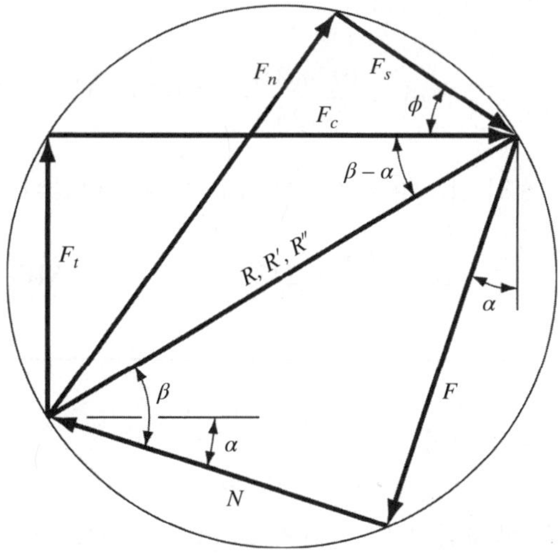

그림 17.11 F, N, F_s, F_n, F_c, F_t 사이의 기하학적인 관계를 보여주는 힘 선도.

예제 17.2는 절삭력과 배분력이 공작물의 전단 강도와 관련되어 있음을 입증하고 있다. 이와 같은 관련성을 좀 더 직접적으로 유도할 수 있다. 전단력 $F_s = SA_s$인 식 (17.7)로부터, 그림 17.11의 힘 선도를 이용해 다음의 식들을 유도할 수 있다.

$$F_c = \frac{St_o w\cos(\beta-\alpha)}{\sin\phi\cos(\phi+\beta-\alpha)} = \frac{F_s\cos(\beta-\alpha)}{\cos(\phi+\beta-\alpha)} \tag{17.13}$$

그리고

$$F_t = \frac{St_o w\sin(\beta-\alpha)}{\sin\phi\cos(\phi+\beta-\alpha)} = \frac{F_s\sin(\beta-\alpha)}{\cos(\phi+\beta-\alpha)} \tag{17.14}$$

이와 같은 식들은 직교 절삭 공정에서 공작물의 전단 강도를 알고 있을 때 절삭력과 배분력을 계산할 수 있게 한다.

예제 17.2

절삭 가공에서의 전단 응력

예제 17.1에서 절삭력과 배분력이 직교 절삭 공정 중에 측정된다고 가정하자. 그 결과가 $F_c = 1559$ N, $F_t = 1271$ N이다. 직교 절삭 공정에서 절삭폭은 $w = 3.0$ mm이다. 이 자료를 근거로 공작물 소재의 전단 강도를 결정하라.

풀이

예제 17.1로부터 경사각이 $\alpha = 10°$이고, 전단각이 $\phi = 25.4°$이다. 전단력은 식 (17.11)로부터 계산될 수 있다.

$$F_s = 1559\cos 25.4 - 1271\sin 25.4 = 863\text{ N}$$

전단면 면적은 식 (17.8)에 의해 주어진다.

$$A_s = \frac{(0.5)(3.0)}{\sin 25.4} = 3.497\text{ mm}^2$$

그러므로 공작물 소재의 전단 강도와 일치하는 전단 응력은 다음과 같이 된다.

$$\tau = S = \frac{863}{3.497} = 247\text{ N/mm}^2 = \mathbf{247\ MPa}$$

17.3.2 Merchant 식

금속 절삭에서 가장 중요한 관계식 중의 하나가 Eugene Merchant[10]에 의해 유도되었다. 이 식은 직교 절삭을 가정해 유도되었지만, 3차원 절삭 가공으로 연장해 적용해도 타당한 식이다.

Merchant는 식 (17.7), (17.8), (17.11)을 결합해 다음과 같은 전단 응력을 정의했다.

$$\tau = \frac{F_c \cos\varphi - F_t \sin\phi}{(t_o w / \sin\phi)} \tag{17.15}$$

전단 변형이 일어날 때 공구 절삭날로부터 파생될 수 있는 모든 각들 중에서 한 개의 각 ϕ가 주된 역할을 한다고 Merchant가 추론하였다. 이 각은 전단 응력이 공작물의 전단 강도와 일치하게 될 때의 각으로서, 이 각에서 전단 변형이 일어난다. 그 외의 모든 전단각에서는 전단 응력이 전단 강도보다 작게되어 이들 각에서는 칩 형성이 발생될 수 없다. 결과적으로 공작물은 에너지를 최소화하는 전단각을 선택하게 되는 것이다. 이 각은 식 (17.15)의 전단 응력 τ를 ϕ에 관해 미분한 후 0으로 놓음으로써 구할 수 있다. 이와 같이 ϕ에 관해 풀게 되면 다음과 같은 Merchant 식을 구할 수 있다.

$$\phi = 45 + \frac{\alpha}{2} - \frac{\beta}{2} \tag{17.16}$$

Merchant 식의 가정들 중에서 공작물의 전단 강도는 일정하여, 전단 변형률, 온도 등의 영향을 받지 않는다는 가정이 있다. 실제 절삭 공정에서는 이와 같은 가정이 맞지 않기 때문에 식 (17.16)은 정확한 수학식이라기보다는 근사식으로 간주되어야 한다. 다음 예제에서 이것을 적용해 보자.

예제 17.3

마찰각 계산

이전 예제의 자료와 결과로부터 (a) 마찰각, (b) 마찰 계수를 계산하라.

풀이

(a) 예제 17.1로부터 $\alpha = 10°, \phi = 25.4°$이다. 식 (17.16)을 다시 쓰면 마찰각을 계산할 수 있다.

$$\beta = 2(45) + 10 - 2(25.4) = \mathbf{49.2°}$$

(b) 마찰 계수는 식 (17.6)으로 계산한다.

$$\mu = \tan 49.2 = \mathbf{1.16}$$

Merchant 식의 의미

Merchant 식은 경사각, 공구-칩 마찰, 전단각 사이의 일반적인 관계를 정의한다는 점에서 실제 가치가 있다. 전단각은 (1) 경사각의 증가에 의해, 그리고 (2) 공구와 칩 사이의 마찰각(마찰 계수)의 감소에 의해 증가한다. 경사각은 공구를 연삭해 증가시킬 수 있고, 마찰각은 절삭유를 사용해 감소시킬 수 있다.

전단각 증가의 중요성이 그림 17.12에 나타나있다. 모든 다른 인자들이 동일하다면 전단각이 커질수록 전단면의 면적이 감소한다. 전단 강도가 이 면적에 적용되기 때문에 전단면의 면적이 감소

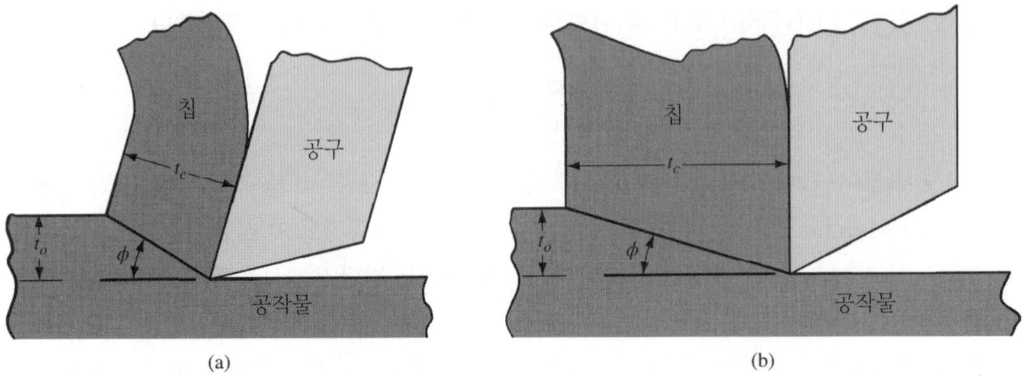

그림 17.12 전단각 ϕ의 영향. (a) ϕ가 증가하면 전단면의 면적이 감소, (b) ϕ가 감소하면 전단면의 면적이 증가. (a)에서 경사각의 증가는 Merchant식에 의해 전단각의 증가를 초래한다.

됨에 따라 칩 형성에 필요한 전단력은 감소될 것이다. 전단각이 증가할수록 절삭에너지, 소요 동력, 그리고 절삭 온도가 감소한다. 따라서 절삭 가공 동안에 전단각을 되도록 크게 하려고 하는 이유가 이 때문이다.

직교 절삭에 의한 선삭의 근사화

이송이 절삭 깊이에 비해 상대적으로 작다면 선삭과 다른 단인 공구 절삭 가공 공정을 직교 절삭 모델을 이용해 근사화시킬 수 있다. 따라서 대부분의 절삭이 이송 방향으로 일어나고 공구 선단 부근에서의 절삭은 무시될 것이다. 그림 17.13은 선삭에 대한 기하학적 모델이 직교 절삭 모델로 변환되

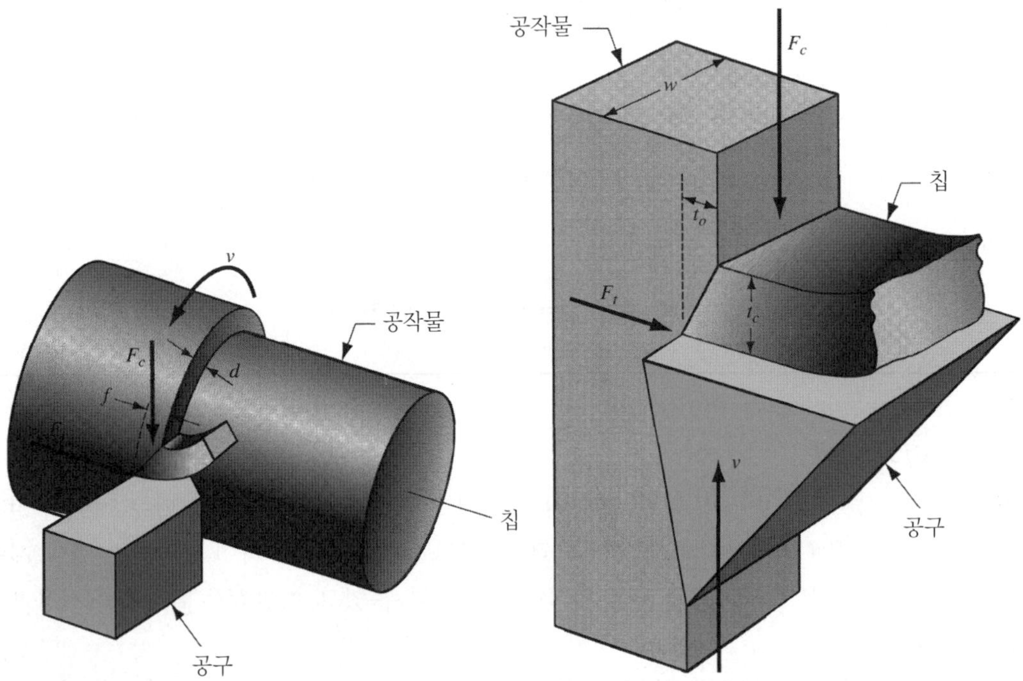

그림 17.13 직교 모델에 의한 선삭의 근사화. (a) 선삭, (b) 직교 절삭.

표 17.1 선삭 공정과 직교 절삭의 변환

선삭 공정	직교 절삭 모델
이송 f =	절삭 전 칩 두께 t_o
절삭 깊이 d =	절삭폭 w
절삭 속도 v =	절삭 속도 v
절삭력 F_c =	절삭력 F_c
이송력 F_f =	배분력 F_t

는 것을 보여준다.

그림의 두 경우에 있어서 절삭 조건의 해석이 다르다. 직교 절삭에서 절삭 전 칩두께 t_o는 선삭의 이송 f에 대응되고, 직교 절삭에서 절삭폭 w는 선삭의 절삭 깊이 d에 대응된다. 또한, 직교 절삭 모델의 배분력 F_t는 선삭의 이송력 F_f에 대응된다. 절삭 속도와 절삭력은 두 경우에 동일하게 해석된다. 표 17.1에 이러한 변환을 요약하였다.

17.4 절삭 동력과 에너지

절삭 가공 공정은 동력을 요구한다. 절삭 가공에서 절삭력은 예제 17.2에서 제시된 것처럼, 1,000 N을 초과할 수도 있다. 보통의 절삭 속도는 수백 m/min이다. 절삭력과 절삭 속도의 곱은 절삭 가공 공정을 수행하기 위해 요구되는 동력(단위 시간당 에너지)을 나타낸다.

$$P_c = F_c v \tag{17.17}$$

여기서 P_c = 절삭 동력(N-m/s 혹은 W), F_c = 절삭력(N), v = 절삭 속도(m/s)이다. 공작 기계를 운전하기 위해 요구되는 총동력은 기계내부의 모터와 구동 장치에서의 기계적 손실 때문에 절삭과정에 전달된 동력보다 크다. 이러한 손실은 공작 기계의 기계 효율로 표현될 수 있다.

$$P_g = \frac{P_c}{E} \tag{17.18}$$

여기서 P_g = 공작 기계 모터의 총동력(W), 그리고 E = 공작 기계의 기계 효율이다. 일반적으로 공작 기계의 E 값은 90% 정도이다.

동력을 제거되는 소재의 단위 부피당 동력으로 변환시키는 것이 유용할 때가 있다. 이를 ***단위 동력(unit power)*** P_u라 하고 다음과 같이 정의한다.

$$P_u = \frac{P_c}{R_{MR}} \tag{17.19}$$

여기서 R_{MR} = 소재 제거율(mm^3/s)이다. 소재 제거율은 $vt_o w$로 계산할 수 있다. 이것은 표 17.1에

표 17.2 날카로운 절삭날을 사용하고 절삭전 칩두께 $t_o = 0.25$ mm일 경우 선택된 가공 소재에 대한 단위 동력과 비에너지 값

재료	브리넬 경도	비에너지 U 혹은 단위 동력 P_u
		N-m/mm³
탄소강	150–200	1.6
	201–250	2.2
	251–300	2.8
합금강	200–250	2.2
	251–300	2.8
	301–350	3.6
	351–400	4.4
주철	125–175	1.1
	175–250	1.6
스테인리스 강	150–250	2.8
알루미늄	50–100	0.7
알루미늄 합금	100–150	0.8
황동	100–150	2.2
청동	100–150	2.2
마그네슘 합금	50–100	0.4

문헌 [6], [8], [11], 그리고 다른 자료로부터 편집함.

의해 변환된 식 (17.1)이다. 단위 동력은 ***비에너지(specific energy)*** U로도 알려져 있다.

$$U = P_u = \frac{P_c}{R_{MR}} = \frac{F_c v}{v t_o w} = \frac{F_c}{t_o w} \tag{17.20}$$

비에너지의 단위는 보통 N-m/mm³이다. 그러나 식 (17.20)에서 마지막 식의 단위는 N/mm²가 될 수 있다. 비에너지 단위는 N-m/mm³이나 J/mm³으로 하는 것이 더 의미가 있다.

단위 동력과 비에너지는 절삭 가공 동안에 단위 부피의 소재를 제거하기 위해 얼마만큼의 동력(혹은 에너지)이 요구되는지를 알 수 있는 유용한 척도가 된다. 이러한 척도를 이용하여 서로 다른 공작물을 동력과 에너지의 관점에서 비교할 수 있다. 표 17.2는 몇 개의 선정된 공작물에 대한 단위 동력과 비에너지 값들을 보여준다.

예제 17.4

절삭 가공에서의 동력

앞의 예제들을 이용하여 절삭 속도 = 100 m/min일 때 절삭 가공에 필요한 절삭 동력과 비에너지를 구하라. 앞 예제들의 자료와 결과를 요약하면 $t_o = 0.50$ mm, $w = 3.0$ mm, $F_c = 1557$

N이다.

풀이

식 (17.17)로부터, 이 공정에 필요한 동력은

P_c = (1557 N)(100 m/min) = 155,700 N-m/min = 155,700 J/min = 2595 J/s = **2595 W**

비에너지는 식 (17.20)으로부터 구할 수 있다.

$$U = \frac{155,700}{100(10^3)(3.0)(0.5)} = \frac{155,700}{150,000} = \mathbf{1.038\ N\text{-}m/mm^3}$$

표 17.2의 값들은 두 개의 가정에 기초한다. (1) 날카로운 절삭날, (2) 절삭 전 칩두께 $t_o = 0.25$ mm이다. 이 가정들을 만족하지 못하면 어떤 보정이 필요하다. 마모된 공구로 절삭하면 소요 동력이 커지며, 이는 비에너지와 단위 동력 값을 증가시킨다. 근사적인 가이드로서, 공구의 무딘 정도에 따라 표에 제시된 값에 1.00~1.25 사이의 값을 반드시 곱해야 한다. 절삭날이 날카로운 경우 이 값은 1.00이다. 공구 마모가 심한 공구인 경우, 이 값은 정삭 시 1.10이고, 황삭 시 1.25이다.

절삭 전 칩두께 t_o 역시 비에너지와 단위 동력 값들에 영향을 미친다. t_o가 감소됨에 따라 요구되는 단위 동력이 증가한다. 이와 같은 관계를 ***치수 효과(size effect)***라 한다. 예를 들면, 대부분의 절삭 가공 공정에 비해 칩의 크기가 매우 작은 연삭은 매우 큰 비에너지 값을 요구한다. t_o가 0.25 mm가 아닌 경우, 절삭 전 칩두께의 차이를 보정하기 위해 보정 계수를 적용함으로써, 표 17.2의 U와 P_u 값들은 동력과 에너지를 산정하기 위해 여전히 사용될 수 있다. 보정 계수 CF는 다음과 같이 계산된다.

$$CF = K_{cf} t_o^{-0.21} \tag{17.21}$$

여기서 t_o = 절삭 전 칩두께(mm), t_o 단위가 mm일 때 $K_{cf} = 0.75$이다. t_o가 0.25 mm가 아닐 때 표 17.2에서의 단위 동력과 비에너지 값들은 적당한 보정 계수로 곱해져야 한다. 식 (17.21)은 대부분의 전통적인 절삭 가공 공정에서 사용되는 이송(t_o 또는 f) 영역 내에서 유효하다. 이송 값이 매우 낮고 $t_o < 0.125$ mm인 경우, 식 (17.21)에서 계산된 CF 값은 작게 나온다.

공구의 날카로움과 치수 효과에 추가해, 주어진 공정에서 비에너지와 단위 동력에 영향을 미치는 인자들이 있다. 이 인자들은 경사각, 절삭 속도, 그리고 절삭유이다. 경사각과 절삭 속도가 증가하거나 절삭유가 공급되면 U와 P_u 값들은 조금 감소한다.

17.5 절삭 온도

절삭 가공에서 소모되는 총에너지 중에서 거의 모두(약 98%)가 열로 변환된다. 이 열은 공구-칩 접촉면의 온도를 600℃ 이상까지 매우 높게 만든다. 나머지 에너지(약 2%)는 칩의 탄성에너지로 남는다.

절삭 온도는 매우 중요한데 그 이유로는 높은 온도는 (1) 공구 수명을 단축시키고, (2) 작업자의 안전에 해가 되는 고온의 칩을 형성하고, (3) 공작물의 열팽창으로 인해 치수 부정확성을 초래할 수 있기 때문이다. 이 절에서는 절삭 공정에서 절삭 온도를 계산하고 측정하는 방법들을 설명한다.

17.5.1 절삭 온도 계산을 위한 해석적 방법

절삭 온도를 계산하는 몇 가지 해석적인 방법들이 있다. 참고문헌 [3], [5], [9], [15]는 이러한 접근 방법들을 기술하고 있다. 여기서는 결과식에 대한 매개변수 값들을 알기 위해 다양한 공작물에 대한 실험 결과로부터 유도된 Cook[5]의 방법을 기술한다. 다음 식은 절삭 가공 동안에 공구-칩 접촉면에서의 온도 상승을 예측하기 위해 사용될 수 있다.

$$\Delta T = \frac{0.4U}{\rho C}\left(\frac{vt_o}{K}\right)^{0.333} \tag{17.22}$$

여기서 ΔT = 공구-칩 접촉면에서의 평균 온도 상승(℃), U = 비에너지(N-m/mm³ 또는 J/mm³), v = 절삭 속도(m/s), t_o = 절삭 전 칩두께(m), ρC = 공작물의 체적비열(J/mm³ ℃), K = 공작물의 열확산율(m²/s)이다.

예제 17.5

절삭 온도

예제 17.4에서 구한 비에너지에 대해 20℃의 대기온도를 고려하여 절삭 온도를 계산하라. 이 장의 앞 예제들에서 주어진 자료(v = 100 m/min, t_o = 0.5 mm)들을 이용하라. 추가적으로 이 공작물은 체적비열 = 3.0(10^{-3}) J/mm³ ℃, 열확산율 = 50(10^{-6}) m²/s(혹은 50 mm²/s)이다.

풀이

절삭 속도는 mm/s로 변환되어야 한다. v = (100 m/min)(10^3 mm/m)/(60 s/min) = 1667 mm/s. 평균 온도 상승을 계산하기 위해 식 (17.22)를 사용한다.

$$\Delta T = \frac{0.4(1.038)}{3.0(10^{-3})}\left(\frac{1667(0.5)}{50}\right)^{0.333} = (138.4)(2.552) = \mathbf{353°C}$$

17.5.2 절삭 온도의 측정

절삭 가공에서 온도를 측정하기 위하여 실험적인 방법들이 발전되어 왔다. 가장 널리 쓰이는 측정 방법은 ***공구-칩 열전대(tool-chip thermocouple)***이다. 이 열전대의 접합점을 형성하는 두 개의 서

표 17.3 Loewen과 Shaw[9]의 데이터를 이용한 세 가지 공작물에 대한 온도 식

공작물 재료	미터 단위
B1113 쾌삭강	$T = 63.8\ v^{0.365}$
18-8 스테인리스강	$T = 107\ v^{0.371}$
RC-130B 티타늄	$T = 317\ v^{0.186}$

로 다른 금속은 각각 공구와 칩이 된다. 공구와 공작물(칩과 연결된)에 적당히 전기도선을 연결해 절삭 중 공구–칩 접촉면 사이에서 발생된 전압을 기록 가능한 전위차계(potentiometer) 혹은 기타 데이터 수집 장치를 사용하여 측정할 수 있다. 공구-칩 열전대의 출력전압(mV)은 특정 공구-공작물 조합을 이용한 보정(calibration) 식을 통해 이에 상응하는 온도 값으로 변환될 수 있다. 공구-칩 열전대는 온도와 절삭 조건(즉, 절삭 속도와 이송)과의 연관성을 조사하기 위해 이용되어 왔다. Trigger[14]는 절삭 속도-온도 관계를 다음과 같은 일반적인 식으로 나타냈다.

$$T = Kv^m \tag{17.23}$$

여기서 T = 측정된 공구-칩 접촉면 온도, v = 절삭 속도이다. 매개변수 K와 m은 절삭 조건(v는 예외)과 공작물에 의존한다. 표 17.3은 Loewen과 Shaw[9]의 데이터를 이용하여 세 가지 공작물에 대해 식 (17.23)으로 나타낸 것이다. 이러한 실험 결과들은 Cook에 의해 제안된 식 (17.22)를 잘 뒷받침하고 있다.

참고문헌 *REFERENCES*

[1] *ASM Handbook*, Vol. 16: *Machining*. ASM International, Materials Park, Ohio, 1989.

[2] Black, J., and Kohser, R. *DeGarmo's Materials and Processes in Manufacturing*, 11th ed., John Wiley & Sons, Hoboken, New Jersey, 2012.

[3] Boothroyd, G., and Knight, W. A. *Fundamentals of Metal Machining and Machine Tools*, 3rd ed. CRC Taylor and Francis, Boca Raton, Florida, 2006.

[4] Chao, B. T., and Trigger, K. J. "Temperature Distribution at the Tool–Chip Interface in Metal Cutting." *ASME Transactions*. Vol. 77, October 1955, pp. 1107–1121.

[5] Cook, N. "Tool Wear and Tool Life." *ASME Transactions, Journal of Engineering for Industry*. Vol. 95, November 1973, pp. 931–938.

[6] Drozda, T. J., and Wick, C. (eds.). *Tool and Manufacturing Engineers Handbook*, 4th ed. Vol. I: *Machining*. Society of Manufacturing Engineers, Dearborn, Michigan, 1983.

[7] Kalpakjian, S., and Schmid, S. *Manufacturing Processes for Engineering Materials*, 5th ed. Pearson Prentice Hall, Upper Saddle River, New Jersey, 2007.

[8] Lindberg, R. A. *Processes and Materials of Manufacture*, 4th ed. Allyn and Bacon, Boston, 1990.

[9] Loewen, E. G., and Shaw, M. C. "On the Analysis of Cutting Tool Temperatures." *ASME Transactions*. Vol. 76, No. 2, February 1954, pp. 217–225.

[10] Merchant, M. E. "Mechanics of the Metal Cutting Process: II. Plasticity Conditions in Orthogonal Cutting." *Journal of Applied Physics*. Vol. 16, June 1945, pp. 318–324.

[11] Schey, J. A. *Introduction to Manufacturing Processes*, 3rd ed. McGraw-Hill, New York, 1999.

[12] Shaw, M. C. *Metal Cutting Principles*, 2nd ed. Oxford University Press, Oxford, UK, 2005.

[13] Trent, E. M., and Wright, P. K. *Metal Cutting*, 4th ed. Butterworth Heinemann, Boston, 2000.

[14] Trigger, K. J. "Progress Report No. 2 on Tool–Chip Inter face Temperatures." *ASME Transactions*. Vol. 71, No. 2, February 1949, pp. 163–174.
[15] Trigger, K. J., and Chao, B. T. "An Analytical Evaluation of Metal Cutting Temperatures." *ASME Transactions*. Vol. 73, No. 1, January 1951, pp. 57–68.

복습문제 *REVIEW QUESTIONS*

서론

17.1 재료 제거 공정의 세 가지 기본 범주를 나열하라.

17.2 재료 제거 공정과 다른 제조 공정의 차이점은 무엇인가?

17.3 절삭 가공이 상업적, 기술적으로 중요한 이유는 무엇인가?

절삭가공 기술의 개요

17.4 세 가지 가장 보편적인 절삭 가공 공정은 무엇인가?

17.5 절삭 가공에서 사용되는 절삭 공구의 기본적인 두 가지 종류는 무엇인가? 각각의 툴링 유형(tooling type)에 해당하는 절삭 가공 공정의 예를 들어라.

17.6 절삭 가공에서 황삭과 정삭의 차이점을 설명하여라.

17.7 공작 기계를 정의하라.

17.8 가장 일반적인 절삭 가공 공정을 수행하는데 사용되는 공작기계의 명칭은 무엇인가?

17.9 직교 절삭 공정이란 무엇인가?

금속 가공에서의 칩 형성 이론

17.10 금속 절삭에서 칩이 형성되는 변형 유형을 설명하라.

17.11 직교 절삭 모델에서 공구 형상의 두 가지 요소를 설명하라.

17.12 금속 절삭에서 사용되는 직교 절삭 모델의 중요성을 설명하라.

17.13 금속 절삭 중에 발생되는 네 가지 형태의 칩에 대해 간략히 설명하라.

17.14 직교 절삭에서 칩에는 작용하지만 직접 측정할 수 없는 힘 네 가지를 나열하라.

절삭력과 Merchant 식

17.15 직교 절삭에서 직접 측정할 수 있는 힘 두 가지를 나열하라.

17.16 직교 절삭 모델에서 마찰 계수와 마찰각 사이의 관계는 무엇인가?

17.17 절삭 가공에서 전단각을 증가시키면 어떤 장점이 있는가?

절삭 동력과 에너지

17.18 절삭 중 절삭 동력과 절삭력은 어떤 관계인가?

17.19 금속 절삭에 대한 비에너지(specific energy)를 정의하라.

연습문제 *PROBLEMS*

Chip Formation and Forces in Machining

17.1 The rake angle in an orthogonal cutting operation = 12°. The chip thickness before the cut = 0.35 mm, and the resulting chip thickness after the cut = 0.60 mm. Calculate (a) the shear plane angle and (b) the shear strain for the operation.

17.2 In the previous problem, suppose that the rake angle was changed to 0° and this results in a chip thickness after the cut = 0.75 mm. Determine (a) the shear plane angle and (b) the shear strain for the operation.

17.3 In a turning operation, cutting speed = 2.0 m/s, feed = 0.25 mm/rev, and depth of cut = 2.0 mm. Rake angle = 8°. After the cut, the deformed chip thickness = 0.50 mm. Determine (a) shear plane angle, (b) shear strain, and (c) material removal rate. Use the orthogonal cutting model as an approximation of turning.

17.4 The cutting force and thrust force in an orthogonal cutting operation are 1450 N and 1550 N, respectively. Rake angle = 5°, width of the cut = 4.5 mm, chip thickness before the cut = 0.5 mm, and chip thickness ratio = 0.40. Determine (a) the shear strength of the work material and (b) the coefficient of friction in the operation.

17.5 The cutting force and thrust force have been measured in an orthogonal cutting operation to be 1334.47 N and 1294.33 N, respectively. Rake angle = 10° and width of cut = 5.08 mm. Chip thickness before the cut = 0.381 mm, and chip thickness ratio = 0.4. Determine (a) the shear strength of the work material and (b) the coefficient of friction in the operation.

17.6 A turning operation is performed using a rake angle of 15°. Cutting speed = 1,016 mm/s, feed = 0.30 mm/rev, and depth of cut = 2.54 mm. The chip thickness ratio measured after the cut = 0.48. Determine (a) chip thickness after the cut, (b) shear angle, (c) friction angle, (d) coefficient of friction, and (e) shear strain.

17.7 The turning operation in the previous problem involves a work material whose shear strength = 358.527 N/mm^2. Based on your answers to the previous problem, compute (a) shear force, (b) cutting force, (c) thrust force, and (d) friction force.

17.8 The shear strength of a certain work material = 344.74 N/mm^2. An orthogonal cutting operation is performed using a tool with rake angle = 20° at a cutting speed = 508 mm/s, chip thickness before the cut = 0.381 mm, and width of cut = 3.81 mm. The resulting chip thickness ratio = 0.50. Determine (a) the shear plane angle, (b) shear force, (c) cutting force and thrust force, and (d) friction force.

17.9 Solve the previous problem, except that the rake angle has been changed to −5° and the resulting chip thickness ratio = 0.35.

17.10 A carbon-steel bar with diameter = 194.05 mm has a tensile strength of 448.15 N/mm^2 and a shear strength of 310.26 N/mm^2. The diameter is reduced in a turning operation at a cutting speed of 1178 mm/s. Feed = 0.27 mm/rev and depth of cut = 3.048 mm. The rake angle on the tool in the direction of chip flow = 13°. The cutting conditions result in a chip ratio of 0.52. Using the orthogonal model as an approximation of turning, determine (a) shear plane angle, (b) shear force, (c) cutting force and feed force, and (d) coefficient of friction between the tool and chip.

17.11 A turning operation is made with a rake angle of 10°, a feed of 0.254 mm/rev and a depth of cut = 2.54 mm. Shear strength of the work metal = 344.73 N/mm^2, and the chip thickness ratio after the cut = 0.40. Determine the cutting force and the feed force. Use the orthogonal cutting model as an approximation of the turning process.

17.12 Show how Equation (17.4) is derived from Figure 17.7.

17.13 Derive the force equations for F, N, F_s, and F_n (Equations (17.9) through (17.12) in the text) using the force diagram of Figure 17.11.

Power and Energy in Machining

17.14 In a turning operation on stainless steel, cutting speed = 120 m/min, feed = 0.30 mm/rev, and depth of cut = 5.0 mm. How much power will the lathe draw in performing this operation if its mechanical efficiency = 85%. Use Table 17.2 to obtain the specific energy value.

17.15 In the previous problem, compute the lathe power if feed = 0.40 mm/rev.

17.16 Plain carbon steel with Brinell hardness of 275 HB is turned at a cutting speed = 200 m/min. Depth of cut = 6.0 mm. The lathe motor is rated at 25 kW (gross), and its mechanical efficiency = 90%. Using the specific energy value from Table 17.2, determine the maximum feed that can be used in this operation.

17.17 A rough turning operation is performed on a 20 hp lathe that has a 92% efficiency. The cut is made on alloy steel whose hardness is 325 HB. Cutting speed = 110 mm/min, feed = 0.2 mm/rev, and depth of cut = 0.5 mm. Based on these values, can the job be performed on the 20 hp lathe? Use Table 17.2 to obtain the unit horsepower value.

17.18 A turning operation is carried out on aluminum. Based on the specific energy values in Table 17.2, determine material removal rate and cutting power in the operation under the following sets of cutting conditions: (a) Cutting speed = 5.6 m/s, feed = 0.25 mm/rev, and depth of cut = 2.0 mm; and (b) cutting speed = 1.3 m/s, feed = 0.75 mm/rev, and depth = 4.0 mm.

17.19 In a turning operation on low carbon steel (175 BHN), cutting speed = 2032 mm/s, feed = 0.254 mm/rev, and depth of cut = 1.905 mm. The lathe has a mechanical efficiency = 0.85. Based on the unit horsepower values in Table 17.2, determine (a) the horsepower consumed by the turning operation and (b) the horsepower that must be generated by the lathe.

17.20 A cast iron workpiece is turned on a lathe whose mechanical efficiency = 0.87. Cutting speed = 2032 mm/sec, feed = 0.279 mm/rev, and depth of cut = 3.048 mm. Cutting force = 1,112 N. Determine (a) the horsepower consumed by the turning operation; (b) horsepower that must be generated by the lathe; (c) unit horsepower and specific energy for the work material in this operation.

17.21 A turning operation is performed on an engine lathe using a tool with zero rake angle in the direction of chip flow. The work material is an alloy steel with hardness = 325 Brinell. Feed = 0.4 mm/rev, depth of cut = 3 mm, and cutting speed = 90 m/min. After the cut, the chip thickness ratio = 0.45. (a) Using the appropriate value of specific energy from Table 17.2, compute the

Cutting Temperature

17.22 Orthogonal cutting is performed on a metal whose mass specific heat = 1.0 J/g-C, density = 2.9 g/cm^3, and thermal diffusivity = 0.8 cm^2/s. Cutting speed = 3.5 m/s, uncut chip thickness = 0.25 mm, and width of cut = 2.2 mm. Cutting force = 950 N. Determine the cutting temperature if the ambient temperature = 22°C.

17.23 An orthogonal cutting operation is performed on a certain metal whose volumetric specific heat = 110 mm-kg/mm^3-C and thermal diffusivity = 90 mm^2/sec. The cutting speed = 105 m/min, chip thickness before the cut = 0.2 mm, and width of cut = 2.5 mm. Cutting force = 90 kg. Determine the cutting temperature if the ambient temperature = 20°C.

17.24 It is desired to estimate the cutting temperature for a certain alloy steel whose hardness = 240 Brinell. Use the appropriate value of specific energy from Table 17.2 to compute the cutting temperature for a turning operation in which the cutting speed is 150 m/min, feed is 0.13 mm/rev, and depth of cut is 2.0 mm. The work material has a volumetric specific heat of 210 mm-kg/mm^3-°C and a thermal diffusivity of 100.0 mm^2/sec. Assume that the ambient temperature = 20°C.

17.25 In a turning operation, cutting speed = 200 m/min, feed = 0.25 mm/rev, and depth of cut = 4.00 mm. Thermal diffusivity of the work material = 20 mm^2/s, and volumetric specific heat = 3.5 (10^{-3}) J/mm^3-C. If the temperature increase above ambient temperature (20°C) is measured by a tool-chip thermocouple to be 700°C, determine the specific energy for the work material in this operation.

17.26 During a turning operation, a tool-chip thermocouple was used to measure cutting temperature. The following temperature data were collected during the cuts at three different cutting speeds (feed and depth were held constant): (1) v = 100 m/min, T = 505°C, (2) v = 130 m/min, T = 552°C, (3) v = 160 m/min, T = 592°C. Determine an equation for temperature as a function of cutting speed that is in the form of the Trigger equation, Equation (17.23).

CHAPTER 18

절삭 공정과 공작 기계

18.1 절삭 가공과 부품 형상

18.2 선삭과 관련 공정
- 18.2.1 선삭의 절삭 조건
- 18.2.2 선삭 관련 작업
- 18.2.3 보통 선반
- 18.2.4 기타 선반들
- 18.2.5 보링 머신

18.3 드릴링과 관련 공정
- 18.3.1 드릴링의 절삭 조건
- 18.3.2 드릴링 관련 작업
- 18.3.3 드릴 프레스

18.4 밀링
- 18.4.1 밀링 공정의 종류
- 18.4.2 밀링의 절삭 조건
- 18.4.3 밀링 머신

18.5 머시닝 센터와 터닝 센터

18.6 기타 절삭 가공 공정들
- 18.6.1 형삭과 평삭
- 18.6.2 브로칭
- 18.6.3 톱 작업

18.7 특수 형상을 가공하기 위한 절삭 가공 공정들
- 18.7.1 나사산
- 18.7.2 기어

18.8 고속 가공

절삭 가공은 여러 유형의 부품 형상과 기하학적 특징을 가공하는 능력 면에서 전통적인 제조 공정 중에서 가장 다양하고 정확한 공정이다. 주조 또한 다양한 형상을 제조할 수 있지만 절삭 가공의 정밀도와 정확도에는 미치지 못한다. 이 장에서는 중요한 절삭 가공 공정들과 이 공정들을 수행하기 위한 공작 기계들을 기술한다. 역사적 고찰 18.1에 공작기계의 발전을 간략히 설명하였다.

18.1 절삭 가공과 부품 형상

가공된 부품은 그림 18.1과 같이 회전형과 비회전형으로 분류할 수 있다. ***회전형(rotational)*** 부품은 원통형이나 원판형 형상을 가진다. 이와 같은 기하학적 형상을 생산하기 위한 공정은 절삭 공구가 회전하는 공작물로부터 재료를 제거하는 것이 특징이다. 선삭과 보링을 예로 들 수 있다. 드릴링은 원통 내면 형상이 만들어지고 대개의 드릴링 공정에서 공구(공작물보다는)가 회전한다는 점이 다르다. ***비회전형(nonrotational)*** 또는 ***각주형(prismatic)*** 부품은 그림 18.1(b)와 같이 블록이나 평

역사적 고찰 18.1 공작 기계 기술

물건을 만들기 위한 재료 제거의 역사는 인류가 사냥과 농사를 위하여 나무를 깎고 돌을 쪼개던 선사 시대로 거슬러 올라간다. 고대 이집트인들이 구멍을 뚫기 위하여 회전하는 활 기구를 이용하였다는 고고학적 증거가 있다.

현대 공작 기계의 발전은 산업 혁명과 밀접한 관계가 있다. 1763년경 영국에서 James Watt가 증기기관을 설계하였을 때, 증기가 피스톤 주위로 빠져나가지 않도록 실린더의 구멍을 충분히 정확하게 가공할 필요가 있었다. John Wilkinson이 1775년경에 수력 보링 머신(boring machine)을 개발하고 나서야, Watt가 자신이 설계한 증기기관을 조립할 수 있었다. 이 보링 머신을 최초의 공작 기계라고 보통 일컫는다.

또 다른 영국인, Henry Maudsley는 최초의 나사 절삭 선반(screw-cutting lathe)을 1800년경에 개발하였다. 비록 그 전부터 수세기 동안 목재에 대한 선반 가공을 해왔었지만, Maudsley의 기계는 공구 왕복대를 장착하여 훨씬 정확한 이송과 나사 절삭이 가능하였다.

미국에서 Eli Whitney는 1818년경에 최초의 밀링 머신(milling machine)을 개발하였다. 증기기관, 섬유기계, 산업혁명과 관련된 다른 기계들의 부품을 만들기 위한 필요성이 대두되면서, 1800년과 1835년 사이에 영국에서 플레이너(planer)와 세이퍼(shaper)가 개발되었다. 1846년경에는 James Nasmyth가 동력 드릴 프레스(drill press)를 개발하여 금속 재료의 정확한 구멍 가공이 가능하게 되었다.

현재 전통적으로 사용되고 있는 보링 머신, 선반, 밀링 머신, 플레이너, 셰이퍼, 드릴 프레스들의 대부분은 처음 개발된 것과 지난 200년 동안 기본적인 설계는 같다. 현대 머시닝 센터(한 종류 이상의 절삭 공정을 수행할 수 있는 공작 기계)는 NC가 개발된 후 1950년대 후반에 소개되었다(역사적 고찰 33.1).

판 형상이다. 이와 같은 기하학적 형상은 회전하거나 직선으로 움직이는 공구 운동과 함께, 공작물의 직선 운동으로 얻어진다. 이 범위에 들어가는 공정으로 밀링, 형삭, 평삭, 톱 작업이 있다.

각 절삭 가공은 두 가지 요인에 의해 특징적인 형상을 만든다. (1) 공구와 공작물 사이의 상대적인 운동, (2) 절삭 공구의 형상이다. 이 공정들은 부품 형상이 만들어지는 방법에 따라 생성 가공과 총형 가공으로 분류된다. ***생성 가공(generating)***에서 부품 형상은 절삭 공구의 이송 궤적에 따라 결

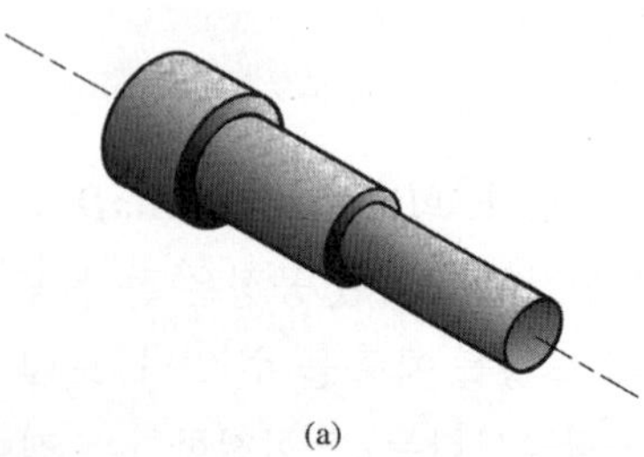

(a)

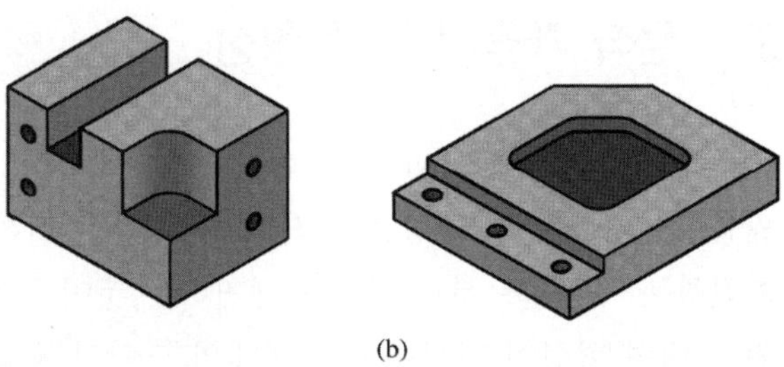

(b)

그림 18.1 가공 부품의 분류. (a) 회전형 부품, (b) 블록과 평면을 갖는 비회전형 부품.

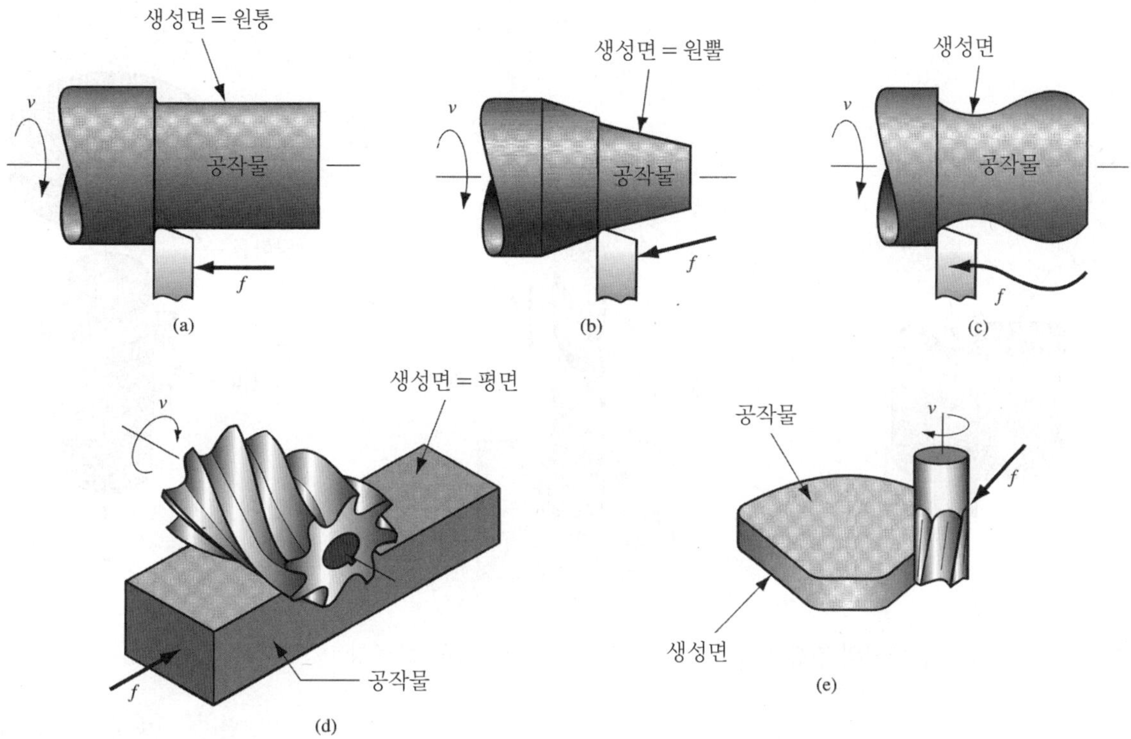

그림 18.2 절삭 가공에서의 생성 가공 종류. (a) 직선 선삭, (b) 테이퍼 선삭, (c) 윤곽 선삭, (d) 평 밀링, (e) 윤곽 밀링.

정된다. 공구가 이송되는 동안 공구 경로가 공작물 표면에 구현되어 형상이 만들어진다. 생성 가공의 예는 그림 18.2와 같이 직선 선삭, 테이퍼 선삭, 윤곽 선삭, 평 밀링, 윤곽 밀링이 있다. 각 공정에서 소재 제거는 절삭 속도 운동으로 얻어지고 부품 형상은 이송 운동으로 결정된다. 공정 중의 이송 궤적은 절삭 깊이와 절삭폭의 변화가 수반된다. 예를 들면, 그림 (c), (e)의 윤곽 선삭과 윤곽 밀링에서 이송 운동은 절삭이 진행됨에 따라 각각 깊이와 폭이 변한다.

총형 가공(forming)에서 부품 형상은 절삭날의 기하학적 형태에 따라 결정된다. 실제로 절삭날의 형상은 생산하려는 부품 표면의 형상과 정반대이며, 총형 선삭, 드릴링, 브로칭이 그러한 예이다. 그림 18.3의 공정들과 같이 부품 형상을 얻기 위해 절삭날의 형상이 공작물에 구현된다. 일반적으로 총형 가공의 절삭 조건은 공작물쪽으로 향하는 이송 운동과 결합된 주속도 운동으로 볼 수 있다. 보통 여기서의 절삭 깊이는 이송 운동이 완료되었을 때 공작물로 파고들어 간 양으로 볼 수 있다.

총형 가공과 생성 가공이 보통 한 개의 공정에서 조합되어 그림 18.4와 같이 나사 선삭, 슬롯밀링과 같은 작업을 할 수 있다. 나사 선삭에서 절삭 공구의 선단 형상은 나사 형상을 결정하고 이송 속도는 나사를 생성한다. ***슬로팅(slotting, 슬롯밀링)***에서 커터의 폭은 슬롯의 폭을 결정하고 이송 운동은 슬롯을 생성한다.

절삭 가공은 2차 공정으로 분류된다. 일반적으로 2차 공정은 공작물의 초기 형상을 결정해 주는

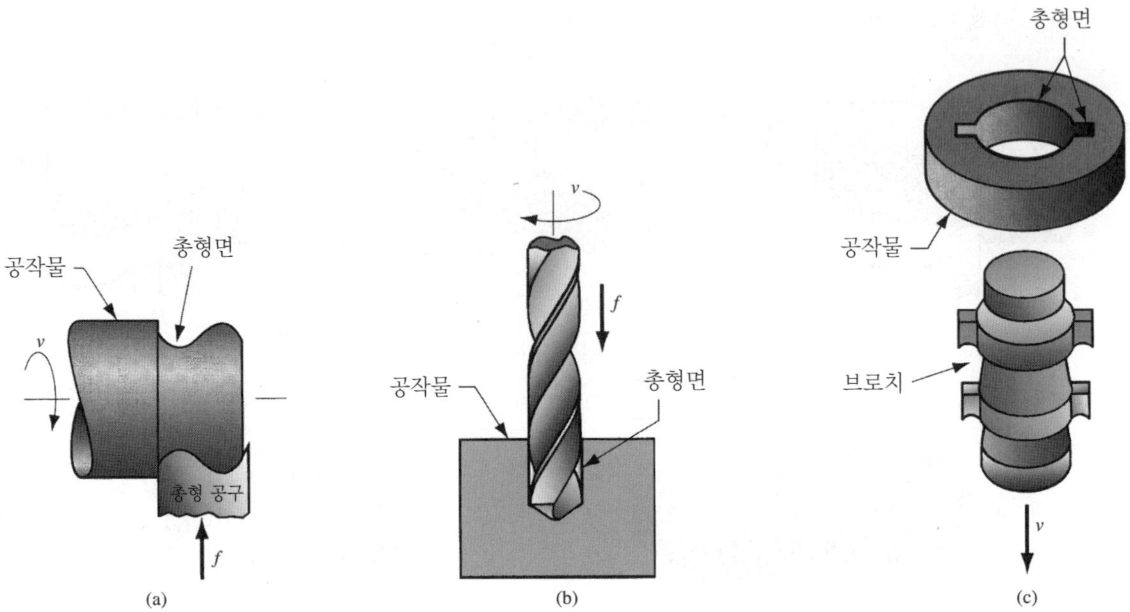

그림 18.3 절삭 가공에서의 총형 가공. (a) 총형 선삭, (b) 드릴링, (c) 브로칭.

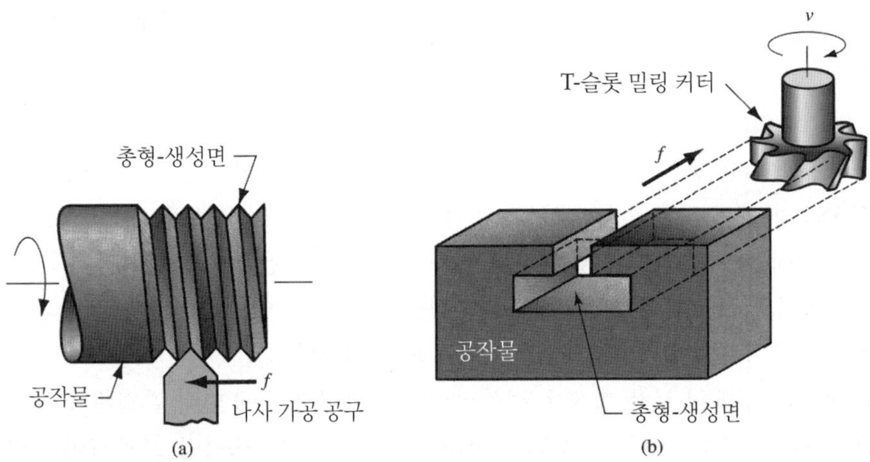

그림 18.4 총형 가공과 생성 가공의 조합. (a) 나사 선삭, (b) T-슬롯 밀링커터를 이용한 슬롯밀링.

기초 공정 다음에 수행되는 후속 공정이다. 기초 공정의 예로는 주조, 단조, 압연(봉과 막대를 생산)이 있다. 이와 같은 공정으로 생산된 형태는 2차 공정으로 정교한 가공이 필요한 경우가 많다. 절삭 공정은 초기 형태를 부품 설계자가 지정한 최종 형태로 변환시킨다. 예를 들면 초기 형태의 봉(rod)은 여러 번의 절삭 가공을 거치면서 최종 형태의 축(shaft)이 된다. 35.1.1절의 공정 계획에서 기초 공정과 2차 공정에 대해 더 자세히 설명한다.

18.2 선삭과 관련 공정

선삭(turning)은 회전하는 원통형 공작물의 표면으로부터 단인 공구가 소재를 제거하는 절삭 가공 공정이다. 그림 18.2(a), 18.5에 나타낸 것처럼 공구는 원통 형상을 만들기 위해 회전축에 평행한 방향으로 선형으로 이송된다. 단인 공구는 19.3.1절에서 설명된 바와 같이 선삭 공정이나 다른 절삭 공정에서 사용된다. 선삭은 전통적으로 ***선반(lathe)***이라고 불리는 공작 기계에서 수행된다. 이 기계는 주어진 회전 속도로 공작물을 회전시키고 특정한 이송 속도와 절삭 깊이에서 공구를 이송시키는 데 필요한 동력을 제공한다.

18.2.1 선삭의 절삭 조건

선삭에서의 회전 속도(rotational speed)는 원통형 공작물의 표면에서 얻고자 하는 절삭 속도(cutting speed)와 다음과 같은 관계가 있다.

$$N = \frac{v}{\pi D_o} \tag{18.1}$$

여기서 N = 회전 속도(rev/min), v = 절삭 속도(m/min), D_o = 공작물의 초기 직경(m)이다.

선삭 공정으로 공작물의 직경 D_o는 최종 직경 D_f로 감소된다. 이러한 직경 변화는 절삭 깊이 d에 의해 결정된다.

$$D_f = D_o - 2d \tag{18.2}$$

선삭에서의 이송은 일반적으로 mm/rev으로 표현된다. 이와 같은 이송은 다음 식에 의하여 mm/min의 선속도(이송 속도)로 변환될 수 있다.

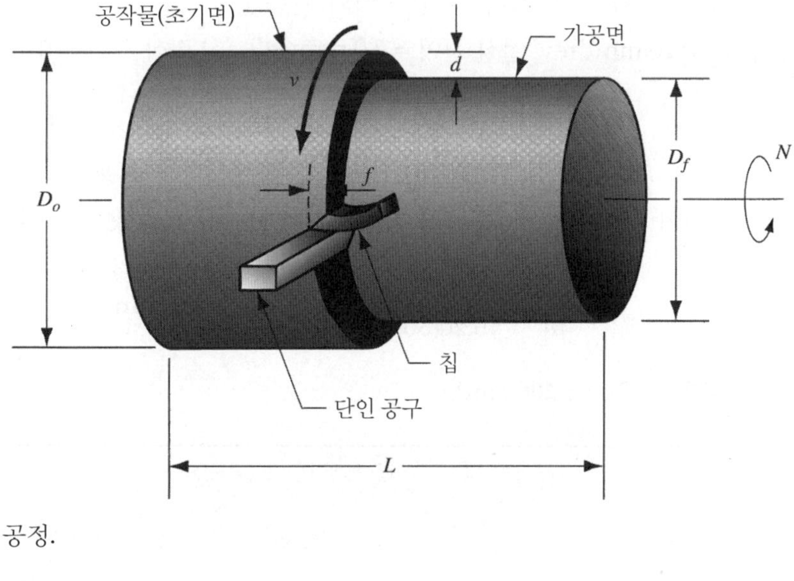

그림 18.5 선삭 공정.

$$f_r = Nf \tag{18.3}$$

여기서 f_r = 이송 속도(mm/min), f = 이송(mm/rev)이다.

원통형 공작물의 한 쪽 끝에서 다른 쪽 끝까지 가공하는 데 걸리는 시간은 다음과 같다.

$$T_m = \frac{L}{f_r} \tag{18.4}$$

여기서 T_m = 가공 시간(min), L = 공작물 길이(mm)이다. 직접적으로 가공 시간을 계산하면 다음 식과 같다.

$$T_m = \frac{\pi D_o L}{fv} \tag{18.5}$$

여기서 D_o = 공작물 직경(mm), L = 공작물 길이(mm), f = 이송(mm/rev), v = 절삭 속도(mm/min)이다. 실제로는 공구의 원활한 진입 및 진출을 위해 공작물 전체 길이에 여유 길이를 더하는 것이 보통이다. 그러므로 공작물을 지나는 이송 운동의 지속 시간은 T_m보다 길어진다.

소재 제거율은 다음 식에 의해 간단하게 결정된다.

$$R_{MR} = vfd \tag{18.6}$$

여기서 R_{MR} = 소재 제거율(mm^3/min)이다. 이 식을 사용할 때 f의 단위는 선삭의 회전 특성을 무시하고 단순히 mm로 표시한다. 또한 속도의 단위는 f와 d의 단위와 일치해야 한다는 것에 주의해야 한다.

예제 18.1

선삭에서 가공 시간

선삭 공정으로 지름 = 100 mm, 길이 = 400 mm의 원통형 공작물을 가공한다. 절삭 속도 = 3.0 m/s, 이송 = 0.20 mm/rev, 절삭 깊이 = 2.0 mm이다. (a) 절삭 시간과 (b) 소재 제거율을 계산하라.

풀이

(a) 단위를 일치시키기 위해 절삭 속도 v = 3,000 mm/s로 한다. 식 (18.5)를 사용하면

$$T_m = \frac{\pi D_o L}{fv} = \frac{\pi(100)(400)}{0.20(3000)} = 209.44 \text{ s} = \mathbf{3.5\ min}$$

(b) R_{MR} = 3,000(0.20)(2.0) = **1,200 mm³/s**

18.2.2 선삭 관련 작업

선삭 공정에 추가하여 선반에서 수행할 수 있는 여러 가지 많은 절삭 가공 작업(그림 18.6)들이 있다.

(a) ***단면 가공(facing)***. 한 쪽 끝의 단면에 평면을 만들기 위해 회전하는 공작물에 공구가 반경 방향으로 이송된다.

(b) ***테이퍼 선삭(taper turning)***. 공구가 공작물의 회전축에 평행하게 이송되지 않고, 어떤 각을 두고 이송되어 테이퍼형이나 원뿔형을 만든다.

(c) ***윤곽 선삭(contour turning)***. 선삭처럼 공구가 공작물의 회전축을 따라 직선으로 이송되지 않고 어떤 곡선을 따라 이송되어 공작물에 윤곽을 만든다.

(d) ***총형 선삭(form turning)***. ***총형 가공(forming)***이라고도 하며, 공구가 공작물에 반경 방향으로 이송되면서 공작물에 공구 형상이 그대로 전달된다.

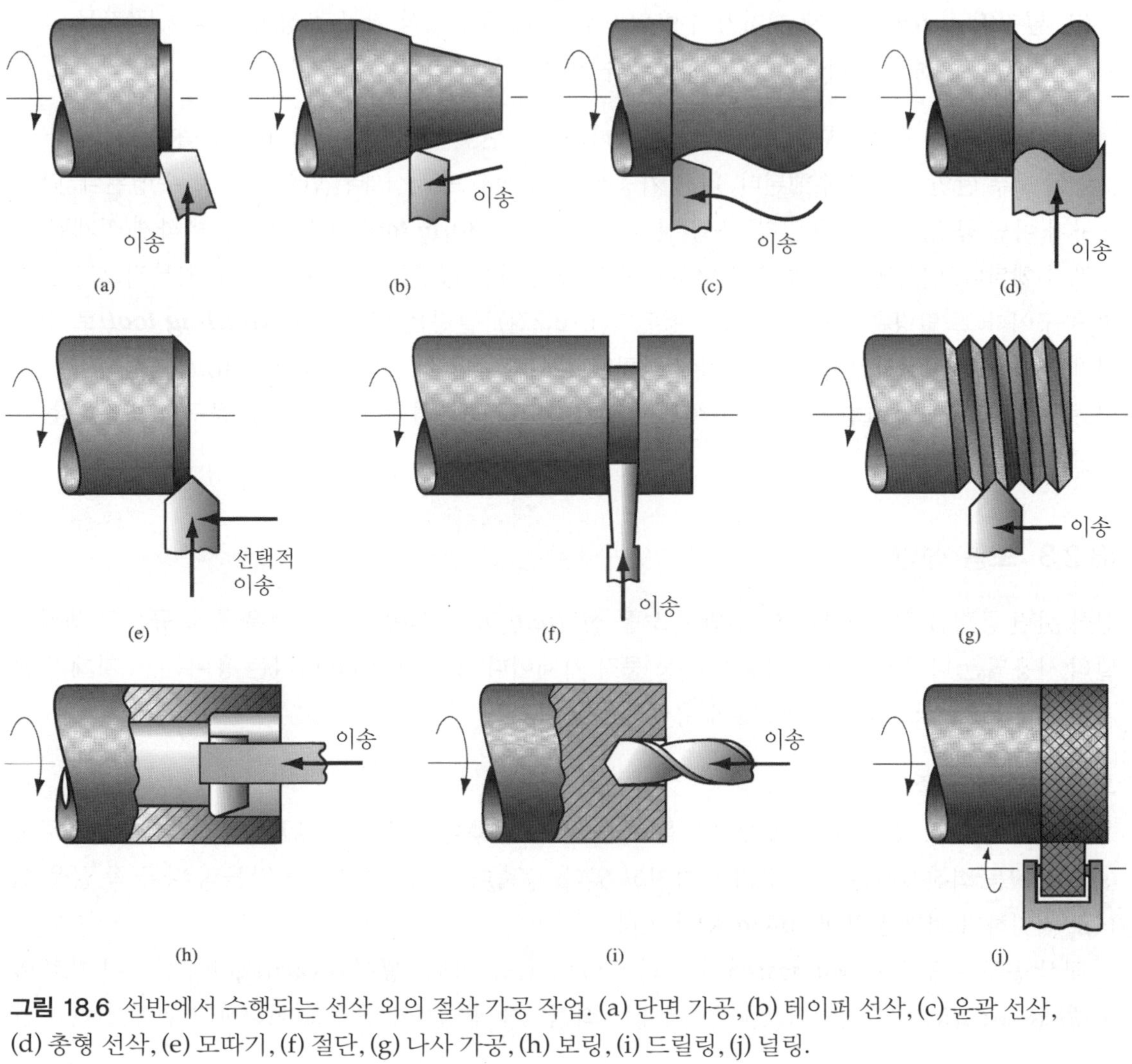

그림 18.6 선반에서 수행되는 선삭 외의 절삭 가공 작업. (a) 단면 가공, (b) 테이퍼 선삭, (c) 윤곽 선삭, (d) 총형 선삭, (e) 모따기, (f) 절단, (g) 나사 가공, (h) 보링, (i) 드릴링, (j) 널링.

(e) ***모따기(chamfering)***. 원통형 공작물의 모서리가 각이 지도록 공구 절삭날을 사용해 챔퍼(chamfer)라 불리는 형상을 가공한다.

(f) ***절단(cutoff)***. 부품의 한 쪽 끝을 절단하기 위해 공구가 회전하는 공작물에 반경 방향으로 이송된다. 이 공정을 때때로 ***분할(parting)***이라고도 한다.

(g) ***나사 가공(threading)***. 나사 절삭(thread cutting) 또는 단인 나사 가공(single-point threading)이라고도 한다. 뾰족한 공구가 회전하는 공작물 표면에 회전축에 평행한 방향으로 높은 이송 속도로 직선으로 이송하여 원통면에 나사산을 생성한다. 나사산을 절삭 가공하는 방법들은 18.7.1절에 자세히 설명하였다.

(h) ***보링(boring)***. 단인 공구가 회전축에 평행하게 공작물에 이미 존재하는 구멍의 내면에 직선으로 이송된다.

(i) ***드릴링(drilling)***. 회전하는 공작물에 드릴을 회전축을 따라 이송시킴으로써 드릴링이 선반에서 수행될 수 있다.

(j) ***널링(knurling)***. 소재 제거가 수반되지 않기 때문에 절삭 가공 공정이 아니라, 공작물 표면에 교차된 해칭 무늬를 새기기 위한 금속 성형 공정이다.

대부분의 선반 공정은 단인 공구가 사용된다. 선삭, 단면 가공, 테이퍼 선삭, 윤곽 선삭, 모따기, 보링이 모두 단인 공구로 수행된다. 나사 가공은 나사 형상으로 설계된 단인 공구로 수행된다. 단인 공구가 아닌 공정들이 몇 개 있다. 총형 선삭은 ***총형 공구(form tool)***라 불리는 특별하게 설계된 공구로 수행된다. 연삭된 공구의 윤곽 형상이 공작물 형상을 결정한다. 절단 공구도 기본적으로는 총형 공구이다. 드릴링은 드릴 비트로 수행된다(19.3.2절). 널링은 ***널링 공구(knurling tool)***로 수행된다. 이러한 널링공구는 양 센터 사이에 설치된 경도가 높은 두 개의 총형 롤(roll)로 구성되어 있으며, 공작물 표면에 필요한 널링패턴(무늬)이 새겨지도록 충분히 높은 압력으로 공구를 회전하는 공작물에 누른다.

18.2.3 보통 선반

선삭 관련 공정을 위한 기본적인 선반이 ***보통 선반(engine lathe)***이다. 이것은 중소 규모의 생산에 널리 사용되는 다양한 공정이 가능한 수동 공작 기계이다. 엔진(engine)이라는 용어는 이 기계가 증기기관(steam engine)으로 구동될 때 유래되었다.

보통 선반의 구조

그림 18.7은 보통 선반과 주요 부품들을 보여준다. ***주축대(head stock)***는 공작물과 함께 ***주축(spindle)***을 회전시키는 구동 장치를 가지고 있다. 주축대의 반대쪽에는 공작물의 다른 쪽 끝을 센터로 지지하기 위한 ***심압대(tailstock)***가 있다.

절삭 공구는 ***공구대(tool post)***에 고정되어 있으며, 공구대는 ***왕복대(carriage)***에 설치된 ***가로 이송대(cross-slide)***에 고정되어 있다. 왕복대는 회전축에 평행하게 공구를 이송하기 위해 선반의 **안**

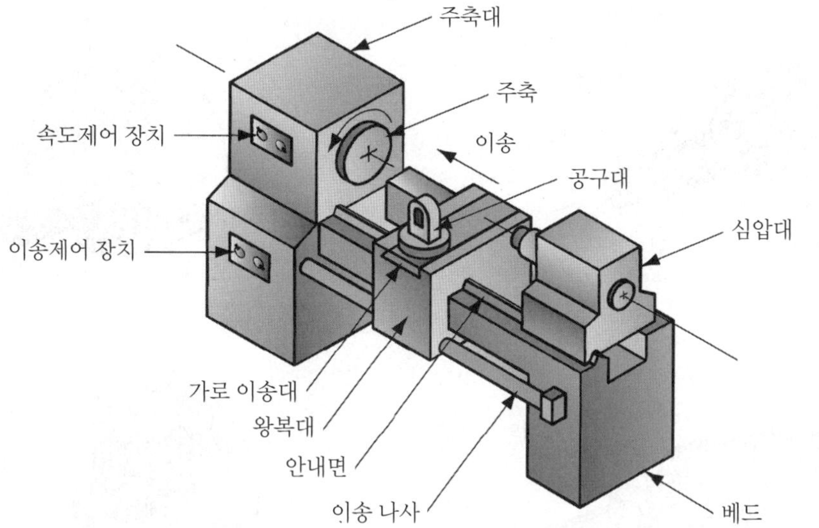

그림 18.7 보통 선반의 주요 구성 요소.

내면(way)을 따라 미끄러지도록 설계되어 있다. 안내면은 왕복대가 이동하는 궤도처럼 되어 있고, 주축에 대해 높은 평행도를 얻기 위해 매우 정확하게 설계되어 있다. 안내면은 공작 기계의 단단한 뼈대(frame)를 이루는 선반의 ***베드(bed)*** 위에 설치되어 있다.

왕복대는 원하는 이송 속도를 얻기 위해 적당한 속도로 회전하는 ***이송 나사(leadscrew)***에 의해 구동된다. 가로 이송대는 왕복대가 이동하는 방향에 수직으로 이송되도록 설계되어 있다. 따라서 왕복대 이동으로 인해 공구가 공작물 축에 평행한 방향으로 이송하여 직선 선삭을 수행할 수 있고, 가로 이송대 이동으로 인해 공구가 공작물의 반경 방향으로 이송하여 단면 가공, 총형 선삭, 절단 공정을 수행할 수 있다.

전통적인 보통 선반과 이 절에서 기술하는 대부분의 기계들은 ***수평 선반(horizontal turning machine)***이다. 즉, 주축이 수평하다. 이것은 공작물의 길이가 직경보다 큰 대부분의 선삭 작업에 적당하다. 공작물의 직경이 길이보다 크고 무거우면 공작물이 수직축에 대해 회전하는 ***수직 선반(vertical turning machine)***을 사용하는 것이 편리하다.

선반의 크기는 스윙과 센터간 최대 거리로 나타낸다. ***스윙(swing)***은 주축에서 회전할 수 있는 공작물의 최대 직경으로, 주축의 중심선과 안내면 사이의 거리의 2배가 된다. 왕복대와 가로 이송대가 안내면 위에 있기 때문에 선반이 수용할 수 있는 원통형 공작물의 실제 최대 직경은 스윙보다 작다. ***센터 간 최대 거리(maximum distance between center)***는 주축대와 심압대 사이에 놓일 수 있는 공작물의 최대 길이를 나타낸다. 예를 들면 350 mm × 1.2 m 선반은 스윙이 350 mm이고 센터 간 최대 거리가 1.2 m가 된다.

공작물 고정 방법

선삭에서 공작물을 고정하는 방법에는 보통 네 가지가 있다. 이 방법들은 공작물을 잡고, 주축을 따

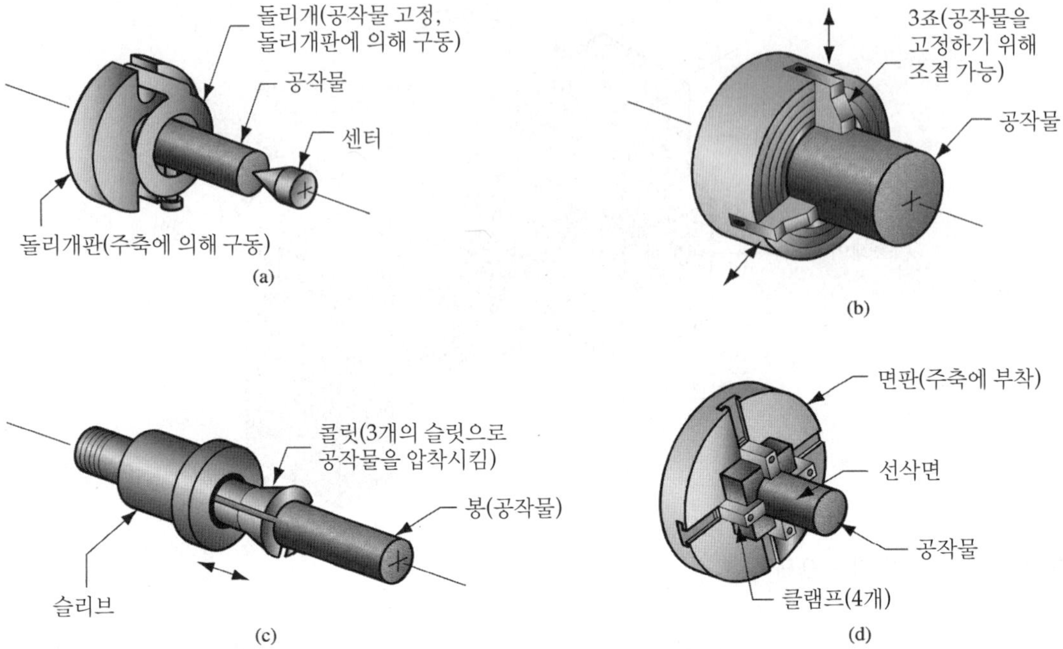

그림 18.8 선반에서 사용되는 네 가지 공작물 고정 방법. (a) 돌리개를 이용한 센터 사이의 공작물 고정, (b) 3죠 척, (c) 콜릿, (d) 비원통형 부품을 위한 면판.

라 센터링 및 지탱을 하고, 회전시키는 여러 가지 장치들로 구성되어 있다. 그림 18.8과 같이 (a) 센터 사이 공작물 고정, (b) 척, (c) 콜릿, (d) 면판이 있다.

센터 사이 공작물 고정은 그림 18.8(a)와 같이 두 개의 센터를 주축대와 심압대에 각각 사용한다. 이 방법은 직경에 비해 길이가 긴 부품에 적당하다. 주축대 센터에 ***돌리개(dog)***라 불리는 장치가 공작물의 외면에 부착되어 주축 회전을 전달시키는 데 사용된다. 심압대 센터는 공작물 끝의 테이퍼 구멍에 들어갈 수 있도록 원뿔 형상으로 되어있다. 심압대 센터는 회전 센터와 정지 센터가 있다. ***회전 센터(live center)***는 심압대의 베어링 안에서 회전하기 때문에 공작물과 회전 센터와의 사이에 상대적인 운동이 없어서 마찰이 없다. 반면에 ***정지 센터(dead center)***는 심압대에 고정되어서 회전할 수 없고 공작물이 이 센터를 중심으로 회전한다. 정지 센터는 마찰과 열의 축적으로 인하여 보통 낮은 회전 속도에서 사용되고, 회전 센터는 높은 회전 속도에서 사용된다.

척(chuck)은 그림 18.8(b)와 같이 여러 종류가 있는데 3개 또는 4개의 죠(jaw)가 있어 원통형 공작물의 외면을 잡을 수 있게 되어 있다. 때로는 죠가 관형 부품의 내면을 잡을 수 있게 설계되기도 한다. ***연동척(self-centering chuck)***은 죠가 동시에 움직이도록 되어 있어 공작물이 주축의 중심에 오도록 한다. 이외에도 각각의 죠가 독립적으로 움직이는 단동척이 있다. 척은 심압대 센터와 같이 사용될 수도 있고, 아닐 수도 있다. 직경에 비해 길이가 짧은 공작물은 외팔보처럼 공작물을 척으로 지지하는 것이 절삭력을 지지하기에 대체로 충분하다. 길이가 긴 봉형 공작물을 지지하기 위해서는 심압대 센터가 필요하다.

콜릿(collet)은 그림 18.8(c)와 같이 전체 길이의 반 정도가 길이 방향으로 갈라진 슬릿이 원주를 따라 같은 간격으로 배열된 관형으로 되어 있다. 콜릿의 안쪽 면은 봉과 같은 원통형 공작물을 고정하는 데 사용된다. 콜릿의 한쪽 끝을 슬릿으로 누르게 되면 슬릿의 지름이 감소되어 공작물이 고정된다. 콜릿 지름이 줄어드는 한계 때문에 콜릿은 특정 공작물의 크기에 따라 다양하게 준비할 필요가 있다.

면판(face plate)은 그림 18.8(d)와 같이 선반 주축에 부착되어 불규칙한 형상의 공작물을 고정하기 위해 사용된다. 불규칙한 형상의 공작물은 다른 고정 방법으로는 고정시킬 수 없다. 그러므로 면판은 특정한 공작물 형상에 적합하게 설계된 클램프(clamp)를 가지고 있다.

18.2.4 기타 선반들

보통 선반에 추가하여 특별한 기능이 필요하거나 선삭 공정을 자동화하기 위해 다음과 같은 새로운 선반들이 개발되어 왔다. (1) 공구 선반, (2) 속도 선반, (3) 터릿 선반, (4) 척킹 머신, (5) 자동나사 기계, (6) CNC 선반이다.

공구 선반과 속도 선반은 보통 선반과 매우 밀접한 관계가 있다. ***공구 선반(toolroom lathe)***은 크기가 상대적으로 작고, 선택할 수 있는 속도와 이송 범위가 넓으며, 공구, 고정구, 기타 고정밀 장치들을 가공할 수 있도록 매우 높은 정밀도로 만들어졌다. ***속도 선반(speed lathe)***은 구조면에서 보통 선반보다 간단하다. 왕복대와 가로 이송대가 없고, 왕복대를 구동하는 리드스크루도 없다. 절삭 공구는 작업자가 공구대에 설치하여 지지한다. 속도는 높지만 설정된 속도들의 개수는 한정적이다. 목재 선삭, 금속 스피닝(16.6.3절), 폴리싱 공정(21.2.4절)에 적용되고 있다.

터릿 선반(turret lathe)은 심압대가 절삭 공구를 6개까지 설치할 수 있는 터릿으로 교체된 수동 선반이다. 공구들이 터릿(turret)을 분할하여 공작물에 대해 한 개씩 빠르게 위치를 잡는다. 또한 보통 선반에 사용되는 전통적인 공구대가 4개의 공구로 분할될 수 있는 4면의 터릿으로 대체되기도 한다. 터릿 선반은 공구 교환이 빠르기 때문에 여러 가지 절삭 공정이 필요한 부품을 대량 생산하는 데 사용된다.

척킹 머신(chucking machine)은 공작물을 고정하기 위해 주축에 척을 사용한다. 심압대가 없기 때문에 센터 사이에 공작물을 지지할 수 없다. 따라서 척킹 머신은 짧고 가벼운 공작물에만 사용할 수 있다. 절삭 공구의 이송이 수동이라기보다는 자동이라는 점 외에는 터릿 선반과 비슷하다. 작업자의 역할은 공작물을 탈착(loading and unloading)시키는 것이다.

바머신(bar machine)은 긴 봉이 주축대를 통과하여 공급될 수 있는 콜릿(척 대신)이 사용된다는 것 외에는 척킹 머신과 비슷하다. 주기적으로 절삭 공정의 끝에서 공작물이 절단된 후 다음 공정을 위해 봉(공작물)이 앞으로 밀어 넣어진다. 공구 분할과 이송뿐만 아니라 공작물 이송도 자동적으로 수행된다. 고도의 자동화로 인해 ***자동 바머신(automatic bar machine)***으로 자주 불린다. 나사류 등의 작은 부품의 생산에 중요하게 적용된다. ***자동 나사기계(automatic screw machine)***가 이와 같은 작업에 자주 사용된다.

바머신은 단축(single spindle)과 다축(multiple spindle)으로 분류할 수 있다. ***단축 바머신(single-spindle bar machine)***은 한 개의 주축을 가지는데, 이는 공작물 한 개를 가공하기 위해 절삭 공구 한 개가 사용된다. 따라서 가공 중인 공구를 제외한 나머지 공구들은 가공을 하지 않는다(터릿 선반과 척킹 머신도 여러 개의 공구를 동시에 운전하지 않고 순차적으로 운전한다). 절삭 공구의 가동률과 생산 속도를 높이기 위해 ***다축 바머신(multiple-spindle bar machine)***이 사용된다. 이 기계는 한 개 이상의 주축을 가지고 있어 여러 개의 공구로 여러 개의 부품을 동시에 가공할 수 있다. 예를 들면 그림 18.9와 같이 6축 자동 바머신은 한 번에 6개의 부품을 가공한다. 각 가공 공정의 끝에서는 주기적으로 주축(콜릿과 공작물이 포함된)이 다음 위치로 분할(회전)된다. 그림과 같이 각 부품은 5개의 절삭 공구(위치 1에서는 공작물의 진입을 정지함)에 의해 6번의 주기로 연속적으로 절삭된다. 이러한 공정의 배열에 의해 각각의 주기 끝에서 부품이 완성된다. 그 결과, 6축 자동 바머신은 매우 높은 생산 속도를 가지게 된다.

바머신과 척킹 머신의 연속적인 운동은 전통적으로 캠과 같은 기계적 장치에 의해 수행되어왔다. 현대의 제어 형태는 **CNC**(computer numerical control, 컴퓨터 수치 제어, 33.3절)로서, 공작 기계가 프로그래밍 지령(alphanumeric code)에 따라 움직인다. CNC는 기계적 장치보다 더욱 복잡하고 다양한 제어 수단을 제공한다. CNC를 사용하면 복잡한 사이클의 가공이 가능하고 다양한 형상의 공작물도 가공할 수 있는 공작 기계 개발이 가능하게 된다. 또한 CNC는 전통적인 나사 선반이나 척킹 머신보다 높은 수준으로 공정을 자동화시킬 수 있다. 예를 들면, 선삭이 가능한 CNC 선반이 있다. 특히, 윤곽 선삭 공정과 작은 공차가 필요한 공정에 유용하게 적용된다. 오늘날 자동 척킹 머신과 바머신은 CNC로 작동된다.

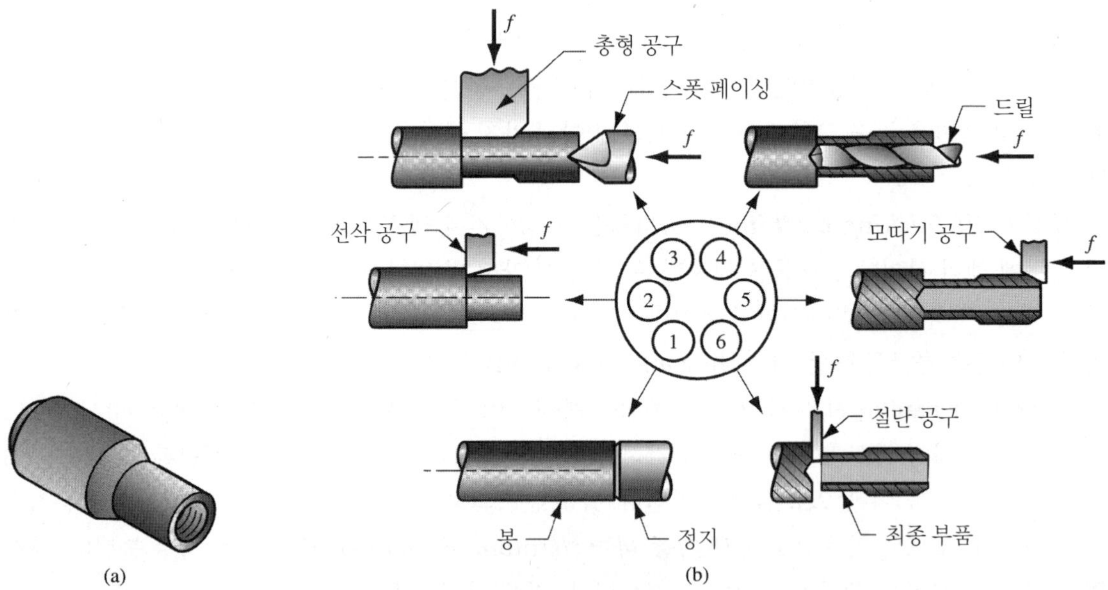

그림 18.9 (a) 6축 자동 바머신에서 생산된 부품, (b) 이 부품을 생산하기 위한 연속 공정: (1) 소재 진입 정지, (2) 1차 외경 선삭, (3) 2차 선삭 및 스폿 페이싱, (4) 드릴링, (5) 모따기, (6) 절단.

18.2.5 보링 머신

보링(boring) 공정은 선삭과 유사하다. 이 공정은 회전하는 공작물에 대해 단인 공구를 사용한다. 차이점은 보링 공정은 원통형 공작물의 외면보다는 이미 존재하는 구멍 내면에서 작업한다는 점이다. 결과적으로 보링 공정은 내면 선삭 공정이다. 보링 공정에 사용되는 공작 기계를 ***보링 머신(boring machine, boring mill)***이라고 한다. 보링 머신은 선반과 많은 공통점이 있어 앞에서 기술한 바와 같이 가끔 선반이 보링 공정을 수행한다.

보링 머신은 기계 주축이나 공작물의 회전축 방향에 따라 수평형과 수직형이 있다. ***수평 보링 머신(horizontal boring machine)***은 그림 18.10과 같이 두 가지 형태가 있다. 첫 번째는 그림 18.10(a)와 같이 공작물이 회전 주축에 고정되고, 공구는 외팔보형 보링바(boring bar) 위에 부착된다. 보링바는 절삭 중 변형과 진동을 피하기 위해 강성이 매우 높아야 한다. 높은 강성을 얻기 위해 보링바는 보통 탄성 계수가 620×10^3 MPa에 이르는 초경 합금(cemented carbide)으로 만들어진다(표 3.1 재료들의 탄성 계수 비교 참조). 그림 18.11은 초경 보링바를 보여준다.

두 번째는 그림 18.10(b)와 같이, 공구를 보링바에 부착시키고, 보링바를 양쪽 센터로 지지하여 회전시키며, 공작물은 공구를 지나서 이송되도록 이송 장치 위에 고정시키는 방법이다. 이는 보통 선반에서 보링 공정을 수행하는데 이용되는 방법이다.

수직 보링 머신(vertical boring machine)은 크고 무겁고, 길이에 비해 직경이 큰 공작물에 보통 사용된다. 그림 18.12와 같이 기계 베이스에 대하여 회전하는 작업 테이블 위에 공작물이 고정되어 있다. 작업 테이블의 직경이 12 m가 넘는 것도 있다. 보통의 보링 머신은 여러 절삭 공구들을 장착하여 동시에 이송할 수가 있다. 공구는 작업 테이블에 대해 수평이나 수직으로 이송하는 공구대에 장착된다. 1개나 2개의 공구대가 작업 테이블 위의 수평 가로대에 장착된다. 공작물 위에 장착된 절삭 공구는 단면 가공이나 보링 공정에 사용된다. 가로대의 공구 외에, 추가적으로 한 두 개의 공구대가 칼럼에 장착되어 공작물의 외경 선삭 공정을 수행할 수 있다.

수직 보링 머신에 사용되는 공구대는 여러 개의 절삭 공구들을 사용하기 위해 자주 터릿을 이용한다. 따라서 이 기계와 ***수직 터릿 선반(vertical turret lathe)***과의 차이가 없어지게 된다. 일부 공작

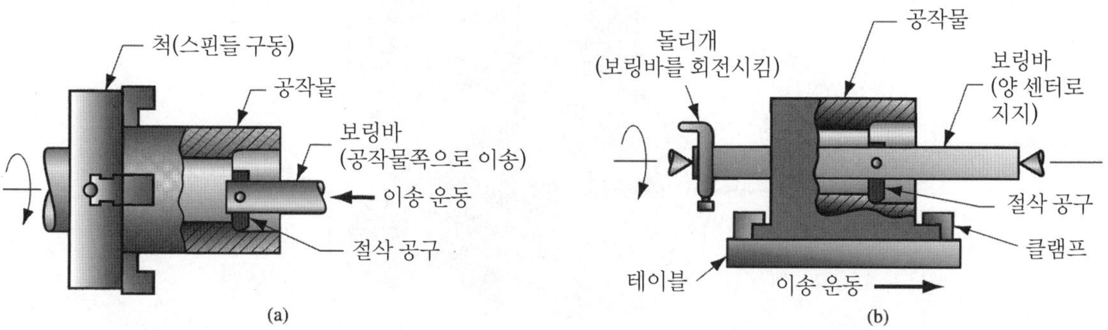

그림 18.10 두 가지 형태의 수평 보링 머신. (a) 보링바가 회전하는 공작물 쪽으로 이송, (b) 공작물이 회전하는 보링바를 지나도록 이송.

기계 업체는 수직 터릿 선반을 2.5 m까지의 공작물 직경에 사용하고, 수직 보링 머신은 더 큰 직경에 사용하는 것으로 차이를 두고 있다[7]. 또한 수직 보링 머신은 보통 한 가지 부품의 한 가지 가공에 사용되는 반면 수직 터릿 선반은 뱃치 생산(batch production)에 사용된다.

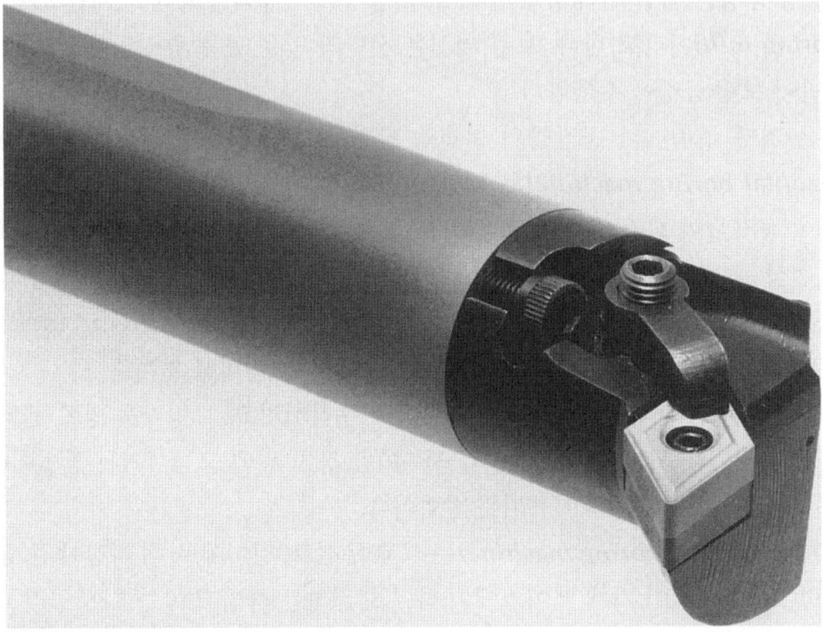

Courtesy of Kennametal Inc.

그림 18.11 초경 인서트를 장착하고, 몸체는 초경 합금(WC-Co)으로 만든 보링바.

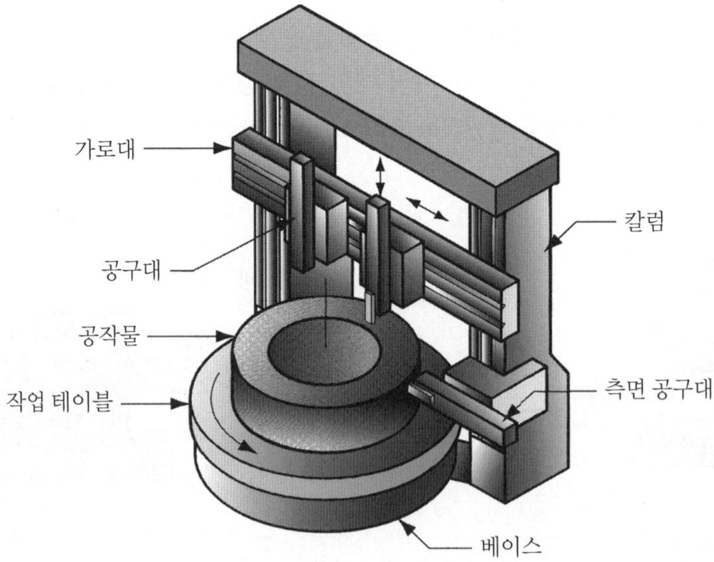

그림 18.12 수직 보링 머신.

18.3 드릴링과 관련 공정

드릴링(drilling)은 그림 18.3(b)와 같이 공작물에 둥근 구멍을 만들어내는 절삭 가공 공정이다. 이것은 이미 존재하는 구멍을 확장하는 보링과 비교된다. 드릴링은 보통 끝단에 2개의 절삭날을 가지는 회전하는 원통형 공구에 의해 수행된다. 이 공구를 ***드릴(drill)*** 또는 ***드릴 비트(drill bit)***라고 부르며, 가장 널리 사용되고 있는 것이 ***트위스트 드릴(twist drill)***(19.3.2절)이다. 회전하는 공구가 드릴 직경과 같은 크기의 구멍을 공작물에 만들기 위해 정지된 공작물로 이송된다. 드릴 가공용 공작기계의 종류는 많지만, 전통적으로 드릴 가공은 ***드릴 프레스(drill press)***에서 수행된다.

18.3.1 드릴링의 절삭 조건

드릴링 공정의 절삭 속도는 드릴 외면의 표면 속도이다. 절삭 속도가 편의상 이런 식으로 설정되기는 하지만, 실제로 회전축 가까운 위치에서는 낮은 속도로 절삭된다. 드릴링에 필요한 절삭 속도를 얻기 위해서는 드릴의 회전 속도를 결정해야 한다. N을 주축의 회전 속도(rev/min)라고 하면,

$$N = \frac{v}{\pi D} \tag{18.7}$$

여기서 v = 절삭 속도(mm/min)이고, D = 드릴 직경(mm)이다. 일부 드릴링 공정에서는 공구를 정지시키고 공작물을 회전시켜서 가공하지만, 같은 식이 적용된다.

드릴링에서 이송 f는 mm/rev로 표시한다. 추천되는 이송 값은 대략 드릴 직경에 비례한다. 드릴 직경이 클수록 이송 값이 크다. 드릴 선단에는 보통 두 개의 절삭날이 있기 때문에 각 절삭날에 의해 제거되는 미절삭 ***칩두께(칩부하, chip load)***는 이송 값의 반이 된다. 이송은 선삭과 같은 식을 이용하여 이송 속도로 변환될 수 있다.

$$f_r = Nf \tag{18.8}$$

여기서 f_r = 이송 속도(mm/min)이고, f = 이송(mm/rev)이다.

그림 18.13과 같이 트위스트 드릴로 가공된 구멍은 관통 구멍이거나 막힌 구멍이다. ***관통 구멍(through hole)***은 드릴이 공작물의 반대쪽 면을 빠져나오지만, ***막힌 구멍(blind hole)***에서는 그렇지 못하다. 구멍을 관통시키는 데 필요한 가공 시간은 다음 식으로 결정될 수 있다.

$$T_m = \frac{t + A}{f_r} \tag{18.9}$$

여기서 T_m = 가공(드릴링) 시간(min), t = 공작물 두께(mm), f_r = 이송 속도(mm/min), A = 드릴 선단각(point angle)을 보상해 주는 진입 여유(approach allowance)이다. 이 진입 여유는 그림 18.13(a)와 같이 드릴의 최대 지름에 도달하기 전에 드릴이 공작물 쪽으로 이송되어야 하는 거리이다. 이 여유 값은 다음 식으로 계산한다.

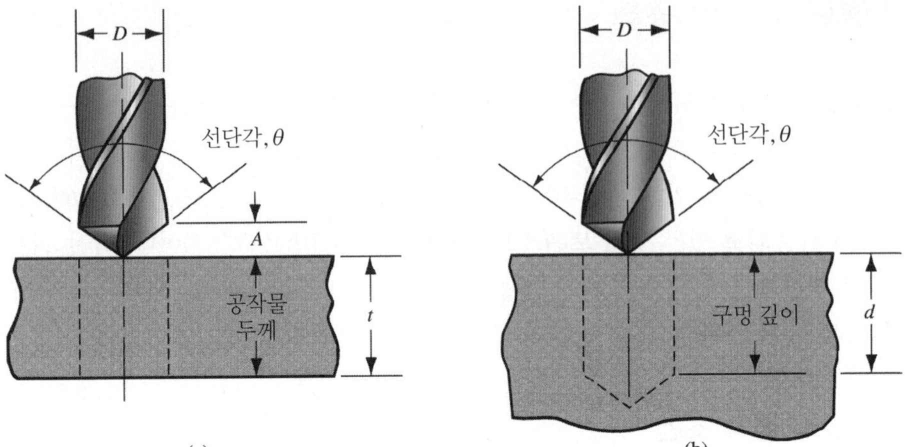

그림 18.13 두 가지 구멍 종류. (a) 관통 구멍, (b) 막힌 구멍.

$$A = 0.5D\tan\left(90 - \frac{\theta}{2}\right) \tag{18.10}$$

여기서 A = 진입 여유(mm)이고, θ = 드릴의 선단각(°)이다. 관통 구멍에서 이송 운동은 공작물 반대쪽을 조금 더 지나도록 하는 것이 보통이다. 따라서 실제 절삭 시간은 식 (18.9)의 T_m보다 조금 더 길게 된다.

막힌 구멍에서 구멍 깊이 d는 그림 18.13(b)와 같이 공작물 표면으로부터 최대 지름을 갖는 구멍 끝점까지의 거리로 정의된다. 따라서 막힌 구멍에서의 가공 시간은 다음 식과 같이 주어진다.

$$T_m = \frac{d + A}{f_r} \tag{18.11}$$

여기서 A = 진입 여유(mm)(식 (18.10) 참조)이다.

드릴링에서 소재 제거율은 드릴 단면적과 이송 속도의 곱으로 결정된다.

$$R_{MR} = \frac{\pi D^2 f_r}{4} \tag{18.12}$$

이 식은 드릴이 외경까지 완전히 진입한 후에 타당하며, 드릴이 공작물에 처음 진입할 때는 맞지 않는다.

예제 18.2

드릴링 공정에서의 가공 시간

드릴링 공정으로 두께 10 mm인 강판에 관통 구멍을 만들려고 한다. 절삭 속도 = 1 m/s, 이송 = 0.20 mm/rev이다. 트위스트 드릴의 지름이 15 mm이고, 선단 각도는 118°이다. (a) 가공 시간, (b) 드릴이 최대 지름에 도달할 때 소재 제거율을 계산하라.

풀이

(a) $N = \frac{v}{\pi D} = \frac{1(10^3)}{\pi(15)} = 21.22 \text{ rev/s}$

$f_r = Nf = 21.22\ (0.20) = 4.24 \text{ mm/s}$

$A = 0.5(15) \tan\left(90 - \frac{118}{2}\right) = 4.51 \text{ mm}$

$T_m = \frac{t + A}{f_r} = \frac{10 + 4.51}{4.24} = 3.42 \text{ s} = \mathbf{0.057\ min}$

(b) $R_{MR} = \frac{\pi(15)^2(4.24)}{4} = \mathbf{749.3\ mm^3/s}$

18.3.2 드릴링 관련 작업

그림 18.14와 같이 여러 가지 작업들이 드릴링과 관련되어 있다.

(a) ***리밍(reaming)***. 리밍은 구멍을 조금 확장시켜서 치수 정확도와 표면 정도를 향상시키는 데 사

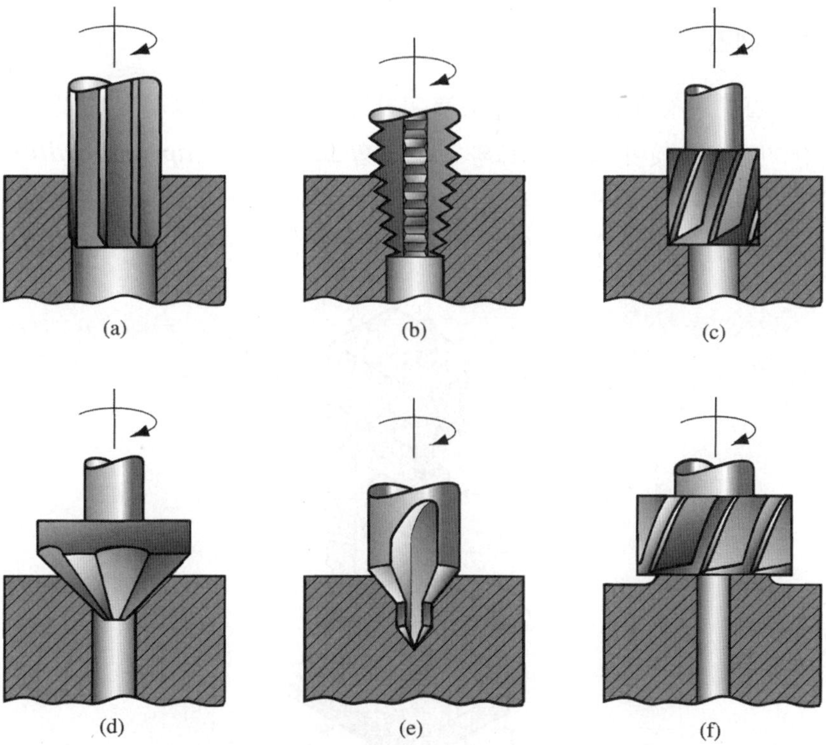

그림 18.14 드릴링과 관련된 절삭 가공 공정. (a) 리밍, (b) 태핑, (c) 카운터 보링, (d) 카운터 싱킹, (e) 센터 드릴링, (f) 스폿 페이싱.

용된다. 사용되는 공구를 ***리머(reamer)***라고 하며, 보통 직선형 홈(flute)을 가진다.

(b) ***태핑(tapping)***. 이 공정은 ***탭(tap)***에 의해 수행되며, 이미 존재하는 구멍의 내면에 나사산을 만든다(18.7.1절에서 태핑에 대해 더 자세히 설명한다).

(c) ***카운터 보링(counterboring)***. 카운터 보링은 단이 진 구멍을 만든다. 이 계단형 구멍은 작은 구멍의 지름에 부분적으로 큰 지름의 구멍을 만들어 놓은 것이다. 카운터 보링된 구멍은 볼트 머리가 구멍으로 들어가서 표면 위에 돌출되지 않도록 하는 경우에 사용된다.

(d) ***카운터싱킹(countersinking)***. 이는 카운터 보링과 유사하다. 접시머리 나사와 볼트를 사용하기 위해 단이 진 구멍 형상을 원뿔 형상으로 바꾼 것이다.

(e) ***센터링(centering)***. 센터 드릴링(center drilling)이라고도 하며, 후속 드릴링 공정을 위해 정확하게 위치를 잡아주기 위한 시작 구멍을 만드는 작업이다. 사용되는 공구를 ***센터 드릴(center drill)***이라고 한다.

(f) ***스폿 페이싱(spot facing)***. 밀링과 비슷한 공정으로 공작물에 국부적으로 편평한 가공면을 만든다.

이와 같은 대부분의 공정들은 드릴링의 후속 공정이다. 일단 드릴링 공정에 의해 구멍이 만들어져야 하고, 이 구멍이 다른 공정들 중의 하나에 의해 수정된다. 단, 센터링과 스폿 페이싱은 예외이다. 모든 공정은 회전하는 공구가 사용된다.

18.3.3 드릴 프레스

드릴 프레스는 드릴링 공정에 널리 쓰이는 표준 공작 기계이다. 여러 종류의 드릴 프레스가 있는데, 이 중에서 가장 기본적인 것이 그림 18.15와 같은 ***직립 드릴링 머신(upright drill)***이다. 직립 드릴링 머신은 바닥에 세워서 사용하며, 공작물을 고정하는 테이블, 드릴 비트가 장착된 주축구동 드릴링 헤드, 베이스와 칼럼으로 구성되어 있다. 작지만 유사한 드릴 프레스인 ***탁상 드릴링 머신(bench***

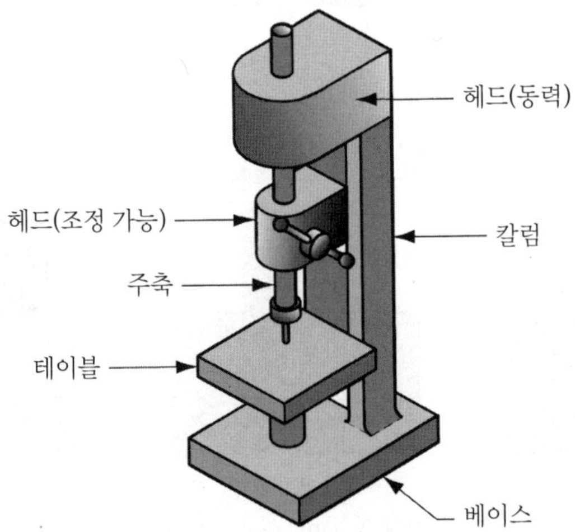

그림 18.15 직립 드릴링 머신.

Courtesy of Willis Machinery and Tools

그림 18.16 레이디얼 드릴링 머신.

drill)은 바닥이 아닌 작업대에 설치된다.

레이디얼 드릴링 머신(radial drill)은 그림 18.16과 같이 큰 공작물에 구멍을 뚫기 위해 설계된 대형의 드릴 프레스이다. 드릴링 헤드를 이송하고 고정할 수 있는 방사형 팔(radial arm)을 가지고 있다. 따라서 대형 공작물을 가공하기 위해 칼럼으로부터 멀리 떨어진 위치의 팔위에 헤드를 고정시킬 수 있다. 방사형 팔은 작업 테이블의 양 옆에 설치된 부품을 가공하기 위해 칼럼을 중심으로 선회할 수도 있다.

갱 드릴링 머신(gang drill)은 기본적으로 2~6개까지의 직립 드릴링 머신이 한 줄로 연결되어 있는 드릴 프레스이다. 각각의 주축에 동력이 공급되어 독립적으로 작동되며, 작업 테이블은 공유한다. 따라서 단순히 작업 테이블을 따라 공작물이 하나의 주축에서 다음 주축으로 이동됨으로써 일련의 드릴링 및 관련 작업(예를 들면, 센터링, 드릴링, 리밍, 태핑)들이 순차적으로 수행된다. 이와 비슷한 ***다축 드릴링 머신(multiple-spindle drill)***은 공작물에 여러 개의 구멍을 동시에 뚫기 위해 여러 개의 드릴 주축이 연결되어 있다.

추가적으로 공작물의 구멍 위치들을 제어하는 **CNC 드릴 프레스**가 있다. 이 드릴 프레스는 보통 여러 개의 공구를 CNC 프로그램으로 호출할 수 있는 터릿이 장착되어 있다. ***터릿 드릴링 머신(turret drilling machine)***이라는 용어는 이러한 공작 기계에 사용된다.

드릴 프레스에서는 공작물을 바이스, 고정구, 지그에 고정시킨다. ***바이스(vise)***는 2개의 죠가 공작물을 잡고 있는 다목적 공작물 고정 장치이다. ***고정구(fixture)***는 보통 특정 공작물에 맞도록 설계된 공작물 고정 장치이다. 고정구는 바이스에 비해 높은 정확도로 공작물을 고정시킬 수 있고, 생산 속도도 높으며, 작업자가 편리하게 사용할 수 있도록 설계되어 있다. ***지그(jig)*** 역시 공작물에 맞게 특별히 설계된 공작물 고정 장치이다. 지그와 고정구의 뚜렷한 차이점은 지그는 드릴링 공정 중에도 공구를 안내할 수 있다는 점이다. 고정구는 이러한 공구를 안내하는 특징이 없다. 드릴링에 사용되는 지그를 ***드릴 지그(drill jig)***라고 한다.

18.4 밀링

밀링(milling)은 그림 18.2(d) 및 (e)와 같이 여러 개의 절삭날을 가진 원통형 회전 공구가 공작물을 지나 이송하게 하는 절삭 가공 공정이다(드문 경우, 플라이커터(fly-cutter)라고 불리는 한 개의 절삭날을 가진 공구가 사용된다). 절삭 공구의 회전축은 이송 방향에 수직하다. 이와 같은 공구축과 이송 방향 사이의 관계는 밀링이 드릴링과 구별되는 특징 중 하나이다. 드릴링에서의 절삭 공구는 공구 회전축에 평행한 방향으로 이송한다. 밀링에서 사용되는 절삭 공구를 ***밀링 커터(milling cutter)***라 하고 절삭날을 ***이(teeth)***라 한다. 밀링 커터의 기하학적 형상은 19.3.2절에서 설명한다. 전통적으로 이와 같은 공정을 수행하는 공작 기계를 ***밀링 머신(milling machine)***이라고 한다.

밀링에 의해 만들어지는 기하학적 형상은 평면이다. 커터 경로나 커터 형상에 따라 공작물 형상이 달라진다. 가공할 수 있는 형상이 다양하고 생산 속도가 높기 때문에 밀링은 가장 용도가 많고 널리 쓰이는 절삭 가공 공정 중의 하나이다.

밀링은 ***단속 절삭(interrupted cut)*** 공정이다. 밀링 커터의 이가 회전 중 공작물에 진입과 진출이 반복된다. 이와 같은 단속 절삭으로 인해 밀링 커터의 이는 회전 중에 주기적으로 충격력과 열충격을 받게 된다. 공구 재료와 커터 형상은 이런 조건을 견딜 수 있도록 설계되어야 한다.

18.4.1 밀링 공정의 종류

그림 18.17은 두 가지 기본적인 밀링 공정인 평 밀링과 정면 밀링을 나타낸다. 대부분의 밀링 공정은 형상을 생성하는 생성 가공이다(18.1절).

평 밀링

평 밀링(peripheral milling, plain milling)에서 공구 축은 가공면에 평행하고, 가공은 커터의 외측면에 있는 절삭날에 의해 수행된다. 그림 18.18은 여러 종류의 평밀링 작업을 보여준다. (a) ***평***

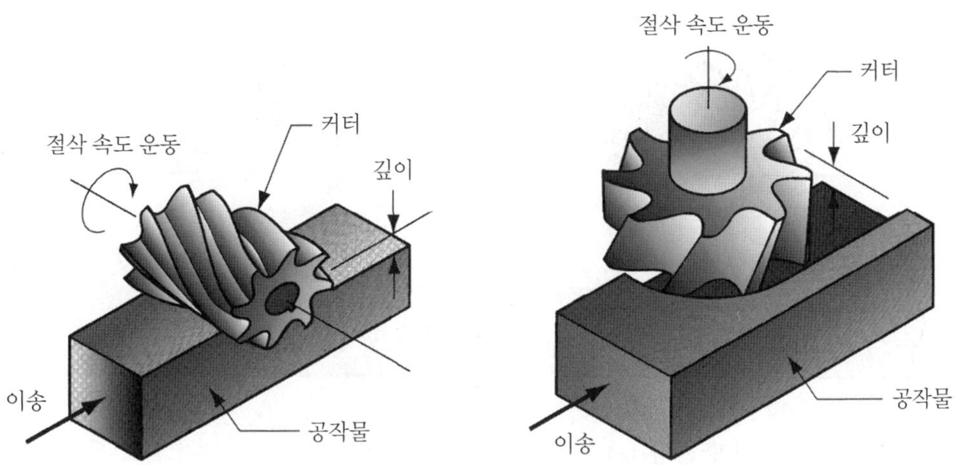

그림 18.17 두 가지 기본적인 밀링 공정. (a) 평 밀링, (b) 정면 밀링.

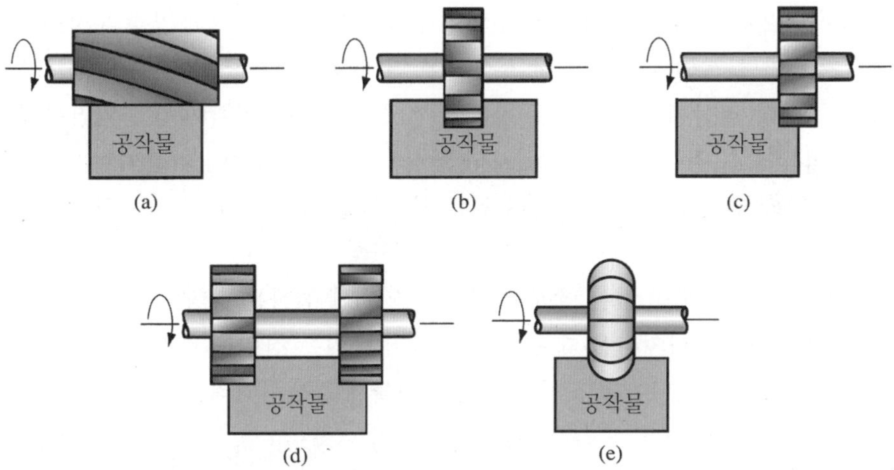

그림 18.18 평밀링 작업. (a) 평판 밀링, (b) 슬로팅, (c) 사이드 밀링, (d) 스트래들 밀링, (e) 총형 밀링.

판 밀링(slab milling) – 기본적인 밀링 형태로 커터 폭이 공작물 폭보다 크게 설계되어 있다. (b) ***슬로팅(slotting, slot milling)*** – 커터 폭이 공작물 폭보다 작아서 공작물에 홈을 만든다. 매우 얇은 커터 폭은 좁은 홈을 만들거나 공작물을 *2개로 절단(saw milling)*할 때 사용된다. (c) ***사이드 밀링(side milling)*** – 커터가 공작물의 측면을 가공한다. (d) ***스트래들 밀링(straddle milling)*** – 사이드 밀링과 유사하며, 다만 절삭이 공작물의 양쪽 측면에서 일어난다. (e) ***총형 밀링(form milling)*** – 밀링 커터의 이가 공작물의 홈 형상을 결정하는 특수한 형태로 되어 있다. 따라서 총형 밀링은 총형 가공으로 분류된다(18.1절).

커터의 회전 방향에 따라 평 밀링은 상향 밀링과 하향 밀링(그림 18.19)으로 구분된다. ***상향 절삭(up milling,** conventional milling)*은 커터의 회전 방향이 커터가 공작물에 물릴 때의 이송 방향과

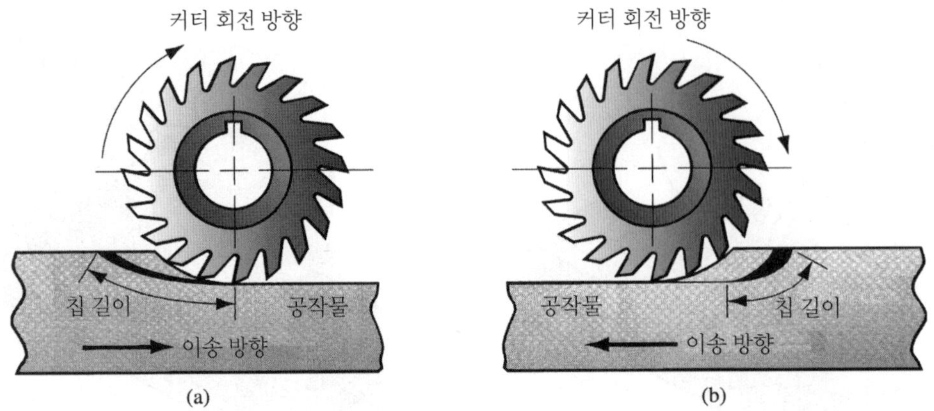

그림 18.19 두 가지 형태의 밀링 방향. (a) 상향 절삭, (b) 하향 절삭.

반대이다. 이송을 '거스르는' 밀링 공정이다. ***하향 절삭(down milling,** climb milling)*은 커터의 회전 방향이 커터가 공작물에 물릴 때의 이송 방향과 같다. 이송을 '따르는' 밀링 공정이다.

이와 같이 상대적으로 다른 두 가지 기하학적 형태의 밀링 공정은 절삭 공정의 차이를 초래한다. 상향 절삭에서 커터가 회전하는 동안에 각 절삭날에 의해 생성되는 칩은 매우 얇게 시작하여 점점 두께가 증가한다. 하향 절삭에서 생성되는 칩은 두껍게 시작하여 절삭이 진행되면서 점점 두께가 감소한다. 하향 절삭의 칩 길이는 상향 절삭보다 짧다(그림은 차이점이 과장되어 있음). 이는 하향 절삭에서 커터가 절삭 부피당 공작물에 물려 있는 시간이 짧기 때문에 공구 수명이 증가한다는 것을 의미한다.

절삭력 방향은 공작물에 물려 있는 날에 대해 커터 외면에 접하는 방향이다. 따라서 상향 절삭에서는 커터 날이 재료로부터 빠져나올 때 공작물을 들어 올리는 경향을 가진다. 하향절삭에서는 절삭력 방향이 아래로 향하기 때문에 공작물을 작업 테이블에 고정시키려는 경향을 가진다.

정면 밀링

정면 밀링(face milling)에서 커터 축은 가공면에 수직하고, 가공 작업은 커터의 원통밑면과 옆면에 있는 절삭날에 의해 수행된다. 평밀링 공정과 같이 여러 종류의 정면 밀링 작업이 있다(그림 18.20). (a) ***보통 정면 밀링(conventional face milling)*** – 커터 직경이 공작물 폭보다 커서 공작물 양쪽 측면에서 커터가 밖으로 나온다. (b) ***부분 정면 밀링(partial face milling)*** – 공작물 한쪽 측면만 커터가 밖으로 나온다. (c) ***엔드 밀링(end milling)*** – 커터 직경이 공작물 폭보다 작아서 공작물에 홈(slot)이 만들어진다. (d) ***윤곽 밀링(profile milling)*** – 편평한 부품의 외주면을 가공하는 엔드 밀링의 한 형태이다. (e) ***포켓 밀링(pocket milling)*** - 편평한 부품에서 오목한 곳을 얇게 파내는 엔드 밀링의 또 다른 형태이다. (f) ***표면 윤곽 가공(surface contour milling)*** – 삼차원적인 표면 형상을 만들어내기 위해 볼 형태의 커터가 곡선경로를 따라서 짧은 간격으로 공작물 위에서 앞뒤로 이송된다. 금형이나 다이의 윤곽 가공을 위해 기본적으로 같은 방법으로 커터 이송을 제어해야 하는데, 이러한 가공 공정을 ***다이싱킹(die sinking)***이라고 한다.

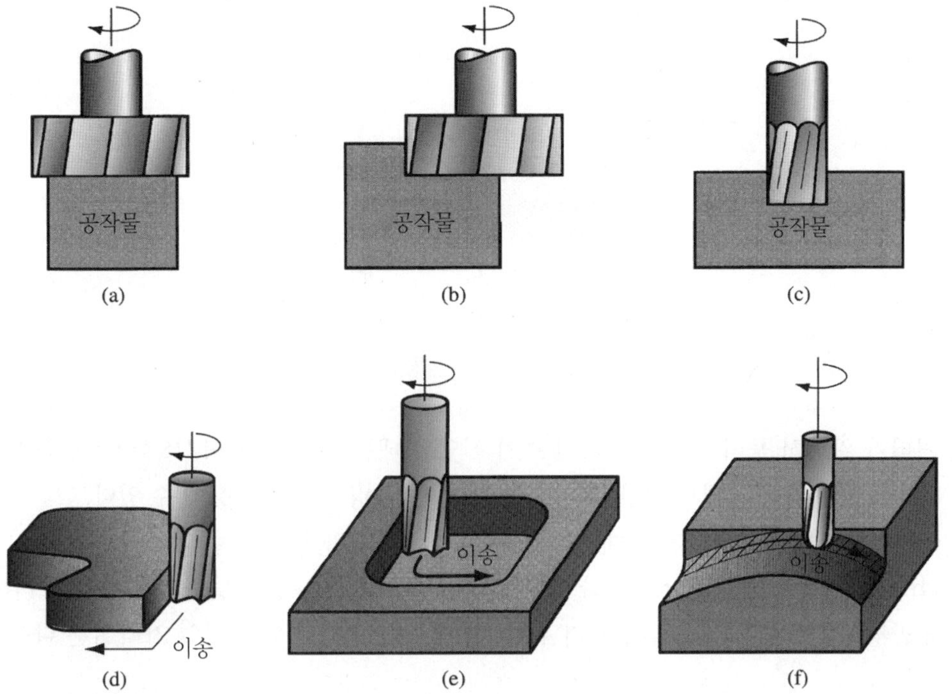

그림 18.20 정면 밀링 작업. (a) 보통 정면 밀링, (b) 부분 정면 밀링, (c) 엔드 밀링, (d) 윤곽 밀링, (e) 포켓 밀링, (f) 표면 윤곽 가공.

18.4.2 밀링의 절삭 조건

절삭 속도는 밀링 커터의 외주면 지름으로 결정된다. 이것은 다음 식을 이용하여 주축 회전 속도로 변환될 수 있다.

$$N = \frac{v}{\pi D} \tag{18.13}$$

밀링에서 이송 f는 보통 커터의 날당 이송으로 주어지고 ***칩부하(chip load)***로 불리며, 각 절삭날에 의해 생성된 칩의 크기를 나타낸다. 이것은 주축 속도와 커터의 날 수를 고려하여 다음과 같이 이송 속도로 변환될 수 있다.

$$f_r = N n_t f \tag{18.14}$$

여기서 f_r = 이송 속도(mm/min), N = 주축 속도(rev/min), n_t = 커터의 날 수, 그리고 f = 칩부하(mm/tooth)이다.

밀링에서 소재 제거율은 절삭 단면적과 이송 속도의 곱으로 결정된다. 따라서 평판 밀링 공정에서 폭 w와 깊이 d로 공작물을 절삭한다면 소재 제거율은 다음과 같다.

$$R_{MR} = wd\,f_r \tag{18.15}$$

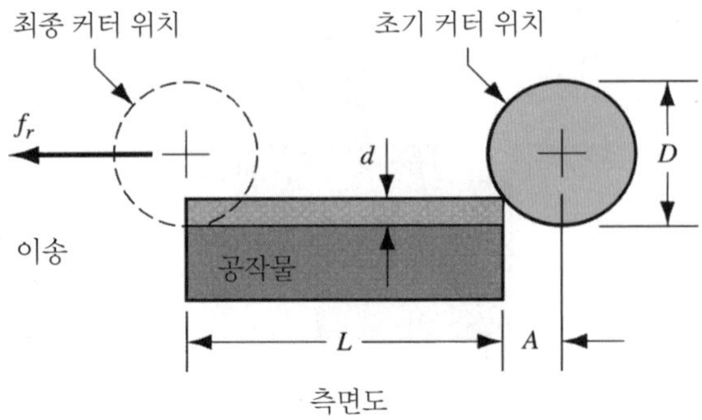

그림 18.21 공작물쪽으로 커터가 진입되는 것을 보여주는 평판 밀링.

이 식은 커터가 완전히 물리기 전의 커터의 초기 진입 상태는 무시한다. 식 (18.15)는 절삭 단면적을 계산할 때 적절히 수정하면 엔드 밀링, 사이드 밀링, 정면 밀링 등에도 적용될 수 있다.

길이가 L인 공작물을 가공하기 위해 소요되는 시간은 커터가 완전히 물리는 데 필요한 진입 거리(approach distance)가 고려되어야 한다. 먼저 그림 18.21과 같은 평판 밀링의 경우를 고려해 본다. 평판 밀링 공정에 필요한 시간을 결정하기 위해, 완전 물림이 되기 위한 진입 거리 A는 다음과 같이 주어진다.

$$A = \sqrt{d(D-d)} \tag{18.16}$$

여기서 d = 절삭 깊이(mm), D = 밀링 커터의 직경(mm)이다. 그러므로 공작물 가공 시간 T_m은

$$T_m = \frac{L+A}{f_r} \tag{18.17}$$

정면 밀링에 대해서는 그림 18.22에 두 가지 가능한 경우를 나타냈다. 첫 번째는 직사각형 공작물의 중심에서 커터가 오른쪽에서 왼쪽으로 지나는 경우(그림 18.22(a))이다. 커터가 공작물의 전체 폭을 지난다고 하면 진입 거리는 다음과 같이 주어진다.

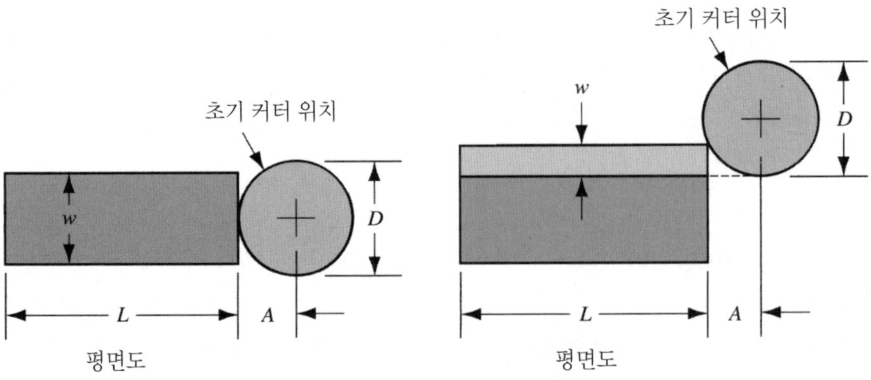

그림 18.22 두 가지 경우의 진입 거리를 나타내는 정면 밀링. (a) 커터가 공작물의 중심을 지날 때, (b) 커터가 공작물의 한 쪽으로 치우쳐 지날 때.

$$A = 0.5\left(D - \sqrt{D^2 - w^2}\right) \tag{18.18}$$

여기서 D = 커터 직경(mm), w = 공작물 폭(mm)이다. 만약 $D = w$이면 식 (18.18)은 $A = 0.5D$가 되고, $D < w$이면 공작물에 홈이 만들어지고 $A = 0.5D$가 된다.

두 번째는 커터가 공작물의 한쪽으로 치우쳐서(offset) 지나는 경우[식 (18.22(b)]이다. 이 경우의 진입 거리는 다음과 같이 주어진다.

$$A = \sqrt{w(D - w)} \tag{18.19}$$

여기서 w = 절삭폭(mm)이다. 두 가지 경우에 있어서 가공 시간은 다음과 같다.

$$T_m = \frac{L + A}{f_r} \tag{18.20}$$

여기서 중요한 것은 커터 이가 공작물에 물려서 칩을 만드는 시간 T_m이다. 일반적으로 공작물의 탈착(loading and unloading)을 위해 절삭 초기와 종료 시의 진입 거리와 진출 거리가 더해진다. 그러므로 커터 이송 운동의 실제 지속 시간은 T_m보다 더 길어진다.

예제 18.3

평 밀링에서의 가공 시간

평 밀링 작업으로 공작물의 길이 $L = 320$ mm, 폭 $w = 60$ mm, 두께 $t = 56$ mm인 직사각형 공작물을 가공하려고 한다. 지름 65 mm인 밀링 커터는 날 4개, 길이 80 mm이고, 공작물로부터 10 mm 돌출되어 있다. 이 작업으로 공작물 두께를 50 mm로 줄였다. 절삭 속도 = 0.5 m/s이고 칩부하 = 0.24 mm/tooth이다. 커터가 최대 깊이에 도달할 때 (a) 가공 시간, (b) 소재 제거율을 결정하라.

풀이

(a) $N = \dfrac{v}{\pi D} = \dfrac{0.50(10^3)}{\pi(65)} = 2.45$ rev/s

$f_r = Nn_t f = 2.45(4)(0.24) = 2.35$ mm/s

절삭 깊이 $d = 56 - 50 = 6$ mm

$A = \sqrt{6(65 - 6)} = 18.8$ mm

$T_m = \dfrac{(320 + 18.8)}{2.35} = 144.2\text{ s} = \mathbf{2.40\ min}$

(b) $R_{MR} = wdf_r = 60(6)(2.35) = \mathbf{846\ mm^3/s}$

18.4.3 밀링 머신

밀링 머신은 커터를 회전시키는 주축과 공작물 고정, 위치 결정, 그리고 이송에 필요한 테이블이 있어야 한다. 이러한 요구가 만족되도록 설계된 다양한 공작 기계가 있다. 먼저 밀링 머신은 수평형과 수직형이 있다. ***수평 밀링 머신(horizontal milling machine)***은 수평 주축을 가지고 있고, 정육면체와 비슷한 공작물을 평밀링 공정(예를 들면, 평판 밀링, 슬로팅, 사이드 밀링, 스트래들 밀링)이 가능하도록 설계되었다. ***수직 밀링 머신(vertical milling machine)***은 수직 주축을 가지고 있고, 상대적으로 편평한 공작물을 정면 밀링, 엔드 밀링, 표면 윤곽 가공, 다이싱킹 가공이 가능한 구조이다.

주축 방향 외에도 밀링 머신은 다음과 같이 분류될 수 있다. (1) 니형, (2) 베드형, (3) 플레이너형, (4) 모방 밀링 머신, (5) CNC 밀링 머신이다.

니형 밀링 머신(knee-and-column milling machine, 인간의 무릎과 거의 비슷***)***은 기본적인 밀링용 공작 기계이다. 주축을 지지하는 칼럼(column)과 작업 테이블을 지지하는 *니(knee)*가 주요 구성 부품이다. 그림 18.23과 같이 수평형과 수직형이 있다. 수평형에서는 보통 ***아버(arbor)***가 커터를 지지한다. 아버는 기본적으로 밀링 커터를 고정하고 주축에 의해 구동된다. 아버를 지지하기 위해 수평형 기계는 오버암(overarm)을 갖추고 있다. 니형 수직 밀링 머신은 아버 없이 밀링 커터가 직접 주축에 장착된다.

다양한 작업을 가능하게 하는 니형밀링 머신의 특징 중의 하나는 x-y-z축의 어떤 방향으로도 이송이 가능한 작업 테이블의 이송 능력이다. 작업 테이블은 x-방향, 새들은 y-방향, 니는 z-방향(수직)으로 운동할 수 있다.

두 가지 특수 니형 밀링 머신이 있다. 하나는 그림 18.24(a)와 같은 ***만능 밀링 머신(universal milling machine)***으로, 수직축에 관해 주어진 각도로 회전할 수 있는 테이블을 가지고 있다. 따라서 각이 있는 형상이나 나선 형상의 공작물을 가공할 수 있다. 또 다른 형태는 그림 18.24(b)와 같이 ***램 밀링 머신(ram mill)***으로, 주축이 포함된 공구대가 수평 램의 끝에 위치되어 있다. 램은 커터의 위치 결정을 위해 테이블 위에서 앞뒤로 조정할 수 있다. 공구대는 커터가 각 운동을 할 수 있도록 램축에 관해 회전(선회운동)할 수 있다. 따라서 매우 다양한 형태의 공작물을 가공할 수 있다.

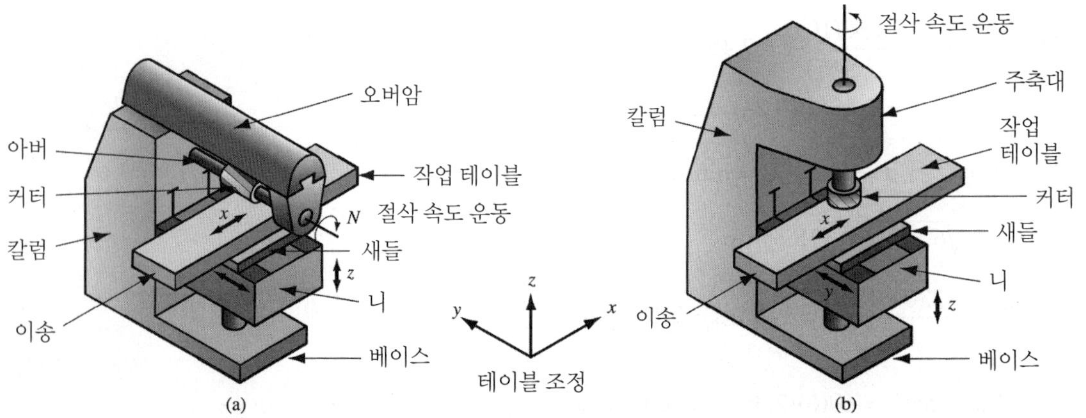

그림 18.23 두 가지 기본적인 니형 밀링 머신. (a) 수평형, (b) 수직형.

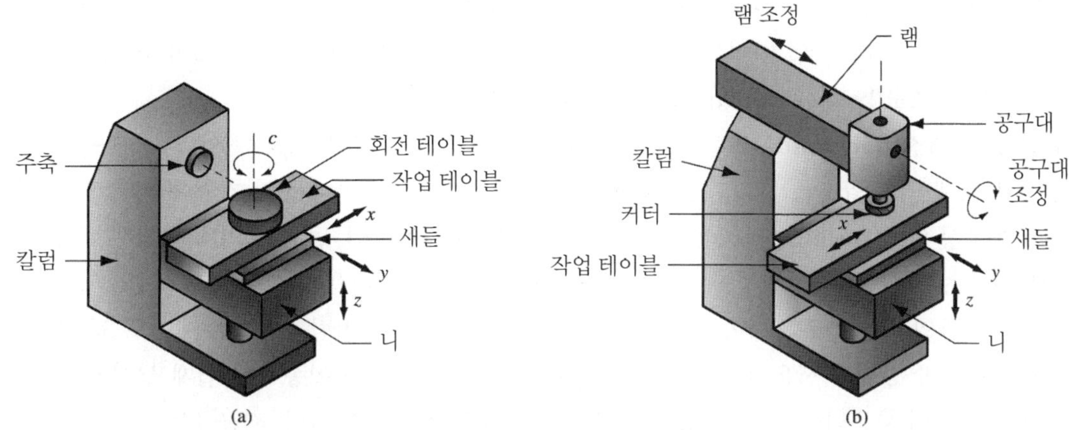

그림 18.24 특수 니형 밀링 머신. (a) 만능형(오버암, 아버, 커터를 생략함), (b) 램형.

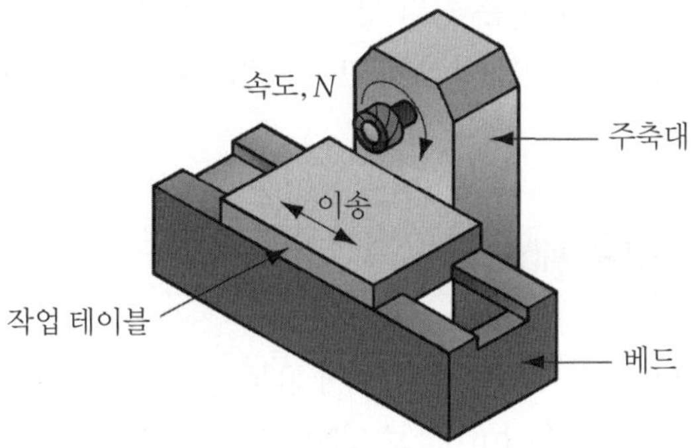

그림 18.25 수평 주축을 가진 단두식 베드형 밀링 머신.

베드형 밀링 머신(bed-type milling machine)은 대량 생산을 위하여 설계되었다. 니형밀링 머신보다 강성이 높기 때문에 높은 이송 속도와 절삭 깊이로 높은 소재 제거율을 달성할 수 있다. 베드형 밀링 머신의 구조적인 특징은 그림 18.25와 같다. 작업 테이블을 공작 기계의 베드에 직접 연결시킨 구조가 강성이 약한 니형 설계와 다르다. 이와 같은 구조는 공작물이 밀링 커터를 지나 세로 방향으로 이송되도록 하는 테이블의 운동을 제한한다. 커터는 컬럼을 따라서 수직으로 이동하도록 주축대에 설치되어 있다. 그림 18.25와 같이 주축이 하나인 것을 ***단두식 밀링 머신(single spindle bed machine,*** 또는 ***simplex mill)***이라 하고, 수평형과 수직형이 있다. ***양두식 밀링 머신(duplex mill)***은 두 개의 주축대를 가지고 있다. 주축대는 보통 공작물을 한번 이송으로 동시 가공이 가능하도록 베드의 반대쪽에 수평하게 설치된다. ***삼두식 밀링 머신(triplex mill)***은 가공 능력을 향상시키기 위해 베드 위에 수직하게 세 번째 주축을 설치한 것이다.

플레이너형 밀링 머신(planer-type mill)은 가장 큰 밀링 머신이다. 외형과 구조는 그림 18.31과 같이 일반적인 플레이너(planer)와 같고, 평삭(planing) 공정 대신에 밀링 공정이 수행된다는 점이 다르다. 따라서 한 개나 그 이상의 밀링 헤드가 플레이너에서 사용되는 단인 공구를 대체하며, 공구

를 지나는 공작물 운동이 절삭 속도 운동이 아니고 이송 속도 운동이다. 플레이너형 밀링 머신은 매우 큰 부품을 가공한다. 작업 테이블과 베드는 무겁고 바닥에 낮게 위치되어 있으며, 테이블에 걸쳐 있는 다리형 구조물(bridge structure)에 의해 밀링 헤드가 지지된다.

모방 밀링 머신(tracer mill, 또는 ***profiling mill)***은 모방용 형판(template)에 의해 불규칙한 부품 형상을 재생할 수 있도록 설계되었다. 작업자에 의한 수동 이송이나 공작 기계에 의한 자동 이송으로 트레이싱 탐침(tracing probe)이 형판을 따라가도록 제어하여, 탐침에 의해 생성된 경로를 밀링 헤드가 모방하여 원하는 형상을 가공한다. 모방 밀링 머신은 다음과 같이 나눌 수 있다. (1) x-y 트레이싱(형판의 외형이 2축 제어로 윤곽 밀링), (2) x-y-z 트레이싱(탐침이 3축 제어로 3차원 모형을 따라감). 모방 밀링 머신은 공작물을 밀링 커터 쪽으로 단순하게 이송하여 쉽게 생성될 수 없는 형상을 만드는 데 사용되어 왔다. 주형과 금형의 가공에도 적용될 수 있다. 최근에는 모방 밀링 머신으로 수행되던 많은 공정들이 CNC 밀링 머신으로 대체되고 있다. **CNC 밀링 머신**은 커터경로가 형판 대신에 프로그램 코드로 제어되는 공작 기계이다. 이는 윤곽 밀링, 포켓 밀링, 표면 윤곽 가공, 다이싱킹 가공에 잘 적용될 수 있으며, 원하는 커터 경로를 얻기 위해 작업 테이블의 2축이나 3축이 동시에 제어되어야 한다. 일반적으로 공작물 탈착에 한명의 작업자가 필요하다.

18.5 머시닝 센터와 터닝 센터

머시닝 센터(machining center)는 그림 18.26과 같이 고도로 자동화된 공작 기계로서, 인간이 최소한으로 개입하여 한 번의 공작물 셋업(setup)으로 CNC 제어에 의해 여러 가지 절삭 가공이 수행된다. 공작물을 탈착하기 위해 작업자가 필요하지만, 일반적으로 가공 사이클 타임보다 훨씬 적은 시간을 소비하기 때문에 작업자 한 명이 한 대 이상의 기계를 관리할 수 있다. 머시닝 센터에서 수행되는 전형적인 작업은 밀링, 드릴링 그리고 회전형 절삭 공구가 사용되는 작업이다.

CNC 머시닝 센터는 일반적으로 그림 33.7의 직교 좌표계를 따르는 3개, 4개, 또는 5개의 축을 가질 수 있다. 3축 기계에서 x축과 y축은 테이블을 제어하고, z축은 절삭 공구의 수직 위치를 제어한다. 3축 머시닝 센터는 그림 18.23의 밀링 머신 분류와 일치하는 수평형 또는 수직형 머신(Horizontal Machining Center; HMC, Vertical Machining Center; VMC)으로 사용될 수 있다. HMC는 스핀들이 테이블에 대해 수평으로 조립되고, VMC는 수직하게 조립된다. HMC는 일반적으로 정육면체 모양의 공작물을 가공하는 데 사용되므로 커터가 공작물의 수직 표면에 접근할 수 있다. VMC는 공작물의 윗면 가공에 적합하다.

4축과 5축 기계는 x, y, z축 좌표가 같지만, 네 번째와 다섯 번째 축은 그림 33.7과 같이 a, b, 또는 c 회전축이다. 그림 18.26은 5축으로 구성된 머시닝 센터이다. a축은 절삭공구 스핀들의 방향(수평에서 수직으로)을 제어하며, c축은 공작물의 방향(360° 회전)을 제어한다.

머시닝 센터가 전통적인 공작 기계와 차별이 되고 생산성이 좋은 것은 다음과 같은 특징들에 기인한다.

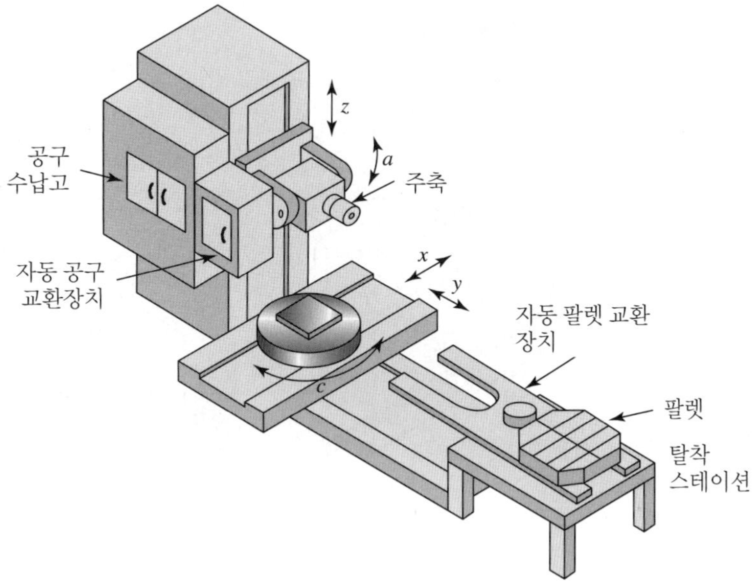

그림 18.26 5축 CNC 만능 머시닝 센터(축을 자세히 볼 수 있도록 보호 커버를 제거함. 그림에서 한 개의 팔렛은 볼 수 있으나 2번째 팔렛은 작업 테이블(*c*-축)에 있음).

- ***한 번의 셋업으로 많은 작업이 가능.*** 대부분의 공작물은 특정 형상으로 완벽하게 가공하기 위해서 여러 번의 공정이 필요하다. 기존의 공작기계를 사용할 때 복잡한 부품은 수십 개의 별도의 가공 공정이 필요하고, 각각의 공정은 별도의 공작 기계, 셋업, 절삭 공구가 필요하다. 머시닝 센터는 한 위치에서 대부분의 작업을 할 수 있어서 셋업 시간과 생산 리드 타임(lead time)을 최소화시킬 수 있다.
- ***자동 공구교환 장치와 공구수납 유닛.*** 한 작업에서 다른 절삭 작업으로 전환될 때, 다른 절삭 공구가 사용되어야 한다. 공구 교환은 작업자 대신 CNC 제어 하에 자동 공구교환 장치(Automatic Tool Changer, ATC)에 의해 수행된다. ATC는 스핀들과 공구수납 유닛(Tool Storage Unit, TSU) 사이에서 커터가 교환되도록 설계되어 있다. ATC의 공구교환 시간(chip-to-chip time으로 불림)은 3초 정도로 짧다. TSU는 일반적으로 16~72개의 공구를 보유할 수 있다.
- ***자동 팔렛교환 장치.*** 많은 머시닝 센터는 공작물을 고정할 수 있는 두 개의 팔렛 고정구(pallet fixture)를 취급할 수 있다. 공작 기계의 테이블과 자동 팔렛교환 장치(Automatic Pallet Changer, APC)의 착탈 위치 사이에서 팔렛이 교환될 수 있다. 공작물이 테이블에서 가공되는 동안에도 이전에 완성된 공작물을 팔렛 고정구에서 들어내고 다음 공작물이 장착된다.
- ***자동 팔렛수납과 취급 시스템.*** 무인화(작업자가 지속적으로 기계에 참여하지 않음)를 추진하는 제조 셀(manufacturing cell)에 머시닝 센터가 사용되는 경우가 증가하고 있다. 이는 공작물이 설치된 다수의 팔렛 고정구를 저장할 수 있고, 각각의 수납 위치와 머시닝 센터의 APC 사이에서 교환될 수 있는 자동 팔렛수납(automatic pallet storage)과 취급 시스템(handling

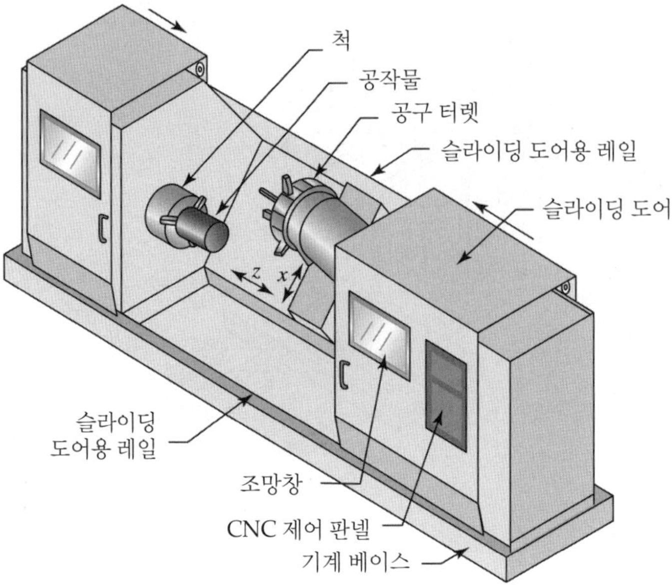

그림 18.27 2축 CNC 터닝 센터(x, z축에서 분할 터렛을 제어).

system)을 사용하여 수행한다. 무인 작동 시간은 시스템의 팔렛수납 용량과 공작물의 가공 싸이클 타임에 좌우된다.

NC 머시닝 센터의 성공적인 적용은 그림 18.27에 나타낸 2축 NC 터닝 센터의 발전으로 이어졌다. 터닝 센터는 가공에 필요한 공구를 인덱싱(indexing)해 주는 하나 이상의 터렛(turret)에 고정된 다수의 절삭공구를 사용하여 회전하는 공작물에서 다양한 선삭 및 관련 작업을 수행한다. 각 공구 터렛에는 일반적으로 단인 공구, 드릴, 리머가 포함된 6~12개의 공구가 설치되어 있다. 구멍 축과 스핀들 축이 일치되면 드릴링이 수행될 수 있다. 보다 발전된 CNC 터닝 센터는 (1) 공작물 측정(가공 후 주요 치수 검사), (2) 공구감시(공구마모 표시), (3) 공구마모 시 자동 공구교환, (4) 가공 후 자동 공작물 교환이 수행될 수 있다.

머시닝 센터 및 터닝 센터와 관련된 또 다른 공작 기계로, ***CNC 밀링터닝 센터(CNC mill-turn center)***가 있다. 이 기계의 일반적인 형태는 그림 18.28과 같이 터닝 센터이지만, 원통형 공작물을 주어진 각도로 고정시켜서 회전 공구(예를 들면, 밀링 커터)로 공작물 외면을 특정 형상으로 가공한다. 일반적인 터닝 센터는 공작물을 특정한 각도로 고정시킬 수 없으며, 공구를 회전시킬 수 있는 주축도 가지고 있지 않다. ***복합 가공기(multitasking machine)***라는 용어는 보통 복수의 공정들을 수행할 수 있고 5축까지 제어할 수 있다. 이 기계는 셋업 수를 줄이거나 복잡한 공작물을 취급할 때 사용된다. 이러한 기계는 기술적으로 복잡하며, 성공적인 기계 개발의 핵심은 다축 기계에 사용될 수 있도록 특별히 고안된 소프트웨어와, 단일 공작물 또는 서로 다른 두 공작물에서 다축 스핀들(multiple spindle)의 동시 운전이다[25].

복합 가공기의 다른 예는 다음과 같다. (1) 하나의 기계에 밀링, 드릴링, 선삭을 통합; (2) 적층 공

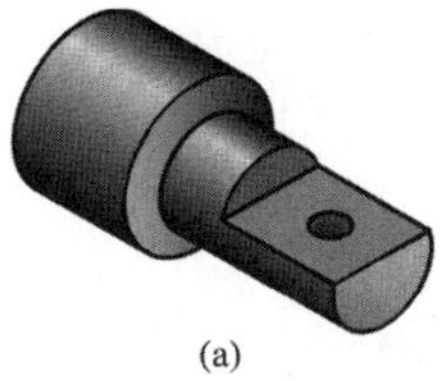

(a)

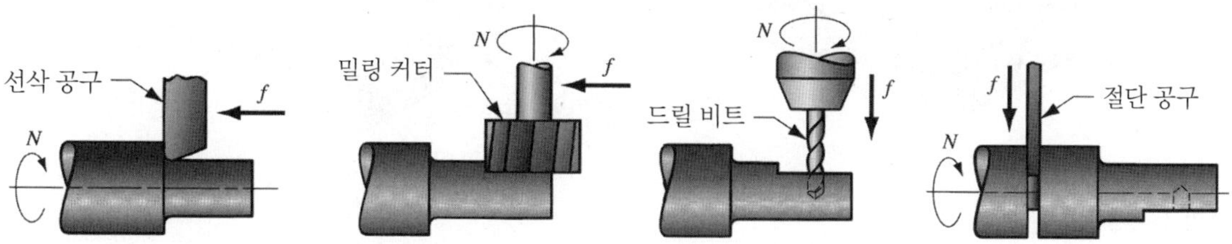

(1) (2) (3) (4)

(b)

그림 18.28 밀링 터닝 센터의 작업: (a) 선삭, 밀링, 드릴링이 필요한 공작물의 예, (b) 밀링 터닝 센터에서의 순차적인 작업들: (1) 2차 외경 선삭, (2) 프로그램된 각도 위치에서의 밀링, (3) 동일하게 프로그램된 위치에서의 드릴링, (4) 절단.

정(additive process, 28장)뿐만 아니라 적층 후 제거 공정을 수행하기 위하여 CNC 머시닝 센터를 장착시킨 것; (3) 산업용 로봇을 추가하여 공작물 취급 기능을 자동화.

18.6 기타 절삭 가공 공정들

선삭, 드릴링, 밀링 공정에 추가하여 다음과 같은 다른 절삭 가공 공정들을 살펴본다. (1) 형삭과 평삭, (2) 브로칭, (3) 톱 작업.

18.6.1 형삭과 평삭

형삭(shaping)과 평삭(planing)은 공작물에 대해 직선으로 움직이는 단인 공구가 사용되는 서로 유사한 공정이다. 이와 같은 운동으로 전통적인 형삭과 평삭 공정에서는 직선의 평면이 얻어진다. 이 두 공정의 차이가 그림 18.29에 나타나 있다. 형삭은 절삭 공구의 이동으로 절삭되고, 평삭은 공작물의 이동으로 절삭된다.

형삭과 평삭에 사용되는 절삭 공구는 단인 공구이다. 선삭과 달리 형삭과 평삭에서는 단속 절삭이 일어나며 공구가 공작물에 진입할 때 충격 하중을 받는다. 또한 공구의 시작 및 정지 운동으로 인해 공구는 낮은 속도로 제한된다. 이와 같은 조건 때문에 보통 고속도강 공구가 사용된다.

형삭

형삭(shaping)은 그림 18.30과 같이 ***셰이퍼(shaper)***라 불리는 공작 기계로 수행된다. 셰이퍼의 주

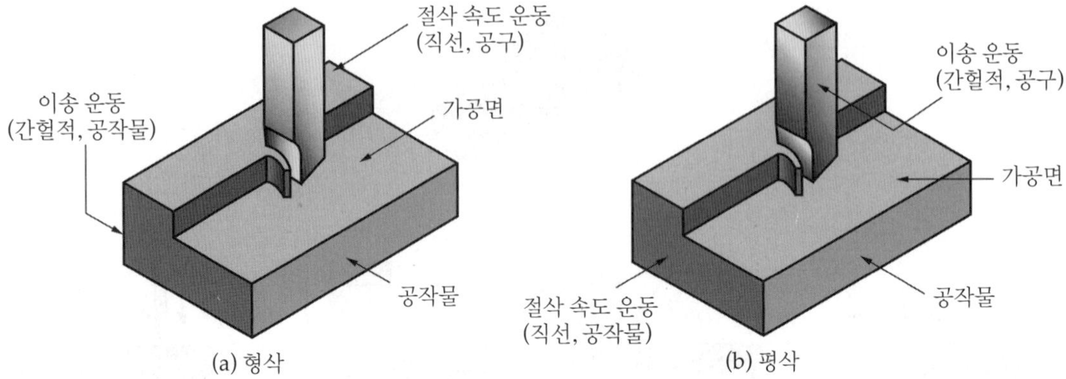

그림 18.29 (a) 형삭, (b) 평삭.

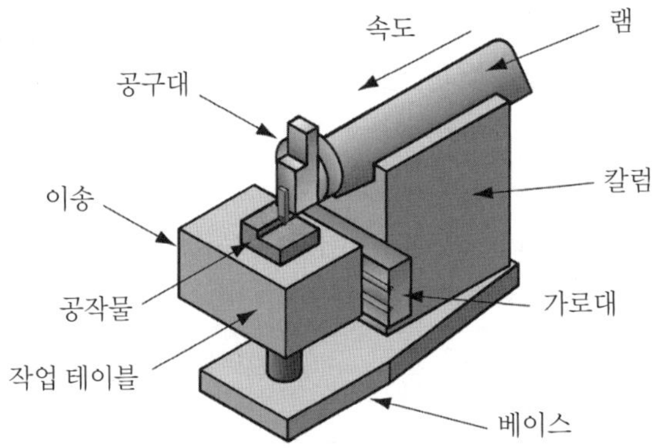

그림 18.30 세이퍼의 주요 구성 요소.

요 부품인 *램(ram)*은 *칼럼*에 대해 상대적으로 움직여서 절삭 운동을 제공하고, 공작물이 고정된 작업 테이블이 이송 운동을 제공한다. 램의 운동은 절삭을 수행하기 위해 전방으로 움직이는 절삭 행정(forward stroke)과, 공구와 공작물 사이에 여유를 두기 위해 공구가 위로 약간 들려서 이동하여 다음 가공을 준비하는 귀환 행정(return stroke)이 있다. 각 귀환 행정이 완료될 때마다 공작물을 이송하기 위해 작업 테이블은 램 궤적에 대해 상대적으로 옆으로 이동한다. 이송은 mm/stroke로 표시된다. 램을 구동하는 장치는 유압식이거나 기계식이다. 유압식은 행정 길이를 조절하기 쉽고 절삭 행정 동안에 일정한 속도로 유지할 수 있지만, 기계식보다 비싸다. 두 방식 모두 절삭 행정보다 귀환 행정(비절삭 행정)에서 더 높은 속도로 설계하여 절삭 시간이 상대적으로 많아지도록 한다.

평삭

평삭(planing)을 위한 공작 기계가 ***플레이너(planer)***이다. 절삭 속도는 공작물이 단인 공구를 지나가도록 하는 작업 테이블의 왕복 운동으로 얻어진다. 플레이너의 구조와 운동은 세이퍼보다 훨씬 큰 부품을 가공할 수 있게 한다. 플레이너는 단주형과 쌍주형으로 분류된다. 그림 18.31과 같이 ***단주형 플레이너(open-side planer, single-column planer)***는 공구대가 설치된 가로대(cross-rail)를

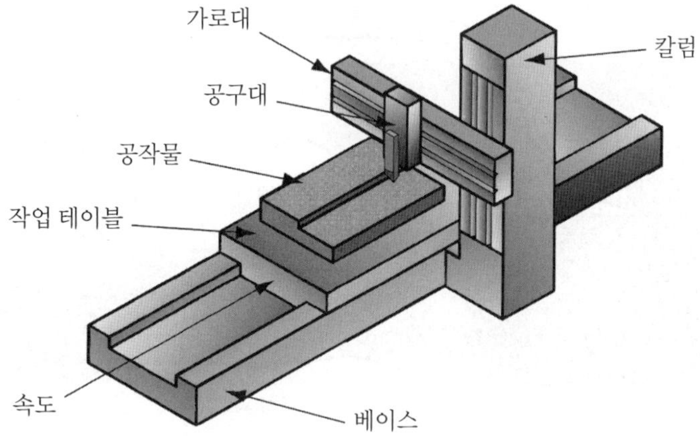

그림 18.31 단주형 플레이너.

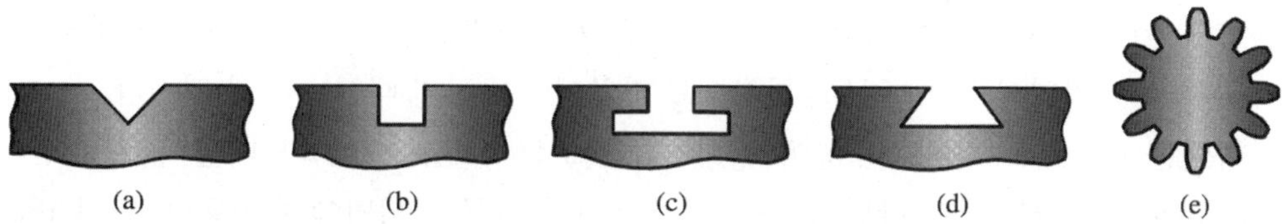

그림 18.32 형삭과 평삭으로 가공할 수 있는 형상. (a) V형 그루브, (b) 각형 그루브, (c) T 슬롯, (d) 더브테일 슬롯, (e) 기어 이.

지지하고 있는 한 개의 칼럼을 가진다. 또 다른 공구대가 설치되어 수직 칼럼을 따라 이송할 수도 있다. 다수의 공구대는 한 번의 이동으로 한 번 이상의 절삭 공정을 가능하게 한다. 각각의 행정이 완료되면 간헐적인 이송 운동을 얻기 위해 공구대는 가로대(혹은 칼럼) 쪽으로 이동한다. 단주형 플레이너는 구조적으로 폭이 매우 넓은 공작물을 가공할 수 있다.

쌍주형 플레이너(double-column planer)는 베이스와 작업 테이블 양쪽으로 두 개의 칼럼을 가지고 있다. 칼럼들은 한 개 이상의 공구대가 설치된 가로대를 지지한다. 두 개의 칼럼은 이 기계 구조물에 더 큰 강성을 부여하지만 취급할 수 있는 공작물의 폭을 제한한다.

형삭과 평삭으로 평판 이외의 형상도 가공할 수 있다. 다만 가공면은 직선이어야 한다. 즉, 그림 18.32와 같은 그루브(groove), 슬롯(slot), 기어 이(gear tooth) 등을 가공할 수 있다. 이와 같은 형상을 가공하기 위해서는 특수한 기계와 공구 형상이 필요하다. ***기어 셰이퍼(gear shaper)***가 좋은 예이다. 이 기계는 기어 이를 가공할 수 있도록 공구 헤드를 동기화시키고 회전 테이블을 이송시키도록 특수하게 설계된 수직 셰이퍼이다. 기어 셰이핑과 기타 기어 가공 방법은 18.7.2절에서 설명한다.

18.6.2 브로칭

브로칭(broaching)은 그림 18.33과 같이 다인 공구(multiple-tooth tool)를 공구 축 방향으로 직선으로 이동시켜 수행된다. 절삭 공구를 ***브로치(broach)***라 하고, 공작 기계를 ***브로칭 머신(broaching***

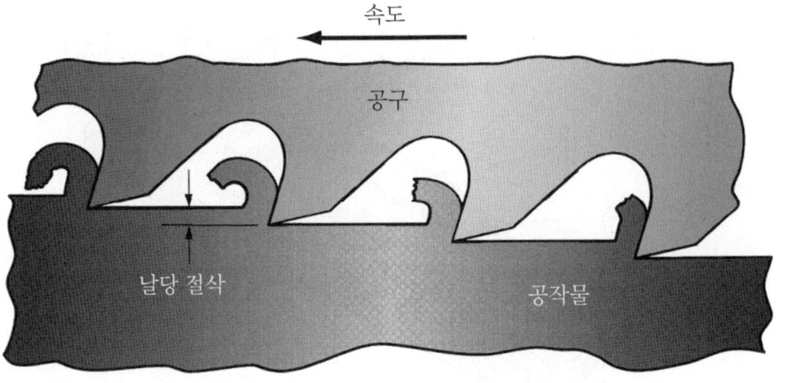

그림 18.33 브로칭.

machine)이라 한다. 브로치의 기하학적 형상은 19.3.2절에서 설명한다. 브로칭 공정은 매우 생산성이 좋은 절삭 가공 공정이다. 이외의 장점으로 좋은 표면 정도, 정확한 치수, 공작물 형상의 다양성이 있다. 공구는 복잡하고 특별 주문된 형상으로 가공되어야 하기 때문에 비싼 편이다.

브로칭에는 다음의 두 가지 유형이 있다. 외면(또는 표면브로칭)과 내면이다. ***외면 브로칭(external broaching)***은 어떤 단면 형상을 얻기 위해 공작물의 외면에 수행된다. 그림 18.34(a)는 외면 브로칭에 의해 얻을 수 있는 가능한 단면들을 나타낸다. ***내면 브로칭(internal broaching)***은 공작물의 구멍 내면에 수행된다. 따라서 브로칭 행정이 시작될 때 브로치를 삽입하기 위한 초기 구멍이 공작물에 준비되어 있어야 한다. 그림 18.34(b)는 내면 브로칭으로 얻을 수 있는 형상들을 나타내고 있다.

브로칭 머신의 기본적인 기능은 공구가 정지된 공작물을 지나서 정확한 직선운동을 시키는 것인데, 여러 가지 방법이 있다. 대개의 브로칭 머신은 수직형과 수평형으로 분류된다. ***수직 브로칭 머신(vertical broaching machine)***은 브로치가 수직 경로를 따라 움직이도록, ***수평 브로칭 머신(horizontal broaching machine)***은 수평 공구 경로를 따라 움직이도록 설계되었다. 대개의 브로칭 머신은 공작물에 대해 브로치를 당긴다. 그러나 예외가 있는데, 공작물에 대해 공구를 밀어주는

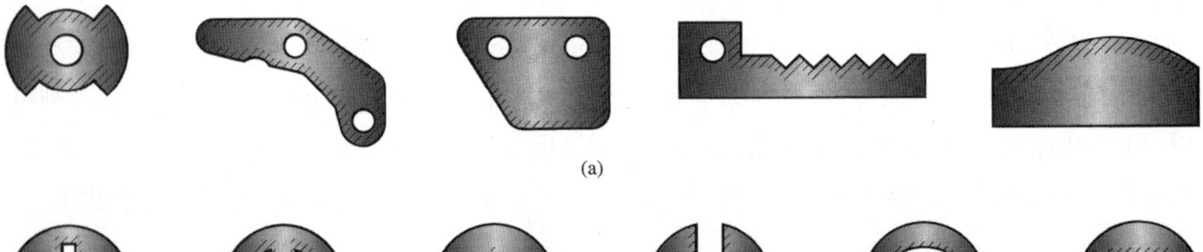
(a)

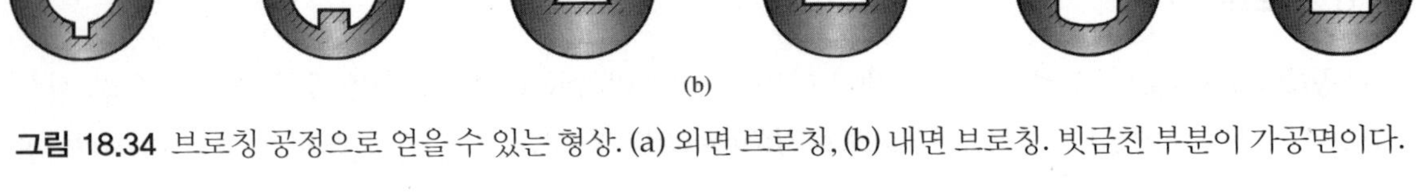
(b)

그림 18.34 브로칭 공정으로 얻을 수 있는 형상. (a) 외면 브로칭, (b) 내면 브로칭. 빗금친 부분이 가공면이다.

브로칭 프레스(broaching press)라 불리는 것으로 내면 브로칭으로만 사용된다. 또 다른 예외인 ***연속 브로칭 머신(continuous broaching machine)***은 무한궤도의 벨트에 설치된 공작물들이 이동하여 정지되어 있는 브로치를 지나간다. 이는 연속 공정이기 때문에 표면 브로칭으로만 사용된다.

18.6.3 톱 작업

톱 작업(sawing)은 좁은 간격으로 배열된 날로 구성된 공구로 공작물을 두 조각으로 나누거나 불필요한 부분을 잘라내는 공정으로, ***절단(cutoff) 공정***이라고도 한다. 제조 공정에서 절단작업은 자주 필요한 과정이기 때문에 톱 작업은 중요한 공정이다.

대부분의 톱 작업에서 공작물은 정지되어 있고, 공작물에 대해 ***톱날(saw blade)***이 이동한다. 톱날의 기하학적 형상은 19.3.2절에서 설명한다. 그림 18.35와 같이 날의 이동 방식에 따라 세 가지 종류의 기본적인 톱 작업이 있다. (a) 활톱 작업, (b) 띠톱 작업, (c) 둥근톱 작업이다.

활톱 작업(hacksawing)은 그림 18.35(a)와 같이 공작물에 대해 톱이 직선 왕복 운동을 한다. 이 톱 작업은 절단 공정으로 자주 사용된다. 절삭은 톱날이 오직 전방으로 이동할 때만 수행된다. 이와 같은 간헐적인 절삭 작용 때문에 활톱 작업은 연속적인 다른 두 공정에 비해 효율적이지 못하다. 활톱날은 한쪽 가장자리에 절삭날이 있는 얇은 직선 공구이다. 활톱 작업은 수동 혹은 동력에 의해 구동된다. ***동력 활톱(power hacksaw)***은 원하는 속도로 톱날을 구동하는 장치를 가지고 있고, 주어진 이송 속도와 톱 작업에 필요한 압력을 제공한다.

띠톱 작업(band sawing)은 한쪽 가장자리에 날을 가진 무한궤도로 만들어진 유연한 띠톱날(band saw blade)을 사용하며 연속적인 직선운동을 한다. 띠톱 기계를 띠톱(band saw)이라하며, 이는 공작물에 대해 띠톱날을 연속적으로 이동시키고 안내하기 위해 풀리와 같은 구동 장치를 사용한다. 띠톱은 톱날의 운동 방향에 따라서 수직식과 수평식이 있다. 수직 띠톱은 절단 공정뿐만 아니라 윤곽 가공과 슬로팅 가공으로도 사용된다. 띠톱에서의 ***윤곽 가공(contouring)***은 평판형 소재로부터 부품 윤곽을 잘라내는 것이다. ***슬로팅(slotting)***은 공작물에 얇은 홈을 만들어내는 것으로, 띠

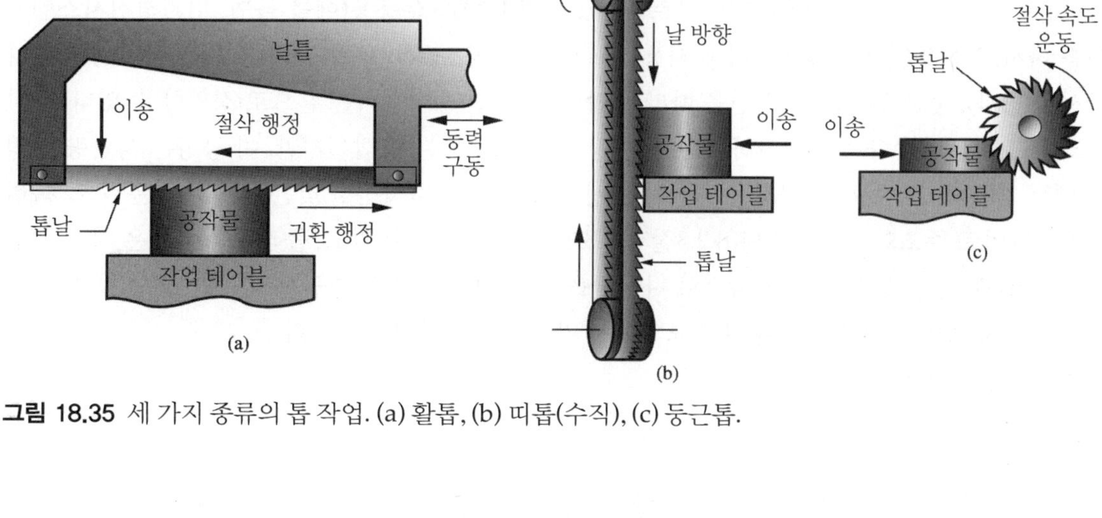

그림 18.35 세 가지 종류의 톱 작업. (a) 활톱, (b) 띠톱(수직), (c) 둥근톱.

톱 작업으로 잘 수행될 수 있다. 윤곽 가공과 슬로팅은 공작물이 톱날 쪽으로 이송되는 공정이다.

수직 띠톱에서 수동으로 작업자가 톱날에 대해 공작물을 안내하고 이송하거나, 또는 자동으로 동력을 사용해 공작물을 이송할 수 있다. 최근에는 복잡한 외면의 윤곽 가공을 위해 CNC를 사용하기도 한다. 수직 띠톱 작업을 그림 18.35(b)에 나타냈다. 수평 띠톱은 동력 활톱의 대안으로서 보통 절단 공정으로 사용된다.

둥근톱 작업(circular sawing)은 그림 18.35(c)와 같이 공작물에 대해 연속적인 공구 운동을 제공하기 위해 회전하는 톱날이 사용된다. 둥근톱 작업은 길이가 긴 막대(bar), 관 등을 특정 길이로 자르는 데 자주 사용된다. 둥근톱의 절삭 작용은 톱날이 얇고 많은 절삭날을 보유하고 있다는 것 외에는 슬롯 밀링 작업과 유사하다. 둥근톱 기계는 톱날을 회전시키기 위해 동력으로 구동되는 주축과 회전하는 날을 공작물 쪽으로 이동시키는 이송 장치를 가진다.

둥근톱 작업과 관련된 공정이 연마제 절단과 마찰톱 작업이다. ***연마제 절단(abrasive cutoff)***은 원판 숫돌(abrasive disk)을 사용하여 전통적인 톱 작업이 어려운 경도가 높은 재료를 절단하는데 사용된다. ***마찰톱 작업(friction sawing)***은 강 소재의 원판(steel disk)을 공작물에 대해 매우 고속으로 회전시켜 마찰열을 발생시킴으로써, 원판이 공작물로 들어가기에 충분하도록 공작물을 연화시킨다. 이 두 공정의 절삭 속도는 둥근톱 작업에 비해 훨씬 고속이다.

18.7 특수 형상을 가공하기 위한 절삭 가공 공정들

절삭 가공이 기술적으로 중요한 이유들 중의 하나는 나사산과 기어 이와 같은 기하학적으로 독특한 형상을 만들어낼 수 있는 능력이다. 이 절에서는 이와 같은 모양을 가공하기 위해 사용되는 절삭 공정들에 대하여 설명할 것이며, 이 공정들의 대부분은 이 장의 앞에서 설명하였던 가공 공정으로부터 발전된 것이다.

18.7.1 나사산

나사산이 있는 부품은 체결용(나사, 볼트와 너트, 27.1절)과 운동용(예를 들면, 위치결정시스템의 이송 나사, 33.3.2절)으로 광범위하게 사용되고 있다. ***나사산(screw thread)***은 원통의 바깥면을 따라서(수나사), 둥근 구멍의 안쪽 면을 따라서(암나사) 나선을 형성하는 홈으로 정의할 수 있다. 나사 전조(15.1.4절)는 수나사를 생산하기 위해 가장 많이 사용되는 방법이지만, 이 공정은 생산량이 적을 때는 경제적이지 못하고 공작물 재질이 연성이어야 한다. 나사산을 갖는 금속 부품은 주조, 특히 인베스트먼트 주조와 다이캐스팅(8.2.3절과 8.3.3절)으로 만들 수 있고, 플라스틱 부품은 사출 성형(10.6절)으로 만들 수 있다. 마지막으로 나사산을 가진 부품은 절삭 가공으로도 만들 수 있으며, 이것이 여기서 설명할 내용이다. 수나사와 암나사 가공으로 나눠서 설명한다.

수나사

원통형 공작물에 수나사를 절삭하는 가장 간단하고 응용이 넓은 방법은 선반의 단인 공구를 사용하는 ***단인 공구 나사 가공(single-point threading)***이다. 그림 18.6(g)에 이 공정을 나타내었다. 공작물의 초기 지름은 나사산의 바깥지름과 같다. 공구는 나사 홈의 형상을 가져야하며, 선반은 일정한 나선형을 절삭하기 위해 공구와 공작물 사이의 관계가 연속적인 경로에서 같도록 유지할 수 있어야 한다. 이와 같은 관계는 선반의 이송 나사(그림 18.7)에 의해 얻을 수 있다. 일반적으로 1회 이상의 선삭이 필요하다. 처음에는 가볍게 선삭(light cut)한 다음에, 공구를 후퇴시켜 초기 위치로 빠르게 이송한다. 그런 다음에 각각의 후속 공정에서 원하는 나사 홈이 만들어질 때까지 절삭 깊이를 조금씩 증가시키면서 공구를 동일한 나선형 궤적을 뒤따르게 한다. 이 방법은 소량 생산이나 때론 중간 생산량에서는 적당하지만, 대량 생산에서는 시간이 덜 드는 방법이 더 경제적이다.

단인 공구를 사용하는 또 다른 방법은 그림 18.36과 같이 ***나사 다이스(threading die)***이다. 수나사를 절삭하기 위해 다이스가 적당한 지름을 갖는 원통형 초기 재료의 주위를 회전하는데, 한 쪽 끝에서 시작하여 다른 쪽 끝으로 진행된다. 다이스 입구 측 절삭 이(teeth)는 테이퍼로 되어 있어서 작업 초기에는 절삭 깊이가 작게 시작되지만, 다이스 출구 측에서는 나사산의 높이와 같게 된다. 가공된 나사의 피치는 나사 다이스의 이(threading die teeth)의 피치로 결정된다. 그림 18.36의 다이스는 이의 공구 마모를 보정하거나 나사 크기의 작은 차이를 대비하기 위해 입구의 크기를 조정할 수 있는 슬릿(slit)을 가지고 있다. 나사 다이스는 단인 공구 나사 가공처럼 여러 번의 공정보다는 한 번의 공정으로 나사산을 만든다.

나사 다이스는 일반적으로 손으로 회전시킬 수 있는 홀더에 고정되어 수작업으로 사용된다. 공작물의 다른 쪽에 머리나 다른 장애물이 있으면 다이스를 제거하기 위해 방금 만들었던 나사로부터 다이스를 풀어야 한다. 이것은 시간을 소비할 뿐만 아니라 나사면에 손상을 입힐 수도 있다. 기계화된 나사 작업에서는 절삭이 완료될 때 절삭 이가 자동으로 열어지도록 설계된 ***자동개방 다이스(self-opening threading die)***로 사이클 타임(cycle time)이 감소된다. 이것은 공작물로부터 다이스

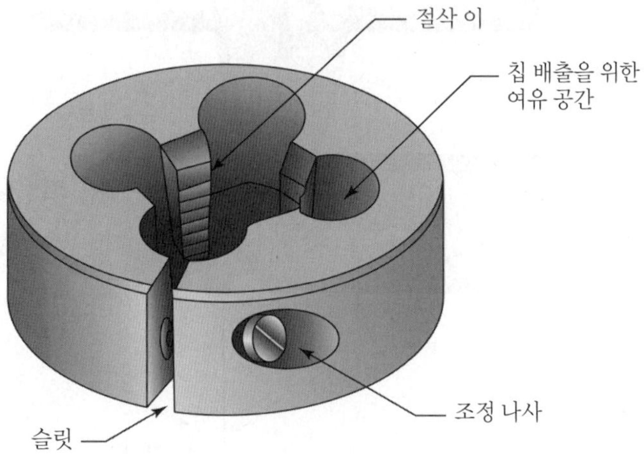

그림 18.36 나사 다이스.

를 풀어야 할 필요가 없고 나사에 손상을 입힐 가능성도 피할 수 있다. 자동개방 다이스는 그림 18.36의 나사 다이스와 유사한 4세트의 절삭 이가 장착되어 있지만, 이의 재연삭을 위해 절삭 이를 조정하고 제거할 수 있으며, 공구 홀더가 자동개방 기능을 갖고 있다는 점이 다르다. 나사의 크기가 달라지면 다른 절삭 이 셋트를 사용해야 한다.

나사 절삭기(thread chasing equipment)는 자동개방 다이스를 사용하는 장비로 두 가지 종류가 있다. (1) 공작물이 회전하고 다이스는 회전하지 않는 고정식 자동개방 다이스와, (2) 다이스가 회전하고 공작물이 회전하지 않는 회전식 자동개방 다이스가 있다.

추가적으로 두 가지 수나사 작업인 나사 밀링과 나사 연삭이 있다. ***나사 밀링(thread milling)***은 나사산을 형성하기 위해 총형 밀링 커터가 사용된다. 수나사와 암나사 모두 나사 밀링으로 만들 수 있다. 수나사 가공을 위한 셋업은 그림 18.37과 같다. 나사 홈의 형상을 갖는 총형 밀링 커터가 나사산의 나선각(helix angle)과 같은 각도로 위치되어 있고 공작물이 천천히 회전함에 따라 공작물의 길이 방향으로 이송된다. 이러한 공정의 다양성으로 생산 속도를 높이기 위해 여러 개의 총형커터를 사용하여 여러 개의 나사산을 동시에 가공할 수 있다. 나사 절삭기에 비해 나사 밀링을 선호하는 이유는 다음과 같다. (1) 다이스로 쉽게 절삭이 어려운 크기가 큰 나사산의 절삭이 가능하다. (2) 난삭재료로 제작된 기어, 그리고 (3) 나사 밀링이 일반적으로 더 정확하고 더 매끄러운 나사를 얻을 수 있다.

나사 연삭(thread grinding)은 나사 밀링과 유사하지만 커터가 나사 홈의 형상을 갖는 연삭 숫돌이고 연삭 숫돌의 회전 속도가 나사 밀링보다 훨씬 크다는 점이 다르다. 이 공정은 나사산을 완전

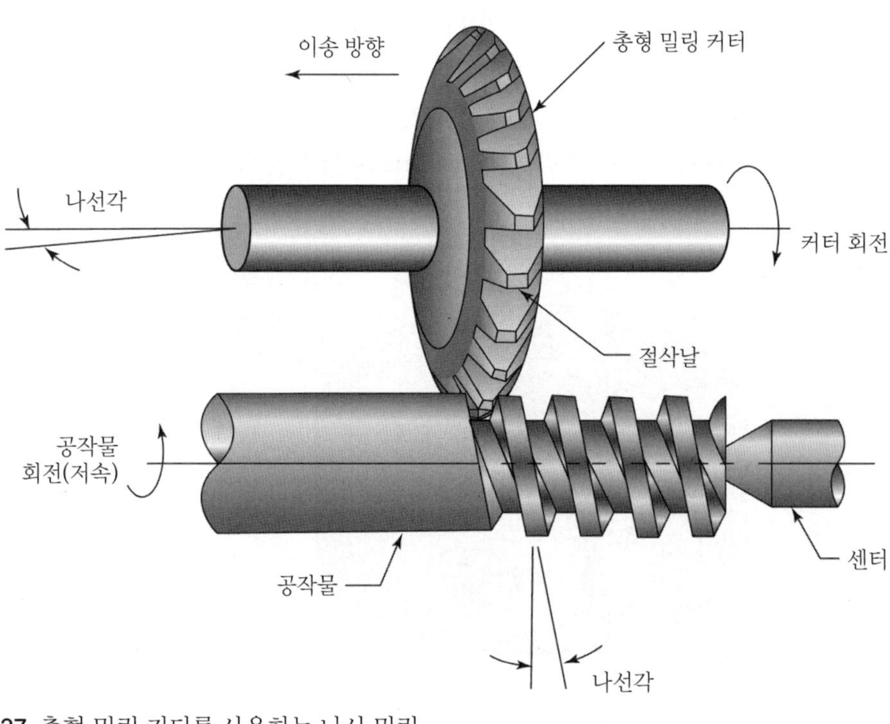

그림 18.37 총형 밀링 커터를 사용하는 나사 밀링.

하게 형성하거나, 앞에서 설명했던 공정으로 형성된 나사산을 다듬질하기 위해 사용될 수 있다. 나사 연삭은 열처리에 의하여 경화된 나사산에 특별히 적용이 가능하다.

암나사

암나사를 절삭하는 가장 흔한 공정은 ***태핑(tapping)***이다. 나사산의 피치와 동일한 피치를 가지고 있는 나선형 절삭 이가 원통형 공구 위에 배열되어 있다. 이 공구가 회전하면서 미리 가공된 구멍으로 동시에 이송되어 태핑 가공한다. 이 작업은 그림 18.14(b)에 나타나 있고, 절삭 공구를 ***탭(tap)***이라고 한다. 구멍 입구에 잘 들어가게 하기 위해 공구의 끝은 원뿔형에 가깝다. 초기 구멍의 크기는 대략 나사산의 골지름과 같다. 이 공정에서 사용되는 탭은 일체형이고, 태핑헤드가 장착된 드릴 프레스로 간단히 태핑 작업이 수행된다. 이 태핑 헤드는 나사 피치에 대응된 이송 속도에서 탭으로 구멍을 관통시켜서 가공한다. 작업이 종료되면 주축이 반대 방향으로 회전되어 탭이 구멍으로부터 빠져나올 수 있다.

일체형 탭 이외에 ***접이형 탭(collapsible tap)***이 있는데, 자동개방 다이스로 수나사를 가공하는 것과 유사하다. 접이형 탭은 나사산 절삭이 완료되면 자동으로 공구 쪽으로 후퇴하는 절삭 이를 갖추고 있어서, 주축 회전을 반대로 하지 않고 탭가공된 구멍으로부터 빠르게 벗어날 수 있도록 한다. 따라서 사이클 타임이 감소된다.

태핑은 드릴 프레스나 다른 전통적인 공작 기계(예를 들면, 선반, 터릿 선반)로도 수행될 수 있지만, 높은 생산 속도를 위해 여러 종류의 전용기계가 개발되어 왔다. 단축 태핑 머신은 소재를 수동 또는 자동으로 장착 및 탈착시키면서 한 번에 한 개의 공작물의 태핑이 수행된다. 다축태핑머신은 다수의 공작물에 동시에 작업하여 여러 종류의 구멍 크기와 나사 피치를 제공할 수 있다. 마지막으로 갱 드릴링 머신(18.3.3절)은 동일한 공작물에 드릴링, 리밍, 태핑을 순차적으로 빠르게 수행될 수 있도록 설정할 수 있다.

18.7.2 기어

기어는 회전하는 축들 사이에서 운동과 동력을 전달하기 위해 사용되는 기계 부품이다. 회전운동은 각각의 원주 주위에 있는 이(teeth)에 의해 맞물린 기어들 사이에서 전달된다. 맞물린 두 개 기어의 상대적인 잇수에 따라 한 쪽의 기어에서 다른 쪽의 기어로 회전 속도가 증가 또는 감소될 수 있으며, 토크 역시 감소 또는 증가한다. 33.3.2절의 NC 위치 제어 시스템에서 이와 같은 속도의 영향을 설명한다.

기어를 제조하기 위해 앞 장에서 설명하였던 여러 가지 공정들이 사용될 수 있다. 인베스트먼트 주조, 다이캐스팅, 플라스틱 사출 성형, 분말 야금, 단조, 기타 용적 변형 공정(예를 들면, 기어 전조, 15.1.4절)들을 들 수 있다. 절삭 가공에 비해 이 공정들의 장점은 칩이 발생되지 않기 때문에 재료가 절약된다는 점이다. 금속 박판 스탬핑 공정(16.1절)이 시계에 사용되는 얇은 기어를 만들기 위해 사용된다. 앞에서 언급한 모든 공정으로 생산된 기어들은 후가공이 없이 자주 사용된다. 다른 제조 방법으로서, 주조나 단조와 같은 기본적인 형상 제조 공정으로 초기의 블랭크(소재)를 만든 후, 이 블랭크에 기어 이를 절삭하는 것이다. 정확한 이의 치수를 얻기 위하여 다듬질 공정이 자주 요구된다.

기어 이를 절삭하기 위한 주요 공정으로 총형 밀링(form milling), 기어 호빙(gear hobbing), 기어 셰이핑(gear shaping), 기어 브로칭(gear broaching)이 있다. 18.1절에서 총형 밀링과 기어 브로칭은 총형 가공으로 설명하였지만, 기어 호빙과 기어 셰이핑은 생성 가공으로 분류된다. 기어 이의 다듬질 공정으로는 기어 셰이빙(gear shaving), 기어 연삭(gear grinding), 버니싱(burnishing)이 있다. 기어 제조에 사용되는 많은 공정들은 또한 스플라인(spline), 스프로켓(sprocket), 기타 특수한 기계 부품을 만드는데 사용된다.

총형 밀링

그림 18.38의 공정과 같이 총형 밀링 커터는 기어 이 사이의 공간과 동일한 형상으로 된 절삭날을 가지고 있으며, 이 커터는 블랭크(소재) 위에서 기어 이를 개별적으로 가공한다. 이 가공법은 커터의 형상이 기어 이의 기하학적 형상을 결정하기 때문에 총형 가공(18.1절)으로 분류할 수 있다. 총형 밀링의 단점은 각각의 이의 공간이 한 번에 한 개씩 생성되기 때문에 생산 속도가 느린 점과, 기어 이를 정확한 치수로 만들기 위해 기어 블랭크를 각각의 공구 행정에 따라 분할(indexing)시키는 데 시간이 든다는 점이다. 다음에 설명하는 기어 호빙에 비해 총형 밀링의 장점은 밀링 커터가 훨씬 싸다는 것이다. 낮은 생산 속도와 상대적으로 적은 공구 비용으로 총형 밀링은 소량 생산에 적합하다.

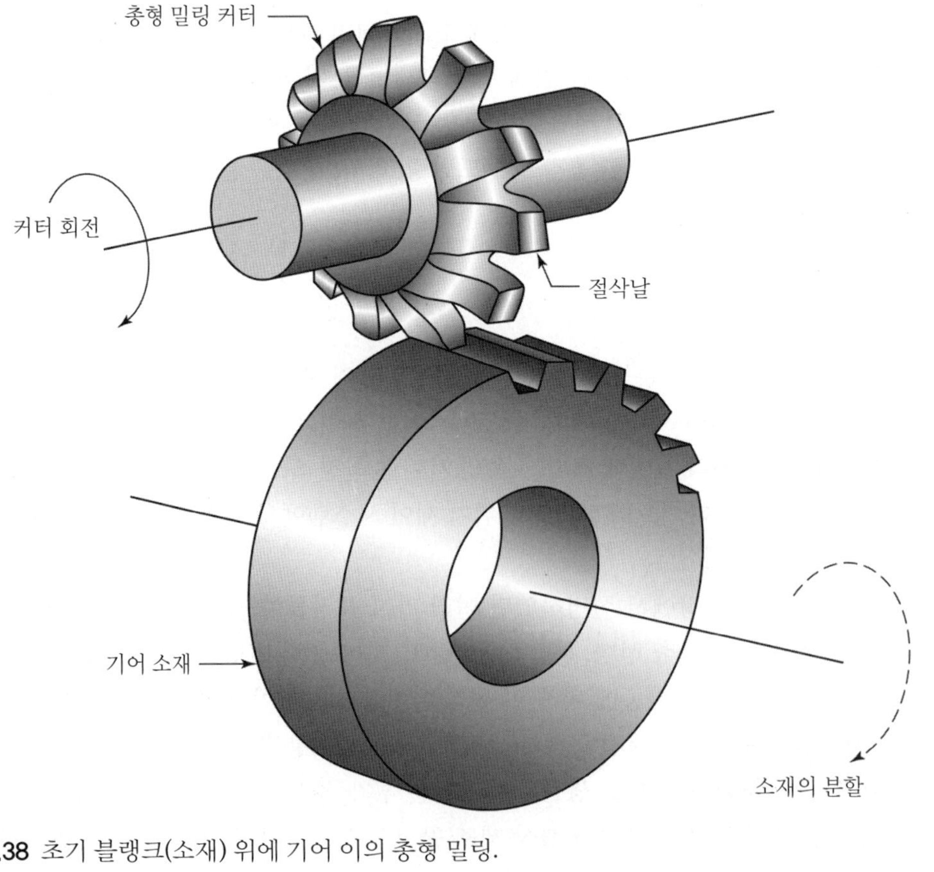

그림 18.38 초기 블랭크(소재) 위에 기어 이의 총형 밀링.

기어 호빙

기어 호빙 또한 밀링 공정이지만, ***호브(hob)***라고 불리는 커터가 훨씬 복잡해서 총형 밀링 커터보다 훨씬 비싸다. 추가적으로, 커터와 소재 사이의 상대적인 속도와 이송을 얻기 위해 ***호빙 머신(hobbing machine)***이라는 전용 밀링 머신이 필요하다. 기어 호빙을 그림 18.39에 나타내었다. 그림에 나타낸 것처럼, 호브는 약간의 나선형이고, 블랭크 소재가 절삭이 됨에 따라 호브의 절삭 이가 소재의 이와 맞물리도록 호브의 회전이 기어 소재의 매우 느린 회전에 대응되도록 해야 한다. 이러한 호브와 소재의 회전운동과 함께 소재의 직선운동도 필요하다. 소재의 이송(상대적인 호브 이송)에 의해 호브가 소재 전체 두께에 걸쳐 기어 이를 가공하게 된다. 호빙에서는 여러 개의 이가 동시에 절삭되어 총형 밀링보다 높은 생산 속도가 가능하다. 따라서 이 방법은 기어를 중간 및 대량으로 생산하는 데 광범위하게 사용된다.

기어 호빙 머신은 특수한 목적(1.3.3절)으로 사용된다. 특수 공구 비용 때문에 배치 크기(batch size)가 작을 경우에는 경제성이 없으며, 리드 타임 역시 길다. 소프트웨어 및 제어 시스템의 발전으로 5축 머시닝 센터와 복합 가공기에서 다양한 형상과 크기의 기어를 경제적으로 제작할 수 있게 되었다[11], [18]. 이 기계들은 필요 시 기어 제작 전용으로 사용될 수 있지만 유연성 덕분에 기어 호빙

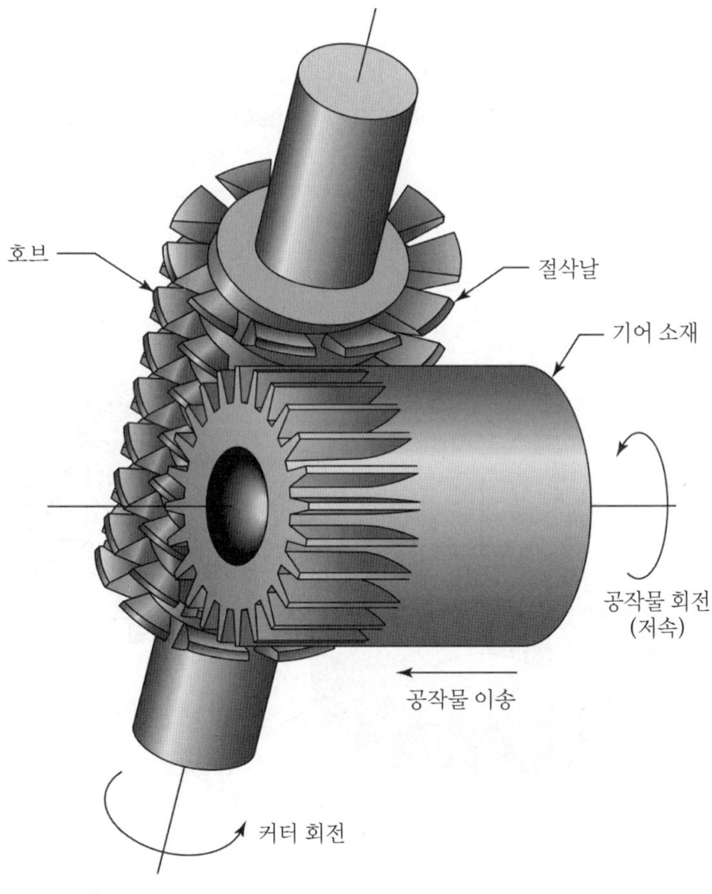

그림 18.39 기어 호빙.

머신과는 달리 다른 생산 작업에도 사용될 수 있다.

기어 셰이핑

기어 셰이핑에서는 총형 밀링과 기어 호빙에서와 같은 회전 운동보다는 왕복하는 절삭 공구 운동이 사용된다. 기어를 만들기 위해서는 두 가지의 셰이핑 공정이 사용된다. 첫 번째 방법으로는, 단인 공구가 컴퓨터 제어나 템플레이트(template)를 사용하여 각각의 이의 윤곽을 점진적으로 생성하기 위해 여러 번의 행정이 필요하다. 기어 소재가 천천히 회전 또는 분할되어 각각의 이와 같은 윤곽이 만들어진다. 이와 같은 과정은 느리고, 매우 큰 기어의 제조에만 적용된다.

두 번째는 한쪽 면에 절삭날을 가진 기어 형상의 커터를 사용하는 방법이다. 가공 중에는 커터의 축과 소재의 축은 그림 18.40과 같이 평행하며, 운동 형태가 짝을 이루는 한 쌍의 기어와 유사하다. 그러나 커터의 왕복 운동에 의해 소재 쪽에 이 형상(teeth form)을 점진적으로 생성시키는 것이 다르다. 초기 공정에서는 요구되는 깊이에 도달될 때까지 각각의 행정이 완료된 후에 커터가 소재로 이송된다. 그런 다음에 커터와 소재는 이의 간격이 동일해지도록 적은 양(분할된 양)만큼 회전된다. 두 번째 방법은 ***기어 셰이퍼(gear shaper)***라 불리는 전용 기계로 산업체에서 광범위하게 사용되고 있다.

기어 브로칭

기어를 제조하는 브로칭은 짧은 생산 사이클 타임과 높은 공구 비용으로 알려져 있다. 따라서 대량 생산인 경우에만 경제적이다. 또한 치수정확도가 좋고 표면 거칠기가 우수한 것은 기어 브로칭의

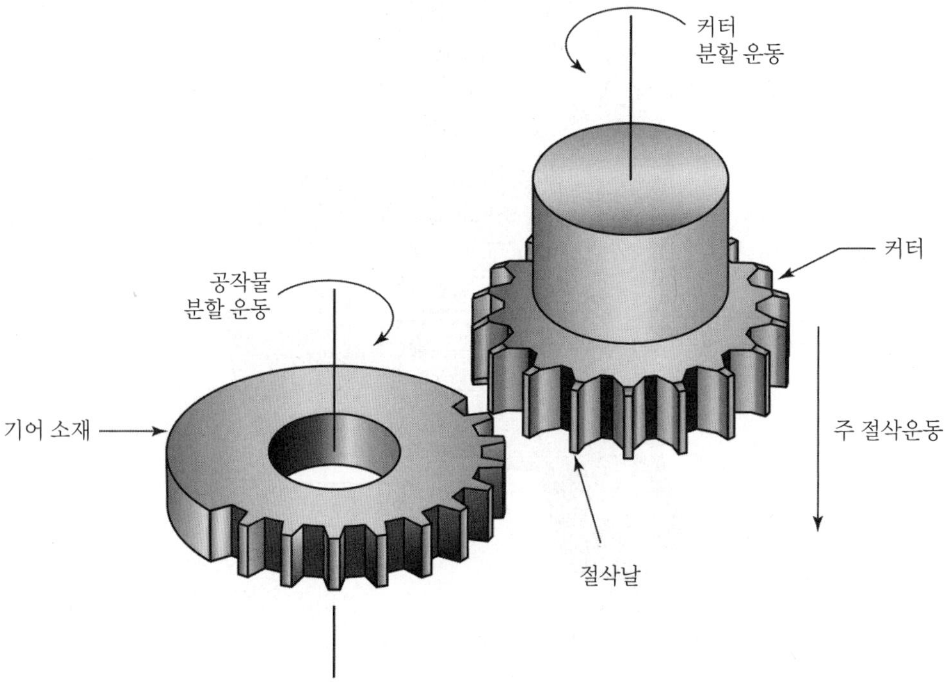

그림 18.40 기어 셰이핑.

특징이다. 이 공정은 외접 기어(기어 이가 바깥쪽에 형성)와 내접 기어(기어 이가 안쪽에 형성) 모두에 적용할 수 있다. 내접 기어는 그림 18.3(c)와 유사한 가공 공정이지만, 브로치가 소재로부터 당겨짐에 따라 기어 이가 소재 위에 연속적으로 형성되도록 기어 형상의 절삭날로 구성된 공구 단면이 점차적으로 증가한다는 점이 다르다. 외접 기어는 안쪽 절삭 날이 있는 관 형상의 브로치로 가공한다. 언급한 바와 같이 두 경우의 공구 비용은 복잡한 형태로 인하여 높다.

다듬질 공정

열처리를 하지 않고 사용할 수 있는 금속 기어도 있지만, 악조건에서 적용되는 기어는 일반적으로 내마모성을 높이기 위해 이를 경화시키는 열처리를 한다. 그러나 열처리(23장)는 때때로 공작물을 뒤틀리게 하기 때문에 적절한 기어 이 형상으로 복원되어야 한다. 열처리에 관계없이 절삭 가공 후에 기어의 치수 정확도와 표면 거칠기를 개선시키기 위하여 다듬질 공정이 일반적으로 요구된다. 열처리를 하지 않은 기어에 적용되는 다듬질 공정은 셰이빙과 버니싱이 있다. 경화된 기어의 다듬질 공정은 연삭, 래핑, 호닝(21장)이 있다.

기어 셰이빙(gear shaving)은 기어와 맞물리면서 회전하는 기어 형상의 커터를 사용한다. 회전하는 동안 커터의 왕복 운동으로 절삭이 이루어진다. 기어 형상 커터의 각각의 이는 폭을 따라 여러 개의 절삭날을 갖고 있어, 매우 작은 칩을 만들어내면서 각각의 기어 이 표면으로부터 아주 소량의 금속을 제거한다. 기어 셰이빙은 아마도 기어를 다듬질하기 위하여 산업체에서 가장 흔하게 사용되는 공정이다. 열처리 전에 기어에 적용되는 경우가 많고, 열처리 후에 연삭이나 래핑 공정이 뒤따른다.

기어 버니싱(gear burnishing)은 한 개 이상의 경화된 기어 형상의 다이가 기어와 접촉하면서 압력을 가해 기어 이가 냉간 가공되는 소성 변형 공정이다. 따라서 이가 변형 경화를 통하여 강해지고 표면 거칠기가 개선된다.

연삭, 호닝, 래핑은 경화된 기어에 적용할 수 있는 다듬질 공정이다. **기어 연삭**에는 두 가지 방법이 있다. (1) 연삭 숫돌이 이 사이의 공간과 정확하게 같은(총형 밀링과 유사) 총형 연삭으로, 한 번 이상의 연삭 과정을 거쳐 각각의 기어 이를 다듬질한다. 또는 (2) 옆면이 평탄한 전통적인 연삭 숫돌을 사용하여 이의 윤곽을 생성하는 것이다. 두 가지 연삭 방법 모두 매우 긴 시간을 소비하고, 비싸다.

호닝과 래핑(21.2절)은 매우 미세한 연마입자를 사용하는 다듬질 공정으로 기어의 다듬질에 적용할 수 있다. 두 공정 모두에서 공구는 일반적으로 가공될 기어와 맞물리는 기어의 형상을 갖는다. 기어 호닝은 연마입자가 함유된 플라스틱이나, 탄화물로 코팅된 강으로 된 공구를 사용한다. 기어 래핑은 주철 공구(때론 다른 금속으로 대체)를 사용하며, 연마입자가 포함된 랩제를 사용하여 절삭이 수행된다.

18.8 고속 가공

금속 절삭 가공의 역사는 절삭 속도를 계속 증가시키는 경향이 있다. 최근에는 생산 속도 증대, 리드 타임 단축, 비용 감축, 품질 향상의 측면에서 더욱 관심을 가지게 되었다. ***고속 가공(high-speed***

machining, HSM)은 전통적인 절삭 가공 공정에서 사용된 절삭 속도보다 훨씬 빠른 속도로 가공한다는 것을 의미한다. Kennametal의 데이터에 의하면 일반 가공과 고속 가공에 대한 절삭 속도의 예가 표 18.1에 제시되어 있다.[1)]

절삭 가공에 사용되는 다양한 공작물과 공구 재료들을 다루기 위해서 고속 가공의 또 다른 정의들이 발전되어 왔다. 고속 가공에 대하여 널리 쓰이는 정의 중 하나가 ***DN비(DN ratio)***로, 베어링 구멍(bearing bore) 직경(mm)에 최대 주축 속도(rev/min)를 곱한 값이다. 고속 가공의 DN비는 보통 500,000~1,000,000 사이의 범위에 있다. 이 정의에 의하면 직경이 큰 베어링을 사용하면 작은 베어링을 사용할 때보다 회전 속도가 낮더라도 고속 가공의 범위에 들어가게 된다. 고속 가공을 위한 전형적인 주축 속도는 8,000~35,000 rev/min 사이의 범위에 있고, 최근에는 100,000 rev/min까지 회전되는 주축도 있다.

또 다른 고속 가공의 정의는 최대 주축 속도에 대한 ***마력의 비(hp/rpm비)***가 있다. 일반 공작 기계는 고속 가공이 가능한 공작 기계보다 보통 높은 hp/rpm비를 가진다. 미터법을 사용하면, 일반 공작 기계와 고속 가공 공작 기계를 구분하는 값은 약 0.005 hp/rpm이다. 그러므로 10,000 rpm으로 회전하는 50 hp의 주축(0.005 hp/rpm)과 30,000 rpm으로 회전하는 15 hp의 주축(0.0005 hp/rpm)은 고속 가공에 포함된다.

다른 정의들은 생산 속도 증대와 리드 타임 단축을 강조한다. 이 경우에 고속 이송 속도와 고속 자동 공구 교환(7초 이하의 'chip-to-chip' 시간) 등과 같은 비절삭 요인들이 중요하다.

고속 가공을 위한 요구 조건은 다음과 같다. (1) 높은 회전수(rpm)를 위해 특별히 설계된 베어링이 사용된 고속 주축, (2) 높은 이송 속도, 일반적으로 약 50 m/min, (3) 원하는 공구 경로로부터 벗어나는 것을 예측하고 보정해 주는(look-ahead 기능) CNC 운동제어, (4) 진동의 영향을 최소화하기 위해 균형이 잘 잡힌 절삭 공구, 공구 홀더, 주축, (5) 기존 가공보다 훨씬 큰 압력으로 냉각제를 공급하는 냉각제 공습 시스템, (6) 매우 높은 소재 제거율에 대응할 수 있는 칩 처리 장치이다. 또한 중요한 것이 절삭 공구 재료이다. 표 18.1에 제시된 것처럼 고속 가공을 위해 여러 가지 공구 재료들

표 18.1 여러 공작물에 대한 일반 가공 속도와 고속 가공 속도의 비교

	일체형 공구(엔드 밀링, 드릴링)		분할형 공구(정면 밀링)	
	일반 가공 속도	고속 가공 속도	일반 가공 속도	고속 가공 속도
공작물 재료	m/min	m/min	m/min	m/min
알루미늄	300+	3000+	600+	3600+
주철(연한)	150	360	360	1200
연주철	105	250	250	900
쾌삭강	105	360	360	600
합금강	75	250	210	360
티타늄	40	60	45	90

1) Kennametal 사(社)는 절삭공구의 주요 제조사이다.

이 사용되며, 이 재료들에 대해서는 다음 장에서 설명한다.

고속 가공의 적용을 세 가지 범주로 나눌 수 있다[3]. 첫 번째가 보잉 기업과 같은 항공우주산업으로 대형 알루미늄 블록으로부터 긴 항공기 구조물이 가공된다. 일반적으로 밀링 공정으로 많은 소재가 제거된다. 이런 구조물은 벽이 얇고 체적대 표면비(surface-to-volume ratio)가 큰 특징을 갖고 있으며, 다수의 부품과 리벳 결합이 필요한 조립 공정을 보다 더 빠르고 더 신뢰성있게 생산할 수 있다. 두 번째가 복식 절삭 공정(multiple cutting operation)으로 알루미늄을 절삭 가공하는 것으로서 자동차, 컴퓨터, 의료기기 산업의 다양한 부품을 생산한다. 복식 절삭 공정은 많은 공구 교환뿐만 아니라 공구의 수많은 가속 및 감속을 의미한다. 따라서 이의 적용에는 고속 공구 교환과 공구 경로 제어가 중요하다. 세 번째가 금형과 주형 산업에서 나타나는데, 경한 재료로부터 복잡한 형상을 가공한다. 이 경우 고속 가공은 금형이나 주형의 공동부(cavity) 가공을 위한 많은 양의 소재 제거와 좋은 표면 정도를 얻기 위한 다듬질 가공이 수반된다.

참고문헌 *REFERENCES*

[1] Aronson, R. B. "Spindles Are the Key to HSM." *Manufacturing Engineering*, October 2004, pp. 67–80.

[2] Aronson, R. B. "Multitalented Machine Tools." *Manufacturing Engineering*, January 2005, pp. 65–75.

[3] Ashley, S. "High-Speed Machining Goes Mainstream." *Mechanical Engineering*, May 1995, pp. 56–61.

[4] *ASM Handbook*. Vol. 16: *Machining*. ASM International, Materials Park, Ohio, 1989.

[5] Black, J., and Kohser, R. *DeGarmo's Materials and Processes in Manufacturing*. 11th ed. John Wiley & Sons, Hoboken, New Jersey, 2012.

[6] Boston, O. W. *Metal Processing*. 2nd ed. John Wiley & Sons, New York, 1951.

[7] Drozda, T. J., and Wick, C. (eds.). *Tool and Manufacturing Engineers Handbook*. 4th ed. Vol. I: Machining. Society of Manufacturing Engineers, Dearborn, Michigan, 1983.

[8] Eary, D. F., and Johnson, G. E. *Process Engineering for Manufacturing*. Prentice Hall, Englewood Cliffs, New Jersey, 1962.

[9] Kalpakjian, S., and Schmid, S. R. *Manufacturing Engineering and Technology*. 7th ed. Prentice Hall, Upper Saddle River, New Jersey, 2013.

[10] Kalpakjian, S., and Schmid, S. R. *Manufacturing Processes for Engineering Materials*. 5th ed. Pearson Prentice Hall, Upper Saddle River, New Jersey, 2007.

[11] Koenig, B. "Automated Five-Axis Machining Boosts Pro ductivity." *Manufacturing Engineering*, February 2018, pp. 69–73.

[12] Krar, S. F., and Ratterman, E. *Superabrasives: Grinding and Machining with CBN and Diamond*. McGraw-Hill, New York, 1990.

[13] Lindberg, R. A. *Processes and Materials of Manufacture*. 4th ed. Allyn and Bacon, Boston, 1990.

[14] Manufacturing Engineering Staff, "A Revolution in Gear Manufacturing." *Manufacturing Engineering*, June 2014, pp. 49–58.

[15] Marinac, D. "Smart Tool Paths for HSM." *Manufacturing Engineering*, November 2000, pp. 44–50.

[16] Mason, F., and Freeman, N. B. "Turning Centers Come of Age." Special rept. 773. *American Machinist*, February 1985, pp. 97–116.

[17] *Modern Metal Cutting*. AB Sandvik Coromant, Sandvik, Sweden, 1994.

[18] Morey, B. "Automotive Gears and Their Opportunities and Challenges." *Manufacturing Engineering*, May 2016, pp. 61–69.

[19] Ostwald, P. F., and Munoz, J. *Manufacturing Processes and Systems*. 9th ed. John Wiley & Sons, New York, 1997.

[20] Rolt, L. T. C. *A Short History of Machine Tools*. The M.I.T. Press, Cambridge, Massachusetts, 1965.

[21] Roulo, C. "Applications Expand for Versatile Thread Milling." *Manufacturing Engineering*, March 2018, pp. 79–87.
[22] Sinkora, E. "The Pluses and Minuses of Combining Additive & Subtractive Manufacturing." *Manufacturing Engineering*, July 2017, pp. 41–48.
[23] Steeds, W. *A History of Machine Tools—1700–1910*. Oxford University Press, London, 1969.
[24] Trent, E. M., and Wright, P. K. *Metal Cutting*. 4th ed. Butterworth Heinemann, Boston, 2000.
[25] Waurzyniak, P. "Betting Big on Multitasking." *Manufacturing Engineering*, February 2013, pp. 73–82.
[26] Witkorski, M., and Bingeman, A. "The Case for Multiple Spindle HMCs." *Manufacturing Engineering*, March 2004, pp. 139–148.

복습문제 *REVIEW QUESTIONS*

절삭 가공과 부품 형상

18.1 절삭가공에서 회전형 부품과 및 비회전형 부품 사이의 기하학적 차이점을 설명하고, 각각의 경우에 대해 어떤 유형의 공작 기계가 사용되는가?

18.2 부품 형상을 가공할 때 생성 가공과 총형 가공의 차이점은 무엇인가?

18.3 다음에 제시된 가공 방법을 생성 가공 또는 총형 가공으로 분류하라: 평밀링, 테이퍼 선삭, 브로칭 작업, 보링 작업, 윤곽 밀링, 드릴링.

선삭과 관련 공정

18.4 선삭 공정이란 무엇인가?

18.5 보링 작업과 선삭 작업의 차이점은 무엇인가?

18.6 보통 선반에서 주축대와 심압대는 무엇인가?

18.7 선반에서 공작물을 고정하는 방법은 무엇인가?

18.8 선반에서 공작물 고정에 사용되는 회전 센터와 정지 센터의 차이점은 무엇인가?

18.9 단축 바머신에 비해 6축 바머신의 장점은 무엇인가?

18.10 지름이 길이보다 큰 대형 공작물의 경우 어떤 유형의 보링 머신이 적합한가?

18.11 나사 가공과 태핑의 차이점은 무엇인가?

드릴링과 관련 공정

18.12 트위스트 드릴을 사용하여 만들 수 있는 기하학적인 형상의 종류를 설명하라.

18.13 트위스트 드릴을 이용한 드릴링 작업에서 사용되는 이송(feed)을 정의하라.

18.14 카운터 보링과 카운터 싱킹의 차이점을 설명하라.

18.15 레이디얼 드릴링 머신의 몇 가지 특징을 설명하라.

18.16 고정구(fixture)와 지그(jig)의 차이점을 설명하라.

18.17 리밍 작업의 목적은 무엇인가?

밀링

18.18 밀링 작업에 대해 설명하라.

18.19 밀링 작업에서 플라이커터(fly-cutter)의 용도는 무엇인가?

18.20 평 밀링과 정면 밀링의 차이점을 설명하라.

18.21 윤곽 밀링(profile milling)이란 무엇인가?

18.22 밀링 작업에서 칩부하(chip load)란 무엇인가?

18.23 만능 밀링 머신과 니형 밀링 머신의 차이점은 무엇인가?

머시닝 센터와 터닝 센터

18.24 머시닝 센터를 정의하라.

18.25 머시닝 센터와 터닝 센터의 차이점을 설명하라.

기타 절삭 가공

18.26 형삭 작업과 평삭 작업의 차이점은 무엇인가?

18.27 내면 브로칭과 외면 브로칭의 차이점을 설명하라.

특수 형상을 가공하기 위한 절삭가공

18.28 암나사 절삭에 가장 널리 사용되는 공정은 무엇인가?

연습문제 *PROBLEMS*

Turning and Related Operations

18.1 An engine lathe is used to turn a cylindrical work part 120 mm in diameter by 380 mm long. Cutting speed = 2.00 m/s, feed = 0.35 mm/rev, and depth of cut = 2.5 mm. Determine (a) cutting time and (b) metal removal rate.

18.2 A cylindrical work bar with diameter = 114.3 mm and length = 1320.8 mm is chucked in an engine lathe and supported at the opposite end using a live center. A 1168.4 mm portion of the length is to be turned to a diameter of 107.95 mm one pass at a speed of 137 m/mm. The metal removal rate should be 110.6 cm^3/min. Determine (a) the required depth of cut, (b) the required feed, and (c) the cutting time.

18.3 A tapered surface is turned on an automatic lathe. The workpiece is 550 mm long with minimum and maximum diameters of 120 mm and 200 mm at opposite ends. Automatic controls on the lathe permit the surface speed to be maintained at a constant value of 150 m/min by adjusting the rotational speed as a function of work piece diameter. Feed = 0.25 mm/rev, and depth of cut = 3.0 mm. The approximate geometry of the piece has already been formed, and this operation will be the final cut. Determine (a) the time required to turn the taper and (b) the rotational speeds at the beginning and end of the cut (assume cutting starts at the smaller diameter).

18.4 In the taper turning job of the previous problem, suppose that the automatic lathe with surface speed control is not available and a conventional lathe must be used. Determine the rotational speed that would complete the job in exactly 8.0 min.

18.5 A 101.6 mm-diameter workpiece that is 762 mm long is to be turned down to a diameter of 88.9 mm, using two passes on an engine lathe at a cutting speed = 106 m/ min, feed = 0.381 mm/rev, and depth of cut = 3.175 mm. The bar will be held in a chuck and supported on the opposite end in a live center. With this workholding setup, one end must be turned to diameter; then the bar must be reversed to turn the other end. Using an overhead crane available at the lathe, the total time to load and unload the bar is 6.3 min, and the time to reverse the bar is 4.2 min. For each turning cut, an approach allowance of 6.35 mm must be added to the cut length. Determine the total cycle time to complete this job.

18.6 The end of a large tubular work part is faced on a vertical boring mill. The part outside diameter = 889 mm, inside diameter = 508 mm, and height = 457.2 mm. If the facing operation is performed at a rotational speed = 40 rev/min, feed = 0.381 mm/rev, and depth of cut = 4.57 mm, determine (a) cutting time to complete the facing operation and (b) cutting speeds and metal removal rates at the beginning and end of the cut. The facing cut begins at the outside diameter.

18.7 Solve the previous problem except that the machine tool controls operate at a constant cutting speed by continuously adjusting rotational speed for the position of the tool relative to the axis of rotation. The facing cut begins at the outside diameter and the rotational speed at the beginning of the cut = 40 rev/min and is continuously increased thereafter to maintain a constant cutting speed. In addition, (c) what is the rotational speed at the end of the cut?

Drilling

18.8 A drilling operation is performed on a steel part using a 12.7-mm-diameter twist drill with point angle = 118°. The hole is a blind hole with a depth = 60 mm. Cutting speed = 15 m/min, and feed = 0.20 mm/rev. Determine (a) cutting time of the operation and (b) metal removal rate after the drill bit reaches full diameter.

18.9 A two-spindle drill simultaneously drills a 12.7 mm hole and a 19.05 mm hole through a workpiece that is 25.4 mm thick. Both drills are twist drills with point angles of 118°. Cutting speed for the material is 91 m/min. The rotational speed of each spindle can be set independently. The feed rate for both holes must be set to the same value because the two spindles feed at the same rate. The feed rate is set so the total metal removal rate of both drills does not exceed 24.5 cm^3/min. Determine (a) maximum feed rate (in/min) that can be used, (b) individual feeds (in/rev) for each hole, and (c) cutting time to drill the holes.

18.10 A CNC drill press performs a series of through-hole drilling operations on a 44.45 mm thick aluminum plate that is a component in a heat exchanger. Each hole diameter = 19.05 mm. There are 100 holes in all, arranged in a 10 by 10 matrix pattern, and the distance between adjacent hole centers (along the square) = 38.1 mm. Cutting speed = 91 m/min, penetration feed (z-direction) = 0.381 mm/rev, and traverse rate between holes (x-y plane) = 381 mm/min. Assume that x-y moves are made at a distance of 12.7 mm above the work surface, and that this distance must be included in the penetration feed rate for each hole. Also, the rate at which the drill is retracted from each hole is twice the penetration feed rate. The drill has a point angle = 100°. Determine the time required from the beginning of the first hole to the completion of the last hole, assuming that the most efficient drilling sequence is used to accomplish the job.

Milling

18.11 Peripheral milling is performed on the top surface of a rectangular work part that is 400 mm long by 50 mm wide. The milling cutter is 70 mm in diameter and has five teeth. It overhangs the width of the part on both sides. Cutting speed = 60 m/min, chip load = 0.25 mm/tooth, and depth of cut = 6.5 mm. Determine (a) machining time of the operation and (b) maximum material removal rate during the cut.

18.12 A face milling operation removes 6.0 mm from the top surface of a rectangular piece of aluminum that is 250 mm long by 75 mm wide by 50 mm thick. Thickness after the cut = 44.0 mm. The cutter follows a path that is centered over the workpiece. It has four teeth and an 85-mm diameter. Cutting speed = 2.0 m/s, and chip load = 0.18 mm/tooth. Determine (a) machining time and (b) maximum metal removal rate during cutting.

18.13 A face milling operation is performed on the top surface of a steel block that is 304.8 mm long by 50.8 mm wide by 63.5 mm thick. The milling cutter follows a path that is centered over the width of the block. It has five teeth and a 76.2 mm diameter. Cutting speed = 76 m/min, feed = 0.15 mm/tooth, and depth of cut = 3.81 mm. Determine (a) machining time and (b) maximum metal removal rate during the cut. (c) If an additional approach distance of 12.7 mm is provided at the beginning of the pass (before cutting begins), and an overtravel distance is provided at the end of the pass equal to the cutter radius plus 12.7 mm, what is the duration of the feed motion?

18.14 Solve the previous problem except that the workpiece is 127 mm wide and the cutter is offset to one side so that the swath cut by the cutter = 12.7 mm wide. This is called partial face milling, Figure 18.20(b).

18.15 A face milling operation removes 8.12 mm depth of cut from the end of a brass cylindrical part that has a diameter of 99.06 mm. The cutter has a 101.6 mm diameter with six teeth, and its feed trajectory is centered over the circular face of the work. Cutting speed = 114 m/min and chip load = 0.076 mm/tooth. Determine (a) machining time, (b) average metal removal rate during the entire cut, and (c) maximum metal removal rate.

Machining Centers

18.16 A three-axis computer numerical control machining center is tended by a worker who loads and unloads parts between machining cycles. The machining cycle takes 7.8 min, and the worker takes 4.2 min using a hoist to unload the part just completed and load the next part into the fixture on the machine worktable. A proposal has been made to install a two-position pallet shuttle at the machine so that the worker and the machine tool can perform their respective tasks simultaneously rather than sequentially. The pallet shuttle would transfer the parts between the machine worktable and the load/unload station in 15 sec. Determine (a) the current cycle time for the operation and (b) the cycle time if the proposal is implemented. (c) What is the percentage increase in hourly production rate that would result from using the pallet shuttle?

18.17 A part is produced using six conventional machine tools consisting of three milling machines and three drill presses. The machine cycle times on these machines are 4.7 min, 2.3 min, 0.8 min, 0.9 min, 3.4 min, and 0.5 min. The average load/unload time for each operation is 1.25 min. The corresponding setup times for the six machines are 1.55 hr, 2.82 hr, 57 min,

45 min, 3.15 hr, and 36 min, respectively. The total material handling time to carry one part between the machines is 20 min (consisting of five moves between six machines). A computer numerical control machining center has been installed, and all six operations will be performed on it to produce the part. The setup time for the machining center for this job is 1.0 hr. In addition, the machine must be programmed for this part (called "part programming"), which takes 3.0 hr. The machine cycle time is the sum of the machine cycle times for the six machines. Load/ unload time is 1.25 min. (a) What is the total time to produce one of these parts using the six conventional machines if the total consists of all setups, machine cycle times, load/unload times, and part transfer times between machines? (b) What is the total time to produce one of these parts using the CNC machining center if the total consists of the setup time, programming time, machine cycle time, and load/unload time. What are the percent savings in total time compared to your answer in (a)? (c) If the same part is produced in a batch of 20 pieces, what is the total time to produce them under the same conditions as in (a) except that the total material handling time to carry the 20 parts in one unit load between the machines is 40 min? (d) If the part is produced in a batch of 20 pieces on the CNC machining center, what is the total time to produce them under the same conditions as in part (b), and what are the percent savings in total time compared to your answer in (c)? (e) In future orders of 20 pieces of the same part, the programming time will not be included in the total time because the part program has already been prepared and saved. In this case, how long does it take to produce the 20 parts using the machining center, and what are the percent savings in total time compared to your answer in (c)?

Other Operations

18.18 A shaper is used to reduce the thickness of a 50-mm cast iron part to 45 mm. The top surface of the part is 600 mm long by 200 mm wide. Cutting speed = 0.12 m/sec, and feed = 0.50 mm/pass. The ram is hydraulically driven and has a return stroke that takes 50% of the forward stroke time. An extra 2 sec must be added at the end of each forward and reverse stroke to account for acceleration and deceleration of the ram. The ram moves parallel to the long dimension of the part. How long will it take to perform the operation?

18.19 An open-side planer is used to plane the top surface of a rectangular part that is 508 mm by 1143 mm by 127 mm thick. The part is made of carbon steel with a tensile strength of 344.75 N/mm^2 and a Brinell hardness of 110 HB. Cutting speed = 9 m/min, feed = 0.4 mm/pass, and depth of cut = 6.35 mm. The length of the stroke across the work must be set up so that 254 mm are allowed at both the beginning and end of the stroke for approach and overtravel. The return stroke takes 60% of the time for the forward stroke, which includes time losses for acceleration and deceleration during each pass. How long will it take to complete the job, assuming that the part is oriented on the planer table so as to minimize the total time?

CHAPTER 19

절삭 공구 기술

19.1 공구 수명
19.1.1 공구 마모
19.1.2 공구 수명과 Taylor 공구 수명식
19.2 공구 재료
19.2.1 고속도강과 그 이전 재료들
19.2.2 주조 코발트 합금
19.2.3 초경 합금, 서멧, 코팅 초경 합금
19.2.4 세라믹
19.2.5 합성 다이아몬드와 CBN
19.3 공구 형상
19.3.1 단인 공구 형상
19.3.2 다인 공구
19.4 절삭유
19.4.1 절삭유의 종류
19.4.2 절삭유의 공급

절삭 가공 공정은 절삭 공구를 사용하여 수행된다. 절삭 가공 중의 큰 절삭력과 높은 온도는 공구에 대하여 매우 가혹한 환경을 제공한다. 절삭력이 너무 크면 공구가 파괴된다. 절삭 온도가 너무 높으면 공구 재료가 연화되어 파손된다. 공구 파손을 초래하는 이런 조건이 아니더라도 절삭날의 지속적인 마모 작용은 결국 파손을 가져온다.

절삭 공구 기술을 두 가지로 크게 나누어 생각할 수 있다. 공구 재료와 공구 형상이다. 첫 번째는 절삭 가공 중 절삭력, 온도, 마모 작용을 견딜 수 있는 재료를 개발하는 것이다. 두 번째는 주어진 공구 재료와 공정에 대하여 공구 형상을 최적화시키는 것이다. 먼저 공구 수명을 고려하는 것이 공구 재료에 대한 앞으로의 설명에 도움이 될 것이다. 또한 이 장의 끝에서 절삭유에 대하여 설명한다. 절삭유는 절삭 공구의 수명을 연장하기 위해 절삭 가공 공정에 자주 사용된다.

19.1 공구 수명

서문에 언급된 것처럼 절삭 가공에서 절삭 공구는 다음 세 가지 형태로 파손된다.

1. ***파괴 파손(fracture failure).*** 절삭날에 작용하는 절삭력이 너무 커서 취성 파괴에 의하여 파손된다.
2. ***온도 파손(temperature failure).*** 절삭 온도가 너무 높아서 절삭날의 재료가 연화되어 소성

변형과 함께 예리한 날 끝이 손실된다.

3. ***점진적 마모(gradual wear).*** 절삭날의 점진적인 마모는 공구 형상의 손실, 절삭 효율 감소, 심한 마모 진행에 따른 마모 작용의 가속화를 가져와 결국 온도 파손과 비슷한 형태로 공구가 파손된다.

파괴 파손과 온도 파손은 절삭 공구의 조기 손실을 초래하므로 이 두 가지 파손은 바람직하지 않다. 세 가지 가능한 파손 형태 중에서 점진적 마모가 선호되는데 이는 공구를 장시간 사용할 수 있고 이와 관련된 경제적인 이점이 있기 때문이다.

공구 파손 모드를 제어할 때 제품의 품질 또한 고려되어야 한다. 절삭날이 절삭 중에 갑자기 파손되면 공작물 표면에 손상을 입힐 수 있다. 이러한 손상은 표면을 재가공하거나 부품을 못 쓰게 만들어 버리기 때문이다. 파괴 파손이나 온도 파손보다는 공구의 점진적 마모를 유발하는 절삭 조건을 선택하고, 절삭날의 돌발적인 손실이 일어나기 전에 공구 교환을 함으로써, 이러한 손상을 피할 수 있다.

19.1.1 공구 마모

점진적 마모는 절삭 공구 상의 경사면과 여유면 두 곳에서 일어난다. 따라서 공구 마모는 그림 19.1 및 19.2와 같이 크레이터 마모와 플랭크 마모로 구분할 수 있다. 공구 마모와 그 메커니즘 설명하기 위해 단인 공구를 고려한다. ***크레이터 마모(crater wear)***는 그림 19.2(a)와 같이 공구 경사면에서 칩의 미끄럼 운동으로 오목하게 형성되면서 성장한다. 높은 응력과 온도가 공구-칩 접촉면에 작용하여 마모 작용을 일으킨다. 크레이터는 그 깊이나 면적으로 측정된다. ***플랭크 마모(flank wear)***는 그림 19.2(b)와 같이 공구 여유면에 형성되며 새롭게 생성된 공작물 표면과 절삭날 근처의 여유면이 서로 문질러지면서 발생된다. 플랭크 마모는 ***마모 랜드(wear land)의 폭(flank wearland,FW)***으로 측정된다.

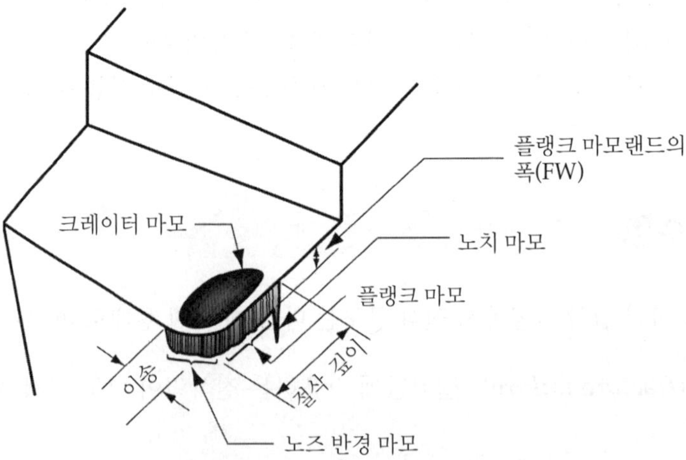

그림 19.1 마모 발생 위치와 마모 유형을 나타낸 마모된 절삭 공구.

플랭크 마모의 특징은 다음과 같다. 첫째, 원래의 공작물 표면에 대응되는 절삭날 위치에서 플랭크 마모가 심하게 일어나는 경우를 ***노치 마모(notch wear)***라 한다. 노치 마모는 선행 공정인 냉간 인발이나 절삭에 의해 공작물이 가공 경화가 되었거나, 주조에서 표면에 모래 입자가 남았거나 하는 등의 원인에 의해, 공작물 표면이 내부보다 더 경하고 연마성이 강하기 때문에 발생한다. 공작물의 표면 경도가 증가함에 따라 절삭날의 마모가 가속화된다. 둘째, 공구의 전방 절삭날(end cutting edge) 쪽의 노즈 반경에서 발생되는 ***노즈 반경 마모(nose radius wear)***를 들 수 있다.

절삭 가공을 할 때 공구-칩과 공구-공작물 접촉면에서 발생되는 마모 메커니즘은 다음과 같이 요

Courtesy of J.C. Keefe

(a)

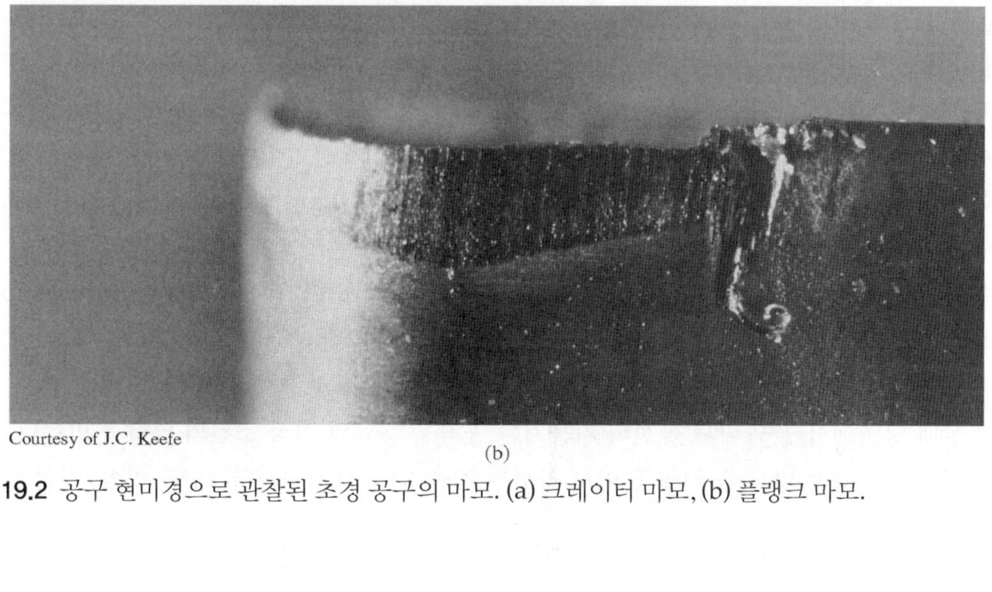

Courtesy of J.C. Keefe

(b)

그림 19.2 공구 현미경으로 관찰된 초경 공구의 마모. (a) 크레이터 마모, (b) 플랭크 마모.

약할 수 있다.

- ***연마 마모(abrasion).*** 공작물에 존재하는 경한 입자가 공구 표면을 미세하게 파내고 제거하는 기계적인 마모 작용이다. 이러한 연마 마모는 플랭크 마모와 크레이터 마모 모두에서 일어나지만, 대부분의 플랭크 마모를 일으키는 주요 요인이 된다.
- ***응착(adhesion).*** 두 개의 금속이 고온 고압 하에서 접촉하게 되면, 응착(용접)이 계면에서 일어난다. 이와 유사한 양상이 칩과 공구 경사면 사이에서도 존재한다. 칩이 공구를 따라 유동함에 따라 공구의 작은 입자들이 표면으로부터 떨어져나가면서 표면이 마모된다.
- ***확산(diffusion).*** 두 물질 사이의 밀착된 접촉면을 통해 원자들이 상호 이동하는 현상이다(4.3절). 공구 마모의 경우, 공구-칩 경계에서 확산이 일어나서 경도와 관련된 공구 표면의 원자들이 고갈된다. 이 과정이 진행됨에 따라 공구 표면이 연마 마모와 응착에 더 민감해지게 된다. 확산은 크레이터 마모를 일으키는 주요 요인으로 알려져 있다.
- ***화학 반응(chemical reaction).*** 고속절삭 시 공구-칩 접촉면의 고온과 청정 표면은 공구 경사면에 화학 반응, 주로 산화(oxidation)를 일으킨다. 이러한 산화층은 공구 모재보다 연해 쉽게 제거되며 새 표면이 노출되면서 화학 반응이 반복된다.
- ***소성 변형(plastic deformation).*** 절삭날의 소성 변형도 공구 마모를 일으키는 원인이 된다. 고온에서 절삭날에 작용하는 절삭력은 절삭날의 소성 변형을 일으켜 공구 표면의 연마 마모를 용이하게 한다. 소성 변형은 주로 플랭크 마모에 영향을 미친다.

대부분의 마모 메커니즘은 높은 절삭 속도와 온도에서 가속된다. 확산과 화학 반응은 높은 온도에 특히 민감하다.

19.1.2 공구 수명과 Taylor 공구 수명식

절삭이 진행됨에 따라 여러 마모 메커니즘들이 절삭 공구의 마모량을 증가시킨다. 공구 마모와 절삭 시간의 일반적인 관계를 그림 19.3에 나타냈다. 플랭크 마모에 대한 관계를 나타내지만 크레이터 마모에 대해서도 비슷하다. 일반적으로 세 영역으로 전형적인 마모 성장 곡선을 설명할 수 있다. 처음 영역은 사용 초기에 날카로운 절삭날이 빠르게 마모되는 ***길들임 기간(break-in period)***이다. 이 영역은 절삭 초기 수 분 안에 일어난다. 길들임 기간이 지나면 꽤 균일한 속도로 마모되는 영역이 뒤따른다. 이를 ***정상 상태 마모(steady-state wear)*** 영역이라고 한다. 실제 절삭에서는 직선으로부터 약간 벗어나기는 하지만, 그림에서는 시간에 선형으로 비례하는 것으로 나타나 있다. 마지막으로, 마모 속도가 가속되기 시작하는 수준까지 마모가 진행된다. 이 상태가 ***파손 영역(failure region)***의 시작으로, 이 영역에서는 절삭 온도가 높아지고, 절삭 공정의 일반적인 효율이 감소된다. 계속 진행되면 공구는 결국 온도 파손에 의하여 파손된다.

정상 상태 영역에서 공구 마모 곡선의 기울기는 공작물 재료와 절삭 조건의 영향을 받는다. 경도가 높은 공작물 재료는 마모 속도(공구 마모 곡선의 기울기)를 증가시킨다. 속도, 이송, 절삭 깊이의

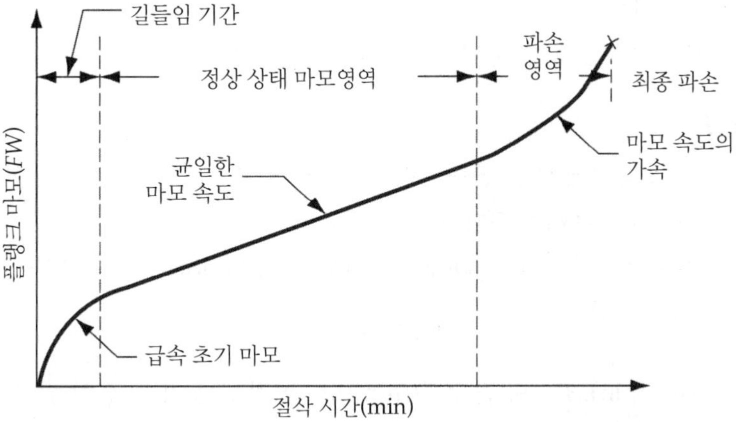

그림 19.3 절삭 시간에 따른 공구 마모. 플랭크 마모(*FW*)를 측정하였지만 크레이터 마모도 비슷한 성장 곡선을 나타낸다.

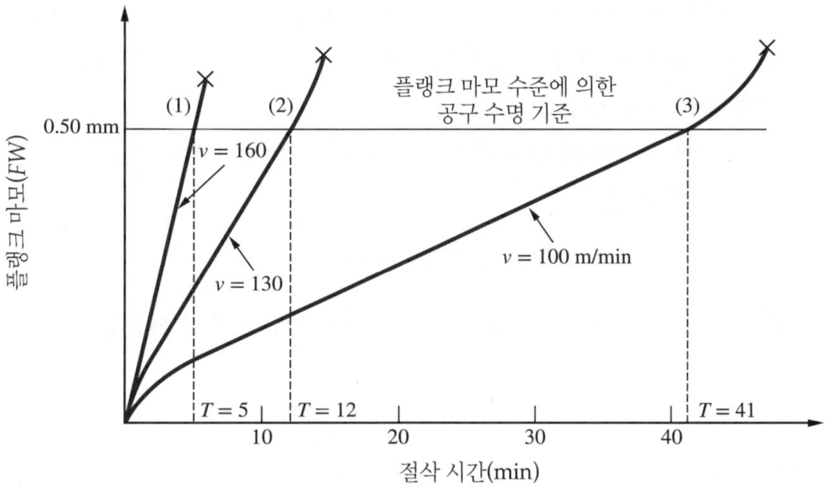

그림 19.4 세 개의 절삭 속도에 대하여, 플랭크 마모에 대한 절삭 속도의 영향. 0.5 mm 플랭크 마모의 공구 수명 기준에 대하여 속도와 공구 마모의 값이 예시되어 있다.

증가도 비슷한 영향을 미치지만, 이 중에서 속도의 영향이 가장 크다. 절삭 속도에 따른 공구 마모 곡선을 그리면 그림 19.4와 같이 된다. 절삭 속도가 증가함에 따라 마모 속도도 증가하여 더 짧은 시간에 동일한 마모량에 도달한다.

공구 수명(tool life)은 공구를 사용할 수 있는 절삭 시간으로 정의된다. 공구가 최종 파손에 이를 때까지 공구를 사용하는 것이 공구 수명을 구하는 한 방법이다. 이것이 각 공구 마모 곡선이 끝나는 최종점으로 그림 19.4에 표시되어 있다. 그러나 생산 현장에서 이러한 파손이 일어날 때까지 공구를 사용하는 것은 공구를 재연삭하기 어려워진다든가 공작물의 품질이 나빠지는 문제 때문에 비현실적이다. 그 대안으로 공구 마모의 수준을 공구 수명 기준으로 선정해 마모가 이 기준에 도달했을 때 공구를 교체하는 것이다. 그림의 수평선으로 나타난 0.5 mm와 같은 어떤 플랭크마모 값을 공구

수명 기준으로 사용하는 것이 편리하다. 각 마모 곡선이 이 선과 교차할 때 공구 수명이 다한 것으로 정의한다. 교차점을 시간 축으로 투영해 공구 수명 값을 구할 수 있다.

Taylor 공구 수명식

그림 19.4의 세 가지 마모 곡선에 대한 공구 수명 값을 자연 로그 그래프 상에 절삭 속도에 대해 그리면 그림 19.5와 같이 직선의 관계가 된다.[1)]

이와 같은 관계를 1900년경에 F. W. Taylor가 발견했으며, Taylor 공구 수명식이라 한다.

$$vT^n = C \tag{19.1}$$

여기서 v = 절삭 속도(m/min), T = 공구 수명(min)이다. n과 C는 이송, 절삭 깊이, 공작물 재료, 공구(특히 재료), 사용된 공구 수명 기준에 의존하는 매개변수이다. n값은 주어진 공구 재료에 대해 상대적으로 일정한 반면, C값은 공구 재질, 공작물 재질, 절삭 조건에 의존한다.

기본적으로 식 (19.1)은 절삭 속도가 높을수록 공구 수명이 짧아진다는 것을 의미한다. 그림 19.5(축은 자연 로그 눈금으로 표시)에서 n은 기울기를 나타내고, C는 속도 축 상에서의 절편을 나타낸다. 기울기 n은 공구 수명이 절삭 속도에 의해 어느 정도로 영향을 받는지를 나타내며, C는 공구 수명이 1분일 때의 절삭 속도이다.

식 (19.1)은 식의 오른쪽과 왼쪽의 단위가 일치하지 않는 문제가 있다. 단위를 일치시키기 위해 이 식을 다음과 같이 표현해야 한다.

$$vT^n = C(T^n_{\text{ref}}) \tag{19.2}$$

여기서 T_{ref} = C의 기준 값이다. m/min와 min이 각각 v와 T에 대하여 사용된다면, T_{ref}는 단순히 1

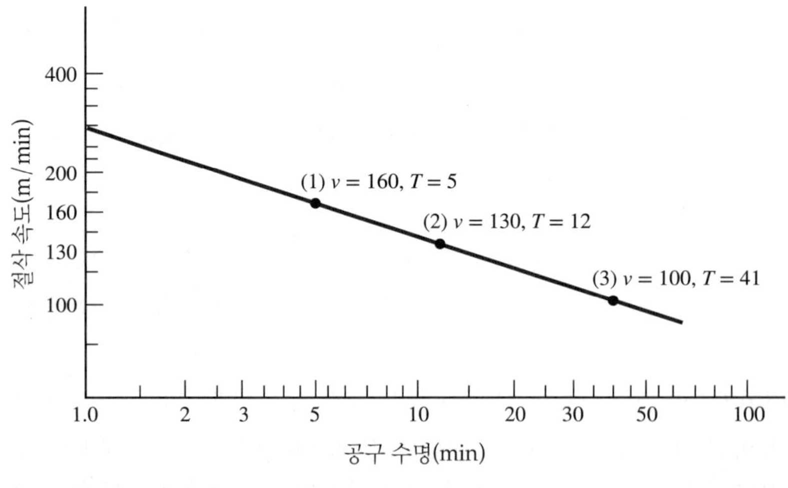

그림 19.5 자연 로그로 도시한 절삭 속도와 공구 수명의 관계.

---

1) 독자들은 그림 19.5의 수평축에 종속 변수(공구 수명)를, 수직축에 독립 변수(절삭 속도)를 도시한 것에 주목하자. 이것은 일반적인 도시법의 역순이지만 Taylor 공구 수명식은 보통 이런식으로 도시된다.

분이 된다. Taylor 식을 m/min와 min 이외의 단위를 가지고 사용하려 할 때 식 (19.2)의 이점이 있다. 예를 들면, 절삭 속도가 m/s로 표현되고 공구 수명이 sec로 표현된다고 하자. 이 경우에 T_{ref}는 60초이고 C는 m/s 단위로 전환되지만 식 (19.1)과 같은 속도 값이 된다. 기울기 n도 식 (19.1)과 같은 값을 가진다.

Taylor의 공구 수명식의 주요 단점 중 하나는 공구 수명(T)을 계산할 때 절삭 속도(v)의 영향만을 고려한다는 것이다. 그러나 실제로는 이송(f)과 절삭 깊이(d)의 변화도 공구 수명에 중요한 역할을 하는 것으로 알려져 있다. 따라서 이러한 모든 파라미터를 고려하여 기존 Taylor의 공구 수명식이 다음과 같이 수정되었다.

$$vT^n f^x d^y = C \tag{19.3}$$

여기서 f = 이송, mm/rev; d = 절삭 깊이, mm. 지수 x와 y는 실험을 통해 결정된다. 또한 절삭 깊이는 공구 수명에 더 지배적인 영향을 미치므로 $x > y$이다.

생산 현장의 공구 수명 기준

플랭크 마모가 앞에서 기술한 Taylor 공구 수명식의 기준으로 사용되지만, 생산 현장에서는 플랭크 마모를 측정하는 어려움과 시간 때문에 이 기준을 실제로 적용하기가 어렵다. 다음은 생산 현장에서 편리하게 공구 수명을 판별할 수 있는 7개의 기준들이다. 이 중 몇 개는 다분히 주관적이다.

(1) 절삭날의 완전한 파손; (2) 작업자가 공구 현미경을 사용하지 않고 플랭크 마모(혹은 크레이터 마모)를 육안 검사; (3) 공정에서 방출되는 소리의 변화. 작업자가 판단함; (4) 공작물 표면 정도의 열화 정도; (5) 공정에 필요한 소요 동력의 증가. 동력은 공작 기계에 연결된 전력계로 측정; (6) 가공된 공작물 개수. 작업자는 특정 수량의 공작물을 가공한 후 공구를 교환; (7) 누적 절삭 시간. (6)항과 유사하지만 공구의 절삭 시간이 모니터링되는 것이 다르다; (7)항의 판별조건은 컴퓨터로 제어되는 공작 기계에서 가능하며, 컴퓨터가 각 공구에 대한 총 절삭 시간을 저장하도록 프로그램되어 있다.

예제 19.1

Taylor 공구 수명식

공구 마모에 대한 Taylor 식에서 $n = 0.5$, 그리고 $C = 90$이라고 하자. 절삭 속도가 (a) 50%, 그리고 (b) 75% 감소할 경우 공구 수명의 증가율을 계산하라.

풀이

Taylor 공구 수명식: $VT^n = C$

$$n = 0.5;\ C = 90 \Rightarrow VT^{0.5} = 90$$

$$V_1 T_1^{\,0.5} = V_2 T_2^{\,0.5}$$

(a) 절삭 속도가 50% 감소할 때의 백분율 계산

$$V_2 = 0.5V_1$$
$$\Rightarrow V_1 T_1^{0.5} = 0.5 V_1 T_2^{0.5}$$
$$\Rightarrow T_1^{0.5} = 0.5 T_2^{0.5}$$
$$\Rightarrow (T_2/T_1)^{0.5} = 2$$
$$\Rightarrow T_2/T_1 = 4$$

증가된 공구수명 $= (T_2 - T_1)/T_1 = (T_2/T_1) - 1 = 3$

따라서 공구수명은 300% (3배) 증가한다.

(b) 절삭 속도가 75% 감소할 때의 백분율 계산

$$V_2 = 0.25V_1 \text{ (속도가 75\% 감소 하므로)}$$
$$\Rightarrow T_1^{0.5} = 0.25 T_2^{0.5}$$
$$\Rightarrow (T_2/T_1)^{0.5} = 4$$
$$\Rightarrow T_2/T_1 = 16$$

공구수명의 증가 $= (T_2 - T_1)/T_1 = 16 - 1 = 15$

따라서 공구수명은 1,500% (15배) 증가한다.

19.2 공구 재료

세 가지 공구 파손 모드를 이용하여 공구 재료에 필요한 세 가지 중요한 성질들을 설명하면 다음과 같다.

1. ***인성(toughness)***. 파괴 파손을 피하기 위해 공구 재료는 높은 인성을 가져야 한다. 인성은 파손되지 않고 에너지를 흡수할 수 있는 재료의 능력이다. 이는 보통 재료의 강도와 연성이 조합된 특징으로 나타난다.
2. ***고온 경도(hot hardness)***. 고온 경도는 높은 온도에서 경도를 유지할 수 있는 재료의 능력이다. 이것은 공구를 사용하는 환경의 온도가 매우 높기 때문에 요구된다.
3. ***내마모성(wear resistance)***. 경도는 연마 마모에 저항하는 매우 중요한 성질이다. 모든 절삭 공구 재료는 경도가 높아야 한다. 그러나 금속 절삭에서의 내마모성은 다른 공구 마모 메커니즘으로 인해 공구 경도 만에 의존하지는 않는다. 내마모성에 영향을 미치는 다른 특성들로는 공구의 표면 정도(매끄러운 표면은 낮은 마찰 계수를 의미한다), 공구와 공작물 간의 화학적 친화성, 절삭유 사용 유무가 있다.

절삭 공구 재료는 이러한 성질들을 다양하게 조합하여 얻을 수 있다. 이 절에서는 다음의 절삭 공구 재료에 대해 설명한다. (1) 고속도강과 그 이전 재료들, 일반탄소강, 저합금강, (2) 주조코발트 합금, (3) 초경 합금, 서멧, 코팅 초경 합금, (4) 세라믹, (5) 합성 다이아몬드와 입방정질화붕소. 이러한 각각의 재료들을 설명하기 전에 간단한 개요와 기술적인 비교가 도움이 될 것이다. 이러한 재료의 역사적인 발전은 역사적 고찰 19.1에 설명되어 있다. 상업적으로 가장 중요한 공구 재료에는 고속도강과 함께 초경 합금, 서멧, 코팅 초경 합금이 있으며, 절삭 가공 공정에서 사용되고 있는 절삭 공구

역사적 고찰 19.1 절삭 공구 재료

1800년 영국은 산업혁명을 주도하고 있었고, 철은 산업혁명의 주된 금속이었다. 철을 절삭하기에 가장 좋은 공구는 1742년 B. Huntsman에 의하여 도가니 공정으로 만들어진 주강(cast steel)이었다. 탄소량이 연철과 주철 사이였던 주강은 다른 금속을 절삭 가공하기 위해서 열처리로 경화될 수 있었다. 1868년 R. Mushet은 도가니강에 약 7%의 텅스텐을 합금해서, 열처리 후 공랭하면 경화된 공구강을 얻을 수 있다는 사실을 발견하였다. Mushet의 공구강은 기계 가공에서 이전 재료보다 훨씬 우수하였다.

Frederick W. Taylor는 절삭 공구의 역사에서 매우 중요한 인물이다. 1880년경 필라델피아의 Midvale Steel에서 시작하여, 그 후 펜실베니아 Bethlehem Steel에서 그는 1/4세기 동안을 지속해온 일련의 실험들을 통하여 금속 절삭에 대해 훨씬 진보된 해석들을 연구해 냈다. Taylor와 동료인 Maunsel White가 펜실베니아에서 개발한 것들 중에서, ***고속도강(High-Speed Steel)***은 이전의 절삭 공구보다 훨씬 높은 절삭 속도가 가능한 고합금 공구강이었다. 고속도강의 우수성은 합금 기술뿐만 아니라 열처리의 정련 기술로 부터 비롯되었다. 새로 개발된 공구강은 Mushet의 강보다 두 배 이상의 절삭 속도, 일반 탄소 주강보다는 거의 네 배의 절삭 속도가 가능하였다.

텅스텐 카바이드(WC)는 1890년대 후반에 처음 개발되었다. 텅스텐 카바이드를 금속 결합재로 소결하여 ***초경합금(cemented carbide)***으로 만들어 절삭 공구 재료로 사용하기까지는 거의 30년이 걸렸다. 이는 1920년대 중반에 독일에서, 1920년대 후반에 미국에서 처음으로 금속 절삭에 사용(역사적 고찰 5.2)되었다. 티타늄 카바이드를 기반으로 한 ***서멧(Cermet)*** 절삭 공구는 1950년에 처음 소개되어 1970년대부터 상업적으로 사용되기 시작하였다. WC-Co 모재에 단층으로 코팅된 최초의 코팅 초경합금(coated carbide)은 1970년에 처음 사용되었다. 코팅 재료로는 TiC, TiN, Al_2O_3가 있다. 현대의 코팅 초경합금은 여러 경질 재료 위에 세 개 이상의 코팅층을 가진다.

1900년대 초반에 유럽에서 ***알루미나 세라믹(alumina ceramics)***을 절삭 가공에 처음 사용하기 시작하였다. 초기에는 이 재료의 취성으로 어려움이 많았지만, 수십 년 동안의 공정 개선으로 성질이 많이 향상 되었다. 미국이 세라믹 절삭 공구를 상업적으로 사용하기 시작한 것은 1950년대 중반부터이다.

최초의 산업용 다이아몬드는 General Electric(GE)에 의하여 1954년에 개발되었다. 이것은 단결정 다이아몬드로, 1957년경을 시작으로 연삭 공정에 어느 정도 성공적으로 적용되었다. 다이아몬드 절삭 공구는 1970년대 초반에 ***소결 다결정 다이아몬드(SPD,sintered polycrystalline diamond)***가 개발되면서 널리 사용되기 시작하였다. 유사한 공구 재료인 소결 ***입방정 질화붕소(cubic boron nitride)***는 1969년에 GE에 의해서 Borazon이라는 상표로 처음 소개되었다.

표 19.1 여러 공구 재료의 경도(상온)와 횡방향 파단 강도

재료	경도	횡방향 파단 강도 MPa
일반탄소강	60 HRC	5200
고속도강	65 HRC	4100
주조코발트합금	65 HRC	2250
초경 합금(WC)		
낮은 Co 함유량	93 HRA, 1700 HK	1400
높은 Co 함유량	90 HRA, 1500 HK	2400
서멧(TiC)	2400 HK	1700
알루미나(Al_2O_3)	2100 HK	400
입방정질화붕소	4700 HK	700
다결정 다이아몬드	7000 HK	1000
천연 다이아몬드	8000 HK	1500

문헌 [4], [9], [17], [18] 그리고 다른 자료로부터 편집함.

의 90% 이상을 차지하고 있다.

표 19.1과 그림 19.6은 여러 공구 재료의 성질들을 나타내고 있다. 표 19.1은 상온 경도와 횡방향 파단 강도를 나열한 것이다. 횡방향 파단 강도(3.1.3절)는 경한 재료의 인성을 나타내는데 사용되는 성질이다. 그림 19.6은 이 절에서 서술하는 여러 공구 재료에 대하여 온도의 함수로써 경도를 나타

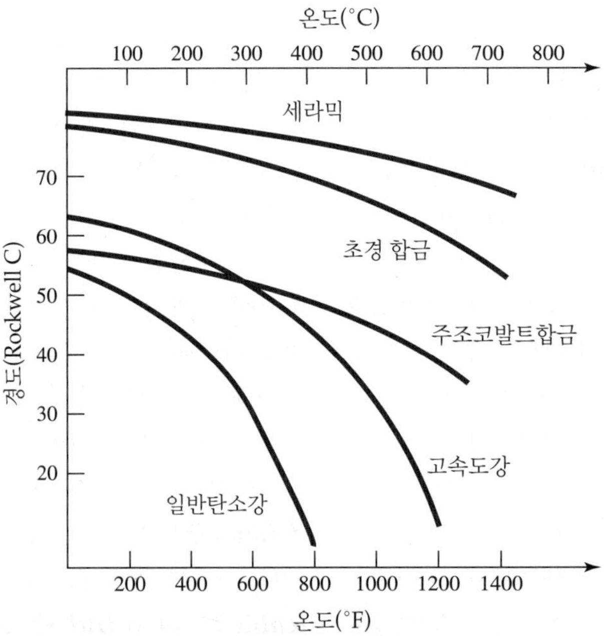

그림 19.6 여러 공구 재료의 고온 경도. 일반탄소강은 온도의 증가에 따라 경도가 급격히 감소된다. 고속도강은 고온 영역에서 경도가 조금 더 높지만, 초경 합금과 세라믹은 경도가 훨씬 더 높다.

표 19.2 일부 공구 재료에 대한 Taylor 공구 수명식의 대표적인 n과 C값들

공구 재료	n	C 비강절삭 m/min	C 강절삭 m/min
일반탄소공구강	0.1	70	20
고속도강	0.125	120	70
초경 합금	0.25	900	500
세멧	0.25		600
코팅 초경 합금	0.25		700
세라믹	0.6		3000

문헌 [4], [9]로부터 편집함.
매개 변수 값들은 이송 = 0.25 mm/rev, 절삭 깊이 2.5 mm의 선삭인 경우이다. 비강절삭은 알루미늄, 황동, 주철과 같은 쾌삭금속을 지칭하며, 강절삭은 경화되지 않은 연강의 절삭을 지칭한다. 실제 적용에 있어서는 상당한 값의 차이가 있을 수 있다.

내고 있다.

이와 같이 성질을 비교하는 것에 추가하여, Taylor 공구 수명식의 n과 C값의 관점에서 재료들을 비교하는 것이 유익하다. 일반적으로 새로운 절삭 공구 재료의 개발은 이 두 값들의 증가를 가져온다. 표 19.2는 몇 가지 공구 재료에 대하여 Taylor 공구 수명식의 대표적인 n과 C값들을 제공하고 있다.

일반적으로 새로운 공구 재료는 더 높은 절삭 속도가 가능하도록 계속 발전되어 왔다. 공구 재료 기술의 발전은 절삭 가공의 생산성을 극적으로 증가시켰다. 고속도강은 1900년대 초에 사용되던 일반탄소강을 대체하여 강 소재의 절삭 속도를 5 m/min에서 25 m/min으로 5배 증가시켰다. 1930년대부터 초경 합금은 강 소재의 가공에 약 150 m/min까지 절삭 속도를 증가시켰으며, 최근에 개발된 입방정 질화붕소(cubic boron nitride)는 강 소재를 절삭하는 데 약 500 m/min에서 사용할 수 있다. 실제로는 공작 기계가 절삭 공구 기술과 보조를 맞추지 못하고 있다. 마력, 공작 기계의 강성, 그리고 주축 베어링의 한계성과 산업 현장에서 현재까지도 광범위하게 사용되고 있는 재래식 기계로 인하여 절삭 공구 재료가 허용해 줄 수 있는 최대 절삭 속도를 제대로 발휘하지 못하고 있다.

19.2.1 고속도강과 그 이전 재료들

고속도강이 개발되기 전에는 일반탄소강과 Mushet강이 금속 절삭을 위해 주로 사용된 공구 재료였다. 오늘날 이러한 강들은 절삭에서 공구 재료로 거의 사용되지 않는다. 절삭 공구로 사용된 일반탄소강은 높은 탄소량으로 인해 열처리하면 상대적으로 높은 경도(Rockwell C 60)를 얻을 수 있다. 그러나 적은 합금량으로 인해 고온 경도가 좋지 않기 때문(그림 19.6 참조)에 현대적인 기준으로는 비실용적인 매우 낮은 속도 외에는 금속 절삭에 적용하기 어렵다. Mushet강은 탄소와 텅스텐

(4~12%), 망간(2~4%)을 합금 원소로 가지며 공구 야금학의 발전에 따라 고속도강과 다른 재료로 대체되었다.

고속도강(high-speed steel, HSS)은 높은 온도에서 경도를 유지할 수 있기 때문에 고탄소강이나 저합금강보다 우수한 고합금 공구강이다. 고온 경도가 좋기 때문에 고속도강으로 만든 공구는 높은 절삭 속도에서 사용될 수 있다. 개발되었을 당시 다른 공구 재료들과 비교해 보면 공구 이름을 고속이라고 할만 했다. 고속도강을 미국 철강연구소(AISI)에 의해 두 가지 기본적인 종류인 (1) 텅스텐계(T-grade), (2) 몰리브덴계(M-grade)로 구분할 수 있다.

텅스텐계 고속도강은 텅스텐(W)을 주요 합금 성분으로 하고 있다. 다른 합금 성분으로 크롬(Cr), 바나듐(V)이 있다. 가장 잘 알려진 초창기 고속도강 중의 하나가 T1(18-4-1 고속도강)으로, 18% W, 4% Cr, 1% V을 함유하고 있다. ***몰리브덴계 고속도강***은 텅스텐과 몰리브덴(Mo)과 함께 텅스텐계와 같은 추가 합금 성분을 가지고 있다. 때론 코발트(Co)를 고속도강에 첨가하여 고온 경도를 높이기도 한다. 물론 고속도강도 모든 강과 마찬가지로 탄소를 함유하고 있다. 고속도강에서 전형적인 합금량과 각 합금 원소들의 기능이 표 19.3에 나열되어 있다.

상업적으로, 고속도강은 한 세기 전에 소개되었지만 오늘날 사용되고 있는 가장 중요한 절삭 공구 재료 중의 하나이다. 고속도강은 드릴, 탭, 밀링 커터, 브로치와 같이 특별히 복잡한 공구 형상이 필요한 공정에 잘 맞는다. 일반적으로 이러한 복잡한 공구들은 다른 공구 재료보다는 고속도강으로 생산하는 것이 더 쉽고 더 싸다. 열처리가 가능해서 절삭날 경도가 매우 높고(Rockwell C 65), 공구 내부의 인성 또한 우수하다. 고속도강 커터는 경도가 더 높은 공구 재료인 초경 합금과 세라믹보다 더 높은 인성을 가지고 있다. 단인 공구까지도 고속도강이 작업자들에게 인기가 좋은데, 이는 원하는 공구 형상으로 연삭하기가 쉽기 때문이다. 수년간에 걸친 고속도강의 금속학적 품질 향상으로 아직 경쟁력을 갖고 널리 사용되고 있다. 또한 고속도강 공구, 특히 드릴은 특별히 얇은 티타늄 질화물(titanium nitride, TiN) 필름으로 코팅하여 절삭 능력을 크게 향상시켰다. 물리 증착법(24.5.1절)은 고속도강 공구를 코팅하기 위해 보통 사용된다.

표 19.3 고속도강에서 전형적인 합금량과 합금 원소들의 기능

합금원소	함유량(무게 %)	기능
텅스텐	T-계 고속도강: 12–20 M-계 고속도강: 1.5–6	고온 경도 증가, 경질 탄화물 형성으로 내마모성 향상
몰리브덴	T-계 고속도강: 없음 M-계 고속도강: 5–10	고온 경도 증가, 경질 탄화물 형성으로 내마모성 향상
크롬	3.75–4.5	경화능 향상, 경질 탄화물 형성으로 내마모성 향상, 내부식성(작은 효과)
바나듐	1–5	내마모성을 위한 탄소와 결합, 인성 향상을 위해 결정립 성장 억제
코발트	0–12	고온 경도 증가
탄소	0.75–1.5	주된 경화 원소, 다른 합금 성분과 함께 탄화물 형성을 위한 탄소를 제공

19.2.2 주조 코발트 합금

주조 코발트합금(cast cobalt alloy) 절삭 공구는 코발트(약 40~50%), 크롬(약 25~35%), 텅스텐(보통 15~20%), 약간의 다른 원소들을 포함한다. 이 공구는 흑연 주형에서 원하는 형상으로 주조된 다음 최종 크기와 절삭날로 연삭된다. 높은 경도를 주조로 얻기 때문에 열처리로 얻는 고속도강보다 유리하다. 주조 코발트합금의 내마모성은 고속도강보다 높지만 초경 합금보다는 낮다. 주조코발트 공구의 인성은 초경 합금보다 높지만 고속도강보다는 낮다. 고온 경도 또한 이 두 재료의 중간에 있다.

이러한 성질로부터, 주조 코발트 공구는 일반적으로 고속도강과 초경 합금의 중간 범위에 적용된다. 이 공구는 고속도강보다 높은 절삭 속도와, 초경 합금보다 높은 이송의 중절삭 조건에서 황삭이 가능하다. 공작물로는 강과 비강(nonsteel)뿐만 아니라 플라스틱과 흑연같은 비금속 재료가 있다. 오늘날 주조 코발트 합금 공구는 고속도강이나 초경 합금만큼 상업적으로 중요하지 않다. 이 주조 코발트 합금은 1915년경에 고속도강보다 높은 절삭 속도가 가능한 재료로 처음 소개되었는데, 지금은 고속 도강이나 초경 합금이 대부분의 절삭 환경에서 주조 코발트 합금보다 우수하다는 것이 판명되었기 때문이다.

19.2.3 초경 합금, 서멧, 코팅 초경 합금

서멧(cermet)은 *ceramic*과 *metallic material*의 합성어이다(5.4.1절). 기술적으로 말하면 초경 합금이 이 범주에 포함되지만, WC-TiC-TaC-Co를 포함하는 WC-Co계 서멧을 보통 초경 합금이라 한다. 절삭 공구 용어에서 서멧이라는 용어는 TiC와 TiN을 포함하고 WC는 포함하지 않으면서 다른 세라믹을 포함하는 세라믹-금속 복합물에 적용된다. 최신 절삭 공구 재료 기술 중의 하나가 매우 얇은 층을 WC-Co 모재에 코팅할 수 있다는 것이다. 이 공구를 코팅 초경 합금이라 한다. 따라서 세 가지의 중요한 공구 재료인 (1) 초경 합금, (2) 서멧, (3) 코팅 초경 합금을 설명한다.

초경 합금

초경 합금(carbide, cemented carbide, sintered carbide, *시멘트카바이드*)은 분말 야금 기술(12장)을 이용하여 코발트(Co)를 결합재(5.4.1절, 13.3.1절, 그림 9.7)로 하여 텅스텐카바이드(WC, 5.2.2절)로부터 만들어진 경한 공구 재료이다. 텅스텐카바이드(텅스텐 탄화물) 외에도 티타늄카바이드(TiC, 티타늄 탄화물)와 탄탈룸카바이드(TaC, 탄탈룸 탄화물)와 같은 카바이드 화합물이 있다.

최초의 초경 절삭 공구는 WC-Co로 만들어졌고(역사적 고찰 5.2 참조), 고속도강과 주조 코발트 합금보다 높은 절삭 속도로 주철과 비강 재료를 가공할 수 있었다. 그러나 순수 WC-Co 공구로 강을 가공하면 크레이터마모가 빠르게 발생해 공구의 조기 파손을 가져왔다. 이와 같은 공작물-공구 조합에서는 강과 텅스텐카바이드 내의 탄소 사이에 강한 화학적 친화성이 존재해, 공구-칩 접촉면에서의 확산과 화학 반응으로 마모가 가속되었기 때문이다. 결과적으로 순수 WC-Co 공구는 강을 효과적으로 가공할 수 없었다. 이 후 WC-Co 혼합물에 티타늄카바이드와 탄탈룸카바이드를 첨가하면 강을 절삭할 때 크레이터 마모 속도를 상당히 지연시킨다는 것을 발견하였다. 비로소 이 새로운 WC-TiC-TaC-Co 공구가 강을 가공하는 데 사용될 수 있었다. 결과적으로 초경 합금을 (1) 비강절삭 등급: 순수 WC-Co, (2) 강절삭 등급: WC-Co에 첨가된 TiC와 TaC의 조합이라는 두 가지 종류로 나눌 수 있다.

두 종류 초경 합금의 일반적인 성질은 유사하다. (1) 높은 압축 강도(그러나 인장 강도가 낮거나 중간), (2) 높은 경도(90~95 HRA), (3) 우수한 고온 경도, (4) 우수한 내마모성, (5) 높은 열전도성, (6) 높은 탄성 계수(최대 약 600 × 10^3 MPa의 E 값), (7) 고속도강보다 낮은 인성 등이다.

비강절삭 등급은 알루미늄, 황동, 구리, 마그네슘, 티타늄 등의 비철금속들을 가공하기에 적당한 초경 합금을 지칭한다. 이례적으로 회주철이 이 범주의 공작물 재료에 들어간다. 비강절삭 등급에서 결정립 크기와 코발트 함유량은 초경 합금의 성질에 영향을 미치는 요인들이다. 초경 합금의 전형적인 결정립 크기는 0.5~5 μm이다. 결정립 크기가 증가함에 따라 경도와 고온 경도는 감소하지만 횡방향 파단 강도는 증가한다.[2)] 절삭 공구로 사용되는 초경 합금의 전형적인 코발트 함유량은 3~12%이다. 코발트 함유량이 증가함에 따라 경도와 내마모성은 감소하지만 횡방향 파단 강도는 증가한다. 낮은 코발트 함유량(3~6%)을 가진 초경 합금은 높은 경도와 낮은 횡방향 파단 강도를 가지는 반면에, 높은 코발트 함유량(6~12%)을 가진 초경 합금은 높은 횡방향 파단 강도와 낮은 경도를 가진다(표 19.1). 따라서 높은 코발트 함유량을 가진 초경 합금은 황삭 공정과 단속 절삭(예를 들면 밀링)에 사용되고, 낮은 코발트 함유량을 가진 초경 합금은 정삭에 사용된다.

강절삭 등급은 저탄소강과 스테인리스강, 기타 합금강 절삭에 사용된다. 이것은 티타늄카바이드와 탄탈륨카바이드가 텅스텐카바이드의 일부를 대체한 것이다. TiC가 대개의 경우에 더 많이 사용되는 첨가제다. 일반적으로 10~25%의 WC가 TiC와 TaC의 조합으로 대체된다. 이와 같은 합성물은 강절삭에 대한 크레이터 마모 저항성을 증가시키지만 비강절삭의 경우에는 플랭크 마모 저항성에 역으로 작용한다. 이 사실이 초경 합금에서 두 가지 기본적인 종류가 필요한 이유이다.

최근의 초경 합금 기술에서 중요한 발전 중의 하나는 여러 탄화물 성분(WC, TiC, TaC)의 매우 미세한(submicron size) 결정립 크기를 사용하는 것이다. 작은 결정립 크기는 보통 높은 경도와 낮은 횡방향 파단 강도와 관련되지만, 매우 미세한 입자 크기로 인해 횡방향 파단 강도의 감소가 경감되거나 반대가 된다. 그러므로 이와 같은 극도로 미세한 결정립의 탄화물은 높은 경도와 함께 좋은 인성을 갖는다.

두 가지 기본적인 초경 합금이 1920년대와 1930년대에 처음 소개된 이후 공업 재료의 종류가 다양화되면서 가장 적합한 초경 합금의 선택이 복잡하게 되었다. 등급 선정의 문제를 다루기 위하여, 다음의 두 가지 분류 시스템이 발전되어 왔다. (1) 1942년경을 시작으로 미국에서 개발된 ANSI(American National Standards Institute) C-등급 시스템, (2) 1964년경에 ISO(International Organization of Standardization)에 의해 제안된 ISO R513-1975(E) 시스템이다. 표 19.4에 요약된

---

2) 횡방향 파단 강도(TRS)에 대한 입자 크기(GS)의 영향은 여기에 보고된 것보다 더 복잡하다. 발표된 데이터는 코발트 함량에 영향을 받는 TRS에 대한 GS의 영향을 나타낸다. 낮은 Co 함량(<10%)에서 TRS는 실제로 GS가 증가함에 따라 증가하지만, Co 함량이 높을수록(>10%), GS가 증가함에 따라 TRS가 감소한다[4], [15].

표 19.4 초경 합금의 ANSI-C 등급 분류 시스템

적용 대상	비강절삭 등급	강절삭 등급	코발트와 성질
황삭	C1	C5	고 Co(최대 인성)
일반용	C2	C6	중-고 Co
정삭	C3	C7	중-저 Co
정밀 정삭	C4	C8	저 Co(최대 경도)
공작물 재질	알루미늄, 황동, 티타늄, 주철	탄소강과 합금강	
성분	WC–Co	WC–TiC–TaC–Co	

표 19.5 ISO R513-1975(E): 칩 제거 절삭 가공에 초경 합금의 적용

그룹	초경 종류	공작물 재질	번호 체계(코발트와 성질)
P(청색)	고합금된 WC–TiC–TaC–Co	강, 주강, 연주철 (긴 칩을 가진 철금속)	P01 (저 Co, 최대 경도) ~ P50 (고 Co, 최대 인성)
M(황색)	합금된 WC–TiC–TaC–Co	쾌삭강, 회주철, 오스테나이트 계 스테인리스강, 초합금	M10 (저 Co, 최대 경도) ~ M40 (고 Co, 최대 인성)
K(적색)	순수 WC–Co	비철금속과 합금, 회주철(짧은 칩을 가진 철합금), 비금속	K01 (저 Co, 최대 경도) ~ K40 (고 Co, 최대 인성)

C-등급 시스템에서, 초경 합금의 절삭 가공 등급을 비강절삭과 강절삭의 두 그룹으로 나눈다. 각 그룹 안에 황삭, 일반 절삭, 정삭, 정밀 정삭의 4가지의 단계가 있다.

표제가 '칩 제거 절삭 가공에 초경 합금의 적용'인 ISO R513-1975(E) 시스템은 초경 합금의 모든 절삭 가공 등급을 각기 고유 문자와 색깔을 가진 세 가지 기본적인 그룹(표 19.5)으로 나눈다. 각 그룹 안에서 등급을 최대 경도에서 최대 인성까지 숫자로 단계를 표시하였다. 경도가 높은 등급은 정삭 공정(높은 속도, 낮은 이송과 깊이)에 사용되고, 인성이 높은 등급은 황삭 공정에 사용된다. ISO 분류 시스템은 서멧과 코팅 초경 합금에 대해서도 사용할 수 있다.

이 두 시스템은 다음과 같이 서로 대응된다. ANSI C1에서 C4 등급은 ISO K 등급에 역순으로 대응되고, ANSI C5에서 C8 등급은 ISO P 등급에 역순으로 대응된다.

서멧

초경 합금이 기술적으로 서멧 복합물로 분류될 수 있지만, 절삭 공구기술에서 ***서멧(cermet)***이라는 용어는 니켈과 몰리브덴을 결합재로 하는 TiC, TiN, TiCN(titanium carbon nitride)의 화합물을 지칭한다. 일부 서멧의 화학적 성질은 매우 복잡(예를 들면, Mo_2C와 같은 결합재가 포함된 Ta_xNb_yC)하다. 그러나 서멧은 WC-Co를 주된 기반으로 하는 금속 복합물은 제외한다. 서멧은 고속 정삭 공정과 강, 스테인리스강, 주철의 준정삭(semifinishing)에 주로 적용된다. 이 공구는 강절삭 초경 등급과 비교해 일반적으로 더 높은 절삭 속도가 가능하다. 보통 낮은 이송으로 작업해 표면 거칠기가 향상되므로, 때때로 연삭할 필요가 없다.

코팅 초경 합금

1970년경의 코팅 초경 합금의 개발은 절삭 공구 기술에 많은 발전을 가져왔다. ***코팅 초경 합금(coated carbide)***은 티타늄 탄화물(titanium carbide), 티타늄질화물(titanium nitride), 알루미늄 산화물(aluminum oxide)과 같은 내마모성 재료로 한 개 이상의 얇은 층으로 코팅된 초경 합금 인서트이다. 코팅은 화학 증착법이나 물리 증착법(24.5절)에 의해 모재에 적용된다. 코팅층의 두께는 2.5~20 μm이며, 낮은 쪽인 2.5 μm은 물리 증착법으로 코팅하고, 높은 쪽인 20 μm은 화학 증착법으로 코팅한다[13].

초기의 코팅 초경 합금은 오직 단층 코팅(TiC, TiN, Al_2O_3)이었다. 최근에는 다층코팅된 인서트가 개발되었다. WC-Co 모재에 적용되는 첫 번째 층은 보통 응착성이 좋고 유사한 열팽창 계수를 가지는 TiN이나 TiCN을 사용한다. 추가적인 층은 그림 24.6과 같이 TiN, TiCN, Al_2O_3, TiAlN을 조합해 연속적으로 적용된다.

코팅 초경 합금은 주철과 강을 선삭과 밀링 가공할 때 사용된다. 이 공구는 동하중과 열충격이 적은 환경에서 고속 가공할 때 가장 적합하다. 일부 단속 절삭 공정처럼 이 조건이 너무 가혹하면 코팅층에 치핑이 발생되어 조기 공구 손상을 초래할 수 있다. 이 경우에는 인성을 위하여 코팅되지 않는 초경 합금이 선호된다. 적절히 사용한다면, 코팅 초경 합금은 코팅되지 않은 초경 합금에 비해 허용 절삭 속도를 높일 수 있다.

코팅 초경 합금 공구의 사용이 공구 수명 향상과 절삭 속도의 고속화로 인해 비철금속과 비금속으로 확대되고 있다. 크롬탄화물(chromium carbide, CrC), 지르코늄질화물(zirconium nitride, ZrN), 다이아몬드와 같은 다른 코팅재료들이 필요하다[11].

19.2.4 세라믹

세라믹으로 만든 절삭 공구는 1900년대 초반에 유럽에서 처음 개발되었지만, 상업적으로 사용된 것은 1950년대 중반 미국에서였다. 오늘날의 세라믹 절삭 공구는 주로 ***산화알루미늄(알루미나***라고도 함, aluminum oxide, Al_2O_3) 미세 입자를 결합재 없이 고압과 고온으로 압축 소결해 인서트 형태로 만든 것이다. 산화알루미늄은 일부 생산자들이 다른 산화물(지르코늄산화물)을 소량 첨가하기는 하지만 일반적으로 순도가 매우 높다(보통 99%). 재료의 인성을 향상시키기 위해 세라믹 공구를 생산할 때 알루미나 분말을 매우 미세한 결정립 크기로 사용하고, 높은 압력으로 압축하여 혼합물의 밀도를 최대화하는 것이 중요하다.

산화알루미늄 공구는 주철이나 강의 고속 선삭에 효과적으로 사용된다. 높은 절삭 속도, 낮은 이송과 절삭 깊이, 공작물의 견고한 고정 하에서는 이 공구는 경화강의 정삭 선삭에 사용될 수 있다. 세라믹 공구 대부분의 조기 파괴 파손은 공구에 기계적 충격을 초래하는 약한 공작물 고정으로부터 비롯된다. 적절히 사용하면 세라믹 공구는 매우 좋은 표면 정도를 얻을 수 있다. 세라믹은 낮은 인성으로 인해 가혹한 단속 절삭(예를 들면, 황삭 밀링)에는 추천할 만하지 않다. 산화알루미늄은 전통적인 절삭 가공에 사용되는 것 외에도 연마재로서 연삭 공정이나 연마 공정에서 광범위하게 사용된다(21장).

상업적으로 사용되는 기타 세라믹 절삭 공구로는 실리콘질화물(SiN), 사이알론(sialon, 실리콘질화물과 산화알루미늄, SiN-Al_2O_3), 산화알루미늄과 티타늄탄화물(Al_2O_3-TiC), 탄화규소 단섬유 강화 알루미나(aluminum oxide reinforced with singles crystal-whiskers of silicon carbide) 등이 있다.

19.2.5 합성 다이아몬드와 CBN

다이아몬드는 현재 알려진 재료 중에서 가장 경도가 높다(5.2.2절). 경도를 비교해보면, 다이아몬드는 텅스텐카바이드나 산화알루미늄보다 3~4배 높다. 높은 경도는 절삭 공구의 중요한 성질이기 때문에 다이아몬드를 절삭이나 연삭에 적용하려는 것은 당연하다. 합성 다이아몬드 절삭 공구는 소결 다결정 다이아몬드로 만들어졌다. ***소결 다결정 다이아몬드(sintered polycrystalline diamond, SPD)***는 미세한 다이아몬드 결정립을 고온과 고압에서 원하는 형상으로 소결해 제조된다. 결합재는 거의 사용하지 않는다. 결정들이 불규칙한 방향을 가지기 때문에 단결정 다이아몬드에 비해 인성이 상당히 높아진다. 공구 인서트는 보통 초경 합금 모재의 표면에 SPD층을 0.5 mm 두께로 증착해 만든다. 매우 작은 인서트는 100% SPD로 만들 수도 있다.

다이아몬드 절삭 공구는 비철금속과 유리 섬유, 흑연, 나무와 같은 연마성 비금속 재료의 고속 가공에 사용된다. 강, 철계 금속, 니켈계 합금을 SPD 공구로 가공하는 것은 이 금속들과 탄소(다이아몬드는 결국 탄소이다) 간의 화학적 친화성으로 인해 실용적이지 못하다.

다이아몬드 다음으로 경도가 높은 재료로 알려진 것이 ***입방정 질화붕소(cubic boron nitride, CBN**, 5.2.2절)*이다. 절삭 공구 인서트로 제작하는 것은 기본적으로 SPD와 같다. 즉, WC-Co 인서트 표면에 코팅해 사용된다. CBN은 SPD처럼 철과 니켈에 화학적으로 반응하지 않는다. 그러므로 CBN 코팅공구는 강과 니켈계 합금을 절삭 가공할 수 있다. SPD와 CBN은 비싸기 때문에 이를 이용하려면 공구 비용 지출을 정당화시킬 수 있어야 한다.

19.3 공구 형상

절삭 공구를 분류하는 중요한 방법 중의 하나는 절삭 가공 공정을 따르는 것이다. 그러므로 사용되는 공정에 따라서 선삭 공구, 절단 공구, 밀링 커터, 드릴 비트, 리머, 탭 등으로 분류될 수 있고, 각 공구는 고유하고 때론 유일한 공구 형상을 가지고 있다.

17.1절에 설명된 것처럼, 절삭 공구를 단인 공구와 다인 공구의 두 가지 유형으로 나눌 수 있다. 단인 공구는 선삭, 보링, 형삭, 평삭 공정에 사용되고, 다인 공구는 드릴링, 리밍, 태핑, 밀링, 브로칭, 톱 작업에 사용된다. 칩형성 메커니즘은 기본적으로 모든 절삭 가공 공정에 대하여 동일하기 때문에, 단인 공구에 적용되는 많은 법칙들이 다른 절삭 공구 유형에도 적용될 수 있다.

표 19.6 절삭 공구 문제에 관한 트러블슈팅 가이드

문제	해결 방안
파괴 파손	셋업 강성 증가(예: 큰 공구홀더). 이송 및/또는 절삭깊이 감소. 절삭속도 증가. 인성이 큰 공구재료 사용(예: 세라믹인 경우, 초경으로 변경). 노즈반경 및/또는 측면 절삭날각 증가. 절삭날에 작은 여유각 사용.
온도 파손	절삭속도 감소. 냉각제형 절삭유 사용. 이송 및/또는 절삭깊이 감소. 높은 고온경도를 갖는 공구재료 사용(예: 고속강도의 경우, 초경으로 변경하거나, 또는 초경의 경우, 결합재 함유량이 낮은 등급 선택).
급격한 마모	절삭속도 감소. 윤활제형 절삭유 사용. 내마모성이 높은 절삭공구 재료 사용(예: 초경의 경우, 코팅시킨 초경으로 변경). 여유각, 코너반경 및/또는 측면 절삭날각 증가. 경사면이 높은 표면거칠기로 가공된 절삭공구 사용.

표 19.6에는 절삭 조건, 공구 재료, 그리고/또는 공구 형상이 최적으로 적용되지 않아 발생될 수 있는 각종 공구 관련 문제를 줄이기 위해 취할 수 있는 조치들이 트러블슈팅가이드(troubleshooting guide)에 요약되어 있다.

19.3.1 단인 공구 형상

단인 공구의 일반적인 형상은 그림 17.4(a)와 같으며, 더 자세한 것은 그림 19.7에 있다. 앞에서는 절삭 공구의 경사각을 하나의 인자로 고려하였다. 단인 공구에서 경사면의 방향은 두 개의 각으로 정의된다. ***상면 경사각(back rake angle, α_b)***과 ***측면 경사각(side rake angle, α_s)***이다. 이 각들은 경사면을 따라 칩이 유동하는 방향을 결정한다. 공구의 여유면은 ***선단 여유각(end relief angle,***

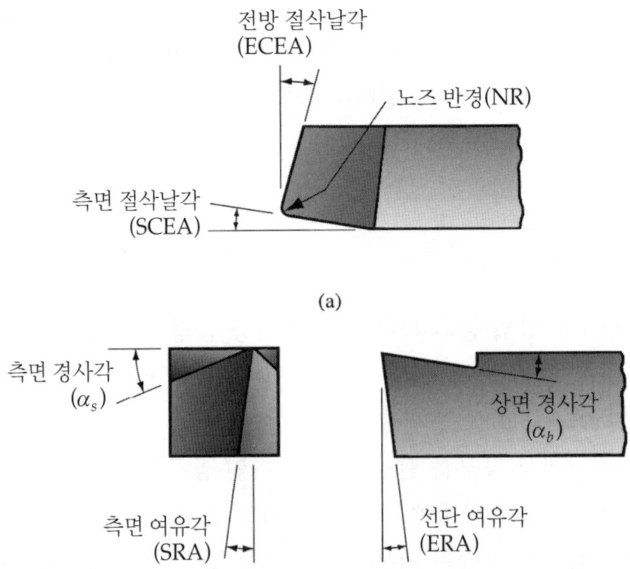

(b) 공구 약칭: α_b, α_s, ERA, SRA, ECEA, SCEA, NR

그림 19.7 (a) 단인 공구 형상의 7가지 요소, (b) 공구 형상의 표시.

ERA)과 ***측면 여유각(side relief angle, SRA)***으로 정의된다. 이 각들은 공구와 새롭게 가공된 면 사이의 여유량(틈새)을 결정한다. 단인 공구의 절삭날은 측면 절삭날(side cutting edge)과 전방 절삭날(end cutting edge)의 두 부분으로 나눌 수 있다. 이 두 부분은 공구 끝점(tool point)에 의해 분리된다. ***측면 절삭날각(side cutting edge angle, SCEA)***은 공작물에 대한 공구 진입을 결정하고, 공구가 공작물에 진입할 때 공구가 받는 충격 하중을 감소시키기 위해 사용된다. ***전방 절삭날각(end cutting edge angle, ECEA)***은 공구의 뒤따르는 부분과 새롭게 생성되는 가공면 사이에 여유(틈새)를 제공하여 표면에 작용하는 마찰을 감소시킨다. 공구의 끝점은 ***노즈 반경(nose radius, NR)***으로 불리는 일정한 반경을 가지고 있다. 이 노즈 반경은 생성된 가공면 형상(texture)에 크게 영향을 준다. 매우 뾰족한 공구(작은 노즈 반경)는 가공면에 매우 뚜렷한 이송 자국(feed mark)을 남긴다(20.2.2절).

결과적으로 단인 공구에 대한 공구 형상은 7개의 요소로 구성된다. 상면 경사각, 측면 경사각, 선단 여유각, 측면 여유각, 전방 절삭날각, 측면 절삭날각, 노즈 반경과 같은 순서로 공구 형상을 표시할 수 있다. 예를 들면, 선삭에 사용되는 단인 공구는 5, 5, 7, 7, 20, 15, 0.8 mm로 표시된다.

칩 브레이커

칩 처리는 선삭과 같은 연속 절삭에서 자주 일어나는 문제이다. 특히 연성 재료를 고속으로 선삭할 때 길고 가는 실과 같은 형상의 칩이 자주 발생된다. 이런 칩들은 작업자와 공작물 표면 정도에 나쁜 영향을 미치고, 선삭 공정의 자동화에 방해가 된다. ***칩 브레이커(chip breaker)***는 칩을 원래보다 더 말아서 절단하는 목적으로 단인 공구에 자주 사용된다. 그림 19.8과 같이 단인선삭 공구는 일반적으로 두 가지 유형의 칩 브레이커가 사용된다. (a) 절삭 공구 자체에 설계된 홈형 칩 브레이커, (b) 공구 경사면에 부착하는 장애물형 칩 브레이커가 있다. 장애물형에서는 칩 브레이커 거리가 절삭 조건에 따라 조정될 수 있다.

공구 형상에 대한 공구 재료의 영향

Merchant 식(17.3.2절)에 따르면, 양의 경사각이 일반적으로 절삭력, 온도, 소요 동력을 감소시키기

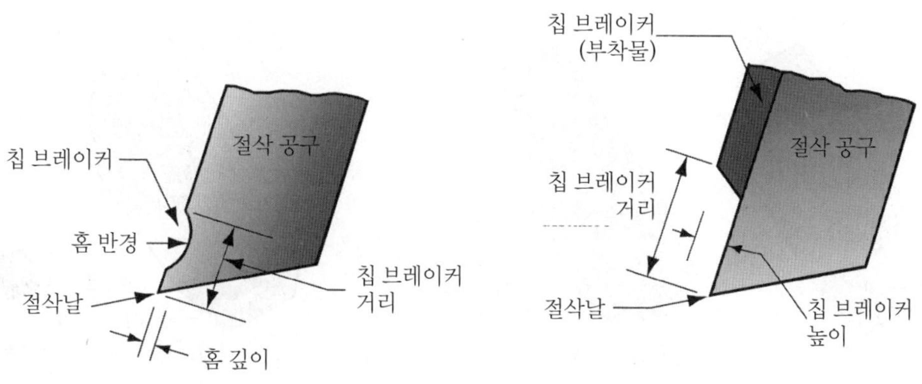

그림 19.8 단인 공구에서의 두 가지 유형의 칩 브레이커. (a) 홈형, (b) 장애물형.

때문에 더 바람직하다. 고속도강 공구는 거의 항상 양의 경사각인 +5°에서 +20°로 연삭된다. 고속도강은 우수한 강도와 인성을 가지고 있기 때문에 공구가 큰 양의 경사각으로 제작(절삭날이 매우 예리해짐)되더라도 공구 파손 문제를 잘 일으키지 않는다. 고속도강 공구는 그림 19.9(a)와 같이 주로 일체형으로 제작된다. 고속도강을 열처리하면 재료의 중심부는 인성이 좋도록 유지하면서 절삭날은 높은 경도를 얻을 수 있도록 조절할 수 있다.

경도가 높은 공구 재료의 발전으로(예를 들면, 초경 합금과 세라믹) 공구 형상의 변화가 요구되었다. 대체로 이런 재료들은 고속도강보다 높은 경도와 낮은 인성을 가진다. 또한 전단 강도와 인장 강도가 압축 강도에 비해 낮고, 고속도강처럼 열처리로 성질을 조절할 수가 없다. 마지막으로, 이 고경도 재료들은 단위 무게 당 가격이 고속도강보다 비싸다. 이러한 요인들이 절삭 공구 재료를 설계할 때 고려되어야 한다.

첫째로 고경도 재료는 음의 경사각이나 작은 양의 경사각으로 설계되어야 한다. 이러한 변화는 공구에 대해 압축하중 증가와 전단하중 감소를 초래하는데, 고경도 재료가 갖는 높은 압축 강도 때문에 가능하다. 예를 들면, 초경 합금은 보통 −5°에서 +10°인 경사각으로 사용된다. 세라믹은 보통 −5°에서 −15°인 경사각을 가진다. 여유각은 절삭날이 가능한 한 많이 지지될 수 있도록 가능한 한 작게 만든다(5°가 보통).

또한, 공구의 절삭날을 고정하는 방법에서도 차이가 있다. 단인 공구에 대해 절삭날을 고정하는 방법들을 그림 19.9에 나타냈다. 고속도강 공구의 형상은 그림의 (a) 부분에 보인 것처럼 일체형으로 연삭하여 만든다. 고경도 공구 재료는 비싸고 성질과 공정이 다양하기 때문에 브레이징하거나 기계적으로 클램핑할 수 있는 인서트(insert)로 제작된다. 그림에서 (b) 부분이 공구 섕크에 브레이징된 초경 인서트를 나타낸다. 섕크는 강도와 인성을 위해 공구강으로 만든다. 그림에서 (c) 부분은 공구 홀더에 기계적으로 클램핑된 인서트를 나타내고 있다. 기계적 클램핑은 초경 합금과 세라믹 등의 경도가 높은 재료에 사용된다. 기계적으로 클램핑된 인서트의 중요한 장점은 인서트가 여러 개의 절삭날을 가진다는 것이다. 한 개의 날이 마모되어 못쓰게 되면 다음 날로 인덱싱(공구 홀더에서 인서트를 회전)시켜 계속 사용할 수 있다. 모든 절삭날들이 마모되어 못쓰게 되면 인서트는 폐기되어 대체된다.

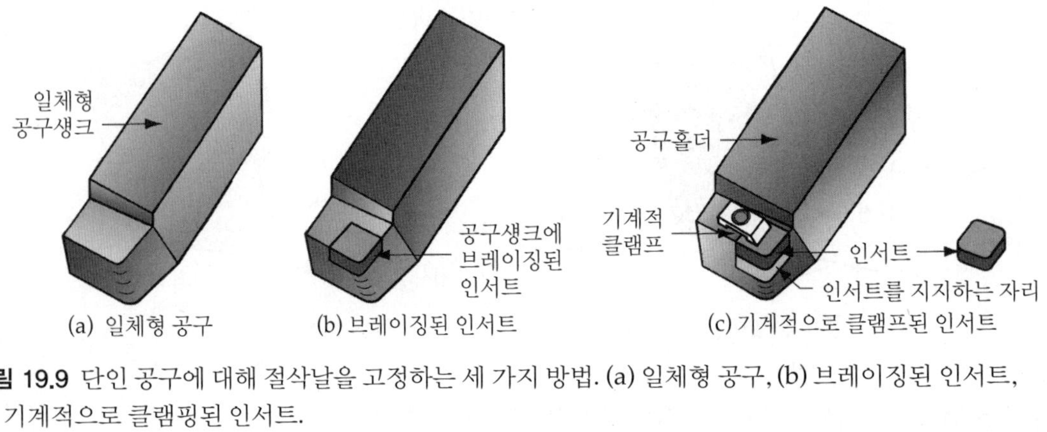

그림 19.9 단인 공구에 대해 절삭날을 고정하는 세 가지 방법. (a) 일체형 공구, (b) 브레이징된 인서트, (c) 기계적으로 클램핑된 인서트.

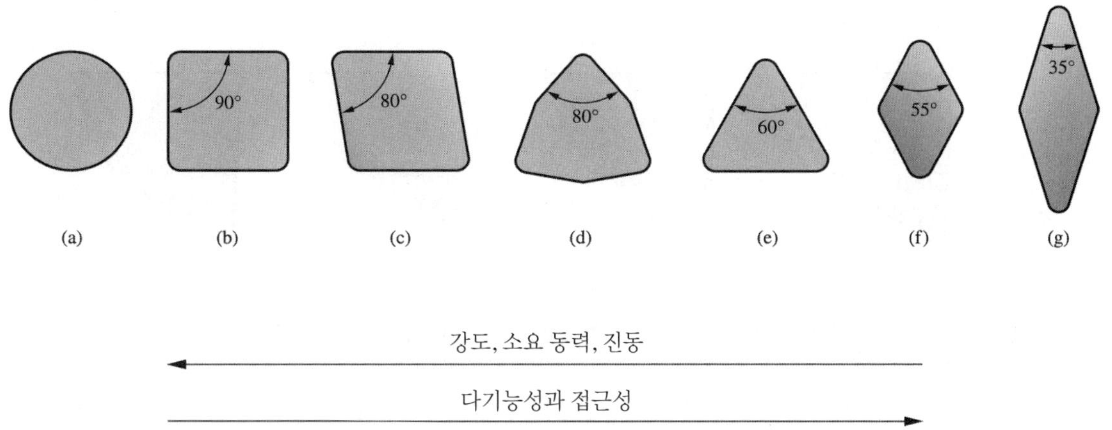

그림 19.10 인서트의 형태. (a) 원형, (b) 사각형, (c) 2개의 80도 선단각을 가진 마름모형, (d) 3개의 80도 선단각을 가진 육각형, (e) 삼각형, (f) 2개의 55도 선단각을 가진 마름모형, (g) 2개의 35도 선단각을 가진 마름모형.

인서트(Insert)

절삭 공구 인서트는 경제적이고 선삭, 보링, 나사 가공, 밀링, 드릴링 등의 여러 절삭 가공 공정에 적용할 수 있기 때문에 광범위하게 사용된다. 실제적인 여러 절삭 환경을 고려해 다양한 형상과 크기로 이용이 가능하다. 사각 인서트를 그림 19.9(c)에서 볼 수 있다. 선삭 공정에 사용되는 일반적인 형태들이 그림 19.10에 있다. 일반적으로 강도와 경제성 측면에서 가장 큰 선단각이 선정되어야 한다. 원형 인서트가 원래 형상으로 인하여 가장 큰 선단각(또한 큰 노즈 반경)을 갖는다. 큰 선단각을 갖는 인서트는 강하고 절삭 중에 치핑과 파손의 가능성이 적지만, 소요 동력이 커지고 진동의 가능성이 있다. 원형 인서트의 경제적인 이점은 한 개의 인서트로 여러 번 분할하여 사용할 수 있다는 것이다. 사각 인서트는 4개의 절삭날, 삼각 인서트는 3개의 절삭날을 가지는 반면에, 마름모형 인서트는 오직 2개를 가진다. 비용의 관점에서 날이 적을수록 불리하다. 인서트의 양 면을 사용할 수 있다면 (대부분의 음의 경사각으로 응용), 절삭날 수는 두 배가 된다. 여러 종류의 공정을 수행하려면 다기능성과 접근성 측면에서 마름모 형상(특히 날카로운 선단각을 가진)이 사용된다. 이런 형상은 단단하고 쉽게 고정시킬 수가 있고, 선삭뿐만 아니라 단면 가공(그림 18.6(a))과 윤곽 선삭(그림 18.6(c))에도 사용할 수 있다.

인서트의 절삭날은 보통 완전히 날카롭게 만들지 않는다. 이는 인서트 재료의 취성과 매우 높은 경도로 인하여 날카로운 절삭날이 쉽게 파괴되기 때문이다. 보통 미세한 정도로 절삭날의 형태에 변화를 주게 된다. 이와 같은 ***날준비(edge preparation)***의 효과는 공구의 여유면과 경사면 사이에 점진적인 변화를 주어 절삭날의 강도를 증가시킨다. 세 가지 유형인 (a) 호닝가공된 둥근형, (b) 모따기, (c) 랜드와 같은 날준비가 그림 19.11에 있다. 비교를 위해 완전히 날카로운 절삭날을 (d)에 나타냈다. (a)에서 반경은 보통 약 0.025 mm이고, (c)에서 랜드는 15°나 20°이다. 날 끝의 강도 효과를 최대화시키기 위해서 이와 같은 날준비 유형들을 조합하여 단인 공구에 자주 적용한다.

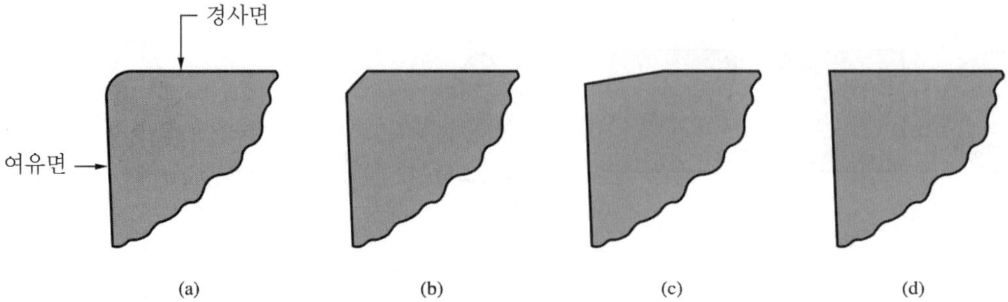

그림 19.11 인서트 절삭날에 적용된 세 가지 유형의 날준비. (a) 둥근형, (b) 모따기, (c) 랜드, (d) 완전히 날카로운 날(날준비 없음).

19.3.2 다인 공구

대부분의 다인 공구는 공구가 회전하는 절삭 공정에서 사용된다. 드릴링과 밀링을 예로 들 수 있다. 한편, 브로칭, 활톱, 띠톱은 직선 운동을 한다. 둥근톱에 의한 작업은 회전하는 톱날을 사용한다.

드릴

구멍 가공을 위한 여러 절삭 공구가 나와 있지만, ***트위스트 드릴(twist drill)***이 가장 널리 쓰인다. 직경이 약 0.15 mm에서 75 mm까지 나와 있다. 트위스트 드릴은 빠르고 경제적인 구멍 가공을 위해 산업 현장에서 광범위하게 사용된다.

표준형 트위스트 드릴 형상이 그림 19.12에 있다. 드릴 본체는 두 개의 나선형 ***홈(flute)***을 가진다. 나선형 홈들의 각도를 ***나선각(helix angle)***이라하고 보통 약 30°이다. 드릴링 할 때 이 홈들은 구멍으로부터 칩의 배출 통로 역할을 한다. 칩이 잘 배출되도록 홈의 통로가 크면 좋겠지만, 드릴 본체가 길이 방향에 걸쳐서 지지되어야 한다. 홈들 사이의 드릴 두께인 ***웹(web)***이 이를 지지한다.

트위스트 드릴의 끝은 원뿔형 형상을 가진다. 전형적인 ***선단각(point angle)***은 118°이다. 공구 끝은 여러 형상으로 설계되지만 가장 흔한 설계가 ***치즐날(chisel edge)***이다(그림 19.12). 홈과 통해 있는 두 개의 절삭날이 치즐날에 연결되어 있다. 절삭날에 근접하고 있는 홈 부분은 공구의 경사면으로 작용한다.

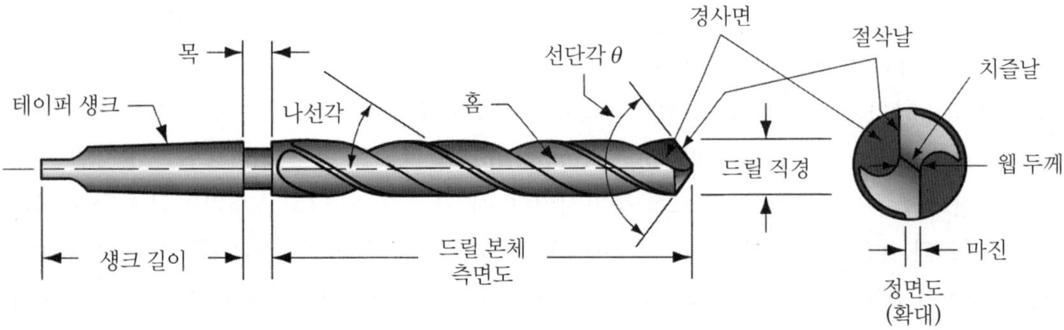

그림 19.12 트위스트 드릴의 표준 형상.

트위스트 드릴의 절삭 작용은 복잡하다. 드릴 비트의 회전과 이송이 절삭날과 공작물 사이의 상대적인 운동을 초래하여 칩을 생성한다. 각 절삭날을 따라 절삭 속도는 회전축으로부터의 거리의 함수로 변화한다. 따라서 절삭 작용의 효율은 드릴의 외경에서 최대이고 중심부에서 최소가 된다. 실제로 드릴 끝의 상대 속도는 영이 되어 절삭이 일어나지 않는다. 대신에 드릴 끝의 치즐날이 구멍으로 들어감에 따라 중심부의 재료를 옆으로 밀어낸다. 트위스트 드릴을 구멍 쪽으로 밀어 넣기 위해서 큰 추력(thrust force)이 필요하다. 또한 공정 초기에 회전하는 치즐날이 공작물 표면으로부터 탈선하려고 해서 위치 정확성을 잃을 수가 있다. 이런 문제를 해결하기 위해서 여러 가지로 설계한 드릴 끝이 개발되고 있다.

칩 제거가 드릴링에서 문제가 될 수 있다. 절삭 작용은 구멍 내부에서 일어나고, 홈은 칩이 구멍으로부터 배출될 수 있도록 길이 방향으로 충분한 통로를 제공하여야 한다. 칩이 생성됨에 따라 칩은 홈을 따라 공작물 표면으로 밀어올려 지는데, 마찰이 이를 어렵게 만든다. 금속 절삭에서 칩과 절삭날의 경사면 사이에 존재하는 보통의 마찰 외에, 드릴 비트의 외면과 새롭게 생성된 구멍 사이에도 마찰이 존재한다. 이 마찰은 드릴과 공작물의 온도를 증가시킨다. 마찰과 열을 감소시키기 위해서 드릴 끝에 절삭유를 공급하는 것은 칩이 반대 방향으로 유동하기 때문에 어렵다. 칩 제거와 열로 인해 트위스트 드릴은 일반적으로 직경의 약 4배인 구멍 깊이의 제한을 받는다. 트위스트 드릴 중에는 길이 방향으로 내부 구멍을 가지고 있어 절삭유를 드릴 끝 쪽으로 직접 공급하도록 설계된 것도 있다. 내부 구멍을 가지고 있지 않은 트위스트 드릴은 대신에 드릴링 중에 ***펙킹(pecking)*** 공정을 할 수도 있다. 이 공정은 구멍이 더 깊어지기 전에 드릴을 구멍으로부터 공작물 밖으로 주기적으로 후퇴시켜서 칩을 배출시키는 것이다.

트위스트 드릴은 보통 고속도강으로 만든다. 드릴 형상을 열처리 전에 제작한 다음에, 드릴 내부 중심부는 상대적으로 높은 인성을 유지하도록 하고 드릴의 외부(절삭날과 마찰면)만을 경화시킨다. 연삭을 통해 절삭날을 날카롭게 하고 드릴 끝의 형상을 만든다.

트위스트 드릴이 가장 보편적인 구멍 가공용 공구이지만, 다른 종류의 드릴들도 있다. ***직선홈 드릴(straight-flute drill)***은 트위스트 드릴과 유사하지만, 칩 제거를 위한 홈(flute)이 나선형이 아닌 직선형이라는 점이 다르다. 직선홈 드릴의 단순화된 설계로 인해 절삭날로서 초경 팁을 브레이징하거나 분할형 인서트가 사용될 수 있다. 그림 19.13은 분할형 인서트를 사용하는 직선홈 드릴을 보여주고 있다. 초경 인서트는 고속도강 트위스트 드릴보다 더 높은 절삭 속도와 생산 속도가 가능하다. 그러나 인서트의 사용으로 드릴을 작게 만들기가 어렵다. 그러므로 분할형 인서트를 사용하는 경우에 상업적으로 사용되는 드릴의 직경은 16 mm에서 127 mm 정도이다[9].

그림 19.14와 같은 ***건드릴(gun drill)***은 깊은 구멍을 가공하기 위해 직선홈 드릴로 설계되었다. 트위스트 드릴로 가공이 가능한 구멍은 ***직경대 깊이 비율(depth-to-diameter ratio)***이 보통 4:1이고, 직선홈 드릴은 3:1이지만, 건드릴은 직경의 125배 깊이의 구멍도 가공할 수 있다. 그림과 같이 건드릴은 초경 절삭날, 칩 제거를 위한 한 개의 홈(flute), 드릴 전체 길이에 냉각제 공급 구멍을 가지고 있다. 일반적인 건드릴 공정은 고정된 드릴 주위를 공작물이 회전하고(대부분의 드릴링 공정과 반대), 냉각제가 절삭 부위에 들어가서 홈을 따라 나오게 되며, 이때 칩도 같이 배출된다. 건드릴의

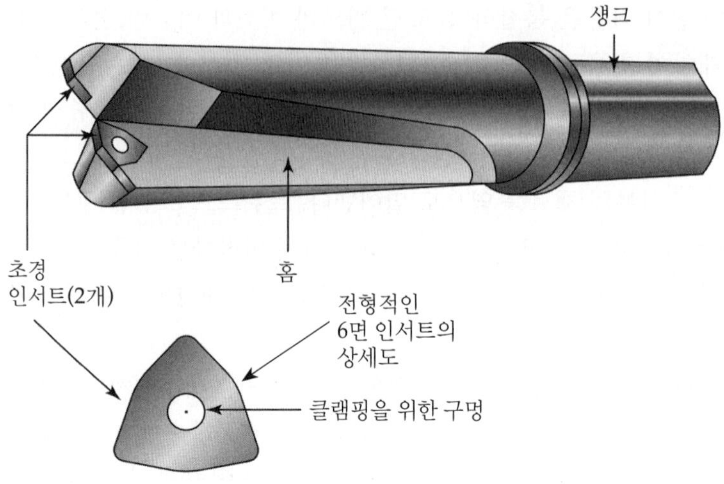

그림 19.13 분할형 인서트를 사용하는 직선홈 드릴.

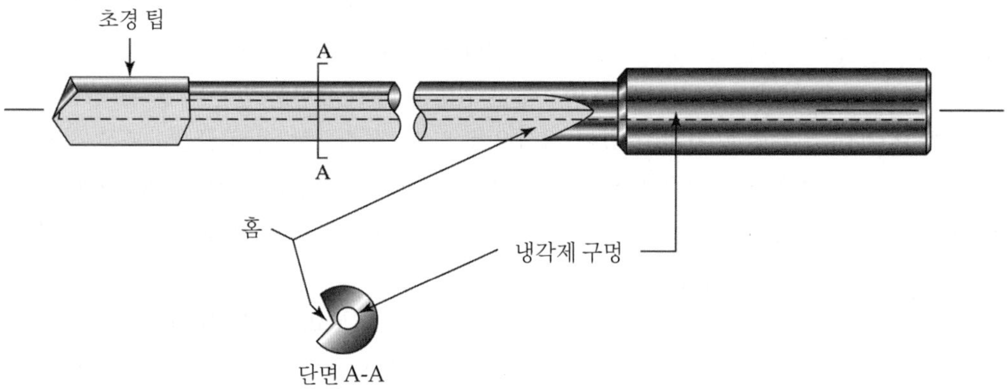

그림 19.14 건드릴.

직경은 2 mm 이하로부터 약 50 mm까지이다.

앞에서 일반적인 트위스트 드릴의 직경은 75 mm까지라고 언급하였다. 직경이 큰 트위스트 드릴은 드릴 비트의 금속 제거량이 많아지기 때문에 흔하지 않다. 직경이 큰 구멍 가공은 그림 19.15에 나타낸 것처럼 ***스페이드 드릴(spade drill)***을 사용한다. 일반적으로 가공이 가능한 구멍의 크기는 25~152 mm이다. 교체 가능한 드릴 비트가 절삭중 강성을 부여할 수 있는 공구홀더에 장착되어 있다. 스페이드 드릴은 같은 직경의 트위스트 드릴보다 훨씬 가볍다.

밀링 커터

밀링 커터의 분류는 18.4.1절에 기술한 밀링 공정과 깊은 관련이 있다. 밀링 커터의 유형은 다음과 같다.

- ***평 밀링 커터(plain milling cutter).*** 이것은 평 밀링(peripheral milling)과 평판 밀링(slab milling)에 사용되며, 그림 18.17(a)와 그림 18.18(a)와 같이 여러 줄의 날을 가진 원통형을 하

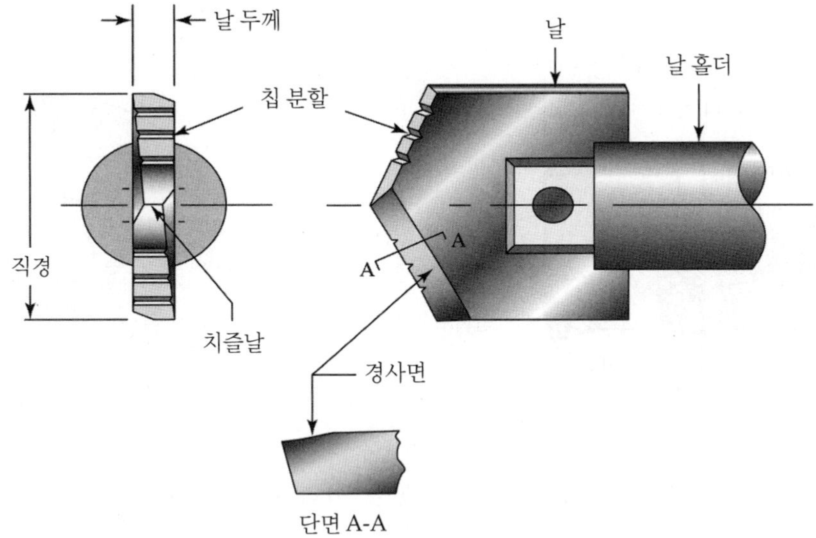

그림 19.15 스페이드 드릴.

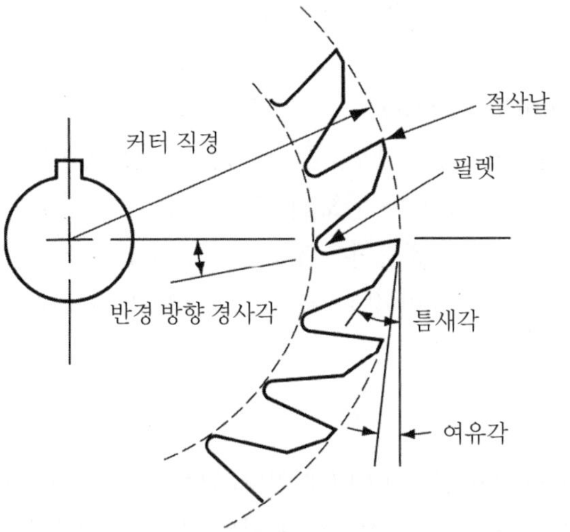

그림 19.16 18개의 날을 가진 평밀링 커터의 공구 형상.

고 있다. 일반적으로 절삭날은 공작물에 물릴 때의 충격을 완화하기 위해 그림과 같이 나선각으로 되어 있는데, 이를 ***헬리컬 밀링 커터(helical milling cutter)***라 한다. 평밀링 커터의 공구 형상이 그림 19.16에 있다.

- ***총형 밀링 커터(form milling cutter)***. 그림 18.18(e)와 같이 절삭날의 특별한 윤곽이 공작물에 그대로 전달되는 평밀링 커터이다. 총형 밀링 커터는 기어 가공에 중요하게 적용된다. 총형 밀링 커터가 인접한 기어 이 사이의 홈을 가공하여 결국 기어 이의 형상을 남긴다(그림 18.38 참조).
- ***정면 밀링 커터(face milling cutter)***. 이것은 커터의 원주면뿐만 아니라 측면에도 절삭날을

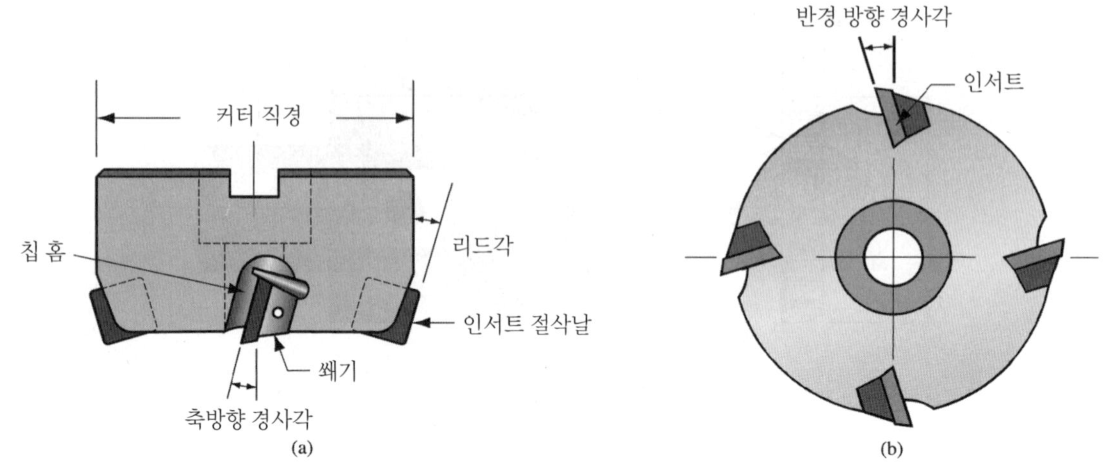

그림 19.17 4개의 날을 가진 정면 밀링 커터의 공구 형상. (a) 측면도, (b) 밑면도.

가지도록 설계되었다. 정면 밀링 커터는 그림 18.17(b)처럼 고속도강으로 만들거나, 초경 인서트를 사용할 수 있도록 설계된다. 그림 19.17은 4개의 인서트를 사용한 정면 밀링 커터를 나타낸다.

- ***엔드 밀링 커터(end milling cutter)***. 그림 18.20(c)와 같이 엔드 밀링 커터는 드릴 비트처럼 생겼으나, 자세히 보면 끝에 있는 날보다는 원주면에 있는 날이 주로 절삭하도록 설계되었다(드릴 비트는 공작물로 들어감에 따라 오직 끝쪽의 날로 절삭한다). 엔드밀(end mill)은 사각형, 반경형, 볼형으로 제작된다. 엔드밀은 정면 밀링, 윤곽 밀링(그림 18.20(d)), 포켓 밀링(그림 18.20(e)), 홈가공, 조각 가공, 표면 윤곽 가공(그림 18.20(f)), 다이싱킹(die sinking)에 사용될 수 있다.

브로치

브로치(broach)의 용어와 형상이 그림 19.18에 있다. 브로치는 길이 방향으로 별개로 배치된 일련의 절삭날로 구성되어 있다. 이송은 연속적으로 배치된 날들 사이의 단(step)의 높이 증가로 수행된다. 대부분의 절삭 가공 공정은 공구나 공작물에 의해 수행되는 상대적인 이송 운동으로 이루어지기 때문에 브로치의 이송은 독특하다고 할 수 있다. 브로치의 한 번 이동으로 제거되는 총 소재량은 공구의 모든 단에 의한 누적된 결과이다. 절삭 속도 운동은 공작물 표면을 지나는 공구의 직선운동으로 수행된다. 절삭면의 형상은 브로치 절삭날의 윤곽, 특히 마지막 절삭날의 외형으로 결정된다. 복잡한 형상과 낮은 속도로 인해 대부분의 브로치는 고속도강으로 만든다. 일부 브로칭 공정에서는 공구에 브레이징되거나 기계적으로 고정된 초경 인서트를 사용한다.

톱날

세 가지 톱 작업(18.6.3절)에서 ***톱날(saw blades)***은 그림 19.19와 같이 형상, 간격, 배열에 있어서 어떤 특징을 가진다. ***날 형상(tooth form)***은 각각의 절삭날의 기하학적인 형태와 관련이 있다. 경사각, 여유각, 날 간격 등 기하학적인 특징들이 그림 19.19(a)에 나타나 있다. ***날간격(tooth spacing)***은 인접한 날들 사이의 거리이다. 이것은 날 크기와 날 사이의 목(gullet) 크기를 결정한다. 목은 인접한 절삭날에 의해 칩이 생성되는 공간을 제공한다. 공작물 재질과 절삭 환경에 따라 날 형상도 바

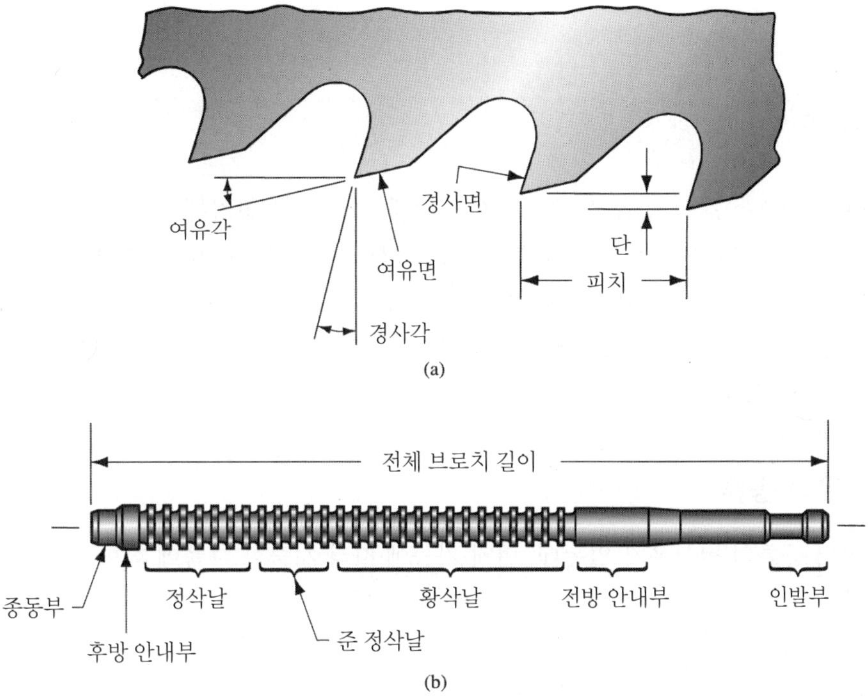

그림 19.18 브로치. (a) 날 세부 명칭, (b) 내면 브로칭 공정에 사용되는 브로치.

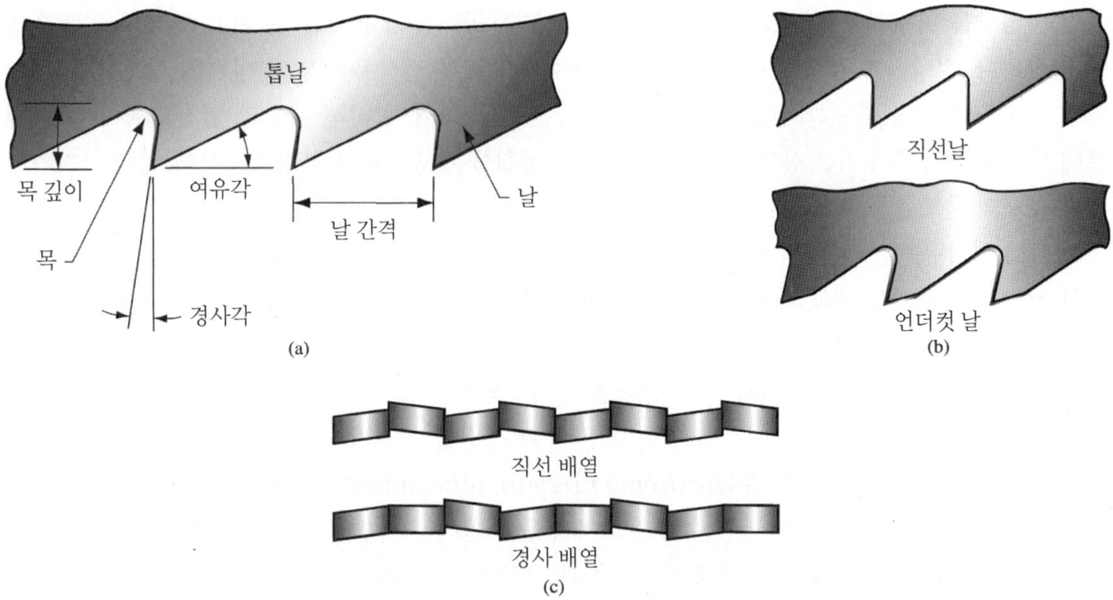

그림 19.19 톱날의 형상. (a) 명칭, (b) 날형상, (c) 날배열.

뀔 수 있다. 활톱(hacksaw)과 띠톱(band saw)에 보통 사용되는 날 형상이 그림 19.19(b)에 나타나 있다. ***날 배열(tooth set)***은 절단폭(kerf)이 톱날 자체의 폭보다 넓게 가공되도록 한다. 그렇지 않으면 톱날이 가공된 틈새에 끼워지게 된다. 보통 사용되는 두 가지 날 배열이 그림 19.19(c)에 나타나 있다.

19.4 절삭유

절삭유(cutting fluid)는 절삭 성능을 향상시키기 위해 절삭 가공 공정에 직접 공급되는 액체나 기체를 말한다. 절삭유는 두 가지 주된 문제를 해결한다. (1) 전단 영역과 마찰 영역에서 발생되는 열, (2) 공구-칩과 공구-공작물 접촉면의 마찰이다. 절삭유는 열을 제거하고 마찰을 감소시키는 역할 외에도, 칩을 씻어내고(특히 연삭과 밀링에서), 공작물 온도를 낮춰서 치수 안정성을 높이고 취급을 쉽게 하며, 절삭력과 소요 동력을 감소시키고, 표면 정도를 향상시킨다.

19.4.1 절삭유의 종류

상업적으로 여러 종류의 절삭유가 있는데, 먼저 기능에 따라 서술한 다음에 화학적 구성에 따라 분류하고자 한다.

절삭유의 기능

일반적으로 기능에 따라서는 냉각제와 윤활제의 두 가지 종류가 있다. ***냉각제(coolant)***는 절삭 공정에서 열의 영향을 감소시키기 위한 절삭유이다. 이것은 절삭에서 발생되는 열에너지의 양에는 제한적인 영향을 미치지만, 발생된 열을 가져가서 공구와 공작물의 온도를 낮춘다. 따라서 공구 수명이 연장된다. 절삭유가 절삭 가공에서 온도를 낮추는 능력은 절삭유의 열적 성질에 의존한다. 비열과 열전도율이 가장 중요한 성질이다(4.2.1절). 물은 다른 액체에 비해 비열과 열전도율이 높기 때문에 냉각성 절삭유의 기본 용액으로 사용된다. 이 성질들은 냉각제가 공정으로부터 열을 가져가서 절삭 공구의 온도를 낮추게 한다.

냉각성 절삭유는 열 발생과 높은 온도가 문제인 상대적으로 높은 절삭 속도에 가장 효과적이다. 또한 고속도강과 같은 온도 파손에 매우 민감한 공구 재료에 효과적이고, 많은 열이 발생되는 선삭과 밀링 공정에 자주 사용된다.

윤활제(lubricant)는 공구-칩과 공구-공작물 접촉면의 마찰을 감소시키기 위해서 사용되는 보통 오일을 기반으로 한 용액이다. 이는 오일이 좋은 윤활 성질을 가지기 때문이다. 윤활성 절삭유는 극압 윤활에 의해 수행된다. ***극압 윤활(extreme pressure lubrication)***은 윤활제와의 화학 반응을 통해 고온의 깨끗한 금속 표면에 생기는 얇은 고체층을 수반하는 특별한 윤활 방식이다. 윤활제에 있는 황, 염소, 인 화합물이 두 금속의 표면(즉, 칩과 공구)을 분리 작용을 하는 표면층을 형성시킨다. 이 극압층(필름)은 두 표면 사이에 유막이 존재하는 전통 윤활에 비해 금속 절삭에서 마찰을 줄이는

데 매우 효과적이다.

윤활성 절삭유는 낮은 절삭 속도에서 가장 효과적이다. 높은 절삭 속도(약 120 m/min 이상)에서는 빠른 칩의 운동이 공구-칩 접촉면에 절삭유가 도달하는 것을 막기 때문에 효과적이지 못하다. 또한 높은 속도에서의 높은 절삭 온도가 윤활 작용을 하기 전에 오일을 기화시킨다. 드릴링과 태핑 같은 절삭 가공 공정은 일반적으로 윤활제를 사용하는 것이 좋다. 이들 공정에서는 구성 인선의 생성이 억제되고 공구회전력이 감소된다.

윤활제의 주요 목적은 마찰을 감소시키는 것이지만, 여러 가지 메카니즘에 의해 가공 온도도 감소시킨다. 첫째로, 윤활제의 비열과 열전도율이 가공 부위로부터 열을 제거하여 온도를 낮춘다. 둘째로, 마찰이 감소하기 때문에 마찰로부터 생기는 열 또한 감소한다. 셋째로, 마찰 계수가 감소한다는 것은 마찰각이 감소한다는 것을 의미한다. Merchant 식(식 (20.16))에 따르면, 마찰각이 감소하면 전단각이 증가하게 되어 전단 영역에서 발생되는 열에너지의 양을 감소시킨다.

일반적으로 두 가지 종류의 절삭유에 중복되는 효과가 있다. 냉각제에도 마찰을 감소시키는 성분이 있으며, 윤활제는 물만큼 우수하지는 않지만 절삭 중 열을 제거하는 특성을 갖는다. 절삭유(냉각제와 윤활제)는 C값을 높여 Taylor 공구 수명식에 영향을 주는데, 일반적으로 10~40%가 증가하며, 기울기 n은 별로 영향을 받지 않는다.

절삭유의 화학적 구성

화학적 구성에 따른 네 가지 종류의 절삭유가 있다. (1) 절삭 오일, (2) 유화 오일, (3) 준화학 용액, (4) 화학 용액이다. 이 모든 절삭유는 냉각 기능과 윤활 기능 모두를 제공한다. 절삭 오일은 윤활제로서 가장 효과적이고, 다른 세 종류는 주성분이 물이기 때문에 냉각제로서 더 효과적이다.

절삭 오일(cutting oil)은 석유, 동물, 해양, 식물로부터 얻은 오일을 기반으로 한다. 원유를 기반으로 한 광유(mineral oil)가 자원이 풍부하고 바람직한 윤활 특성을 가지고 있기 때문에 주로 사용된다. 최대 윤활 효과를 얻기 위해 여러 종류의 오일을 조합하여 사용되기도 한다. 또한 이를 위해 화학 첨가제가 사용되기도 한다. 이런 첨가제는 황, 염소, 인 화합물이 포함되며, 금속 간의 접촉을 줄이기 위한 고체층(solid film)을 형성(극압 윤활)하기 위해 칩 및 공구 표면과 화학적으로 반응하게 한다.

유화 오일(emulsified oil)은 물에 떠도는 작은 오일 방울로 구성되어 있다. 유상액(emulsion)의 혼합성과 안정성을 높이기 위해 유화제(emulsifying agent)를 사용해 물에 오일(보통 광유)을 섞은 것이다. 일반적으로 물과 오일의 비는 30:1이다. 극압 윤활을 촉진시키기 위해 황, 염소, 인을 기반으로 하는 화학 첨가제를 사용하기도 한다. 오일과 물을 모두 포함하고 있기 때문에 유화오일은 냉각성과 윤활성을 모두 가지고 있다.

화학 용액(chemical fluid)은 물에 유화된 오일이라기보다는 물에 용해된 화학 물질이다. 용해되는 화학 물질로는 황, 염소, 인 화합물과 함께 습윤제(wetting agent)가 있다. 화학 물질은 어느 정도의 윤활 작용을 제공한다. 화학 용액은 좋은 냉각성을 가지고 있으나, 윤활성은 다른 절삭유에 비해 떨어진다. ***준화학 용액(semichemical fluid)***은 윤활 특성을 증가시키기 위해 소량의 유화오일

이 첨가된다. 실제로 이것은 화학 용액과 유화 오일의 중간 수준에 위치한다.

19.4.2 절삭유의 공급

절삭유는 여러 가지 방법으로 절삭 공정에 공급된다. 이 절에서는 이러한 공급 기술들을 서술한다. 또한 절삭유의 오염 문제와 이를 해결하기 위한 방법들도 고려한다.

공급 방법

가장 흔한 방법은 ***유동 공급(flooding)***으로, 냉각성 절삭유를 보통 사용하기 때문에 유동냉각(flood cooling)이라고도 한다. 유동 공급에서, 정상 상태의 절삭유가 절삭 가공 중의 공구-공작물이나 공구-칩 접촉면을 향해 유동한다. 두 번째 공급 방법으로 주로 물을 기반으로 하는 절삭유에 사용되는 ***분무 공급(mist application)***이 있다. 이는 압축 공기에 의해 절삭유가 고속의 분무 형태로 가공 부위에 공급된다. 분무 공급은 일반적으로 공구를 냉각하는 데 있어 유동 공급만큼 효과적이지 못하다. 그러나 분무 형태가 고속이기 때문에 분무 공급은 전통적인 유동 공급으로 접근이 어려운 지역에 절삭유를 공급하는 데 있어 더 효과적이다.

수동 공급(manual application)은 주유기나 붓을 이용하여 절삭 속도가 낮고 마찰이 문제인 태핑과 같은 공정에 윤활제를 공급하는 것이다. 공급의 변화성이 너무 커서 잘 쓰이고 있지 않다.

절삭유 여과와 건식 절삭

절삭유는 작동유(기계 윤활유, 유압유 등), 불순물(담배꽁초, 음식물 등), 작은 칩, 곰팡이, 박테리아와 같은 외부 물질에 의해 시간이 갈수록 오염되어 간다. 냄새가 나고 건강에 해로운 것 외에도, 오염된 절삭유는 윤활기능을 제대로 수행하지 못한다. 이런 문제들을 해결하는 방법으로는 다음과 같다. (1) 규칙적으로 자주(한 달에 두 번 정도) 절삭유를 교환한다. (2) 절삭유를 깨끗이 하기 위해 연속적이거나 주기적으로 여과 시스템을 사용한다. (3) 건식 가공, 즉 절삭유를 사용하지 않고 절삭 가공한다. 환경 오염에 대한 관심이 고조되면서 절삭유 폐기는 비용이 많이 들고 일반 공공복지에 상반되어 가고 있다.

오늘날 오염 문제를 해결하기 위해 많은 공장들이 여과 시스템을 설치하고 있다. 이 시스템의 장점은 다음과 같다. (1) 절삭유 수명 연장 - 한 달에 한두 번 교환하는 것이 아니라 1년을 사용할 수 있다, (2) 절삭유 폐기비용 감소 - 필터를 사용하면 폐기 횟수가 훨씬 감소하기 때문이다, (3) 깨끗해진 절삭유 - 작업 환경이 좋아지고 건강상의 해로움이 감소된다, (4) 공작 기계 유지 비용의 감소, (5) 공구 수명의 연장. 절삭유 여과는 여러 가지 종류의 여과 시스템이 있다. 관심이 있는 독자는 여과 시스템과 사용 시의 이점이 설명된 [9]를 참고하라.

세 번째 방법은 ***건식 절삭(dry machining)***이며, 이는 절삭유의 오염, 폐기, 여과에 관한 문제를 피할 수 있지만 다음과 같은 본질적인 문제를 초래한다. (1) 공구의 과열, (2) 공구 수명 연장을 위한 저속 가공과 낮은 생산 속도, (3) 연삭과 밀링에서의 칩 제거 작용의 부재이다. 공구 제조업자들은 건식 절삭이 가능한 등급의 초경 합금과 코팅 초경 합금을 개발해왔다.

참고문헌 *REFERENCES*

[1] Aronson, R. B. "Using High-Pressure Fluids." *Manufacturing Engineering*, June 2004, pp. 87–96.
[2] *ASM Handbook*. Vol. 16: *Machining*. ASM International, Materials Park, Ohio, 1989.
[3] Black, J, and Kohser, R. *DeGarmo's Materials and Processes in Manufacturing*. 11th ed. John Wiley & Sons, Hoboken, New Jersey, 2012.
[4] Brierley, R. G., and Siekman, H. J. *Machining Principles and Cost Control*. McGraw-Hill, New York, 1964.
[5] Carnes, R., and Maddock, G. "Tool Steel Selection." *Advanced Materials & Processes*, June 2004, pp. 37–40.
[6] Cook, N. H. "Tool Wear and Tool Life." *ASME Transactions, Journal of Engineering for Industry*, Vol. 95, November 1973, pp. 931–938.
[7] Davis, J. R. (ed.). *ASM Specialty Handbook Tool Materials*. ASM International, Materials Park, Ohio, 1995.
[8] Destephani, J. "The Science of pCBN." *Manufacturing Engineering*, January 2005, pp. 53–62.
[9] Drozda, T. J., and Wick, C. (eds.). *Tool and Manufacturing Engineers Handbook*. 4th ed. Vol. I: *Machining*. Society of Manufacturing Engineers, Dearborn, Michigan, 1983.
[10] Esford, D. "Ceramics Take a Turn." *Cutting Tool Engineering*, Vol. 52, No. 7, July 2000, pp. 40–46.
[11] Koelsch, J. R. "Beyond TiN." *Manufacturing Engineering*, October 1992, pp. 27–32.
[12] Krar, S. F., and Ratterman, E. *Superabrasives: Grinding and Machining with CBN and Diamond*. McGraw-Hill, New York, 1990.
[13] Liebhold, P. "The History of Tools," *Cutting Tool Engineer*, June 1989, pp. 137–138.
[14] Lorincz, J. "Coatings Targeted to Specific Materials." *Manufacturing Engineering*, January 2013, pp. 45–52.
[15] *Machining Data Handbook*. 3rd ed. Vols. I and II. Metcut Research Associates, Cincinnati, Ohio, 1980.
[16] *Modern Metal Cutting*. AB Sandvik Coromant, Sandvik, Sweden, 1994.
[17] Owen, J. V. "Are Cermets for Real?" *Manufacturing Engineering*, October 1991, pp. 28–31.
[18] Pfouts, W. R. "Cutting Edge Coatings." *Manufacturing Engineering*, July 2000, pp. 98–107.
[19] Schey, J. A. *Introduction to Manufacturing Processes*. 3rd ed. McGraw-Hill, New York, 2000.
[20] Shaw, M. C. *Metal Cutting Principles*. 2nd ed. Oxford University Press, Oxford, 2005.
[21] Spitler, D., Lantrip, J., Nee, J., and Smith, D. A. *Fundamentals of Tool Design*. 5th ed. Society of Manufacturing Engineers, Dearborn, Michigan, 2003.
[22] Tlusty, J. *Manufacturing Processes and Equipment*. Prentice Hall, Upper Saddle River, New Jersey, 2000.

복습문제 *REVIEW QUESTIONS*

서론

19.1 절삭 공구 기술의 두 가지 주요 측면은 무엇인가?

공구 수명

19.2 공구 파손 모드를 열거하라. 이들 중에서 어느 모드가 가장 바람직한가?

19.3 단인 절삭 공구의 경우 공구 마모의 유형을 열거하라.

19.4 공구 파손 곡선의 세 가지 주요 영역을 설명하라.

19.5 Taylor 공구 수명식에 기여한 사람과 시기는?

19.6 Taylor 공구 수명식에서 매개변수 n의 물리적인 의미는 무엇인가?

공구 재료

19.7 고온 경도란 무엇이며, 공구 재료를 선택할 때 이 특성이 중요한 이유는 무엇인가?

19.8 내연마마모(abrasive wear resistance)가 우수한 재료에서 가장 중요한 기계적 특성은 무엇인가?

19.9 고속도강의 두 가지 기본 유형은 무엇인가?

19.10 주조 코발트 합금(cast cobalt alloy)의 일반적인 조성은 무엇인가?

19.11 코팅된 절삭 공구에서 가장 일반적으로 사용되는 두 가지 코팅 기술은 무엇인가?

19.12 절삭 공구의 경우 일반적으로 코팅 두께의 범위는?

19.13 산화알루미늄(Al_2O_3) 외에 가장 일반적으로 사용되는 세라믹 재료는 무엇인가?

19.14 초경 합금에 사용되는 가장 일반적인 금속 결합재는 무엇인가?

19.15 초경 합금의 강절삭 등급과 비강절삭 등급의 성분 차이는 무엇인가?

19.16 초경 합금의 경도는 고속도강의 경도보다 높은가? 또는 낮은가?

19.17 초경 합금의 탄성계수는 고속도강의 탄성계수보다 높은가? 또는 낮은가?

19.18 가장 일반적인 합성 다이아몬드 제조 방법은 무엇인가?

19.19 서멧 절삭 공구는 텅스텐 카바이드보다 티타늄 카바이드를 포함할 가능성이 훨씬 낮다. 참인가? 또는 거짓인가?

19.20 코팅된 카바이드 인서트의 표면에 박막 코팅을 형성하는 일반적인 화합물을 나열하라.

19.21 대부분의 세라믹 절삭 공구에 사용되는 세라믹 재료의 화학식은 무엇인가?

19.22 다이아몬드 절삭 공구가 강과 기타 철계 금속 가공에 사용될 수 없는 이유는 무엇인가?

공구 형상

19.23 단인 절삭 공구를 사용하지 않는 두 가지 가공 공정을 들어라.

19.24 공작물의 표면 구조, 노즈 반경 또는 선단 여유각에 결정적인 영향을 미치는 공구 형상 요소는 무엇인가?

19.25 칩 브레이커의 기능을 설명하라.

19.26 단인 절삭 공구의 절삭날을 고정하는 세 가지 방법을 설명하라.

19.27 트위스트 드릴에 사용되는 가장 일반적인 공구 재료는 무엇인가?

19.28 표준형 트위스트 드릴의 경우 절삭 영역에 냉각제를 공급할 때 발생되는 문제는 무엇인가?

19.29 밀링 커터의 유형을 열거하라.

19.30 톱날의 공구 형상에서 날배열(tooth set)의 기능은 무엇인가?

절삭유

19.31 절삭유를 사용하여 해결할 수 있는 두 가지 주요 문제는 무엇인가?

19.32 기능에 따른 절삭유의 두 가지 주요 범주는 무엇인가?

19.33 절삭유 여과 시스템의 장점을 나열하라.

19.34 절삭유 공급 방법들을 나열하라.

19.35 절삭유 여과 시스템이 보편화되고 있는 이유는 무엇이며, 그 장점은 무엇인가?

19.36 생산 현장에서 건식 가공을 선호하는 이유는 절삭유를 사용할 때 발생되는 문제점 때문이다. 절삭유의 사용과 관련된 문제점들은 무엇인가?

19.37 건식 가공으로 인해 발생되는 새로운 문제점들은 무엇인가?

연습문제

PROBLEMS

Tool Life and the Taylor Equation

19.1 In the tool wear plots of Figure 19.4, complete failure of the cutting tool is indicated by the end of each wear curve. Using complete failure as the criterion of tool life instead of 0.50 mm flank wear, the resulting data are: (1) $v = 160$ m/min, $T = 5.75$ min; (2) $v = 130$ m/min, $T = 14.25$ min; and (3) $v = 100$ m/min, $T = 47$ min. Determine the parameters n and C in the Taylor tool life equation for this data.

19.2 In turning tests using coated carbide tools on alloy steel, flank wear data were collected at a feed of 0.30 mm/rev and a depth of 3.0 mm. At a speed of 125 m/min, flank wear = 0.12 mm at 1 min, 0.27 mm at 5 min, 0.45 mm at 11 min, 0.58 mm at 15 min, 0.73 at 20 min, and 0.97 mm at 25 min. At a speed of 165 m/min, flank wear = 0.22 mm at 1 min, 0.47 mm at 5 min, 0.70 mm at 9 min, 0.80 mm at 11 min, and 0.99 mm at 13 min. The last value in each case is when final tool failure occurred. (a) On a single piece of linear graph paper, plot flank wear as a function of time for both speeds. Using 0.75 mm of flank wear as the criterion of tool failure, determine the tool lives for the two cutting speeds. (b) On a piece of natural log–log paper, plot your results from part (a) to determine the values of n and C in the Taylor Tool Life equation. (c) As a comparison, calculate the values of n and C in the Taylor equation solving simultaneous equations. Are the resulting n and C values the same?

19.3 Solve the previous problem except that the tool life criterion is 0.50 mm of flank land wear rather than 0.75 mm.

19.4 The following data were collected during tool life tests in turning: (1) when $v = 90$ m/min, $T = 13$ min; (2) when $v = 70$ m/min, $T = 40$ min. (a) Determine the n and C values in the Taylor Tool Life equation. Based on your equation, compute (b) tool life for a speed of 120 m/min and (c) speed for a tool life of 23 min.

19.5 A rectangular cast iron block of dimensions 200 mm long by 25 mm wide is machined in a face milling operation using a 45 mm diameter cutter with 10 carbide inserts. The milling cutter moves in the direction that is centred along the width of the part. Feed = 0.075 mm/tooth and depth of cut = 1.25 mm. At a cutting speed of 180 m/min, the tool lasts for 8 blocks while at a cutting speed of 90 m/min, the tool lasts for 40 blocks. Determine n and C in the Taylor Tool Life equation. Ignore the effect of the approach distance given by Equation (19.18).

19.6 Turning operation is performed on a work part with diameter = 130 mm and length = 500 mm at a feed of 0.32 mm/rev. If cutting speed = 4.0 m/s, the tool must be changed every 3 work parts; but if cutting speed = 3.0 m/s, the tool can be used to produce 16 pieces between tool changes. Determine the Taylor Tool Life equation for this job.

19.7 The n and C values in Table 19.2 are based on a feed rate of 0.25 mm/rev and a depth of cut = 2.5 mm. Determine how many cubic mm of steel would be removed for each of the following tool materials, if a 10-min tool life were required in each case: (a) plaincarbon steel, (b) high-speed steel, (c) cemented carbide, and (d) ceramic. Use of a spreadsheet calculator is recommended.

19.8 The outside diameter of a cylinder made of titanium alloy is to be turned. The starting diameter = 400 mm, and length = 1100 mm. Feed = 0.35 mm/rev, and depth of cut = 2.5 mm. The cut will be made with a cemented carbide tool whose Taylor tool life parameters are $n = 0.24$ and $C = 450$. Units for the Taylor equation are min for tool life and m/min for cutting speed. Compute the cutting speed that will allow the tool life to be 10% longer than the machining time for this part.

19.9 The work part in a turning operation is 88 mm in diameter and 550 mm long. A feed of 0.30 mm/rev is used in the operation. If cutting speed = 3.3 m/s, the tool must be changed every three work parts; but if cutting speed = 2.2 m/s, the tool can be used to produce 14 parts between tool changes. Find the cutting speed that will allow one tool to be used for a batch size of 40 parts, which is the size of the next order for these parts.

19.10 A cylindrical part with diameter 35 mm and length 150 mm is turned at a feed rate of 0.35 mm/rev and cutting depth of 1 mm. At a constant cutting speed of 160 m/min, five parts can be manufactured per tool while at a lowered speed of 110 m/min, the same tool may be used to produce 17 parts. Additionally, a fresh order for 30 pieces is received, but with changed dimensions consisting of diameter 25 mm and length 130 mm. The material of the work piece as well as the tool along with the feed and the cutting depth remain constant. Determine the speed at which only one tool will be used to complete the new order.

19.11 The Machine Shop has received an order to turn three alloy steel cylinders. Starting diameter = 250 mm and length = 625 mm. Feed = 0.30 mm/rev, and depth of cut = 2.5 mm. A coated carbide cutting tool will be used whose Taylor tool life parameters are $n = 0.25$ and $C = 700$, where the units are min for tool life and m/min for cutting speed. Compute the cutting speed that will allow the tool life to be just equal to the cutting time for the three parts.

Tooling Applications

19.12 Specify the ANSI C-grade or grades (C1 through C8 in Table 19.4) of cemented carbide for roughing operation on a cylindrical steel work piece.

19.13 Specify the ANSI C-grade or grades (C1 through C8 in Table 19.4) of cemented carbide for turning the diameter of a high-carbon steel shaft from 12.30 cm to 12.29 cm.

19.14 Specify the ANSI C-grade or grades (C1 through C8 in Table 19.4) of cemented carbide for drilling out the holes of an Aluminium work part.

19.15 A machine shop limits the number of cemented carbide grades to four for inventory control purposes. The chemical compositions of these grades are as follows: Grade 1 contains 95% WC and 5% Co; Grade 2 contains 82% WC, 4% Co, and 14% TiC; Grade 3 contains 80% WC, 10% Co, and 10% TiC; and Grade 4 contains 89% WC and 11% Co. Specify the grade that should be used for finish turning of unhardened steel. Explain your recommendation.

19.16 A machine shop limits the number of cemented carbide grades to four for inventory control purposes. The chemical compositions of these grades are as follows: Grade 1 contains 95% WC and 5% Co; Grade 2 contains 82% WC, 4% Co, and 14% TiC; Grade 3 contains 80% WC, 10% Co, and 10% TiC; and Grade 4 contains 89% WC and 11% Co. Specify the grade that should be used for rough milling of aluminum. Explain your recommendation.

19.17 A machine shop limits the number of cemented carbide grades to four for inventory control purposes. The chemical compositions of these grades are as follows: Grade 1 contains 95% WC and 5% Co; Grade 2 contains 82% WC, 4% Co, and 14% TiC; Grade 3 contains 80% WC, 10% Co, and 10% TiC; and Grade 4 contains 89% WC and 11% Co. Specify the grade that should be used for finish turning of brass. Explain your recommendation.

19.18 List the ISO R513-1975(E) group (letter and color in Table 19.5) and whether the number would be toward the lower or higher end of the ranges for rough milling of a plate made of austenitic stainless steel.

19.19 List the ISO R513-1975(E) group (letter and color in Table 19.5) and whether the number would be toward the lower or higher end of the ranges for rough turning of a magnesium rod.

19.20 List the ISO R513-1975(E) group (letter and color in Table 19.5) and whether the number would be toward the lower or higher end of the ranges for precision milling of a steel die.

19.21 A turning operation is performed on a steel shaft with diameter = 127 mm and length = 813 mm. A slot or keyway has been milled along its entire length. The turning operation reduces the shaft diameter. For each of the following tool materials, indicate whether it would be a reasonable candidate to use in the operation: (a) plain-carbon steel, (b) high-speed steel, (c) cemented carbide, (d) ceramic, and (e) sintered polycrystalline diamond. For each material that is not a good candidate, give the reason why it is not.

Cutting Fluids

19.22 In a turning operation using high-speed steel tooling, cutting speed = 100 m/min. The Taylor tool life equation has parameters $n = 0.125$ and $C = 120$ (m/min) when the operation is performed dry. When a coolant is used in the operation, the value of C is increased by 15%. Determine the percent increase in tool life that results if the cutting speed is maintained at 100 m/min.

19.23 Turning operation is performed on a plain carbon steel work piece using a ceramic cutting tool at a speed of 80 m/min without the use of cutting fluid. Moreover, it has been found that the use of a cutting fluid would allow an increase of 15 m/min in the cutting speed without any change in the tool life which can be simply denoted by an increase in C value by 15 m/min. Assuming n and C values from the Table 19.2, find out the increase in tool life from the above mentioned modification?

19.24 A high-speed steel 6.0 mm twist drill is used in a production drilling operation on mild steel. A cutting oil is applied by the operator by brushing the lubricant onto the drill point and flutes prior to each hole. The cutting conditions are: speed = 25 m/min, feed = 0.10 mm/rev, and hole depth = 42 mm. The foreman says that the "speed and feed are right out of the handbook" for this work material. Nevertheless, he says, "the chips are clogging in the flutes, resulting in friction heat, and the drill bit is failing prematurely due to overheating." (a) Analyze the problem and (b) recommend some changes that might be made to solve the problem.

CHAPTER 20

절삭 가공의 경제성과 제품 설계 시 고려 사항

20.1 절삭성

20.2 공차와 표면 정도

20.2.1 절삭 가공의 공차

20.2.2 절삭 가공의 표면 정도

20.3 절삭 가공의 경제성

20.3.1 이송과 절삭 깊이의 선정

20.3.2 최적 절삭 속도

20.4 제품 설계 시 고려 사항

이 장에서는 전통적인 절삭 가공에 관한 나머지 주제들을 설명하고자한다. 첫 번째는 공작물 재료의 성질이 절삭 가공 성능에 미치는 영향과 관련된 절삭성이다. 두 번째는 절삭 가공에서의 공차와 표면 정도(6장)에 관한 것이다. 세 번째는 절삭 공정에서 절삭 조건(속도, 이송, 절삭 깊이)의 선정과 관련된 절삭 가공의 경제성이다. 이 절삭 조건의 적합한 선정은 경제적인 성공을 크게 결정한다. 마지막으로, 절삭 가공을 통해 생산될 부품을 설계하는 제품 설계자를 위한 가이드라인이 제공된다.

20.1 절삭성

공작물 재료의 성질은 절삭 가공 공정의 성공에 큰 영향을 미친다. 이 성질들과 공작물의 다른 특성들이 절삭성이라는 용어로 요약될 수 있다. ***절삭성(machinability)***은 적절한 공구와 절삭 조건을 사용하여 재료(보통 금속)를 가공할 수 있는 상대적 용이성으로 정의할 수 있다.

절삭성을 평가하는데 사용되는 다양한 기준이 있으며, 그 중 가장 중요한 것은 (1) 공구 수명, (2) 절삭력과 동력, (3) 표면 정도, (4) 칩 처리의 용이성이다. 일반적으로 절삭성이 공작물 재료에 대한 것이지만 가공 성능은 단순한 재료 이상에 달려 있음을 인식해야 한다. 재료 성질뿐만 아니라 절삭 공정의 종류, 공구, 절삭 조건 또한 중요한 요인이다. 그 외에도 절삭성의 기준 또한 변수가 될 수 있다. 공구 수명이 연장되는 공작물 재료가 있는가 하면, 우수한 표면 정도를 얻을 수 있는 재료가 있을 수 있다. 이런 요인들 모두가 절삭성 평가를 어렵게 만든다.

일반적으로 절삭성 시험은 공작물 재료를 비교하는 것이다. 표준 재료에 대하여 시험 재료의 상대적인 절삭 가공 성능이 측정된다. 절삭성 시험에서 다음과 같은 성능 측정이 가능하다. (1) 공구 수명, (2) 공구 마모, (3) 절삭력, (4) 소비 동력, (5) 절삭 온도, (6) 표준 시험 조건에서의 소재 제거율 등이다. 상대적인 성능은 ***절삭성 등급(machinability rating, MR)***이라 불리는 값으로 표현된다. 표준 재료의 절삭성 등급은 1.00으로 주어진다. B1112 강이 절삭성 시험의 표준 재료로 자주 사용된다. 표준 재료보다 절삭 가공이 쉬운 재료는 1.00보다 높은 등급을 갖게 하고, 절삭 가공이 어려운 재료는 1.00보다 낮은 등급을 갖게 한다. 절삭성 등급은 숫자보다 퍼센트(%)로 표현되기도 한다. 다음은 공구 수명 시험을 사용한 절삭성 등급 결정 예제이다.

예제 20.1

절삭성

두 가지 공작물 재료에 대해 속도만 변하고 다른 절삭 조건들은 동일하게 하여 공구 수명 시험을 한다. 표준 재료의 Taylor 공구 수명식은 $vT^{0.28} = 350$이고, 시험 재료의 Taylor 공구 수명식은 $vT^{0.27} = 440$이다. 여기서 속도는 m/min, 공구 수명은 min으로 주어진다. 공구 수명이 60 min일 때의 절삭 속도를 사용하여 시험 재료의 절삭성 등급을 결정하라. 이 속도를 v_{60}으로 표시한다.

풀이

표준 재료의 절삭성 등급은 1.0이다. 이 재료에 대한 v_{60} 값은 Taylor 공구 수명식으로부터 다음과 같이 구한다.

$$v_{60} = (350/60^{0.28}) = 111 \text{ m/min}$$

시험 재료의 공구 수명이 60 min일 때의 절삭 속도도 유사하게 구할 수 있다.

$$v_{60} = (440/60^{0.27}) = 146 \text{ m/min}$$

따라서 절삭성 등급은 다음과 같이 계산된다.

$$MR(\text{시험 재료}) = \frac{146}{111} = \mathbf{1.31\ (131\%)}$$

공작물 재료의 많은 요인들이 절삭 가공 성능에 영향을 미친다. 절삭성에 영향을 미치는 공작물의 기계적 성질로 경도와 강도가 있다. 경도가 증가함에 따라 공구의 연마 마모가 증가하여 공구 수명이 감소된다. 절삭 가공이 전단 응력을 수반하기는 하지만, 강도는 보통 인장 강도를 지칭한다. 물론 전단 강도와 인장 강도는 서로 연관되어 있다. 공작물의 강도가 증가함에 따라 절삭력, 비에너지, 절삭 온도가 증가하여 재료의 가공을 어렵게 한다. 반면에 매우 낮은 경도는 절삭 가공 성능에 나쁜 영향을 미친다. 예를 들면, 상대적으로 낮은 경도를 가지는 저탄소강은 절삭 가공을 하기에 너무 높은 연성을 가진다. 높은 연성은 칩이 생성될 때 재료의 파열을 야기시켜 표면 거칠기가 나빠지고 칩

처리가 어려워진다. 저탄소강의 표면 경도를 증가시키고 절삭 중의 칩 절단을 촉진시키기 위해 냉간 인발이 자주 사용된다.

금속의 화학적 성분은 공작물 재료의 성질에 중요한 영향을 미칠 뿐만 아니라, 공구 재료에 작용하는 마모 메커니즘에도 영향을 미친다. 이런 관계로 인하여 화학적 조성이 절삭성에 영향을 미친다. 탄소 함유량은 강의 성질에 중요한 영향을 미친다. 탄소가 증가함에 따라 강의 강도와 경도는 증가하지만 역으로 절삭성을 감소시킨다. 성질을 향상시키기 위해 강에 첨가되는 많은 합금 원소들은 절삭성에 해가 된다. 크롬, 몰리브덴, 텅스텐은 공구 마모를 증가시키고 절삭성을 감소시키는 탄화물을 강에 형성한다. 망간과 니켈은 강의 강도와 인성을 증가시켜 절삭성을 감소시킨다. 납, 황, 인과 같은 원소들을 강에 첨가하여 절삭성을 증가시킬 수도 있다. 이런 첨가제들은 공구와 칩 사이의 마찰 계수를 감소시키는 효과가 있기 때문에 절삭력, 온도, 구성 인선의 형성이 감소된다. 이런 효과로 인해 공구 수명이 연장되고 표면 정도가 좋아진다. 절삭성을 화학적으로 향상시켜 제조된 합금강을 ***쾌삭강(free machining steel)***이라고 한다(5.1.1절).

다른 공작물 재료에 대해서도 비슷한 관계들이 있다. 표 20.1은 몇 가지 금속들의 근사적인 절삭성 등급을 나타낸 것이다. 이 등급은 재료의 절삭성을 정리한 것이다.

20.2 공차와 표면 정도

절삭 가공은 설계자가 지정한 공차와 표면 정도로 부품을 생산하는 것이다. 이 절에서는 절삭 가공에서의 공차와 표면 정도에 대해 설명한다.

20.2.1 절삭 가공의 공차

어떠한 제조 공정에도 변동성(variability)은 있게 마련이고, 공차는 이 변동성의 허용 한계를 설정(6.1.1절)하는 데 사용된다. 절삭 가공 공정은 대부분의 다른 공정에 비해 높은 정확성을 제공하기 때문에 공차가 엄격한 경우에 자주 선호된다. 표 20.2는 18장에서 기술한 절삭 가공 공정들로 얻을 수 있는 전형적인 공차를 나타낸다. 이 표의 값들은 이상적인 조건을 대표하지만, 이는 현대의 공장에서 쉽게 얻을 수 있는 조건이다. 공작 기계가 오래되고 마모가 심하면 공정의 변동성은 이상적인 경우보다 클 것이고 이러한 공차를 유지하기 어렵다. 반면에 신형 공작 기계는 열거한 값들보다 작은 공차를 얻을 수 있다.

작은 공차는 보통 많은 비용을 의미한다. 예를 들어 설계자가 6.0 mm의 구멍 직경에 ±0.10 mm의 공차를 지정한다면, 표 20.2에 의해 이런 공차는 드릴링 공정으로 얻을 수 있다. 그러나 설계자가 ±0.025 mm의 공차를 지정한다면, 엄격해진 공차를 만족시키기 위해 리밍 공정이 추가될 필요가 있다. 이것은 공차가 큰 것이 항상 좋다는 것을 의미하는 것은 아니다. 각 부품들을 작은 공차와 낮은 변동성으로 절삭하였을 때 조립 공정, 최종 제품 시험, 고장 서비스, 고객 만족 측면에서 별 문제

표 20.1 공작물 재료에 대한 브리넬 경도와 절삭성 등급

공작물 재료	브리넬 경도	절삭성 등급[a]	공작물 재료	브리넬 경도	절삭성 등급[a]
표준강	180–220	1.00	*공구강(경화되지 않은)*	200–250	0.30
B1112			*주철*		
저탄소강	130–170	0.50	연한	60	0.70
C1008, C1010, C1015			중간경도	200	0.55
중탄소강	140–210	0.65	경한	230	0.40
C1020, C1025, C1030			*초합금*		
고탄소강	180–230	0.55	인코넬	240-260	0.30
C1040, C1045, C1050			인코넬 X	350-370	0.15
합금강[b]			Waspalloy	250-280	0.12
1320, 1330, 3130, 3140	170–230	0.55	*티타늄*		
4130	180–200	0.65	순수	200	0.30
4140	190–210	0.55	합금	200-280	0.20
4340	200–230	0.45	*알루미늄*		
4340(주조)	250–300	0.25	2-S, 11-S, 17-S	20-30	5.00[c]
6120, 6130, 6140	180–230	0.50	알루미늄 합금(연한)	40	2.00[d]
8620, 8630	190–200	0.60	알루미늄 합금(경한)	90	1.25[d]
B1113	170–220	1.35	*구리*	45	0.60
쾌삭강	160–220	1.50	*황동*	100[d]	2.00[d]
스테인리스강			*청동*	80[d]	0.65[d]
301, 302	170–190	0.50			
304	160–170	0.40			
316, 317	190–200	0.35			
403	190–210	0.55			
416	190–210	0.90			

브리넬 경도(*HB*)와 절삭성 등급(*MR*) 값은 문헌 문헌 [1], [4], [5], [7]과 기타 자료를 기초로 추정된 평균값이다. 브리넬 경도와 절삭성 등급은 주어진 공구 수명에 대해 상대적인 절삭속도로 나타낸다(예제 20.1 참조).
[a]절삭성 등급은 종종 백분율(인덱스 번호×100%)로 표시된다.
[b]합금강의 목록은 결코 완전하지 않다. 이 표에서는 일반적인 합금 중 일부를 포함하고, 이러한 강에 대한 절삭성 등급의 범위를 나타내었다.
[c]알루미늄의 절삭성은 매우 다양하다. 여기서 $MR = 5.00$으로 표시되어 있지만, 범위는 ~3.00에서 ~10.00이다.
[d]알루미늄 합금, 황동과 청동의 경도와 가공성능 차이는 매우 크다. 여기에 나열된 *MR* 값은 다른 공작물 재료들과의 상대적인 성능을 나타내기 위한 것이다.

가 없다는 것은 자주 있는 일이다. 이런 비용이 직접 제조비용으로 쉽게 정량화되지는 않지만, 그럼에도 불구하고 매우 중요하다. 공장의 제조 공정에 대해 보다 더 관리가 잘 되게 해주는 엄격한 공차가, 길게 볼 때 그 회사의 총 운전 비용(operating cost)을 낮출 수 있다.

20.2.2 절삭 가공의 표면 정도

절삭 가공은 부품의 최종 형상과 치수를 결정하는 경우가 많은 제조 공정이기 때문에 부품의 표면

표 20.2 절삭 공정에서 얻을 수 있는 일반적인 공차와 표면 거칠기(산술평균)

절삭 공정	공차 mm	표면 거칠기(AA) μm	절삭 공정	공차 mm	표면 거칠기(AA) μm
선삭, 보링		0.8	***리밍***		0.4
직경 D < 25 mm	±0.025		직경 D < 12 mm	±0.025	
25 mm < D < 50 mm	±0.05		12 mm < D < 25 mm	±0.05	
직경 D > 50 mm	±0.075		직경 D > 25 mm	±0.075	
드릴링[a]		0.8	***밀링***		0.8
직경 D < 2.5 mm	±0.05		평 밀링	±0.025	
2.5 mm < D < 6 mm	±0.075		정면 밀링	±0.025	
6 mm< D < 12 mm	±0.10		엔드밀링	±0.05	
12 mm < D < 25 mm	±0.125		***형삭, 슬로팅***	±0.025	1.6
직경 D > 25 mm	±0.20		***평삭***	±0.075	1.6
브로칭	±0.025	0.2	***톱 작업***	±0.50	6.0

문헌 [2], [5], [7], [8], [12], [15]로부터 편집함, AA = 산술 평균.
공차와 표면 거칠기 값은 기계나 다른 요인에 의해 변할 수 있다.
[a]드릴링 공차는 전형적인 편의된 양쪽 공차(예: +0.20/−0.05)로 표현된다. 이 표의 값은 가장 근접한 양쪽 공차(예: ±0.125)로 나타내었다.

구조(surface texture, 6.3.2절)를 결정하게 되는 경우도 자주 있다. 표 20.2는 절삭 공정으로 얻을 수 있는 전형적인 표면 거칠기를 나타낸다. 이 정도의 표면 거칠기는 현대식 공작 기계로 쉽게 얻을 수 있다.

절삭 가공면의 거칠기는 다음과 같이 분류되는 많은 요인들에 의해 영향을 받는다. (1) 기하학적 요인, (2) 공작물 재료, (3) 진동과 공작 기계이다.

기하학적 요인

이것은 가공 부품의 표면 형상을 결정하는 절삭 가공의 인자로서 다음과 같은 것이 있다. (1) 절삭 공정의 유형, (2) 절삭 공구 형상, 특히 노즈 반경, (3) 이송이다. 이런 요인들에 의해 결정되는 표면 형상을 '이상적(ideal)' 혹은 '이론적(theoretical)' 표면 거칠기라 하며, 공작물 재료, 진동, 공작 기계의 영향이 없는 상태에서 얻을 수 있는 표면 정도이다.

공정 유형은 표면을 생성하기 위해 사용되는 절삭 가공 공정을 지칭한다. 예를 들면 평 밀링, 정면 밀링, 형삭은 모두 편평한 표면을 만들어낸다. 그러나 표면 형상은 각 공정 유형에 따라서 다른데, 공구 형상의 차이점과 공구와 표면과의 상호작용의 차이점 때문이다. 이러한 차이점은 그림 6.13과 같이 표면에 다양한 레이(lay, 표면 조직의 지배적인 방향이나 무늬)를 만들게 된다.

공구 형상과 이송이 결합하여 표면 형상을 만든다. 공구 형상 중에서 공구 끝의 형상이 가장 중요하다. 단인 공구에 대해 이러한 영향이 그림 20.1에 있다. 같은 크기의 이송에서 노즈 반경이 커질수

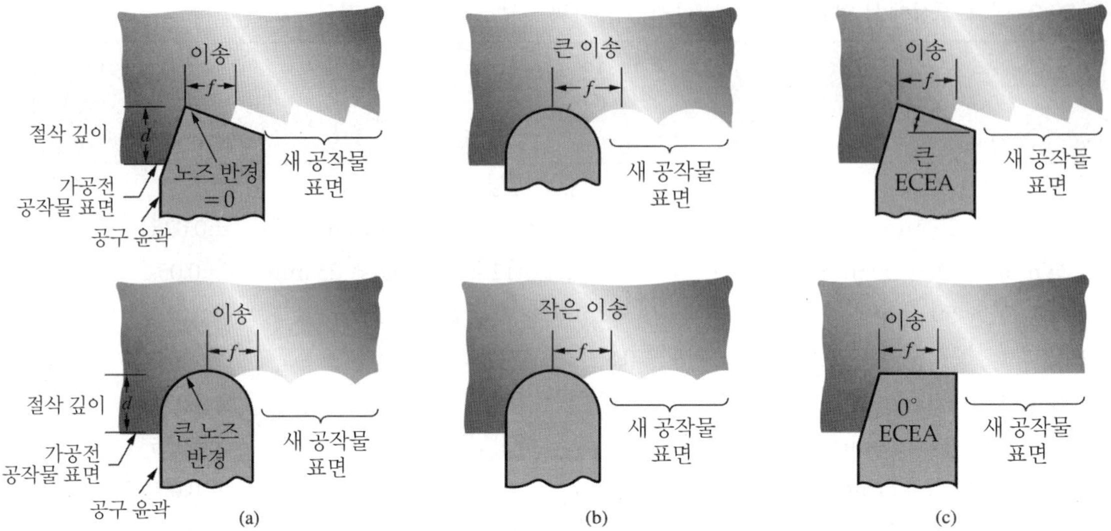

그림 20.1 단인 공구에 대해 공작물 표면의 이상적 표면 거칠기를 결정하는 기하학적 요인의 영향. (a) 노즈 반경의 영향, (b) 이송의 영향, (c) 전방 절삭날각의 영향. f = 이송, d = 절삭 깊이.

록 이송 자국(feed mark)이 덜 뚜렷해져서 표면 정도가 좋아진다. 같은 크기의 노즈 반경에서는 이송이 커질수록 이송 자국이 더 뚜렷해져서 이상적 표면 거칠기의 값이 증가한다. 이송 속도가 충분히 크고 노즈 반경이 충분히 작아서 전방 절삭날이 새로운 표면을 생성하는 데 참여한다면, 전방 절삭날각(end cutting-edge angle, ECEA)이 표면 형상에 영향을 미칠 것이다. 이 경우에 전방 절삭날각이 커질수록 표면 거칠기의 값이 증가한다. 이론적으로 전방 절삭날각이 영이 되면 완전 평면을 얻게 된다. 그러나 공구, 공작물 재료, 가공 공정의 불완전성이 이와 같은 완전 평면의 생성을 불가능하게 한다.

단인 공구로 생성된 표면의 이상적 표면 거칠기를 예측하기 위해 노즈 반경과 이송의 영향을 한 개의 식으로 결합할 수 있다. 이 식은 선삭, 형삭, 평삭과 같은 공정에 적용된다.

$$R_i = \frac{f^2}{32NR} \tag{20.1}$$

여기서, R_i = 이론적 산술 평균 표면 거칠기(mm), f = 이송(mm), NR = 노즈 반경(mm)이다. 이 식은 노즈 반경이 0이 아니고, 이송과 노즈 반경이 표면 형상을 결정하는 주된 요인이라고 가정한다. R_i의 값은 mm 단위이고, μm로 변환될 수 있다. 식 (20.1)은 인서트를 가진 정면 밀링의 이상적 표면 거칠기를 구할 때에도 사용될 수 있으며, 이때 f는 칩부하(chip load, 날당 이송)을 의미한다.

식 (20.1)은 날카로운 절삭날을 가정한다. 공구가 마모됨에 따라 절삭날 끝의 형상이 바뀌게 되고, 이것이 공작물의 표면 형상에 반영된다. 공구 마모가 작으면 이 영향이 잘 나타나지 않지만, 공구 마모(특히 노즈 반경 마모)가 커짐에 따라 표면 거칠기는 (20.1) 식에서 주어지는 이상적인 값에 비해 나빠진다.

공작물 재료 요인

공작물 재료에 관련된 요인들과 공작물-공구와의 상호작용 때문에 대부분의 절삭 가공 공정에서 이상적 표면 거칠기를 달성하는 것은 가능하지 않다. 공작물 재료에 관련된 다음과 같은 요인들이 표면 정도에 영향을 미친다. (1) 구성 인선 - 구성 인선이 주기적으로 형성되고 떨어져 나가면서 입자들이 새롭게 생성된 공작물 표면에 부착되어 표면을 사포(sandpaper)와 같이 거칠게 한다, (2) 칩이 말리면서 공작물 표면에 입히는 손상, (3) 연성 재료를 가공할 때 칩형성 중 공작물 표면의 파열, (4) 취성 재료를 가공할 때 불연속칩의 형성으로 인한 공작물 표면의 균열, (5) 공구 여유면과 새롭게 생성된 공작물 표면 사이의 마찰이다. 이런 공작물 재료 요인들은 절삭 속도와 경사각의 영향을 받기 때문에 일반적으로 절삭 속도나 경사각을 증가시키면 표면 정도를 향상시킬 수 있다.

공작물 재료 요인들은 일반적으로 이상적인 표면 정도보다 실제 표면 정도를 더 나쁘게 한다. 이상적 표면 거칠기 값을 실제 표면 거칠기 값의 추정치로 변환시키는 데 경험적인 비율이 사용될 수 있다. 이 비율은 구성 인선의 형성, 파열 등의 요인들을 고려하였고, 공작물 재질뿐만 아니라 절삭 속도에도 의존한다. 그림 20.2는 여러 공작물에 대해 이상적 표면 거칠기에 대한 실제 표면 거칠기의 비율을 절삭 속도의 함수로써 나타낸 것이다.

절삭 가공 공정에서 실제 표면 거칠기를 예측하려면 이상적 표면 거칠기 값을 구한 다음, 이 값에 앞에서 설명한 비율을 곱하면 된다. 이것을 요약하면 다음 식과 같다.

$$R_a = r_{ai} R_i \tag{20.2}$$

여기서 R_a = 실제 표면 거칠기 추정값, r_{ai} = 이상적 표면 거칠기에 대한 실제 표면 거칠기 비율(그림 20.2), R_i = 이상적 표면 거칠기 값(식 (20.1))이다.

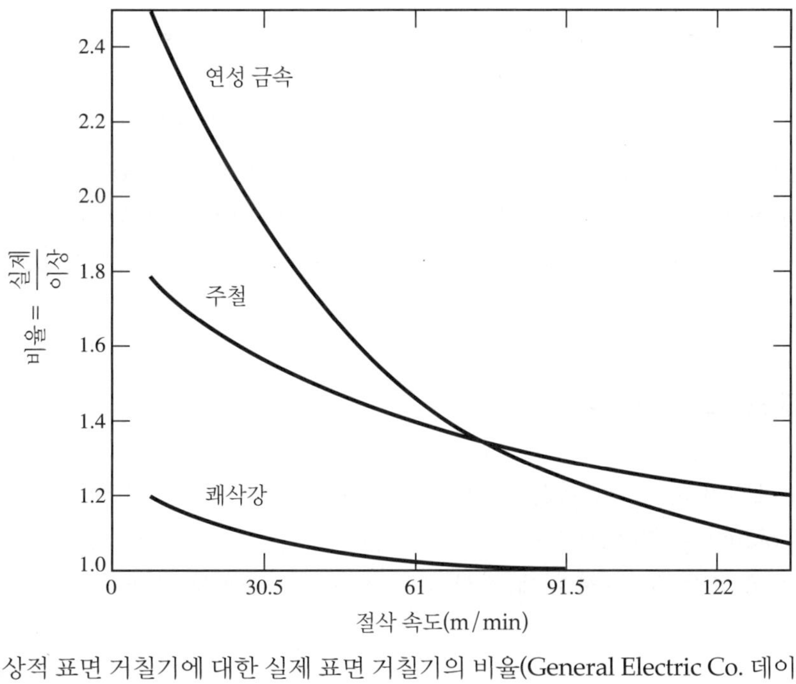

그림 20.2 이상적 표면 거칠기에 대한 실제 표면 거칠기의 비율(General Electric Co. 데이터[14]).

예제 20.2

표면 거칠기

노즈 반경 = 1.4 mm인 공구를 사용하여 C1008 강(연강)을 선삭한다. 절삭 속도 = 120 m/min, 이송 = 0.30 mm/rev이다. 주어진 절삭 파라미터에 의해 생성되는 표면 거칠기 값을 계산하라.

풀이

이상적 표면 거칠기는 식 (20.1)로부터 계산될 수 있다.

$$R_i = (0.30)^2/(32 \times 1.4) = 0.0020 \text{ mm} = 2.0 \text{ μm}$$

그림 20.2로부터 120 m/min의 절삭 속도에서 연성 금속에 대한 실제/이상 거칠기비율은 약 1.15이다. 따라서 이 공정에 대한 실제 표면 거칠기는 다음과 같이 계산된다.

$$R_a = 1.15 \times 2.0 = \mathbf{2.3\ μm}$$

진동과 공작 기계 요인

이 요인들은 공작 기계, 공구, 셋업과 관련되어 있고, 다음과 같은 것들이 있다. 공작 기계의 진동, 공구의 ***채터(chatter)***나 진동, 고정구의 변형(진동을 유발), 특별히 오래된 공작 기계 이송 기구의 백래시(backlash)이다. 이런 요인들이 최소화되거나 제거된다면, 절삭 가공의 표면 거칠기는 이미 기술한 기하학적 요인들과 공작물 재료 요인에 의해 주로 결정될 것이다.

절삭 공정의 채터나 진동은 공작물 표면에 뚜렷한 표면 파형(waviness)을 남긴다. 채터가 발생되면 경험 있는 기계 기술자가 인식할 수 있는 독특한 소음이 발생된다. 진동을 줄이거나 제거할 수 있는 다음과 같은 방법들이 있다. (1) 강성과 댐핑의 추가, (2) 공작 기계의 고유 진동수를 피하는 속도에서의 작업, (3) 절삭력을 감소시키기 위한 이송과 절삭 깊이의 감소, (4) 절삭력을 감소시키기 위한 커터 설계의 변경이다. 공작물 형상이 때로는 채터에 중요한 역할을 한다. 얇은 단면은 채터 발생 가능성을 높이기 때문에 채터를 줄이기 위해서는 공작물을 추가적으로 지지할 필요가 있다.

20.3 절삭 가공의 경제성

절삭 가공에서 실제적인 문제는 주어진 공정에 대해 적당한 절삭 조건을 선정하는 것이다. 이는 공정 계획(process planning, 35.1절) 기능 중의 하나이다. 각 공정에 대해 공작물의 절삭성, 부품 형상, 표면 거칠기 등을 고려하여 공작 기계, 절삭 공구, 절삭 조건에 관한 사항들을 결정해야 한다.

20.3.1 이송과 절삭 깊이의 선정

절삭 조건은 절삭 속도, 이송, 절삭 깊이, 절삭유(절삭유의 사용 유무, 절삭유의 종류)로 구성된다. 일반적으로 공구 선정은 절삭유의 결정에 중요하게 작용한다(19.4절). 절삭 깊이는 공작물 형상과 공정 순서에 따라서 미리 정해지는 경우가 많다. 일반적으로 일련의 황삭 작업을 한 후에 최종 정삭 작업이 수행된다. 황삭에서 절삭 깊이는 동력, 공작 기계와 공작물 셋업의 강성, 절삭 공구 강도 등의 한도 내에서 가능한 한 크게 정해진다. 정삭에서 절삭 깊이는 부품의 최종 치수를 얻도록 정해진다.

그 다음 이송과 절삭 속도 선정의 문제가 남는다. 일반적으로 ***이송을 우선 정하고 그 다음 절삭 속도를 정하는 순서***로 행해진다. 주어진 절삭 가공 공정에서 적당한 이송 속도의 결정은 다음과 같은 인자들에 의존한다.

- ***공구.*** 어떤 공구를 사용할 것인가? 경질 공구 재료(초경, 세라믹 등)는 고속도강보다 더 쉽게 파괴되는 경향이 있다. 이런 공구들은 보통 낮은 이송 속도에서 사용된다. 고속도강은 인성이 크기 때문에 높은 이송을 견딜 수 있다.
- ***황삭 혹은 정삭.*** 황삭은 높은 이송이 수반된다(선삭에서 0.5~1.25 mm/rev). 정삭은 낮은 이송이 수반된다(선삭에서 0.125~0.4 mm/rev).
- ***황삭에서의 이송 조건.*** 황삭이라면 이송 속도는 얼마까지 가능한가? 최대 소재 제거율을 위해 이송은 가능한 한 크게 정해져야 한다. 이송의 최대치는 절삭력, 공작물 셋업 강성, 동력에 따라 정해진다.
- ***정삭에서 요구되는 표면 정도.*** 정삭이라면 원하는 표면 정도는 얼마인가? 이송은 표면 정도의 중요한 요인이 된다. 예제 20.2와 같은 계산을 이용해 원하는 표면 정도를 산출할 수 있는 이송을 얻을 수 있다.

20.3.2 최적 절삭 속도

절삭 속도의 선정은 절삭 공구의 효과적인 사용을 위해 가장 중요하다. 즉, 적당하게 긴 공구 수명과 함께 높은 소재 제거율을 제공할 수 있는 속도를 선택하는 것을 의미한다. 주어진 절삭 공정의 시간과 비용에 관한 정보를 알고 있는 경우, 최적 절삭 속도를 결정할 수 있는 수학적인 식이 유도되었다. W. Gilbert[10]가 ***절삭 가공의 경제성***에 관한 식을 처음으로 유도하였다. 이 식에서 최적 절삭 속도가 두 가지 목적으로 계산된다. (1) 최대 생산 속도(production rate), (2) 최소 단위 비용(unit cost). 두 가지 목적 함수 모두 소재 제거율과 공구 수명 사이에서 적절한 균형을 찾는 것이다. 이 식은 공정에 사용되는 공구에 대한 Taylor 공구 수명식을 알고 있어야 한다. 따라서 이송, 절삭 깊이, 공작물 재료는 이미 정해져 있다. 선삭의 경우에 대해 식을 유도하겠지만 다른 종류의 절삭 공정에도 비슷한 식을 유도할 수 있다[3].

최대 생산 속도

생산 속도를 최대로 하기 위해 사이클당 가공 시간을 최소로 하는 절삭 속도를 결정한다. 이는 사이클당 절삭 시간을 최소로 하는 것이 생산 속도를 최대로 하는 것과 같기 때문이다. 1장의 기본 사이클 타임 식 (1.1)을 고려하면,

$$T_c = T_o + T_h + T_t$$

여기서 T_c = 사이클 타임(cycle time), T_o = 운전 시간(operation time), T_h = 공작물 취급 시간, 그리고 T_t = 공구 교환 시간이다. 선삭 공정에서 이 세 가지 시간 요소들은 다음과 같이 정의된다.

1. ***가공 시간(machining time)*** T_m. 이것은 공구가 실제로 가공하는 데 소요되는 시간이다. 이는 식 (1.1)에서의 운전 시간 T_o이다.
2. ***공작물 취급 시간(work handling time)*** T_h. 이것은 작업자가 초기에 공작 기계에 공작물을 장착하고 가공이 완료된 후에 공작물을 탈착하는 데 걸리는 시간이다. 다음 사이클을 시작하기 위해 공구를 재 위치시키는 데 걸리는 추가 시간이 여기에 포함된다.
3. ***공구 교환 시간(tool change time)*** T_t. 공구 수명이 끝나서 공구를 교환하려면 시간이 걸린다. 이 시간은 공구 수명이 다할 때까지 절삭된 공작물 수에 따라 배분되어야 한다. n_p = 공구 수명당 절삭된 공작물 수(공구를 교환할 때까지 한 개의 절삭 날로 가공한 공작물 수)라 하면, 공작물당 공구 교환 시간 = T_t / n_p가 된다.

이 세 가지 시간 요소의 합이 주어진 공정 사이클에 대한 단위공작물당 총 사이클 타임이 된다.

$$T_c = T_m + T_h + \frac{T_t}{n_p} \tag{20.3}$$

여기서 T_c = 공작물당 사이클 타임(min)이다. 다른 항들은 위에 정의되어 있다.

사이클 타임 T_c는 절삭 속도의 함수이다. 절삭 속도가 증가함에 따라 T_m은 감소하고 T_t / n_p는 증가한다. T_h는 절삭 속도의 영향을 받지 않는다. 이 세 가지 관계가 그림 20.3에 나타나 있다.

특정 절삭 속도에서 공작물당 총 사이클 타임이 최소가 된다. 이 최적 절삭 속도를 식 (20.3)을 속도의 함수로 변환하여 구할 수 있다. 직선 선삭 공정에서 가공 시간은 식 (18.5)에서 다음과 같이 주어진다.

$$T_m = \frac{\pi DL}{fv}$$

여기서 T_m = 가공 시간(min), D = 공작물 직경(mm), L = 공작물 길이(mm), f = 이송(mm/rev), v = 절삭 속도(mm/min)이다.

공구당 공작물 수 n_p 또한 속도의 함수로서 다음과 같다.

$$n_p = \frac{T}{T_m} \tag{20.4}$$

여기서 T = 공구 수명(min/tool), T_m = 공작물당 가공 시간(min/pc)이다. T와 T_m 모두가 속도의 함수이므로 이 비율도 속도의 함수이다.

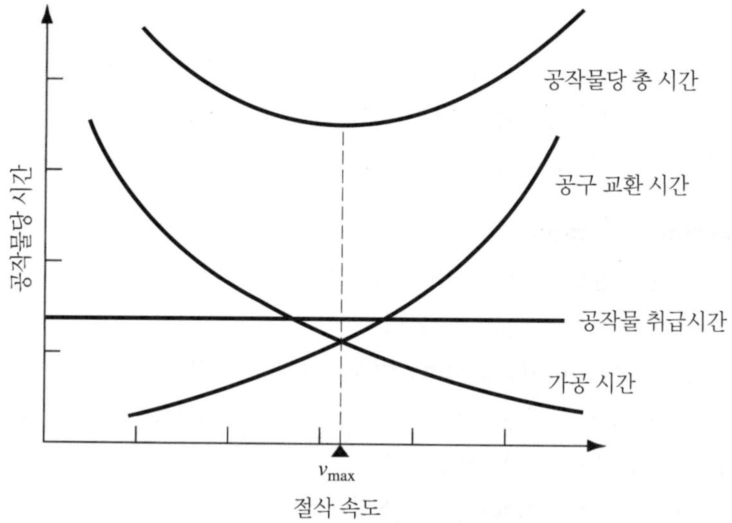

그림 20.3 절삭 속도의 함수로 나타낸 가공 사이클의 시간 요소. 공작물당 총 사이클 타임은 특정 절삭 속도 값에서 최소화된다. 이것이 최대 생산 속도를 위한 절삭 속도이다.

$$n_p = \frac{fC^{1/n}}{\pi DLv^{1/n-1}} \tag{20.5}$$

이 식에 의하면 절삭 속도가 증가함에 따라 식 (20.3)의 T_t/n_p가 증가한다. 식 (18.5)와 식 (20.5)를 식 (20.3)에 대입하면 T_c는 다음과 같이 된다.

$$T_c = \frac{\pi DL}{fv} + T_h + \frac{T_t(\pi DLv^{1/n-1})}{fC^{1/n}} \tag{20.6}$$

식 (20.6)을 미분한 식이 0이 되는 절삭 속도에서 공작물당 사이클 타임이 최소가 된다.

$$\frac{dT_c}{dv} = 0$$

이 식을 풀면 주어진 공정의 최대 생산 속도를 위한 절삭 속도를 구할 수 있다.

$$v_{max} = C\left(\frac{n}{1-n} \cdot \frac{1}{T_t}\right)^n \tag{20.7}$$

여기서 v_{max}은 Taylor 공구 수명식에서 C의 단위와 동일한 m/min으로 표현된다. 최대 생산 속도에 대응하는 공구 수명은 다음과 같다.

$$T_{max} = \left(\frac{1}{n} - 1\right)T_t \tag{20.8}$$

최소 단위 비용

공작물 단위당 비용을 최소화시키기 위해 주어진 공정의 사이클당 생산 비용을 최소로 하는 절삭 속도를 결정한다. 이 경우에 대한 식을 유도하기 위해 선삭 공정에서 한 개의 공작물 생산에 필요한 총 비용을 결정하는 네 가지 비용 요소를 고려한다.

1. ***가공 시간(machining time) 비용***. 이것은 공구가 가공에 참여하는 시간 비용이다. C_o를 결정하기 위해 1.5.2절의 방법을 사용하면, C_o를 작업자와 기계의 시간당 비용(cost rate, 즉, \$/min)이라면 가공 시간 비용은 C_oT_m이 된다.
2. ***공작물 취급 시간(work handling time) 비용***. 이것은 작업자가 공작물을 장착하고 탈착하는 데 필요한 시간 비용이다. C_o를 작업자와 기계의 분당 비용(cost per minute)이라고 하면 공작물 취급 시간 비용은 C_oT_h가 된다.
3. ***공구 교환 시간(tool change time) 비용***. 공구 교환 시간 비용은 C_oT_t/n_p가 된다.
4. ***공구 비용(tooling cost)***. 공구 교환 비용에 추가해 공구 자체의 비용이 총 공정 비용에 더해져야 한다. 이것은 절삭날당 비용 C_t를 한 개의 절삭날이 가공한 공작물 수 n_p로 나눈 값이다. 따라서 공작물당 공구 비용은 C_t/n_p가 된다.

공구 비용은 공구 유형에 따라 영향을 받기 때문에 추가 설명이 필요하다. 사용 후 버리는 인서트(예를 들면 초경 인서트)의 공구 비용은 다음과 같다.

$$C_t = \frac{P_t}{n_e} \tag{20.9}$$

여기서 C_t = 절삭날당 비용(\$/tool life), P_t = 인서트 비용(\$/insert), n_e = 인서트당 절삭날 수이다. 이것은 인서트 형태에 의존한다. 예를 들면, 한 면만 사용(양의 경사각 공구)할 수 있는 삼각 인서트는 3개의 절삭날이 있고, 이 인서트의 양 면을 사용(음의 경사각 공구)할 수 있다면 6개의 절삭날이 된다.

재연삭이 필요한 일체형 공구(예를 들면, 고속도강, 브레이징된 초경)에 대한 공구 비용은 구입 비용과 재연삭 비용이 포함된다.

$$C_t = \frac{P_t}{n_g} + T_gC_g \tag{20.10}$$

여기서 C_t = 공구 수명당 비용(\$/tool life), P_t = 공구 구입 비용(\$/tool), n_g = 공구당 공구 수명 수(더 이상 사용할 수 없을 때까지의 재연삭 횟수, 황삭용은 5~10회, 정삭용은 10~20회), T_g = 공구연삭 시간(min/tool life), C_g = 시간당 연삭 비용(\$/min)이다.
주어진 가공 사이클에 대한 단위 생산당 총비용(C_c)은 다음과 같이 네 가지 비용 요소들의 합이다.

$$C_c = C_oT_m + C_oT_h + \frac{C_oT_t}{n_p} + \frac{C_t}{n_p} \tag{20.11}$$

C_c는 절삭 속도의 함수로서, T_c가 절삭 속도의 함수인 것과 유사하다. 각 항들과 총 비용과의 관계가

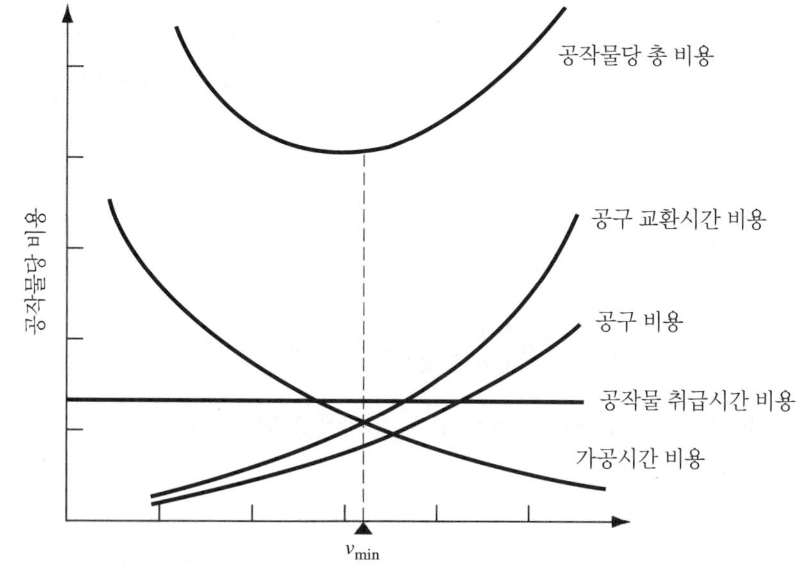

그림 20.4 절삭 속도의 함수로 나타낸 절삭에서의 비용 요소. 어떤 절삭 속도에서 공작물당 총 비용이 최소가 된다. 이것이 공작물당 최소 비용을 위한 절삭 속도이다.

절삭 속도의 함수로서 그림 20.4에 나타나 있다. 식 (20.11)은 다음과 같이 v의 함수로 변환될 수 있다.

$$C_c = \frac{C_o \pi DL}{fv} + C_o T_h + \frac{(C_o T_t + C_t)(\pi DLv^{1/n-1})}{fC^{1/n}} \tag{20.12}$$

주어진 공정에서 공작물당 최소 비용을 얻기 위한 절삭 속도는 식 (20.12)를 v에 관하여 미분해 0으로 놓으면 구할 수 있다. 이렇게 해서 구한 v_{min}은 다음과 같다.

$$v_{min} = C\left(\frac{n}{1-n} \cdot \frac{C_o}{C_o T_t + C_t}\right)^n \tag{20.13}$$

이에 대응하는 공구 수명은 다음과 같다.

$$T_{min} = \left(\frac{1}{n} - 1\right)\left(\frac{C_o T_t + C_t}{C_o}\right) \tag{20.14}$$

예제 20.3

절삭 가공의 경제성 관점에서 절삭 속도의 결정

고속도강 공구로 연강을 다음과 같은 조건으로 선삭한다. Taylor 공구 수명식의 $n = 0.145$, $C = 50$ m/min(표 19.2), 공작물 길이 = 450 mm, 직경 = 110 mm, 이송 = 0.20 mm/rev, 공

작물당 취급 시간 = 6.0 min, 공구 교환 시간 = 2.5 min, 기계와 작업자의 비용 = 60 $/hr, 절삭날당 공구 비용 = 5$이다. (a) 최대 생산 속도를 위한 절삭 속도를 구하라. (b) 최소 비용을 위한 절삭 속도를 구하라.

풀이

(a) 최대 생산 속도를 위한 절삭 속도는 식 (20.7)로 주어진다.

$$v_{\max} = 50\left(\frac{0.145}{0.855}\cdot\frac{1}{2.5}\right)^{0.145} = \mathbf{33.84\ m/min}$$

(b) $C_o = 60$ $/hr를 1 $/min으로 변환하고, 최소 비용을 위한 절삭 속도를 식 (20.13)을 이용하여 계산한다.

$$v_{\min} = 50\left(\frac{0.145}{0.855}\cdot\frac{1}{1(2.5)+5.00}\right)^{0.145} = \mathbf{28.84\ m/min}$$

예제 20.4

절삭 가공의 경제성 관점에서 생산 속도와 비용

예제 20.3에서 계산된 두 가지 절삭 속도에 대해 시간당 생산 속도(생산률)와 공작물당 비용을 결정하라.

풀이

최대 생산 속도를 위한 절삭 속도 $v_{\max} = 33.84$ m/min에 대해 공작물당 가공 시간과 공구 수명을 다음과 같이 계산된다.

$$\text{가공 시간} : T_m = \frac{\pi(0.45)(0.11)}{(0.20)(10^{-3})(33.84)} = 22.96\ \text{min/pc}$$

$$\text{공구 수명} : T = \left(\frac{50}{33.84}\right)^8 = 14.72\ \text{min/cutting edge}$$

이로부터 공구당 공작물 수는 $n_p = 14.72/22.96 = 0.641$이다. 식 (20.3)으로부터, 이 공정에 관한 평균 생산 사이클 타임은 다음과 같다.

$$T_c = 22.96 + 6 + 2.5/0.641 = 32.86\ \text{min/pc}$$

대응하는 시간당 생산 속도는 $R_p = 60/32.86 =$ **1.82 pc/hr**이다. 식 (20.11)로부터, 이 공정에 대한 공작물당 평균비용은 다음과 같다.

$$C_c = 1.0(22.96) + 1.0(6.0) + 1.0(2.5)/0.641 + 5/0.641 = \mathbf{40.66\ \$/pc}$$

가공 부품은 보통 배치(순차적 배치 처리, sequential batch processing)로 생산되며, 1.5.1절의 여러 식들이 적용될 수 있다.

$$T_b = T_{su} + Q_b T_c \tag{20.15}$$

여기서 T_b = 배치가 완료되는 총 시간(min/batch); T_{su} = 셋업 시간(min/batch); Q_b = 배치 수량(pc/batch); 그리고 T_c = 사이클 타임(min/pc) 이며, 각 사이클마다 한 개의 부품이 생산된다고 가정한다. 셋업 시간의 영향이 포함된 개당 평균 생산 시간은 배치 시간을 배치 수량으로 나눈 값이다.

$$T_p = \frac{T_b}{Q_b} \tag{20.16}$$

여기서 T_p = 개당 평균 생산 시간(min/pc); 그리고 다른 항들은 위에 정의되어 있다. 평균 생산 시간 T_p는 배치 처리 중 평균 생산 속도(average production rate)를 결정하는 데 사용될 수 있다.

$$R_p = \frac{60}{T_p} \tag{20.17}$$

여기서 R_p = 시간당 평균 생산 속도(pc/hr). 셋업 후 생산 운전 중의 생산 속도는 사이클 타임의 역수이다.

$$R_c = \frac{60}{T_c} \tag{20.18}$$

여기서 R_c = 시간당 사이클 속도(pc/hr). 셋업 시간이 0($R_c \geq R_p$)이 아니면 사이클 속도(cycle rate)는 항상 실제 평균 생산 속도보다 크다.

공구의 리컨디셔닝

고성능 및 고급 절삭 공구는 절삭 작업의 생산성과 효율성을 향상시킨다. 그러나 이는 추가 비용 부담이 증가하여 전체 툴링 예산을 감소시킨다. 이러한 고가의 공구 비용을 감당하려면 공구가 마모될 때 리컨디셔닝(reconditioning, 재생) 및 재연마 작업을 통해 수명을 연장하여 공구 비용이 감소되어야한다. 첨단 고성능 절삭 공구는 고가이지만 현재 산업에서 점점 더 보편화되고 있는 고속 가공에 필수적인 요소이다. 그러나 첨단 가공 공정은 절삭 공구가 정확한 표준과 매우 엄밀한 공차에 따라 제조되어야 한다는 점이 상황을 복잡하게 만든다. 이는 리컨디셔닝 공정을 매우 복잡하게 만든다. 실제로 대부분의 첨단 가공 공장에서는 공구를 다양한 리컨디셔닝 공장으로 보낸다. 현대식 리컨디셔닝 시설에서는 다축 CNC 공구 연삭기가 기존의 셋업을 대체했으며, 초연마 입자 연삭 휠(super abrasive grinding wheel)도 사용된다. 따라서 성공적인 리컨디셔닝을 위해서는 효과적인 관리로 비용 편익(cost benefit)을 극대화 시키는 최적의 방법과 올바른 프로그램을 찾는 것이 필요하다. 그러나 리컨디셔닝 프로그램의 첫 단계는 절삭 가공 공정에서 공구를 올바르게 적용하는 것이다.

절삭 가공의 경제성 고려

위와 같은 최적 절삭 속도에 관한 식에 대해 실제적으로 몇 가지 고려할 점들이 있다. 첫째, 식 (20.7)이나 식 (20.13)에 의하면, Taylor 공구 수명식의 C와 n값들이 증가함에 따라 최적 절삭 속도도 증가한다. 상대적으로 높은 절삭 속도에서는 고속도강 공구보다는 초경 합금과 세라믹 절삭 공구가 사용되어야 한다.

둘째, 절삭 속도식에 따르면 공구 교환 시간과 공구 비용(T_t와 C_t)이 증가하게 되면, 절삭 속도가 감소한다. 낮은 절삭 속도에서는 공구 수명이 길어지기 때문에 공구 교환 시간이나 공구 비용이 크다면 공구를 자주 교환하는 것은 낭비다. 사용 후 버리는 인서트가 재연삭하는 공구보다 일반적으로 상당한 경제적인 이점이 있다는 것은 공구 비용에 있어 중요한 사실이다. 인서트당 비용은 크지만 인서트당 날 수가 충분히 많고 절삭날을 교환하는 시간이 비교적 적기 때문에 사용 후 버리는 공구는 일반적으로 높은 생산 속도와 적은 단위 공작물당 비용을 얻을 수 있다.

셋째, v_{max}은 항상 v_{min}보다 크다. 식 (20.11)의 공구 비용 C_t/n_p 항은 그림 20.4에서 최적 속도값을 왼쪽으로 미는 효과를 가지고 있어, 그림 20.3보다 낮은 값을 초래한다. 대부분의 기계 공장에서는 v_{max}보다 높거나 v_{min}보다 낮은 속도로 절삭하는 위험성보다는 v_{min}과 v_{max} 사이의 속도에서 작업하려고 노력한다. 이 속도 간격을 '**고효율 구간(high-efficiency range)**'이라고 지칭하기도 한다.

절삭 가공에서 이송과 속도를 선정하기 위해 여기서 기술한 과정은 실제로 적용되기 어려운 경우가 많다. 각 공작 기계에 대해 표면 정도, 절삭력, 동력 등이 이송과 어떤 관계가 있는지를 쉽게 규명하기가 어렵기 때문에 최적 이송 속도를 결정하는 것은 어렵다. 적당한 이송을 선정하기 위해서는 경험, 판단, 실험이 필요하다. 일반적으로 Taylor 식의 매개 변수 C와 n은 사전 시험 없이는 알 수 없기 때문에 최적 절삭 속도를 계산하기가 어렵다. 그리고 생산 현장에서 이와 같은 시험은 비용이 많이 든다.

20.4 제품 설계 시 고려사항

공차와 표면 정도를 기술(20.2절)하면서 부품 설계에 관한 몇 가지 중요한 점들을 설명하였다. 이 절에서는 절삭 가공시의 부품 설계 지침을 설명한다[1], [5], [15].

- 가능하다면 절삭 가공이 필요하지 않도록 부품을 설계한다. 이것이 불가능하다면 부품에 필요한 절삭 가공의 양을 최소화한다. 일반적으로 정밀 주조, 폐금형 단조, 플라스틱성형 같은 정형(net shape) 공정이나 형 단조와 같은 준정형(near net shape) 공정을 이용하는 것이 비용이 적게 든다. 다음과 같은 요인들은 절삭 가공이 필요하다. 엄격한 공차, 좋은 표면 정도, 특별한 기하학적 형상(나사산, 정밀한 구멍, 높은 진원도를 가진 원통형 등)이다.
- 공차는 기능적인 요구 조건이 만족되도록 정해져야 되지만, 공정 능력이 또한 고려되어야 한다. 절삭 가공의 공차 능력에 대한 표 20.2를 참조하라. 지나치게 엄격한 공차는 비용이 많이 들

고 제품의 가치를 높이지도 않는다. 공차가 엄격할수록 추가적으로 생기는 공정, 고정구, 검사, 분류, 재가공, 폐기물 등으로 인해 제품 생산 비용이 보통 증가한다.

- 표면 정도는 기능적 또는 미적 요구 조건이 만족되도록 정해져야 되지만, 일반적으로 좋은 표면 정도는 연삭과 래핑 같은 추가 공정이 필요하기 때문에 공정 비용을 증가시킨다.
- 날카로운 코너, 모서리, 끝점 등은 가공하기 어렵기 때문에 피해야 한다. 날카로운 안쪽 코너를 가공하기 위해서는 날카로운 절삭 공구가 필요한데, 이는 절삭 중에 파손되기 쉽다. 외부에 있는 날카로운 끝과 모서리는 버(burr)가 발생되기 쉽고 취급하기도 어렵다.
- 깊은 구멍의 보링 공정은 긴 보링바가 필요하기 때문에 피해야 한다. 보링바는 강성이 좋아야 하고, 일반적으로 높은 탄성 계수를 가진 비싼 재료(예를 들면 초경 합금)가 필요하다.
- 절삭 가공 부품은 표준 규격에 있는 재료로 제작될 수 있도록 설계되어야 한다. 절삭 가공을 최소화하기 위해 표준 규격의 소재와 크기가 같거나 비슷한 외형 치수를 선택한다. 시중에서 구할 수 있는 표준 규격의 소재와 동일한 외경을 갖는 회전 부품(예, 회전축)의 설계를 예로 들수 있다.
- 절삭력과 공작물 체결력을 견딜 수 있는 충분한 강성을 갖도록 부품이 설계되어야 한다. 길고 가는 부품, 넓고 편평한 부품, 얇은 벽을 가진 부품 등의 절삭 가공은 가능한 한 피해야 한다.
- 그림 20.5와 같은 언더컷(undercut)은 대체로 추가적인 셋업, 공정, 특수 공구가 필요하기 때문에 피해야 한다. 또한 이것은 사용 중에 응력집중을 일으키기도 한다.
- 절삭성이 좋은 재료를 선택하여 설계(20.1절)해야 한다. 대체적으로, 재료의 절삭성 등급은 허용 절삭 속도와 생산 속도에 연관되어 있다. 그러므로 낮은 절삭성을 가진 재료로 만든 부품은 가공하는 데 비용이 많이 든다. 열처리로 경화된 부품은 최종 치수와 공차를 맞추기 위해 일반적으로 연삭하거나 비싼 공구로 정삭해야 한다.

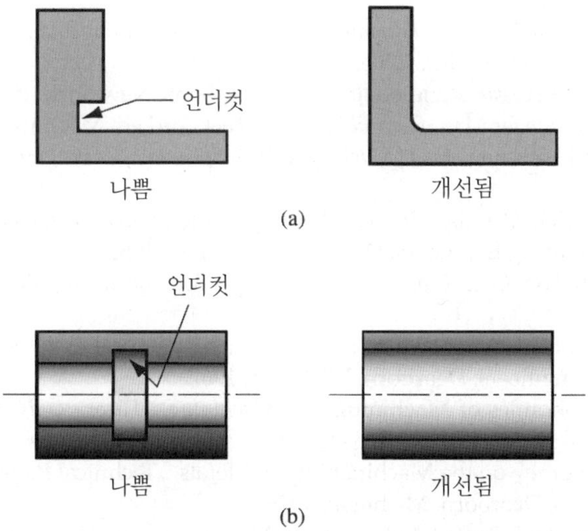

그림 20.5 언더컷을 가진 두 가지의 가공 부품. (a) 브래킷(bracket), (b) 회전형 부품. 부품 설계의 개선 정도를 보여준다.

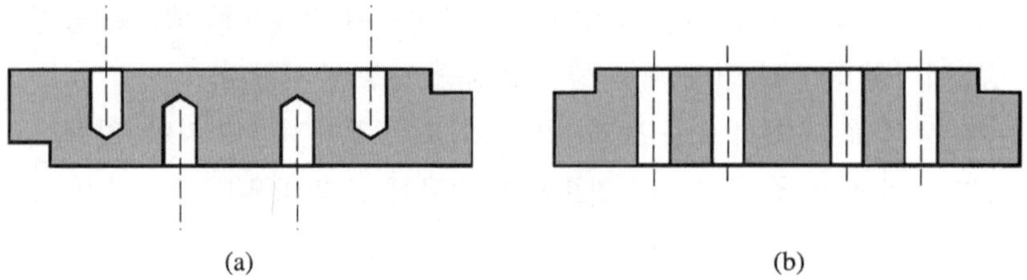

그림 20.6 유사한 구멍 특징을 가진 두 가지 부품. (a) 두 면에서 가공되어야 하는 구멍(두 번의 공작물 고정 작업이 필요), (b) 한 면에서 모두 가공될 수 있는 구멍.

- 절삭 가공 부품은 최소한(가능하면 한 번)의 공작물 고정 작업으로 가공될 수 있는 형상으로 설계되어야 한다. 이것은 보통 공작물의 한쪽 면만으로도 충분히 접근할 수 있는 기하학적 형상(그림 20.6)을 의미한다.
- 절삭 가공 부품은 표준 절삭 공구로 얻을 수 있는 형상이 되도록 설계되어야 한다. 이는 특별한 치수를 가진 구멍과 나사산, 특수 총형 공구가 필요한 부품 형상은 피해야 한다는 의미이다. 또한 절삭 가공에 필요한 절삭 공구들의 수가 최소화되도록 부품을 설계하는 것이 좋다. 이것은 머시닝 센터(18.5절)와 같이 한 대의 공작 기계에서 한 번의 셋업으로 가공이 완료될 수 있게 해준다.

참고문헌 *REFERENCES*

[1] Bakerjian, R. (ed.). *Tool and Manufacturing Engineers Handbook*. 4th ed. Vol. VI: *Design for Manufacturability*. Society of Manufacturing Engineers, Dearborn, Michigan, 1992.

[2] Black, J., and Kohser, R. *DeGarmo's Materials and Processes in Manufacturing*. 11th ed. John Wiley & Sons, Hoboken, New Jersey, 2012.

[3] Boothroyd, G., and Knight, W. A. *Fundamentals of Metal Machining and Machine Tools*. 3rd ed. CRC Taylor & Francis, Boca Raton, Florida, 2006.

[4] Boston, O. W. *Metal Processing*. 2nd ed. John Wiley & Sons, New York, 1951.

[5] Bralla, J. G. (ed.). *Design for Manufacturability Handbook*. 2nd ed. McGraw-Hill, New York, 1998.

[6] Brierley, R. G., and Siekman, H. J. *Machining Principles and Cost Control*. McGraw-Hill, New York, 1964.

[7] Drozda, T. J., and Wick, C. (eds.). *Tool and Manufacturing Engineers Handbook*. 4th ed. Vol. I: *Machining*. Society of Manufacturing Engineers, Dearborn, Michigan, 1983.

[8] Eary, D. F., and Johnson, G. E. *Process Engineering: for Manufacturing*. Prentice Hall, Englewood Cliffs, New Jersey, 1962.

[9] Ewell, J. R. "Thermal Coefficients—A Proposed Machinability Index." Tech. paper MR67-200, Society of Manufacturing Engineers, Dearborn, Michigan, 1967.

[10] Gilbert, W. W. "Economics of Machining." In *Machining—Theory and Practice*. American Society for Metals, Metals Park, Ohio, 1950, pp. 465–485.

[11] Groover, M. P. "A Survey on the Machinability of Metals." Technical Paper MR76-269, Society of Manufacturing Engineers, Dearborn, Michigan, 1976.

[12] *Machining Data Handbook*. 3rd ed. Vols. I and II. Metcut Research Associates, Cincinnati, Ohio, 1980.

[13] Schaffer, G. H. "The Many Faces of Surface Texture." Special rept. 801, American Machinist & Automated Manufacturing, June 1988, pp. 61–68.

[14] Surface Finish. Machining Development Service, Pub. no. A-5, General Electric Company, Schenectady, New York (no date).
[15] Trucks, H. E., and Lewis, G. *Designing for Economical Production*. 2nd ed. Society of Manufacturing Engineers, Dearborn, Michigan, 1987.
[16] Van Voast, J. *United States Air Force Machinability Report*. Vol. 3. Curtiss-Wright Corporation, Dayton, Ohio, 1954.

복습문제 *REVIEW QUESTIONS*

절삭성

20.1 절삭성을 정의하라.

20.2 재료의 절삭성을 좌우하는 몇 가지 특성들을 나열하라.

20.3 강(steel)의 절삭성에 대한 탄소 함유량의 영향은 무엇인가?

공차와 표면 정도

20.4 금속 판재에 구멍을 만드는 데 사용되는 공정 명칭은 무엇이며, 일반적으로 더 엄밀한 공차를 달성하기 위해 이전 공정이 필요한 또 다른 공정의 명칭은 무엇인가?

20.5 가공 중 표면 거칠기에 영향을 미치는 기하학적인 요소들을 설명하라.

20.6 선삭 공정으로 얻은 표면 정도에서 구성인선의 역할을 설명하라.

20.7 가공 부품의 표면 정도에 영향을 미치는 진동과 공작 기계 요소들의 역할을 설명하라.

절삭 가공의 경제성

20.8 절삭 가공 공정에서 절삭 깊이가 결정되면 나머지 두 절삭 조건(이송과 절삭 속도)을 선정하는 순서는?

20.9 선삭 공정의 사이클 타임 T_c를 결정하는 세 가지 용어를 나열하라.

20.10 절삭 가공 공정에서 적절한 이송 속도의 선정은 어떤 매개 변수에 따라 달라지는가?

20.11 Taylor 공구 수명식의 매개 변수 C가 증가함에 따라 절삭 가공의 경제성에서 최적 절삭 속도(v_{max} 또는 v_{min})에 미치는 영향은 무엇인가?

20.12 공구 교환 시간 T_t가 감소됨에 따라 절삭 가공의 경제성에서 최적 절삭 속도(v_{max} 또는 v_{min})에 미치는 영향은 무엇인가?

20.13 공구 비용 C_t가 감소됨에 따라 절삭 가공의 경제성에서 최적 절삭 속도(v_{max} 또는 v_{min})에 미치는 영향은 무엇인가?

연습문제 *PROBLEMS*

Machinability

20.1 Machinability ratings are to be determined for a new work material using the cutting speed for a specified tool life as the basis of comparison. For the base material (B1112 steel), test data resulted in Taylor equation parameter values of $n = 0.24$ and $C = 450$, where speed is m/min and tool life is min. For the new material, the parameter values were $n = 0.28$ and $C = 490$. Cemented carbide tools were used. Compute machinability ratings for the new material using as the tool life criterion (a) 60 min, (b) 10 min, and (c) 1.0 min. (d) What do the results show about the difficulties in machinability measurement?

20.2 For cutting a 25 mm plate, a small scale firm makes use of a band saw. The firm wants to use a newer material which is claimed to be more machinable while providing similar mechanical properties. In the absence of high end measuring devices, the firm makes use of a stopwatch for measuring the relative cutting time which turn out to be 65 sec for the current material and 58 sec for the newer material. (a) Develop a machinability rating system based on time to cut through the 40 mm plate, using the present material as the base material. (b) Using your rating system, determine the machinability rating for the new material.

20.3 Machinability ratings are to be determined for a new steel. For the base material (B1112), test data resulted in Taylor equation parameters $n = 0.28$ and $C = 500$. For the new material, the Taylor parameters were $n = 0.25$ and $C = 430$. Cutting speed units are m/min, and tool life units are min. The tooling was cemented carbide. (a) Compute machinability ratings for the new material using the following criteria: (a) cutting speed for a 30-min tool life and (b) tool life for a cutting speed of 150 m/min.

20.4 Tool life tests were conducted on B1112 steel using high-speed steel tooling. Feed = 0.15 mm/rev and depth of cut = 1.5 mm. The resulting Taylor equation parameters were $n = 0.20$ and $C = 80$ (m/min). Using this as the base metal (machinability rating = 1.00) and the machinability values in Table 20.1, determine the cutting speed you would recommend for the following work materials, if the tool life desired in each operation is 15 min (the same feed and depth of cut will be used): (a) Aluminum 7075 alloy with 35 Brinell hardness, (b) 4140 alloy steel with 190 HB, and (c) Inconel X superalloy with 320 HB.

20.5 A research project involves the machinability rating calculations for a new grade of alloy steel using cutting speed as the basis of comparison for a tool life of 45 min. For the base material (B1112), the Taylor equation parameters $n = 0.25$ and $C = 500$, where speed is m/min and tool life is min. For the new steel, $n = 0.24$ and $C = 600$. (a) Compute machinability rating for the new material. (b) What is the likely tool material used in the tests?

20.6 A machinability rating is to be determined for an aluminum alloy using the tool life at a specified cutting speed as the basis of comparison. The base material is steel (B1112), and the Taylor equation parameters $n = 0.26$ and $C = 405$, where speed is m/min and tool life is min. For the new material, $n = 0.25$ and $C = 1240$. Cemented carbide tools were used. Compute machinability ratings for the aluminum alloy using (a) 250 m/min and (b) 405 m/min as the cutting speed criteria. (c) Is tool life at a specified cutting speed in this problem a suitable criterion for determining machinability ratings?

Surface Roughness

20.7 In a turning operation on cast iron, the nose radius on the cutting tool = 1.2 mm, feed = 0.22 mm/rev, and speed = 100 m/min. Compute an estimate of the surface roughness for this cut.

20.8 A single-point HSS tool with a 1.6 mm nose radius is used in a shaping operation on a ductile steel work part. Cutting speed = 40 m/min, feed = 0.15 mm/pass, and depth of cut = 1.5 mm. Determine the surface roughness for this operation.

20.9 A part turned in an engine lathe must have a surface finish of 1.6 μm. The part is made of a free-machining aluminum. Cutting speed = 200 m/min, and depth of cut = 4.0 mm. The nose radius on the tool = 1.5 mm. Determine the feed that will achieve the specified surface finish.

20.10 Solve the previous problem except that the part is made of cast iron instead of aluminum and the cutting speed is reduced to 100 m/min.

20.11 A ductile aluminum part in a turning operation has a specified surface finish of 1.25 μm. Cutting speed = 1.5 m/s, and depth of cut = 3.0 mm. The tool nose radius = 1.2 mm. Determine the feed that will achieve this surface finish.

20.12 A face milling operation will be performed on a cast iron part to finish the surface to 0.650 μm. The cutter uses 4 inserts, and its diameter is 60 mm. The cutter rotates at 400 rev/min. A carbide insert with a 1.25 mm nose radius will be used. Determine the required feed rate (m/min) that will achieve the 0.650 μm finish.

20.13 A turning operation is to be performed on (C1010) ductile grade of steel. It is desired to achieve a surface finish of 0.750 μm, while at the same time maximizing the metal removal rate. It has been decided that the speed should be in the range 60 m/min to 75 m/min, and that the depth of cut will be 0.1 mm. The tool nose radius = 1.3 mm. Determine the speed and feed combination that meets these criteria.

Machining Economics

20.14 A high-speed steel tool is used to turn a steel work part with length = 350 mm and diameter = 70 mm. The parameters in the Taylor equation are $n = 0.13$ and $C = 75$ (m/min) for a feed of 0.4 mm/rev. The operator and machine tool rate = \$36.00/hr, and the tooling cost per cutting edge = \$4.25. It takes 5.0 min to load and unload the work part and 4.0 min to change tools. Determine (a) cutting speed for maximum production rate, (b) tool life, and (c) cycle time and cost per unit of product.

20.15 Solve the previous problem except in part (a) determine cutting speed for minimum cost.

20.16 A steel part with length of 400 mm and a diameter of 80 mm is turned using cemented carbide inserts at a feed of 0.1 mm/rev. The parameters in the Taylor equation are $n = 0.20$ and $C = 160$ (m/min). The cost of the operator as well as the machine tool is \$60/hr, and the tooling cost per cutting edge = \$1.5. The time needed for loading and unloading of the work piece is 3 min while it takes 2 min to change the insert. Determine (a) cutting speed for maximum production rate, (b) tool life.

20.17 Solve the previous problem except in part (a) determine cutting speed for minimum cost.

20.18 Three tool materials (high-speed steel, cemented carbide, and ceramic) are to be compared for the same turning operation on a batch of 50 steel parts. For the high-speed steel tool, the Taylor equation parameters are $n = 0.130$ and $C = 80$ (m/min). The price of the HSS tool is \$20.00, and it is estimated that it can be ground and reground 15 times at a cost of \$2.00 per grind. Tool change time is 3 min. Both carbide and ceramic tools are inserts and can be held in the same mechanical toolholder. The Taylor equation parameters for the cemented carbide are $n = 0.30$ and $C = 650$ (m/min), and for the ceramic: $n = 0.6$ and $C = 3500$ (m/min). The cost per insert for the carbide is \$8.00, and for the ceramic is \$10.00. There are six cutting edges per insert in both cases. Tool change time = 1.0 min for both tools. The time to change a part = 2.5 min. Feed = 0.30 mm/rev, and depth of cut = 3.5 mm. Cost of operator and machine time = \$40/hr. Part diameter = 73 mm, and length = 250 mm. Setup time for the batch = 2.0 hr. For the three tooling cases, compare (a) cutting speeds for minimum cost, (b) tool lives, (c) cycle time, (d) cost per production unit, and (e) total time to complete the batch. (f) What is the proportion of time spent actually cutting metal for each tool material?

20.19 Solve the previous problem except that in parts (a) and (b) determine the cutting speeds and tool lives for maximum production rate.

20.20 A CNC lathe cuts two passes on a cylindrical workpiece under automatic cycle. The operator loads and unloads the machine. The starting diameter of the work = 76.2 mm and length = 254 mm. The work cycle consists of the following steps (with element times given in parentheses where applicable): (1) Operator loads part into machine, starts cycle (1.00 min); (2) lathe positions tool for first pass (0.10 min); (3) lathe turns first pass (time depends on cutting speed); (4) lathe repositions tool for second pass (0.4 min); (5) lathe turns second pass (time depends on cutting speed); (6) operator unloads part and places in tote pan (1.00 min). In addition, the cutting tool must be changed periodically. Tool change time = 1.00 min. Feed rate = 0.177 mm/rev and depth of cut for each pass = 2.54 mm. The cost of the operator and machine = \$48/hr and the tool cost = \$2.00/cutting edge. The applicable Taylor Tool Life parameters are $n = 0.26$ and $C = 274.3$ (m/min). Determine (a) cutting speed for minimum cost per piece, (b) time to complete one production cycle, and (c) cost of the production cycle. (d) If the setup time for this job is 2.5 hours and the batch size = 75 parts, how long will it take to complete the batch?

20.21 As indicated in Section 19.4, the effect of a cutting fluid is to increase the value of C in the Taylor Tool Life equation. In a machining situation using HSS tooling, the C value increases from 60.96 to 60.58 when a cutting fluid is used. The n value = 0.12 with or without fluid. Cutting speed = 38.1 m/min, feed = 0.254 mm/rev, and depth of cut = 2.54 mm. The effect of the cutting fluid can be to either increase cutting speed (at the same tool life) or increase tool life (at the same cutting speed). (a) What is the cutting speed that would result from using the cutting fluid if tool life is the same as with no fluid? (b) What is the tool life that would result if the cutting speed remained at 38.1 m/min?

20.22 Twenty alloy steel parts are machined in a turning operation. Setup time for the job is 30 min. The turned part is 555.8 mm long and its diameter is 50.8 mm. The parameters of the Taylor tool life equation are $n = 0.27$ and $C = 274.3$ when feed = 0.381 mm/rev. Units of C are m/min and T are min. The operator and machine tool rate = \$45.00/hr, and the tooling cost per cutting edge = \$2.00. It takes 4.0 min to load and unload the work part and 1.5 min to change tool inserts. Determine the time to complete the batch for the following cutting speed criteria: (a) maximum production rate and (b) minimum cost per piece.

20.23 Given the data in the previous problem, determine the cost per batch for the following cutting speed criteria: (a) maximum production rate and (b) minimum cost per piece.

20.24 A turning operation is used to produce a batch of 50 shafts. Setup time for this job is 55 min. The shafts are 680 mm long and their diameter is 65 mm. The parameters of the Taylor tool life equation are $n = 0.13$ and $C = 75$ when feed = 0.4 mm/rev. Units of C are m/min and T are min. The operator and machine tool rate = \$48.00/hr, and the tooling cost per cutting edge = \$1.75. It takes 5.0 min to load and unload the part and 4.0 min to change tools. The cutting speed used on the previous batch of these parts was 30 m/min. (a) How many hours were required to complete the previous batch? (b) How many hours would have been saved if the cutting speed for maximum production rate had been used?

20.25 Given the data in the previous problem, (a) how much did it cost to complete the previous batch?

(b) How much money would have been saved if the cutting speed for minimum cost per piece had been used?

20.26 Verify that the derivative of Equation (20.12) is Equation (20.13).

CHAPTER 21

연삭과 기타 연마 공정

21.1 연삭
21.1.1 연삭 숫돌
21.1.2 연삭의 공학적 해석
21.1.3 연삭의 적용
21.1.4 연삭 공정과 연삭기

21.2 기타 연마 공정
21.2.1 호닝
21.2.2 래핑
21.2.3 슈퍼피니싱
21.2.4 폴리싱과 버핑

연마 가공(abrasive machining)은 보통 숫돌 형태로 결합되어 있는 경한 연마 입자들에 의해 재료를 제거하는 공정이다. 연마 공정 중에서 연삭 가공은 가장 중요한 공정이다. 사용되고 있는 공작 기계 수의 관점에서 볼 때 연삭 가공이 모든 금속 가공 공정 중에서 가장 흔하다고 할 수 있다[11]. 기타 연마 공정으로는 호닝, 래핑, 슈퍼피니싱, 폴리싱, 버핑 등이 있다. 일부 연마 가공은 전통적 절삭 가공 공정에 견줄 만큼 높은 소재 제거율을 갖고 있지만, 일반적으로 연마 가공 공정은 다듬질 공정으로 사용된다.

부품을 형상화하기 위하여 연마 입자를 사용하는 것은 아마도 가장 오래된 소재 제거 공정이다. 연마 공정은 다음 이유들로 인하여 상업적으로나 기술적으로 중요하다.

- 연한 금속부터 경화강, 경한 비금속 재료(세라믹, 규소 등)에 이르기까지 모든 종류의 재료 가공에 사용할 수 있다.
- 매우 우수한 표면 거칠기(0.025 μm까지)를 얻을 수 있다.
- 치수 정확도가 매우 우수하다.

연마재 워터제트 절단과 초음파 가공도 연마 입자로 가공하기 때문에 때로는 연마 가공으로 분류되기도 한다. 그러나 이 공정들은 일반적으로 특수 가공으로 알려져 있기 때문에 다음 장에서 기술하기로 한다.

역사적 고찰 21.1 연마가공의 발전

입자(abrasive)의 사용은 다른 어떤 기계가공보다 앞서 시작되었다. 고대 사회에서 자연상태의 사암(sandstone)을 숫돌로 사용하여 공구나 무기를 날카롭게 하거나 간단한 도구들을 만들기 위해 불필요한 부드러운 부분을 긁어내는데 사용했다는 고고학적 증거들이 있다.

연마기술은 고대 이집트에서는 중요한 기술적 가치를 가지게 되었다. 이집트 피라미드(~2600 B.C.)를 짓는데 사용되는 거대한 돌들은 원초적인 연마공정을 통해 적절한 크기로 절단되었다. 금속의 연마는 약 2000 B.C.에 실시되었는데, 당시에는 높은 가치의 기술이었다.

초기의 입자 재료는 사암과 같은 자연상태의 것들이었는데, 이들은 주로 석영(quartz), 금강사(emery), 그리고 다이아몬드 등으로 구성된 것이다. 첫 번째 연삭숫돌은 사암을 잘라낸 것이고, 의심의 여지없이 인간의 힘으로 회전시켰다. 그러나 이런 형태의 숫돌은 품질이 일정치 못하였다.

1800년대 초기에 인도에서 첫 번째 결합 숫돌이 생산되었다. 인도의 중요한 무역품인 보석을 연마하는데 사용되었다. 입자는 강옥(corundum), 금강사(emery), 또는 다이아몬드이었다. 결합재는 자연상태의 고무수지 셀락(shellac)이었다. 이 기술은 유럽과 미국으로 수출되었으며, 이후 1800년대 중반에 고무 결합재, 1870년경에 비트리파이드(vitrified) 결합재, 1880년경에 셀락 결합재, 그리고 1920년대에 첫 번째 열경화성(thermosetting) 플라스틱(phenol-formaldehyde)이 개발됨에 따라 레지노이드(resinoid) 결합재 등 다양한 결합재 재료들이 등장하였다.

1800년대 후기에 탄화규소(SiC)와 산화알루미늄(Al_2O_3)과 같은 합성 입자가 처음 생산되었다. 입자들의 제조에 의해 화합 및 입자의 크기를 보다 정밀하게 제어할 수 있게 되어 고품질의 연삭숫돌을 만들게 되었다.

첫 번째 실용적인 연삭기는 1860년대에 재봉틀의 연삭 부품을 만들기 위해서 미국의 Brown & Sharpe사에 의해 만들어졌다. 재봉틀은 당시에 중요한 가정용품의 하나였다. 연삭기 역시 1890년대 자전거 산업의 발전에 영향을 미쳤고, 그 후 미국 자동차 산업의 발전에도 영향을 미쳤다. 이 때 연마공정은 열처리된 경화강 부품의 형상 가공과 다듬질에 적용되었다.

다이아몬드 및 CBN(입방정질화붕소)과 같은 초입자들은 20세기에 들어 개발되었다. 합성 다이아몬드는 1955년 General Electric사에 의해 처음으로 개발되었다. 이들 초입자들은 초경합금 절삭공구의 연마에 사용되었고, 오늘날에도 이것은 다이아몬드 입자의 중요한 적용대상으로 유지되고 있다. 다이아몬드 다음으로 경도가 높은 CBN은 인조 다이아몬드를 만드는 공정과 유사한 방법으로 1957년 GE사에 의해 개발되었다. CBN은 경화강의 연마에 사용되는 중요한 입자의 하나가 되었다.

21.1 연삭

연삭(grinding) 공정은 재료제거 공정으로써 연마성이 강한 입자들이 연삭 숫돌의 형태로 결합되어 매우 높은 속도로 회전하며 사용된다. 연삭 숫돌은 보통 원판형이고, 고속 회전이 가능하도록 밸런스가 잘 이루도록 한다.

연삭 가공은 밀링 공정과 유사하다. 절삭이 연삭 숫들의 원주면이나 끝면에서 일어나기 때문에, 평 밀링이나 정면 밀링과 비슷하다. 평 연삭이 정면 연삭보다 훨씬 많이 사용되고 있다. 회전하는 연삭 숫돌은 많은 절삭날(연막입자들)로 구성되어 있고, 연삭 숫돌에 대하여 공작물을 이송하여 소재 제거를 수행한다. 연삭과 밀링 사이에 유사한 점이 많기는 하지만, 중요한 차이점들이 몇 가지 있다. (1) 연삭 숫돌의 연마 입자들이 밀링 커터의 날보다 훨씬 작고 수가 훨씬 많다. (2) 연삭의 절삭속도가 밀링보다 훨씬 높다. (3) 연삭 숫돌의 연마 입자들은 불규칙적으로 배열되어 있고 평균적으로 매우 높은 음의 경사각을 가진다. (4) 연삭 숫돌은 자생 작용(self- sharpening)을 한다. 즉 숫돌이 마모되어 무뎌짐에 따라, 연마 입자들이 파괴되어 새로운 절삭날이 생기거나 안쪽에 있던 연마 입자들이 숫돌 표면으로 나와서 새 절삭날이 된다.

21.1.1 연삭 숫돌

연삭 숫돌은 연마 입자들과 결합재로 구성된다. 결합재는 입자들을 제 위치에 고정시키고, 숫돌의 형상과 조직을 형성한다. 이 두 성분들과 결합 방법이 다음과 같은 연삭 숫돌의 파라미터들을 결정한다. (1) 입자 재료, (2) 입자 크기, (3) 결합재, (4) 결합도(wheel grade), (5) 조직(wheel structure). 이 변수들은 전통적인 절삭 공구의 재료와 형상과 유사하다. 주어진 조건에서 원하는 성능을 얻기 위해서는 각 파라미터들을 신중히 선정하여야 한다.

연마 입자 재료

공작물 재료에 따라 적당한 연마 입자 재료를 선정하여야 한다. 연삭 숫돌에 사용되는 연마 입자는 일반적으로 높은 경도, 내마모성, 인성, 파쇄성을 가지고 있어야 한다. 경도, 내마모성, 인성은 어떤 절삭 공구 재료라도 가지고 있어야 할 성질이다. ***파쇄성(friability)***은 날카로운 새 절삭날을 생기게 하기 위하여 입자의 절삭날이 무디어져서 파괴되는 연마 입자의 능력을 말한다. 현재 상업적으로 가장 중요하게 사용되고 있는 연마 입자 재료는 산화알루미늄, 탄화규소, 입방정질화붕소, 다이아몬드이다. 이를 경도와 함께 표 21.1에 간단하게 설명하였다.

표 21.1 연삭 숫돌에 사용되는 연마 입자

연마 입자	설명	*HK*
산화알루미늄	가장 흔한 연마 입자이다(5.2.2절). 강이나 고강도 철합금을 연삭할 때 사용된다.	2100
실리콘카바이드	산화알루미늄보다 경하나 인성은 그만큼 높지 못하다(5.2.1절). 알루미늄, 황동, 스테인리스강 같은 연성금속뿐만 아니라 주철, 세라믹 같은 취성재료에 적용될 수 있다. SiC의 탄소와 철 사이의 화학적 친화성이 크기 때문에, 강을 연삭하기에는 효과적이지 못하다.	2500
입방정질화붕소	CBN(5.2.2절)은 GE에 의하여 Borazon이라는 상품명을 가지고 연마 입자로 사용되었다. 이것으로 만든 연삭 숫돌은 경화된 공구강과 항공기용 합금 같은 단단한 재료에 적용된다.	4700
다이아몬드 (합성)	다이아몬드 연마 입자는 자연산이거나 혹은 합성하여 만들 수 있다. 다이아몬드 숫돌은 세라믹, 초경합금, 유리 같이 단단하고 연마성이 강한 재료의 연삭에 보통 사용된다.	7000

Key: *HK* = Knoop hardness.

입자 크기(입도)

연마 입자의 크기(grain size)는 표면 거칠기와 소재 제거율을 결정하는 데 많은 영향을 미친다. 입자가 작으면 표면 정도가 좋아지고, 입자가 크면 소재 제거율이 커진다. 그러므로 연마 입자의 크기를 선택할 때 이 두 가지 목표 사이에서 결정해야 한다. 또한 입자 크기의 선택은 어느 정도 공작물 재료의 종류에 의존한다. 경한 공작물 재료는 효율적인 절삭을 위하여 작은 입자가 필요한 반면, 연한 재료는 큰 입자를 필요로 한다.

입자 크기는 12.1절에서 설명한 것처럼, 체(screen mesh)를 사용하여 측정한다. 입자 크기가 작을수록 체눈 번호가 커진다. 연삭 숫돌에 사용되는 입자 크기는 보통 8~250 사이에 있다. 입자 크기 8은 매우 조대하고 250은 매우 미세하다. 미세한 입자 크기는 래핑이나 슈퍼피니싱에 사용된다(21.2절).

결합재

결합재(bonding material)는 연마 입자들을 결합시켜 연삭 숫돌의 형상과 조직을 형성한다. 결합재의 바람직한 성질로는 강도, 인성, 경도 내열성이 있다. 결합재는 연삭 숫돌에 의해 발생되는 원심력과 높은 온도를 견딜 수 있어야 하고, 충격 하중에 부수어지지 말아야 하고, 연삭이 잘 수행되도록 연마 입자들을 단단히 고정하면서도 입자가 마모되면 새 입자가 노출되기 쉽도록 해주어야 한다. 연삭 숫돌에 보통 사용되는 결합재를 표 21.2에 정리하였다.

숫돌 조직과 결합도

숫돌 조직(wheel structure)은 숫돌에서 연마 입자들의 상대적인 간격을 말한다. 연삭 숫돌은 연마 입자와 결합재 외에 기공(pore)을 포함하고 있다(그림 21.1). 입자, 결합재, 기공의 부피 분율은 다음

표 21.2 연삭 숫돌에 사용되는 결합재

결합계	설명
비트리파이드(vitrified) 결합재	주로 점토와 세라믹으로 되어있고, 가장 널리 사용되고 있다. 강도, 강성, 내열성이 있고, 연삭액으로 보통 사용되는 물이나 오일의 영향에 상대적으로 강하다.
실리케이드(silicate) 결합재	주성분은 물유리(sodium silicate, Na_2SO_3)이다. 일반적으로 절삭 공구를 연삭할 때와 같이 열 발생이 최소화되어야 하는 곳에 제한적으로 사용되고 있다.
고무 결합재	결합재 재료 중에서 가증 유연하다. 절단용 숫돌의 결합재로 사용된다.
레지노이드(resinoid) 결합재	여러 종류의 열경화성 수지로 만든다. 높은 강도를 가지고 있고, 거친 연삭이나 절단 공정에 사용된다.
셀락(shellac) 결합재	강도는 상대적으로 높으나 강성은 그렇지 못하다. 좋은 표면 정도가 필요한 공정에 주로 사용된다.
금속 결합재	다이아몬드와 CBN 연삭 숫돌의 결합재로는 보통 금속이 사용되는데, 주로 청동이 사용된다. 분말공정 기술을 이용하여 연마 입자와 결합재를 금속 숫돌의 원주면에 결합하여 비싼 연마 입자를 절약한다(12, 13장).

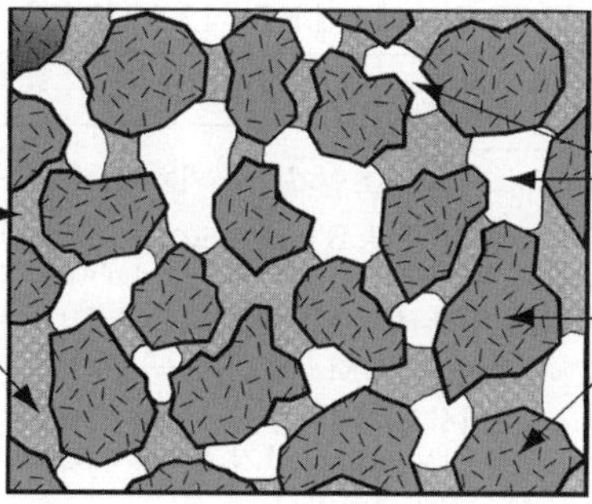

그림 21.1 전형적인 연삭 숫돌의 조직.

과 같이 표현된다.

$$P_g + P_b + P_p = 1.0 \tag{21.1}$$

여기서 P_g = 숫돌의 총 부피 중에서 연마 입자의 분율, P_b = 결합재의 분율, P_p = 기공의 분율.

숫돌 조직은 성긴(open) 조직과 조밀(dense) 조직 사이의 범위로 측정된다. 성긴 조직은 P_p가 상대적으로 크고 P_g가 상대적으로 작은 조직이다 즉 성긴 조직의 숫돌은 단위 부피당 많은 기공과 적은 입자들이 존재한다. 반대로 조밀 조직은 P_p가 상대적으로 작고 P_g가 상대적으로 큰 조직이다. 일반적으로 성긴 조직은 원활한 칩의 배출이 필요할 때 사용되고, 조밀 조직은 좋은 표면 정도과 정확한 치수를 얻기 위하여 사용된다.

결합도(wheel grade)는 연삭 중에 연마 입자들을 지탱할 수 있는 연삭 숫돌의 결합 강도를 말한다. 이것은 숫돌 조직에 존재하는 결합재의 양(P_b)에 크게 의존하고, 연한(soft) 숫돌과 강한(hard) 숫돌 사이의 범위로 구분된다. 연한 숫돌은 입자들이 쉽게 떨어져나가는 반면에, 강한 숫돌은 입자들을 잘 지탱하고 있다. 연한 숫돌은 낮은 소재 제거율과 경한 공작물의 연삭에 주로 사용되고, 강한 숫돌은 높은 소재 제거율과 연한 공작물의 연삭에 주로 사용된다.

연삭 숫돌의 표기

앞의 파라미터들은 ANSI(American National Standards Insitute)에서 정한 연삭 숫돌 표기법에 의하여 간결하게 표시할 수 있다[2]. 이 표기법은 숫자와 문자를 사용하여 연마 입자, 입자 크기, 등급, 조직, 결합재를 나타낸다(표 21.3). 이것은 또한 연삭 숫돌 제조 업체들이 필요한 추가적인 정보를 제공하는데 이용한다. 다이아몬드와 CBN 연삭 숫돌에 대한 표기법은 재래식 숫돌과 조금 다르다(표 21.4).

그림 21.2에서처럼, 연삭 숫돌은 여러 가지 형상과 크기로 사용되고 있다. 그림에서 (a), (b), (c)는 숫돌의 원주면에 의하여 소재가 제거되는 평 연삭 숫돌이다. 전형적인 연마절단 숫돌을(d)에 나타내었는데, 이것 또한 원주면 절삭을 수반한다. 숫돌 (e), (f), (g)는 정면 연삭 숫돌로서, 숫돌의 편평한 면으로 소재를 제거한다.

표 21.3 전통적인 연삭 숫돌의 표기(ANSI Standard B74, 13-1977)[2]

30	A	46	H	6	V	XX

제조업자 고유기호(선택사항).

결합재 종류: B = 레지노이드, BF = 강화레지노이드, E = 셸락, R = 고무, RF = 강화고무, S = 실리케이트, V = 비트리파이드.

조직: 1에서 15까지: 1 = 매우 조밀한 조직, 15 = 매우 성긴 조직.

등급: A에서 Z까지: A = 연함, M = 중간, Z = 강함.

입자 크기: 조대 = 입자 크기 8에서 24까지, 중간 = 입자 크기 30에서 60까지, 미세 = 입자 크기 70에서 180까지, 매우 미세 = 입자 크기 220에서 600까지.

연마 입자 종류: A = 산화알루미늄, C = 실리콘카바이드.

머리 기호: 연마 입자에 대한 제조 업체의 기호(선택사항).

표 21.4 다이아몬드와 CBN 연삭 숫돌의 표기(ANSI Standard B74, 13-1977)[2]

XX	D	150	P	YY	M	ZZ	3

입자 깊이 = 단면에서 입자의 유효길이(mm, in), 그림 21.2(c)

결합재 수정 = 특별한 결합재의 종류나 수정에 대한 제조업자 표시.

결합재 종류: B = 수지, M = 금속, V = 비트리파이드.

농도: 제조업자가 지정. 숫자나 기호.

등급: A에서 Z까지 A = 연함, M = 중간, Z = 강함.

입자 크기: 조대 = 입자 크기 8에서 24까지, 매우 미세 = 입자 크기 220에서 600까지.

연마 입자 종류: D = 다이아몬드, B = CBN

머리 기호: 연마 입자에 대한 제조 업체의 기호(선택사항).

21.1.2 연삭의 공학적 해석

연삭 가공에서 절삭 조건의 특징은 밀링 등 다른 전통 절삭 가공에 비하여 매우 높은 속도와 매우 적은 절삭량이라고 할 수 있다. 그림 21.3(a)에 나타낸 평면 연삭이 연삭 공정의 기본적인 특징을 보여주고 있다. 연삭 숫돌의 원주 속도는 숫돌의 회전 속도로 결정된다.

$$v = \pi DN \tag{21.2}$$

여기서 v = 숫돌의 표면 속도(m/min), N = 주축 속도(rev/min), D = 숫돌 직경(m).

*인피드(infeed)*로 불리는 절삭 깊이 d는 초기 공작물 표면 아래로 숫돌이 파고들어간 깊이를 말한다. 공정이 진행됨에 따라 연삭 숫돌은 매 행정마다 표면 위를 가로질러 옆으로 이송한다. 이를 *크로스피드(crossfeed*, 가로이송)라 하며 그림 21.3(a)에서 폭 w를 결정한다. 이 폭에 깊이 d를 곱한 값이 절삭 단면적을 결정한다. 대개의 연삭 공정에서 공작물이 숫돌에 대하여 어떤 속도 v_w로 지나가므로 소재 제거율은 다음과 같이 계산된다.

$$R_{MR} = v_w wd \tag{21.3}$$

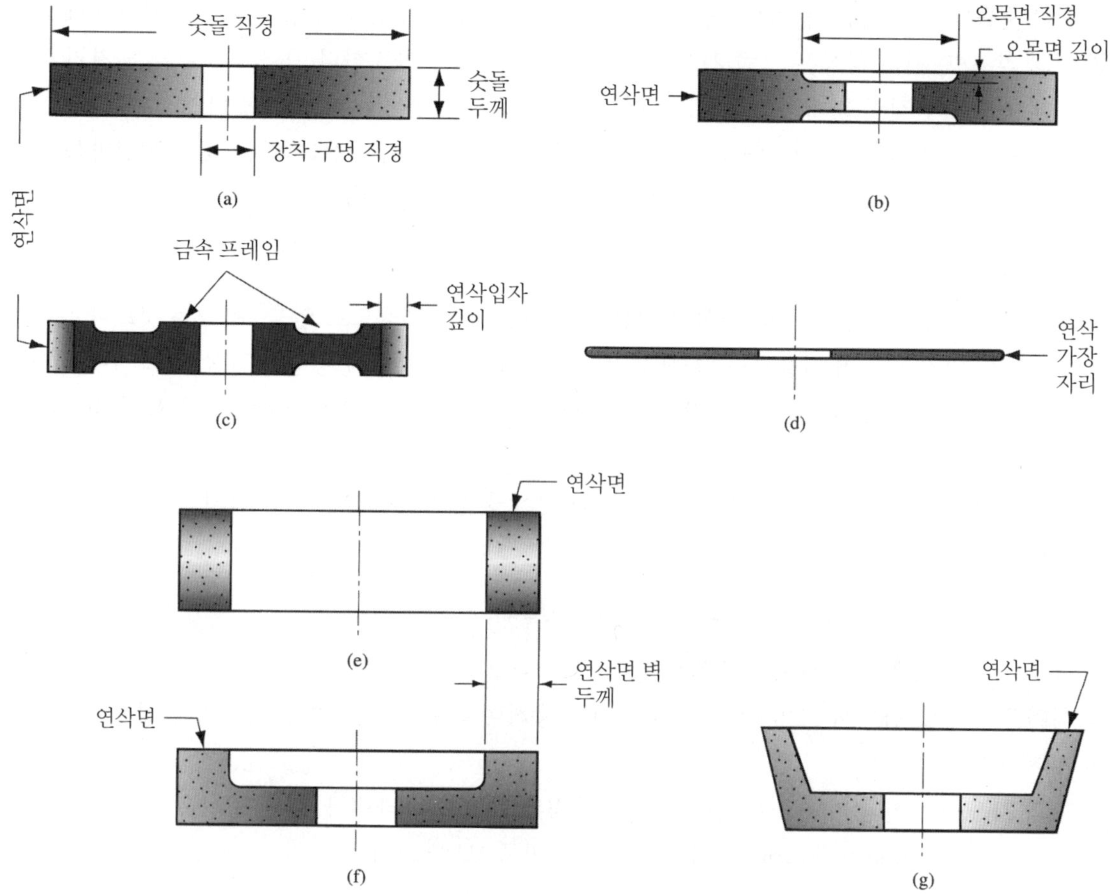

그림 21.2 연삭 숫돌의 형상. (a) 직선형, (b) 오목형, (c) 연마 입자들이 원주면에 결합된 금속 연삭 숫돌, (d) 연마절단숫돌, (e) 원통형, (f) 직선컵형(straight cup), (g) 플레어컵형(flaring cup).

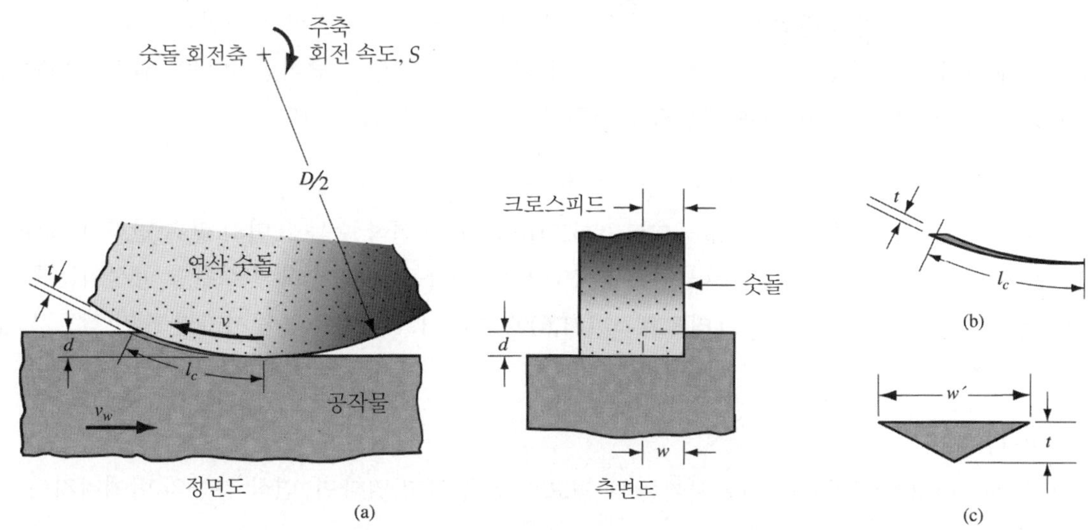

그림 21.3 (a) 절삭 조건을 나타내는 평면 연삭의 형상, (b) 칩의 길이 방향 형상, (c) 칩의 가정된 단면.

연삭 숫돌의 각 입자는 개개의 칩을 잘라낸다. 절삭 전의 길이 방향의 형상은 그림 21.3(b)에 나타낸 것과 같고, 단면의 형상은 그림 21.3(c)와 같이 삼각형으로 가정한다. 공작물로부터 입자가 빠져 나올 때 칩의 단면적이 최대가 되는데, 이 때의 삼각형은 높이 t와 폭 w'를 가진다.

연삭 공정의 절삭 조건들이 연삭 숫돌 파라미터들과 조합하여 다음과 같은 것들에 영향을 미친다. (1) 표면 정도, (2) 힘과 에너지, (3) 공작물 표면 온도, (4) 숫돌 마모.

표면 정도

상업적으로 널리 쓰이는 대개의 연삭 가공은 전통적인 절삭 가공으로 얻을 수 있는 것보다 우수한 표면 정도를 얻기 위하여 사용된다. 공작물의 표면 정도는 연삭 중에 형성된 각 칩의 크기에 영향을 받는다. 칩의 크기를 결정하는 것은 명백하게 입자 크기이다. 입자 크기가 작을수록 표면 정도가 좋아진다.

개별 칩에 대한 치수를 살펴보자. 그림 21.3의 연삭 공정의 형상으로부터 칩의 평균 길이는 다음과 같다.

$$l_c = \sqrt{Dd} \tag{21.4}$$

여기서 l_c = 칩의 길이(mm), D = 숫돌 직경(mm), d = 절삭 깊이(인피드)(mm).

이것은 칩이 그림에서 보인 전체 호의 길이를 통하여 작용하는 입자에 의하여 형성된다고 가정한 것이다.

그림 21.3(c)는 연삭 가공으로 형성된 칩의 가정된 단면을 나타낸다. 단면 형상은 삼각형이고, 폭 w'는 입자비(grain aspect ratio) r_g라 불리는 비율만큼 t보다 크다.

$$r_g = \frac{w'}{t} \tag{21.5}$$

일반적으로 입자비의 값은 10에서 20 사이에 있다.

연삭 숫돌의 원주면의 단위 면적당 활성 입자(절삭날)들의 수를 C라고 표시한다. C값은 보통 입자 크기에 반비례하고, 숫돌 조직과 연관되어 있다. 조밀 조직은 단위 면적당 더 많은 입자를 의미한다. C의 값을 기준으로 하여, 단위 시간당 형성된 칩의 수 n_c는 다음과 같다.

$$n_c = vwC \tag{21.6}$$

여기서 v = 숫돌 속도(mm/min), w = 크로스피드(mm), C = 연삭 숫돌 표면의 단위 면적당 입자들의 수(grits/mm^2). 표면 정도는 주어진 폭 w에 대하여 공작물 표면에 단위 시간당 형성되는 칩의 수를 증가시킴으로써 향상된다. 그러므로 식 (21.6)에 따라서, v와 C를 증가시키면 표면 정도가 향상된다. 입자 크기를 작게 하면 C가 증가된다.

힘과 에너지

연삭 숫돌에 대하여 공작물을 이동시키는 데 필요한 힘을 알고 있다면, 연삭 가공의 비에너지는 다음과 같이 결정된다.

$$U = \frac{F_c v}{v_w w d} \tag{21.7}$$

여기서 U = 비에너지(J/mm^3), F_c = 절삭력, 숫돌에 대하여 공작물을 이동시키는 힘(N), v = 숫돌 속도(m/min), v_w = 공작물 속도(mm/min), w = 절삭폭(mm), d = 절삭 깊이(mm).

연삭 가공의 비에너지는 전통적인 절삭 가공보다 훨씬 크다. 여기에는 여러 이유들이 있다. 첫 번째가 치수 효과이다. 앞에서 기술한 바와 같이, 연삭 가공의 칩두께는 밀링 같은 다른 절삭 가공 공정에 비하여 훨씬 작다. 치수 효과로 인하여(17.4절), 연삭 가공의 작은 칩은 단위부피의 소재를 제거하는데 있어서 전통적 절삭 가공보다 훨씬 많은 에너지의 소모를 초래한다(대체적으로 10배 정도).

두 번째로, 연삭 숫돌의 각 입자들은 매우 큰 음의 경사각을 가진다. 경사각의 크기는 평균적으로 약 $-30°$, 일부 입자들은 $-60°$인 것도 있다. 이와 같이 낮은 경사각은 낮은 전단각과 높은 전단 변형률을 초래하여 연삭 가공의 에너지를 높게 한다.

세 번째로, 각 입자들이 절삭에 모두 참여하는 것이 아니기 때문에 연삭 가공의 비에너지가 높다. 숫돌에서 입자들의 위치와 방향이 불규칙하기 때문에, 일부 입자들은 공작물에 충분히 물리지 못해서 절삭을 수행하지 못한다. 그림 21.4와 같이 입자들은 세 가지 종류의 작용을 한다. (a) *절삭(cutting)*—입자가 공작물에 충분히 물려 들어가서 칩을 형성하고 소재를 제거한다. (b) *긁음(plowing)*—입자가 공작물에 물려 있기는 하지만 절삭을 수행하기에는 충분하지 못해서 소재는 제거되지 않고 공작물 표면이 변형이 되고 에너지가 소모된다. (c) *마찰(rubbing)*—입자가 공작물 표면에 접촉하여 오직 미끄럼 마찰만이 일어나서 소재는 제거되지 않고 에너지가 소모된다.

치수 효과, 음의 경사각, 입자의 비효과적인 작용의 세 가지가 조합되어, 제거된 소재의 단위 부피당 에너지 소모의 관점에서 연삭 공정을 비효율적으로 만든다.

비에너지에 관한 식 (21.7)을 이용하고 연삭 숫돌의 한 개의 입자에 작용하는 절삭력이 $r_g t$에 비례한다고 가정하면 다음과 같은 식을 얻을 수 있다[10].

$$F_c' = K_1 \left(\frac{r_g v_w}{vC}\right)^{0.5} \left(\frac{d}{D}\right)^{0.25} \tag{21.8}$$

여기서 F_c'는 한 개의 입자에 작용하는 절삭력이고, K_1은 공작물의 강도와 입자의 날카로움에 의존

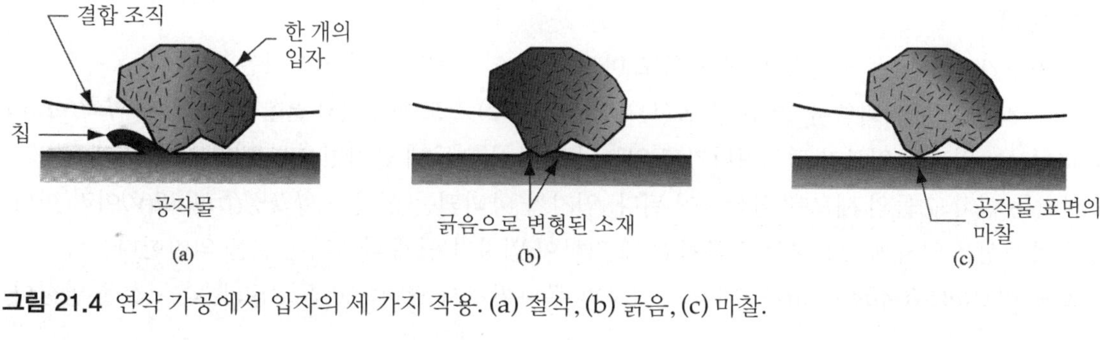

그림 21.4 연삭 가공에서 입자의 세 가지 작용. (a) 절삭, (b) 긁음, (c) 마찰.

하는 비례상수이다. 이 식이 실제적으로 중요한 것은 각 입자들이 연삭 숫돌로부터 떨어져나갈지의 여부를 F_c'가 결정한다는 것이다. 이는 자생 작용에 대한 숫돌의 성능을 판단할 수 있는 중요한 요인이 된다. 식 (21.8)에 따르면 v_w, v, d의 값을 적당히 조절하여 각 입자에 작용하는 절삭력을 증가시키면 강한 숫돌을 연하게 사용할 수 있다.

공작물 표면의 온도

연삭 공정의 특징은 치수 효과, 높은 음의 경사각, 공작물에 대한 입자들의 긁음 및 마찰 작용으로 인한 높은 온도와 높은 마찰이다. 공정 중에 발생된 열에너지의 대부분이 칩과 함께 배출되는 전통적 절삭 가공 공정과는 다르게, 연삭 가공에서 발생되는 대부분의 열은 연삭면에 남아서[11], 높은 공작물 표면 온도를 초래한다. 높은 표면 온도는 표면 소손(surface burn)과 표면 균열과 같은 표면 손상을 가져온다. 소손 자국은 산화 작용에 의하여 표면이 변색되어 보인다. 연삭의 표면 소손은 표면 아래에서 발생하는 금속학적 손상을 나타내는 신호가 되기도 한다. 표면 균열은 숫돌 속도의 방향에 수직으로 나타난다. 이것은 공작물 표면의 매우 심한 열손상을 나타낸다.

해로운 열영향의 두 번째로 들 수 있는 것이 공작물 표면이 연화되는 현상이다. 대부분의 연삭 공정은 높은 경도를 얻기 위하여 열처리된 부품에 수행된다. 높은 연삭 온도는 표면의 경도를 떨어뜨린다. 세 번째의 열영향은 공작물 표면에 잔류 응력을 유발한다는 것이다. 이것은 부품의 피로 강도를 감소시킨다.

연삭 가공에서 공작물의 표면 온도에 영향을 미치는 요인들을 살펴본다. 표면 온도는 연삭된 표면적 당 에너지(비에너지 U와 밀접한 관계가 있는)에 의존한다는 것이 실험적으로 관찰되었다. 이것은 칩두께에 반비례하기 때문에 표면 온도 T_s는 다음과 같이 주어진다[10].

$$T_s = K_2 d^{0.75} \left(\frac{r_g C v}{v_w} \right)^{0.5} D^{0.25} \tag{21.9}$$

여기서 K_2 = 비례상수.

이 식의 실제적인 의미는 절삭 깊이 d, 숫돌 속도 v, 연삭 숫돌의 단위 면적당 활성 입자 수 C를 감소시키거나 공작물 속도 v_w를 증가시키면 높은 공작물 온도로 인한 표면 손상을 줄일 수 있다는 것이다. 또한 무딘 연삭 숫돌, 강한 등급과 조밀 조직의 연삭 숫돌은 열영향을 초래한다. 물론 연삭액을 사용하면 연삭 온도가 감소한다.

숫돌 마모

절삭 공구가 마모되는 것처럼, 연삭 숫돌도 마모된다. 연삭 숫돌에서 일어나는 마모의 주요 원인으로 세 가지 마모 메커니즘을 들 수 있다. (1) 입자 파괴, (2) 소모 마모, (3) 결합 파괴. ***입자 파괴(grain fracture)***는 입자의 일부가 떨어져나가고 일부가 남아서 숫돌에 붙어있을 때 발생한다. 파괴된 면의 모서리는 연삭 숫돌의 새로운 절삭날이 된다. 입자가 파괴되는 성질을 *파쇄성(friability)*이라 한다. 높은 파쇄성은 입자에 작용하는 절삭력 F_c'에 의하여 입자가 쉽게 파괴되는 것을 의미한다.

소모 마모(attritious wear)는 개개의 입자가 무디어져서 편평하고 둥그렇게 되는 것을 말한다.

소모 마모는 절삭 공구의 공구 마모와 유사하다. 마찰과 확산을 포함하는 유사한 물리적인 요인뿐만 아니라, 매우 높은 온도로 인한 연마 입자와 공작물 재료와의 화학 반응에 의하여 이와 같은 마모가 초래된다.

결합 파괴(bond fracture)는 개개의 입자들이 결합재로부터 떨어져나갈 때 발생한다. 이런 경향은 결합도에 많이 의존한다. 입자가 소모 마모로 무디어지고 결과적으로 절삭력이 커지게 되면 결합 파괴가 자주 일어난다. 낮은 절삭력으로 효율적인 절삭을 하는 날카로운 입자들이 결합 조직에 잘 붙어 있다.

세 가지 마모 메커니즘이 조합하여 그림 21.5에 나타낸 것처럼 연삭 숫돌을 마모시킨다. 세 가지 마모 영역을 볼 수 있다. 첫 번째 영역에서, 초기의 날카롭던 입자들이 입자 파괴에 의하여 마모가 가속된다. 이것은 전통적인 공구 마모의 길들임 기간(break-in period)에 대응한다. 두 번째 영역에서, 마모 속도가 꽤 일정해서 숫돌 마모와 제거된 소재 체적과 비례관계를 이룬다. 이 영역에서는 약간의 입자 파괴와 결합 파괴와 함께 주로 소모 마모가 일어난다. 세 번째 영역에서, 입자들이 무디어지고 절삭에 비하여 긁음과 마찰 작용이 증가한다. 또한 일부 칩들이 숫돌의 기공에 끼인다. 이것을 *숫돌 로딩(wheel loading)*이라 하며 절삭 작용을 어렵게 하고 높은 열과 높은 공작물 표면 온도를 일으킨다. 결과적으로 연삭 효율이 감소하고 제거된 소재 체적에 비하여 제거된 숫돌 체적이 증가하게 된다.

연삭비(grinding ratio)는 숫돌 마모 곡선의 기울기를 나타내기 위하여 사용되며, 다음과 같이 정의된다.

$$GR = \frac{V_w}{V_g} \tag{21.10}$$

여기서 GR = 연삭비, V_w = 제거된 소재 체적, V_g = 숫돌의 마모 체적.

연삭비는 그림 21.5의 선형인 관계의 마모 영역에서 중요한 의미를 갖는다. GR의 값은 보통 95와 125 사이에 있고[5], 절삭 가공의 유사한 값보다 약 10^5배 만큼 작은 값이다. 일반적으로 숫돌 속도가 증가하면 연삭비가 증가한다. 이것은 높은 속도로 인하여 각 입자에 의해 형성된 칩의 크기가

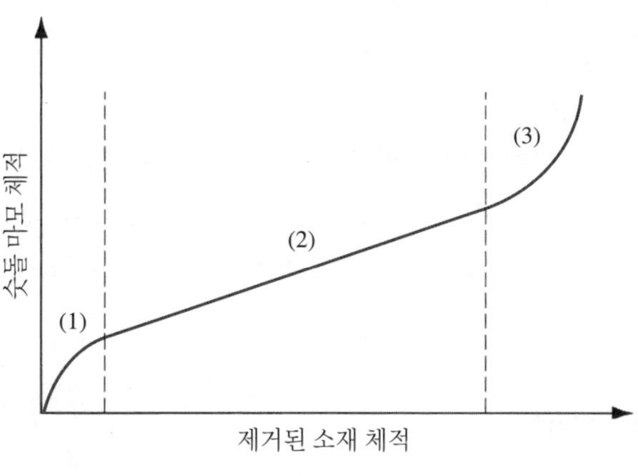

그림 21.5 연삭 숫돌의 전형적인 마모곡선[17].

작아져서 입자가 파괴되는 양이 감소하기 때문이다. 또한 높은 속도는 표면 정도를 향상시키기 때문에 높은 연삭속도로 가공하는 것이 일반적으로 유리하다. 그러나 속도가 너무 높으면 소모 마모와 표면 온도가 증가한다. 결과적으로 연삭비가 감소하고 표면 정도가 나빠진다.

숫돌이 마모 곡선의 세 번째 영역에 있을 때 ***드레싱(dressing)***이라 불리는 다음의 과정에 의하여 날카로운 숫돌을 다시 얻게 된다. (1) 날카로운 새 입자를 노출시키기 위하여 연삭 숫돌의 원주면에 있는 무딘 입자를 파쇄한다. (2) 숫돌에 끼여 있는 칩들을 제거한다. 드레싱이 필요한 숫돌을 회전시키면서 회전하는 원판, 연마 입자로 된 막대기, 고속 회전하는 다른 연삭 숫돌을 이용하여 드레싱을 수행한다. 비록 드레싱이 숫돌을 날카롭게 하기는 하지만, 숫돌의 형상을 보장하지는 않는다. ***트루잉(truing)***은 숫돌을 날카롭게 할 뿐만 아니라 숫돌의 원형 형상과 직선 원주면을 복원시키는 공정이다. 이것은 회전하는 숫돌면을 가로질러 저속으로 정밀하게 이송하는 다이아몬드 공구(또는 다른 트루잉 공구)에 의하여 수행된다. 매우 낮은 절삭 깊이(0.025 mm 이하)로 작업이 진행된다.

21.1.3 연삭의 적용

이 절에서는 숫돌의 파라미터에 대한 내용과 연삭 가공의 이론적인 해석을 토대로 하여 연삭 가공의 실제적인 적용에 대하여 고려하고자 한다. 또한 연삭 공정에 흔하게 사용되는 연삭액에 대해서도 기술한다.

적용 지침

성공적인 연삭 공정의 수행을 위하여 많은 변수들이 영향을 미친다. 표 21.5에 나오는 지침은 적당한 숫돌 파라미터와 연삭 조건을 선정하는 데 도움을 줄 것이다.

연삭액

절삭유를 적당히 사용하면 앞에서 기술한 열영향과 높은 공작물 표면 온도를 효과적으로 감소시킬 수 있다. 절삭유가 연삭 공정에 사용될 때 연삭액이라고 한다. 연삭액의 기능은 절삭유와 유사하다(19.4절). 마찰 감소와 열 제거가 두 가지 주요 기능이다. 추가적으로, 칩을 씻어내고 공작물 표면 온도를 낮추는 것도 연삭 가공에서는 중요하다.

연삭액을 화학적으로 분류하면 연삭오일과 유화오일(emulsified oil)이 있다. 연삭오일은 주로 석유로부터 제조된다. 이것은 마찰이 중요한 연삭 가공에서 유용해 보이지만, 화재와 작업자의 건강을 해치는 위험성이 있고, 유화오일에 비하여 비싸다. 또한 열을 가져가는 능력도 물이 주성분인 용액에 비하여 떨어진다. 따라서 물에 오일을 섞은 혼합물이 연삭액으로 가장 많이 추천된다. 전통 절삭유로 사용되는 유화오일보다 높은 농도로 혼합된다. 이렇게 하여 마찰을 감소하는 기능을 증가시킨다.

21.1.4 연삭 공정과 연삭기

전통적으로 연삭 가공은 다른 공정에 의하여 기하학적 형상이 이미 만들어진 부품의 다듬질 공정으

표 21.5 연삭의 적용 지침

적용	추천 및 지침
강이나 대부분의 주철의 연삭 가공	산화알루미늄을 연마 입자로 선택
대부분의 비철금속으 연삭 가공	실리콘카바이드를 연마 입자로 선택
경화된 공구강이나 일부 항공기용 합금의 연삭 가공	CBN을 연마 입자로 선택
세라믹, 초경합금, 유리와 같은 경하고 연마성이 강한 재료의 연삭 가공	다이아몬드를 연마 입자로 선택
연한 금속의 연삭 가공	큰 입자 크기와 강한 등급의 숫돌을 선택
경한 금속의 연삭 가공	작은 입자 크기와 연한 등급의 숫돌을 선택
최적의 표면 정도	작은 입자 크기와 조밀 숫돌 조직을 선택 또한 높은 숫돌 속도, 낮은 공작물 속도를 선택
최대 소재 제거율	큰 입자 크기, 성긴 숫돌 조직, 비트리파이드 결합재를 선택
공작물 표면의 열손상 균열, 뒤틀림을 최소화	숫돌을 항상 날카롭게 유지. 숫돌을 자주 드레싱 또한 작은 절삭 깊이, 낮은 숫돌 속도, 높은 공작물 속도를 선택
연삭 숫돌이 반들반들해지고 타게 된다면	연한 등급과 성긴 조직의 숫돌을 선택
연삭 숫돌이 너무 빨리 부서진다면	강한 등급과 조밀 조직의 숫돌을 선택

문헌 [8], [11], [16]으로부터 편집함.

로 사용되었다. 따라서 연삭기는 단순한 평면, 원통의 외면과 내면, 나사산 같은 윤곽을 연삭하기 위하여 발전되어 왔다. 윤곽 가공은 원하는 공작물의 형상과 반대 형상을 가지도록 특별히 제작된 숫돌로 수행되기도 한다. 연삭 가공은 또한 절삭 공구의 형상 가공을 위하여 공구실에서 사용될 때도 있다. 이와 같은 전통적인 용도 이외에도, 연삭 가공은 높은 가공 속도, 높은 소재 제거율이 필요한 상황으로 적용 범위를 넓히고 있다. 이 절에서 다룰 연삭 공정과 연삭기는 다음과 같은 종류들이 있다. (1) 평면 연삭기, (2) 원통 연삭기, (3) 센터리스 연삭기, (4) 크리프피드 연삭기, (5) 기타 연삭 공정.

평면 연삭

평면 연삭(surface grinding)은 단순한 평면을 연삭하기 위하여 사용된다. 이것은 연삭 숫돌의 원주면이나 편평한 밑면을 사용하여 수행된다. 공작물이 보통 수평으로 고정되기 때문에, 평 연삭은 수평 축에 대하여 숫돌이 회전하고, 정면 연삭은 수직축에 대하여 숫돌이 회전한다. 두 경우 모두 공작물의 상대 운동은 연삭 숫돌에 대하여 공작물을 왕복 운동시키거나 회전시킨다. 숫돌 방향과 공작물 운동의 가능한 조합에 따라 평면 연삭기는 네 가지 종류가 있다(그림 21.6).

네 가지 종류 중에서, 그림 21.7과 같이 수평 주축과 왕복 운동하는 작업 테이블을 가진 연삭기가 가장 널리 사용된다. 연삭 가공은 공작물을 숫돌 아래로 매우 작은 깊이(infeed)에서 길이 방향으로 왕복 운동시키면서 매 행정마다 숫돌을 횡방향으로 어떤 거리만큼 크로스 이송(crossfeed)시켜 수

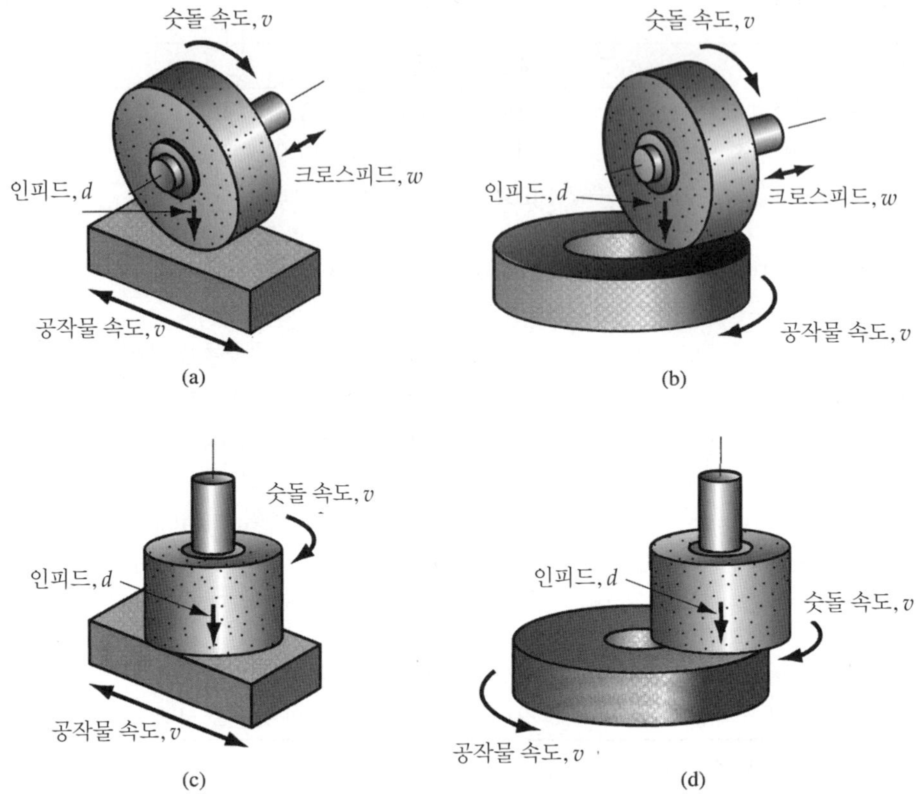

그림 21.6 평면 연삭의 네 가지 종류. (a) 수평 주축과 왕복 운동하는 작업 테이블, (b) 수평 주축과 회전하는 작업 테이블, (c) 수직 주축과 왕복 운동하는 작업 테이블, (d) 수직 주축과 회전하는 작업 테이블.

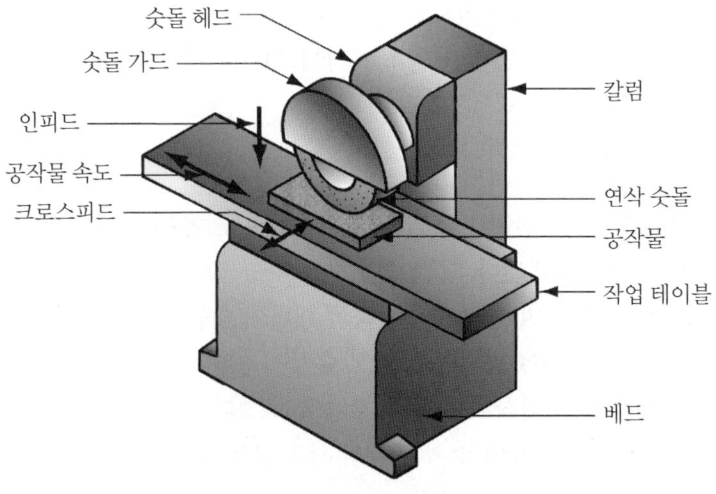

그림 21.7 수평 주축과 왕복운동하는 작업 테이블을 가진 평면 연삭기.

행된다. 이 공정에서 숫돌의 폭은 공작물의 폭보다 작은 것이 보통이다.

전통적인 공정 외에도 수평 주축과 왕복 운동하는 테이블을 가진 연삭기는 특별한 형상의 특가공을 할 수 있다. 숫돌이 공작물을 가로질러 횡방향으로 이송하는 것 대신에 공작물에 대하여 수직으로 플런지 이송(plunge-feed)한다. 이렇게 하여 숫돌의 형상이 공작물 표면에 전달된다.

수직 주축과 왕복 운동하는 테이블을 가진 연삭기에서는 숫돌 직경이 공작물 폭보다 크다 따라서 이 공정은 횡방향 이송 운동이 필요 없다. 대신에 공작물이 숫돌에 대하여 왕복 운동하고, 원하는 크기 만큼 숫돌이 공작물로 수직 이송한다. 이 공정으로 매우 평탄한 평면을 얻을 수 있다.

그림 21.6(b)와 (d)에 나타낸 회전하는 테이블을 가진 두 가지 종류의 연삭기 중에서 수직 주축을 가진 연삭기가 더 많이 사용된다. 숫돌과 공작물 사이의 상대적으로 큰 접촉 면적으로 인하여, 수직 주축과 회전하는 테이블을 가진 연삭기는 적절한 연삭 숫돌을 사용할 때 높은 소재 제거율을 달성할 수 있다.

원통 연삭

원통 연삭(cylindrical grinding)은 회전하는 부품을 연삭 가공하는 것이다. 이 연삭 공정은 두 가지 기본적인 종류로 나눌 수 있다(그림 21.8). (a) 외면 원통 연삭, (b) 내면 원통 연삭.

외면 원통 연삭(external cylindrical grinding, center-type grinding)은 선삭 공정처럼 수행된다. 이 공정에 사용되는 연삭기는 공구대가, 연삭 숫돌을 회전시키는 고속 모터로 대체된 선반과 매우 흡사하다. 원통형 공작물이 센터 사이에서 18~30 m/min의 표면 속도로 회전하고[16], 연삭 숫돌이 1200~2000 m/min의 속도로 회전하며 절삭을 수행한다. 그림 21.9에 나타낸 바와 같이 횡이송과 플런지 이송의 두 가지 종류의 이송 운동이 가능하다. 횡이송(traverse feed)에서 연삭 숫돌은 공작물의 회전축에 평행한 방향으로 이송된다. 인피드는 보통 0.0075~0.075 mm의 범위 내에서 정해진다. 표면 정도를 향상시키기 위하여 길이 방향의 왕복 운동이 공작물이나 숫돌에 주어지기도 한다. 플런지 이송에서 연삭 숫돌은 공작물에 반경 방향으로 이송된다. 총형 연삭 숫돌이 이런 유형의 이송 운동을 한다.

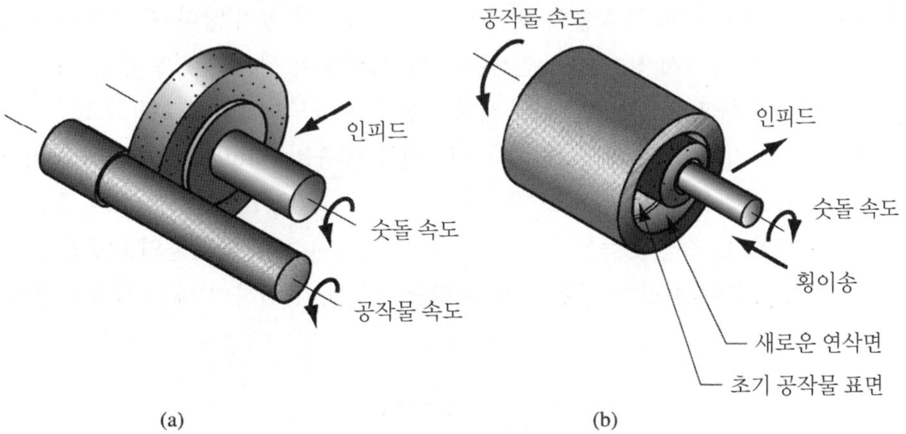

그림 21.8 두 가지 종류의 원통 연삭. (a) 외면, (b) 내면.

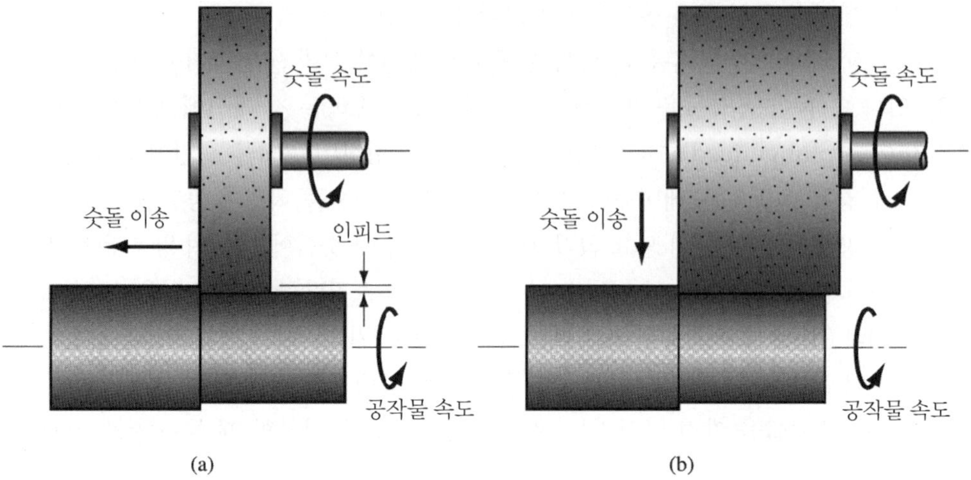

그림 21.9 외면 원통 연삭에서 두 가지 종류의 이송 운동. (a) 횡이송, (b) 플런지 이송.

외면 원통 연삭은 최종 치수에 근접한 크기로 절삭 가공되고 원하는 경도로 열처리된 부품의 다듬질 공정에 사용된다. 액슬(axle), 크랭크축, 스핀들, 베어링 및 부싱, 압연기의 롤 등에 적용된다. 이 연삭 공정으로 경화된 부품의 최종 치수와 원하는 표면 정도를 얻을 수 있다.

내면 원통 연삭(internal cylindrical grinding)은 보링 공정과 어느 정도 유사하다. 공작물은 보통척으로 고정되고 20~60 m/min의 표면 속도로 회전한다[16]. 숫돌의 표면 속도는 외면 원통 연삭과 비슷하다. 숫돌은 횡이송(그림 21.9(b))과 플런지 이송의 두 가지 방법으로 이송된다.

내면 원통 연삭에서 숫돌의 직경은 공작물의 구멍보다 작아야 한다는 것은 명백하다. 따라서 숫돌의 직경이 아주 작으면 원하는 표면 속도를 얻기 위하여 매우 높은 회전 속도가 필요하다. 내면 원통 연삭은 베어링 레이스(race)나 부싱(bushing)의 경화된 내면 등의 다듬질 공정에 적용된다.

센터리스 연삭

센터리스 연삭(centerless grinding)은 원통형 공작물의 외면과 내면을 연삭할 수 있는 또 다른 공정이다. 이름이 뜻하는 바와 같이 공작물이 센터 사이에 고정되어 있지 않다. 이로 인해 공작물 취급 시간의 단축이 가능하다. 따라서 센터리스 연삭은 높은 생산성이 필요한 경우 종종 사용된다. 외면 센터리스 연삭은 연삭 숫돌과 조정 숫돌의 두 개의 숫돌로 구성되어 있다(그림 21.10). 공작물이 받침판(rest blade)으로 지지되어 두 개의 숫돌 사이로 관통 이송(through feed)된다. 공작물은 여러 개의 짧은 원통형이거나 긴 막대형(3~4 m)이다. 연삭 숫돌은 1200~1800 m/min의 표면 속도로 회전하면서 연삭을 수행한다. 조정 숫돌은 훨씬 낮은 속도로 회전하며, 공작물의 이송을 조절하기 위해서 작은 경사각 I로 기울어져 있다. 관통 이송 속도를 예측하기 위하여 다음 식을 이용할 수 있다 [16]:

$$f_r = \pi D_r N_r \sin I \tag{21.11}$$

여기서 f_r = 종이송 속도(mm/min), D_r = 조정 숫돌의 직경(mm), N_r = 조정 숫돌의 회전 속도

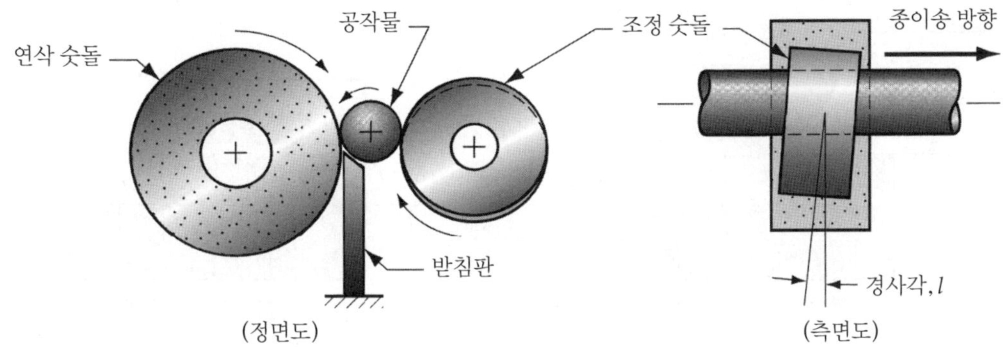

그림 21.10 외면 센터리스 연삭.

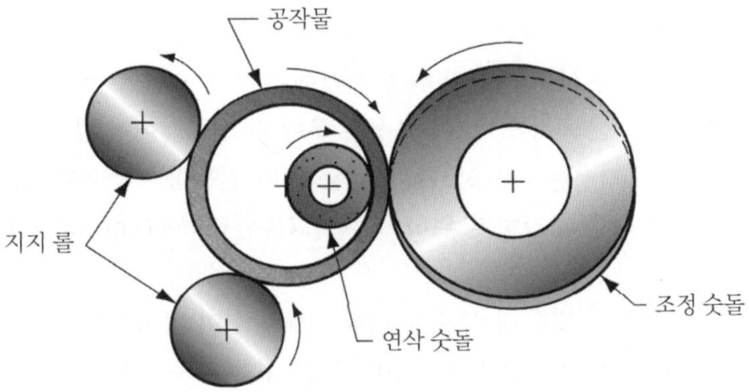

그림 21.11 내면 센터리스 연삭.

(rev/min), I = 조정 숫돌의 경사각.

내면 센터리스 연삭을 그림 21.11에 나타냈다. 공작물을 지지하기 위하여 받침판 대신에 두 개의 지지 롤(support roll)이 사용된다. 연삭 숫돌에 대하여 공작물의 이송을 조절하기 위하여 조정 숫돌이 작은 경사각으로 기울어져 있다. 연삭 숫돌을 지지해야 되기 때문에 외면 센터리스 연삭과 같은 공작물의 관통 이송은 가능하지 않다. 그러므로 이 연삭 공정은 외면 센터리스 연삭과 같은 높은 생산속도를 얻기는 힘들다. 장점으로는 롤러베어링 레이스 같은 관형 부품에서 내측과 외측 원주면 사이의 매우 정확한 동심도를 얻을 수 있다는 것이다.

크리프피드 연삭

상대적으로 새로운 형식의 연삭이 1958년경에 개발된 *크리프피드 연삭(creep feed grinding)*이다. 크리프피드 연삭은 매우 높은 절삭 깊이와 매우 낮은 이송 속도로 수행된다. 그림 21.12에 일반적인 평면 연삭과의 비교를 나타냈다.

크리프피드 연삭에서의 절삭 깊이는 일반 평면 연삭보다 1,000에서 10,000배 만큼 더 크고, 이송 속도는 거의 같은 비율만큼 작다. 그러나 소재 제거율과 생산성은 숫돌이 연속적으로 절삭을 수행하기 때문에 크리프피드 연삭이 높다, 이것은 공작물의 왕복 운동에 의해 매 행정마다 시간 소비가

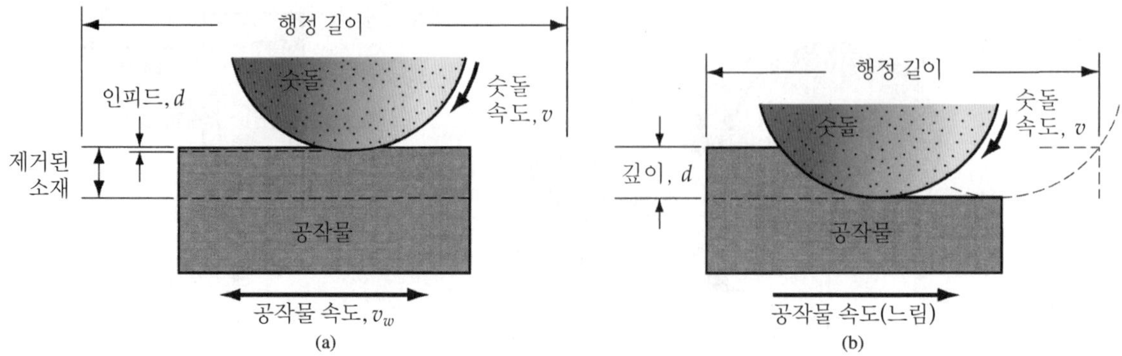

그림 21.12 연삭 공정의 비교. (a) 일반 평면 연삭, (b) 크리프피드 연삭.

많은 일반 평면 연삭과 비교된다.

크리프피드 연삭은 평면 연삭이나 외면 원통 연삭에 모두 적용될 수 있다. 평면 연삭에 적용하는 경우에는 홈과 윤곽의 연삭 가공이 있다. 이 공정은 폭에 비하여 깊이가 깊은 경우에 특히 잘 적용된다. 원통 연삭에 적용하는 경우는 나사산, 기어 형상, 기타 원통형 부품이다. 유럽에서는 이와 같은 외면 원통 크리프피드 연삭을 지칭하기 위하여 *디프그라인딩(deep grinding)*이라는 용어를 사용한다.

크리프피드 연삭을 위해 특별하게 설계된 연삭기에 관심이 많아졌다. 특징은 다음과 같다[11]: 높은 정적 및 동적 안정성, 스틱 슬립(stick-slip)이 별로 없는 매우 정확한 슬라이드, 증가된 주축 동력(전통 연삭기의 두세 배), 낮은 이송 속도에서 안정된 테이블 속도, 고압의 연삭액 공급 시스템, 작업 중에 기능한 연삭 숫돌 드레싱 시스템. 일반적으로 크리프피드 연삭의 장점으로는 (1) 높은 소재 제거율, (2) 윤곽 기공의 정확성, (3) 공작물 표면 온도의 감소를 들 수 있다.

기타 연삭 공정들

기타 연삭 공정에는 공구 연삭, 지그 연삭, 원판 연삭, 스내그 연삭, 연마 벨트 연삭 등이 있다.

절삭 공구는 경화된 공구강이나 다른 단단한 재료로 만든다. ***공구 연삭기(tool grinder)***는 절삭날을 세우고 수리하는 특수한 연삭기이다. 원하는 면을 특정 각과 반경으로 연삭할 수 있도록 공구를 고정하는 장치를 가지고 있다. 범용성을 가지는 연삭기도 있는 반면에 특정 공구의 고유 형상만을 가공하는 전용 연삭기도 있다. 범용 공구 연삭기는 여러 종류의 공구 형상을 연삭할 수 있는 특별한 장치를 갖고 있다. 전용 공구 연삭기에는 기어 커터, 밀링 커터, 브로치, 드릴 등을 전용으로 가공하는 연삭기들이 있다.

지그 연삭기(jig grinder)는 전통적으로 경화강으로 된 부품의 구멍을 높은 정밀도로 연삭할 수 있다. 초기에는 프레스 금형과 공구에 많이 적용되었다. 아직도 이 분야에 중요하게 적용되고 있지만, 오늘날 지그 연삭기는 경화된 부품을 높은 정밀도와 좋은 표면 정도로 연삭할 필요가 있는 곳에 광범위하게 사용되고 있다. 최신 지그 연삭기는 자동화의 필요성 때문에 NC기술도 사용되고 있다.

원판 연삭기(disk grinder)는 수평 주축의 양 끝에 큰 원판형 연삭 숫돌이 장착된 연삭기이다(그

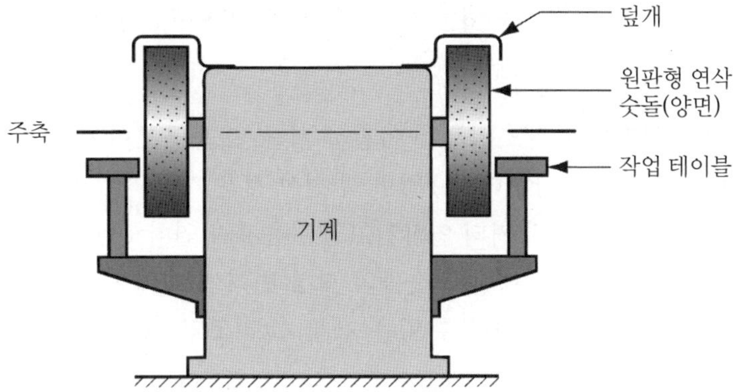

그림 21.13 원판 연삭기.

림 21.13). 숫돌 측면의 편평한 면에 대하여 공작물을 조작(보통 수동)하여 연삭 공정을 수행한다. 주축이 반대 방향으로 두 개인 원판 연삭기도 있다. 원판형 숫돌들을 원하는 거리만큼 분리하여 위치시키면, 공작물이 자동으로 두 개의 원판 사이로 이송이 되고 양쪽 면이 동시에 연삭된다. 원판 연삭기의 장점은 좋은 평면도와 평행도를 높은 생산 속도로 얻을 수 있다는 점이다.

스내그 연삭기(snag grinder)는 원판 연삭기와 유사한 형태를 가진다. 차이점은 숫돌 측면의 편평한 면 대신에 바깥 원주면을 사용한다는 점이다. 그러므로 여기에 쓰이는 연삭 숫돌은 원판 연삭기의 연삭 숫돌과 다르게 설계된다. 스내그 연삭기는 보통 수동으로 작동되며, 주조나 단조의 플래시 제거, 용접 접합부의 평탄화 같은 거친 연삭 공정에 사용된다.

연마 벨트 연삭(abrasive belt grinding)은 유연한 천 벨트에 결합된 연마 입자들을 사용한다(그림 21.14). 공작물을 압착할 때 벨트를 지지하기 위하여 벨트 뒤에 롤이나 압반(platen)을 위치시킨다. 편평한 면이 필요한 공작물에는 평면 압반이 사용된다. 연삭 중에 연마 벨트가 부품의 대체적인 윤곽을 따라갈 필요가 있을 때에는 연한 압반을 사용할 수 있다. 벨트 속도는 연삭되는 재료에 의존하며, 대체적으로 750~1700 m/min의 범위를 가진다[17]. 전통적으로 가벼운 공정에 사용되었던 연마 벨트 연삭은 연마 입자와 결합재의 발전으로 매우 높은 소재 제거율이 필요한 공정에 점차 사용되고 있다. 공작물을 수동으로 벨트에 압착하여 버(burr)나 높은 지점을 제거하여 좋은 표면 정도

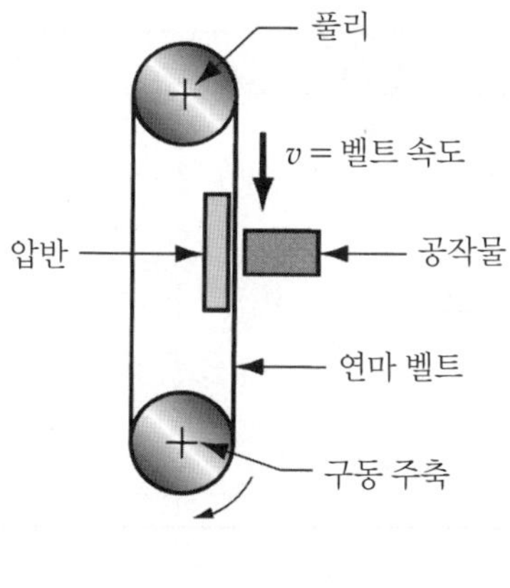

그림 21.14 연마 벨트 연삭.

를 빠르게 얻을 수 있는 가벼운 연삭 공정을 *벨트샌딩(belt sanding)*이라고 한다.

연삭의 발전

연삭을 전문으로 하는 공작기계 제조업체는 여전히 기술 및 응용분야에서 발전하고 있다. 이러한 것에는 다음과 같은 기술들을 포함한다: (1) 밀링 및 선삭 같은 가공 작업과 연삭가공을 결합하는 복합 가공 기계; (2) 5축 CNC 공구 및 커터 연삭기; (3) 사용자가 연삭숫돌을 얼마나 자주 드레싱하는지 설정하면 자동으로 드레싱을 수행하고 숫돌의 직경 변화에 대해 보상을 하는 기계; (4) 완성된 부품을 매우 높은 정확도로 자동 측정할 수 있는 기계; 그리고 (5) 연삭기를 보다 쉽게 운용하기 위한 소프트웨어[22].

21.2 기타 연마 공정

다른 연마 공정으로는 호닝, 래핑, 슈퍼피니싱, 폴리싱, 버핑이 있고, 다듬질 공정으로만 사용된다. 초기 부품 형상은 다른 공정으로 만들어지고 아주 우수한 표면 정도를 얻기 위하여 이와 같은 연마 공정으로 마무리 공정을 한다. 이 공정이 적용되는 보통의 부품 형상과 전형적인 표면 거칠기 값을 표 21.6에 나열하였다. 비교를 위하여 연삭 가공의 경우도 나타내었다.

또 다른 다듬질 공정으로 *대량 다듬질(mass finishing)*이라고 불리는 공정은 부품들을 한꺼번에 다듬질할 때 사용된다(24.1.2절). 이 방법은 청정과 버제거 공정을 위하여 사용되기도 한다.

21.2.1 호닝

호닝(honing)은 연마 입자들이 부착되어 있는 막대형 숫돌에 의하여 수행되는 연마 공정이다. 내연기관 실린더 구멍의 다듬질 공정에 많이 사용되고 있다. 또한 베어링, 유압 실린더, 총신에도 적용된다. 이 공정으로 약 0.12 μm나 그보다 조금 좋은 표면 거칠기를 얻을 수 있다. 또한 호닝은 부품의 작동 중에 윤활유를 간직할 수 있도록 교차된 해칭면(cross-hatched surface)을 만들어낼 수 있어서

표 21.6 호닝, 래핑, 슈퍼피니싱, 버핑 적용 대상 부품 형상과 표면 거칠기

공정	부품 형상	표면 거칠기(μm)
연삭, 중간크기 입자	평면, 원통 외면, 둥근 구멍	0.4–1.6
연삭, 미세 입자	평면, 원통 외면, 둥근 구멍	0.2–0.4
호닝	둥근 구멍	0.1–0.8
래핑	평면, 반구형(렌즈 등)	0.025–0.4
슈퍼피니싱	평면, 원통 외면	0.013–0.2
폴리싱	다양한 형상	0.025–0.8
버핑	다양한 형상	0.013–0.4

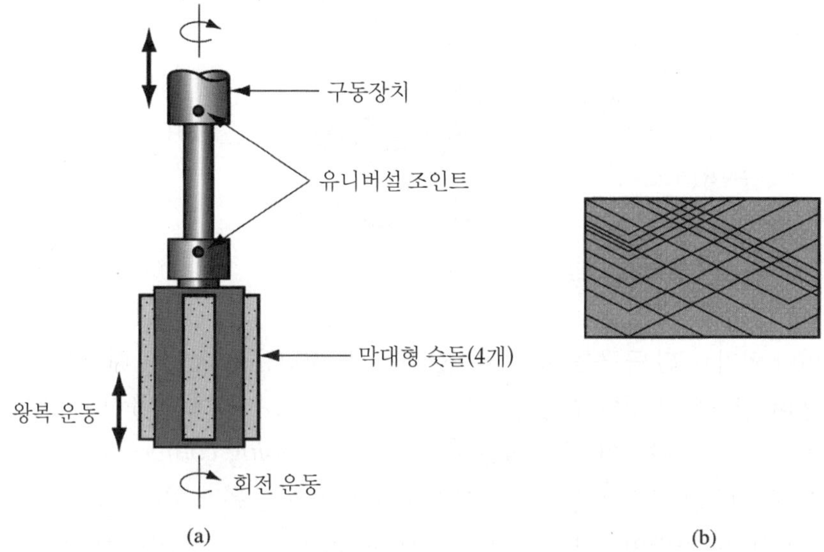

그림 21.15 호닝 공정. (a) 원통 내면을 위한 호닝 공구, (b) 호닝 공구로 생성된 교차된 해칭면.

부품의 성능과 수명에 도움을 준다.

원통 내면을 위한 호닝 공정은 그림 21.15와 같다. 호닝 공구는 연마 입자가 결합되어 있는 막대형 숫돌들로 구성되어 있다. 그림에 나타낸 공구는 네 개의 막대 숫돌을 사용하고 있지만, 막대 숫돌의 수는 구멍 크기에 의존한다. 작은 구멍(총신 같은)은 두 개에서 네 개의 숫돌이 사용되고 큰 구멍에는 12개 이상의 숫돌이 사용된다. 호닝 공구의 운동은 숫돌의 한 점이 같은 경로를 반복하여 따라가지 않도록 조절된, 회전 운동과 직선 왕복 운동의 조합이다. 이 같은 꽤 복잡한 운동이 구멍 내면에 교차된 해칭면을 생기게 한다. 호닝 속도는 15~150 m/min이다[3]. 필요한 연삭 작용을 위하여 공정 중에 막대 숫돌은 구멍 내면에 대하여 바깥쪽으로 압력이 가해진다. 1~3 MPa의 압력이 보통이고 이 범위를 벗어나는 경우도 가끔 있다. 호닝 공구는 두 개의 유니버설 조인트로 구멍 안에서 지지되어, 공구가 앞에서 정해진 구멍 축을 따라가도록 되어 있다. 호닝은 구멍을 확장하고 다듬질하지만 구멍 축 위치를 변경하지는 않는다.

호닝의 입자 크기는 30~600 사이의 범위에 있다. 연삭 가공과 마찬가지로 좋은 표면 정도와 높은 소재 제거율 사이에서 적절한 절충이 필요하다. 호닝 공정으로 공작물 표면으로부터 제거되는 소재의 양은 많아야 0.5 mm 정도이고, 보통 이보다 훨씬 작다. 공구의 냉각 및 윤활과 칩 제거를 돕기 위하여 호닝에서는 절삭유가 사용된다.

21.2.2 래핑

래핑(lapping)은 매우 정밀하고 매끄러운 표면 정도를 얻기 위하여 사용되는 연마 공정이다. 광학 렌즈, 베어링 표면, 게이지, 기타 정밀 부품의 생산에 적용된다. 피로 하중을 받는 금속 부품이나 기밀을 요하는 표면에도 종종 래핑이 사용된다.

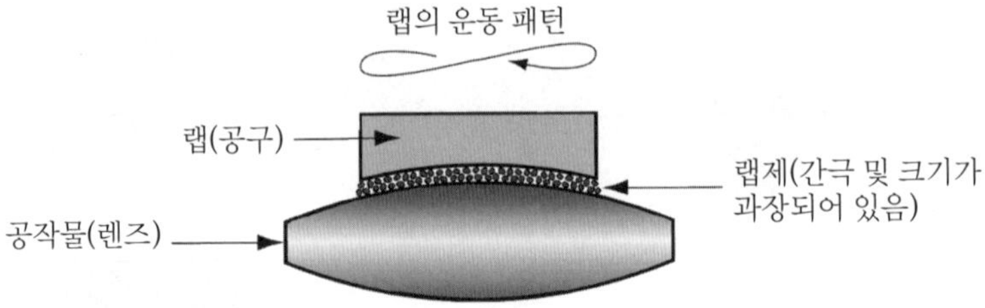

그림 21.16 렌즈에 적용된 래핑 공정.

결합된 연마 입자로 된 공구를 사용하는 것 대신에, 래핑은 공작물과 래핑 공구 사이에 존재하는 매우 작은 연마 입자들이 섞여 있는 용액이 사용된다. 렌즈 가공에 적용한 래핑 공정을 그림 21.16에 나타내었다. 연마 입자들이 섞여 있는 용액을 *랩제(lapping compound)*라고 하며 일반적으로 분필 가루 반죽처럼 보인다. 사용되는 용액으로는 오일과 등유가 있다. 입자 크기가300~600인 산화알루미늄과 실리콘카바이드가 연마 입자로 보통 쓰인다. 래핑 공구는 *랩(lap)*이라 불리며 원하는 공작물의 형상과 반대되는 형상을 가진다. 랩은 공작물에 대하여 압력이 가해지면서 표면의 모든 부분이 같은 작용을 받도록 8자형이나 다른 운동패턴을 가지고 앞뒤로 움직인다. 래핑은 손으로 수행되기도 하지만 래핑 머신을 사용하면 일관성 있고 효율적인 작업이 가능하다.

랩의 재료는 강과 주철에서부터 구리와 납까지 다양하다. 나무로 된 랩도 사용된다. 결합된 연마 입자로 된 공구를 사용하는 것 대신에 랩제를 사용하기 때문에 이 공정이 진행되는 과정은 연삭과 호닝과는 어느 정도 다르다. 래핑에는 두 가지 상반되는 절삭 메커니즘이 존재한다고 알려져 있다 [3]. 첫 번째가 연마 입자들이 랩과 공작물 사이에서 구르고 미끄러지면서 양 면에 매우 작은 절삭을 일으킨다는 것이다. 두 번째는 연마 입자가 랩 표면에 묻어 있게 되고 연삭과 유사한 절삭작용이 일어난다는 것이다. 래핑은 공작물과 랩의 상대적인 경도에 따라서 이 두 가지 절삭 메커니즘의 조합으로 일어난다고 볼 수 있다. 연한 재료로 만든 랩에 대해서는 묻어 있는 입자에 의한 절삭 메커니즘이 강조되며, 경한 랩은 구르고 미끄러지는 절삭 메커니즘이 지배적이 된다.

21.2.3 슈퍼피니싱

슈퍼피니싱(superfinishing, 초다듬질)은 호닝과 비슷한 연마 공정이다. 두 공정 모두 왕복 운동하면서 공작물 표면에 압력을 가하는 막대형 숫돌을 사용한다. 슈퍼피니싱은 호닝과는 다음과 같은 차이점이 있다[3]. (1) 행정이 짧다(5 mm). (2) 높은 진동수가 사용된다(최대 1500행정/분). (3) 낮은 압력이 공구와 공작물 사이에 가해진다(0.28 MPa 이하). (4) 공작물 속도가 더 낮다(15 m/min 이하). (5) 입자 크기가 보통 작다. 막대 숫돌과 공작물 표면 사이의 상대 운동이 변하기 때문에 각 입자들이 같은 경로를 따라가지 않는다. 공작물 표면을 냉각시키고 칩을 제거하기 위하여 절삭유가 사용된다. 또한 절삭유는 어떤 수준의 표면 정도에 도달하면 숫돌을 공작물 표면으로부터 분리하는 역할을 하기 때문에 더 이상의 절삭 작용을 막을 수가 있다. 이 공정으로 표면 거칠기가 0.025 μm인 거울 같은 표면을 얻을 수 있다. 슈퍼피니싱은 평면과 원통 외면(그림 21.17)을 다듬질하는 데 사용

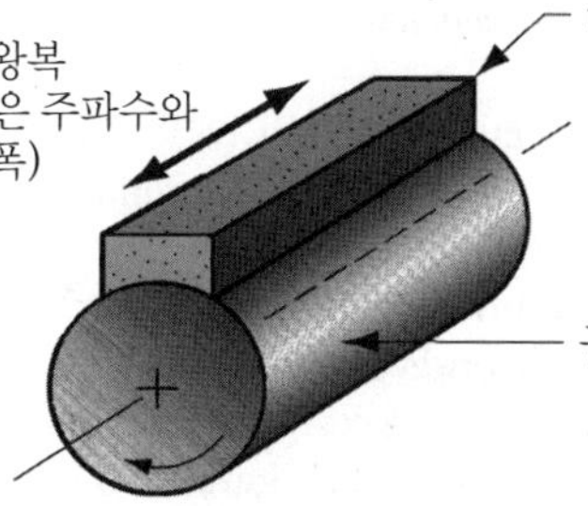

그림 21.17 원통 외면의 슈퍼피니싱.

된다.

21.2.4 폴리싱과 버핑

폴리싱(polishing)은 고속(약 2300 m/min)으로 회전하는 폴리싱 휠에 부착된 연마 입자에 의하여 흠집과 버를 제거하고 거친 표면을 매끄럽게 하기 위해 사용된다. 휠은 천, 가죽, 펠트(felt), 종이로 만들어져 있고, 어느 정도 유연하다. 연마 입자들은 휠의 바깥면에 접착되어 있다. 연마 입자들이 닳아 없어지게 되면 휠이 새로운 입자들로 보충되어야 한다. 거친 폴리싱에 사용되는 입자 크기는 20~80 정도이고, 마무리 폴리싱은 90~120, 미세 마무리 공정은 120 이상이다. 폴리싱은 수동으로 수행하는 경우가 많다.

버핑(buffing)은 외형상 폴리싱과 유사하지만 기능은 다르다. 버핑은 광택이 많이 나는 매력적인 표면을 얻기 위하여 사용된다. 버핑 휠은 가죽, 펠트, 천 등과 같이 폴리싱 휠과 비슷한 재료로 만들지만, 버핑 휠이 보통 더 연하다. 연마 입자들은 매우 미세하며 버핑제에 포함되어 있다. 버핑제는 휠이 회전하는 동안에 압력을 받아 휠의 바깥면으로 배출된다. 이것은 연마 입자들이 휠 표면에 접착되어 있는 폴리싱과 대조된다. 폴리싱과 같이 연마 입자들이 주기적으로 보충되어야 하며, 자동으로 수행되는 기계도 있지만 버핑은 보통 수동 공정이 더 많다. 버핑은 보통 2400~5200 m/min의 속도로 수행된다.

참고문헌 *REFERENCES*

[1] Andrew, C., Howes, T. D., and Pearce, T. R. A. *Creep Feed Grinding*. Holt, Rinehart and Winston, London, 1985.

[2] ANSI Standard B74.13-1977, "Markings for Identifying Grinding Wheels and Other Bonded Abrasives." American National Standards Institute, New York, 1977.

[3] Armarego, E. J. A., and Brown, R. H. *The Machining of Metals*. Prentice-Hall, Englewood Cliffs, New Jersey, 1969.

[4] Aronson, R. B. "More Than a Pretty Finish." *Manufacturing Engineering*, February 2005, pp. 57–69.

[5] Bacher, W. R., and Merchant, M. E. "On the Basic Mechanics of the Grinding Process." *Transactions ASME*, Series B, Vol. 80, No. 1, 1958, p. 141.

[6] Black, J., and Kohser, R. *DeGarmo's Materials and Processes in Manufacturing*. 11th ed. John Wiley & Sons, Hoboken, New Jersey, 2012.
[7] Black, P. H. *Theory of Metal Cutting*. McGraw-Hill, New York, 1961.
[8] Boothroyd, G., and Knight, W. A. *Fundamentals of Metal Machining and Machine Tools*. 3rd ed. CRC Taylor & Francis, Boca Raton, Florida, 2006.
[9] Boston, O. W. *Metal Processing*. 2nd ed. John Wiley & Sons, New York, 1951.
[10] Cook, N. H. *Manufacturing Analysis*. Addison-Wesley, Reading, Massachusetts, 1966.
[11] Drozda, T. J., and Wick, C. (eds.). *Tool and Manufacturing Engineers Handbook*. 4th ed. Vol. I: Machining. Society of Manufacturing Engineers, Dearborn, Michigan, 1983.
[12] Eary, D. F., and Johnson, G. E. *Process Engineering for Manufacturing*. Prentice-Hall, Englewood Cliffs, New Jersey, 1962.
[13] Kaiser, R. "The Facts about Grinding." *Manufacturing Engineering*, Vol. 125, No. 3, September 2000, pp. 78–85.
[14] Krabacher, E. J. "Factors Influencing the Performance of Grinding Wheels." *Transactions ASME*, Series B, Vol. 81, No. 3, 1959, pp. 187–199.
[15] Krar, S. F. *Grinding Technology*. 2nd ed. Delmar, Florence, Kentucky, 1995.
[16] Lorincz, J., "Advances Give Messy Image of Honing the Boot," *Manufacturing Engineering*, September 2017, pp. 75–83.
[17] *Machining Data Handbook*. 3rd ed. Vols. I and II. Metcut Research Associates, Cincinnati, Ohio, 1980.
[18] Malkin, S. *Grinding Technology: Theory and Applications of Machining with Abrasives*. 2nd ed. Industrial Press, New York, 2008.
[19] Phillips, D. "Creeping Up." *Cutting Tool Engineering*, Vol. 52, No. 3, March 2000, pp. 32–43.
[20] Rowe, W. *Principles of Modern Grinding Technology*. Elsevier Applied Science, New York, 2009.
[21] Salmon, S. "Creep-Feed Grinding Is Surprisingly Versatile." *Manufacturing Engineering*, November 2004, pp. 59–64.
[22] Webster, S., "What's Next in Grinding," *Manufacturing Engineering*, March 2015, pp. 77–85.

복습문제 *REVIEW QUESTIONS*

서론

21.1 연마공정이란 무엇이며, 어떻게 작용하는가?

21.2 가장 흔한 연마가공법의 명칭과 초다듬질(superfinishing)의 명칭은 무엇인가?

21.3 연마가공이 기술적으로나 상업적으로 왜 중요한가?

연삭

21.4 연삭가공에 대해 서술하라.

21.5 연삭숫돌에서 두 가지의 구성요소는 무엇인가?

21.6 연삭에서 입자 재료에 대해 일컫는 파쇄성(friability)은 어떤 의미가 있는가?

21.7 연삭과 밀링간의 가장 중요한 차이점을 설명하라.

21.8 연삭숫돌에서 언급되는 입자 크기(grit size)의 중요성을 설명하라.

21.9 연삭숫돌에 사용되는 결합재 재료를 나열하라.

21.10 숫돌의 결합도(wheel grade)란 무엇인가?

21.11 표면 연삭작업에서 인피드(infeed)란 무엇인가?

21.12 다이아몬드 입자로 만든 연삭숫돌의 적용 대상은 무엇인가?

21.13 연삭숫돌에 사용되는 실리케이트(Silicate) 결합재에 대해 설명하라.

21.14 연삭숫돌의 세 가지 마모 메커니즘은 무엇인가?

21.15 연삭숫돌의 제조에 사용되는 결합재의 종류를 나열하라.

21.16 숫돌의 조직과 결합도를 구별하라.

21.17 초경합금을 연삭하기 위하여 어떤 연마입자를 선택하여야 하나?

21.18 저탄소강을 연삭하는데 산화알루미늄 또는 탄화규소 중 어떤 연마입자를 선택하여야 하나?

21.19 대부분의 비철금속을 연삭하는데 산화알루미늄 또는 탄화규소 중 어떤 연마입자를 선택하여야 하나?

21.20 연삭 마찰과 공작물 온도를 어떻게 하면 낮출 수 있는가?

연삭작업 및 연삭기

21.21 표면 연삭작업에서 통상 만들어지는 형상은 어떤 형상인가?

21.22 전통적인 선반작업과 유사한 연삭작업의 형태는 무엇인가?

21.23 전통적인 보링작업과 유사한 연삭작업의 형태는 무엇인가?

기타 연마공정

21.24 고정도 다듬질(super finishing)을 위한 연마공정들을 열거하라.

21.25 폴리싱(polishing)과 버핑(buffing)을 구별하라.

연습문제 *PROBLEMS*

Grinding

21.1 Wheel diameter = 150 mm, and infeed = 0.04 mm in a surface grinding operation. Wheel speed = 1600 m/min, work speed = 0.30 m/s, and crossfeed = 5 mm. The number of active grits per area of wheel surface = 40 grits/cm^2. Determine (a) average length per chip, (b) metal removal rate, and (c) number of chips formed per unit time for the portion of the operation when the wheel is engaged in the work.

21.2 In a surface grinding operation, wheel diameter = 177.8 mm, wheel width = 25.4 mm, wheel speed = 1676.4 m/min, work speed = 12.19 m/min, infeed = 0.0762 mm, and crossfeed = 5.08 mm. The number of active grits per square mm of wheel surface = 0.580. Determine (a) average length per chip, (b) metal removal rate, and (c) number of chips formed per unit time for the portion of the operation when the wheel is engaged in the work.

21.3 An 203.2 mm diameter grinding wheel rotates at a surface speed of 1219.2 m/min in a surface grinding job performed on a flat piece of 4340 steel with hardness = 325 BHN. There are 0.465 active grits/mm^2 of wheel surface, and the operation is performed dry. Infeed = 0.0381 mm per pass, crossfeed = 0.050 mm, and the reciprocating speed of the work is 9.144 m/min. Determine (a) length of contact between the wheel and the work, (b) volume rate of metal removed, (c) number of chips formed per unit time, and (d) average volume per chip? (e) If the tangential cutting force on the workpiece = 102.3 N, what is the specific energy calculated for this job?

21.4 An internal cylindrical grinding operation is used to finish an internal bore from an initial diameter of 247.95 mm to a final diameter of 250.00 mm. The bore is 120 mm long. A grinding wheel with an initial diameter of 100.00 mm and a width of 20.00 mm is used. After the operation, the diameter of the grinding wheel has been reduced to 99.61 mm. Determine the grinding ratio in this operation.

21.5 A bore of length 100 mm and diameter 280 mm is finished using the internal grinding operation for achieving a final diameter of 300 mm. The grinding wheel used has diameter 150 mm and thickness 20 mm. Calculate the grinding ratio if the final diameter of the grinding wheel after the operation is 148.5 mm?

21.6 In a surface grinding operation of the flat plate, the thickness is reduced from 25 mm to 23 mm. The length and width of the plate are 100 mm and 250 mm respectively. The diameter of the fresh grinding wheel is 80 mm and thickness is 15 mm. If the diameter of the grinding wheel after the operation is 79 mm, calculate the grinding ratio.

Grinding Operations and Grinding Machines

21.7 In a centerless grinding operation, the grinding wheel diameter = 300 mm, and the regulating wheel diameter = 125 mm. The grinding wheel rotates at 1500 rev/min, and the regulating wheel rotates at 200 rev/min. The inclination angle of the regulating wheel = 2.0°. Determine the production rate of cylindrical work parts that are 12.0 mm in diameter and 100 mm long.

21.8 In a centerless grinding operation, the grinding wheel diameter = 0.254 mm, and the regulating wheel diameter = 0.152 mm. The grinding wheel rotates at 2000 rev/min, and the regulating wheel rotates at 200 rev/min. The inclination angle of the regulating wheel = 2.5°. Determine the production rate of cylindrical work parts whose diameter = 0.019 mm and length = 0.152 mm.

21.9 The regulating wheel diameter in a centreless grinding operation = 0.127 mm. The inclination angle of the regulating wheel = 3.5°. The operation is used to grind the outside surface of cylindrical parts that are 0.0889 mm long. To meet the production schedule, these parts must be processed at the rate of 3000 pc/hr. Determine the required rotational speed of the regulating wheel that will satisfy this requirement.

21.10 In a grinding operation, the grade of the grinding wheel should be "M" (medium), but the only available wheel is grade "T" (hard). It is desired to make the wheel appear softer by making changes in cutting conditions. What changes would you recommend?

21.11 A high-speed steel broach (hardened) is to be resharpened to achieve a good finish. Specify the appropriate parameters of the grinding wheel for this job.

CHAPTER 22

특수가공과 열적 절삭공정

22.1 기계적 에너지 공정
22.1.1 초음파가공
22.1.2 워터제트 이용 공정
22.1.3 기타 비전통식 연마제 이용 공정
22.2 전기화학 공정
22.2.1 전해가공
22.2.2 전해디버링과 전해연삭
22.3 열에너지 공정
22.3.1 방전공정
22.3.2 전자빔가공
22.3.3 레이저가공
22.3.4 아크절단공정
22.3.5 산소절단공정
22.4 화학적 공정
22.4.1 화학가공의 역학과 화학
22.4.2 화학가공 공정
22.5 하이브리드 가공시스템
22.5.1 하이브리드 가공공정의 분류
22.5.2 결합/혼합 공정
22.5.3 지원 공정
22.6 특수가공 적용 시 고려사항

전통적인 절삭공정(예, 선삭, 드릴링, 밀링 등)은 예리한 절삭공구를 사용하여 전단변형에 의해 공작물로부터 칩을 형성하여 제거한다. 이러한 전통적인 방법 외에 재료를 제거하는 다른 메커니즘을 사용하는 공정들이 있다. ***특수가공(nontraditional machining)***은 기계적, 열적, 전기적, 화학적 에너지(또는 이들의 조합)를 포함하는 다양한 기술에 의해 재료를 제거하는 공정 그룹에 대한 통칭이다. 이 그룹은 전통적인 예리한 절삭공구나 연마제를 사용하지 않는다.

특수가공은 대부분 제2차 세계대전 이후 재래식 방법으로는 만족시키지 못하는 새롭고 특이한 가공요구사항을 맞추기 위해서 개발되기 시작하였다. 이러한 요구사항과 이에 따른 특수가공의 상업적, 기술적 중요성은 다음과 같다.

- 새롭게 개발된 금속과 비금속 가공에 대한 필요성. 이러한 신소재는 흔히 재래식 방법으로는 힘들거나 불가능한 특별한 특성(예: 고강도, 고경도, 고인성)을 가지고 있다.
- 전통적인 방법으로는 가공하기 쉽지 않거나 불가능한, 독특하고 복잡한 부품 형상에 대한 요구.
- 전통적인 방법을 사용할 경우 발생하는 응력에 동반되는 표면손상 방지에 대한 요구

이러한 요구사항은 최근 들어 중요성이 증가하고 있는 항공우주 및 전자산업과 연관되어 있다.

특수가공 공정의 종류는 말 그대로 수십 가지인데, 그 각각이 독특한 응용영역을 갖고 있다. 이

장에서는 가장 중요한 공정에 대해서 설명한다. 특수가공에 대한 보다 상세한 설명은 참고문헌에 나와 있다.

특수가공은 재료 제거에 사용되는 주된 에너지의 유형에 따라 다음과 같이 네 가지로 분류된다.

1. *기계적.* 전통적인 절삭공구의 작용과는 전혀 다른 형태의 기계적 에너지가 특수가공에서 사용된다. 고속의 유체 또는 연마제(또는 두 가지 모두)에 의한 공작물의 침식이 이러한 공정에서 나타나는 대표적 형태의 기계적 작용이다.
2. *전기적.* 공작물을 제거하기 위해 전기화학적 에너지를 사용한다. 이 메커니즘은 전기도금의 역과정이다.
3. *열적.* 이러한 공정에서는 공작물을 자르고 성형하는 목적으로 열에너지를 이용한다. 일반적으로 열에너지는 공작물 표면의 매우 작은 영역에 작용하여 재료의 융해 또는 증발에 의해 그 영역이 제거된다. 열에너지는 전기적 에너지의 변환에 의해 만들어진다.
4. *화학적.* 대부분의 재료(특히 금속)는 산이나 부식액에 의한 화학적 공격에 취약하다. 화학적 가공법에서는 공작물의 일부분이 화학물질에 의해서 선택적으로 제거되고, 나머지 부분은 마스크에 의해 보호된다.

22.1 기계적 에너지 공정

이 절에서는 예리한 절삭날이 아닌, 기계적 에너지를 이용하는 몇 가지 특수가공 공정을 살펴본다. (1) 초음파 가공, (2) 워터제트 절단, (3) 기타 연마제 이용 공정.

22.1.1 초음파가공

초음파가공(ultrasonic machining, USM)은 저진폭(약 0.075 mm), 고주파(약 20,000 Hz)로 진동하는 공구에 의해, 슬러리에 함유된 연마제 입자를 고속으로 공작물에 충돌시키는 가공법이다. 공구가 공작물 표면에 수직 방향으로 진동하면서 공작물 쪽으로 서서히 이송되면, 공구의 형상이 공작물에 형성된다. 하지만 가공을 수행하는 것은 공구가 아니라, 공작물에 부딪치는 연마제의 작용이다. 그림 22.1은 초음파가공의 원리를 보여준다.

초음파가공에 사용되는 대표적인 공구 재료는 연강과 스테인리스강이다. 연마제 재료는 질화붕소(보론나이트라이드), 탄화붕소(보론카바이드), 산화알루미늄(알루미나, Al_2O_3), 탄화규소(실리콘카바이드, SiC), 및 다이아몬드 등이다. 입도(grit size, 입자크기)(12.1.1절)는 100과 2000 사이의 수준인데, 진폭을 입도와 거의 같은 값으로 설정하여야 하며, 간극은 입도의 대략 두 배로 맞추어야 한다. 생성되는 새로운 표면의 표면다듬질정도를 가장 크게 결정짓는 요소가 입도이다. 입도가 작을수록 더 양호한 표면거칠기를 생성한다. 표면거칠기에 추가하여 소재 제거율(material removal rate)이 초음파가공의 중요한 성능변수이다. 주어진 공작물 재료에 대해, 주파수와 진폭이 증가함

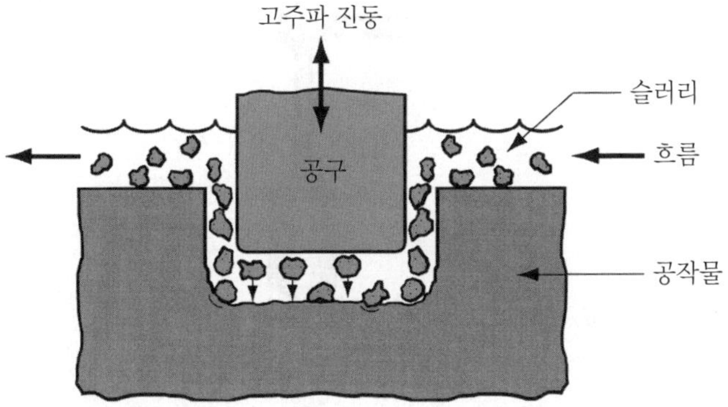

그림 22.1 초음파가공.

에 따라 소재 제거율이 증가한다.

초음파가공에서 절삭효과는 공작물뿐만 아니라 공구에서도 나타난다. 즉 연마제 입자가 공작물 표면을 침식시킬 때, 동시에 공구 또한 침식시켜 결국 공구 형상에 영향을 끼친다. 따라서 공정 중에 제거되는 공작물재료와 공구재료의 상대적인 부피비를 알고 있는 것이 중요한데, 이것은 연삭비(grinding ratio)와 유사하다(23.1.2절). 공작물 제거량 대 공구 마모량의 비는 공작물 재질에 따라 다르게 나타나는데, 유리의 경우 100:1로부터 공구강의 경우 1:1까지 범위가 넓다.

초음파가공의 슬러리(slurry, 혼합액)는 물과 연마제 입자의 혼합물이다. 물속의 연마제 농도는 20~60% 정도이다[5]. 공구와 공작물 사이의 간극에 새로운 입자를 투입하여 작용하게 하려면, 슬러리가 계속 순환되어야 한다. 또한 이것이 발생된 칩과 마모된 입자를 씻겨 나가게 해준다.

초음파가공이 개발된 동기는 세라믹, 유리, 초경합금 등과 같이 단단하고 취성이 큰 재료의 가공 필요성이었다. 또한 스테인리스강과 티타늄과 같은 금속에도 성공적으로 사용할 수 있다. 초음파가공을 통해 비원형 구멍과 굽은 구멍 등의 형상을 얻을 수 있고, 공구의 이미지패턴을 편평한 공작물 표면으로 옮기는 코이닝(coining)작업도 가능하다.

22.1.2 워터제트 이용 공정

이 절에서는 고속으로 분출되는 물, 또는 물과 연마제 입자의 혼합물을 사용하는 두 가지 공정에 대해서 설명한다.

워터제트절단(water jet cutting, WJC)

워터제트절단(WJC)은 그림 22.2와 같이 고압, 고속의 미세한(fine) 워터 제트를 공작물 표면으로 향하게 하여 대상물을 절단하는 방법이다. 미세한 흐름을 얻기 위해서 출구 직경이 0.1~0.4 mm 정도 되는 작은 노즐이 사용된다. 절단을 위한 충분한 에너지가 나오기 위해서 압력 620 MPa 정도가 사용된다. 유압펌프로 고압을 만들며, 노즐부는 스테인리스강으로 만든 홀더와 사파이어, 루비, 다이아몬드 등으로 만든 노즐로 구성된다. 다이아몬드가 수명이 가장 길지만, 비용이 가장 많이 든다. 절단 시 발생하는 부스러기를 분리하기 위해서 필터 시스템이 필요하다.

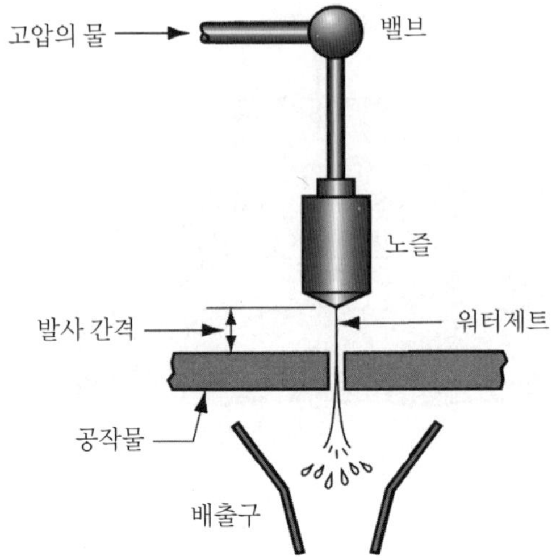

그림 22.2 워터제트절단.

워터제트절단에 사용되는 절삭유는 일관된 흐름을 얻기가 수월한 고분자 수용액이 적합하다. 절삭유에 대해서는 전통적 가공과 관련하여 이미 논의한 바 있는데(19.4절), 그 용어는 워터제트절단의 경우에 가장 적합하게 적용될 수 있다.

중요한 공정 파라미터로는 발사간격, 노즐출구직경, 유체압력, 절단이송속도 등을 들 수 있다. 그림 22.2와 같이 ***발사간격(standoff distance)***은 노즐출구와 공작물 표면 사이의 간격이다. 유체흐름이 표면을 타격하기 전에 흩어지는 것을 막기 위해서는 이 간격을 최소화하는 것이 바람직하다. 보편적인 발사간격은 3.2 mm이다. 노즐출구의 직경은 절단의 정밀도에 영향을 주는데, 출구가 작아질수록 더 얇은 소재의 더 미세한 절단이 가능하다. 공작물이 두꺼워질수록 굵은 유체흐름과 고압이 요구된다. 절단이송속도는 노즐이 절단경로를 따라 움직이는 속도를 말하는데, 공작물 재질과 두께에 따라 500 mm/s 이상의 값을 사용한다[5]. 워터제트절단 공정은 원하는 노즐경로 제어를 위해 대개 컴퓨터수치제어(CNC)나 산업용 로봇을 사용하여 자동화되어 있다.

워터제트절단은 플라스틱, 섬유, 복합재, 타일, 카페트, 가죽, 두꺼운 종이 등의 편평한 소재를 가는 홈으로 절단하기 위한 유용한 방법이다. 노즐을 장착한 산업용 로봇으로 구성되는 로봇 셀의 사례도 있는데, 이것은 자동차 대시보드의 조립 전에 절단과 트리밍을 위해서 3차원 상의 불규칙한 경로를 찾아가기 위해 사용되었다[12]. 이런 응용 분야들에서 나타나는 워터제트절단의 장점은 (1) 다른 기계적 또는 열적 공정에서 나타나는 표면의 부서짐과 연소가 없고, (2) 좁은 절단 홈 덕분에 재료 손실이 적으며, (3) 환경오염이 없고, (4) 공정자동화가 용이하다는 점이다. 워터제트절단의 단점은 절단 시 균열이 발생하는 경향 때문에 취성이 큰 재료(예: 유리)에는 사용하기가 적합하지 않다는 점이다.

연마제워터제트절단(abrasive water jet cutting, AWJC)

워터제트절단을 금속 부품에 사용할 경우 절단을 촉진하기 위해 연마제 입자를 섞어 사용하는데, 이런 방법을 *연마제워터제트절단*이라고 한다. 워터제트에 연마제를 섞게 되면 통제해야 할 파라미터(연마제 종류, 입자크기, 유량 등)가 늘어나서 공정을 복잡하게 만든다. 알루미나(Al_2O_3), 실리카(SiO_2), 가닛(garnet, 규산염 광물) 등이 일반적으로 첨가되는 연마재료이고, 입도(입자크기)는 60~120 정도이다. 연마제 입자는 노즐을 빠져나간 후, 약 0.25 kg/min 속도의 워터제트에 첨가된다.

나머지 공정 파라미터는 워터제트절단과 동일한 노즐출구직경, 수압, 발사간격 등이다. 노즐출구직경은 0.25~0.63 mm 정도여서 워터제트절단보다 다소 큰 편인데, 그 이유는 연마제 주입 직전의 유량과 에너지를 증가시켜주기 위함이다. 수압은 워터제트절단과 거의 비슷하다. 발사간격은 약간 작은 편인데, 연마제 입자를 포함한 절삭유의 흩어짐을 최소화시켜주기 위함이다. 일반적인 발사간격은 워터제트절단의 1/4~1/2 수준이다.

오늘날의 연마제워터젯 기계는 더 높은 압력에서 작동하는데, 이것은 더 빠른 절단속도와 더 짧은 주기시간을 가능하게 한다. 그리고 이러한 장비들은 정교한 소프트웨어를 사용하여, 주어진 응용분야에 대한 적절한 공정변수 조합을 찾을 수 있다. 공작물 재료는 강철, 알루미늄, 티타늄 및 기타 합금과 같은 두꺼운 금속판에서 석재, 화강암 및 유리와 같은 재료에 이르기까지 다양하다. 연마제워터젯절단은 냉간가공공정이므로, 금속을 절단할 때 플라즈마아크 절단과 같은 대체 열절단공정에서 흔히 발생하는 열영향부(HAZ)를 남기지 않는다.

22.1.3 기타 비전통적 연마제 이용 공정

부가적인 두 가지 기계적 에너지 공정을 소개하는데, 이 공정들에서는 버 제거(deburring)나 연마, 또는 기타 매우 적은 양의 재료 제거를 위한 공정을 수행하기 위해 연마제를 사용한다.

연마제제트가공(abrasive jet machining, AJM)

연마제제트가공은 작은 연마제 입자가 첨가된, 고속의 가스 흐름으로 재료를 제거하는 공정(그림 22.3)으로 연마제워터제트절단(AWJC)과 혼동하지 말아야 한다. 사용되는 가스는 0.2~1.4 MPa 정도의 압력으로 건조한 상태여야 하고, 직경 0.075~1.0 mm의 노즐 출구를 2.5~5.0 m/s의 속도로 빠져나가야 한다. 가스의 성분은 건조공기, 질소, 이산화탄소, 헬륨 등이다. 연마제제트가공은 보통 수작업으로 이루어지며, 작업자의 역할은 노즐을 공작물에 향하게 하는 것이다. 보편적인 발사간격은

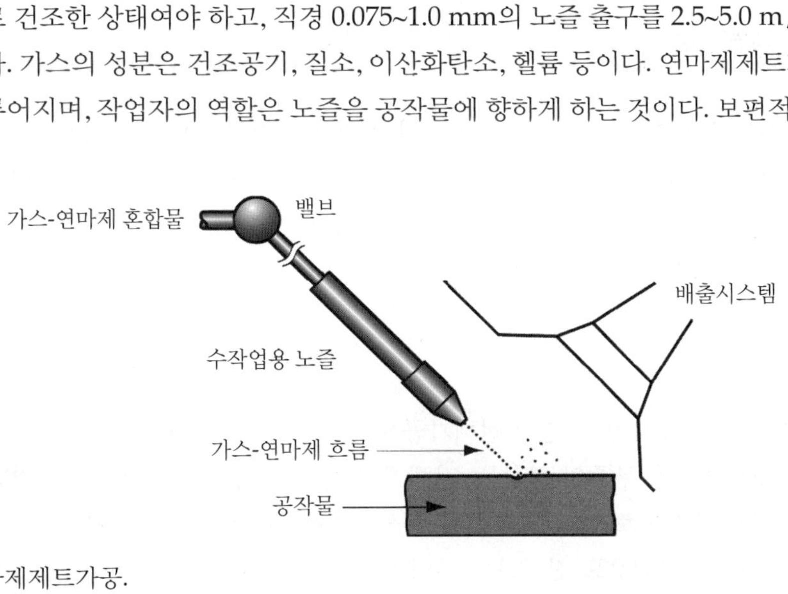

그림 22.3 연마제제트가공.

3~75 mm 정도이다. 작업자를 위해 환기가 잘 되는 작업장을 만들어야 한다.

연마제제트가공은 절삭가공 공정보다는 디버링, 트리밍, 플래쉬 제거, 청정 및 폴리싱 등의 다듬질 가공공정으로 많이 사용된다. 경도와 취성이 높은 재질(예, 유리, 실리콘, 운모, 세라믹 등)의 얇은 평판 형태의 소재에서 이 가공이 원활하게 수행된다. 연마제 재료로 알루미나(알루미늄과 황동 가공용), 실리콘 카바이드(스테인리스강과 세라믹 가공용), 유리입자(폴리싱 용) 등이 사용된다. 입자크기는 직경 15~40 μm 정도로 작은 편이며, 크기가 균일하여야만 한다. 사용한 입자는 깨지거나(크기의 감소), 마모되거나, 오염되었기 때문에 재활용해서는 안 된다.

연마제흐름가공(Abrasive Flow Machining, AFM)

이 공정은 1960년대에 접근이 어려운 영역의 버 제거 및 폴리싱을 위해 개발되었다. 점탄성 고분자재료(폴리머)에 연마제 입자를 혼합하여 부품 표면이나 모서리의 둘레나 그것을 관통하여 흐르도록 한다. 고분자재료는 균일한 접합력을 지니고 있다. 실리콘 카바이드는 전형적인 연마제이다. 연마제흐름가공(AFM)은 특히 전통적 방법으로는 접근이 불가능한 내부 통로 가공에 적합하다. 연마제-폴리머 혼합물(매체, media라 부름)은 0.7~20 MPa의 압력으로 부품의 목표영역을 통과하여 흐른다. 버 제거와 폴리싱 외에도 예리한 모서리의 반지름 형성, 거친 주물표면의 제거 및 기타 마무리 공정에 사용된다. 이러한 응용 예는 항공우주, 자동차 및 금형가공과 같은 산업에서 찾을 수 있다. 이 공정은 시간 당 수백 개의 부품을 경제적으로 마무리 가공하도록 자동화할 수 있다.

일반적인 장치는 두 개의 마주보는 원통(하나는 매체로 채워져 있고, 다른 하나는 빈 것) 사이에 공작물을 설치하는 것이다. 매체는 하나의 원통으로부터 다른 원통으로 부품을 통과하여 흐르도록 강제하고, 다시 반대로 흐르도록 한다. 그 횟수는 요구되는 재료 제거와 마무리 상태를 얻기에 필요한 만큼 여러 번 반복된다.

22.2 전기화학 공정

특수가공의 중요한 그룹 중 하나는 재료를 제거하기 위해 전기적 에너지를 사용한다. 이 그룹을 *전기화학 공정(electrochemical process)*이라고 부르는데, 소재 제거를 위해 전기에너지가 화학반응과 결합하여 사용된다. 실제로 이 공정은 전기도금(24.3.1절)의 역과정이다. 전기화학 공정의 공작물 재질은 전기도체이어야 한다.

22.2.1 전해가공

전기화학 공정의 가장 기본적인 유형인 전해가공은 양극분해에 의해서 전기도체 공작물로부터 재료를 제거하는 가공법이다. 부품의 형상은, 전해액이 빠르게 지나가는 약간의 간격만큼 공작물과 떨어져 있고, 원하는 형상으로 만들어진 전극공구에 의해 만들어진다. 전해가공(electrochemical machining, ECM)은 기본적으로 전기분해 과정이다. 그림 22.4와 같이 공작물은 양극(anode), 공

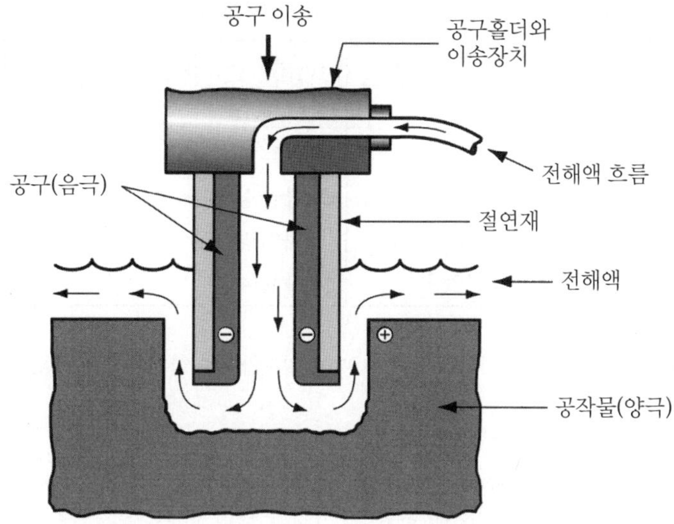

그림 22.4 전해가공.

구는 음극(cathode)이 된다. 재료가 양극으로부터 전기분해 되어 전해액(4.5절) 속의 음극에 쌓여가는 것이 전기도금의 원리이다. 전기분해와 다른 점은, 전해액이 두 전극 사이에서 빠르게 흘러서 분해된 재료를 씻어내고 공구에는 도금이 되지 않는다는 점이다.

동, 황동 또는 스테인리스강으로 만드는 전극공구는 원하는 최종 부품형상의 대략 반대 형상을 갖도록 설계된다. 공구와 공작물 사이의 간극을 고려하여 공구의 치수공차를 조정한다. 소재를 깎아내기 위해서는 공작물의 금속제거율과 동일한 속도로 공구가 이송되어야 한다. 전류에 의해 생성되는 화학적 변화량(분해되는 금속량)은 지나가는 전기량(전류×시간)에 비례한다는 Faraday의 제1법칙에 의하여 금속제거율이 결정된다.

$$V = CIt \tag{22.1}$$

여기서 V = 제거되는 금속부피(mm^3); C = 비(比)소재 제거율, 공작물 재료의 원자량, 원자가, 밀도에 따라 달라지는 상수(mm^3/amp-s); I = 전류(amps); t = 시간(s).

Ohm의 법칙에 의하면 전류 $I = E/R$(E: 전압, R: 저항)이 된다. 전해가공의 조건에서 저항은 다음과 같이 주어진다.

$$R = \frac{gr}{A} \tag{22.2}$$

여기서 g = 전극과 공작물 사이 간극(mm); r = 전해액의 비저항(ohm-mm); A = 작업이 이루어지는 전면 간극에서, 공작물과 공구 사이에 형성되는 표면적(mm^2). R에 대한 이 식을 Ohm의 법칙에 대입하면,

$$I = \frac{EA}{gr} \tag{22.3}$$

표 22.1 전해가공에서 몇 가지 공작물 재료에 대한 비(比)소재 제거율 C

공작물 재료[a]	비(比)소재 제거율 C mm³/amp-s	공작물 재료[a]	비(比)소재 제거율 C mm³/amp-s
알루미늄(3)	3.44×10^{-2}	저합금강	3.0×10^{-2}
동(1)	7.35×10^{-2}	고합금강	2.73×10^{-2}
철(2)	3.69×10^{-2}	스테인리스강	2.46×10^{-2}
니켈(2)	3.42×10^{-2}	티타늄(4)	2.73×10^{-2}

참고문헌 [11]의 데이터를 편집함.

[a] 괄호안의 숫자는 그 재질의 가장 흔한 원자가를 의미함. 다른 원자가에 대한 C계산은 표 안의 C값에 괄호 안의 원자가 값을 곱한 후 실제 원자가로 나누어준다.

다시 이 식을 Faraday 법칙을 정의하는 식 (22.1)에 대입하면,

$$V = \frac{C(EAt)}{gr} \tag{22.4}$$

식 (22.4)를 공구의 이송속도에 관한 식, 즉 전극(공구)이 공작물 속으로 전진할 수 있는 속도로 변환하면 편리하다. 이 변환은 두 단계로 이루어지는데, 첫 단계로 식 (22.4)를 At(면적×시간)로 나누어 제거되는 금속의 부피를 선형 이송속도로 바꾸어 준다.

$$\frac{V}{At} = f_r = \frac{CE}{gr} \tag{22.5}$$

여기서 f_r = 이송속도(mm/s). 두 번째 단계로 식 (22.3)에서 나타낸 바와 같이 $E/(gr)$ 대신 I/A를 대입하면 전해가공의 이송속도는 다음과 같다.

$$f_r = \frac{CI}{A} \tag{22.6}$$

여기서 A = 전극의 전면부 면적(mm²). 이것은 공구가 공작물 쪽으로 이송하는 방향으로 나타낸 공구의 투영면적이다. 표 22.1은 다양한 공작물 재질에 대한 비(比)소재 제거율 C값을 보여준다. 위의 식은 금속제거에 있어서 100%의 효율을 가정한 결과이다. 실제 효율은 90~100% 사이의 값을 가지게 되는데, 공구형상, 전압, 전류밀도 및 기타 인자에 따라 달라진다.

예제 22.1

전해가공

전해가공 공정을 이용하여 10 mm 두께의 알루미늄판에 가로 8 mm, 세로 25 mm의 직사각형 구멍을 만들고자 한다. 전해가공 공정은 전류값 = 1050 amps에서 수행되고, 효율 = 90%로 예상된다. 이송속도와 판재를 완전히 관통하는 구멍을 만들 때까지 걸리는 시간을 구하라.

풀이

표 22.1로부터 알루미늄의 C값은 3.44×10^{-2} mm³/A-s임을 알 수 있다. 전극 전면부 면적은 $A = 8 \times 25 = 200$ mm²이다. 따라서 1050 amps 전류상태에서 이송속도는

$$f_r = 3.44 \times 10^{-2} \times \left(\frac{1050}{200} \text{mm/s} \right) = 0.1806 \text{ mm/s}$$

효율이 90%이므로, 실제 이송속도는

$$f_r = 0.90(0.1806) \text{ mm/s} = 0.1625 \text{ mm/s}$$

10 mm 판재를 뚫기 위해서 필요한 시간은

$$T_m = \frac{10}{0.1625} = 61.53 \text{ s} = 1.02 \text{ min}$$

위의 식들에 따르면 전해가공에서 금속제거율과 이송속도에 영향을 미치는 중요한 파라미터들이 간극 g, 전해액의 비저항 r, 전류 I, 전극 전면 면적 A라는 것을 알 수 있다. 간극은 세심히 제어되어야 할 필요가 있는데, 간극 g가 너무 크면 전해공정이 느려진다. 그러나 전극이 공작물에 닿게 되면, 회로가 단락되어 공정 전체를 멈추게 만든다. 실제 적용되는 간극값은 0.075~0.75 mm 수준이다.

전해가공에서 전해액의 기본 구성물질은 물이다. 전해액의 비저항을 줄이기 위해서는 NaCl 또는 $NaNO_3$와 같은 염이 용액에 첨가된다. 공작물로부터 탈락된 소재를 멀리 보내기 위해 전해액을 흐르게 하는데, 이것이 화학반응 시 발생하는 열과 수소거품을 제거하는 역할도 해준다. 탈락된 재료는 미세한 입자의 형태인데, 이들을 전해액으로부터 걸러내기 위해서 원심력, 침전 또는 다른 방법들을 이용한다. 걸러낸 입자는 걸쭉한 슬러지(sludge) 형태를 가지는데, 이것을 처리하는 것이 전해가공과 관련된 환경문제이다.

전해가공을 수행하기 위해서는 많은 전력이 요구된다. 위의 식들에 나타나 있듯이 금속제거율은 전력에 의해 결정되는데, 특히 공정에 공급되는 전류밀도에 의해 결정된다. 전압은 간극에서의 아크발생을 막기 위해서 상대적으로 작게 유지시킨다.

전해가공은 일반적으로 재질이 매우 단단하거나 가공하기 어려운, 또는 재래식 가공법으로 만들기 어려운 복잡한 형상을 가지는 부품에 적합하다. 공정이 기계적인 것이 아니기 때문에 소재의 경도와는 관련이 없다. 전해가공이 자주 적용되는 대상은 (1) ***금형가공(die sinking)***, 여기에는 단조금형, 플라스틱용 금형, 또는 기타 성형 공구류의 불규칙한 내면 형상이나 윤곽 등을 만드는 것이 포함되어 있음, (2) 여러 구멍의 동시 가공(전통적 구멍가공은 순차적임), (3) 원형이 아닌 구멍 가공(회전드릴을 사용하지 않으므로), (4) 디버링 등이다.

전해가공의 장점은 (1) 공작물 표면의 손상이 거의 없고, (2) 재래식 가공에서 발생하는 버(burr)가 발생하지 않고, (3) 공구마모가 거의 없으며(전해핵 흐름에 의한 마모 정도 밖에 없음), (4) 경도

가 높은 재료나 난삭재에 대해서도 비교적 높은 금속제거율이 가능하다는 것이다. 단점으로는 (1) 많은 전력 비용, (2) 전해액 찌꺼기인 슬러지의 폐기 문제를 들 수 있다.

22.2.2 전해디버링과 전해연삭

전해디버링(electrochemical deburring, ECD)은 전해가공법을 개조한 공정으로, 양극 분해에 의해 금속 공작물의 버(burr, 거스러미)를 제거하거나 날카로운 모서리를 둥글게 하기 위한 목적을 갖고 있다. 전해디버링의 한 예를 그림 22.5에 나타내었다. 그림의 공작물에는 전통적인 드릴링 공정에 의해서 만들어진 관통형 구멍에 날카로운 버가 형성되어 있다. 전극공구가 버 부분의 금속만을 집중하여 제거하도록 설계되어 있다. 공구에서 가공에 사용되지 않는 부분은 절연처리 되어있다. 전해액은 구멍 속을 통과하여 흐르면서 버에서 떨어진 입자를 내보낸다. 원리는 전해가공과 동일하지만, 전해디버링에서는 훨씬 적은 재료가 제거되기 때문에 사이클 시간이 1분이 안 될 정도로 매우 짧다. 버 제거에 추가하여 코너의 라운딩 작업을 수행하면 사이클 시간은 길어진다.

전해연삭(***electrochemical grinding***, ECG)은 전해가공(ECM)의 특별한 형태인데, 금속 공작물 표면의 양극 전기분해를 증대시키기 위해 전기도체 결합재가 포함된 회전 연삭숫돌이 사용된다(그림 22.6). 연마제는 알루미나 또는 다이아몬드가 사용된다. 결합재로는 금속본드(다이아몬드 연마

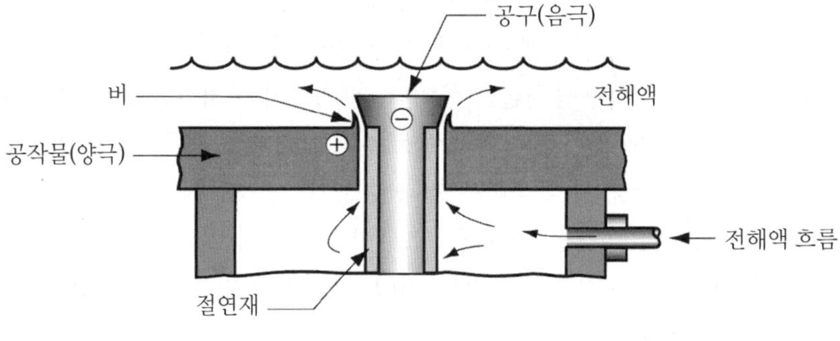

그림 22.5 전해디버링.

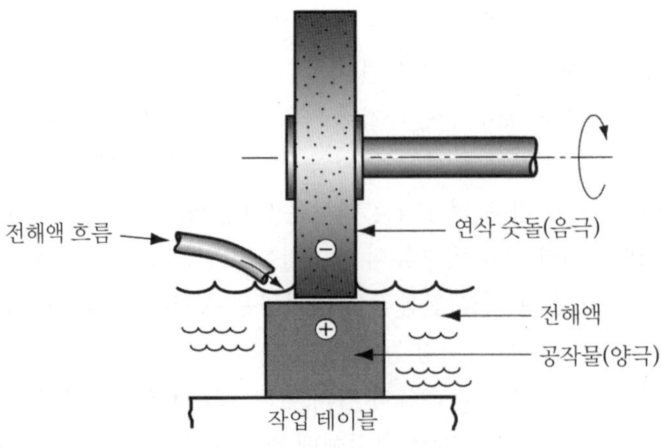

그림 22.6 전해연삭.

제의 경우)나 전기도체를 만들기 위한 금속 입자를 함유한 수지본드(알루미나 연마제의 경우)가 사용된다. 공작물과 접촉하는 곳의 숫돌로부터 돌출되어 있는 연마입자들이 간극을 형성한다. 전해액이 그 입자들 사이의 간극을 통해 흐르며, 입자들은 전기분해의 역할을 수행한다.

전해연삭에서 소재 제거의 95% 이상이 전기분해에 의해 이루어지고, 접촉된 연산숫돌 입자에 의한 제거는 나머지 5% 미만이다. 즉 대부분은 공작물 표면에서 전기화학반응이 일어나는 동안 형성된 얇은 막 형태의 염(salt film)이다. 대부분의 가공이 전기화학 반응에 의해 수행되므로 전해연삭에서 연삭숫돌은 전통적 연삭숫돌보다 훨씬 수명이 길다. 결과적으로 연삭비(grinding ratio)가 훨씬 크다. 또한 연삭숫돌의 드레싱은 훨씬 덜 빈번하게 요구된다. 이런 점이 이 공정의 주요한 장점이다. 전해연삭은 초경공구를 날카롭게 하거나 수술용 바늘, 또는 다른 얇은 벽두께의 관과 깨지기 쉬운 부품을 연삭하려는 경우 이용할 수 있다.

22.3 열에너지 공정

열에너지에 기초한 재료제거 공정의 특징은 국부적으로 매우 높은 온도라고 할 수 있는데, 이 온도는 재료를 용해 또는 증발시켜 제거하기에 충분히 높아야 한다. 이러한 공정은 고온 때문에 새롭게 형성된 공작물 표면에 물리적, 금속학적 손상을 야기한다. 어떤 경우에는 공정의 결과로 만들어진 표면다듬질정도가 너무 열악하여 표면을 향상시킬 부가적인 공정이 필요할 수도 있다. 이 절에서 상업적으로 중요한 몇 가지 열에너지 공정에 대해서 살펴볼 것이다. (1) 방전가공과 방전 와이어커팅, (2) 전자빔가공, (3) 레이저가공, (4) 아크절단 공정, (5) 산소절단 공정.

22.3.1 방전공정

방전공정에서는 일련의 단속적인 전기방전(스파크)을 일으켜 금속을 제거한다. 이때 방전에 의해 발생한 국부적인 고온은 충분히 높아서, 방전이 발생한 곳에 인접한 주변의 금속을 용융 또는 기화시킬 수 있다. 이러한 부류에는 두 가지의 주요 공정이 있는데, (1) 방전가공, (2) 와이어 방전가공이 그것이다. 이 공정은 전기적으로 도체인 공작물에만 적용할 수 있다.

방전가공(electric discharge machining, EDM)

방전가공은 가장 많이 사용되는 특수가공 공정 중의 하나나다. 방전가공 장치는 그림 22.7과 같다. 공작물 표면의 최종 형상은 성형된 전극공구에 의해 생성된다. 스파크(spark)는 공구와 공작물 표면 사이의 작은 간극을 가로질러 발생한다. 방전가공 공정은 절연액(dielectric fluid) 속에서 수행되어야만 한다. 그 이유는 절연액은 간극 사이에서 이온화되어, 방전 발생을 위한 경로를 생성하기 때문이다. 방전은 공작물과 공구를 연결하는 맥동(pulsating) 직류전원 공급장치에 의해 발생한다.

그림 22.7(b)는 공구와 공작물 사이의 간극을 확대한 것이다. 방전은 두 표면이 가장 가까이 위치하는 곳에서 발생한다. 절연액은 이곳에서 이온화되어 방전 발생을 위한 경로를 생성한다. 방전이

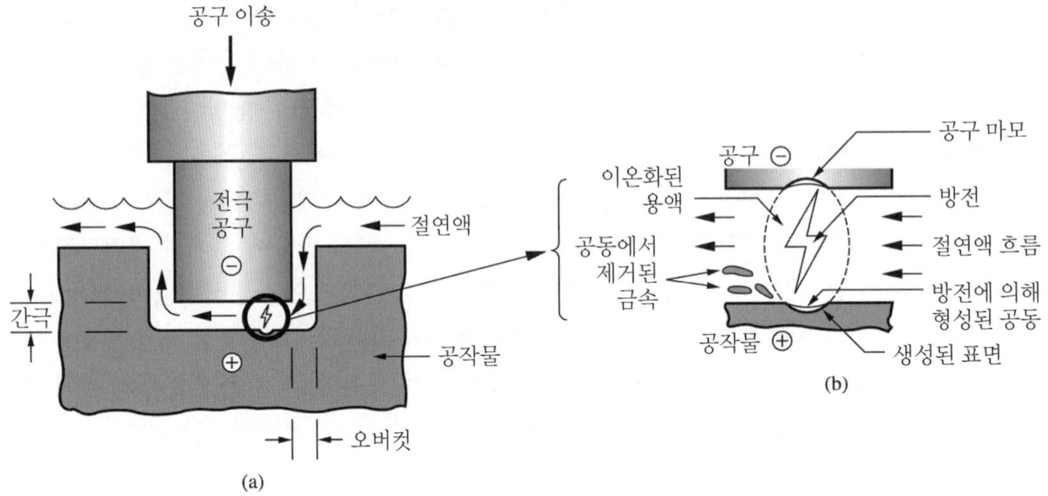

그림 22.7 방전가공(EDM). (a) 전체 구조, (b) 방전 및 금속 제거를 보여주는 확대된 간극.

발생하는 지역은 극도의 고온으로 가열되어, 공작물 표면의 미세한 부분이 갑자기 녹아서 제거된다. 절연액의 흐름이 이 작은 입자('칩, chip'이라 함)를 씻어서 내보낸다. 이전에 방전된 위치에서는 공작물 표면이 공구로부터 상당히 멀리 떨어져 있으므로, 주변이 이와 같아지거나 더 줄어들 때까지는 방전이 일어나지 않는다. 개별적인 방전은 매우 제한된 지점에서 금속을 제거하지만, 일초 당 수백, 수천 번의 방전이 발생하므로 공작물 표면 전체에 걸쳐 점진적인 침식이 간극 영역에서 일어난다.

방전가공에서 중요한 두 파라미터는 방전전류와 방전주파수다. 이 값들이 증가함에 따라 금속 소재 제거율이 증가한다. 표면거칠기 또한 전류와 주파수의 영향을 받는다[그림 22.8(a)]. 방전가공 시 최상의 표면은 높은 방전주파수와 낮은 방전전류에서 작업할 때 얻을 수 있다. 전극공구가 공작물 속으로 들어감에 따라 오버컷이 발생한다. 방전가공에서 ***오버컷(overcut)***은 공작물에 가공된 구멍(cavity)의 크기가 공구의 각 측면에서 공구의 크기를 초과한 길이를 말한다[그림 22.7(a)]. 이것

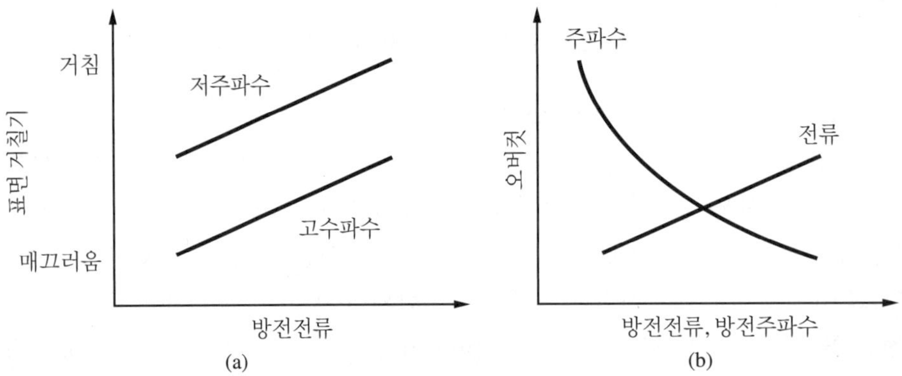

그림 22.8 (a) 방전가공에서 표면다듬질정도와 방전전류 및 방전주파수 사이의 관계, (b) 방전가공에서 오버컷과 방전전류 및 방전주파수 사이의 관계.

은 방전이 공구 앞면뿐 아니라 옆면에서도 발생하기 때문에 나타난다. 오버컷은 전류와 주파수의 함수이고[그림 22.8(b)], 수백분의 1 mm 정도까지의 값을 갖는다.

높은 스파크 온도는 공작물뿐 아니라 공구도 용융시키므로, 공작물에 형성된 구멍(cavity)과 마주보는 표면에도 작은 구멍(cavity)이 형성된다. 공구마모는 보통 공구 소재 제거량에 대한 공작물 소재 제거량의 비율(연삭비와 유사)로 평가한다. 이 마모비는 1.0~100 또는 이보다 약간 큰 값을 갖는데, 공작물과 전극의 재질에 따라 다르다. 전극은 흑연, 동, 황동, 동-텅스텐합금, 은-텅스텐합금 및 기타 재료로 만든다. 재질의 선택은 방전기 전력공급회로의 종류, 공작물재료의 종류 및 황삭 또는 정삭 여부에 따라 달라진다. 흑연이 용융특성이 우수하여 많이 사용된다. 실제로 흑연은 용융되지 않는다. 흑연은 매우 고온에서 기화되기 때문에, 스파크에 의해 생성된 공구 공동은 일반적으로 대부분의 다른 전극 재료의 경우보다 작게 만들어진다. 결과적으로 흑연 공구를 사용할 경우, 공구 소재 제거량에 대한 공작물 소재 제거량의 비율이 높게 나타난다.

방전가공은 소재와 공구 사이에서 단단함을 경쟁하는 공정이 아니기 때문에, 공작물 소재의 경도와 강도가 중요한 인자가 되지 못한다. 공작물 재료의 용융온도는 중요한 변수이며, 금속 소재 제거율은 용융점과 근사적으로 연결할 수 있는데 다음과 같은 Weller의 실험식으로 표현할 수 있다[22].

$$R_{MR} = \frac{KI}{T_m^{1.23}} \tag{22.7}$$

여기서, R_{MR} = 금속 소재 제거율(mm^3/s), K = 비례상수(= 664, SI 단위), I = 방전전류(amps), T_m = 공작물 금속의 용융온도(°C). 몇 가지 재료의 용융점은 표 4.1에 나타나 있다.

예제 22.2

방전가공

방전가공 공정을 이용하면 순수한 철 공작물의 소재 제거율은 2.20 mm^3/s이다. 동일한 방전 전류값을 이용하면, 구리 공작물의 소재 제거율은 얼마인가?

풀이

표 4.1로부터 철의 용융온도는 1539°C이며, 구리의 용융온도는 1083°C이다. 식 (22.7)을 적용하면, 철의 소재 제거율은 다음과 같다.

$$R_{MR} = \frac{664(I)}{1539^{1.23}} = 2.20\ mm^3/s$$

$$I = 27.57\ A$$

따라서 동일한 전류값을 이용할 때, 구리의 소재 제거율은 다음과 같다.

$$R_{MR} = \frac{664(27.57)}{1083^{1.23}} = 3.38\ mm^3/s$$

방전가공의 절연액으로 탄화수소기름, 석유 및 증류수 또는 탈이온수가 사용된다. 절연액의 역할은 스파크가 발생되는 이온화 시점을 제외한 경우, 간극에서의 절연작용이다. 또 다른 기능은 간극으로부터 부스러기를 씻어내는 것과 공구와 공작물로부터 열을 제거하는 것이다.

방전가공의 용도로는 공구류의 제조와 부품의 생산 모두에서 찾을 수 있다. 본서에서 다루는 다수의 기계적인 공정에 필요한 공구류는 방전가공으로 만들 수 있는데, 플라스틱 사출성형금형, 압출다이, 인발다이, 단조금형, 헤딩금형 및 판재 스탬핑다이가 포함된다. 전해가공(ECM)에서와 같이 금형공동을 생산하는 데에 *다이싱킹(die sinking)*이라는 용어가 사용되며, 이러한 방전가공을 때로는 *씽커 방전가공(sinker EDM)* 또는 *램 방전가공(ram EDM)*이라 부른다. 많은 경우에 공구 제조에 사용되는 재료는 재래식 절삭방법으로는 가공이 어렵거나 불가능하다. 특정한 부품에는 방전가공을 적용하여야 한다. 이러한 예로는, 재래식 가공의 절삭력을 견딜 정도로 단단하지 못한 부품, 구멍 중심축이 표면과 예각을 이루어 드릴링작업을 시작하기 어려운 구멍을 가지는 부품, 단단하거나 특이한 금속의 가공을 들 수 있다.

EDM 기술의 최근 발전에는 전극마모를 줄이고, 이송속도를 높이고, 정확도를 향상시키기 위한 스파크 생성 제어기능과, 깊이 대 직경 비율이 큰 직경이 작은 구멍(예: 1 mm)을 드릴링할 수 있는 기능이 포함된다[10]. 또한 EDM 기계는 더욱 자동화되었다: 공작물과 공구를 교환하는 팔레트 교환기와 로봇, 부품을 검사하는 센서, 보다 예측가능하고 안정적인 공정제어를 달성하는 정교한 소프트웨어, 그리고 EDM 작업을 보다 쉽게 설정하고 실행할 수 있도록 하는 기타 개선사항들이 그것이다[23].

방전와이어커팅(Electric Discharge Wire Cutting, EDWC, wire EDM)

방전와이어커팅은 보통 *와이어방전가공(wire EDM)*이라 하는 방전가공의 특수한 형태인데, 작은 직경의 와이어를 전극으로 사용하여 공작물을 좁은 절단폭(kerf)으로 절단하는 공정이다. 절단 작용은 전극와이어와 공작물 사이의 전기방전에 의한 열에너지에 의해 이루어진다. 그림 22.9에는 와이어 방전가공 개념도를 나타냈다. 공작물은 띠톱 절단에서와 같이 와이어를 통과하여 이송되면서 원하는 절단경로를 완성한다. NC기술을 사용하여 절단 중의 공작물 운동을 제어한다. 절단공정 중에 와이어는 공급스풀(supply spool)로부터 감기스풀(take-up spool)로 서서히 연속적으로 풀려 지나가며, 일정한 직경을 가진 새로운 전극을 공작물에 제공한다. 이것은 절단하는 동안 절단폭을 일정하게 유지하는 데 도움을 준다. 방전가공과 마찬가지로, 와이어 방전가공에도 절연액이 필요하다. 절연액은 노즐을 통해 공구-공작물의 경계면에 직접 공급(그림 22.9)하거나, 또는 공작물을 절연액 욕조에 담가서 작업할 수도 있다.

와이어 지름은 보통 0.076~0.30 mm 정도이며, 요구되는 절단폭에 따라 달라진다. 와이어 재료로는 황동, 동, 텅스텐 및 몰리브덴이 사용된다. 절연액은 탈이온수 또는 기름이 이용된다. 와이어방전가공에서도 방전가공처럼 절단폭(kerf)을 와이어 직경보다 더 크게 만드는 오버컷이 존재한다(그림 22.10). 오버컷의 범위는 보통 0.020~0.050 mm 수준이다. 일단 주어진 대상에 대한 가공조건들이 정해지면, 오버컷은 상당히 일정하고 예측 가능한 값으로 유지된다.

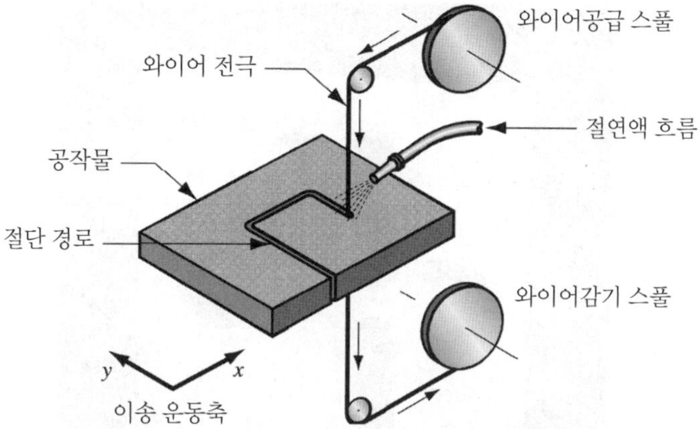

그림 22.9 방전와이어커팅(EDWC)의 개념도. 와이어방전가공(wire EDM)이라고도 함.

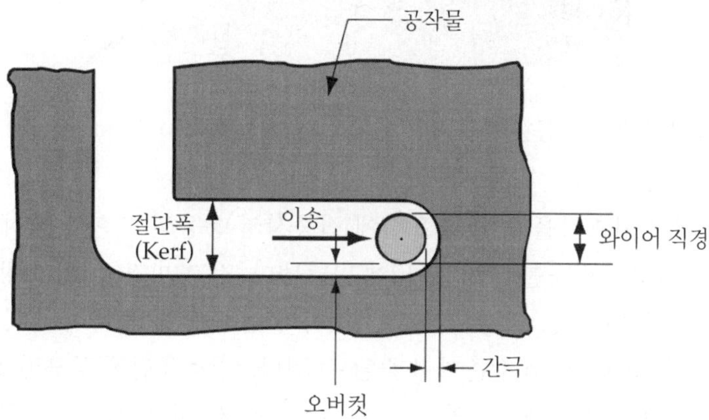

그림 22.10 방전와이어커팅(EDWC)의 절단폭과 오버컷에 대한 정의.

와이어방전가공이 띠톱 절단과 유사해 보일지라도, 정밀도 수준은 훨씬 높다. 절단폭이 훨씬 더 좁고, 코너가 훨씬 더 예리할 수 있으며, 공작물에 대한 절삭력은 작용하지 않는다. 또한 공작물 소재의 경도와 인성은 절삭성능에 영향을 주지 않는다. 유일한 요구조건은 공작물 소재가 전기도체이어야 한다는 것이다.

이러한 특성 때문에 와이어방전가공은 스탬핑다이 부품을 만드는 데 이상적이다. 절단폭이 매우 좁기 때문에 한 번의 절단가공으로 펀치와 다이를 제작하는 것이 가능하다(그림 22.11). 선반의 총형공구(form tool), 압출다이 및 형판(template)과 같이 외형이 복잡한 공구나 부품도 와이어 방전가공으로 만든다.

22.3.2 전자빔가공

전자빔가공(electron beam machining, EBM)은 전자빔을 이용하는 몇 가지 산업공정 중 하나다. 전자빔은 가공 외에도 열처리(23.5.2절)와 용접(25.8절)에도 응용된다. ***전자빔가공(electron beam***

그림 22.11 와이어방전가공으로 가공한 불규칙한 윤곽을 가지는 부품(Makino 제공).

machining)은 고속의 전자흐름을 공작물 표면에 집중시켜 용융과 기화에 의해 재료를 제거하는 가공법이다. 전자빔공정의 개략도를 그림 22.12에 나타냈다. 전자빔 건(gun)이 광속의 약 75% 수준으로 가속된 전자들의 연속흐름을 발생시키고, 전자기식 렌즈를 통해 물체 표면에 집중시킨다. 이 렌즈는 빔의 면적을 지름 0.025 mm 수준까지 줄일 수 있다. 빔이 표면에 닿으면 전자의 운동에너지가 열에너지로 변화되는데, 이 열에너지의 밀도가 매우 높아서 미소 영역의 재료를 녹이거나 기화

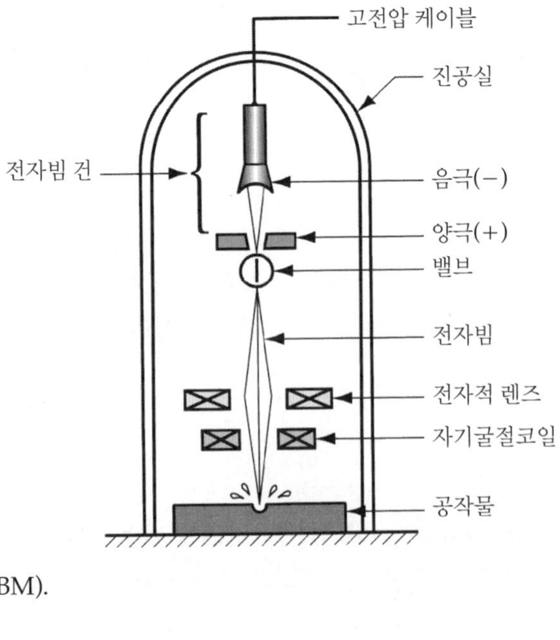

그림 22.12 전자빔가공(EBM).

시킬 수 있다.

전자빔가공은 모든 재료에 대한 다양한 고정밀 절단가공에 사용된다. 적용 예로는 극소 구멍(지름 0.05 mm까지)의 드릴링가공, 깊이 대 지름 비가 매우 높은 구멍(100:1 이상)의 드릴링가공, 약 0.025 mm 폭의 홈 절삭가공을 들 수 있다. 이러한 절단부는 절단력이나 공구마모 없이 매우 작은 공차로 가공할 수 있다. 전자빔가공은 미세가공에 적합한데, 일반적으로 얇은 소재(두께 0.25~6.3 mm)의 절단가공에 제한되어 있다. 전자빔가공은 진공실에서 수행되어야 하는데, 이는 기체분자와 전자의 충돌을 방지하기 위함이다. 다른 단점으로는 높은 에너지와 고가의 장비를 들 수 있다.

22.3.3 레이저가공

레이저는 열처리(23.5.2절), 용접(25.8절), 급속모형제작(28.2절), 측정(36.6.2절)뿐 아니라 조각, 절단 및 드릴링(본 절에서 기술함)과 같은 다양한 산업영역에 응용된다. ***레이저(laser)***라는 용어는 '***l***ight ***a***mplification by ***s***timulated ***e***mission of ***r***adiation'의 약자다. 레이저는 전기에너지를 고도로 집중된 광선으로 바꾸어주는 일종의 광변환기다. 레이저 광선은 다른 종류의 빛과 구별되는 몇 가지 특성을 가지고 있다. 그 특징은 단색광(이론적으로 단일 파장을 가지는 빛)과 높은 직진성(빔의 광선들이 거의 완벽한 평행)이다. 이런 특성이 있어 레이저에 의해 생성된 빛을 평범한 광학렌즈를 사용하여, 매우 작은 점에 집중시켜 고밀도의 에너지를 얻는 것이 가능하다. 광선에 포함된 에너지양과 작은 점에 집중할 수 있는 수준에 따라 위에 언급한 다양한 레이저 공정들을 수행할 수 있다.

레이저가공(laser beam machining, LBM)은 기화나 용융에 의해 재료를 제거하기 위해서 레이저로부터 나오는 빛에너지를 사용하는 가공법이다(그림 22.13). 레이저가공에 사용되는 레이저의

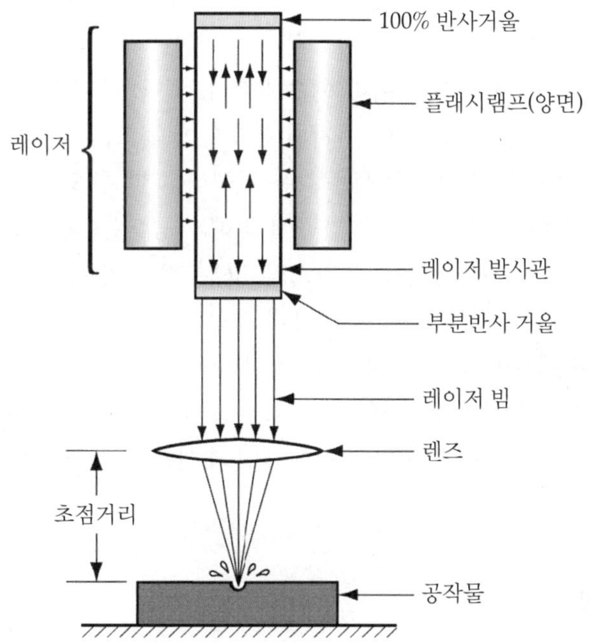

그림 22.13 레이저가공(LBM).

Courtesy of George E. Kane Manufacturing Technology Laboratory, Lehigh University

그림 22.14 레이저가공에 의해 생산된 부품들. 오른쪽의 자전거 모형은 약 20 mm 길이.

종류는 주로 이산화탄소 레이저와 고체 레이저(다양한 종류가 있음)다. 레이저가공에서 빛에너지의 집중은 광학적으로뿐 아니라 시간적으로도 이루어진다. 즉 펄스 형태의 빔을 통해 방출된 에너지가 공작물 표면에 충격을 가하여 기화와 용융을 동시에 만들어내고, 용융된 재료가 빠른 속도로 표면으로부터 탈락되게 해준다.

레이저가공은 다양한 유형의 절단, 드릴링가공, 홈가공, 조각, 마킹의 공정에 적용될 수 있다. 작은 지름의 드릴링가공은 지름 0.025 mm까지 가능하다. 큰 지름(0.50 mm 이상)의 드릴링가공은 레이저빔으로 구멍의 윤곽을 절단하도록 제어하여 수행할 수 있다. 레이저가공은 실제로 거의 모든 소재에 대해 가능하다. 이상적인 재료는 빛에너지의 흡수율이 높고, 반사도가 낮고, 열전도성이 좋고, 비열이 작고, 용융열과 기화열이 적은 특성을 갖는 것이라고 할 수 있다. 물론 어떤 재료도 이 모든 특성을 만족하는 것은 없다. 실제로 레이저가공에 의해 가공되는 재료로는 고경도와 고강도의 금속, 연한 금속, 세라믹, 유리와 유리에폭시, 플라스틱, 고무, 직물 및 목재를 들 수 있다. 그림 22.14에서는 레이저가공으로 절단한 부품 몇 가지를 나타내고 있다.

레이저가공의 최근 발전에는 CO_2 레이저 대신 파이버(fiber) 레이저(고체)의 사용이 증가하여 공정제어를 개선하고 구매 및 운전 비용을 낮출 수 있으며, 레이저 빔을 안내하는 산업용 로봇의 사용 증가(특히 자동차 산업)가 포함된다. 또한 소프트웨어 개선으로 인해 정확성과 생산성이 향상되고 있다[8], [14].

22.3.4 아크절단 공정

전기 아크(arc)로부터 나오는 매우 강렬한 열은 용접이나 절단을 위해 실제 모든 금속을 용융하는데 사용할 수 있다. 대부분의 아크절단 공정은 전극과 금속 공작물(주로 판재) 사이의 아크에 의해 발생하는 열을 이용하여 절단폭(kerf)을 용융시켜 공작물을 분리한다. 가장 흔한 아크절단법은 (1) 플라즈마 아크절단과 (2) 에어 탄소 아크절단(arc cutting)이다[15].

플라즈마 아크절단(Plasma Arc Cutting, PAC)

플라즈마(plasma)는 전기적으로 이온화된 초고온의 가스로 정의된다. 플라즈마 아크절단(plasma arc cutting, PAC)은 10,000~14,000°C 온도 범위의 플라즈마 흐름으로 금속을 용융시켜 절단하는 공정이다(그림 22.15). 절단작업은 고속의 플라즈마 흐름을 공작물로 보내 그 부분을 녹이고, 용융된 금속을 절단폭(kerf) 사이로 불어내는 방식으로 이루어진다. 플라즈마 아크는 토치 내부의 전극과 양극인 공작물 사이에서 만들어진다. 플라즈마는 수냉 노즐을 통해 흐르는데, 이 노즐이 흐름을 압축하여 공작물 표면의 원하는 곳으로 향하도록 방향을 잡는 역할을 한다. 이런 과정을 거쳐 만들어진 플라즈마 제트는 중심부의 온도가 극히 높고, 고속이며, 평행하게 잘 정렬된 흐름인데, 경우에 따라 두께 150 mm의 금속까지 절단할 정도로 온도가 높다.

플라즈마 아크절단에 사용되는 플라즈마를 생성시키는 데 사용되는 가스로는 질소, 아르곤, 수소 또는 이들의 혼합가스가 있다. 이들을 주 가스(primary gas)라 부른다. 부 가스(secondary gas) 또는 물은 플라즈마 제트를 둘러싸도록 방향을 잡는데, 이를 통해 아크를 제한하고 용융된 절단폭을 세척한다.

플라즈마 아크절단은 대부분 금속 박판이나 평판의 절단에 사용된다. 또한 천공이나 미리 정의된 경로를 따라 절단하는 데 이용되기도 한다. 원하는 경로의 절단은 작업자가 수동으로 조작하는 토치, 또는 NC(numerical control) 장치에 의해 제어되는 토치를 이용해 수행된다. 높은 생산성과 정확성을 위해서는 NC를 선호하는데, 이는 발사간격(standoff distance)과 이송속도와 같은 중요한 공정변수들이 잘 제어되기 때문이다. 플라즈마 아크절단은 거의 모든 전기도체 금속에 적용될 수 있다. 플라즈마 아크절단으로 흔히 절단하는 금속은 일반탄소강, 스테인리스강 및 알루미늄이

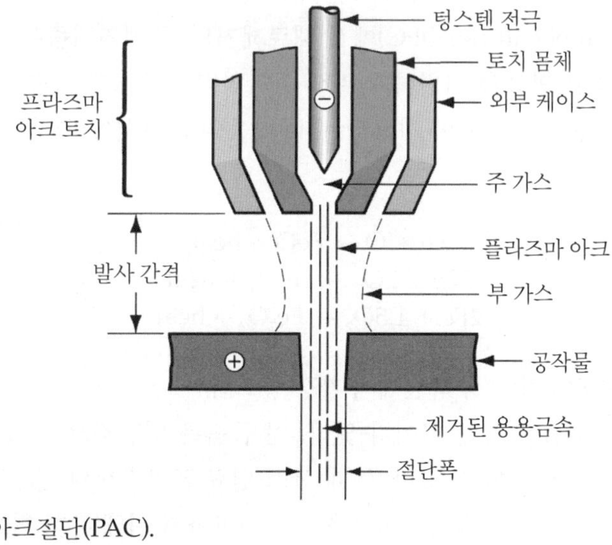

그림 22.15 플라즈마 아크절단(PAC).

다. NC 플라즈마 아크절단의 장점은 높은 생산성이다. 절단경로의 이송속도는 두께 6 mm의 알루미늄 판재에 대해 200 mm/s, 두께 6 mm의 강철 판재에 대해 85 mm/s까지 가능하다[11]. 이송속도는 두께가 커질수록 감소시켜야 한다. 예를 들어, 두께 100 mm의 알루미늄 소재 절단에 필요한 최대 이송속도는 약 8 mm/s이다[8]. 플라즈마 아크절단의 단점은 (1) 절단면이 거칠다는 것과, (2) 표면의 금속학적 손상이 여러 가지 특수 금속가공법 중 가장 심각하다는 것이다.

에어 탄소 아크절단(Air Carbon Arc Cutting)

이 공정에서 아크는 탄소전극과 금속 공작물 사이에서 발생하고, 고속의 공기제트를 사용하여 용융된 금속을 불어낸다. 이 방법은 부품의 절단을 위한 절단폭 형성 또는 부품의 둥근 홈 가공에 사용된다. 둥근 홈은 용접 판재 모서리를 준비하기 위해 만드는데, 맞대기 용접부의 U자 홈 생성을 예로 들 수 있다(25.2.1절). 에어 탄소 아크절단(air carbon arc cutting)은 주철, 탄소강, 저합금강, 스테인리스강 및 다양한 비철합금에 적용된다. 용융된 금속부의 튀김현상(spattering)은 매우 위험하며 이 공정의 단점이다.

기타 아크절단 공정

플라즈마 아크절단과 탄소 아크절단만큼 보편적이지 않지만 기타 다양한 전기아크 절단공정이 사용된다. 이러한 전기아크 절단공정으로는 (1) 가스금속 아크절단, (2) 피복금속 아크절단, (3) 가스텅스텐 아크절단 및 (4) 탄소 아크절단(carbon arc cutting)을 들 수 있다. 이러한 기술들은 전기아크열이 절단에 사용된다는 점을 제외하고는 아크용접(25.5절)의 원리와 동일하다.

22.3.5 산소절단 공정

열적 절단공정 중 널리 사용되는 *화염절단(flame cutting)*은 특정 연료가스의 연소열을 이용하는 방법인데, 여기에 산소와 금속의 발열작용을 결합시킨 것이다. 이 공정에서 사용되는 절단 토치는 연료가스와 산소를 적절한 양으로 혼합하여 공급하고, 산소의 흐름이 절단영역으로 향하도록 설계되어 있다. 산소절단(oxyfuel cutting, OFC)에서 재료제거의 주 메커니즘은 소재와 산소의 화학반응이다. 산소 연소의 목적은 반응을 지원하기 위해 절단영역의 온도를 상승시키는 것이다. 이런 공정은 일반적으로 철금속 판재의 절단에 사용되는데, 다음의 화학식에 따라 철의 급속한 산화가 이루어진다[15].

$$Fe + O \rightarrow FeO + heat \tag{22.8a}$$

$$3Fe + 2O_2 \rightarrow Fe_3O_4 + heat \tag{22.8b}$$

$$2Fe + 1.5O_2 \rightarrow Fe_2O_3 + heat \tag{22.8c}$$

두 번째 반응식[식 (22.8b)]이 열 발생 측면에서 가장 중요하다.

비철금속의 절단 메커니즘은 약간 차이가 있다. 이 금속은 일반적으로 철금속보다 용융온도가 낮기 때문에 산화에 대한 저항성이 더 크다. 이때 산소-연료 혼합가스의 연소열이 절단폭을 생성하는 데 더 중요한 역할을 한다. 또한 금속산화반응을 활성화하기 위해 흔히 화학용제 또는 금속분말이 산소흐름에 추가된다.

산소절단에 사용되는 연료로는 아세틸렌(C_2H_2), MAPP(methylacetylene- propadiene, C_3H_4), 프로필렌(C_3H_6) 및 프로판(C_3H_8)이 있다. 이러한 연료의 화염온도와 연소열은 표 25.3에 나와 있다. 아세틸렌이 가장 높은 화염온도를 가지기 때문에, 용접과 절단을 위해 가장 널리 사용된다. 그러나 아세틸렌의 저장과 취급에는 위험이 따르기 때문에 주의하여야 한다(25.7.1절).

산소절단 공정은 수동으로 또는 기계에 의해 수행된다. 수작업 토치는 수리작업, 스크랩금속의 절단, 사형주물의 라이저 트리밍 및 일반적으로 최소의 정확성을 요하는 유사한 공정에 이용된다. 생산작업에서는 기계화염절단이 속도와 정확성을 높여준다. 이러한 장비는 흔히 NC기술을 적용하여 윤곽을 절단한다.

22.4 화학가공

화학가공(chemical machining, CHM)은 강한 화학적 부식액을 이용하여 재료를 제거하는 특수가공 공정이다. 산업용 공정으로서 실용화가 시작된 것은 제2차 세계대전 직후 항공기 산업이었다. 공작물로부터 원하지 않는 부분을 제거하기 위해 화학약품을 사용하는 데에는 몇 가지 방법이 있는데, 이들 방법을 구별하기 위해서 몇 가지 새로운 용어를 개발했다. 이러한 용어로는 화학밀링, 화학블랭킹, 화학조각 및 광화학가공이 있다. 이들 모두에게는 동일한 재료제거 메커니즘이 적용되는데, 개별공정의 정의에 앞서서 화학가공의 일반적 특성을 알아보는 것이 적합하다.

22.4.1 화학가공의 역학과 화학

화학가공공정은 몇 가지 단계로 구성되어 있다. 적용 대상의 차이와 각 단계를 실행하는 방법의 차이로 인해 다양한 형태의 화학가공이 존재한다. 각 단계는 다음과 같다.

1. *세척(Cleaning).* 첫 단계는 세척공정으로, 부식시킬 표면으로부터 재료가 균일하게 제거되도록 보장한다.
2. *마스킹(masking).* ***마스칸트(maskant)***라고 불리는 보호코팅을 부품표면의 특정 부분에 도포한다. 마스칸트는 부식액에 강한 내부식성이 있는 물질로 만들며, ***레지스트(resist)***라는 용어는 마스킹 재료에 사용된다. 따라서 부식이 되지 않아야 할 공작물 표면부에 레지스트를 도포한다.
3. *에칭(etching, 부식).* 이 단계는 재료제거 단계이다. 부품을 부식액 속에 담가서 마스킹이 안 된 부품 표면부분을 화학적으로 공격하도록 한다. 화학적 공격의 일반적인 원리는 공작물 재료(예: 금속)를 염(salt)으로 변환시켜, 부식액 속에서 분해시킨 후 표면으로부터 제거하는 것이다. 원하는 양의 재료가 제거되면, 부품을 부식액으로부터 꺼내고 세척하여 공정 진행을 멈추도록 한다.

4. *마스크제거(demasking)* 마스칸트를 소재로부터 제거한다.

화학가공에서 방법, 재료 및 공정변수에 상당한 변화를 줄 수 있는 두 단계가 마스킹과 부식, 즉 (2)와 (3) 단계이다.

마스칸트 재료로는 네오프렌(neoprene), PVC, 폴리에틸렌 및 다른 고분자 화합물들을 사용할 수 있다. 마스킹은 다음의 세 가지 방법 중 하나로 수행할 수 있다: (1) 컷앤필, (2) 포토레지스트 및 (3) 스크린레지스트.

컷앤필(cut and peel) 방법에서는 담그기, 페인팅 또는 스프레이를 통해 부품 전체에 마스칸트를 바른다. 마스칸트의 최종 두께는 0.025~0.125 mm다. 마스칸트가 굳은 후, 부식시킬 공작물 표면 부분의 마스칸트를 조각칼로 절단하고 벗겨 제거한다. 마스칸트 절단과정은 보통 형판(template)을 대고 수작업으로 수행된다. 일반적으로 컷앤필 방법은 대형부품, 소량생산 그리고 정확성이 그다지 요구되지 않을 경우에 사용된다. 이 방법에서는 ±0.125 mm보다 더 좁은 공차범위는 극도의 주의를 기울이지 않는 한 얻기 힘들다.

포토레지스트(photographic resist 또는 ***photoresist)*** 방법은 마스킹 단계에서 사진현상 기술을 응용하는 것이다. 마스킹 재료는 빛에 민감한 화학물질, 즉 감광제를 포함한다. 공작물 표면에 감광제를 도포한 후, 부식시킬 영역의 음화(negative images)를 통해 빛에 노출시킨다. 노출된 마스칸트 부분을 사진현상 방법으로 표면으로부터 제거한다. 이렇게 해서 부품에 남겨 놓고자 하는 부분은 마스칸트의 보호를 받게 하고, 그 외의 부분은 보호받지 못하여 화학적 부식에 취약하도록 남겨둔다. 포토레지스트 방법은 일반적으로 소형의 부품을 대량으로, 높은 공차수준으로 생산할 때 적용된다. 공차는 ±0.0125 mm보다 작은 것도 가능하다[22].

스크린레지스트(screen resist) 방법은 실크스크린(silk screening) 방법을 응용하여 마스칸트를 형성하는 방법이다. 여기서는 마스칸트를 실크 또는 스테인리스 망을 통해 공작물 표면에 도포하는

표 22.2 화학 가공의 일반적인 공작물 재료와 부식액 그리고 대표적인 침투속도와 부식계수

공작물 재료	부식액	침투 속도(mm/min)	부식계수
알루미늄	$FeCl_3$	0.020	1.75
알루미늄과 그 합금	NaOH	0.025	1.75
구리와 그 합금	$FeCl_3$	0.050	2.75
마그네슘과 그 합금	H_2SO_4	0.038	1.0
실리콘	HNO_3:HF:H_2O	매우 느림	NA
연강	HCl:HNO_3	0.025	2.0
	$FeCl_3$	0.025	2.0
티타늄	HF	0.025	1.0
티타늄과 그 합금	HF:HNO_3	0.025	1.0

참고문헌 [5], [11] 및 [22]로부터 편집함.
NA: 데이터 없음.

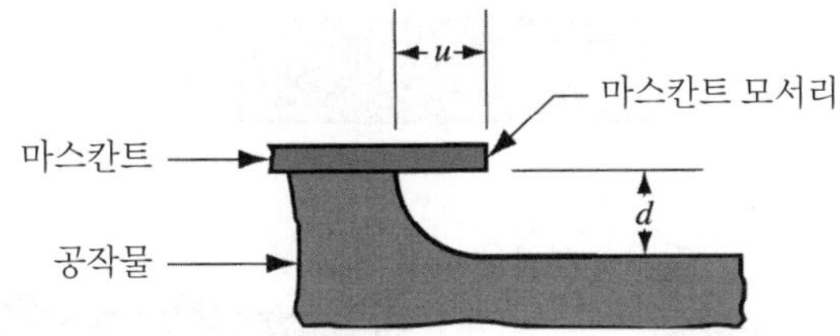

그림 22.16 화학가공의 언더컷.

것이다. 스텐실(stencil)은 부식시킬 영역을 페인팅(도포)으로부터 보호하는 역할을 하는데, 이것은 망에 새겨져 있다. 따라서 마스칸트는 부식시키지 않을 공작물 영역에 도포된다. 이 방법은 정확도, 부품 크기 및 생산수량의 측면에서 위 두 가지 마스킹 방법의 중간 정도이다. 이 방법을 사용하면 ±0.075 mm 정도의 공차를 얻을 수 있다.

부식액(etchant)의 선정은 부식시킬 공작물 재질, 소재 제거 깊이와 속도 및 원하는 표면거칠기 수준에 따라 결정된다. 또한 부식액은 마스칸트 재료와 잘 맞아서, 마스칸트 재료가 부식액의 화학적 공격을 견뎌낼 수 있어야 한다. 표 22.2에 화학가공이 적용되는 공작물 재질과 이들에 적합한 부식액을 나타냈다. 또한 침투속도와 부식계수도 표시하였다. 이 변수들은 후에 설명한다.

화학가공의 소재 제거율은 일반적으로 침투속도(penetration rates, mm/min)로 표시하는데, 부식액에 의한 화학적 공격 속도가 표면 안쪽으로 진행되기 때문이다. 침투속도는 표면적에 영향을 받지 않는다. 표 22.2의 침투속도 값은 주어진 재료와 부식액에 대한 대표적인 값이다.

화학가공의 가공깊이는 금속판재로 만든 항공기패널의 경우 12.5 mm까지도 가능하다. 그러나 대부분의 적용에서는 단지 수백분의 1 mm 정도의 가공깊이를 요구한다. 부식은 소재 안쪽 방향으로 일어날 뿐만 아니라, 그림 22.16과 같이 마스칸트 아래의 측면 방향으로도 일어난다. 이런 현상을 ***언더컷(undercut)***이라 하는데, 마스크 설계 시 이것을 충분히 고려하여야만 공정 후의 절단 치수가 지정된 값을 가질 수 있게 된다. 주어진 공작물 재료에서 언더컷은 가공깊이와 직접적으로 관련이 있다. 재료에 대한 비례상수를 ***부식계수(etch factor)***라 하며 다음과 같이 정의된다.

$$F_e = \frac{d}{u} \tag{22.9}$$

여기서 F_e = 부식계수, d = 가공깊이(mm), u = 언더컷(mm).

치수 u와 d는 그림 22.16에 정의되어 있다. 화학가공에서 부식계수는 재료에 따라 다른 값을 갖는다. 몇 가지 대표적인 값을 표 22.2에서 소개하고 있다. 부식계수는 마스칸트의 제거영역 치수를 결정하는 데 이용되어, 설계에 명시된 치수를 갖는 부식영역을 달성하도록 해준다.

22.4.2 화학가공 공정

이 절에서는 다음과 같은 화학가공 공정들의 원리에 대해 설명한다: (1) 화학밀링, (2) 화학블랭킹, (3) 화학조각 및 (4) 광화학가공.

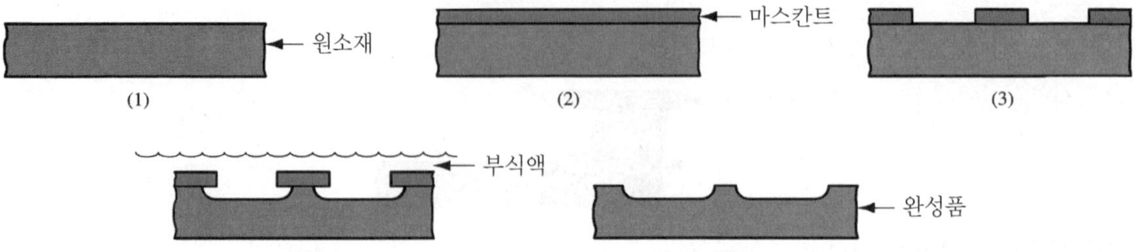

그림 22.17 화학밀링의 공정 순서. (1) 원소재 세척, (2) 마스칸트 도포, (3) 부식시킬 부분으로부터 마스칸트 컷앤필, (4) 에칭(부식), (5) 마스칸트 제거 및 세척하여 완성부품 생성.

화학밀링(chemical milling)

화학밀링은 화학가공 공정 중 가장 먼저 상업적으로 응용되었다. 제2차 세계대전 중에 미국의 항공기 제작사에서 비행기 부품의 가공을 위해 화학밀링을 사용하기 시작했다. 그 당시 이런 공정을 'chem-mill'이라 불렀다. 화학밀링은 오늘날에도 항공기 산업에서 널리 사용되는데, 무게를 줄일 목적으로 비행기 날개와 동체 패널로부터 재료를 제거하는 데 사용된다. 공정을 통해 상당한 양의 재료를 제거하는 대형 부품에 적용할 수 있다. 컷앤필 마스킹 방법이 적용된다. 에칭 후의 언더컷을 고려한 형판(template)이 사용된다. 공정의 각 단계를 그림 22.17에 나타냈다.

화학밀링을 통해 얻는 표면거칠기는 공작물 재질에 따라 달라진다. 표 22.3에서는 이러한 값 중 추출된 견본을 보여준다. 표면거칠기는 침투깊이에 따라 달라진다. 깊이가 깊어지면 표면이 거칠어지고, 표 22.3의 표면거칠기 상한선 값에 접근한다. 화학밀링에 의한 금속학적 손상은 매우 적어서, 공작물 표면으로부터 약 0.005 mm에 이른다.

화학블랭킹(chemical blanking)

화학블랭킹은 화학적 부식을 이용하여 매우 얇은 금속박판(두께 0.025 mm까지)을 절단하거나 복잡한 절단패턴을 만드는 공정이다. 이 두 가지 경우에 전통적인 펀치-다이 방법은 적절히 작동하지 못하는데, 그 이유는 스탬핑 하중이 박판을 손상시키거나, 공구비용이 매우 비싸기 때문이다. 화학블랭킹은 버(burr)가 없는 제품을 생산하므로, 이것이 전통적 전단공정보다 우수한 장점 중 하나다.

표 22.3 화학밀링에서 예상되는 표면거칠기

공작물 재료	표면거칠기 범위 (μm)
알루미늄과 그 합금	1.8–4.1
마그네슘	0.8–1.8
저탄소강	0.8–6.4
티타늄과 그 합금	0.4–2.5

참고문헌 [11]과 [22]로부터 편집함.

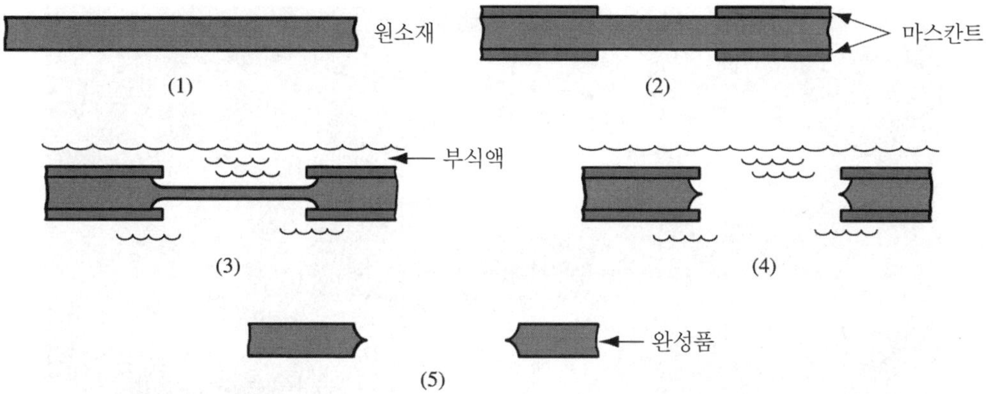

그림 22.18 화학블랭킹의 공정 순서. (1) 원소재 세척, (2) 스크린을 통한 레지스트(마스칸트) 도포, (3) 진행 중인 에칭(부식) (4) 완료된 에칭, (5) 레지스트 제거 및 세척하여 완성부품 생성.

화학블랭킹에서는 마스칸트를 도포하기 위해 포토레지스트 또는 스크린레지스트 방법을 사용한다. 크기가 작거나 복잡한 절단패턴, 그리고 작은 공차에는 포토레지스트 방법을 사용한다. 포토레지스트 마스킹 방법을 사용하면 두께 0.025 mm의 소재에 대해 ±0.0025 mm의 공차까지 얻을 수 있다. 소재가 두꺼워질수록 더욱 큰 공차를 허용하여야 한다. 스크린레지스트 마스킹 방법은 포토레지스트만큼 정확하지 않다. 작은 치수를 갖는 공작물의 화학블랭킹에서는 컷앤필 방법은 배제한다.

스크린레지스트를 사용하는 화학블랭킹의 공정 순서를 그림 22.18에 나타냈다. 화학블랭킹에서는 화학적 부식이 부품의 상하 양면에서 발생되기 때문에, 마스킹 공정이 두 면의 정확한 위치에서 이루어져야 한다. 그렇지 않으면, 반대 방향으로 진행해 온 침식이 정확히 정렬되지 않을 수 있다. 이런 문제는 특히 작거나 복잡한 패턴을 갖는 부품의 경우 중요하다.

앞서 언급한 이유로 인해 화학블랭킹의 적용은 일반적으로 얇은 소재나 복잡한 형태의 부품에 제한되어 있다. 적용가능한 최대 두께는 약 0.75 mm 다. 또한 기계적인 방법을 사용하면 파단 발생이 확실한 경화된 취성이 큰 재료도 화학블랭킹을 사용해 가공할 수 있다.

화학조각(chemical engraving)

화학조각은 명패나 한 면에 문자 또는 그림이 새겨진 평판을 만드는 화학가공 공정이다. 이러한 판재나 패널은 화학조각법을 사용하지 않으면 재래식 조각기계나 유사한 공정으로 제작될 것이다. 화학조각은 음각 또는 양각의 글자가 새겨진 패널 제작에 사용될 수 있는데, 이것은 단지 패널의 부식될 부분을 반대로 하면 된다. 마스킹에는 포토레지스트 또는 스크린레지스트 방법이 사용된다. 화학조각의 순서는 다른 화학가공 공정과 유사한데, 차이점은 부식작업 후에 충전(充塡, filling)작업을 한다는 것이다. 충전작업의 목적은 에칭에 의해 생긴 음각부에 페인트나 기타 코팅재를 적용하여 묻히는 것이다. 그 다음 패널을 용액 속에 담그는데, 이 용액에 의해 레지스트는 용해되고 코팅재는 공격받지 않는다. 이렇게 하여 레지스트가 제거되면, 코팅재는 부식영역 내에 남아있게 되고, 마스킹 영역은 사라진다. 이것은 패턴을 뚜렷하게 보여주는 효과를 나타낸다.

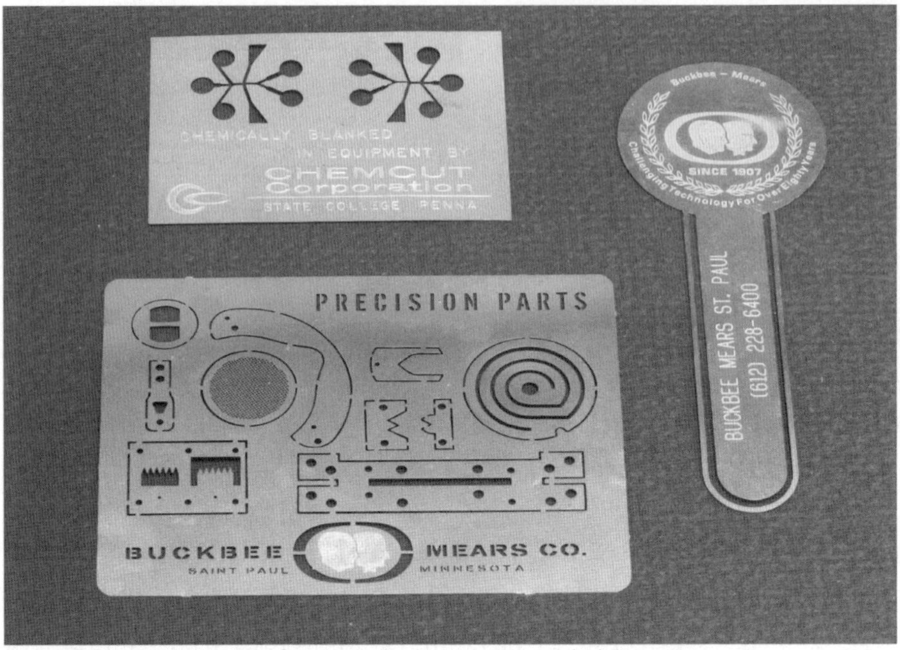

Courtesy of George E. Kane Manufacturing Technology Laboratory, Lehigh University

그림 22.19 광화학블랭킹과 광화학조각 공정으로 생산된 부품들.

광화학가공(Photochemical Machining, PCM)

광화학가공은 포토레지스트 마스킹 방법을 사용하는 화학가공이다. 따라서 이 명칭은 화학블랭킹이나 화학조각에서 포토레지스트를 사용하는 경우에도 사용할 수 있다. 광화학가공은 편평한 부품에 작은 공차와 복잡한 패턴이 요구되는 금속가공에 사용한다. 광화학공정은 또한 반도체 웨이퍼 위에 복잡한 회로를 만들기 위해 전자산업에서 광범위하게 사용된다(29.3절). 그림 22.19에서는 광화학블랭킹과 광화학조각 공정으로 생산된 몇 가지 부품들을 보여주고 있다.

그림 22.20은 광화학공정이 화학블랭킹에 적용이 될 때의 공정순서를 보여준다. 원하는 이미지를 레지스트 위에, 사진기술에 의해 노출시키는 방법은 다양하다. 그림에서는 노출과정에서 레지스트 표면과 접촉하고 있는 음화(negative)를 보여준다. 이것은 접촉식 인쇄방법인데, 이 밖에도 레지스트 표면에 인쇄될 패턴의 크기를 늘리거나 줄이기 위해 렌즈시스템을 관통하여 노출하는 사진기술적 인쇄방법이 있다. 현재 사용되고 있는 포토레지스트 물질은 자외선에 민감하게 반응하고, 다른 파장의 빛에는 반응하지 않는다. 그러므로 공장 내의 적절한 조명만 있다면, 공정을 암실에서 수행해야 할 필요는 없다. 마스킹 공정 이후의 나머지 단계는 화학가공과 유사하다.

광화학가공에서 부식계수에 상응하는 용어는 ***이방성지수(anisotropy)***인데, 이는 가공깊이 d를 언더컷 u로 나눈 비로 정의된다(그림 22.16). 이것은 식 (22.9)와 동일하게 정의된 것이다.

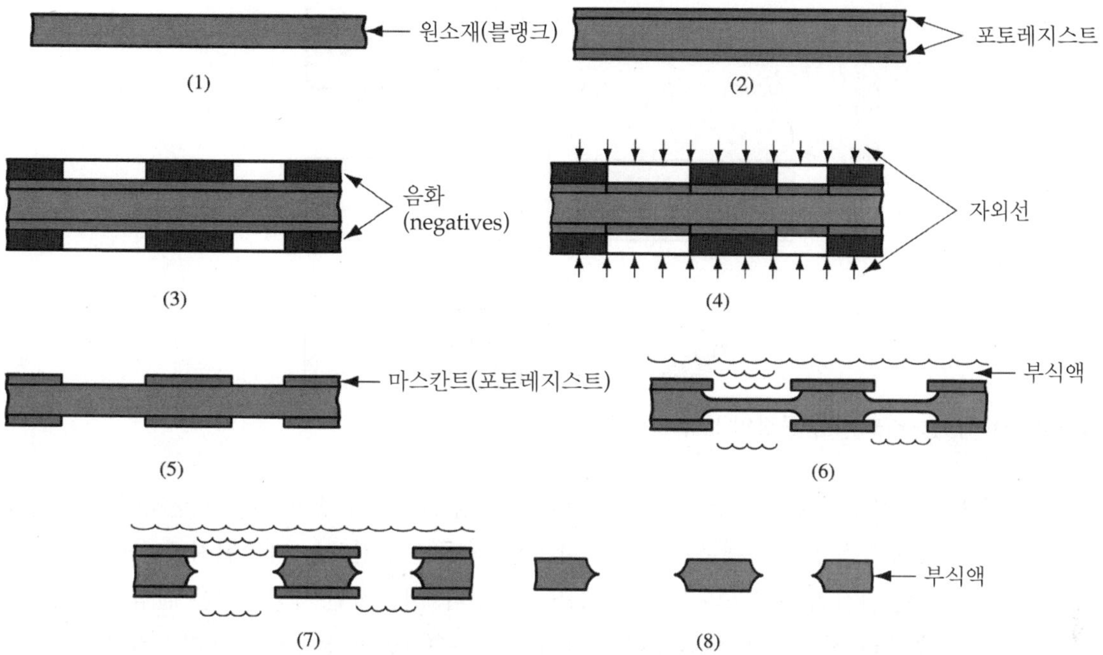

그림 22.20 광화학가공의 공정순서. (1) 원소재 세척, (2) 담금, 스프레이 또는 페인팅에 의한 레지스트(마스칸트) 도포, (3) 레지스트 위에 음화 설치, (4) 자외선 노출, (5) 부식(에칭)될 영역으로부터 레지스트를 제거하는 현상과정, (6) 진행 중인 부식(부분적으로 부식됨), (7) 완료된 부식, (8) 레지스트 제거 및 세척.

22.5 하이브리드 가공시스템

하이브리드 제조는 기본적으로 제조공정의 품질과 생산성을 향상시키기 위해, 하나 이상의 첨단 재료제거공정을 조합하여 적용하는 것을 말한다. 이러한 공정은 '1 + 1 = 3' 효과의 원칙에 따라 작동하며, 하이브리드 가공방법의 조합에 의한 이득은 동일한 공정을 개별적으로 사용할 때의 개별적 이득보다 훨씬 크다. 하이브리드 공정은 새로운 재료의 출현으로 인해 최근 기하급수적인 발전을 이룩하였다. 이러한 재료들은 극한의 기계적 및 열적 특성을 가지고 있는데, 그것은 형상의 복잡성뿐만 아니라 가공정밀도의 개선에 대한 산업적 요구가 계속 증가함에 기인한 것이다. 가공이라는 맥락에서 '하이브리드 공정'이라는 용어는 다른 공정이 갖는 동력이 조합된 효과, 또는 다른 공정이 갖는 동력의 도움으로 특정 공정을 향상시키는 것을 의미한다.

22.5.1 하이브리드 가공공정의 분류

앞서 논의한 바와 같이, 하이브리드 가공공정은 높은 수준의 표면거칠기를 가진 복잡한 형상의 부품을 제조하는 동시에, 더 높은 재료제거율(MRR)을 유지하고자 하여, 이산공정(discrete

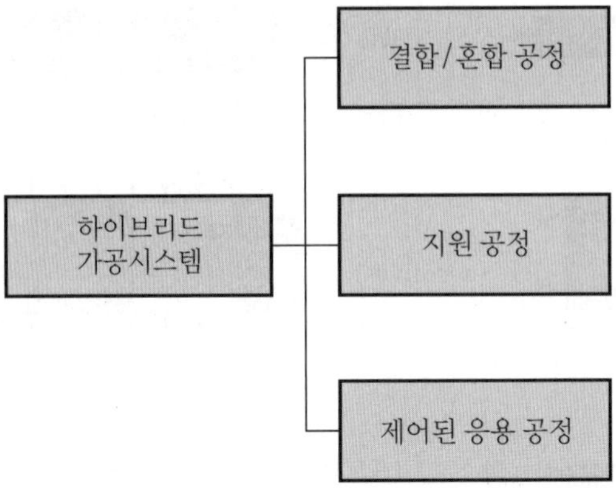

그림 22.21 하이브리드 가공 공정의 분류.

processes)들이 개별적으로 갖는 유익한 효과를 하나의 공정에서 수행하고자 하는 것이다. 또한 하이브리드 가공공정은 동일한 플랫폼을 사용하여 모든 작업을 수행하는 기본원칙에 따라 작동하므로 고정, 정렬 또는 원점위치 참조와 같은 문제를 줄여준다. 전통적인 가공공정은 절삭공구의 경도 또는 작업온도에 따라 성능이 제한된다. 다른 한편으로 특수가공 공정에서도 레이저가공의 종횡비 제한이나 EDM 및 ECM과 같은 공정이 비전도성 재료를 가공할 수 없는 것과 같은 특정 제한사항이 있다. 따라서 복합적인 가공목적을 달성하기 위해 이러한 공정들을 결합하는 것이 가능하다. 이러한 공정들은 세 가지 유형으로 더 분류될 수 있다(그림 22.21).

- ***결합/혼합 공정(Combined/mixed processes).*** 이러한 공정에서는 금속 제거공정에서 레이저 전기화학 가공공정과 같은 다중 공정을 직접적이고 동시에 사용한다.
- ***지원 공정(Assisted processes).*** 이러한 방법에서는 공정들 중 하나는 재료의 직접 제거에 관여하는 반면, 다른 하나는 레이저 지원 가공공정과 같이 가공조건을 간접적으로 향상시킨다.
- ***제어된 응용 공정(Controlled application processes).*** 이러한 프로세스는 다양한 기술이 단일 가공플랫폼에 통합되는 기계에서 수행될 수 있는데, 여기서는 절삭가공과 전기방전 공정이 순차적으로 수행된다.

22.5.2 결합/혼합 공정

이러한 공정에서는 재료 제거공정에서 동시에 적용된 에너지들의 조합된 활동을 이용한다.

두 가지 종류의 에너지는 재료 제거에 직접적인 영향을 미친다. 가장 일반적으로 사용되는 공정 몇 가지는 다음과 같다.

- ***전해연삭(Electrochemical grinding, ECG).*** 이 공정은 전해가공과 기존의 연삭작업을 결합한 효과를 활용한다. 그 결과 첨단 산업용 재료에서 버(burr)가 없는 재료 제거가 가능하다. 또한 이 공정은 전통적인 연삭에 비해 절삭깊이가 증가함에도 불구하고, 연삭휠 수명 및 잔류응력과 같은 출력변수들을 개선한다.

- ***전기화학 방전가공(Electrochemical discharge machining, ECDM).*** 이 공정은 방전가공 EDM과 전해가공 ECM 공정의 조합이다. 이 공정에서 방전가공 EDM의 방전 지연시간은 전해가공 ECM을 사용하여 공작물 재료의 화학적 용해에 사용되며, 방전가공 EDM의 스파크에 의해 유도된 증발이 이어진다. 이에 따라 열영향을 받는 부분이 줄어들어 치수정확도가 높아지는 경우가 많다.
- ***레이저-화학/전기화학 가공(Laser-chemical/Electrochemical machining, LECM).*** 이 공정에서는 레이저와 동일한 축을 따라 부식액을 주입하여 부식속도를 높인다. 레이저를 적용하면 공작물 표면에 열손상을 가하지 않고 용해 동역학을 개선할 수 있다.
- ***레이저-워터제트 가공(Laser-water jet machining, LWJM).*** 이 공정에서는 레이저를 고속의 워터제트와 결합하여 적용한다. 워터제트는 레이저에 의해 가열된 영역에서 냉각수 역할을 하는 반면, 레이저는 재료의 표면을 부드럽게 하여 워터제트에 의해 쉽게 제거되도록 한다.

22.5.3 지원 공정

이러한 공정에서는 진동, 레이저, 자기장 등과 같은 첨단 에너지 종류를 사용하여 전통적 가공공정을 강화하는 작업이 포함된다. 일반적으로 사용되는 몇 가지 공정은 다음과 같다.

- ***진동지원 가공(Vibration assisted machining).*** 이 공정에는 하나 이상의 방향으로 절삭공구에 작은 진폭과 고주파의 진동을 적용하는 작업이 포함된다. 비전통적인 가공의 경우, 이러한 진동은 공작물, 전극 또는 작동 유체에 작용시킬 수 있다. 이러한 진동은 더 나은 표면품질과 가공시간 단축으로 이어진다.
- ***레이저지원 가공(Laser assisted machining).*** 레이저를 간접 에너지원으로 활용하면, 전통적인 절삭가공 공정은 물론 비전통적인 절삭가공 공정 모두에서 절삭가공 특성을 개선하는 데 중요한 역할을 할 수 있다. 절삭공구의 앞에 레이저를 적용하면, 공작물 재료가 열적으로 연화되어 재료의 경도나 미세구조에 큰 영향을 주지 않으면서 절삭작업을 더욱 용이하게 한다.

그림 22.22는 몇 가지 첨단 금속 제거공정을 결합하기 위한 기본규칙을 나타낸다. 요약하자면 이러한 하이브리드 가공방법의 개발을 통해 가공하기 어려운 재료와 관련된 수많은 가공 문제를 해결하고 복잡한 형상을 얻을 수 있다. 이러한 방법론의 개발은, 제조산업을 변화시키려는 목표를 가지고 밤낮으로 일하는 전 세계 연구원들과 함께 계속해서 진화하고 있다.

22.6 특수가공 적용 시 고려사항

특수가공 공정을 적용하는 대표적인 경우에는 전통적인 기술로는 쉽게 가공하기 어려운 특수한 기하학적 특징과 공작물 재료가 포함된다. 여기서는 이러한 주제에 대해서 설명한다. 또한 특수가공의 일반적인 성능 특성에 대해서도 언급한다.

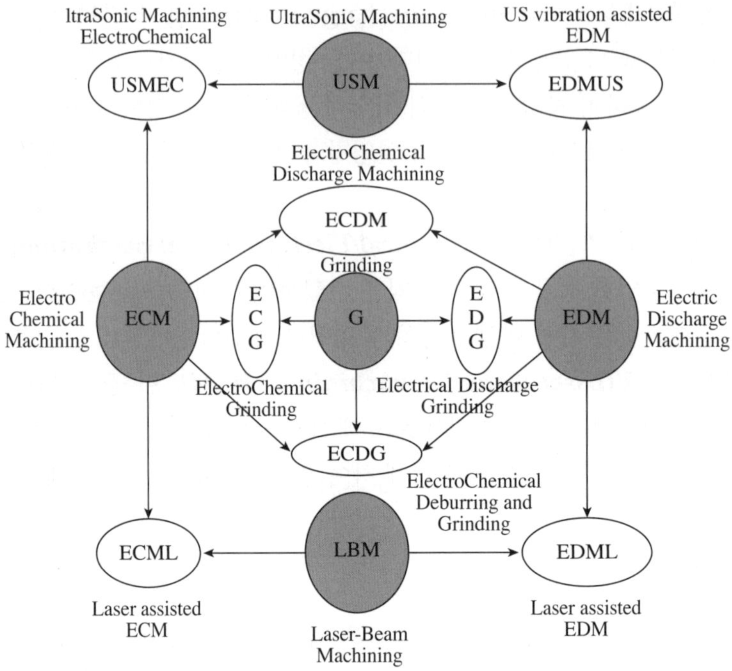

그림 22.22 특수가공 공정 통합 규칙(Grzesik, 2018).

공작물의 기하학적 특징과 공작물 재료

표 22.4에는 특수가공 공정이 잘 적용되는 몇 가지의 특수한 공작물 형상을, 그것을 가공하기에 적합한 특수가공 공정과 함께 나열하였다.

표 22.4 공작물의 기하학적 특징과 적합한 특수가공공정

기하학적 특징	적합한 공정
매우 작은 구멍. 지름 0.125 mm 미만의 구멍인데, 경우에 따라 최소 지름 0.025 mm. 일반적인 드릴공구의 지름보다 더 작은 지름.	전자빔가공, 레이저가공
깊이/지름의 비가 큰 구멍(예: $d/D > 20$). 이러한 구멍은 건(gun)드릴링을 제외한 전통적인 드릴링 방법으로는 가공할 수 없음.	전해가공, 방전가공
비원형 구멍. 둥글지 않은 구멍은 회전하는 드릴공구로 가공할 수 없음.	방전가공, 전해가공
좁은 홈. 다양한 재료의 후판(slab)과 평판(plate)에 좁은 홈을 내는 경우. 홈이 반드시 직선은 아님. 경우에 따라 홈(slot)은 극히 복잡한 형상을 가짐.	전자빔가공, 레이저가공, 워터제트절단, 와이어방전가공, 연마제워터제트절단
미세가공(micromachining). 작은 구멍과 좁은 틈 외에도, 공작물이나 절단 영역이 매우 작은 재료제거 응용이 존재함.	광화학가공, 레이저가공, 전자빔가공
편평한 부품의 얕은 포켓과 표면의 세부 형상. 이 경우는 미시적인 집적회로 칩으로부터 대형 항공기 패널까지 부품 크기가 매우 넓은 범위에 걸쳐 있음.	화학가공
주형과 금형의 특수한 윤곽. 때때로 다이싱킹(die-sinking)이라 함.	방전가공, 전해가공

표 22.5 다양한 공작물 재료에 대한 특수가공 공정의 적용가능성. 비교를 위해 전통적인 밀링과 연삭을 포함시킴.

공작물 재료	특수 가공법								전통적 가공법	
	기계적		전기적		열적			화학적		
	초음파 가공	워터제트 절단	전해 가공	방전 가공	전자빔 가공	레이저 가공	플라즈마 아크 절단	화학 가공	밀링	연삭
알루미늄	C	C	B	B	B	B	A	A	A	A
강	B	D	A	A	B	B	A	A	A	A
초합금	C	D	A	A	B	B	A	B	B	B
세라믹	A	D	D	D	A	A	D	C	D	C
유리	A	D	D	D	B	B	D	B	D	C
실리콘[a]			D	D	B	B	D	B	D	B
플라스틱	B	B	D	D	B	B	D	C	B	C
판지[b]	D	A	D	D			D	D	D	D
직물[c]	D	A	D	D			D	D	D	D

참고문헌 [22]와 기타 출처로부터 편집함.
A: 매우 적합, B: 적합, C: 미흡, D: 적용불가, 공란: 데이터 없음.
[a] 집적회로 칩 제조에 사용되는 실리콘
[b] 기타 종이 제품류 포함
[c] 펠트, 가죽 및 유사 재료 포함

특수가공 공정은 금속과 비금속 거의 모든 재료에 적용될 수 있다. 그러나 특정 공정에 따라 적용할 수 없는 특정 공작물 재료들이 있다. 표 22.5에서는 여러 유형의 재료에 대한 특수가공의 적용가능성을 보여 준다. 일부 공정은 금속에만 사용되고 비금속에는 적용할 수 없다. 예를 들어 전해가공, 방전가공, 플라즈마아크절단 공정에서는 공작물 재료가 전기도체이어야 한다. 그 공정들의 적용가능성은 일반적으로 금속부품으로 제한된다. 화학가공은 주어진 공작물 재료에 대해 적합한 부식액이 존재하는가에 따라 적용가능성이 결정된다. 금속은 다양한 부식액에 의한 화학적인 공격을 받기 쉬우므로, 화학가공은 보통 금속가공에 사용된다. 몇 가지 예외적인 경우는 있으나, 초음파가공, 연마제제트가공, 전자빔가공, 레이저가공은 금속과 비금속에 모두 사용할 수 있다. 워터제트절단은 일반적으로 플라스틱, 판지, 직물 및 금속정도의 강도를 갖지 못하는 재료에 제한되어 사용된다.

특수가공의 성능

특수가공 공정은 재래식 가공법과 비교하여 낮은 소재 제거율과 높은 비에너지(specific energy)라는 특징을 가지고 있다. 특수가공을 통해 얻는 치수정도와 표면거칠기는 공정별로 큰 차이가 있는데, 높은 정확도와 우수한 표면을 얻을 수 있는 공정이 있는 반면, 반대의 결과를 가져다주는 공정도 있다. 표면손상 또한 주의를 기울여야 할 부분이다. 일부 공정들은 표면과 표면 바로 아래에 금속학적 손상을 거의 입히지 않지만, 어떤 공정들(대부분 열적 공정)에서는 표면손상이 심각하게 나타난

표 22.6 특수가공 공정의 가공 특성

	특수 가공법								전통적 가공법	
	기계적		전기적		열적			화학적		
공작물 재료 특성	초음파 가공	워터제트 절단	전해 가공	방전 가공	전자빔 가공	레이저 가공	플라즈마 아크 절단	화학 가공	밀링	연삭
소재 제거율	C	C	B	C	D	D	A	B-D[a]	A	B
치수 정도	A	B	B	A-D[b]	A	A	D	A-B[b]	B	A
표면 거칠기	A	A	B	B-D[b]	B	B	D	B	B-C[b]	A
표면 손상[c]	B	B	A	D	D	D	D	A	B	B-C[b]

참고문헌 [22]로부터 편집함.
A: 매우 우수, B: 우수, C: 양호, D: 불량
[a] 등급은 공작물의 크기와 마스킹 방법에 따라 달라짐.
[b] 등급은 절삭조건에 따라 달라짐.
[c] 우수등급은 표면손상이 적은 것을 의미하고, 불량등급은 표면으로부터 깊이 침투하는 손상을 의미함. 열적 공정의 표면손상은 가공 후 새롭게 생성된 소재 표면으로부터 0.50 mm까지 발생할 수 있음.

다. 표 22.6에서는 전통적인 밀링 및 표면 연삭과 비교하여, 특수가공법들이 갖는 탁월한 특징을 나타내고 있다. 이 데이터를 살펴보면 가공 특성에 커다란 차이가 있음을 알 수 있다. 특수가공과 전통적 가공법을 비교하면, 일반적으로 특수가공은 전통적 가공법이 가능하지 않거나 비경제적인 경우에 사용된다는 것을 기억하여야 한다.

참고문헌 *REFERENCES*

[1] Aronson, R. B. "Waterjets Move into the Mainstream." *Manufacturing Engineering*, April 2005, pp. 69–74.

[2] Bellows, G., and Kohls, J. B. "Drilling without Drills." Special Report 743, *American Machinist*, March 1982, pp. 173–188.

[3] Benedict, G. F. *Nontraditional Manufacturing Processes*. Marcel Dekker, New York, 1987.

[4] Dini, J. W. "Fundamentals of Chemical Milling." Special Report 768, *American Machinist*, July 1984, pp. 99–114.

[5] Drozda, T. J., and C. Wick (eds.). Tool and Manufacturing Engineers Handbook. 4th ed. Vol. I: *Machining*. Society of Manufacturing Engineers, Dearborn, Michigan, 1983.

[6] El-Hofy, H. *Advanced Machining Processes: Nontradi-tional and Hybrid Machining Processes*. McGraw-Hill, New York, 2005.

[7] Guitrau, E. "Sparking Innovations." *Cutting Tool Engineering*, Vol. 52, No. 10, October 2000, pp. 36–43.

[8] Koenig, B. "Marriage of Convenience." *Manufacturing Engineering*, March 2017, pp. 59–63.

[9] Koenig, B. "Two Tracks for Abrasive Waterjets." *Manufacturing Engineering*, November 2017, pp. 65–71.

[10] Lorincz, J. "Drilling Small, Deep Holes with Precision EDM." *Manufacturing Engineering*, November 2013, pp. 79–86.

[11] *Machining Data Handbook*. 3rd ed. Vol. 2. Machinability Data Center, Metcut Research Associates, Cincinnati, Ohio, 1980.

[12] Mason, F. "Water Jet Cuts Instrument Panels." *American Machinist & Automated Manufacturing*, July

1988, pp. 126–127.
[13] McGeough, J. A. *Advanced Methods of Machining*. Chapman and Hall, London, 1988.
[14] Morey, B., "Lasers on the Cutting Edge." *Manufacturing Engineering*, November 2017, pp. 57–63.
[15] O'Brien, R. L. Welding Handbook. 8th ed. Vol. 2: *Welding Processes*. American Welding Society, Miami, Florida, 1991.
[16] Pandey, P. C., and Shan, H. S. *Modern Machining Processes*. Tata McGraw-Hill, New Delhi, 1980.
[17] Vaccari, J. A. "The Laser's Edge in Metalworking." Special Report 768, *American Machinist*, August 1984, pp. 99–114.
[18] Vaccari, J. A. "Thermal Cutting." Special Report 778, *American Machinist*, July 1988, pp. 111–126.
[19] Vaccari, J. A. "Advances in Laser Cutting." American Machinist & Automated Manufacturing, March 1988, pp. 59–61.
[20] Waurzyniak, P. "EDM's Cutting Edge." *Manufacturing Engineering*, Vol. 123, No. 5, November 1999, pp. 38–44.
[21] Waurzyniak, P. "Fast Clean Cutting with Abrasive Waterjet Technology." *Manufacturing Engineering*, November 2016, pp. 41–49.
[22] Weller, E. J. (ed.). *Nontraditional Machining Processes*. 2nd ed. Society of Manufacturing Engineers, Dearborn, Michigan, 1984.
[23] Wolff, I. "New Automation Makes EDMs Faster, More Efficient." *Manufacturing Engineering*, November 2017, pp. 49–55.
[24] www.engineershandbook.com/MfgMethods.

복습문제 *REVIEW QUESTIONS*

서론

22.1 비전통적 재료 제거공정과 전통적 재료 제거공정의 주요 차이점은 무엇인가? 또한 비전통적 방법의 근본적 특징 몇 가지를 설명하라.

22.2 주된 적용에너지의 종류에 따라 특수가공을 분류할 때, 네 가지 유형의 특수가공 명칭을 나열하라.

기계적 에너지 공정

22.3 비전통적인 기계적 절삭가공공정에서 재료 제거방식은 무엇인가?

22.4 초음파가공에 적합한 공작물 재료의 종류는 무엇인가?

22.5 연마제제트절단의 공정을 간략히 설명하라.

22.6 연삭을 기본 공정으로 사용하는 하이브리드 가공공정은 무엇인가?

22.7 연마제흐름가공에서 사용되는 매체는 무엇인가?

전기화학 공정

22.8 재료제거에 사용되는 전기화학 가공법의 세 가지 주요 공정의 명칭을 나열하라.

22.9 전해가공의 두 전극 사이에서 전류는 어떻게 흐르는가?

22.10 전해가공에서 전극 공구가 공작물에 접촉하면 어떤 현상이 발생하는가?

22.11 전해가공의 상대적인 장점과 단점을 설명하라.

22.12 전해연삭 공정에서 대부분의 재료제거를 책임지는 메카니즘은 전기분해 또는 연마제 연삭 중 어느 것인가?

열에너지 공정

22.13 방전가공에서 재료제거 방식은 무엇인가?

22.14 방전가공은 음이온(전자)이 양이온과 충돌하면서 열을 발생시킨다. 이것은 참인가 거짓인가?

22.15 와이어방전가공에서 절단폭(kerf width)은 무엇을 의미하는가?

22.16 방전가공에서 공구이송과는 별도로, 방전 공구는 어떤 운동경로를 따라갈 수 있는가?

22.17 레이저가공에 사용되는 레이저의 종류에는 어떤 것이 있는가?

22.18 에어 탄소 아크 절단이 무엇인가 간략히 설명하라.

22.19 레이저는 무엇의 줄임말인가?

22.20 레이저에서 방출되는 빛은 기타 광원과 어떻게 다른지 설명하라.

22.21 하이브리드 가공공정의 분류를 설명하라.

22.22 산소절단에서 사용되는 연료 몇 가지를 나열하라.

화학적 공정

22.23 화학가공에서 사용되는 마스칸트(maskant)는 공작물을 화학적 부식액으로부터 보호하려는 용도로 사용된다. 이것은 참인가 거짓인가?

22.24 광화학가공에서 사용되는 포토레지스트는 무엇인가?

22.25 화학가공의 주요한 단계들을 나열하라.

연습문제 *PROBLEMS*

Electrochemical Machining

22.1 The frontal working area of the electrode in an ECM operation is 1250 mm². Applied current = 1000 A and voltage = 12 volts. The material being cut is aluminum (valence = 3). (a) If the process is 95% efficient, determine the rate of metal removal in mm³/min. (b) If the electrolyte resistivity = 125 ohm-mm, determine the working gap.

22.2 In an ECM process, the frontal working area of the electrode is 1500 mm². The process is being carried out on iron (valence = 2) at a current = 1000 A and voltage = 20 volts. (a) If the process efficiency is 92%, determine the rate of metal removal in mm³/s. (b) If the electrolyte resistivity = 130 ohm-mm, determine the working gap.

22.3 An ECM operation is used to cut a square-shaped blind hole into a nickel block (valence = 2). The frontal working area of the electrode is 1583.2 mm². Applied current = 1200 A and voltage = 12 volts. (a) If the process is 90% efficient, determine the rate of metal removal in mm³/min. (b) If the electrolyte resistivity = 150 ohm-mm, determine the working gap. (c) If the gap created at the sides of the square-shaped electrode is equal to the working gap from part (b), determine the area of the square-shaped hole that is created (ignore rounding at corners). (d) How much time is required to cut the blind hole to a depth of 20 mm.

22.4 An ECM operation is used to cut a square-shaped through hole into a nickel block (valence = 2) that is 20 mm thick. To reduce time to cut the hole, the electrode tool is a square doughnut with exterior side = 39.9 mm and interior side = 30.0 mm. This will produce a center core that can be removed after the tool breaks through. The dimensions provide a frontal working area of the electrode = 692 mm². Applied current = 1200 A and voltage = 12 volts. (a) If the process is 90% efficient, determine the rate of metal removal in mm³/min. (b) If the electrolyte resistivity = 150 ohm-mm, determine the working gap. (c) If the gap created at the sides of the square-shaped electrode is equal to the working gap from part (b), determine the area of the square-shaped hole that is created (ignore rounding at corners). (d) How much time is required to cut the through hole.

22.5 A through hole of diameter 60 mm is to be cut into a 30 mm thick stainless-steel block using electrochemical machining. In order to speed up the process, the tool consists of a centre hole of 45 mm diameter, which is concentric to its outer surface. Considering an efficiency of 93% for the process, how much current would be needed to complete the process in 300 sec?

22.6 A rectangular bling hole is to be cut into a block of aluminium (valence = 3) using the ECM process. The frontal working area of the electrode is 20 mm by 30 mm. Applied current = 1000 A and voltage = 25 volts. (a) Determine the metal removal rate for a 90% efficient process. (b) If the electrolyte resistivity = 150 ohm-mm, determine the working gap. (c) If the gap created at the sides of the rectangular-shaped electrode is equal to the working gap from part (b), determine the area of the rectangular-shaped hole that is created (ignore rounding at corners). (d) How much time is required to cut the blind hole to a depth of 20 mm?

Electric Discharge Machining

22.7 An electric discharge machining operation is performed on tungsten. Determine the amount of metal removed in the operation after 1 hr at a discharge current of 18 A. The melting temperature of tungsten is 3410°C.

22.8 A square blind hole with sides = 10 mm is cut into a nickel block using EDM. The frontal tool area of the electrode tool is slightly smaller to account for overcut, which is expected to be 0.2 mm on each side. Using a discharge current of 15 A, how long would it take to cut the hole to a depth of 20 mm? The melting temperature of nickel is 1455°C.

22.9 EDM operation is performed on copper work piece with melting temperature = 1085°C. How much metal will be removed in 10 min?

22.10 The metal removal rate = 0.34 mm^3/s in an EDM operation on aluminium. What metal removal rate would be achieved on iron in this EDM operation if the same discharge current were used? The melting temperatures of iron and aluminum are 1539°C and 660°C, respectively.

22.11 A tungsten work piece is machined using the EDM process. (a) If a current of 20 A is maintained for 1 hr, find the metal removal rate. (b) How much metal would be removed in the same time if tungsten is replaced by tin?

Chemical Machining

22.12 Chemical milling is used in an aircraft plant to create pockets in wing sections made of an aluminum alloy. The starting thickness of a work part of interest is 25 mm. A series of rectangular-shaped pockets are to be etched with dimensions 200 mm by 400 mm. The pockets will be 17 mm deep. The corners of each rectangle have a radius = 15 mm. The etchant is NaOH. Determine (a) metal removal rate in mm^3/min, (b) time required to etch to the specified depth, and (c) required dimensions of the opening in the cut and peel maskant to achieve the desired pocket size on the part.

22.13 In a certain chemical blanking operation, a sulfuric acid etchant is used to remove material from a sheet of magnesium alloy. The sheet is 0.25 mm thick. The screen resist method of masking was used to permit high production rates to be achieved. As it turns out, the process is producing a large proportion of scrap. The specified tolerances of ±0.025 mm are not being achieved. The foreman in the CHM department complains that there must be something wrong with the sulfuric acid. "Perhaps the concentration is incorrect," he suggests. Analyze the problem and recommend a solution.

22.14 In a chemical-blanking operation, stock thickness of the titanium sheet is 0.5 mm. The pattern to be cut out of the sheet is a hole pattern, consisting of a matrix of 5 mm diameter holes. If photochemical machining is used to cut these holes, and contact printing is used to make the resist (maskant) pattern, determine the diameter of the holes that should be used in the pattern.

Application Considerations

22.15 For each of the following applications, identify one or more nontraditional machining processes that might be used and present arguments to support your selection. Assume that either the part geometry or the work material (or both) preclude the use of conventional machining. (a) A matrix of 0.1 mm diameter holes in a plate of 3.2 mm thick hardened tool steel. The matrix is rectangular, 75 by 125 mm with the separation between holes in each direction = 1.6 mm. (b) An engraved aluminum printing plate to be used in an offset printing press to make 275 by 350 mm posters of Lincoln's Gettysburg address.

22.16 For each of the following applications, identify one or more nontraditional machining processes that might be used and present arguments to support your selection. Assume that either the part geometry or the work material (or both) preclude the use of conventional machining. (a) A through-hole in the shape of the letter L in a 12.5 mm thick plate of glass. The size of the "L" is 25 by 15 mm, and the width of the hole is 3 mm. (b) A blind-hole in the shape of the letter G in a 50 mm cube of steel. The overall size of the "G" is 25 by 19 mm, the depth of the hole is 3.8 mm, and its width is 3 mm.

22.17 A food processing plant deals in cutting of raw meat into smaller parts. The main consideration for selection of the cutting operation is to maintain a high level of hygiene in the processed food. Which non-traditional process should be recommended for such an industry?

PART 6

성질 향상과 표면 공정

CHAPTER 23

금속의 열처리

23.1 풀림
23.2 탄소강의 마르텐사이트 조직 형성
23.2.1 시간-온도-변태(TTT) 곡선
23.2.2 열처리공정
23.2.3 경화능
23.3 석출경화
23.4 표면경화
23.5 열처리 방법과 장비
23.5.1 열처리로
23.5.2 선택적 표면경화방법

앞장의 제조공정들은 제품의 형상을 만드는 공정들에 관한 내용이다. 이 장에서는 제품의 성질을 향상시키거나(23장), 청정과 코팅과 같이 표면처리에 적용(24장)하는 공정들을 포함한다. 성질 향상공정들은 공작물 재료에 기계적 혹은 물리적 성질들을 향상시키는 작업들을 포함한다. 이 공정에서는 적어도 의도적으로 제품 형상 변화를 주지 않는다. 가장 중요한 성질 향상 공정은 열처리이다. ***열처리(Heat treatment)***는 재료내의 미세조직 변화에 영향을 주는 다양한 가열과 냉각 과정들을 포함한다. 이 장에서 언급한 것처럼 열처리의 금속에 가장 일반적인 적용할 수 있다. 유사한 열처리들은 유리-세라믹(5.2.3절), 강화유리(tempered glass)(9.3.1절), 그리고 분말금속과 분말세라믹(12.3.3절과 13.2.3절)에 적용할 수 있다.

열처리공정은 금속 제품의 생산공정중에 여러번 적용할 수 있다. 어떤 경우에는, 열처리가 제품 형상이 만들어지기 이전에 적용될 수 있다.(예를 들어 가열되는 동안 성형이 쉽게 하기위해 금속의 연화를 시킬 수 있다) 다른 경우에는 소재가 조금 더 변형시키기 위해 성형과정 중에 변형경화의 효과를 줄이기 위해 열처리가 사용한다. 또한 열처리는 최종제품에서 요구되는 강도와 경도를 얻기 위해서 공정 마지막 단계에서 적용할 수 있다. 주요한 열처리공정에는 풀림(annealing), 탄소강의 마르텐사이트 조직 형성, 석출경화 그리고 표면경화 방법들이 있다.

23.1 풀림

풀림(Annealing) 열처리는 금속을 적절한 온도로 가열한 후 일정 시간동안 온도를 유지하고 (soaking: 내부까지 충분한 가열) 그리고 천천히 냉각하는 과정이다. 풀림 열처리는 다음과 같은 목적으로 금속에 적용된다. (1) 경도와 취성을 줄이기 위해서, (2) 미세구조를 변화시켜 원하는 기계적 성질을 얻기 위해서, (3) 가공성과 성형성 향상을 위해 금속의 연화시키기 위해서, (4) 냉간가공(가공경화)된 금속의 재결정을 위해서, 그리고 (5) 선행 공정에서 발생한 잔류응력을 제거시키기 위해서 적용된다. 금속의 재결정온도에 관계되어 사용되는 공정과 온도에 상세한 것에 따라 풀림에서 다른 이름으로 사용되기도 한다.

완전풀림(Full annealing)은 철계금속(일반적으로 저탄소강과 중탄소강)에 관련이 있으며; 합금을 오스테나이트 영역으로 가열하고, 거친 펄라이트(pearlite)조직을 얻기 위해서 가열노속에서 천천히 냉각하는 과정이다. ***불림(Normalizing)***은 유사한 가열과 내부까지 충분한 가열(soaking)을 포함하나, 냉각속도는 조금 빠르게 한다. 이 합금은 실내온도에서 공기중에서 냉각을 한다. 이 결과로 미세 펄라이트 조직을 얻게 되고, 더 높은 강도와 경도를 얻으나 연성은 완전풀림보다 낮게 된다.

냉각가공된 제품은 종종 변형경화의 효과를 줄이고 연성을 향상시키기 위해 풀림열처리를 한다. 이 처리는 충분한 가열주기, 냉각속도에 따라 변형경화된 금속을 부분적 혹은 전체적으로 재결정화 할 수 있다. 풀림열처리가 제품의 냉간가공을 더 진행하기 위해 적용된다면, ***공정풀림(process annealing)***이라 한다. 변형경화 효과를 줄이고 완성된 (냉간가공된) 제품에 적용한다면 그리고 더 이상의 변형공정이 없다면, 이런 열처리는 단순히 ***풀림(annealing)***이라 한다. 이 열처리 공정들은 상당히 같지만, 열처리 목적에 따라 표현하는 명칭은 다르다.

만약 풀림 조건이 냉간가공된 금속을 원래의 결정구조로 완전 회복되게 한다면, ***재결정화(recrystallization)***가 된다. 이런 풀림과정 후에, 금속은 성형공정에서 발생한 새로운 형상을 갖으나, 결정조직과 관련된 성질은 본질적으로 냉가가공 전 상태와 동일하게 된다. 재결정이 잘 일어나는 조건은 높은 온도와 긴 유지시간 그리고 느린 냉각속도이다. 만약 풀림처리가 원래 상태로 결정구조의 부분적으로 회복을 허용한다면 ***회복풀림(recovery annealing)***이라 한다. 회복은 금속을 냉간가공에서 생긴 변형경화 상당한 부분을 유지하고 있지만, 제품의 인성은 향상된다.

이상의 풀림 공정들은 응력제거 외에 다른 목적으로 사용된다. 그러나 풀림은 제품에서 잔류응력을 제거하는데 목적으로만 사용된다. ***응력제거풀림(stress-relief annealing)***이라 말하며, 응력을 받는 제품들로부터 발생할 수 있는 뒤틀림이나 치수의 변화를 감소시킬 수 있다.

23.2 탄소강의 마르텐사이트 조직 형성

그림 5.1의 철-탄소 상평형도는 평형조건에서 철과 탄화철(시멘타이트(cementite))의 상들을 나타낸다. 이 상평형도에서는 오스테나이트 조직이 상온에서 페라이트(ferrite)와 시멘타이트(Fe_3C)의 혼합으로 분리될 정도로 높은 온도에서 천천히 냉각이 되는 것으로 가정한다. 이 분해 반응은 확산과 금속을 원하는 최종 형상으로 변형시키기 위해 시간과 온도에 의존하는 다른 공정들도 필요로 한다. 그러나 급냉의 조건에서 평형반응을 방해해서 오스테나이트 조직이 ***마르텐사이트***

(martensite) 조직이라 일컫는 비평형상태로 변하며, 이 조직은 단단해지고 취성이 높은 상으로 강화되는 능력을 탄소강에 줄 수 있다.

23.2.1 시간-온도-변태곡선

마르텐사이트 조직의 변태 성질은 그림 23.1에 나타낸 공석강의 시간-온도-변태곡선(Time-Temperature-Transformation curve: TTT curve)으로 잘 설명할 수 있다. TTT곡선은 냉각속도에 따라서 오스테나이트 조직이 다양하게 가능한 상들로 변태하는 것을 나타낸다. 상들은 (1) 페라이트와 시멘타이트가 번갈아서 나타나는 형태와 (2) 마르텐사이트 조직 상태로 나눌 수 있다. 시간은 수평축을 따라 (로그좌표로) 보여주며, 온도는 수직축에 나타낸다. 시작시간은 시간 0로 오스테나이트영역(그림 5.1과 그림 23.1에서 A_1 변태점 위쪽 어느 곳)에 위치해 있다가, 시간이 경과함에 따라 어떻게 냉각되는지 나타내는 그림으로 경로를 따라 우측 하단의 방향으로 진행된다. 그림에서 보여주는 TTT곡선은 0.80% 탄소 조성의 강을 나타낸 것으로 다른 조성에 대해서는 다른 곡선을 나타낸다.

냉각속도가 느린 곳에서는 궤적은 페라이트와 탄화물이 교대로 나타나는 펄라이트 혹은 베이나이트 영역으로 경로가 형성된다. 이러한 변태는 시간이 많이 걸리기 때문에, TTT선도에서 두 개의 선, 즉 시간 경과에 따른 시작선과 종료선, 그림에서 첨자 '*s*'와 '*f*'로 서로 다른 상영역들이 나타낸다. 펄라이트(pearlite)는 얇은 평행 층에서 형성된 페라이트와 시멘타이트 상들의 혼합물이다. 이것은 오스테나이트가 천천히 냉각하면서 얻어지므로 냉각곡선의 경로가 TTT곡선 '코모양(nose)'

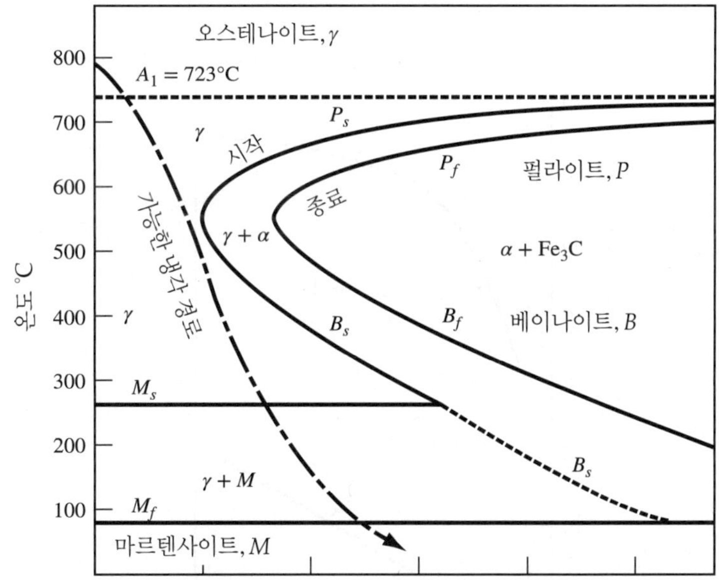

그림 23.1 0.80% C 강재의 조성에 대한 오스테나이트 조직이 다른 상으로 변형을 시간과 온도의 함수로 보여주는 TTT곡선임. 냉각궤적은 여기서 마르텐사이트조직으로 나타남.

위의 어떤 P_s 점을 지나게 된다. 베이나이트(bainite)는 펄라이트와 동일한 혼합상이 교대로 배열된 형태이지만, 초기에 M_s 점 위의 어떤 온도에서 급속한 냉각에 의해 형성되므로, TTT곡선의 코(nose)모양을 피해서 진행된다. 초기 냉각 후에는 훨씬 느린 냉각속도로 진행되어 B_s를 통과하여 페라이트-시멘타이트 영역으로 들어간다. 베이나이트는 미세한 시멘타이트 영역의 성분으로 구성되는 침상 혹은 깃털상구조를 갖는다.

냉각이 충분히 빠른 속도로 이루어진다면(그림 23.1에서 일점쇄선) 오스테나이트 조직이 마르텐사이트 조직으로 변태한다. 마르텐사이트(martensite)는 오스테나이트와 동일한 조성을 갖는 철-탄소 상태도의 유일한 조성이다. 오스테나이트의 면심입방(FCC)구조가 마르텐사이트의 체심정방정(body-centered tetragonal, BCT)구조로, 다른 변태에서 나타나는 페라이트와 탄화철을 분리해 주는, 시간의 함수에 의한 확산과정이 없는 거의 순간적으로 변태가 일어난다.

냉각과정 동안 마르텐사이트 변태는 TTT곡선에 나타낸 것처럼 어떤 온도 M_s에서 시작해서 더 낮은 온도 M_f에서 종료된다. 이 두 온도사이에서 탄소강은 오스테나이트와 마르텐사이트의 혼합물로 존재한다. 만약 냉각이 M_s선와 M_f선 사이에서 중지된다면, 시간 온도 경로가 B_s 임계점을 가로질러 오스테나이트가 베이나이트로 변태된다. M_s선의 높이는 탄소를 포함하는 합금원소에 따라 달라진다. 어떤 경우 M_s선이 상온 아래로 떨어질 수도 있는데, 이러한 강의 경우 전통적인 방법으로 마르텐사이트 조직을 형성할 수 없다.

마르텐사이트의 매우 높은 경도는 체심정방정격자 안에 갇힌 탄소 원자들에 의해서 형성된 격자 변형의 결과이며, 이로 인해 슬립이 방해를 받는다. 그림 23.2는 탄소 함유량이 증가함에 따라 마르텐사이트 변태가 강의 경도에 미치는 영향을 나타내고 있다.

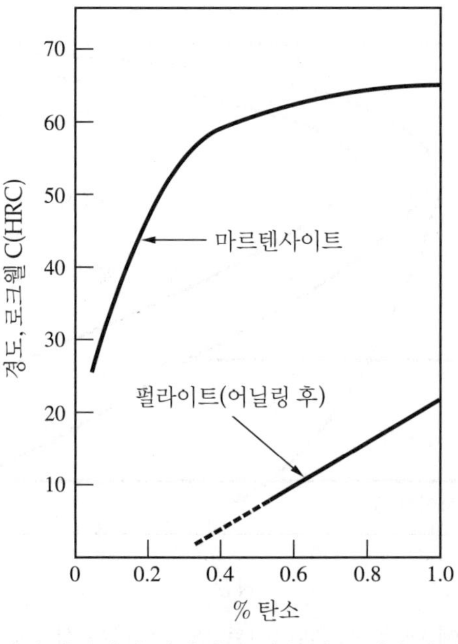

그림 23.2 마르텐사이트와 어닐링 열처리된 펄라이트 경우 탄소 함유량에 따른 탄소강의 경도.

23.2.2 열처리 공정

마르텐사이트를 형성하기 위한 열처리는 오스테나이타이징화(autenitizing)와 담금질(quenching)의 두 단계로 이루어진다. 이 두 단계는 종종 뜨임(tempering)으로 뜨임 열처리한 마르텐사이트를 생성시키는 공정이 이어진다. ***오스테나이타이징화***는 강을 충분히 높은 온도로 가열하여 전체 혹은 일부를 오스테나이트로 바꾸어 주는 단계이다. 이 온도에는 특정한 합금 조성에 대한 상평형도로부터 결정되어진다. 오스테나이트로의 변태는 가열뿐만 아니라 시간도 요구되는 상변화를 포함한다. 결과적으로 탄소강은 새로운 상이 형성될 수 있도록 높은 온도를 충분한 시간 동안 유지시켜야 한다.

담금질(quenching)은 그림 23.1에 나타난 냉각곡선을 따라 TTT곡선의 코(nose)모양을 피할 수 있을 정도로 빠르게 냉각하는 경우이다. 냉각속도는 담금질 매질과 탄소강 소재의 열전달율에 따라 다르다. 다양한 담금질 매질로는 (1) 염수(brine) – 보통 교반된 소금물, (2) 깨끗한 물- 증류되고 교반되지 않음, (3) 증류된 오일, 그리고 (4) 공기 등이 상업적 열처리 매질로 사용된다. 교반시킨 염분속안에 담금질은 가열된 제품 표면의 빠른 냉각을 가져오고, 반면에 공기속에서 담금질은 가장 느리다. 하지만 냉각시 담금질 매질의 효과가 크면 클수록, 제품의 내부응력, 뒤틀림, 균열을 더 발생하기 쉽다.

제품의 열전달율은 질량과 형상에 크게 영향을 받는다. 큰 직육면체 형상은 작고 얇은 판재보다 훨씬 더 늦게 냉각된다. 입자로 구성된 제품의 열전도도 계수 k는 또한 금속 열흐름의 주요 인자중 하나이다. 탄소강의 등급에 따라 k값은 상당한 차이가 있다. 예를 들어, 일반 저탄소강은 0.046 J/s · mm · ℃의 값을 갖고 있으나, 고탄소합금강은 그 값은 1/3 정도이다.

마르텐사이트 조직은 단단하고 취성이 높다. ***뜨임(tempering)***은 경화된 강에 취성을 줄이고, 연성과 인성을 증가시키고, 마르텐사이트 조직내 응력을 감소시키는 열처리방법이다. 뜨임열처리는 오스테나이타이징 수준 이하로 1시간 정도 가열하고 유지한 후에 천천히 냉각시키는 방법이다. 이 결과로 마르텐사이트 조직은 철-탄소 용해도에서 매우 미세한 탄화물 입자가 석출되고, 체심정방정(BCT)구조에서 체심입방정(BCC)구조로 결정구조가 천천히 변화된다. 이 새로운 구조를 뜨임 마르텐사이트(tempered martensite)조직이라 부른다. 강도와 경도의 미세한 감소는 연성과 인성의 증가를 가져온다. 뜨임되기 전부터 뜨임 마르텐사이트 사이의 변화는 확산을 포함하고 있기 때문에, 뜨임열처리의 온도와 시간으로 경화강의 연화정도를 조절할 수 있다.

뜨임 마르텐사이트 조직을 생성하기 위한 열처리 세 단계는 그림 23.3에 나타난 것과 같다. 처음은 마르텐사이트를 생성하는 것이고, 다음은 마르텐사이트를 뜨임처리를 하는 것으로 두 개의 가열과 냉각 사이클이 있다.

23.2.3 경화능

경화능(hardenablity)은 탄소강이 마르텐사이크 변태를 통하여 경화되는 상대적인 정도를 말한다. 경화능은 표면으로부터 경화된 담금질의 깊이 혹은 어떤 깊이까지 도달하기 위해 필요한 담금질의

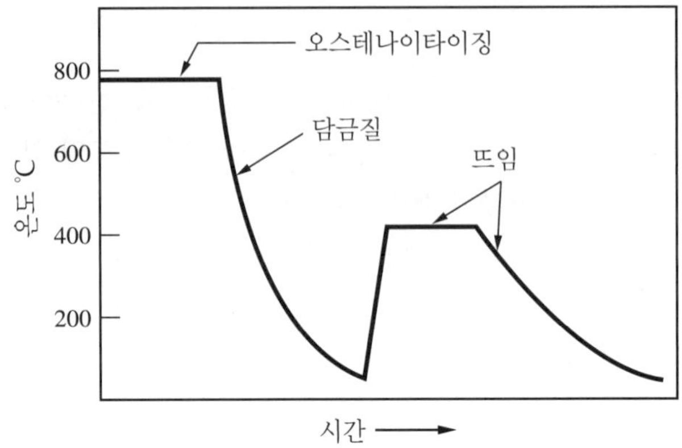

그림 23.3 탄소강의 일반적인 열처리: 오스테나이타이징. 담금질(quenching)과 뜨임(tempering).

난이도로 나타내는 성질이다. 우수한 경화능을 갖고 있는 탄소강은 표면 아래로 더 깊게 경화시킬 수 있고, 높은 냉각속도가 필요하지 않다. 경화능은 강에서 얻을 수 있는 최대 경도(탄소함유량에서 따라 결정)를 나타내는 것이 아니다.

탄소강의 경화능은 합금을 통해서 향상된다. 경화능에 가장 큰 영향을 주는 합금 원소들은 크롬, 망간, 몰리브덴, (니켈은 조금 적은 정도로)들이 있다. 이러한 합금 성분들은 TTT선도에서 오스테나이트-펄라이트 변태가 시작하기 전에 시간을 늘려주는 메커니즘으로 작용한다. 결과적으로 TTT곡선이 오른쪽으로 옮겨져서 담금질동안 담듬질 속도를 느리게 해준다. 그러므로 냉각궤적이 M_s 선으로 덜 급하게 가는 경로를 따라갈 수 있어서 TTT곡선의 코(nose)모양을 더 쉽게 피해갈 수 있다.

경화능을 측정하는 가장 일반적인 방법은 ***죠미니 끝-담금질 시험***(Jominy end-quench test)이다. 방법은 직경 25.4 mm 그리고 길이 102 mm의 표준시편을 오스테나이트 영역까지 가열한 후에, 그림 23.4(a)에 나타낸 것처럼 시편을 수직으로 고정시키고, 흐르는 냉수로 끝단을 담금질하는 방

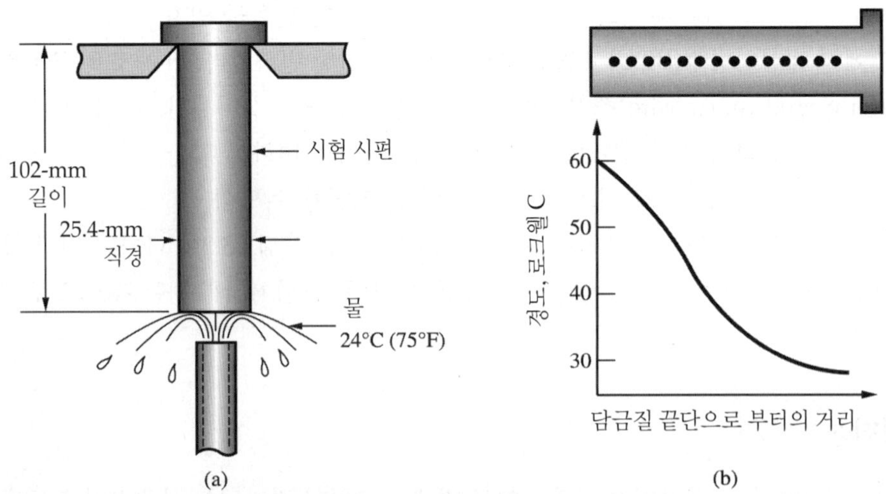

그림 23.4 죠미니 끝-담금질 시험(Jominy end-quench test). (a) 시편의 끝단을 담금질을 보여주는 시험의 준비, (b) 담금질 끝단으로부터 거리 함수로 표현되는 일반적인 경도 경향.

법이다. 담금질된 끝단으로부터 거리가 멀어질수록 시험편의 냉각속도는 감소한다. 경화능은 그림 23.4(b)와 같이 담금질 끝단으로부터 거리 함수로 시편의 경도를 표시하는 것이다.

23.3 석출경화

석출경화(precipitation hardening)는 조밀입자를 형성시켜(precipitate) 전위(dislocation)의 이동을 막아서 금속의 강도와 경도를 향상시키는 방법이다. 이 방법은 알루미늄, 구리, 마그네슘, 니켈의 합금들과 기타 비철금속들을 강화시키는 주요한 열처리방법이다. 석출경화는 또한 어떤 종류의 탄소강 합금을 강화하는데 사용될 수 있다. 강에 적용될 때 이 공정을 *마르에이징*(maraging; martensite와 aging의 축약어)이라 말하며, 강은 마르에이징강(maraging steel)이라 말한다(5.1.1절).

합금계가 석출경화법으로 강화될 수 있는지 결정하는 필요조건은 그림 23.5(a)에 나타낸 것처럼 상평형도에서 경사를 갖고 있는 고용한계선(solvus line)의 존재 여부이다. 석출경화가 가능한 조성은 상온에서 두 개의 상을 갖고 있으며, 어떤 온도로 가열되면 두 번째 상이 분해를 한다. 그림 23.5(a)에서 조성 C 위치에서 이런 조건을 만족한다. 석출경화법은 그림 23.5(b)에 나타낸 것처럼 3개의 단계로 구성된다. (1) 합금을 고용한계선 위 α상 지역의 온도 T_s로 가열하여 β상을 분해하기에 충분한 시간동안 유지시키는 용체화처리(solution treatment), (2) 과포화 고용체를 만들기 위한 상온까지의 담금질(quenching), (3) β상의 조밀입자를 석출하기 위해 T_s 아래의 온도 T_p까지 가열하는 석출처리(precipitation treatment)이다. 세 번째 단계를 시효(aging)라고도 부르는데, 이런 이유로 전체 석출경화 열처리방법을 시효경화(age hardening)라고도 말한다. 그러나 시효는 상온에서 일부 합금에서만 발생하므로 석출경화(precipitation hardening)이란 말이 설명한 3단계 열처리 공정의 이름으로 더 정확한 표현이다. 시효 단계가 상온에서 진행된다면 자연시효(natural aging)

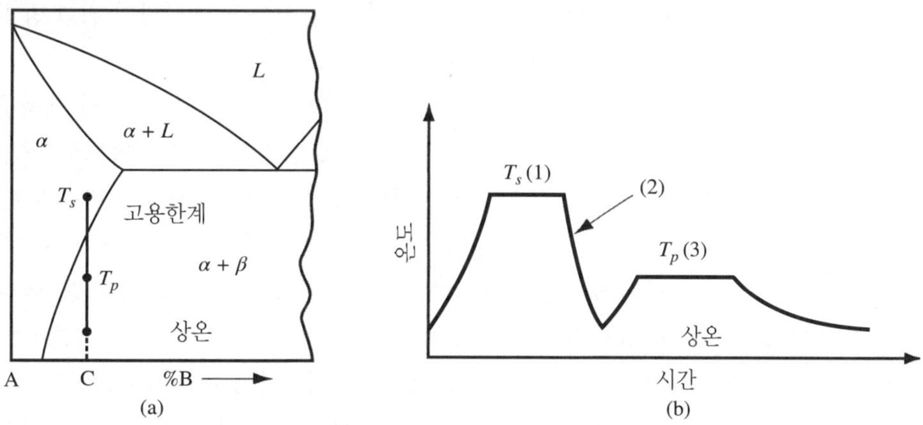

그림 23.5 석출경화. (a) 합금계가 석출경화될 수 있는 금속 A와 금속 B로 구성된 합금의 상태도, (b) 열처리로. (1) 용체화처리, (2) 담금질, (3) 석출경화.

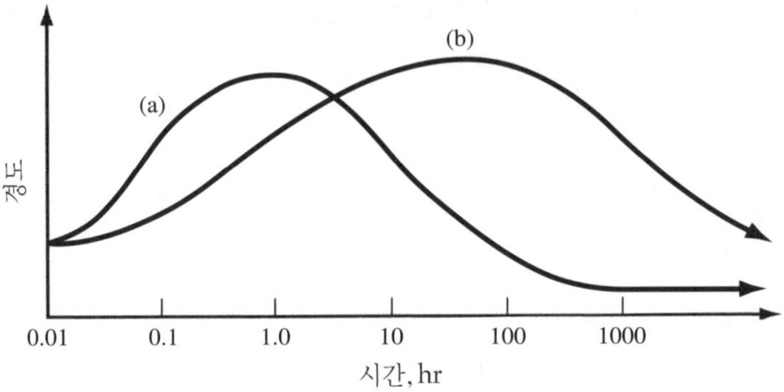

그림 23.6 석출처리(시효) 동안 온도와 시간의 효과. (a) 높은 석출온도, (b) 낮은 석출온도.

라 말한다. 상온보다 높은 온도에서 진행된다면 인공시효(artificial aging)라 말한다.

시효 단계 동안 높은 강도와 경도를 합금에서 얻을 수 있다. 석출처리(시효)동안 온도와 시간의 조합이 합금에서 요구되는 성질을 얻는 결정적인 조건이다. 그림 23.6(a)에서 높은 석출처리 온도는 비교적 짧은 시간안에 경도의 최고값을 얻게 되나, 반면에 23.6(b)처럼 낮은 석출처리 온도는 최대 경도값은 더 많은 시간이 지나서 얻어지게 된다. 그림에서 보는 것처럼, 시효공정의 계속진행은 경도와 강도 성질의 감소를 가져오는데, 이것을 과시효(overaging)라 한다. 전체적인 효과는 풀림(annealing)처리와 유사하다.

23.4 표면경화

표면경화(Surface hardening)는 탄소, 질소 혹은 기타 원소를 첨가함으로 제품 표면의 조성을 변화시켜 강의 열화학적 처리법에 관한 내용이다. 가장 일반적인 처리법은 침탄(carburizing), 질화(nitriding) 그리고 침탄질화(carbonitriding)법이다. 이런 공정들은 일반적으로 저탄소강 제품에 내부 중심부에는 인성을 유지하면서 외부 표면에 경도와 내마멸성을 증가시키기 위한 방법이다. 이 처리방법을 종종 케이스경화(case hardening)이란 용어가 사용된다.

침탄(Carburizing)은 가장 많이 사용되는 표면경화처리 방법으로, 저탄소강의 제품을 탄소가 풍부한 환경속에서 탄소가 제품 표면에 확산되도록 가열하는 방법이다. 결과적으로, 중심에 저탄소를 함유하는 것보다 높은 경도를 갖을 수 있도록 만들어 표면은 고탄소강으로 바뀌게 된다. 탄소가 풍부한 환경은 여러 가지 방법으로 만들 수 있다. 한가지 방법은 목탄이나 코크스와 같은 탄소를 많이 함유한 재료를 밀폐된 용기속에 제품들과 함께 넣어 두는 방법이다. 이 방법은 팩침탄(pack carburizing)으로 약 0.6 mm~4 mm 정도의 비교적 두꺼운 층을 만들 수 있다. 다른 방법으로는, 제품에 탄소를 확산시키는 밀폐된 노속에 프로판(C_3H_8)과 같은 탄화수소를 사용하는 가스침탄법(gas carburizing)이다. 또 다른 방법은 시안화나트륨(NaCN)과 염화바륨($BaCl_2$) 그리고 다른 방법으로, 강 속에 탄소를 확산할 수 있는 원소를 포함한 용융된 염 욕조에 담가두는 액체침탄법(liquid carburizing)이 있다. 이 공정에서 얻는 표면의 두께는 앞서 설명한 두 가지 방법의 중간 정도이다. 전형적인 침탄온도는 875°C~925°C(1148K~1198K) 정도로 오스테나이트 영역속이다.

담금질(quenching)처리 후에 침탄은 HRC 60 정도의 표면경도를 얻을 수 있다. 그러나 제품의 내부 영역은 저탄소강으로 구성되어, 제품의 경화능은 낮으며, 담금질의 영향을 받지 않고 충격과 피로응력을 견디기 위해 상대적으로 인성과 연성을 갖고 있다.

질화(Nitriding)은 얇고 단단한 표면을 얻기 위해 특수합금강 표면에 질소를 확산시키고 담금질(quenching)처리 없이 하는 방법이다. 이 방법으로 최대 효과를 얻기 위해서는 강에 알루미늄(0.85%~1.5%) 혹은 크롬(5% 이상)과 같은 원소들을 함유하고 있어야 한다. 이런 성분들이 강을 경화하는 도포재로 매우 조밀한 입자 형태로 석출되는 질소화합물을 형성한다. 질화방법에는 암모니아(NH_3) 혹은 다른 질소가 많은 가스 혼합물속에서 강 제품을 가열하는 가스질화(gas nitriding)와 용융 시안화염(cyanide salt) 속에 제품을 담그는 액체 질화(liquid nitriding) 방법이 있다. 두 방법 모두 약 500°C(773K) 근처에서 시행한다. 표면두께는 0.025 mm~0.5 mm로 낮고 경도는 HRC 70까지 얻을 수 있다.

명칭에서 암시하는 것처럼, ***침탄질화(carbonitriding)***은 강 표면에 탄소와 질소를 침투시키는 방법으로 탄소와 암모니아가 들어간 노속에서 가열하는 것이 일반적인 방법이다. 표면 두께는 보통 0.07 mm~0.5 mm 정도로 앞서 설명한 두 가지 방법의 결과와 비슷한 경도이다.

2개의 부가적인 표면경화처리는 크롬과 붕소를 확산시키는 것으로, 일반적으로 강 표면에 0.025 mm~0.05 mm 정도의 표면 두께를 형성하는 것이다. 크로마이징(chromizing)은 앞서 설명한 방법보다 더 높은 온도에서 더 오랜 시간동안 처리해야 하지만, 표면층은 경도와 내마멸성뿐만 아니라 내열성과 내부식성도 얻을 수 있다. 이 공정도 일반적으로 저탄소강에 적용한다. 크롬을 표면에 확산시키는 방법으로는 크롬 성분이 많은 분말이나 입자속에 강 제품을 넣어 두거나 크롬과 크롬염이 담긴 용융 염욕조에 넣어두거나 화학증착법(24.5.2절 참조)를 사용한다.

보로나이징(boronizing)은 일반 탄소강 이외에도 공구강, 니켈 코발트 합금, 주철에 대하여 적용할 수 있는데, 붕소를 포함하고 있는 분말, 염용액 혹은 가스를 사용한다. 이 공정으로 얇은 표면에 높은 내마멸성과 낮은 마찰계수를 얻을 수 있다. 어떤 경우는 HRC 70까지의 경도를 얻을 수 있다. 저탄소강이나 저합금강에 보로나이징을 하면 내부식성 또한 향상된다.

23.5 열처리 방법과 장비

대부분의 열처리 공정들은 가열로 속에서 행하여진다. 또한 다른 기술들은 제품 표면이나 제품 표면의 일부분에 선택적으로 가열하여 사용할 수도 있다. 이 절에서 언급되는 장비들로 다음과 같이 열처리 이외의 다른 공정에도 사용되고 있다. 이들 장비가 주조에서 금속을 용융하는데(8.4.1절 참조), 온간 그리고 열간가공에서 가열로(14.3절 참조), 경납(brazing), 연납(soldering) 그리고 접착 경화(26장 참조)와 반도체 공정(29장 참조)이다.

23.5.1 열처리로

열처리로는 가열 기술, 크기 그리고 용량, 구성과 공기 제어에서 다양하게 변화한다. 가열로는 복사, 대류, 전도의 혼합에 의하여 제품을 가열한다. 가열기술은 연소가열(fuel-fired heating)과 전기가열(electric heating)로 나눌 수 있다. 연소가열로는 보통 직접연소로(direct-fired)라고도 하는데 이 방법은 제품이 연소 물질에 직접 노출되는 것이다. 연료는 (천연가스와 프로판 같은) 가스와 경유와 중유와 같이 분무될 수 있는 오일이 사용된다. 연소물질의 화학적 성질은 제품 표면의 산화(oxide formation)를 최소화하는 방향으로 연료-공기 혹은 연료-산소 혼합비를 조절해서 제어한다. 전기로(electric furnace)는 전기저항으로 가열된다. 전기로는 깨끗하고, 조용하며 균일한 열을 공급하나, 구입과 작동비용이 높다.

일반적인 가열로는 열손실을 막고 처리할 제품의 크기에 맞도록 밀폐형으로 설계되어진다. 가열로는 뱃치로와 연속로로 분류된다. 벳치로(batch furnace)는 기본적으로 열시스템이 단열 챔버로 구성되는 단순형태이다. 연속로(continuous furnace)는 일반적으로 높은 생산율을 위해 사용되며 제품이 가열 챔버 안쪽으로 이동하는 방법이 제공되어진다.

표면경화처리 방법들 중에는, 특별한 환경이 열처리공정에서 필요하다. 이런 환경들에는 제품 표면에 확산이 잘 이루어지도록 탄소나 질소가 많은 분위기가 있다. 일반적인 열처리 작업에서는 과도한 산화와 탈탄을 피하기 위한 열처리 환경을 제어하는게 바람직하다.

그 밖의 열처리로는 염욕조(salt bath)와 유동성베드(fluidized bed) 형태가 있다. 염욕조로(salt bed furnace)는 염화물과/혹은 질화물이 용해된 염을 포함하는 통으로 되어 있으며, 처리해야할 제품들은 용융된 물질속에 침전되어 있다. 유동성베드로(fluidized bed furnace)는 작은 불활성 입자들이 고속으로 흐르는 고온 가스에 의해 유동하는 통을 갖고 있으며, 적절한 조건하에서 입자들의 전체적인 거동이 유체와 같으므로, 입자 베드에 잠긴 제품들은 신속하게 가열된다.

23.5.2 선택적 표면경화방법

이 방법들은 제품의 표면전체 혹은 제품 표면 국부적으로 가열하는 것이다. 이 방법들은 화학적 변화가 일어나지 않는다는 점에서 표면경화방법과 다르다. 여기서 처리법은 단지 열을 사용한다.

화염경화법(flame hardening)은 하나 혹은 그 이상의 토치로 제품 표면을 가열하고 이어서 빠르게 담금질(quenching)하는 방법이다. 이 방법은 경화공정으로, 탄소강, 합금강, 공구강 그리고 주철에 적용할 수 있다. 아세틸렌(C_2H_2), 프로판(C_3H_8) 그 밖의 가스가 연료로 사용된다. 이 방법은 온도제어, 화염에 대한 제품의 위치를 조정하는 치구, 정밀한 사이클 시간을 조절하는 인덱싱 기구, 전체적인 열처리를 정밀하게 제어할 수 있는 모든 것들로 구성된다. 이 방법은 빠르고, 노의 용량을 초과하는 큰 기어와 같은 대형 부품들뿐만 아니라 대량생산도 가능한 다양성이 있다.

유도가열법(induction heating)은 전기도체 제품에 유도코일에 의해 공급되는 전자기학적인 유도에너지를 이용하는 방법이다. 유도가열법은 경납(brazing), 연납(soldering), 접착제 결합과 다양한 열처리와 같은 공정으로 산업현장에서 많이 사용되는 방법이다. 강을 경화시키는데 사용한다면,

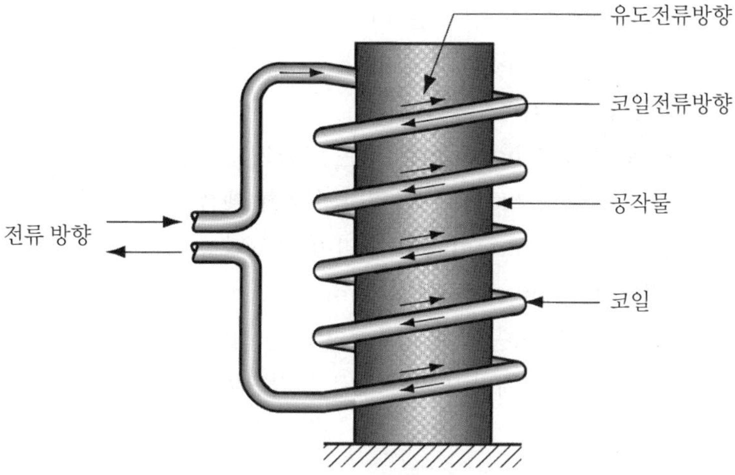

그림 23.7 일반적인 유도가열법 장치, 코일 안의 고주파 교류가 제품을 가열하기 위해 전류를 유도.

가열 후에 담금질처리를 한다. 유도가열법의 일반적인 장치를 그림 23.7에 나타내었다. 유도코일에 고주파 교류가 흐르면 공작물 주변에 유도전류가 생겨 열을 발생시킨다. 이 공정으로 제품의 표면, 표면의 일부분 혹은 내부를 포함한 제품 전체를 가열할 수 있다. 유도가열법은 전기전도체 제품 가열에 빠르고 효과적인 방법이다. 가열 사이클 시간이 짧기 때문에 대량과 중량생산에 적합하다.

고주파저항가열법(high-ferquency(HF) resistance heating)은 고주파(일반적으로 400kHz)의 국부적인 저항열로 강 제품의 특정 부분만 경화하는데 사용하는 방법이다. 고주파저항가열법의 일반적인 장치를 그림 23.8에 나타내었다. 이장치는 가열할 부분에 위치하는 수냉식 근접 도체로 구성된다. 접촉점은 제품 바깥쪽 모서리에 부착된다. 고주파 전류가 흐르면 근접 도체 아래 부분이 빠르게 고온으로, 일반적으로 오스테나이트 영역까지 1초 이내로 가열된다. 전원을 끊으면 좁은 선 형태의 가열영역에서 열이 제품주위로 전달되어 결과적으로 담금질 효과를 나타낸다. 가열된 영역의 깊이는 약 0.63 mm이고, 경도는 강소재의 탄소함유량에 따라 달라지는데 60 Hz까지 가능하다[11].

전자빔가열법(electron beam(EB) heating)은 전자빔을 작은 영역에 초점을 맞춰 빠르게 열을 증가시켜 강의 국부적으로 표면 경화를 시키는 방법이다. 오스테나이타이징 온도까지 가열하는데 일반적으로 1초 이내에 도달할 수 있다. 직접적인 빔이 제거되면, 가열된 영역은 금속 주변의 비가

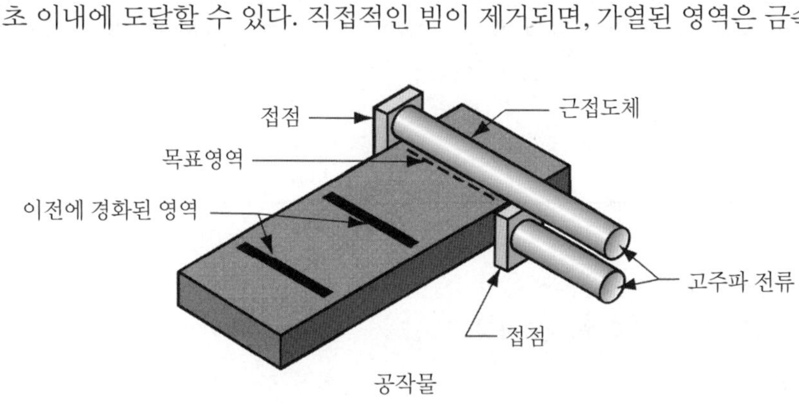

그림 23.8 일반적인 고주파가열법 장치.

열 부분으로 열이 전달되어 즉각적으로 담금질효과로 경화된다. 전자빔가열법의 단점은 공정이 진공에서 진행될 때 최적의 결과가 얻어진다는 점이다. 특별한 진공챔버가 필요하고, 진공을 없애는 데 시간이 소비되므로 생산성이 느리다.

레이저빔가열법(laser beam(LB) heating)은 작은 영역에 초점을 맞춰 직진성의 고밀도 빔을 사용한다. 이 빔은 오스테나이트 영역으로 강을 가열하기 위해 제품 표면에 미리 정해진 경로를 따라 움직인다. 빔이 없어지면 주변 금속으로 급속하게 열이 전도되어 빠른 다듬질효과가 나타난다. 레이저(laser)는 light amplification by stimulated emmision of radiation의 축약어다. 레이저빔가열에서는 최고의 결과를 얻기 위해 진공을 필요하지 않다는 점에서 전자빔가공과 비교하여 장점이 있다. 레이저빔가열과 전자빔가열의 에너지 밀도 수준은 절단이나 용접공정보다 낮다.

참고문헌 *REFERENCES*

[1] *ASM Handbook*. Vol. 4: *Heat Treating*. ASM International, Materials Park, Ohio, 1991.

[2] Babu, S. S., and Totten, G. E. *Steel Heat Treatment Handbook*. 2nd ed. CRC Taylor & Francis, Boca Raton, Florida, 2006.

[3] Brick, R. M., Pense, A. W., and Gordon, R. B. *Structure and Properties of Engineering Materials*. 4th ed. McGraw-Hill, New York, 1977.

[4] Chandler, H. (ed.). *Heat Treater's Guide: Practices and Procedures for Irons and Steels*. ASM International, Materials Park, Ohio, 1995.

[5] Chandler, H. (ed.). *Heat Treater's Guide: Practices and Procedures for Nonferrous Alloys*. ASM International, Materials Park, Ohio, 1996.

[6] Dossett, J. L., and Boyer, H. E. *Practical Heat Treating*. 2nd ed. ASM International, Materials Park, Ohio, 2006.

[7] Flinn, R. A., and Trojan, P. K. *Engineering Materials and Their Applications*. 5th ed. John Wiley & Sons, New York, 1995.

[8] Guy, A. G., and Hren, J. J. *Elements of Physical Metallurgy*. 3rd ed. Addison-Wesley, Reading, Massachusetts, 1974.

[9] Ostwald, P. F., and Munoz, J. *Manufacturing Processes and Systems*. 9th ed. John Wiley & Sons, New York, 1997.

[10] Vaccari, J. A. "Fundamentals of Heat Treating." Special Report 737, *American Machinist*, September 1981, pp. 185–200.

[11] Wick, C., and Veilleux, R. F. (eds.). *Tool and Manufacturing Engineers Handbook*. 4th ed. Vol. 3: *Materials, Finishing, and Coating*. Section 2: Heat Treatment. Society of Manufacturing Engineers, Dearborn, Michigan, 1985.

복습문제 *REVIEW QUESTIONS*

서론

23.1 열처리를 정의하라.

23.2 가장 일반적인 열처리 원칙을 나열하라.

풀림(Annealing)

23.3 풀림과정을 정의하고 설명하라.

23.4 재결정이란 용어는 무엇을 의미하나?

23.5 응력제거풀림(stress relied annealing)과 회복풀림(recovery annealing)의 차이점은 무엇인가?

탄소강의 열처리

23.6 마르텐사이트 형성을 위한 두 가지 열처리 단계는 무엇인가?

23.7 퍼얼라이트(pearlite)는 무엇인가?

23.8 베이나이트(bainite)는 무엇인가?

23.9 마르텐사이트(martensite)는 무엇인가?

23.10 물과 공기 이외에 탄소강을 담금질해서 마르텐사이트 조직을 얻게 하는 두 가지 매체는 무엇인가?

23.11 뜨임열처리는 어떤 기능을 제공하나?

23.12 어떤 성질이 죠미니끝 담금질 시험으로 얻어지나?

23.13 경화능이 탄소강이 TTT곡선에 영향을 어떻게 주나?

석출경화

23.14 석출경화(precipitation hardening)를 정의하라.

23.15 석출경화에서 자연시효(natural aging)과 인공시효(artificial aging)의 차이점은 무엇인가?

23.16 석출경화할 수 있는 탄소강은 어떤 것들인가?

표면경화

23.17 침탄은 어떻게 하나?

23.18 침탄질화는 무엇인가?

열처리 방법

23.19 전기로와 별도로 열처리에서 사용되는 노에는 어떤 것들이 있는가?

23.16 선택적 표면경화방법을 정의하라.

CHAPTER 24

표면처리공정

24.1 산업 청정 공정
24.1.1 화학적 청정법
24.1.2 기계적 청정법과 표면처리법
24.2 확산법과 이온주입법
24.2.1 확산법
24.2.2 이온주입법
24.3 도금과 관련된 공정들
24.3.1 전기도금
24.3.2 전해성형
24.3.3 무전해도금
24.3.4 고온딥핑
24.4 변환코팅
24.4.1 화학적 변환코팅
24.4.2 에노다이징
24.5 증착공정
24.5.1 물리증착법(PVD)
24.5.2 화학증착법(CVD)
24.6 유기코팅
24.6.1 적용 방법
24.6.2 분말코팅
24.7 법랑에나멜링과 기타 세라믹 코팅
24.8 열적 그리고 기계적 코팅 공정
24.8.1 열적 표면처리 공정
24.8.2 기계적 도금

이 장에서 논의하는 공정들은 부품과/혹은 제품들의 표면에 적용되는 것이다. 표면처리공정의 주요 범위는 (1) 청정(cleaning)과 (2) 표면처리(surface treatment) (3) 코팅(coating)과 박막 증착(thin film deposition)에 대하여 설명한다. 청정은 이전 공정이나 공장환경에서 발생하는 흙이나 오염물을 제거하는 산업적 청정공정을 의미한다. 이 공정에는 화학적 청정과 기계적 청정방법들이 포함된다. 표면처리는 부품 표면을 변화시키는 기계적 그리고 물리적 공정이며, 화학적 물리적 특성들을 변화시키기위해 원자의 함침시키는 방법을 사용한다.

코팅과 박막증착은 표면에 물질층에 적용되는 다양한 공정들을 포함한다. 금속으로 만든 제품들은 거의 항상 전기도금(예, 크롬도금), 페인팅 혹은 다른 공정들이 적용된다. 금속코팅의 주요 이유는 (1) 부식 방지, (2) 제품 모습의 강화 (예를 들어, 특정 색상과 질감 제공), (3) 내마멸성 증가, 그리고/혹은 (4) 전기전도도 증가, (5) 전기저항 증가, (6) 후속 가공을 위해 금속 표면의 준비, (7) 마멸되거나 침식된 표면의 회복에 있다. 비금속소재도 종종 코팅되어진다. 예를 들어, (1) 금속외관 형태를 주는 코팅된 플라스틱 부품, (2) 광학 유리 렌즈에 반사방지 코팅, (3) 반도체 칩(29장)과 회로기판(30장)에 적용되는 특정코팅과 증착공정들이다. 모든 경우에, 양호한 접착은 코팅과 소재 기질 사이에서 달성되어야 하며, 이렇게 하려면 기판 표면이 매우 깨끗해야 한다.

24.1 산업 청정 공정

대부분의 제작 제품은 여러 공정 단계에서 한번 혹은 그 이상 청정작업을 거쳐야 한다. 화학적 혹은 기계적인 공정이 이런 청정 작업을 위해서 적용될 수 있다. 화학적 청정법은 기름과 먼지 같은 불요한 물질을 공작물 표면으로부터 제거하기 위해 화학약품을 사용하고 있다. 기계적 청정법은 여러종류의 기계적 공정을 통해 이물질을 제거하는 공정이다. 추가적으로 버 제거, 평활도 향상, 광택증가 등의 기능을 향상시킬 수 있다.

24.1.1 화학적 청정법

공작물의 표면에 각종 종류의 막, 기름, 먼지 및 기타 오염물들이 덮여 있다. 이들 물질의 일부는 유익하게 작용할 수도 있지만 (예를 들어 알루미늄 산화막), 일반적으로 이물질을 표면으로부터 제거하는게 바람직하다. 이 절에서는 청정법에 관련된 일반적인 내용들을 설명하고 그리고 산업용으로 중요한 화학적 청정공정에 대하여 설명한다.

제조되는 부품, 즉 제조품은 청정공정을 거쳐야하는 중요한 이유는 (1) 차후의 공정(예를 들어 코팅, 접착제 접합)을 위한 표면 상태의 준비 (2) 작업자와 고객의 위생조건 개선 (3) 표면과 화학적으로 반응할지 모르는 오염물질의 제거, (4) 제품의 외관성과 성능향상 등을 들 수 있다.

청정법의 일반적인 고려사항

모든 청정작업에 적용되는 유일한 청정법은 존재하지 않는다. 다양한 집안일(세탁, 설거지, 욕조청소 등)에 비누와 세제가 각각 다른 것처럼. 산업현장에서 발생하는 다양한 청정문제 또한 여러 가지 청정법을 사용해야 한다. 청정법을 선택하는 중요한 기준은 (1) 제거할 오염물질, (2) 요구되는 청정도 수준, (3) 청정법이 적용될 제품의 특성, (4) 청정의 목적, (5) 환경 및 안전문제, (6) 제품의 크기와 형상, (7) 생산과 비용의 요구조건 등이다.

이전 공정이나 공장환경 등으로 여러 가지 오염물질이 제품 표면에 놓일 수 있다. 최적의 청정방법을 선택하기 위해 청정의 대상을 우선 파악해야 한다. 공장에서 발견되는 표면 오염물질은 다음과 같이 분류될 수 있다. (1) 금속가공시 윤활유로 사용되는 기름과 그리스(greese), (2) 금속칩, 연마입자, 현장오물, 먼지 등과 같은 고체, (3) 버핑 또는 폴리싱 화합물, (4) 산화막, 녹, 산화물 조각.

청정도 수준은 주어진 청정 작업을 수행한 후 남는 오염물의 양을 의미한다. 예를 들어 페인트, 금속막 같은 코팅 혹은 접착을 하는 제품은 매우 깨끗하게 준비되어 있어야한다. 깨끗하게 준비되어 있지 않으면 코팅된 재료의 접착상태가 불안정한 상태가 된다. 다른 경우로는 청정 공정에서 제품 표면에 있는 오염물질을 괜찮은 다른 물질로 대체하는게 효과적이다. 청정도 수준을 정량적으로 평가하기가 쉽지 않다. 간단한 측정방법으로는 와이핑(wiping) 방법인데, 표면을 깨끗한 흰 천으로 닦은 후 천에 흡수된 얼룩의 양을 관찰하는 방법이다. 비록 정량적인 방법은 아니지만, 사용하기에 편리한 방법이다.

제품 재료도 청정방법을 선택하는데 반드시 고려해야 한다. 이것은 청정용 화학물질에 의한 손상이 일어나는 반응을 막을 수 있기 때문이다. 몇 가지 예를 들면 알루미늄은 대부분의 산과 알칼리에 용해되고, 마그네슘은 많은 산에, 구리는 산화물 산(예를 들어 질산)에 약하며, 강은 알칼리에 강하나 거의 모든 산에 반응을 한다.

일부 청정 방법은 페인트용 표면으로 사용하기에 적절하나, 반면에 다른 방법들은 도금을 하기에 더 좋을 수 있다. 산업적 공정들은 환경보호와 작업자 안전이 점점 중요해지고 있다. 오염을 일으키거나 건강을 위협하는 것을 피할 수 있는 청정법과 이에 관련된 화합물질을 선택해서 사용해야 한다.

화학적 청정 공정들

화학적 청정법은 표면으로부터 오염물질을 제거할 수 있는 다양한 종류의 화학약품들을 사용한다. 주요한 화학적 청정 공정에는 (1) 알칼리청정, (2) 유제청정, (3) 용제청정, (4) 산청정, (5) 초음파청정 등이 있다. 어떤 경우에는 다른 에너지 유형에 의해서 화학반응이 촉진 되기도 한다. 예를 들어 초음파청정은 화학적 청정과 결합된 기계적 방법으로 고주파 진동을 사용한다. 최근의 기술들은 (1) 보다 효과적인 청정작업을 위해 더 높은 유체압력을 사용하거나, (2) 분사유량을 모니터링거나 막힌 노즐과 필터를 측정하기 위해 첨단 센서를 사용하거나, (3) 청정동안 산업용 로봇을 사용해서 분사 노즐을 정확하게 지시를 하는 쪽으로 발전하였다[7].

알칼리청정(alkaline cleaning)은 산업용 청정 방법으로 가장 많이 사용되는 방법이다. 알칼리청정은 금속표면으로부터 기름, 그리스, 왁스 등 다양한 유형의 입자들인 금속칩 실리카, 탄소, 산소물 조각들을 제거하기 위해 알칼리 용액을 사용한다. 알칼리성 청정 용액으로는 수산화나트륨(NaOH), 수산화칼륨(KOH), 탄산나트륨(Na_2CO_3), 붕사($Na_2B_4O_7$), 인산나트륨, 인산칼륨, 규산나트륨, 규산칼륨 등의 저가의 수용성 알칼리염과 분산제 그리고 계면활성제가 물에 섞인 것으로 사용된다. 청정 방법으로는 보통 50°C~95°C의 온도에서 용액속에 넣거나 분무로 사용한다. 알칼리성 용액 처리 후에 물로 씻어내어 남아있는 알칼리 성분을 제거한다. 알칼리성 용액으로 세척한 금속 표면은 전형적으로 도금을 하거나 변환코팅을 한다.

전해청정(eletrolytic cleaning) 혹은 전기청정(elelctro-cleaning)은 알칼리성 청정용액에 3 V~12 V의 직류전압으로 수행하는 공정이다. 전해작용이 제품 표면에 거품을 발생시키며, 이것이 강력한 오염막을 제거하는데 도와주는 세척작용 역할을 한다.

유제청정(emulsion cleaning)은 물에 탄 유기용제(기름)을 사용하는 청정법이다. 적절한 비누와 같은 유화제 사용은 물속의 기름인, 2상의 청정액을 만들고, 이것이 제품표면의 오염물질을 분해하거나 유화시키는 작용을 한다. 이 공정은 금속과 비금속 모두 적용할 수 있다. 도금전에 유기용제의 잔여물을 완전히 제거하기 위해 유제청정 후속공정으로 알칼리성 청정공정을 사용해야 한다.

용제청정(solvent cleaning)은 화학약품을 사용해서 금속표면으로부터 기름과 그리스 같은 유기 오염물질을 분해하여 제거하는 방법이다. 일반적인 방법으로는 손세척, 용액에 담그거나 분무 혹은 증기기름 제거방법이 있다. 증기기름 제거방법은 뜨거운 증기의 용제를 사용하여 제품 표면의 기름과 그리스를 용해 제거하는 방법이다. 일반적으로 사용되는 용제로는 삼염화에틸렌(C_2HCl_3),

염화메틸렌(CH_2Cl_2), 퍼클로로에틸렌(C_2Cl_4)와 이들중 상대적으로 끓는 점이 낮은 것들을 포함한다.[1] 증기기름 제거방법은 뜨거운 증기를 만들기 위해 액체 용제를 용기안에 넣고 끓는점 이상으로 가열한다. 청정될 부품들을 증기속으로 집어넣어 오염물을 용해시켜 용기바닥으로 떨어뜨리고, 상대적으로 차가운 제품표면은 응축되어진다. 용기의 꼭대기 근처에는 응축코일이 용기 내에서 대기중으로 어떤 증기도 빠져나가지 못하도록 막아준다. 이것은 매우 중요한 것으로, 이러한 용제들이 '1992 Clean Air Act[11]'의 조건에 따라 해로운 공기 오염 물질로 분류되었기 때문이다.

산청정(acid cleaning)은 용액속에 담그거나, 분무, 브러싱, 와이핑 등으로 금속표면의 기름과 산화물을 제거하는 방법이다. 이 공정은 상온 혹은 상승된 온도에서 수행한다. 일반적인 세척액은 산용액에 수용성 용제와 유화제를 섞어서 만든다. 염산(HCl), 질산(HNO_3), 인산(H_3PO_4), 황산(H_2SO_4) 등을 사용하며, 모재금속과 청정하는 목적에 따라 사용하는 산을 선택한다. 예를 들어 인산은 금속표면에 얇은 인산염막을 만들어 페인트 칠이 잘 되도록 한다. ***산피클링(acid pickling)***은 청정 공정과 매우 밀접한 관계가 있는 방법이며, 두꺼운 산화물, 녹, 산화물 조각물을 제거할 수 있는 강력한 방법이다. 일반적으로 산피클링은 금속표면에 부식을 발생시켜 유기페인트의 접착력을 향상시킨다.

초음파 청정(ultrasonic cleaning)은 화학적인 청정법과 세척액의 기계적은 혼합에 의해 결합하여 표면 오염물을 제거할 수 있는 효과적인 방법이다. 청정액으로 일반적인 알칼리성 세제를 함유하는 수액을 사용한다. 저압 공기방울이나 공동을 형성하는 케비테이션(cavitation)을 충분히 발생시킬 수 있는 고주파 진동에 의해 기계적인 혼합이 이루어진다. 진동파에 의해 액체속에 주어진 점들을 지나면, 저압영역 뒤에 공기방울을 터뜨릴 수 있는 고압영역이 존재하며, 결과적으로 공작물 표면에 붙어있는 오염입자를 뚫을 수 있는 충격파를 생성한다. 이러한 케비테이션과 내파의 빠른 사이클이 액체 매질 전체에 걸쳐 발생하게 된다. 그러므로, 초음파 청정은 복잡한 외형, 혹은 내부형상을 갖고있는 부품에 효과적으로 사용할 수 있다. 공정은 20 kHz~45 kHz의 주파수에서 사용하며, 청정액은 전형적으로 온도를 65℃~85℃까지 올려 사용한다.

24.1.2 기계적 청정법과 표면처리

기계적 청정법은 연마입자의 운동이나 이와 유사한 기계적 동작에 의해서 오염물, 산화물조각 혹은 막을 제조품 표면에서 물리적으로 제거하는 방법이다. 기계적 청정법으로 사용되는 공정들은 버제거와 표면의 마무리 개선과 같은 부가적인 기능을 줄 수 있다.

블레스트 다듬질과 숏피닝

블레스트 다듬질은 입자형 매질의 고속 충돌을 이용하여 표면을 청정하게 하고 다듬질하는 방법이다. 이 방법중 널리 알려진 방법이 모래를 블레스팅 재질로 사용하는 ***샌드블레스팅(sand blasting)***이다. 그 밖에 산화알루미늄(Al_2O_3)이나 탄화규소(SiC)와 같이 단단한 연마재와 나일론 구슬이나

1) 세 가지 용제의 가장 높은 끓는점은 C_2Cl_4의 121 ℃이다.

분쇄된 견과의 껍질과 같이 연한 재질을 사용할 수 있다. 입자의 재질은 압축공기나 원심력에 의해서 목표 피삭재 표면에 투사된다. 어떤 공정의 경우에는 물과 함께 슬러리 속으로 미세입자가 압력으로 표면에 투사되는 습식방법도 사용할 수 있다.

숏피닝(shot peening)은 숏(shot)이라 부르는 작은 주강 알맹이들을 금속 표면에 직접 고속으로 분사해서 냉간가공의 효과를 얻고 또한 표면층에 압축응력을 발생시키는 공정이다. 숏피닝은 금속 부품의 피로강도를 향상시키는데도 사용한다. 그러므로 표면 청정이 작업의 부산물로 수행되지만 주목적이 블레스트 다듬질과 차이가 있다.

텀블링과 대량 다듬질법들

텀블링과 진동다듬질과 이와 유사한 다듬질 공정들은 대량 다듬질법이라 그룹으로 말한다 대량 다듬질(mass finishing)이란 한꺼번에 많은 제품들을 연마재와 함께 용기속에 넣고 혼합해서 다듬질하는 방법이다. 혼합과정을 통해 제품들이 연마재와 다른 제품들과 서로 문지르는 작용을 하여 원하는 다듬질 공정이 진행된다. 대량다듬질 방법에는 디버링(deburring), 스케일제거, 플래쉬제거, 폴리싱, 라운딩, 광택 그리고 청정 등을 위해서 사용된다. 스탬핑제품, 주물, 단조품, 압출품, 그리고 절삭가공품 등이 대량다듬질법으로 할 수 있다. 플라스틱 제품과 세라믹 제품들도 원하는 다듬질 효과를 얻기 위해 대량다듬질법이 사용될 수 있다. 하나하나씩 다듬질하기에는 비경제적이므로 보통 작은 편의 제품을 대량다듬질을 사용한다.

대량 다듬질 공정에는 텀블링, 진동다듬질과 같이 원심력을 이용하는 방법들이 있다. ***텀블링(tumbling)***[배럴다듬질(barrel finishing)]은 6각형이나 8각형 단면을 갖고 중심축이 수평으로 놓인 배럴을 10 rpm~50 rpm 속도로 회전시켜 배럴 속에 있는 부품들이 서로 혼합하여 다듬질하는 공정이다. 배럴 회전에 따라 매질과 부품이 심하게 미끄러져 내려오는 동작에 의해 다듬질가공이 진행된다. 그림 24.1에 나타낸 것처럼, 회전에 따라서 배럴 속의 제품들이 위로 올라갔다가 중력에 의해 아래로 떨어지는 텀블링작용으로 작동한다. 위아래로 올랐다가 내려가는 것을 사이클로 반복하게 되는데, 오랜 시간이 경과함에 따라 제품들은 균일하게 다듬질되어 진다. 그러나 어느 한 순간에는 최상층의 제품만이 다듬질되어지기 때문에 배럴다듬질공정은 다른 대량다듬질공정보다 상대적으로 느린 공정이다. 텀블링공정을 완전히 끝나는데 수시간씩 걸릴 수도 있다. 소음이 크다는 것과

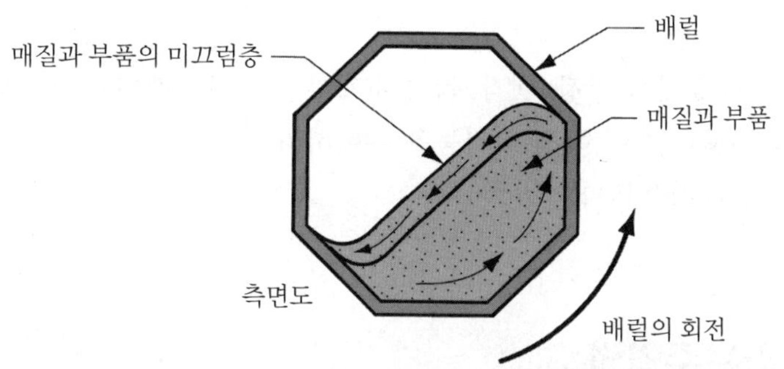

그림 24.1 제품을 다듬질하기 위해 제품과 연마재가 미끄러지는 공정을 보여주는 텀블링(배럴다듬질) 모형도.

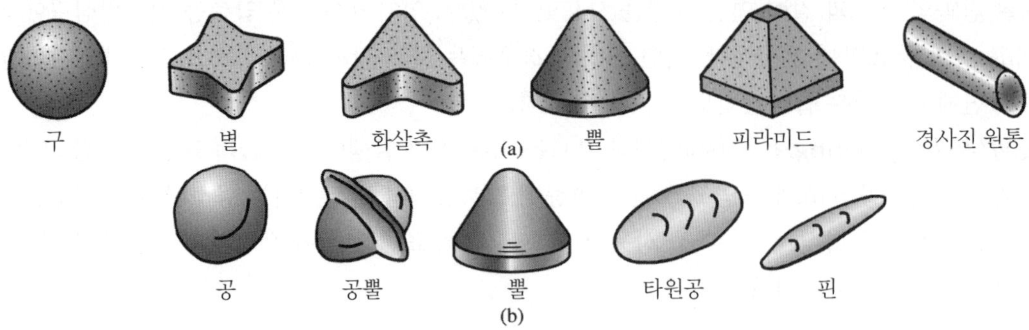

그림 24.2 대량다듬질 공정에서 사용되는 전형적인 매질 형상. (a) 다듬질을 위한 연마매질, (b) 버니싱에 사용되는 강매질.

필요한 공간이 넓어야 한다는 단점들이 있다.

진동다듬질(vibratory finishing)은 1950년대 후반에 텀블링다듬질공정을 대체할 방법으로 개발되었다. 진동하는 용기가 그 속의 모든 부품들을 연마재와 함께 진동을 시킨다는 점이 맨 위층만 다듬질되는 배럴다듬질공정과 다른 점이다. 그러므로 진동다듬질공정을 사용하면 공정시간이 많이 줄어든다. 개방된 용기를 사용하기 때문에 공정시간동안 제품을 검사하기 쉽고 소음도 줄일 수 있다.

대량 다듬질에 사용되는 대부분의 매질(media)은 연마재이지만, 광택작업과 표면경화와 같은 연마 이외의 작업도 수행하기도 한다. 매질은 천연매질과 합성매질로 나눌수 있다. 천연매질로는 강옥, 화강암, 석회석과 일부 견목 등이 있다. 천연매질은 일반적으로 너무 연질이라 빨리 마멸된다는 점과 크기가 균일하지 않아서 서로 막힐 수 있다는 단점이 있다. 반면에 합성매질은 크기와 경도면에서 훨씬 큰 일관성을 갖는다. 대표적인 합성매질 재료는 산화알루미늄(Al_2O_3)와 탄화규소(SiC)인데, 폴리에스터 수지와 같은 결합재를 섞어 원하는 형상과 크기로 압축한다. 이러한 매빌의 형상은 그림 24.2(a)에 나타낸 것처럼 구, 뿔, 경사진 원통과 여러 모양의 규칙적인 입체 형상으로 사용한다. 그림 24.2(b)에 나타낸 형상을 가진 강 종류를 대량다듬질공정 매질로 사용할 수 있는데, 주로 광택작업, 표면경화 그리고 가벼운 버제거 등을 위해 사용한다. 이러한 형상들의 매질은 다양한 크기로 만들어 사용하며, 매질을 선택할 때는 다듬질 요건뿐만 아니라 제품의 크기와 형상도 함께 고려해야 한다.

대부분의 대량다듬질 공정에서 청정, 냉각, 녹방지(강부품과 강매질의 경우), 부품의 명암과 색상의 조절(버니싱의 경우)등과 같이 특정한 기능을 수행하기 위해 화학약품들의 조합인 컴파운드(compound)가 매질과 함께 사용된다.

24.2 확산법과 이온주입법

이절에서는 부품 표면 속에 투입하여 화학적 성질과 물성을 변화시킬 수 있는 두 가지 공정에 대하여 설명한다. 반도체공정에서는 이 공정을 도핑(dopping)이라 부른다.

24.2.1 확산법

확산법은 부품 속애 다른 소재의 원자를 확산시켜 재료의 표면층을 변화시키는 공정이다(4.3절). 확산공정은 부품 표면층에 외부 원소를 침투시키는 공정이지만, 표면은 여전히 기질 재료를 상당한 부분 포함하고 있다. 확산된 표면의 특성은 확산된 물질의 비용이 표면에서 최대비율을 차지하고 있으며, 표면 아래로 내려갈수록 급격하게 비율이 감소되는 것을 알 수 있다. 확산공정은 금속분야와 반도체공정에서 중요하게 사용된다.

금속분야에서 확산은 많은 공정들과 처리법에서 금속의 표면 화학성분을 변화시키기 위해 사용된다. 중요한 응용방법으로는 침탄법(carburizing), 질화법(nitriding), 침탄질화법(carbonitriding), 크로마이징(chromizing), 붕화법(boronizing)(23.4절) 등을 이용한 표면경화방법들이다. 표면경화 방법에서는 하나 혹은 그 이상의 원소들(탄소와/혹은 니켈, 크롬 혹은 붕소)등을 철이나 강 표면에 확산이 된다.

내식성 또는 고온에서 내산화성이 중요한 목적이 되는 확산 공정도 있다. 알루미나이징, 실리코나이징 등이 그 중요한 방법이다. 알루미나이징(aluminizing)은 케롤라이징(calorizing)이라 말하기도 하는데, 탄소강, 합금강, 니켈과 코발트합금에 알루미늄을 확산시키는 방법이다. 이 방법은 다음의 두 가지 중 한 가지 방법에 의해 수행된다. (1) 제품을 알루미늄 분말과 함께 용기에 밀봉하여 고온으로 구워 확산층을 만드는 팩 확산법(pack diffusion)과 (2) 제품을 알루미늄 분말과 결합재의 혼합용액 속에 담그거나 혼합용액을 분무한 후 건조해서 굽는 슬러리법(slurry method)이 있다. ***실리코나이징(siliconizing)***은 우수한 내식성, 내마멸성 그리고 보통의 내열성을 갖도록 하기 위해 강제품 표면에 실리콘을 확산시키는 방법이다. 이 방법은 사염화규소($SiCl_4$) 증기를 함유하는 분위기 속에서 탄화규소 분말과 제품을 함께 가열하는 방법이다. 그러나 실리코나이징방법은 알루미나이징보다 덜 사용하고 있다.

반도체 공정(29장)에서 트랜지스터나 다이오드와 같은 전자부품 소자를 생산하기 위해서는 표면에 전기적인 물성변화를 줄 수 있는 방법으로 실리콘 칩 표면에 불순물 원자를 확산시키는 방법이 사용된다.

24.2.2 이온주입법

이온주입법은 확산에서 요구되는 높은 온도 때문에 확산이 가능하지 않은 경우 대체방법으로 사용될 수 있다. 이온주입의 공정은 하나 혹은 그 이상의 다른 물질 원자를 소재 표면에 주입하는 방법으로, 이때 이온화된 입자들의 고에너지 빔을 사용한다. 이온주입방법에 의해서 표면층에 화학적, 물리적 물성을 변화시키게 된다. 원자의 주입으로 확산법보다 훨씬 더 얇은 변환층을 얻을 수 있다. 또한 주입된 원소의 농도 분포 경향이 확산법의 경향과 큰 차이가 있음을 알 수 있다.

이온주입법의 장점으로는 (1) 저온 공정 (2) 불순물의 침투깊이에 대한 우수한 조절 능력과 재현성 (3) 여분의 원자 석출 없이도 용해도 한계가 더 높아진다는 점 등이다. 또한 (4) 전기도금과 많은 코팅 공정에서 발생하는 폐기물 처리 문제가 없고, (5) 코팅재와 기질 사이의 불연속성이 없는 점 들이 다른 코팅공정을 대체할 수 있는 이온주입법의 장점이다. 이온주입의 중요한 적용분야는 물성값 향상을 위하여 금속표면을 변화시키는 경우와 반도체 소자의 제조 등이다.

24.3 도금과 관련된 공정들

도금은 제품 기질 표면 위에 얇은 금속층을 코팅하는 공정이다. 플라스틱 판이나 세라믹 부품에도 도금이 가능하기도 하지만, 일반적으로 사용되는 기질은 금속이다. 가장 보편적으로 폭 넓게 사용되는 도금기술은 전기도금이다.

24.3.1 전기도금

전기도금 혹은 전기화학도금(electrochemical plating)(4.5절)은 전해액 속에 금속이온이 음극의 공작물에 부착되는 전해법이다. 이 장치는 그림 24.3에 도식적으로 나타내었다. 양극은 일반적으로 도금이 될 금속으로 만들어져 있고, 따라서 도금 금속의 공급되는 역할을 한다. 외부 전원으로부터 직류 전류는 양극과 음극 사이를 통과한다. 전해액은 산, 염기 또는 소금의 수용성 용액이며, 용액 속에서 도금 금속이온을 용해시켜 전류를 통하게 한다. 최적의 결과를 얻기 위해서 부품은 전기도금 전에 화학적으로 세정이 되어 있어야 한다.

전기도금이 원리

전기화학도금은 Faraday의 두 가지 물리적 법칙에 따라 이루어진다. 이 법칙들은 공정 목적에 맞추어 간단하게 요약하면, (1) 전기분해에서 발산되는 물질의 양은 전해조를 통과하는 전기의 양에 비례한다. (2) 발산되는 물질의 양은 전기화학적 원자 등량(원자가에 대한 원자량의 비에 비례한다. 이 효과는 다음식으로 정리될 수 있다.

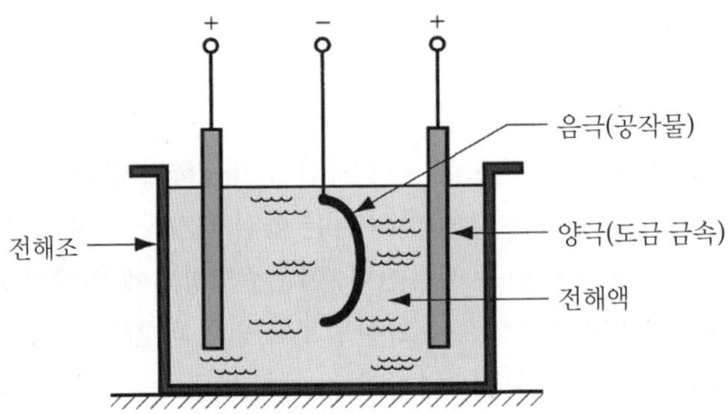

그림 24.3 전기도금 장치.

표 24.1 전기도금에 있어서 전형적인 음극효율과 도금상수 값

도금금속[a]	전해액	음극효율(%)	도금상수 C^a (mm³/amp s)
카드늄(2)	시안화물	90	6.73×10^{-2}
크롬(3)	크롬산황산염	15	2.50×10^{-2}
구리(1)	시안화물	98	7.35×10^{-2}
금(1)	시안화물	80	10.6×10^{-2}
니켈(2)	산성황산염	95	3.42×10^{-2}
은(1)	시안화물	100	10.7×10^{-2}
주석(4)	산성황산염	90	4.21×10^{-2}
아연(2)	연화물	95	4.75×10^{-2}

[18]에서 인용

[a] 괄호( )안에 주어진 값은 가장 일반적인 원자가: 도금상수 C를 결정할 때 가정하는 값. 각각의 원자가에 대하여 표에 주어진 C값을 곱해서 새로운 C값을 계산한 후 새로운 원자가로 나눈다.

$$V = CIt \tag{24.1}$$

여기서 V는 도금되는 금속의 부피(mm³), C는 전기화학적 원자 등량과 밀도에 따른 도금상수(mm³/As), I는 전류(A), t는 전류가 인가된 시간(s)이다. 곱 It(전류×시간)는 전해조를 통과한 전하량이고, C값은 전하량당 음극 공작물에 도포되는 도금재료의 양을 나타낸다.

대부분의 도금 금속에서 공정의 모든 전기에너지가 금속 도포를 위해서만 사용되는 것은 아니다. 일부 에너지는 음극에서 수소를 분리시키는 것과 같은 다른 반응에 사용될 수 있다. 이것도 도금되는 금속의 양을 감소시킨다. 음극(작업 부품)에 도포되는 실제 금속의 양을 식 (24.1)에 의해 주어지는 이론적인 양으로 나눈 값을 음극효율(cathode efficiency)이라고 부른다. 음극효율을 고려할 때 도금되는 금속의 부피를 결정하는 보다 실제적인 식은 다음과 같다.

$$V = ECIt \tag{24.2}$$

여기서 E는 음극효율이며, 다른 항목들은 앞서 설명하였다. 몇 가지 금속에 대한 음극효율 E와 도금상수 C의 일반적인 값들을 표 24.1에 나타냈다. 평균 도금두께는 다음의 식으로 결정될 수 있다.

$$d = \frac{V}{A} \tag{24.3}$$

여기서 d는 도금두께(mm), V는 식 (24.2)에 의한 도금 금속의 부피(mm³) 그리고 A는 도금되는 부품의 표면적(mm²)이다.

예제 24.1

전기도금

표면적 $A = 100$ cm²인 강 부품에 니켈도금을 해야 한다. 만일 12 A의 전류가 15분 동안 산성

황산염 전해조에 가해진다면 평균 도금 두께는 얼마나 되겠는가?

풀이

표 24.1로부터 니켈의 음극효율 $E = 0.95$, 도금상수 $C = 3.42 \times 10^{-2}\ \text{mm}^3/\text{As}$이다. 식 (24.2)를 이용해서 15분 동안 부품 표면에 도금된 금속의 부피는 다음과 같다.

$$V = 0.95\ (3.42 \times 10^{-2})(15)(12)(60) = 350.9\ \text{mm}^3$$

이 부피만큼 면적 $A = 100\text{cm}^2 = 10{,}000\ \text{mm}^2$에 걸쳐서 퍼져 있다. 평균 도금두께는

$$d = \frac{350.9}{10000} = \mathbf{0.035\ mm}$$

방법과 적용

전해도금을 위해 다양한 도금 장비 사용이 가능하며, 그 선택은 부품이 크기와 형상 그리고 요구 생산량과 도금금속 재질에 달려 있다. 주요 방법으로는 (1) 배럴도금, (2) 랙도금 (3) 스트립도금이 있다. 배럴도금(barrel plating)은 수평 또는 기울어진(35°C) 통이 회전하면서 이루어진다. 이 방법은 많은 수량의 작은 제품을 한번에 도금할 때 적합하다. 전기적 접폭은 제품들 자체의 텀블링 작용과 외부에서 통안으로 연결된 전도체에 의하여 유지된다. 배럴도금에는 몇 가지 한계점이 있는데, 그것은 텀블링 고유의 작동으로 연질금속의 제품, 나사산이 있는 제품, 높은 다듬질 정밀도가 필요한 제품, 그리고 날카로운 모서리가 있는 무거운 제품에는 손상을 줄 수 있다.

랙도금(rack plating)은 배럴도금을 하기에는 너무 크고 무거우거나 복잡한 제물의 도금에 사용된다. 랙은 굵은 구리선으로 부품에 걸기에 알맞은 형상으로 만들어서 제품에 전류를 통하게 한다. 즉 제품이 고리나 집게에 걸려 매달릴 수 있거나 바구니에 넣어질 수 있게 만들어진다. 구리선이 도금되는 것을 방지하기 위해 부품 접촉이 이루어지는 부분을 제외한 랙의 나머지 부분은 절연체로 보호한다. 부품을 보호하는 랙은 전기도금 작업을 수행하기 위해 일련의 통속으로 이동한다. 스트립도금(strip plating)은 감는 릴에 의해 도금 용액속으로 끌려들어가는 연속적인 스트립으로 구성되는 작업으로 생산성이 높은 도금방법이다. 도금된 선재가 적절한 그 예이다. 긴 스트립에 달려있는 작은 금속박판 제품 또한 이 방법으로 도금할 수 있다. 이 공정은 전기 커넥터에 금으로 도금된 접촉점으로 제품의 특정 부분만 도금할 수 있다.

전기도금이 일반적인 코팅 금속은 아연, 니켈, 구리, 크롬 등이 포함된다. 탄소강은 가장 일반적인 기질 금속이다. 금, 은, 백금과 같은 귀금속은 보석류에 도금된다. 금은 또한 전기적 접점에 사용된다.

아연도금(zinc plating)된 강 제품에는 체결구, 와이어 제품, 전기 스위치 상자, 그리고 다양한 박판 부품 등이 있다. 아연코팅은 하부의 강재 부식을 막는 보호막 역할을 한다. 강재의 아연도금에 대하여 대체할 공정이 갈바나이징이다(24.3.4절). 니켈도금(nickel plating)은 강, 황동, 아연의 다이캐

스팅 제품과 다른 일부 금속에 대하여 내부식성과 장식의 목적으로 사용된다. 자동차의 내외장재와 기타 소비재분야에 적용된다. 니켈은 또한 훨씬 얇은 크롬 도금의 하부 코팅으로 사용된다. 주석도금(tin plate)은 주석 캔으로 부식방지할 수 있는 음식물 용기로 널리 사용되고 있다. 주석도금은 또한 전기 제품의 솔더링 성능을 향상하는데 사용된다.

구리(copper)는 도금 금속으로 몇가지 중요한 용도를 갖고 있다. 구리는 단독적으로 혹은 아연과 함께 황동 도금으로, 아연과 강재 위에 장식용 코팅재로 많이 사용된다. 또한 구리는 인쇄회로기판(PCB)상에서 중요한 도금 적용 물질의 역할을 하고 있다(31.2절). 구리는 니켈 또는 크롬 도금의 기저부로 강재 위에 도금되기도 한다. 크롬도금(chromium plate, chrome plate)은 장식적인 외관이 중요한 분야, 자동차 관련 제품, 사무용 가구 그리고 주방기기에 많이 사용된다. 이 도금은 전기도금된 코팅 중에서 가장 단단한 코팅 층을 형성한다. 그러므로 마멸저항이 필요로 하는 유압 피스톤과 실린더, 피스톤 링, 항공기 엔진, 직조기계의 나사 가이드 등과 같은 제품에 많이 사용된다.

24.3.2 전해성형

전해성형공정은 전기도금과 동일하지만, 그 목적은 완전히 다르다. 전해성형공정에서는 원하는 두께가 얻어질 때까지 패턴 위에 금속의 전해질을 도포한 후에, 만들어진 제품을 남겨두고 패턴은 제거된다. 반면에 전형적은 도금 두께가 단지 0.05 mm 또는 그 이하로 전해성형 제품은 더 두껍다. 그리므로 전해성형 공정 사이클은 비례적으로 더 길다.

전해성형에 사용되는 패턴은 영구성이거나 소모성을 사용할 수 있다. 영구성 패턴은 전기도금된 부품의 제거가 가능하도록 테이퍼형상을 갖고 있거나 다른 기하학적 구조를 갖고 있다. 소모성 패턴은 부품 분리시 파괴된다. 제품 형상에 따라 영구성 패턴 사용이 불가능한 경우 소모성 패턴이 사용된다. 소모성 패턴은 용융성이거나 용해성이다. 용융성 패턴은 저융점 합금, 플라스틱, 왁스 또는 녹여서 제거될 수 있는 재료로 만들어진다. 비전도성 패턴 재료가 사용될 때에는 전기도금 코팅이 될 수 있도록 패턴이 금속화되어야 한다. 용융성 패턴은, 알루미늄이 수산화나트륨(NaOH)에 용해되는 것처럼, 화학약품으로 용해될 수 있는 재료로 만들어진다.

전해성형 제품들은 보통 구리, 니켈, 니켈-코발트 합금으로 만들어진다. 그 응용분야는 정밀 주형과 금형이다. 렌즈와 CD를 위한 금형, 빈 인쇄회로기판을 생산하는데 사용되는 구리호일, 엠보싱과 인쇄를 위한 판들이 적용 제품들이다. CD 표면 위에 인쇄되어야 하는 미세부는 μm 단위(1 μm = 10^{-6} m)로 측정되어야 하기 때문에, CD와 DVD 생산을 위한 금형 제작에 이 방법을 사용하고 있으며, 미세부는 전해성형에 의한 금형에서 충분히 얻을 수 있다.

24.3.3 무전해도금

무전해도금은 외부 전원을 필요로 하지 않고 완전히 화학반응에 의해 진행되는 도금 공정이다. 제품 표면 위에 금속의 도포는 원하는 도금 금속의 이온을 포함하는 수용액 속에서 이루어진다. 이 공정은 감속재를 사용하고 제품 표면이 반응을 위한 촉매 역할을 한다.

무전해도금이 될 수 있는 금속은 제한적이며, 이 기술에 의해 작업이 가능한 부품의 제조원가는 일반적으로 전기화학도금 부품보다 더 비싸다. 가장 일반적인 무전해도금 금속은 니켈과 Ni-Co, Ni-P, Bi-B와 같은 합금들이다. 구리, 또는 구리보다는 적지만 금도 또한 무전해도금용 금속으로 사용된다. 이 공정을 이용한 니켈도금은 부식과 마멸에 대하여 높은 저항이 필요한 경우에 사용된다. 무전해 구리도금은 PCB의 관통구멍(through hole)의 도금에 사용된다(31.2.4절). 구리는 또한 장식의 목적으로 플라스틱 부품 위에 도금될 수 있다. 무전해도금의 장점으로는 (1) 복잡한 부품 형상에 대한 일정한 도금 두께(전기도금시 발생하는 문제점)를 얻을 수 있고, (2) 금속과 비금속 기질에 대해 둘 다 사용 가능하고, (3) 공정을 진행시키기 위한 직류전원이 필요없다는 점 등이다.

24.3.4 고온 딥핑

고온 딥핑(hot dipping)은 금속 기질을 이차 금속이 용융된 조(bath)에 침잠시킨 후 꺼내어 이차 금속을 기질 금속 위에 코팅하는 공정이다. 기질 금속은 2차금속보다 높은 용융점을 갖고 있어야 한다. 가장 일반적인 기질 금속은 강과 철이고 코팅 금속으로 일반적으로 아연, 알루미늄, 주석, 납은 사용한다. 고온 딥핑은 다양한 합금 조성을 갖는 전이층을 형성하는 공정이다. 기질 바로 위에 보통 두 금속간의 금속간화합물이 생성되고, 바깥쪽에는 주로 코팅 금속으로 이루어진 고용체 합금이 존재하게 된다. 전이층은 코팅의 접착이 잘 되도록 해준다.

고온 딥핑의 기본적인 목적은 부식 방지이다. 부식 방지를 위해 다음 두 가지 메커니즘이 작용된다. (1) 방벽보호: 코팅은 단순히 하부 금속에 대한 보호막 역할을 한다. (2) 희생보호: 기질을 보호하기 위해 코팅이 전기화학적 공정에 의해 부식된다.

고온 딥핑은 코팅 금속에 따라 다른 이름을 갖고 있다. 갈바나이징(galvanizing)은 아연이 강이나 철 위에 코팅이 되는 경우이고, 알루미나이징(aluminizing)은 알루미늄이 기질 위에 코팅이 되는 경우이고, 티닝(tinning)은 주석코팅이고, 터너플레이트(terneplate)는 강 표면 위에 납과 주석 합금이 도금되는 경우이다.[2)] 갈바나이징은 200여년 동안 사용해온 가장 중요한 고온 딥핑 공정이다. 이 공정은 일련의 공정에서 다듬질된 강과 철 부품에 사용된다 또한 자동 연속 공정에서 박판, 스트립, 파이프, 튜브, 와이어 등에 사용할 수 있다. 코팅 두께는 일반적으로 0.04 mm~0.09 mm 정도이다. 두께는 일반적으로 담그는 시간에 따라 결정되며, 담그는 통(bath)의 온도는 보통 450°C 정도로 유지시킨다.

알루미나이징의 상업적인 이용은 지속적으로 증가하고 있으며, 점차 갈바나이징에 비해 상대적으로 시장점유율이 증가하고 있다. 고온 딥핑 처리된 알루미늄 코팅은 우수한 부식방지 효과를 갖고 있다. 어떤 경우에는 갈바나이징보다 5배 이상 효과적이다[18]. 고온 딥핑에 의한 주석코팅은 음식물 용기, 낙농기구와 솔더링분야에서 강에 대한 무독성 부식방지에 효과적이다. 고온딥핑은 점차적으로 강에 주석을 코팅하는 또 다른 방법인 전기도금으로 대체되고 있다.

2) 환경과 건강문제 때문에 납과 아연은 대부분 터너플레이트 합금으로 대체

24.4 변환코팅

변환코팅은 화학적 또는 전기화학적 반응으로 산화물, 인산염 또는 크롬산염 박막을 금속표면위에 코팅시키는 공정을 말한다. 침적법(욕조에 담그는 방법)과 분무법이 금속표면을 앞서 언급한 화학약품에 노출시키는 가장 일반적인 두 가지 방법이다. 변환코팅을 할 수 있는 일반적인 금속은 강(갈바나이징된 강 포함), 아연 그리고 알루미늄이다. 거의 대부분의 어떠한 금속 제품도 변환코팅의 장점을 얻을 수 있다. 변환코팅을 이용하는 가장 중요한 이유는 (1) 부식방지 (2) 도장하기 위한 표면 준비, (3) 내마멸성 증가, (4) 금속성형 공정에서 표면의 윤활제 흡수성 향상, (5) 표면의 전기저항 향상, (6) 장식적인 다듬질 제공과 (7) 부품의 구별을 하기 위해서이다[18].

변환코팅 공정은 다음과 같이 두 종류로 나누어진다. (1) 단지 화학 반응만을 포함하는 화학적 처리, (2) 전기화학적 반응에 의해 산화막 코팅을 생성하는 에노다이징[에노다이즈(anodize)는 anodic과 oxidize의 축약어]이다.

24.4.1 화학적 변환코팅

화학적 변환코팅은 모재 금속에 화학용액에 노출시켜서 얇은 비금속 표면막을 형성하는 것이다. 자연에서도 유사한 화학반응이 일어나는데, 그 현상이 철과 알루미늄의 산화이다. 철에 생성되는 녹은 점진적으로 철을 파괴하는 현상을 나타내나, 알루미늄 위의 얇은 산화알루미늄(Al_2O_3)막은 모재 금속을 보호하는 역할을 한다. 이처럼 후자와 같은 효과를 얻는 방법이 화학적 변환코팅의 목적이다. 화학적 변환코팅의 두 가지 주요한 공정은 인산염 코팅(phosphate coating)과 크롬산염 코팅(chromate coating)이다.

인산염 코팅(phosphate coating)은 묽은 인산(H_2PO_4)과 인산염(아연, 마그네슘, 칼슘)의 용액에 노출시켜 보호성 인(P) 박막으로 모재 표면을 코팅하는 방법이다. 코팅 두께의 범위는 0.0025 mm에서 0.05 mm이다. 가장 일반적인 모재 금속은 아연과 강(갈바나이징된 강 포함)이다. 인산염 코팅은 자동차와 중장비 산업 분야에서 도장의 준비단계로 사용된다.

크롬산염 코팅(chromate coating)은 크롬산, 크롬산염 그리고 다른 화학물질의 수용액을 사용해서 모재 금속 표면 위에 다양한 크롬산염 박막의 코팅을 하는 공정이다. 이 방법에 의해 얻어지는 금속은 알루미늄, 카드뮴, 구리, 마그네슘, 아연 그리고 그들의 합금들이다. 모재 부품의 침적법이 일반적인 적용 방법이다. 크롬산염 변환코팅은 인산염 코팅보다 두께가 얇아 일반적으로 0.0025 mm 이하이다. 크롬산염 코팅의 목적은 일반적으로 (1) 부식방지, (2) 도장하기전 표면 준비, (3) 장식 이다. 크롬산염 코팅은 투명할 수도 있고 색깔이 있을 수 있는데, 가능한 색상으로는 올리브 담갈색, 청동색 노란색 그리고 밝은 파란색이다.

24.4.2 에노다이징

앞의 공정들은 전기분해 작용없이도 가능하지만, 에노다이징(anodizing: 산화피막법)은 금속 표면 위에 전기분해 방법으로 안정적인 산화츠을 형성하는 방법이다. 에노다이징의 일반적으로 알루미늄과 마그네슘에 적용할 수 있지만, 또한 아연, 티타늄 그리고 많지는 않지만 다른 금속에도 적용 가능하다. 에노다이징 코팅은 기본적으로 장식적인 목적으로 사용되지만 또한 표면의 부식 방지로 사용된다.

에노다이징과 전기도금은 전기분해공정이란 공통점을 갖고 있지만, 두 공정의 차이점은 (1) 전기도금에서 작업 부품은 반응중에 음극에서 코팅이 이루어진다. 이와 대조적으로 에노다이징에서는 공정탱크가 음극인 반면 작업 부품은 양극이다. (2) 전기도금에서 모재 금속 표면에 이차금속 이온이 접착에 의해 코팅이 성장하지만, 에노다이징에서는 산화층을 위한 기질 금속의 화학반응에 의해서 표면 코팅이 이루어진다.

에노다이징 코팅은 보통 0.0025 mm에서 0.075 mm 사이의 두께를 형성할 수 있다 넓고 다양한 색상을 내기 위해 염료가 에노다이징 공정에 혼합될 수 있다. 이런 방법은 알루미늄 에노다이징공정에서 특히 일반적으로 사용된다. 두께가 0.25 mm까지의 아주 두꺼운 코팅은 하드 에노다이징(hard anodizing)이라는 특별한 공정으로 알루미늄 표면에 형성할 수 있다. 이 코팅방법은 마멸과 부식에 대한 높은 저항성을 갖을 수 있다.

24.5 증착공정

증착공정은 기질 표면에 응축 또는 가스 화학공정으로 기질에 얇은 코팅을 형성하는 방법이다. 이 공정에는 물리증착법(physical vapor deposition)과 화학증착법(chemical vapor deposition)이 있다.

24.5.1 물리증착법

물리증착법(physical vapor deposition: PVD)은 물질이 진공 챔버안에서 증기상으로 변환되어 아주 얇은 박막의 형태로 기질 표면에 응축되는 얇은 박막 공정이다. 물리증착법은 금속, 합금, 세라믹, 기타 무기화합물과 일부 고분자화합물까지 다양한 소재에 코팅을 할 수 있다. 적용 가능한 기질은 금속, 유리 그리고 플라스틱을 포함한다. 물리증착법은 대부분의 기질재료에 코팅을 할 수 있는 다용도의 코팅기술이다.

물리증착법은 장난감, 펜과 연필, 시계, 자동차의 내부 장식과 같은 플라스틱과 금속 제품의 얇은 형태로 장식코팅에 사용될 수 있다. 얇은 알루미늄 박막(약 150 nm)이 투명한 래커(lacquer)와 함께 코팅되면 광택이 은색이나 크롬의 외관처럼 보인다. 물리증착법은 또한 광학렌즈에 불화마그네슘(MgF_2)의 무반사코팅으로도 사용된다. 물리증착법은 금속을 코팅하여 집적회로에서 전기적인 연결을 하는 전자부품 장치 제조분야에도 사용된다. 또한 물리증착법은 절삭공구와 플라스틱 사출금형의 내마멸성을 향상시키기 위한 질화티타늄(TiN)코팅에 많이 사용된다.

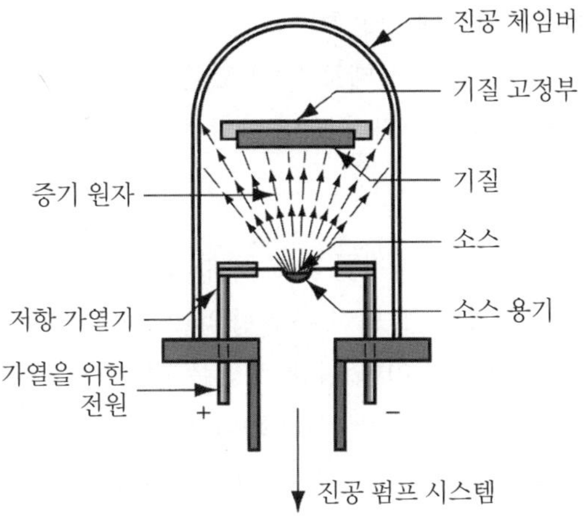

그림 24.4 진공기화 물리증착 장치.

모든 물리증착법은 다음 단계들로 구성된다. (1) 코팅 증기의 합성, (2) 기질로의 증기 이송, (3) 기질 표면 위의 증기 응착. 이러한 단계들은 일반적으로 진공 챔버안에서 진행된다. 따라서 실제 물리증착 공정 수행하기 전에 챔버안의 공기를 제거하는 것이 이루어져야 한다.

코팅 증기의 합성은 전기저항의 가열이나 고체(또는 액체)를 증기화시키기 위한 이온 충격과 같은 유사한 방법중 한가지 방법에 의해 수행될 수 있다. 이들 방법의 종류에 따라 물리증착공정이 다음과 같이 세 가지 공정 유형으로 분류된다. (1) 진공 기화, (2) 스퍼터링, (3) 이온도금.

진공기화(vapor evaporation)

어떤 물질(대부분의 순수 금속)을 진공속에서 고체상태로부터 증기상태로 변환시킨 후에 기질 표면에 응축을 시켜 기질 표면에 코팅을 할 수 있다. 진공기화 공정을 위한 장치를 그림 24.4에 나타내었다. 코팅재료는 기화(또는 승화)가 될 만큼 충분히 높은 온도로 가열이 된다. 가열이 진공속에서 이루어지기에 기화에 필요한 온도는 대기압하에서 필요한 온도보다 현저히 낮다. 챔버 내에 공기가 없으므로 가열 온도 하에서 코팅 물질의 산화를 방지해준다.

다양한 방법으로 물질의 가열과 기화를 시킬 수 있다. 기화되기 전에 소스 재료를 담아 두는 용기가 있어가 한다. 저항가열(resistance heating)과 전자빔기화(elelctron beam evaporation)가 주요한 기화방법이다. 저항가열이 가장 간단한 방법이다 소스 재료를 담기 위한 적절한 용기는 텅스텐이나 몰리브덴과 같은 내화금속으로 만들어진다. 용기를 가열하기 위해 전류가 가해지면 용기 안에 있는 접촉하고 있는 물질이 가열된다. 이 가열방법에서 문제점은 용기와 내용물과의 합금 형성이다. 즉 코팅된 막이 저항가열 용기의 금속으로 오염된다. 전자빔기화에서 고속 전자빔의 흐름이 소스 금속의 표면에 충돌해서 기화를 일으킨다. 저항가열과 대조적으로 아주 작은 에너지가 용기를 가열하는데 작용하여 재료에 의한 오염을 최소화할 수 있다.

기화기술이 어떤 기술이던지, 기화된 원자는 소스 재료를 벗어나 다른 가스 분자에 충돌하거나 고체 표면을 충돌할 때까지 직선 경로로 움직인다. 챔버내 진공이 궁극적으로 다른 가스 분자를 제거해서 소스 증기 원자가 코팅될 수 있도록 고체 표면을 형성한다. 표면 전체를 코팅시키기 위해 기계적 조정장치가 기질을 회전시키는데 사용하기도 한다. 상대적으로 차가운 기질 표면에 접촉하였을 때 충돌 원자의 에너지 수준은 증기 상태로 남아 있을 수 없는 지점에서 갑자기 떨어진다. 즉 이들이 응축되어서 고체 표면에 달라붙게 되어 코팅 박막을 형성하게 된다.

스퍼터링(sputtering)

고체 또는 액체 표면이 충분히 높은 에너지를 가진 원자 입자와 충돌한다면, 표면에 있는 각각의 원자는 충돌에 의해 충분한 에너지를 얻게 되어 운동량의 전달을 받아 표면에서 떨어져 나게가 된다. 이 방법이 스퍼터링 공정이다. 가장 편리한 형태로 얻은 높은 에너지 입자는 플라스마를 형성하는 전기장에 의해 에너지를 받은 아르곤과 같은 이온화된 가스이다. 물리증착 공정으로 스퍼터링은 아르곤이온(Ar^+)으로 음극 코팅재료에 충돌을 일으킨다. 아르곤 이온은 코팅재 표면 원자가 튀어나오게 하여, 이 원자들이 기질 재료 위헤 코팅되어 기질 표면의 박막을 형성하도록 해준다. 기질과 음극이 가까운 곳에 위치해야 하며, 보통 코팅 원자의 접촉력을 향상시키기 위해 가열된다. 그림 24.5는 스퍼터링 장치이다.

진공기화는 일반적으로 금속에 제한되는 반면에 스퍼터링은 거의 모든 재료(금속과 비금속의 원소: 합금, 세라믹, 고분자재료 등)에 적용될 수 있다. 스퍼터링을 통해 합금과 화합물의 화학적인 조성을 바꾸지 않고도 막을 생성시킬 수 있다. 또한 화학적 혼합물을 막는 스퍼터링 금속과 산화물, 탄화물 또는 질화물을 형성하는 반응성 가스의 선택에 의해 코팅을 할 수 있다.

스퍼터링 물리증착의 단점으로는 (1) 느린 코팅 속도, (2) 표면에 충돌하는 이온이 가스이기 때문에 가스의 흔적이 보통 코팅된 박막에서 발견될 수 있다. 표면에 갇혀 있는 가스는 가끔 기계적인 물성에 나쁜 영향을 주기도 한다.

이온도금(ion plating)

이온도금은 기질 위에 박막을 코팅하기 위해 스퍼터링과 진공기화의 조합을 사용한다. 공정은 다음과 같이 진행된다. 챔버 윗부분에 기질이 음극이 되도록 설치하고, 소스 재료가 그 밑에 놓여진다. 그 다음 챔버 내 진공이 되도록 한다. 아르곤 가스가 주입되고 가스를 이온화(Ar^+)하기 위해 전기장

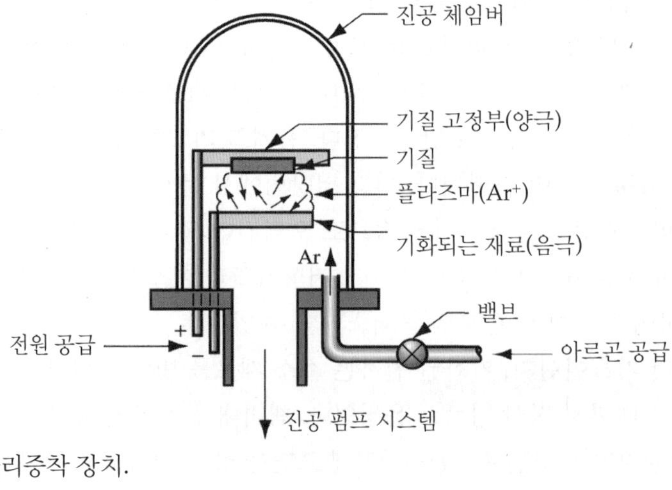

그림 24.5 스퍼터링 물리증착 장치.

이 형성되어 플라즈마를 생성한다. 이것은 기질에 이온 충격을 발생시켜(스퍼터링) 표면은 원자 수준으로 아주 깨끗한 상태까지 문지르듯이 생성된다. 다음은 소스 재료가 코팅 증기를 생성할 정도로 충분하게 가열된다. 여기서 사용되는 가열방법은 진공기화에서 사용되는 방법(저항가열, 전자빔기화 등)과 유사하다. 증기 분자들은 플라즈마를 통과하여 기질을 코팅한다. 코팅중 스퍼터링은 계속되는 데, 이온충격은 원래의 아르곤 이온뿐만 아니라 아르곤과 같은 에너지 장에 놓여 에너지가 공급된 소스 물질로도 구성되기 때문이다. 이러한 공정 조건의 효과는 기질에 대한 균일한 두께와 아주 우수한 접착력을 가진 막을 형성한다.

이온도금은 플라즈마 장에 존재하는 분산효과(scattering effect) 때문에 불규칙적인 형상을 가진 제품에도 적용이 가능하다. 그 예로는 드릴날과 같은 고속도강 절삭공구의 TiN코팅이다. 균일한 코팅 두께와 우수한 접착력 이외에도 이 공정은 높은 도포율, 높은 막밀도, 구멍과 기타 중공형상의 내벽에 대한 코팅능력의 장점들을 가지고 있다.

24.5.2 화학증착법

물리증착법은 증기상으로 기질표면에 응축에 의한 코팅을 하는 방법으로 확실하게 물리적인 공정이다. 반면에 화학증착법(chemical vapor deposition: CVD)은 가스 혼합물과 가열된 기질 표면 사이의 상호 반응을 통하여 일부 가스성분의 화학적 분리를 일으켜서 기질 위에 고체 막을 형성한다. 반응은 밀폐된 반응 챔버 내에서 일어난다. 금속 또는 화합물과 같은 반응 생성물은 핵을 형성하고 기질 표면에 성장하여 코팅을 이루어진다. 대부분의 화학증착법은 열을 필요로 한다. 그러나 포함된 화학성분에 따라 반응은 자외선이나 플라즈마와 같은 여러 가능한 에너지원에 의해 이루어진다. 화학증착법은 넓은 범위의 압력과 온도를 포함하고 다양한 코팅 재료와 기질 재료에 적용될 수 있다.

산업 금속학적 공정에서 화학증착법은 1800년대로 올라간다(표 24.2 몬드공정). 화학증착법에 대한 최근의 관심은, 초경합금 공구, 태양전지, 제트엔진 터빈블레이드 위의 내화금속 코팅, 마멸 부식 침식 열충격에 대한 내저항이 중요한 물체처럼 적용 대상물에 있다. 부가적으로 화학증착법은 반도체 분야의 집적 회로 제조에 있어서 중요한 기술이다.

화학증착법의 일반적인 장점들은 (1) 용융온도나 소결온도보다 낮은 온도에서 내화성 재료의 코팅 가능, (2) 결정립의 크기 조절 가능, (3) 대기압하에서 공정이 수행할 수 있어 진공장치의 불필요성, (4) 기질 표면에 대한 우수한 코팅 접착력 등이다. 단점으로는 (1) 부식성과 독성이 있는 화학약품의 성질에 의해 특수한 펌프와 같은 처리장치가 필요하며, 또한 밀폐된 챔버가 일반적으로 필요하며, (2) 일부 반응 물질은 상대적으로 가격이 비싸며, (3) 재료 활용성이 낮다.

화학증착법의 재료와 반응

일반적으로 전기도금되는 금속들은 사용해야 할 유독한 화학성분과 이에 필요한 보호 비용 때문에 화학증착법은 좋은 방법이 아니다. 화학증착법에 의한 코팅에 적절한 금속은 텅스텐, 몰리브덴, 티타늄, 바나듐, 탄탈륨 등이다. 화학증착법은 특별히 산화알루미늄(Al_2O_3), 산화규소(SiO_2), 질화규소(Si_3N_4), 탄화티타늄(TiC), 질화티타늄(TiN) 등의 화합물 코팅에 적합하다. 그림 24.6은 초경합금

표 24.2 화학증착법(CVD)의 반응의 예

1. 몬드공정(Mond process)은 니켈광석을 정련하는 과정중 생성되는 중간화합물인 니켈카보닐 (Ni(CO)4)에서 니켈을 분해하는 화학증착법 공정이다.

$$Ni(CO)_4 \xrightarrow{200°C} Ni + 4CO \tag{24.4}$$

2. 고성능 절삭공구를 생성하기 위해 초경 텅스텐탄화물(WC-Co)의 기질 위에 티타늄탄화물(TiC)의 코팅

$$TiCl_4 + CH_4 \xrightarrow[\text{excess} H_2]{1000°C} TiC + 4HCl \tag{24.5}$$

3. 고성능 절삭공구를 생산하기 위해 초경 텅스텐탄화물(WC-Co)의 기질 위에 티타늄질화물(TiN)의 코팅

$$TiCl_4 + 0.5N_2 + 2H_2 \xrightarrow{900°C} TiN + 4HCl \tag{24.6}$$

4. 고성능 절삭공구를 생산하기 위해 초경 텅스텐탄화물(WC-Co)의 기질 위에 산화일루미늄(Al_2O_3)의 코팅

$$2AlCl_3 + 3CO_2 + 3H_2 \xrightarrow{500°C} Al_2O_3 + 3CO + 6HCl \tag{24.7}$$

5. 반도체 제조공정에서 실리콘(Si)위에 실리콘산화물(Si_3N_4)의 코팅

$$3SiF_4 + 4NH_3 \xrightarrow{1000°C} Si_3N_4 + 12HF \tag{24.8}$$

6. 반도체 제조공정에서 실리콘(Si)위에 실리콘산화물(SiO_2)의 코팅

$$2SiCl_3 + 3H_2O + 0.5O_2 \xrightarrow{900°C} 2SiO_2 + 6HCl \tag{24.9}$$

7. 제트엔진 터빈블레이드와 같은 기질 위에 내화성 금속 텅스텐(W)의 코팅

$$WF_6 + 3H_2 \xrightarrow{600°C} W + 6HF \tag{24.10}$$

Compiled from [6], [14], and [18].

절삭공구 위에 다층의 내마멸 코팅을 하기 위해서 화학증착법과 물리증착법을 함께 사용한 예이다.

보통 사용되는 반응가스 또는 증기는 금속의 수소화물(MH_x), 염화물(MCl_x), 불화물(MF_x) 그리고 탄산화물($M(CO)_x$)이다. 여기서 M은 코팅이 이루어지는 기질 금속이고 x는 화합물을 형성하기 위해 원자가를 맞추는 데 사용하는 숫자이다. 수소(H_2), 질소(N_2), 메탄(CH_4), 이산화탄소(CO_2), 암모니아(NH_3)와 같은 다른 가스들도 일부의 반응에 사용된다. 표 24.2는 적절한 기질 위에 금속이나 세라믹 코팅해주는 화학증착법 반응의 예들이다. 이러한 반응들이 이루어지는 전형적인 온도들이 나타나 있다.

공정 장치

화학증착법 공정은 반응기 내에서 이루어지며, 이것은 (1) 반응물 공급 시스템, (2) 증착 챔버, (3) 재

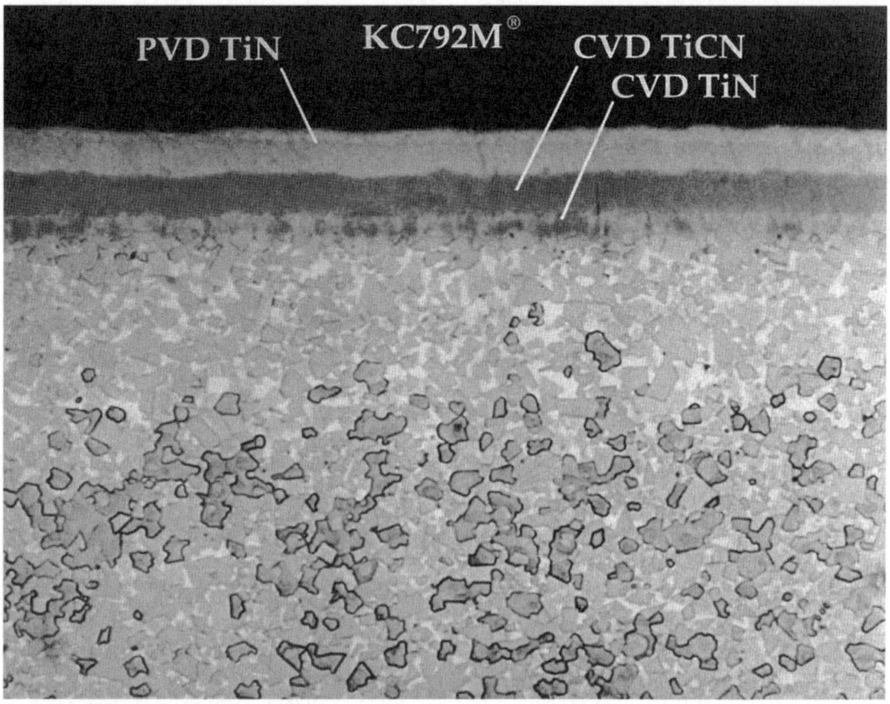

Courtesy of Kennametal Inc.

그림 24.6 코팅된 초경합금 절삭공구(Kennametal Grade KC792M)의 절단면 사진. WC-Co 기질 표면 위에 화학증착법으로 TiN과 TiCN이 코팅되고, 물리증착법에 의해 TiN코팅이 이루어졌다.

생/처리 시스템으로 구성되어 있다. 반응기 구성은 적용 대상물체에 따라 다르며, 가능한 화학증착법은 그림 24.7에 나타내었다. 반응물 공급 시스템의 목적은 적절한 비율로 증착 챔버내에서 반응물을 공급해 주는 것이다. 공급되는 반응물이 기체, 액체 아니면 고체(펠릿, 분말 등)인가에 따라 다른 방법의 공급시스템이 필요하다.

증착 챔버는 기질과 기질 표면 위에 반응생성물의 증착을 유도하는 화학반응물을 포함하고 있다. 증착은 높은 온도에서 일어나기 때문에 기질은 유도가열, 복사열 혹은 다른 방법에 의해 가열되

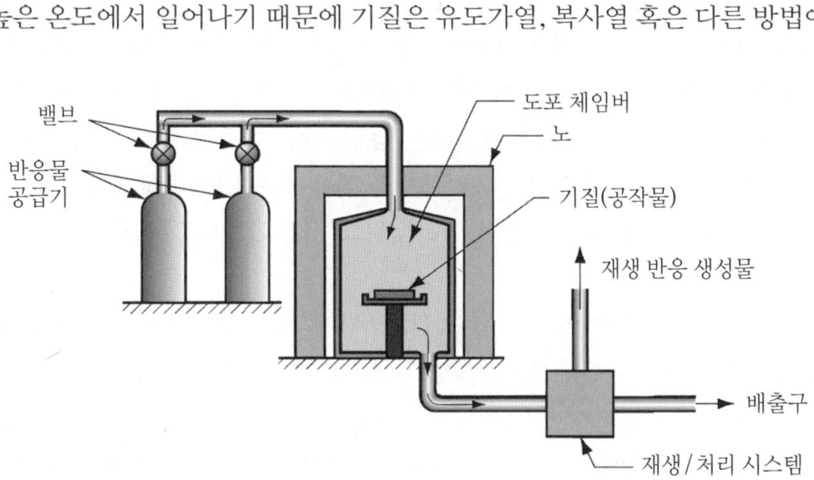

그림 24.7 화학증착에 사용되는 일반적인 반응로.

어야 한다. 각각 다른 화학증착법 반응에 대한 증착온도는 250℃에서 1950℃까지의 범위를 갖는다. 그러므로 챔버는 이런 온도 조건을 충분히 견딜 수 있도록 설계되어야 한다.

반응기의 세 번째 요소는 재생/처리 시스템이며, 그 기능은 화학증착법 반응에서 나온 무해한 부산물을 처리하는 시스템이다. 또한 이 시스템은 독성과 부식성이 있는 가연성의 물질들을 모아서 적절하게 처리와 폐기하는 기능도 포함되어야 한다.

다른 형태의 화학증착법

앞서 설명한 화학증착법은 대기압 수준하에서 진행되는 대기압 화학증착(atmospheric pressure chemical vapor deposition)이었다. 많은 반응들은 대기압보다 낮은 압력에서 공정을 수행하는 경우에 장점이 있을 수 있다. 이중에 저압 화학증착법(low-pressure chemical vapor deposition)이 있으며, 이 반응은 부분 진공 상태에서 공정이 진행된다. 저압 화학증착법의 장점은 (1) 균일한 두께, (2) 조성과 구조에 대한 용이한 조절, (3) 저온 공정, (4) 빠른 증착속도, (5) 높은 생산성과 낮은 공정 비용 등이다. 저압 화학증착법의 기술적 문제점은 반응 생성물이 고온이고, 부식성일 경우 부분진공을 만드는 진공 펌프의 설계이다. 이러한 펌프들은 부식성 가스가 실제 펌핑부에 이르기 전에 냉각시키고 가두어 둘 수 있는 장치를 함께 갖고 있어야 한다.

화학증착법의 또 다른 형태로 플라즈마-보조 화학증착법(plasma-assisted chemical vapor deposition)이 있는데, 여기서 증착은 전기적 방전인 플라즈마에 의해 이온화된 가스 내의 물질 반응에 의해 이루어진다. 사실상 열에너지보다 플라즈마에 포함된 에너지가 화학 반응을 활성화하는 데 사용된다. 플라즈마-보조 화학증착법의 장점들은 다음과 같다. (1) 낮은 기질 온도, (2) 더 좋은 보호 능력, (3) 더 좋은 접착력, (4) 빠른 증착 속도이다. 반도체 공정에서 실리콘질화물(Si_3N_4)의 증착이나 절삭공구의 TiN이나 TiC의 코팅, 그리고 고분자 고팅이 그 좋은 예들이다.

24.6 유기코팅

유기코팅(organic coating) 재료는 자연적으로 또는 합성적으로 만들어지며, 보통 기질 재료 위에 액체가 마르거나 경화되어 얇은 표면 막이 되도록 처리된 고분자재료와 수지이다. 유기 코팅들은 다양한 색상과 질감, 기질 재료의 표면을 보호하는 능력, 낮은 비용 그리고 적용의 용이성 등이 장점들이다. 이 절에서는 유기코팅의 조성과 유기코팅을 적용하는 방법에 대하여 설명한다. 대부분의 유기코팅은 액체의 형태로 적용되지만 일부는 분말로도 사용되므로 24.6.2절에서 드 대안을 설명할 것이다.

유기코팅은 다음 성분을 포함하여 구성된다. (1) 코팅에 그 물성을 부여하는 결합재, (2) 코팅에 색상을 주는 염료나 안료, (3) 고분자재료와 수지를 용해하여 적절한 유동성을 부여하는 용제, (4) 첨가제.

유기코팅에서 ***결합재(binder)***는 기질 표면에 강도, 물리적 물성, 접착력과 같은 코팅재의 고체 상태 물성을 결정하는 고분자재료와 수지이다. 결합재는 표면에 적용되는 동안이나 적용후에 코팅에서 색상과 다른 성분들을 유지시켜 준다. 유기코팅에서 가장 일반적인 결합재는 천연기름(유성페인트를 생성하는 데 사용)과 폴리에스터, 폴리우레탄, 에폭시, 아크릴, 셀룰로오스 수지이다.

염료와 안료는 코팅에 색상을 제공하다. ***염료(dye)***는 용해성의 화학약품으로 코팅 용액에 색을 주지만 적용하고 난 후에도 표면 밑을 감추지는 못한다. 따라서 염료 채색된 코팅은 일반적으로 투명하거나 반투명이다. ***안료(pigment)***는 균일하고 미세한 크기의 고체 입자이며, 코팅 용액 안에 퍼져 있기는 하지만 그 속에 녹아 있지 않는다. 그것들은 코팅에 색을 입힐뿐 아니라 표면 하부를 감출 수 있게 한다. 안료는 입자화되어 있기 때문에 코팅을 강화하는 경향이 있다.

용제(solvent)는 액상 코팅 성분내에 결합재와 일부 다른 요소를 용해하는데 사용된다. 유기코팅에 사용되는 일반적인 용제는 지방족 방향족 탄화수소, 알콜, 에스테르, 케톤, 염소화 용제이다. 서로 다른 결합재에는 각각 다른 용제가 필요하다. 유기코팅에서 첨가제(additive)는 계면활성제(표면 위에 퍼짐을 용이하게 함), 살생물제와 살균제, 두께증진제, 결빙/해동 안정제, 흡착제, 가소제, 거품제거제 그리고 교차결합을 촉진하는 촉매등을 포함한다. 이 성분들은 페인트, 래커, 니스 등과 같이 폭넓고 다양한 코팅재가 되도록 성분을 혼합한다.

24.6.1 유기코팅 적용방법

표면에 대한 유기코팅의 적용방법은 코팅액의 성분, 코팅에 필요한 두께, 생산속도와 비용에 대한 고려, 부품 크기와 환경적 요구 조건 등에 의해 결정된다. 그 어떠한 적용 방법에 대해서도 표면이 적절하게 준비되어야 하는 것이 가장 중요하다. 이것은 청정과 인산염코팅과 같은 가능한 표면처리를 의미한다. 어떤 경우에 금속 표면은 최대한의 부식 방지를 위하여 유기코팅 되기 전에 도금되기도 한다.

어떤 코팅 방법에서도 이동효율(transfer efficiency)이 가장 중요한 측정값이다. 이동효율은 공정에 공급된 페인트중 제품 표면 위에 실제 도포된 양의 비율이다. 어떤 방법은 30% 정도로, 70%의 페인트가 낭비되고 회수 될 수 없다는 의미를 나타내는, 낮은 이동효율을 나타내기도 한다.

액상 유기코팅 적용할 수 있는 가능한 방법으로는 브러싱과 롤링, 분무 코팅, 침적(immersion), 유동코팅이 있다. 원하는 목적을 얻기 위해서 기질 표면 위에 몇 가지의 연속적인 코팅을 수행하기도 한다. 자동차 몸체에 대한 코팅은 중요한 사례이다. 자동차의 대량생산에서 자동차 몸체에 적용하는 공정의 순서는 다음과 같다. (1) 딥핑에 의해 행하여지는 인 코팅, (2) 딥핑에 의한 초벌 코팅, (3) 분무 코팅에 의한 색상 페인트 코팅, (4) 좋은 광택과 보호를 추가하기 위한 분무에 의한 투명 코팅.

브러싱(brushing)과 롤링(rolling)은 일반적으로 가장 친숙한 적용 방법이다. 이들 방법들은 100%에 가까운 이동효율을 갖고 있다. 수동브러싱과 롤링 방법은 대량생산이 아닌 소량생산에 적합하다. 브러싱은 적용 대상이 매우 다양한 반면, 롤링은 평평한 표현에만 가능하다.

분무코팅(spray coating)은 유기코팅방법으로 널리 사용되는 생산 방법이다. 이 공정은 제품의 표면에 도포하기 전에 강제로 코팅 액체를 미세한 안개 형태로 원자화 시켜 닿게 한다. 방울이 표면에 닿으면 퍼지면서 함께 흘러서 분부된 부분에 일정하게 코팅을 형성한다. 적절히 사용하면 분무 코팅은 제품 표면 전체에 균일한 코팅을 할 수 있다.

분무코팅은 분무 페인팅 공간 안에서 수동으로 할 수도 있고, 자동화된 공정으로 설치되어 할 수도 있다. 이 방법의 이동효율은 30% 정도로 상대적으로 낮다. 효율은 작업 제품을 전기적으로 접지시키고 원자화된 방울은 정전기를 갖게 하는 정전분무(electrostatic spraying)에 의해서 향상될 수 있다. 이 방법에 의해서 방울이 제품 표면으로 끌려가도록 해서 이동효율을 90%까지 증가시킬 수 있다. 분무코팅은 자동차산업에서 몸체의 외부코팅 방법으로 널리 사용된다. 또한 가전제품이나 다른 생활용품의 코팅에 사용될 수 있다.

침적(immersion)은 많은 양의 코팅액을 제품에 적용할 수 있고, 과잉분의 코팅액은 떨어져서 다시 사용될 수 있다. 가장 간단한 방법은 딥코팅(dip coating)이며, 제품은 액상 코팅물질이 담긴 탱크에 잠겼다가 꺼내지고, 과잉 액체는 탱크에 다시 떨어진다. 딥코팅의 변형으로 전기코팅(electrocoating)방법이 있는데, 이 방법은 전기적으로 대전을 한 후에 반대 전하를 갖고 있는 페인트 탱크에 잠겨 진다. 이 방법으로 화재와 오염의 위험도를 낮추고, 결합력을 개선하도록 하여 수용성 페인트 사용이 가능하게 되었다.

유동코팅(flow coating)은 제품이 밀폐된 페인트 탱크 속에 유동하는 액체에 담구면서 일련의 노즐들이 제품 표면에 코팅액을 분사한다. 과잉 코팅액은 저장소에 들어가서 다시 사용될 수 있다.

한번 사용된 유기코팅 액체는 고체로 변환되어야 한다. 건조(drying)이라는 용어는 이 변환 공정을 설명하는데 많이 사용된다. 많은 유기코팅은 그 용제의 증발에 의해 건조된다. 그러나 기질 표면 위에 내구성이 있는 표면 막을 형성하기 위해서는 경화(curing)하고 불리는 후속 공정이 필요하다. 경화는 유기수지 내에서 화학적인 변화를 가져오게 되며, 중합화 또는 교차 결합(가교)이 일어나 코팅을 더 단단하게 한다.

수지의 종류에 따라 경화에서 발생하는 화학적 반응의 유형을 결정한다. 유기코팅에서 경화의 효과가 뛰어난 방법들은 (1) 상온경화(ambient temperature curing)는 수지의 산화와 용제의 증발로 대부분의 래커는 이 방법으로 경화된다. (2) 고온경화(elevated temperature curing)은 수지와 중합화와 교차결합뿐만 아니라 용제의 증발을 가속화하기 위해 고온을 사용한다. (3) 촉매경화(catalytic curing)은 중합화와 교차결합을 일으키기 위해 적용되기 직전에 초기 수지에 반응촉진제를 혼합하는 경우로 에폭시와 폴리우레탄 페인트와 같은 경우에 사용된다. (4) 방사경화(radiation curing)은 극초단파, 자외선, 전자빔과 같은 다양한 형태의 방사물이 수지에 경화하기 위해 사용된다.

24.6.2 분말코팅

앞서 설명한 유기코팅은 적절한 용제에 잘 녹는 수지로 구성된 액상시스템을 사용한다. 분말코팅(power coating)은 표면에서 녹아 균일한 액체 막을 형성하고 그 다음에 다시 건조한 코팅으로 재차 고형화되도록 건조시키고 분말 형태의 고체 입자의 형태로 사용한다.

분말코팅은 열가소성과 열경화성으로 구분한다. 일반적으로 열가소성 분말은 폴리염화비닐

(PVC), 나일론, 폴리에스테르, 폴리에틸렌, 폴리프로필렌이 포함된다. 열가소성 분말은 일반적으로 0.08 mm~0.3 mm 정도로 상대적으로 두꺼운 코팅을 할 수 있다. 열경화성 분말은 에폭시, 폴리에스테르들이다. 열경화성 분말은 경화되지 않는 수지 상태로 다른 요소들과의 반응이나 열에 의해 중합화되거나 교차결합을 한다. 코팅 두께는 일반적으로 0.025 mm~0.075 mm 정도이다.

분말코팅의 주요 사용방법에는 분무(spraying)와 유동화베드(fluidized bed) 두 가지 방법이 있다. 분무방법은 전기적으로 접지된 제품 표면이 입자들을 끌어당기도록 각 입자에 대해 정전기가 주어진다. 분말이 전하를 갖도록 몇 종류의 분무건 설계가 가능하다. 분무건은 수동이나 산업용 로봇에 의해 작동되도록 할 수 있다. 분무건은 압축공기가 분말을 노즐로 밀어내도록 사용된다. 분무될 때 분말은 건조가 되고 표면에 도달하지 못한 입자는, 동일한 분무 통 내에서 여러 가지 색 도료가 사용되지 않는다면, 다시 사용할 수 있다. 분말이 상온에서 제품에 분무될 경우 분말을 녹이기 위해 분무 후에 부품이 가열될 수도 있고, 분말이 용융점 이상으로 이미 가열된 부품에 분무될 수도 있다. 후자의 경우 보통 두꺼운 코팅을 형성한다.

유동화베드법은 일반적으로 많이 사용하지 않는 정전기 분무법의 대체 방법이다. 이 방법에서는 코팅될 제품을 예열시켜 베드를 통과시키면서 그 속에서 분말은 공기 흐름에 따라 흐르게(유동화) 된다. 분말은 스스로 제품 표면에 붙어 코팅을 형성한다. 이 코팅 방법을 적용하는 일부 경우에 분말이 정전기를 띠게 만들어 접지된 제품 표면의 흡인력을 증가시킨다.

24.7 법랑 에나멜링과 그 밖의 세라믹 코팅

법랑은 고령토, 장석, 석영으로 만들어진 세마믹이다(5.2.1절 참조). 이것은 강, 주철, 알루미늄과 같은 기질 금속에 유리질의 코팅재로 사용된다. 법랑 코팅(porcelain enameling)은 아름다운 색상, 부드러운 감촉 그리고 청정의 용이성, 화학적 불활성, 일반적인 내구성으로 그 특성을 갖고 있다. 법랑 에나멜링은 세라믹 코팅재료와 적용되는 공정을 포함한 기술에 붙여진 이름이다.

법랑 에나멜링은 목욕탕 자재(싱크대, 욕조, 화장실변기), 주방용품, 병원집기, 제트엔진 부품, 자동차 머플러, 전자 회로기판과 같이 다양한 제품으로 사용된다. 법랑의 구성성분은 제품 요구 조건에 따라 달라진다. 어떤 법랑은 색상과 미적 감각을 위해 구성 성분을 갖고 있으며, 다른 제품들은 화학약품과 기후에 대한 저항, 높은 사용온도에서 견디는 능력, 경도와 마멸저항, 전기저항과 같은 성질들을 위해 만들어 진다.

법랑 에나멜링 공정은 다음과 같이 이루어진다. (1) 코팅 재료의 준비, (2) 표면에 적용, (3) 필요할 경우에 건조, (4) 굽기로 구성된다. 준비단계는 유리와 같은 법랑을 고운 입자로 변환하는 단계로, 프리트(frit)라고 하며, 적절하고 균일한 크기로 분쇄된다. 프리트를 사용하는 방법은 유기코팅을 적용하는 방법과 유사하다. 다만 처음에 재료가 완전히 다르다. 일부분 적용 방법에서 물을 매개체로 프리트와 혼합한다(이 혼합을 슬립(slip)이라 함). 반면에 다른 방법은 건조한 분말의 형태로 법랑을 적용한다. 이 기술은 분무, 정전분무, 유동코팅, 딥핑, 전기도포 등이 포함된다. 굽기는 약

800°C(1073K) 정도의 온도에서 이루어진다. 굽기는 프리트가 무공성의 유리질 법랑으로 변환되는 소결(sintering)공정이다(13.1.4절 참조). 이 공정에서 코팅 두께의 범위는 약 0.075 mm~2 mm이다. 원하는 두께를 얻기 위해 공정 단계를 여러번 반복하는 경우도 있다.

특별한 목적을 위해서 법랑 공정에 더하여 다른 세라믹을 코팅에 사용할 수 있다. 보통 이러한 코팅들은 높은 함량의 알루미나를 포함하고 있고, 이것은 내화성이 필요한 경우에 보다 더 적합하다. 굽는 온도가 더 높다는 것을 제외하고는 코팅을 사용하는 기술은 앞서 설명한 경우와 유사하다.

24.8 열적 그리고 기계적 코팅 공정

이 공정들은 앞서 설명한 다른 공정에 의해 도포된 코팅보다 일반적으로 더 두껍고 개별적인 코팅층을 만들어 낼 수 있다. 이 공정들은 열적 또는 기계적 에너지를 사용하고 있다.

24.8.1 열적 표면처리 공정

열적 표면처리 공정들은 부식, 침식, 마멸, 고온산화에 대한 저항성을 향상시키는 기능을 갖도록 코팅에 여러 가지 형태의 열에너지를 사용한다. 이 공정에서는 (1) 가열분무(thermal spraying), (2) 하드페이싱, (3) 유연오버레이 공정을 포함한다.

가열분무(thermal spraying)는 용융된 혹은 반정도 용융된 코팅 재료가 기질 표면에 분무된 후 고형화되어 표면에 접착된다. 이 방법에는 순수금속과 금속합금, 세라믹(산화물, 탄화물, 일종의 유리 등) 다른 금속화합물(황화물, 규산화물), 서멧 복합재료, 일부 플라스틱(에폭시, 나일론, 테프론 등) 다양한 코팅재료가 사용될 수 있다. 기질은 금속, 세라믹, 유리, 일부 플라스틱, 나무, 종이 등이 가능하다. 하지만 모든 기질에 코팅을 적용할 수 있는 것은 아니다. 분무공정이 금속 코팅에 사용되면 금속화(metallizing) 또는 금속분무(metal spraying)라는 용어로 사용된다.

코팅 재료를 가열하는데 사용되는 기술은 산소연료 화염, 전기아크, 플라즈마아크 등이 있다. 초기 코팅 재료는 와이어나 막대 또는 분말의 형태이다. 와이어 또는 막대가 사용되는 경우 와이어 앞부분이 열원에 의해 녹아 고체 소재로부터 분리가 된다. 용융된 재료는 압축공기 또는 다른 방법에 의해서 고속 기체 흐름에 의해 미세화되고 그 방울이 제품 부품 표면에 닿게 된다. 분말 소재가 사용되는 경우 분말공급기가 고운 입자를 기체의 흐름 속에 빨려 들어가 화염으로 이동하여 용융된다. 화염속에서 팽창하는 가스는 용융된 혹은 반용융된 분말을 제품 표면으로 가져간다. 가열분무에서 코팅 두께는 일반적으로 다른 도포공정보다 두껍게 된다. 전형적인 두께의 범위는 0.05 mm~2.5 mm이다.

가열분무 코팅의 초기 적용 대상은 기계부품에서 마멸된 부분의 재생과 너무 작게 가공된 불량제품의 재활용이었다. 이 방법은 그 후에 기술적으로 발전하여 내부식성, 내고온성, 내마멸성, 전기전도성, 전기저항, 전자기학적 간섭 보호, 그리고 기타 기능을 위한 생산 분야에 있어서 코팅 공정의 적용을 가능하게 되었다.

하드페이싱(hard facing)은 표면처리 기술로 기질 금속에 용접된 형태로 합금을 부착시키는 공정이다. 가열분무에서 결합은 전형적으로 연마 마멸에는 견딜 수 없는 기계적인 맞물림이지만, 이 방법에서는 용접과 같이(25.1.1절 참조) 코팅과 기질 사이에 융합이 일어난다. 하드페이싱은 높은 내마멸성이 필요한 경우 매우 적절한 공정이다. 적용할 수 있는 분야는 새 제품의 코팅과 심한 마멸, 침식, 부식된 제품 표면의 수리가 필요한 경우이다. 하드페이싱의 장점으로는 산소아세틸렌 가스용접과 아크용접과 같이 많은 양의 일반적인 용접공정을 수행할 수 있는 상대적으로 통제된 공장 환경 바깥에서도 바로 적용할 수 있다는 것이다. 일반적으로 표면처리 재료의 일부는 강과 철합금, 코발트합금, 니켈합금 등이다. 코팅 두께는 보통 0.7 5 mm~2.5 mm이지만 9 mm 두께까지도 가능하다.

유연오버레이 공정(flexible overlay process)은 텅스텐 카바이드(WC)와 같이 매우 단단한 코팅재료를 기질 표면 위에 도포할 수 있다. 이것은 코팅 경도를 HRC 70까지 가능케 하며, 이 점이 다른 방법들과 비교할 때 중요한 장점이다. 이 공정은 또한 제품의 선택된 부위에만 코팅할 수 있는 방법이다. 유연오버레이 공정은 단단한 세라믹이나 금속분말을 함유한 천과 브레이징 합금을 포함한 다른 천이 기질 위에 놓이고, 분말이 표면에 융해되도록 가열된다. 오버레이 코팅의 두께는 보통 0.25 mm~2.5 mm이다. WC와 WC-Co의 코팅 이외에도 코발트 합금과 니켈 합금에 적용될 수 있다. 적용할 수 있는 제품은 체인 톱니, 암반용 드릴, 유전용 드릴 칼라, 압출다이, 그리고 우수한 마멸 저항이 필요한 유사한 제품들이다.

24.8.2 기계적 도금

기계적 도금 공정은 표면에 금속 코팅을 형성하기 위해 기계적에너지를 사용한다. 기계적 도금에서 코팅될 제품은 도금 금속분말, 유리편, 도금작용을 촉진하는 특별한 화학물질 등과 함께 통안에서 혼합된다. 금속분말은 5 μm 정도의 미세한 크기를 갖는 반면에 유리편은 지름이 2.5 mm로 더 크다. 혼합물이 썩이면, 회전하는 통의 기계적인 에너지가 유리편을 통해서 금속분말을 타격해서 제품 표면에 전달되어 결과적으로 기계적 또는 금속학적인 결합이 이루어진다. 도포되는 금속은 기질과 충분한 결합을 이루기 위해 가단성이 있어야 한다. 도금 금속은 아연, 카드늄, 주석, 납 등이다. 기계적 갈바나이징(mechanical galvanizing)은 아연 코팅된 제품에 사용된다. 철계 금속이 가장 일반적으로 코팅되는 기질이며, 그 외에 다른 금속으로는 황동과 청동이 있다. 전형적인 적용 대상은 나사, 볼트, 너트, 못과 같은 체결기구이다. 기계적 도금의 두께는 보통 0.005 mm~0.025 mm이다. 아연은 약 0.075 mm 정도의 두께로 기계적 도금이 이루어진다.

참고문헌 *REFERENCES*

[1] *ASM Handbook*. Vol. 5: *Surface Engineering*. ASM International, Materials Park, Ohio, 1993.

[2] Budinski, K. G. *Surface Engineering for Wear Resistance*. Prentice Hall, Englewood Cliffs, New Jersey, 1988.

[3] Durney, L. J. (ed.). *The Graham's Electroplating Engineering Handbook*. 4th ed. Chapman & Hall, London 1996.

[4] Freeman, N. B. "A New Look at Mass Finishing." Special Report 757, *American Machinist*, August 1983, pp. 93–104.
[5] George, J. *Preparation of Thin Films*. Marcel Dekker, New York, 1992.
[6] Hocking, M. G., Vasantasree, V., and Sidky, P. S. *Metallic and Ceramic Coatings*. Addison-Wesley Longman, Read ing, Massachusetts, 1989.
[7] Koenig, B., "Keeping Clean," *Manufacturing Engineering*, January 2017, pp. 59–63.
[8] *Metal Finishing*. Guidebook and Directory Issue. Metals and Plastics Publications, Hackensack, New Jersey, 2000.
[9] Morosanu, C. E. *Thin Films by Chemical Vapour Deposition*. Elsevier, Amsterdam, The Netherlands, 1990.
[10] Murphy, J. A. (ed.). *Surface Preparation and Finishes for Metals*. McGraw-Hill, New York, 1971.
[11] Sabatka, W. "Vapor Degreasing." www.pfonline.com.
[12] Satas, D. (ed.). *Coatings Technology Handbook*. 2nd ed. Marcel Dekker, New York, 2000.
[13] Stuart, R. V. *Vacuum Technology, Thin Films, and Sputtering*. Academic Press, New York, 1983.
[14] Sze, S. M. *VLSI Technology*. 2nd ed. McGraw-Hill, New York, 1988.
[15] Tracton, A. A. (ed.) *Coatings Technology Handbook*. 3rd ed. CRC Taylor & Francis, Boca Raton, Florida, 2006.
[16] Tucker, R. C., Jr. "Surface Engineering Technologies." *Advanced Materials & Processes*, April 2002, pp. 36–38.
[17] Tucker, R. C., Jr. "Considerations in the Selection of Coatings." *Advanced Materials & Processes*, March 2004, pp. 25–28.
[18] Wick, C., and Veilleux, R. (eds.). *Tool and Manufacturing Engineers Handbook*. 4th ed. Vol III: *Materials, Finishes, and Coating*. Society of Manufacturing Engineers, Dearborn, Michigan, 1985.

복습문제 *REVIEW QUESTIONS*

서론

24.1 왜 금속은 코팅을 하는가?

산업 청정

24.2 제조된 제품이 청정해야되는 중요한 이유들은 무엇인가?

24.3 청정이 요구되는 오염물에는 어떤 것들이 있는가?

24.4 청정도는 어떤 의미인가?

24.5 중요한 화학적 청정법에는 어떤 것들이 있는가?

24.6 최근에 개발된 화학적 청정방법들은 무엇인가?

24.7 전해세척에 대하여 설명하라.

24.8 센드블레스팅의 입자는 무엇인가?

확산과 이온주입

24.9 실리콘나이징은 무엇인가?

도금과 관련공정

24.10 가장 일반적으로 도금되는 기질 금속은 무엇인가?

24.11 전기도금의 두 가지 원리는 무엇인가?

24.12 고온딥핑에 의한 내부식성의 두 가지 메커니즘이 무엇인가?

변환코팅

24.13 변환코팅은 무엇인가?

24.14 변환코팅의 두 가지 종류는 무엇인가?

증착공정

24.15 물리증착법은 어디에 적용하나?

24.16 절삭공구에 물리증착법(PVD)으로 도포되는 일반적인 코팅재료들은 무엇인가?

24.17 화학증착법(CVD)의 세 가지 실제 예는 어떤 것들이 있는가?

24.18 화학증착의 장점에는 어떤 것들이 있는가?

24.19 TiC와 TiN 같은 재료를 코팅재료로 사용할 수 있는 공정은 무엇인가?

유기코팅

24.20 유기코팅(organic coating)에서 주요 성분들의 네 가지 형태는 무엇인가?

24.21 유기코팅에서 결합재에 대하여 설명하라.

법랑 에나멜링

24.22 법랑 에나멜링의 공정 단계를 설명하라.

24.23 법랑 에나멜링(porcelain enameling)에서 프리트(frit)는 무슨 의미인가?

연습문제 *PROBLEMS*

Electroplating

24.1 A sheet metal steel part with surface area = 185 cm^2 is to be zinc plated. What average plating thickness will result if 15 A is applied for 10 minutes in a chloride electrolyte solution?

24.2 A steel stamping is to be nickel plated for corrosion protection. The part is a rectangular flat plate that is 3.2 mm thick and whose face dimensions are 13 cm by 16 cm. The plating operation is carried out in an acid sulfate electrolyte, using a current = 15 A for 10 min. Determine the average thickness of the plated metal resulting from this operation.

24.3 A plate of steel has a surface area of 160 mm^2. Calculate the total time required for depositing a 0.005 mm thick layer of copper with the application of 15 A of current.

24.4 A batch of 40 identical parts is to be chrome plated using racks. Each part has a surface area = 12.7 cm^2. If it is desired to plate an average thickness = 0.008 mm on the surface of each part, how long should the plating operation be allowed to run at a current = 100 A?

24.5 One hundred jewelry pieces, each with a surface area = 225.8 mm^2 is to be gold plated in a batch plating operation. (a) What average plating thickness will result if 8 A is applied for 15 min in a cyanide bath? (b) What is the value of the gold that will be plated onto each piece if one kg of gold is valued at $75000? The density of gold = 19.3 kg/m^3.

24.6 A low-carbon steel sheet-metal part with surface area = 0.076 m^2 is to be nickel and chrome plated. What total average plating thickness will result if the part is submersed in the nickel plating tank for 10 min at a current = 15 A and then in the chrome plating tank for 12 min at a current = 75 A?

Electroforming

24.7 In an electroforming operation, determine (a) the volume (cm^3) and (b) mass (g) of tin that is deposited onto a cathodic pattern if 50 A of current is applied for 50 min?

PART 7

접합과 조립 공정

CHAPTER 25

용접 기초와 용접 공정

25.1 용접기술의 개요
25.1.1 용접공정의 종류
25.1.2 상업적 공정으로서의 용접
25.2 용접 접합부
25.2.1 접합부의 유형
25.2.2 용접의 유형
25.3 용접의 물리학
25.3.1 출력 밀도
25.3.2 용접에서의 열 균형
25.4 융합-용접 접합부의 특성
25.5 아크용접
25.5.1 아크용접의 일반적인 기술
25.5.2 아크용접 공정–소모성 전극
25.5.3 아크용접 공정–비소모성 전극
25.6 저항용접
25.6.1 저항용접에서 전원
25.6.2 저항용접 공정
25.7 산소연료가스용접
25.7.1 산소아세틸렌용접
25.7.2 산소용접을 위한 대체 가스
25.8 기타 용접 공정
25.9 고상용접
25.9.1 고상용접에서 일반적인 고려사항
25.9.2 고상용접 공정
25.10 용접품질
25.11 용접성과 용접 경제성
25.11.1 용접성
25.11.2 용접 경제성
25.12 용접에서 설계 고려사항

교재의 파트 7은 둘 혹은 그 이상의 제품을 결합시켜 하나의 조립제품으로 만드는데 사용되는 공정들을 다룬다. 이 공정들은 그림 1.5의 아래쪽 부분에 나타내어 있다. 접합(joining)이란 용어는 용접(welding), 경납접(brazing), 연납접(soldering), 접착제 결합으로, 쉽게 분리가 될 수 없는 결합으로 두 제품을 영구적으로 결합하는 방법을 말한다. 조립(assembly)이란 용어는 일반적으로 제품들을 함께 잠그는 기계적인 방법으로, 일부는 분해가 가능하다. 기계적 조립은 27장에서 설명한다. 경납접, 연납접 그리고 접착제 결합은 26장에서 설명한다. 접합과 조립공정들을 포함한 내용들은 용접으로 시작하고, 이 장에서 언급하고 이어서 설명한다.

용접(welding)은 두 개 혹은 그 이상의 제품을 그들의 접촉면에서 열과/혹은 압력으로 합체시키는 재료 접합공정이다. 많은 용접 공정들이 압력을 사용하지 않고 열만 사용하여 진행되지만, 일부는 열과 압력을 같이 사용하기도 하고, 어떤 경우는 외부의 열 공급없이 압력에 의해서 접합된다. 일부 용접법에서는, 용가재(filler)를 사용하여 쉽게 접합하기도 한다. 용접에 의해 접합된 조립체를

용접물(weldment)이라 말한다. 용접은 대부분 금속에 적용하나, 또한 용접은 플라스틱 접합에 사용될 수 있다. 이 장에서는 금속에 대해서만 설명을 한다.

용접은 상대적으로 새로운 공정이다(역사적 고찰 25.1). 용접의 상업적이고 기술적으로 중요한 사항들은 다음과 같다.

- 용접은 영구적인 접합을 제공한다. 용접된 제품은 하나의 단품이 된다.
- 용접접합부는 만일 용가재 금속이 모재보다 우수한 강도성능을 갖고 있고 적절한 용접기술이 사용된다면 용접 모재보다 더 강할 수 있다.
- 용접은 재료의 활용도와 제조비용 측면에서 부품을 접합하는 가장 경제적인 방법이다. 조립의 다른 기계적인 방법들은 더 복잡한 형상의 변화(예를 들어 드릴의 구멍)과 체결부품(예를 들어 리벳과 볼트)의 부가가 필요하다. 그런 결과의 기계적 조립품은 항상 용접물보다 무겁게 된다.
- 용접은 공장 환경에서만 가능한 게 아니고 어디서든지 가능하다.

용접은 앞서 설명한 것처럼 장점들을 갖고 있지만, 다음과 같은 한계점과 결점(혹은 잠재적인 결점)을 갖고 있다.

- 대부분의 용접은 수작업으로 수행되어 인건비용이 비싼 공정이다. 대부분의 용접 작업들은 '숙련된 등급'으로 간주하며, 이런 공정을 수행할 수 있는 인력은 부족하다.
- 대부분의 용접공정은 높은 에너지를 사용을 포함하고 있기 때문에 본래 위험하다.
- 용접은 부품들의 영구적으로 접합으로 이루어지기 때문에, 편리하게 분해가 되지 않는다. 만일 제품을 경우에 따라 분해해야(수리 혹은 유지보수를 위해) 한다면, 용접은 조립방법으로 사용해서는 안된다.
- 용접접합부에 감지할 수 없는 어떤 품질 결함이 발생할 수 있다. 이 결함은 접합부의 강도를 저하한다.

용접 공정은 두 가지 주요 범주로 나타낸다. (1) ***융접(fusion welding)***, 접합할 두 부분의 표면을 녹여 유착을 달성하고 경우에 따라 접합부에 용가재를 추가하는 융합 용접; 그리고 (2) ***고상용접(solid-state welding)***, 열 및/또는 압력이 융착을 달성하기 위해 사용되지만 용융되지 않는 고체 상태 용접으로 모재 금속에서 용융이 발생하지 않고 또한 용가재가 추가되지 않는다.

융접은 훨씬 더 중요한 범주이다. 여기에는 (1) 아크 용접, (2) 저항 용접, (3) 산소 가스 용접 및 (4) 처음 세 가지 유형이 포함되지 않는 기타 용융 용접 공정들이 포함된다. 장의 마지막 절에서는 모든 용접 작업에 공통적인 문제인 용접 품질, 용접성 및 용접 경제성, 용접 설계에 대하여 논의한다.

역사적 고찰 25.1 용접의 기원

용접은 비교적 새로운 공정으로 간주되지만 오늘날 실행되는 것처럼 그 기원은 고대로 추적할 수 있다. 기원전 1000년경 이집트인 등 동부 지중해 지역은 대장간에서 단조용접(28.5.2절 참조) 행하는 법을 배웠다. 무기, 공구와 도구를 만드는 데 사용했던 열간단조가 자연스럽게 확대되었다. 단조 용접된 청동 제품들은 이집트의 피라미드에서 고고학자들에 의해 발견되었다. 이러한 초기 시작부터 중세까지 시대에 걸쳐서 높은 수준의 단조에 의해서 숙련된 대장장이들은 용접 기술을 개발했다. 이시대의 철 및 기타 금속의 용접된 제품들은 인도와 유럽에서 발견되었다.

현대 용접의 기술적인 기초는 1800년대가 되어서야 발전하였다. 두 가지 중요한 발견은 전기 아크와 아세틸렌 가스이고, 영국 과학자 험프리 데이비 경에 의하여 발견되었다.

1801년경 Davy는 전기 아크가 두 개의 탄소 전극 사이에 발생하는 것을 관찰하였다. 그러나 1800년대 중반이 되어서야 발전기가 발명되었고 전기가 보급되기 시작되었고, 아크 용접을 유지하기에 충분한 양의 전력을 사용할 수 있게 되었다. 프랑스의 연구소에서 일하는 러시아인 Nikolai Benardos는 탄소 아크 용접 공정에 대한 일년의 특허(하나는 1885년 영국에서 다른 하나는 1887년 미국에서)받았다. 20세가 되면서 탄소 아크 용접이 금속 접합에서 보편적인 상업적 공정이 되었다.

Benardos의 발명품은 탄소 아크 용접에 국한되었다. 1892년 Charles Coffin이라는 미국인이 금속 전극을 용가재로 사용하는 특징을 갖는 아크 용접 공정에 대한 특허를 취득하였다(탄소 아크 용접은 공정 중 용가재를 사용하지 않음). 금속 전극을 코팅하여 대기로부터 용접부를 보호하는 아이디어는 1900년경 영국과 스웨덴에서 아크 용접 공정을 개선하면서 개발되었다.

1885년과 1900년 사이에 여러 형태의 저항 용접은 Elihu Thompson에 의해 개발되었다. 스폿 용접 및 심 용접 포함, 두 개의 접합 오늘날 판금 가공에서 널리 사용되는 방법들이다.

Davy는 1800년대 초기에 아세틸렌 가스를 발견했지만 아세틸렌과 결합용 토치 개발 1900년경에 산소 순산소 가스 용접이 개발되었다. 1890년대 동안, 수소와 용접을 위해 천연 가스와 산소를 혼합했고 산소아세틸렌 화염은 훨씬 더 높은 온도에서 얻어졌다.

이 세 가지 용접공정들인 아크용접, 저항용접, 산소가스용접의 공정들은 오늘날 대부분의 용접 공정으로 수행된다.

25.1 용접기술의 개요

용접은 접합면에서 두 개의 금속 부품의 국부적인 합체 혹은 결합을 포함한다. ***접합면(faying surface)***은 접합이 이루어지는 부분의 접촉표면이나 매우 근접한 표면을 말한다. 용접은 보통 동일한 금속에서 수행되나, 일부 용접공정은 상이한 금속을 접합하는 경우에 사용될 수 있다.

25.1.1 용접공정의 종류

50 종류의 용접공정의 종류들이 미국용접협회(American Welding Society)에 의해 분류되어 왔다. 용접공정들은 요구되는 동력를 제공하는 에너지들의 다양한 종류와 조합으로 사용된다. 용접공정

들은 다음과 같은 두 개의 주요한 그룹으로 나눌 수 있다. (1) 용접(fusion welding)과 (2) 고상용접(solid-state welding).

융접(fusion welding)

융접공정은 모재를 용융시키기 위해 열을 사용한다. 대부분의 융접공정에서 용가재(filler) 금속이 용접을 가능케하고 용접 접합부에 체적과 강도를 주기 위해 용융풀(molten pool)에 더해진다. 용가재 금속이 상용되지 않는 융접법을 자생(autonomous)용접이라 한다. 융접영역에 대부분의 사용되는 용접공정들이 포함되며, 다음과 같은 일반적인 그룹으로 분류할 수 있다(괄호 안의 머리글자는 미국용접협회에서 만든 것임).

- *아크용접(Arc welding, AW).* 그림 25.1에 나타낸 것처럼 전기 아크를 통해 금속을 가열하는 용접 공정들 그룹이다. 일부 아크 용접 작업은 공정중에 압력을 사용하기도 하고, 대부분 용가재를 사용한다.
- *저항용접(Resistance welding, RW).* 저항용접은 압력하에 두 개의 접합면을 함께하여 흐르는 전류에 의해 발생하는 전기저항열로 융합하는 방법이다.
- *산소가스용접(Oxyfuel gas welding, OFW).* 이 접합공정은 모재와 용가재를 용융시키기 위해 고온의 화염을 만드는 산소와 아세틸렌 혼합물과 같은 산소연료가스를 사용한다.
- *기타융접공정.* 전자빔용접(electron beam welding)과 레이저빔용접(laser beam welding)와 같이 결합된 금속의 융합을 발생시키는 용접공정

일부의 아크와 산소 공정들은 또한 금속을 절단하는데 사용된다(22.3.4절과 22.3.5절 참조).

고상용접(solid state welding)

고상용접은 압력만 사용하거나, 열과 압력을 동시에 사용하여 접합하는 공정이다. 열이 사용된다면, 공정중 온도는 용접될 금속의 용융점보다 낮다. 용가재는 사용하지 않는다. 대표적인 용접공정들은 다음과 같다.

- *확산용접(Diffusion welding, DFW).* 두 표면이 가열된 온도에서 압력하에 함께 부착되고 그

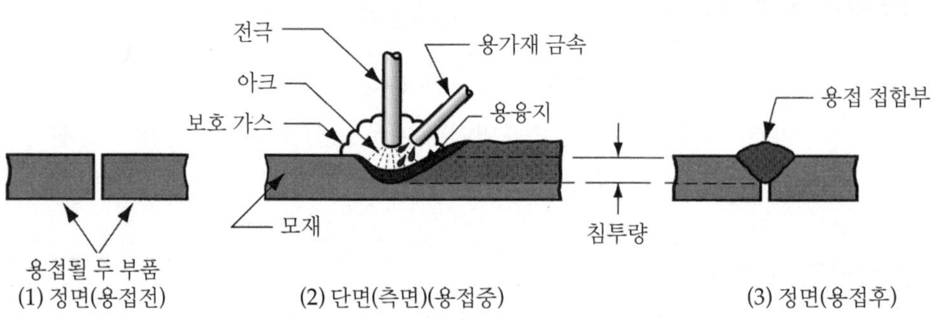

그림 25.1 아크용접의 기본. (1) 용접전, (2) 용접중, 모재가 용융되고 용가재가 용융풀에 첨가, (3) 용접후, 아크용접 공정에는 많은 변화가 존재.

부분이 고상확산에 의해 접합된다.

- *마찰용접(Friction welding, FRW).* 접합은 두 표면 사이의 마찰열에 의해 이루어진다.
- *초음파용접(Ultrasonic welding, USW).* 적절한 압력이 두 부품 사이에 작용하고, 초음파 주파수에 의해 진동 운동이 접촉면에 평행한 방향으로 움직인다. 평균력과 진동력의 결합은 전단응력을 발생시켜 표면막을 제거하고 표면의 원자결합을 얻는다.

다양한 용접 공정들은 계속해서 자세하게 설명된다. 용접관련 용어와 원리에 대한 논의를 위해 이 장에서 충분하게 제공되어야 한다.

25.1.2 상업적 공정으로서의 용접

용접의 주요 적용은 (1) 건물과 교량과 같은 건축물, (2) 배관, 압력용기, 보일러 그리고 저장탱크, (3) 조선, (4) 항공기와 항공우주 그리고 (5) 자동차와 철도 등이다[1]. 용접은 다양한 장소에서 그리고 다양한 산업에서 수행하여진다. 상업적 제품의 조립기술로 다양성 때문에, 많은 용접공정들은 공장에서 수행하여진다. 그러나 아크용접이나 산소가스용접과 같은 몇몇 전통적인 공정들은 쉽게 움직일 수 있는 장비들을 사용해서, 이 공정들은 공장에 국한되지 않는다. 용접 공정들은 건설현장, 조선소, 고객용 공장, 자동차 정비소에서도 행하여진다.

대부분의 용접 작업들은 노동집약적이다. 예를 들어, 아크용접은 큰 장치의 개별 부품들을 수작업으로 경로 혹은 위치를 조절하면서 용접을 하는 사람을 용접자(welder)라 하며, 이 사람에 의해 수행된다. 아크용접이 공장에서 수작업으로 진행될 때, 용접공은 종종 용접보조공(fitter)이라고 부르는 두 번째 작업자와 함께 수행한다. 용접보조공의 작업은 용접공이 용접하기 전에 개별 부품들을 정렬시킨는 것이다. 용접고정구(welding fixture)와 위치결정구(positioners)가 이런 목적으로 사용된다. 용접고정구(welding fixture)는 용접을 위해 정해진 위치에서 구성품들을 고정해서 잡고 있는 장치이다. 이 고정구는 용접물의 특정한 형상에 따라 맞춤형으로 만들어지고, 생산할 조립품의 수량에 근거하여 그 경제성이 판단되어진다. 용접위치결정구(welding positioner)는 용접중에 부품을 잡아주고 그리고 또한 용접을 위해 원하는 위치로 이동시켜주는 장치이다. 용접고정구와 다른 점은 원하는 하나의 정해진 위치에서 부품들을 단순히 잡아준다는 점이다. 원하는 위치는 보통 평평하고 수평적인 용접경로상의 한 위치이다.

안전문제

용접은 본질적으로 작업자에게 위험하다. 엄격한 안전 주의가 이런 용접공정을 수행하는 작업자들에게 주의를 줘야한다. 용접에서 용융금속의 높은 온도가 명백한 위험요소이다. 가스용접에서 아세틸렌과 같은 연료는 화재의 위험이 높다. 대부분의 용접 공정들이 접합될 부품 표면을 녹일 수 있을 정도로 높은 에너지를 사용한다. 대부분의 용접공정에서 전력이 열에너지의 발생원이으로 작업자에게 전기 감전의 위험이 있다. 어떤 용접공정들은 자체 위험요소가 있다. 예를 들어, 아크용접에서 사람 눈에 안좋은 자외선이 나온다. 작업자는 짙은색 창이 있는 특별한 헬멧을 착용해야 한다. 이 짙은색 창이 위험한 광선을 차단시키지만, 너무 어두워서 아크가 발생할 때 이외에는 작업자 시야가 안보이는 경향이 있다. 스파크, 용융금속의 비산, 연기, 유독가스가 용접 위험성을 증가시킨다. 용접에 사용하는 용제와 용융금속에 의해 발생하는 유독가스를 배출하기 위해 환기시설이 필요하다. 만약 작업이 밀폐된 공간에서 행하여진다면 특별한 통풍용 후드가 있는 복장이 필요하다.

용접의 자동화

수동 용접의 위험성 때문에, 그리고 생산성을 증가시키고 제품 품질을 향상시키기 위한 노력으로 여러 가지 형태의 기계화와 자동화 방법이 개발되어 왔다. 이 범주에는 기계용접, 자동용접 그리고 로봇용접이 포함된다.

기계용접(machine welding)은 작업자의 지속적인 감시하에 작업을 수행하는 장비들의 기계화된 용접을 의미한다. 일반적으로 기계적 방법에 의해 용접헤드가 정지된 공작물에 대하여 상대적으로 움직이거나, 정지된 용접헤드에 대하여 공작물이 상대 운동하는 것으로 구성된다. 작업자는 지속적으로 감시하고 작업을 제어하기 위해 장치를 작동시킨다.

만약 용접장비가 작업자의 제어없이 작업을 수행할 수 있다면, 이 작업을 ***자동용접(automatic welding)***이라 한다. 작업자는 언제나 공정을 감독하고 정상상태에서 변화를 감지한다. 기계용접과 다른 자동용접의 특징은 계속적인 작업자의 주의없이 아크 이동과 공작물의 위치를 조절할 수 있는 용접사이클 제어기가 있다는 점이다. 자동용접은 용접고정구와/혹은 용접헤드에 상대적으로 공작물의 위치를 잡아주는 위치결정구가 필요하다. 이러한 이유로 자동용접은 대량생산에만 적절한 방법이다.

로봇용접(robot welding)에서, 산업용 로봇이나 프로그램이 가능한 조정기(manipulator)가 공작물에 대한 상대적인 용접헤드의 움직임을 조절한다. 로봇 팔의 유연한 위치 접근으로 비교적 단순한 고정구를 사용할 수 있고, 새로운 공작물 형상에 대한 작동할 수 있는 로봇의 능력으로 상대적으로 소량생산 자동화에 적용될 수 있다. 일반적인 로봇 아크용접 셀(cell)은 두 개의 용접고정구와 로봇이 용접하는 동안 제품을 장착과 탈착을 할 작업자로 구성된다. 아크용접뿐만 아니라, 산업용 로봇이 자동차 최종 조립공장에 차체(car body)의 저항점용접(resistance spot welding)을 수행하기 위해 사용된다.

25.2 용접 접합부

용접은 두 부품 사이에서 단단한 체결을 만들어준다. ***용접 접합부(weld joint)***는 용접에 의해 접합되는 부품의 모서리 혹은 면의 부위를 말한다. 이 절에서는 용접 접합부의 두 가지 분류를 설명한다. (1) 접합부의 유형과 (2) 접합부 형상 부분을 접합하는 용접의 유형.

25.2.1 접합부의 유형

두 부품의 접합에는 다섯 가지 접합부 기본 유형이 있다. 이 다섯 가지의 접합부 유형은 용접에만 국

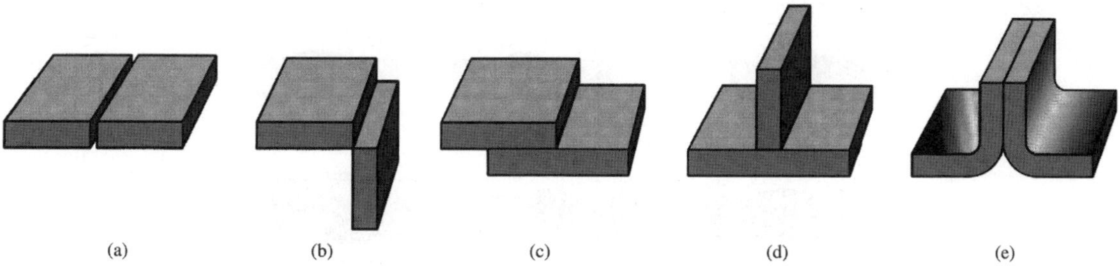

그림 25.2 접합부의 다섯 가지 기본 유형. (1) 맞대기, (2) 모서리, (3) 겹치기, (4) T자, (5) 가장자리.

한되는 것이 아니고, 다른 접합과 결합에도 적용할 수 있다. 그림 25.2를 참조하여, 다섯 개의 접합부 유형을 다음과 같이 정의할 수 있다.

(1) *맞대기 접합(이음)[butt joint].* 이 접합 형태에서는 부품들이 동일 평면에 놓여 모서리에서 접합된다.

(2) *모서리 접합(이음)[corner joint].* 모서리 접합 부품들은 직각을 이루고 직각의 모서리부분에서 접합된다.

(3) *겹치기 접합(이음)[lap joint].* 겹치기 접합은 두 개의 겹치는 부분에서 접합한다.

(4) *T자 접합(이음)[tee joint].* T자접합에서 한 부품이, T글자의 비슷한 형상으로, 다른 부품에 대하여 직각으로 접합한다.

(5) *가장자리 접합(이음)[edge joint].* 가장자리 접합에서 부품은 일반적으로 최소 하나의 모서리를 평행하게 공유하고, 접합부는 공유 모서리에서 만들어진다.

25.2.2 용접의 유형

각각의 접합부는 용접에 의해 만들 수 있다. 접합부 유형과 용접의 방법-용접 유형을 구분하는 것은 적절하다. 용접 유형들의 차이는 (접합부 유형) 형상과 용접공정에 있다.

필렛용접(fillet weld)은 그림 25.3에 나타낸 것처럼, 모서리이음, 겹치기이음 그리고 T자이음에 의해 만들어지는 판의 모서리들을 결합하는데 사용된다. 단면을 거의 직각삼각형 형태로 만들기 위해 용가금속이 사용된다. 필렛용접은 아크용접과 산소용접에서 가장 일반적인 용접 유형으로 최소한의 모서리 준비가 요구되기 때문으로-기본적인 직각형 모서리가 사용된다. 필렛용접은 단면 혹

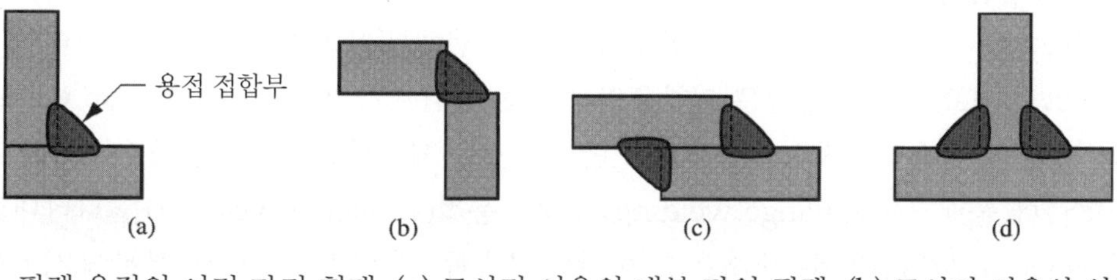

그림 25.3 필렛 용접의 여러 가지 형태. (a) 모서리 이음의 내부 단일 필렛, (b) 모서리 이음의 외부 단일 필렛, (c) 겹치기 이음의 복수 필렛, (d) T자 이음의 복수 필렛. 점선은 원래 제품 모서리를 나타낸다.

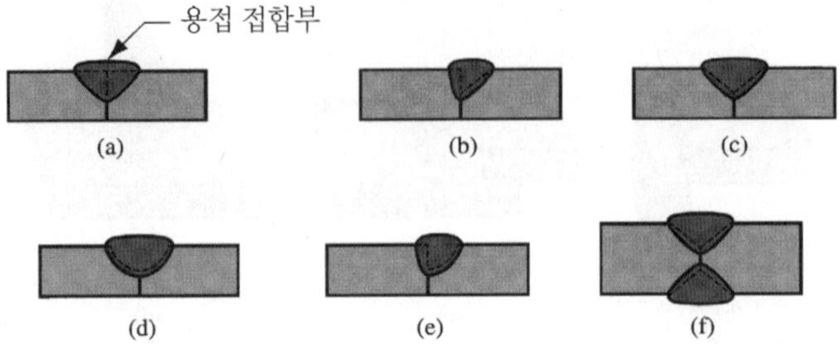

그림 25.4 일부 일반적인 홈용접. (a) 단일 직각형 홈용접, (b) 단일 경사면형 홈용접, (c) 단일 V자 홈용접 (d) 단일 U자 홈용접, (e) 단일 J자 홈용접, (f) 두꺼운 단면용접을 위한 양면 V자 홈용접. 점선은 초기 부품 모서리임.

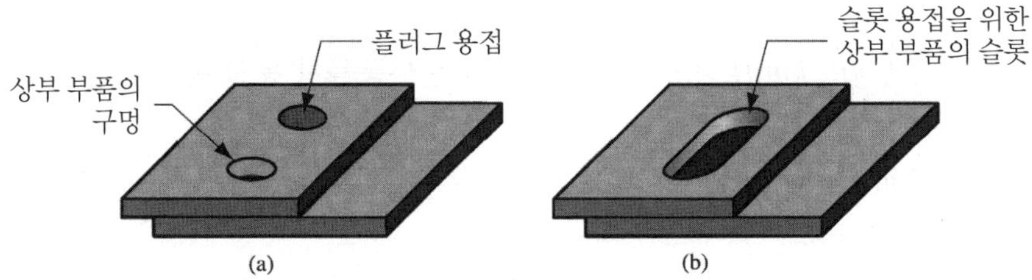

그림 25.5 (a) 플러그 용접, (b) 슬롯 용접.

은 양면(즉, 한쪽면과 양쪽면에 용접)에 형성할 수 있고, 연속적으로 혹은 단속적으로 용접할 수 있다(즉 접합부 전체 길이를 따라 용접하거나 전체길이에 따라 용접 하지 않은).

홈용접(groove welds)은 부품의 모서리에 용입(weld penetration)이 되도록 홈형상을 잘 만들 수 있도록 한다. 홈 형상은 그림 25.4에 나타낸 것처럼 직각형, 경사면형, V자형, U자형 그리고 J자형으로 단면 혹은 양면에 있을 수 있다. 보통 아크나 산소용접에 의해서 접합부를 채우기 위해 용가금속이 사용된다. 기본적인 직각 모서리 이외의 부품 모서리의 준비는, 비록 부가적인 공정이 필요하지만, 용접 접합부의 강도를 증가시키고 두꺼운 부품을 용접할 때 사용된다. 비록 홈용접은 맞대기이음에 가장 유사하게 사용되지만, 겹치기이음을 제외한 모든 접합부 유형에서 사용된다.

플러그용접(plug weld)과 ***슬롯용접(slot weld)***은 그림 25.5에 나타낸 것처럼 상부 부품에 하나 혹은 그 이상의 구멍이나 슬롯을 사용하여 두 부품을 함께 용융시키기 위해 용접금속을 채워 넣은 평평한 판을 접합하는데 상용한다.

그림 25.6에 겹치기 이음으로 사용한 점용접과 심용접을 나타내었다. ***점용접***(spot welding)은 두 박판이나 평판 표면 사이에 작은 융합부이다. 부품 전체를 용접하기 위해서는 여러 개의 점용접이 일반적으로 필요하다. 점용접은 저항용접과 밀접한 관계가 있다. ***심용접***(seam welding)은 두 박판이나 평판 사이에 연속적으로 용합부를 만드는 것을 제외하고는 점용접과 유사하다.

그림 25.7에 플랜지용접(flange welding)과 표면용접(surfacing welding)을 나타내었다. ***플랜지용접(flange welding)***은 두 개 혹은 그 이상의 금속박판이나 판재 모서리부분에 사용하는데, 그림 25.7(a)처럼 적어도 한 부품은 플랜지 상태이다. ***표면용접(surfacing welding)***은 부품을 접합을

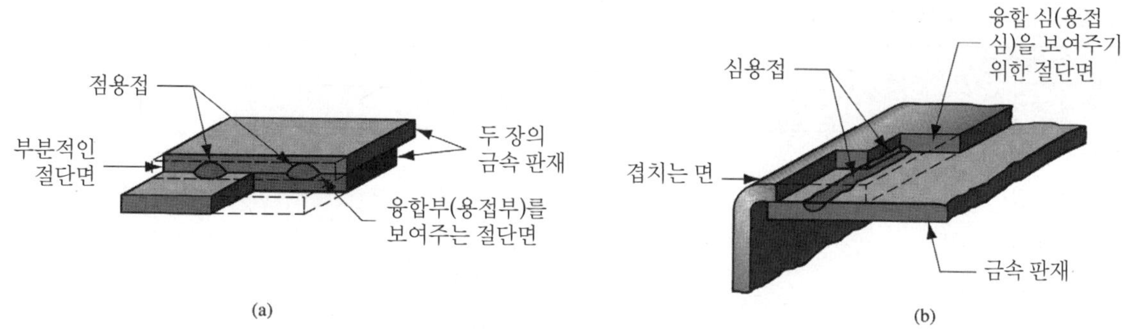

그림 25.6 (a) 점용접, (b) 심용접.

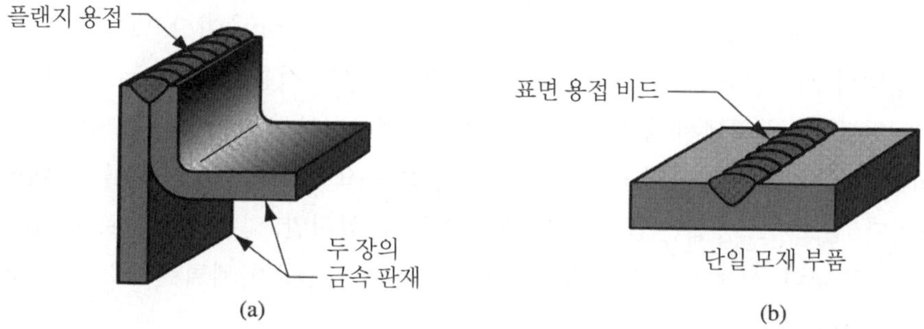

그림 25.7 (a) 플랜지용접, (b) 표면용접.

위해 사용되는게 아니고, 하나 혹은 그 이상의 용접비드를 모재표면 위해 용가금속을 붙이는 것이다. 용접비드를 평행한 경로에 겹쳐 만들 수 있으며, 그러면 모재의 넓은 영역을 덮을 수 있다. 목적은 판재의 두께를 증가시키거나 표면의 보호코팅을 만들기 위한 방법이다.

25.3 용접의 물리학

몇 가지 접합 메커니즘이 용접에 유용하지만, 융합은 가장 일반적인 방법이다. 이 절에서는 융합 용접이 이루어지는 물리적인 관계를 설명한다.

25.3.1 출력 밀도

융합을 완성하기 위해서 고밀도 열에너지원이 접합면에 공급되고, 이 결과 온도가 모재금속의 국부영역을 녹일 정도로 충분해진다. 용가금속이 첨가된다면 열에너지가 용가금속을 용융시킬 정도로 충분해야 한다. ***출력 밀도(power density)***는 단위 표면 면적당 전달되는 열에너지율(W/mm^2)로 정의될 수 있다. 금속을 용융시키는 시간은 출력 밀도에 반비례한다. 만약 출력 밀도가 너무 낮다면, 열이 표면에 공급되는 것보다 더 빠르게 제품속으로 전달(전도)되어져, 용융이 일어나지 않을 수 있

표 25.1 출력밀도에 기초한 여러 융합 용접의 비교

용접 공정	출력 밀도 [W/mm^2]
산소용접	10
아크용접	50
저항용접	1000
레이저빔 용접	9000
전자빔 용접	10,000

다. 용접에서 대부분의 금속을 용융시킬 때 필요한 최소 출력밀도가 약 10 W/mm^2로 알려져 있다. 열밀도가 증가할수록 용융시간은 줄어든다. 출력밀도가 10^5 W/mm^2 이상으로, 너무 높으면, 국부적인 온도가 열영향부의 금속을 기화시킨다. 그러므로, 용접이 적용될 수 있는 출력밀도가 실제로 가능한 범위가 있다. 이 범위에서 용접공정 사이의 차이점은, (1) 용접이 적용될 수 있는 수행율과/혹은 (2) 용접되어질 수 있는 영역의 크기이다. 표 25.1은 주요한 융합 용접 공정들에 대한 출력밀도를 비교한 표이다. 산소가스용접은 많은 양의 열을 만들 수 있지만, 넓은 영역으로 퍼지기 때문에 열밀도는 상대적으로 낮다. 산소가스용접에서 가장 온도가 높은 산소아세틸렌가스는 약 3500℃ 부근의 높은 온도를 발생시킨다.

이에 비해 레이저빔 용접(LBW)과 전자빔 용접(EBW)은 훨씬 더 작은 영역에 걸쳐 국부적인 온도가 약 30,000°C에 도달하고 전력이 밀도 최대 1,000,000 W/mm^2의 높은 에너지를 생산한다[8]. 레이저빔 용접과 전자빔 용접은 고에너지 밀도 용접 공정으로 알려져 있다. 산소가스용접과 레이저빔 용접 사이의 아크 용접(AW) 프로세스는 약 100W/mm^2에서 피복금속 아크용접(SMAW)용, 최대 10,000 W/mm^2 플라즈마 아크용접의 다양한 전력 밀도를 포함한다[8]. 금속학적인 이유로 최소한의 에너지와 높은 출력 밀도로 금속을 용융시키는게 일반적으로 바람직하다.

출력 밀도는 다음식과 같이 표면에 유입되는 출력을 표면적으로 나눈 값이다.

$$PD = \frac{P}{A} \tag{25.1}$$

여기서 PD는 출력밀도(W/mm^2), P는 표면에 유입되는 출력(W) 그리고 A는 에너지가 가해지는 표면적(mm^2)이다. 문제는 식 (25.1)보다 더 복잡하다. 복잡성 중에 하나는 출력원(예를 들어, 아크)이 여러 용접공정에서 움직이기 때문이며, 공정 전에 예열과 공정 후에 후열이 작용한다는 점이다. 다른 복잡성은 출력밀도가 표면에 영향을 주는 동안 균일하지 않다는 점으로, 다음 예정에서 증명하는 것처럼 면적의 함수로 분포된다.

예제 25.1

용접의 출력 밀도

열원에서 금속부품 표면에 2000 W의 열이 전달된다. 이 열은 원형으로, 원 내부에서 열밀도

가 변화하면서, 표면에 영향을 준다. 열밀도의 75%가 직경 8 mm 이내에 전달되고, 95%가 직경 11 mm의 동심원 내부로 전달되는 것으로 분포한다. (a) 직경 8 mm 원 안의 출력밀도는, (b) 내부원 주변에 위치한 11 mm 링의 출력밀도는 얼마인가?

풀이

(a) 내부원의 면적 $A = \dfrac{\pi(8)^2}{4} = 50.24\ \text{mm}^2$

이 면적 내의 출력은 $P = 0.75 \times 2000 = 1500$ W

출력밀도 $PD = \dfrac{15}{50.24} = \mathbf{29.85\ W/mm^2}$

(b) 내부원 링의 면적 $A = \dfrac{\pi(11^2 - 8^2)}{4} = 44.74\ \text{mm}^2$

이 링 영역의 출력은 $P = 0.95\ (2000) - 1500 = 400$ W

출력밀도 $PD = \dfrac{400}{44.74} = \mathbf{8.94\ W/mm^2}$

의견

출력밀도가 내부원을 용융시키기에 충분히 높을 것으로 보이나 내부원 바깥에 위치한 링을 용융시키기에 충분하지 않다.

25.3.2 융합 용접에서의 열균형

금속의 주어진 체적을 용융시키는데 필요한 열의 양은 (1) 고체 금속의 온도를 용융온도까지 올리는 열, 즉 금속의 체적비열과 관련이 있는 열, (2) 금속의 용융온도 그리고 (3) 용융온도에서 고상으로부터 액상으로 금속에 전달되는 열, 즉 금속의 융해열에 관계되는 열에 달려있다. 합리적인 근사값으로 열의 양의 다음식과 같이 추정될 수 있다[5].

$$U_m = KT_m^2 \tag{25.2}$$

여기서 U_m은 용융시키기 위한 단위에너지(J/mm³), 즉 상온에서 시작하는 단위체적의 금속을 용융시키는 열의 양, T_m은 절대온도에서 금속의 용융점온도(°K), K는 캘빈온도를 사용하는 경우 3.33×10^{-6}인 상수이다. 일부 선택한 금속의 절대 용융 온도를 표 25.2에 나타내었다.

열원에서 발생하는 모든 에너지가 용접금속을 용융하는데 사용되지 않는다. 소재에서 두 가지 열전달 메커니즘이 있는데, 두 메커니즘 모두 용접공정에서 사용되는 발생된 열의 양을 축소시킨다. 첫 번째 메커니즘은 열원과 소재표면 사이에 열전달을 포함한다. 이 과정은, 열원에서 발생하는 전체 열에 대한 제품에서 받는 실제 열의 비율을 의미하는 ***열전달인자(heat tranfer factor, f_1)***을 갖고 있다. 두 번째 메커니즘은 용접영역에서 제품 금속을 통해 발산되는, 표면에 열이 전달되는 부분

표 25.2 일부 선택한 금속과 합금의 절대 용융온도

금속	용융온도 (°K)[a]	금속	용융온도 (°K)[a]
알루미늄	933	*탄소강*	
알루미늄합금	740-940	저탄소강	1760
주철(회주철)	1400-1204	중탄소강	1700
구리와 구리합금		고탄소강	1650
순수구리	1357	저합금강	1700
황동	1203-1273	*스테인리스강*	
청동(90 Cu-10 Sn)	1120	오스테나이트계	1670
인코넬(Inconel)	1660-1700	마르텐사이트계	1700
마그네슘	923	*주석*	505
마그네슘 합금	622-922	*티타늄*	2070
니켈	1725	*아연*	693

참고문헌 [2], [7] 그리고 표 4.1의 데이터로부터 계산된 값

[a] Kelvin scale = Celsius temperature + 273도

에만 용융이 가능한, 열의 전도(conduction)를 포함한다. 이 ***용융인자(melting factor, f_2)***는 용융을 위해서 사용되는 제품 표면이 받는 열의 비율이다. 이 두 인자들의 조합효과는 다음과 같이 용접에서 얻어지는 열에너지를 감소시킨다.

$$H_w = f_1 f_2 H \tag{25.3}$$

여기서 H_w(J)는 용접에 얻어지는 순수열, f_1은 열전달인자, f_2는 용융인자, 그리고 H(J)는 열원에서 발생하는 전체 열.

두 인자 f_1과 f_2는 0과 1 사이의 값이다. f_1과 f_2가 용접공정에서 조화롭게 작용하지만 개념상 분리하는 것이 적절하다. 열전달인자 f_1은 용접공정과 출력원(예를 들어 전기에너지)이 제품표면에서 유용한 열로 전환시키는 능력에서 크게 결정된다. 아크용접 공정은 이런 점에서 상대적으로 효율적이고, 반면에 산소가스용접은 비교적 비효율적이다.

용융인자 f_2도 용접공정에 따라 결정되지만, 금속의 열적 성질, 접합부 형태, 소재두께에 의해서 영향을 받는다. 알루미늄과 구리와 같이 높은 열전도 특성을 갖는 금속은 열접촉 영역에서 급속한 열 발산 때문에 용접에서 문제를 발생시킨다. 낮은 에너지 밀도(예를 들어 산소용접)를 갖는 용접 열원은 문제는 더 커지는데 왜냐하면 열의 입력이 넓은 영역으로 퍼져서 제품에 전도를 용이하게 한다. 일반적으로 낮은 전도성의 제품에 높은 출력밀도는 높은 용융인자를 나타낸다.

에너지 입력과 용접에 필요한 에너지간의 균형방정식(balance equation)은 다음과 같다.

$$H_w = U_m V \tag{25.4}$$

여기서 H_w(J)는 용접 작업에 사용되는 순수 열에너지, U_m(J/mm^3)은 금속을 용융시키기 필요한 단

위체적당 에너지, V(mm^3)는 용융된 금속의 체적.

대부분의 용접 작업은 속도 공정이다. 즉 순수 열에너지 H_w가 주어진 속도로 공급되고, 용접비드가 일정한 이동속도로 이루어진다. 이것은, 예를 들어 대부분의 아크용접과 많은 산소가스용접에서 나타나는 특징이며, 일부 저항용접에서도 발생한다. 그러므로 식 (25.4)를 다음과 같이 균형방정식속도(rate balance equation)으로 표현하는 것이 적절하다.

$$R_{Hw} = U_m R_{WV} \tag{25.5}$$

여기서 R_{Hw}(J/s = W)는 용접 작업에 전달되는 시간당 열에너지, U_m(mm^3/s)는 용접금속의 시간당 체적. 연속적인 비드용접에서 용접금속의 시간당 체적은 용접단면적 A_w와 이동속도 v의 곱이다. 식 (25.5)에 이 관계를 대입하면 균형방정식속도는 다음과 같다.

$$R_{Hw} = f_1 f_2 R_H = U_m A_w v \tag{25.6}$$

여기서 f_1은 열전달인자, f_2는 용융인자, R_H(W)는 용접출력원에서 생성되는 입력에너지속도, A_w(mm^2)는 용접단면적, v(mm/s)는 용접작업의 이동속도이다. 26장에서 식 (25.1)의 출력밀도와 식 (25.6)의 입력에너지속도가 각각의 용접공정에서 어떻게 발생하는지 설명한다.

예제 25.2

용접 이동속도

어떤 용접공정의 출력원이 5000 W를 열전달인자가 0.65로 제품표면에 전달될 수 있다. 용접해야할 금속은 저탄소강이고 용융점이 표 25.2에 나타난 것처럼 1700°K이다. 이 공정에서 용융인자가 0.6이다. 단면적 30 mm^{2}로 연속적인 필렛용접이 만들어진다. 용접작업이 수행할 수 있도록 이동속도를 결정하라.

풀이

식 (25.2)에서 금속을 용융시키기 위해 필요한 단위체적당 에너지 U_m을 구하면

$$U_m = 3.33(10^{-6}) \times 1700^2 = 9.62 \text{ J/mm}^3$$

이동속도를 풀기 위해 식 (25.6)을 다시 정렬하면, $v = \dfrac{f_1 f_2 R_H}{U_m A_w}$ 로 문제의 조건들을 풀면,

$$v = \frac{0.65(0.6)(5000)}{9.62\,(30)} = \mathbf{6.75\ mm/s}$$

25.4 융합-용접 접합부의 특성

대부분의 용접 접합부는 융합용접이다. 그림 25.8(a)의 단면모습의 나타낸 것처럼 용가금속이 첨가되는 전형적인 융합-용접 접합부는 여러 영역; (1) 융합부, (2) 용접 경계부, (3) 열영향부(heat affected zone) 그리고 (4) 비영향 모재부로 구성된다.

융합부(fusion zone)는 용가금속과 모재금속이 완전히 용융되어 혼합되는 부분이다. 이 영역의 특성은 용접동안 용융된 금속들 사이에 높은 수준의 균일성을 갖고 있다는 점이다. 이런 성분들의 혼합은 용융 용접풀에서 크게 대류에 의해 진행된다. 융합부의 응고는 주조공정과 유사하다. 용접에서 용접할 부품의 용융되지 않는 모서리나 표면이 마치 주형처럼 역할을 한다. 용접에서 응고가 주조에서 응고와 다른 점은 결정축에 따라 결정립성장을 한다는 점이다. 주조에서는 금속 결정립이 주형벽에서 고체 입자의 응고핵 형성으로 그리고 결정립성장이 이어진다. 반면에, 용접에서는 응고핵 형성단계 대신에 용융풀의 원자가 인접한 고체 모재금속이 갖고 있는 격자 위치보다 앞선 곳에서 응고되는 결정축에 따른 ***결정립성장(epitaxial grain growth)***이란 메커니즘을 갖고 있으며, 열영향부 근처의 융합부의 결정립구조는 열영향부 주변의 결정방향을 따라가는 경향이 있다. 융합부 안쪽은 결정립이 용접경계부에 거의 직각방향성을 나타낸다. 응고된 융합부의 최종적인 결정구조는, 그림 25.8(b)에 묘사한 것처럼, 거친 주상결정립구조이다. 결정립구조는 용접공정, 용접대상 금속(예를 들어, 동일금속과 이종금속), 용가금속의 사용여부, 용접 이송속도 등의 여러 인자들에 의해 결정된다. 용접 금속학은 상세한 논의는 이 교재 범위를 넘어서므로 여러 참고문헌 [1], [4], [5]를 참고할 수 있다.

용접접합부의 두 번째 영역은 융합부로부터 열영향부를 구분하는 좁은 경계인 ***용접경계부(weld interface)***이다. 이 경계부는 용정 공정 중 완전히 용융되거나 부분적으로 용융되지만(결정립내에서 부분적인 용융), 융합부의 금속과 함께 혼합 전에 즉각적으로 응고되는 모재금속의 얇은 층으로 구성되어 있다. 그러므로 용접경계부의 화학적 조성은 모재 금속의 조성과 동일하다.

일반적인 융합 용접의 세 번째 영역은 ***열영향부(heat-affected zone, HAZ)***이다. 이 영역의 금속은 용융점보다 낮은 온도를 받지만, 이 온도는 고체 금속에서 미세구조 변화를 일으키기에 충분하다. 열영향부의 화학적 조성은 모재 금속과 동일하지만, 용접온도에 의한 열처리효과로 물성치와 결정구조가 변화한다. 열영향부의 금속학적 손실은 열입열량과 도달하는 최고 온도, 융합부에서 거리로부터 영향을 받으며, 높은 온도, 냉각속도, 금속의 열특성 등의 영향을 받는 금속의 시간에 따라 다르르다. 열영향부가 기계적 물성값에 주는 영향은 보통 부정적이며, 용접불량이 발생하는 용접 접합부의 영역이다.

융합부로부터 거리가 멀어질수록 금속학적 변화가 발생하지 않는 비영향 모재부(unaffected

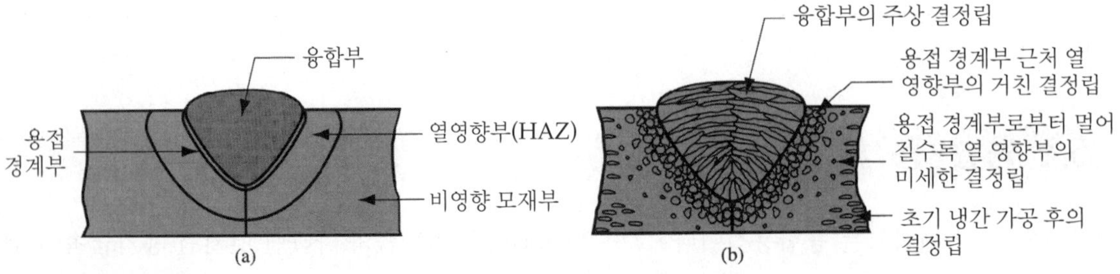

그림 25.8 일반적인 융합-용접 접합부의 단면. (a) 접합부의 주요 영역, (b) 일반적인 결정립 구조.

base metal zone)에 도달하게 된다. 그럼에도 불구하고 열영향부 부근의 모재금속은 융합부의 수축에 따른 결과로 높은 잔류응력 상태가 되기 쉽다.

25.5 아크용접

아크용접(Arc welding, AW)은 전극과 소재사이에 전기 아크의 열로 금속의 접합을 얻는 융접공정이다. 동일한 공정이 또한 아크절단(22.3.4절 참조)에 사용된다. 일반적인 아크용접을 그림 25.9에 나타내었다. ***전기 아크(electric arc)***는 회로에서 간격사이에 따라 흐르는 전기전류의 방전이다. 열적으로 이온화된 가스기둥(플라즈마라고 불리는), 그 속에서 전류가 흐르는, 존재에 의해 유지된다. 아크용접에서 아크를 발생시키기 위해, 전극은 공작물에 접촉시킨다음 짧은 거리만큼 빠르게 떨어지게 한다. 아크로부터 나온 전기에너지는 어떤 금속도 용융시키기에 충분한 5500℃ 이상의 온도를 형성한다. 모재 금속(들)과 용가재 금속(둘 중 하나만 사용)으로 이루어진 용융금속풀은 전극 끝 근처에 형성된다. 대부분의 아크용접 공정에서 용가재금속은 용접접합부의 체적과 강도를 향상시키기 위해 공정중 첨가된다. 전극이 접합부를 따라 움직임에 따라 용융 용접풀이 응고가 발생한다.

공작물에 대한 상대적인 전극의 움직임은 용접공(수작업 용접) 혹은 기계적인 수단(즉, 기계용접, 자동용접 혹은 로봇용접)에 의해 수행된다. 수동 아크용접의 문제점 중에 하나는 용접부의 품질이 용접공의 숙련도와 윤리에 달려있다는 점이다.

다른 문제는, 아크작업시간(아크시간)의 정도인 생산성이다. 이름에서 암시하듯이, 아크시간(arc-on time)은 아크가 작동하고 있는 동안의 시간으로 용접이 완성되는 동안의 시간이다. 아크시간은 분, 시간, 혹은 작업주기나 근무교대의 전체시간 중 부분으로 표현될 수 있다. 다음은 네 가지의 대체 가능한 정의이다.

아크시간 = 아크가 작동하는 동안 작업주기당 분 (25.7a)

아크시간 = 아크가 작동하는 동안 작업주기당 시간의 분율 (25.7b)

아크시간 = 아크가 작동하는 동안 근무교대시간 (25.7c)

아크시간 = 아크가 작동하는 동안 근무교대 시간의 분율 (25.7d)

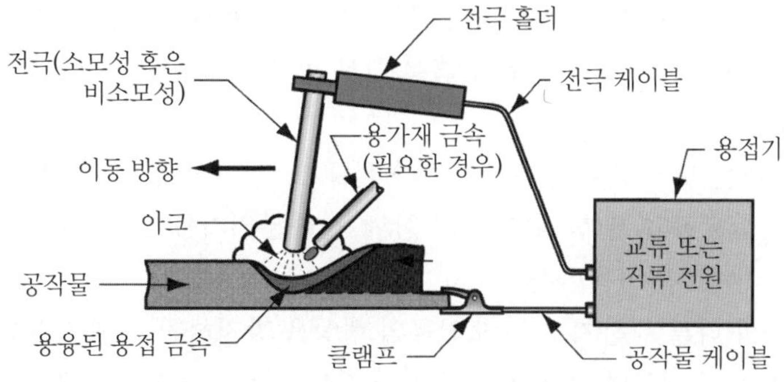

그림 25.9 아크용접 공정의 기본적인 모습과 전기회로.

이런 정의들은 개별적인 용접공이나 기계적인 작업단계에 적용할 수 있다. 수작업 용접중에서 아크용접은 보통 20% 정도이다. 수작업 아크용접에서, 스트레스가 많은 조건에서 손과 눈의 조화를 요구하기에, 피로를 극복하기 위해 용접공들은 빈번한 휴식 주기가 필요하다. 또한 용접주기에 제품의 로딩(loading)과 언로딩(unloading) 그리고 전극봉 교환과 같은 다른 활동들이 포함된다. 기계, 자동 그리고 로봇용접에 경우 아크시간은 약 50%(공정에 따라 다소 다름)까지 증가한다.

25.5.1 아크용접의 일반적인 기술

개별적인 아크용접(AW)을 설명하기 전에, 이런 공정들을 적용하는 일반적인 기술적 사항에 대하여 검토하는 것이 바람직하다.

전극(Electrode)

아크용접 공정에서 사용되는 전극은 소모성전극과 비소모성전극으로 나눌 수 있다. ***소모성전극(consumable electrodes)***은 아크용접에서 용가재 금속의 역할을 한다. 소모성전극은 두 가지 형태인 봉(혹은 막대)과 와이어로 구분된다. 소모성 용접 전극봉의 문제는, 적어도 생산 용접에서, 주기적으로 교체해야 하기에 용접공의 아크시간이 줄어든다는 점이다. 소모성 용접 와이어는 긴 와이어가 감긴 스플에서 용접하는 위치로 연속적으로 공급되는 장점이 있으므로, 용접봉처럼 자주 공정을 정지할 필요가 없다. 용접봉과 와이어 모두 전극이 소모되면서 용접 접합부로 들어가는 용가재 금속의 역할을 한다.

비소모성전극(Nonconsumable electrodes)는 아크열에 녹지 않는 텅스텐(혹은 간혹 탄소)으로 만들어진다. 비소모성이란 이름에도 불구하고, 비소모성전극도 용접 공정 동안 점차로 소멸되는데(기화현상이 주된 이유), 이 현상은 절삭가공에서 절삭공구의 점진적인 마멸과 유사하다. 비소모성 전극봉을 사용하는 아크용접 공정에 사용되는 용가재 금속은 독립적으로 와이어의 형태로 용접되는 위치에 공급되어야 한다.

아크 보호(Arc shielding)

아크용접시 높은 온도에서, 접합되는 금속들이 공기중에 있는 산소, 질소, 수소와 화학적으로 반응하면서 접합된다. 용접접합부의 기계적 성질들은 이러한 작용으로 심하게 나빠진다. 그러므로, 주변 공기로부터 아크를 보호할 어떤 방법이 거의 모든 아크용접에서 제공된다. 아크 보호는 전극봉 끝, 아크, 그리고 용융된 용접풀에 가스나 용제 혹은 함께 피복하여 덮음으로서 용접금속의 공기 노출을 금지시키고 있다.

일반적으로 보호 가스는 모두 불활성인 아르곤과 헬륨가스를 사용한다. 철계금속의 용접중에서 어떤 아크용접은, 보통 아르곤 혹은(함께) 헬륨과 함께, 산화분위기를 형성하거나 용접형상을 제어하기 위해 산소와 이산화탄소를 사용한다.

용제(flux)는 산화물과 다른 원하지 않는 오염물의 형성을 방지하기 위해 사용되는 물질이다. 용접하는 동안, 용제는 녹아서 액상의 슬래그가 되고, 용접부위를 덮고 용융 용접금속을 보호하게 된

다. 용접부 위해 슬래그도 냉각과정에서 경화가 되어 용접후에 깎거나 털어서 제거해야한다. 용제는 여러 가지 부가적인 기능들인, (1) 용접을 위한 보호분위기 제공과 (2) 아크의 안정화, (3) 비산의 감소를 위하여 작용하도록 항상 형성되어진다.

용제의 적용방법은 각 용접공정마다 다르다. 용제의 공급관련된 기술들은 (1) 용접공정중에 과립상 용제를 공급하는 방법, (2) 용제 재료로 전극봉을 코팅하여 용접작업 동안 코팅재가 용해되도록, (3) 관 형상의 전극 중심부에 용제를 넣어 전극이 소모되면서 용제가 공급되도록 하는 방법들이다. 이 방법들은 자세하게 아크용접을 설명할 때 더 자세하게 설명할 예정이다.

아크용접의 전원(Power source in arc welding)

직류와 교류 모두 아크용접에 사용된다. 직류장비가 구매와 사용비용이 더 저렴하지만, 일반적으로 철계금속 용접에 제한적으로 사용한다. 직류장비는 모든 금속에 대해 좋은 효과를 볼 수 있고, 일반적으로 아크 제어성이 더 뛰어나다.

모든 아크용접 공정에서 작업을 수행하는 전력은 아크를 통해 발생하는 전류(I)와 전압(E)의 곱으로 나타난다. 이 동력이 열로 전환되지만, 모든 열이 제품 표면에 전달되지 않는다. 대류, 전도, 복사, 비산으로 사용할 수 있는 열량의 손실이 설명될 수 있다. 손실의 영향은 열전달인자 f_1으로 표현된다(25.3.2절 참조). 소모성 전극을 사용하는 아크용접의 열전달인자가 더 크며, 왜냐하면 전극을 용해시키는데 사용되는 대부분의 열이 용융금속으로 제품에 전달되기 때문이고, 이런 공정들의 일반적인 f_1값은 0.8~0.95이다[1], [5]. 대조적으로, 비소모성 전극 아크용접의 열전달계수는, 가스텅스텐 아크용접에서처럼 0.5~0.7로 낮다[1], [5]. 용융인자 f_2(25.3.2절 참조)가 용접에서 얻을 수 있는 열을 더 감소시킨다. 아크용접에서 결과적인 전력평형식은 다음과 같다.

$$R_{Hw} = f_1 f_2 I\,E = U_m A_w v \tag{25.8}$$

여기서, E는 전압(V), I는 전류(A), 다른 인자들은 25.3.2에서 정의되었다. R_{Hw}의 단위는 와트(W = 전압*전류)로 J/s와 동일하다.

예제 25.3

아크용접에서 전력

가스텡스텐 아크용접 공정이 400A 전류와 25V 전압으로 수행되고 있다. 열전달인자 $f_1 = 0.75$이고 용융인자 $f_2 = 0.6$이고 금속의 단위 용융에너지 U_m이 12 J/mm³이다. (a) 공정에서 동력, (b) 용접에서 열발생률, 그리고 (c) 용접부 금속의 체적률을 구하라.

풀이

(a) 아크용접 공정에서 전력은

$$P = IE = (400)(25) = \mathbf{10000\ W}$$

(b) f_1이 0.70이고, f_2가 0.5이므로, 용접에서 사용된 열발생률은

$$R_{Hw} = f_1 f_2 I E = (0.75)(0.6)(10000) = \mathbf{4500\ W}$$

(c) 용접부 금속의 체적률은

$$R_{VW} = (4500\ \text{J/s})/(12\ \text{J/mm}^3) = \mathbf{375\ mm^3/s}$$

25.5.2 아크용접 공정들-소모성 전극

대부분의 주요한 아크용접 공정에서는 소모성 전극을 사용한다. 이런 용접 공정들에 대하여 이 절에서 논의된다. 용접공정에 대한 기호는 미국용접협회(American Welding Society)에서 사용되는 것들이다.

피복금속 아크용접(Shielded metal arc welding)

피복금속 아크용접(SMAW)은 용제와 방호 역할을 제공하는 화합물이 용가재 금속 봉에 코팅되어 구성된 소모성 전극을 사용하는 아크용접이다. 이 공정은 그림 25.10와 그림 25.11에 보여준다. 용접봉(SMAW는 종종 stick welding이라 말함)은 일반적으로 길이가 225~450 mm이고, 직경은 2.5~9.5 mm이다. 봉에 사용되는 용가재 금속은 용접할 금속 재질과 화합할 수 있어야 하므로, 보통 모재의 성분과 비슷한 성분을 사용한다. 피복재는 산화물, 탄화물, 그리고 기타 성분들과 혼합된 분말 셀루로우즈(즉, 면과 나무분말)로 구성되어, 규산결합재와 함께 결합된다. 금속분말 역시 용가재

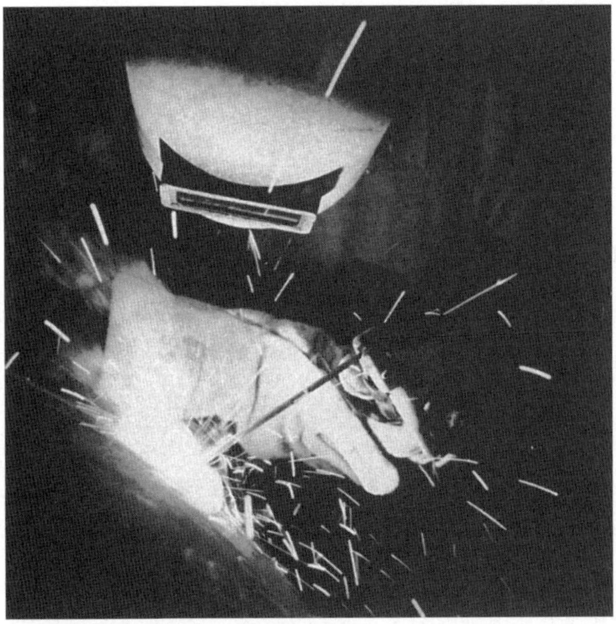

Courtesy of Hobart Brothers Company

그림 25.10 용접공에 의해 수행되는 피복 금속 아크 용접.

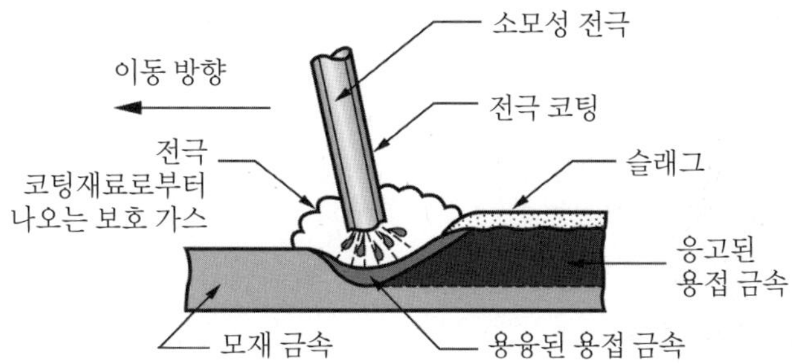

그림 25.11 피복금속 아크용접(SMAW).

금속의 양을 증가시키거나 합금원소를 첨가하기 위해 포함되기도 한다. 용접 공정의 열이 피복을 용해시켜 용접공정 동안 보호가스와 슬래그를 생성한다. 이것은 또한 아크를 안정화시키고 전극이 용융되는 속도를 조절하는 데 도움을 준다.

용접공정 중 용접봉의(용접팁의 반대쪽) 끝이 전원에 연결된 전극 집게에 고정된다. 이 집게에는 절연된 손잡이가 있어 용접공이 붙잡고 조작할 수 있다. 피복금속 아크용접에 사용되는 전류는 일반적으로 30 A~300 A이고, 전압은 15 V~45 V이다. 적절한 전력 인자들의 선택은 용접할 금속, 전극 종류와 길이, 요구되는 용접 침투깊이에 달려있다. 전력 공급, 전극케이블 그리고 전극 집게는 수천달러면 구입할 수 있다.

피복금속 아크용접은 보통 수작업으로 진행된다. 일반적인 적용 분야는 건설, 배관, 기계구조물, 조선, 제작소, 수리점 등이다. 두께 5 mm 이상에서는 피복금속 아크용접이 산소용접보다 많이 사용되는데, 이유는 높은 출력밀도 때문이다. 장비는 이동 가능하고 저렴하기에 피복금속 아크용접(SMAW)은 용도가 매우 다양하고, 아크용접 공정중에서 가장 많이 사용되고 있다. 모재 금속으로는 탄소강, 스테인리스강, 주철, 일부 비철금속들이다. 알루미늄과 알루미늄합금, 구리합금 그리고 티타늄합금에서 거의 사용하지 않는다.

생산 공정에서 피복금속 아크용접의 단점은 소모성 전극을 사용하므로 발생한다. 전극봉이 소모됨에 따라 주기적으로 교체해야만 하며, 아크 시간이 줄어든다. 또 다른 한계점은 사용할 수 있는 전류 수준이다. 전극 길이가 작업 중에 줄어들고, 이 길이는 전극의 저항열에 영향을 주기에 혹은 새로운 용접봉이 시작할 때 피복재가 과열되어 녹을 수 있기에, 전류 수준을 안전한 범위 내에 유지하도록 해야 한다. 다른 아크용접의 일부는 피복금속이 아크용접의 용접봉 길이의 단점을 극복하기 위해 와이어 전극을 연속적으로 공급하는 방법을 사용하고 있다.

가스금속 아크용접(Gas metal arc welding)

가스금속 아크용접(GMAW)은 전극이 코팅이 안된 소모성 금속 와이어 형태로 아크와 함께 가스를 흐르게 하여 보호하는 아크용접법이다. 코팅이 안된 와이어는 그림 25.12처럼 스풀로부터 용접건으로 연속적이고 자동적으로 공급된다. 그림 25.13은 용접건을 보여주고 있다. 가스금속 아크용접에 사용되는 와이어 직경은 0.8 mm에서 6.5 mm인데, 이 크기는 용접할 제품의 두께와 원하는 적측속도에 따라 달라진다. 보호용 가스로 아르곤이나 헬륨과 같은 불활성 기체와 이산화탄소와 같은

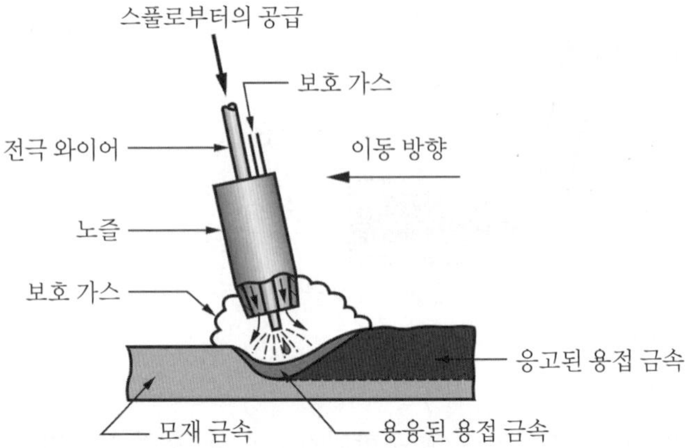

그림 25.12 가스금속 아크용접(GMAW).

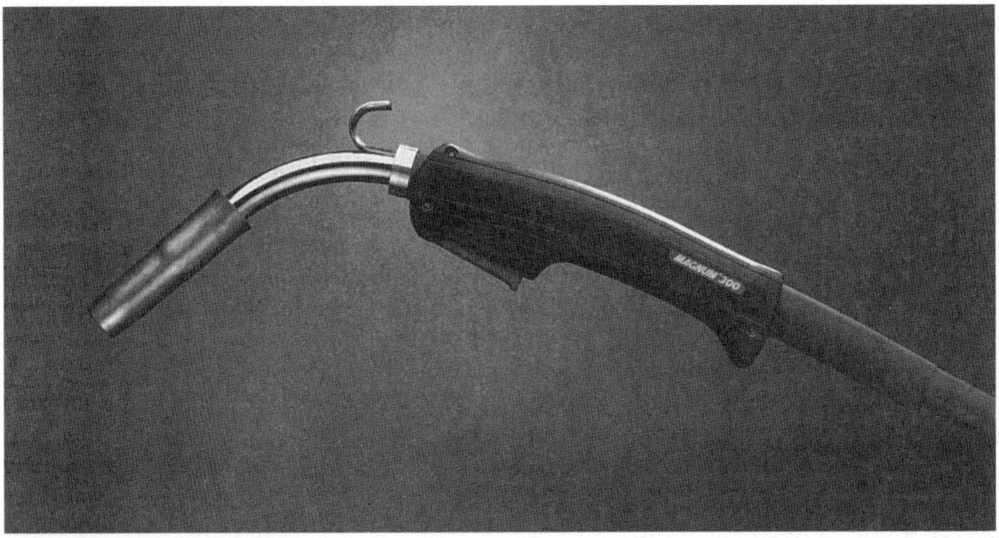

Courtesy of Lincoln Electric Company

그림 25.13 가스금속 아크용접용 용접건.

활성 기체가 사용된다. 가스의 선정(가스의 혼합)은 다른 요인들뿐만 아니라 용접할 금속에 달려있다. 불활성기체는 알루미늄 합금과 스테인리스강에 사용되는 반면에 이산화탄소는 일반적으로 저탄소강과 중탄소강에 사용된다. 전극와이어와 보호가스의 조합으로 용접비드를 덮은 슬래그가 생기지 않아 수작업으로 슬래그를 제거할 필요가 없다. 가스금속 아크용접은 그러므로 동일한 접합부에 여러번 용접을 하는 경우에 이상적이다.

가스금속 아크용접을 사용할 수 있는 다양한 금속들이 있고, 공정의 변황에 따라 여러 가지 아크용접에 대한 이름들이 붙여졌다. 이 공정이 1940년대 후반 처음 소개되었을 때, 아크 보호를 위해 불활성 가스(아르곤)을 사용해서 알루미늄 용접에 사용하였다. 이 공정에서 붙여진 이름이 ***MIG용접(metal inert gas welding)***이었다. 같은 용접 공정을 탄소강에 적용했다면, 불활성 가스는 비 경제적이고 이산화탄소 가스가 대체가스로 사용된다. 그러므로 CO_2용접이라 말한다. 탄소강 용접에 대한 가스금속 아크용접을 개선으로 CO_2와 아르곤의 혼합가스 그리고 산소와 아르곤의 혼합가스가 사용된다.

가스금속 아크용접은 다양한 철과 비철금속의 용접을 위한 공장에서 제조 공정에서 널리 사용된다. 용접 스틱보다 연속적인 용접 와이어를 사용하기 때문에, 수작업으로 할 때 가스금속 아크용접이 아크 시간측면에서 피복금속 아크용접보다 높은 우수성을 갖고 있다. 같은 이유로 아크 용접 공정의 자동화도 가능하다. 피복금속 아크용접은 쓰고 남은 전극이 있어 용가재 금속을 낭비하게 되므로, 가스금속 아크용접의 전극재료 활용도가 더 높다. 가스금속 아크용접의 다른 특징으로는 슬래그의 제거가 불필요하며(용제의 비사용), 피복금속 아크용접보다 높은 적층속도와 훌륭한 다양성에 있다.

유심용제 아크용접(Flux-cored arc welding)

유심용제 아크용접은 1950년대 초반에 전극봉을 사용함으로써 발생하는 피복금속 아크용접의 한계성을 극복하기 위해 개발되었다. 유심용제 아크용접(FCAW)은 전극 중심속 안에 용제와 다른 성분을 담을 수 있는 연속적인 소모성의 관 형태의 전극을 사용하는 아크용접 공정이다. 다른 성분에는 산화방지제와 합금 원소들이 포함될 수 있다. 관상의 유심용제 '와이어'는 유연성이 있어, 코일로부터 아크용접건으로 연속적인 공급이 이루어질 수 있다. 유심용제 아크용접에는 (1) 자체 보호와 (2) 가스 보호의 두 형태가 있다. 유심용제 아크용접의 개발 초기에는 용제 코어에 의해 아크보호가 이루어졌기 때문에 ***자기보호 유심용제 아크용접(self-shielding flux-cored arc welding)***이라는 이름이 붙여졌다. 자기보호 유심용제 아크용접의 코어속에는 용제뿐만 아니라 아크를 보호하기 위한 보호가스를 방출시켜주는 물질도 포함하고 있다. 유심용제 아크용접의 다른 형태는 주로 탄소강을 용접하기 위해 개발되었으며, 가스금속 아크용접과 유사하게 외부에서 공급되는 가스로 아크를 보호한다. 이런 형태의 가스보호 유심용제 아크용접(gas-shielded flux-cored arc welding)이란 이름이 붙여졌다. 분리된 보호가스와 함께 자체 용제를 갖는 전극을 사용하는 피복금속 아크용접과 가스금속 아크용접의 혼합형으로 사용된다. 사용되는 보호가스는 연강의 경우 이산화탄소를 사용하고, 스테인리스강의 경우 아르곤과 이산화탄소를 섞어서 사용한다. 그림 25.14는 유심용제 아크

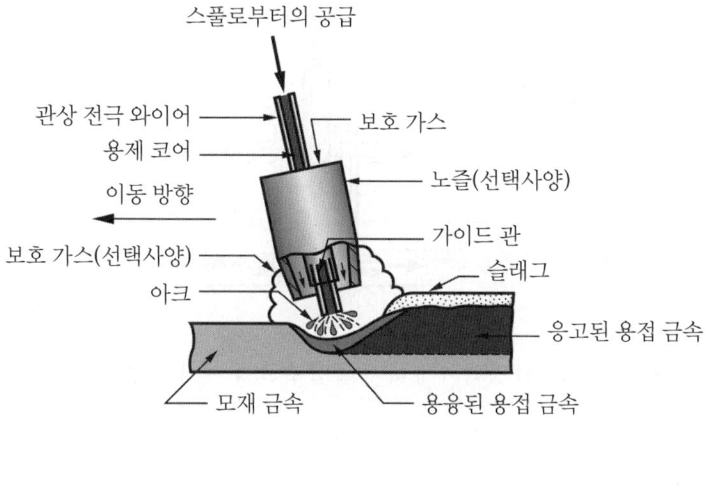

그림 25.14 유심용제 아크용접. 외부로부터 공급되는 보호가스의 사용 유무에 따라 두 가지 형태로 구분된다. (1) 코어가 보호물질을 제공하는 자기보호, (2) 외부에서 가스가 공급되는 가스보호.

용접 공정을 보여주고 있으며, 가스(선택적인)가 두 형태의 차이를 보여주고 있다.

유심용제 아크용접은 전극을 연속적으로 공급한다는 측면에서 가스금속 아크용접과 유사한 장점들을 갖고 있다. 이 방법은 주로 탄소강과 스테인리스강 소재들로 넓은 범위의 두께에 대하여 사용될 수 있다. 매우 높은 품질의 매끄럽고 균일한 용접접합부를 만들 수 있는 방법이다.

일렉트로가스 용접(Electrogas welding)

일렉트로가스 용접(EGW)은 연속적인 소모성 전극(유심용제 와이어 혹은 보호가스가 외부에서 공급되는 와이어)과 용융금속을 포함하기 위한 몰딩 슈즈(molding shoes)를 사용하는 아크용접법이다. 이 공정은 그림 25.15처럼 주로 수직 방향의 맞대기 이음(butt welding)에 사용된다. 코어에 용제가 들어간 전극 와이어가 사용되었을 경우 외부가스가 공급되지 않으므로 자기보호 유심용제 아크용접의 특수한 경우이다. 코어가 없는 전극 와이어를 사용해서 외부로부터 보호가스가 공급되는 가스금속 아크용접의 특수한 경우이다. 몰딩 슈즈는 용접풀에 녹아 스며들어가는 것을 막기 위해 물로 냉각한다. 몰딩 슈즈는 용접할 제품들의 모서리와 함께 하나의 용기를 만들어 전극과 모재로부터 용융될 금속이 점점 부가되도록 해준다. 공정은 단일공정으로 공동을 채우기 위해, 수직으로 위쪽 방향으로 용접끝을 이동시키면서 자동으로 수행된다.

일렉트로가스 용접의 주요한 적용분야는 대형 저장탱크의 건설이나 조선산업에서 사용하는 탄소강(저탄소강, 중탄소강, 저합금강, 일부 스테인리스강)이다. 소재 두께가 12 mm~75 mm 정도가 일렉트로가스 용접이 가능한 두께의 범위이다. 맞대기 이음 이외에 필렛용접과 홈용접에도 사용할 수 있는데, 항상 수직방향만 가능하다. 특별히, 접합부 형상에 맞게 몰딩 슈즈를 설계해야할 경우도 있다.

서브머지드 아크 용접(Submerged arc welding)

이 용접은, 1930년대 개발되어 왔으며, 최초로 자동화된 아크용접의 하나이다. 서브머지드 아크용접(Submerged arc welding, SAW)은 연속적이고 소모성 와이어 전극을 사용하며, 아크보호를 과

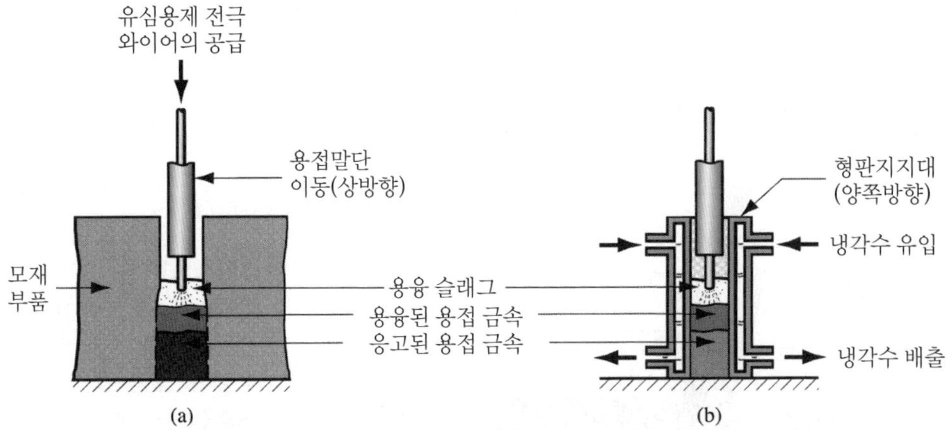

그림 25.15 유심용제를 사용하는 일렉트로가스 용접. (a) 명백하게 하기 몰딩 슈즈를 제거한 정면도, (b) 양쪽에 몰딩 슈즈를 나타낸 측면도.

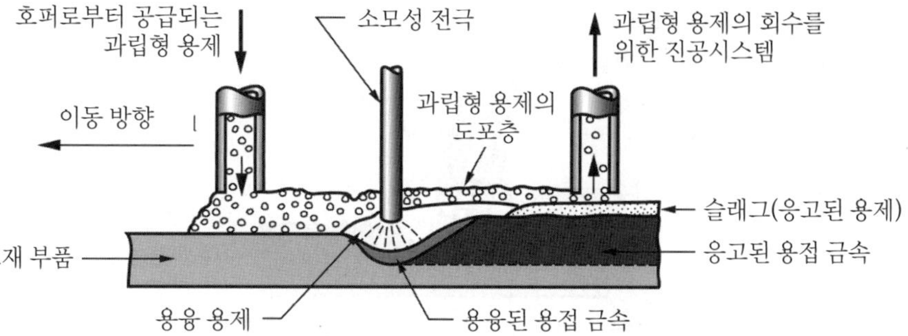

그림 25.16 서브머지드 아크 용접(SAW).

립형 용제의 도포로 이루어지는 아크용접 공정이다. 전극와이어는 코일로부터 아크로 자동으로 공급한다. 용제는 접합부에 용접 아크가 발생하기 조금 전에 그림 25.16과 같이 호퍼로부터 중력에 의해 공급된다. 과립형 용제의 도포층이 아크용접부를 완전하게 도포하게 되고, 다른 아크용접법에서 나타나는 위험요소인 스파크, 비산, 복사열 등을 막아준다. 그러므로 서브머지드 아크용접 작업자는 다소 귀찮은 안면 보호장비를 착용할 필요가 없다(물론 안전유리안경과 보호장갑은 필요함). 아크에서 가장 가까이 위치한 용제는 용해되어 불순물을 제거하는데 용융금속과 함께 섞이게 되고, 그 다음에 용접접합부 위에서 응고되어 유리와 같은 슬래그를 형성하게 된다. 슬래그와 융합되지 않는 용제 입자들은 공기로부터 좋은 보호막을 형성하고, 용접영역에 대한 양호한 단열재 역할을 하기 때문에, 비교적 느린 냉각과 인성과 연성이 좋은 고품질의 용접접합부를 얻을 수 있다. 그림에서 나타낸 것처럼 용접후에 남은 비융합용제는 회수되어 재활용할 수 있다. 용접부를 덮고 있는 고체 슬래그는 수작업으로 제거해야 한다.

서브머지드 아크용접은 강구조물(예를 들어 용접된 I빔)의 제조, 대형 파이프, 탱크, 압력용기의 길이방향과 원주방향의 이음, 중장비기계의 용접부품으로 많이 사용된다. 이런 종류의 적용분야에서 강판의 두께가 25 mm 이상으로, 더 무거운 경우에 통상적으로 이 방법을 사용한다. 저탄소강, 저합금강, 스테인리스강 재료가 서브머지드 아크용접으로 쉽게 용접할 수 있고, 하지만 고탄소강, 공구강, 대부분의 비철금속에는 적합하지 않다. 과립용제가 중력에 의해 공급되기 때문에 공작물이 항상 수평으로 위해해 있어야 하며, 용접 작업동안 접합부 밑의 지지판이 필요한 경우도 종종 있다.

25.5.3 아크용접 공정-비소모성 전극

앞서 설명한 아크용접 공정들은 소모성 전극들을 사용한다. 가스텅스텐 아크용접, 플라즈마 아크용접, 그리고 몇가지 용접들이 비소모성 전극을 사용한다.

가스텅스텐 아크용접(Gas tungsten arc welding, GTAW)

가스텅스텐 아크용접(Gas tungsten arc welding, GTAW)은 비소모성 텅스텐전극과 아크보호용 불활성 가스를 사용하는 아크용접 방법이다. TIG용접(tungsten inert gas welding)이라는 이름이 이공정에 사용된다(유럽에서는 WIG용접으로 W는 Wolfram임). 가스텅스텐 아크용접 공정은 용

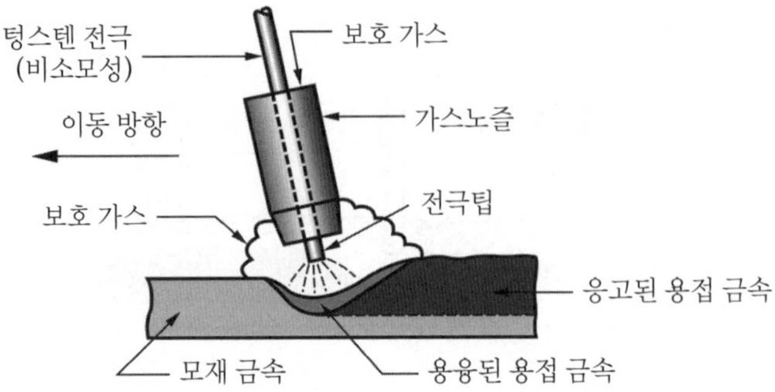

그림 25.17 가스텅스텐 아크용접(GTAW).

가재 금속을 사용할 수도 있고 안할 수도 있다. 그림 25.17은 후자의 경우이다. 용가재를 사용하는 경우 분리된 봉이나 와이어로부터 소모성전극처럼 아크를 가로질러 전달되기 보다는 아크열에 의해 용융되어 첨가된다. 텅스텐은 용융점이 3410℃로 매우 높기 때문에 좋은 전극 재료로 사용된다. 일반적으로 보호가스로 아르곤, 헬륨 혹은 이들의 혼합가스가 사용된다.

가스텅스텐 아크용접은 거의 모든 금속에의 넓은 범위의 소재 두께에 사용할 수 있다. 또한 상이한 금속들의 여러 가지 조합의 접합에도 사용될 수 있다. 가장 일반적인 적용 대상은 알루미늄과 스테인리스강이다. 주철, 연철, 거친 텅스텐 등은 가스텅스텐 아크용접으로 용접하기에는 어렵다. 강을 용접하는 경우, 얇은 단면으로 매우 높은 품질의 용접부를 요구하는 경우를 제외하고는, 소모성 전극을 사용하는 아크용접 공정보다 가스텅스텐 아크용접이 더 느리고 비용이 더 드는 방법이다. TIG용접이 얇은 박판에 적은 공차범위에서 적용할 때는 용가재 금속이 일반적으로 첨가하지 않는다. TIG용접 공정은 수작업 혹은 기계화 및 자동화 방법으로 사용할 수 있으며, 모든 접합부 형태에 적용할 수 있다. 가스텅스텐 아크용접은 용가재 금속이 아크를 가로질러 가지 않기 때문에 용접부의 품질이 높으며, 용접 비산이 없고, 용제를 사용하지 않기 때문에 후처리 작업이 없거나 혹은 거의 없다는 점이 장점들이다.

플라즈마 아크용접(Plasma arc welding, PAW)

플라즈마 아크용접(Plasma arc welding, PAW)은 압축된 플라즈마 아크를 용접영역으로 직접 가게하는 가스텅스텐 아크용접의 특수한 경우이다. 플라즈마 아크용접의 텅스텐전극에 불활성 가스(아르곤 혹은 아르곤과 수소의 혼합가스)의 고속의 흐름을 집중시켜 고속과 고열의 플라즈마 아크 흐름을 만들어 아크영역으로 보내도록, 그림 25.18처럼, 특수하게 설계된 노즐을 가지고 있다. 아르곤, 아르곤-수소, 헬륨등이 아크 보호가스로 사용된다.

플라즈마 아크용접의 온도는 17,000 혹은 그 이상으로, 어떤 금속도 용융시키기에 높은 온도이다. 플라즈마 아크용접에서 온도가 이렇게 높게 나오는 이유는(가스텅스텐 아크용접 보다 매우 높은 온도) 아크의 압착으로부터 나온다. 비록 플라즈마 아크용접에서 사용하는 일반적인 전력 수준은 가스텅스텐 아크용접보다 낮지만, 작은 직경의 높은 출력밀도를 갖는 플라즈마 제트를 얻기 위해 매우 집중시키고 있기 때문인다.

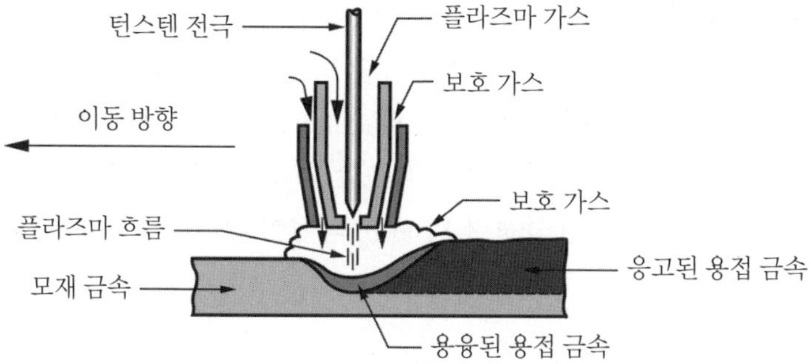

그림 25.18 플라즈마 아크용접(PAW).

플라즈마 아크용접은 1960년대에 개발되었지만, 천천히 전파되어 왔다. 최근 자동차 반조립품, 금속 캐비넷, 문과 창문 프레임, 그리고 가전기기와 같은 제품들에서 가스텅스텐 아크용접을 대체하는 방법으로 점점 늘어나고 있다. 플라즈마 아크용접이 갖고 있는 특별한 성질에 의해, 앞서 설명한 분야에서 우수한 아크 안정성, 다른 아크용접보다 우수한 침투 조절능력, 빠른 이송속도, 뛰어난 용접품질 등과 같은 장점을 지니고 있다. 플라즈마 아크용접으로 하기 어려운 금속으로는 청동, 주철, 납, 마그네슘과 같은 금속들이다. 장비가격이 높다는 점이 단점이고, 또한 다른 아크용접 작업보다 토치가 너무 커서 일부 접합부 형상에는 접근하기 어려운 점이 제한적 요인이다.

기타 아크용접과 관련된 공정들

앞서 말한 아크용접 공정들은 상업적으로 아주 중요한 공정들이다. 여러 가지 다른 공정들을 설명해야 하는데, 주요한 아크용접 공정의 특별한 경우이거나 변형된 공정이다.

탄소 아크용접(Carbon arc welding, CAW)은 비소모성 탄소(흑연)전극을 사용하는 아크용접 공정이다. 최초로 개발된 아크용접 공정이란 역사적으로 중요하지만, 현대 산업에서 상업적으로 중요성은 거의 없다. 탄소 아크용접은 브레이징이나 철주물 수리를 위한 열원으로 상용한다. 또한 내마멸성 재료를 표면에 적층시키기 위해 사용되기도 한다. 용접용 흑연전극은 대부분 텅스텐 전극(GTAW와 PAW)으로 대체되었다.

스터드용접(Stud welding, SW)은 스터드 혹은 유사한 부품들을 모재에 접합시키기 위해 사용하는 특수한 아크용접 공정이다. 일반적인 스터드용접 공정을 그림 25.19에 나타내었으며, 이 그림

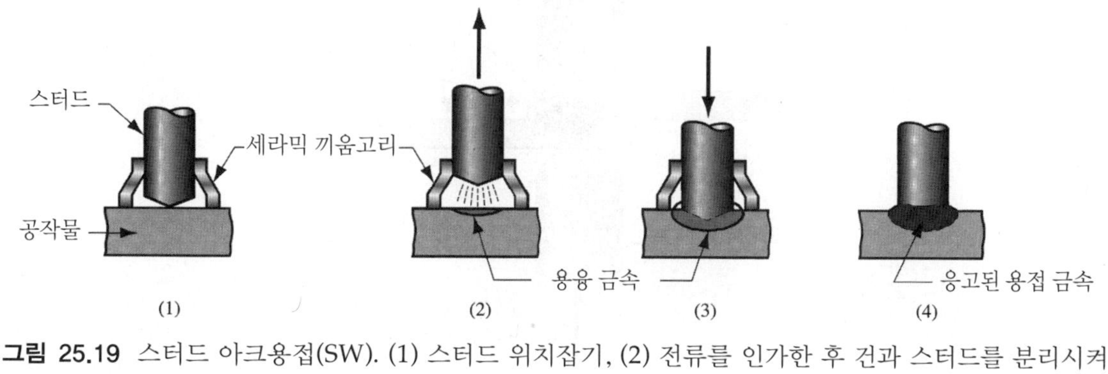

그림 25.19 스터드 아크용접(SW). (1) 스터드 위치잡기, (2) 전류를 인가한 후 건과 스터드를 분리시켜 아크와 용융풀 형성, (3) 스터드를 용융풀에 삽입, (4) 응고후 세라믹 덮개를 제거.

은 세라믹 덮개의 사용으로 얻은 보호막이다. 공정에 앞서 시간과 전력이 단계별로 자동 제어하는 특스 용접건이 스터드를 고정하게 한다. 작업자는 스터드가 부착할 모재의 위치에 건을 위치시키고 방아쇠를 당겨 용접을 수행한다. 스터드용접 공정은 주방용기의 손잡이 부착, 기계에 열방출 핀 부착과 같은 유사한 조립공정에서 사용되는 나사체결부품에도 적용할 수 있다. 대량생산의 경우 스터드용접은 보통 리벳, 수동 아크용접, 드릴링과 태핑 등보다 더 나은 특징이 있다.

25.6 저항용접

저항용접(Resistance welding, RW)은 용접할 접합부에 흐르는 전류에 의해 전기적 저항으로부터 발생하는 열과 압력의 조합으로 용접하는 공정들을 말한다. 이 공정 그룹중 가장 많이 사용되는 저항 점용접 작업의 주요 구성요소를 그림 25.20에 나타내었다. 구성요소에는 용접할 공작물(보통 금속 박판), 전극들 사이에 공작물에 압력을 가하는 두 개의 전극, 전류를 제어하는 AC전원들이다. 이 용접의 결과물로 점용접에서 용접너깃(weld nugget)이라 하는 용합부분이 두 공작물 사이에서 생성된다.

아크용접과 비교해서 저항용접은 보호가스, 용제, 용가재 금속을 사용하지 않으며, 공정에 전기적 출력을 공급하는 전극은 비소모성을 사용한다. 저항용접은 융접으로 분류되는데, 이 이유는 전달되는 열에 의해서 언제나 접합면을 용융시키기 때문이다. 그러나 예외는 있다. 저항열을 이용하는 공정중 일부는 모재의 용융점보다 낮은 온도로 융합이 일어나지 않는 경우도 있다.

25.6.1 저항용접의 전원

저항용접 작업에서 공급되는 열에너지는 전류, 회로의 저항, 전류공급 시간에 따라 달라진다. 이것

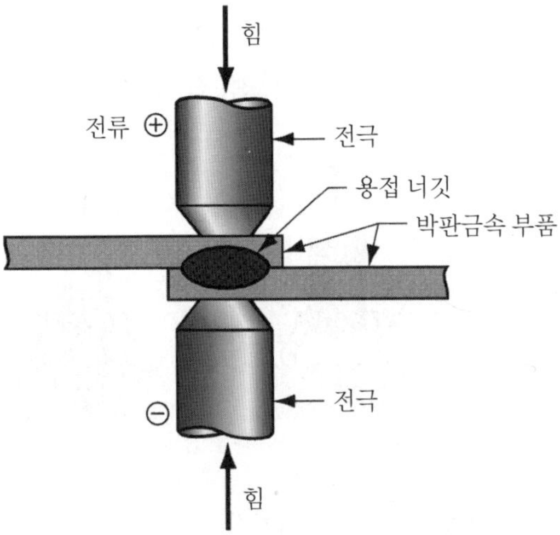

그림 25.20 저항용접(RW) 중 가장 일반적인 점용접의 구성요소들.

은 다음과 같은 식으로 나타내어진다.

$$H = I^2Rt \tag{25.9}$$

여기서 H는 발생열(J), I는 전류(A), R은 전기저항(Ω), t는 시간(s)

저항용접 작업에 사용하는 전류는 매우 높은 반면에 (일반적으로 5,000 A~20,000 A), 전압은 상대적으로 낮다(보통 10 V 이하). 전류공급 시간 t는 대부분 공정에서 짧아서 일반적으로 점용접의 경우 0.1 s~0.4 s 정도이다.

저항용접에서 사용하는 전류가 높은 이유는 (1) 전류값이 클수록 식 (25.9)에 의한 것처럼 제곱으로 효과가 증대되기 때문이고, (2) 저항값은 약 0.0001 Ω 정도로 매우 낮기 때문이다. 용접회로에서 저항은 (1) 전극저항, (2) 공작물저항, (3) 전극과 공작물간의 접촉저항, (4) 접합면의 접촉저항을 합한 저항이다. 그러므로, 열은 전기적 저항의 모든 부분에서 발생한다. 접합면이 원하는 용접 위치가 되므로, 가장 이상적인 경우는 접합면의 저항이 네 가지 저항 중 가장 큰 값이 되는 것이다. 전극의 저항은 구리와 같이 매우 낮은 전기 저항성을 갖는 금속을 사용하여 최소화시킨다. 또한 전극은 열이 발생된 곳에서 방출하도록 물로 냉각되어진다. 공작물의 저항은 모재 금속의 저항성과 공작물 두께의 함수이다. 전극과 공작물 사이의 접촉저항은 접촉면적(즉, 전극의 크기와 형상)과 표면상태(즉, 공작물 표면의 청정도와 전극의 산화물 수준)에 따라 결정된다. 끝으로, 접합면의 저항은 표면 마무리 정도, 청정도, 접촉면적, 압력에 따라 달라진다. 페인트, 기름, 먼지 혹은 다른 오염물질 등에 의해 접촉 표면을 서로 분리하게 만드는 원인이 되므로 반드시 제거되어야 한다.

저항용접의 성공은 열뿐만 아니라 압력에 의해 결정된다 저항용접에서 압력의 주요 기능은 (1) 전류 공급전 전극과 공작물 사이와 두 공작물 표면 사이에 접촉을 위한 힘, (2) 적절한 용융온도에 도달하였을 때 접촉면 접합을 완성시키기 충분한 압력이다.

예제 25.4

저항용접

3 mm 두께를 갖고 있는 두 강판을 10,000 A의 전류를 0.15초 동안 흐르게 해서 저항 점용접을 하려고 한다. 전극 직경은 접촉면에서 5.5 mm이다. 저항은 0.0002 Ω으로 가정하고, 직경 5.5 mm, 두께 4 mm의 저항너깃을 만들고자 한다. 대상 소재의 단위용융에너지 U_m은 11.0 J/mm^{3}이다. 발생한 열에서 얼마만큼 너깃을 만드는데 사용되었나? 얼마만큼 공작물, 전극, 주변 공기로 분산되었는가?

풀이

공정에서 발생하는 열은 식 (25.3)에 의해 구하면

$$H = (10{,}000)^2(0.0002)\,(0.15) = 3000 \text{ J}$$

용접 너깃의 체적(디스크형태로 가정)은 $v = 4\dfrac{\pi(5.5)^2}{4} = 95 \text{ mm}^3$

이 금속 체적을 용융시키기 위해 필요한 열은 $H_w = 95(11.0) = 1,045$ J(전체의 34.8%).
남은 열 $3000 - 1045 = 1995$ J(전체의 65.2%)은 공작물, 전극, 용접부 주변 공기로 분산된다.
결과적으로, 이런 손실은 열전달인자 f_1과 용융인자 f_2의 결합된 영향이다.

저항용접의 일반적인 장점에는 (1) 용가재 금속의 필요하지 않고, (2) 높은 생산성이 가능하고, (3) 기계화와 자동화가 가능하며, (4) 아크용접에 필요한 숙련도보다 낮은 작업자의 숙련도로 가능하며, (5) 우수한 반복성과 신뢰성을 갖을 수 있다. 단점으로는 (1) 장비비용이 대부분 아크용접 작업보다 매우 높으며, (2) 대부분의 저항용접으로 용접될 수 있는 접합부의 형태가 겹치기 이음인 경우에만 적용가능하다는 점이다.

25.6.2 저항용접 공정

가장 상업적으로 주요한 저항용접 공정에는 점용접, 심용접 그리고 프로젝션용접이 있다 .

저항 점용접(resistance spot welding)

저항 점용접(resistance spot welding)은 저항용접 중 현재까지 가장 많이 사용되는 공정이다. 저항 점용접은 자동차, 가전기기, 금속가구, 그리고 기타 판재로 만들어지는 제품의 대량생산에 널리 사용되고 있다. 자동차 몸체에 약 10,000개의 용접점을 갖고 있으며, 전 세계 자동차 연간 생산량이 수천만대로 저항 점용접의 경제적 중요성을 평가할 수 있다.

저항 점용접(resistance sopt welding, RSW)은 두 개의 반대 위치에 있는 전극에 의해 겹치기이음 접합면 한 점에 융합을 만들어내는 저항용접 공정이다. 이 공정은 두께 3 mm 이하 금속박판의 연속적인 점 위치에 따라 용접을 하는데, 완전한 밀봉이 필요 없는 경우에 사용된다. 점용접부의 크기와 형상은 전극끝단에 의해 결정되며, 전극끝단은 대부분 원형이지만, 육각형, 사각형 또는 다른 형상도 있다. 용접공정에 의해 얻어지는 용접너깃은 일반적으로 5 mm~10 mm 직경으로, 열영향부(HAZ)는 너깃보다 약간 크게 모재 속에 형성된다. 용접부가 적절하게 형성되는 경우에, 용접부의 강도가 모재 수준까지 될 수 있다. 점용접 사이클의 각 단계를 그림 25.21에 나타내었다.

저항 점용접 전극에 사용되는 재료는 (1) 구리합금, (2) 내화금속의 합금(예를 들어 구리와 텅스텐의 합금)으로 두 그룹으로 나눌 수 있다. 후자의 경우 내마멸성이 더 우수하다. 대부분의 제조공정처럼 점용접의 공구도 사용함에 따라 마멸이 발생한다. 용접작업때 마다 점용접 공구 내부에 물이 지나가는 경로를 설계하여 냉각효과를 얻고 있다.

점용접은 산업용으로 많이 사용하고 있으므로, 다양한 장비와 방법들이 알려져 있다. 장비로는 로커암과 프레스형 점용접기들과 이동형 점용접건이 있다. 그림 25.22에서 보여주는, 로커암 점용접기(rocker-arm spot welder)는 고정된 하부 전극과 상하 운동하는 상부 전극이 있어 공작물을 들어올려 장착하고 내려서 탈착할 수 있다. 상부의 전극은 작업자가 밟는 페달에 의해 조정되는 로커

암에 연결되어 있다. 현대의 장비들은 용접사이클중 힘과 전류를 제어할 수 있도록 프로그램할 수 있다.

프레스형 점용접기(press-type spot welder)는 더 큰 공작물을 위해 개발된 용접기다. 상부 전극

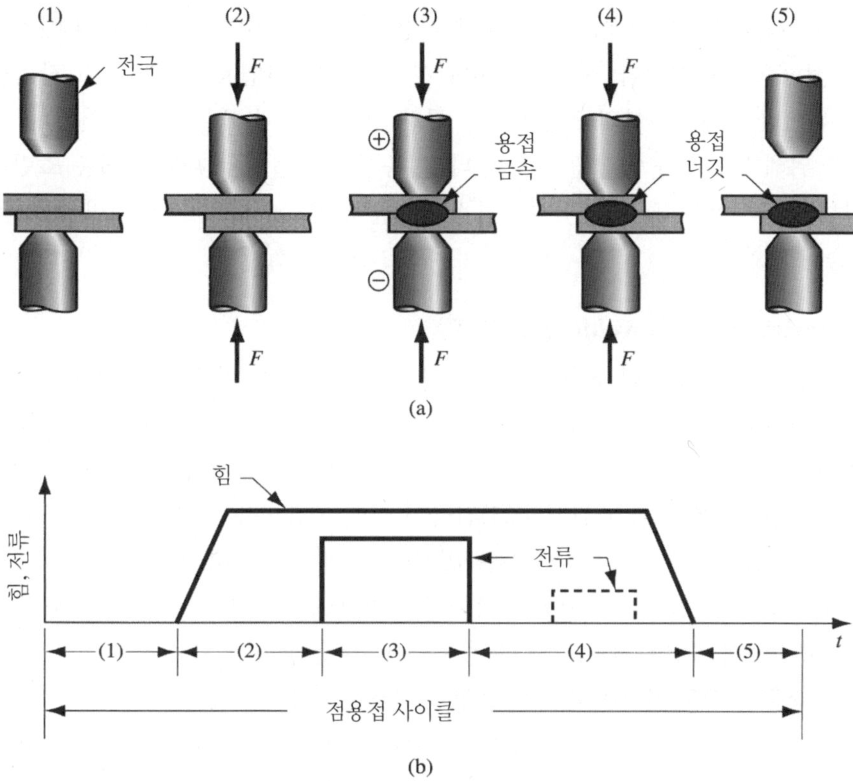

그림 25.21 (a) 점용접 사이클의 단계, (b) 사이클 동안 압착력과 전류 선도. 공정단계는 (1) 열린 전극 사이로 부품의 공급, (2) 전극의 접촉 및 가압, (3) 전류가 가해지는 용접시간, (4) 전류공급 차단으로 압력은 유지되거나 증가(용접부의 응력제거를 위해 이 단계 끝에는 적은 전류를 공급하기도 함), (5) 전극이 열리고 용접물 제거된다.

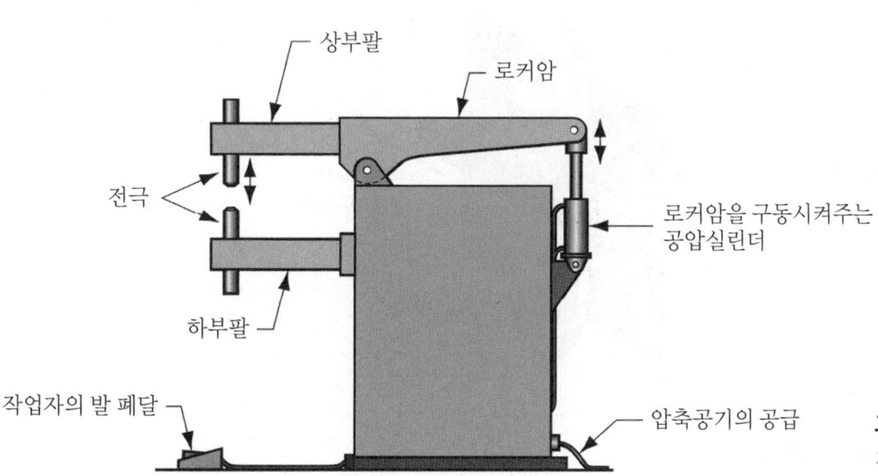

그림 25.22 로커암 점용접기.

이 공압 혹은 유압 수직프레스에 의해 직선 운동을 한다. 프레스의 움직임으로 더 큰 힘을 얻을 수 있으며, 복잡한 용접 사이클을 위한 프로그래밍도 가능하다.

앞의 두 장비들은 고정된 점용접기이며, 공작물이 장비로 접근해야 한다. 대형의 무거운 공작물인 경우 이동해서 방향을 잡기가 쉽지 않다. 이런 경우에는 이동형 점용접건(portable spot-welding gun)이 다양한 크기와 형상 공작물에 사용된다. 이 장비는 집게형태의 메커니즘을 갖고 있는 두 개의 전극으로 구성된다. 장비가 가벼워서 작업자나 산업용로봇이 들고 작업하기 편리하다. 용접건이 유연한 전기케이블과 공압호스를 통해 자체 전원과 제어기에 연결된다. 필요한 경우 수냉식 전극을 위해 물호스가 연결될 수도 있다. 이동형 점용접기는 자동차 최종 조립공장에서 차체 용접을 위해 많이 사용된다. 이러한 이동식 용접건은 수동으로 할 수도 있지만, 산업용 로봇이 더 선호하는 기술이 되었다.

저항 심용접(resistance seam welding, RSEW)

그림 25.23에서 보여주는 것처럼 점용접의 막대형 전극을 회전형 바퀴(wheel)로 변경하여 연속적으로 겹치는 점용접부를 만드는 작업이 저항 심용접(resistance seam welding, RSEW)이다 이 공정을 통하여 완전 밀폐된 결합부를 만들 수 있으므로, 가솔린 탱크, 자동차 머플러, 기타 다양한 박판용기를 제조하는데 이용된다. 바퀴(wheel)전극이 어떤 복잡성을 야기시키는 경우를 제외하고는 기술적인 면에서 심용접은 점용접과 대부분 동일하다. 작업이 보통 불연속적이 아닌 연속적으로 수행되기 때문에, 직선 혹은 일정한 곡선을 따라 이음부가 만들어진다. 예리한 코너 혹은 이와 유사한 불연속선은 심용접에서는 만들기 어렵다. 또한 공작물을 잡는 것이 저항 심용접의 더 큰 요인이기에, 고정구가 공작물을 잡는 위하면서 또한 변형을 최소화시키기 위해 필요하다.

저항 심용접의 용접너깃 간의 간격은 용접전류의 공급에 대하여 상대적으로 전극바퀴(wheel)의 운동에 따라 변화된다. 연속운동용접(continuous motion welding)이라는 일반적인 작업방법을 사용하면, 바퀴가 일정한 속도로 연속적으로 회전하고, 심을 따라 점용접되는 간격과 일치하는 시간 간격으로 전류가 공급된다. 전류공급 주기는 보통 너깃이 겹쳐서 생성되도록 설정한다. 그러나

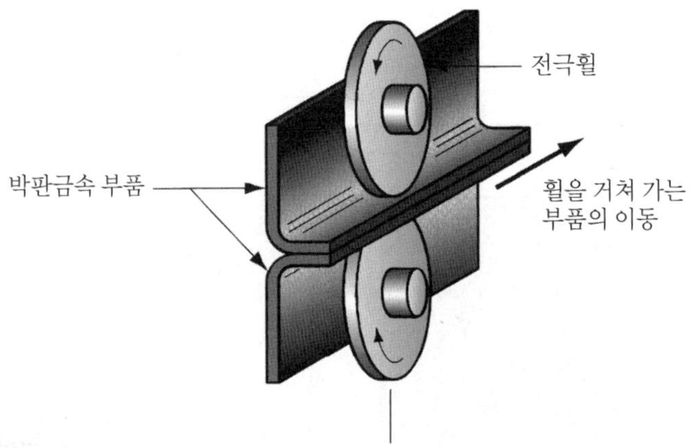

그림 25.23 저항심용접(RSEW).

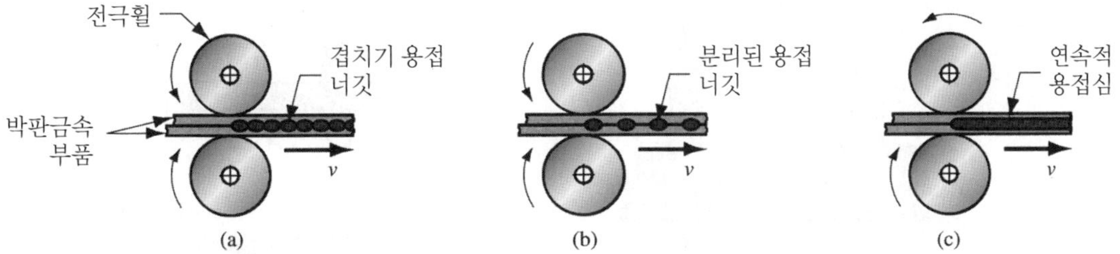

그림 25.24 전극바퀴에 의해 생성되는 심의 유형. (a) 겹치는 점이 생성되는 일반적인 저항 심용접, (b) 롤 점용접, (c) 연속 저항 심용접.

주기가 현저하게 줄어들면, 용접점 사이에 공간이 만들어지는데, 이런 방법을 롤 점용접(roll spot welding)이라 한다. 또 다른 변형으로는 전류를 주기적이 아닌 일정하게 흘려보내, 연속적인 이음매를 만들 수 있다. 이렇게 다양한 점용점을 그림 25.24에 나타내었다.

연속운동용접과 반대로 단속운동용접(intermittant motion welding)도 있는데, 이 용접은 전극바퀴가 용접점을 만들어주기 위해 주기적으로 정지하는 것이다. 정지 시점간의 바퀴의 회전량이 이음부의 용접 간격을 결정하는데, 이 종류들은 그림 26.16의 (a), (b)와 비슷하다.

심용접기는 막대기형 전극이 아닌 전극바퀴를 사용한다는 점을 제외하고는 프레스형 점용접기와 유사하다. 저항 심용접은 공작물과 바퀴(wheel)의 냉각이 종종 필요한데, 냉각방법은 바퀴 부근 공작물 위 아래 표면에 직접적으로 물로 냉각한다.

저항 프로젝션용접(resistance projection welding, RPW)

저항 프로젝션용접(resistance projection welding, RPW)은 공작물 상의 한 개 혹은 그 이상의 작은 접촉점에서 접합이 일어나는 저항용접이다. 접촉점은 결합할 제품의 설계에 따라 정해지며, 돌기, 요철 혹은 제품의 국부적인 교차점등이 여기에 해당된다. 그림 25.25는 두 장의 금속박판을 저항 프로젝션용접으로 하는 일반적인 경우를 나타내고 있다. 용접 전에 위쪽 제품에 아래 제품과 접

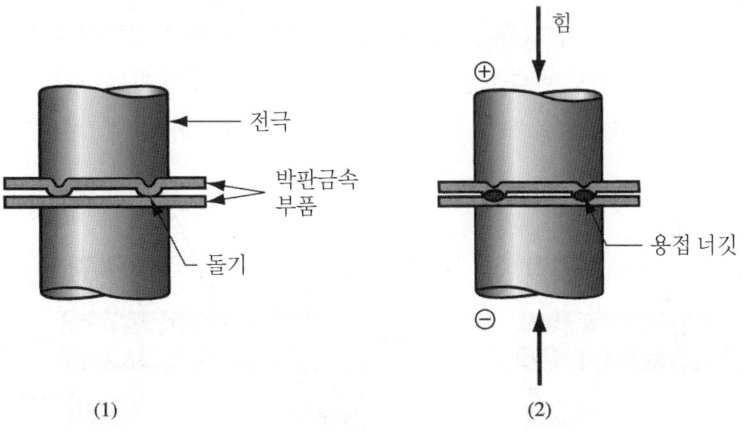

그림 25.25 저항 프로젝션용접(RPW). (1) 돌기에서 두 제품이 접촉하는 작업의 시작, (2) 전류가 가해지면 점용접과 유사한 용접너깃이 돌기에서 생성된다.

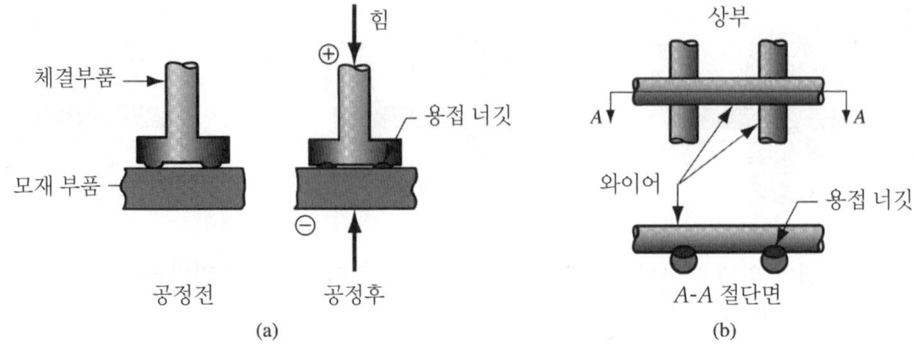

그림 25.26 저항 프로젝션용접의 변형 용접들. (a) 금속박판 제품 위에 가공 혹은 성형된 체결제품을 용접, (b) 교차와이어용접.

촉하게 될 두 개의 돌기가 만들어져 있다. 돌기부를 만드는 엠보싱 작업에 추가 비용이 드는 것이 문제가 될 수 있지만, 이 비용은 저렴한 용접비용으로 상쇄될 수 있을 것이다.

저항 프로젝션용접이 변형된 방법으로는 그림 25.26처럼 두 가지가 있다. 첫 번째 변형 용접으로 절삭 혹은 성형에서 만들어진 돌기가 있는 체결 제품을 저항 프로젝션용접으로 박판 혹은 판재에 영구 결합하여 향후 조립작업을 쉽게 하는 방법이다. 두 번째 변형 용접으로 교차와이어용접(cross-wire welding)은 와이어 담장, 쇼핑카트, 석쇠와 같은 와이어 용접제품을 만드는 경우에 사용된다. 이 공정에서는 둥근 와이어의 접촉면이 용접에 필요한 저항열을 발생시키는 돌기의 역할을 한다.

기타 저항용접 공정들

앞서 설명한 주요 저항용접 공정 외에도 플래시용접, 업셋용접, 퍼커션(percussion welding), 고주파 저항용접 들이 있다.

플래시용접(flash welding, FW)은 주로 맞대기이음에서 할 수 있으며, 접합할 두 개의 면을 접촉 혹은 거의 접촉시켜 놓고 전류를 공급하여 접촉면을 용융점까지 가열하여, 두 개의 면이 하나가 되도록 힘을 가하는 방법이다. 그림 25.27은 이 공정의 단계들을 보여주고 있다. 저항열과 함께 접합면 사이의 접촉 크기에 따라 아크(혹은 flashing이라고도 함)가 발생하기 때문에 플래시용접을 아크용접의 변형으로 분류하기도 한다. 전류는 보통 업셋팅 과정에서 차단된다. 표면상의 오염물뿐만 아니라 금속의 일부분이 접합부로부터 밀려나기에, 균일한 접합부를 얻기 위해서는 용접후에 기

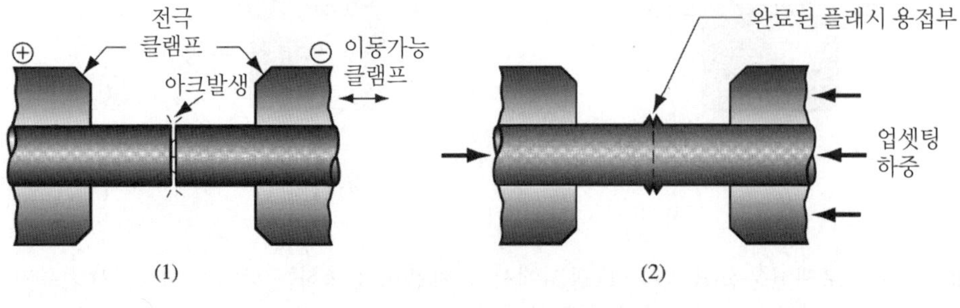

그림 25.27 플래시용접(FW). (1) 전기저항에 의한 가열, (2) 제품에 힘을 부가해 합체시키는 업셋팅.

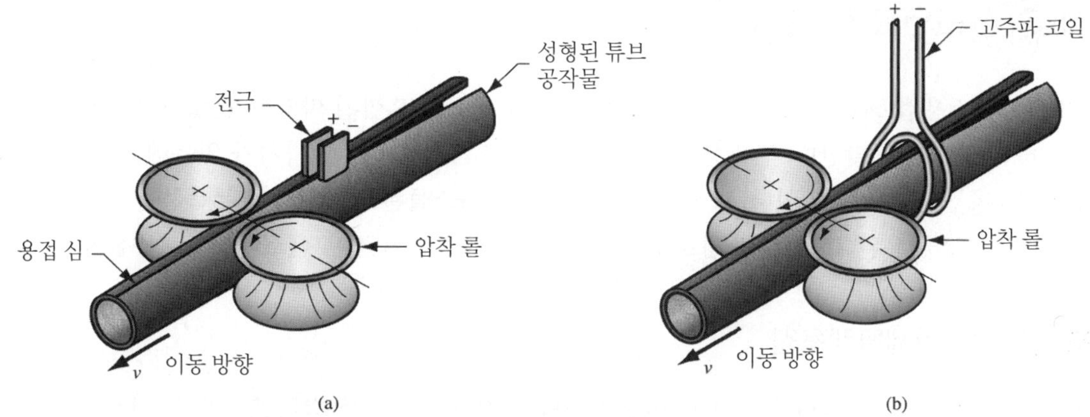

그림 25.28 관의 이음 용접. (a) 고주파저항용접, (b) 고주파유도용접.

계적인 가공이 필요하다.

플래시용접은 압연 작업에서 강판의 결합, 와이어 인발에서 와이어 끝의 연결, 관재의 용접에서 사용된다. 결합될 부품의 두 끝은 같은 단면을 갖고 있어야 한다. 이런 방법의 대량생산 공정에서 플래시용접은 빠르고 경제적이지만 상대적으로 장비는 비싼 편이다.

업셋용접(upset welding, UW)은 플래시용접과 유사하며, 플래시용접은 용접사이클 동안 가열과 가압 단계가 분리되어 있으나. 업셋용접은 가열과 업셋팅 과정 동안 접합면이 압력을 받는 다는 점이 다르다. 업셋용접의 가열은 접촉면에서의 전기저항에만 의존하고, 아크는 전혀 발생하지 않는다. 접합면이 용융점 이하의 적절한 온도로 가열되면, 두 제품에 가해지는 압력이 더 증가하여 접촉면에서의 업셋팅과 접합이 이루어진다. 그러므로 업셋용접은 앞서 설명한 다른 용접들과 다른 용접법이라 할 수 있다. 업셋용접으로 할 수 있는 작업은 와이어, 파이프, 관 등의 끝단의 결합으로 플래시 용접과 유사하다.

퍼커션용접(percussion welding, PEW)은 용접사이클 지속시간이 1 ms~10 ms 정도로 매우 짧다는 점을 제외하고는 플래시용접과 유사하다. 접합할 두 면 사이에 전기에너지의 급속한 방전에 의해 급속 가열이 가해져, 가열 후 한 제품이 다른 제품을 타격해서 용접이 이루어진다. 가열이 아주 국부적으로 이루어지기 때문에 크기가 매우 작고 열에 민감한 전자제품의 용접에 사용된다.

고주파저항용접(high-frequency resistance welding, HFRW)은 그림 25.28(a)에서 보여주는 것처럼, 고주파 교류로 가열한 후에 업셋팅 하중을 급속히 증가하여 접합하는 용접법이다 주파수는 10 kHz~500 kHz이고, 전극이 용접부의 바로 인접한 부근에서 공작물과 접촉한다. 이 용접공정이 약간 변형된 용접이 고주파유도용접(high-frequency induction welding, HFIW)로, 이 방법은 그림 25.28(b)에 나타낸 것처럼 가열용 전류가 고주파유도코일에 의해 공작물 속으로 유도되는 방법이다. 코일은 공작물과 물리적으로 접촉하지 않는다. 고주파저항용접과 고주파유도용접은 금속파이프와 관의 길이 방향으로 이음을 만들기 위한 연속 맞대기용접에 주로 사용된다.

25.7 산소연료가스용접

산소연료가스용접(oxyfuel gas welding, OFW)이란 산소에 혼합된 다양한 연료를 연소시켜서 용접을 하는 공정들을 말한다. 산소용접공정에 사용되는 가스들로는 몇가지가 있는데, 이 가스들에 따라 산소용접을 분류하고 있다. 또한 이런 종류의 산소가스들은 금속판재나 부품들을 절단하는 경우 절단토치로 사용된다(22.3.5절 참조). 가장 중요한 산소용접 공정은 산소아세틸렌용접이다.

25.7.1 산소아세틸렌용접

산소아세틸렌용접(oxyacetylene welding, OAW)은 아세틸렌과 산소의 연소에서 나오는 고온의 화염을 사용하는 용접공정이다. 화염은 용접토치로부터 나온다. 용가재 금속을 사용하기도 하고, 어떤 경우에는 소재 접촉표면에 압력을 가하기도 한다. 그림 25.29는 일반적인 산소아세틸렌용접 공정을 나타내고 있다. 용가재 금속은 일반적으로 1.6 mm~9.5 mm의 직경인 봉형상을 사용한다. 용가재의 성분은 모재금속과 유사해야 한다. 용가재는 보통 용제(flux)로 코팅되어 있는데, 이것은 표면을 세척하고 산화를 막아 더욱 우수한 용접접합부를 생성하도록 해준다.

아세틸렌(C_2H_2)이 산소용접 공정들 중에서 가장 일반적인 연료이며, 그 이유는 다른 가스보다 아주 높은 열인 3480°C을 발생시킬 수 있기 때문이다. 산소아세틸렌용접의 화염은 아세틸렌과 산소의 두 단계의 화학반응에 의해 생성된다. 첫 번째 단계는 다음과 같은 반응이다.

$$C_2H_2 + O_2 \rightarrow 2CO + H_2 + \text{heat} \tag{25.10a}$$

앞의 반응의 부산물은 모두 가연성이 있어, 다음과 같은 두 번째 단계의 반응이 일어난다.

$$2CO + H_2 + 1.5O_2 \rightarrow 2CO_2 + H_2O + \text{heat} \tag{25.10b}$$

두 단계의 연소과정은 토치에서 나오는 산소아세틸렌 화염을 눈으로 확인할 수 있다. 식 (25.10)에 설명한 것처럼 아세틸렌과 산소가 1:1로 혼합되면 그림 25.30처럼 중성염(neutral flame)이 나타난다. 반응의 첫 번째 단계는 색깔이 백색이며 중성염 내염에서 볼 수 있는 현상이며, 두 번째 단계에 외염이 나타나는데, 이 외염의 색깔은 약간 청색에서 오렌지색 사이의 거의 무색이라 할 수 있다.

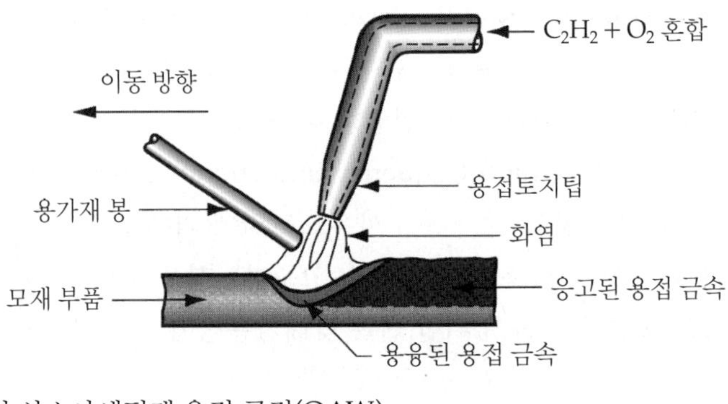

그림 25.29 일반적인 산소아세틸렌 용접 공정(OAW).

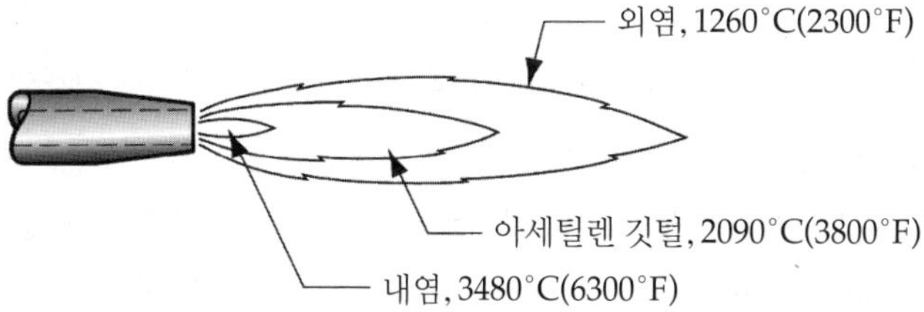

그림 25.30 산소아세틸렌 토치로부터 나오는 중성염으로 얻어지는 온도를 표시하고 있음.

화염의 최대온도는 내염의 끝에서 발생하고, 외염의 온도는 내염의 온도보다 낮다. 용접공정에서 외염은 퍼져나가 접합할 공작물 표면을 덮게 되는데, 이 외염이 주변 대기로부터 보호하는 역할을 한다.

두 번째 단계 연소에서 발생하는 전체열은 5.48×10^6 J/m^{3}이다. 그러나 화염내부의 온도분포, 화염의 공작물 표면으로 퍼져나가는 방법, 공기로의 손실등에 의하여 산소아세틸렌 용접의 출력밀도와 열전달인자는 꽤 낮은 편이다($f_1 = 0.10$~0.30).

예제 25.5

산소아세틸렌용접의 열생성

시간당 0.25 m^{3}의 아세틸렌과 동일한 양의 산소를 공급하는 토치로 6 mm 두께의 강판에 산소아세틸렌용접을 할려고 한다. 연소로 발생되는 열이 열전달인자 $f_1 = 0.30$으로 공작물 표면에 전달된다. 화염 열의 70%가 공작물 표면상의 직경 10.0 mm의 원형영역에 집중되는 경우 다음을 구하여라. (a) 연소중 열발생속도, (b) 공작물표면에 전달되는 열전달속도, (c) 원형 영역의 평균 출력밀도

풀이

(a) 토치에서 생성되는 열의 속도는 아세틸렌이 부피에 연소열을 곱한 값이다.

$$R_H = (0.25\ \text{m}^3/\text{hr})(54.8 \times 10^6\ \text{J/m}^3) = 13.7 \times 10^6\ \text{J/hr or } \mathbf{3805\ J/s}$$

(b) 공작물 표면에 받는 열의 속도는

$$f_1 R_H = 0.30(3805) = \mathbf{1141.5\ J/s}$$

(c) 원의 면적은 $A = \dfrac{\pi(10)^2}{4} = 78.5\ \text{mm}^2$

원의 출력밀도는 받는 열을 원의 면적으로 나누면 된다.

$$PD = \frac{0.70(1141.5)}{78.5} = \mathbf{10.17\ W/mm^2}$$

아세틸렌과 산소 혼합가스의 연소는 가연성이 높기 때문에, 그러므로 산소아세틸렌 용접을 하는 곳은 장소는 위험하다. 위험의 일부는 특히 아세틸렌과 관련이 있다 순수한 아세틸렌은 무색무취의 가스이다. 안전을 위해 상업적인 아세틸렌은 마늘향이 나도록 하였다. 이 가스의 물리적 한계점 중 하나는 1기압(0.1 MPa)을 많이 초과하는 압력에서 불안정하다는 점이다. 그러므로 아세틸렌 저장 실린더는 아세톤(CH_3COCH_3)을 가득 채운 다공성의 충진재료(석면, 발사목 혹은 다른 소재)로 만들어진다. 아세톤은 자신의 부피보다 25배 많은 아세틸렌을 용해시킬 수 있어, 이 용접용 가스를 저장할 수 있는 비교적 안전한 방법이다. 산소용접공은 눈과 피부를 보호하는 부가적인 안전장비(안경, 장갑, 보호작업복 등)를 착용해야 한다. 호스를 잘못 연결하는 것을 방지하기 위해, 저잘 실린더와 호스의 연결부품을 아세틸렌과 산소에 대해 서로 다른 나사산을 갖도록 하여 구분하여 사용하여야한다. 장비의 적절한 운영을 위해 유지보수가 반드시 필요하다. 산소아세틸렌 용접장비는 비교적 저렴하고 이동이 편리하다. 따라서 소량 생산이나 수리작업에 적절한 경제적이고 용도가 다양한 공정이라고 할 수 있다. 두께 6.4 mm 이상의 박판과 판재에는 산소아세틸렌 용접이 거의 사용할 수 없으며, 이 경우에는 아크용접이 적합하다. 산소아세틸렌 용접공정을 기계화할 수도 있지만, 보통 수작업으로 사용하며, 그러므로 고품질의 용접접합부를 만드는 것은 용접공의 기술에 달려 있다.

25.7.2 산소용접을 위한 대체가스

산소용접 그룹 중 몇 종류는 아세틸렌 이외의 가스를 사용한다. 대체 가스들의 대부분을, 연소온도와 연소열을 함께, 표 25.3에 나타내었다. 비교를 위해 아세틸렌 가스도 함께 나타내었다. 산소-아세틸렌이 가장 보편적인 연료이지만, 다른 가스들도 가능한 적용대상, 일반적으로 용융점이 낮은 금속 박판과 금속 용접과 브레이징(26.1절 참조)을 위해 사용되고 있다. 일부 사용자들은 안전을 이유로 이들 대체가스를 더 선호하기도 한다.

연소온도 측면에서 아세틸렌에 가장 근접하여 경쟁적인 연료는 메틸아세틸렌-프로파디엔이다.

표 25.3 산소용접과/혹은 절단에 사용되는 가스의 연소온도와 연소열

연료	온도[a](°C)	연소열(MJ/m^3)
아세틸렌(C_2H_2)	3087	54.8
MAPP[b](C_3H_4)	2927	91.7
수소(H_2)	2660	12.1
프로필렌[c](C_3H_6)	2900	89.4
프로판(C_3H_8)	2526	93.1
천연가스[d]	2538	37.3

참고문헌 [10]에서 편집

[a] 중성염 온도는 용접에 사용되는 가장 일반적인 화염온도와 비교하였다.

[b] MAPP는 메틸아세틸렌-프로파디엔의 상업적 명칭의 축약어이다.

[c] 프로필렌은 일반적으로 화염절단에 사용된다.

[d] 메탄가스(CH_4)에 기초를 하였고, 천연가스는 에탄과 메탄으로 구성된다. 화염온도와 연소온도는 조성에 따라 달라진다.

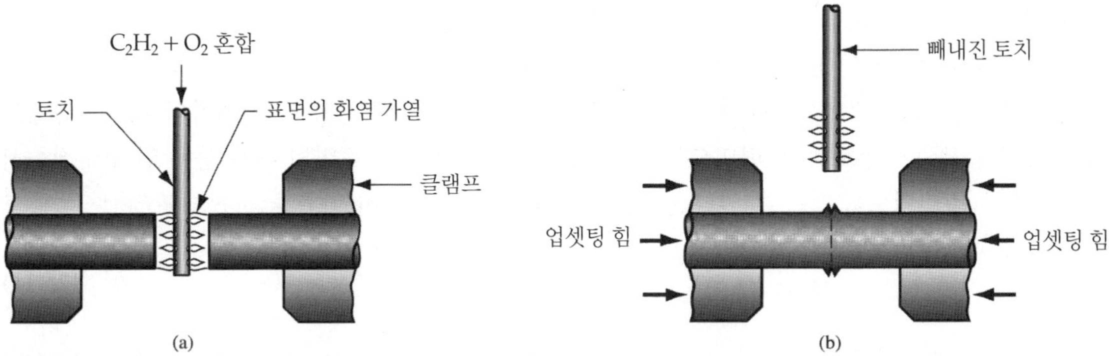

그림 25.31 압력가스용접의 적용. (a) 두 부품의 가열, (b) 용접부 형성을 위한 가열.

개발자인 다우케미컬(Dow Chemical)사의 상표명인 MAPP로 더 잘 알려져 있다. MAPP(C_3H_4)는 아세틸렌과 비슷한 가열특성을 갖고 있으며, 압력하에서 액체상태로 저장이 가능하여 아세틸렌이 갖고 있는 특수한 저장 문제를 개선할 수 있다.

수소가 연료로 산소와 함께 사용되는 공정을 산소수소용접(oxyhydrogen welding, OHW)이라 한다. 표 25.3에 나타낸 것처럼 산소수소용접의 용접온도는 산소아세틸렌용접보다 낮다. 또한 수소와 산소의 혼합 차이에 따라 화염색이 영향을 받지 않아 용접공이 토치를 조절하는 것이 쉽지 않다.

산소연료가스용접에 사용되는 다른 연료로는 프로판과 천연가스가 있다. 프로판(C_3H_8)은 용접보다 브레이징(경납), 솔더링(연납), 절단작업에 많이 사용된다. 천연가스는 주로 에탄(C_2H_6)과 메탄(CH_4)가스로 혼합된다. 천연가스가 산소와 혼합되었을 때 고온의 화염을 만들 수 있으며, 작은 용접공정에서 점점 사용빈도가 늘어나고 있다.

압력가스용접(pressure gas welding, PGW)

압력가스 용접 공정은 연료가스와 다르게 적용하는 특별한 산소용접 공정이다. 압력가스용접(pressure gas welding, PGW)이란 적절한 혼합연료(보통 산소아세틸렌 가스)로 두 부품의 접촉면 전체를 가열한 후 그 면을 접합하기 위해 압력을 가하는 융접공정이다. 일반적은 내용을 그림 25.31에 나타내었다. 부품들은 접합될 표면에서 용융이 일어나기 전까지 가열된다. 그 다음에 가열토치를 빼내고 두 부품을 붙여 압력을 가열하고 응고과정동안 고압을 유지시켜 접합한다. 용가재 금속은 사용하지 않는다.

25.8 기타 융접 공정

일부 융접 공정들은 아크용접, 저항용접, 산소용접 종류에 분류될 수 없다. 이들 공정들은 용융을 위한 열생성방법으로 각각의 특수한 기술을 사용하고 있으며, 일반적으로 적용대상도 각각 다양하다.

전자빔용접

전자빔용접(elelctron-beam welding, EBW)은 용접을 위한 열의 집중이 매우 강하며, 강한 전자의 흐름을 공작물 표면에 부딪히게 하여 용접을 위한 열을 발생시키는 융접 공정이다. 장비는 전자빔가공(22.3.2절 참조)에서 사용하는 것과 비슷하다. 전자를 가속시키기 위해 높은 전압(보통 10 kV~150 kV)과 낮은 빔전류(mmA로 측정) 조건에서 전자빔건이 사용된다. 전자빔용접의 전력은 다른 공정과 차이가 없으나, 출력밀도는 다르다. 전자빔을 공작물 표면의 매우 좁은 영역에 집중시키므로 높은 출력밀도를 얻을 수 있다. 출력밀도는 다음식에서 얻어진다.

$$PD = \frac{f_1 EI}{A} \tag{25.11}$$

여기서 PD는 출력밀도(W/mm^2), f_1은 열전달인자(전자빔용접에서는 보통 0.8~0.95[9]), E는 가속전압(V), I는 빔전류(A), A는 전자빔이 집중되는 공작물 표면의 면적(mm^2)이다. 전자빔용접의 경우 13×10^{-3} mm^2~2000×10^{-3} mm^2 일반적인 용접면적이다.

전자빔용접은 1950년대 원자력분야에서 시작되었다. 처음 개발되었을 때 공기분자에 의해 전자빔이 파괴되는 것을 최소화하기 위해 용접이 진공챔버 속에서 수행하였다. 용접에 앞서 챔버를 진공으로 만드는 시간이 필요하기 때문에 생산에 있어서 심각한 불편함이 발생하였다. 펌프-다운 시간으로 불리는 이 시간은 챔버 크기와 원하는 진공수준에 따라 길게는 한시간까지 소요된다. 현재 전자빔용접 기술은 진공이 아닌 분위기에서도 수행될 수 있도록 발전해 왔다. 전자빔용접 공정은 다음과 같이 세 종류로 분류할 수 있다. (1) 빔 발생과 동일한 진공속에서 용접이 수행되는 ***고진공용접(high-vacuum welding, EBW-HV)***, (2) 부분적으로 진공이 된 분리된 챔버안에서 작업이 수행되는 ***중진공용접(medium-vacuum welding, EBW-MV)***, (3) 용접이 대기압 혹은 그 부근 압력에서 수행되는 ***비진공용접(nonvacuum welding, EBW-NV)***, 공작물 장착과 탈착 동안에 진공을 만드는 펌프-다운 시간이 중진공 전자빔용접에서는 감소되고, 비진공 전자빔용접에서는 최소화할 수 있지만, 이런 장점들을 위해서 추가적인 비용이 든다. 후자인 두 공정의 장비는 빔발생장치(높은 진공도를 요구)를 공작물의 챔버와 분리시키는 하나 혹은 그 이상의 진공분리기(공기흐름은 막고 전자빔은 통과시키는 매우 작은 오리피스)가 있어야 한다. 또한 비진공 전자빔용접에서는 공작물을 전자빔건의 오리피스 근처(약 13 mm 이내로)에 위치시켜야 한다. 결국에 진공도가 낮은 공정으로는 고품질의 용접부와 고진공 전자빔용접에서 얻어질 수 있는 깊이대 폭 비율을 얻을 수 없다.

아크용접이 가능한 모든 금속과 일부 내화금속, 그리고 아크용접이 적합하지 않은 난용접(difficult-to-weld) 금속들도 전자빔용접이 가능하다. 공작물의 크기는 얇은 포일(foil)로부터 두꺼운 판재까지 다양하다. 전자빔용접은 자동차, 항공기, 원자력산업에서 주로 사용된다. 자동차산업분야에서 전자빔용접 조립공정은 알루미늄 다기관(manifold), 강재의 토크 변환기(converter), 촉매 변환기(converter), 변속기 부품 등을 조립한다. 앞서 설명한 조립공정들과 기타 다른 분야에서 전자빔용접은 깊고 또는 좁은 윤곽으 고품질의 용접, 제한된 열영향부(HAZ), 낮은 열적 뒤틀림과 같은 장점이 있다. 전자빔용접의 용접속도는 다른 연속 용접작업들보다 빠르다. 또한 용가재금속, 용제, 보호가스가 필요하지도 않다. 전자빔용접의 단점은 장비비용이 높고, 정밀한 접합을 위해서는 준비와 정렬이 많이 필요하며, 진공에서 수행되어야 하는 제한성들이 있다. 또한 전자빔용접에서는 x선이 방출되므로 사람을 보호해야할 안전문제가 있다.

레이저빔용접

레이저빔용접(laser-beam welding, LBW)은 응집된 빔(beam)의 에너지를 용접할 접합부에 집중시켜 접합을 얻어내는 용접 공정이다. 레이저(laser)라는 용어는 'light amplication by stimulated emission of radiation'의 머리글자이다. 동일한 기술이 레이저빔가공(22.3.3절 참조)에도 사용된다. 레이저빔용접은 일반적으로 산화를 막기 위해 헬륨, 아르곤, 질소, 이산화탄소 등의 보호가스와 함께 사용된다. 용가재금속은 보통 사용하지 않는다.

레이저빔용접은 고품질, 깊은 용입 그리고 좁은 열영향부(HAZ)을 얻을 수 있는 용접 공정이다. 이런 특성은 전자빔용접과 유사하기에 이 두 공정은 언제나 비교가 된다. 레이저빔용접이 전자빔용접보다 좋은 점은 진공 챔버가 필요 없고, x선이 방출되지 않으며, 레이저빔이 광학렌즈와 거울에 의해서 집중되고 직진성이 있다는 점이다. 반대로 레이저빔용접은 전자빔용접처럼 깊은 용접부와 높은 깊이대 폭 비율을 얻을 수 없다. 레이저빔의 최대 깊이는 약 19 mm인 반면에 전자빔은 50 mm 깊이까지 용접할 수 있다. 레이저빔 용접의 깊이대 폭 비율은 일반적으로 약 5:1로 제한적이다. 레이저빔은 에너지가 좁은 영역에 집중되어 작용하므로 주로 작은 부품의 결합에 사용되는 공정이다.

일렉트로슬래그용접

이 공정은 일부 아크용접 작업처럼 동일한 기본적인 장비를 사용하고, 아크를 용접을 시작하는데 사용한다. 그러나, 아크를 용접 동안에 사용하지 않기 때문에 아크용접에 속한다고 볼 수는 없다. 일렉트로슬래그용접(electroslag welding, ESW)은 모재와 용가재 금속에 작용하는 고온의 전기전도성 용융슬래그로 접합을 하는 융접 공정이다. 그림 25.32처럼 일렉트로슬래그용접의 일반적인 모습은 일렉트로가스용접과 유사하다. 일렉트로슬래그용접은 용융슬래그와 용접금속을 담고 있는 수냉 몰딩슈즈(molding shoes)를 사용해서 수직방향(여기서는 맞대기이음)으로 작업한다. 공정초기에 과립형 전도성 용제를 공동(cavity)속에 넣는다. 소모성 전극팁이 공동의 아래쪽에 도달하면, 아크가 짧게 발생하여 용제를 녹이기 시작한다. 슬래그의 풀이 먼저 생성되면 아크는 중단되고, 전

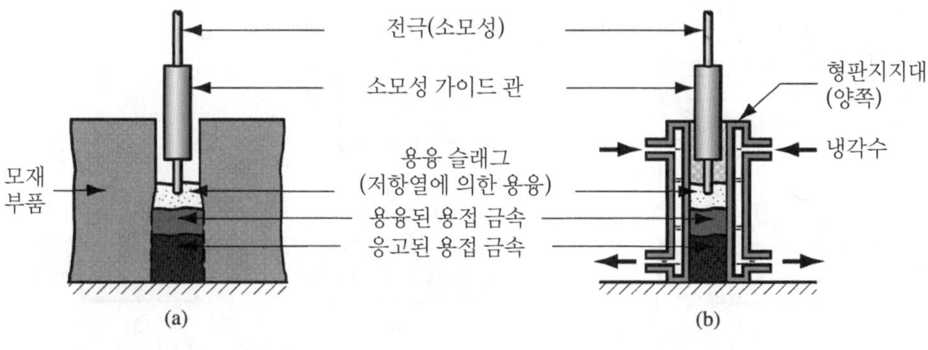

그림 25.32 일렉트로슬래그용접(ESW). (a) 명확하기 위해 몰딩슈즈(molding shoes)를 제거한 정면의 모습, (b) 양쪽의 몰딩슈즈를 나타낸 측면 모습. 일렉트로가스용접(그림 25.15)과 유사하나 용융슬래그의 저항열이 모재와 용가재 금속을 용융시키는데 사용.

류가 전극으로부터 전도성 슬래그를 거쳐 모재에 전달되며, 이 전기저항이 용접공정이 일어나도록 열을 발생시킨다. 슬래그의 밀도가 용융금속의 밀도보다 작기 때문에 위쪽에 있으면서 용융풀을 보호하게 된다. 응고는 바닥으로부터 시작해서 올라오고, 전극과 모재의 모서리에 추가 용융금속이 위로부터 공급된다. 이 공정은 접합부의 상단에 도달할 때까지 지속적으로 진행된다.

테르밋용접

테르밋(thermit)은 점화하면 발열반응을 일으키는 알루미늄 분말과 산화철의 혼합물인 테르마이트(thermite)의 상품명이며, 소이탄과 용접을 위해 사용되고 있다. 용접공정으로 테르밋을 사용하게 된 것은 1900년경이다. 테르밋용접(thermit welding, TW)은 테르밋의 화학적 반응으로부터 얻어지는 과열된 용융금속에서 얻어지는 융합열에 의한 용접공정이다. 용가재 금속은 액상의 금속에서 얻어진다. 이 공정은 접합을 위해 사용되지만, 용접보다는 주조에 가까운 공정이라고 할 수 있다. 알루미늄과 산화철 분말(1:3 비율로)을 잘게 혼합하여, 1300℃ 온도에서 연소되면 다음의 화학 반응이 발생한다.

$$8Al + 3Fe_3O_4 \rightarrow 9Fe + 4Al_2O_3 + heat \tag{25.12}$$

반응으로부터 얻는 온도는 약 2500℃이며, 이 결과로 슬래그 형태로 위쪽에 상승하여 공기로부터 철을 보호하는 과열 용융철과 산화알루미늄을 생성하게 된다. 테르밋용접에서 과열된 철(만약 파우더 혼합이 적절하다면 탄소강)은 그림 25.33의 테르밋용접 공정의 그림처럼 용접접합부 위쪽에 있는 도가니로에 담겨진다. 반응이 종료되면(약 30초, 테르밋 양에 따라 다름), 도가니로를 기울려 액상 금속이 흘러서 용접부 주위를 덮도록 특수하게 제작된 주형 속에 붓게 된다. 유입되는 금속은 매우 뜨겁워서 모재의 가장자리를 용융한 후 응고되면서 접합을 형성하게 된다. 냉각 후에 주형을 부수고, 탕구와 라이저를 산소아세틸렌 토치나 다른 방법으로 제거한다.

테르밋용접은 그림에서 보여주는 것처럼 철도레일의 결합, 잉곳 주형과 같은 대형 강철 주물과 단조물, 아주 큰 직경의 축, 기계 프레임 그리고 선박 키의 균열 수리에 사용할 수 있다. 이 공정의 예처럼 용접표면은 충분히 매끄러워 추가적인 마무리작업이 필요 없다.

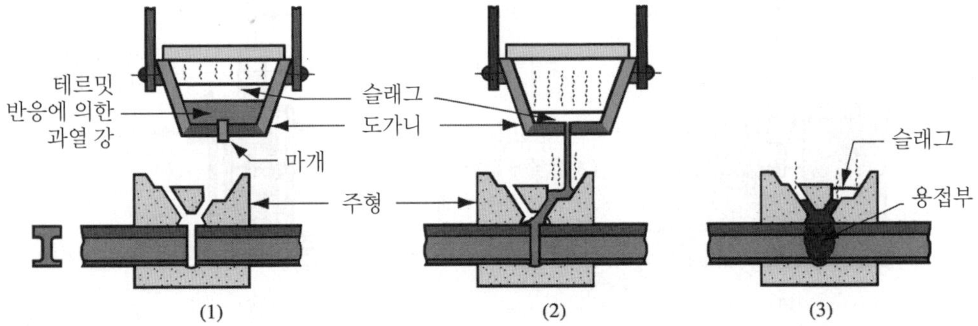

그림 25.33 테르밋용접. (1) 테르밋 점화, (2) 과열된 금속 도가니로부터 주형에 주입, (3) 금속이 응고되고 용접부를 형성.

25.9 고상용접

고상용접(solid-state welding)에서 부품표면의 접합이 (1) 압력 단독으로 혹은 (2) 열과 압력으로 얻어진다. 일부 고상용접 공정에서 시간도 인자가 된다. 열과 압력 모두 사용하는 고상용접은 열 자체가 공작물 표면을 용융시킬 정도로 충분하게 높지 않다. 다시 말하면, 이들 공정에서 가해지는 외부 열 자체만으로는 부품의 융합할 정도가 되지 못한다. 열과 압력의 조합 또는 특별한 방법으로 압력이 가해지는 경우 접합면에서 국부적으로 용융을 일으킬 정도로 충분한 에너지가 나오게 된다. 용가재 금속은 고상용접에서는 사용하지 않는다.

25.9.1 고상용접에서 일반적인 고려할 사항들

대부분의 고상용접 공정에서 모재의 용융이 조금 있거나 전혀 없이 금속학적 결합이 이루어진다. 두 개의 동종 혹은 이종 금속의 금속학적으로 결합하기 위해, 두 금속을 밀착시켜서 원자간의 인력이 서로 끌어당기도록 해야 한다. 두 표면 사이에서 화학적인 박막, 가스, 기름 등이 존재하면 정상적으로 물리적 접촉이 일어나기 어렵다. 원자결합이 성공하도록 하기 위해선 이러한 박막이나 다른 물질들이 제거되어야 한다. 융접[경납(brazing)이나 연납(soldering)과 같은 다른 결합공정에서 유사]에서는 박막이 고온에 의해 분해되거나 연소되어, 금속의 용융과 응고에 의해 원자결합이 이루어진다. 하지만 고상용접에서는 금속학적으로 결합이 이루어지기 위해 박막이나 불순물들이 먼저 제거되어야 한다. 어떤 경우에는, 용접공정 전에 표면을 철저하게 세척되어 있어야 한다. 반면에 다른 경우에는 부품 표면을 접근시키는 과정 동안 세척이 이루어지는 경우도 있다. 요약하면, 고상용접이 성공하기 위해서는 (1) 두 개의 표면이 매우 깨끗해야 되며, (2) 원자결합이 이루기 위해 두면이 물리적으로 아주 가깝게 접촉시켜야 한다.

용융을 포함하지 않는 용접공정들은 융접공정에 비해 몇 가지 장점들이 있다. 용융이 일어나지 않기 때문에 열영향부(heat affected zone, HAZ)가 발생하지 않아 접합부 주변 금속의 원래의 물성값들을 유지할 수 있다. 대부분의 고상용접 공정들은 두 부품사이의 전체 접촉 경계면을 용접 접합부로 만들어내지만, 대부분의 융접공정에서는 점 또는 심(seam)의 일부분만 접합한다. 또한 일부 고상용접 공정들은 접합 작업동안 이종금속의 용융과 응고과정에서 발생하는 상대적인 융점, 열팽창, 열전도 및 기타 문제들 없이 이종금속의 접합에 사용된다.

25.9.2 고상용접 공정들

고상용접 그룹에는 최신 기술뿐만 아니라 가장 오래된 경합공정도 포함되어 있다. 고상용접 그룹의 각 공정들은 접합면에서 접합하는데 각각의 특별한 방법을 가지고 있다. 최초의 용접공정인 단접(forge welding)으로 시작된다.

단접

단접(forge welding)은 기술의 발전에서 역사적으로 중요하다. 이 공정은 약 BC 1000년경부터 고대문명의 대장장이 두 금속의 부품을 접합하는 법을 알게 되어 시작되었다. 단접은 접합할 부품을 열간가공 온도로 가열한 후 해머 혹은 다른 방법으로 단조하는 용접공정이다. 현대 표준에 맞는 우수한 용접부를 만들기 위해 매우 높은 숙련 기술을 바탕으로 한다. 단접공정은 역사적인 관심을 갖을만 하지만, 다음에 설명한 단접의 변형공정을 제외하고는 상업적인 중요성이 그리 높지 않다.

냉간용접

냉간용접(cold welding, CW)은 상온에서 청정한 접촉 표면사이에 고압에 의해 수행되는 고상용접 공정이다. 냉간용접이 수행되기 위해 접합면을 특별히 청정하게 만들어야 하므로, 접합 직전에 기름제거법이나 와이어 브러싱으로 작업을 수행한다. 또한 적어도 하나의 금속은 용접되어져야 하므로, 금속은 매우 연성이거나 가공경화가 없어야 한다. 연성의 알루미늄과 구리같은 금속들이 쉽게 냉간용접으로 접합할 수 있다. 이 공정에 작동하는 압축력은 금속부품에 냉간가공을 일으켜 두께를 50%까지 줄일 수 있다. 그러나 접촉면에서 국부적인 소성변형을 일으켜 결과적으로 접합이 이루어진다. 작은 부품들은, 단순 수동공구에 의해 압축력을 가할 수 있다. 큰 부품들은 필요한 힘을 얻기 위해 동력프레스가 요구된다. 냉간용접에서는 외부에서 열이 가해지지 않지만, 변형공정이 공작물의 온도를 상승하게 만든다. 냉간단접은 전기적 연결에 사용되기도 한다.

롤용접

롤용접(roll welding, ROW)은 단접 혹은 냉간용접의 변형된 공정으로, 공작물의 외부열이 공정전에 완성되느냐에 달려있다. 롤용접은 접합을 일으키기에 충분한 압력이 롤에 의해서 가해지는 고상용접으로 외부열이 가해질 수도 있고 가해지지 않을 수도 있다. 이 공정을 그림 25.34에 나타내었다. 외부열이 가해지지 않는 경우를 냉간롤용접(cold-roll welding)이라 하고 외부열이 가해지는 경우를 열간롤용접(hot-roll welding)이라 한다. 롤용접의 용도에는 부식방지를 위해 연강 혹은 저합금강에 스테인리스강을 피복(cladding)작업이나, 온도측정을 위한 바이메탈(bimetal) 띠(strip) 제작, 혹은 미국 조폐국에서 '샌드위치'동전 제작 작업이다.

고압용접

고압용접(hot pressure welding, HPW)은 모재 금속의 상당한 변형을 일으키기에 충분한 열과 압력을 가해 접합이 이루어지는 단접의 다른 변형된 공정이다. 이 변형공정이 표면의 산화막을 제거시켜, 청정한 금속표면에서 두 부품의 결합이 잘 이루어진다. 접합표면에 걸쳐 확산을 일으키려면

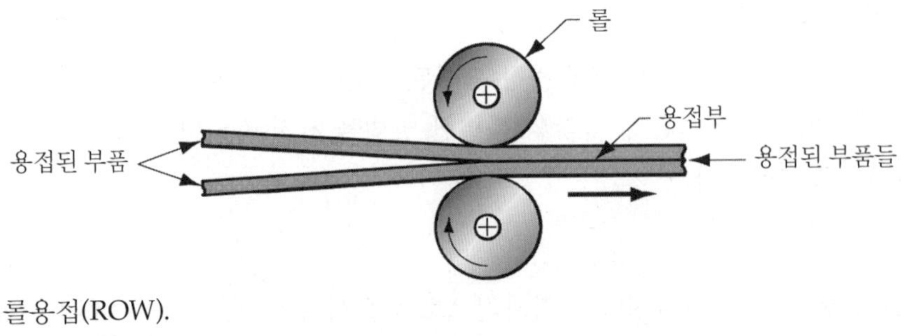

그림 25.34 롤용접(ROW).

시간이 필요하다. 이 작업은 보통 진공챔버내에서 혹은 보호매체 존재속에서 수행된다. 고온고압용접의 주요한 적용분야는 항공산업에 있다.

확산용접

확산용접(diffusion welding, DFW)은 보통 제어되는 분위기속에서, 확산과 접합이 발생하기에 충분할 정도의 시간을 갖고, 열과 압력에 의해 적용되는 고상용접 공정이다. 온도는 금속의 용융점보다 상당히 낮고(약 0.5 T_m이 최고값), 표면에서 소성변형은 최소화된다. 접합의 주요 메커니즘은 접촉면 사이 경계면을 넘어 원자가 이동하는 고상 확산이다(4.3절 참조). 확산용접은 항공산업과 원자력산업 분야에서 고강도 내화금속의 결합에 사용된다. 확산용접은 동종 혹은 이종 금속의 결합에 모두 적용할 수 있으며, 이종금속 접합의 경우 확산을 증진시키기 위해 두 개의 모재금속 사이에 다른 금속을 층으로 끼워 넣기도 한다. 접합면에서 확산이 이루어지도록 시간이 중요한데, 어떤 경우엔 한 시간 이상 걸리기도 한다[10].

폭발용접

폭발용접(explosion welding, EXW)은 폭발에너지에 의해 두 금속 표면을 접합하는 고상용접 공정이다. 이 공정은 보통 이종 금속을 접합하는데 사용되는데, 특히 모재 윗면의 넓은 영역에 걸쳐 다른 금속을 접합할 때 사용한다. 적용분야는 화학공업과 석유화학분야의 공정장비에 필요한 내부식성 박판과 판재 제조품들이다. 이 교재에서 폭발피복(expolsive cladding)이란 용어로도 사용된다. 폭발용접에서 용가재 금속과 외부열이 가해지지 않는다. 시간이 너무 짧기 때문에 공정시간 동안 확산이 일어나지 않는다. 결합의 본질은 야금술학적인데, 많은 경우에 두 금속속의 경계면의 잔물결(ripple)과 파고(wavy)에 의해 기계적인 맞물림과 결합에 의해 접합이 이루어진다.

한 금속판 위에 다른 금속의 폭발피복(cladding)공정은 그림 25.35처럼 설명되어질 수 있다. 이 공정에서 두 판이 일정한 간격을 평행하게 위치하여 폭약이 비행판(flyer plate)이란 불리는 상판위에 위치한다. 비행판의 표면을 보호하기 위해 폭약과 비행판 사이에 고무나 플라스틱의 완충층(buffer layer)을 넣기도 한다. 고정금속(backer metal)이라 불리는 하판은 엔빌(abvil) 위에 놓여 지지를 받는다. 폭발이 시작되면 폭발이 비행판 한쪽 끝에서 시작해서 반대쪽으로 전파되어 가는데, 이 과정의 한 순간을 그림 25.35(2)에 나타내었다. 폭발용접에서 어떻게 일어나는지 이해하기 어

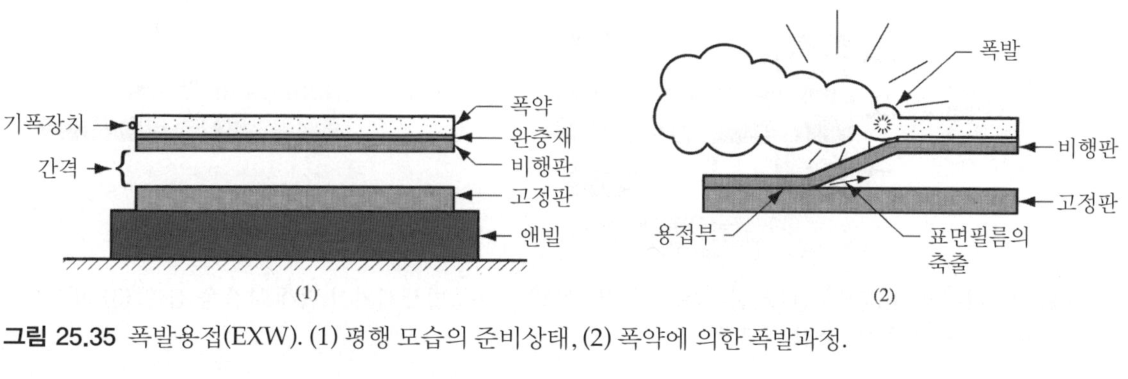

그림 25.35 폭발용접(EXW). (1) 평행 모습의 준비상태, (2) 폭약에 의한 폭발과정.

려운 것들중에 하나는 폭발이 순간적으로 발생한다는 잘못된 생각인데, 폭발이 전파속도가 8500 m/s의 빠른 속도로 전파되더라도 실제적으로는 점진적인 반응과정이다. 폭발에 의해 높은 압력영역이 비행판을 고정금속에 충돌하도록 밀어내고, 이 과정동안 폭발이 진행함에 따라 그림에서 보여주는 것처럼 폭발 전에 각이 생긴 형태를 나타나게 된다. 상판은 아직 폭발이 일어나지 않은 영역의 위치에서는 그대로의 상태이다. 점진적이고 각도를 갖는 형태로 발생하는, 고속의 충돌은 접촉면의 표면을 유체로 만들어 어떤 표면의 박막도 각도의 정점으로부터 진행방향으로 추진되어질 수 있다. 충돌하는 표면은 화학적으로 청정한 상태가 되며, 두 표면 사이에 일부 계면 용융을 포함하는 금속의 유체학적 거동은 표면 사이의 상호간의 접촉에 의해서 금속학적인 결합을 만들어낸다. 충돌속도와 공정중 충격각도 변화들은 두 금속 사이에 파고와 잔물결이 있는 경계면을 만들어낸다. 이런 종류의 경계면은 결합은 강화시킬 수 있는데, 그것은 접촉면적이 증가해서 두면 사이에 기계적인 맞물림이 형성되기 때문이다.

마찰용접

마찰용접(friction welding, FRW)은 산업용으로 많이 사용되는 공정으로, 자동생산 방법이 가능한 용접법이다. 이 공정은 옛 소련에서 개발되어 1960년대 미국에 소개되었다. 마찰용접은 압력과 결합된 마찰열에 의해 접합을 하는 고상용접 공정이다. 마찰은 두 표면사이에 기계적인 마찰동작으로 발생하며, 일반적으로 한 부품을 다른 부품에 상대적으로 회전시켜 발생시킨 마찰을 이용해서 접합 경계면의 온도를 상대 금속의 열간가공 온도까지 상승시키게 된다. 그 다음에 두 부품을 충분한 힘으로 압착시키면 금속학적인 결합이 이루어진다. 일반적인 적용분야의 대상인 원통형 부품의 마찰용접 과정을 그림 25.36에 나타내었다. 축방향 압축력이 두 부품을 접합하면서 튀어나는 재료인 플래시(flash)를 만들게 된다 접촉표면에 있는 표면막들은 공정동안 모두 제거된다. 플래시는 매끄러

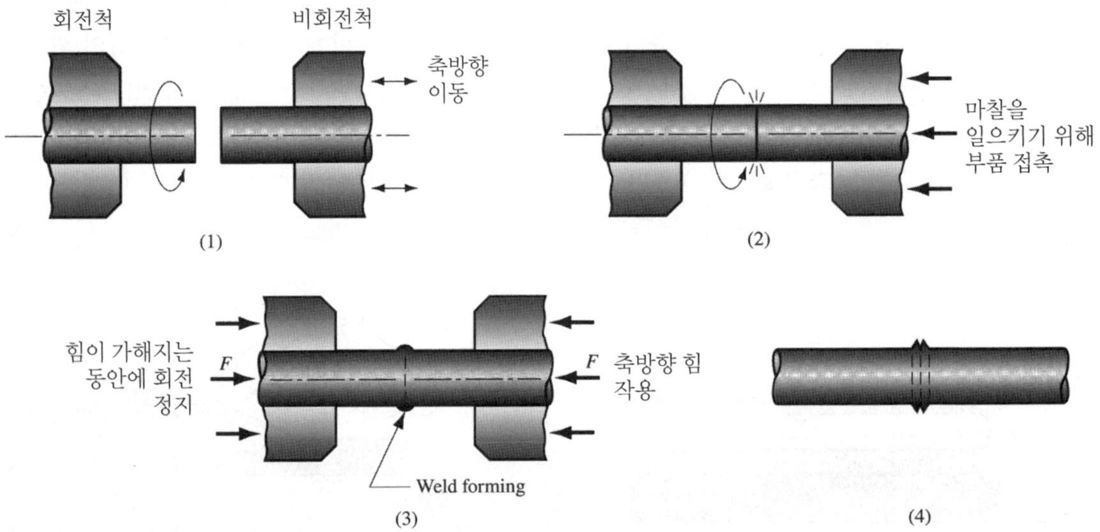

그림 25.36 마찰용접(FRW). (1) 회전부품. 접촉전, (2) 마찰열을 발생시키기 위해 부품을 접촉, (3) 회전정지 그리고 축방향 압축력, (4) 용접부 생성.

Courtesy George E. Kane Manufacturing Technology Laboratory, Lehigh University

그림 25.37 마찰용접에서 접합된 두 개의 강관의 맞대기 이음부의 단면.

운 용접부 표면이 되도록 공정 후에 트리밍공정(예를 들어 선삭가공)에서 제거되어야 한다. 압력을 적절히 조절할 경우 접합면에서 용융이 전혀 일어나지 않을 수도 있다. 용가재금속, 용제, 보호가스는 일반적으로 사용하지 않는다. 그림 25.37은 마찰용접 접합부의 단면을 보여주고 있다.

거의 모든 마찰용정 공정은 용접중 마찰열을 발생시키기 위해 회전을 사용한다. 두 가지 주요한 구동시스템이 있는데, 이에 따라 마찰용접 공정은 분류하면, (1) 연속구동 마찰용접과 관성 마찰용접이다. 연속구동 마찰용접(continuous-drive friction welding)은 한 부품을 일정한 회전속도로 구동시키면서 정지되어 있는 부품에 힘을 가해 접촉시켜 마찰열을 접촉면에 발생시키는 방법이다. 적절한 열간가공 온도에 도달하였을 때 회전에 급 제동을 가하면서 동시에 부품들을 단조압력을 가해 강제적으로 결합하게 만든다. 관성 마찰용접(inertia friction welding)은 회전할 부품이 미리 설정된 속도로 올리면서 플라이휠에 연결된다. 위로 올라간 플라이휠이 구동모터로부터 이탈되면 그 관성력으로 두 부품이 힘을 받게 된다. 플라이휠에 저장된 운동에너지가 마찰열 형태로 전환되면서 접촉한 면들에서 접합이 이루어진다. 이 작업의 총 사이클 시간은 약 20초 정도 이다.

마찰용접에 상용되는 장비는 엔진선반의 모습을 갖고 있다. 한쪽 부품을 고속으로 회전시킬 수 있는 강력한 주축이 필요하며, 회전부품과 회전하지 않는 부품 사이에서 축방향으로 힘을 가해줄 방법이 필요하다. 사이클 시간이 짧기 때문에, 이 공정으로 대량생산하는 것은 가능하므로 자동차, 항공기, 농기계, 석유화학, 천연가스 분야들의 산업에서 다양한 축 혹은 관 부품 결합에 사용되고 있다. 이 용접공정은 좁은 열영향부를 생성시키며, 이종금속의 접합에도 사용할 수 있는 장점이 있다. 하지만 적어도 한 부품을 회전시켜야하고, 일반적으로 플래시를 제거해야 하며, 소재가 뭉툭해짐에 따라 부품의 길이가 짧아진다는 (제품설계시 고려해야할 내용) 단점이 있다.

앞서 설명한 일반적인 마찰용접 공정은 접합면 사이에 마찰을 발생시키기 위해 회전운동을 사용하였다. 이 공정의 발전된 내용은 두 부품사이에 마찰열을 발생시키는데 선형 왕복운동을 사용하는 선형 마찰용접(linear friction welding) 공정이다. 이 공정은 적어도 부품중 한 부품ㅍ은 회전시켜야 하는 점을 없애주었다(예, 원통형, 관형).

마찰교반용접

마찰교반용접(friction stir welding, FSW)은 그림 25.38에 나타낸 것처럼 회전공구가 두 부품 사이의 접합선을 따라 이동하면서 마찰열을 발생시켜 용접 심(seam)을 만들도록 금속을 기계적으로 교반하여 접합하는 고상용접 공정이다. 이 공정은 교반 혹은 혼합 작업으로부터 명칭이 만들어졌다. 마찰교반용접은 마찰열은 부품자체보다는 별도의 마멸저항 공구에 의해 발생된다는 점에서 기본의 마찰용접과 구별이 된다. 마찰교반용접은 영국 캠브리지용접협회에서 1991년에 개발되었다.

회전공구는 원통형 숄더(shoulder)와 그 밑에 튀어나온 프로브(probe)으로 구성되어 있다. 용접 공정 동안 숄더는 두 부품의 상면을 문질러서 많은 마찰열을 발생시키는 반면, 프로브는 맞대기 표면을 따라 기계적으로 금속을 혼합하여 부가적인 열을 발생시킨다. 프로부는 혼합작용을 잘 일어나도록 형상이 설계되어져 있다. 마찰과 혼합의 조합에 의해 생성된 열은 금속을 용융시키는 것이 아니라 높은 소성조건을 갖도록 완화시키는 것이다. 공구가 접합부를 따라 동작함에 따라 회전하는 프로부의 앞쪽 표면이 금속 주변 프로부의 지나간 자리에 힘을 주고 용접심으로 만들어 주는 단조 압축력을 발생시킨다. 숄더는 소성화된 금속이 프로부 주변에 따라 흘러가게 해준다.

마찰교반용접 공정은 우주항공, 자동차, 철도 그리고 조선산업 분야에 사용된다. 일반적인 적용은 대형 알루미늄 부품의 맞대기 이음에 사용된다. 강, 구리, 티타늄등을 포함한 다른 금속들뿐만 아

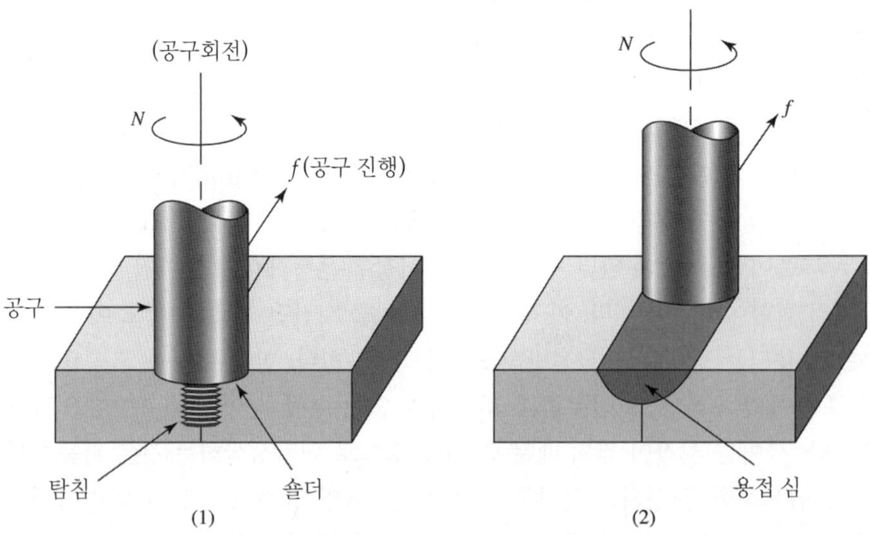

그림 25.38 마찰교반용접(FSW). (1) 접합부로 진행하기 전의 회전공구, (2) 부분적으로 완료된 용접 심(seam)으로 N은 공구회전수, f는 공구 이송.

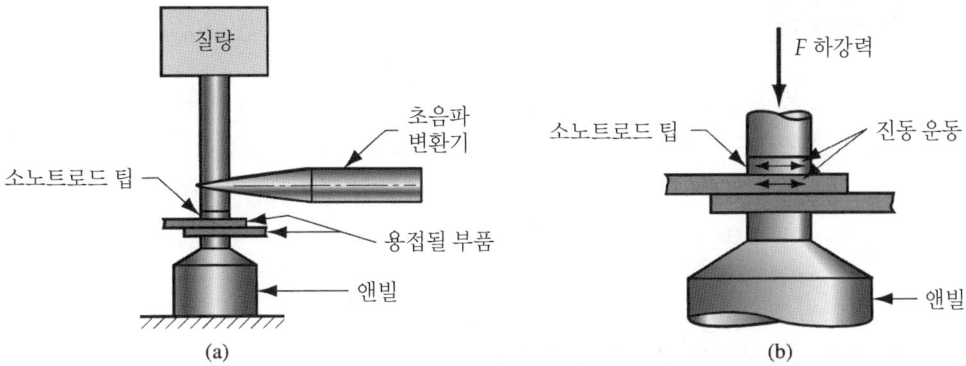

그림 25.39 초음파용접(USW). (a) 겹치기 이음 형태의 일반적인 모습, (b) 용접 영역의 확대된 모습.

니라 고분자와 복합재료 접합에도 마찰교반용접 공정이 사용될 수 있다. 이러한 분야에 사용되는 장점은 (1) 용접 접합부의 우수한 기계적 성질이 갖게 되고, (2) 유독가스, 뒤틀림, 보호문제와 아크 용접에 관련된 문제점을 피할 수 있으며, (3) 비틀림과 수축이 거의 없으며, (4) 우수한 용접외관을 갖을 수 있다는 점들이다. 단점으로는 (1) 공구가 공작물로부터 빠져나갈 때 생기는 출구 구멍과 (2) 매우 큰 부품은 고정력이 필요하다는 점이다.

초음파용접

초음파용접(ultrasonic welding, USW)은 두 부품을 적절한 고정력으로 함께 붙여놓고 초음파주파수를 갖고 있는 진동 전단응력을 접촉면에 인가하여 접합을 이루어내는 고상용접 공정이다. 초음파용접의 겹치기 접합에 대한 일반적인 적용을 그림 25.39에 나타내었다. 두 부품 사이에 진동운동이 모든 표면박막을 부수고, 표면 사이에 긴밀한 접촉과 강한 금속학적인 결합을 만들어낸다. 접촉 표면의 마찰과 소성변형으로 인해 열이 발생하지만, 이 열에 의한 온도상승이 용융점보다 상당히 낮다. 초음파용접은 용가재 금속, 용제 및 보호가스가 필요없다.

진동운동은 초음파 변환기에 연결되 소노트로드(sonotrode)에 의해 위쪽 부품에 전달된다. 이 장치는 전기적인 출력을 고주파 진동으로 변환시킨다. 초음파 용접에 사용되는 일반적인 주파수는 15 kHz~75 kHz이고 진폭은 0.018 mm~0.13 mm 정도이다. 두 부품의 고정압력은 냉간용접의 압력보다 상당히 낮아 두 개의 면 사이에서 아무런 소성변형도 일어나지 않는다. 이러한 조건하에서 용접시간은 1초 미만이다.

초음파용접 작업은 일반적으로 알루미늄과 구리와 같은 연성 재료의 겹치기이음용으로 제한된다. 더 단단한 재료의 용접에 사용되는 경우, 상부 부품에 접촉하고 있는 소노트로드(sonotrode)의 빠른 마멸을 일으키게 된다. 초음파용접은 비교적 작은 부품과 용접두께 3mm 이하의 부품에 주로 사용된다. 사용하는 예로는 전기전자 산업분야에서 와이어 연결[연납(soldering)링 대체], 알루미늄 박판의 조립, 태양전지판의 관 용접과 그 밖의 작은 부품의 조립작업에서 많이 찾아볼 수 있다.

25.10 용접품질

용접공정의 목적은 둘 혹은 그 이상의 부품을 접합시켜 하나의 구조물로 만드는 것이다. 따라서 형성되는 새로운 구조물의 물리적 완전성은 용접의 품질에 달려있다. 용접품질(weld quality)에 대한 논의는 주로 아크용접에 대하여 다루는데, 가장 많이 사용되는 용접공정이고 품질문제가 가장 중요하고 복잡한 공정이기 때문인다.

잔류응력과 비틀림변형

용접공정, 특히 아크용접동안 공작물의 국부영역이 급속히 가열되고 냉각되는 것이 용접물에 잔류응력을 일으키는 열팽창과 수축을 발생시킨다. 이런 잔류응력들이 용접 조립품의 비틀림변형(distortion)과 뒤틀림변형(warping)이 발생한다.

용접의 상황은 복잡한데 그 이유는, (1) 가열이 매우 국부적이고, (2) 모재 금속의 용융이 국부적 영역에서 발생하고, (3) 가열과 용융하는 위치가 이동하기(적어도 아크용접에서는) 때문이다. 그림 25.40(a)처럼 아크용접에서 두 판의 맞대기 이음을 하는 경우를 생각해 보면 다음과 같다. 작업은 한쪽 끝에서 시작해서 반대쪽 끝으로 향해 진행된다. 용접이 진행됨에 따라 모재금속(용가재 금속이 사용되는 경우도 해당)으로부터 용융지가 형성되어 아크가 지나간 다음 신속하게 응고가 일어난다. 용접비드 바로 인접한 공작물의 영역은 극도로 가열되고 팽창하게 되며, 반면에 용접부에서 먼 부분은 상대적으로 저온이다. 용융풀은 두 부품 사이의 공동속에서 빠르게 응고되고, 용융풀과 주변 금속이 냉각됨에 따라 그림 25.40(b)처럼 용접물의 폭을 가로질러 먼 부분에는 수축이 발생한다.

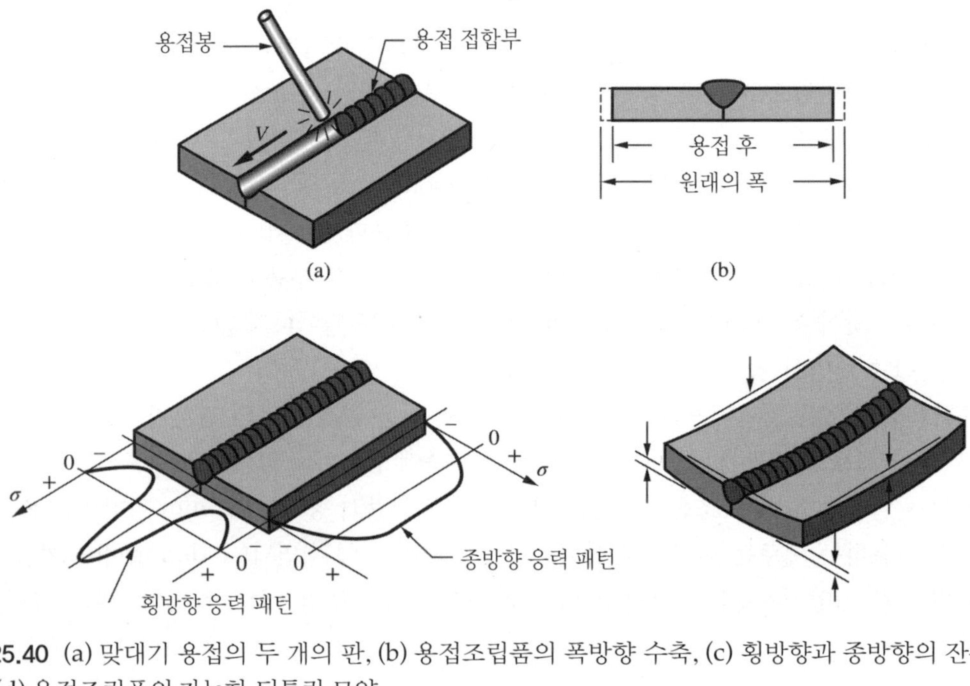

그림 25.40 (a) 맞대기 용접의 두 개의 판, (b) 용접조립품의 폭방향 수축, (c) 횡방향과 종방향의 잔류응력 패턴, (d) 용접조립품의 가능한 뒤틀림 모양.

용접 심(seam)에는 용접물로부터 떨어진 부품의 영역에 잔류 인장력과 반작용 압축응력이 생성된다. 잔류응력과 수축은 또한 용접비드의 길이 방향을 따라 발생한다. 모재의 먼 영역은 상대적으로 저온 상태로 남아있으므로 치수적 변화는 없고, 반면에 용접비드는 매우 높은 온도에서 응고된 후 수축되었기에 잔류 인장응력이 용접비드의 종방향으로 남게 된다. 이러한 횡방향과 종방향 응력 패턴을 그림 25.40(c)에 나타내었다. 이들 횡방향, 종방향의 잔류응력의 결과들을 그림 25.40(d)에 나타낸 것처럼 용접조립품의 뒤틀림을 가져온다.

앞의 그림예에서 아크용접된 맞대기 이음은 다양한 접합부 유형과 다양한 용접 작업중 하나의 경우이다. 열에 의해서 발생하는 잔류응력과 그 결과 나타나는 비틀림 변형은 거의 모든 용접공정과 열이 발생하는 일부의 고상용접 작업에서 생기는 문제점이다.

용접물의 뒤틀림을 최소화 하기 위해 기술들은 다음과 같다. (1) 용접고정구(welding fixtures)는 용접 작업중 부품의 움직임을 물리적으로 구속하기 위해 사용된다. (2) 히트싱크(heat sink)는 용접된 부품의 단면으로부터 열을 빠르게 제거한다. (3) 접합부를 따라 만드는 다중점들의 택용접(tack welding)은 연속적인 심(seam)용접보다 더 견고한 구조물을 만들 수 있다. (4) 뒤틀림을 줄이기 위해 용접조건(속도, 용가재 금속의 양등)을 적절히 조절한다. (5) 용접될 부품에서 생성될 수 있는 잔류응력 수준을 줄이기 위해 예열(preheat)을 한다. (6) 작은 용접물용 가열로나 대형 구조물용 분야에서 사용할 수 있는 방법을 사용해서 용접 조립품에 대한 응력제거(stress relief) 열처리를 수행한다. (7) 비틀림의 정도를 줄일 수 있는 용접물의 적절한 설계(proper design)을 수행한다.

용접결함

최종 용접조립품의 잔류응력, 비틀림변형 그리고 다른 결함요소들이 발생할 수 있다. 다음은 Cary[2]가 분류한 근거에 의한, 주요 결함 분류에 대한 간략한 설명이다.

- *크랙(cracks).* 크랙은 용접부 자체나 용접부 근처의 모재에서 파괴형태로 나타나는 불연속성을 의미한다. 이 결함이 용접결합중 가장 심각한 결함이라 할 수 있는데, 용접물의 강도를 상당히 감소시켜 불연속성을 만들기 때문이다. 그림 25.41은 균열의 몇가지 유형을 나타내고 있다. 용접균열의 원인은 용접부의 취성 또는 낮은 연성때문이고/또는 수축하는 동안 모재가 많은 구속을 받은 영향일 수도 있다 일반적으로 이런 결함들은 수리되어야 한다.

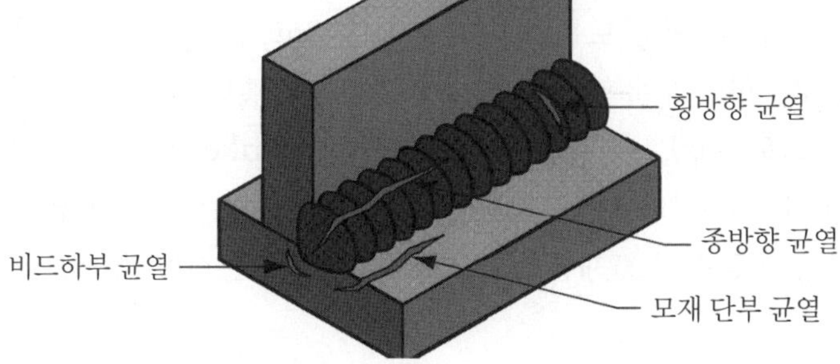

그림 25.41 여러 가지 형태의 용접균열.

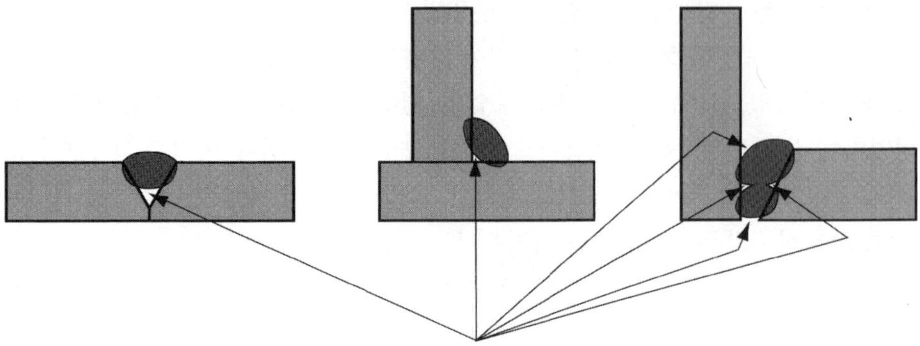

그림 25.42 불완성 용융의 여러 형상들.

- *공동(cavities).* 이 결함들은 다양한 기공과 수축공이 포함된다. 기공(porosity)은 응고과정 동안 용접부 안에 갇힌 가스에 의해 생기는 작은 구멍들을 말한다. 이런 구멍 형상은 구형(blow holes)으로부터 애벌레형상(worm holes)까지 다양하다. 기공의 일반적인 원인은 주변 가스의 유입, 용접금속 내부의 황, 표면의 오염물 등 때문이다. 수축공(shrinkage void)은 응고과정 동안 수축에 의해 발생하는 공동을 말한다. 이 두 가지 공동 형상의 결함은 주조에서 발견되는 결함과 유사하며, 주조와 용접간의 밀접한 연관성을 나타내고 있다.
- *고체 개재물(solid inclusions).* 용접 금속 내부에 갇혀있는 비금속 고체들을 말한다. 이런 결함들의 가장 일반적인 형태는 용제를 사용하는 아크용접 공정 동안 발생하는 슬래그 개재물이다. 슬래그가 용융풀 위에 뜨는 대신, 금속의 응고 과정동안 낱알형태로 들어가는 경우이다. 개재물의 또 다른 현상은 알루미늄을 용접할 때 보통 Al_2O_3의 표면코팅이 만들어지는 것과 같이 특정한 금속을 용접할 때 발생하는 금속산화물이다.
- *불완성 용융(incomplete fusion).* 이런 결함의 몇 가지 유형을 그림 25.42에 나타내었다. 용융의 부족(lack of fusion)이라고도 하는 불완성 융합은 접합부 전체 단면적을 채우는 융합이 일어나지 않는 용접 비드가 생성되는 경우이다. 관련이 있는 결함으로 용입의 부족(lack of penetration)이 있는데, 이것은 접합부의 바닥까지 융합이 충분히 깊게 용입되지 않는 경우를 말한다.
- *불완전 형상 혹은 바람직하지 않은 윤곽(imperfect shape or unacceptable contour).* 용접부가 최대의 강도를 얻기 위해서는 그림 26.43(a)와 같이 V자 홈용접처럼 바람직한 윤곽이 나와야 한다. 이런 용접부 윤곽은 용접접합부의 강도를 최대로 만들어주고, 불완전 용융과 용입부족을 막아준다. 그림 25.43에 용접부 형상과 윤곽에서 몇가지 일반적인 결함을 보여주고 있다.
- *기타 다양한 결함(miscellaneous defects).* 이 결함에 아크타격(arc strikes)이라는 용접공이 전극을 용접부 주변의 모재 금속에 접촉시켜 부품 표면에 자국을 남게 하는 결함이다. 과도비산(excessive spatter)은 용융된 용접 금속이 모재금속 표면에 튀어 생기는 결함이다.

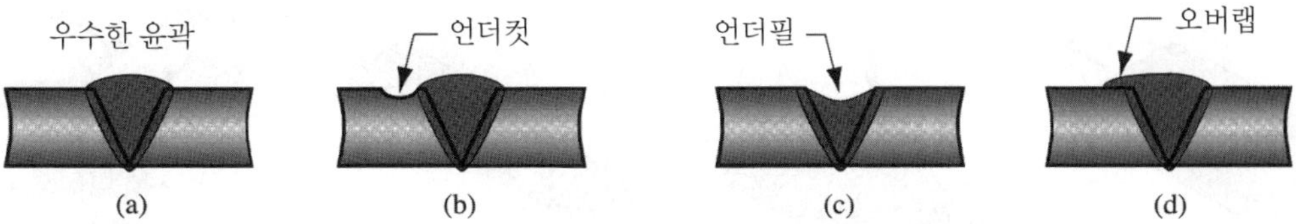

그림 25.43 (a) 단일 V형 홈용접 접합부의 바람직한 용접 접합부 형상, 동일한 접합부이지만 일어날 수 있는 몇 가지 용접 결함은 다음과 같다. (b) 모재 일부가 녹아 없어진 언더컷(undercut), (c) 용접부 높이가 주변 모재보다 낮아지는 언더필(underfill), (d) 용접금속이 접합부 밖으로 모재 표면을 덮었지만 용융이 일어나지 않는 오버랩(overlap).

검사와 시험방법들

용접 접합부의 품질을 확인하기 위한 다양한 검사와 시험 방법들이 사용된다. 표준화된 절차들이 미국용접협회(American Welding Society, AWS)와 같은 공학과 무역 협회들에서 수년간 개발되고 확립되었다. 논의를 위해서 이들 검사와 시험 절차들은 다음과 같이 세 영역으로 분류한다: (1) 육안, (2) 비파괴, 그리고 (3) 파괴.

육안검사(visual inspection)는 의심할 여지없이 가장 많이 사용되는 용접 검사 방법이다. 검사자는 용접물에 대하여 (1) 부품도면상의 치수사양의 확인, (2) 뒤틀림(warping), (3) 균열, 공동, 불완성 용융 및 기타 결함여부를 파악한다. 또한 용접 검사자는 일반적으로 비파괴검사가 추가적으로 필요한지 결정한다. 육안검사의 한계점은 표면 결함만 검출이 가능하고 내부결함을 발견하기 어렵다는 점이다.

비파괴검사(nondestructive evaluation, NDE)는 검사할 시편에 어떤 손상도 주지 않는 다양한 방법들을 포함하고 있다. 염료침투(dye penetrant)와 형광물질침투(fluorescent penetrant) 시험법들은 균열과 공동처럼 표면에 노출되는 작은 결함을 찾는 방법으로 사용된다. 형광물질침투 시험의 결과는 자외선에 노출시켰을 때 아주 잘 보이기 때문에 염료침투보다 더 민감도가 높은 기술이다.

몇 가지 다른 비파괴검사도 설명되어야한다. 자기탐상시험법(magnetic particle testing)에서는, 자기장(magnetic field)은 자성을 받는 물체에 형성시키고, 자성입자(철가루 같은)를 표면에 뿌리는 방법이다. 균열이나 개재물과 같은 표면밑에 생성된 결함들이 자기장을 왜곡시켜 입자들은 표면의 특정영역에 집중하게 됨으로 결함을 파악할 수 있다. 초음파검사법(ultrasonic testing)은 고주파 음파(20 kHz 이상)를 시험편에 직접 사용하여 음파전달의 손실을 검사하여 불연속성(예를 들어 균열, 개재물, 기공)들을 검사하는 방법이다. 방사선검사법(radiographic testing)은 X선이나 감마선을 이용하여 용접금속 내부의 결함을 감지하는 방법으로 모든 결함에 대하여 사진으로 기록을 남길 수 있다.

파괴검사(destructive testing)는 시험과정동안 시험편을 만들고 용접부를 파괴시켜 검사하는 방법으로 기계적 시험과 금속학적 시험방법이 있다. 기계적 시험방법(mechanical tests)들은 인장시험이나 전단시험(3장 참조)과 같은 일반적인 시험방법과 유사하다. 차이점은 시험시편이 용접접합부란 점이 다르다. 그림 25.44는 용접에 사용되는 기계적 시험방법의 몇가지 예를 나타내고 있다.

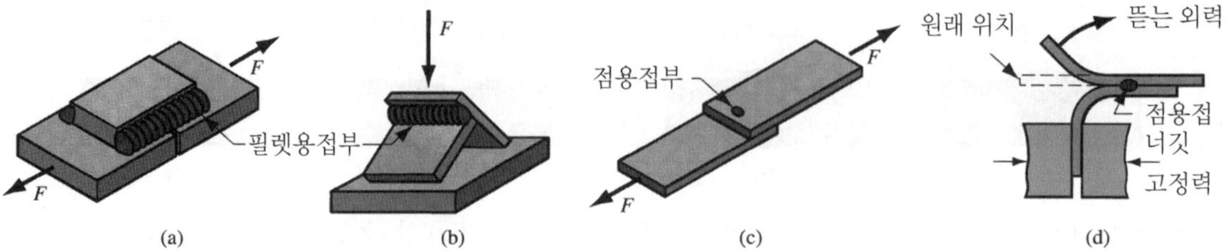

그림 25.44 용접에 사용되는 기계적 시험방법들. (a) 아크 용접물에 대한 인장-전단시험, (b) 필렛 파괴시험, (c) 점용접부의 인장-전단시험, (d) 점용접부의 박리시험(peel test).

금속학적 시험(metallurgical tests)에는 금속구조, 결함, 열영향부의 존재와 조건, 다른 원소의 존재, 그리고 유사한 현상들을 검사하기 위해 용접접합부의 시험편을 준비하는 것도 포함된다.

25.11 용접성과 용접 경제성

이 절에서는 두 가지 주제가 논의된다. (1) 얼마나 쉽게 용접작업을 수행할 수 있고 용접부의 품질에 관련된 용접성과 (2) 용접 작업의 시간 및 비용과 관련된 용접 경제성이다. 이 두 가지 주제는 둘 다 용접 공정의 상업적 성공에 영향을 미치기 때문에 관련이 있다.

25.11.1 용접성

용접성(weldability)은 하나 혹은 여러 금속들이 적절하게 설계된 구조물에 용접되어지는 능력을 말하며, 결과적으로 용접접합부들이 의도한 요구에 만족할만한 성능의 금속학적 물성값들을 갖게 되는 것이다. 좋은 용접성이란 용접공정의 용이성, 용접결함의 부재, 접합부의 적절한 강도, 연성 그리고 인성을 특성되어진다.

용접성에 영향을 미치는 인자로는 (1) 용접공정, (2) 모재금속의 물성값, (3) 용가재금속이 사용된다면, 용가재 금속 그리고 (4) 표면조건들이다. 용접공정은 매우 중요한 인자이다. 어떤 공정에 쉽게 용접되는 금속들도 다른 공정으로는 용접이 안되는 경우도 있다 예를 들어 스테인리스강은 대부분 아크용접 공정으로 용접이 잘 되지만, 산소용접으로는 어려운 금속이다.

모재금속의 물성값들은 용접수행에 영향을 준다. 주요한 물성값들은 용융점, 열전도율, 열팽창계수 등이 있다. 융용점이 낮으면 용접이 쉽게 될 수 있을 거라 생각될지 모르지만, 일부금속(예를 들어 알루마늄)은 좋은 용접에도 쉽게 용융된다. 열전도성이 높은 금속(예, 구리)도 열을 용접부로부터 멀리 전달되게 하는 경향이 있어 용접하는데 어려움이 있다. 금속에 있어서 높은 열팽창과 수축은 용접 조립품의 뒤틀림 문제를 일으킬 수 있다.

이종금속을 용접할 때, 이종금속의 물리적 그리고/혹은 기계적 성질이 본질적으로 다르다면 용접상의 특별한 문제점을 갖을 수 있다. 용융온도의 차이가 명백한 문제점이다. 강도의 차이나 열팽창계수의 차이는 균열을 발생시킬 수 있는 높은 잔류응력을 초래할 수 있다. 만일 용가재 금속이 사용된다면 모재금속과 양립이 될 수 있어야 한다. 일반적으로 고용체를 형성하는 액체상태에서 혼합된 원소들은 문제를 일으키지 않을 것이다. 용해한도를 초과한 경우 용접접합후에 취성화가 발생할 수도 있다.

모재금속의 표면조건은 작업에 부정적인 영향을 줄 수 있다. 예를 들어 습기는 용융부에서 기공을 만들 수 있다. 금속표면의 산화물과 다른 고체막은 충분한 접촉과 용융이 일어나는 것을 방해할 수 있다.

25.11.2 용접경제성

경제활동으로 용접에 종사하는 회사는 성공하기 위한 작업으로 각 용접의 시간과 비용을 관여해야 한다. 이 절에서는 이러한 성공에 기여하는 두 가지 요소 사이클 시간 및 용접 비용을 분석하고자 한다.

사이클 시간 분석(Cycle Time Analysis)

주어진 용접 작업을 수행하는 사이클 시간은 하나의 작업 용접 작업을 완료하는데 필요한 시간으로 정의된다. 주기 시간은 여기에서 작업 단위, 즉 용접 작업을 완료하는 데 작업을 시작하고 다음 유닛이 시작되기전까지 필요한 시간으로 정의된다. 작업 주기에는 여러 용접이 포함될 수 있지만, 같은 작업에서 모두 다음 시간에 순차적으로 수행된다. 해석의 시작점은 기본 사이클 시간 방정식(1.1)이다.

$$T_c = T_o + T_h + T_t$$

여기서, T_c는 사이클 시간, T_o는 작업시간, T_h는 작업 준비시간 그리고 T_t는 공구 준비시간이다. 용어는 용접 공정마다 약간 다른 의미를 갖는다. 아크 용접의 경우 T_o는 아크가 켜져 있는 동안(즉, 아크 온 시간)의 시간이며, 작업 용접주기에 따라 여러 용접들로 이루어진다. T_h는 시작 부품의 로드와 완성된 용접물의 언로드 시간으로, 또한 지그의 조작, 용접의 육안 검사 등의 시간도 포함된다. T_t는 아크 용접 건을 조작하고 용접을 시작하고 정기적으로 전극을 교체시간을 포함한다. 저항 스폿용접에서는, 그림 25.21에서 볼 수 있듯이 각 스폿 용접 사이클의 총 시간이며, 작업 주기동안 여러 스폿 용접들이 있을 수 있다. T_h와 T_t는 작업 처리시간이며, 작업 사이클 동안 공구 작동 시간에 해당된다. 기타 용접공정에 대해서도 같은 해석이 가능하다.

예제 25.6

아크용접에서 사이클 시간

피복 금속 아크 용접 작업(스틱 용접)에서 용접기는 두 개의 6.4 mm 필렛을 수행한다. 두 개의 두께가 10 mm인 강판을 용접하여 T이음을 형성한다(그림 25.3(d)). 각 길이 용접은 190 mm이다. 아크 온 시간 동안 생성되는 전력 = 6000 W, 그러나 열 전달과 용융 계수때문에

2700 W만 용접에 사용된다. 용접된 금속의 부피 비율 = 260 mm^3/s이며, 그 중 65%가 용접봉의 용융이고 나머지는 모재의 용융이다. 각 용접봉의 금속 부피 = 11,262 mm^3(직경 = 3.175 mm, 길이 = 356 mm)이며, 단 막대의 끝을 버려야 하므로 각 막대의 70%를 사용할 수 있다. 전극 재배치 ('스틱') 사이클 시작과 용접 사이에 0.42분이 소요된다. 용접 변경 시기는 막대당 1.0분이다. 용접기는 시작 구성요소를 수집하여 조명기에 로드해야 한다. 1.40분이 걸리는 작업 사이클이 시작된 후 완성된 용접물을 내린는데 0.40분 정도 소요된다. (a) 작업 사이클 시간과 (b) 만약 용접공이 8시간의 근무 후 60분의 휴식을 취하는 경우, 작업 사이클 시간인 아크 온 타임, (c) 몇 번 용접은 시프트 중에 생성되며 (d) 8시간 시프트의 일부로서 아크온 시간은 무엇인가?

풀이

(a) 6.4 mm 필렛용접의 단면적은 $A = bh/2 = (6.42)/2 = 20.5 \text{ mm}^2$

용접작업의 이동속도는 $v = (260 \text{ mm}^3/\text{s} \times 0.65)/(20.5 \text{ mm}^2) = 8.24 \text{ mm/s}$

각용접의 완성 시간은 $L/v = (180 \text{ mm})/(8.24 \text{ mm/s}) = 21.84 \text{ s} = 0.364 \text{ min}$

전체 아크 온 시간은 $2(0.364) = 0.728 \text{ min}$

각 필렛용접에서 전체 체적은 $AL = (20.5 \text{ mm}^2)(190 \text{ mm}) = 3895 \text{ mm}^3$

완성용접당 금속의 체적은 $2(3895 \text{ mm}^3) = 7790 \text{ mm}^3$

용접 로드당 용접의 수는 $(11{,}262 \text{ mm}^3/\text{rod} \times 0.70)/(7790 \text{ mm}^3/\text{weldment}) = 1.012$,

이것은 각 작업 주기전에 용접로드를 교체해야 한다.

사이클 시간 방정식에서

$T_o = 0.728 \text{ min}$

$T_h = 1.40 + 0.40 = 1.80 \text{ min}$

전극봉 교체 사이에 작업단위의 수는 $0.992 \approx 1$

$T_t = 0.42 + 1.0 = 1.42 \text{ min}$

$T_c = 0.728 + 1.80 + 1.42 = 3.95 \text{ min}$

(b) 작업 사이클의 부분으로 아크 온타임은 $= \dfrac{0.72}{3.95} = 0.183 = \mathbf{18.2\%}$

(c) 용접 작업 수행 수는 $= \dfrac{(8.0-1.0)(60)}{3.95} = 106.3$, 약 **106**

(d) 8시간 작업부분으로의 아크 온 시간은 $= \dfrac{106(0.728/60)}{8.0} = 0.161$, 즉 **16.1%**

접 비용해석

용접 작업의 작업 사이클 시간은 작업의 총 비용의 중요한 요소이다. 인건비와 시설비는 일반적으로 비율 함수로 할당되기 때문입니다(예: $/hr, 1.5.2절). 용접 공정의 유형에 따라 추가 비용 구성

요소는 전극, 필러 금속, 플럭스 또는 보호 가스, 전기 또는 연료가 있다. 각 사이클마다 하나의 용접물이 제조된다고 가정하면 사이클당 비용은 용접부는 식 (1.6)을 조금 조정하여 계산할 수 있다.

$$C_{pc} = C_m + C_o T_c + C_t$$

여기서, C_{pc}는 1회당 비용($/pc), C_m은 시작 금속의 비용($/pc), C_o는 시간당 작업과 장비의 비용($/min), T_c는 작업사이클시간(min/pc), 그리고 T_c는 공구비용($/pc)이다. 마지막 사이클 시간과 마찬가지로 이러한 용어는 특정 용접 작업의 경우에 해석되어야 한다. 아크 용접의 경우, C_m은 시작 구성요소, 플럭스 또는 보호 가스 및 필러 금속 비용(개별적으로 추가된 경우)으로, 소모 전극 이외의 형태이다. 인건비와 설비비는 1.5.2절에 정의된대로 $C_o = C_L + C_{\text{eq}}$이다. 공구 용어 C_t는 전극 비용으로 소모 전극의 경우 공구가 작동 중 용가재가 소모되며, 비소모 전극의 경우 공구는 앞서 설명한 바와 같이 점차 소모된다. 이 내용은 25.5.1절에 설명되어 있으며, 정기적으로 교체해야 한다. 전극을 조작하여 교환하는 필요한 시간은 공구 취급 시간 T_t에 포함된다.

예제 25.7(b)와 (c)에서 결정해서 구한 낮은 전기파워 비용을 이상하게 생각할 수 있다. 결국 아크 용접은 많은 양의 전력을 소비한다. 전력은 아크 용접에서는 각 작업 사이클 동안 아크 온 시간이 비교적 짧기 때문에, 용접 또는 시간별로 사용되는 전력은 작다. 용접작업이 보다 연속적인 경우(예:

예제 25.7

아크용접에서 공작물 비용

예 25.6의 결과에서 인건비 = $35.00/hr 및 시설비 $8.50/hr(양쪽 요금에는 해당 간접비가 포함됨)를 가정한다. 용접봉의 비용은 전극당 0.85 달러이다. 플럭스 코팅 포함, 각 용접 부품의 부품 가격은 2.66 달러이다. 다음 (a) 비용 결정 (b) 용접부당 전력 비용 전력 = $0.1296/kWh.[2] (c) 또한 운영의 시간당 전력 비용을 결정하라.

풀이

(a) 인건비와 시설비용은 $C_o = 35.00 + 8.50 = \$43.50/\text{hr}$

$$C_{pc} = 2.66 + \frac{43.50}{60}\,3.95 + 0.85 = 2.66 + 2.86 + 0.85 = \mathbf{\$6.37\ /\ weldment}$$

(b) 예제 25.6에서 $P = 6000\ \text{W} = 6.0\ \text{kW}$

각 용접에서 아크 온 시간은 $T_o = 0.728\ \text{min} = 0.01213\ \text{hr}$

각 용접당 kW-h는 6.0(0.01213) = 0.073 kWh

용접당 파워의 비용으로 $0.1296/kWh이면, 0.073(0.1296) = **$.0095/weldment**

이것은 부품 (a)에서 결정된 용접물당 비용에 1페니 미만을 추가한다.

(c) 예제 25.6(d)에서 8시간 작업후 휴식으로 106개 작업을 한다면, 106개 용접에 대한 파워 전체 비용은 106($0.0095) = $1.007/shift이며, 한 시간당 전기 파워 비용은 $1.007/8 = **$0.126/hr**이다.

서브 병합 아크 용접), 따라서 아크 온 시간이 길어지면 전기 요금이 높아진다. 총 비용은 더 중요한 부분이 될 것이다. 용접 비용의 가장 큰 요인은 인건비와 장비; 인건비는 손 용접에서 더 중요하며 장비 비용은 자동 및 로봇 용접에서 더 중요하다.

25.12 용접에서 설계 고려사항

만일 어떤 조립품을 영구적으로 용접한다면, 설계자는 다음 지침을 따라야 한다([2], [9], 다른 참고 자료 취합).

- *용접을 위한 설계(design for welding).* 가장 일반적인 지침은 처음부터 제품을 주물, 단조물, 혹은 기타 성형물이 아닌 용접조립품으로 생각해서 설계해야 한다는 것이다.
- *부품의 최소화(minimum parts).* 용접조립품은 가능한 최소한의 부품으로 구성되어야 한다. 예를 들어 하나의 부품에 대하여 단순한 굽힘가공을 하는 것이 판재들을 용접하여 조립하는 것보다 경제성이 더 높을 수 있다.

다음은 아크용접에 적용되는 지침이다.

- 부품의 양호한 (치수)맞추기는 치수관리가 유지되면서 뒤틀림을 최소화하기 위해 중요하다. 양호한 맞추기를 하기 위해 절삭가공이 필요한 경우도 있다.
- 조립품은 용접건이 용접 영역에 접근하기에 충분한 영역이 확보되어 있어야 한다.
- 가능하면 아래보기 용접(flat welding)이 될 수 있도록 조립품을 설계하여야 한다. 그 이유는 아래보기 용접이 가장 빠르고 편리한 용접위치가 나오기 때문이다. 그림 25.45에 가능한 용접 위치를 정의하였다. 가장 어려운 위치는 위보기(overhead) 위치이다.

다음은 저항용접에 적용되는 지침이다.

- 두께 3.2 mm 이하의 저탄소강이 저항 점용접의 이상적인 금속이다.
- 넓고 평평한 금속박판 부품의 강도와 강성을 보강하기 위해 (1) 점용접을 통해 강화부품을 접합하거나 (2) 플랜지나 돌기부를 형성시켜 가능하게 할 수 있다.

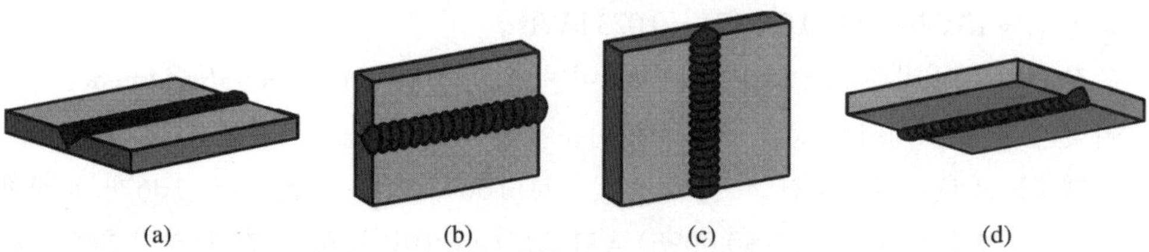

그림 25.45 용접 위치(여기선 홈용접에 대한 정의). (a) 아래보기(flat), (b) 수평(horizontal), (c) 수직(vertical), (d) 위보기(overhead).

- 전극이 용접부 주변에 접근하기에 충분한 영역이 조립품에 준비되어야 한다.
- 전극 끝이 적절한 접촉을 하기 위해서는 두 금속박판 부품이 충분히 겹쳐 있어야 한다. 예를 들어, 저탄소강판의 경우 겹치는 거리는 3.2 mm 정도의 두꺼운 판에 대해서는 두께의 6배로부터, 0.5 mm 정도로 얇은 판에 대해서는 두께의 20배까지 범위가 요구된다.

참고문헌 *REFERENCES*

[1] *ASM Handbook*. Vol. 6: *Welding, Brazing, and Soldering*. ASM International, Materials Park, Ohio, 1993.
[2] Cary, H. B., and Helzer, S. C. *Modern Welding Technology*. 6th ed. Pearson/Prentice-Hall, Upper Saddle River, New Jersey, 2005.
[3] Datsko, J. *Material Properties and Manufacturing Processes*. John Wiley & Sons, New York, 1966.
[4] Messler, R. W., Jr. *Principles of Welding: Processes, Physics, Chemistry, and Metallurgy*. John Wiley & Sons, New York, 1999.
[5] Welding Handbook. 9th ed. Vol. 1: *Welding Science and Technology*. American Welding Society, Miami, Florida, 2007.
[6] Wick, C., and Veilleux, R. F. Tool and Manufacturing Engineers Handbook. 4th ed. Vol. IV: *Quality Control and Assembly*. Society of Manufacturing Engineers, Dearborn, Michigan, 1987.
[7] www.engineeringtoolbox.com/melting-tempera-ture-metals-d_860.html.
[8] www.nptel.ac.in/courses/112107090/module1/lecture4/lectrue4/pdf
[9] Bralla, J. G. (ed. in chief). *Design for Manufacturability Handbook*. 2nd ed. McGraw-Hill, New York, 1998.
[10] *Welding Handbook*. 9th ed. Vol. 2: Welding Processes. American Welding Society, Miami, Florida, 2007.

복습문제 *REVIEW QUESTIONS*

서론

25.1 용접을 정의하라.

25.2 다른 형태의 접합공정과 비교해서 용접의 장점들은 무엇인가?

25.3 용접의 두 가지 주요 단점들은 무엇인가?

25.4 용접공정의 두 가지 주요 범위는 어떤 것들인가?

25.5 용접과 고상용접(solid-state welding)은 근본적인 차이점은 무엇인가?

용접기술의 개요

25.6 이종용접은 무엇인가?

25.7 세 가지의 고상용접은 무엇들인가?

25.8 용접공정을 이용하는 주요 산업과 제품들의 이름은?

25.9 용접물은 무엇인가?

25.10 용접위치결정구(welding positioner)는 무엇인가? 용접고정구(welding fixture)와의 차이점은 무엇인가?

용접 접합부

25.11 다섯 가지 용접접합 유형의 말하고 그려보아라.

25.12 용접과 관련하여 전력 밀도는 무엇인가?

25.13 맞대기 또는 겹치기 이음에 사용되는 점용접은?

용접의 물리학

25.14 아크 용접, 마찰 용접 및 가스 용접중, 어떤 용접이 가장 높은 파워밀도를 가지고 있나?

25.15 다음 저항 용접 또는 전자빔 용접 공정 중 가장 높은 출력 밀도을 생성하는 것은 무엇인가?

융접–용접접합의 모습

25.16 융접용접 접합면의 다른 영역의 단면을 나열하라.

25.17 융합용접 접합면에 용가재가 추가되었다면 용접면은 무엇인가?

25.18 HAZ를 정의하라.

아크용접

25.19 다양한 아크 용접 방법을 나열하라.

25.20 일반적으로 사용되는 두 가지 피복가스는 무엇인가?

25.21 아크 피복에 사용되는 플럭스란 무엇인가?

25.22 직류와 교류는 모두 아크 용접에 사용하는게 참 또는 거짓?

25.23 가스 텅스텐 아크 용접(GTAW)에 대하여 설명하라.

25.24 가장 일반적으로 사용되는 두 가지 피복에 사용되는 불활성가스는?

25.25 SAW는 무엇인가?

25.26 피복 금속 아크 용접(SMAW)에 대하여 설명하라.

25.27 가스 금속 아크 용접(GMAW)의 다른 이름은 무엇인가?

25.28 플럭스 코어 아크 용접(FCAW)을 설명하라.

25.29 가스 텅스텐 아크 용접(GTAW)의 다른 이름은 무엇인가?

저항용접

25.30 저항 용접을 정의하라.

25.31 저항용접에서 용접 너깃이란?

25.32 저항 스폿 용접 작업 사이클의 단계 순서를 설명하라.

25.33 저항 점용접과 저항 심용접의 주요 차이점은 무엇인가?

25.34 플래시 용접이란 무엇인가?

산소가스용접

25.35 다른 순산소 용접 공정보다 산소아세틸렌 용접 공정이 선호되는 이유는?

25.36 다양한 유형의 불꽃 이름을 말하라.

기타 융접용접 공정

25.37 LBM 및 EBM 중 어떤 프로세스가 진공상태에서 수행되나?

25.38 레이저의 약자는 무엇을 의미하나?

고상용접

25.39 마찰교반용접(FSW)이란 무엇이며, 마찰용접과 어떻게 다른가?

25.40 초음파용접에서 기계적 진동원은 무엇인가?

용접품질

25.41 융합 용접, 특히 아크 용접에서 왜곡(뒤틀림)은 심각한 문제이다. 왜곡의 발생과 정도를 줄일 수 있는 기술들에는 어떤 것들이 있는가?

25.42 중요한 용접 결함은 무엇인가?

용접성과 용접경제성

25.43 왜 아크용접에서 전력 비용의 값이 다른 용접 비용에 비해 매우 저렴한가?

용접시 설계 고려사항

25.44 아크 용접으로 제작된 용접물의 설계 지침에는 어떤 것들이 있나?

연습문제 *PROBLEMS*

Power Density

25.1 What quantity of heat per unit time (J/s) will be transferred to the base metal in case of laser beam welding if the application is concentrated in a circle of diameter 0.4 mm and the power density is 7500 W/mm^2.

25.2 A heat source transfers 2500 J/s to a metal part surface. The heated area is circular, and the heat intensity decreases as the radius increases: 70 % of the heat is concentrated in a circular area that = 5 mm in diameter. Is the resulting power density sufficient to melt the metal?

25.3 A welding power source provides heating rate of 3000 J/s on the base metal. The area heated is circular in cross section which transfers 60% heat when the circular diameter is 0.3 mm. However, the 80% of the heat is transferred within a concentric circle of 0.6 mm diameter. What are the power densities in (a) the 0.3 mm diameter inner circle and (b) the 0.6 mm diameter ring that lies around the inner circle?

25.4 A heat source transfers a total of 3000 J of heat energy to a metal surface in a spot welding operation. The heat energy is concentrated in a circular area whose diameter = 6.0 mm. Within how many seconds must this heat energy be transferred to achieve a power density of 10 W/mm^2, the minimum power density required to melt most metals in welding?

Unit Melting Energy

25.5 Compute the unit energy for melting aluminum, given that its melting temperature $T_m = 933°K$.

25.6 Compute the unit energy for melting for plain low-carbon steel, given that its melting temperature $T_m = 1760°K$.

25.7 Compute the unit energy for melting for plain low-carbon steel, given that its melting temperature $T_m = 1755.5°K$.

25.8 A U-groove weld is used to butt weld two pieces of 7.0-mm-thick austenitic stainless steel plate in an arc welding operation. The U-groove is prepared using a form milling cutter so the radius of the groove is 4.0 mm; however, during welding, the penetration of the weld causes an additional 1.5 mm of metal to be melted. Thus, the final cross-sectional area of the weld can be approximated by a semicircle with radius = 5.5 mm. The length of the weld = 250 mm. The melting factor of the setup = 0.65, and the heat transfer factor = 0.85. Assuming that the resulting top surface of the weld bead is flush with the top surface of the plates, determine (a) the amount of heat (J) required to melt the volume of metal in this weld (filler metal plus base metal) and (b) the heat that must be generated at the heat source?

25.9 In an arc welding operation, a groove weld has a cross-sectional area = 0.3 mm^2 and is 300 mm long. (a) What quantity of heat (in J) is required to accomplish the weld, if the metal to be welded is medium carbon steel? (b) How much heat must be generated at the welding source, if the heat transfer factor = 0.9 and the melting factor = 0.7?

25.10 Solve the previous problem, except that the metal to be welded is aluminum, and the corresponding melting factor is 60% of the value for steel.

25.11 In a controlled experiment, it takes 3700 J to melt the metal that forms a weld bead 150.0 mm long with a cross-sectional area of 6.0 mm^2. (a) Using Table 25.2, what is the most likely metal? (b) If the heat transfer factor is 0.85 and the melting factor is 0.55 for the welding process, how much heat must be generated at the welding source to accomplish the weld?

25.12 It is desired to compare two methods of determining the unit melting energy (U_m) for aluminum. The first method is by Equation (25.2). The second method is to compute U_m as the sum of (1) the heat required to raise the temperature of the metal from ambient temperature to its melting point, which is the volumetric specific heat multiplied by the temperature rise and (2) the heat of fusion. Summarizing the second method, $U_m = \rho C(T_m - T_{amb}) + \rho H_f$, where ρ = density, C = specific heat, H_f =heat of fusion, and T_m and T_{amb} are melting and ambient temperatures, respectively. Assume that the ambient temperature = 21°C. Tables 4.1 and 4.2 provide the values for all of these properties. Are the values of U_m close enough to validate Equation (25.2)?

Energy Balance in Welding

25.13 The power developed in an arc-welding operation = 2000 W. This is transferred to the work surface with a heat transfer factor = 0.92. The metal to be welded is nickel whose melting point T_m = 1725°K. The melting factor = 0.50. A fillet weld is to be made with a cross-sectional area = 50.0 mm². Determine the travel speed at which the welding operation can be accomplished.

25.14 An arc welding operation is performed at a travel speed of 3 mm/s with cross sectional area 0.25 mm². The material being welded is aluminium with melting point T_m = 933°K. If the heat transfer factor = 0.90 and melting factor = 0.45, determine the rate of heat generation required at the heat source to accomplish this weld.

25.15 A fillet weld is used to join two medium-carbon steel plates, each having a thickness of 5.0 mm. The plates are joined at a 90° angle using an inside fillet corner joint. The velocity of the welding head is 6 mm/s. Assume that the cross section of the weld bead approximates a right isosceles triangle with a leg length of 4.5 mm. Heat transfer factor = 0.80, and melting factor = 0.58. Determine the rate of heat generation required at the welding source to accomplish the weld.

Arc Welding

25.16 A gas metal arc-welding operation is performed on low-carbon steel plates at a voltage = 25 V and a current = 200 A. The heat transfer factor = 0.90, and the melting factor = 0.75. The melting temperature of low-carbon steel = 1487°C, and the unit melting energy can be determined by the methods of the previous chapter. Determine the (a) rate of heat generation at the weld and (b) volume rate of metal welded.

25.17 Aluminium plates are welded using a GMAW setup at a voltage of 20 V and current of 180 A. The heat transfer factor = 0.92, and the melting factor = 0.78. The melting temperature of Aluminium is 933°K, and the unit melting energy can be determined by the methods of discussed in the chapter. Determine the (a) rate of heat generation at the weld and (b) volume rate of metal welded.

25.18 A gas tungsten arc-welding operation is performed on low-carbon steel. Voltage = 15 V, current = 180 A, heat transfer factor = 0.50, and melting factor = 0.65. Filler metal wire of 6.0-mm diameter is added to the operation, so that the final weld bead consists of 60% filler and 40% base metal. If the travel speed in the operation is 4 mm/sec, determine (a) cross-sectional area of the weld bead and (b) feed rate (mm/sec) at which the filler wire must be supplied.

25.19 Flux-cored arc-welding is used to butt weld two austenitic stainless steel plates together. Welding voltage = 18 V, and current = 180 A. The cross-sectional area of the weld seam = 50 mm², the heat transfer factor = 0.95, and the melting factor of the stainless steel = 0.65. Using tabular data and equations in this, determine the value for travel speed in the operation.

25.20 A gas metal arc-welding test is performed to determine the value of melting factor f_2 for a certain metal and operation. Welding voltage = 20 V, current = 250 A, and heat transfer factor = 0.95. The rate at which the filler metal is added to the weld = 0.75 mm³/s, and the final weld bead consists of 75% filler metal and 25% base metal. The compositions of the base and filler metals are the same, the melting temperature = 2733°K, and unit melting energy = 6.5 J/mm³. Determine (a) melting factor and (b) travel speed if the crosssectional area of the weld bead = 0.5 mm².

Resistance Welding

25.21 Quality problems are occurring in a resistance spot-welding operation in the fabrication of steel containers. The steel is 2.4-mm thick low-carbon sheet steel. The main problem is incomplete fusion of the spot welds, in which the weld nuggets are very small and susceptible to separation. In some cases, weld nuggets do not even form. Without knowing any more about the operation, make several recommendations that might solve the problem.

25.22 A resistance spot-welding operation makes a series of spot welds between two sheets of aluminum, each 3.0 mm thick. The unit melting energy for aluminum = 2.90 J/mm³. Welding current = 6000 A, resistance = 75 micro-ohms, and time duration = 0.15 sec. Each weld nugget = 5.0 mm in diameter with an average thickness = 2.5 mm. How much of the total energy generated is used to form the weld nugget?

25.23 Two pieces of Aluminium, each 0.55 mm thick are to be spot welded using resistance spot welding. The amount of energy used for melting a unit of the material is 8 J/mm³. Also, current of 9000 A is applied for duration of 0.25 seconds at a resistance of 100 micro-ohms. The resulting weld nugget has a diameter of 1 mm while the average thickness is 1.75 mm. Determine the average power density in the interface area defined by the weld nugget.

25.24 A resistance seam-welding operation is performed on two pieces of 2.5-mm-thick austenitic stainless steel to fabricate a container. Current in the operation = 10,000 A, weld duration = 0.2 sec, and the resistance at the interface is 75 microohms. Continuous motion welding is used with 200-mm-diameter electrode wheels. The individual weld nuggets formed in this RSEW operation have diameter = 6.0 mm, and average thickness = 3.0 mm (assume the weld nuggets are disc-shaped). The weld nuggets must be contiguous to form a sealed seam. The power unit driving the process requires an off-time between spot welds of 1.0 sec. The unit melting energy of stainless steel = 9.3 J/mm^3. Determine (a) proportion of total energy used to form the weld nugget and (b) rotational speed of the electrode wheels.

25.25 Suppose in the previous problem that a roll spot-welding operation is performed instead of seam welding. The interface resistance increases to 100 microohms, and the center-to-center separation between weld nuggets is 25 mm. Given the conditions from the previous problem, with the changes noted here, determine (a) proportion of energy generated that goes into the formation of each weld nugget and (b) rotational speed of the electrode wheels. (c) At this higher rotational speed, how much does the wheel move during the current-on time, and might this have the effect of elongating the weld nugget (making it elliptical rather than round)?

Oxyfuel Welding

25.26 An oxyacetylene welding operation is used to weld a corner joint formed by two 9.5-mm thick low-carbon steel plates. A fillet weld is made in the joint, adding filler metal of the same composition with the base metal, and the cross-sectional area of the weld bead = 100 mm^2. Travel speed at which the bead is formed = 6 mm/s. The unit melting energy of the steel = 10.3 J/mm^3. From previous OAW operations, it is known that only 35% of the energy generated by the torch is used to melt the metal; the rest is dissipated. Determine the volume flow rate of acetylene required to perform this OAW operation. An equal volume flow rate of oxygen will be used.

Electron Beam Welding

25.27 The voltage in an EBW operation is 45 kV. The beam current is 50 milliamp. The electron beam is focused on a circular area that is 0.50 mm in diameter. Heat transfer factor is 0.87. Calculate the average power density in the area in W/mm^2.

25.28 An accelerating voltage of 30 kV and a beam current of 120 milliamp is used by an electron beam welding operation. Also, the beam is focused on a circular cross section of 0.15 mm diameter. Find the average power density in this area is the heat transfer factor is 92%.

25.29 An electron-beam welding operation welds two steel plates in a butt joint. The plates are 3 mm thick. The unit melting energy = 142000 J/mm^3. Diameter of the beam = 0.75 mm; hence, the width of the weld joint = 0.60 mm. Accelerating voltage = 30 kV, and beam current = 35 milliamp. Heat transfer factor = 0.62, and melting factor = 0.52. If the beam moves at a speed = 1 mm/s, will the beam penetrate the full thickness of the plates?

Welding Economics

25.30 A shielded metal arc-welding operation is accomplished in a work cell by a fitter and a welder. The fitter takes 5.5 min to load components into the welding fixture at the beginning of the work cycle, and 1.5 min to unload the completed weldment at the end of the cycle. The total length of the weld seams = 1200 mm, and the travel speed used by the welder averages 300 mm/min. Every 600 mm of seam length, the welding stick must be changed, which takes 0.8 min. While the fitter is working, the welder is idle (resting); and while the welder is working, the fitter is idle.

(a) Determine the average arc-on time as a fraction of the work cycle time. (b) How much improvement in arcon time would result if the welder used flux-cored arc welding (manually operated), given that the spool of weld wire must be changed every 10 weldments, and it takes the welder 5.0 min to accomplish the change? (c) What are the production rates for these two cases (weldments completed per hour)?

25.31 In the previous problem, a proposal has been made to install an industrial robot to replace the welder. The cell would consist of the robot, two welding fixtures, and the fitter who loads and unloads the parts. With two fixtures, the fitter and robot would work simultaneously, the robot welding at one fixture while the fitter unloads and loads at the other. At the end of each work cycle, they switch places. The robot would use gas metal arc welding instead of shielded-metal or flux-cored arc welding, but the welding speed would remain the same 300 mm/min. The electrode wire spool must be changed every 10 work parts, which takes 5.0 min and is accomplished by the fitter. Determine (a) arc-on time and (b) production rate for this work cell.

25.32 In a manual gas metal arc welding operation, a fillet weld is made to form an outside single corner joint, as in Figure 25.3(b), along a seam that is 1.5 m long. The design specifications call for a 6.4-mm fillet weld to be made, but the welder makes a 9.5-mm fillet weld instead. The volume rate of metal welded = 220 mm^3/s, of which 70% is melting of the bare wire electrode and 30% is melting of base metal. The spool of weld wire must be changed every 20 weldments, and this takes 7.0 min. Power during arc-on time = 6000 W, and cost of electricity = \$0.14/kWH. The labor cost rate = \$36.00/hr and the GMAW equipment cost = \$6.00/hr (including applicable overheads). The diameter of the electrode wire

= 1.5 mm, and its cost per length = \$0.90/m. Cost of supplying shielding gas = \$0.50/min. Considering only the arc-on time per cycle, (a) how much is the welding cycle time increased to perform the 9.5-mm fillet than it would for the 6.4-mm fillet and (b) how much more does it cost?

CHAPTER 26

경납접, 연납접 및 접착제 접합

26.1 경납접
26.1.1 경납 접합부
26.1.2 용가재와 용제
26.1.3 경납접 방법
26.2 연납접
26.2.1 연납 접합부 설계
26.2.2 연납재와 용제
26.2.3 연납접 방법
26.3 접착제 접합
26.3.1 접합부 설계
26.3.2 접착제 종류
26.3.3 접착제 적용 기술

이 장에서는 일부 용접법과 유사한 세 가지 접합 공정인 경납접, 연납접 및 접착제 접합에 대해 다루기로 한다. 경납접과 연납접은 접합을 위해 용가재를 사용하여 두 개(혹은 그 이상)의 금속 부품을 영구적으로 결합시킨다. 따라서, 경납접 및 연납접으로 접합이 된 부품들은 분리하기가 어렵다. 접합 공정 차원에서 살펴보면, 이 두 공정은 융접과 고상 용접의 중간 성격을 가지고 있다. 대부분의 융접 공정에서처럼 용가재가 사용되지만, 고상 용접과 같이 모재 금속의 용융은 일어나지 않는다. 이러한 예외에도 불구하고 경납접과 연납접은 일반적으로 용접과는 구별되는 것으로 간주된다. 이 두 공정이 용접에 비해 더 선호되는 상황은 (1) 금속의 용접성이 낮을 경우, (2) 이종 금속의 결합, (3) 용접의 강한 열이 결합 부품에 손상을 줄 경우, (4) 일반 용접이 불가능한 접합부의 형상, (5) 높은 강도가 그다지 요구되지 않는 경우 등이다.

접착제 접합은 경납접이나 연납접과 공통된 특정 기능을 공유한다. 즉, 접착제 접합은 근접한 두 표면과 용가재 사이에서의 부착력을 활용한다. 차이점은 접착제 접합에서 사용하는 용가재가 금속 재질이 아니라는 점과 접합 공정이 상온 혹은 그보다 약간 높은 온도에서 이루어진다는 점이다.

26.1 경납접

경납접(brazing, 브레이징, 경납땜)은 용가재가 용융되어 결합되는 금속 접합면 사이로 모세관 현상에 의해 공급되는 접합 공정이다. 모재 금속은 용융되지 않고, 용가재만 용융된다. 경납접에서 *경납 금속(brazing metal)*이라고 하는 용가재의 용융 온도(액상선)는 450°C 이상이지만 결합할 모재의 용융점(고상선)보다는 낮다. 접합부가 알맞게 설계되고 공정이 알맞게 수행된 경우, 경납 접합부의 강도가 응고시 형성된 용가재보다 더 우수할 수 있다. 이런 다소 놀라운 결과는 경납접에 사용되는 작은 부품 간극, 모재와 용가재 사이에서 금속학적 결합, 그리고 모재에 의해 접합부에 발생하는 기하학적 수축으로 인해 발생한다.

경납접은 용접에 비해 (1) 이종 금속을 포함하는 모든 금속 접합이 가능, (2) 신속하고 일관된 공정이 가능하여 높은 생산성과 자동화 생산이 가능, (3) 동시에 다수의 접합부 생성이 가능, (4) 용접이 불가능한 박판 부품의 접합이 가능, (5) 일반적으로 용접보다 적은 열과 에너지를 사용, (6) 접합부 근처 모재의 열영향부(heat-affected zone, HAZ) 문제의 감소, (7) 용융된 용가재가 모세관 현상으로 접합부에 공급되기 때문에 용접법으로 접근할 수 없는 접합부 처리가 가능하다는 장점을 가지고 있다.

경납접의 단점 및 한계점으로는 (1) 일반적으로 용접보다 낮은 접합부 강도, (2) 우수한 경납 접합부의 강도는 용가재 강도보다 높지만, 모재 강도보다는 낮음, (3) 사용 온도가 높을 경우, 경납접 합부가 취약하게 될 가능성, (4) 경납 접합부의 색상이 모재의 색상과 차이가 있을 수 있기 때문에 발생하는 외관상의 문제 등을 들 수 있다.

생산 공정으로서의 경납접은 자동차(예: 관과 파이프의 결합), 전기기기(예: 와이어와 케이블의 결합), 절삭공구(공구 몸통에 초경합금인서트의 결합), 귀금속 제작 등 다양한 산업 분야에서 널리 사용된다. 또한, 화학 공정 산업과 배관 및 설비 공사에서도 경납접을 통해 금속관이나 파이프를 결합한다. 이 공정은 거의 모든 산업에서 수리 및 유지 보수 작업에 광범위하게 사용된다.

26.1.1 경납 접합부

경납 접합부는 맞대기 이음과 겹치기 이음의 두 가지 유형이 있다(25.2.1절). 그러나, 경납접을 위해서는 이 두 접합부를 몇 가지 형태로 변형시켜야 할 필요가 있다. 기존의 맞대기 이음부는 경납접에 적용하기에 접합 면적이 작아 접합부의 강도를 위태롭게 만들 수 있다. 경납 접합부의 접합 단면적을 넓히기 위해서 그림 26.1처럼 엇걸이(scarf) 이음, 계단 맞대기 이음 혹은 기타 방법을 사용한다.

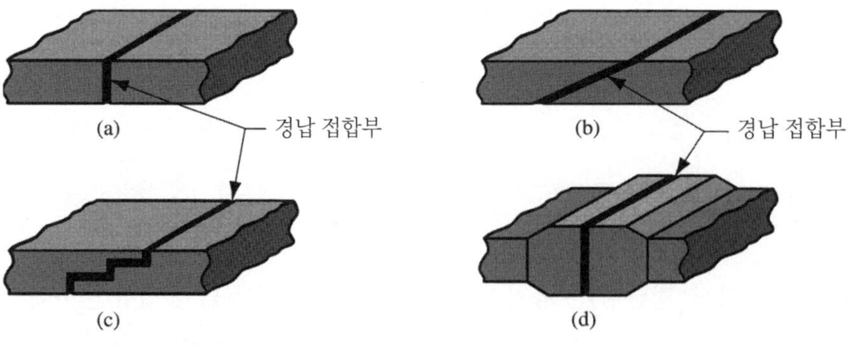

그림 26.1 (a) 전형적인 맞대기 이음과 경납접에 적용, (b) 엇걸이 이음, (c) 계단 맞대기 이음, (d) 접합부에서 증가된 단면적.

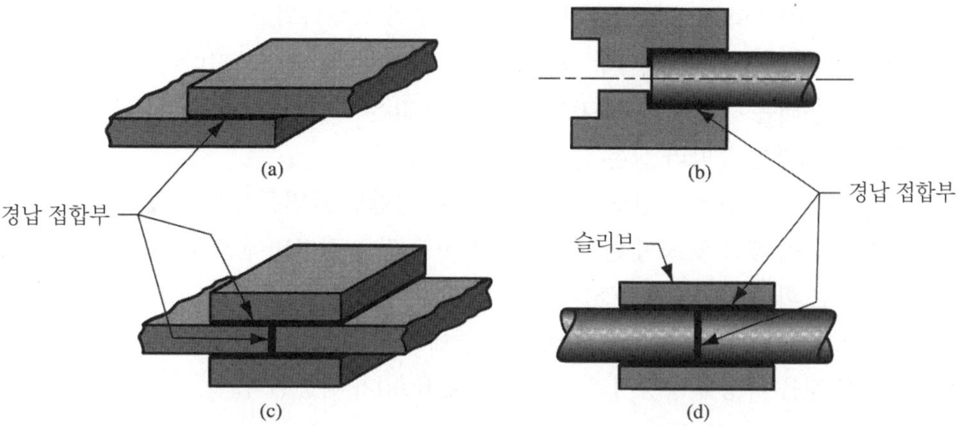

그림 26.2 (a) 전형적인 겹치기 이음과 경납접에 적용, (b) 원통형 부품, (c) 샌드위치형 부품, (d) 맞대기 이음을 겹치기 이음으로 바꾸기 위해 슬리브 사용.

물론, 이러한 특수 접합부를 만들기 위해서는 부품에 부가적인 가공이 필요하다. 엇걸이 이음부의 특별한 어려움 중 하나는 경납접 공정 전과 공정 중에 부품의 정렬을 잘 유지해야 한다.

경납접에서 겹치기 이음이 부품 사이에 비교적 넓은 부품 간 접촉면을 제공하기 때문에 더 많이 사용된다. 일반적으로 좋은 설계는 더 얇은 부품 두께의 적어도 세 배 이상의 겹치는 길이가 나오는 경우이다. 경납접을 위해 겹치기 이음부를 변형한 예를 그림 26.2에 나타내었다. 겹치기 이음에서 경납접이 용접보다 우수한 점은 전 접촉면에 걸쳐 용가재가 모재를 접합시킨다는 것이다. 아크 용접의 경우, 단지 모서리 부분만 접합되고, 점 용접의 경우에는 불연속적인 점들이 접합된다.

경납접에서는 모재 부품의 접합면 사이 간극이 중요하다. 간극은 용융 용가재가 전 접합면에 걸쳐 흘러 들어가는 것을 제한하지 않도록 충분히 커야 한다. 그러나, 간극이 너무 크게 되면 모세관 효과가 줄어들어 용가재가 들어가지 않는 구역이 발생할 수 있다. 그림 26.3의 그래프에 나타내었

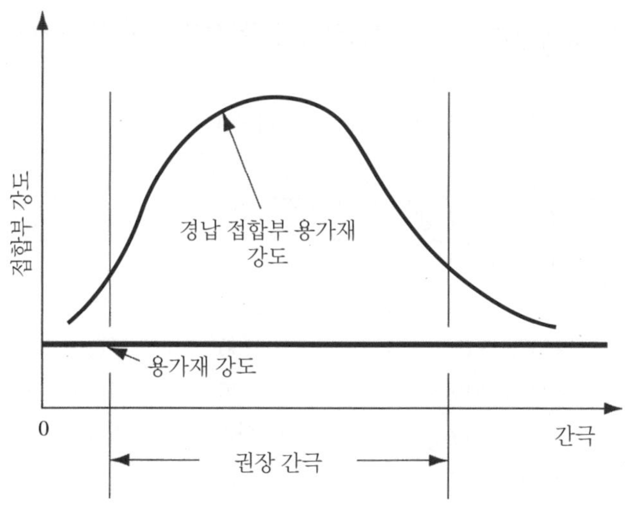

그림 26.3 접합부 간극에 따른 접합부 강도.

듯이 접합부 강도는 간극의 영향을 받는다. 접합부 강도가 최대화되는 최적의 간극 값이 있다. 이 문제는 최적 값은 모재 및 용가재, 접합부 형상 및 공정 조건에 따라 달라진다는 사실로 인해 더 복잡해진다. 실제로 적용되는 간극은 0.025~0.25 mm로 이 값은 경납접 온도에서의 접합부 간극을 나타내며, 모재 금속의 열팽창에 따라 실온 간극과 다를 수 있다.

경납접 수행 전에 접합면의 청정도 또한 중요하다. 접합면 표면은 산화물, 기름 및 기타 오염 물질이 없어야 공정 중에 젖음 및 모세관 현상을 촉진하고 전체 접합면에 걸쳐 접합할 수 있다. 용제세척(24.1.1절)과 같은 화학적 처리법과 와이어브러싱 혹은 샌드블래스팅(24.1.2절)과 같은 기계적 처리법이 사용된다. 청정법 실시 후와 경납접 공정 중에 표면의 청정도를 유지하고 접합면 사이의 모세관 현상을 위한 젖음 특성을 향상시키기 위해 용제(flux)가 사용된다.

26.1.2 용가재와 용제

경납접에 사용되는 일반적인 용가재(filler metals)를 주요 모재 금속과 함께 표 26.1에 나타내었다. 경납 금속으로 요구되는 특성은 다음과 같다. (1) 용융 온도가 모재의 용융 온도에 적합해야 한다. (2) 우수한 젖음성을 위해 액상 상태에서 표면장력이 낮아야 한다. (3) 용융 금속이 접촉면으로 잘 침투할 수 있도록 유동성이 좋아야 한다. (4) 용가재를 사용하여 적절한 강도를 갖는 접합부를 만들 수 있어야 한다. (5) 모재와의 화학적, 물리적 상호작용(예: galvanic 반응)이 없어야 한다. 용가재는 와이어, 봉, 박판, 조각, 분말, 페이스트 등 여러 형태로 경납접 공정에 적용된다. 그 밖에 특수한 접합부 형상에 맞도록 설계된 경납접 금속으로 만든 사전 성형 부품과, 경납접 될 부품 표면 위에 덧씌우는 형태로 용가재가 적용된다. 이런 기술 중 몇 가지 기술을 그림 26.4와 26.5에 나타내었다. 그림 26.5와 같은 경납 페이스트(braze metal pastes)는 액체 용제와 결합재가 혼합된 용가재 분말로 구성된다. 경납 용제(brazing fluxes)는 용접용 용제와 유사한 목적을 가지고 있다. 즉, 경납접 공정에서 발생하는 산화물이나 기타 원하지 않는 부산물을 분해, 결합 및 생성을 막아 준다. 용제를 사용하더라도 위에서 언급한 청정 단계는 필요하다. 우수한 용제의 조건으로는 (1) 낮은 용융 온도, (2) 용가재에 의해 제거될 수 있도록 점도가 낮고, (3) 우수한 젖음성과 (4) 용가재가 응고될 때까지 접합

표 26.1 경납접에서 사용되는 일반적 용가재와 모재 금속[5], [7]

용가재	대표적인 조성	경납접 온도 °C	모재 금속
알루미늄과 실리콘	90 Al, 10 Si	600	알루미늄
동	99.9 Cu	1120	니켈동
동과 인	95 Cu, 5 P	850	동
황동	60 Cu, 40 Zn	925	강, 주철, 니켈
금과 은	80 Au, 20 Ag	950	스테인리스강, 니켈합금
니켈 합금	Ni, Cr, 기타	1120	스테인리스강, 니켈합금
은 합금	Ag, Cu, Zn, Cd	730	티타늄, 모넬, 인코넬, 공구강, 니켈

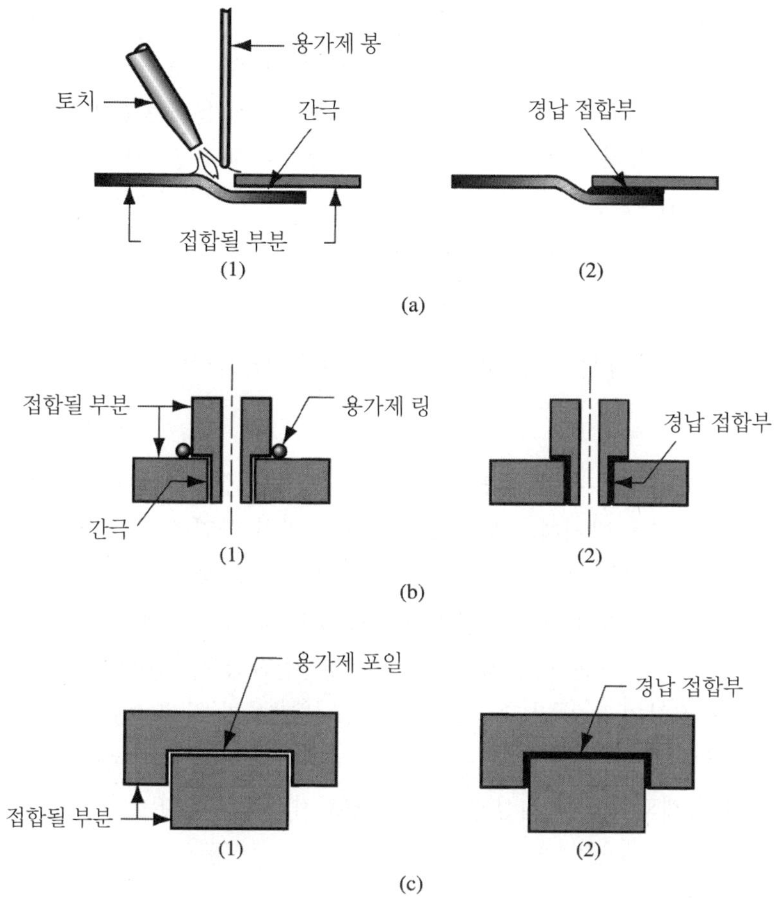

그림 26.4 경납접에서 용가재를 적용하는 방법. (a) 토치와 용가재 봉, (b) 간극 입구의 용가재 링, (c) 평평한 부품 표면 사이의 용가재 포일. 공정순서는 (1) 전, (2) 후.

Courtesy of Fusion, Inc.

그림 26.5 토출기에 의한 경납 페이스트 주입(Fusion사 제공).

부를 보호하는 것이다. 또한, 용제는 경납접 후에 쉽게 제거될 수 있어야 한다. 경납 용제의 일반적인 성분은 붕사(borax), 붕산염(borate), 불소화물 및 염화물을 포함한다. 액상 용가제의 표면 장력을 감소시키고 젖음성을 향상시키기 위해 젖음 향상제도 용제에 혼합된다. 용제는 분말, 페이스트 및 슬러리의 형태를 가진다. 용제를 사용하는 대신, 산화물 형성을 막기 위해 진공 상태 혹은 공기를 줄인 상태에서 공정을 수행할 수도 있다.

26.1.3 경납접 방법

경납접에는 다양한 방법이 사용된다. 경납접 공정이라고 하며, 열원에 따라 다음과 같이 구분된다.

토치 경납접

토치 경납접(torch brazing)에서는 용제는 부품 표면에 적용되고 토치는 접합부 부근의 공작물에 화염을 향하게 하는데 사용된다. 산화를 방지하기 위해 일반적으로 약한 화염을 사용한다. 부품의 접합부가 적당한 온도로 가열되면, 와이어 혹은 봉재 용가재가 접합부에 가해진다. 토치 경납접에 사용되는 연료는 아세틸렌, 프로판이나 기타 가스를 공기 혹은 산소와 섞어 사용한다. 혼합 연료의 선택은 작업에서의 가열 조건에 따라 달라진다. 토치 경납접은 주로 수작업으로 수행되며, 보수 작업이 주 적용 대상으로 화염을 조절하며 토치를 조작하고, 온도를 판단하기 위해 숙련된 작업자가 필요하다. 이 방법은 기계화된 생산 공정에도 사용할 수 있는데, 부품과 경납 금속이 컨베이어나 분할 테이블(indexing table) 위에 적재되어 하나 이상의 토치 아래를 지나가게 된다.

노내 경납접

노내 경납접(furnace brazing)은 노를 사용하여 경납접을 위한 열을 공급하며, 중량 혹은 대량 생산에 적합하다. 주로 뱃치 단위인 중량 생산에서는 부품과 미리 공급된 경납 금속을 노 속에 넣고 경납접 온도까지 가열한 다음 냉각하고 꺼낸다. 대량 생산에서는 부품을 컨베이어에 배치하고 다양한 가열 및 냉각 영역을 통해 운송되는 흐름식 노를 사용한다. 노내 경납접에서는 온도와 대기의 제어가 중요하다. 대기는 중성 또는 환원성이어야 한다. 진공로가 간혹 이용되기도 한다. 또한, 대기와 경납접 대상 금속에 따라 용제가 필요하지 않을 수도 있다.

유도가열 경납접

유도가열 경납접(induction brazing)은 공작물에 유도되는 고주파 전류에 의한 전기저항열을 이용하는 방법이다. 미리 용가재를 공급한 부품을 고주파 교류장에 넣는다(부품을 유도코일에 직접 접촉시키지 않음). 주파수는 5 kHz~50 MHz 범위를 사용한다. 고주파 전원은 부품 표면을 가열시키는 경향이 있는 반면, 저주파 전원은 공작물에 더 깊은 열 침투를 유발하여 속으로 열을 더 깊게 보낼 수 있어서 중량 부품에 적합하다.

저항 경납접

저항 경납접(resistance brazing)은 용가재 금속을 녹이는 열을 대상 부품에 흐르는 전류에 의한 저

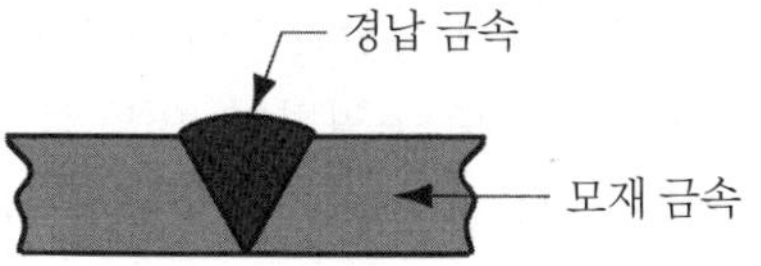

그림 26.6 경납 용접. 접합부는 경납(용가재) 금속으로만 채워져 있고, 모재는 용해되지 않음.

항으로부터 얻는 방법이다. 유도가열 경납접과 구별되는 저항 경납접에서 부품이 전기회로에 직접 연결된다. 이 장비는 저항 용접에 사용되는 장비와 유사하지만, 낮은 전력이 필요하다는 점이 다르다. 용가재가 미리 공급된 부품은 압력과 전류가 가해지는 동안 전극 사이에 고정된다. 저항 경납접과 유도가열 경납접 모두 급속 가열 사이클을 수행할 수 있고, 비교적 작은 부품에 사용된다. 부품이 작은 경우에는 유도가열 경납접이 더 폭 넓게 사용된다.

침잠 경납접

침잠 경납접(dip brazing)은 용융 염욕조(molten salt bath) 혹은 용융 금속 욕조를 통해 가열하는 방법이다. 두 방법 모두 조립된 부품이 가열 용기에 포함된 욕조에 담가진다. 부품을 욕조로부터 꺼내면 응고가 시작된다. 염욕조법에서는 용융 혼합물이 용제 성분을 포함하고 있으며, 용가재가 조립품에 미리 공급된다. 금속 욕조법에서는 용융 용가재가 가열 매개체가 되며, 담금 과정 중에 모세관 현상으로 접합부에 공급된다. 용제는 용융 금속 욕조의 표면을 덮은 채로 유지된다. 침잠 경납접은 빠른 가열 사이클을 수행할 수 있고, 단일 부품 또는 다수 부품들의 여러 접합부를 동시에 접합하기 이해 사용할 수 있다.

적외선 경납접

적외선 경납접(infrared brazing)은 고강도 적외선 램프로부터 얻은 열을 사용하는 방법이다. 일부 적외선 램프는 최대 5,000 W의 복사열 에너지를 생성할 수 있으며, 이 에너지는 경납접을 위해 작업 부품으로 가해진다. 이 공정은 위에서 설명한 다른 방법들보다 속도가 느리고, 일반적으로 얇은 단면부에 제한되어 사용된다.

경납 용접

경납 용접(braze welding)은 적용되는 접합부의 형태에서 다른 경남접 공정들과 다르다. 그림 26.6에 나타내었듯이 경납 용접은 V자 접합부와 같은 전통적인 용접 접합부를 채우기 위해 사용된다. 경납접보다 많은 양의 용가재가 필요하며, 모세관 현상은 발생되지 않는다. 경납 용접의 접합부는 전적으로 용가재로 구성되며, 모재 금속은 용융되지 않기 때문에 전형적인 융접 공정과 같이 모재가 접합부로 용융되어 들어가지 않는다. 경납 용접은 주로 수리 및 보수 작업에 사용된다.

26.2 연납접

연납접(soldering, 솔더링, 연납땜)은 경납접과 유사하며, 용융점(액상선)이 450°C를 넘지 않는 용가재가 용융되어 접합되는 금속 접합면 사이로 모세관 현상에 의해 공급되는 접합 공정이다. 경납접과 같이 모재의 용융은 일어나지 않고, 용가재가 모재에 퍼져 금속학적 결합을 이루게 된다. 연납접의 세부 사항은 경납접의 세부 사항과 유사하며 대부분의 가열 방법도 동일하다. 연납접할 표면은 산화물, 기름 등이 없도록 미리 깨끗하게 해야 한다. 적절한 용제가 접합면에 가해지고, 이 면이 가열된다. ***연납재(solder, 땜납)***라고 하는 용가재가 접합부에 공급되며, 밀착되는 부품 사이로 퍼지게 된다.

어떤 경우에는 연납재가 한 쪽 혹은 양 쪽 표면에 미리 코팅되기도 한다. 연납재에 주석(tin)의 함유 여부와 상관없이 이 공정을 ***도금(tinning)***이라고 부른다. 연납접에서 전형적인 간극은 0.075~0.125 mm로, 표면에 도금을 한 경우에는 약 0.025 mm의 간극이 사용된다. 응고 후에 잔여 용제는 제거된다.

산업용 공정으로서 연납접은 전자 조립(30장)과 밀접한 관련이 있다. 기계적인 접합에도 사용할 수 있지만, 높은 응력과 온도를 받는 접합부에는 사용할 수 없다. 연납접의 장점으로는 (1) 경납접과 융접에 비하여 낮은 입열 에너지, (2) 다양한 가열 방법, (3) 접합부의 우수한 전기전도성 및 열전도성, (4) 용기에 사용할 경우, 대기와 액체를 차단하는 우수한 밀봉 기능, (5) 용이한 보수와 재작업 등을 들 수 있다. 연납접의 가장 큰 단점으로는 (1) 낮은 접합부 강도(기계적인 수단으로 보강이 되지 않을 경우) 및 (2) 높은 온도에서 사용할 경우, 접합부가 취약해지거나 녹아버릴 위험성이 있다.

26.2.1 연납 접합부 설계

경납접에서와 같이 연납접의 접합부도 맞대기 이음과 겹치기 이음으로 제한되지만, 맞대기 이음은 하중을 받는 경우에는 적용할 수 없다. 경납접에 적용된 일부의 접합부 형상은 연납접에도 적용되지만, 특히 전기적 접속으로 발생되는 형상들을 다루기 위해 몇 가지 변형된 형상이 추가된다. 그림 26.7에 금속 판재와 튜브의 기계적 접합부 형상을 나타내었으며, 접합 강도를 증가시키기 위해 기계적인 맞물림 작업을 실시한다.

연납접을 전자 산업에서 사용할 때 접합부의 주요 기능은 접합된 두 부품 사이에 도전 경로를 제공하는 일이다. 그 밖에 연납 접합부를 설계할 때, 접합부의 전기저항에 의한 열 발생과 진동 문제를 고려해야 한다. 연납접된 전기 접속부의 기계적인 강도는 종종 부품 중 하나 혹은 둘 모두를 변형하여 기계적인 결합을 달성하거나 표면적을 넓혀 연납재에 의한 최대 접합력을 얻을 수 있다. 그림 26.8에 이런 몇 가지 예를 나타내었다.

26.2.2 연납재와 용제

연납재와 용제는 연납접에 사용되는 재료이며, 이 두 재료는 접합 과정에서 매우 중요한 역할을 한다.

연납재

대부분의 전통적인 연납재(solders)는 주석과 납을 기반으로 하고 있는데, 이는 두 금속 모두 용융점이 낮기 때문이다. 이들 합금은 고상 온도와 액상 온도 사이의 범위를 가지고 있어 적용 대상에 따

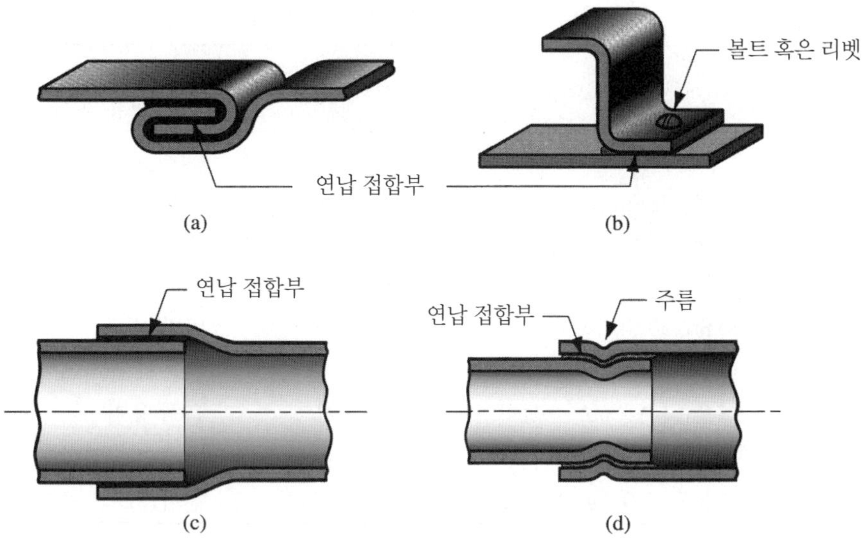

그림 26.7 연납 접합부의 강도를 증가시키기 위한 기계적 맞물리기 방법. (a) 평 맞물리기, (b) 볼트 혹은 리벳 결합, (c) 동파이프 맞춤 – 원통형 겹치기이음, (d) 주름에 의한 원통형 겹치기 이음.

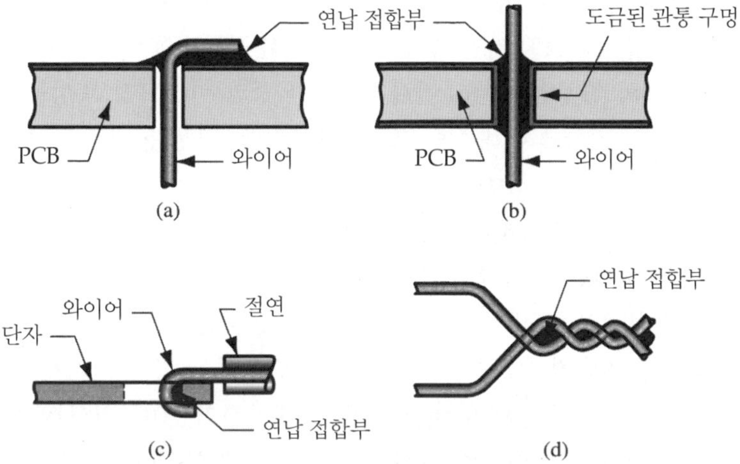

그림 26.8 전기 접속을 위한 연납접 전에 기계적인 방법으로 접합부를 고정하는 기술. (a) 리드선을 PCB 위로 구부리기, (b) 연납재의 접촉 면적을 최대화하기 위해 PCB에 도금된 관통 구멍 만들기, (c) 평단자에 훅형 와이어 걸기, (d) 와이어 꼬기.

라 연납접 공정을 용이하게 제어할 수 있게 해준다. 주석은 연납접이 수행되는 온도에서 화학적으로 활성화되고, 접합이 잘 이루어지도록 젖음성을 증진시켜준다. 일반적인 전기 접속 재료인 구리를 연납접 할 경우, 구리와 주석의 금속간 화합물이 형성되어 결합력을 강화시켜준다. 두 번째 원소인 납은 유해한 금속이기 때문에, 납이 포함되지 않은 다양한 무연 솔더(lead-free solder)가 개발되고 있다. 은과 아연 및 안티몬도 주석과 함께 연납재 합금으로 사용되고 있다. 표 26.2에 다양한 연납재 합금 조성과 연납접 온도 및 주요 적용 대상을 정리하여 나타내었다.

표 26.2 대표적인 연납재 합금의 조성, 용융점, 적용 대상[2], [3], [4], [13]

용가재	대표적인 조성	용융온도 °C	주요 적용 대상
납-은	96 Pb, 4 Ag	305	가열 접합부
주석-안티몬	95 Sn, 5 Sb	238	배관, 난방
주석-납	63 Sn, 37 Pb	183[a]	전기/전자
	60 Sn, 40 Pb	188	전기/전자
	50 Sn, 50 Pb	199	일반 용도
	40 Sn, 60 Pb	207	자동차 라디에이터
주석-은	96 Sn, 4 Ag	221	음식 용기
주석-아연	91 Sn, 9 Zn	199	알루미늄 접합
주석-은-구리	95.5 Sn, 3.9 Ag, 0.6 Cu	217	전자: 표면실장기술

[a] 주석-납 조성 중에서 가장 낮은 용융점

연납 용제

연납 용제(soldering fluxes)가 갖추어야 할 조건은 (1) 연납접 온도에서의 용융, (2) 모재 부품의 표면에서 산화막과 오염물질 제거, (3) 가열 중 산화 방지, (4) 접합면에서의 젖음성 증진, (5) 공정 중에 용이하게 용융 연납재와 위치 바뀜, (6) 잔사가 비부식성과 비전도성 특성을 가져야 한다. 모든 연납재와 대상 모재 재질의 조합에 대해 이들 조건을 모두 만족하는 용제는 없다. 따라서, 주어진 적용 대상에 맞추어 용제 성분을 선정하여야 한다.

연납 용제는 유기 용제와 무기 용제로 구분할 수 있다. 유기 용제(organic fluxes)는 로진(rosin, 고무나무와 같은 비수용성 천연수지) 혹은 수용성 재료(예: 알콜, 유기산, 할로겐화 염)로 만들어진다. 수용성 유기 용제는 연납접 후 세척이 용이하다. 유기 용제는 일반적으로 전기, 전자 부품 연결에 사용된다. 유기 용제는 연납접 온도에서 화학적으로 반응하는 경향이 있지만, 상온에서는 비교적 비부식성을 가지고 있다. 무기 용제(inorganic fluxes)는 무기산(예: 염산)과 염(예: 아연과 염화암모니아의 혼합)으로 구성되고, 산화막이 문제가 되는 경우에 신속하고 강한 용제 역할을 하기 위해 사용된다. 염은 용융이 되면 활성화되지만, 산보다는 덜 부식된다. *산성 코어(acid core)*를 가지는 솔더 와이어가 바로 이 범주에 포함된다.

유기 용제와 무기 용제 모두 연납접 후에 제거하여야 하며, 무기 용제의 경우 금속표면의 지속적인 부식을 막기 위해 제거 작업이 매우 중요하다. 로진을 제외한 용제들은 일반적으로 물을 사용하여 제거하고, 로진의 경우 화학 용매가 필요하다. 산업체의 최근 경향은 로진 제거에 사용하는 화학 용매가 인간에 유해하기 때문에 수용성 용제가 로진보다 선호되어 사용되고 있다.

26.2.3 연납접 방법

대부분의 연납접 방법은 경납접 방법과 유사하며, 연납접의 경우 낮은 열과 온도가 필요하다는 것이 큰 차이점이다. 연납접 방법에는 토치 연납접, 노내 연납접, 유도가열 연납접, 저항 연납접, 침잠 연납점, 적외선 연납접 등이 있다. 경납접에 사용되지 않는 연납접 방법으로는 수작업 납땜(hand soldering)과 웨이브 솔더링(wave soldering) 및 리플로우 솔더링(reflow soldering)이 있다.

수작업 납땜

수작업 납땜(hand soldering)은 뜨거운 납땜 인두를 사용하여 수작업으로 진행된다. 구리로 만든 ***비트(bit)***는 납땜 인두의 작업 부위 끝단을 의미한다. 비트는 (1) 접합될 대상 부품에 열을 전달, (2) 연납재 용융, (3) 접합부에 용융 연납재 전달, (4) 과도한 연납재 제거의 역할을 수행한다. 대부분의 최신 납땜 인두는 전기 저항에 의해 가열된다. 전자조립에서는 간헐적(on-off)인 조작과 급속 가열을 위해 사용되는 ***납땜 총(soldering guns)***이 사용되기도 한다. 이 납땜 총으로 약 1초 안에 연납 접합부를 만들 수 있다.

웨이브 솔더링

웨이브 솔더링(wave soldering)은 분출되는 용융 연납재 위로 인쇄회로 기판(printed circuit board, PCB)을 지나가게 하여 다수의 리드를 PCB에 연납접하기 위한 기계화된 기술이다. 전형적인 방법은 PCB 상에 전자 부품들을 장착하고 전자 부품의 리드(다리)를 PCB의 구멍을 통해 밑면으로 나오게 한 후, 컨베이어 위에 올려놓고 웨이브 솔더링 장비 내부를 지나가도록 이송시킨다. 컨베이어는 PCB를 양 옆에서 지지하며, PCB 밑면은 다음과 같은 단계의 공정을 거치게 된다. 각 단계는 (1) 다양한 방법(거품, 스프레이, 솔질 등)에 의한 용제의 공급, (2) 용제를 활성화하거나 증발시키고 조립 온도를 높이기 위한 예열(전구, 가열 코일, 적외선 장치 등을 사용), (3) 액상 연납재를 용융조로부터 PCB 밑면으로 뿜어 올려서 리드와 PCB 상의 금속 회로 사이의 연납 접합을 만들어내는 웨이브 솔더링으로 구성된다. 이 세 번째 단계를 그림 26.9에 나타내었다. 일반적으로 PCB를 약간 기울이고, 표면 장력을 줄이기 위해서 특수한 납땜용 오일(tinning oil)을 용융 연납재에 섞기도 한다. 이 두 가지 방법 모두 과도하게 연납재가 남게 되는 것과 PCB 밑면에 '고드름'과 같은 형상이 생기는 것을 억제하는 데 도움이 된다. 웨이브 솔더링은 전자산업에서 PCB 조립품을 생산하기 위해 널리 적용된다(30.3절).

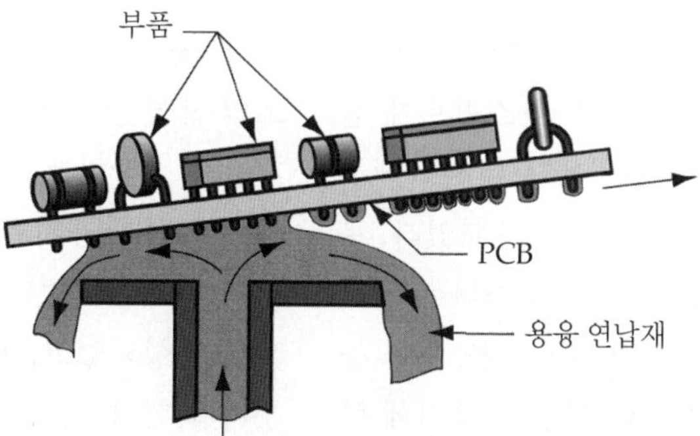

그림 26.9 웨이브 솔더링. 좁은 홈을 통해 나오는 용융 연납재가 PCB 밑면으로 전달되어 부품 리드를 연결.

리플로우 솔더링

리플로우 솔더링(reflow soldering) 공정은 전자 산업에서 표면 실장 부품을 PCB 위에 조립하는 방법으로 폭 넓게 사용된다. 용제 결합재와 섞인 연납재 분말로 구성되는 연납 페이스트가 표면 실장 부품과 PCB의 구리 회로와의 전기 접속이 만들어질 PCB 상의 단자들에 공급된다. 그 다음 부품을 페이스트가 공급된 곳에 위치시키고, 연납재를 녹일 수 있도록 PCB를 가열시킨다. 최종적으로 부품 리드와 PCB 상의 구리 단자 간의 기계적 및 전기적인 접합이 이루어진다.

리플로우 솔더링의 가열 방법에는 증기 리플로우(vapor phase reflow soldering)와 적외선 리플로우(infrared reflow soldering)가 있다. 증기 리플로우 솔더링에서는 불활성 불소화탄화수소용액이 오븐 속에서 가열되어 증기화 된 후, PCB 표면에 응축된다. 이에 따라 기화열이 전달되어 연납 페이스트가 녹아 연납 접합부를 형성하게 된다. 적외선 리플로우 솔더링에서는 적외선 램프에서 발생한 열이 연납 페이스트를 녹이고, 부품리 드와 회로 간의 접합이 이루어진다. 이외에 고온 판, 고온 공기 및 레이저를 이용하는 가열 방법도 있다.

26.3 접착제 접합

접착제의 사용은 고대로 거슬러 올라가며(역사적 고찰 26.1), 접착제 접합은 아마 최초의 영구적인 결합 방법이었을 것이다. 오늘날 접착제는 금속, 플라스틱, 세라믹, 나무, 종이, 판지 등과 같은 동일한 혹은 상이한 재료를 접합하고 밀봉하기 위해 널리 사용되고 있다.

접착제 접합(adhesive bonding)은 용가재를 사용하여 둘 이상의 밀접하게 간격을 둔 부품을 표면 부착을 통해 결합시킨다. 부품을 결합하는 용가재를 *접착제(adhesive)*라고 하며, 비금속 물질로

역사적 고찰 26.1 접착제 접합

접착제는 고대부터 사용되었다. 3,300년 된 조각품에는 베니어판을 나무 판자에 붙이기 위한 접착제 통과 붓을 보여준다. 고대 이집트인들은 다양한 조립 및 밀봉의 목적으로 아카시아 나무에서 추출한 고무를 사용하였다. 아스팔트계 접착제인 역청(bitumen)은 고대에 소아시아에서 건축용 시멘트 및 모르타르로서 사용되었다. 로마인들은 배의 이음부를 막기 위해 소나무 타르와 밀랍을 사용하였다. 물고기, 사슴 뿔, 치즈 등에서 추출한아교도 그리스도 이후 초창기에 목재를 조립하는데 쓰였다.

현대에는 접착제 접합이 중요한 접합 공정이 되었다. 여러 겹의 목재를 접착하기 위해 접착제를 사용하여 붙인 합판은 1900년경에 개발되었다. 페놀 포름알데히드는 1910년경에 개발된 최초의 합성 접착제였으며, 주로 합판과 같은 목재 제품을 접착하는데 사용되었다. 제2차 세계대전 중에 특정 항공기 부품의 접착 결합을 위해 페놀 수지가 개발되었다. 1950년대에 에폭시가 처음으로 합성되었고, 이후에는 혐기성 접착제, 신고분자 화합물 및 2세대 아크릴 등 다양한 접착제가 개발되었다.

일반적으로 고분자 화합물(폴리머)이다. 접합할 부품은 *접착물(adherend)*이라고 부른다. 공학적으로 가장 큰 관심을 받는 접착제는 *구조용 접착제(structural adhesives)*이며, 강성이 큰 접착물에 대해서 강하고 영구적인 접합을 만들 수 있다. 상용화된 접착제들은 각각 다양한 경화 메커니즘을 가지고 있으며 다양한 재료의 접합에 사용된다. ***경화(curing)***란 접착제의 물리적 성질이 액체에서 고체로 변화되는 과정을 의미하며, 보통 화학 반응에 의해 부품 간 표면 접착이 이루어진다. 화학 반응에는 중합화(polymerization), 응축(condensation), 가황(vulcanization) 반응 등이 있다. 경화는 열 및/또는 촉매에 의해 유발되며 압력이 때때로 접합 공정을 활성화하기 위해 두 부품 사이에 가해진다. 열이 필요한 경우, 경화 온도가 상대적으로 낮기 때문에 접합되는 재료는 일반적으로 보통 열에 영향을 받지 않는 장점을 가지고 있다. 접착제의 경화는 *경화 시간(curing time, setting time)*이라고 부르는 시간이 필요하다. 경우에 따라 이 시간은 중요하며 일반적으로 제조상의 단점이 된다.

접착제 접합에서 접합부 강도는 접착제 자체 강도와 접착제와 접착물 사이의 접착 강도에 의해 결정된다. 양호한 접착부를 정의하는 데 사용되는 기준 중 하나는 과도한 응력으로 인해 파손이 발생하는 경우, 파손이 계면이나 접착제 자체 내에서가 아니라 접착물 중 하나에서 발생한다는 것이다. 접착 강도는 특정 접착제 및 접착물에 따라 여러 가지 메커니즘에서 비롯된다. (1) 접착제가 접착물과 결합하고 경화 시 1차 화학 결합을 형성하는 화학적 결합, (2) 반대 표면의 원자 사이에 2차 결합력이 발생하는 물리적 상호 작용, (3) 접착물의 표면 거칠기로 인해 경화된 접착제가 미세한 표면 요철에 얽히거나 갇히게 되는 기계적 맞물림이 있다.

이러한 접착 메커니즘이 최상의 결과를 만들어내기 위해서는 다음과 같은 조건들이 우선되어야 한다. (1) 접착물의 표면이 깨끗해야 한다. 즉, 접착제와 접착물의 밀착을 방해하는 먼지, 기름, 산화막 등이 없어야 한다. 이를 위해, 종종 표면에 특별한 준비가 필요하다. (2) 초기 액상의 접착제가 접착물 표면 전체를 적셔야 한다. (3) 일반적으로 표면이 완벽하게 매끄럽지 않은 것이 오히려 도움이 된다. 표면이 약간 거칠면 유효 접촉 면적이 증가하고 기계적인 맞물림이 촉진된다. 또한, 접합부는 접착제 접합의 강도를 십분 활용하고 그 한계를 피할 수 있도록 설계되어야 한다.

26.3.1 접합부 설계

접착제 접합부는 일반적으로 용접, 경납접, 연납접으로 만든 접합부만큼 강하지 않다. 따라서, 접착제로 접합할 접합부 설계에 유의하여야 한다. 접착제 접합부의 설계 원칙으로는 다음과 같다. (1) 접합부 접촉 면적을 최대화한다, (2) 접착제 접합부는 그림 26.10(a)와 (b)와 같이 전단력과 인장력이 강하며, 이러한 응력이 가해지도록 접합부를 설계해야 한다, (3) 접착제 접합부는 그림 26.10(c)와 (d)와 같이 쪼개짐(cleavage)과 벗겨짐(peeling)에 가장 약하며, 이런한 유형의 응력을 피하도록 설계되어야 한다.

이러한 설계 원칙을 예시하는 접착제 접합을 위한 일반적인 접합부 디자인을 그림 26.11에 나타내었다. 일부 접합 디자인은 접착제 접합과 다른 접합 방법을 결합하여 강도를 높이거나 두 부품 사

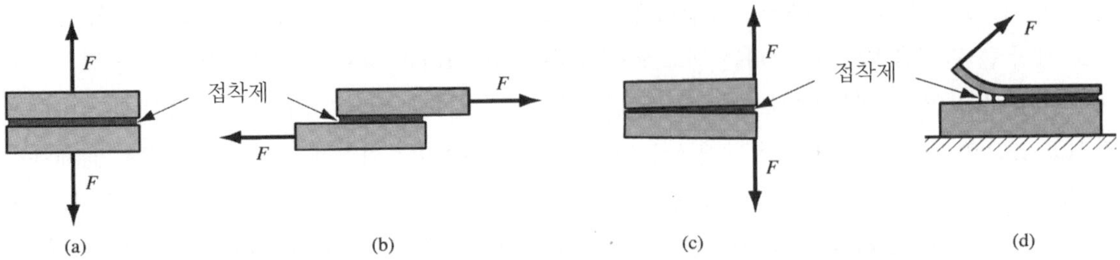

그림 26.10 접착제 접착부에서 고려해야 할 하중의 종류. (a) 인장, (b) 전단, (c) 쪼개짐, (d) 벗겨김.

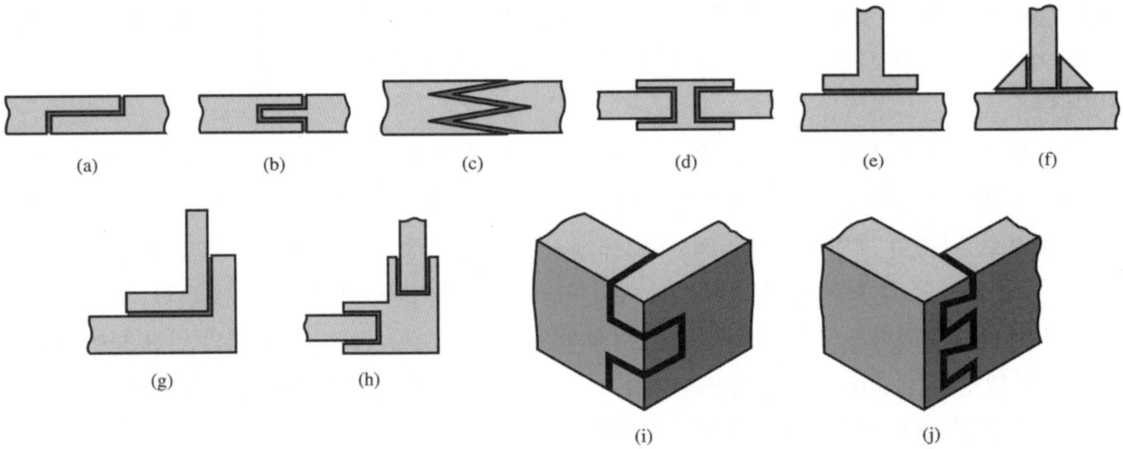

그림 26.11 접착제 접합부의 설계. (a)~(d) 겹치기 이음, (e)~(f) T자 이음, (g)~(i) 모서리 이음.

이에 밀봉을 제공한다. 몇 가지 가능성을 그림 26.12에 나타내었다. 예를 들어 접착제 접합과 점 용접의 조합을 *용접 접착(weldbonding)*이라고 한다.

접합부의 기하학적 형상 외에도 접착제 및 접착물의 물리적 및 화학적 특성이 조립품이 사용될 환경에 적합해야 한다. 접착물 재료로는 금속, 세라믹, 유리, 플라스틱, 나무, 고무, 가죽, 직물, 종이 및 판지 등이 있다. 이 재료에는 단단하거나 유연한 재료, 다공성 혹은 무공성 재료, 금속 혹은 비금속 재료들이 포함되어 있고, 동일한 혹은 상이한 물질이 서로 접합될 수 있다는 사실에 유의해야 한다.

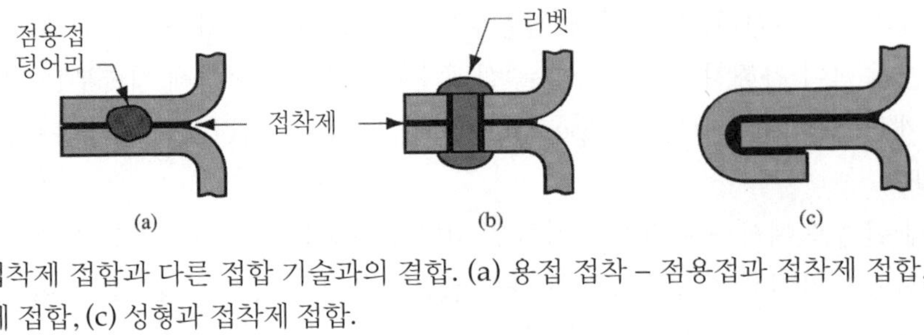

그림 26.12 접착제 접합과 다른 접합 기술과의 결합. (a) 용접 접착 – 점용접과 접착제 접합, (b) 리벳(혹은 볼트)과 접착제 접합, (c) 성형과 접착제 접합.

26.3.2 접착제 종류

많은 종류의 상업용 접착제가 있는데, 다음과 같이 (1) 천연물, (2) 무기물, (3) 합성의 세 가지 유형으로 분류할 수 있다.

천연 접착제(natural adhesives)는 자연(예: 나무와 동물)에서 얻어지는 것으로 고무풀, 녹말, 덱스트린(dextrin), 소야(soya) 가루, 콜라겐(collagen) 등이 있다. 이 유형의 접착제는 일반적으로 판지 상자, 가구 및 책 제본과 같이 응력이 적게 걸리는 분야와 넓은 표면적에 적용할 경우(예: 합판)에 제한적으로 사용된다.

무기 접착제(inorganic adhesives)는 주로 규산나트륨, 염화마그네슘을 기반으로 한다. 무기 접착제는 상대적으로 비용이 저렴하지만 강도도 낮아 구조용 접착제로 사용하기에는 부적합하다.

합성 접착제(synthetic adhesives)는 제조에서 가장 중요한 접착제로 사용된다. 합성 접착제는 다양한 열가소성 및 열경화성 고분자 재료(폴리머)가 포함되며, 표 26.3에 요약하여 설명하였다. 합성 접착제는 경화 메커니즘으로는 (1) 접착제 도포 직전에 촉매제나 반응성 성분을 중합체와 혼합, (2) 화학 반응을 개시하기 위한 가열, (3) 자외선과 같은 방사선 경화, (4) 액체 또는 페이스트 접착제에서 수분 증발에 의한 경화와 같은 다양한 경화 메커니즘을 가지고 있다. 또한, 일부 합성 접착제는 접착물의 한쪽 표면 상에 필름 혹은 감압 코팅 형태로 적용되기도 한다.

표 26.3 주요 합성 접착제[8], [10], [14]

접착제	특징과 적용 대상
혐기성 접착제	단일 조성, 열경화성, 아크릴계. 상온에서 자연 급속 경화. 밀봉재와 구조용 조립품에 사용.
변형 아크릴	아크릴계 수지와 기폭제/경화제로 구성, 열경화성, 혼합 후 상온에서 경화. 보트의 유리섬유, 자동차와 비행기의 금속 판재에 사용
시안계 아크릴	단일 조성, 열경화성, 아크릴계. 상온의 알칼리 표면에서 경화. 고무와 플라스틱의 접합, PCB의 전자부품, 플라스틱과 금속으로 된 화장품 케이스 등에 사용
에폭시	에폭시 수지, 경화제, 첨가제 등으로 구성되는 다양한 접착제. 일부는 가열되면 경화. 비행기의 알루미늄 부품과 벌집형 구조물 접합, 자동차의 박판 보강재, 목재의 적층, 전자 부품의 밀봉 등에 사용
고온 용융제	단일 조성, 열가소성. 가열 상태로부터 냉각 후 경화. 에틸렌비닐아세테이트, 폴리에틸렌, 부틸고무, 폴리아미드, 폴리우레탄, 폴리에스터 등으로 구성, 포장(상자, 레이블), 가구, 신발, 제본, 카페팅, 가전 제품과 자동차의 조립품 등에 사용
감압 테이프와 필름	일반적으로 압력이 가해질 때 결합되는 높은 점착성을 갖는 고체 형태의 접착제. 분자량이 높은 다양한 고분자로 구성. 단면 혹은 양면으로 사용. 태양열판, 전자 조립 플라스틱과 나무, 플라스틱과 금속의 접합에 사용
실리콘	단일 조성 혹은 복합 조성, 열경화성 액체, 실리콘 고분자계. 상온 가황 작용으로 고무 상태로 경화. 자동차(예: 앞 유리)의 밀봉, 전자 제품 밀봉, 절연, 개스킷, 플라스틱 접합에 사용
우레탄	단일 조성 혹은 복합 조성. 열경화성, 우레탄계. 유리섬유와 플라스틱의 접합에 사용

26.3.3 접착제 적용 기술

접착제 접합의 산업적 응용이 널리 퍼져 있으며 성장하고 있다. 주요 사용처는 자동차, 항공기, 건축재 및 포장 산업이고, 그 밖에 신발, 가구, 제본, 전기, 조선 등에서도 많이 사용된다. 표 26.3은 합성 접착제가 사용되는 특수 적용 분야를 나타낸다. 이 절에서는 접착제 적용 기술과 관련된 몇 가지 사항을 살펴보기로 한다.

표면 준비

접착제 접합이 성공적으로 이루어지기 위해서는 부품 표면이 매우 깨끗해야 한다. 접합 강도는 접착제와 접착물 간의 접착 정도에 따라 달라지며, 이는 접착물 표면의 청정도에 따라 달라진다. 대부분의 경우, 세척 및 표면 준비를 위해 부가적인 처리 단계가 필요하며, 그 방법은 접착물의 재질에 따라 다르다. 금속의 경우, 용제로 닦아내는 방법이 주로 사용되며, 샌드 블래스팅(sand blasting) 또는 기타 공정으로 표면을 연마하면 접착력이 향상된다. 비금속 부품의 경우, 일반적으로 용제 세척이 사용되며, 표면을 기계적으로 연마하거나 화학적으로 에칭하여 거칠기를 증가시키는 경우가 있다. 시간이 경과함에 따라 표면 산화 및 오염물 축적이 증가하기 때문에 표면 처리를 완료하는 즉시 접착제 접합 공정을 수행하는 것이 바람직하다.

접착제 적용 방법

실제로 하나 또는 두 부품 표면에 접착제를 적용하기 위해서 다양한 방법들이 사용된다. 산업계에서 자주 사용되는 적용 방법은 다음과 같다.

- *솔질(brushing):* 손으로 하는 솔질은 강모 솔(브러쉬)을 사용하는 방법으로 코팅이 종종 균일하지 못하다.
- *플로잉(flowing):* 수동으로 작동되는 압력 공급식 플로우 건(pressure-fed flow gun)을 사용하는 플로잉 방법은 솔질보다 더 일관된 제어가 가능하다.
- 수동 *롤러(manual rollers):* 페인트 롤러와 유사한 수동 롤러는 평평한 용기에 담긴 접착제를 도포하는데 사용된다.
- *실크 스크리닝(silk screening):* 스크린의 뚫려 있는 부분을 통해 부품 표면 위에 놓인 스크린의 뚫려 있는 부분을 통하여 접착제 솔질을 하여, 공급될 영역에만 선택적으로 코팅이 가능한 방법이다.
- *분무(spraying):* 공기 구동식(혹은 무공기) 스프레이 건을 사용하여 크고 공급하기 어려운 영역에 접착제를 빠르게 적용할 수 있다.
- *자동 도포기(automatic applications):* 중속 및 고속 생산 응용 분야에 사용하기 위해 다양한 자동 토출기(dispenser)나 노즐이 사용된다.
- *롤코팅(roll coating):* 회전 롤러가 액체 접착제 팬에 부분적으로 잠기고 접착제 코팅을 작업 표면으로 옮기는 기계화된 기술이다. 그림 26.13은 소재가 얇고 유연한 재료(예: 종이, 직물, 가죽, 플라스틱)에 적용된 사례를 보여준다. 다양한 변형된 방법으로 목재, 목재 복합재, 판지 및 이

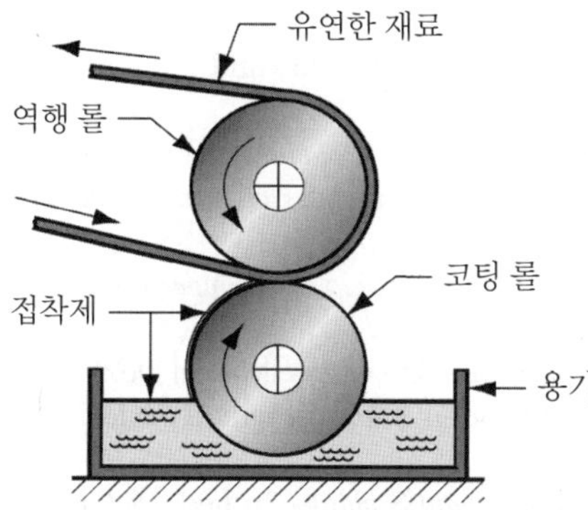

그림 26.13 롤코팅을 통해 얇은 유연재(종이, 직물, 유연 고분자) 상에 접착제 도포.

와 유사한 넓은 표면적을 가지는 재료에 접착제를 코팅하기 위해 사용된다.

장점과 한계점

접착제 접합의 장점은 다음과 같다. (1) 다양한 재료에 적용 가능하다. (2) 크기와 단면이 다른 부품을 결합할 수 있다. 깨지기 쉬운 부품을 접착제 접합으로 결합할 수 있다. (3) 용접에서와 같이 개별점이나 연속적인 선으로 결합하는 것이 아니라 접합부 전 영역에 걸쳐 접합이 발생하여 전체 영역으로 응력이 분산된다. (4) 일부 접착제는 접착 후 유연성을 가지고 있어 주기적인 부하 및 접착물과의 열팽창 차이를 허용한다. (5) 저온에서 경화되어 접합 부품의 손상을 방지한다. (6) 접합뿐만 아니라 밀봉할 수도 있다. (7) 접합부 설계를 종종 간소화할 수 있다(예: 나사 구멍과 같은 특별한 부품 형상 없이도 평평한 두 표면 접합 가능).

접착제 접합기술의 한계점은 다음과 같다. (1) 접합부는 일반적으로 다른 접합 방법만큼 강하지 못하다. (2) 접착제가 접착될 재료에 적합해야 한다. (3) 사용 온도가 제한된다. (4)접착제를 도포하기 전에 청결과 표면 준비가 중요하다. (5) 경화 시간이 생산 속도에 제한을 둘 수 있다. (6) 접합부의 검사가 어렵다.

참고문헌 *REFERENCES*

[1] Adams, R. S. (ed.). *Adhesive Bonding: Science, Technology, and Applications*. CRC Taylor & Francis, Boca Raton, Florida, 2005.

[2] Bastow, E. "Five Solder Families and How They Work." *Advanced Materials & Processes*, December 2003, pp. 26–29.

[3] Bilotta, A. J. *Connections in Electronic Assemblies*. Marcel Dekker, New York, 1985.

[4] Bralla, J. G. (ed.). *Design for Manufacturability Handbook*. 2nd ed. McGraw-Hill, New York, 1998.

[5] *Brazing Manual*. 3rd ed. American Welding Society, Miami, Florida, 1976.

[6] Brockman, W., Geiss, P. L., Klingen, J., and Schroeder, K. B. *Adhesive Bonding: Materials, Applications, and Technology*. John Wiley & Sons, Hoboken, New Jersey, 2009.

[7] Cary, H. B., and Helzer, S. C. *Modern Welding Technology*. 6th ed. Pearson/Prentice-Hall, Upper Saddle River, New Jersey, 2005.

[8] Doyle, D. J. "The Sticky Six—Steps for Selecting Adhesives." *Manufacturing Engineering*, June 1991,

pp. 39–43.
[9] Driscoll, B., and Campagna, J. "Epoxy, Acrylic, and Urethane Adhesives." *Advanced Materials & Processes*, August 2003, pp. 73–75.
[10] Hartshorn, S. R. (ed.). *Structural Adhesives, Chemistry and Technology*. Plenum Press, New York, 1986.
[11] Humpston, G., and Jacobson, D. M. *Principles of Brazing*. ASM International, Materials Park, Ohio, 2005.
[12] Humpston, G., and Jacobson, D. M. *Principles of Soldering*. ASM International, Materials Park, Ohio, 2004.
[13] Lambert, L. P. *Soldering for Electronic Assemblies*. Marcel Dekker, New York, 1988.
[14] Lincoln, B., Gomes, K. J., and Braden, J. F. *Mechanical Fastening of Plastics*. Marcel Dekker, New York, 1984.
[15] Petrie, E. M. *Handbook of Adhesives and Sealants*. 2nd ed. McGraw-Hill, New York, 2006.
[16] Schneberger, G. L. (ed.). *Adhesives in Manufacturing*. CRC Taylor & Francis, Boca Raton, Florida, 1983.
[17] Shields, J. *Adhesives Handbook*. 3rd ed. Butterworths Heinemann, Woburn, U.K., 1984.
[18] Skeist, I. (ed.). *Handbook of Adhesives*. 3rd ed. Chapman & Hall, New York, 1990.
[19] *Soldering Manual*. 2nd ed. American Welding Society, Miami, Florida, 1978.
[20] *Welding Handbook*. 9th ed. Vol. 2: *Welding Processes*. American Welding Society, Miami, Florida, 2007.
[21] Wick, C., and Veilleux, R. F. (eds.). *Tool and Manufacturing Engineers Handbook*. 4th ed. Vol. 4: *Quality Control and Assembly*. Society of Manufacturing Engineers, Dearborn, Michigan, 1987.

복습문제 *REVIEW QUESTIONS*

서론

26.1 경납접과 연납접이 어떤 조건에서 용접보다 선호되는가?

26.2 경납접과 연납접이 접착제 접합과의 차이점은 무엇인가?

경납접

26.3 온도 범위 측면에서 경납접과 연납접의 차이점은 무엇인가?

26.4 용접에 비해 경납접의 장점은 무엇인가?

26.5 일반적으로 경납접 및 연납접 접합부 강도를 향상시키기 위해 접합부 형태가 변형된다. 이러한 변형된 형태는 무엇이 있는가?

26.6 경납 금속으로 필요한 특성을 나열하라.

26.7 경납 용제로 요구되는 특성은 무엇인가?

26.8 *침잠 경납접(dip brazing)*에 대해 설명하라.

26.9 좋은 경납 용제의 특성은 무엇인가?

연납접

26.10 연납접에 사용되는 두 가지 전통적인 합금 금속은 무엇인가?

26.11 연납접에 대해 정의하라.

26.12 산업용 접합 공정으로서 연납접의 장점을 나열하라.

26.13 연납접의 낮은 기계적 강도 이외에 다른 단점은 무엇인가?

접착제 접합

26.14 Sn-Ag 연납재 용가재가 사용되는 산업 응용 분야는 무엇인가?

26.15 리플로우 솔더링에 대해 서술하라.

26.16 Sn-Ag 연납재의 주요 용도는 무엇인가?

26.17 성공적인 접착제 접합 작업을 위한 전제 조건은 무엇인가?

26.18 최고 품질의 접착제 접합에 필요한 조건을 나열하라.

26.19 접착제 접합의 네 가지 주요 단점은 무엇인가?

CHAPTER 27

기계적 조립

27.1 나사 체결구
- 27.1.1 나사, 볼트, 너트
- 27.1.2 기타 나사 체결구와 관련 부품들
- 27.1.3 볼트 결합부의 응력과 강도
- 27.1.4 나사 체결 방법과 공구

27.2 리벳과 아일릿

27.3 간섭 박음에 의한 조립법

27.4 기타 기계적 체결 방법

27.5 몰딩 삽입구와 복합 체결구

27.6 조립성 감안 설계
- 27.6.1 조립성 감안 설계의 일반적 원칙
- 27.6.2 자동 조립을 위한 설계

27.7 제조 및 조립성 감안 설계 안내서

기계적 조립(mechanical assembly)이란 둘 혹은 그 이상의 부품을 기계적으로 결합하기 위해 다양한 체결 방법을 사용하는 것이다. 대부분의 경우, 체결 방법으로 조립 공정 중에 구성품에 첨가되는 체결구(fastener)라고 부르는 부품을 사용한다. 그 밖의 체결 방법으로는 조립할 구성품의 성형이 포함될 수도 있고, 체결구가 필요 없는 경우도 있다. 자동차, 가전제품, 전화기, 가구, 주방 용품 등 많은 소비재 제품들이 기계적인 체결 방법에 의해 조립되고, 심지어 의류도 기계적인 수단에 의해 '조립' 된다고 볼 수 있다. 더욱이, 비행기, 기계 공구 및 건설 장비와 같은 산업용 제품에도 항상 기계적인 조립을 사용한다.

기계적 체결 방법은 두 유형으로 (1) 분해가 기능한 방법과 (2) 영구 접합을 만드는 방법으로 분류할 수 있다. 나사, 볼트, 너트 등과 같은 나사 체결구는 첫 번째 유형의 예이고, 리벳은 두 번째 범주에 속한다. 앞 장들에서 설명된 다른 접합 공정보다 기계적 조립이 종종 선호되는 주된 이유로는 (1) 조립의 용이성과 (2) 분해의 용이성(체결 방법이 분해를 허용하는 경우)를 들 수 있다.

일반적으로 기계적 조립은 그다지 숙련을 요하지 않는 작업자가 최소한의 특수 공구를 가지고, 비교적 짧은 시간에 비교적 쉽게 수행할 수 있다. 조립 기술은 간단하고, 조립품의 검사도 용이하다. 이런 특성들은 공장에서뿐만 아니라 작업 현장에서 매우 유용한 점들이다. 너무 크고 무거워 완전히 조립된 상태로 운송이 될 수 없는 제품들은 더 작은 반조립품 형태로 운반되어 고객이 원하는 장소에서 합체할 수 있다. 분해의 용이성은 당연히 분해가 허용되는 기계적 체결 방법에만 적용된다. 대부분의 제품은 유지보수의 목적으로 주기적으로 분해할 필요가 있는데, 고장 부품의 교환, 부품 조정 등이 그 예이다. 용접과 같은 영구 접합 기술은 분해를 허용하지 않는다.

이 장에서는 기계적 조립을 다음의 다섯 영역으로 (1) 나사 체결구, (2) 리벳, (3) 끼워맞춤, (4) 기타 기계적 체결법, (5) 일체형 인서트와 복합 체결구로 분류하여 27.1절부터 27.5절에 걸쳐 설명한다. 27.6절에서는 조립에 있어서 중요한 주제인 조립성 감안 설계에 대해 알아본다. 전자 제품의 조립도 기계적인 기술을 포함한다. 그러나 전자 조립은 독특하고 전문화된 영역을 차지하므로 30장에서 다루도록 한다.

27.1 나사 체결구

나사 체결구는 부품 조립을 위해 외부 혹은 내부에 나사가 만들어져 있는 부품을 말한다 거의 모든 경우, 분해를 허용하는 부품이다. 나사 체결구는 기계적인 조립에 있어서 가장 중요한 자리를 차지하고 있다. 대표적인 나사 체결구로는 나사, 볼트 너트가 있다.

27.1.1 나사, 볼트, 너트

나사와 볼트는 외부에 나사선이 형성되어 있는 부품이다. 나사와 볼트의 기술적인 차이점은 있지만, 일상적인 사공에 있어서는 별로 차이가 없다. ***나사(screw)***는 일반적으로 막혀 있는 나사 구멍 속으로 조립되어 들어가는 체결구이다. 태핑 나사(self-tapping screw)와 같은 일부 체결구는 구멍 속으로 들어가면서 나사를 성형하거나 깎을 수 있다. ***볼트(bolt)***는 부품의 관통구멍 속으로 들어가 반대편에서 너트를 돌려 고정시키는 형태의 나사 체결구이다. ***너트(nut)***는 맞추어질 볼트와 동일한 직경, 피치, 나사산 형태를 가지는 나사가 내부에 형성되어 있는 부품을 말한다. 나사와 볼트를 사용한 조립의 전형적인 형태를 그림 27.1에 나타내었다.

나사와 볼트는 다양한 표준 규격의 크기, 나사산, 형상으로 제공된다. 표준 규격의 일반 나사 체결구 크기를 미터 단위계(ISO 규격: International Standard Organization)로 표 27.1에 나타내었다. 미터 표기법은 공칭 직경(mm)과 피치(mm)로 표기되는데, 4-0.7의 표기는 직경이4.0 mm, 피치가 0.7 mm라는 것을 의미한다. 거친 피치(coarse picth)와 세밀 피치(fine pitch) 규격을 표에 함께 나타내었다.

부가적인 나사 체결구에 대한 기술자료 및 규격에 관한 사항은 설계서 및 편람 등에서 찾을 수 있

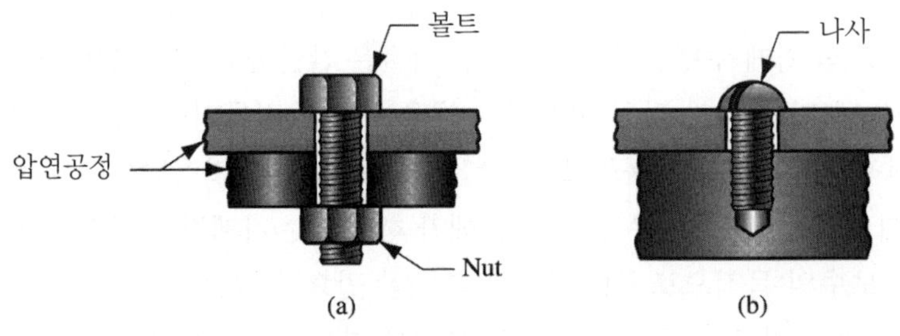

그림 27.1 (a) 볼트와 너트를 이용한 조립, (b) 나사를 이용한 조립.

표 27.1 ISO 표준 나사 체결구 크기(미터단위계)

ISO(Metric) 규격		
공칭 직경, mm	**거친 피치, mm**	**세밀 피치, mm**
2	0.4	
3	0.5	
4	0.7	
5	0.8	
6	1.0	
8	1.25	
10	1.5	1.25
12	1.75	1.25
16	2.0	1.5
20	2.5	1.5
24	3.0	2.0
30	3.5	2.0

다. 미국에서는 나사 체결구의 크기를 점차적으로 미터 표기로 바꾸고 있다. 나사 체결구가 다르다는 것은 제조 공정에서 사용할 공구가 다르다는 것을 의미한다는 것에 유의해야 한다. 특별한 형태의 나사나 볼트를 사용하기 위해서는 작업자는 이 특별한 나사 체결구에 맞게 설계된 공구를 가지고 있어야 한다. 예를 들어, 볼트와 나사에는 다양한 머리 모양이 있는데, 이들 중 가장 보편적인 것들을 그림 27.2에 나타내었다. 다양한 머리 형상뿐만 아니라 다양한 크기로 인해 작업자는 많은 수 공구(예, 스크루드라이버)를 필요로 한다. 일자형 드라이버로 육각홈 머리 볼트를 돌리기는 쉽지 않을 것이다.

나사는 볼트보다 훨씬 사양이 다양한데, 그 이유는 나사의 기능이 보다 많기 때문이다. 일반나사, 나사의 유형에는 캡 나사, 세트 나사, 태핑 나사 등이 있다. 일반 나사(machine screw)는 나사 구멍 속으로 조립되어 들어가게 만들어진 일반적인 나사를 말한다. 간혹 너트에 조립되는 경우도 있는

그림 27.2 나사와 볼트에 적용되는 다양한 머리 형상.

그림 27.3 (a) 세트 나사를 이용하여 축에 칼라를 조립, (b) 다양한 세트 나사 유형.

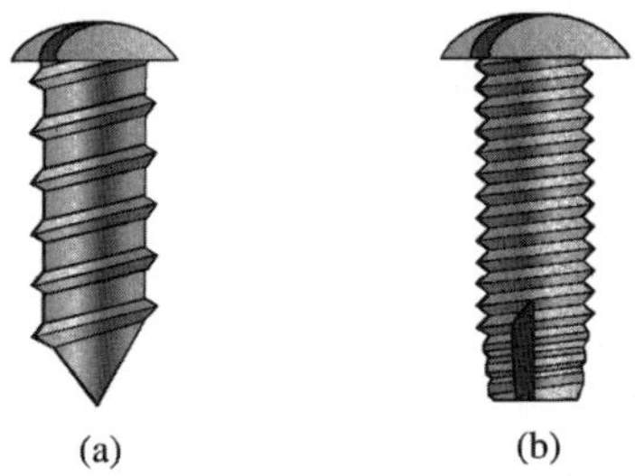

그림 27.4 태핑 나사. (a) 나사 성형, (b) 나사 절삭.

데, 이때는 볼트의 쓰임새와 겹친다. *캡 나사(capscrew)*는 형상 자체는 일반나사와 유사하지만, 고강도의 금속으로 보다 정확한 치수로 만든 것이다. *세트 나사(setscrew)*는 그림 27.3(a)와 같이 칼라(collar), 기어, 풀리 등을 축에 체결시키는 조립 기능을 발휘하기 위해 설계된 경화 나사이다. 그림 27.3(b)는 다양한 형상의 세트 나사를 보여준다. *태핑 나사(self-tapping screw)*는 나사 없는 구멍 속에 돌아 들어가면서 성형 혹은 절삭의 방법으로 나사를 만들 수 있다. 그림 27.4는 태핑 나사의 두 가지 나사 유형을 보여 준다.

나사 체결구는 대부분 냉간 가공에 의해 제조된다(15.1.4절). 일부는 절삭에 의해 만들어지기도 하지만(18.2.2절, 18.7.1절), 제조원가가 더 비싸진다. 나사 체결구로 다양한 재료가 사용되는데, 우수한 강도를 가지며 저렴한 강(steel)이 가장 흔하게 사용된다. 또한, 합금강뿐만 아니라 저 탄소강과 중탄소강도 흔히 사용된다. 강 재질의 나사 체결구는 일반적으로 내부식성을 확보하기 위해 도금 또는 코팅된다. 이런 목적으로 니켈, 크롬, 아연, 흑산화(black oxide), 기타 코팅 방법 등이 사용된다. 부식이나 다른 요인들로 인해 강 재질을 사용하기 어려운 경우, 스테인리스강, 알루미늄합금, 니켈합금, 플라스틱(저응력을 받는 경우만) 등의 다른 재료를 적용한다.

27.1.2 기타 나사 체결구와 관련 부품들

기타 나사 체결구와 관련 부품들에는 스터드(stud), 나사 인서트(screw thread insert), 구속 나사 체결구(captive threaded fastener)와 와셔(washer) 등이 있다. ***스터드(stud)***는 볼트처럼 외부에 나사가 나있는 부품이지만 머리는 없는 나사 체결구이다, 그림 27.5(a)와 같이 두 개의 너트를 사용하여 두 부품을 조립하기 위해 사용될 수 있다. 그림 27.5(b)와 (c)는 각각 한 쪽 끝에 나사가 있는 유

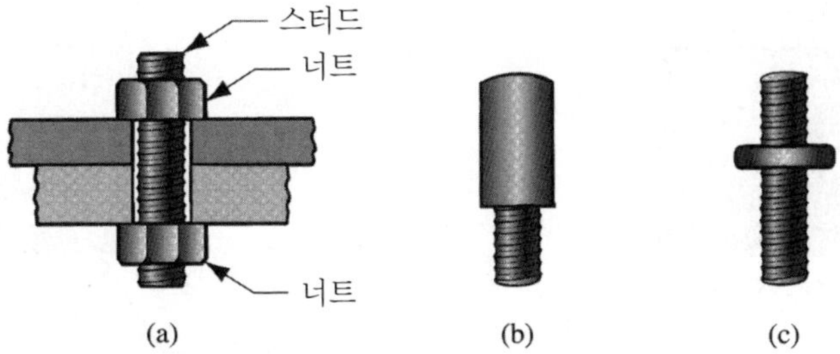

그림 27.5 (a) 조립에 사용한 스터드와 너트, (b) 한쪽에만 나사가 있는 스터드, (c) 양끝에 나사가 있는 스터드.

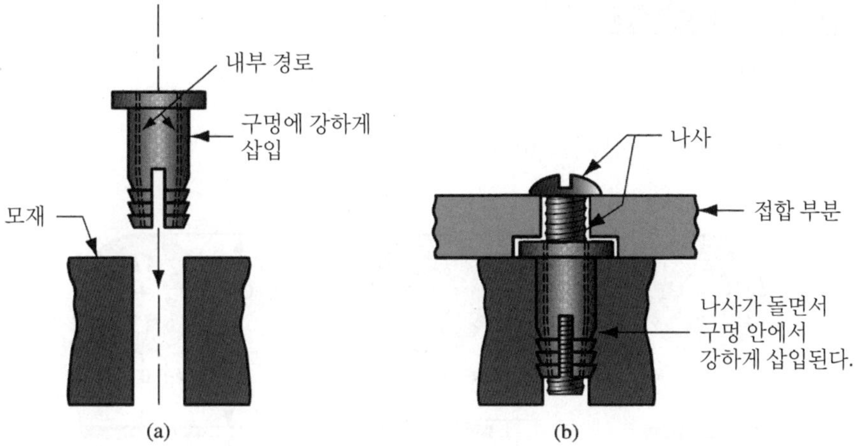

그림 27.6 나사 인서트. (a) 구멍 삽입 전, (b) 구멍 삽입 후 나사가 인서트 속에 들어감.

형과 양쪽에 나사가 있는 유형을 보여준다.

나사 인서트(screw thread insert)는 내부에 나사가 나있는 마개나 코일로서 나사가 없는 구멍에 삽입 후 외부 나사 체결구와 체결하기 위해 사용되는 부품이다. 나사 인서트는 약한 재질(예, 플라스틱, 나무, 마그네슘 등의 경금속)과 조립되어 강한 나사 결합을 만든다. 많은 유형의 나사 인서트가 있는데, 그림 27.6에 한 예를 나타내었다. 나중 단계인 인서트 속 나사 삽입 과정에서 인서트 통이 구멍 안에서 확장되어 조립을 견고하게 해준다.

구속 나사 체결구(captive threaded fastener)는 결합될 부품의 한 쪽에 사전에 영구 조립되어 있는 나사 체결구이다. 사전 조립 공정으로는 용접, 경납접, 프레스 맞춤, 냉간 가공 등이 있다 구속 나사 체결구의 두 유형을 그림 27.7에 나타내었다.

와셔(washer)는 나사 체결구의 기계적 결합을 더 견고하게 하기 위해서 추가로 사용되는 부품이다. 금속 박판으로 만든 평평하고 얇은 단순한 링 형태를 가지고 있으며, 다음과 같은 다양한 역할을 수행 한다[13]. (1) 볼트와 나사 머리와 너트에 집중될 응력을 분산시켜준다. (2) 조립품 구멍 내에 큰 틈새가 있을 때 기계적 결합을 견고하게 해준다. (3) 스프링 장력을 증가시켜준다. (4) 부품 표면을 보호해준다. (5) 결합부를 밀봉해준다. (6) 나사 체결구가 풀리는 것을 막아준다[13]. 그림 27.8에

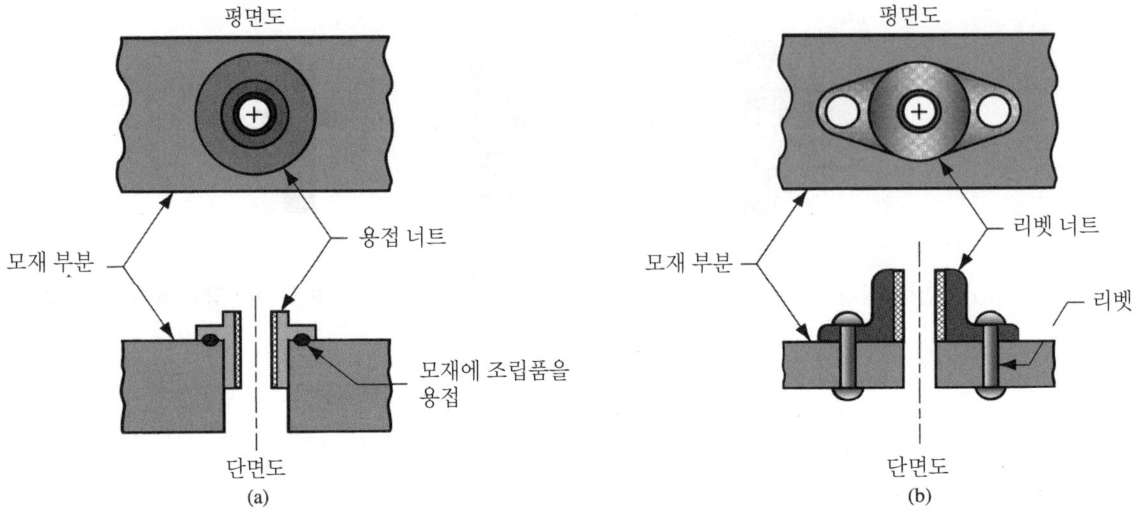

그림 27.7 구속 나사 체결구. (a) 용접 너트, (b) 리벳 너트.

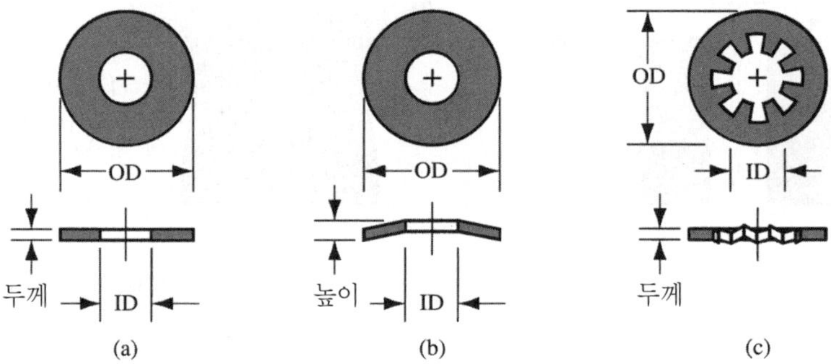

그림 27.8 와셔의 종류. (a) 평와셔, (b) 스프링와셔(진동 흡수 혹은 마모상쇄 용). (c) 록와셔(볼트와 나사의 풀림방지) 보호.

세 가지 형태의 와셔를 나타내었다.

27.1.3 볼트 결합부의 응력과 강도

볼트나 나사로 결합된 부위에 일반적으로 작용하는 응력은 그림 27.9에 나타낸 바와 같이 인장 응력과 전단 응력이 작용한다. 볼트를 조이면 인장력을 받고 부품은 압축력을 받는다. 부품의 다른 방향으로 하중을 받는 경우, 볼트의 단면부에 전단력이 작용하게 된다. 마지막으로, 너트와 맞물린 구간에서 볼트의 축과 평행한 방향으로 나사산에 작용하는 응력이 발생한다. 이 전단 응력은 나사산의 *마모(stripping)*를 초래한다(너트의 경우, 안쪽 나사에 같은 결함이 발생).

나사 체결구의 강도는 보통 인장 강도(tensile strength)와 ***항복 강도(proof strength)***의 두 가지 척도로 나타낼 수 있다(3.1.1절). 인장 강도는 전통적인 의미를 가지고 있으며, 항복 강도(proof strength)란 외부 나사 체결구에서 영구 변형이 일어나지 않을 최대 인장 응력을 의미한다. 표 27.2

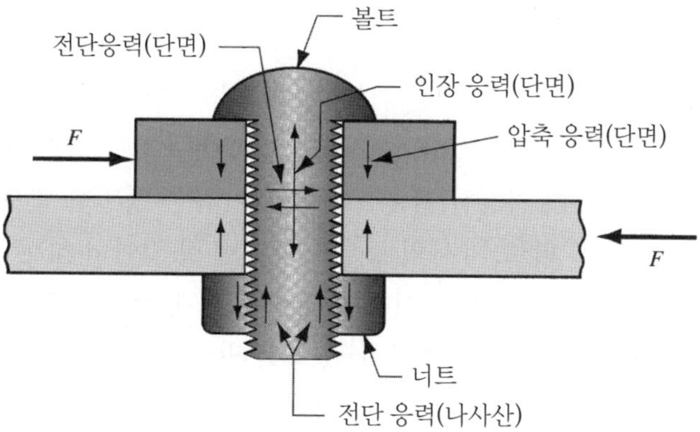

그림 27.9 볼트결합부네 작용하는 전형적인 응력.

에 강 볼트의 인장 강도 및 항복 강도를 나타내었다.

조립 중에 발생할 수 있는 문제 중 하나는 나사 체결구가 과도하게 조여져서 체결구 재료의 강도보다 높은 응력을 일으키는 것이다. 그림 27.9와 같은 볼트와 너트 조립의 경우, (1) 바깥 나사(볼트)의 마모, (2) 안 나사(너트)의 마모, (3) 단면 상의 과도한 인장 응력으로 인한 볼트의 파괴와 같은 파손이 일어날 수 있다. 파손 (1)과 (2)와 같은 나사의 마모는 전단 파손이라고 할 수 있는데, 맞물림 길이가 너무 짧을 때(볼트 공칭지름의 60% 미만) 발생한다. 이런 파손은 체결구를 설계할 때 적당한 나사 맞물림을 고려함으로써 피할 수 있다. 인장 파손 (3)과 같은 문제가 가장 흔히 발생한다. 볼트는 조이는 과정에서 인장 응력과 비틀림 응력이 결합되어 나타나기 때문에, 인장 강도의 약 85% 정도에서 파괴된다[2].

볼트가 받는 인장 응력은 결합부에 작용하는 인장하중을 작용 면적으로 나누어서 구할 수 있다.

$$\sigma = \frac{F}{A_s} \tag{27.1}$$

여기서, σ는 응력(MPa), F는 하중(N)을 A_s는 인장 면적(mm^2)을 나타낸다. 이 응력을 표 27.2의 볼트강도 값과 비교해야 한다. 나사 체결구의 인장 면적이란 나사 최소 직경의 단면적을 말한다. 미터규격(ISO)으로 다음 식으로부터 계산할 수 있다[2].

$$A_s = \frac{\pi}{4}(D - 0.9382p)^2 \tag{27.2}$$

여기서, D는 볼트 혹은 나사의 공칭 치수(기본적인 중요 직경, mm), p는 나사 피치(mm)를 나타낸다.

표 27.2 직경 6.4 mm-38 mm 범위의 강 볼트와 너트의 항복 강도와 인장 강도[13]

	항복 강도	인장 강도
재료	MPa	MPa
저/중탄소강	228	414
합금강	830	1030

Source: [13].

27.1.4 나사 체결 방법과 공구

나사 체결구를 조립하는 방법과 공구의 기본 기능은 암나사와 수나사의 상대적인 회전 운동을 만들고 조립이 견고하게 되기에 충분한 토크(torque)를 만들어주는 것이다. 이런 목적의 공구는 간단한 수동 스크루드라이버나 렌치부터 적절한 죔 강도에 맞추어 주는 정밀한 센서를 내장한 전동 공구까지 매우 다양하다. 공구가 볼트, 너트, 나사의 형상과 크기에 잘 맞아야 하는 것이 중요한데, 그 이유는 나사 체결구 머리 모양이 다양하기 때문이다. 수공구는 대개 한 종류의 끝단이나 날을 가지고 있지만, 전동 공구는 일반적으로 끝단을 교체할 수 있도록 만들어진다. 전동 공구는 공압, 유압, 혹은 전기로 작동된다.

나사 체결구가 의도된 목적을 제대로 수행하는가 하는 여부는 그것을 조이기 위해 가해지는 토크의 크기에 상당 부분 의존한다. 볼트나 나사(혹은 너트)가 부품 표면에 자리 잡을 때까지 돌려지고 나서 추가로 더 조이게 되면 체결구에 응력이 증가하게 되고(동시에 조립되는 부품들의 압축력이 증가) 토크가 더 커짐에 따라 조임이 저항을 받게 된다. 따라서 체결구를 조이기 위한 토크와 이로 인해 발생되는 인장 응력과는 상관관계가 존재한다. 조립부에서 원하는 특성을 얻고(예, 피로 저항의 향상) 나사 체결구를 완전히 구속하기 위해서는, 작용하는 인장력을 제품 설계자가 정하게 된다. 이 힘을 선부하(preload)라고 부른다. 다음 관계식이 일정한 선부하를 얻기 위해 필요한 토크를 결정하는 데 사용된다[13].

$$T = C_t D F \tag{27.3}$$

여기서, T는 토크(N-mm), C_t는 토크계수(나사표면 조건에 따라 0.15~0.25의 값을 가짐), D는 볼트나 나사의 공칭 직경(mm), F는 정해진 인장력(N)을 나타낸다.

필요한 토크를 가해주는 방법은 다음과 같다. (1) 작업자의 감각-그다지 정확하지는 않지만 대부분의 조립에서 적절하다. (2) 토크 렌치-나사 체결구가 회전할 때 토크가 측정된다. (3) 멈춤 모터-적절한 토크에 도달하면 정지되도록 설계된 전동 렌치를 사용한다. (4) 토크회전 조임-체결구를 초기에 적은 토크로 조인 다음 정해진 추가 양만큼(예, 1/4 회전) 더 회전시킨다.

예제 27.1

나사 체결구

미터나사 10 × 1.25인 볼트로 300 N의 선부하가 가해지도록 체결하려고 한다. 토크계수가 0.28일 때, (a) 해당 선부하를 얻을 수 있는 토크를 계산하고, (b) 체결되었을 때 볼트에 걸리는 응력을 구하라.

풀이

(a) 식 (27.3)을 이용하여 토크를 구하면 다음과 같다.

$$T = 0.28(10)(300) = 840 \text{ N-mm} = \mathbf{0.840\ N\text{-}m}$$

(b) 나사 최소 직경의 단면적을 식 (27.2)를 이용하여 구하면,

$$A_s = \frac{\pi}{4}(D - 0.9382p)^2 = \frac{\pi}{4}(10 - 0.9382(1.25))^2 = 61.16\ \text{mm}^2$$

$$\sigma = \frac{F}{A_s} = \frac{300}{61.6} = 4.90\ \text{N/mm}^2 = \mathbf{4.90\ MPa}$$

27.2 리벳과 아일릿

리벳은 영구적인 기계적 결합을 위해 널리 사용된다. 리벳팅은 고생산성, 단순성, 신뢰성 및 경제성을 제공하는 체결 방법이다. 이러한 장점이 있지만, 최근 들어, 나사 체결구, 용접, 접착제 접합법 등에 비해 사용도가 점점 줄고 있다. 그러나 리벳팅은 항공우주 산업에서 몸체를 골격 혹은 다른 구조물에 결합시키는 주요 체결 방법의 하나로 사용되고 있다.

리벳(rivet)은 나사가 없고 머리만 있는 핀형 부품으로서, 두 부품(혹은 그 이상)의 구멍에 끼운 후 머리가 없는 반대쪽에 두 번째 머리를 성형(업셋팅)시켜 부품을 결합시키는 방법이다. 변형 공정으로 열간 혹은 냉간 가공 및 망치질이나 일정한 압력을 가하는 방식을 사용할 수 있다. 리벳이 일단 변형되고 나면 한쪽 머리를 부수지 않고서는 제거할 수 없다. 리벳은 길이, 직경, 머리, 유형으로 구분된다. 리벳 유형은 다섯 가지의 기본 형상으로 구분되는데, 이 유형에 따라 두 번째 머리를 성형하는 방법이 결정된다. 다섯 유형을 그림 27.10에 나타내었다. 또한, 특수한 용도의 특수 유형의 리벳도 있다.

리벳은 주로 겹치기 이음에 사용된다. 리벳이 삽입될 구멍의 직경은 리벳 직경과 거의 같아야 한

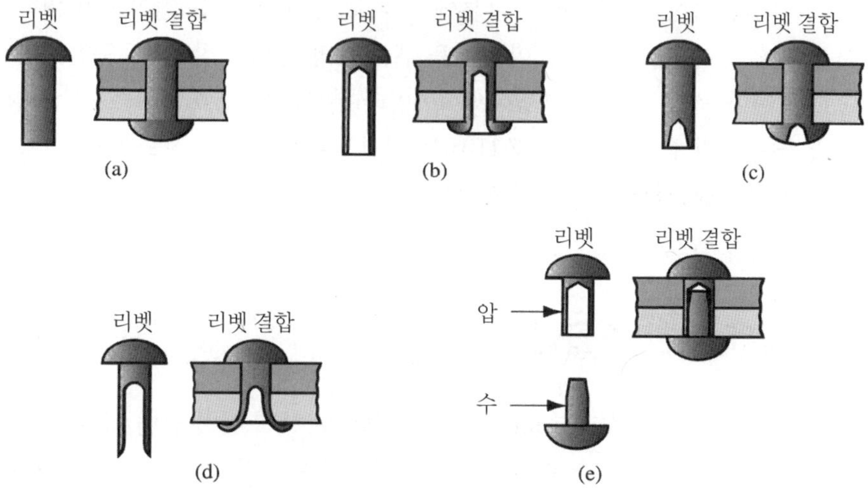

그림 27.10 다섯 가지 기본 리벳 유형. (a) 일체형, (b) 관상, (c) 반관상, (d) 분기형, (e) 압축형.

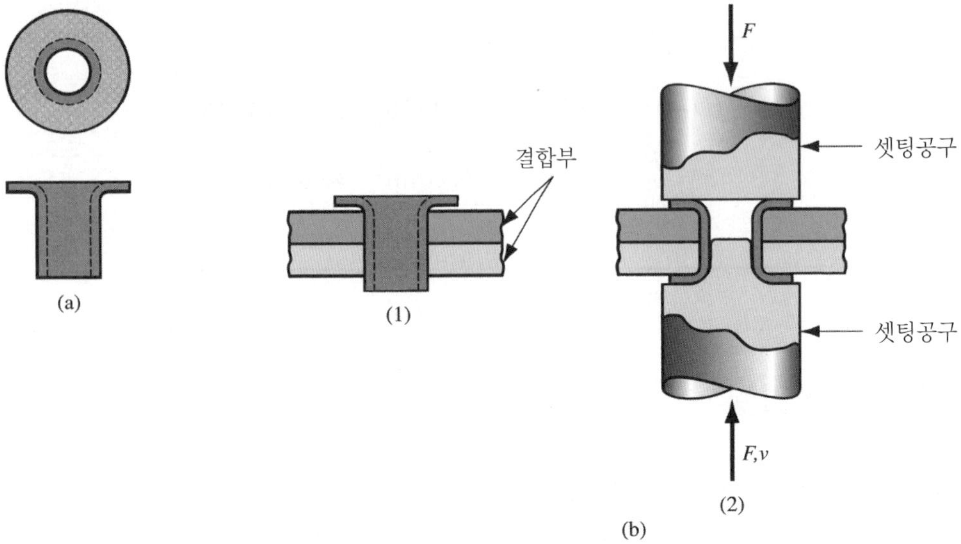

그림 27.11 아일릿을 이용한 체결. (a) 아일릿, (b) 조립 순서, (1) 구멍 속에 아일릿 삽입, (2) 셋팅.

다. 만일 구멍이 너무 작으면, 리벳 삽입이 어려워져 생산성이 떨어지게 된다. 구멍이 너무 큰 경우에는 리벳이 구멍을 다 채울 수 없게 되어 반대쪽 머리를 만들 때 굽힘이 발생할 수 있다. 최적의 구멍 크기를 정하기 위해 리벳 설계표가 만들어져 있다.

리벳팅 방법과 공구는 다음과 같이 (1) 공압 해머를 통한 연속 타격으로 업셋팅을 하는 충격식, (2) 리벳팅 공구가 지속적인 압착력을 가하는 압축식, (3) 충격과 압축의 조합식으로 구분할 수 있다. 대부분의 리벳팅 장비는 휴대용이고 수동으로 작동된다. 자동 드릴링 리벳팅 기계는 구멍을 뚫은 후, 리벳을 삽입하고 업셋팅을 해주는 단계를 한 기계에서 기능하게 해준다.

아일릿(eyelets)은 그림 27.11(a)와 같이 얇은 관상 체결구로서, 한쪽 편에 프랜지가 있고, 보통 금속 박판으로 만들어진다. 아일릿은 두 개(혹은 그 이상)의 평평한 부품에 영구적인 겹치기 이음을 만들기 위해 사용된다. 응력이 적게 걸리는 부분에는 재료, 무게, 비용을 절약하기 위해 리벳 대신에 아일릿을 사용할 수 있다. 체결 공정은 아일릿을 부품 구멍 속으로 삽입 후, 곧은 끝단을 성형하여 조립을 견고하게 한다. 성형 공정을 *셋팅(setting)*이라 부르는데, 반대 쪽 공구가 아일릿을 붙잡고 뻗어 나온 부분을 구부리게 된다. 그림 27.11(b)는 일반적인 아일릿 공정을 보여준다. 이 체결 방법은 자동차 부품, 전기 부품, 장난감, 의류 등에 적용된다.

27.3 간섭 박음에 의한 조립법

결합할 두 부품 간의 기계적인 간섭(interference)을 바탕으로 한 조립 방법이 있다. 이 간섭은 조립 중 혹은 조립 후에 발생할 수 있는데, 부품을 하나로 유지시켜주는 역할을 한다. 이런 범주에 속하는 조립법에는 가압 박음, 수축 및 팽창 박음, 스냅 박음, 멈춤 링 등이 있다.

가압 박음

가압 박음(press fitting) 조립품에서는 두 부품 간에 간섭 박음 현상이 나타난다. 전형적인 경우는 일정한 직경을 가지는 핀(예, 곧은 원통형 핀)을 그보다 약간 작은 직경을 가지는 구멍 속으로 밀어 넣는 것이다. 상업적으로 유통되는 표준 핀 크기가 있는데, (1) 부품을 위치시켜 고정-두 부품을 고정된 정렬점에 위치시켜 나사 체결구를 강화, (2) 피봇점-한 부품이 다른 부품에 대해 회전하는 것을 허용, (3) 전단 핀과 같은 기능을 한다. 전단핀을 제외하고는 보통 경화된 핀이 사용된다. 전단 핀은 순간적이거나 심한 전단 부하를 받을 경우, 나머지 조립품을 보호하기 위해 쉽게 부서지도록 더 연한 금속으로 만든다. 가압 박음은 칼라(collar), 기어, 풀리와 이들과 유사하게 축에 들어가는 부품의 조립에도 사용된다.

간섭 박음의 압력과 응력은 몇 가지 공식에 의해 추정할 수 있다. 그림 27.12와 같이 박음이 칼라(혹은 유사 부품) 속의 원형핀 혹은 축으로 구성되고, 부품들이 동일한 재료일 경우, 핀과 칼라의 반경 방향 압력은 다음과 같이 구할 수 있다[13].

$$p_f = \frac{Ei(D_c^2 - D_p^2)}{D_p D_c^2} \tag{27.4}$$

여기서, p_f는 반경 방향 혹은 간섭 박음 응력(MPa), E는 사용 재료의 탄성계수, i는 핀(혹은 축)과 칼라 사이의 간섭치, 즉 칼라의 내경과 핀의 외경의 초기 차이값(mm), D_c는 칼라의 외경(mm), D_p는 핀 혹은 축 직경(mm)을 나타낸다.

최대 유효 응력은 칼라의 내부 직경에서 발생하는데, 다음과 같이 계산할 수 있다.

$$\text{Max } \sigma_e = \frac{2p_f D_c^2}{D_c^2 - D_p^2} \tag{27.5}$$

여기서, Max σ_c는 최대 유효 응력(MPa), p_f는 식 (27.4)로 계산되는 간섭 박음 압력을 나타낸다.

직선 핀이나 축이 칼라가 아닌 형상을 가지는 대형 부품의 구멍 속으로 박혀 들어가는 경우에는 외경 D_c를 무한대로 바꾸어 이전 식에 적용하면 간섭 압력의 공식이 다음과 같이 줄어든다.

$$p_f = \frac{Ei}{D_p} \tag{27.6}$$

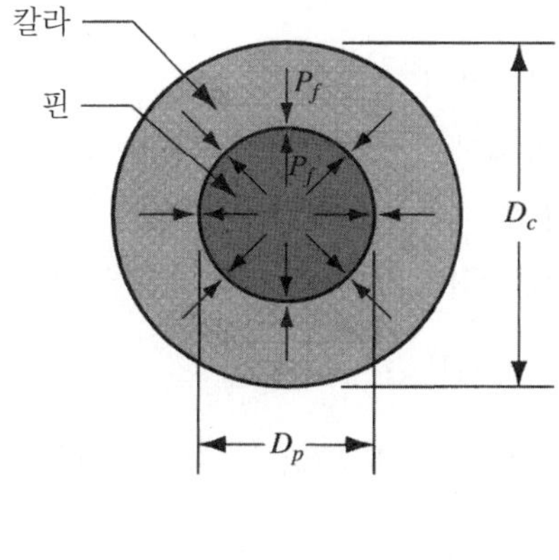

그림 27.12 간섭 박음으로 핀 혹은 축이 칼라에 결합된 단면 모습.

이 경우, 최대 유효 응력은 다음과 같다.

$$\text{Max}\ \sigma_e = 2p_f \tag{27.7}$$

대부분의 경우, 특히 연성 재료의 경우에는 최대 유효 응력을 재료의 항복 강도와 비교해야 하는데, 적절한 안전계수를 고려하면 다음과 같다.

$$\text{Max}\ \sigma_e \le \frac{Y}{SF} \tag{27.8}$$

여기서, Y는 재료의 항복 강도, SF는 적용 안전계수를 나타낸다.

다양한 형상의 핀이 간섭 박음에 사용된다. 기본 유형은 ***직선핀(straight pin)***으로 냉간 인발된 탄소강 선이나 봉으로 만들며 직경은 1.6~25.0 mm 정도이다. 연마는 되어 있지 않고, 끝단은 모따기가 되어 있거나 직각으로 되어 있다(모따기는 가압 박음을 수월하게 해줌). ***다우얼핀(dowel pin)***은 직선핀보다 더 정밀하게 제조되는데, 연마와 경화가 되어 있다. 다우얼핀은 금형, 치공구 등에서 부품 조립을 위한 정렬을 위해 사용된다. ***테이퍼핀(taper pin)***은 미터당 21.3 mm의 테이퍼를 가지고 있어 구멍에 삽입되어 부품간의 고정된 상대 위치를 만들어 준다. 구멍 밖으로 쉽게 배출될 수 있다는 것이 장점이다.

추가적으로 몇 가지 다른 형상의 핀이 있다. 홈핀(grooved pin)은 직선 핀의 길이 방향으로 세 개의 홈이 파져 있어, 핀이 구멍에 들어갔을 때 각 홈에서 간섭을 일으켜준다. 그 밖에, 핀에 있는 널(knurl) 무늬가 구멍에서 간섭을 만들어주는 널핀(knurled pin), 압연 판재로부터 코일스프링 형태로 만들어지는 나선핀(spiral pin)이라고도 불리는 코일핀(coiled pin)이 있다.

수축 박음과 팽창 박음

이 두 방법은 상온에서 두 부품을 간섭 박음에 의해 조립할 때 사용된다. 대표적으로 칼라로 들어가는 원통형 핀 혹은 축이 있다. ***수축 박음(shrink fitting)***으로 조립하기 위해서는 외부 부품이 열에 의해 팽창되도록 가열하고, 내부 부품은 상온으로 두거나 수축을 위해 냉각시킨다. 그 다음에 두 부품을 조립시키고, 상온으로 되돌려주면 외부 부품이 수축되고, 만약 미리 내부 부품을 냉각시킨 경우에는 상온에서 확장되어 더 강한 간섭이 일어난다. 내부 부품만을 냉각한 경우는 ***팽창 박음(expansion fit)***이라고 부른다. 즉, 조립할 부품 속으로 삽입된 후, 상온으로 온도가 올라감에 따라 팽창되어 간섭된 조립을 이루게 된다. 이들 조립 방법은 기어, 풀리, 슬리브(sleeve) 등의 부품을 축에 조립할 때 이용된다.

부품의 직경을 변화시키기 위한 가열과 냉각 방법에는 여러 가지가 있다. 가열 장비로는 토치, 노, 전기저항 히터, 전기유도 히터 등이 사용된다. 냉각 방법에는 냉장과 드라이아이스, 액화질소와 같은 냉각 액체 등이 포함된다. 직경의 변화는 재료의 열팽창 계수와 가해지는 온도 차이에 따라 달라진다. 가열과 냉각에 의해 전부품의 온도가 균일하다고 가정하면, 직경 변화는 다음과 같다.

$$D_2 - D_1 = \alpha D_1(T_2 - T_1) \tag{27.9}$$

여기서, α는 재료의 선형열팽창 계수(mm/mm-℃)(표 4.1 참조), T_2는 부품이 가열된 혹은 냉각된 온도(°C), T_1은 시작(주변) 온도(°C), D_2는 T_2에서의 부품 직경(mm), D_1은 T_1에서의 부품 직경(mm)을 나타낸다.

간섭 압력과 유효응력 계산을 위한 식 (27.4)~(27.8)이 수축 및 팽창 박음의 경우에도 사용할 수 있다.

예제 27.2

팽창박음

합금강으로 만든 축을 팽창박음을 통해 같은 금속의 칼라에 조립하려고 한다. 실내온도(20°C)에서, 칼라의 외경과 내경은 각각 50.00 mm, 30.00 mm이고, 축의 직경은 30.01 mm이다. 축과 칼라 간에 0.03 mm의 간격이 생기도록 축을 냉각시켜 조립하고자 한다. (a) 냉각시켜야 할 축의 온도를 정하고, (b) 조립후 실내온도에서의 간섭박음 압력을 구하고, (c) 칼라에 걸리는 최대 유효응력을 구하라.

풀이

(a) 표 4.1로부터 강철의 선형열팽창계수 $\alpha = 12(10^{-6})$°C, 식 (27.9)를 재정리하면,

$$T_2 = \frac{(D_2 - D_1)}{\alpha D_1} + T_1 = \frac{(30.00 - 0.03) - 30.01}{12(10^{-6})(30.01)} + 20 = -111.1 + 20 = \mathbf{-91.1°C}$$

(b) 표 3.1로부터 강철의 탄성계수 $E = 209(10^3)$ MPa, 간섭박음 압력을 구하기 위해 식 (27.4)를 이용하면,

$$p_f = \frac{Ei(D_c^2 - D_p^2)}{D_p D_c^2} = \frac{209(10^3)(0.01)(50^2 - 30.01^2)}{30.01(50^2)} = \mathbf{44.6\ MPa}$$

(c) 최대 유효응력은 식 (27.5)로부터,

$$\text{Max}\ \sigma_e = \frac{2p_f D_c^2}{(D_c^2 - D_p^2)} = \frac{2(44.6)(50^2)}{(50^2 - 30.01^2)} = \mathbf{139.3\ MPa}$$

걸쇠 박음과 멈춤 링

걸쇠 박음(snap fits)은 간섭 박음이 변형된 것으로서, 짝을 이루는 요소가 힘을 받으며 만날 때는 간섭을 일으키다가, 일단 조립이 되면 걸림(interlock)이 생기는 조립이 유지된다. 그림 27.13에 대표적인 예를 나타내었다. 부품들이 서로 힘을 받게 되면 간섭에 적응하기 위해서 짝을 이루는 부분이 탄성적으로 변형되어, 결과적으로 두 부품이 하나로 걸리게 된다.

일단 자리를 잡으면 부품이 기계적으로 연결되어 쉽게 분해되지 않는다. 일반적으로 조립 후에 약간의 간섭이 존재하도록 부품이 설계된다.

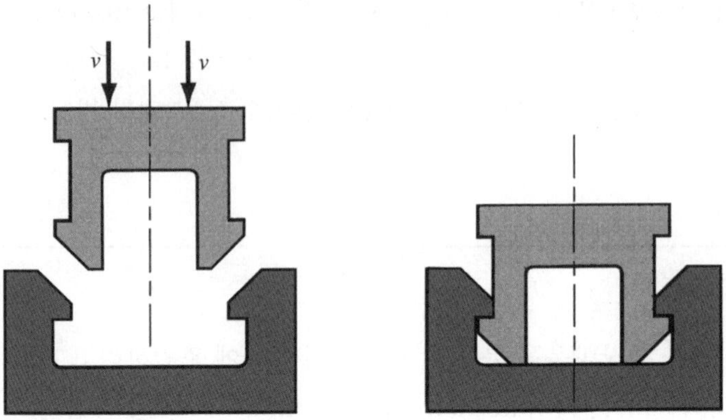

그림 27.13 걸쇠 박음 조립 대상 두 부품. (1) 조립전, (2) 합체 후.

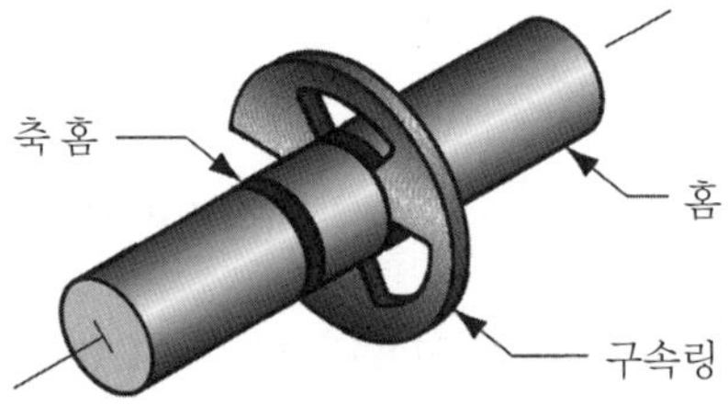

그림 27.14 축 홈에 조립된 구속링.

걸쇠 박음 조립의 장점은 (1) 자체 정렬 특성을 갖는 부품의 설계가 기능하고 (2) 특별한 공구가 불필요하며 (3) 신속한 조립이 가능하다. 걸쇠 박음 방법은 초창기에 산업용 로봇에 적합한 이상적인 조립법으로 인식되었는데, 로봇에 적합한 조립 기술이면 인간에게도 잘 맞는다고 할 수 있다.

멈춤 링(retaining ring) 혹은 *스냅링(snap ring)*은 그림 27.14에 나타낸 바와 같이 축 혹은 관의 원주를 따라 형성되어 있는 홈에 맞추는 체결구이다. 이 체결구는 축상에 부착되는 부품을 위치시키거나 움직임을 구속하기 위해 사용된다. 멈춤 링은 외부용(축)과 내부용(구멍)으로 사용할 수 있다. 박판 금속이나 선재로 만들며, 경도와 인성을 강화하기 위하여 열처리한다. 멈춤 링을 조립하기 위해서는 특수 플라이어 공구를 사용하여 탄성적인 변형을 주어 축 상에(혹은 구멍 속) 박아 넣은 후, 홈 속에서 풀어주게 된다.

27.4 기타 기계적 체결 방법

앞서 설명한 기계적인 조립 기술 이외에, 체결구를 사용하는 몇 가지 추가적인 방법들이 있다. 이 방법에는 스티칭, 봉합, 재봉, 코터핀 등이 있다.

스티칭, 스테이플링, 재봉

산업용 스티칭과 스테이플링은 U자형의 금속 체결구를 사용하는 것과 같은 유사한 공정이다. ***스티***

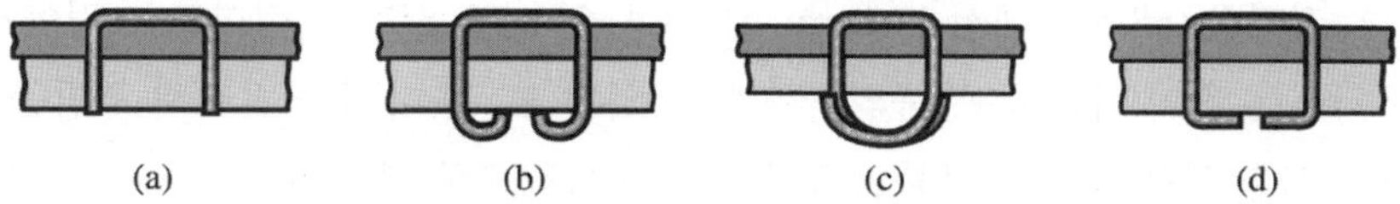

그림 27.15 와이어 스티칭의 일반적 유형. (a) 비구부림형, (b) 표준 루프형, (c) 우회 루프형, (d) 평구부림형.

칭(stitching)은 스티칭 기계를 이용하여 강선으로부터 U자형 침을 한 번에 하나씩 형성시켜, 결합할 부품에 즉시 밀어 넣는 체결 공정이다. 그림 27.15는 와이어 침의 몇 가지 유형을 보여준다. 결합할 부품은 스티칭 침 크기에 맞으면서 비교적 얇은 것이 적합하고, 금속과 비금속 재질의 다양한 조합의 조립에 응용될 수 있다. 산업용 스티칭은 경량의 금속 박판 조립품, 금속 경첩, 전기적 연결, 잡지 제본, 골판지 상자, 최종 제품 포장 등에 사용된다. 이렇게 다양한 용도로 스티칭이 선호되는 경우는 (1) 고속 공정, (2) 부품에 구멍을 미리 낼 필요가 없는 경우, (3) 부품을 둘러싸는 체결구가 필요한 경우 등이다.

스테이플링(stapling)에서는 U자형 스테이플 침이 결합할 두 부품에 펀치되어 관통하게 된다. 침은 사용하기 쉬운 스트립(strip) 형태로 공급된다, 개별 봉합은 가볍게 붙어 스트립을 형성하고 있지만, 봉합 공구에 의해 쉽게 분리될 수 있다. 봉합은 공작물 속으로 삽입이 원활히 이루어지도록 다양한 끝단 형상을 가질 수 있다. 일반적으로 휴대용 공압 건(gun)을 사용하여 공정이 이루어지는데, 수백 개의 봉합으로 구성되는 스트립을 장착할 수 있다. 적용 분야는 가구와 실내 장식 용품의 조립, 자동차 시트 조립, 경량의 금속 박판 및 플라스틱 조립 작업 등이다.

재봉(sewing)은 옷감과 가죽과 같은 부드럽고 유연한 부품을 결합하는 일반적인 방법이다. 부품 사이에서 연속적인 이음매를 만들어주기 위해 긴 실이나 끈으로 부품을 엮어준다. 이 공정은 의류를 취급하는 산업에서 널리 사용되고 있다.

코터핀

코터핀(cotter pin)은 그림 27.16처럼 반원의 와이어로부터 만들고, 두 다리로 이루어진 끝단을 가

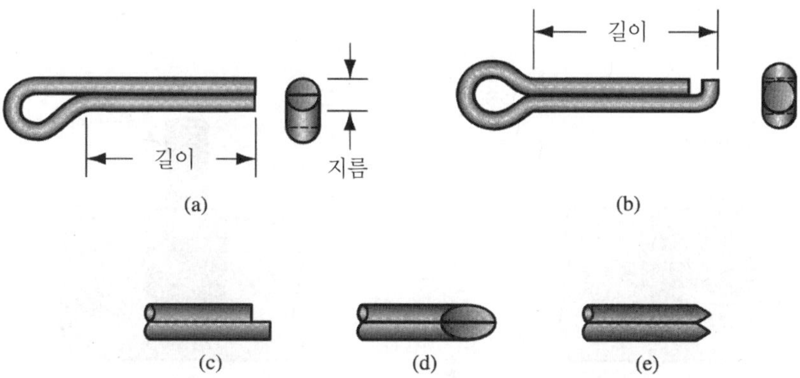

그림 27.16 코터핀. (a) 오프셋 머리와 표준 끝단, (b) 대칭 머리와 망치 잠금 끝단, (c) 사각 끝단, (d) 주교관형 끝단, (e) 정 끝단.

지는 체결구이다. 직경은 0.8 mm에서 19 mm 정도로 다양하고, 끝단의 형상도 그림에서와 같이 몇 가지가 있다. 코터핀은 짝이 되는 두 부품의 구멍에 삽입된 후, 두 다리를 벌려서 조립품을 고정시키게 된다. 축이나 유사한 부품에 다른 부품을 고정시키는 목적으로 사용된다.

27.5 몰딩 삽입구와 복합 체결구

이 조립 방법은 주조, 몰딩, 판금 성형 등과 같은 공정을 통해 조립 부품 중 하나를 성형하여 부품 간에 영구 결합을 만들어내는 방법이다.

몰딩과 주조용 인서트

이 방법은 플라스틱 몰딩이나 금속 주조에 앞서서 주형 속에 하나의 부품을 삽입시켜 몰딩 혹은 주물과 일체화된 영구적 부품으로 만드는 방법이다. 인서트(insert) 재료의 우수한 특성(예, 강도)이 필요한 경우나 얻고자 하는 제품 형상이 너무 복잡하여 주형으로 그 형상을 만들기에 어려운 경우에는 분리된 부품으로 만들어 삽입하는 것이 형상을 몰딩을 통해 얻는 것보다 유리하다. 이러한 인서트의 예로는 내부에 나사가 있는 부싱과 너트, 외부에 나사가 있는 스터드, 베어링, 전기 접점 등이다. 이들 중 일부를 그림 27.17에 나타내었다. 내부 나사 인서트를 사용할 때에는 용융 재료가 나사 구멍으로 흘러들어가는 것을 방지하기 위해서 나사핀과 함께 주형 속에 넣어야 한다.

인서트를 주형 속에 사용하는 것은 생산에 있어서 다음과 같은 단점이 있다. (1) 주형의 설계가 더 어려워진다. (2) 인서트를 공동 속에서 자리 잡게 하는 데에 시간을 소비하여 생산율을 저하시킨다. (3) 인서트가 주물 혹은 몰딩 제품에 대해서는 이물질이므로 결함 제품의 경우, 주물 금속 혹은 플라스틱을 재생하기가 어렵다. 이러한 여러 단점이 있지만, 때로는 인서트의 사용이 가장 기능적인 설계와 경제적인 생산 방법이다.

복합 체결구

복합 체결구(Integral Fasteners)는 부품의 변형을 통해서 인터록(interlock)과 기계적인 체결 부

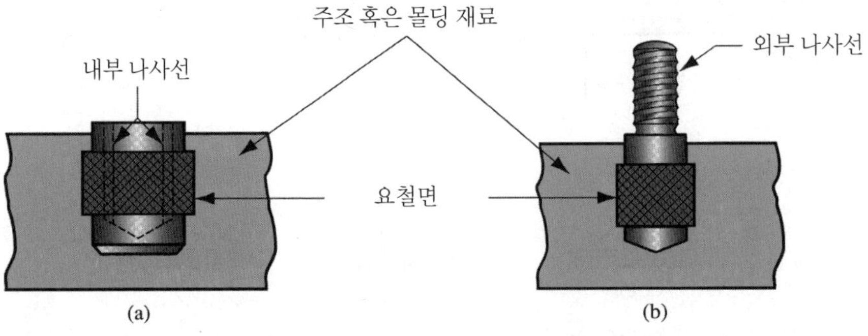

그림 27.17 몰딩 삽입구의 예. (a) 나사 부싱, (b) 나사 스터드.

위를 만들어낸다. 이 조립 방법은 금속 박판 부품에 널리 사용되고 있다. 그림 27.18에 나타낸 바와 같이 복합 체결구를 응용할 수 있는 방법으로는 (a) 와이어나 축을 박판부품에 부착시키는 ***돌출탭(lanced tab)*** 방법, (b) 돌기를 한쪽 부품에 만들고, 다른 쪽 부품은 평평하게 만들어 조립하는 ***돌기부(embossed protrusions)*** 방법, (c) 두 박판 부품의 모서리나 반대편 모서리를 구부려 체결 이음매를 만드는 ***시밍(seaming)*** 방법, 이 방법에서 금속은 구부릴 수 있도록 연한 재질이어야 한다, (d) 속이 빈 관 형태의 부품을 그보다 직경이 작은 축(혹은 원통형 부품)에 끼운 후, 축에 난 홈을 따라 바깥 부품을 안으로 변형시켜서 두 부품 간의 간섭을 원주를 따라 유발시키는 ***비딩(beading)*** 방법과 (e) 안쪽 부품을 구속시키기 위해 바깥쪽 부품을 오목한 원형 부위들이 생기도록 변형시키는 ***딤플링(dimpling)*** 방법 등이 있다.

잔주름 가공(crimping)은 또 다른 복합 체결법으로서, 한쪽 부품의 끝이 결합될 부품 위에서 변

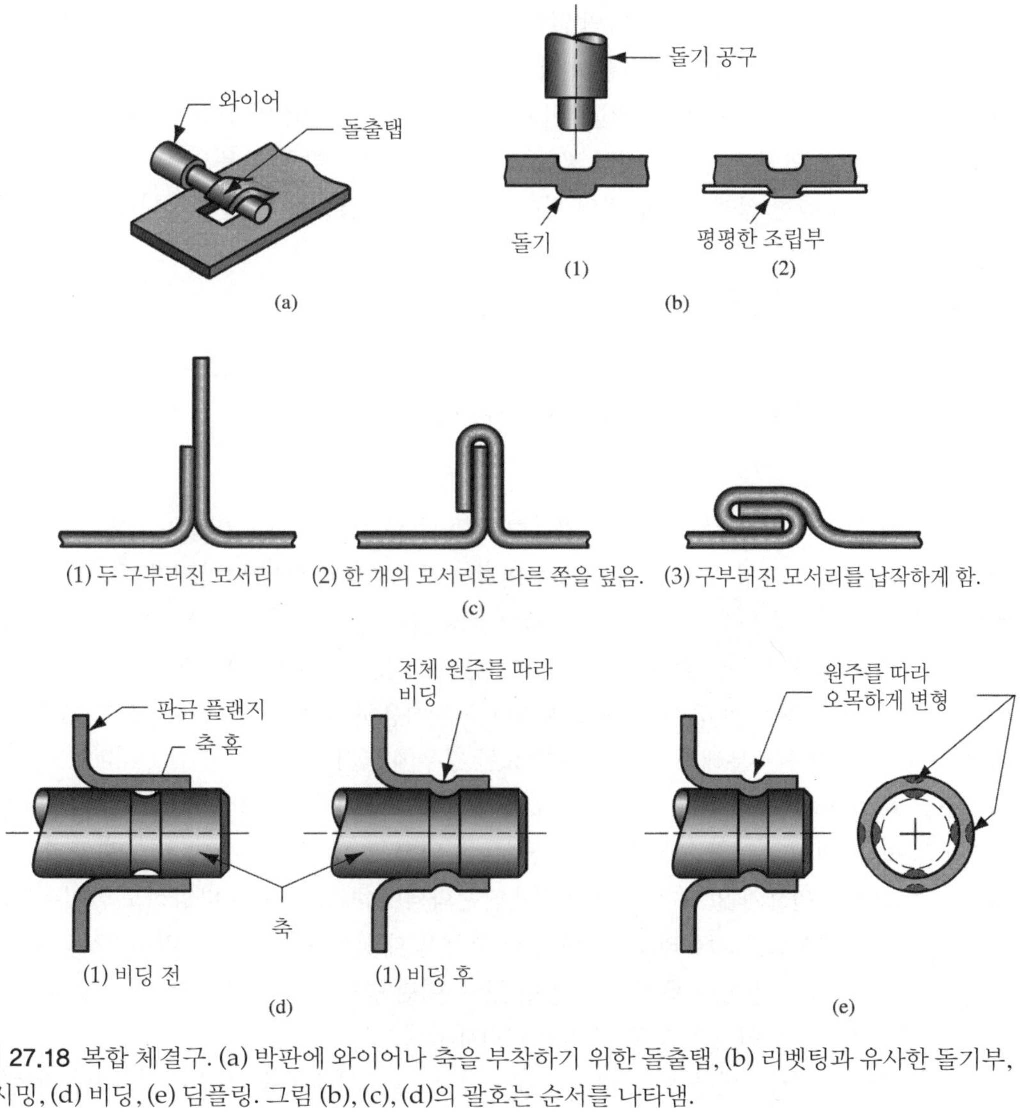

그림 27.18 복합 체결구. (a) 박판에 와이어나 축을 부착하기 위한 돌출탭, (b) 리벳팅과 유사한 돌기부, (c) 시밍, (d) 비딩, (e) 딤플링. 그림 (b), (c), (d)의 괄호는 순서를 나타냄.

형이 되는 조립 방법이다. 전기 단자의 배럴(barrel)을 전기 선상에 압착시키는 경우에 사용된다(30.4.1절, 그림 30.14).

27.6 조립성 감안 설계

조립성 감안 설계(design for assembly, DFA)는 최근 들어, 많은 제조 업체의 노동비 중 조립 공정의 비중이 상당히 크기 때문에 많은 주목을 받고 있다. 성공적인 조립성 감안 설계는 다음과 같이 간단히 기술될 수 있다[3]. (1) 부품 수를 최소화하여 제품을 설계하고, (2) 쉽게 조립되도록 부품을 설계한다. 제품의 개별 부품 수는 제품 설계 단계에서 결정되고 부품들이 조립되는 방법도 결정되기 때문에, 조립 비용의 상당 부분은 제품 설계 단계에서 결정된다고 할 수 있다. 조립 비용이 결정되면, 조립 비용에 영향을 주는 다른 일은 거의 없다(공정이 제대로 수행되도록 관리하는 일은 제외).

이 절에서는 제품 설계에서 조립을 원활히 하기 위해 적용할 수 있는 원칙에 대하여 설명한다. 대부분의 원칙은 기계 조립을 위하여 개발된 것이고, 일부분은 다른 조립 및 접합 공정에 적용된다. 조립성 감안 설계에 대한 연구는 산업체에서 자동 조립 시스템의 활발한 사용으로 더욱 발전되어 왔다. 따라서, (1) 조립성 강한 설계의 일반적인 원칙과 (2) 자동 조립을 위한 설계로 나누어 설명한다.

27.6.1 조립성 감안 설계의 일반적 원칙

대부분의 일반 원칙은 수동과 자동 조립에 적용할 수 있다. 일반 원칙의 목표는 가장 간단하고 가장 저렴한 방법으로 요구되는 설계의 기능성을 확보하는 것이다. 다음의 원칙들은 참고문헌 [1], [3], [4] 및 [6]에서 발췌한 것이다.

- *필요한 조립 작업의 양을 줄이기 위해 가능한 부품 수를 줄여라.* 이 원칙은 개별 부품들을 통해 얻을 기능들이 동일한 부품 속에서 이루어지도록 결합함으로써 달성된다(예, 판금재 부품들의 조립품을 하나의 플라스틱 사출 성형품으로 대체).
- *필요한 나사 체결구의 수를 줄여라.* 개별적인 나사 체결구를 사용하는 대신에, 걸쇠 박음, 멈춤 링, 복합 체결구와 이와 유사한 체결 메커니즘을 이용하여 보다 신속한 조립이 이루어지도록 한다. 나사 체결구는 분해나 조정이 꼭 필요한 경우에만 사용한다.
- *체결구를 표준화하라.* 이것은 제품에 필요한 체결구의 크기와 유형의 숫자를 줄이기 위한 것이다. 표준화에 의해 주문과 재고 문제가 줄어들게 되고, 조립 작업자가 많은 개별 체결구를 일일이 구별해야 할 필요가 없어지고, 작업장이 단순화되며, 체결 공구의 다양성도 줄어든다.
- *부품 방향성의 난이도를 줄여라.* 일반적으로 부품을 대칭으로 설계하고 비대칭성의 특정 형상을 최소화함으로써 방향성 문제를 줄일 수 있다. 이런 방법으로, 조립 시 부품 취급과 삽입을 더 쉽게 할 수 있다. 이 원칙을 그림 27.19에 나타내었다.
- *부품의 얽힘을 피하라.* 일부 부품 형상은 부품 용기 속에서 얽힘을 유발하여, 조립 작업자를

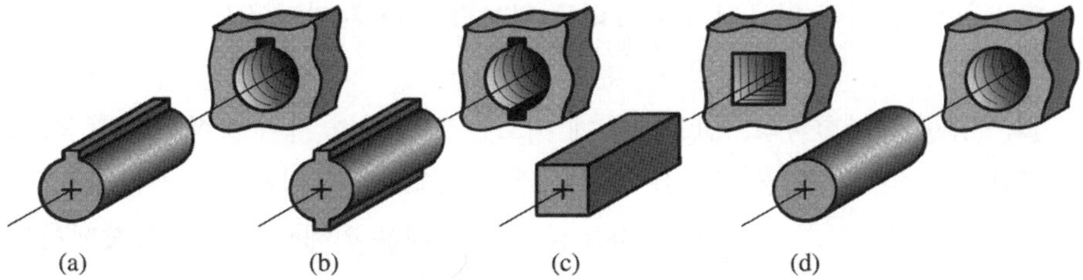

그림 27.19 대칭 부품이 삽입하여 조립하기가 용이. (a) 삽입을 위해 단지 하나의 방향만이 가능, (b) 두 방향이 가능, (c) 네 방향이 가능, (d) 무한대의 회전 방향.

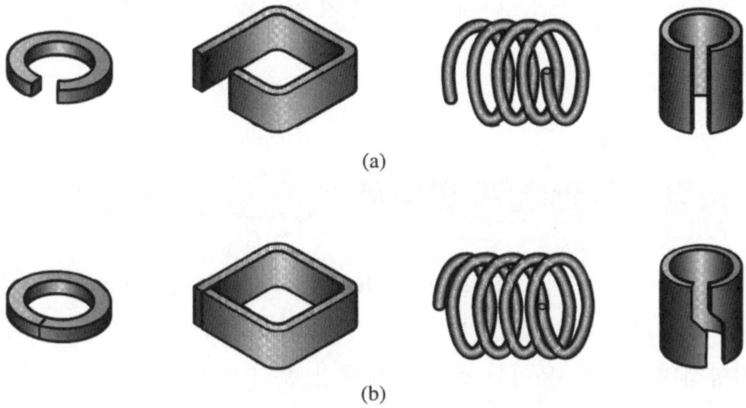

그림 27.20 (a) 얽히기 쉬운 부품 형상, (b) 얽힘을 방지하기 위해 설계된 부품.

어렵게 만들거나 자동 공급기를 정지시킬 수 있다. 그림 27.20과 같이 고리, 구멍, 홈, 형상의 부품에서 이러한 경향이 더 잘 나타난다.

27.6.2 자동 조립을 위한 설계

수동 조립에 적합한 방법들이 자동 조립을 위한 최적의 방법은 아니다. 작업자에 의해 수행되는 일부 조립 공정은 자동화하기에 상당히 어렵다(예, 볼트와 너트의 조립). 조립 공정을 자동화하기 위해서는 기계에 의한 삽입과 접합 기술이 가능하고 인간이 지닌 감각, 숙련도 및 지능이 필요 없는 부품 체결 방법을 제품 설계 시에 정해주어야 한다. 다음은 자동 조립을 가능하게 해줄 수 있는 제품 설계 원칙이다[6], [10].

- *제품 설계에 있어 모듈을 사용하라.* 자동 조립 시스템으로 수행할 세부 작업 수가 증가할수록 시스템의 신뢰성이 떨어진다. 이 신뢰성 문제를 줄이기 위해서, Riley[10]는 단일 조립 시스템 상에서 생산될 수 있는 최대 12개 혹은 13개 부품으로 구성되는 모듈이나 반조립품으로 구성되는 모듈화된 제품 설계를 제안하였다. 또한, 반조립품은 다른 부품이 더해질 수 있는 기초 부품으로 설계되어야 한다.
- *한 번에 다수 부품이 취급될 필요를 줄여라.* 자동 조립이 실현되기 위해서는 동일한 작업장에

서 다수의 부품이 동시에 취급되어 체결되는 것보다는 다른 여러 작업장으로 공정들을 분리시키는 것이 좋다.

- *필요한 접근 방향을 제한하라.* 반조립품에 새로운 부품이 합쳐질 방향의 수를 최소화하는 것을 의미한다. 가능하다면 모든 부품을 상방향에서 수직으로 합쳐지도록 하는 것이 이상적이다.
- *고품질의 부품을 사용하라.* 고성능의 자동 조립 시스템을 위해서는 각 작업장에서 지속적으로 양질의 부품이 공급되어야 한다. 나쁜 품질의 부품은 공급과 조립 메커니즘이 멈추어 가동이 정지될 수 있다.
- *걸쇠 박음 조립을 사용하라.* 나사 체결구의 필요성을 제거하고, 조립이 보통 위로부터 단순한 삽입으로 이루어지도록 한다. 이를 위해서는 부품의 삽입과 체결이 쉽게 될 수 있는 특수한 요철 형상으로 설계되어야 한다.

27.7 제조 및 조립성 감안 설계 안내서

DFMA는 제조 및 조립성 감안 설계(Design for Manufacturing and Assembly)의 머리글자이다. 이것은 제조성 감안 설계와 조립성 감안 설계라는 두 가지 접근방법의 조합인데, 전자는 제품 생산의 용이성을 지향하며 후자는 용이한 조립에 도움을 준다. 린(lean) 생산 접근법의 뒤를 이은 DFMA 원리의 적용은 특정 공정에 관련한 비효율성 또는 소모적 활동을 제거하는 것으로 쉽게 식별할 수 있다.

DFMA의 주요 원리는 다음과 같다; (1) 비용, 후속 작업 및 자동화 지원의 추가 절감을 위해 작업 부품의 수를 최소화, (2) 복잡한 부품의 형상 단순화, (3) 부품설계에 있어서 공정능력 범위 내의 허용오차 적용, (4) 혼선을 피하기 위한 일방향(single way) 부품조립을 통한 실수 방지(fool proof) 적용, (5) 용이한 조립을 위해 고무와 같은 유연한 부품 재료 사용의 최소화, (6) 접착제 접합과 같은 용이한 조립을 위한 설계, (7) 조정 작업의 제거 또는 감소.

참고문헌 *REFERENCES*

[1] Andreasen, M., Kahler, S., and Lund, T. *Design for Assembly*. Springer-Verlag, New York, 1988.
[2] Blake, A. *What Every Engineer Should Know About Threaded Fasteners*. Marcel Dekker, New York, 1986.
[3] Boothroyd, G., Dewhurst, P., and Knight, W. *Product Design for Manufacture and Assembly*. 3rd ed. CRC Taylor & Francis, Boca Raton, Florida, 2010.
[4] Bralla, J. G. (ed.). *Design for Manufacturability Handbook*. 2nd ed. McGraw-Hill, New York, 1998.
[5] Dewhurst, P., and Boothroyd, G. "Design for Assembly in Action." *Assembly Engineering*, January 1987, pp. 64–68.
[6] Groover, M. P. *Automation, Production Systems, and Computer Integrated Manufacturing*. 5th ed. Pearson, Upper Saddle River, New Jersey, 2019.
[7] Groover, M. P., Weiss, M., Nagel, R. N., and Odrey, N. G. *Industrial Robotics: Technology, Programming, and Applications*. McGraw-Hill, New York, 1986.

[8] Nof, S. Y., Wilhelm, W. E., and Warnecke, H.-J. *Industrial Assembly*. Chapman & Hall, New York, 1997.
[9] Parmley, R. O. (ed.). *Standard Handbook of Fastening and Joining*. 3rd ed. McGraw-Hill, New York, 1997.
[10] Riley, F. J. *Assembly Automation: A Management Handbook*. 2nd ed. Industrial Press, New York, 1999.
[11] Speck, J. A. *Mechanical Fastening, Joining, and Assembly*. Marcel Dekker, New York, 1997.
[12] Whitney, D. E. *Mechanical Assemblies*. Oxford University Press, New York, 2004.
[13] Wick, C., and Veilleux, R. F. (eds.). *Tool and Manufacturing Engineers Handbook*. 4th ed. Vol. IV: Quality Control and Assembly. Society of Manufactur-ing Engineers, Dearborn, Michigan, 1987.

복습문제 *REVIEW QUESTIONS*

서론

27.1 기계적 체결구를 분류하라.

나사 체결구

27.2 기계적 조립방법이 다른 결합 방법들에 비해 선호되는 이유를 설명하라.

27.3 나사 및 볼트와 같은 나사체결구를 규정하는 ISO표준과 ANSI표준의 두 가지 차이를 설명하라.

27.4 일반나사(machine screw)와 캡나사(capscrew)의 차이점을 설명하라.

27.5 태핑나사(self-tapping screw)의 나사는 어떻게 설계되었나?

27.6 구속나사체결구(captive threaded fastener)란 무엇인가?

27.7 나사인서트(screw thread insert)란 무엇인가?

27.8 선부하(preload)란 무엇인가?

리벳과 아일릿

27.9 리벳이란 무엇인가?

27.10 두 개 이상의 평평한 부품을 영구 겹치기 결합하는데 사용하는 것으로, 통상 얇은 판재로 만든 한 쪽 끝에 플랜지가 있는 체결구가 있다. 이 체결구의 명칭은 무엇인가?

간섭 박음에 의한 조립법

27.11 간섭 박음에 유용한 여러 핀 형상의 명칭을 나열하라.

27.12 걸쇠박음(snap fits)이란 무엇인가?

27.13 멈춤링(retaining ring)이란 무엇인가?

기타 기계적 체결 방법

27.14 스티칭(stitching) 작업을 설명하라.

복합 체결구

27.15 조립 감안 설계(DFA)의 세 가지 일반적 원칙을 나열하라.

27.16 걸쇠박음의 장점들은 무엇인가?

연습문제 *PROBLEMS*

Threaded Fasteners

27.1 A metric 5 × 0.8 bolt is tightened to produce a preload = 150 N. The torque coefficient = 0.22. Determine (a) the torque that is applied and (b) the resulting stress on the bolt.

27.2 An alloy steel metric 10 × 1.25 screw is used in a threaded hole and tightened to 25% of its proof strength (see Table 27.2). Determine the maximum torque that should be used if the torque coefficient = 0.20.

27.3 A 7 × 0.5 screw is preloaded to a tension force = 900 N. The torque coefficient = 0.25. Determine (a) the torque that should be applied and (b) the resulting stress on the bolt.

27.4 Threaded metric fasteners are available in several systems, two of which are given in Table 27.1: coarse and fine. Fine threads are not cut as deep and as a result have a larger tensile stress area for the same nominal diameter. Using a proof strength of 228 MPa and a 12 mm bolt, determine (a) the maximum preload that can be used for coarse pitch and fine pitch threads and (b) the percent increase in preload of fine threads compared to course threads.

27.5 A pneumatic torque wrench is used to tighten 5 × 0.7 bolts in an automobile final assembly plant. A torque of 500 mm-N is generated by the wrench. If the torque coefficient = 0.25, determine the tensile stress in the bolt.

27.6 The designer has specified that a 8 × 0.5 low-carbon steel bolt in a certain application should be stressed to 35% of its proof stress (see Table 27.2). Determine the maximum torque that should be used if the torque coefficient = 0.25.

27.7 A 300-mm-long wrench is used to tighten a metric 20 × 2.5 bolt. The proof strength of the bolt for the particular alloy is 380 MPa. The torque coefficient = 0.21. Determine the maximum force that can be applied to the end of the wrench so that the bolt does not permanently deform.

Interference Fits

27.8 A gear made of an aluminum alloy (modulus of elasticity = 69 GPa) is press fitted onto an aluminum shaft. The gear has an outside diameter (at the top of its teeth) = 50 mm and a root diameter (at the base of its teeth) = 45 mm. The nominal internal diameter of the gear = 30 mm, and the interference = 0.02 mm. Compute (a) the radial pressure between the shaft and the gear and (b) the maximum effective stress in the gear at its inside diameter.

27.9 Machine with base of dimensions 4000 mm × 3000 mm is to be installed using alloy steel press fitted pin of diameter 20 mm while the hole diameter is 19.5 mm. If the modulus of elasticity = 200×10^3 MPa, yield strength = 415 MPa and a tensile strength = 655 MPa (for both pin and the machine base). Determine (a) the radial pressure between the pin and the base and (b) the maximum effective stress in the interface.

27.10 A steel collar is press fitted onto a steel shaft. The modulus of elasticity of steel = 210×10^3 N/mm^2. The collar has an internal diameter = 63.44 mm, and the shaft has an outside diameter = 63.5 mm. The outside diameter of the collar = 101.6 mm. Determine (a) the radial (interference) pressure on the assembly and (b) the maximum effective stress in the collar at its inside diameter.

27.11 The yield strength of a magnesium alloy 172.36 N/mm^2, and its modulus of elasticity = 48263.3 N/mm^2. It is to be used for the outer ring of a press-fit assembly with a mating shaft made of the same metal. The nominal inside diameter of the ring is 25.4 mm, and its outside diameter = 63.5 mm. Using a safety factor = 2.5, determine the maximum interference that should be used with this assembly.

27.12 A steel collar is to be heated from room temperature (21.1°C) to 204.4°C. Its inside diameter = 31.75 mm, and its outside diameter = 41.27 mm. The coefficient of thermal expansion for steel is given in Table 4.1. Determine the increase in the inside diameter of the collar.

27.13 A shaft made of aluminum is 27.0 mm in diameter at room temperature (21°C). The coefficient of thermal expansion for aluminum is given in Table 4.1. If it must be reduced in size by 0.08 mm in order to be expansion fitted into a hole, determine the temperature to which the shaft must be cooled.

PART 8

특수가공 및 조립 공정

CHAPTER 28

적층제조

28.1 적층제조의 기초

28.2 적층제조 기술

28.2.1 적층제조의 일곱 가지 분류

28.2.2 하이브리드 적층제조 기술

28.3 생산 주기 및 원가 분석

28.4 적층제조 기술의 응용

28.5 적층제조의 파일 형식

제8부에서는 그림 1.5에 표시한 분류 구조에 포함되지 않는 공정기술과 조립기술들에 대해 설명한다. 이러한 기술은 전통적인 제조공정 및 조립작업으로부터 변형된 것이거나, 특별한 기능 또는 설계자 및 제조자의 요구를 만족하기 위해 새로이 개발된 것이다. 본 장에서 다루는 적층제조 기술은 CAD(computer aided design) 모델로부터 직접적으로 제품을 만드는 기술을 의미한다. 29장과 30장은 경제적인 중요성이 커지고 있는 전자부품 제조에 사용되는 기술들을 다룬다. 29장은 집적회로 공정을 설명하고, 30장은 전자 조립과 패키징 기술을 살펴본다. 31장과 32장에서는 매우 작은 부품과 제품을 생산하는데 사용되는 마이크로 및 나노가공기술에 대해 살펴본다. 31장에서 마이크로가공기술은 마이크론(10^{-6} m) 단위의 제품을 생산하는 기술을 설명하고 32장에서 나노가공기술은 나노스케일(10^{-9} m)의 부품을 제작하는 기술에 대해 논한다. 본 파트 다섯 개의 장에서 다루는 기술은 상대적으로 최신의 기술이다. 적층제조는 1988년경 시작되었으며, 초기에 비해 비약적인 발전이 이루어진 전자부품 제조 기술 역시 1960년도에 시작되었다(역사적인 메모 29.1 참조). 31장에서 소개하는 마이크로가공기술은 전자소자 제조 공정 개발 직후 출현하였으며, 최근 각광받는 나노가공기술의 경우 1990년대에 개발이 시작되었다.

적층제조(AM, additive manufacturing, or 3DP)는 CAD 시스템으로부터 생성되는 제품의 기하학적 모델을 기반으로 부품을 만드는 공정들의 총칭이다. 적층제조 공정은 초기 층을 시작으로 연속적으로 층을 더해감으로써 최종 형상을 구현한다. 처음 적층제조 기술이 소개되었을 때는 부품 설계를 위한 시작품(protypes) 제작에 적용되었는데, 가능한 최소의 생산시간으로 제품을 제작할 수 있었기에 신속조형(rapid prototyping, RP)이라 불리었다. 전통적인 시제품 제작공정은 절삭가공인데, 이는 부품의 복잡성과 재료 주문의 어려움, 장비 사용 계획 등에 따라, 수 주일 또는 그 이상의 기간이 소요되는 경우도 있다. 최근에는 CAD 시스템으로 생성된 제품의 컴퓨터 모델이 주어진 경우, 몇 주가 아닌 수 일 또는 수 시간 내에 시제품을 제작할 수 있다.

RP 기술이 발달해 오면서, 단지 시제품이 아니라 제품 자체를 생산하는데 사용이 늘어나고 있다. 그러면서 RP에 사용된 기술과 동일한 의미를 지칭하는 적층제조(additive manufacturing, AM)라는 일반적인 용어로 통합되어 왔다. 이들 모든 기술은 부분품 또는 기판 위에 재료 층을 첨가하는 방법으로 작업한다. 그래서 부품은 한 번에 한 층씩 조형되므로 '적층(additive)'이라는 단어가 사용된다. 따라서 고체 모델 또는 시제품 제작을 목적으로 할 때 적층제조(AM)의 한 방법으로서 신속시제품제작(RP)이라고 할 수 있다. 신속조형 및 적층제조에 대한 간략한 역사를 역사적 고찰 28.1에 나타내었다.

역사적 고찰 28.1 신속조형 및 적층제조[5]

신속조형 및 적층제조는 집적회로(IC), 컴퓨터, 특히 컴퓨터 그래픽과 컴퓨터 응용 설계(CAD), 레이저 및 잉크젯 등의 프린팅 기술, 초정밀 위치결정 시스템과 같은 기술들이 실현 가능해짐에 따라 발달해 왔다. 이러한 관련 기술이 없었다면 RP와 AM은 기술적으로 구현이 불가능했을 것이다.

명실공히 하나의 기술 분야로 신속조형이 시작된 것은 1980년대 중반인데, 이 시기에 일본, 프랑스, 미국의 연구자들이 비슷한 특허들을 등록하였다. 이들 특허의 공통적인 적용분야는 한 층씩 쌓아 올려서 3차원 형상을 만드는 것이다. Charles Hull의 특허는 광조형법(stereolithography, SL)을 상업화하였으며 3D systems라는 회사를 설립했다는 점에서 가장 중요한 특허로 여겨진다. 광조형법(SL)은 이동하는 레이저 빔을 이용하여 광민감성 액체 폴리머를 경화시킴으로써 한 층 한 층 성형하는 공정이다.

1986년에 고체기반 광경화법(solid ground curing, SGC), 선택적 레이저 소결 공정(selective laser sintering, SLS), 박판적층 공정(laminated-object manufacturing, LOM) 등의 특허들이 뒤를 이어 등록되었다. SGC는 광경화 폴리머를 마스크를 이용해 노출하였고, SLS는 분말층을 레이저를 이용하여 소결 또는 용융시켰으며, LOM은 종이판재를 절단하여 제품을 성형한다. 이러한 시스템은 각각 Cubital, DTM, Helysis라는 세 개의 회사로 창업함으로써 상용화되었다. 이 중 오직 DTM사가 생존했는데, 2001년에 3D Systems로 병합되었다.

1989년에 용착조형 공정(fused-deposition modeling, FDM)이 특허로 등록되었으며, 이를 상업화하기 위해 Stratasys Company를 창업하였다. FDM은 기존 구조물에 층을 쌓기 위해 압출을 이용하는 공정이다. 같은 해에 분말재료 층에 결합재 방울을 침적시키기 위해 잉크젯을 사용하는 3D 프린팅(3DP)이 메사추세츠 공과대학(MIT)의 연구팀에 의해 특허로 등록되었다. MIT에서는 이 기술의 발전과 상업화를 위해 여러 회사에 특허 사용을 승인하였다. 1994년에는 결합재를 분사하기보다는 재료 자체를 분사하는 잉크젯 방법이 개발되었다.

개발 연도에 따라 여기서 분류한 방법들은 세계적으로 지금까지 사용되고 있는 RP/AM기술의 주류를 이루고 있는 것이다. SGC와 LOM은 당초 개발한 업체들은 성공하지 못했으나, 여전히 수정된 형태로 사용되고 있다.

28.1 적층제조의 기초

신속 조형 기술은 설계자가 컴퓨터 모델이나 도면보다는 설계된 제품의 실제 물리적 모형을 갖고자 하는 욕구에 의해 개발되었다. 제품 설계에 있어 시제품(prototype)의 제작 단계는 종합화의 단계이다. 제품 설계에 대한 컴퓨터 모델인 ***가상 시제품(virtual prototype)***은 설계자들이 부품을 관찰하기에 충분하지 않으며, 비록 유한 요소법이나 다른 방법으로 가상 실험이 가능할지라도, 제품에 실제 물리적인 실험은 불가능하다. 적절한 신속 조형 기술을 사용하는 경우, 견고하고 물리적인 시제품이 상대적으로 짧은 시간(만일 회사에서 신속 조형 장비를 갖추고 있다면 수시간, 또는 신속 조형을 전문으로 하는 외부 회사에서 제작해야 한다면 수일)에 제작될 수 있으며, 설계자들은 부품을 시각적으로 검토하고, 물리적으로 느낄 수 있고, 장단점을 평가하기 위한 시험과 실험을 수행할 수 있다.

현재까지 개발된 신속 조형 기술은 크게 (1) 재료 제거(material removal) 공정과 (2) 재료 첨가(material-addition) 공정의 두 가지 범주로 구분할 수 있다. 재료 제거 신속 조형은 사용 가능한 전용 컴퓨터 수치 제어(Computer Numerical Control, CNC) 기계가 설계 부서에 구축된 경우 이를 사용한 절삭 가공 공정(주로 밀링과 드릴링)으로 구현된다. 이때 CNC 공정을 위해 CAD 모델로부터 가공 프로그래밍 코드 작성이 선행되어야 한다(34.3.3절). 가공의 초기 소재는 보통 고체 블록 형태의 왁스 재료로 가공이 매우 용이하고, 시제품이 더 이상 필요가 없는 경우 제품을 녹여 재경화함으로써 다시 사용할 수 있다는 장점이 있다. 또 다른 초기 재료로는 나무, 플라스틱 또는 금속(절삭 가공이 용이한 알루미늄 및 황동 등)이 사용될 수 있다. 일반적으로 신속 조형 공정에는 *탁상형 밀링기(desktop milling)* 또는 *탁상형 절삭기(desktop machining)*라 불리는 소형 CNC 가공기가 사용된다.

본 장에서 중점적으로 다루는 공정은 밑에서부터 위로 한 층씩 재료를 적층하여 고체 모형을 제작하는 재료 첨가 공정이다. CNC 가공에 비해 이들 재료 첨가 공정이 갖는 장점은 다음과 같다[5]. (1) 제작 속도가 빠르다, (2) CNC 가공 프로그램 작업의 생략 가능하다(RP에서는 CAD 모델이 바로 명령 프로그램임), 그리고 (3) 부품의 형상이 복잡해도 문제가 되지 않는다. 제작 속도의 관점에서 고려하면, 적층제조는 부품 형상이 복잡하거나 혹은 단순하거나 간에 동일하게 작동하므로 제작 시간의 장점은 부품의 형상이 복잡할수록 더욱 커진다. 반면 CNC 작업에서는 부품 형상이 복잡하면 공구 선택, 가공 순서, 가공물 취부에 대해 고려해야 하며, 가공량도 일반적으로 많아진다.

현재의 모든 신속 조형 및 적층제조 기술에서 제어 명령(파트프로그램)을 준비하는 일반적인 접근 방법은 다음의 단계들을 포함한다[8].

1. *기하학적 모델링.* 이것은 CAD 시스템 상에서, 제품의 전체 3차원 형상을 정의하는 부품의 모델링을 의미한다. 솔리드 모델링 기법은 형상에 대해 완전하고 모호하지 않은 수학적인 표현을 제공하기 때문에 일반적으로 선호된다. 신속 조형에서 중요한 논점은 부품의 내부 공간과 외부를 구분하는 것이며, 솔리드 모델링은 이것을 가능하게 해준다.

2. *기하학적 모델의 테셀레이션(tessellation).*[1] 신속조형 공정에서 CAD 모델을 삼각형 혹은 다각형으로 구성된 표면으로 근사화하는 과정을 의미한다. 이때 삼각형 또는 다각형 표면은 물체의 외부와 내부를 구별하도록 정렬된 꼭지점들을 갖고 있다. 신속 조형에서 일반적으로 사용되는 테셀레이션 포맷은 STL(STereoLithography)이라는 포멧이며, 이는 거의 모든 신속 조형 시스템의 표준 입력 양식이다.
3. *모델의 층상 절단.* 이 단계에 STL 파일 포맷의 모델은 얇고 평행한 층(layer)으로 잘라진다. 그림 28.1은 솔리드 모델을 각각의 층으로 변환하는 예를 보여준다. 각각의 층은 신속 조형 시스템에 의해 순차적으로 사용되며, 최종적으로 물리적인 제품을 만들게 된다. 일반적으로 층은 x-y 평면에서 구성되며 z방향으로 층을 적층하는 과정이 진행된다. 각각의 층에 대해서 STI 파일이라 부르는 경화 경로가 생성되고 신속 조형 시스템은 경화 경로를 따라 각 층을 경화(또는 고화)시킨다.

적층제조에서 사용하는 초기 재료의 형태는 대부분 폴리머와 금속이며, 세라믹이나 복합재료 등이 개발 대상에 있기도 하다. 왁스는 다른 제품을 만들기 위해 쉽게 녹일 수 있기 때문에 종종 시제품에 적용되기도 한다. 재료의 물리적 형태는 액체(광경화성 폴리머), 분말(폴리머, 금속, 세라믹), 필라멘트(열가소성 필라멘트, 금속 와이어), 그리고 박판재(플라스틱, 금속 박막, 종이) 이다.

적층 성형과정에서 각 층의 생성에는 자외선 레이저 또는 다른 광원, 전자빔, 잉크젯 기반의 프린팅 헤드, 압출 노즐, 절단 날 등을 이용한 다양한 기술을 이용한다. 이러한 층 생성 기술은 세 가지의 스캔 모드 중에 하나 또는 그 이상의 모드를 작동한다. (1) 이동 점(moving spot); 예를 들면, 레이저 집광 점이 광경화성 액체 폴리머 층의 위를 이동한다. (2) 이동 라인(moving line); 점들의 직선 배열로 이루어진 라인을 층 전체를 커버하며 선형 이동한다. (3) 면(area) 모드; 마스크 투영 시스템으로 층 전체가 동시에 성형된다. 이동 점 모드를 사용하면 각 층을 완성하는데 상당한 시간이 소

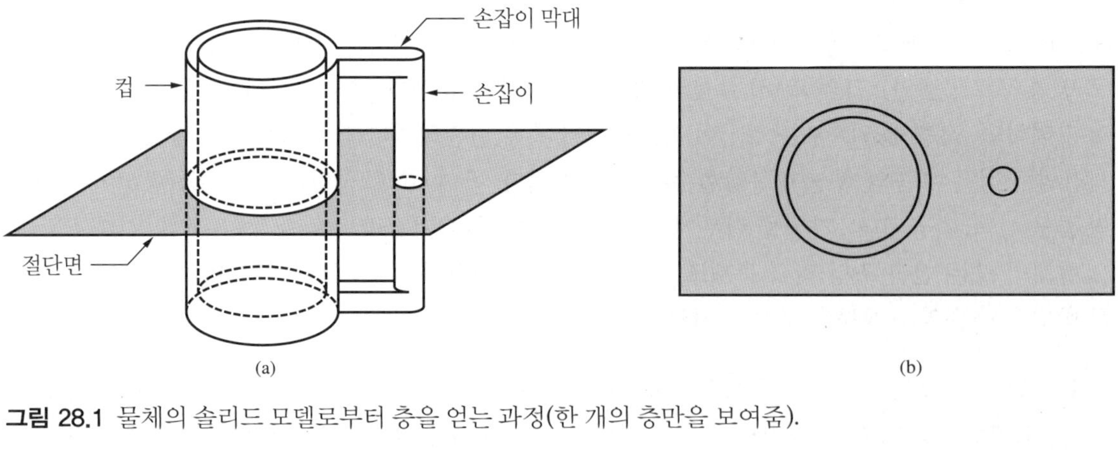

그림 28.1 물체의 솔리드 모델로부터 층을 얻는 과정(한 개의 층만을 보여줌).

1) 테셀레이션은 일반적으로 모자이크(장식을 위해 표면에 색이 다른 작은 타일을 붙여서 구성된 것)의 생성을 의미한다.

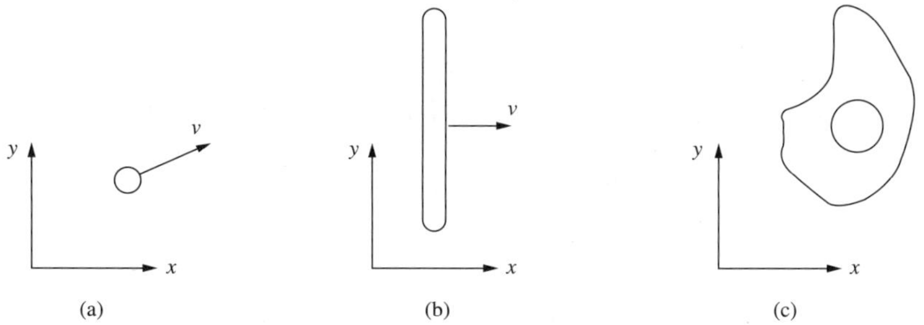

그림 28.2 한 층을 성형하기 위한 세 가지 채널 모드. (a) 가동 점 모드, (b) 가동 라인 모드, (c) 층 모드.

요될 수 있다. 이동 라인 모드는 더 빠르며, 면 모드가 가장 빠르다. 세 개의 스캔 모드를 그림 28.2에 나타내었다.

28.2 적층제조 기술

적층제조 기술은 약간의 변조를 포함해서 일곱 가지 공정분야로 분류할 수 있다. 최근에는 동일한 공작기계에서 전통가공 방법을 결합한 적층가공인 복합 기술(hybrid technology)이 소개되고 있다.

28.2.1 적층제조의 일곱 가지 분류

일곱 가지의 모든 적층가공 공정은 부품의 CAD 기하 모델을 층상으로 절단하여 각 층(layer)를 만들고, 이 층들은 이전 층 위에 성형하여 전체 모델이 축조되도록 한다. 일곱 가지 기술의 차이점은 초기 재료 형태(폴리머, 금속), 재료의 물리적 형태(액체, 분말), 층 성형 기술(레이저, 압출), 그리고 스캔 모드(이동 점, 이동 라인)의 조합에 따른다. 일곱 가지 분류는 (1) 액층 광중합(Vat polymerization), (2) 분말 베드 융합(powder bed fusion, PBF), (3) 결합재 분사(binder jetting), (4) 재료 분사(material jetting), (5) 재료 압출(material extrusion), (6) 직접 용착(direct energy deposition), 그리고 (7) 박판 적층(sheet lamination)이다.[2] 표 28.1에 이 일곱 가지 공정들의 특징을 요약하여 나타내었다. RP/AM 기계는 일곱 가지 분야별로 사무실 환경에서 사용할 수 있는 수백 달러의 책상용 프린터로부터 수 천 달러의 산업용 수준까지 크기 및 섬세한 기능 수준별로 다양하게 상용화되어 있다.

액층 광중합(Vat polymerization)

광 조형법(stereolithography, SL)은 최초의 재료 첨가 신속 조형 기술로서 개발자인 Charles Hull의 연구를 기반으로 3D system 사에 의해 1988년 처음으로 소개되었다. 광 조형법은 레이저를 직접 조사하여 광 민감성 액체 폴리머를 경화시킴으로써 고체 플라스틱 부품을 만드는 공정이다. 이

2) 이 일곱 가지 분류는 ASTM F2792 및 ISO/ASTM 52900 표준에 의한 것임.

표 28.1 적층제조의 일곱 가지 분류

공정 분류	대표적 공정	대표적인 재료	물리적 형태	층 성형 방법	스캔 모드
액층 광중합	SL MPSL	UV 포토폴리머 UV 포토폴리머	액체 액체	레이저 UV	이동 점 면
분말층 용융 적층(PBF)	SLS	폴리머, 금속, 세라믹, 모래	분말	레이저	이동 점
바인더 분사	3DP	폴리머, 금속, 세라믹, 모래	분말	바인더 잉크젯	이동 라인
재료 분사	MJM Poltjet™	포토폴리머 포토폴리머	용적 용적	잉크젯 + UV 레이저	이동 라인 이동 점
재료 압출	FDM	열가소성폴리머	필라멘트	압출기	이동 점
직접 에너지 증착(DED)	LMD	금속, 세라믹, 폴리머	분말, 와이어	레이저	이동 점
판재 적층	LOM SDL	접착제 종이, 폴리머 종이, 폴리머	판재 판재	레이저 또는 절단날 잉크젯, 레이저, 절단날	이동 점 이동 라인 이동 점

약어: SL = 광조형법(Stereolithography), MPSL = 마스크 투영 광조형법(Mask Projection Stereolithography), UV = 자외선 광원(Ultra-Violet light source), SLS = 선택적 레이저 소결(Selective Laser Sintering), 3DP = 3차원 프린팅(Three-Dimensional Printing), MJM = 멀티젯프린팅 (Multi-Jet Modeling), LMD = 레이저 금속 용착(Laser Metal Deposition), LOM = 박판 적층 공정(Laminated-Object Manufacturing), SDL = 선택적 박판 용착(Selective Deposition Lamination).

공정에 사용되는 일반적인 장비를 그림 28.3에 나타내었다. 제품은 연속적인 층 성형 공정으로 구현되며, 이때 한 층을 제작하고 그 위에 또 다른 한 층을 추가하여 점진적으로 원하는 3차원 형상이 구현된다.

광 조형법 장치는 (1) 광 민감성 폴리머를 담고 있는 용기 안에서 수직으로 움직일 수 있는 작업대와 (2) x, y 방향으로 빔을 이동할 수 있는 레이저로 구성된다. 처음에 작업대는 액상의 포토폴리머 표면에 위치하며, 제품의 베이스(바닥 층)에 해당하는 부분을 성형할 경화 경로를 따라 레이저빔이 조사된다. 바닥층과 이후의 층에 대한 경화 경로는 STI 파일(앞서 설명한 제어 명령 준비 단계의 세 번째 단계에서 얻어진)에 의해 정의된다. 레이저가 조사된 액상의 광 민감성 폴리머는 단단하게 경화(cure)되어, 작업대에 부착된 상태로 플라스틱 고체층이 성형된다. 첫 번째 층이 완성되면 층의 두께와 동일한 높이 만큼 작업대가 아래로 이동한 뒤, 레이저에 의해 두 번째 층이 첫 번째 층 위에 성형되고, 유사한 공정이 반복된다. 새로운 층이 경화되기 전, 점성 액상 층 전면에 걸쳐 와이퍼 블레이드(wiper blade)가 지나가면서 액상 폴리머의 높이가 같아지도록 한다. 각각의 경화된 층은 자체 면적과 형상이 다르게 구성되어 있으며, 층의 연속적인 적층 공정에 의해 제품의 형상이 만들어진다. 각각의 층은 0.05~0.15 mm의 두께를 가지며, 각 층의 두께를 줄일수록 보다 높은 해상도를 제공하여, 더 복잡한 제품의 형상을 가능하게 하지만 공정 시간이 길어지는 단점을 가지게 된다. 일반

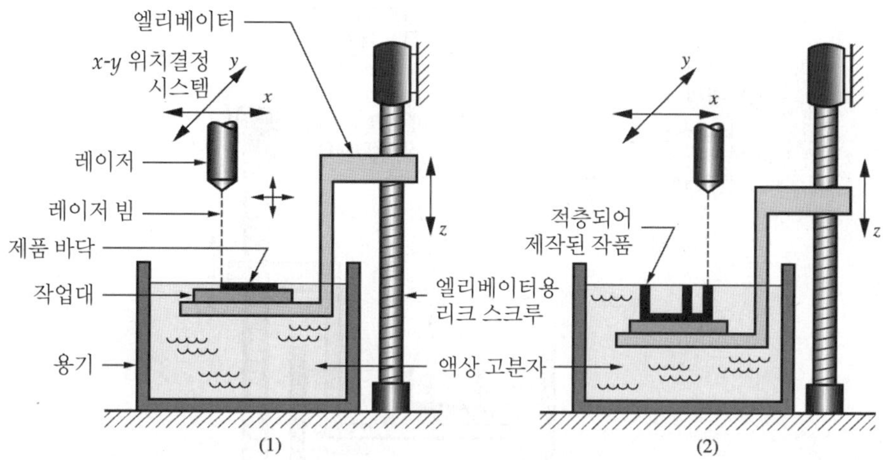

그림 28.3 광조형법. (1) 공정 초기에 작업대 위에 첫 번째 층이 형성된다. (2) 몇 개의 층이 적층됨에 따라 제품의 형상이 구현된다.

적인 액체 포토폴리머는 아크릴 계열과 에폭시 계열을 포함하고 자외선 레이저에 노출되어 경화된다. 모든 층이 성형되고 나면 과다한 폴리머는 제거되고 사포를 사용하여 표면이 매끄럽게 되도록 작업한다.

부품의 형상과 방향에 따라 광 조형법에서와 같이 바닥에서 올라가는 방법으로는 지지할 수 없는 돌출 구조를 제품이 가질 수 있다. 예를 들어서 그림 28.1의 제품에서 손잡이의 하부와 하부 손잡이 막대를 제거하면, 손잡이의 상부 부분은 제작하는 동안에 지지를 받을 수 없게 된다. 이러한 경우에 단지 지지의 목적으로, 부품에 추가의 기둥 또는 판이 더해질 필요가 있다. 그렇지 않으면 돌출부가 떠다니거나, 부품 형상이 왜곡될 수 있기 때문이다. 이러한 지지를 위한 추가 형상부는 공정이 끝난 다음에 트리밍(trimming)되어야 한다.

광경화성 액체 폴리머를 초기 재료로 사용하는 방법으로 광조형법을 변형한 몇 가지 방법이 있다. 이들 중 하나가 마스크 투영 광조형법이다. 일반적인 광조형법(SL)은 한 개의 레이저 빔을 사용하여 주어진 층의 포토폴리머를 경화한다. 앞에서 언급한 바와 같이 이것은 시간이 꽤 많이 걸릴 수 있다. 마스크 투영 광조형법(mask projection sterolithography; MPSL)은 그림 28.4에 나타낸 것과 같이, 레이저 빔을 사용하는 대신에 액체 포토폴리머의 층 전체가 마스크를 통해 동시에 자외선 광원에 노출된다. 그러므로 MPSL의 각 층에 대한 경화 과정은 기존 SL보다 훨씬 더 짧다.

MPSL의 핵심은 Texas Instruments[20] 사의 제품인 디지털 마이크로 미러 장치(digital micromirror device, DMD)와 같은 몇 가지 독점적인 기술을 통해 각 층에 대해 디지털 방식으로 변경된 동적 마스크를 사용하는 것이다. DMD는 직사각형 모양으로 배열된 수십만 개의 알루미늄 미러로 구성된 집적 회로와 추가 하드웨어로 구성된 장치이다. 직경이 약 16 m에 불과한 이 미러는 동적 마스크의 밝은 픽셀 및 어두운 픽셀에 해당하는 켜짐과 꺼짐 사이에서 개별적으로 회전할 수 있다. UV광원의 빛은 DMD에 초점이 맞춰지고 DMD는 프로그래밍된 층 패턴에 해당하는 마스크

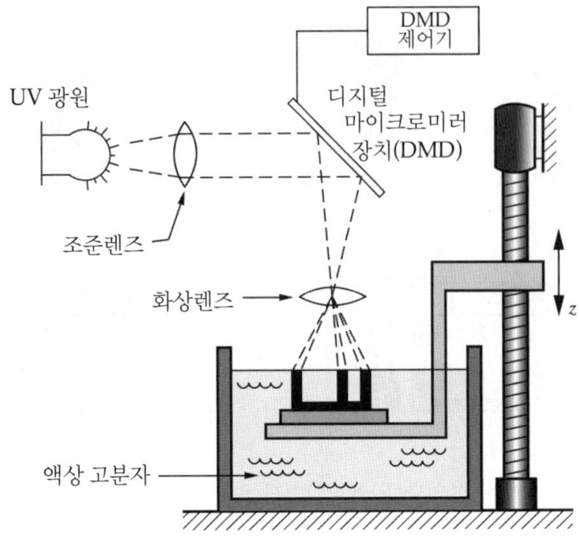

그림 28.4 층 모드를 사용한 마스크 투영 광 조형법.

이미지를 액체 폴리머에 반사한다.[3)]

분말 베드 융합(Powder bed fusion, PBF)

PBF 공정의 공통적인 특징은 적재함에 담긴 분말 재료 표면에 작업을 수행한다는 것이다.[4)]

대표적인 예가 선택적 레이저 소결 공정(selective laser sintering, SLS)인데, 이동하는 레이저 빔을 이용하여 열 용융성 분말을 소결(sinter)시키는 방법으로 기하학적 CAD 모델의 한 층을 형성하고 이를 적층하여 고체의 제품을 만드는 공정이다. 그림 28.5에 SLS 공정을 나타내었다. 한 층이 완성되면, 새로운 분말(느슨한 상태)이 전체 표면에 롤러를 사용하여 도포된다. 도포된 분말은 접착을 용이하게 하고 뒤틀림을 최소화하기 위해 용융점 바로 직전까지 예열되며, 레이저에 의해 점착(소결)되어 각각의 층을 형성한다. 이러한 층들을 적층하여 고체 덩어리의 3차원 제품 형상을 구현한다. 레이저빔에 의해 소결되지 않은 부분은 분말이 초기의 결합되지 않은 상태로 남아있게 되며, 공정이 완료된 후 완성된 부품으로부터 분리될 수 있다. 또한 소결되지 않은 분말은 공정이 진행되는 동안에 부품의 돌출부를 지지하는 역할을 한다. SLS 공정에서 각 층의 두께는 보통 0.075에서 0.5 mm 정도이다. SLS 공정은 주로 산화 가능성이 있는 분말의 분해를 최소화하기 위해 질소로 채워진 밀폐공간에서 이루어진다(예: 금속).

---

3) MPSL의 선도 기술이 1986년에 고체기반 광경화법(SGC, 역사적 고찰 28.1 참조)이라는 이름으로 개발되었다는 것은 흥미롭다. 그러나 SGC는 MPSL의 동적마스크를 사용하는 대신에 물리적 마스크를 사용했기 때문에 성공적이지 못했다. SGC에서는 새로운 층을 생성하기 위해 새로운 마스크를 만들어야했기 때문에 다른 RP/AM 기술에 비해 경쟁력을 갖출 수 없었다.

4) 분말의 정의, 특성, 그리고 생산방법은 제 12장 및 13장에 서술되어 있다.

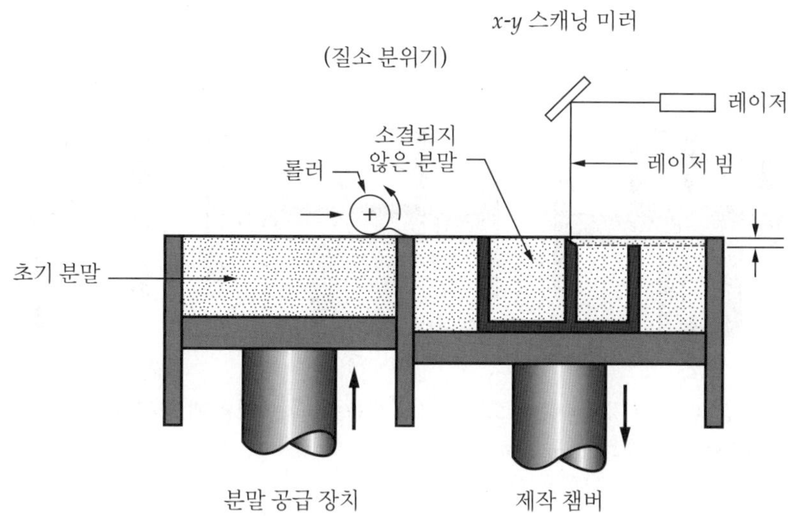

그림 28.5 선택적 레이저 소결(SLS)에서 새로운 층의 형성.

선택적 레이저 소결 공정은 광조형법에 대한 대안으로 University of Texas at Austin에서 Carl Deckard에 의해 개발되었고, Deckard와 두 동업자가 창립한 DTM사(DTM은 Desktop Manufacturing을 나타냄)에 의해 선택적 레이저 소결 장비가 판매되고 있다[10]. 선택적 레이저 소결 공정은 광조형법보다 사용가능한 재료가 다양하다는 장점을 갖는다. 광조형법는 액체 포토폴리머로 제한되는 반면, 선택적 레이저 소결의 재료는 일반적으로 감광성 수지보다 덜 비싼 폴리머, 금속 및 세라믹 등을 사용한다.

다른 PBF 기술들은 (1) 가열 또는 융해 방법, (2) 분말 취급 방법 및 (3) 분말을 고체 물체에 접착하는 메커니즘에서 SLS와는 다르다. 예를 들어, 한 대안적인 공정은 분말을 용융시키기 위해 전자빔을 열원으로 사용한다. 이를 전자빔 융해(EBM)라고 한다.

접착제 분사(Binder jetting)

분말 베드 융합과 같이 접착제 분사 방식도 분말재료에 작업한다. 하지만 분말을 녹이는 대신에 분말재료를 결합하기 위해 각 층의 선택된 영역에 액체 접착제를 분사한다. 1990년에 최초로 접착제 분사 공정이 개발되었을 때, 3-차원 프린팅(3DP)이라 명명하였는데, 3차원 프린팅(3-dimentional printing, 3DP) 기술은 잉크젯 프린터를 사용하여 접착제를 분말 층으로 분사시켜 제품을 만드는 기술이다. 바인더는 CAD 모델을 층으로 잘랐을 때의 면인 솔리드 부품의 단면적에 해당하는 영역에 쌓인다. 바인더는 분말을 접착하여 고체 상태를 형성하는 반면, 접착되지 않은 분말은 나중에 제거할 수 있도록 결합하지 않은 상태로 유지된다. 제조 공정에서 조밀한 상태의 분말이 제자리에 있는 동안, 부품의 돌출부나 깨지기 쉬운 부분을 지지하는 역할을 한다. 제작 공정을 완료하면, 결합되지 않은 분말은 제거한다. 제품을 더욱 경화시키기 위해 추가적인 경화 또는 소결 과정을 결합부에 적용할 수도 있다.

제품은 높이가 피스톤에 의해 제어되는 플랫폼 위에서 성형된다. 그림 28.6을 참조하여 한 개의 단

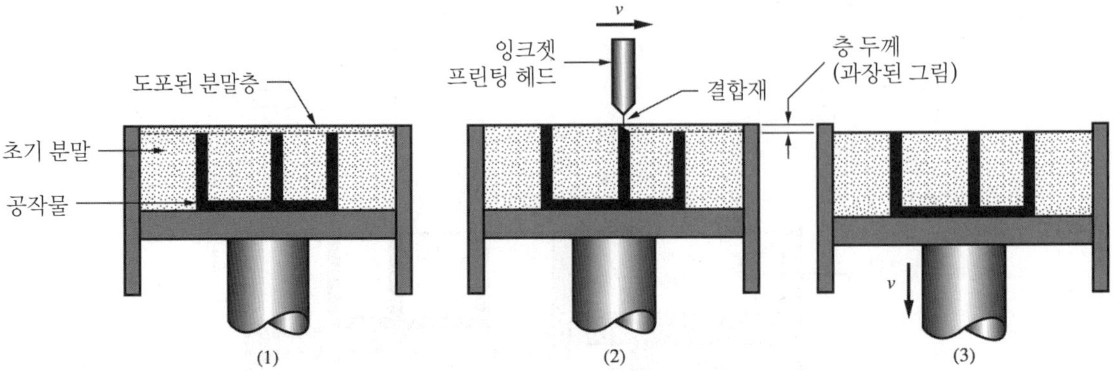

그림 28.6 3차원 프린팅 공정. (1) 분말 층이 도포됨, (2) 제품이 되는 영역에 잉크젯 프린팅이 수행됨, (3) 다음 층을 위해 피스톤이 아래로 이동함(v = 속도).

면에 대한 공정을 설명하면 다음과 같다: (1) 한 층의 분말을 기존 성형중인 부품위에 도포한다. (2) 잉크젯 인쇄 헤드는 이동 라인 스캔 모드로 표면을 가로질러 이동하며, 고체 부분이 될 부위에 결합재 방울을 분사한다. (3) 현재 층의 인쇄가 완료되면, 피스톤은 다음 층을 위해 플랫폼을 낮춘다.

3DP 공정의 초기 재료는 세라믹, 금속, 모래 분말이며, 일반적인 층 두께는 0.10~0.20 mm 정도이며, 잉크젯 헤드는 층 위에서 1.5 m/sec의 속도로 래스터 스캐닝(raster scanning) 방식에 의해 이동하면서 정해진 영역에 결합재를 분사한다. 한 층당 스캐닝 시간은 분말 도포 시간을 포함하여 약 2초 정도이다. 층 간에 재배치와 재코팅하는 시간을 포함해서 분당 2~4개의 층을 성형하도록 기계를 작동시킬 수 있다[5]. 주조를 위한 주형 및 코어를 제작하는데 응용된다.

재료 분사(Material jetting)

이 적층제조 기술은 각 층을 생성하기 위해 접착제 대신에 적층재료 자체의 방울을 분사하는 것이다. 초기 재료를 용융하여 작은 방울을 노즐을 통해 전 층 또는 작업판 위에 분사하는 작업을 수행한다. 용융 방울은 새로운 층을 생성하기 위해 표면에 저온 융합(cold-weld)된다. 새로운 층을 위한 용적의 융착은 x-y 작업 헤드에 의해 제어되며, 각 층으로 절단된 CAD 기하 모델의 단면에 기초한 경로를 따라 이동 점 스캔 모드로 작동한다. 서포트 구조가 필요한 형상인 경우 두 개의 작업 헤드를 사용하는데, 하나는 제품을 만들기 위한 폴리머를 분사하며 다른 하나는 서포트를 위한 재료를 분사한다. 매 층을 완성하고 나면, 제품을 지지하는 플랫폼은 다음 층을 준비하기 위해 한 층의 두께만큼 낮추어진다.

이런 작동 방식을 위한 몇몇 상업화된 AM 장비들이 있는데, 분사되는 재료의 종류, 그리고 재료를 녹이고 공급하는 작업 헤드의 방식에 따라 차이점이 있다. 하나의 중요한 원리는 초기 재료는 충분히 녹아야 하고 또 응고되어야 한다는 점이다. 이런 재료로는 왁스 또는 열가소성 재료가 있다. 이런 재료 분사 방식의 하나로 Stratasys사에서 재공하는 PolyjetTM 가 있는데, 이 프린터는 액체 광민감성 폴리머 방울을 분사하며 이는 즉시 자외선으로 경화시켜 한 층을 완성한다. 한 층의 두께는 0.016 mm 정도로 얇으며, 시제품 또는 제품의 표면이 매끄럽고 섬세하게 만들 수 있다.

알루미늄과 같은 저융점 금속도 재료 분사 방식이 적용 가능하다.

재료 압출(Material extrusion)

이 적층제조 방식은 플라스틱 압출(10.2절)을 신속조형 또는 적층제조의 한 층을 성형하는데 적용한 것이다. 초기 재료는 왁스 또는 ABS 및 PAL과 같은 열가소성 폴리머이다[19]. 용착조형 공정(fused-deposition modeling, FDM)은 재료 압출공정의 하나인데, 작업 헤드를 통해 왁스 또는 열가소성 폴리머 재료의 필라멘트(filament)를 기존의 제품 표면 위에 압출하여 각각의 층을 완성하는 공정이다. 하나의 층을 완성한 뒤 z방향으로 한 층의 두께만큼 상승하여 다음 층을 준비한다. 초기 재료는 일반적으로 직경 1.25 mm인 고체 필라멘트이며, 스풀로부터 작업 헤드로 공급된다. 작업 헤드에서는 재료를 용융점보다 약 0.5°C 높은 온도로 가열한 후 제품 표면에 압출한다. 공정의 압출물은 차가운 부품 표면에서 약 0.1 초만에 고형화되어 냉각 용착된다. 서포트 구조가 필요한 경우, 제품 자체를 위한 재료 외에 지지대에 해당하는 또 다른 재료가 필요하며 이를 위한 이중 압출 헤드가 필요하다. 두 번째 재료는 원래의 시제품 재료로부터 쉽게 분리될 수 있도록 선택되어야 한다. 다른 RP 시스템에서와 마찬가지로 각 층별로 밑에서부터 공정이 수행된다. FDM은 비교적 속도가 느리다는 단점이 있다. 이것은 용착 재료가 이동 점(moving spot) 스캔 모드로 제공되므로 작업 헤드가 레이저 빔처럼 높은 속도로 이동할 수 없기 때문이다. 또한 원형 노즐 구멍을 가진 압출기를 사용하므로 예리한 구석 형상을 만들기 어렵다[5].

용착조형 공정은 Stratasys 사에서 개발하였고, 첫 번째 기계를 1990년에 판매하였다. 공정을 위한 초기 데이터는 Stratasys 사의 소프트웨어로 처리한 CAD 형상 모델이며, 이 소프트웨어는 모델을 층으로 분할하여 단면정보를 추출하고 적층 과정에서 필요한 서포트 구조를 생성한다. 용착조형 공정에서 각 층의 두께는 일반적으로 0.25~0.33 mm로 설정되지만 보다 세밀한 경우에는 최소 0.076 mm로 설정할 수 있다[5]. 압출 헤드에 의해 초당 약 400mm의 필라멘트를 용착할 수 있다. 용착조형 공정의 초기 재료는 무독성의 왁스 또는 여러 가지 폴리머이므로, 사무실 환경에서도 FDM기계를 설치할 수 있다. 용착조형 공정으로 만든 플라스틱 부품들을 그림 28.7에 나타내었으며, 이러한 부품을 만든 FDM 기계를 그림 28.8에 나타내었다.

직접 용착(direct energy deposition, DED)

이 적층 공정에서는 분말 또는 필라멘트 형태의 재료를 기존 표면 위에 공급하고 레이저나 전자빔과 같은 열원을 이용하여 융해시킨다. 용융된 재료는 그림 28.9와 같이 표면에 융착하여 새로운 층으로 형성된다. 재료 공급 노즐과 열원은 작업 헤드에 조립되어 있고, 이는 적층 단면 정보에 따라 작업물에 대해 경로가 제어된다. 이동 점 스캔 모드로 작동한다. 산화를 방지하기 위해 불활성 가스로 용융부를 보호한다. 각 층을 완성한 후 작업 헤드는 수직 방향으로 한 층만큼 이동한다.

DED에 사용되는 재료는 금속, 세라믹, 플라스틱이지만, 특히 금속 부품의 보수 또는 재작에 적합하다. 적용 금속 재료는 강, 구리, 티타늄, 니켈, 알루미늄이며, 이들은 분말 또는 와이어로 공급된다. 일반적으로 금속이 용융 용접될 수 있다면 DED의 작업 재료가 될 수 있다.

DED에서 분말 금속을 적용하고 열원으로 레이저를 사용한다면 SLS와 동일한 것이 아닌가 생각

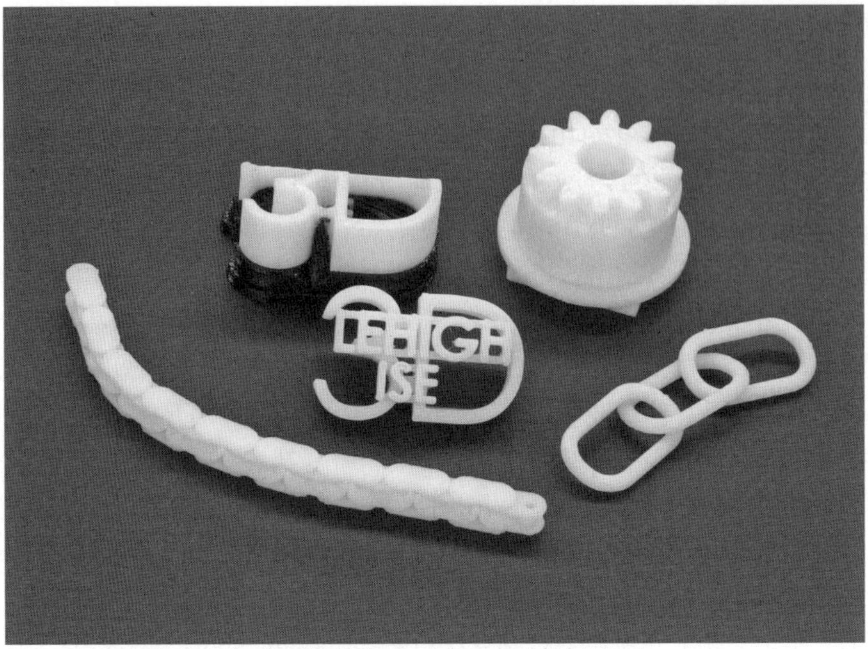

Courtesy of George E. Kane Manufacturing Technology Laboratory, Lehigh University

그림 28.7 용착 조형 모델링으로 제작된 부품들.

할 수 있다. 하지만 DED에서는 레이저 빔 근처에 국지적으로 분말을 공급하지만, SLS에서는 평탄한 분말 베드에서 작업을 수행한다는 차이점이 있다.

DED 공정의 범주내에 들면서도 특별한 적용 또는 열원에 따라 여러 가지 명칭이 있다. 즉, 레이저 금속 용착(Laser metal deposition, LMD), 레이저 원용 정형가공(Laser engineered net shaping, LENSTM), 직접 레이저 금속 소결(Direct metal laser sintering, DMLS), 직접 금속 용착(Direct metal deposition, DMDTM) 등이다. 앞서 언급하였듯이 이들 중 일부는 등록 상표로 소유권이 주어져 있다. 레이저 클래딩 또는 3D 레이저 클래딩이라는 용어는 기존 모재에 재료 층을 입히는 작업을 지칭하는 것이다.

박판 적층(Sheet lamination)

이 적층제조 시스템에서는 초기 재료로 마분지, 종이, 금속 박판, 플라스틱, 또는 폴리머 기반 복합재료 등을 이용한다. 판재들은 적층제조 공정에서의 각 층의 형상들이며, 한 층 위에 다른 층을 접착하면서 적층하여 목적하는 물체 형상을 생성한다. 초기 판재의 한 면에 접착제를 바르거나, 또는 각 판재 생성시에 이미 접착제가 부착된 상태의 초기 판재에 의해 접착 공적이 이루어진다. 이 분류에 해당하는 두 가지의 RP/AM 공정을 소개한다: 박판 적층 공정(laminated-object manufacturing, LOM), 선택적 박판 용착(selective deposition lamination, SDL)

박판 적층 공정(laminated-object manufacturing, LOM)은 층으로 슬라이스된 CAD 모델의 단면 형상대로 외곽선을 잘라낸 시트 소재를 층층이 쌓아 올려 물리적 모델을 제작하는 것이다. 층들은 순차적으로 쌓아 올리면서, 이전 층 위에 접착되며, 잘려진 후 남은 재료 역시 그 자리에 남아

Courtesy of George E. Kane Manufacturing Technology Laboratory, Lehigh University

그림 28.8 용착 조형 모델링 머신.

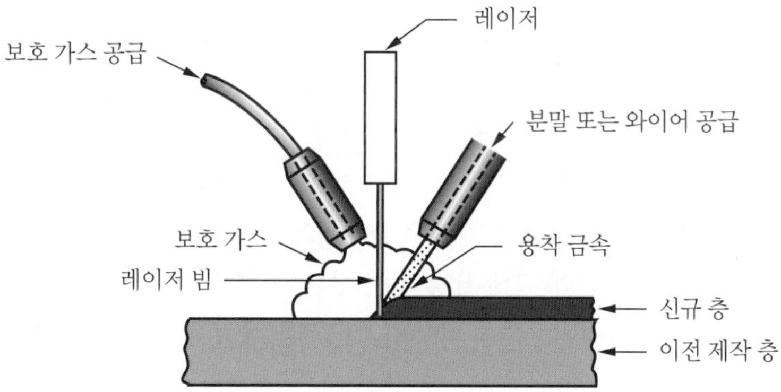

그림 28.9 레이저 광원을 에너지원으로 하는 직접 용착 공정에서 새로운 층의 형성.

제작 중에 부품을 지지한다. 한 층의 두께는 0.05 mm에서 0.50 mm의 범위이다. LOM에서 시트 소재는 보통 그림 28.10과 같이 두 릴 사이에서 롤에 의해, 뒷면에 접착제가 도포된 상태로 공급된다.

그림 28.10을 참조하여 LOM 공정에서 각각의 층을 형성하는 과정을 설명하면, 우선 새로운 시

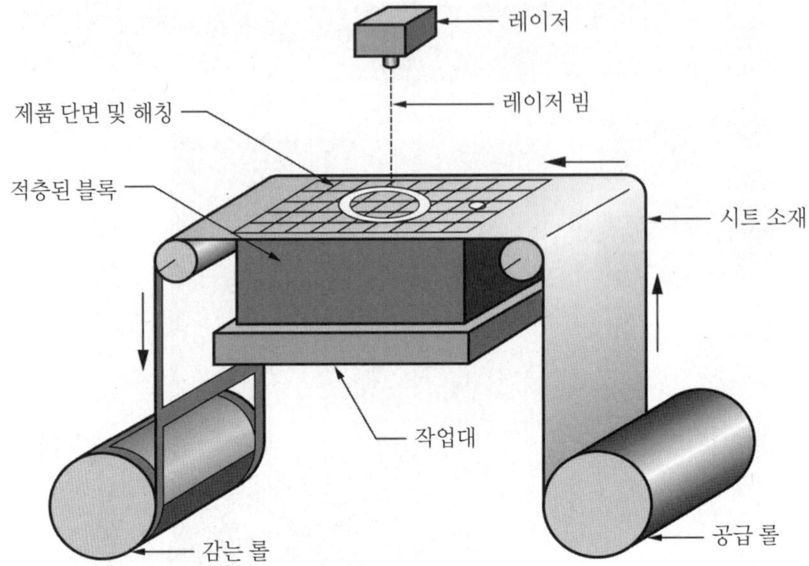

그림 28.10 박판 적층 공정 개념도.

트 소재를 이송하여 이전 층에 접착한 후, (1) 현재 완료된 층에서 물리적 제품의 높이를 측정하고 이를 근거로 STL 모델의 단면 윤곽형상을 얻는다. (2) 레이저 빔으로 단면 윤곽형상을 따라 자르고, 단면 형상의 외부는 해칭 절단을 하여 추후에 제거될 수 있도록 한다. 절단 궤적은 x-y 스테이지를 이용하여 제어된다. 또한 절단 깊이는 가장 위 층만 절단이 되도록 조절된다. (3) 다음으로 적층물이 올려져 있는 작업대가 아래로 이동하고, 시트 소재가 다음 층을 위해 공급 롤로부터 감는 롤로 전진한다. 이후 작업대가 적층 두께와 맞는 높이로 올려지고, 가열된 롤러가 새로운 층 위를 이동하면서 이전 층과 새로운 시트를 접착시킨다.

모든 층이 완성되면, 부품 테두리 외부의 나머지 재료들을 제거한다. 그리고 나서 부품에 사포질을 하여 층의 경계를 없애고 매끄럽게 만든다. 이후 흡습과 파손을 방지하기 위해서 우레탄, 에폭시 또는 다른 폴리머를 사용한 밀봉 작업이 추천된다. 박판적층 공정으로 만드는 제품의 크기는 다른 적층가공 공정에 비해 상대적으로 큰 편이며, 최대 800 × 500 × 550 mm의 부피를 갖는 부품도 제작이 가능하다. 일반적인 박판적층 공정의 부품 체적은 380 × 250 mm × 350 mm이다. 따라서 LOM의 장점 중 하나는 다른 RP와 AM기술에 비해 상당히 큰 부품을 제작할 수 있다는 것이다.

선택적 박판 용착(selective deposition lamination, SDL)은 접착제가 도포되지 않은 판재로 작업을 시작한다. 대신에 부품이 될 판재 영역에 이동 라인 스캔 모드의잉크젯을 이용하여 접착제 방울을 선택적으로 분사하는 x-y 위치결정 시스템을 이용한다. 실제 제품이 되는 이외의 주변 부분에는 훨씬 적은 접착제를 적용한다. 각 층의 윤곽을 따라 절단하여 주변의 지지 영역으로부터 제품 층을 분리한다. 이 주변 영역은 적층제조 공정 종료 후에 제품으로부터 제거된다. SDL의 장점은 접착제 도포 판재 대신에 일반 종이 판재를 이용하므로 초기 재료가 저렴하다는 것이다.

28.2.2 하이브리드 적층제조 기술

적층제조를 서술하는데 있어서, 하이브리드 기술은 적층제조 공정과 밀링과 같은 기계가공을 모두 수행할 수 있는 공작기계를 의미한다. 이 기계들은 공작물에 재료를 부착도 하고 제거도 하기 때문에 부착/제거 가공기라고도 한다. 주요 가공대상은 금속 부품인데, 실제로 요구되는 보다 높은 정밀도 또는 표면 정도를 얻기 위해서 적층제조 제품은 추가적인 가공이 필요하다는 결격사항이 있기 때문이다. 후가공이라고 부르는 추가적인 가공은 주로 절삭가공이다. 제품들은 또한 금속 적층제조 공정으로는 충분한 정밀도를 얻기 어려운 내외부 나사와 같은 특별한 기하학적 형상이 요구되기도 한다.

물론, 부착/제거 가공의 조합은 예를 들면 적층제조 가공기와 밀링머신 또는 머시닝센터와 같은 절삭기계와 같이 두 개의 다른 공작기계를 이용하여 얻을 수도 있다. 하지만 더 좋은 방안은 두 공정을 수행할 수 있도록 설계된 공작기계를 개발하거나 일반 공작기계에 AM 기능을 추가하는 방식으로 만든 하나의 기계에서 두 공정을 수행하는 것이다. 요즘 새로운 하이브리드 가공기들 또는 AM 기능을 가진 부속장치(kit)들이 공작기계 개발자들에 의해 공급되고 있다. 하나의 기계에서 부착/제거 가공이 가능할 때의 장점은; (1) 한 번만 가공 준비를 한다, (2) 두 번의 장착 준비에 따른 프로그램 입력 및 정밀도 손실이 없다, (3) 두 기계 간에 제품 이동이 필요 없다, (4) 하나의 기계를 설치하므로 공간을 절약한다[14]. 아울러, 부품의 기하 형상에 따라 적층제조 공정 중에 내부 표면의 절삭가공이 가능하다.

대부분의 하이브리드 적층 가공기에서 사용하는 적층제조 기술은 분말 베드 융합(PBF) 또는 직접 용착(DED)이다. 여기서 PBF는 적층제조만으로 수행하는 금속 가공에서는 선도적인 가공법으로 여겨지나, 하이브리드 가공에서는 DED가 더 일반적이다. 두 공정을 비교하면[14], 일반적으로 DED 시스템이 PBF보다 높은 에너지와 굵은 분말을 이용한다. 이 두 가지 요인으로 인해 DED의 가공속도가 더 크다. 반면에, 같은 이유로 인해 PBF 제품의 정밀도가 높고 밀도도 높으며 내부 기공도 적다. 비록 정밀도가 높은 것은 장점이지만, 하이브리드 기술을 선택하는 이유는 향상된 생산 능력과 정밀도 확보이며, PBF가 정밀도가 높다는 장점이 다소 상쇄되기 때문이다. DED와 PBF의 주요 특징으로부터 다음과 같은 응용 분야를 제시할 수 있다. DED를 이용한 하이브리드 가공은 터빈 블레이드와 같은 부품의 보수, 연한 금속 위에 경한 금속의 클래딩에 적용한다. 이 가공 기술은 종종 항공산업 분야에 적용한다. PBF를 이용한 하이브리드 가공기술은 정밀도가 중요한 품질 요인인 금형, 소형 부품, 의료용 부품의 가공에 적용한다.

28.3 생산 주기 및 원가 분석

앞에서 설명한 모든 적층제조 기술은 비슷한 방식으로 작동한다. 부품이나 시제품을 제작할 때 한 번에 한 층씩 적층한다. 이 절의 목적은 이러한 공정에서 생산 주기와 부품 원가를 결정하기 위한 수학적 모델을 개발하는 것이다.

생산 주기 분석

적층제조에서 부품을 제작하는 생산 주기는 부품의 크기(부품의 소재 부피)와 한 번의 제작 시간 동안 생산되는 부품의 수에 따라 달라진다. 또한 층의 성형 과정(예: 레이저, 용적, 압출기)과 관련한 채널 모드(이동 점, 이동 라인 또는 층)에 따라 달라진다. 공정관련 매개 변수에는 층의 두께(층 두께가 얇을수록 동일한 부품 크기에 대해 더 많은 층이 있음을 의미함), 이동 점 또는 이동 라인이 이동 속도, 그리고 재배치 및 재코팅과 같은 공정 고유의 지연 시간 등이 있다. 여기서 제작 시간을 추정하는 데 사용되는 모델링 접근 방식은 (1) 각 층을 완성하는 시간을 결정한 다음 (2) 그 시간을 합산하여 전체 생산 주기 시간을 확보하는 것이다.

첫째, 이동하는 점 채널 모드를 사용하는 공정에서 단일 층을 완성하는데 걸리는 시간은 다음과 같은 식으로 나타낼 수 있다.

$$T_i = \frac{A_i}{vD} + T_r \tag{28.1}$$

여기서 T_i = 층 i의 완성 시간(sec), $A_i = i$ 층의 면적(mm²), v = 평면에서 이동 점의 속도(mm/s), D = 점의 직경(원이라고 가정)(mm), T_r = 층 간 재배치 및 재코팅 시간(sec)이다. 재배치 시간에는 다음 층의 작업을 위해 작업대를 낮추는 시간을 포함한다. 만약, 작업 헤드의 이동이 작업대의 재배치 이동과 동시에 수행되지 않는 경우, 작업 헤드의 위치를 작업 끝점에서 시작점으로 위치를 이동하는 시간도 포함해야 한다. 재코팅 시간은 새로운 층을 위해 공정 재료를 도포 또는 설치하는 시간이다. 예를 들면 다음 층의 분말을 도포하는 것이다. 일부 AM 공정에서는 재코팅 시간을 적용할 수 없다. 또한 T_r은 냉각이나 가열 지연과 같은 각 층의 작업에 내재하는 지연과 노즐 청소 시간을 포함할 수 있다.

모든 층에 대한 제작 시간 T_i값이 결정되면 이들의 합과 공정에 필요한 설치 및 초기 시간을 합하여 제작 주기를 결정할 수 있다. 예를 들어 기계는 챔버가 지정된 온도로 올라가는 동안 예열 시간이 필요할 수 있다. 작업자가 초기 재료를 로드하는 시간과 제작과 관련된 부수적인 작업을 수행하는 시간도 포함할 수 있다. 그러면 총 생산 주기는 다음과 같다.

$$T_c = T_{su} + \sum_{i=1}^{n_l} T_i \tag{28.2}$$

여기서 T_c = 생산 주기(sec), T_{su} = 준비 시간(sec), n_l = 부품의 대략적인 층 수이다.

예제 28.1

광 조형법의 제작 사이클 타임

그림 28.11에 나타낸 정사각형 컵 모양의 부품은 광 조형법를 통해 제작된다. 컵의 바닥은 각 측면 길이가 40 mm이고 두께는 5 mm이다. 벽의 두께는 4 mm이고, 컵의 총 높이는 52 mm이다. 이 작업에 사용되는 SL기계는 점 직경이 0.25 mm이고 빔이 속도가 950 mm/s이다. 적층 두께가 0.10 mm이고, 각 층에 대한 재배치 및 재코팅 시간이 21초, 그리고 작업 준비 시간이 20분인 경우 부품을 제작하기 위한 주기를 계산하라.

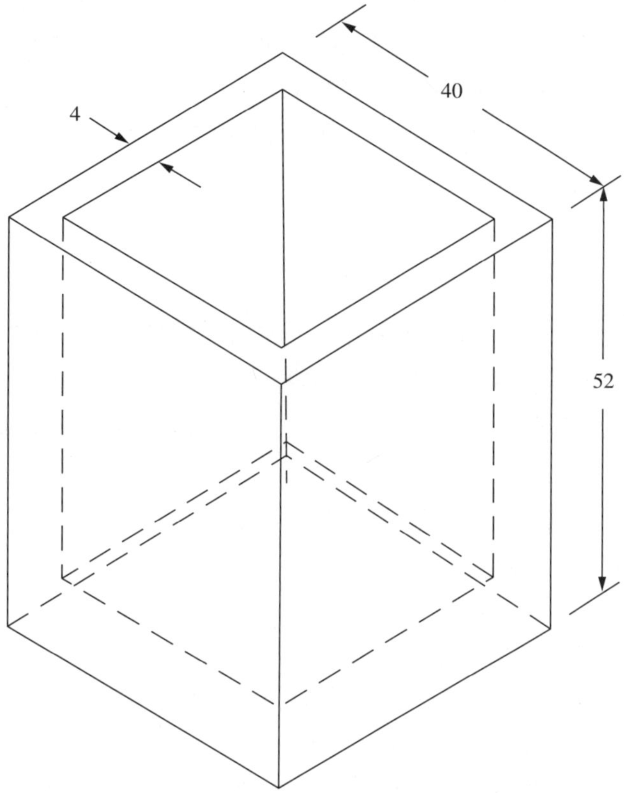

그림 28.11 예제 28.1에서 사용된 샘플 파트.

풀이

부품의 형상은 (1) 바닥과 (2) 벽, 이렇게 두 부분으로 나눌 수 있다. 바닥의 단면적 $A_1 = 40^2 = 1600\ \text{mm}^2$이고 두께는 5 mm이다. 벽의 단면적 $A_2 = 40^2 - 32^2 = 576\ \text{mm}^2$이고, 높이는 $52 - 5 = 47$ mm이다. 층의 두께가 0.10 mm일 때 $5.0/0.10 = 50$개의 층이 바닥을 성형하는데 필요하며, $47/0.10 = 470$개의 층이 벽을 제조하는 데 필요하다. 따라서 층의 총 개수는 $470 + 50 = 520$층이다.

바닥에서 각 층에 대한 작업 시간,

$$T_i = \frac{A}{vD} + T_r = \frac{1600}{950(0.25)} + 21 = 6.737 + 21 = 27.737\ \text{s}$$

벽에서 각 층에 대한 작업 시간,

$$T_i = \frac{576}{950(0.25)} + 21 = 2.425 + 21 = 23.425\ \text{s}$$

따라서 총 제작 시간,

$$T_c = 20(60) + 50(27.737) + 470(23.425) = \mathbf{13{,}597\ s = 226.6\ min = 3.777\ hr}$$

부품에 대해 별도의 지지 구조를 만들어야 하는 경우, 일부 RP 기계는 각 층에서 이를 위해 두 번째 스캔이 필요하다. 예를 들어, 용착 조형 모델링은 지지 재료가 부품 소재와 다른 유형인 경우(예: 플라스틱 부품을 지지하기 위한 낮은 용융점의 왁스) 두 번째 압출기를 사용한다. 이 경우 압출기 헤드가 순차적으로 작동하는 경우에 2차적인 작업 헤드에 의해 걸리는 시간을 추가해야 하므로, 식 (28.1)이 다음과 같이 변경된다.

$$T_i = \frac{A_i}{vD} + \frac{A_{si}}{vD} + T_r \tag{28.3}$$

여기서 $A_{si} = i$ 층에서 지지부의 면적(mm²)이다. 별도의 용어를 사용하면 지지부에 사용된 점의 속도 및 직경이 부품 자체에 사용된 것과 다를 수 있다. 어떤 경우에는 압출기 헤드가 순차적으로 작동하는 것이 아니라 동시에 동작할 수도 있기 때문에, 적층 시간은 어떤 작업 헤드가 더 오래 걸리는지에 따라 달라진다.

이동 라인 채널 모드를 사용하는 공정의 경우, 층을 완성하는 데 필요한 시간은 이동 라인이 작업대를 가로지르고 재배치와 재코팅을 하는 데 걸리는 시간이다.

$$T_i = L_s / v_s + T_r \tag{28.4}$$

여기서, v_s = 층을 가로질러 지나가는 이동 라인의 속도(mm/s), L_s = 지나가는 길이(mm)이며, v_s와 L_s의 값은 모든 층에 대해 동일해야 한다.

마지막으로, 층 채널 모드를 사용하는 공정의 경우, 한 층을 완성하는 시간은 다음과 같다.

$$T_i = T_{ex} + T_r \tag{28.5}$$

여기서 T_{ex} = 층을 성형하기 위한 노출 시간(sec)이며, 이는 모든 층에서 동일해야 한다.

부품 형상이 약간만 복잡해도 각 층에 대해 A_i를 결정하는 일은 지루한 작업이다. 이러한 경우에, 부품의 총 부피를 계산하고 이 부피를 층 수로 나누어 층당 평균 부피를 산출하는 것이 더 쉬울 수 있다. 그런 다음 이 평균 부피를 층 두께로 나누면 층별로 평균 면적을 얻을 수 있다. 정리하면, 평균 층 면적은 다음과 같다.

$$\bar{A}_l = \frac{V}{n_l t} \tag{28.6}$$

여기서, V = 부품의 총 부피(mm³), n_l = 층 수, t = 층 두께(mm)이다. 그러면 층을 완성하는 시간은 다음과 같다.

$$T_i = \frac{\bar{A}_l}{vD} + T_r = \frac{V}{n_l t v D} + T_r \tag{28.7}$$

여기서 $\overline{A_l}$ = 층당 평균 면적(mm²), 다른 항은 식 (28.1)과 동일하다. 그러면 생산 주기 시간 식(28.2)를 다음과 같은 형식으로 줄일 수 있다.

$$T_c = T_{su} + n_l T_i = T_{su} + \frac{V}{tvD} + n_l T_r \tag{28.8}$$

여기서, 가장 오른쪽 항은 식 (28.6)과 식 (28.7)을 결합하고 T_i를 풀어 쓴 것이다.

원가 분석

적층제조 기술에 의해 제작된 부품 당 비용 C_{pc}는 재료비, 인건비 및 기계 운영비를 합한 것이다. 다음의 항과 단위는 부품 당 비용을 계산하기 위한 방정식을 만드는 데 사용된다. C_m = 재료비($/pc); C_L = 노동비($/hr), C_{eq} = 장비비($/hr). 제작 시간 T_c는 이미 식 (28.2)와 식 (28.8)로 정의되어 있지만, 편의를 위해 여기서는 시간 단위(hour)를 사용한다. 즉, T_c = 생산 주기 시간(hr/cycle)이다. AM 기계는 보통 자동 운전하기 때문에, 노동 비율 U_L를 노동비에 적용해야 한다. 마지막으로 부품 당 후처리 시간 T_{pp}는 제작 시간 이후 지지부를 제거(부품에 지지 구조를 추가한 경우)하고, 청소 및 마감을 위해 필요한 시간이다. 이러한 항을 조합하면 부품 당 원가를 다음과 같은 식을 사용하여 계산할 수 있다.

$$C_{pc} = C_m + (C_L U_L + C_{eq})T_c + C_L T_{pp} \tag{28.9}$$

시간당 장비비는 1.5.2절과 예제 1.1에서 설명한 것처럼 장비의 초기 설치 비용을 수명 동안 기계의 총 작동 예상 시간으로 나눈 값이다.

예제 28.2

적층제조 공정에서 부품 당 원가

예제 28.1에서 광조형법 기계의 설치 비용은 $50,000이었다. 이 장비는 일주일에 5일, 하루에 8시간씩, 일 년에 50주 동안 운영되고, 4년 동안 지속될 것으로 예상된다. 포토 폴리머의 재료비 = 120 $/L이며, 모두 사용되는 것으로 가정한다. 노동비 = 24.00 $/hr이지만, 제작 사이클의 25%에 대해서만 노동력이 사용되며, 이는 주로 작업 준비를 위해 사용된다. 부품 당 후처리 시간 = 6.0 min이다. 예제 28.1의 제작 주기 3.777 시간을 사용하여 부품 원가를 결정하라.

풀이

연간 운영 시간 $H = 50(5)(8) = 2000$ hr/yr. 시간당 장비비는 다음과 같이 계산된다.

$$C_{eq} = \frac{\$50,000}{4(2000)} = \mathbf{\$6.25/hr}$$

재료비용 = 120 $/L(1L = 1($10^6$) mm^3). 예제 28.1의 부품을 구성하는 사각형 바닥의 부피 $V_1 = 5(1600) = 8000$ mm^{3}이고 벽의 부피 $V_2 = 47(576) = 27,027$ mm^{3}이다. 따라서 총 부피 = 35,072 mm^{3}이다.

$$C_m = (\$120(10^{-6})/\text{mm}^3)(35,072\ \text{mm}^3) = \$4.21/\text{pc}$$

부품 당 원가, $C_{pc} = 4.21 + (24.00(0.25) + 6.25)(3.777) + 24.00(6/60) = \mathbf{\$52.88/pc}$

생산에 사용되는 많은 적층제조의 적용에서 제작 주기 동안에 둘 이상의 부품이 만들어진다. b_n는 배치 크기(제작 주기 동안 만든 부품 수)를 나타낸다.

식 (28.9)는 배치 크기를 고려하여 다음과 같이 수정할 수 있다.

$$C_{pc} = C_m + \frac{(C_L U_L + C_{eq})T_c}{n_b} + C_L T_{pp} \tag{28.10}$$

28.4 적층제조 기술의 응용

적층제조의 응용 분야는 다음과 같이 네 가지 범주로 분류할 수 있다. (1) 설계, (2) 공학적 분석 및 계획, (3) 공구 준비, 그리고 (4) 부품 생산.

설계

설계는 신속 조형 공정의 초기 개발 단계에서 부터의 응용 분야이다. 설계자는 신속 조형 공정을 이용하여 최소한의 시간에 실제의 물리적 모델을 구현함으로써, 자신의 설계에 대한 확신을 가질 수 있다. 도면 형태나 CAD 시스템의 모니터 상에서 보여주는 것보다 물리적 모델을 사용함으로써 제품의 특성과 기능에 대해 다른 사람과 보다 쉽게 의사소통할 수 있게 된다. 설계 단계에서 신속 조형을 사용함으로써 생기는 장점은 다음과 같다. (1) 시제품을 제작하는 시간을 단축시킬 수 있고, (2) 물리적인 실체를 통해 부품의 형상을 보여주는 능력이 향상되며, (3) 설계 오류를 조기에 발견하거나 최소화할 수 있으며, (4) 부품과 조립품의 매스 프로퍼티(물체가 가지는 표면적, 체적, 1차 모멘트, 2차 모멘트, 무게 중심 등의 특성치)를 계산하는 능력을 향상시킬 수 있다.

공학적 분석 및 계획

신속 조형(RP)으로 제작한 부품을 통해, 물리적 모형이 없으면 매우 어려운 공학적 분석과 계획 수립이 가능하다. 이러한 예로는 다음과 같다. (1) 부품의 미적 매력을 최적화하기 위해 다양한 모양과 스타일의 제품 비교, (2) 신속 조형 제품 제작을 통해 밸브에 들어갈 서로 다른 오리피스의 설계에 따른 유동 해석, (3) 신속 조형으로 제작된 여러 물리적 모델의 유선 형태에 대한 풍동 실험, (4) 물리적 모델의 응력 해석, (5) 공정 계획 및 도구 설계에 도움이 되는 시제품의 제작, (6) MRI와 같은 의료 영상 기술과 RP의 결합을 통해 의료용 모델을 신속 조형으로 제작하고 이를 이용하여 외과적 수술 절차를 계획하거나 보철물 또는 임플란트의 제작에 활용 등.

공구 준비

적층제조 공정을 이용한 생산 공구의 제작 공정은 *신속 공구 제작(rapid tool making, RTM)*이라 불리며, 크게 두 가지 방법으로 나뉜다[6]. 첫 번째 방법은 간접 신속 공구 제작으로 신속 조형에 의해 모형을 만들고 이를 이용하여 실제 공구를 제작하는 것이다. 두 번째 방법은 직접 신속 공구 제작으로 RP를 통해 공구 자체를 만드는 것이다. 간접 신속 공구제작 공정의 예로는 사형주조용 모래 주형을 만들기 위한 모형의 제작, 제한된 수량의 인베스트먼트 주조에 적용할 저융점 재료(예, 왁스) 모형의 제작 등이 있다.

직접 신속 공구제작 공정의 예로는 (1) 사출금형에서 적은 수량의 플라스틱 부품의 제작을 위한 금속 스프레이 코팅이 가능한 몰드 인서트의 제작, (2) 금속분말을 이용한 다이의 제작, 이것은 소결 및 용침 공정을 거쳐 다이로 완성됨, (3) 모형 없이 CAD 데이터로 만든 사형주조용 주형 및 코어, (4) 방전가공(EDM) 공정용 전극의 제작 등이 있다[6], [8], [13].

부품 생산

적층제조 공정은 부품과 완제품을 생산하는데 점차 확대되고 있으며, 최근에 특별히 금속의 적층제조는 더욱 주류가 되고 있다. 항공산업, 의료, 치의료 및 보석 산업에서 부품을 생산하는데 적층제조 기술이 적용되고 있다. 이런 산업분야에 적층제조 기술이 적용되는 것은 소량생산이면서 복잡한 부품형상과 고가품이라는 점에서 특화되고 있다. 예를 들면, (1) 금형 비용이 높기 때문에 사출 성형으로는 경제적으로 생산할 수 없는 작은 배치 크기의 플라스틱 부품, (2) 복잡한 형상과 구조를 가진 부품, 특히 조립하지 않고는 기존의 공정으로 제작할 수 없는 내부 형상이 복잡한 부품, (3) 재고를 유지하는 것보다 필요할 때 부품을 제작하는 것이 더 타당한 경우의 예비 부품, (4) 개별 적용에 있어서 크기를 수정하여 제작해야 하는 맞춤형 주문 부품[5], [13], 맞춤형 부품의 예로는 고관절 대체물, 개인의 귀에 맞아야 하는 보청기 쉘 및 치과용 보철물, 안경 프레임, 프로 선수용 맞춤 신발 등 의료, 치의료 또는 운동 분야에서 볼 수 있다.

2013년 GE의 항공 부서에서는 하나의 신형 제트 엔진에 필요한 매년 30,000개 이상의 연료 노즐을 생산하기 위해 AM을 사용할 것이라고 발표했다[3]. AM노즐은 18개의 구성 요소로 이루어진 조립품을 대체하며, 무게를 25% 줄일 수 있다.

앞서 설명한 예에서 보듯이, 직접 디지털 제조는 대량 생산의 대안은 아니다. 대신에, 그것은 소량 생산과 각각 독특한 형상을 갖는 대량 맞춤화 생산에 적합하다. 일반적으로, 적층제조에 적합한 생산 상황의 특징은 다음과 같다. (1) 독특한 기하학적 구조, (2) 복잡한 형상, (3) 1개 또는 소량, (4) 신속한 제작, 그리고 (5) 특수한 경화 공구의 제작 곤란[5]. 단, 여기서 요구되는 것은 CAD 모델을 사용할 수 있어야 한다는 것이다.

적층제조에 대한 도전과 기회

적층제조 기술의 가능성은 전통적인 가공 방법으로는 제작할 수 없거나 어려운 복잡한 형상을 창조하는 설계자에게 좋은 기회를 부여한다. 적층제조 기술의 특별한 강점을 반영할 수 있는 제품이나 부품을 설계할 수 있는기회가 설계자에게 도전으로 남아 있다. 이러한 설계를 적층제조를 위한 설계(design for additive manufacturing, DfAM)라고 부른다. 이러한 적층제조의 강점은 다음과 같다:

- 복잡한 3 차원 형상이 가능하다.
- 조립하지 않고도 많고 다양한 부품 및 기능들을 하나의 부품로 통합할 수 있다.
- 적층가공으로 다양한 재료들을 조합하여 일체화된 구조물로 만들 수 있다.

- 매우 작거나 또는 깨지기 쉬운 부품도 만들 수 있다.
- 최소량의 재료를 사용하는 경량 부품을 설계할 수 있다.
- 부품의 CAD 모델로부터 바로 적층가공 제품을 만들 수 있다.
- 금형이나 주형과 같은 공구의 설계 및 제작이 필요 없다.

하나의 주된 적층가공의 도전은 장치 비용이다. 비록 수 백 달러를 지불하면 책상형 3D 프린터를 구입할 수 있으나, 이는 플라스틱 또는 광민감성 폴리머 재료에 한정적으로 적용할 수 있다. 반면에, 금속을 가공하는 산업용 생산 장비는 수 천 달러에 달한다. 또한 관련된 도전으로 적층가공으로 부품을 생산하려면 대부분의 적층제조 공정의 생산 속도가 느리다는 것이다. 특히 이동 점(moving-spot) 스캔 모드를 이용하는 경우 더욱 그렇다. 생산 장비가 고가이며 작업속도가 느리다는 것으로 인해 적층가공의 강점이 있는 특수한 응용분야를 제외하고는 부품 생산에 적층가공을 적용하는 것을 정당화하기 어렵다.

또 다른 도전은 적층가공 후에 요구되는 제품의 후처리이다. 후처리 공정은 적층공정 중에 만들어진 서포트 구조물의 제거, 최대 강도를 얻기 위한 분말의 용융 또는 소결, 고밀도화, 절삭가공, 쇼트 피닝과 다듬질, 그리고 클리닝등이다. 후처리 공정은 특히 금속 부품에 있어서 문제가 되며, 그 비용으로 인해 적층가공이 부품 생산의 적합한 방법으로 인정받기 어렵게 한다.

주요 회사들은 DfAM의 원리를 익히고, 적층가공으로 부품을 생산하기 위한 공정 기반시설을 구축하기 위해 많은 투자와 노력을 들이고 있다. 이러한 기업은 Airbus, General Electric, Honda, 그리고 Lockheed Martin등이다[19]. 예를 들어 GE사의 항공부문에서는 적층가공을 이용하여 매년 30,000 개의 제트엔진용 노즐을 생산한다[3]. 그 금속 노즐은 18개의 부품으로 구성된 조립품을 대체하는데 무게도 25%를 줄인 것이다. 더불어 적층가공의 장래성을 보고 많은 창업 기업들이 서비스, 소프트웨어, 재료, 가공기 등 다양한 분야에서 활약하도록 유혹하고 있으며, 기존 기업들이 적층가공 제품과 서비스를 제공하도록 부양하고 있다. 이러한 기업으로 Alcoa, Autodesk, Canon, Dassault Systems, Dow Corning, GE, HP, SAP, Siemens, 그리고 Toshiba 등이다[19].

28.5 적층제조의 파일 형식

적층제조의 파일 형식(AMF)은 3D 프린팅과 같은 여러 공정에 대해 일정한 서술을 위한 국제 표준이다. 국제 표준하의 공식적인 XML 기반 형식은 물체의 형상과 구성을 나타내는 대부분의 CAD 소프트웨어를 지원하며, 어떤 3D 프린터에서도 생산하도록 허용한다. 이것은 2011년에 이전 모델인 STL 파일 형삭을 대체해서 지원하는 ASTM 표준 파일 형식으로 소개되었다. AMF는 재료, 컬러, 집단(constellation), 격자 들에 대해서 원천 지원한다.

STL 형식에 비해 AMF가 갖는 장점은 곡률을 나타내는데 있어서 STL형식에서 사용하는 용어인 삼각형 분할로도 표현될 수 있다는 것이다. AMF는 3D 물체를 디지털로 저장하는 방식으로 쉽게 재설계하여 지정하도록 지원한다.

AMF는 각종 작업을 지정하는데 XML의 데이터 포맷을 재구성한다. 이 형식은 다음의 구조로 이어지는 단위 규격 업무로부터 시작된다.

OBJECT. 이 요소는 부피와 재료를 나타내며 정의한다. 각 파일은 필수적으로 최소한 한 개 이상의 object element가 있어야 한다.

MATERIAL. 이 요소는 두 가지 이상 재료를 정의하는 경우에 대해 기본적으로 선택 사항이다. 여기서 여러 재료의 혼합 또는 농도 변화(grading)를 나타낼 수 있다.

TEXTURE. 이 요소는 컬러 지정 또는 적당한 이미지를 지정하여 조직에 전사(mapping)시키는 과정을 지원한다.

CONSTELLATION. 이 선택적 요소는 파일에 포함된 수많은 물체의 상대적인 패턴을 분명하게 정의한다. 또한 각 물체들의 위치 또는 방향에 기초하여 여러 물체를 쉽게 정렬하는 것을 지원한다.

METADATA. 저작권 정보, 저자 또는 다른 형식의 데이터와 같은 추가적인 객체가 이 선택적 요소로 정의될 수 있다.

참고문헌 *REFERENCES*

[1] Ashley, S. "Rapid Prototyping Is Coming of Age." Mechanical Engineering, July 1995, pp. 62–68.

[2] Bakerjian, R., and Mitchell, P. (eds.). Tool and Manufacturing Engineers Handbook. 4th ed. Vol. VI: Design for Manufacturability. Society of Manufacturing Engineers, Dearborn, Michigan, 1992, Chapter 7.

[3] Caffrey, T., and T. Wohlers. "3D Printing Builds Up Its Manufacturing Resume." Manufacturing Engineering, June 2014, pp. 61–68.

[4] Destefani, J. "Plus or Minus." Manufacturing Engineering, April 2005, pp. 93–97.

[5] Gibson, I., Rosen, D. W., and Stucker, B. Additive Manufacturing Technologies. Springer, New York, 2010.

[6] Hilton, P. "Making the Leap to Rapid Tool Making." Mechanical Engineering, July 1995, pp. 75–76.

[7] Kai, C. C., Fai, L. K., and Chu-Sing, L. Rapid Prototyping: Principles and Applications. 2nd ed. World Scientific, Singapore, 2003.

[8] Kai, C. C., and Fai, L. K. "Rapid Prototyping and Manufacturing: The Essential Link between Design and Manufacturing." In Integrated Product and Process Development: Methods, Tools, and Technologies, J. M. Usher, U. Roy, and H. R. Parsaei (eds.). John Wiley & Sons, New York, 1998, Chapter 6, pp. 151–183.

[9] Kochan, D., Kai, C. C., and Zhaohui, D. "Rapid Prototyping Issues in the 21st Century." Computers in Industry, 1999, Vol. 39, pp. 3–10.

[10] Lorincz, J. "Masters of Manufacturing: Carl R. Deckard." Manufacturing Engineering, July 2011, pp. 51–58.

[11] Noorani, R. I. Rapid Prototyping: Principles and Applications. John Wiley & Sons, Hoboken, New Jersey, 2006.

[12] Pacheco, J. M. Rapid Prototyping. Rept. MTIAC SOAR-93-01. Manufacturing Technology Information Analysis Center, IIT Research Institute, Chicago, Illinois, 1993.

[13] Pham, D. T., and Gault, R. S. "A Comparison of Rapid Prototyping Technologies." International Journal of Machine Tools and Manufacture, Vol. 38, 1998, pp. 1257–1287.

[14] Sinkora, E. "The Pluses and Minuses of Combining Additive & Subtractive Manufacturing." Manufacturing Engineering, July 2017, pp. 41–48.
[15] Tseng, A. A., Lee, M. H., and Zhao, B. "Design and Operation of a Droplet Deposition System for Freeform Fabrication of Metal Parts." ASME Journal of Engineering Materials Technology, Vol. 123, No. 1, 2001.
[16] Waurzyniak, P. "All In with Additive." Manufacturing Engineering, September 2017, pp. 85–93.
[17] Wohlers, T. "Direct Digital Manufacturing." Manufacturing Engineering, January 2009, pp. 73–81.
[18] Wohlers, T., and Caffrey, T. "Additive Manufacturing: Going Mainstream." Manufacturing Engineering, June 2013, pp. 67–73.
[19] Wohlers, T. "Exciting Times in the Realm of Additive Manufacturing." Manufacturing Engineering, April 2017, pp. 43–49.
[20] www.en.wikipedia.org/wiki/Digital_micromirror_ device.
[21] www.en.wikipedia.org/wiki/Fused_deposition_ modeling.
[22] www.en.wikipedia.org/wiki/Selective_laser_ sintering.
[23] www.en.wikipedia.org/wiki/Stereolithography.
[24] Yan, X., and Gu, P. "A Review of Rapid Prototyping Technologies and Systems." Computer-Aided Design, Vol. 28, No. 4, 1996, pp. 307–318.

복습문제 *REVIEW QUESTIONS*

적층제조의 기초

28.1 적층제조는 신속조형과 어떻게 다른가?

28.2 재료 첨가 기술에서 사용하는 신속조형 시스템에서 공정 시스템의 제어를 위해 공통적으로 사용하는 접근 방법은 무엇인가?

28.3 기하학적 모델링이란 무엇인가?

28.4 자외선 레이저나 다른 광원 이외에, 적층제조 공정에서 각 층을 생성하는데 어떤 기술이 사용되는가?

적층제조 기술

28.5 적층제조에서 액층 광중합(vat polymerization)에 대해 설명하라.

28.6 적층제조의 일곱 가지 분류를 나열하라.

28.7 분말 베드 융합(powder bed fusion)을 설명하라.

28.8 적층제조에서 분말 베드 융합(PBF) 공정 기술을 설명하라.

28.9 선택적 박판 용착(selective deposition lamination)을 정의하라.

28.10 PBF에서 레이저 이외에 사용되는 열원에는 무엇이 있는가?

28.11 재료 분사(material jetting)에 사용되는 재료는 어떤 것이 있는가?

28.12 MIT에서 원래 개발한 3DP에 대해 설명하라.

28.13 박판 적층 공정(laminated-object manufacturing)이란 무엇인가?

28.14 FDM 공정은 언제 그리고 누구에 의해 개발되었는가?

28.15 적층제조에서 직접 용착(direct energy deposition) 공정 기술에 대해 설명하라.

28.16 레이저를 사용하는 적층제조 방법 두 가지를 나열하라.

28.17 직접 용착(direct energy deposition) 기술의 다른 명칭들을 어떤 것이 있는가?

28.18 적층제조에서 박판 적층(sheet lamination) 기술에 대해 설명하라.

28.19 동일한 기계에서 부착/제거 가공을 수행할 때 잇점으로 무엇인 있는가?

28.20 하이브리드 적층가공 기술이란 무엇인가?

적층제조 기술의 응용

28.21 적층제조의 4대 주요 적용분야는 무엇인가?

28.22 부품생산에서 유리한 적층제조의 강점에는 무엇이 있는가? 세 가지를 서술하라.

연습문제 *PROBLEMS*

28.1 A tube with a rectangular cross section is to be fabricated by stereolithography. Outside dimensions of the rectangle are 42 mm by 64 mm, and the corresponding inside dimensions are 36 mm by 58 mm (wall thickness = 6 mm except at corners). The height of the tube (z-direction) = 50 mm. Layer thickness = 0.10 mm, and laser spot diameter = 0.20 mm. The beam velocity across the surface of the photopolymer = 600 mm/s. Compute an estimate for the cycle time to build the part, if 30 s are lost each layer for repositioning and recoating. Ignore setup time.

28.2 Solve the previous problem, except that the layer thickness = 0.20 mm.

28.3 For the process in the previous problem, the steriolithography is replaced by fused deposition modelling with a layer thickness of 0.35 mm and extrudate width of 0.70 mm. The movement of the extruder working head in the x–y plane is at a speed of 250 mm/sec with a 15 sec delay between every new layer. Calculate the time needed to build the part ignoring the setup time.

28.4 Solve the previous problem, except the following additional information is known: The diameter of the filament fed into the FDM extruder work head is 2 mm, and the filament is fed into the work head from its spool at a rate of 20 mm of length per second while the work head is depositing material. Between layers, the feed rate from the spool is zero.

28.5 The photopolymer used in Problem 28.1 costs \$200/liter. The SL machine cost rate = \$18.00/hr. Assume that all of the liquid photopolymer not used for the part can be reused. Labor rate \$20.00/hr, but labor utilization during the build cycle is only = 10%. Post processing time = 6.0 min/part. Using the cycle time from Problem 28.1, determine the part cost.

28.6 A cone-shaped part is to be fabricated using stereolithography. The radius of the cone at its base = 35 mm, and its height = 50 mm. To minimize the staircase effect, layer thickness = 0.05 mm. The diameter of the laser beam = 0.22 mm, and the beam is moved across the surface of the photopolymer at a velocity of 900 mm/s. Compute an estimate for the time required to build the part, if 15 s are lost each layer to lower the height of the platform that holds the part. Negletc post-curing time. Setup time for the job = 25 min.

28.7 The cone-shaped part in the previous problem is built using laminated-object manufacturing. Layer thickness = 0.20 mm. The laser beam can cut the sheet stock at a velocity of 200 mm/s. Compute an estimate for the time required to build the part, if 20 s are lost each layer to lower the height of the platform that holds the part and advance the sheet stock in preparation for the next layer. Ignore cutting of the cross-hatched areas outside of the part since the cone should readily drop out of the stack owing to its geometry. Setup time for the job = 25 min.

28.8 Fused deposition modelling is used to fabricate a part, which is a model of the step pyramid at Sakkara in Egypt (built circa 2670 BCE). The model has six levels or steps, each with a thickness of 45 mm. The bottom layer = 300 mm on a side, and successive levels are 275, 250, 225, 200 and 175 mm on a side, respectively. Height of the pyramid = 270 mm. In the FDM process, layer thickness = 0.10 mm and the width of the extrudate deposited on the surface = 0.60 mm. The extruder had moves in the x–y plane at a speed of 200 mm/sec. A delay of 15 sec is experienced between each layer to reposition the worktable. Compute an estimate for the time required to build the part. Setup time = 35 min. Ignore post-processing time.

CHAPTER 29

집적회로 공정

29.1 IC 공정 개요
29.1.1 공정 절차
29.1.2 클린 룸
29.2 실리콘 공정
29.2.1 전자 등급 실리콘 생산
29.2.2 결정 성장
29.2.3 웨이퍼로의 실리콘 성형
29.3 리소그래피
29.3.1 광리소그래피
29.3.2 기타 리소그래피 기술
29.4 적층 공정
29.4.1 열산화
29.4.2 화학 기상 증착법
29.4.3 도핑
29.4.4 금속 배선 공정
29.4.5 에칭
29.5 IC 공정 단계의 통합
29.6 IC 패키징
29.6.1 IC 패키지 설계
29.6.2 IC 패키징 공정 단계
29.7 IC 공정 수율

집적회로(Integrated Circuit, IC)는 트랜지스터, 다이오드, 커패시터 및 저항과 같은 전자 소자의 집합으로 반도체 재료의 작고 평평한 칩 위에 제조되어 전기적으로 상호 연결된다. 실리콘(Si)은 그 특성과 함께 비용이 저렴하기 때문에 IC용으로 가장 널리 쓰이는 반도체 재료이다. 일부 반도체 칩은 갈륨비소(GaAs), 질화갈륨(GaN) 및 게르마늄(Ge)으로 만들어진다. 집적회로와 같은 반도체 소자들은 거의 모든 현대 전자 제품의 기반이 되며, 1998년 총 매출에서 자동차 산업을 추월한 세계 최대 산업을 조성하였다[15].

IC는 1959년에 발명되었으며, 그 이후로 지속적인 개발의 대상이 되었다(역사적 고찰 29.1). 마이크로 전자 공학 기술의 가장 매력적인 측면은 하나의 작은 칩에 탑재할 수 있는 방대한 수의 소자이다. *고밀도 집적(Large-Scale Integration, LSI)*이나 *초고밀도 집적(Very Large-Scale Integration, VLSI)*과 같은 다양한 용어가 집적도와 패킹 밀도를 정의하는 데 사용되었다. 표 29.1에 용어, 정의 및 기술이 도입된 시기를 나타내었다. 1975년에 Gordon Moore[1)]는 집적회로의 트랜지스터(논리 및 메모리 소자의 구성 요소)의 수가 2년마다 두 배로 증가한다는 ***무어의 법칙(Moore's Law)***을 공식화하였다[27]. 이 법칙은 현재까지도 트랜지스터의 수를 정확히 예측하고 있다. 오늘

1) Gordon Moore는 인텔사의 공동 창립자였으며 명예회장임.

역사적 고찰 29.1 집적회로 기술

집적회로의 역사는 전자 소자의 발명과 이러한 소자를 만드는 공정이 포함된다. 제2차 세계대전(1939~1945) 직전에 레이더가 개발되면서 게르마늄과 실리콘이 레이더 회로에 사용되는 다이오드의 중요한 반도체 원소로 확인되었다. 전쟁에서 레이더의 중요성으로 인해 게르마늄과 실리콘의 상업적인 공급원이 개발되었다.

1947년 트랜지스터는 Bell Telephone Laboratories에서 J. Bardeen과 W. Brattain에 의해 개발되었다. 이후 1952년 Bell 연구소의 W. Shokley가 개선된 버전을 발명하였다. 이 세 발명가는 반도체 연구와 트랜지스터 발견으로 1956년 노벨 물리학상을 공동 수상했다. Bell 연구소의 관심은 그 당시 사용되던 전기 기계 릴레이 및 진공관보다 더 신뢰할 수 있는 전자 스위칭 시스템을 개발하는 것이었다.

1959년 2월 Texas Instrument사의 J. Kilby는 단일 반도체 재료에 회로를 형성하기 위한 다중 전자 소자 및 상호 연결에 대한 특허를 출원하였다. Kilby는 집적회로(IC)에 대해 설명하고 있었다. 1959년 5월 Fairchild Semiconductor사의 J. Hoerni는 트랜지스터 제조를 위한 평면 공정을 설명하는 특허를 출원하였다. 같은 해 7월, 역시 같은 회사의 R. Noyce는 Kilby의 발명과 유사하지만 평면 기술과 부착 리드의 사용을 명시한 특허를 출원하였다.

비록 Kilby보다 늦게 출원되었지만 Noyce의 특허는 1961년에 먼저 등록되었다(Kilby의 특허는 1964년에 부여됨). 이러한 날짜의 불일치와 발명의 유사성으로 인해 실제로 누가 진정한 IC의 발명자인가에 대해 상당한 논쟁이 있었다. 이 문제는 미국 대법원까지 이어지는 법적 소송에서 논쟁이 벌어졌다. 고등 법원은 사건 심리를 거부하하였고 Noyce의 여러 주장에 유리한 하급 법원 판결을 유지했다. 그 결과(지나치게 단순화화할 위험이 있지만), Kilby는 일반적으로 단일 집적 회로의 개념을 제공한 반면 Noyce는 이를 제조하는 방법을 제공한 것으로 인정받게 되었다.

최초의 상용 IC는 1960년 3월에 Texas Instrument사에서 소개되었다. 초기 집적회로는 약 3 mm 정사각형의 작은 실리콘 칩에 약 10개의 소자를 포함하였다. 1966년까지 실리콘은 선호하는 반도체 재료로서 게르마늄을 추월하였다. 그 해 이후로 실리콘은 IC제조에서 지배적인 재료가 되었다. 1960년대 이후 전자 산업에서는 단일 칩에 여러 소자를 집적화하고 소형화하려는 추세가 지속되었다. 표 29.1에 진행 사항을 나타내었다.

날의 기가급 기술은 칩 표면에 1 mm^2 당 수백만 개의 트랜지스터를 제조할 수 있다.

최근에는 시스템 온 칩(system-on-chip) 및 3차원 집적회로와 같은 반도체 기술이 진전되었다[24]. ***시스템 온 칩(system-on-chip)***이란 컴퓨터에 필요한 모든 구성 요소를 포함하는 집적회로의 제조를 말한다. 기존 컴퓨터에는 인쇄 회로 기판에 상호 연결된 여러 집적회로 및 기타 부품들이 포함되어 있다[제30장]. 시스템 온 칩의 개념은 조립 비용 및 컴퓨터의 전력 요구 사항을 최소화하는 것이다. ***3차원 집적회로(three-dimensional integrated circuit)***는 수직과 수평의 특징을 모두 가진 소자로 구성된 IC로, 같은 수의 소자를 가지는 2차원 레이어에 비해 소자 간 평균 도전 거리가 줄어

표 29.1 마이크로전자에서 집적도 수준

집적도 수준	단일 칩 위의 소자의 수	개발된 연도
저밀도 집적 (SSI)	10~50	1959
중밀도 집적 (MSI)	$50 \sim 10^3$	1960s
고밀도 집적 (LSI)	$10^3 \sim 10^4$	1970s
초고밀도 집적 (VLSI)	$10^4 \sim 10^6$	1980s
극고밀도 집적 (ULSI)	$10^6 \sim 10^8$	1990s
기가 규모 집적	$10^8 \sim 10^{10}$	2000s

들어 더 빠른 동작이 가능하다. 인텔사의 Tri-Gate 기술은 실리콘 칩 표면에서 위쪽으로 돌출된 수직 핀을 가진 3차원 트랜지스터를 사용하여 스위칭 속도를 높이고 전력 요구 사항을 줄일 수 있었다.

29.1 IC 공정 개요

구조적으로 집적회로는 실리콘 칩의 표면 내에서 제조되고 전기적으로 상호 연결된 수백, 수천, 수백만 또는 수십억 개의 미세 전자 소자들로 구성된다. ***칩(chip)***은 *다이(die)*라고도 불리며, 두께가 약 0.5 mm이고 일반적으로 한 면이 5~25 mm인 정사각형 도는 직사각형의 평판이다. 칩 표면의 각 전자 소자(예: 트랜지스터, 다이오드 등)는 소자의 특정 전자 기능을 수행하기 위해 결합된 서로 다른 전기적 특성을 가진 별도의 층과 영역으로 구성되어 있다. 일반적인 MOSFET[2] 소자의 단면을 그림 29.1에 나타내었다. 소자의 대략적인 크기는 그림에 나타낸 바와 같지만 소자 내의 선폭이 더

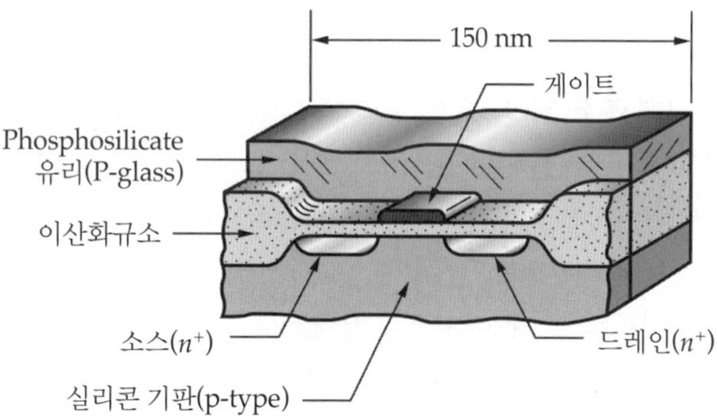

그림 29.1 집적회로에서 트랜지스터(MOSFET)의 단면. 대략적인 크기를 나타냄. 출판 당시 공정기술은 7 nm급임.

2) MOSTET이란 금속 산화막 반도체 전계 효과 트랜지스터(Metal-Oxide-Semiconductor Field-Effect Transistor)를 말한다. 트랜지스터는 전기 신호의 증폭, 제어 및 생성과 같은 다양한 기능을 수행하는 반도체 소자이다. 전계 효과 트랜지스터는 소스(source), 드레인(drain) 영역 사이를 채널을 통해 전류가 흐르게 되며, 전류의 흐름은 채널 게이트에 가한 전압에 의해 제어된다. 금속 산화막 반도체 FET는 게이트가 산화실리콘(SiO_2) 층에 의해 채널과 격리되어 있다.

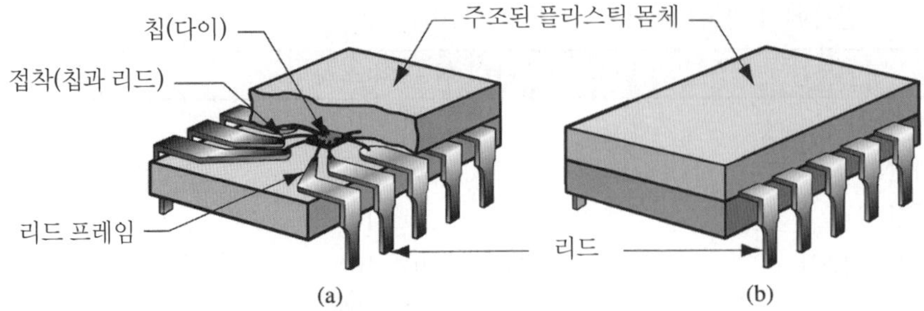

그림 29.2 집적회로 칩의 패키징. (a) 단면도와 같이 칩은 리드 프레임에 붙어있고, 플라스틱 재료로 밀봉되어 있음. (b) 사용자에게 보이는 패키지 형태. 이러한 종류의 패키지는 Dual in-line 패키지(DIP)라고 불림.

작다. 2011년경부터 Intel은 IC 제품에 22 nm급의 최소 선폭을 구현하였다. 반도체에 대한 국제 기술 로드맵(International Technology Roadmap for Semiconductors)에서는 2020년경에는 5 nm급의 집적회로를 달성할 것으로 예측하고 있다[25].

집적회로의 소자는 전도성 재료의 매우 미세한 선을 통해 전기적으로 연결되어 상호 여결된 소자가 지정된 방식으로 작동한다. 도선과 패드는 IC를 리드(lead)에 전기적으로 연결하여 IC를 외부 회로에 연결할 수 있도록 한다.

IC를 외부 세계와 연결하고, 손상으로부터 보호하기 위해 그림 29.2와 같이 칩을 리드 프레임에 부착하고 적절한 패키지 내부에 보호한다. 패키지는 일반적으로 플라스틱이나 세라믹으로 만들어진 밀봉체이며, 칩을 기계적 및 환경적으로 보호하고, IC를 외부 회로와 전기적으로 연결하는 리드를 가지고 있다. 리드는 IC에 연결된 칩의 도전 패드에 부착된다.

29.1.1 공정 절차

실리콘 기반 IC 칩의 제조 절차는 실리콘 공정으로부터 시작한다(5.2.4절). 간단히 말해서, 매우 순도가 높은 실리콘은 모래(이산화규소, SiO_2)로부터 몇 가지 단계를 거쳐서 얻어진다. 실리콘은 용융 상태에서 성장하여, 길이가 1~3 m, 지름이 450 mm에 이르는 통나무 형태의 단결정 봉이 된다. 이것을 *부울(boule)*이라고 부르며, 얇게 잘라져서 웨이퍼(wafer)가 되고 두께가 약 0.5 mm인 원판 형태이다.

적절한 다듬질과 세정을 마친 후에, 웨이퍼는 공정 절차를 위한 준비가 완료된다. 이 공정들에 의해 전자 소자와 소자 간의 연결을 만들기 위하여, 다양한 화학 성분들이 표면에서 미세하게 만들어진다. 그 절차는 몇 가지 종류의 공정으로 구성되며, 대부분은 여러 번 반복된다. 일반 IC 제조에 200개가 넘는 공정 단계가 필요하다. 기본적으로, 각 단계의 목적은 웨이퍼의 표면 위의 정해진 구역에 다양한 재료의 층을 추가하고 변경시키거나 제거하는 것이다. IC 제조에서 층 형성 단계를 *평면공정(planar process)*이라고 부르는데, 층 형성 공정이 평면인 실리콘 웨이퍼의 기하학적 형상에 의존하기 때문이다. 적층을 위한 공정은 물리기상증착법과 화학기상증착법(24.5절)과 같은 박막 적층 기술을 포함한다. 이렇게 만들어진 층은 확산과 이온주입(24.2절)에 의해 변화된다. 그 밖의 층

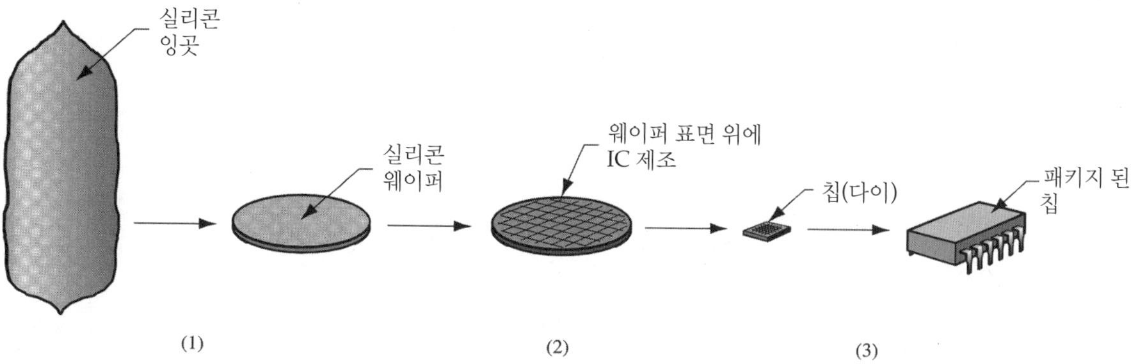

그림 29.3 집적회로 생산 공정 순서. (1) 순수한 실리콘은 용융된 상태에서 잉곳으로 형성된 다음 웨이퍼로 얇게 잘라낸다. (2) 웨이퍼 표면 위에 집적회로 제조, (3) 웨이퍼는 칩으로 절단되고 패키징된다.

형성 기술로 열산화법(thermal oxidation)과 같은 기술이 적용된다. 이렇게 형성된 층들은 화학적 부식액(보통 산 용액)을 사용하는 에칭(etching)이나, 보다 더 진보된 플라즈마 에칭과 같은 기술에 의해 선택적으로 제거된다.

층들의 추가, 변경 및 제거는 선택적으로 이루어져야 한다. 즉, 그림 29.1에서와 같이 미세 소자를 형성하기 위해서는 웨이퍼 표면의 아주 미세한 영역만 선택적으로 처리가 가능해야 한다. 각 공정 단계에서 영향을 받아야 할 영역을 구분하기 위해서 ***리소그래피(lithography, 노광)***라는 공정이 사용된다. 이 기술은 특정 영역을 보호하기 위해서 표면에 마스크가 형성되고, 다른 영역은 특별한 공정(즉, 박막 증착이나 에칭)에 노출되도록 한다. 각 단계에서 마스크가 형성되지 않은 영역을 노출시키는 과정을 여러 번 반복함으로써 초기 실리콘 웨이퍼에 점차 많은 집적회로가 형성된다.

웨이퍼 공정은 한 장의 웨이퍼 상에 많은 수의 칩 표면이 형성되도록 구성되어 있다. 최종 칩의 한 변이 12 mm인 정사각형인데 반해, 웨이퍼는 지름이 150~450 mm 범위의 원형이므로, 한 장의 웨이퍼로 수백 개의 칩을 생산할 수 있다. 평면공정의 결과로서 웨이퍼상의 각 칩들은 시각적, 기능적 시험을 거쳐 각각의 칩으로 잘라진 후, 품질 검사를 통과한 칩은 그림 29.2와 같이 패키징된다.

위의 설명을 요약하면, 실리콘 기반의 집적회로 생산은 그림 29.3에 나타낸 바와 같이 다음과 같은 단계로 구성되어 있다. (1) *실리콘 공정(Silicon processing):* 모래가 매우 순수한 실리콘으로 되며 웨이퍼로 성형된다. (2) *IC 제조(IC fabrication):* 선택된 영역에서 전자소자를 형성하기 위하여 박막의 추가, 변경 및 제거의 다중의 공정 단계로 구성된다. 리소그래피 공정이 웨이퍼 표면에서 처리되어야 할 부분을 정하기 위해 사용된다. (3) *집적회로 패키징(IC packaging):* 웨이퍼를 검사 및 시험하고 각 IC 칩으로 절단된 후, 적절한 패키지로 밀봉된다.

공정에 대한 상세한 내용을 다루기 전에, 집적회로에서 소자의 미세한 크기로 인해 IC 제조가 실행되는 환경에 대한 특별한 환경조건이 필요하다는 사실에 주의해야 한다.

29.1.2 클린 룸

대부분의 집적회로의 공정 절차는 클린 룸(clean room)에서 수행되어야 하며, 클린 룸 환경은 생산

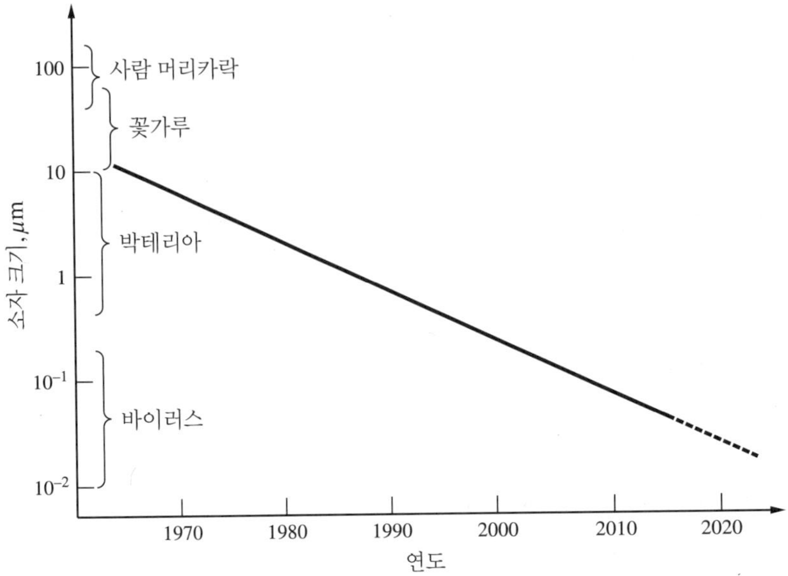

그림 29.4 IC 제조에서 소자의 선폭 크기의 추세 및 공정 환경을 오염시킬 수 있는 일반 적인 공기 중 입자의 크기. 논리형 IC의 최소 선폭 크기는 2020년에 약 5 nm가 될 것으로 예상[25].

공장이라기보다는 병원 수술실과 더 비슷하다. 청정도는 IC의 미세한 선폭 크기에 의해 정해지는데 그 크기는 해가 갈수록 계속 작아지고 있다. 그림 29.4는 IC 소자의 선폭 크기의 경향을 보여 준다. 또한, IC 공정에서 잠재적인 오염물질인 일반적인 공기 중 입자도 보여 준다. 이러한 입자들은 집적회로에 결함을 일으켜 수율을 낮추고 비용을 증가 시킬 수 있다.

클린 룸은 이러한 오염 물질로부터 보호한다. 공정 환경에서 대부분의 입자를 제거하기 위해 공기를 정화한다. 온도와 습도 또한 조절된다. 클린 룸은 21°C의 온도와 45%의 상대습도로 조절된다. 공기는 입자 오염물질을 막기 위하여 HEPA(high efficiency particulate air) 필터를 통과하게 된다. 클린 룸의 청정도는 여러 분류 시스템을 사용하여 지정된다. 1 m^3의 공기에 0.5 μm 이상의 크기를 가진 입자의 수를 나타내는데 숫자가 사용된다. 예를 들어, 0.5 μm 이상인 입자의 수가 3520/m^3 미만으로 유지하기 위해서는 ISO 클래스 5인 클린 룸이 필요하다. 최신 VLSI 공정에는 ISO 클래스 4의 클린 룸이 필요하다. 즉, 크기가 0.5 μm 이상인 입자의 수가 352/m^3 미만이라는 것을 의미한다. 이에 비해 전형적인 도시 대기의 외부 공기에는 0.5 μm 이상의 크기를 가진 입자의 수가 약 35,200,000입자/m^3가 포함되어 있다.

IC 공정에서 인간은 가장 큰 오염원으로 인간에게서 발생하는 것은 박테리아, 담배 연기, 바이러스, 머리카락 및 기타 입자들이다. IC 공정 영역에서 일하는 작업자는, 일반적으로 흰색 망토, 장갑 및 머리망으로 구성된 특수 의복을 착용해야 한다. 극도의 청결도가 요구되는 곳에서는, 작업자가 몸을 완전히 둘러싸는 옷을 입는다. 공정 장비는 두 번째 주요 오염원이다. 기계류는 마모 입자, 기름, 먼지 및 유사한 오염 물질을 생성한다. IC 공정은 일반적으로 무균실의 일반 화경보다 더 높은 수준의 청정도로 정화될 수 있는 층류(laminar flow) 후드 작업 영역에서 수행된다.

클린 룸에서 제공되는 매우 순수한 순수한 분위기 외에도 IC 공정에 사용되는 화학 물질과 물은 매우 깨끗하고 입자가 없어야 한다. 현대 관행에서는 화학 물질과 물을 사용 전에 여과해야 한다.

29.2 실리콘 공정

마이크로 전자 칩은 반도체 재료의 기판(substrate)에 제조된다. 오늘날 실리콘은 전 세계에서 생산되는 모든 반도체 소자의 95% 이상을 구성하는 주요 반도체 재료이다. 실리콘 기판 준비는 다음과 같이 (1) 전자 등급 실리콘 생산, (2) 결정 성장 및 (3) 실리콘을 웨이퍼로 성형하는 세 단계로 나눌 수 있다.

29.2.1 전자 등급 실리콘의 생산

실리콘은 규소(예: 모래)나 규산염(예: 점토)으로 자연적으로 발생하는 지각에서 가장 풍부한 물질 중 하나이다. 전자 등급 실리콘(electronic grade silicon, EGS)은 불순물이 십 억분의 일(ppb) 범위에 있을 정도로 순도가 매우 높은 초고순도 다결정 실리콘이다. 기존 화학 실험실 기술로는 측정할 수 없지만 시험 잉곳(ingot, 괴)의 저항 측정으로 추론해야 한다. 자연적으로 발생하는 Si 화합물을 전자 등급 실리콘으로 환원하는 작업에는 다음과 같은 공정 단계를 포함한다.

첫 번째 단계는 투입형 전극(submerged-electrode) 아크로(arc furnace)에서 수행된다. 실리콘의 주원료인 *규암(quartzite)*은 매우 순수한 SiO_2이다. 장약에는 노 내에서 발생하는 다양한 화학 반응을 위한 석탄, 코크스 및 나무 조각 등이 있다. 산출물은 금속급 실리콘(metallurgical grade silicon, MGS)과 SiO 및 CO와 같은 가스로 구성된다. 금속급 실리콘은 약 98% 순도의 Si에 불과하며 야금 합금에는 적합하지만 전자 부품에는 적합하지 않다. 주요 불순물(MGS의 나머지 2%)에는 알루미늄, 칼슘, 탄소, 철 및 티타늄이 포함된다.

두 번째 단계는 취성의 금속급 실리콘을 분쇄하고 Si 분말을 무수 염산(HCl)과 반응시켜서 삼염수소화규소(trichlorosilane)를 ??? 것이다.

$$Si + 3HCl(gas) \rightarrow SiHCl_3(gas) + H_2(gas) \tag{29.1}$$

화학반응은 액화 반응기 안에서 약 300°C의 온도에서 이루어진다. 삼염수소화규소는 식 (29.1)에서 기체로 표시되지만 실온에서 액체로 존재한다. 끓는점이 32°C로 낮기 때문에 분류 증류를 통해 금속급 실리콘에 잔존하는 불순물과 분리할 수 있다.

공정의 마지막 단계는 수소를 사용하여 정제된 삼염수소화규소를 환원시키는 것이다. 이 공정은 최대 1000°C의 온도에서 수행되며 단순화된 화학 반응식은 다음과 같이 나타낼 수 있다.

$$SiHCl_3(gas) + H_2(gas) \rightarrow Si + 3HCl(gas) \tag{29.2}$$

이 반응의 생성물은 거의 100% 순도의 Si인 전자 등급 실리콘이다.

29.2.2 결정 성장

마이크로 전자 칩용 실리콘 기판은 단위 셀이 특정 방향으로 향하는 단결정으로 만들어져야 한다. 따라서, 반도체 소자 제조의 원료로 사용되는 전자 등급 실리콘과 같이 초고순도여야 할 뿐 아니라 단결정 형태로 준비한 다음 원하는 평면 방향으로 절단해야 한다. 여기에서는 결정 성장 공정을 다루고, 다음 절에서는 절단 작업에 대해 자세히 설명한다.

반도체 산업에서 가장 널리 사용되는 결정 성장 방법은 그림 29.5에 나타낸 바와 같이 *초크랄스키 공정(Czochralski process)*으로, *부울(boule)*이라고 하는 단결정 잉곳이 용융 실리콘 욕조에서 위쪽으로 당겨진다.[3] 설비는 가열로, 실리콘 부울을 당기는 기계 장치, 진공 시스템 및 제어 시스템으로 구성된다. 가열로는 도가니와 진공 챔버에 포함된 가열 시스템으로 구성된다. 도가니는 결정을 잡아당기는 공정 동안 회전이 가능하다. 전자 등급 실리콘 덩어리를 도가니에 넣고 실리콘 융점보다 약간 높은 온도인 1410℃로 가열한다. 가열은 유도 또는 저항에 의해 발생하며 후자는 큰 규모의 용융물에 사용된다. 용융된 실리콘은 p형 또는 n형의 결정을 만들기 위해 부울을 당기기 전에 도핑된다.[4]

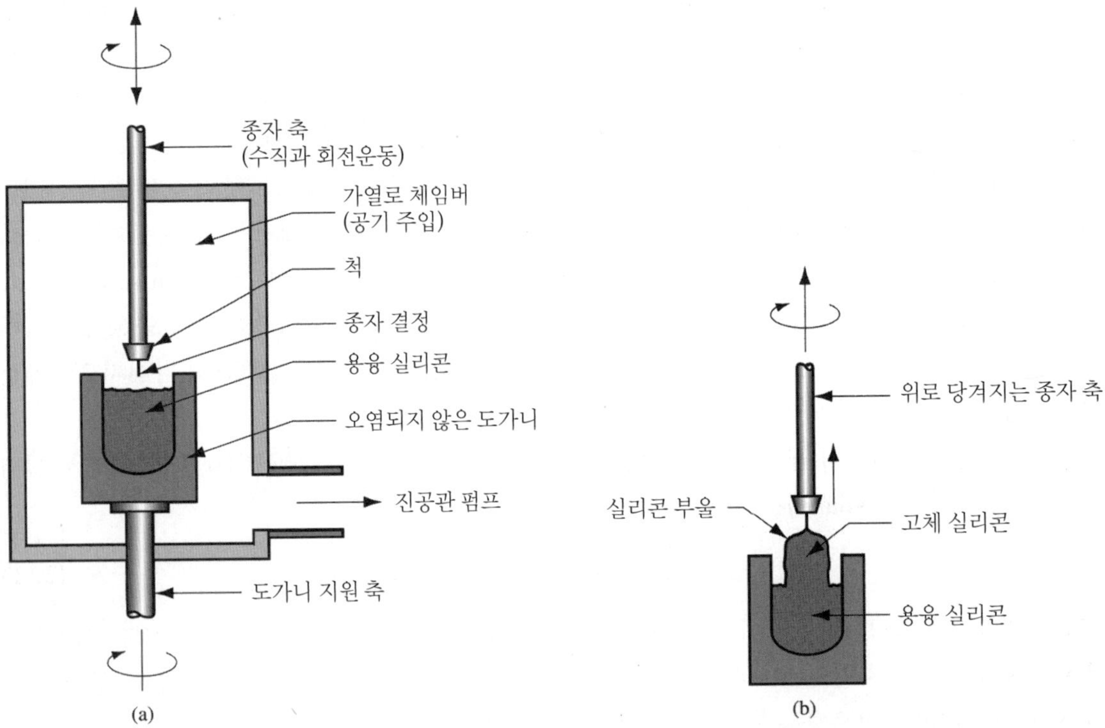

그림 29.5 단결정 실리콘 잉곳을 성장시키기 위한 초크랄스키 공정(Czochralski process). (a) 결정 당김 시작 전, (b) 실리콘 부울을 생성하기 위한 결정 당김 중.

3) 이 공정은 Jan Czochralski의 이름을 따서 명명됨. 1916년 금속 결정화 연구 중에 발명한 폴란드 과학자[15].

4) 도핑이란 반도체 재료에 전기적 특성을 변화시키기 위해 불순물을 개재하는 것을 의미함. n형 반도체(잉여 전자) 및 p형 반도체(정공-전자 잃음) 제조.

결정을 성장시키기 위해서 실리콘 종자(seed) 결정을 용융 욕조에 담근 다음 정밀하게 제어된 조건으로 위로 끌어 올린다. 처음에는 끌어당기는 속도(끌어당기는 장치의 수직 속도)가 상대적으로 빨라서 실리콘 단결정이 종자 결정에 응고되어 얇은 목을 형성한다. 그런 다음 속도를 감소시켜 목이 단결정 구조를 유지하면서 원하는 더 큰 직경의 부울로 성장시킨다. 잡아당기는 속도 외에도 도가니의 회전 및 기타 공정 변수를 사용하여 부울 크기를 제어한다. 마이크로 전자 칩의 후속 제조를 위해 450 mm 지름과 최대 3 m 길이의 단결정 잉곳을 생산 할 수 있다.

결정 성장 공정 중에 소량이라도 오염 물질이 Si의 전기적 특성을 크게 변화시킬 수 있기 때문에 실리콘의 오염을 방지하는 것은 매우 중요하다. 고온의 결정 성장 과정 중에 실리콘과의 원치 않는 반응 및 오염 물질의 침입을 최소화하기 위해 진공 또는 불활성 가스(아르곤 또는 헬륨)에서 수행된다. 도가니 재료의 선택 또한 중요하다. 용융실리카(SiO_2)는 사용 가능한 최적의 재료로 거의 독점적으로 사용되고 있다. 도가니의 점진적인 용해로 인해 실리콘 부울에서 원하지 않는 불순물로서 산소가 들어가게 된다. 불행하게도 공정 중에 용융 물질 내의 산소 농도가 점차 증가하여 잉곳의 길이와 직경 전체에 걸쳐 불순물의 농도가 변하게 된다.

초크랄스키 공정의 대체 공정으로 *플로트 존 공정(float-zone process)*이 있다[15], [22]. 이 공정은 진공 챔버나 불활성 분위기에 수직으로 배치된 전자 등급 다결정 실리콘 봉을 사용한다. 그림 29.6과 같이 단결정 종자가 봉의 하부에 위치하고 실리콘 봉을 둘러싸는 RF 가열 코일이 봉의 하부에서 천천히 상부로 이동하여 국부적인 용융 영역(부유 영역)을 발생시킨다. 가열 코일이 상승함에 따라 용융 실리콘이 종자의 결정 방향과 동일한 단결정으로 응고된다. 이 공정은 용융 실리콘과 접촉하는 도가니를 사용하지 않기 때문에 초크랄스키 공정으로 생성된 Si보다 순도가 높다는 장점이 있다. 그러나, 용융 영역의 표면 장력의 한계로 인해 작은 직경의 단결정 봉을 얻는데 사용된다.

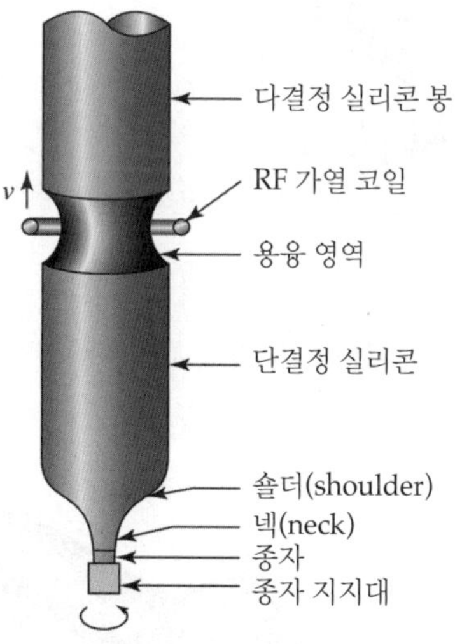

그림 29.6 단결정 실리콘 잉곳을 성장시키기 위한 플로트 존 공정(Float-zone process).

29.2.3 웨이퍼로의 실리콘 성형

실리콘 부울을 얇은 디스크 형태의 웨이퍼로 만들기 위해 다음과 같은 일련의 공정이 수행된다. 이 공정 단계는 (1) 부울 준비, (2) 웨이퍼 슬라이싱 및 (3) 웨이퍼 준비로 그룹화할 수 있다. 부울 준비 단계에서는 잉곳의 시드와 잉곳 끝 뾰족한 부분뿐만 아니라 후속 IC 공정을 위한 저항 및 결정학적 요구 사항을 충족하지 않는 잉곳의 일부를 절단한다. 다음으로 그림 29.7(a)와 같이 결정 성장 공정에서는 직경과 진원도를 충분히 제어할 수 없기 때문에 원통 연삭을 통해 잉곳을 더 완전한 원통 모양으로 만든다. 다음으로 그림 29.7(b)와 같이 하나 이상의 평면이 잉곳의 길이를 따라 연삭된다. 웨이퍼가 잉곳에서 절단된 후 이 평면은 (1) 식별, (2) 결정구조에 대한 IC의 방향 및 (3) 공정 중 기계적 위치와 같은 여러 기능을 수행한다.

이제 잉곳은 그림 29.8에 나타낸 연삭 절단 공정에 의해 웨이퍼로 슬라이싱 될 준비가 되었다. 내경에 결합된 다이아몬드 입자가 있는 매우 얇은 톱날이 절단 날 역할을 한다. 회전 톱날의 외경보다 내경을 사용하면 평탄도, 두께, 평행도 및 웨이퍼의 표면 특성을 더 잘 조절할 수 있다. 웨이퍼는 직경에 따라(더 큰 웨이퍼 직경의 경우 더 큰 두께) 약 0.4~0.7 mm의 두께로 절단된다. 모든 웨이퍼 절단 시, 회전 톱날의 절단 폭 때문에 어느 정도의 실리콘이 소모된다. 절단 손실을 최소화하기 위해 톱날은 약 0.33 mm로 최대한 얇게 만들어진다.

다음으로 웨이퍼는 IC 제조를 위한 후속 공정과 취급을 위해 준비된다. 슬라이싱 후 그림 29.9(a)와 같이 윤곽 연삭 작업을 통해 웨이퍼의 가장자리(rim)를 둥글게 만든다. 이렇게 함으로써 웨이퍼

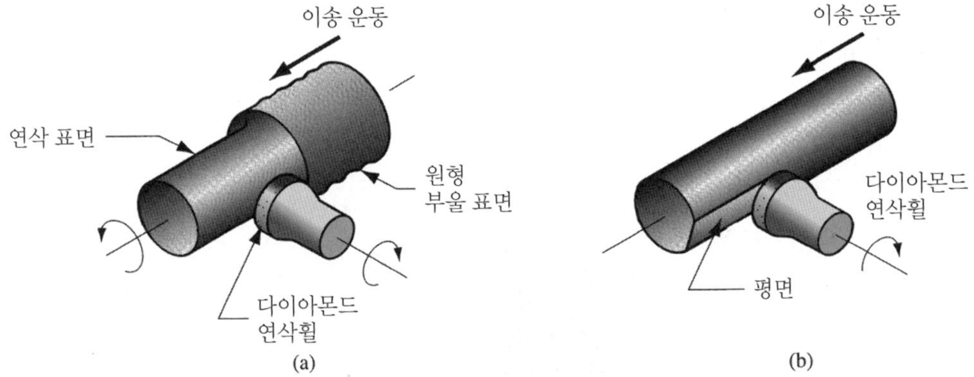

그림 29.7 실리콘 잉곳의 성형에 사용되는 연삭 작업. (a) 원통 연삭을 통한 지름 치수와 진원도를 향상, (b) 원통의 평면 연삭.

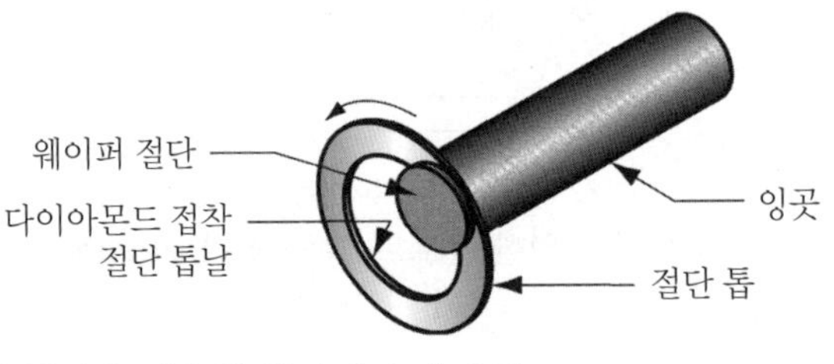

그림 29.8 다이아몬드 절단 톱날을 사용한 웨이퍼 슬라이싱.

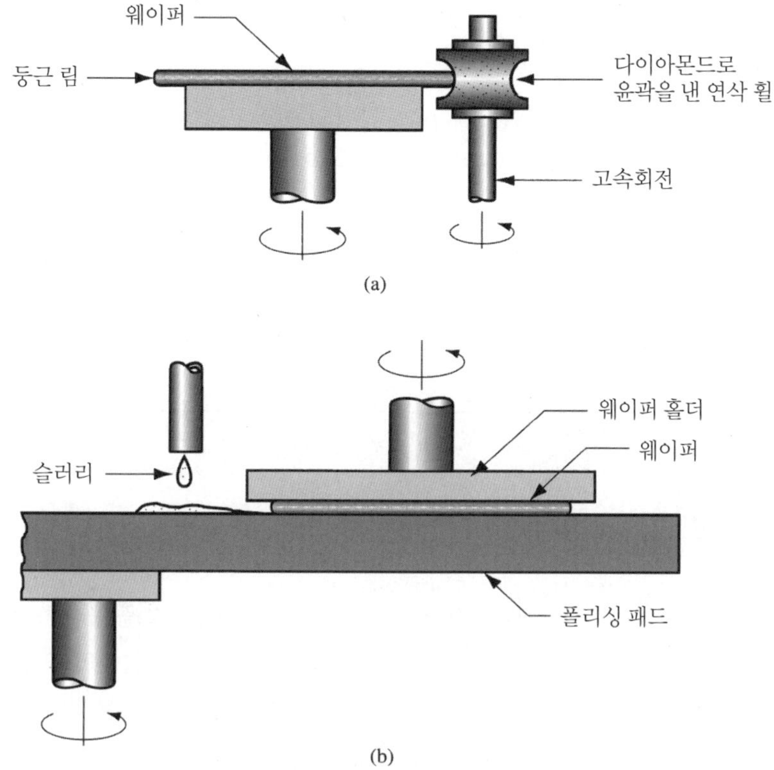

그림 29.9 웨이퍼 처리의 두 단계. (a) 웨이퍼의 둘레를 둥글게 하기 위한 외곽 연삭, (b) 표면 폴리싱.

를 취급할 때 웨이퍼 모서리의 부스러짐을 줄이고 웨이퍼 가장자리에 포토레지스트 용액이 축적되는 것을 최소화할 수 있다. 다음으로 웨이퍼는 절단 중에 발생한 표면 손상을 제거하기 위해 화학적으로 에칭된다. 그 다음에는 후속 광리소그래피 공정을 수행하기 위하여 매우 매끄러운 표면을 제공하기 위한 평평한 연마 작업이 이어진다. 그림 29.9(b)의 연마 단계에서는 수산화나트륨(NaOH) 수용액에 매우 미세한 실리카(SiO_2) 입자의 슬러리를 사용한다. NaOH는 Si 웨이퍼 표면을 산화시키고 연마 입자가 산화된 표면층을 제거한다. 연마하는 동안 각 측면에서 약 0.025 mm가 제거된다. 마지막으로 웨이퍼를 화학적으로 세척하여 잔유물과 유기막을 제거한다.

주어진 크기의 웨이퍼에 얼마나 많은 IC 칩을 제조할 수 있는지 아는 것이 중요하다. 제조할 수 있는 칩의 수량은 웨이퍼 크기에 대한 칩 크기에 따라 다르다. 칩이 정사각형이라고 가정하면 다음 방정식을 이용하여 웨이퍼로부터 제조 가능한 칩의 수량을 예측할 수 있다.

$$n_c = 0.34\left(\frac{D_w}{L_c}\right)^{2.25} \tag{29.3}$$

여기서, n_c는 웨이퍼로부터 제조 가능한 예상 칩 수량, D_w는 원형으로 가정된 웨이퍼의 처리 가능한 영역의 직경(mm), L_c는 칩의 한 면 길이(mm)(정사각형으로 가정)를 나타낸다. 웨이퍼의 처리 가능한 영역의 직경은 웨이퍼의 외경보다 약간 작다. 웨이퍼로부터 실제 제조한 칩의 수량은 칩이 웨이퍼에 배치되는 방식에 따라 식 (29.3)으로 예측한 수량과 다를 수있다.

예제 29.1

제작 가능한 칩 수량

가공 가능한 영역의 직경이 150 mm인 300 mm 직경의 실리콘 웨이퍼가 있다. 한 변이 18 mm인 IC 칩을 제작하려고 한다면 제작 가능한 칩의 수량은 얼마인가?

풀이

$$n_c = 0.34\left(\frac{150}{20}\right)^{2.25} = 0.34(7.5)^{2.25} = 31.64$$이므로 **31개**

29.3 리소그래피

IC는 회로 설계에서 웨이퍼 표면에 트랜지스터, 기타 소자 및 상호 연결을 구성하는 수많은 미세한 영역으로 구성되어 있다. 평면 공정에서 표면의 선택된 영역에 층을 추가, 변경 또는 제거하는 일련의 공정에 의해 제작된다. 각 층의 형태는 리소그래피라고 알려진 공정(기본적으로 수 세기동안 예술가와 인쇄업자들이 사용한 것과 같은 공정)에 의해 웨이퍼 표면에 옮겨진 회로설계 정보를 나타내는 기하학적 패턴에 따라 결정된다.

다음과 같은 몇 가지 리소그래피 기술이 반도체 공정에 사용된다. 리소그래피 기술은 (1) 광 리소그래피(optical lithography, *포토리소그래피(photolothography)*로도 알려져 있음), (2) 전자빔 리소그래피, (3) X선 리소그래피, (4) 이온빔 리소그래피가 있다. 이러한 리소그래피 기술들의 차이점은 포토레지스트를 노출시켜 마스크 패턴을 표면에 전사하는데 사용되는 방사선 유형에 있다. 전통적인 기술은 광 리소그래피이며, 이 절에서는 대부분 이 기술에 대해 다룬다.

29.3.1 광 리소그래피

광 리소그래피(optical lithography)는 광 방사를 이용하여 실리콘 웨이퍼 표면의 포토레지스트 코팅에 빛을 노출시킨다. 각 층에 필요한 기하학적 패턴을 포함하는 마스크(mask)는 웨이퍼로부터 광원을 분리하므로 마스크에 의해 차단되지 않은 포토레지스트 부분만 빛에 노출된다. ***마스크(mask)***는 원하는 패턴을 형성하기 위해 특정 영역에 불투명 물질의 박막이 증착된 투명한 유리 평판으로 구성된다. 유리판의 두께는 약 2 mm인 반면, 증착된 막의 두께는 수 μm에 불과하다(일부 막 재료의 경우 1 μm 미만). 마스크 자체는 리소그래피로 제작되며 일반적으로 회로 설계자가 사용하는 CAD 시스템의 디지털 출력 형식인 회로 설계 데이터를 기반으로 제작된다.

포토레지스트

포토레지스트(photoresists)는 특정 파장 범위의 광 방사에 민감하게 반응하는 유기 고분자로, 빛에

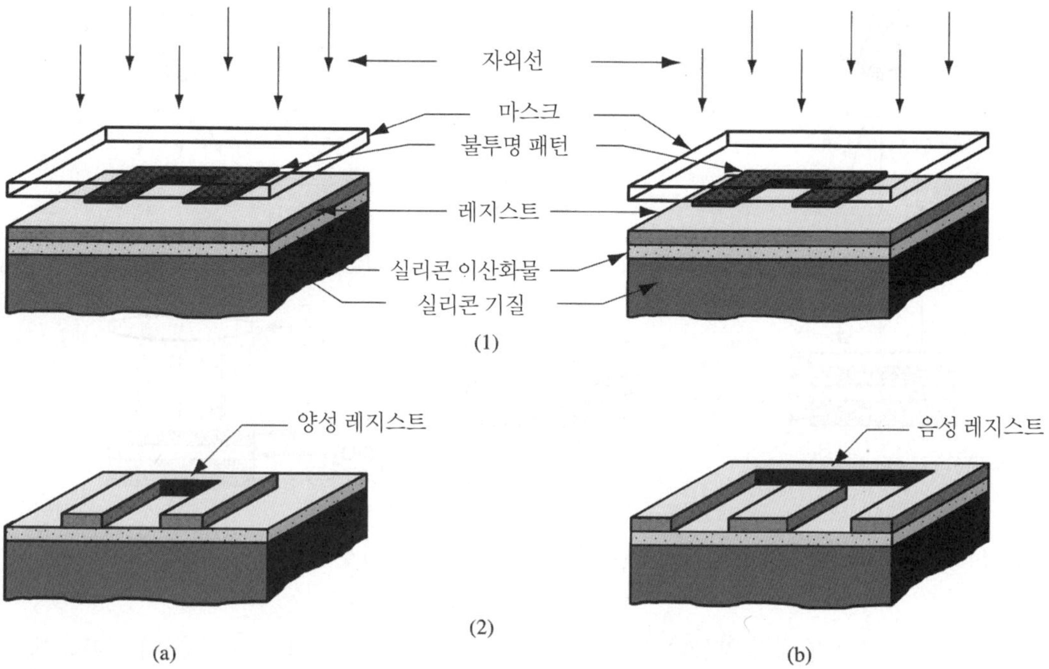

그림 29.10 광 리소그래피에. (a) 양성 레지스트, (b) 음성 레지스트 적용. 두 가지 방식 모두의 공정 순서는 (1) 마스크를 통한 노광, (2) 현상 후 잔류 레지스트.

대한 반응을 통해 특정 화학 물질에 대한 고분자의 용해도를 증가 또는 감소시킨다. 일반적인 반도체 공정에서는 자외선(UV)에 민감한 포토레지스트를 사용한다. UV는 가시광선에 비해 파장이 짧기 때문에, 웨이퍼 표면 위에 미세 회로의 이미지를 세밀하게 구현할 수 있다. 또한, 자외선 대역 이상의 낮은 광수준의 조명을 갖는 공장에서도 공정이 가능하다.

포토레지스트는 양성과 음성의 두 가지 유형의 포토레지스틀 사용한다. ***양성 레지스트(positive resist)***는 빛에 노출되면 현상액에 더 잘 용해된다. ***음성 레지스트(negative resist)***는 빛에 노출되면 현상액에 잘 녹지 않는다. 그림 29.10은 이 두 종류의 레지스트의 작업을 보여 주고 있다. 음성 레지스트는 SiO_2 및 금속 표면에 대한 접착력이 우수하고 에칭 저항성이 우수하다. 그러나, 양성 레지스트는 보다 좋은 해상도를 얻을 수 있어 IC의 선폭 크기가 점점 미세화됨에 따라 더 널리 사용되는 기술이 되었다.

노출 기술(exposure techniques)

레지스트는 그림 29.11과 같이 (a) 접촉 인쇄, (b) 근접 인쇄, (c) 투영 인쇄의 세 가지 노출 기술 중 하나를 사용하여 마스크를 통해 노출된다. 접촉 인쇄(contact printing)에서 빛이 노출되는 동안 레지스트 코팅이 마스크에 의해 눌려진다. 그 결과 웨이퍼 표면의 패턴 해상도가 높아지지만, 웨이퍼와의 물리적인 접촉으로 인해 마스크가 점차 마모된다. 근접 인쇄(proximity printing)에서는 마스크가 레지스트 코팅으로부터 10~25 μm의 거리만큼 떨어져 있다. 마스크의 마모는 없지만 이미지 해상도는 약간 낮아진다. 투영 인쇄(projection printing)는 고품질 렌즈(또는 거울)시스템을 사용하

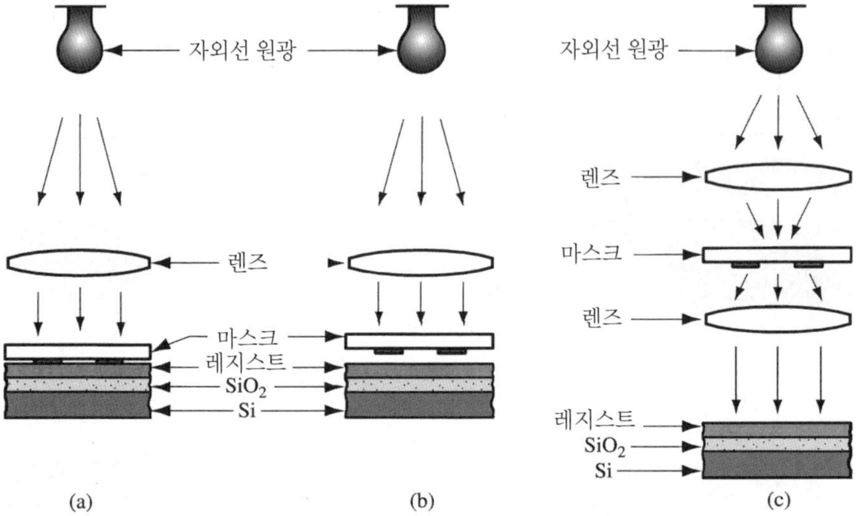

그림 29.11 광 리소그래피 노출 기술. (a) 접촉 인쇄, (b) 근접 인쇄, (c) 투영 인쇄.

여 이미지를 마스크를 통해 투영한다. 이 방법은 비접촉식(마스크의 마모가 없음)이기 때문에 선호하는 기술이 되었으며, 광학 투영을 통해 마스크 패턴을 축소하여 고해상도를 얻을 수 있다.

광 리소그래피 공정 절차

광 리소그래피 공정은 웨이퍼 위에 SiO_2의 박막을 형성하기 위해 산화된 실리콘 표면에서 시작된다. 마스크 패턴에 의해 정의된 특정 영역에서 SiO_2 박막을 제거한다. 양성 레지스트에 대한 공정 절차는 그림 29.12에 나와 있는 것처럼 다음과 같이 진행된다. (1) *표면 준비* – 레지스트의 젖음성 및

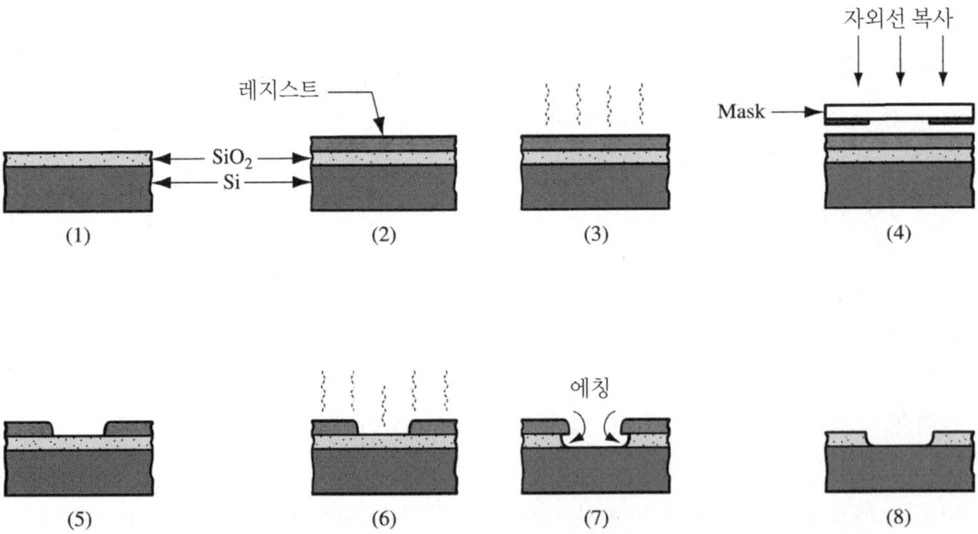

그림 29.12 실리콘 웨이퍼에 적용된 광리소그래피 공정. (1) 표면 준비, (2) 포토레지스트 도포, (3) 소프트 베이크, (4) 마스크 정렬과 노출, (5) 레지스트 현상, (6) 하드베이크, (7) 에칭, (8) 레지스트 박리.

접착성을 향상시키기 위해 웨이퍼를 적절하게 세정한다. (2) *포토레지스트 도포* – 반도체 공정에서 포토레지스트는 웨이퍼 중앙에 정해진 양의 액상 레지스트를 공급한 다음 웨이퍼를 회전시켜 액체를 퍼뜨려 균일한 코팅 두께를 얻는다. 두께는 약 1μm가 바람직하며, 이는 좋은 해상도를 제공하면서도 핀홀(pinhole) 결함을 최소화한다. (3) *소프트베이크(soft-bake, 연성 굽기)* – 이 사전 노출 베이크의 목적은 용제를 제거하고 접착력을 촉진하며 레지스트르 강화하는 것이다. 일반적인 소프트베이크의 온도는 대략 90°C로 약 10~20분간 가열한다. (4) *마스크 정렬과 노출* – 패턴 마스크는 웨이퍼 위에 정렬되고 레지스트는 위에서 설명한 방법 중 하나를 사용하여 마스크를 통해 노출된다. 목적에 맞게 특별히 설계된 광학 기계 장비를 사용하여 정렬을 매우 정밀하게 수행해야 한다. 웨이퍼가 이전에 리소그래피에 의해 처리되어 웨이퍼에 패턴이 이미 형성된 경우, 후속 마스크는 기존 패턴과 상대적으로 정밀하게 맞추어져야 한다. 레지스트의 노출은 빛의 강도×시간의 함수이며, 수은등이나 기타 자외선 광원이 사용된다. (5) *레지스트 현상* – 노출된 웨이퍼를 현상액에 담그거나 용액을 웨이퍼 표면에 분사한다. 예제의 양성 레지스트의 경우는 빛에 노출된 영역이 현상액에 용해되어 SiO_2 표면이 노출된다. 현상 후에는 일반적으로 현상을 중지하고 잔류 화학 물질을 제거하기 위해 헹굼을 한다. (6) *하드베이크(hard-bake)* – 현상액에 남아있는 휘발성 물질을 제거하고, 특히 새로 형성된 레지스트 막의 모서리 부분의 레지스트 접착력을 증가시킨다. (7) *에칭(etching)* – 에칭을 하여 레지스트가 제거된 부분의 SiO_2 층을 제거한다. (8) *레지스트 박리* – 에칭 후 표면에 남아있는 레지스트 코팅을 제거해야 한다. 박리는 습식 또는 건식 기술을 사용하여 수행된다. 습식 박리는 액체 화학 물질을 사용한다. 황산(H_2SO_4)과 과산화수소(H_2,O_2)의 혼합물이 일반적으로 사용된다. 건식 박리는 산소를 반응성 가스로 사용하는 플라즈마 에칭을 사용한다.

이 절에서는 실리콘 기판에서 SiO_2 박막을 제거하기 위해 광리소그래피를 사용하는 것을 설명하지만 다른 처리 단계에 대해서도 동일한 기본 절차를 따른다. 이러한 모든 단계에서 광리소그래피의 목적은 포토레지스트 층 아래의 특정 영역을 노출시켜 이 노출된 영역에 대한 공정이 진행될 수 있도록 하는 것이다. 주어진 웨이퍼의 공정에서 광리소그래피는 원하는 집적회로를 생성하는데 필요한 만큼 여러 번 반복되고, 매번 다른 마스크를 사용하여 적절한 패턴을 제작한다. 그림 29.13에 광리소그래피를 사용하여 부분적으로 처리된 실리콘 웨이퍼를 나타내었다.

29.3.2 기타 리소그래피 기술

집적회로의 선폭 크기가 계속 감소하고 기존의 UV 광리소그래피가 점차 부적합해짐에 따라 더 높은 해상도를 제공하는 다른 리소그래피 기술의 중요성이 커지고 있다. 이러한 기술에는 극자외선 리소그래피, 전자빔 리소그래피, x선 리소그래피 및 이온빔 리소그래피 기술이 있다. 각 기술에 대해 특정 유형의 방사선에 반응하는 특수 레지스트 재료가 필요하다.

극자외선 리소그래피(extreme ultraviolet lithography, EUV)는 기존의 UV 리소그래피가 개선된 것으로 광 노출 중에 더 짧은 파장의 UV를 사용한다. 극자외선 파장 범위는 10~380 nm (nm = nanometer = 10^{-9} m)이며, 상단은 가시광선의 범위(400~700 nm 파장)에 가깝다. EUV는

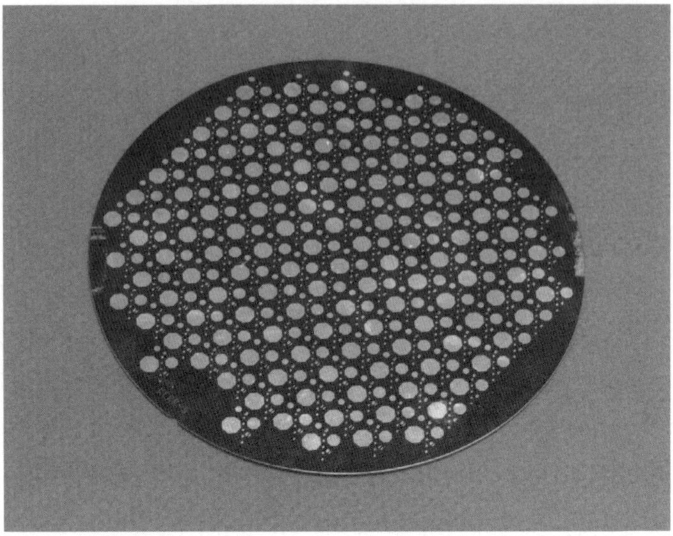

Courtesy of George E. Kane Manufacturing Technology Laboratory, Lehigh University

그림 29.13 여러 광리소그래피 공정 후 부분적으로 처리된 실리콘 웨이퍼.

10 nm에서 14 nm 범위의 파장을 사용하여 집적회로의 선폭을 약 0.05(50 nm)로 줄일 수 있다[15]. 이는 기존의 UV 노출을 사용하여 약 0.1 μm(100 nm)와 비교된다.

전자빔(electron-beam, E-beam) 리소그래피는 UV 및 EUV 리소그래피와 비교하여 레지스트가 빛에 노출되는 동안 빛의 회절을 거의 없앨 수 있어, 이미지의 해상도가 높아진다. 또 다른 잠재적인 이점으로는 스캐닝 전자빔은 웨이퍼 표면의 특정 영역만 빛을 노출할 수 있기 때문에 마스크가 필요하지 않다는 점이다. 그러나, 고품질의 전자빔 시스템은 가격이 비싸고 시간이 소요되는 순차적인 특성의 노출 방법으로 인해 광리소그래피의 마스크 기술에 비해 생산 속도가 낮다. 따라서, 전자빔 리소그래피는 소량 생산에 국한되어 사용된다. 전자빔 기술은 UV 리소그래피용 마스크 제조에 널리 사용된다.

X선 리소그래피(X-ray lithography)는 방사선 파장이 UV 광보다 훨씬 짧다(X선의 파장범위는 0.005 nm~수십 nm이며, UV의 파장 범위의 하단과 중첩됨). 따라서, 이 방법은 레지스트의 노출 동안 더 선명한 이미지를 얻을 수 있다. 그러나, X선은 리소그래피 작업 중에 초점을 맞추기가 어렵다. 결과적으로 접촉 또는 근접 인쇄 방식을 사용해야 하며 마스크를 통해 우수한 이미지 해상도를 얻기 위해 X선 소스가 웨이퍼 표면으로부터 상대적으로 먼 거리에 위치해야 한다.

이온빔 리소그래피(ion-beam lithography) 시스템은 크게 두 가지 범주로 나눌 수 있다. (1) 스캐닝 전자빔 시스템과 작동이 유사하고 마스크가 필요 없는 집속 이온 이온빔 시스템 및 (2) 근접 인쇄 방식에 의해 마스크를 통해 레지스트에 노출 시키는 마스크 이온빔 시스템이 수 있다. 전자빔 및 X선 시스템과 마찬가지로 이온빔 리소그래피는 기존의 UV 광리소그래피보다 더 높은 이미지 해상도를 얻을 수 있다.

29.4 적층 공정

집적회로를 생산하는 데 필요한 단계는 광리소그래피로 정의된 실리콘 웨이퍼의 영역을 추가, 변경 또는 제거하는 화학적 및 물리적 공정으로 구성된다. 이러한 영역은 집적회로에서 소자 및 상호 연결을 형성하는 절연체, 반도체 및 도전 영역을 구성한다. 층은 한 번에 한 층씩 제조되며 각 층은 각기 다른 구성을 가지며 웨이퍼 표면에 전자 소자 및 도전 경로의 모든 미세한 세부 사항이 구성될 때까지 별도의 마스크가 필요하다.

이 절에서는 층을 추가, 변경 및 제거하는 웨이퍼 공정에 대해 살펴본다. 표면에 층을 추가하거나 변경하는 공정은 다음과 같다. (1) 열산화: 실리콘 기판에 이산화규소(SiO_2) 층을 성장시킨다. (2) 화학 기상 증착: IC 제조에서 다양한 종류의 층을 적용하는 데 사용되는 다목적 공정이다. (3) 확산과 이온 주입: 기존 층 또는 기판의 화학 성분을 변경하는 데에 사용된다. (4) 다양한 도금 공정: 웨이퍼에 전기 전도성 영역을 제공하기 위해 금속 층을 추가한다. (5) 여러 에칭 공정: 집적회로의 원하는 상세부를 얻기 위해 추가된 층의 일부를 제거한다.

29.4.1 열산화

실리콘 웨이퍼의 산화는 집적회로를 제조하는 동안 여러 번 수행될 수 있다. 이산화규소(SiO_2)는 Si의 반도체 특성과 대조되는 절연체이다. 실리콘 웨이퍼 표면에 SiO_2 박막을 쉽게 생성할 수 있다는 점은 반도체 재료로서 실리콘의 매력적인 특징 중 하나이다. 이산화규소는 IC 제조에서 다음과 같은 여러 가지 중요한 기능을 수행한다. (1) 실리콘에 불순물(dopant) 확산이나 이온 주입을 방지하는 마스크로 사용된다. (2) 회로에서 소자들을 분리하는데 사용된다. (3) 다층 금속 배선 시스템에서 층간 전기 절연을 제공한다.

칩 제조 중에 산화물을 추가해야 하는 시기에 따라 반도체 제조에서 SiO_2를 형성하는 데 여러 공정이 사용된다. 가장 일반적인 공정은 실리콘 기판에 SiO_2 막을 성장시키는데 적합한 열산화이다. ***열산화(thermal oxidation)***는 웨이퍼를 고온의 산화 환경에 노출시킨다. 산소 또는 수증기가 각각 다음 반응과 함께 사용된다.

$$Si + O_2 \rightarrow SiO_2 \tag{29.4}$$

또는

$$Si + 2H_2O \rightarrow SiO_2 + 2H_2 \tag{29.5}$$

실리콘의 열산화에 사용되는 일반적인 온도 범위는 900~1300℃이다. 온도와 시간을 조절함으로써 예측 가능한 두께의 산화막을 얻을 수 있다. 위의 반응식은 그림 29.14에서 볼 수 있는 것처럼 웨이퍼의 표면의 실리콘이 반응으로 소비되었음을 보여준다. 두께가 d인 SiO_2 박막을 성장시키려면 두께가 $0.44d$인 실리콘 층이 필요하다.

이산화규소 박막을 실리콘 이외의 표면에 적용해야 하는 경우에는 직접 실리콘이 직접 열산화는 적합하지 않다. 화학 기상 증착법과 같은 대체 공정을 사용해야 한다.

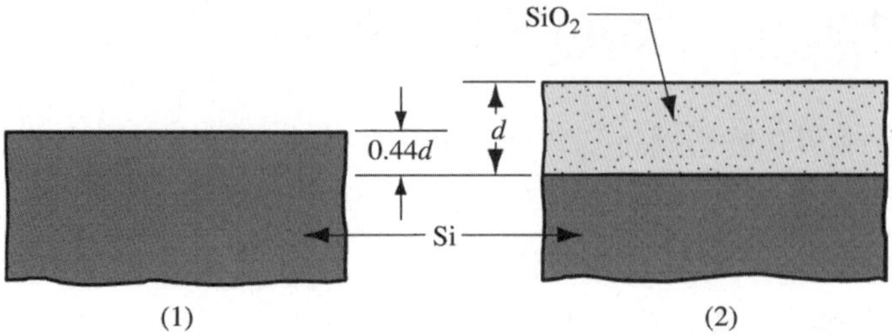

그림 29.14 실리콘 기판 위에 열산화에 의한 SiO_2의 성장. 두께 변화가 일어나는 것을 보여주고 있다. (a) 열산화 전, (b) 열산화 후.

29.4.2 화학 기상 증착법

화학 기상 증착법(chemical vapor deposition, CVD)은 화학 반응 또는 가스 분해에 의해 가열된 기판 표면에 박막을 성장시키는 공정이다(24.5.2절). CVD는 실리콘, 이산화규소, 질화규소(Si_3N_4) 및 다양한 재료의 층을 추가하기 위해 널리 사용된다. 플라즈마 강화 CVD(plasma enhanced CVD)는 낮은 온도에서 반응이 일어나도록 하기 때문에 자주 사용된다.

IC 제조에서 일반적인 CVD 반응

이산화규소의 경우, 웨이퍼 표면이 실리콘만 있다면(예: IC 제조 초기) 열산화법이 SiO_2 층을 형성하는 데 적합한 공정이다. 산화물 층이 알루미늄 또는 실리콘 질화물과 같은 실리콘 이외의 재료 위에 성장시켜야 한다면, 화학 기상 증착법과 같은 다른 대체 기술을 사용해야 한다. SiO_2의 화학 기상 증착은 실레인(silane, SiH_4)과 같은 실리콘 화합물을 가열된 기판에서 산소와 반응하여 얻을 수 있다. 반응은 약 425℃에서 이루어지며 반응식은 다음과 같다.

$$SiH_4 + O_2 \rightarrow SiO_2 + 2H_2 \tag{29.6}$$

일반적으로 이산화규소 박막의 밀도와 기판에 대한 결합력은 열산화에 의해 생성된 것보다 떨어진다. 결과적으로 CVD는 다른 증착 방법이 적합하지 않은 경우에만 사용된다. 못한 경우, 즉, 기판 표면이 실리콘이 아니거나 열산화의 고온을 견딜 수 없는 경우에 사용된다. CVD는 인(P) 불순물이 섞인 이산화규소(*P-glass*라고 부름)와 같은 도핑된 SiO_2의 층을 만드는 데 사용할 수 있다.

질화실리콘은 실리콘을 산화시킬 때 마스크 층으로 사용된다. Si_3N_4는 Si에 비해 산화율이 낮아 실리콘 표면에 코팅된 부분의 산화를 방지하는 마스크로 사용할 수 있다. 실리콘 웨이퍼에 Si_3N_4를 코팅하기 위한 기존의 CVD 공정은 약 750℃의 온도에서 다음과 같이 실레인과 암모니아(NH_3)의 반응으로 얻을 수 있다.

$$3SiH_4 + 4NH_3 \rightarrow Si_3N_4 + 12H_2 \tag{29.7}$$

플라즈마 강화 CVD도 기본적으로 동일한 코팅 반응에 사용지만 훨씬 낮은 온도(약 300℃)에서 수행할 수 있다.

다결정 실리콘(부울 및 웨이퍼와 같은 단결정 구조를 갖는 실리콘과 구별하기 위해 *폴리실리콘*이라고 함)은 IC 제조에서 MOS 소자의 리드 및 게이트 전극용 도전 재료와 같이 여러 용도로 사용된다. 폴리실리콘을 웨이퍼에 코팅하기 위한 화학 기상 증착에는 약 600℃의 온도에서 실레인의 환원시켜 얻을 수 있으며 화학 반응식은 다음과 같다.

$$SiH_4 \rightarrow Si + 2H_2 \tag{29.8}$$

에피택시 증착법

기판상의 박막 성장과 관련 있는 공정으로 에피택시 증착법(epitaxial deposition)이 있으며, 여기서 박막은 기판 구조와 같은 결정구조를 갖는다. 박막 재료가 기판과 동일한 경우(예: 실리콘 위의 실리콘), 결정 격자는 웨이퍼의 결정과 동일하게 된다. 에피택시 증착을 수행하는 두 가지 주요 기술은 증기상 에피택시와 분자빔 에피택시가 있다.

증기상 에피택시(vapor-phase epitaxy)는 반도체 공정에서 더욱 중요하며 화학 기상 증착을 기반으로 한다. 실리콘 위에 실리콘을 성장시키는 경우, 에피택시 층이 성공적으로 형성될 수 있도록 공정 속도를 늦추기 우해 희석도니 반응 가스를 사용하여 기존의 Si CVD보다 더 높은 온도에서 정밀하게 제어된 조건에서 수행된다. 식 (29.8)을 포함하여 다양한 반응이 가능하지만, 약 1200℃에서 사염화규소($SiCl_4$) 가스의 수소 환원 반응이 가장 널리 사용된다.

$$SiCl_4 + 2H_2 \rightarrow Si + 4HCl \tag{29.9}$$

분자빔 에피택시(molecular-beam epitaxy)는 실리콘이 하나 이상의 불순물(dopant)과 함께 기화되어 진공 챔버에서 기판으로 이송되는 진공 증발 공정(24.5.1절)을 사용한다. CVD보다 낮은 온도에서 수행할 수 있다는 장점이 있다. 공정 온도는 400℃~900℃이다. 그러나, 생산성이 상대적으로 낮고 장비가 고가이다.

29.4.3 도핑

IC 기술은 *도핑(doping)*이라고 하는 표면의 선택된 영역에 불순물을 도입하여 실리콘의 전기적인 특성을 얼마나 변화시킬 수 있는지에 달려있다. 도핑된 영역은 회로에서 트랜지스터, 다이오드 및 기타 소자들을 형성하는 p-n 접합을 생성하는 데 사용된다. 열산화 및 광리소그래피에 의해 생성된 이산화규소 마스크는 도핑될 실리콘 영역을 분리하는 데 사용된다. 불순물로 사용되는 일반적인 원소는 실리콘 기판에서 전자 수용체(acceptor) 영역(p형 영역)을 형성하는 붕소(B) 및 전자 공여체(donor) 영역(n형 영역)을 형성하는 인(P), 비소(As) 및 안티몬(Sb)이 있다. 이러한 원소를 실리콘에 도핑하는 주된 기술이 이온 주입법이다.

이온 주입법(ion implantation, 24.2.2절)에서 기화된 불순물 원소의 이온은 전기장에 의해 가속되어 실리콘 기판 표면으로 향한다. 원자는 표면으로 침투하여 에너지를 잃고 결정 구조의 특정 깊이에서 멈춘다. 평균 깊이는 이온의 질량과 가속 전압에 의해 결정된다. 전압이 높을수록 일반적으로 수백 옹스트롬(1 angstrom = 10^{-7} mm = 10^{-1} nm)로 침투 깊이가 깊어진다. 이온 주입법의 장점은 상온에서 수행할 수 있고 정확한 도핑 밀도를 얻을 수 있다는 점이다. 이온 주입법의 문제점은 이온 충돌이 결정 격자 구조를 분리하고 손상시킨다는 것이다. 매우 높은 에너지의 충돌은 초기 결정질 재료를 비정질 구조로 변환시킨다. 이 문제는 500℃~900℃ 사이의 온도에서 어닐링하여 격자 구조가 스스로 복구되어 결정 상태로 되돌아갈 수 있도록 함으로써 해결된다.

29.4.4 금속 배선 공정

전도성 재료는 다음과 같은 기능을 수행하기 위해 웨이퍼에 증착된다. (1) IC에서 특정 소자부품을 형성한다. (2) 칩 상의 소자들 사이에 도전 경로를 제공한다. (3) 칩을 외부 회로와 연결한다. 이러한 기능을 만족시키기 위하여, 전도성 재료는 매우 미세한 패턴으로 형성되어야 한다. 이러한 패턴을 제조하는 공정을 금속 *배선(metallization)*이라고 하며 다양한 증착 기술과 광리소그래피를 결합한다. 칩을 외부 회로와 연결하는 것은 C 패키징과 관련이 있고 29.6절에서 다루기로 한다.

_금속 배선 재료_

실리콘 기반 집적회로의 금속 배선에 사용되는 재료는 요구되는 특정 물성을 가져야 하며, 그 중 일부는 전기적 기능과 관련이 있는 반면 다른 일부는 공정과 관련이 있다. 금속 배선의 바람직한 특성은 (1) 낮은 저항률, (2) 실리콘과의 낮은 접촉 저항, (3) 일반적으로 Si 또는 SiO_2와 같은 기본 재료에 대한 우수한 접착성, (4) 광리소그래피와 호환되는 증착의 용이성, (5) 화학적 안정성(비부식성, 비반응성 및 비오염성), (6) 공정 온도 동안의 물리적 안정성 및 (7) 좋은 수명 안정성 등이 있다[5], [14].

이 모든 조건을 완벽하게 만족하는 재료는 없지만 알루미늄은 대부분의 조건을 만족하며 최근까지 금속 배선 재료로 가장 널리 사용되어 왔다. 오늘날 구리는 칩의 상호 연결을 위한 금속 배선 재료로 사용되고 있다. 전도성이 좋은 재료(표 4.3)를 사용하면 에너지 요구 사항이 낮아지고 IC의 성능이 우수해진다. 구리가 기존에 사용되지 못했던 것은 알루미늄에 비해 포토리소그래피 공정의 어려움 때문이었다. 최근 공정 개발을 통해 금속 배선 패턴을 형성하기 위해 구리가 증착되는 기판 표면에 가느다란 트랜치(trench)를 형성하는 등 구리를 적용하는 대안 방법이 생겼다[20].

집적회로의 특수 응용 분야에 사용되는 기타 금속 배선 재료에는 티타늄(Ti), 금(Au), 폴리실리콘(Si), 내화금속(예: W, Mo), 규화물(예: WSi_2, $MoSi_2$, $TaSi_2$) 및 질화물(예: TaN, TiN, ZrN)이 있다.

_금속 배선 공정_

IC 제조에서 금속 배선을 형성하기 위해 물리 기상 증착법, 화학 기상 증착법 및 전기 도금법과 같은 여러 공정을 적용할 수 있다. PVD 공정 중에서 진공 증착법(vacuum evaporation)과 스퍼터링(sputtering)을 적용할 수 있다(24.5.1절). 진공 증착법은 알루미늄 금속 배선에 적용할 수 있다. 기화는 일반적으로 저항 가열 또는 전자빔 증착으로 이루어진다. 스퍼터링은 내화성 금속 및 특정 화합물뿐만 아니라 알루미늄을 증착하는데 사용할 수 있다. 이 방법은 진공 증착법보다 더 우수한 스텝 커버리지(step coverage) 특성을 가지고 있으며, 많은 공정을 거쳐 표면 윤곽이 불규칙하게 되었을 때에 중요하지만, 증착 속도가 느리고 장비가 더 비싸다.

또한, 화학 기상 증착법(CVD)도 금속 배선 기술에 적용할 수 있다. 이 공정의 장점은 우수한 스텝 커버리지와 증착 속도가 빠르다는 점이다. CVD에 적합한 재료에는 텅스텐, 몰리브덴, 질화티타늄 및 반도체 금속 배선에 사용되는 대부분의 규화물이 있다. 반도체 공정에서 금속 배선을 위한 공정에는 PVD가 CVD보다 일반적으로 사용된다. 마지막으로 전기 도금법(24.3.1절)은 박막의 두께를 증가시키기 위해 IC 제조에 가끔 사용된다.

29.4.5 에칭

이 절의 모든 선행 공정은 박막 형태 또는 불순물 원소로 표면을 도핑하는 형태로 웨이퍼 표면에 재료를 추가하는 것과 관련되어있다. IC 제조의 특정 단계에서는 표면으로부터 재료를 제거할 필요가 있다. 이는 원하지 않는 재료를 식각하여 제거한다. 에칭(etching)은 일반적으로 보호할 표면 영역을 코팅하고 에칭을 위해 노출된 다른 영역을 남겨둠으로써 선택적으로 수행되다. 코팅은 내식각성 포토레지스트이거나 이산화규소와 같이 이전에 적용된 재료 층일 수 있다. 에칭은 광리소그래피 공정에서 간략하게 설명하였다. 이 절에서는 IC 제조에서 에칭에 대해 좀 더 상세하게 기술적인 부분을 설명한다.

반도체 공정에서 에칭 공정은 크게 습식 화학 에칭과 건식 플라즈마 에칭이 있다. 습식 화학 에칭은 더 오래된 방법이며 사용하기 더 쉽다. 그러나 일부 단점으로 인해 건식 플라즈마 에칭의 사용이 증가하고 있다.

습식 화학 에칭

습식 화학 에칭(wet chemical etching)은 수용액(일반적으로 산)을 사용하여 대상 물질을 에칭한다. 에칭액은 제거해야 할 특정 재료만 화학적으로 부식시키고, 마스크로 사용된 보호층은 부식시키지 않도록 선택해야 한다. 웨이퍼 공정에서 재료를 제거하는 데 사용되는 일반적인 에칭액 중 일부를 표 29.2에 나타내었다.

가장 간단한 형태의 에칭 공정은 마스크가 입혀진 웨이퍼를 적절한 에칭액에 지정된 시간 동안 담근 다음 즉시 헹굼 절차로 옮겨 에칭을 마치는 것이다. 담금 시간, 에칭액 농도 및 온도와 같은 공정 변수는 제거되는 재료의 양을 결정하는 데에 있어서 중요한 공정 변수들이다. 알맞게 부식된 층은 그림 29.15와 같은 단면구조를 갖는다. 에칭 반응은 모든 방향으로 동일하게 부식되는 *등방성*

표 29.2 반도체 공정에 사용되는 일반적인 화학 에칭액

제거할 재료	에칭 액(보통 수용액 상태)
알루미늄(Al)	인산(H_3PO_4), 질산(HNO_3) 및 아세트산(CH_3COOH)의 혼합물
실리콘(Si)	질산(HNO_3) 및 불화수소산(HF)의 혼합물
이산화실리콘(SiO_2)	불화수소산(HF)
질화실리콘(Si_3N_4)	뜨거운 인산(H_3PO_4)

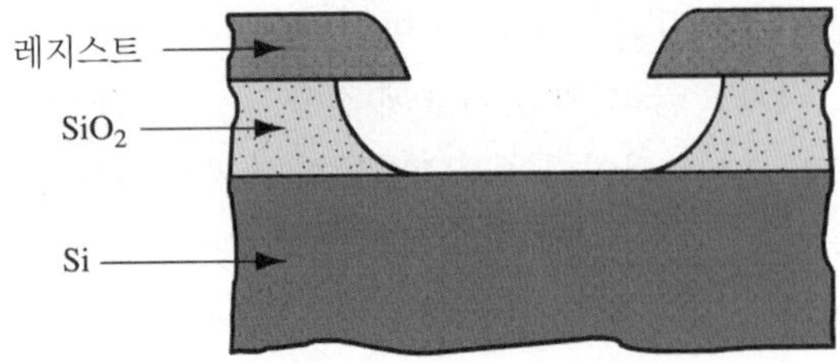

그림 29.15 적절하게 에칭된 층의 단면 형상.

*(isotropic)*이므로 보호 마스크 아래에 언더컷(undercut)이 발생한다. 일반적으로 습식 화학 에칭은 등방성이므로 화학 가공에서와 마찬가지로 마스크 패턴의 크기를 조정하여 효과를 보상하여야 한다(22.4절).

또한, 에칭액은 대상 재료 아래의 층은 부식시키지 않는다. 이상적인 경우에 에칭 용액은 오직 대상 물질과만 반응하고, 대상 물질과 접촉하는 다른 물질과는 반응하지 않도록 조성해야 한다. 실제 사례에서 에칭액에 노출된 다른 재료는 대상 재료만큼은 아니지만 어느 정도 에칭될 수 있다. 에칭액의 ***에칭 선택성(etch selectivity)***은 대상 물질과 마스크 또는기판과 같은 일부 다른 물질 사이의 식각률 비율이다. 예를 들어, Si보다 SiO_2에 대한 불산의 에칭 선택성은 무한이다.

공정 제어가 부적절하면 그림 29.16과 같이 언더 에칭이나 오버 에칭이 발생할 수 있다. 대상층이 완전히 제거되지 않은 언더 에칭은 에칭 시간이 너무 짧거나 에칭액이 너무 약할 때 발생한다. 오버 에칭은 제거되는 대상 재료가 너무 많아 패턴이 손실되고 대상 층 아래의 층이 손상될 수 있다. 오버 에칭은 에칭액에 너무 많이 노출되어 발생한다.

건식 플라즈마 에칭

이 식각 공정은 이온화된 가스를 사용하여 대상 물질을 식각한다. 이온화된 가스는 진공 챔버에 적절한 가스 혼합물을 넣고 무선(RF) 전기 에너지를 사용하여 가스 일부를 이온화하여 플라즈마를 발생시킨다. 고에너지 플라즈마는 대상 표면과 반응하여 물질을 기화시켜 제거한다. 재료를 에칭하는 데에 플라즈마를 사용하는 방법에는 여러 가지가 있다. IC 제조에서 중요한 두 가지 공정에는 플라즈마 에칭과 반응성 이온 에칭이 있다.

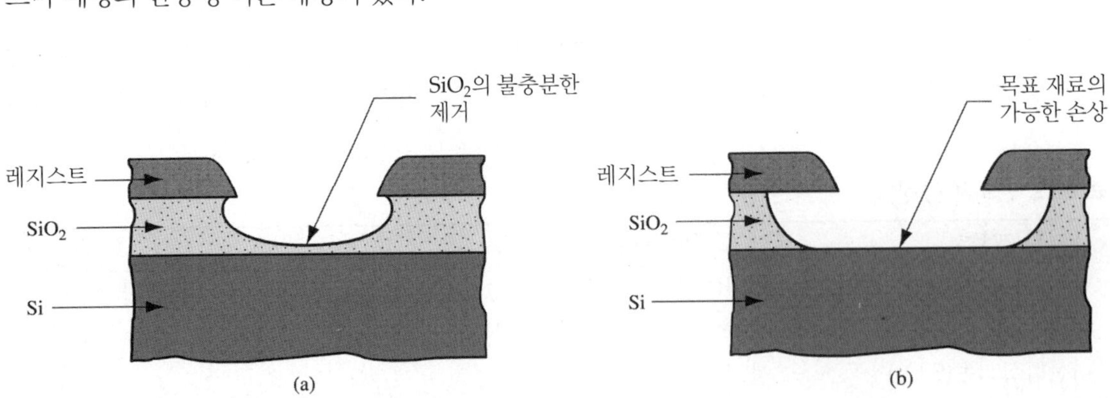

그림 29.16 에칭에서의 두 가지 문제. (a) 언더 에칭, (b) 오버 에칭.

플라즈마 에칭(plasma etching)의 경우, 이온화된 가스의 기능은 화학적으로 반응성이 매우 높은 원자나 분자를 생성하여 대상 표면이 여기에 노출되면 화학적으로 에칭되도록 하는 것이다. 플라즈마 에칭시약은 일반적으로 불소나 염소에 기반을 둔 가스이다. 일반적으로 에칭 선택성은 습식 화학 에칭보다 플라즈마 에칭에서 더 큰 문제다. 예를 들어, Si에 대한 SiO_2의 에칭 선택성은 HF 화학 에칭이 사용될 때 무한대와 비교해 일반적인 플라즈마 에칭 공정에서는 에칭 선택성이 최대 15이다[4].

HF 화학에칭의 무한대의 에칭선택성과 비교해 전형적인 플라즈마 에칭 공정에서는 Si에 대한 SiO_2의 에칭선택성은 최고 15이다[4].

이온화된 가스의 또 다른 기능은 목표 물질에 물리적 충격을 가하여 원자가 표면으로부터 방출되도록 하는 것이다. 이것은 물리 기상 증착 기술의 하나인 스퍼터링 공정이다. 에칭에 사용되는 공정을 *스퍼터 에칭(sputter etching)*이라고 한다. 이런 형태의 에칭이 반도체 공정에 적용되었지만 앞서 설명한 바와 같이 스퍼터링과 플라즈마 에칭을 결합하는 것이 훨씬 일반적이며 이 공정을 *반응성 이온 에칭(reactive ion etching)* 공정이라고 한다. 이 공정은 대상 표면의 화학적 및 물리적 에칭이 모두 일어난다.

습식 화학 에칭에 비해 플라즈마 에칭 공정의 장점은 훨씬 더 *이방성(anisotropic)*이라는 점이다. 이 특성은 그림 29.17을 참조하여 쉽게 정의할 수 있다. (a)에서는 완전한 이방성 에칭을 보여 준다. 즉, 언더컷이 0이다. 에칭 공정의 이방성도는 다음과 같은 비율로 정의된다.

$$A = \frac{d}{u} \tag{29.10}$$

여기서, A는 이방성도(degree of anisotropy)이고, d는 에칭 깊이(대부분의 경우 에칭된 층 두께와 같음), u는 언더컷 치수(그림 29.17(b))를 나타낸다. 습식 화학 에칭은 일반적으로 등방성 에칭을 나타내는 약 1.0의 A값을 가진다. 스퍼터 에칭에서는 표면의 이온 충돌이 거의 수직이어서 A값이 무한대에 가까워지고 거의 완전한 이방성이 된다. 플라즈마 에칭과 반응성 이온 에칭은 높은 이방성도를 갖고 있지만 스퍼터링 에칭보다는 낮다. IC의 선폭 크기가 계속 축소됨에 따라 이방성은 필요한 치수 공차를 얻기 위해 점점 더 중요해지고 있다.

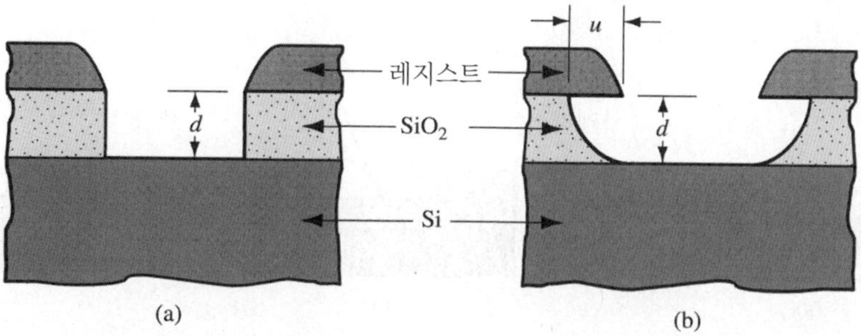

그림 29.17 (a) A가 무한대인 완전 이방성 에칭, (b) A가 약 1.3인 부분 이방성 에칭.

29.5 IC 공정 단계의 통합

이전 29.3절과 29.4절에서 IC 제조에 사용되는 개별 공정 기술에 대해 살펴보았다. 이 절에서는 이러한 공정 기술이 집적회로를 제조하기 위해 어떻게 결합 되어 공정 단계를 구성하는지 보여 준다. 평면 공정은 실리콘 기판의 선택된 영역에서 다양한 재질의 박막을 제조하는 것으로 구성된다. 박막은 기판에 절연체, 반도체 및 도전체 영역을 형성하여 집적 회로에 필요한 특한 전자 소자를 생성한다. 또한, 박막은 특정한 공정을 표면의 원하는 부분에만 적용되도록 특정 영역을 마스킹하는 임시 기능을 제공한다. 마스크는 공정 후에 제거된다. 박막은 열산화, 에피택시 성장, 증착 기술(CVD 및 PVD), 확산 및 이온 주입법에 의해 형성된다. 표 29.3은 주어진 재료의 박막을 추가하거나 변경하는 데 일반적으로 사용되는 공정을 요약하여 나타내었다. 표면의 선택된 영역에만 특정한 공정을 적용하기 위한 리소그래피 사용을 그림 29.18에 나타내었다.

IC 제조에서 공정 통합을 보여 주는 유용한 예로서, n-채널 모스(NMOS) 논리 소자의 사례를 들어 공정 순서를 설명한다. NMOS 집적회로의 공정 순서는 CMOS 또는 바이폴라 기술보다 덜 복잡하지만 IC 범주의 공정은 유사하다. 제조할 소자를 그림 29.1에 나타내었다.

초기 기판은 n채널 트랜지스터의 베이스를 형성할 약하게 도핑된 p형 실리콘 웨이퍼이다. 공정 단계는 그림 29.19에 나타내었으며 다음과 같다(일부 세부 사항은 단순화되었으며, 소자의 상호 연결을 위한 금속 배선 공정은 생략됨).

표 29.3 IC 제조 및 관련 공정에서 추가 및 변경되는 층 재료

박막 재료(기능)	일반적인 제조 공정
Si, 폴리실리콘(반도체)	CVD
Si, 에피택셜(반도체)	증기상 에피택시
Si 도핑(n형 또는 p형)	이온 주입, 확산
SiO_2 (절연, 마스크)	열산화, CVD
Si_3N_4(마스크)	CVD
Al(전도체)	PVD, CVD
P-glass(보호용)	CVD

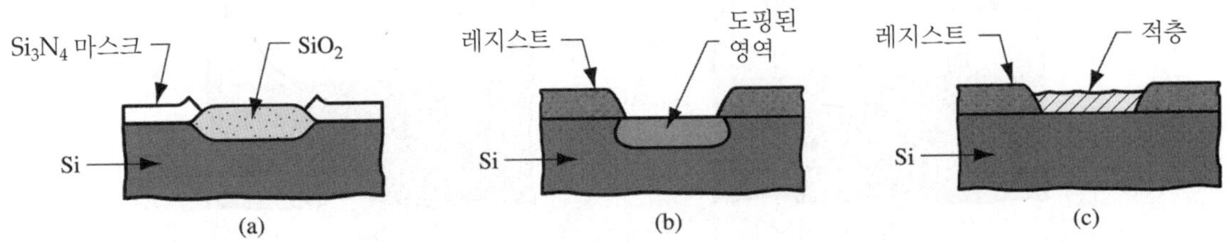

그림 29.18 마스크를 사용하여 선택적으로 박막을 형성. (a) 실리콘의 열산화, (b) 선택적 도핑, (c) 기판 위로 재료 증착.

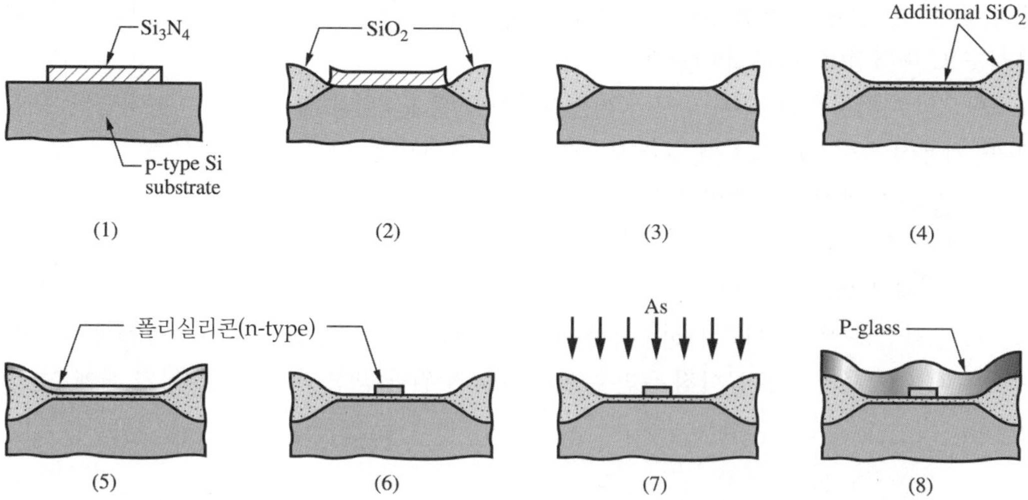

그림 29.19 IC 제조 순서. (1) Si 기판에 CVD에 의해 Si_3N_4 마스크가 증착된다. (2) 마스크가 덮이지 않은 부분에 열산화에 의해 SiO_2가 성장한다. (3) Si_3N_4 마스크가 박리된다. (4) 열산화에 의해 얇은 SiO_2층이 성장한다. (5) CVD에 의해 폴리실리콘이 증착되고 이온주입에 의해 n+로 도핑된다. (6) 게이트 전극 형성을 위해 광리소그래피를 사용하여 폴리실리콘이 선택적으로 에칭된다. (7) 기판에 n+ 도핑에 의해 소스와 드레인 부분이 형성된다. (8) 보호를 위해 표면 위에 P-glass가 증착된다.

(1) Si_3N_4 층은 영역을 정의하기 위해 광리소그래피를 사용하여 Si 기판 위에 CVD에 의해 증착된다. 이 층은 다음 단계에서 열산화 공정을 위한 마스크 역할을 한다.

(2) SiO_2가 표면의 노출된 영역에서 열산화에 의해 성장한다. SiO_2 영역은 절연되어 있으며 회로의 다른 소자들과 격리시킨다.

(3) Si_3N_4 마스크는 에칭에 의해 박리된다.

(4) 이전에 코팅되지 않은 표면에 얇은 게이트 산화물 층을 추가하고, 이전 SiO_2층의 두께를 증가시키기 위해 또 다른 열산화가 수행된다.

(5) 폴리실리콘을 CVD로 표면에 증착한 다음 이온 주입법을 사용하여 n형으로 도핑한다.

(6) 폴리시리콘은 광리소그래피를 사용하여 선택적으로 에칭되어 트랜지스터의 게이트 전극을 남긴다.

(7) 기판에 비소(As)를 이온 주입하여 소스 및 드레인 영역(n+)을 형성한다. 얇은 SiO_2층은 관통하지만 폴리실리콘 게이트 떠는 더 두꺼운 SiO_2 절연 층은 관통하지 않는 주입 에너지 레벨을 선택한다.

(8) 인규산염 유리(P-glass)는 CVD에 의해 표면에 증착되어 아래의 회로들을 보호한다.

29.6 IC 패키징

웨이퍼 상의 모든 공정 단계가 완료된 후에는 웨이퍼를 개별 칩으로 나누어 외부 회로와 연결하고,

클린 룸 밖의 가혹한 환경을 견딜 수 있도록 준비하는 최종 일련의 작업을 수행해야 한다. 이러한 최종 단계를 IC 패키징(IC packaging)이라고 한다.

집적회로의 패키징은 (1) 외부 회로와의 전기적인 연결, (2) 칩을 감싸고 외부 환경(습도, 부식, 온도, 진동, 기계적인 충격)으로부터 칩을 보호하는 재료, (3) 방열, (4) 성능, 신뢰성 및 서비스 수명 및 (5) 비용과 같은 설계 문제와 관련이 있다.

패키징의 제조 문제에는 (1) 칩 분리(웨이퍼를 개별 칩으로 절단), (2) 칩을 패키지에 연결, (3) 칩 밀봉 및 (4) 회로 시험 등이 있다. 제조 문제는 이 절에서는 가장 관심 있는 문제이다. 대부분의 설계 문제는 다른 참고 문헌 [8], [11], [13] 및 [15]에서 상세히 다루고 있지만, *칩 캐리어(chip carrier)*라고도 하는 IC 패키지의 일부 공학적 측면은 이를 만들기 위한 공정 단계를 설명하기 전에 여기에서 설명한다.

29.6.1 IC 패키지 설계

이 절에서는 집적회로 패키지 설계와 관련된 세 가지 주제인 (1) 주어진 크기의 IC에 필요한 입/출력 단자 수, (2) IC 패키지에 사용되는 재료, (3) 패키지 형상에 대해 설명한다.

입/출력 단자 수 결정

IC 패키징의 기본적인 공학 문제는 많은 내부 회로를 입/출력(I/O) 단자에 연결하여 적절한 전기 신호가 IC와 외부 세계 사이에 통할 수 있도록 하는 것이다. IC의 소자 수가 증가함에 따라 필요한 I/O 단자(리드) 수도 증가한다. 물론, 소자의 크기를 줄이고 하나의 IC에 넣을 수 있는 소자의 수를 늘리는 반도체 기술 추세에 인해 문제가 더욱더 심각해진다. 다행스럽게도 I/O 단자의 수가 소자의 수와 같을 필요는 없다. 두 값 사이의 종속성은 1960년경에 다음 관계를 정의한 IBM 기술자(E. F. Rent)의 이름을 딴 렌트의 법칙에 따른다.

$$n_{io} = C\, n_{ic}^{\ m} \tag{29.11}$$

여기서, n_{io}는 필요한 입/출력 단자 또는 외부 신호 연결의 수이고, n_{ic}는 IC의 내부 회로 수, 일반적으로 논리 게이트의 수로 간주된다. C와 m은 방정식의 매개변수를 나타낸다.

렌트의 법칙에서 매개변수 값은 회로의 유형과 설계에 따라 다르다. 메모리 소자는 마이크로프로세서보다 훨씬 적은 수의 I/O 단자를 필요로 한다. 몇 가지 일반적인 집적회로 소자에 대한 상수 C 및 지수 m의 값을 표 29.4에 나타내었다.

IC 패키지 재료

패키지 밀봉은 IC 칩을 적절한 패키징 재료로 봉지화(encapsulating)하는 작업을 포함한다. 현재 패키징 기술에는 세라믹과 플라스틱이라는 두 가지 재료가 지배적이다. 일반적인 세라믹 패키징 재료는 알루미나(Al_2O_3)이다. 세라믹 패키징의 장점에는 IC 칩의 밀봉성이 좋다는 점과 고도로 복잡한 패키지도 생산할 수 있다는 점이다. 단점은 알루미나의 높은 유전 상수와 소성 중에 수축으로 인

표 29.4 여러 유형의 집적회로에 대한 렌트의 법칙 매개변수 C와 m의 값

집적회로 형태와 정의[21], [23], [26], [28]	값[30]	
	상수 C	지수 m
마이크로프로세서(microprocessor) – 컴퓨터 중앙처리장치(CPU) 역할을 하는 IC. 프로그래밍이 가능하며 내부 메모리에 저장된 명령에 따라 작동하여 디지털 정보 입력을 처리하고 디지털 출력을 제공함.	0.89	0.45
게이트 어레이(gate array) – IC에 특정 기능을 제공하기 위해 하나 이상의 최종 박막 공정을 통해 상호 연결될 수 있도록 트랜지스터 및 기타 소자가 사전 정의된 위치에 있는 부분적으로 완성된 IC. 미완성 논리 어레이(uncommitted logic array)라고도 함.	1.9	0.50
정적 RAM(static random access memory) – 전원이 공급되어 있는 동안 정보를 저장하는 IC 메모리 소자. 동적 RAM과 같이 주기적으로 새로 고칠 필요가 없음.	6.9	0.12
동적 RAM(dynamic random access memory) – 커패시터를 사용하여 정보를 저장하는 IC 메모리 소자. 커패시터는 주기적인 재충전이 피요함. 따라서 동적이라는 용어임. DRAM은 SRAM에 비해 느리지만 가격이 저렴한 정보 저장 소자임.	7.8	0.07

해 치수 제어가 좋지 않다는 점이다. 플라스틱 IC 패키지는 완전히 밀봉되지 않지만 비용이 저렴하다. 일반적으로 매우 높은 신뢰성이 필요하지 않은 대량 생산 IC에 사용된다. IC 패키징에 사용되는 플라스틱에는 에폭시, 폴리이미드(polyimide) 및 실리콘이 있다.

예제 29.2

렌트의 법칙

예제 29.1의 18mm 정사각형 칩은 가공 가능한 영역이 17 mm × 17 mm인 마이크로프로세서이다. 각 칩의 가공 가능한 영역 내의 회로 밀도는 500회로/mm^{2}이다. 렌트의 법칙을 이용하여 (a) 각 칩에 배치할 수 있는 내부 회로의 수, (b) 패키징된 마이크로프로세서에 필요한 입/출력 단자의 수, (c) 패키징된 IC가 마이크로프로세서가 아닌 정적 RAM 소자인 경우 필요한 입/출력 단자 수를 구하라. 렌트의 법칙의 적절한 매개변수 값은 표 29.4를 참조하라.

풀이

(a) 가공할 수 있는 칩의 영역 = $(17)^2 = 289$ mm^2

$$\text{내부 회로의 수 } n_{ic} = 289(500) = \mathbf{144{,}500}$$

(b) 표 29.4로부터 $C = 0.89$, $m = 0.45$

$$n_{io} = Cn_{ic}^{\ m} = 0.89(144{,}500)^{0.45} = \mathbf{187}\ \textbf{입/출력 단자}$$

(c) 표 29.4로부터 $C = 6.9$, $m = 0.12$

$$n_{io} = Cn_{ic}^{\ m} = 6.9(144{,}500)^{0.12} = \mathbf{29}\ \textbf{입/출력 단자}$$

IC 패키지 형상

앞서 설명한 입/출력 요구 사항을 충족하기 위해 다양한 IC 패키지 형상을 사용할 수 있다. 거의 모든 응용 분야에서 IC는 커다란 전자 시스템의 부품이 되며, 인쇄 회로 기판(PCB)에 부착되어야 한다. PCB에 부품을 실장하는 데는 크게 두 가지 범주로 그림 29.20과 같이 스루홀형(through hole) 및 표면 실장형(surface-mount)이 있다. *스루홀 기술(through hole technology)은 핀인홀(pin-in-hole, PIH) 기술*이라고도 알려져 있으며, IC 패키지 및 기타 전자 부품(예: 개별 저항기 및 커패시터 등)에는 기판의 구멍을 통해 삽입되고 밑면에 납땜이 되는 리드가 있다. *표면 실장 기술(surface-mount technology, SMT)*에서는, 부품이 기판 표면(또는 경우에 따라 기판의 상단 및 하단 양쪽 표면)에 부착된다. SMT에서는 그림 29.20의 (b), (c) 및 (d)와 같은 여러 리드 구성을 사용할 수 있다. 오늘날 대부분의 칩 캐리어는 회로기판에 많은 수의 칩을 실장할 수 있기 때문에 표면 실장 기술을 기반으로 한다.

IC 패키지의 주요 형상에는 (1) 듀얼 인라인(dual in-line) 패키지, (2) 정사각형(square) 패키지 및 (3) 핀그리드 어레이(pin grid array)가 있다. *듀얼 인라인 패키지(dual in-line package, DIP)*는 스루홀 및 표면 실장 두 방법 모두에서 사용할 수 있는 일반적인 형태의 IC 패키지이다. 그림 29.21에서와 같이 직사각형 본체의 양쪽에 두 줄의 리드(단자)를 가지고 있다. 리드의 수는 8개에서 64개 사이이다. 스루홀 DIP 형상의 구멍 간격은 인쇄 회로 기판에서 구멍을 얼마나 밀접하게 뚫을 수 있는지의 기능에 따라 제한된다. 표면 실장 기술에서는 리드가 기판의 구멍에 삽입되지 않기 때문에 이 제한이 완화될 수 있다.

DIP의 단자 수는 리드가 두 면에서만 뻗어 나온 직사각형 모양으로 제한된다. 즉, 한쪽의 리드 수가 $n_{io}/2$임을 의미한다. 큰 n_{io}값(48~64 사이)의 경우, DIP의 중간에 있는 리드와 끝에 있는 리드 사

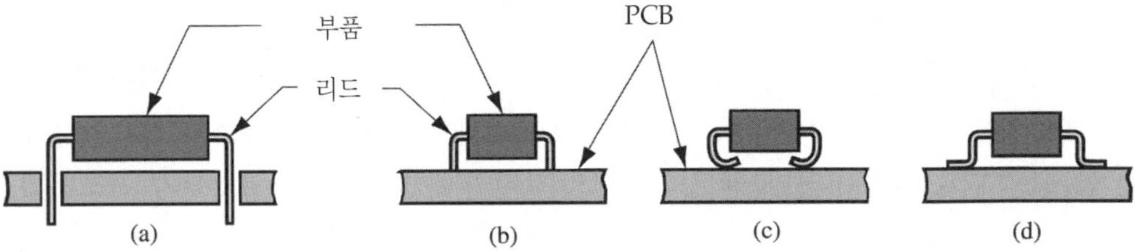

그림 29.20 인쇄 회로 기판의 부품 리드 부착 유형. (a) 스루홀, 여러 형상의 표면 실장 기술인 (b) 버트(butt) 리드, (c) 'J' 리드 및 (d) 걸윙(gull-wing).

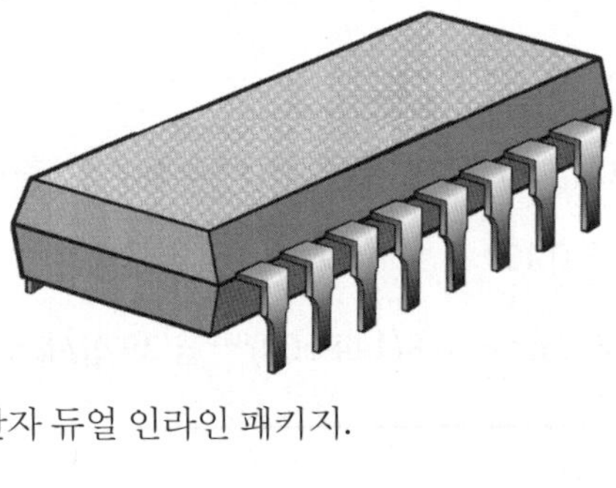

그림 29.21 스루홀 구조의 16 단자 듀얼 인라인 패키지.

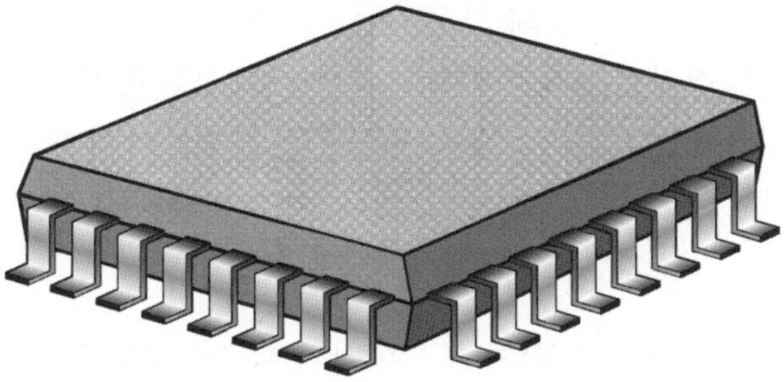

그림 29.22 걸윙 형태의 리드를 가진 표면 실장용 정사각형 패키지.

이의 도전 길이 차이로 인해 고속의 전기적 특성에 문제가 발생한다. 이러한 문제 중 일부는 리드가 주변에 배열되어 측면의 단자수가 $n_{io}/4$인 사각형 패키지로 해결된다. 표면 실장 사각형 패키지를 그림 29.22에 나타내었다.

정사각형 패키지의 경우에도 패키지의 리드가 선형으로 배열되어 있어 실질적으로 단자 수에 상한선이 있다. 패키지의 리드 수는 리드의 정사각형 매트릭스를 사용하여 최대화 할수 있다. 이 칩 캐리어 형태는 스루홀 기술에서는 *핀그리드 어레이(pin grid array, PCA)*라고 하고 표면 실장에서는 *볼그리드 어레이(ball grid array, BGA)*라고 한다. 두 가지 형태의 패키지는 모두 정사각형 칩 밑면에 2차원 배열의 단자로 구성된다. PCA에서 단자는 인쇄 회로 기판의 구멍을 통해 삽입되는 핀인 반면, BGA에서는 작은 솔더 볼이 핀을 대체하고 PCB의 구리 패드에 직접 연납접된다. 이상적으로는 패키지 전체 바닥면이 단자로 완전히 채워져 단자 수가 n_{io}의 제곱근이 된다. 그러나, 실제로 패키지 중앙에는 IC 칩이 포함되어 있기 때문에 단자가 없다.

29.6.2 IC 패키징 공정 단계

IC 칩의 패키징의 공정 단계는 (1) 웨이퍼 시험, (2) 칩 분리, (3) 다이 접합, (4) 와이어 접합, (5) 패키지 밀봉으로 나눌 수 있다. 패키징이 끝나면 각 패키징 된 IC에 대해 최종 기능 검사가 수행된다.

웨이퍼 검사

현재의 반도체 공정 기술은 웨이퍼 당 많은 개별 IC를 제공한다. 칩이 분리되기 전에 IC가 웨이퍼에 함께 있는 동안 IC에서 특정 기능 검사를 수행하는 것이 편리하다. 검사는 칩 표면의 연결 패드와 일치하도록 구성된 바늘 탐침을 사용하는 컴퓨터 제어 검사 장비로 수행된다. 에 의해 검사가 수행된다. *다중탐침(multiprobe)*은 이 검사 절차에 사용되는 용어이다. 탐침이 패드에 닿으면 일련의 직류 검사가 수행되어 회로의 단락 및 기타 결함을 나타낸다. 그런 다음 기능 감시가 이어진다. 검사에 불합격한 칩은 잉크 점으로 표시되고, 이 불량 칩들은 패키징되지 않는다. 각 IC는 고정밀 x-y 테이블을 사용하여 한 칩 위치에서 다음 위치로 웨이퍼 검사를 위해 탐침 아래에 차례로 배치된다.

칩 분리

다음 단계는 웨이퍼를 개별 칩으로 절단하는 것이다. 다이아몬드가 함침된 얇은 톱날이 절단 작업을 수행하는데 사용된다. 절단 기계는 고정도로 자동화되어 있고, 회로 사이의 통로 정렬이 매우 정확하다. 웨이퍼는 프레임에 장착된 접착 테이프로 부착된다. 접착 테이프는 절단 중과 절단 후에 각각의 칩을 제자리에 고정시키고, 프레임은 후속 칩의 취급을 편리하게 해준다. 잉크 점이 찍힌 칩들은 이 단계에서 폐기된다.

다이 접합

각 칩은 개별 패키지에 부착해야 한다. 칩의 크기가 작기 때문에 자동 처리 시스템을 사용하여 테이프 프레임에서 분리된 칩을 집어 다이 접합을 위해 배치한다. 공정 다이 접합 및 에폭시 다이 접합을 포함하여 패키징 기판에 칩을 접착하기 위한 다양한 기술이 개발되었다.

세라믹 패키지에 사용되는 ***공정 다이 접합(eutectic die bonding)***은 다음과 같은 단계로 구성된다. (1) 칩의 바닥 표면에 금 박막을 증착한다. (2) 세라믹 패키지 베이스를 금-실리콘 합금의 공정온도인 370℃ 이상의 온도로 가열한다. (3) 가열된 베이스 상의 금속 배선 패턴에 칩을 접착한다. 플라스틱 VLSI 패키징에 사용되는 ***에폭시 다이 접합(epoxy die bonding)***에서는 소량의 에폭시를 패키징 베이스(리드 프레임) 위에 도포하고, 칩을 에폭시 위에 올린다. 그런 다음 에폭시가 경화되어 칩이 표면에 접착된다.

와이어 접합

다이가 패키지에 접착된 후에 그림 29.23과 같이 칩 표면의 접촉 패드와 패키지 리드 사이의 전기적인 연결이 이루어진다. 전기적인 연결은 일반적으로 작은 직경의 구리, 알루미늄 또는 금 와이어를 사용하여 이루어진다. 와이어 직경은 저전력 패키지의 경우 약 0.015 mm에서 고전력 패키지의 경우 약 0.25 mm까지 다양하다. 알루미늄 와이어는 초음파 접합법으로 접합되며 반면 구리 및 금 와이어는 열압착(thermocompression), 열초음파(thermosonic) 또는 초음파(ultrasonic) 방식으로 접합된다. 초음파 접합은 초음파 에너지를 사용하여 와이어를 패드 표면에 접합한다. 열압착 접합은 와이어의 끝을 가열하여 용융 볼을 형성한 다음 볼으 패드에 눌러 접합한다. 열초음파 접합은 초음파와 열에너지를 결합하여 접합부를 형성한다. 자동 와이어 접합 기계는 분당 최대 200개의 접합 속도로 이러한 작업을 수행하는 데에 사용된다.

패키지 밀봉

위에서 설명한 바와 같이, 두 가지 일반적인 패키지 재료는 세라믹과 플라스틱이다. 세라믹 패키지

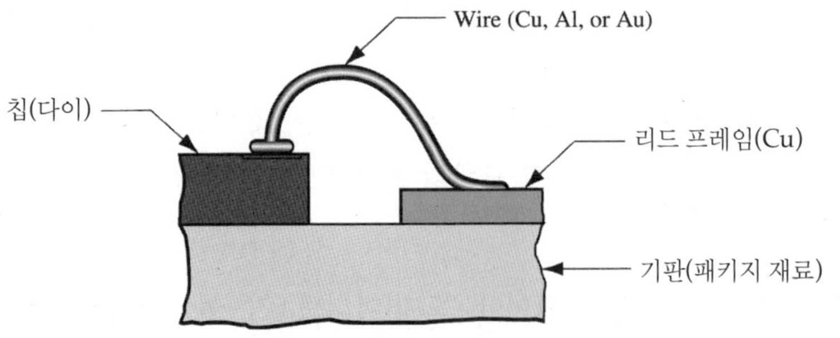

그림 29.23 칩 접촉패드와 리드 사이의 일반적인 와이어 연결.

는 액상 결합재(예: 폴리머 및 솔벤트)에 세라믹 분말($A1_2O_3$가 가장 일반적임) 분산액으로 만들어진다. 먼저 혼합물을 얇은 시트로 만들고 건조시킨 다음 알맞은 크기로 자른다. 상호 연결을 위해 구멍을 형성한 후, 필요한 배선 경로를 각 시트에 제작하고 구멍에 금속을 채운다. 그런 다음 시트를 압착 및 소결하여 단일 본체를 형성한다.

플라스틱 패키지는 후몰딩형과 선몰딩형의 두 가지 형태를 사용할 수 있다. 후몰딩(postmolded) 패키지는 에폭시 열경화성 플라스틱이 조립된 칩과 리드프레임 주변에(와이어 본딩 후) 몰딩되는 것으로, 여러 조각이 하나의 단단한 본체로 변환된다. 그러나, 후몰딩 공정은 섬세한 와이어 접합에 영향을 미치기 때문에, 선몰딩 패키지가 대신 사용된다. 선몰딩(premolded) 패키징에서는 기초 부분을 봉지화하기 전에 미리 몰딩된 다음 칩과 리드 프레임이 여기에 연결되며 칩과 리드프레임을 보호하기 위해 단단한 덮개나 기타 재료를 추가한다.

최종 검사

패키징 절차가 완료되면 각 IC는 최종 검사를 거쳐야 하며 그 목적은 (1) 패키징 중에 파손이 있다면, 어느 것이 파손되었는지 확인하고, (2) 각 소자의 성능 특성을 측정하기 위해 수행된다.

번인 시험(burn-in test) 절차에는 패키징 된 IC를 125°C 정도의 온도에서 24시간 동안 오븐에 넣은 다음 검사하는 고온 검사가 포함되기도 한다. 이러한 검사에 불합격된 소자는 사용 중 초기에 고장 나기가 쉽다. 광범위한 온도 변화가 발생하는 환경에서 소자가 사용될 경우 온도 사이클 시험이 적합하다. 이 시험에서 각 소자는 낮게는 약 −50°C에서 높게는 약 125°C 사이의 온도 변화를 겪는다. 높은 신뢰성이 필요한 소자에 대한 추가적인 시험에는 기계적인 진동 시험과 밀봉(누출) 시험이 있다.

29.7 IC 공정 수율

집적회로 제조는 연속적으로 수행되는 많은 공정 단계로 구성된다. 특히, 웨이퍼 공정에서 웨이퍼가 통과하는 수백 가지의 개별 작업이 있다. 각 단계에서 문제가 발생하여 웨이퍼 또는 개별 칩에 해당하는 일부가 손실될 수 있다. 양품의 최종 수율을 예측하는 간단한 확률 모델은 다음과 같다.

$$Y = Y_1 Y_2 \ldots Y_n$$

여기서, Y는 최종 수율이고 Y_1, $Y_{2,}$ Y_3은 각 공정 단계에서의 수율이다. n은 공정 절차에서전체 공정 단계의 수이다.

실질적으로 이 모델은 완벽하게 타당성하지만 현실적인 문제에서는 관련된 공정의 수가 너무 많고 각 단계에서의 수율의 변화가 너무 크기 때문에 사용하기 어렵다. 공정 절차를 주요 단계로 나누고(그림 29.3) 각 단계의 수율을 정의하는 것이 더 편리하다. 첫 번째 단계는 단결정 부울의 성장으로 *결정 수율(crystal yield)* Y_c라는 용어는 전자 등급 실리콘의 초기 양에 비교하여 부울의 단결정 재료의 양을 나타낸다. 일반적인 결정 수율은 약 50%이다. 결정 성장 후, 부울은 웨이퍼로 슬라이싱

되며, 이에 대한 수율은 *결정-슬라이스 수율(crystal-to-slice yield)* Y_s라고 표시한다. 이는 부율을 연마하는 동안 손실되는 재료의 양, 슬라이싱하는 동안 웨이퍼 두께에 대한 톱날의 폭 및 기타 손실에 따라 달라진다. 일반적인 값은 50% 일 수 있지만 연마 및 슬라이싱 중에 손실된 대부분의 실리콘은 재활용이 가능하다.

다음 단계는 개별 IC를 제조하기 위한 웨이퍼 공정이다. 수율 관점에서 웨이퍼의 수율과 다중 탐침의 수율로 구분할 수 있다. *웨이퍼 수율(wafer yield)* Y_w는 초기 웨이퍼 수량과 비교하여 공정에서 살아남은 웨이퍼 수량을 나타낸다. 특정 웨이퍼는 검사용 혹은 그와 유사한 용도로 사용되므로 손실 및 수율 감소가 발생한다. 다른 경우에는 웨이퍼가 파손되거나 공정 조건이 잘못 적용될 수도 있다. 웨이퍼 수율의 일반적인 값은 검사용 손실이 포함된 경우 약 70% 정도이다. 공정을 거쳐 다중탐침 검사를 거친 웨이퍼의 경우 *다중탐침 수율(multiprobe yield)* Y_m이라고 하는 특정 비율만 검사를 통과한다. 다중탐침 수율은 매우 가변적이며 공정 영역의 IC 복잡성과 작업자 기술에 따라 매우 낮은 값(<10%)에서 상대적으로 높은 값(>90%)까지 다양하다.

패키징 후 IC의 최종 검사가 수행된다. 이는 항상 추가 손실을 초래하여 *최종 검사 수율(final test yield)* Y_t가 90%~95% 범위가 되도록 한다. 5단계 수율이 합하면 최종 수율은 다음과 같이 추정할 수 있다.

$$Y = Y_c\, Y_s\, Y_w\, Y_m\, Y_t \tag{29.12}$$

각 단계의 일반적인 수율 값이 주어지면 초기 실리콘 양과 비교하여 최종 수율이 상당히 낮을 수 있다.

IC 제조의 핵심은 웨이퍼 공정이며, 그 수율은 다중 탐침 시험 Y_m으로 측정된다. 다른 영역의 수율은 예측 가능하지만 웨이퍼 공정의 경우는 그렇지 않다. 웨이퍼 공정에서 공정 결함으로 (1) 면결함과 (2) 점결함으로 구분할 수 있다. ***면결함(area defects)***은 웨이퍼의 주요 영역, 아마 전체 표면에 영향을 미치는 결함이다. 이 결함은 공정 변수의 변동 또는 잘못된 설정에 의해 발생한다. 예를 들면 너무 얇거나 너무 두꺼운 층, 도핑의 불충분한 확산 깊이, 과도한 에칭 또는 언더 에칭이 있다. 일반적으로 이러한 결함은 개선된 공정 제어 또는 우수한 대체 공정 개발을 통해 개선할 수 있다. 예를 들어, 이온주입에 의한 도핑이 확산을 대체하고 건식 플라즈마 에칭이 습식 화학 에칭을 대체하여 형상 치수를 더 잘 제어할 수 있다.

점결함(point defects)은 웨이퍼 표면의 매우 국부적인 영역에서 발생하며 특정 영역의 IC 중 하나 도는 제한된 수의 IC에만 영향을 미친다. 일반적으로 웨이퍼 표면이나 리소그래피 마스크의 먼지 입자로 인해 발생한다. 점결함에는 결정 격자 구조(2.3.2절)의 전위도 포함된다. 이러한 점결함은 웨이퍼의 표면에 어떤 식으로든 분포되어 있어 결함 밀도, 표면 전체의 분포 및 웨이퍼 상의 공정 처리된 영역의 함수인 수율을 초래한다. 면결함을 무시할 수 있다고 가정하고 점결함이 웨이퍼의 표면에 걸쳐서 균일하다고 가정하면, 수율은 다음 방정식 나타낼 수 있다.

$$Y_m = \frac{1}{1 + AD} \tag{29.13}$$

여기서, Y_m은 다중 탐침에 의해 결정된 양품 칩의 수율, A는 공정 처리된 면적(cm^2), D는 점결함의 밀도(결함/cm^2)를 나타낸다. 이 방정식은 *보스-아인슈타인(Bose-Einstein)* 통계를 기반으로 하며 특히 고밀도 집적(VLSI 이상)의 경우 웨이퍼 공정 수율을 잘 예측하는 것으로 알려져 있다.

웨이퍼 공정은 집적회로를 성공적으로 제조하기 위한 핵심이다. IC 제조 업체가 수익성을 얻으려면 이 제조 단계에서 높은 수율을 달성해야 한다. 이는 가장 순수한 원재료, 최신 장비 기술, 개별 공정 단계에 대한 우수한 공정 제어, 클린 룸 조건 유지, 효율적이고 효과적인 검사 및 검사 절차를 적용함으로써 달성될 수 있다.

예제 29.3

웨이퍼 공정 수율

300 mm 직경의 실리콘 웨이퍼가 직경 250 mm의 원형 영역에 가공된다. 제조할 칩은 한 변이 15 mm인 정사각형이다. 경험적인 표면 영역의 점결함 밀도는 0.003 결함/cm^2이라고 할 때, 보스-아인슈타인(Bose-Einstein) 수율 계산을 사용하여 양호한 칩의 개수를 예측하라.

풀이

식 (30.3)을 이용하면, $n_c = 0.34(250/15)^{2.25} = 0.34(16.66)^{2.25} = 190$개

가공 가능한 웨이퍼 영역 $A = \pi(250)^2/4 = 49{,}062 \text{ mm}^2 = 490.62 \text{ cm}^2$

$$Y_m = \frac{1}{1+490.62(0.003)} = \frac{1}{1+1.471} = 0.404 = 40.4 \text{ yield}$$

양호한 칩의 개수 $= 0.404(190) = 76.76$이므로 **76개**

참고문헌

REFERENCES

[1] Bakoglu, H. B. *Circuits, Interconnections, and Packaging for VLSI*. Addison-Wesley Longman, Reading, Massachusetts, 1990.

[2] Coombs, C. F., Jr. (ed.). *Printed Circuits Handbook*. 6th ed. McGraw-Hill, New York, 2007.

[3] Edwards, P. R. *Manufacturing Technology in the Electronics Industry*. Springer, New York, 2013.

[4] *Encyclopedia of Chemical Technology*. 4th ed. John Wiley & Sons, New York, 2000.

[5] Gise, P., and Blanchard, R. *Modern Semiconductor Fabrication Technology*. Prentice-Hall, Upper Saddle River, New Jersey, 1986.

[6] Harper, C. *Electronic Materials and Processes Handbook*. 3rd ed. McGraw-Hill, New York, 2009.

[7] Jackson, K. A., and Schroter, W. (eds.). *Handbook of Semiconductor Technology. Vol. 2: Processing of Semiconductors*. John Wiley & Sons, New York, 2000.

[8] Manzione, L. T. *Plastic Packaging of Microelectronic Devices*. AT&T Bell Laboratories, published by Van Nostrand Reinhold, New York, 1990.

[9] May, G. S., and Spanos, C. J. *Fundamentals of Semiconductor Manufacturing and Process Control*. John Wiley & Sons, Hoboken, New Jersey, 2006.

[10] National Research Council (NRC). *Implications of Emerging Micro- and Nanotechnologies*. Committee on Implications of Emerging Micro- and Nanotechnologies, National Academies Press, Washington, D.C., 2002.

[11] Pecht, M. (ed.). *Handbook of Electronic Package Design*. Marcel Dekker, New York, 1991.
[12] Runyan, W. R., and Bean, K. E. *Semiconductor Integrated Circuit Processing Technology*. Addison-Wesley Longman, Reading, Massachusetts, 1990.
[13] Seraphim, D. P., Lasky, R., and Li, C.-Y. (eds.). *Principles of Electronic Packaging*. McGraw-Hill, New York, 1989.
[14] Sze, S. M. (ed.). *VLSI Technology*. McGraw-Hill, New York, 2004.
[15] Sze, S. M., and Lee, M. K. *Semiconductor Devices: Physics and Technology*. 3rd ed. John Wiley & Sons, Hoboken, New Jersey, 2011.
[16] Ulrich, R. K., and Brown, W. D. *Advanced Electronic Packaging*. 2nd ed. IEEE Press and John Wiley & Sons, Hoboken, New Jersey, 2006.
[17] Van Zant, P. *Microchip Fabrication*. 5th ed. McGraw-Hill, New York, 2005.
[18] www.en.wikipedia.org / wiki / Chip_carrier.
[19] www.en.wikipedia.org / wiki / Cleanroom.
[20] www.en.wikipedia.org / wiki / Copper_interconnect.
[21] www.en.wikipedia.org / wiki / Dynamic_random_ access_memory.
[22] www.en.wikipedia.org / wiki / Float_zone_silicon.
[23] www.en.wikipedia.org / wiki / Gate_array.
[24] www.en.wikipedia.org / wiki / Integrated_circuit.
[25] www.en.wikipedia.org / wiki / International_ Technology_Roadmap_for_Semiconductors.
[26] www.en.wikipedia.org / wiki / Microprocessor.
[27] www.en.wikipedia.org / wiki / Moore's_law.
[28] www.en.wikipedia.org / wiki / Static_random_ access_memory.
[29] www.en.wikipedia.org / wiki / Wire_bonding.
[30] www.sit.iitkgp.ernet.in / archive / teaching / ee497f / rents_rule.PDF.

복습문제 *REVIEW QUESTIONS*

서론

29.1 집적회로란?

29.2 실리콘 외에 반도체 소재 역할을 하는 다른 소재는 무엇인가?

29.3 무어의 법칙이란?

29.4 수직 및 수평 기능을 모두 가진 구성 요소로 이루어진 IC를 무엇이라고 하는가?

IC 및 실리콘 공정 개요

29.5 실리콘 IC 생산을 위한 주요 세 단계를 설명하라.

29.6 전자 등급 실리콘을 생산하기 위해 가공되는 원재료는 무엇인가?

29.7 IC 공정에서 주요 오염원에 대하여 간단히 서술하라.

리소그래피

29.8 IC 공정에 사용되는 다양한 리소그래피 기술은 무엇인가?

29.9 양성 포토레지스트와 음성 포토레지스트의 차이점은 무엇인가?

29.10 결정 성장 공정에서 실리콘 오염을 방지하는 것이 중요한 이유는 무엇인가?

29.11 포토리소그래피 공정에서 선호되는 빛의 유형은 무엇인가?

IC 제조 적층 공정

29.12 IC 제조에서 열산화에 의해 생성되는 박막 재료는 무엇인가?

29.13 실리콘을 웨이퍼로 성형하는 동안 평면 연삭을 통해 얻어진 평면의 기능은 무엇인가?

29.14 실리콘 웨이퍼 제조에서 폴리실리콘과 실리콘의 차이점은 무엇인가?

29.15 PVD와 CVD 방법 중 낮은 온도에서 수행되는 방법은 무엇인가?

29.16 특정 방향으로 더 빠른 속도로 진행되는 에칭 공정을 무엇이라 부르는가?

IC 패키징

29.17 렌트의 법칙이란?

29.18 에칭 선택성(etch selectivity)이란?

29.19 IC 패키징 기술에서 가장 일반적으로 사용되는 두 가지 재료의 유형은 무엇인가?

29.20 핀인홀 기술이라고도 불리는 스루홀 실장 외에 PCB에 부품을 실장하는 데 사용되는 다른 기술은 무엇인가?

29.21 DIP란?

29.22 다이 접합과 와이어 접합의 차이점은 무엇인가?

29.23 플라스틱 IC 칩 패키징에서 후몰딩이란 무엇인가?

IC 공정 수율

29.24 IC 웨이퍼 공정에서 면결함과 점결함의 차이점은 무엇인가?

연습문제 *PROBLEMS*

Silicon Processing and IC Fabrication

29.1 A single crystal boule of silicon is grown by the Czochralski process to an average diameter of 320 mm with length = 1500 mm. The seed and tang ends are removed, which reduces the length to 1150 mm. The diameter is ground to 300 mm. A 90-mm-wide flat is ground on the surface, which extends from one end to the other. The ingot is then sliced into wafers of thickness = 0.50 mm, using an abrasive saw blade whose kerf = 0.33 mm. Assuming that the seed and tang portions cut off the ends of the starting boule were conical in shape, determine (a) the volume and weight of the original boule; (b) how many wafers are cut from it, assuming that the entire 1150 mm length can be sliced; and (c) the volumetric proportion of silicon in the starting boule that is wasted during processing. (d) How much does one wafer weigh? Refer to Table 4.1 for the density of silicon.

29.2 Two wafer sizes are to be compared: a 145-mm wafer with a processable area = 140-mm diameter circle and a 278-mm wafer with a processable area = 270-mm diameter circle. The IC chips in both cases are square with 12 mm on a side? Assume that the cut lines (streets) between chips are of negligible width. What is the percent increase in (a) wafer diameter, (b) processable wafer area and (c) number of chips for the larger wafer size?

29.3 There are two silicon wafers whose sizes need to be compared. The first one has a diameter of 136 mm with a processable area of diameter 130 mm, while the other one has a diameter of 214 mm with a processable area of diameter 210 mm. The IC chips in both the cases have a square cross section with side 10 mm. Calculate the (a) processable area on the wafer, and (b) number of chips on the wafer compared to the 200% increase in wafer diameter assuming cut lines with negligible width.

29.4 A 300-mm diameter silicon wafer has a processable area whose diameter = 280 mm. The IC chips that will be fabricated on the wafer surface are square with 25 mm on a side. However, the processable area on each chip is only 20 mm by 20 mm. The density of circuits within each chip's processable area is 500 circuits per mm^2, (a) How many IC chips can be placed on the wafer? (b) How many circuits can be fabricated on each chip?

29.5 The surface of a silicon wafer is thermally oxidized, resulting in a SiO_2 film that is 150 nm thick. If the starting thickness of the wafer was exactly 0.300 mm, what is the final wafer thickness after thermal oxidation?

29.6 It is desired to etch out a region of a silicon dioxide film on the surface of a silicon wafer. The SiO_2 film is 200 nm thick. The width of the etched-out area is specified to be 700 nm. (a) If the degree of anisotropy for the etchant in the process is known to be 1.30 what should be the size of the opening in the mask through which the etchant will operate? (b) If plasma etching is used instead of wet etching, and the degree of anisotropy for plasma etching is infinity, what should be the size of the mask opening?

IC Packaging

29.7 There are 60,000 logic gates in a microprocessor. Using Rent's rule and Table 29.4, determine the approximate number of input/output terminals required in the package.

29.8 A static random access memory uses a dual-in-line package that has a total of 36 leads. Use Rent's rule to determine the approximate number of transistors that could be fabricated in the chip for this package. Use Table 29.4 for parameter values.

29.9 It is desired to determine the effect of package style on the number of circuits that can be fabricated onto a microprocessor chip to which the package is assembled. Using Rent's rule, compute the estimated number of circuits that could be placed on the chip in the following cases: (a) a DIP with 16 I/O terminals on a side – a total of 32 terminals; (b) a square chip carrier with 16 terminals on a side – a total of 64 I/O terminals; and (c) a ball grid array with 16 by 16 terminals – a total of 256 terminals. Use Table 29.4 for parameter values.

29.10 Use Rent's rule to determine the values of n_{io} and n_{ic} at which the number of logic gates equals 50 times the number of I/O terminals in a microprocessor. Use Table 29.4 for parameter values.

29.11 The first IBM personal computer was based on the Intel 8088 CPU, which was released in 1979. The 8088 had 29,000 transistors and 40 I/O terminals. The final version of the Pentium III (1 GHz) was released in 2000. It contained 28,000,000 transistors and had 370 I/O terminals. (a) Determine the Rent's rule coefficient values m and C assuming that a transistor can be considered a circuit. (b) Use the value of m and C to predict the number of I/O terminals required for the first Pentium 4 assuming that it is manufactured with 42,000,000 transistors. (c) The first Pentium 4, released in 2001, used 423 I/O terminals. Comment on the accuracy of your prediction.

Yields in IC Processing

29.12 If the starting boule has a weighs 450 kg and crystal yield = 45%, crystal-to-slice yield = 55%, wafer yield = 65%, multiprobe yield = 55%, and final test yield = 90, calculate the final weight of silicon represented by the non-defective chips?

29.13 A silicon wafer with a diameter of 300 mm is processed over a circular area whose diameter = 285 mm. The chips to be fabricated are square with 15 mm on a side. From previous experience, the density of point defects in the surface area is 0.003 defects/cm^2. Determine an estimate of the number of good chips using the Bose–Einstein yield computation.

29.14 A 300 mm wafer is processed over a circular area of diameter = 290 mm. From previous experience, the density of point defects in the surface area is 0.00014 defects/mm^2. The chips to be fabricated are square with an area of 250 mm^2 each. Determine an estimate of the number of good chips using the Bose–Einstein yield computation.

29.15 The yield of good chips in multiprobe for a certain batch of wafers is 75%. The wafers have a diameter of 300 mm with a processable area that is 280 mm in diameter. If the defects are all assumed to be point defects, determine the density of point defects using the Bose–Einstein method of estimating yield.

CHAPTER 30

전자 조립과 패키징

30.1 전자 패키징
30.2 인쇄 회로 기판
30.2.1 PCB 구조, 종류 및 재료
30.2.2 소재 기판의 생산
30.2.3 PCB 제조에 사용되는 공정
30.2.4 PCB 제조 절차
30.3 인쇄 회로 기판 조립
30.3.1 표면 실장 기술
30.3.2 스루홀 기술
30.3.3 SMT- PIH 조합 조립
30.3.4 세정, 검사, 시험 및 재작업
30.4 전기 커넥터 기술
30.4.1 영구적 연결법
30.4.2 분리 가능 커넥터

집적회로는 전자 시스템의 두뇌를 구성하지만 전체 시스템은 패키징된 IC보다 훨씬 더 많은 것으로 구성된다. IC 및 기타 부품은 인쇄 회로 기판에 실장되고 상호 연결되며 캐비닛, 섀시나 또는 기타 제품 구조물에 상호 연결 및 포함된다. 칩 패키징(29.6절)은 단지 전체 전자 패키지의 일부분일 뿐이다. 이 장에서는 패키지의 나머지 계층과 패키지의 제조 및 조립되는 방법에 대해 살펴본다.

30.1 전자 패키징

전자 패키지는 시스템 내의 부품이 외부 장치에 전기적으로 연결되고 이어주는 물리적 수단이다. 여기에는 회로를 유지하고 보호하는 기계적인 구조가 포함된다. 잘 설계된 전자 패키지는 (1) 전원 분배 및 신호 연결, (2) 구조적 지원, (3) 주변 환경의 물리적 및 화학적 위험으로부터 회로 보호, (4) 회로에서 발생된 열 방출 및 (5) 시스템 내 신호 전송의 지연시간의 최소화 등과 같은 역할을 한다.

많은 부품 및 상호 연결을 포함하는 복잡한 시스템의 경우, 전자 패키지는 패키징 계층 구조를 구성하는 레벨로 구성되며 그림 30.1과 표 30.1에 요약하여 나타내었다. 가장 낮은 레벨은 반도체 칩의 내부 연결을 나타내는 레벨 0이다. 패키징 된 칩(칩 캐리어)은 플라스틱 또는 세라믹 패키지의 IC로 구성되고 패키지 리드에 연결되어 패키징 레벨 1을 구성한다.

패키징된 칩 및 기타 부품은 (1) 표면 실장 기술(surface-mount technology, SMT) 및 (2) 스루홀 기술(through-hole technology; *pin-in-hole(PIH)* 기술로도 알려져 있음)의 두 가지 기술을 사영

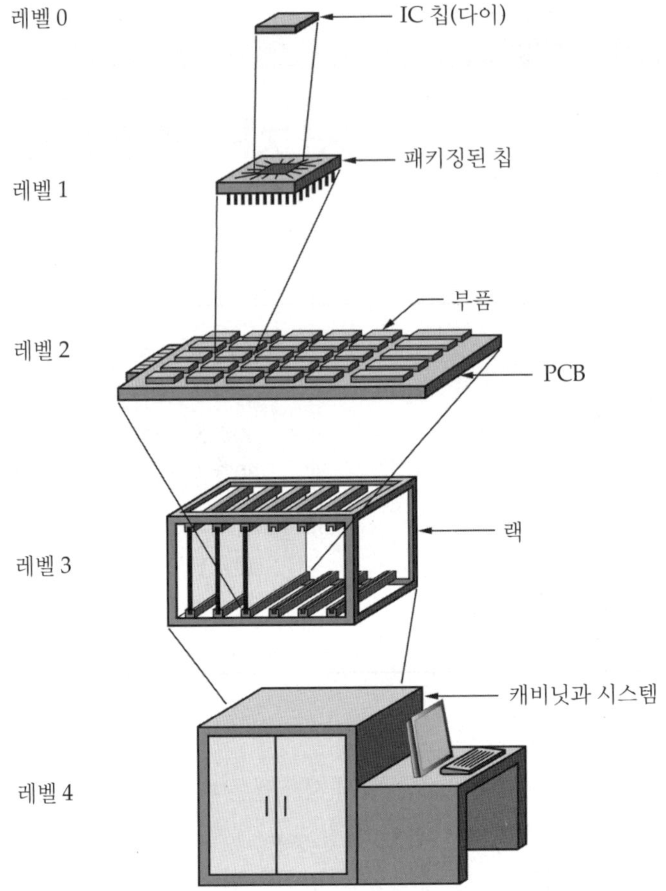

그림 30.1 대형 전자 시스템의 패키징 계층 구조.

표 30.1 패키징 계층 구조

레벨	상호 연결에 대한 설명
0	칩 내의 상호 연결
1	IC 패키지를 형성하기 위한, 칩과 패키지의 연결
2	IC 패키지와 회로기판의 연결
3	회로기판의 랙 삽입, 카드온보드 패키징
4	캐비닛 내의 배선과 케이블 연결

하여 인쇄 회로 기판에 조립된다(29.6.1절). 오늘날 SMT는 산업계에서 특히 대량 생산 제품에 훨씬 더 널리 사용된다. 칩 패키지 형태와 조립 기술은 SMT와 PIH에 따라 다르다. 많은 경우 위의 두 가지 조립 기술이 동일한 회로 기판에 사용된다. 인쇄 회로 기판 조립은 패키징의 레벨 2를 나타낸다. 그림 30.2는 PIH 및 SMT 유형을 모두 보여주는 두 개의 PCB 조립을 보여준다. SMT 보드의 부품들이 더 작다는 것에 유의하자.

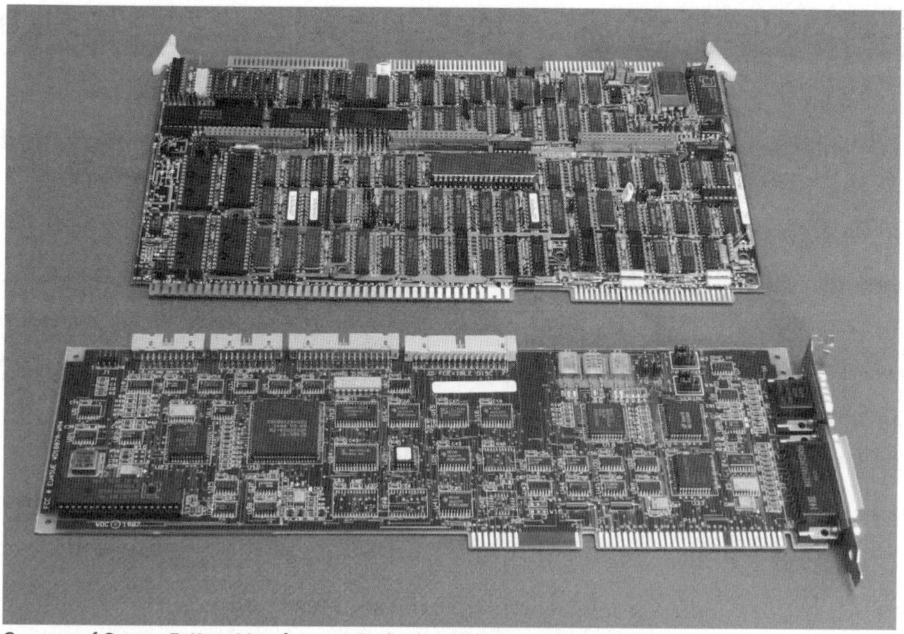

Courtesy of George E. Kane Manufacturing Technology Laboratory, Lehigh University

그림 30.2 두 개의 인쇄 회로 기판 조립. 위쪽 PCB 조립은 스루홀 기술(or PIH 기술) 아래쪽 PCB 조립은 SMT 기술의 적용을 보여준다.

조립된 PCB는 차례로 섀시 또는 기타 구조물에 연결된다. 이 패키징 레벨 3은 배선 케이블을 사용하여 상호 연결을 해주는 기판을 고정하는 랙으로 구성될 수 있다. 대형 컴퓨터와 같은 주요 전자 시스템에서 PCB는 일반적으로 *백플레인(back plane)*이라고 하는 대형 인쇄 회로 기판에 장착되며, 여기에 부착된 더 작은 기판 사이의 상호 연결을 가능하게 하는 도전 경로를 가지고 있다. 후자의 구성은 *카드온보드(card-on-board, COB)* 패키징으로 알려져 있으며, 여기에서 더 작은 PCB는 카드이고 백플레인은 보드이다. 패키징 레벨 4는 전자 시스템을 포함하는 캐비닛 내부의 배선 및 케이블 연결로 구성된다. 상대적으로 복잡도가 낮은 시스템의 경우 패키징의 모든 레벨이 포함되지 않을 수 있다.

30.2 인쇄 회로 기판

인쇄 회로 기판은 기판에 부착된 부품을 상호 연결하는 한쪽 혹은 양쪽 표면에 얇은 구리선이 있는 하나 이상의 얇은 절연 재료 층으로 구성된다. 둘 이상의 층으로 구성된 기판에서 구리 도전 경로는 층 사이에 삽입된다. PCB는 패키징된 전자 시스템에서 부품을 고정하고 부품 간에 전기적인 연결을 제공하며 외부 회로에 연결하는 데 사용된다. 패키징된 IC 및 기타 부품을 포함하는 거의 모든 전자시스템의 표준 구성 요소가 된다(역사적 고찰 30.1). PCB는 다음과 같은 이유로 매우 중요하며 널

역사적 고찰 30.1 인쇄 회로 기판

인쇄 회로 기판 이전에는 전기 및 전자 부품을 판금 섀시(일반적으로 알루미늄)에 수동으로 고정한 다음 원하는 회로를 형성하기 위해 손으로 배선하고 납땜되었다. 이를 ***점대점 구성(point-to-point construction)***이라고 한다. 1950년대 후반에 다양한 플라스틱 기판이 상업적으로 이용이 가능해졌다. 전기 절연을 제공하는 이 기판은 점차 알루미늄 섀시를 대체해 나갔다. 최초의 플라스틱은 페놀수지였으며 그 다음은 유리 섬유 강화 에폭시였다. 기판에는 양방향으로 표준 간격으로 미리 뚫린 구멍이 있었다. 이로 인해 이러한 구멍 간격과 일치하는 전자부품을 사용하게 되었다. ***Dual in-line 패키지***가 이 기간 동안 발전하였다.

이러한 회로 기판 위의 부품은 수작업으로 배선되어 부품 밀도가 증가하고 회로가 더 복잡해짐에 따라 작업이 점점 어려워지고 인적 오류가 발생하기 쉬워졌다. 배선 연결을 형성하기 위해 표면에 동박을 에칭한 ***인쇄 회로 기판***은 수동 배선의 이러한 문제를 해결하기 위해 1950년대에 개발되었다. 그 기간 동안 인쇄 회로 기판은 ***스루홀 기술(through-hole technology)***을 사용했으며 부품 리드를 삽입하기 위해 PCB를 뚫어야 했다. 동박 기판에 회로 패턴을 '인쇄'하는 원래 기술은 스크린프린팅이었다. 1980년대 후반에 ***표면 실장 기술(surface mount technology, SMT)***이 스루홀 구조를 대체하기 시작했다. SMT는 부품 리드 구멍이 필요하지 않으며 부품이 훨씬 작아서 인쇄 회로 기판 상의 회로가 고밀도화가 되었다. 회로 폭이 점점 더 미세화됨에 따라 포토리소그래피가 스크린프린팅을 대체하였다.

회로 마스크를 설계하기 위한 초기 기술에는 수동 잉크 작업이 포함되었으며, 이 작업에서 설계자는 필요한 연결을 제공하고 단락을 방지하기 위해 커다란 종이 또는 모조 피지를 사용하여 도전 경로를 설정하였다. 그러나 기판 위의 부품 수가 증가하고 부품을 연결하는 도전선이 미세해짐에 따라 더욱 어려워졌다. 설계자가 도전 경로 설정 문제를 해결하는 데 도움을 주기 위해설계자를 돕기 위해 컴퓨터 프로그램이 개발되었다. 그러나 많은 경우에 있어서 교차 경로(단락) 없는 해결책을 찾는 것이 불가능하였다. 이 문제를 해결하기 위해 점퍼선을 기판에 수작업으로 납땜하여 이러한 연결을 만들었다. 점퍼선의 수가 늘어나면서 인적 오류 문제가 재등장하였다. 이러한 경로 문제를 해결하기 위해 다층 인쇄 회로 기판이 도입되었다.

리 사용된다. (1) 부품에 편리한 구조적 플랫폼을 제공한다. (2) 올바르게 배선된 상호 연결이 된 기판은 일반적으로 수동 배선과 관련된 가변성 없이 일관되게 대량 생산이 가능하다. (3) 부품과 PCB 사이의 모든 연납접 접합을 한 단계의 기계화 작업으로 수행할 수 있다. (4) 조립된 PCB는 안정적인 성능을 제공한다. (5) 복잡한 전자 시스템에서 조립된 각 PCB는 서비스, 수리 또는 교체를 위해 시스템으로부터 분리할 수 있다.

30.2.1 PCB 구조, 종류 및 재료

*인쇄 배선 기판(printed wiring board, PWB)*이라고도 하는 *인쇄 회로 기판(printed circuit board,*

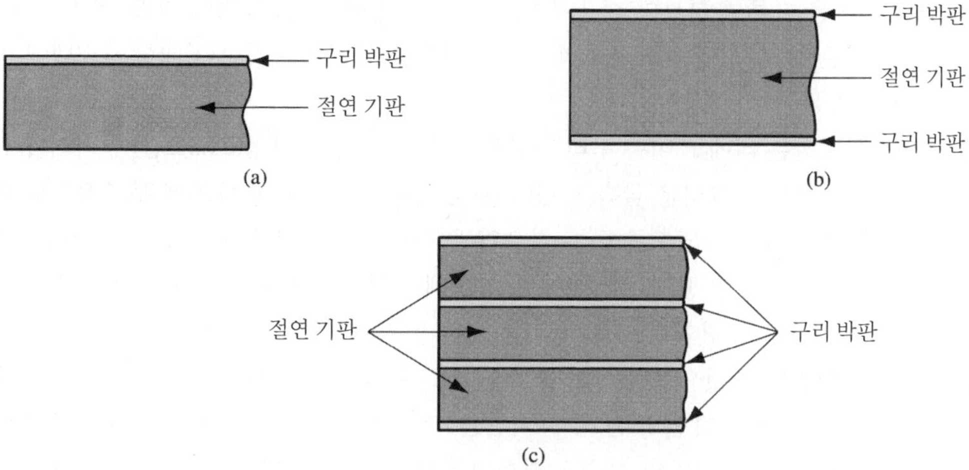

그림 30.3 세 가지 형태의 인쇄 회로 기판 구조. (a) 단면 기판, (b) 양면 기판, (c) 다층 기판.

*PCB)*은 부착된 전자 부품 사이에 전기적 연결을 제공하도록 설계된 절연 재료가 적층된 평판이다. 상호 연결은 기판 표면의 얇은 도전 경로 또는 절연 재료 층 사이에 끼인 도전 층에 의해 이루어진다. 도전 경로는 구리로 만들어지고 *트랙(track)*이라고 불린다. 부품을 부착하고 전기적으로 연결하가 위해 기판 표면에 *랜드(land)*라고 하는 다른 구리 영역도 사용된다. PCB의 절연 재료는 일반적으로 유리 직물이나 종이로 강화된 고분자 복합 재료가 사용된다. 중합체에는 에폭시(가장 널리 사용됨), 페놀 및 폴리이미드가 사용된다. E-glass는 유리 강화 직물, 특히 에폭시 PCB의 일반적인 섬유이고, 면지는 페놀 보드이 일반적인 강화 층이다. 기판 층의 일반적인 두께는 0.8~3.2 mm이고, 동박 두께는 약 0.04 mm이다. PCB 구조를 형성하는 재료는 전기 절연성, 강성 및 견고성, 뒤틀림 저항성, 치수 안정성, 내열성 및 난영성이어야 한다. 마지막 두 가지 특성을 얻기 위해 화학 물질이고분자 복합재에 첨가되기도 한다. 그림 30.3과 같이 주요 세 가지 유형의 인쇄 회로 기판에는 (a) 동박이 절연 기판의 한 면에만 있는 ***단면 기판***, (b) 동박이 절연 기판의 양면에 있는 ***양면 기판***, (c) 전도성 박판과 절연층이 번갈이 가며 구성된 ***다층 기판***이 있다. 세 가지 구조 모두에서 절연층은 강력하고 견고한 구조를 형성하기 위해 함께 결합된 에폭시-유리판(또는 기타 복합재)의 다중 적층으로 구성된다. 다층 기판은 많은 부품이 수많은 트랙과 상호 연결되어야 하므로 하나 또는 두 개의 구리 층에 수용할 수 있는 것보다 더 많은 도전 경로가 필요한 복잡한 회로 조립에 사용된다. 4층 기판이 가장 일반적인 다층 구성이다.

30.2.2 소재 기판의 생산

단면 및 양면 기판은 표준 크기로 대량 생산하는 전문 공급 업체에서 구입할 수 있다. 그런 다음 기판은 회로 제작자에 의해 맞춤 처리되어 주어진 용도에 맞게 지정된 회로 패턴과 크기로 제작된다. 다층 기판은 표준 단면 및 양면 기판으로 제작된다. 회로 제작자는 기판을 개별적으로 처리하여 최종 구조의 각 층에 필요한 회로 패턴을 형성한 다음 개별 보드를 추가 에폭시 직물 층과 함께 접합한다. 다층 기판 공정은 다른 유형보다 더 복잡하고 비용이 많이 든다. 그러나 다층 기판을 사용하는 이유는 훨씬 더 많은 수의 더 단순한 구조의 저밀도 기판을 사용하는 것보다 대형 시스템에 더 나은 성능을 제공하기 때문이다.

소재 기판을 도포하는 데에 쓰이는 구리 박판은 연속 전해 성형 공정(24.3.2절)에 의해 생산된다. 이 공정에서는 회전하는 매끄러운 금속 드럼이 구리 이온이 포함된 전해조에 부분적으로 잠긴다. 이 드럼은 구리가 표면에 도금되도록 하는 회로의 음극이다. 드럼이 욕조 밖으로 회전하면서 얇은 동박이 표면에서 벗겨진다. 이 공정은 PCB에 필요한 매우 얇은 동박을 제조하는 데 이상적이다.

소재 기판은 부분적으로 경화된 에폭시(또는 기타 열경화성 고분자)로 함침된 여러 장의 직조 유리 섬유 시트를 압착하는 것으로 구성된다. 초기 샌드위치 구조에 사용하는 시트 수는 최종 기판의 두께를 결정한다. 동박은 단면 또는 양면 기판을 만들지 여부에 따라 에폭시-유리 적층의 한쪽 또는 양쪽에 배치된다. 단면 기판의 경우 프레스에서 에폭시가 달라붙는 것을 방지하기 위해 동박 대신 한 면에 얇은 이형 필름을 사용한다. 압착은 수압 프레스의 증기로 가열된 두 개의 압반 사이에서 수행된다. 열과 압력의 조합은 에폭시-유리 층을 압축하고 경화시켜 적층된 층을 일체형 기판으로 결합하고 경화시킨다. 그런 다음 기판을 냉각하고 가장자리 주위에 압착된 과도한 에폭시를 제거한다.

완성된 기판은 유리 섬유 강화 에폭시 판으로 구성되어 있으며 한쪽 또는 양쪽 표면에 구리를 입힌다. 이제 회로 제작자를 우한 준비가 되었다. 소재 기판은 일반적으로 웨이브 솔더링 장비, 자동 장착 기계 및 삽입 기계, 기타 PCB 공정 및 조립 설비의 기판 처리 시스템과 일치하도록 설계된 표준 너비로 생산된다. 전자 설계가 더 작은 크기를 요구하는 경우 여러 장치를 동일한 더 큰 보드에서 함께 제작한 다음 나중에 분리할 수 있다.

30.2.3 PCB 제조에 사용되는 공정

회로 제작자는 부품 조립 준비가 완료된 완성 PCB를 생산하기 위해 다양한 공정을 수행한다. 여기에는 세척, 전단, 홀 드릴링 또는 펀칭, 패턴 이미징, 에칭, 무전해 및 전해 도금 등이 포함된다. 이러한 공정의 대부분은 이전 장에서 설명하였다. 이 절에서는 PCB 제조와 관련된 세부 사항을 다루도록 한다. 서로 다른 기판 유형 간에 공정 순서에 차이가 있으며 이러한 차이점은 30.2.4절에서 다룬다. PCB 제조의 일부 작업은 인쇄 회로의 결함을 피하기 위해 클린 룸 조건(29.1.2절)에서 수행해야 한다. 특히, 미세한 트랙과 세부 요소가 있는 기판의 경우 더욱 그렇다.

기판 준비

기판의 초기 준비는 기판에 탭, 슬롯 및 유사한 기능을 생성하기 위한 전단, 구멍 만들기 및 기타 성형 작업으로 구성된다. 필요한 경우 회로 제작자의 장비와의 호환성을 위해 시작 패널을 크기에 맞게 절단해야 할 수도 있다. 공구 구멍(tooling hole)이라고 하는 구멍은 드릴링 또는 펀칭으로 만들어지며 후속 공정 중에 기판을 배치하는 데 사용된다. 일련의 제조 단계는 한 공정에서 다음 공정으로의 정밀한 정렬이 필요하며 이러한 구멍은 정확한 위치를 정하기 위해 각 작업에서 위치 맞춤 핀과 함께 사용된다. 일반적으로 기판당 3개의 공구 구멍이면 충분하며, 구멍 크기는 약 3.2 mm로 나중에 뚫을 회로 구멍보다 크다.

기판은 일반적으로 이 준비 단계에서 식별 목적으로 바코드 처리된다. 마지막으로 기판 표면에서 먼지와 기름을 제거하기 위해 세정 공정이 사용된다. 청정 요구 사항은 IC 제조만큼 엄격하지는 않지만 작은 입자 및 먼지는 인쇄 회로 기판의 회로 패턴에 결함을 유발할 수 있다. 또한, 표면의 기름막은 에칭 및 기타 화학 공정을 방해할 수 있다. 청정은 신뢰할 수 있는 PCB를 생산하는 데 필수적이다.

구멍 가공

공구 구멍 이외에 (1) 스루홀(through hole) 기술을 기반으로 하는 부품의 리드를 삽입하기 이한 *삽입 구멍(insertion hole)*, (2) 나중에 구리 도금되고 보드의 한 면에서 다른 면으로 도전 경로로 사용되는 *비아홀(via hole)*, (3) 방열판 및 기판 커넥터와 같은 부품을 고정하기 위한 구멍과 같은 기능성 회로 구멍이 PCB에 필요하다. 이 구멍은 위치를 지정하기 위해 공구 구멍을 사용하여 드릴 및 펀칭으로 뚫는다. 드릴링으로 더 깨끗한 구멍을 마들 수 있으므로 PCB 제조에서 대부분의 구멍을 뚫는다. 디자인 데이터베이스에서 프로그래밍 명령을 바는 컴퓨터 수치 제어(CNC) 드릴 프레스를 사용하여 3개 또는 4개의 기판을 겹쳐서 동일한 작업으로 드릴링할 수 있다. 대량 생산 작업의 경우 다축 드릴이 때때로 사용되어 한 번의 이송 동작으로 기판의 모든 구멍을 뚫을 수 있다.

표준 트위스트 드릴(19.3.2절)은 구멍을 뚫기 위해 사용되지만 용도에 따라 드릴 및 드릴링 장비에 대한 많은 비정상적인 요구 사항이 발생한다. 가장 큰 문제는 인쇄 회로 기판의 작은 크기의 구멍이다. 드릴 직경은 일반적으로 1.27 mm 미만이지만 일부 고밀도 기판에서는 0.15 mm의 구멍 크기가 필요하다. 이러한 작은 드릴 비트는 강도가 부족하고 열 발산 능력이 낮다.

또 다른 어려움은 독특한 작업 재료이다. 드릴 비트는 먼저 얇은 동박을 통과한 다음 연마성 에폭시-유리 복합재를 통과해야 한다. 일반적으로 이러한 재료에 대한 다른 드릴이 지정되지만 PCB 드릴링에서는 단일 드릴로 충분해야 한다. 초경 합금 또는 코팅된 탄화물은 공구 재료로 고속도강보다 선호된다. 여러 개의 기판 또는 다층 기판의 적층과 결합된 작은 홀 크기는 큰 깊이 대 직경 비율을 초래하여 홀에서 드릴링 조각 추출 문제를 야기시킨다. 작업에 대한 기타 요구 사항에는 구멍 위치의 높은 정확도, 매끄러운 구멍 벽 및 구멍에 돌기(burr)가 없어야 한다. 돌기는 일반적으로 드릴이 구멍에 들어가거나 나올 때 형성된다. 재료의 박판의 소재가 기판 자체에 돌기가 형성되는 것을 방지하기 위해 적층된 기판의 위와 아래에 배치된다.

마지막으로 최고의 효율로 작업하기 위해서는 모든 절삭 공구를 특정 절삭 속도로 사용해야 한다. 드릴 비트의 경우 절단 속도는 원주에서 측된된다. 매우 작은 드릴 크기의 경우, 경우에 따라 최대 100,000 rev/min의 매우 높은 회전 속도를 의미한다. 이러한 속도를 얻으려면 특수 스핀들 베어링과 모터가 필요하다.

회로 패턴 이미징과 에칭

회로 패턴을 기판의 구리 표면에 전사하는 두 가지 기본 방법에는 스크린프린팅과 포토리소그래피 방법이 있다. 두 가지 방법 모두 구리 에칭이 발생하 회로의 트랙과 랜드를 남기는 위치를 결정하는 기판 표면의 레지스트 코팅 사용을 포함한다.

스크린프린팅은 PCB에 사용된 최초의 방법이다. 이 방법은 실제로 인쇄 기술이며 *인쇄 회로 기판*이라는 용어는 이 방법에서 나온 것이다. 스크린프린팅(screen printing)에서는 회로 패턴이 포함된 스텐실(stencil) 스크린을 기판 위에 놓고 액상 레지스트를 매쉬를 통해 아래 표면까지 압착한다. 이 방법은 간단하고 저렴하지만 해상도가 제한적이다. 일반적으로 트랙 폭이 약 0.25 mm보다 큰 응용 분야에만 사용된다.

회로 패턴을 전사하는 두 번째 방법은 감광성 레지스트 물질을 마스크를 통해 노출시켜 회로 패턴을 전사하는 포토리소그래피이다. 공정 절차는 IC 제조의 해당 공정(29.3.1절)과 유사하지만 일부 세부 사항이 다르다.

회로 제작자가 사용하는 포토레지스트는 액상 도는 건식 필름의 두 가지 형태로 제공된다. 액상 레지스트는 롤러나 스프레이로 도포할 수 있다. 건식 필름 레지스트는 PCB 제조에 더 일반적으로 사용된다. 건식 필름 레지스트는 3개의 층으로 구성되어 있다. 감광성 폴리머 필름이 폴리에스터 지지층과 제거될 플라스틱 커버층 사이에 끼여 있다. 커버층은 보관 및 취급 중에 감광성 물질이 달라붙는 것을 방지한다. 액상 레지스트보다 비싸지만 건식 필름 레지스트는 균일한 두께의 코팅을 형성하며 포토리소그래피 공정이 더 간단하다. 건식 필름을 적용하기 위해서는 커버층을 제거하고 레지스트 필름을 쉽게 접착되는 구리 표면에 놓는다. 가열된 롤러가 레지스트 표면을 누르고 매끄럽게 만드는 데 사용된다.

기판에 대한 마스크의 정렬은 기판의 공구 구멍과 정렬된 마스크의 정렬 구멍 사용에 따라 달라진다. 접촉 인쇄는 마스크 아래의 레지스트를 노출시키는 데 사용된다. 그 다음 레지스트가 현상되며 표면에서 음성 레지스트가 노출되지 않은 영역이 제거된다.

레지스트 현상 후 구리 표면의 특정 영역은 레지스트로 덮인 상태로 남아 있지만 다른 영역은 노출되어 있다. 덮인 영역은 회로 트랙과 랜드에 해당하고 노출된 영역은 그 사이의 열린 영역에 해당한다. 에칭은 일반적으로 화학 에칭액을 사용하여 기판 표면에서 보호되지 않은 영역의 구리 클래딩을 제거한다. 에칭은 구리 박막을 전기회로의 연결로 변환시키는 단계다.

에칭은 레지스트로 부분적으로 코팅된 기판의 표면에 에칭액이 분사되는 에칭 챔버에서 수행된다. 과황산암모늄($(NH_4)_2SO_4$), 수산화암모늄(NH_4OH), 염화제2구리($CuCl_2$) 및 염화제2철($FeCl_3$)을 포함하여 다양한 에칭액이 구리를 제거하는 데 사용된다. 각각 상대적인 장점과 단점을 가지고 있다. 공정 매개변수(예: 온도, 에칭액 농도 및 시간)는 IC 제조에서와 같이 오버 에칭이나 언더 에칭을 방지하기 위해 정밀하게 제어되어야 한다. 에칭 후 기판을 세척하고 남은 레지스트를 표면에서 화학적으로 제거한다.

도금

인쇄 회로 기판에서는 양면 기판의 한쪽에서 다른 쪽 또는 다층 기판의 층 사이에 도전 경로를 제공하기 위해 구멍 표면에 도금이 필요하다. PCB 제조에는 (1) 전기 화학 도금으로 알려진 전기 도금과 무전해 도금(24.3절)의 두 가지 유형의 도금 공정이 사용된다. 전기 도금은 무전해 도금보다 증착률이 높지만 코팅될 표면이 금속성(전도성)이어야 한다. 무전해 도금은 느리지만 전도성 표면이 필요하지 않다.

비아홀이나 삽입 구멍을 드릴링한 후 구멍의 벽은 비전도성인 에폭시-유리 절연 재료로 구성된다. 따라서 무전해 도금을 먼저 사용하여 구멍 벽에 얇은 구리 코팅을 제공해야 한다. 구리 박막이 도포되면 전기 도금을 사용하여 구멍 표면의 코팅 두께를 0.025~0.05 mm로 증가시킨다.

금은 때때로 인쇄 회로 기판에 도금되는 또 다른 금속이다. 우수한 전기적 접촉을 제공하기 위해 PCB 모서리 커넥터의 매우 얇은 코팅으로 사용된다. 코팅 두께는 약 2.5 μm에 불과하다.

30.2.4 PCB 제조 절차

이 절에서는 다양한 기판 유형에 대한 공정 절차에 대해 설명한다. 이 절차는 강화 고분자의 구리 피복 기판을 *회로화(circuitization)*라고 하는 절차인 완성된 기판으로 변환하는 것과 관련이 있다. 그림 30.4에 양면 기판을 나타내었다.

회로화

구리로 코팅할 기판 영역을 결정할 수 있는 세 가지 회로화 방법에는 (1) 제거, (2) 추가법 및 (3) 준추가 방법이 있다.

제거법(subtractive method)에서는 원하는 회로의 트랙과 랜드가 남도록 소재 기판에 았는 구리 박판의 개방된 영역이 표면에서 에칭된다. 기판 표면에서 구리가 제거되기 때문에 이 프로세스를 '제거'라고 한다. 제거법의 공정 순서를 그림 30.5에 나타내었다.

추가법(additive method)은 단면 기판의 코팅되지 않은 표면과 같이 구리 도금되지 않은 보드 표면에서 시작한다. 그러나 코팅되지 않은 표면은 무전해 도금의 촉매 역할을 하는 버터코트(buttercoat)라고 하는 화학 물질로 처리된다. 이 방법의 공정 순서를 그림 30.6에 나타내었다.

준추가법(semiadditive method)은 추가법과 제거법의 조합을 사용한다. 소재 기판은 표면에 5

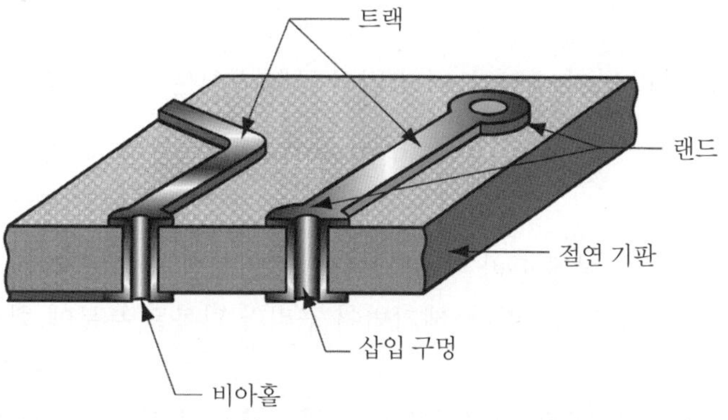

그림 30.4 트랙 및 랜드, 구리 도금 삽입 구멍 및 비아홀을 보여주는 양면 PCB.

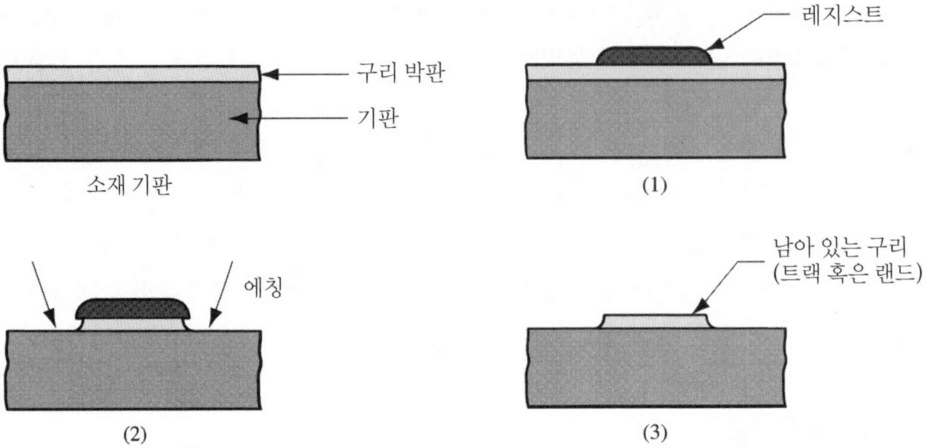

그림 30.5 PCB 제조에 있어서 회로화를 위한 제거법. (1) 에칭될 영역을 노출시키기 위해 포토리소그래피를 사용하여 에칭되지 않을 영역에 레지스트를 도포한다. (2) 에칭한다. (3) 레지스트를 박리한다.

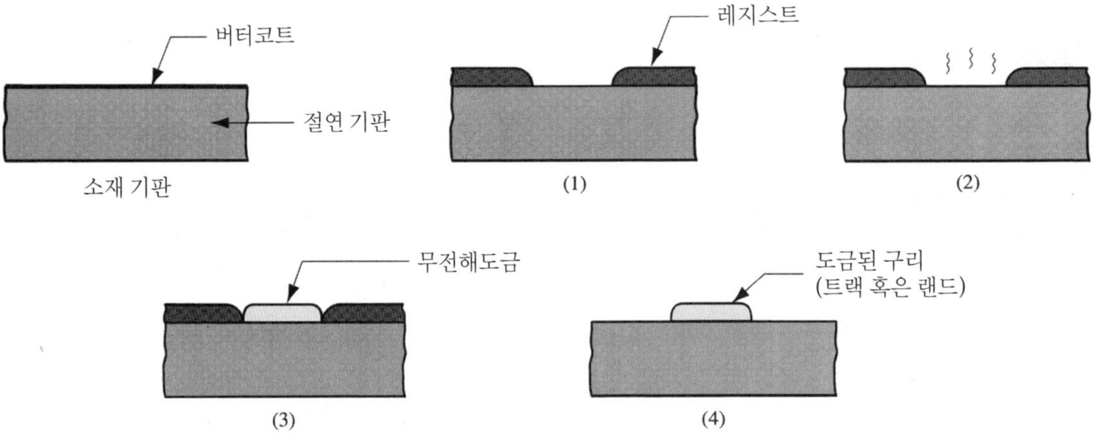

그림 30.6 PCB 제조에서 회로화를 위한 추가법. (1) 포토리소그래피를 사용하여 표면에 레지스트 필름을 적용하여 구리 도금할 영역을 노출시킨다. (2) 노출된 표면은 화학적으로 활성화되어 무전해 도금을 위한 촉매 역할을 한다. (3) 구리가 노출된 부분에 도금된다. (4) 레지스트를 박리한다.

μm 이하의 매우 얇은 구리 박막이 있다. 이 방법의 공정 순서는 그림 30.7에 나타낸 바와 같이 진행된다.

기판 유형에 따른 공정

공정 방법은 세 가지 PCB 유형에 따라 다르다. 단면 기판은 한 면이 구리 박막으로 덮인 평평한 절연 재료 시트로부터 제조되기 시작한다. 제거법이 구리가 피복된 부분에 회로 패턴을 형성하는 데 사용된다.

양면 기판은 양쪽에 전기적으로 연결해야 하는 회로 트랙이 있기 때문에 다소 복잡한 공정 절차가 필요하다. 전기적 연결은 그림 30.4와 같이 기판의 한쪽 표면에 있는 랜드에서 반대쪽 표면에 있

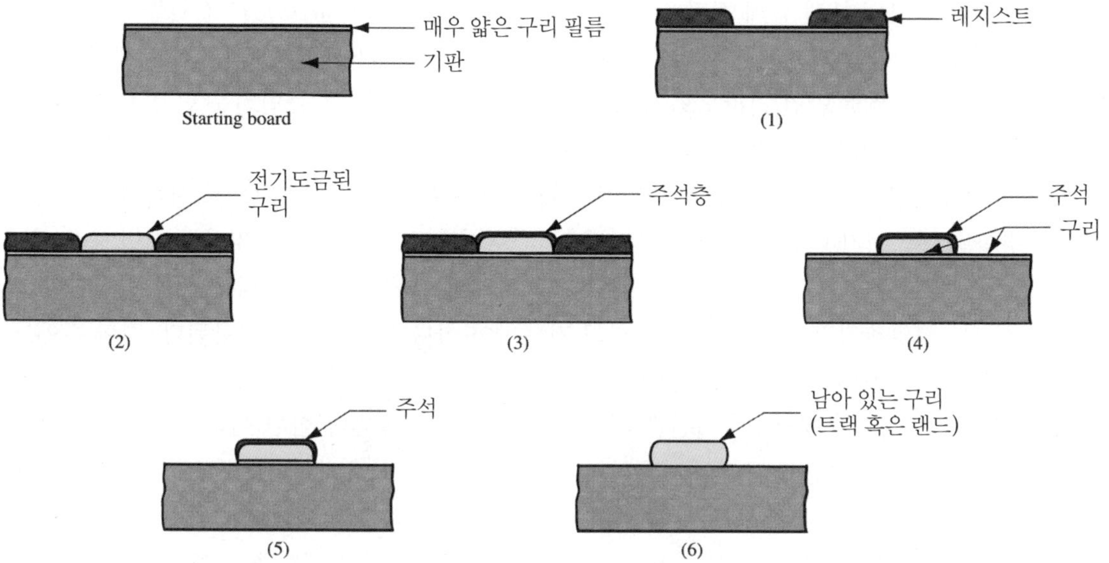

그림 30.7 PCB 제조에서 회로화를 위한 준추가법. (1) 도금되지 않을 영역에 레지스트를 도포한다. (2) 전도성을 위해 구리 필름을 사용하여 구리를 전기 도금한다. (3) 도금된 구리 위에 주석을 적용한다. (4) 레지스트를 박리한다. (5) 주석이 전기 도금된 구리에 대한 레지스트 역할을 하는 동안 표면에 남아있는 구리 박막을 에칭한다. (6) 구리로부터 주석을 박리한다.

는 랜드로 연결되는 구리 도금 비아홀을 통해 이루어진다. 양면 기판(양면에 구리 도금)의 일반적인 제조 순서는 준추가법을 사용한다. 드릴로 구멍을 뚫고 무전해 도금을 사용하여 구멍을 초기에 도금한 다음 도금 두께를 늘리기 위해 전기 도금을 한다.

다층 기판은 구조적으로 세 가지 유형 중 가장 복잡하며 이러한 복잡성은 그 제조 순서에 반영된다. 적층 구조는 그림 30.8에서 볼 수 있으며 다층 PCB의 일부 기능 요소를 나타내었다. 개별 층의 제작 단계는 기본적으로 단면 및 양면 기판에 사용되는 것과 동일하다. 다층 기판 제조가 더 복잡한 이유는 (1) 각각 자체 회로 설계가 있는 모든 층을 먼저 제조해야 하고, (2) 각 층을 함께 결합하여 하나의 일체형 기판을 형성해야 하며, 마지막으로 (3) 조립된 기판이 자체의 공정 순서를 거쳐야 하는 점이다.

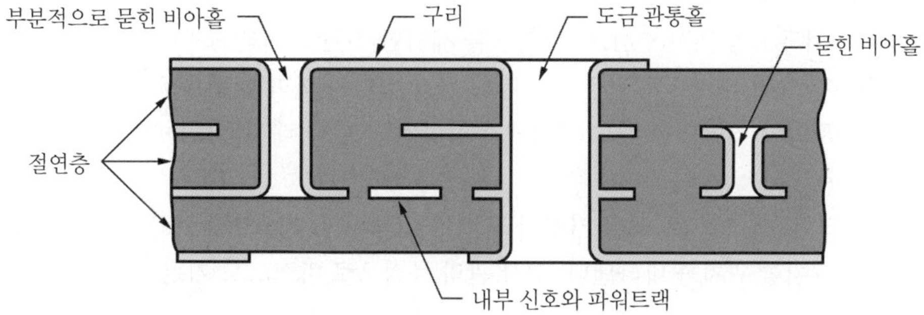

그림 30.8 일반적인 다층 인쇄 회로 기판 단면.

다층 기판은 기판의 부품 간에 전기 신호를 전달하는 *논리층(logic layers)*과 전원을 분배하는 데 사용되는 *전압층(voltage layers)*으로 구성된다. 논리층은 일반적으로 양면 기판으로 제조되는 반면 전압층은 일반적으로 단면 기판으로 제조된다. 더 얇은 절연 기판은 돌립된 단면 및 양면 기판보다 다층 기판에 사용되므로 최종 기판의 적절한 두께를 얻을 수 있다.

두 번째 단계에서는 개별 층이 결합된다. 이 단계는 외부 바닥의 구리 박막으로 시작한 다음 부분적으로 경화된 에폭시가 함침된 하나 이상의 유리 직물 시트로 다음 층을 분리하는 개별 층을 추가한다. 모든 층이 함께 결합된 후 최종 구리 박막이 적층물에 배치되어 상단 외부 층을 형성한다. 그 다음 에폭시를 경화시키기 위해 압력을 가하고 가열하여 하나의 기판으로 결합된다. 경화 후에 가장자리 주변의 압착된 여분의 수지를 잘라낸다.

세 번째 제조 단계가 시작될 때 기판은 외부 표면에 동박과 함께 결합된 여러 층으로 구성된다. 따라서 그 구조는 양면 기판의 구조와 비유할 수 있으며 그 처리도 유사하다. 이 공정 절차는 스루홀을 추가로 뚫고 구멍을 도금하여 두 개의 외부 구리 필름과 특정 내부 구리 층 사이에 도전 경로를 설정하고 포토리소그래피 및 에칭을 사용하여 외부 구리 필름에 회로 패턴을 형성하는 작업으로 구성된다.

시험과 마무리 작업

기판 표면에 회로를 제작한 후에는 설계 사양에 따라 기능하고 품질 결함이 없는지 확인하기 위해 검사 및 시험을 거쳐야 한다. 육안 검사와 연속성 시험의 두 가지 절차가 일반적이다. 육안 검사에서는 기판에 전원을 공급하지 않고 관찰할 수 있는 단선 및 단락 회로, 드릴 구멍 위치의 오류 및 기타 결함을 감지하기 위해 기판을 시각적으로 검사한다. 제작 후뿐만 아니라 생산 중 다양한 중요 단계에서 수행되는 육안 검사는 사람의 눈이나 머신비전으로 검사한다(36.6.3절).

연속성 시험(continuity testing)에는 보드 표면의 트랙 및 랜드 영역과 동시에 접촉하는 접촉 탐침을 사용하여 실시한다. 장치는 기판 표면의 지정된 지점과 접촉하도록 가벼운 압력을 가하는 일련의 탐침으로의 구성된다. 이 절차에서는 접점 간의 전기 연력을 빠르게 확인할 수 있다.

전자 부품 조립을 준비하기 위해 기판에서 몇 가지 추가적인 공정을 수행해야 한다. 이러한 마무리 작업 중 첫 번째 작업은 트랙과 랜드 표면에 얇은 연납재(땜납) 층을 적용하는 것이다. 이 층은 산화 및 오염으로부터 구리를 보호하는 역할을 한다. 이는 전기 도금을 하거나 녹은 연납재에 부분적으로 잠긴 회전 롤러와 구리 면을 접촉시켜 수행된다.

두 번째 작업은 이후 조립에서 연납접 될 랜드를 제외한 기판 표면의 모든 영역에 솔더 레지스트를 코팅하는 것이다. 솔더 레지스트 코팅은 솔더의 접착을 막는 화학 성분으로 구성되어 있다. 따라서 후속 연납접 공정에서 연납재는 랜드 영역에만 접합된다. 솔더 레지스트는 일반적으로 스크린프린팅에 의해 도포된다.

마지막으로 스크린프린팅으로 식별 기호가 표면에 인쇄된다. 기호(legend)는 최종 조립에서 기판에 다른 부품을 배치할 위치를 나타낸다. 생산 관리 목적으로 바코드도 기판에 인쇄된다.

30.3 인쇄 회로 기판 조립

PCB 조립은 인쇄 회로 기판에 실장된 전자 부품(예: IC 패키지, 저항, 커패시터)과 기계 부품(예: 체결구, 방열판)으로 구성된다. 이것은 전자 패키징에서 레벨 2에 해당한다(표 30.1). PCB 조립은 표면 실장 기술이나 스루홀 기술을 기반으로 한다. 일부 PCB 조립에는 표면 실장 및 스루홀 부품이 모두 포함된다. 이 절에서는 표면 실장 기술 및 스루홀 기술뿐만 아니라 두 가지 기술의 조합에 대해 다룰 것이다. 전자 조립의 범위에는 섀시나 캐비닛에 전기적으로 연결되고 기계적으로 연결된 여러 PCB의 조립과 같은 상위 패키징 레벨도 포함된다. 30.4절에서는 이러한 상위 레벨의 패키징에서 전기적 연결을 만드는 기술에 대해 알아본다.

30.3.1 표면 실장 기술

1980년대 후반부터 표면 실장 기술의 사용은 인쇄 회로 기판 조립에 있어 지배적인 공정이 될 정도로 성장했다. 이전의 스루홀 기술은 실장 밀도 측면에서 다음과 같은 본질적인 한계가 있다. 이러한 한계에는 (1) 부품은 기판의 한 면에만 실장할 수 있고, (2) PIH 부품 리드 사이의 중심 간 거리가 SMT보다 멀다는 점이다.

표면 실장 기술(surface mount technology, SMT)은 부품 리드가 기판을 통과하는 구멍이 아닌 기판 표면의 랜드에 연납접되는 조립 방법을 사용한다(역사적 고찰 30.2). 기판의 구멍을 통해 리드를 삽입할 필요가 없기 때문에 다음과 같은 몇 가지 이점을 얻을 수 있다. (1) 더 작은 부품을 사용할 수 있다. (2) 회로 밀도를 높일 수 있다. (3) 부품을 기판의 양쪽에 실장할 수 있다. (4) 동일한 전자 시스템에 더 작은 PCB를 사용할 수 있다. (5) 기판 제조 중에 많은 스루홀을 뚫는 작업이 제거된다. 그러나 층을 상호 연결하기 위한 비아홀은 여전히 필요하다. SMT 부품이 차지하는 기판 표면의 일반적인 영역은 스루홀 부품에 비해 20%~60% 범위를 차지한다.

이러한 장점에도 불구하고 전자 산업에서 SMT는 스루홀 기술을 제외하고 완전히 채택되지 않았다. 여기에는 다음과 같은 몇 가지 이유가 있다. (1) 크기가 작기 때문에 표면 실장 부품의 사람이 취급하고 조립하기가 더 어렵다. (2) 회로 조립의 검사, 시험 및 재작업은 일반적으로 관련 규모가 작기 때문에 SMT에서 더 어렵다. (3) 특정 유형의 부품은 표면 실장 형태로 사용할 수 없다. 이 마지막 한계로 인해 표면 실장 및 리드 부품을 모두 포함하는 전자 조립품이 발생한다.

조립된 PCB를 생산하는 일련의 단계는 기본적으로 SMT 및 스루홀 기술이 동일하다. (1) PCB에 부품을 장착한다. (2) 부품을 PCB에 연납접으로 접합한다. (3) 세정, (4) 검사, (5) 시험 및 (6) 재작업으로 구성된다. 처음 두 단계의 세부 사항은 SMT 및 스루홀 기술에 따라 다르다. SMT 첫 번째 단계에서는 부품이 PCB에 배치되는 반면 PIH 기술에서는 부품 리드가 PCB의 구멍에 삽입된다. 두 번째 단계에서는 SMT 및 PIH 기술에 대해 서로 다른 연납접 접합 방법이 사용된다. SMT의 규모가 작을수록 검사, 시험 및 재작업이 더 어려워진다는 점을 제외하면 마지막 네 단계는 동일하다.

SMT에서 부품의 장착은 PCB에 부품을 올바르게 배치되고 연납접이 영구적인 기계적 및 전기

역사적 고찰 30.2 표면 실장 기술

스루홀 기술을 기반으로 하는 인쇄 회로 기판 조립은 표면 실장 기술(SMT)이 널리 사용되기 시작한 1950년대부터 1980년대 대부분까지 지배적인 전자 패키징 방법이었다.

SMT의 기원은 1960년대 항공 우주 및 국방 산업의 전자 시스템으로 거슬러 올라가며 IBM사가 원래 개발 작업의 대부분을 담당했다. 첫 번째 부품은 갈매기 날개(gull-wing)의 리드가 있는 작고 평평한 세라믹 패키지였다. 스루홀 기술과 비교할 때 이러한 패키지가 매력적인 초기 이유는 인쇄 회로 기판의 양면에 실장 할 수 있어 사실상 부품 밀도를 두 배로 늘릴 수 있다는 사실이었다. 또한 SMT 패키지는 비교 가능한 스루홀 패키지보다 더 작게 만들어 인쇄 회로 기판의 부품 밀도를 더욱 높일 수 있었다.

1970년대 초에 SMT는 리드 없는 부품(개별 리드가 없는 세라믹 패키지 부품)의 형태로 더욱 발전했다. 이로써 국방 및 항공 우주 전자 제품에서 더욱더 높은 회로 밀도가 가능해졌다. 1970년대 후반에 플라스틱 SMT 패키지를 사용할 수 있게 되면서 표면 실장 기술이 널리 사용되었다. 컴퓨터 및 자동차 산업은 SMT의 주요 사용처가 되었으며 SMT 부품에 대한 수요가 이 기술의 지대한 성장에 기여했다.

적 연결을 제공할 때까지 표면에 충분히 부착되는 것을 의미한다. 이와 같은 부품의 장착과 연납접에서는 (1) 연납 페이스트 및 리플로우 솔더링 및 (2) 부품의 접착제 접합 및 웨이브 솔더링과 같은 방법이 있다. 특정 유형의 SMT 부품에 따라 두 가지 방법 중 어느 한 방법이 더 적합하게 사용된다.

연납 페이스트와 리플로우 솔더링

연납 페이스트와 리플로우 솔더링 방법을 그림 30.9에 나타내었다. 용제 결합재 내에 연납재 분말이 들어간 현탁액인 연납 페이스트가 부품을 회로 기판 표면에 부착하는데 사용된다. 연납 페이스트는

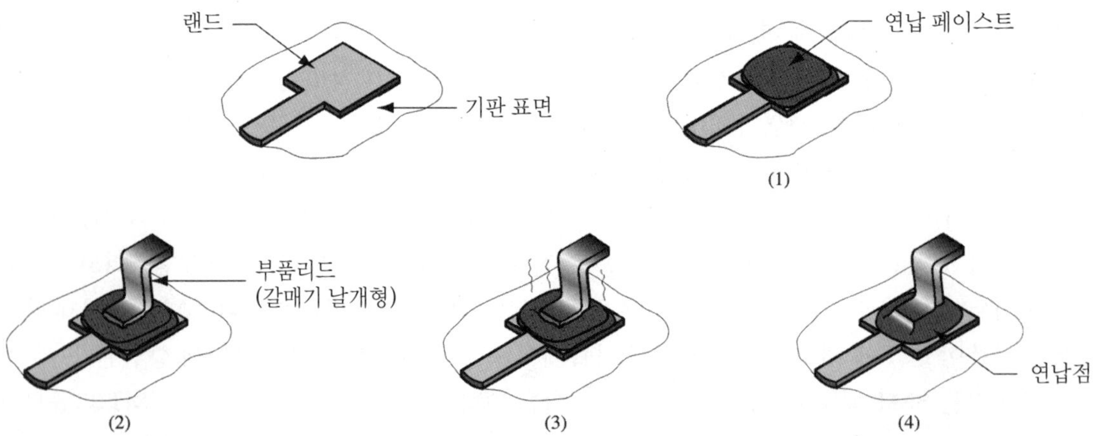

그림 30.9 연납 페이스트와 리플로우 솔더링 방법. (1) 연납 페이스트를 원하는 랜드 영역에 도포한다. (2) 기판 위에 부품을 장착한다. (3) 페이스트를 베이킹한다. (4) 연납 리플로우를 수행한다.

(1) 일반적으로 전체 페이스트 부피의 80~90%를 차지하는 연납재, (2) 용제(flux) 및 (3) 기판 표면 위에 부품을 일시적으로 고정하는 접착제와 같은 세 가지 기능을 가지고 있다. 기판 표면에 연납 페이스트를 도포하는 방법은 스크린 프린팅 및 주사기 토출이 있다. 페이스트의 물성은 이러한 도포 방법에 적합하여야 한다. 페이스트는 흘러야 하지만 너무 액체가 되어 도포되는 국부적인 영역을 넘어 퍼지며 안 된다.

연납 페이스트가 도포된 후에 부품은 자동 장착기 또는 반자동 장착기에 의해 기판 표면에 실장된다. 자동 기계는 컴퓨터 수치 제어(34.3절)에 의해 작동된다. 실장할 부품(예: 칩 캐리어, 커패시터, 저항)은 일반적으로 매거진(magazines)에 공급되거나 자동화 기계의 피더에 탑재할 수 있는 릴의 테이프에 부착된다. 초기 PCB는 고속 x-y 위치결정 시스템을 사용하여 기판의 지정된 위치에 부품을 실장하는 픽 앤 플레이스(pick-and-place) 작업 헤드 아래로 이동 및 배치된다. 작업 헤드는 흡입 노즐을 사용하여 부품을 회수하고 처리한다. 자동 기계는 시간당 최대 30,000개의 부품을 취급할 수 있다[20]. 대량 생산의 경우 생산 라인에 통합되는 경우가 많으므로 조립 중 기판에서 수행되는 대부분 또는 모든 공정이 하나의 자동화된 공정으로 완료된다.

반자동 기계는 고해상도 비전 시스템을 사용하여 부품 장착 작업에서 작업자를 지원한다. 장착할 부품은 포탑 메커니즘(turret mechanism)에 의해 올바른 장착 순서로 작업자에게 제공되며 작업자는 부품을 선택하고 비전 모니터의 안내를 받아 기판의 대상 위치에 장착한다. 일부 반자동 기계의 경우 시간당 1,000개 부품을 취급할 수 있다[15].

모든 부품을 기판에 장착한 후 저온 베이킹 작업을 수행하여 플럭스 결합재를 건조시킨다. 이는 연납접 공정 중 발생하는 가스 유출을 감소시킨다. 마지막으로 리플로우 솔더링(reflow soldering) 공정(26.3.2절)에서 연납재 입자가 녹을 정도록 연납 페이스트를 가열하여 부품 리드와 기판의 회로 랜드 사이에 고품질의 기계적 및 전기적 접합부를 형성한다.

접착제 접합과 웨이브 솔더링

접착제 접합과 웨이브 솔더링 방법을 그림 30.10에 나타내었다. 다양한 접착제(26.3절)가 부품을 기판 표면에 부착하기 위해 사용된다. 가장 일반적인 것은 에폭시와 아크릴이다. 접착제는 다음 세 가지 방법 중 한 가지 방법으로 적용된다. (1) 스크린 스텐실을 통한 액상 접착제 브러싱, (2) 프로그램 가능한 x-y 위치결정 시스템이 있는 자동 토출기 사용 및 (3) 접착제를 도포해야 하는 위치에 따라 배열된 핀으로 구성된 고정구를 액상 접착제에 담근 다음 기판 표면에 배치하여 필요한 지점에 접착제를 도포하는 핀 전사 방법을 사용한다.

부품은 연납 페이스트 조립 방법과 함께 사용되는 동일한 유형의 기계에 의해 기판에 장착된다. 부품 장착 후 접착제가 경화된다. 접착제의 종류에 따라 경화는 열, 자외선(UV) 또는 자외선과 적외선(IR)의 조합에 의해 이루어진다. 표면 실장 부품이 PCB 표면에 결합된 상태에서 기판을 웨이브 솔더링한다(26.2.3절). 부품 자체는 용융 연납재 분수 위를 통과한다. SMT 웨이브솔더링에서 때때로 발생하는 기술적 문제에는 기판에서 분리된 부품, 위치이동 부품 및 큰 부품이 인접한 부품의 적절한 연납접을 방해하는 문제 등이 있다.

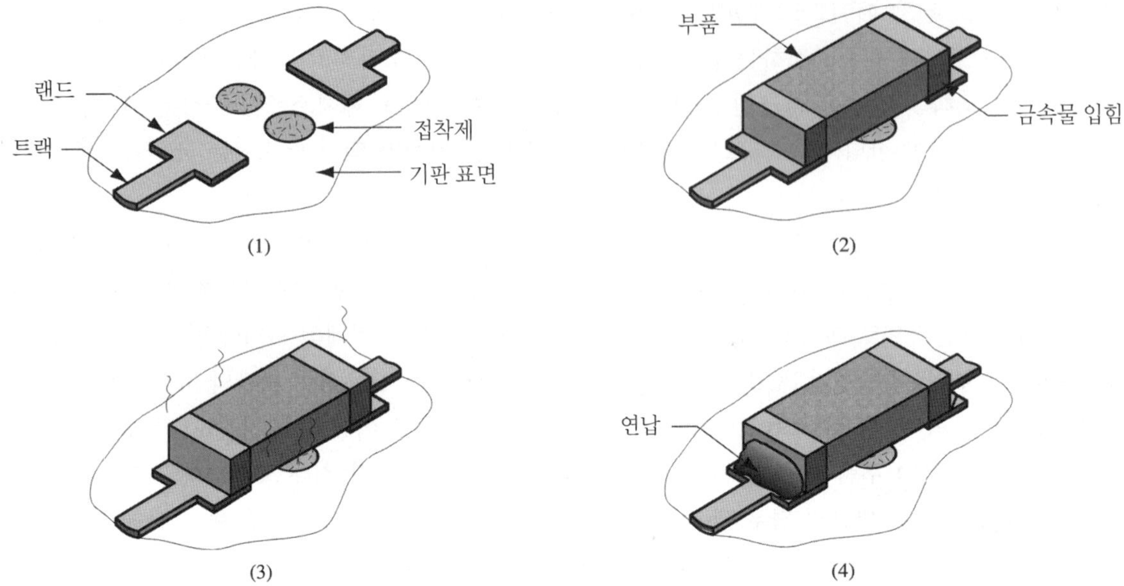

그림 30.10 접착제 접합과 웨이브 솔더링(커패시터 또는 저항 부품). (1) 부품을 실장할 기판 영역에 접착제를 도포한다. (2) 접착제가 덮인 부분에 부품이 놓인다. (3) 접착제가 경화된다. (4) 웨이브 솔더링에 의해 연납 접합부가 만들어진다.

30.3.2 스루홀 기술

스루홀 기술을 사용하는 인쇄 회로 기판 조립에서는 리드 핀을 회로 기판의 스루홀에 삽입해야 한다. 일단 삽입되면 리드가 기판의 구멍에 접합된다. 양면 및 다층 기판에서 리드가 삽입되는 구멍 표면은 일반적으로 구리로 도금이 되어 *도금 스루홀(plated-through-hole, PTH)*이라는 이름으로 불린다. 연납접 후에 기판을 세정하고 시험하고 시험을 통과하지 못한 기판은 가능하면 재작업한다.

부품 삽입

부품 삽입에서 부품의 리드는 PCB의 적절한 스루홀에 삽입된다. 스루홀 기술에 기반한 PCB 조립(오늘날은 흔하지 않음)에서 단일 기판은 수백 개의 개별 부품(DIP, 저항 등)으로 채워질 수 있으며 모두 기판에 삽입해야 한다. 현대 전자 조립 공장에서는 대부분의 부품 삽입은 자동 삽입 기계로 이루어진다. 부품은 삽입되기 전까지 릴, 매거진(magazine) 또는 기타 캐리어의 형태로 자동 삽입 기계에 장착된다. 자동 기계에 수용할 수 없는 일부분의 비표준 부품의 경우 수작업으로 이루어진다. 이러한 경우에는 스위치와 커넥터는 물론 저항, 커패시터 및 기타 특정 부품들이 있다. 수동으로 수행되는 부품 삽입의 비율은 낮지만 자동 삽입보다 생산율이 낮기 때문에 비용이 높다. 산업용 로봇(33.4절)은 때때로 이러한 작업에서 인간 노동력을 대체하는 데 사용된다.

삽입 작업에는 (1) 리드 사전 성형, (2) 기판 구멍에 리드 삽입, (3) 기판 반대쪽에서 리드 절단 및 구부리기로 구성된다. 사전 성형은 일부 부품에만 필요하며 삽입을 위해 U자 모양으로 굳은 리드를 구부리는 작업이 포함된다. 많은 부품이 올바른 모양의 리드와 함께 제공되며 사전 성형이 거의 또

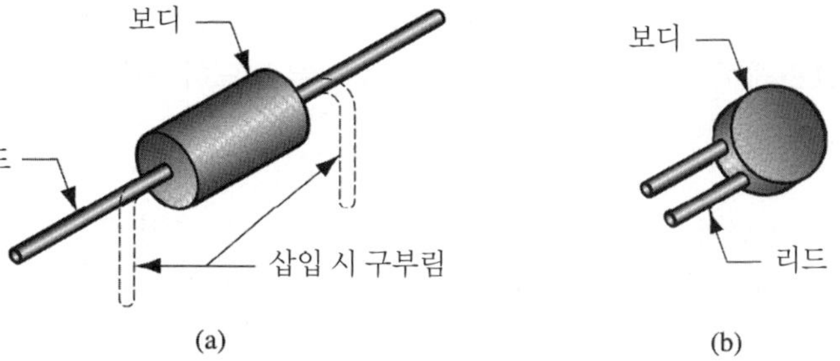

그림 30.11 자동 삽입 기계에서 사용되는 세 가지 기본 부품 유형 중 두 가지. (a) 축 방향 리드, (b) 방사형 리드, 세 번째 유형인 듀얼 인라인 패키지(DIP)는 그림 33.21에 나와 있다.

는 전혀 필요하지 않다.

삽입은 부품의 종류에 맞게 설계된 작업 헤드에 의해 이루어진다. 자동 기계에 의해 삽입되는 부품은 (a) 축 방향 리드, (b) 방사형 리드 및 (c) 칩 캐리어(예: 듀얼 인라인 패키지, 29.6.1절)의 세 가지 기본 범주로 나눌 수 있다. 일반적인 축 방향 및 방사형 리드 부품을 그림 30.11에 나타내었다. 축 방향 부품은 양쪽 끝에서 돌출된 리드가 있는 실린더 모양이다. 이 유형의 일반적인 부품에는 저항, 커패시터 및 다이오드가 있다. 리드를 삽입하려면 그림과 같이 리드를 구부려야 한다. 방사형 부품에는 병렬 리드와 다양한 본체 모양이 있으며 그 중 하나를 그림 30.11(b)에 타내었다. 이러한 유형의 부품에는 발광 다이오드(LED), 전위차계(potentiometer), 저항 네트워크 및 퓨즈 홀더 등이 있다. 이러한 부품은 적절한 작업 헤드 디자인이 있는 별도의 삽입 기계를 사용할 정도로 다르다. 고속 *x-y* 위치결정 테이블에 의해 부품을 삽입하기 전에 작업 헤드 밑에 기판의 정확한 위치 정렬이 이루어진다.

리드가 기판의 구멍을 통해 삽입되면 구부려지고 절단된다. 구부림은 그림 30.12에서와 같이 리드를 구부려 연납접될 때까지 부품을 기판에 기계적으로 고정하는 위해서다. 그렇지 않으면 부품을 취급하는 동안 구멍에서 떨어져 나올 위험이 있다. 절단 단계에서 리드는 적절한 길이로 절단된다. 그렇지 않으면 구부러져 근처의 회로 트랙이나 부품과 단락을 일으킬 수 있다.

세 가지 기본 부품의 형태에 해당하는 세 가지 유형의 삽입 기계를 결합하여 집적 회로 기판 조립 라인을 형성할 수 있다. 통합 조립 라인은 한 삽입 기계에서 다음 삽입 기계로 이송하는 컨베이어 시

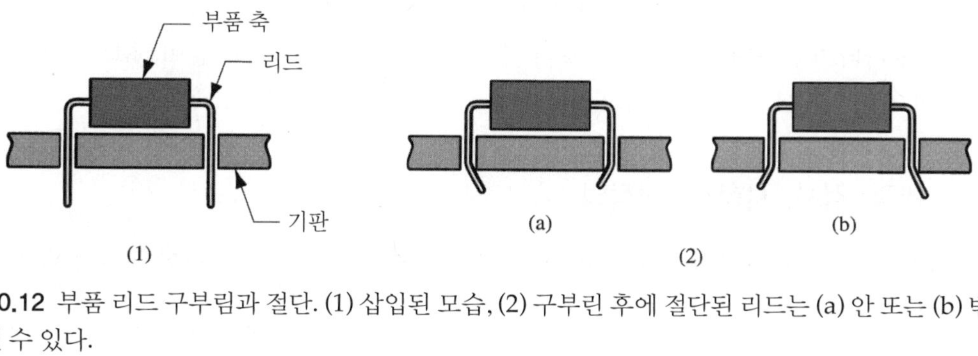

그림 30.12 부품 리드 구부림과 절단. (1) 삽입된 모습, (2) 구부린 후에 절단된 리드는 (a) 안 또는 (b) 밖으로 구부릴 수 있다.

스템으로 구축할 수 있다. 컴퓨터 제어 시스템은 각 기판이 셀을 통해 이동할 때 각 기판의 진행 상황을 추적하고 각 워크스테이션에 올바른 프로그램을 다운로드하는데 사용된다.

연납접

PCB 조립의 두 번째 기본 단계는 연납접(soldering, 납땜)이다. 삽입 부품의 경우 가장 중요한 연납접 기술은 웨이브 솔더링과 수작업 납땜이다. 이러한 방법과 연납접의 다른 측면을 26.2절에서 설명하였다.

웨이브 솔더링(wave soldering)은 삽입된 부품이 포함된 인쇄 회로 기판이 용융된 연납재 분수 위로 컨베이어에 의해 이동되는 기계화된 기술이다(그림 26.9). 컨베이어의 위치는 구멍을 통해 부품의 리드가 돌출된 기판의 밑면만 연납재와 접촉하도록 되어 있다. 모세관 현상과 분수 위로 향하는 힘의 조합으로 액상 연납재가 리드와 스루홀 사이의 간극으로 흘러 들어가 양호한 연납재 접합부를 얻는다. 웨이브 솔더링의 큰 장점은 기판의 모든 연납재 접합부를 한 번의 공정을 통해서 얻을 수 있다는 점이다.

수작업 납땜(hand soldering)은 회로 연결을 위해 납땜 인두를 사용하는 숙련된 작업자가 필요하다. 웨이브 솔더링에 비해 수작업 납땜은 연납재 접합부가 한 번에 하나씩 만들어지기 때문에 속도가 느리다. 생산 방법으로 일반적으로 소량 생산 및 재작업에만 사용된다. 다른 수작업과 마찬가지로 인적 오류로 인해 품질 문제가 발생할 수 있다. 수작업 납땜은 웨이브 솔더링 챔버의 열악한 환경에서 손상될 수 있는 민감한 부품을 추가하기 위해 웨이브 솔더링 후에 때때로 사용된다. 수작업 납땜은 PCB 조립에서 다음과 같은 주목할 만한 장점을 가지고 있다. (1) 가열이 국부적이므로, 작은 영역에 적용할 수 있다, (2) 웨이브 솔더링에 비해 장비가 저렴하고 (3) 에너지 소비가 상당히 적다.

30.3.3 SMT-PIH 조합 조립

SMT 조립 방법에 대한 앞선 설명에서는 한 면에만 SMT 부품이 있는 비교적 간단한 회로 기판으로 가정하였다. 이러한 경우는 대부분의 SMT 회로 조립이 동일한 기판에 표면 실장 및 핀인홀 부품을 혼용하기 때문에 일반적이지 않다. 또한 SMT 조립은 기판의 양면에 채워질 수 있는 반면 PIH형 부품은 일반적으로 한 면에만 채원진다. 앞의 두 절에서 설명한 기본적인 공정 순서는 동일하지만 이러한 추가 가능성을 허용하도록 조립 순서를 변경해야 한다.

한 가지 가능성은 SMT 및 PIH 부품이 기판의 같은 면에 있는 것이다. 이 경우 일반적인 조립은 그림 30.13에 나타낸 순서대로 구성된다. 보다 복잡한 PCB 조립은 그림과 같이 SMT-PIH 부품으로 구성되지만 기판 양쪽에 SMT 부품이 있다.

30.3.4 세정, 검사, 시험 및 재작업

부품이 기판에 연결되면 조립품을 세정되고 연납접 오류를 검사하고 회로 시험을 거쳐 필요한 경우 재작업을 해야 한다.

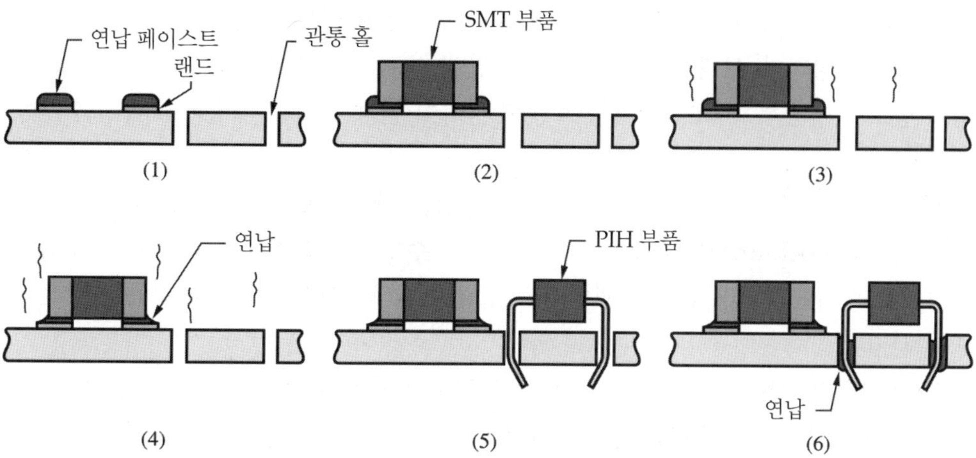

그림 30.13 기판의 동일한 면에 있는 부품과 결합된 SMT-PIH 조립의 일반적인 공정 순서. (1) SMT 부품용 랜드에 연납 페이스트 도포, (2) 기판에 SMT 부품 장착, (3) 굽기(bake), (4) 연납 리플로우, (5) PIH 부품 삽입, (6) PIH형 부품의 웨이브솔더링. 이후 세정, 시험 및 재작업.

세정

연납접 이후에 인쇄 회로 조립품에 오염 물질이 존재한다. 이러한 이물질에는 용제, 기름 및 그리스, 염분 및 먼지가 포함되며, 이 중 일부는 조립품의 화학적 열화를 일으키거나 전자 기능을 방해할 수 있다. 이러한 바람직하지 않은 물질을 제거하려면 하나 이상의 화학적 세척 작업(24.1.1절)을 수행해야 한다. 최근 몇 년간 환경 위험에 대한 우려로 인해 증기 탈지에서 전통적으로 사용되는 염소화 및 불소화 화학 물질을 대체할 수 있는 효과적인 수성 용매를 찾는 동기가 되었다.

검사

세정이 완료되면, PCB 조립품에 결함이 있는 접합부가 있는지 검사한다. 일반적으로 SMT 접합부 품질 검사는 스루홀 접합에 비해 고밀도로 실장되고, 접합부가 작고 형상이 다르기 때문에 더 어렵다. 한 가지 문제는 연납접 공정 중에 표면 실장 부품이 자리를 잡는 방식이다. 스루홀 조립에서 부품은 구부러진 리드에 의해서 기계적으로 위치가 고정된다. SMT 조립에서는 부품이 연납 페이스트나 접착제에 의해 고정된다. 연납접 온도에서 이 부착 방법은 안전하지 않으며 때때로 부품이 이동한다. SMT에서 작은 크기의 부품에서 발생하는 또 다른 문제는 인접한 리드 사이에 연납재 브리지(solder bridge)가 형성되어 단락이 발생할 가능성이 더 높다는 것이다.

육안 검사는 기판 손상, 부품 누락 또는 손상, 연납접 결함 및 육안으로 관찰할 수 있는 품질 결함을 감지하는 데 사용된다. 이러한 검사를 자동으로 수행하기 위해 머신 비전(machine vision)이 점점 더 많이 사용되고 있다.

시험

기능을 확인하려면 완성된 조립품에 대해 검사 절차를 수행해야 한다. 기판 설계는 회로 레이아웃에 검사 접점을 포함하여 검사가 가능하도록 해야 한다. 이러한 검사 접점은 탐침이 접촉할 수 있는 회로의 편리한 위치에 있어야 한다. 회로의 개별 부품은 부품 리드를 접촉하여 시험 신호를 입력하고 출력 신호를 측정한다. 보다 정교한 절차에는 전체 회로 또는 주요 하위 회로가 프로그래밍된 일련의 입력 신호를 사용하고 해당 출력 신호를 측정하여 동작 상태를 측정하는 디지털 기능 시험을 수행한다.

인쇄 회로 기판 조립에 사용되는 또 다른 검사 방법은 대체 시험법으로 이 시험법은 생산품이 작업시스템의 모형(mock-up)에 연결되어 해당 기능을 수행하도록 전원을 공급한다. 조립품이 만족스러운 방식으로 작동하면 시험을 통과한 것으로 간주된다. 그런 다음 전원을 뽑고 다음 생산품이 모형에 장착된다.

마지막으로 '조기 고장'의 대상이 될 수 있는 특정 유형의 PCB 조립품에 대해 번인 시험(burn-in test)을 수행한다. 일부 기판에서는 정상적인 기능 검사에서 드러나지 않는 결함이 포함되어 있어 초기 서비스 중에 회로 오류가 발생할 수 있다. 번인 시험은 24시간 또는 72시간과 같은 특정 시간 동안, 때로는 40°C와 같은 높은 온도에서 조립품을 작동하여 시험 기간 동안 이러한 결함이 고장을 나타내도록 한다. 이 조기 고장에 해당하지 않는 기판은 이 시험에서 통과하여 오랜 사용 수명을 제공한다.

더 작은 규모의 SMT는 각 부품 주변의 공간이 적기 때문에 회로 시험에서 다른 문제를 야기한다. SMT 조립이 더 조밀해지기 때문에 접촉 탐침은 물리적으로 더 작아야 하며 더 많은 탐침이 필요하다. 이 문제를 처리하는 한 가지 방법은 오로지 시험 탐침 접촉을 위한 목적으로 추가적인 랜드를 회로 설계에 반영하는 것이다. 불행하게도 이러한 시험용 랜드를 포함하는 것은 SMT 기판에서 실장 밀도를 높인다는 목적과 배치된다.

재작업

검사 및 시험 결과에 따라 기판에 하나 이상의 부품에 결함이 있거나 특정 연납 접합부에 결함이 있는 것으로 밝혀지면 일반적으로 결함이 없는 다른 부품과 함께 조립품을 폐기하는 것보다 조립품을 수리하는 것이 좋다. 이 수리 단계는 전자 조립 공장 운영에 필수적인 부분이다. 일반적인 재작업에는 터치업(touchup, 연납접 결함 수리), 결함이 있거나 누락된 부품 교체, 기판 표면에서 들뜬 구리 박막의 수리 등이 포함된다. 이러한 작업은 수작업으로 납땜 인두를 사용하는 숙련된 작업자가 필요하다. 표면 실장 조립의 재작업은 PIH 조립보다 더 작은 부품 크기 때문에 더 어렵다. 소형 작은 땜납 인두, 확대 장치 및 작은 부품을 잡고 조작하기 위한 도구와 같은 특수 도구가 필요하다.

30.4 전기 커넥터 기술

PCB 조립품은 후면판(back plane)과 랙 및 캐비닛에 연결되어야 하며 이러한 캐비닛은 케이블을 통해 다른 캐비닛 및 시스템에 연결되어야 한다. 많은 유형의 제품에서 전자 제품의 사용이 증가함에 따라 전기적 연결이 중요한 기술이 되었다. 모든 전자 시스템의 성능은 시스템의 구성 요소를 함께 연결하는 각 연결의 신뢰성에 따라 달라진다. 이 절에서는 일반적으로 전자 패키징의 레벨 3 또는 레벨 4에 적용되는 커넥터 기술에 대해 알아본다.

먼저 전기적 연결 방법은 기본적으로 (1) 연납접 및 (2) 압력 연결 방법이 있다. 연납접은 26.2절과 이 장 전체에서 알아보았다. 이 방법은 전자 산업에서 가장 널리 사용되는 기술이다. ***압력 연결(pressure connection)***은 기계적인 힘을 사용하여 부품 간의 전기적 연속성을 얻을 수 잇는 전기적 연결 방법이다. 이 방법은 영구 및 분리형의 두 가지 유형으로 나눌 수 있다.

30.4.1 영구 연결법

영구 연결법에는 두 금속 표면 사이에 높은 압력의 접촉이 발생되어 조립 과정에서 하나 또는 두 부품이 기계적으로 변형된다. 영구 연결법은 압착, 가압 박음 기술 및 절연물 제거법이 있다.

커넥터 단자의 압착

이 연결 방법은 전선을 전기 단자에 조립하는 데 사용된다. 전선을 단자에 조립하면 영구적인 결합부가 형성되지만 단자 자체는 결합 부품에 연결 및 분리되도록 설계되어 있다. 다양한 종류 및 크기의 단자가 있으며 그 중 일부를 그림 30.14에 나타내었다. 모두 도선으로 연결해야 하는데 이를 위한 작업이 압착이다. ***압착(crimping)***은 단자 통에 삽입된 전선의 벗겨진 끝단과 영구적인 연결을 형성하기 위해 단자 통(barrel)에 기계적 변형을 가하는 것이다. 압착 작업은 벗겨진 와이어 주변의 통을 누르고 닫는다. 압착은 수공구 또는 압착 기계로 수행된다. 단자는 낱개 또는 압착 기계에 공급할 수 있는 긴 띠 형태로 제공된다. 알맞게 수행된 압착 결합부는 낮은 전기 저항과 높은 기계적 강도를 갖게 된다.

가압 박음 기술

전기적인 연결에서 가압 박음은 기계 조립과 유사하지만 부품 구성이 다르다. 가압 박음 기술은 전자 산업에서 단자 핀을 대형 PCB의 도금된 스루홀에 조립하는 데 사용된다. 그런 맥락으로 ***가압 박음(press fit)***은 단자 핀과 단자 핀이 삽입된 도금 구멍 사이에 억지 끼워맞춤(interference fit)을 포함한다. 단자 핀에는 그림 30.15와 같이 (a) 솔리드 및 (b) 유연형의 두 가지 범주가 있다. 이러한 범주 내에서 핀 설계는 공급업체마다 다르다. 솔리드 핀의 단면은 직사각형이며 충분한 전기적 연결을 형

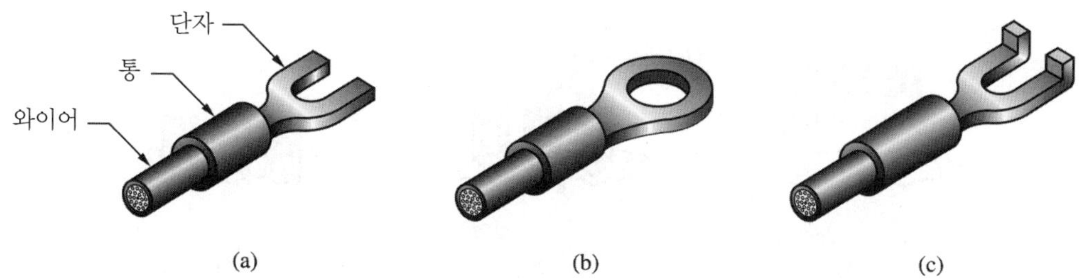

그림 30.14 분리 가능한 전기 연결을 위한 단자의 형태. (a) 갈라진 혀 모양, (b) 혀 모양의 링, (c) 플랜지 끌형.

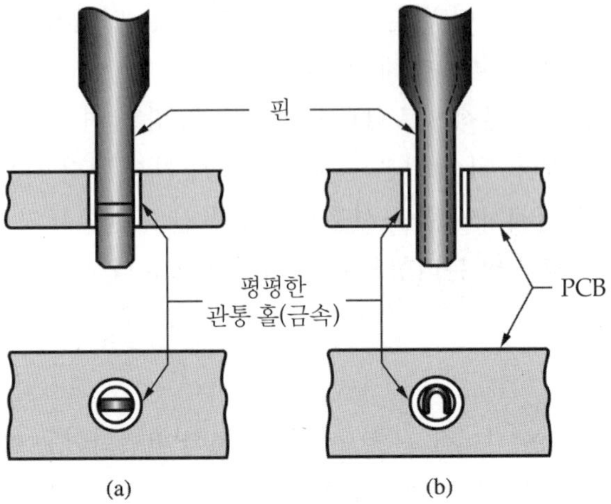

그림 30.15 전기적 가압 박음 기술의 두 가지 유형의 단자 핀. (a) 솔리드, (b) 유연형.

성하기 위해 모서리가 도금된 구멍의 금속을 누르거나 절단하도록 설계된다. 유연형 핀은 구멍 윤곽을 따르지만 구멍의 벽을 눌러 전기적인 접촉이 되도록 스프링이 장착된 기기처럼 설계된다.

피복 제거법

피복 제거법(insulation displacement)은 날카로운 갈퀴 모양의 단자가 절연체를 뚫고 전선 도체를 압착하여 연결하는 영구적인 전기 연결을 만드는 방법이다. 그림 30.16에 설명한 방법은 일반적으로 여러 단자와 평면 케이블을 동시에 연결하는 데 사용된다. *리본케이블*(ribbon cable)이라고 하는 평평한 케이블은 여러 개의 병렬 와이어가 주변 절여체에 의해 고정된 배열로 구성되어 있다. 주요 반조립품 사이의 전기적인 연결을 위해 전자 제품에서 널리 사용되는 다중 핀 커넥터로 단자를 만들기도 한다. 이러한 응용 분야에서 피복 제거법은 배선 오류를 줄이고 장치 조립 속도를 높인다. 조립을 위해 케이블을 네스트(nest)에 놓고 프레스를 사용하여 절연체를 통해 금속 와이어에 대해 커넥터 단자를 연결한다.

30.4.2 분리 가능 커넥터

분리 가능 커넥터는 분해 및 재조립이 가능하도록 설계되었다. 즉, 여러 번 연결되고 분리될 수 있다

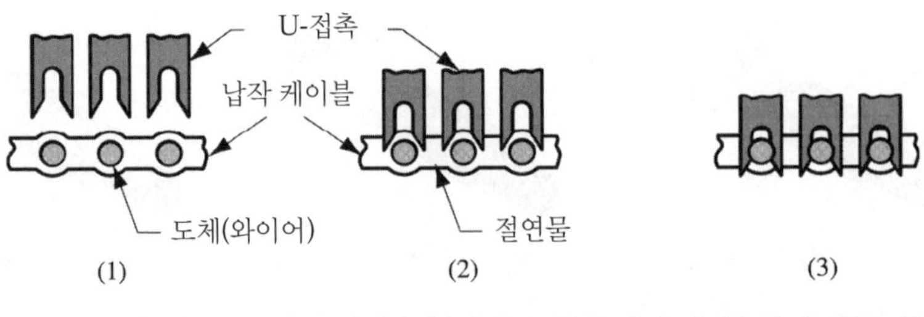

그림 30.16 평평한 와이어 케이블에 커넥터 접점을 연결하는 피복 제거법. (1) 초기 위치, (2) 단자가 절연물을 관통, (3) 연결 후.

는 것을 의미한다. 일단 연결이 되면 높은 신뢰성과 낮은 전기 저항으로 결합 부품 간에 금속 간 접촉을 제공한다. 분리 가능 커넥터는 일반적으로 결합하도록 설계된 플라스틱 성형 하우징에 포함된 다중 접점으로 구성되며 호환 커넥터나 개별 전선 또는 단자와 짝을 이루도록 설계되었다. 이 커넥터는 케이블, 인쇄 회로 기판, 부품 및 개별 와이어의 다양한 조합 간에 전기 연결을 만드는 데 사용된다.

다양한 커넥터를 선택하여 다양한 응용 분야에 사용할 수 있다. 커넥터를 선택할 때의 설계적인 관점은 (1) 전력 수준 (예: 커넥터가 전력 또는 신호에 사용되는지 여부), (2) 비용, (3) 관련된 개별 도전체의 수, (4) 연결할 장치 및 회로의 유형, (5) 공간 제한, (6) 리드와의 커넥터 연결 용이성, (7) 결합 단자 또는 커넥터와의 연결 용이성 및 (8) 연결 및 분리 빈도 등이 있다. 주요 커넥터 종류로는 케이블 커넥터, 단자 블록, 소켓 및 삽입력이 낮거나 없는 커넥터가 있다.

케이블 커넥터(cable connector)는 케이블(한쪽 끝 또는 양쪽 끝)에 영구적으로 연결되는 장치이며 짝을 이루는 커넥터에 꽂거나 뽑을 수 있도록 설계되어 있다. 벽면 콘센트에 꽂는 전원 코드 커넥터는 알기 쉬운 예이다. 다른 형태로는 그림 30.17과 같이 다중 핀 커넥터 유형과 짝을 이루는 콘센트가 포함되며 전자 반조립품 간에 신호 전송을 제공하는 데 사용된다. 다른 다중 핀 커넥터 유형은 전자 시스템의 다른 반조립품에 인쇄 회로 기판을 부착하는데 사용된다.

단자 블록(terminal block)은 개별 단자 또는 와이어 사이의 연결을 허용하는 일련의 균일한 간격의 콘센트로 구성된다. 단자 또는 와이어는 분해가 가능한 나사 또는 기타 기계적 체결기구에 의해 블록에 부착된다. 일반적인 단자 블록을 그림 30.18에 나타내었다.

소켓(socket)은 전자기기에서 IC 패키지 및 기타 부품을 삽입할 수 있는 PCB에 장착된 연결 장치를 말한다. 소켓은 연납접 및/또는 가압 박음을 통해 PCB에 영구적으로 부착되지만 PCB 조립에서 편리하게 추가, 제거 또는 교체할 수 있는 부품에 대한 분리 가능한 연결 방법을 제공한다. 따라서 소켓은 전자 패키징에서 연납접을 대체할 수 있다.

삽입력과 인출력이 핀 커넥터와 PCB 소켓을 사용할 때 문제가 될 수 있다. 이러한 힘은 관련된

Courtesy of Tyco Electronics Corporation, a TE Connectivity Ltd. Company

그림 30.17 다중 핀 커넥터와 이에 짝이 되는 콘센트. 둘 다 케이블에 연결됨.

Courtesy of Tyco Electronics Corporation,
a TE Connectivity Ltd. Company

그림 30.18 단자를 부착하기 위해 나사를 사용하는 단자 블록.

핀의 수에 비례하여 증가한다. 접점이 많은 부품을 조립하면 손상될 수 있다. 이 문제는 *저삽입력(low insertion force, LIF)* 또는 *무삽입력(zero insertion force, ZIF)* 커넥터 개발에 동기를 부여했으며, 여기에서 양극 커넥터와 음극 커넥터를 함께 밀어 분리하는 데 필요한 힘을 줄이거나 제거하기 위해 특수 메커니즘이 고안되었다.

참고문헌 *REFERENCES*

[1] Arabian, J. *Computer Integrated Electronics Manufacturing and Testing*. Marcel Dekker, New York, 1989.

[2] Bakoglu, H. B. *Circuits, Interconnections, and Packaging for VLSI*. Addison-Wesley, Reading, Massachusetts, 1990.

[3] Bilotta, A. J. *Connections in Electronic Assemblies*. Marcel Dekker, New York, 1985.

[4] Capillo, C. *Surface Mount Technology*. McGraw-Hill, New York, 1990.

[5] Coombs, C. F. Jr. (ed.). *Printed Circuits Handbook*. 6th ed. McGraw-Hill, New York, 2007.

[6] Edwards, P. R. *Manufacturing Technology in the Electronics Industry*. Chapman & Hall, London, 1991.

[7] Harper, C. *Electronic Materials and Processes Handbook*, 3rd ed. McGraw-Hill, New York, 2009.

[8] Kear, F. W. *Printed Circuit Assembly Manufacturing*. Marcel Dekker, New York, 1987.

[9] Lambert, L. P. *Soldering for Electronic Assemblies*. Marcel Dekker, New York, 1988.

[10] Liu, S., and Liu, Y. *Modeling and Simulation for Microelectronic Packaging Assembly*. Chemical Industry Press and John Wiley & Sons (Asia), Singapore, 2011.

[11] Marks, L., and Caterina, J. *Printed Circuit Assembly Design*. McGraw-Hill, New York, 2000.

[12] Prasad, R. P. *Surface Mount Technology: Principles and Practice*. 2nd ed. Springer, New York, 1997.

[13] Seraphim, D. P., Lasky, R., and Li, C.-Y. (eds.). *Principles of Electronic Packaging*. McGraw-Hill, New York, 1989.

[14] Ulrich, R. K., and Brown, W. D. *Advanced Electronic Packaging*. 2nd ed. IEEE Press and John Wiley & Sons, Hoboken, New Jersey, 2006.

[15] www.atco-us.com/products/info.

[16] www.en.wikipedia.org/wiki/Printed_circuit_ board.

[17] www.en.wikipedia.org/wiki/Surface_mount_ technology.

[18] www.en.wikipedia.org/wiki/SMT_placement_ equipment.

[19] www.en.wikipedia.org/wiki/Through_hole_ technology.

[20] www.panasonicicfa.com.

복습문제

REVIEW QUESTIONS

전자 패키징

30.1 잘 설계된 전자 패키지의 기능은 무엇인가?

30.2 전자기기의 다섯 가지의 패키징 계층 구조를 설명하라.

인쇄 회로 기판

30.3 전자 패키징의 기능은 무엇인가?

30.4 PCB에 패키지 칩과 다른 부품을 조립하는 두 가지 주요 기술은 무엇인가?

30.5 PCB의 중요성을 뒷받침하는 요점을 나열하라.

30.6 세 가지 형태의 인쇄 회로 기판은 무엇인가?

30.7 PCB의 일반적인 툴링 구멍 수는 얼마인가?

30.8 인쇄 회로 기판에 삽입 구멍 및 비아홀을 뚫을 때 발생하는 문제점은 무엇인가?

30.9 기판의 구리 표면에 회로 패턴을 전사하기 위한 두 가지 기본 방법은 무엇인가?

30.10 PCB의 종류에는 무엇이 있는가?

30.11 회로의 트랙이나 랜드를 구성하기 위해 PCB 표면의 피복된 구리를 제거하기 위한 공정은 무엇인가?

30.12 다양한 유형의 회로기판의 제작 방법에 대해 설명하라.

30.13 다층 기판 제조가 더 어려운 이유는 무엇인가?

인쇄 회로 기판 조립

30.14 표면 실장 기술이 스루홀(핀인홀) 기술에 비해 가지는 장점은 무엇인가?

30.15 표면 실장 기술이 가지는 제한 사항과 단점은 무엇인가?

30.16 인쇄 회로 기판의 생산 절차를 설명하라.

30.17 표면 실장 기술의 장점은 무엇인가?

30.18 표면 실장 기술에서 연납 페이스트 및 리플로우 솔더링에 대해 설명하라.

30.19 연납 페이스트란 무엇이고 그 역할은 무엇인가?

30.20 수작업 땜납 외에 핀인홀 연납접에 사용되는 기술은 무엇인가?

30.21 접착제 접합의 경우 주요 접착제 적용 방법은 무엇인가?

30.22 표면 실장 기술이 핀인홀 기술에 비해 검사, 시험 및 재작업이 더 어려운 이유는 무엇인가?

전기 커넥터 기술

30.23 리본 케이블이란 무엇인가?

30.24 전기적 연결에서 *가압 박음 기술(press fit technology)*이란 무엇인가?

30.25 전기적 연결에서 *피복 제거법(insulation displacement)*이란 무엇인가?

30.26 다양한 커넥터를 선택하기 위한 주요 변수는 무엇인가?

30.27 일반적으로 사용되는 커넥터 종류는 무엇인가?

CHAPTER **31**

마이크로 제조 기술

31.1 마이크로 시스템 제품
31.1.1 마이크로 시스템 장치 유형
31.1.2 마이크로 시스템 응용 제품

31.2 마이크로 제조 공정
31.2.1 실리콘 층 형성 공정
31.2.2 LIGA 공정
31.2.3 기타 마이크로 제조 공정

다양한 공학 분야에서 마이크론(1 μm = 10^{-3} mm = 10^{-6} m) 단위로 측정된 요소 크기를 가진 제품 및/또는 부품의 수가 증가하고 있다. 이러한 소형화된 제품이나 부품에 여러 용어가 적용된다. *마이크로 전자 기계 시스템(microelectromechanical systems, MEMS)*이라는 용어는 전자 부품과 기계 부품으로 구성된 시스템의 소형화를 강조한다. *마이크로 기계(micromachine)*라는 단어는 때때로 이러한 장치에 사용된다. *마이크로 시스템 기술(microsystem technology, MST)*은 제품(반드시 전자 기계 제품에 국한되지 않음)과 이를 생산하는 제조 기술을 가리키는 보다 일반적인 용어이다. 관련 용어는 치수가 나노미터(1 nm = 10^{-3} μm = 10^{-9} m)로 측정되는 더 작은 제품을 가리키는 *나노기술(nanotechnology)*이 있다, 그림 31.1은 이러한 용어와 관련된 상대적 크기 및 기타 요소를 나타낸다. 마이크로 제조 기술은 이 장에서, 나노 제조 기술은 32장에서 다루기로 한다.

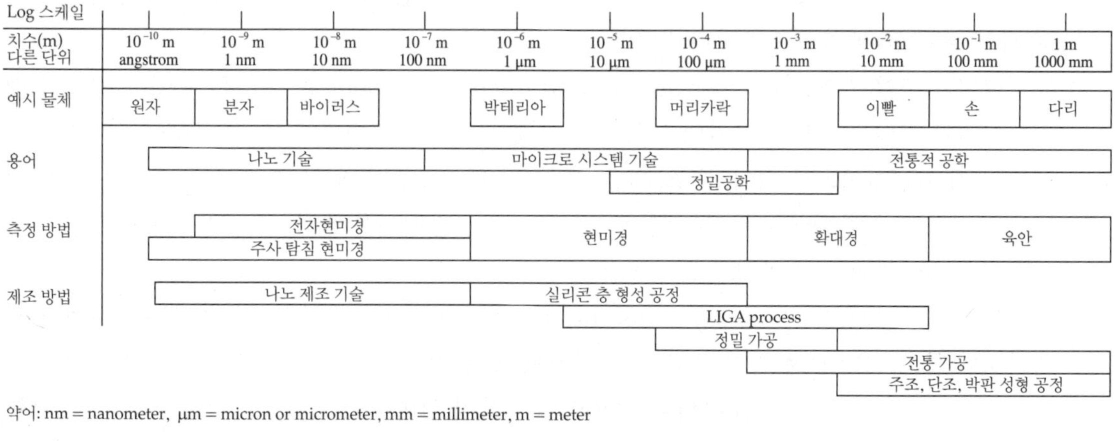

그림 31.1 마이크로 시스템 및 관련 기술에 대한 용어 및 상대적 크기.

31.1 마이크로 시스템 제품

더 작은 제품 및 더 작은 부품과 반조립품으로 만들어진 제품을 설계한다는 것은 재료 사용량이 적고, 전력 요구 사항이 낮고, 단위 공간당 기능이 더 많고, 더 큰 제품이 허용되지 않는 영역에 대한 접근성이 높다는 것을 의미한다. 대부분의 경우, 더 작은 제품은 더 적은 재료를 사용하기 때문에 더 낮은 가격을 의미한다. 그러나, 주어진 제품의 가격은 연구, 개발 및 생산 비용과 이러한 비용이 판매된 단위 수에 어떻게 분산시키는가에 따라 영향을 받는다. 이 장에서 설명한 특정 사례를 제외하고는 마이크로 시스템 기술에서 저가 제품으로 이어지는 규모의 경제는 아직 완전히 실현되지 않았다.

31.1.1 마이크로 시스템 장치 유형

마이크로 시스템 제품은 장치 유형(예: 센서, 액추에이터) 또는 응용 분야(예: 의료, 자동차)별로 분류할 수 있다. 장치의 범주는 다음과 같다[1].

- *마이크로 센서(microsensor).* 센서는 열이나 압력과 같은 물리적 현상을 감지하거나 측정하는 장치이다. 여기에는 한 형태의 물리적 변수를 다른 형태로 변화시키는 변환기(transducer)와 물리적인 패키징과 외부 연결이 포함된다. 대부분의 마이크로 센서는 집적회로에 사용되는 기술과 동일한 공정 기술을 사용하여 실리콘 기판에 제작된다(29장). 미세한 크기의 센서는 힘, 압력, 위치, 속도, 가속도, 온도, 흐름 및 다양한 광학, 화학, 환경 및 생물학적 변수를 측정하기 위해 개발되었다.
- *마이크로 액추에이터(microactuators).* 센서와 마찬가지로 액추에이터(actuator)는 한 유형의 물리적 변수를 다른 유형으로 변환하지만 변환된 변수에는 일반적으로 기계적 동작이 포함된다. 액추에이터는 위치를 변경하거나 힘을 가한다. 마이크로 액추에이터의 예로는 밸브, 위치 결정기, 스위치, 펌프, 회전 및 선형 모터가 있다[1]. 그림 31.2에 실리콘으로 제작된 마이크로 래칫(ratchet) 메커니즘을 나타내었다.
- *마이크로 구조물과 부품(microstructures and microcomponents).* 이러한 용어는 센서나 액추에이터가 아닌 마이크로 크기의 부품을 나타내는 데 사용된다. 마이크로 구조물과 마이크로 부품의 예로는 마이크로 기어, 렌즈, 거울, 노즐 및 보(beam)가 있다. 이러한 부품은 유용한 기능을 제공하기 위해 다른 부품(현미경 또는 기타)과 결합되어야 한다. 그림 31.3에 비교를 위해 사람의 머리카락과 함께 마이크로 기어를 나타내었다.
- *마이크로 시스템과 기기(microsystems and micro-instruments).* 이러한 용어는 적절한 전자 패키지와 함께 위의 부품 중 일부를 소형 시스템 또는 기기로 통합된 것을 나타낸다. 마이크로 시스템과 기기는 매우 특정한 분야에 적용되는 경향이 있다. 예를 들면, 마이크로 레이저, 광화학 분석기 및 마이크로 분광기 등이 있다.

Courtesy of Paul McWhorter

그림 31.2 실리콘으로 제작된 마이크로 래칫.

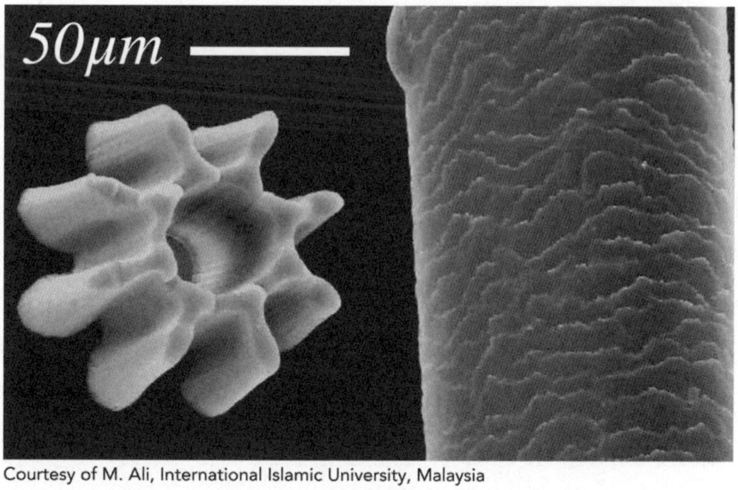

Courtesy of M. Ali, International Islamic University, Malaysia

그림 31.3 마이크로 기어와 사람의 머리카락. 이미지는 주사 전자 현미경을 사용하여 촬영되었다. 기어는 LIGA 공정(31.2.2절)과 유사한 공정으로 성형된 고밀도 폴리에틸렌으로 주형 공동은 집속 이온 빔을 사용하여 제작되었다는 점만 다르다.

31.1.2 마이크로 시스템 응용 제품

앞선 마이크로 장치 및 시스템은 다양한 분야에 폭 넓게 적용된다. 많은 문제들이 초소형 장치를 사용하여 잘 해결할 수 있다. 몇 가지 예는 다음과 같다.

- *잉크젯 프린팅 헤드(inkjet printing heads).* 일반적인 잉크젯 프린터는 매년 여러 개의 카트리지를 사용하기 때문에 이는 현재 MST의 가장 많이 적용되는 분야 중의 하나이다. 오늘날의 잉크젯 프린터는 센치미터당 최대 1800도트(dpi)의 해상도를 갖고 있으며 마이크로 시스템의 범위에 포함된다.
- *박막 자기 헤드(thin-film magnetic heads).* 읽기-쓰기 헤드는 자기 저장 장치의 핵심 부품이다. 높은 비트 밀도를 갖는 자기 매체의 읽기 및 쓰기 능력은 헤드의 크기에 의해 제한된다. 구리 도전 코일의 단면이 2~3 μm인 박막 자기 헤드의 개발은 디지털 저장 기술의 중요한 돌파구이자 마이크로 제조 기술의 중요한 성공 사례이다. 읽기-쓰기 헤드는 매년 수억 개 단위로 생산되고 있다.
- *컴팩트 디스크(compact discs).* 컴팩트 디스크(CD)와 DVD(digital versatile discs)[1]는 오디오, 비디오, 게임, 컴퓨터 소프트웨어 및 데이터 저장 매체로서 중요한 상용 제품이다. 직경 120 mm의 CD 디스크는 폴리카보네이트로 사출 성형된다(5.3.1절). 데이터는 직경 46 mm에서 시작하여 약 117 mm로 끝나는 나선형 트랙의 작은 홈((오목한 부분)으로 구성된다. 나선형의 트랙은 약 1.6 μm 정도 떨어져 있다. 트랙의 각 홈은 폭이 약 0.5 μm이고 길이가 0.8~3.5 μm이다. 이러한 치수는 바로 CD가 마이크로 시스템 기술의 제품임을 증명한다. DVD의 해당 치수가 더 작아서 훨씬 더 큰 데이터 저장 용량을 허용한다.
- *자동차 응용 제품(automotive applications).* 마이크로 센서 및 기타 마이크로 부품이 현대 자동차 제품에 널리 사용된다. 이러한 마이크로 시스템의 사용은 차량의 제어 및 안전 기능을 담당하기 위한 온 보드 전자 장치의 사용이 증가하는 것과 일치한다. 이러한 기능에는 에어컨이나 라디오는 말할 것도 없고 엔진 제어, 순항 제어, 잠김 방지 제동 시스템, 에어백 전개, 자동 변속기 제어, 파워 스티어링, 4륜 구동, 자동 안정성 제어, 온보드 네비게이션 시스템, 원격 잠금 및 잠금 해제가 포함된다. 이러한 제어 시스템과 안전 기능에는 센서와 액추에이터가 필요하며 초소형인 부품의 숫자가 점차 증가하고 있다.
- *의료 응용 제품(medical applications).* 많은 전통적인 의료 및 수술 방법이 마이크로 시스템 기술에 의해 변화되었다. 마이크로 부품 사용의 원동력은 최소 침습 요법의 원리이다. 이 요법에는 의학적으로 우려되는 문제가 있는 부분에 접근하기 위해 매우 작은 절개 또는 사용 가능한 신체 구멍을 사용한다. 상대적으로 큰 외과적인 절개를 사용하는 것에 비해 환자의 불편함이 적고, 회복이 빠르며, 흉터가 점점 작아지고, 입원 기간이 짧고 건강 보험료가 저렴하다는

1) DVD의 주요 응용 프로그램이 영화 비디오였기 때문에 원래 DVD는 디지털 비디오 디스크라고 불렸다. 그러나, 현재 다양한 형식의 DVD가 데이터 저장 및 기타 컴퓨터 응용 프로그램, 게임 및 고품질 오디오에 사용되고 있다.

장점이 있다. 의료 기기의 소형화에 기반한 기술 중에는 내시경 분야[2)][2]가 있으며, 현재 진단 목적으로 일상적으로 사용되며 수술 분야에서 응용이 증가하고 있다.

- *화학 및 환경 응용 제품(chemical and environment applications).* 화학 및 환경 응용 분야에서 마이크로 시스템 기술의 주요 역할은 미량의 화학 물질을 측정하거나 유해한 오염 물질을 탐지하기 위한 물질 분석이다. 다양한 화학 마이크로 센서가 개발되었다. 이 센서는 관심 물질의 아주 적은 양의 시료를 분석할 수 있다. 적절한 양의 물질이 센서에 전달될 수 있도록 때때로 마이크로 펌프가 종종 이 시스템에 통합되기도 한다.

31.2 마이크로 제조 공정

마이크로 시스템 기술의 많은 제품은 실리콘을 기반으로 하며 마이크로 시스템 제조에 사용되는 대부분의 공정 기술은 마이크로 전자 산업에서 가져온 것이다. 실리콘이 MST에서 바람직한 재료라는 몇 가지 중요한 이유가 있다. (1) MST의 마이크로 장치는 종종 전자 회로를 포함하므로 회로와 마이크로 기기 모두 동일한 기판에서 조합하여 제작할 수 있다. (2) 바람직한 전자적 특성 외에도 실리콘은 고강도, 우수한 경도 및 상대적으로 낮은 밀도와 같은 유용한 기계적 특성을 갖고 있다.[3)] (3) 실리콘 공정 기술은 마이크로 전자 공학에서 광범위하게 사용되기 때문에 잘 확립되어 있다. (4) 단결정 실리콘을 사용하며 매우 작은 공차로 물리적 형상을 구현할 수 있다.

마이크로 시스템 기술은 종종 특정 마이크로 장치를 얻기 위해 다른 재료와 함께 실리콘을 제조해야 한다. 예를 들어, 마이크로 액추에이터는 종종 서로 다른 재료로 만들어진 여러 부품으로 구성된다. 마이크로 제조 공정은 (1) 실리콘 층 형성 공정, (2) LIGA 공정 및 (3) 현미경적 크기로 수행되는 기타 공정의 세 부분으로 구성된다.

31.2.1 실리콘 층 형성 공정

마이크로 시스템 기술에서 실리콘의 첫 번째 응용은 1960년대 초반에 응력, 변형 및 압력 측정을 위한 Si 압전 저항 센서의 제조였다[5]. 실리콘은 현재 MST에서 센서, 액추에이터 및 다른 마이크로 장치를 생산하는데 널리 사용된다. 기본 공정 기술은 집적 회로를 생산하는데 사용되는 기술이다. 그러나, IC 공정과 이 장에서 다루는 마이크로 장치의 제조 사이에는 다음과 같은 차이점이 존재하는 점에 유의해야 한다.

1. 마이크로 제조에서 종횡비는 일반적으로 IC 제조 보다 훨씬 크다. ***종횡비(aspect ratio)***는 그림 31.4와 같이 생성된 형상의 폭 대비 높이의 비율로 정의된다. 반도체 공정의 일반적인 종

---

2) 내시경검사는 작은 기구(예: 내시경)를 사용하여 직장이나 결장과 같은 인체의 중공 기관 내부를 육안으로 검사한다.

3) 실리콘은 5장에서 다룬다.

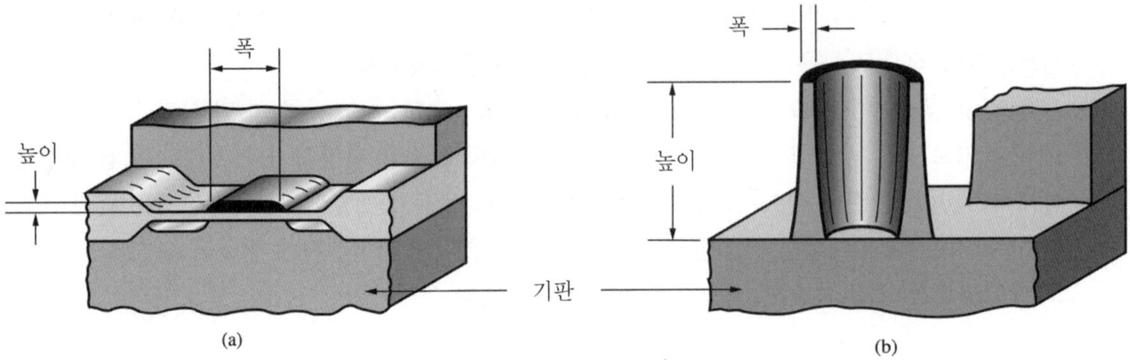

그림 31.4 전형적인 종횡비(폭 대비 높이 비율). (1) 집적 회로 제조, (2) 마이크로 제조 부품.

횡비는 약 1.0 이하인 반면, 마이크로 제조에서는 그 비율이 400 정도까지 높을 수 있다[5].

2. 마이크로 제조에서 만들어진 장치의 크기는 종종 IC 공정에서 만들어진 것보다 일반적으로 훨씬 크며, 마이크로 전자 공학의 지배적인 추세는 필연적으로 더 큰 회로 밀도와 소형화에 있다.
3. 마이크로 제조에서 만들어진 구조에는 종종 외팔보와 다리 및 층 간 간격이 필요한 다른 형상들을 포함한다. 이러한 종류의 구조는 IC 제조에서는 흔하지 않다.
4. 일반적인 실리콘 공정 기술은 때때로 마이크로 시스템에서 3차원 구조 또는 기타 물리적 특징을 얻기 위하여 보완된다.

이러한 차이점에도 불구하고 마이크로 제조에 사용되는 대부분의 실리콘 공정 단계는 IC 생산에 사용되는 것과 동일하거나 매우 유사하다. 결국, 실리콘은 집적회로에 사용되든 마이크로 장치에 사용되든 동일한 물질이다. 공정 단계는 독자가 더 자세한 설명을 얻을 수 있는 참고 자료와 함께 정리하여 표 31.1에 나타내었다. 표 31.1의 다양한 공정은 리소그래피 마스크에 포함된 기하학적 데이터에 따라 기판에서 재료 층을 추가, 변경 또는 제거한다. 리소그래피는 제조되는 마이크로 장치의 모양을 결정하는 근본적인 기술이다.

IC 제조와 마이크로 장치 제조의 차이점 중 종횡비 문제가 더 자세히 다루어져야 한다. IC 공정의 구조는 기본적으로 평면인 바면 마이크로 시스템에서는 3차원적인 구조가 필요하다. 마이크로 장치의 특징은 큰 종횡비를 갖기 쉽다. 이러한 3D 형상은 결정 구조가 에칭 공정이 이방성으로 진행될 수 있도록 배향된 경우 습식 에칭에 의해 단결정 실리콘으로 만들 수 있다. 다결정 실리콘의 화학적 습식 에칭은 그림 29.15와 같이 레지스트 가장자리 아래에 공동이 형성되는 등방성 성질을 가지고 있다. 그러나, 단결정 Si에서 에칭 속도는 격자 구조의 방향에 따라 달라진다. 그림 31.5에 실리콘 입방 격자 구조의 세 가지 결정면을 나타내었다. 수산화칼륨(KOH) 및 수산화나트륨(NaOH)과 같은 특정 에칭 용액은 (111) 결정면 방향으로 에칭 속도가 매우 느리다. 이는 격자가 수직으로 또는 기판으로 예리한 각도로 에칭이 되도록 배향된 단결정 Si 기판에서 예리한 모서리를 갖는 뚜렷한 기하학적 구조를 형성할 수 있다. 그림 31.6과 같은 구조는 이 과정을 사용하여 만들 수 있다. 이방성 습식 에칭은 IC 제조(29.4.5절)에서도 바람직하지만 훨씬 더 큰 종횡비 때문에 그 중요성은

표 31.1 마이크로 제조에서 사용되는 실리콘 층 형성 공정

공정	간략한 설명	참고 부분
리소그래피	마스크의 패턴을 실리콘 또는 기타 고체 재료(예: 이산화규소)의 표면에 전사하는데 사용되는 인쇄 공정. 마이크로 제조의 일반적인 기술은 포토리소그래피	29.3절
열산화	실리콘 표면을 산화시켜 이산화규소 층을 형성.	29.4.1절
화학 기상 증착	화학 반응 또는 가스의 분해에 의한, 기판 표면 위의 박막의 형성.	24.5.2절, 29.4.2절
물리 기상 증착	재료가 증기 상태로 변환되고 기판 표면에 박막으로 응축되는 증착 공정의 일종. PVD 공정에는 진공 기화와 스퍼터링 공정을 포함.	24.5.1절
전기도금과 전해성형	용액 속의 금속 이온이 음극 작업 재료에 도포되는 전해 공정.	24.3.1절, 24.3.2절
무전해도금	외부 전류 없이 도금 금속의 이온을 포함하는 수용액속에서 증착. 작업물의 표면은 반응의 촉매 역할.	24.3.3절
열 확산	원자가 고농도 영역에서 저농도 영역으로 이동하는 물리적 공정.	24.2.1절, 29.4.3절
이온 주입	이온화된 입자의 고에너지 빔을 사용하여 기판에 하나 이상의 원소 원자를 삽입.	24.2.2절, 29.4.3절
습식 에칭	일반적으로 마스크 패턴과 함께 대상 물질을 에칭하기 위해 수용액에 화학적 에칭액을 적용.	29.4.5절
건식 에칭	대상 물질을 식각하기 위해서 이온화된 가스를 사용하는 건식 플라즈마 에칭.	29.4.5절

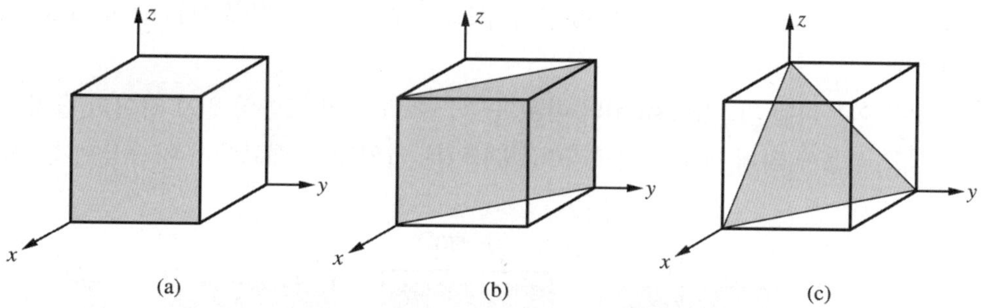

그림 31.5 실리콘 입방 격자 구조의 3개의 결정면. (a) (100) 결정면, (b) (110) 결정면, (c) (111) 결정면.

마이크로 제조에서 훨씬 더 크다. *용적 미세가공(bulk micromachining)*이라는 용어는 단결정 실리콘 기판(Si 웨이퍼)에 상대적으로 깊은 습식 에칭 공정에 사용되는 반면, *표면 미세가공(surface micromachining)*이라는 용어는 훨씬 더 얇은 박막 적층 가공을 이용하여 기판 표면을 평면 구조화시키는 것을 말한다.

용적 미세 가공은 미세 구조에 얇은 막(membrane)을 제조하기 위해 사용할 수 있다. 그러나, 얇

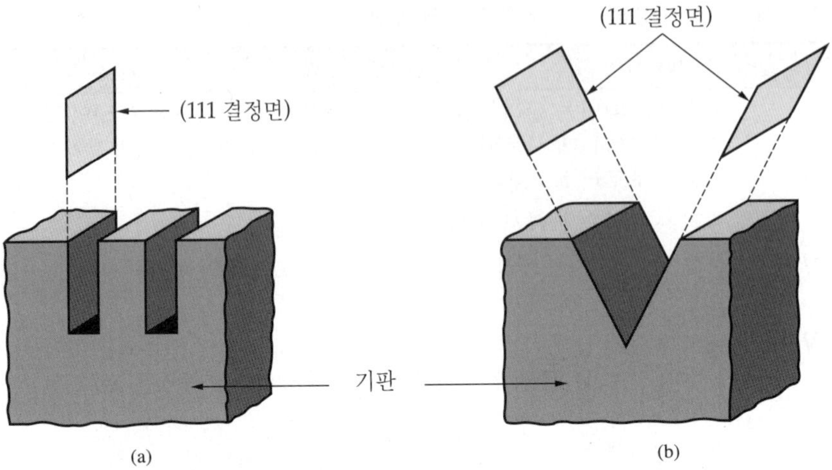

그림 31.6 용적 미세 가공에 의해 단결정 실리콘 기판에 형성될 수 있는 여러 구조. (a) (110) 실리콘, (b) (100) 실리콘.

은 막의 층을 남기기 위해 실리콘으로의 에칭 침투를 제어할 방법이 필요하다. 이 목적을 위해 사용되는 일반적인 방법은 실리콘 기판을 붕소 원자로 도핑하여 실리콘 에칭 속도를 크게 줄이는 것이다. 공정 순서를 그림 31.7에 나타내었다. 단계 (2)에서 에피택시 증착은 기판과 동일한 단결정 구조 및 격자 방향을 갖도록 실리콘 상부층에 적용한다(29.4.2절). 이는 후속 공정에서 깊게 에칭된 영역을 제공하기 위해 사용되는 용적 미세 가공의 필요조건이다. 붕소 도핑을 사용하여 식각 방지 실리콘 층을 형성하는 것을 ***p^+ 에칭정지 기술(p^+ etch-stop technique)***이라고 한다.

표면 미세가공은 그림 31.8의 (5)와 같이 실리콘 기판에 외팔보, 돌출물 및 유사한 구조를 형성하기 위해 사용된다. 그림의 외팔보는 평행하지만 실리콘 표면에서 일정 간격만큼 떨어져 있다. 간격 크기와 보 두께는 μm 범위이다. 이러한 유형의 구조를 제작하는 공정 순서는 그림 31.8의 앞 부분에 나타내었다.

건식 에칭은 이온화된 가스(plasma)의 이온과 가스에 노출된 표면의 원자 사이의 물리적 및/또는 화학적 상호 작용에 의해 재료가 제거되며(29.4.5절), 거의 모든 재료에서 이방성 에칭 특성을 얻

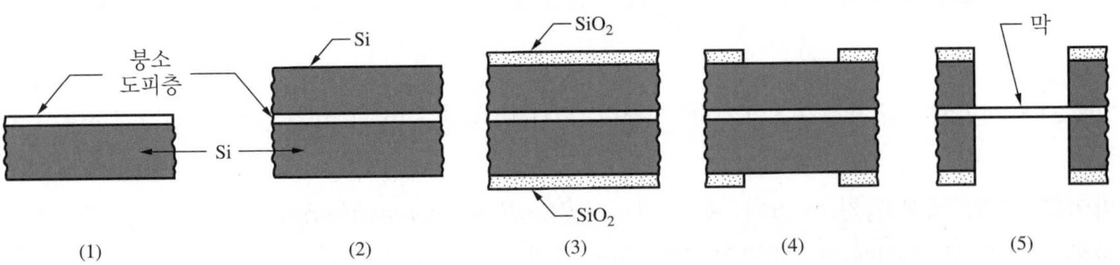

그림 31.7 실리콘 기판에 박막 형성. (1) 실리콘 기판에 붕소를 도핑하고, (2) 도핑된 층 위에 두꺼운 실리콘 층을 에피택시 증착으로 도포하고, (3) 양면을 열 산화하여 표면에 SiO_2 레지스트를 형성하고, (4) 리소그래피로 레지스트에 패턴을 형성하고, (5) 이방성 에칭을 사용하여 붕소 도핑층을 제외한 실리콘을 제거한다.

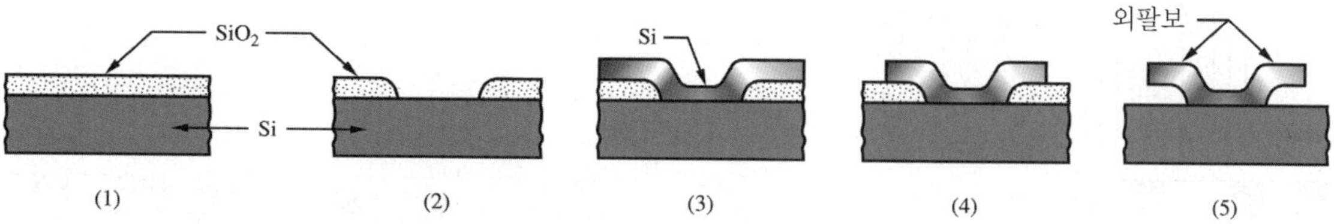

그림 31.8 외팔보를 형성하기 위한 표면 미세 가공. (1) 실리콘 기판 위에 실리콘 산화층이 형성되며, 그 두께는 외팔보의 간격 크기를 결정한다. (2) SiO_2 층의 일부는 리소그래피를 사용하여 에칭된다. (3) 폴리실리콘 층이 형성된다. (4) 리소그래피를 사용하여 폴리실리콘 층의 일부를 에칭한다. (5) 외발보 아래의 SiO_2층이 선택적으로 에칭된다.

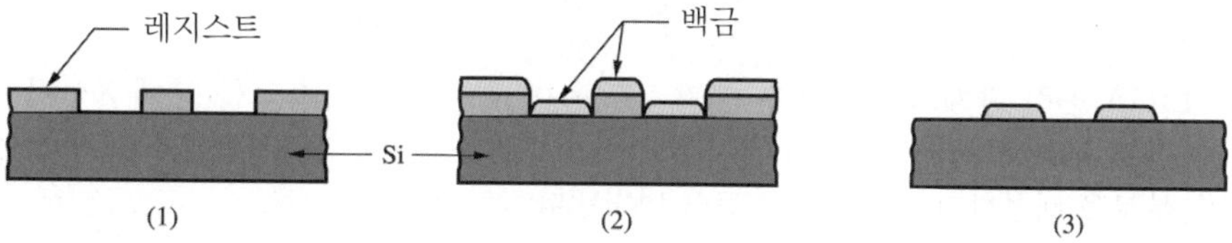

그림 31.9 리프트오프 기술. (1) 레지스트가 기판에 도포되고 리소그래피에 의해 구조화된다. (2) 백금이 표면에 증착된다. (3) 레지스트가 제거되고 표면에 백금이 함께 제거되지만 원하는 백금 미세 구조는 남겨진다.

을 수 있다. 이 이방성 침투 특성은 단결정 실리콘 기판에만 국한되지 않는다. 한편, 에칭 선택성은 건식 에칭에서 더 큰 문제이다. 즉, 플라즈마에 노출된 표면은 모두 영향을 받는다.

*리프트오프 기술(lift-off technique)*이라고 하는 공정이 기판에 백금과 같은 금속을 패턴화하기 위해 마이크로 제조에 사용된다. 이러한 구조는 특정 화학 센서에 사용되지만 습식 에칭으로 만들기는 어렵다. 리프트오프 기술의 공정 순서는 그림 31.9에 나타내었다.

31.2.2 LIGA 공정

LIGA 공정은 마이크로 시스템 기술에서 아주 중요한 공정이다. 1980년대 초 독일에서 개발되었으며 *LIGA*라는 문자는 독일어 단어 LI*thographie*(그림 31.3의 이온 빔과 같은 다른 리소그래피 노광 방법도 사용되지만, 특히 X선 리소그래피를 사용), G*alvanoformung*(전해 도포 또는 전해 성형으로 해석) 및 A*bformtechnik*(플라스틱 몰딩)를 나타낸다. 문자는 LIGA 공정 순서를 나타낸다. 이러한 공정 단계는 이 책의 앞 절에서 각각 설명하였다. X선 리소그래피는 29.3.2절, 전해 도포 또는 전해 성형은 각각 24.3.1절과 24.3.2절, 그리고 플라스틱 몰딩 공정은 10.6절과 10.7절에 설명되어 있다. 이 공정들이 LIGA 기술에서 어떻게 통합되었는지 알아본다.

그림 31.10에 LIGA 공정 순서를 나타내었다. 그림에서 제공된 짧은 설명에 대해 자세히 살펴본다. (1) 두꺼운 (X-ray) 방사선 민감성 레지스트 층이 기판에 도포된다. 층 두께는 생산할 부품의 크기에 따라 수 μm에서 수 cm 사이이다. LIGA에 사용되는 일반적인 레지스트 재료는 폴리메틸메타크

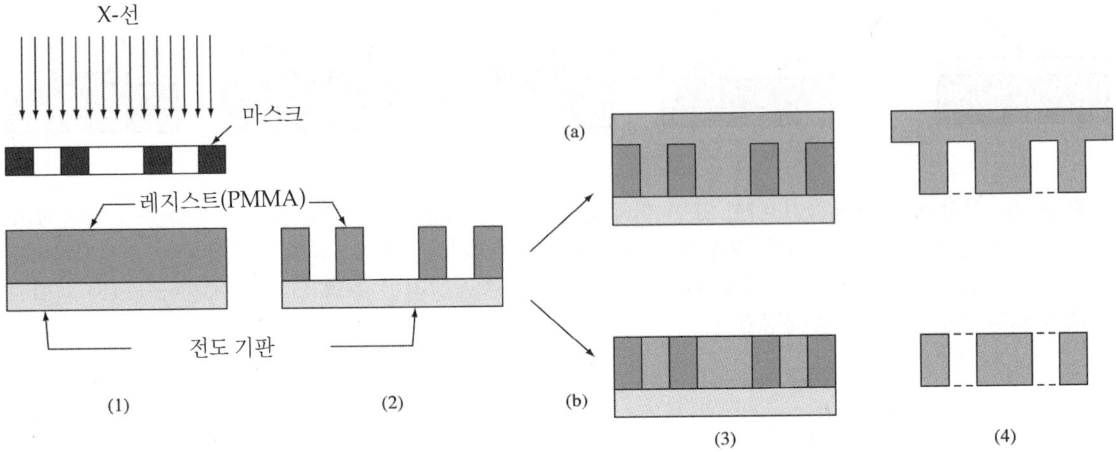

그림 31.10 LIGA 공정 단계. (1) 두꺼운 레지스트 층이 적용되고 마스크를 통해 X선이 노출된다. (2) 레지스트의 노출된 부분이 제거된다. (3) 레지스트의 개구부를 채우기 위해 전해 도포가 사용된다. (4) (a) 몰드, (b) 금속 부분을 제공하기 위해 레지스트를 벗겨낸다.

릴레이트(PMMA, 5.3.1절 '아크릴')이다. 기판은 후속 전해 도포 공정을 위해 전도성 물질이어야 한다. 레지스트는 마스크를 통해 고에너지 X선 방사선에 노출된다. (2) 양성 레지스트의 조사 영역은 기판 표면에서 화학적으로 제거되어 노출되지 않은 부분이 3차원 플라스틱 구조로 남는다. (3) 레지스트가 제거된 영역은 전해 도포를 사용하여 금속으로 채워진다. 니켈은 LIGA에서 일반적으로 사용되는 도금 금속이다. (4) 나머지 레지스 구조를 박리(제거)하여 3차원 금속 구조를 생성한다. 생성된 형상에 따라 이 금속 구조는 (a) 사출성형, 반응 사출 성형, 또는 압축 성형으로 플라스틱 부품을 생산하기 위해 사용되는 금형이 될 수 있다. 열가소성 부품이 생산되는 사출 성형의 경우, 이러한 부품은 인베스트먼트 주조에서 '소모성 주형'으로 사용될 수 있다(8.2.3절). (b) 금속 부품은 전해 도포에 의해 더 많은 금속 부품을 생산하기 위해 사용될 플라스틱 금형을 제조하기 위한 패턴이 될 수 있다.

위의 설명에서 알 수 있듯이, LIGA는 여러 가지 다른 방법으로 부품을 생산할 수 있다. 이점이 마이크로 제조 공정의 중요한 장점 중 하나이다. 즉, 그 장점은 (1) LIGA는 다목적 공정이라는 점이다. 다른 장점으로는 (2) 높은 종횡비의 부품 제작이 가능, (3) μm에서 cm에 이르는 높이로 광범위한 부품 크기가 가능 및 (4) 정밀 공차를 달성할 수 있다는 점이 있다. LIGA의 주요 단점은 비용이 많이 드는 공정이므로 일반적으로 적용을 정당화하기 위해 양의 부품이 제조되어야 한다. 또한, X선 방사선을 사용해야 한다는 단점도 있다.

31.2.3 기타 마이크로 제조 공정

MST 연구는 몇 가지 추가적인 제조 기술을 제공하고 있으며, 그 중 대부분은 리소그래피 기술의 변형 또는 일반 공정들에 적용한 것이다. 이 절에서 이러한 몇 가지 추가 기술에 대해 설명한다.

소프트 리소그래피

이 용어는 기판 표면에 패턴을 형성하기 위해 탄성 중합체 평 주형(고무 잉크 도장과 유사)을 사용하는 공정을 나타낸다. 이 주형의 제작 공정을 그림 31.11에 나타내었다. 마스터 패턴은 UV 포토리소그래피 또는 전자빔 리소그래피와 같은 리소그래피 공정 중 하나를 사용하여 실피콘 표면에 제작된다. 그런 다음, 이 마스터 패턴을 사용하여 소프트 리소그래피 공정을 위한 평 주형을 제작한다. 일반적인 주형 재료는 폴리디메틸실록산(polydimethylsiloxane, PDMS, 실리콘 고무)이다. PDMS가 경화된 후, 패턴에서 벗겨져지지 및 취급을 위해 기판에 부착된다.

두 가지 소프트 리소그래피 공정으로 마이크로 임프린트 리소그래피와 마이크로 접촉 프린팅 공정이 있다. ***마이크로 임프린트 리소그래피(micro-imprint lithography)***에서 주형은 소프트 레지스트 표면에 압입되어 후속 에칭을 위해 기판의 특정 영역에서 레지스트를 제거한다. 공정 순서를 그림 31.12에 나타내었다. 편평한 주형은 융기 영역과 함몰 영역으로 구성되며 융기 영역은 기판을 노출시기기 위해 제거될 레지스트 표면의 영역에 해당한다. 레지스트 재료는 가압하기 전에 가열하여 연화되는 열가소성 수지다. 레지스트 층 변경은 보다 전통적인 리소그래피에서 방법에서와 같이 전자기 방사가 아닌 기계적 변형에 의해 이루어진다. 레지스트 층의 압축된 영역은 이후 이방성 에칭에 의해 제거된다(29.4.5절). 에칭 공정은 또한 남아있는 레지스트 층 두께를 감소시키지만 후속 공정을 위해 기판을 보호하기에 충분한 두께의 레지스트 층은 남겨진다. 마이크로 임프린트 리소그래피는 적절한 비용의 고속 생산을 위해 사용될 수 있다. 주형에는 유사한 준비가 필요하지만 임프

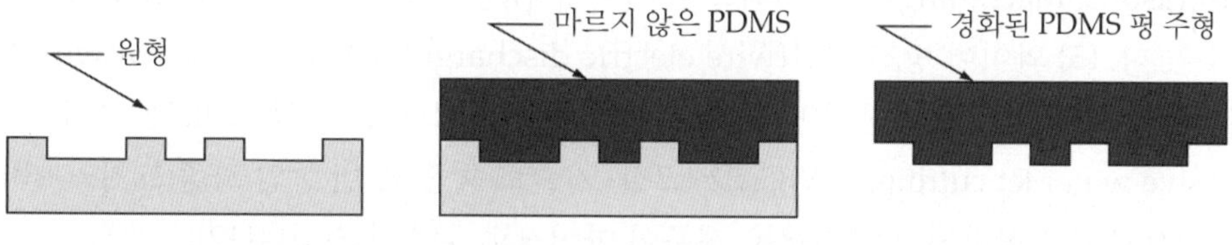

그림 31.11 소프트 리소그래피를 위한 주형 제작 단계. (1) 마스터 패턴은 전통적인 리소그래피로 제작한다. (2) 마스터 패턴에서 폴리디케틸실록산인 평 주형을 주조한다. (3) 경화된 평 주형을 패턴에서 벗겨내어 사용한다.

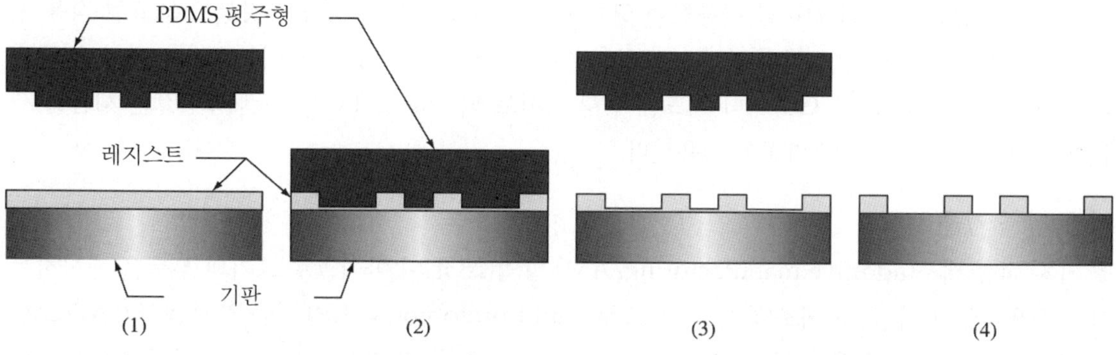

그림 31.12 마이크로 임프린트 리소그래피 공정. (1) 몰드를 위에 놓고, (2) 레지스트를 압입한다. (3) 금형을 들어올리고, (4) 남아있는 레지스트는 정의된 영역에서 기판 표면으로부터 식각된다.

린트 단계에서는 마스크가 필요하지 않다.

동일한 유형의 평 도장을 프린팅 방법으로 사용할 수 있으며, 이 공정을 *마이크로 접촉 프린팅(micro-contact printing)*이라 부른다. 이 형태의 소프트 리소그래피 공정에서 주형은 잉크가 종이 표면에 전사될 수 있는 것처럼 기판 표면에 패턴을 전사하기 위해 사용된다. 이 공정을 통해 기판에 매우 얇은 층을 제조할 수 있다.

마이크로 제조용 특수 공정 및 전통적 공정

전통적 제조 공정뿐만 아니라 비전통적인 기계 가공 공정(22장)이 마이크로 제조에 있어 중요하다. 광화학 가공(photochemical machining, PCM, 22.4.2절)은 IC 공정 및 마이크로 제조에서 필수적인 공정이지만, 이 장과 29장에서 습식 에칭(포토리소그래피와 결합)으로 언급되었다. PCM은 미세한 패턴 마스크에 따라 금속 재료 층을 추가하기 위해 전기 도금, 전해 성형 및 무전해 도금(24.3절)의 기존 공정과 함께 자주 사용된다. 전해 성형 공정은 CD나 DVD를 생산하기 위한 금형 제작에 사용된다.

마이크로 수준의 가공이 가능한 기타 비전통적 공정은 다음과 같다[5]. (1) 방전 가공(electric discharge machining) — 직경이 0.3 mm로 작고 종횡비(직경 대비 깊이의 비)가 100인 구멍을 뚫을 때 사용된다. (2) 전자빔 가공(electron-beam machining) — 절삭 가공이 어려운 재료에 직경이 0.1 mm 미만인 작은 구멍을 뚫을 때 사용한다. (3) 레이저 빔 가공(laser-beam machining) — 직경이 0.01 mm로 작고 종횡비가 거의 50에 가까운 복잡한 윤곽과 구멍을 생성할 때 사용된다. (4) 초음파 가공(ultrasonic machining) — 단단하고 부서지기 쉬운 재료에 직경 0.05 mm 정도의 작은 구멍을 뚫을 수 있다. (5) 와이어 방전 절단(wire electric discharge) 또는 와이어-EDM(wire-EDM) — 종횡비(폭 대비 두께)가 100 이상이면서 매우 좁은 폭으로 절단할 수 있다. 또한, 연마제 워터제트 절삭(abrasive water jet cutting, AWJC, 22.1.2절) 기술도 최근 몇 년 동안 노즐 크기와 연마제 입자 크기를 줄임으로써 소형화되어 일부 응용 제품이 마이크로 수준이 되었다[12].

마이크로 제조에서 전통적인 가공법의 추세은 더 작은 절삭 크기와 이에 따르는 공차가 작아야 한다. *초고정밀 가공(ultra-high-precision machining)*이라고 하는 기술에는 단결정 다이아몬드 절삭 공구와 0.01 μm의 미세한 분해능을 가진 위치 제어 시스템이 포함되어 있다[5]. 그림 31.13은 단일 점 다이아몬드 플라이 커터를 사용하여 알루미늄 호이에 홈을 밀링하는 것으로 보고된 적용 예를 나타내었다. 알루미늄 호일의 두께는 100 μm이고 홈의 폭은 85 μm, 깊이는 70 μm이다. 컴퓨터 하드 디스크, 복사기 드럼, CD 리더 헤드용 주형 인서트 및 고화질 TV 투사 렌즈와 같은 제품을 생산하기 위해 유사한 초정밀 가공이 적용된다.

적층 제조 기술

몇 가지 적층 제조(additive manufacturing, AM) 방법(28장)이 마이크로 크기의 부품을 생산하는 데에 적용되었다[7]. 적층 제조(혹은 신속 조형, rapid prototyping, RP) 기술은 부품의 CAD 모델을 기반으로 3차원 부품을 만들기 위해 적층 방식을 사용한다. 각 층은 일반적으로 두께가 0.05 mm로 매우 얇으며, 이는 마이크로 제조 기술의 범위에 가깝다. 층을 더 얇게 만듦으로써 마이크로 부품

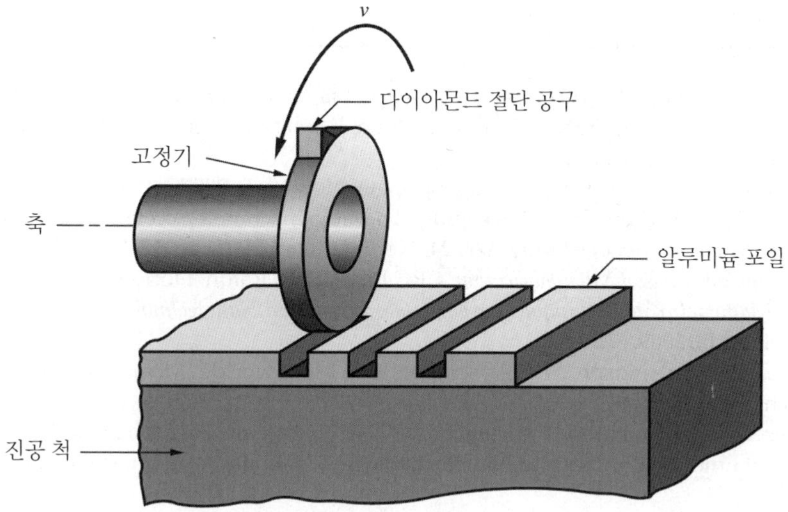

그림 31.13 알루미늄 포일의 홈 가공을 위한 초고정밀 밀링.

을 제작할 수 있다.

한 가지 접근 방식은 만들 대상의 CAD 모델을 '슬라이싱'하여 생성된 패턴 마스크에 의해 결정되는 특정 영역에 금속 층을 전기화학적으로 증착하는 ***전기화학적 제조법(electrochemical fabrication, EFAB)***이 있다(28.1). 증착된 층은 일반적으로 두께가 5~10 μm이고 요소 크기는 폭이 20 μm 정도로 작다. EFAB는 60°C 미만의 온도에서 수행되며 클린룸 환경이 필요하지 않다. 그러나, 공정이 느려서 각 층을 도포하는 데 40분 떠는 24시간 동안 약 36개 층(180~360 μm 사이의 높이)이 필요하다. 이러한 단점을 극복하기 위해 각 층의 마스크는 부품 슬라이스 패턴의 여러 복사본을 포함할 수 있으므로 일괄 공정(batch process)으로 동시에 여러 부품을 생산할 수 있다. 또한, *MICA Freeform*이라고 하는 유사한 공정이 있다[11].

또 다른 AM 접근 방식은 ***마이크로 스테레오리소그래피(microstereolithography, 마이크로 광조형법)***는 스테레오리소그래피(stereolithography, SL, 광조형법, 28.2.1절)를 기반으로 하지만 공정 단계 규모가 축소된 것이다. 기존 SL의 층 두께는 75~500 μm인 반면, MSL은 일반적으로 10~20 μm 사이의 층 두께를 사용하며 더 얇은 층도 가능하다. SL의 레이저 점 크기는 일반적으로 직경이 약 250 μm인 반면 MSL은 1~2 μm만큼 작은 점 크기를 사용한다.

광 제조

이 용어는 패턴 마스크를 통한 자외선 노출이 광학적으로 투명한 재료의 화학적 용해도를 크게 변화시키는 산업 공정에 적용된다. 변화는 특정 에칭액에 대한 용해도 증가의 형태로 나타난다. 예를 들어, 불화수소산은 UV에 노출된 감광성 유리를 노출되지 않는 동일한 유리보다 15~30배 빠르게 에칭한다. 에칭 중에는 마스킹이 필요하지 않으며 용해도의 차이가 유리 어느 부분이 제거되는지 결정 요인이 된다.

참고문헌 *REFERENCES*

[1] Fatikow, S., and Rembold, U. *Microsystem Technology and Microrobotics*. Springer-Verlag, Berlin, 1997.

[2] Hornyak, G. L., Moore, J. J., Tibbals, H. F., and Dutta, J. *Fundamentals of Nanotechnology*. CRC Taylor & Francis, Boca Raton, Florida, 2009.

[3] Jackson, M. J. *Micro and Nanomanufacturing*. Springer, New York, 2007.

[4] Li, G., and Tseng, A. A. "Low Stress Packaging of a Micro machined Accelerometer." *IEEE Transactions on Electronics Packaging Manufacturing*, Vol. 24, No. 1, January 2001, pp. 18–25.

[5] Madou, M. *Fundamentals of Microfabrication*. CRC Press, Boca Raton, Florida, 1997.

[6] Madou, M. *Manufacturing Techniques for Microfabrication and Nanotechnology*. CRC Taylor & Francis, Boca Raton, Florida, 2009.

[7] O'Connor, L., and Hutchinson, H. "Skyscrapers in a Microworld." *Mechanical Engineering*, Vol. 122, No. 3, March 2000, pp. 64–67.

[8] National Research Council (NRC). *Implications of Emerging Micro- and Nanotechnologies*. Committee on Implications of Emerging Micro- and Nanotechnologies, National Academies Press, Washington, D.C., 2002.

[9] Paula, G. "An Explosion in Microsystems Technology." *Mechanical Engineering*, Vol. 119, No. 9, September 1997, pp. 71–74.

[10] Tseng, A. A., and Mon, J.-I. "NSF 2001 Workshop on Manufacturing of Micro-Electro Mechanical Systems." In *Proceedings of the 2001 NSF Design, Service, and Manufacturing Grantees and Research Conference*, National Science Foundation, 2001.

[11] Waurzyniak, P. "Micro Manufacturing Keeps Shrinking the Envelope." *Manufacturing Engineering*, January 2013, pp. 65–73.

[12] Waurzyniak, P. "Scaling Down Waterjets to the Micro Level." *Manufacturing Engineering*, November 2013, pp. 59–66.

복습문제 *REVIEW QUESTIONS*

서론

31.1 마이크로 전자 기계 시스템을 정의하라.

31.2 마이크로 시스템 기술과 나노 기술의 대략적인 미세구조의 크기는 어떻게 되는가?

31.3 MEMS란 무엇인가?

마이크로 시스템 제품

31.4 마이크로 시스템 제품이 더 크고 일반적인 크기의 제품보다 더 낮은 비용으로 제공될 수 있다고 믿는 것이 합리적인 이유는 무엇인가?

31.5 마이크로 센서 및 마이크로 액추에이터 외에 두 종류의 마이크로 시스템 장치는 무엇인가?

31.6 마이크로 시스템 기술의 화학 및 환경 응용 제품에 대해 서술하라.

마이크로 제조 공정

31.7 실리콘이 마이크로 시스템 기술에서 바람직한 공정 재료인 이유는 무엇인가?

31.8 마이크로 제조의 종횡비는 집적회로 제조의 종횡비와 비교하여 어떠한가?

31.9 마이크로 제조 공정은 크게 세 가지로 무엇으로 구분할 수 있는가?

31.10 LIGA 공정의 3단계 중 첫 번째 단계인 X선 리소그래피 공정에서 레지스트로 사용되는 재료는 무엇인가?

31.11 두 가지 소프트 리소그래피 기술에 대해 서술하라.

31.12 PDMS는 소프트 리소그래피 기술에서 어떻게 사용되는가?

31.13 전기화학 제조법(EFAB)이란 무엇인가?

CHAPTER 32

나노제조 기술

32.1 나노기술 제품과 응용
  32.1.1 제품의 분류와 응용
  32.1.2 탄소 나노구조
32.2 나노과학 입문
  32.2.1 크기 문제
  32.2.2 주사탐침현미경
32.3 나노제조 공정
  32.3.1 하향식 접근법
  32.3.2 상향식 접근법

소형화의 경향은 마이크로 영역을 넘어 나노미터(nanometer, nm) 영역으로 진행되고 있다. ***나노기술(Nanotechnology)***이란 그 특성 크기가 1 nm 미만부터 100 nm(1 nm = 10^{-3} μm = 10^{-6} μm = 10^{-9} m)[1]에 해당하는 실체(entity)의 제조와 응용을 말한다. 여기서 실체는 필름, 코팅, 점, 선, 와이어, 튜브, 구조물 및 시스템을 포함한다. 접두어 '나노'란 이런 항목들에 사용되어 *나노튜브*, *나노구조*, *나노스케일* 및 *나노과학* 등과 같은 새로운 단어들이 용어집에 등재되었다. ***나노과학(Nanoscience)***은 위와 같은 크기의 대상물과 관련한 과학적 학문 분야이다. ***나노스케일(Nanoscale)***은 위와 같은 크기 또는 이 보다 약간 작은 크기를 말하며, 그 하한경계치는 원자나 분자의 크기와 겹친다. 예를 들면, 가장 작은 원자는 수소로 직경이 약 0.1nm에 가깝다. 자연적으로 존재하는 원자 중에 제일 큰 원자인 우라늄은 직경이 약 0.4 nm이다[4]. 분자는 복수의 원자로 구성되기 때문에 더 큰 경향이 있다. 약 30여 개의 원자로 구성된 분자는 포함된 원소에 따라 다르지만, 대략 크기가 1 nm 정도 된다. 따라서 나노과학은 각각의 분자 거동과 이 거동을 설명하는 원리를 포함하고 있으며, 나노기술은 유용한 제품을 만들기 위한 이 원리들의 응용을 포함하고 있다.

앞의 장에서는 마이크로 시스템 기술에서의 제품과 도구에 대한 개관을 하였다. 본 장에서는 나노기술에 대하여 동일한 종류의 개관을 할 것이다. 현재 사용가능한 제품과 재료는 무엇이며, 미래의 잠재적 제품과 재료는 무엇일까? 나노기술은 삼차원적 크기의 감소만을 포함하는 것은 아니다. 실체의 크기가 분자와 원자 수준으로 접근할 때의 과학은 다르다. 이런 차이들 중 몇 가지를 32.2절에서 다루었다. 마지막으로 32.3절에서는 나노기술에서 사용되는 제조공정 중 두 가지의 주요한 영역을 설명한다.

---

1) Nanotechnology와 Microsystem technology(31장)의 경계는 100 = 0.1로 삼는다[7]. 그림 31.1 참조.

32.1 나노기술 제품과 응용

대부분의 나노 기술 제품은 단순한 마이크로 시스템 기술(Microsystem technology, MST) 제품이 작아진 것을 의미하지는 않는다. 여기에는 마이크로 시스템 기술의 범주에는 포함되어 있지 않은 새로운 재료, 코팅 및 독특한 실체가 포함되어 있다. 그동안 주변에서 볼 수 있는 나노크기의 제품 및 공정은 다음과 같다:

1. 중세시대에 건축된 교회의 다채로운 스테인드글라스 창문은 유리에 포함된 나노 크기의 금 입자에 기초하고 있는 것이다. 금 입자의 크기에 따라 서로 다른 다양한 색을 낼 수 있다.
2. 화학적 사진의 시초는 150년 이상을 거슬러 올라가며, 화학적 사진은 사진에 이미지를 만들기 위하여 할로겐화 은(silver halide) 나노입자의 형성에 의존한다.
3. 탄소 나노 입자는 자동차 타이어의 강화 필러로 사용된다.
4. 현대적 자동차의 배기시스템에 사용되는 촉매변환장치는 나노 크기의 백금과 팔라듐을 세라믹 벌집 구조물 위에 코팅하여 사용한다. 이 금속 코팅은 유해한 배기가스를 유해하지 않은 가스로 변화시켜주는 촉매 역할을 한다.

오늘날 집적회로 제작에 사용되는 제조기술도 나노기술 범주에 해당하는 특징적 치수를 포함하고 있다. 물론 집적회로는 1960년대 이래로 생산되었는데, 최근에 나노스케일의 특성에 도달하였다.

가장 최근에 나노기술을 적용한 제품으로는 화장품, 자외선 차단제, 자동차 광택제와 왁스, 안경 렌즈 코팅 및 내마모성 페인트 등이 있다. 이 모든 것들에는 나노스케일의 입자가 포함되어 있으며 나노기술의 산물이다. 현재 및 미래의 나노기술을 바탕으로 한 제품이나 재료들의 예를 표 32.1에 정리하여 나타내었다.

32.1.1 제품의 분류와 응용

나노기술의 제품과 응용은 세 가지 범주로 나누어 볼 수 있다: (1) 증분 나노기술 , (2) 점진적 나노기술, (3) 급진적 나노기술[4].[2] ***증분 나노기술(Incremental nanotechnology)***은 많은 수의 나노스케일 입자로 생산한 재료를 이용한 제품 및 응용과 관련이 있다. 이러한 재료는 더 큰 입자를 사용하면 도달할 수 없는 고유하고 가치있는 특성을 가진 것이다. 집단으로 기능을 수행하는 나노입자의 존재가 증분 나노기술의 특징이다. 앞에서 언급한 모든 예들은 이 범주에 속하지만, 화학적 사진술과 집적회로는 예외다.

점진적 나노기술(Evolutionary nanotechnology)은 많은 수의 나노입자를 사용하는데, 각각은 몇 가지 고유하고 가치있는 목적을 수행한다. 개별적으로 기능을 수행하는 나노입자의 존재가 이

2) The classification scheme is attributed to R. A. L. Jones, *Soft Machines Nanotechnology and Life*, Oxford University Press, Oxford, 2004.

표 32.1 나노기술을 바탕으로 한 현재 및 미래의 제품과 재료의 예.

컴퓨터. 탄소 나노튜브는 실리콘 기반의 전자기기를 대체할 강력한 후보물질이다. 그 이유는 실리콘 웨이퍼 상에 집적회로를 제작하기 위해 사용되는 노광기술을 바탕으로 한 공정이 크기 감소의 한계에 도달하였기 때문이다.

재료. 나노스케일 입자(나노점)와 파이버(나노선)는 복합재료의 강화 물질로서 매우 유용하다고 알려져 있다. 이미 사용 가능한 나노기술 제품에는 나노섬유로 만들어진 청소용 천, 나노입자 왁스로 만들어진 자동차 광택제 및 방탄 조끼가 포함된다. 오늘날 알려지지 않았지만 완전히 새로운 재료 시스템이 나노기술로 가능해질 것이다.

나노입자 촉매. 세라믹 기판 위에 금속 나노입자와 귀금속(예: 금, 백금) 코팅이 특정 화학반응에서 촉매제 역할을 한다. 자동차의 촉매변환장치가 중요한 예이다.

항암제. 나노스케일의 약은 환자 암세포의 특정 유전자 특성에 맞춤형으로 설계하여, 그 세포를 공격하여 파괴하도록 개발되고 있다.

태양에너지. 나노스케일의 표면박막은 현존하는 광전지 콘센트보다 태양의 전자기 에너지를 보다 더 많이 흡수할 수 있는 가능성을 가지고 있다.

코팅. 나노스케일 코팅과 초박막은 표면의 내마모성(이러한 코팅은 안경 렌즈에 이미 적용되고 있음), 직물의 내변형성 및 창문이나 다른 표면의 자가세척 능력이 향상되도록 개발되고 있다.

평판디스플레이. 탄소나노튜브 기반의 TV와 컴퓨터 모니터에 사용되는 평판디스플레이는 이전의 디스플레이보다 더 밝고, 저전력, 고효율을 나타내고 있다.

휴대용 의료기기. 나노기술을 바탕으로 한 휴대용 의료기기가 임신테스트, 당뇨병이나 인체면역결핍 바이러스(HIV)와 같은 만성질환의 빠른 진단을 제공한다.

배터리. 탄소 나노튜브는 고출력 배터리 및 기타 에너지 저장기기에서 사용될 미래의 주요 요소가 될 것이다.

광원. 나노기술을 바탕으로 개발되고 있는 전등은 백열전구에서 사용되는 에너지에 비해 소량의 에너지만을 사용하고, 과열되어 고장이 나지 않는다.

참고문헌 [1], [24], [28] 및 기타 자료에서 발췌.

범주의 나노기술의 특징이다. 화학적 사진술이 점진적 나노기술의 예라고 주장할 수 있는데, 그 이유는 필름의 서로 다른 영역들이 이미지에서 투사된 빛에 대해 개별적인 반응을 보이기 때문이다. 그 외의 예는 확인하기 어렵다. 데이터 저장장치나 초고해상 이미지 장치에 사용되는 수 조(兆)개의 나노입자 배열을 상상해 볼 수 있다. 저장장치의 경우, 각각의 입자는 개별적으로 지정할 수 있는 1 bit의 데이터를 저장한다. 이미지 장치의 경우에는, 각 입자가 자신의 고유한 색깔과 명도의 빛을 방출하는데, 이는 개별적으로 제어가능하다. 이것들을 함께 모으면 이미지가 만들어진다.

급진적 나노기술(Radical nanotechnology)은 나노스케일의 특징과 구조를 가지는 미시적 기계의 구성과 관련이 있다. 이 기술은 두 가지로 분류된다: 분자 제조(molecular manufacturing) 및 나노로봇(nanorobots). ***분자 제조***에서는 그것을 구성하고 있는 원자를 조립함으로써 어떤 거시적 실체를 구성하는 가능성을 상상해 볼 수 있다. 이러한 것을 실행하는 하나의 방법은 원자나 분자를 하나씩 통제된 위치로 움직여서 조립을 수행하는 것이다. 이러한 접근법은 32.3.2절에서 소개하는 주사탐침기술을 사용하는 것이다. 이것은 과학적으로 흥미로운 것이지만, 실제적인 생산공정은 아

니다. 조금 더 실제적인 대안은 33.3.2절에서 소개하고 있는 자기조립(self-assembly)인데, 여기서는 원자 그리고/또는 분자가 물리적 또는 화학적 법칙에 따라 거시적인 실체를 만들어간다.

급진적 나노기술의 또 다른 분야는 더욱 미래지향적이다. 그것은 나노스케일의 로봇(즉 *nanorobots* 또는 *nanobots*)을 염두에 둔 것인데, 이것에는 어떤 형식의 지능과 원자와 분자를 조립할 수 있는 그리퍼(gripper)가 장착된 것이다. 그러한 장치는 충분한 수의 나노로봇이 작업에 투여될 수 있다면, 분자 제조를 수행하는 데에 사용될 수 있다. 나노로봇 개념에 대한 섬뜩한 측면은, 이러한 분자 기계가 지구에 대파괴를 가져오는 복수를 꾀하기 위해 스스로를 복제하여 그 수가 기하급수적으로 증가하도록 할 수도 있다는 것이다.

급진적 나노기술의 기초가 되는 나노스케일 기계의 개념은 미소시스템(microsystem) 기술의 중요한 제품영역인 미소기전시스템(microelectromechanical systems, MEMS)을 연상하게 한다(31.1.2절). MEMS는 컴퓨터, 의료 및 자동차 산업에서 많은 적용 사례를 찾을 수 있다. 나노기술이 도래함에 따라, 이러한 종류의 장치를 나노스케일 영역으로 확장하는 것에 대한 관심이 점차 증가하고 있다. 이것을 일컫는 용어는 ***나노기전시스템(nanoelectromechanical systems***, NEMS)인데, MEMS 장치에 대응하는 것으로서 마이크로 이하의 치수를 가진다. 이것은 적절한 응용분야가 주어진다면, 단지 더 작은 치수라는 것만으로도 더욱 큰 잠재적 장점을 가진다. 현재 생산되고 있는 중요한 NEMS 구조물은 원자력현미경에서 사용되고 있는 탐침이다(32.2.2절). 탐침의 예리한 끝부분은 나노스케일 크기이다. 나노센서는 개발 중인 또 다른 응용영역이다. 나노센서는 더욱 정확하고, 더욱 빠르게 반응하며, 더 큰 센서보다 낮은 전력으로 작동한다. 현재의 NEMS 센서 응용분야는 가속도 센서와 화학 센서다. 데이터 수집을 위하여 복수의 나노센서를 주요한 영역 전체에 분포시키자는 제안이 있어 왔다. 이렇게 하면 한 위치에서 단일의 더 큰 센서를 사용하는 것보다, 관심 변수에 대한 데이터를 복수로 수집할 수 있다는 장점을 제공할 수 있다.

나노로봇이나 ***나노기계(nanomachines)***를 만들고자 시도할 때 발생하는 매우 어려운 기술적 문제가 있다. 여기서 나노기계는 움직이는 부품들과 최소한 서로 다른 두 가지 재료로 구성된 나노시스템으로 정의한다[8]. 그 문제는 부품의 표면이 매끄럽지 못하고, 부품의 가장자리와 모서리가 원자와 분자 크기로 예리하게 만들 수 없다는 사실에 기인한다. 그 외의 표면 특성 또한 중요한 역할을 하는데, 32.2.1절에서 논의한다.

32.1.2 탄소 나노구조

나노기술에서 주요한 과학적이고 상업적인 관심을 끄는 두 구조물은 탄소버키볼(buckyball)과 탄소나노튜브이다. 이들은 기본적으로 흑연 층이 각각 구형과 튜브형태로 구성되어 있다.

풀러린(Bucky Balls)

'버키볼(Bucky Balls)'이란 명칭은 분자 C_{60}을 의미하는데, 이것은 그림 32.1과 같이 정확히 60개의 탄소원자로 구성되어 있으며, 축구공 형상을 하고 있다. 이 분자의 원래 이름은 *buckminsterfullerene*이며 C_{60} 구조를 닮은 측지선 돔(geodesic dome, 측지선에 따라 직선 구조재를 연결한 돔

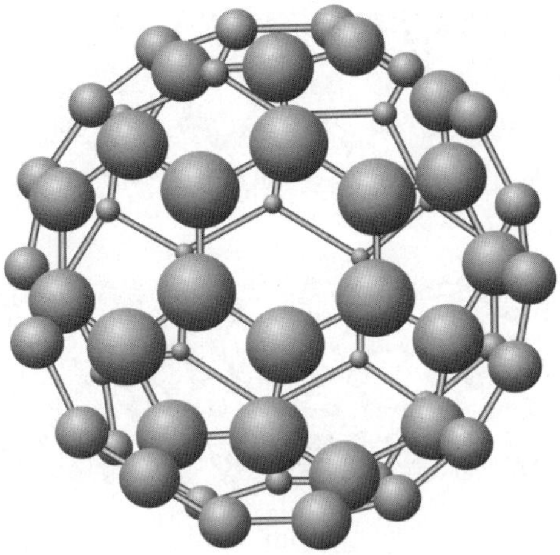

그림 32.1 C_{60} 분자의 풀러린 구조[18].

으로 경량이며 강성이 큼)을 설계한 건축가 겸 발명가인 R. Buckminister Fuller의 이름에서 따온 것이다. 오늘날 C_{60}은 ***풀러린(fullerene)***으로 분류되며, 12개의 오각형 면과 다양한 수의 육각형 면으로 구성된, 속이 빈 폐(closed hollow) 탄소 분자를 말한다. C_{60}에서는 60개의 원자들이 대칭적으로 배열되어 12개의 오각형 면과 20개의 육각형 면으로 된 공의 형상을 만들고 있다. 이 분자 공들은 반데르발스 힘(2.2절)으로 결합되어 결정을 형성하며, 그 격자구조는 면심입방체(face-centered cubic)(2.3.1절, 그림 2.8(b))다. C_{60} 격자 구조에서 가장 인접한 분자들 사이의 거리는 1nm다. 복수의 풀러린이 결합된 집합을 ***풀러라이트(fullerite)***라 한다.

풀러린과 풀러라이트는 여러 가지 이유로 관심을 받고 있다. 한 가지 이유는 풀러린의 전기적 특성 및 이 특성을 변화시킬 수 있는 능력을 가지고 있다는 것이다. C_{60} 결정은 절연체의 특성을 가지고 있다. 그러나 칼륨과 같은 알칼리 금속이 도핑되면 (K_3C_{60} 형성) 전도체로 특성이 바뀐다. 또한 약 18°K (−255°C)의 온도에서 초전도체의 특성을 보인다. C_{60} 풀러린의 또 다른 잠재적 응용분야는 의료 영역이다. C_{60} 분자는 집중 약물치료를 위해 부착이 가능한 위치들이 매우 많다. 또 다른 가능한 버키볼의 의료 응용분야로는 산화방지제, 화상연고 및 영상진단 등이 있다.

탄소나노튜브(Carbon Nanotube)

탄소나노튜브(Carbon nanotube, CNT)는 탄소 원자들로 구성된 또 다른 분자 구조인데, 탄소원자들이 결합되어 긴 튜브 모양을 하고 있다. 원자들은 몇 가지 다른 모양으로 배열될 수 있으며, 그림 32.2에 세 가지 모양을 나타내었다. 그림에 나타낸 탄소나노튜브는 단일벽 나노튜브(single-walled nanotube, SWNT)이며, 튜브 안에 튜브들이 들어있는 다중벽 나노튜브(multi-walled nanotube, MWNT)도 제조할 수 있다. SWNT는 일반적으로 수 nm의 직경 (1 nm 까지)과 100 nm의 길이를 가지고 있으며, 양 쪽 끝단은 닫혀있는 구조를 가지고 있다. 훨씬 큰 SWNT도 가능한데, 가장 긴 나노튜브의 기록은 길이 18 mm, 지름 20 nm로 알려져 있다[4]. 이것의 길이 대 지름의 비는 900,000:1 이다.

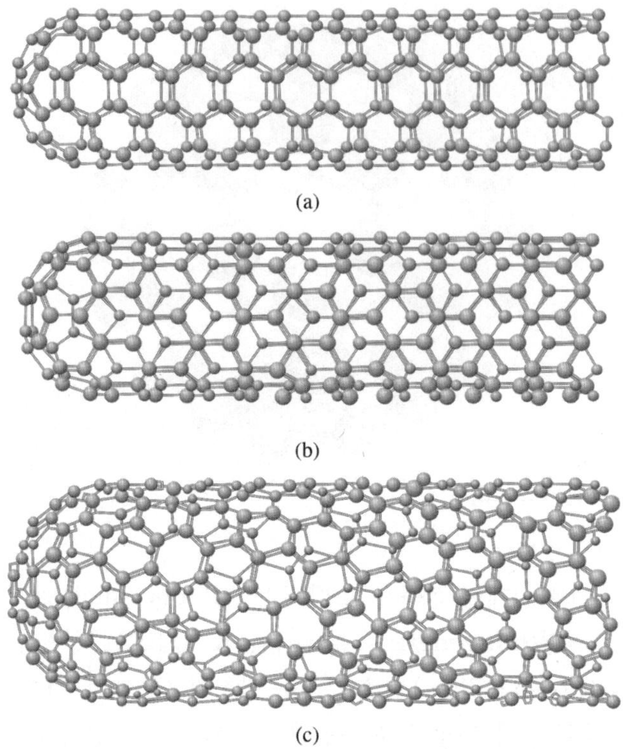

그림 32.2 탄소 나노튜브의 몇 가지 가능한 구조들. (1) armchair형, (2) zigzag형, (3) chiral형[18].

나노튜브의 전기적 특성은 독특하다. 구조와 지름에 따라 나노튜브는 금속성(전도성) 또는 반도체 특성을 가진다. 금속성 나노튜브의 전도성은 구리보다 10^6배 더 우수하다[8]. 나노튜브에는 금속에 존재하는 결함이 거의 없기 때문인데, 금속 내의 결함은 전자를 분산시켜 전기저항을 증가시킨다. 나노튜브는 전기 저항이 낮아 높은 전류가 흘러도 금속이 동일한 전기 부하에서 가열되는 것만큼 온도가 증가하지 않는다. 이러한 전기적, 열적 특성은 컴퓨터나 집적회로의 제조자에게는 상당히 흥미로운 것인데, 그 이유는 실리콘 칩 위의 소자 밀도가 증가하면서 맞닥뜨리게 되는 열 발생 문제없이 프로세서의 더 빠른 클락 속도(Clock speed)를 구현할 수 있기 때문이다. 소자의 밀도를 훨씬 크게 하여 현재 프로세서보다 10^4배나 빠른 클락 속도를 구현할 수 있다[18].

탄소 나노튜브의 또 다른 전기적 특성은 전계 방출(field emission)인데, 전기장이 나노튜브와 평행한 축으로 형성되면 전자들은 매우 빠른 속도로 튜브 끝단으로부터 방출된다. 나노튜브의 전계 방출 특성을 이용할 수 있는 상업 제품으로는 TV의 평판디스플이와 컴퓨터 모니터를 들 수 있다.

기계적 특성은 SWNT가 관심을 끄는 또 다른 이유다. 철과 비교하면, 밀도는 1/6, 탄성계수는 5배, 인장강도는 약 100배 더 크다[8]. 또한 SWNT를 구부리면 아무런 손상 없이 원래의 형태로 되돌아오는 큰 복원력을 가지고 있다. 이러한 기계적 특성은 폴리머 매트릭스 복합재료의 강화물질(5.4.2절)로부터 방탄조끼의 섬유 의류에 이르는 다양한 응용분야에 사용할 수 있는 기회를 제공한다. 역설적이게도 다중벽 나노튜브(MWNT)는 그렇게 강하지 못하다.

32.2 나노과학 입문

나노과학과 나노기술의 영역은 여러 학문분야와 관계를 맺고 있다. 화학, 물리학, 다양한 공학 분야 및 컴퓨터 과학의 상승적 기여에 의존하고 있다. 생물학과 의학의 영역도 포함된다. 생물학은 나노스케일 영역에서 작동한다. 생물체의 기본 물질인 단백질은 대략 4 nm~50 nm의 크기를 가지는 대형 분자이다. 단백질은 분자 크기가 약 0.5 nm인 아미노산(아미노 그룹 NH_2를 포함하는 유기산)으로 구성된다. 각 단백질 분자는 서로 연결되어 긴 사슬(***나노선, nanowire***)을 형성하는, 다양한 아미노산의 분자들[3)]의 조합으로 구성되어 있다. 이 길고 거대분자는 비틀리면서 스스로를 압착하여, 4 nm~50 nm의 영역의 단면을 가지는 덩어리로 바뀐다. 나노스케일의 또 다른 생물학적 실체로는 식물의 엽록소 분자(약 1 nm), 혈액의 헤모글로빈(7 nm) 및 유행성 감기 바이러스(60 nm)가 있다. 세포는 이 보다 몇 자릿수 정도 더 크다. 예를 들면, 적혈구는 지름 약 8,000 nm(8 μm), 두께 약 1,500 nm(1.5 μm)인 얇고 납작한 원판 모양을 띠고 있다. 모발의 직경은 그림 31.3에 보인 바와 같이 약 100,000 nm(0.1 mm)이다.

이 장에서는 비생물학적 나노스케일의 실체에 초점을 맞춘다. 생물학에서와 같이, 나노기술에서는 원자나 분자보다 그렇게 크지 않은 대상물을 다룬다. 32.2.1절에서는 '크기 효과'와 대상물의 크기가 나노사이즈로 되면 물질의 특성이 어떻게 영향을 받는지 다룬다. 나노스케일의 물체를 볼 수 없다는 것이 최근까지 나노기술의 발전을 방해해 왔다. 1980년대 주사탐침현미경의 출현으로 분자 수준에서 물체를 가시화하고 측정할 수 있게 되었다. 이런 종류의 현미경을 32.2.2절에서 소개한다.

32.2.1 크기 문제

매우 작은 물체에서 발생하는 물리적 효과들 중의 하나는 표면특성이 벌크(bulk) 특성에 비해 매우 중요해진다는 점이다. 일정량의 재료의 크기가 바뀔 때, 표면적:부피 비를 생각해보자. 각 모서리가 1 m인 입방체의 물질은 총 표면적이 6 m^2이고 부피는 1 m^3로 표면적:부피 비는 6:1이다. 같은 부피를 가지는 재료를 눌러서 1 μm 두께(모발 직경의 약 1/100)의 사각형 평판으로 만든다면, 각 모서리의 길이는 1,000 m가 되고 총 표면적(위, 아래 및 측면)은 2,000,000.004 m^2(1,000 × 1,000 m^2인 위, 아래면 +0.001 m^2인 네 개의 측면)가 된다. 이로부터 표면적:부피 비는 2,000,000:1보다 약간 큰 값을 가진다.

다음으로, 이 평판을 1 μm × 1 μm × 1 μm의 정육면체로 만들기 위해 두 방향으로 자른다고 가정해 보자. 총 정육면체 수는 10^{18}개이고 각 정육면체의 표면적은 6 μm^2(또는 $6 \times 10^{-12} m^2$)가 된다. 각 정육면체의 표면적에 총 정육면체 수를 곱하면, 총 표면적은 6,000,000 m^2가 되므로, 최초 물질의 양을 기준으로 보면, 표면적:부피 비는 6,000,000:1이 된다.

각 모서리가 1 μm인 정육면체는 매우 작은 크기이지만 나노미터로는 1,000 nm가 된다. 이 재료

---

3) 아미노산은 자연적으로 100가지 이상의 서로 다른 것이 존재하는데, 생체조직에서 발견되는 대부분의 단백질은 그 중 단지 20개의 아미노산 종류로 구성되어 있다.

의 분자가 정육면체이고 앞에서 언급한 바와 같이 각 분자의 한 모서리는 1 nm라고 가정해보자(확실히 분자가 정육면체 모양이라는 것은 과장이지만, 1 nm 크기라는 것은 타당하다). 이것은 1 μm의 정육면체는 10^9개의 분자를 가지고 있으며, 그 중 $6(10^6)$개의 분자는 정육면체의 표면에 위치하고 있다. 즉 내부(표면 아래)에는 $10^9 - 6(10^6) = 994(10^6)$개의 분자가 남게 된다. 내부분자수:표면분자수 비는 994:6 또는 165.667:1이 된다. 비교해보면, 각 모서리가 1m인 정육면체의 경우에는 그 비가 약 10^{27}:1이 된다. 정육면체의 크기가 작아짐에 따라 내부:표면 분자수 비는 점점 더 작아진다. 결국 정육면체의 한 모서리의 길이가 1nm가 되면(분자 자체의 크기), 내부 분자는 없게 된다.

이 수치가 설명하는 것은 물체의 크기가 나노미터 수준으로 작아지면 표면분자 수의 비율이 증가하기 때문에, 표면분자가 내부분자에 비해 점점 더 중요해진다. 따라서 나노미터 크기의 물체를 구성하는 재료의 표면특성이 물체 거동을 결정하는 데 더 큰 영향을 미치고, 재료의 벌크특성의 영향은 상대적으로 감소된다.

2.2절에서 설명한 원자결합의 두 가지 형태를 생각해보자. 원자결합은 (1) 일반적으로 원자를 결합시켜 분자로 만드는 일차결합과 (2) 분자들을 끌어당겨 벌크 물질을 형성하는 이차결합이 있다. 나노스케일 물체는 표면적:부피 비가 크다는 것이 암시하는 것 중 하나는 분자 사이에 존재하는 이차결합은 더욱 중요하다는 것이다. 그 이유는 물체를 구성하는 분자의 크기보다 그리 크지 않은 물체의 형상과 특성은 이차결합력에 의존하는 경향이 있기 때문이다. 따라서 물질의 특성 및 나노스케일 구조의 거동은 거시적 스케일 및 마이크로스케일 영역의 구조물과는 다르다. 이러한 차이점들은 향상된 전기적, 자기적 및 광학적 특성을 가지는 재료나 제품을 제조하는데 이용될 수 있다. 최근 이렇게 개발된 재료의 예는 (1) 탄소나노튜브(32.1.2절)와 (2) 고밀도 자기메모리에 사용되는 자기저항 재료가 있다. 나노기술은 완전히 새로운 종류의 재료를 개발할 수 있게 할 것이다.

나노스케일 물체와 거시적 스케일 물체에서 발생하는 또 다른 차이점은 재료 거동이 벌크 물성보다는 양자역학에 영향을 받는 경향이 있다는 점이다. ***양자역학(Quantum mechanics)***은 물리학의 한 분야이며, 모든 형태의 에너지(예: 전기, 빛)는 충분히 작은 스케일로 관찰하면 단속적 단위로 나타난다는 개념과 관계되어 있다. 이 단속적 단위를 ***양자(quantum)***라고 하며, 더 나눌 수 없다. 예를 들면, 전기는 전자(electron) 단위로 전달된다. 하나의 전자보다 작은 전하는 불가능하다. 빛 에너지에서는 양자는 ***광자(photon)***이고, 자기 에너지에서는 ***매그논(magnon)***이다. 모든 형태의 에너지에는 거기에 알맞은 단위가 있다. 모든 물리적 현상은 초현미경적(submicroscopic) 수준에서는 양자 거동을 나타낸다. 거시적 수준에서는 에너지가 연속적으로 나타나는데, 그 이유는 매우 많은 양의 양자가 방출되기 때문이다.

마이크로전자공학에서 전자의 운동은 특별한 관심의 중심이 되고 있는데, 그 이유는 집적회로의 제조에서 지속적으로 이루어진 상당한 크기 축소 때문이다. 2009년 생산된 집적회로 소자(device)의 최소배선폭(feature size)은 50 nm였다. 이 최소배선폭은 2018년경에는 약 7 nm로 낮춰졌다. 대략 이런 정도 수준의 최소배선폭이 되면, 소자의 동작 방법이 바뀌면서 양자역학의 역할이 매우 중요해진다. 최소배선폭이 몇 나노미터 수준으로 축소되면 소자 표면원자들의 비율이 표면 밑의 원자들에 비해 상대적으로 증가하게 되고, 이는 전기적 특성이 더 이상 재료의 벌크 특성에 전적으로 결정되지 않는다는 것을 의미한다. 소자의 크기가 점점 더 작아지고, 칩 위의 요소 밀도는 계속해서 증가하게 되면, 전자산업은 29장에서 소개한 현재의 제조공정이 갖는 기술적 가능성의 한계에 다다르게 될 것이다.

32.2.2 주사탐침현미경

상용화된 광학현미경은 광학렌즈를 통해 초점을 맞춘 가시광선을 사용하여 매우 작은 물체의 상을 확대하여 제공한다. 그러나 가시광선의 파장은 400~700 nm로 나노크기의 물체의 치수보다 크다. 따라서 이러한 물체는 일반 광학현미경으로는 관찰할 수 없다. 가장 성능 좋은 광학현미경은 약 1,000배까지 확대가 가능하여 약 0.0002 mm(200 nm)의 해상도를 제공할 수 있다. 1930년경에 개발된 전자현미경은 가시광선 대신 전자빔을 사용하여 시편을 가시화할 수 있다. 전자빔은 파동의 형태로 여겨지며, 훨씬 더 짧은 유효파장을 갖는다(오늘날 전자현미경은 약 1,000,000배 확대가 가능하고 1 nm의 해상도를 가짐). 표면의 형상을 얻기 위해서, 전자빔은 래스터(raster, 주사선) 패턴으로 물체의 표면을 스캔한다. 이는 음극선이 투사형 TV 스크린 표면을 스캔하는 방식과 유사하다.

나노스케일의 수준으로 물체를 관찰하기 위해 전자현미경을 넘어서는 개량기기는 1980년대로 거슬러 올라가는 일련의 주사 탐침 기기들이다. 이 기기들은 전자현미경에 비해 10배 정도 큰 확대 성능을 가지고 있다. 주사탐침현미경(Scanning Probe Microscope, SPM)의 탐침은 매우 날카로운 끝부분을 가진 바늘로 구성되어 있다. 끝부분의 크기는 원자 하나의 크기에 근접한다. 작동 시 탐침은 시편의 표면 위로 약 1 nm 정도 떨어져서 표면을 따라 움직이며, 주사 탐침의 종류에 따라 다르지만 몇 가지 표면 특성을 측정한다. 나노기술에서 가장 큰 관심을 끌고 있는 두 가지 주사탐침현미경은 주사터널링현미경과 원자현미경이다.

주사터널링현미경(scanning tunneling microscope, STM)은 처음으로 개발된 주사탐침기기이다. 현미경의 작동은 ***터널링(tunneling)***이라 알려진 양자역학의 현상을 기반으로 하고 있다. 터널링 현상이란 고체재료 내의 각각의 전자들이 고체표면을 떠나서 공간으로 튀어 나올 수 있다는 것이다. 전자가 표면을 떠나 공간에 존재할 확률은 표면으로부터의 거리에 비례하여 기하급수적으로 감소한다. 거리에 대한 이러한 민감도는 주사터널링현미경에서 탐침을 표면에 매우 가깝게 근접시키고(예: 1 nm), 둘 사이에 낮은 전압을 걸어서 이용된다. 이렇게 하여 표면원자들의 전자들이 탐침 끝부분의 작은 양전하로 당겨지게 되고, 전자들이 탐침과의 간극을 가로질러 탐침 쪽으로 튀어나오게 된다. 탐침이 표면을 따라 움직이면 표면의 각 원자들의 위치에 따라 전류의 변화가 발생하게 된다. 그 대신에 표면 위 탐침 끝부분의 위치가 일정한 전류를 유지하도록 떠 있을 수 있다면, 표면을 가로지르면서 탐침의 수직 변위를 측정할 수 있다. 이러한 전류나 위치의 변화는 표면의 형태나 지형도를 원자나 분자스케일로 만드는데 사용될 수 있다.

주사터널링현미경의 단점은 전도체 재료의 표면에서만 사용이 가능하다는 점이다. 이와 비교해서 ***원자현미경(atomic force microscope***, AFM)은 모든 재료에 다 적용 가능하다. 원자현미경에서는 섬세한 외팔보에 붙여진 탐침을 사용하는데, 탐침이 시편표면을 가로질러 움직일 때 표면으로부

Image courtesy of IBM Corporation

그림 32.3 실리콘 기판 위에 SiO_2로 만들어진 문자의 원자현미경 사진. 문자의 선폭은 약 20 nm.

터 탐침에 가해지는 힘에 의해 외팔보는 민감하게 변형된다. 원자현미경은 적용 분야에 따라 다양한 종류의 힘에 반응한다. 이 힘에는 탐침과 시편표면의 물리적 접촉에 의한 기계적인 힘 그리고 반데르발스 힘(2.2절), 모세관력, 자기력[4] 등과 같은 비접촉식 힘이 있다. 탐침의 수직방향 변위는 광학적으로 측정하는데, 빛의 간섭패턴이나 외팔보로부터의 레이저 빔의 반사를 이용한다. 그림 32.3에서는 원자현미경을 이용하여 얻어진 형상을 나타내었다.

이 절에서는 표면을 관찰하기 위한 주사탐침현미경의 사용에 중점을 두어 설명하고 있다. 32.3.2절에서는 이러한 기기들을 응용하여 각각의 원자, 분자 그리고 원자나 분자의 나노스케일 클러스터를 조작하는 방법에 대해 설명한다.

32.3 나노 제조공정

일부 제작물의 크기가 나노미터 범위에 있는 제품을 제작하기 위해서는 벌크 재료나 거시적 스케일의 제품을 만들기 위해 사용되는 제조기술과는 다른 특수한 제조기술이 필요하다. 나노스케일 재료나 구조를 위한 제조공정은 다음과 같이 두 가지로 나눌 수 있다.

1. ***하향식 접근법(Top-down approaches).*** 여기서는 나노스케일 물체를 제작하기 위해 29장과 31장에서 설명한 노광기술(lithography) 기반의 마이크로 제조기술 중 몇 가지를 개조하여 사용한다. 이 기술에는 주로 원하는 기하학적 형상을 얻기 위한 제거공정(subtractive process, 재료 제거)이 포함되어 있다.

---

4) 작용하는 힘이 자기력일 경우에는 *자기력현미경(magnetic force microscope, MFM)*이라는 용어를 사용한다. 작동원리는 하드디스크 정보를 읽는 헤드의 원리와 유사하다.

2. ***상향식 접근법(Bottom-up approaches)*** 여기서는 원자나 분자를 조작하여 거대한 구조로 결합한다. 이 방법은 나노스케일 요소를 더 작은 요소로부터 만들기 때문에 추가공정(additive process)이라 할 수 있다.

이 절에서는 두 가지 접근법에 대해 설명하기로 한다. 상향식 접근법과 관계된 공정방법이 앞의 두 장에서 이미 설명되었기 때문에 32.3.1절에서는 이 공정들을 나노스케일 요소를 제작하기 위해 어떻게 변경하여야 하는지에 대해 설명하도록 한다. 32.3.2절에서는 상향식 접근법에 대해 설명한다. 상향식 접근법은 나노기술과의 특별한 관련성으로 더 큰 관심을 받을 것이다.

32.3.1 하향식 접근법

나노스케일의 물체를 제작하기 위한 하향식 접근법에는 벌크재료공정(예: 실리콘 웨이퍼)이과 집적회로나 마이크로 시스템 제조에서 사용된 것과 같은 노광기술을 사용한 박막공정이 포함되어 있다. 또한 하향식 접근법에는 나노구조물을 만드는 데 사용되는 또 다른 정밀기계가공기술(31.2.3절)도 포함된다. ***나노가공(nanomachining)***이라는 용어는 초미세(submicron) 스케일에서 적용되는 재료제거를 포함하는 공정들에 사용된다. 나노구조물은 실리콘, 탄화규소, 다이아몬드 및 질화규소와 같은 재료를 가공해서 제거함으로써 제작되어 왔다[24]. 나노가공은 종종 원하는 구조물이나 재료의 조합을 얻기 위해 물리증착법 및 화학증착법과 같은 박막증착공정(24.5절)과 함께 사용되어야 한다.

집적회로 요소의 최소배선폭이 점점 더 작아지면서 광학적 노광기술을 기반으로 한 제조기술이 가시광선의 파장 때문에 한계에 다다랐다. 현재 자외선이 집적회로 제조에 사용되고 있는데, 파장이 더 짧아 더 작은 최소배선폭을 제조할 수 있고, 결국 집적회로 요소의 밀도를 증가시킬 수 있기 때문이다. 현재 집적회로 제조를 위해 더 발전된 기술로는 ***극자외선(extreme ultraviolet, EUV)*** 노광기술(29.3.2절)이다. 이 기술은 파장이 13 nm의 짧은 자외선을 사용하며, 이 파장은 확실히 나노기술의 범위에 들어간다. 그러나 극자외선 노광기술은 매우 짧은 파장의 자외선을 사용할 때 특정한 기술적 문제가 발생한다. 그 문제는 다음과 같다: (1) 극자외선의 짧은 파장에 민감하게 반응하는 새로운 포토레지스트가 사용되어야 한다, (2) 초점 시스템 모두 반사 광학을 기반으로 해야 한다, (3) 크세논(xenon) 원소의 레이저 방사[15]에 기초한 플라즈마 소스가 사용되어야 한다.

또 다른 노광기술이 나노스케일 구조물 제조에 사용될 수 있다. 여기에는 전자빔 노광기술, X선 노광기술, 마이크로 또는 나노 임프린트 노광기술이 포함된다. 전자빔과 X선 노광기술은 29.3.2절의 집적회로 공정에서 설명하였다. ***전자빔 노광기술(Electron-beam lithography***, EBL)은 고도로 초점을 맞춘 전자빔을 원하는 패턴을 따라 재료표면에 직접 조사하여 마스크 필요 없이 연속적으로 표면영역을 노출시킬 수 있다. 전자빔 노광기술을 이용하면 10nm 수준의 해상도를 얻을 수 있지만, 연속공정이 마스크를 사용하는 기술에 비해 느리게 진행되어 대량생산에는 적합하지 않다. ***X선 노광기술(X-ray lithography)***은 20 nm 정도의 해상도를 가지는 패턴을 만들 수 있고, 마스크를 사용하여 대량생산이 가능하다. 그러나 X선은 초점을 맞추기가 어렵고 접촉 또는 근접프린팅 방법

(29.3.1절)이 필요하다. 또한 장비가 제품생산에는 고가이며, X선이 인체에 유해하다.

소프트 노광기술(soft lithography)로 알려진 두 가지 공정에 대해서 31.2.3절에 설명하였다. 첫 번째 공정은 ***마이크로 임프린트 노광기술(micro-imprint lithography)***로 패턴이 새겨진 편평한 주형(고무도장과 유사함)이 에칭을 위해 준비된 기판 표면 위의 열가소성 레지스트를 기계적으로 변형시킨다. 두 번째 공정은 ***마이크로 접촉 프린팅(micro-contact printing)***인데 스탬프를 어떤 물질 안에 담근 후, 기판에 대고 누른다. 이렇게 하면 그 물질의 매우 얇은 막을 기판 표면 위에 전사하게 되며, 이때 무늬는 스탬프에 의해 정해진 것이다. 동일한 공정을 나노제조에서 적용할 수 있으며, 이 공정에는 ***나노 임프린트 노광기술(nano-imprint lithography)***과 ***나노 접촉 프린팅(nano-contact printing)***이 있다. 나노 임프린트 노광기술은 약 5nm의 해상도를 가지는 무늬를 얻을 수 있다[24]. 나노 접촉 프린팅의 원래 응용분야 중 하나는 금 표면 위에 얇은 막의 티올(thiol, 황화수소로부터 유래한 유기 화합물의 총칭)을 전사하는 것이었다. 이 응용의 특별한 점은 바로 나노스케일이라고 분류할 수 있는, 단일 분자의 두께(***monolayer***)로 막이 형성된다는 점이다.

32.3.2 상향식 접근법

상향식 접근법에서 초기 재료는 원자, 분자 및 이온이다. 공정을 통해서 이러한 기본 구성요소들을 함께 모아, 경우에 따라서는 한 번에 한 개, 원하는 나노스케일 실체로 제조하게 된다. 여기서는 나노기술에서 상당한 관심을 받고 있는 네 가지 접근방법을 알아 본다: (1) 풀러린 생산, (2) 탄소나노튜브 생산, (3) 주사탐침기술에 의한 나노제조 및 (4) 자기조립법.

풀러린 생산

풀러린 제조를 위한 초기 재료는 카본블랙(carbon black, 미세한 탄소분말)이며, 이것은 두 개의 흑연 전극 사이의 전기 아크에 의해 만들어진다. 최종 제품에는 20% 이하의 탄소 풀러린이 탄소나 탄화수소와 함께 섞여있다. 풀러린 함유물의 약 75%는 C_{60}이며, 나머지는 더 큰 분자량을 가진 풀러린이다. 문제는 혼합물에서 C_{60}을 다른 풀러린과 분리하는 것이다. 그런데 풀러린이 특정 유기성 용제에 용해되는 반면, 다른 탄소 생성물은 녹지 않는다는 것이 알려져 있다. 따라서 전체 생성물을 용해공정으로 처리하고, 녹지 않는 탄소 고형물을 건져내고 풀러린은 용액 속에 남겨둔다. 이것들을 분자량에 따라 분자를 구별하는 크로마토그래피 기술을 사용하여, 서로 다른 크기로 분류한다.

탄소나노튜브 생산

탄소나노튜브의 탁월한 특성과 잠재적인 응용분야를 32.1.2절에 설명하였다. 탄소나노튜브를 생산하는 몇 가지 기술이 있다. 다음과 같은 세 가지 방법에 대해 설명한다: (1) 레이저 증착법, (2) 탄소아크 기술 및 (3) 화학증착법.

레이저 증착법(laser evaporation method)의 초기 재료는 약간의 코발트와 니켈을 함유한 흑연 소재이다. 이런 미량의 금속은 촉매제 역할, 즉 뒤이은 나노튜브 형성의 핵생성 위치로 활동한다. 흑연을 아르곤 가스가 채워진 석영 튜브 안에 위치시키고, 1,200°C로 가열한다. 펄스 레이저 빔으로

소재에 초점을 맞추면 벌크 흑연으로부터 탄소원자가 증발된다. 아르곤은 탄소 원자를 튜브의 고온 영역으로부터 수냉된 구리 장치 영역으로 이동시킨다. 탄소원자는 차가운 구리 위에서 응축되면서 직경 10~20 nm, 길이 약 100 μm인 나노튜브가 형성된다.

탄소아크 기술(carbon arc technique)에서는 두 개의 탄소 전극을 사용하는데, 직경 5~20 μm인 두 전극은 1 mm 떨어져 있다. 전극은 부분 진공(대기압의 약 2/3) 상태로 유지되는 용기 속에 위치하며, 헬륨가스가 용기 내를 흐르고 있다. 공정을 시작하기 위해 약 25 V의 전압이 두 전극 사이에 가해지면, 탄소원자가 양극 전극으로부터 방출되고 음극으로 운반되어 그곳에서 나노튜브가 생성된다. 나노튜브의 구조는 촉매를 사용하는가에 따라 달라진다. 촉매를 사용하지 않으면, 다중벽 나노튜브가 생성된다. 만약 미량의 코발트, 철 또는 니켈이 양극 전극의 내부에 위치하면 직경 1~5 nm, 길이 약 1 μm의 단일벽 나노튜브가 생성된다.

화학증착법(chemical vapor deposition)(24.5.2절)이 탄소나노튜브를 제조하는 데 사용될 수 있다. CVD와 한 가지 다른 점은 초기물질이 메탄(CH_4)과 같은 탄화수소 가스라는 것이다. 이 가스가 1,100℃로 가열되면, 가스는 분해되어 탄소원자가 떨어져 나온다. 이 원자들이 차가운 기판 위에 응축되어 나노튜브가 생성되는데, 이것은 개방형 끝부분(open ends)을 가진 것으로서 다른 제조기술로 만들어지는 나노튜브는 폐쇄형 끝부분(closed ends)을 가진다. 기판은 공정의 촉매로 작용하는 철 또는 다른 금속을 포함할 수 있다. 금속촉매제는 나노튜브의 핵생성 위치로서 작용하며, 구조의 배치도 제어한다. HiPCO[5)]라고 불리는 대체 CVD 공정에서는 일산화탄소(CO)를 초기물질로 사용하고, 온도 900~1,100℃와 압력 30~50 atm, 촉매제 펜타카르보닐철($Fe(CO)_5$)을 사용하여 고순도 단일벽 나노튜브를 생산한다[8]. CVD에 의한 나노튜브의 생산은 연속적으로 이루어질 수 있어, 경제적으로 대량생산을 할 수 있는 매력적인 장점을 가지고 있다.

주사탐침 기술을 이용한 나노제조

주사탐침현미경(SPM)기술에 관하여 32.2.2절에서 나노미터 스케일의 특성과 물체를 측정하고 관찰하는 것과 관련하여 설명하였다. 표면을 관찰하는 것과 더불어 주사터널링현미경(STM)과 원자현미경(AFM)은 흡착력(약한 화학 결합)에 의해 기판에 붙어있는 원자, 분자 및 원자나 분자 클러스터를 조작하는데 사용될 수 있다. 원자 또는 분자 클러스터를 ***나노클러스터(nanoclusters)***라고 부르며, 그 크기는 대략 수 나노미터 정도이다. 그림 32.4(a)에서는 탐침 끝이 흡착된 원자가 놓인 표면을 가로질러 이동할 때, STM 탐침 끝의 전류 변화 또는 변위의 변화를 도시하였다. 탐침 끝이 흡착된 원자 바로 위를 지나면 신호가 증가한다. 비록 원자를 표면으로 잡아끄는 결합력은 작지만, 단지 거리가 멀기 때문에 탐침 끝에 의해 발생하는 인력보다는 매우 크다. 그러나 탐침 끝이 흡착된 원자에 매우 가깝게 다가가면 인력이 흡착력보다 커지게 되어 그림 32.4(b)와 같이 원자는 표면을 따라 끌려갈 것이다. 이런 방법으로 각각의 원자나 분자를 조작하여 다양한 나노스케일의 구조물을 만들 수 있다. IBM 연구소에서 제작한 주목할 만한 STM의 예는 5 nm×16 nm 크기의 니켈 표면에 흡착된 크세논(xenon) 원자로 회사 로고를 제작한 것이다. 이 크기는 그림 32.3에 보인 나노스케일 글자

---

5) HiPCO는 high-pressure carbon monoxide decomposition process의 약자다.

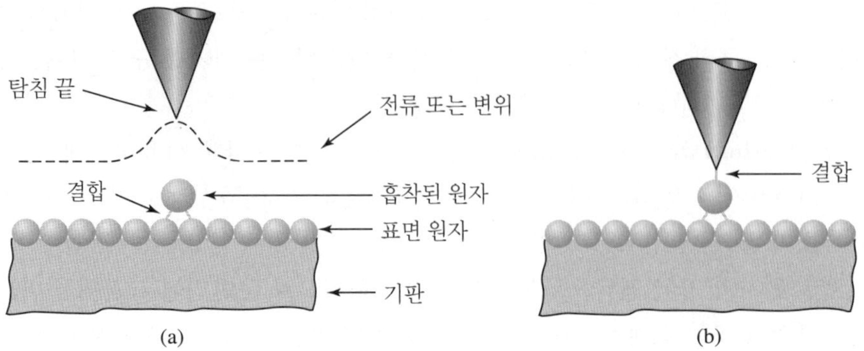

그림 32.4 주사터널링현미경 기술을 이용한 개별 원자들의 조작. (a) 탐침 끝은 기판 표면 위에 흡착된 원자를 방해하지 않도록 충분한 거리를 유지한다. (b) 탐침 끝이 기판 표면으로 가깝게 이동하면 흡착된 원자는 탐침 끝으로 당겨진다.

보다도 훨씬 작다.

주사터널링현미경 기술을 이용한 각각의 원자나 분자의 조작은 수평조작과 수직조작으로 분류할 수 있다. 수평조작에서는 그림 32.4(b)와 같이 원자나 분자를 STM 탐침 끝으로부터 가해지는 인력이나 척력을 이용해 표면을 따라 수평으로 이동시킨다. 수직조작에서는 원자나 분자를 표면으로부터 들어 올려 다른 위치로 옮겨서 구조를 형성한다. 이런 종류의 원자나 분자의 STM 조작은 과학적으로 매우 흥미로운 것이지만, 최소한도 나노기술 제품의 대량생산과 같은 상업적 응용을 제한하는 기술적 제한들이 있다. 제한요소 중 하나는 공정을 초고진공 분위기에서 수행하여, 공정을 방해하는 원자나 분자가 없도록 하여야 한다는 것이다. 다른 제한요소로는 기판의 표면이 절대 영도(−273℃)에 가깝게 냉각되어야 하는데, 이는 형성되고 있는 원자구조를 점차 뒤틀리게 하는 열확산을 감소시키기 위해서다. 이러한 제한요소들로 인해 공정이 매우 느려지고 비용도 많이 들게 된다.

원자현미경도 유사한 나노스케일 조작에 사용된다. AFM과 STM을 응용하는 것을 비교해 보면, AFM은 STM에서처럼 도전체 표면에 국한되지 않고, 일반 대기분위기에서 사용될 수 있기 때문에 활용도가 더 높다. 그러나 AFM은 STM에 비해 해상도가 낮다. 따라서 STM은 단일 원자를 조작하기 위해 사용될 수 있지만, AFM은 거대 분자나 나노클러스터 조작에 더 적합하다[24].

또 다른 주사탐침기술로는 실제 응용에 기대가 되는 ***딥-펜 나노 노광기술(dip-pen nanolithography, DPN)***이 있다. 딥-펜 나노 노광기술에서는 원자현미경의 끝을 사용하여, 용제 메니스커스를 매개체로 하여 분자를 기판표면으로 운반한다(그림 32.5). 이 공정은 구식 깃펜으로 모세관힘을 이용하여 잉크를 종이표면 위로 운반하는 것과 어느 정도 유사하다. DPN에서는 AFM의 끝이 펜의 펜촉과 같은 역할을 하며, 기판은 용해된 분자(즉, 잉크)가 도포되는 표면이 된다. 도포된 분자는 젖은 잉크가 종이에 달라붙는 것처럼 기판재료와 화학적 친화력을 가지고 있어야 한다. DPN은 표면 위에 분자를 이용하여 초미세(submicron) 크기의 패턴을 만드는('write') 데 사용될 수 있다. 또한 DPN은 기판표면 위의 다른 위치에 다른 종류의 분자들을 도포하는 데도 사용될 수 있다.

선폭의 두께는 10 nm~15 nm 정도의 작은 선폭이 보고되었다[27]. 또한 DPN은 기판 표면의 서

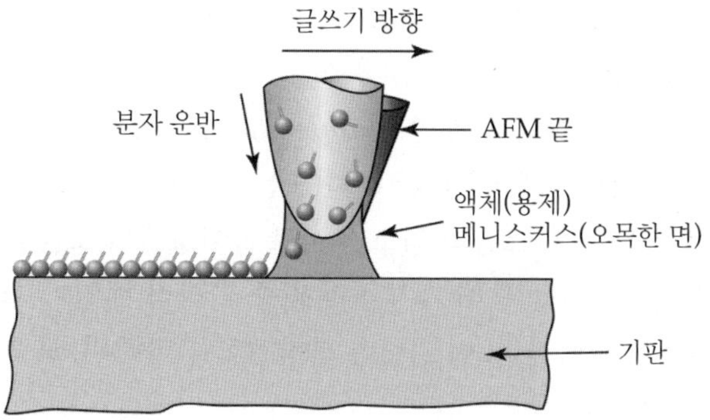

그림 32.5 딥-펜 나노 노광기술. 원자현미경의 끝은 탐침 끝과 기판 사이에 자연스럽게 형성된 액체(물) 메니스커스를 통해 분자를 도포하는데 사용된다.

로 다른 위치에 서로 다른 유형의 분자를 증착하는 데 사용될 수 있다.

자기조립(Self-Assembly)

자기조립은 자연계에서 발생하는 기본적인 과정이다. 용융된 광물이 서서히 냉각되면서 자연적으로 결정구조가 형성되는 것은 무생물의 자기조립의 예이며, 살아있는 유기체가 성장하는 것은 생물학적 자기조립의 한 예다. 앞의 두 가지 예에서는 원자나 분자 수준의 개체는 스스로 결합하여 더 큰 개체가 되는데, 건설적인 방식으로 진행하여 어느 정도 계획된 것을 만들어 가는 것이다. 개체가 살아있는 유기체인 경우, 중간 개체는 생물학적 세포이며, 유기체는 개개의 세포형성이라는 대량복제를 나타내는 부가적 공정을 거쳐 성장한다. 그러나 최종 결과는 흔히 매우 난해하고 복잡하다(예: 인간).

나노기술의 유망한 상향식 접근법 중의 하나는 자연계의 자기조립 공정을 모방하여, 나노미터 수준의 형태나 구조물을 갖는 재료와 시스템을 만들어 내는 것이다. 이때 최종 산물은 나노스케일보다 더 클 수 있다. 즉 그것이 갖는 치수 중 적어도 몇 개는, 미시적 또는 거시적 스케일의 크기를 가질 수 있다. ***생체모방(biomimetics)***이라는 용어는 자연계의 방식을 모방하여 인공적이며 비(非)생물적 개체를 만들어가는 프로세스를 의미한다. 나노기술에서 원자 또는 분자의 자기조립 공정의 바람직한 특성은 다음과 같다: (1) 신속하게 수행될 수 있다; (2) 자동적으로 발생하며, 어떠한 중앙제어도 필요하지 않다; (3) 대량복제가 가능하다; (4) 온화한 환경조건에서 수행될 수 있다(대기압과 상온 부근). 자기조립은 나노제조 공정에 있어서 가장 중요한 공정이 될 것으로 예상되는데, 그 이유는 저렴한 비용, 다양한 크기의 구조물을 생산할 수 있는 능력(나노스케일에서 거시적 스케일까지) 및 다양한 제품에의 일반적 적용가능성 때문이다[19].

자기조립의 근본적 원리는 최소에너지의 원칙이다. 원자나 분자와 같은 물리적 개체는 자신들이 구성하고 있는 시스템의 전체에너지를 최소화하는 상태를 추구하는 경향이 있다. 이 원칙은 자기조립과 관련하여 다음과 같은 의미를 내포하고 있다.

1. 시스템 내에서 개체(예: 원자, 분자, 이온)의 운동을 위한 어떤 메커니즘이 있어야 한다. 이 메

커니즘은 개체들이 서로 근접해질 수 있도록 한다. 이 운동을 위한 메커니즘으로는 확산, 유체에서의 대류 및 전기장이 있다.

2. 개체들 사이에서 어떤 형태의 ***분자인식(molecular recognition)***이 있어야 한다. 분자인식이란 한 분자(또는 원자나 이온)가 다른 분자(또는 원자나 이온)에 인력이 작용하여 결합하는 경향을 말한다. 예를 들면, 나트륨과 염소가 서로 끌어당겨져 소금을 형성하는 것과 같다.
3. 개체들 사이에서 분자인식을 통해 개체들의 최종 물리적 배열이 최소에너지 상태에 도달하는 방식으로 개체들이 결합한다. 이 결합은 화학결합을 말하며, 보통 결합력이 약한 이차결합(예: 반데르발스 결합)이다.

이 책의 앞부분에서 분자 수준의 자기조립에 관한 다음의 두 가지 경우를 보았다: (1) 결정형성, (2) 중합화(polymerization). 금속, 세라믹 및 특정 폴리머에서의 결정형성은 일종의 자기조립이다. 초크랄스키(Czochralski) 공정(29.2.2절)에서 집적회로 제조에 사용되는 실리콘 단결정 덩어리(boule)를 성장시키는 것은 자기조립의 좋은 예다. 종자결정(seed crystal)을 결정핵으로 사용하면, 고순도의 액상 실리콘이 실린더 형태의 고상 실리콘으로 바뀌는데, 전체 부피에서 반복되는 격자구조는 종자결정의 격자구조와 일치한다. 결정구조의 격자간격은 나노미터 크기이지만, 복제된 것은 장범위의 크기(long-range order)를 가지고 있다.

폴리머는 나노스케일 자기조립의 산물이라 할 수 있다. 중합화 과정(5.3절)에서는 개별적 단량체(monomer, 에틸렌 C_2H_4와 같은 개별적 분자)들이 연결되어 매우 큰 분자(폴리에틸렌과 같은 거대분자)를 형성하며, 종종 수천 개의 단위체가 긴 사슬을 형성한다. 혼성중합체(copolymer)는 좀 더 복잡한 자기조립 과정을 보여준다. 서로 다른 두 종류의 초기 단량체가 규칙적인 반복구조로 결합된다. 에틸렌과 프로필렌(C_3H_6)으로부터 합성된 혼성중합체를 예로 들 수 있다. 이러한 폴리머의 예에서 보면, 반복단위는 나노미터 크기이며, 대량 자기조립 과정을 통해 중요한 상업용 가치를 갖는 벌크 재료로 만들어진다.

실리콘 단결정 덩어리 및 폴리머를 생산하는 기술이 나노기술에 대한 현재의 과학적 관심을 선도하고 있다. 그러나 이 장에서는 나노기술이라는 기치 아래 개발되어 온 자기조립 제조기술이 더 큰 중요성을 가지고 있다. 이러한 자기조립공정 대부분은 아직 연구단계이 있으며 다음과 같은 카테고리로 분류할 수 있다: (1) 나노스케일의 대상물 제조(분자, 거대분자, 분자클러스터, 나노튜브 및 결정을 포함), (2) 2차원 배열[예: 자기조립 단분자막(monolayer, 분자 한 개 두께의 표면막)]과 3차원 분자 네트워크의 형성.

카테고리 (1)과 관련된 프로세스는 이미 설명하였다(예: 풀러린과 나노튜브). 카테고리 (2)의 중요한 예는 표면박막의 자기조립이다. 표면박막은 고상(3차원) 기판 위에 형성되는 2차원 코팅이다. 대부분의 표면박막은 본질적으로 얇지만, 그 두께는 일반적으로 나노미터를 넘어 마이크로미터나 밀리미터(또는 그 몇 분의 일)에 달한다. 여기서는 나노미터 수준의 두께를 가지는 표면박막이 주 관심대상이다. 나노기술에서 특별한 관심은 자기조립 표면박막으로, 단일분자 두께를 가지며 분자들이 어느 정도 규칙적으로 조직되어 있다. 이러한 형태의 박막을 ***자기조립 단분자막(self-assembled monolayers***, SAMs)이라 부른다. 규칙성을 가진 다층구조물도 가능하며, 두 개 이상의 분자 두께로 형성될 수 있다.

자기조립 단분자막과 다층박막을 형성하기 위한 기판의 재료로는 다양한 금속과 무기질 재료가 사용된다. 이러한 재료에는 금, 은, 구리, 실리콘 및 이산화규소가 속한다. 귀금속재료는 산화막이 형성되지 않는 장점을 가지고 있는데, 이 산화막은 원하는 막을 생성하는 반응을 방해한다. 적층재료에는 티올(thiols), 황화물 및 이황화물이 포함된다. 적층재료는 기판재료 위에서 흡착성을 나타내야만 한다. 금에 티올 단일층을 형성하는 일반적인 공정 순서는 다음과 같다: (1) 적층 분자는 기판 표면 위에서 자유롭게 움직인다. (2) 일부 분자는 표면에 끌리고 흡착된다. (3) 표면에 흡착된 분자 사이에 접촉이 일어나 집단들(islands)을 형성한다. (4) 표면 위에서 측면으로 더 많은 분자들이 더해지므로, 이 집단들이 커져서 점차 서로 결합되고, 결국 기판이 완전히 덮여진다.[6] 금 표면과의 결합은 티올, 황화물 및 이황화물 층의 황에 의해서 이루어진다. 어떤 응용분야에서는 자기조립 단분자막을 기판표면 위에서 원하는 패턴이나 영역으로 형성할 수 있는데, 이때 나노 접촉 프린팅이나 딥-펜 나노 노광기술과 같은 기술을 이용한다.

참고문헌 *REFERENCES*

[1] Baker, S., and Aston, A. "The Business of Nanotech." *Business Week*, February 14, 2005, pp. 64–71.
[2] Balzani, V., Credi, A., and Venturi, M. *Molecular Devices and Machines—A Journey into the Nano World*. Wiley-VCH Verlag GmbH & Co. KGaA, Weinheim, Germany, 2003.
[3] Bashir, R. "Biologically Mediated Assembly of Artificial Nanostructures and Microstructures." In *Handbook of Nano science, Engineering, and Technology*, W. A. Goddard III, D. W. Brenner, S. E. Lyshevski and G. J. Iafrate (eds.), Chapter 5. CRC Press, Boca Raton, Florida, 2003.
[4] Binns, C. *Introduction to Nanoscience and Nanotechnology*. John Wiley & Sons, Hoboken, New Jersey, 2010.
[5] Chaiko, D. J. "Nanocomposite Manufacturing." *Advanced Materials & Processes*, June 2003, pp. 44–46.
[6] Drexler, K. E. *Nanosystems: Molecular Machinery, Manufacturing, and Computation*. Wiley-Interscience, John Wiley & Sons, New York, 1992.
[7] Fujita, H. (ed.). *Micromachines as Tools for Nanotechnology*. Springer-Verlag, Berlin, 2003.
[8] Hornyak, G. L., Moore, J. J., Tibbals, H. F., and Dutta, J. *Fundamentals of Nanotechnology*. CRC Taylor & Francis, Boca Raton, Florida, 2009.
[9] Jackson, M. L. *Micro and Nanomanufacturing*. Springer, New York, 2007.
[10] Kohler, M., and Fritsche, W. *Nanotechnology: An Introduction to Nanostructuring Techniques*. Wiley-VCH Verlag GmbH & Co. KGaA, Weinheim, Germany, 2004.
[11] Lyshevski, S. E. "Nano- and Micromachines in NEMS and MEMS." In *Handbook of Nanoscience, Engineering, and Technology*, W. A. Goddard III, D. W. Brenner, S. E. Lyshevski, and G. J. Iafrate (eds.), Chapter 23, pp. 23–27. CRC Press, Boca Raton, Florida, 2003.
[12] Maynor, B. W., and Liu, J. "Dip-Pen Lithography." In *Encyclopedia of Nanoscience and Nanotechnology*, pp. 429–441. American Scientific Publishers, Valencia, California, 2004.
[13] Meyyappan, M., and Srivastava, D. "Carbon Nanotubes." In *Handbook of Nanoscience, Engineering, and Technology*, W. A. Goddard III, D. W. Brenner, S. E. Lyshevski, and G. J. Iafrate (eds.), Chapter 18, pp. 18–1 to 18–26. CRC Press, Boca Raton, Florida, 2003.
[14] Morita, S., Wiesendanger, R., and Meyer, E. (eds.). *Noncontact Atomic Force Microscopy*. SpringerVerlag,

6) 금 표면 위에 티올(thiol)을 조합하는 것은 36.3.1절에서 나노 접촉 프린팅과 관련하여 설명하였다.

Berlin, 2002.
[15] National Research Council (NRC). *Implications of Emerging Micro- and Nanotechnologies. Committee on Impli cations of Emerging Micro- and Nanotechnologies*, National Academies Press, Washington, D.C., 2002.
[16] Nazarov, A. A., and Mulyukov, R. R. "Nanostructured Materials." In *Handbook of Nanoscience, Engineering, and Technology*, W. A. Goddard III, D. W. Brenner, S. E. Lyshevski, and G. J. Iafrate (eds.), Chapter 22, pp. 22–1 to 22–41. CRC Press, Boca Raton, Florida, 2003.
[17] Piner, R. D., Zhu, J., Xu, F., Hong, S., and Mirkin, C. A. "Dip-Pen Nanolithography." *Science*, Vol. 283, January 29, 1999, pp. 661–663.
[18] Poole Jr., C. P., and Owens, F. J. *Introduction to Nanotechnology*. Wiley-Interscience, John Wiley & Sons, Inc., Hoboken, New Jersey, 2003.
[19] Ratner, M., and Ratner, D. *Nanotechnology: A Gentle Introduction to the Next Big Idea*. Prentice Hall PTR, Pearson Education, Upper Saddle River, New Jersey, 2003.
[20] Rietman, E. A. *Molecular Engineering of Nanosystems*. Springer-Verlag, Berlin, 2000.
[21] Rubahn, H.-G. *Basics of Nanotechnology*. 3rd ed. Wiley-VCH, Weinheim, Germany, 2008.
[22] Schmid, G. (ed.). *Nanoparticles: From Theory to Application*. Wiley-VCH Verlag GmbH & Co. KGaA, Weinheim, Germany, 2004.
[23] Torres, C. M. S. (ed.). *Alternative Lithography: Unleashing the Potentials of Nanotechnology*. Kluwer Academic/Plenum Publishers, New York, 2003.
[24] Tseng, A. A. (ed.). *Nanofabrication Fundamentals and Applications*. World Scientific, Singapore, 2008.
[25] Weber, A. "Nanotech: Small Products, Big Potential." *Assembly*, February 2004, pp. 54–59.
[26] www.en.wikipedia.org/wiki/nanotechnology.
[27] www.chem.northwestern.edu/mkngrp/dpn.
[28] www.nanotechproject.org/inventories/consumer.
[29] www.research.ibm.com/nanscience.
[30] www.zurich.ibm.com/st/atomic_manipulation.

복습문제 *REVIEW QUESTIONS*

서론

32.1 나노기술과 관련된 대상물의 크기 범위는 얼마인가?

32.2 1(one) micrometer는 몇 nanometer인가?

나노기술 제품과 응용

32.3 항암제에서 나노기술의 역할에 대하여 설명하라.

32.4 나노기술 제품과 응용의 세 가지 카테고리를 정의하라.

32.5 증분 나노기술은 무엇을 의미하는가?

32.6 점진적 나노기술은 무엇을 의미하는가?

32.7 나노스케일의 특징과 구조를 가지는 미시적 기계의 구성과 관련이 있는 나노기술은 무엇인가?

32.8 분자 C_{60}의 별칭은 무엇인가?

32.9 나노튜브의 전기적 특성이 흥미를 끄는 이유는 무엇인가?

32.10 단일벽 나노튜브의 기계적 특성이 흥미를 끄는 이유는 무엇인가?

나노과학 개요

32.11 기존 현미경의 주요 단점은 무엇인가?

32.12 주사 탐침 기기는 무엇이며, 나노과학과 나노기술에서 매우 중요한 이유는 무엇인가?

나노제조 공정

32.13 나노 제조공정의 두 가지 기본적인 접근방식은 무엇인가?

32.14 가시광선에 기반한 노광기술을 나노기술에서 사용하지 않는 이유는 무엇인가?

32.15 극자외선 노광기술과 전자빔 노광기술을 제외하고 나노기술에서 사용하는 다른 기술들에는 어떤 것이 있나?

32.16 나노 임프린트 노광기술은 마이크로 임프린트 노광기술과 어떻게 다른가?

32.17 주사터널링현미경을 이용해서 원자나 분자의 개별적 클러스터들을 조작할 때, 상업적인 적용을 방해하는 두 가지 주요 제한사항은 무엇인지 설명하라.

32.18 딥-펜 나노 노광기술(dip-pen nanolithography, DPN)을 설명하라.

32.19 나노제조에서 자기조립(Self-Assembly)이란 무엇인가?

32.20 자연계의 방식을 모방하여 인공적이며 비(非)생물적 개체를 만들어가는 프로세스를 의미하는 공정은 무엇인가?

32.21 나노기술에서 원자 또는 분자의 자기조립 공정의 바람직한 특성들은 무엇인가?

PART 9

제조 시스템

CHAPTER 33

제조 시스템을 위한 자동화 기술

33.1 자동화 기초
- 33.1.1 자동화 시스템의 세 가지 요소들
- 33.1.2 자동화의 종류

33.2 자동화를 위한 하드웨어
- 33.2.1 센서
- 33.2.2 액추에이터
- 33.2.3 인터페이스 디바이스
- 33.2.4 공정 제어기

33.3 수치 제어
- 33.3.1 수치 제어 기술
- 33.3.2 NC 위치 제어 시스템의 분석
- 33.3.3 NC 파트 프로그래밍
- 33.3.4 수치 제어의 응용

33.4 산업용 로봇 공학
- 33.4.1 로봇 기본 형상
- 33.4.2 제어 시스템과 로봇 프로그래밍
- 33.4.3 산업용 로봇의 응용

이 장에서는, 그 동안 다루어졌던 제조와 조립 공정들과 관계되는 여러 종류의 제조 시스템에 대하여 고려한다. ***제조 시스템(manufacturing system)***은 원자재, 부품 또는 부품 세트에 대해 하나 또는 그 이상의 공정과(또는) 조립을 수행하는 통합된 장비와 인적 자원의 집합으로 정의된다. 통합된 장비에는 생산 기계, 자재 취급 및 위치 공정 장치, 그리고 컴퓨터 시스템이 있다. 인적 자원은 풀타임이든 파트타임이든 장비들을 운영하기 위해 필요하다. 생산 시스템(production system)에서 제조 시스템이 차지하는 위치는 그림 33.1과 같다. 그림에서 나타난 바와 같이, 제조 시스템은 공장에 위치하며, 부품 또는 제품에 가치를 부가한다.

제조 시스템은 자동화된 시스템과 수동으로 운영되는 시스템을 모두 포함한다. 이러한 구분이 항상 명확한 것은 아닌데, 그 이유는 많은 제조 시스템이 자동화된 부분과 수작업 요소를 모두 가지고 있기 때문이다(예, 반자동 공정 사이클로 작동되지만 각 사이클마다 작업자가 소재를 적재하고 이재해야 하는 공작 기계). 이 책에서는 두 가지 모두를 두 장에 걸쳐 다루며, 33장은 자동화 기술에 대해, 34장은 통합 생산 시스템에 대해 설명한다. 33장은 자동화 기술에 대한 소개와 자동화 시스템의 구성 요소들을 다루며, 두 가지 중요한 자동화 기술, 수치 제어와 산업용 로봇 공학을 설명한다. 34장은 이러한 자동화 기술들이 어떻게 생산 라인, 제조셀, 그리고 유연 생산 시스템과 같이 복잡한 제조 시스템으로 통합되는지 설명한다. 두 개의 장에서 다루는 주제에 대한 더 자세한 내용들은 참고문헌[5]를 참고하기 바란다.

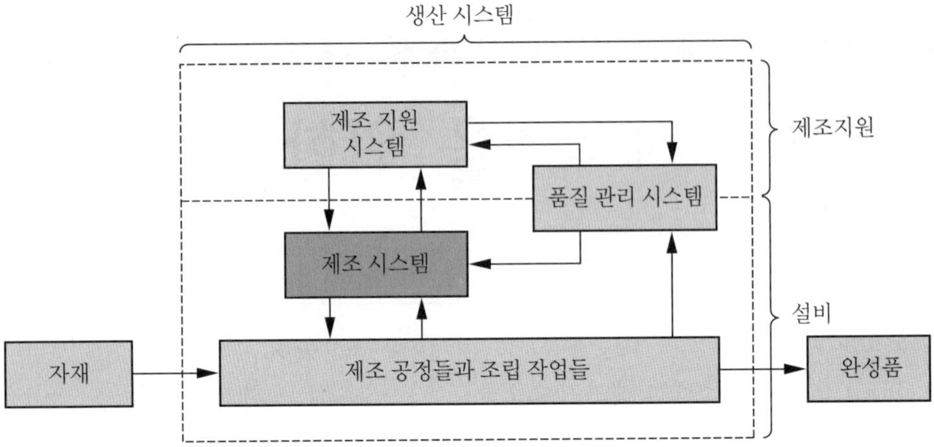

그림 33.1 더 큰 개념의 생산 시스템(production system)에서 제조 시스템(manufacturing system)의 위치.

33.1 자동화 기초

자동화(automation)는 사람의 지원 없이 공정이나 절차를 수행할 수 있는 기술을 의미한다. 사람이 관찰하거나 참여할 수는 있지만, 공정은 스스로 운영될 수 있어야 한다.

33.1.1 자동화 시스템의 세 가지 요소

자동화 시스템은 세 가지 요소로 구성된다: (1) 동력, (2) 지시 프로그램, (3) 지시 수행을 위한 제어 시스템. 그림 33.2는 이러한 요소들의 연관관계를 보여준다.

어떠한 제조 시스템에서도 동력은 공정에 관련된 활동을 위해 필요하다. (1) 주조 공정에서 용융 공정, (2) 절삭 가공에서 작업대와 상대적으로 구동되는 절삭 공구의 움직임, 그리고 (3) 분말야금 공정에서 부품의 프레싱과 소결 작업들을 예로 들 수 있다. 동력은 또한 자재 적재, 하역 등 공정에서 필요한 자재 취급을 수작업으로 진행하지 않는 경우 필요하다. 마지막으로 동력은 제어 시스템을 운영하기 위해 필요하다.

자동화 시스템에서 모든 활동은 지시 프로그램에 의해 결정된다. 가장 간단한 자동화 시스템에서는, 열처리 로(furnace)에서 온도를 일정하게 유지하는 것 같이, 지정된 수준으로 제어 값을 유지

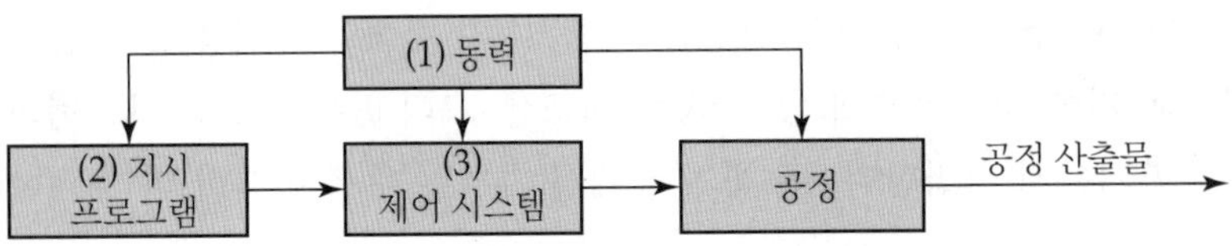

그림 33.2 자동화 시스템의 요소들. (1) 동력, (2) 지시 프로그램, (3) 제어 시스템.

하는 것이 유일한 지시가 될 수 있다. 더 복잡한 공정에서는 작업 사이클 동안 각 활동의 순서, 주문, 상세 내용들이 지시 프로그램에 의해 정의된다. 각 활동은, 공작 기계 작업대의 x-축 위치 변경, 유체 흐름 시스템의 개방과 폐쇄, 모터의 온오프 등 하나 또는 여러 개의 공정 파라메터 들의 조정과 상관이 있다. *공정 파라메터(process parameters)*는 공정에 대한 입력치이며, 연속적(continuous)(작업대의 x-축 위치처럼 어떤 범위에서 연속적으로 변화)일 수도 있고, 이산적(discrete)(온/오프)일 수도 있다. 이러한 값들의 영향에 의해 공정의 결과가 결정되며, 이를 *공정 변수(process variables)*라고 한다. 공정 파라메터와 같이 공정 변수는 연속적일 수도 있고, 이산적일 수도 있으며, 기계 작업대의 실제 위치, 모터 축의 회전 속도, 경고등이 켜졌는지 여부 같은 것들을 예로 들 수 있다. 지시 프로그램은 공정 파라메터의 변경 내용과 작업 사이클 중 언제 그것이 필요한지를 지정하며, 이들에 따라 공정 변수의 결과 값이 결정된다. 예를 들어, 컴퓨터 수치 제어에서 지시 프로그램은 *파트 프로그램(part program)*으로 불린다. 이는 작업대와 공구의 위치, 절삭 속도, 이송 속도, 그리고 다른 세부 사항 등 주어진 공작물을 가공하기 위해 필요한 작업의 개별 절차들을 정의한다.

어떤 자동화 공정에서는 작업 사이클 프로그램은 작업 사이클 동안의 예상하지 못한 상황에 대한 의사 결정이나 대응에 대한 지시를 담기도 한다. 이러한 경우는 (1) 보정을 위해 공정 파라메터의 조정이 필요한 소재의 변동, (2) 시스템의 상태 정보에 따라 요구되는 작업자와의 상호 작용 또는 커뮤니케이션, (3) 안전 모니터링을 위한 필요, (4) 장비의 고장 등을 예로 들 수 있다.

지시 프로그램은 자동화 시스템의 세 번째 구성 요소인 제어 시스템에 의해 수행되며, 제어 시스템은 개루프와 폐루프의 두 가지 종류로 구별된다. ***폐루프 시스템(closed-loop system)***은 *피드백 제어 시스템(feedback control system)*으로도 불리며, 주요한 공정 변수(공정의 출력)가 상응하는 공정 파라메터(공정의 입력)와 비교되고, 이들의 차이는 입력의 조정을 통해 적절한 출력을 얻기 위해 사용된다. 그림 33.3(a)은 폐루프 시스템의 여섯 가지 요소를 보여 준다: (1) 입력 파라메터, (2) 공정, (3) 출력 변수, (4) 피드백 센서, (5) 제어기, 그리고 (6) 액추에이터. 입력 파라메터는 공정 변수의 목표치를 말한다. 공정은 제어되는 작업이나 활동을 말하며, 더 자세하게 표현하면 출력 변수가 시스템에 의해 제어되는 것이다. 센서는 출력 변수를 측정하여 그 값을 제어기에 피드백하며, 입력과

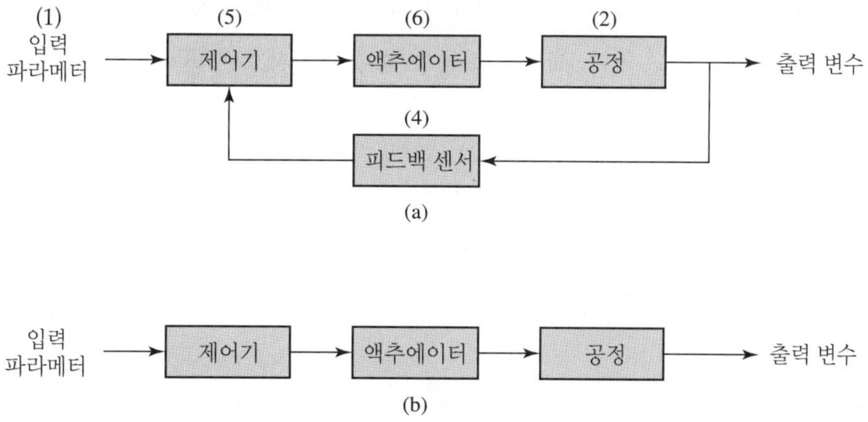

그림 33.3 제어 시스템의 두 가지 기본 종류. (a) 폐루프, (b) 개루프.

출력을 비교하여 그 차이를 줄이기 위해 필요한 조정을 만든다. 조정은 하나 또는 여러 개의 액추에이터에 의해 수행되며, 액추에이터는 제어를 물리적으로 실행하는 하드웨어 디바이스를 말한다.

또 다른 제어 시스템의 형태는 그림 33.3(b)와 같은 ***개루프 시스템(open-loop system)***으로, 피드백 루프 없이 지시 프로그램을 실행한다. 출력 변수를 측정하지 않으므로, 개루프 시스템에서는 입력과 출력을 비교하지 않는다. 사실상 제어기는 액추에이터가 출력 변수에 의도한 영향을 주었을 것이라는 예측에 기반하는 것이다. 그러므로, 개루프 시스템에서는 액추에이터가 제대로 동작하지 않았거나 출력에 기대한 영향을 미치지 못할 수 있다는 위험을 항상 존재한다. 반면에 개루프 시스템은 폐루프 시스템에 비해 저가라는 장점을 갖는다.

33.1.2 자동화의 종류

제조에서 사용되는 자동화 시스템은 (1) 고정된 자동화, (2) 프로그래머블 자동화, 그리고 (3) 유연 자동화의 세 가지로 분류된다.

고정된 자동화

고정된 자동화에서는 공정과 조립, 순서가 장비의 구성에 따라 고정된다. 지시 프로그램은 장비 설계에 따라 결정되며, 쉽게 변경될 수 없다. 일반적으로 각 단계는 선형궤도를 따라 회전하는 스핀들과 같이 간단한 동작으로 구성된다. 작업 사이클이 간단한 작업들로 구성되지만, 각 작업들을 통합하고 조정하게 되면 다소 복잡한 제어 시스템이 필요하게 되며, 컴퓨터 제어가 많이 사용된다.

고정된 자동화의 일반적인 특징으로는 (1) 전용 설비들에 대한 높은 초기 투자 비용, (2) 높은 생산율, 그리고 (3) 부품 다양성 수용을 위한 유연성이 없거나 아주 적음 등을 들 수 있다. 이러한 형태의 자동화 시스템은 매우 많은 수량의 제품 생산에 적합하다. 높은 투자 비용은 많은 제품을 생산하면서 나누어지게 되며, 결과적으로 다른 생산 방법에 비해 낮은 개당 생산비용을 얻을 수 있다. 다음 장에서 논의되는 자동 생산 라인은 고정된 자동화의 예이다.

프로그래머블 자동화

이름에서 알 수 있듯이, 프로그래머블 자동화에서 설비들은 다른 부품이나 제품을 생산할 수 있도록 지시 프로그램을 변경할 수 있다. 새로운 부품에 대해서는 새로운 프로그램이 준비되고, 설비들이 이 프로그램을 읽어 들여서 지시를 실행한다. 그러므로 프로그래머블 자동화는 (1) 프로그래밍 가능한 범용 설비들에 대한 높은 투자 비용, (2) 고정된 자동화에 비해 낮은 생산율, (3) 설비의 재프로그래밍을 통한 제품 다양성 대응 가능, (4) 다양한 부품과 제품에 대한 뱃치 생산에 적합하다는 특징을 갖는다. 프로그래머블 자동화의 예로는 33.3절과 33.5절에서 다루는 컴퓨터 수치 제어와 산업용 로봇 공학을 들 수 있다.

유연 자동화

뱃치 생산에 적합하다는 것은 프로그래머블 자동화의 한 특성으로 언급되었다. 1장에서 논의된 바와 같이, 뱃치 생산의 단점은 배치들 사이에 다음 배치를 위한 설비와 공구를 교체하기 위한 비생산

시간이 발생한다는 점이다. 때문에 프로그래머블 자동화는 일반적으로 그러한 단점에 직면한다. 유연 자동화는 이상적으로는 셋업 변경이나 재프로그램에 따른 비생산 시간을 제거하기 위한 프로그래머블 자동화 발전된 모습이다. 지시 프로그램의 변경과 셋업 변경이, 해당 기계로 다음 작업이 이동되기 전에, 신속하게 이루어진다. 그러므로 유연 시스템은 뱃치 변경 대신에 서로 다른 부품과 제품의 혼합 생산을 연이서 바로 수행할 수 있다. 유연 자동화는 (1) 고객 맞춤 설비들에 대한 높은 투자 비용, (2) 고중간 정도의 생산율, 그리고 (3) 다른 부품이나 제품의 연속 생산에 적합하다는 특징을 갖는다.

1장에서 사용한 용어를 사용하면, 고정된 자동화는 제품의 경다양성(hard product variety)에 적합하고, 프로그래머블 자동화는 제품의 중간다양성(medium product variety)에, 유연 자동화는 소프트 제품의 연다양성(soft product variety)에 적합하다고 말할 수 있다.

33.2 자동화를 위한 하드웨어

자동화와 공정 제어는 공정 작업과 간련된 공정 장비들과 상호 작용하는 다양한 하드웨어 디바이스들에 의해 구성된다. 센서 들은 공정 변수들을 측정하기 위해 사용되며, 액추에이터 들은 공장 파라메트들을 실행하기 위해 쓰인다. 디지털 컴퓨터를 비롯한 다양한 추가 디바이스들이 센서 들과 액추에이터 들을 공정 제어기와 연결하기 위해 사용된다.

33.2.1 센서

센서는 변수를 측정하기 위해 물리적 신호나 관심 있는 변수들(예를 들어 온도, 힘, 압력, 그리고 공정의 다른 특성치)을 보다 편리한 물리 형태(예를 들어 전압)로 변환하는 디바이스다. 이러한 변환은 변수를 정량적인 수치로 해석하도록 해준다.

다양한 형태의 센서 들은 제조 자동화에서 피드백 제어를 위해 데이터를 수집할 수 있도록 해준다. 이들은 신호의 종류에 따라 분류되며, 기계, 전기, 열, 방사선, 화학 등이 있다. 예를 들어 기계류를 보면, 물리 변수로 위치, 속도, 힘, 그리고 토크가 있다. 전기류로는 전압, 전류, 그리고 저항이 있다. 마찬가지로 다른 주요 종류들에도 여러 가지 변수들이 속한다.

신호의 종류에 더하여, 센서 들은 아날로그와 이산형으로 분류된다. ***아날로그 센서(analog sensor)***는 연속적인 아날로그 변수를 측정하고, 이를 전압과 같은 연속 신호로 변환한다. 써모커플(thermal couples), 스트레인 게이지(strain gages), 그리고 전류계(ammeters)가 아날로그 센서의 예이다. ***이산형 센서(discrete sensor)***는 제한된 숫자의 변수 값만을 생성한다. 이 종류에는 바이너리 센서와 디지털 센서가 있다. ***바이너리 센서(binary sensor)***는 온 또는 오프, 0 또는 1과 같이 오직 두 개의 값만을 갖는다. 리미티드 스위치(limited switches)가 이러한 방식으로 운영한다. ***디지털 센서(digital sensor)***는, 광엔코더에서 펄스의 수를 측정하는 광전기 센서 회로와 같이, 디지털 출력 신호나 병렬 상태 비트를 생성한다. 디지털 센서는 아날로그 센서가 신호를 디지털로 변환해야 하는데 비하여 디지털 컴퓨터와 바로 연결할 수 있다는 장점이 있다.

측정 디바이스는 사용하기 전에 신호 값과 출력 신호 값의 상관관계를 결정하는 보정을 반드시 거쳐야한다. 보정 작업의 편리성은 측정 디바이스를 선택하는 데 기준 중 하나이며, 다른 기준으로는 정확도(accuracy), 정밀도(precision), 운영 범위(operating range), 응답 속도(speed of response), 신뢰성(reliability), 그리고 비용이 있다.

33.2.2 액추에이터

자동화 시스템에서 액추에이터는 공정 입력 파라메터의 변경을 참고하여 제어 신호를 물리적 동작으로 변환하는 디바이스이다. 동작은 일반적으로 작업대의 위치나 모터의 회전 속도 변화 같이 기계적이다. 제어 신호는 일반적으로 저차원 신호이며, 액추에이터를 구동할 수 있도록 파워를 높이기 위해 증폭기가 사용된다.

액추에이터는 증폭기의 종류에 따라 (1) 전기식, (2) 유압식, 그리고 (3) 공압식으로 분류된다. 전기식 액추에이터에는 AC와 DC 전기 모터, 스텝 모터, 그리고 솔레노이드가 있다. 서보 모터와 스텝 모터, 두 가지 종류의 전기 모터의 운영은 33.3.2절에서 설명한다. 유압식 액추에이터는 제어 신호를 증폭하기 위해서 작동유를 사용하며, 응용을 위해 큰 힘을 필요로 할 때 많이 사용된다. 공압식 액추에이터는 압축 공기로 구동되며, 공장에서 널리 사용된다. 이상과 같은 세 종류의 액추에이터는 선형 또는 회전 디바이스에 모두 사용 가능하며, 명칭은 출력 동작이 선형 운동인지 회전 운동인지에 따라 구별된다. 전기 모터와 스텝 모터가 회전형 액추에이터에 널리 사용되며, 대부분의 유압식과 공압식 액추에이터 들은 선형 동작에 적합하다.

33.2.3 인터페이스 디바이스

인터페이스 디바이스는 공정을 컴퓨터와 상호 연결해준다. 제조 공정으로부터 나오는 센서 신호는 컴퓨터로 입력되며, 명령 신호가 공정을 수행하는 액추에이터에 보내져야 한다. 이 절에서는 공정과 제어기 사이의 커뮤니케이션을 가능하게 하는 하드웨어 디바이스에 대해 설명한다. 디바이스는 아날로그-디지털 변환기, 디지털-아날로그 변환기, 접촉식 입/출력 인터페이스, 그리고 펄스 계수기와 발생기가 있다.

공정에 설치된 센서로 부터의 연속된 아날로그 신호는 제어 컴퓨터에서 사용하기 위해 디지털 값으로 변환되어야 하며, 이것이 ***아날로그-디지털 변환기(analog-to-digital converters, ADC)***의 역할이다. 그림 33.4와 같이 ADC는 (1) 연속 신호를 주기적 간격으로 샘플링, (2) 샘플링 데이터를 증폭 레벨에 정의된 유한 수로 변환, 그리고 (3) 각 증폭 레벨을 제어 컴퓨터에서 해석할 수 있는 일련의 2진수들로 인코딩한다.

디지털-아날로그 변환기(digital-to-analog converters, DAC)는 ADC와 정반대의 프로세스를 수행한다. 즉, 제어 컴퓨터의 디지털 출력을 아날로그 액추에이터나 다른 아날로그 디바이스를 구

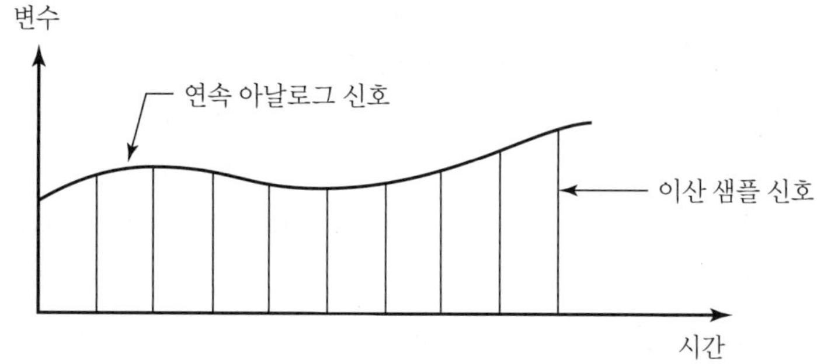

그림 33.4 아날로그-디지털 변환기는 연속된 아날로그 신호를 일련의 이산 샘플 데이터로 변환한다.

동시킬 수 있는 준연속 신호(quasi-continuous signal)로 변환한다. DAC는 (1) 디코딩, 이산 시간 간격에서 연속된 디지털 출력 값들을 일련의 아날로그 값들로 변환, 그리고 (2) 데이터 홀딩, 각 아날로그 값을 시간 간격 동안 연속된 신호로 변경의 두 단계로 그 기능을 수행한다. 가장 간단한 경우, 그림 33.5와 같이 연속 신호는 일련의 스텝 함수들로 구성되어 아날로그 액추에이터를 구동하는 데 이용된다.

많은 자동화 시스템은 상황에 따라 모터, 스위치와 다른 디바이스들을 켜고 끄면서 운영된다. 제어 디바이스들은 2진 변수를 이용한다. 두 개의 가능한 값들 1 또는 0은 ON 또는 OFF, 개체가 있는지 없는지, 전압이 높은지 낮은지 등등으로 해석된다. 리미티드 스위치와 포토셀 등 이진 센서 들이 공정 제어 시스템에서 널리 사용되며, 일반으로 사용되는 이진 액추에이터 들로는 솔레노이드, 밸브, 클러치, 전등, 그리고 모터 등이 있다.

접촉식 입/출력 인터페이스(contact input/output interfaces)는 공정과 제어 컴퓨터 사이에 이진 데이터를 주고받는 데 사용되는 구성 요소다. ***접촉식 입력 인터페이스(contact input interface)***는 외부로부터 컴퓨터로 이진 데이터를 읽어 들이는 디바이스다. 이것은 공정에 부착된 이진 디바이스들의 상황을 나타내는 일련의 이진 전기 접촉으로 구성되어 있다. 각 접촉 상태는 제어 프로그

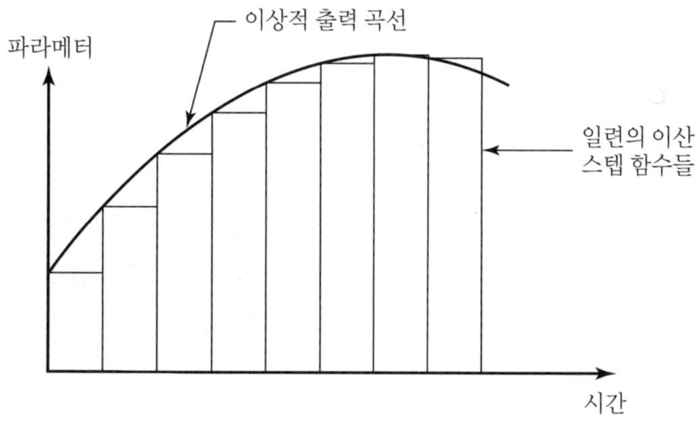

그림 33.5 디지털-아날로그 변환기는 연속된 디지털 값을 일련의 아날로그-신호 스템 함수들로 변환한다.

램에서 사용되는 값을 갱신하기 위해 컴퓨터에 의해 주기적으로 스캔된다. ***접촉식 출력 인터페이스 (contact output interface)***는 컴퓨터로부터의 온/오프 신호를 솔레노이드, 경고, 그리고 표시등과 같은 외부의 이진 요소들과 커뮤니케이션하기 위해 사용되는 디바이스다.

전술된 바와 같이 이산 데이터는 때때로 일련의 펄스 형태로 존재한다. 예를 들어, 광엔코더 (33.3.2절)는 위치와 속도 측정을 일련의 펄스로 방출한다. ***펄스 계수기(pulse counter)***는 외부로부터 들어오는 일련의 펄스 들을, 제어 컴퓨터로 입력할 수 있는 디지털 값으로 변환하는 디바이스다. 펄스 계수기의 반대는 ***펄스 생성기(pulse generator)***로서, 제어 컴퓨터에서 생성된 디지털 값을 바탕으로 일련의 전기 펄스 들을 만들어내는 디바이스다. 펄스의 개수와 주파수가 제어된다. 중요한 펄스 생성기 응용으로는 작은 증가 각도의 회전을 통해 각 스텝에 반응하는 스텝 모터의 구동이 있다.

33.2.4 공정 제어기

많은 공정 제어 시스템이 제어기로서 어떤 종류의 디지털 컴퓨터를 사용한다. 제어가 연속 또는 이산의 파라메터와 변수, 또는 연속과 이산이 같이 결합된 것과 상관이 있을 수 있지만, 디지털 컴퓨터는 33.2절에서 다룬 인터페이스 디바이스를 통하여 공정에 연결되어 커뮤니케이션하고 반응하여야 한다. 실시간 컴퓨터 제어에서 일반적으로 요구되는 능력은 다음과 같다.

- 공정으로부터 입력되는 신호에 반응해야 하며, 필요한 경우 입력된 신호를 처리하기 위해 현재의 프로그램의 실행을 중지시킬 수 있어야 한다.
- 공정에 명령을 전달하고, 공정과 연결되어 있는 액추에이터들을 이용하여 명령을 실행할 수 있어야 한다.
- 공정을 수행하는 동안 특성한 시점에 어떤 동작을 실행할 수 있어야 한다.
- 공정과 연결되어 있는 다른 컴퓨터와 커뮤니케이션하고 상호 작용할 수 있어야 한다. *분산 공정 제어(distribute process control)*라는 용어는 공정 제어의 부하를 나누기 위해서 여러 대의 컴퓨터를 사용하는 제어 시스템에 사용된다.
- 새로운 프로그램이나 데이터의 입력 기존 프로그램의 수정, 비상 시 공정의 중단 등의 목적을 위해 운영자의 입력을 받을 수 있어야 한다.

이러한 요구 사항들을 만족하여 널리 사용되는 공정 제어기가 PLC다. ***PLC(programmable logic controller)***는 다양한 기계와 공정을 제어하기 위한, 프로그램이 가능한 메모리를 가지고 저장된 명령어를 사용할 수 있는 마이크로 컴퓨터 기반 장치로서, 디지털 또는 아날로그 입출력 모듈을 통해 기계 및 공정 제어에 사용되는 논리, 순서, 시간, 계수 및 산술 기능을 수행한다. PLC의 주요 구성 요소들은 그림 33.6과 같으며, (1) 제어할 산업 기계와 PLC를 연결하는 *입출력 모듈(input and output modules)*; (2) 중앙처리장치(CPU)로서 입력 신호를 처리, 제어 프로그램에 정의된 적절한 출력 신호를 결정하는 논리 및 순서 기능을 수행, 공정을 제어하는 *프로세서(processor)*; (3) 마이크로프로세서와 연결되어 로직과 순서 지시를 저장하는 *PLC 메모리;* (4) PLC를 구동하기 위

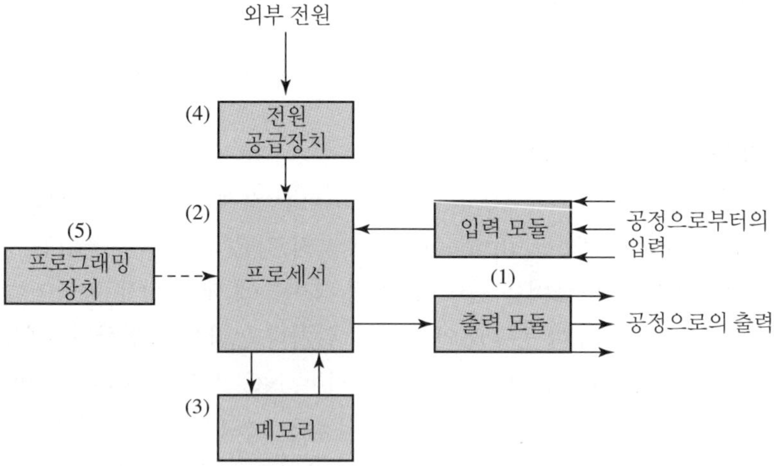

그림 33.6 PLC의 주요 구성.

해 대개 115V를 사용하는 *전원 공급 장치(power supply)*; (5) PLC에 프로그램을 입력하는 데 사용되는 *프로그래밍 장치(programming device)*들이다.

프로그래밍은 프로그래밍 장치를 이용하여 제어 명령을 PLC에 입력하는 것이다. 가장 기본적인 제어 명령에는 논리, 순서, 계수, 타이밍 등이다. 또한 많은 제어 응용 분야에서 추가로 아날로그 제어, 데이터 처리, 연산을 필요로 한다. 래더 다이어그램(ladder logic diagrams)에서 구조화 텍스트(structured text)까지 다양한 PLC 프로그래밍 언어가 개발되었다.

PLC는 (1) PLC 프로그램은 릴레이 제어 패널의 배선 작업에 비하여 훨씬 쉽다; (2) 전통적인 제어 패널은 배선을 새로 하는 것이 쉽지 않아 폐기되곤 했으나, PLC는 다시 프로그래밍 할 수 있다; (3) 전통적인 제어에 비해 플랜트 컴퓨터와 연결이 용이하다; (4) 릴레이 제어에 비하여 좁은 공간에 설치가 가능하다; (5) PLC는 신뢰성이 높고 유지보수가 간편하다 등의 장점을 가진다.

33.3 수치 제어

수치 제어(Numeric Control, NC)는 문자와 숫자로 이루어진 프로그램에 의해 장비의 기계적인 동작들을 제어하는 프로그램 기반 자동화 기술이다. 데이터는 공구대(work head)와 공작물(work part) 간의 상대 위치를 나타낸다. 공구대는 공구나 다른 공정 요소를 의미하며, 공작물은 공정이 수행될 대상이다. NC의 작동 원리는 공작물에 대한 공구대의 상대적인 운동과 수행될 순서를 제어하는 것이다. 수치 제어의 첫 번째 응용은 가공(machining)이었으며, 이는 아직도 중요한 응용 분야이다.

33.3.1 수치 제어 기술

여기서는 수치 제어 시스템의 구성 요소들을 정의하고, 좌표계와 동작 제어에 대해 설명한다.

NC 시스템의 기본 요소

수치 제어 시스템은 (1) 파트 프로그램(part program) (2) 기계 제어 유닛(machine control unit, MCU) (3) 공정 장비(processing equipment)의 세 가지 기본 요소들로 구성된다. ***파트 프로그램***(공작 기계 기술 분야에서 많이 쓰이는 단어)은 공정 장비들에 대한 상세 명령어들의 집합이다. 각각의 명령들은 대상 공작물에 대한 공구대의 상대적 위치나 동작을 지정한다. 위치는 x-y-z 좌표계로 정의된다. 공작 기계(machine tool) 응용 분야에서는, NC 프로그램에 주축 회전 속도, 주축 방향, 이송 속도, 공구 교환 명령, 그리고 작업에 관련된 다른 명령어들 등 추가적인 정보들이 포함된다. 파트 프로그램은 프래밍 언어에 익숙하고 공정 장비를 이해하고 있는 *파트 프로그래머*에 의해 준비된다.

역사적 고찰 33.1 수치 제어

수치 제어(NC)의 초기 개발 작업은 1940년대 후반 미시간 주 소재 Parsons사에서 John Parsons와 Frank Stulen에 의해 진행되었다. Parsons사는 미 공군의 기계 공급업자였으며, 항공기를 위한 복잡한 부품을 생산하기 위해 밀링머신의 작입내를 구동하기 위해 수치 좌표 데이터를 사용하는 방법을 고안해냈다. 이를 기반으로 미 공군은 1949년 이 회사가 새로운 공작기계의 제어 개념의 가능성을 연구하는 계약을 진행하였다. 이 프로젝트에서 새로운 수치 데이터 원리를 적용한 시제품 공작기계 연구개발을 Massachusetts Institute of Technology(MIT)에 의뢰하게 되었다. MIT에서는 연구개발을 통하여 이 개념이 실행 가능하다는 것을 확인하고, 아날로그-디지털 제어를 결합한 3축 수직 밀링머신을 제작하기 시작했다. 이를 통해 공작기계 구동을 위한 NC 시스템이라는 이름이 부여되었으며, 1952년에 시제품이 시연되었다.

NC 시스템의 정확도와 반복성은 기존의 수작업에 의한 기계 가공 방법보다 훨씬 우수했으며, 가공 주기에서의 비생산 시간을 줄일 수 있는 가능성도 분명해졌다. 1956년, 공군은 NC 공작기계 개발을 위해 여러 디른 회사들을 후원했다. 이러한 공작기계들은 1958년부터 1960년까지 다양한 항공기 공장에서 적용되었다. NC의 장점은 빠르게 확인되었으며, 항공우주 산업은 새로운 NC 공작기계를 주문하기 시작했다. 파트 프로그래밍의 중요성은 처음부터 부각되었으며, 공군은 NC 공작기계를 제어하기 위한 파트 프로그래밍 언어에 대한 MIT 연구를 후원하고, 계속해서 NC의 개발과 적용을 장려했다. 이 연구를 통해 1958년에 APT(Automatically Programmed Tooling)가 개발되었다. APT는 사용자가 간단한 영어 문장으로 가공 지시를 작성하고, 문장은 NC 시스템에 의해 해석될 수 있도록 코드로 변환되었다.

현대 NC 기술에서 *기계 제어 유닛*은 마이크로 컴퓨터로 구성되며, 프로그램을 저장하고, 하나하나씩 명령을 해석하여 공정 장비에 실행하는 역할을 한다. MCU는 하드웨어와 소프트웨어로 구성된다. 하드웨어로는 마이크로 컴퓨터, 공정 장비와의 인터페이스 요소와 피드백 제어 요소가 있다. MCU의 소프트웨어로는 제어 시스템 소프트웨어, 계산 알고리즘과 NC 파트 프로그램을 MCU가 사용 가능한 포맷으로 바꾸어주는 변환 소프트웨어 등이 있다. 또한 MCU는 프로그램에 오류가 있을 경우, 또는 절삭 조건의 변경이 필요한 경우를 위해 파트 프로그램을 편집할 수 있어야 한다. MCU는 하나의 컴퓨터이므로 전자회로에 의해 구성되었던 기존의 NC들과 구별하여 *컴퓨터 수치 제어(computer numeric control, CNC)*란 용어가 종종 사용되기도 한다.

공정 장비는 소재를 완성품으로 바꾸기 위해 정해진 순서대로 공정을 수행하며, 파트 프로그램에 지정되어 있는 바에 따라 기계 제어 유닛의 제어를 받는다. 공정 장비의 다양한 응용은 33.3.4절에서 다룬다.

NC 좌표계와 동작 제어

표준 좌표축 시스템은 수치 제어에서 위치를 지정하며, 그림 33.7(a)와 같이 x, y, z 세 개의 선형 축(x, y, z)와 세 축의 회전축 (a, b, c)로 이루어진다. 회전축은 다른 면들에 대한 가공을 위해 공작물을 회전시키거나 공작물에 대해 일정한 각도로 공구나 주축대를 돌리는 데 사용된다. 가장 간단한 NC 시스템들(예를 들어 금속 박판의 프레스 작업용 기계, 그리고 부품 삽입 기계)은 x-y 평면에서 정의되는 위치에 대한 위치 제어 시스템을 가지고 있다. 이러한 기계들에 대한 프로그래밍은 x-y 좌표들의 순서를 결정하는 것이다. 이와는 대조적으로, 어떤 공작 기계들은 복잡한 형상의 가공품을 가공하기 위해 5축 제어를 한다. 이러한 시스템들은 대개 세 개의 선형 축에 더하여 두 개의 회전축을 가진다.

회전형 NC 시스템의 좌표는 그림 33.7(b)에 있다. 이 시스템들은 NC 선반(lathe)에서 수행되는 선삭(turning)과 관련이 있다. 공작물이 회전하기는 하지만, 그것은 제어되는 축은 아니다. 회전하는 공작물에 대한 선반 작업의 공구 경로는 그림에서 볼 수 있는 것과 같이 x-z 평면에서 정의된다.

위에서 설명된 좌표계는 하나의 절삭 공구가 제어되는 기본적인 기계를 위한 것이다. 예를 들어 CNC 밀-턴센터(mil-turn center)처럼 어떤 기계는 여러 개의 절삭 공구들을 독립적으로 제어하기

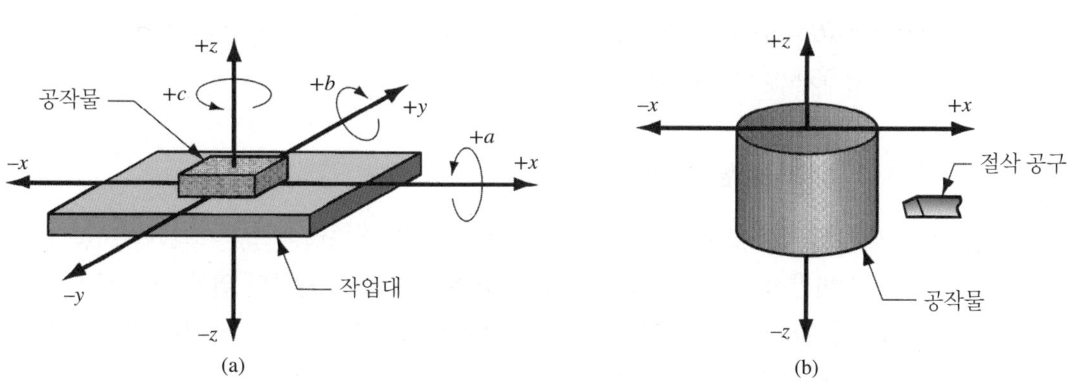

그림 33.7 수치 제어에서 사용되는 좌표계. (a) 평판 및 각주 형상용, (b) 회전 형상용.

위한 추가적인 축을 가지고 있다(18.5절).

많은 NC 시스템에서 공정 요소들과 공작물의 상대적 운동은 공작물을 작업 테이블에 고정시키고, 공구대가 고정 또는 반 고정되어 있는 테이블의 상대적인 위치와 동작을 조정하는 방법으로 수행된다. 대부분의 공작 기계들은 이와 같은 동작 원리에 기초하고 있다. 다른 시스템들에서는, 공작물이 고정되고 공구대가 2축 또는 3축으로 움직인다. 화염 절단기(flame cutter), *x-y* 플로터, 그리고 3차원 측정기(coordinate measuring machine)들은 그런 방법으로 움직인다.

NC에 기초하고 있는 동작 제어 시스템들은 (1) 점간 제어(point-to-point)와 (2) 연속 경로 제어(continuous path)로 나누어진다. ***점간 제어 시스템(point-to-point system)***은 *위치 제어 시스템(positioning system)*으로도 불리는데, 공작물이나 공구대를 해당 위치로 이동하는 경로에 대한 고려 없이 프로그램 된 위치로 이동시킨다. 이동이 이루어진 후에, 해당 위치에서 드릴링(drilling)이나 펀칭(punching)같은 공정들이 수행된다. 그러므로, 프로그램은 공정이 수행되는 점의 위치들로 구성된다.

연속 경로 제어 시스템(continuous path system)은 다수 축들의 연속적으로 동시에 제어하는 것으로, 공작물에 대한 공구의 경로를 제어한다. 이것은 축이 이동하는 동안 공구가 공정을 수행할 수 있으므로 공작물에 모가 있는 면, 2차원 곡선, 또는 3차원 윤곽을 만들 수 있다. 이러한 방법은 밀링(milling)과 선삭 작업, 그리고 화염 절단에 필요하다. 가공에서는 연속 경로 제어는 *윤곽 제어(contouring)*로 불리기도 한다.

연속 경로 제어에서는 공작물에 대한 공구대의 경로를 따라 중간점들을 계산하는 *보간(interpolation)*이 중요하다. 보간은 선형과 원형 형태가 일반적이다. ***선형 보간(linear interpolation)***은 파트 프로그래머가 이송 속도와 함께 시작점과 끝점의 좌표를 지정하는 직선 경로에 사용된다. 보간을 통해 정해진 궤적을 달성할 수 있는 두 개 또는 세 개 축의 운동이 계산된다. ***원형 보간(circular interpolation)***은 공구대가 시작점과 끝점, 그리고 함께 지정된 호의 중점이나 반지름으로 정의된 원형의 호를 따라 움직일 수 있도록 한다. 보간을 통해 정해진 공차 범위에서 호를 근사할 수 있는 일련의 직선 분절들이 계산된다.

동작 제어와 관련된 또 다른 측면은 좌표계 안에서 위치를 표현하는 방법과 관련이 있다. ***절대형 위치 제어(absolute positioning)***에서 공구대 위치는 축의 원점에 대하여 정의된다. ***증분형 위치 제어(incremental positioning)***에서는, 공구대의 다음 위치가 현재 위치에 대하여 정의된다. 두 방법 사이의 차이는 그림 33.8에 나타나 있다.

33.3.2 NC 위치 제어 시스템의 분석

위치 제어 시스템의 역할은 공정이 수행되는 동안 NC 파트 프로그램에 있는 좌표들을 공구와 가공물의 상대적 위치로 변환하는 것이다. 그림 33.9에 있는 것과 같은 간단한 위치 제어 시스템을 생각해 보자. 이 시스템은 가공물이 고정되어 있는 작업대로 구성되어 있다. 작업대의 목적은 공작물을 공구나 공구대에 대해 이동시키는 것이다. 이러한 목적을 수행하기 위해, 작업대는 모터(예

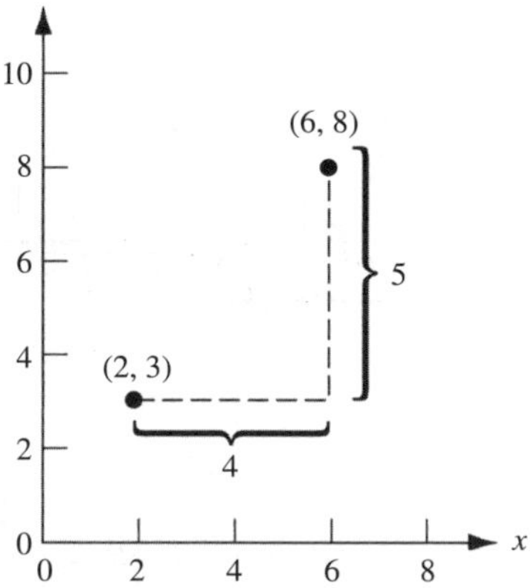

그림 33.8 절대 위치와 증분 위치. 공구대가 (2, 3) 위치에서 (6, 8) 위치로 이동하려고 한다. 절대형 위치 제어의 경우 $x = 6, y = 8$로 이동이 정의되지만, 증분형 위치 제어의 경우에는 $x = 4, y = 5$로 정의된다.

를 들어, 스테핑 모터(stepping motor)나 서보 모터(servo motor))에 의해 구동되는 리드 스크루(leadscrew)를 통하여 직선 운동을 한다. 단순화하기 위하여 그림에는 한 개의 축만 그렸다. x, y축 동시 이동을 위해서는 두 번째 축 위에 첫 번째 축을 직교하도록 올려놓으면 된다. 리드 스크루는 피치(pitch) p(mm/나사산(thread) 또는 in/나사산이나 mm/1회전 또는 in/1회전)를 갖는다. 그러므로, 작업대는 한 바퀴 회전에 리드 스크루 피치만큼 이동한다. 가공 조건에서 지정하는 이송 속도에 해당하는 작업대의 이동 속도는 리드 스크루의 회전 속도에 관계된다.

NC 시스템에서 동작 제어는 그림 33.10과 같이 (a) 개루프(open loop) 시스템과 (b) 폐루프(closed loop) 시스템이 있다. 개루프 시스템에서는 실제 원하는 위치로 이동했는지를 확인하지 않는다는 것이 두 시스템의 차이이다. 폐루프 시스템에서는 측정 결과의 피드백을 통하여 공구대가 프로그램에서 지정된 위치로 이동하는지를 확인한다. 개루프 시스템은 폐루프 시스템에 비하여 저가이고 시스템에 가해지는 힘이 적을 때 적합하다. 폐루프 시스템은 밀링이나 선삭과 같이 절삭 공구 이동 시 공구에 지속적으로 큰 힘이 가해질 수 있는 공작 기계의 연속 경로 작업에 활용된다.

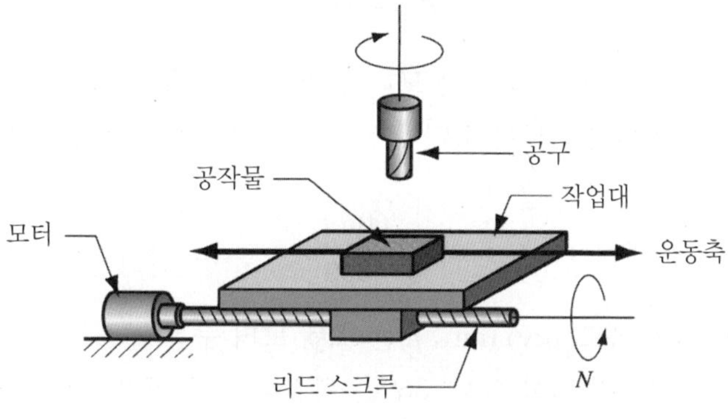

그림 33.9 NC 위치 제어 시스템에서 모터와 리드 스크루의 구성.

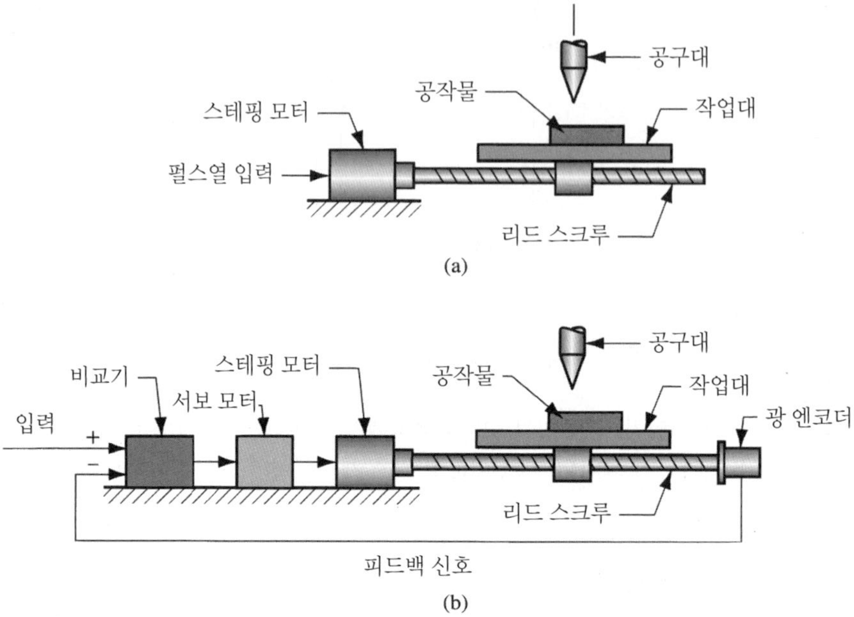

그림 33.10 두 가지 형태의 NC 동작 제어. (a) 개루프, (b) 폐루프.

개루프 위치 제어 시스템

개루프 위치 제어 시스템은 리드 스크루를 회전시키기 위하여 보통 스테핑 모터(stepping motor)(또는 *스텝 모터(stepper motor)*로 알려짐)를 사용한다. NC에서, 스테핑 모터는 기계 제어 유닛에서 생성한 일련의 전기 펄스(pulse)를 이용하여 모터를 구동한다. 하나의 펄스는 한 회전의 일부, *스텝 각도(stcp angle)*만큼 모터를 회전시킨다. 가능한 스텝 각도는 다음 수식에 의해 결정된다.

$$\alpha = \frac{360}{n_s} \tag{33.1}$$

여기서 α는 스텝 각도, °; n_s는 모터의 스텝 각도 개수로, 정수여야 한다. 모터 축이 회전한 각도는 다음과 같이 결정된다.

$$A_m = \alpha n_p \tag{33.2}$$

여기서 A_m는 리드 스크루 회전 각도, °; n_p는 모터가 입력받은 펄스 수; 그리고 α는 스텝 각도, °/pulse다. 마지막으로, 모터의 회전 속도는 모터에 전달되는 펄스의 주기로 결정된다:

$$N_m = \frac{60\alpha f_p}{360} \tag{33.3}$$

여기서 N_m은 모터 축의 회전 속도, rev/min; f_p는 스텝 모터 구동 펄스 주기, Hz(pulses/s); 60은 pulses/s를 pulses/s로 변환하기 위한 상수; 360은 회전 각도를 회전 수로 변화하는 상수, 그리고 α는 모터의 스텝 각도다.

스크루를 움직이는 모터 축은 작업대의 위치와 속도를 결정한다. 연결부는 테이블 움직임의 정밀도를 높이기 위해 대개 기어 감속을 이용하며, 스크루의 회전 각도와 회전 속도는 기어비에 의해 감속된다. 그 관계는 다음과 같다.

$$A_m = r_g A_s \tag{33.4a}$$

그리고

$$N_m = r_g N_s \tag{33.4b}$$

여기서 A_m과 N_m은 각각 모터의 회전 각도, °와 회전 속도, rev/min; A_s와 N_s는 각각 회전각, °와 회전 속도, rev/min; r_g는 모터 축과 스크루 사이의 기어 감속비, 예를 들어 기어 감속비 2:1은 스크루를 한 번 회전시키기 위해서는 모터 축이 두 번 회전해야 함을 의미한다.

리드 스크루의 회전에 따른 작업 테이블의 직선 이동은 스크루의 피치 p에 의해 다음과 같이 결정된다.

$$x = \frac{pA_s}{360} \tag{33.5}$$

여기서 x는 x축 방향 이동 거리, mm; p는 리드 스크루의 피치, mm/rev, 그리고 $A_s/360$은 리드 스크루의 회전 수이다(부분적인 회전 포함). 앞의 식 (33.2), (33.4a), 그리고 (33.5)를 결합하여 정리하면, 점간 이동 제어에서 원하는 x방향 위치 증가를 위해 필요한 펄스 수는 다음과 같이 얻어진다.

$$n_p = \frac{360 r_g x}{p\alpha} = \frac{r_g n_s A_s}{360} \tag{33.6}$$

스크루 방향으로의 작업대 속도는 다음과 같이 결정된다.

$$v_t = f_r = N_s p \tag{33.7}$$

여기서 v_f는 작업대의 이동 속도, rev/min; f_r은 작업대의 이송 속도, mm/min; N_s는 스크루의 회전 속도, rev/min; 그리고 p는 스크루의 피치, mm/rev이다. 스크루의 회전 속도는 스테핑 모터에서 주어지는 펄스의 주파수에 관련된다.

$$N_s = \frac{60 f_p}{n_s r_g} \tag{33.8}$$

여기서 N은 스크루의 회전 속도, rev/min); f_p는 펄스열 주파수, Hz (pulses/s), n_s는 steps/rev 또는 pulses/rev; 그리고 r_g는 모터와 스크루 사이의 기어 감속비이다. 2축 테이블의 연속 경로 제어 시에는 원하는 이동 방향을 얻기 위하여 축들의 상대 속도를 조정한다. 최종적으로 테이블을 원하는 이송 속도로 움직이기 위한 펄스 주파수는 식 (33.7)과 식 (33.8)을 합하여 f_p에 대하여 다시 풀면 된다.

$$f_p = \frac{v_t n_s r_g}{60p} = \frac{f_r n_s r_g}{60p} = \frac{N_s n_s r_g}{60} = \frac{N_m n_s}{60} \tag{33.9}$$

예제 33.1

개루프 위 제어치

스테핑 모터가 48개의 스텝 각도를 갖는다. 기어비가 5:1인 볼스크루와 연결되어 있다(스크루가 회전할 때마다 모터 축이 네 번 회전). 스크루 피치는 4.0 mm이다. 작업대의 위치 제어 시스템은 스크루에 의한다. 작업대가 현재 위치에서 300 mm/min의 속도로 60.0 mm 이동해야 하는 경우, (a) 테이블을 원하는 위치까지 이동시키기 위해 필요한 펄스의 수, 원하는 작업대 속도를 얻기 위한 (b) 모터 속도와 (c) 펄스 주파수를 결정하라.

풀이

(a) 이동 거리 $x = 60$ mm를 얻기 위해 필요한 볼스크루 회전 각도 A_s는 다음과 같이 계산할 수 있다.

$$A_s = \frac{360x}{p} = \frac{360(60)}{4} = 5400°$$

48 스텝 각도와 기어 감속비 5에서, 테이블을 60 mm 이동시키기 위한 펄스 수는 다음과 같이 구해진다.

$$n_p = \frac{5(48)(5400)}{360} = \textbf{3600 펄스}$$

(b) 테이블 이송 속도 400 mm/min을 얻기 위한 스크루 속도는 식 (33.7)을 정리하면 다음과 같이 구해진다.

$$N_s = \frac{v_t}{p} = \frac{300}{4.0} = 75.0 \text{ rev/min}$$

모터 속도는 네 배 빠르므로;

$$N_m = r_g N_s = 5(75) = \textbf{375 rev/min}$$

(c) 마지막으로 펄스 주파수는 식 (33.9)에 의해 다음과 같이 구해진다.

$$f_p = \frac{375(48)}{60} = \textbf{300 Hz}$$

폐루프 위치 제어 시스템

그림 33.10(b)에 예시한 폐루프 제어 시스템은 작업 테이블이 원하는 위치로 정확히 이동하도록 서보 모터와 측정값 피드백을 사용한다. NC(및 산업용 로봇)에서 흔히 사용되는 피드백 센서는 그림 33.11과 같은 광학 로터리 엔코더(optical rotary encoder)이다. 이것은 광원, 광감지기, 그리고 광

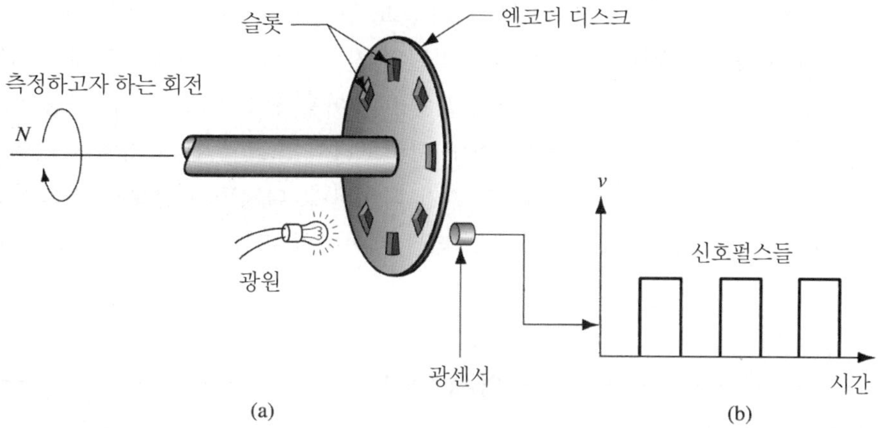

그림 33.11 광엔코더. (a) 장치, (b) 디스크 회전을 측정하기 위해 생성되는 펄스열.

원에서 나온 빛이 광감지기에 빛을 비출 수 있도록 뚫려있는 여러 개의 슬롯으로 구성된다. 디스크는 스크루와 직접 연결되어 있는 회전축에 연결된다. 스크루가 회전하면, 슬롯을 통하여 통과되는 단속적인 빛이 광센서를 통해 펄스열로 감지된다. 펄스 수와 펄스열 주파수의 계산을 통해 스크루 각도와 회전 속도가 결정되며, 작업대의 위치와 속도는 스크루의 피치를 이용하여 얻을 수 있다.

페루프 NC 시스템을 구동하는 수식은 개루프 시스템과 유사하다. 기본적인 광학 엔코더에서, 디스크에 있는 슬롯 간의 각도는 다음 식을 만족하여야 한다.

$$\alpha = \frac{360}{n_s} \tag{33.10}$$

여기서 α는 슬롯 간의 각도, °/slot; n_s는 디스크의 슬롯 개수, slots/rev; 그리고 360은 상수, °/rev이다. 스크루의 회전에 따라 엔코더에서 감지되는 펄스 수는 다음과 같다.

$$n_p = \frac{A_s}{\alpha} = \frac{A_s n_s}{360} \tag{33.11}$$

여기서 n_p는 펄스 수; A_s는 스크루의 회전 각,°; α는 엔코더에서 슬롯 간의 각도, °/pulse다. 펄스 수는 스크루 피치 값을 이용하여 작업대의 x-축 위치를 결정하기 위해 사용된다. 즉,

$$x = \frac{pn_p}{n_s} = \frac{pA_s}{360} \tag{33.12}$$

비슷하게, 작업대의 이송 속도는 펄스열의 주파수에서 구할 수 있다.

$$v_t = f_r = \frac{60\, pf_p}{n_s} \tag{33.13}$$

여기서 v_t는 작업대 이동 속도, mm/min; f_r은 이송 속도, mm/min; p는 피치, mm/rev; f_p는 펄스열의 주파수, Hz(pulses/s); n_s는 엔코더 디스크의 슬롯 수, pulses/rev; 그리고 60은 초당 속도

를 분당 속도로 환산하기 위한 상수다. 식 (33.7)의 속도 관계식, $v_t = f_r = N_s p$는 폐루프 위치 제어 시스템에서도 유효하다. 엔코더에 의해 생성된 일련의 펄스열은 파트 프로그램에 명시된 좌표 위치와 이송 속도와 비교되며, 기계 제어 유닛은 그 차이를 이용하여 서보 모터를 구동, 스크루와 작업대를 차례로 움직인다. 개루프 시스템과 같이, 서버모터와 스크루 간의 기어 감속이 사용되며, 식 (33.4a)와 (33.4b), $A_m = r_g A_s$과 $N_m = r_g N_s \cdot A$가 적용된다. 디지털-아날로그 변환기(digital-to-analog converter)가 MCU의 디지털 신호를 모터를 제어하기 위한 아날로그 신호로 변환하는 데 사용된다.

예제 33.2

NC 폐루프 위치 제어

NC 작업대가 서보 모터, 볼스크루, 광엔코더로 구성되어 폐루프 시스템으로 구동되고 있다. 스크루는 5.0 mm의 피치를 갖으며, 모터 축에 감속비 4:1(모터 4회전에 리드 스크루 1회전)의 감속기를 통하여 연결되어 있다. 광엔코더는 1회전에 100펄스를 생성한다. 작업대가 75.0 mm를 400 mm/min의 이송 속도로 이동하도록 프로그램 되었다면, (a) 테이블이 정확하게 75 mm를 이동했는지 확인하기 위해서는 제어 시스템이 몇 개의 펄스를 감지해야 하는가? (b) 펄스 주파수와 (c) 지정된 이송 속도를 얻기 위한 모터의 회전 속도를 구하라.

풀이

(a) n_p를 구하기 위해 식 (33.12)를 정리하면,

$$n_p = \frac{xn_s}{p} = \frac{75(100)}{5} = \mathbf{1500\ pulses}$$

(b) 400 mm/min에 해당되는 펄스주파수는 식 (33.13)을 재정리하여 구할 수 있다.

$$f_p = \frac{f_r n_s}{60p} = \frac{400(100)}{60(5)} = \mathbf{133.33\ Hz}$$

(c) 스크루의 회전 속도는 작업대의 속도를 피치로 나눈 값이다.

$$N_s = \frac{f_r}{p} = 80 \text{ rev/min}$$

기어 감속비 $r_g = 4.0$이므로, 모터 속도 $N_m = 4(80) = \mathbf{320\ rev/min}$이다.

위치 제어 정밀도

위치 제어 정밀도는 제어 분해능(control resolution), 정확도(accuracy), 그리고 반복도(repeatability) 세 가지로 정의된다. 이 들은 단일 축 제어 시스템을 이용하여 쉽게 설명할 수 있다. 제어 분

해능은 제어 시스템이 축의 전체 이동 가능한 거리를 제어 유닛이 구별할 수 있는 한도 내에서 얼마나 세분할 수 있는가 하는 능력이다. ***제어 분해능***은 축의 직진 운동에서 인접한 두 개의 지정 가능점 간의 거리로 정의된다. *지정 가능점(control points)*은 addressable point로도 불리는데, 축 상에서 작업 테이블 이동 명령의 목표점으로 지정할 수 있는 점이기 때문이다. 제어 분해능 값은 작으면 작을수록 좋으며, (1) 위치 제어 시스템의 전자기계(electromechanical) 구성 부품, (2) 제어기가 좌표값을 지정하는데 사용하는 비트 수 제한에 의해 정해진다.

스크루 피치, 구동 시스템의 기어비, 스테핑 모터의 스텝 각도(개루프 시스템의 경우) 또는 광엔코더의 슬롯 간 각도(폐루프 시스템의 경우)와 같은 전자-기계 요소 들이 제어 분해능에 영향을 준다. 이러한 요소들이 모두 작용되어 작업 테이블이 움직일 수 있는 최소 거리를 결정한다. 예를 들어, 모터 축과 스크루 간에 기어 감속비를 갖는 개루프 제어 시스템의 제어 분해능은 다음 같이 주어진다.

$$CR_1 = \frac{p}{n_s r_g} \tag{33.14a}$$

여기서 CR_1은 전자기계 부품의 제어 분해능, mm; p는 스크루의 피치, mm/rev; n_s는 회전당 스텝 수; r_g는 기어 감속비이다.

폐루프 제어 시스템의 경우, 비슷하게 표현되지만 엔코더가 스크루에 직접 연결되기 때문에 기어 감속비가 포함되지 않는다. 폐루프 제어 시스템에는 기어 감속이 없다. 그러므로, 개루프 제어 시스템의 제어 분해능은 다음과 같이 주어진다.

$$CR_1 = \frac{p}{n_s} \tag{33.14b}$$

여기서 n_s는 광엔코더의 슬롯 개수를 의미한다.

현대의 컴퓨터 기술에서 흔한 일은 아니지만, 제어 분해능을 제한하는 두 번째 요소는 축 좌표값을 정의하는 비트 수로, 제어기의 비트 저장 용량에 따른다. 예를 들어 축에 대한 저장레지스트리가 B 비트라고 하면, 축의 지정 가능점은 2^B개로 구별될 수 있다. 지정 가능점 들이 축을 균일하게 구분하고 있다면,

$$CR_2 = \frac{L}{2^B - 1} \tag{33.15}$$

여기서 CR_2는 컴퓨터 제어 시스템의 분해능, mm; L은 축의 범위, mm이다. 위치 제어 시스템의 제어 분해능은 전술한 두 값 중 최대치가 된다. 즉,

$$CR = \text{Max}\,\{CR_1, CR_2\} \tag{33.16}$$

일반적으로 $CR_2 \leq CR_1$, 즉 전자기계 부품이 분해능을 제한하는 것이 바람직하다.

위치 제어 시스템이 작업 테이블을 이동시킬 때, 정확한 위치 이동 능력은 기계 시스템의 오차들에 의해 제한받는다. 이러한 오차들은 기계적 스크루와 작업대 사이의 공회전, 기어의 백래시, 기계 요소의 변형 등 기계 시스템의 부정확성과 결함에서 기인한다. 이러한 오차들은 지정 가능점에 대

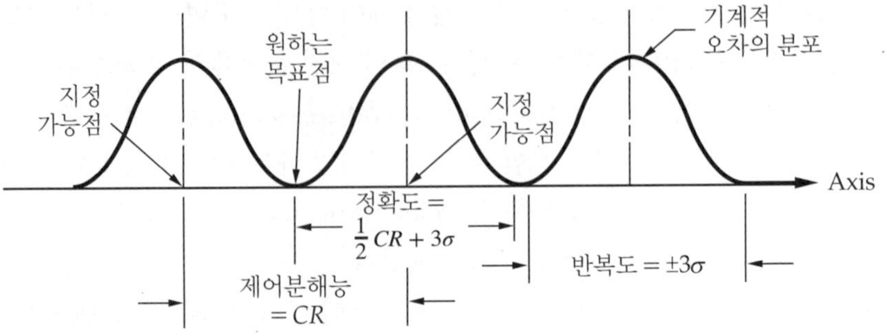

그림 33.12 제어 분해능, 정확도, 반복도의 정의와 선형 위치 제어 시스템.

해 평균값이 0인 편향되지 않은 통계적 분포를 갖는다고 가정하는 것이 편리하다. 또한 고려하고 있는 범위 전체에 걸쳐 표준 편차(σ)가 일정하다고 가정하면, 거의 모든 기계적 오차(99.73%)들이 지정 가능점을 중심으로 ±3σ 안에 들어온다. 이것은 그림 33.12에서 직선 운동상의 세 개의 지정 가능점으로 나타내었다.

제어 분해능과 기계적 에러 분포를 이용하여 위치 제어 시스템의 정확도(accuracy)와 반복도(repeatability)를 정의해 보자. 정확도는 원하는 목표점이 두 개의 인접한 지정 가능점 사이에 있는 최악의 경우에서 정의된다. 작업대가 두 점 중 하나로 움직여야 하므로 최종 위치에 오차가 발생하게 된다. 이것이 최대 가능 위치 오차이다. 목표점이 어느 한 쪽에 가깝게 되면 작업대는 가까운 점으로 이동할 것이고 이 경우 위치 오차가 작아지게 된다. 어느 위치 제어 시스템의 어떤 축의 ***정확도(accuracy)***는 목표점과 실제 이동점 사이에서 발생할 수 있는 최대가능 오차로 정의되며 다음 식과 같이 나타낼 수 있다.

$$Ac = 0.5\,CR + 3\sigma \tag{33.17}$$

여기서 Ac는 정확도, mm; CR은 제어 분해능, mm; σ는 오류 분포의 표준 편차, mm이다.

반복도는 원래의 점으로 돌아올 수 있는 능력을 말한다. 이 능력은 시스템 자체를 지정 가능점에 위치시키려 할 때의 위치 오차로 측정될 수 있다. 위치 오차는 기계 오차로 설명되며, 이는 앞서 설명한 대로 정규 분포를 따른다. 따라서 위치 제어 시스템에서 한 축에 대한 ***반복도(repeatability)***는 다음과 같이 나타낼 수 있다.

$$Re = \pm 3\sigma \tag{33.18}$$

여기서 Re는 반복도, mm이다.

예제 33.3

제어 분해능, 정확도, 반복도

예제 33.1의 개루프 제어 시스템의 기계적 오차가 표준 편차 σ = 0.004 mm를 갖는 정규 분포로 표현된다고 가정하자. 작업 테이블의 범위는 500 mm이고, 디지털 제어기는 프로그램된 위치를 표현하기 위하여 16비트 레지스터를 이용한다. 위치 제어 시스템의 (a) 제어 분해능,

(b) 정확도, (c) 반복도를 계산하라.

풀이

(a) 제어 분해능은 식 (33.14a)와 식 (33.15)에 정의된 CR_1과 CR_2 중 큰 값이므로,

$$CR_1 = \frac{p}{n_s r_g} = \frac{4.0}{48(5)} = 0.016 \text{ mm}$$

$$CR_2 = \frac{L}{2^B - 1} = \frac{500}{2^{16} - 1} = \frac{500}{65,535} = 0.0076 \text{ mm}$$

$$CR = \text{Max}\{0.016, 0.0076\} = \mathbf{0.016\ mm}$$

(b) 정확도는 식 (33.17)로부터

$$Ac = 0.5(0.016) + 3(0.004) = \mathbf{0.020\ mm}$$

(c) 반복도

$$Re = \pm 3(0.004) = \mathbf{\pm 0.012\ mm}$$

33.3.3 NC 파트 프로그래밍

공작 기계 응용 분야에서, 어떤 부품에 대한 시스템 프로그래밍은 일반적으로 금속 가공 공정과 공장에 있는 특정한 설비에 대한 프로그래밍 절차를 배운 사람에 의해 수행된다. NC 파트 프로그래밍에는 컴퓨터가 널리 사용된다.

파트 프로그래밍을 위해서 프로그래머는 좌표계를 이용하여 공작물의 점, 선, 면을 정의할 수 있어야하며, 정의된 공작물의 특징을 고려하여 공구의 움직임을 제어할 수 있어야 한다. 파트 프로그래밍에는 다양한 방법들이 있으며, (1) 수동 파트 프로그래밍, (2) CAD/CAM을 이용한 파트 프로그래밍, 그리고 (3) 수동 데이터 입력 방법들이 가장 중요하다.

수동 파트 프로그래밍

드릴링같은 간단한 점간 위치 제어 가공 작업에서는 수동 파트 프로그래밍이 종종 가장 쉽고 경제적인 방법이다. 수동 파트 프로그래밍에서는 공정의 각 단계를 정의하기 위해 기본 수치 데이터와 특수한 알파뉴매릭 코드를 사용한다. 예를 들어, 드릴링을 수행하기 위해, 다음과 같은 형태의 명령문이 입력된다.

n010 × 70.0 y85.5 f175 s500

명령문 안의 각각의 '코드(word)'들은 드릴링의 상세 사항들을 지정한다. n-코드(n010)은 명령

문의 단순한 순서를 나타내는 숫자이다. x-와 y-코드는 x, y 좌표 위치 ($x = 70.0$ mm, $y = 85.5$ mm)를 나타낸다. f-코드와 s-코드는 이송 속도와 주축의 속도를 정의한다(이송 속도 = 175 mm/min, 주축 속도 = 500 rev/min). 완성된 NC 파트 프로그램은 위와 비슷한 명령문들로 구성된다.

CAD/CAM을 이용한 파트 프로그래밍

NC 파트 프로그래밍을 위한 컴퓨터의 사용은 컴퓨터 원용 설계(Computer-Aided Design, CAD)와 컴퓨터 원용 제조(Computer-Aided Manufacturing)의 발전으로 비약적으로 증가했다. CAD/CAM 이전에는, 작업자가 수동으로 작성하기 너무 복잡했기 때문에 파트 프로그래밍 작업에 *APT*[1]라고 불리던 문자 언어가 사용되었다. APT는 파트 프로그래머가 (1) 구성 요소들을 정의하여 부품의 기하학적 형상을 지정하고, (2) 간단한 동작 명령를 통하여 부품을 가공하기 위한 공구 경로를 지정했다. 이러한 절차는 *컴퓨터 원용 파트 프로그래밍(computer-aided part programming)*으로 불렸다. CAD/CAM의 사용은 컴퓨터 이용 파트 프로그래밍을 한 단계 발전시켜 프로그래머가 컴퓨터 그래픽 시스템(CAD/CAM system)을 이용하여 파트 프로그램을 대화식으로 작성하는 것이 가능하게 되었다. APT를 사용하는 전통적인 개념에서는, 파트 프로그램이 모두 완성된 후 처리를 위해 컴퓨터로 입력되었다. 많은 프로그램 오류들이 컴퓨터에서 처리하기 전에는 발견되지 못했다. CAD/CAM 시스템이 사용되면서, 프로그래머가 각각의 명령문이 입력될 때마다 시각적인 검증을 통하여 프로그램의 오류를 찾을 수 있게 되었다. 프로그래머가 부품의 형상을 입력할 때마다, 모니터 상에 시각적으로 표시된다. 공구 경로가 생성되면, 프로그래머는 동작 명령문들이 공구를 어떻게 움직이는지 정확하게 알 수 있다. 오류는 프로그램이 완성된 후가 아니라 즉시 수정될 수 있다.

프로그래머와 프루ㄱ래밍 시스템과의 상호 직용은 CAD/CAM을 이용한 파트 프로그래밍의 가장 큰 이익이다. 또한 다른 중요한 이득들이 있다. 첫째, 제품과 그 부품들의 설계가 CAD/CAM 시스템 상에서 수행되면, 각 부품의 형상 정보를 담고 있는 설계결과 데이터베이스로부터 NC 프로그래머는 필요한 형상 정보를 추출하여 이를 시작으로 파트 프로그램을 작성할 수 있다. 이러한 추출 작업은 스케치로부터 APT 형상 명령문들을 이용하여 부품을 정의하는 것에 비하여 상당한 시간을 절약할 수 있다.

둘째, CAD/CAM을 이용한 파트 프로그래밍에서는 몇몇 경우의 공구 경로 생성을 자동화할 수 있는 특별한 루틴들이 사용 가능한데, 부품 외곽에 대한 프로파일 밀링 작업, 부품 외면의 포켓 가공 작업, 면 등고선 가공(contouring), 그리고 특정한 점간 작업들이 그 예이다. 이러한 루틴들은 *매크로(macro)* 명령의 형태로 프로그래머들이 사용한다. 이를 통하여 프로그래밍에 소요되는 시간과 노력을 크게 줄일 수 있다.

수동 데이터 입력

수동 데이터 입력(MDI)는 공장에서 기계 작업자들이 파트 프로그램을 직접 입력하는 방법이다. 이

---

1) APT가 NC프로그래밍을 위해 개발된 문자언어로 유일한 것은 아니지만, 가장 중요하다.

방법은 공작 기계 제어기의 CRT를 이용한 그래픽 표현 능력과 관련이 있다. NC 파트 프로그램은 공장 기계 작업자가 최소한의 교육으로도 사용할 수 있도록 메뉴 방식으로 입력된다. 파트 프로그래밍이 간단해지고 NC 파트 프로그램 작성을 위한 별도의 인원이 필요하지 않으므로, MDI는 소규모 가공 작업장에서 경제적으로 수치 제어를 운영할 수 있는 방식이다.

33.3.4 수치 제어의 응용

가공은 수치 제어의 가장 중요한 응용 분야이지만, NC의 작동 원리는 여러 분야에 응용될 수 있다. 공구대의 위치가 부품 또는 작업될 제품에 대해 상대적으로 제어되어야 하는 산업 공정은 많다. 이들을 두 가지로 나누어보면, (1) 공작 기계 관련 응용 분야, (2) 비공작 기계 관련 응용 분야로 분류된다.

공작 기계 관련 응용 분야에서, NC는 선삭, 드릴링, 그리고 밀링 같은 절삭 가공(machining operations)에 폭넓게 사용된다(18.2절, 18.3절, 그리고 18.4절). 절삭 가공에서 NC의 사용은 고도로 자동화된 공작 기계인 *머시닝 센터(machining center)*의 개발의 동기가 되었는데, 머시닝 센터는 NC 프로그램 제어에 의해 스스로 절삭 공구를 교환하며, 다양한 절삭 작업들을 수행한다(18.5절, 그림 18.26과 18.27). 절삭 가공에 더하여, 다른 수치 제어 공작 기계들이 있다. (1) 연삭기(21.1절), (2) 금속 판재의 프레스 가공기(16.4.2절, 그림 16.29), (3) 튜브 벤딩기(16.7절), 그리고 (4) 열 절삭 공정(22.3절)이 그 예이다.

비공작 기계 관련 NC 응용 분야는 (1) 복합 재료를 위한 테이프 레잉기(tape-laying), 필라멘트 플레이스먼트(filament placement), 필라멘트 와인딩기(filament-winding)(11.2.3절과 11.4.1절, 그림 11.6과 11.8), (2) 용접기, 아크 용접기(25.1절)와 저항 용접기 모두(25.2절), (3) 전자 조립을 위한 부품 삽입기(30.3.1절과 30.3.2절, 그림 30.2), 그리고 (4) 검사를 위한 3차원 측정기(coordinate measuring machine)(36.6.1절)가 있다.

이 응용 분야에서 수동으로 동작시키는 것에 비한 NC의 이점은 (1) 비생산 시간의 감축, (2) 제조 리드 타임의 단축, (3) 간단한 고정, (4) 제조 유연성의 증가, (5) 정확도의 증가, 그리고 (6) 작업자의 오류 감소 등이다.

33.4 산업용 로봇 공학

*ISO(International Standard Organization)*에 의하면, *산업용 로봇(industrial robot)*은 "자동으로 제어되고, 프로그램 가능한, 다목적 로봇팔(manipulator)로서, 세 개 또는 그 이상의 축으로 프로그램되며, 특정 위치에 고정되거나 이동하여 산업 자동화에 응용"[13] 이것은 인간과 흡사한 특성을 가지고 있는, 프로그램이 가능한 범용 기계이다. 산업용 로봇에서 인간과 가장 유사한 부분은 기계 팔 또는 로봇팔이다. 현대 산업용 로봇의 제어 장치는 복잡한 서브루틴을 수행할 수 있는 컴퓨터로, 지능 부여가 가능하여 때때로 거의 사람처럼 보이기도 한다. 로봇팔은 고수준의 제어기와 결합되

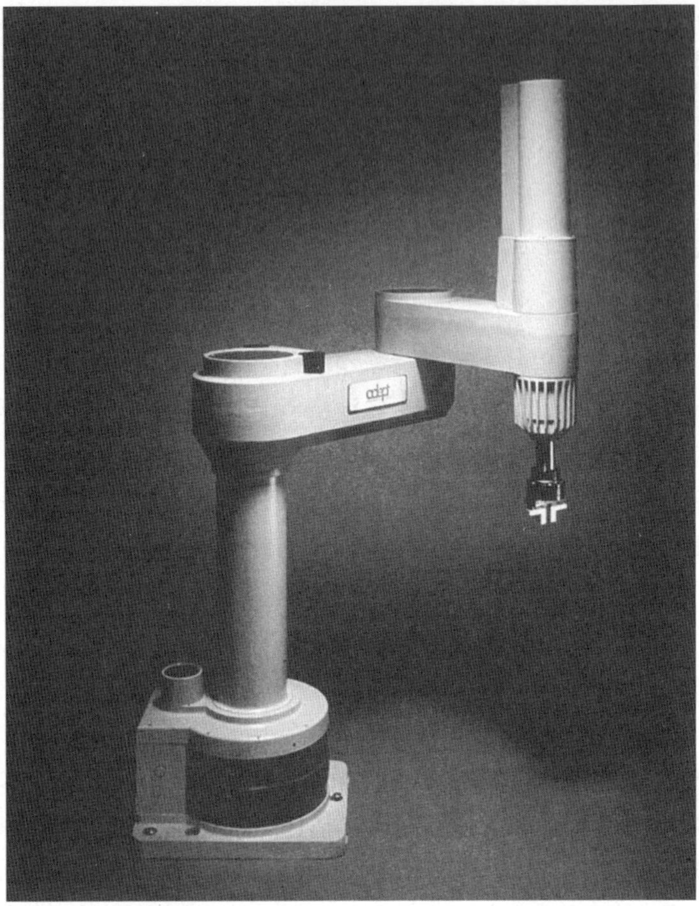

Courtesy of Adept Technology, Inc.

그림 33.13 현대 산업용 로봇의 로봇팔.

어 있으며, 산업용 로봇이 공작 기계의 소재 장착과 탈착, 자동차 차체의 점용접(spot welding), 그리고 스프레이 도장 작업 같은 다양한 작업을 수행할 수 있도록 해준다. 일반적으로 로봇은 이러한 작업들을 수행하는데 작업자들을 위한 서브루틴들을 사용한다. 첫 번째 산업용 로봇은 다이캐스팅(die-casting) 공정에 설치되어 다이캐스팅 기계에서 캐스팅을 탈착하는 일을 수행하였다.

이 절에서는 작업 수행을 위해 산업용 로봇을 프로그래밍하는 방법을 포함하여, 다양한 로봇 기술과 응용에 대해 다룬다.

33.4.1 로봇 기본 형상

산업용 로봇은 로봇팔과 제어기로 이루어지며, 제어기는 로봇팔을 움직이고, 관련된 다른 기능들을 수행한다. 로봇팔은 끝 부분의 위치와 방향을 잡아주는 관절(joint)들과 링크(link)들로 구성된다. 제어기는 프로그램된 동작 사이클을 실행하여 관절들을 좌표대로 움직여주는 하드웨어와 소프트웨어로 이루어진다. 로봇 기본 형상(robot anatomy)은 기계 팔과 그 구성과 관련이 있다. 그림

33.13은 산업용 로봇의 일반적인 구성을 보여준다.

로봇팔 관절과 링크

로봇의 관절은 인체의 관절과 유사하다. 이것은 몸체의 두 부분 사이의 상대 운동을 가능하게 한다. 각 관절은 입력 링크에 상대적으로 출력 링크를 움직이며, 로봇팔은 링크-조인트-링크의 조합으로 구성된다. 한 관절의 출력 링크는 다른 관절의 입력 링크가 된다. 일반적인 산업용 로봇은 5개 또는 6개의 관절을 가지고 있다. 이 관절들의 좌표 운동은 로봇이 이동하고, 위치를 잡으며, 작업 수행을 위해 물체를 방향을 잡을 수 있도록 해준다. 로봇팔의 관절은 입력 링크에 대해 출력 링크의 상대 운동을 조정할 수 있도록 선형 또는 회전 운동을 한다.

로봇팔 설계

로봇팔을 두 가지 기본 형태의 관절을 사용하여 구성되며, 각각의 관절은 링크에 의해 이전 관절과 구분된다. 대부분의 산업용 로봇들은 바닥에 고정된다. 이 베이스를 링크 0이라고 하자. 이것은 링크 1을 출력 링크로 갖는 관절 1의 입력 링크이며, 링크 1은 링크 2를 출력 링크로 갖는 관절 2의 입력 링크가 된다. 이런 방식으로 로봇팔의 관절들에 번호가 매겨진다.

로봇팔은 일반적으로 몸체-팔(arm-and-body)과 손목(wrist)의 두 부분으로 나눌 수 있다. 몸체-팔에는 보통 세 관절이 있고, 손목에는 둘 또는 세 개의 관절이 있다. 몸체-팔의 기능은 물체나 공구의 위치잡기이며, 손목의 기능은 물체나 공구를 자세잡기이다. 위치잡기(positioning)는 부품이나 공구를 한곳에서 다른 것으로 이동하는 것이다. 자세잡기(orientation)는 작업장의 어떤 고정 위치에서 수행되는 정교한 조정을 말한다.

이러한 기능들을 수행하기 위해서, 몸체-팔 설계는 손목과 다르다. 위치 고정은 공간적으로 큰 이동을 필요로 하며, 자세 고정은 작업장의 고정 위치에 대한 부품 또는 공구의 조정을 위해 비틀거나 회전하여 운동을 필요로 한다. 몸체-팔은 큰 링크들과 관절들로 구성되며, 손목은 짧은 링크들로 구성된다. 몸체-팔은 일반적으로 선형 운동과 회전 운동을 모두 포함하며, 손목은 대개 회전 운동만을 한다.

상업용 로봇에 사용되는 몸체-팔의 기본 구성은 그림 33.14와 같이 몇 가지가 있다. 그림의 (d)와 그림 33.13과 같은 형태를 SCARA 로봇이라고 하며, 이는 'selective compliance assembly robot arm'의 약자이다. 이것은 어깨와 팔꿈치 회전축이 수직이라는 것만 제외하면 (c)와 같은 다관절 로봇과 유사하며, 수직 방향으로는 매우 강성이 크지만, 수평 방향으로는 상대적으로 유연하다.

손목은 여러 가지 몸체-팔의 기본 구성들에 대해 마지막 링크로 조립된다. SCARA의 경우에는 수직운동과 관련된 단순한 취급 및 조립 작업들에 대해 주로 사용되므로 때때로 그렇지 않은 경우도 있다. 그러므로, 손목이 항상 로봇팔의 끝 부분에 위치하는 것은 아니다. SCARA에서는 대개 손목 대신에 부품을 잡고 이동시키거나 조립할 수 있는 그립퍼(gripper)가 위치한다.

작업 공간과 동작 정밀도

산업용 로봇에 대한 중요한 기술적 고려 사항들 중 하나는 ***작업 공간(work volume)***의 크기와 형상

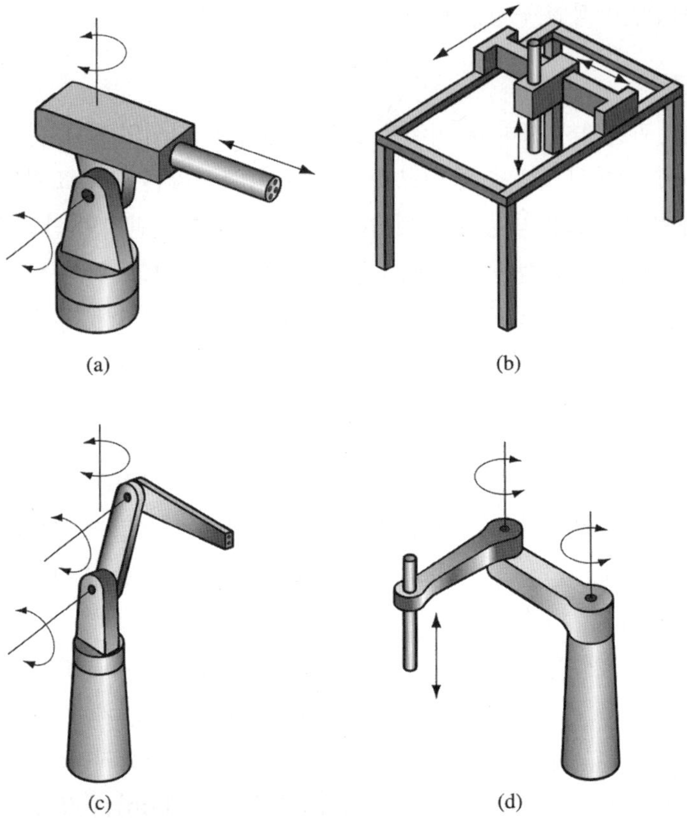

그림 33.14 상업적으로 사용되는 산업용 로봇들의 네 가지 기본 형상. (a) 극 좌표, (b) 직교 좌표, (c) 다관절, (d) SCARA 또는 selectively compliant assembly arm.

이다. 작업 공간은 로봇이 자기 손목의 끝으로 위치잡기이나 자세잡기를 수행할 수 있는 공간으로 정의된다. 이 공간은 관절의 수와 종류, 그리고 범위, 링크의 크기 등에 의해서 결정된다. 작업 공간은 로봇이 수행할 응용 분야를 결정하는 데 매우 중요한 의미를 갖는다.

33.3.2절에서 다루었던 NC 위치 제어 시스템의 제어 분해능, 정확도, 반복도의 정의는 산업용 로봇에 적용된다. 로봇팔도 하나의 위치 제어 시스템이다. 일반적으로 로봇의 관절과 링크는 공작 기계의 그것들에 비해 단단하지 못하며, 운동의 정확도와 반복도도 좋지 못하다.

엔드 이펙터

산업용 로봇은 범용기계이다. 로봇을 특정한 응용 분야에 사용하려면, 해당 응용 분야에 맞게 설계된 특별한 공구를 장착하는 것이 필요하다. ***엔드 이펙터(end effector)***는 특정 작업을 수행할 수 있도록 손목에 장착되는 특별한 공구이며, 그립퍼와 공구 두 가지 종류가 있다. 공구는 로봇이 어떤 공정을 수행해야 할 때 사용되며, 점용접 건, 아크 용접봉, 스프레이 페인팅 분무기, 회전 주축, 가열 토치(torch), 그리고 조립 공구(예, 자동 스크루드라이버) 등이 있다. 로봇은 공정이 수행될 공작물에 상대적으로 공구를 움직이도록 프로그램된다.

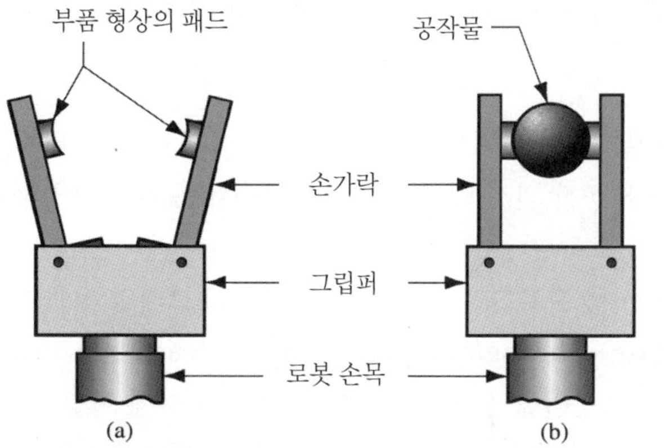

그림 33.15 로봇 그립퍼. (a) 열린 상태, (b) 닫힌 공작물을 잡기 위해 닫힌 상태.

그립퍼는 작업 사이클 동안 물체를 잡고, 이동하도록 설계된다. 물체는 대개 공작물이며, 엔드 이펙터는 해당 부품에 맞게 특별히 설계된다. 그립퍼는 부품을 위치시키는 경우, 기계로의 장착 및 탈착, 그리고 팔랫(pallet)에 배치하는 경우에 사용된다. 그림 33.15는 전형적인 그립퍼의 구성을 보여 준다.

33.4.2 제어 시스템과 로봇 프로그래밍

로봇 제어기는 프로그램 동작 사이클을 수행하는 동안 관절들을 제어하는 전자 하드웨어와 소프트웨어로 구성된다. 오늘날 대부분의 로봇 제어 유닛은 마이크로 컴퓨터를 기반으로 구성되어 있다. 로봇 제어기는 다음과 같이 분류된다.

1. *점간 제어를 하는 재연(playback with point-to-point(PTP) control).* 수치 제어와 마찬가지로, 로봇 동작 제어는 점간 제어와 연속 경로로 나뉜다. 점간 제어를 하는 재연 로봇을 위한 프로그램은 일련의 점들과 작업 사이클 동안 거쳐야 하는 점들의 순서로 구성된다. 프로그램 작성과정에서 이 점들은 메모리에 저장되며, 프로그램이 실행되는 동안 재연된다. 점간 동작에서는 최종 위치에 도달하는 경로는 제어되지 않는다.
2. *연속 경로 제어를 하는 재연(playback with continuous path(CP) control).* 연속 경로 제어는 개별적인 점들이 아니라 이동 경로가 메모리에 저장된다는 점을 제외하고는 PTP와 비슷하다. 두 점 사이의 직선 운동 같은 보통의 CP 이동에서, 로봇팔의 이동 궤적은 각각의 동작마다 제어 유닛에 의해 계산된다. 스프레이 페인팅 같은 특이한 연속 이동에서는, 경로는 연속된 다수의 직선 경로로 이루어지는 유사 궤적으로 정의된다. 연속 경로 운동을 할 수 있는 로봇은 점간 이동도 할 수 있다.
3. *지능 제어(intelligent control).* 현대 산업용 로봇들은 때때로 그들이 지능적으로 행동하는 것처럼 보인다. 이 특성들은 머신비전 같은 복잡한 센서에 대응하는 능력과, 작업 사이클 중 문제가 발생할 경우 의사 결정을 위해, 연산을 하고, 사람과 커뮤니케이션하는 능력을 포함한

다. 로봇 지능은 강력한 마이크로프로세서와 진보된 프로그램 기술을 이용한 제어기에 의해 구현된다.

로봇은 NC 파트 프로그램처럼 작업 사이클 동안 일련의 동작과 위치를 정의하고 있는 지시 프로그램을 저장, 실행한다. 동작 지시에 더하여, 프로그램에는 외부 장치들과의 연결, 센서에의 대응, 데이터 처리 같은 지시가 포함된다.

현대 로봇에는 (1) 교시형 프로그래밍과 (2) 컴퓨터 프로그래밍 언어 두 가지 프로그램 방식이 있다. ***교시형 프로그래밍(leadthrough programming)***은 'teach-by-showing' 방법에 따라 작업 사이클에서 프로그래머가 로봇팔을 움직이고, 제어기가 메모리에 이를 저장해놓았다가 나중의 이를 재연하는 방식이다. 일련된 동작들에 대한 교시 과정을 수행하는 데는 동력 이용 교시와 수동 교시의 두 가지 방법이 있다. ***동작 이용 교시(powered leadthrough)***에서는 제어 박스에 의해 로봇팔이 동작되며, 제어 상자에는 로봇팔 관절의 움직임을 제어하기 위한 토글 스위치나 버튼이 있다. 제어 박스를 이용하여 프로그래머는 로봇팔을 각각의 위치로 이동시키며, 해당되는 위치가 메모리에 저장된다. 동작 이용 교시는 일반적으로 점간 제어를 하는 재연 방식의 로봇에 사용된다. ***수동 교시(manual leadthrough)***는 연속 경로 제어를 하는 재연방식의 로봇에 사용된다. 이 방식에서는 동작 사이클 동안 프로그래머가 물리적으로 로봇팔의 손목을 움직인다. 스프레이 페인팅을 비롯한 어떤 다른 작업들을 위해서는 이 방법이 로봇을 프로그래밍 하는 데 더 편리하다.

로봇을 프로그래밍하기 위한 ***컴퓨터 프로그래밍 언어(computer programming languages)***는 마이크로 컴퓨터 제어기의 사용과 함께 발전했다. 컴퓨터 언어는 작업 사이클 동안 연산이나 의사 결정 로직, 다른 장치들과의 연동, 센서와의 연결 같은 동작과 관련 없는 기능들을 통합하기에 편리하다.

33.4.3 산업용 로봇의 응용

어떤 작업들은 로봇 응용에 적합하다. 다음의 요인들이 작업자를 로봇으로 대체하는 것을 가속화시키는 상황을 만들고 있다: (1) 인간에게 유해한 작업 환경, (2) 반복적 동작 사이클, (3) 고정 위치에서 수행되는 작업, (4) 작업자가 취급하기 어려운 부품이나 공구, (5) 복수 교대 작업, (6) 장기간 지속되고 교대가 없는 작업.

이러한 요인들에 맞는 산업용 로봇의 응용 분야는 보통 (1) 자재 취급, (2) 공정 수행, (3) 조립과 검사의 세 가지 범주로 분류된다.

자재 취급(material handling) 응용 분야는 자재나 부품을 한 장소에서 다른 장소로 옮기는 것이다. 이 운반 작업을 수행하기 위해서는, 로봇에 그립퍼를 장착해야 한다. 전술한 바와 같이, 그립퍼는 해당 응용 분야의 특별한 부품을 잡기 위해 맞춤설계 되어야 한다. 자재 취급 분야에는 자재 이송(부품 이동, 팰랫타이징(palletizing), 디팰릿타이징(depalletizing))과 기계의 장착 및 탈착(공작 기계, 프레스, 플라스틱 성형 등)이 포함된다.

공정 수행(processing operations) 응용 분야에서는 로봇이 엔드 이펙터로 공구를 장착, 이동시킨다. 응용 분야에는 점용접, 연속 아크용접, 스프레이 코팅, 그리고 금속의 절삭 가공과 디버링이 포함된다. 점용접과 스프레이 페인팅은 자동차 산업에서 산업용 로봇의 일반적인 응용 분야이며, 머신비전이 적용된 로봇은 불규칙적으로 들어오는 부품의 피킹, 최종 조립 라인에서 작업자와의 협력 작업 등에 활용되고 있다.

조립과 검사 응용 분야에서는 다른 분야처럼 명확하게 분류되지 않으며, 어떤 경우는 자재 취급으로, 어떤 경우는 공구 이동과 관련이 있다. 조립 분야 응용은 종종 어떤 부품을 다른 부품 위에 놓는 것으로, 기본적으로 자재 취급을 수행하고, 어떤 경우에는 자동 스크루드라이버 같은 공구를 장착, 이동시키기도 한다. 마찬가지로 검사 분야 응용은 주로 검사 장비에 공작물을 위치시키거나, 검사기에 부품을 적재하며, 어떤 경우에는 검사 수행을 위해 센서를 장착, 이동시키기도 한다.

참고문헌 *REFERENCES*

[1] Asfahl, C. R. *Robots and Manufacturing Automation*. 2nd ed. John Wiley & Sons, New York, 1992.

[2] Bollinger, J. G., and Duffie N. A. *Computer Control of Machines and Processes.* Addison-Wesley Longman, New York, 1989.

[3] Chang, C.-H., and Melkanoff, M. A. *NC Machine Programming and Software Design.* 3rd ed. Pearson Prentice-Hall, Upper Saddle River, New Jersey, 2005.

[4] Engelberger, J. F. *Robotics in Practice: Management and Applications of Robotics in Industry.* AMACOM, New York, 1985.

[5] Groover, M. P. *Automation, Production Systems, and Computer Integrated Manufacturing*. 4th ed. Pearson Education, Upper Saddle River, New Jersey, 2015.

[6] Groover, M. P., Weiss, M., Nagel, R. N., and Odrey, N. G. *Industrial Robotics: Technology, Programming, and Applications.* McGraw-Hill, New York, 1986.

[7] Hughes, T. A. *Programmable Controllers.* 4th ed. Instrumentation, Systems, and Automation Society, Research Triangle Park, North Carolina, 2005.

[8] Noble, D. F., *Forces of Production*, Alfred A. Knopf, NY, 1984.

[9] Pessen, D. W. *Industrial Automation*. John Wiley & Sons, New York, 1989.

[10] Reintjes, J. F., *Numerical Control: Making a New Technology*, Oxford University Press, NY, 1991.

[11] Seames, W. *Computer Numerical Control, Concepts and Programming*. Delmar-Thomson Learning, Albany, New York, 2002.

[12] Sinkora, E. "Robots in the Auto Plant: What Are They Up to Now?" *Manufacturing Engineering*, September 2014, pp. 60–74.

[13] Webb, J. W., and Reis, R. A. *Programmable Logic Controllers: Principles and Applications*. 5th ed., Pearson Prentice Hall, Upper Saddle River, New Jersey, 2003.

[14] Weber, A. "Robot Dos and Don'ts." *Assembly*, February 2005, pp. 50–57.

[15] www.ifr.org/industrial-robots.

복습문제 *REVIEW QUESTIONS*

서론

33.1 제조 시스템을 정의하라.

자동화 기초

33.2 자동화를 정의하라.

33.3 자동화 시스템의 주요 구성요소들은 무엇인가?

33.4 피드백 제어 시스템으로도 불리우는 제어 시스템은 무엇인가?

33.5 자동화 시스템의 유형들은?

33.6 고정형 자동화 시스템은 높은 생산율과 연관된다. 맞는 말인가? 혹은 틀린 말인가?

자동화를 위한 하드웨어

33.7 고정형 자동화의 전형적인 특성을 이야기하라.

33.8 두 가지의 값만을 받을 수 있는 센서는 무엇인가?

33.9 아날로그-디지털 변환기의 목적은 무엇인가?

33.10 디지털-아날로그 변환기의 목적은 무엇인가?

33.11 디지털 센서란?

33.12 제어 컴퓨터에 의해 생성되는 디지털 값을 기반으로 전기 펄스를 생성하는 디바이스는 무엇인가?

33.13 다양한 기계와 프로세스를 제어하기 위해, 로직, 순서, 타이밍, 카운팅, 그리고 산술 제어 기능들을 담은 지시어들을, 프로그램이 가능한 메모리에 디지털 또는 아날로그 입/출력 모듈을 통해 저장하는 디바이스의 이름은 무엇인가?

33.14 PLC(programmable logic controller)의 다섯 가지 주요 구성요소들은 무엇인가?

33.15 컴퓨터 수치 제어

33.15 수치제어란 무엇인지 설명하라.

33.16 절대형 위치 제어와 증분형 위치 제어의 차이점은?

33.17 파트 프로그램이란 무엇인가?

33.18 NC 위치 제어 시스템에서, 어떻게 구동 모터의 회전 운동이 작업대의 선형 운동으로 변환되는가?

33.19 기계 제어 유닛은 무엇인가?

33.20 축 이동에서 두 개의 인접한 제어점을 분리하는 거리를 무엇이라고 부르나?

33.21 수동 데이터 입력이란 무엇인가?

33.22 수치제어의 이점은 무엇인가?

산업용 로보공학

33.23 산업용 로봇이란?

33.24 산업용 로봇이 수치제어랑 어떻게 비슷한가?

33.25 엔드 이펙터란 무엇인가?

33.26 SCARA는 무엇의 약자인가?

33.27 프로그래밍을 통해 이끌어지는 것은 무엇인가?

연습문제

PROBLEMS

Open-Loop Positioning Systems

33.1 A ball screw with an 10-mm pitch drives a worktable in an NC positioning system. The screw is powered by a stepper motor with 150 step angles. The worktable is programmed to move a distance of 120 mm from its present position at a travel speed of 300 mm/min. Determine (a) the number of pulses to move the table the specified distance, (b) the motor speed, and (c) pulse rate to achieve the desired table speed.

33.2 In the previous problem, the mechanical inaccuracies in the open-loop positioning system can be described by a normal distribution whose standard deviation = 0.006 mm. The range of the worktable axis is 750 mm, and there are 12 bits in the binary register used by the digital controller to store the programmed position. For the positioning system, determine (a) the control resolution, (b) accuracy, and (c) repeatability. (d) What is the minimum number of bits that the binary register should have so that the mechanical drive system is the limitation on control resolution?

33.3 There are 150 step angles in a stepper motor with the output shaft coupled to a bal screw of pitch 8 mm. The worktable driven by the screw moves a distance of 200 mm at a speed of 350 mm/min. Calculate (a) the number of pulses required to move the table the specified distance, (b) the required motor speed, and (c) pulse rate to achieve the specified table speed.

33.4 A positioning table is driven by a lead-screw directly coupled to the output shaft of a stepper motor. The pitch of the screw = 6 mm. The table must have a linear speed of 100 mm/min and a positioning accuracy of 0.02 mm. Mechanical errors in the motor, lead-screw, and table connection are characterized by a normal distribution with standard deviation = 0.005 mm in. Determine (a) the minimum number of step angles in the stepper motor to achieve the accuracy, (b) the associated step angle, and (c) the frequency of the pulse train required to drive the table at the desired speed.

33.5 The positioning table for a component placement machine uses a stepper motor and ball screw mechanism. The design specifications require a table speed of 1905 mm/min and an accuracy of 0.02 mm. The pitch of the screw = 6.35 mm, and the gear ratio = 2.1 (2 turns of the motor for each turn of the screw). The mechanical errors in the motor, gear box, ball screw, and table connection are characterized by a normal distribution with standard deviation = 0.00254 mm. Determine (a) the minimum number of step angles in the stepper motor, and (b) the frequency of the pulse train required to drive the table at the specified speed.

33.6 Each axis of an x-y positioning table is driven by a stepper motor connected to a ball screw using a gear reduction of 2:1. The step angle on each stepper motor = 7.5°. Each ball screw has a pitch = 5.0 mm and provides an axis range = 500 mm. There are 15 bits in each binary register used by the controller to store position data for the two axis. (a) What is the control resolution of each axis? (b) What are the required rotational speeds and corresponding pulse train frequencies of each stepper motor in order to drive the table at 500 mm/min in a straight line from point (x = 0 mm, y = 0 mm) to point (x = 20 mm, y = 300 mm)? Ignore acceleration.

33.7 The lead screw of an x-y positioning table has a gear reduction of 4:1 and is driven by a stepper motor. The stepper motor consists of 90 step angles along with a lead screw pitch of 0.2 threads per mm. The movement range along the axis is 125 mm. There are 16 bits in each binary register used by the controller to store position data for the axis. (a) What is the control resolution of the y-axis? Determine (b) the required rotational speed of the y-axis stepper motor, and (c) the corresponding pulse train frequency to drive the table in a straight line from point (x = 100 mm, y = 100 mm) to point (x = 25 mm, y = 15 mm) in exactly 30 sec. Ignore acceleration.

33.8 A closed loop positioning system consisting of components like a servo motor, ball screw and optical encoder drives the worktable of a CNC machine. The motor shaft has a gear ratio of 1:1 and the screw consists of 0.2 threads/mm. The number of pulses per motor revolution is found to be 200. Also, the work table moves 100 mm distance with a feed of 400 mm/min. Calculate (a) How many pulses are received by the control system to verify that the table has moved the programmed distance? Determine (b) the pulse rate and (c) motor speed that correspond to the specified feed rate.

33.9 A ball screw coupled directly to a dc servomotor is used to drive one of the table axes of a CNC milling machine. The screw has 0.1 threads/mm. The optical encoder attached to the screw emits 150 pulses/rev of the screw. (a) What is the control resolution of the system, expressed in linear travel distance of the table axis? If the motor rotates at 1000 rev/min, determine (b) the frequency of the pulse train emitted by the optical encoder and (c) the travel speed of the table.

33.10 Solve the previous problem except that the servomotor is connected to the ball screw through a gear box whose reduction ratio = 5:1.

33.11 A CNC machine tool table is powered by a servomotor, ball screw, and optical encoder. The screw pitch = 6.0 mm. It is connected to the motor shaft with a gear ratio of 8:1 (8 turns of the motor for each turn of the ball screw). The optical encoder connected to the ball screw generates 120 pulses/rev of the screw. The table moves 250 mm at a feed rate = 500 mm/min. Determine (a) the pulse count received by the control system to verify that the table has moved exactly 250 mm; and (b) the pulse rate and (c) motor speed that correspond to the feed rate of 500 mm/min.

33.12 A milling operation is performed on a CNC machining center. Total travel distance = 300 mm in a direction parallel to one of the axes of the worktable. Cutting speed = 1.25 m/s and chip load = 0.07 mm. The milling cutter has four teeth, and its diameter = 20.0 mm. The axis uses a DC servomotor whose output shaft is coupled directly to a ball screw with pitch = 6.0 mm (gear ratio = 1:1). The optical encoder connected to the screw emits 180 pulses per revolution. Determine (a) feed rate during the cut, (b) rotational speed of the motor, and (c) pulse rate of the encoder at the feed rate in part (a).

33.13 An end milling operation is carried out along a straight line path that is 350 mm long. The cut is in a direction parallel to the x-axis on a CNC machining center. Cutting speed = 40 m/min, and chip load = 0.08 mm. The end milling cutter has two teeth and its diameter = 20.0 mm. The x-axis uses a DC servomotor connected directly to a leadscrew whose pitch = 8.0 mm. The optical encoder emits 500 pulses per revolution of the screw. Determine (a) feed rate during the cut, (b) rotational speed of the motor, and (c) pul rate of the encoder at the feed rate indicated.

33.14 A DC servomotor drives the x-axis of a CNC milling machine table. The motor is coupled to the table ball screw using a 4:1 gear reduction (4 turns of the motor for each turn of the screw). The screw pitch = 6.25 mm. The optical encoder connected to the ball screw emits 180 pulses per revolution. To execute a certain programmed instruction, the table must move from point (x = 87.5 mm, y = 35.0 mm) to point (x = 25.0 mm, y = 180.0 mm) in a straight-line path at a feed rate = 200 mm/min. For the x-axis only, determine (a) the control resolution of the system, (b) corresponding rotational speed of the motor, and (c) frequency of the pulse train emitted by the optical encoder at the desired feed rate.

Industrial Robotics

33.15 A stepper motor is attacked directly to a ball screw that drives the linear joint of an industrial robot (no gear reduction). The joint must have an accuracy = 0.20 mm. The pitch of the ball screw = 6.0 mm. The mechanical errors in the system (due to backlash of the screw) can be represented by a normal distribution with standard deviation = ±0.04 mm. Specify the minimum number of step angles that the motor must have in order to meet the accuracy requirement.

CHAPTER 34

통합 제조 시스템

34.1 자재 취급

34.2 생산 라인의 기초
    34.2.1 작업 이송 방법
    34.2.2 제품 다양성

34.3 수동 조립 라인
    34.3.1 사이클 타임 분석
    34.3.2 라인 밸런싱과 재배치 손실

34.4 자동 생산 라인
    34.4.1 자동 라인의 종류들
    34.4.2 자동 생산 라인의 분석

34.5 셀형 제조
    34.5.1 제품군
    34.5.2 기계셀

34.6 유연 제조 시스템
    34.6.1 FMS 요소들의 통합
    34.6.2 유연 제조 시스템의 응용

34.7 컴퓨터 통합 제조

이 장에서 다루는 제조 시스템은 다수의 워크스테이션(workstation)과, 스테이션들 사이로 부품이나 제품을 이동시키는 자재 취급(material handling) 서브 시스템과 통합 운영되는 기계로 구성된다. 또한, 대부분의 시스템들은 워크스테이션과 자재 취급 장비의 동작을 조정하고 전체 시스템의 성능 데이터를 수집하기 위해 컴퓨터 제어를 사용한다. 그러므로 통합 제조 시스템은 (1) 워크스테이션과 기계, (2) 자재 취급 장비, 그리고 (3) 컴퓨터 제어로 구성된다. 추가로, 작업자가 시스템을 관리하기 위해 필요하며, 개별 워크스테이션과 기계를 운영하기도 한다.

통합 제조 시스템에는 수동, 자동 생산 라인, 제조 셀[*셀형 제조(cellular manufacturing)*에서 유래], 유연 제조 시스템 등이 있으며, 이 장에서 모두 다룬다. 마지막 절은 궁극적인 통합 제조 시스템인 컴퓨터 통합 제조 시스템(Computer Integrated Manufacturing, CIM)을 정의한다. 이 장을 통합 제조 시스템의 물리적 통합 수단인 자재 취급에 대한 소개로 시작하려고 한다.

34.1 자재 취급

자재는 최종 제품으로 변환되는 일련의 제조 작업 동안 이동되어야 한다. 자재 취급은 (1) 각 워크스테이션에 단위 작업을 적재하고 포지셔닝하며, (2) 워크스테이션에서 단위 작업을 이재하고, (3) 스테이션 간에 단위 작업을 이동시키는 기능을 수행한다. 적재는 단위 작업을 워크스테이션 내부 또는 근접한 위치에서 생산 기계로 이동시키는 것이다. 포지셔닝은 단위 작업을 공정이나 조립 작업을 위해 고정된 방향으로 위치시키는 것으로 정의된다. 작업이 끝나면, 단위 작업은 스테이션에서 이재되거나 제거된다. 이적재는 수작업이나, 산업용 로봇 같은 자동 디바이스에 의해 수행된다. 만약 제조 작업이 복수의 워크스테이션으로 구성되어 있다면, 단위 작업은 하나의 스테이션에서 다음으로 순차적으로 이송되어야 한다. 많은 경우, 자재 취급 시스템은 임시 저장 기능을 제공하며, 단위 작업이 각 스테이션에서 자신의 순서를 기다릴 수 있도록 한다. 이 경우 저장의 목적은 각 스테이션에서 작업이 항상 수행되도록 보장하여 작업자나 설비의 유휴 시간 발생을 피하는 데 있다.

자재 이송 장비는 공장 내 스테이션들 사이에 부품과 자재를 이동하기 위해 이용된다. 이러한 이동에는 재공품(work-in-process)의 임시 저장을 위한 일시 정지도 포함된다. 일반적으로 자재 이송 장비는 스테이션 간의 라우팅의 형태에 따라 고정(fixed)과 변동(variable)의 두 가지로 구별된다. ***고정 라우팅(fixed routing)***에서는 모든 단위 작업이 동일한 순서의 스테이션들로 이동된다. 이것은 모든 단위 작업들의 공정 순서가 동일하거나 매우 비슷하다는 것을 뜻한다. 고정 라우팅은 수동 조립 라인과 자동 생산 라인에 사용된다. 고정 라우팅의 자재 이송은 수작업 또는 컨베이어, 무인 반송차(automated guided vehicle), 레일 반송차(rail-guide vehicle) 등 자재 취급 장비를 이용하여 수행된다. ***변동 라우팅(variable routing)***에서는, 다른 종류의 부품이나 제품을 처리하거나 조립하기 위해 각기 다른 단위 작업들이 상이한 워크스테이션 순서로 이동된다. 제조셀이나 유연 제조 시스템이 일반적으로 이러한 방식으로 운영된다. 변동 라우팅에서 자재 이송은 제조셀에서는 수작업으로 이루어지는 경우가 많으며, 유연 제조 시스템에서는 컨베이어, 산업용 트럭, 무인 반송차 등 일반적인 자재 취급 장비를 이용한다.

34.2 생산 라인의 기초

생산 라인은 많은 수량의 동일한 또는 유사한 제품을 생산할 때 중요한 생산 시스템의 형태이다. 생산 라인은 전체 작업이 여러 개의 단계로 이루어지는 제품 또는 부품의 경우에 적합하다. 조립 제품(예, 자동차와 가전)과 여러 차례의 절삭 가공이 필요하고 대량 생산하는 가공 부품(예, 엔진블럭, 변속기의 하우징)이 그 예이다. 생산 라인에서 전체 공정은 보다 작은 여러 작업들로 나누어지며, 작업자나 기계는 이 작업들을 높은 효율로 수행한다. 생산 라인은 수동 조립 라인과 자동 생산 라인의 두 개의 기본 유형으로 분류되지만, 수동과 자동이 혼합된 형태로 구성된 하이브리드 라인도 드물지 않다. 이러한 특정 시스템들을 검토하기 전에, 생산 라인의 설계와 운영에 대한 일반적인 이슈들이 고려된다.

생산 라인(production line)은 그림 34.1에 나타난 것과 같이 연속적으로 위치한 여러 개의 워크스테이션으로 구성된다. 여기서 부품이나 제품은 한 스테이션에서 다음 스테이션으로 이동하고, 각 위치에서는 전체 작업의 일부가 수행된다. 라인의 생산율은 가장 느린 스테이션에 의해 제한을 받

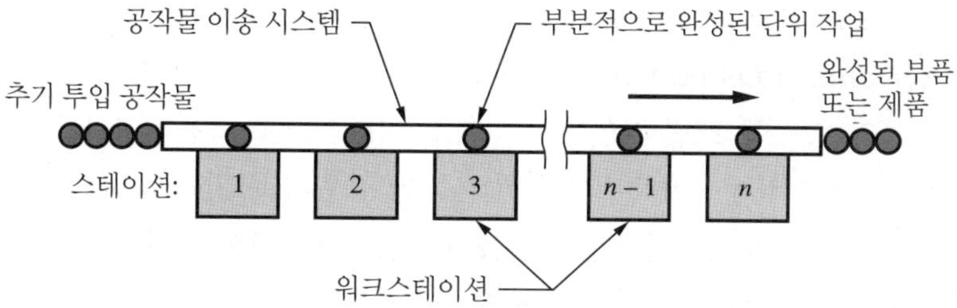

그림 34.1 생산 라인의 일반적인 구성.

는다. 속도가 가장 느린 것보다 빠른 워크스테이션도 결국 병목 스테이션에 의해 제한받게 된다. 라인을 따라 제품을 이송하기 위해서 일반적으로 기계적인 이송 장치 또는 컨베이어가 사용되며, 일부 수동 라인에서는 단순하게 수작업으로 제품을 전달하기도 한다. 생산 라인은 대량 생산과 관련이 있다. 제품 생산량이 매우 많고 작업이 각각의 워크스테이션에 할당할 수 있는 여러 개의 작업들로 분리될 수 있는 경우, 생산 라인은 가장 적합한 제조 시스템이다.

34.2.1 작업 이송 방법

작업을 하나의 워크스테이션에서 다른 워크스테이션으로 이동하는 방법은 여러 가지가 있으며, 크게 수동과 기계화의 두 가지로 분류된다.

수동 작업 이송

수동 방법에서는 스테이션 사이에서 단위 작업이 손으로 전해진다. 이 방법은 수동 조립 라인과 관련이 있다. 어떤 경우는, 각 스테이션의 결과물들이 박스나 토트팬(tote pan)에 모이고, 박스가 가득 차면 다음 스테이션으로 이동된다. 이 방법은 바람직하지 못한 공정 재고(in-process inventory)를 심각하게 야기한다. 다른 경우는 단위 작업이 평평한 테이블이나 무동력의 컨베이어(예를 들어 롤러컨베이어)를 통해 개별적으로 이동되기도 한다. 각각의 스테이션에서 작업이 완료되면, 작업자는 간단히 다음 스테이션 쪽으로 단위 작업을 밀어 넣는다. 일반적으로 스테이션 사이에는 하나 혹은 그 이상의 단위 작업을 수집할 수 있는 공간이 있으며, 작업자들이 작업을 서로 연동하여 수행할 수 있도록 도와준다. 수동 작업 이송의 문제는 라인의 생산율을 조절하는 것이 어렵다는 것이다. 작업자들은 속도를 높일 수 있는 기계적인 수단이 적용되기 전에는 낮은 속도로 작업하는 경향이 있다.

기계화 작업 이송

일반적으로 동력에 의해 기계화된 시스템이 생산 라인을 따라 단위 작업을 이동시킨다. 이러한 시스템으로는 리프트-캐리(lift-carry) 장치, 픽-플레이스(pick-and-place) 메커니즘, 동력 컨베이어(예를 들면, 오버헤드 컨베이어, 벨트 컨베이어, 체인(chain-in-floor) 컨베이어), 그리고 다른 자재 취급 장비들이 있으며, 때로는 같은 라인 안에서 몇 가지가 결합되어 사용된다. 생산 라인에서 사용되는 작업 이송 시스템은 크게 (1) 연속 이송, (2) 동기 이송, (3) 비동기 이송 세 가지로 분류할 수 된다.

연속 이송 시스템(continuous transfer systems)은 일정한 속도로 작동하여 연속적으로 움직이는 컨베이어로 구성되며, 수동 조립 라인에서의 가장 일반적으로 사용된다. (1) 부품이 컨베이어에 고정된 경우와 (2) 부품이 컨베이어로부터 분리 가능한 경우의 두 가지로 나뉜다. 전자의 경우 일반적으로 제품은 크고 무거우며(예를 들면 자동차, 세탁기), 라인에서 분리할 수 없다. 따라서 작업자는 테이블 안에서 움직이는 컨베이어를 따라 이동하면서 할당된 작업을 수행해야만 한다. 후자의 경우 제품은 작으며, 작업자가 작업에 유리하도록 제품을 컨베이어에서 분리할 수 있다. 이 경우 작업자가 할당된 작업을 고정된 시간 내에 완료하지 않아도 되기 때문에 작업 배치에서 얻을 수 있는 장점을 잃어버리게 된다. 다른 측면에서 보면, 이 방법에서는 각 작업자가 특별한 단위 작업과 마주치면서 생길 수 있는 기술적인 문제들을 해결하는 데 있어서 큰 유연성을 얻을 수 있다.

동기 이송 시스템(synchronous transfer system)에서는 단위 작업이 빠르고, 불연속적인 동작으로 동시에 스테이션 사이를 이동한다. 이 유형의 시스템은 ***단속적 이송(intermittent transfer)***으로 알려져 있기도 하며, 이는 단위 작업이 이송되는 운동 방식을 표현한 것이다. 동기 이송은 특히, 자동화된 라인에 적용되는 경우 스테이션 위치 결정을 포함한다. 동기 이송에서는 작업속도가 일정해야 하기 때문에 일반적으로 수동 라인에는 사용되지 않는다. 왜냐하면 모든 워크스테이션에서 작업이 정해진 사이클 타임 안에 끝나거나, 완료되지 않았더라도 스테이션을 떠나야 하기 때문이다. 이러한 고정된 속도는 작업자에게 스트레스를 초래할 수 있다. 그러나, 이러한 특성은 자동 작업에 바람직하다.

비동기 이송(synchronous transfer)에서 단위 작업은 할당된 작업이 완료될 때 스테이션을 떠난다. 단위 작업은 동기적이 아니라 각각 독립적으로 이동한다. 그러므로, 어느 시점에서라도 단위 작업이 스테이선에 머무르거나 스테이션 사이를 이동할 수 있다. 비동기 이송에서는 각 스테이션 앞에 약간의 대기열이 형성되는 것을 허용하며, 작업자의 작업 시간 변동은 평균화되고, 스테이션은 항상 그것을 대기하고 있는 작업을 갖게 된다. 비동기 이송은 수동과 자동 제조 시스템에 모두 사용된다.

34.2.2 제품 다양성

생산 라인은 제품 모델의 다양성에 대처하도록 설계될 수 있다. (1) 단일 모델 라인, (2) 뱃치 모델 라인, 그리고 (3) 혼합 모델 라인 세 가지 종류로 구분될 수 있다. ***단일 모델 라인(single-model line)***은 하나의 모델만을 생산하는 것으로, 제품 모델의 변화가 없다. 따라서 각 스테이션에서 수행되는 모든 작업은 모든 제품에 대해 같다.

뱃치 모델과 혼합 모델 라인은 모두 둘 이상의 모델을 생산하기 위해 설계되지만, 모델의 다양성을 대처하는 데 있어서 서로 다른 접근 방법을 사용한다. 이름에서 알 수 있듯이 ***뱃치 모델 라인(batch-model line)***은 각 모델을 뱃치로 생산한다. 워크스테이션이 첫 번째 모델을 목표량 만큼 생산하기 위해 셋업되며, 이후 다음 모델을 목표치만큼 생산하기 위해 셋업이 변경되는 것을 반복한다. 뱃치 사이에 셋업 변경으로 인한 비생산 시간이 발생한다. 각 제품에 대한 수요량이 중간 정도이고, 제품 다양성도 중간인 조립 제품은 종종 이러한 방식으로 생산된다. 여러 종류의 제품을 하나의 생산 라인에서 생산하는 것이 각 모델을 위해 독립적으로 분리된 라인을 만드는 것에 비해 경제적이다.

혼합 모델 라인(mixed-model line) 또한 여러 모델을 생산하지만, 모델들이 뱃치로 생산되는 것이 아니라 같은 라인에서 혼합되어 만들어진다. 하나의 모델이 하나의 스테이션에서 작업되어지는 동안, 다른 모델은 다음 스테이션에서 만들어진다. 각 스테이션은 투입되는 어떠한 모델이라도 생산할 수 있도록 다양한 작업을 수행할 수 있는 능력과 필요한 공구들을 가진다. 연다양성(soft variety)을 갖는 많은 소비재 제품이 혼합 모델 라인에서 조립된다. 대표적인 예로서 자동차, 주요 가전제품이 있는데, 이들은 모델과 선택 사양이 다양하다는 특성을 가지고 있다.

34.3 수동 조립 라인

수동 조립 라인은 통합 제조 시스템에서 중요한 발전이었다. 오늘날에도 자동차 및 트럭, 소비재 전자제품, 가전, 전동 공구 그리고 대량 생산되는 조립 제품들을 생산하기 위해 전 세계적으로 중요한 제조 시스템이다.

수동 조립 라인(manual assembly line)은 그림 34.2와 같이 연속적으로 배치되어 있는 다수의 워크스테이션들로 이루어지며, 각 조립 작업은 작업자에 의해 수행된다. 수동 라인에서 일반적 절

그림 34.2 수동 조립 라인의 일부. 각각의 작업자는 해당되는 스테이션에서 작업을 수행한다. 컨베이어가 작업 캐리어 위의 부품들을 한 스테이션에서 다음으로 이동시킨다.

차는 기초 부품을 라인의 시작 부분에 ***투입(launching)***하는 것으로 시작한다. 라인을 따라 이동하는 동안 부품을 고정하기 위해서 작업 캐리어(work carrier)가 종종 사용된다. 기본 부품이 작업자가 작업을 수행하는 스테이션들을 통과, 이동하면서 점진적으로 제품이 만들어진다. 각 스테이션에서 기본 부품에 제품 구성 요소들이 추가되며, 마지막 스테이션에서 완성된 제품이 얻어질 때까지 모든 조립 작업이 수행된다. 수동 조립 라인에서 수행되는 공정들에는 기계적 체결(27장), 점용접(25.2절), 수동 납땜(26.2절), 그리고 접착(26.3절)이 있다.

34.3.1 사이클 타임 분석

정해진 연간 생산량을 달성하기 위해 필요한 수동 조립 라인의 작업자와 워크스테이션의 개수를 결정할 수 있는 수식을 구성할 수 있다. 어떤 제품을 요구되는 연간 생산량만큼 생산하기 위한 단일 모델 라인을 생각해 보자. 관리자는 라인을 운영하는 주당 교대수와 교대당 작업 시간을 결정해야 한다. 공장이 50 wk/yr 동안 운영된다고 가정하면, 요구되는 시간당 생산율은 다음과 같다.

$$R_p = \frac{D_a}{50S_w H_{sh}} \tag{34.1}$$

여기서 R_p는 평균 생산율, units/hr; D_a는 라인에서 생산되는 단일 제품의 연간 수요량, units/yr; S_w는 number of shifts/wk; 그리고 H_{sh}는 hr/shift이다. 만일 라인이 50주가 아닌 52주 동안 가동된다면, $R_p = D_a / 52\ S_w H_{sh}$가 된다. 한 제품 당 평균 작업 시간은 R_p의 역수이다:

$$T_p = \frac{60}{R_p} \tag{34.2}$$

여기서 T_p는 평균 작업 시간을 분으로 나타낸 것이다.

불행히도 라인은 기계적, 전기적 문제, 공구 마모, 정전 또는 유사한 여러 불량 발생으로 주어진 $52\ S_w H_{sh}$ 동안 계속 사용할 수 없다. 따라서, 이러한 문제를 보정하기 위해 라인은 T_p보다 빠른 속도로 운영되어야 한다. 만약 E = 라인 효율, 즉 라인이 가동되는 시간의 비율이라면, 라인의 사이클 타임 T_c는 다음과 같다.

$$T_c = ET_p = \frac{60E}{R_p} \tag{34.3}$$

모든 제품에는 라인에서 수행해야 할 모든 작업을 나타내는 순작업이 있다. *순작업 시간* T_{wc}는 작업 요소들의 작업 시간을 모두 합한 것으로, 이것은 라인에서 제품을 만들기 위해 필요한 총시간이다. 만약 순작업이 작업자들 사이에 균등하게 나누어져 작업 시간 T_c의 동일한 작업 부하를 갖는다면, 최소 작업자 수 $w_{\min}$은 다음과 같이 정할 수 있다.

$$w_{\min} = \text{Minimum Integer} \geq \frac{T_{wc}}{T_c} \tag{34.4}$$

만약 각 작업자가 워크스테이션에 배치된다면, 워크스테이션의 수는 작업자의 수와 같다. 즉, $n_{\min} = w_{\min}$이 된다.

이상과 같은 최소 작업자 수는 다음의 두 가지 실제적인 이유로 인해서 실현될 수는 없다. (1) *불완전한 밸런싱(imperfect balancing)*, 일부 직업자들에게는 T_c보다 적은 시간이 필요한 작업이 할당되며, 비효율은 라인에 필요한 총 노동자 수를 증가 시킨다; 그리고 (2) *재배치 손실(repositioning losses)*, 워크스테이션이나 작업자를 재배치하기 위해 각 스테이션에서 실제로 이용할 수 있는 작업 시간이 T_c보다 짧아지게 되며, 이러한 손실이 또한 라인에 필요한 작업자의 수를 증가시킨다.

34.3.2 라인 밸런싱과 재배치 손실

수동 조립 라인을 설계하고 운영하는 데 가장 큰 기술적인 문제 중 하나는 라인 밸런싱이다. 이것은 모든 작업자들이 균일한 양의 작업을 하도록 각 작업을 작업자에게 할당하는 문제이다. 라인에서 수행해야 하는 모든 작업이 순작업(work content)으로 주어짐을 상기하자. 이러한 총 순작업은 ***최소 작업 요소(minimum rational work element)***로 나눌 수 있으며, 이것은 제품 구성 요소를 더하는 것이나, 구성 요소들을 결합하는 것, 또는 총 순작업 중에서 적은 비율의 작업을 진행하는 것이다. 최소 작업 요소는 사실상 더 이상 나눌 수 없는 작업의 가장 작은 단위다. 서로 다른 작업 요소는 서로 다른 작업 시간이 소요되며, 요소들이 논리적인 형태로 그룹화되어 작업자에게 할당되는 경우 작업 시간은 동일하지 않다. 따라서 단순히 요소 작업 시간들의 변동으로 인하여 어떤 작업자들은 더 많은 작업을 할당받게 되고, 일부 작업자들은 더 적은 양의 작업을 할당받게 된다. 조립 라인의 사이클 타임은 가장 긴 시간이 소요되는 스테이션에 의해 결정된다.

비록 각각의 작업 요소들의 작업 시간들이 다르지만, 작업 시간의 합이 거의 같은 요소 작업 그룹들을 찾을 수 있을 것으로 생각할 수 있다. 그러나, 존재하는 몇 가지 제약 조건들은 적합한 그룹을 찾는 것을 어렵게 만든다. 첫째, 라인은 요구되는 생산율을 만족시켜야 하며, 이를 위해서는 식 (34.3)의 사이클 타임, T_c를 고려해야 한다. 따라서, 각 스테이션에 할당되는 작업 요소 시간들의 합은 반드시 T_c보다 작거나 같아야 한다.

둘째, 작업 요소들이 수행되는 순서에 제한이 있다. 어떤 작업 요소는 다른 작업 요소들보다 먼저 수행되어야 한다. 예를 들어, 나사 구멍을 만들기 위해서는, 먼저 드릴로 구멍을 만들어야한다. 부품을 결합하기 위해 이러한 암나사 구멍을 사용하는 나사는, 구멍이 가공되고 태핑이 이루어지기 전까지는 결합될 수가 없다. 작업의 순서에 관련된 이러한 기술적인 요구 사항을 ***선행 조건(precedence constraints)***이라고 한다. 이러한 선행 조건은 라인 밸런싱 문제를 더욱 복잡하게 만든다. 작업자의 작업 시간을 T_c로 만들기 위해 어떤 요소 작업을 할당하는 것이 선행 조건 위반으로 불가능해지는 것이다.

전술된 제약 조건들과 여러 가지 제한들로 인하여 라인 밸런싱을 완벽하게 달성하는 것은 불가능하며, 이것은 어떤 작업자들은 다른 작업자들보다 일을 마치기 위해 더 많은 시간 동안 작업을 수행해야 한다는 것을 의미한다. 라인 밸런싱을 푸는, 즉 작업 요소들을 스테이션에 할당하는 방법들에 대해서는 다른 참고문헌[10]에서 다루고 있다. 완벽한 라인 밸런싱을 달성할 수 없기 때문에 대부분의 스테이션에서는 유휴 시간이 발생하며, 이 때문에 라인에 필요한 실제 작업자의 수는 식 (34.4)에서 주어지는 값보다 크게 된다.

수동 조립 라인의 총 유휴 시간은 라인상의 순작업 시간을 총 사용 가능 작업 시간으로 나눈 값인 ***밸런스 효율(balance efficiency)*** E_b로 측정된다. 총 순작업 시간은 정의된 바와 같이 라인에서 수행해야 하는 모든 작업 요소들의 합이며, 총 사용 가능 작업 시간은 wT_s가 된다. 여기서 w는 라인의 작업자 수, T_s는 라인에서 가장 긴 작업 시간이다. 즉, $T_s = \text{Max}\{T_{si}\}$ for $i = 1, 2, \ldots n$, 여기서 T_{si}는 스테이션 i의 작업 시간, min이다.

여기서 기존의 사이클 타임 T_c를 사용하지 않고 새로운 약자, T_s를 사용하는 이유는 불완전한 라인 밸런싱으로 발생하는 유휴 시간 외에 생산 라인 상에서 작업 수행 중 또 다른 시간 손실이 있기 때문이다. 그것은 ***재배치 시간(repositioning time)*** T_r이다. 재배치 시간은 각 사이클에서 작업자나 단위 작업, 또는 두 가지 모두를 재배치하는 데 소요되는 시간이다. 단위 작업이 라인에 장착되어 일정한 속도로 움직이는 연속 이송 라인에서, T_r은 막 완료된 작업단위에서 새로이 들어오는 단위 작업까지 걸어가는 데 걸리는 시간이다. 모든 수동 조립 라인에서는 재배치로 인한 시간 손실이 있다. 실제로 재배치 시간은 스테이션마다 다르겠지만 T_r이 작업자마다 동일하다고 가정하면, T_s, T_c, 그리고 T_r의 관계는 다음과 같다.

$$T_c = T_s + T_r \tag{34.5}$$

밸런스 효율 E_b는 다음과 같이 정리할 수 있다.

$$E_b = \frac{T_{wc}}{wT_s} \tag{34.6}$$

완벽한 라인 밸런스는 $E_b = 1.00$인 값을 가지며, 산업에서 라인 밸런스 효율은 일반적으로 0.90에서 0.95 사이의 값이다.

식 (34.6)을 수동 조립 라인에서 필요한 작업자 수를 얻기 위해 아래와 같이 정리할 수 있다.

$$w = \text{Minimum Integer} \geq \frac{T_{wc}}{T_s E_b} \tag{34.7}$$

이 관계식은 식 (34.6)에서와 같이 밸런스 효율 E_b가 w에 의해 결정된다는 사실 때문에 적용에 제약을 받는다. 불행히도 결정하고자 하는 값, 자체에 영향을 받는 변수에 의해 결정되는 식인 것이다. 이러한 결점에도 불구하고, 식 (34.7)은 수동 조립 라인에서 변수들 간의 관계를 결정해준다. 기존의 비슷한 라인에 대한 전형적인 E_b값을 사용함으로써 주어진 조립 제품을 생산하기 위한 작업자의 수를 결정할 수 있다.

예제 34.1에서 재배치 및 불완전한 라인 밸런싱으로 인한 시간 손실은 수동 조립 라인의 전체 효율에 큰 부담이 된다는 것을 명확하게 알 수 있다.

수동 조립 라인에서 워크스테이션의 수와 작업자의 수가 꼭 같아야만 하는 것은 아니다. 승용차나 트럭의 최종 조립 라인의 경우처럼 큰 제품의 경우, 한 스테이션에 여러 명의 작업자가 할당될 수 있다. 예를 들어, 스테이션에 있는 두 명의 작업자가 차량의 양쪽에서 조립 작업을 수행하는 것이다. 어떤 스테이션의 작업자의 수를 해당 스테이션의 ***매닝 레벨(manning level)*** M_i라고 한다. 라인 전체에 걸친 평균 매닝 레벨은 다음과 같다.

$$M = \frac{w}{n} \tag{34.8}$$

여기서 M은 조립 라인의 평균 매닝 레벨이며, w는 라인의 작업자 수, 그리고 n은 스테이션의 수다. w, n은 당연히 정수여야만 한다. 복수의 매닝 레벨은 필요한 스테이션의 수를 줄일 수 있으므로, 소중한 공장 면적을 절약할 수 있다.

조립 라인에서 매닝 레벨에 영향을 주는 다른 요인은 산업용 로봇을 사용하는 스테이션과 같은 자동화된 스테이션의 수이다(33.4절 참고). 자동 스테이션을 운영하고 유지보수하기 위한 훈련된 기술 인력의 필요성이 증가하기는 하지만, 자동화는 라인에 필요한 노동력을 줄여준다. 자동차 회사에서는 자동차 몸체 판재에 대한 점용점과 스프레이 도장을 수행하기 위해 로봇 워크스테이션을 폭넓게 사용한다. 로봇은 작업자에 비해 이러한 작업들을 우수하게 반복 수행하며, 이는 제품 품질의 향상으로 이어진다.

예제 34.1

수동 조립 라인

연 생산량이 90,000인 제품을 생산하기 위한 수동 조립 라인을 계획하려고 한다. 단위 작업이 부착되는 연속 이송 컨베이어가 사용되며, 순작업 시간은 55분이다. 라인은 50 wk/yr, 5 shifts/wk, 8 hr/day만큼 가동되며, 라인 효율 E는 0.95, 밸런스 효율 E_b는 0.93, 재위치 시간은 9초다. 다음을 결정하라. (a) 수요를 충족시키기 위한 생산율, (b) 요구되는 작업자와 작업 스테이션 수, (c) 비교를 위해, 식 (34.4)의 이상적인 경우의 최솟값 w_{min}.

풀이

(a) 연간 수요를 만족하기 위한 시간당 생산율은 식 (34.1)에 의해 결정된다.

$$R_p = \frac{90{,}000}{50(5)(8)} = \textbf{45개/시간}$$

(b) 라인 효율이 0.95이므로, 이상적인 사이클 타임은 $T_c = \frac{60(0.95)}{45} = 1.2667$분

재위치 시간 T_r이 9초 = 0.15분이므로, 사용 가능한 시간은

$$T_s = 1.2667 - 0.150 = 1.1167\text{ 분}$$

라인을 가동하기 위한 작업자 수는 식 (34.7)에 따라

$$w = \text{Minimum Integer} \geq \frac{55}{1.1167(0.93)} = 52.96 \rightarrow \textbf{작업자 53명}$$

스테이션마다 한사람의 작업자가 있다면, 워크스테이션 수는 53개

(c) 식 (34.4)에 의해 얻을 수 있는 이상적인 최소 작업자 수와 비교해 보면,

$$w_{\min} = \text{Minimum Integer} \geq \frac{55}{1.2667} = 43.42 \rightarrow \textbf{작업자 44명}$$

34.4 자동 생산 라인

수동 조립 라인에서는 일반적으로 워크스테이션 사이에서 부품을 이동시키기 위해서 기계화된 이송 시스템을 이용하지만, 스테이션 자체는 작업자에 의해 수동으로 작업이 진행된다. ***자동 생산 라인(automated production line)***은 자동화된 워크스테이션들로 구성되며, 각각의 스테이션들은 연계되어 작동하는 부품 이송 시스템으로 연결되어 있다. 이상적 상태에서는, 공구 교환, 라인의 시작과 끝에서의 부품 장착 또는 배출, 그리고 수리나 유지보수 활동을 제외하고는 작업자 없이 라인이 운영된다. 현대 자동 라인들은 통합 시스템이며, 컴퓨터 제어에 의해 운영된다.

자동 스테이션에서 수행되는 작업들은 작업자에 의해 수동으로 이루어지는 작업들에 비해 단순한 경향이 있으며, 이것은 간단한 작업일수록 자동화가 쉽기 때문이다. 자동화가 어려운 작업들은 여러 단계의 작업, 판단, 또는 작업자의 인지 능력을 필요로 한다. 자동화가 용이한 작업으로는 단일 작업 요소, 빠른 운동, 기계 가공에서는 직선 이송 운동 등이 있다.

34.4.1 자동 라인의 종류들

자동 생산 라인은 크게 (1) 기계 가공과 같은 공정 수행을 위한 것과 (2) 조립 작업을 수행하기 위한 것의 두 가지로 구분할 수 있다. 공정 수행을 위한 중요한 형태가 트랜스퍼 라인이다.

트랜스퍼 라인과 유사한 공정시스템들

트랜스퍼 라인(transfer line)은 스테이션 사이에서 단위 작업들을 자동으로 이송하며, 공정 작업을 수행하는 연속된 워크스테이션들로 구성된다. 그림 34.3과 같이 절삭 가공이 대표적인 공정 작업이다. 절삭 가공의 경우, 공작물은 주조 또는 단조로 시작되어, 일련의 절삭 작업들을 통하여 세세한 부분까지 높은 정밀도를 얻게 된다(예, 구멍, 나사, 최종 평면).

트랜스퍼 라인은 일반적으로 값비싼 설비로 어떤 경우에는 수백만 불이 소요되기도 하며, 대량 생산하는 부품에 대한 작업을 수행하도록 설계된다. 공작물에 수행되어야 하는 절삭 가공의 양에 큰 영향을 받기는 하지만, 작업이 다수의 스테이션으로 나누어져 있으므로, 다른 생산방법보다 높

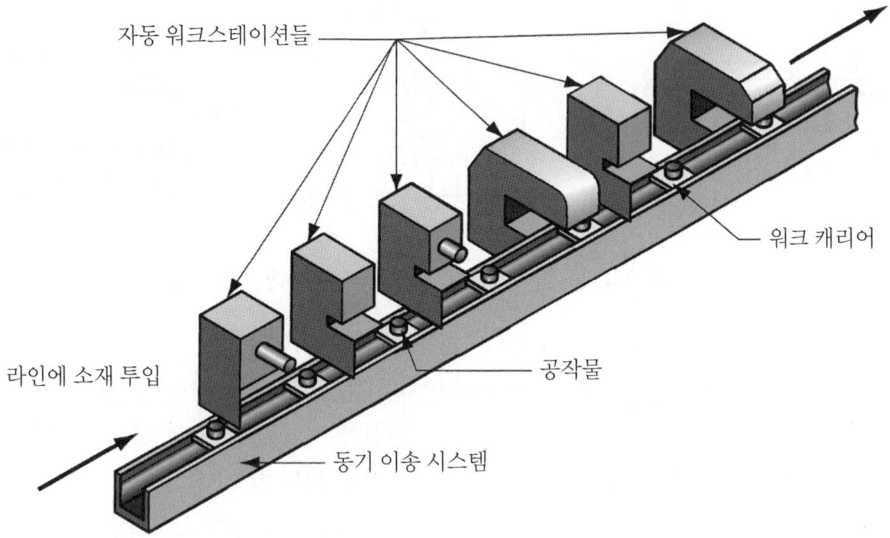

그림 34.3 자동 생산 라인의 중요한 형태인 절삭 가공 트랜스퍼 라인.

은 생산율과 낮은 단가를 얻을 수 있다. 자동 가공 라인에는 일반적으로 동기 이송이 사용된다.

자동 트랜스퍼 라인의 다른 형태가 그림 34.4와 같은 ***다이얼 인덱싱 머신(dial indexing machine)***이며, 워크스테이션들이 *다이얼(dial)*이라고 불리는 원형의 워크테이블을 따라 배치된다. 워크테이블은 메커니즘에 의해 각 작업 사이클마다 조금씩 움직인다. 테이블 둘레를 따라 배치될 워크스테이션의 수에 맞추어 회전 위치의 수가 설계된다.

자동 조립 시스템

자동 조립 시스템은 제품 구성 요소를 추가하거나 고정시키는 등의 조립 작업을 수행하는 하나 또는 여러 개의 워크스테이션들로 구성된다. 자동 조립 시스템은 단일 셀과 복수 스테이션 시스템으로 분류된다. 단일 스테이션 조립 셀(single station assembly cell)은 대개 조립 단계를 순차적으로 수행하도록 프로그래밍된 산업용 로봇으로 구성된다. 한 대의 로봇은 연속된 전용 자동 스테이션들보다는 빠르지 못하므로 주로 중량 생산을 위해 사용된다.

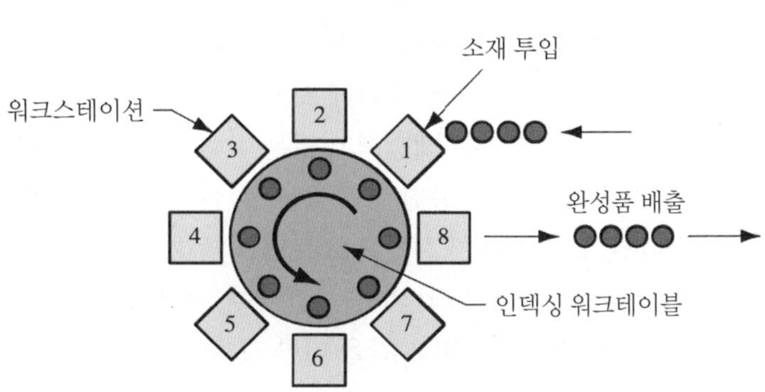

그림 34.4 다이얼 인덱싱 머신의 형태.

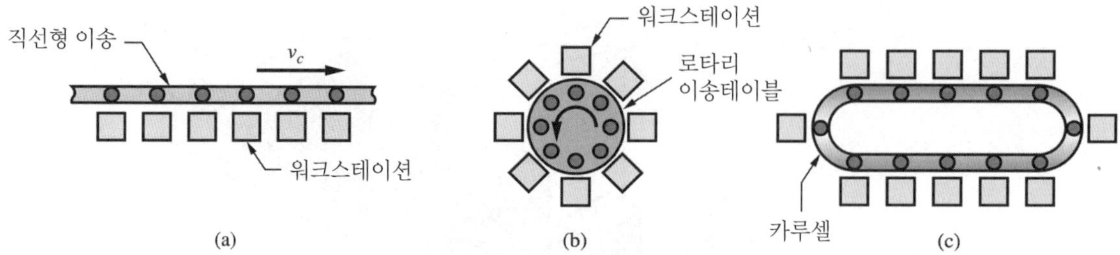

그림 34.5 복수 스테이션 조립시스템의 세 가지 기본 형태. (a) 직선 형태, (b) 로타리 형태, (c) 카루셀 형태.

복수 스테이션 조립 셀(multiple station assembly cell)은 볼펜, 담배 라이터, 전등, 그리고 유사한 제한된 개수의 부품으로 이루어지는 작은 제품의 대량 생산에 적합하다. 복잡도가 증가할수록 시스템 신뢰성이 급격하게 감소하기 때문에 구성 요소의 수와 조립 단계는 한계가 있다.

복수 스테이션 조립 셀은 그림 34.5와 같이 몇 가지 종류가 가능하다: (a) 직선(in-line) 형태, (b) 로타리(rotary) 형태, (c) 카루셀(carousel) 형태. 직선 형태는 조립 작업을 수행하기 위한 전통적인 트랜스퍼 라인이다. 이 시스템은 기계 가공의 경우처럼 대규모는 아니다. 로타리 형태는 일반적으로 다이얼 인덱싱 머신에 의해 구현된다. 카루셀 형태 조립 시스템은 루프 형태로 구성된다. 이 시스템은 회전형 시스템보다 더욱 많은 수의 워크스테이션을 배치할 수 있다. 루프 형태의 구조 때문에, 카루셀 형태에서는 공작물 캐리어가 자동으로 시작 위치로 돌아오므로 재사용할 수 있으며, 이 장점은 로타리 형태에도 해당되나 트랜스퍼 라인에는 해당되지 않는다.

34.4.2 자동 생산 라인의 분석

라인 밸런싱은 수동 조립 라인의 경우와 같이 자동 라인에서도 발생하는 문제다. 총 순작업이 개개의 워크스테이션에 할당되어야 한다. 자동 스테이션에 할당되는 작업이 일반적으로 간단하고, 라인이 종종 적은 수의 스테이션들로 구성되기 때문에, 각각의 스테이션에서 어떤 작업을 수행해야 하는지 결정하는 문제는 수동 라인의 경우처럼 어렵지는 않다.

자동 라인에서 보다 심각한 문제는 신뢰성이다. 라인은 다수의 스테이션들로 구성되어 있으며, 이 스테이션들은 이송 시스템으로 연결되어 있다. 통합 시스템으로 운영되기 때문에 한 요소의 결함이 전체 시스템에 부정적인 영향을 주게 된다. 자동 생산 라인의 운영을 분석하기 위해, 공정 작업을 수행하고 동기 이송을 사용하는 시스템을 생각해 보자. 이것은 트랜스퍼 라인과 다이얼 인덱싱 머신의 경우를 포함하며, 자동 조립 라인은 해당되지 않는다. 자동 조립 라인의 경우에는 모델의 수정이 필요하다[3], [10]. 앞의 두 절에서 사용한 기호를 사용 한다: n은 라인의 워크스테이션 수, T_c는 라인의 이상적 사이클 타임, T_r은 재배치 시간으로 트랜스퍼 라인에서는 ***트랜스퍼 시간(transfer time)***으로 불린다. 그리고 T_{si}는 스테이션 i의 가동 시간이다. 이상적인 사이클 타임 T_c는 라인에서 가장 느린 스테이션의 가동 시간에 트랜스퍼 시간을 더한 것이다.

$$T_c = T_r + \text{Max}\{T_{si}\} \tag{34.9}$$

트랜스퍼 라인의 운영에서 주기적인 고장은 전체 라인의 정지를 유발한다. F를 라인을 멈추게 만드는 고장 발생 주기, T_d는 고장 발생 시 이로 인한 라인의 정지 시간이라고 한다. 라인 정지 시간은 보수 작업자가 행동을 개시하여, 고장의 원인을 진단하고, 수리하며, 라인을 재가동시키는 데 소요되는 시간을 모두 포함한다.

이상과 같은 정의를 바탕으로 실제 평균 생산 시간 T_p를 표현하면 다음과 같다.

$$T_p = T_c + FT_d \tag{34.10}$$

여기서 F는 고장 주기, line stops/cycle; T_d는 라인 정지 시간(분), FT_d는 사이클당 평균 정지 시간이다. 실제 생산율은 식 (34.2)에서와 같이 T_p의 역으로, $R_p = 60/T_p$이다. 이 생산율을 이상적인 생산율과 해보면,

$$R_c = \frac{60}{T_c} \tag{34.11}$$

여기서 R_p와 R_c는 pc/hr; T_p와 T_c는 분단위로 표현된다.

이 관계에서 트랜스퍼 라인의 라인 효율 E를 정의할 수 있다. 자동 생산 시스템에서 E는 가동 시간의 비율로 효율보다는 신뢰성을 측정할 수 있는 지표가 된다.

$$E = \frac{T_c}{T_c + FT_d} \tag{34.12}$$

이것은 $T_p = T_c + FT_d$이므로 식 (34.3)의 관계와 동일하다. 수동 조립 라인에서는 기술적인 고장이 중요한 문제가 아님에도 불구하고 수동 조립 라인과 자동 조립 라인에서 라인 효율의 정의가 같다는 사실에 주목할 필요가 있다(여기서 다루는 관점에서 보면, 작업자는 전기-기계 설비보다 신뢰성이 높다).

라인 정지는 개별 워크스테이션의 고장과 관련되어 있다. 정지 이유에는 계획되거나 계획되지 않은 공구 교환, 기계와 전기적 고장, 유압 고장, 그리고 설비의 마모 등이 있다. p_i를 스테이션 i에서 고장이 발생할 확률로 정의하면 다음과 같다.

$$F = \sum_{i-1}^{n} p_i \tag{34.13}$$

만약 모든 p_i가 같다고 가정하거나, p_i의 평균값이 계산되어 이것을 p라고 하면,

$$F = np \tag{34.14}$$

두 식 모두 라인 정지의 빈도가 커질수록 라인에 필요한 스테이션의 수가 증가하게 됨을 알 수 있다. 다른 말로 하면, 라인의 신뢰성은 스테이션 추가의 필요성을 감소시킨다.

예제 34.2

자동 트랜스퍼 라인

25개의 스테이션으로 구성되고, 이상적인 사이클 타임이 1.5분인 트랜스퍼 라인이 있다. 작업장의 고장 발생 확율 p는 0.03이고 고장이 발생했을 때 평균 정지 시간은 12분이다. (a) 평균 생산율 R_p와 (b) 라인 효율 E를 계산하라.

풀이

라인의 고장 발생 빈도 $F = pn = 0.200.03(25) = 0.75$이다. 그러므로 실제 평균 생산 시간 $T_p = 1.5 + 0.75(12) = 10.5$분이 된다.

(a) 생산율은

$$R_p = \frac{60}{T_p} = \frac{60}{10.5} = \mathbf{5.71시간}$$

이상적 생산율 R_c보다 작게 나옴에 주목하라.

$$R_c = \frac{60}{T_c} = \frac{60}{1.5} = 40개/시간$$

(b) 라인 효율은 다음과 같이 계산된다.

$$E = \frac{T_c}{T_p} = \frac{1.5}{10.5} = 14.2 = \mathbf{0.142\%}$$

이 예제는 다수의 워크스테이션이 있는 생산 라인에서, 고장 당 평균 가동 중지 시간이 길고, 스테이션 고장 가능성이 낮은 경우 가동 시간보다 정지 시간이 더 많게 됨을 명확하게 보여준다. 자동 생산 라인에서는 높은 효율의 달성이 진짜 중요한 문제이다.

자동 생산 라인의 운영 비용은 설비와 설치에 소요되는 투자비와 라인에 할당되는 유지보수비, 설비비, 노동비가 있다. 이러한 비용을 매년 일정하게 소요되는 연간 비용으로 변환하고, 1.5.2절의 방법을 이용하여 연간 작업 시간으로 나누면 시간당 비용을 얻을 수 있다. 이 시간당 비용은 라인에서 공작물을 처리하는 데 소요되는 단가로 사용된다.

$$C_{pc} = C_m + C_o T_p + C_t \tag{34.15}$$

여기서 C_{pc}는 단위 제품당 비용, \$/pc; C_m은 초기 재료비, \$/pc; C_o는 라인 가동 시간당 비용, \$/min; T_p는 공작물 당 실제 평균 생산 시간, min/pc다. 식 (34.15)는 1장의 식 (1.6)과 같다.

34.5 셀형 제조

셀형 제조는 부품군의 생산이나 제품의 중량 생산에 특화된 워크셀을 이용하는 방식이다.중량 생산은 흔히 뱃치로 이루어지는데, 뱃치 생산에서는 뱃치 교환 시 생산 중단이 발생하고, 결과적으로 재고 운반 비용이 높아진다. 셀형 제조는 ***군분류 기술(group technology, GT)***로 불리는 접근법을 기본으로 하며, 이는 각 부품은 다르지만, 공정이 비슷한 부품군을 인식하여 뱃치 생산의 단점을 최소화하는 방법이다. 이러한 유사성이 생산에 적용되면 운영효율이 향상된다. 이러한 개선은 일반적으로 제조셀 주변의 생산을 조직화하여 달성되며, 각 셀은 하나의 부품군(또는 제한된 수의 부품군)을 생산하도록 설계되어 작업 전문화(specialization of labor)의 원리를 활용한다. 셀에는 특수 생산 장비와 맞춤 설계된 치공구가 포함되어 있어 부품군의 생산을 최적화할 수 있다. 사실 각 셀은 공장 내의 공장이 된다고 할 수 있다.

34.5.1 제품군

셀형 제조와 군분류 기술의 주요한 특징은 부품군이다. 부품의 기하학적 모양과 크기, 또는 생산 공정이 유사한 부품들의 그룹을 ***부품군(part family)***이라고 한다. 10,000개의 서로 다른 부품을 생산하는 공장의 경우 부품을 20에서 30개의 부품군으로 그룹화할 수 있을 것이다. 각 부품군의 공정은 유사하다. 부품군 내 부품들 간에는 항상 차이점이 있지만, 유사성을 통하여 동일한 부품군으로 그룹화될 수 있다. 그림 34.6과 34.7은 두 개의 다른 부품군을 보여준다. 그림 34.6의 두 부품은 크기와 형상은 같으나, 소재, 생산량, 공차에서의 차이로 공정 요구 사항이 매우 다르다. 그림 34.7의 여러 부품들은 형상은 다르나, 제조 측면에서는 매우 비슷하다.

제조업에서 부품군을 결정하는 데는 몇 개의 방법이 있다. 한 방법은 육안 검사를 사용하는 것으로, 실제로 부품을 보거나 사진을 통해 부품들을 유사한 특징을 가진 그룹으로 판단하는 것이다. 다른 방법은 ***생산 흐름 분석(production flow analysis)***으로 불리는데, 공정 절차서(routing sheets)에 담겨 있는 정보를(35.1.1절) 이용하여 부품을 분류한다. 동일하거나 유사한 공정 수행이 필요한 부품들은 같은 부품군으로 분류된다.

세 번째 방법 ***부품 분류 및 코딩(part classification and coding)***에서는 수치적 코딩 체계를 이

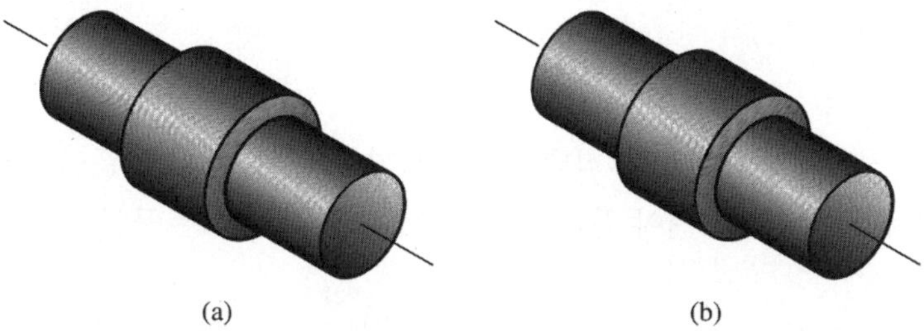

그림 34.6 유사한 형상과 치수를 갖지만 제조에는 상당한 차이가 있는 경우. (a) 연간 백만개 생산, 공차 ±0.020 cm, 1015 CR강(니켈 도금), (b) 연간 100개 생산, 공차 ±0.002 cm, 18-8 스테인리스강.

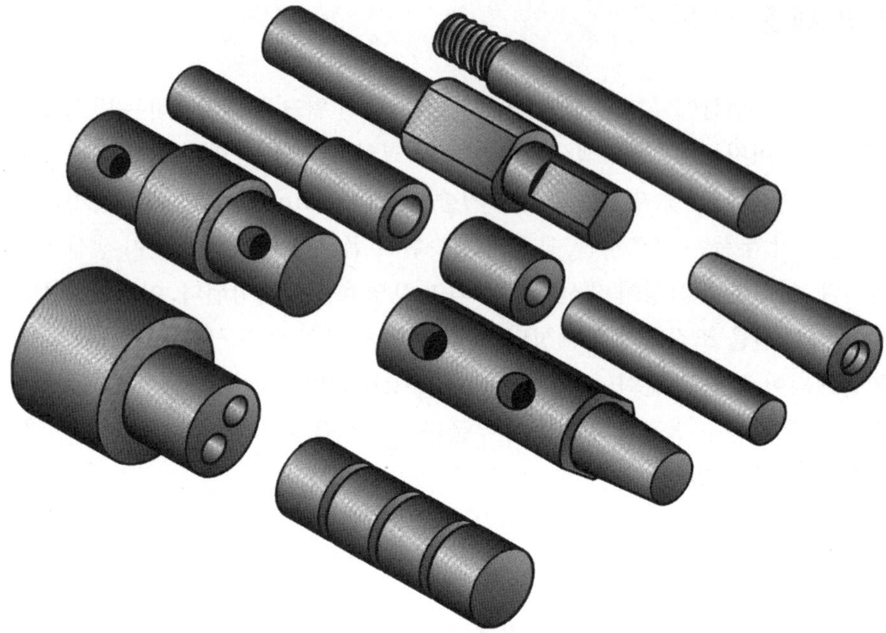

그림 34.7 크기와 형상은 다르지만 제조 공정이 유사한 10개의 부품. 모든 부품이 원통형 소재로부터 선삭을 통해 가공되고, 일부는 드릴링 그리고/또는 밀링이 필요하다.

용하여 부품들 간의 유사성과 차이점을 판단한다. 각 회사들이 고유한 부품과 제품들을 생산하므로, 한 회사에 적합한 분류 및 코딩 시스템이 다른 회사에도 적합한 것은 아니므로, 각 회사들은 고유의 코딩 체계를 만들어야 한다. 부품 분류 및 코딩 시스템은 참고문헌 [8], [11]에서 자세히 다룬다.

잘 구성된 분류 및 코딩 시스템은 (1) 부품군 형성을 용이하게 하고, (2) 부품 설계도를 신속하게 찾아 가져올 수 있게 하며, (3) 기존의 유사하거나 동일한 설계를 찾아 재사용하므로 반복 설계를 줄일 수 있고, (4) 설계 표준화를 촉진하며, (5) 비용 예측 및 산출을 용이하게 하고, (6) 신규 부품에 대해 같은 부품군에 속한 기존 부품의 기본 파트 프로그램을 사용할 수 있게 하며, (7) 공구 및 고정구 설계를 합리화하고 개량할 수 있도록 하고, (8) 부품군의 코드에 따라 표준 공정 계획을 작성, 신규 부품의 공정 계획은 같은 부품군의 공정 계획을 재사용하거나 편집해서 사용할 수 있게 하여 컴퓨터 이용 공정 설계(computer-aided process planning, CAPP)를 가능하게 한다(35.1.3절).

34.5.2 기계 셀

부품군에 속한 부품들 사이의 유사성을 최대로 활용하기 위해서는, 그 부품들을 만드는 데 특화된 기계셀을 사용하여 생산이 이루어져야 한다. 가상 조합 부품의 개념은 군분류 기술 기계 셀을 설계하는 기본 원리다.

가상 조합 부품 개념

부품군에 속한 부품들은 유사한 설계 그리고/또는 제조 특징 형상을 가지고 있다. 부품설계 특징 형상과 제조 공정사이에는 보통 연관성이 있다. 원형공정은 드릴링, 원통형상은 선삭으로 만들어지는 등이다.

어떤 부품군의 ***가상 조합 부품(composite part)***은 부품군의 설계 및 제조 속성을 모두 가지고 있는 가상의 부품이다. 일반적으로 부품군의 각 부품은 부품군을 정의하는 특징 형상들 중 일부만 가지고 있으며 모든 특징 형상을 가지는 것은 아니다. 부품군을 위한 생산 셀은 가상 조합 부품을 생산하기 위하여 필요한 기계들을 포함하도록 설계된다. 이러한 셀은 특정한 부품에 대해, 단지 그 부품이 가지는 특징 형상과 상관없는 공정들을 생략함으로써 부품군의 모든 부품들을 생산할 수 있다. 또한, 이러한 셀은 부품군 내에서 부품 크기와 특징 형상 변화와 마찬가지로 부품 크기 변화에도 대응할 수 있도록 설계된다.

그림 34.8(a)에서 가상 조합 부품에 대하여 살펴보자. 이는 그림의 (b) 부분에서 정의된 특징 형상을 가진 회전형 부품군을 나타낸다. 각 특징 형상은 표 34.1에 요약된 절삭 공정과 연관되어 있다. 이 부품군을 생산하기 위한 기계셀은 표의 마지막 칸 안에 있는 모든 작업을 수행할 수 있도록 설계된다.

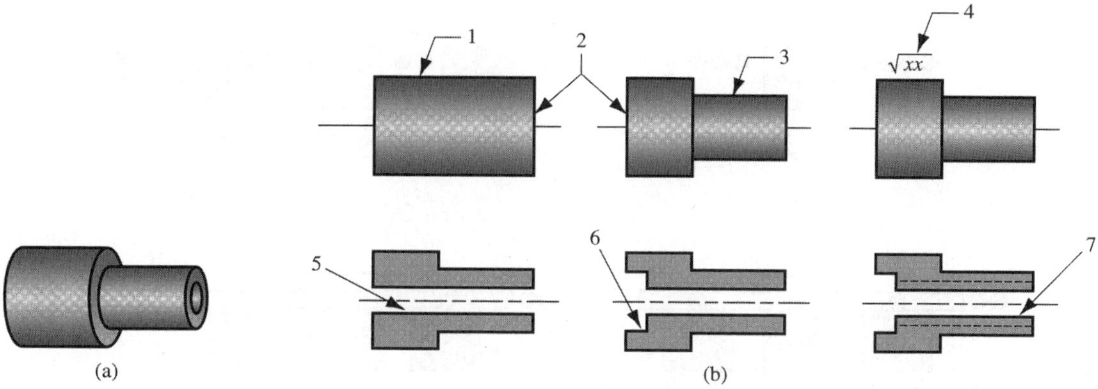

그림 34.8 가상 조합 부품의 개념. (a) 회전형 절삭 부품군의 가상 조합 부품, (b) 가상 조합 부품의 개별 설계 특징 형상들.

표 34.1 그림 34.8의 가상 조합 부품의 설계 특징 형상들과 형상 가공을 위해 필요한 제조 공정들

번호	설계 특징 형상	대응 제조 공정
1	외부 원통면	선삭
2	원통 밑면	페이싱
3	원통 단	선삭
4	매끄러운 표면	원통연삭
5	축방향 구멍	드릴링
6	카운터보어	보어, 카운터보어
7	내부나사	태핑

기계 셀 설계

기계 셀은 기계의 수와 자동화 정도에 따라 분류된다. 그림 34.9에 있는 것과 같이 (a) 단일 기계 셀, (b) 수동 복수 기계 셀, (c) 기계화된 복수 기계 셀, (d) 유연 제조 셀 또는 (e) 유연 제조 시스템이 가능하다.

단일 기계 셀(single machine cell)은 수동으로 작동되는 기계 1대로 구성된다. 셀은 생산해야하는 부품군 안의 특징 형상과 크기 다양성을 허용할 수 있는 고정구와 공구를 가진다. 그림 34.8의 부품군을 위한 기계 셀이 이 경우에 해당된다.

복수 기계 셀(multiple machine cell)은 수동으로 작동되는 두 개 또는 그 이상의 기계들로 구성된다. 이 셀은 부품의 취급 방법에 따라 수동과 기계화된 것으로 구분된다. 수동 취급은 셀 안에서 작업자가 부품을 이동하는 것이다. 기계화된 셀은 부품을 한 기계에서 다음 기계로 이동하기 위해 컨베이어 같은 기계 장치를 이용하는 것을 말한다. 이것은 셀에서 만들어질 부품의 크기와 무게를 제한하게 되며, 대개 생산율을 높일 수 있다. 작업 흐름은 직선 형상, 또는 U자형이나 순환형과 같이

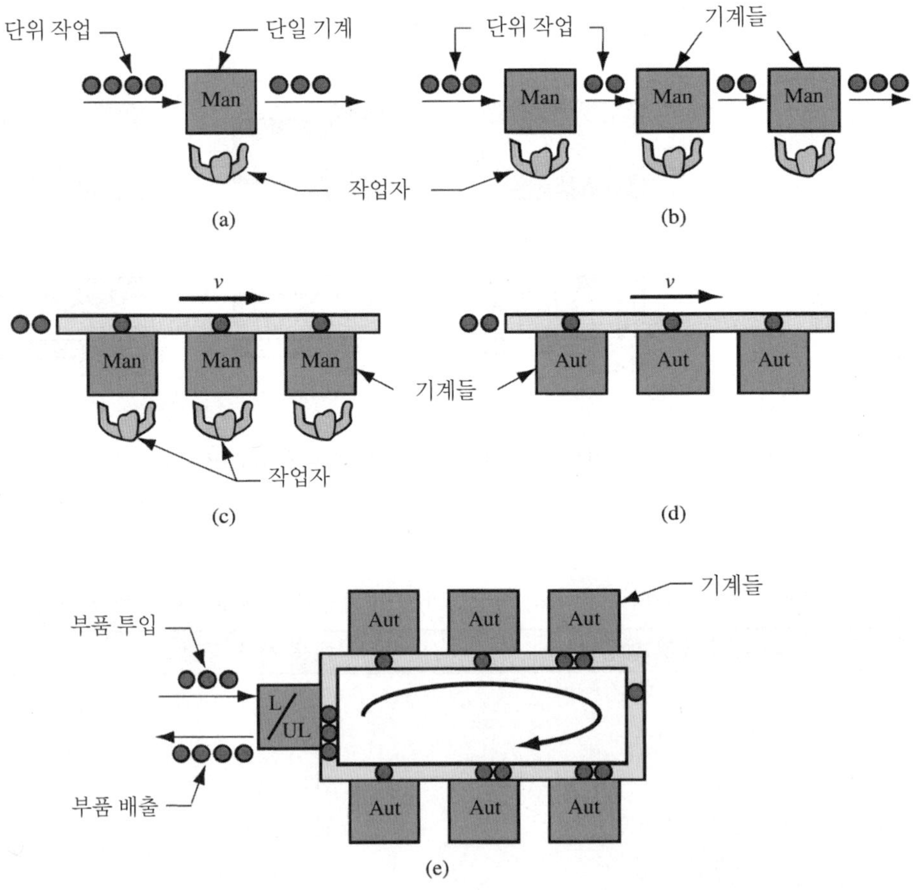

그림 34.9 군분류 기술 기계 셀의 종류. (a) 단일 기계 셀, (b) 수동 복수 기계 셀, (c) 기계화된 복구기계 셀, (d) 유연 생산 셀, (e) 유연 생산 시스템. 여기서, Man = 수동 조작, Aut = 자동화된 스테이션, L/UL = 이적재 스테이션.

다른 레이아웃도 가능하다.

유연 생산 셀(flexible manufacturing cell)과 유연 생산 시스템(flexible manufacturing system)은 자동화된 이송 장치를 가진 자동화 기계들로 구성된다. 이러한 생산 시스템의 특징은 34.6절에서 집중적으로 다룰 것이다.

군분류 기술의 장점 및 문제들

기계 셀과 군분류 기술을 원칙과 참을성을 가지고 실현하면 기업에 상당한 이익을 가져다준다. 잠재적 이득들은 다음과 같다. (1) GT는 공구, 고정구, 셋업의 표준화를 촉진시킨다. (2) 부품이 공장 전체가 아니라 해당 머신 셀에서만 이동하므로 자재 취급이 감소한다. (3) 생산 계획이 간단해진다. (4) 제조 리드 타임이 감소한다. (5) 재공 재고(work-in-process)가 감소한다. (6) 공정 계획이 간략해진다. (7) GT 셀에서 일하는 작업자의 만족도가 일반적으로 커진다. (8) 고품질의 작업이 수행된다.

그러나, 기계 셀을 구현하는 데는 몇 가지 문제가 있다. 첫 번째 문제는 적절한 작업 셀로 생산 기계들을 재배치하는 것이다. 이를 위한 계획과 실행에 시간이 소요되며, 재배치 중에는 생산이 중지된다. 또한 GT 프로그램을 시작하기 위한 가장 큰 문제는 부품군을 식별하는 것이다. 만약 공장에서 10,000개의 다른 부품을 만든다면, 모든 부품들의 도면을 보고, 그룹화하기 위해 매우 많은 시간이 필요하다.

34.6 유연 제조 시스템

유연 제조 시스템(Flexible Manufacturing System, FMS)은 고도로 자동화되어 있는 군분류 기술 기계 셀이며, 자동 자재 취급 및 보관 시스템과 연결되어 있는 작업 스테이션 그룹(일반적으로 컴퓨터 수치 제어 공작 기계)으로 구성되어 있고, 통합 컴퓨터 시스템으로 제어된다. FMS는 다양한 작업장에서 NC 프로그램을 통해 여러 유형의 다양한 부품들을 동시에 처리할 수 있다.

FMS는 군분류 기술의 원리에 기초하고 있다. 어떠한 제조 시스템도 완벽하게 유연할 수는 없으며, 모든 범위의 제품을 제조하지는 못한다. FMS의 유연성에는 일정한 한계가 존재하는 것이다. 따라서, 유연 제조 시스템은 유형, 크기, 공정 내에서의 부품(또는 제품)을 생산하도록 설계된다. 즉, FMS는 단일 부품군이나 제한된 범주의 부품군들 만을 생산할 수 있다.

유연 제조 시스템은 공작 기계의 수와 유연성의 정도에서 다양하다. 시스템이 단지 두 세대의 기계들로 구성되어 있을 때는, 종종 ***유연 제조 셀(flexible manufacturing cell, FMC)***로 불리는데, 셀이나 시스템이나 고도로 자동화되어 있으며, 컴퓨터에 의해 제어된다. FMS와 FMC의 차이점이 항상 명확한 것은 아니지만, 일반적으로 존재하는 기계(또는 작업장)의 수에 의해 구분된다. 유연 제조 셀은 세 대 또는 그 이하의 기계들로 구성되나, 유연 생산 시스템은 네 대 또는 그 이상의 기계들로 이루어진다[10].

유연 제조 셀이나 유연 제조 시스템이 유연한 것으로 인정되기 위한 몇 가지 유형의 유연성이 있다. 네 가지 유형의 유연성은 (1) 부품-다양성 유연성(part-variety flexibility), 배치생산 모드가 아닌 혼류생산 모드로 다양한 부품이나 제품을 처리할 수 있는 능력, (2) 부품-믹스 유연성(part-mix flexibility), 작업량을 동일하게 유지하면서 생산하는 부품이나 제품의 비율을 변경할 수 있는 능력, (3) 수량 유연성(volume flexibility), 총 생산 수량을 문제없이 줄이거나 늘일 수 있는 능력, (4) 라우팅 유연성(routing flexibility), 워크스테이션 간에 대체 라우팅을 허용할 수 있는 능력이다. 보유한 유연성 유형이 많을수록 FMC 또는 FMS는 더 유연하다. 일반적으로 더 많은 워크스테이션과 더 다양한 유형의 스테이션이 더 큰 제조 유연성을 제공한다.

34.6.1 FMS 요소들의 통합

FMS는 효율적이고 신뢰성 있게 통합되어야 하는 하드웨어와 소프트웨어로 구성되며, 인력도 포함된다. 이 절에서는 각 구성 요소들과 이들이 어떻게 통합되는지 살펴본다.

하드웨어 요소들

FMC와 FMS 하드웨어는 공정을 수행하는 작업장, 자재 취급 및 보관 시스템, 그리고 중앙제어 컴퓨터로 구성된다. 작업장은 일반적으로 바닥 밑에 중앙 칩 컨베이어가 설치되어 있는 CNC 머시닝센터(33.3.4절)들로 구성되며, 검사, 팔렛 세척, 그리고 기타 시스템 목적에 따른 작업장들이 추가된다.

자재 취급 및 보관 시스템은 몇 가지 기능을 보유한다. 작업장 간에 부품을 이동하며, 임시로 부품을 보관하며, 부품 로딩/언로딩을 수행하는데, 일정 범위의 형상을 가진 부품들에 대한 처리가 가능하다. 자재 취급 및 보관 시스템은 FMC 또는 FMS의 기본 레이아웃을 결정한다. 그림 34.10은 세 가지 형태의 레이아웃을 보여준다; (a) 직선 이송 시스템을 이용하여 작업장들 사이에서 부품을 이동하는 직선형(in-line), (b) 여러 개의 루프가 같이 묶여 있고, 자동 이송 시스템(automated guided vehicle system)에 의해 부품 이동이 이루어지는 개방형(open field), 그리고 (c) 부품 취급이 산업용 로봇에 의해 이루어지는 로봇 중심 셀(robot-centered cell).

다중 작업장 가공 시스템을 전문으로 하는 공작기계 제작자들은 선형 팔렛 시스템(linear pallet system)을 설치하고 있는데, 선형 팔렛 시스템은 레일 가이드 셔틀 카트를 사용하여 로딩/언로딩 작업장, 부품 보관 장치, 그리고 CNC 공정 스테이션 사이에서 팔렛을 운반한다. 선형 팔렛 시스템은 그림 34.11에 도시된 바와 같이, 직선형 레이아웃에 맞춰 구성되며, 사용자를 위해 맞춤화되고 CNC 머시닝센터에 인터페이스되는 모듈로 사용된다. 이러한 시스템들은 일반적으로 작업장들 사이에서 운반하고 위치를 결정하기 위해 팔렛 고정구를 필요로 하는 비회전형 부품, 그림 18.1(b)에 적합하다. 일반적인 라우팅은 작업 부품을 로딩/언로딩 작업장에서 팔렛에 고정한 다음, 보관 장소에서 하나 이상의 가공 작업장으로 이동한 다음(공정 순서에 따라), 다시 보관소로, 마지막으로 로딩/언로딩하여 완성된 부품이 시스템을 나가는 것으로 구성된다. 선형 팔렛 시스템의 모듈식 구성은 사용자가 초기에 소규모로 시스템을 설치한 다음, 추후 필요에 따라 기계를 추가할 수 있도록 한다.

로봇 중심 셀에서는, 산업용 로봇이 그림 34.10(c)의 두 개 작업장 셀에서와 같이 부품 보관 장치

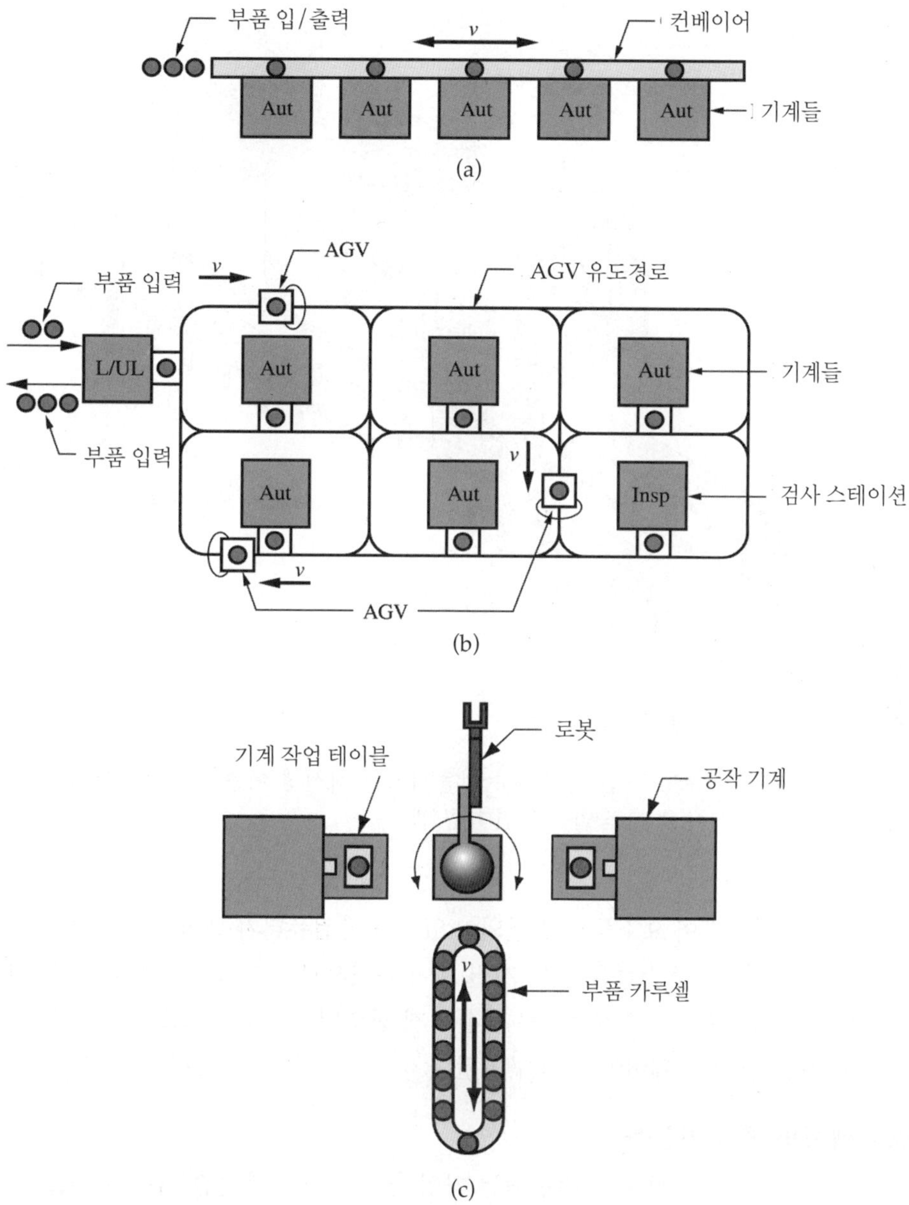

그림 34.10 세 가지 FMS 레이아웃. (a) 직선형, (b) 개방형, (c) 로봇 중심 셀. 여기서, Aut = 자동스테이션, L/UL = 이적재 스테이션, Insp = 검사 스테이션, AGV = 무인 반송차, AGVS = 무인 반송 시스템.

와 공정 작업장 사이에서 부품 로딩/언로딩을 수행한다. 부품 캐러셀(carousel)은 많은 수의 부품을 저장하는 데 사용된다. 작업자는 계획에 따라 캐러셀에서 완성 부품을 언로딩하고 시작 부품을 셀에 로딩하기 위해 셀을 방문한다. 작업자 방문 사이에 셀은 보관 용량과 처리 작업의 평균 사이클 시간에 따라 달라지는 일정 기간 동안 무인으로 작동한다. 로봇 중심 셀은 회전형 부품, 그림 18.1(a)에 특히 적합하며, 핸들링을 위한 팔렛 고정구가 필요하지 않을 수 있다.

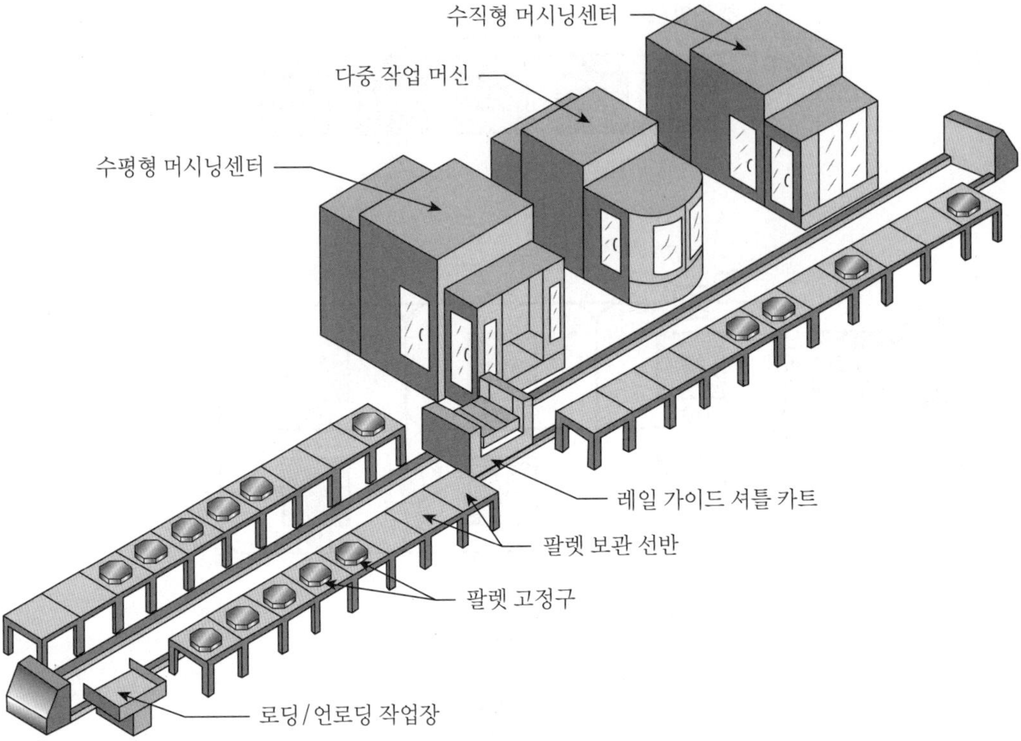

그림 34.11 부품을 로딩/언로딩 작업장 사이로 이동시키는 직선형 이송 시스템. CNS 머시닝 작업장, 그리고 부품 보관으로 구성되는 세 개 작업장 유연 가공 셀.

FMS는 또한 다른 하드웨어 요소들과 연결되어 있는 중앙컴퓨터가 포함된다. 중앙컴퓨터에 추가하여, 각각의 기계들과 다른 요소들은 모두 개별 제어 유닛으로 마이크로 컴퓨터를 가진다. 중앙컴퓨터의 기능은 시스템의 운영이 전체적으로 원활하게 진행되도록 각 요소들의 동작들을 조정하는 것이다. 이러한 기능은 소프트웨어에 의해 구현된다.

FMS 소프트웨어와 제어 기능들

FMS 소프트웨어는 제조 시스템에서 수행되는 다양한 기능들과 관련된 여러 모듈들로 구성된다. 예를 들면 공작 기계에 NC 파트 프로그램을 전송하는 기능; 자재 취급 시스템을 제어하는 기능; 공구 관리와 관련된 기능 등이다. 표 34.2는 일반적인 FMS를 운영하기 위한 기능들을 나타낸다. 각 기능에 대해 하나 또는 여러 개의 소프트웨어 모듈이 관련되며, 기능과 모듈들은 그 응용에 따라 크게 달라진다.

작업자

FMS에서 한 가지 추가적인 요소는 작업자다. 작업자가 수행하는 주된 기능은 (1) 부품의 이적재, (2) 공구 교환 및 셋팅, (3) 장비 유지 및 보수, (4) NC 파트 프로그래밍, (5) 컴퓨터 시스템 프로그래밍 및 운영, 그리고 (6) 시스템의 전체 관리 등이 있다.

표 34.2 유연 제조 시스템에서 응용 소프트웨어 모듈들에 의해 수행되는 전형적인 기능들

기능	설명
NC 파트 프로그래밍	시스템에 도입되는 새로운 부품을 위한 NC 프로그램 개발. CAD/CAM지원 파트 프로그래밍 패키지가 포함(33.3.3절).
생산 통제	제품 혼합 비율, 기계 일정, 그리고 다른 계획 기능들.
NC 프로그램 다운로드	파트 프로그램이 중앙컴퓨터에서 개별 스테이션으로 다운로드.
기계 제어	각 워크스테이션이 제어를 필요로 하며, 대개 컴퓨터 수치 제어.
공작물 제어	시스템의 공작물의 현황, 팰릿 고정구의 상태, 팰릿 고정구 이적재 지시.
공구 관리	공구 재고 관리, 공구의 기대 수명에 대한 공구 상태, 공구 변경 및 재가공, 공구 연마와의 이송.
운반 제어	공작물 취급 시스템의 일정 계획 및 제어.
시스템 관리	효율에 대한 관리 보고서(가동률, 생산량, 생산율 등) 생성, 종종 FMS 시뮬레이션 포함.

34.6.2 유연 제조 시스템의 응용

유연 제조 시스템은 일반적으로 중량, 중품종 생산에 활용된다. 만약 단일한 부품이나 제품을 대량으로 생산한다면, 트랜스퍼 라인이나 그와 유사한 전용 생산 시스템이 적합하다. 만약 부품이 다품종 소량 생산이라면, 수치 제어, 또는 수동으로 생산하는 방법이 더욱 적합하다. 이러한 응용 상의 특징이 그림 34.12에 요약되어 있다.

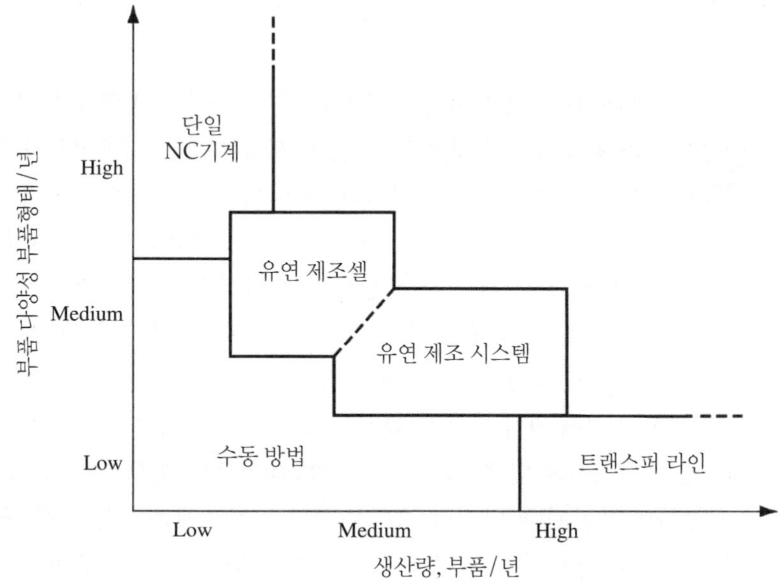

그림 34.12 다른 형태의 제조 시스템들과 비교한 유연 제조 시스템과 셀의 응용 특성.

유연 가공 시스템은 FMS 기술의 가장 보편적인 응용이다. 내재된 유연성과 컴퓨터 수치 제어의 능력으로 인하여, 두세 대의 CNC 공작 기계들과 작은 중앙 컴퓨터를 연결시키고, 기계간의 공작물 이송을 위해 자동화된 방법을 사용하는 것이 가능하다.

절삭 가공 시스템에 더하여, 절삭 가공의 경우와 같이 신속한 공정 수행이 이루어지지는 않으나, 다른 여러 종류의 유연 제조 시스템이 개발되었다. 다른 종류의 시스템들은 조립, 검사, 박판 공정(펀칭, 전단 가공, 벤딩, 그리고 성형)을 포함한다.

유연 제조 시스템은 절삭 가공 분야에서 많이 적용되었다. 유연 가공 시스템에서, 일반적인 적용 효과는 다음과 같다. (1) 더 나은 작업 처리와 오프라인 셋업, 그리고 향상된 일정에서 기인하는 일반 가공 공장보다 높은 기계 가동률, (2) 뱃치 생산이 아닌 연속적인 생산으로 인한 재공 재고의 감소, (3) 제조 리드 타임의 단축, 그리고 (4) 생산 일정의 유연성 극대화.

34.7 컴퓨터 통합 제조

분산 컴퓨터 네트워크는 이 장에서 설명한 통합 시스템을 모니터링하고 제어하기 위해 현대의 제조 공장에서 널리 사용된다. 작업의 일부가 수동으로 수행 되더라도 (예, 수동 조립 라인과 수동 셀), 컴퓨터 시스템이 생산 스케줄링, 데이터 수집, 기록 유지, 성능 추적, 그리고 기타 정보 관련 기능을 수행한다. 더 자동화된 시스템(예: 트랜스퍼 라인과 유연 제조셀)에서는 컴퓨터가 작업을 직접 제어한다. ***컴퓨터 통합 제조(Computer Integrated Manufacturing, CIM)***라는 용어는 조직 전반에서 컴퓨터 시스템을 널리 활용, 작업을 모니터링하고 제어할 뿐만 아니라, 제품을 설계하고 공정을 계획하며 생산과 관련된 비즈니스 기능을 수행하는 것을 의미한다. CIM은 궁극의 통합 제조 시스템이라고 말할 수도 있다.이 절에서는 제조 지원 시스템을 다루는 Part X과 연결되는 CIM의 범위에 대해 간략하게 설명한다.

우선 대부분의 제조 기업에서 수행해야 하는 일반적인 기능으로는 (1) 제품 설계, (2) 제조 계획, (3) 제조 제어, 그리고 (4) 비즈니스 기능의 네 가지가 있다. 제품 설계는 일반적으로 제품에 대한 필요성, 문제 정의, 해결책의 창의적 조합, 분석 및 최적화, 평가 및 문서화로 이루어지는 반복 절차다. 최종 설계의 전반적 품질은 제품의 상업적 성공을 좌우하는 가장 중요한 요인이다. 또한 최종 제품 비용 중 상당 부분은 제품 설계 과정에서의 의사 결정에 의해 결정된다. 제조 계획은 제품 설계를 정의하는 엔지니어링 도면 및 사양을 제품 생산 계획으로 변환한다. 제조 계획에는 부품 구매('구매 또는 제작 결정'), 각 '제작' 부품의 생산 방법, 사용 장비, 작업 계획 등이 포함된다. 이러한 결정의 대부분은 공정 계획 및 생산 관리에 관해 다루는 35장에서 논의된다. 제조 관리에는 공장의 개별 공정과 장비에 대한 제어뿐만 아니라 작업 현장 제어(shop floor control)(35.3.4절), 그리고 품질 제어(36장)와 같은 지원 기능들이 포함된다. 마지막으로, 비즈니스 기능에는 주문 입력, 원가 회계, 급여 지불, 고객 청구, 그리고 제조와 관련된 기타 비즈니스 관련 정보활동 들이 포함된다.

컴퓨터 시스템은 이러한 일반 기능 수행을 위해 중요한 역할을 하며, 컴퓨터에 의한 조직 내 통합

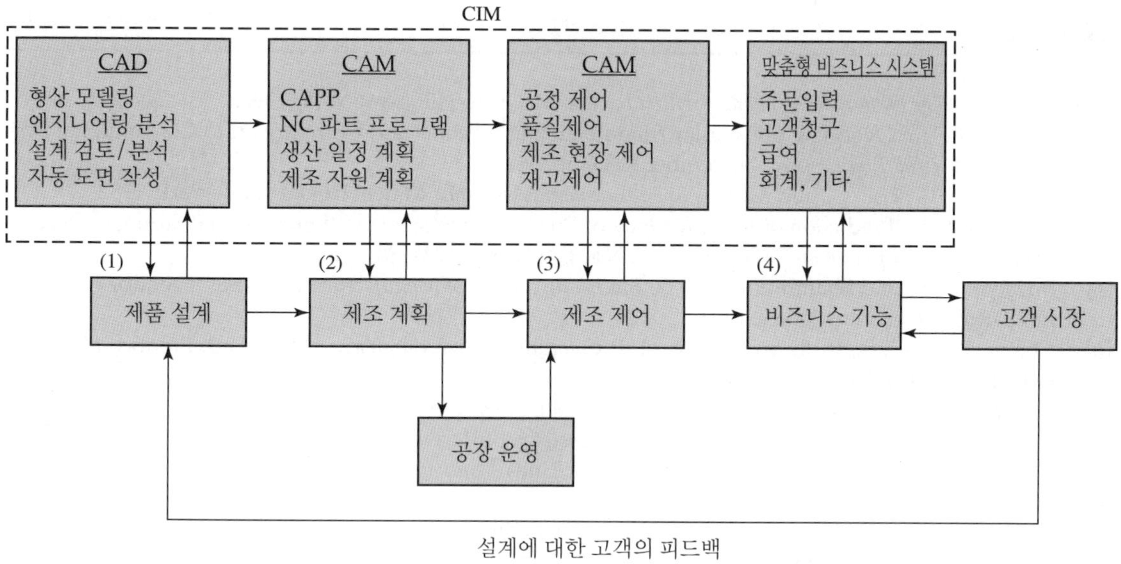

그림 34.13 제조 조직의 일반적인 네 가지 기능과 컴퓨터 통합 제조 시스템이 지원하는 방법.

은 그림 34.13과 같이 컴퓨터 통합 제조의 특징이다. 제품 설계와 관련된 컴퓨터 시스템을 CAD 시스템(컴퓨터 원용 설계, computer-aided design)이라고 한다. 설계 시스템과 소프트웨어에는 형상 모델링, 유한 요소 모델링과 같은 엔지니어링 분석 패키지와, 설계 검토와 평가가 포함된다. 제조 계획을 지원하는 컴퓨터 시스템을 CAM 시스템(컴퓨터 원용 제조, computer-aided manufacturing)이라고 하며, 컴퓨터 원용 공정 계획(computer aided process planning, CAPP, 35.1.3절), NC 파트 프로그래밍(33.3.3절), 생산 일정 계획(35.3.1절) 자재 소요량 계획과 같은 계획 패키지(35.3.2절) 등을 포함한다. 제조 관리 시스템에는 공정 제어, 작업 현장 제어, 재고 관리, 그리고 품질 관리를 위한 컴퓨터 원용 검사(computer-aided inspection)에 사용되는 시스템들이 있다. 전산화된 비즈니스 시스템은 주문 입력, 고객 청구 및 기타 용도로 사용된다. 고객 주문은 회사 영업 사원에 의해 입력되거나 고객 스스로에 의해 전산화된 주문 입력 시스템으로 입력된다. 주문에는 설계 부서에 의견을 제공하는 제품 사양이 포함된다. 이러한 입력을 기반으로 CAD 시스템에서 새로운 제품이 설계된다. 이러한 설계 세부 사항들은 컴퓨터 원용 공정 계획, 컴퓨터 원용 공구 설계, 그리고 관련된 활동과 같이 실제 생산에 앞서 수행되는 제조 엔지니어링 그룹의 입력으로 사용된다. 제조 엔지니어링의 결과물들은 제조 자원 계획과 생산 일정 계획에 필요한 다양한 입력 데이터로 제공된다. 따라서 컴퓨터 통합 제조는 제품의 실제 생산 수행에 필요한 정보 흐름을 제공한다.

오늘날, 컴퓨터 통합 제조는 ***전사적 자원 관리(enterprise resource planning, ERP)***를 사용하는 많은 기업들에 의해 구현되고 있다. ERP에 대해서는 35.3.5절에서 다룬다.

참고문헌 *REFERENCES*

[1] Black, J. T. *The Design of the Factory with a Future.* McGraw-Hill, New York, 1990.
[2] Black, J. T. "An Overview of Cellular Manufacturing Systems and Comparison to Conventional Systems." *Industrial Engineering*, November 1983, pp. 36–84.
[3] Boothroyd, G., Poli, C., and Murch, L. E. *Automatic Assembly.* Marcel Dekker, New York, 1982.
[4] Buzacott, J. A. "Prediction of the Efficiency of Production Systems without Internal Storage." *International Journal of Production Research*, Vol. 6, No. 3, 1968, pp. 173–188.
[5] Buzacott, J. A., and Shanthikumar, J. G. *Stochastic Models of Manufacturing Systems.* Prentice-Hall, Upper Saddle River, New Jersey, 1993.
[6] Chang, T.-C., Wysk, R. A., and Wang, H.-P. *Computer-Aided Manufacturing.* 3rd ed. Prentice-Hall, Upper Saddle River, New Jersey, 2005.
[7] Chow, W.-M. *Assembly Line Design.* Marcel Dekker, New York, 1990.
[8] Gallagher, C. C., and Knight, W. A. *Group Technology.* Butterworth & Co., London, 1973.
[9] Groover, M. P. "Analyzing Automatic Transfer Lines." *Industrial Engineering*, Vol. 7, No. 11, 1975, pp. 26–31.
[10] Groover, M. P. *Automation, Production Systems, and Computer-Integrated Manufacturing.* 4th ed. Pearson Education, Upper Saddle River, New Jersey, 2015.
[11] Ham, I., Hitomi, K., and Yoshida, T. *Group Technology.* Kluwer Nijhoff, Hingham, Massachusetts, 1985.
[12] Houtzeel, A. "The Many Faces of Group Technology." *American Machinist*, January 1979, pp. 115–120.
[13] Luggen,W. W. *Flexible Manufacturing Cells and Systems.* Prentice-Hall, Englewood Cliffs, New Jersey, 1991.
[14] Maleki, R. A. *Flexible Manufacturing Systems: The Technology and Management.* Prentice-Hall, Englewood Cliffs, New Jersey, 1991.
[15] Moodie, C., Uzsoy, R., and Yih, Y. *Manufacturing Cells: A Systems Engineering View.* Taylor & Francis, London, 1995.
[16] Parsai, H., Leep, H., and Jeon, G. *The Principles of Group Technology and Cellular Manufacturing.* John Wiley & Sons, Hoboken, New Jersey, 2006.
[17] Pine II, B. J. *Mass Customization.* Harvard Business School Press, Cambridge, Massachusetts, 1993.
[18] Riley, F. J. *Assembly Automation: A Management Handbook.* 2nd ed. Industrial Press, New York, 1999.
[19] Weber, A. "Is Flexibility a Myth?" *Assembly*, May 2004, pp. 50–59.

복습문제 *REVIEW QUESTIONS*

서론

34.1 통합 제조 시스템의 주요 구성 요소는?

자재취급

34.2 자재 이송 시스템에서 고정 라우팅과 변동 라우팅의 차이는?

생산 라인의 기초

34.3 생산 라인이란?

34.4 생산 라인에서 사용되는 작업물 이송 시스템의 주요한 형태들은 무엇인가?

34.5 생산 라인의 종류는?

34.6 수동 조립 라인의 연속 이송 시스템에서, 종종 부품이 컨베이어에 고정되는 이유는?

34.7 재고 변동 측면에서, 다양한 제품을 생산하기 위해 배치 모델 라인과 혼합 모델 라인 중 어떤 방법이 더 좋은가?

수동 조립 라인

34.8 수동 조립 라인에서 제품 하나를 완성하기 위해 수행해야 하는 모든 작업의 총 시간은 무엇인가?

34.9 수동 조립 라인에서 T_{wc}/T_c보다 크거나 같은 최소 정수로 정해지는 최소 작업자 수 $w_{\min}$이 현실적으로는 달성될 수 없는 두 가지 이유는 무엇인가? 여기서 T_{wc}는 순 작업 시간, 그리고 T_c는 사이클 타임이다.

34.10 총 순작업을 나눌 수 있는 최소 작업량은 무엇인가?

34.11 수동 조립 라인에서 재배치 시간은 무엇인가?

자동 생산 라인

34.12 자동 생산 라인이란?

34.13 자동 생산 라인의 유형에는 어떤 것이 있는가?

34.14 다중 스테이션 조립 시스템의 가장 일반적인 구성은 무엇인가?

34.15 가공 이송 라인에서 다운타임이 발생하는 이유는 무엇인가?

셀형 제조

34.16 셀형 생산이란 무엇이고, 군분류기술과 어떻게 연관되는가?

34.17 부품군이란 무엇인가?

유연 제조 시스템

34.18 유연 제조 시스템이란 무엇인가?

34.19 유연한 제조 시스템이 갖추어야 하는 유연성의 네 가지 유형은 무엇인가?

34.20 FMS 소프트웨어와 제어 기능들을 나열하라.

34.21 기존의 배치 작업과 비교하여, FMS 기술의 장점은 무엇인가?

컴퓨터 통합 제조

34.22 대부분의 제조 기업에서 수행해야 하는 일반적인 기능 네 가지는 무엇인가?

연습문제 *PROBLEMS*

Manual Assembly Lines

34.1 A manual assembly line produces a small appliance whose work content time = 40 min. Rate of production = 35 units/hr, repositioning time = 8 sec, line efficiency = 92%, and balancing efficiency = 90%. How many workers are on the line?

34.2 An assembly line consists of 30 workstations with each station being handled by a single worker. The rate of production of 45 units per hour with the total content time for product assembly being 32 min. The transfer time of the product in between the work stations is 5 seconds with the proportion uptime being 0.93. Calculate the balance efficiency.

34.3 A rider lawn mower is produced on a manual assembly line. Work content time = 49.5 min. The line has 25 workstations with a manning level = 1.2. Available shift time per day = 8 hr, but equipment downtime during the shift reduces actual production time to 7.5 hr on average. This results in an average daily production of 32 units per hour. From previous experience with similar products, it is estimated that the manning level will be close to 2.0, uptime proportion will be 0.92, and line balancing efficiency will be 0.95. If 5 sec are lost from the cycle time for repositioning, determine (a) cycle time, (b) numbers of workers and (c) stations on the line.

34.5 Production rate for an assembled product = 38.5 units per hour. Total work content time = 25 minutes of direct manual labor. The line operates at 97% uptime. Eight workstations have two workers on opposite sides of the line so that both sides of the product can be worked on simultaneously. The remaining stations have one worker. Repositioning time lost by each worker is 0.4 min/cycle. It is known that the number of workers on the line is two more than the number required for perfect balance. Determine (a) number of workers, (b) number of work-stations, (c) balancing efficiency, and (d) average manning level.

34.6 An automobile final assembly plant has an annual production capacity of 200,000 cars. The plant operates 50 weeks/yr, 2 shifts/day, 5 days/week, and 8.0 hours/shift. It is divided into three departments: (1) body shop, (2) paint shop, and (3) trim-chassis-final department. The body shop welds the car bodies using robots, and the paint shop coats the bodies. Both of these departments are highly automated. Trim-chassis-final has no automated workstations. Cars are moved by a continuous conveyor. There are 15.0 hours of work content time on each car in this department. If the average manning level is 2.2, balancing efficiency = 93%, proportion uptime = 95%, and a repositioning time of 0.15 min is allowed for each worker, determine (a) hourly production rate of the plant and (b) number of workers and workstations in trim-chassis-final. (c) What is the average labor cost per car in trim-chassis-final if the hourly worker rate = $30 and fringe benefits add $15/hr. Ignore cost of supervision, maintenance, and other indirect labor.

Automated Production Lines

34.7 A 24-station transfer line operates with an ideal cycle time of 0.72 min. Station breakdowns occur with a frequency of 0.002. Average downtime = 6.0 min per line stop. Determine (a) ideal hourly production rate, (b) frequency of line stops, (c) average actual production rate, and (d) line efficiency.

34.8 A 12-station transfer line has an ideal cycle time = 0.64 min, which includes the transfer time of 6 sec. Breakdowns occur once every 25 cycles, and the average downtime per breakdown is 7.5 min. The transfer line is scheduled to operate 16 hours per day, 5 days per week. Determine (a) line efficiency, (b) number of parts the transfer line produces in a week, and (c) the number of downtime hours per week.

34.9 A 12-station transfer line was designed to operate with an ideal production rate = 50 parts/hour. However, the line does not achieve this rate, because line efficiency = 0.60. It costs $75/hour to operate the line, exclusive of materials. The line operates 4000 hours per year. A computer monitoring system has been proposed that will cost $25,000 (installed) and will reduce downtime on the line by 25%. If the value added per unit produced = $4.00, will the computer system pay for itself within one year of operation? Use expected increase in revenues resulting from the computer system as the criterion. Ignore material and tooling costs in your calculations.

34.10 An automated transfer line with 30 stations has an ideal cycle time of 0.85 min. Breakdown occurs at a frequency of 0.003 with an average downtime of 4 min per line stop. Determine (a) ideal hourly production rate, (b) frequency of line stops, (c) average actual production rate, and (d) line efficiency.

34.11 A transfer line has six stations listed below. Transfer time = 6 sec. Average downtime per occurrence = 8.0 min. A total of 40,000 parts must be processed through the transfer machine. Determine (a) proportion downtime, (b) average hourly production rate, and (c) how many hours of operation are needed to produce the 40,000 parts.

Station	Operation	Process Time	P_i
1	Load part	0.78 min	0
2	Drill three holes	1.32 min	0.02
3	Ream two holes	0.90 min	0.01
4	Tap two holes	0.95 min	0.03
5	Mill flats	1.12 min	0.01
6	Unload parts	0.45 min	0

PART 10

제조 시스템

CHAPTER 35

공정 계획과 생산 관리

35.1 공정 계획
- 35.1.1 전통적 공정 계획
- 35.1.2 제작 또는 구매 결정
- 35.1.3 컴퓨터 원용 공정 계획

35.2 기타 제조 엔지니어링 기능
- 35.2.1 문제 해결 및 지속적 개선
- 35.2.2 제조와 조립 감안 설계
- 35.2.3 동시 공학

35.3 생산 계획과 관리
- 35.3.1 총괄 계획 및 기준 생산 계획
- 35.3.2 자재 소요 계획
- 35.3.3 생산 능력 계획
- 35.3.4 제조 현장 제어
- 35.3.5 전사적 자원 관리

35.4 적시 생산 시스템

35.5 린 생산
- 35.5.1 Autonomation
- 35.5.2 작업자 참여

35.6 민첩 제조

이 책의 마지막 부분은 ***제조 지원 시스템(manufacturing support system)***에 관한 것으로, 공정을 계획하고, 자재를 주문하고, 생산을 제어하고, 요구되는 품질 규격을 만족시킬 수 있는 제품을 만들기 위해 부딪히는 여러 가지 기술적인 문제들과 물류 문제들을 해결하기 위해서 기업에서 사용하는 절차와 시스템을 다룬다. 그림 35.1은 전체 기업 활동에서 제조 지원 시스템의 위치를 보여준다. 공장의 생산 시스템이 그러하듯이 제조 지원 시스템도 사람을 포함한다. 시스템을 작동시키는 것은 사람이다. 공장의 제조 시스템과 다르게 대부분의 지원 시스템은 생산, 조립되는 제품에 직접적으로 작용하지는 않는다. 대신, 제조 지원 시스템은 고품질 표준을 만족시키는 제품이 만들어져서 고객에게 제시간에, 정확한 수량이 배달될 수 있도록 공장 안의 여러 활동들을 계획하고 통제한다.

품질 관리 시스템은 제조 지원 시스템의 일부이며, 또한 공장 안에 위치하고 있는 공정이 수행될 소재와 조립될 제품을 측정하는 검사 장비 같은 설비들을 포함한다. 품질 관리 시스템은 36장에서 다룬다. 검사를 위해 사용되는 전통적인 검사 및 측정 기술을 6장에서 설명한다. 공정 계획, 생산 계획 및 제어, 적시 생산, 린 생산 등 다른 제조 지원 시스템들은 이 장에서 모두 다룬다.

공정 계획(process planning)은 고품질 제품의 경제적 생산을 위한 일련의 제조 공정을 계획하는 기능이며, 설계 명세에서 실제 제품으로의 전환 방법에 대한 엔지니어링이다. 공정 계획은 (1) 어떤 공정과 방법들이 어떤 순서로 사용되는지를 결정하고, (2) 공구류에 대한 요구 사항을 결정하며, (3) 생산 설비와 시스템을 선택하고, (4) 선택된 공정, 공구류, 설비에 따른 비용을 산출한다.

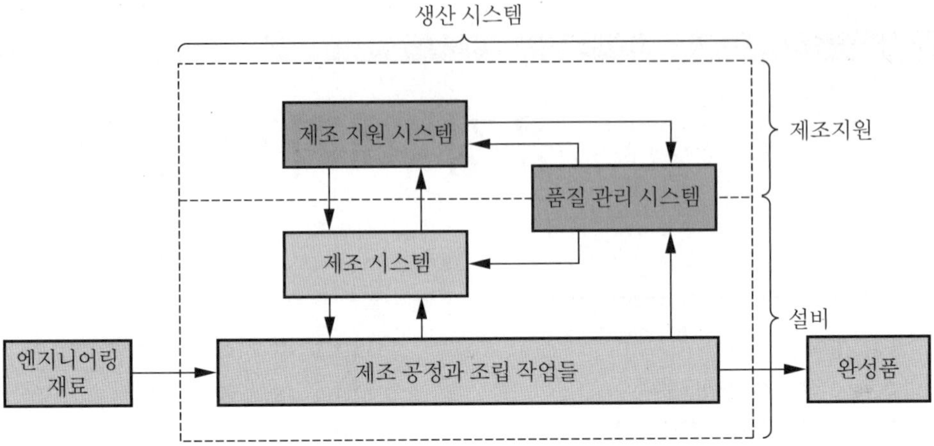

그림 35.1 생산 시스템에서 제조 지원 시스템의 위치.

공정 계획은 일반적으로 제조 엔지니어링 부서의 주요 업무로서, 전체적으로 조직의 생산 작업을 최적화하는 목적을 갖는다. 공정 계획에 추가하여, 제조 엔지니어링에는 보통 다음과 같은 기능들이 포함된다.

- *문제 해결과 지속적인 개선(problem solving and continuos improvement).* 제조 엔지니어링은 생산의 기술적인 문제들을 해결하기 위해 운영 부서(부품 제작과 제품 조립)를 지원한다. 여기에는 제조 원가를 줄이고, 생산성을 높이고, 제품 품질을 향상시키기 위한 지속적인 노력이 포함된다.
- *제조 감안 설계(design for manufacturability).* 제조 엔지니어가 제품 설계자에게 제조 용이성(manufacturability)에 대해 조언하는 것이다. 목적은 제품 설계 시에 기능과 성능에 대한 요구 사항만을 만족하는 것이 아니라, 적은 비용으로, 가장 짧은 시간에, 가능한 가장 높은 품질을 가진 제품을 생산하도록 하는 것이다.

제조 엔지니어링은 생산을 하고 있는 모든 기업에 필요하며, 제조 엔지니어링 부서는 회사의 생산 담당 관리자에게 보고하며, 회사에 따라 ***공정 엔지니어링*** 또는 ***생산 엔지니어링***으로 불린다. 또한 공구류 설계, 공구류의 제작, 그리고 다양한 기술 지원 그룹들이 종종 제조 엔지니어링에 포함된다.

35.1 공정 계획

공정 계획(process planning)이란 제품 설계 정보를 바탕으로 그 제품 혹은 필요 부품을 제조하기 위해 가장 *적합한* 제조 공정과 순서를 결정하는 것이다. 조립 제품의 경우에는, 공정 계획에서 적절한 조립 순서를 결정한다. 공정 계획은 공장의 생산 능력과 가용한 설비들에 의해 제한을 받는다. 내부적으로 만들 수 없는 부품이나 중간 조립품은 외부 공급자로부터 구매해야 한다. 어떤 경우에는, 경제적, 또는 다른 이유로 인해 내부적으로 만들 수 있는 제품을 외부 업체로부터 구매하기도 한다.

35.1.1 전통적 공정 계획

전통적으로 공정 계획은 공장에서 수행되는 제조 공정들에 대한 지식을 가지고 있고, 설계도면을 해석할 능력이 있는 제조 엔지니어가 수행한다. 부품을 만드는 공정의 각 단계가 그들의 지식, 기술, 경험에 기초하여 가장 논리적인 순서로 결정된다. 표 35.1은 공정 계획의 범위에서 일반적으로 결정되는 세부 결정 내용들을 정리한 것이다. 이들 중 어떤 것은 공구류 설계자 같은 전문가에게 위임되기도 하지만, 제조 엔지니어가 그들에 대한 책임을 진다.

부품을 위한 공정 계획

소재는 주어진 부품을 완성하기 위한 필요한 공정을 결정하는 데 있어서 가장 큰 영향을 주며, 기능적인 요구 사항을 만족할 수 있도록 제품 설계자에 의해 결정된다. 일단 소재가 결정되면, 적용 가능한 공정의 범위가 크게 줄어들게 된다.

개별 부품을 제작하는 데 있어서 일반적인 공정 순서는 그림 35.2와 같이 (1) 기본 공정, (2) 하나 또는 다수의 이차 공정, (3) 성질 향상 공정, (4) 마무리 공정이다. 기본 공정과 이차 공정은 공작물의 형상을 바꾸는 성형 공정이다(1.3.1절). ***기본 공정(basic process)***은 부품의 초기 형상을 만드는 것으로 금속 주조, 단조, 판재의 압연 등이 있다. 대부분의 경우, 초기 형상은 일련의 ***이차 공정(secondary process)***들을 통해 수정된다. 이 공정은 기본 형상을 최종 형상으로 변환하며, 가능한

표 35.1 공정 계획에 요구되는 의사 결정과 세부 내용

공정 계획에 요구되는 의사 결정과 세부 내용
공정과 순서. 공정 계획은 수행되는 순서에 따라 단위 작업(예, 부품, 조립)에서 이루어지는 모든 공정들을 간략하게 설명해야 한다.
장비 선택. 일반적으로 제조 엔지니어는 기존의 장비를 최대로 이용하도록 공정 계획을 작성한다. 이것이 불가능한 경우는, 부품을 구매하거나(35.1.2절), 새로운 장비를 공장에 설치한다.
공구, 금형, 주형, 고정구, 게이지. 공정 계획자는 각 공정에 대해 필요한 공구류를 결정해야 한다. 이들의 설계는 일반적으로 공구 설계 부서에 위임하며, 제작은 공구실에서 수행된다.
기계 가공을 위한 절삭 공구와 절삭 조건. 공정 계획자, 산업 공학자, 작업장의 직장, 기계 운영자들에 의해 결정되며, 일반적으로 표준 핸드북의 권장 사항을 따른다.
공법. 팔과 몸의 동작, 작업장의 배치, 작은 공구, 무거운 부품을 들어올리기 위한 승강기 등에 대한 방법이다. 수동 작업(예, 조립)과 기계 사이클에서의 수작업 부분(예, 생산 기계의 이적재)은 그 방법이 반드시 결정되어야 한다. 공법 계획은 전통적으로 산업 공학자에 의해 수행된다.
작업 표준. 작업 측정 기술로 각 작업에서 작업 시간 표준을 수립한다.
생산 비용 산출. 종종 공정 계획자를 도와주는 원가 분석자에 의해 수행된다.

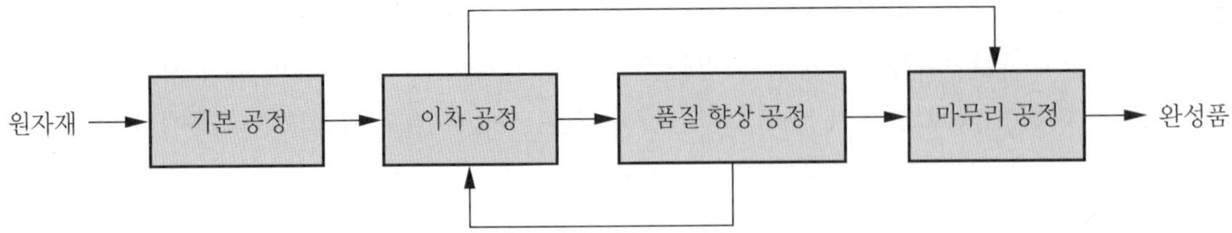

그림 35.2 일반적인 부품 제작 공정 순서.

Courtesy of George E. Kane Manufacturing Technology Laboratory, Lehigh University

그림 35.3 이 배관 설비는 기본 공정과 이차 공정을 보여준다. 왼쪽은 주조(기본 공정)로 만들어진 시작 형상이고, 오른쪽은 이후 일련의 가공 작업(이차 공정)을 통해 완성된 부품의 구멍과 나사산을 보여준다.

이차 공정과 초기 형태를 결정하는 기본 공정은 연관되어 있다. 예를 들어, 주조나 단조가 기본 공정이라면 절삭 가공이 이차 공정이 되며, 압연을 통해 금속 판재가 만들어지면 여기에는 블랭킹, 펀칭, 벤딩 같은 프레스 공정이 사용된다. 플라스틱 사출이 기본 공정으로 사용된 경우에는 기본 공정만으로도 상세한 최종 형상을 좋은 정밀도로 얻을 수 있기 때문에 대개 이차 공정이 불필요하다.

일반적으로 성형작업이 끝나면 제품의 기계적 성질을 향상시키고 마무리하기 위한 작업이 수행된다. 금속 부품과 유리의 열처리가 ***성질 향상 공정(operations to enhance properties)***에 해당된다. 많은 경우 이 성질 향상 공정을 거치지 않기도 하며 그림에서 화살표는 이 경우를 나타낸 것이다. ***마무리 공정(finishing operations)***은 공정의 마지막으로 일반적으로 부품 혹은 조립품의 표면

표 35.2 일반적인 공정 순서[6]

기본 공정	이차 공정	성질 향상 공정	마무리 공정
사형 주조	절삭 가공	(불필요)	도장
다이캐스팅	(불필요, 순형상)	(불필요)	도장
유리 캐스팅	프레스 작업, 블로우 몰딩	(불필요)	(불필요)
사출 성형	(불필요, 순형상)	(불필요)	(불필요)
바 소재의 압연	절삭 가공	열처리(필요에 따라)	전기도금
판재의 압연	블랭킹, 벤딩, 드로잉	(불필요)	전기도금
단조	절삭 가공	(불필요)	도장
알루미늄 압출	절단	(불필요)	양극처리
금속분말 가공	분말 가공 부품의 프레스 작업	소결	도장

을 코팅하며, 전기도금, 도장이 여기에 해당된다.

어떤 경우에는, 그림 35.2의 루프와 같이 성질 향상 공정이 수행된 후 마무리 공정이 수행되기 전에 이차 공정이 추가되기도 한다. 예를 들면 열처리에 의해 경화되는 절삭 가공된 부품이 여기에 해당된다. 열처리 전에 부품은 뒤틀림을 고려하여 약간의 여유를 남겨 조금 크게 만든다. 경화(hardening)가 끝난 후, 최종 크기와 정밀도로 연삭을 수행한다. 또 다른 경우, 금속 부품을 제작할 때, 냉간 가공이 끝난 후 연성을 회복하기 위해 풀림(annealing)을 수행하는 것을 들 수 있다.

표 35.2는 여러 기본 공정들에 대한 전형적인 공정 순서를 보여준다. 공정 계획자의 업무는 일반적으로 기본 공정에 의해 부품의 초기 형상이 결정된 상태에서 시작된다. 절삭 부품은 바형 소재(bar stock)나 주조 또는 단조로 시작되며, 이러한 기본 공정은 외부에서 수행되어 제조 플랜트로 들어오는 경우가 많다. 스탬핑(stamping)은 제철소에서 구매하는 판재 코일이나 스트립에서 시작된다. 이들이 원자재가 외부 공급자로부터 들어오고 이차 공정과 후속공정들이 공장에서 수행되는 경우이다. 가장 적절한 공정과 순서 결정은 공정 계획자의 기술, 경험, 그리고 판단력에 따른다.

공정 절차서

공정 계획은 ***공정 절차서(route sheet)***의 형식으로 준비되며, 그림 35.4는 그 전형적인 예를 보여준다(어떤 회사에서는 이 양식을 다른 이름으로 부르기도 한다). 생산 과정에서 부품이 이동하는 작업과 장비의 순서를 지정하기 때문에 공정 절차서라고 부른다. 공정 계획자에게 공정 절차서는 제품 설계자에게 도면과 같은 것으로, 공정 계획의 상세한 내용을 정의하고 있는 공식적인 문서이다. 공정 절차서는 공작물에 수행되는 모든 제조 작업을 담아야 한다. 각 작업에 대해서, 다음과 같은 내용이 나열된다: (1) 수행 작업을 나타내는 작업에 간략한 설명, 부품 도면을 참조로 한 공정 수행 면과 치수 (부품 도면에 지정되지 않은 경우 공차도 포함), (2) 작업 수행을 위해 필요한 장비, 그리고 (3) 금형, 주형, 절삭 공구, 치공구, 게이지 같은 공구류 정보. 회사에 따라 표준 사이클 타임, 셋업 시간, 기타 데이터를 추가하기도 한다.

부품번호: 031393	부품명: 하우징, 밸브	수정: 2	Page 1 of 2
재질: 416 Stainless	크기: 2.0 dia × 5. long	계획자: MPG	날짜: 3/13/XX

No.	작업	부서	기계	공구, 게이지	셋업 시간	가공 시간
10	정면절삭 황정삭 석반가공 직경 1.473±0.003×길이 1.250±0.003, 0.313±0.002 크기의 정면 소울더 절삭, 직경 1.875±0.002로 최종 절삭, 길이 0.125×깊이 0.063인 3개의 홈 가공	L	325	G857	1.0 h	8.22 m
20	반대면 가공, 정면절삭 길이 4.750±0.005, 직경 1.875±0.002로 최종 절삭, 직경 1.000+0.006,-0.002인 구멍 드릴링 가공	L	325		0.5 h	3.10 m
30	드릴링과 라이밍 직경 0.375±0.002인 구멍 3개	D	114	F511	0.3 h	2.50 m
40	밀링 폭 0.500±0.004×0.375±0.003 깊이 홈	M	240	F332	0.3 h	1.75 m
50	밀링 폭 0.750±0.004×0.375±0.003 깊이 평면	M	240	F333	0.3 h	1.60 m

그림 35.4 공정 계획을 정의하는 일반적인 공정 절차서.

어떤 경우에는 공정 절차서에 있는 각각의 작업에 대해 더욱 자세한 ***작업 계획서(operation sheet)***가 준비되기도 한다. 여기에는 절삭 속도, 이송 속도, 공구와 같은 작업에 대한 자세한 설명과 작업자에게 유용한 여러 지시들이 포함된다. 셋업에 대한 스케치가 포함되기도 하며, 공정을 수행하는 해당 부서에서 보관한다.

조립을 위한 공정 계획

일반적으로 소량 생산에서는 개별 워크스테이션이나 제품 완성을 위한 요소 작업들을 수행하는 팀 또는 작업자에 의해 조립이 수행된다. 중량 생산과 대량 생산에서 조립은 대개 생산 라인에서 수행된다. 모든 경우에 요소 작업이 완료되기 위한 선행 조건이 존재한다.

조립 공정 계획에는 조립 작업 지침의 준비가 포함된다. 단일 작업장에서 이 문서에는 그림 35.4의 공정 절차서와 비슷하게 작업 순서에 따라 수행할 조립 절차가 담긴다. 조립 생산 라인에서 공정 계획은 특정한 작업장에 작업 요소를 배치하는 절차, ***라인 밸런싱(line balancing)***을 포함한다(34.3.2절). 결과적으로 조립 라인은 개별 워크스테이션에 대한 작업 경로를 결정하며, 라인 밸런싱을 통해 각 스테이션에서 수행해야 할 조립 절차를 결정한다. 공정 계획과 마찬가지로, 주어진 작업 요소들을 수행하기 위한 모든 공구류와 고정구들을 결정하며, 작업장 레이아웃 배치를 설계한다.

35.1.2 제작 또는 구매 결정

해당 부품을 외부에서 구매할지 아니면 내부적으로 제작할 지에 대한 질문은 필연적인 것이다. 우선 사실상 모든 제조 업체가 공급자로부터 소재를 구매한다는 사실에 주목할 필요가 있다. 기계 가공 공장에서는 금속 공급 업체에서 바 형태의 소재를 구매하고, 주물 공장에서 주물을 사온다. 플라스틱 주형업체는 주형을 위한 화합물을 화학 공장에서 얻는다. 프레스 공장에서는 압연 공장으로부터 판재를 구매한다. 원소재로부터 최종 제품까지 모든 방식이 수직적으로 통합되어 있는 회사는 거의 없다.

회사가 소재를 구매할 때 부품을 구매할 것인지, 아니면 자체 공장에서 생산할 지에 대해 의문을 갖는 것은 이상한 일이 아니며, 이러한 질문에 대한 답이 ***제작 또는 구매 결정(make or buy decision)***이다.

비용은 자체적으로 제작할 것인지, 아니면 구매할 것인지를 결정하는 데 가장 중요한 요인이다. 만약 어떤 업체가 해당 부품 제작에 필요한 공정에 대해 괄목할 만한 능력을 가지고 있다면, 업체 마진 추가에도 불구하고 구매 가격이 자체 제작하는 경우의 비용보다 더 낮을 수도 있다. 다른 측면에서 보면, 부품을 사온다는 것은 공장 설비들을 놀리게 되므로, 업체에 의한 비용 절감이 자체 공장에 대해서는 단점이 될 수도 있다. 다음 예제를 고려해 보자.

예제 35.1

제작 또는 구매 시의 비용 비교

어떤 업체에 1,000개 주문 시 개당 가격이 8.00불인 어떤 부품이 있다. 공장에서 직접 제작할 경우 단가는 9.00불이며, 비용 분석 결과는 다음과 같다.

재료비 = 개당 2.25불
노동비 = 개당 2.00불
노동에 대한 간접비(150%) = 개당 3.00불
설비에 대한 고정비 = 개당 1.75불

총합 = 개당 9.00불

이 부품을 구매해야 하는가 아니면 직접 제작해야 하는가?

풀이

업체의 가격이 구매 결정에 결정적인 영향을 주는 것으로 보이지만, 외부 업체로부터 구매할 경우 공장에 미치는 영향을 고려해 보자. 설비비는 이미 투입된 자본에 대한 비용이다. 만약, 부품을 업체로부터 구매한다면, 설비를 사용하지는 않지만 고정비 1.75불은 계속 존재한다. 마찬가지로 간접비 3불도 공장 공간 이용, 간접 노동 비용 등 부품을 외부에서 사오더라도 계속 소요되는 비용들로 구성된다. 이러한 이유로 구매로 결정할 때 고려해야 할 단가는 구매로 인하여 공장의 기계들이 운영되지 못하기 때문에 8불 + 1.85불 + 3불 = 12.75불이다. 다른 한편으로, 내부 가격이 외부 구매 가격보다 적은 구성 요소를 생산하는 데 기계를 사용할 수 있다면, 구매 결정은 경제적으로 합리적이다.

표 35.3 제작 또는 구매 결정의 주요 요인들

요인. 설명과 제작 또는 구매 결정에 미치는 영향
자체 수행 가능 공정. 주어진 공정을 내부에서 수행하는 것이 불가능하면, 구매해야 한다. 공급 업체들은 외부-내부의 비교에 대하여 가격 경쟁력을 유지할 수 있도록 제한된 특정 공정들에 대해서 숙련되어 있다. 현재는 보유하고 있지 않지만 장기적인 관점에서 제조 공정 기술을 갖출 필요가 있는 경우는 예외이다.
생산량. 대량 생산의 경우는 제작을, 소량 생산하는 경우는 구매하는 경향을 보인다.
제품 수명. 긴 수명을 갖는 제품은 내부 제작이 유리하다.
표준부품. 볼트, 나사, 너트와 같은 표준 부품은 해당 제품에 전문화되어 있는 공급 업체에서 경제적으로 생산한다. 이러한 표준 부품은 거의 모든 경우 구매하는 것이 좋다.
공급 업체의 신뢰성. 신뢰성 있는 공급 업체와 거래한다.
대안 공급처. 경우에 따라 공장에서 생산하는 주품을 공급 업체로부터 대체하여 구매하는 경우가 있다. 이것은 부품의 중단 없는 공급을 보장하거나, 요구가 집중되는 기간에도 생산을 원활하게 하기 위한 것이다.

제작 또는 구매 결정이 예제 35.1과 같이 명확한 경우는 드물다. 의사 결정에 영향을 미치는 다른 요인들이 표 35.3에 정리되어 있다. 이러한 요인들이 주관적으로 보이지만, 직접 또는 간접적으로 원가에 영향을 미친다. 최근에 주요 회사들은 부품 공급 업체들과의 긴밀한 관계를 형성하는 것을 매우 강조하고 있다. 이러한 추세는 특히 자동차 산업에 널리 퍼져있으며, 각 자동차 회사와 고품질 부품을 일정에 맞춰 안정적으로 공급할 수 있는 제한된 수의 공급 업체 간에 장기 계약이 이루어지고 있다.

35.1.3 컴퓨터 원용 공정 계획

지난 수십 년 동안 컴퓨터를 이용해 공정 계획 기능을 자동화하는 데 많은 관심이 있었다. 제조 공정에 익숙한 현장의 인력들이 점차 은퇴하고 있다. 공정 계획에 대한 대안적 접근이 필요하며, CAPP(computer-aided process planning) 시스템이 이러한 대안을 제공한다. 대부분의 CAPP 시스템은 (1) 변성형 시스템과 (2) 창성형 시스템의 두 가지 방법 중 하나를 이용하여 설계되었다.

변성형 CAPP 시스템

변성형 CAPP 시스템(retrieval CAPP system)은 ***변형형 CAPP 시스템(variant CAPP system)***이라고도 하며, 군분류 기술과 부품 분류 및 코딩(34.5.1절)에 기초를 두고 있다. 이러한 시스템에서는, 각 부품 코드에 대한 표준 공정 계획이 컴퓨터 파일로 저장된다. 표준 공정 계획은 공장에서 사용되고 있는 현재의 공정 절차거나, 각 부품군을 위해 준비된 이상적인 공정 계획이다. 변성형 CAPP 시스템은 그림 35.5과 같이 운영된다. 작업자가 공정 계획을 결정해야 하는 부품에 대해 GT 코드를 결정하며, 부품군 파일 검색을 통하여 해당 부품 코드에 대한 표준 공정 절차서가 존재하는지를 판별

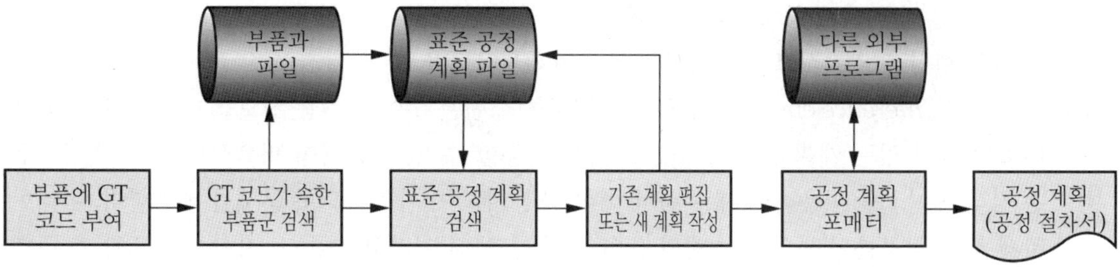

그림 35.5 변성형 컴퓨터 이용 공정 계획 시스템의 운영[6].

한다. 만약 파일에 부품에 대한 공정 계획이 담겨져 있다면, 이것이 검색되어 작업자에게 표시된다. 표준 공정 계획은 검토를 통하여 수정이 필요한지 여부를 결정하게 된다. 새 부품이 동일한 코드를 갖더라도 부품을 만들기 위한 공정에는 약간의 차이가 필요하며, 표준 계획은 이에 따라 편집된다. 존재하는 공정 계획을 변경하기 때문에 변형형 시스템으로도 불린다.

만약 주어진 코드 번호에 해당하는 표준 공정 계획이 파일에 없는 경우, 사용자는 표준 공정 절차가 존재하는 유사한 코드 번호를 파일에서 찾는다. 기존의 공정 계획을 편집하여, 새로운 부품의 공정 계획을 얻는다. 이것은 새로운 부품 코드 번호의 표준 공정 계획이 된다.

마지막 단계로 공정 계획 포매터(formatter)는 적당한 양식으로 공정 계획을 출력한다. 포매터는 공작 기계 운영을 위한 절삭 조건 결정, 가공 작업의 표준 시간 계산, 또는 비용 예측을 계산하는 등의 다른 응용 프로그램에 접근할 수 있다.

창성형 CAPP 시스템

창성형 CAPP 시스템은 변성형 시스템의 대안이다. 데이터베이스에서 기존의 계획을 불러 편집하는 대신, 창성형 시스템은 공정 계획자가 계획을 수립하는 것과 유사한 논리적인 절차에 따라 공정 계획을 생성하는 자동화된 공정 계획 방법이다. 완전한 창성형 시스템에서는 작업자의 개입이나 미리 설정된 표준 계획 없이 공정 순서가 결정된다.

창성형 시스템을 설계하는 것은 인공지능의 한 분야인 전문가 시스템의 영역에 해당되는 문제이다. ***전문가 시스템(expert system)***이란 많은 지식과 경험이 있는 사람을 필요로 하는 복잡한 문제를 해결할 수 있는 컴퓨터 프로그램을 의미하는데, 공정 계획은 이러한 정의에 잘 부합된다. 완전한 창성형 CAPP 시스템에 요구되는 몇 가지 핵심적인 요소는 다음과 같다.

1. *지식 기반(knowledge base).* 숙달된 공정 계획자가 사용하는 기술적, 논리적 지식을 추출, 코드화하여 컴퓨터 프로그램을 작성해야 한다. 공정 계획에 적용되는 전문가 시스템은 공정 계획자의 지식과 논리를 보유, 공정 계획자와 지식 기반을 통합시킨다. 창성형 CAPP 시스템은 공정 절차서를 작성하는 등 공정 계획 문제들을 풀기 위해 구성된 지식 기반을 사용한다.
2. *컴퓨터에서 사용 가능한 부품 데이터(computer-compatible part description).* 창성형 공정 계획 시스템에서는 컴퓨터에서 사용 가능하도록 부품이 표현되어야 하며, 이 표현에는 공정 순서를 계획하는 데 필요한 모든 데이터가 들어 있어야 한다. 부품 표현을 가능하게 하는 방

법으로 (1) 제품 설계 중 CAD 시스템에서 만들어지는 부품의 형상 모델, 그리고 (2) 해당 가공 특징 형상을 세부적으로 정의하는 부품의 GT 코드가 있다.

3. *추론 엔진(inference engine).* 창성형 CAPP 시스템은 주어진 부품 정보를 바탕으로 지식 베이스에 담겨 있는 계획 논리와 공정 지식을 적용할 수 있는 능력이 필요하다. CAPP 시스템은 지식 베이스를 이용하여 새 부품에 대한 공정 계획이 가능하도록 문제를 해결한다. 이러한 문제 해결 절차를 전문가 시스템의 용어인 '추론 엔진'이라고 부른다. 지식 베이스와 추론 엔진을 이용하여, CAPP 시스템은 새로운 부품에 대한 새로운 공정 계획을 생성해낸다.

CAPP의 이점

컴퓨터 이용 자동 공정 계획의 이점은 다음과 같다. (1) 공정의 합리화와 표준화 — 자동화된 공정 계획은 수동으로 작성되었을 때보다 더 논리적이고 일관성 있는 결과를 얻을 수 있다; (2) 공정 계획자들의 생산성 향상 — 데이터 파일로 저장되어 있는 표준 공정 계획이 확보되어 있고 체계적인 접근 방법을 활용할 수 있어, 공정 계획자들이 보다 더 계획을 수립할 수 있다; (3) 공정 계획 준비에 소요되는 시간 단축; (4) 수기로 작성된 공정 절차서보다 읽기 쉽다; 그리고 (5) 비용 산정, 작업 표준 등의 다른 응용 프로그램들과의 인터페이스가 가능하다.

35.2 기타 제조 엔지니어링 기능

공정 계획은 제조 엔지니어링의 주요 기능이지만, 두 개의 추가 기능은 (1) 문제 해결과 지속적인 개선, 그리고 (2) 제조 및 조립을 위한 설계이다. 관련 주제는 동시 공학이다.

35.2.1 문제 해결 및 지속적 개선

제조에서 발생하는 문제들은 생산 부서의 라인 조직에서 일상적으로 대응이 가능한 범위 이상이기 때문에 기술 조직의 지원을 필요로 한다. 이러한 기술 지원을 준비하는 것은 제조 엔지니어링의 책임이다. 대부분의 문제는 운영 부서에서 수행하는 공정의 특정 기술에 따라 달라진다. 절삭 가공에서, 문제는 절삭 공구, 제대로 작동하지 않는 고정구, 공차 범위를 벗어나는 부품, 또는 최적화되어 있지 않은 가공 조건의 선택과 관련이 있다. 플라스틱 성형에서 문제는 지나친 플래시, 부품이 주형에 눌러 붙는 것, 또는 성형품의 여러 가지 결함들이다. 이러한 문제들은 기술적인 것이며, 이를 해결하기 위해서는 공학적인 전문성이 요구된다.

어떤 경우, 문제의 해결을 위해서는 설계 변경이 필요하기도 하다. 예를 들어, 최종 연삭 작업을 제거하기 위한 부품의 치수 공차를 변경하는 경우, 이 변경은 제품의 기능이 가능한 범위 안에서 이루어져야 한다. 제조 엔지니어는 적절한 해결책을 강구하고 설계 부서에 설계 변경을 제안할 책임을 가지고 있다.

개선하기 좋은 부분 중 하나가 셋업 시간이다. 하나의 생산 셋업에서 다음으로 변경하는 절차(예를 들어 뱃치 생산)는 시간과 비용을 많이 소모하는 작업이다. 제조 엔지니어는 이러한 변경 절차를 분석하여 수행 시간을 절감하기 위한 방법을 강구해야 한다. 35.4절에서 셋업을 감소시키기 위한 접근 방법들을 소개한다.

현재의 기술적인 문제들을 해결하는 것('소방(firefighting)'이라고 불리는) 외에도 제조 엔지니어링 부서는 종종 지속적인 개선 프로젝트를 담당한다. 지속적인 개선은 지속적으로 비용 절감, 품질 향상과 제조 생산성 향상 방법을 모색하고 구현하는 것을 의미하며, 한 번에 하나의 프로젝트가 수행된다. 문제 영역의 유형에 따라 제조 엔지니어뿐만 아니라 제품 디자이너, 품질 엔지니어, 그리고 작업자와 같은 다른 부서도 포함하는 프로젝트 팀이 참여할 수 있다.

표 35.4 제조와 조립 감안 설계의 일반 원칙과 지침[1], [4], [9]

원칙 또는 지침. 이득
부품수 최소화. 조립비용의 감소. 연결의 감소로 인한 최종 제품의 신뢰성 증가. 유지보수 및 서비스를 위한 분해 용이. 부품 수의 감소는 일반적으로 자동화를 적용하기에 용이. 재공 재고 감소와 재고 관리 문제 감소. 구매품의 감소와 주문비용의 감소.
상용화된 표준 부품 사용. 설계에 드는 노력 감소. 고객 맞춤 부품 설계 회피. 부품 수 감소. 효과적인 재고 관리. 대량구매에 따른 할인 가능.
생산 라인 전반에 공용부품 사용. 군분류 기술 사용 가능(34.5절). 제조 셀 구성 가능. 대량 구매에 따른 할인 가능.
부품 제작이 용이하도록 설계. 가능한 순형상공정 사용. 부품형상 단순화. 불필요한 특징 형상 제거. 필요이상으로 좋은 표면 거칠기 회피; 그렇지 않으면 추가 공정이 필요할 수 있음.
공정 능력 범위 안의 공차를 가지도록 설계. 공정 능력보다 작은 공차수준 회피(36.2절); 그렇지 않으면 추가 공정이나 분류가 필요. 상하 공차의 규정.
조립 시 오류방지(fool proof)가 되도록 설계. 모호하지 않은 조립 설계. 한 방향으로만 조립되도록 부품을 설계. 때때로 조립 시 오류방지가 되도록 특별한 특징 형상을 부품에 추가.
유연 부품 사용 최소화. 고무, 벨트, 개스킷, 전선 등. 일반적으로 유연한 부품은 취급과 조립이 곤란.
조립이 용이하도록 설계. 끼워 맞출 부품에 모따기와 경사면과 같은 형상 설계. 다른 부품들에 붙여나갈 기본 부품 사용. 한 방향(보통 수직)으로 부품들이 조립되도록 설계. 자동 조립의 경우 나사형 패스너(스크루, 볼트, 너트) 사용 가능한 회피; 대신 snap fit과 접착제와 같은 신속한 조립 기술 사용. 패스너 사용 개수 최소화.
모듈 설계 이용. 각 중간 조립품은 5~15개의 부품으로 구성. 유지보수와 고장 수리용이. 자동과 수동 조립 용이. 요구 재고량의 감소. 최종 조립시간 감소.
포장이 용이하도록 부품과 제품의 형상 설계. 표준 포장 상자 사용이 가능하도록 제품 설계. 자동 포장 장비와 호환. 고객에게 선적이 용이.
필요한 조정을 줄이거나 제거. 조립 시 조정에서 많은 시간 소요. 제품에 조정이 필요하도록 설계하면 조정이 불가능한 상황이 발생할 기회가 많아짐.

35.2.2 제조와 조립 감안 설계

35.1절에 기술된 공정 계획의 많은 부분은 제품 설계에서 진행되는 의사 결정들에 의해 영향을 받는다. 재질, 부품 형상, 공차, 표면 거칠기, 부품 그룹, 그리고 조립 기술에 대한 의사 결정이 주어진 부품을 만드는 데 적용 가능한 제조 공정을 제한한다. 만약 제품 엔지니어가 절삭 가공으로만 만들 수 있는 특징 형상(예를 들면, 좋은 표면 거칠기를 갖는 평면, 높은 공차, 그리고 나사 구멍)을 가지고 있는 알루미늄 사형 주조 제품을 설계했다면, 공정 계획자는 선택의 여지없이 사형 주조와 절삭 가공을 순차적으로 사용할 수밖에 없다. 만약 제품 설계자가 나사로 채결되는 스탬핑 판재의 집합을 정의했다면, 공정 계획자는 프레스로 블랭킹, 펀칭, 그리고 성형을 수행하고, 조립하는 공정을 선택하게 된다. 이상의 두 가지 예제에서, 만약 재질을 플라스틱으로 선택했다면, 플라스틱 사출 성형이 기능과 경제성을 모두 만족시킬 수 있는 우수한 공정으로 선택될 것이다. 제조 용이성(manufacturability)은 제조 부서 뿐만 아니라 설계자에게 문제가 되는 것이기 때문에, 제조 엔지니어가 설계자에게 제조 용이성에 대해 조언해주는 것은 매우 중요하다. 기능적으로 우수하면서 최소 비용으로 생산할 수 있는 제품 설계는 시장에서 큰 성공을 보장한다. 제품 설계자로서 성공적인 경력은 성공한 제품에서 나온다.

제품에 생산 용이성을 감안하고자 하는 시도는 종종 ***제조 감안 설계(design for manufacturing, DFM)***와 ***조립 감안 설계(design for assembly, DFA)***로 불린다. 물론 DFM과 DFA는 밀접하게 연관되어 있기 때문에, 제조/조립 감안 설계(DFM/A)라는 용어를 사용하기도 한다. 제조/조립 감안 설계는 설계에서 제조 가능성과 조립 가능성에 대한 고려 사항을 체계적으로 고려하는 제품 설계 접근 방식이다. DFM/A에는 조직의 변경과 설계 원칙 및 지침이 포함된다.

DFM/A를 효과적으로 구현하기 위해서는 회사의 조직 구조를 공식적 혹은 비공식적으로 변화시켜서, 설계와 제조 담당자들의 보다 밀접한 관계와 활발한 의사소통을 이루게 해야 한다. 이를 위하여 설계자, 제조 엔지니어, 기타 전문가들(품질 관리자, 재료 공학자 등)로 구성되는 프로젝트팀을 구성하여 제품을 설계하는 방법이 종종 사용된다. 어떤 회사에서는 설계자를 일정 기간 제조 현장에서 경험을 쌓게 하여 제품을 만드는 과정에서 부딪치는 문제들에 대해 익히게 한다. 또 다른 방법은 제조 엔지니어를 설계 부서에 전임으로 배치하여 자문 역할을 수행하게 하는 것이다.

DFM/A는 주어진 제품을 설계하면서 제조 용이성을 최대화시킬 수 있는 원칙과 지침을 이용한다. 이들 대부분은 표 35.4에 제시된 것과 같은 보편적 설계 지침이다. 이는 거의 모든 제품 설계 상황에 적용될 수 있는 일반적인 원칙이다.

또한 제조 공정에 관련된 여러 장에는 해당 공정에 대한 설계 지침들이 포함되어 있다.

지침들은 때때로 충돌한다. 예를 들어, 부품 설계 지침 중 하나는 형상을 가능한 간단하게 만드는 것이다. 그러나 조립을 위한 설계에서 부품 수와 조립 시간을 줄이기 위해서는 여러 조립 부품의 특징 형상을 단일 부품에 결합하는 것이 때로는 바람직하다. 이러한 경우, 제조 감안 설계가 조립 감안 설계와 상충되며, 상충되는 지침 사이에서 균형을 이루는 절충안을 찾아야한다.

DFM/A에 대해 일반적으로 언급되는 이점은 (1) 제품 시장 출시 시간 단축, (2) 원활한 생산 전환, (3) 최종 제품의 부품 수 감소, (4) 용이한 조립, (5) 생산비용 절감, (6) 제품 품질 향상, 그리고 (7) 고객 만족도 향상 등이 있다.

35.2.3 동시 공학

동시 공학(concurrent engineering)은 신제품을 출시하는 데 소요되는 시간을 줄이기 위해 설계, 제조 및 기타 엔지니어링 기능이 통합된 제품 개발 과정에 사용되는 접근 방법이다. 동시 공학은 제품의 출시 주기를 단축하려는 시도이며, 단지 설계와 제조만이 아닌 그 이상의 협업을 포함하고 있기 때문에 DFM/A의 논리적 확장이라고 주장할 수도 있다. 전통적인 접근 방법은 그림 35.6(a)처럼 신제품의 출시를 위해 두 기능들이 분리되는 경향이 있다. 제품 설계자가 새로운 설계를 하면서, 때때로 회사의 제조 능력을 심각하게 고려하지 않는다. 설계 엔지니어와 회사의 공정 능력과 제품 설계를 어떻게 수정하는 것이 좋을지 조언해줄 수 있는 제조 엔지니어 사이에서 상호 작용이 거의 없다. 이것은 마치 두 개의 기능 사이에 벽이 존재하는 것과 같다; 설계 엔지니어가 설계를 마치면, 벽 너머로 도면과 사양서를 던지고, 공정 계획이 시작되는 것이다.

동시 공학(또는 *simultaneous engineering*으로 알려져 있기도 하다)을 실천하는 회사에서는, 그림 35.6(b)처럼 제품 설계가 진행되는 동안 제조 계획이 시작된다. 제조 부서가 제품 개발 사이클에 일찍부터 참여하며, 현장 서비스, 품질 엔지니어, 제조 부서, 주요 부품의 공급 업체, 어떤 경우에는 제품을 사용할 고객까지도 추가로 참여한다. 이러한 참여들은 제품을 단지 기능만을 잘 수행하

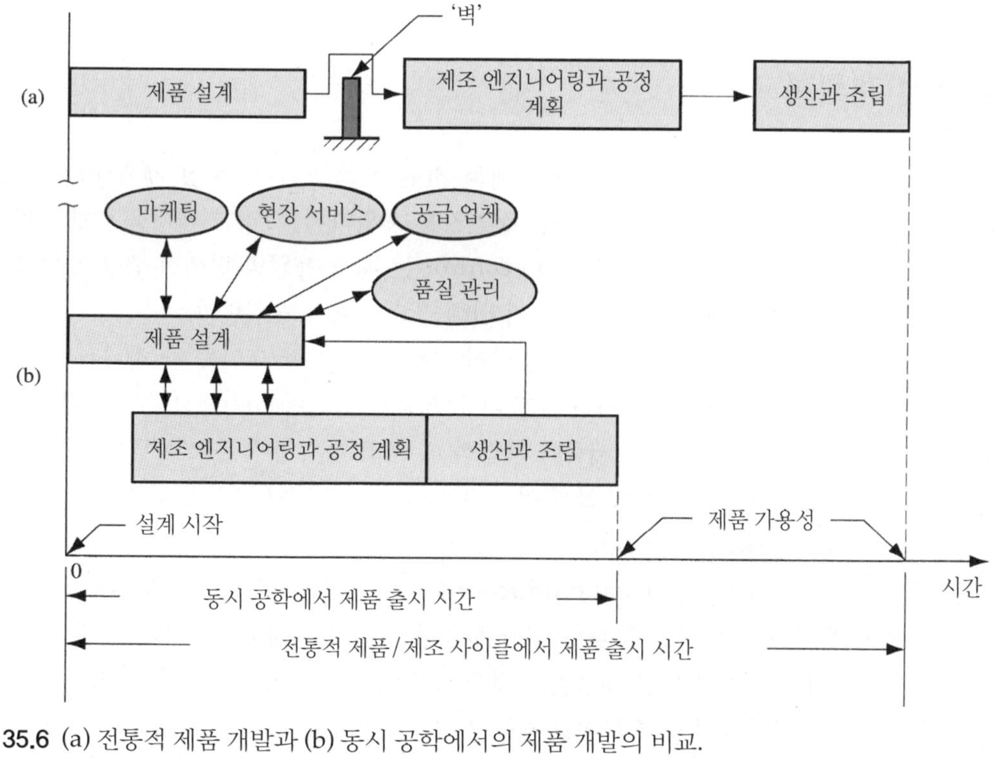

그림 35.6 (a) 전통적 제품 개발과 (b) 동시 공학에서의 제품 개발의 비교.

는 것이 아니라, 제조하기 쉽고, 조립하기 쉽고, 검사하기 쉽고, 시험하기 쉽고, 수리하기 쉽고, 유지 보수하기 쉽고, 결함이 없고, 안전한 제품으로 만들어 준다. 모든 관점이 결합되어 고품질의 제품을 설계하고 고객만족을 이루게 되는 것이다. 설계를 변경하기 너무 늦은 시점에서 최종 제품 설계에 접하여 검토하는 것이 아니라, 일찍 참여함으로써 제품 개발 사이클을 실질적으로 줄일 수 있다.

동시 공학은 품질 감안 설계, 수명 주기 감안 설계, 그리고 원가 감안 설계와 같이 DFM/A 이외의 다른 목적을 포함한다. 국제 경쟁에서 품질의 중요성과 고품질 제품 생산 회사의 성공 사례로 볼 때, 품질 감안 설계(design for quality)가 대단히 중요하다. 36장은 품질 관리를 다루고 제품 설계와 관련된 몇 가지 품질 접근 방법에 대해 논의한다.

수명 주기 감안 설계(design for life cycle)는 제품 제조 후 설치, 유지 보수 및 수리, 예비 부품, 향후 제품 업그레이드, 작동 중 안전, 그리고 수명이 다한 제품 폐기를 포함하는 제품 비용을 고려한다. 수명 주기 비용이 포함된 경우 제품 비용은 전체 비용에서 차지하는 비중이 적을 수 있다. 일부 고객(예: 연방 정부)은 구매 결정 시 수명 주기 비용을 고려한다. 제조 업체들이 과도한 유지 보수 비용에 대해 고객 책임으로 전가되지 않도록 하는 서비스 계약을 요구받는 경우가 종종 있다. 이런 경우 정확하게 추정된 수명 주기 비용이 총 생산 원가에 포함되어야 한다.

제품 원가는 상업적인 성공을 결정짓는 주요한 요인이다. 원가는 제품에 부여되는 가격과 회사가 얻을 이익에 영향을 준다. ***원가 감안 설계(design for cost)***란 설계 과정에서의 결정 사항이 제품 비용에 주는 영향을 규명하여 최적의 설계를 통해 원가를 줄이려는 노력이다. 많은 DFM/A 지침들이 제조 원가를 줄이려는 목적을 가지고 있다.

35.3 생산 계획과 관리

생산 계획과 제어는 생산에서 물류에 관련된 제조 지원 시스템이다. ***생산 계획(production planning)***은 어떤 제품을, 얼마나, 언제 생산할 것인지를 계획하며, 그러한 계획을 실행하기 위한 제조 자원들을 고려한다. ***생산 관리(production control)***는 제조 자원의 정해진 생산 계획 실행여부를 결정하며, 실행이 어렵다면, 결함을 수정하기 위해 필요한 행동을 취한다.

생산 계획과 제어의 문제들은 생산의 형태에 따라 다르다. 중요한 요인들 중 하나는 제품 다양성과 생산량 사이의 관계이다(1.1.2절). 여러 가지 다른 제품들이 소량으로 생산되는 ***개별 생산(job shop production)***은 극단적인 예로서, 제품이 복잡하고, 여러 가지 부품들로 이루어지며, 여러 개의 작업을 거쳐 생산된다. 이러한 공장의 물류 문제에는 많은 제품들의 공정과 부품의 생산 일정과 조정을 포함하는 상세한 계획이 요구된다.

또 다른 극단적인 예는 ***대량 생산(mass production)***으로, 단일한 제품(또는 제한된 개수의 모델들)이 대량(수백만 개)으로 만들어진다. 대량 생산에서 물류 문제는 제품과 공정이 단순한 경우 간단하며, 복잡한 경우에는, 제품은 많은 부품들의 조립으로 이루어지며, 제조 설비는 생산 라인으로 구성된다(34.2절). 생산 라인에서 물류 문제는 제품이 여러 작업장을 통과하며 조립될 수 있도록 필

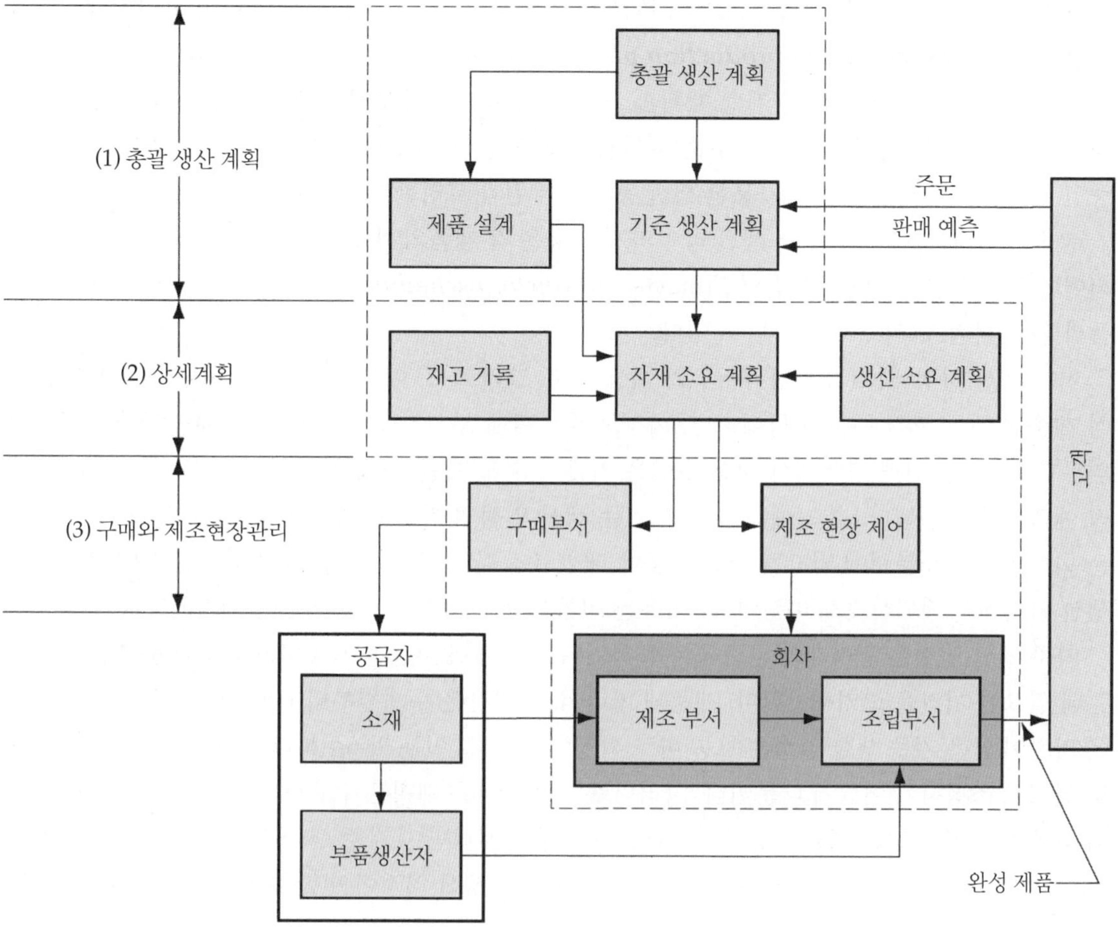

그림 35.7 생산 계획과 제어 시스템의 활동들.

요한 부품을 정확한 시간에, 정확한 작업장에서 얻을 수 있도록 하는 것이다. 이것이 실패하면 특정한 부품의 공급 중단으로 전체 생산 라인이 멈출 수 있다.

생산 계획과 제어의 문제에서 두 극단적인 경우를 구별해보면, 개별 생산(job shop)에서는 생산 계획의 문제가, 조립 제품의 대량 생산에서는 생산 관리의 문제가 강조된다고 할 수 있으며, 두 극단적인 형태 사이에 존재하는 다양한 형태의 생산 시스템에는 각기 적절한 생산 계획과 제어 시스템이 운영된다.

그림 35.7은 현대 생산 계획과 제어 시스템의 활동들과 그들의 관계를 보여준다. 활동들은 다음의 (1) 총괄 생산 계획, (2) 자재 소요 계획, (3) 생산 능력 계획, (4) 구매과 제조 현장 제어의 네 가지로 구분 된다. 이 절의 대부분 논의는 이러한 네 단계를 중심으로 구성된다.

35.3.1 총괄 계획 및 기준 생산 계획

어떤 제조 회사든지 사업 계획을 가지고 있으며, 여기에는 어떤 제품을, 얼마나 많이, 언제, 생산할

지가 포함되어 있다. 제조 계획에는 현재 주문과 판매 예측, 재고 수준, 생산 능력이 고려된다.

총괄 생산 계획(aggregate production plan)은 특정 제품보다는 주요 생산 라인의 생산 산출량을 나타내며, 회사의 판매와 마케팅 계획과 조율된다. 따라서 세부적인 계획 업무는 담당자에게 위임되지만, 총괄 생산 계획은 높은 수준의 기업 계획 활동이다. 총괄 생산 계획은 현재 제품과 개발 중인 신제품의 마케팅 계획을 가용한 생산 능력과 자원과 고려한다.

총괄 생산 계획에 있는 주요 생산 라인의 생산량은 각 제품의 매우 구체화된 일정 계획으로 변환되어야 하는데, 이를 ***기준 생산 일정(master production schedule)***이라고 부른다. 이는 생산될 제품과 완료 시점, 그리고 수량을 담고 있다.

기준 생산 일정에는 (1) 확정 주문, (2) 예상 주문, 그리고 (3) 여유 부품의 세 가지가 포함된다. 특정 제품에 대한 고객 주문이 들어오면, 회사로서는 판매 부서가 고객과 약속한 배송일까지 납품할 의무가 있다. 두 번째 영역에서 생산 수량은 기존의 수요 패턴, 판매 부서의 예상치 등에 의한 통계적 예측으로 산출된다. 수요 예측은 종종 기준 생산 일정의 가장 큰 부분을 차지한다. 세 번째 영역은 회사의 서비스부서에 입고될 개별 부품에 대한 수요다. 어떤 회사에서는 이 세 번째 영역을 기준 생산 일정에서 제외하기도 하는데, 그 이유는 이들이 최종 제품이 아니기 때문이다.

기준 생산 일정은 원자재와 부품을 주문하거나 사내에서 부품을 가공하고 최종제품으로 조립하는데 필요한 기간을 고려해야한다. 제품에 따라서 이 기간은 수개월부터 1년 이상 이 될 수 있다. 짧은 기간이 남은 기준 생산 일정은 보통 바로 확정이 되는데, 이는 약 6주보다 적게 남은 짧은 기간 내의 일정은 조정하기 어렵기 때문이다. 그러나 6주 이상 남은 계획은 수요형태의 변화나 신제품의 도입 등에 따라 변경되는 것이 가능하다. 결국 총괄 생산 계획만이 기준 생산 일정의 유일한 입력정보는 아니며, 새로운 주문이나 판매예측 변화에 따라 기준 생산 일정이 변할 수 있다.

35.3.2 자재 소요 계획

생산 계획과 제어를 위한 두 가지 기법이 제품의 다양성 및 생산량에 따라 산업에서 사용된다. 이 섹션에서는 조립 제품의 개별 생산(job shop)과 중량 생산을 다룬다. 35.4절은 대량 생산의 경우를 논한다.

자재 소요 계획(material requirements planning, MRP)은 최종 제품의 기준 생산 일정에 따라 제품에 소요되는 원자재와 구성 부품에 대한 상세 계획을 세우는 계산기법이다. 세부 일정은 각 품목의 수량, 주문해야 하는 시기, 그리고 기준 생산 일정을 이행하기 위해 배송되어야 하는 시기를 나타낸다. 생산 소요 계획(capacity requirements planning, 35.3.3절)은 자재 소요에 따라 인적 자원과 장비 등의 자원을 조정한다.

MRP는 개별 생산과 구매 그리고/또는 제작되는 여러 개의 부품들로 구성되는 제품의 뱃치 생산에 가장 적합하다. MRP는 최종 제품에 사용되는 품목의 양을 결정하는 기술이며, 최종 제품 수가 결정되고 기준 생산 일정에 포함되면 각 구성 요소의 수를 직접 계산할 수 있다. 예를 들어, 기준 일정에 나열된 각 차량에는 4개의 타이어가 필요하고(예비 타이어가 포함된다면 5개), 생산 일정에 따라 특정 주에 1,000대가 생산되어야 한다면, 이 공장은 타이어 4,000개를 주문해야 한다. 최종 제품에 대한 수요는 예측될 수 있지만, 최종 제품에 사용되는 자재와 부품은 그렇지 않다.

MRP는 개념상 비교적 직관적이지만, 그 적용은 처리되는 데이터의 양 때문에 복잡하다. 기준 생산 일정은 월 단위로 공급해야 하는 최종 제품의 생산을 규정하는데, 각 제품은 수백 개의 개별 부품을 포함할 수 있다. 이 부품들은 원자재로부터 제조될 것이며(예 철판의 스탬핑), 일부 부품은 몇 가지 제품에 공통적으로 적용될 수 있다(이들을 MRP에서는 공용 아이템(common use items)이라고 부른다). 부품들은 단순한 반조립품으로 조립이 되고, 이들은 더욱 복잡한 형태의 반조립품으로 합체될 수 있으며, 이런 몇 단계를 거쳐 최종 조립 제품이 완성된다. 이상의 각 단계에서 각각 시간이 소요되며, 자재 소요 계획에서는 이러한 모든 요인을 고려해야 한다. 각 계산은 간단하지만 많은 연산과 방대한 양의 데이터로 MRP는 컴퓨터를 이용하여 구현된다.

작업의 리드 타임은 작업을 시작하여 끝낼 때까지 소요되는 시간이며, MRP에서는 주문 리드 타임과 제조 리드 타임의 두 가지 유형이 있다. ***주문 리드 타임(ordering lead time)***은 어떤 품목에 대한 구매요청 시점에서 공급자로부터의 입고까지 걸리는 시간이다. 만약 그 품목이 공급자가 보유한 원자재라면 주문 리드 타임은 수 일 혹은 수 주 정도로 비교적 짧을 수 있고, 제작해야 할 품목이라면 리드 타임이 몇 개월까지도 길어질 수 있다. ***제조 리드 타임(manufacturing lead time)***은 주문을 받아 완성할 때까지 회사에서 품목을 생산하는 데 필요한 시간이다. 여기에는 부품을 제작하고 최종 제품을 조립하는 데 필요한 리드 타임이 포함된다.

MRP의 입력

MRP가 제대로 기능을 수행하기 위해서는, 다음과 같은 몇 개의 파일들로부터 입력을 받아야 한다: (1) 기준 생산 일정, (2) 자재 명세서 파일, (3) 재고 기록, (4) 생산 소요 계획. 그림 35.7은 MRP 프로그램으로의 데이터 흐름과 출력을 보여준다.

기준 생산 일정은 35.3.1절에서 논의되었고, 생산 능력 계획은 35.3.3절에서 다룬다. ***자재 명세서 파일(bill-of-materials file)***은 제품을 만들기 위한 부품들과 반조립품들의 목록이며, 기준 생산 일정의 최종 제품을 생산하는 데 필요한 원자재와 부품의 소요량을 계산하기 위해 사용된다. ***재고 기록 파일(inventory record file)***에는 각 품목(부품번호로 구분)과 재고 상태의 시간에 따른 기록이 담겨 있다. 즉, 현재 수량뿐만 아니라 발생하게 될 재고 상태의 향후 변경 사항과 발생 시기도 포함한다.

MRP의 작동 과정

기준 일정, 자재 명세서 파일과 재고 기록 파일의 입력을 기반으로, MRP 프로세서는 최종 제품 생산 일정을 포함하도록 부품과 원자재가 향후 기간에 몇 개 필요한지 계산한다. 기준 생산 일정의 각 기간(예: 매주)에 요구되는 차량 수를 생산하기 위해 몇 개의 타이어와 다른 구성 요소를 주문해야 하는가?

MRP 계산은 여러 가지 복잡한 요인을 처리해야 한다. 첫째, 구성 부품과 부분 조립품 수량을 수작업으로, 또는 주문에 따라 조정해야 한다. 둘째, 일정 기간 동안의 각 구성 부품과 원자재에 대한 총 요구 사항을 파악하려면 부품 사용 중 공통 사용 항목을 결합해야 한다. 셋째, 최종 제품의 시간별 배송을 적절한 리드 타임을 고려하여 구성 부품과 원자재에 대한 시간별 요구 사항으로 변환해야 한다. 기준 일정에 열거된 최종 제품의 각 단위에 대해 주문하고 제조 리드 타임을 고려하여 각 종류의 필수 구성 부품 수를 주문하거나 제작해야 한다. 각 구성 부품은 주문 리드 타임을 고려하여 원자재를 주문해야 하며, 조립 리드 타임을 부조립체와 최종 제품의 일정에서 고려해야 한다.

출력 보고서

MRP 시스템은 공장 운영의 계획과 관리 기능에 사용할 수 있는 다양한 형태의 출력 보고서를 생성한다. 이 보고는 (1) MRP 시스템에서 작성된 주문 계획이 정리된 주문, (2) 계획 발주, (3) 주문의 납기 변경 등에 따른 재일정 계획 통지, (4) 기준 생산 계획의 변경으로 인한 주문 취소 통지, (5) 재고 상황 보고, (6) 성능 보고, (7) 일정 계획의 불만족, 지연된 주문 등에 대한 예외 보고, (8) 재고량에 대한 예상을 폼함한 재고 예측 등이다.

35.3.3 생산 능력 계획

생산 소요 계획(capacity requirement planning)은 회사의 장기적인 생산 계획과 현재의 기준 생산 계획을 만족시킬 수 있도록 필요한 인적 자원과 설비를 결정하는 것이다. 또한 회사의 장기적인 미래 생산 능력 요구를 파악하며, 생산 자원의 한계를 알아 내어 실현 가능한 기준 생산 일정을 계획할 수 있게 한다.

현실성 있는 기준 일정은 그 제품을 생산할 공정의 생산 능력과 한계에 맞아야 한다. 따라서 제조업체는 자신의 생산 능력을 알고 있어야 하고, 기준 일정에 있는 생산 요구량의 변화를 만족시키기 위한 생산 능력의 변화를 계획할 수 있어야 한다. 그림 35.7은 생산 소요 계획과 생산 계획과 제어 시스템의 다른 기능들과의 관계를 보여준다. 기준 일정은 MRP를 이용하여 자재와 부품의 요구 사항을 감소시킨다. 이를 위해서는 부품을 생산하는 데 필요한 노동 시간이나 다른 자원들의 소요량을 사전에 예측하는 것이 필요하다. 예측된 필요 자원들은 계획 기간 동안 공장의 생산 능력과 비교되며, 기준 생산 일정이 공장의 능력을 넘어서는 경우, 생산 일정 또는 공장의 생산 능력에 대한 수정이 필요하다.

공장의 생산 능력은 단기와 장기로 조정될 수 있다. 단기적으로 실시할 수 있는 방법에는 (1) *인력 고용 수준(employment levels)* — 공장 작업자 수의 증가 또는 감소, (2) *교대 시간(shift hours)* — 시간외 근무 또는 근무 시간 단축을 통한 교대 근무 시간의 증가 또는 감소, (3) *교대 작업 수(number of work shifts)* — 저녁, 야간 교대 또는 주말 교대를 승인을 통한 생산기간 당 교대 작업 횟수의 증가 또는 감소, (4) *재고 비축(inventory stockpiling)* — 이 방법은 수요량이 적더라도 인력 고용 수준을 일정하게 유지할 수 있는 효과가 있다, (5) *주문 확보(order backlogs)* — 생산 자원이 수요을 만족시킬 수 없을 만큼 많은 주문에 따른 고객 납기 지연, (6) *외주(subcontracting)* — 바쁜 기간에는 외부 공장에 계약하거나 여유 시간에는 추가 작업을 진행 등이 있다.

일반적으로 장기적인 생산 능력 조정에는 다음과 같은 의사 결정 유형이 포함되며, 긴 리드 타임을 필요로 하는 생산 능력의 변경이 포함된다. (1) *새로운 장비(new investment)* — 추가 기계, 생산적인 기계 또는 미래의 새로운 제품 설계 변화에 대응하기 위한 새로운 유형의 기계에 대한 투자; (2) *새로운 공장(new plants)* — 새로운 공장의 건설 또는 다른 회사의 기존 설비 구입; (3) *공장 폐쇄(plant closing)* — 미래에 필요하지 않은 공장의 폐쇄.

35.3.4 제조 현장 제어

그림 35.7의 생산 계획과 제어의 세 번째 영역은 제조 지시를 현장에 내리고, 각 작업장에서 이 지시가 수행되는 것을 감독, 통제하며, 현재의 작업 상태 정보를 수집하는 일이다. 구매 부서는 공급자들을 대해 이러한 기능들을 수행한다. ***제조 현장 제어(shop floor control)***는 회사에서 공장에 대해 이러한 기능들을 수행하는 것을 말한다. 기본적으로 제조 현장 제어는 공장에서 수행중인 작업들을 관리하는 것과 관련이 있다. 다양한 지시가 내려지고, 이에 따라 일정 계획이 결정되며, 상대적인 중요도에 따라 그 진척사항과 결과가 추적되는 개별 생산과 뱃치 생산에 대해 가장 관련이 있다.

일반적인 제조 현장 제어 시스템은 (1) 작업 지시 발부(order release), (2) 작업 일정 계획(order scheduling), (3) 작업 수행(order progress)의 세 가지로 구성된다. 세 개의 모듈과 다른 기능들과의 연관 관계는 그림 35.8과 같다. 제조 현장 제어를 지원하는 컴퓨터 소프트웨어를 *제조 실행 시스템(manufacturing execution system)*이라고 하며, 이 시스템은 세 단계 중 어디에서든 현황 정보

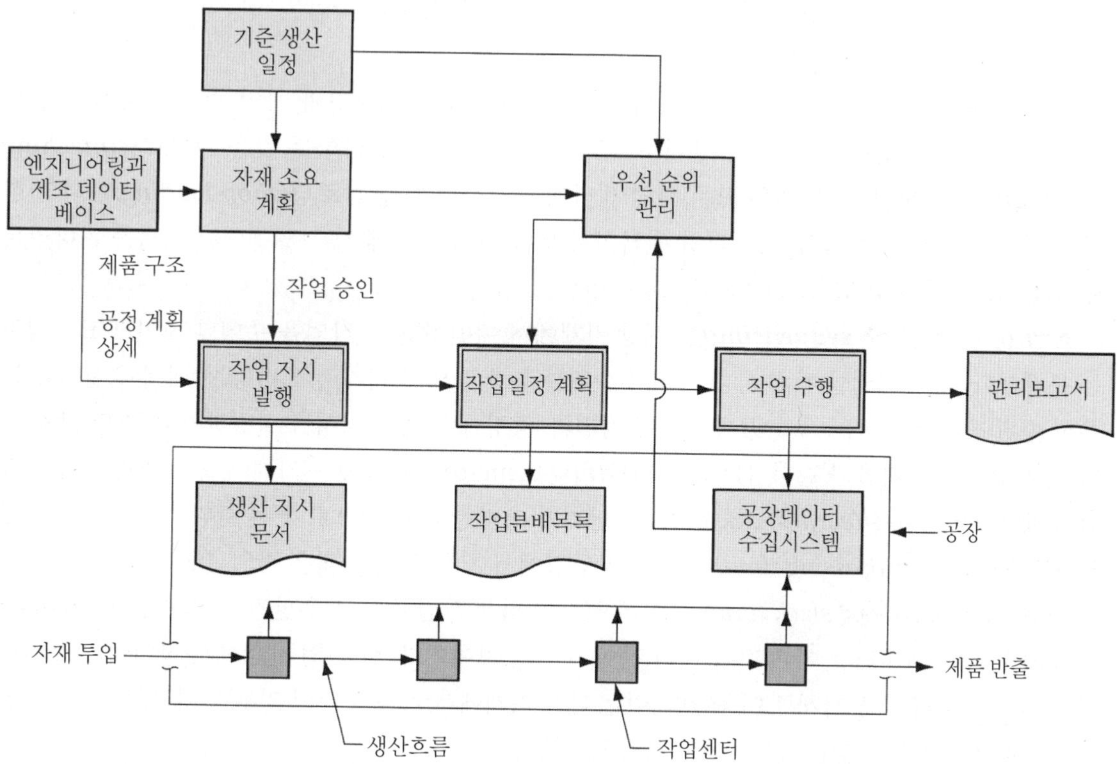

그림 35.8 제조 현장 제어의 세 모듈과 생산 계획과 제어의 다른 기능들과의 관계.

를 찾는 사용자와 실시간으로 상호 작용할 수 있는 기능을 포함한다.

작업 지시 발행

작업 지시 발행은 공장을 통해 생산 지시를 처리하는 데 필요한 문서를 생성하며, 때로는 샵패킷(shop packet)이라고 불린다. 일반적으로 (1) 작업 절차서, (2) 현장에서 시작 자재를 가져오기 위한 자재 요청, (3) 작업에 사용된 직접 노동 시간을 보고하는 작업 카드, (4) 부품을 다음으로 운송할 권한을 부여하는 티켓 이동, (5) 조립 작업에 필요한 부품 목록 등이 있다. 수작업이 많았던 과거의 공장에서는 이러한 문서들이 서류의 형태로 공장 내에서 이동되었으나, 현대의 공장에서는 바코드 기술과 제조 현장 컴퓨터 등 자동화된 기술이 현환을 모니터링하기 위해 사용되어, 종이문서 작성이 불필요하게 되었다.

작업 지시 발행는 그림 35.8과 같이 두 개의 주요한 입력을 받는다: (1) 작업 승인 권한을 담고 있는 자재 소요 계획, (2) 작업 지시가 현장을 거치는 동안 각종 문서들을 작성하는 데 필요한 제품 구조와 상세 공정 계획을 담고 있는 엔지니어링과 제조 데이터베이스이다.

작업 일정 계획

작업 일정 계획은 공장 내의 여러 작업장으로 제조 지시를 할당하는 작업 분배의 일을 한다. 일정 계획을 위해 각 작업장에서 수행되어야 하는 작업 지시들을 담고 있는 작업 분배 목록(dispatch list)이 작성된다. 또한, 각 작업의 상대적인 우선 순위를 제공한다(각 작업별로 마감일을 표시). 작업 분배 목록은 작업 부서의 직장이 기준 생산 계획을 달성할 수 있도록 작업을 할당하고 자원을 배치하는 일을 수행하는 것을 돕는다.

작업 일정 계획은 생산 계획 및 통제에서 두 가지 문제, 기계로딩과 작업 순서 계획을 해결하는 것이 목적이다. 공장 내의 작업 센터로 주어진 작업 지시를 할당하는 것을 ***기계로딩(machine loading)***이라고 하며, 공장 내의 모든 작업 센터에 할당하는 것을 ***샵로딩(shop loading)***이라고 한다. 일반적으로 작업 지시의 수가 작업 센터의 수보다 많기 때문에 각 작업센터는 처리를 기다리는 대기 장소를 보유하고 있다.

작업 순서 계획(job sequencing)은 해당 기계에서 어떤 순서로 작업을 수행할 것인가를 결정하는 문제이다. 대기 작업들 간의 상대적 우선 순위를 통해 작업 순서가 정해진다. 상대적 우선 순위는 *우선 순위 제어(priority control)*에 의해 결정된다. 공장에서 생산 지시를 결정하기 위한 몇 가지 작업 분배 규칙들은 다음과 같다. (1) *선입 선출(first-come-first-serve)*— 기계에 도착한 순서대로 작업 수행, (2) *납기 우선(earliest due date)*— 납기가 촉박한 작업 순으로 우선 순위 부여, (3) *최소 작업 시간(shortest processing time)*— 해당 작업장에서 처리 시간이 짧은 작업 순으로 우선권 부여, (4) *최소 여유 시간(least slack time)*— 여유 시간이 적은 작업 순으로 우선권 부여. ***여유 시간(slack time)***이란 납기까지의 잔여 시간과 처리 잔여 시간의 차이이다. 한 작업 센터에서 작업이 완료되면 공정 절차서 상의 다음 기계로 이동한다. 이는 다음 기계에서 기계 로딩의 일부가 되고, 우선 순위 관리에 의해 기계에서 수행할 작업들의 순서가 결정된다.

작업 수행

제조 현장 제어에서 작업 수행 모듈은 각 작업들의 상태, 재공품 및 생산 진척도를 나타내 줄 수 있는 다른 파라메터들을 모니터링해 주는 일을 수행한다. 목표는 공장에서 수집된 데이터에 기초하여 공장을 운영하는 데 유용한 정보를 제공하는 것이다.

공장에서 수행되는 작업들로부터 데이터를 수집하는 데에는 다양한 기술들이 활용 가능하다. 이 기술들은 작업자들이 나중에 취합되는 문서를 수기로 작성하는 것에서부터, 작업자의 개입 없이 완전 자동으로 작동되는 것을 포함한다. ***공장 데이터 수집 시스템(factory data collection system)***이 이러한 기술들을 적용하고 있다.

제조 현장 제어와 다른 목적을 위한 생산 설비로부터 자동 데이터 수집은 통신 표준인 MTConnect라는 새로운 네트워킹 프로토콜에 의해 지원된다[6], [20]. 이 데이터는 신뢰성, 사용률과 각 시스템에 대한 다른 측정값을 결합한 전체 설비 효율(35.5.1절)을 결정하기 위한 입력이 된다. MTConnect는 많은 새로운 공작 기계에 장착되고 있으며, 어댑터를 사용하여 구형 공장 장비에도 사용할 수 있다.

이러한 정보들은 다음과 같은 보고서의 형태로 요약되어 활용되기도 한다: (1) *작업 상태보고서(work order status reports)*, 각 작업의 현 상태를 보여 주며, 여기에는 각 작업이 현재 위치하고 있는 작업장, 각 작업을 완료하기 위해 남은 공정 시간, 작업의 지연 여부, 우선 순위 수준 등이 포함된다; (2) *성과 보고서(progress reports)*, 일정한 기간(주 또는 월) 동안의 현장 성과를 보여 주며, 완료 작업의 수, 미완료 작업 수 등이 포함된다; (3) *예외 보고서(exception reports)*, 납기 지연 작업 등과 같이 생산 계획에서 벗어난 이상 사항 정보를 보여 준다. 이 보고서는 자원을 할당하고, 초과 작업을 승인하며, 기준 생산 일정을 달성하는 데 장애가 되는 문제들을 찾아내는데 도움이 된다.

35.3.5 전사적 자원 관리

1970년대에 출시된 첫 번째 MRP 시스템은 기준 생산 일정을 바탕으로 구매와 생산 작업 지시를 계획하는 것에 국한되었으며, 생산 능력과 공장으로부터의 데이터 피드백을 포함하지 않았다. 이러한 결함은 1980년대에 분명해졌으며, 기본 MRP 패키지에 생산 능력소요 계획과 제조 현장 제어를 포함한 기능들이 추가되었다. 제조 자원 계획(manufacturing resource planning)이란 용어가 강화된 시스템을 초기의 자재 소요 계획과 구별하기 위해 사용되었으며, 약어로 MRP II를 사용하였다. ***제조 자원 계획(manufacturing resource planning)***은 "기준 생산 일정을 충족시키는 데 필요한 원자재, 제조 자원과 지원 활동들을 계획, 일정 계획, 제어하기 위한 컴퓨터 기반 시스템"으로 정의할 수 있다.[1)] MRP II는 자재 소요 계획, 생산 능력 소요 계획, 그리고 제조 현장 제어를 하나의 시스템으로 통합한다.

1990년대 MRP II는 기업 전반의 운영과 기능을 모두 포함시켜 제조 활동을 넘어서는 기능들이 추가되어 더욱 발전했으며, 새로운 패키지는 제조 기업뿐만 아니라 서비스 기관에도 적용 할 수 있

---

1) M. P. Groover. *Automation, Production Systems, and Computer-Integrated Manufacturing*[6], p. 745.

었다. ***ERP(Enterprise Resource Planning, 전사적 자원 관리)***는 "조직의 모든 비즈니스 기능과 관련 데이터를 단일 중앙 데이터베이스를 통해 구성하고 통합하는 컴퓨터 기반 시스템"이다.[2] 제조 회사에서 ERP는 MRP II의 기능을 수행한다. 대부분의 ERP 시스템에는 영업 및 서비스, 마케팅, 물류, 유통, 재고 관리, 회계 및 재무, 인적 자원 및 고객 관계 관리 기능이 추가로 포함된다. ERP 시스템은 다수의 소프트웨어 모듈로 구성되며, 각 모듈은 특정한 기능을 수행한다. 사용 회사는 ERP 시스템에서 필요한 특정 모듈만 선택하여 포함시킬 수 있다. 예를 들어, 서비스 기관은 제조와 관련된 모듈을 필요로 하지 않을 수 있다.

오늘날의 ERP 시스템은 개방형 아키텍처 표준을 기반으로 한다. 즉, 사용 회사가 특정 회사의 특정 모듈을 어떤 회사로부터 구입하고, 또 다른 모듈을 다른 회사에서 구입하여 자체 ERP 시스템에 통합하여 사용할 수 있다. 이러한 개방형 아키텍처로 2000년대 초반에 ERP II라는 용어가 생겨났다. 또한 전사적 자원 관리는 클라우드 기반 시스템으로 구현될 수 있다. 이 시스템에서 사용자 회사의 데이터는 회사 외부의 대형 데이터 센터에 있으며, 인터넷을 통해 접근한다. 이를 통해 기업들이 각각 자신의 중앙 데이터베이스에 투자하고 유지 관리하는 데 드는 비용을 절감할 수 있다.

ERP II는 MRP와 MRP II가 종종 그러하듯이 개별 공장이 아닌 전체 회사에 서비스를 제공하는 클라이언트-서버 시스템으로 설치되며, 사용자들은 개인용 컴퓨터를 사용하여 시스템에 액세스하여 작업을 수행한다. ERP는 데이터베이스가 단일하기 때문에 조직이 여러 데이터베이스를 관리할 때 발생하는 데이터 중복과 정보 충돌 문제를 방지한다. 또한 다른 데이터베이스나 소프트웨어 모듈의 사용에 따른 시간 지연이나 호환성 문제를 최소화한다. ERP를 사용하면 모든 직원들이 각자의 책임과 '알아야 할(need-to-know)' 권한에 따라 동일한 데이터에 접근하여 사용할 수 있다.

35.4 적시 생산 시스템

Just-in-time(JIT)은 재고를 최소화하려는 목적으로 일본의 토요타자동차에서 개발된 생산 관리 방식이다. 재공품과 다른 재고들은 최소화하거나 제거해야 할 낭비로 인식된다. 재고는 투자비를 묶고, 공간을 추가하게 만든다. JIT 방법에는 직접 또는 간접적으로 재고를 줄여서 이러한 낭비를 제거하기 위한 많은 원칙과 절차들이 있다. JIT는 생산 작업에서 낭비를 줄이고자하는 원칙인 린생산(lean production)의 중요한 요소다. 린생산(lean production) 35.5절에서 다룬다.

JIT 방법은 자동차 산업과 같은 대량 반복 제조에서 가장 효과적임이 입증되어왔다[10]. 이러한 유형의 제조에서는 제품 당 수량과 제품 당 부품 수가 많기 때문에, 공정 내 재고 축적 가능성이 중요하다. JIT 시스템은 부품이 필요할 때, 즉 '적시에', 제조 순서에서 다음 작업을 수행하는 데 필요한 각 부품의 수를 정확하게 산출한다. 이상적인 뱃치 크기는 부품 하나다. 실제로는 한 번에 하나 이상의 부품이 생산되지만, 뱃치 크기는 작게 유지된다. JIT에서 너무 많은 제품을 생산하는 것은 너

2) M. P. Groover. *Automation, Production Systems, and Computer-Integrated Manufacturing*[6], p. 744.

무 적은 제품을 생산하는 만큼 피해야 한다. JIT는 자동차와 기타 제조 산업 분야의 많은 미국 회사에서 채택되어 왔다.

JIT의 주요 원칙은 재고 감소지만, 이것이 간단하게 이루어지는 것은 아니며 다음과 같은 몇 가지의 필수조건들이 만족되어야 한다: (1) 안정적인 생산 일정, (2) 작은 뱃치 크기와 짧은 셋업 시간, (3) 정확한 납기, (4) 결함 없는 부품과 자재, (5) 신뢰성 있는 생산 설비, (6) 생산 관리의 풀 시스템(pull system), (7) 유능하고, 헌신적이며 협조적인 인력, (8) 신뢰할 수 있는 공급 기지.

안정적인 일정

JIT 생산이 성공하기 위해서는, 작업이 정상 상태 대비 최소한의 변동만을 가지고 원활하게 진행돼야 한다. 변동은 작업 절차의 변경을 가져오는데, 생산율의 증감, 계획되지 않은 셋업, 정기적인 작업에서의 변동, 그리고 다른 예외 상황들이 그것이다. 작업이 종료되는 부분(예, 최종 조립)에서의 변동은 작업이 시작되는 부분(예, 부품공급)에서 증폭되는 경향이 있다. 기준 생산 일정을 변경 없이 일정하게 유지하는 것은 원활한 작업과 생산에서의 변경과 장애를 최소화할 수 있는 한 방법이 된다. ***생산 평준화(production leveling)***라는 용어가 일정한 생산량을 유지하는 경우에 때때로 사용된다.

작은 뱃치 크기와 셋업 감소

재고를 최소화하기 위한 두 가지 요구 사항은 작은 뱃치 크기와 짧은 셋업 시간이다. 뱃치 크기가 커지면 제조 실행 시간과 재고 수준이 높고, 생산 실행 시간이 길어진다. 긴 셋업 시간은 노동력과 생산 손실 시간 모두에서 많은 비용을 유발하며, 이를 경제적으로 정당화하기 위해서는 긴 생산 시간이 필요하다. 따라서 큰 뱃치 크기와 긴 셋업 시간은 밀접한 상관관계가 있으며, 공장에서 더 높은 운영 비용을 초래한다. 이러한 문제들을 방지하기 위해 셋업 시간을 줄이는 데 중점을 둠으로써, 뱃치 크기를 줄이고 재공품 수준을 낮출 수 있다.

셋업 시간을 줄이기 위해서 (1) 이전 작업이 진행 중일 때 가능한 많은 셋업 작업 수행; (2) 볼트나 너트대신에 신속하게 작동하는 고정 장치 이용; (3) 셋업에서 조정 작업을 없애거나 최소화; 그리고 (4) 비슷한 부품들은 같은 설비에서 생산되도록 군분류 기술(GT)과 셀형 생산을 이용하는 것과 같은 방법들이 이용된다.[3)]

정확한 납기, 무결함, 신뢰성있는 생산 설비

JIT 생산의 성공을 위해서는 납기, 부품의 품질, 그리고 설비들의 신뢰성 측면에서 거의 완벽함이 요구된다. JIT에서는 작은 단위의 주문과 부품대기 장소를 사용하기 때문에 후공정 작업장에서 부품이 고갈되기 전에 공급이 되지 않으면, 부품이 고갈되어 전체 생산이 멈추게 된다. 결함이 있는 불량 부품이 공급되면, 조립이 진행될 수 없다. 이것은 부품을 제조할 때 결함이 발생하지 않도록 유도해야 함을 의미한다. 작업자는 다음 공정으로 보내기 전에 자신의 작업 결과를 검사하여 이상이 없

---

3) Suzaki, K. *The New Manufacturing Challenge: Techniques for Continuous Improvement*, Free Press, New York, 1987.

음을 확인해야 한다.

또한 적은 재공품에는 신뢰성 있는 생산 설비가 필요하다. 고장난 기계는 JIT 생산 시스템에서 용납될 수 없으며, 신뢰성 있는 장비 설계와 사전 유지 보수의 필요성이 강조된다. 35.5.1절에서 토요타의 Total Productive Maintenance 프로그램을 다룬다.

생산 관리의 풀 시스템

풀 시스템(full system)이란 어떤 부품을 사용할 공정으로부터 그 부품에 대한 제조와 배송 지시가 나와 앞 공정으로 전해지는 생산방식으로, JIT 시스템은 이것에 기초를 두고 있다. 어떤 워크스테이션에서 공급된 부품이 소진되려하면, 전 공정 워크스테이션으로 하여금 부족분을 채울 것을 지시한다. 전 공정은 이러한 지시를 받았을 경우에만 필요한 부품을 제조한다. 이런 절차가 공장 내의 모든 워크스테이션에서 반복된다면, 전체적으로 봐서 부품을 당기는 효과가 나타난다. 반대로 푸시 시스템(push system)은 각 작업장에서 부품이 제조되어 후 공정으로 전달되며, 전체적으로 봐서 제품을 밀어내는 효과가 나타나는 생산 방식을 말한다. MRP는 푸시 시스템이다. 이 시스템의 문제는 다룰 수 있는 작업보다 많은 작업의 할당으로 공장이 과부하가 걸릴 수 있다는 것이다. 잘못 구현되어 생산 능력 계획을 고려하지 못하는 MRP 시스템이 이러한 오류를 범하기 쉽다.

유명한 풀 시스템중 하나가 도요타 자동차에서 사용하고 있는 *칸반(kanban)* 시스템이다. 칸반(kahn-bahn으로 발음)이란 일본어로 카드를 의미한다. 칸반 시스템은 공장 내의 업무흐름과 생산 지시를 카드를 이용하여 수행하며, 칸반에는 (1) 생산 지시 칸반과 (2) 운반 지시 칸반의 두 가지가 있다. ***생산 지시 칸반(production kanban)***은 전 공정으로 하여금 부품의 한 뱃치를 생산할 수 있는 권한을 준다. 전 공정에서 생산되는 부품은 컨테이너에 담겨지고, 이 컨테이너가 다 채워지면 하나의 뱃치가 완성된다. ***운반지시 칸반(transport kanban)***은 부품 컨테이너가 후 공정으로 운반될 수 있는 권한을 준다.

그림 35.9는 칸반 시스템이 어떻게 운영되는지 보여준다. 그림에는 네 개의 스테이션이 있지만, 그중 B, C 스테이션을 살펴보자. 스테이션 B는 공급자의 역할을 하고, 스테이션 C는 소비자의 역할을 한다. 스테이션 C는 스테이션 D에 공급하며, 스테이션 B는 스테이션 A에 의해 공급된다. 스테이션 C에서 컨테이너가 가득 채워진 상태에서 작업이 시작되면, 작업자는 운반지시 칸반을 컨테이너에서 제거하고 스테이션 B로 돌려보낸다. 작업자는 스테이션 B에서 막 생산된 가득 채워진 용기를 찾아서 생산 지시 칸반을 제거하고, 랙에다 올려놓은 후, 운반 지시 칸반을 붙여서 스테이션 C로 운

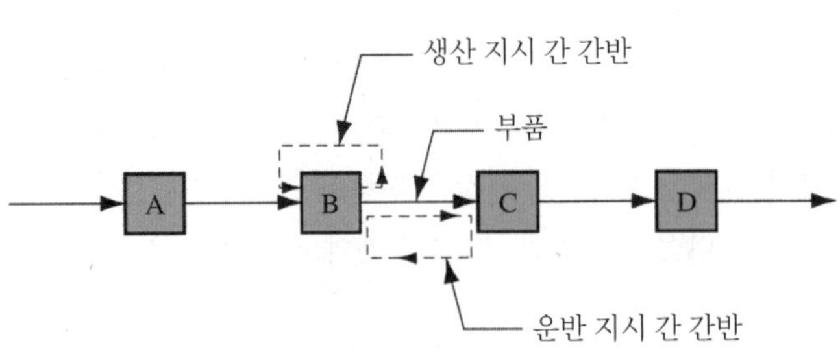

그림 35.9 워크스테이션 사이에서 칸반 시스템의 운영.

반될 수 있는 권한을 부여한다. 스테이션 B의 랙에 있는 생산 지시 칸반은 새로운 뱃치를 생산할 수 있는 권한을 부여한 것이며, 스테이션 B에서 여러 종류의 부품을 생산하는 경우는 스테이션 C를 포함하여 여러 개의 작업장으로 전해질 것이다. 작업의 일정 계획은 생산 지시 칸반이 랙에 붙은 순서에 의해 결정된다.

스테이션 A와 B, 스테이션 C와 D 사이에서 운영되는 칸반 풀 시스템은 스테이션 B와 C 사이에서와 같이 운영된다. 이러한 생산 관리 시스템은 불필요한 문서 작업을 피할 수 있다. 생산 지시와 운반 지시를 작성하는 번거로운 문서작업 대신 카드를 여러 번 반복하여 사용할 수 있다. 자재 취급(작업장 간 카드와 용기의 운반)에 인력 투입이 필요하다는 단점이 있지만, 이것이 작업자 간 협조와 단결을 가져올 수도 있다.

인력과 공급 기지

JIT 생산 시스템의 또 다른 요건은 여러 작업을 수행할 수 있는 협력적이고 헌신적인 작업자다. 작업자는 각 스테이션에서 다양한 부품을 생산하고, 품질을 검사하며, 생산 장비의 사소한 기술적 문제들을 처리하여 심각한 고장이 발생하지 않도록 유연해야 한다.

JIT는 회사의 자재와 부품 공급자에까지 확대된다. 공급자들도 적시납기, 무결점 등 공급받을 회사가 적용하고 있는 JIT의 요구조건과 동일한 표준에 맞출 수 있어야 한다. 화시에서 사용되는 공급자에 대한 전략으로는 (1) 공급자수의 축소, (2) 품질과 납기에 대해 입증된 공급자의 선택, (3) 공급자와의 장기적인 제휴관계 형성, (4) 회사의 공장에서 가까운 공급자의 선택 등이 있다.

35.5 린 생산

JIT는 생산 작업의 낭비를 줄이는 데 초점을 맞추는 린 생산의 중요한 측면이며, 과다한 재고로 인한 낭비를 줄인다. ***린 생산(lean production)***은 "적은 시간에, 더 작은 공간에서, 더 적은 인력과 장비로 대량 생산이 가능하며, 최종 제품에서 더 높은 품질 수준을 달성하는 대량 생산 응용 방식"으로 정의할 수 있다.[4)] 그 기원은 1950년대 시작된 도요타 자동차의 도요타 생산 시스템에서 찾을 수 있다. 초기 응용 분야는 자동차 산업이었지만, 낭비를 최소화하는 것은 모든 산업 분야에서 중요하다.

사실, 린 생산은 제조 작업에서 낭비를 제거함으로써 더 적은 자원으로 더 많은 작업을 수행하는 것을 의미한다. 제조 활동은 세 가지 범주로 분류할 수 있다: (1) 긍정적으로 제품을 변경하는 공정과 같이, 가치를 부가하는 실제적인 작업 활동, (2) 생산 기계 이적재와 같이 실제 작업을 지원하는 보조 작업 활동, (3) 가치를 부가하지 않고, 관련 활동도 지원하지 않는 낭비. 이러한 낭비적인 활동의 제거는 제품에 좋은 영향을 미친다.

---

4) M. P. Groover, *Automation, Production Systems and Computer Integrated Manufacturing*[6], p. 752

역사적 고찰 35.1 토요타 생산시스템과 린생산

Taiichi Ohno(1912~1990)는 일본의 제조업체인 토요타에서 일한 엔지니어이자 부사장으로, 제2차 세계대전 이후 일본의 자동차 산업이 받은 엄청난 타격을 극복하기 위해 토요타 생산시스템을 개발한 인물로 알려져 있다. 1950년대 일본의 자동차 시장은 미국과에 비해 훨씬 작았기 때문에 대량 생산 기술을 사용할 수 없었고, Ohno는 이에 맞게 훨씬 더 작은 규모에서 더 유연하게 생산해야 한다는 것을 깨달았다. 이러한 상황과 Ohno 자신의 낭비에 대한 경계심을 바탕으로 토요타 생산 시스템의 낭비 절감, 효율성과 품질 향상을 위한 방법들을 개발하게 되었다. Ohno와 그의 동료들은 이러한 방법들을 수십 년간 실험하고 완성시켰으며, 여기에는 JIT(Just-In-Time) 생산, 칸반(Kanban) 시스템, 셋업 시간 단축, 제품 품질 관리 등이 포함되어 있다. Ohno는 자신이 개발한 이 시스템을 '린 생산(lean production)'이라고 표현한 적이 없다. 실제로 그는 이 용어가 등장하기 전에 사망했기 때문에, 이 용어를 들어본 적이 없었을 것이다. 그가 쓴 책에서 그는 이 생산방식을 '토요타 생산 시스템'이라고 불렀다[2]. 린 생산이라는 용어는 Massachusetts Institute of Technology(MIT)의 연구원들이 높은 품질의 자동차를 효율적으로 생산해내는 데에 성공한 이유를 토요타에서 사용하는 기술과 방법들로 분석, 설명한 국제 자동차 차량 프로그램(International Motor Vehicle Program)의 연구 결과에서 제시되었다. 이 연구 결과는 1991년에 출판된 『The Machine that Changed the World』라는 책에 수록되었으며, 이 책의 부제에서 린 생산이라는 용어가 등장하게 되었다.

토요타 생산 시스템(Toyota Production System)에서는 다음과 같은 일곱 가지 형태의 낭비를 정의하였다. (1) 불량품 생산, (2) 필요 이상의 생산, (3) 과도한 재고 보유, (4) 불필요한 작업, (5) 불필요한 이동, (6) 불필요한 자재 취급과 운반, (7) 작업자의 대기[12]. 토요타에서 개발 된 다양한 시스템과 절차는 이러한 일곱 가지 형태의 낭비를 줄이거나 없애기 위해 고안되었다. 토요타 생산 시스템의 주요 구성 요소는 JIT, 자동화, 그리고 작업자 참여였다. JIT(Just-in-time)는 35.4절에 설명되어 있으며, 다른 두 구성 요소는 다음에서 설명된다. 린 생산과 도요타 생산 시스템에 대한 보다 자세한 설명은 [3], [6], [7], [10]과 [12]에서 제공된다.

35.5.1 Autonomation

Autonomation은 계측 범위 안에서 자율적으로 운영되는 생산 기계 설계를 말한다. 이러한 기계들은 그런 식으로 작동하지 않는 경우 멈추도록 설계된다. 기계 정지를 유발할 수 있는 상황에는 불량품 생산이나 과도한 수량의 부품 생산 등이 포함된다. autonomation의 이면에는 오류 방지와 높은 신뢰성이 존재한다.

공정 중지

근본적인 원칙은 무언가가 잘못되었을 때 공정이 중지되어야 올바른 조치가 취해질 수 있다는 것이다. 이는 자동과 수동 공정 모두에 적용된다. 도요타 생산 시스템에서 기계는 불량품이 생산될 때, 또는 요구 수량이 제조되었을 때 작동되는 센서와 자동 정지 장치를 갖는다. 따라서 기계가 멈추면 발생 가능한 불량을 피하기 위해 공정을 조정하거나, 다음 부품을 위해 공정을 변경하는 데 주의를 기울인다. autonomation을 하지 않는다면 기계가 계속 불량품을 만들거나, 필요 이상의 부품을 생산할 것이다.

'공정 멈춤'의 개념은 자동차 공장의 최종 조립 라인과 같은 수동 생산에도 적용할 수 있다. 라인의 작업자는 품질 결함과 같은 문제를 발견하면 라인을 멈출 수 있다. 그들은 라인을 따라 설치된 풀 코드(pull cord)를 사용하여 이러한 행위를 한다. 조립 라인의 가동 중지 시간은 중요하며, 공장에 많은 비용을 유발한다. 라인을 멈추게 한 문제를 해결하기 위해 많은 노력을 기울인다. 무결함이라는 목표를 추구함으로써, 불량품 생산을 피한다.

오류 방지

Autonomation의 두 번째 목표는 실수를 방지하는 것이다. 제조에서 발생할 수 있는 실수로는 잘못된 도구 사용, 잘못된 소재로 공정 시작, 작업 단계 누락, 조립 작업에 부품 추가 누락, 고정구에 부품 위치 오류, 부품에 위치 오류 등이 포함된다. 이러한 다양한 종류의 실수를 피하기 위해 장치들은 정해진 조건에서 비정상 작동 상태를 감지하도록 설계된다. 예를 들어 과다한 중량의 부품을 인식하는 장치, 정확한 스폿 용접 번호가 있는지 여부를 판단하는 장치, 부품이 고정 장치에 제대로 배치되었는지 여부를 판단하는 센서 등이 있다. 장치는 이러한 비정상 상태를 감지했을 때 작업을 중지하거나 오류 발생을 알리기 위해 소리나 시각적인 경고를 발생시킨다.

TPM(Total Productive Maintenance)

JIT에는 높은 신뢰성을 갖춘 생산 장비가 필요하다. 생산 기계가 고장 나면, 후 공정 워크스테이션으로의 부품 인도가 중단되어 후 공정의 기계도 멈추게 된다. JIT는 고장이 발생할 경우 생산을 계속 유지할 수 있는 재고 버퍼를 제공하지 않는다. TPM(Total Productive Maintenance)은 기계 고장, 오작동, 그리고 잘못된 사용으로 인한 생산 손실을 최소화하는 것을 목표로 하는 프로그램이다. 이 프로그램의 한 내용은 기계 검사, 청소, 윤활 등의 일상적인 업무를 담당하는 작업자를 보유하는 것이다. 어떤 경우는 장비의 사소한 수리도 수행한다.

세 가지 범주의 유지보수 활동들이 숙련된 전문가에 의해 공장에서 수행 된다: (1) 고장난 기계의 즉각적인 수리를 포함하는 응급 유지보수; (2) 고장을 피하거나 최소화할 수 있도록 준비된 정기 수리를 통한 예방 유지보수; (3) 예측 유지보수: 문제 발생 징후나 비정상적인 거동을 보이는 장비를 모니터링하여 기계 오작동을 예상한다. 응급 유지보수(emergency maintenance)는 이미 기계가 작동 불능이고, 생산이 중단되는 상황이기 때문에 바람직하지 않다. 예방 유지보수(preventive maintenance)는 기계가 작동하지 않는 시간(예: 두 번 교대하는 공장의 세 번째 교대)에 유지 보수를 예약하여 진행한다. 예측 유지보수(predictive maintenance)는 기계 가동 중에 수행된다. TPM

프로그램은 예방 유지보수와 예측 유지보수를 통합하여 응급 유지보수 발생을 방지한다.

TPM에서는 다음과 같이 기계 가동에 대한 몇 가지 개별 측정치를 결합한 *총 장비 효율성(overall equipment effectiveness)*을 하나의 측정 항목으로 사용한다.

$$OEE = AUYr_{os} \tag{35.1}$$

여기서 OEE는 총 장비 효율성; A는 가용성, 장비의 가동 시간 비율로 정의 된 신뢰성 측정 값; U는 사용률, 실제 가동 중인 시간의 비율; Y는 허용 가능한 제품의 생산량, 총 생산량 대비 좋은 제품의 비율로 정의되는 품질 척도; 그리고 r_{os}는 설계 속도에 대한 기계의 실제 속도의 비율이다. TPM의 목적은 OEE를 가능한 100%에 가깝게 만드는 것이다.

35.5.2 작업자 참여

토요타 생산 시스템에서 실행되는 린 생산의 세 번째 구성 요소로서, (1) 지속적인 개선, (2) 시각적 관리, 그리고 (3) 표준 작업 절차가 포함된다.

지속적인 개선

이것은 35.2.1절의 제조 엔지니어링에서 간략하게 논의되었다. 린 생산에서 지속적인 개선 프로젝트는 작업자 팀에 의해 수행되며, 생산성, 품질, 안전, 유지보수, 그리고 기타 조직의 관심 분야와 관련된 문제에 초점을 맞춘다. 각 팀 구성원은 특정 문제 영역에 대한 지식을 토대로 선택되며, 여러 부서의 직원들로 구성될 수 있다. 그들은 각 부서에서 정기적으로 직무를 수행하면서, 매월 한 시간가량 진행되는 회의를 여러 차례 진행하는 파트타임 형태로 팀에 봉사한다. 회사는 문제가 해결될 때 이익을 얻으며, 작업자는 공헌을 인정받고 기술 능력을 향상시킴으로써 이익을 얻는다.

시각적 관리

직접 살펴보면 작업 상황을 명확하게 인식할 수 있다는 개념에서 나온다. 뭔가 잘못되고 있는 경우, 관찰자에게 명백하게 인식되며, 이것은 개별 워크스테이션에도 적용된다. 기계가 멈추면 이 사실을 바로 알 수 있으며, 전체 공장에 대해서도 그렇다. 공장 전체를 살펴볼 수 있어야 하므로, 시각을 불필요하게 방해하는 물체를 제거한다. 예를 들어 공장에서의 작업 중 재공품의 쌓기를 통한 저장은 정해진 최대 높이로 제한된다(물론 JIT에서는 재고 발생 자체를 제한한다).

근로자는 여러 방법으로 시각적 관리에 참여한다. JIT에서 사용되는 칸반은 공장의 생산과 이동을 관리하기 위한 시각적 방법이다. 또한 작업자와 감독자는 서로 다른 색상의 조명을 사용하여 상태를 나타내는 오버헤드 라이트 패널(overhead light panel)을 사용한 ***안돈 보드(andon boards)***를 통하여 시스템 작동 상태를 관찰할 수 있다. 예를 들어, 녹색은 정상 작동을 나타내고 빨간색은 라인 정지를 의미한다. 임박한 자재 부족, 설치 전환의 필요성 등을 나타내기 위해 다른 색상을 사용할 수도 있다. 시각적 관리의 다른 요소로는 작업자 교육으로, 그림, 사진과 다이어그램을 광범위하게 사용하며, 워크스테이션에서 좋은 관리 방법을 적용하는 것이 가능하다.

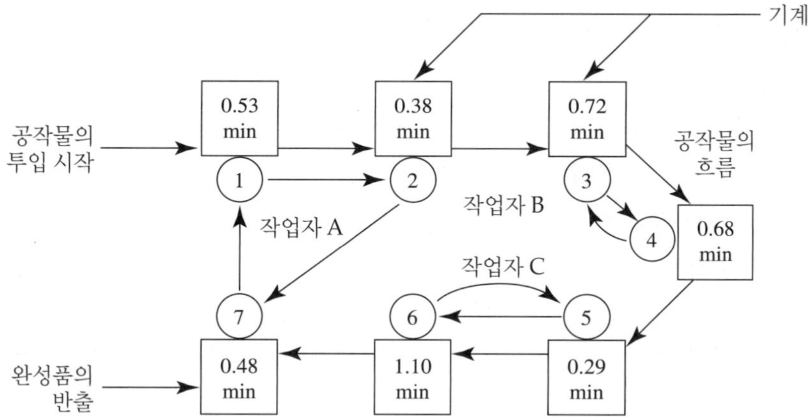

그림 35.10 세 대의 작업자가 일곱 개의 작업을 수행하는 U자 형태의 작업 셀. 각 작업자의 화살표는 각 작업주기의 경로를 나타내며, 원의 숫자는 각 작업자가 수행하는 작업을 나타낸다. 각 기계의 작업 시간은 각 기계 블록 내부에 표시된다.

표준 작업 계획

표준 작업 절차와 표준 시간은 생산성 향상, 작업 부하 균형 조정 및 재공품 최소화라는 목표로 토요타 생산 시스템에서 사용된다. 이것은 작업자가 수행하는 반복적인 작업에서 작업 요소와 요소 시간을 문서화한다. 반자동 주기로 작동하는 여러 기계를 담당하는 작업자의 경우, 표준 작업 절차는 각 기계에 필요한 기계의 순서와 각 기계에서 수행되는 작업을 나타낸다. 이러한 순서는 작업자와 기계의 유휴 시간을 최소화하도록 설계된다. 이러한 작업과 작업 순서를 설계할 때 목적 중 하나는 각 부품의 생산 속도를 요구율과 동일하게 만드는 것이다. 이를 달성하면 과다 생산을 피하고 적시 납품이 가능하며, 재공품 재고가 최소화된다.

생산은 종종 부품을 생산하기 위해 순차적으로 정렬된 작업자와 기계의 팀인 작업 셀 내에서 작은 뱃치 크기로 수행된다. 셀은 직선보다는 그림 35.10과 같이 U자형이 많다. 이 구성은 근로자들 간의 팀워크와 우애를 촉진한다. 각 작업자는 그림에 제시된 것처럼 셀에서 둘 이상의 시스템을 작동시킬 수 있으며, 작업은 작업 부하가 균형을 이루도록 작업자에게 할당된다. 생산주기 시간은 부품에 대한 수요 비율과 일치한다.

35.6 민첩 제조

민첩 제조(agile manufacturing)는 빠르게 변화하는 시장과 고객의 요구에 대응하기 위한 제조기업의 전략이다. 이 전략은 또한 요구 사항에 따라 품질 표준을 유지하도록 보장한다. 이러한 빠른 대응은 고객에 의해 인정을 받게 되며, 회사의 성장에 도움이 된다. 민첩 제조의 성공은 비즈니스의 옳고 그름 결정과 동시에 아이디어를 만들고 실행할 수 있는 제조 계획의 효율성에 달려 있다.

민첩 제조 달성에 필요한 네 가지 주요 요소: (1) 신속한 수정과 적응성을 얻을 수 있는 모듈식 및 고객 중심의 제품 설계. 이러한 설계는 쉽게 변경할 수 있고, 기업이 놀라운 속도로 우수한 수준의 개인화(personalization)를 제공할 수 있도록 한다. (2) 정보 기술은 이러한 제조 시스템의 또 다른 중요한 측면으로, 적절하게 구성된 IT 인프라는 임직원들이 기술과 관리의 제반 사항들을 감안할 수 있도록 해주는 민첩 제조 시스템의 주요한 실행 수단이다. (3) 기업 파트너들과 좋은 관계를 유지하는 것은 민첩 제조의 또 다른 주요 구성 요소이다. 모든 제조업이 다른 기업들과의 관계 구축에 초점을 맞추는 것은 아니지만, 합작 비즈니스에 참여하기 전에 관계를 분석하는 것이 필요하다. (4) 비즈니스 내 임직원 사이의 지식 문화를 촉진하는 것이 민첩 생산의 또 다른 중요한 측면이다. 이러한 문화는 직원 교육을 통해 촉진되며, 전체 직원이 비즈니스에서 발생하는 급격한 변화를 잘 이해하고 쉽게 적응할 수 있도록 한다.

참고문헌 *REFERENCES*

[1] Bakerjian, R., and Mitchell, P. *Tool and Manufacturing Engineers Handbook*. 4th ed. Vol. VI: Design for Manufacturability. Society of Manufacturing Engineers, Dearborn, Michigan, 1992.

[2] Bedworth, D. D., and Bailey, J. E. *Integrated Production Control Systems*. 2nd ed. John Wiley & Sons, New York, 1987.

[3] Black, J T., and Kohser, R. A. *DeGarmo's Materials and Processes in Manufacturing*. 11th ed. John Wiley & Sons, Hoboken, New Jersey, 2012.

[4] Chang, C.-H., and Melkanoff, M. A. *NC Machine Programming and Software Design*. 3rd ed. Prentice-Hall, Upper Saddle River, New Jersey, 2005.

[5] Eary, D. F., and Johnson, G. E. *Process Engineering for Manufacturing*. Prentice-Hall, Englewood Cliffs, New Jersey, 1962.

[6] Groover, M. P. Automation, *Production Systems, and Computer Integrated Manufacturing*. 4th ed. Pearson Higher Education, Upper Saddle River, New Jersey, 2015.

[7] Groover, M. P. *Work Systems and the Methods, Measurement, and Management of Work*. Pearson Prentice-Hall, Upper Saddle River, New Jersey, 2007.

[8] Kusiak, A. (ed.). *Concurrent Engineering: Automation, Tools and Techniques*. JohnWiley & Sons, New York, 1993.

[9] Martin, J. M. "The Final Piece of the Puzzle." *Manufacturing Engineering*, September 1988, pp. 46–51.

[10] Monden, Y. *Toyota Production System*. 3rd ed. Engineering and Management Press, Norcross, Georgia, 1998.

[11] Nevins, J. L., and Whitney, D. E. (eds.). *Concurrent Design of Products and Processes*. McGraw-Hill, New York, 1989.

[12] Ohno, T. *Toyota Production System, Beyond Large Scale Production*, New York, Productivity Press, 1988. Original Japanese edition published by Diamond, Inc., Tokyo, 1978.

[13] Orlicky, J. *Material Requirements Planning*. McGraw-Hill, New York, 1975.

[14] Silver, E. A., Pyke, D. F., and Peterson, R. *Inventory Management and Production Planning and Control*. 3rd ed. John Wiley & Sons, New York, 1998.

[15] Tanner, J. P. *Manufacturing Engineering*. 2nd ed. CRC Taylor & Francis, Boca Raton, Florida, 1990.

[16] Usher, J. M., Roy, U., and Parsaei, H. R. (eds.). *Integrated Product and Process Development*. John Wiley & Sons, New York, 1998.

[17] Veilleux, R. F., and Petro, L. W. (eds.). *Tool and Manufacturing Engineers Handbook*. 4th ed. Vol. V: Manufacturing Management. Society of Manufacturing Engineers, Dearborn, Michigan, 1988.

[18] Vollman, T. E., Berry, W. L., Whybark, D. C., and Jacobs, F. R. *Manufacturing Planning and Control Systems for Supply Chain Management*. 5th ed. McGraw-Hill, New York, 2005.

[19] Waurzyniak, P. "Managing Factory-Floor Data." *Manufacturing Engineering*, October 2011, pp. 77–85.
[20] Waurzyniak, P. "Taking the Factory's Pulse with Shop-Floor Monitoring." *Manufacturing Engineering*, October 2014, pp. 51–60.
[21] www.wikipedia.org/wiki/Lean_manufacturing.

복습문제 *REVIEW QUESTIONS*

서론

35.1 제조 지원 시스템이란 무엇인가?

35.2 어떤 공정과 방법을 어떤 순서로 사용해야 하는지 결정하는 것 외에, 공정 계획의 범위에 포함되는 것은 무엇인가?

35.3 제조 감안 설계에 대해 메모하라.

공정 계획

35.4 공정 계획의 범위에 포함되는 세부 사항들과 의사결정들은 무엇인가?

35.5 이산형 부품(discrete parts) 제작을 위한 단계의 순서는 무엇인가?

35.6 기본 프로세스와 보조 프로세스 각각에 대해 두 가지씩 예를 들어 보라.

35.7 다음 기본 공정으로 생산된 각각의 재료에 대해 일반적으로 수행되는 2차 공정은 무엇인가? (a) 직영 50 mm의 알루미늄 원형막대, (b) 3.125 mm의 저탄소강 철판, 그리고 (c) 사출성형된 플라스틱 컵.

35.8 작업 지시서에는 어떤 파라메터가 포함되는가?

35.9 제작 또는 구매 결정에 필요한 중요한 요소들은?

35.10 변성형 시스템(retrieval system) 외에, 컴퓨터 원용 공정계획 시스템을 설계하는 데 사용되는 다른 접근 방식은 무엇인가?

기타 제조 엔지니어링 기능

35.11 제조 감안 설계의 일반 원칙과 지침을 말하라.

35.12 수명 주기 감안 설계에 포함되는 비용에는 어떤 것이 있는가?

35.13 제품 원가 감안 설계란 무엇인가?

생산 계획과 관리

35.14 최종 제품의 생산 일정을 사용되는 원자재와 부품의 세부 일정으로 변환하는 연산 기술은 무엇인가?

35.15 총괄 계획이란 무엇인가?

35.16 기준 생산 일정이란 무엇인가?

35.17 기준 생산 일정에 포함되어야 하는 항목들을 나열하라.

35.18 제조 현장 제어의 3단계는 무엇인가?

35.19 제조 현장 제어에서 작업 지시 발부(order release)는 무엇이며, 작업 일정 계획(order scheduling)과 어떻게 다른가?

35.20 단기 생산능력 조정에 필요한 요인들은 무엇인가?

35.21 장기 생산능력 조정에서는 어떤 결정들이 내려지는가?

적시 생산 시스템

35.22 적시 생산(just-in-time production)의 주요 목표는 무엇인가?

35.23 Just-In-Time 접근 방식은 어느 회사에서 개발되었나?

35.24 생산 및 재고 관리에서 풀(pull) 시스템은 푸시(push) 시스템과 어떻게 구별되는가?

린 생산

35.25 적시(just in time)를 달성하는 데 필요한 요소는 무엇인가?

35.26 토요타 생산 시스템에서 autonomation이란 무엇인가?

35.27 TPM(Total Productive Maintenance)에 정의된 세 가지 범주의 유지보수 활동은 무엇인가?

35.28 칸반 시스템이란 무엇인가? 다른 유형에는 어떤 것이 있나?

35.29 민첩 제조는 하향식(top-down) 또는 상향식(bottom-up) 접근 방식에 중점을 두는가?

35.30 민첩 제조 하에서 조직이 유연한 시스템을 채택하는 이유는 무엇인가?

35.31 린(lean) 제조와 애자일(agile) 제조 간의 공통적인 아이디어는 무엇인가?

CHAPTER 36

품질 관리와 검사

36.1 제품 품질

36.2 공정 능력과 공차

36.3 통계적 공정 관리
- 36.3.1 변량 관리도
- 36.3.2 속성 관리도
- 36.3.3 관리도의 해석

36.4 제조의 품질 프로그램
- 36.4.1 전사적 품질 관리
- 36.4.2 6시그마
- 36.4.3 ISO 9000

36.5 검사의 원리
- 36.5.1 수동과 자동 검사
- 36.5.2 접촉식과 비접촉식 검사

36.6 현대 검사 기술
- 36.6.1 3차원 좌표 측정기
- 36.6.2 레이저를 이용한 측정
- 36.6.3 머신비젼
- 36.6.4 기타 비접촉식 검사 기술

전통적으로 품질 관리(quality control, QC)는 제품의 결함을 찾아내고, 그것을 제거하기 위한 수정 작업을 취하는 것으로 생각되어 왔다. QC는 제품이나 부품의 검사와, 측정된 치수 또는 다른 특성들이 설계 규격에 부합하는 지를 결정하는 것으로 규정되어 왔다. 만약 부합된다면, 그 제품은 출고되었다. 품질 관리에 대한 현대적인 관점은 통계적 공정 관리, 6시그마와 같은 다양한 품질 프로그램뿐만 아니라 3차원측정기와 머신 비전과 같은 현대적인 검사 기술이 포함된 광범위한 범위의 활동을 말한다. 이 장에서는 현대 제조와 관련이 있는 품질과 검사에 대해 설명하며, 제품 품질에 대한 주제로 시작한다.

36.1 제품 품질

사전에서는 품질을 '어떤 사물이 갖고 있는 뛰어난 정도' 또는 '무언가로 만들어주는 특징' — 특징적인 요소와 속성으로 정의한다. 미국품질 관리학회(American Society for Quality, ASQ)는 품질을 "제품이나 서비스가 주어진 요구를 충족할 수 있는 능력과 관련된 특징과 특성의 총체"로 정의하고 있다[2].

생산 제품에서, 품질은 (1) 제품 특성과 (2) 무결함의 두 가지 측면으로 구별된다[4]. ***제품 특성***

(product features)은 설계의 결과로서 고객의 흥미를 끌고, 고객을 만족시키는 기능적, 미적 특성이다. 자동차의 경우, 차의 크기, 다자인, 차체의 마무리, 연비, 신뢰성, 제조 업체의 평판, 그리고 다른 측면들이 포함되며, 고객이 선택할 수 있는 옵션도 포함된다. 일반적으로 제품 특성들이 합쳐져서 제품의 *등급(grade)*이 결정되며, 등급은 그 제품이 목표로 하는 시장에서의 수준과 관련이 된다. 자동차(그리고 대부분의 제품들)는 여러 등급이 있다. 어떤 고객들은 단지 운송 기능만을 원하기 때문에 운송 기능만을 갖춘 자동차가 있고, 어떤 고객은 '더 좋은 제품(better product)'을 소유하기 위해 기꺼이 비용을 지불하므로 이들의 위한 고급 자동차도 있다. 제품 특성은 설계에서 결정되며 특성에 따라 제품의 고유 비용이 결정된다. 뛰어난 특성이 많을수록 가격도 높아진다.

무결함(freedom for deficiencies)은 제품이 의도한 바를 (설계 기능의 한계 내에서) 수행하고, 결함이 없으며, 허용 오차를 벗어나지 않고, 누락된 부품이 없음을 의미한다. 이 측면은 제품의 구성 부품들 뿐만 아니라 제품 자체에도 적용된다. 결함이 없다는 것은 설계 명세서에 부합되게 생산한다는 것으로 제조 부서의 책임이 된다. 제품의 고유한 비용은 설계에 의해 결정되지만, 설계 범위 내에서 제품의 비용을 최소로 낮추려면 제조 과정에서 불량품과 공차를 벗어나는 변동과 다른 오류들을 최소화해야 한다. 이러한 결함으로 발생하는 비용에는 부품 폐기, 폐기를 고려해서 커진 로트 크기, 재작업, 재검사, 보증 비용과 고객 공제, 판매 손실, 시장에서의 좋은 이미지 상실 등이 포함된다.

요약하면 제품 특성은 설계 부서에 책임이 있는 품질 측면으로, 제품 특성은 기업이 정할 수 있는 가격을 어느 정도 결정한다. 무결함은 제조 부서에 책임이 있는 품질 측면으로, 결함을 최소화하는 능력은 제품 비용에 상당한 영향을 미친다. 이로한 일반화는 지나치게 단순화한 것이다. 왜냐하면 높은 품질은 조직 내에서 설계와 제조 기능 이상을 요구하기 때문이다.

36.2 공정 능력과 공차

모든 제조 공정에서, 공정의 산출물에는 변동이 존재한다. 가장 정확한 공정 중 하나인 절삭 공정을 거친 부품들은 겉으로는 동일해 보여도 정밀한 측정을 하면 치수에 차이가 있음이 나타난다. 제조에서의 변동은 랜덤 변동과 이상 변동 두 가지로 나눌 수 있다.

랜덤 변동(random variance)은 많은 요인들로 인해 발생한다: 인간 고유의 변동성, 자재의 미세한 변화, 기계의 진동 등. 이러한 요인들은 개별적으로는 큰 영향이 없을 수 있으나, 오류들이 모이게 되면 심각한 문제가 될 수 있다. 랜덤 변동은 일반적으로 정규 분포를 따르는 경향이 있다. 즉, 공정의 결과 값이 평균 근처에 모이는 경향이 있는데, 이 평균값이 제품의 품질 특성치가 된다(예를 들어 길이, 직경). 결과의 대부분이 평균값에 집중되고, 일부만 평균에서 떨어져 있다. 이런 유형만으로 공정 변동이 존재할 때, 공정이 *통계적 관리(statistical control)* 상태에 있다고 말한다. 이런 유형의 변동은 공정이 정상적으로 수행되는 한 지속되지만, 정상 조건을 벗어나는 경우에는 또 다른 유형의 변동이 일어난다.

이상 변동(assignable variations)은 정상 조건에서 벗어난, 랜덤 변동으로 설명되지 않는 어떤

상황이 발생한 경우를 말한다. 작업자의 실수, 불량자재, 공구파손, 장비고장 등이 원인이 될 수 있다. 이상 변동은 정규 분포에서 벗어나는 결과물이 나타날 때 확인이 되고, 이때를 통계적 관리 상태 밖에 있다고 말한다.

공정 능력(process capability)은 공정이 통계적 관리 상태에 있을 때 산출물의 고유한 변동에 관계되는 것으로서, 결과치의 평균으로부터 표준 편차의 ±3배의 범위로 정의된다(총 표준 편차의 6배).

$$PC = \mu \pm 3\sigma \tag{36.1}$$

여기서 PC는 공정 능력; μ는 공정의 평균치로 양쪽 공차(bilateral tolerancing)로 표시되는 제품 특성치의 명목 값(nominal value)(6.1.1절); σ는 공정의 표준 편차이다. 여기에 들어가는 가정은 (1) 공정 결과는 정규 분포를 따르며, (2) 정상 상태에서 운전이 수행되었고 공정이 통계적 관리 상태에 있다는 것이다. 이러한 가정 하에서 부품의 99.73%가 평균으로부터 ±3.0σ안에 들어간다. 주어진 공정의 공정 능력이 항상 알려진 것은 아니며, 평가를 위한 실험이 필요하다. 공정 샘플링을 기반으로 공정 능력을 평가하는 방법을 사용할 수도 있다.

공차는 제품 품질에 큰 영향을 준다. 설계자는 부품 크기의 변동이 기능과 성능에 얼마나 영향을 주는가하는 판단 하에 부품과 조립품의 치수 공차를 부여한다. 전통적인 지식은 낮은 공차가 더 좋은 성능을 보인다는 것이다. 공정 능력에 비해 과도하게 작은 공차는 비용에 영향을 미친다. 공차가 작아질수록 공차를 만족시키기 위한 비용은 급격하게 늘어나는 경향이 있다. 이것은 더 작은 공차를 얻기 위해서는 추가 공정이 필요할 수 있고, 더욱 정밀하고 비싼 기계들의 사용이 필요하기 때문이다. 설계자는 이러한 관계를 반드시 알아야 한다. 공차를 부여할 때, 일차적으로 주어진 기능을 고려하지만, 비용도 고려해야 하며, 제품의 기능을 희생하지 않으면서 더 넓은 공차를 원하는 제조 부서의 의견 역시 고려할 가치가 있다.

설계 공차는 공정 능력과 부합되어야 한다. 만약 공정 능력이 ±0.025 mm보다 크다면, 공차를 ±0.025 mm로 정하는 것은 아무런 의미가 없다(만약 설계가 기능적으로 문제가 없다면). 공차를 더욱 넓게 잡거나 다른 제조 공정을 선택해야 한다. 이상적으로 공차는 공정 능력보다 커야 한다. 만일 이것이 공정에서 실현 불가능하다면, 공차 범위 안의 부품과 밖의 부품을 분리해내는 분류 공정을 추가해야 한다.

설계 공차가 식 (36.1)에서 정의된 공정 능력과 동일하게 설정된 경우, 이 범위의 상하한선을 *자연 공차 한계(natural tolerance limits)*라고 한다. 설계 공차가 자연 공차 한계에 맞춰져 있다면, 99.73%의 부품이 공차 범위 안에 있고, 0.27%가 범위를 벗어나게 된다. 공차 범위의 증가는 결함 부품의 비율을 낮추게 된다.

자연 공차 한계가 제품 설계자에 의해 공차로 사용되는 일은 드물다: 공차는 요구되는 기능과 성능을 달성할 수 있는 허용 변동치에 의해 결정된다. 공정 능력에 대한 규정된 공차 범위의 비율을 ***공정 능력 지수(process capability index)***로 정의한다.

$$PCI = \frac{T}{6\sigma} \tag{36.2}$$

표 36.1 통계적 관리에 의해 운영되는 공정에서 공차가 공정의 표준 편차의 배수로 정의되는 경우의 불량률

표준 편차의 배수	공정 능력 지수	불량률	백만개당 불량품수
±1.0	0.333	31.74%	317,400
±2.0	0.667	4.56%	45,600
±3.0	1.00	0.27%	2,700
±4.0	1.333	0.0063%	63
±5.0	1.667	0.000057%	0.57
±6.0	2.00	0.0000002%	0.002

여기서 *PCI*는 공정 능력 지수; *T*는 공정 범위-정의된 공차점 위의 상한과 하한의 차이; 그리고 6σ는 자연 공차 한계이다. 이 정의에서 기본 가정은 공정 평균이 공칭 설계 사양과 동일하게 설정되어 식 (36.2)의 분자와 분모가 같은 값을 중심으로 분포한다는 것이다.

표 36.1은 불량률(공차 밖의 부품 비율)이 공정 능력 지수에 따라 어떻게 변하는 지를 보여준다. 공차 범위의 증가에 따라 결함 부품의 비율이 줄어든다는 것을 알 수 있다. 매우 낮은 불량률을 의미하는 '6시그마'라는 용어가 많이 사용되는 데, 이는 6σ 한계를 달성하는 것이 부품의 불량을 제거하는 것과 다름이 없음을 의미한다. 이 장의 뒷부분에서 언급하겠지만, 6시그마 품질 프로그램은 그 이름에 걸맞지 않는다. 따라서 이 문제를 논하기 전에, 업계에서 널리 사용되는 품질 관리 기술인 통계적 공정 관리에 대해 논한다.

36.3 통계적 공정 관리

통계적 공정 관리(statistical process control, SPC)에는 공정의 변동들을 측정하고 분석하는 다양한 방법들이 포함된다. SPC 방법에는 단순히 생산 데이터의 기록을 유지하는 것, 히스토그램, 공정 능력 분석, 그리고 관리도가 있다. 소프트웨어 패키지는 저가의 제조 현장 컴퓨터에서도 SPC를 구현할 수 있으며, 측정 장비와 검사 게이지에서 직접 데이터를 얻고, 운영자가 필요할 경우 적절한 시정 조치를 취할 수 있도록 실시간 그래픽 디스플레이를 제공한다[13].

관리도는 SPC에서 가장 널리 사용되는 방법으로, 본 절에서 다룰 것이다. 관리도의 중요한 원칙은 어떤 공정이든지 변동을 두 가지로 분류할 수 있다는 것이다: (1) 공정이 통계적으로 관리될 때 존재하는 랜덤변동, 그리고 (2) 통계적 관리로부터 벗어나는 이상 변동. 관리도의 목적은 공정이 통계적 관리 밖으로 나갔을 때를 확인하고, 필요한 시정 작업을 위한 신호를 보낸다.

관리도(control chart)란 어떤 공정 특성의 측정값으로부터 계산된 통계치를 시간에 따라 그래프에 표시하여 공정이 통계적 관리 상태에 있는지 여부를 판단하는 기법이다. 관리도의 일반 형태는 그림 36.1과 같으며, 시간 경과에 따라 일정한 세 개의 수평선(중심선, *관리 상한선(upper control limit, UCL)*, *관리 하한선(lower control limit, LCL)*)이 표시된다. 중심선은 일반적으로 목표치(명

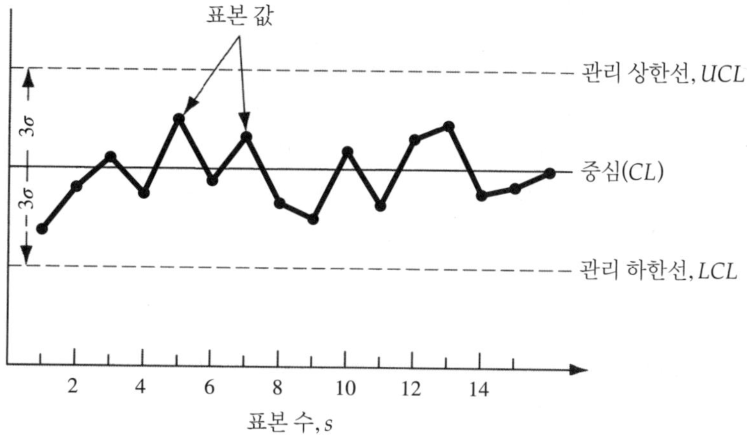

그림 36.1 관리도.

목치)로 잡고, 관리 상한선과 관리 하한선은 표본 표준 편차의 ±3배로 설정한다.

공정이 통계적 관리 상태에 있을 때는 공정에서 추출한 표본이 *UCL*과 *LCL* 밖으로 거의 나가지 않을 것이다. 그러므로 만일 어떤 표본 값이 이 한계 밖으로 나갈 때는 공정이 관리 상태 밖으로 나간 것으로 해석된다. 이런 경우 그 원인을 조사하여 이 상태를 벗어나기 위한 조치를 취해야 한다. 비슷한 이유로, 공정이 통계적 관리 상태에 있고, 데이터가 바람직하지 않은 경향을 보인다는 증거가 없다면, 공정에서 이산 변동이 발견되더라도 조정은 필요 없다. 관리도에서는 "고장나지 않았으면 고치지 마라"라는 철학이 적용된다.

관리도에는 두 가지 기본 유형이 있다: (1) 변량 관리도와 (2) 속성. ***변량 관리도(control chart for variables)***는 측정이 가능한 품질 특성치를 대상으로 하고, ***속성 관리도(control chart for attributes)***는 단순히 부품의 불량 여부와 표본 내의 불량 수 등을 대상으로 한다.

36.3.1 변량 관리도

통계적 관리 밖에 있는 공정은 공정의 평균값 혹은 공정의 변동성에 어떤 변화가 있었음을 알 수 있다. 이 두 가능성을 알아보기 위해서 $\bar{x}$ 관리도와 R 관리도의 두 가지 변량 관리도가 사용된다. ***$\bar{x}$ 관리도***(x바 차트로 부름)는 제조 공정에서 주기적으로 취해진 표본들에 대해 어떤 품질 특성 측정값의 평균을 나타내는 것이다. ***R 관리도***는 각 표본의 범위를 그려서, 공정의 변동성을 모니터링하고 그것이 시간에 따라 변화하는지 여부를 확인하게 해준다.

공정의 만족스런 품질 특성은 $\bar{x}$ 관리도와 R 관리도 상에서 표시할 변수로 선택되어야 한다. 기계 공정에서, 이것은 축의 직경 또는 다른 주요 치수들이다. 이러한 두 관리도를 구성하기 위해서는 공정에 대한 측정 작업이 반드시 필요하다.

공정이 원활하게 수행되고 이상 변동이 없는 경우, 작은 크기(예, 표본당 $n = 4, 5$ 또는 6개)의 주기적인 표본(예, 적어도 $m = 20$회 이상이 권장됨)이 수집되고, 각 부품에 대한 관심 특성치를 측정

표 36.2 $\overline{x}$ 관리도와 R 관리도를 위한 상수

표본 크기 n	관리도 A_2	R 관리도	
		D_3	D_4
3	1.023	0	2.574
4	0.729	0	2.282
5	0.577	0	2.114
6	0.483	0	2.004
7	0.419	0.076	1.924
8	0.373	0.136	1.864
9	0.337	0.184	1.816
10	0.308	0.223	1.777

한다. 다음의 절차가 각 관리도의 중심선, *관리 상한선(UCL)*, *관리 하한선(LCL)*을 구성하는 데 사용된다.

1. m개의 각 표본에 대한 평균 $\overline{x}$ 와 범위 R을 계산한다.
2. 각 $\overline{x}$ 의 평균인 전체평균 x를 계산하면, 이것이 x 관리도의 중심선이 된다.
3. 각 R의 평균인 $\overline{R}$ 을 계산하면, 이것이 R 관리도의 중심선이 된다.
4. $\overline{x}$ 관리도와 R 관리도 각각에 대해 UCL과 LCL을 결정한다. 이 한계선들을 계산하기 위한 표준 편차값은 표본 데이터로부터 추정된다. 그러나 더 쉬운 방법은 이들 관리도를 위해 추출된 통계적 상수(표 36.2)를 이용하여 계산하는 것이다. $\overline{x}$ 관리도에 대하여

$$LCL = \overline{\overline{x}} - A_2\overline{R} \qquad \text{그리고} \qquad UCL = \overline{\overline{x}} + A_2\overline{R} \tag{36.3}$$

R 관리도에 대하여

$$LCL = D_3\overline{R} \qquad \text{그리고} \qquad UCL = D_4\overline{R} \tag{36.4}$$

예제 36.1

$\overline{x}$ 관리도와 R 관리도

통계적 관리 상태에 있는 공정으로부터 제조된 부품의 치수 측정으로부터 크기 4인 표본($n = 4$)을 8번 추출($m = 8$)한다. $\overline{x}$ 관리도와 R 관리도를 작성하기 위한 중심선, 관리 상한선, 관리 하한선 값을 구하고자 한다. 8개의 표본에 대하여 계산된 $\overline{x}$ 값은 2.008, 1.998, 1.993, 2.002, 2.001, 1.995, 2.004, and 1.999이며, R값은 0.027, 0.011, 0.017, 0.009, 0.014, 0.020, 0.024, and 0.018이다.

풀이

1단계는 위와 같이 $\overline{x}$ 과 R값을 계산하는 것이다. 2단계에서 표본 평균의 전체 평균을 구하면,

$$\bar{\bar{x}} = (2.008 + 1.998 + \cdots + 1.999)/8 = \mathbf{2.000}$$

3단계에서 R의 평균값을 구하면,

$$\bar{R} = (0.027 + 0.011 + \cdots + 0.018)/8 = \mathbf{0.0175}$$

4단계에서 표 36.2의 상수와 식 (36.3)을 이용하여 $\bar{x}$ 관리도의 LCL과 UCL을 계산한다.

$$LCL = 2.000 - 0.729(0.0175) = \mathbf{1.9872}$$

$$UCL = 2.000 + 0.729(0.0175) = \mathbf{2.0128}$$

R관리도에 대해서는 식 (36.4)를 이용한다.

$$LCL = 0(0.0175) = \mathbf{0}$$

$$UCL = 2.282(0.0175) = \mathbf{0.0399}$$

그림 36.2는 예제 데이터를 이용하여 관리도를 그린 결과이다.

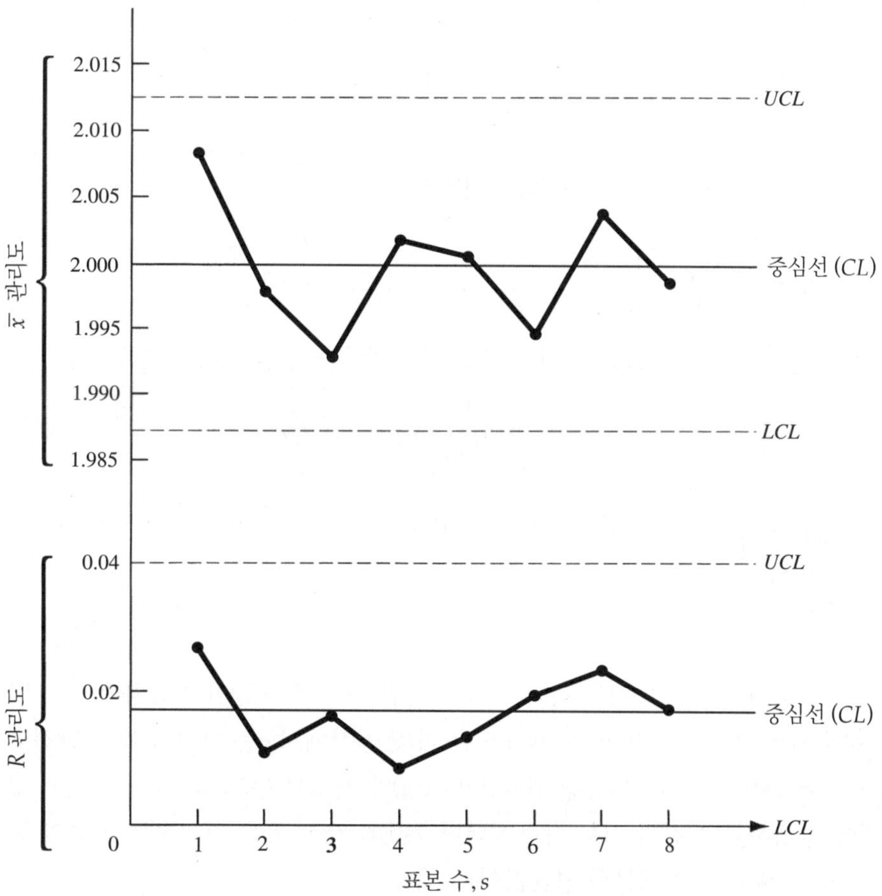

그림 36.2 예제 36.1에 대한 관리도.

36.3.2 속성 관리도

속성 관리도는 품질 변수를 측정하는 데 사용되지 않으며, 표본 속의 불량 수나 불량률을 모니터링하기 위해 사용된다. 이런 종류의 속성의 예로는 자동차당 결함의 수, 추출된 표본 내에서 이상 부품의 비율, 플라스틱 사출 성형 부품에서 플래시의 유무, 금속 박판 압연에서 결함 수 등이다. 속성을 위해서는 (1) 연속적인 표본에 대해 불량률을 표시하는 ***p* 관리도(*p* chart)**와 (2) 표본당 불량 수를 표시하는 ***c* 관리도(*c* chart)**가 주로 사용된다,

p 관리도

p 관리도에서는 관심 품질 특성이 불량품의 비율(p)이다. 각 표본의 불량률 p_i는 표본 수 n에 대한 불량품 수 d_i의 비율이다.

$$p_i = \frac{d_i}{n} \tag{36.5}$$

여기서 i는 각 표본 번호이다. 만약 p_i값이 충분히 많은 표본에 대한 평균이라면, 평균값 $\overline{p}$ 는 공정의 실제 p값에 대한 합리적인 추정치가 된다. p 관리도는 이항 분포를 따르며, p는 불량품의 비율이다. p 관리도의 중심선은 개개의 표본에 대한 p값으로 계산된다. 즉,

$$\overline{p} = \frac{\sum_{i=1}^{m} p_i}{m} \tag{36.6}$$

관리 한계선은 중심선의 양방향으로부터 3σ로 계산된다. 즉,

$$LCL = \overline{p} - 3\sqrt{\frac{\overline{p}(1-\overline{p})}{n}} \qquad \text{그리고} \qquad UCL = \overline{p} + 3\sqrt{\frac{\overline{p}(1-\overline{p})}{n}} \tag{36.7}$$

여기서 이항 분포를 따르는 $\overline{p}$ 의 표준 편차는 다음 식과 같은 조건을 이용하였다.

$$\sigma_p = \sqrt{\frac{\overline{p}(1-\overline{p})}{n}}$$

만약 $\overline{p}$ 가 작고, 표준 크기 n이 작다면, 관리 하한선은 식에 의해 음수가 나올 수도 있으며, 이 경우는 0으로 간주해야 한다.

c 관리도

c 관리도에서는 표본의 불량수가 시간 경과에 따라 기입된다. 예를 들어 자동차와 같은 단일 제품에서 c는 최종 검사에서 발견된 불량의 수이다. 또는 카펫 공장에서 c는 한 조각에서 발견되는 결함의 수이다. c 관리도는 포아송 분포(Poisson distribution)에 기초를 두고 있는데, 여기서 c값은 정해진 표본 공간 내에 발생하는 사건의 빈도 파라메터다. c값의 가장 좋은 추정치는 공정이 통계적 관리 상태에 있는 동안 추출된 많은 표본의 평균값이다. 즉,

$$\overline{c} = \frac{\sum_{i=1}^{m} c_i}{m} \tag{36.8}$$

여기서 m은 표본 수이다. $\overline{c}$가 관리도의 중심선으로 사용되며, 포아송 분포에서 표준 편차는 파라미터 c의 제곱근이 된다. 즉, 관리 한계선은 다음과 같다.

$$LCL = \overline{c} - 3\sqrt{\overline{c}} \qquad \text{그리고} \qquad UCL = \overline{c} + 3\sqrt{\overline{c}} \tag{36.9}$$

36.3.3 관리도의 해석

제품 품질을 감시하기 위해 관리도를 사용할 때, 우선 표본 n개가 공정으로부터 추출된다. $\overline{x}$ 관리도와 R 관리도를 위해서 측정된 특성의 $\overline{x}$와 R값이 관리도에 표시되며, 일반적으로 점들이 연결된 그림으로 표시한다. 데이터를 해석하기 위해서, 공정이 통계적 관리 하에 있지 않음을 보여주는 부분이 있는가를 찾는다. 가장 확실하게 발견될 수 있는 부분은 다음과 같다: (1) $\overline{x}$ 혹은 R이(혹은 둘 모두) LCL 혹은 UCL 밖에 있을 때는 불량 자재, 미숙한 조작자, 잘못된 기계 설정, 파단된 공구 등과 같은 원인이 있음을 알려준다. 한계를 벗어나는 R이 있을 때는 공정의 변동성이 변했을지 모른다는 것을 암시한다. R이 증가하면 보통 변동성이 커지는 경우이다. 표본점들이 $\pm 3\sigma$ 안에 있을지라도, 다음과 같이 상대적으로 덜 뚜렷한 조건들이 나타날 수 있다: (1) 시간의 함수로 발생하는 마모 또는 다른 요인을 의미할 수 있는 데이터의 추세 또는 주기적 패턴; (2) 데이터 평균값의 갑작스러운 변화; (3) 상한 혹은 하한 근처에 일관되게 위치하는 점들. 이와 같은 $\overline{x}$ 관리도와 R 관리도의 해석 방법은 p 관리도와 c 관리도에도 동일하게 적용될 수 있다.

36.4 제조의 품질 프로그램

통계적 공정 관리는 제조된 부품과 제품의 품질을 모니터링하는 데 널리 사용된다. 몇 가지 추가적인 품질 관리 프로그램이 산업에서 활용되며, 이 절에서는 (1) 전사적 품질 관리, (2) 6시그마, 그리고 (3) ISO 9000을 간략하게 설명한다. 이러한 프로그램들이 통계적 공정 관리를 대신하는 것은 아니다. 실제로 SPC에서 사용되는 도구들이 전사적 품질 관리와 6시그마 방법론에 포함된다.

36.4.1 전사적 품질 관리

전사적 품질 관리(TQM)는 (1) 고객 만족 달성, (2) 전체 작업 인력의 참여 장려, (3) 지속적인 개선이라는 세 가지 주요 목표를 추구하는 관리 방법이다.

TQM의 핵심 초점은 고객과 고객 만족이며, 이러한 초점을 염두에 두고 제품을 설계하고 제조한다. 제품은 고객이 원하는 기능을 만족하도록 설계되어야 하며 결함이 없어야 한다. 고객 만족의 범위에는 (1) 외부 고객과 (2) 내부 고객이라는 두 가지 범주의 고객이 있다. 외부 고객(external customer)은 회사의 제품과 서비스를 구매하는 고객이다. 내부 고객은 부품 생산 부서의 고객인 최종 조립 부서와 같이 회사 내부에 있다. 전체 조직이 효과적이고 효율적으로 작동하려면 두 범주 모두에서 만족을 달성해야 한다.

TQM에서 조직의 품질 노력에 대한 직원의 참여는 최고 경영진에서 모든 수준으로 확장된다. 제품 설계가 제품 품질에 미치는 중요한 영향과 설계 과정에서의 의사 결정이 제조 과정에서 달성할 수 있는 품질에 미치는 영향에 대해 특별한 주의를 기울인다. 또한 생산 작업자는 부품이 이미 생산된 후 결함을 밝히기 위해 검사원에게 의존하는 것이 아니라 생산물의 품질에 대한 책임을 진다. 통계적 공정 관리 도구의 사용을 포함한 TQM 교육은 모든 인력에게 제공되며, 높은 품질을 추구하는 것이 조직의 모든 구성원으로부터 받아들여진다.

TQM의 세 번째 목표는 지속적인 개선이다. 즉, 그것이 제품이든 프로세스이든, 항상 더 나은 것을 만들 수 있다는 태도를 갖는 것이다. 조직의 지속적인 개선은 일반적으로 생산에서 확인된 특정 문제를 해결하기 위해 구성된 팀에 의해 실행된다. 문제는 품질 문제에만 국한되지 않으며, 생산성, 비용, 안전 또는 기타 조직의 관심 분야가 포함될 수 있다. 팀원은 문제 영역에 대한 지식과 전문 지식을 토대로 선정된다. 여러 부서에서 파견되어 팀에서 시간제로 일하며, 개선안을 제안하거나 문제를 해결할 때까지 한 달에 여러 번 회의를 진행하고,이후 팀이 해체된다.

36.4.2 6시그마

6시그마 프로그램은 1980년대 모토롤라사에서 처음 사용했으며, 미국의 많은 다른 회사들에 의해 채택되었다. 6시그마는 관리 참여, 문제 해결을 위한 팀, 그리고 관리도와 같은 SPC 도구 사용에 중점을 두고 있으며, 전사적 품질 관리와 매우 유사하다. 6시그마와 TQM의 가장 큰 차이점은 6시그마가 정규 분포의 평균으로부터 표준 편차(시그마 σ) 수를 기반으로 품질에 대한 측정 가능한 목표를 수립한다는 것이다. 6시그마는 정규 분포 과정에서 거의 완벽함을 의미한다. 6시그마 프로그램에서 6σ 수준으로 작동하는 공정은 고객 만족에 문제가 될 수 있는 결함이 있는 부품을 백만 개당 3.4개 이하로 생산한다.

TQM과 마찬가지로 팀이 문제 해결 프로젝트에 참여한다. 프로젝트는 (1) 문제를 정의하고, (2) 공정을 측정하여 현재 성능을 평가하고, (3) 공정을 분석하고, (4) 개선을 권장하고, (5) 구현할 관리 계획을 얻고 개선을 지속하기 위해 6시그마 팀을 구성한다. 6시그마에서 경영진의 책임은 중요한 문제를 파악하고 팀이 문제를 연구하도록 지원하는 것이다.

6시그마의 통계적 기반

6시그마의 기본 가정은 모든 공정의 결함을 측정하고 정량화할 수 있다는 것이다. 일단 정량화되면, 결함의 원인을 확인할 수 있으며, 결함을 제거하거나 줄이기 위한 개선을 실행할 수 있다. 개선 효과는 전후 비교에서 동일한 측정을 사용하여 평가하며, 종종 시그마 수준으로 요약된다. 예를 들어 공정이 현재 4.8시그마 수준으로 작동하고 있지만 그 전에는 2.6시그마 수준에서 작동된다. 시그마 수준과 백만 개당 결함 수의 관계는 6시그마 프로그램의 표 36.3에 나와 있다. 따라서 이 예에서는 이

표 36.3 6시그마 프로그램에서 시그마 수준과 이에 따른 백만 개당 결함

시그마 레벨	백만 개당 결함	시그마 레벨	백만 개당 결함
6.0s	3.4	3.8s	10,724
5.8s	8.5	3.6s	17,864
5.6s	21	3.4s	28,716
5.4s	48	3.2s	44,565
5.2s	108	3.0s	66,807
5.0s	233	2.8s	96,801
4.8s	483	2.6s	135,666
4.6s	968	2.4s	184,060
4.4s	1866	2.2s	241,964
4.2s	3467	2.0s	308,538
4.0s	6210	1.8s	382,089

전에는 1,000,000개당 135,666 개의 결함이 있었지만, 현재는 백만 개당 483개로 축소되었다.

우수한 공정 품질을 위한 전통적인 기준은 $\pm 3\sigma$(3시그마 수준)이다. 이는 공정이 안정적이고, 통계적으로 관리되어 공정의 출력을 나타내는 변수가 정상적으로 분산되어 있음을 의미한다. 이러한 조건에서 산출물의 99.73%는 $\pm 3\sigma$ 범위 내에 있고, 0.27% 또는 27,00 ppm은 이 제한을 벗어날 것이다(0.135% 또는 1,350 ppm만 상한을 초과하고 같은 수는 하한을 초과한다). 그러나 잠시 기다리기 바란다: 표 36.3에서 3시그마를 보면 백만 개당 66,807개의 결함이 있다. 왜 표준 정규 분포 값(2,700결함/백만)과 표 36.3의 결과 (66,807결함/백만)에 차이가 있는가? 이 불일치에는 두 가지 이유가 있다. 첫째, 표 36.3의 값은 표준 정규 표와의 비교가 분포의 한쪽(백만 개당 1,350개의 결함)만 사용하도록 나타낸다. 둘째, 훨씬 더 중요한 것은 모토로라가 6시그마 프로그램을 고안했을 때, 장기간의 공정 수행을 고려했으며, 장기 공정은 원래의 특성에서 벗어나는 경향이 있다는 것이다. 이러한 변화를 보완하기 위해 모토롤라는 표준 값을 1.5σ로 조정하기로 결정했다. 요약하면, 표 36.3은 정규 분포의 한쪽만을 포함하고 표준 정규 분포에 비해 1.5 시그마만큼 분포를 이동시킨다. 이러한 효과는 그림 36.3에서 볼 수 있다.

시그마 수준 측정

6시그마 프로젝트에서 관심 있는 공정의 성과는 6시그마 수준으로 감소한다. 여기서 (1) 현재 운영되고 있는 공정을 측정한 후, (2) 개선의 효과를 평가하기 위해 공정 개선을 한 후를 측정하여 전후를 비교 한다. 높은 시그마 값은 좋은 성능을 의미하며, 낮은 시그마 값은 성능 저하를 의미한다.

시그마 수준을 결정하려면 먼저 백만 번의 수를 결정해야 한다. 6시그마에 사용된 백만 건당 결함 수에 대한 세 가지 지표가 있다. 가장 중요한 것은 각 부품(제품 또는 서비스)에서 발생할 수 있는 여러 가지 유형의 결함이 있을 수 있다고 생각하는 *백만 번 기회의 결함(defects per million opportunities, DPMO)*이다. 더 복잡한 제품은 결함에 대한 기회가 더 많으며 단순한 제품은 기회

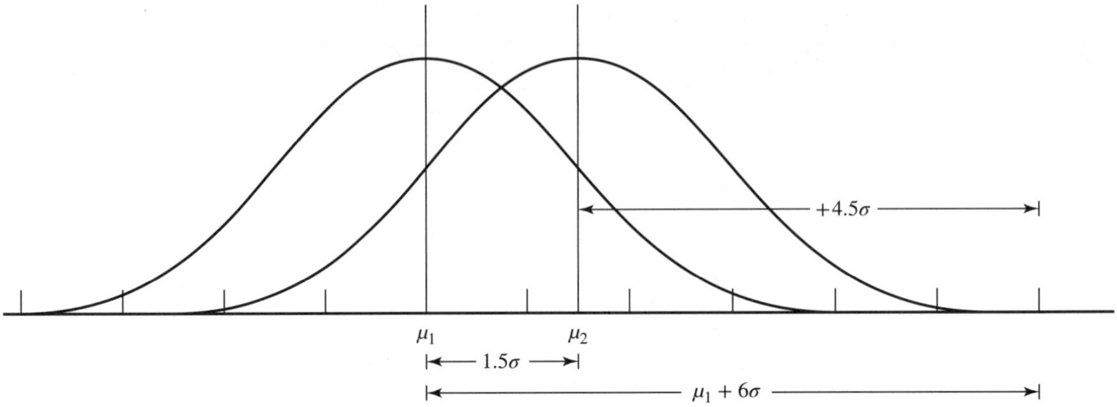

그림 36.3 원래의 평균으로부터 1.5σ만큼 정규 분포가 이동하고 분포의 한쪽만을 고려한다(오른쪽). 단, μ_1 = 원래 분포의 평균, μ_2 = 이동한 분포의 평균, σ = 표준 편차.

가 적을 것이다. 따라서 *DPMO*는 제품의 복잡성을 설명하고 완전히 다른 종류의 제품이나 서비스를 비교할 수 있도록 한다. 백만 기회 당 결함 수는 다음 방정식을 이용하여 계산된다.

$$DPMO = 1,000,000\frac{N_d}{N_u N_o} \tag{36.10}$$

여기서 N_d는 발견된 결함의 총 개수, N_u는 관심 집단의 부품 수, N_o는 부품 당 결함에 대한 기회 수다. 상수 1,000,000은 이 비율을 백만 당 결함으로 변환한다.

DPMO 이외의 다른 지표로는 표본에서 발견되는 모든 결함을 측정하는 *백만 단위 결함(defects per million, DPM)*과 표본에서 결함이 있는 부품 수를 세고, 각 부품에 여러 종류의 결함이 있을 수 있음을 인식하는 *결함 있는 단위(defective units per million, DUPM)*가 있다. 다음 두 가지 방정식을 사용하여 *DPM*과 *DUPM*을 계산할 수 있다.

$$DPM = 1,000,000\frac{N_d}{N_u} \tag{36.11}$$

$$DPM = 1,000,000\frac{N_d}{N_u} \tag{36.12}$$

N_{du} = 표본의 결함 부품 수이며, 다른 항은 식 (36.10)과 동일하다. *DPMO*, *DPM* 및 *DUPM*의 값이 결정되면 표 36.3을 사용하여 이 값을 시그마 수준으로 변환할 수 있다.

예제 7.3

공정의 시그마 수준 결정

식기 세척기를 만드는 최종 조립 공장은 전반적인 품질에 중요한 23가지 특성을 검사한다. 지난 달 동안 9,056개의 식기 세척기가 생산되었으며, 검사하는 동안 23개의 특성 중 479개의 결함이 발견되었고, 226개의 식기 세척기에는 하나 이상의 결함이 있었다. 이 데이터에 대해 *DPMO*, *DPM* 및 *DUPM*을 결정하고 각각을 시그마 수준으로 변환하라.

풀이

데이터를 요약하면, $N_u = 9{,}056$, $N_o = 23$, $N_d = 479$ 및 $N_{du} = 226$이다. 따라서,

$$DPMO = 1{,}000{,}000 \frac{479}{9056(23)} = \mathbf{2300}$$

해당 시그마 레벨은 표 36.3에서 약 4.3이다.

$$DPM = 1{,}000{,}000 \frac{479}{9056} = \mathbf{52{,}893}$$

해당 시그마 레벨은 약 3.1이다.

$$DUPM = 1{,}000{,}000 \frac{226}{9056} = \mathbf{24{,}956}$$

해당 시그마 레벨은 약 3.4이다.

36.4.3 ISO 9000

ISO 9000은 주어진 시설에서 생산되는 제품(그리고 서비스, 해당되는 경우)의 품질과 관련된 일련의 국제 표준이다. 표준은 스위스 제네바에 있는 국제표준화기구(ISO)에서 개발했다. ISO 9000은 제품의 품질을 결정하는 공장에서 사용되는 시스템과 프로세스에 대한 표준을 수립한다. ISO 9000은 제품 자체의 표준이 아니며, 그 초점은 품질을 관리하는 데 필요한 조직 구조, 책임, 방법, 그리고 가용 자원을 포함하는 시스템과 프로세스에 있다. ISO 9000은 제품이 고객 만족을 달성할 수 있도록 설비를 사용하는 활동들과 관련이 있다.

ISO 9000은 공식적으로 또는 비공식적으로 두 가지 방식으로 구현될 수 있다. 공식 구현이란 시설이 등록되어 기준의 요구 사항을 충족함을 의미한다. 등록은 현장 검사를 수행하고 회사의 품질 시스템과 프로세스를 검토하는 제3의 기관을 통해 이루어진다. 등록에 의해 ISO 9000 등록을 필요로 하는 회사와 비즈니스를 수행 할 수 있는 자격이 부여된다. ***유럽경제공동체(European Economic Community)***에서는 특정 제품에 대한 규제에 의해 해당 제품을 제조하는 회사에 ISO 9000 등록을 요구한다. ISO 9000의 비공식적인 이행은 시설이 단순히 품질 시스템을 개선하기 위해 표준 또는 그 일부를 실행함을 의미한다. 정식 인증은 없지만, 이러한 개선은 높은 품질의 제품을 제공하고자 하는 회사에게 가치가 있다.

36.5 검사의 원리

검사(inspection)는 제품, 부품, 서브 어셈블리 또는 원소재가 설계 규격에 부합하는지 여부를 결정하기 위한 측정과 게이징의 사용을 포함한다. 설계 명세는 설계자에 의해 수립되며, 기계류 제품의 경우 치수, 공차, 표면 처리, 그리고 유사한 특성을 나타낸다. 치수, 공차, 그리고 표면 조도는 6장에 정의되어 있으며, 이러한 사양들을 평가하기 위한 다양한 계측 장비와 게이지가 이 장에서 설명된다.

검사는 제조 전, 과정과 완료 후에 수행된다. 투입되는 소재와 시작 부품은 공급 업체로부터 수령 시 검사된다. 단위 작업은 생산 중에 여러 단계에서 검사된다. 최종 제품은 고객에게 배송되기 전에 검사되어야 한다.

밀접하게 관련된 주제인 검사와 시험에는 차이가 있다. 검사가 설계 사양과 관련하여 제품의 품질을 결정하는 반면, 시험은 일반적으로 제품의 기능적 측면을 대상으로 한다. 제품이 정해진 방식으로 작동하는가? 합리적인 기간 동안 계속 작동하는가? 온도와 습도가 극한 환경에서 작동하는가? 품질 관리에서 ***시험(testing)***은 사용 중 성능 수준을 결정하기 위해 계산된 조건에서 제품, 하위 조립품, 부품 또는 재료를 관찰하는 절차다. 예를 들어, 제품이 제대로 작동하는지 평가하기 위해 일정 기간 제품을 시험할 수 있으며, 시험에 합격하면 고객으로의 배송이 승인된다.

구성 요소 또는 재료의 시험은 때때로 손상시키거나 파괴할 수 있다. 이러한 경우 해당 항목은 표본 샘플링 방식으로 시험해야 한다. 파괴 시험의 비용은 크기 때문에, 부품을 파괴하지 않는 방법을 개발하기 위해 많은 노력을 기울인다. 이러한 방법을 ***비파괴 검사(nondestructive testing)*** 또는 ***비파괴 평가(nondestructive evaluation)***라고 한다.

검사는 두 가지 유형으로 분류 된다: (1) 적절한 측정 기기를 이용하여 제품과 부품의 치수를 측정하는 ***변량 검사(inspection by variables)***; (2) 부품이 공차 범위 안에 있는지 게이징하는 ***속성 검사(inspection by attributes)***. 부품을 측정하는 것의 장점은 그것의 실제 값에 대한 데이터를 얻을 수 있다는 것이다. 제조 공정의 경향을 파악하기 위해 기간에 따른 데이터를 수집하여 기록할 수 있다. 이 데이터를 활용하여 추후 제조할 부품이 설계 사양을 더 잘 만족시키도록 공정을 조정할 수 있다. 치수를 단순한 게이지를 이용하여 체크하는 것과 같은 속성검사에서 알 수 있는 것은 부품이 합격 수준인가 하는 것과 너무 크거나 작은지 여부를 판별하는 것이다. 이런 속성 검사의 장점은 적은 비용으로 신속히 수행될 수 있다는 것이다.

36.5.1 수동과 자동 검사

검사는 자주 수작업으로 진행되며, 지루하고 단조로운 일인데 반해, 요구되는 정밀도와 정확도는 수준은 높다. 단지 한 부품을 주요 치수를 측정하는 데 여러 시간이 걸리기도 한다. 많은 시간과 경비가 소요되기 때문에, 모든 부품을 검사하기보다는 표본을 추출하여 검사하는 방법이 자주 활용된다.

표본 검사(sampling inspection)와 전수 검사(100% inspection)

표본 검사에서 표본 크기는 일반적으로 제조되는 부품 수에 비하여 작다. 어떤 경우는 표본 크기가 생산량의 1% 미만이 될 수도 있다. 모두를 검사하는 것이 아니기 때문에, 표본 과정에서 일부 불량품이 검사 과정을 거치지 않고 빠져나갈 위험이 상존한다. 통계적 표본 추출의 한 목적은 기대되는 위험을 정의하는 것이다: 즉, 표본 검사 과정을 통과하는 불량품의 평균 비율을 결정하는 것이다. 이러한 위험은 표본의 크기를 증가시키고 표본을 자주 추출함으로서 줄일 수 있다. 그러나 표본검사를 함으로써 100% 좋은 품질의 제품을 보장받을 수 없다는 사실은 유효하다.

이론적으로, 오직 전수 검사를 통하여 좋은 품질의 제품을 100% 얻을 수 있다. 전수 검사에서는 모든 결함들이 걸러지고, 좋은 품질을 가지는 제품만이 통과된다. 그러나 전수 검사가 수작업으로 진행될 때는 두 가지 문제가 발생한다. 첫째는 검사 비용 문제이다. 표본 검사와는 달리 모든 제품에 대한 검사 비용이 필요하기 때문에, 심지어 검사 비용이 제조 비용을 초과하는 일이 발생하기도 한다. 두 번째로 전수 검사가 사람에 의해 실시될 경우 필연적으로 오류가 발생한다는 것이다. 오류 발생 가능성은 검사 작업의 복잡성이나 어려움, 그리고 사람 검사자의 판단이 요구되는 부분에 의해 달라지며, 이러한 요인들은 작업자의 피로도에 의해 영향을 받는다. 오류란 나쁜 품질의 부품이 통과하고, 좋은 품질의 부품이 통과하지 못하는 것을 의미한다. 따라서 수작업 전수 검사가 좋은 품질의 제품을 100% 보장하는 것은 아니다.

자동화된 전수 검사

검사 공정을 자동화하는 것은 수작업으로 진행되는 전수 검사의 문제점들을 극복할 수 있는 방법을 제공해준다. ***자동 검사(automated inspection)***는 검사 절차에 포함된 하나 혹은 그 이상의 단계를 자동화하는 것으로, (1) 자동 자재 취급 시스템을 통해 부품의 도착을 자동화하고, 사람이 검사와 판단을 수행(예를 들어 부품의 결점의 육안 검사); (2) 검사와 판단을 자동 검사기가 수행하고, 검사기에 부품을 장착하는 것은 사람이 수행; 그리고 (3) 자동 검사기가 장착, 검사, 판단의 모든 과정을 자동으로 수행, 그리고 (4) 전자 측정 장비로부터의 컴퓨터 데이터 수집이 포함된다.

자동화된 전수 검사는 공정과 관련된 몇 개의 동작으로 제조 공정과 통합된다. 이러한 동작은 (1) 부품 분류, 그리고 (2) 공정에 대한 데이터 피드백이다. 부품 분류(parts sortation)는 부품을 두 개 또는 다수의 품질수준으로 분류하는 것이다. 기본적으로는 양품이냐 불량품이냐 하는 두 가지로 분류되지만, 어떤 경우에는 양품, 재작업, 그리고 폐기 등 두 개 이상의 분류가 필요하다. 검사와 분류는 동일 작업장에서 수행될 수도 있고, 라인을 따라 여러 검사 스테이션을 위치시키고 라인의 끝에 부품 분류 스테이션을 설치할 수도 있다. 검사 데이터가 분석되어 부품 분류 스테이션으로 각 부품에 대해 수행할 작업들에 대한 작업 지시가 전달된다.

이전 공정으로 데이터를 피드백(feedback)하는 것은 공정 변동성을 줄이고 품질을 향상시키기 위해 조정 작업을 하는 것이다. 만일 자동 검사의 측정 결과가 공정 출력이 부품 공차의 한쪽 방향으로 치우치기 시작함을 알려주면(예를 들어 공구 마모로 인해), 입력 파라미터를 조정하여 출력이 공차의 명목 치수로 되돌려지도록 해준다. 이를 통해 결과 출력은 샘플 표본 샘플링 방법보다 작은 변동 범위 내에서 유지된다.

36.5.2 접촉식과 비접촉식 검사

검사에서 사용되는 측정과 게이징 기술은 다양하며, 이들은 크게 접촉 검사와 비접촉 검사로 분류할 수 있다. ***접촉 검사(contact inspection)***는 검사될 물체에 접촉하는 기계적 탐침(probe)이나 다른 장치를 사용한다. 성질상 접촉 검사는 부품의 물리적 크기를 측정하거나 게이징하는 것과 관련이 많으며, 수동 또는 자동으로 수행된다. 다음절에서 설명되는 전통적인 측정 및 게이징 장비들은 대개 접촉 검사와 관련이 있다. 자동화된 접촉식 측정 시스템의 예는 3차원측정기(coordinate measuring machine)이다(36.6.1절).

비접촉 검사(noncontact inspection)는 원하는 특징을 측정하거나 게이징하기 위해 물체로부터 얼마간 떨어진 곳에 위치한 센서를 이용한다. 전형적인 비접촉식 검사의 장점은 (1) 빠른 검사 시간, 그리고 (2) 접촉으로 발생할 수 있는 손상 방지 등이다. 비접촉식 방법은 종종 특별한 취급 없이 생산 라인 상에서 진행된다. 이와는 대조적으로, 접촉식 검사에서는 부품의 특별한 위치 결정, 생산 라인으로부터의 분리 등이 요구된다. 또한 비접촉식 검사에서는 부품에서 이동해야 하는 탐침이 아니라 고정되어 있는 탐침을 사용하기 때문에 본질적으로 빠르지만, 접촉식에서는 부품에 대해 탐침의 접촉을 발생시켜야 하기 때문에 시간이 많이 소요된다.

비접촉식 방법은 광학과 비광학으로 분류되며, 광학 검사 기술에서는 주로 레이저(36.6.2절)와 머신 비전(36.6.3절)을 사용하며, 비광학 기술에서는 전기장, 방사선, 그리고 초음파 등이 포함된다(36.6.4절).

36.6 현대 검사 기술

현대의 제조 공장에서는, 진보된 기술들이 수동으로 진행되는 측정과 게이징을 대체하고 있다. 여기에는 접촉식과 비접촉식이 모두 포함된다. 이 절은 중요한 접촉 기술인 3차원 좌표 측정기로부터 시작된다.

36.6.1 3차원 좌표 측정기

3차원 좌표 측정기(coordinate measuring machine, CMM)는 그림 36.4와 같이 물체의 표면에 대한 상대적인 위치로 삼차원 공간 상에 이동시킬 수 있는 메커니즘과 접촉 탐침으로 구성되며, 탐침의 좌표는 부품의 형상에 관한 치수를 얻기 위하여 정확하고 정밀하게 기록된다.

CMM에서, 탐침(probe)은 측정 대상 공작물에 대한 탐침의 상대적인 움직임을 가능하게 하는 기계적 구조에 고정되어 있다. 구조물은 측정 오류를 불러일으키는 변형을 최소화하도록 강건해야 하며, 그림 36.4는 가장 일반적인 다리 구조 형태를 보여준다. 높은 정밀도와 정확도를 갖는 측정기를 제작하기 위해서 마찰을 줄이기 위한 공기 베어링과 진동을 줄이기 위한 CMM의 격리 같은 특별한 설계 특성들이 사용된다. CMM의 중요한 측면은 접촉 탐침과 그것의 운영이다. 현대의 '접촉-

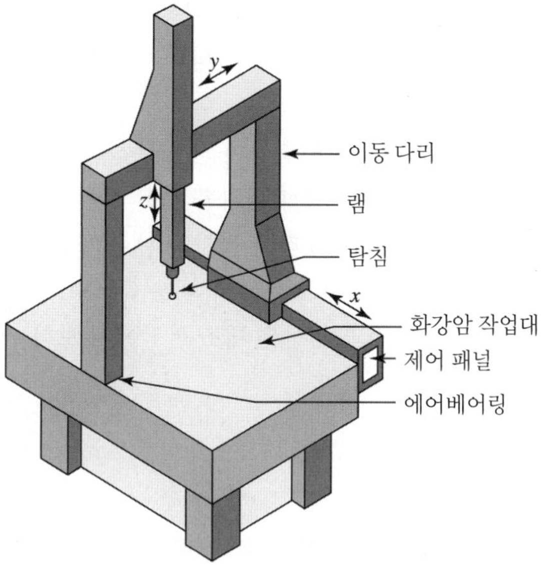

그림 36.4 3차원 좌표 측정기.

트리거(touch-trigger)' 탐침은 아주 작은 양이라도 중립 위치를 벗어나도록 탐침이 변형될 때 전기 신호를 보내도록 구성되어 있다. 접촉이 발생하면, CMM 제어기에 의해 좌표가 기록되며, 이때 탐침의 크기와 조금 더 진행된 것이 조정된다.

탐침을 공작물에 대한 상대적인 위치로 이동시키는 것은 수작업 또는 컴퓨터 제어에 의해 수행될 수 있다. CMM을 운영하는 방법으로는 (1) 수동 구동, (2) 컴퓨터 지원 수동 구동, (3) 컴퓨터 지원 전동 구동, 그리고 (4) 직접 컴퓨터 제어 등이 있다.

수동 구동(manual control)에서 작업하는 사람은 탐침이 물체와 접촉하게 하기 위하여 기계의 축에 따라서 탐침을 물리적으로 움직인다. 탐침은 쉽게 움직이기 위해 자유로이 부양되어 있다. 측정값은 디지털 표시 장치를 통하여 얻어지는데, 작업자는 수동 또는 자동(프린터 출력 이용)으로 측정 결과를 기록할 수 있다. 모든 계산은 작업자가 수행해야만 한다. 컴퓨터 지원 수동 구동(manual computer-assisted) CMM은 주어진 부품 특징을 평가하는 데 필요한 약간의 데이터 처리와 계산 능력을 제공한다. 처리와 계산에는 U.S. customary 단위와 SI 단위 사이의 변환과 같은 간단한 것으로부터 두 평면 사이의 각도 계산과 같은 더 복잡한 형상 계산까지 있다. 원하는 부품의 표면과 탐침을 작업자가 접촉시킬 수 있도록 탐침은 여전히 자유 부양된다.

컴퓨터 지원 전동 구동(motorized computer-assisted) CMM은 작업자의 통제하에 기계 축을 따라서 탐침을 구동시키는데 전지모터를 사용한다. 조이스틱이나 다른 유사한 장치가 동작을 제어하기 위한 수단으로 사용되며, 저출력 스테핑 모터나 마찰 클러치와 같은 요소들이 탐침과 물체 사이의 충돌 효과를 줄이는 데 사용된다. 직접 컴퓨터 제어(direct computer-control) CMM은 CNC 공작 기계처럼 작동하며, 프로그램에 의해 제어되는 컴퓨터화된 검사기계이다. CMM의 기본 능력은 부품 표면과 접촉한 탐침의 좌표 값을 결정하는 것이다. 컴퓨터 제어는 CMM이 더욱 복잡한 검사와 측정을 수행할 수 있도록 허용하며, (1) 구멍이나 원통의 중심의 위치 결정, (2) 평면 정의, (3) 두 면 사이의 평행도 또는 한 면의 평면도에 대한 측정, (4) 두 평면 사이의 각도 측정 등이 이에 해당된다.

수작업에 의한 검사에 비하여 3차원 좌표 측정기를 이용하는 것의 장점은 (1) 높은 생산성 - CMM은 전통적인 수작업에 비하여 복잡한 검사 절차를 적은 시간에 수행할 수 있다, (2) 전통적인 방법에 비해 높은 정확도와 정밀도, 그리고 (3) 검사 절차와 관련 계산에서의 작업자의 오류 감소 등이 있다[11]. 최근 CMM 기술의 발전은 접촉 프로브, 휴대용 CMM, 표면 거칠기 센서와 광학 스캐닝 방법 등이 포함된다[8, 9]. 이러한 발전과 개선은 제조 현장에서 보다 빠르고 더 가깝게 검사를 수행할 수 있도록 한다.

36.6.2 레이저를 이용한 측정

측정에 응용하기 위한 레이저(light amplification by stimulated emission of radiation, LASER)는 가시 범위의 빛을 방출하는 헬륨 - 네온과 같은 저전력 가스 레이저이다. 레이저에서 나온 광선은 (1) 매우 단색이며, 빛이 단일 파장을 가지며, (2) 고도로 평행하다. 이는 광선이 평행함을 의미하며, 이러한 특성이 측정과 검사에서 레이저의 응용을 가능하게 했다. 두 가지가 설명된다.

스캐닝 레이저 시스템

스캐닝 레이저는 그림 36.5와 같이 물체를 지나가는 광선을 만드는 회전거울에 의해서 굴절되는 레이저 광선을 이용한다. 물체 옆에 떨어져 있는 광 검출기가 물체가 광선을 가릴 때만 제외하고는 항상 광선을 감지한다. 이 시간주기는 매우 정확하고 신속하게 측정되는 데, 레이저 광선의 경로 상에

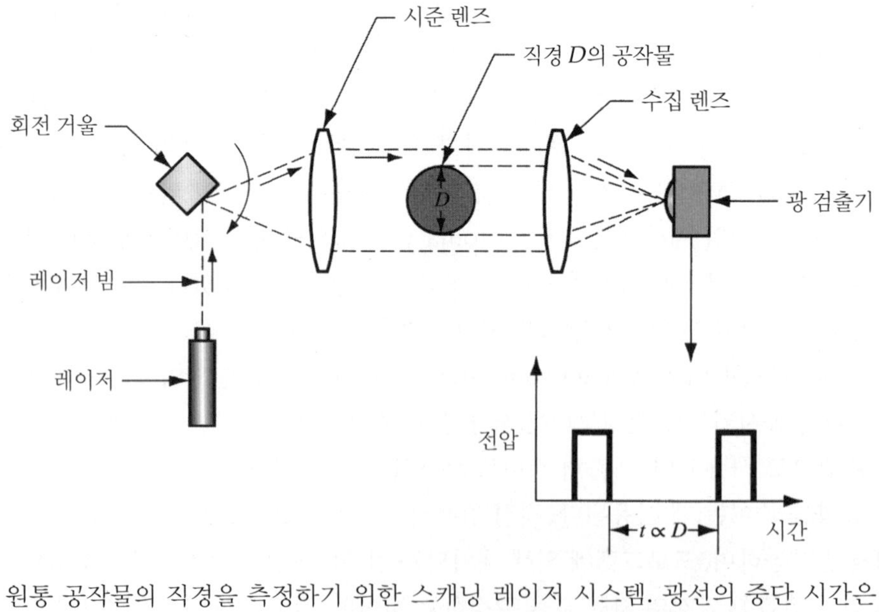

그림 36.5 원통 공작물의 직경을 측정하기 위한 스캐닝 레이저 시스템. 광선의 중단 시간은 직경 D와 비례한다.

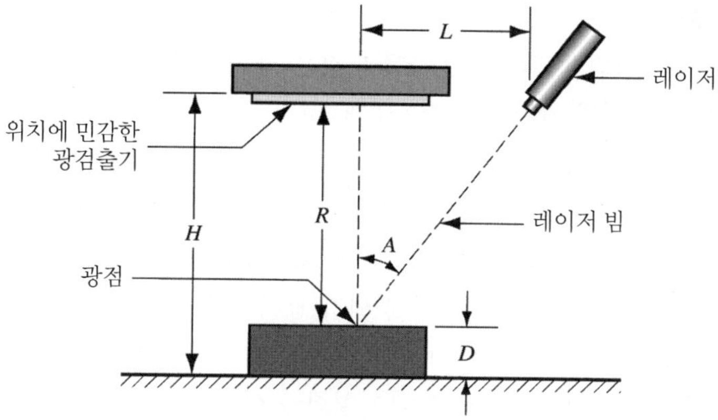

그림 36.6 부품의 치수 D를 측정하기 위한 레이저 삼각 측량법.

있는 물체의 크기와 연관될 수 있다. 마이크로프로세서가 광선이 물체를 지나갈 때 광선의 중단 시간을 측정하고, 그 시간을 선형 치수로 변환한다. 스캐닝 레이저 광선 장치는 매우 짧은 시간에 측정을 마칠 수 있으므로, 많은 생산량의 제품에 대한 온라인/공정 후 검사 또는 게이징에 적용될 수 있다. 공정을 수정하거나 생산 라인의 부품 분류 장치를 작동시키도록 신호를 보내는 것이 가능하며, 압연 공정, 와이어 압출 공정, 절삭 가공과 연삭 공정에 응용된다.

레이저 삼각 측량

삼각 측량은 위치를 아는 두 점과 물체의 거리를 삼각법을 이용하여 측정하는 것이다. 이러한 원리는 그림 36.6과 같이 레이저시스템을 이용하여 거리를 측정하는 데 적용된다. 레이저는 물체에 빛의 점이 맺히도록 하는 데 사용되며, 위치에 민감한 광검출기가 점의 위치를 알아내는 데 사용된다. 물체를 향한 광선의 각도 A와 거리 H는 고정되어 있으며 알려져 있다. 광검출기가 거리가 고정된 작업대 위에 있다면 그림 36.6에서 부품의 깊이 D는 다음과 같이 결정된다.

$$D = H - R = H - L \cot A \tag{36.13}$$

여기서 L은 광원과 공작물의 위치에 의해 결정된다.

36.6.3 머신 비전

머신 비전(machine vision)은 어떤 유용한 응용을 위해 컴퓨터가 이미지 데이터를 수집, 처리, 해석하는 것이다. 비전 시스템은 2차원과 3차원으로 분류된다. 이차원 시스템은 장면을 2-D 이미지로 생각한다. 산업 응용에서는 많은 경우가 2-D 장면에 관계되기 때문에 이차원 시스템이 적당하다. 예로서는 치수 측정과 게이징, 부품 유무의 판단, 평면(또는 거의 평면)의 특징 검사 등이 포함된다. 어떤 응용 사례에서는 장면의 3-D 분석이 요구되며, 3-D 비전 시스템은 이런 경우에 필요하다. 대부분의 응용은 2-D이며, 본 절에서도 이 기술을 집중적으로 다룰 것이다.

머신 비전 시스템의 운영

머신 비전 시스템의 운영은 그림 36.7과 같이 다음과 같은 세 가지 절차로 이루어진다: (1) 이미지 획득과 디지털화, (2) 이미지 분석과 처리, 그리고 (3) 해석.

이미지 획득과 디지털화는 다음 단계의 분석을 위한 이미지 데이터를 저장하기 위하여 비디오 카메라와 디지타이징 시스템을 사용하여 수행된다. 카메라는 측정하고자 하는 물체에 초점을 맞추며, 이미지는 시각 영역(viewing area)을 이산적인 ***화소(pixel이라 부름)***의 행렬로 나눔으로써 얻어지는데, 이때 각 화소는 장면 각 부분의 빛의 세기에 비례하는 값을 갖는다. 각 화소의 빛의 세기는 아날로그-디지털 변환기에 의해서 해당되는 디지털 값으로 변환된다. 그림 36.8은 ***2진 비전 (binary vision)*** 시스템에서의 이미지 획득과 디지털화를 설명하는 것으로, 표 36.4처럼 빛의 세기가 두 값(검은색 또는 흰색 = 0 또는 1) 중 하나로 변환된다. 그림에서는 단지 12 × 12 크기의 화소

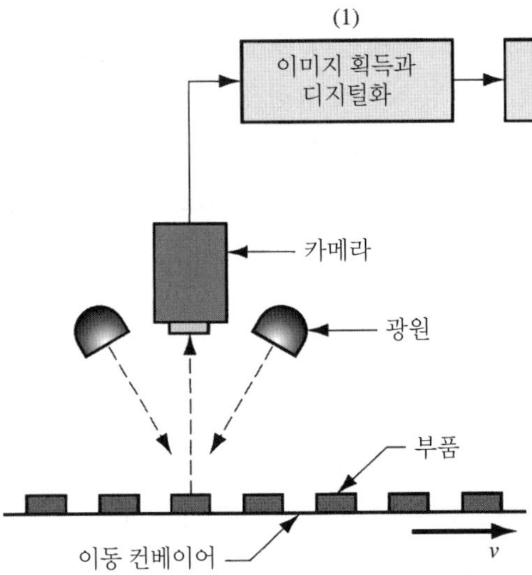

그림 36.7 머신 비전 시스템의 운영.

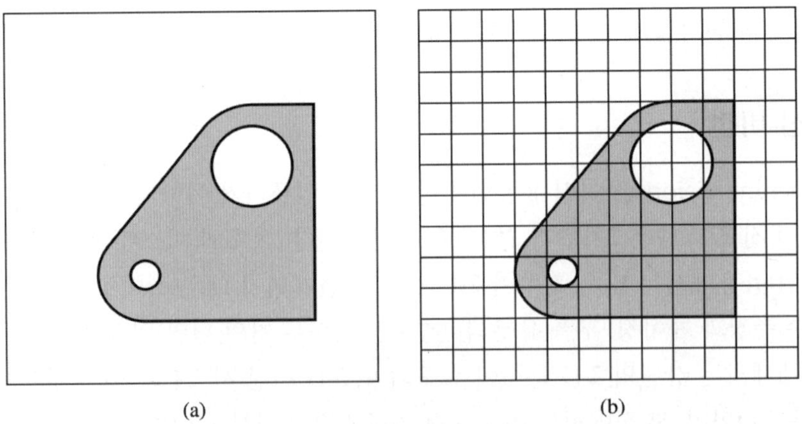

그림 36.8 이미지 획득과 디지털화. (a) 장면은 어두운 색의 부품과 밝은 색의 배경으로 이루어진다. (b) 장면에 대한 12 × 12 크기의 화소 행렬.

표 36.4 그림 36.8의 이미지에 대한 2진 비전 시스템의 화소 값들

0	0	0	0	0	0	0	0	0	0	0	0
0	0	0	0	0	0	0	0	0	0	0	0
0	0	0	0	0	0	0	0	0	0	0	0
0	0	0	0	0	0	0	1	1	1	0	0
0	0	0	0	0	0	1	0	0	1	0	0
0	0	0	0	0	1	1	0	0	1	0	0
0	0	0	0	1	1	1	1	1	1	0	0
0	0	0	1	1	1	1	1	1	1	0	0
0	0	0	1	0	1	1	1	1	1	0	0
0	0	0	0	1	1	1	1	1	1	0	0
0	0	0	0	0	0	0	0	0	0	0	0
0	0	0	0	0	0	0	0	0	0	0	0

행렬을 보여준다; 실제 비전 시스템은 더 좋은 해상도를 위해 더욱 많은 화소를 가진다. 디지털화된 화소 값의 각 세트는 프레임이라고 부르며, 각 프레임은 컴퓨터 메모리에 저장된다. 프레임에 있는 모든 화소 값을 읽는 작업은 미국에서는 1초에 30번, 유럽에서는 1초에 25번의 빈도로 수행된다.

비전 시스템의 해상도(resolution)는 이미지의 미세한 부분과 특징들을 감지해내는 능력을 말하며, 사용되는 화소의 수에 달려 있다. 전형적인 화소 배열은 640(수평) × 480(수직), 1024 × 768, 그리고 1040 × 1392 화소이다. 비전 시스템의 화소가 많아질수록 해상도도 높아지나, 시스템의 가격도 화소의 개수에 따라 올라간다. 또한 화소의 개수에 따라 화소를 읽고 데이터를 처리하는 데 소요되는 시간이 길어진다. 2진 시스템에 추가하여, 더욱 정교한 시스템은 회색을 서로 다른 농도로 구분하고 저장할 수 있으며, 재질 같은 표면의 성질을 나타낼 수 있게 된다. 이것을 *그레이 스케일 비전(gray-scale vision)*이라 부르며, 4, 6 또는 8비트 메모리를 사용한다. 다른 비전 시스템들은 색을 구별할 수도 있다.

머신 비전의 두 번째 기능은 이미지 처리와 분석(image processing and analysis)이다. 각 프레임의 데이터는 스캔을 한 번 완수하는 시간(1/30초 또는 1/25초) 내에 분석되어야 한다. 모서리 검출, 특징 형상 추출 같이 많은 기술들이 이미지 데이터를 분석하기 위해 개발되었다. 모서리 검출(edge detection)은 이미지에서 물체와 배경 사이의 경계의 위치를 찾는 것과 관련된다. 이것은 물체의 경계에 있는 화소들 사이에 존재하는 빛의 세기의 대조를 찾음으로써이루어진다. 특징 형상 추출(feature extraction)은 이미지의 특징 형상 값을 결정하는 것이다. 대부분의 머신 비전 시스템은 물체의 특징 형상을 이용하여 이미지 안의 물체를 특징짓는다. 물체의 특징 형상으로는 물체의 면적, 길이, 폭, 지름, 둘레, 무게 중심, 폭/넓이 비율 등이 있다. 특징 형상 추출 알고리즘은 물체의 면적과 경계를 기본으로 이러한 특징 형상을 결장하도록 설계된다. 물체의 면적은 물체를 구성하고 있는 화소의 개수를 계산함으로써 얻어질 수 있다. 물체의 길이는 물체 모서리의 양끝까지의 거리(화소 단위로)를 측정함으로써 얻을 수 있다.

해석(interpretation)은 세 번째 기능으로, 추출된 특징 형상에 의해 수행된다. 해석은 보통 물체를 인식하는 것에 관련되는 데, 미리 정의된 모델이나 표준 값과 이미지 안의 물체를 비교하여 그 물체를 인식하는 것이다. 흔히 사용되는 기술은 ***템플레이트 매칭(template matching)***이며, 이미지의 하나 또는 여러 특징을 컴퓨터 메모리에 저장된 모델이나 템플레이트의 해당 특징과 비교하는 방법이다.

머신 비전의 응용

머신 비전에서 해석은 일반적으로 응용과 관련이 있으며, 크게 네 가지로 나눌 수 있다: (1) 검사, (2) 부품 인식, (3) 시각 유도 및 제어, 그리고 (4) 안전 모니터링.

검사(inspection)는 가장 중요한 범주로, 산업 응용의 약 90%를 차지하는 것으로 추산된다. 이 응용은 시스템을 프로그램하고 설치하는 시간을 수천 개의 부품으로 나누어 생각할 수 있는 대량 생산이다. 전형적인 검사 작업에는 다음과 같은 것들이 포함된다: (1) ***치수 측정 또는 게이징(dimensional measurement or gaging)***, 컨베이어 상에서 이동하는 부품이나 제품의 치수에 대한 측정이나 게이징을 말한다; (2) ***기능 검토(verification functions)***, 조립품에서 부품의 존재 여부, 공작물의 구멍 존재 여부 확인과 유사한 작업들; 그리고 (3) ***흠과 결함의 인식(identification of flaws and defects)***, 예를 들어 프린트된 라벨에서 잘못된 위치, 잘못 프린트된 글자, 숫자 또는 그래프 등의 결함 인식.

부품 인식(part identification)은 컨베이어를 따라 흘러가는 부품의 종류별 집계, 부품 분류, 문자 인식 등이 포함된다. 시각유도 및 제어(visual guidance and control)는 비전 시스템이 기계의 동작을 제어하기 위하여 로봇 또는 유사 기계와 팀을 이루는 응용이다. 예를 들어 연속 아크용접에서 이음새 추적, 부품 뱃치 및 재 정렬, 상자에서의 소재 집어내기 등이 있다. 안전 모니터링(safety monitoring)은 비전 시스템을 이용하여 장비나 작업자들에게 위험할 수 있는 비정상적인 상황을 감지하도록 생산 작업을 감시하는 것이다.

36.6.4 기타 비접촉식 검사 기술

광학 검사 방법들에 추가하여, 검사에서 사용되는 다양한 비광학 방법들이 존재한다. 여기에는 전기장, 방사능, 그리고 초음파를 기본으로 한 센서 기술이 포함된다.

어떤 상황에서는, 검사를 위해 전기 탐침이 만들어내는 전기장(electrical fields)이 이용될 수 있다. 전기장에는 자기저항(reluctance), 정전 용량(capacitance), 인덕턴스(inductance)가 포함되어 있다; 그들은 탐침의 접근에 의해 물체의 영향을 받는다. 전형적인 경우, 공작물은 탐침과 고정된 관계를 갖도록 위치를 잡는다. 전기장에 가해지는 물체의 영향을 측정하여, 간접적으로 치수, 판재의 두께, 흠(표면 밑의 크랙과 공동) 등의 부품 성질을 측정하는 것이 가능하다.

방사능 기술(radiation techniques)은 금속과 용접점을 검사하기 위해 x선을 사용하는 것이다. 금속에 의해 흡수되는 방사능의 양은 부품과 용접부에 결함의 존재와 두께를 나타낸다. 예를 들어, x선 검사는 압연에서 판재의 두께를 측정하는 데 사용된다(15.1절). 검사에서 모여지는 데이터는 압연기에서 롤러 사이의 틈을 조정하는 데 사용된다.

초음파 기술(ultrasonic techniques)은 다양한 검사 작업을 수행하기 위해 고주파(2,000 Hz이상)의 소리를 이용한다. 하나의 방법은 탐침에 의해 전해진 초음파 파장과 물체에서 반사된 파장의 차이를 분석하는 것이다. 검사 절차를 위한 셋업에서, 완벽한 시험 부품이 반사되는 소리의 패턴을 얻기 위해 탐침 앞에 위치한다. 소리의 패턴은 어떤 부품에 대해서도 표준으로 사용된다. 만약 주어진 부품에서 반사된 패턴이 표준에 부합되면, 부품은 합격된다. 만약 부합되지 않으면, 부품은 불합격된다.

참고문헌 *REFERENCES*

[1] DeFeo, J. A., Gryna, F. M., and Chua, R. C. H. *Juran's Quality Planning and Analysis for Enterprise Quality*. 5th ed. McGraw-Hill, New York, 2006.

[2] Evans, J. R., and Lindsay, W. M. *The Management and Control of Quality*. 6th ed. Thomson/South-Western, Mason, Ohio, 2005.

[3] Groover, M. P. *Automation, Production Systems, and Computer Integrated Manufacturing*. 4th ed. Pearson Education, Upper Saddle River, New Jersey, 2015.

[4] Juran, J. M., and Gryna, F. M. *Quality Planning and Analysis*. 3rd ed. McGraw-Hill, New York, 1993.

[5] Lochner, R. H., and Matar, J. E. *Designing for Quality*. ASQC Quality Press, Milwaukee, Wisconsin, 1990.

[6] Montgomery, D. C. *Introduction to Statistical Quality Control*. 6th ed. John Wiley & Sons, Hoboken, New Jersey, 2008.

[7] Morey, B., "Optical Metrology and Automation — a Natural Fit," *Manufacturing Engineering*, March 2016, pp. 65–75.

[8] Morey, B., "Why Optical Metrology is on the Move," *Manufacturing Engineering*, March 2017, pp. 65–70.

[9] Morey, B., "CMMs Stake Their Claim," *Manufacturing Engineering*, September 2017, pp. 95–102.

[10] Pyzdek, T., and Keller, P. *Quality Engineering Handbook*. 2nd ed. CRC Taylor & Francis, Boca Raton, Florida, 2003.

[11] Schaffer, G. H. "Taking the Measure of CMMs." Special rept. 749, *American Machinist*, October 1982, pp. 145–160.

[12] Schaffer,G.H. "MachineVision:ASense for CIM." Special rept. 767, *American Machinist*, June 1984, pp. 101–120.

[13] Waurzyniak, P. "Real-Time SPC Software Derives Bottom-Line Benefits." *Manufacturing Engineering*, July 2014, pp. 59–71.

[14] Wick, C., and Veilleux, R. F. *Tool and Manufacturing Engineers Handbook*. 4th ed. Vol. IV: *Quality Control and Assembly*. Society of Manufacturing Engineers, Dearborn, Michigan, 1987.

복습문제 *REVIEW QUESTIONS*

통제품 품질

36.1 제품 품질의 두 가지 주요 원칙을 말하고 간략하게 설명하라.

공정 능력과 공차

36.2 랜덤 변동을 일으키는 공통 요인은 무엇인가?

36.3 자연 공차 한계는 무엇인가?

36.4 이상 변동이란 무엇이며, 이러한 변동의 이유는 무엇인가?

통계적 공정 관리

36.5 관리도를 정의하라.

36.6 변수에 대한 관리도의 두 가지 유형은 무엇인가? 각 유형을 간략하게 정의하라.

제조의 품질 프로그램

36.7 전사적 품질 관리(TQM)의 세 가지 주요 목표는 무엇인가?

36.8 지속적인 개선에 대한 메모를 작성하라.

36.9 식스 시그마와 TQM의 주요한 차이점은 무엇인가?

36.10 6시그마 프로그램은 주어진 공정의 성능을 평가하기 위해 백만 개당 결함에 대해 세 가지 척도를 사용한다. 세 가지 척도는 무엇인가?

36.11 ISO9000의 공식적인 적용과 비공식적인 적용을 구분해보라.

검사의 원리

36.12 검사와 시험을 구분하라.

36.13 다양한 검사 유형에는 어떤 것이 있는가?

36.14 수동 전수 검사의 두 가지 문제는 무엇인가?

현대 검사 기술

36.15 CMM을 작동하는 방법에는 어떤 것이 있는가?

36.16 CMM을 사용하여 어떤 종류의 향상된 측정과 검사를 수행할 수 있는가?

36.17 머신비전 시스템 운영의 세 단계는 무엇인가? 간단히 설명하라.

36.18 2진 비전 시스템은 무엇인가?

36.19 육안 검사의 전형적인 과업들을 이야기하라.

36.20 검사에 사용할 수 있는 비광학 비접촉 센서 기술들을 나열하라.

연습문제 *PROBLEMS*

Process Capability and Tolerances

36.1 In the turning of a cylindrical bar of Aluminum, the mean diameter = 3.750 cm. Calculate the process capability for the process with a standard deviation = 0.004.

36.2 A boring operation produce holes in an engine block with a mean diameter = 200 mm. The process is in statistical control, and the output is normally distributed with a standard deviation = 0.05 mm. Determine the process capability.

36.3 A die casting operation produces aluminium parts with a critical dimension of 30.65 mm. The process is in statistical control, and the part dimension is normally distributed with standard deviation = 0.07 mm. Determine the process capability.

Control Charts

36.4 In 30 samples of size $n = 5$ collected from a process that is in statistical control, the average value of the sample means is $\bar{\bar{x}} = 22.135$ mm for the dimension of interest, and the mean of the range of the sample is $\bar{R} = 0.036$ mm. Determine lower and upper control limits for (a) the $\bar{x}$ chart and (b) the R chart.

36.5 In 18 sample of size $n = 10$ collected from a process that is in statistical control, the grand mean of the sample is $\bar{\bar{x}} = 74$ for the characteristic of interest, and the mean of the ranges of the sample is $\bar{R} = 4.5$. Determine lower and upper control limits for (a) the $\bar{x}$ chart and (b) the R chart.

36.6 The grand mean for a process in statistical control is $\bar{\bar{x}} = 15.25$ mm with sample size 9. Similarly, the mean of the ranges of the samples is $\bar{R} = 0.50$ mm. If the number of samples is 30, determine lower and upper control limits for (a) the $\bar{x}$ chart and (b) the R chart.

36.7 Five sample of 7 parts each have been collected from a turning experiment that is in statistical control, and the diameter of the turned part have been measured. The calculated values of $\bar{x}$ for each sample are 50.24, 50.32, 50.12, 50.20, 49.96 (mm). The value of R are 0.23, 0.21, 0.20, 0.24, 0.25 (mm), respectively. Determine the values of the CL, LCL, and UCL for $\bar{x}$ and R charts.

36.8 In an $\bar{x}$ chart used for an industrial process, $UCL = 53.5$ and $LCL = 39.9$ for a critical process variable of interest. The following 10 sample means were collected at random times from the process: 45.6, 47.2, 49.3, 46.8, 48.8, 51.0, 46.7, 50.1, 49.5, and 48.9. (a) Plot the data together with the CL, LCL, and UCL on a piece of graph paper. (b) Interpret the data. Is anything amiss?

36.9 A p chart is based on six samples of 50 parts each. The average number of defects per sample is 1.7. Determine the centerm LCL and UCL for the p chart.

36.10 The yield of good chips during a critical step in silicon processing of integrated circuits averages 92%. The number of chips per wafer is 185. Determine the center, LCL, and UCL for the p chart that might be used for this process.

36.11 The upper and lower control limits for a p chart are $LCL = 0.15$ and $UCL = 0.27$. Determine the sample size n that is used with this control chart.

36.12 Twenty automobiles were inspected after final assembly. The number of defects found ranged between 88 and 113 defect per car with an average of 98. Determine the center and upper and lower control limits for the c chart that might be used in this situation.

Six Sigma Program

36.13 A foundry that casts turbine blades inspects for six features considered critical-to-quality. During the previous month, 948 castings were produced. During the inspection, 37 defects among the six features were found, and 21 castings had one of more defects. Determine *DPMO*, *DPM*, and *DUPM* in a Six Sigma program for these data and convert each to its corresponding sigma level.

Laser Measurement Technologies

36.14 A laser triangulation system has the laser mounted at $A = 35°$ from the vertical. See figure 36.6. The distance between the worktable and the photodetector $H = 609.6$ mm. Determine (a) the distance between the laser and the photodetector when no part is present and (b) the height of a part when the distance between the laser and photodetector $L = 305.43$ mm.

36.15 A laser triangulation system is used determine the height of a steel block. The system has a photo-sensitive detector that is located 750.00 mm above the working surface and the laser is mounted at a 30.00° angle from the vertical. With no part on the worktable, the position of the laser reflection on the photosensor is recorded. After a part is placed on the worktable, the laser reflection shifts 70.00 mm toward the laser Determine the height of the object.

찾아보기

ㄱ

가공경화 62
가공공정 12
가공 금속 104
가공 시간 618
가공 시간 비용 620
가교 결합 129
가단주철 112
가로 이송대 532
가마 375
가상 시제품 847
가상 조합 부품 1019
가소성제 376
가스금속 아크용접 757
가스 분무법 344
가스텅스텐 아크용접 761
가압 박음 19, 831, 927
가압 박음 기술 931
가열 14
가열분무 732
가장 높은 등급 149
가장자리 접합 745
가치 증가 5
가황 14, 133, 327
각도기 156
각주형 부품 525
간극 454
간접비 27
간접압출 427
감소율 468
강 104
강도계수 63
강절삭 등급 588
강철 11
강철자 150
강화 반응 사출 성형 317
강화상 307
강화섬유 금속 기지 복합재 139
강화섬유 중합체 140
강화유리 239
강화재 137, 141, 308
개루프 시스템 974
개루프 위치 제어 984
개방 금형 310
개방셀 295
개방형 라이저 186
개방형 주형 172
개별 생산 1046
개별생산 작업장 21
갱 드릴링 머신 543
거대 분자 128
거친 피치 822
건드릴 597
건식 스피닝 264
건식 절삭 604
건식 플라즈마 에칭 892
건조 가압법 373
건조 공정 374
건조사 주형 195
걸쇠 박음 833
검사 1078
게린 공정 485
게이지블록 149
게이지측정 148
게이트 272
결정 구조 42
결정립 47
결정립성장 752
결정 수율 901
결정-슬라이스 수율 902
결함 159
결함 있는 단위 1076
결합도 635
결합재 348, 376, 634, 728
결합 파괴 641
결합/혼합 공정 684
겹치기 접합 745
경납 779
경납 금속 801
경납땜 801
경납 용접 807
경납접 19, 801
경납접 방법 810
경납 접합부 802
경도 71
경사각 505
경사도 147
경사면 505
경화 131, 314, 813
경화능 699
경화 시간 813
경화지수 63
고객 만족 1073
고령석 119
고무 127, 322
고무 첨가제 324
고무 호스 331
고밀도 집적 871
고분자 기지 308

고분자 기지 복합재 137, 305
고분자 기지 복합 재료 140
고분자 멜트 244, 245
고분자폼 294
고상선 90
고상 소결 350
고상용접 740, 742, 779
고속 가공 567
고속도강 585, 586
고속도 공구강 110
고압용접 780
고압 증기법 327
고에너지 속도 성형 491
고온 가압법 377
고온 경도 76
고온금형단조 423
고온 딥핑 720
고정게이지 154
고정구 544
고정된 자동화 974
고정 라우팅 1004
고정비 29
고정위치 배치 22
고주파저항가열법 705
고주파저항용접 771
고진공용접 776
고착 402
고체 15
고체 개재물 788
고탄성 고분자 12
고탄소강 106
고화 131
고효율 구간 624
공구강 105, 110
공구 교환 시간 618
공구 교환 시간 비용 620
공구대 532
공구 동력계 513
공구류 19
공구 마모 576
공구 비용 620
공구 선반 535
공구 수명 575, 579
공구 연삭기 648
공구 재료 582
공구-칩 열전대 520
공극률 343
공급부 249
공기 건조 시트 323
공기 배출 시스템 273
공기 터널법 327
공동 173, 788
공압식 976
공유 결합 41
공작 기계 3, 19, 506
공작 기계의 기계 효율 517
공작물 고정 534
공작물 취급 시간 618, 620
공장배치 21
공장시스템 3
공장용량 9
공정 8
공정 계획 1033, 1034
공정 능력 1067
공정 다이 접합 900
공정 변수 973
공정별 배치 22
공정온도 183
공정 절차서 1037
공정조성 183
공정 중지 1059
공정 파라메터 973
공정풀림 696
공정합금 183
공차 145, 146, 164
공칭변형률 57
공칭응력 57
공칭표면 157
과냉 액체 51
과도굽힘 462
과학적 관리운동 4
관리도 1068
관리 상한선 1068
관리 하한선 1068
관유리 235
관통 구멍 539
광 리소그래피 882
광자 956
광택 375
광택부 453
광학 로터리 엔코더 986
광화학가공 682
교시형 프로그래밍 998
구리 115
구리 합금 115
구성 인선 511
구성 인선을 가진 연속칩 511
구속 나사 체결구 825
구조용 접착제 813
구조용 폼성형 279
국부론 3
국소응고시간 180
굽기 13
굽힘 387
굽힘 공정 459
굽힘력 462
굽힘 시험 68
굽힘 여유 461
궤도단조 422
귀환 행정 556
규암 877
그레이 스케일 비전 1085
그룹테크놀러지 23
극 강화 열경화 레진 사출 316
극압 윤활 602
극자외선 959
극자외선 리소그래피 885
극형 와인딩 318
근사 순형상 171
근사 순형상공정 18

긁음 639
금속 51, 103
금속 기지 복합재 137
금속 기지 복합 재료 139
금속 배선 890
금속 배선 공정 890
금속 배선 재료 890
금속 사출 성형 354
금속 성형 385
금형 271
금형 가공 665
금형 공동 272
급진적 나노기술 951
기계 셀 1018
기계 셀 설계 1020
기계식 게이지 153
기계용접 744
기계적 도금 공정 733
기계적 열 성형 292
기계적 조립 821
기계적 조립 방법 19
기계 제어 유닛 981
기계화 작업 이송 1005
기공 275, 634
기능 검토 1086
기본 공정 1035
기술 1
기어 563
기어 버니싱 567
기어 브로칭 564, 566
기어 셰이빙 567
기어 셰이퍼 557
기어 셰이핑 564, 566
기어 연삭 564, 567
기어전조 407
기어 호빙 564, 565
기준 생산 일정 1048
기지 137
기질 157
기타용접공정 742
기판 912
길들임 기간 578

ㄴ

나노가공 959
나노과학 949
나노구조 949
나노기계 952
나노기술 933, 949
나노기전시스템 952
나노선 955
나노스케일 949
나노 임프린트 노광기술 960
나노 접촉 프린팅 960
나노클러스터 961
나노튜브 949
나사 822
나사 가공 532
나사게이지 156
나사 다이스 561
나사 밀링 562
나사산 560
나사산의 마모 826
나사 연삭 562
나사 인서트 825
나사 절삭기 562
나사 체결구 19
나선각 252, 596
나선전위 45
나선형 와인딩 318
난류 177
날간격 601
날 배열 602
날준비 595
날 형상 600
납땜 총 811
납땜 14
내마모성 582
내면 브로칭 558
내면 원통 연삭 646
내부측정용 캘리퍼스 150
내식성 107
내열재 200
내충격 공구강 110
내화재 120
냉가압실 206
냉각롤 압출 262
냉각 시스템 272
냉각제 602
냉간 가공 390
냉간 가공용 공구강 110
냉간 등방정압 가압법 354
냉간압출 429
냉간용접 780
냉간 인발 264
냉동건조법 376
너트 822
널링 532
널링 공구 532
네킹 59
넥 351
노내 경납접 806
노즈 반경 505, 593
노즈 반경 마모 577
노치 마모 577
노칭 458
논리층 918
농도구배 94
누프 경도 시험 73
눈금 148
눈금이 없는 측정기기 150
눈금이 없는 캘리퍼스 150
눈금이 있는 측정기기 150
눈수(mesh count) 340
뉴 세라믹 121, 376
뉴턴 유체 78, 245
니켈 115
니켈 합금 115
니형밀링 머신 550

ㄷ

다결정 48
다듬질법 713
다량생산 23
다우얼핀 832
다이 873
다이싱킹 546, 670
다이얼 게이지 153
다이얼 인덱싱 머신 1013
다이 오프닝 253
다이캐스팅 205
다이 팽윤 82, 247
다인 공구 505
다중탐침 899
다중탐침 수율 902
다축 드릴링 머신 543
다축 바머신 536
다층 기판 911
닥터 블레이드 326
닥터 블레이드 공정 377
단두식 밀링 머신 551
단량체 128
단면 가공 531
단면 기판 911
단섬유 강화 중합체 306
단속압출 429
단속 절삭 544
단순각도기 156
단위공정 12
단위 동력 517
단위체 11
단인 공구 505
단인 공구 나사 가공 561
단일 기계 셀 1020
단일 모델 라인 1006
단일 모델 생산라인 23
단일 작업장 조립 셀 1013
단자 블록 929
단접 14, 779
단조 14, 17, 387, 409
단조 결함 425
단조 금형 419
단조 프레스 409, 419
단조해머 19, 417
단주형 플레이너 556
단축바 머신 536
닫힌 기공 341
담금 주조 326
담금질 14, 699
대량 7
대량 다듬질 650
대량 생산 23, 1046
도가니로 213
도금 808
도금 스루홀 922
도장 18
도핑 715, 889
돌기부 837
돌리개 534
돌출탭 837
동기 이송 시스템 1006
동력 972
동력 전단기 453
동력 직조기 3
동력활톱 559
동시 공학 1045
동시 배치공정 25
동작연구 4
동작 이용 교시 998
동축도 147
둥근톱 작업 560
뒤틀림변형 786
듀로미터 73
듀얼 인라인 패키지 898
드래그 유동 250
드래프트 224, 297, 419, 438
드레싱 642
드로우 굽힘 493
드로잉 387, 465
드로잉력 469
드로잉 비 468
드로잉 컴파운드 467
드롭해머 417
드릴 539
드릴링 14, 17, 18, 504, 532, 539
드릴 비트 504, 539
드릴 지그 544
드릴 프레스 539
등방성 891
등방정압 가압법 354, 377
등온단조 423
등온 성형 391
디바이더 150
디지털 센서 975
디지털-아날로그 변환기 976
딥핑 266
딤플링 837
딥-펜 나노 노광기술 962
딥핑 266
땜납 808
뜨임 14, 699
띠톱 작업 559

ㄹ

라미네이션 408
라인 밸런싱 1038
라텍스 323
래들 215
래핑 651
랜덤 변동 1066
랜드 442, 911
랜싱 484
램 밀링 머신 550
램 방전가공 670
랩 652
런던 힘 42
레오캐스팅 209
레이 159
레이디얼단조 421
레이디얼 드릴링 머신 543

레이디얼 타이어 329
레이저 673
레이저가공 673
레이저빔가열법 706
레이저빔용접 777
레이저 삼각 측량 1083
레이저-워터제트 가공 685
레이저 증착법 960
레이저지원 가공 685
레이저-화학/전기화학 가공 685
레일 반송차 1004
레지스트 677
레지스트 박리 885
레지스트 현상 885
로봇용접 744
로봇팔 관절과 링크 995
로스트 왁스 공정 198
로스트패턴 공정 197
로스트폼 공정 197
로크웰 경도 시험 71
로토 몰딩 288
롤 교정 488
롤 굽힘 487
롤단조 422
롤러 밀 369
롤 성형 488
롤오버 453
롤용접 780
롤코팅 816
롤패스 설계 404
롤 피어싱 407
리드 타임 568
리머 542
리밍 541
리벳 19, 829
리벳팅 14
리본케이블 928
리브 420
리브형 훈연 시트 323
리소그래피 875
리소그래피 기술 885
리프트오프 기술 941
리플로우 솔더링 812
린 생산 1057
링게이지 155
링압연 407

ㅁ

마감 공정 240
마그네슘 112, 113
마그네슘 합금 114
마력의 비 568
마르에이징 701
마르텐사이트 104, 106, 696, 699
마르텐사이트계 스테인리스강 109
마무리 공정 1036
마스칸트 677
마스크 882
마스크 정렬과 노출 885
마스크제거 678
마스터게이지 154
마이크로 광조형법 945
마이크로 기계 933
마이크로미터 152
마이크로 센서 934
마이크로 스테레오리소그래피 945
마이크로 시스템 934
마이크로 시스템 기술 933
마이크로 액추에이터 934
마이크로 임프린트 노광기술 960
마이크로 임프린트 리소그래피 943
마이크로 전자 기계 시스템 933
마이크로 접촉 프린팅 944, 960
마일 149
마찰 639
마찰각 512
마찰 계수 512
마찰교반용접 784
마찰력 512
마찰용접 743, 782
마찰톱 작업 560
막힌 구멍 539
만네스만공정 407
만능밀링 머신 550
만드렐 407
망상 구조 129
맞대기 접합 745
매그논 956
매치플레이트 패턴 193
머쉬존 182
머시닝 센터 552
머신 비전 1083
멈춤 링 834
멜트 스피닝 264
멜트 파손 257
면결함 902
면심입방격자 43
면판 535
모델의 층상 절단 848
모따기 532
모래 분류 232
모방 밀링 머신 552
모서리 검출 1085
모서리 굽힘 460
모서리 접합 745
모재 12
목공 13
몰드강 110
몰딩 16
몰리브덴계 고속도강 586
못질 14
무결함 1066
무기 접착제 815
무미끄럼점 401
무삽입력 930
무어의 법칙 871
무인 반송차 1004

무전해도금 719
무플래시단조 416
묶기 14
문제 해결과 지속적인 개선 1034
물리적 제품 9
물리증착법 19, 722
물 분무법 345
미국 제조시스템 4
미디움 제품 다양성 975
미세가공 686
미세경도 프로파일 163
미세구조 검사 163
미세 기공 217
미스런 216
미터 149
믹싱 347
밀도 88
밀링 14, 17, 18, 504, 544
밀링 머신 544
밀링 커터 544, 598
밀봉 공정 294
밀폐 금형(closed mold) 공정 314

ㅂ

바머신 535
바이너리 센서 975
바이스 544
바터밍 462
박막 자기 헤드 936
박막적층공정 18
박판 261
박판가공 387
박판 금속 가공 451
박화 현상 467
반건조 압연 373
반도체 97
반복도 990
반원심 주조법 211
반응고 금속 주조 208
반응 사출 성형 280
반응성 이온 에칭 893
발 149
발사간격 660
발포 고분자 294
발포 스티로포움 141
발포중합체 141
발포폴리스틸렌 197
방사능 기술 1086
방적 13
방적기 3
방적사 308
방전가공 667
방전공정 667
방전와이어커팅 670
방향성 응고 185
배럴 249
배럴링 67
배분력 513
배압 251
배압 유동 251
배치기계 19
배치생산 22
백래시 616
백릴리프 442
백만 기회 당 결함 수 1076
백주철 112
백플레인 909
밸런스 효율 1010
뱃치 모델 라인 1006
버 453, 455
버니싱 564
버니어 캘리퍼스 152
버핑 216, 653
벌크 성형 화합물 309
범용장비 19
법랑 코팅 731
베드 533
베드형 밀링 머신 551
베르누이 정리 177
베벨각도기 156
베어링면 442
벨트 바이어스 타이어 328
벨트샌딩 650
벽개 68
벽에서의 주름 468
변동 라우팅 1004
변동비 29
변량 검사 1078
변량 관리도 1069
변성형 CAPP 시스템 1040
변형 경화 48, 62, 65
변형공정 15, 17
변형률 속도 민감도 392
변화층 158
변환코팅 721
보로나이징 703
보링 14, 532, 537
보링 머신 537
보스-아인슈타인 903
보통 선반 532
보통 정면 밀링 546
보폭 149
복수 기계 셀 1020
복수 사출 성형 공정 279
복수 작업장 조립 셀 1014
복합 가공기 554
복합재 136
복합 재료 9, 12, 136, 307
복합 체결구 836
볼그리드 어레이 899
볼 밀 369
볼트 822
봉재 인발 438
부 가스 675
부분 정면 밀링 546
부식 677
부식계수 679
부식액 679
부울 874

부타디엔 고무 134
부틸고무 135
부품군 1017
부품 분류 및 코딩 1017
부품을 위한 공정 계획 1035
부품 인식 1086
부피비열 92
분기중합체 128
분단 457
분리선 173, 272, 419
분말 15, 340
분말 금속 104
분말 단조 356
분말 사출 성형 355
분말 사출 성형법 378
분말압연 공정 355
분말압출 공정 356
분말 야금 공정 337
분말코팅 730
분무 266, 816
분무 공급 604
분무법 344
분산 공정 제어 978
분쇄 368
분업 3
분자 결합 40
분자빔 에피택시 889
분자인식 964
분자 제조 951
분할 패턴 193
불림 696
불연속칩 511
불완성 용융 788
불완전한 밸런싱 1009
불완전 형상 788
브레이징 801
브레이커 플레이트 250
브로치 557, 600
브로칭 557
브로칭 머신 557
브로칭 프레스 559
브리넬 경도 시험 71
블라스팅 216
블랭크 454
블랭크 홀더 466
블랭킹 453
블렌딩 347
블로우 몰딩 284
블로우-블로우 방법 234
블로잉 234
블로잉 필름 압출 262
블룸 398
비강절삭 등급 588
비교 측정기기 153
비동기 이송 1006
비딩 463, 837
비소모성전극 754
비아홀 913
비에너지 518, 639
비열 91
비저항 96
비접촉 검사 1080
비정질 49
비중 88
비진공용접 776
비철금속 104
비커스 경도 시험 72
비트 811
비틀림변형 786
비틀림시험 69
비회전형 525
빌딩 드럼 330
빌릿 398

ㅅ

사각 전단기 453
사선 플라이 타이어 328
사이드 밀링 545
사이징 352
사이클 타임 1008
사이펀(siphon) 현상 344
사출 블로우 몰딩 286
사출 성형 14, 266, 326
사형 주조 192
사후 주입 필라멘트 와인딩 318
산소가스용접 742
산소아세틸렌용접 772
산소연료가스용접 772
산소절단 676
산업용 로봇 993
산업용 로봇 공학 974
산업용 로봇의 응용 998
산업혁명 3
산청정 712
산화막 158
산화알루미늄 590
삼두식 밀링 머신 551
삽입 구멍 913
상 12
상면 경사각 592
상부 라이저 186
상향식 접근법 959, 960
상향 절삭 545
상형-하형 패턴 193
상형(cope)주형 173
샌드블레스팅 712
샌드블로우 217
샌드워시 217
샌드위치 성형 279
생사 주형 195
생산 6
생산 계획 1046
생산 관리 1046
생산 라인 1004
생산설비 20
생산 소요 계획 1050
생산시스템 20
생산용량 9
생산 주기 분석 860
생산 지시 칸반 1056

생산 평준화 1055
생성 가공 526
생체모방 963
생형 375
생형 강도 348
생형 밀도 348
샤크스킨 257
서멧 139, 379, 587, 589
서브머지드 아크용접 760
석고 주형 주조 201
석출경화 701
석출법 346
석출처리 701
선단각 540, 596
선단 여유각 592
선반 529
선부하 828
선삭 14, 17, 18, 504, 529
선재 인발 438
선형 보간 982
설계 공차 1067
섬유 138
섬유 강화 중합체 305, 306
성과급제도 4
성질 향상 공정 15, 1036
성형 16
성형 화합물 308
세라믹 51, 118
세라믹 기지 복합재 137
세라믹 기지 복합 재료 140
세라믹 주형 202
세미노칭 458
세밀 피치 822
세분 368
세브론 균열 435
세장비 341
세트 나사 824
센서 975
센터 간 최대 거리 533
센터 드릴 542
센터리스 연삭 646
센터링 542
센트리퓨징 211
셀밀도 295
셀주조 196, 294
셀형 고분자 294
셀형 배치 23
셀형 생산 23
셀형 제조 1003, 1017
셰이빙 455, 459
셰이퍼 555
소결 18, 337, 350, 375, 379
소결다결정 다이아몬드 591
소량 7
소모 마모 640
소모성전극 754
소모성 주조 191
소모성 주형주조법 172
소비재 7
소성 18
소성 가압법 373
소성 변형 578
소성 성형법 372
소재 제거율 506, 530, 636
소켓 929
소킹 398
소킹피트 398
소프트 리소그래피 공정 943
소프트베이크 885
소프트 제품 다양성 975
속도 선반 535
속성 검사 1078
속성 관리도 1072
손 148
손가락 148
손바닥 148
솔더링 807
솔질 816
쇼어 경도계 73
숏피닝 713
수냉경화 공구강 110
수동 공급 604
수동 교시 998
수동 롤러 816
수동 작업 이송 1005
수동 조립 라인 1007
수동 파트 프로그래밍 991
수명 주기 감안 설계 1046
수상성장 181
수작업 납땜 811
수직 마찰력 512
수직 밀링 머신 550
수직 보링 머신 537
수직 선반 533
수직 전단력 512
수직 터릿 선반 537
수축 184, 273
수축 공동 217
수축 박음 832
수치 제어 979
수평 밀링 머신 550
수평 보링 머신 537
수평 선반 533
순수금속 180
순철 104
순형상 171
순형상공정 18
숫돌 마모 640
숫돌 조직 634
슈퍼피니싱 652
스내그 연삭기 649
스냅게이지 155
스냅링 834
스루홀 기술 898, 910
스웨이징 421
스윙 533
스캐닝 레이저 시스템 1082
스캡 217
스크랩 283
스크린레지스트 678

스크린팩 250
스탬핑 금형 452
스탬핑 프레스 452
스터드 824
스터드용접 763
스테이플링 835
스테인리스강 105, 107
스트래들 밀링 545
스트레치 블로우 몰딩 286
스트립 457
스티칭 834
스틸렌-부타디엔 고무 136
스퍼터링 724
스퍼터 에칭 893
스페이드 드릴 598
스폿 페이싱 542
스프레딩 400
스프레이업 311
스프링백 461
스피너 레트 264
스피닝 264, 488
스핀 단조 489
슬라이드 캘리퍼스 151
슬랩 398
슬러그 454
슬러리 370
슬러시 주조 203, 294
슬로팅 458, 527, 545
슬롯용접 746
슬립 731
슬립 주조법 371
슬릿다이 압출 261
습식 스피닝 264
습식 와인딩 318
습식 적층 310
습식 화학 에칭 891
습윤제 377
시각적 관리 1060
시간연구 4
시간-온도-변태곡선 697
시그마 수준 측정 1075
시멘타이트 105
시멘트 카바이드 379
시밍 837
시스템 8
시스템 온 칩 872
시험 1078
시효경화 701
신발류 332
신속 공구 제작 864
신장 굽힘 493
신장 성형 487
실리카 11, 119, 124
실리코나이징 715
실리콘 공정 875
실크 스크리닝 816
심압대 532
심용접 746
쌍극자 힘 41
쌍정 47
쌍주형 플레이너 557
씽커 방전가공 670

ㅇ

아날로그-디지털 변환기 976
아날로그 센서 975
아미노 수지 132
아연 117
아연 합금 117
아이어닝 483
아일릿 830
아크릴 130
아크 보호 754
아크용접 742, 753
안내면 532
안돈 보드 1060
안료 729
안정적인 일정 1055
알루미나 11, 590
알루미늄 112
알루미늄 합금 112
알칼리청정 711
암나사 563
압력 연결 927
압력 열 성형 289
압연 385, 398
압연 결함 408
압연기 19, 398
압착 927
압축 55, 348
압축부 249
압축 생형 348, 350
압축 성형 281, 348
압축 시험 66
압출 17, 247, 325, 387, 426
압출 공정의 동작점 253
압출기 252
압출 다이 433
압출법 373
압출 배럴 248
압출변형률 430
압출 블로우 몰딩 284
압출품 248
압출 프레스 435
압하율 399
액상선 90
액상 소결법 356
액체 금속 단조 208
액추에이터 976
양극처리 18
양금형 290
양두식 밀링 머신 551
양면 기판 911
양성 레지스트 883
양자 956
양자역학 956
양쪽 공차 146, 1067
양판 금형 271
언더컷 679
업셋용접 771

업셋팅 420
에노다이징 721
에어 탄소 아크절단 676
에칭 677, 885, 891
에칭 선택성 892
에틸렌-프로필렌 고무 135
에폭시 132
에폭시 다이 접합 900
에피택시 증착법 889
엔드 밀링 546
엔드 밀링 커터 600
엔드 이펙터 996
엠보싱 484
엣징 413
여유각 505
여유면 505
여유 시간 1052
역드로잉 471
역방압출 427
연납 779
연납땜 807
연납 용제 810
연납재 808
연납접 19, 807, 924
연납접 방법 810
연동척 534
연마 13
연마 가공 631
연마 공정 501
연마 마모 578
연마 벨트 연삭 649
연마 입자 120
연마 입자 재료 633
연마제워터제트절단 660
연마제 절단 560
연마제제트가공 661
연마제흐름가공 662
연삭 17, 632
연삭비 641
연삭 숫돌 632
연삭 숫돌의 표기 635
연삭액 642
연삭오일 642
연성 59
연성 고체 15
연성 굽기 885
연속 경로 제어 시스템 982
연속공정 7
연속 드럼 경화법 328
연속 배치공정 25
연속 브로칭 머신 559
연속섬유 강화 중합체 306
연속성 법칙 178
연속압출 429
연속 이송 시스템 1006
연속 인발 438
연속적 973
연속 적층 321
연속칩 511
연신율 59
연주철 112
열가소성 고분자 12
열가소성 중합체 127, 129
열가소성 탄성 중합체 136
열가소성 탄성체 328
열가소성 폼 사출 성형 278
열가압실 205
열간가공 390
열간 가공용 공구강 110
열간 균열 217
열간 등방정압 가압법 354
열간압연 398
열간압출 429
열간 크랙 217
열경화성 고분자 12
열경화성 재료의 사출 성형 279
열경화성 중합체 127
열린 기공 341
열발포 레진 이송 성형 316
열산화 887
열 성형 289, 390
열에너지 667
열영향부 752
열적 표면처리 공정 732
열전달인자 749
열전도계수 92
열처리 14, 18, 239, 695
열처리로 704
열탕도(hot runner) 금형 273
열 팽창 89
열 팽창 계수 89
염료 729
염색 13
영구 주형 173
영구 주형 주조 202
영구 주형 주조법 172
오류 방지 1059
오버컷 668
오버헤드 라이트 패널 1060
오스테나이타이징화 699
오스테나이트 104
오스테나이트계 스테인리스강 109
오토크레이브 314
오토크레이브 몰딩 314
온간가공 390
온도 파손 575
와셔 825
와이어 및 케이블 코팅 257, 265
와이어방전가공 670
와이어 브러싱 216
완전소성 64
완전 탄성 64
완전풀림 696
왕복대 532
외면 브로칭 558
외면 원통 연삭 645
외부측정용 캘리퍼스 150
외팔보형 보링바 537
외형형성공정 15

용가재 804
용선로 212
용융열 90
용융 용접법 14
용융인자 750
용융점 90
용적 미세가공 939
용적밀도 343
용적변형 공정 385
용접 19, 739
용접결함 787
용접경계부 752
용접기 19
용접선 273, 275
용접성 790
용접 접착 814
용접 접합부 744
용접품질 786
용제 754
용제청정 711
용침 353
용탕 단조법 208
용탕주입온도 177
용해로 212
용해 석출 376
운반지시 칸반 1056
워크스테이션 1003
워터제트절단 659
원가 감안 설계 1046
원가 분석 863
원소 분말 344, 356
원심 분무법 345
원심 주조 209, 321
원자 37
원자가 전자 39
원자현미경 957, 962
원통도 147
원통 연삭 645
원판 연삭기 648
원형 보간 982
웨이브 솔더링 811, 924
웨이퍼 수율 902
웹 420, 596
위치 제어 정밀도 988
유기코팅 728
유도가열 경납접 806
유도가열로 214
유도가열법 704
유동곡선 62
유동 공급 604
유동 선삭 489
유동성 77, 179
유동응력 388
유리 123
유리관 237
유리블로잉 232
유리섬유 126
유리성형 231
유리 스피닝 233
유리-천이 온도 51
유심용제 아크용접 759
유압식 976
유연오버레이 공정 733
유연 자동화 974
유연 제조 셀 1021
유연 제조 시스템 1021
유전강도 97
유전체 96
유제청정 711
유화 오일 603, 642
유효성 29
육안검사 163
윤곽기기 162
윤곽 밀링 546
윤곽 선삭 531
윤활제 348, 377, 602
융점 779
융접 740, 742
융합부 752
융합-용접 접합부 751
음금형 290
음성 레지스트 883
음의 경사각 639
응고공정 15, 16
응고수축 184
응고점 90
응력제거풀림 696
응집 제거제 348, 377
응착 578
의료 응용 제품 936
이단 사출 성형 279
이방성 893
이방성지수 682
이산적 973
이산형 센서 975
이산형 품목 7
이상 변동 1066
이송 503, 505
이송 나사 533
이송 자국 593
이어링 468
이온 결합 40
이온도금 724
이온빔 리소그래피 886
이온 주입법 715, 889
이원위치 금형 279
이차 공정 1035
이형 시스템 272
이형핀 272
인공시효 702
인력과 공급 기지 1057
인발 387, 437, 441
인발 다이 442
인발벤치 441
인발 성형 319
인베스트먼트 주조 198
인산염 코팅 721
인서트 283, 595, 836
인성 582
인쇄 배선 기판 910

인쇄 회로 기판 909, 910
인장 55
인장강도 58
인장 시험 56
인터페이스 디바이스 976
인피드 636
일렉트로가스 용접 760
일렉트로슬래그용접 777
일반 스피닝 488
일반탄소강 585
입구 영역 442
입방정 질화붕소 591
입자공정 15, 16
입자 크기(입도) 634
입자 파괴 640
잉곳 169
잉곳편석 182
잉크젯 프린팅 헤드 936

ㅈ

자 150
자기력현미경 958
자기보호 유심용제 아크용접 759
자기조립 963
자기조립 단분자막 964
자기펄스 성형 492
자동개방 다이스 561
자동 검사 1079
자동나사 기계 535
자동 도포기 816
자동바 머신 535
자동 생산 라인 1012
자동 섬유 적층 313
자동용접 744
자동 적층공정 312
자동 조립 시스템 1013
자동 조립을 위한 설계 839
자동차 응용 제품 936
자동 테이프 적층 313
자동화 972
자본재 7
자생 작용 633
자연시효 701
자유단조 409, 410, 413
자재 명세서 파일 1049
자재 소요 계획 1048
자재 취급 1003
작업 공간 995
작업 순서 계획 1052
작업 일정 계획 1052
작업 지시 발행 1052
작은 뱃치 크기 1055
잔류응력 786
잔류응력 윤곽 163
잔주름 가공 837
장비비용 율 29
재결정 온도 65, 77
재결정화 696
재고 기록 파일 1049
재드로잉 470
재료 제거 공정 14, 15, 17, 501
재배치 손실 1009
재배치 시간 1010
재봉 835
저삽입력 930
저압 주조법 204
저탄소강 106
저합금강 105, 107
저합금 공구강 110
저항 경납접 806
저항 심용접 768
저항용접 742, 764
저항 점용접 766
저항 프로젝션용접 769
적시 생산 시스템 1054
적외선 경납접 807
적층 제조 846
적층 제조 기술 944
전극 754
전기도금 716
전기방전 성형 491
전기분해 97
전기 분해법 346
전기 수압 성형 491
전기식 976
전기 아크 674, 753
전기 아크로 214
전기전도도 96
전기화학 공정 662
전기화학도금 716
전기화학 방전가공 685
전기화학적 제조법 945
전단 55, 387, 453
전단각 508
전단강도 70
전단력 512
전단면 507, 512
전단 변형률 69, 509
전단 성형 489
전단스피닝 489
전단 응력 69
전단탄성계수 70
전도체 96
전문가 시스템 1041
전방압출 427
전방 절삭날각 593
전사적 자원 관리 1027, 1053
전사적 품질 관리 1073
전수 검사 1078
전압층 918
전용장비 19
전위 44
전자기 성형 492
전자빔가공 671
전자빔가열법 705
전자빔 노광기술 959
전자빔용접 775
전자빔 리소그래피 886
전자식 게이지 153
전자 패키지 907

전통 세라믹 118, 368
전통적인 절삭 가공 501
전해가공 662
전해디버링 666
전해성형공정 719
전해액 97
전해연삭 666, 684
전해청정 711
절단 452, 532
절단력 456
절단(cutoff) 공정 559
절대형 위치 제어 982
절삭 17, 639
절삭 가공의 경제성 616
절삭 가공의 표면 정도 612
절삭 공구 505
절삭 공정의 유형 503
절삭 깊이 505
절삭 동력 517
절삭력 512, 513
절삭성 609
절삭성 등급 610
절삭 속도 503, 505
절삭 여유 225
절삭 오일 603
절삭 온도 519
절삭유 602
절삭유 여과 604
절삭 조건 506
절삭 행정 556
절연체 96
점간 제어를 하는 재연 997
점간 제어 시스템 982
점결함 902
점대점 구성 910
점성 77, 245
점용접 746
점진단조 413
점진적 나노기술 950
점진적 마모 576
점탄성 80, 247
점토 11
접근부 442
접이형 탭 563
접착물 813
접착법 19
접착제 812
접착제 접합 14, 812
접착제 접합부 813
접촉 검사 1080
접촉식 입력 인터페이스 977
접촉식 입/출력 인터페이스 977
접촉식 출력 인터페이스 978
접합 739
접합면 741
정면 밀링 546
정면 밀링 커터 599
정밀단조 416
정밀도 148
정밀 블랭킹 459
정반 150
정삭 506
정상 상태 마모 578
정수압 압출 436
정압부 249
정지 센터 534
정지한계 155
정확도 148, 990
제 2차 산업혁명 4
제련 14
제분 369
제어된 응용 공정 684
제어 분해능 989
제어 시스템 972
제조 1, 4, 5, 6
제조 감안 설계 1034, 1044
제조과정 12
제조능력 8
제조시스템 3, 21, 971
제조 자원 계획 1053
제조지원시스템 20, 1033
제조 현장 제어 1051
제품별 배치 23
제품의 경다양성 8
제품의 연다양성 8
제품 특성 1065
조립 19, 739
조립 감안 설계 1044
조립공정 13
조립라인 4
조립성 감안 설계 838
조립을 위한 공정 계획 1038
조밀육방격자 43
조방사 308
졸링(jolleying)법 373
종횡비 937
죠 534
죠미니 끝-담금질 시험 700
주 가스 675
주기 24
주물공장 171
주물사 195
주사탐침현미경 957
주사터널링현미경 957
주입 부족 275
주입속도 177
주입탕구 173
주전단 509
주조 14, 16, 169, 234
주조 결함 216
주조공정 172
주조 금속 104
주조작업자 171
주조 코발트합금 587
주철 11, 105, 110
주축 532
주축대 532
주형 172
주형 어긋남 217
주형 크랙 218

준소성 79, 245
준화학 용액 603
중공 프로파일 256
중량 7
중립점 401
중실 프로파일 255
중심부 균열 435
중진공용접 776
중탄소강 106
중합체 52, 127
증기상 에피택시 889
증발폼 공정 197
증분 나노기술 950
증분형 위치 제어 982
증착공정 722
지거링법 372
지그 연삭기 648
지능 제어 997
지속적인 개선 1060
지시 프로그램 972
지식 기반 1041
지원 공정 684
직각도 147
직경대 깊이 비율 597
직교 절삭 모델 507
직립 드릴링 머신 542
직선핀 832
직선홈 드릴 597
직접압출 427
직접 연소로 213
직조 13
진공 열 성형 289
진공 영구 주조법 205
진동다듬질 714
진동지원 가공 685
진밀도 343
진변형률 61
진원도 147
진원심 주조법 209
진응력 61
진입 452
진입 거리 548
진직도 147
질량확산 93
질화 703
질화규소 123
질화물 11
질화물 세라믹 123
질화붕소 123
질화실리콘 888
질화티타늄 123
집적회로 871
집적회로 패키징 875
짧은 셋업 시간 1055

ㅊ

차단길이 160
창성형 CAPP 시스템 1041
채터 616
챔퍼 532
척 534
척킹 머신 535
천공 458
천연 고무 133, 323
천연 접착제 815
철금속 104
철기시대 14
철-탄소 상태도 104
청동기시대 14
청정 18
체 634
체눈 번호 634
체심입방격자 43
체(screen) 340
초경합금 139, 379
초고밀도 집적 871
초고정밀 가공 944
초음파가공 658
초음파 기술 1087
초음파용접 743, 785
초음파 청정 712
초전도체 97
초크랄스키 공정 878
초합금 117
촉매활성화 시스템 131
총괄 생산 계획 1048
총 응고시간 180
총형 가공 527, 531
총형 공구 532
총형 밀링 545, 564
총형 밀링 커터 599
총형 선삭 531
최대 생산 속도 617
최대 인장강도 58
최소 단위 비용 620
최종 검사 수율 902
추론 엔진 1042
출력 밀도 747
충격압출 429, 436
충격 제분 369
충진재 141, 274
측면 게이트 273
측면 경사각 592
측면 라이저 186
측면 여유각 593
측면 절삭날각 593
측정 148
층류 177
치수 145, 146
치수 측정 1086
치수 효과 519, 639
치즐날 596
칙소캐스팅 209
침잠 경납접 807
침탄 702
침탄질화 703
침투 217
칩 507, 509, 873
칩두께 539
칩두께비 508

칩부하 539, 547
칩 브레이커 593
칩비 508
칩 캐리어 896

ㅋ

카드온보드 909
카본블랙 324
카운터 보링 542
카운터싱킹 542
카커스 330
칼날 전위 44
캘리퍼스 150
캘린더링 263, 325
캡 나사 824
컨베이어 1004
컨투어(contour) 코팅 265
컬 283
컬링 463
컴팩트 디스크 936
컴퓨터 수치 제어 507, 974
컴퓨터 원용 공정 계획 1027, 1040
컴퓨터 원용 설계 992
컴퓨터 원용 제조 992
컴퓨터 이용 공정 설계 1018
컴퓨터 통합 제조 1026
컴퓨터 프로그래밍 언어 998
컷앤필 678
컷오프 457
케브라 138
케이블 커넥터 929
코깅 413
코너 반경 420
코어 173, 193
코어 받침 193
코어 편향 217
코이닝 352, 417, 484
코터핀 835
코팅 18
코팅 초경 합금 590
콜드샷 217
콜드셧 217
콜릿 535
쾌삭강 611
큐빗 148
크랙 787
크레이터 마모 576
크롬산염 코팅 721
크리프피드 연삭 647
클로로프렌계고무 135

ㅌ

타이어 328
탁상 드릴링 머신 542
탄성계수 58
탄성 레져버 성형 315
탄성 중합체 127, 132
탄성한계 58
탄소강 105
탄소나노튜브 953, 960
탄소아크 기술 961
탄소 아크용접 763
탄화규소 11, 122
탄화물 11
탄화물 세라믹 122
탕구 272
탕구계 172, 173
탕도 173, 272
태핑 542, 563
태핑 나사 824
탭 542, 563
터널링 957
터릿 드릴링 머신 544
터릿 선반 535
터치업 926
텀블링 713
텅스텐계 고속도강 586
텅스텐 카바이드 123
텅스텐카바이드 139, 379
테르밋용접 778
테셀레이션(tessellation) 848
테이퍼게이지 156
테이퍼 선삭 531
테이퍼핀 832
테일파이프 435
템플레이트 매칭 1086
토치 경납접 806
톱날 559, 600
톱니형 칩 511
톱 작업 559
통계적 공정 관리 1068
통과/정지 게이지 155
통과한계 155
튜브 롤링 321
튜브 소재의 굽힘 492
튜브 스피닝 490
튜브싱킹 443
트랙 911
트랜스퍼 라인 1012
트랜스퍼 몰딩 282
트랜스퍼 성형 326
트루잉 642
트리밍 215, 424, 458
트위스트 드릴 539, 596
트위스팅 485
특수가공 17, 501, 657
특징 형상 추출 1085
티타늄 116
티타늄카바이드 139
티타늄 합금 116

ㅍ

파괴 파손 575
파단 구역 453
파손 영역 578
파쇄성 633
파열 468
파이프 184
파이핑 435

파트 프로그램 973
판재 451
판재가공 17
판재 성형 화합물 308
패리슨 284
패킹 지수 343
패턴 173, 192
패턴수축여유 184
패턴트리 199
팽윤비 285
팽윤율 247
팽창 고분자 294
팽창 박음 19, 832
팽창 폼성형 295
퍼커션용접 771
펀칭 454
펄스 계수기 978
펄스 생성기 978
펄포밍 320
페놀수지 132
페라이트 104
페라이트계 스테인리스강 109
페일 크레이프 323
펙킹 597
펠릿 248
펠릿 성형 화합물 309
평균거칠기 159
평균기기 162
평균 유동응력 389
평면공정 874
평면 연삭 643
평면 코팅 265
평 밀링 544
평 밀링 커터 598
평삭 14, 556
평압연 398, 399
평탄도 147
평판 밀링 544
평판유리 235
평행도 147
폐금형단조 416
폐루프 시스템 973
폐루프 위치 제어 986
폐쇄셀 295
폐쇄형 라이저 186
폐쇄형 주형 172
포머 420
포인팅 443
포켓 밀링 546
포토레지스트 678, 882
포토레지스트 도포 885
포토리소그래피 882
포트 트랜스퍼 몰딩 282
폭발 성형 491
폭발용접 781
폴리스틸렌 131
폴리스틸렌 폼 295
폴리싱 653
폴리아미드 130
폴리에스터 130, 132
폴리에틸렌 130
폴리염화비닐 131
폴리우레탄 132, 136, 141
폴리카보네이트 130
폴리프로필렌 131
표면 145
표면가공공정 15
표면거칠기 158, 159, 164
표면 건조 주형 195
표면경화 702
표면경화방법 704
표면기술 157
표면다듬질정도 159
표면 미세가공 939
표면 소손 640
표면 스크래치 468
표면 실장 기술 898, 910, 919
표면완전성 158, 160, 163
표면용접 746
표면 윤곽 가공 546
표면 정도 638
표면조직 158, 163
표면 준비 884
표면처리 18
표면 파형 159, 616
표본 검사 1078
표준 4
표준 작업 계획 1061
풀러라이트 953
풀러린 952, 953, 960
풀러링 413
풀림 239, 695, 696
풀모울드 공정 197
풀 시스템 1056
품질 감안 설계 1046
품질 관리 1065
퓨전 인발공정 237
프레스 19, 452
프레스 브레이크 460
프레스-블로우 방법 234
프레싱 233, 337
프로그래머블 자동화 974
프리폼 성형 315
프리프레그 309
프리프레그 와인딩 318
플라스크 195
플라스틱 127, 243
플라스틱 주조 293
플라이커터 544
플라이트 249
플라즈마 675
플라즈마 강화 CVD 888
플라즈마 아크용접 762
플라즈마 아크절단 675
플래시 208, 420
플래시용접 770
플래싱 275
플랜지부 주름 467
플랜지용접 746
플랜징 463

플랭크 마모 576
플러그게이지 155
플러그용접 746
플런저 트랜스퍼 몰딩 282
플레이너 556
플레이너형 밀링 머신 551
플로우트 공정 236
플로잉 816
플로트 존 공정 879
피드백 제어 시스템 973
피복 326
피복금속 아크용접 756
피복 제거법 928, 931
피시테일링 435
피트 149
핀그리드 어레이 899
핀인홀 기술 898
핀홀 217
필라멘트 와인딩 317
필렛 420
필렛용접 745
필름 261

ㅎ

하드베이크 885
하드웨어 6
하드 제품 다양성 975
하드페이싱 733
하이드로포밍 486
하이브리드 가공공정 683
하향식 접근법 958
하향 절삭 546
하형(drag)주형 173
한계게이지 154
한계치수 146
한쪽공차 146
함입 자국 275
함침 353
합금 10
합금 분말 344, 357
합성 고무 134, 323
합성 다이아몬드 591
합성 재료 127
합성 접착제 815
항복강도 58
항복응력 58
항복점 58
해칭면 651
핸드레이업 310
핸드모델링법 372
핸드몰딩 372
허빙 423
허용 간극률 455
헤더 420
헤딩 420
헤밍 463
헬리컬 밀링 커터 599
형단조 409, 414
형삭 14, 555
형상인자 433
형압연 398, 404
호닝 650
호브 565
호빙 머신 565
호퍼 248
호환가능 부품 3
혼합 모델 라인 1007
혼합모델 생산라인 23
혼합 활성화 시스템 131
홈 596
홈용접 746
화살머리형 파단 435
화소 1084
화염경화법 704
화염절단 676
화학가공 677
화학가공공정 677
화학 기상 증착법 888
화학밀링 680
화학 반응 578
화학블랭킹 680
화학 용액 603
화학적 변환코팅 721
화학적 증착법 19
화학적 피클링 216
화학적 환원법 346
화학조각 681
화학증착법 722, 725, 728, 961
확산 578
확산법 715
확산용접 742, 781
확장재 141
활톱 작업 559
황동 117
황삭 506
회로 패턴 913
회로화 915
회복풀림 696
회전 디스크법 345
회전 몰딩 288
회전 센터 534
회전 스크루 248
회전튜브피어싱 407
회전형(rotational) 부품 525
회주철 111
횡적붕괴강도 68
후방압출 427
후판 성형 화합물 309
휴지각 342
흐름라인생산 23

기타

1차 결합 40
1차 산업 6
2단식 압연기 405
2진 비전 1084
2차 결합 41
2차 산업 6
2차 전단 510
3단식 압연기 405

3차 산업 6
3차원 좌표 측정기 1080
3차원 집적회로 872
3판 금형 273
4단식 압연기 405
6시그마 1074
6시그마의 통계적 기반 1074
6축 자동바 머신 536
ABS 130
c 관리도 1072
CAD 시스템 1027
CAD/CAM을 이용한 파트 프로그래밍 992
CAM 시스템 1027
Chvorinov 법칙 183
CNC 드릴 프레스 544
CNC 밀링 머신 552
CNC 밀링터닝 센터 554
DN비 568
Dual in-line 패키지 910
factus 2
FMS 요소들의 통합 1022
Hooke의 법칙 58
IC 제조 875
ISO 9000 1077
job shop 21
LIGA 공정 941
manufacture 2
manus 2
Merchant 식 514, 515
MIG용접 758
monolayer 960
Mushet강 585
nanobots 952
nanorobots 952
NC 시스템 980
NC 좌표계 981
p+ 에칭정지 기술 940
p 관리도 1072
PLC 978
PLC 프로그래밍 979
PMC 사출 성형 공정 316
PMC 압축 성형 공정 315
PMC 트랜스퍼 성형 공정 316
R 관리도 1069
SCARA 로봇 995
T자 접합 745
Taylor 공구 수명식 580
TPM(Total Productive Maintenance) 1059
V-굽힘 460
Watt의 증기기관 3
weldment 13
X선 노광기술 959
X선 리소그래피 886